DICTIONNAIRE

DE CHIMIE

PURE ET APPLIQUÉE

Quantin imprimeur
S. Benoît 7 à Paris

DICTIONNAIRE
DE CHIMIE
PURE ET APPLIQUÉE

COMPRENANT :

LA CHIMIE ORGANIQUE ET INORGANIQUE
LA CHIMIE APPLIQUÉE A L'INDUSTRIE, A L'AGRICULTURE ET AUX ARTS
LA CHIMIE ANALYTIQUE, LA CHIMIE PHYSIQUE ET LA MINÉRALOGIE

PAR AD. WURTZ

Membre de l'Institut (Académie des sciences)

AVEC LA COLLABORATION DE MM.

J. Bouis — E. Caventou — Ph. de Clermont — H. Debray — P.-P. Dehérain
M. Delafontaine — Ch. Friedel — A. Gautier
Ch. Girard et de Laire — E. Grimaux — P. Hautefeuille — A. Henninger — E. Kopp
F. de Lalande — Ch. Lauth — F. Le Blanc — A. Naquet — J. Riban
G. Salet — P. Schutzenberger — Dr Thiercelin — L. Troost — G. Vogt
et Ed. Willm.

TOME TROISIÈME

S — Z

PARIS

LIBRAIRIE HACHETTE ET Cie

79, BOULEVARD SAINT-GERMAIN, 79

DICTIONNAIRE

DE CHIMIE

PURE ET APPLIQUÉE

S

— SUITE —

SUBÉRIQUE (ACIDE), $C^8H^{14}O^4$. — Ce nom vient de *suber*, liége, parce que c'est par l'action de l'acide nitrique sur le liége que cet acide a été obtenu pour la première fois, en 1787, par Brugnatelli [*Ann. de Crell.*, t. I, p. 145]. Les premières études sur cet acide sont dues à Bouillon-Lagrange [*Ann. de Chim.*, t. XXIII, p. 42]; Chevreul [*ibid.*, t. XCVI, p. 141, *Ann. de Chim. et de Phys.*, (2), t. LXII, p. 323]; Bussy [*Journ. de Pharm.*, t. VIII, p. 107 et t. IX, p. 425]; Brandes [*Journ. de Schweigger*, t. XXXII, p. 393]. Ces recherches ont été étendues plus tard par Boussingault [*Journ. Chim. méd.*, t. XII, p. 118]; Laurent [*Ann. de Chim. et de Phys.*, t. LXVI, p. 657]; Bromeis [*Ann. der Chem. u. Pharm.*, t. XXXV, p. 96], Arppe [*Octa. Soc. Scientiarum fennicæ*, 1864; *Bull. de la Soc. chim.*, 1868, t. V, p. 58], etc.

Préparation. — La préparation de l'acide subérique par le liége ne présente qu'un intérêt historique. On attaquait 1 p. de liége par 6 p. d'acide azotique ayant une densité de 1,26 en cohobant fréquemment l'acide distillé. L'attaque terminée on évaporait à consistance sirupeuse dans une capsule, on reprenait par l'eau bouillante et l'on obtenait ainsi l'acide subérique impur par le refroidissement de la solution.

Toutes les matières grasses à peu près fournissent de l'acide subérique par leur oxydation; telles sont l'acide oléique (Laurent, Arppe), l'acide stéarique (Bromeis), l'huile de ricin, etc.

Cette oxydation donne toujours naissance en même temps à d'autres acides, notamment aux acides sébacique, azélaïque, adipique, succinique, etc. (Laurent, Arppe, Wirz).

On fait bouillir l'acide stéarique ou l'acide oléique dans une grande cornue avec 2 à 3 p. d'acide azotique ordinaire (d'une densité de 1,2 à 1,3); la réaction devient très-vive après une demi-heure et il y a un abondant dégagement de gaz qui peut faire déborder la masse. Quand cette effervescence est calmée, on cohobe, on ajoute une nouvelle quantité d'acide et l'on continue l'ébullition en cohobant de temps à autre, jusqu'à ce que tout soit dissous. On distille ensuite la moitié du liquide et l'on abandonne le résidu dans un endroit frais. L'acide subérique se dépose en même temps que l'acide sébacique et l'acide azélaïque; les acides adipique et succinique, formés en même temps, restent dans les eaux mères. Il se forme en outre un corps huileux qui est l'acide nitrocaprylique, $C^8H^{15}(AzO^2)O^2$, qui rend la purification des autres acides assez pénible. On recueille le premier dépôt renfermant l'acide subérique. On purifie finalement ce dernier par plusieurs traitements par l'eau et par l'éther qui dissolvent les acides sébacique et azélaïque et qui laissent l'acide subérique dont on achève la purification par plusieurs cristallisations dans l'eau froide.

Synthèse. — On a tenté la synthèse de l'acide subérique en partant de l'acide bromobutyrique, $C^4H^7BrO^2$, ou plutôt du bromobutyrate d'éthyle. Traité par l'argent divisé, cet éther perd son brome, et les deux résidus, $C^4H^6O.C^2H^5$, se soudent pour donner un éther ayant la composition du subérate d'éthyle, mais qui est en réalité isomérique avec ce dernier. L'acide subérique produit par la saponification de cet éther est également isomérique avec l'acide subérique d'oxydation [C. Hell, *Deutsch. chem. Gesellsch.*, t. VI, p. 28; *Bull. de la Soc. Chim.*, t. XIX, p. 365]. Cet acide représente sans doute l'*acide diéthylsuccinique.*

En partant de l'acide isobromobutyrique, C. Hell et A. Wittekind sont arrivés à un autre isomère de l'acide subérique, l'*acide tétraméthylsuccinique,*

$$\begin{array}{ccc} & CH^3 & CH^3 \\ & | & | \\ HO^2C- & C \text{———} & C-CO^2H \\ & | & | \\ & CH^3 & CH^3 \end{array}$$

[*Deutsch. chem. Gesellsch.*, t. VII, p. 319; *Bull. de la Soc. chim.*, t. XXII, p. 297].

Ces synthèses d'acides subériques isomériques

paraissent montrer que l'acide subérique dérive d'un hydrocarbure normal et que sa constitution est représentée par la formule

$$\begin{matrix} CH^2\text{-}CH^2\text{-}CH^2\text{-}COOH \\ | \\ CH^2\text{-}CH^2\text{-}CH^2\text{-}COOH, \end{matrix}$$

conclusion laquelle sont aussi arrivés MM. Schorlemmer et Dale en étudiant la subérone.

On peut concevoir en outre l'existence de deux autres isomères, l'acide propylméthyl- et l'acide butylsuccinique.

Propriétés. — L'acide subérique a été décrit par les anciens auteurs comme une poudre terreuse blanche, inodore, à saveur acide, fusible à 125° et se prenant par le refroidissement en une masse cristalline. D'après Arppe (*loc. cit.*) et d'après S. Dale, l'acide subérique cristallise en longues aiguilles ou en lamelles paraissant appartenir au type orthorhombique, fusibles à 140° et se concrétant à 138° en cristaux aciculaires transparents; il se sublime entre 150° et 160°, en longues aiguilles déliées, en éprouvant une décomposition partielle. Son point de fusion est fortement abaissé lorsqu'il est humide.

L'acide subérique est peu soluble dans l'eau froide, beaucoup plus soluble dans l'eau chaude :

1 p. d'acide exige	100 p. d'eau	à	9°
—	86	—	12°
—	5	—	84°
—	1,87	—	100°

Il se dissout dans 4p,51 d'alcool absolu à 10° et dans 0p,87 d'alcool bouillant; dans 10 p. d'éther à 4° et dans 6 p. d'éther bouillant. L'essence de térébenthine en dissout son propre poids à l'ébullition; à froid, il n'en retient que 5 %.

La solution aqueuse d'acide subérique ne précipite que l'acétate neutre de plomb; le précipité est insoluble dans l'eau et dans l'alcool. Neutralisée par l'ammoniaque, elle ne précipite les sels de baryum, de calcium et de strontium qu'après une addition d'alcool; elle précipite les sels neutres d'argent, de mercure, de zinc, d'étain et de cuivre.

Lorsqu'on calcine l'acide subérique avec la baryte, on obtient un hydrocarbure liquide, bouillant à 69°,5 et identique avec l'hydrure d'hexyle-α retiré par Cahours et Pelouze des pétroles d'Amérique,

$$C^8H^{14}O^4 + 2BaO = 2CO^3Ba + C^6H^{14}.$$

On obtient en même temps un liquide bouillant vers 180° et qui constitue la subérone [Riche, *Compt. rend.*, t. XLIX, p. 304; R. S. Dale, *Ann. der Chem. u. Pharm.*, t. CXXXII, p. 243; *Bull. de la Soc. chim.*, 1865, t. III, p. 298].

Subérates. — L'acide subérique est un acide bibasique et ses sels neutres renferment

$$C^8H^{12}O^4.M'^2 = C^6H^{12}(CO^2M')^2.$$

On les obtient par dissolution des bases ou des carbonates dans l'acide ou par double décomposition. Ils ont surtout été décrits par Arppe.

Subérate d'ammonium. — Grandes tables brillantes ou aiguilles quadrangulaires, très-solubles dans l'eau, beaucoup moins solubles dans l'alcool; ces cristaux n'éprouvent aucune perte de poids à 100°. Ils fondent à 120°, puis abandonnent de l'eau et de l'ammoniaque et laissent un résidu qui est sans doute l'acide subéramique.

Subérate de potassium, $C^8H^{12}O^4.K^2$. — Aiguilles ou lamelles triangulaires microscopiques, très-solubles.

Subérate neutre de sodium,

$$2(C^8H^{12}O^4.Na^2) + H^2O.$$

— Agglomérations mamelonnées ou dendritiques, solubles dans leur poids d'eau froide.

Subérate acide de sodium, $C^8H^{12}O^4.HNa$. — Aiguilles groupées en faisceaux.

Subérate de baryum, $C^8H^{12}O^4.Ba$. — Précipité cristallin, soluble dans 59 p. d'eau froide et dans 16p,5 d'eau bouillante.

Subérates de calcium et de strontium. — Précipités cristallins. Le premier se dissout dans 39 p. d'eau froide et dans 9 p. d'eau bouillante; le second exige, pour se dissoudre, 21 p. d'eau froide et 12p,8 d'eau bouillante.

Subérate de magnésium, $C^8H^{12}O^4.Mg + 3H^2O$. — Mamelons cristallins aussi solubles dans l'eau froide que dans l'eau chaude, insolubles dans l'alcool.

Subérate d'aluminium. — Poudre amorphe blanche.

Subérate de manganèse, $C^8H^{12}O^4.Mn + 3H^2O$. Écailles rose pâle. Lorsqu'on le précipite à l'ébullition, il est anhydre.

Subérate de zinc. — Précipité blanc grenu.

Le *sel de cuivre* forme un précipité vert; le *sel d'argent* un précipité blanc insoluble dans l'eau.

Subérate de plomb, $C^8H^{12}O^4.Pb$. — Précipité blanc, anhydre à 100°, insoluble dans l'eau. Digéré avec le sous-acétate de plomb, il se transforme en sel basique,

$$C^8H^{12}O^4Pb + PbO.$$

Les *sels ferreux* et *mercureux* sont des précipités blancs; le *sel d'urane* est jaune clair et insoluble dans l'eau.

Subérate de méthyle,

$$C^8H^{12}O^4(CH^3)^2 = C^6H^{12}(CO^2CH^3)^2.$$

— Il ressemble au subérate d'éthyle et se prépare comme ce dernier. Densité à 18° = 1,014 [Laurent, *Ann. de Chim. et de Phys.*, (2), t. LXVI, p. 160].

Subérate d'éthyle,

$$C^8H^{12}O^4(C^2H^5)^2 = C^6H^{12}(CO^2C^2H^5)^2.$$

— On l'obtient en faisant bouillir 2 p. d'acide subérique avec 1 p. d'acide sulfurique et 4 p. d'alcool; l'éther subérique reste dans la cornue. Il vaut mieux saturer d'acide chlorhydrique une solution alcoolique d'acide subérique et faire bouillir.

Liquide incolore d'une odeur faible et d'une saveur rappelant celle des noisettes rances. Il est soluble dans l'alcool et dans l'éther et distille sans altération vers 260°. Densité = 1,003 à 18°. Il donne un dérivé bichloré par l'action du chlore [Laurent, *loc. cit.* — Bromeis, *Ann. der Chem. u. Pharm.*, t. XXXV, p. 101].

Acides subériques de synthèse. — Acide tétraméthylsuccinique, $C^2(CH^3)^4(CO^2H)^2$. — Cet acide s'obtient, comme on l'a vu plus haut, par la saponification de son éther, qui se forme par l'action de l'argent sur l'isobromobutyrate d'éthyle. Il cristallise dans l'eau bouillante en petites agrégations compactes formées de tables quadratiques pyramidées. Il fond à 95° et se sublime aisément au-dessus de 100° en lamelles légères. Il est soluble dans l'alcool, l'éther et l'eau bouillante, peu soluble dans l'eau froide; 100 p. d'eau à 11° n'en dissolvent que 2p,2.

Les *tétraméthylsuccinates* de *potassium*, de *sodium* et *d'ammonium* sont très-solubles et cristallisent difficilement.

Le *tétraméthylsuccinate d'argent*,

$$C^2(CH^3)^4(CO^2Ag)^2,$$

forme un précipité pulvérulent qui noircit à la lumière et qui exige 2500 p. d'eau à 10° pour se dissoudre.

Le *tétraméthylsuccinate d'éthyle*,

$$C^2(CH^3)^4(CO^2C^2H^5)^2,$$

se produit lorsqu'on chauffe à 120-130° l'éther isobromobutyrique avec de l'argent divisé. Il est contenu dans les portions du produit distillant de 200° à 250°.

C'est un liquide oléagineux, incolore, doué d'une odeur éthérée et d'une saveur pénétrante. Il bout à 230-231°. Densité à 0° = 1,012. La potasse alcoolique le saponifie facilement [Hell et Wittekind, *loc. cit.*].

Acide diéthylsuccinique (?),

$$C^2H^2(C^2H^5)^2(CO^2H)^2.$$

— Cet acide paraît être celui qui dérive de l'acide bromobutyrique, dont l'éther distille à 175-176°. C. Hell [*loc. cit.*] n'a examiné que l'éther de cet acide subérique. Cet éther distille à 233-235°; c'est un liquide oléagineux, à odeur faiblement éthérée, insoluble dans l'eau. Densité à 15° = 0,991.

Dérivés bromés de l'acide subérique. — Lorsqu'on chauffe dans des tubes scellés à 160° de l'acide subérique (1 mol.) avec du brome (1 ou 2 mol.), cet acide se transforme en deux dérivés bromés : l'*acide bromosubérique* et l'*acide bibromosubérique*. Ces acides, qui ne paraissent pas très-stables, n'ont pas été obtenus purs. Traités par la potasse, ils se transforment en homologues des acides malique et tartrique, les *acides subéromalique* et *subérotartrique*,

$$C^6H^{11}Br\left\{\begin{matrix}CO^2H\\CO^2H\end{matrix}\right. + KHO$$

$$= C^6H^{11}(OH)\left\{\begin{matrix}CO^2H\\CO^2H\end{matrix}\right. + KCl$$

Acide subéromalique.

$$C^6H^{10}Br^2\left\{\begin{matrix}CO^2H\\CO^2H\end{matrix}\right. + 2KHO$$

$$= C^6H^{10}(OH)^2\left\{\begin{matrix}CO^2H\\CO^2H\end{matrix}\right. + 2KCl.$$

Acide subérotartrique.

Ces acides ont seulement été signalés [Gal et Gay-Lussac, *Bull. de la Soc. chim.*, t. XIV, p. 10]. E. W.

SUBÉRIQUE (ALDÉHYDE),

$$C^8H^{14}O^3 = C^6H^{12}\left\{\begin{matrix}COH\\CO^2H.\end{matrix}\right.$$

Ce composé, peu étudié, se forme d'après Schrœder [*Ann. der Chem. u. Pharm.*, t. CXLIII, p. 22] lorsqu'on oxyde l'acide palmitolique par l'acide azotique fumant; on obtient en même temps de l'acide subérique et de l'acide palmitoxylique (voyez t. II, p. 732). C'est un liquide oléagineux, plus léger que l'eau, et bouillant à 202° en se décomposant partiellement.

SUBÉRIQUES (AMIDES). — Les deux amides de l'acide subérique n'ont été qu'imparfaitement étudiées.

Subéramide,

$$C^6H^{12}\left\{\begin{matrix}COAzH^2\\COAzH^2.\end{matrix}\right.$$

— Précipité cristallin qui se produit lorsqu'on sature de gaz ammoniac sec une solution alcoolique d'éther subérique. Il cristallise dans l'alcool bouillant [Laurent, *Revue scientif.*, t. X, p. 123].

Acide subéramique,

$$C^6H^{12}\left\{\begin{matrix}COOH\\COAzH^2\end{matrix}\right.$$

— Cet acide paraît se former, d'après Arppe [*loc. cit.*], par l'action de la chaleur sur le subérate d'ammonium. Ce sel perd à 120° de l'eau et de l'ammoniaque et se transforme vers 170° en une poudre cristalline blanche, soluble dans l'eau chaude et dans l'alcool, insoluble dans l'éther, fusible à 170°. Arppe avait nommé ce composé *subérimide*.

Subéranilide ou Diphénylsubéramide,

$$C^6H^{12}\left\{\begin{matrix}COAzH.C^6H^5\\COAzH.C^6H^5.\end{matrix}\right.$$

— Lorsqu'on chauffe l'acide subérique avec son volume environ d'aniline vers le point d'ébullition de cette dernière, il se dégage de l'eau, en même temps que l'acide se dissout. Le produit de la réaction se dissout dans l'alcool bouillant et se dépose en partie, par le refroidissement, sous forme de paillettes nacrées; l'addition d'eau à la solution alcoolique en sépare une nouvelle portion du produit, qui est la subéranilide. En même temps il reste de l'acide phénylsubéramique en dissolution.

Les cristaux de subéranilide apparaissent sous le microscope sous la forme de rectangles. Ils sont insolubles dans l'eau, peu solubles dans l'eau froide, très-solubles dans l'alcool chaud et dans l'éther.

La subéranilide fond à 183° et cristallise par le refroidissement. Fondue avec de la potasse, elle dégage de l'aniline. Distillée, elle donne une huile qui se concrète par le refroidissement et laisse un léger résidu charbonneux. Le produit sublimé paraît être la subéranilide inaltérée [Laurent et Gerhardt, *Ann. de Chim. et de Phys.*, (3), t. XXIV, p. 184].

Acide phénylsubéramique ou subéranilique,

$$C^6H^{12}\left\{\begin{matrix}COOH\\COAzH.C^6H^5.\end{matrix}\right.$$

— Cet acide se rencontre dans la solution alcoolique d'où l'on a précipité la subéranilide. Lorsqu'on chasse l'alcool par distillation, il se dépose une huile brunâtre qui se concrète par le refroidissement. Pour purifier ce produit, on le dissout dans l'ammoniaque aqueuse bouillante et on le précipite de nouveau par l'acide chlorhydrique. Si la précipitation a lieu à chaud, l'acide phénylsubéramique se sépare sous forme d'une huile qui se concrète par le refroidissement; en même temps le liquide aqueux laisse déposer des lamelles dentelées.

L'acide phénylsubéramique fond à 128° et cristallise par le refroidissement; il est un peu soluble dans l'eau chaude, insoluble dans l'eau froide. Sa réaction est acide. Il cristallise dans l'éther en petits prismes aciculaires.

Soumis à la distillation sèche, il fournit une huile épaisse qui se solidifie en partie et qui, traitée par l'éther, laisse une poudre blanche, soluble dans une grande quantité d'alcool ou d'éther bouillants et se déposant par le refroidissement à l'état cristallin. Ce produit est insoluble dans les alcalis. C'est probablement la *phénylsubérimide*,

$$C^6H^{12}<\begin{matrix}CO\\CO\end{matrix}>AzC^6H^5.$$

L'acide phénylsubéramique se dissout facilement dans l'ammoniaque, surtout à chaud.

Le *sel ammoniacal* cristallise en petits grains assez solubles. Sa solution n'est pas colorée par le chlorure de chaux.

Le *sel de baryum* est soluble dans l'eau bouillante et se précipite par le refroidissement en flocons lanugineux.

Le *sel de calcium* est un précipité blanc, soluble à chaud.

Le *sel de cuivre* est un précipité bleu clair, insoluble dans l'eau.

Le *sel d'argent*,

$$C^6H^{12}\left\{\begin{matrix}COOAg\\COAzH.C^6H^5,\end{matrix}\right.$$

est un précipité blanc.

Le *sel de plomb* forme un précipité blanc et le sel ferreux un précipité blanc jaunâtre.

Tous ces sels s'obtiennent par double décomposition avec le phénylsubéramate d'ammonium [Laurent et Gerhardt, *loc. cit.*]. E. W.

SUBÉRONE (Hydrure de subéryle), $C^6H^{12}.CO$. — Ce composé prend naissance lorsqu'on distille l'acide subérique avec un excès de chaux; il se produit en même temps de l'hydrure d'hexyle,

C^6H^{12}, bouillant à 69°,5. En rectifiant le produit brut, qui forme une huile brune, d'une odeur agréable, on obtient une portion distillant à 179-181°; c'est elle qui constitue la subérone. Celle-ci ne se solidifie pas à — 12°. Sa densité de vapeur s'accorde avec la formule $C^7H^{12}O$. Elle s'acidifie lentement à l'air et donne par l'action de l'acide nitrique un acide que Boussingault et Tilley croyaient être de l'acide subérique, ce qui ne s'accorderait pas avec la formule ci-dessus, proposée par Gerhardt [*Traité de Chimie*, t. II, p. 731], à la place de $C^8H^{14}O$, formule admise par Boussingault et par Tilley. C. Schorlemmer et R. S. Dale ont reconnu tout récemment que l'acide fourni par l'oxydation de la subérone est un acide ayant la composition de l'*acide pimélique*, $C^7H^{12}O^4$, l'homologue inférieur de l'acide subérique. Ces savants représentent la subérone par la formule de structure

$$CO<\begin{matrix} CH^2\text{-}CH^2\text{-}CH^2 \\ CH^2\text{-}CH^2\text{-}CH^2. \end{matrix}$$

Sa formation s'explique par l'équation

$$C^6H^{12}(COOH)^2 - CO^3H = C^6H^{12}.CO,$$

et sa transformation en acide pimélique a lieu par fixation de O^3. Ces résultats prouvent que la subérone est une acétone normale, ce qu'exprime la formule ci-dessus. L'acide subérique lui-même possède la constitution d'un acide normal. [Boussingault, *Journ. Chim. médic.*, mai 1836; — Tilley, *Ann. der Chem. u. Pharm.*, t. XXXIX, p. 166; — E. Schorlemmer et R. S. Dale, *Deutsch. chem. Gesellsch.*, t. VII, p. 806]. E. W.

SUBSTITUTIONS. — Voyez le Discours préliminaire.

SUCCIN (Min.) [Syn. *Ambre jaune*]. — Résine fossile caractérisée par la présence de l'acide succinique; elle renferme en outre une résine insoluble dans tous les dissolvants, et deux autres solubles dans l'alcool et dans l'éther et paraissant renfermer $C^{10}H^{16}O$, comme la première. (Voyez t. I, p. 183). Se trouve en masses arrondies, offrant les formes qu'affecte une résine en coulant, et renfermant souvent des insectes ou des débris de végétaux. Transparent ou translucide; d'un jaune parfois assez clair, d'autres fois brunâtre; peu fragile; cassure conchoïdale; électrique par frottement. Se trouve principalement avec les bois fossiles dans les lignites tertiaires; on en a trouvé également dans le grès vert, dans les marnes et dans les gypses. Souvent il a été transporté hors de son gisement primitif, et la variété la plus recherchée est recueillie sur les bords de la mer Baltique, entre Dantzig et Memel.

Dureté, 2 à 2,5. Poussière blanche. Densité, 1,06 à 1,11.

Fond à 287°. Brûle avec une flamme éclairante fuligineuse, en laissant un résidu charbonneux.

SUCCINAMIQUE (ACIDE). — Voyez Succiniques (amides), p. 18.

SUCCINANILE. — Voyez Succiniques (amides), p. 20.

SUCCINANILIDE. — Voyez Succiniques (amides), p. 17.

SUCCINANILIQUE ou **SUCCINANILIDIQUE (ACIDE).** — Voyez Succiniques (amides), p. 18.

SUCCINELLITE. — Nom donné par Dana à l'acide succinique.

SUCCINIMIDE. — Voyez Succinique (amides), p. 19.

SUCCINIQUE (ACIDE) [Syn. *Acide éthyléno-dicarboxylique, éthyléno-dicarbonique*],

$$C^4H^6O^4 = C^2H^4 \left\{ \begin{matrix} CO^2H \\ CO^2H \end{matrix} \right. = \begin{matrix} CO.OH \\ | \\ CH^2 \\ | \\ CH^2 \\ | \\ CO.OH. \end{matrix}$$

L'acide succinique appartient à la série des acides gras saturés, diatomiques et bibasiques; c'est le second homologue de l'acide oxalique.

Historique. — Il est depuis longtemps connu des chimistes. Déjà Agricola (1550) décrit sous le nom de *Sal succini* ou *Sal succini volatile* une substance retirée du succin par la distillation. Cette substance a été regardée pendant longtemps comme un sel alcali volatil. Glaser notamment (1663) a défendu cette opinion. Lemery (1675) reconnut la nature acide du sel de succin, et Barchhusen (1695), Boulduc (1699) et Boerhaave (1732), confirmèrent la découverte de Lemery. Au commencement du XVIIIe siècle, les chimistes admettaient donc que le *Sal succini* est acide, mais ils n'étaient pas d'accord sur la nature du principe auquel il doit son acidité. Fr. Hoffmann (1722), s'appuyant sur ce fait que le succin se trouve en Prusse sous des couches de matières remplies de pyrites, admettait que le sel de succin était formé principalement d'huile de vitriol; Neumann était du même avis. Bourdelin (1742) attribuait son acidité à l'acide muriatique; mais, un peu plus tard, Pott (1753) et Stockar von Neuforn (1760) démontrèrent que ces opinions étaient erronées et que l'acide du succin constitue une espèce distincte.

Cette découverte marque une époque dans l'histoire de l'acide succinique, car ces chimistes paraissent avoir été les premiers qui aient obtenu cet acide dans un état de pureté satisfaisant. Voici un résumé de la description que Bergman (1782) en donne : L'acide du succin est un corps cristallisé qui forme avec la potasse et l'ammoniaque des sels neutres cristallisables, qui peut aussi s'unir à la chaux, à la baryte, à la magnésie et qui dissout les oxydes métalliques.

De Bergman il faut arriver à Berzelius pour trouver un travail marquant sur l'acide succinique, car c'est ce dernier savant qui en a établi la composition. Depuis lors, il a été étudié par un grand nombre de chimistes [Berzelius, *Ann. de Chim.*, t. XCIV, p. 187; — Lecanu et Serbat, *Journ. de Pharm.*, t. VIII, p. 541; t. IX, p. 89; — Liebig et Wöhler, *Ann. de Poggend.*, t. XVIII, p. 162; — D'Arcet, *Ann. de Chim. et de Phys.*, (2), t. LVIII, p. 282].

État naturel. — La résine fossile, nommée succin ou ambre jaune, est la seule substance dont on ait su, pendant longtemps, extraire l'acide succinique. Plus tard, cet acide a été trouvé dans quelques lignites, et aujourd'hui sa présence a été constatée dans presque tous les bois fossiles et dans les strobiles des conifères fossiles des côtes de la mer Baltique [G. Reich, *Arch. de Pharm.*, (2), t. LIV, p. 155]. Il se rencontre aussi dans un certain nombre de végétaux de l'époque actuelle : dans les résines de quelques Conifères (Unverdorben); dans la térébenthine commune (Lecanu et Serbat).

D'après Zwenger [*Ann. der Chem. u. Pharm.*, t. XLVIII, p. 122], il existerait à l'état de sel acide de potassium dans les feuilles et les tiges de l'absinthe, mais suivant Luck, l'acide de l'absinthe serait différent de l'acide succinique [*Ann. der Chem. u. Pharm.*, t. LIV, p. 112). La laitue vireuse paraît aussi contenir de l'acide succinique [Kœhneke, *Arch. d. Pharm.*, t. XXXIX, p. 153]. L'acide chélidonique (voyez t. I, p. 851), ne serait, suivant Walz, que de l'acide succinique. Lermer a trouvé des quantités assez notables d'acide succinique dans l'eau de mouillage fraîche de l'orge [*Vierteljahrsschr. für prak. Pharm.*, 1863, t. XII, p. 4].

L'organisme animal en renferme. L'acide succinique a été signalé par Heintz [*Poggend. Ann.*, t. LXXX, p. 114] dans les kystes à échinocoques et hydatiques du foie d'une femme; Boedeker a fait une observation analogue [*Jahresb. d. Chem.*,

1856, p. 713]. Gorup-Besanez a constaté la présence de cet acide dans le thymus du veau, dans la glande thyroïde et dans la rate du bœuf; le foie, le rein, le poumon et le pancréas du même animal n'en contiennent pas [*Ann. der Chem. u. Pharm.*, t. XCVIII, p. 1]. Weidel a décelé sa présence dans l'extrait de viande [*Ann. der Chem. u. Pharm.*, t. CLVIII, p. 366].

L'acide succinique se rencontre assez souvent dans l'urine de différents animaux; celle des chiens nourris avec de la graisse et de la viande est très-riche en acide succinique : elle peut en contenir jusqu'à 2 grammes pour 800 centimètres cubes d'urine; l'urine de lapins nourris avec du son et du foin contient de l'acide succinique et surtout de l'acide hippurique. Lorsqu'on ajoute du malate acide de calcium à la nourriture de ces animaux, la proportion du premier acide augmente; si on les nourrit avec des carottes, l'acide hippurique disparaît presque complétement et se trouve remplacé par de l'acide succinique [G. Meissner et F. Jolly, *Zeitschr. für Chem.*, 1865, p. 230]. L'acide benzoïque et l'acide quinique introduits dans l'organisme sont éliminés par les voies urinaires, en partie à l'état d'acide succinique [G. Meissner et Shepard, *Zeitschr. für Chem.*, 1866, p. 752].

Il semble ressortir de ces derniers faits que l'acide succinique prend naissance dans l'organisme aux dépens de l'acide malique, et surtout par oxydation du groupe benzoïque contenu dans les corps albuminoïdes des aliments; en effet, comme nous le verrons plus loin, on peut transformer par des réactions oxydantes l'acide benzoïque ou la benzine en acide succinique.

Modes de formation de l'acide succinique. — Beissenhirz paraît avoir obtenu de l'acide succinique en distillant un mélange fermenté de pain, de caroube, de vinaigre et d'eau-de-vie, saturant le produit distillé par de la chaux et traitant par du peroxyde de manganèse et de l'acide sulfurique [*Berlin, Jahrb.*, 1818, p. 158]. Vorwerk a indiqué plus tard que les résidus noirs charbonneux de la préparation de l'éther contiennent de l'acide succinique qu'on peut en extraire par la sublimation [*Jahrb. f. prakt. Chem.*, 1849, t. XIX, p. 265].

L'asparagine se change en succinate d'ammonium par la fermentation [Piria, *Compt. rend.*, t. XIX, p. 576]. Dessaignes a montré qu'un grand nombre de matières organiques donnent de l'acide succinique lorsqu'on les fait fermenter, en présence du carbonate de calcium, avec addition de fromage pourri; les acides malique, fumarique, maléique et aconitique (extrait des prêles ou préparé avec l'acide citrique), la farine de pois ou d'amandes douces, les noix, les noisettes, le blé noir, les glands du chêne, etc., sont dans ce cas; chose curieuse, l'acide citrique n'en fournit pas [Dessaignes, *Ann. de Chim. et de Phys.*, (3), t. XXV p. 253; *Compt. rend.*, t. XXXI, p. 432; *Journ. de Pharm.*, (3), t. XXV, p. 27 et t. XXXII, p. 50]. La transformation des acides malique, maléique et fumarique en acide succinique par la fermentation est due à une simple réduction; on peut, en effet, la réaliser par des réactions purement chimiques (Voyez plus loin):

$$\underset{\text{Acide malique.}}{C^4H^6O^5} + H^2 = H^2O + \underset{\text{Acide succinique.}}{C^4H^6O^4}$$

$$\underset{\text{Acide maléique ou fumarique.}}{C^4H^4O^4} + H^2 = \underset{\text{Acide succinique.}}{C^4H^6O^4}.$$

Si la fermentation marche très-rapidement, une partie de l'acide succinique subit une réduction plus avancée et se convertit en acide butyrique, $C^4H^6O^4 + 3H^2 = 2H^2O + C^4H^8O^2$.

En faisant fermenter une solution de dextrine sous l'influence de la muqueuse gastrique hachée, et prolongeant l'expérience pendant 6 à 7 jours, M. R. Maly a obtenu de l'acide succinique [*Deutsch. chem. Gesellsch.*, t. VII, p. 1571].

Schmidt a observé la présence de l'acide succinique dans les liquides de la fermentation alcoolique [*Handwörterb. d. Chem. v. Liebig*, 1848, t. III, p. 224]; et Schunck a signalé la formation du même acide dans la fermentation de la saccharose sous l'influence de l'érythrozyme, ferment soluble de la garance (t. I, p. 1259) [*Phil. Mag.*, (4), t. VIII, p. 161]. M. Pasteur a confirmé plus tard l'observation de Schmidt, en établissant nettement que la fermentation alcoolique fournit, indépendamment de l'alcool et de l'acide carbonique, de petites quantités de glycérine et d'acide succinique. Ce dernier acide, dont la quantité s'élève de 0,5 à 0,7 % du poids du sucre fermenté, doit son origine au sucre et non aux matières de la levure. Enfin M. Pasteur a aussi constaté la formation d'une petite quantité d'acide succinique dans l'oxydation de l'alcool sous l'influence du *Mycoderma aceti* [*Compt. rend.*, t. XLVI, p. 179, et t. XLVIII, p. 1149; *Bull. de la Soc. chim.*, 1862, p. 52].

Un grand nombre de réactions purement chimiques donnent naissance à l'acide succinique. On l'obtient, indépendamment d'acides homologues, par l'action prolongée de l'acide nitrique chaud sur un grand nombre de substances organiques, principalement les corps gras et les acides gras, tels que : l'acide stéarique, l'acide margarique [Bromeis, *Ann. der Chem. u. Pharm.*, t. XXXV, p. 90]; le blanc de baleine [Radcliff, *ibid.*, t. XLIII, p. 349]; la cire du Japon [Sthamer, *ibid.*, t. XLIII, p. 346]; la cire d'abeille [Ronalds, *ibid.*, t. XLIII, p. 356]; l'acide butyrique [Dessaignes, *Compt. rend.*, t. XXX, p. 50]; l'acide oléique (1) [Arppe, *ibid.*, t. CXV, p. 143]; l'acide sébacique [Carlet, *Compt. rend.*, t. XXXVII, p. 128; — Arppe, *Ann. der Chem. u. Pharm.*, t. XCV, p. 242]; l'acide acétylopropionique (Noeldecke, voyez plus loin, p. 6); l'alcool caprylique [J. Bouis, *Compt. rend.*, t. XXXIII, p. 141]; la santonine [Heldt, *Ann. der Chem. u. Pharm.*, t. LXIII, p. 40]; les hydrures d'hexyle et d'octyle du pétrole d'Amérique, et le diamylène [Schorlemmer, *Proceed. Roy. Soc. London*, t. XVI, p. 372]; la paraffine [Hofstädter, *Ann. der Chem u. Pharm.*, t. XCI, p. 326; — Filipuzzi, *Journ. für prakt. Chem.*, t. LXVIII, p. 60; — Gill et Meusel, *Chem. Soc. Journ.*, (2), t. VI, p. 470].

La gomme arabique et le sucre de lait fondus avec de la potasse fournissent une certaine quantité d'acide succinique [H. Hlasiwetz et L. Barth, *Bull. de la Soc. chim.*, 1866, t. VI, p. 339].

Parmi ces nombreuses réactions oxydantes, qui donnent naissance à l'acide succinique, une seule peut être nettement formulée; c'est la suivante :

$$\underset{\text{Acide butyrique.}}{\begin{matrix} CH^2\text{-}CH^3 \\ | \\ CH^2\text{-}CO^2H \end{matrix}} + 3O = H^2O + \underset{\text{Acide succinique}}{\begin{matrix} CH^2\text{-}CO^2H \\ | \\ CH^2\text{-}CO^2H \end{matrix}}$$

Ajoutons que l'acide caproïque fournit par oxydation, au moyen de l'acide nitrique, les acides acétique et succinique, mais pas d'acide oxalique [Erlenmeyer, Sigel et Belli, *Deutsch. chem. Gesellsch.*, t. VII, p. 696; *Bull. de la Soc. chim.*, 1874, t. XXII, p. 461].

Enfin lorsqu'on oxyde l'acide benzoïque par le peroxyde de manganèse et l'acide sulfurique, il se forme de petites quantités d'acide succinique [Meissner et Shepard, *Zeitsch. für Chem.*, 1866, p. 752]. MM. Friedel et Machuca ont obtenu de

1. L'acide lipique, que Laurent avait obtenu dans l'oxydation de l'acide oléique, n'était que de l'acide succinique impur.

l'acide succinique, indépendamment d'acides butyriques bromés, en chauffant l'acide butyrique avec le brome vers 210°; la formation de l'acide succinique commence déjà vers 170° [*Compt. rend.*, t. LII, p. 1027].

Dans ces oxydations, réactions souvent violentes, les molécules complexes sont scindées en groupes plus simples, dont les uns sont entièrement transformés par l'acide azotique en acide carbonique et en eau, tandis que les autres produisent les acides de la série oxalique; il est clair que de telles réactions ne peuvent nous servir à fixer la constitution de l'acide succinique.

Les modes de formation dont nous allons parler maintenant, les formations par hydrogénation, dédoublement ou synthèse, constituent des réactions ménagées et régulières, qui toutes confirmeront pour l'acide succinique la formule de constitution admise au commencement de cet article.

L'acide succinique se forme :

1° Dans l'hydrogénation des acides maléique et fumarique au moyen de l'amalgame de sodium ou de l'acide iodhydrique à chaud [A. Kekulé, *Ann. der Chem. u. Pharm.*, Supplementb., I, p. 120; *Répert. de Chim. pure*, 1861, p. 484]; si l'on met en contact une solution d'acide maléique avec du zinc, on obtient directement du succinate de zinc [V. von Richter, *Zeitsch. für Chem.*, 1868, p. 448],

$$C^4H^4O^4 + H^2 = C^4H^6O^4;$$

Acide maléique ou fumarique. — Acide succinique.

2° Dans l'hydrogénation au moyen de l'amalgame de sodium, des acides monobromomalique, monobromomaléique [Kekulé, *Ann. Chem. Pharm.*, Supplementb., I, p. 354] et monochloromaléique [H. Perkin, *Chem. Soc. Journ.*, (4), t. I, p. 198],

$$C^4H^4Br(OH)O^4 + 2H^2 = C^4H^6O^4 + HBr + H^2O;$$

Acide monobromomalique. — Acide succinique.

3° Lorsqu'on chauffe à 130° pendant 6 à 8 heures l'acide malique avec de l'acide iodhydrique saturé. L'acide tartrique subit une réduction analogue; seulement, dans ce cas, la température ne doit pas être élevée au delà de 120° [R. Schmitt, *Ann. Chem. Pharm.*, t. CXIV, p. 106; *Rép. de Chim. pure*, 1860, p. 263],

$$C^4H^5(OH)O^4 + 2HI = C^4H^6O^4 + H^2O + I^2$$

Acide malique. — Acide succinique.

$$C^4H^4(OH)^2O^4 + 4HI = C^4H^6O^4 + 2H^2O + 2I^2;$$

Acide tartrique. — Acide succinique.

4° Par l'action de l'acide iodhydrique à 150-180°, ou de l'étain et de l'acide chlorhydrique sur l'acide trichlorophénomalique (voyez t. II, p. 831): cet acide se dédoublerait dans ces conditions en acide succinique, acide chlorhydrique et en un reste aldéhyde, C^2H^4O, qui subirait, soit une réduction ultérieure, soit une décomposition complète [Carius, *Ann. Chem. Pharm.*, t. CXLII, p. 129; *Bull. de la Soc. chim.*, 1868, t. XIX, p. 119],

$$C^6H^7Cl^3O^5 + 3H^2 = C^4H^6O^4 + C^2H^4O + 3HCl;$$

Acide trichlorophénomalique. — Acide succinique.

5° Dans l'action de l'eau de baryte bouillante sur l'acide muconique : cet acide se dédouble d'une part en acides succinique et acétique, d'autre part en acide carbonique et en un acide, $C^5H^8O^3$ [H. Limpricht, *Bull. de la Soc. chim.*, 1873, t. XIX, p. 460] :

$$C^6H^6O^4 + 2H^2O = C^2H^4O^2 + C^4H^6O^4;$$

Acide muconique. — Acide acétique. — Acide succinique.

6° Dans le dédoublement de l'acide aconique, homologue inférieur de l'acide muconique, par la baryte en solution bouillante [F. Meilly, *Deutsche chem. Gesellsch.*, t. VI, p. 242; *Bull. de la Soc. chim.*, 1873, t. XX, p. 201],

$$C^5H^4O^4 + 2H^2O = CH^2O^2 + C^4H^6O^4.$$

Acide aconique. — Acide formique. — Acide succinique.

Synthèses de l'acide succinique. — 1° Max. Simpson a réalisé le premier la synthèse de l'acide succinique, en montrant que le dicyanure d'éthylène n'est autre que le succino-nitrile, et qu'il fournit, par conséquent, de l'acide succinique sous l'influence de l'eau [Max. Simpson, *Proceed. of the Roy. Soc. London*, t. X, p. 574, et t. XI, p. 190; *Répert. de Chim. pure*, 1861, p. 100; 1862, p. 180],

$$\begin{matrix} CH^2\text{-}CAz \\ | \\ CH^2\text{-}CAz \end{matrix} + 4H^2O = 2AzH^3 + \begin{matrix} CH^2\text{-}CO.OH \\ | \\ CH^2\text{-}CO.OH \end{matrix}$$

Dicyanure d'éthylène. — Acide succinique.

La potasse alcoolique, l'acide chlorhydrique, ou mieux l'acide nitrique, opèrent à chaud la transformation du dicyanure d'éthylène en acide succinique.

Le chlorure d'éthylidène, $CH^3\text{-}CHCl^2$, isomérique avec le chlorure d'éthylène, fournit également de l'acide succinique lorsqu'on le traite par le cyanure de potassium à 180°, en présence de l'alcool et qu'on décompose le cyanure formé par la potasse [Max. Simpson, *Compt. rend.*, t. LXV, p. 351; — H. Mühlhäuser, *Zeitsch. f. Chem.*, 1867, p. 593; *Bull. de la Soc. chim.*, 1868, t. IX, p. 316]. C'est là une réaction irrégulière, car le chlorure d'éthylidène devrait donner normalement l'acide *isosuccinique*, $CH^3\text{-}CH(CO^2H)^2$. On a cherché à expliquer cette réaction en admettant que le chlorure d'éthylidène se convertit sous l'influence de la chaleur en chlorure d'éthylène; mais cette hypothèse est peu en rapport avec les faits, car on sait, d'après les expériences de M. Tollens, que ce corps est stable à 215°. Il est donc plus probable, comme le suppose d'ailleurs M. Wichelhaus, que le chlorure d'éthylidène fournit d'abord réellement du cyanure d'éthylidène et que ce dernier, à la température de 180°, subit une transformation moléculaire et produit le cyanure d'éthylène.

2° L'acide succinique se forme aussi lorsqu'on décompose par la potasse l'acide β-cyanopropionique, obtenu par l'action du cyanure de potassium en solution aqueuse sur l'acide β-iodopropionique (voyez t. II, p. 1202) [V. von Richter, *Zeitsch. für Chem.*, 1868, p. 449; *Bull. de la Soc. chim.*, 1868; t. X, p. 454],

$$\begin{matrix} CH^2\text{-}CAz \\ | \\ CH^2\text{-}CO^2H \end{matrix} + 2H^2O = AzH^3 + \begin{matrix} CH^2\text{-}CO^2H \\ | \\ CH^2\text{-}CO^2H \end{matrix}$$

Acide β-cyanopropionique. — Acide succinique.

3° Noeldecke a obtenu de l'acide succinique en faisant agir l'éther monochloracétique sur l'éther sodacétique et saponifiant par la soude bouillante le produit formé [*Ann. der Chem. u. Pharm.*, t. CXLIX, p. 224; *Bull. de la Soc. chim.*, 1869 t. XII, p. 308],

$$\begin{matrix} CH^2Na\text{-}CO^2.C^2H^5 \\ CH^2Cl\text{-}CO^2.C^2H^5 \end{matrix} = NaCl + \begin{matrix} CH^2\text{-}CO^2.C^2H^5 \\ | \\ CH^2\text{-}CO^2.C^2H^5 \end{matrix}$$

1 mol. d'éther sodacétique et 1 mol. d'éther chloracétique. — Éther succinique.

Indépendamment de l'acide succinique, on obtient dans cette réaction un acide, $C^5H^8O^3$, l'acide acétylopropionique qui, par oxydation, fournit de l'acide succinique.

En traitant l'éther sodacétique par l'éther dibromacétique pur, exempt d'éther monobromacétique, MM. Carius et Wippermann ont obtenu de l'acide succinique, indépendamment d'acide oxalique, d'un autre acide non encore étudié et de matières résineuses. On n'a pas donné l'explication de cette réaction [*Deutsch. chem. Gesellsch.*, t. III, p. 337].

4° M. A. Steiner a trouvé une synthèse très-intéressante de l'acide succinique : cet acide se forme lorsqu'on chauffe vers 130° l'acide bromacétique avec de l'argent en poudre [*Deutsch. chem. Gesellsch.*, t. VII, p. 184; *Bull. de la Soc. chim.*, 1874, t. XII, p. 166],

$$\begin{matrix} CH^2Br\text{-}CO^2H \\ CH^2Br\text{-}CO^2H \end{matrix} + 2Ag = 2AgBr + \begin{matrix} CH^2\text{-}CO^2H \\ | \\ CH^2\text{-}CO^2H \end{matrix}$$

2 mol. d'acide bromacétique. — Acide succinique.

Dans la préparation de l'acide malonique, par la réaction de l'éther chloracétique ou bromacétique sur le cyanure de potassium, M. Franchimont a observé la formation d'une certaine quantité d'acide succinique ; le cyanure de potassium, dans ces circonstances, remplirait donc le rôle de l'argent, en enlevant simplement l'élément halogène à 2 molécules d'acide chlor- ou bromacétique et soudant les deux résidus [Franchimont, *Bull. de la Soc. chim.*, t. XXI, p. 255].

Préparation de l'acide succinique. — 1° Pour extraire l'acide succinique de l'ambre jaune, on soumet celui-ci à la distillation sèche : le produit distillé est formé d'un liquide aqueux et d'un sublimé cristallin imprégné d'une huile (*huile de succin*, voyez t. I, p. 183). On dissout à chaud la masse sublimée dans le liquide aqueux, on sépare, autant que possible, l'huile à l'aide d'un filtre mouillé, et l'on évapore à cristallisation. L'acide succinique ainsi obtenu, encore très-impur, est purifié par le chlore gazeux ou au moyen de l'acide nitrique chaud, et soumis finalement à la cristallisation dans l'eau pure.

Suivant Dœpping [*Ann. der Chem. u. Pharm.*, t. XLIX, p. 350], il serait préférable de traiter directement le succin par l'acide nitrique.

2° Pour préparer l'acide succinique par l'oxydation des matières grasses, on épuise sur celles-ci l'action de l'acide azotique bouillant, opération très-longue, et l'on évapore à cristallisation. L'acide brut contient, indépendamment de l'acide succinique, de l'acide oxalique et d'autres acides homologues; aussi est-il difficile d'isoler l'acide succinique d'un pareil mélange (voyez p. 9 la séparation des acides du groupe oxalique).

3° Le procédé le plus avantageux pour la préparation de l'acide succinique consiste à mettre le malate de calcium en fermentation avec du fromage pourri (Dessaignes). Voici les proportions indiquées par Liebig : on prend 1 kilogramme de malate de calcium brut, 3 kilogrammes d'eau et 80 grammes de fromage pourri, ou bien 1 kilogramme de malate de calcium, 6 kilogrammes d'eau et 250 centimètres cubes de levûre de bière, et l'on abandonne le mélange à une température de 30 à 40° ; il se dégage bientôt du gaz carbonique et ce dégagement dure pendant 5 à 6 jours. Kohl a proposé, pour augmenter le rendement, de modérer la fermentation en la laissant s'accomplir entre 15 et 30° ; dans ces conditions, elle dure de 8 à 15 jours [Kohl, *Arch. der Pharm.*, (2), t. LXXXIV, p. 257]. Le dépôt cristallin, mélange de succinate et de carbonate calciques, est lavé à plusieurs reprises, puis, traité par de l'acide sulfurique étendu jusqu'à ce que l'effervescence soit terminée. On ajoute alors à la masse une quantité d'acide sulfurique égale à celle qui a été primitivement employée et l'on maintient le tout en ébullition jusqu'à ce que le dépôt ait perdu sa consistance grenue. Le liquide filtré, contenant du succinate acide de calcium, est évaporé jusqu'à pellicule, puis traité par de l'acide sulfurique concentré, de manière à précipiter toute la chaux à l'état de sulfate. On filtre de nouveau et l'on obtient par évaporation une cristallisation d'acide succinique qu'il est facile de purifier par le charbon animal. Les dernières traces de chaux peuvent être éliminées par dissolution dans l'alcool ou par sublimation.

1 kilogramme de malate de calcium brut a fourni à Liebig 300 à 320 grammes d'acide succinique pur [Liebig, *Ann. der Chem. u. Pharm.*, t. LXX, pp. 104 et 363].

Le procédé qui vient d'être décrit donne un rendement d'autant meilleur, que la fermentation a été plus lente ; si, dans le courant de celle-ci, il s'opère un dégagement d'hydrogène, on n'obtient pas d'acide succinique, mais de grandes quantités d'acide butyrique. En même temps que l'acide succinique il se forme du gaz carbonique et de l'acide acétique, ce qui a porté Liebig à exprimer par l'équation suivante les réactions qui se passent dans la fermentation de l'acide malique,

$$3C^4H^6O^5 = 2C^4H^6O^4 + C^2H^4O^2 + 2CO^2 + H^2O.$$

Cette égalité ne représente la fermentation de l'acide malique que dans son ensemble et n'est pas l'expression mathématique du phénomène; l'acide succinique et l'acide acétique ne sont pas les produits d'une même transformation, mais il est probable que deux réactions ont lieu parallèlement : la première transformant par hydrogénation l'acide malique en acide succinique ; la seconde, engendrant les acides acétique et carbonique par oxydation et dédoublement de l'acide malique.

4° Enfin, on peut préparer l'acide succinique par synthèse en partant du bromure d'éthylène qu'on transforme en cyanure en le chauffant au bain-marie avec du cyanure de potassium et de l'alcool. Le cyanure d'éthylène reste dissous dans le liquide alcoolique, tandis que la majeure partie du bromure de potassium se dépose. La solution alcoolique est distillée et le résidu, dissous dans 5 à 6 fois son volume d'eau, est chauffé au bain-marie et additionné peu à peu d'acide azotique étendu de son poids d'eau. L'hydratation du cyanure d'éthylène, dans ces conditions, est très-régulière, et, l'acide azotique oxydant les matières résineuses et colorées, il reste un liquide incolore, qu'on neutralise par la potasse et qu'on précipite par l'acétate de plomb. Le succinate de plomb est lavé à l'eau, mis en suspension dans ce liquide et décomposé par un courant de gaz sulfhydrique.

M. Jungfleisch, auquel nous empruntons ces détails, a obtenu, par ce procédé, un poids d'acide succinique égal au $\frac{1}{15}$ environ du bromure d'éthylène employé [*Bull. de la Soc. chim.*, 1873, t. XIX, p. 197].

Propriétés de l'acide succinique. — L'acide succinique cristallise dans le système orthorhombique. Formes : $m, p, b^{1/2}, e^1, g^1$, la face p est généralement très-développée et donne aux cristaux l'aspect de tables hexagonales ou rhombiques. Rapport des axes : $a : b : c = 0{,}5739 : 1 : 0{,}5985$. Angles $mm = 120° 40'$, $e^1 e^1 = 118° 12'$ (Rammelsberg).

L'acide succinique est inaltérable à l'air; sa densité est de 1,552 à l'état cristallisé et de 1,529 à l'état sublimé (Huseman). Il est incolore et inodore, mais il possède une saveur acide. Il est soluble dans l'eau, moins soluble dans l'alcool, et peu soluble dans l'éther. 100 p. d'eau dissolvent à 15° 3p,52 d'acide; à 17°, 5p,19 et à 18°, 6p,15 (Carius); à 15°, 6p,02 d'acide (Berthelot); à 18°, 5p,94 d'acide (Noeldecke); enfin M. E. Bourgoin a déterminé récemment la solubilité de l'acide succinique aux différentes températures. 100 p. d'eau dissolvent :

A 0°	2,88	p. d'acide succinique.
8°,5	4,22	—
14 5	5,14	—
27 5	8,44	—
35 5	12,20	—
40 5	15,37	—
48	20,28	—
78	60,78	—
100	120,86	—

[*Bull. de la Soc. chim.*, 1874, t. XXI, p. 110].

L'acide succinique se dissout dans 1p,4 d'alcool bouillant. Le coefficient de partage pour l'acide succinique en présence de l'eau et de l'éther (voyez à l'article SOLUTION, t. II, p. 1546) est exprimé par la relation $c = 5,1 + 3\,p$, dans laquelle c représente le coefficient de partage et p la quantité d'acide succinique contenue finalement dans 10 centimètres cubes de la solution aqueuse [Berthelot et Jungfleisch, *Bull. de la Soc. chim.* t. XIII, p. 305].

L'acide succinique fond à 180°, et bout vers 235° en se dédoublant pour la majeure partie en eau et en anhydride succinique. Il émet déjà des vapeurs vers 140° et se sublime; mais l'acide sublimé renferme toujours une petite quantité d'anhydride.

L'acide succinique résiste aux réactifs oxydants tels que l'acide azotique concentré, l'acide chromique, le chlore ou le mélange de chlorate potassique et d'acide chlorhydrique. L'acide azotique étendu et bouillant l'oxyderait complétement en le convertissant en eau et en acide carbonique [Erlenmeyer, Sigel et Belli, *Bull. de la Soc. chim.*, 1874, t. XXII, p. 461]. Distillé avec un mélange de peroxyde de manganèse et d'acide sulfurique concentré, il fournirait, d'après Trommsdorff, de l'acide acétique.

L'ozone ne l'attaque qu'avec lenteur, mais finit par le brûler complétement (Gorup-Besanez).

Le permanganate de potassium en solution acide ou alcaline est sans action sur l'acide succinique à froid; à l'ébullition il l'oxyde lentement en donnant de l'acide oxalique [Berthelot, *Bull. de la Soc. chim.*, 1867, t. VIII, p. 394; — voyez aussi Langbein, *Jahrb. d. Chem.*, 1868, p. 294].

Lorsqu'on abandonne à la lumière solaire une solution contenant 5 % d'acide succinique et 1 % de succinate uranique, celle-ci se colore bientôt en vert, dégage du gaz carbonique et contient finalement de l'acide propionique [W. Seekamp, *Ann. der Chem. u. Pharm.*, t. CXXIII, p. 253; *Bull. de la Soc. chim.*, 1865, t. IV, p. 132],

$$C^4H^6O^4 = CO^2 + C^3H^6O^2.$$

L'électrolyse de l'acide succinique en solution aqueuse est difficile; au pôle négatif, on recueille de l'hydrogène pur et, au pôle positif, un mélange d'oxygène et de petites quantités de gaz carbonique et d'oxyde de carbone; la solution se concentre au pôle positif (Bourgoin). Le succinate sodique en solution très-concentrée fournit au pôle positif de l'éthylène et de l'acide carbonique, et de l'hydrogène au pôle négatif [A. Kekulé, *Ann. der Chem. u. Pharm.*, t. CXXXI, p. 79],

$$C^4H^4Na^2O^4 + 2H^2O$$
$$= C^2H^4 + 2CO^2 + 2NaOH + H^2.$$

D'après les observations de M. Bourgoin, l'électrolyse du succinate sodique a pour effet principal un dédoublement du sel en sodium (pôle —) et un reste acide $C^4H^4O^4$ qui s'hydrate en grande partie au pôle positif, et dégage de l'oxygène, en régénérant l'acide succinique. Une petite quantité du reste acide seulement est détruite par l'oxygène et donne de l'oxyde de carbone, du gaz carbonique et de l'eau.

On observerait le résultat annoncé par M. Kekulé, c'est-à-dire la production d'éthylène, en opérant sur une solution très-concentrée de succinate sodique (4 molécules) rendue alcaline par la soude (1 molécule); les gaz dégagés dans ce cas au pôle positif renfermeraient de l'oxygène, de l'acide carbonique, de l'éthylène et de petites quantités d'acétylène et d'oxyde de carbone [E. Bourgoin, *Bull. de la Soc. chim.*, 1868, t. IX, p. 301].

L'amalgame de sodium, le sodium métallique, en présence de l'alcool, le zinc ou l'étain et l'acide chlorhydrique, sont sans action sur l'acide succinique; on n'observe pas de réduction analogue à celle que subit l'acide oxalique [A. Claus, *Ann. der Chem. u. Pharm.*, t. CXLI, p. 49, — H. Kämmerer, *Jahresb. d. Chem.*, 1866, p. 404].

L'acide iodhydrique employé en grand excès, convertit l'acide succinique à 275° en butane C^4H^{10}; si l'on emploie une proportion d'hydracide insuffisante pour le changer complétement en butane, on obtient une grande quantité d'acide butyrique [Berthelot, *Bull. de la Soc. chim.*, 1868, t. IX, pp. 15 et 455],

$$C^4H^6O^4 + 6HI = C^4H^8O^2 + 3I^2 + 2H^2O.$$

Lorsqu'on fond l'acide succinique avec un excès de potasse caustique, il se produit du carbonate et de l'oxalate de potassium, en même temps qu'il se dégage un carbure d'hydrogène gazeux (C^2H^6) (?) (Liebig et Wöhler); si l'on fait agir la potasse fondue avec plus de précaution, la masse contient beaucoup d'acétate de potassium.

Chauffé avec précaution avec de la chaux, l'acide succinique fournit de l'acide propionique; on n'obtient qu'une petite quantité de cet acide, parce qu'il se forme à une température voisine de celle à laquelle il se décompose à son tour. Si l'on chauffe sans précaution, il se forme de l'acide acétique, de l'acide carbonique et un hydrocarbure [Koch, *Ann. der Chem. u. Pharm.*, t. CXIX, p. 173; *Rép. de Chim. pure*, 1862, p. 148]. L'acide succinique est à peine attaqué, lorsqu'on le chauffe avec de la baryte : la majeure partie se sublime sans éprouver aucune décomposition (Riche).

Il est probable qu'en distillant un mélange de succinate et d'hydrate de baryum, on obtiendrait de l'éthane et du carbonate barytique

$$C^4H^4O^4.Ba + BaH^2O^2 = 2CO^3Ba + C^2H^6.$$

L'acide sulfurique n'altère pas l'acide succinique, même à chaud. L'anhydride sulfurique le convertit en acide sulfosuccinique. — Voyez plus loin.

L'anhydride phosphorique ou le pentachlorure de phosphore le font passer à l'état d'anhydride succinique, en lui enlevant 1 molécule d'eau,

$$C^4H^6O^4 + PCl^5 = C^4H^4O^3 + POCl^3 + 2HCl.$$

Un excès de perchlorure transforme l'anhydride en chlorure de succinyle.

$$C^4H^4O^3 + PCl^5 = C^4H^4O^2Cl^2 + POCl^3.$$

Le brome sec attaque à peine l'acide succinique; en présence de l'eau, et sous l'influence d'une température élevée, il se forme des produits de substitution. — Voyez plus loin.

L'acide succinique réagit, à une température plus ou moins élevée, sur les ammoniaques substituées et sur les acides amidés et engendre des amides succiniques. — Voyez SUCCINIQUES (AMIDES), p. 17.

Le succinate de potassium soumis à la fermentation en présence d'une petite quantité de son d'amandes fournirait, suivant Buchner, de l'acétate, du butyrate et du carbonate de potassium [*Ann. der Chem. u. Pharm.*, t. LXXVIII, p. 203]. D'après les observations plus récentes de M. Béchamp, la fermentation du succinate de calcium sous l'influence des microzymas et d'une petite quantité de viande ne dégage pas d'hydrogène, et le liquide renferme du propionate et du carbonate calciques [*Compt. rend.*, t. LXX, p. 999],

$$2C^4H^4O^4Ca + H^2O$$
$$= (C^3H^5O^2)^2Ca + CO^3Ca + CO^2.$$

L'acide succinique introduit dans l'organisme de l'homme ou du chien subit une oxydation complète : on n'en retrouve ni dans les urines, ni dans les excréments ; l'ingestion de l'acide succinique ne paraît pas augmenter la quantité d'acide hippurique (Buchheim et Piotrowsky, Hallwachs).

Séparation des acides de la série $C^nH^{2n-2}O^4$. — La séparation des acides du groupe oxalique présente de très-grandes difficultés et ne peut être obtenue avec une certaine exactitude. Elle est basée sur la différence de solubilité de ces acides dans l'eau et dans l'éther : l'acide oxalique est le plus soluble dans l'eau ; il l'est peu dans l'éther ; l'acide succinique est moins soluble dans l'eau et à peine soluble dans l'éther ; l'acide adipique est encore moins soluble dans l'eau, mais il est assez soluble dans l'éther ; l'acide subérique se dissout en petite quantité seulement dans les deux dissolvants ; enfin, les acides azélaïque et sébacique sont assez solubles dans l'eau, cependant moins que l'acide adipique ; l'éther les dissout très-facilement.

Lorsqu'on évapore une solution aqueuse renfermant tous ces acides, les acides subérique, azélaïque et sébacique cristallisent d'abord ; plus tard apparaissent des mamelons composés d'acide adipique et d'acide succinique ; l'acide oxalique se concentre dans les dernières eaux mères. Nous supposons naturellement ici qu'aucun de ces acides ne prédomine de beaucoup dans le mélange : car, dans le cas contraire, un acide plus soluble pourrait se déposer en premier lieu, si sa proportion dépassait une certaine limite. D'ailleurs, il est toujours possible d'éliminer par cristallisation la majeure partie de l'acide qui se trouve en excès. Chacun des dépôts est soumis à des cristallisations fractionnées et à des traitements successifs avec de petites quantités d'éther ; ces traitements à l'éther doivent se faire sur les acides fondus et réduits ensuite à l'état de poudres très-fines.

Au commencement, les acides se déposent en cristaux indistincts, de forme granulaire, indice d'un mélange ; mais, au fur et à mesure que la purification avance, les cristaux deviennent de plus en plus distincts ; on met fin aux cristallisations fractionnées et épuisements méthodiques, quand les points de fusion des différents produits ne varient plus.

Pour la purification de l'acide succinique on peut aussi mettre à profit la facilité relative avec laquelle cet acide se sublime [A.-E. Arppe, *Ann. der Chem. u. Pharm.*, CXV, p. 143 ; *Rép. de Chim. pure*, 1861. p. 73 ; *Bull. de la Soc. chim.*, 1866, t. IV, p. 54].

SUCCINATES.

L'acide succinique est diatomique et bibasique ; il forme par conséquent deux séries de sels : des sels acides et des sels neutres :

$$C^2H^4\begin{cases}CO^2M'\\CO^2H\end{cases} \quad \text{et} \quad C^2H^4\begin{cases}CO^2M'\\CO^2M'.\end{cases}$$

Son acidité est très-prononcée ; il décompose les carbonates et les acétates. Sa chaleur de neutralisation par 2 molécules de soude s'élève à $24^{cal},2$ (1 calorie = kilogramme-degré), la combinaison de la première molécule de soude dégageant $12^{cal},4$ et celle de la seconde $11^{cal},8$ seulement. La réaction de l'acide succinique libre sur le succinate sodique neutre, réaction qui fournit le succinate monosodique, dégage donc de la chaleur (Thomsen).

Les succinates alcalins et le sel magnésien sont très-solubles dans l'eau : ils précipitent en solution moyennement concentrée les sels alcalino-terreux et terreux, les sels ferriques, plombiques, argentiques, stanneux et stanniques, le chlorure chromeux, le nitrate mercureux et l'acétate mercurique. L'acide succinique libre ne précipite que les acétates des métaux qu'on vient d'énumérer, les succinates étant solubles dans les acides minéraux. Le chlorure et le nitrate mercuriques, de même que les sels manganeux, ferreux, nickéleux, cobalteux, cuivriques, zinciques, cadmiques et bismuthiques ne sont pas précipités par les succinates alcalins.

L'insolubilité du succinate ferrique a été mise à profit pour la séparation de l'oxyde ferrique des oxydes ferreux et manganeux.

Un grand nombre de succinates contiennent de l'eau de cristallisation, qui, dans quelques cas, ne se dégage complétement qu'au-dessus de 200°, température à laquelle les succinates résistent. Lorsqu'on les distille avec du biphosphate ou du bisulfate de sodium, ils donnent un sublimé d'anhydride succinique.

Les succinates en solution aqueuse ne sont pas précipités par l'acide chlorhydrique, ce qui les différencie des benzoates.

Les succinates ont été particulièrement étudiés par Doepping [*Ann. der Chem. u. Pharm.*, t. XLVII, p. 253] et par Fehling [*ibid.*, t. XLIX, p. 654].

SUCCINATE D'ALUMINIUM. — Précipité blanc, soluble dans l'acide succinique.

SUCCINATES D'AMMONIUM. — 1° *sel neutre*,

$$C^4H^4O^4(AzH^4)^2.$$

— On l'obtient en évaporant la solution d'acide succinique, sursaturée d'ammoniaque, sur de la chaux vive disposée sous une cloche. Ce sel cristallise en prismes hexagones, d'une densité de 1,367 (Husemann), il est très-soluble dans l'eau et dans l'alcool. Il perd de l'ammoniaque à l'air ; sa solution dissout les chloroplatinates d'ammonium et de potassium. Soumis à la distillation, il fournit de l'eau, de l'ammoniaque et de la succinimide.

2° *Sel acide*, $C^4H^5O^4(AzH^4)$. — Ce sel, fort soluble dans l'eau, se forme lorsqu'on évapore à chaud la solution du succinate neutre. Les cristaux appartiennent au type anorthique. Formes : p, m, t, e^1, i^1, h^1, g^1, c^1 ; angles : $mt = 135°50'$; $th^1 = 159°30'$; $e^1i^1 = 122°25'$; $i^1g^1 = 117°1'$; $pt = 91°45'$; $c^1t = 111°15'$; clivages parallèles à p, g^1 et m (Brooke et Rammelsberg).

SUCCINATE D'ARGENT, $C^4H^4O^4.Ag^2$. — Précipité blanc, anhydre, d'une densité de 3,518, peu soluble dans l'eau, l'acide acétique ou l'acide succinique ; très-soluble dans l'acide azotique et dans l'ammoniaque. Traité par le brome, il donne, suivant la température, de l'acide ou de l'anhydride succinique, en même temps qu'il se développe une odeur de bromure d'éthylène et d'acide butyrique [Bunge, *Ann. der Chem. u. Pharm.*, Supplementb. VII, p. 123].

Lorsqu'on chauffe le succinate d'argent à 100° dans un courant d'hydrogène, il se colore en jaune citron, en même temps qu'il se sublime de l'acide succinique [Wœhler, *Ann. der Chem. u. Pharm.*, t. XXX, p. 4]. Si l'on mélange le succinate argentique avec du sable et qu'on le chauffe dans une cornue tubulée, graduellement jusqu'à 180°, on obtient un liquide aqueux et un sublimé cristallin ; ces deux produits sont riches en acide maléique $C^4H^4O^4$; on y trouve aussi de l'acide succinique régénéré. Dans la cornue il reste un charbon argentifère [E. Bourgoin, *Bull. de la Soc. chim.*, 1873, t. XX, p. 70].

SUCCINATE D'ANTIMOINE. — L'acide succinique ne dissout qu'en très-petite proportion l'oxyde d'antimoine récemment précipité.

Succinate de baryum, $C^4H^4O^4.Ba$. — Précipité blanc cristallin, anhydre, peu soluble dans l'eau, plus soluble dans les acides acétique, nitrique et chlorhydrique étendus; il est insoluble dans l'ammoniaque et dans l'alcool.

Succinate de bismuth. — Lorsqu'on fait digérer l'hydrate bismuthique avec de l'acide succinique, il se forme un sel insoluble, mais le liquide contiendrait en même temps un peu de métal en dissolution.

Succinate de cadmium, $C^4H^4O^4.Cd$. — Poudre cristalline, peu soluble dans l'eau et dans l'alcool, même en présence d'un excès d'acide succinique.

Succinates de calcium. — 1° *sel neutre.* — Si l'on mélange des solutions bouillantes de chlorure de calcium et de succinate alcalin, on obtient un précipité instable contenant $C^4H^4O^4.Ca + H^2O$; ce sel ne perd son eau qu'à 200°. Mis en contact avec l'eau, il absorbe peu à peu ce liquide et se convertit finalement en un sel de la formule $C^4H^4O^4.Ca + 3H^2O$, qu'on peut préparer plus simplement par double décomposition en liqueur froide : le sel précipité est au premier moment en fines aiguilles, qui, après quelque temps, deviennent dures et plus grosses, sans toutefois changer de composition. Ce sel perd environ 2 1/2 H^2O à 100° et le reste à 150°. Il est peu soluble dans l'eau ou dans l'acide acétique; plus soluble en présence des acides succinique et azotique.

Une solution de succinate calcique contenant 0,73 p. de sel dans 100 p. d'eau, en cède 79 °/ₒ au charbon animal; à un mélange de chlorure de calcium et de succinate sodique en solution étendue, le charbon n'enlève que du succinate de calcium, tandis que l'eau renferme du chlorure de sodium [H. Reichhardt et D. Cunze, *Bull. de la Soc. chim.*, 1870, t. XIII, p. 383].

Soumis à la distillation sèche, le succinate de calcium donne une petite quantité d'un produit volatil, que d'Arcet a décrit sous le nom de *succinone* (voyez ce mot). En distillant un mélange de succinate calcique et de phénate de potassium, Pfankuch a obtenu du toluène et un composé cristallisé en fines aiguilles possédant une odeur agréable; il ne se forme pas de diphényle [*Bull. de la Soc. chim.*, t. XVIII, p. 497].

2° *Sel acide*, $(C^4H^5O^4)^2Ca + 2H^2O$. — Les cristaux de succinate calcique se dissolvent dans une solution d'acide succinique, en produisant du bisuccinate, qui cristallise par la concentration en prismes peu solubles dans l'eau; ce sel possède une réaction acide et se décompose vers 150°. L'alcool chaud rend les cristaux troubles en les transformant en sel neutre.

Succinate de cérium, $C^4H^4O^4.Ce + 1\ 1/2H^2O$. — Obtenu par double décomposition, ce sel constitue une poudre peu soluble, composée d'aiguilles microscopiques et qui perd son eau rapidement à 150°; il se dissout dans un excès de succinate d'ammonium [Czudnowicz, *Répert. de Chim. pure*, 1862, p. 6].

Succinates de chrome. — L'hydrate chromique bleu se dissout dans l'acide succinique et la solution donne par l'évaporation une masse amorphe, d'où l'eau extrait l'acide succinique en excès [Berzelius].

Le chlorure chromeux produit dans la solution de succinate de sodium un précipité écarlate de *succinate chromeux*, $C^4H^4O^4.Cr + H^2O$ [Moberg, *Journ. für prakt. Chem.*, t. XLI, p. 330].

Succinate de cobalt. — Précipité couleur fleur de pêcher, un peu soluble dans les sels de cobalt; suivant Handl, on peut l'obtenir cristallisé dans le système clinorhombique; formes : p, m, g^1, angles : $m\ m = 113°\ 36'$; $m\ p = 115°$ [Handl, *Wien. Acad. Ber.*, t. XXXII, p. 254].

Succinate de cuivre, $C^4H^4O^4.Cu$. — Lorsqu'on introduit du carbonate de cuivre récemment précipité dans une solution bouillante d'acide succinique employé en léger excès, on obtient le succinate de cuivre sous la forme d'une poudre cristalline d'un vert bleuâtre, qui ne perd que quelques centièmes d'eau à 100°; au delà de cette température, le sel n'éprouve plus aucune perte. Il est peu soluble dans l'eau et dans l'acide succinique, plus soluble dans l'acide acétique; l'alcool et l'éther ne le dissolvent pas.

La solution du succinate cuivrique dans l'ammoniaque fournit par l'évaporation dans une atmosphère saturée d'ammoniaque de très-petits cristaux brillants, d'un violet foncé, renfermant

$$C^4H^4O^4.Cu + 4AzH^3 = C^4H^4O^4.Az^2H^4Cu(AzH^4)^2.$$

L'eau dédouble ce sel en ammoniaque et en succinate de *cuprammonium*,

$$C^4H^4O^4.Az^2H^6Cu$$
$$= C^4H^4O^4.Az^2H^4Cu(AzH^4)^2 - 2AzH^3,$$

qui se précipite en flocons bleus; une température de 100° produit un dédoublement identique [H. Schiff, *Ann. der Chem. u. Pharm.*, t. CXXIII, p. 45; *Répert. de Chim. pure*, 1862, p. 388].

Succinate d'erbium, $C^4H^4O^4.Er + 1\ 1/2\ H^2O$. — L'acétate d'erbium ne précipite pas le succinate d'ammonium, mais l'addition d'alcool occasionne le dépôt d'une poudre formée d'aiguilles microscopiques [Clève et Hœglund, *Bull. de la Soc. chim.*, 1872, t. XVIII, p. 206].

Succinates de fer. — 1° *Sel ferreux.* — Les succinates alcalins en solution concentrée produisent dans les sels ferreux un précipité vert grisâtre, peu soluble dans l'eau, et qui s'oxyde à l'air; l'acide succinique, l'ammoniaque et le succinate d'ammonium dissolvent ce précipité plus facilement que l'eau.

2° *Sel ferrique.* — Obtenu par double décomposition, c'est un précipité gélatineux, rouge brun, insoluble dans l'eau froide, très-peu soluble dans l'eau bouillante. C'est un sel basique contenant $(C^4H^4O^4)^2Fe^2O$, qui à l'état sec constitue une poudre rouge brique. Lorsque, avant de précipiter le chlorure ferrique par le succinate, on y ajoute de l'acétate de sodium, le précipité n'est pas gélatineux et possède une couleur rouge brique clair; on peut le laver facilement à l'alcool, mais l'eau le rend gélatineux. Le précipité se dissout dans l'acide acétique, l'acide succinique et dans les acides minéraux.

Succinate de glucinium, $C^4H^4O^4.Gl + 2H^2O$. — Petits cristaux se déshydratant à 100°, obtenus en concentrant à consistance sirupeuse la solution de glucine dans l'acide succinique; ce sel n'est stable qu'en présence d'un excès d'acide succinique; l'eau pure le convertit en sel basique. Le succinate d'ammonium donne dans la solution du sulfate de glucinium bibasique un précipité volumineux et visqueux de la formule $C^4H^4O^4.Gl,GlH^2O^2 + 2H^2O$ [A. Atterberg, *Bull. de la Soc. chim.*, 1874, t. XXI, p. 162].

Succinate de lanthane,

$$(C^4H^4O^4)^3La^2 + 5H^2O\ (1).$$

— Précipité composé d'aiguilles microscopiques à peine solubles dans l'eau, mais solubles dans les acides et dans le succinate d'ammonium. Il perd son eau entre 150 et 180° [Czudnowicz. — Clève, *Bull. de la Soc. chim.*, 1874, t. XXI, p. 202].

Succinate de lithium, $C^4H^4O^4.Li^2$. — Par l'évaporation de sa solution dans le vide, il cristallise en cristaux brillants et transparents, très-solubles dans l'eau, insolubles dans l'alcool et dans l'éther.

Succinate de magnésium. — Lorsqu'on dissout

1. Le lanthane étant considéré comme un métal triatomique, La = 139.

de la magnésie dans une solution d'acide succinique jusqu'à saturation et qu'on évapore la solution, on obtient, suivant la concentration, des sels très-solubles plus ou moins hydratés. Fehling en a décrit trois :

1° $C^4H^4O^4.Mg + 6H^2O$, cristaux prismatiques, paraissant appartenir au type hexagonal; ils deviennent opaques à l'air sans perdre sensiblement de leur poids; ce sel dégage à 100° les 11/12 de son eau et est anhydre à 200°;

2° $C^4H^4O^4.Mg + 5 1/2\,H^2O$; cristaux durs, qui ne s'effleurissent que très-lentement et perdent complétement leur eau à 100°;

3° $C^4H^4O^4.Mg + 5H^2O$; croûtes cristallines, fragiles, inaltérables à l'air, qui perdent $4H^2O$ à 100° et le cinquième vers 200°.

L'ammoniaque produit dans la solution du sel magnésien un précipité blanc pulvérulent insoluble. qui constitue le sous-sel,

$$C^4H^4O^4.Mg + 2MgO^2H^2.$$

Le succinate magnésien forme avec le succinate potassique un *sel double*, cristallisant en belles pyramides hexagonales doubles, qui renferment

$$C^4H^4O^4.Mg + C^4H^4O^4.K^2 + 5H^2O.$$

Ce sel est très-soluble dans l'eau, peu soluble dans l'alcool aqueux; il est inaltérable à l'air et perd son eau à 100°.

SUCCINATE DE MANGANÈSE, $C^4H^4O^4.Mn + 4H^2O$. — Préparé par saturation de l'acide succinique par le carbonate de manganèse, il est en cristaux rhombiques (anorthiques d'après Handl), de couleur améthyste; ces cristaux se dissolvent facilement dans l'eau, sont inaltérables à l'air et perdent leur eau à 100°.

SUCCINATES DE MERCURE. — 1° *Sel mercureux.* — Précipité blanc, insoluble dans l'eau, l'alcool et l'acide succinique; soluble dans l'acide azotique.

2° *Sel mercurique.* — Si l'on fait bouillir l'oxyde de mercure récemment précipité avec une solution d'acide succinique, il se convertit en partie en une poudre blanche; on obtient le même sel en précipitant le succinate sodique par l'acétate mercurique.

Le sublimé corrosif ne donne pas de précipité dans la solution de succinate de sodium, mais, si l'on évapore le mélange des deux solutions, il se dépose de fines aiguilles, qui paraissent être un sel double.

SUCCINATE DE NICKEL, $C^4H^4O^4.Ni + 4H^2O$. — La solution de l'hydrate de nickel dans l'acide succinique laisse déposer, par l'évaporation lente, de petits mamelons verts, solubles dans l'eau, l'acide acétique et l'ammoniaque, insolubles dans l'alcool. Ce sel perd son eau à 130°.

SUCCINATES DE PLOMB. — 1° *Sel neutre,*

$$C^4H^4O^4.Pb \text{ (à 100°)}.$$

— On le prépare en précipitant un succinate alcalin ou l'acide succinique par l'acétate de plomb; il constitue une poudre blanche amorphe (cristalline, si l'on a effectué la précipitation à chaud), d'une densité de 3,800 (Husemann). Il est insoluble dans l'eau, l'acide acétique et l'acide succinique; l'acide azotique étendu le dissout.

2° *Sels basiques.* — On les obtient en ajoutant du sous-acétate de plomb à une solution de succinate de sodium. Si la précipitation a été faite à chaud, le sel est emplastique, mais il devient cassant par le refroidissement; il contient $(C^4H^4O^4.Pb)^2 + PbO$.

Le même sel s'obtient à l'état cristallin si l'on ajoute une solution chaude de succinate d'ammonium à une solution concentrée et bouillante de sous-acétate de plomb, tant que le précipité formé d'abord se redissout; par le refroidissement et surtout par l'agitation il se dépose des rosaces ou des cristaux assez gros du sous-sel,

$$(C^4H^4O^4.Pb)^2 + PbO.$$

Ce sel perdrait, d'après Fehling, de l'eau à 100° et contiendrait alors $(C^4H^3O^4)^2Pb^3$ (?); ce fait mériterait d'être vérifié.

Lorsqu'on traite le succinate de plomb neutre par l'ammoniaque, ou qu'on précipite un succinate alcalin par le sous-acétate de plomb ammoniacal, on obtient des poudres blanches, insolubles dans l'eau, solubles dans la potasse et dans l'acide azotique étendu, qui renferment

$$C^4H^4O^4.Pb + 2 1/2\,PbO \quad \text{ou} \quad 3PbO.$$

SUCCINATES DE POTASSIUM. — 1° *Sel neutre,*

$$C^4H^4O^4.K^2 + 2H^2O.$$

— Cristaux indistincts, déliquescents, très-solubles dans l'eau, qui perdent leur eau à 100°. On a décrit aussi un succinate neutre ne contenant qu'une demi-molécule d'eau de cristallisation; il forme des tables rhombiques, inaltérables à l'air.

2° *Sel acide,* $C^4H^5O^4.K$. — On l'obtient quelquefois en cristaux inaltérables à l'air, par évaporation d'une solution d'acide succinique, saturée à moitié par le carbonate potassique. Généralement cette solution laisse déposer des prismes rhombiques efflorescents de la formule

$$C^4H^5O^4.K + 2H^2O.$$

L'eau de cristallisation se dégage à 100° et le sel perd de l'acide succinique au-dessus de 230°.

3° *Sel suracide.* — La solution chaude du sel neutre additionnée d'une quantité suffisante d'acide succinique fournit par le refroidissement des cristaux de sel suracide, $C^4H^5O^4.K + C^4H^6O^4$, tantôt anhydres, tantôt contenant $1 1/2\,H^2O$

SUCCINATES DE SODIUM. — 1° *Sel neutre,*

$$C^4H^4O^4.Na^2 + 3H^2O.$$

— Il est en aiguilles cristallines ou en cristaux clinorhombiques plus grands; formes : $m, p, e^1, a^1, a^2, a^{1/2}$; angles : $m\,m = 92°\,30'$; $m\,p = 99°\,36'$; $m\,a^1 = 127°0'$; $e^1, e^1 = 63°\,16'$; $a^1\,a^2 = 76°\,6'$; $a^1\,a^{1/2} = 49°\,5'$ (Rammelsberg).

Il s'effleurit à l'air et perd son eau à 100°; l'eau et l'alcool aqueux le dissolvent facilement; il montre une tendance à former des solutions sursaturées. Une solution contenant 1 % de ce sel en cède 31,5 % au charbon animal.

2° *Sel acide,* $C^4H^5O^4.Na$. — On l'obtient quelquefois en prismes anorthiques anhydres, toujours maclés; formes : m, t, p, i^1; angles : $m\,t = 126°\,42'$; $p\,i^1 = 148°\,30'$ (Rammelsberg).

D'autres fois le sel acide cristallise avec $3H^2O$ en cristaux clinorhombiques efflorescents; formes : $b^{1/2}, d^{1/2}, m, e^1, e^{1/3}, h^1, g^1, (b^{1/4}\,a^{1/2}\,g^1)$; angles : $m\,m = 118°0'$; $m\,h^1 = 140°0'$; $e^1\,g^1 = 114°\,41'$; $b^{1/2}\,h^1 = 129°\,12'$; $b^{1/2}\,g^1 = 109°\,3'$; $d^{1/2}\,h^1 = 120°\,13'$; $d^{1/2}\,g^1 = 111°\,34'$; $(b^{1/2}\,a^{1/2}\,g^1)\,h^1 = 153°\,17'$; $e^1\,e^{1/3} = 151°0'$ (Rammelsberg).

Enfin, plus rarement, on obtient des masses confusément cristallisées, inaltérables à l'air, renfermant $2H^2O$.

Ces sels sont très-solubles dans l'eau et dans l'alcool aqueux; ils perdent leur eau à 100°.

On ne réussit pas à obtenir des succinates doubles, à base de soude et d'ammoniaque, ni à base de soude et de potasse.

SUCCINATE DE STRONTIUM, $C^4H^4O^4.Sr$. — Poudre cristalline, blanche, ou cristaux clinorhombiques; formes : m, h^1, g^1, p; angles : $m\,m = 30°\,12'$; $p\,h^1 = 158°$ (environ); les cristaux sont toujours maclés avec la face h^1 comme plan d'hémitropie (Handl).

Le sel est peu soluble dans l'eau, mais l'addition d'acide acétique ou d'acide succinique en augmente la solubilité.

Succinates d'urane. — 1° *Sel neutre,*

$$C^4H^4O^4(UO)^2 + H^2O.$$

— On évapore à siccité un mélange de 4 p. d'azotate d'urane et de 3 p. d'acide succinique et on lave le résidu avec peu d'eau ; on peut aussi mélanger des solutions d'azotate d'urane et de succinate de sodium et laver avec un peu d'eau les cristaux jaunes qui se déposent. Il est très-peu soluble dans l'eau et insoluble dans l'alcool ; l'eau bouillante lui enlève de l'acide succinique. L'eau de cristallisation se dégage entre 230 et 240°.

2° *Succinate double d'uranyle et de potassium,* $C^4H^4O^4(UO)^2 + C^4H^4O^4.K^2 + H^2O$. — On l'obtient par l'évaporation d'une solution de nitrate d'urane additionnée d'un grand excès de succinate de potassium, ou bien en chauffant la combinaison d'oxyde d'urane et de potasse récemment précipitée avec une solution d'acide succinique. Le sel double lavé à l'alcool chaud forme une poudre jaune clair, dense, insoluble dans l'eau froide et que l'eau bouillante décompose. Il perd son eau vers 220°.

3° *Succinate double d'uranyle et de sodium,*

$$C^4H^4O^4(UO)^2 + C^4H^4O^4.Na^2 + H^2O.$$

— Il s'obtient comme le sel de potassium, auquel il ressemble.

Succinates d'yttrium, $C^4H^4O^4.Y + 6H^2O$. — Poudre cristalline blanche, qu'on prépare par double décomposition ; elle est peu soluble dans l'eau froide, un peu plus à chaud, et ne perd à 100° que $2H^2O$. En mélangeant des solutions d'acétate d'yttrium et de succinate de sodium et en chauffant le liquide limpide, Popp a obtenu une poudre lamelleuse, ne contenant que $1\ 1/2\ H^2O$, qui se dégage à 100°. Peu soluble dans l'eau et dans le chlorure d'ammonium, ce sel se dissout dans les acides étendus [*Jahresb. d. Chem.*, 1864, p. 205]. Enfin MM. Clève et Hoeglund ont décrit un succinate d'yttrium, qu'ils ont préparé avec l'azotate d'yttrium et le succinate d'ammonium à chaud, et qui paraît être identique avec le sel de Popp [*loc. cit.*].

Succinate de zinc, $C^4H^4O^4.Zn$. — On sature l'oxyde de zinc récemment précipité par un petit excès d'acide succinique. Poudre cristalline blanche, anhydre, peu soluble dans l'eau et dans l'acide succinique, insoluble dans l'alcool, mais soluble dans les acides minéraux, dans l'acide acétique et dans l'ammoniaque. Ce sel absorbe 3 molécules de gaz ammoniac sec (Lutschak).

Succinate de zircone. — Précipité blanc insoluble.

Produits de substitution de l'acide succinique.

Acides bromosucciniques. — On les obtient en chauffant l'acide succinique en présence de l'eau avec des quantités variables de brome (Kekulé), ou bien en chauffant le chlorure de succinyle avec du brome et en décomposant par l'eau le dérivé bromé (Perkin et Duppa).

On connaît un acide monobromosuccinique, deux acides dibromés isomères, les acides dibromosuccinique et isodibromosuccinique, et un acide tribromosuccinique.

Acide monobromosuccinique,

$$C^4H^5BrO^4 = \begin{matrix} CH.Br-CO^2H \\ | \\ CH^2-CO^2H \end{matrix}$$

— Cet acide est peu connu et les circonstances dans lesquelles il se forme ne sont pas encore suffisamment établies.

Kekulé l'a obtenu en chauffant à 180° l'acide succinique (1 mol.) avec du brome (4 atomes) et une quantité considérable d'eau ; il se forme beaucoup d'acide carbonique et le liquide fournit par l'évaporation de l'acide monobromosuccinique, qui est beaucoup plus soluble que l'acide dibromé [*Ann. der Chem. u. Pharm.*, t. CXVII, p. 125 ; *Bull. de la Soc. chim.*, 1860, p. 210]. On peut préparer le même acide en chauffant l'acide malique, au bain-marie, pendant 3 à 4 jours, avec son volume d'acide bromhydrique saturé ; il faut éviter d'employer un excès d'acide bromhydrique ou de chauffer au delà de 100 : l'acide malique se dédoublerait, dans ce cas, en acide fumarique et eau. Inversement, l'acide fumarique paraît s'unir lentement à 120° à l'acide bromhydrique et régénérer l'acide monobromosuccinique :

$$C^4H^4O^4 + HBr = C^4H^5BrO^4.$$

Enfin, l'acide monobromosuccinique se forme en petite quantité lorsqu'on chauffe les acides tartrique ou paratartrique avec de l'acide bromhydrique [Kekulé, *Répert. de Chim. pure*, 1861, p. 486 ; *Ann. der Chem. u. Pharm.*, Supplementb., I, p. 129, et t. CXXX, p. 21 ; *Bull. de la Soc. chim.*, 1864, t. II, p. 368].

Carius a indiqué les proportions suivantes pour la préparation de l'acide monobromosuccinique : on chauffe lentement à 120°, 5 grammes d'acide succinique avec 2^{cc},5 de brome et 40 centimètres cubes d'eau et l'on purifie par cristallisation le produit obtenu. Dans cette réaction, il se forme en petite quantité un bromure liquide qui paraît constituer le corps $C^2H^3Br^3$ [Carius, *Ann. der Chem. u. Pharm.*, t. CXXIX, p. 8].

L'acide monobromosuccinique cristallise en mamelons ou en croûtes, solubles à 15°,5 dans 5^{p},2 d'eau et fusibles à 159-160°. A cette température, il commence déjà à émettre de l'acide bromhydrique en se transformant lentement en acide fumarique. L'amalgame de sodium le convertit en acide succinique.

Le monobromosuccinate d'argent est un précipité blanc, peu stable, qui se convertit rapidement en bromure d'argent et en malate monargentique,

$$C^4H^3BrO^4.Ag^2 + H^2O$$
$$= AgBr + C^4H^3(OH)O^4.HAg.$$

Traité par le sulfhydrate de potassium, l'acide monobromosuccinique donne l'acide sulfomalique $C^4H^5(SH)O^4$. — Voyez t. II, p. 289.

Acide dibromosuccinique,

$$C^4H^4Br^2O^4 = \begin{matrix} CH.Br-CO^2H \\ | \\ CH.Br-CO^2H. \end{matrix}$$

— Cet acide prend naissance dans les réactions suivantes : 1° dans l'action du brome à une température élevée sur l'acide succinique, en présence de l'eau (Kekulé) ;

2° Dans la décomposition du chlorure de succinyle dibromé par l'eau (Perkin et Duppa) ;

3° Lorsqu'on chauffe à 100° l'acide fumarique avec du brome en présence de l'eau [Kekulé, *Ann. der Chem. u. Pharm.*, Supplementb., I, p. 129 ; *Répert. de Chim. pure*, 1861, p. 484],

$$C^4H^4O^4 + Br^2 = C^4H^4Br^2O^4.$$

Dans les mêmes conditions, l'acide maléique fournit également de l'acide dibromosuccinique ; seulement la réaction est moins nette : il se forme beaucoup d'acide bromhydrique et un acide plus soluble que l'acide dibromosuccinique. La réaction du brome sur l'acide maléique est accompagnée d'une transposition moléculaire, car cet acide devrait fournir normalement de l'acide isodibromosuccinique, comme le fait l'anhydride maléique; ce changement moléculaire est produit probablement par une petite quantité d'acide bromhydrique formé au commencement et qui, comme on le sait, convertit l'acide maléique en acide fumarique.

Pour préparer l'acide dibromosuccinique, on chauffe à 150-180° dans des tubes résistants un mélange de 12 grammes d'acide succinique, 12 centimètres cubes d'eau et 11 centimètres cubes de brome, jusqu'à ce que tout le brome ait disparu, ce qui exige quelques heures. D'après des observations plus récentes une température de 140° à 150° est suffisamment élevée. Après la réaction, on trouve dans les tubes des cristaux baignés par un liquide jaunâtre; on sépare ce dernier au moyen d'un entonnoir, on lave les cristaux avec de petites quantités d'eau froide et on les purifie par une cristallisation dans l'eau bouillante, avec addition de charbon animal, s'il est nécessaire [Kekulé, *Ann. de Chim. et de Phys.*, (3), t. LX, p. 110; *Bull. de la Soc. chim.*, 1860, p. 208].

Perkin et Duppa obtiennent le même acide en agitant le chlorure de succinyle dibromé brut (voyez SUCCINYLE (CHLORURE DE), p. 24) pendant 1 à 2 heures, avec 2 à 3 volumes d'eau : l'acide dibromosuccinique, qui prend naissance, se précipite à l'état de poudre cristalline; celle-ci, lavée à l'eau sur un filtre, est dissoute dans le carbonate sodique et la solution filtrée pour séparer une huile insoluble est précipitée par l'acide azotique [*Journ. of the Chem. Soc. London*, t. XIII, p. 102; *Répert. de Chimie pure*, 1860, p. 418].

L'acide dibromosuccinique est en grands prismes blancs, peu solubles dans l'eau froide, très-solubles à chaud; solubles dans l'alcool et l'éther. 100 p. d'eau à 17° en dissolvent 2p,04 (Bourgoin). Il se décompose avant d'entrer en fusion. L'amalgame de sodium le ramène à l'état d'acide succinique. Le brome agit à peine à 200° sur l'acide dibromosuccinique; si l'on ajoute de l'eau, la réaction a lieu à une température d'autant plus basse que la proportion d'eau est plus considérable; entre 130° et 170° la majeure partie de l'acide se dédouble en donnant du gaz carbonique et de l'éthane tétrabromé fusible à 54°,5; si la proportion d'eau s'élève à 4 p. pour 1 p. d'acide, la réaction a lieu vers 102° : on obtient encore des produits de dédoublement de l'acide succinique, mais il se forme en même temps de l'acide tribromosuccinique [E. Bourgoin, *Bull. de la Soc. chim.*, t. XIX, p. 148 ; t. XXI, p. 404] :

$$C^4H^4Br^2O^4 + 2Br^2$$
Acide dibromosuccinique.

$$= C^2H^2Br^4 + 2CO^2 + 2HBr.$$
Éthane tétrabromé.

Les acides dibromo- et isodibromosuccinique fournissent de l'acide fumarique, lorsqu'on les chauffe à 150° avec de l'iodure de potassium et du cuivre divisé [Th. Swarts, *Zeitsch. für Chem.*, 1868, p. 257].

Dibromosuccinates. — L'acide dibromosuccinique est bibasique, mais on n'en connaît encore que des sels neutres. On doit les préparer à la température ordinaire, car, à la température de l'eau bouillante, ils se décomposent en donnant un bromure et suivant la nature du métal, les acides monobromomalique, tartrique ou monobromomaléique [Kekulé, *Ann. der Chem. u. Pharm.*, Supplementb. I, p. 354; *Ann. de Chim. et de Phys.*, 3), t. LXV, p. 120] (voyez t. II, p. 289, p. 282 et l'article TARTRIQUE (ACIDE). Les équations suivantes rendent compte de ces dédoublements divers :

$$C^4H^4Br^2O^4 + H^2O = HBr + C^4H^4Br(OH)O^4$$
Acide dibromosuccinique. — Acide monobromomalique.

$$C^4H^4Br^2O^4 + 2H^2O = 2HBr + C^4H^4(OH)^2O^4$$
Acide tartrique.

$$C^4H^4Br^2O^4 = HBr + C^4H^3BrO^4$$
Acide monobromomaléique.

Dibromosuccinate d'ammonium,

$$C^4H^2Br^2O^4(AzH^4)^2.$$

— Par l'évaporation lente de sa solution, on l'obtient en grands cristaux transparents, très-solubles.

Dibromosuccinate d'argent, $C^4H^2Br^2O^4.Ag^2$. — Précipité blanc, que l'eau bouillante décompose facilement avec formation d'acide tartrique.

Le *dibromosuccinate de baryum* se dédouble par l'ébullition de sa solution aqueuse en bromomaléate de baryum et acide bromhydrique; il se forme en même temps une certaine quantité de tartrate barytique.

Dibromosuccinate de calcium,

$$C^4H^2Br^2O^4.Ca + 2H^2O.$$

— La solution du sel ammoniacal, additionnée de chlorure de calcium, laisse déposer de petits prismes; l'alcool le précipite plus rapidement à l'état de poudre cristalline.

Lorsqu'on fait bouillir le sel calcique avec de l'eau, en neutralisant de temps en temps par de l'eau de chaux, on obtient un précipité formé principalement de tartrate de calcium.

Dibromosuccinate de sodium,

$$C^4H^2Br^2O^4.Na^2 + 4H^2O.$$

— Il est très-soluble dans l'eau et cristallise dans l'alcool chaud en lamelles brillantes.

Par l'ébullition de sa solution aqueuse, il se convertit en monobromomalate acide de sodium.

Le *dibromosuccinate de plomb* constitue un précipité blanc.

ACIDE ISODIBROMOSUCCINIQUE,

$$C^4H^4Br^2O^4 = \begin{matrix} CBr^2\text{-}CO^2H \\ | \\ CH^2\text{-}CO^2H. \end{matrix}$$

— Cet acide, dont la constitution n'est pas encore parfaitement établie, prend naissance lorsqu'on dissout le dibromure de l'anhydride maléique ou anhydride isodibromosuccinique dans l'eau et qu'on abandonne la solution à l'évaporation lente [A. Kekulé, *Ann. der Chem. u. Pharm.*, Supplementb. II, p. 85; *Bull. de la Soc. chim.*, 1863, p. 32; voyez aussi SUCCINIQUE (ANHYDRIDE), p. 21],

$$C^4H^2Br^2O^2.O + H^2O = C^4H^2Br^2O^2(OH)^2.$$
Anhydride isodibromosuccinique. — Acide isodibromosuccinique.

M. Franchimont, en préparant l'acide dibromosuccinique d'après la méthode de Kekulé, mais en ne chauffant que vers 130-140°, a trouvé dans les eaux mères de l'acide dibromosuccinique une certaine quantité d'acide isodibromosuccinique [*Bull. de la Soc. chim.*, t. XIX, p. 241, et t. XX, p. 2].

D'après les observations de M. Bourgoin, l'acide isodibromosuccinique se formerait principalement à basse température [*ibid.*, t. XIX, p. 481].

L'acide isodibromosuccinique est en grands cristaux, bien développés, fusibles à 160° et se décomposant vers 180°; l'acide de M. Franchimont fondait plus haut probablement parce qu'il contenait encore un peu d'acide dibromé ordinaire qui est infusible. L'acide isodibromosuccinique est beaucoup plus soluble que l'acide dibromosuccinique ordinaire et se décompose, par l'ébullition de sa solution aqueuse, en acide bromhydrique et acide isobromomaléique (voyez t. II, p. 282).

Le sel de baryum de l'acide isodibromosuccinique fournit, par l'ébullition de sa solution aqueuse, de l'acide isobromomaléique; mais le sel d'argent se comporte comme celui de l'acide dibromosuccinique, c'est-à-dire qu'il engendre de l'acide tartrique à la suite d'une transposition moléculaire.

Acide tribromosuccinique, $C^4H^3Br^3O^4$ [E. Bourgoin, *Bull. de la Soc. chim.*, t. XXI, p. 405]. — On chauffe dans des tubes scellés à la lampe, pendant 21 heures, vers 102-103°, un mélange de 7gr,7 d'acide dibromosuccinique, de 3 centimètres cubes de brome et de 30 centimètres cubes d'eau; à la fin de l'expérience on trouve dans chaque tube un produit solide, parfois demi-liquide, formé d'acide dibromé non attaqué et d'éthane tétrabromé, et une eau mère colorée en rouge par du brome et tenant en dissolution de l'acide tribromosuccinique et de l'acide bibromomaléique. Par une légère concentration, cette eau mère laisse déposer l'acide tribromé sous la forme de minces lamelles cristallines non hygrométriques. Cette préparation offre une double difficulté : si l'on ne chauffe pas suffisamment, il reste beaucoup d'acide dibromosuccinique non attaqué; si, au contraire, on chauffe trop longtemps, ou à une température trop élevée, on n'obtient que des produits de décomposition, acide dibromomaléique et éthane tétrabromé.

L'acide tribromosuccinique, tel qu'on l'obtient par la première cristallisation, peut contenir une petite quantité d'acide dibromé, dont on le débarrasse par une deuxième cristallisation; ou bien, il renferme de l'acide dibromomaléique qu'on volatilise en maintenant la matière pendant quelque temps à 120°.

Les cristaux d'acide tribromosuccinique obtenus à basse température retiennent 2 molécules d'eau et renferment $C^4H^3Br^3O^4 + 2H^2O$. Cet acide est plus soluble dans l'eau que l'acide dibromosuccinique; 100 p. d'eau à 17° en dissolvent 7p,68. Il est soluble dans l'alcool, qu'il éthérifie très-facilement; on peut le faire cristalliser dans l'éther anhydre, qui le dissout en grande quantité et le dépose en aiguilles. Chauffé, il ne s'altère qu'au-dessus de 180° sans entrer en fusion, dégage des vapeurs acides et disparait sans laisser de résidu.

Lorsqu'on chauffe l'acide tribromosuccinique avec de l'eau au-dessus de 100°, il se dédouble en acides bromhydrique et dibromomaléique :

$$C^4H^3Br^3O^4 = HBr + C^4H^2Br^2O^4$$

Acide tribromosuccinique. — Acide dibromomaléique.

Les tribromosuccinates alcalins et alcalino-terreux sont solubles dans l'eau; ils donnent avec l'azotate d'argent un précipité blanc, soluble dans l'acide azotique et dans l'ammoniaque, insoluble dans l'acide acétique; ce sel d'argent ne détone pas lorsqu'on le chauffe.

Acide amidosuccinique, $C^4H^5(AzH^2)O^4$. — On ne l'a pas encore préparé directement en partant de l'acide succinique, mais on doit considérer comme tel l'acide *aspartique inactif* (t. I, p. 432).

Acide sulfosuccinique,

$$C^4H^5(SO^3H)O^4 = \begin{matrix} CH \left\{ \begin{matrix} CO^2H \\ SO^3H \end{matrix} \right. \\ CH^2-CO^2H. \end{matrix}$$

— Cet acide a été obtenu par Fehling dans l'action de l'anhydride sulfurique sur l'acide succinique [*Ann. der Chem. u. Pharm.*, t. XXXVIII, p. 285, et t. XLIX, p. 203]. Carius a observé la formation du même acide dans l'oxydation de l'acide sulfomalique (t. II, p. 289) par la quantité théorique d'acide azotique étendu de beaucoup d'eau [*Ann. der Chem. u. Pharm.*, t. CXXIX, p. 9]. Le même acide prend naissance lorsqu'on traite le sulfate d'argent par le chlorure de succinyle [Kämmerer et Carius, *ibid.*, t. CXXXI, p. 167].

Enfin, il est identique avec les acides sulfofumarique et sulfomaléique (voyez t. II, p. 283), formés dans l'action du sulfite neutre de sodium en solution bouillante sur les acides fumarique et maléique [B. Credner, *Zeitsch. für Chem.*, 1870, p. 77; *Bull. de la Soc. chim.*, 1870, t. XIII, p. 522; — Strecker et Messel, *Ann. der Chem. u. Pharm.*, t. CLVII, p. 15; *Bull. de la Soc. chim.*, 1871, t. XV, p. 88]:

$$C^4H^4O^4 + SO^3K^2 = C^4H^4O^7SK^2.$$

Acide fumarique ou maléique. — Sulfite neutre de potassium. — Sulfosuccinate bipotassique.

Pour préparer l'acide sulfosuccinique on fait passer des vapeurs d'anhydride sulfurique sur l'acide succinique sec; il se forme une masse brune que l'on chauffe pendant quelque temps à 50°. Le produit de la réaction est dissous dans l'eau, l'excès d'acide sulfurique est éliminé exactement par le carbonate de baryum ou celui de plomb et la solution est évaporée dans le vide.

Pour retirer l'acide sulfosuccinique du sel bipotassique obtenu en faisant bouillir pendant quelques heures l'acide fumarique ou maléique avec le sulfite neutre de potassium en solution aqueuse, on précipite le produit par l'acétate de plomb, on décompose le précipité par l'hydrogène sulfuré et l'on concentre la solution. Celle-ci ne renferme pas l'acide libre, mais bien du sulfosuccinate monopotassique. On la neutralise par l'ammoniaque, on précipite de nouveau par l'acétate plombique, on décompose le sel basique de plomb par l'hydrogène sulfuré; l'acide ne retient alors plus de potasse.

Strecker et Messel ont obtenu l'acide libre en décomposant le sel d'argent par l'hydrogène sulfuré.

L'acide sulfosuccinique, $C^4H^6O^7S$, constitue un sirop épais, qui laisse déposer à la longue des cristaux indistincts très-déliquescents, renfermant probablement $C^4H^6O^7S + 2H^2O$. Fondu avec de la potasse, il donne du sulfite et du fumarate de potassium; par l'ébullition avec la potasse aqueuse concentrée, il fournit les acides oxalique, acétique et sulfacétique (Messel).

Sulfosuccinates. — L'acide sulfosuccinique est un acide triatomique et tribasique.

Sulfosuccinates d'ammonium, — 1° *Sel acide*,

$$C^4H^5O^7S.AzH^4.$$

— Obtenu en saturant par l'ammoniaque une certaine quantité d'acide, et ajoutant ensuite une quantité d'acide, double de la première;

2° *Sel neutre*, $C^4H^3O^7S(AzH^4)^3 + H^2O$. — Masse cristalline solide, perdant un peu d'ammoniaque dans une atmosphère séchée par l'acide sulfurique.

Sulfosuccinate d'argent, $C^4H^3O^7S.Ag^3$. — On neutralise par l'ammoniaque le sel bipotassique et l'on précipite par l'azotate d'argent. On obtient ainsi un précipité blanc, lourd, cristallin, peu soluble dans l'eau froide, assez soluble à chaud, soluble dans l'acide acétique; l'ammoniaque ne le reprécipite plus de cette solution. Il est stable à 100°, mais il prend une teinte grise à la lumière.

Sulfosuccinate de baryum, $(C^4H^3O^7S)^2Ba^3$ (séché à 130°). — On l'obtient par double décomposition entre le sel potassique neutre et le chlorure de baryum; il forme un précipité pulvérulent blanc, peu soluble dans l'eau froide. Il se dissout dans l'acide sulfosuccinique et donne des cristaux d'un sel acide lorsqu'on évapore la solution.

Sulfosuccinate de calcium. — 1° *Sel acide,*

$$C^4H^4O^7S.Ca.$$

— On sature l'acide libre par du carbonate de calcium et l'on précipite par l'alcool la solution, qui ne cristallise pas, même après une forte concentration; on obtient ainsi une poudre blanche s'agglutinant facilement.

2° Le *sel neutre,*

$$(C^4H^3O^7S)^2Ca^3 + 6H^2O,$$

se forme lorsqu'on neutralise l'acide par un lait de chaux et qu'on élimine l'excès de base par l'acide carbonique; il constitue des lamelles incolores, efflorescentes.

Sulfosuccinate de cuivre. — Masse verte, non cristalline, soluble dans l'eau.

Le *sulfosuccinate de magnésium* ressemble au sel de calcium.

Sulfosuccinates de potassium. — 1° *Sel monopotassique,* $C^4H^5O^7S.K.$ — On l'obtient en précipitant le sel bipotassique par l'acétate de plomb et décomposant le précipité (sulfosuccinate plombo-potassique) par l'hydrogène sulfuré; la solution filtrée, débarrassée d'hydrogène sulfuré par concentration partielle et recouverte d'une couche d'alcool, laisse bientôt déposer des cristaux transparents qui, sous l'influence de la chaleur, se détruisent en se boursouflant beaucoup, à la manière du sulfocyanate de mercure.

2° *Sel bipotassique,* $C^4H^4O^7S.K^2 + 2H^2O.$ — Le produit de l'action du sulfite neutre de potassium sur les acides maléique ou fumarique laisse déposer, soit directement, soit après évaporation, de grands cristaux assez bien formés du sel bipotassique.

3° *Sel tripotassique,* $C^4H^3O^7S.K^3 + H^2O.$ — La solution du sel précédent, neutralisée à chaud par le carbonate de potassium, fournit par l'évaporation lente des cristaux mamelonnés s'effleurissant facilement.

Sulfosuccinates de plomb. — 1° *Sel neutre,*

$$(C^4H^3O^7S)^2Pb^3 + 2H^2O.$$

— Préparé par précipitation du sel monopotassique ou de l'acide libre par l'acétate de plomb, il constitue un précipité blanc, cristallin, peu soluble dans l'eau et dans l'acide acétique, soluble dans l'acétate de plomb et dans l'acide sulfosuccinique libre. Si on l'a préparé au moyen du sel monopotassique, il contient toujours une petite quantité de potasse.

2° *Sel basique,* $(C^4H^3O^7S)^2Pb^3 + PbO.$ — On neutralise le sel monopotassique par l'ammoniaque et l'on traite par l'acétate de plomb; le sel basique se précipite sous la forme d'une poudre blanche cristalline.

Sulfosuccinate de sodium. — Il cristallise plus difficilement que le sel potassique et se dissout dans l'eau et dans l'alcool.

Les sulfosuccinates de *fer,* de *manganèse,* de *cobalt* et de *nickel* paraissent être solubles; du moins, le sulfosuccinate tripotassique ne précipite pas les solutions de ces métaux.

APPENDICE A L'ACIDE SUCCINIQUE.

ACIDE ISOSUCCINIQUE,

$$C^4H^6O^4 = \begin{matrix} CH^3 \\ \overset{|}{C}H\text{-}CO^2H \\ \overset{|}{C}O^2H \end{matrix}$$

[Syn. *Acide parasuccinique, éthylidéno-dicarboxylique* ou *éthylidéno-dicarbonique*]. — H. Müller a préparé le premier cet acide en décomposant l'acide α-cyanopropionique par la potasse; mais il l'avait considéré comme de l'acide succinique ordinaire [*Ann. der Chem. u. Pharm.*, t. CXXXI, p. 108],

$$\begin{matrix} CH^3 \\ \overset{|}{C}H\text{-}CAz \\ \overset{|}{C}O^2H \\ \text{Acide α-cyano-} \\ \text{propionique.} \end{matrix} + 2H^2O = AzH^3 + \begin{matrix} CH^3 \\ \overset{|}{C}H\text{-}CO^2H \\ \overset{|}{C}O^2H. \\ \text{Acide} \\ \text{isosuccinique.} \end{matrix}$$

Wichelhaus en a reconnu la véritable nature [*Zeitsch. für Chem.*, 1867, p. 247]; l'acide a été étudié depuis par Wichelhaus et Müller [*Deutsch. Chem. Gesellsch.*, 1868, p. 98], par von Richter [*Zeitsch. für Chem.*, 1868, p. 449; *Bull. de la Soc. Chim.*, 1868, t. X, p. 454], et par Byk [*Journ. für prakt. Chem.*, (2), t. I, p. 19, et *Bull. de la Soc. chim.*, t. XIV, p. 55].

Carstanjen prétend avoir obtenu de l'éther isosuccinique en chauffant un mélange d'éther formique et d'éther lactique avec l'anhydride phosphorique [*Deutsch. Chem. Gesells.*, 1871, p. 808],

$$\begin{matrix} CH^3 \\ \overset{|}{C}H.OH \\ \overset{|}{C}O^2.C^2H^5 \\ \text{Lactate} \\ \text{d'éthyle.} \end{matrix} + \begin{matrix} H \\ \overset{|}{C}O^2.C^2H^5 \\ \text{Formiate} \\ \text{d'éthyle.} \end{matrix} = \begin{matrix} CH^3 \\ \overset{|}{C}H\text{-}CO^2.C^2H^5 \\ \overset{|}{C}O^2.C^2H^5. \\ \text{Isosuccinate} \\ \text{d'éthyle.} \end{matrix} + H^2O$$

Théoriquement, l'acide isosuccinique devrait se former lorsqu'on traite le chlorure d'éthylidène par le cyanure de potassium et qu'on décompose le cyanure formé par la potasse; mais, comme nous l'avons déjà vu plus haut (p. 6), la réaction n'est pas normale et fournit de l'acide succinique ordinaire.

Pour préparer l'acide isosuccinique, on chauffe dans un ballon surmonté d'un réfrigérant ascendant 50 p. d'éther α-chlorolactique avec 100 p. de cyanure de potassium pur, dissous dans 200 p. d'eau; le feu est dirigé de manière à faire bouillir faiblement le contenu du ballon, et l'on agite pour achever la réaction le plus vite possible. On neutralise alors exactement par l'acide sulfurique étendu, on évapore presque à siccité et l'on épuise par l'éther le liquide rendu très-acide : l'éther s'empare de l'acide α-cyanopropionique. On décompose celui-ci par l'ébullition avec de la potasse moyennement concentrée, on évapore et l'on traite le résidu par l'éther après l'avoir rendu très-acide au moyen de l'acide sulfurique. L'acide impur qui entre en dissolution dans l'éther est transformé finalement en sel de plomb et celui-ci est décomposé par l'acide sulfurique.

L'acide isosuccinique est en prismes incolores, beaucoup plus solubles dans l'éther que l'acide succinique ordinaire; il se dissout dans environ 5 p. d'eau froide; il fond à 129°,5, mais se sublime déjà au-dessous de 100° en tables microscopiques. A une température un peu plus élevée, il commence à se dédoubler en acide propionique et en gaz carbonique; ce dédoublement est complet lorsqu'on soumet l'acide à la distillation sèche:

$$\begin{matrix} CH^3 \\ \overset{|}{C}H\text{-}CO^2H \\ \overset{|}{C}O^2H \end{matrix} = CO^2 + \begin{matrix} CH^3 \\ \overset{|}{C}H^2 \\ \overset{|}{C}O^2H. \end{matrix}$$

L'acide isosuccinique, chauffé brusquement, émet des vapeurs excitant la toux; dans ces conditions, il ne paraît pas se transformer en acide succinique ordinaire.

Le brome, en présence de l'eau, convertit l'acide isosuccinique à 100° en un dérivé *monobromé,* $C^4H^5BrO^4$, cristallisant par l'évaporation de la solution en prismes pyramidés, très-bien formés, déliquescents, que l'eau paraît décomposer facilement. Lorsqu'on chauffe l'acide isosuccinique avec de l'eau et de l'iode à 120°, on obtient l'acide *monoiodé* $C^4H^5IO^4$ sous la forme d'une poudre cristalline jaunâtre, peu soluble.

Isosuccinates. — L'acide isosuccinique est un acide diatomique et bibasique qui forme des sels neutres et des sels acides; ces sels se distinguent des succinates par leur forme, leur solubilité, le nombre de molécules d'eau, et surtout par ce fait que les isosuccinates alcalins ne précipitent ni les sels de calcium et de baryum ni les sels ferriques.

Isosuccinate d'ammonium. — Masse cristalline, déliquescente.

Isosuccinate d'argent, $C^4H^4O^4.Ag^2$. — Précipité blanc, peu soluble dans l'eau, soluble dans l'acide azotique et dans l'ammoniaque, qui, à l'état humide, se décompose déjà au-dessous de 80°.

Isosuccinate de baryum. — Il est amorphe et contient $2H^2O$.

Isosuccinate de calcium, $C^4H^4O^4.Ca + 2H^2O$. — On l'obtient en mélangeant des solutions concentrées du sel potassique et de chlorure de calcium et chauffant légèrement; il est en petites aiguilles. Ce sel perd H^2O dans une atmosphère sèche, et l'autre molécule d'eau à chaud : à l'état anhydre il supporte une température de 200° sans s'altérer.

Isosuccinate de plomb $C^4H^4O^4.Pb + H^2O$. — On le prépare par double décomposition; si la précipitation est faite à froid, il est floconneux, tandis qu'à chaud, il constitue une poudre cristalline lourde, peu soluble dans l'eau ou l'acide acétique, soluble dans l'acétate de plomb. Il perd son eau vers 140° en brunissant. Lorsqu'on fait bouillir un isosuccinate avec un excès d'acétate de plomb, il se précipite une masse emplastique, probablement un sel basique.

Isosuccinates de potassium. — 1° *Sel neutre,*

$$C^4H^4O^4.K^2 + 2H^2O.$$

— Cristaux bien formés, qui s'effleurissent partiellement sur l'acide sulfurique et qui tombent en déliquescence à l'air.

2° *Sel acide,* $C^4H^5O^4.K$. — Grandes tables ressemblant à la barytine, commençant à s'altérer à quelques degrés au-dessus de 100°, fusibles vers 140°.

Isosuccinates de sodium. — 1° *Sel neutre,*

$$C^4H^4O^4.Na^2 + 4H^2O.$$

— Écailles assez inaltérables à l'air.

2° *Sel acide,* $C^4H^5O^4.Na + H^2O$. — Ce sel cristallise très-difficilement; il se présente sous la forme d'un sirop épais, qui laisse déposer des cristaux indistincts au bout de quelques semaines.

Isosuccinate de zinc, $C^4H^4O^4.Zn + 3H^2O$. — Grains cristallins. A. H.

SUCCINIQUE (ALDÉHYDE),

$$C^4H^6O^2 = \begin{matrix} CH^2\text{-}CHO \\ | \\ CH^2\text{-}CHO. \end{matrix}$$

— Cette dialdéhyde correspondant à l'acide succinique, est homologue du glyoxal dont elle partage les réactions fondamentales. Elle a été obtenue par M. A. Saytzeff dans la réduction du chlorure de succinyle par l'amalgame de sodium [*Ann. der Chem. u. Pharm.*, t. CLXXI, p. 258; *Bull. de la Soc. chim.*, 1874, t. XXII, p. 186].

On dissout le chlorure de succinyle (1 molécule) dans l'acide acétique cristallisable (6 molécules) mélangé du double de son volume d'éther absolu, et on fait tomber ce liquide peu à peu sur de l'amalgame renfermant 8 atomes de sodium, placé sous une couche d'éther, dans un ballon refroidi à 0°. La réaction terminée, on trouve sur le mercure une masse saline qu'on reprend par l'éther : la solution éthérée, soumise à la distillation, fournit entre 180° et 220° un mélange de succinate d'éthyle et d'aldéhyde succinique, qui, traité par l'eau, cède à celle-ci l'aldéhyde succinique. La solution aqueuse évaporée laisse l'aldéhyde succinique sous la forme d'un liquide distillant après quelques rectifications entre 201° et 203°.

La masse saline dont il a été question plus haut, retient encore une petite quantité de cette aldéhyde, qu'on peut en retirer en la dissolvant dans l'eau, acidulant par l'acide sulfurique et agitant avec de l'éther, qui s'empare de l'aldéhyde succinique. Le rendement est très-faible.

L'aldéhyde succinique $C^4H^6O^2$ se forme en vertu de l'équation

$$C^2H^4(COCl)^2 + 2H^2 = 2HCl + C^2H^4(COH)^2.$$

Elle constitue un liquide incolore, bouillant à 201-203°, soluble dans l'eau, l'alcool et l'éther et ne se solidifiant pas dans un mélange réfrigérant.

Elle s'unit lentement au bisulfite de sodium et donne une combinaison cristallisée. Soumise à l'action oxydante du dichromate de potassium et de l'acide sulfurique, elle se convertit en acide succinique.

Lorsqu'on chauffe l'aldéhyde succinique en solution aqueuse avec de l'oxyde d'argent, on obtient un miroir d'argent métallique et un précipité de succinate d'argent; la solution aqueuse renferme un autre sel d'argent, qui, après évaporation, constitue une masse confusément cristalline renfermant

$$\begin{matrix} CH^2\text{-}CHO \\ | \\ CH^2\text{-}CO^2Ag; \end{matrix}$$

c'est le sel d'argent d'un *acide aldéhydique* intermédiaire entre l'aldéhyde et l'acide succiniques.

L'acide iodhydrique fumant est sans action à 140° sur l'aldéhyde succinique. On n'a pas encore étudié l'action de l'hydrogène naissant développé par l'amalgame de sodium, mais il est probable que l'aldéhyde succinique se convertirait dans ces conditions en *butylglycol primaire*.

Le perchlorure de phosphore transforme l'aldéhyde succinique en un chlorure oléagineux, distillant entre 225° et 230°, mais qui n'a pas été obtenu à l'état de pureté parfaite; il paraît constituer l'*aldehyde butylique bichlorée*

$$\begin{matrix} CH^2\text{-}CHCl^2 \\ | \\ CH^2\text{-}CHO \end{matrix}$$

ou son hydrate.

Soumise à l'action de la baryte ou de la chaux, l'aldéhyde succinique se comporte comme le glyoxal; elle fixe les éléments de l'eau, l'un de ses groupes aldéhydiques, CHO, s'emparant de l'oxygène de l'eau et l'autre de l'hydrogène; l'aldéhyde succinique subit donc une oxydation par un bout de la molécule et une réduction par l'autre, et elle engendre l'acide *oxybutyrique normal* :

$$\underset{\text{Aldéhyde succinique.}}{\begin{matrix} CH^2\text{-}CHO \\ | \\ CH^2\text{-}CHO \end{matrix}} + H^2O = \underset{\text{Acide oxybutyrique normal.}}{\begin{matrix} CH^2\text{-}CH^2.OH \\ | \\ CH^2\text{-}CO.OH \end{matrix}}$$

Cet acide oxybutyrique normal est cristallisable; l'eau et l'éther le dissolvent facilement. Les oxydants le convertissent en acide succinique; l'acide iodhydrique concentré ne l'attaque pas à 130°.

Ses sels de *baryum* et de *calcium*, qu'on obtient dans la réaction indiquée plus haut, cristallisent difficilement en agrégations étoilées, très-solubles et déliquescentes. A. H.

SUCCINIQUES (AMIDES). — L'acide succinique, comme acide diatomique et bibasique, peut engendrer plusieurs dérivés amidés. Si les deux groupes OH sont remplacés par deux restes AzH^2, on obtient la *succinamide*,

$$C^4H^4O^2(AzH^2)^2 = \begin{matrix} CH^2-CO.AzH^2 \\ CH^2-CO.AzH^2 \end{matrix}$$

Si la substitution de AzH^2 ne porte que sur un oxhydryle, c'est l'acide *succinamique* qui se produit,

$$C^4H^4O^2 \begin{matrix} < AzH^2 \\ < OH \end{matrix} = \begin{matrix} CH^2-CO.AzH^2 \\ CH^2-CO.OH. \end{matrix}$$

Le succinamide en perdant 1 molécule d'ammoniaque, ou l'acide succinamique en perdant 1 molécule d'eau, peuvent tous deux engendrer la *succinimide*, comparable par sa constitution à l'anhydride succinique,

$$\begin{matrix} CH^2-CO \\ CH^2-CO \end{matrix} > (AzH)'' \qquad \begin{matrix} CH^2-CO \\ CH^2-CO \end{matrix} > O''$$

Succinimide. Anhydride succinique.

La succinimide peut donc être considérée comme de l'acide succinique dont les deux groupes OH ont été remplacés par le reste diatomique $(AzH)''$.

Enfin, on connaît une diamide tertiaire dérivée de l'acide succinique, la *trisuccinodiamide*,

$$(C^4H^4O^2)^3Az^2,$$

qu'on peut envisager comme de l'acide succinique dont les deux groupes OH auraient été remplacés par deux restes monatomiques de la succinimide :

$$\left(\begin{matrix} CH^2-CO \\ CH^2-CO \end{matrix} > Az\right)'$$

Nous allons décrire successivement ces corps, ainsi que leurs dérivés, résultant du remplacement des atomes d'hydrogène des groupes amidés par certains radicaux.

Succinamide, $C^4H^8Az^2O^2 = C^4H^4O^2(AzH^2)^2$ [Fehling, *Ann. der Chem. u. Pharm.*, t. XLIX, p. 196; — N. Menschutkin, *ibid.*, t. CLXII, p. 181; *Bull. de la Soc. chim.*, 1872, t. XVII, p. 222].

Cette amide renferme les éléments du succinate d'ammonium moins 2 molécules d'eau; mais on ne peut la préparer par déshydratation de ce sel, car, dans les circonstances où la réaction a lieu, elle se décompose en ammoniaque et succinimide.

On obtient la succinamide en abandonnant un mélange de succinate d'éthyle avec deux fois son volume d'ammoniaque concentrée, aqueuse ou alcoolique :

$$C^4H^4O^2(OC^2H^5)^2 + 2AzH^3$$
$$= 2C^2H^5.OH + C^4H^4O^2(AzH^2)^2.$$

Au bout de quelque temps, il se sépare des cristaux de l'amide qu'on purifie par cristallisation.

La même amide prend naissance lorsqu'on fait agir à 100° l'ammoniaque en solution alcoolique sur la succinimide,

$$C^4H^4O^2.AzH + AzH^3 = C^4H^4O^2(AzH^2)^2.$$

La succinamide cristallise en aiguilles incolores, solubles dans 220 p. d'eau à 19° et dans 9 p. d'eau bouillante; elle est presque insoluble dans l'alcool et dans l'éther.

Lorsqu'on la chauffe lentement, elle entre en fusion et se dédouble vers 200° en ammoniaque et succinimide; chauffée brusquement à 300°, elle brunit beaucoup, mais reste inaltérée pour la majeure partie.

Dissoute dans l'acide nitrique et traitée par un courant d'acide azoteux, la succinamide se transforme en acide succinique, azote et eau,

$$C^4H^4O^2(AzH^2)^2 + Az^2O^3$$
$$= C^4H^4O^2(OH)^2 + 2Az^2 + H^2O.$$

Si l'on chauffe la solution aqueuse de l'amide avec du chlorure platinique, il se sépare du chloroplatinate d'ammonium et la solution renferme de la succinimide.

La solution aqueuse bouillante de succinamide dissout à chaud l'oxyde de mercure récemment précipité et laisse déposer par le refroidissement une poudre blanche renfermant

$$C^4H^4O^2(AzH^2)^2, HgO + 1/2H^2O.$$

Monophénylsuccinamide,

$$C^{10}H^{12}Az^2O^2 = C^4H^4O^2 \begin{cases} AzH.C^6H^5 \\ AzH^2. \end{cases}$$

— Elle a été obtenue par Menschutkin en chauffant, en vase clos et à 100°, la phénylsuccinimide (p. 20) avec de l'ammoniaque alcoolique; l'amide se sépare, tandis que le phénylsuccinamate d'ammonium (p. 18) qui, grâce à la présence d'un peu d'eau, prend naissance en même temps, reste en solution,

$$\underset{\text{Phénylsuccinimide.}}{C^4H^4O^2.AzC^6H^5} + AzH^3$$
$$= \underset{\text{Monophénylsuccinamide.}}{C^4H^4O^2 \begin{cases} AzH.C^6H^5 \\ AzH^2. \end{cases}}$$

La monophénylsuccinamide cristallise en aiguilles ou en tables incolores, assez solubles dans l'eau bouillante, moins solubles dans l'alcool bouillant. Elle fond à 181° et se scinde par la distillation en ammoniaque et phénylsuccinimide. L'hydrate de calcium la convertit en acide phénylsuccinamique. Elle forme avec l'oxyde de mercure une combinaison cristallisée en aiguilles microscopiques, peu solubles dans l'eau [N. Menschutkin, *loc. cit.*].

Diphénylsuccinamide [Syn. *Succinanilide*],

$$C^{16}H^{16}Az^2O^2 = C^4H^4O^2(AzH.C^6H^5)^2$$

[Laurent et Gerhardt, *Ann. de Chim. et de Phys.*, (3), t. XXIV, p. 179; — N. Menschutkin, *loc. cit.*]. — On chauffe un mélange d'acide succinique et d'aniline, et l'on épuise la masse par l'eau bouillante qui ne dissout pas la diphénylsuccinamide; on la purifie par un traitement à la potasse alcoolique bouillante et par cristallisation dans l'alcool bouillant.

Le même corps se produit aussi dans l'action de l'aniline sur le chlorure de succinyle.

La diphénylsuccinamide cristallise dans l'alcool en aiguilles brillantes, souvent assez larges, fusibles à 226°,5-227°, insolubles dans l'eau.

Par la distillation sèche, elle se dédouble en aniline et phénylsuccinimide.

Elle forme avec l'acide sulfurique et l'acide nitrique concentrés des solutions d'où elle est précipitée par l'eau sans avoir subi aucune altération; ni l'acide azoteux ni la potasse alcoolique ne l'altère; la potasse en fusion en dégage de l'aniline. L'acide chlorhydrique concentré la dédouble à 100° en acide succinique et en aniline.

Lorsqu'on chauffe la diphénylsuccinamide avec de l'œnanthol à 160° il se forme de l'eau, de l'acide succinique et de la diœnanthylidène-diphényldiamine [H. Schiff, *Ann. der Chem. u. Pharm.*, t. CXLVIII, p. 336 (voyez t. II, p. 606),

$$C^4H^4O^2(AzH.C^6H^5)^2 + 2C^7H^{14}O$$
$$= C^4H^4O^2(OH)^2 + (C^7H^{14})^2(C^6H^5)^2Az^2.$$

Dioxybenzoylsuccinamide [Syn. *Succinyle-dibenzamique (acide)*],

$$C^{18}H^{16}Az^2O^6 = C^4H^4O^2(AzH.C^6H^4-CO^2H)^2.$$

— Elle se produit, indépendamment de la succinimide oxybenzoïque, dans l'action de l'acide succinique sur l'acide métamidobenzoïque. Elle est insoluble dans l'eau [Muretow, *Deutsch. chem. Gesellsch.*, t. V, p. 330, et *Bull. de la Soc. chim.*, t. XVIII, p. 76].

ACIDE SUCCINAMIQUE,

$$C^4H^7AzO^3 = C^4H^4O^2 \left\{ \begin{matrix} AzH^2 \\ OH \end{matrix} \right.$$

[Fehling, *Ann. der Chem. u. Pharm.*, t. XLIX, p. 200; — Teuchert, *ibid.*, t. CXXXIV, p. 136, et *Bull. de la Soc. chim.*, 1866, t. V, p. 287; — Menschutkin, *loc. cit.*]. — On obtient les sels de cet acide en chauffant la succinimide avec de l'eau et des bases (chaux, baryte, oxyde de plomb), ou avec de l'ammoniaque alcoolique,

$$C^4H^4O^2(AzH) + H^2O + AzH^3 = C^4H^4O^2 \left\{ \begin{matrix} AzH^2 \\ OAzH^4. \end{matrix} \right.$$

Succinimide. Succinamate d'ammonium.

L'acide libre, isolé du sel de baryum par une quantité d'acide sulfurique un peu plus faible que celle qui serait nécessaire pour la décomposition complète, cristallise en prismes solubles dans l'eau et l'alcool aqueux, insolubles dans l'alcool absolu et dans l'éther. Si l'on élimine la totalité de la baryte, la solution donne du succinate d'ammonium par l'évaporation.

L'acide succinamique prend encore naissance lorsqu'on fait bouillir la succinamide avec de l'eau de chaux; la décomposition est très-lente et une partie de l'acide amidé est déjà convertie en acide succinique avant que la totalité de la succinamide ne soit décomposée.

L'acide succinamique est monobasique; ses sels cristallisent pour la plupart. Ils ont été étudiés principalement par Teuchert.

Succinamate d'argent, $C^4H^6AzO^3.Ag$. — Précipité cristallin ou prismes clinorhombiques (*m m* = 155° 42'), qui noircissent rapidement à la lumière. Ce sel se dissout aisément dans l'ammoniaque, mais il est peu soluble dans l'eau et insoluble dans l'alcool.

Le sel d'argent que Laurent et Gerhardt [*Compt. rend. des trav. de chim.*, 1849, p. 111] avaient décrit comme succinamate d'argent et qu'ils avaient obtenu en faisant bouillir pendant longtemps la succinimide argentique avec de l'eau additionnée de quelques gouttes d'ammoniaque ne serait, d'après Teuchert, que de la succinimide argentique contenant de l'eau de cristallisation $(C^4H^4O^2Az.Ag)^2 + H^2O$.

Succinamate de baryum, $(C^4H^6AzO^3)^2Ba$. — On dissout la succinimide (2 mol.) dans une solution d'hydrate de baryum (1 mol.) très-légèrement chauffée, on évapore dans le vide et l'on purifie le résidu en précipitant sa solution aqueuse par l'alcool. Ce sel est en aiguilles blanches, soyeuses, solubles dans l'eau, insoluble dans l'alcool et dans l'éther; à l'état sec, il supporte une température de 130° sans s'altérer.

Succinamate de cadmium,

$$(C^4H^6AzO^3)^2Cd + H^2O.$$

— Prismes rhombiques ou masse radiée; très-soluble dans l'eau, insoluble dans l'alcool.

Succinamate de calcium, $(C^4H^6AzO^3)^2Ca$. — Précipité cristallin ou prismes courts, groupés en étoiles, ou longues aiguilles anhydres, extrêmement solubles dans l'eau.

Succinamate de cuivre, $(C^4H^6AzO^3)^2Cu$. — Lamelles rhombiques microscopiques, d'un vert foncé, peu solubles dans l'eau et insolubles dans l'alcool.

Succinamate de magnésium,

$$(C^4H^6AzO^3)^2Mg + 3H^2O.$$

— Masse mamelonnée ou cristaux rhombiques bien formés.

Succinamate de manganèse,

$$(C^4H^6AzO^3)^2Mn + 5H^2O.$$

— Masse rayonnée ou mamelonnée, déliquescente.

Succinamate de plomb,

$$[(C^4H^6AzO^3)^2Pb]^3 + PbO.$$

— On chauffe la succinimide avec de l'eau et de l'oxyde de plomb, et l'on évapore la solution dans le vide. Ce sel constitue une masse amorphe, déliquescente, fusible au-dessous de 100°. L'alcool le précipite de sa solution aqueuse sous la forme d'un sirop épais; en solution, il se décompose par l'ébullition, en dégageant de l'ammoniaque et donnant du succinate de plomb (Fehling). Lorsqu'on traite la solution de ce sel basique par le gaz carbonique, et qu'on ajoute de l'alcool à la liqueur filtrée, le sel neutre, $(C^4H^6AzO^3)^2Pb$, se précipite en longues aiguilles soyeuses, groupées autour d'un centre (Teuchert).

Succinamate de potassium. — Il est amorphe et déliquescent.

Succinamate de zinc, $(C^4H^6AzO^3)^2Zn$. — L'alcool le précipite de sa solution aqueuse sous forme de prismes réunis en étoiles.

ACIDE PHÉNYLSUCCINAMIQUE [Syn. *Succinanilique* ou *succinanilidique (acide)*],

$$C^{10}H^{11}AzO^3 = C^4H^4O^2 \left\{ \begin{matrix} AzH.C^6H^5 \\ OH \end{matrix} \right.$$

[Laurent et Gerhardt, *Ann. de Chim. et de Phys.*, (3), t. XXIV, p. 179; — Menschutkin, *Ann. der Chem. u. Pharm.*, t. CLXII, p. 176; *Bull. de la Soc. chim.*, 1872, t. XVII, p. 222]. — On dissout la phénylsuccinimide dans l'ammoniaque étendue et bouillante, additionnée d'un peu d'alcool; on maintient le liquide en ébullition pour chasser l'alcool et l'on neutralise par l'acide nitrique. L'acide phénylsuccinamique se dépose par le refroidissement, en lamelles allongées, qu'on purifie par une nouvelle cristallisation dans l'alcool.

D'après Menschutkin, la phénylsuccinimide se dissout plus rapidement dans l'eau de baryte ou dans un lait de chaux bouillant que dans l'ammoniaque, et l'acide chlorhydrique précipite l'acide phénylsuccinamique formé.

L'acide phénylsuccinamique cristallise dans l'alcool en lamelles allongées, brillantes et, dans l'eau bouillante, en petites aiguilles groupées concentriquement, presque insolubles dans l'eau froide, et très-solubles dans l'eau bouillante, l'alcool et l'éther. Il fond à 157° (148°,5, d'après Menschutkin) et se décompose à une température plus élevée en eau et en phénylsuccinimide :

$$C^4H^4O^2 \left\{ \begin{matrix} AzH.C^6H^5 \\ OH \end{matrix} \right. = H^2O + C^4H^4O^2(AzC^6H^5).$$

Acide phénylsuccinamique. Phényl-succinimide.

La potasse aqueuse ou alcoolique bouillante ne l'altère pas; la potasse fondante en dégage de l'aniline. L'acide chlorhydrique le dédouble en aniline et en acide succinique.

C'est un acide monobasique.

Phénylsuccinamate d'ammonium,

$$C^{10}H^{10}AzO^3.AzH^4.$$

Masse confusément cristalline, très-soluble dans l'eau.

Phénylsuccinamate d'argent, $C^{10}H^{10}AzO^3.Ag$. — Obtenu par double décomposition, il constitue un précipité blanc caséeux qui, dans la solution, devient peu à peu cristallin.

Phénylsuccinamate de baryum,

$$(C^{10}H^{10}AzO^3)^2Ba + 3H^2O.$$

— Aiguilles satinées, réunies en faisceaux, très-solubles dans l'eau et perdant leur eau à 100°.

Phénylsuccinamate de calcium,

$$(C^{10}H^{10}AzO^3)^2Ca + 4H^2O.$$

— Aiguilles soyeuses, très-solubles. Il perd son eau à 110°.

Phénylsuccinamate de plomb. — On le prépare en faisant bouillir la phénylsuccinimide avec de l'eau et de l'oxyde de plomb, ou bien par double décomposition entre le phénylsuccinamate d'ammonium et le nitrate de plomb. Ce sel est peu soluble dans l'eau froide et cristallise dans l'eau bouillante en fines aiguilles réunies en boules.

Le phénylsuccinamate ammonique précipite en bleu clair les sels cuivriques et en blanc jaunâtre les sels ferreux.

SUCCINIMIDE,

$$C^4H^5AzO^2 = \begin{matrix} CH^2\text{-}CO \\ | \\ CH^2\text{-}CO \end{matrix} > AzH$$

[F. d'Arcet, *Ann. de Chim. et de Phys.*, (2), t. LVIII, p. 294; — Fehling, *Ann. der Chem. u. Pharm.*, t. XLIX, p. 198; — Laurent et Gerhardt, *Compt. rend. des trav. de Chim.*, 1849, p. 108]. — En faisant réagir le gaz ammoniac sur l'anhydride succinique, on observe la formation d'une grande quantité d'eau en même temps que la température s'élève; la matière fond et se volatilise en se transformant en succinimide :

$$C^4H^4O^2.O + AzH^3 = H^2O + C^4H^4O^2.AzH.$$

Le procédé le plus simple pour obtenir ce corps consiste à distiller aussi rapidement que possible le succinate d'ammonium,

$$C^4H^4O^2(OAzH^4)^2 = C^4H^4O^2.AzH + 2H^2O + AzH^3.$$

L'eau et l'ammoniaque se dégagent d'abord; la succinimide et un peu d'acide succinique passent en dernier lieu. On purifie le produit par cristallisation dans l'eau ou dans l'alcool.

La succinimide cristallisée est en tables rhombiques transparentes, renfermant $C^4H^5AzO^2 + H^2O$. Les cristaux appartiennent au type orthorhombique; formes : p (dominante) $b^{1/2}$ et m; angles : $p\,b^{1/2} = 125°$; $mm = 113°$. Ils s'effleurissent à l'air et se dissolvent assez facilement dans l'eau, un peu moins dans l'alcool et l'éther. La succinimide perd son eau à 100°, fond à 126° [Erlenmeyer, *Zeitschr. f. Chem.*, 1869, p. 174] et distille presque sans décomposition à 288° [Menschutkin, *Ann. der Chem. u. Pharm.*, t. CLXII, p. 168]. La solution de la succinimide dans l'acétone laisse déposer ce corps à l'état anhydre, en cristaux transparents, inaltérables à l'air (Bunge) [*Ann. der Chem. u. Pharm.*. Supplementb. VII, p. 117; *Bull. de la Soc. chim.*, 1870, t. XIII, p. 520]; ces cristaux appartiennent au système orthorhombique; formes : $b^{1/2}$, b^1, $b^{3/4}$, a^2, p; rapport des axes : $a : b : c = 0,7888 : 1 : 1,3655$; angles de l'octaèdre : $b^{1/2}\,b^{1/2} = 131°12'$ (à la base); 111°29' et 91°10' (au sommet) (Groth).

L'éther cyanique se combine facilement à 100° avec la succinimide en donnant une urée succino-éthylique $CO[Az^2(C^4H^4O^2)(C^2H^5)H]$, cristallisant en lamelles fusibles à 98° [Menschutkin, *Deutsch. chem. Gesellsch.*, t. VIII, p. 128].

L'ammoniaque alcoolique convertit la succinimide en succinamide; les alcalis aqueux la changent en succinamate et par une ébullition prolongée, en acide succinique et en ammoniaque.

L'atome d'hydrogène combiné à l'azote de la succinimide peut être remplacé facilement par le mercure, par l'argent ou par l'iode.

Succinimide mercurique, $(C^4H^4O^2.Az)^2Hg$. — La succinimide, en solution aqueuse concentrée et chaude, dissout l'oxyde de mercure, et laisse déposer, par le refroidissement, de longues aiguilles soyeuses de la combinaison mercurique. Celle-ci est très-soluble dans l'eau et assez soluble dans l'alcool [Dessaignes, *Ann. de Chim. et de Phys.*, (3), t. XXXIV, p. 143].

Lorsqu'on mélange la solution de succinimide avec une solution de chlorure mercurique, il se sépare un sel double $(C^4H^4O^2.Az)^2Hg + HgCl^2$, en lamelles blanches, moins solubles que la succinimide mercurique [Menschutkin, *loc. cit.*].

Succinimide argentique, $C^4H^4O^2.AzAg$. — On chauffe à l'ébullition une solution alcoolique de succinimide, on ajoute quelques gouttes d'ammoniaque et du nitrate d'argent : par le refroidissement, la succinimide argentique se dépose en aiguilles ou en prismes plus volumineux. Lorsqu'on chauffe cette combinaison pendant quelque temps avec de l'eau légèrement ammoniacale, on obtient par le refroidissement des cristaux de succinimide argentique hydratée $(C^4H^4O^2.AzAg)^2 + H^2O$ (Teuchert). On peut préparer directement la même combinaison en dissolvant à chaud l'oxyde d'argent dans une solution aqueuse de succinimide (Bunge).

La succinimide argentique est en prismes pyramidés à quatre faces, peu solubles dans l'eau et dans l'alcool froids; l'eau bouillante la dissout aisément et la décompose à la longue. Elle se dissout très-facilement dans l'ammoniaque. A l'état sec, elle détone par la chaleur; broyée avec du sel ammoniac, elle dégage de l'ammoniaque, fournit du chlorure d'argent et régénère de la succinimide. La potasse n'en dégage pas d'ammoniaque à froid.

La solution de la succinimide argentique dans un peu d'ammoniaque abandonne par l'évaporation lente une liqueur sirupeuse, alcaline, qui se prend à la longue en une masse de cristaux durs, droits, à base carrée ou rectangulaire. Ces cristaux constituent la succinimide argentammonique $C^4H^4O^2.Az(AzH^3Ag)'$.

L'iode change la succinimide argentique en iodo-succinimide; l'iodure de cyanogène fournit également de la succinimide iodée et du cyanure d'argent.

Succinimide iodée, $C^4H^4O^2.AzI$. — On ajoute de la succinimide argentique pulvérisée à une solution d'iode dans l'acétone, jusqu'à ce qu'il y ait décoloration complète. La solution filtrée laisse déposer par l'évaporation des cristaux durs, presque incolores, de succinimide iodée. Ces cristaux appartiennent au système quadratique; ils sont hémimorphes et présentent le prisme m, dont l'un des sommets est terminé par la pyramide $b^{1.4}$ et l'autre par les pyramides $b^{1/2}$ et $b^{1/4}$; rapport des axes : $a : c = 1 : 0,8733$; angle : $b^{1/4}\,b^{1/4}$ (à la base) $= 135°55'$ (Groth).

La succinimide iodée se décompose déjà à 100° en devenant jaune; à 133° elle se transforme en un liquide brun en même temps qu'il se sublime de l'iode. Elle est très-soluble dans l'acétone et dans l'eau, moins dans l'alcool, et peu soluble dans l'éther; en solution alcoolique ou aqueuse, elle se décompose peu à peu à la température ordinaire : en solution dans l'acétone ou dans l'éther elle est plus stable.

En solution aqueuse, elle est convertie par l'hydrogène sulfuré en succinimide et acide iodhydrique; avec l'oxyde d'argent elle donne de la succinimide, de l'iodure et sans doute de l'iodate d'argent. Traitée par le nitrate d'argent, la succinimide iodée régénère de la succinimide. Le cyanure d'argent est sans action sur elle [Bunge, *Ann. der Chem. u. Pharm.*, Supplementb. VII, p. 117; *Bull. de la Soc. Chim.*, 1870, t. XIII, p. 520].

SUCCINIMIDE TÉTRACHLORÉE. (Syn. *Acide chlorazosuccique*), $C^4Cl^4O^2.AzH$ [Malaguti, *Ann. de Chim. et de Phys.*, (3), t. XVI, p. 72; — Gerhardt, *Compt. rend. des trav. de Chim.*, 1847, p. 291]. — Ce corps se produit par l'action de l'ammoniaque sur le succinate d'éthyle perchloré,

$$\underset{\text{Succinate d'éthyle perchloré.}}{C^4Cl^4O^2(OC^2Cl^5)^2} + 3AzH^3$$

$$= 4HCl + 2\underset{\text{Trichloracétamide.}}{(C^2Cl^3O.AzH^2)} + \underset{\text{Tétrachlorosuccinimide.}}{C^4Cl^4O^2.AzH.}$$

Lorsqu'on expose l'éther chlorosuccinique à l'action de l'ammoniaque sèche, la masse s'échauffe considérablement et s'agglutine. Pour achever la réaction, il faut réduire le produit en poudre et le soumettre de nouveau à l'action du gaz ammoniac. On traite la masse par l'éther bouillant, qui laisse le chlorhydrate d'ammoniaque à l'état insoluble; on évapore à siccité la solution éthérée et l'on reprend par l'eau froide, qui s'empare d'une combinaison ammoniacale de la chlorosuccinimide et laisse comme résidu de la trichloracétamide. L'acide chlorhydrique précipite la chlorosuccinimide de la solution.

C'est un corps cristallisé en prismes pyramidés à quatre pans, presque insolubles dans l'eau, très-solubles dans l'alcool et dans l'éther; il possède une saveur extrêmement amère. Il fond sous l'eau entre 83° et 85° et dans l'air à 200°, mais il commence déjà à se sublimer à 125°.

La présence de 4 atomes d'un élément fortement électro-négatif, le chlore, donne à la succinimide tétrachlorée des propriétés acides plus prononcées que celles de la succinimide. Elle décompose les carbonates; sa solution dans l'ammoniaque précipite en lilas les sels de cuivre, en blanc les sels de calcium, d'argent et les sels mercuriques, mais elle ne précipite ni les sels de baryum, de magnésium, de manganèse ni ceux de zinc.

Lorsqu'on évapore au bain-marie la solution ammoniacale de la chlorosuccinimide, elle se décompose avec une vive effervescence et fournit du sel ammoniac et une matière soluble dans l'éther, cristallisant dans l'eau bouillante en aiguilles incolores fusibles vers 86-87°; ce composé est probablement l'*amide trichloracrylique*, $C^3Cl^3O.AzH^2$.

Phénylsuccinimide [Syn. *Succinanile*],

$$C^{10}H^9AzO^2 = C^4H^4O^2.AzC^6H^5$$

[Laurent et Gerhardt, *Ann. de Chim. et de Phys.*, (3), t. XXIV, p. 179; — Menschutkin, *Ann. der Chem. u. Pharm.*, t. CLXII, p. 166]. — On chauffe l'acide succinique en poudre avec un excès d'aniline, et on maintient le mélange en fusion pendant une dizaine de minutes; on reprend le produit par une grande quantité d'eau bouillante, qui le dissout en majeure partie et qui laisse déposer par le refroidissement la phénylsuccinimide en lamelles incolores,

$$C^4H^4O^2(OH)^2 + C^6H^5.AzH^2$$
$$= C^4H^4O^2.AzC^6H^5 + 2H^2O.$$

Menschutkin chauffe, en élevant graduellement la température, un mélange d'acide succinique (1 molécule) et d'aniline (1 molécule), jusqu'à ce que l'ébullition de la masse ait cessé; à ce moment on augmente beaucoup le feu, de manière à faire distiller rapidement le produit. On purifie la phénylsuccinimide par une dissolution dans l'acide sulfurique, suivie d'une précipitation par l'eau et par une ou plusieurs cristallisations dans l'alcool.

La phénylsuccinimide est en belles aiguilles longues ou en prismes assez volumineux, incolores, fusibles à 156° et distillant sans décomposition au-dessus de 360°. Elle est presque insoluble dans l'eau froide, peu soluble à chaud et plus soluble dans l'alcool.

La potasse fondue en dégage de l'aniline.

L'ammoniaque alcoolique la convertit à 100° en monophénylsuccinamide, et l'ammoniaque aqueuse ou l'eau de baryte bouillantes en acide phénylsuccinamique.

Oxybenzoysuccinimide [Syn. *Acide succinylbenzamique*], $C^{11}H^9AzO^4 = C^4H^4O^2.AzC^6H^4.CO^2H$. — Ce corps prend naissance lorsqu'on chauffe l'acide succinique avec l'acide métamidobenzoïque. C'est une substance fusible à 235° et soluble dans l'eau. L'eau bouillante la convertit en acide oxybenzoylsuccinamique (Muretow).

Trisuccinodiamide,

$$C^{12}H^{12}Az^2O^6 = (C^4H^4O^2)^3Az^2$$

[Gerhardt et Chiozza, *Traité de Chimie organique*, par Gerhardt, t. II, p. 957]. — On fait réagir le chlorure de succinyle (1 molécule), dissous dans le double de son volume d'éther anhydre, sur la succinimide argentique (2 molécules) : la réaction a lieu immédiatement et dégage assez de chaleur pour volatiliser l'éther,

$$2(C^4H^4O^2.AzAg) + C^4H^4O^2.Cl^2$$
$$= 2AgCl + (C^4H^4O^2)^3Az^2.$$

La trisuccinodiamide cristallise dans l'éther en petites lames triangulaires ou en prismes allongés très-brillants, quelquefois entrecroisés régulièrement. Elle fond vers 83°. Elle est peu soluble dans l'éther; l'alcool aqueux la dissout aisément en s'acidifiant et en produisant de la succinimide. A. H.

SUCCINIQUE (ANHYDRIDE),

$$C^4H^4O^3 = \begin{matrix} CH^2\text{-}CO \\ | \\ CH^2\text{-}CO \end{matrix} \!\!>\! O$$

[F. d'Arcet, *Ann. de Chim. et de Phys.*, (2), t. LVIII, p. 282; — Gerhardt et Chiozza, *Compt. rend.*, t. XXXVI, p. 1050; — Kraut, *Ann. der Chem. u. Pharm.*, t. CXXXVII, p. 254]. — Ce corps se forme lorsqu'on fait bouillir vivement l'acide succinique dans une cornue (d'Arcet), ou bien lorsqu'on le maintient pendant quelque temps à 170° dans un appareil à sublimation; l'anhydride se sublime alors en aiguilles striées ou en lamelles [Arppe, *Ann. der Chem. u. Pharm.*, t. XCV, p. 242].

Il prend encore naissance lorsqu'on chauffe l'acide succinique avec de l'anhydride phosphorique ou avec du perchlorure de phosphore (Gerhardt et Chiozza),

$$C^4H^4O^2(OH)^2 + PCl^5$$
$$= C^4H^4O^2.O + POCl^3 + 2HCl.$$

Enfin Kraut a obtenu l'anhydride succinique en chauffant à 250° le succinate d'éthyle avec le chlorure de benzoyle : il se forme, indépendamment de l'anhydride succinique, du chlorure et du benzoate d'éthyle. — Voyez Succinate d'éthyle, p. 22.

Un procédé de préparation avantageux consiste à distiller une ou deux fois l'acide succinique avec de l'anhydride phosphorique: il passe une masse blanche, qu'on fait cristalliser dans l'alcool. On peut aussi chauffer l'acide succinique avec la quantité nécessaire (molécules égales des deux corps) de perchlorure de phosphore.

L'anhydride succinique se présente en masse blanche d'une densité de 1,529, ou en longues aiguilles; il fond à 119° (Kraut; d'Arcet avait indiqué 145° et Arppe, 115-120°); il bout vers 250°. Peu soluble dans l'éther bouillant, il se dissout aisément dans l'alcool absolu chaud et peut être soumis à des cristallisations répétées sans subir d'altération. Il est moins soluble dans l'eau froide que l'acide succinique, mais peu à peu il régénère cet acide, en fixant 1 molécule d'eau; cette transformation s'opère rapidement à la température de l'ébullition; avec l'alcool chaud, il donne à la longue de l'acide éthylsuccinique.

Chauffé avec du perchlorure de phosphore, il fournit le chlorure de succinyle,

$$C^4H^4O^2.O + PCl^5 = C^4H^4O^2.Cl^2 + POCl^3.$$

Il se combine avec le gaz ammoniac sec, en s'échauffant et engendrant la succinimide,

$$C^4H^4O^2.O + AzH^3 = H^2O + C^4H^4O^2.AzH.$$

L'anhydride succinique réagit aussi facilement sur les ammoniaques substituées et sur l'urée.

Lorsqu'on mélange l'anhydride succinique avec du peroxyde de baryum et un peu d'eau, il se dégage de l'oxygène, et le liquide alcalin, qui ne contient ni succinate de baryum, ni eau oxygénée, possède des propriétés oxydantes énergiques : il décolore l'indigo, précipite du peroxyde de manganèse des sels manganeux, oxyde le ferrocyanure potassique et dégage du chlore avec l'acide chlorhydrique. Chauffé à l'ébullition, il dégage de l'oxygène et renferme alors du succinate de baryum; cette solution contient donc probablement le sel de baryum du peroxyde succinique [B.-C. Brodie, *Bull. de la Soc. chim.*, 1864, t. I, p. 44].

L'anhydride succinique se comporte avec les phénols comme l'anhydride phtalique (voyez PHTALÉINES); c'est ainsi qu'en chauffant la résorcine avec l'anhydride succinique, Baeyer a obtenu une substance, $C^{16}H^{12}O^5$, analogue à la fluorescéine, qui est la *succinéine* de la résorcine [*Deutsche chem. Gesells.*, t. IV, p. 662],

$$C^4H^4O^3 + 2C^6H^6O^2 = C^{16}H^{12}O^5 + 2H^2O.$$

La cyanamide réagit énergiquement sur l'anhydride succinique à 100° et la masse se charbonne; si l'on chauffe à 70° en présence de l'éther, on obtient un produit amorphe, jaune [E. Mulder, *Bull. de la Soc. chim.*, t. XXXIII, p. 550].

Lorsqu'on chauffe l'anhydride succinique avec du brome à 140°, il se convertit en un dérivé dibromé, $C^4H^2Br^2O^2.O$, cristallisant dans l'eau en prismes pyramidés [Wreden, *Deutsch. chem. Gesells.*, t. III, p. 96].

Kekulé a obtenu l'anhydride de l'acide isodibromosuccinique $C^4H^2Br^2O^2.O$, qui est probablement isomérique avec la substance de Wreden, en fixant le brome directement sur l'anhydride maléique (t. II, p. 283); à 100° la réaction exige 1/2 à 3/4 d'heure et l'on trouve dans les tubes un liquide qui se prend peu à peu en masse. Le produit pulvérisé et abandonné sur la chaux vive, qui absorbe un peu d'acide bromhydrique, cristallise dans le sulfure de carbone en lamelles incolores, fusibles au-dessous de 100°; ce corps se décompose vers 180° en acide bromhydrique et en anhydride isobromomaléique cristallisable $C^4HBrO^2.O$. L'eau convertit l'anhydride isodibromosuccinique en acide isodibromosuccinique (voyez t. III, p. 13) [Kekulé, *Ann. der Chem. u. Pharm.*, Supplementb. II, p. 85; *Bull. de la Soc. chim.*, 1863, p. 32].

Le succinate de sodium traité par le chlorure de benzoyle, ne fournit pas l'anhydride mixte succino-benzoïque, mais bien un mélange des anhydrides succinique et benzoïque. Heintz n'a pas réussi davantage à préparer l'anhydride succino-acétique [*Rép. de Chim. pure*, 1860, p. 29]. A. H.

SUCCINIQUES (ÉTHERS). — L'acide succinique forme des dérivés éthérés avec les alcools monatomiques et polyatomiques et avec le phénol. Tantôt, l'éthérification porte sur les deux groupes oxhydryles de l'acide succinique, et l'on obtient alors des éthers neutres; tantôt, elle porte sur un seul OH, et, dans ce cas, il se forme des éthers acides. Enfin, on a préparé des dérivés éthérés avec l'acide succinique et le lactate éthylique, le tartrate éthylique, les salicylates d'éthyle ou de méthyle, avec le salicylol et avec la benzoïne, ces divers composés entrant en combinaison par leur oxhydryle alcoolique ou phénolique.

SUCCINATE DE CÉTYLE,

$$C^{36}H^{70}O^4 = C^4H^4O^4(C^{16}H^{33})^2.$$

— On chauffe l'éthal avec l'acide succinique et l'on purifie le produit par lavage au carbonate de sodium et cristallisations répétées dans un mélange d'alcool et d'éther. Le succinate cétylique est en fines lamelles blanches, fusibles à 58°, peu solubles dans l'alcool, plus solubles dans l'éther; la potasse le saponifie [Tüttscheff, *Rep. de Chim. pure*, 1860, p. 463].

SUCCINATES D'ÉTHYLE. — 1° ÉTHER NEUTRE,

$$C^8H^{14}O^4 = C^4H^4O^4(C^2H^5)^2.$$

— On le prépare en distillant ensemble 10 p. d'acide succinique, 20 p. d'alcool et 5 p. d'acide chlorhydrique concentré, et purifiant l'huile jaunâtre qui reste dans la cornue, par lavage à l'eau et distillation sur du massicot [F. d'Arcet, *Ann. de Chim. et de Phys.*, (2), t. LVIII, p. 291].

Il est plus avantageux de faire passer un courant de gaz chlorhydrique sec à travers une solution chaude de 1 p. d'acide succinique dans 5 p. d'alcool, de chauffer ensuite pour chasser une partie de l'alcool et de l'acide chlorhydrique, et de laver le résidu à froid avec une solution de carbonate sodique, puis avec de l'eau; on sèche l'éther sur le chlorure de calcium et on le rectifie [Fehling, *Ann. der Chem. u. Pharm.*, t. XLIX, p. 195].

Récemment M. E. Eghis a indiqué le mode de préparation suivant, qui paraît donner de très-bons résultats. On fait bouillir pendant 2 heures au réfrigérant ascendant un mélange de 20 p. d'acide succinique, 8 p. d'alcool et de 1 p. d'acide sulfurique, et l'on purifie l'éther brut comme on l'a indiqué plus haut [*Bull. de la Soc. chim.*, 1874, t. XXI, p. 219].

Enfin l'éther succinique se produit lorsqu'on maintient l'acide succinique dans une cornue tubulée, à une température voisine de son point de vaporisation et qu'on y fait arriver de l'alcool goutte à goutte (Gaultier de Claubry).

Le succinate d'éthyle constitue une huile peu soluble dans l'eau, d'une odeur aromatique, bouillant à 217°,3 sous une pression de 748 millimètres; à 0°, sa densité est de 1,0718 et à 25°,5 de 1,0475. Son volume pour des températures comprises entre 17°,4 et 174°,2 est exprimé par l'équation :

$$V_t = 1 + 0,0010088\,t + 0,000000\,33282\,t^2 + 0,0000000051701\,t^3$$

(H. Kopp, 1855). Sa densité de vapeur a été trouvée égale à 6,22.

Le chlore convertit l'éther succinique, à la lumière solaire, en un dérivé perchloré. — Voyez plus loin.

L'ammoniaque gazeuse ou dissoute le change en succinamide, $C^4H^4O^2(AzH^2)^2$.

Les alcalis aqueux le saponifient facilement.

Lorsqu'on met le succinate d'éthyle en contact avec le potassium, il se dégage de l'hydrogène, et, si le métal est employé en quantité suffisante, il se produit, par le refroidissement, une masse visqueuse d'un jaune foncé. En y ajoutant de l'eau et en chauffant pendant peu de temps, on obtient un liquide jaune, solution de potasse et de succinate potassique, sur laquelle nage une couche huileuse qui se concrète, par le refroidissement, en une masse molle et pultacée. On la sépare à l'aide du filtre et on la fait cristalliser dans l'alcool bouillant; 100 p. d'éther succinique ont fourni 5 à 10 p. de ce produit cristallin (Fehling).

Le nouveau corps se présente sous la forme d'une masse blanche veloutée, insoluble dans l'eau, très-soluble dans l'alcool chaud et dans l'éther. Il fond à 133° et se volatilise complétement vers 206°.

Chauffé avec la potasse il fournit de l'alcool et du succinate de potassium; avec l'ammoniaque, il donne un corps cristallisé en aiguilles jaune clair.

Ce corps renferme $C^6H^8O^3$ ou $C^{12}H^{16}O^6$. En admettant cette dernière formule, il nous semble qu'on pourrait le considérer comme l'analogue de l'acide éthyldiacétique (acétone-carbonate d'éthyle) qui prend naissance dans l'action du sodium sur l'acétate d'éthyle : dans cette réaction, 1 molécule d'alcool est éliminée aux dépens de 2 molécules d'éther acétique,

$$C^2H^5O.CO\text{-}CH^3 \quad CH^3\text{-}CO.OC^2H^5$$

2 molécules d'éther acétique.

$$= C^2H^5.OH + \begin{matrix} CO\text{-}CH^3 \\ | \\ CH^2\text{-}CO.OC^2H^5 \end{matrix}$$

Acétone-carbonate d'éthyle.

Une réaction analogue se produirait dans l'action du potassium sur l'éther succinique; seulement, comme l'acide succinique est un acide bibasique, il y aurait ici séparation de 2 molécules d'alcool,

$$C^2H^5O.CO\text{-}CH^2\text{-}CH^2\text{-}CO.OC^2H^5 \quad C^2H^5O.CO\text{-}CH^2\text{-}CH^2\text{-}CO.OC^2H^5$$

2 molécules d'éther succinique.

$$= 2C^2H^5.OH$$

Alcool.

$$+ \begin{matrix} C^2H^5O.CO\text{-}CH^2\text{-}CH\text{-}CO \\ | \quad\quad | \\ CO\text{-}CH\text{-}CH^2\text{-}CO.OC^2H^5 \end{matrix}$$

Nouveau corps.

L'éther succinique, chauffé avec de l'iodure d'éthyle et du zinc, dégage un gaz inflammable (diéthyle) et fournit une masse jaune emplastique, que l'eau décompose en régénérant de l'éther succinique [Claus, *Ann. der Chem. u. Pharm.*, t. CXLI, p. 49].

L'éther succinique dissout à chaud 6 à 10 % d'oxyde de plomb; si l'on chauffe plus fort, il se forme du succinate de plomb, en même temps qu'il distille de l'alcool.

L'éther succinique chauffé à 250°, en vase clos, avec du chlorure de benzoyle se scinde en anhydride succinique, benzoate et chlorure d'éthyle [K. Kraut, *Ann. der Chem. u. Pharm.*, t. CXXXVII, p. 254; *Bull. de la Soc. chim.*, 1866, t. VI, p. 60],

$$C^4H^4O^2(OC^2H^5)^2 + C^7H^5O.Cl$$
$$= C^4H^4O^2.O + C^7H^5O.OC^2H^5 + C^2H^5Cl.$$

Le succinate d'éthyle s'unit facilement au chlorure de titane en donnant des composés cristallisés, renfermant suivant la proportion des produits employés :

$$(TiCl^4)^2C^8H^{14}O^4;\ TiCl^4.C^8H^{14}O^4;$$
$$TiCl^4(C^8H^{14}O^4)^2$$

[E. Demarçay, *Bull. de la Soc. chim.*, t. XX, p. 130].

Éther dibromosuccinique,

$$C^8H^{12}Br^2O^4 = C^4H^2Br^2O^4(C^2H^5)^2.$$

— Il prend naissance lorsqu'on sature de gaz chlorhydrique sec la solution alcoolique de l'acide dibromosuccinique; l'eau précipite une huile qui se fige bientôt en une masse cristalline. L'éther dibromosuccinique est en longues aiguilles blanches ou en prismes transparents, fusibles à 58° et se décomposant en bouillonnant vers 140-150°. Insoluble dans l'eau, il se dissout aisément dans l'alcool et dans l'éther (Kekulé).

Succinate d'éthyle perchloré,

$$C^8Cl^{14}O^4 = C^4Cl^4O^4(C^2Cl^5)^2$$

[Cahours, *Ann. de Chim. et de Phys.*, (3), t. IX, p. 206; — Malaguti, *ibid.*, t. XVI, p. 60; — Gerhardt, *Compt. rend. des trav. de chim.*, 1846, p. 108; 1848, pp. 277 et 291; — Laurent, *Compt. rend. de l'Acad.*, t. XXXV, p. 381]. — On fait passer du chlore dans de l'éther succinique, en exposant l'appareil, vers la fin de l'expérience, aux rayons solaires; le liquide se prend bientôt en une masse cristalline qu'on exprime entre des doubles de papier et qu'on fait cristalliser dans l'éther.

L'éther chlorosuccinique constitue de petites aiguilles blanches, feutrées, fusibles entre 115 et 120°.

M. Cahours avait admis dans l'éther chlorosuccinique seulement 13 atomes de chlore, mais Laurent et Gerhardt ont fait remarquer que les analyses et surtout les réactions de ce corps s'accordent avec la formule d'un éther perchloré.

Lorsqu'on distille le succinate d'éthyle perchloré, il se dégage de l'acide carbonique, et il passe une huile dense contenant de l'aldéhyde perchlorée, du sesquichlorure de carbone, et un corps liquide qui paraît renfermer C^3Cl^4O.

La potasse agit très-vivement sur l'éther chlorosuccinique et fournit du chlorure, du carbonate, du formiate de potassium, ainsi que le sel potassique d'un acide particulier, auquel Malaguti a donné le nom d'*acide chlorosuccique*, et qui est probablement l'*acide trichloracrylique,*

$$C^3HCl^3O^2;$$

Cette réaction complexe s'accomplit évidemment en plusieurs phases; 1° dans une première, l'éther chlorosuccinique se saponifie, engendrant de l'acide succinique tétrachloré et de l'alcool pentachloré $C^2Cl^5.OH$,

$$C^4Cl^4O^4(C^2Cl^5)^2 + 2KHO$$
$$= C^4Cl^4O^4K^2 + 2C^2Cl^5.OH;$$

2° L'alcool chloré, sous l'influence de la potasse, fournit de l'acide trichloracétique, instable dans les conditions de l'expérience, et donnant naissance à du formiate de potassium :

$$C^2Cl^5.OH + 3KHO$$
$$= C^2Cl^3O^2K + 2KCl + 2H^2O.$$

Trichloracétate de potassium.

3° L'acide tétrachlorosuccinique, de son côté, perd 1 molécule d'acide carbonique et 1 molécule d'acide chlorhydrique et produit l'acide trichloracrylique :

$$\begin{matrix} CO^2K \\ | \\ CCl^2 \\ | \\ CCl^2 \\ | \\ CO^2K \end{matrix} + 2KHO$$

Tétrachlorosuccinate de potassium.

$$= CO^3K^2 + \begin{matrix} CCl^2 \\ \| \\ CCl \\ | \\ CO^2K \end{matrix} + KCl + H^2O.$$

Trichloracrylate de potassium.

L'alcool dissout à chaud l'éther chlorosuccinique en le décomposant, avec production d'acide chlorhydrique, de carbonate, de trichloracétate, et probablement de trichloracrylate d'éthyle.

Lorsqu'on fait arriver du gaz ammoniac sec sur de l'éther chlorosuccinique, la masse s'échauffe beaucoup, et il se forme un mélange de trichloracétamide et d'une combinaison ammoniacale de la tétrachlorosuccinimide. — Voyez SUCCINIQUES (AMIDES p. 19).

Acide chlorosuccique (trichloracrylique),

$$C^3HCl^3O^2 = CCl^2{=}CCl\text{-}CO^2H.$$

— Pour préparer cet acide, Malaguti opère de la manière suivante : il fait dissoudre à chaud l'éther chlorosuccinique dans l'alcool et ajoute quelques fragments de potasse; bientôt une réaction vive se manifeste, et le liquide entre en ébullition. On agite le mélange et l'on ajoute un peu d'eau pour modérer la réaction et empêcher le produit de noircir. Quand la réaction est terminée, on dissout le tout dans l'eau, on traite par un excès d'acide chlorhydrique et l'on évapore : il se sépare alors au fond de la capsule une huile jaunâtre, qu'on enlève au moyen d'une pipette pour la dissoudre dans l'eau. La solution étant évaporée, la matière huileuse se précipite de nouveau; on la redissout dans l'eau et l'on répète ce traitement jusqu'à ce que l'eau qui surnage ne précipite plus le nitrate d'argent. On abandonne ensuite l'huile dans le vide où elle cristallise au bout de quelques jours; on reprend les cristaux par un peu d'alcool absolu, qui sépare une petite quantité de chlorure de potassium insoluble, et on laisse évaporer la solution dans le vide. Les cristaux sont comprimés entre des doubles de papier et purifiés complétement par une nouvelle cristallisation dans l'alcool et une nouvelle compression. On n'obtient qu'un rendement faible, car, dans ce traitement compliqué, on perd beaucoup de matière.

L'acide chlorosuccique pur est extrêmement acide. Il fond à 60°; vers 75° il commence à répandre des fumées qui se condensent sous la forme de prismes soyeux, très-fins.

Le *sel d'ammonium* cristallise en fibres asbestoïdes. La solution du chlorosuccate d'ammonium ne précipite pas les solutions métalliques.

Le *sel d'argent* paraît renfermer

$$C^3Cl^3O^2.Ag + 1/2\,H^2O.$$

Il se précipite lorsqu'on mélange des solutions concentrées d'acide chlorosuccique et de nitrate d'argent. Il est en petits prismes très-brillants, peu sensibles à l'action de la lumière, mais fort altérables à chaud.

L'étude de l'éther chlorosuccinique et de ses produits de dédoublement, notamment l'acide chlorosuccique, mériterait d'être reprise.

2° SUCCINATE D'ÉTHYLE ACIDE (*acide éthylsuccinique* ou *succinovinique*),

$$C^6H^{10}O^4 = C^4H^4O^4\left\{\begin{matrix}C^2H^5\\H\end{matrix}\right.$$

— Cet acide, découvert par Heintz, prend naissance lorsqu'on fait bouillir, pendant plusieurs heures, l'anhydride succinique avec de l'alcool absolu; on reprend par l'eau qui laisse l'éther succinique insoluble; on sature la solution par la baryte, on évapore et l'on reprend le résidu par l'alcool absolu chaud, dans lequel l'éthylsuccinate barytique se dissout, tandis que le succinate y est insoluble. Dans cette préparation, on ne peut pas remplacer l'anhydride succinique par l'acide succinique; ce dernier n'agit pas sur l'alcool.

L'acide éthylsuccinique se forme encore lorsqu'on mélange 2 molécules d'éther succinique avec 1 molécule d'hydrate barytique en solution aqueuse et qu'on évapore le mélange au bain-marie.

L'acide éthylsuccinique libre constitue un sirop incolore, inodore, non volatil sans décomposition et miscible en toutes proportions avec l'eau, l'alcool et l'éther.

L'acide éthylsuccinique est un acide monobasique; il forme des sels dont quelques-uns cristallisent; ceux-ci sont généralement solubles dans l'eau et dans l'alcool. Ils répondent à la formule

$$C^4H^4O^4\left\{\begin{matrix}C^2H^5\\M'\end{matrix}\right.$$

Éthylsuccinate d'argent, $C^6H^9O^4.Ag$. — Précipité pulvérulent blanc, peu soluble dans l'eau et dans l'alcool; sec, il ne noircit pas à la lumière.

Éthylsuccinate de baryum, $(C^6H^9O^4)^2Ba$. — Précipité de sa solution alcoolique par l'éther, il est en petits cristaux très-solubles. L'eau bouillante ne décompose pas ce sel.

Éthylsuccinate de calcium, $(C^6H^9O^4)^2Ca$. — L'éther le précipite de sa solution aqueuse à l'état d'un liquide sirupeux, qui se dessèche dans le vide en une masse amorphe gommeuse.

Éthylsuccinate de cuivre, $(C^6H^9O^4)^2Cu$. — Tables bleu verdâtre, très-solubles, même dans l'alcool éthéré.

Éthylsuccinate de magnésium. Il est amorphe et déliquescent.

Éthylsuccinate de manganèse. — Masse amorphe.

Éthylsuccinate de potassium, $C^6H^9O^4.K$. — Sel amorphe, déliquescent, soluble dans l'alcool, insoluble dans l'éther.

Éthylsuccinate de sodium, $C^6H^9O^4.Na$. — Sa solution alcoolique additionnée d'éther laisse déposer le sel en aiguilles très-solubles.

Éthylsuccinate de zinc, $(C^6H^9O^4)^2Zn$. — Lamelles blanches, peu solubles dans l'eau et dans l'alcool, insolubles dans l'éther [W. Heintz, *Poggend. Ann.*, t. CVIII, p. 70; *Répert. de Chim. pure*, 1860, p. 29].

SUCCINATE D'ISOPROPYLE,

$$C^{10}H^{18}O^4 = C^4H^4O^4(C^3H^7)^2.$$

— On obtient cet éther, découvert par M. Silva, en chauffant pendant 3 heures dans un ballon surmonté d'un réfrigérant, un mélange de succinate d'argent sec et d'iodure d'isopropyle; on doit avoir le soin de refroidir chacun des deux corps avant d'en faire le mélange; il se dégage toujours une petite quantité de propylène pendant la réaction. Le contenu du ballon est repris par l'éther anhydre; la solution est distillée au bain-marie, le résidu est filtré pour séparer une petite quantité d'acide succinique mis en liberté pendant la réaction, puis séché au chlorure de calcium et soumis finalement à la rectification.

Le succinate d'isopropyle constitue un liquide incolore, un peu épais, doué d'une odeur particulière, non désagréable. Il bout à 228° sous la pression normale. Ses densités à 0° et à 18°,5 sont représentées par les nombres 1,009 et 0,997. L'indice de réfraction de cet éther est de 1,418 pour la raie D [R.-D. Silva, *Bull. de la Soc. chim.*, 1869, t. XII, p. 223].

SUCCINATE DE MÉTHYLE,

$$C^6H^{10}O^4 = C^4H^4O^4(CH^3)^2.$$

— Obtenu comme le succinate d'éthyle, il forme une masse cristalline, fusible à 20° et se concrétant de nouveau au-dessous de 16°. Il bout à 198° et possède à 20° la densité 1,179; sa vapeur offre une densité de 5,29. Il est à peine soluble dans l'eau, mais il se dissout dans l'alcool et dans l'éther [Fehling, *Ann. der Chem. u. Pharm.*, t. XLIX, p. 195].

SUCCINATE DE PHÉNYLE,

$$C^{16}H^{14}O^4 = C^4H^4O^4(C^6H^5)^2.$$

— Voyez PHÉNYLIQUES (ÉTHERS), t. II, p. 906.

SUCCINOGLYCOL, $C^6H^8O^4 = C^4H^4O^4(C^2H^4)''$ et SUCCINO-ÉTHYLÉNIQUE (ACIDE),

$$C^6H^{10}O^5 = C^4H^5O^4(C^2H^4.OH)'.$$

— Voyez GLYCOL, t. I. pp. 1611 et 1612.

SUCCININE. — Van Bemmelen a donné ce nom à un produit mal défini, qu'il a obtenu en chauffant vers 200° l'acide succinique avec la glycérine; ce corps contiendrait

$$C^7H^{10}O^5 = C^4H^4O^4(C^3H^5.OH).$$

L'hydrogène du O H glycérique serait remplaçable par du benzoyle et l'on obtiendrait ainsi la benzosuccinine $C^{14}H^{14}O^6$. Les produits de van Bemmelon, d'après la description qu'il en donne, sont des corps amorphes, bruns ou noirs, évidemment extrêmement impurs [*Journ. für prakt. Chem.*, t. LXIX, p. 84].

SUCCINOLACTATE-DIÉTHYLIQUE,

$$C^4H^4O^4 \left\{ \begin{matrix} C^2H^5 \\ C^3H^4O^2.C^2H^5 \end{matrix} \right.$$

et SUCCINODILACTATE-DIÉTHYLIQUE,

$$C^4H^4O^4(C^3H^4O^2.C^2H^5)^2.$$

— Voyez LACTIQUE (ACIDE), t. II, p. 185.

SUCCINOTARTRATE DIÉTHYLIQUE,

$$C^{20}H^{30}O^{14} = C^4H^4O^4[C^4H^3O^3(C^2H^5)^2]^2.$$

— Liquide épais, non volatil, sans décomposition, qui prend naissance dans l'action du chlorure de succinyle sur l'éther tartrique (W. H. Perkin).

SUCCINO-SALICYLOL. — Il se forme, d'après M. Cahours, dans l'action du chlorure de succinyle sur le salicylol; suivant Perkin, cette réaction donnerait du parasalicyle, le chlorure de succinyle agissant simplement comme déshydratant.

SUCCINO-DIBENZOÏNE,

$$C^4H^4O^4[CH(C^6H^5)-CO(C^6H^5)]^2.$$

— Voyez l'article BENZOÏNE au SUPPLÉMENT.

SUCCINATE DE MÉTHYLSALICYLE,

$$C^4H^4O^4(C^6H^4.CO^2CH^3)^2.$$

— Voyez SALICYLIQUES (ÉTHERS), t. II, p. 1409.

SUCCINATE D'ÉTHYLSALICYLE. — On l'obtient en faisant agir le chlorure de succinyle sur le salicylate d'éthyle; il cristallise en longues aiguilles insolubles dans l'eau, peu solubles dans l'éther et très-solubles dans l'alcool chaud. La potasse aqueuse bouillante, même concentrée, ne le saponifie pas [Drion, *Compt. rend.*, t. XXXIX, p. 122]. A. H.

SUCCINITE (Min.). — Grenat grossulaire d'un jaune d'ambre.

SUCCINONE. — En soumettant le succinate de calcium ou un mélange intime d'acide succinique et de chaux à la distillation sèche, on obtient un liquide brun, d'une odeur empyreumatique fort prononcée, qui distillé lentement et à plusieurs reprises à la température de 120°, constitue un liquide incolore, mobile, ayant perdu en grande partie l'odeur désagréable du produit brut. D'Arcet a donné le nom de *succinone* à cette substance, qui probablement n'était qu'un mélange; les analyses que ce chimiste en a faites conduisent aux chiffres

$$(C = 78{,}62\text{-}79{,}26;\ H = 8{,}18\text{-}9{,}55)$$

qui ne s'accordent pas avec la composition de la succinone [*Ann. de Chim. et de Phys.*, (2), t. LVIII, p. 297].

L'étude des produits de distillation du succinate de calcium mériterait d'être reprise, car ce sel devrait fournir l'acétone,

$$\begin{matrix} CH^2 \\ | \\ CH^2 \end{matrix} \!>\! CO,$$

appartenant à la classe des acétones d'acides diatomiques et dibasiques, dont la diphénylène-acétone

$$\begin{matrix} C^6H^4 \\ | \\ C^6H^4 \end{matrix} \!>\! CO$$

constitue le premier type bien connu (voyez t. II, p. 795). La succinone de d'Arcet renfermait probablement l'acétone en question, mélangée d'hydrocarbures. Le composé neutre que M. Berthelot a obtenu dans l'oxydation de l'allylène par l'acide chromique et qu'il a décrit sous le nom d'*oxyde d'allylène*, C^3H^4O [*Bull. de la Soc. chim.*, 1870, t. XIV, p. 116] est peut-être identique avec l'acétone de l'acide succinique. A. H.

SUCCINURIQUE. — Voyez URÉES COMPOSÉES.

SUCCINYLURÉE. — Voyez URÉES COMPOSÉES.

SUCCINYLE,

$$(C^4H^4O^2)'' = \begin{matrix} CH^2\text{-}CO\text{-} \\ | \\ CH^2\text{-}CO\text{-}. \end{matrix}$$

— On a donné ce nom au radical diatomique hypothétique de l'acide succinique et de ses dérivés. On n'a pas encore tenté d'isoler ce radical; peut-être l'obtiendrait-on en traitant le chlorure de succinyle par l'argent divisé, par un procédé analogue à celui qui a permis à M. Ador de préparer le radical de l'acide phtalique ou diphtalyle.

SUCCINYLE (CHLORURE DE),

$$C^4H^4O^2.Cl^2 = \begin{matrix} CH^2\text{-}CO.Cl \\ | \\ CH^2\text{-}CO.Cl. \end{matrix}$$

— On le prépare facilement en distillant l'anhydride succinique ou l'acide succinique avec les quantités correspondantes de perchlorure de phosphore : il passe d'abord de l'oxychlorure de phosphore, puis à une température plus élevée du chlorure de succinyle, qu'on purifie par plusieurs rectifications [Gerhardt et Chiozza, *Compt. rend.*, t. XXXVI, p. 1052].

Le chlorure de succinyle constitue une huile fumante, très-réfringente, d'une densité de 1,39 à 19° et d'une odeur suffocante qui, respirée à distance, rappelle celle de la paille mouillée. Il se solidifie à 0° et forme alors des cristaux lamellaires (W. Heintz). Il bout à 190° environ; toutefois une petite quantité de la substance s'altère à chaque rectification.

L'humidité le transforme en acides chlorhydrique et succinique; l'alcool en succinate d'éthyle, l'ammoniaque sèche en succinamide, et l'aniline en succinanilide.

Si l'on fait agir le chlorure de succinyle sur l'acétate de sodium, ou inversement le chlorure d'acétyle sur le succinate de baryum, on n'obtient pas l'anhydride mixte succino-acétique mais bien un mélange d'anhydrides acétique et succinique [W. Heintz, *Répert. de Chim. pure*, 1860, p. 29].

L'hydrogène naissant donne, avec le chlorure de succinyle, l'aldéhyde succinique (Saytzeff). — Voyez p. 1711.

Étendu de benzine et traité par le zinc-éthyle, il fournit l'*éthylène-diéthylacétone*,

$$C^2H^4(CO.C^2H^5)^2,$$

sous la forme d'un liquide jaune pâle, insoluble dans l'eau et plus dense que ce liquide; cette acétone ne se combine pas avec les bisulfites alcalins [G. Wischin, *Ann. der Chem. u. Pharm.*, t. CXLIII, p. 259; *Bull. de la Soc. chim.*, 1868, t. IX, p. 477],

$$\begin{matrix} CH^2\text{-}CO.Cl \\ | \\ CH^2\text{-}CO.Cl \end{matrix} + Zn \left\{ \begin{matrix} C^2H^5 \\ C^2H^5 \end{matrix} \right. = ZnCl^2 + \begin{matrix} CH^2\text{-}CO.C^2H^5 \\ | \\ CH^2\text{-}CO.C^2H^5. \end{matrix}$$

Lorsqu'on chauffe volumes égaux de chlorure de succinyle et de brome à 120-130°, pendant 3 ou 4 heures, on obtient le *chlorure dibromosuccinique*, $C^4H^2Br^2O^2.Cl^2$ [Perkin et Duppa, *Journ. of the Chem. Soc. London*, t. XIII, p. 102; *Répert. de Chim. pure*, 1860, p. 418]. Kekulé a préparé le même corps en fixant directement le brome, à 140-150°, sur le chlorure de fumaryle $C^4H^2O^2.Cl^2$ [*Ann. der Chem. u. Pharm.*, Supplementb. II, p. 85; *Bull. de la Soc. chim.*, 1863, p. 31]. Le chlorure dibromosuccinique est un liquide bouillant vers 218-220° en se décomposant partiellement. L'eau le convertit lentement à froid, rapidement à chaud, en acide dibromosuccinique. A. H.

SUCCISTÉRÈNE. — La matière cireuse qui passe dans la distillation sèche du succin est un mélange d'huile, de matière jaune, de matière cristalline blanche et de matière brune bitumineuse. Pelletier et Walter ont donné le nom de succistérène à la matière blanche qu'on peut séparer par des traitements à l'alcool et à l'éther, dans lesquels elle est peu soluble. Le succistérène est sans odeur ni saveur, fusible à 160-162° et distille au-dessus de 300°, en laissant un faible résidu de charbon. L'acide sulfurique le dissout à chaud et prend une teinte bleu foncé; l'acide azotique le résinifie à chaud. Le succistérène a donné en moyenne à l'analyse les chiffres C = 95,5; H = 5,6. La matière jaune mentionnée plus haut est peut-être identique avec le chrysène; elle a donné à l'analyse C = 94,4; H = 5,8. Elle est à peine soluble dans l'alcool bouillant et dans l'éther; elle fond vers 240°.

Ces corps de Pelletier et Walter ne constituent évidemment pas des espèces chimiques définies.

SUCRE [Syn. *Saccharose, sucre de canne*], $C^{12}H^{22}O^{11}$. — Le sucre, introduit en Europe du temps d'Alexandre le Grand, était connu beaucoup plus tôt en Chine et dans l'Inde. La culture de la canne, pratiquée en Nubie, en Arabie et en Égypte, s'étendit de là en Sicile et en Portugal; aux XIVe et XVe siècles aux îles Canaries, plus tard en Amérique. Depuis ce temps seulement l'usage du sucre s'est généralisé. En 1747, Marggraf en reconnut la présence dans la betterave et dans d'autres végétaux indigènes. On doit à Achard les premiers essais pour opérer l'extraction du sucre de la betterave sur une grande échelle. Gay-Lussac et Thenard, Prout et Berzelius ont fait connaître la composition chimique de la saccharose.

État naturel. — La saccharose est très-répandue dans le règne végétal; on la trouve dans les tiges d'un grand nombre de graminées, notamment dans la canne à sucre (*Saccharum officinarum*), dans le sorgho (*Sorghum saccharatum*) et dans le maïs. Le jus de la canne à sucre renferme plus de 20 °/₀ de saccharose. Les tiges de sorgho en contiennent de 9 à 9,5 °/₀. Les tiges de maïs, cueillies peu de temps après la floraison, fournissent un jus renfermant de 7,4 à 9 °/₀ de sucre, dont la moitié est de la saccharose (Lüdersdorff).

Certaines racines renferment du sucre; telles sont : les racines d'*Angelica archangelica*, de *Beta vulgaris*, de *Chaerophyllum bulbosum*, de *Cichorium intybus*, de *Daucus carota*, d'*Helianthus tuberosus*, de *Leontodon taraxacum*, de *Pastinaca sativa*, de *Sium sisarum* et d'autres encore. Les betteraves contiennent en moyenne de 7 à 11 °/₀ quelquefois 14 °/₀ de sucre.

La racine de la garance renferme, suivant W. Stein [*Journ. für prakt. Chem.*, t. CVII, p. 444] jusqu'à 14 et 15 °/₀ de sucre et pourrait être employée avantageusement à son extraction.

On trouve du sucre dans le tronc des arbres suivants : l'*Acer saccharinum*, une espèce d'érable; *A. Pseudoplatanus*; certaines espèces de bouleaux; on en trouve dans la sève du *Juglans alba* du *Tilia europæa*, de divers palmiers, tels que le *Saguerus Rumphii* de Java [Berthelot, *Ann. de Chim. et de Phys.*, t. LV, p. 272], et le palmier Axa (*Arenga saccharifera*). La sève du dernier de ces arbres sert aux indigènes de l'intérieur de Java à faire du sucre [J. de Vrij, *Journ. de Pharm.*, (4), t. I, p. 270].

Les feuilles de vigne, de cerisier et de pêcher renferment de la saccharose en même temps que du sucre interverti [A. Petit, *Compt. rend.*, t. LXXVII, p. 944].

Les céréales renferment de la saccharose dont la quantité augmente pendant la germination [G. Kühnemann, *Deutsche chem. Gesellsch.*, t. VIII, p. 202 et 387].

Le sucre qui se produit pendant la maturation des fruits est toujours de la saccharose; un ferment particulier que renferment les fruits l'intervertit soit en partie, soit en totalité, de sorte que les fruits contiennent tantôt les deux sucres à la fois ou uniquement du sucre interverti. Les oranges renferment les deux espèces de sucre [Berthelot et Buignet, *Compt. rend.*, t. LI, p. 1094]. Les pommes, les poires, les bananes, les melons, les dattes renferment pareillement de la saccharose. Les noix, les noisettes, les amandes douces et amères, les caroubes, le fruit du caféier, le souchet comestible contiennent, à l'exclusion d'autres sucres, de la saccharose. Les nectaires des fleurs du *Rhododendron ponticum*, des cactus, en renferment pareillement.

On a trouvé de la saccharose dans le miel des abeilles ainsi que dans celui d'une guêpe de l'Amérique, *Polybia apicipennis*.

Suivant Berthelot [*Compt. rend.*, t. LIII, p. 583], la manne du Sinaï, provenant du *Tamarix mannifera*, renferme 55 °/₀ de saccharose, et celle du Kurdistan, provenant du chêne à galle, 61 °/₀. Ces deux mannes sont produites sous l'influence de la piqûre de certains insectes.

On connaît un grand nombre d'isomères de la saccharose; tels sont : la lactose, la mélitose, la mélézitose, la tréhalose, la parasaccharose, les gommes, le nouveau sucre que Gautier a obtenu par l'action de l'acide chlorhydrique sur la glucose, etc.

On peut envisager la saccharose comme un anhydride diglucosique, formé par la soudure d'une molécule de glucose et d'une molécule de lévulose avec élimination d'une molécule d'eau :

$$2C^6H^{12}O^6 - H^2O = C^{12}H^{22}O^{11}.$$

Toutefois on n'est pas encore parvenu à opérer cette transformation artificiellement.

Extraction. — Tout le sucre qui est livré à la consommation est extrait soit de la canne, soit de la betterave [voyez SUCRE (INDUSTRIE)]. Si l'on veut préparer du sucre sur une petite échelle, on suit le procédé de Marggraf. Après dessiccation de la plante, on pulvérise, on fait bouillir avec 2 p. d'alcool fort, on filtre et on laisse refroidir; après quelque temps le sucre cristallise.

On retire le sucre des fruits acides de la manière suivante : On ajoute au jus exprimé un égal volume d'alcool qui prévient l'altération, on sature par la chaux éteinte et on filtre. Par l'ébullition, on précipite une combinaison de saccharose et de chaux qui renferme les deux tiers de la quantité totale de sucre, on filtre, on lave avec de l'eau et l'on décompose par l'acide carbonique. La solution sucrée est concentrée à consistance sirupeuse, décolorée par du charbon animal, mélangée avec de l'alcool jusqu'à ce qu'elle se trouble, et abandonnée à la cristallisation. Si l'on veut recueillir la totalité du sucre, il faut répéter le traitement par la chaux. Il peut se faire qu'après avoir décomposé le sucrate de chaux par l'acide carbonique on ait un liquide trouble; dans ce cas on précipite par l'acétate basique de plomb, on filtre et l'on débarrasse le liquide filtré de l'excès de plomb, par l'hydrogène sulfuré (Peligot, Buignet).

Propriétés physiques. — Le sucre est en grands cristaux transparents qu'on appelle vulgairement sucre candi, et qu'on obtient par l'évaporation lente de ses solutions. Une solution aqueuse concentrée de sucre s'appelle *sirop de sucre*. La cristallisation du sucre peut être entravée par certains sels, notamment le chlorure de sodium et, dans une moindre proportion, le chlorure de potassium. Le nitrate de potassium, au contraire, n'exerce pas d'influence.

Les cristaux de saccharose appartiennent au système clinorhombique.

Axes : $a : b : c = 0,7952 : 1 : 0,7$.

Angle des axes b et c = 70°44′. Angles, ph' = 103°30′ ; mm (de côté) = 101°32′ ; e^1e^1 par-dessus p = 99° ; a^1h^1 = 64°30′.

Formes habituelles : $m, p, h^1, a^1, e^1, d^{1/2}, a^1$.

Quelquefois les cristaux sont hémiédriques et

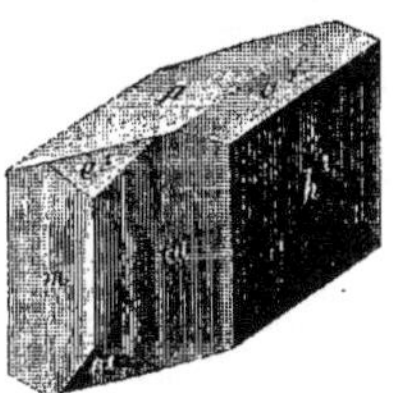
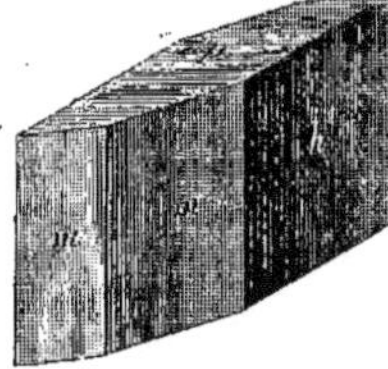

Fig. 652 et 653. — Cristaux de saccharose.

ne présentent que la moitié des faces e^1 et $d^{1/2}$.

En refroidissant rapidement une solution saturée de sucre, on obtient de petits cristaux ressemblant à ceux des *pains de sucre*.

Les cristaux sont durs et ont une pesanteur spécifique de 1,606 [Brisson, *Bull. de Pharm.*, t. I, p. 516], de 1,5951 à 15° [Maumené, *Bull. de la Soc. chim.*, (2), t. XXII, p. 33], de 1,630 [Dubrunfaut, *Art de fabriquer le sucre*, 1825, p. 34], de 1,623 [Walkhoff, *Traité de fabrication*, 1870, t. I, p. 517]. Quand on les broie dans l'obscurité, ils répandent une lueur phosphorescente; ils sont inaltérables à l'air sec et ne renferment pas d'eau de cristallisation.

Solubilité. — La saccharose est très-soluble dans l'eau ; elle se dissout dans un tiers environ de son poids d'eau froide et en plus grande quantité encore dans l'eau chaude ; les solutions concentrées ont une consistance sirupeuse. Le sucre est insoluble dans l'éther et dans l'alcool absolu froids ; à l'ébullition, l'alcool en dissout 1 1/4 % environ ; l'alcool aqueux le dissout plus facilement.

Solubilité du sucre dans des mélanges d'eau et d'alcool.

Richesse du dissolvant en alcool.	à 0°.		à 14°.		à 40°.
	Densité à 17°,5.	Sucre dans 100 c.c.	Densité à 17°.	Sucre dans 100 c.c.	Sucre dans 100 c.c.
0...	1,3248	85gr,8	1,3258	87gr,5	105,2
10...	1,2991	80 7	1,3060	81 5	95,4
20...	1,2360	74 2	1,2662	74 5	90,0
30...	1,2293	65 5	1,2327	67 9	82,2
40...	1,1828	56 7	1,1848	58 0	74,9
50...	1,1294	45 9	1,1305	47 1	63,4
60...	1,0500	32 9	1,0582	33 9	49,9
70...	0,9721	18 2	0,9746	18 8	31,4
80...	0,8931	6 4	0,8953	6 6	13,3
90...	0,8369	0 7	0,8376	0 9	2,3
97,4..	0,8062	0 08	0,8082	0 36	0,5

On peut représenter ces tableaux par des courbes et on peut comparer les courbes ainsi obtenues à celles qui représentent la solubilité dans l'eau pure à 14° et à 40°. Ces dernières courbes sont peu prononcées, tandis que celles qui représentent la solubilité du sucre dans l'eau alcoolisée s'infléchissent d'abord au-dessous de celles-ci, puis au-dessus en les croisant en un certain point. Cela montre que les mélanges pauvres en alcool dissolvent plus de sucre que n'en dissoudrait l'eau seule contenue dans le mélange, et que pour les mélanges fortement alcooliques, c'est l'inverse qui se produit.

Le point de croisement pour les courbes de solubilité à 14° pour l'eau et pour les mélanges d'alcool a lieu pour l'alcool à 50° centésimaux. Si l'on ajoute à une solution aqueuse concentrée de sucre à 14° son volume d'alcool absolu, elle reste saturée; mais si l'on en ajoute davantage, une partie du sucre se séparera. Le point de croisement pour la température de 40° a lieu avec l'alcool à 66 centièmes.

Solubilité du sucre dans l'eau pure, de 0 à 50°.

Température.	Sucre dissous.
0°....	65,0 %
5....	65,2
10....	65,6
15....	66,1
20....	67,0
25....	68,2
30....	69,8
35....	72,4
40....	75,8
45....	79,2
50....	82,7

[Scheibler, *Deutsch. chem. Gesellsch.*, t. V, p. 343; *Bull. de la Soc. chim.*, t. XVIII, p. 36].

Tableau des densités des solutions aqueuses, et des proportions de sucre qu'elles renferment à 17°,5 (Balling et Brix).

Centièmes de sucre.	Densité.
1....	1,0040
5....	1,0200
10....	1,0404
15....	1,0614
20....	1,0832
25....	1,1039
30....	1,1295
35....	1,1540
40....	1,1794
45....	1,2057
50....	1,2165
55....	1,2610
60....	1,2900
65....	1,3190
70....	1,3507
75....	1,3824
80....	1,4159
85....	1,4499
90....	1,4849
95....	1,5209
99....	1,5504

Voyez aussi les tables que donne Maumené [*Bull. de la Soc. chim.*, 1874, t. XXII, p. 33].

La solution aqueuse de saccharose dévie à droite le plan de polarisation; pour la teinte de passage [α] = + 73,8°. La température ne modifie que d'une manière insensible le pouvoir rotatoire.

La chaux ajoutée aux solutions de sucre de canne en diminue le pouvoir rotatoire [Jodin, *Bull. de la Soc. chim.*, 1864, t. I, p. 432].

Les carbonate, sulfate, oxalate, citrate et phosphate basique de calcium sont moins solubles dans l'eau sucrée que dans l'eau pure, et cela d'autant moins que l'eau sucrée est plus concentrée. Le carbonate de magnésium fait exception [A. Jacobsthal, *Zeitsch. für Chem.*, 1869, p. 150].

L'eau sucrée dissout le sulfate de calcium en quantité d'autant plus grande qu'elle est plus concentrée, que le contact est plus prolongé et que la température est plus élevée. Les solutions sucrées soumises à une ébullition prolongée abandonnent de nouveau une partie du sulfate [Sostmann, *Bull. de la Soc. chim.*, 1867, t. VIII, p. 376].

Action de la chaleur. — Le sucre fond à 160° en un liquide clair, et se solidifie par le refroidissement en une masse amorphe transparente appelée vulgairement *sucre d'orge*, qui peu à peu devient opaque et cristallise.

Le sucre sec chauffé en tube scellé à 100° se colore déjà au bout d'un jour; en 30 jours environ le sucre devient liquide, sirupeux, et, après refroidissement, est semblable au sucre d'orge [Maumené. *Bull. de la Soc. chim.*, 1870, t. XVII, p. 442 et 481].

Chauffé à 153° en tube scellé, le sucre se change en 8 jours environ en une masse d'un brun noir où domine le caramelin.

La saccharose chauffée un peu au delà de 160° se transforme en un mélange de dextrose et de lévulosane, $C^{12}H^{22}O^{11} = C^6H^{12}O^6 + C^6H^{10}O^5$ [Gélis, *Compt. rend.*, t. XLIII, p. 1062].

A une température plus élevée, il se dégage de l'eau; la glucose est probablement déshydratée en donnant naissance à de la glucosane (voyez t. I, p. 1570). Si l'on chauffe vers 210°, on provoque un dégagement plus abondant d'eau et il reste du caramel (voyez t. I, p. 740]. Lorsque la température augmente notablement, il se dégage un mélange de gaz, oxyde de carbone, acide carbonique et hydrure de méthyle; en même temps il distille des huiles brunes, de l'acide acétique, de l'acétone, de l'aldéhyde et peut-être de l'acide butyrique [*Deutsch. chem. Gesellsch.*, t. VII, p. 83]. Il reste une quantité considérable d'un résidu charbonneux. On a pu isoler des huiles brunes, du furfurol et une substance appelée assamar. — Voyez t. I, p. 434.

PROPRIÉTÉS CHIMIQUES. — *Interversion.* — Une ébullition prolongée avec de l'eau transforme la saccharose en un mélange de dextrose et de lévulose, nommé *sucre interverti*, parce que le pouvoir rotatoire passe de droite à gauche, la lévulose lévogyre ayant un pouvoir rotatoire plus fort que la dextrose, qui est dextrogyre :

$$\underset{\text{Saccharose.}}{C^{12}H^{22}O^{11}} + H^2O = \underset{\text{Dextrose.}}{C^6H^{12}O^6} + \underset{\text{Lévulose.}}{C^6H^{12}O^6}.$$

Lorsqu'on chauffe pendant 27 heures environ, à 100°, 200 grammes de sucre et 1000 grammes d'eau, le pouvoir rotatoire descend peu à peu jusqu'à 0°. Il se forme dans ce cas trois produits, dont l'un est acide et s'unit à la chaux avec assez de force pour résister complétement à l'acide carbonique [Maumené, *loc. cit.*].

Une solution de sucre dans l'eau se modifie spontanément à la longue, en perdant partiellement son pouvoir rotatoire [Maumené, *Compt. rend.*, t. XXXIX, p. 914; — Béchamp, *ibid.*, t. XL, p. 436].

Suivant Béchamp [*Ann. de Chim. et de Phys.*, 1858, (3), t. LIV, p. 28], l'eau froide n'intervertit la saccharose qu'autant qu'il se développe des moisissures, c'est-à-dire en vertu d'une véritable fermentation qui donne lieu à la formation d'un acide.

D'après W. L. Clasen [*Journ. für prakt. Chem.*, t. CIII, p. 449, et *Bull. de la Soc. chim.*, 1868, t. X, p. 506], la saccharose se convertit peu à peu en glucose en présence de l'eau pure, sans qu'il y ait formation de moisissures; l'ébullition prolongée pendant quelques heures ne détermine pas la formation de glucose.

On voit que les auteurs ne sont pas encore d'accord sur l'action que l'eau exerce sur la saccharose, et qu'il faudra de nouvelles recherches pour élucider la question.

L'action des dissolutions salines varie non-seulement suivant le genre et l'espèce du sel, mais encore suivant l'état de saturation et de neutralité de ces sels. Les sels qui préviennent la transformation glucosique de la saccharose sont généralement des sels réputés antiseptiques; dans tous les cas, une certaine élévation de température est nécessaire pour que la transformation s'accomplisse [Béchamp, *loc. cit.*].

L'eau sucrée se conserve sans altération lorsqu'elle renferme du chlorure de zinc ou du chlorure de calcium. Une solution de sucre dans le chlorure de zinc résiste même beaucoup mieux à l'action de la chaleur qu'une solution dans l'eau pure [Béchamp, *Compt. rend.*, t. XI, p. 436].

Un certain nombre de sels, tels que le sulfate de calcium, le chlorure d'ammonium, le nitrate de potassium, empêchent à la température ordinaire la transformation de la saccharose en glucose; le sulfate de magnésium ne l'empêche pas, mais la retarde. Si l'on chauffe à 88° de l'eau sucrée additionnée de gypse, de nitrate de potassium ou de sulfate de magnésium, il se forme au bout de quelques jours une certaine quantité de glucose.

Une solution de sucre additionné d'un mélange de gypse et de chlorure d'ammonium, chauffée immédiatement après sa préparation pendant quelques heures à 88°, fournit de la glucose; l'eau pure, le gypse, le chlorure de sodium, et le mélange de chlorure de sodium et de gypse n'exercent point d'action dans les mêmes circonstances.

Le sucre en solution aqueuse, conservé en tube scellé à l'abri de l'air et de la lumière n'est pas altéré; à la lumière, il passe peu à peu à l'état de glucose [E. M. Raoult, *Ann. de Chim. et de Phys.*, (4), t. XXIII, p. 291].

M. Kreusler [*Deutsch. chem. Gesells.*, t. VIII, p. 93] n'a pu constater les mêmes faits que Raoult; dans ses expériences il ne s'est produit de glucose que lorsque l'air n'avait pas été complétement expulsé des tubes scellés.

Le sucre chauffé avec de l'eau à 160-170° se décompose complétement; il se dépose du charbon, il se produit des acides carbonique et formique et un peu d'acide ulmique [O. Lœw, *Bull. de la Soc. chim.*, 1868, t. VIII, p. 425].

Action des acides. — En présence des acides, l'interversion de la saccharose est accélérée. Des acides très-dilués intervertissent le sucre, lentement à froid, rapidement à chaud. Les différents acides n'agissent pas avec la même rapidité; les acides minéraux exercent une action plus forte que les acides organiques: sous ce rapport l'acide sulfurique est de beaucoup le plus énergique de tous les acides. Soumis à une longue ébullition avec les acides, même faibles, le sucre s'altère et donne naissance à un certain nombre de matières brunes amorphes, appelées *ulmine, acide ulmique*, etc. (voyez ces mots.) Si l'ébullition s'effectue au contact de l'air, il se produit aussi de l'acide formique. L'acide chlorhydrique concentré décompose le sucre très-rapidement.

Lorsqu'on fait bouillir la saccharose avec de l'acide sulfurique étendu, il se forme, suivant Mulder, des matières noires, insolubles dans l'eau, et la liqueur renferme les acides glucique et apoglucique. — Voyez t. I, p. 1659.

Un mélange de 400 grammes de sucre candi, 400 grammes d'acide sulfurique concentré et 4300 grammes d'eau, chauffé pendant une semaine dans un bain de nitre fournit, en même temps que des matières brunes, de l'acide lévulinique, $C^5H^8O^3$. Cet acide se produit aux dépens des éléments de la lévulose :

$$\underset{\text{Saccharose.}}{C^{12}H^{22}O^{11}}$$
$$= \underset{\text{Glucose.}}{C^6H^{12}O^6} + \underset{\text{Acide lévulinique.}}{C^5H^8O^3} + \underset{\text{Acide formique.}}{CH^2O^2}$$

[V. Grote et B. Tollens, *Deutsch. chem. Gesells.*, t. VII, p. 1375].

L'acide sulfurique concentré décompose le sucre à chaud ainsi que sa solution saturée, même à la température ordinaire; il se produit beaucoup d'acide sulfureux et un charbon noir volumineux.

De cette manière on distingue le sucre de la glucose, qui n'est pas attaquée dans ces circonstances.

Lorsqu'on fait chauffer parties égales d'une solution concentrée de saccharose et d'acide oxalique, il distille des acides formique et carbonique en faible quantité et il se produit une matière brune ($C^{12}H^{10}O^{5}$) (?) qui paraît se rapprocher de l'humine de Mulder [P. J. van Kerkhoff, *Journ. für prakt. Chem.*, t. LXIX, p. 48].

En faisant agir à 100° l'acide tartrique sur la saccharose, on obtient l'acide saccharosotétratartrique :

$$C^{12}H^{22}O^{11} + 4C^{4}H^{6}O^{6} = C^{28}H^{40}O^{32} + 3H^{2}O.$$

Le sel de calcium de cet acide renferme $C^{28}H^{36}O^{32}.Ca^{2}$; il réduit le tartrate cupropotassique; l'acide semble donc renfermer du sucre de canne modifié [Berthelot, *Ann. de Chim. et de Phys.*, (3), t. LIV, p. 78].

Les acides stéarique, butyrique, acétique et benzoïque, chauffés pendant quelque temps à l'ébullition avec de la saccharose, fournissent les mêmes saccharides que la glucose [Berthelot, *Ann. de Chim. et de Phys.*, (3), t. LX, p. 93].

Action des oxydants. — Le sucre de canne est facilement oxydé; il réduit à chaud les sels d'argent et de mercure et précipite le métal du chlorure d'or. L'hydrate de cuivre n'est réduit que lentement, même à chaud; en présence des alcalis cependant, il se forme un liquide bleu, et à chaud il se précipite de l'oxyde cuivreux.

Le sucre de canne réduit la solution cuprotartrique; cette réduction est d'autant plus énergique que la liqueur renferme plus de soude caustique. Les dosages si fréquents de glucose dans des mélanges des deux sucres n'ont donc qu'une exactitude relative et deviennent complétement inexacts lorsqu'il s'agit de déterminer des traces de glucose en présence de grandes quantités de saccharose.

La même cause d'erreur subsiste encore dans les mélanges plus riches en glucose [E. Feltz, *Bull. de la Soc. chim.*, (2), t. XVIII, p. 525, et t. XX, p. 320].

L. Possoz [*Compt. rend.*, t. LXXV, p. 1836] a fait les observations suivantes sur le réactif cuprotartrique : Les diverses liqueurs cupriques préparées pour le dosage des sucres laissent toutes précipiter du carbonate de cuivre par l'action des bicarbonates alcalins ou de l'acide carbonique, tandis qu'une autre portion de cuivre reste dissoute. La solution qui reste n'est nullement décomposée par le sucre de canne à des températures comprises entre 60 et 95°, tandis qu'elle l'est par le sucre interverti. La liqueur, privée ainsi d'alcalis caustiques, n'exerce par elle-même aucune action destructive sur la saccharose ni sur le sucre interverti qui peut se trouver en excès dans l'essai, à part l'action réductrice qu'exerce le sel cuivrique. En conséquence, si l'on effectue le dosage avec cette liqueur, on se met à l'abri des causes d'erreur qui ont été signalées.

Le sucre s'enflamme lorsqu'on le triture avec 8 p. de peroxyde de plomb, et forme avec le chlorate de potassium un mélange qui détone à la percussion et qui brûle avec déflagration si l'on y fait tomber une goutte d'acide sulfurique. Mélangé à de l'acide sulfurique et à du peroxyde de manganèse, et soumis à la distillation, le sucre fournit de l'acide formique.

Chauffé avec de l'acide azotique étendu, il donne naissance à des acides saccharique et oxalique. 1 p. de sucre mélangée avec 3 p. d'acide nitrique d'une densité de 1,25 à 1,30 et chauffée à 50° se transforme en totalité en acide saccharique :

$$C^{12}H^{22}O^{11} + O^{6} = 2C^{6}H^{10}O^{8} + H^{2}O.$$

A une température plus élevée, on obtient surtout de l'acide oxalique. L'acide nitrique concentré ainsi qu'un mélange d'acide nitrique et sulfurique concentrés transforment le sucre en *nitrosaccharose*, $C^{12}H^{18}O^{11}(AzO^{2})^{4}$. C'est une matière amorphe qui, touchée avec un charbon rouge, déflagre avec un petit bruit [Carey Lea, *Bull. de la Soc. chim.*, 1868, t. X, p. 415].

Le sucre est aussi oxydé par le chlorure de chaux, mais la réaction n'a pas été suffisamment étudiée.

En solution acide, le permanganate de potassium transforme la saccharose entièrement en acide carbonique et eau.

Suivant Maumené [*Bull. de la Soc. chim.*, 1872, t. XVIII, p. 49 et 169], on obtient les acides hexépique, $C^{6}H^{12}O^{8}$, et trijiénique, $C^{3}H^{6}O^{5}$, par l'action du permanganate de potassium sur le sucre.

Voici comment on doit opérer : On fait dissoudre des poids égaux de chaque corps dans 30 ou 40 p. d'eau (15 ou 20 p. pour chacun). On mêle les liqueurs froides en versant le permanganate dans le sucre fortement agité. Presque aussitôt la nuance violette tourne au rouge jaune, et si les liquides sont concentrés, la température de la masse s'élève jusqu'à 50°. Le dégagement de chaleur accompagne la prise en caillot de l'oxyde de manganèse. Par une forte secousse on brise ce caillot et on filtre. Le liquide incolore neutre renferme les deux acides. L'acide hexépique possède un pouvoir rotatoire presque aussi considérable que celui du sucre. Sa solution donne un précipité avec l'acétate neutre de plomb; après filtration, le liquide en donne un deuxième avec l'acétate tribasique. L'azotate d'argent donne un précipité blanc qui brunit et noircit, même dans l'obscurité. La liqueur filtrée, contenant un excès d'azotate placée au soleil, se trouble et laisse déposer un deuxième précipité avec formation de miroir métallique.

Les acides hexépique et trijiénique forment des sels cristallisés; l'hexépate de potassium est en cristaux orthorhombiques peu solubles. Les trijiénates de sodium, de plomb, de cuivre sont en petits cristaux [Maumené, *Bull. de la Soc. chim.*, 1874, t. XXII, p. 1].

Lorsqu'on fait passer un courant lent d'air sec sur du sucre ou qu'on l'abandonne pendant longtemps sur le mercure avec de l'air ou de l'oxygène, il se produit de l'acide carbonique et de l'eau. L'air ozonisé par le phosphore exerce une action quatre fois plus énergique environ que l'air ou l'oxygène [H. Karsten, *Répert. de Chim. pure*, t. II, p. 237].

L'ozone transforme la saccharose en présence du carbonate de sodium, lentement, mais complétement, en acides carbonique et formique [Gorup-Besanez, *Bull. de la Soc. chim.*, t. V, p. 420].

Action des alcalis. — La saccharose ne change pas de couleur et ne brunit pas lorsqu'on la triture avec des alcalis; ce caractère la distingue de la glucose. Elle se combine avec les alcalis en formant des sucrates (voyez plus loin). Bouilli avec une lessive de potasse, le sucre se décompose, mais beaucoup moins vite que la glucose. Maintenu en fusion avec de l'hydrate de potassium en présence d'un peu d'eau, il fournit principalement des acides formique, acétique et propionique; avec de l'hydrate de potassium sec, il se produit de l'acide oxalique. Chauffé avec de la chaux sodée, le sucre donne naissance à de petites quantités d'éthylène, de propylène et de butylène [Berthelot, *Ann. de Chim. et de Phys.*, (3), t. LIII, p. 69]. Distillé avec de la chaux caustique, il fournit principalement de l'acétone, de la métacétone, bouillant de 83 à 84° et de l'*isophorone*, $C^{9}H^{14}O$, bouillant de 208 à 212° et isomérique avec la phorone. Il se forme aussi un liquide passant au-dessus de 212°, mais qui n'a pu être étudié; les gaz qui se dégagent sont presque entièrement formés par de l'hydrure de méthyle mélangé de faibles quantités de carbures éthyléniques [Benedikt, *Ann. der Chem. u. Pharm.*, t. CLXII, p. 303, et *Bull. de la Soc. chim.*, t. XVIII, p. 127].

La saccharose, chauffée en présence de l'eau avec de l'ammoniaque à 180°, en tube scellé, pendant 36 à 48 heures, fournit divers composés, parmi lesquels se trouvent du carbonate d'ammonium, une matière noire solide et une substance visqueuse; celle-ci est décomposée par l'eau en une partie soluble et en un corps jaune peu soluble dans l'eau, très-soluble dans les acides. La matière noire solide est un mélange de quatre produits différents. L'acide phosphorique, le phosphate d'ammonium neutre ou basique, le phosphate de fer facilitent l'action de l'ammoniaque, et il se produit des combinaisons de la série de l'acide fumique [Thenard, *Compt. rend.*, t. LII, p. 444, et t. LIII, p. 1019, et *Bull. de la Soc. chim.*, 1861, p. 33; — Schützenberger, *Bull. de la Soc. chim.*, 1861, p. 16; — Payen, *Précis de Chim. industr.*, 1859, t. II, p. 736].

Réactions diverses. — La saccharose chauffée en tube scellé à 100° avec du sulfhydrate d'ammonium fournit une huile éthérée sulfurée [Thenard, *Compt. rend.*, t. LVI, p. 832].

Lorsqu'on fait passer un courant de chlore gazeux dans une solution assez étendue de sucre, il se produit de l'acide gluconique, $C^6H^{12}O^7$, qui est un isomère de l'acide mannitique [H. Hlasiwetz et J. Habermann, *Ann. der Chem. u. Pharm.*, t. CLV, p. 120, et *Bull. de la Soc. chim.*, 1870, t. XIV, p. 204].

Les perchlorures réagissent sur le sucre en produisant des matières brunes ou noires. Maumené [*Compt. rend.*, t. XXX, p. 314] utilise cette réaction pour découvrir le sucre dans un liquide. Il prépare à cet effet des bandelettes de mérinos blanc qu'il trempe pendant quelques minutes dans une solution aqueuse de perchlorure d'étain, et qu'il sèche ensuite au bain-marie. Ces bandelettes servent de réactifs: pour découvrir la matière sucrée dans une liqueur, il suffit d'en verser une goutte sur une de ces bandelettes et de l'exposer au-dessus d'un charbon rouge ou d'une flamme d'une lampe; la présence de la matière sucrée sera accusée alors par la production d'une tache noire sur la bandelette.

Le sucre n'absorbe pas le fluorure de bore à froid; à chaud, il l'absorbe et noircit.

La saccharose chauffée à 100° avec CCl^4 se colore peu à peu en brun foncé et noir; le glucose ne se colore pas dans ces conditions [Nicklès, *Compt. rend.*, t. LXI, p. 1053].

En présence du sucre, un certain nombre de sels métalliques ne sont plus précipités ou ils le sont seulement d'une manière imparfaite par les réactifs qui servent dans l'analyse, tels que l'ammoniaque, le carbonate, l'orthophosphate, le pyrophosphate, l'arséniate, le borate de sodium. — Voyez pour les différents cas, H. Grothe, *Journ. für prakt. Chem.*, t. XCII, p. 175.

Le sucre de canne ne peut pas fermenter directement: il faut d'abord qu'il soit transformé en un mélange de dextrose et de lévulose. A cet effet, on mélange une solution étendue de saccharose avec la levûre de bière et on expose le mélange à une douce température. Une fois interverti, le sucre éprouve la fermentation alcoolique (voyez FERMENTATION, t. I, p. 1440). En présence de certaines substances azotées, des tissus animaux, du fromage blanc, additionnés de carbonate de calcium, la saccharose éprouve la fermentation lactique. — Voyez FERMENTATION, t. I, p. 1448.

SACCHAROSE INACTIVE. — La saccharose inactive est un sucre produit par l'union de la parasaccharose (voyez ce mot) et de la lévulose; elle se forme lorsqu'on abandonne librement aux influences atmosphériques des solutions formées suivant certaines proportions de sucre candi, de phosphate de sodium et de sulfate d'ammonium. On observe souvent, dans ce cas, des fermentations à la suite desquelles la saccharose se trouve en partie transformée en saccharose inactive. Le ferment est une torulacée.

La saccharose inactive paraît incristallisable et ne réduit pas la liqueur cupropotassique. Les acides étendus la transforment en un sucre lévogyre ayant un pouvoir rotatoire de 69° et réduisant la liqueur cupropotassique. Lorsqu'on traite le sucre lévogyre par la chaux, on obtient plusieurs sucrates à solubilité différente, que l'on peut décomposer par l'acide carbonique et qui fournissent tous des sucres lévogyres. La saccharose inactive, modifiée par les acides, semblerait donc être un mélange de plusieurs sucres lévogyres qui seraient tous différents de la lévulose. [Jodin, *Bull. de la Soc. chim.*, 1864, t. I, p. 366].

COMBINAISONS DE LA SACCHAROSE AVEC LES BASES [Peligot, *Ann. de Chim. et de Phys.*, (2), t. LXVII, p. 113; *ibid.*, t. LXXIII, p. 103; *ibid.* (3), t. LIV, p. 377; — Soubeiran, *Journ. de Pharm.*, t. I, p. 469; — Berthelot, *Ann. de Chim. et de Phys.*, (3), t. XLVI, p. 173].

COMBINAISONS DE LA SACCHAROSE AVEC LA POTASSE ET LA SOUDE. — La saccharose chauffée à 100° avec une lessive de potasse ou de soude, subit une diminution de son pouvoir rotatoire; le sucre n'est cependant pas altérée, car après neutralisation de la solution alcaline, on observe exactement le même pouvoir rotatoire qu'avec une solution sucrée de même concentration. On précipite les combinaisons du sucre avec les alcalis sous forme huileuse en ajoutant à leur solution aqueuse concentrée de l'alcool ou de l'alcool éthéré. Le composé sodique peut être desséché, tandis que le composé potassique, ainsi que le sucrocarbonate de potassium, restent sirupeux même après une longue dessiccation à 100° dans un courant d'air privé d'acide carbonique.

La diminution du pouvoir rotatoire du sucre par les alcalis caustiques ou carbonatés n'est pas proportionnelle à la quantité de base. La concentration de l'eau sucrée influe; sans doute qu'il se forme divers composés à mesure que la solution est plus étendue. Ainsi, dans les solutions de concentration indiquée, les proportions suivantes d'alcalis détruisent le pouvoir rotatoire des quantités indiquées de sucre:

	Dissolution renfermant		
	De 20 à 25 p. 100 de sucre.	10 p. 100 de sucre.	5 p. 100 de sucre
1 p. de soude......	1,319 à 1,114	0,90[illegible]	0,450
1 p. de potasse....	0,915	0,650	0,426
1 p. de carbonate de sodium.........	0,254	0,093	.
1 p. de carbonate de potassium.......	0,185	0,143	.

Lorsqu'on sursature par de l'acide carbonique, tous ces composés sont détruits: il se forme des bicarbonates alcalins qui sont sans action sur le pouvoir rotatoire du sucre et celui-ci reprend en entier son pouvoir rotatoire [E. Sostmann, *Zeitsch. für Zuckerindustrie*, t. XVI, p. 82 et 272].

COMBINAISON DE SACCHAROSE ET DE BARYTE. — On obtient le composé barytique $C^{12}H^{22}O^{11}.BaO$ sous forme de précipité cristallin, en ajoutant de l'hydrate ou du sulfure de baryum à de l'eau sucrée. Il cristallise dans l'eau bouillante, mais il est insoluble dans l'alcool.

COMBINAISONS DE SACCHAROSE ET DE CHAUX. [Soubeiran, *Journ. de Pharm.*, (3), 1842 t. I, p. 469; — Peligot, *Compt. rend.*, t. XXXII, p. 333; *Ann. de Chim. et de Phys.*, (3), t. LIV, p. 377; *Compt. rend.*, t. LIX, p. 930; — Berthelot, *Ann. de Chim. et de Phys.*, (3), t. XLVI, p. 173; —

Pelouze, *Compt. rend.*, t. LIX, p. 1073; — Boivin et Loiseau, *Compt. rend.*, t. LIX, p. 1073, et t. LX, p. 164 et 454; *Ann. de Chim. et de Phys.*, (4), t. VI, p. 203; — Horsin-Déon, *Bull. de la Soc. chim.*, 1871, t. XVI, p. 26; *ibid.*, 1872, t. XVII, p. 155.

La chaux forme avec la saccharose différentes combinaisons, solubles dans l'eau sucrée concentrée; les combinaisons basiques sont insolubles, principalement à l'ébullition.

La quantité de chaux dissoute dépend de la densité et de la température de l'eau sucrée; 100 p. de sucre dissolvent 25 p. de chaux (Soubeiran), 50 à 55 p. (Ure et Osann). Une eau sucrée, renfermant pour 100 p. de sucre au moins six fois autant d'eau, dissout à 0° environ 32 p. de chaux, à l'ébullition 4 p. de chaux seulement. Ces chiffres correspondent aux combinaisons suivantes :

$C^{12}H^{22}O^{11} + 2CaO$ et à $4C^{12}H^{22}O^{11} + CaO$

(Dubrunfaut).

D'après M. Peligot, une eau sucrée concentrée saturée de chaux renferme $3CaO$ pour $2C^{12}H^{22}O^{11}$ (19,7 de chaux et 80,3 de sucre), ou

$$4CaO \text{ pour } 3C^{12}H^{22}O^{11}$$

(18 de chaux et 82 de sucre). Une solution étendue de sucre contient $2CaO$ pour $3C^{12}H^{22}O^{11}$ (9,8 de chaux et 90,2 de sucre).

La solution de sucrate de chaux possède une saveur amère et alcaline à chaud; une solution par trop étendue se prend en une masse gélatineuse, mais redevient limpide par le refroidissement ou par l'addition de sucre. L'acide carbonique précipite toute la chaux du sucrate de chaux et la saccharose est régénérée. La solution aqueuse de sucrate de chaux dissout un certain nombre d'oxydes métalliques en présence d'un excès de sucre; voici un tableau qui donne cette solubilité :

	MgO.	Al^2O^3.	Fe^2O^3.	Mn^2O^3.	Cr^2O^3.	CoO.	NiO.	ZnO.	CdO.	CuO.
A.....	0,30	1,35	6,26	0,50	1,07	1,56	0,29	»	0,22	10,26
B.....	0,24	0,32	4,71	0,37	0,56	1,00	»	»	»	5,68
C.....	0,22	0,19	3,08	0,32	0,20	0,29	»	0,24	0,48	3,47

Les chiffres des oxydes expriment des grammes. Les dissolutions A, B et C représentent chacune un litre. A renferme 418gr,6 de sucre et 34gr,3 de chaux; B : 206gr,5 de sucre et 24gr,2 de chaux; C : 174gr,4 de sucre et 14gr,1 de chaux. L'oxyde stanneux, les oxydes d'antimoine et de bismuth sont un peu solubles dans le sucrate de calcium; toutes ces solutions se dessèchent au-dessus de l'acide sulfurique en masses amorphes pulvérisables, solubles dans l'eau. A l'état concentré, ces solutions déposent lentement, en solution étendue, plus rapidement du carbonate de calcium et de l'oxyde métallique; l'alcool précipite l'oxyde métallique et du sucrate de chaux [Bodenbender, *Zeitsch. für Rübenindustrie*, 1865, pp. 851 et 860]. Une solution aqueuse de sucrate de chaux dissout du phosphate et du carbonate de calcium récemment précipités [Bobierre, *Compt. rend.*, t. XXXII, p. 859].

On connaît les sucrates de chaux suivants :

Sucrate monobasique, $C^{12}H^{22}O^{11}.CaO$. — Il se produit lorsqu'on précipite par l'alcool de l'eau sucrée additionnée d'un lait de chaux et filtrée. Après dessiccation, il constitue un précipité blanc résineux, cassant; il se dissout facilement dans l'eau froide; à l'ébullition, la solution laisse déposer du sucrate tricalcique, qu'une addition de sucre redissout.

S. Benedikt [*Deutsch. chem. Gesells.*, t. VI, p. 413; *Bull. de la Soc. chim.*, t. XX, p. 279] prépare le sucrate monocalcique en ajoutant du chlorure de magnésium à un sucrate à excès de chaux. Il se précipite de l'hydrate de magnésium. Si l'on ajoute de l'alcool à la liqueur filtrée, on obtient un précipité qu'on lave à l'alcool à 60 centièmes légèrement chauffé. Ce lavage est difficile et doit être opéré à l'abri de l'acide carbonique de l'air, de plus l'eau ajoutée à l'alcool doit être bouillie. Séché à 100°, ce précipité a pour composition $C^{12}H^{20}CaO^{11}$; séché seulement dans le vide, il contient en outre $2H^2O$. Ce sucrate est soluble dans l'eau froide; si l'on chauffe cette solution, il se sépare du sucrate tricalcique.

Sucrate sesquibasique, $2C^{12}H^{22}O^{11}.3CaO$. — C'est un corps amorphe. Il se forme lorsqu'on ajoute un excès de chaux à une solution étendue de sucre, qu'on filtre et qu'on évapore à siccité; sa solution préparée à froid fournit à l'ébullition un sel basique.

Sucrate bibasique, $C^{12}H^{22}O^{11}.2CaO.1/2H^2O$. — Il est précipité par l'alcool d'une eau sucrée renfermant un excès de chaux. Il est soluble dans 33 p. d'eau froide environ et plus soluble en présence d'un excès de sucre.

Boivin et Loiseau [*loc. cit.*] ont obtenu un sucrate $C^{12}H^{22}O^{11}.2CaO$, 1° en agitant de l'hydrate de calcium finement pulvérisé avec de l'eau sucrée et en refroidissant à 0°; ou 2° en traitant le sucrate tribasique par du sucre et de la chaux; ou 3° en précipitant à froid par de l'alcool à 65 centièmes une solution de sucrate de chaux. L'eau bouillante décompose ce sucrate en sucrate tribasique et en sucre.

Sucrate tribasique, $C^{12}H^{22}O^{11}.3CaO$. — Il se sépare en masses rappelant l'albumine coagulée lorsqu'on chauffe une solution de sucre contenant un excès de chaux. Il est peu soluble dans l'eau froide, à chaud il se précipite; il est plus soluble dans l'eau sucrée.

Suivant Horsin-Déon [*loc. cit.*] on obtient le *sucrate sexbasique*, $C^{12}H^{22}O^{11}.6CaO$, en traitant le sucrate tribasique par l'alcool.

Sucrocarbonates de chaux [Dubrunfaut, *Compt. rend.*, t. XXXII, p. 498; — Boivin et Loiseau, *Bull. de la Soc. chim.*, 1869, t. XI, p. 345; — Horsin-Déon, *ibid.*, 1871, t. XV, p. 22, et 1873, t. XIX, p. 65]. — Lorsqu'on fait passer de l'acide carbonique dans un mélange d'eau sucrée et de chaux, l'acide carbonique est absorbé, et si le liquide est assez dense, il y a formation d'une masse gélatineuse au bout d'un certain temps (Boivin et Loiseau). Par l'action d'un excès d'acide carbonique le sucrocarbonate est détruit et toute la chaux se précipite à l'état de carbonate. Si l'on chauffe le sucrocarbonate gélatineux, il se détruit pareillement, mais il reste une certaine quantité de chaux en dissolution. Il y a plusieurs espèces de sucrocarbonates. Le composé

$$3CO^3Ca + C^{12}H^{22}O^{11}.3CaO + 2H^2O$$

est l'hydrosucrocarbonate de chaux de Boivin et Loiseau. On l'obtient par l'action du gaz carbonique, en présence de l'eau, sur le sucrate sexbasique. Suivant Horsin-Déon, le sucrocarbonate

$$3CO^3Ca + C^{12}H^{22}O^{11}.CaO + 2H^2O$$

se produit dans tous les autres cas, lorsque les proportions d'eau, de chaux et de sucre sont différentes. Les sucrocarbonates jouissent de la propriété de former une sorte de combinaison double avec certains sucrates de chaux.

COMBINAISONS MÉTALLIQUES DE LA SACCHAROSE.

Sucrate de cuivre. — Le cuivre se dissout lentement dans l'eau sucrée au contact de l'air; le carbonate de cuivre se dissout facilement dans le sirop de sucre. D'un autre côté, une solution concentrée de sucre et de sulfate de cuivre laisse déposer pendant le repos un précipité d'un blanc bleuâtre :

$$SO^4Cu + C^{12}H^{22}O^{11} + 4H^2O.$$

L'hydrate cuivrique se dissout facilement dans l'eau sucrée; si l'on ajoute de la potasse, pendant l'évaporation il se dépose une masse bleue résineuse : $CuO.K^2O.2C^{12}H^{22}O^{11}$ (?).

Sucrate de chaux et d'oxyde de cuivre,

$$CuO.CaO.C^{12}H^{22}O^{11} + 3H^2O.$$

— On l'obtient en évaporant du sucrate de chaux dans lequel on a fait dissoudre de l'oxyde de cuivre. Il est en cristaux inaltérables à l'air, qui se dissolvent dans l'eau froide en formant une liqueur bleue; à l'ébullition celle-ci fournit des flocons bleus qui se redissolvent par le refroidissement.

Sucrate d'oxyde ferreux, $C^{12}H^{22}O^{11}.FeO.$ — Le fer se dissout dans l'eau sucrée au contact de l'air en formant un liquide rouge brun qui fournit à l'évaporation du sucrate ferreux amorphe. L'hydrate ferrique est réduit, en se dissolvant dans une solution de sucrate de chaux; par l'évaporation on obtient le sel double :

$$FeO.2CaO.C^{12}H^{22}O^{11} + 3H^2O.$$

SUCRATES DE PLOMB [Berzelius, *Ann. de Chim.*, t. XCV, p. 59; — Peligot, *Ann. de Chim. et de Phys.*, t. LXXIV, p. 103; — Soubeiran, *Journ. de Pharm.*, (3), t. I, p. 476; — Dubrunfaut, *Compt. rend.*, t. XXXII, p. 498; — Pelouze, *ibid.*, t. LIX, p. 1073; — Boivin et Loiseau, *Ann. de Chim. et de Phys.*, (4), t. VI, p. 203]. — Le plomb métallique se dissout au contact de l'air dans l'eau sucrée.

Sucrate de plomb bibasique, $C^{12}H^{18}Pb^2O^{11}$ (desséché à 100°). — Il se forme lorsqu'on fait bouillir de la litharge avec de l'eau sucrée ou quand on précipite du sucre par une solution d'acétate neutre de plomb additionnée d'ammoniaque. Le précipité est insoluble dans l'eau froide et dans l'alcool, soluble dans l'eau bouillante; il cristallise par le refroidissement en grumeaux ou en aiguilles. Il se produit aussi lorsqu'on précipite de l'acétate neutre de plomb par une solution de sucrate de chaux. Une solution de sucrate de plomb tribasique dans l'eau sucrée laisse déposer des cristaux de sucrate bibasique :

$$2C^{12}H^{16}O^{11}Pb^3 + C^{12}H^{22}O^{11} = 3C^{12}H^{18}O^{11}.Pb^2.$$

Sucrate de plomb tribasique, $C^{12}H^{16}Pb^3O^{11}$. — Il se produit lorsqu'on ajoute à froid ou à chaud de la potasse ou de la soude à un mélange de sucre et d'acétate neutre de plomb et qu'on évite de mettre un excès de l'un ou de l'autre de ces réactifs. Le précipité blanc est insoluble dans l'eau froide et peu soluble dans l'eau bouillante, mais il se dissout facilement dans un excès d'acétate de plomb, d'alcali caustique ou d'eau sucrée.

Le *sucrate tribasique* se produit aussi lorsqu'on verse une solution de sucrate de calcium dans une solution bouillante d'acétate neutre de plomb, ou lorsqu'on mêle de l'acétate de plomb ammoniacal avec de l'eau sucrée jusqu'à ce que le précipité ne disparaisse plus, ou par l'action de l'eau sucrée sur de l'acétate hexaplombique, enfin, lorsqu'on verse de l'eau sucrée saturée d'oxyde de plomb dans de l'alcool concentré chaud.

Le *sucrate de strontiane* prend naissance lorsqu'on fait dissoudre de la strontiane dans de l'eau sucrée.

COMBINAISONS DE LA SACCHAROSE AVEC DES SELS.

Combinaison de sucre et de chlorure de potassium, $C^{12}H^{22}O^{11}.KCl.$ — Le sucre forme avec le chlorure de potassium une combinaison en cristaux clinorhombiques, présentant les angles caractéristiques des cristaux de saccharose : angle des faces verticales du prisme = 100° 40'; angles des faces formant la zone parallèle à la petite diagonale : 131° 27'; 115° 55'; 140° 25'; 150° 23'; 131° 18'; 115° 55'; 140° 20'; 150° 15'. Cette combinaison est isomorphe avec le sucre; elle n'est point déliquescente et se comporte sous l'influence de la chaleur d'une façon un peu différente que le sucre [Ch. Violette, *Compt. rend.*, t. LXXVI, p. 485; — Maumené, *Bull. de la Soc. Chim.*, 1873, t. XIX, p. 289].

Combinaison de sucre et de chlorure de sodium [Peligot, *Ann. de Chim. et de Phys.*, t. LXVII, p. 113]. — Le composé $C^{12}H^{22}O^{11}.NaCl$ se sépare d'une solution renfermant du sel marin et du sucre. Il est en petits cristaux déliquescents; Ch. Violette [*loc. cit.*] attribue à ce composé la formule $C^{12}H^{20}NaClO^{11}$ et pense qu'il est un produit de substitution; il admet que le composé potassique correspondant possède une constitution analogue; on comprend difficilement la formation de tels produits par substitution. De quelle façon 2 atomes d'hydrogène peuvent-ils être enlevés par le chlorure de sodium et que deviennent-ils? Quoi qu'il en soit, les cristaux, prismes pyramidés, renferment de l'eau qu'ils perdent facilement à 60-70°; il se dépose de l'alcool à l'état anhydre. Si l'on ajoute de l'éther à la solution dans l'alcool à 75 centièmes, il se sépare une couche oléagineuse dans laquelle des cristaux $C^{12}H^{22}O^{11}.NaCl.2H^2O$ se forment peu à peu.

Suivant Maumené [*Bull. de la Soc. chim.*, 1871, t. XV, p. 1], on obtient ce composé en faisant évaporer un sirop renfermant 100 p. de sucre pour 13 p. de sel, le tout cristallise confusément; mais si on verse la masse sur un entonnoir et si l'on fait passer un certain nombre de fois le liquide écoulé sur la partie solidifiée, on ne tarde pas à voir des cristaux très-nets se former et grossir dans le vase inférieur. Ce sont des prismes droits rectangulaires volumineux,

$$C^{12}H^{22}O^{11}.NaCl + 2H^2O.$$

Le pouvoir rotatoire du sucre engagé dans ce corps n'est pas modifié : par un traitement au nitrate d'argent on peut régénérer le sucre non modifié.

Le composé $2C^{12}H^{22}O^{11}.3NaCl + 4H^2O$ se produit lorsqu'on fait bouillir de l'eau sucrée avec un excès de sel marin et qu'on l'abandonne à elle-même; après plusieurs mois il se dépose des petits cristaux très-nets [C.-H. Gill, *Bull. de la Soc. chim.*, 1871, t. XV, p. 306].

La combinaison de sucre et de bromure de sodium, $C^{12}H^{22}O^{11}.NaBr + 1 1/2 H^2O$, est en cristaux, mais s'obtient difficilement.

La combinaison de sucre et d'iodure de sodium, $2(C^{12}H^{22}O^{11}).3NaI.3H^2O$, est en cristaux obliques (Miller) qui se déposent dans l'eau ou dans l'alcool. Le pouvoir rotatoire du sucre n'est pas modifié dans ce composé.

Combinaison de sucre et de borax,

$$3C^{12}H^{22}O^{11}.Na^2Bo^4O^7 + 5H^2O.$$

— L'eau sucrée dissout du borax; par l'évaporation il se dépose d'abord des cristaux de ce sel; l'eau mère précipitée par l'alcool fournit une matière visqueuse qui est un composé de sucre et de borax, suivant Sturenberg [*Archiv. der Pharm.*, t. XVIII, p. 27].

COMPOSÉS ACÉTYLÉS DE LA SACCHAROSE [Schützenberger et Naudin, *Bull. de la Soc. chim.*, 1869, t. XII, p. 107 et 204].

Saccharose monacétique,

$$C^{12}H^{21}O^{11}.C^2H^3O.$$

— On la prépare en chauffant du sucre avec 1/2 p. d'anhydride acétique et 3 à 4 p. d'acide acétique cristallisable et en précipitant par l'éther. C'est une matière solide amorphe, soluble dans l'eau et l'alcool, insoluble dans l'éther et la benzine.

Saccharose tétracétique,

$$C^{12}H^{18}O^{11}(C^2H^3O)^4.$$

— Ce composé se forme lorsqu'on évapore à sec les eaux mères qui ont fourni la saccharose monacétique. Il est solide et amorphe.

Saccharose heptacétique,

$$C^{12}H^{15}O^{11}(C^2H^3O)^7.$$

— La saccharose chauffée avec un excès d'anhydride acétique est énergiquement attaquée; il se produit une dissolution de laquelle l'eau précipite la combinaison heptacétique sous forme d'une masse insoluble, gommeuse, amorphe. La glucose fournit le même corps.

Saccharose octacétique,

$$C^{12}H^{14}O^{11}(C^2H^3O)^8.$$

— En prolongeant l'action de l'anhydride on obtient le terme saturé de cette série. Il se rapproche par ses propriétés physiques du précédent. Avec la glucose, on obtient le même composé.

Constitution de la saccharrose. — On peut considérer toutes les substances hydrocarbonées comme des dérivés d'un alcool heptatomique, $C^6H^7(OH)^7$, qui lui-même dériverait de l'hydrure d'hexyle, C^6H^{14}. Cet alcool renfermerait 2 molécules OH combinés à 1 atome de carbone et ne serait pas stable; il se dédoublerait en eau et en un premier anhydride,

$$C^6H^7\left\{\begin{matrix}O\\(OH)^5\end{matrix}\right.,$$

la glucose (Fittig). Cet anhydre est une *aldéhyde*, exactement comme l'anhydride du glycol éthylidénique est l'aldéhyde ordinaire. Si deux molécules de glucose se soudent et perdent H^2O, il se produit un anhydride diglucosique qui est de la saccharose ou un isomère,

$$\begin{matrix}C^6H^7\left\{\begin{matrix}O\\(OH)^5\end{matrix}\right.\\C^6H^7\left\{\begin{matrix}(OH)^5\\O\end{matrix}\right.\end{matrix} = H^2O + \begin{matrix}C^6H^7\left\{\begin{matrix}O\\(OH)^4\\O\end{matrix}\right.\\C^6H^7\left\{\begin{matrix}(OH)^4\\O\end{matrix}\right.\end{matrix}$$

Ph. de C.

SUCRES. — On désigne sous le nom de sucres, dans le sens restreint du mot, les hydrates de carbone fermentescibles. Ces hydrates se rapportent à deux types différents : celui de la glucose $C^6H^{12}O^6$, et celui de la saccharose $C^{12}H^{22}O^{11}$. Par extension, on rattache aux sucres des hydrates de carbone qui ne sont pas susceptibles de fermenter, tels que l'eucaline, la sorbine, l'inosite, etc., et puis des matières appartenant au type de la mannite $C^6H^{14}O^6$, ou de la mannitane $C^6H^{12}O^5$, et qui ne présentent pas la composition des hydrates de carbone.

On est donc conduit à établir, parmi toutes ces matières, qui se rapprochent les unes des autres par leur solubilité dans l'eau, leur saveur sucrée et leur action sur la lumière polarisée, les groupes suivants :

Matières sucrées présentant la composition d'hydrates de carbone			Matières saccharoides renfermant un excès d'hydrogène.	
fermentescibles.		non fermentescibles.		
I.	II.	III.	IV.	V.
$C^6H^{12}O^6$.	$C^{12}H^{22}O^{11}$.	$C^6H^{12}O^6$.	$C^6H^{14}O^6$.	$C^6H^{12}O^5$.
Glucose (dextrose).	Saccharose.	Eucaline.	Mannite.	Quercite.
Lévulose.	Parasaccharose.	Sorbine.	Sorbite.	Pinite.
Galactose.	Lactose.	Quercitose.	Dulcite.	
Maltose.	Mélézitose.	Inosite.	Isodulcite.	
Mannitose.	Mélitose.	Dambose?	Rhamnégite.	
Dulcitose.	Mycose ou tréhalose.			
	Synanthrose.			

La plupart de ces substances se rencontrent dans le règne végétal : telles sont la glucose, la lévulose, la saccharose, qui existent dans les fruits sucrés. La mélézitose, la mélitose, la mycose, la mannite, la dulcite, la quercite, la pinite, sont pareillement d'origine végétale et existent toutes formées dans divers produits. La rhamnégite a été décrite par M. Schützenberger comme un produit de dédoublement de la rhamnégine [*Compt. rend.*, t. LXVII, p. 176]. La synanthrose accompagne l'inuline dans divers tubercules, tels que ceux de dahlia [O. Popp, *Ann. der Chem. u. Pharm.*, t. CLVI, p. 181]. Quelques matières sucrées sont des produits de fermentation ou de transformation de produits naturels. Ainsi la glucose ou dextrose prend naissance par l'action des acides faibles sur d'autres hydrates de carbone tels que l'amidon; la lévulose résulte de la saccharification de l'inuline; la galactose de la lactose; la sorbine et la sorbite sont des produits de fermentation ou de dédoublement d'une matière contenue dans le jus de sorbier. L'eucaline résulte du dédoublement de la mélitose.

Les glucosides, en se dédoublant, fournissent diverses matières sucrées, fermentescibles ou non fermentescibles. C'est ainsi que la glucose cristallisable résulte du dédoublement de la salicine, l'isodulcite de celui du quercitrin (Hlasiwetz et Pfaundler).

La dulcitose est un produit d'oxydation de la dulcite par l'acide nitrique (Carlet), etc.

Le règne animal nous fournit la lactose, qui existe dans le lait; la glucose et l'inosite, qui sont des produits végétaux, se rencontrent aussi dans certaines humeurs de l'économie animale.

Nous allons résumer, dans les pages suivantes, les principales propriétés de toutes ces matières sucrées, et en ayant égard principalement aux sucres proprement dits.

POUVOIR ROTATOIRE. — Comme nous l'avons dit plus haut, les matières sucrées et saccharoïdes se rapprochent les unes des autres par une propriété physique importante : le pouvoir rotatoire. Nous donnons, dans le tableau suivant, le pouvoir rotatoire moléculaire d'un certain nombre de ces substances. Rappelons la relation qui existe entre le pouvoir rotatoire moléculaire $[\alpha]$, la déviation angulaire a, la concentration de la liqueur ε (1 gramme de solution renfermant ε gr. de matière), sa densité δ et λ la longueur de la colonne liquide (exprimée en décimètres ou $\lambda \times 100$ millimètres). Cette relation est donnée par l'équation

$$[\alpha] = \frac{a}{\varepsilon . \delta . \lambda}. \qquad [1]$$

à laquelle on peut donner les formes suivantes :

$$[\alpha] = \frac{aV}{\lambda . p} \quad [2] \qquad \text{ou} \qquad [\alpha] = \frac{a}{v . \lambda}. \quad [3]$$

Dans les expressions [2] et [3] V représente le volume de la solution,

p le poids de la substance en grammes,

v la concentration de la solution rapportée à son volume, c'est-à-dire le nombre de grammes contenu dans 1 centimètre cube.

On voit que

$$v = \frac{p}{V} = \varepsilon.\delta.$$

On se sert de la première équation [1] lorsqu'on connaît la densité et la concentration d'une solution; de la seconde [2] ou de la troisième [3] lorsqu'on connaît la concentration et le volume, c'est-à-dire lorsqu'on a préparé la solution en prenant un certain poids de la substance, dissolvant dans l'eau et ajoutant de l'eau de manière à obtenir un certain volume.

Le pouvoir rotatoire moléculaire se rapporte ordinairement à la teinte de passage, qui est celle du rayon jaune moyen; dans ce cas, on exprime le pouvoir rotatoire moléculaire par le symbole $[\alpha]_j$. Sa valeur pour le rayon rouge est donnée par l'expression

$$[\alpha]_r = \frac{23}{30}[\alpha]_j.$$

Le tableau suivant indique le pouvoir rotatoire moléculaire de diverses matières sucrées, rapporté à la teinte de passage.

	$[\alpha]_j$		$[\alpha]_j$
Glucose......	+ 56°	Lactose......	+ 59,3°
Lévulose.	— 106° à 14° — 53° à 90°	Mélézitose....	+ 94°
		Mélitose......	+ 102°
Galactose.....	+ 83°	Mycose.......	+ 192,5°
Eucaline......	+ 55°	Isodulcite.....	+ 7,6°
Sorbine......	— 46,9°	Quercite......	+ 33,5°
Saccharose....	+ 73,8°	Pinite........	+ 58,6°
Parasaccharose	+ 103°		

Contrairement à ce qu'on observe avec la plupart des sucres dont le pouvoir rotatoire moléculaire est peu influencé par la température, celui de la lévulose diminue lorsque la température augmente. Une solution de glucose cristallisée, récemment préparée, possède un pouvoir rotatoire de 112°; mais lorsqu'on abandonne cette solution à elle-même, ce pouvoir rotatoire décroît lentement jusqu'à + 56°; il atteint rapidement cette limite lorsqu'on fait bouillir la solution. Le sucre interverti est un mélange à proportions égales de glucose et de lévulose; il prend naissance par l'action de certains agents, particulièrement des acides sur la saccharose. Son pouvoir rotatoire moléculaire varie avec la température, par la raison que celui de la lévulose varie lui-même. A + 15°, il est

$$= -\frac{106^\circ}{2} + \frac{56^\circ}{2} = -25^\circ.$$

A 25°, il est = — 12°,5; à 90°, il est presque nul. A une température plus élevée, le sucre interverti devient dextrogyre.

Saveur. — La saveur des matières sucrées et des saccharoïdes, qui est plus ou moins douce, ne doit pas être considérée comme une propriété caractéristique. D'abord elle est plus ou moins développée, suivant l'espèce que l'on considère, et puis la même saveur sucrée appartient à d'autres matières, telles que le glycol, la glycérine, l'érythrite. Ces dernières substances sont des alcools polyatomiques; il est à remarquer que les matières sucrées rentrent de même dans cet ordre de combinaisons.

RÉACTIONS CHIMIQUES DES MATIÈRES SUCRÉES. — Nous nous bornerons à exposer ici les propriétés chimiques des matières sucrées proprement dites : celles des matières saccharoïdes, telles que la mannite et la dulcite, s'en écartent à certains points de vue; mais comme ces dernières substances sont des alcools hexatomiques bien caractérisés, nous pouvons renvoyer le lecteur, aux articles spéciaux qui traitent de ces corps, dont la mannite est le type le plus connu.

Nous allons donc étudier, à un point de vue général, les métamorphoses que les matières sucrées éprouvent sous l'influence de la chaleur, des acides, des agents d'oxydation, des agents de réduction, des ferments. Nous terminerons par quelques considérations sur les fonctions chimiques et sur la constitution des sucres.

1° *Action de la chaleur.* — Les matières sucrées qui contiennent de l'eau de cristallisation, telles que la glucose, la mélitose, l'eucaline et l'inosite, se déshydratent à 100°; la mélizitose n'abandonne son eau qu'à 110°, la mycose à 130°.

La saccharose fond à 160° sans perdre de l'eau et se prend par le refroidissement en une masse amorphe, transparente, qui est le *sucre d'orge.*

Lorsqu'on élève la température, tous les sucres éprouvent une décomposition plus ou moins profonde. La saccharose se convertit d'abord en un mélange de glucose et de lévulosane :

$$\underset{\text{Saccharose.}}{C^{12}H^{22}O^{11}} = \underset{\text{Glucose.}}{C^6H^{12}O^6} + \underset{\text{Lévulosane.}}{C^6H^{10}O^5}.$$

Les glucoses perdent 1 molécule d'eau et se convertissent en anhydrides analogues à la mannitane (glucosane, lévulosane); à une température plus élevée, tous les sucres brunissent en perdant une plus grande quantité d'eau et en se transformant en *caramel.* Soumis à la distillation sèche, ils donnent, indépendamment de gaz carbonés, des produits liquides renfermant de l'acide acétique, de l'aldéhyde, du furfurol, divers carbures d'hydrogène liquides, et laissent un charbon noir et boursouflé.

Action des réactifs oxydants sur les sucres. — Les sucres sont modifiés plus ou moins profondément par l'action des réactifs oxydants. On sait avec quelle facilité la glucose et la lévulose réduisent certains sels, notamment les sels de cuivre, de bismuth, d'or et d'argent, etc. Les sels de cuivre, additionnés de sucre ou de glucose, se colorent en bleu foncé par l'addition d'un excès d'alcali. Par l'action de la chaleur, il se forme un précipité jaune ou rouge d'hydrate ou d'oxyde cuivreux. L'oxyde de bismuth est réduit à l'état de bismuth métallique noir dans les mêmes circonstances; le nitrate d'argent ammoniacal laisse déposer de l'argent. En général, l'action réductrice qu'exercent les glucoses est plus énergique que celle de la saccharose; la lactose réduit plus facilement les sels cuivriques que le sucre de canne.

Les produits qui se forment dans ces réactions sont des acides encore peu étudiés que l'on a désignés sous le nom de *gallactique* et de *pectolactique.* En faisant bouillir la glucose en solution alcaline avec de l'oxyde cuivrique, Reichardt a obtenu un acide qu'il a désigné sous le nom de *gummique* et auquel il a attribué la composition $C^6H^{10}O^{10}$ [*Ann. der Chem. u. Pharm.*, t. CXLVII, p. 114]. D'après Claus, cet acide n'est autre chose que de l'acide tartronique. — Voyez GUMMIQUE (ACIDE), t. I, p. 1645.

L'action oxydante qu'exerce sur les sucres le chlore en présence de l'eau semble être plus nette que les réactions précédentes; elle a été étudiée par MM. Hlasiwetz et Barth, et plus récemment par MM. Hlasiwetz et Habermann [*Ann. der Chem. u. Pharm.*, t. CLV, p. 120].

Voici les résultats généraux de ces recherches.

Sous l'influence du chlore ou du brome et de l'eau les sucres donnent deux acides renfermant 6 atomes de carbone, savoir l'acide *isodiglycoléthylénique*, $C^6H^{10}O^6$ et l'acide *gluconique* $C^6H^{12}O^7$. Le premier se forme lorsqu'on fait agir le brome et l'eau sur une solution de sucre de lait, le second lorsqu'on fait passer un courant de chlore à travers des solutions moyennement étendues de saccharose ou de glucose. Il semble, d'après les auteurs cités, que la faculté que possèdent les sucres de donner par oxydation des acides à 6 atomes de carbone, est en raison de la facilité avec laquelle ces sucres fermentent. Rappelons que l'acide gluconique serait isomérique avec l'acide mannitique $C^6H^{12}O^7$ que M. Gorup-Besanez a obtenu par l'oxydation de la mannite sous l'influence du noir de platine.

La lévulose et la sorbine se dédoublent, au contraire, sous l'influence du chlore et de l'eau et donnent de l'acide *glycolique*. Les équations suivantes représentent ces réactions :

$$C^{12}H^{22}O^{11} + O^2 = 2C^6H^{10}O^6 + H^2O.$$

Lactose. — Acide isodiglycoléthylénique (lactonique).

$$C^6H^{12}O^6 + O = C^6H^{12}O^7.$$

Glucose. — Acide gluconique.

$$C^6H^{12}O^6 + O^3 = 3C^2H^4O^3.$$

Sorbine, lévulose. — Acide glycolique.

Les acides *saccharique* et *mucique*,

$$C^6H^{10}O^8,$$

sont des produits plus avancés de l'oxydation des sucres; le premier se forme lorsqu'on fait bouillir la saccharose, la glucose et en général la plupart des sucres avec de l'acide nitrique faible. Le second prend naissance en même temps qu'une petite quantité d'acide saccharique par l'action de l'acide nitrique faible et bouillant sur la lactose. La mélitose donne, dans les mêmes conditions, une petite quantité d'acide mucique avec beaucoup d'acide saccharique.

Indépendamment de ces acides, il se forme, dans ces réactions oxydantes, une petite quantité d'acide tartrique (Liebig) et d'acide racémique (Carlet). L'acide tartrique serait formé par l'oxydation de l'acide saccharique, l'acide racémique, par celle de l'acide mucique. M. Hornemann a fait à cet égard des expériences qu'il a résumées dans le tableau suivant [*Journ. für prakt. Chem.*, t. LXXXIX, p. 283; et *Jahresber., f. Chem.*, 1853, p. 380] qui indique les quantités relatives d'acide tartrique et d'acide racémique, que donnent par l'oxydation différents hydrates de carbone, ainsi que les acides saccharique et mucique :

	100 p. d'acides formés renferment :	
	Acide tartrique.	Acide racémique.
Lactose............	55,4	44,6
Gomme............	63	37
Saccharose.........	59,7	40,3
Amidon............	100	»
Glucose............	100	»
Lévulose...........	»	100
Acide saccharique..	72,6	27,4
— mucique.....	?	100

Ces nombres n'ont peut-être pas une valeur absolue puisque l'on sait que l'acide tartrique peut se transformer en acide racémique.

L'*acide oxalique* est un produit constant de l'oxydation des sucres par l'acide nitrique et se forme d'autant plus abondamment que cet acide est plus concentré. Il se dégage en même temps de l'acide carbonique. Sous l'influence des agents d'oxydation les plus énergiques, tels que l'acide chromique, le permanganate de potassium, un mélange d'acide sulfurique et de peroxyde de manganèse, le bioxyde de plomb, les sucres éprouvent une décomposition profonde dont les produits sont l'acide carbonique, l'acide formique, l'acide oxalique. On a remarqué l'aldéhyde parmi les produits d'oxydation du sucre de lait par un mélange de dichromate de potassium et d'acide sulfurique.

Action des agents réducteurs sur les sucres. — L'hydrogène naissant exerce sur divers sucres une action remarquable qui a d'abord été étudiée par M. Linnemann [*Ann. der Chem. u. Pharm.*, t. CXXIII, p. 136]. Sous l'influence de l'amalgame de sodium la glucose ou le sucre interverti en solution aqueuse fixent de l'hydrogène et donnent de la mannite :

$$C^6H^{12}O^6 + H^2 = C^6H^{14}O^6.$$

Cette réaction a été approfondie récemment par M. G. Bouchardat [*Compt. rend.*, t. XXIII, p. 199 et 1008]. Sous l'influence de l'amalgame de sodium et de l'eau, la saccharose, la glucose, la lactose sont converties en mannite ou en dulcite et en un certain nombre d'alcools monoatomiques, tels que l'alcool ordinaire, l'alcool isopropylique, l'alcool hexylique. Il est à remarquer que ce dernier est identique avec celui que MM. Erlenmeyer et Wanklyn ont obtenu avec l'iodure d'hexyle qui résulte de l'action réductrice de l'acide iodhydrique sur la mannite ou sur la dulcite.

M. G. Bouchardat a constaté qu'en fixant de l'hydrogène, la glucose donne les trois alcools volatils qui viennent d'être mentionnés, plus de la mannite; que la lactose donne les mêmes produits volatils plus de la dulcite, et que le sucre interverti donne un mélange de mannite et de dulcite.

Action des acides sur les sucres. — Les sucres forment avec les acides des combinaisons analogues aux éthers. Ainsi que la mannite et la dulcite, ils se comportent dans ces réactions comme des alcools polyatomiques (Berthelot). Toutefois, en raison de la nature complexe des fonctions des sucres, l'action des acides sur ces corps est moins nette qu'on ne le remarque avec les alcools polyatomiques parfaits.

L'acide nitrique concentré agit sur les sucres proprement dits, comme sur la mannite et la dulcite, en formant des dérivés nitrés, qui sont probablement des éthers nitriques des sucres, le groupe AzO^2 remplaçant l'hydrogène des oxhydryles.

C'est ainsi qu'on a obtenu avec la saccharose une nitrosaccharose qui est probablement

$$C^{12}H^{18}(AzO^2)^4O^{11},$$

avec l'inosite l'hexanitro-inosite

$$C^6H^6(AzO^2)^6O^6.$$

La glucose, la lactose, la tréhalose, donnent des dérivés nitrés dont la composition n'est pas exactement connue. La nitroglucose a été décrite par M. Carey Lea.

L'acide sulfurique concentré décompose énergiquement la saccharose et ses analogues en les noircissant et en dégageant du gaz sulfureux. Il agit moins vivement sur les glucoses. Il se combine avec la dextroglucose de manière à former un acide sulfoconjugué, sans doute analogue à l'acide éthylsulfurique, et qui paraît formé par la réaction de 1 molécule sulfurique sur quatre molécules de dextroglucose, avec élimination de 1 molécule d'eau.

Les *acides organiques* forment avec les sucres des dérivés éthérés. Dans les expériences qu'il a faites à ce sujet, M. Berthelot avait obtenu des composés éthérés en chauffant la dextroglucose avec divers acides organiques tels que l'acide acétique, l'acide butyrique, l'acide stéarique; mais, en général, le nombre des molécules d'eau éliminées a dépassé d'une unité celui des molécules d'acides monobasiques entrées en combinaison, de telle sorte que les produits obtenus représentaient, non des éthers de la glucose, mais des éthers de la glucosane.

Les équations suivantes montrent cette particularité (1) :

$$* \; C^6H^{12}O^6 + 2C^4H^8O^2 \quad \text{(Glusose. Acide butyrique.)}$$

$$= C^6H^{10}(C^4H^7O)^2O^6 + 2H^2O. \quad \text{(Glucose dibutyrique.)}$$

$$C^6H^{12}O^6 + 2C^4H^8O^2 \quad \text{(Glucose. Acide butyrique.)}$$

$$= C^6H^8(C^4H^7O)^2O^5 + 3H^2O. \quad \text{(Glucosane dibutyrique.)}$$

$$* \; C^6H^{12}O^6 + 6C^2H^4O^2 \quad \text{(Glucose. Acide acétique.)}$$

$$= C^6H^6(C^2H^3O)^6O^6 + 6H^2O. \quad \text{(Glucose hexacétique.)}$$

$$C^6H^{12}O^6 + 6C^2H^4O^2 \quad \text{(Glucose. Acide acétique.)}$$

$$= C^6H^6(C^2H^3O)^6O^5 + 7H^2O. \quad \text{(Glucosane hexacétique.)}$$

En chauffant avec de l'acide tartrique divers sucres tels que la saccharose, la glucose, la lactose, M. Berthelot a obtenu de même divers composés qu'il envisage comme dérivant de la glucosane. On rappelle ici qu'il avait obtenu avec la mannite des dérivés analogues qui se rattachent à la mannitane.

Depuis on a décrit de vrais *saccharides* dérivant des sucres et non de leurs anhydrides.

En chauffant la dextroglucose avec de l'anhydride acétique en diverses proportions et à diverses températures, M. Schützenberger a obtenu divers dérivés acétiques de la glucose, savoir :

1° La diacétylglucose, $C^6H^{10}(C^2H^3O)^2O^6$;
2° La triacétylglucose, $C^6H^9(C^2H^3O)^3O^6$;
3° Un composé qui dérive de 2 molécules de glucose qui se sont unies avec dégagement d'eau et dans lesquelles huit oxhydryles sont remplacés par huit oxacétyles :

$$2C^6H^7O(OH)^5 = \begin{matrix} C^6H^7O <(OH)^4 \\ >O \\ C^6H^7O <(OH)^4 \end{matrix}$$

Glucose. Anhydrodiglycose.

$$\begin{matrix} C^6H^7O <(OC^2H^3O)^4 \\ >O \\ C^6H^7O <(OC^2H^3O)^4 \end{matrix}$$

Anhydrodiglucose octoacétique.

Avec la saccharose et l'acide acétique anhydre, M. Schützenberger a obtenu divers dérivés acétyliques, savoir une *monoacétylsaccharose*,

$$C^{12}H^{21}(C^2H^3O)O^{11},$$

ainsi que des dérivés acétyliques supérieurs, notamment un dérivé octacétylique qui paraît identique avec celui obtenu avec la glucose.

Avec le sucre de lait il a obtenu, indépendamment d'un dérivé octoacétylique, une *lactose tétracétylique* cristallisable.

M. Colley a été plus loin et a montré qu'on pouvait introduire dans 1 molécule de glucose 4 groupes acétyles et 1 atome de chlore, ce dernier à la place d'un oxhydryle.

Le composé obtenu par l'action du chlorure d'acétyle à froid sur la glucose, a été décrit sous le nom d'*acétochlorhydrose*. Sa composition serait exprimée par la formule $C^6H^7O(C^2H^3O^2)^4Cl$. Dans ce composé, les quatre oxacétyles et le chlore tiennent la place de cinq oxhydryles et le sixième atome d'oxygène serait contenu dans la dextroglucose sous une autre forme. Ce corps fonctionnerait comme alcool pentatomique, ce que M. Colley exprime par la formule $C^6H^7O(OH)^5$ indiquée précédemment [Colley, *Comptes rendus*, t. LXX, p. 401]. Plus récemment M. Colley a obtenu le dérivé azotique $C^6H^7O(C^2H^3O^2)^4AzO^3$, cristallisable et fusible à 145° [*Compt. rend.*, t. LXXVI, p. 436].

Action des acides faibles. — Lorsqu'on fait bouillir la saccharose et ses isomères avec de l'acide sulfurique ou de l'acide chlorhydrique faible, on les convertit en glucose,

$$C^{12}H^{22}O^{11} + H^2O = 2C^6H^{12}O^6.$$

La mélézitose donne, sous l'influence de ce traitement, 2 molécules de glucose, la saccharose 1 molécule de glucose et 1 molécule de lévulose (sucre interverti), la lactose 2 molécules de galactose (Pasteur). D'après Fudakowski [*Zeitsch. für Chem.*, (2), t. III, p. 32], deux sucres solides, cristallisables, fermentescibles, l'une et l'autre dextrogyres, mais différentes par le degré de leur pouvoir rotatoire, leur forme cristalline, leur solubilité, prendraient naissance par l'action des acides faibles de la lactose. L'un de ces sucres est identique avec la dextrose.

Action des bases sur les sucres. — Les sucres peuvent former des combinaisons avec les bases à la manière des acides faibles, ou plutôt des alcools. On sait que dans l'alcool ordinaire et dans l'alcool méthylique, l'hydrogène de l'oxhydryle peut être remplacé par des métaux. On a décrit des combinaisons d'esprit de bois et d'alcool avec la baryte. Les composés que forment la saccharose, la glucose et d'autres matières sucrées avec la potasse, la soude, la baryte, la chaux, l'oxyde de plomb, rentrent dans le même genre de combinaison. Ainsi la glucose forme avec la baryte un composé

$$\begin{matrix} C^6H^{11}O^6 \\ C^6H^{11}O^6 \end{matrix} > Ba'';$$

la saccharose donne le composé

$$C^{12}H^{20}Ba''O^{11} + H^2O.$$

Cette dernière combinaison peut se formuler ainsi, $C^{12}H^{22}O^{11}BaO$, et représenterait un produit d'addition de saccharose et de baryte. Rappelons qu'on a obtenu quatre combinaisons de saccharose et de chaux, que l'on peut représenter, d'après la manière de voir qui vient d'être indiquée, par les formules :

$$C^{12}H^{22}O^{11}, CaO + H^2O,$$
$$C^{12}H^{22}O^{11}, 2CaO,$$
$$C^{12}H^{22}O^{11}, 3CaO + H^2O,$$
$$C^{12}H^{22}O^{11}, 6CaO.$$

Nous n'avons pas à décrire ou à examiner ici toutes les combinaisons du même genre qui ont été obtenues et nous devons renvoyer, pour les détails, aux articles spéciaux. Ajoutons que les glucoses éprouvent une décomposition profonde lorsqu'on les traite par les alcalis même étendus. Cette décomposition s'accomplit lentement à froid, rapidement à l'ébullition ; la liqueur se colore en jaune puis en brun foncé. L'acide glucique (voyez ce mot) est un des premiers produits de cette réaction. Les saccharoses, plus sensibles que les glucoses à l'action des acides, résistent au contraire mieux que ces derniers à l'action décomposante des al-

1. Les réactions marquées d'un astérisque seraient les réactions normales.

calis. Chauffés avec des alcalis secs ou de la chaux, les sucres éprouvent une décomposition profonde.

Lorsqu'on chauffe le sucre ordinaire avec la potasse, il se forme de l'acide oxalique qui reste uni à l'alcali. La distillation du sucre avec la chaux donne, indépendamment des gaz carbonique et hydrure de méthyle, divers produits volatils parmi lesquels on a signalé l'acétone, la métacétone $C^6H^{10}O$, l'isophorone $C^9H^{14}O$ [Fremy. — Gottlieb. — Benédikt, *Ann. der Chem. u. Pharm.*, t. CLXII, p. 303].

Actions des ferments. — Les seuls sucres directement fermentescibles sont les glucoses, savoir : la dextroglucose, la lévulose, les galactoses, la maltose, etc.

Sous l'influence de la levure de bière, ils éprouvent la fermentation alcoolique. La saccharose et ses isomères se convertissent d'abord en glucoses avant d'éprouver la fermentation alcoolique.

Nous avons énuméré, page 32, les matières sucrées qui, bien que possédant la composition des hydrates de carbone, ne sont pas susceptibles d'éprouver la fermentation alcoolique. Pour tous les détails concernant le mode d'action des ferments, voyez l'article FERMENTATION.

FONCTIONS CHIMIQUES ET CONSTITUTION DES SUCRES. — Les considérations que nous venons de présenter sur les propriétés générales des sucres nous permettent maintenant d'aborder la question délicate de leurs fonctions chimiques et de leur constitution. A cet égard, deux propriétés doivent principalement attirer notre attention : savoir les propriétés réductrices des sucres et la faculté qu'ils possèdent de former avec les acides des combinaisons analogues aux éthers. Les premières caractérisent les sucres comme aldéhydes, la seconde comme alcools polyatomiques. Les sucres remplissent donc des fonctions mixtes : ils sont aldéhydes-alcools. Cette double fonction est particulièrement prononcée chez la glucose. Nous allons entrer à cet égard dans quelques développements.

L'action réductrice que la glucose exerce sur les sels de cuivre, de bismuth, d'argent, d'or, la rapproche des aldéhydes. Une solution de glucose digérée à chaud avec de l'oxyde d'argent donne un miroir métallique.

On est donc en droit de supposer que la glucose renferme le groupe CHO, caractéristique des aldéhydes. Dès lors il ne reste que 5 atomes d'oxygène pouvant être contenus dans la molécule de glucose sous forme d'oxhydryles : la glucose ne saurait être qu'un alcool pentatomique. Les expériences de M. Colley semblent avoir tranché cette question (voyez p. 35). D'un autre côté, comme le groupe aldéhydique CHO ne renferme que 1 atome de carbone, on doit admettre qu'un des 5 autres atomes de carbone est uni à 3 atomes d'hydrogène, et la supposition la plus naturelle est que cet atome de carbone constitue avec ses 3 atomes d'hydrogène et son atome d'oxygène un groupe d'alcool primaire $CH^2.OH$ auxquels se lie une chaîne de groupes CH OH d'alcool secondaire et enfin le groupe aldéhydique.

On a donc pour la glucose et pour l'acétochlorhydrose de M. Colley les formules suivantes :

Glucose.	Acétochlorhydrose.
$CH^2.OH$	$CH^2.Cl$
$\dot{C}H.OH$	$\dot{C}H.O\,(C^2H^3O)$
$\dot{C}H.OH$	$\dot{C}H.O\,(C^2H^3O)$
$\dot{C}H.OH$	$\dot{C}H.O\,(C^2H^3O)$
$\dot{C}H.OH$	$\dot{C}H.O\,(C^2H^3O)$
$\dot{C}HO$	$\dot{C}HO$

Les acides gluconique et saccharique, produits d'oxydation de la glucose, seraient dans cette hypothèse :

Acide gluconique.	Acide saccharique.
$CH^2.OH$	$CO.OH$
$\dot{C}H.OH$	$\dot{C}H.OH$
$\dot{C}H.OH$	$\dot{C}H.OH$
$\dot{C}H.OH$	$\dot{C}H.OH$
$\dot{C}H.OH$	$\dot{C}H.OH$
$\dot{C}O.OH$	$\dot{C}O.OH$

L'apparition des acides tartrique et racémique parmi les produits d'oxydation des sucres, ne doit pas surprendre ; il suffit que deux des groupes carbonés de l'acide saccharique soient emportés par l'oxydation pour que le reste forme de l'acide tartrique. Lorsqu'ils disparaissent tous, il reste de l'acide oxalique. Je dois ajouter que les formules qui viennent d'être indiquées pour la glucose et l'acide gluconique ont été déjà proposées par M. Fittig [*Ueber die Constitution der sogenannten Kohlenhydrate. Tübingen*, 1871]. Je crois qu'il convient de les adopter. Mais d'autres combinaisons sont possibles entre les atomes de carbone d'hydrogène et d'oxygène de la glucose. Si nous écartons l'hypothèse de deux oxhydryles attachés au même atome de carbone, nous excluons la possibilité de trouver dans la chaîne de ces atomes un groupe CH^3. Dès lors les glucoses pentatomiques ne pourront différer entre eux que par la présence d'un ou de plusieurs groupes (C.OH) auxquels seraient attachées des chaînes latérales. Voici les formules qui serviraient à interpréter les isoméries entre les glucoses :

$CH^2.OH$	$CH^2.OH$
$\dot{C}H.OH$	$CH^2.OH\text{-}\dot{C}(OH)$
$CH^2.OH\text{-}\dot{C}(OH)$	$CH^2.OH\text{-}\dot{C}(OH)$
$\dot{C}H.OH$	$\dot{C}HO$
$\dot{C}HO$	

On conçoit que de nombreuses isoméries soient possibles suivant la position du groupe C(OH).

Mais il n'est pas démontré que toutes les glucoses de la formule $C^6H^{12}O^6$ soient à la fois aldéhydes et alcools pentatomiques. Dès lors on pourrait prévoir d'autres formules, indépendamment des précédentes; mais il est inutile d'anticiper sur les faits en cette matière.

M. Hlasiwetz a donné pour la glucose et l'acide gluconique les formules suivantes [*Ann. der Chem. u. Pharm.*, t. CLVIII, p. 253] :

Glucose.	Acide gluconique.
	CH^3
CH^3	$\dot{C}H.OH$
$\dot{C}H.OH$	$O\text{-}\dot{C}.OH$
$O\text{-}\dot{C}.OH$	$\vert\ \dot{O}$
$\dot{O}\text{-}\dot{C}.OH$	$O\text{-}\dot{C}OH$
$\dot{C}H.OH$	$\dot{C}H.OH$
$\dot{C}H^3$	$\dot{C}H^3$

Elles me paraissent peu probables par la raison que le double groupe

$$O\text{-}C.OH$$
$$\dot{O}\text{-}\dot{C}.OH$$

qu'il admet dans la glucose devrait être fortement acide, ce qui est contraire aux faits.

Si maintenant nous passons à la saccharose et

à ses congénères, on peut dire qu'ils constituent des anhydrides des glucoses. Gerhardt a déjà énoncé cette opinion que la saccharose est à la glucose ce que l'éther est à l'alcool; 2 molécules de glucose s'unissant avec perte d'eau, il est naturel de penser qu'elles réagissent l'une sur l'autre par deux de leurs oxhydryles. L'un de ces oxhydryles est éliminé emportant l'hydrogène de l'autre; l'oxygène qui reste unit les deux résidus glucosiques, comme l'oxygène de l'éther unit les deux groupes C^2H^5. On conçoit que suivant la constitution des glucoses et suivant les positions des groupes oxhydryles qui réagissent, de nombreux corps isomériques peuvent être formés. M. Fittig représente la constitution de la saccharose par des formules qu'on trouvera page 32. Une difficulté se présente dans l'hypothèse indiquée plus haut. Les corps du groupe saccharose, ainsi engendrés, devraient contenir deux groupes aldéhydes et posséder, par conséquent, des propriétés réductrices plus prononcées que la glucose. Le contraire est vrai. Dès lors on peut aussi supposer que 2 molécules de glucose peuvent se souder par le groupe aldéhydique, ainsi qu'on le remarque avec l'aldéhyde dans la formation de l'aldol. On conçoit l'existence d'un aldol de la glucose dont la saccharose serait l'anhydride. Dans ce cas, les groupes glucosiques seraient unis, dans la saccharose, non par l'oxygène, mais par le carbone. J'indique cette idée: il me paraît inutile de la développer pour le moment.

A. W.

SUCRES (INDUSTRIE). — On donnera dans cet article la description sommaire des procédés industriels qui sont appliqués aujourd'hui à la préparation de la glucose et de la saccharose. La glucose est préparée artificiellement par la saccharification de l'amidon. La saccharose s'extrait de la canne ou de la betterave. Les sucres bruts de canne ou de betterave sont généralement soumis au raffinage, qui fait l'objet d'une industrie distincte. Nous traiterons donc successivement de la fabrication de la glucose, de l'extraction du sucre de canne, de la fabrication du sucre de betterave et du raffinage du sucre.

I. — GLUCOSE.

La glucose, qu'on nommait autrefois sucre de raisin (pour les propriétés chimiques générales, voyez l'article GLUCOSE, t. I, p. 1570), se prépare industriellement en grande quantité au moyen de la fécule de pommes de terre, qui est la matière première amylacée la moins coûteuse et en même temps celle dont la transformation en glucose s'opère le plus facilement. Pour la fabrication de la fécule, nous renvoyons à l'article AMIDON, t. I, p. 198.

Lorsque la préparation de la glucose a lieu dans le voisinage des lieux de production de la fécule, cette dernière est ordinairement employée à l'état de *fécule verte*, c'est-à-dire seulement égouttée sur plâtre; dans cet état, elle renferme 33 °/₀ d'eau et 67 °/₀ de fécule dite *sèche*, qui elle-même retient encore 2 molécules ou 18 °/₀ d'eau.

La glucose est livrée au commerce sous trois formes différentes: le sirop de fécule, le sucre en masse et le sucre granulé. Les premières opérations sont les mêmes pour obtenir ces matières sucrées sous les trois états indiqués. Le sirop de fécule contient toujours une certaine proportion de dextrine, qui met obstacle à la cristallisation du sucre. Pour les sucres en masse et granulé, la saccharification doit au contraire s'opérer le plus complétement possible.

La marche des opérations est la suivante:

1° Transformation de la fécule en glucose par l'action de l'acide sulfurique étendu de 33 fois son poids d'eau; *saccharification*; 2° *saturation de l'acide*; 3° *filtration*; 4° *évaporation* et 5° *cristallisation*.

La saccharification s'effectue actuellement dans de grandes cuves en bois, à douves très-épaisses, d'une contenance de 120 à 130 hectolitres et dont le contenu est chauffé par la vapeur. Anciennement on employait des chaudières ou cuves qu'on chauffait à feu nu.

La figure 654 montre la disposition des appareils. Les deux cuves A et A', emplies aux deux tiers d'eau acidulée renfermant environ 3 °/₀ d'acide sulfurique, sont en communication avec les générateurs *i*, *i* par les tubes *d*, *d'*, *c*, *c'*, *f*, *g*, qui permettent, au moyen des robinets *h*, *h'*, d'élever la température du liquide contenu dans les cuves à 100°, température nécessaire à la saccharification. Ces tubes sont ordinairement en cuivre, jusqu'en *b*, *b'* et depuis là jusqu'en *d*, *d'*, en plomb; au fond de la cuve on les contourne en cercles et on pratique de *c*, *c'* en *d*, *d'* des ouvertures permettant aux vapeurs de s'échapper.

La vapeur en se condensant occasionne inévitablement une certaine dilution du liquide, de sorte qu'il ne pèse à l'aréomètre Baumé, une fois la saccharification achevée, que 14 à 15°. C'est pourquoi l'on remplace actuellement le tube en plomb par une spirale de cuivre à travers laquelle circule la vapeur, l'eau condensée s'écoulant au dehors. Cette spirale échauffe le mélange et le porte à l'ébullition d'autant plus facilement qu'on maintient la vapeur sous pression. La liqueur, chauffée de cette manière, pèse de 19° à 20° Baumé; il y a donc économie de combustible, puisque l'évaporation s'opère sur un liquide plus dense de 5° Baumé.

Pendant la durée de l'opération, des émanations désagréables se dégagent; pour les détruire complétement, on a soin de couvrir les cuves et de conduire les gaz, après condensation préalable de la majeure partie de la vapeur d'eau, sous le foyer. On peut aussi les diriger des cuves, comme le montre notre figure, dans la cheminée B D, en les faisant passer par un serpentin EF dont la chaleur est mise à profit pour opérer un commencement de concentration des sirops. L'huile essentielle de la fécule entraînée avec les vapeurs d'eau se condense en partie dans le vase G et il n'y a qu'une bien petite quantité qui se trouve disséminée dans l'atmosphère, en s'échappant par le tube abducteur F''F', lequel débouche dans la cheminée principale.

On commence, pour faire fonctionner l'appareil, par délayer la fécule, par portions, avec de l'eau, puis on verse le mélange, par petites quantités à la fois, au moyen de l'entonnoir *a* dans la cuve qui contient la quantité d'eau acidulée bouillante nécessaire. Afin d'empêcher autant que possible la formation d'empois, l'ébullition ne doit jamais cesser un instant; l'on remue le tout énergiquement: après avoir introduit toute la quantité de fécule, on laisse à la réaction le temps de s'achever.

La décomposition complète de l'amidon se reconnaît facilement si l'on tient compte de la faible solubilité de la dextrine dans l'alcool. Sur 1 p. de la solution de sucre on ajoute en général 6 p. d'alcool absolu: dans le cas où la transformation est complète, la liqueur reste claire ou bien l'on ne remarque tout au plus qu'un léger trouble. La réaction de l'iode, encore souvent employée, n'est pas aussi recommandable, puisque ce réactif ne permet pas de constater autre chose que la transformation de la fécule en dextrine. Si l'on en fait néanmoins usage, la saccharification devra être continuée jusqu'à ce qu'une nouvelle addition de teinture d'iode à quelques gouttes du liquide en question n'y produise plus qu'une teinte jaune-brunâtre, analogue à celle du rhum. Nous insistons sur la couleur développée dans cette réaction, parce que le sirop entre très-facilement en fermentation si la cuite de la masse a été interrompue lorsqu'un essai se colorait encore en violet ou en jaune rougeâtre. Lorsque, au contraire, on prolonge la cuisson, après qu'un essai aura montré la couleur du rhum, on est à peu près certain qu'après refroidissement une partie du sirop cristallisera. Il faut donc arrêter l'opération à temps lorsqu'on tient à obtenir un sirop de fécule incristallisable.

Veut-on préparer du sirop, on emploie pour 100 kilogrammes de fécule environ 2 kilogrammes d'acide sulfurique à 60° Baumé et de 300 à 400 litres d'eau; s'agit-il au contraire de préparer la glucose en masse, on double en général la quantité d'acide sulfurique, afin d'abréger le temps de la cuite.

E. Krotke recommande d'ajouter à l'acide sul-

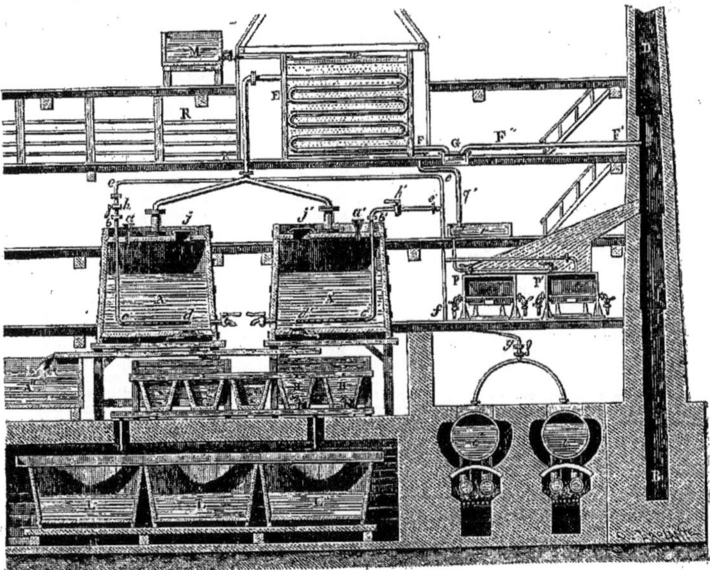

Fig. 654. — Ensemble des appareils pour la fabrication de la glucose.

furique une petite quantité d'acide nitrique : la saccharification s'effectue alors dans un espace de temps beaucoup plus court. Ainsi, par son procédé, l'on peut décomposer complétement 1,500 kilogrammes de fécule en une heure, tandis que d'après la méthode ordinaire on emploie deux heures.

L'essai par l'alcool ou par l'iode ayant ainsi accusé la transformation complète de la fécule en sucre, on ferme les robinets *h, h'* et l'on procède à l'opération la plus importante, la *saturation* de l'acide sulfurique, car des soins qu'on apporte à cette opération dépendent la couleur, la pureté et le goût du produit. Cette saturation s'effectue au moyen des carbonates de chaux ou de baryte. Vu la grande insolubilité du sulfate de baryte formé, l'usage exclusif du carbonate de baryte serait préférable. Mais ce sel n'étant que rarement à la disposition du fabricant, ce sont le marbre, la craie en poudre fine ou même la chaux vive qu'on emploie généralement comme moyen de saturation. La craie réduite en poudre doit être ajoutée avec précaution par le trou d'homme *j* : l'acide carbonique est immédiatement mis en liberté et il se forme du sulfate de chaux peu soluble qui se précipite. La craie peut être remplacée par du marbre en poudre très-fine. On ajoute l'une ou l'autre aussi longtemps qu'il y a effervescence ou que la teinture bleue de tournesol vire encore au rouge. Pour s'assurer du reste que toute acidité a disparu, le fabricant ajoute quelquefois vers la fin pour 10 kilogrammes d'acide sulfurique, par exemple, de 250 à 500 grammes de carbonate de baryte, en ayant soin de ne point dépasser cette quantité, un trop grand excès mettant obstacle à l'éclaircissement prompt de la liqueur.

Cette opération étant menée à bonne fin, on laisse le liquide se clarifier dans la cuve de saccharification, ou bien l'on fait couler le tout dans un bassin de dépôt placé en A'', si l'on veut immédiatement recommencer une nouvelle opération de saccharification : après douze heures, on soutire le liquide devenu clair et on le fait passer à travers du noir animal en grains sur les filtres H,H ou sur des filtres analogues à ceux dont il sera question à l'occasion de la fabrication du sucre de betteraves. Le sulfate de chaux resté au fond de la cuve de dépôt est jeté sur un filtre en toile, soutenu par un treillis de fer; il y est égoutté et lavé ou bien il est conduit dans un filtre-presse, comprimé et au besoin lavé. Les eaux de lavage retournent dans la cuve à saturation pour y être employées à la place d'une quantité équivalente d'eau fraîche, pour une nouvelle opération de saccharification.

La liqueur filtrée est dirigée dans les réservoirs L, L qui se trouvent immédiatement au-dessous des filtres à charbon animal; de là elle est refoulée au moyen d'un monte-jus ou d'une pompe dans le réservoir M, d'où on la dirige facilement dans le caniveau *m;* celui-ci la déverse sur le serpentin, où elle se concentre. Le liquide, amené enfin par le tube *q*, dans le bassin *r*, est déversé dans les chaudières P, P' et s'y concentre jusqu'à 27° à 30° Baumé. Après un repos de quelques jours, le sulfate de chaux devenu insoluble s'étant déposé, le sirop est livré au commerce sous cette forme.

Pour préparer un sirop bien blanc et limpide à l'usage des confiseurs ou des liquoristes, on filtre de nouveau le sirop à froid sur du charbon animal en grains et on l'embarille immédiatement après la filtration.

La glucose solide de qualité inférieure s'obtient par évaporation du sirop jusqu'à ce qu'il marque 40° à froid; le liquide concentré qu'on a versé dans un rafraîchissoir y est abandonné jusqu'à commencement de cristallisation, ce qui dure de trois à quatre jours. On accélère souvent la cristallisation en projetant dans le sirop quelques cristaux de sucre qu'on y mélange intimement; puis on fait couler le tout dans des tonneaux ou dans des caisses, où le liquide épais ne tarde pas à se prendre en une masse solide, de couleur jaune semblable à celle de la cire non blanchie.

Il est facile d'obtenir un produit plus pur en séparant les cristaux de glucose de la mélasse interposée. A cet effet, on verse le sirop filtré dans des tonneaux ordinaires qui reposent sur un poutrage transversal, disposé de 3 à 4 centimètres à peu près au-dessus d'un bassin plat; le fond des tonneaux est percé de 12 à 16 ouvertures se fermant à faussets. La cristallisation remplissant, après un certain temps, les deux tiers de la hauteur du liquide, on retire les faussets; le sirop s'écoule et est en grande partie expulsé grâce à une légère inclinaison des tonneaux. Le sucre ainsi obtenu est égoutté et est ensuite étendu sur des tablettes en plâtre, représentées dans la figure 1 en R, R, qui absorbent les dernières traces de mélasse; enfin il est desséché complétement dans une étuve chauffée seulement à 25° et où règne un léger courant d'air. Après dessiccation on tamise la masse et on comprime la poudre obtenue sous forme de pains de sucre ou bien on la vend telle quelle. Les sirops égouttés retournent dans la cuve à saccharification afin que la dextrine qui s'y trouve toujours en plus ou moins forte proportion s'y transforme en glucose.

La glucose ou dextrine du commerce, de composition toujours très-variable, ne contenait, il y a peu d'années encore, que 50 % de sucre, un tiers de matières étrangères, le reste étant de l'eau. Grâce aux efforts des fabricants et aux améliorations apportées aux manipulations, la proportion de glucose a pu être portée à 75 %.

Usages de la glucose. — A l'état de sirop la glucose s'emploie dans la fabrication des bières et de l'alcool; le sucre en masse dans celle des vins de qualité inférieure (d'après le procédé de Gall et de Petiot). On s'en sert surtout pour remplacer le miel dans la confiserie et la pâtisserie. Enfin les applications du sucre de fécule sont encore nombreuses dans la fabrication des moutardes, du tabac, sans parler de son introduction frauduleuse dans les cassonades. Pour se faire une idée de sa consommation, nous ajouterons que la France prépare annuellement de 5 à 10 millions de kilogrammes de sucre de fécule, et que sa production dans le Zollverein atteignait, en 1870, les chiffres de 12 millions de kilogrammes de sirop et de 7 à 8 millions de kilogrammes de glucose solide.

II. — SUCRE DE CANNE.

II. La canne à sucre, originaire de l'Asie centrale et orientale et connue des Chinois depuis les temps les plus reculés, ne se répandit dans l'Asie occidentale et en Afrique que lors des conquêtes des Arabes. Les croisés apprirent à la connaître et les Vénitiens l'emmenèrent jusque dans le sud de l'Europe, où on se mit bientôt à la cultiver dans les îles de Malte et de Chypre, en Sicile et en Égypte. Les Espagnols et les Portugais paraissent l'avoir transportée, au commencement du XVe siècle, des îles Açores et des îles Canaries, où elle avait été aussi introduite par eux, aux Indes occidentales et au Brésil. La culture de la canne à sucre, favorisée par la traite des noirs, atteignit un tel accroissement, surtout à Cuba, Saint-Domingue et en Louisiane, que celle d'Europe et des Indes orientales ne put soutenir la concurrence et fut pour ainsi dire anéantie.

La canne à sucre *(Saccharum officinarum)* est une plante vivace appartenant à la grande famille des Graminées; elle atteint une hauteur de 3 à 6 mètres et un diamètre de 3 à 9 centimètres. La tige présente des nœuds, distants de 8 à 12 centimètres, en communication avec les rejetons par 16 cellules angulaires qui composent les parties médianes de la tige et qui sont le siége du liquide sucré. Les parties extérieures de la canne à sucre, lisses et très-résistantes, contiennent de la silice en assez grande proportion; elles sont embellies de raies jaunes, vertes, bleues ou violettes. Les feuilles, ordinairement repliées, d'un vert clair ou jaunâtre, atteignent une longueur de 1 à 2 mètres sur une largeur de 3 à 4 centimètres; une nervure médiane très-accentuée les parcourt. Les fleurs, qui n'apparaissent pas toujours, se trouvent au sommet de la tige, appelée *flèche* dans les colonies, et forment une panicule touffue, d'un brillant argenté, ressemblant assez à l'inflorescence de notre roseau commun.

Les différentes variétés cultivées les plus répandues sont : la canne à sucre *d'Otaïti*, de beaucoup la plus répandue, en raison de sa végétation luxuriante et son peu de sensibilité aux changements subits de température; le suc qu'elle fournit est plus riche en sucre que celui des autres variétés. La canne à sucre de *Batavia* ou *rayee* est surtout employée à la fabrication du rhum et est originaire de Java. La canne à sucre *créolienne*, la première variété connue, a une tige mince, présentant des nœuds très-nombreux.

Les plants s'obtiennent généralement par boutures, qu'on dispose de 1 mètre 1 2 à 2 mètres 1/2 de distance les unes des autres, suivant qu'on emploie pour la culture le travail des hommes ou des bêtes de somme. Ajoutons que les cannes à sucre se propagent aussi par graines sous les climats chauds. Elles exigent une terre meuble, riche en engrais, exempte, s'il est possible, de matières trop azotées ou de sels minéraux en excès, qui amoindrissent la proportion de sucre en provoquant la formation d'un suc moins pur.

La canne, suivant sa provenance de rejetons ou de boutures, suivant le climat et les terrains, arrive à complète maturité au bout de 8 à 15 mois; celle-ci se reconnaît à la teinte jaunâtre des tiges; à l'épiderme desséché, glabre et cassant, au suc qui devient sucré et collant. On coupe alors les tiges très-près du sol, on les rassemble en faisceaux et on les expédie immédiatement aux moulins après avoir toutefois enlevé les feuilles et la flèche. Les deux derniers nœuds du sommet servent de boutures pour une nouvelle plantation ou d'aliment pour les animaux.

La composition de la canne fraîche de Taïti, d'après les analyses de MM. Peligot, Dupuy et autres, est la suivante :

Sucre	De 18 à 20 °/₀.
Eau	De 69 à 72
Cellulose.......	De 9 à 10
Sels.	De 0,4 à 1,2

Les moulins employés à l'extraction du suc se composaient originairement de gros cylindres en pierre, à engrenages; ils furent plus tard remplacés par trois cylindres creux, en fonte, disposés verticalement; l'un d'eux, communiquant le mouvement aux autres, était lui-même mû par des bêtes de trait, par le vent, la vapeur ou l'eau. On préfère aujourd'hui placer les cylindres horizontalement : la canne s'y introduit plus facilement; la pression étant aussi plus énergique, on parvient à extraire jusqu'à 65 °/₀ de suc; les presses, formées de trois cylindres creux (fig. 655), *a*, *b* et *c*, d'un diamètre de 60 centimètres, à bords relevés, sont placées dans un bâti solide en fonte. Au moyen des vis de pression *i*, *i*, on rapproche les cylindres à volonté; l'éloignement de *a* en *c* est ordinairement de 1 centimètre et demi, et celui de *b* en *c* d'un demi-centimètre; cette disposition offre l'avantage d'une pression mieux graduée et plus complète.

Fig. 655. — Presse à cylindres.

Un tablier sans fin amène les cannes sur la plaque *d*, *d*; là elles sont saisies et comprimées par les deux cylindres *a* et *c*; la lame courbe *n* les conduit entre *c* et *b*, d'où elles sont expulsées en retombant sur *f*. Le jus exprimé s'amasse en *g*, *g*, et sort par l'ouverture *h*, pour lui laisser le temps de s'écouler de la canne, on ne donne aux cylindres qu'une vitesse de rotation de 3 à 4 mètres à la minute. Une presse, dont les cylindres atteignent un diamètre de 1 mètre sur une longueur de 2 mètres, produit de 300.000 à 400.000 litres de jus par jour et représente une force de 90 chevaux.

Le rendement en jus peut être augmenté et porté jusqu'à 80 °/₀, soit en chauffant par la vapeur les cylindres creux (la canne chauffée, en perdant son élasticité, laisse s'écouler plus facilement le jus ou vesou), soit en employant des moulins à cinq cylindres, où se produisent quatre pressions successives. On peut aussi extraire une portion du jus par endosmose en *projetant*, par exemple, de la vapeur mélangée de gouttelettes d'eau sur les cannes avant qu'elles ne parviennent entre les deux derniers cylindres. Ces dispositions, indiquées depuis nombre d'années par Payen et appliquées plus tard par MM. Derosne et Cail, ont produit les effets attendus. La complication de ces presses a été malheureusement un obstacle à leur emploi dans les colonies.

A défaut de tout autre combustible, la canne exprimée ou bagasse est pour le fabricant de la plus haute importance; il en dispose pour le chauffage des appareils à évaporation ; c'est pourquoi on ne pousse jamais l'extraction du vesou jusqu'à la dernière limite et on évite autant que possible de briser les cannes en les pressant, pour faciliter leur introduction dans les foyers; souvent même on sèche les cannes après l'écrasage, avant que le sucre ne se décompose par suite de la fermentation; on emploie même souvent la bagasse encore fraîche.

Le jus ou vesou s'écoule, dans certaines fabriques, de l'ouverture *h* (fig. 655) dans un grand réservoir où on le laisse reposer, quoique bien à tort, pour permettre aux matières étrangères de se séparer. Plus souvent on fait écouler le vesou directement dans une série de chaudières disposées en terrasses *(équipage)* où s'opèrent la défécation et la concentration; ces chaudières étaient primitivement en fonte et hémisphériques : elles sont maintenant remplacées généralement par des chaudières en cuivre à hausses rectangulaires.

La première chaudière dite la *grande*, la plus éloignée du foyer, sert à la défécation, opération qui consiste à faire bouillir le jus avec de la chaux. La quantité de chaux à ajouter dépend de la réaction du suc; elle ne dépasse pas en général 0,2 à 0,3 °/₀₀. L'ébullition ayant achevé la défécation, on enlève les écumes et on fait passer le liquide, qui doit être très-légèrement alcalin, dans la seconde chaudière, appelée la *propre*. L'évaporation étant poussée plus loin, dans cette chaudière, il se forme de nouvelles écumes que l'on rejette dans la chaudière à déféquer. La liqueur passe ensuite dans une troisième chaudière, le *flambeau*, où l'on ajoute quelquefois un petite quantité de lait de chaux, dans le cas où la couleur du jus montre que la défécation avait été incomplète; puis dans une quatrième chaudière qu'on nomme le *sirop*, parce que le liquide y devient sirupeux, et enfin dans la cinquième. C'est dans celle-ci, qui est la *batterie*, que la concentration s'achève. On reconnaît le terme de cuite à la consistance de la masse ainsi qu'à la formation de petits cristaux qui se déposent sur l'agitateur. On interrompt alors le chauffage en enlevant la grille du foyer, et l'on fait écouler la masse, contenue dans la batterie dans des chaudières qu'on nomme rafraîchissoirs où elle se refroidit. Dès qu'il s'y forme une couche de cristaux, on remue et l'on introduit ensuite la masse granulée dans des formes en bois ou dans de grandes barriques dont l'un des fonds (le supérieur) a été enlevé et l'autre percé de petits trous bouchés à faussets. En retirant les chevilles après complète cristallisation, on laisse s'écouler la mélasse qu'on utilise pour la fabrication du rhum, de l'alcool, du tafia, etc. Le sucre enlevé des barriques ou sorti des formes est livré au commerce ou expédié aux raffineries de sucre.

On obtient, d'après ce procédé, un rendement de 6 à 8 % en sucre brut ou cassonade et de 3 à 4 % de mélasse; il en reste de 2 à 3 % dans la bagasse, et à la fin de l'opération il s'en perd 6 %. La mélasse, qui retient encore environ 50 % de sucre cristallisable, plus de la glucose et du sucre incristallisable, contient en outre des corps mucilagineux et des sels.

Quoique la majeure partie du sucre de canne

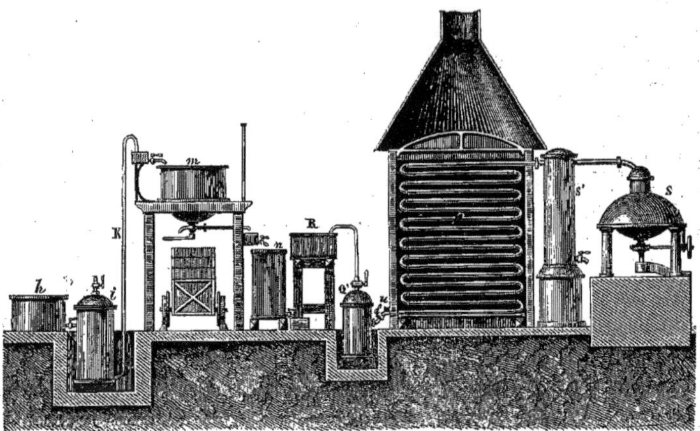

Fig. 656. — Appareil pour le traitement du vesou.

s'obtienne encore à l'aide des manipulations primitives qui viennent d'être décrites, il n'en est pas moins vrai que l'usage des procédés et des appareils perfectionnés, tels qu'ils ont été organisés pour les colonies françaises par MM. Derosne et Cail, tend à se répandre de plus en plus dans les Indes occidentales et dans les pays producteurs de sucre de l'Amérique centrale et méridionale.

Ces appareils et ces procédés sont les suivants :

Le suc, à sa sortie des cylindres ou du réservoir où il se déverse, est introduit dans un bassin à double fond *h* (fig. 656) chauffé à la vapeur. La température y est maintenue à 50° centigrades dans le but de rendre toute fermentation impossible, ou tout au moins de la prévenir. Dès que le bassin *h* est rempli, on fait écouler le liquide dans le monte-jus *i* qui l'envoie par le tube K dans la chaudière à déféquer *m*. La défécation achevée, on fait passer le liquide alcalin sur le filtre *n* à travers du charbon d'os en grains qui a déjà servi à décolorer le sirop dans une opération précédente. Le suc décoloré marquant 9° Baumé est introduit alors dans un réservoir supérieur (qui n'est pas figuré) d'où il s'écoule dans des caniveaux disposés au-dessus des serpentins *p*, et qui sont percés de traits de scie dans toute leur longueur. De cette façon il coule sur les serpentins chauffés par les vapeurs qui sont aspirées par une pompe à faire le vide dans la chaudière *S*. En arrivant au bas du serpentin, le jus concentré marque à 25° Baumé. On le fait arriver dans le monte-jus *Q'* qui l'envoie dans la chaudière à évaporer S. Celle-ci est à double fond et se trouve en communication par l'intermédiaire de la colonne *S'* destinée à recevoir le jus débordé ou entraîné, et des serpentins *p* avec une pompe à faire le vide qui n'est pas figurée. De la chaudière, le sirop concentré à 25° Baumé est appelé de nouveau dans le monte-jus *Q'* d'où il est envoyé dans le réservoir R, pour être passé au filtre *n* rempli, cette fois, de noir d'os frais Dans une chaudière spéciale, où le vide peut être fait, il est enfin concentré à terme de cuite. Le sirop est ensuite conduit dans un rafraîchissoir où le grainage s'opère, puis de là dans des formes à cristalliser : ce traitement est absolument le même que celui qui est usité dans la fabrication du sucre de betterave dont il sera question plus tard.

Cette fabrication perfectionnée donne un rendement en sucre d'un tiers plus considérable environ que l'ancienne méthode; les produits sont plus beaux; leur valeur est considérablement augmentée. Toutefois les appareils dont il s'agit étant beaucoup plus dispendieux que les équipages de chaudières décrits plus haut, on a dû, pour parer à cette difficulté, établir dans plusieurs colonies, au milieu des habitations, une sucrerie commune ou usine centrale où se trouve concentrée la fabrication de plusieurs anciennes sucreries. Ajoutons que, pour éviter les altérations du vesou et prévenir sa fermentation, on fait un usage assez fréquent de solutions de bisulfite de chaux de 11 à 12° Baumé.

La valeur commerciale du sucre brut dépend de la quantité et de la nature des matières étrangères (sable, terre, débris organiques, etc.) qui l'accompagnent toujours. Le sucre de la Havane, qui compte parmi les plus recherchés, contient plus ou moins de matières colorantes et azotées, différents sels minéraux, surtout à base de chaux et de potasse, à l'état de chlorures, de carbonates de phosphates, du sucre incristallisable, des acides organiques libres de la série grasse qui proviennent d'une fermentation partielle, enfin des saccharates de potasse et de chaux.

Plusieurs de ces corps sont sans effet préjudiciable pour le raffinage subséquent; tels sont, par exemple, le sable et les débris organiques qui n'amoindrissent par leur présence que la quantité de sucre, tandis que les sels minéraux abaissent le rendement en sucre cristallisé, vu la propriété qu'ils possèdent de transformer le sucre cristallisable en sucre incristallisable.

Pour apprécier la qualité et le rendement de la matière première, le raffineur fait usage des caractères suivants : les *grains* ou cristaux de sucre d'un beau produit doivent être durs, détachés, secs, c'est-à-dire bien purgés de sirop; ils ne doivent offrir ni une réaction trop acide, ni une réaction trop alcaline. Le procédé le plus facile et le plus sûr pour déterminer la quantité de sucre cristallisable consiste à faire usage du polarisateur : l'exactitude de ce procédé l'a fait adopter de préférence à tous les autres.

Pour plus de détails, voyez l'article SACCHARIMÉTRIE, t. III, p. 66.

III. — SUCRE DE BETTERAVE.

HISTORIQUE. — Pendant longtemps le sucre n'a été produit qu'au moyen de la canne à sucre. En 1705, Olivier de Serres signala la présence du sucre dans la betterave; en 1747, Margraff publia ses recherches sur l'existence du sucre dans diverses racines et entre autres dans la betterave, et parvint même à retirer 6,2 % de sucre de la variété blanche et 4 à 5 % de la rouge.

Mais c'est à l'un des élèves de Margraff, Ch.-François Achard, que revient l'honneur d'avoir fondé l'industrie du sucre de betteraves. En 1779 il put présenter au roi de Prusse des échantillons de sucre indigène, et en 1796 il monta la première usine près de Steinau-sur-l'Oder. L'industrie nouvelle s'étendit bientôt en France, en Allemagne, en Russie. Le 29 mars 1811, sur l'ordre de l'empereur Napoléon Ier, 32 000 hectares furent livrés à la culture de la betterave et un million de francs distribué à titre d'encouragement.

De 1812 à 1836, ce furent surtout les travaux des chimistes et industriels français (Delessert, Descostil, Derosne, Chaptal, Dubrunfaut, Bazy, Payen, Kuhlmann, Dombasle, auxquels ont succédé Pelouze, Dumont, Baudrimont, Peligot, Champonnois, Maumené, etc.), qui contribuèrent aux progrès de l'industrie sucrière.

La production, qui en France n'était encore en 1829 que de 4 millions de kilogrammes, arrivait en 1835 au chiffre de 40 millions. A partir de 1836 cette industrie a pris en Allemagne un très-puissant essor, et parmi les hommes qui y ont le plus contribué, il faut citer Schatten, Schützenbach, Robert, Walkhoff, Scheibler, Jelinck.

En 1874 il existait dans l'empire allemand 338 fabriques opérant sur 35 280 000 quintaux métriques de betteraves et produisant 2 937 600 quintaux métriques de sucre brut.

En Autriche-Hongrie on comptait, à la même époque, environ 200 fabriques employant 21 millions de quintaux métriques de betteraves et produisant approximativement 2 millions de quintaux métriques de sucre.

La production française, dans 490 fabriques, peut être évaluée à plus de 4 millions de quintaux métriques.

La production de la Russie et de la Pologne atteint, dans 320 fabriques, le chiffre de 1 500 000 quintaux métriques de sucre.

Ces chiffres donnent une idée de l'importance actuelle de la grande industrie du sucre de betterave.

CULTURE DE LA BETTERAVE. — La culture de la betterave, qui peut se faire en France sous toutes les latitudes pourvu que la terre soit profonde, un peu tenace, substantielle et fraîche en été, est très-avantageuse pour l'agriculture. En effet, le sucre qu'on extrait de la plante ne renferme aucun des principes fertilisants du sol; pendant sa végétation, la betterave enlève bien à la terre, en partie à une assez grande profondeur, une certaine quantité de principes minéraux; mais ceux-ci sont restitués au sol sous la forme très-précieuse d'engrais provenant des animaux nourris et engraissés avec la pulpe qui constitue le résidu de la fabrication du sucre.

Les terrains qui produisent la plus grande quantité de betteraves sont : 1° les terrains sablonneux d'alluvion; 2° les terrains glaiseux, soit sablonneux, soit argileux; 3° les terrains argileux marnés; 4° les terrains argileux sans calcaire; 5° les terrains calcaires.

Les terrains produisant les betteraves à suc riche en sucre sont surtout les terrains calcaires, puis les sols glaiseux et argilo-siliceux fortement marnés.

Le sol doit être labouré à 0m,30-0m,35 de profondeur à la fin de l'automne. Après les fortes gelées, on donne un second, quelquefois encore un troisième et quatrième labour. Le meilleur fumier est celui de ferme, puis les tourteaux, le superphosphate de chaux azoté et les engrais potassiques. Ces derniers ne doivent cependant pas être donnés en trop forte proportion, de peur d'augmenter la proportion de salpêtre dans le suc de la betterave.

La variété de betteraves qu'on cultive de préférence en France est celle produite par l'acclimatation de la betterave blanche de Silésie; elle présente elle-même deux variétés : celle à collet rose et celle à collet vert.

Cette dernière est la plus avantageuse : elle sort peu de terre; sa racine fusiforme et régulière possède une chair blanche et ferme qui se conserve bien. La proportion de sucre qu'elle renferme peut s'élever à 12 % et même à 16 % du poids du suc.

La betterave se sème soit à la main, soit au semoir, vers la fin de mars jusqu'au 20 avril, à raison de 18 à 20 kilogrammes de graines par hectare. Elle forme sa racine la première année et monte en graine l'année suivante. L'accroissement de la racine est surtout rapide sous l'influence des pluies de septembre.

Dès que les feuilles, d'ailleurs bien développées, commencent à se faner, il faut procéder à l'arrachage des betteraves. Cette opération s'effectue le plus convenablement au moyen d'une bêche longue et étroite, dont le fer est muni en haut d'un rebord permettant d'enfoncer l'outil à l'aide du pied. Les racines étant débarrassées des mottes de terre, on enlève les feuilles d'un coup de couteau, puis on met les betteraves en tas, qu'on protége contre le soleil et l'air en les recouvrant de feuilles, jusqu'à leur transport en fabrique. Si les betteraves doivent être conservées jusqu'à la fin de la campagne, on les met en silos. L'étêtage ou décolletage de la racine, c'est-à-dire l'enlèvement de sa partie supérieure et verte, qui ne contient que peu de sucre, mais par contre beaucoup de matières salines et de substances azotées altérables, doit se faire plutôt en fabrique que lors de l'arrachage et plutôt après qu'avant le lavage.

Après avoir exposé ces notions préliminaires, nous allons entrer dans la description des diverses opérations qui ont pour objet l'extraction et le raffinage du sucre de betterave.

Lavage de la betterave — Cette opération est indispensable, par la raison que les racines retiennent toujours plus ou moins de terre, souvent sablonneuse, dont la présence offrirait le double inconvénient d'entraîner l'usure rapide et la destruction des appareils mécaniques (râpes, lames, couteaux), et de souiller les résidus qui doivent servir à la nourriture du bétail.

L'appareil laveur peut être un tambour rotatoire à claire-voie, avec ou sans vis d'Archimède (celle-ci peut être remplacée par des palettes en fonte à angles arrondis). Il peut aussi présenter la disposition suivante :

Une grande caisse en tôle forte est divisée par une cloison transversale en deux compartiments inégaux, dont l'un, le plus grand, est le laveur proprement dit, et l'autre l'épierreur. Le laveur est muni d'un double fond percé de trous, et il est incliné vers l'autre compartiment. La caisse est traversée dans toute sa longueur par un arbre ou axe en fonte, reposant sur des coussinets et portant une roue dentée du côté de l'épierreur; cette roue s'engrène avec un pignon qui reçoit son mouvement à l'aide d'une poulie de transmission et d'une courroie sans fin et le communique à l'arbre. La portion de l'arbre qui se trouve dans le laveur est munie de bras en bois disposés en spirale, tandis que la partie correspondant à l'épierreur porte des bras en fonte, égaux en longueur et placés en croix.

Un tuyau muni de deux robinets, l'un à droite et l'autre à gauche, amène l'eau nécessaire pour le lavage des racines. Celles-ci sont jetées continuellement par deux ou trois ouvriers à l'extrémité droite du laveur, et sous l'influence du mouvement de rotation de l'arbre et de ses bras, les betteraves se meuvent dans l'eau en décrivant une spirale autour de l'axe, parce qu'il leur est impossible de s'échapper entre les bras de celui-ci et les parois de la caisse; elles sont ainsi finalement amenées vers le bord supérieur de l'épierreur, où elles tombent par leur propre poids. Dans cette partie de l'appareil, les betteraves sont saisies par les bras en fonte de l'arbre et projetées sur un plan incliné, tandis que les pierres, plus lourdes que les racines, roulent au fond de la caisse et en sont retirées de temps en temps.

La terre qui se détache des racines passe à travers les trous du double fond du laveur; elle ne peut plus, par conséquent, se mélanger avec celle qui se sépare des betteraves nouvellement jetées dans l'appareil, de telle sorte que l'eau conserve une propreté relative pendant un temps assez long; il est cependant nécessaire de la renouveler de temps à autre; pour cela, on ouvre une porte située au-dessous du double fond; l'eau chargée de terre s'écoule alors dans un canal et celui-ci la conduit dans de grands réservoirs (mares) au fond desquels la terre se dépose peu à peu. L'eau de l'épierreur est également évacuée par la porte dont il est muni et envoyée dans les mares. Cela fait, il suffit d'ouvrir les robinets dont il a été déjà question, pour que le laveur et l'épierreur se remplissent de nouveau. La betterave lavée est amenée sur une table circulaire horizontale munie d'un rebord et douée d'un mouvement de rotation. Des ouvrières installées autour de la table y saisissent les betteraves l'une après l'autre, et, au moyen d'un couteau bien aiguisé, quelquefois aussi au moyen d'un foret tournant mécaniquement, procèdent à l'étêtage, au décolletage et en général à l'enlèvement de toutes les parties altérées ou inutiles de la racine.

Un hectare fournit en moyenne 30,000 kilogrammes de betteraves ainsi lavées et décolletées.

Extraction du jus de betterave. — Le jus se trouve renfermé dans des cellules microscopiques (80,000 par centimètre cube), à parois de cellulose tellement minces, que leur poids constitue à peine 1 °/₀ du poids total de la racine; celle-ci contient donc près de 99 °/₀ de jus. D'après Payen, la composition moyenne de la betterave de Silésie est la suivante :

Eau	83,5
Sucre	10,5
Cellulose	0,8
Albumine	1,5
Autres substances organiques	3,0
Sels minéraux	0,7
	100,0

Une section perpendiculaire à l'axe présente des anneaux concentriques, dont le nombre correspond aux anneaux formés par les feuilles et dont la largeur est en rapport avec le développement de ses racines. Dans les bonnes betteraves, la largeur de ces anneaux ne dépasse pas $0^m,003$ à $0^m,006$; le poids des racines atteint rarement 1 kilogramme; la chair est plus compacte et plus blanche que celle des grosses racines, dont le feuillage est plus développé, les anneaux plus larges, les cellules plus grandes et le suc moins riche en sucre.

1,200 kilogrammes de bonnes betteraves peuvent fournir environ 100 kilogrammes de sucre.

L'extraction du jus peut se faire par trois méthodes, dont chacune est susceptible de plusieurs variantes.

(a) Procédé par râpage et expression de la pulpe. — Sa réussite dépend surtout de la perfection des moyens mécaniques et spécialement des systèmes de presses auxquels on a recours. L'eau n'y intervient que comme auxiliaire.

(b) Procédé par macération. — L'action des machines n'est que secondaire. L'eau est l'agent d'extraction principal, elle épuise la pulpe et en opère le lavage méthodique, soit à chaud, soit à froid.

(c) Procédé par diffusion. — La betterave n'est plus râpée, mais découpée en tranches très-minces. Le jus est extrait des cellules non déchirées par de l'eau, grâce à une l'application rationnelle des phénomènes d'endosmose et d'exosmose. Les matières albumineuses et non cristallines se diffusent moins facilement à travers les parois des cellules que les substances cristallines, soit sucre, soit sels.

En combinant l'un de ces procédés avec un autre, on obtient les méthodes mixtes, qui, dans bien des cas, peuvent présenter des avantages pratiques.

Dans ce qui suit, l'on exposera le mode d'opération tel qu'il est pratiqué dans les usines modernes et tel qu'il a été décrit très-récemment par M. L. Gautier dans un excellent travail sur la fabrication du sucre de betteraves, publié dans le *Mellois*, journal de la ville de Melle, département des Deux-Sèvres.

Procédé par rapage de la betterave et expression de la pulpe. — La râpe à betteraves (fig. 657), établie sur un bâtis en fonte, se compose d'un tambour en cylindre A, maintenu entre des disques en fonte), et dont la périphérie est armée de lames en fer ou en acier, dentées en scies; ces lames sont maintenues par des tasseaux en bois. Intercalés entre elles, de manière à ne laisser dépasser que les dents.

Cette disposition facilite beaucoup la réparation et l'échange des lames.

Le tambour est traversé par un axe portant à chacune de ses extrémités une poulie de commande, afin d'obtenir un mouvement à la fois très-rapide et cependant aussi régulier que possible.

Les betteraves, amenées par un plan incliné C, tombent dans une sorte d'entonnoir D et de là sont pressées contre les dents de la râpe, au moyen de deux poussoirs mécaniques B et B' fonctionnant alternativement. Le mouvement de ces poussoirs est commandé par le levier coudé E, portant un contre-poids en F, qui le ramène avec le poussoir brusquement en arrière, tandis que l'excentrique O le meut lentement en avant.

Fig. 637. — Râpe à betteraves.

Le tambour est entouré d'un manteau (non représenté dans la figure) qui empêche la projection de la pulpe et qui porte à sa partie supérieure un conduit T, par lequel on fait couler sur la râpe le jus très-étendu d'eau provenant de l'une des presses dont il sera question plus loin; l'addition de ce liquide a pour but de délayer la pulpe et de faciliter ainsi son mouvement dans les tuyaux qui la conduisent à la presse; en outre, le jus étant plus dilué s'écoule plus facilement pendant la pression, et le rendement en sucre est augmenté, parce que le liquide retenu dans la pulpe présente une concentration moins grande.

Le produit du râpage tombe entre les supports de l'appareil en G et de là dans un réservoir où, pour le rendre aussi homogène que possible, un ouvrier ou un agitateur mécanique le brasse continuellement; il est aspiré à l'aide d'une pompe à double corps et à pistons pleins agissant alternativement. Lorsque la pompe est en activité, la pulpe monte par les deux tuyaux d'aspiration qui débouchent dans le réservoir, un peu au-dessus de son fond; elle traverse les corps de pompe et vient s'accumuler dans un cylindre placé au-dessus de ces derniers et communiquant avec eux; de ce cylindre elle passe dans un tuyau qui s'élève vers un étage supérieur, où est établie la presse destinée à l'extraction du jus. Comme le cylindre où s'amasse la pulpe peut facilement s'engorger, il est pourvu d'un tuyau par lequel la pulpe en excès peut retourner dans le réservoir. Un autre tube de retour est également adapté au tuyau d'ascension, dans le voisinage de la presse; de même que le premier, il déverse dans le réservoir l'excès de pulpe qui se trouve dans le tuyau d'arrivée et empêche ainsi l'obstruction de celui-ci.

Anciennement l'extraction du jus de betteraves râpées s'effectuait exclusivement au moyen de la presse hydraulique. La pulpe était introduite dans des sacs, qu'on empilait entre les plateaux de la presse, en ayant soin de les séparer par des claies en osier ou en fer, afin de régulariser la pression; celle-ci, d'abord peu énergique, était amenée peu à peu jusqu'à 800 000 kilogrammes. Les presses hydrauliques occupent beaucoup de place; leur emploi n'est pas exempt de certaines difficultés et leur service exige un personnel assez nombreux.

Elles sont aujourd'hui remplacées, dans quelques usines, par des presses continues.

Le système employé consiste à effectuer la pression en deux temps, en quelque sorte, à l'aide de deux séries de rouleaux ou cylindres compresseurs, savoir : deux grands cylindres horizontaux tournant autour de leur axe; une série de cinq petits cylindres. Un tissu de laine grossier, formant toile sans fin, s'enroule autour de plusieurs rouleaux en bois (le tendeur et l'emmeneur) et entraîne la pulpe d'abord entre le cylindre supérieur et le cylindre inférieur.

Les deux grands cylindres, placés parallèlement entre eux, ne sont pas dans le même plan; ils sont superposés, mais non directement, de sorte que le rouleau inférieur se trouve un peu en avant du supérieur. Leurs extrémités reposent sur un bâti en fonte par l'intermédiaire de coussinets. Ils sont en fonte creuse et recouverts d'une couche de caoutchouc de 0m,01 d'épaisseur.

Au tuyau qui amène la pulpe vers la presse, est adapté, immédiatement au-dessus de celle-ci, un tube vertical communiquant avec une sorte d'entonnoir placé directement au-dessus du cylindre supérieur et du rouleau emmeneur; le fond de cet entonnoir est fermé par deux petits rouleaux tournant en sens inverse et auxquels on peut, à l'aide d'une clef à vis donner un écartement variable pour livrer passage à la pulpe ou en arrêter l'écoulement. On peut aussi, au moyen d'un dispositif particulier, supprimer en partie ou complétement l'arrivée de la pulpe dans l'entonnoir; l'excès de celle-ci ou sa totalité passe alors dans le tuyau de retour.

De l'entonnoir, la pulpe tombe sur la portion de la toile embrassant le rouleau emmeneur; celle-ci l'entraîne entre le cylindre supérieur et les petits cylindres, puis entre le cylindre supérieur et le cylindre inférieur, qui continuent avec une énergie beaucoup plus grande la pression commencée par les petits cylindres et le cylindre supérieur.

Le jus fourni par la pulpe filtre à travers la toile et tombe dans un bassin métallique, dont le fond est incliné vers le rouleau de retour; ce bassin est placé immédiatement au-dessous des cylindres compresseurs, entre ceux-ci et la partie inférieure de la toile; le jus se rend dans la partie basse du bassin et s'écoule par un tuyau dans un réservoir établi à l'étage inférieur.

La toile continuant sa marche, la pulpe pressée se dégage des cylindres sous forme de plaques de

$0^{m},002$ à $0^{m},003$ d'épaisseur, dont une partie se sépare d'elle-même de la toile, au moment où celle-ci vient embrasser le rouleau de retour; la portion restée adhérente est détachée par l'action d'un batteur mécanique, et la toile arrive au tendeur complétement dépouillée de pulpe.

La pulpe en quittant la toile tombe dans un vaste entonnoir fixé au plafond de l'étage inférieur, où se trouve une seconde presse destinée à opérer une deuxième pression. Cette presse est exactement semblable à la première, elle fonctionne de la même manière, mais l'entonnoir qui distribue la pulpe sur le cylindre supérieur est muni d'un appareil à déchiqueter et diviser les plaques de pulpe, et en même temps d'un petit tuyau par lequel on fait arriver de l'eau, qui vient se mélanger avec la pulpe, avant la chute de celle-ci sur la presse.

Le jus résultant de cette seconde pression est par conséquent très-dilué et peu riche en sucre; il se rend dans un réservoir particulier, d'où il est conduit à la râpe par un tuyau.

La pulpe complétement épuisée par ces deux pressions successives, est reçue, au sortir de la seconde presse, dans un grand entonnoir établi au-dessous de celle-ci; cet entonnoir la conduit dans une caisse, d'où elle est enlevée au moyen d'une chaîne-godets et montée sur un plan incliné; celui-ci la déverse dans un magasin, où elle est recueillie et mise en tas par des ouvriers.

Telle est, dans ce qu'elle a d'essentiel, la disposition des presses continues, dont le fonctionnement est simple et rapide.

Le mouvement de rotation est transmis aux cylindres, aux rouleaux et au batteur au moyen de roues dentées, de poulies et de courroies sans fin.

Reprenons maintenant le jus de la première presse et suivons-le dans sa marche vers les appareils où il doit être traité par la chaux et l'acide carbonique.

Du réservoir, le jus s'écoule par un tuyau dans trois grands bacs établis à l'étage inférieur. Là il est mêlé avec une certaine quantité de lait de chaux. Le jus est ensuite aspiré par une pompe et refoulé dans un appareil (le *réchauffeur de jus*) où sa température est élevée à environ 45°.

Ce réchauffeur consiste en un cylindre vertical en fonte adapté sur un autre cylindre plus petit et de même métal. La capacité formée par ces deux cylindres est partagée, au moyen de deux plaques métalliques horizontales, en trois compartiments; dans l'intervalle limité par les plaques se trouvent des tubes verticaux établissant une communication entre le compartiment inférieur et le compartiment supérieur. Au-dessous de la plaque inférieure débouche un tuyau amenant la vapeur perdue d'un appareil à évaporer; celle-ci circule autour des tubes, les chauffe et s'échappe par un autre tuyau adapté immédiatement au-dessus de la plaque inférieure.

Le jus refoulé par la pompe pénètre par la partie inférieure du réchauffeur, traverse les tubes pour se rendre dans le compartiment supérieur, et arrive finalement, après s'être réchauffé, dans un tuyau qui le conduit vers les chaudières à carbonater.

Procédés de macération. — Les presses étant des appareils coûteux dont le maniement exige beaucoup de main-d'œuvre, on a de tout temps cherché à en restreindre l'emploi autant que possible. Déjà Matthieu de Dombasle avait proposé d'épuiser par l'eau bouillante les betteraves découpées en rondelles minces; il avait substitué à la râpe des appareils à couteaux, qui exigent bien moins de force et s'usent moins rapidement. Cette macération ou lévigation était faite méthodiquement, de manière à épuiser complétement les rondelles ou cossettes, et pourtant à ne recueillir que des jus concentrés.

Martin avait conçu un mécanisme ingénieux, consistant en un large tuyau cylindrique recourbé en fer à cheval, dans lequel se mouvait dans une direction une chaîne sans fin, portant des plateaux chargés de cossettes, tandis que de l'eau bouillante entrait à l'autre extrémité du tube, le parcourait lentement en sens opposé de la chaîne et s'écoulait à l'état de jus concentré. Mais sous l'influence de l'eau bouillante une partie notable de pectose insoluble dans l'eau se transforme en pectine soluble, qui, restant dans le jus sucré, devient un grand obstacle à la cristallisation du sucre. Aussi Dombasle proposa-t-il, en 1840, d'opérer la macération avec de l'eau chauffée seulement à 81°-84°, température suffisante pour désorganiser les cellules (ce qui facilite et accélère le déplacement du jus) et cependant pas assez élevée pour transformer une quantité notable de pectose en pectine.

C'est d'après ce système que fut construit l'appareil de Robert en Moravie. La betterave y est découpée en prismes rectangulaires de la grosseur du doigt et de longueur variable. On les introduit dans la batterie de macération, formée de 6 à 20 cylindres en tôle, disposés verticalement, en gradins, fermés à leur extrémité par des fonds bombés, sur l'un desquels est ménagé le trou d'homme d'introduction; au fond de chaque cylindre est un serpentin à spirale en cuivre pour le chauffage à la vapeur; au-dessus est un double fond en grillage métallique sur lequel reposent les cossettes; sur le côté, immédiatement au-dessus du grillage, est l'ouverture de vidange.

Les cylindres sont réunis entre eux par des tuyaux qui amènent le jus du bas de chacun d'eux à la partie supérieure du cylindre suivant. En outre, chacun d'eux est encore muni d'un cabinet à air, d'un tuyau d'arrivée d'eau en haut et d'un robinet de vidange en bas.

Le fonctionnement de l'appareil est le suivant. Les vases étant remplis de cossettes par le trou d'homme supérieur et refermés, l'eau arrive dans le premier cylindre; le jus encore faible ainsi produit se rassemble au fond, remonte par le tuyau de jonction et se déverse sur les cossettes du deuxième cylindre, s'y renforce, se déverse sur les cossettes du troisième cylindre, et ainsi de suite jusqu'à ce que le jus atteigne une concentration à peu près égale à celle du jus naturel. A ce moment, on laisse écouler le jus concentré du dernier cylindre dans la chaudière à déféquer et on prolonge l'écoulement tant que le jus est encore assez dense; en attendant, les cossettes du premier cylindre ont été complétement épuisées par le courant continu d'eau. On laisse égoutter, on retire les cossettes épuisées, on nettoie le vase et on le badigeonne à l'intérieur avec un lait de chaux faible, puis on le remplit de cossettes fraîches et on en fait maintenant le dernier cylindre de la série, tandis que le deuxième devient le premier et reçoit le courant d'eau pure. Pendant toute la durée de l'opération, la température dans les cylindres doit être maintenue à 85°. Par ce système de lévigation méthodique et continue, le jus des cossettes est éliminé et remplacé par de l'eau pure. Il faut éviter une circulation trop rapide par suite d'une trop forte charge. Une pression due à une colonne d'eau de 2 mètres est tout à fait suffisante.

Les résidus épuisés étant très-aqueux sont égouttés sur un sol poreux ou bien soumis à l'action d'une presse convenable. Étant cuits, ils sont digérés facilement par le bétail.

Procédé Schützenbach. — Schützenbach avait proposé, il y a un certain nombre d'années, de dessécher les cossettes, ce qui permet de les conserver presque indéfiniment et de les traiter non pas seulement pendant quelques mois, mais toute l'année. L'épuisement des cossettes desséchées par la macération méthodique se fait alors très-aisément.

A côté de quelques avantages, ce procédé présente tant d'inconvénients, qu'il a été complétement abandonné.

Épuisement de la pulpe par macération. — Au lieu d'opérer sur des cossettes, on peut aussi appliquer les procédés de macération à la pulpe de betterave, en remplaçant l'eau chaude par de l'eau froide.

Le lévigateur de Pelletan consistait en une auge inclinée de 15° et divisée par des diaphragmes en 24 compartiments. L'eau entrant par le haut se déversait d'un compartiment dans l'autre. Dans l'auge était fixée une vis d'Archimède, composée de 24 éléments, dont chacun correspondait à un compartiment. La pulpe était déversée au bas de l'appareil et était élevée par suite de la rotation de la vis, successivement d'un compartiment inférieur dans le compartiment supérieur, rencontrant une eau de moins en moins chargée et finalement de l'eau pure.

Cet appareil fut perfectionné par Schützenbach, qui lui donna la forme d'un appareil à gradins, semblable à la batterie de macération de Robert déjà décrite. Seulement les cylindres sont plus larges et moins hauts et renferment chacun, entre les tuyaux de communication, les robinets, double-fond, etc., un agitateur mécanique, pouvant être embrayé ou débrayé à volonté. Les cylindres ou cuves sont également disposés en gradins, pour obtenir l'écoulement naturel du liquide, mais au sortir de la dernière cuve (c'est-à-dire de la plus basse) le jus est amené dans un réservoir, d'où une pompe le remonte dans le cylindre placé le plus haut dans la série. La pompe forme ainsi le trait d'union entre les deux extrémités de la batterie et assure au jus une circulation continue, permettant le lessivage méthodique.

Chaque cuve à remplir reçoit d'abord un peu de jus, puis le volume voulu de pulpe (415-456 kilogrammes). Pendant qu'on verse la pulpe, l'agitateur doit être maintenu en mouvement, à raison de 20 à 24 tours à la minute, pour empêcher que la pulpe, plus dense que le jus, ne se précipite au fond et n'engorge les ouvertures du double fond.

Plus tard, lorsque le jus a été en partie délavé, on peut suspendre l'action de l'agitateur. Le jus le plus concentré entraîne toujours une assez forte proportion de pulpe; c'est pourquoi, au sortir de la batterie et avant de l'envoyer à la défécation, on le fait passer par une cuve vide dont les grillages servent de filtre et retiennent une notable partie des matières ligneuses.

On produit environ 120 à 130 kilogrammes de jus pour 100 kilogrammes de betteraves, et ce jus marque 10 °/₀ à 11 °/₀ au saccharimètre aréométrique. Le lessivage doit être opéré dans 30 à 35 minutes; de 4 en 4 minutes a lieu un nouveau remplissage de cuve et la batterie consiste en 12 cuves, dont 9 en activité, 1 servant de filtre au jus, 1 restant en vidange et 1 servant au nettoyage.

Cet appareil Schützenbach n'a pas eu grand succès en France.

Le lessivage méthodique a également été appliqué aux gâteaux de pulpe, constituant le résidu d'une première pression, soit par presses hydrauliques, soit par presses continues.

Ces gateaux sont d'abord divisés par une espèce de râpe, rappelant par sa disposition le loup employé dans les filatures de laine.

La nouvelle pulpe ainsi produite est maintenant lessivée. Pour effectuer cette opération, Walkhoff a proposé un appareil à bascule, auquel il a donné le nom de *presse pétrante*. L'eau y arrive sous pression et est obligée de traverser la pulpe retenue entre deux doubles fonds. On peut rendre cette extraction méthodique pour obtenir des jus plus concentrés; mais il importe que l'opération puisse se faire rapidement, pour éviter l'altération des jus ainsi extraits.

Procédé de diffusion. — D'après la *méthode dite de diffusion* (qui, à vrai dire, n'est qu'une modification des méthodes de macération et met en œuvre des appareils très-semblables à ceux qui sont depuis longtemps connus) le jus est obtenu de la manière suivante:

Les betteraves sont découpées par une machine à couteaux, disposés horizontalement, en tranches très-minces ou lanières. Ainsi divisées, elles sont conduites aux vases de macération ou diffuseurs.

Ce sont des cylindres à trou d'homme supérieur pour l'introduction des cossettes fraîches et à clapet articulé vers le bas pour l'extraction des cossettes épuisées. Dans l'intérieur du cylindre est un cône percé de trous, qui empêche l'obstruction des tuyaux par les cossettes.

Ces tuyaux mettent les appareils en communication avec les chaudières à réchauffer et permettent la circulation dans les divers cylindres de la batterie. Une prise de vapeur avec robinet permet d'envoyer partout la vapeur; enfin un tuyau spécial amène l'eau nécessaire au travail, pendant que les jus enrichis se rendent aux chaudières de défécation.

Chacun des diffuseurs peut recevoir 2,500 kilogrammes de cossettes, présentant un volume de 3 mètres cubes 1/2.

Ce qui caractérise l'appareil à diffusion, c'est que l'eau arrive froide à l'extrémité supérieure de la série; la lixiviation s'y fait donc à froid, mais sur des cossettes flétries et chauffées à 80°-92°. En effet le dernier diffuseur, dans lequel on introduit des cossettes fraîches, ne reçoit pas le liquide tel qu'il sort de l'avant-dernier cylindre; mais ce liquide ou jus déjà concentré est préalablement monté dans les chaudières à réchauffer et porté à la température de 87° à 97°. On fait alors arriver dans le dernier diffuseur à la fois le jus ainsi chauffé et les cossettes, en proportion convenable, et l'on mélange le tout très-intimement. On doit faire couler assez de jus pour remplir le cylindre complétement; cela fait, on ferme le trou d'homme et l'on établit les communications. Après un repos de 5 minutes environ, on fait arriver, sous pression, sur le dernier cylindre ou diffuseur, qui contient la pulpe à peu près épuisée, de l'eau venant d'un réservoir supérieur.

Ce cylindre communiquant avec les sept autres, qui constituent la batterie, la pression s'établit dans tous les appareils; le jus est partout déplacé, et du septième cylindre rempli de cossettes fraîches il s'écoule encore chaud et est conduit directement à la chaudière de défécation. Ordinairement chaque diffuseur contient de quoi alimenter deux chaudières.

D'après ce qui précède, on doit comprendre que le septième diffuseur, d'où le liquide chaud vient de s'écouler, doit être remplacé par un cylindre à cossettes fraîches et que dès lors il devient sixième, le premier de la série qui renfermait la pulpe épuisée ayant été vidé et rempli de cossettes fraîches. Dans le sixième, les cossettes encore très-chaudes échauffent le jus qui lui vient du cinquième cylindre, etc. Il s'ensuit que l'extraction se fera à une température d'environ 50° dans ce sixième diffuseur, de 30° dans le cinquième et à la température ordinaire dans les diffuseurs 1 à 4. Cette disposition présente un double avantage. En premier lieu on opère le lessivage méthodique sur des cossettes flétries et par conséquent bien plus perméables, les matières albumineuses étant coagulées. En second lieu, on opère à froid, du moins pour la majeure partie du parcours et du temps employé à l'extraction. Dans ces conditions, l'altération du jus et son acidification, ainsi que la transformation de la pectose en pectine soluble sont moins à craindre.

Schœttler, à Brunswick, a construit des presses qui permettent de débarrasser même de grandes quantités de cossettes ainsi lessivées, d'une partie considérable de l'eau qui les imprègne, de telle sorte que la proportion du résidu descend de 80 % à 30 % (sur 100 de betteraves). Ces résidus se conservent tout aussi bien que les résidus ordinaires et peuvent servir comme eux et avec tout autant de succès à la nourriture du bétail.

Le procédé de diffusion (dit de Robert) qu'on vient de décrire a été accueilli avec beaucoup de faveur en Allemagne et en Autriche, mais n'a pas eu le même succès en France.

L'on a proposé à plusieurs reprises, pour séparer le jus de la pulpe, de remplacer les presses par les hydro-extracteurs à force centrifuge ou turbines, dont il sera question plus loin. Mais la séparation est loin d'être aussi parfaite que par les méthodes décrites, et elle donne naissance à une très-grande quantité de mousse. On se débarrasse cependant assez facilement de cette dernière en la remettant dans la turbine à la fin d'une opération; elle se liquéfie très-rapidement en traversant la pulpe déjà en partie épuisée.

Pour extraire plus complétement le jus sucré, on injecte dans la turbine une certaine quantité d'eau qui arrive sur la pulpe en filets ou nappes très-minces, et, déplaçant le jus plus dense, en facilite l'élimination et s'y substitue dans les résidus.

Au début, l'on ne commençait à ajouter l'eau que quand le jus était presque complétement turbiné. Aujourd'hui, on commence souvent une ou deux minutes après le chargement de la turbine (lorsque 40-48 % de jus ont été éliminés) à ajouter l'eau par fractions et de minute en minute.

Avec cette précaution et pour le même temps de rotation, on obtient un contact plus prolongé entre l'eau et la pulpe, et, par suite, un rendement meilleur.

On peut reprocher aux turbines d'être un appareil assez délicat à manier, de ne fournir que des jus notablement délayés lorsqu'on tient à extraire le liquide sucré assez complétement de la pulpe et de donner des résidus très-aqueux.

Emploi des résidus de betteraves. — La pulpe ou les cossettes épuisées se composent :

De l'épiderme ou de l'écorce des betteraves;

De cellulose, formant les parois des cellules;

De pectose;

D'albumine ou autres matières azotées;

D'un peu de sucre;

De matières organiques diverses;

De phosphates, silicates et autres substances minérales;

De beaucoup d'eau, 60 à 80 %.

Le résidu constitue un excellent aliment pour le bétail; en effet, la somme des principes nutritifs y est sensiblement la même que dans la betterave entière. La cellulose très-tendre et la pectose sont facilement transformées en produits solubles et assimilables sous l'influence des sucs digestifs. La pulpe épuisée étant très-aqueuse, il convient de la mélanger avec des fourrages secs.

A 200 kilogrammes de pulpe on mêle ordinairement un volume triple de menues pailles, de balles de céréales, de tourteaux, de paille hachée, etc., représentant environ 10 % en poids du mélange.

On accumule le tout dans une grande cuve en bois ou dans une stalle en briques. La fermentation s'y établit promptement, les fourrages divisés acquièrent de la souplesse et dégagent une odeur acide et légèrement alcoolique. Au bout de 36 ou 40 heures, le mélange peut être distribué aux animaux.

La conservation de la pulpe ne présente aucune difficulté, car cette matière ne perd rien de sa valeur et s'améliore même en vieillissant. Le plus ordinairement, on se contente de l'entasser en la pressant fortement dans de grandes fosses creusées en plein air; la portion de pulpe qui dépasse le niveau du sol est disposée en talus et recouverte de terre. Ce mode de conservation, extrêmement simple et économique, offre cependant un inconvénient : les couches supérieures sont exposées à pourrir et ne peuvent plus être données au bétail. Aussi est-il préférable de se servir de silos en maçonnerie, abrités de la pluie par une toiture. Au bout de quelque temps, la pulpe ainsi abandonnée à elle-même entre en fermentation et acquiert une odeur caractéristique. Le bétail est très-avide de cette nourriture acidulée et la préfère même à la pulpe fraîche, dont la digestion paraît être moins facile.

Au lieu d'effectuer le mélange de la pulpe avec les fourrages secs par petites quantités, au fur et à mesure des besoins, il serait plus avantageux, suivant Walkhoff, de mêler immédiatement la paille hachée, les balles, etc., à la pulpe, au moment où on dispose celle-ci dans les silos. Le mélange est alors plus complet, le fourrage s'imprègne mieux des liquides acides, il est plus recherché du bétail.

DÉFÉCATION DU JUS SUCRÉ. — Le jus obtenu par l'un ou l'autre des procédés décrits est un liquide un peu trouble, d'abord peu coloré, mais qui ne tarde pas à prendre à l'air une teinte jaune-brun de plus en plus foncée, finalement presque noire. Le trouble augmente de plus en plus et des flocons noirs finissent par se déposer dans la liqueur.

Outre le sucre, le jus renferme encore tous les matériaux solubles de la betterave, savoir : des substances azotées, des sels à acides minéraux et organiques, des matières colorables, de la bétaïne, etc.

Sous l'influence de l'oxygène de l'air, il se développe dans le jus des ferments qui déterminent une prompte altération du sucre cristallisable.

Ce dernier se convertit en sucre incristallisable. La fermentation lactique ne tarde pas à se déclarer; enfin il peut se produire encore la fermentation glaireuse ou muqueuse, par laquelle le jus fluide est converti en un liquide visqueux et filant.

Toutes ces réactions ont pour effet final de diminuer de plus en plus la proportion de sucre cristallisable et de rendre plus difficile la séparation du produit inaltéré.

L'altération du jus commence à partir du moment où il est extrait des cellules de la betterave. Elle se produit même au bout d'un certain temps dans les cellules; c'est pourquoi les betteraves longtemps conservées produisent moins de sucre et plus de mélasse que les betteraves fraîches. Il importe donc de traiter le jus le plus promptement possible, de manière à en éliminer la majeure partie des principes qui sont la cause de son altération et à lui donner une certaine stabilité.

C'est là le but de la *défécation*, et l'agent employé à cet effet est la *chaux* ou plutôt *l'hydrate calcique*.

La défécation peut être pratiquée de différentes manières. Ou bien l'on ne fait usage que de la quantité de chaux hydratée suffisante, à un léger excès près, pour l'élimination des matières étrangères, sans qu'il puisse se former une quantité notable de sucrate de chaux. C'est la *défécation simple*, qui s'opère à chaud, même à l'ébullition.

Ou bien l'on emploie un excès de chaux, qui

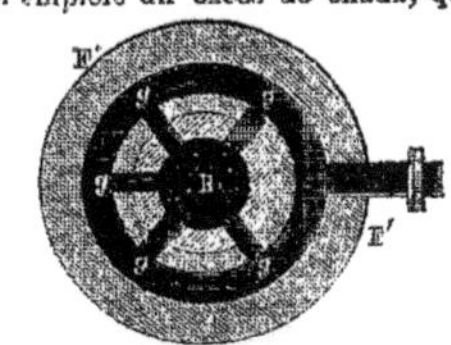

Coupe par AB

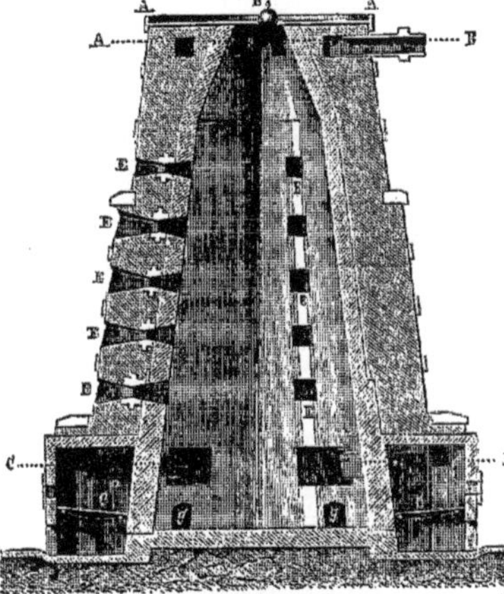

Coupe par CD

Fig. 658, 659 et 660. — Four à chaux continu.

élimine plus complétement les matières étrangères, mais transforme le sucre en sucrate de chaux soluble. Le jus ainsi déféqué est débarrassé de son excès de chaux au moyen d'un courant de gaz carbonique (*saturation* ou *carbonatation simple du jus*) qui décompose également le sucrate de chaux. C'est le procédé Kuhlmann ou Rousseau, d'après lequel on opère pareillement à chaud vers 90-92°, mais non à l'ébullition.

Enfin le jus peut être soumis en même temps à l'action de la chaux et de l'acide carbonique, en répétant l'addition de chaux.

C'est le procédé de *saturation et carbonatation double*, qu'on nomme en France procédé Périer et Possoz, en Allemagne procédé Frey et Jellinck, et suivant lequel on opère à une température de 60-70°.

Lorsqu'on a affaire à un jus déjà un peu altéré, qui peut contenir plus ou moins de glucose et qu'on emploie un excès de chaux, on comprend qu'il est avantageux de pouvoir opérer à une température relativement peu élevée, puisque la glucose est vivement attaquée à l'ébullition et altérée par les alcalis et les terres alcalines, avec production de composés très-fortement colorés.

La défécation par le procédé de double carbonatation étant maintenant introduit dans un grand nombre de fabriques et paraissant donner les meilleurs résultats, nous le décrirons seul à l'exclusion des autres.

Défécation par saturation et carbonatation double. — 1° *Préparation de la chaux et du gaz carbonique.* — Ce procédé exigeant beaucoup de chaux et d'acide carbonique, il est devenu indispensable de construire des appareils pouvant les fournir simultanément et à bon marché.

Les figures 658, 659 et 660 représentent un de ces appareils. C'est un four à chaux continu, muni à la partie inférieure de plusieurs foyers extérieurs C, dont la flamme débouche dans l'intérieur par des canaux et ouvertures D. Par les ouvertures *g* on extrait temps en temps la chaux vive. Le haut du four est rétréci et fermé par un couvercle A A, portant un orifice circulaire B, qui est bouché par un obturateur, excepté au moment où l'on y introduit une nouvelle charge de calcaire et de coke.

Au-dessous du couvercle (fig. 658) se trouve dans la maçonnerie un canal circulaire dans lequel se rassemblent les gaz du four pour s'échapper par un gros tuyau latéral en fer.

Dans la maçonnerie du four sont ménagées des ouvertures E, E, E, ..., fermées par des bouchons en fonte; elles servent à surveiller la marche du four, à introduire l'air nécessaire pour transformer l'oxyde de carbone en acide carbonique et à laisser passer des barres de fer avec lesquelles on fait descendre le calcaire, après avoir retiré une certaine quantité de chaux vive.

Au commencement on ne charge le four qu'avec du calcaire, de la grosseur d'un décimètre cube environ ; on allume un bon feu de coke sur les grilles C et l'on ferme toutes les autres ouvertures. Bientôt la température s'élève au point où le calcaire se transforme en chaux vive en perdant son acide carbonique; celui-ci se mêle à l'acide carbonique produit par la combustion du coke, et il en résulte un mélange gazeux, qui, lorsqu'on opère dans de très-bonnes conditions, peut contenir jusqu'à 35 °/₀ d'acide carbonique en volume.

La moyenne doit osciller entre 25 à 30 °/₀ et ne doit jamais descendre au-dessous de 25 °/₀ si l'on veut obtenir une bonne carbonatation.

Lorsque le four est en pleine activité et que l'on a commencé à extraire de la chaux vive, on alimente le four en ajoutant à des intervalles d'une heure, par B, une certaine quantité d'un mélange de calcaire et de coke, après avoir enlevé momentanément l'obturateur du couvercle AA.

Comme la chaux obtenue doit servir à la défécation, il est très-important de ne faire usage que du calcaire le plus pur possible. Le coke doit aussi être un excellent coke, lavé et exempt de sulfures.

Le tirage énergique du four est produit par une puissante pompe aspirante et foulante qui aspire les gaz du four et les refoule dans les chaudières à déféquer.

Gaz du four. — Mais avant d'arriver à la pompe, il est nécessaire que les gaz du four traversent un *laveur*, qui les épure et les refroidit en même temps.

Ce laveur (fig. 661) consiste en un cylindre en fonte partagé en quatre compartiments, A,N, M,L, au moyen de trois cloisons, *bc*, *ed*, *fg*, criblées de petites ouvertures et reliées entre elles par des trop pleins. Un tube amène de l'eau fraîche dans le compartiment supérieur A, de là l'eau descend par le trop-plein dans le compartiment inférieur N, de là en M, puis en L, d'où elle s'écoule au dehors par le tube recourbé H*f*, de manière à maintenir longtemps sur le fond du laveur une assez forte couche d'eau.

Les gaz du four (consistant principalement en azote et acide carbonique) arrivent par le tuyau K, qui pénètre dans le compartiment inférieur L, et s'en échappent par les petits trous dont il est criblé sur toute sa longueur. Ils se répandent dans ce compartiment, traversent les trous de la cloison *fg*, et par conséquent aussi l'eau qui recouvre cette cloison, montent dans le compartiment M, traversent *ed*, se répandent en N, traversent *bc* et arrivent finalement refroidis et épuisés en A, d'où le tuyau O P les amène à la pompe aspirante et foulante.

La chaux que l'on retire du four est d'abord débarrassée des particules de charbon qui peuvent y être mélangées; elle est ensuite apportée dans un local particulier pour y être transformée en lait.

La préparation du *lait de chaux* s'effectue dans de grands bacs circulaires ou *malaxeurs*, au centre desquels se meut un agitateur consistant en un axe vertical muni de bras horizontaux; l'axe reçoit son mouvement d'une machine à vapeur, par l'intermédiaire de poulies, de courroies et d'engrenages.

On commence par mesurer ou peser une quantité de chaux suffisante pour obtenir un lait contenant, en moyenne, 20 kilogrammes de chaux par hectolitre; mais, à cause des pierres et des autres impuretés que la chaux renferme ordinairement, même lorsqu'elle est de bonne qualité, il faut toujours en prendre une proportion un peu plus grande, pour avoir un lait de la richesse indiquée. Cela fait, on introduit la chaux dans l'un des malaxeurs avec une quantité d'eau exactement suffisante pour obtenir une bouillie épaisse, et l'on met l'agitateur en mouvement. Une fois la chaux éteinte, on achève de la délayer avec de l'eau ou du jus limpide, ayant déjà subi la première carbonatation; en employant ce dernier liquide on évite d'introduire beaucoup d'eau dans les jus. Le lait de chaux ainsi obtenu est reçu au sortir des malaxeurs dans une rigole terminée à une de ses extrémités par un tamis en toile métallique; en traversant ce tamis, le liquide se débarrasse des particules solides trop volumineuses qu'il pouvait contenir, et se rassemble dans une citerne en communication avec un monte-jus, au moyen duquel il est ensuite envoyé dans les réservoirs établis au dessus des chaudières à carbonater.

2° *Carbonatations.* — Indiquons maintenant comment se pratique la défécation par double carbonatation (procédé Périer et Possoz).

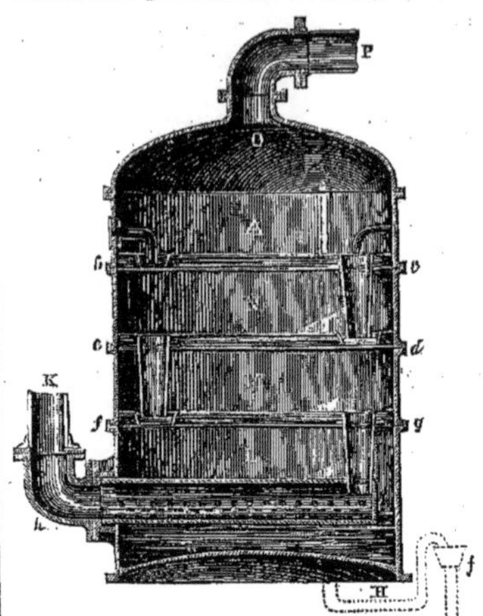

Fig. 661. — Laveur.

Comme l'indique son nom, ce procédé comprend deux carbonatations successives, savoir : la *première carbonatation* ou *carbonatation trouble*, qui s'effectue par une addition de lait de chaux au jus brut; la *deuxième carbonatation*, qui consiste à traiter le jus limpide de l'opération précédente par un lait de chaux, en quantité moindre.

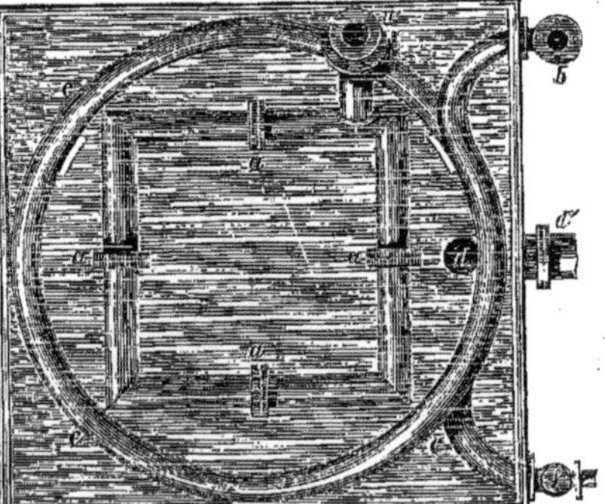

Fig. 662. — Chaudière de carbonatation (plan).

Les chaudières de première carbonatation sont au nombre de trois et présentent les dispositions suivantes (fig. 662 et 663). Ce sont de grandes caisses carrées V en tôle forte, d'une capacité totale de 45 hectolitres, à fond un peu incliné pour faciliter la vidange et le nettoyage.

Elles sont couvertes, pour éviter les projections, d'une espèce de toit en tôle mince, présentant en avant une ouverture par laquelle on peut observer la marche de l'opération. Le toit est en outre surmonté d'une cheminée en bois par laquelle s'échappent les gaz et vapeurs. Sur le fond de la chaudière est disposé en forme de carré le tuyau horizontal *a a a a*, percé latéralement d'une foule de petites ouvertures : le gaz carbonique refoulé par la pompe aspirante et soufflante y arrive par le tube vertical à robinet *u'*, se dégage par les ouvertures en petits filets gazeux, qui traversent le liquide dans tous les sens. Autour de ce tuyau carré se trouve un serpentin réchauffeur, *c c c*, à trois circonvolutions superposées, dans lesquelles circule la vapeur arrivant par *b* et se dégageant par *f* (fig. 663).

La chaudière se vide par le trou *d*, pratiqué dans le fond à l'endroit le plus déclive et communiquant avec le tuyau extérieur *d*. Ce trou est fermé par une bonde munie d'une tige verticale *d e*.

Le jus de betterave impur, froid ou déjà réchauffé, et contenant généralement déjà une certaine quantité de chaux hydratée qu'on y avait ajoutée en vue de sa conservation et surtout pour en prévenir l'acidification, est amené dans la chaudière par un tuyau à robinet, que l'on ferme dès que le niveau du liquide a atteint une certaine hauteur.

A ce moment l'on ouvre le robinet du tuyau communiquant avec le réservoir à lait de chaux et on laisse écouler ce dernier. Les proportions de chaux que l'on doit employer dans la première carbonatation sont en raison de la quantité et de la nature des impuretés renfermées dans le jus ; elles varient entre 2, 5 et 3 %. Le lait de chaux étant préparé avec une richesse en chaux parfaitement déterminée, il est d'ailleurs facile, en mesurant le liquide, d'arriver à effectuer le mélange de jus et de chaux suivant les proportions voulues.

Lorsque la chaudière est chargée, on chauffe le jus chaulé en faisant arriver de la vapeur dans le serpentin, et l'on introduit aussitôt dans le liquide l'acide carbonique, qui le traverse en s'échappant par les nombreux trous du tuyau carré *a a a a*. Les bulles de gaz commencent alors à soulever la masse liquide et à produire une mousse volumineuse, que l'on s'efforce de détruire en la brisant avec une spatule en bois et en l'arrosant de temps en temps avec quelques cuillerées de graisse fondue. Tout en carbonatant ainsi, on continue de chauffer jusqu'à 60° ou 70° ; on cesse alors l'introduction de la vapeur dans le serpentin, mais on laisse l'acide carbonique se dégager jusqu'au moment où un échantillon du liquide versé dans un verre laisse précipiter rapidement les corps solides qu'il tient en suspension, ou mieux encore jusqu'à ce que le liquide ne contienne plus que 1 à 2 millièmes de chaux libre.

Pour reconnaître si l'on est arrivé à ce point, qui est le plus important de cette phase du travail, on prend dans la chaudière 1 centilitre de jus éclairci et on y ajoute, suivant la proportion de chaux libre que l'on doit laisser dans le jus, 1, 2 ou 3 centilitres d'une dissolution contenant une quantité déterminée de protochlorure de fer (liqueur d'épreuve n° 1 de MM. Périer et Possoz) ; à l'aide d'une baguette de verre, on dépose sur un morceau de papier blanc collé une goutte de ce mélange, préalablement filtré, puis une autre goutte de liqueur ferrométrique (solution très-étendue de prussiate rouge de potasse). On mélange les deux gouttes. S'il se produit une coloration *verte*, on supprime l'arrivée de l'acide carbonique. On fait alors bouillir le jus pendant quelques minutes, et l'on ferme le robinet à vapeur.

Cette épreuve repose sur la réaction du chlorure ferreux sur le prussiate rouge, réaction qui donne naissance à du bleu de Prusse (bleu de Turnbull). Mais ce bleu ne se produit pas lorsque le prussiate rouge se trouve en présence d'hydrate ferreux.

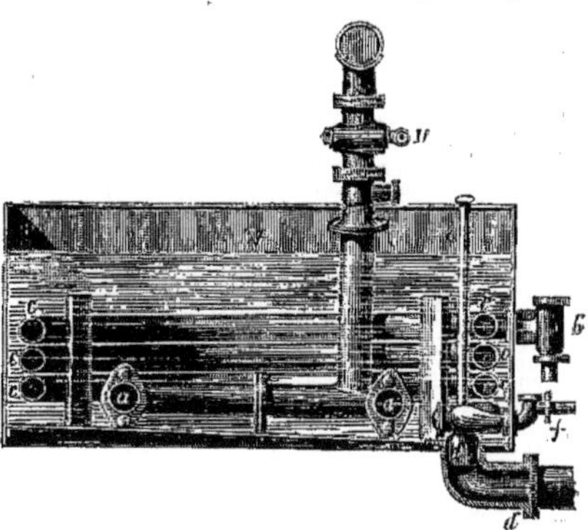

Fig. 663. — Chaudière de carbonatation (coupe.)

Le chlorure ferreux étant décomposé par l'hydrate de chaux en chlorure de calcium et en hydrate ferreux,

$$FeCl^2 + CaH^2O^2 = CaCl^2 + FeH^2O^2,$$

on comprend qu'il faudra ajouter d'autant plus de chlorure ferreux qu'il y aura plus de chaux hydratée dans le liquide sucré, pour qu'on puisse retrouver dans le liquide filtré du chlorure ferreux non décomposé, capable de produire la réaction bleue avec le prussiate rouge.

Le liquide résultant de ce traitement donne promptement un dépôt grenu dans lequel se trouve la majeure partie des matières étrangères, mélangée avec le carbonate de chaux produit.

Dès que la première carbonatation est achevée, on enlève la bonde qui bouche l'orifice du fond de la chaudière et l'on fait écouler tout le liquide trouble dans un bac à décanter, offrant la même capacité que la chaudière et placé au-dessous d'elle.

A chaque chaudière de première carbonatation correspond un tel bac à décanter muni de robinets par lesquels on fait écouler le jus clair. Après un repos de 10 ou 15 minutes, ce liquide est reçu dans une rigole en tôle, de laquelle il se rend, par un tuyau, dans un monte-jus qui l'envoie aux chaudières de deuxième carbonatation. Le dépôt et les écumes sont ensuite évacués par un large orifice ménagé en avant du fond du réservoir et bouché à l'aide d'une bonde semblable à celle des chaudières à carbonater ; la masse demi-liquide tombe dans une autre rigole placée à côté de la première, elle s'écoule de là dans un tuyau, arrive dans un autre monte-jus et celui-ci l'élève dans les filtres-presses, dont il sera bientôt question.

Les chaudières destinées à la *deuxième carbo-*

natation sont au nombre de deux et offrent des dispositions semblables à celles décrites précédemment.

Au sortir du monte-jus, le jus se rend dans les chaudières. Il conserve encore une température de 60° à 70° et est immédiatement mélangé avec une quantité de chaux variant entre 3 et 10 millièmes. Le robinet à acide carbonique est alors ouvert et le gaz injecté, jusqu'à ce que la chaux soit entièrement précipitée à l'état de carbonate. On constate qu'il en est ainsi en plongeant de temps en temps dans le liquide un morceau de papier de curcuma, dont la couleur jaune ne doit être brunie que faiblement, ou pas du tout, si l'on veut injecter, comme c'est le cas ordinaire, de l'acide carbonique en excès : on est alors certain que toute la chaux est bien précipitée. Mais le plus souvent on ne se borne pas aux indications fournies par le papier de curcuma, et l'on fait suivre cet essai d'une épreuve par le protochlorure de fer et le prussiate rouge de potasse. On procède alors de la manière suivante : on mélange 1 centilitre de jus avec 2 ou 3 centilitres de la liqueur d'épreuve n° 2 de MM. Périer et Possoz, et on arrête l'injection de l'acide carbonique dès qu'une goutte de liqueur ferrométrique produit une tache *bleue* au contact d'une goutte du mélange, ainsi qu'il a été dit précédemment à propos de la première carbonatation.

Un signe qui permet d'apprécier la fin de l'opération est fourni par la disparition presque complète des écumes.

Lorsqu'on est arrivé à ce point, on ouvre le robinet du serpentin à vapeur et l'on porte le jus à l'ébullition, afin d'en chasser l'excès d'acide carbonique; cela fait, on laisse aussitôt écouler tout le liquide trouble dans les bacs à décanter qui correspondent aux chaudières; il se forme alors, après un repos de 15 à 20 minutes, un dépôt grenu et un jus clair, que l'on décante de la même manière que le produit de la première carbonatation, pour le conduire sur les filtres à noir animal, où nous le reprendrons bientôt. Le dépôt est envoyé aux filtres-presses comme celui de la première opération.

Après chaque carbonatation les chaudières doivent être nettoyées avec soin, lorsque leur contenu a été évacué. En outre, comme il peut arriver que le carbonate de chaux en se précipitant pénètre dans les trous du tube à acide carbonique et les bouche, il convient d'injecter dans ce tube, une fois la chaudière vidée, un courant de vapeur à haute pression, qui expulse en quelques secondes toutes les particules solides engagées dans les trous.

Le traitement du jus par la chaux et l'acide carbonique doit être fait avec le plus grand soin : de sa bonne exécution dépend la réussite des opérations subséquentes. Les réactions qui se produisent dans ce procédé de défécation sont en résumé les suivantes :

Les acides contenus dans le jus s'unissent à la chaux et forment des composés insolubles, qui se précipitent et que l'on retrouve dans les dépôts et les écumes. Les autres substances étrangères (matières gommeuses, albumine, caséine, matières grasses et colorantes) sont aussi éliminées de la même manière; en outre, certains corps décomposés par la chaux donnent lieu à un abondant dégagement d'ammoniaque, qu'il est facile de reconnaître à son odeur. D'un autre côté, la potasse et la soude, primitivement combinées avec des acides organiques, sont mises en liberté et restent dans le jus. La chaux en excès se combine avec le sucre et forme du sucrate de chaux. Les substances insolubles, telles que les débris de cellules, etc., sont entraînées dans les écumes par le réseau que forment les matières albumineuses en se combinant avec la chaux. Enfin l'acide carbonique décompose le sucrate de chaux, s'unit à la chaux pour former un carbonate insoluble et met le sucre en liberté.

Après le traitement par la chaux et l'acide carbonique, le jus contient encore, indépendamment du sucre, de la potasse et de la soude, un peu d'ammoniaque et de chaux, des combinaisons organiques plus ou moins transformées et les sels (chlorure de potassium et de sodium) qui n'ont pu être précipités.

Ces impuretés se retrouvent plus tard après la cristallisation du sucre, dans les sirops ou mélasses; celles-ci renferment en outre tout le sucre qui, en s'altérant, a passé à l'état de sucre incristallisable.

3° *Utilisation des dépôts et écumes de carbonatation.* — Les boues calcaires provenant des deux carbonatations renferment encore beaucoup de jus. Pour en extraire ce dernier, on les soumet à l'action des *filtres-presses*, appareils spéciaux qu'on range avec raison parmi ceux qui ont rendu le plus de services à l'industrie sucrière.

On en construit aujourd'hui d'après des systèmes différents, mais qui reposent tous sur le même principe.

La figure 664 représente un des éléments du filtre-presse. BB sont deux boîtes carrées, creuses, formées chacune d'un fort cadre en fonte, recouvert de chaque côté, soit d'une plaque de tôle percée de petits trous, soit d'une grillage métallique assez serré et, dans tous les cas, solidement fixé au cadre. La plaque de tôle ou le grillage est recouvert d'une toile filtrante, posée à cheval sur le cadre vertical et fixée par des règles et des vis. Lorsque la presse est fermée, l'intervalle entre les deux boîtes creuses se trouve également fermé, de telle manière que le liquide boueux, arrivant par l'ouverture A' dans cet intervalle, ne trouve pas d'autre issue que les toiles filtrantes et les plaques perforées ou les grillages qui s'infléchissent vers l'intérieur des boîtes. Les parties insolubles restent donc entre les boîtes, tandis que le jus clair filtre dans l'intérieur de celles-ci, se rend au fond, et s'écoule dans une rigole commune par des robinets fixés à l'un des angles inférieurs des boîtes. Les boues arrivant à la presse sous une pression d'abord faible, mais qu'on augmente rapidement dès que les toiles filtrantes se trouvent tapissées d'une légère couche de substances insolubles, le jus s'écoule, au commencement, en quantité considérable; mais peu à peu, à mesure que l'intervalle entre les boîtes se remplit de matières solides, la filtration se ralentit de plus en plus, et, à la fin, le liquide ne sort plus que goutte à goutte. A ce moment, l'on peut faire arriver par A', au lieu de boues, de l'eau pure, pour déplacer le jus qui imprègne encore le gâteau de matières solides; et finalement, l'eau peut même être remplacée par un courant de vapeur, pour déplacer l'eau à son tour, obtenir des tourteaux plus secs, et réduire la perte du jus au

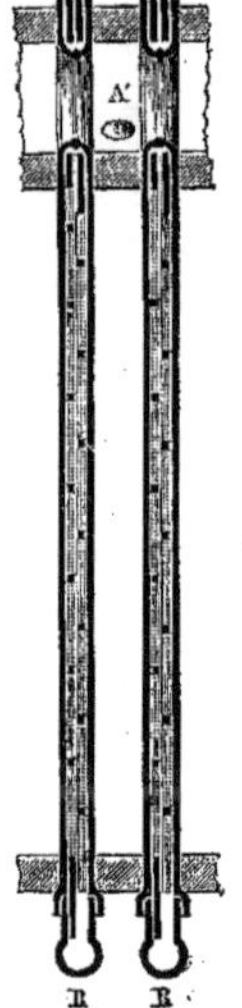

Fig. 664. — Élément d'un filtre-presse.

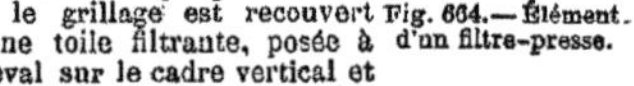

minimum possible. Les phénomènes qui se passent dans un élément de filtre-presse se reproduisent évidemment dans un assemblage de pareils éléments comme le représente la figure 665.

Le jus d'abord, plus tard l'eau, finalement la vapeur d'eau, arrivent par le tuyau A, et par son prolongement A'A', aux ouvertures qui les distribuent entre les boîtes.

Lorsqu'on ouvre ou desserre la presse, en faisant tourner la vis qui ramène en arrière le fort plateau mobile en fonte, les boîtes s'écartent, et il est alors facile de faire tomber les tourteaux épuisés. Cela fait, on ferme de nouveau les presses en tournant la vis en sens contraire, le plateau mobile se rapproche du plateau fixe et les boîtes se serrant les unes contre les autres rétablissent

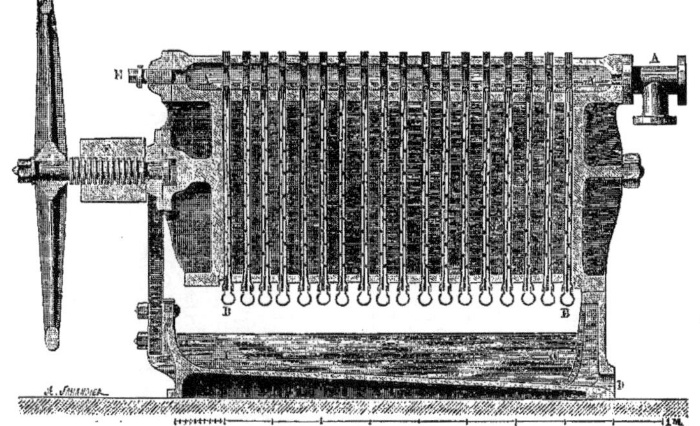

Fig. 665. — Filtre-presse.

la presse dans les conditions qui permettent de recommencer immédiatement une nouvelle filtration.

Dans les filtres-presses du système Trinks, les boîtes sont constituées par le cadre et les deux parois en tôle perforée de trous; ces dernières présentent du côté de leur face extérieure une légère concavité qui, lors du rapprochement des boîtes, produit un espace vide entouré de toutes parts par les quatre côtés massifs du cadre en fonte.

Ces parois sont en outre munies d'une ouverture centrale dans laquelle est engagé un court cylindre creux reliant les deux parois.

Les toiles filtrantes présentent une ouverture centrale correspondante, de même que le plateau fixe en fonte; dans l'ouverture de ce dernier aboutit le tuyau à robinet par lequel arrivent les boues et écumes, l'eau et la vapeur. Lorsque les boîtes, garnies de leurs toiles, sont en place et serrées, la juxtaposition des ouvertures centrales constitue un canal central interrompu entre chaque boîte, et formant comme le prolongement du tuyau d'admission des écumes.

Celles-ci, ne pouvant donc pénétrer directement à l'intérieur des boîtes (à cause des cylindres reliant les parois perforées de trous), sont obligées de se répartir dans les espaces vides compris entre les boîtes et y filtrent à travers les toiles et les trous des parois en tôle.

On voit que dans le système Trincks l'alimentation des filtres-presses a lieu par le centre, au lieu de se faire par le haut, comme dans les figures 664 et 665.

Quel que soit le système adopté, le jus clair des filtres-presses est réuni au jus de la première carbonatation et traité de nouveau avec ce dernier par la chaux et l'acide carbonique.

Les tourteaux épuisés renferment environ 30 % de carbonate de chaux, 20 % de matières organiques, 1 % de phosphate de chaux, 1 1/3 % de sels de potasse et de soude, le reste étant surtout de l'eau, indépendamment d'une petite quantité de chaux vive, de magnésie, de sable et d'argile. On en tire parti comme engrais généralement en l'associant à du fumier d'étable, ou comme amendement de terres pauvres en calcaires.

Épuration du jus déféqué. — Revenons maintenant au jus assez limpide et clair découlé des bacs à décanter après la deuxième carbonatation.

Ce jus, quoique déjà notablement purifié, contient cependant encore une quantité nullement insignifiante de matières étrangères, dont la présence ne manquerait pas d'exercer une influence nuisible sur l'évaporation et la concentration du jus, et sur la cristallisation du sirop.

Parmi ces matières étrangères, il faut surtout noter de la potasse et de la soude libres (par suite de la décomposition de quelques-uns de leurs sels par la chaux), des traces de chaux non précipitées par l'acide carbonique, des principes azotés, visqueux, salins et colorants, etc.

Une nouvelle épuration est donc nécessaire, et il s'agit, maintenant surtout, d'enlever du jus l'excès de bases et les principes colorants.

On a proposé successivement un grand nombre de substances pour atteindre ce résultat; telles sont:

Le chlorure de calcium, conseillé par MM. Ballènes et Michaelis;

Le chlorure d'aluminium, conseillé par MM. Siemens et Breunling;

Le phosphate d'ammoniaque, conseillé par M. Kuhlmann;

Le phosphate acide de chaux, conseillé par MM. Pfeifer et Colette ;

Le sulfate d'alumine, conseillé par M. Derosne ;

L'oxalate d'alumine, conseillé par M. Mialhe ;

Les acides hydrofluorique et hydrofluosilicique, conseillés par M. Kessler ;

L'acide sulfureux et le bisulfite de chaux, conseillés par MM. Melsens, Drapier et Sciffert ;

L'acide oléique, conseillé par M. Wagner ;

L'acide stéarique, conseillé par M. Otto ;

L'acide pectique, conseillé par M. Claës ;

Le tannin, les sels de baryte, l'alcool, etc., etc.

Le moyen d'épuration qui a eu le plus de succès et s'est le plus généralisé, consiste dans l'emploi du noir animal.

Le noir animal, désigné aussi sous le nom de charbon d'os ou de charbon animal, est le produit que l'on obtient en calcinant des os en vases clos. On savait depuis longtemps que le charbon de bois possédait la propriété de décolorer les liquides organiques, lorsque Figuier, de Montpellier, reconnut, en 1811, que le noir animal est doué d'un pouvoir décolorant beaucoup plus énergique ; les recherches de Payen, de Michaelis et de Schatten montrèrent ensuite que le charbon d'os n'agit pas seulement comme décolorant, mais qu'il jouit ensuite de la faculté d'absorber la chaux et les substances salines. C'est à la suite de la découverte de ces deux intéressantes propriétés que le noir animal fut introduit dans la fabrication du sucre, pour l'épuration des jus et des sirops, et l'on peut dire que les progrès réalisés depuis quelques années par l'industrie sucrière sont dus, en partie, à l'emploi de cette matière.

Primitivement, on employait le noir animal en poudre fine ; on chauffait celle-ci avec le jus et on séparait ensuite le noir à l'aide de filtres en forme de sacs, après avoir fait bouillir le liquide avec une certaine quantité de sang, comme cela se fait encore maintenant dans le raffinage du sucre. On obtenait ainsi un jus parfaitement clair et décoloré, tandis que les matières étrangères et le noir se trouvaient enveloppés dans l'écume produite par la coagulation des corps albumineux contenus dans le sang.

Les écumes résultant de ce traitement constituaient un engrais excellent, mais le noir animal était perdu pour la fabrication ; aussi était-on obligé d'employer cette substance avec une grande économie.

Plus tard, on essaya de filtrer le jus sur le noir en poudre, mais l'opération était très-difficile et le succès fut peu satisfaisant. Pour obvier à ces inconvénients, M. Dumont eut l'heureuse idée d'effectuer la filtration sur le noir animal en grains : il introduisait ce dernier dans de grands cylindres munis d'un double fond perforé et faisait passer le jus à travers ces filtres.

Ce procédé, qui maintenant est en usage dans toutes les fabriques, n'aurait pu se généraliser si M. Dumont n'avait pas en même temps démontré que le noir en grains pouvait être débarrassé des substances absorbées pendant son contact avec le jus, et pouvait ainsi être révivifié, c'est-à-dire ramené à son état primitif pour servir de nouveau.

La découverte de la révivification du charbon animal a exercé une influence très-favorable sur le développement de la sucrerie indigène, car elle a permis de traiter les jus avec des quantités beaucoup plus fortes de noir, et par suite d'obtenir avec moins de frais des jus plus purs et des produits plus beaux.

La filtration sur noir a lieu deux fois : la première fois avec le jus déféqué non évaporé ; la deuxième fois avec le jus déjà évaporé et concentré à l'état de sirop.

Les filtres (fig. 666) sont de grands cylindres de 3 à 6 mètres de hauteur, de $0^m,45$ à $0^m,90$ de diamètre.

A est la masse de charbon animal en grains, préalablement humecté de 25 % d'eau ; elle repose sur le double fond B, percé de trous et que

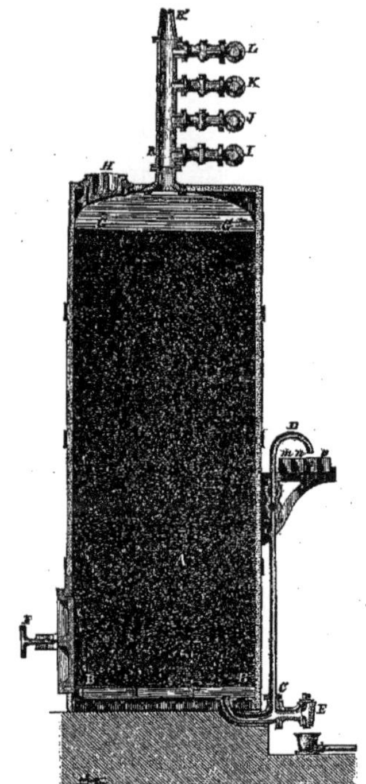

Fig. 666. — Filtre à noir.

l'on recouvre d'une toile claire de coton humide ; le charbon s'élève jusqu'au niveau GG à 40 centimètres du haut du filtre.

H, obturateur de l'ouverture pour charger et F, bride pour le trou d'homme pour extraire le noir en grains. E, robinet de fond pour vider tout le liquide (jus, sirop et eaux de lavage) du filtre.

CD, tube implanté sur le robinet, en deux pièces, et dont le bout supérieur tourne dans une boîte à étoupes pour pouvoir diriger le liquide à volonté dans l'un des caniveaux *mnop*.

RR', tube vertical servant au dégagement de l'air et à l'écoulement des liquides qui doivent passer sur le filtre. Ceux-ci y arrivent à volonté par les robinets et tubes I, J, K, L, communiquant soit avec des récipients à jus ou à sirops, soit avec des réservoirs d'eau pure ou de vapeur.

La fig. 667 montre, par une coupe, les détails de l'un de ces tubes d'amenée.

Le noir animal étant d'autant plus actif que la température à laquelle la filtration a lieu est plus élevée, il importe autant que possible d'éviter les déperditions de chaleur : aussi les filtres sont-ils généralement revêtus d'une enveloppe de bois non conductrice de la chaleur.

Lorsque les jus ou sirops ne sont pas assez chauds, on les réchauffe dans une chaudière système Pecqueur (laquelle peut aussi très-bien servir à la première concentration du jus sous la

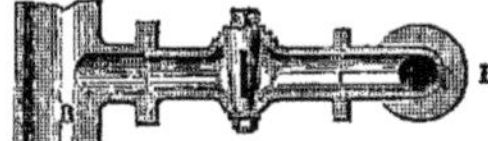

Fig. 667. — Tube d'amenée.

pression ordinaire, fig. 668 et 669). La figure 668 montre la chaudière A, en élévation sur son bâti en fonte D E. Les lignes ponctuées indiquent sa position lorsqu'on la fait basculer par le levier B, afin que le contenu de la chaudière s'écoule plus complétement par le gros robinet C. La figure 238 représente l'appareil chauffeur, consistant en six tubes en étriers, maintenus dans un plan horizontal à $0^m,03$ au-dessus du fond, mais pouvant

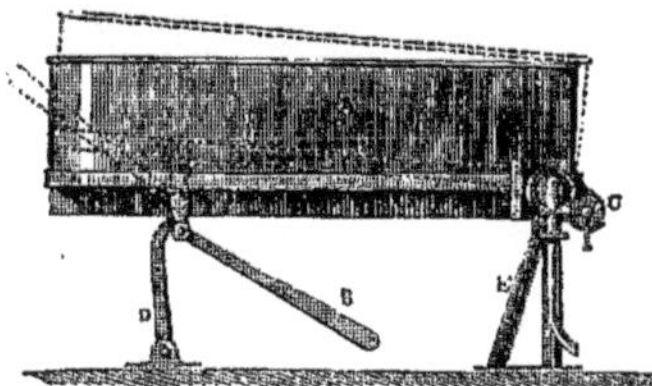

Fig. 668. — Chaudière de réchauffe (coupe).

basculer sur les boîtes à étoupes qui les relient avec les tuyaux à robinets R R situés au dehors de la chaudière. De la vapeur à 5 atmosphères de pression et d'une température de 153° arrive par l'un de ces tuyaux R ; l'autre tuyau R renvoie l'excès de vapeur et l'eau condensée à un appareil à retour d'eau.

Le jus ou le sirop suffisamment chaud est conduit par l'un des tuyaux I, J, K, L, dans le filtre, et, après avoir traversé la couche de noir et le double fond, se rassemble dans le petit espace situé au-dessous de ce dernier, puis s'élève dans le tube CD (fig. 666), pour arriver au caniveau qui le

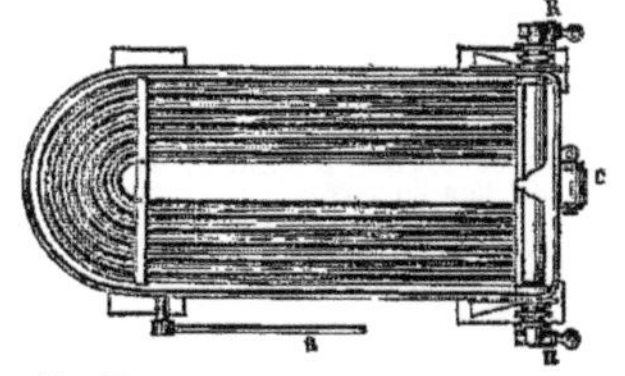

Fig. 669. — Chaudière de réchauffe (plan).

mène, suivant le cas, au réservoir du jus ou à celui du sirop.

La filtration étant achevée, on fait arriver par un des trois autres tuyaux de l'eau pour le lavage ou dégraissage du filtre. Ce lavage a pour but d'enlever au noir le jus dont il est imprégné. Les premières eaux qui s'écoulent sont envoyées dans le réservoir à jus, si c'est du jus, ou dans le réservoir à sirop, si c'est du sirop qu'on a filtré, mais en ayant soin, dans ce dernier cas, de diriger l'eau de dégraissage ou de lavage vers le réservoir à jus, au moment où celle-ci n'est plus assez riche en sucre pour être réunie au sirop ; lorsque enfin le liquide ne renferme plus de sucre en quantité appréciable, on ouvre le robinet E et l'eau s'écoule dans un caniveau qui le conduit au dehors.

Révivification du noir. — Lorsqu'on a fait passer une certaine quantité de jus ou de sirop sur du charbon animal, celui-ci a perdu ses propriétés absorbantes et décolorantes.

Pour le révivifier, on commence par le débarrasser, au moyen d'un lavage, des matières solubles ou délayables dans l'eau, puis on le soumet à une calcination qui carbonise les substances organiques adhérentes, et met à découvert la surface des grains. Le noir peut être révivifié de 20 à 25 fois.

L'appareil que l'on emploie pour le lavage consiste en une grande auge demi-cylindrique en tôle et légèrement inclinée, dans laquelle se meut un axe dont la périphérie est munie d'une lame de tôle contournée en hélice. Le mouvement de l'hélice, qui fonctionne absolument comme une vis d'Archimède, fait remonter le noir et le déverse à la partie de l'auge la plus élevée, pendant qu'un courant d'eau continu circule en sens inverse.

On fait souvent précéder le lavage à l'eau par un lavage à l'acide chlorhydrique étendu de 50 à 60 fois son volume d'eau, afin de dissoudre et d'enlever le carbonate de chaux qui incruste les grains de noir. Quelquefois aussi on fait subir au noir, avant ce double lavage, une sorte de fermentation, en l'entassant dans des cuves en maçonnerie ; les réactions qui se produisent dans la masse élèvent sa température, et un certain nombre des matières organiques sont détruites ou rendues plus solubles dans les liquides employés pour le lavage.

La calcination s'effectue dans des fours construits d'après des plans plus ou moins différents : fours Schreiber, Blaise, Caïl, Stévenaux, Crespel-Delisse, etc. Le four Caïl présente les dispositions suivantes qu'on retrouve dans les fours Crespel-Delisse qui sont représentés, page 55, (fig. 671 et 672).

Dans un massif en briques (fig. 670) se trouve un foyer central à grille F, et muni d'une porte ; les murs latéraux offrent chacun trois rangs superposés de dix ouvertures qui laissent arriver la flamme autour de la moitié supérieure A de vingt tubes en fonte T disposés en deux séries de dix de chaque côté du foyer, et formés chacun de trois tronçons séparés par des registres r ; la flamme et la fumée, après avoir enveloppé les deux séries de tubes, redescendent dans deux carneaux latéraux et arrivent dans une cheminée. Le four est surmonté d'une grande cuvette en fonte D D, divisée en trois compartiments et destinée à faire sécher le noir avant son introduction dans les tubes. Le fond du compartiment antérieur de la cuvette est muni d'ajutages auxquels les tubes viennent s'adapter par leur extrémité supérieure *aa'*. Enfin, la série des dix tubes, de chaque côté, est partagée en deux capacités inégales, par deux registres en fonte superposés *rr*, offrant chacun dix ouvertures correspondant aux dix sections des tubes.

Avant d'introduire le noir lavé dans les tubes pour le soumettre à la calcination, on lui fait subir une épuration au moyen de la vapeur d'eau surchauffée. A cet effet, on le monte, à l'aide d'une chaîne à godets, dans un grand cylindre en tôle établi sur le four, en arrière de la cuvette; ce cylindre est terminé par deux fonds bombés munis inférieurement d'un double fond criblé de trous; par un tube adapté sur le fond supérieur, on fait arriver un courant de vapeur directe des générateurs: celle-ci traverse la masse du noir, se condense et sort à l'état liquide par un robinet que porte le fond inférieur.

Dès que l'eau cesse de couler par le robinet, et qu'il ne s'échappe plus que de la vapeur, on supprime l'arrivée de celle-ci dans le cylindre, et, par une porte dont ce dernier est muni, au-dessus du double fond, on retire le noir pour l'étendre dans le compartiment postérieur de la cuvette et le faire passer, quand il a subi un commencement de dessiccation, dans le compartiment moyen. Lorsque le noir s'est suffisamment desséché dans cette partie de la cuvette, on le jette dans le compartiment antérieur, et on l'introduit dans les tubes, après avoir fermé le registre supérieur.

Fig. 670. — Coupe d'un four pour la révivification du noir.

Fig. 671. — Élévation d'un four pour la révivification du noir.

Au bout d'une demi-heure, la calcination est terminée; on ferme alors le registre inférieur,

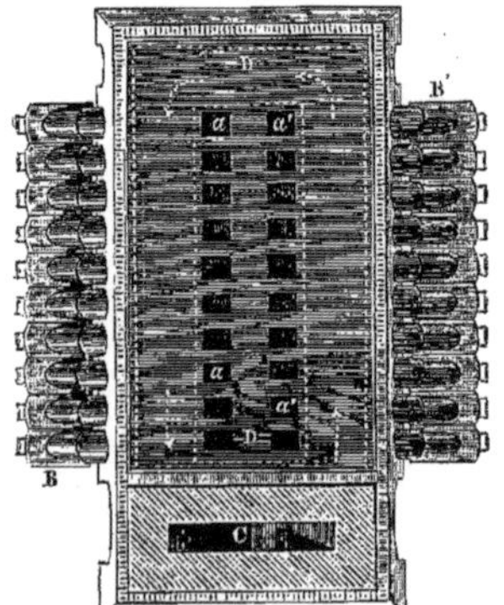

Fig. 672. — Plan d'un four pour la révivification du noir.

on ouvre le supérieur et l'on fait tomber le produit calciné, qui se trouve au-dessus de ce dernier, dans la capacité inférieure des tubes, où on le laisse refroidir; puis on recharge les tubes, après avoir fermé le registre supérieur, et ainsi de suite. Lorsque le charbon s'est suffisamment refroidi, il ne reste plus qu'à ouvrir le registre inférieur, et le noir tombe dans des récipients ou étouffoirs situés au-dessous des tubes.

Les figures 671 et 672 représentent les fours de M. Crespel-Delisse, qui présentent les dispositions qui viennent d'être décrites. La figure 670 représente la coupe du four. On voit au sommet un espace quadrangulaire où l'on étend le noir lavé pour le faire sécher. Dans ce but, l'air chaud du foyer pénètre et circule par les carneaux c c' dans les espaces libres ménagés sous la tôle qui sert de plancher à la plate-forme D D.

Le noir animal ainsi révivifié a besoin, avant d'être propre à servir au chargement des filtres, d'être soumis à un blutage qui opère la séparation de la poudre produite pendant ces différentes manipulations.

L'appareil à laver le noir et le four à calcination sont ordinairement établis dans un local particulier (l'atelier au noir).

Évaporation et concentration du jus de betterave. — Le jus purifié par carbonatation et filtration sur le noir doit être fortement concentré pour que le sucre dissous puisse cristalliser.

Cette concentration se fait en deux fois: le jus est d'abord réduit à environ la moitié de son volume primitif et transformé en *sirop*.

Puis le sirop, après avoir été filtré sur du noir animal, est de nouveau concentré jusqu'au point de cristallisation du sucre.

La première phase est désignée par les termes *évaporation* ou *concentration du jus.*

La seconde phase porte le nom de *cuite du sirop.*

Concentration du jus. — 100 kilogrammes de jus fournissent en moyenne 26 kilogrammes de sirop, par l'évaporation de 74 kilogrammes d'eau. Les 26 kilogrammes de sirop se réduisent par la cuite à 14 kilogrammes de masse brute cristalline.

Le chauffage à la vapeur, plus économique et moins dangereux, a remplacé partout le chauffage à feu nu. Pendant longtemps l'évaporation du jus se faisait dans des chaudières à air libre, et, par conséquent, sous la pression atmosphérique. Mais on reconnut bientôt que, dans ces conditions, la température d'ébullition surtout des sirops de plus en plus concentrés, était trop élevée, circonstance qui donnait lieu à la coloration du liquide en brun et à la transformation d'une partie de sucre cristallisable en sucre incristallisable.

On eut donc recours à la concentration dans le vide, où l'ébullition a lieu à une température assez basse pour qu'on n'ait plus à craindre une altération du sucre : en même temps, la différence entre la température de la vapeur dans les serpentins chauffeurs et celle du liquide étant plus considérable, on a l'avantage d'obtenir, à surface de chauffe égale, plus d'effet utile, et par conséquent une concentration plus rapide. Les premières chaudières à évaporation dans le vide furent construites en 1812 par Howard. Plus tard, en Amérique, M. Rillieux eut l'heureuse idée d'employer la vapeur dégagée par les sirops et les jus en ébullition pour l'évaporation d'une autre partie de jus moins concentré.

En Europe, des appareils perfectionnés, fondés sur le même principe, furent inventés et établis par MM. Cail et Derosne, Degraud, Roth, Fischbein et Robert, de Seelowits, Walkhoff, Aders et autres.

Un des appareils les plus employés en France est celui dit à triple effet de MM. Cail et Cie (fig. 673). Il se compose de trois chaudières A, B, C, verticales, de même hauteur. L'intérieur de chacune de ces chaudières est partagé, par deux cloisons horizontales, en trois compartiments inégaux; l'inférieur communique avec le supérieur au moyen de 60 ou 80 tubes verticaux adaptés aux deux cloisons et dans lesquels le jus à évaporer se meut librement pour descendre sous la cloison inférieure ou monter au-dessus de la supérieure. Le jus ne peut donc pas pénétrer dans le compartiment moyen, qui est exclusivement destiné à recevoir la vapeur servant au chauffage des chaudières. La première chaudière est chauffée par la vapeur détendue des machines motrices; celle-ci circule autour des tubes verticaux, élève la température du jus et repasse à l'état liquide.

La vapeur résultant de l'évaporation du jus de la chaudière A, où la pression atmosphérique est abaissée d'environ un quart, s'échappe par un tuyau *abc* partant du haut de A, et est conduite entre les tubes de la chaudière B, dans laquelle la concentration est favorisée par une diminution de pression plus considérable qu'en A. Sur le trajet de ce tuyau conduisant la vapeur de A en B se trouve interposé un vase de sûreté D, destiné à retenir le jus qui peut être entraîné en même temps que la vapeur, lorsque le liquide de A est en pleine ébullition.

Lorsque le jus rassemblé peu à peu dans ce vase a atteint une certaine hauteur, que l'on constate au moyen de l'indicateur de niveau dont l'appareil est pourvu, on le fait écouler dans la chaudière B. Il suffit pour cela d'ouvrir le robinet d'un tuyau qui fait communiquer l'intérieur de B avec la partie inférieure du vase de sûreté. La vapeur produite par l'évaporation du jus de la chaudière B pénètre dans un deuxième vase de sûreté, et se rend ensuite entre les tubes de la troisième chaudière, où la concentration du jus est achevée sous l'influence d'une diminution de pression, portée encore plus loin que dans le deuxième vase.

Enfin la vapeur engendrée dans la chaudière C est entraînée par une pompe à air et à eau, qui sert en même temps à faire le vide dans l'appareil. La diminution de la pression allant toujours en augmentant de la première chaudière à la troisième, il en résulte que le jus ne bout pas à la même température dans les trois chaudières : dans la première, où le vide est moins parfait qu'en B et C, l'ébullition se fait entre 80 et 70°, et dans les deux autres elle a lieu entre 50 et 60°.

Afin que le contact de l'air atmosphérique sur la tôle des chaudières ne produise pas de refroidissement sensible, on entoure celles-ci, ainsi que les tuyaux et les vases de sûreté, d'une enveloppe en bois. Chaque chaudière est munie : 1° en haut et sur le côté, de trous d'homme destinés surtout au nettoyage;

2° De lunettes en cristal ajustées dans son encadrement de bronze, qui permettent d'éclairer l'intérieur des chaudières, de surveiller la marche de l'ébullition et de constater la hauteur du liquide dans chacun des vases;

3° D'un entonnoir à robinet, à l'aide duquel on introduit un peu de graisse fondue lorsque le jus produit beaucoup de mousse; ce dispositif sert aussi pour faire entrer de l'air, lorsqu'il est nécessaire de modérer l'ébullition ou d'évacuer le contenu des chaudières;

4° D'une éprouvette pour extraire du jus de la chaudière, afin d'en essayer la concentration; c'est un tube muni d'un réservoir, qui, à l'aide de robinets convenablement disposés, remplit de jus ce réservoir : on peut alors, sans qu'il rentre de l'air dans les chaudières, vider le liquide dans un vase et y plonger ensuite un aréomètre;

5° De deux tuyaux, dont l'un amène de l'eau et l'autre de la vapeur, lorsqu'on veut nettoyer la chaudière;

6° D'un appareil indiquant la pression et la température intérieures;

7° De tuyaux permettant au jus de passer successivement de A en B, de B en C; de tuyaux de vidange à robinets, etc.

Pour mettre cet appareil à triple effet en activité, on commence par faire le vide dans les trois chaudières, puis on y fait aspirer le jus dans les chaudières qu'on remplit environ aux deux tiers; puis on fait arriver la vapeur de chauffage dans le compartiment tubulaire de A où l'ébullition ne tarde pas à s'établir; la vapeur du jus en ébullition de A chauffe le liquide de B et celle de B le liquide en C.

Ordinairement le jus est concentré à 10-11° Baumé en A; il est ensuite envoyé en B, où on le concentre jusqu'à 16-17° Baumé; il se rend alors en C, où il arrive à 25-26° Baumé et prend le nom de sirop. De C le sirop se rend dans un monte-jus qui le déverse dans une chaudière à réchauffer (semblable aux fig. 668, 669), où l'on porte sa température à 80°; de là le sirop (quelquefois clarifié dans la chaudière avec un peu de sang de bœuf) est envoyé aux filtres à noir animal.

La figure 674 représente en principe la marche de l'opération qui vient d'être décrite. Le sirop sortant de la troisième chaudière à triple effet désignée dans la figure par A (avec l'agitateur CD au moyen duquel on peut y incorporer une petite quantité de sang), coule par E dans le monte-jus H. Celui-ci étant plein, on ferme le robinet F et l'on insuffle par G de l'air comprimé. Le sirop s'élève dans le tube II' et arrive dans la chaudière à réchauffer et à clarifier. La hauteur y est constatée par les regards *x, x, x*.

Le jus s'étant suffisamment réchauffé, et la coagulation du sang s'étant opérée, on ouvre la grande soupape L, en appuyant sur le levier K M. Le sirop s'écoule dans la caisse N N, en traversant des sacs à filtrer verticaux, où sont retenues les impuretés emprisonnées dans les flocons de sang coagulé.

Le sirop clarifié arrive enfin au filtre O R à noir animal, et s'écoule par Q ou par P P'.

Il reste maintenant à indiquer le mode d'extraction des vapeurs de chauffage et de l'eau résultant de leur condensation dans l'appareil à triple effet.

Après y avoir circulé entre les tubes de chauffage de la première chaudière et cédé sa chaleur au jus, la vapeur repasse à l'état liquide; l'eau produite par cette condensation s'échappe par un tube muni d'une soupape automatique et se rend dans un grand cylindre établi à côté des générateurs. Ce liquide, qui est de l'eau presque pure, est employé pour l'alimentation des chaudières à vapeur.

Les deux dernières chaudières sont munies au-dessous de leur fond d'un petit réservoir qui, au moyen d'un tuyau, communique par sa partie supérieure avec la capacité de chauffage de chacune des chaudières; l'eau condensée dans ces capacités s'écoule dans le réservoir correspondant; par le tuyau que porte celui-ci à sa partie inférieure, cette eau est aspirée à l'aide d'une petite pompe horizontale (pompe de retour), qui l'envoie dans le grand cylindre dont il vient d'être question; cette eau est employée, comme la première, pour l'alimentation des générateurs.

Vers la partie supérieure du petit réservoir, dont chacune des deux dernières chaudières est munie, s'adapte un tube qui vient s'embrancher sur le tuyau par lequel est aspirée la vapeur émanée du jus de la dernière chaudière; c'est par

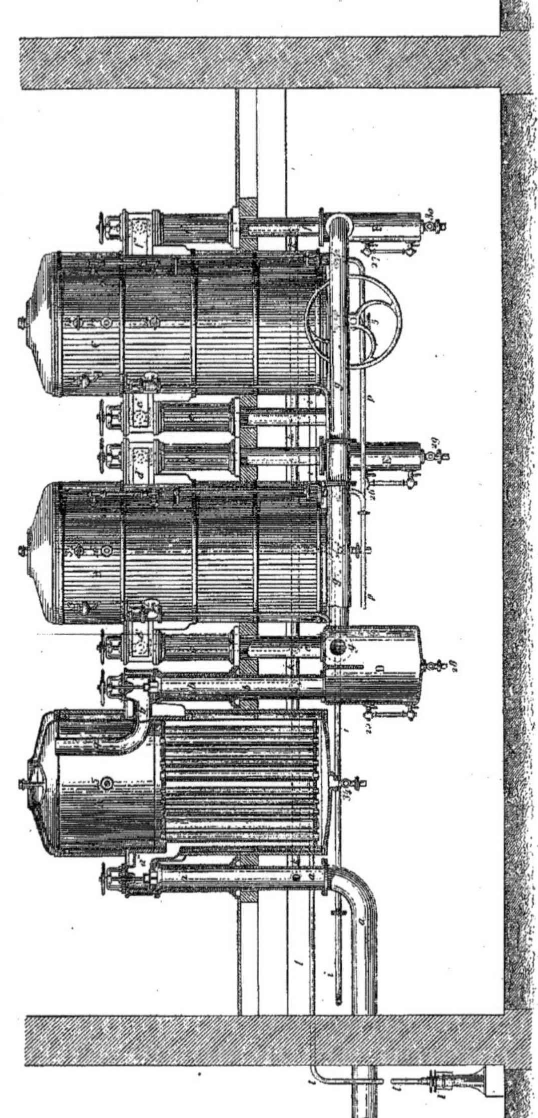

Fig. 673. — Appareil à triple effet pour la concentration du jus.

ce tube que sont entraînées les vapeurs non condensées dans les capacités de chauffage.

Les vapeurs dégagées par le jus dans la troisième chaudière s'échappent par un gros tuyau adapté au dôme de celle-ci. Ce tuyau vient s'ouvrir au-dessous de la plaque supérieure du réchauffeur

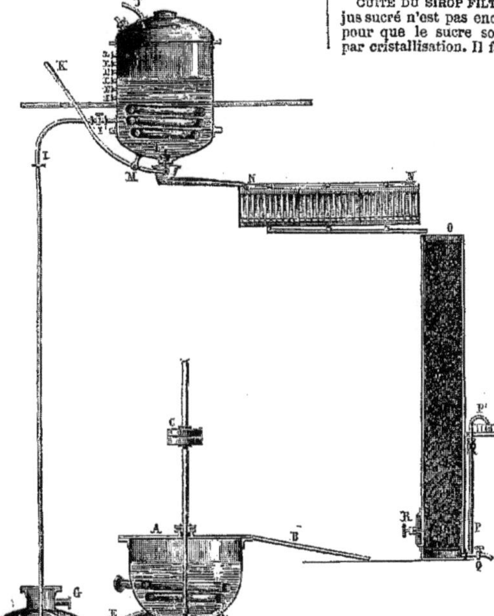

Fig. 674. — Schéma des appareils pour la clarification du sirop.

de jus dont nous venons de parler; la vapeur circule autour des tubes de cet appareil, échauffe le jus contenu dans les tubes, et sort par un autre tuyau adapté au-dessus de la plaque inférieure. Par ce dernier tuyau la vapeur est aspirée à l'aide de la pompe à air et à eau, mais, avant de pénétrer dans celle-ci, elle traverse un condenseur au moyen duquel elle est ramenée à l'état liquide.

Ce condenseur se compose d'un gros cylindre en fonte, à l'intérieur duquel se trouve un tuyau percé de petits trous sur toute sa périphérie, et muni inférieurement d'un tube par lequel on fait arriver de l'eau froide au moyen d'un robinet placé sur le trajet de ce dernier tube, et dont la clef se trouve à portée de l'ouvrier chargé de l'évaporation; on règle l'afflux de l'eau dans le condenseur suivant que l'on veut activer ou ralentir le passage de la vapeur à l'état liquide.

Il résulte de là que la pompe aspire en même temps l'eau résultant de la condensation de la vapeur et l'eau qui a servi à produire la condensation de celle-ci.

CUITE DU SIROP FILTRÉ. — A l'état de sirop, le jus sucré n'est pas encore suffisamment concentré pour que le sucre solide puisse en être séparé par cristallisation. Il faut pour cela une nouvelle évaporation et concentration qui porte le nom de *cuite du sirop*.

Cette cuite peut être portée plus ou moins loin, suivant que les sirops sont plus ou moins purs ou qu'on veut obtenir des cristaux moins ou plus volumineux. On conçoit que pour des sirops très-impurs qui fournissent des eaux mères ou mélasses extrêmement visqueuses, il soit nécessaire de faire cristalliser le sucre en cristaux durs, réguliers et le plus volumineux possible, afin de faciliter leur séparation des mélasses.

Lorsqu'on concentre un sirop jusqu'à la preuve du filet, c'est-à-dire jusqu'au moment où une goutte de sirop donne entre les doigts un filet délié, alors le sirop chaud est clair et bouillant *(cuite au clair)*; la cristallisation s'effectue par le refroidissement rapide en grains dont la mélasse s'égoutte facilement.

Lorsqu'on concentre davantage, il arrive un moment où le sirop, même chaud, ne peut plus retenir tout le sucre en dissolution; le jus se trouble; de petits grains cristallins se séparent *(cuite en grains)*, qu'on peut augmenter et grossir en ajoutant un peu de sirop moins concentré. Une partie du sucre se trouvant ainsi séparée sous forme solide, les eaux mères deviennent plus fluides : on peut donc continuer la cuite et déterminer une nouvelle formation de cristaux. On peut pousser cette séparation dans l'appareil même assez loin pour que le liquide restant, qui retient les substances incristallisables, soit, après le refroidissement, trop visqueux pour se séparer facilement des cristaux : c'est là la *cuite sèche;* elle ne retient plus que 5 à 6 °/₀ d'eau, tandis que l'on en trouve 10 à 12 °/₀ dans les cuites ordinaires.

Dans la pratique on dit que la cuite est *légère* ou *creuse*, s'il reste assez d'eau pour qu'à la purgerie le sirop coule assez rapidement des formes (plus de 6 gouttes par minute); la cuite est au contraire *lourde* ou *pleine*, lorsque les gouttes ne se succèdent que très-lentement.

La cuite en grains n'est possible que si les jus sont riches en sucre et bien épurés. Si un sirop renferme sur 100 p. de matière solide plus de 30 p. de substances étrangères, ces dernières empêchent totalement la formation des cristaux, en rendant la masse cuite visqueuse; si la proportion des substances étrangères se réduit à 25 °/₀ (c'est-à-dire que le sirop marque 75 % de sucre cristallisable au polarimètre et possède la densité 1,100), la cristallisation ne s'effectue qu'avec difficulté et lenteur Avec une richesse de 85 % l'opération marche normalement, et avec un sirop d'un titre encore plus élevé la cristallisation se produit encore plus vite.

La cuite en grains, qui est maintenant en usage dans la plupart des fabriques de sucre, s'effectue dans une grande chaudière cylindrique verticale (fig. 675), chauffée par trois serpentins intérieurs superposés *d, c, b*, munis chacun extérieurement d'un robinet adapté sur le tuyau, qui amène la vapeur directe des générateurs. Ce même tuyau aboutit au robinet *i*, par lequel on peut introduire la vapeur dans les chaudières et est en communication avec le manomètre *j*, indicateur de la pression de la vapeur.

On peut donc, suivant la hauteur du sirop dans la chaudière, chauffer d'abord par le premier serpentin inférieur seul, puis par le premier et le second réunis, et lorsque le niveau du sirop dépasse le serpentin le plus élevé, introduire la vapeur simultanément dans les trois serpentins. Il y a des chaudières renfermant, outre les serpentins, encore un double fond inférieur, dans lequel peut arriver la vapeur.

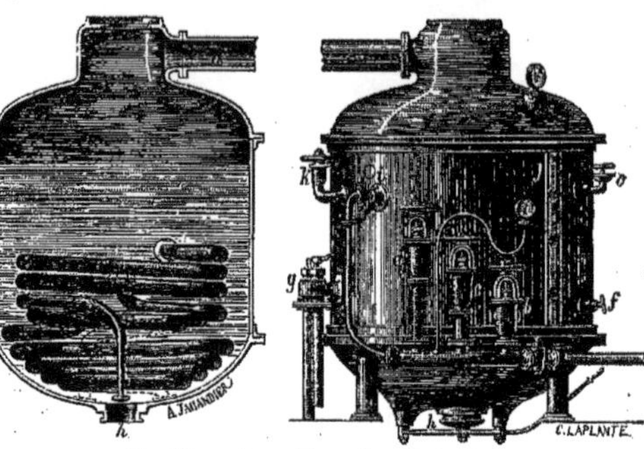

Fig. 675. — Appareil pour la cuite du sirop.

Les sirops à cuire arrivent par le tuyau à robinet *g*, appelés par le vide même de l'appareil; il est bon que ce tuyau, qui débouche dans la chaudière, à peu près au niveau du second serpentin, soit recourbé en siphon, pour que l'arrivée du sirop se fasse bien au centre et à la partie inférieure de l'appareil.

Comme le triple effet, la chaudière est pourvue de quatre lunettes en cristal, placées à des hauteurs différentes, pour pouvoir observer la surface du sirop en ébullition. Elle est encore munie, près du dôme, d'un manomètre et d'un thermomètre pour la mesure de la pression et de la température intérieure, et un peu plus bas, sur le côté, en *e*, d'un entonnoir à robinet, destiné à l'introduction d'un peu d'huile ou de graisse fondue, lorsque l'ébullition est trop tumultueuse, et que la mousse produite par le sirop menace de déborder par le tube de dégagement de la vapeur.

Lorsque la cuite est près de son terme, on extrait de temps en temps une petite quantité de la matière intérieure au moyen d'un piston plein en bronze glissant *f* à frottement doux dans un petit corps de pompe, et amenant au dehors, lorsqu'on le tire par sa poignée, un échantillon de sirop grenu, contenu dans une petite cavité dont il est muni.

Au dôme qui surmonte la chaudière, s'adapte un large tuyau *a* par lequel s'échappe la vapeur résultant de l'évaporation du sirop; pendant toute la durée de la cuite, cette vapeur est aspirée en même temps que l'air, au moyen d'une pompe à air ou à eau semblable à celle du triple effet; mais, avant d'arriver à la pompe, la vapeur traverse un cylindre intermédiaire, qui offre une disposition analogue à celle des vases de sûreté de l'appareil à évaporer, et joue le même rôle que ces derniers, c'est-à-dire qu'il retient, dans un espace annulaire formé par ses propres parois et un tuyau central, le sirop qui a pu être entraîné avec la vapeur par une ébullition trop vive. Après avoir traversé ce vase de sûreté, la vapeur arrive dans un condenseur semblable à celui de la pompe du triple effet, repasse à l'état liquide sous l'influence du refroidissement qu'elle éprouve dans cet appareil; enfin, l'eau résultant de la condensation est aspirée par la pompe, qui la déverse dans la citerne dont nous avons parlé précédemment.

La cuite terminée, on vide la chaudière. Dans ce but, on ouvre d'abord un robinet à air, adapté un peu au-dessous du dôme; il se produit un sifflement dû à la rentrée de l'air, et lorsque la pression intérieure est devenue égale à celle de l'air extérieur, ce dont on s'aperçoit à la cessation du sifflement on ouvre, au moyen d'un levier, une large soupape *h*, qui ferme le fond de la chaudière.

La masse cuite tombe alors dans un grand entonnoir auquel est adaptée latéralement une gouttière en pente qui conduit toute la masse sirupeuse, épaisse et grenue, dans de grands bacs rectangulaires peu profonds, où la cristallisation s'achève.

De même que les vases du triple effet, la chaudière à cuire est revêtue d'une enveloppe en bois, afin d'empêcher autant que possible les déperditions de chaleur.

Voici maintenant comment on dirige l'opération de la cuite en grains. On commence par faire le vide dans la chaudière et dans le vase de sûreté, puis on ouvre le robinet du tuyau *g* qui plonge dans un réservoir contenant le sirop filtré; par suite de la différence de pression, ce liquide monte dans la chaudière, et lorsque son niveau s'élève à la partie moyenne ou supérieure de la première lunette inférieure, on ferme le robinet; en même temps, on fait arriver la vapeur par *b* dans le serpentin inférieur, et l'on continue à faire le vide de façon à réduire la pression au septième environ de la pression extérieure; sous l'influence du vide et de l'élévation de température produite par la vapeur du serpentin, l'ébullition et l'évaporation s'effectuent rapidement. On entretient par charges successives le niveau du liquide au-dessus du premier serpentin, jusqu'à ce que le sirop soit concentré de façon à donner la preuve au crochet léger (une goutte de sirop prise entre le pouce et l'index, au moyen de la sonde, doit donner, lorsqu'on écarte ceux-ci, un filet délié qui se rompt nettement en formant un crochet). On continue alors l'évaporation en la conduisant moins vite et en laissant la pression intérieure se relever un peu; on entretient le même degré de concentration par l'addition successive de nouvelles quantités de sirop. On introduit la vapeur successivement par c dans le deuxième, puis par *d* dans le troisième serpentin, dès que le sirop a atteint la partie supérieure de chacun d'eux, continuant ainsi jusqu'à ce que la hauteur du liquide arrive au bas de la quatrième et dernière lunette, et que la cuite soit poussée jusqu'au terme du crochet léger.

Lorsque ce terme est atteint, on fait diminuer de nouveau la pression et la température en activant le jeu de la pompe : la cristallisation, qui a déjà commencé, fait de rapides progrès et il se forme une masse pâteuse et grenue, dont on constate l'état et la consistance en retirant un échantillon au moyen de la sonde *f*.

Si l'opération a été bien conduite, l'échantillon ainsi prélevé doit alors rester sur le pouce si l'on écarte l'index; sur ce dernier il ne doit rester qu'un peu de sirop très-clair; placé sur du papier écolier ordinaire, l'échantillon ne doit pas s'étendre, et le sirop, en s'absorbant, doit laisser à la surface des cristaux bien formés et clairs. En observant de temps en temps sur une lame de verre un échantillon de la masse, le cuiseur peut aussi se rendre compte de la marche de l'opération, c'est-à-dire reconnaître si la formation du grain se fait d'une manière régulière, si celui-ci est nerveux et bien développé, ou si au contraire il n'a qu'un petit volume. Le volume du grain a une très-grande importance; c'est de lui que dépend le succès de la cuite, car plus les cristaux sont gros, mieux ils laissent égoutter le sirop, et plus le produit a de valeur.

CRISTALLISATION ET ÉGOUTTAGE. — La cuite achevée, on arrête le jeu de la pompe; on ouvre le robinet à air, puis la soupape de fond, et tout le contenu de la chaudière, la *masse cuite* ou *masse d'empli*, tombe dans l'entonnoir et arrive par la gouttière en pente dans les cristallisoirs, où se termine la cristallisation.

Il n'est pas possible d'extraire de la masse cuite, en une seule fois, tout le sucre cristallisable qu'elle renferme; on n'y parvient qu'en divisant l'opération, c'est-à-dire en effectuant plusieurs cristallisations successives; on obtient ainsi, suivant l'expression usitée dans les fabriques, du sucre de premier, de second et de troisième jet.

Pour opérer la séparation du sucre et du sirop, on peut se servir de trois sortes d'appareils : les *formes*, les *caisses* et *les turbines*.

Depuis l'emploi des chaudières à cuire dans le vide, les formes ont été à peu près abandonnées et remplacées, d'abord par les caisses, puis par les turbines.

Les formes ne sont autre chose que de grands vases coniques en terre cuite ou en tôle galvanisée, posés sur leur pointe et percés à leur partie inférieure d'un trou que l'on bouche avec un tampon de linge mouillé. La masse cuite est versée dans un certain nombre de ces formes : au bout de 24 à 38 heures, on enlève le tampon; on perce la pointe des pains avec une alène, et on laisse le sirop s'égoutter dans des vases placés au-dessous. Lorsque l'égouttage est terminé, on procède au lochage des pains, opération qui consiste à renverser les formes sur la base pour retirer le pain, en l'aidant à se détacher par de petites secousses.

L'égouttage peut être beaucoup accéléré par l'application du vide. A cet effet, on dispose les formes remplies de manière que leurs pointes reposent sur les ouvertures circulaires, garnies de rondelles en caoutchouc vulcanisé, d'un tuyau horizontal dans lequel on maintient le vide à l'aide d'une pompe. La pression atmosphérique déplace dans ce cas très-rapidement presque la totalité du sirop retenu dans la forme. Avec cet égouttage forcé, on combine ordinairement un clairçage au moyen de sirop blanc, fait avec du sucre pur, pour déplacer les derniers restes du sirop brun par le sirop blanc.

Au lieu de la pression atmosphérique, on a mis à profit la force centrifuge pour l'égouttage forcé. Comme on le voit dans la figure 676, les formes sont disposées, la pointe *b* en dehors, par couches horizontales, dans une turbine construite *ad hoc*. Par suite du mouvement de rotation très-rapide imprimé à la turbine, le sirop est chassé vers la cloison cylindrique immobile et pleine *c*, se rassemble au fond, et s'écoule par D. Cet appareil ne s'est pas beaucoup propagé dans les sucreries.

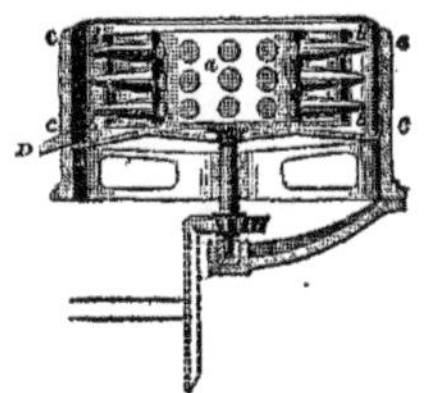

Fig. 676. — Égouttage forcé par formes par force centrifuge.

Dans un second système d'égouttage, la masse cuite, après avoir été réchauffée à 78° et abandonnée à elle-même à cette température pendant 8 à 10 heures, est portée dans des caisses en tôle galvanisée dont le fond, en toile métallique, laisse passer facilement le sirop et retient les cristaux. Pour obtenir par ce procédé un sucre de belle nuance, il est nécessaire de le débarrasser, au moyen du clairçage, de la mélasse restée adhérente.

Le *clairçage* consiste à verser sur la masse de sucre une solution sucrée très-concentrée, qui, en filtrant seulement entre les cristaux, déplace et entraîne la mélasse. Quand on veut obtenir des sucres très-blancs, on fait filtrer trois claircés; la première est préparée avec un sirop un peu impur, la deuxième avec du sirop presque pur et la troisième avec du sirop tout à fait blanc.

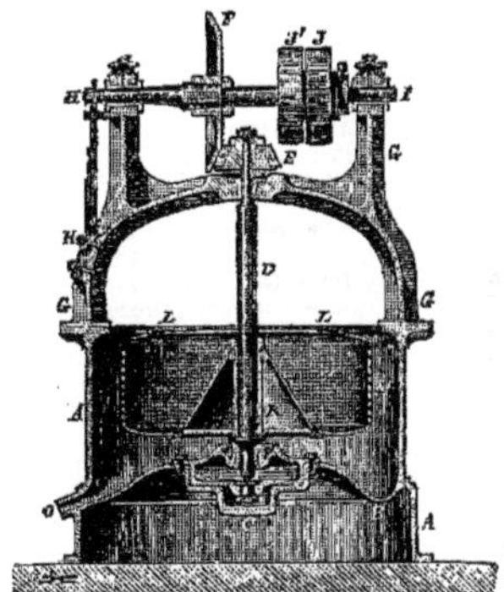

Fig. 677. — Turbine (coupe).

Le troisième procédé d'égouttage, celui des turbines, est maintenant d'un emploi presque général pour l'extraction des sucres de premier jet, et même aussi des sucres de deuxième et de troisième jet. Au moyen de ces appareils, on obtient des produits plus blancs, plus secs et plus purs qu'à l'aide des formes et des caisses.

Les figures 677 et 678 donnent une idée des *turbines*, appelées aussi *toupies* et *centrifuges*, employées dans les sucreries. LL est un tam-

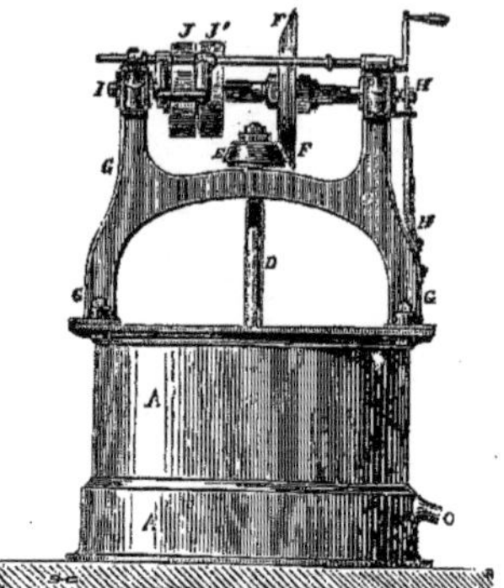

Fig. 678. — Turbine (élévation).

bour en toile métallique fine, ouvert par le haut et consolidé partout par des bandes en fer. Il est fixé à un axe D, reposant sur le coussinet C et portant à son extrémité supérieure un cône de frottement E, auquel un cône semblable F, fixé sur un axe horizontal, portant une poulie folle et une poulie motrice JJ', peut imprimer une vitesse de 1,000 à 1,200 tours par minute. Le mouvement est transmis par une courroie sans fin et l'axe horizontal est arrangé de manière que, malgré le ressort HH qui tend toujours à maintenir les cônes de friction appliqués l'un contre l'autre, les cônes puissent cependant être écartés à volonté lorsqu'on veut arrêter le mouvement. Cet arrêt est rendu plus prompt par l'emploi d'un frein circulaire.

Le tambour en toile métallique se meut dans un réservoir cylindrique en fonte AA, qui supporte le bâti en fonte GG, auquel est fixé l'appareil moteur; ce même réservoir recueille le sirop expulsé par les parois verticales M du tambour, le rassemble dans la dépression B, et le laisse écouler en dehors par le tuyau O.

Souvent l'axe vertical du tambour est creux pour pouvoir introduire, au moyen de très-petites ouvertures disposées en K et correspondant par conséquent à la hauteur du sucre, soit du sirop pur, soit de l'eau, soit de la vapeur d'eau, au moyen desquels se pratique le clairçage facile des sucres bruts.

Après un séjour de 10 à 12 heures dans les cristallisoirs, la masse cuite (premier produit) peut être livrée à la turbine; mais, comme en se refroidissant elle a pris de la consistance, il est nécessaire de la désagréger d'abord et de la réduire en une pâte homogène. On se sert à cet effet d'une *malaxeuse* (fig. 679), qui consiste en une caisse quadrangulaire A, au milieu de laquelle se meut un cylindre, dont la périphérie est garnie de lames métalliques disposées en hélice *a a*; cette caisse est surmontée d'un entonnoir dans lequel on jette à l'aide d'une pelle le contenu des cristallisoirs, qui est alors divisé et réduit en une bouillie parfaitement uniforme. Lorsque la masse a acquis la consistance voulue, on ouvre un tiroir T à la base de la caisse, et on la reçoit dans une poche, sorte de boîte en tôle que l'on peut conduire rapidement devant les turbines en la poussant sur un petit chemin de fer aérien, dont les rails supportent, par l'intermédiaire de poulies, la tige métallique à laquelle la poche est suspendue.

Si le sirop contenu dans la masse n'est pas suffisant pour produire une pâte assez fluide pour le turbinage, on verse dans la malaxeuse du sirop provenant de l'égouttage de la même masse, ou bien un mélange de ce sirop avec une certaine quantité d'eau, quelquefois aussi du sirop non encore cuit. L'addition du sirop, qui produit une sorte de clairçage, est rarement nécessaire pour les sucres de premier jet, mais il n'en est pas de même lorsqu'il s'agit du traitement des bas produits, c'est-à-dire des mélasses qui ont déjà fourni les sucres de premier et de second jet.

La masse cuite étant ainsi préparée, il ne reste plus qu'à la verser dans la turbine au moyen de la poche dont il vient d'être question. Cela fait, le tambour est mis en mouvement : sous l'influence de la rotation rapide dont ce vase est animé, le sucre se distribue verticalement autour des parois, et bientôt la mélasse, qui seule peut traverser la toile métallique, est lancée par la force centrifuge contre les parois du réservoir en fonte; elle se rassemble au fond de celui-ci et, par le tuyau O, s'écoule dans une rigole aboutissant à un réservoir spécial. Afin d'obtenir un produit plus pur et plus blanc, on a l'habitude de claircer le sucre, après la séparation du sirop : dans ce but on verse sur l'axe du tambour une certaine quantité de sirop pur concentré, qui, étant projeté sur les cristaux par le mouvement rapide dont le cylindre est animé, déplace

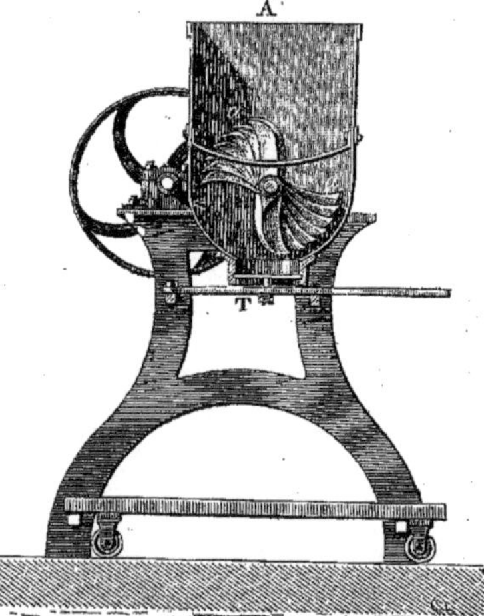

Fig. 679. — Malaxeuse.

et entraîne la mélasse comme adhérente; on emploie aussi dans le même but un jet de vapeur, que l'on dirige pendant quelques instants sur la masse cristalline.

En quelques minutes cet égouttage forcé, aidé du clairçage au sirop et à la vapeur, épure mieux les sucres que ne pourrait le faire, en un temps beaucoup plus long, l'égouttage spontané dans les formes ou dans les caisses.

Le turbinage achevé, on arrête le mouvement de l'appareil, et au moyen d'une petite pelle en cuivre à manche court on retire le sucre de la turbine pour le mettre dans des sacs, que l'on monte ensuite dans un magasin spécial. Dans cette pièce, qui doit être assez vaste, on étend le sucre sur un plancher, afin de terminer sa dessiccation; on favorise celle-ci en élevant un peu la température du local au moyen de poêles; lorsque le produit est parfaitement sec, on l'envoie à la raffinerie après l'avoir remis en sacs.

Le sucre ainsi obtenu, qui constitue le *sucre de premier jet*, se présente sous forme de petits cristaux parfaitement blancs, assez réguliers, craquant sous la dent, et il peut être livré immédiatement à la consommation; mais la plus grande partie est ordinairement transformée en pains par le raffineur et vendue sous cette forme.

Le sirop ou mélasse résultant du premier turbinage renferme encore une assez grande quantité de sucre, qu'il importe d'extraire. Dans ce but, on l'envoie à l'aide d'une pompe dans un bac qui se trouve au-dessous de la chaudière à cuire; après avoir fait le vide dans celle-ci, on ouvre le robinet d'un tuyau spécial communiquant avec le bac et l'intérieur de la chaudière, qui alors se remplit naturellement, par suite de la différence de pression.

Comme le sirop qu'il s'agit de recuire renferme une quantité de matières étrangères relativement plus considérable que le sirop primitif, la cuite en grains ne peut être employée; on concentre jusqu'au filet, et on envoie la masse cuite (second produit) dans des cristallisoirs en tôle très-profonds, de forme quadrangulaire et d'une contenance telle, que le refroidissement soit convenablement retardé pour permettre une bonne cristallisation; ces cristallisoirs sont établis dans un local particulier (*l'empli*) dont la température est maintenue à 35-40°. La cristallisation achevée, on vide les cristallisoirs pour turbiner la masse, après l'avoir fait passer par la malaxeuse. On obtient alors le *sucre de deuxième jet*; ce produit est en cristaux plus petits que le premier jet, sa couleur est blonde ou brun clair, et il doit être épuré par raffinage avant d'être livré à la consommation. Le sirop provenant du deuxième produit turbiné donne par une nouvelle cuite le *sucre de troisième jet*. Au sortir de la chaudière, la masse cuite (troisième produit) est envoyée dans des cristallisoirs semblables à ceux dans lesquels on a reçu le deuxième produit et situés dans le même local. Mais le turbinage ne peut être effectué qu'après un séjour de 4 à 5 mois dans l'empli, la cristallisation du troisième produit s'effectuant beaucoup plus lentement que celle du deuxième. Le sucre ainsi obtenu a une couleur encore plus foncée que celle du deuxième jet et, comme ce dernier, il est livré au raffineur.

Le sirop dégagé du troisième jet, ne donnant par concentration que peu ou point de sucre cristallisé, est vendu aux distillateurs sous le nom de *mélasse* et employé par ceux-ci pour la fabrication de l'alcool. [Voyez l'article ALCOOL (INDUSTRIE), t. I, p. 121, et pour l'extraction des sels potassiques des vinasses, constituant les résidus de la distillation alcoolique, voyez l'article POTASSIUM, t. II, p. 1131.]

La mélasse de betterave est épaisse, visqueuse, de couleur brun foncé, d'un goût détestable, plutôt salin que sucré; elle marque 42-45° Baumé et renferme en moyenne :

Eau	17-18 %
Sucre	49-50
Sels et impuretés organiques	33-34

La proportion de sucre, tant cristallisable qu'incristallisable, est donc encore assez forte; mais la cristallisation du sucre de canne est empêchée par la présence des matières étrangères.

TRAITEMENT DES MÉLASSES. — On a fait beaucoup d'essais et proposé bien des méthodes pour parvenir à extraire des mélasses le sucre cristallisable qu'elles renferment encore en si forte proportion. Nous n'en citerons que deux dont s'est beaucoup occupé M. Dubrunfant : l'une est le traitement à la baryte et l'autre la dialyse ou l'osmose.

Le traitement à la baryte repose sur l'insolubilité du sucrate de baryte basique dans l'eau chaude, insolubilité constatée par M. Peligot. On peut faire usage de sulfure de baryum (obtenu par calcination de sulfate de baryte avec du charbon : $SO^4Ba + C^4 = SBa + 4CO$); mais il est préférable d'employer la baryte, préparée par calcination de la withérite (carbonate de baryte naturel) avec une moindre quantité de charbon :

$$CO^2BaO + C = BaO + 2CO.$$

On dissout par lavage méthodique la baryte brute dans l'eau bouillante, de manière à obtenir des solutions de 30° à 32° Baumé. On chauffe ensuite dans une chaudière 475 litres de mélasse concentrée à 95-100° et on les fait tomber en remuant vivement dans 350 litres de solution d'eau de baryte presque bouillante, de manière à mettre en réaction 1 1/4-1 1/2 équivalent de baryte sur 1 équivalent de sucre. Il se forme bientôt un précipité de saccharate de baryte très-abondant. On jette ce précipité sur un filtre et on le lave à l'eau bouillante.

Le lavage étant achevé, on décompose le sucrate de baryte pur, soit par le gaz sulfureux, soit mieux encore par l'acide carbonique. Vers la fin, il se dégage toujours un peu d'hydrogène sulfuré provenant de la décomposition d'une petite quantité de sulfure de baryum, qui ne manque jamais dans la baryte brute : cela indique la fin de l'opération.

On filtre alors la bouillie de solution sucrée et de carbonate barytique à travers des sacs (filtres Taylor), ou mieux encore dans des filtres-presses. Le sirop presque incolore ainsi obtenu est un peu louche; il pèse 10° à 12° et contient, soit en solution, soit en suspension, un peu de baryte et de carbonate barytique. On s'en débarrasse en ajoutant une petite quantité de sulfate d'alumine. Il se forme du sulfate de baryte et de l'alumine. On filtre sur du noir animal en gros grains, et l'on obtient ainsi un sirop incolore, qu'on concentre à cristallisation d'après les procédés ordinaires.

Au lieu d'employer le sulfate d'alumine, on peut aussi ajouter, sur 1,000 kilogrammes de mélasse, 2 kilogrammes de sulfate de chaux et 2 kilogrammes d'acide sulfurique à 50° Baumé, et filtrer ensuite sur le noir d'os.

L'osmose ou la dialyse repose sur ce principe, que la mélasse, enfermée dans un vase à parois poreuses (membrane animale, porcelaine ou terre cuite non vernie, papier parchemin) qu'on plonge ensuite dans de l'eau pure, abandonne à l'eau, par suite des phénomènes de diffusion (voyez l'article DIFFUSION, t. I, p. 1163) bien plus rapidement les sels minéraux que le sucre.

L'osmogène ou le dialyseur de M. Dubrunfant se compose d'une cinquantaine de cadres en bois dur, d'une épaisseur de 0m,015, placés verticalement. Au moyen de deux plaques en fonte garnies de planches en chêne de 0m,045 d'épaisseur et servant de pièces de tête, on peut serrer, au moyen de tiges en fer et de boulons à écrou, les uns contre les autres les cadres, après avoir interposé entre eux, de deux en deux, une feuille de papier parchemin. Des garnitures en caoutchouc assurent l'étanchéité du système, qui ressemble d'ailleurs beaucoup à celui d'un filtre-presse.

Tous les cadres sont percés, tant à la partie supérieure qu'à la partie inférieure, de deux séries de trous qui traversent le bois et forment quatre canaux, dont deux pour l'arrivée et la sortie de la mélasse et deux pour l'arrivée et la sortie de l'eau.

Ces canaux sont en communication avec les tuyaux d'amenée de l'eau et du sirop. De ces tuyaux partent des canaux plus petits, doublés en cuivre, qui aboutissent aux chambres formées par les cadres ; le tout est disposé de manière que deux tuyaux à mélasse, l'un en haut, l'autre en bas, communiquent, par exemple, avec chacune des chambres paires, tandis que les deux tuyaux à eau communiquent avec les chambres impaires. Mélasse et eau circulent ainsi lentement dans le même sens, l'une à côté de l'autre, séparées seulement par les feuilles de papier parchemin. Pendant le trajet s'opère la diffusion : l'eau qui sort et qui est recueillie à part, est peu colorée et possède un goût franchement salin, pendant que la mélasse, diluée, est devenue plus douce et plus sucrée.

La diffusion étant bien plus rapide lorsque la mélasse et l'eau sont chaudes : on les chauffe donc à 100° au moment de les faire couler dans l'osmogène.

On s'arrange souvent de manière que la mélasse osmosée sorte à 15° Baumé, et l'eau saline à 8° Baumé.

Sur 600 kilogrammes de mélasse qu'un appareil peut dialyser en 24 heures, on fait circuler environ 1,000 litres d'eau. Celle-ci, en se chargeant des sels de la mélasse, dont elle enlève environ les trois quarts, dissout en même temps aussi une certaine proportion de sucre (environ 4 kilogrammes de sucre sur 100 kilogrammes de mélasse, qui en contient environ 50 °/₀).

L'osmose se pratique aujourd'hui dans un certain nombre d'usines et de raffineries, surtout en France, en Belgique et en Hollande. Au commencement on ne dialysait que faiblement, n'opérant qu'une épuration restreinte, et on laissait perdre les eaux salines.

Aujourd'hui on tire parti de ces eaux pour la distillation, ou on les concentre pour la production de sels de potasse; on a donc intérêt à pousser plus loin la dialyse et l'épuration, et l'on augmente ainsi sensiblement le rendement en sucre cristallisé.

IV. — RAFFINAGE DU SUCRE.

Le sucre de betterave tel qu'il sort de la fabrique ne peut être livré au consommateur que lorsqu'il est en cristaux isolés, bien développés, parfaitement incolores et entièrement dépouillés de sirop. Le sucre de premier jet que l'on obtient après la cuite en grains se trouve dans ce cas, quand l'opération est bien réussie; il peut être vendu sans épuration préalable; mais jusqu'à présent sa consommation n'a pas pris un grand développement, et il est nécessaire de le livrer au raffineur, qui n'a plus, pour ainsi dire, qu'à lui donner la forme de pains.

Quant aux sucres de second et de troisième jet, ils sont trop impurs pour être consommés tels quels; il est absolument nécessaire de les soumettre au raffinage.

Les sucres bruts, ou cassonades de betteraves ou de canne, se présentent sous forme d'une poudre sableuse plus ou moins colorée; ils contiennent encore de la mélasse et 3 ou 4 °/₀ de matières étrangères (eau, sable, débris organiques, chaux, potasse, etc.) qui leur donnent une odeur plus ou moins désagréable et la propriété de fermenter. Le raffinage a précisément pour but d'éliminer toutes ces matières étrangères et de donner au sucre la forme sous laquelle on le rencontre dans le commerce.

Les cassonades de canne sont un peu acides; celles qui proviennent de la betterave sont généralement alcalines, parce qu'elles renferment de la chaux. C'est pour cela que, dans l'opération du raffinage, on mélange ordinairement les sucres bruts de canne et de betterave, afin de corriger l'acidité des uns par l'alcalinité des autres.

Le raffinage ou la fabrication des raffinés comprend la série des opérations suivantes : le dépotage et le dégraissage des emballages, la fonte ou dissolution du sucre brut, la clarification et la décoloration du sirop, la cuite à cristallisation et le réchauffage de ce dernier, la mise en formes du sucre cristallisé, l'égouttage et le clairçage, le plamotage et le lochage et enfin l'étuvage et l'habillage.

1° *Dépotage et dégraissage des emballages.* — Le sucre ayant été amené à l'usine, on dépote les emballages pour séparer les couches de sucre qui pourraient être altérées; souvent, enfin, on broie et on pulvérise les grugeons trop durs.

Les barriques et caisses vides sont grattées, puis soumises à l'action d'un jet de vapeur, qui dissout les derniers restes de sucre; les sacs sont brossés et lavés à l'eau chaude. Ce dépotage doit se faire dans le voisinage de la chaudière à fondre. Les eaux du dégraissage réunies dans un réservoir sont envoyées dans la chaudière à fondre.

2° *Fonte et clarification.* — La fonte ou la dissolution du sucre se fait ordinairement dans des chaudières en cuivre à double fond chauffées au moyen de la vapeur. Après avoir introduit dans la chaudière le sucre et une proportion d'eau convenable, de manière que le sirop, ou la clairce, marque 30-32° Baumé à 40° centigrades, on élève doucement la température et l'on ajoute en même temps du noir fin, 3-5 °/₀ et du sang de bœuf, 1 à 2 litres pour 100 litres de sirop. On brasse le tout et l'on chauffe jusqu'à ce que le liquide commence à bouillir. Il se forme bientôt à la surface de ce dernier une écume contenant de l'albumine et de l'hématoglobuline coagulées dans lesquelles se trouvent emprisonnés le noir et une partie des impuretés du sucre. Lorsque cette écume est bien cohérente et détachée des parois de la chaudière, ce qui indique que la clarification est à son terme, on laisse reposer pendant quinze ou vingt minutes, et on sépare l'écume et le noir fin en filtrant le sirop dans des filtres en forme de sacs (filtres Taylor).

Quand les sucres bruts sont très-impurs, on a l'habitude, avant de les dissoudre, de les mélanger avec du sirop étendu d'eau, et de leur faire subir ensuite un turbinage et un clairçage, qui enlèvent une grande partie des substances étrangères; en procédant ainsi, on diminue beaucoup la quantité de noir nécessaire pour la clarification et la décoloration. Le sirop résultant du turbinage est traité comme les bas produits du raffinage.

3° *Filtration ou décoloration.* — En sortant des filtres Taylor, le sirop clarifié ou clairce se rend, encore très-chaud, dans des filtres à noir en grains semblables à ceux déjà décrits p. 53, mais beaucoup plus grands. Le but principal de cette opération est d'achever la décoloration de la clairce, que le noir fin avait déjà commencée.

Les filtres fraîchement montés servent au filtrage de la clairce, qui sera employée pour claircer les pains; cette clairce est déplacée par la clairce à cuire et celle-ci par une clairce plus impure servant à fabriquer des pains de deuxième qualité, nommés *lumps* : en établissant cette succession on tire le meilleur parti possible du pouvoir décolorant du noir. On dégraisse finalement les filtres par de l'eau tiède; tant qu'il s'écoule un sirop assez concentré, on l'envoie à la fonte et on lave ensuite jusqu'à ce que l'eau marque 0°.

4° *Cuite à cristallisation et réchauffage*. — La

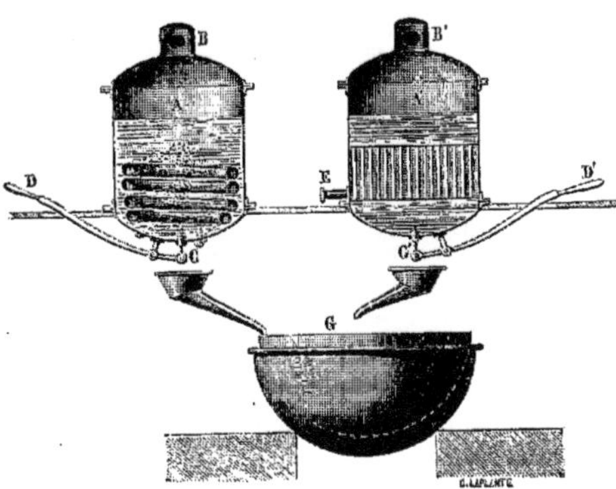

Fig. 680. — Appareil pour la cuite et la cristallisation du sirop.

clairce décolorée par filtration sur le noir en grains passe ensuite dans un appareil à cuire dans le vide, analogue à celui dont on se sert dans les fabriques de sucre de betteraves. La figure 680 donne une idée de l'appareil employé. A, A', chaudières de cuite; B, B', gros tuyaux amenant les

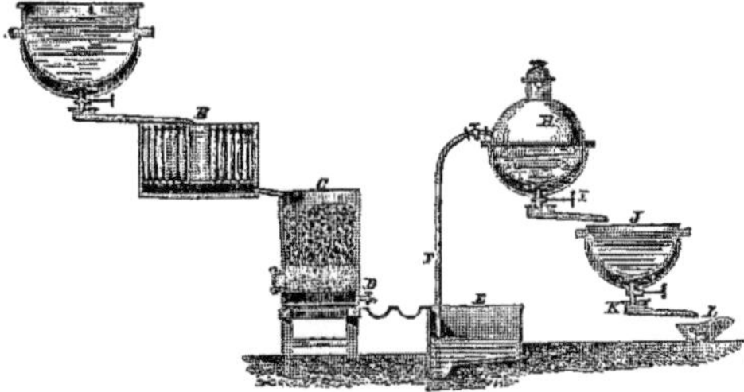

Fig. 681. — Schéma des appareils pour le raffinage du sucre.

vapeurs émises par le sirop aux condensateurs et aux pompes d'épuisement, destinés à faire et à maintenir le vide.

E, tuyau d'admission de la vapeur d'eau dans les tuyaux de chauffage. En A la vapeur venant des générateurs se rend dans l'intérieur du serpentin chauffeur; en A' la vapeur, au contraire, entoure les tuyaux dans lesquels circule le sirop. D et D', leviers pour ouvrir les grandes soupapes, C et C', par lesquelles on fait écouler la masse cuite dans la grande chaudière G à double fond où se fait la cristallisation, comme cela va être expliqué tout à l'heure. Comme dans cet appareil la cuite se fait à une température ne dépassant pas 67 à 69°, il est nécessaire, pour obtenir une bonne cristallisation, d'élever à 80° la température de la masse sortant de la chaudière, et à cet effet on la chauffe au moyen de la vapeur, dans le vase G à double fond. Dès que la formation des cristaux commence à la surface et sur les parois, on brasse lentement, afin que ces cristaux se disséminent dans le liquide, et on procède à un nouveau brassage, lorsque de nouveaux cristaux se sont produits.

La figure 681 représente du reste, sur une très-petite échelle, toute la série des opérations qui vient d'être décrite :

A, chaudière à double fond pour la fonte et la clarification des sucres bruts; B, filtres Taylor pour la séparation des impuretés coagulées; C, filtre à noir en grains pour la décoloration et la clarification complètes du sirop; E, réservoir du sirop clarifié, qui, au moyen du tuyau F, est aspiré dans H, chaudière de cuite, pour la concentration du sirop dans le vide; I, grande soupape à levier pour faire arriver la masse cuite dans J, chaudière de réchauffement, de cristallisation et d'opalage; K, canal conduisant la pâte cristalline dans les terrines L, au moyen desquelles s'opère le remplissage des formes.

5° *Emplissage des formes et opalage*. — Après le réchauffage, pendant lequel s'opère la cristallisation, la masse est versée dans des formes coniques semblables à celles déjà décrites. Quelques minutes après le remplissage, on observe à la surface du pain une croûte cristalline, qu'il est nécessaire de détruire en brassant la masse à deux reprises différentes avec un couteau de bois, parce que, sans cela, la cristallisation serait irrégulière; c'est ce qu'on appelle *opaler* ou *mouver*. Le local dans lequel s'opère l'emplissage ou l'empli est continuellement maintenu à une température de 25 à 30°.

6° *Égouttage et clairçage*. — Au bout de huit à dix heures, le sucre étant suffisamment pris en masse cristalline, les formes sont montées dans des greniers dont la température doit être de 28 à 30° jour et nuit. Dans ces locaux, des ouvriers disposent les formes sur les lits de pains (caisses rectangulaires en bois dont le fond est généralement garni de zinc et en pente et dont les rebords supportent des planches percées de trous coniques). Ils ont préalablement enlevé le tampon de linge (la tape) qui bouche leur orifice et ont eu soin d'introduire une alène (ou prime) dans ce dernier, pour faciliter l'écoulement du sirop. Celui-ci s'égoutte en partie, naturellement. Afin d'enlever le reste du sirop, on soumet le pain, au bout de 12 à 48 heures, suivant la nature des sucres, à deux ou trois clairçages successifs, en employant pour le dernier une clairce faite avec des sirops très-purs, puis on laisse égoutter. Les cristaux de sucre déposés sur le zinc sont enlevés très-fréquemment par des raclages.

L'égouttage des dernières parties de la clairce durait autrefois cinq ou six jours; on le remplace aujourd'hui par la *sucette*, qui opère plus complétement en une heure au plus. Cet appareil se compose d'un tuyau qui porte des tubulures munies de robinets; celles-ci se terminent par des entonnoirs garnis d'une rondelle en caoutchouc. On place la pointe des formes sur les tubulures et en faisant le vide dans le tuyau, à l'aide d'une pompe à air, on aspire toute la clairce qui est encore dans les pains et qui se rend dans un réservoir placé entre la pompe et le tuyau.

7° *Plamotage et lochage.* — Quand les pains sont complétement égouttés, on nettoie leurs bases (plamotage), soit à la main avec un couteau, soit avec une machine spéciale, et lorsque la masse est suffisamment solide, on loche les pains, en frappant la forme sur un billot de bois et en renversant le pain sur la main. Les débris des têtes sont renvoyés à la fonte.

8° *Étuvage et habillage.* — Le sucre ainsi extrait des formes est encore humide et friable; pour lui donner la consistance nécessaire, on le porte dans une étuve chauffée à 50° ou 55°.

Les étuves sont ou verticales ou horizontales. Les verticales se composent d'une espèce de cheminée rectangulaire, à murailles très-épaisses, de 6 à 8 mètres de longeur sur 4 à 5 mètres de largeur. Sur la hauteur elle est divisée par des claies en vingt ou vingt-cinq étages, espacés de $0^m,70$ à $0^m,80$. A la partie inférieure est un système de chauffage, composé de tuyaux en cuivre ou en fonte dans lesquels circule la vapeur. L'air qui entre par le bas se réchauffe le long de ces tuyaux et sort chargé d'humidité par des ouvertures pratiquées en haut et munies de registres. Les étuves horizontales (qu'on peut établir dans un grenier) ont trois ou quatre étages de hauteur; le chauffage se fait par des tuyaux placés sur le sol et sous lesquels sont les prises d'air. L'air chaud s'élève d'abord vers le plafond, puis redescend par couches horizontales, en circulant autour des pains et est évacué par des ouvertures, situées au bas des parois latérales de l'étuve et aboutissant à une cheminée.

L'étuvage dure 6 à 10 jours, suivant la grosseur des pains et l'état hygrométrique de l'atmosphère. Au sortir de l'étuve, on place les pains dans un magasin chauffé et on procède au triage et à la mise en papier (habillage des pains).

Le sucre épuré par ces différentes manipulations est livré à la consommation sous le nom de sucre raffiné ou raffinade.

Traitement des bas produits du raffinage. — Les sirops qui s'écoulent pendant l'égouttage (sirops verts) et le clairçage (sirops couverts) sont utilisés de différentes manières, suivant la qualité et suivant les produits que l'on veut obtenir.

Le plus souvent on les réunit pour faire des sucres en pains de qualité inférieure (*lumps, bâtardes*) ou des sucres en poudre plus ou moins colorés (*farines, vergeoises*); on se sert aussi d'une partie de ces sirops pour produire le sucre qui doit servir à la préparation des clairces.

Les masses cuites sont mises dans de grandes formes et claircées soit avec des clairces un peu moins pures que celles dont on se sert pour les raffinés, soit avec les sirops déplacés pendant ce dernier clairçage (sirops couverts).

On emploie quelquefois pour la préparation des produits inférieurs qu'on vient de mentionner les sucres bruts de mauvaise qualité, ainsi que les déchets divers. Il en est de même des sirops que l'on obtient lorsque, avant la fonte, on soumet au turbinage les cassonades très-impures.

Les *lumps* et les *bâtardes* sont moins clairces que les raffinés, et les derniers subissent en général un clairçage de plus que les lumps; on ne soumet pas les pains à l'action de la sucette, mais on retranche la pointe qui est restée brune et que l'on fait refondre avec les autres déchets.

Les *vergeoises* ou *farines* constituent une sorte de sucre pulvérulent, blond ou roux, moins claircé que les lumps et bâtardes et qui, au sortir des formes, est broyé au moyen de moulins à rouleaux.

On obtient enfin, comme dernier produit du raffinage, un sirop ou mélasse, qui ne donne plus, après une nouvelle cuite, qu'une faible quantité de sucre, mais dont la saveur est beaucoup plus agréable que celle de la mélasse des fabriques de sucre de betteraves. C'est un liquide brun foncé, épais et visqueux, limpide, marquant de 42° à 44° Baumé et renfermant beaucoup moins de matières salines que la mélasse des fabriques. On le livre tel quel à la consommation, ou bien on le filtre d'abord sur le noir, afin d'améliorer son goût et sa couleur. Bien souvent ces mélasses passent également à la distillation.

Indiquons en terminant les différentes proportions d'eau et de sucre qui constituent approximativement les sirops ou masses cuites lorsqu'elles présentent les diverses preuves pratiques:

Sucre °/o.	Eau °/o.	Nom de la preuve.	Température d'ébullition du sirop sous la pression ordinaire de $0^m,76$.
93,75	4,25	Grand cassé.	128°,5
92,67	7,33	Petit cassé.	122
91	9	Grand soufflé.	121
89	11	Petit soufflé.	116
88	12	Crochet fort.	112
87	13	Crochet léger.	110°,5
85	15	Filet.	109

La preuve au soufflé, employée dans la fabrication du sucre candi, consiste à plonger dans la chaudière une écumoire percée de trous; après l'avoir retirée et secouée de façon à enlever les écumes, on souffle dessus avec force.

Il se forme à chaque trou des bulles sphériques de $0^m,012$ à $0^m,015$ de diamètre. Moins la liqueur est concentrée, plus les bulles sont petites et mieux elles se séparent; plus la liqueur est concentrée, plus les bulles sont grosses (grand soufflé) et se soudent facilement l'une à l'autre.

La preuve au cassé ne s'emploie guère que dans la fabrication du sucre d'orge. Lorsque, après avoir mouillé le doigt, on le trempe dans le sirop et aussitôt après dans l'eau, on peut en détacher le sucre et le former en boule.

Si la boule lancée sur le carreau se casse en se déformant, c'est la preuve au petit cassé; si la boule est assez dure pour se briser sans se déformer, c'est le grand cassé.

Fabrication du sucre candi et du sucre d'orge. — On désigne sous le nom de sucre candi le sucre en gros cristaux, à facettes et à angles bien nets. On en distingue trois sortes, dont les prix et les noms varient suivant les nuances : ce sont les candis blanc, paille et roux; le premier est préparé avec du sucre en pains ordinaire, le second avec du sucre de betteraves en grains et le troisième avec le sucre brut du Brésil.

La fabrication du sucre candi offre la plus grande analogie avec le raffinage ordinaire. Quelle que soit l'espèce de sucre employée comme matière première, on le fait fondre dans une chaudière à double fond, chauffée par la vapeur, en ajoutant du noir et des blancs d'œufs. On passe le sirop ainsi obtenu sur des filtres Taylor, puis sur des filtres à noir en grains, et on le dirige dans un réservoir; lorsqu'il est parfaitement limpide, on le cuit d'abord dans le vide et ensuite à l'air libre en le chauffant à l'ébullition (la concentration est portée à 40° Beaumé pour le candi blanc, à 40°,5 pour le paille et à 41° pour le roux).

La cuite terminée, on distribue (fig. 682 et 683) au moyen des vases L et L' le liquide dans des terrines en cuivre semi-sphériques E, dont les parois sont percées de trous à travers lesquels passent des fils de lin ou de chanvre maintenus horizontalement et autour desquels se fera la cristallisation; une feuille de papier, collée extérieurement sur la paroi, ferme les trous et empêche la déperdition du sirop.

Les terrines, ainsi préparées, sont placées sur les tablettes d'une étuve A B, chauffée par le tuyau à vapeur D à 60° pendant 72 à 76 heures.

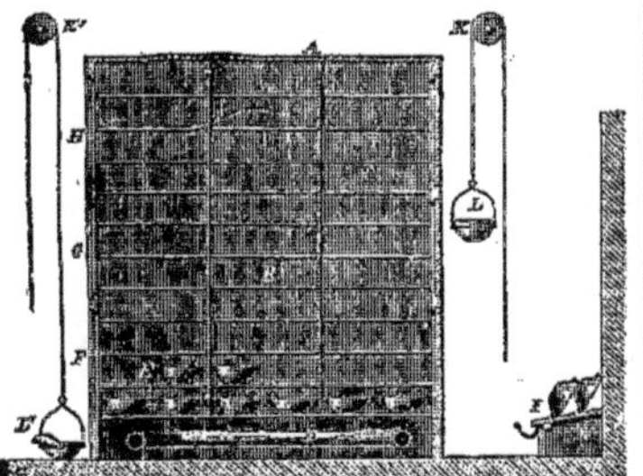

Fig. 682. — Étuve à cristallisation (coupe).

Au bout de douze jours, la cristallisation est achevée; on perce alors la croûte cristalline pour faire écouler le sirop; on lave les cristaux à l'eau tiède, on fait égoutter, en maintenant les terrines I renversées et inclinées; enfin on détache les pains de cristaux et, après les avoir desséchés à l'étuve, on les livre au commerce.

Les candis roux et jaunes sont employés dans quelques localités de la Belgique et de l'Allemagne pour sucrer le thé et le café. Le candi blanc sert pour confectionner les liqueurs fines: dissous dans le vin et l'eau-de-vie, il entre aussi dans la fabrication des vins mousseux.

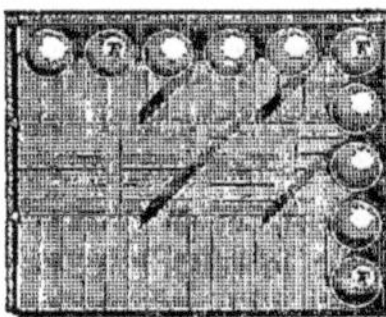

Fig. 683. — Étuve à cristallisation (plan).

Les sucres dits d'orge ou de pomme sont généralement faits sans orge et sans pommes et ne renferment que du sucre blanc ou légèrement jaunâtre. On le dissout dans 34 % d'eau, on clarifie au blanc d'œuf, on cuit dans une bassine jusqu'à la preuve du grand cassé, puis on verse la masse cuite sur une table en marbre légèrement huilée, ou dans des moules de formes diverses également un peu graissés.

Le sucre chaud peut d'ailleurs être découpé et roulé en bâtons. Ces produits, récemment préparés, sont transparents et assez consistants; mais au bout d'un certain temps la cristallisation s'y opère et les rend opaques et fragiles. E. K.

SUCRES (SACCHARIMÉTRIE). — Dans cet article, nous allons décrire brièvement l'analyse industrielle des sucres bruts et des produits ammoniacaux renfermant du sucre ou de la glucose.

ANALYSE DES SUCRES BRUTS DE BETTERAVE. — Depuis un certain nombre d'années, les transactions commerciales qui se faisaient uniquement autrefois d'après la nuance des sucres, considérée comme la mesure de la pureté du produit, ont pris pour base l'analyse aussi complète que possible du produit industriel.

On détermine l'eau, les cendres, la glucose, le sucre (saccharose), les matières organiques par différence.

DOSAGE DE L'EAU. — L'eau est dosée par la dessiccation à 100° d'un poids déterminé de sucre.

DOSAGE DES CENDRES. — On ne peut doser les cendres par l'incinération directe du sucre; en effet, une partie des alcalis se trouvant combinée au chlore, l'opération comporterait une perte résultant de la volatilisation plus ou moins considérable des chlorures. On transforme alors les alcalis en sulfates; on prend 5 grammes de sucre que l'on introduit dans une capsule de platine tarée, on les arrose de quelques gouttes d'acide sulfurique, et on évapore l'eau à l'étuve. (Cette précaution est indispensable pour éviter les boursouflements.) Après dessiccation complète, on calcine au rouge. Il est préférable d'employer pour cette opération un mouffle plutôt qu'un bec de gaz, parce que le sucre étant chauffé en dessus et en dessous, les boursouflements sont moins à craindre.

Les chlorures et les phosphates sont décomposés, et les alcalis libres qui constituent la majeure partie des sels renfermés dans les sucres sont transformés en sulfates. On a constaté par des analyses complètes des sucres bruts que l'emploi de l'acide sulfurique augmentait le poids des cendres de 1/5. On diminue donc 1/5 de l'augmentation de poids que présente la capsule après incinération complète du sucre, et on obtient le poids des cendres.

DOSAGE DE LA GLUCOSE. — Le dosage de la glucose dans les sucres s'effectue par la méthode de M. Barreswil, à l'aide de la liqueur de Fehling, avec cette modification que pour les sucres de betterave où la proportion de glucose est toujours très-faible (0,5 pour ‰ environ), au lieu de verser le liquide sucré dans une quantité déterminée de liqueur d'épreuve, on préfère dissoudre 5 gr. de sucre dans l'eau, portée à l'ébullition, et verser la liqueur de Fehling au 1/10ᵉ jusqu'à ce que le liquide sucré prenne une coloration bleuâtre. Connaissant le titre de la liqueur d'épreuve par un essai préalable sur une quantité connue de sucre pur, interverti par l'ébullition avec un acide, on en déduit immédiatement la teneur de 5 gr. de sucre en glucose.

La liqueur de Fehling présente l'inconvénient de laisser déposer du cuivre métallique, sous l'influence de la lumière. M. Pasteur a indiqué une formule qui donne un liquide inaltérable à la lumière.

On fait dissoudre séparément:

130	grammes	de soude;
105	—	d'acide tartrique;
80	—	de potasse;
40	—	de sulfate de cuivre.

On mélange et on complète le volume d'un litre.

DOSAGE DU SUCRE (SACCHAROSE). — Le dosage du sucre cristallisable se fait toujours à l'aide du saccharimètre. — Voyez la théorie de cet instrument, t. II, p. 264.

On prépare une dissolution de 16ᵍʳ,350 de sucre pur, desséché à 100°. On dissout dans l'eau et on complète le volume de 100 centimètres cubes. Cette dissolution observée dans un tube de 0ᵐ,20 de longueur détermine une déviation du plan de polarisation que compense l'action de 1 millimètre de quartz.

L'appareil doit indiquer 100 divisions quand l'égalité des teintes est obtenue entre les deux moitiés du disque lumineux, et la division 0 avec de l'eau pure.

Pour faire le dosage d'un sucre brut, on pèse 16gr,350 que l'on fait dissoudre à froid dans un matras jaugé à 100 centimètres cubes; les dissolutions sont généralement troubles et colorées; on y ajoute 5 centimètres cubes d'une solution concentrée de sous-acétate de plomb.

Les principes colorants et les matières organiques sont précipités presque complètement. On ajoute ensuite de l'eau jusqu'au trait de jauge, on agite et on filtre rapidement sur un grand filtre. Cette liqueur claire doit être employée presque immédiatement pour l'essai saccharimétrique, parce que la présence du sous-acétate de plomb détermine un trouble dû à l'acide carbonique de l'air.

Avec les sucres de betterave dans lesquels la proportion de glucose est presque nulle, on obtient immédiatement le titre du sucre par l'essai de la dissolution au saccharimètre. Avec l'appareil de MM. Soleil et Duboscq ce dosage donne une approximation de 1/4 à 1/2 °/o.

Dans les sucres de canne qui n'ont pas été grainés dans le vide et claircés à la vapeur, le sucre cristallisable est toujours mélangé avec une proportion plus ou moins considérable de glucose, produit par les altérations que le sucre cristallisable a subies, soit pendant la fabrication, soit pendant le transport.

On doit alors avoir recours à la méthode de l'inversion, c'est-à-dire à la transformation, par l'action d'un acide, du sucre cristallisable à pouvoir destrogyre en sucre incristallisable à pouvoir inverse. Après avoir fait une première observation sur la liqueur sucrée obtenue comme il a été dit plus haut, on en prend 50 centimètres cubes que l'on additionne de 5 centimètres cubes d'acide chlorhydrique, puis on porte le mélange, dans un bain-marie, à la température de 68°, et on le laisse à cette température pendant 10 minutes. On refroidit avec de l'eau froide le liquide interverti, puis on fait une nouvelle observation au saccharimètre, en employant un tube de 0m,22 de longueur, pour compenser l'addition d'acide. Il faut alors avancer l'index en sens inverse de la première opération, et la distance parcourue entre la rotation primitive et celle que l'on obtient alors par l'égalité des teintes, mesure la somme de l'action du sucre cristallisable observée avant l'acidulation et de celle en sens inverse du sucre incristallisable qui aura été produit sous l'influence de l'acide. Si le coefficient de l'inversion, c'est-à-dire le rapport numérique du pouvoir du sucre interverti au pouvoir du sucre cristallisable était constant, le problème serait résolu par la distance parcourue par l'index multipliée par ce coefficient.

Mais la température exerce sur le pouvoir optique des sucres lévogyres une influence considérable, observée pour la première fois par Mitscherlich. M. Clerget a dressé une table donnant pour chaque degré de température les sommes des rotations directes et inverses correspondant au titre des dissolutions. Cette table est construite pour des titres croissant par centièmes et pour des différences de température variant par degré de + 10° à + 35°.

Pour noter la température de l'observation, le tube renfermant la solution porte une tubulure verticale, dans laquelle on place un thermomètre.

Ces diverses déterminations étant faites, on connaît les poids de l'eau, des cendres, de la glucose, du sucre; en retranchant la somme de ces poids de 100, on a les matières organiques.

Depuis un certain temps, pour éviter un dosage aussi long, surtout dans le cas de l'inversion, on emploie dans les laboratoires un procédé beaucoup plus simple, et qui donne des résultats à peu près exacts quand les sucres ne sont pas mélangés de matières étrangères.

On dose l'eau, les cendres, la glucose, puis on multiplie le poids de cendres obtenu par 0,8, et on obtient approximativement le poids des matières organiques renfermées dans le sucre.

En faisant la somme de ces quatre chiffres et retranchant de 100, on obtient le sucre par différence.

Ce procédé commercial est qualifié d'analyse aux quatre cinquièmes.

ANALYSE DES BETTERAVES. — On râpe 200 grammes environ de betteraves et on les soumet à l'action de la presse. On procède à la défécation en ajoutant à 100 centimètres cubes du jus 10 centimètres cubes de sous-acétate de plomb; on filtre et on obtient une liqueur incolore, que l'on examine au saccharimètre, en prenant un tube de 0m,22 (ou un tube de 0m,20 et ajoutant 1/10e): le chiffre obtenu donne le titre en sucre du jus, si l'on considère que 100 divisions correspondent à 16gr,350 de sucre. Pour avoir ensuite la teneur des betteraves en sucre, on admet que la betterave ne renferme que 5 °/o de matières solides insolubles, et on multiplie le chiffre obtenu pour le jus par 19/20e. On n'a généralement pas besoin de faire l'inversion.

Le dosage de la canne à sucre s'effectue de même sur le jus, mais la défécation se fait généralement avec de la colle de poisson et de l'alcool.

ANALYSE DES MÉLASSES. — On prend un poids de mélasse trois fois plus considérable que lorsqu'on opère sur un sucre brut, soit 49gr,05. On étend d'eau dans un flacon jaugé à 300 centimètres cubes.

On verse la liqueur obtenue dans un tube de verre garni à sa partie inférieure d'une double virole retenant un feutre de laine, sur lequel on place un tampon de coton cardé, puis 80 centimètre cubes de noir animal en grains fins. Les 80 premiers centimètres cubes filtrés sont écartés, leur titre étant faussé par l'action initiale du noir. La liqueur qui passe ensuite a conservé son titre primitif. On la repasse 10 à 12 fois sur le filtre pour obtenir une décoloration aussi complète que possible. Le liquide filtré est peu coloré, mais par l'acidulation la teinte passe au rouge, ce qui empêche l'inversion; pour éviter cette coloration, on mesure la liqueur filtrée et on y verse un dixième de son volume de sous-acétate de plomb. On filtre de nouveau sur le noir, en employant seulement 50 à 60 centimètres cubes de ce dernier; on sépare, comme à la première filtration, un volume de solution égal à celui du noir, et la liqueur qui passe ensuite est suffisamment décolorée.

On procède alors au titrage de la liqueur dans un tube de 0m,22 ou en tenant compte de l'addition de sous-acétate de plomb, et on fait l'inversion comme il a été dit plus haut. A. M.

SUIF. — On donne généralement le nom de suif (*sebum*, *στέαρ*) à la matière grasse extraite des animaux herbivores, bœuf, vache, veau, taureau, mouton, chèvre, bouc. Souvent le suif du commerce est un mélange de graisses de plusieurs de ces animaux. Par extension, le mot suif s'applique quelquefois à des matières grasses d'origine végétale, tels sont le *suif d'arbre*, le *suif de Bornéo*, le *suif de Mafurra*, le *suif de Piney*, etc.

La valeur des suifs varie avec leur blancheur, leur dureté, leur odeur; leurs caractères et leurs propriétés diffèrent selon l'espèce, le sexe, l'âge des animaux qui les ont fournis. Les animaux entiers produisent un suif plus ferme que les animaux châtrés; le suif des taureaux a plus de consistance que celui des bœufs, celui des béliers et des brebis est plus solide que celui des moutons. Le suif des animaux femelles a généralement plus de mollesse que celui des mâles. Le degré de consistance des graisses n'est pas le même dans toutes les parties de l'organisme; ainsi le suif qui entoure les reins est ordinairement plus ferme, plus solide que celui qu'on trouve dans le tissu cellulaire ou les viscères, et ce dernier diffère lui-même du suif emprisonné dans les chairs. L'âge, le climat, le mode d'alimentation, les saisons exercent une grande influence sur la qualité des suifs. On remarque facilement que chez les jeunes animaux la graisse est blanchâtre et qu'elle jaunit à mesure que l'animal avance en âge; elle peut prendre alors une odeur et une saveur particulières. La graisse du veau et celle du bœuf se distinguent très-bien. Dans les climats chauds et tempérés, les suifs observés sur les animaux vivants ont plus de consistance que dans les pays froids; la même remarque s'applique aux animaux de montagnes comparés à ceux de la plaine.

Le mode d'alimentation modifie beaucoup les qualités du suif. Les animaux engraissés avec les résidus des fabriques de sucre de betterave, avec des soupes, des aliments cuits et délayés dans l'eau donnent une graisse peu consistante; au contraire, les aliments solides, secs et froids produisent des suifs plus fermes; aussi l'engraissement à l'étable, aux fourrages secs et au grain fournit les bons suifs. La nourriture réagit aussi sur la saveur et l'odeur de la matière grasse; dans certains cas particuliers, comme dans le suif de mouton ou de bouc, M. Chevreul a fait voir que l'odeur forte et pénétrante était due à l'*hircine*.

Différentes espèces de suifs. — Dans le commerce on rencontre le plus généralement les suifs de bœuf ou de mouton et, ordinairement, ces deux sortes de suifs se trouvent à l'état de mélange.

Suif de bœuf ou *graisse de bœuf*. — Sous cette dénomination on comprend le suif de vache et de taureau. Ce suif est blanc jaunâtre, et il doit cette coloration à une matière jaune qu'on peut enlever à l'aide de lavages à l'eau bouillante.

Le suif de bœuf fondu commence à se figer vers 36 ou 37°; il exige, pour se dissoudre, 40 p. d'alcool bouillant à 0,820 de densité. D'après M. Chevreul, 100 p. de suif renferment 70 p. de stéarine (matière solide) et 30 p. d'oléine. Lorsque le suif de bœuf renferme du suif de vache, son odeur est plus caractérisée. Ce suif fournit avec les lessives de soude un savon très-blanc et très-ferme; il sert à la fabrication de la *margarine Mouriès*.

Le *suif de veau* est blanc rosé; il fond facilement entre les doigts; il est opalin et mat; il se corrompt très-rapidement.

Le *suif de mouton* est en général plus ferme et plus blanc que celui de bœuf; aussi est-il recherché pour la fabrication des chandelles. Il est difficile de se procurer ce suif à l'état de pureté.

Le suif de mouton donne par la saponification des acides gras fondant environ à 44°. Sous la dénomination de suif de mouton on comprend aussi les suifs des *béliers*, des *brebis*, des *boucs*, des *chèvres*. La présence de ces graisses dans les suifs du commerce se reconnaît à l'odeur particulière et désagréable due, d'après M. Chevreul, à l'*hircine*. Ce chimiste a donné, pour la composition élémentaire du suif de mouton, les nombres suivants :

Carbone...........	78,996
Hydrogène.........	11,700
Oxygène......... .	9,304
	100,000

Le suif de mouton fournit par la saponification avec les lessives de soude un savon très-blanc, dur et cassant; pour le rendre plus mou, on saponifie le suif en ajoutant un peu de potasse à la soude ou bien en additionnant la matière grasse d'axonge ou d'huile de coco.

Suif de tripes ou d'abatis. — C'est la matière grasse retirée par l'ébullition dans l'eau des estomacs, des têtes, des pieds de bœuf, veaux, moutons, etc. Ce suif est coulé en pains de 70 à 75 kilogrammes appelés *pastelles* dans le Midi.

Suif des boyauderies. — Les intestins des animaux, après avoir été vidés et lavés à l'eau froide, sont raclés à l'aide d'un couteau et fournissent une graisse que l'on fait fondre dans l'eau bouillante; on la passe ensuite à travers un tamis de crin pour retenir les portions de membranes qui ont été détachées, et on la coule dans des baquets en bois préalablement mouillés. Cette graisse est d'un blanc verdâtre; elle a une odeur forte et désagréable; elle sert pour la fabrication des savons de basse qualité.

Suif d'os, petit suif. — Les os frais étant broyés sont placés dans une chaudière en fonte contenant de l'eau chaude; par l'ébullition de l'eau la matière grasse des os se sépare et vient nager à la surface du liquide, on l'enlève à l'aide d'une cuiller plate et on la verse sur un tamis placé au-dessus d'un tonneau. Le suif obtenu est d'un blanc brun; il est mou, odorant.

Les os frais fournissent en moyenne 5 °/₀ de graisse. Souvent on incorpore à ce suif jusqu'à 30 °/₀ d'eau en le brassant avec de l'eau chargée de carbonate de soude.

La *moelle d'os de bœuf* donne, par la saponification, un acide liquide et deux acides solides, savoir : l'acide palmitique et un acide que M. Eylerts a appelé *acide médullique*, $C^{21}H^{42}O^{3}$, fondant à 72°,5. Ces acides se trouveraient dans les rapports suivants : acide palmitique 46, acide médullique 10, acide oléique 44 [C. Eylerts, *Arch. der Pharm.*, (2), t. CIV, p. 129].

Disons enfin qu'on trouve dans le commerce la *graisse verte* ou *graisse de pot* provenant des résidus d'opérations culinaires faites dans les établissements publics ou privés, et le *flambart* qui est la graisse recueillie à la surface de l'eau dans laquelle les charcutiers font cuire leurs viandes.

Fonte des suifs. — Dans les abattoirs, lorsqu'on dépouille les animaux, on enlève les *graisses* qui entourent les intestins et une partie des grosses graisses enveloppées de membranes et renfermées encore dans le tissu cellulaire; c'est là ce qu'on appelle le *suif en branches*. Les bouchers, au moment du débit, détachent les portions de graisse restées adhérentes à la viande; le produit de cette opération est désigné sous le nom de *dégraisse*. Il est important de soumettre ces produits à la fonte le plus rapidement possible, surtout dans les saisons chaudes, afin d'éviter la putréfaction des matières azotées qui communique aux suifs une odeur désagréable.

Avant de fondre le suif on commence par le couper en petits morceaux à l'aide de hachoirs à la main ou de hachoirs mécaniques, ou bien on le bat fortement sous des pilons; on a quelquefois recours à des meules verticales pour broyer et déchirer les cellules. Lorsque la matière première est divisée, on peut opérer la fonte par le procédé des *cretons*, ou à l'*acide*, ou à l'*alcali*.

1° *Fonte aux cretons*. — L'opération se fait dans des chaudières en cuivre généralement hémisphériques et de la capacité de 15 hectolitres; elles sont chauffées à feu nu. Le suif découpé étant introduit dans la chaudière, on allume le feu. Sous l'influence de la chaleur, les cellules se gonflent, crèvent et laissent sortir la matière grasse; on ajoute successivement de nouvelles quantités de suif jusqu'à ce que la chaudière soit remplie aux deux tiers. A l'aide d'un instrument en bois, on écrase les membranes contre les parois de la chaudière pour faciliter la sortie du corps gras qui vient former une couche liquide à la surface. On chauffe jusqu'au moment où les membranes paraissent raccornies, dures et ne laissent plus couler de graisse. On enlève la matière fondue avec de grandes poches, on la verse sur des paniers en osier appelés *bannates* ou sur des tamis en cuivre placés au-dessus de vases en cuivre ou en bois doublés de plomb. De là, le suif est coulé dans des baquets cylindro-coniques, nommés *tinnes* ou *jalots*, où il se fige. Les blocs de suif retirés de ces baquets pèsent, à Paris, environ 25 kilogrammes, et sont livrés au commerce sous le nom de *suif de place*.

A Bordeaux, la fonte a lieu une fois par semaine ; elle commence le vendredi et se prolonge plus ou moins tard dans la journée du samedi. La chaudière est chauffée directement avec du bois de pin et l'on entretient le feu jusqu'au moment où la fusion bien complète s'accompagne d'un bouillonnement prononcé dû à l'ébullition de l'eau dont la matière animale était imprégnée. Le suif liquide et passé à travers un tamis est agité avec une petite quantité d'eau qui sépare les membranes entraînées. Repris alors, le suif encore liquide est versé dans une série de bacs en bois désignés sous le nom de *douillards*, qu'il traverse successivement et dans chacun desquels il subit une agitation pour ainsi dire continue, dont l'effet principal est d'en activer le refroidissement et, par suite, la solidification. Deux heures et demie, trois heures au plus suffisent au traitement de 500 kilogrammes de suif en rames [Cloëz, A. Girard, Hervieu, *Rapport d'expertise*].

Les membranes restées dans la chaudière sont soumises à la presse afin d'en extraire la plus grande quantité possible de suif interposé ; le résidu compacte est appelé *boulée* ou *cretons*. Les tourteaux ainsi obtenus sont vendus sous le nom de pains de cretons et sont employés pour l'engrais des terres ou la nourriture des chiens. On y trouve souvent une assez forte proportion de cuivre, qui peut compromettre la santé des animaux qui en font usage. Les pains de cretons retiennent encore de 10 à 15 % de matière grasse ; on retire par la fusion de 80 à 82 % de suif en pains, un peu coloré. Les cretons sont quelquefois traités par le sulfure de carbone pour en extraire la graisse qu'ils renferment.

Le mode de traitement primitif qu'on vient de décrire s'est conservé dans certaines localités, malgré l'inconvénient que présente pour le voisinage le dégagement d'odeurs intolérables.

On a proposé de fondre les matières au bain-marie ; on obtient par ce moyen du suif plus blanc, mais le rendement est plus faible, car la température n'est pas assez élevée.

En 1823, Appert avait conseillé de traiter le suif haché par le tiers de son poids d'eau dans une marmite autoclave, portée à la température de 112° à 115° pendant une heure.

On a essayé encore l'emploi de la vapeur à 3 atmosphères et demie agissant pendant 8 heures sur les matières ; dans ce cas, les membranes se transforment en une masse gélatineuse qu'on a de la peine à éliminer.

2. *Fonte à l'acide.* — L'acide sulfurique étendu attaque et dissout les membranes animales et n'exerce aucune action sur les graisses. Ces remarques, faites en 1820 par d'Arcet, lui donnèrent l'idée de les appliquer à la fonte des suifs, et le procédé à l'acide est aujourd'hui employé dans la plupart des établissements.

Dans une chaudière en cuivre on place le suif en branches sur lequel on verse, pour 1,000 kilogrammes de suif, 200 litres d'eau additionnée de 6 kilogrammes d'acide sulfurique concentré. On porte le tout à l'ébullition, et au bout de 2 à 3 heures les membranes sont presque entièrement dissoutes et le suif surnage. On décante la matière liquéfiée dans des cuves en bois doublées de plomb, et qu'on nomme refroidissoirs ; puis on le coule dans les tinnes. La boulée, en faible proportion, est évacuée, avec l'eau acide, par un robinet de vidange.

Ce procédé peut s'appliquer aux chaudières à feu nu ; mais il est préférable d'opérer dans des chaudières fermées, à la température de 105° à 110°, en faisant agir la vapeur extérieurement ou en l'injectant dans la matière grasse. Dans ce dernier cas, on ajoute moins d'eau au commencement de l'opération, de manière à compenser l'addition d'eau due à la condensation de la vapeur.

La fonte à l'acide donne des suifs blancs et peu odorants, et le rendement s'élève de 84 à 85 % de la matière première ; les cretons étant acides ne sont utilisés que pour engrais.

Les fabricants de chandelles trouvent que le suif à l'acide laisse suinter, en été, une matière fluide, et ils donnent alors la préférence au suif obtenu sans acide. Cette différence doit être attribuée à l'action de l'acide sulfurique sur la matière grasse neutre : il y a formation d'acides gras qui, rendant le suif un peu cristallin, facilitent l'écoulement de l'oléine.

M. Lormé réunit les deux procédés précédemment décrits ; il fond d'abord le suif par la vapeur et il traite ensuite les résidus membraneux qui proviennent de la fonte du suif par l'acide sulfurique étendu d'eau. Cet industriel prétend que par cette combinaison on obtient de 89 à 91 % d'un suif très-pur et très-blanc.

M. Lefébure a proposé de faire macérer le suif à froid pendant 3 ou 4 jours dans un bain contenant, pour 100 kilogrammes de suif, 1 kilogramme d'acide sulfurique, d'acide chlorhydrique ou d'acide azotique, et d'opérer ensuite la fusion du suif dans de l'eau pure. L'acide sulfurique donnerait 90 % de suif très-blanc, l'acide azotique 91,5 % de suif un peu jaunâtre, et l'acide chlorhydrique 87 % avec la même teinte. Des essais du même genre, faits à un autre point de vue, nous feraient donner la préférence à l'acide sulfurique.

Pour faciliter la séparation du suif fondu des membranes, on ajoute quelquefois dans les cuves de fusion une petite quantité d'alun dissous dans l'eau.

3. *Fonte à l'alcali.* — En 1850, Évrard, de Douai, a appelé l'attention des industriels sur l'action que les alcalis exercent sur les membranes animales, et il a proposé de remplacer l'acide sulfurique par la soude pour la fonte des suifs. Il emploie 70 litres d'une solution faible marquant 1° à 1°,5 de soude caustique pour 100 kilogrammes de suif tel qu'on l'extrait de l'animal. La dissolution s'opère avec un courant de vapeur. Les membranes se gonflent et se dissolvent en grande partie dans l'alcali ; la matière grasse fondue sort de ses enveloppes et vient surnager à la surface où on la puise à la manière ordinaire. Les acides gras odorants et particuliers à chaque espèce de suif se combinent à la soude et sont entraînés dans les eaux de lavage. La saturation de l'alcali par un léger excès d'acide sulfurique met les acides gras en liberté ; ils sont recueillis à l'aide de vases à récipients florentins et employés à la fabrication des savons communs.

Les suifs fournis par ce procédé sont blancs et n'exhalent aucune odeur désagréable ; les cretons alcalins ne peuvent servir à la nourriture des animaux.

La fonte des suifs, surtout ceux de qualités inférieures, répand une odeur nauséabonde souvent intolérable; d'Arcet avait proposé de diriger les vapeurs dans le foyer ou dans la cheminée, en recouvrant la chaudière d'un couvercle en tôle qu'on peut rabattre et qui forme avec les maçonneries du fourneau un canal aboutissant à la cheminée. Dans d'autres dispositions, les vapeurs des diverses chaudières se rendent dans un carneau commun, et, par l'action d'une cheminée d'appel, traversent la flamme d'un foyer. D'après Stein, on parvient à faire disparaître toute odeur en recouvrant la chaudière avec un grillage chargé de quelques centimètres de noir animal et de chaux éteinte. A chaque chargement les matières désinfectantes doivent être renouvelées.

Margarine Mège-Mouriès. — Nous sommes naturellement conduits à dire quelques mots du procédé que M. Mège-Mouriès a indiqué pour extraire du suif l'oléomargarine à laquelle il donne le nom de *beurre artificiel.* Voici comment il opère :

La graisse de bœufs abattus le jour même est broyée entre deux cylindres à dents coniques qui l'écrasent et déchirent les membranes dont elle est enveloppée. Après avoir subi ce broyage, elle tombe dans une cuve profonde, chauffée à la vapeur, et dans laquelle on a versé pour 1,000 kilogrammes de graisse brute : eau, 300 kilogrammes; carbonate de potasse, 1 kilogramme, plus deux estomacs de mouton ou de porc coupés en fragments. La température du mélange est alors portée à 45° centigrades, et la masse est remuée exactement.

Au bout de deux heures, la graisse, dégagée sous l'influence de la pepsine des deux estomacs, des membranes qui l'enveloppaient, se trouve entièrement fondue et réunie à la partie supérieure de la cuve; elle est alors, au moyen d'un tube mobile surmonté d'une pomme d'arrosoir, décantée dans une seconde cuve chauffée au bain-marie à 30° ou 40°, où elle est additionnée de 2 °/₀ de sel marin pour en favoriser la dépuration. Deux heures suffisent pour que cette graisse puisse être écoulée dans des cristallisoirs en fer-blanc d'une capacité de 25 à 50 litres. Ces cristallisoirs sont déposés dans une pièce entretenue à 20° ou 25°, où ils se refroidissent lentement. Le lendemain la graisse, présentant un aspect grenu, est coupée en gâteaux, empaquetée dans des toiles et soumise à l'action de la presse, dans un atelier maintenu à la température de 25° environ. Cette graisse se partage en deux parties à peu près égales : l'une, qui représente 40 à 50 °/₀ de la matière, est de la stéarine fusible entre 40° et 50° qui reste dans les sacs; l'autre est de l'oléomargarine liquide qui s'écoule. C'est avec l'oléomargarine que M. Mège fabrique le beurre économique. La stéarine trouve son emploi dans les fabriques de bougies [F. Boudet, *Rapport fait au conseil de salubrité de la Seine*].

Épuration des suifs. — Les suifs conservés pendant quelque temps rancissent et prennent une odeur repoussante qui les fait rejeter pour certaines applications; d'un autre côté, les fondeurs peuvent avoir de l'intérêt à communiquer à des suifs de basse qualité l'arome de suifs plus purs. Aussi a-t-on proposé un grand nombre de moyens pour atteindre ce résultat. Parmi les procédés employés, nous citerons la refonte des suifs en présence d'une petite quantité d'eau pure ou alunée et une vive agitation produite par un courant d'air très-divisé et traversant la masse de suif fondu. MM. Cloëz et A. Girard ont recommandé de refondre le suif altéré, odorant, en présence d'une petite quantité d'eau à laquelle on a mélangé de la magnésie dans la proportion de 1 °/₀ de la matière grasse; ou bien de remplacer la magnésie par 5 °/₀ de noir brut et de passer le suif sur une toile.

On peut, dit-on, faire disparaître l'odeur forte des suifs mouton Plata, par exemple, et la remplacer par l'odeur des suifs fondus au creton, en joignant au procédé ordinaire d'épuration des suifs par fusion sur l'eau alunée une refonte en présence d'une certaine quantité de cretons non pressés provenant d'une fonte récente. Les cretons agiraient comme le noir animal en absorbant une partie des matières odorantes et colorantes du suif impur, tandis qu'ils lui communiqueraient leur odeur caractéristique.

Nous admettons qu'il y ait amélioration; mais un fabricant connaissant son métier ne se trompera jamais sur l'origine de ces suifs.

Pendant le siége de Paris, des quantités considérables de suif se trouvaient en magasin et il était important de pouvoir les utiliser pour l'alimentation à la place du beurre qui faisait défaut. Or les suifs conservés sont toujours accompagnés d'une odeur infecte qui en rend l'emploi répugnant; divers procédés d'épuration et de désinfection furent mis en pratique pour obtenir des produits convenables. M. J. Casthelaz a fait connaître un moyen qui consiste à émulsionner les suifs dans une solution faible de cristaux de soude, à séparer par l'eau, à laver les corps gras et à répéter deux ou trois fois cette opération suivant la qualité des suifs mis en travail.

Dans le premier traitement on emploie 4 p. de carbonate de soude cristallisé pour 100 p. de suif; pour les seconds traitements, les proportions de carbonate de soude employé varient de 4 à 2 °/₀; pour les troisièmes, elles varient de 3 à 2 °/₀. L'opération se continue, soit par un simple lavage à l'eau, soit par un lavage avec de l'eau contenant 1 °/₀ d'acide chlorhydrique et un nouveau lavage pour enlever les dernières traces de sel sodique ou d'acide [*Compt. rend.*, t. LXXI, p. 812].

A cette occasion on a réclamé la priorité en faveur d'Evrard, mais, comme l'a si judicieusement fait observer M. Balard, le procédé Evrard, que nous avons décrit plus haut, a eu pour but la destruction des membranes par les alcalis caustiques. Nous voyons plutôt dans la méthode de M. J. Casthelaz l'application de ce qui se pratique pour enlever aux huiles leur acidité.

Un moyen qui donne d'excellents résultats et à l'aide duquel on enlève presque complétement l'odeur et la saveur des suifs, même Plata, consiste à les fondre et à y faire passer un courant de vapeur, *à la condition de porter la température à 160°.* Un lavage préalable à l'eau légèrement alcaline n'est pas nuisible, et facilite l'opération; mais il est indispensable de bien enlever l'alcali et les sels formés par des lavages à l'eau. Aussi pour beaucoup d'usages la vapeur à 160° est suffisante.

On a souvent tenté de séparer, par des procédés physiques, la matière solide du suif ou la stéarine de la partie liquide ou oléine. Braconnot retirait du suif une matière solide, appelée *ceromimène*, en faisant cristalliser le corps gras neutre dans l'essence de térébenthine et soumettant à l'action de la presse. Plus tard Éboli a pris un brevet pour l'application de ce procédé à la fabrication de la bougie dite éboline (t. XL, p. 434 des brevets expirés). En 1840, MM. Tresca et Éboli sont parvenus à produire la séparation de la stéarine de l'oléine en diminuant l'affinité du principe liquide pour le principe solide, par l'addition d'une huile fixe.

L'huile qu'il est le plus convenable d'employer est celle déjà extraite de la substance sur laquelle on doit opérer, par conséquent l'oléine; mais pour la première opération on peut prendre l'huile de pieds de bœuf ou de mouton. L'oléine était employée pour l'éclairage ou le graissage des machines; la stéarine pour la fabrication des bougies ou des chandelles (t. XLIX, p. 423, des brevets expirés).

On peut aussi faire passer un courant d'air dans les suifs fondus, battre fortement dans un mélangeur et couler dans des cristallisoirs. Les cristaux passés à la turbine sont soumis à la presse hydraulique (brevet 93819, Brin, 11 janvier 1872).

Ces différents moyens ont été abandonnés, car ils ne procurent aucun bénéfice. Le procédé de M. Mège-Mouriès seul fournit maintenant au commerce une certaine quantité de stéarine.

Sans séparer la stéarine de l'oléine, on a encore cherché à blanchir le suif et à lui donner de la dureté, en vue principalement de la fabrication des chandelles. Appert fondait pour cela le suif sous forte pression, dans une marmite de Papin. On a ensuite employé l'acide sulfurique étendu d'eau, l'acide sulfurique et le bioxyde de manganèse, l'acide azotique, etc.

Commerce des suifs. — Pour compléter ce que nous avons dit sur les suifs, ajoutons quelques renseignements sur la nature et la provenance des suifs actuellement employés dans l'industrie.

1° Le suif de place de Paris ne contient que la dégraisse des étaux des bouchers, quand il est pur. Souvent il est additionné de suif de tripiers, de boyaux et d'os.

2° Le suif de bœuf n'est employé que par les fabricants de chandelles qui payent une plus-value de 2 à 3 francs par 100 kilogrammes.

3° Le suif de bœuf (rognons purs) sert généralement à la fabrication de la margarine. La partie solide, qui n'a pas son emploi dans cette fabrication, est vendue comme suif pressé aux fabricants, qui mélangent ce produit avec de l'acide stéarique. Ce mélange donne des bougies de qualité inférieure, mais ayant de l'apparence. Ce suif pressé se paye de 15 à 20 francs par 100 kilogrammes en plus du prix du suif de place.

4° Le suif de mouton ordinaire est employé pour la chandelle perfectionnée. Il jouit d'une plus-value qui atteint 10 à 12 francs par 100 kilogrammes.

5° Le suif de mouton de rognons sert aussi à faire des bougies de qualité inférieure. Il se paye 15 francs par 100 kilogrammes plus cher que le suif de place.

6° Le suif d'os est employé par les stéariniers qui distillent et par les savonniers. Sa moins-value varie de 12 à 20 francs par 100 kilogrammes.

7° Le suif de boyaux est employé par les stéariniers qui obtiennent, par un mélange avec d'autres suifs, la cristallisation qui leur est nécessaire pour avoir une séparation entre la partie solide et la partie liquide des acides gras. Il se paye 12 à 15 francs moins cher que le suif de place.

8° Le suif de Saint-Pétersbourg (P. Y. C.) a joui pendant longtemps d'une grande faveur en Europe. Depuis plus de dix ans, sa consommation a été presque nulle ailleurs qu'en Russie. Le marché de Londres, qui en reçoit encore, se sert de ce suif seulement au point de vue spéculatif. Les fabricants anglais l'emploient bien rarement. Néanmoins le prix du suif de Saint-Pétersbourg est généralement coté à un prix supérieur à celui des autres suifs.

9° Le suif d'Odessa (bœuf), qui est d'une qualité bien supérieure au suif de Saint-Pétersbourg, ne vient guère en France. Il n'est utilisé que par les stéariniers de Marseille et de Montpellier.

10° Le suif d'Odessa (mouton) trouve son débouché seulement dans la mer Méditerranée.

11° Le suif des États-Unis (Association des bouchers) convient à la fabrication des chandelles. Son prix est généralement plus élevé que celui des *Prime City*. Il vient rarement en Europe.

12° Le suif *Prime City* est recherché par les stéariniers qui trouvent un suif pur qu'ils payent 1 à 2 francs plus cher que le suif de place.

13° Le suif *Western*, plus riche en stéarine que le *Prime City*, subit néanmoins une moins-value à cause de son impureté, qui atteint souvent 2 %.

14° Le suif de bœuf Plata jouit d'une grande faveur dans la stéarinerie, qui le paye de 6 à 8 francs plus cher que le suif de place de Paris.

15° Le suif de mouton Plata arrive en très-grande quantité en France, où il est préféré au suif de place. Il se paye de 2 à 4 francs plus cher que ce produit.

La différence qui existe dans la Plata entre les suifs de bœuf et de mouton provient de ce que dans ce pays la viande du bœuf est utilisée, tandis que, celle du mouton étant perdue, les fondeurs mettent le mouton entier dans la chaudière, et qu'ils retirent comme suif toute la graisse qui surnage. Le suif de bœuf, au contraire, est fondu comme en France, après la séparation de la viande.

16°, 17°, 18°. Les suifs d'Australie ont un débouché considérable en Angleterre. Ces suifs viennent en très-petite quantité en France.

19° Le suif de Florence n'est employé en France qu'à Marseille, où il se paye avec une plus-value de 2 francs sur le suif de place.

20° Le suif de Vienne n'est employé que par les stéariniers de cette ville.

Voici le titre moyen, c'est-à-dire le point de solidification des acides gras bruts provenant de la saponification des suifs dont nous venons de parler :

		Point de solidification des acides gras
France....	1. Suif de place de Paris.....	43°,5
	2. — de bœuf ordinaire.....	44
	3. — de bœuf (rognons purs).	45 5
	4. — de mouton ordinaire...	46
	5. — de mouton (rognons)..	48
	6. — d'os..................	42 5
	7. — de boyaux............	41
Russie....	8. De St-Pétersbourg (P. Y. C).	43 5
	6. D'Odessa (bœuf).........	44 5
	10. — (mouton)........	45
États-Unis.	11. New-York (Association des bouchers)............	43 5
	12. New-York (*Prime City*)...	44
	13. Western................	45
Plata.....	14. Buenos-Ayres (bœuf).....	45
	15. — (mouton)...	43 2
Australie..	16. Suif de mouton..........	44 8
	17. — de bœuf et de mouton.	44 5
	18. — de bœuf	43 5
Italie.....	19. Suif de Florence........	44
Autriche..	20. — de Vienne..........	44 5

Nous ferons remarquer que les écarts de prix ne sont pas toujours en rapport avec les différences existant entre les points de solidification des acides gras. Cette anomalie trouve son explication dans le besoin, plus ou moins fondé, que certains fabricants éprouvent d'avoir tel ou tel suif, pour obtenir les produits qu'ils ont l'habitude de faire.

Essai des suifs. — Les graisses ont quelquefois été additionnées de sulfate de baryum, de kaolin, de marbre en poudre, de fécule, etc. Ces fraudes, très-rares d'ailleurs, seraient très-facilement décelées lorsqu'on fond une certaine quantité de suif dans une capsule avec de l'eau; après avoir porté le liquide à l'ébullition pendant quelques instants, on laisse refroidir, et par le repos les matières étrangères se séparent avec l'eau. Aucune difficulté ne se présente pour leur examen, et nous n'insistons pas davantage sur une falsification qui ne se présente jamais dans le commerce en grand des matières grasses.

Maintenant, des fondeurs peu scrupuleux ajoutent aux suifs des résines; c'est une des principales falsifications; on peut les reconnaître comme dans les savons. — Voyez t. II, p. 1453.

On fait aussi absorber aux suifs des proportions d'eau plus ou moins fortes, par un simple battage avec ce liquide seul ou additionné de carbonate de soude. Le carbonate de soude peut se reconnaître en fondant du suif dans l'eau et examinant si l'eau est devenue alcaline, ou bien encore en incinérant un poids donné de suif; s'il y a du sel de soude, il se retrouvera dans le résidu de l'incinération. Quant à la proportion d'eau contenue dans un suif, on la détermine en plaçant dans une petite capsule tarée 20 grammes par exemple de suif et en élevant progressivement la température jusqu'à 110° ou 115°. La perte de poids de la capsule indique la proportion d'eau.

Mais les sophistications les plus nombreuses et les plus habituelles sont produites par l'addition aux suifs de bonne qualité de matières secondaires, telles que des graisses d'os ou petit suif, du flambart, de l'axonge, de l'acide oléique, etc. Toutes ces matières, analogues quant à leur composition, et différant surtout par la proportion de matière solide qu'elles renferment, ne peuvent pas être distinguées facilement; et cependant il est de la plus haute importance pour les fabricants d'acide stéarique de connaître la proportion exacte d'acides solides contenus dans les suifs dont ils font usage. Depuis quelques années, les transactions effectuées à Paris, sur ces matières, stipulent que les *acides gras*, retirés du suif par saponification, auront un point de fusion de 43°,5, les différences en dessus et en dessous donnant lieu à une augmentation ou à une diminution de prix proportionnelle. On s'est basé, pour établir ce nombre, sur ce que les suifs de la *fonderie* de Paris donnent des acides gras fondant environ à 44°.

Lorsqu'on veut faire un essai de suif, on prend un échantillon moyen de la livraison, on le saponifie au moyen de potasse caustique étendue, en faisant bouillir longtemps; on décompose le savon par de l'acide sulfurique étendu, on lave les acides gras, on les dessèche, et on prend leur point de solidification; cela fait, on saponifie une seconde fois les acides, et on s'assure que le point de solidification n'a pas changé. Cette seconde opération est indispensable pour être certain du nombre que l'on a trouvé.

Cette manière d'opérer est très-longue et demande une grande surveillance; on peut arriver au même résultat beaucoup plus rapidement par un procédé que nous employons depuis plus de vingt ans, et qui est généralement adopté. Il consiste à verser sur le suif fondu une dissolution alcoolique de potasse en proportion assez forte pour qu'il y ait excès d'alcali; la saponification est instantanée, et le liquide devient limpide.

On chauffe, par précaution, quelques instants, on ajoute de l'eau, on évapore l'alcool au bain-marie, et lorsque tout l'alcool s'est volatilisé, on décompose le savon comme précédemment, et on en sépare les acides gras. Un point important pour la réussite de l'opération, c'est que l'alcali employé soit en excès et qu'il ne reste plus d'alcool dans le savon au moment de sa décomposition; sans cela, il se forme des éthers d'acides gras dont le point de fusion est très-bas et qui diminuent d'une manière notable le point de solidification des acides obtenus [J. Bouis, *Compt. rend.*, t. XLV, juillet, 1857].

Ce procédé, excellent pour un chimiste exercé, n'a pas toujours donné de bons résultats à des personnes qui n'ont pas su éviter la formation des éthers; aussi M. Dalican, auquel nous l'avons autrefois fait connaître, l'a-t-il décrit de manière à le rendre pratique dans l'industrie et il le résume de la manière suivante :

1° Peser 50 grammes de suif;
2° Les faire fondre jusqu'aux premières vapeurs grasses;
3° Mesurer 40 centimètres cubes de soude caustique (à 36° Baumé);
4° Mesurer 25 centimètres cubes d'alcool à 40°;
5° Mêler dans une fiole;
6° Verser ce mélange sur le suif très-chaud (environ 200°);
7° Agiter sans cesse jusqu'à ce que le savon se solidifie;
8° Verser sur le savon un litre d'eau;
9° Faire bouillir le tout 45 minutes;
10° Décomposer par l'acide;
11° Enlever l'eau à la pipette;
12° Couler la matière grasse dans un petit plateau;
13° Vérifier la cristallisation.

[*Méthodes chimiques servant à déterminer la valeur commerciale des matières grasses*, par MM. Dalican et F. Jean, 1872.]

Les acides gras obtenus sont desséchés et fondus dans un tube bouché; le point de solidification est pris à l'aide d'un thermomètre indiquant les dixièmes de degré.

Le titre du suif étant connu, on peut évaluer approximativement les proportions des acides solides et de l'acide liquide à l'aide du tableau suivant dressé par M. Chevreul, au moyen de mélanges à proportions déterminées d'acide margarique et d'acide oléique. (Voyez à la page suivante).

D'après ce tableau, un suif qui aurait donné des acides fondant à 43°,7 devrait fournir 48 % d'acides solides et 52 % d'acide oléique. Nous allons également faire connaître les nombres obtenus par MM. Dalican et F. Jean, en mélangeant l'acide stéarique type du commerce, dont le point de solidification est 54°,4, et l'acide oléique complétement débarrassé de l'acide margarique par un dépôt prolongé et filtration. Il est essentiel d'observer que dans ce tableau on a défalqué 4 % pour la glycérine et 1 % pour impuretés et humidité. Les nombres ne doivent donc pas se trouver d'accord avec ceux de M. Chevreul.

Indépendamment des proportions relatives d'acides solides et d'acide oléique, on peut avoir besoin de connaître le rendement d'un suif en *acides gras*. On parvient à ce résultat en prenant un poids déterminé du suif à examiner, 100 grammes par exemple, en le saponifiant par le procédé précédemment décrit, en séparant les acides gras, les desséchant et les pesant, comme nous l'avons indiqué à l'analyse des savons (t. II, p. 1452). En pressant les acides gras obtenus entre des doubles de papier à filtrer, d'abord modérément, puis très-fortement et en couches minces, on arrive presque exactement aux nombres fournis par les tableaux ci-dessus et on a, en outre, l'avantage de constater la nature des acides solides. Dans la comparaison de plusieurs suifs, ce moyen nous a souvent bien réussi.

La proportion de glycérine s'obtient par différence; si l'on tenait à la doser directement, il faudrait neutraliser, après saponification, la dissolution alcaline aussi exactement que possible par l'acide sulfurique, évaporer au bain-marie et reprendre le résidu par l'alcool qui dissoudrait la glycérine; une nouvelle évaporation à basse température chasserait l'alcool et abandonnerait la glycérine. Certains suifs vieux fournissent de la glycérine qui ne se comporte pas toujours avec les réactifs comme la glycérine à

Acide oléique.	Acide concret.	Se trouble à	Se fige à	Acide oléique.	Acide concret.	Point de fusion.	Acide oléique.	Acide concret.	Point de fusion.	Acide oléique.	Acide concret.	Point de fusion.
99	1	+2°	0°	74	26	35°,5	49	51	44°,3	24	76	49°,5
98	2	7	+2	73	27	36	48	52	44,5	23	77	49,8
97	3	7	3	72	28	36,5	47	53	45	22	78	50
96	4	7,5	5	71	29	37	46	54	45	21	79	50
95	5	9,5	7	70	30	37,5	45	55	45,7	20	80	50,2
94	6	11	8	69	31	38	44	56	46	19	81	50,3
93	7	15	9	68	32	38,5	43	57	46,3	18	82	50,7
92	8	15	10	67	33	38,7	42	58	46,5	17	83	51
91	9	16	14	66	34	39	41	59	46,5	16	84	51,5
90	10	21	17	65	35	39,5	40	60	46,7	15	85	51,8
89	11	25	18	64	36	39,7	39	61	47	14	86	52
88	12	26	21	63	37	40	38	62	47,7	13	87	52
87	13	26	24	62	38	40	37	63	47,7	12	88	52,5
86	14	27	25,5	61	39	41	36	64	47,8	11	89	52,5
85	15	28	26,5[1]	60	40	41	35	65	48	10	90	53
84	16	30	27,5	59	41	41,7	34	66	48	9	91	53
83	17	30	28,5	58	42	42	33	67	48,2	8	92	53,2
82	18	32	29,5	57	43	42	32	68	48,3	7	93	54
81	19	33	30,5	56	44	42,2	31	69	48,5	6	94	54
80	20	32,5	31,5	55	45	42,5	30	70	48,5	5	95	54
79	21	35	32	54	46	43	29	71	48,5	4	96	54,2
78	22	35	33	53	47	43,5	28	72	48,5	3	97	54,7
77	23	36	34	52	48	43,7	27	73	48,7	2	98	55
76	24	36	34,5	51	49	44	26	74	49,2	1	99	55
75	25	36,5	35,5	50	50	44	25	75	49,5			

1. A partir de ce nombre, les degrés sont des points de fusion.

l'état de pureté, et cette observation peut avoir son importance.

Pour compléter l'analyse d'un suif, il nous reste à déterminer les impuretés qu'il peut renfermer. Habituellement on ne rencontre que des débris de membranes ou de tissu cellulaire; pour en obtenir la proportion on dissout un poids connu de suif dans l'éther ou le sulfure de carbone, on recueille la matière insoluble sur un filtre taré qu'on lave complétement à l'éther, on le dessèche et on le pèse. Les suifs ordinaires ne contiennent pas même 0,5 % d'impuretés; mais il n'en est pas de même des suifs d'os qui renferment souvent des quantités notables de

TABLEAU INDIQUANT POUR CHAQUE DEGRÉ DU THERMOMÈTRE LA QUANTITÉ D'ACIDE STÉARIQUE ET OLÉIQUE CONTENUE DANS UN SUIF (DÉFALCATION FAITE DE 4 % POUR LA GLYCÉRINE ET DE 1 % POUR HUMIDITÉ ET IMPURETÉS).

Degrés du thermomètre.	Quantité % d'acide stéarique.	Quantité % d'acide oléique.	Degrés du thermomètre.	Quantité % d'acide stéarique.	Quantité % d'acide oléique.	Degrés du thermomètre.	Quantité % d'acide stéarique.	Quantité % d'acide oléique.
40	35,15	59,85	43,5	44,65	50,35	47	57,95	37,05
40,5	36,10	58,90	44	47,50	47,50	47,5	58,90	36,10
41	38	57	44,5	49,50	45,60	48	61,75	33,25
41,5	38,95	56,05	45	51,30	43,70	48,5	66,50	28,50
42	39,90	55,10	45,5	52,25	42,75	49	71,25	23,75
42,5	42,75	52,25	46	53,20	41,80	49,5	72,20	22,80
43	43,70	51,30	46,5	55,10	39,90	50	75,05	19,95

matières gélatineuses, du phosphate et du carbonate de chaux en partie combinés à des matières grasses. On en rencontre qui contiennent 5, 10 et même 20 % de résidu insoluble dans l'éther et le sulfure de carbone.

Dans le commerce des corps gras, les bulletins d'essai des suifs indiquent l'humidité, les impuretés et le titre, c'est-à-dire la température de solidification des acides gras obtenus. A l'aide des tables ci-dessus indiquées on se rend compte de la proportion d'acides solides qu'on peut retirer des échantillons examinés. J. B.

SUINT. — Le suint est une substance grasse, onctueuse, très-odorante, qui provient du dégraissage de la laine; il est produit par la transpiration des moutons dont il revêt la toison. Vauquelin est le premier qui ait étudié la nature chimique du suint, considéré alors par plusieurs savants comme une matière grasse [*Expériences sur le suint*, par Vauquelin, *Ann. de Chim.*, t. XLVII, p. 276]. Selon ce chimiste, l'eau avec laquelle on a lavé la laine, filtrée et évaporée, fournit un extrait brun d'une saveur âcre, salée et amère. Sa dissolution est coagulée par les acides, qui en séparent une substance grasse insoluble dans l'eau. La graisse se trouverait combinée à la potasse à l'état d'un véritable savon animal et le suint contiendrait un excès de potasse et un excès de matière grasse libres de toute combinaison, en telle sorte que lorsqu'on immerge dans de l'eau de la laine en suint, la matière savonneuse, le carbonate de potasse excédant et quelques autres sels s'y dissolvent. Une partie de la substance grasse non combinée à l'alcali est entraînée en suspension dans l'eau de lavage.

Des expériences de Vauquelin il résulte que le suint est formé :

1° D'un savon à base de potasse qui en fait la plus grande partie;

2° D'une petite quantité de carbonate de potasse;

3° D'une quantité notable d'acétate de potasse;

4° De chaux à un état de combinaison inconnu;

5° D'un « atome » de muriate de potasse;

6° D'une matière animale à laquelle est attribuée l'odeur particulière du suint.

Toutes ces matières paraissent essentielles à la nature du suint, et le célèbre chimiste les a retrouvées dans un grand nombre de laines, tant de France que d'Espagne.

On y rencontre en outre des matières accidentelles, comme le sable, le carbonate de chaux. Depuis le travail de Vauquelin remontant à 1803, on ne s'était plus occupé du suint, lorsque, le 15 octobre 1828, M. Chevreul publia l'analyse suivante de la laine de mérinos :

Laine pure (épuisée dans l'alcool)......		31,23
Suint soluble dans l'eau................		32,74
— insoluble (élaïérine et stéarérine).		8,57
Terre déposée dans l'eau.......	26,06	27,46
— adhérente à la laine......	1,40	
		100,00

La stéarérine est solide, amorphe; elle fond à 60° environ : elle donne l'*acide stéarérique* quand on la fait bouillir longtemps avec une dissolution concentrée de potasse.

Il ne paraît pas se former de glycérine pendant cette transformation.

L'élaïérine, ou mieux, d'après Littré, l'élaérine, est oléagineuse.

Dans un deuxième travail publié le 26 septembre 1857, M. Chevreul signale dans le suint vingt-neuf substances diverses :

1° Eau;
2° Ammoniaque;
3° Acide carbonique,
4° Arome des bergeries;
5° Arome *y;*
6° Acide phocénique;
7° Acide volatil *x;*
8° Stéarérine;
9° Élaïérine;
10° Principe immédiat, gras, cristallisable à la limite des acides;
11° Stéarérate de potasse;
12° Élaïérate de potasse;
13° Phocénate de potasse;
14° Acide volatil *x* uni à la potasse;
15° Acide incolore cristallisable;
16° Acide orangé incristallisable;
17° Acide azoto-sulfuré brun;

Ces trois derniers unis à la potasse dans le liquide brun.

18° Matière acide azoto-sulfurée insoluble dans l'eau;
19° Carbonate de potasse;
20° Sulfate de potasse;
21° Silicate de potasse;
22° Chlorure de potassium;
23° Oxalate de chaux;
24° Phosphate de chaux;
25° Phosphate ammoniaco-magnésien;
26° Carbonate de chaux;
27° Oxyde de fer;
28° Oxyde de manganèse;
29° Oxyde de cuivre.

D'après M. Chevreul, le suint de mouton présente une réaction alcaline; celui des chèvres alpaca possède, au contraire, une réaction acide. Ces suints renferment de l'acide valérianique, ainsi qu'un autre acide qui lui ressemble [Chevreul, *Compt. rend.*, t. XLIII, p. 130].

Dans une dissertation inaugurale sur le suint, M. P. Hartmann a supposé la présence de la cholestérine dans le suint [*Inaugural Dissertation*, Gottingue, 1868].

M. Er. Schulze [*Zeit. für Chem.*, 1870, t. VI, p. 453] est parvenu à l'isoler et en a constaté les principaux caractères. Pour séparer la cholestérine, il chauffe le suint à 100° avec de la potasse alcoolique, évapore l'alcool, ajoute de l'eau au résidu et agite avec l'éther. L'évaporation de la solution éthérée laisse un résidu formé de lamelles cristallines blanches, mélangées de flocons amorphes. L'alcool bouillant partage le suint en deux parties : l'une, soluble, formée principalement de cholestérine, l'autre, presque insoluble [*Deutsch. Chem. gesells.*, t. V, p. 107; t. VI, p. 251, et *Bull. de la Soc. chim.*, t. XIX, p. 366; t. XX, p. 201]. Dans une seconde note, M. E. Schulze signale la présence, dans le suint, d'un nouvel alcool accompagnant la cholestérine. Cet alcool est isomérique avec cette dernière et renferme : $C^{26}H^{43}.OH$; il le nomme *isocholestérine.* Il cristallise dans l'éther ou dans l'acétone en fines aiguilles transparentes. Une solution alcoolique bouillante fait complétement gelée par le refroidissement.

L'isocholestérine fond à 137-138° et se concrète en masse amorphe. Elle paraît se volatiliser sans altération à une température plus élevée.

Le *benzoate d'isocholestérine,* $C^{26}H^{43}O.C^{7}H^{5}O$, est peu soluble dans l'alcool bouillant, plus soluble dans l'acétone bouillante et encore plus dans l'éther.

L'*acétate d'isocholestérine* est soluble dans l'alcool et incristallisable. On l'obtient en chauffant l'isocholestérine avec du chlorure d'acétyle jusqu'à expulsion de tout l'acide chlorhydrique formé, puis on chauffe en vase clos au bain-marie.

Un mélange de cholestérine et d'isocholestérine fond à 10 ou 15° plus bas que chacune d'elles séparément et se concrète en une masse amorphe.

Il résulte des expériences de M. Schulze que la portion du suint insoluble dans l'alcool est formée de combinaisons de cholestérine et d'isocholestérine, tandis que la partie soluble renferme ces alcools à l'état de liberté et peut-être en combinaisons acétiques.

Le suint paraît encore renfermer en faible quantité un autre alcool moins riche en carbone.

En 1847, Evrard a pris un brevet pour des procédés propres à utiliser les produits provenant du dégraissage des laines. Ce n'est que douze ans plus tard, en 1859, que MM. Maumené et Rogelet ont réalisé pratiquement l'utilisation des eaux du désuintage des laines comme source de potasse pure, et, en 1865, ils ont publié sur le suint un travail important dont nous donnons les conclusions [*Bull. de la Soc. chim.*, nouv. série, t. IV, p. 472].

1° Le suint est neutre. Vauquelin et M. Chevreul l'ont tous les deux regardé comme alcalin et ont attribué l'alcalinité à un excès de carbonate de potasse. MM. Maumené et Rogelet ont reconnu qu'elle a pour cause la production de carbonate d'ammoniaque par suite d'une fermentation putride.

2° La base des sels contenus dans le suint est la potasse seule (avec une très-petite quantité de chaux et de magnésie). La soude en est absente.

3° Le mélange de sels de potasse qui constitue la partie soluble du suint laisse, par la calcination, du carbonate de potasse exempt de soude et mêlé seulement de chlorure de potassium, de sulfate de potasse, de silico-aluminate de potasse, de phosphate de potasse, d'un peu de chaux, de magnésie, d'oxydes de fer et de manganèse.

Le mélange de sels de la partie soluble du suint est appelé, pour abréger, *suintate brut*, et on donne le nom de *suintine* au mélange de élaïérine et de stéarérine. 100 p. de laine ordinaire laissent de 10 à 20 p. de suintate sec. Les meilleures laines du Soissonnais donnent un maximum de 20 °/₀; le maximum courant est de 17,5 à 18 °/₀. Les laines les moins riches, celles de Buenos-Ayres par exemple, présentent seulement 12 et même 10 °/₀. Une toison, représentant en moyenne 5 kilogrammes, peut fournir en moyenne 0^k,8 de suintate sec.

En faisant abstraction complète de la terre, on a environ :

Laine pure	46,00
Élaïérine ou stéarérine	10,00
Suintate sec	22,00
Humidité	22,00
	100,00

Le suintate laisse toujours sensiblement le même poids de salin, en moyenne 52 °/₀. La composition du salin est :

Carbonate de potassium	86,78
Chlorure de potassium	6,18
Sulfate de potassium	2,83
Silice, alumine, acide phosphorique, chaux, magnésie, potasse, oxydes de fer, de manganèse, de cuivre	4,21
	100,00

Le sulfate paraît provenir d'un acide conjugué qui est détruit par la calcination; car MM. Maumené et Rogelet ont reconnu, après Vauquelin et après M. Chevreul, que la quantité de sulfate de baryum formée dans le suintate brut par le chlorure de baryum est très-faible; mais, après la calcination, le précipité atteint la proportion de 2,83 dans 100 de salin.

MM. Maumené et Rogelet insistent beaucoup sur les méthodes analytiques qu'ils ont employées pour s'assurer de l'absence de la soude. Plusieurs chimistes ont au contraire trouvé dans les potasses provenant du suint de 3 à 4 °/₀ de soude; M. Chevreul, dans une communication faite à la Société d'agriculture, a fait remarquer que les moutons mangent des aliments salés et que le sodium doit se trouver dans leurs sécrétions [*Bull. de la Soc. d'agric. de France*, 1862, t. VII, p. 371].

M. Cloëz a cherché à élucider cette question et il a analysé comparativement le suint des moutons pâturant dans les prés salés et celui des animaux de même espèce nourris loin de la mer. Dans ces conditions il a trouvé une différence notable dans les proportions relatives de soude et de potasse, et il croit pouvoir affirmer en outre l'existence normale et constante des sels de soude dans toute espèce de suint, comme dans la sueur de l'homme. M. Cloëz a trouvé également que la quantité de soude est toujours en rapport avec celle qui existe dans les aliments [*Bull. de la Soc. chim.*, nouv. série, t. XII, p. 23].

M. P. Havrez a eu l'idée, en 1865, d'employer le suint à la fabrication du prussiate, attendu que, quand il est calciné, le suint, mêlé de crottins, constitue un mélange naturel et extrêmement intime de potasse et de charbon. M. Léon Sauvage a réclamé la priorité de cette idée et il cite un brevet qu'il a pris, le 30 décembre 1864, sous ce titre : *pour un procédé de fabrication directe des cyanures au moyen du suint extrait de la laine*. Il recommande de calciner le suint brut en ajoutant des matières azotées en quantité suffisante [*Moniteur scientifique*, 1870, t. XII, p. 120 et 250].

J. B.

SULF... ou **SULFO...** — Voir le mot qui suit ces deux préfixes pour les composés qui ne se trouveraient pas ici dans leur rang alphabétique.

SULFACÉTAMIDE. — Voyez SULFACÉTIQUES (ACIDES).

SULFACÉTIQUES (ACIDES). — On a décrit sous ce nom deux acides bien différents. L'un, découvert par Melsens, est l'*acide acéto-sulfureux*, $C^2H^3O^2.SO^3H$. L'autre, décrit par E. Schultze, est au contraire un dérivé sulfuré de l'acide acétique et représente 2 molécules d'acide acétique dans lesquelles 2 atomes d'hydrogène sont remplacés par 1 atome de soufre. Il peut aussi être envisagé comme un acide monothiodiglycolique, il se forme par substitution du soufre au chlore dans l'acide monochloracétique; cette formation est analogue à celle de l'acide glycolique.

ACIDE ACÉTO-SULFUREUX,

$$SO^2\!<\!\begin{matrix}OH\\CH^2.COOH\end{matrix} \quad \text{ou} \quad CH^2\!<\!\begin{matrix}SO^3OH\\COOH.\end{matrix}$$

— Cet acide, décrit surtout par Melsens, se forme par l'action de l'anhydride sulfurique sur l'acide acétique cristallisable [*Ann. de Chim. et de Phys.*, (3), t. V, p. 392, et t. X, p. 370] :

$$CH^3.COOH + SO^3 = CH^2(SO^3H)\text{-}COOH.$$

Il prend naissance, en outre, par l'action du sulfite de sodium sur l'acide monochloracétique [A. Collmann, *Ann. der Chem. u. Pharm.*, t. CXLVIII, p. 100]. Cette formation est exprimée par l'équation

$$CH^2Cl\text{-}COONa + SO^3Na^2$$
$$= CH^2(SO^3Na)\text{-}COONa + NaCl.$$

Il se produit enfin, d'après Carius, par l'oxydation de l'acide thioglycolique,

$$CH^2\!<\!\begin{matrix}SH\\COOH\end{matrix}$$

qui, inversement, peut être obtenu par la réduction de l'acide acéto-sulfureux, ainsi que l'a montré Siemens. Enfin Buckton et Hofmann ont observé la formation de cet acide dans l'action de l'acide sulfurique sur l'acétamide ou sur l'acétonitrile; il se produit en même temps de l'acide méthylène-disulfureux [*Ann. der Chem. u. Pharm.*, t. C, p. 129]. — Voyez t. I, p. 7, et t. II, p. 418.

Préparation. — L'action de l'acide sulfurique fumant sur l'acide acétique cristallisable donne un produit très-impur. Il vaut mieux ajouter par petites portions 1 p. d'anhydride sulfurique à 4 ou 5 p. d'acide acétique pur, maintenu froid. Quand cette addition est achevée et que le mélange est homogène, on chauffe celui-ci à 60-75°, et on le maintient pendant quelques jours à cette température. Il prend une teinte brunâtre mais sans dégager de gaz. On le verse alors dans une grande quantité d'eau froide et on le sature par du carbonate de baryum ou de plomb. On filtre pour séparer le sulfate et l'excès de carbonate; la liqueur filtrée laisse déposer peu à peu le sulfacétate de baryum ou de plomb. Enfin, pour mettre l'acide acéto-sulfureux en liberté, on décompose son sel de baryum par l'acide sulfurique ou son sel de plomb par l'hydrogène sulfuré. La solution de l'acide libre, évaporée dans le vide, à consistance sirupeuse, se prend en une masse d'aiguilles ou de fibres soyeuses. Lorsque la température est basse, on obtient quelquefois des cristaux isolés incolores qui paraissent être des prismes orthorhombiques.

Propriétés. — Les cristaux d'acide acéto-sulfureux sont extrêmement déliquescents; ils fondent à 62° et cristallisent de nouveau par le refroidissement. A 160°, ils répandent l'odeur du caramel et à 200° ils se décomposent complétement.

La solution aqueuse étendue de cet acide ne se décompose pas par l'ébullition; on peut même la chauffer à 160° dans des tubes fermés sans qu'elle s'altère. Elle n'est pas précipitée par l'azotate d'argent, le bichlorure de mercure, l'acétate neutre de plomb, les sels de fer, de calcium ou de baryum. Si la solution est concentrée, le chlorure de baryum n'y produit pas de précipité; mais, au bout d'un certain temps, il se dépose de petites étoiles du sel de baryum.

Les cristaux d'acide acéto-sulfureux renferment 1 1/2 H^2O lorsqu'ils sont transparents, mais lorsqu'ils sont devenus opaques par exposition dans le vide sec, ils ne contiennent plus que 1 molécule d'eau. Enfin l'acide sirupeux renferme $2H^2O$.

L'acide acéto-sulfureux, comme l'indique sa formule, est un acide bibasique. Melsens n'a décrit que ses sels neutres. Ils sont solubles dans l'eau et leur solution aqueuse est précipitée par l'alcool.

Acétosulfite de potassium,

$$CH^2 \genfrac{<}{}{0pt}{}{CO^2K}{SO^3K} + H^2O.$$

— Petits cristaux durs qui se déposent par le refroidissement d'une solution bouillante de ce sel.

Acétosulfite de baryum,

$$CH^2 \left\{ \begin{matrix} CO^2 \\ SO^3 \end{matrix} \right\} Ba + 1\,1/2 H^2O.$$

— Ce sel se présente sous divers aspects. Ordinairement il se dépose sous forme d'une croûte cristalline dure; quelquefois, sous forme d'une poudre amorphe et lamelleuse. Une fois déposé, il ne se redissout que difficilement, surtout si on l'a privé de son eau de cristallisation; l'addition d'acide chlorhydrique détermine sa dissolution immédiate. Parfois il se dépose à chaud en petits cristaux ou en plaques métalliques renfermant 1 H^2O.

Ce sel peut être chauffé à 250° sans s'altérer; il est alors complétement anhydre.

Acétosulfite de plomb,

$$CH^2 \left\{ \begin{matrix} CO^2 \\ SO^3 \end{matrix} \right\} Pb + H^2O.$$

— Petites aiguilles prismatiques transparentes, se déshydratant à 120° et se décomposant à 200°. Ce sel se présente souvent en mamelons opaques accompagnés de petites aiguilles étoilées.

Acétosulfite d'argent,

$$CH^2 < \genfrac{}{}{0pt}{}{CO^2Ag}{SO^3Ag} + H^2O.$$

— Il se dépose par le refroidissement d'une solution saturée et bouillante en petits prismes transparents, allongés et aplatis, terminés en biseau, quelquefois mélangés de lamelles nacrées. Les cristaux sont volumineux si la cristallisation est très-lente. Ce sel noircit lentement à la lumière diffuse. Il perd sa transparence dans le vide sec ou à 100°, en perdant son eau de cristallisation. Chauffé, il se boursoufle, dégage de l'acide acétique et de l'acide sulfureux et laisse un résidu d'argent métallique. Sa solution dissout facilement un excès d'oxyde d'argent.

Melsens a trouvé dans les eaux mères de la préparation de l'acétosulfite d'argent, par dissolution de l'oxyde d'argent dans l'acide acéto-sulfureux, un autre sel en petits cristaux transparents groupés en croûtes compactes et présentant la composition du *méthylène-disulfite d'argent,*

$$CH^2(SO^3Ag)^2.$$

L'acide méthylène-disulfureux résulte, dans ce cas, de la substitution de SO^3H au groupe CO^2H de l'acide acéto-sulfureux. Sa formation a du reste été constatée par Buckton et Hofmann dans l'action de l'acide sulfurique fumant sur l'acide acétosulfureux.

Action de l'alcool et de HCl *sur l'acétosulfite d'argent.* — Quand on décompose par un courant d'acide chlorhydrique l'acétosulfite d'argent en suspension dans l'alcool absolu, on obtient, après séparation du chlorure d'argent et concentration de la solution dans le vide, un liquide sirupeux, à odeur aromatique et éthérée, à réaction acide. C'est un acide que Melsens n'a pas obtenu à l'état de pureté et qu'il désigne sous le nom d'*acide sulfacétovinique*. Le sel d'argent de cet acide est en lamelles nacrées déliquescentes, grasses au toucher, solubles dans l'alcool. Les analyses de ces dérivés n'ont pas donné de résultats assez concordants pour permettre d'en déduire une formule plausible.

Action de PCl^5 *sur l'acide acéto-sulfureux.* — Cette action, d'abord examinée par C. Vogt [*Ann. der Chem. u. Pharm.*, t. CXIX, p. 153] qui n'indique aucun résultat précis, a été étudiée par R. Siemens [*Deutsch. chem. Gesells.*, t. VI, p. 659; *Bull. de la Soc. chim.*, t. XX, p. 359].

Lorsqu'on fait réagir à chaud 2 molécules de perchlorure de phosphore sur 1 molécule d'acétosulfite de sodium, on observe un dégagement d'acide chlorhydrique, mais non d'acide sulfureux. Si l'on rectifie le produit de la réaction, on obtient un liquide fumant et incolore, distillant à 130-135° sous une pression de 645 millimètres. Ce composé constitue le chlorure *acétyle-sulfureux chloré,*

$$CHCl < \genfrac{}{}{0pt}{}{COCl}{SO^2Cl}.$$

Soumis à l'action de l'eau, ce chlorure s'échauffe beaucoup; il y a dégagement d'acide carbonique et formation d'un composé blanc insoluble, présentant les caractères du chlorure trichlorométhylsulfureux $CCl^3\text{-}SO^2Cl$; en même temps, il se dissout de l'acide acéto-sulfureux. La réaction est la suivante :

$$3\,CHCl < \genfrac{}{}{0pt}{}{COCl}{SO^2Cl} + 3\,H^2O$$

$$= 2CH^2 < \genfrac{}{}{0pt}{}{CO^2H}{SO^3H} + CCl^3\text{-}SO^2Cl + CO^2 + 5HCl.$$

La réduction du chlorure acétyle-sulfureux chloré par l'étain et l'acide chlorhydrique donne naissance à l'acide thioglycolique,

$$CH^2 < \genfrac{}{}{0pt}{}{SH}{COOH},$$

et non à l'acide thiacétique comme le pensait C. Vogt.

ACIDE ACÉTIQUE SULFURÉ OU THIODIGLYCOLIQUE,

$$S < \genfrac{}{}{0pt}{}{CH^2\text{-}COOH}{CH^2\text{-}COOH}.$$

— Cet acide, qui résulte de la substitution de 1 atome de soufre aux 2 atomes de chlore de 2 molécules d'acide monochloracétique, a été étudié par E. Schulze [*Jena'ische Zeitsch.*, t. I, p. 2, 1864; *Bull. de la Soc. chim.*, t. V, p. 130, 1866].

Pour le préparer, on traite son amide par la baryte bouillante, on traite la solution du sel barytique produit par l'acétate de plomb, puis le précipité par l'hydrogène sulfuré.

On peut obtenir son sel ammoniacal par l'action directe du sulfure ammonique sur le monochloracétate d'ammonium; pour séparer le sel ammoniac produit en même temps, on traite la solution aqueuse concentrée des cristaux par une quantité d'alcool telle que le sel ammoniac puisse rester dissous; l'acétate sulfuré d'ammonium se précipite alors seul.

Il cristallise en grandes lames incolores, du type orthorhombique (angles de 105° et de 127°,30′), fusibles à 129°, volatiles, solubles dans l'alcool et dans 2^{p},7 d'eau froide. Sa solution est précipitée par les sels de plomb et d'argent. Ses autres sels sont en général solubles dans l'eau, insolubles dans l'alcool et cristallisent facilement.

Sel de potassium. — Il cristallise en longs prismes renfermant 1 molécule d'eau qu'ils perdent à 120°. Le sel anhydre est peu soluble et inaltérable à l'air.

Sel d'ammonium. — Aiguilles étoilées.

Sel de baryum,

$$S\left\{\begin{matrix} CH^2.CO^2 \\ CH^2.CO^2 \end{matrix}\right\}Ba.$$

— Croûtes cristallines blanches et anhydres.

Sel de plomb,

$$S\left\{\begin{matrix} CH^2.CO^2 \\ CH^2.CO^2 \end{matrix}\right\}Pb.$$

— Précipité cristallin anhydre, soluble dans l'acide azotique étendu et dans l'eau bouillante. Il existe un sel basique,

$$C^2H^4SC^2O^4Pb + PbO.$$

Le *sel de zinc* est en tables orthorhombiques peu solubles, renfermant $4H^2O$.

Le *sel d'argent* forme un précipité cristallin.

Éther,

$$S<\begin{matrix} CH^2.CO^2C^2H^5 \\ CH^2.CO^2C^2H^5. \end{matrix}$$

— On l'obtient par l'action de l'acide chlorhydrique sur la solution alcoolique de l'acide. On le prépare aussi en faisant réagir directement du sulfure ammonique sur l'éther monochloracétique,

$$2\begin{matrix} CH^2Cl \\ | \\ CO^2C^2H^5 \end{matrix} + (AzH^4)^2S$$
$$= 2AzH^4Cl + S<\begin{matrix} CH^2.CO^2C^2H^5 \\ CH^2.CO^2C^2H^5. \end{matrix}$$

C'est un liquide incolore, faiblement éthéré, bouillant à 240-250° en se décomposant en partie.

Amide (*sulfacétamide*),

$$S<\begin{matrix} CH^2.COAzH^2 \\ CH^2.COAzH^2. \end{matrix}$$

Pour préparer cette amide, on ajoute une solution alcoolique de sulfure ammonique à une solution alcoolique concentrée de chloracétamide :

$$2\left\{\begin{matrix} CH^2Cl \\ | \\ COAzH^2 \end{matrix}\right. + (AzH^4)^2S$$
$$= 2AzH^4Cl + S<\begin{matrix} CH^2.COAzH^2 \\ CH^2.COAzH^2. \end{matrix}$$

La masse cristalline qui se dépose est lavée à l'alcool et soumise à une cristallisation dans l'eau.

On peut aussi préparer cette amide en faisant passer un courant d'hydrogène sulfuré dans une solution alcoolique ammoniacale de monochloracétamide.

Dans ce dernier cas, les eaux mères de l'amide en renferment une autre, cristallisant en grands prismes, qui paraît être l'amide thioglycolique

$$CH^2.SH.COAzH^2.$$

La sulfacétamide cristallise en petits octaèdres quadratiques; chauffée, elle fond et dégage du sulfure ammonique. E. W.

SULFACÉTYLÉNIQUE (ACIDE). — L'acétylène se combine à l'acide sulfurique ordinaire en donnant l'acide vinyl-sulfurique (voyez t. I, p. 47). Si l'on emploie l'acide sulfurique fumant, il se forme, d'après Berthelot, un acide sulfacétylénique ou acétylène sulfureux, C^2HSO^3H, qui résiste à l'action de l'eau bouillante. Le sel potassique de cet acide est soluble dans l'alcool et cristallise difficilement. Fondu avec la potasse, il donne, non un alcool acétylénique C^2H^2O, mais une quantité considérable de *phénol*, par suite de la polymérisation du groupe C^2H^2 [*Bull. de la Soc. chim.*, t. XI, p. 373].

SULFAMÉTHYLANE ou SULFAMATE DE MÉTHYLE. — Voyez t. II, p. 424.

SULFAMIDES. — Voyez SOUFRE, t. II, p. 1618.

SULFAMIDIQUE (ACIDE). — Voyez SULFAZOTÉS (COMPOSÉS), p. 79.

SULFAMIDOBENZAMIDE,

$$\begin{matrix} C^6H^4(AzH^2) \\ | \\ CS.AzH^2 \end{matrix}$$

Ce composé, qui n'est autre que le dérivé amidé de la *benzamide sulfurée* de M. Cahours [t. I, p. 525], prend naissance par l'action prolongée du sulfure d'ammonium sur le benzonitrile nitré (t. I, p. 566). [A. W. Hofmann, *Proc. Roy. Soc. London*, t. X, p. 598; *Ann. de Chim. et de Phys.* (3), t. LXI, p. 375]. Lorsqu'on fait bouillir le nitrobenzonitrile avec une solution aqueuse de sulfure d'ammonium, il se sépare beaucoup de soufre et le liquide donne par l'évaporation une huile jaunâtre ne se solidifiant qu'incomplétement. Ce corps, qui est difficile à purifier, possède la propriété d'une base faible, et offre la composition du *benzonitrile amidé*,

$$C^6H^4(AzH^2)—CAz;$$

c'est le produit de réduction simple du nitrobenzonitrile. Un contact prolongé avec le sulfure ammonique convertit la base oléagineuse en sulfamidobenzamide,

$$\begin{matrix} C^6H^4(AzH^2) \\ | \\ CAz \end{matrix} + H^2S = \begin{matrix} C^6H^4(AzH^2) \\ | \\ CS.AzH^2 \end{matrix}$$

La sulfamidobenzamide cristallise dans l'eau bouillante en aiguilles blanches, brillantes, très-solubles dans l'alcool et l'éther; elle se dissout dans les acides en donnant des sels, et est précipitée de nouveau de ces solutions par la potasse ou l'ammoniaque.

Le chlorhydrate cristallise et fournit un chloroplatinate cristallin jaune orangé. La sulfamidobenzamide est isomérique avec la phénylsulfocarbamide $CSAz^2H^3.C^6H^5$. A. H.

SULFAMIDONIQUE. — Voyez t. I, p. 194.

SULFAMIQUE (ACIDE). — Voyez t. II, p. 1618.

SULFAMMON ou SULFATAMMON. — Voyez ACIDE SULFAMIQUE, t. II, p. 1618.

SULFAMMONIQUE (ACIDE). — Voyez SULFAZOTÉS (COMPOSÉS), p. 79.

SULFANILIDIQUE (ACIDE). — [Syn. de SULFANILIQUE (ACIDE)].

SULFANILIQUE (ACIDE). — Voyez PHÉNYLAMINE, t. II, p. 853.

SULFANISIQUE (ACIDE). — Voyez t. I, p. 334.

SULFANISOLIDE. — Voyez ANISOL, t. I, p. 338.

SULFANISOLIQUE (ACIDE). — Voyez ANISOL, t. I, p. 338.

SULFATES. — Voyez SOUFRE, t. II, p. 1615.

SULFAZOBENZOYLE (HYDRURE DE). — Voyez BENZYLÈNE, t. I, p. 578.

SULFAZOTÉS (COMPOSÉS). — Ces corps, que Fremy a obtenus le premier en réduisant le nitrite de potassium par l'acide sulfureux et qui ont été étudiés plus récemment par Claus, sont, d'après ce dernier, des dérivés sulfonés de combinaisons oxydées ou hydrogénées de l'azote; on admet dans chacun d'eux la présence du résidu acide SO^3H, ou plutôt du terme correspondant SO^3K, car les acides ne peuvent généralement pas être isolés de leurs sels [Fremy, *Ann.*

de Chim. et de Phys., (3), t. XV, p. 408; — Claus et Koch, *Zeitsch. für Chem.*, (2), t. IV, p. 684; — Claus, *Deutsch. chem. Gesellsch.*, t. V, p. 186, 221, 504; *Bull. de la Soc. chim.*, t. XV, p. 170, et t. XVI, p. 76].

Leur mode de formation paraît être celui-ci : l'acide sulfureux s'oxyde et fournit le groupe sulfonique; le nitrite subit au contraire une réduction plus ou moins profonde et plus ou moins compliquée, et donne, selon les conditions de température, d'alcalinité, etc., des composés renfermant encore à l'état de combinaison avec l'azote, soit de l'oxygène, soit de l'hydrogène et de l'oxhydryle, soit enfin de l'hydrogène seulement. De là trois classes de corps : les composés sulfoxyazoïques, les composés sulfamiques et les composés sulfammoniques. Leur constitution est clairement interprétée par les formules ci-après; leur nomenclature est embarrassante : *Sit venia verbis*. Voici la liste de ces corps, dans l'ordre suivant lequel nous les étudierons :

Sulfoxyazoates.

Disulfhydroxyazoate ou hydrazoxydisulfonate........................	$\overset{v}{Az}\begin{cases}O\\H\\(SO^3K)^2.\end{cases}$
Trisulfoxyazoate ou azoxytrisulfonate........................	$\overset{iv}{Az}\begin{cases}O\\(SO^3K)^3.\end{cases}$
Sulfazotate de Fremy ou Diazo-hydroxypotassio-tétrasulfonate.......	$\overset{v}{Az}\begin{cases}O\\SO^3K\\OK.\end{cases}$ $\downarrow$ $\overset{v}{Az}\begin{cases}H\\(SO^3K)^3.\end{cases}$
Oxysulfazoate ou Diazo-oxytétrasulfonate........................	$\overset{v}{Az}\begin{cases}O\\SO^3K\end{cases}$ $\downarrow$ $\overset{v}{Az}\begin{cases}O\\(SO^3K)^3.\end{cases}$

Sulfamates.

Sulfhydroxylamate ou Sufazidate de Fremy........................	$\overset{'''}{Az}\begin{cases}H\\OH\\(SO^3K).\end{cases}$

Sulfammoniates.

Tétrasulfammoniate........................	$\overset{v}{Az}\begin{cases}H\\(SO^3K)^4.\end{cases}$
Trisulfammoniate. Sulfammoniate de Fremy........................	$\overset{v}{Az}\begin{cases}H^2\\(SO^3K)^3.\end{cases}$
Disulfammoniate. Sulfamidate de Fremy........................	$\overset{v}{Az}\begin{cases}H^3\\(SO^3K)^2.\end{cases}$

Disulfhydroxyazoate, $AzH.O(SO^3K)^2 + 2H^2O$. — On fait passer un courant de gaz sulfureux à travers une solution d'azotite de potassium; la liqueur s'échauffe et jaunit; on filtre; par le refroidissement on obtient un magma cristallin qu'on exprime, et qui renferme du *disulfammoniate* insoluble et du *disulfhydroxyazoate* un peu soluble dans l'eau froide. Ce dernier sel cristallise en octaèdres allongés, à faces arrondies, dures, incolores, assez solubles dans l'eau tiède, très-altérables, puisqu'on ne peut les conserver plus de 2 à 3 heures dans le vide. Il se décompose brusquement vers 80°, sa solution vers 60°. Dans ce dernier cas, il se forme du sulfate acide de potassium et un nouveau sel sulfazoté. Le disulfhydroxyazoate est beaucoup plus stable en présence des alcalis, il est décomposé à froid par les acides. Chauffé avec une base, il ne perd que le tiers de son azote à l'état d'ammoniaque.

Trisulfoxyazoate, $AzO(SO^3K)^3 + H^2O$. — On obtient ce sel, qui est très-stable, par la décomposition de l'oxysulfazotate qui l'est fort peu. Voici l'équation qui paraît représenter la réaction :

$$2Az^2O^2(SO^3K)^4 + H^2O$$
$$= 2SO^4KH + 2AzO(SO^3K)^3 + Az^2O\ (?).$$

On n'a pas pu préciser la forme sous laquelle s'effectue le départ de l'azote.

Le trisulfoxyazoate cristallise en tables rhomboïdales brillantes, incolores, perdant leur eau à 100°. L'eau bouillante ne l'altère pas. Chauffé avec la potasse solide, il perd le tiers de son azote à l'état d'ammoniaque.

Sulfazotate de Fremy (*Sulfazotinate de Claus*), $Az^2H.O.OK.(SO^3K)^4$. — Pour le préparer on dissout le magma cristallin, qui sert à la préparation du disulfhydroxyazoate, dans 2 ou 3 p. d'eau bouillante, on filtre, après une ébullition de quelques minutes, et on laisse refroidir. Il se sépare de belles tables rhomboïdales qui ne tardent pas à former une croûte. On décante l'eau mère tiède, qui fournirait des cristaux mêlés de beaucoup de disulfhydroxyazoate ayant échappé à la décomposition, grâce à l'alcalinité de la liqueur. A 120° les cristaux de sulfazotate ne sont pas altérés; mais conservés pendant un mois, ils deviennent opaques et acides. Ils se dissolvent dans l'eau bouillante sans altération et donnent une liqueur alcaline. Chauffés à 150° ou traités par un acide, ils donnent du bioxyde d'azote. Distillés avec de la chaux sodée, ils n'abandonnent que le tiers de leur azote à l'état d'ammoniaque. Le sel sec et sa solution sont décomposés par les acides étendus, il se forme du sulfate. La solution de sulfazotate, traitée par l'oxyde puce de plomb ou par l'oxyde d'argent, vers 50°, se colore en bleu foncé, en donnant le sel suivant qui diffère de son générateur par O en plus et KHO en moins.

Oxysulfazoate, $Az^2O^2(SO^3K)^4$. — La solution bleue de ce sel, obtenue comme on vient de le dire, l'abandonne à l'état de cristaux anhydres, d'un jaune vif, très-altérables, même spontanément. La solution bleue est très-instable, elle est décolorée par l'addition d'une goutte d'acide, par l'action de la poussière, etc. Le sel sec chauffé avec la chaux sodée dégage 1/6 de son azote à l'état d'ammoniaque, résultat auquel on ne pouvait s'attendre d'après la constitution indiquée plus haut.

Sulfhydroxylamate (*Sulfazidate de Fremy*), $AzH^2O(SO^3K)$. — Ce composé se produit par l'action des acides étendus ou même de l'eau bouillante sur le disulfhydroxyazoate; la réaction est la suivante :

$$AzHO(SO^3K)^2 + H^2O$$
$$= SO^4KH + AzH^2O(SO^3K).$$

On sépare le nouveau sel du sulfate de potassium, en précipitant celui-ci par le chlorure de baryum. On filtre et l'on ajoute de l'hydrate de baryte. Le composé barytique, d'une composition douteuse, étant traité par l'acide sulfurique étendu, à froid, donne l'acide sulfazidique qu'on sature par le carbonate de potasse. Cet acide peut donc exister à l'*état libre*, et même en présence des acides; il n'est pas détruit par quelques minutes d'ébullition, mais il est moins stable en présence d'un alcali. La potasse en excès le décompose, tout le soufre passe à l'état de sulfate, et l'azote se dégage à l'état d'ammoniaque (1/3 ou 1/2), d'azote libre, et probablement de protoxyde d'azote. Le sulfazidate de potassium cristallise en tables hexagonales (Fremy).

Tétrasulfammoniate, $AzH(SO^3K)^4$. — On dissous 100 grammes de potasse dans 200 à 250 grammes d'eau, on sature par l'acide sulfureux, et l'on ajoute 25 grammes d'azotite de potassium dissous dans 100 grammes d'eau. Au bout de quelques minutes, on obtient des cristaux qu'on sépare, de peur que la chaleur dégagée dans la réaction ne les altère. Ils renferment $AzH(SO^3K)^4 + 3H^2O$, et se forment d'après l'équation,

$$4SO^3K^2 + AzO^2K + 3H^2O$$
$$= 5KHO + AzH(SO^3K)^4.$$

Ils se décomposent spontanément même à l'état

sec, plus facilement en présence de l'eau, mais les alcalis donnent de la stabilité à la solution. Celle-ci est détruite par les acides avec formation d'acide sulfurique et tout l'azote du sel passe à l'état d'ammoniaque. Le sel solide perd son eau à 100-120°, il donne à 200° du sulfate de potassium, du sulfate d'ammonium, de l'azote et de l'acide sulfureux. En chauffant le tétrasulfammoniate avec de l'eau ou de la potasse, on obtient du sulfate de potassium et le sel suivant.

TRISULFAMMONIATE (*Sulfammoniate de Fremy*), $AzH^2(SO^3K)^3 + 2H^2O$. — Aiguilles insolubles dans l'eau froide, solubles et cristallisables sans décomposition dans les solutions alcalines. L'eau les dissout vers 40°, mais les décompose à une température un peu plus élevée. Elles perdent leur eau à 100° ou 110°. On les obtient facilement avec les proportions de nitrite et de sulfite indiquées pour le tétrasulfammoniate; on chauffe au bain-marie pour détruire la première cristallisation; par le refroidissement, le trisulfammoniate se dépose. Ce sel donne, par l'action de la chaleur, des sulfates de potassium et d'ammonium, des acides sulfureux et sulfurique. Il se dissout à chaud dans les acides sulfurique et azotique, sans dégagement de gaz et avec formation de sulfate de potassium et d'ammonium. La solution aqueuse (à 30° ou 40°) précipite en blanc par le sous-acétate de plomb, en noir par le nitrate mercureux. Par l'ébullition avec l'eau pure ou mieux avec l'eau acidulée, elle fournit le disulfammoniate.

DISULFAMMONIATE (*Sulfamidate de Fremy*),

$$AzH^3(SO^3K)^2.$$

— Obtenu par le refroidissement de la liqueur précédente, ce corps cristallise en prismes à six pans semblables à ceux de l'augite. Il supporte une température de 150° sans s'altérer. A 200° il donne du sulfate de potassium, de l'ammoniaque et du gaz sulfureux. Il n'est attaqué que très-lentement par les acides concentrés froids; à chaud, il donne des sulfates de potassium et d'ammonium. Il est peu soluble dans l'eau froide. La solution saturée à chaud cristallise par l'addition de quelques gouttes de potasse.

La solution étendue précipite par le sous-acétate de plomb. Le précipité se dissout d'abord dans l'acide nitrique, mais il se dépose bientôt du sulfate de plomb. Le chlorure de baryum ne précipite pas le disulfammoniate.

Tous ces corps paraissent, suivant un dernier travail de M. Claus, dériver d'un corps fondamental, SO^2AzO^2K, qui se formerait directement par l'union du gaz sulfureux et du nitrite de potassium, et se détruirait immédiatement. En traitant la solution aqueuse concentrée d'azotite de potassium par une solution alcoolique d'acide sulfureux, l'auteur pense avoir isolé le composé

$$SO^2AzO^2K,$$

mais son étude n'est pas terminée. G. S.

SULFINDIGOTIQUE (ACIDE). — Voyez INDIGO, t. II, p. 102.

SULFINDILIQUE (ACIDE). — Syn. de SULFINDIGOTIQUE (ACIDE).

SULFITAMMON. — Voyez SOUFRE, t. II, p. 1610.

SULFITES. — Voyez SOUFRE, t II, p. 1609.

SULFOBENZAMIDE (*thiobenzamide*). — Voyez t. I, p. 525.

SULFOBENZANILIDE. — Voyez t. I, p. 537.

SULFOBENZIDE. — Voyez t. I, p. 539.

SULFOBENZOÏQUE (ACIDE), $C^7H^6S^2O^5$. — Cet acide a été découvert par Mitscherlich, et ses sels ont été analysés par Fehling [Mitscherlich, *Ann. der Chem. u. Pharm.*, t. XII, p. 314; — Fehling, *Même recueil*, t. XXVII, p. 322]. On l'obtient en dirigeant des vapeurs d'acide sulfurique anhydre sur de l'acide benzoïque sec; il se produit une masse visqueuse qu'on reprend par l'eau, et dont on sature l'excès d'acide sulfurique par le carbonate de baryum. La liqueur étant concentrée, on l'additionne à chaud d'acide chlorhydrique; il se sépare alors du sulfobenzoate acide de baryum qui cristallise par le refroidissement, et fournit l'acide sulfobenzoïque quand on le traite par une quantité convenable d'acide sulfurique.

Quand on traite l'acide sulfurique par un excès de chlorure de benzoyle, on observe une vive réaction; après avoir distillé l'excès de chlorure de benzoyle dans un courant d'acide carbonique, il reste une masse fondue, dure, hygroscopique, soluble dans l'eau, d'un acide *benzoyl-sulfurique*,

$$C^6H^5\text{-}CO\text{-}SO^4H,$$

qui se transforme peu à peu à froid, subitement à chaud en acide sulfobenzoïque ordinaire [Oppenheim, *Deutsch. Chem. Gesells.*, t. III, p. 735, et *Bull. de la Soc. chim.*, 1870, t. XIV, p. 399].

L'acide sulfobenzoïque se présente en cristaux confus, déliquescents, très-acides.

Le sel de potassium fondu avec deux fois et demi son poids de potasse se convertit en acide oxybenzoïque, $C^7H^6O^3$ [Barth, *Ann. der Chem. u. Pharm.*, t. CXLVIII, p. 49, et *Bull. de la Soc. chim.*, 1869, t. XII, p. 416]. M. Remsen a reconnu qu'outre l'acide oxybenzoïque, il se forme en même temps un peu d'acide paroxybenzoïque. Il en a conclu que l'acide sulfobenzoïque est un mélange de deux isomères. En effet, en transformant le sulfobenzoate de potassium brut en sels acides de baryum, il a obtenu d'abord des aiguilles d'un sel, qui, ayant la composition du sulfobenzoate acide de baryum ordinaire, n'en a pas l'aspect et qui converti, en sel de potasse, fournit lentement de l'acide paraoxybenzoïque par fusion avec la potasse. Les eaux mères d'où s'est déposé le sel de baryum donnent le sulfobenzoate ordinaire, en cristaux monocliniques; converti en sel de potassium, il ne fournit uniquement que de l'acide oxybenzoïque par l'action de la potasse. Au sel qui se transforme en acide paraoxybenzoïque, M. Remsen donne le nom d'acide *parasulfobenzoïque*. Il en a décrit le sel de baryum et le sel de potassium (voyez plus loin) [Remsen, *Zeitsch. für Chem.*, t. VII, p. 81, et p. 199; et *Bull. de la Soc. chim.*, 1871, t. XV, p. 256, et t. XVI, p. 137].

Lorsqu'on maintient en fusion parties égales de formiate de sodium et de sulfobenzoate de sodium, il se forme de l'acide isophtalique; comme le rendement est assez avantageux pour servir à la préparation de l'acide isophtalique, il est évident que ce dernier provient de l'acide sulfobenzoïque ordinaire correspondant à l'acide oxybenzoïque.

Les deux acides: *oxybenzoïque*,

$$C^6H^4(OH)CO^2H,$$

et *isophtalique*, $C^6H^4(CO^2H)^2$, paraissent donc appartenir à la même série des dérivés substitués de la benzine [V. Meyer, *Deutsch. chem. Gesells.*, t. III, pp. 112 et 363; *Bull. de la Soc. chim.*, 1870, t. XIV, p. 321].

SULFOBENZOATES (Mitscherlich, Fehling). — *Sel de baryum acide* $(C^7H^5SO^5)^2Ba + 3H^2O$. Il cristallise en prismes monocliniques (combinaison ordinaire : $OP : \infty P.\infty P\infty$, quelquefois avec les facettes — P. Inclinaison des facettes : $OP\infty P = 98°6$; $\infty P : \infty P = 82°,21'$). Les cristaux sont incolores, transparents, inaltérables à l'air, solubles dans 20 p. d'eau à 20°, et plus solubles dans l'eau chaude. Ils perdent leur eau de cristallisation à 200°.

Le *sel de baryum neutre*, $C^7H^4SO^5Ba$, est très-soluble et ne se prend que difficilement en cristaux définis.

Le *sel de potassium neutre* cristallise en aiguilles; il est déliquescent.

Le *sel de potassium acide* forme de beaux cristaux efflorescents.

Le *sel de plomb neutre*, $C^7H^4SO^5Pb + 2H^2O$, est peu soluble dans l'eau froide; il donne des cristaux très-fins.

Les *sels acides de cobalt, de cuivre, de ferrosum, de magnésium, de nickel, de zinc*, sont cristallisables.

Le *sel d'argent neutre*, $C^7H^4SO^5Ag^2 + H^2O$, est en petits cristaux fort solubles dans l'eau.

PARASULFOBENZOATES (Remsen). — Le *sel acide de baryum*, $(C^7H^5SO^5)^2Ba + 3H^2O$, est en aiguilles aplaties peu solubles dans l'eau bouillante, insolubles dans l'eau froide.

Le *sel de potassium neutre* cristallise en aiguilles facilement solubles dans l'eau.

ACIDES DISULFOBENZOÏQUES. — On en connaît deux, l'un provient de l'action de l'anhydride sulfurique sur l'acide benzoïque en présence de l'anhydride phosphorique (Barth et Senhofer). L'autre a été obtenu par oxydation de l'acide *α-crésylène-disulfureux*, $C^6H^3(CH^3)(SO^3H)^2$ (Blomstrand, Hakausson).

ACIDE DISULFOBENZOÏQUE 1,

$$C^6H^3(SO^3H)^2CO^2H + H^2O$$

[Barth et Senhofer, *Ann. der Chem. u. Pharm.*, t. CLIX, p. 217, et *Bull. de la Soc. chim.*, 1871, t. XVI, p. 334]. On chauffe à 250°, en tubes scellés, de l'acide benzoïque, de l'acide sulfurique et de l'anhydride phosphorique; le produit brut, traité par l'eau, fournit après quelque temps des prismes volumineux et incolores, très-déliquescents, qu'on purifie en les transformant en sel de baryum. Celui-ci, décomposé par l'acide sulfurique, fournit l'acide sulfobenzoïque qui se présente sous l'aspect d'une masse cristalline, très-hygroscopique, retenant une molécule d'eau à 130°.

Le sel de potassium de cet acide fondu avec un excès de potasse fournit un acide dioxybenzoïque, $C^6H^3(OH)^2CO^2H$, fusible au delà de 220°. — Voyez t. II, p. 702.

Disulfobenzoates 1. — Le *sel d'argent*,

$$C^7H^3S^2O^8Ag^3 + 2H^2O,$$

est un précipité cristallin blanc, noircissant rapidement et se déshydratant à 130°.

Le *sel de cadmium* est cristallin et déliquescent.

Le *sel de cuivre*, $(C^7H^3S^2O^8)^2Cu^3 + 8 1/2 H^2O$, est en aiguilles microscopiques d'un vert clair.

Le *sel de baryum acide* renferme

$$(C^7H^4S^2O^8)Ba + 2H^2O,$$

il est en aiguilles microscopiques.

Le *sel neutre*, $(C^7H^3S^2O^8)^2Ba^3 + 7H^2O$, est en petits prismes qui perdent leur eau à 100°.

Le *sel de potassium*, $C^7H^3S^2O^8K^3 + 1/2H^2O$, est en fines aiguilles se déshydratant à 130°.

ACIDE DISULFOBENZOÏQUE 2 [Blomstrand, *Deutsch. chem. Gesellsch.*, t. V, p. 1084, et *Bull. de la Soc. chim.*, 1873, t. XIX, p. 260; — Hakausson, *Bull. de la Soc. chim.*, 1873, t. XX, p. 395]. — Il s'obtient par l'oxydation de l'acide α-crésylène-disulfureux, $C^6H^3(CH^3)(SO^3H)^2$, opérée au moyen de l'acide sulfurique et du bichromate de potassium.

On chauffe 130 grammes d'α-crésylène-disulfite de potassium avec 150 grammes de bichromate de potassium, 185 grammes d'acide sulfurique et 740 grammes d'eau. Après 4 à 5 jours d'ébullition, la masse est étendue d'eau et la solution saturée par la craie. Après évaporation de la solution filtrée, il se dépose du sulfate de chaux, du sulfate de potassium, et les eaux mères évaporées à consistance sirupeuse laissent déposer de grands prismes de disulfobenzoate neutre de potassium. L'acide mis en liberté forme une masse sirupeuse, soluble dans l'eau (Hakausson). Le sel de potassium fondu avec de la potasse donne un acide dioxybenzoïque, fusible à 194° (Blomstrand), qui paraît identique avec l'acide dioxybenzoïque d'Asher. — Voyez t. II, p. 702.

Disulfobenzoates 2. — Le *sel de baryum neutre*,

$$(C^7H^3S^2O^8)^2Ba^3 + 14H^2O,$$

s'obtient par l'évaporation spontanée en cristaux confus. Sa solution chauffée l'abandonne en cristaux moins solubles renfermant $7H^2O$.

Le *sel acide*, $(C^7H^4S^2O^8)Ba + 2H^2O$, est très-soluble.

Le *sel neutre de potassium*,

$$C^7H^3S^2O^8K^3 + 2H^2O,$$

forme de longs prismes qui perdent leur eau à 175-180°; traitée par l'acide chlorhydrique, sa solution laisse déposer le *sel acide*,

$$C^7H^4S^2O^8K^2 + H^2O,$$

en grands prismes incolores, très-solubles dans l'eau.

Le *sel de cuivre et de potassium*,

$$(C^7H^3S^2O^8)^2K^4Cu + 2H^2O,$$

est en petits cristaux verts; on l'obtient en saturant le sel acide de potassium par le carbonate de cuivre.

ACIDES SULFOBROMOBENZOÏQUES. — On a décrit 4 acides sulfobromobenzoïques de la formule $C^7H^5BrSO^5$ qui en réalité paraissent se réduire à trois, par suite de l'identité de deux d'entre eux; l'un a été obtenu par l'action de l'anhydride sulfurique sur l'acide bromobenzoïque fusible à 152°; les autres sont des produits d'oxydation des acides bromocrésyl-sulfureux, formés par l'action de l'acide sulfurique sur les toluènes bromés.

Le toluène liquide transformé en acide bromocrésyl-sulfureux donne à l'oxydation un acide bromosulfobenzoïque, qui a été désigné d'abord sous le nom de *méta-sulfobromobenzoïque*, et ultérieurement sous le nom d'orthosulfobromobenzoïque. Il paraît identique avec l'acide que fournit l'action de l'acide sulfurique sur l'acide bromobenzoïque; nous le désignerons sous le nom d'acide *ortho* adopté par les auteurs.

Le toluène bromé solide (parabromotoluène) traité par l'acide sulfurique produit deux acides parabromocrésyl-sulfureux, à chacun desquels correspond un acide sulfobromobenzoïque. On les a appelés acide α-parasulfobromobenzoïque et acide β-parasulfobromobenzoïque.

ACIDE ORTHOSULFOBROMOBENZOÏQUE [Huebner et Retschy, *Zeitsch. für Chem.*, nouv. sér., t. VII, p. 618; *Ann. der Chem. u. Pharm.*, t. CLXIX, p. 1; *Bull. de la Soc. chim.*, 1872, t. XVIII, p. 83, et 1874, t. XXI, p. 462].

L'acide orthobromocrésyl-sulfureux (autrefois acide *méta*), provenant de 20 grammes de sel de baryum, est chauffé pendant 12 jours dans un appareil à reflux avec 20 grammes de bichromate de potassium, 10 grammes d'acide sulfurique et 40 grammes d'eau; le produit de l'oxydation est évaporé au bain-marie, soumis à l'ébullition avec du carbonate de baryum et filtré. Il se dépose par évaporation de la solution, d'abord des cristaux d'orthobromocrésylsulfite de potassium; après les avoir séparés, on concentre de nouveau la solution, on précipite par l'alcool, on filtre et l'on abandonne la solution dans l'air sec; au bout de quelque temps, il se dépose de l'orthosulfobromobenzoate de potassium.

L'acide bromobenzoïque fusible à 152°, traité par l'anhydride sulfurique, fournit un acide sulfobromobenzoïque, qui, d'après la comparaison des sels, paraît identique avec le précédent. Isolé de son sel de plomb, il est en aiguilles déliquescentes [Rœters van Lennep, *Zeits. für Chem.*, t. VII, p. 67, et *Bull. de la Soc. chim.*, 1871, t. XV, p. 255].

Sel d'argent, $C^7H^4BrSO^5Ag$ (?) (Van Lennep). — Aiguilles blanches, peu solubles.

Sel de baryum acide,

$$(C^7H^4BrSO^5)^2Ba + H^2O.$$

— Il s'obtient en petites aiguilles quand on fait cristalliser le sel neutre dans l'acide chlorhydrique.

Le *sel de baryum neutre*,

$$C^7H^3BrSO^5Ba + 2\ 1/2H^2O \text{ (van Lennep)}$$
$$+ 2H^2O \text{ (Huebner et Retschy)}.$$

— Il s'obtient à l'état de fines aiguilles réunies en faisceaux.

Le *sel de calcium neutre*,

$$C^7H^3BrSO^5Ca + 1\ 1/2H^2O,$$

le sel de magnésium neutre, le sel neutre de sodium, le *sel acide de sodium*,

$$C^7H^4BrSO^5Na,$$

sont cristallisés en aiguilles (van Lennep).

Sel de potassium acide,

$$C^7H^4BrSO^5K + 1/2H^2O,$$

est en lamelles ressemblant à la naphtaline.

Sel de plomb neutre,

$$C^7H^3BrSO^5Pb + 2H^2O,$$

est en petites aiguilles brillantes (Huebner et Retschy).

Quand on traite le sel de sodium neutre par le perbromure de phosphore, et qu'on reprend l'huile obtenue par de l'eau bouillante, il se forme un produit résineux,

$$C^6H^3Br, CO^2H, SO^2Br,$$

qui, dissous dans la soude, donne un acide difficilement cristallisable, se sublimant en fines aiguilles fusibles à 182-183° (van Lennep).

ACIDE α-PARASULFOBROMOBENZOÏQUE (Huebner et Hœsselbarth, *Ann. der Chem. u. Pharm.*, t. CLXIX, p. 1, et *Bull. de la Soc. chim.*, 1874, t. XXI, p. 460]. L'acide α-parabromocrésyl-sulfureux, provenant du toluène bromé solide, oxydé par le bichromate de potassium, le fournit à l'état de sel de potassium acide. Celui-ci renferme

$$C^7H^4BrSO^5K + H^2O;$$

il est en longues aiguilles fines et incolores.

Le *sel de baryum neutre*,

$$C^7H^3BrSO^5Ba + 1/2H^2O,$$

est en lamelles incolores et minces.

Le *sel de calcium* est en petites aiguilles solubles, et le *sel de plomb* en petites aiguilles renfermant $C^7H^3BrSO^5Pb + H^2O$.

ACIDE β-PARASULFOBROMOBENZOÏQUE [Huebner et Weiss, *Même mémoire*]. Obtenu avec l'acide β-bromocrésyl-sulfureux, il constitue une masse cristalline très-soluble. Tous les sels sont très-solubles.

Le *sel de baryum neutre*, $C^7H^3BrSO^5Ba$, est en petites aiguilles anhydres.

Le *sel de calcium* forme des lamelles microscopiques. E. G.

SULFOBENZOLAMIDE [Syn. *Sulfophénylamide*, *sulfobenzidamide*]. — Voyez t. I, p. 537.

SULFOBENZOLÈNE. — Stenhouse avait donné ce nom à un composé qu'il avait cru un isomère de la sulfobenzide, et qu'il avait obtenu par oxydation du sulfure de benzyle. Mais Kekulé et Szuch ont montré que le sulfobenzolène est identique avec la sulfobenzide, dont il présente le point de fusion qui est de 125-126°, suivant Knapp [Kekulé et Szuch, *Zeit. für Chem.*, nouv. sér., t. III, p. 193 et *Bull. de la Soc. chim.*, 1867, t. VIII, p. 204].

SULFOBENZOLIQUE (ACIDE) [Syn. *Acide phénylsulfureux*]. — Voyez t. I, p. 530.

SULFOBUTYLIQUE (ACIDE) [Syn. *Butylsulfurique*], SO^4H, C^4H^9 [Wurtz, *Ann. de Chim. et de Phys.*, (3), t. XLII, p. 161]. — On l'obtient par l'action de l'acide sulfurique sur l'alcool butylique de fermentation. Il n'a pas été isolé. Les sels de baryum, de calcium et de potassium ont été isolés.

Le *sel de baryum*,

$$(SO^4C^4H^9)^2Ba + H^2O,$$

préparé comme le sulfovinate de baryum, est en grandes lames rhomboïdales d'une blancheur éclatante, très-solubles dans l'eau, perdant dans le vide ou à 100° leur eau de cristallisation.

Le *sel de calcium* est en cristaux anhydres, très-solubles dans l'eau. Ces cristaux nacrés apparaissent au microscope sous la forme de lamelles hexagonales.

Le *sel de potassium* cristallise de sa solution alcoolique en paillettes nacrées douces au toucher; il est anhydre. Très-soluble dans l'eau, assez soluble dans l'alcool bouillant, il est peu soluble dans l'alcool froid. Celui-ci le précipite des solutions aqueuses concentrées. E. G.

SULFOCACODYLIQUE (ACIDE). — Voyez t. I, p. 426.

SULFOCAMPHIQUE (ACIDE). — Voyez ACIDE SULFOCYMÉNIQUE.

SULFOCAMPHORIQUE (ACIDE). — Voyez t. I, p. 720.

SULFOCAPRYLIQUE (ACIDE) (ou *sulfoctylique*). — Voyez t. II, p. 600.

SULFOCARBAMIDE. — Voyez SULFO-URÉE.

SULFOCARBAMIQUES (ACIDES). — Les acides sulfocarbamiques peuvent être considérés comme de l'acide carbamique,

$$CO<^{AzH^2}_{OH},$$

dont l'oxygène a été remplacé, en partie ou en totalité, par du soufre.

La théorie prévoit donc l'existence de trois acides sulfocarbamiques :

$$CS<^{AzH^2}_{OH,} \quad CO<^{AzH^2}_{SH,} \quad CS<^{AzH^2}_{SH.}$$

Les deux premières formules représentent des acides isomériques qui ne sont pas encore connus à l'état de liberté, mais dont on a préparé les éthers et les produits de substitution. Le corps répondant à la troisième formule a été isolé; c'est lui qu'on désigne généralement sous le nom d'acide sulfocarbamique, tandis qu'on applique au composé

$$CS<^{AzH^2}_{OH,}$$

la dénomination d'acide oxysulfocarbamique. Nous ne suivrons pas cette nomenclature, car l'acide isomérique

$$CO<^{AzH^2}_{SH,}$$

pourrait porter à aussi juste titre le même nom. Pour écarter cette difficulté nous proposons d'ajouter au mot carbamique le préfixe *sulfo*, pour indiquer le remplacement de l'oxygène du radical CO par le soufre, et le préfixe *thio*, pour indiquer la substitution du soufre à l'oxygène dans l'oxhydryle OH, et nous adopterons dans cet article la nomenclature suivante (1) :

$$CS\langle {AzH^2 \atop OH}$$
Acide sulfocarbamique.

$$CO\langle {AzH^2 \atop SH} \qquad CS\langle {AzH^2 \atop SH}$$
Acide thiocarbamique. Acide thiosulfocarbamique.

I. — ACIDE SULFOCARBAMIQUE.

L'acide sulfocarbamique

$$CH^3AzSO = CS\langle {AzH^2 \atop OH}$$

renferme les éléments de la sulfocarbamide CSAzH et de l'eau H^2O. Il est inconnu à l'état de liberté et l'on ne connait pas davantage ses sels, mais on a préparé ses éthers éthylique et amylique ainsi que des dérivés éthérés de ses produits de substitution résultant du remplacement de l'hydrogène du groupe AzH^2 par des radicaux d'alcool ou de phénol. On obtient ces derniers composés en faisant agir un alcool sur un éther de la sulfocarbimide,

$$CSAzC^6H^5 + C^2H^5.OH = CS\langle {AzHC^6H^5 \atop OC^2H^5}$$
Phénylsulfocarbimide. Alcool éthylique. Phénylsulfocarbamate d'éthyle.

Si l'on substituait dans cette réaction la sulfocarbimide libre à ses éthers, il est probable qu'il se formerait des éthers de l'acide sulfocarbamique qui jusqu'ici n'ont été obtenus qu'en partant des éthers thiosulfocarboniques.

Sulfocarbamate d'amyle [Syn. *Xanthamylamide*],

$$C^6H^{13}AzSO = CS\langle {AzH^2 \atop OC^5H^{11}}.$$

—Il se produit, dans la réaction, de l'ammoniaque sur le disulfure amylsulfocarbonique (persulfure amyldisulfocarbonique, t. 1, p. 763),

$$\begin{matrix} S\text{-}CS\text{-}OC^5H^{11} \\ S\text{-}CS\text{-}OC^5H^{11} \end{matrix} + 2AzH^3$$
Disulfure amylsulfocarbonique.

$$= CS\langle {AzH^2 \atop OC^5H^{11}} + CS\langle {SAzH^4 \atop OC^5H^{11}} + S.$$
Sulfocarbamate d'amyle. Thioamylsulfocarbamate d'ammonium.

Le thioamylsulfocarbonate de méthyle

$$CS\langle {SCH^3 \atop OC^5H^{11}},$$

traité par l'ammoniaque, fournit pareillement du sulfocarbamate d'amyle, en même temps qu'il se forme du sulfhydrate de méthyle. — Voyez t. I, p. 763.

Pour préparer le sulfocarbamate d'amyle on met en digestion pendant quelques heures à une douce chaleur, 1 volume de disulfure amylsulfocarbonique avec 1 volume d'une solution concentrée d'ammoniaque; le mélange se trouble, laisse déposer du soufre et finit par se prendre en une masse semi-solide. Celle-ci est reprise par l'eau; l'huile qui se sépare et qui tient en suspension du soufre est décantée, filtrée et séchée dans le vide.

Le sulfocarbamate d'amyle forme un liquide neutre aux papiers, insoluble dans l'eau, miscible avec l'alcool et l'éther. Il n'est pas volatil sans décomposition, et se dédouble, vers 180°, en sulfhydrate d'amyle et en acide cyanurique,

$$3(CS.AzH^2.OC^5H^{11}) = 3C^5H^{11}SH + C^3H^3Az^3O^3.$$

La potasse et l'eau de baryte bouillante donnent de l'alcool amylique et du sulfocyanate,

$$CS\langle {AzH^2 \atop OC^5H^{11}} = C^5H^{11}.OH + CSAzH.$$

L'acide sulfurique dissout le sulfocarbamate d'amyle et le charbonne à chaud; l'acide azotique fumant l'oxyde violemment; l'acide chlorhydrique ne paraît pas agir, même à l'ébullition. L'eau chlorée le détruit immédiatement, en produisant une huile volatile, en même temps qu'il se dépose du soufre. Le brome le transforme en une matière blanche et solide qui forme avec l'alcool un liquide laiteux; l'eau en sépare ensuite une huile incolore. L'iode se dissout dans le sulfocarbamate d'amyle en le colorant en rouge; si l'on chauffe, le liquide se décolore rapidement.

La solution alcoolique du sulfocarbamate d'amyle ne précipite pas les solutions alcooliques d'acétate de plomb, de chlorure cuivrique, d'azotate d'argent; avec le chlorure platinique elle donne un précipité jaune, un peu soluble dans l'alcool, qui le dépose par l'évaporation sous

---

1. La même difficulté se retrouve dans la nomenclature des *cinq acides sulfocarboniques* prévus par la théorie, acides qui sont inconnus à l'état libre, à l'exception du dernier, mais dont on a préparé quelques sels et surtout les éthers. Il nous semble qu'on pourra former les noms de ces acides d'après les mêmes principes, en ajoutant au mot *carbonique* les préfixes *sulfo* et *thio*.

Acide carbonique..............	$CO\langle {OH \atop OH}.$
Acide sulfocarbonique.........	$CS\langle {OH \atop OH}.$
Acide thiocarbonique..........	$CO\langle {SH \atop OH}.$
Acide thiosulfocarbonique......	$CS\langle {SH \atop OH}.$
Acide dithiocarbonique.........	$CO\langle {SH \atop SH}.$
Acide dithiosulfocarbonique....	$CS\langle {SH \atop SH}.$

Il est vrai que cette nomenclature laisse une incertitude lorsqu'il s'agit de nommer un éther acide ou un éther mixte des acides thiocarbonique et thiosulfocarbonique; mais, même dans ce cas d'importance secondaire, on pourra encore aplanir la difficulté en plaçant le nom du radical alcoolique avant ou après le préfixe *thio*. Le composé

$$CO\langle {SH \atop OCH^3}$$

sera l'*acide thiométhylcarbonique*, c'est-à-dire de l'acide méthylcarbonique dont l'oxygène de l'oxhydryle est remplacé par du soufre. Le corps

$$CO\langle {SCH^3 \atop OH},$$

au contraire, sera l'*acide méthylthiocarbonique;* enfin l'éther

$$CO\langle {SCH^3 \atop OC^2H^5}$$

pourra être désigné par le nom d'*éther méthylthioéthylcarbonique*. Les noms des dérivés éthérés de l'acide thiosulfocarbonique seront entièrement semblables.

Il est bien entendu que dans toutes les formules précédentes et les formules analogues qui vont suivre, les oxhydryles ou sulfhydryles et les autres radicaux attachés aux groupes diatomiques CO ou CS, sont liés au carbone. Ainsi, pour prendre un exemple, la formule du disulfure amylsulfocarbonique dont il est question page 82 et 83, devrait s'écrire :

$$\begin{matrix} S-C\lessgtr {S \atop O.C^2H^5} \\ | \\ S-C\lessgtr {O\ C^2H^5 \atop S.} \end{matrix}$$

A. H.

forme cristalline; à chaud cette solution alcoolique brunit rapidement.

Sulfocarbamate d'amyle et chlorure mercurique, $C^6H^{13}AzSO + 2HgCl^2$. — Lorsqu'on mélange un excès de bichlorure de mercure avec du sulfocarbamate d'amyle, tous deux en solution alcoolique, il se produit un volumineux précipité blanc, composé de petits cristaux plumeux, qu'on purifie par un lavage à l'alcool froid et une cristallisation dans l'alcool bouillant. Cette combinaison, répondant à la formule donnée ci-dessus, est du disulfure amylsulfocarbonique, insoluble dans l'eau, qui la décompose à la longue en mettant de l'alcool amylique en liberté; à peine soluble dans l'alcool et l'éther froids, elle se dissout plus facilement à l'ébullition.

Les acides sulfurique et azotique la décomposent profondément; l'acide chlorhydrique ne l'altère pas à froid, mais enlève à chaud une partie du chlorure mercurique en laissant une combinaison moins riche en mercure; cette dernière est fusible.

La potasse bouillante convertit le composé mercurique primitif en une poudre noire, en même temps qu'il se dégage des vapeurs d'alcool amylique; l'ammoniaque le détruit immédiatement à froid, en produisant du sulfure de mercure noir: l'eau de baryte bouillante détermine une réaction semblable [W. Johnson, *Journ. Chem. Soc. London*, t. V, p. 242].

SULFOCARBAMATE D'ÉTHYLE [Syn. *Sulfuréthane* ou *xanthogénamide*],

$$C^3H^7AzSO = CS\left\langle\begin{matrix}AzH^2\\O.C^2H^5.\end{matrix}\right.$$

— Cet éther, découvert par Debus, se forme dans l'action de l'ammoniaque sur le thiosulfocarbonate d'éthyle (éther xanthique, t. I, p. 765),

$$CS\left\langle\begin{matrix}SC^2H^5\\OC^2H^5\end{matrix}\right. + AzH^3$$

$$= CS\left\langle\begin{matrix}AzH^2\\OC^2H^5\end{matrix}\right. + C^2H^5.SH,$$

il prend encore naissance lorsqu'on traite le thioéthylsulfocarbonate de méthyle,

$$CS\left\langle\begin{matrix}SCH^3\\OC^2H^5,\end{matrix}\right.$$

par l'ammoniaque (Chancel, t. I, p. 765), ou lorsqu'on fait passer du gaz ammoniac dans le disulfure éthylsulfocarbonique (persulfure éthyldisulfocarbonique, t. I, p. 765),

$$\begin{matrix}S\text{-}CS\text{-}OC^2H^5\\ |\\ S\text{-}CS\text{-}OC^2H^5\end{matrix} + 2AzH^3$$

Disulfure éthylsulfocarbonique,

$$= CS\left\langle\begin{matrix}AzH^2\\OC^2H^5\end{matrix}\right. + CS\left\langle\begin{matrix}SAzH^4\\OC^2H^5\end{matrix}\right. + S.$$

Sulfocarbamate d'éthyle. — Thioéthylsulfocarbonate d'ammonium.

Pour préparer le sulfocarbamate d'éthyle, on fait passer du gaz ammoniac dans une solution alcoolique de thiosulfocarbonate d'éthyle et, après 24 heures de contact, l'on distille la plus grande partie du liquide. Le résidu concentré au bain-marie et abandonné sur l'acide sulfurique se prend en une masse de cristaux.

On peut aussi diriger un courant de gaz ammoniac dans une solution alcoolique ou éthérée de disulfure éthylsulfocarbonique; le liquide s'échauffe, devient trouble et laisse déposer de longues aiguilles de soufre. Si l'on évapore ensuite dans le vide la liqueur filtrée, on obtient un résidu salin formé d'un mélange de thioéthylsulfocarbonate d'ammonium et de sulfocarbamate d'éthyle. On sépare ces deux corps au moyen de l'éther qui dissout seulement le dernier.

Le disulfure éthylsulfocarbonique qui sert dans cette préparation peut être employé à l'état brut, tel qu'on l'obtient dans l'action du chlore sur le thioéthylsulfocarbonate de potassium brut. On ajoute, par petites portions, du sulfure de carbone à une solution alcoolique de potasse, jusqu'à ce que le liquide soit presque neutralisé, on l'étend de 2 volumes d'eau, on ajoute un peu d'iodure de potassium et l'on fait passer du chlore. Le disulfure éthylsulfocarbonique prend naissance en vertu de l'équation suivante:

$$\begin{matrix}KS\text{-}CS\text{-}OC^2H^5\\KS\text{-}CS\text{-}OC^2H^5\end{matrix} + Cl^2$$

2 molécules de thioéthylsulfocarbonate de potassium.

$$= 2KCl + \begin{matrix}S\text{-}CS\text{-}OC^2H^5\\ |\\ S\text{-}CS\text{-}OC^2H^5;\end{matrix}$$

Disulfure éthylsulfocarbonique.

il est insoluble dans l'alcool étendu et se précipite sous la forme d'une huile. Dès que la totalité du thioéthylsulfocarbonate de potassium est transformée, le liquide se colore en brun, par la décomposition de l'iodure de potassium qui sert comme témoin pour indiquer la fin de la réaction. Le disulfure éthylsulfocarbonique lavé à l'eau est dissous dans un mélange d'éther (1 p.) et d'alcool (2 p.) et traité par l'ammoniaque comme on l'a indiqué plus haut.

Le sulfocarbamate d'éthyle cristallise par l'évaporation spontanée de sa solution alcoolique en beaux octaèdres clinorhombiques; formes dominantes : $b^{1/2}$, $d^{1/2}$, p; angles : $p\,b^{1/2} = 105°$; $p\,d^{1/2} = 118°$; les angles plans de p sont très-voisins de 90°; clivage parfait suivant p. Il fond à 38°; peu soluble dans l'eau, il se dissout en toutes proportions dans l'alcool et l'éther.

Soumis à la distillation sèche, il donne du sulfhydrate d'éthyle et des vapeurs d'acide cyanique:

$$CS\left\langle\begin{matrix}AzH^2\\OC^2H^5\end{matrix}\right. = C^2H^5,SH + COAzH.$$

Si l'on effectue la distillation vers 150°, le résidu renferme de l'acide cyanurique. L'acide sulfurique concentré dissout le sulfocarbamate d'éthyle et l'eau le précipite sans altération de cette solution. L'acide azotique l'oxyde avec énergie. La potasse et l'eau de baryte le dédoublent à chaud en alcool et en sulfocyanate:

$$CS\left\langle\begin{matrix}AzH^2\\OC^2H^5\end{matrix}\right. = C^2H^5.OH + CSAzH.$$

L'ammoniaque donne, à 150°, du gaz carbonique, du sulfocyanate ammonique et des composés fétides.

Les oxydes de mercure, d'argent et de plomb, ainsi que le carbonate d'argent, décomposent le sulfocarbamate d'éthyle, en produisant du sulfure métallique et un corps dont l'odeur rappelle celle de l'acroléine.

L'acide azoteux le transforme en un composé complexe auquel Debus a donné le nom d'*oxysulfocyanate d'éthyle*, $C^6H^{10}Az^2SO^3$. (Voy. plus loin.)

L'anhydride phosphorique enlève de l'eau à l'éther sulfocarbamique et fournit du sulfocyanate d'éthyle.

L'aldéhyde valérique dissout l'éther sulfocarbamique; lorsqu'on ajoute de l'acide chlorhydrique à la solution, elle s'épaissit un peu et donne alors avec l'alcool un précipité cristallin de la formule

$$C^5H^{10}\left\langle\begin{matrix}AzH\text{-}CS\text{-}OC^2H^5\\AzH\text{-}CS\text{-}OC^2H^5;\end{matrix}\right.$$

en même temps il se forme de l'eau.

Ce corps fond à 109° et se dédouble par l'acide chlorhydrique en valéral et éther sulfocarbamique.

Le chloral agit d'une manière analogue sur le sulfocarbamate d'éthyle [C. Bischoff, *Bull. de la Soc. Chim.*, t. XXIII, p. 274].

La solution du sulfocarbamate d'éthyle est neutre; elle précipite le chlorure mercurique en blanc; le nitrate d'argent et le sulfate de cuivre en blanc; les deux derniers précipités noircissent bientôt; l'hydrate thalleux précipite en noir; à chaud, le chlorure platinique donne un dépôt jaune [Konrard et Salomon].

Le sulfocarbamate d'éthyle se combine avec plusieurs sels métalliques.

Chlorure cuivreux et sulfocarbamate d'éthyle. — On a décrit *quatre* combinaisons différentes, dans lesquelles une seule mol. de Cu^2Cl^2, est unie à 2, 4, 6 et 8 mol. d'éther sulfocarbamique.

1° $2C^3H^7AzSO + Cu^2Cl^2$. Lorsqu'on mélange des solutions alcooliques de sulfocarbamate d'éthyle et de chlorure cuivrique, le liquide prend d'abord une coloration rouge sang, puis se décolore, devient fortement acide en même temps qu'il se précipite du soufre. La solution filtrée et soumise à l'évaporation lente laisse déposer des rhomboèdres de la combinaison

$$2C^3H^7AzSO + Cu^2Cl^2,$$

puis de longues aiguilles d'oxysulfocyanate d'éthyle; l'équation suivante rend compte de cette réaction :

$$6C^3H^7AzSO + 4CuCl^2 = 2(2C^3H^7AzSO + Cu^2Cl^2) + \underset{\text{Oxysulfocyanate d'éthyle.}}{C^6H^{10}Az^2SO^2} + 4HCl + S$$

La même combinaison cuivreuse se forme lorsqu'on ajoute un excès de sulfate de cuivre et de l'acide chlorhydrique à une solution aqueuse de sulfocarbamate d'éthyle : il se produit un dépôt blanc cristallin qu'on purifie par cristallisation dans l'alcool chaud.

Le composé $2C^3H^7AzSO + Cu^2Cl^2$ est en petits rhomboèdres brillants, dont la forme est très-voisine du cube; il est presque insoluble dans l'eau et dans l'acool froid; l'alcool chaud le dissout aisément en se colorant en brun, et, si l'on fait bouillir, une partie du sel se décompose et il se précipite du sulfure de cuivre. L'eau chargée d'acide chlorhydrique dissout ce composé en grande quantité; l'acide azotique l'oxyde; l'acide sulfurique en dégage un gaz et fournit une poudre bleue, soluble dans l'eau. L'ammoniaque le dissout en petite quantité en se colorant en bleu; la solution noircit à chaud. La potasse la colore en brun, et finalement en noir, en dégageant de l'ammoniaque. L'hydrogène sulfuré le décompose en sulfure de cuivre, acide chlorhydrique et sulfocarbamate d'éthyle.

La solution de ce sel double précipite en blanc l'iodure et le sulfocyanate de potassium.

2° $4C^3H^7AzSO + Cu^2Cl^2$. Lorsqu'on dissout dans l'alcool la combinaison précédente et qu'on y ajoute un peu plus de 2 mol. de sulfocarbamate d'éthyle, le mélange fournit par l'évaporation des tables brillantes, clinorhombiques, du nouveau sel double. Si la solution est très-concentrée, on obtient de gros prismes hexagonaux. Ce sel est insoluble dans l'eau et très-soluble dans l'alcool.

3° $6C^3H^7AzSO + Cu^2Cl^2$. Préparé par le mélange de 1 mol. de la première combinaison et de 4 mol. d'éther sulfocarbamique, ce sel est en cristaux maclés qui dérivent d'une pyramide clinorhombique.

4° $8C^3H^7AzSO + Cu^2Cl^2$. Ce composé forme également des cristaux bien définis.

Toutes ces combinaisons sont d'autant plus fusibles et plus solubles dans l'alcool qu'elles contiennent une plus forte proportion de sulfocarbamate d'éthyle. Au bout de quelques semaines les cristaux s'altèrent et donnent, entre autres produits, du sulfure de cuivre.

Iodure cuivreux et sulfocarbamate d'éthyle. — La solution alcoolique et chaude de la combinaison $6C^3H^7AzSO + Cu^2Cl^2$ additionnée d'une solution également chaude d'iodure de potassium, fournit, au bout de quelques heures, de larges aiguilles d'un composé blanc qui a pour formule

$$4C^3H^7AzSO + Cu^2I^2;$$

l'eau mère laisse déposer plus tard des lames du sel $6C^3H^7AzSO + Cu^2I^2$, et renferme à la fin du chlorure de potassium et de l'éther sulfocarbamique.

Le premier sel se dédouble à chaud en iodure cuivreux et éther sulfocarbamique qui s'unissent de nouveau par le refroidissement; conservé dans un vase fermé, il prend peu à peu une teinte verte et laisse dégager du mercaptan.

Sulfocyanate cuivreux et sulfocarbamate d'éthyle. — La solution alcoolique de la combinaison $2C^3H^7AzSO + Cu^2Cl^2$ donne, avec le sulfocyanate de potassium, un précipité blanc de sulfocyanate cuivreux; le sel $4C^3H^7AzSO + Cu^2Cl^2$, au contraire, fournit un dépôt cristallin qui paraît renfermer $C^3H^7AzSO + 5Cu^2(CAzS)^2$. Enfin la combinaison $6C^3H^7AzSO + Cu^2Cl^2$, en solution alcoolique diluée, ne précipite pas à froid par le sulfocyanate de potassium; mais lorsque les solutions sont concentrées et chaudes, il se dépose de petites tables incolores possédant la composition $4C^3H^7AzSO + 3Cu^2(CAzS)^2$. Si les cristaux séjournent pendant quelques jours dans l'eau mère, ils grossissent et prennent une teinte jaunâtre; ils renferment alors $2C^3H^7AzSO + Cu^2(CAzS)^2$.

Le sulfocarbamate d'éthyle, en solution alcoolique, donne, avec le chlorure de platine, un précipité jaune et cristallin, dont la composition

$$(C = 13{,}9 \text{ à } 13{,}4;\ H = 2{,}7;\ S = 13{,}3;\ Cl = 19{,}1 \text{ à } 23{,}3;\ Pt = 38{,}3 \text{ à } 37{,}8)$$

ne répond pas à une formule simple. L'eau mère laisse encore déposer pendant quelques jours des paillettes, et finit par se colorer beaucoup.

Le zinc précipite le cuivre de la solution alcoolique du sel $6C^3H^7AzSO + Cu^2Cl^2$, mais le chlorure de zinc formé ne s'unit pas à l'éther sulfocarbamique. On n'a pas réussi non plus à combiner ce dernier avec le chlorure ferreux, le chlorure de baryum, le chlorure de potassium. Le chlorure de mercure paraît engendrer des combinaisons semblables.

Décomposition du sulfocarbamate d'éthyle par l'acide azoteux. — Si l'on traite le sulfocarbamate d'éthyle, mis en suspension dans l'eau, par un courant de gaz nitreux, il se convertit en une huile qui finit par déposer des cristaux; il se dégage en même temps un gaz incolore. Le produit, lavé à l'eau, est mis en digestion avec de l'alcool qui dissout les cristaux, en laissant une huile qui n'est autre chose que du soufre modifié; celui-ci ne se solidifie qu'au bout de quelques mois.

La solution alcoolique fournit des prismes incolores solubles dans l'eau et dans l'alcool et contenant $C^6H^{10}Az^2SO^2$. Ce corps complexe, auquel Debus a donné le nom impropre d'*oxysulfocyanate d'éthyle*, prend naissance d'après l'équation suivante :

$$2C^3H^7AzSO + Az^2O^3 = C^6H^{10}Az^2SO^2 + 2H^2O + S + Az^2O;$$

il dérive donc de deux molécules de sulfocarbamate d'éthyle par l'enlèvement de $H^2S + H^2$, et il serait facile d'établir une formule de constitution pour ce composé.

L'oxysulfocyanate d'éthyle prend encore naissance dans l'action du chlorure cuivrique sur l'éther sulfocarbamique.

Il fond au-dessous de 100° et se solidifie de nouveau par le refroidissement; à une température plus élevée, il se volatilise en partie sans altération, tandis qu'une autre portion fournit, entre autres produits, des composés sulfurés de l'éthyle. Il est entraîné avec les vapeurs aqueuses.

Les solutions de l'oxysulfocyanate d'éthyle, neutres aux papiers, ne précipitent ni le nitrate d'argent, ni le chlorure mercurique, ni le chlorure platinique. Les acides azotique, sulfurique et chlorhydrique concentrés le décomposent. Sous l'influence de l'eau de baryte bouillante, il dégage de l'ammoniaque et fournit du carbonate et de l'hyposulfite de baryum, ainsi que de l'alcool; il ne se forme pas de sulfocyanate [Debus, *Ann. der Chem. u. Pharm.*, t. LXXII, p. 1; t. LXXV, p. 127; t. LXXXII, p. 253].

PRODUITS DE SUBSTITUTION DES ÉTHERS SULFOCARBAMIQUES. — ALLYLSULFOCARBAMATE D'ÉTHYLE.

$$C^6H^{11}AzSO = CS\begin{cases} AzH.C^3H^5 \\ OC^2H^5. \end{cases}$$

— Cet éther se forme par la combinaison de l'alcool éthylique avec l'allylsulfocarbimide. On chauffe, pendant quelques heures, à une température un peu supérieure à 100°, un mélange d'essence de moutarde et d'alcool, on ajoute de l'eau et on rectifie l'huile qui se sépare.

L'allylsulfocarbamate d'éthyle constitue un liquide incolore plus lourd que l'eau, bouillant à 210-215° et offrant une odeur alliacée.

Il est probablement identique avec le liquide que Will avait obtenu par l'action de la potasse alcoolique sur l'essence de moutarde et auquel il avait attribué la formule $C^7H^{14}Az^2SO$ (Voyez t. I, p. 156) [A. W. Hofmann, *Berl. Acad. Ber.*, 1869, p. 332; *Bull. de la Soc. Chim.*, t. XII, p. 360].

ÉTHYLSULFOCARBAMATE D'ÉTHYLE,

$$C^5H^{11}AzSO = CS\begin{cases} AzH.C^2H^5 \\ OC^2H^5. \end{cases}$$

— Lorsqu'on chauffe pendant quelque temps à 110°, la sulfocarbimide éthylique avec de l'alcool éthylique, l'odeur de la sulfocarbimide disparaît et l'eau précipite alors une huile d'une odeur désagréable qu'on purifie par un simple lavage à l'eau.

L'éthylsulfocarbamate d'éthyle est liquide; il bout à 204-208°. L'eau, plus facilement les acides ou les alcalis, dédoublent cet éther en alcool, gaz carbonique, hydrogène sulfuré et éthylamine,

$$CS\begin{cases} AzH.C^2H^5 \\ OC^2H^5 \end{cases} + 2H^2O$$

$$= C^2H^5.OH + CO^2 + H^2S + AzH^2.C^2H^5.$$

Lorsqu'on emploie de l'acide sulfurique concentré, on obtient de l'oxysulfure de carbone à la place du gaz carbonique et de l'hydrogène sulfuré [Hofmann, *loc. cit.*].

PHÉNYLSULFOCARBAMATE D'ÉTHYLE,

$$CS\begin{cases} AzH.C^6H^5 \\ OC^2H^5. \end{cases}$$

— Voy. t. II, p. 881.

II. — ACIDE THIOCARBAMIQUE.

L'acide thiocarbamique

$$CH^3AzSO = CO\begin{cases} AzH^2 \\ SH. \end{cases}$$

renferme les éléments de la carbimide et de l'hydrogène sulfuré. Comme son isomère, l'acide sulfocarbamique, il est inconnu à l'état de liberté, mais on connaît son sel ammoniacal et quelques-uns de ses dérivés éthérés.

On obtiendra probablement ses éthers simples en traitant les sulfhydrates alcooliques par la carbimide,

$$C^2H^5.SH + CO.AzH = CO\begin{cases} AzH^2 \\ SC^2H^5. \end{cases}$$

THIOCARBAMATE D'AMMONIUM,

$$CO\begin{cases} AzH^2 \\ SAzH^4. \end{cases}$$

Il résulte de la combinaison directe de l'oxysulfure de carbone et de l'ammoniaque,

$$COS + 2AzH^3 = CO\begin{cases} AzH^2 \\ SAzH^4. \end{cases}$$

Lorsqu'on mélange de l'oxysulfure de carbone et du gaz ammoniac sec, on observe aussitôt la formation d'un beau corps cristallisé, qui n'est autre que le thiocarbamate d'ammonium (Berthelot).

On peut aussi faire passer, jusqu'à refus, de l'oxysulfure de carbone dans de l'alcool saturé d'ammoniaque : le tout se prend en une bouillie de cristaux qu'on recueille sur un filtre et qu'on lave à l'éther.

Le même sel prend naissance par la décomposition spontanée du dithiocarbonate d'ammonium, produit d'addition du sulfure d'ammonium et de l'oxysulfure de carbone (Mulder),

$$\underset{\text{Dithiocarbonate ammonique.}}{CO\begin{cases} SAzH^4 \\ SAzH^4 \end{cases}} = H^2S + \underset{\text{Thiocarbamate ammonique.}}{CO\begin{cases} AzH^2 \\ SAzH^4. \end{cases}}$$

Le thiocarbamate d'ammonium se colore rapidement en jaune, à l'air, en dégageant du sulfhydrate d'ammonium. Il est extrêmement soluble dans l'eau, peu soluble dans l'alcool, et insoluble dans l'éther. Les acides étendus en dégagent de l'oxysulfure de carbone en même temps qu'il se forme un sel ammoniacal.

La solution aqueuse de ce sel se colore en rouge par le chlorure ferrique et donne un précipité rouge clair lorsqu'on ajoute un excès de ce réactif; avec l'acétate de plomb, on obtient un précipité blanc, gélatineux, noircissant peu à peu; le sulfate de cuivre précipite en blanc et le précipité noircit à chaud; le nitrate d'urane produit un précipité jaune clair, soluble dans un excès de sel d'urane; le chlorure de baryum ne trouble la solution qu'à chaud (Mulder).

Chauffé à 100° en solution aqueuse, le thiocarbamate d'ammonium perd une molécule d'eau et se convertit en sulfocyanate ammonique (Berthelot).

$$CO\begin{cases} AzH^2 \\ SAzH^4. \end{cases} = H^2O + CAz\text{-}SAzH^4.$$

D'après Kretzschmar, il ne se formerait pas de sulfocyanate dans ces conditions, mais bien du carbonate et du sulfure d'ammonium.

Maintenu à une très-douce température avec du carbonate de plomb délayé dans l'eau, le thiocarbamate d'ammonium perd de l'hydrogène sulfuré et donne de l'urée,

$$CO\begin{cases} AzH^2 \\ SAzH^4 \end{cases} = H^2S + CO\begin{cases} AzH^2 \\ AzH^2. \end{cases}$$

La proportion d'urée ainsi formée est toutefois très-petite (Berthelot). Suivant Kretzschmar, ce sel subit la même décomposition lorsqu'on le chauffe en vase clos à 130-140°.

Un mélange de thiocarbamate d'ammonium et d'aldéhyde benzoïque, abandonné dans l'air sec pendant quelques jours, se solidifie complétement; le composé formé dans cette réaction peut être envisagé comme le *thiocarbamate de dibenzylidène-ammonium*,

$$CO\begin{cases} AzH^2. \\ SAz(C^7H^6)^2. \end{cases}$$

L'équation suivante rend compte de sa formation :

$$CO(AzH^2).SAzH^4 + 2C^7H^6O = 2H^2O + CO(AzH^2).SAz(C^7H^6)^2.$$

L'acétone n'agit pas sur le thiocarbamate d'ammonium (Mulder). [Berthelot, *Bull. de la Soc. chim.*, 1868, t. IX, p. 7; E. Mulder, *Ann. der Chem. u. Pharm.*, t. CLXVIII, p. 228; *Bull. de la Soc. chim.*, 1869, t. XII, p. 452; A. Kretzschmar, *Journ. für prakt. Chem.*, (2), t. VII, p. 474; *Bull. de la Soc. chim.*, t. XXI, p. 310].

THIOCARBAMATE D'ÉTHYLE (*Syn. thio-uréthane*),

$$C^3H^7AzSO = CO\begin{cases}AzH^2\\SC^2H^5\end{cases}.$$

— Lorsqu'on fait passer du gaz ammoniac sur le chlorure éthylthiocarbonique (chlorure de carbonyle-sulféthyle, produit par l'action du gaz chloroxycarbonique sur le mercaptan), le tout se prend en une masse composée d'un mélange de sel ammoniac et du nouvel éther,

$$CO\begin{cases}Cl\\SC^2H^5\end{cases} + 2AzH^3 = AzH^4Cl + CO\begin{cases}AzH^2\\SC^2H^5\end{cases}.$$

On reprend la masse par l'éther, on filtre et l'on abandonne la solution à l'évaporation spontanée. Le thiocarbamate d'éthyle est en grandes tables, blanches, fusibles à 107-109°, peu solubles dans l'eau froide, plus solubles à chaud et très-solubles dans l'alcool et dans l'éther. La potasse en dégage à chaud de l'ammoniaque et du mercaptan; l'ammoniaque alcoolique le transforme à la longue en urée et mercaptan.

Déshydraté par l'anhydride phosphorique, il donne du sulfocyanate d'éthyle,

$$CO\begin{cases}AzH^2\\SC^2H^5\end{cases} = H^2O + CAz.SC^2H^5.$$

La solution du thiocarbamate d'éthyle donne avec le chlorure mercurique un précipité blanc, que la chaleur rend soluble; avec le nitrate d'argent, un précipité blanc, noircissant à chaud; avec le sulfate de cuivre, un précipité blanc, cristallin, inaltérable à chaud; avec l'hydrate thalleux, un dépôt floconneux, jaune, qui devient noir lorsqu'on chauffe; en même temps qu'il se forme du mercaptan; enfin avec le chlorure platinique et à l'aide de la chaleur un précipité jaune [F. Salomon, *Journ. für prakt. Chem.*, (2), t. VII, p. 252; *Bull. de la Soc. chim.*, t. XXI, p. 349; R. Conrad et F. Salomon, *Journ. für prakt. Chem.*, (2), t. X, p. 34].

ACIDE BENZOYLE-ÉTHYLTHIOCARBAMIQUE,

$$C^{10}H^{11}AzSO^2 = CO\begin{cases}Az\begin{cases}CO.C^6H^5\\C^2H^5\end{cases}\\SH\end{cases} \text{(1)}$$

— Cet acide renferme, d'après Loessner, les éléments du sulfocyanate de benzoyle encore inconnu et de l'alcool,

$$CAzS-CO\ C^6H^5 + C^2H^5.OH = CO\begin{cases}Az(CO.C^6H^5)(C^2H^5)\\SH.\end{cases}$$

— On l'obtient en ajoutant peu à peu du chlorure de benzoyle à une solution alcoolique, saturée à chaud, de sulfocyanate de potassium. Après la réaction on filtre, on mélange le liquide avec de l'eau jusqu'à ce qu'il commence à se troubler et on laisse refroidir. L'acide benzoyle-éthylthiocarbamique se dépose en aiguilles enchevêtrées, dont on achève la purification en les lavant à l'eau et les faisant cristalliser de nouveau dans l'alcool légèrement étendu.

Cet acide est en belles aiguilles, jaune de soufre, souvent longues de 3 à 4 centimètres; peu solubles dans l'eau bouillante, mais très-solubles dans l'alcool et l'éther. Il fond à 73-74° et commence à se décomposer déjà vers 80°: il dégage du gaz carbonique, donne du mercaptan, puis du benzonitrile et laisse finalement un résidu brun résineux,

$$CO\begin{cases}Az(COC^6H^5)(C^2H^5)\\SH\end{cases} = CO^2 + C^2H^5.SH + CAz.C^6H^5.$$

— La potasse chaude le dédouble en alcool, sulfocyanate et benzoate de potassium; ce dédoublement principal est accompagné d'une réaction secondaire qui fournit du benzoate, du sulfure et du carbonate potassiques, ainsi que de l'ammoniaque.

L'acide sulfurique concentré le dissout; à chaud, la solution brunit et laisse dégager de l'acide sulfureux; l'acide chlorhydrique le décompose à chaud avec formation d'acide benzoïque; l'acide azotique étendu agit d'une façon analogue. — Les oxydes métalliques enlèvent à chaud le soufre à cet acide, en le transformant en acide benzoyle-éthylcarbamique,

$$CO\begin{cases}Az(C^7H^5O)(C^2H^5)\\SH\end{cases} + PbO = PbS + CO\begin{cases}Az(C^7H^5O)(C^2H^5)\\OH.\end{cases}$$

— Voyez CARBAMIQUE (ACIDE), au supplément.

L'acide benzoyle-éthylthiocarbamique forme des sels résultant du remplacement de l'atome d'hydrogène par des métaux. Sa solution alcoolique est neutre. Le chlorure ferrique ne la colore pas. Elle donne, avec le nitrate d'argent, l'acétate de plomb et le nitrate de bismuth, des précipités blancs qui noircissent à chaud; le chlorure mercurique précipite également en blanc, mais le précipité s'altère à peine à chaud; le nitrate mercureux donne immédiatement un précipité noir. Le sulfate de cuivre fournit un dépôt vert gris sale, noircissant à chaud; le sulfate de nickel est sans action à froid; à l'ébullition, il y a formation de sulfure de nickel. Le molybdate d'ammonium est réduit à chaud.

Benzoyle-éthyle-thiocarbamate de potassium,

$$C^{10}H^{10}KAzSO^2.$$

— On ajoute de la potasse alcoolique à une solution froide et concentrée de l'acide : le liquide s'échauffe et se prend en une masse cristalline formée par le sel potassique. Purifié par lavage à l'éther et cristallisation dans l'alcool bouillant, ce sel est en aiguilles déliées, extrêmement

1. Il nous semble que ce corps ne possède pas la constitution que lui attribue Loessner; ni son mode de formation, ni ses dédoublements ne peuvent s'expliquer par la formule donnée dans le texte. Parmi ses produits de dédoublements, on devrait trouver de l'éthylamine; or, l'auteur n'en fait jamais mention; le groupe éthyle ne peut donc être uni à l'azote et la constitution du composé en question doit être exprimée par l'une des deux formules suivantes :

$$CO\begin{cases}AzHCO.C^6H^5\\SC^2H^5,\end{cases} \quad \text{ou} \quad CS\begin{cases}AzHCO.C^6H^5\\OC^2H^5.\end{cases}$$

Benzoylthiocarbamate d'éthyle. — Benzoylsulfocarbamate d'éthyle.

On comprend que l'atome d'hydrogène, voisin du benzoyle, groupe négatif, puisse être remplacé par des métaux. La formation du mercaptan, que l'auteur a signalée dans plusieurs réactions du dérivé éthylique décrit plus loin, plaident en faveur de la première formule, mais un mode de production du corps de Loessner observé par M. Miquel (*communication particulière*) rend beaucoup plus probable la seconde formule. Ce corps se forme en effet par la combinaison directe de la benzoylsulfocarbimide avec l'alcool, ce qui lui assignerait une place à côté des éthers des acides sulfocarbamiques substitués décrits plus haut. De nouvelles recherches sont nécessaires pour élucider ce point. Dans le texte, nous avons conservé les formules de Loessner. A. H.

solubles dans l'eau, possédant une réaction alcaline; l'alcool et surtout l'éther le dissolvent moins facilement.

Benzoyle-éthyle-thiocarbamate d'éthyle,

$$C^{12}H^{15}AzSO^2 = CO\Big\langle\begin{smallmatrix}Az(CO.C^6H^5)(C^2H^5)\\ SC^2H^5.\end{smallmatrix}$$

— On le prépare en ajoutant du bromure d'éthyle à une solution alcoolique chaude du sel de potassium; la réaction se fait presque instantanément et il suffit de chauffer pendant peu de temps au bain-marie pour l'achever. On précipite ensuite par l'eau et on sèche sur le chlorure de calcium l'huile jaunâtre qui se sépare. Cet éther est peu stable et se décompose déjà vers 45° en donnant du mercaptan et du benzonitrile. La potasse alcoolique l'attaque violemment, et fournit du benzoate et du carbonate potassique, de l'alcool, du mercaptan et de l'ammoniaque. Chauffé à 105° avec son poids d'eau, l'éther fournit des gaz, du mercaptan, un produit huileux et un composé cristallisé, fusible à 108°, non encore étudié.

L'ammoniaque alcoolique convertit à froid l'éther benzoyléthyle-thiocarbamique en mercaptan et benzoyléthylurée,

$$CO\Big\langle\begin{smallmatrix}Az(C^7H^5O)(C^2H^5)\\ SC^2H^5\end{smallmatrix} + AzH^3$$
$$= C^2H^5.SH + CO\Big\langle\begin{smallmatrix}Az(C^7H^5O)(C^2H^5)\\ AzH^2.\end{smallmatrix}$$

Voyez Urées composées. — [L. Lœssner, *Journ. für prakt. Chem.*, (2), t. X, p. 235; *Bull. de la Soc. chim.*, t. XXIII, p. 121].

Carboxéthyle-thiocarbamate d'éthyle,

$$C^6H^{11}AzSO^3 = CO\Big\langle\begin{smallmatrix}AzH.CO.OC^2H^5\\ SC^2H^5.\end{smallmatrix}$$

— On peut considérer comme tel le corps que Delitisch a obtenu en faisant agir l'éther chloroxycarbonique sur une solution alcoolique de sulfocyanate de potassium. — Voyez Sulfocyaniques éthers, t. III, p. 109.

Éthylthiocarbamate d'éthyle,

$$C^5H^{11}AzSO = CO\Big\langle\begin{smallmatrix}AzH.C^2H^5\\ SC^2H^5.\end{smallmatrix}$$

— Ce corps renferme les éléments de l'éthylcarbimide et du sulfhydrate d'éthyle: aussi le prépare-t-on en chauffant à 120°, pendant quelques heures, un mélange des deux corps. C'est un liquide bouillant à 204-208°, ressemblant beaucoup à l'éthylsulfocarbamate d'éthyle décrit plus haut; la différence de constitution de ces deux corps se manifeste clairement dans leur décomposition par l'eau; tandis que le dernier fournit de l'*alcool*, de l'*hydrogène sulfuré*, de l'éthylamine et du gaz carbonique, son isomère, l'éthylthiocarbamate d'éthyle, engendre du *sulfhydrate d'éthyle*, de l'éthylamine et du gaz carbonique,

$$CO\Big\langle\begin{smallmatrix}AzH.C^2H^5.\\ SC^2H^5\end{smallmatrix} + H^2O$$
$$= C^2H^5.SH + C^2H^5.AzH^2 + CO^2$$

[A.-W. Hofmann, *Berl. Acad. Ber.*, 1869, p. 332; *Bull. de la Soc. chim.*, t. XII, p. 365].

III. — ACIDE THIOSULFOCARBAMIQUE.

L'acide thiosulfocarbamique, appelé généralement sulfocarbamique ou disulfocarbamique, a pour formule

$$CH^3AzS^2 = CS\Big\langle\begin{smallmatrix}AzH^2\\ SH.\end{smallmatrix}$$

Il contient les éléments de l'hydrogène sulfuré et de la sulfocarbimide.

Son sel ammoniacal prend naissance par la fixation de l'ammoniaque sur le sulfure de carbone,

$$CS^2 + 2AzH^3 = CS\Big\langle\begin{smallmatrix}AzH^2\\ SAzH^4,\end{smallmatrix}$$

exactement comme le carbamate ammonique résulte de la combinaison de l'ammoniaque avec le gaz carbonique.

Il se forme aussi par la décomposition du dithiosulfocarbonate (trisulfocarbonate) ammonique,

$$\underset{\text{Dithiosulfo-carbonate d'ammonium.}}{CS\Big\langle\begin{smallmatrix}SAzH^4\\ SAzH^4\end{smallmatrix}} = H^2S + \underset{\text{Thiosulfocarbamate d'ammonium.}}{CS\Big\langle\begin{smallmatrix}AzH^2\\ SAzH^4\end{smallmatrix}}$$

[Zeise, 1824, *Journ. de Schweigger*, t. XLI, p. 100 et 170; *Ann. der Chem. u. Pharm.*, t. XLVIII, p. 95; — Debus, *ibid.*, t. LXXIII, p. 26].

La décomposition spontanée du dithiosulfocarbonate d'ammonium, de même que l'action de l'ammoniaque sur le sulfure de carbone, paraissent donner, suivant les circonstances, deux substances différentes. Zeise avait obtenu, par ces deux procédés, un composé cristallisé qu'il regarda comme le sel diammonique d'un acide $C^2Az^2H^4S^3 = 2CAzHS + H^2S$, auquel il donna le nom d'acide *sulfocyano-sulfhydrique*.

Debus, en répétant en 1849 les expériences de Zeise, obtint, en effet, un corps cristallisé semblable, mais il le considéra comme le sel ammoniacal de l'acide thiosulfocarbamique $CAzH^3S^2$. Cette formule diffère de celle de Zeise par $\frac{1}{2}$ H^2S qu'elle contient en plus

$$C^2Az^2H^4S^3 = 2(CAzH^3S^2 - \tfrac{1}{2}H^2S).$$

Depuis, on a généralement accepté la formule proposée par Debus; d'autres expérimentateurs ont mis hors de doute l'existence du thiosulfocarbamate d'ammonium et il ne fut plus question du composé décrit par Zeise. Ce n'est qu'en 1873 que Hlasiwetz et Kachler, sans avoir connaissance des anciennes expériences de Zeise qui étaient tombées dans un oubli complet, retrouvèrent le sel diammoniacal du corps $C^2Az^2H^4S^3$; ils l'obtinrent précisément en traitant le sulfure de carbone par l'ammoniaque. Mais cette préparation, ne réussissant que dans des conditions spéciales (voy. p. 90), il est probable que Zeise a eu entre les mains et le sel ammonique de l'acide thiosulfocarbamique, et le sel diammonique du corps $C^2Az^2H^4S^3$, mais qu'il n'a su faire la distinction de ces deux substances si altérables, qui se ressemblent beaucoup et dont surtout les réactions sont presque identiques.

Le sel ammonique du corps $C^2Az^2H^4S^3$, qu'on peut considérer comme l'anhydrosulfide thiosulfocarbamique, se trouve décrit à la page 90.

Pour isoler l'acide thiosulfocarbamique, on ajoute peu à peu de l'acide chlorhydrique dans une solution aqueuse concentrée et refroidie de thiosulfocarbamate d'ammonium, dont la préparation sera indiquée plus loin : l'acide se précipite sous la forme d'aiguilles incolores, très-solubles dans l'eau, l'alcool et l'éther [E. Mulder, *Journ. für prakt. Chem.*, t. CIII, p. 178; *Bull. de la Soc. chim.*, 1869, t. XI, p. 58].

Cet acide offre une odeur semblable à celle de l'hydrogène sulfuré, mais avec un caractère particulier. Il est peu stable, et se dédouble spontanément en hydrogène sulfuré et en sulfocarbimide,

$$CS\Big\langle\begin{smallmatrix}AzH^2\\ SH\end{smallmatrix} = H^2S + CS.AzH;$$

en présence de l'eau, cette même décomposition s'accomplit encore, mais une partie de l'acide thiosulfocarbamique fournit de l'hydrogène sulfuré et de l'acide cyanique, ou plutôt les produits de décomposition de ce corps, anhydride, carbonique et ammoniaque; cette dernière s'unissant à la sulfocarbimide fournit du sulfocyanate ammonique, qui reste comme résidu lorsqu'on évapore la solution aqueuse :

$$CS<^{AzH^2}_{SH} + H^2O = 2H^2S + CO.AzH.$$

Lorsqu'on chauffe la solution alcoolique vers 50 à 60°, il se dépose du thiosulfocarbamate d'ammonium, et le liquide renferme du sulfure de carbone :

$$CS<^{AzH^2}_{SH} = CS^2 + AzH^3;$$

$$CS<^{AzH^2}_{SH} + AzH^3 = CS<^{AzH^2}_{S.AzH^4}.$$

THIOSULFOCARBAMATES. — L'acide thiosulfocarbamique est monobasique; sa solution, qui offre une réaction acide, attaque les carbonates avec effervescence. Ses sels se décomposent aisément, surtout à chaud ou par l'action des alcalis, en hydrogène sulfuré, sulfocarbimide et sulfures :

$$2CS<^{AzH^2}_{SM'} = 2CSAzH + H^2S + M'^2S.$$

Thiosulfocarbamate. Sulfocarbimide.

THIOSULFOCARBAMATE D'AMMONIUM,

$$CS(AzH^2)SAzH^4.$$

— Pour le préparer, on enferme le dithiosulfocarbonate d'ammonium avec de l'alcool dans un flacon bien bouché, et l'on abandonne le tout pendant 30 à 40 heures; au bout de ce temps, le sel est transformé en thiosulfocarbamate d'ammonium.

Il est plus simple de le préparer par l'action directe du sulfure de carbone sur l'ammoniaque, en présence de l'alcool; Mulder prescrit d'opérer de la manière suivante : on fait passer dans 600 p. d'alcool à 95 centièmes le gaz provenant de la décomposition de 150 p. de sel ammoniac par 300 p. de chaux vive et l'on ajoute ensuite 90 p. de sulfure de carbone. Le thiosulfocarbamate ammonique se dépose bientôt en cristaux peu colorés [Mulder, *loc. cit.*].

Ce sel cristallise en longs prismes d'un jaune citron, possédant une légère odeur de sulfhydrate d'ammonium. Il se dissout aisément dans l'eau, mais il est un peu moins soluble dans l'alcool. A l'air humide, il tombe en déliquescence et donne un liquide trouble contenant principalement du sulfhydrate d'ammonium.

Une solution de ce sel possédant à 10° une densité de 1,091 offre les indices de réfraction suivants : pour la raie A, 1,4171; et pour D 1,4254 (H. Gladstone).

Le chlore, le brome et l'iode en solution aqueuse le convertissent en disulfure sulfocarbamique (Voyez plus loin) :

$$\begin{matrix}AzH^4S\text{-}CS\text{-}AzH^2\\AzH^4S\text{-}CS\text{-}AzH^2\end{matrix} + Cl^2$$

molécules de thiosulfocarbamate d'ammonium.

$$= 2AzH^4Cl + \begin{matrix}S\text{-}CS\text{-}AzH^2\\S\text{-}CS\text{-}AzH^2\end{matrix}$$

Disulfure sulfocarbamique.

Les sels ferriques, additionnés d'un excès d'acide chlorhydrique, déterminent la même métamorphose.

Les aldéhydes réagissent facilement sur le thiosulfocarbamate d'ammonium : les quatre atomes d'hydrogène de l'ammonium AzH^4 sont enlevés à l'état d'eau par 2 atomes d'oxygène de 2 molécules d'aldéhyde, et les deux résidus diatomiques ainsi formés prennent la place de l'hydrogène :

$$CS<^{AzH^2}_{S.AzH^4} + 2C^2H^4O$$

Thiosulfocarbamate d'ammonium. Aldéhyde acétique.

$$= 2H^2O + CS<^{AzH^2}_{S.Az(C^2H^4)^2}$$

Thiosulfocarbamate de diéthylidène-ammonium.

Thiosulfocarbamate de diallylidène-ammonium,

$$CS<^{AzH^2}_{S.Az(C^3H^4)^2}.$$

— Lorsqu'on agite l'acroléine avec une solution aqueuse de thiosulfocarbamate d'ammonium, la réaction est tellement énergique qu'il faut refroidir; le sel formé constitue une substance blanche, amorphe, insoluble dans l'eau et dans l'alcool. Chauffé avec de l'eau et du perchlorure de fer, il donne la coloration rouge caractéristique des sulfocyanates [E. Mulder et H. Wefers-Bettinck, *Journ. für prakt. Chem.*, t. CIII, p. 178; *Bull. de la Soc. chim.*, 1869, t. XI, p. 59].

Thiosulfocarbamate de diamylidène-ammonium,

$$CS<^{AzH^2}_{S.Az(C^5H^{10})^2}.$$

— On agite une solution alcoolique d'aldéhyde valérique avec du thiosulfocarbamate d'ammonium, on filtre et on verse le liquide dans l'eau : le nouveau sel se précipite sous l'aspect d'une masse blanche cristalline volumineuse, qu'on dessèche dans le vide. A chaud, il est coloré en rouge par le chlorure ferrique.

Thiosulfocarbamate de dibenzylidène-ammonium,

$$CS<^{AzH^2}_{S.Az(C^7H^6)^2}.$$

— Lorsqu'on mélange de l'aldéhyde benzoïque avec du thiosulfocarbamate d'ammonium, la masse se solidifie complètement après quelque temps de contact. La substance, débarrassée par compression de l'excès d'aldéhyde benzoïque, possède toutes les propriétés du composé auquel Quadrat avait donné le nom impropre de sulfocyanate de benzoyle (voyez t. III, p. 112) [E. Mulder, *Ann. der Chem. u. Pharm.*, t. CLXVIII, p. 228].

Thiosulfocarbamate de diéthylidène-ammonium,

$$CS<^{AzH^2}_{S.Az(C^2H^4)^2}.$$

— On l'obtient en faisant agir l'aldéhyde acétique en solution aqueuse ou alcoolique sur le thiosulfocarbamate d'ammonium; ce corps n'est autre que la carbothialdine, $C^5H^{10}Az^2S^2$, connu depuis longtemps (voyez t. I, p. 768) [E. Mulder et H. Wefers-Bettinck, *loc. cit.*].

Thiosulfocarbamate de triacétone-diammonium, $(AzH^2\text{-}CS)^2Az^2H^2(C^3H^6)^3$. — L'acétone réagit également sur le thiosulfocarbamate d'ammonium, et produit le thiosulfocarbamate de triacétone-diammonium (*acétonine*, voyez t. I, p. 36); le mode de génération de ce corps est analogue à celui des thiosulfocarbamates aldéhydiques; seulement, la réaction, au lieu de se passer entre 1 molécule de thiosulfocarbamate ammonique et 2 molécules d'aldéhyde, a lieu entre 2 molécules du sel ammoniacal et 3 molécules d'acétone : les aldéhydes engendrent des thiosulfocarbamates d'ammoniums quaternaires, l'acétone fournit le sel d'un diammonium tertiaire :

$$(AzH^2\text{-}CS)^2Az^2H^8 + 3C^3H^6O$$

2 molécules de thiosulfocarbamate d'ammonium.

$$= 3H^2O + (AzH^2\text{-}CS)^2Az^2H^2(C^3H^6)^3$$

Thiosulfocarbamate de triacétone-diammonium.

[E. Mulder, *Journ. für prakt. Chem.*, t. CI, p. 401; *Bull. de la Soc. chim.*, 1868, t. IX, p. 219; — E. Mulder et H. Wefers-Bettinck, *loc. cit.*].

La solution du thiosulfocarbamate d'ammonium n'est précipitée ni par les sels de calcium, ni par les sels de baryum; elle précipite en vert jaunâtre le sulfate de nickel; en blanc, le chlorure mercurique; en brun jaunâtre, le tétrachlorure de platine. Le nitrate d'argent étendu donne un précipité jaune qui ne tarde pas à noircir. Si l'on mélange des solutions concentrées de thiosulfocarbamate d'ammonium et de sulfate de chrome, il se dépose, au bout d'un quart d'heure, une petite quantité d'aiguilles incolores, contenant du chrome et du soufre; au bout de quelques heures, l'eau mère laisse déposer une substance bleue.

THIOSULFOCARBAMATE CUIVREUX,

$$[CS(AzH^2)S]^2Cu^2.$$

— Poudre jaune insoluble dans l'eau et dans l'alcool.

THIOSULFOCARBAMATE DE PLOMB, $[CS(AzH^2)S]^2Pb$. — Préparé par double décomposition, il est en flocons blancs, devenant rouges par la dessiccation; quand on le fait bouillir avec de l'eau, ce sel noircit.

THIOSULFOCARBAMATE DE ZINC, $[CS(AzH^2)S]^2Zn$. — Il se précipite à l'état d'une poudre blanche par le mélange du sel ammoniacal et du sulfate de zinc.

THIOSULFOCARBAMATE D'ÉTHYLE [Syn. *Uréthane persulfuré* ou *thiosulfuréthane*],

$$CS{<}^{AzH^2}_{SC^2H^5}.$$

— Lorsqu'on fait passer de l'hydrogène sulfuré dans du sulfocyanate d'éthyle chauffé à 100°, ces deux corps se combinent; après 6 à 8 heures de chauffe, surtout si l'on opère sous une pression un peu supérieure à celle de l'atmosphère, la réaction est terminée. Le produit est alors placé dans un mélange réfrigérant et les cristaux qui se déposent sont purifiés par deux cristallisations dans l'éther. Ces cristaux constituent le thiosulfocarbamate d'éthyle qui a pris naissance en vertu de l'équation

$$\underset{\text{Éther sulfocyanique.}}{Az{\equiv}C\text{-}SC^2H^5} + H^2S = \underset{\text{Éther thiosulfocyanique.}}{AzH^2\text{-}CS\text{-}SC^2H^5}.$$

Cet éther est en beaux cristaux rhombiques, d'une odeur désagréable, fusibles à 41-42°. Il est presque insoluble dans l'eau, mais l'alcool et l'éther le dissolvent aisément.

La potasse alcoolique le dédouble en mercaptan et en sulfocyanate potassique; avec l'ammoniaque alcoolique, on obtient à 100° du mercaptan et du sulfocyanate d'ammonium.

Le thiosulfocarbamate d'éthyle donne avec le chlorure mercurique et le sulfate de cuivre des précipités blancs; avec l'azotate d'argent et l'hydrate thalleux, des précipités blancs noircissant après quelque temps; avec le chlorure platinique, un précipité jaune. Tous ces précipités, le dernier excepté, deviennent noirs par la chaleur.

Le thiosulfocarbamate d'éthyle s'unit directement à l'iodure d'éthyle; les iodures de méthyle et d'amyle et les bromures correspondants se comportent d'une manière analogue. Ces combinaisons, qui appartiennent probablement à la classe des *sulfines*, sont cristallisées [V. Jeanjean, *Procès-verbaux des séances de l'Académie des sciences et lettres de Montpellier*, 1864, p. 12 et 26; 1865, p. 45; — R. Conrad et F. Salomon, *Journ. für prakt. Chem.*, (2), t. IX, p. 28; *Bull. de la Soc. chim.*, t. XXIII, p. 18].

PRODUITS DE SUBSTITUTION DE L'ACIDE THIOSULFOCARBAMIQUE. — Nous désignons sous ce nom les composés résultant de la substitution de radicaux alcooliques ou phénoliques à l'hydrogène du groupe AzH^2 de l'acide thiosulfocarbamique.

Les sels d'amine des acides thiosulfocarbamiques substitués se forment dans l'action des amines sur le sulfure de carbone.

Il est probable qu'on pourra aussi les obtenir à l'état de sels de potassium, en traitant les éthers de la sulfocarbimide par le sulfhydrate de potassium en solution alcoolique; du moins Will a réalisé cette réaction pour l'allylsulfocarbimide :

$$CSAzC^3H^5 + KHS = CS{<}^{AzHC^3H^5}_{SK.}$$

Les acides thiosulfocarbamiques substitués paraissent être susceptibles de donner des sels renfermant deux atomes d'un métal monatomique dont l'un remplace l'hydrogène du sulfhydryle SH et l'autre l'hydrogène du groupe AzH. Will a en effet obtenu des sels bimétalliques de l'acide allylthiosulfocarbamique en traitant une solution alcoolique d'allylsulfocarbimide par les sulfures des métaux alcalins ou alcalino-terreux :

$$CSAzC^3H^5 + K^2S = CS{<}^{AzKC^3H^5}_{SK}$$

[Will, *Ann. der Chem. u. Pharm.*, t. XCII, p. 597].

ACIDE ALLYLTHIOSULFOCARBAMIQUE,

$$CS{<}^{AzHC^3H^5}_{SH.}$$

— Voyez t. I, p. 156.

ACIDE AMYLTHIOSULFOCARBAMIQUE,

$$CS{<}^{AzH.C^5H^{11}}_{SH.}$$

— Voyez t. I, p. 243.

ACIDE BENZYLTHIOSULFOCARBAMIQUE,

$$CS{<}^{AzH.CH^2\text{-}C^6H^5}_{SH.}$$

— Le sel de benzylamine de cet acide se forme par la combinaison directe de la benzylamine et du sulfure de carbone; c'est un corps blanc cristallisé (Hofmann).

ACIDE ÉTHYLTHIOSULFOCARBAMIQUE,

$$CS{<}^{AzHC^2H^5}_{SH.}$$

— Le sel d'éthylamine de cet acide prend naissance lorsqu'on ajoute du sulfure de carbone à une solution alcoolique d'éthylamine : le liquide s'échauffe, devient neutre et laisse déposer des cristaux d'éthylthiosulfocarbamate d'éthylamine,

$$CS^2 + 2AzH^2C^2H^5 = CS{<}^{AzHC^2H^5}_{SH.AzH^2C^2H^5}.$$

Ce sel cristallise en tables hexagones, fusibles à 103° et sublimables en partie sans décomposition; il est très-soluble dans l'eau et dans l'alcool. Avec la soude il dégage de l'éthylamine et donne le sel de *sodium*. Lorsqu'on ajoute de l'acide chlorhydrique à la solution aqueuse du sel d'éthylamine, l'acide éthylthiosulfocarbamique se sépare en gouttelettes huileuses qui se solidifient après quelque temps : l'addition d'une plus grande quantité d'acide chlorhydrique détruit l'acide avec formation de sulfure de carbone et de chlorhydrate d'éthylamine :

$$CS{<}^{AzHC^2H^5}_{SH} + HCl$$
$$= CS^2 + C^2H^5AzH^2, HCl.$$

L'acide libre se scinde spontanément en ses composants, sulfure de carbone et éthylamine, mais ses sels métalliques se décomposent aisément en éthylsulfocarbimide, sulfure métallique et hydrogène sulfuré :

$$CS{<}^{AzHC^2H^5}_{SM'} = CSAzC^2H^5 + M'SH,$$
$$2M'SH = M'^2S + H^2S.$$

Lorsqu'on chauffe l'éthylthiosulfocarbamate d'éthylamine à 100°, ou qu'on maintient sa solution alcoolique à 120° en vase clos, il se forme de l'hydrogène sulfuré et de la diéthylsulfocarbamide,

$$CS<\begin{matrix}AzH.C^2H^5\\ SAzH^2.C^2H^5\end{matrix} = H^2S + CS<\begin{matrix}AzH.C^2H^5\\ AzH.C^2H^5\end{matrix}$$

[A.-W. Hofmann, *Compt. rend.*, t. LXVI, p. 132; *Bull. de la Soc. chim.*, 1868, t. IX, p. 478].

L'éthylthiosulfocarbamate éthylique,

$$C^5H^{11}AzS^2 = CS<\begin{matrix}AzH.C^2H^5\\ SC^2H^5,\end{matrix}$$

prend naissance lorsqu'on chauffe à 120° pendant quelques heures l'éthylsulfocarbimide avec du sulfhydrate d'éthyle,

$$CSAzC^2H^5 + HSC^2H^5 = CS<\begin{matrix}AzH.C^2H^5\\ SC^2H^5.\end{matrix}$$

— C'est un liquide plus dense que l'eau, qui n'offre ni l'odeur du mercaptan, ni celle de l'éthylsulfocarbimide; par la distillation, il se scinde en ses deux composants [A.-W. Hofmann, *Berl. Acad. Ber.*, 1869, p. 332; *Bull. de la Soc. chim.*, 1869, t. XII, p. 366].

Acide diéthylthiosulfocarbamique. — Le sulfure de carbone agit énergiquement sur la diéthylamine en solution alcoolique et donne le diéthylthiosulfocarbamate de diéthylamine,

$$CS<\begin{matrix}Az(C^2H^5)^2\\ SH.AzH(C^2H^5)^2.\end{matrix}$$

Acide méthylthiosulfocarbamique. — On obtient le sel de méthylamine de cet acide,

$$CS<\begin{matrix}AzH.CH^3\\ SH.AzH^2(CH^3),\end{matrix}$$

en fixant directement le sulfure de carbone sur la méthylamine (Hofmann).

Acide phénylthiosulfocarbamique. — Cet acide, de même que son sel d'aniline, sont inconnus; si l'on fait agir le sulfure de carbone sur l'aniline, on obtient directement de la diphénylsulfocarbamide en même temps qu'il se dégage de l'hydrogène sulfuré; Hofmann a préparé l'éther éthylique de cet acide,

$$CS<\begin{matrix}AzHC^6H^5\\ SC^2H^5,\end{matrix}$$

en chauffant la phénylsulfocarbimide avec du mercaptan

$$CSAzC^6H^5 + HSC^2H^5 = CS<\begin{matrix}AzHC^6H^5\\ SC^2H^5\end{matrix}$$

[Hofmann, *loc. cit.*] (Voyez t. II, p. 881).

Éther diéthyl-thiosulfocarbo-phosphamique,

$$CS<\begin{matrix}P(C^2H^5)^2\\ SC^2H^5.\end{matrix}$$

— On peut considérer comme tel le produit d'addition de la triéthylphosphine et du sulfure de carbone (t. II, p. 942).

Les combinaisons du sulfure de carbone avec l'éthylphosphine, la diéthylphosphine, la triméthylphosphine, etc. (t. II, p. 938), possèdent une constitution analogue.

Appendice à l'acide thiosulfocarbamique.

Anhydrosulfide thiosulfocarbamique [Syn. *Sulfure sulfocarbamique* ou *sulfure de thiuram*]. — Ce corps, qui aurait pour formule

$$S<\begin{matrix}CS-AzH^2\\ CS-AzH^2\end{matrix} = 2(SH-CS-AzH^2) - H^2S,$$

n'a pas été isolé, mais on connaît depuis longtemps une substance qui doit être considérée comme son dérivé *diammonié* et qui prend naissance par l'action de l'ammoniaque sur le sulfure de carbone,

$$C^2H^{10}Az^4S^3 = S<\begin{matrix}CS-AzH(AzH^4)\\ CS-AzH(AzH^4).\end{matrix}$$

— Voyez, pour l'historique, p. 87.

[Zeise, *Ann. der Chem. u. Pharm.*, t. XLVII, p. 24 et t. XLVIII, p. 95; H. Hlasiwetz et J. Kachler, *ibid.*, t. CLXVI, p. 137; *Bull. de la Soc. chim.*, t. XIX, p. 504].

Voici comment Zeise décrit la préparation de ce corps : à 100 p. d'alcool absolu saturé à 10° de gaz ammoniac sec, on ajoute 16 p. de sulfure de carbone dissous dans 40 p. d'alcool absolu et l'on abandonne à 15° pendant une heure et demie le mélange dans un flacon bien bouché. On filtre alors rapidement le liquide pour séparer les premiers cristaux déposés (mélange de dithiosulfocarbonate et du composé en question) et l'on abandonne de nouveau le liquide dans un flacon bien bouché, d'abord à 15°, et plus tard entre 0 et 8°. Au bout de 30 heures environ, on jette le tout sur un filtre; on lave les cristaux d'abord à l'alcool glacé, puis à l'éther pur, et on les exprime rapidement entre des doubles de papier buvard,

$$2CS^2 + 4AzH^3 = S<\begin{matrix}CS-AzH(AzH^4)\\ CS-AzH(AzH^4)\end{matrix} + H^2S.$$

Il ne serait pas impossible que le corps ainsi préparé ne fût que du thiosulfocarbamate d'ammonium; de nouvelles recherches seraient nécessaires pour résoudre complétement la question. Hlasiwetz et Kachler, qui ont étudié récemment l'anhydrosulfide diammonio-thiosulfocarbamique, ont décrit le mode de préparation suivant de ce composé : on mélange dans des cols droits, bouchés à l'émeri, 2 grammes de camphre dissous dans 20 grammes de sulfure de carbone, et 40 grammes d'ammoniaque ordinaire, on agite et l'on abandonne les flacons dans un endroit frais : au bout de quelques heures, il se dépose dans la couche inférieure des cristaux grenus et brillants. On décante la couche supérieure, ammoniacale, en ayant soin qu'elle n'arrive pas en contact avec les cristaux, car ceux-ci se redissoudraient; les cristaux, séparés de leur côté, sont exposés à l'air sur du papier à filtre et dissous dans l'eau. La solution aqueuse, évaporée dans l'air sec, fournit des prismes volumineux clinorhombiques.

Le camphre, employé dans cette préparation, peut être remplacé par d'autres corps solubles dans le sulfure de carbone, le phénol, par exemple; il ne prend pas part à la réaction, mais diminue la solubilité du sel formé et facilite par conséquent sa cristallisation.

L'anhydrosulfide diammonio-thiosulfocarbamique, $C^2H^{10}Az^4S^3$, est très-instable et se colore peu à peu à l'air; sa solution aqueuse, chauffée avec de l'acide chlorhydrique, dégage de l'hydrogène sulfuré et renferme alors du sulfocyanate d'ammonium. La potasse en dégage de l'ammoniaque. L'acide azotique l'oxyde vivement. Les sels d'argent et de plomb donnent des précipités jaunes qui noircissent rapidement; le sulfate cuivrique produit un précipité jaune serin, stable et renfermant

$$C^2H^2Az^2S^3Cu = S<\begin{matrix}CS-AzH\\ CS-AzH\end{matrix}>Cu.$$

L'hydrogène sulfuré n'en précipite pas le cuivre.

En solution aqueuse et en présence de l'acide chlorhydrique, l'anhydrosulfide diammonio-thiosulfocarbamique est oxydé par le chlorure ferrique et fournit des lamelles brillantes de disulfure sulfocarbamique décrit plus loin; quand tout l'anhydrosulfide est détruit, le liquide se colore en rouge :

$$2\left[S<\begin{matrix}CS-AzH(AzH^4)\\ CS-AzH(AzH^4)\end{matrix}\right] + Fe^2Cl^6 = 2AzH^4Cl$$
$$+ 2FeCl^2 + \underset{\text{Disulfure sulfocarbamique.}}{\begin{matrix}S-CS-AzH^2\\ |\\ S-CS-AzH^2\end{matrix}} + \underset{\text{Sulfocyanate ammonique.}}{2CAzS(AzH^4)}.$$

Anhydrosulfide diphényle-ammonio-thiosulfocarbamique,

$$C^{14}H^{18}Az^{4}S^{3} = S\begin{matrix}\diagup CS - AzH(AzH^3C^6H^5) \\ \diagdown CS - AzH(AzH^3C^6H^5).\end{matrix}$$

— Un mélange d'aniline, de sulfure de carbone et d'ammoniaque donne rapidement des cristaux qui remplissent tout le liquide. Ce composé est très-instable; on ne peut le faire cristalliser sans qu'il se décompose partiellement. L'alcool bouillant le dépose en beaux prismes, mais ceux-ci sont entremêlés d'un produit de décomposition (diphénylsulfo-urée). L'eau chaude le décompose encore plus facilement en diphénylsulfo-urée, sulfure de carbone et ammoniaque.

La toluidine et la naphtylamine fournissent des composés analogues.

DISULFURE SULFOCARBAMIQUE [Syn. *Hydranzothine* ou *disulfure de thiuram*],

$$C^2H^4Az^2S^4 = \begin{matrix}S - CS - AzH^2 \\ | \\ S - CS - AzH^2\end{matrix}$$

[Zeise, *loc. cit.*; Debus, *Ann. der Chem. u. Pharm.*, t. LXXIII, p. 27; H. Hlasiwetz et J. Kachler, *loc. cit.*]. Nous avons vu plus haut comment le disulfure sulfocarbamique se produit par décomposition de l'anhydrosulfide ammoniothiosulfocarbamique; mais on connaît un mode de formation plus simple de ce corps qui indique immédiatement sa constitution. Ce corps prend naissance lorsqu'on traite le thiosulfocarbamate ammonique par le chlore (Voyez p. 88):

$$\begin{matrix}AzH^4S - CS - AzH^2 \\ AzH^4S - CS - AzH^2\end{matrix} + Cl^2$$

$$= 2AzH^4Cl + \begin{matrix}S - CS - AzH^2 \\ | \\ S - CS - AzH^2.\end{matrix}$$

On dissout le thiosulfocarbamate d'ammonium dans 5 à 6 p. d'eau et on ajoute par petites portions de l'eau de chlore : il se précipite des flocons blancs et cristallins qu'on lave à l'eau froide et qu'on sèche dans le vide. Il faut avoir soin de ne pas employer un excès de chlore.

On obtient le même composé en ajoutant à une solution aqueuse de thiosulfocarbamate d'ammonium un grand excès d'acide sulfurique ou chlorhydrique et ensuite un sel ferrique.

Le disulfure sulfocarbamique est en lamelles incolores, nacrées, insolubles dans l'eau mais solubles dans l'alcool; il est encore plus soluble dans l'éther et dans l'acétone. Les solutions possèdent une réaction acide. L'eau bouillante le dédouble en sulfure de carbone, soufre et sulfocyanate ammonique,

$$C^2H^4Az^2S^4 = CS^2 + S + CAzS.AzH^4.$$

La potasse agit à chaud d'une manière analogue; l'oxyde de plomb, delayé dans l'eau, ne le décompose pareillement qu'à la température de l'ébullition. Les acides sulfurique et chlorhydrique étendus ne l'altèrent pas sensiblement à froid. Soumis à la distillation sèche, il donne du sulfure de carbone, un peu d'hydrogène sulfuré, du sulfhydrate et du dithiosulfocarbonate d'ammonium, et laisse un faible résidu noir. A. H.

SULFOCARBIMIDE. — Voyez SULFOCYANIQUE (ACIDE), p. 92.

SULFOCARBIMIDES (SUBSTITUÉES). — Voyez SULFOCYANIQUES (ÉTHERS), p. 109.

SULFOCARBONIQUE (ACIDE) et **SULFOCARBONATES.** — Voyez CARBONE, t. I, p. 762, et les différents MÉTAUX.

SULFOCHOLEIQUE (ACIDE). — Voyez t. I, p. 600.

SULFOCINNAMIQUE (ACIDE). — Voyez t. I, p. 921.

SULFOCRESYLÈNE-ÉTHYLÈNE,

$$C^9H^{10}SO^2 = C^7H^6.SO^2.C^2H^4.$$

Ce composé se forme comme produit secondaire dans la préparation de l'acide crésylhydrosulfureux, $C^7H^7.SO^2H$, au moyen de l'amalgame de sodium et du chlorure crésysulfureux en solution éthérée [Voyez TOLUÈNE (DÉRIVÉS SULFURIQUES DU)]. [R. Otto, *Ann. der Chem. u. Pharm.*, t. CXLIII, p. 205; *Bull. de la Soc. chim.*, 1868, t. IX, p. 494]. Le sulfocrésylène-éthylène purifié par plusieurs cristallisations dans l'alcool bouillant se présente sous la forme de prismes clinorhombiques brillants, insolubles dans l'eau et peu solubles dans l'alcool froid. L'alcool chaud, l'éther et la benzine le dissolvent aisément; il fond à 75-76°.

Le sulfocrésylène-éthylène est l'homologue du sulfophénylène-éthylène $C^8H^8SO^2$. — Voyez ce mot p. 123.

L'hydrogène naissant, développé au moyen du zinc et de l'acide sulfurique étendu, le convertit en alcool et en sulfhydrate de crésyle:

$$C^7H^6\text{-}SO^2\text{-}C^2H^4 + 3H^2$$
$$= C^7H^7.SH + C^2H^6O + H^2O.$$

Traité par l'acide azotique fumant, il fournit de l'acide nitrocrésylsulfureux

$$C^7H^6(AzO^2)SO^3H$$

et des produits secondaires.

Le sulfocrésylène-éthylène en solution éthérée se combine directement avec le brome pour donner un produit cristallisé en aiguilles blanches, fusibles à 95° et auquel Otto a assigné la formule peu probable $C^{18}H^{20}S^2O^4Br^3$, qu'il faudrait doubler. Ce bromure est insoluble dans l'eau, soluble dans l'alcool, l'éther et la benzine. Chauffé en solution alcoolique, il perd tout son brome et, en fixant de l'eau, se transforme en crésylsulfite d'éthyle. $C^7H^7.SO^3.C^2H^5$. A. H.

SULFOCUMINIQUE (ACIDE). — Voyez t. I, p. 1038.

SULFOCYANACÉTIQUE (ACIDE). — On connaît deux acides $C^3H^3AzSO^2$, qui représentent l'acide acétique dans lequel 1 atome d'hydrogène est remplacé par le groupe CAzS,

$$CH^2(CAzS) - CO^2H$$

Le reste $CH^2 - CO^2H$ n'étant autre que le radical glycolyle de l'acide glycolique, ces deux acides pourraient être nommés d'une manière plus juste *sulfocyanates de glycolyle*.

Mais le groupe sulfocyanogène CAzS, fournit deux sortes de dérivés isomériques, les sulfocyanates vrais et les sulfocarbimides (voyez p. 92 et p. 109); les sulfocyanates de glycolyle isomériques doivent donc correspondre, l'un aux sulfocyanates, l'autre aux sulfocarbimides et être représentés par les formules suivantes :

$$C\begin{cases}\equiv Az \\ -S\text{-}CH^2CO^2H.\end{cases} \qquad C\begin{cases}=S \\ =Az\text{-}CH^2 - CO^2H.\end{cases}$$

On obtient l'éther éthylique du premier de ces deux isomères par l'action de l'éther monochloracétique sur le sulfocyanate de potassium ; cette réaction fournit en outre un éther moins volatil, auquel on a donné le nom d'éther pseudosulfocyanacétique; cet éther, qui offre la même composition que le véritable sulfocyanacétate d'éthyle, constitue peut-être un corps polymère (Heintz). Depuis, Volhard a décrit un acide sulfocyanacétique qui, par son origine, doit être l'acide correspondant aux sulfocarbimides.

ACIDE SULFOCYANACÉTIQUE DE HEINTZ OU SULFOCYANATE DE GLYCOLYLE,

$$CAzSCH^2\text{-}CO^2H.$$

[Heintz, *Ann. der Chem. u. Pharm.*, t. CXXXVI, p. 223, et *Bull. de la Soc. chim.*, 1866, t. VI, p. 37]. — On fait bouillir pendant 12 heures avec de l'alcool absolu, des quantités équivalentes de sulfocyanate de potassium et d'éther monochloracétique; après avoir distillé l'alcool, on reprend le résidu par l'éther, puis après avoir chassé l'éther, on distille dans le vide. Il passe à 180-200°, du sulfocyanacétate d'éthyle liquide, et on trouve dans la cornue un résidu qui, lavé avec de la soude, donne une solution brune, et un composé liquide à chaud, se concrétant par le refroidissement, qui n'est autre que le pseudosulfocyanacétate d'éthyle.

Le sulfocyanacétate d'éthyle se dissout, à l'ébullition, dans l'acide chlorhydrique d'une densité de 1,125; la solution évaporée donne un produit solide qui, purifié par une nouvelle cristallisation, constitue l'acide sulfocyanacétique $C^3H^3AzSO^2$.

Cet acide cristallise dans l'eau en lamelles carrées assez larges ou en longs prismes; il fond à 128° et commence déjà à se sublimer à cette température en cristaux confus. Très-soluble dans l'eau bouillante, peu soluble dans l'eau froide, il se dissout facilement dans l'alcool et dans l'éther.

Le *sel de baryum* est très-soluble dans l'eau; l'alcool le précipite en flocons blancs de sa solution aqueuse. Il donne des précipités avec les solutions métalliques.

Sulfocyanacétate d'éthyle,

$$C^5H^7AzSO^2 = CAzS.CH^2 - CO^2C^2H^5.$$

— Obtenu comme nous l'avons dit plus haut, il constitue un liquide jaunâtre, doué d'une légère odeur d'acide cyanhydrique; sa densité est égale à 1,174; il bout à 220° en se décomposant; dans le vide, il bout à 180°. L'acide chlorhydrique le convertit en acide sulfocyanacétique. Chauffé avec l'acide sulfurique étendu ou avec l'acide phosphorique, il se comporte autrement; il distille un liquide incolore, mélange d'éther sulfocyanacétique et d'*éther thioglycolique*, $C^2H^3SO^2(C^2H^5)$, bouillant de 156° à 158°; il reste une masse sirupeuse incristallisable qui renferme l'acide monosulfoglycolique de Carius.

Avec les alcalis, l'éther sulfocyanacétique donne des produits incristallisables.

Acide sulfocyanacétique de Volhard ou glycolylsulfocarbimide, $CSAz.CH^2-CO^2H$ [*Journ. für prakt. Chem.*, (2), t. IX, p. 6, et *Bull. de la Soc. chim.*, 1874, t. XXII, p. 168]. — On l'obtient par l'action des acides en vases clos sur la déhydracétylsulfo-urée (sulfhydantoïne). Le contenu des tubes se prend par le refroidissement en une masse de cristaux formés de sulfocarbimide glycolique, qui prend naissance par fixation d'eau et élimination d'ammoniaque :

$$\left.\begin{matrix} CH^2-AzH \\ | \\ CO-AzH \end{matrix}\right> CS + H^2O = AzH^3 + \begin{matrix} CH^2-AzCS \\ | \\ CO^2H \end{matrix}$$

Déhydracétylsulfo-urée. — Glycolylsulfocarbimide.

On l'obtient aussi facilement en chauffant au bain-marie 104 grammes d'acide monochloracétique avec 78 grammes de sulfo-urée et 100 grammes d'eau; quand la dissolution est complète, on ajoute de l'eau chaude et l'on fait bouillir jusqu'à ce que l'ammoniaque ne donne plus dans la solution un précipité de glycolylsulfo-urée; l'acide sulfocyanacétique cristallise par le refroidissement.

L'acide sulfocyanacétique est très-soluble dans l'eau bouillante, peu soluble dans l'eau froide; il cristallise en grandes lames orthorhombiques, incolores, transparentes sur les bords. Il fond et se sublime déjà au-dessous de 100°.

Acide pseudosulfocyanacétique [Heintz, *mém. cit.*]. — Il a été dit précédemment comment s'obtient l'éther de cet acide. On isole l'acide lui-même par l'ébullition de cet éther avec la potasse alcoolique. Il se forme un sel de potassium très-soluble que l'on précipite par l'acétate de plomb; le précipité plombique est lavé et décomposé par l'hydrogène sulfuré.

L'acide pseudosulfocyanacétique cristallise en fines aiguilles microscopiques groupées concentriquement. Il est peu soluble dans l'eau froide, soluble dans l'eau bouillante, dans l'alcool et dans l'éther, fusible à une température élevée. On ne connaît pas la constitution de cet acide qui a été à peine étudié.

Pseudosulfocyanacétate d'éthyle $C^5H^7AzSO^2$. — Insoluble dans l'eau, facilement soluble dans l'alcool et dans l'éther, il cristallise en longues aiguilles fusibles à 80°,5 et sublimables à 170° sans décomposition. L'ammoniaque, la potasse aqueuse, l'acide chlorhydrique, sont sans action sur lui, même à la température de l'ébullition. La potasse alcoolique le saponifie. E. G.

SULFOCYANIQUE (ACIDE), CHAzS [Syn. impropres, *sulfocyanhydrique (acide)*, *rhodanhydrique (acide)*]. — L'acide sulfocyanique, comme son nom l'indique, est de l'acide cyanique dont l'oxygène est remplacé par du soufre:

CHAzO	CHAzS
Acide cyanique.	Acide sulfocyanique.

Or, les dérivés de l'acide cyanique correspondant à deux types isomériques, à l'acide cyanique proprement dit et à la carbimide; de même la formule brute CHAzS de l'acide sulfocyanique représente deux corps isomères, d'une part, le véritable acide sulfocyanique

$$\left.\begin{matrix} CAz \\ H \end{matrix}\right\} S = Az \equiv C - S - H$$

et d'autre part la sulfocarbimide

$$\left.\begin{matrix} CS \\ H \end{matrix}\right\} Az = S = C = Az - H.$$

On a préparé les sels et les éthers de l'acide sulfocyanique, ainsi que de nombreux dérivés éthérés de la sulfocarbimide; mais, de même qu'on ne connaît qu'un acide cyanique, on n'a isolé jusqu'ici qu'un acide sulfocyanique. On ne sait pas si cet acide constitue le véritable acide sulfocyanique ou bien son isomère, la sulfocarbimide, car dans ses réactions il se comporte tantôt comme le premier, tantôt comme le second de ces corps. Cependant la plupart de ses transformations ne s'expliquent nettement qu'avec la formule de la sulfocarbimide; il serait alors l'analogue de l'acide cyanique libre, que l'on considère généralement comme la carbimide.

Fleischer avait décrit, il y a quelques années, un sel de potassium possédant la même composition que le sulfocyanate, mais doué de propriétés différentes, et il avait considéré ce sel comme le dérivé potassique de la sulfocarbimide. D'après des recherches toutes récentes du même chimiste, ce corps posséderait une formule double et constituerait le sel de potassium d'un acide disulfocyanique. — Voyez p. 107.

Dans cet article, nous décrirons l'acide sulfocyanique libre et les sulfocyanates métalliques proprement dits, ainsi que les dérivés de l'acide disulfocyanique; pour les éthers sulfocyaniques véritables et pour les éthers de la sulfocarbimide, nous renvoyons au mot Sulfocyaniques (éthers), t. III, p. 109.

Winterl (1790), Bucholz (1798) et Rink (1804, *Neues allgem. Journ. de Chem. v. Gehlen*, t. II, p. 460), avaient observé que les cyanures acquièrent dans certaines circonstances la propriété de colorer en rouge les sels ferriques, mais c'est Porret (1808) qui, le premier, fixa les conditions dans lesquelles l'acide sulfocyanique prend naissance. Il l'obtint en faisant bouillir le bleu de Prusse avec du sulfure de potassium et reconnut que le composé ainsi formé donne de nouveau de l'acide prussique sous l'influence des oxydants. Plus tard, le même observateur [*Phil. Transact.*, 1814, p. 527] établit que l'acide sulfocyanique renferme du carbone, de l'azote et du soufre. Grotthus confirmant, en 1818, la découverte de Porret, proposa, pour rappeler la composition de cet acide, de lui donner le nom d'acide *anthrazothionique*. Berzelius en établit la composition quantitative [1820, *Journ. für Chem. u. Phys.*, von Schweigger, t. XXXI, p. 42]. L'acide sulfocyanique a été étudié depuis par Wœhler [*Ann. de Phys. de Gilb.*, t. LXIX, p. 271]; par Liebig [*Poggend. Ann.*, t. XV, p. 548; *Ann. der Chem. u. Pharm.*, t. X, p. 9, t. XXXIX, p. 199; t. L, p. 337; t. LIII, p. 330]; par Parnell [*ibid.*, t. XXXIX, p. 198]; par Vœlkel [*ibid.*, t. XLIII, p 80, *Poggend. Ann.*, t. LVIII, p. 135; t. LXI, p. 353; t. LXII, p. 106 et 607], et par un grand nombre d'autres chimistes dont nous aurons l'occasion de citer les noms dans le courant de l'article.

Pendant longtemps, considérant l'acide sulfocyanique comme l'hydracide d'un radical composé, le *sulfocyanogène* ou *rhodanogène* CAzS, on avait désigné ce corps par le nom d'acide sulfocyanhydrique ou rhodanhydrique; c'est là une nomenclature impropre, car elle ne correspond pas à la constitution chimique des sulfocyanates et méconnait surtout la grande analogie de ces composés avec les cyanates.

I. — ACIDE SULFOCYANIQUE OU SULFOCARBIMIDE.

Nous avons dit plus haut que la constitution de l'acide sulfocyanique n'est pas connue avec certitude, mais qu'on peut représenter cet acide, suivant les cas, par l'une ou l'autre des deux formules suivantes :

CAzSH.	CSAzH.
Acide sulfocyanique.	Sulfocarbimide.

La formation de cet acide par la décomposition des sulfocyanates, et inversement la production de sulfocyanates par la saturation de l'acide par les oxydes ou les carbonates métalliques, plaident en faveur de la première formule; la décomposition de l'acide thiosulfocarbamique en hydrogène sulfuré et acide sulfocyanique, au contraire, s'explique plus naturellement lorsqu'on adopte la seconde formule, qui cadre aussi mieux avec presque toutes les réactions de l'acide sulfocyanique; nous nous servirons donc de préférence de la seconde de ces deux formules.

Modes de formation et préparation. — L'acide sulfocyanique prend naissance lorsqu'on décompose par un acide les sulfocyanates, dont la préparation sera décrite plus loin,

$$(\mathrm{CAzS})^2\mathrm{Hg} + 2\,\mathrm{HCl} = \mathrm{HgCl^2} = 2\,\mathrm{CAzSH}.$$

Le même corps se forme dans la décomposition spontanée de l'acide thiosulfocarbamique,

$$\mathrm{CS}\left\langle\begin{matrix}\mathrm{AzH^2}\\ \mathrm{SH}\end{matrix}\right. = \mathrm{CSAzH} + \mathrm{H^2S};$$

enfin on l'obtient en exposant à l'air de l'acide cyanhydrique chargé d'hydrogène sulfuré, comme celui qu'on prépare par le procédé Vauquelin, en décomposant le cyanure de mercure par le gaz sulfhydrique,

$$\mathrm{CAzH} + \mathrm{H^2S} + \mathrm{O} = \mathrm{H^2O} + \mathrm{CSAzH}.$$

Pour préparer l'acide sulfocyanique anhydre, on décompose, dans un tube de verre, le sulfocyanate de mercure desséché, par du gaz chlorhydrique ou sulfhydrique sec; l'acide sulfocyanique vient se condenser dans un récipient refroidi (Wœhler); il n'est pas prudent d'opérer sur une trop grande quantité de sulfocyanate de mercure à la fois, car on s'exposerait à des explosions [Hermès, *Journ. für prakt. Chem.*, t. XCVII, p. 461; *Bull. de la Soc. chim.*, (2), t. VII, p. 154].

On obtient l'acide sulfocyanique en solution aqueuse, en décomposant le sulfocyanate argentique ou mercurique délayé dans l'eau par un courant de gaz sulfhydrique et enlevant l'excès de ce gaz par l'addition d'une petite quantité de sulfocyanate, ou par une évaporation extrêmement ménagée; en suivant cette méthode, on peut préparer une solution d'acide sulfocyanique renfermant 12,7 % de ce corps.

Le même composé peut s'obtenir en décomposant la solution du sulfocyanate barytique par une quantité convenable d'acide sulfurique étendu.

La distillation du sulfocyanate de potassium avec un acide très-dilué (sulfurique, phosphorique, oxalique ou tartrique), peut aussi fournir l'acide sulfocyanique aqueux, mais il est difficile de préparer ainsi un produit pur.

Propriétés. — L'acide sulfocyanique constitue un liquide incolore qui se prend à — 12°,5 en prismes hexagones, légèrement jaunâtres; il bout à 102°,5 (Vogel), à 85° (Artus); il rougit fortement le papier de tournesol bleu; son odeur est piquante et se rapproche de celle de l'acide acétique; sa saveur est très-acide. Quelques gouttes d'acide sulfocyanique déposées sur un verre de montre se volatilisent rapidement en laissant une matière jaune qui se solidifie après quelque temps et qui n'est pas identique avec l'acide persulfocyanique (Hermès). L'acide sulfocyanique se dissout dans l'eau : une solution renfermant 12,7 % de ce corps possède à 17° une densité de 1,040; elle offre les caractères de l'acide anhydre. Elle n'agit comme poison ni sur les chiens ni sur les lapins.

Réactions et décompositions. — L'acide sulfocyanique rougit les sels ferriques. Sa solution aqueuse à 12,7 % se colore peu à peu en jaune, même à l'abri de la lumière, en laissant déposer des aiguilles d'acide persulfocyanique,

$$3\,\mathrm{CAzSH} = \mathrm{CAzH} + \mathrm{C^2Az^2S^3H^2}.$$

Si la solution ne contient que 5 % d'acide sulfocyanique, elle reste incolore pendant des mois.

Par l'ébullition de sa solution, l'acide sulfocyanique subit en partie la même décomposition; une autre partie se dédouble en gaz carbonique, ammoniaque et sulfure de carbone,

$$2\,\mathrm{CSAzH} + 2\,\mathrm{H^2O} = \mathrm{CO^2} + \mathrm{CS^2} + 2\,\mathrm{AzH^3},$$

et une troisième partie en gaz carbonique et sulfhydrate d'ammonium,

$$\mathrm{CSAzH} + 2\,\mathrm{H^2O} = \mathrm{CO^2} + (\mathrm{AzH^4})\,\mathrm{HS}.$$

Ces décompositions s'effectuent d'une manière plus rapide, lorsqu'on fait bouillir l'acide sulfocyanique en présence des acides.

Si l'on décompose le sulfocyanate potassique par de l'acide sulfurique étendu (5 vol. d'acide concentré et 4 vol. d'eau) en ayant soin que le mélange ne s'échauffe pas trop, on obtient de l'oxysulfure de carbone [C. Than, *Ann. der Chem. u. Pharm.*, Supplementb. V, p. 236; *Bull. de la Soc. chim.*, t. IX, p. 216],

$$\mathrm{CS.AzH} + \mathrm{H^2O} = \mathrm{AzH^3} + \mathrm{CS.O}.$$

Cette décomposition est complétement analogue à celle de l'acide cyanique (carbimide) sous l'influence de l'eau,

$$\mathrm{CO.AzH} + \mathrm{H^2O} = \mathrm{AzH^3} + \mathrm{CO.O};$$

Saturé d'hydrogène sulfuré, l'acide sulfocyanique donne à la longue du sulfure de carbone et de l'ammoniaque,

$$CSAzH + H^2S = CS^2 + AzH^3.$$

Le chlore et l'acide azotique produisent dans la solution de l'acide sulfocyanique un précipité jaune de persulfocyanogène. Le zinc en dégage, à une douce chaleur, de l'hydrogène sulfuré; le fer détermine la même réaction avec plus de lenteur.

L'hydrogène naissant développé par le zinc et l'acide sulfurique étendu n'agit que lentement sur l'acide sulfocyanique et donne de l'ammoniaque, du sulfure de méthylène, de l'hydrogène sulfuré et de la méthylamine provenant de la réduction de l'acide cyanhydrique formé en premier lieu; ces corps sont les produits de deux réactions distinctes : le sulfure de méthylène et l'ammoniaque dérivent de la sulfocarbimide,

$$\underset{\text{Sulfocarbimide.}}{CSAzH} + 2H^2 = AzH^3 + \underset{\text{Sulfure de méthylène.}}{CH^2S};$$

l'hydrogène sulfuré et l'acide cyanhydrique correspondent à la réduction du véritable acide sulfocyanique,

$$\underset{\text{Acide sulfocyanique.}}{CAzSH} + H^2 = H^2S + \underset{\text{Acide cyanhydrique.}}{CAzH}$$

[A. W. Hofmann, *Berl. Acad. Ber.*, 1868, p. 465].

La triéthylphosphine se dissout dans l'acide sulfocyanique; le sel formé se décompose par la distillation et donne les combinaisons sulfurée et sulfocarbonique de la triéthylphosphine, du sulfure de carbone et un résidu brun, contenant probablement du sulfocyanate d'ammonium (Hofmann).

II. — SULFOCYANATES MÉTALLIQUES.

Modes de formation. — Les sulfocyanates prennent naissance :

1° Par la fixation directe du soufre sur un cyanure,

$$CAzK + S = CAzSK,$$

par exemple par l'ébullition d'une solution de cyanure de potassium avec du soufre; par la calcination du cyanure de potassium, du ferrocyanure de potassium ou d'autres cyanures avec du soufre; par la calcination du charbon azoté avec du sulfate de potassium ou avec un mélange de carbonate de potassium et de soufre.

2° Par l'action du gaz cyanogène sur le sulfure ou le bisulfure de potassium à une température élevée,

$$K^2S + C^2Az^2 = CAzK + CAzSK.$$

3° Par la réaction de certains cyanures sur les polysulfures alcalins, par exemple lorsqu'on mélange des solutions aqueuses de cyanure de mercure et de trisulfure de potassium,

$$K^2S^3 + (CAz)^2Hg = HgS + 2CAzSK.$$

Une réaction semblable s'effectue lorsqu'on traite un polysulfure par l'acide cyanhydrique, ou qu'on mélange de l'acide cyanhydrique avec de l'ammoniaque, des fleurs de soufre et un peu de sulfure d'ammonium. Ce dernier dissout le soufre pour former un polysulfure qui cède ensuite l'excès de soufre au cyanure d'ammonium, et le transforme ainsi en sulfocyanate. Le polysulfure ramené à l'état de sulfure peut dissoudre une nouvelle quantité de soufre,

$$(AzH^4)^2S^2 + CAz(AzH^4) = (AzH^4)^2S + CAzS(AzH^4).$$

4° Les sulfocyanates se produisent dans les métamorphoses des composés, à la formation desquels ont concouru à la fois le sulfure de carbone et l'ammoniaque, ou bien encore, lorsqu'on traite certains dérivés sulfocarboniques non azotés par l'ammoniaque. Exemples :

Le sulfure de carbone, traité à chaud par l'ammoniaque en solution aqueuse ou alcoolique, donne du sulfocyanate d'ammonium :

$$CS^2 + 4AzH^3 = (AzH^4)^2S + CAzS(AzH^4).$$

Les thiosulfocarbamates, sous l'influence de la chaleur ou des alcalis, se convertissent en sulfocyanates et sulfures :

$$CS\begin{smallmatrix}\diagup AzH^2 \\ \diagdown SK\end{smallmatrix} + 2KHO = CAzSK + K^2S + 2H^2O.$$

Le sulfocarbamate d'éthyle (xanthogénamide), décomposé par les alcalis, produit un sulfocyanate :

$$CS\begin{smallmatrix}\diagup AzH^2 \\ \diagdown OC^2H^5\end{smallmatrix} + KHO = C^2H^5.OH + H^2O + CAzSK$$

Ces réactions devraient fournir théoriquement des sels de la sulfocarbimide, mais ceux-ci paraissent être peu stables, car jusqu'ici on n'est pas parvenu à les préparer.

5° Le thiocarbamate d'ammonium, en solution aqueuse, chauffé à 100°, perd de l'eau et se transforme en sulfocyanate d'ammonium :

$$CO\begin{smallmatrix}\diagup AzH^2 \\ \diagdown SAzH^4\end{smallmatrix} = H^2O + CAzS.AzH^4$$

[Berthelot, *Bull. de la Soc. Chim.*, 1868, t. IX, p. 7].

6° Dans la décomposition des fulminates par l'hydrogène sulfuré :

$$(C^2Az^2O^2)^2Hg^2 + 4H^2S = 2HgS + 2CO^2 + 2CAzS(AzH^4).$$

Lorsqu'on décompose le fulminate de mercure par le gaz sulfhydrique, la formation du sulfocyanate d'ammonium est précédée par celle d'un composé cristallisé $C^5H^8A^4O^6S^2$, qui est très-instable et qu'une légère élévation de température dédouble en sulfocyanate, gaz carbonique et soufre [A. Steiner, *Deutsch. chem. Gesells.*, t. VIII, p. 1178].

Le fulminate double de cuivre et d'ammonium fournit, sous l'influence de l'hydrogène sulfuré, de l'acide sulfocyanique, de l'urée, de l'eau et du sulfure de cuivre [Gladstone, *Ann. der Chem. u. Pharm.*, t. LXVI, p. 1]:

$$(C^2Az^2O^2)^2Cu(AzH^4)^2 + 3H^2S = 2CAzSH + 2COAz^2H^4 + 2H^2O + CuS.$$

7° Lorsqu'on chauffe la sulfo-urée à 140° avec de l'eau, elle se transforme en sulfocyanate d'ammonium, $CS(AzH^2)^2 = CAzS(AzH^4)$.

L'éther azoteux provoque, immédiatement et à froid, le même changement moléculaire; mais il décompose ensuite le sulfocyanate formé.

8° Lorsqu'on fait bouillir pendant longtemps une solution de ferrocyanure de potassium avec du carbonate potassique et du soufre, il se précipite du sulfure de fer, et la totalité du ferrocyanure se convertit en sulfocyanate de potassium.

La solution du ferricyanure de potassium, maintenue en ébullition avec un excès d'hyposulfite de sodium, se décolore en même temps qu'il se précipite du sulfure de fer; à la fin de la réaction elle contient du sulfocyanate et du ferrocyanure de potassium, du sulfate, de l'hyposulfite et du sulfure de sodium. [J. Löwe, *Journ. für prakt. Chem.*, t. LX, p. 478; *Dingler's polyt. Journ.*, t. CXLIV, p. 159].

9° Lorsqu'on détruit les matières organiques par l'acide sulfurique et qu'on chauffe la masse, il se volatilise entre autres produits du sulfocyanate d'ammonium [O. Henry, *Journ. de Chim. méd.*, t. XXI, p. 391].

Le sulfocyanate potassique existe en très-petite quantité dans la salive de l'homme et du mouton (L. Gmelin).

Le sulfocyanate d'ammonium a été trouvé en petite quantité dans les eaux de condensation obtenues dans la distillation de la houille (Besnou, 1852).

On avait avancé que l'essence de moutarde, traitée par les alcalis, donne un sulfocyanate, mais ce fait a été contredit par des expériences plus récentes.

Propriétés et réactions. — Les sulfocyanates ont pour formule générale :

$$CAzSM' = Az \equiv C - SM'.$$

Ils sont pour la plupart solubles dans l'eau dans l'alcool et même dans l'éther ; ils ont une grande tendance à former des sels doubles.

Les sulfocyanates sont décomposés à froid par les acides étendus qui mettent en liberté l'acide sulfocyanique; celui-ci subit, suivant les circonstances, différentes transformations dont nous avons déjà parlé plus haut (p. 93).

Toutefois les acides étendus n'attaquent que les sulfocyanates métalliques correspondant à des sulfures décomposables par les acides étendus, mais ils sont sans action sur les sulfocyanates d'argent, de mercure, de cuivre, etc.

L'acide azotique et le chlore précipitent du persulfocyanogène dans la solution chaude des sulfocyanates (t. II, p. 781).

Lorsqu'on traite à chaud le sulfocyanate d'ammonium en solution par le brome ou l'iode, il se dépose un corps jaune auquel M. Phipson a donné le nom de *sulfocyanogène* en le représentant par la formule $(CAzS)^2$; il nous semble que ce composé pourrait bien n'être que le persulfocyanogène $C^3HAz^3S^3$, car l'iode, le brome et le chlore doivent agir, dans ce cas, d'une manière analogue. [T.-L. Phipson, *Chem. News*, t. XXIX, p. 160].

Le sulfocyanate de potassium, en solution concentrée, donne une coloration rouge lorsqu'on le traite par l'eau oxygénée, l'eau de chlore, l'acide azotique étendu, ou même par les acides sulfurique, phosphorique, oxalique, acétique, chlorhydrique, etc. ; cette coloration se détruit lorsqu'on étend les liqueurs ou qu'on les chauffe. Les réducteurs font également disparaître la coloration rouge, mais l'acide azotique la reproduit. [Besnou, *Journ. de Pharm.*, (3), t. XXII, p. 161 ; E.-W. Davy, *Phil. Mag.*, (4), t. XXX, p. 228]. Lorsqu'on mélange des solutions concentrées de sulfocyanate et de dichromate potassiques, et qu'on ajoute de l'acide sulfurique ou de l'acide chlorhydrique concentré, on observe une coloration violette qu'un excès de chromate fait passer au vert [Besnou, *loc. cit.*].

Les sulfocyanates, en solution acide, sont oxydés par le permanganate de potassium avec formation des acides cyanhydrique et sulfurique ; si les solutions sont alcalines, les acides cyanique et sulfurique prennent naissance [Péan de Saint-Gilles].

Soumis à l'électrolyse, le sulfocyanate de potassium fournit les acides cyanhydrique, sulfurique et sulfureux, et du soufre libre [Schlagdenhauffen, *Journ. de Pharm.*, (3), t. XLIV, p. 100].

Le perchlorure de phosphore, en agissant sur le sulfocyanate de potassium, donne des produits différents, suivant les conditions de l'expérience ; à une température modérée, on obtient du chlorure de cyanogène, du sulfochlorure de phosphore et du chlorure potassique :

$$CAzSK + PCl^5 = CAzCl + PCl^3S + KCl;$$

si la réaction a lieu à une température élevée, le liquide distillé contient du sulfochlorure de phosphore, du chlorure de soufre, du trichlorure de phosphore et du chlorure de cyanogène solide ; le résidu est formé de chlorure de potassium, de soufre et des produits de décomposition jaunes de l'acide sulfocyanique (acide persulfocyanique et persulfocyanogène) [H. Schiff, *Ann. der Chem. u. Pharm.*, t. CVI, p. 116].

En traitant le sulfocyanate de potassium, en solution alcoolique, par le trichlorure de phosphore, Lœssner a obtenu un corps cristallisant en fines aiguilles blanches, de la formule $C^8H^{18}Az^4S^4O$ [*Journ. für prakt. Chem.* (2), t. VII, p. 474].

Les éthers haloïdes des alcools attaquent les sulfocyanates métalliques en produisant par double décomposition des éthers sulfocyaniques (p. 111).

L'action du chlorure de benzoyle sur le sulfocyanate potassique est très-vive et fournit les produits de décompositions du sulfocyanate de benzoyle : anhydride carbonique, sulfure de carbone et benzonitrile :

$$2C^6H^5.COCl + 2CAzSK$$
$$= 2KCl + CO^2 + CS^2 + 2C^6H^5.CAz.$$

En présence de l'alcool, on obtient un composé de la formule $C^{10}H^{11}AzSO^2$, qui n'est autre que l'acide benzoyle éthyle-thiocarbamique (Voyez SULFOCARBAMIQUE (ACIDES), p. 86) :

$$C^7H^5OCl + CAzSK + C^2H^6O$$
$$= C^{10}H^{11}AzSO^2 + KCl$$

[L. Lœssner, *Journ. für prakt. Chem.*, (2), t. X, p. 235 ; *Bull. de la Soc. chim.*, t. XXIII, p. 121].

Le chlorure de benzoyle n'agit sur le sulfocyanate de plomb qu'avec le concours de la chaleur et donne la benzoylsulfocarbimide (p. 117).

Lorsqu'on fait bouillir le sulfocyanate de potassium avec de l'acide acétique concentré, pendant plusieurs jours, il se dégage de l'oxysulfure de carbone, de l'anhydride carbonique et de l'hydrogène sulfuré, en même temps qu'il se forme de l'acétamide et de l'acétonitrile ; les acides isobutyrique, valérique, benzoïque et cuminique, se comportent d'une façon analogue :

$$CH^3.CO^2H + CAzSK = CH^3.CO^2K + CAzSH.$$
$$CH^3.CO^2H + CAzSH = CH^3.COAzH^2 + COS.$$
$$CH^3.COAzH^2 + COS = CH^3.CAz + CO^2 + H^2S.$$

[E.-A. Letts, *Deutsch. chem. Gesells.*, t. V, p. 669 ; *Bull. de la Soc. chim.*, t. XVIII, p. 318].

Si l'on fait agir l'acide acétique à une température modérée sur le sulfocyanate d'ammonium, on obtient le dérivé acétylé de l'acide persulfocyanique, en vertu de l'équation

$$3CAzSH + C^2H^3O.OH$$
$$= \underset{\text{Acide acétylopersulfocyanique.}}{C^2H(C^2H^3O)Az^2S^3} + CAzH + H^2O.$$

On obtient le même composé en traitant le sulfocyanate d'ammonium par l'anhydride acétique, à une température ne dépassant pas 80° ; dans ce cas, il se dégage de l'acide cyanhydrique et de l'oxysulfure de carbone, et il se forme en même temps de l'acétamide [M. Nencki et W. Leppert, *Deutsch. chem. Gesells.*, t. VI, p. 902 ; *Bull. de la Soc. chim.*, t. XX, p. 509].

Lorsqu'on ajoute de l'épichlorhydrine à une solution de sulfocyanate de potassium additionnée d'acide sulfurique, le liquide s'échauffe et il se sépare une huile d'odeur désagréable, qui se solidifie au bout de quelque temps. Ce composé cristallise dans l'alcool sous la forme de mamelons ; il constitue peut-être la sulfocyanochlorhydrine glycérique $C^3H^5(CAzS)Cl(OH)$ (Pazschke).

Tous les sulfocyanates se décomposent, par une calcination plus ou moins forte, en azote, cyanogène, sulfure de carbone et soufre; calcinés avec de la potasse, ils dégagent de l'ammoniaque; chauffés avec du fer ou d'autres métaux avides de soufre, ils donnent des cyanures.

Recherche et dosage des sulfocyanates. — Les sulfocyanates solubles produisent un précipité blanc de sulfocyanate cuivreux dans un mélange de sulfate cuivrique et de sulfate ferreux; ils précipitent également en blanc les sels argentiques et auriques. Avec le chlorure ferrique ils produisent une coloration rouge sang, très-intense et caractéristique. Cette coloration, qui est due à la formation, par double décomposition, d'une certaine quantité de sulfocyanate ferrique, se distingue de la nuance semblable que peuvent présenter d'autres sels ferriques (acétate, sulfite, hyposulfite, méconate), par les caractères suivants : elle ne disparaît pas par l'addition de beaucoup d'acide chlorhydrique, mais elle est détruite par l'acide azotique; les acides phosphorique, arsénique, iodique et oxalique, même en petite quantité, font disparaître la coloration, mais l'addition d'un excès de perchlorure de fer la rétablit. L'acide sulfureux, l'acide hydrosulfureux et l'hyposulfite de sodium décolorent aussi la solution rouge. Les alcalis précipitent de l'hydrate ferrique en décolorant la solution. L'intensité de coloration du liquide rouge décroît à mesure que la température s'élève; à l'ébullition, sa couleur diffère à peine de celle de la solution bouillante de chlorure de fer; comme par le refroidissement, la couleur rouge apparaît de nouveau, la diminution d'intensité est due sans doute à une double décomposition inverse. On sait d'ailleurs que la solution du sulfocyanate ferrique *exempte* d'autres sels, loin de se décolorer, devient au contraire plus foncée lorsqu'on la chauffe [H. Schiff, *Ann. der Chem. u. Pharm.*, t. CX, p. 203; *Répert. de Chim. pure*, 1859, p. 403]. La coloration est aussi détruite par l'addition des tartrates, racémates, malates et citrates alcalins [Delffs, *Neu. Jahrb. für Pharm.*, t. XII, p. 233].

L'intensité de coloration du sulfocyanate ferrique a été mise à profit comme réaction finale, dans le titrage du fer par le chlorure stanneux, dans le titrage de l'argent par le sulfocyanate potassique, et inversement, dans le titrage des sulfocyanates par le nitrate d'argent.

Une solution de sulfate de cobalt, à laquelle on ajoute quelques gouttes de sulfocyanate de potassium, prend une teinte rouge très-foncée à froid; lorsqu'on chauffe, elle ne se colore pas en bleu, mais sa couleur rouge diminue. Il est donc probable que le sulfocyanate de cobalt et le sulfate de potassium, qui s'étaient formés à froid, subissent à chaud une décomposition inverse. Lorsqu'on ajoute du chlorure de calcium en excès à cette même solution chaude, il se précipite du sulfate calcique, et le liquide prend une coloration bleue persistant même après le refroidissement (H. Schiff).

Pour doser l'acide sulfocyanique, Erlenmeyer a proposé de l'oxyder en solution acide par le permanganate de potassium, et de déterminer l'acide sulfurique qui a pris naissance [*Jahrb. für Chem.*, 1859, p. 720].

Phipson précipite la solution du sulfocyanate acidulé par un mélange équivalent de sulfate ferreux et de sulfate de cuivre, recueille le précipité de sulfocyanate cuivreux, $(CAzS)^2Cu^2$, sur un filtre taré, et le pèse après dessiccation à 100° [*Chem. News*, t. XXIX, p. 160].

Le dosage des sulfocyanates par liqueurs titrées est facile et très-exact; on précipite la liqueur par une solution titrée d'azotate d'argent, en se servant de sulfate ferrique pour reconnaître la réaction finale; la solution rouge se décolore dès que le sel d'argent se trouve en excès. On pourrait aussi ajouter un excès de la solution titrée d'azotate d'argent et déterminer cet excès au moyen d'une solution titrée de sulfocyanate d'ammonium; dans ce cas, une coloration rouge persistante indiquerait le moment où la totalité de l'argent est précipitée.

On prépare les sulfocyanates soit en neutralisant l'acide sulfocyanique par les hydrates métalliques, soit par double décomposition entre un sel métallique et les sulfocyanates de potassium et d'ammonium; si le sulfocyanate est insoluble, il se précipite directement; si, au contraire, ce qui est le cas de beaucoup le plus fréquent, le sulfocyanate est soluble, on évapore à une douce chaleur et on reprend par l'alcool ou l'éther. D'après les observations de M. Skey, on peut aussi, dans un grand nombre de cas, agiter simplement le mélange des deux solutions avec l'éther, qui s'empare du sulfocyanate; on peut ainsi préparer les sulfocyanates de fer, d'urane, de molybdène, de tungstène, d'or et de cuivre [W. Skey, *Chem. News*, t. XVI, p. 201; *Bull. de la Soc. chim.*, 1868, t. X, p. 30].

Un grand nombre de sulfocyanates ont été décrits par C. Claus [*Journ. für prakt. Chem.*, t. XV, p. 401] et par Meitzendorff [*Poggend. Ann.*, t. LVI, p. 63].

SULFOCYANATE D'ALUMINIUM. — Masse gommeuse dont la solution se décompose par l'évaporation.

SULFOCYANATE D'AMMONIUM,

$$CAzS(AzH^4) = Az\equiv C-S-AzH^4.$$

— On peut préparer ce sel en décomposant le sulfocyanate de cuivre par le sulfhydrate d'ammonium, filtrant et évaporant le liquide.

Un autre procédé consiste à traiter l'acide cyanhydrique par une solution de polysulfure d'ammonium; 2 p. d'ammoniaque d'une densité de 0,95 saturées d'hydrogène sulfuré, sont mélangées avec 6 p. d'ammoniaque (de même densité); on y ajoute 2 p. de fleur de soufre et tout l'acide cyanhydrique provenant de la distillation d'un mélange de 6 p. de ferrocyanure de potassium, 3 p. d'acide sulfurique et de 18 p. d'eau. On laisse digérer ce mélange au bain-marie jusqu'à ce que le soufre ne diminue plus et que le liquide ait pris une couleur jaune; on porte à l'ébullition pour chasser tout le sulfhydrate, on filtre et l'on évapore à cristallisation. On obtient ainsi 3,3 à 3p,5 de sulfocyanate ammonique parfaitement blanc [Liebig, *Ann. der Chem. u. Pharm.*, t. LXI, p. 126].

Millon a proposé le mode d'obtention suivant, basé sur l'action du sulfure de carbone sur l'ammoniaque : on fait un mélange de 15 volumes d'ammoniaque aqueuse, 2 volumes de sulfure de carbone et de 15 volumes d'alcool; après 24 heures de contact, on distille les deux tiers du liquide et on évapore le résidu à cristallisation; le sulfocyanate ammonique dont on obtient une quantité sensiblement égale à celle du sulfure de carbone employé, est purifié par une seconde cristallisation. L'alcool aqueux qui a passé à la distillation contient beaucoup de sulfure d'ammonium; il peut servir pour une seconde et même pour une troisième opération [E. Millon, *Journ. de Pharm.*, (3), t. XXXVIII, p. 401].

Gélis a fait breveter, le 6 juin 1860, un procédé de préparation industriel analogue au précédent; Gélis a supprimé l'emploi de l'alcool. La date du brevet est antérieure à l'époque où a paru le travail de Millon.

Au mélange d'ammoniaque, de sulfure d'ammonium saturé et de sulfure de carbone, Gélis ajoute 2 à 3 °/₀ d'une huile grasse dans le but de produire avec l'ammoniaque une émulsion qui facilite le mélange intime du sulfure de carbone avec les solutions aqueuses. Au bout de quelques heures d'agitation, l'action est terminée; on laisse reposer, on décante la couche huileuse claire, qui peut servir pour des opérations ultérieures, et on soumet le liquide à la distillation. On reçoit ce qui passe dans un récipient contenant de l'ammoniaque pour retenir l'hydrogène sulfuré. Le sulfocyanate d'ammonium reste dans l'appareil sous la forme d'une solution incolore qu'il suffit d'évaporer pour déterminer la cristallisation. Dans ce mode de préparation, il se forme d'abord, par l'union du sulfure de carbone et du sulfure ammonique, du dithiosulfocarbonate d'ammonium,

$$CS^2 + (AzH^4)^2S = CS(SAzH^4)^2;$$

dans la seconde phase de la réaction, lorsqu'on soumet la solution à la distillation, ce sel se dédouble en hydrogène sulfuré et en sulfocyanate d'ammonium,

$$CS(SAzH^4)^2 = CAzS(AzH^4) + 2H^2S$$

[A. Gélis, *Journ. de Pharm.*, (3), t. XXXIX, p. 95].

Enfin Braun a décrit un mode de préparation, qui consiste à additionner une solution de sulfate ferrique d'un petit excès de sulfocyanate potassique, à concentrer, à précipiter le sulfate potassique par l'alcool et à décomposer le sulfocyanate ferrique par l'ammoniaque ou le carbonate ammonique. Ce procédé, qui ne présente aucun avantage lorsqu'il s'agit du sulfocyanate d'ammonium, peut cependant servir à la préparation d'autres sulfocyanates solubles (sodium, baryum, calcium, etc.) [F. Braun, *Zeitsch. für Chem.*, 1866, p. 287].

Le sulfocyanate d'ammonium se dépose d'une solution aqueuse très-concentrée, en tables anhydres, très-déliquescentes, fusibles à 159° (Reynolds); 100 p. d'eau dissolvent 105 p. de ce sel. Lorsqu'on mélange à 13°, 133 p. de ce sel avec 100 p. d'eau, on observe un abaissement de température de 31° (Rüdorff). Ce sel est aussi très-soluble dans l'alcool. Sa solution aqueuse présente les réactions des sulfocyanates que nous avons décrites plus haut. Nicklès a indiqué pour le sulfocyanate d'ammonium les réactions suivantes qui ne sont peut-être pas exclusivement propres à ce sel : la solution éthérée verte du chlorure manganique est colorée en beau rouge par le sulfocyanate d'ammonium; le chlorure de cobalt, en présence de l'éther, est coloré en bleu; la solution de l'acide molybdique dans l'acide chlorhydrique acquiert, par le sulfocyanate d'ammonium, une teinte rouge, que l'éther enlève au liquide en se colorant lui-même en rouge; l'acide tungstique se comporte d'une manière analogue; l'acide chromique fournit une substance soluble en brun dans l'éther. L'addition d'un fluorure alcalin fait disparaître toutes ces colorations [J. Nicklès, *Journ. de Pharm.*, (4), t. IX, p. 273].

Lorsque le sulfocyanate d'ammonium est chauffé peu à peu jusqu'à 150-170°, il se transforme partiellement en sulfocarbamide,

$$CAzS(AzH^4) = CS\begin{cases}AzH^2\\AzH^2.\end{cases}$$

— Voyez Sulfo-urée.

Cette réaction est entièrement comparable à la transformation du cyanate ammonique en urée [J.-E. Reynolds, *Journ. Chem. Soc. London*, (2), t. VII, p. 1].

Inversement, la sulfocarbamide régénère à 160-170° une certaine quantité de sulfocyanate d'ammonium et il paraît s'établir un équilibre entre ces deux réactions. Ce fait est une des causes du faible rendement en sulfocarbamide; d'ailleurs une partie de la sulfocarbamide subit une décomposition plus profonde; elle se dédouble en hydrogène sulfuré et cyanamide, qui se fixant l'un et l'autre sur le sulfocyanate ammonique non transformé, engendrent, d'un côté, du dithiosulfocarbonate d'ammonium qui se sublime, et de l'autre côté du sulfocyanate de guanidine qui reste dans la cornue; les trois équations suivantes rendent compte de ces différentes réactions :

$$\underset{\text{Sulfocarbamide.}}{CS(AzH^2)^2} = H^2S + \underset{\text{Cyanamide.}}{CAz^2H^2};$$

$$CAzS(AzH^4) + 2H^2S = \underset{\text{Dithiosulfocarbonate ammonique.}}{CS(SAzH^4)^2};$$

$$CAzS(AzH^4) + CAz^2H^2 = \underset{\text{Sulfocyanate de guanidine.}}{CAzS.CAz^3H^6}.$$

Si l'on chauffe suffisamment longtemps (vingt heures à 180-185°), la presque totalité de sulfocyanate d'ammonium se transforme en sulfocyanate de guanidine et dithiosulfocarbonate d'ammonium. [G. Delitsch, *Journ. für prakt. Chem.*, (2), t. VIII, p. 240; t. IX, p. 1; — J. Volhard, *ibid.*, (2), t. IX, p. 6; *Bull. de la Soc. chim.*, t. XXI, p. 310, et t. XXII, p. 123].

Soumis à la distillation sèche, le sulfocyanate d'ammonium dégage de l'hydrogène sulfuré, du sulfure de carbone et de l'ammoniaque, et laisse du mélam, qui finit lui-même par se convertir en hydromellon (Liebig); le mélam est évidemment un produit de décomposition du sulfocyanate de guanidine formé en premier lieu. En adoptant pour le mélam la formule de Gerhardt, on peut établir les équations suivantes :

$$4CAzS(AzH^4) = CS^2 + 2H^2S + 2AzH^3 + \underset{\text{Mélam.}}{C^3H^6Az^6};$$

$$2\underset{\text{Mélam.}}{C^3H^6Az^6} = 3AzH^3 + \underset{\text{Hydromellon.}}{C^6H^3Az^9}.$$

A. Claus, qui a étudié attentivement la décomposition du sulfocyanate d'ammonium sous l'influence d'une température élevée, a observé plusieurs faits intéressants. La transformation de ce sel en mélam a déjà lieu à 200°, mais à cette température, elle est très-lente (elle exige 18 heures si l'on opère sur 200 grammes); elle est naturellement plus rapide si la température est plus élevée; comme produit final, on obtient dans tous les cas du mélam (ou hydromellon), mais la proportion de ce produit est d'autant plus grande que la décomposition a eu lieu à une température plus élevée; il en est de même de la proportion de sulfure de carbone formé. Il semble donc que la décomposition se fait d'une manière différente, suivant la température : à basse température (200°), il se forme plus de produits volatils qu'à une température plus élevée (250 ou 300°).

Parmi les produits d'une décomposition plus ménagée du sulfocyanate d'ammonium, Claus n'a pu trouver un corps de la formule de l'acide sulfocyanurique $C^3Az^3S^3H^3$, mais il a isolé plusieurs produits complexes, sulfurés et azotés,

$$C^6H^7Az^9S^2;\ C^6H^8Az^{10}S \text{ etc.};$$

ces corps dérivent de la condensation d'un grand nombre de molécules sulfocyaniques, avec perte de sulfure de carbone et d'hydrogène sulfuré; en perdant à leur tour de l'hydrogène sulfuré ou de l'ammoniaque, ils fournissent du mélam.

Claus a donné à ses composés le nom général d'*acides thioprussiamiques* (Voyez ce mot). [A. Claus, *Ann. der Chem. u. Pharm.*, t. CLXXIX, p. 112 et 148].

Lorsqu'on traite le sulfocyanate d'ammonium par l'éther azoteux, il se dégage beaucoup d'azote et d'oxyde azotique en même temps qu'il se sépare du persulfocyanogène $C^3HAz^3S^3$. (A. Claus,

Deutsch. chem. Gesells., t. IV, p. 143; König, *ibid.*, t, VI, p. 726.)

Le sulfocyanate ammonique donne avec le cyanure mercurique un sel double,

$$CAzS(AzH^4) + (CAz)^2Hg,$$

cristallisant en aiguilles blanches (Clève).

Certains oxydes métalliques,

$$HgO, Hg^2O, Ag^2O, ZnO, MgO, CdO,$$

dégagent, à la température de l'ébullition, de l'ammoniaque d'une solution concentrée de sulfocyanate d'ammonium et donnent lieu à la formation de sels doubles.

Le sulfocyanate d'ammonium est employé en photographie comme fixatif; il possède la propriété de dissoudre les sels d'argent.

Sulfocyanate d'argent, $CAzSAg$. — Précipité blanc, caillebotté, insoluble dans l'eau et soluble dans l'ammoniaque. Le chlore sec et exempt d'acide chlorhydrique le convertit en chlorure de cyanogène solide, chlorure de soufre et chlorure d'argent; si le chlorure est humide et acide, il se forme en outre un sublimé rouge. Traité par une solution éthérée d'iode, le sulfocyanate d'argent produit un liquide rouge-brun très-volatil et peu stable qui paraît être $CAzSI$; avec l'iodure de cyanogène, il fournit l'anhydrosulfide sulfocyanique (voyez ce mot) (Linnemann). L'iodure d'éthyle le convertit en sulfocyanate d'éthyle et non en sulfocarbimide éthylique [Hofmann, *Jahresb. für Chem.*, 1863, p. 653, V. Meyer et C. Wurster, *ibid.*, 1873, p. 298].

Le sulfocyanate d'argent se dissout dans le sulfocyanate d'ammonium, mais il se précipite de nouveau à l'état d'une poudre grenue lorsqu'on étend d'eau la solution; par l'addition d'ammoniaque, la solution laisse déposer des paillettes brillantes qu'on a regardées pendant longtemps comme du sulfocyanate d'argent cristallisé [Gössmann [*Ann. der Chem. u. Pharm.*, t. C, p. 76] mais qui, d'après des recherches récentes, constitue un sulfocyanate d'argentammonium,

$$CAzSAg, AzH^3 = CAzS(AzH^3Ag);$$

ce sel est très-peu stable et perd complétement son ammoniaque à l'air et encore plus rapidement sous l'influence de l'eau [W.-F. Gintl, *Wien. Acad. Ber.*, 2e part., t. LX, p. 474; — W. Weith, *Zeitsch. für Chem.*, 1869, p. 380].

Lorsqu'on introduit un excès d'oxyde d'argent dans une solution bouillante de sulfocyanate d'ammonium et qu'on maintient l'ébullition aussi longtemps qu'il se dégage de l'ammoniaque, le liquide filtré laisse déposer par le refroidissement, de belles aiguilles incolores du sel double.

$$CAzS(AzH^4) + CAzSAg.$$

L'eau dédouble ce sel en ses composants. [A. Fleischer. *Ann. der. Chem., u. Pharm.*, t. CLXXIX, p. 225.]

Le sulfocyanate d'argent se dissout dans le sulfocyanate de potassium; la solution, évaporée sur l'acide sulfurique, fournit des cristaux incolores orthorhombiques; formes : $b^{1/2}$, m, h^1; ce *sulfocyanate double de potassium et d'argent* renferme $CAzSK + CAzSAg$; il fond à 140°; l'eau le dédouble en sulfocyanate de potassium et en sulfocyanate d'argent cristallisé qui se précipite [J. Hull, *Ann. der Chem. u. Pharm.*, t. LXXVI, p. 93].

On a décrit aussi un sulfocyanate double argentique et cuivreux. — Voyez plus loin.

Sulfocyanate de baryum, $(CAzS)^2Ba + 2H^2O$. — Longues aiguilles brillantes, déliquescentes, très-solubles dans l'eau et dans l'alcool et perdant leur eau entre 160 et 170° [Bœkmann, *Ann. der Chem. u. Pharm.*, t. XXII, p. 153]. Distillé avec du benzoate de baryum, il donne principalement du benzonitrile [Kekulé, *Bull. de la Soc. chim.*, t. XIX, p. 509].

Une combinaison de *sulfocyanate de baryum* et de *cyanure de mercure*,

$$2(CAzS)^2Ba + (CAz)^2Hg,$$

s'obtient en paillettes nacrées.

Clève a préparé un autre sel double,

$$(CAzS)^2Ba, + 2(CAz)^2Hg + 4H^2O$$

cristallisant en prismes courts à 4 ou 6 pans, nacrés, solubles dans l'eau chaude, inaltérables à l'air [P.-T. Clève, *Bull. de la Soc. chim.*, 1875, t. XXIII, p. 71].

Sulfocyanate de bismuth, $(CAzS)^3Bi$. — Poudre jaune.

Sulfocyanate de cadmium, $(CAzS)^2Cd$. — Prismes brillants, anhydres, incolores et peu solubles. L'ammoniaque les dissout et la solution donne des cristaux de *sulfocyanate de cadmiammonium*, $(CAzS)^2(Az^2H^6Cd)$, que l'eau décompose.

Le sulfocyanate de cadmium forme, avec le cyanure mercurique, un sel double cristallisant en petits cristaux de la formule

$$(CAzS)^2Cd, + 2(CAz)^2Hg + 4H^2O,$$

solubles dans l'eau chaude, et inaltérables à l'air (Clève).

Sulfocyanate de calcium, $(CAzS)^2Ca + 3H^2O$). — Aiguilles déliquescentes, très-solubles dans l'eau et dans l'alcool; le sel double qu'il forme avec le cyanure de mercure, $2(CAzS)^2Ca + (CAz)^2Hg$, est en paillettes brillantes. Clève a décrit un autre sel double qui forme de grands cristaux tabulaires de la formule

$$(CAzS)^2Ca + 2(CAz)^2Hg + 8H^2O,$$

plus solubles que les sels de baryum et de strontium correspondants; ce sel perd $5H^2O$ dans l'air sec et le reste à 130-140°.

Sulfocyanate de cérium, $(CAzS)^3Ce + 7H^2O$. — Prismes incolores et déliquescents, très-solubles dans l'eau et dans l'alcool. Ce sel forme avec le *cyanure de mercure* des cristaux tabulaires bien développés de la formule

$$(CAzS)^3Ce + 3(CAz)^2Hg + 12H^2O;$$

ces cristaux deviennent opaques à l'air; ils perdent 7 molécules d'eau sur l'acide sulfurique et 3 autres molécules à 100°; ils sont très-solubles dans l'eau chaude [S. Jolin, *Bull. de la Soc, chim.*, t. XXI, p. 534].

Sulfocyanate de chrome, $(CAzS)^6Cr^2$. — L'hydrate chromique récemment précipité se dissout dans l'acide sulfocyanique en donnant une solution d'un vert violacé qui, à chaud, se colore en vert pur; par l'évaporation lente, elle laisse une masse amorphe, déliquescente, d'un vert noirâtre [W.-L. Clasen, *Journ. für prakt. Chem.*, t. XCVI, p. 349].

Acide chromosulfocyanique. — On obtient cet acide en décomposant par l'hydrogène sulfuré le sel de plomb ou d'argent, dont la préparation est indiquée plus loin; il en résulte une solution d'un rouge vineux, très-acide qui, à chaud, se transforme en sulfocyanate chromique vert, en même temps qu'il se volatilise de l'acide sulfocyanique. J. Rœsler, qui a fait connaître ce composé, a décrit plusieurs de ses sels [*Ann. der Chem. u. Pharm.*, t. CXLI, p. 185; *Bull. de la Soc. chim.*, 1867, t. VIII, p. 328].

Chromosulfocyanate d'ammonium,

$$(CAzS)^{12}Cr^2(AzH^4)^6 + 8H^2O.$$

— On le prépare comme le sel de potassium, ou bien en chauffant le sulfocyanate ammonique avec de l'hydrate chromique récemment précipité; dans ce cas, il se dégage de l'ammoniaque. Ce sel ressemble au sel de potassium.

Chromosulfocyanate d'argent, $(CAzS)^{12}Cr^2Ag^6$. — Obtenu par double décomposition, il constitue un précipité brun-rouge, volumineux, qui, séché sur l'acide sulfurique, perd à 100°, 53,91 °/₀ d'eau en prenant une teinte rouge pâle. L'acide azotique ne l'attaque que lentement. Il est insoluble dans l'ammoniaque, mais se dissout bien dans le cyanure de potassium en formant un liquide d'un rouge-cerise.

Chromosulfocyanate de baryum,

$$(CAzS)^{12}Cr^2Ba^3 + 16H^2O.$$

— On mélange des solutions de chlorure chromique et de sulfocyanate barytique; on fait bouillir et l'on évapore; le sel obtenu est séparé par cristallisation du chlorure de baryum. Il est en prismes courts à quatre pans, d'un rouge de rubis foncé; il est déliquescent dans l'air humide et s'effleurit sur l'acide sulfurique.

Chromosulfocyanate de potassium,

$$(CAzS)^{12}Cr^2K^6 + 8H^2O.$$

— On chauffe vers 100°, pendant 2 heures, un mélange de solutions moyennement concentrées de 6 p. de sulfocyanate potassique et de 5 p. d'alun chromique; on additionne le liquide refroidi, qui devient rouge, d'une quantité suffisante d'alcool pour précipiter les sulfates, on évapore et on purifie le résidu par une cristallisation dans l'alcool. Ce sel est en cristaux quadratiques presque noirs, qui, vus par transparence, paraissent d'un rouge de rubis; il est inaltérable à l'air et perd son eau à 110°; il devient plus foncé sous l'influence de la chaleur et reprend sa couleur primitive par le refroidissement. Il se dissout dans 0p,72 d'eau et dans 0p,94 d'alcool.

Les carbonates alcalins et le sulfure ammonique n'attaquent pas ce sel, même à chaud; par une ébullition avec la soude ou avec l'ammoniaque, il se sépare de l'hydrate chromique. L'acide chlorhydrique étendu n'agit pas à froid; à chaud, il y a décomposition; l'acide chlorhydrique concentré donne du chlorure de potassium et une matière jaune, probablement de l'acide persulfocyanique. Les sels alcalino-terreux, de même que ceux de cadmium, de cobalt, de nickel, de zinc, de manganèse et de fer, ne précipitent pas la solution du chromosulfocyanate potassique; le sulfate de cuivre fait passer la couleur du rouge vineux au bleu violet, et il se forme peu à peu, rapidement à chaud, un précipité brun contenant de l'oxyde cuivreux. Le chlorure mercurique précipite en rouge; le nitrate mercureux en jaune, (le précipité acquiert peu à peu une couleur vert brunâtre); les sels d'étain précipitent en blanc.

Chromosulfocyanate de plomb,

$$(CAzS)^{12}Cr^2Pb^3 + 4PbH^2O^2 + 8H^2O.$$

— L'acétate de plomb détermine dans la solution du chromosulfocyanate potassique un précipité d'un beau rose; lorsqu'on lave ce précipité avec de l'eau, la couleur passe peu à peu au jaune, en même temps que l'eau entraîne du sulfocyanate de plomb; il renferme alors

$$(CAzS)^{10}Cr^2Pb^2 + 4PbH^2O^2 + 5H^2O.$$

L'eau bouillante le dédouble en sulfocyanate plombique, oxyde de plomb et oxyde de chrome. Ce sel perd son eau à 90°.

Chromosulfocyanate de sodium,

$$(CAzS)^{12}Cr^2Na^6 + 14H^2O.$$

— On le prépare en chauffant des solutions de sulfocyanate sodique et de sulfate chromique, et séparant le sulfate sodique formé en faisant cristalliser le sel dans l'eau et dans l'alcool. Il est en feuilles minces, d'une couleur plus claire que ne l'est celle des autres chromosulfocyanates; il est déliquescent; mais, dans l'air sec, il s'effleurit en perdant son eau de cristallisation.

Indépendamment des chromosulfocyanates précédents, on connaît aussi des sulfocyanates doubles de *chromammonium* avec d'autres métaux qui correspondent à la formule générale

$$(CAzS)^4(Az^2H^5Cr)HM'.$$

Le sel ammoniacal a été obtenu d'abord par Morland; mais ce chimiste avait établi une formule inexacte; c'est Reinecke qui a reconnu la nature de ces composés [Morland, *Journ. Chem. Soc. London*, t. XIII, p. 252; *Répert. de Chim. pure*, 1862, p. 163; — A. Reinecke, *Ann. der Chem. u. Pharm.*, t. CXXVI, p. 113; *Bull. de la Soc. chim.*, 1863, p. 404].

Lorsqu'on introduit peu à peu du dichromate potassique pulvérisé dans du sulfocyanate d'ammonium maintenu en fusion, la masse mousse, dégage de l'ammoniaque et finit par se solidifier. On dissout le produit dans l'eau, et on ajoute à la liqueur filtrée du sel ammoniac en morceaux; le *sel double de chromammonium, d'ammonium et d'hydrogène,* $(CAzS)^4(Az^2H^5Cr)H(AzH^4)$, se sépare alors en petites écailles brillantes, solubles dans l'eau, l'alcool et l'éther qu'il colore en rouge de rubis; ce sel cristallise dans l'eau en petits dodécaèdres rhomboïdaux ressemblant à ceux de grenat. L'eau bouillante le décompose en sulfocyanates ammonique et chromique et en oxyde de chrome; les acides étendus et les alcalis l'altèrent très-facilement. Chauffé à l'état sec, il se décompose vers 120°. La formation de ce composé complexe peut être représentée par l'équation

$$8CAzS(AzH^4) + Cr^2O^3$$
$$= 2(CAzS)^4(Az^2H^5Cr)H(AzH^4) + 2AzH^3 + 3H^2O.$$

Le groupe AzH^4 de ce sel peut être remplacé par d'autres métaux.

Le *sel potassique*, $(CAzS)^4(Az^2H^5Cr)HK$ (séché à 100°), se prépare par l'action d'une lessive de potasse concentrée sur le sel ammoniacal; les cristaux formés sont purifiés par des cristallisations dans l'eau chaude. Il est en lamelles ou en cubes d'un rouge de rubis, et se dissout dans l'eau, l'alcool et l'éther en formant des solutions rouges; la solution aqueuse se comporte comme celle du composé ammonique.

Le *sel de sodium*, $(CAzS)^4(Az^2H^5Cr)HNa$, préparé comme celui de potassium, constitue des lamelles d'un éclat gras.

Le *sel cuivreux*, $[(CAzS)^4(Az^2H^5Cr)H]^2Cu^2$, se précipite sous la forme d'une poudre jaune lorsqu'on mélange des solutions du sel ammoniacal, d'acide sulfureux et de sulfate cuivrique.

Le *sel mercurique*,

$$[(CAzS)^4(Az^2H^5Cr)H]^2Hg,$$

est un précipité rose, floconneux, insoluble dans l'eau et les acides étendus; à une température supérieure à 180°, il se détruit en laissant un résidu de sulfure de chrome et de sulfure de mercure.

Le *sel d'argent* constitue un précipité rose, entièrement insoluble dans l'eau et les acides étendus; le *sel de plomb* forme une poudre rouge jaunâtre, soluble dans l'eau bouillante. Lorsqu'on décompose le sel mercurique par l'hydrogène sulfuré, on obtient une solution rouge très-foncé qui, évaporée à basse température, laisse un résidu rouge amorphe; cette solution contient l'acide libre correspondant à ces sels; elle offre une réaction acide, décompose les carbonates et se colore en un rouge encore plus foncé lorsqu'on y ajoute du chlorure ferrique. Elle se décompose par l'ébullition.

SULFOCYANATE DE COBALT, $(CAzS)^2Co$. — L'acide sulfocyanique en solution aqueuse, saturé d'hydrate de cobalt récemment précipité, forme un liquide rouge-brun, qui bleuit par la concentration et laisse finalement une masse cristalline d'un brun jaunâtre, très-soluble dans l'eau et dans l'alcool. Claus a obtenu ce sel en beaux cristaux violet foncé [C. Claus, *Ann. der Chem. u. Pharm.*, t. XCIX, p. 48; *Ann. de Chim. et de Phys.*, (3), t. XLIX, p. 101]. Il forme avec le *cyanure de mercure* un sel double jaune renfermant

$$(CAzS)^2Co + 2(CAz)^2Hg + 4H^2O;$$

ce sel est peu soluble dans l'eau froide, mais très-soluble à la température de l'ébullition (Clève).

SULFOCYANATES DE CUIVRE. — *Sel cuivrique*,

$$(CAzS)^2Cu.$$

— Poudre noire et cristalline qu'on obtient en précipitant la solution concentrée d'un sel cuivrique par le sulfocyanate de potassium, dont il ne faut pas employer en excès. Le précipité se décompose par des lavages répétés, en se transformant en sel cuivreux. Le sulfocyanate cuivrique se dissout dans l'ammoniaque et donne de petites aiguilles bleues de *sulfocyanate de cuprammonium*, $(CAzS)^2Az^2H^6Cu$.

Clève a décrit un sel double de *cyanure de mercure et de sulfocyanate de cuprammonium diammonié*,

$$(CAzS)^2Az^2H^4(AzH^4)^2Cu + (CAz)^2Hg,$$

qui se précipite sous la forme de tables brillantes bleu foncé lorsqu'on ajoute du cyanure mercurique à une solution ammoniacale de sulfocyanate cuivreux suroxydée par l'exposition à l'air. Ce sel ne dégage pas d'ammoniaque à 100°, mais il est décomposé par l'eau pure.

Lorsqu'on dissout à chaud le sulfocyanate cuivrique dans une solution alcoolique de sulfocyanate de potassium, la solution brune laisse déposer par la concentration une poudre jaune amorphe, qu'on peut laver à l'eau; ce corps constitue un sulfocyanate *cuprosocuprique*,

$$(CAzS)^2Cu + (CAzS)^2Cu^2.$$

Il est insoluble dans le sulfocyanate potassique; la potasse le décompose en donnant du sulfocyanate de potassium; l'acide chlorhydrique et un mélange d'acide chlorhydrique et de chlorate de potassium ne l'altèrent pas; l'acide azotique concentré l'oxyde très-énergiquement. Le même sulfocyanate cuprosocuprique paraît se former lorsqu'on chauffe doucement le sulfocyanate cuivrique [J. Hull, *Ann. der Chem. u. Pharm.*, t. LXXVI, p. 93].

Sel cuivreux, $(CAzS)^2Cu^2$. — Il se précipite à l'état d'une poudre blanche, lorsqu'on ajoute à la solution du sulfocyanate potassique un mélange de sulfate de cuivre et de sulfate ferreux ou d'acide sulfureux. Il est insoluble dans l'eau et dans les acides, qui ne le décomposent pas, mais il se dissout dans l'ammoniaque avec laquelle il donne une combinaison cristalline.

SULFOCYANATE DE DIDYME, $(CAzS)^3Di + 6H^2O$. — Aiguilles déliquescentes, très-solubles, qui perdent $2H^2O$ dans l'air sec. Ce sel donne avec le *cyanure de mercure* un sel double,

$$(CAzS)^3Di + 3(CAz)^2Hg + 12H^2O,$$

en aiguilles brillantes d'un rose pâle, très-solubles dans l'eau chaude, peu solubles à froid et perdant 7 molécules d'eau sur l'acide sulfurique et 3 autres molécules à 100° [P. T. Clève, *Bull. de la Soc. Chim.*, t. XXI, p. 248].

SULFOCYANATE D'ERBIUM,

$$(CAzS)^3Er + 6H^2O\ (Er = 170{,}55).$$

— Prismes roses bien définis, solubles dans l'eau, l'alcool et l'éther, inaltérables à l'air, dégageant à 100° de l'acide sulfocyanique. Il forme avec le *cyanure de mercure* un sel double,

$$(CAzS)^3Er + 3(CAz)^2Hg + 12H^2O,$$

cristallisé en tables, très-soluble dans l'eau chaude, beaucoup moins à froid; ce dernier sel perd $6H^2O$ sur l'acide sulfurique [P. T. Clève et O. Hœglund, *Bull. de la Soc. chim.*, t. XVIII, p. 198; — Cleve, *ibid.*, t. XXI, p. 346].

SULFOCYANATE D'ÉTAIN. — On ne connaît que le *sel stanneux*, $(CAzS)^2Sn$. L'hydrate stanneux récemment précipité par le carbonate ammonique se dissout pour la majeure partie dans l'acide sulfocyanique aqueux, en laissant une poudre orangé clair à l'état insoluble; la solution incolore laisse au bout de quelque temps déposer de l'hydrate stanneux; le dépôt se produit rapidement à chaud et la solution fournit du sulfocyanate stanneux par une concentration ultérieure. Ce sel, qui est d'un jaune citron, se dissout dans l'eau et dans l'alcool; la solution aqueuse possède une fluorescence bleue. La potasse en précipite de l'oxyde stanneux noir et la liqueur filtrée fournit, par l'évaporation, des cristaux tabulaires d'un sel double. Le sulfocyanate stanneux se dissout dans le sulfocyanate de potassium, en même temps qu'il se sépare du sulfure stanneux; la liqueur filtrée et évaporée donne d'abord des cristaux de sulfocyanate stanneux et se décompose ensuite.

L'hydrate stannique et l'hydrate antimonieux ne se dissolvent pas dans l'acide sulfocyanique aqueux [W.-L. Clasen, *loc. cit.*].

SULFOCYANATES DE FER. — *Sel ferreux*,

$$(CAzS)^2Fe + 3H^2O.$$

— On dissout du fil de clavecin dans l'acide sulfocyanique aqueux et l'on évapore dans le vide; on obtient ainsi d'assez grands prismes clinorhombiques, d'un vert intense; les cristaux, qui rougissent très-vite à l'air, se dissolvent aisément dans l'eau, l'alcool et l'éther [C. Claus, *loc. cit.*]. Le sulfocyanate ferreux forme avec le cyanure mercurique un sel double,

$$(CAzS)^2Fe + 2(CAz)^2Hg + 4H^2O,$$

cristallisant en petites tables hexagonales verdâtres (Clève).

Sel ferrique, $(CAzS)^6Fe^2 + 3H^2O$. — L'hydrate ferrique récemment préparé se dissout dans l'acide sulfocyanique aqueux, en donnant une solution d'un rouge très-intense; par l'évaporation lente, cette solution abandonne une masse cristalline presque noire.

Lorsqu'on traite un mélange de sulfocyanate de potassium et d'un excès de sulfate ferrique par l'alcool, celui-ci dissout du sulfocyanate ferrique et donne, par la concentration lente, de petits cristaux cubiques, mal formés, de couleur rouge noirâtre très-foncée. Ce sel se décompose après quelque temps; il est très-soluble dans l'eau, dans l'alcool et dans l'éther; l'éther enlève le sel à la solution aqueuse rouge de sang, en se colorant lui-même en violet pourpre; cette solution éthérée se réduit à la lumière et contient alors du sulfocyanate ferreux. Lorsqu'on étend de beaucoup d'eau la solution du sel ferrique, elle se décolore, en laissant déposer un composé basique mal défini; la solution incolore renferme de l'acide cyanhydrique, de l'acide sulfocyanique, de l'acide sulfurique et du sulfocyanate ferreux. La solution de sulfocyanate ferrique exempte de tout autre sel se fonce beaucoup lorsqu'on la chauffe.

Rappelons que les sels ferriques présentent à

un haut degré la propriété de colorer en rouge très-intense la solution du sulfocyanate de potassium (voyez p. 96). Cette réaction caractérise les sels ferriques et les sulfocyanates, toutefois elle est plus sensible pour les derniers. Nous avons vu aussi comment la solution rouge se comporte sous l'influence de la chaleur et de différents réactifs.

SULFOCYANATE DE GLUCINIUM. — Ce sel cristallise difficilement et se décompose par l'évaporation à 100° de sa solution aqueuse : il se sépare du persulfocyanogène; ce sulfocyanate est soluble dans l'alcool [O. Hermes, *Journ. für prakt. Chem.*, t. XCVII, p. 465; *Bull. de la Soc. chim.*, 1867, t. VII, p. 150; — F. Toczynsky, *Zeitsch. für. Chem.*, 1871, p. 276].

SULFOCYANATE DE LANTHANE, $(CAzS)^3La + 7H^2O$. — Aiguilles déliquescentes perdant $3H^2O$ sur l'acide sulfurique. Il donne avec le *cyanure mercurique* un sel double,

$$(CAzS)^3La + 3(CAz)^2Hg + 12H^2O,$$

cristallisant en écailles blanches ou en tables volumineuses, très-solubles dans l'eau chaude, peu solubles à froid; ce sel double perd $6H^2O$ dans l'air sec et le reste à 110° [P.-T. Clève, *Bull. de la Soc. chim.*, t. XXI, p. 198].

SULFOCYANATE DE LITHIUM. — Lamelles très-déliquescentes [Hermes, *loc. cit.*].

SULFOCYANATE DE MAGNÉSIUM,

$$(CAzS)^2Mg + 4H^2O.$$

— Cristaux confus, très-solubles dans l'eau et dans l'alcool. Il forme avec le *cyanure de mercure* un sel double,

$$(CAzS)^2Mg + 2(CAz)^2Hg + 4H^2O,$$

cristallisé en mamelons composés d'aiguilles [Bœckmann. — Clève].

SULFOCYANATE DE MANGANÈSE. — Sel très-soluble; son sel double avec le cyanure de mercure,

$$(CAzS)^2Mn + 2(CAz)^2Hg + 4H^2O,$$

forme de petites aiguilles peu solubles (Clève).

SULFOCYANATES DE MERCURE. — *Sel mercureux*, $(CAzS)^2Hg^2$. — Lorsqu'on mélange une solution de sulfocyanate potassique avec un excès de nitrate mercureux en solution étendue et légèrement acide, il se forme un précipité gris de sulfocyanate mercureux contenant toujours une certaine quantité de mercure métallique et de sulfocyanate mercurique; au bout de quelque temps le précipité gris devient blanc et n'est formé alors que de sulfocyanate mercureux. C'est une poudre blanche insoluble dans l'eau, que les alcalis noircissent, et que l'acide chlorhydrique chaud et le sulfocyanate de potassium dissolvent en mettant du mercure en liberté. Chauffé, il se décompose et se boursoufle beaucoup, cependant moins que le sel mercurique [Wœhler; — C. Claus; — J. Philipp, *Poggend Ann.*, t. CXXXI, p. 86; *Bull. de la Soc. chim.*, 1867, t. VIII, p. 176].

Sel mercurique, $(CAzS)^2Hg$. — Il s'obtient sous la forme d'un précipité blanc, composé d'aiguilles anhydres, lorsqu'on mélange du chlorure mercurique avec une solution de sulfocyanate de potassium, il est peu soluble dans l'eau et assez soluble dans l'alcool (Crookes).

Lorsqu'on dissout de l'oxyde mercurique dans l'acide sulfocyanique, on obtient par l'évaporation des aiguilles renfermant de l'eau (Berzelius).

Le sulfocyanate mercurique cristallise dans l'eau bouillante en lamelles nacrées. Soumis à l'action de la chaleur, il se boursoufle énormément, dégage de l'azote, du sulfure de carbone, du cyanogène, de la vapeur de mercure, et laisse une masse gris jaunâtre contenant du mellon; le volume considérable et les formes bizarres qu'affecte ce résidu ont fait employer le sulfocyanate de mercure pour la fabrication d'une sorte de jouet connu sous le nom de *serpent de pharaon*. — Voyez t. II, p. 1268.

Lorsqu'on ajoute de l'ammoniaque à la solution du sulfocyanate double de mercure et de potassium, il se précipite une poudre d'un jaune citron, formée par un sel basique,

$$(CAzS)^2Hg + 2HgO,$$

qui se décompose brusquement à 180°, et laisse du mellon par la calcination (C. Claus). Ce sel contiendrait de l'azote, d'après Philipp, qui lui attribue la formule d'un *sulfocyanate de mercurammonium basique*, $CAzS, AzH^2Hg + HgO$; ce composé se colore rapidement en gris à la lumière.

Fleischer a décrit tout récemment un sulfocyanate encore plus basique, renfermant

$$(CAzS)^2Hg + 3HgO.$$

Il se forme lorsqu'on fait bouillir avec de l'eau le sulfocyanate mercurammonique décrit plus loin, jusqu'à ce qu'il se soit transformé entièrement en une poudre jaune : dans cette réaction, il se dégage de l'ammoniaque et la solution contient une grande quantité de sulfocyanate ammonique. Le même sel se précipite si l'on ajoute de l'ammoniaque à une solution du sulfocyanate double de mercure et d'ammonium. Ce sulfocyanate ressemble au sel de Claus; comme ce dernier, il se décompose brusquement quand on le chauffe, mais il est moins stable en présence des acides. [A. Fleischer, *Ann. der Chem. u. Pharm.*, t. CLXXIX, p. 225].

Sulfocyanate mercurammonique,

$$2(CAzS)^2Hg + 3AzH^3 + H^2O,$$

ou peut-être,

$$2(CAzS)^2Hg + 4AzH^3 + H^2O = 2[(CAzS)^2Az^2H^6Hg] + H^2O.$$

On introduit peu à peu de l'oxyde jaune de mercure dans une solution bouillante, aqueuse ou mieux alcoolique de sulfocyanate d'ammonium; l'oxyde se dissout en même temps qu'il se dégage des torrents d'ammoniaque. Quand l'oxyde de mercure ne disparaît plus, on filtre rapidement la solution qui, par le refroidissement, laisse déposer des cristaux prismatiques appartenant au type clinorhombique. Formes, m, p, g^1. La composition de ce sel répond à l'une ou l'autre des formules indiquées. La détermination de la formule exacte présente des difficultés, car ce sel perd très-facilement de l'ammoniaque; cette décomposition, qui est beaucoup accélérée par l'eau ou par l'alcool, fournit le second sulfocyanate basique décrit plus haut (A. Fleischer, *loc. cit.*).

Le sulfocyanate de mercure forme un grand nombre de sels doubles avec d'autres sulfocyanates.

Sulfocyanate mercurique et acide sulfocyanique, $(CAzS)^2Hg + 2CAzSH$. — Une solution de sulfocyanate mercurique dans l'acide sulfocyanique laisse déposer par l'évaporation des aiguilles jaunes d'un sel acide de la formule indiquée (O. Hermes).

Sulfocyanate de mercure et d'ammonium,

$$(CAzS)^2Hg + CAzS(AzH^4).$$

— Prismes incolores [Th. Nordstrœm, *Bull. de la Soc. chim.*, t. XVII, p. 345].

Fleischer a obtenu un autre sulfocyanate double $(CAzS)^2Hg + 2CAzS(AzH^4)$, qui se dépose après quelque temps de l'eau mère du sulfocyanate mercurammonique, et qu'on peut aussi préparer en dissolvant, à l'aide de la chaleur, le sulfocyanate mercurique dans le sulfocyanate d'ammonium. Ce second sel double forme de beaux cristaux volumineux appartenant au système clinorhombique; formes : *m, p*, $b^{1/2}$, $d^{1/2}$, h^1, g^1, a^1, o^1 (A. Fleischer, *loc. cit.*).

Sulfocyanate de mercure et de baryum,

$$(CAzS)^2Hg + (CAzS)^2Ba.$$

Aiguilles inaltérables à l'air [Nordstrœm].

Sulfocyanate de mercure et de cadmium,

$$2(CAzS)^2Hg + (CAzS)^2Cd.$$

— Aiguilles blanches (Nordstrœm).

Sulfocyanate de mercure et de calcium,

$$2(CAzS)^2Hg + (CAzS)^2Ca.$$

— Prismes incolores, bien définis, inaltérables à l'air, mais décomposables par l'eau (Nordstrœm).

Sulfocyanate de mercure et de cobalt,

$$(CAzS)^2Hg + (CAzS)^2Co.$$

— On l'obtient en combinant directement les deux sels, ou bien en ajoutant du cyanure de mercure à une solution de sulfocyanate de cobalt additionnée d'acide sulfocyanique. Il est en petits prismes à quatre pans, d'un bleu indigo, peu solubles dans l'eau ou dans l'acide chlorhydrique étendu, solubles dans l'acide azotique. L'ammoniaque le transforme en une poudre d'un jaune sale; il ne s'altère pas à 120° [P. T. Clève, *Bull. de la Soc. chim.*, 1864, t. II, p. 37].

Sulfocyanate de mercure et de cuivre,

$$(CAzS)^2Hg + (CAzS)^2Cu + H^2O.$$

— Poudre cristalline, peu soluble, d'un vert jaunâtre qui se précipite par le mélange des solutions de sulfate de cuivre et de sulfocyanate mercurique (Nordstrœm).

Sulfocyanate de mercure et de fer,

$$(CAzS)^2Hg + (CAzS)^2Fe.$$

— Lorsqu'on abandonne dans le vide une solution de sulfocyanate mercurique et de chlorure ferreux, ce sel double se dépose sous la forme d'une poudre cristalline soluble dans l'eau (Clève). Un autre sel double renfermant le sulfocyanate ferrique est en longs prismes noirs, presque insolubles dans l'eau [W. Skey, *Chem. News*, t. XXX, p. 25].

Sulfocyanate de mercure et de magnésium,

$$(CAzS)^2Hg + (CAzS)^2Mg.$$

— Il cristallise, d'une solution sirupeuse, en aiguilles déliées, inaltérables à l'air et décomposables par l'eau (Nordstrœm).

Sulfocyanates de mercure et de manganèse. — On connaît deux sels doubles,

$$(CAzS)^2Hg + (CAzS)^2Mn,$$

en cristaux grenus jaunes, et

$$3(CAzS)^2Hg + 2(CAzS)^2Mn + 3H^2O,$$

en grandes tables verdâtres (Nordstrœm).

Sulfocyanate de mercure et de nickel,

$$(CAzS)^2Hg + (CAzS)^2Ni + 2H^2O.$$

— Obtenu par l'union directe des deux sulfocyanates, ce sel est en petites aiguilles d'un bleu de ciel, solubles dans l'eau bouillante, qui perdent leur eau à 120° (Cleve).

Sulfocyanate de mercure et de molybdène. — Précipité floconneux (Skey).

Sulfocyanate de mercure et de potassium,

$$(CAzS)^2Hg + CAzSK.$$

— On broie du chlorure mercureux avec une solution concentrée de sulfocyanate potassique et l'on jette sur un filtre le magma noir qui se forme; le liquide filtré fournit par l'évaporation un mélange de cubes et de tables jaunes qu'on parvient aisément à séparer par un simple triage. Les tables jaunes représentent le sel double en question; on le purifie par cristallisation dans l'eau bouillante.

Pour préparer ce sel, il est plus simple d'ajouter du sulfocyanate de potassium à une solution de nitrate mercurique jusqu'à ce que le précipité, blanc d'abord, se soit transformé en une masse jaune cristalline, ou de dissoudre simplement le sulfocyanate mercurique dans une solution chaude de sulfocyanate de potassium.

Ce sel double cristallise en aiguilles radiées blanches et nacrées; il est peu soluble dans l'eau froide, assez soluble à chaud; un excès d'eau froide le dédouble en ses composants; il se dissout aisément dans une solution de chlorure de potassium ou de sel ammoniac. L'alcool et l'éther le dissolvent sans l'altérer (C. Claus. — Philipp).

Sulfocyanate de mercure et de sodium,

$$(CAzS)^2Hg + 2CAzSNa.$$

— Prismes incolores décomposables par l'eau pure (Nordstrœm).

Sulfocyanate de mercure et de strontium,

$$(CAzS)^2Hg + (CAzS)^2Sr + 3H^2O.$$

— Prismes incolores, bien définis (Nordstrœm).

Sulfocyanate de mercure et de zinc,

$$(CAzS)^2Hg + (CAzS)^2Zn.$$

— Lorsqu'on ajoute une solution de sulfocyanate de mercure à un sel de zinc, il se forme un précipité volumineux, cristallin, insoluble dans l'eau froide, soluble dans l'acide chlorhydrique et dans le sulfocyanate potassique (Clève).

Sulfocyanate de molybdène. — Une solution chlorhydrique d'acide molybdique se colore en jaune foncé par l'addition de sulfocyanate potassique; cette coloration se modifie à l'air. Au contact de l'éther, la solution devient rouge foncé; l'addition d'une lame de zinc produit la même coloration, et l'éther dissout alors du sulfocyanate de molybdène en se colorant en rouge de fuchsine. L'acétate sodique détruit la coloration [J. Nicklès, *loc. cit.*; — W. Skey, *Bull. de la Soc. chim.*, 1868, t. X, p. 30].

Sulfocyanate de nickel. — En saturant l'acide sulfocyanique par l'hydrate de nickel, on obtient un liquide vert qui se dessèche en une poudre jaune cristalline. Ce sel se dissout dans l'ammoniaque avec une couleur bleue et donne des cristaux bleus et efflorescents,

$$(CAzS)^2[Az^2H^4Ni(AzH^4)^2],$$

que l'eau décompose. Le sulfocyanate de nickel s'unit au cyanure mercurique; le sel double, $(CAzS)^2Ni + 2(CAz)^2Hg + XH^2O$, constitue un précipité verdâtre, amorphe et peu soluble (Clève).

Sulfocyanates d'or. — *Sel aureux.* — On ne le connaît qu'à l'état de combinaison avec d'autres sulfocyanates, notamment avec celui de potassium; lorsqu'à une solution de sulfocyanate potassique, chauffée vers 80°, on ajoute peu à peu, du chlorure aurique neutre, tant que le précipité rouge se dissout encore par l'agitation, et on obtient, par la concentration, le *sulfocyanate aurosopotassique*, $CAzSAu + CAzSK$, en cristaux, qu'on purifie par de nouvelles cristallisations.

Dans la préparation de ce sel, il se forme d'abord le sel double aurique, instable à 80°, et se dédoublant en sel aureux et acide sulfocyanique, qui se volatilise en partie pendant l'évaporation.

Le sulfocyanate auroso-potassique est en prismes tronqués, d'un jaune paille, qui fondent au-dessus de 100° en donnant du soufre, du sulfure de carbone, de l'or et du sulfocyanate potassique.

Sa solution aqueuse donne quelquefois avec l'acide chlorhydrique des aiguilles d'un rouge de cuivre. Elle précipite en blanc le chlorure ferrique, le chlorure mercurique, le nitrate d'argent et l'acétate de plomb; en jaune brunâtre, le sulfate de cuivre. En noir brunâtre, le chlorure stanneux, le nitrate mercureux en noir. Le sulfate ferreux colore en rouge et précipite de l'or; l'hydrogène sulfuré produit une teinte brune.

Le précipité blanc produit par les sels d'argent est un *sulfocyanate auroso-argentique*,

$$CAzSAu + CAzSAg;$$

il est insoluble dans l'eau, soluble dans l'ammoniaque, et noircit lentement à la lumière.

L'ammoniaque précipite en blanc le sulfocyanate auroso-potassique; ce précipité peut être considéré comme du sulfocyanate d'aurammonium,

$$CAzSAu + AzH^3 = CAzS(AzH^3Au);$$

la lumière le noircit et l'eau bouillante le décompose en laissant une poudre verte à l'état insoluble.

Sel aurique. — On ne l'a pas encore isolé. Le précipité volumineux, orangé, qui se produit lorsqu'on ajoute du chlorure d'or à une solution froide de sulfocyanate de potassium, maintenue en excès est un *sulfocyanate aurico-potassique*,

$$(CAzS)^3Au + CAzSK;$$

lorsqu'on chauffe, le précipité se dissout et cristallise, par le refroidissement, en fines aiguilles orangées; la majeure partie reste en solution, mais se décompose lorsqu'on cherche à concentrer le liquide à l'aide de la chaleur; il se dégage de l'acide sulfocyanique et il reste un mélange de chlorure de potassium, d'or métallique et de sulfocyanate auroso-potassique.

Le sel double aurique est décomposé par l'eau, mais il se dissout dans l'alcool et dans l'éther. La solution alcoolique additionnée d'acide chlorhydrique laisse déposer au bout de quelque temps des aiguilles rouge de cuivre; la soude décolore la solution, en même temps qu'il se précipite une poudre noir bleuâtre; l'ammoniaque détermine la formation d'aiguilles blanches; le chlorure ferrique la colore en rouge de sang, et d'autres sels métalliques donnent des précipités foncés [P. T. Clève, *Bull. de la Soc. chim.*, 1865, t. IV, p. 26].

Le sulfocyanate aurique forme avec le sulfocyanate ferrique un sel double cristallisant en grains noirs (Skey).

SULFOCYANATES DE PALLADIUM. — Le sel libre est inconnu, mais on a décrit des sels doubles qui se préparent comme les composés correspondants du platine (voyez plus loin).

Le *sulfocyanopalladate de potassium* forme de grands cristaux anhydres d'un rouge rubis; il est très-soluble dans l'eau et dans l'alcool, fond à une haute température en se décomposant, et s'oxyde par l'acide azotique en donnant un composé blanc exempt de soufre. Sa solution précipite plusieurs sels métalliques.

Le *sulfocyanopalladite de potassium* est en aiguilles rouge foncé.

Sulfocyanate de palladammonium,

$$(CAzS)^2Az^2H^6Pd.$$

— Obtenu par double décomposition entre le sulfocyanate de potassium et le chlorure de palladammonium, il cristallise en aiguilles d'un rouge brun [H. Croft, *Chem. News*, t. XVI, p. 53].

SULFOCYANATES DE PLATINE. — Le sulfocyanate platinique n'est pas connu à l'état libre; quant au sulfocyanate platineux, il paraît avoir été obtenu par Buckton dans l'action du chlore ou de l'acide nitrique sur les sulfocyanoplatinites ou les sulfocyanoplatinates; il se produit, dans cette réaction, de l'acide sulfurique, de l'acide cyanhydrique, ainsi qu'une matière non cristalline, colorée en rouge ou en brun, insoluble dans l'eau et dans l'alcool, et dont la composition se rapproche de celle du sulfocyanate platineux, $(CAzS)^2Pt$.

L'équation suivante rend compte de la formation de ce dernier composé :

$$\underset{\text{Sulfocyanoplatinate de potassium.}}{(CAzS)^6PtK^2} + 11Cl^2 + 16H^2O$$
$$= \underset{\text{Sulfocyanate platineux.}}{(CAzS)^2Pt} + 2SO^4KH + 2SO^4H^2 + 22HCl + 4CAzH.$$

Le même corps paraît se former lorsqu'on chauffe les solutions des acides sulfocyanoplatineux et sulfocyanoplatiniques. Le sulfocyanate platineux est inattaquable par la potasse et se colore en jaune sous l'influence de l'ammoniaque.

On le voit, l'étude des sulfocyanates simples du platine est très-incomplète, mais Buckton a décrit un grand nombre de sels doubles, analogues aux chloroplatinites et aux chloroplatinates : ce sont les *sulfocyanoplatinites*,

$$(CAzS)^2Pt, 2CAzSM = (CAzS)^4Pt''M^2,$$

et les *sulfocyanoplatinates*,

$$(CAzS)^4Pt, 2CAzSM = (CAzS)^6Pt^{iv}M^2.$$

Ces sels doubles qu'on obtient en traitant le chloroplatinite ou le chloroplatinate de potassium par le sulfocyanate potassique, présentent une certaine stabilité, à la manière des ferro- et des ferricyanures, ou des platino- et des platinicyanures, et peuvent échanger, par double décomposition, le métal qui est combiné avec le sulfocyanate de platine.

Tous sont colorés et offrent les diverses nuances comprises entre le jaune clair et le rouge foncé; la chaleur les décompose aisément; l'ammoniaque les attaque en les transformant en sulfocyanate de *platosammonium* (voyez plus loin). Leur décomposition par le chlore ou l'acide nitrique a été décrite plus haut [G. B. Buckton, *Journ. Chem. Soc. London*, t. VII, p. 22].

I. SULFOCYANOPLATINITES. — Les sels solubles de ce groupe présentent les réactions suivantes :

Sels mercureux. — Pas de précipité; la liqueur change de couleur par l'ébullition.

Sels cuivriques et cuivreux. — Précipité noir tirant sur le pourpre.

Sels ferreux, cobalteux et plombiques. — Pas de changement.

Sous-sels de plomb. — Précipité jaune pâle, soluble dans les acides étendus.

Sels d'or. — Précipité couleur saumon.

Ferrocyanure de potassium. — A chaud, précipité presque blanc.

Acide chromique. — Abondant précipité rougeâtre avec dégagement d'acide cyanhydrique.

Sels de platosammonium. — Beau précipité jaune.

Sels de platosodiammonium. — Précipité couleur de chair.

Acide sulfocyanoplatineux. — On décompose avec précaution le sulfocyanoplatinite de baryum par l'acide sulfurique; la liqueur filtrée s'altère rapidement par l'évaporation, même dans le vide, en déposant une matière jaune ou rouge, probablement du sulfocyanate platineux.

Sulfocyanoplatinite de potassium, $(CAzS)^4PtK^2$. — On peut l'obtenir en dissolvant le chlorure platineux dans le sulfocyanate de potassium; cette dissolution est accompagnée d'un dégagement de chaleur considérable; la solution rouge donne des cristaux par l'évaporation. Cependant le meilleur procédé de préparation consiste à faire dissoudre dans la plus petite quantité d'eau possible parties égales de sulfocyanate et de chloroplatinite de potassium (préparé en neutralisant par le carbonate potassique une solution chlorhydrique de chlorure platineux); la liqueur s'échauffe fortement et laisse déposer, en se refroidissant, de petites aiguilles, qu'on débarrasse, par une dissolution dans l'alcool, du chlorure de potassium dont elles sont souillées. On abandonne la solution alcoolique, à l'évaporation lente, on exprime les cristaux et on les purifie par une dernière cristallisation dans une petite quantité d'eau,

$$Cl^4PtK^2 + 4CAzSK = 4KCl + (CAzS)^4PtK^2.$$

Le sulfocyanoplatinite de potassium prend naissance par l'ébullition prolongée d'une solution de sulfocyanoplatinate de potassium, ou par l'action du carbonate de potassium sur ce dernier sel. Il cristallise en prismes microscopiques à six pans, groupés en étoiles, d'un beau rouge, non déliquescents, inaltérables à 100°, fort solubles dans l'eau et dans l'alcool; la solution de ce sel est colorée en rouge orangé.

Sulfocyanoplatinite d'argent, $(CAzS)^4PtAg^2$. — Précipité caillebotté, jaune pâle, soluble en partie dans l'ammoniaque, en se décomposant; il se dissout dans le sulfocyanate potassique.

Sulfocyanoplatinite de platosodiammonium,

$$(CAzS)^4Pt(Az^2H^6)^2Pt.$$

— Il se dépose sous la forme d'un abondant précipité couleur de chair, lorsqu'on ajoute du sulfocyanoplatinite potassique à une solution de chlorure de platosodiammonium (t. II, p. 1055). Entièrement insoluble dans l'eau, il se dissout dans l'acide chlorhydrique dilué. Il possède une formule double de celle du sulfocyanate de platosammonium (voyez p. 105).

II. SULFOCYANOPLATINATES. — Les sels solubles de ce groupe offrent les réactions suivantes :

Sels cuivreux. — Précipité brun.

Sels de cobalt. — Précipité rouge orangé.

Sels d'or. — Précipité couleur saumon.

Ferrocyanure de potassium. — Formation de bleu de Prusse par l'ébullition.

Acide chromique. — Pas de précipité.

Sels de platosammonium. — Abondant précipité orangé.

Sels de platosodiammonium. — Beau précipité rouge vermillon. Pour les réactions des sels d'argent, de mercure, de fer, de cuivre et de plomb, voyez les sels correspondants.

Acide sulfocyanoplatinique. — Lorsqu'on précipite exactement par l'acide sulfurique une solution concentrée et chaude de sulfocyanoplatinate de plomb, on obtient une liqueur d'un rouge foncé, offrant une saveur fort acide; cette liqueur décompose les carbonates et dissout le zinc avec dégagement d'hydrogène et production d'un corps jaune insoluble. Évaporée rapidement dans le vide, elle laisse une masse confusément cristalline; abandonnée elle-même pendant quelque temps ou soumise à l'action de la chaleur, elle se décompose en laissant déposer un corps brun, probablement du sulfocyanate platineux.

Sulfocyanoplatinate d'ammonium,

$$(CAzS)^6Pt(AzH^4)^2.$$

— On le prépare en chauffant à l'ébullition, pendant quelques minutes, une solution moyennement concentrée de 3,5 p. de sel de potassium additionnée de 1 p. de sulfate d'ammonium et évaporant. Le nouveau sel est séparé du sulfate potassique au moyen de l'alcool. Il est en lames hexagones, cramoisies, inaltérables à l'air; lorsqu'on fait bouillir sa solution, elle dégage bientôt de l'acide sulfocyanique.

Sulfocyanoplatinate de potassium,

$$(CAzS)^6PtK^2.$$

— Lorsqu'on ajoute du tétrachlorure de platine à une solution froide de sulfocyanate potassique, il se précipite du chloroplatinate de potassium, en même temps que l'odeur de l'acide sulfocyanique se manifeste. Il n'en est plus de même si l'on verse le chlorure platinique dans une solution de sulfocyanate concentrée et chauffée vers 70-80°; dans ces conditions il ne se produit pas de précipité, la liqueur prend une couleur rouge foncé et laisse déposer, par le refroidissement, de belles lames de sulfocyanoplatinate de potassium. Mais la meilleure méthode pour préparer ce sel consiste à introduire peu à peu 4 p. de chloroplatinate potassique dans une solution de 5 p. de sulfocyanate de potassium moyennement concentrée et chauffée; la liqueur filtrée laisse déposer de magnifiques cristaux qu'on purifie par une cristallisation dans l'alcool bouillant,

$$Cl^6PtK^2 + 6CAzSK = 6KCl + (CAzS)^6PtK^2.$$

Le sulfocyanoplatinate de potassium forme de magnifiques lames ou des pyramides tronquées, appartenant au système hexagonal (Buckton); d'après les déterminations de Keferstein (1856), les cristaux appartiennent au type régulier et offrent les formes a^1 et b^1; l'octaèdre est toujours tronqué parallèlement à une de ses faces. La couleur des cristaux est d'un cramoisi foncé.

Le sel se dissout dans 12 p. d'eau à 60°, et dans une quantité moindre d'eau bouillante ou d'alcool bouillant; sa saveur est nauséabonde; il ne s'altère pas à l'air; une température élevée le décompose.

Sa solution, qui est d'une couleur extrêmement foncée, ne se colore pas en rouge par les sels ferriques, mais, par la chaleur, le mélange noircit et se trouble en déposant des grains brillants. L'acide sulfurique et l'acide chlorhydrique concentrés le décomposent; l'acide sulfhydrique le dédouble en sulfure de platine, sulfocyanate de potassium et acide sulfocyanique; le sulfure ammonique agit d'une manière analogue :

$$(CAzS)^6PtK^2 + 2(AzH^4)^2S = PtS^2 + 2CAzSK + 4CAzS(AzH^4).$$

La potasse le convertit en une masse rouge et gélatineuse, sans qu'il se dégage de l'ammoniaque. Lorsqu'on chauffe doucement le sulfocyanoplatinate de potassium avec du carbonate de potassium, il se dégage du gaz carbonique; la coloration du liquide diminue d'intensité, il se dépose du sulfocyanoplatinite potassique; l'eau mère retient du sulfate, du sulfocyanate et du cyanure de potassium :

$$3(CAzS)^6PtK^2 + 4CO^3K^2 = 3(CAzS)^4PtK^2 + SO^4K^2 + 5CAzSK + CAzK + 4CO^2.$$

Sulfocyanoplatinate de sodium. — Obtenu par décomposition du sel de plomb au moyen du sulfate de sodium, il cristallise facilement en larges tables, couleur grenat, solubles dans l'eau et dans l'alcool.

Sulfocyanoplatinate d'argent, $(CAzS)^6PtAg^2$. — Précipité lourd, caillebotté, orangé foncé; il fond dans l'eau bouillante en une masse visqueuse. Récemment préparé, il se dissout à froid dans l'ammoniaque; à chaud, la solution se décompose. Il est insoluble dans un excès de sulfocyanoplatinate potassique, mais il se dissout dans le sulfocyanate de potassium; si l'on étend d'eau cette solution, il se précipite du sulfocyanate d'argent, tandis que du sulfocyanoplatinate de potassium reste en solution.

Sulfocyanoplatinate de baryum. — On évapore à siccité une solution contenant 9 p. de sulfocyanoplatinate potassique et 4 p. de chlorure de baryum; on reprend la masse par l'alcool qui dissout le nouveau sel; celui-ci cristallise par évaporation en longs prismes aplatis ou en lames d'un rouge foncé. Il paraît être moins stable que le sel de potassium.

Sulfocyanoplatinate ferreux, $(CAzS)^6PtFe$. — Lorsqu'on ajoute une solution de sulfate ferreux légèrement acidulée à une solution concentrée du sulfocyanoplatinate potassique, il se forme un précipité noir, cristallin, insoluble dans l'eau et dans l'alcool. Ce sel est en lames hexagones microscopiques, à angles arrondis. Inattaquable par les acides dilués, sulfurique, chlorhydrique et azotique, il est dissous et oxydé par l'acide azotique concentré. La potasse donne à froid de l'hydrate ferrique et un liquide jaune contenant un sulfocyanate et un sel de platine.

Sulfocyanoplatinate de cuivre. — Précipité rouge brique, qui, bouilli au sein du liquide dans lequel on l'a précipité, se transforme rapidement en une poudre noire; il se dissout dans l'ammoniaque avec une belle couleur verte; l'acide chlorhydrique le précipite de nouveau de la solution et, dans cet état, il possède une couleur brun foncé.

Sulfocyanoplatinate de plomb. — Belles paillettes hexagones, dorées, solubles dans l'alcool, moins solubles dans l'eau froide; il se décompose lorsqu'on essaye de le faire recristalliser dans l'eau chaude. Avec le sous-acétate de plomb et le sulfocyanoplatinate de potassium, on obtient un *sel basique*, $(CAzS)^6PtPb + PbO$, sous la forme d'un précipité rouge brillant, insoluble dans l'eau et dans l'alcool, se dissolvant aisément dans l'acide azotique dilué et dans l'acide acétique.

Sulfocyanoplatinate mercureux,

$$(CAzS)^6PtHg^2.$$

— Obtenu avec le nitrate mercureux et le sel de potassium, il constitue un précipité lourd, caillebotté, orangé foncé, prenant une teinte jaune clair lorsqu'on porte à l'ébullition la liqueur dans laquelle il s'est formé. Chauffé vers 150°, il se décompose en se boursouflant considérablement.

SULFOCYANATE DE PLATOSAMMONIUM,

$$(CAzS)^2Az^2H^6Pt''$$

[Buckton, *loc. cit.*]. — On peut obtenir ce sel soit, par une double décomposition entre le sulfocyanate de potassium et le chlorure de platosammonium (t. II, p. 1053), soit, par l'action de l'ammoniaque sur le sulfocyanoplatinate ou le sulfocyanoplatinite de potassium.

On fait dissoudre ensemble dans l'eau 1p de sulfocyanate de potassium et 1p,6 de chlorure de platosammonium; on porte le liquide à une température voisine de l'ébullition; on y ajoute un volume égal d'alcool, et l'on filtre : par le refroidissement le nouveau sulfocyanate se dépose en aiguilles jaune paille.

Pour préparer ce même composé en partant du sulfocyanoplatinate de potassium, on ajoute du carbonate d'ammonium à une solution saturée de ce sel; le liquide prend, au bout de quelques minutes, une couleur jaune pâle, produit une effervescence et dépose peu à peu des aiguilles jaunes de sulfocyanate de platosammonium. L'ammoniaque provoque plus promptement une réaction analogue, mais il ne faut pas l'employer concentrée, car, alors, le produit serait mélangé d'une matière insoluble :

$$3(CAzS)^6PtK^2 + 14AzH^3 + 4H^2O = 3[(CAzS)^2Az^2H^6Pt] + SO^4K^2 + 4CAzSK + 7CAzS(AzH^4) + CAz(AzH^4).$$

Les cristaux sont exprimés, puis purifiés par cristallisation dans l'alcool chaud.

Le sulfocyanate de platosammonium peut aussi s'obtenir en faisant agir l'ammoniaque sur le sulfocyanoplatinite de potassium :

$$(CAzS)^4PtK^2 + 2AzH^3 = (CAzS)^2Az^2H^6Pt + 2CAzSK.$$

Le sulfocyanate de platosammonium est en belles aiguilles jaune paille, peu solubles dans l'eau froide, plus solubles dans l'alcool.

Il fond entre 100° et 110° en un liquide sirupeux couleur grenat clair, qui se solidifie de nouveau par le refroidissement; vers 180°, il se décompose en donnant de l'ammoniaque, de l'acide cyanhydrique, et, au contact de l'air, du gaz sulfureux et du platine; il ne se dégage aucune trace de sulfure de carbone.

Il n'est attaqué ni par l'acide chlorhydrique, ni par l'acide sulfurique faibles. Sa solution aqueuse est sans action sur les sels de cuivre, de plomb et de mercure, mais elle donne dans le sulfate ou le nitrate d'argent un précipité volumineux, jaune clair, contenant du platine. Sa solution dégage de l'ammoniaque par une ébullition prolongée; la potasse paraît produire le même effet.

SULFOCYANATES DE PLOMB. — *Sel neutre,*

$$(CAzS)^2Pb.$$

— Lorsqu'on mélange de l'acétate de plomb avec une solution de sulfocyanate de potassium, le sulfocyanate plombique se dépose peu à peu en cristaux jaunes, opaques et brillants. Ces cristaux appartiennent au type clinorhombique; formes : $b^{1/2}$, $d^{1/6}$, p, g^3, $a^{1/3}$; angles : $g^3g^3 = 120° 38'$; $pg^3 = 111° 31'$; $pb^{1/2} = 116° 55'$; $pd^{1/6} = 119° 3'$; $pa^{1/3} = 87° 45'$. Ils présentent une densité de 3,82 [Schabus, *Wien. Acad. Ber.*, janvier 1850, p. 108].

Le sulfocyanate de plomb est insoluble dans l'eau; l'eau bouillante le transforme peu à peu en un sous-sel jaune; l'hydrogène sulfuré ne le décompose que lentement.

Sel basique,

$$(CAzS)^2Pb, PbO^2H^2 = 2CAzS(PbOH)'.$$

— On l'obtient en précipitant le sulfocyanate de potassium par le sous-acétate de plomb; il constitue un précipité blanc et caillebotté, que la dessiccation rend jaunâtre et pulvérulent.

Le sel double du sulfocyanate de potassium et du cyanure mercurique donne avec l'acétate de plomb un précipité blanc, composé d'aiguilles flexibles, que l'eau décompose; ce précipité paraît renfermer $(CAzS)^2Pb + (CAz)^2Hg$.

SULFOCYANATE DE POTASSIUM, CAzSK. — Plusieurs modes de préparation de ce sel ont été décrits. 1° On chauffe au rouge obscur, dans un creuset couvert, un mélange intime de 2 p. de ferrocyanure de potassium desséché et de 1 p. de fleur de soufre, jusqu'à ce qu'il se développe de la masse fondue des bulles qui brûlent à l'air avec une flamme rouge. Le produit est dissous dans l'eau bouillante et additionné de carbonate potassique pour précipiter le fer; le liquide filtré est évaporé à siccité. On traite le résidu par l'alcool et on abandonne la solution à l'évaporation lente.

Si, dans cette préparation, on n'a pas atteint le rouge obscur, une partie du ferrocyanure n'est pas décomposée; si, au contraire, la température a été portée trop haut, une certaine quantité du sulfocyanate passe à l'état de mellonure tripotassique (t. I, p. 1056).

Gmelin recommande de concentrer le liquide séparé du précipité ferrugineux, et de le mélanger avec de l'alcool à 90 centièmes; le carbonate de potassium et le ferrocyanure non décomposé se précipitent, et la solution filtrée, exposée au froid, donne souvent des cristaux de mellonure de potassium; enfin l'eau mère, débarrassée d'alcool par la distillation et soumise à l'évaporation fournit des cristaux de sulfocyanate de potassium.

Pour éviter l'emploi de l'alcool, Meillet [*Journ. de Pharm.*, t. XXVII, p. 628] neutralise par l'acide acétique le liquide séparé du précipité ferrugineux, évapore et purifie par cristallisation le sulfocyanate. On peut ajouter à l'eau mère de l'acétate de plomb qui précipite le ferrocyanure non décomposé.

2° Henneberg fond, dans un vase en fer, 17 p. de carbonate de potassium avec 32 p. de soufre; introduit ensuite 46 p. de ferrocyanure de potassium sec et chauffe jusqu'à ce que tout le ferrocyanure de potassium soit décomposé.

Le vase dans lequel a lieu la fusion est alors fermé et maintenu à une température modérée pendant un temps suffisant pour détruire l'hyposulfite de potassium. La masse fondue est reprise par l'eau, filtrée, neutralisée par l'acide sulfurique étendu et évaporée à cristallisation; le sulfocyanate brut est purifié par cristallisation dans l'alcool [*Ann. der Chem. u. Pharm.*, t. LXXIII, p. 228].

3° D'après Frœhde, on peut préparer le sulfocyanate de potassium en fondant 1 p. de ferrocyanure de potassium sec avec 3 p. d'hyposulfite de potassium déshydraté,

$$2(CAz)^6FeK^4 + 12S^2O^3K^2$$
$$= 12CAzSK + 9SO^4K^2 + K^2S + 2FeS.$$

On extrait du produit brut le sulfocyanate comme il a été indiqué plus haut [*Poggend. Ann.*, t. CXIX, p. 317].

4° Babcock a proposé de transformer le cyanure de potassium en sulfocyanate en le chauffant avec 1/2 p. de soufre [*Bull. de la Soc. chim.*, 1866, t. VI, p. 447] et Skey prescrit de le faire bouillir pendant quelques jours en solution aqueuse avec la quantité calculée de soufre [*Bull. de la Soc. chim.*, t. XX, p. 316]. Ces deux procédés ne paraissent pas préférables aux précédents; ils sont, dans tous les cas, beaucoup plus dispendieux.

5° Gélis a décrit un mode de préparation qui est le moins coûteux de tous; il est basé sur la décomposition du dithiosulfocarbonate d'ammonium par le monosulfure de potassium,

$$2CS^3(AzH^4)^2 + K^2S$$
$$= 2CAzSK + AzH^4SH + 3H^2S.$$

Le dithiosulfocarbonate d'ammonium brut, tel qu'on l'obtient par l'union directe du sulfure de carbone et du sulfure d'ammonium (voyez p. 96) est additionné de sulfure de potassium et soumis à la distillation; le sulfhydrate d'ammonium et l'hydrogène sulfuré se dégagent et sont recueillis dans de l'ammoniaque, tandis que le sulfocyanate de potassium reste dans l'appareil distillatoire; on le purifie par les moyens ordinaires [A. Gélis, *Ann. du Conserv. des Arts et Métiers*, t. III, p. 50].

6° Enfin, on peut préparer du sulfocyanate de potassium en introduisant peu à peu dans du sulfure de potassium fondu (carbonate de potassium fondu avec du soufre) un mélange de sulfate d'ammonium, de charbon et de soufre:

$$SO^4(AzH^4)^2 + S + C$$
$$= CAzS(AzH^4) + 2H^2O + SO^2;$$
$$2CAzS(AzH^4) + K^2S = 2CAzSK + (AzH^4)^2S.$$

Dans cette opération, on retrouve à l'état du sulfocyanate environ la moitié de l'azote contenu dans le sulfate ammonique employé; l'autre moitié est perdue [H. Fleck, *Dingl. Polyt. Journ.*, t. CLXIX, p. 209].

Propriétés. — Le sulfocyanate de potassium forme de longs prismes striés, ou des aiguilles terminées par un pointement à 4 faces, qui ressemblent aux cristaux du salpêtre. Ils possèdent une densité de 1,886 à 1,906 (Bœdeker) et un équivalent de réfraction

$$\left(P. \frac{n_\alpha - 1}{d}\right)$$

de 33,40 (J.-H. Gladstone); leur point de fusion est à 161°,2 (Pohl).

Le sulfocyanate de potassium est anhydre, très-déliquescent, très-soluble dans l'eau et dans l'alcool bouillant; 100 p. d'eau en dissolvent 130 p. Lorsqu'on mélange 150 p. de sulfocyanate potassique avec 100 p. d'eau à 11°, la température s'abaisse à — 23° (Fr. Rüdorff). La saveur de ce sel, fraîche et piquante, rappelle celle du raifort. Il n'est pas vénéneux; introduit dans l'organisme, il se retrouve dans l'urine (Wœhler et Frerichs).

Si on fond le sulfocyanate de potassium dans un creuset en porcelaine, il prend, au bout de quelque temps, d'après Nöllner, une couleur brun verdâtre qui passe finalement au bleu indigo; par le refroidissement, la masse devient de nouveau blanche et se dissout encore complétement dans l'eau [Nöllner, *Poggend. Ann.*, t. XCVIII, p. 189]. Il supporte le rouge sombre sans se décomposer; calciné à l'air, il donne du sulfate.

La solution aqueuse du sulfocyanate de potassium se décompose à la longue, plus rapidement à chaud, en dégageant de l'ammoniaque; en solution alcoolique, le sel se conserve mieux. La solution concentrée dissout le chlorure, le cyanure et le sulfocyanate d'argent récemment précipités; l'eau précipite de ces solutions du sulfocyanate argentique cristallisé.

Si l'on fait passer du chlore sur le sulfocyanate de posassium en fusion, ce sel boursouffle considérablement, jaunit, devient opaque, s'épaissit de plus en plus et finit par se solidifier complétement. Il se volatilise du chlorure de soufre, ainsi que du chlorure de cyanogène solide (4 à 5 % du sulfocyanate employé). A un certain moment on voit s'élever une épaisse vapeur rouge qui produit un sublimé feuilleté rouge ou rouge jaunâtre contenant jusqu'à 68 % de soufre. Le résidu est composé de chlorure de potassium et de mellon impur (Liebig). Selon les observations de Vœlkel [*Poggend. Ann.*, t. LVIII, p. 152] le sublimé rouge et le mellon ne se forment pas si le chlore est tout à fait sec et exempt d'acide chlorhydrique.

Le chlore ou l'acide azotique concentré en agissant sur la solution aqueuse du sulfocyanate de potassium produisent un précipité orange de persulfocyanogène.

Une solution alcoolique d'iode n'est pas décolorée par le sulfocyanate potassique, même à la température de l'ébullition.

Lorsqu'on fait passer du gaz chlorhydrique sec sur du sulfocyanate de potassium fondu, la matière s'échauffe beaucoup, il se dégage de l'acide cyanhydrique, du sulfure de carbone, et il se sublime du sel ammoniac et une matière épaisse, rouge jaunâtre. Ce sublimé rouge exhale à l'air des vapeurs acides qui rougissent les sels ferriques; peu soluble dans l'eau froide, il se dissout aisément à chaud en dégageant du sulfure de carbone. Par le refroidissement, il se dépose une poudre rouge, riche en soufre; la solution de ce composé donne, avec le nitrate d'argent, d'abondants flocons jaunes, qui noircissent quand on les chauffe dans le liquide, et dégagent un gaz (Liebig).

Additionné d'un acide étendu, sulfurique, phosphorique, etc., le sulfocyanate de potassium développe l'odeur de l'acide sulfocyanique; si l'on chauffe, celui-ci distille en partie, sans altération, avec les vapeurs aqueuses.

Quand on chauffe le sulfocyanate de potassium sec avec de l'argent, du fer ou d'autres métaux, il se forme du cyanure de potassium et du sulfure de fer :

$$CAzSK + Fe = CAzK + FeS.$$

Gélis a mis à profit cette réaction pour la préparation industrielle du ferrocyanure de potassium.

Chauffé en solution avec les iodures, bromures, ou chlorures alcooliques, ou distillé avec les sels de potassium des éthers sulfuriques acides des alcools, le sulfocyanate de potassium fournit les véritables éthers sulfocyaniques.

Sulfocyanate potassique et cyanure mercurique, $CAzSK + (CAz)^2Hg + 2H^2O$. — Lorsqu'on mélange des solutions des deux composants, le sel double se précipite sous la forme d'une bouillie cristalline, de lamelles nacrées, ou de prismes déliés, suivant qu'on emploie des solutions concentrées ou étendues; ni la potasse ni l'ammoniaque ne précipitent sa solution [J. Philipp, *Poggend. Ann.*, t. CXXXI, p. 86].

Bœckmann, [*Ann. der Chem. u. Pharm.*, t. XXII, p. 153] a décrit un sel double de la formule

$$4CAzSK + (CAz)^2Hg,$$

cristallisant en larges lamelles peu solubles dans l'eau froide, très-solubles à chaud.

Enfin, Clève a obtenu un sel double sous la forme d'aiguilles blanches et brillantes, inaltérables à l'air, très-solubles dans l'eau chaude et contenant $CAzSK + (CAz)^2Hg$.

Sulfocyanate potassique et iodure mercurique, $2CAzSK + HgI^2 + 2H^2O$. — Le sulfocyanate de potassium dissout l'iodure mercurique et la solution saturée laisse déposer un sel double jaune, déliquescent, que l'eau dédouble partiellement en précipitant de l'iodure mercurique jaune, se transformant peu à peu en iodure rouge [Philipp, *loc. cit.*].

Sulfocyanate de sodium, $CAzSNa$. — On peut l'obtenir par les procédés décrits plus haut pour la préparation du sulfocyanate de potassium, en substituant le sel de sodium au sel potassique. Frödhe propose de fondre 1 p. de ferrocyanure de potassium avec 3p,5 d'hyposulfite de sodium déshydraté; indépendamment du sulfocyanate sodique, il se forme dans cette réaction du sulfate sodique, du sulfate potassique, du sulfure de sodium et du sulfure de fer.

Ce sel est en tables rhombes, fort déliquescentes et très-solubles dans l'eau et dans l'alcool.

Son sel double, avec le cyanure mercurique $CAzSNa + (CAz)^2Hg + 2H^2O$, cristallise en aiguilles incolores qui, à l'air, perdent de l'eau de cristallisation et deviennent blanches (Clève).

Sulfocyanate de strontium,

$$(CAzS)^2Sr + 3H^2O.$$

— Mamelons déliquescents, très-solubles dans l'eau et dans l'alcool. Il donne avec le cyanure mercurique un sel double

$$(CAzS)^2Sr + 2(CAz)^2Hg + 4H^2O$$

en tables minces, nacrées, perdant 2 molécules d'eau à l'air (Clève).

Sulfocyanate de thallium, $CAzSTl$. — Il est en lamelles minces et brillantes, peu soluble dans l'eau froide, plus soluble à chaud, mais insoluble dans l'alcool et l'éther (F. Kuhlmann; — O. Hermes).

Les cristaux appartiennent au type quadratique; formes : m, a^1, h^1; angles : $a^1h^1 = 128°20'$; $ma^1 = 116°1'$; $a^1a^1 = 127°58'$ et $76°41'$ (arêtes latérales); plan de mâcle : a^1; pas de clivage net (Miller).

Le sulfocyanate de thallium se dissout dans le sulfocyanate potassique, et la solution concentrée laisse déposer un sel double en grands prismes brillants (Carstanjen).

Sulfocyanate d'urane. — Le sel uraneux est d'un vert foncé, soluble et cristallin; le sel *uranique* est soluble dans l'eau, insoluble dans l'alcool.

Sulfocyanate d'yttrium,

$$(CAzS)^3Y + 6H^2O\,(Y = 89,55).$$

— Prismes bien définis, solubles dans l'eau, l'alcool et l'éther, inaltérables à l'air; à 100°, ce sel dégage de l'acide sulfocyanique. Son sel double avec le cyanure mercurique

$$(CAzS)^3Y + 3(CAz)^2Hg + 12H^2O,$$

est en cristaux tabulaires, très-solubles dans l'eau chaude, perdant $7H^2O$ sur l'acide sulfurique [Clève et Hœglund, *loc. cit.*; — Clève, *loc. cit.*].

Sulfocyanate de zinc, $(CAzS)^2Zn$. — Il est soluble dans l'alcool d'où il se dépose en cristaux anhydres; il est très-soluble dans l'eau. Avec le cyanure mercurique, il donne un sel double,

$$(CAzS)^2Zn + 2(CAz)^2Hg + 4H^2O,$$

qui forme de petits prismes, peu solubles et inaltérables à l'air. Le sulfocyanate de zinc se dissout dans l'ammoniaque, et la solution fournit, par l'évaporation, des prismes rhomboïdaux de *sulfocyanate de zincammonium*, $(CAzS)^2Az^2H^6Zn$, que l'eau décompose. On peut préparer le même sel en introduisant de l'oxyde de zinc dans une solution chaude de sulfocyanate d'ammonium; il se dégage de l'ammoniaque et le sulfocyanate de zincammonium se dépose par le refroidissement (A. Fleischer). Clève a obtenu un sel double de cyanure de mercure et de sulfocyanate de zinc ammoniacal, cristallisant en aiguilles brillantes de la formule

$$(CAzS)^2Zn + 2(CAz)^2Hg + 3AzH^3$$

qui ne perdent pas leur ammoniaque à 100°, mais que l'eau décompose.

Appendice à l'acide sulfocyanique.

Acide disulfocyanique, $C^2Az^2S^2H^2$. — Le sel de potassium de cet acide prend naissance lorsqu'on traite avec précaution l'acide persulfocyanique par la potasse, [t. II, p. 779] :

$$\underset{\text{Acide persulfocyanique.}}{C^2Az^2S^3H^2} + 2KHO$$

$$= \underset{\text{disulfocyanate de potassium.}}{C^2Az^2S^2K^2} + S + 2H^2O.$$

Si l'on opère sans précaution et que le liquide s'échauffe, il se forme beaucoup de sulfocyanate de potassium.

Fleischer, auquel est dû la découverte du nouveau composé, l'avait envisagé d'abord comme un isomère de sulfocyanate de potassium, comme la *sulfocarbimide potassique*, $CSAzK$, mais, dans un travail tout récent, le même chimiste admet que ce corps possède la formule double,

$$C^2S^2Az^2K^2.$$

Ce sel ne peut pas, en effet, dériver de la sulfocarbimide, car, traité par un bromure alcoolique, le bromure d'éthyle, par exemple, il ne donne pas d'éthylsulfocarbimide, mais un liquide épais qui évidemment est un polymère. Comme, d'un autre côté, ce sel dérive de l'acide persulfocyanique par une réaction très-simple, Fleischer admet qu'il renferme, comme ce dernier, deux atomes de carbone et lui donne le nom de *dithiocyanate potassique* que nous avons changé en disulfocyanate potassique.

Pour isoler l'acide *disulfocyanique* $C^2Az^2S^2H^2$,

on ajoute de l'acide sulfurique à une solution concentrée du sel de potassium dont la préparation sera indiquée plus loin; après quelque temps, le liquide se trouble et dépose une masse jaune, molle, emplastique, durcissant peu à peu et pouvant alors être réduite en poudre. Cette masse constitue l'acide disulfocyanique; c'est une poudre légère d'un jaune foncé, peu soluble dans l'eau froide, plus soluble à chaud : par le refroidissement, cette solution laisse déposer l'acide sous la forme de petites gouttelettes. Il est soluble dans l'alcool, mais ne cristallise pas par l'évaporation de la solution. L'ammoniaque aqueuse le dissout; le sel formé est très-instable, car toute l'ammoniaque se dégage lorsqu'on évapore le liquide. Les solutions dans l'eau et dans l'alcool, faites à froid, ne sont pas colorées en rouge par le perchlorure de fer; mais, dès qu'on chauffe à l'ébullition, on voit apparaître la coloration rouge caractéristique de l'acide sulfocyanique,

$$C^2Az^2S^2H^2 = 2CAzSH.$$

Acide disulfocyanique. Acide sulfocyanique.

Disulfocyanate de potassium,

$$C^2Az^2S^2K^2 + H^2O.$$

— Pour préparer ce sel on ajoute à 1 p. d'acide persulfocyanique une solution alcoolique faite avec 6 p. de potasse commerciale; le liquide s'échauffe, devient foncé et laisse déposer une masse grenue jaunâtre qu'on lave à l'alcool absolu tant que celui-ci se colore. On obtient ainsi le disulfocyanate potassique sous la forme d'une masse blanche ou très-légèrement jaunâtre qu'on sèche dans le vide. Le soufre formé dans la réaction reste dissous dans la potasse alcoolique.

Pour préparer des quantités un peu plus grandes de ce sel, on ajoute peu à peu et en agitant 38 p. de potasse en solution aqueuse et concentrée à 50 p. d'acide persulfocyanique; la bouillie fluide qui se forme est jetée sur un filtre, pour séparer le soufre qui s'est précipité; le liquide filtré est additionné d'une assez grande quantité d'alcool absolu et le tout est fortement agité. Par le repos, il se forme deux couches, une supérieure alcoolique contenant l'excès de potasse et du sulfocyanate de potassium, une inférieure aqueuse qui renferme le disulfocyanate de potassium et le laisse déposer en cristaux lorsqu'on l'évapore dans le vide. Ainsi préparé, le sel est souillé d'une petite quantité de carbonate potassique dont il est très-difficile de le débarrasser.

Le disulfocyanate de potassium est en grands cristaux jaunes, bien développés appartenant au type clinorhombique; formes : $m, p, e^1, e^{1/2}$; les cristaux sont quelquefois maclés, le plan d'assemblage est parallèle à g^1 et l'axe de rotation normale à g^1. Il est déliquescent et se dissout très-facilement dans l'eau en produisant un abaissement de température considérable. Il est insoluble dans l'alcool absolu. Le disulfocyanate de potassium cristallisé renferme une molécule d'eau qu'il perd vers 140°; une partie de cette eau se dégage déjà sur l'acide sulfurique. A l'état sec, il fond à 170° en se transformant en sulfocyanate de potassium,

$$C^2Az^2S^2K^2 = 2CAzSK.$$

Le même changement moléculaire s'accomplit, quoique plus lentement, lorsqu'on abandonne, à elle-même la solution de ce sel, ou lorsqu'on la chauffe à l'ébullition.

Le *sel ammoniacal* n'est pas stable; une solution de l'acide dans l'ammoniaque perd, par l'évaporation, la totalité de l'alcali; d'un autre côté, un mélange de solutions concentrées de sel potassique et de chlorure d'ammonium ne fournit, par la concentration lente, que du chlorure de potassium et du sulfocyanate d'ammonium.

Disulfocyanate de baryum,

$$C^2Az^2S^2Ba + 2H^2O.$$

— On le prépare par double décomposition en mélangeant des solutions concentrées de disulfocyanate de potassium et de chlorure de baryum; le liquide, filtré pour séparer un peu de carbonate barytique et évaporé dans le vide, laisse dépoer le sel de baryum en cristaux groupés concentriquement.

Ceux-ci sont incolores, bien formés, ils appartiennent au type orthorhombique; formes : m, p, a^1, e^1. Ce sel est très-soluble dans l'eau, et offre les réactions du sel potassique.

Disulfocyanate de cuivre, $C^2Az^2S^2Cu$. — Lorsqu'on ajoute du sulfate de cuivre à la solution du sel de potassium, il se forme un précipité qui se dissout presque aussitôt en colorant le liquide en rouge foncé; l'addition ultérieure de sulfate de cuivre provoque la précipitation du disulfocyanate de cuivre sous la forme d'une poudre rouge-jaunâtre. Les acides étendus n'attaquent pas ce sel; les acides concentrés le décomposent à l'aide de la chaleur.

Disulfocyanate de plomb, $C^2Az^2S^2Pb$. — Pour le préparer, on ajoute une solution de disulfocyanate de potassium à une solution d'un sel de plomb employée en excès; on maintient le tout à une douce chaleur pendant quelques heures et on lave à l'eau le précipité jaune citron ainsi obtenu. Si, au contraire, on verse le sel de plomb dans la solution du disulfocyanate de potassium, le précipité formé d'abord se dissout de nouveau, et il ne devient permanent qu'en présence d'un excès du sel plombique. Mais le sel de plomb ainsi préparé n'est jamais pur, il renferme toujours un peu moins de plomb que n'en exigerait la théorie. Le disulfocyanate plombique n'est pas attaqué par les acides étendus; l'acide azotique concentré l'enflamme.

Disulfocyanate d'argent, $C^2Az^2S^2Ag^2$.— Comme le sel de plomb, le sel d'argent ne peut être obtenu à l'état de pureté qu'en ajoutant goutte à goutte le sel de potassium à une solution d'azotate d'argent contenant un léger excès de ce sel, agitant le mélange et le maintenant à une douce chaleur pendant quelques heures : au bout de ce temps, le précipité jaune citron formé au commencement prend une couleur verte. A l'état sec, il constitue une poudre vert foncé qui s'enflamme par l'acide azotique concentré; chauffé, il se détruit brusquement.

Si l'on ajoute, goutte à goutte, du nitrate d'argent dans du disulfocyanate de potassium (employés dans la proportion de molécule à molécule), on obtient un précipité jaune pâle, composé d'écailles microscopiques, possédant la composition d'un *disulfocyanate de potassium et d'argent*, $C^2Az^2S^2KAg$.

Les réactions que présentent les disulfocyanates solubles avec les sels de fer sont très-caractéristiques; le *sulfate ferreux* provoque d'abord une coloration rouge brun et donne plus tard un précipité couleur de rouille, en même temps que le liquide se décolore; le *chlorure ferrique* colore d'abord en rouge-brun, mais cette coloration disparaît si l'on ajoute un excès de perchlorure et qu'on agite le liquide; finalement la solution prend une teinte rosée et il se forme un précipité jaune.

Le précipité que produit le sulfate de zinc dans une solution de disulfocyanate de potassium, se dissout par l'agitation; une addition ultérieure de sulfate de zinc, ne produit plus qu'un faible précipité; le liquide filtré soumis à l'évaporation lente laisse un résidu de sulfocyanate de zinc et de sulfure de zinc. Le chlorure mercurique précipite en blanc le disulfocyanate de potassium; le sulfate d'étain en jaune.

Disulfocyanate d'éthyle, $C^2Az^2S^2(C^2H^5)^2$. — On chauffe à 100°, pendant plusieurs heures, le disulfocyanate de potassium desséché dans le vide avec la quantité calculée de bromure d'éthyle; on ajoute de l'eau au produit refroidi et on agite le liquide, à plusieurs reprises, avec de l'éther. La solution éthérée est desséchée sur du chlorure de calcium, puis évaporée à froid dans un courant d'air et le résidu est abandonné sur l'acide sulfurique.

Le disulfocyanate d'éthyle ainsi préparé constitue un liquide rouge-brun, transparent, assez épais, qui possède une odeur particulière non désagréable; il n'est pas volatil sans décomposition et donne sous l'influence de la chaleur un liquide distillant entre 150 et 160° (peut-être du bisulfure d'éthyle) et un résidu noir très-abondant [A. Fleischer, *Deutsch. chem. Gesellsch.*, t. IV, p. 190; *Bull. de la Soc. chim.*, 1871, t. XV, p. 193; *Ann. der Chem. u. Pharm.*, t. CLXXIX, p. 204]. A. H.

SULFOCYANIQUE (ANHYDROSULFIDE) [Syn. *Sulfure de cyanogène*],

$$2CAzS - H^2S = C^2Az^2S = S<^{CAz}_{CAz.}$$

— Cet anhydrosulfide a été découvert par Linnemann, comme un produit de l'action de l'iodure de cyanogène sur le sulfocyanate d'argent,

$$CAzSAg + CAzI = CAzSCAz + AgI.$$

Le même corps se forme aussi lorsqu'on traite le cyanure d'argent par le sulfure d'iode, le sulfure d'argent par l'iodure de cyanogène ou le chlorure de soufre par le cyanure de mercure,

$$SI^2 + 2CAzAg = S(CAz)^2 + 2AgI,$$
$$2CAzI + Ag^2S = S(CAz)^2 + 2AgI,$$
$$SCl^2 + (CAz)^2Hg = S(CAz)^2 + HgCl^2.$$

Cette dernière réaction avait déjà été étudiée par Lassaigne en 1828 [*Ann. de Chim. et de Phys.*, (2), t. XXXIX, p. 117], et le corps qu'il avait obtenu est bien identique avec le sulfure de cyanogène.

Pour préparer ce dernier, on mélange le sulfocyanate argentique avec une quantité calculée d'iodure de cyanogène en solution éthérée, et on évapore lentement à sec, en remuant bien la masse jusqu'à ce qu'elle forme une poudre homogène. Cette poudre, abandonnée à elle-même pendant quelques heures dans de petites fioles, se transforme en iodure d'argent et sulfure de cyanogène. Pour séparer l'iodure d'argent, on soumet la masse à la sublimation, ou mieux, on la traite par le sulfure de carbone bouillant; la solution, filtrée et refroidie au-dessous de 0°, laisse déposer des cristaux qu'on dessèche dans le vide.

Le sulfure de cyanogène est en lamelles ou en tables rhombiques incolores, qui possèdent une odeur rappelant celle de l'iodure de cyanogène; il se volatilise peu à peu à la température ordinaire et se sublime facilement vers 30 ou 40°. Il fond à 60° en un liquide incolore, cristallisant par le refroidissement; à une température plus élevée, il se décompose et se colore en brun. Le sulfure de cyanogène se dissout dans l'éther, l'alcool et l'eau et cristallise facilement au sein de ces solvants. Il est décomposé à froid par les acides chlorhydrique et azotique; il met en liberté l'iode de l'iodure de potassium, et l'acide cyanhydrique du cyanure de potassium; avec la potasse fondante, il dégage de l'ammoniaque et donne du carbonate, du sulfure et du sulfocyanate potassiques; avec la potasse alcoolique, on obtient du cyanate et du sulfocyanate de potassium. Le potassium l'attaque vivement et le transforme en cyanure et sulfocyanate; en vertu d'une réaction analogue, l'hydrogène naissant, l'hydrogène sulfuré et le sulfure de potassium produisent de l'acide cyanhydrique et de l'acide sulfocyanique :

$$(CAz)^2S + H^2 = CAzH + CAzSH,$$
$$(CAz)^2S + H^2S = CAzH + CAzSH + S.$$

Lorsqu'on dirige un courant de gaz ammoniaque sec dans une solution éthérée de sulfure de cyanogène, il se précipite une poudre cristalline, soluble dans l'alcool absolu, déliquescente, fusible à 94° et possédant la formule d'un *sulfure de cyanammonium*,

$$C^2Az^2S, Az^2H^6 = S(AzH^3.CAz)^2;$$

ce composé dégage de l'ammoniaque avec les alcalis; sa solution aqueuse s'altère et renferme au bout de quelque temps du sulfocyanate ammonique et probablement de la cyanamide.

Le sulfure de cyanogène en solution dans l'eau se décompose rapidement; il se dégage un mélange de gaz carbonique et d'oxyde de carbone et il se précipite un corps jaune, ressemblant beaucoup au persulfocyanogène, mais en différant par certains caractères; ainsi le produit de décomposition du sulfure de cyanogène laisse un résidu brun rouge lorsqu'on le chauffe, tandis que le persulfocyanogène fournit un résidu jaune de mellon. La solution aqueuse dans laquelle le corps jaune s'est déposé, possède une réaction acide et renferme beaucoup d'acide sulfocyanique, de l'acide cyanhydrique, du sulfocyanate et du sulfate d'ammonium [F. Linnemann, *Ann. der Chem. u. Pharm.*, t. CXX. p. 3[illegible]; *Répert. de Chim. de pure*, 1862, p. 152].

L'action de l'iode sur le sulfocyanate d'argent fournit un corps volatil et instable, probablement le composé CAzSI. A. H.

SULFOCYANIQUES (ÉTHERS). — On en connaît deux séries, les éthers sulfocyaniques proprement dits et les éthers de la sulfocarbimide :

$$Az \equiv C-S-R' \quad \text{et} \quad S=C=Az-R'.$$

Éthers sulfocyaniques proprement dits. — Éthers de la sulfocarbimide.

Nous décrirons séparément les éthers sulfocyaniques véritables et les éthers de la sulfocarbimide, mais nous allons indiquer d'abord les réactions générales de ces deux classes de composés pour mieux faire ressortir leur isomérie.

1° L'*eau* n'agit que très-lentement sur les éthers sulfocyaniques véritables : au bout de quelques jours de chauffe à 200° la majeure partie de l'éther reste inaltérée; en présence de l'*acide chlorhydrique* la réaction est plus rapide, et on obtient les gaz carbonique et sulfhydrique, de l'ammoniaque et le sulfhydrate ou le sulfure du radical alcoolique (A. W. Hofmann),

$$\underset{\text{Éther sulfocyanique.}}{CAz\text{-}SR} + H^2O = \underset{\text{Acide cyanique.}}{CAz\text{-}OH} + \underset{\text{Mercaptan.}}{R'SH},$$
$$CAz\text{-}OH + H^2O = AzH^3 + CO^2,$$
$$2R'SH = \underset{\text{Sulfure alcoolique.}}{R'^2S} + H^2S.$$

Les sulfocarbimides, au contraire, se dédoublent facilement par l'eau à 200° en gaz carbonique et sulfhydrique et en amine du radical alcoolique; en présence de l'acide chlorhydrique la réaction a lieu déjà à 100° (Hofmann),

$$\begin{matrix}CS\\R'\end{matrix}>Az + H^2O = \underset{\text{Amine.}}{\begin{matrix}R'\\H^2\end{matrix}>Az} + \underset{\text{Oxysulfure de carbone.}}{CSO},$$

$$CSO + H^2O = CO^2 + H^2S.$$

2° *L'acide sulfurique étendu* agit comme l'acide chlorhydrique étendu sur les éthers sulfocyaniques et les sulfocarbimides alcooliques. L'acide *sulfurique concentré* attaque énergiquement les éthers sulfocyaniques; le mélange s'échauffe considérablement, dégage de l'acide carbonique et, à la fin de la réaction, contient du bisulfate ammonique et un éther de l'acide dithiocarbonique, $CO(SH)^2$, isomérique avec l'acide thiosulfocarbonique,

$$CS(OH)(SH),$$

dont dérivent les éthers xanthiques [R. Schmitt, et L. Glutz, *Deutsch. chem. Gesellsch.* t. I, p. 166],

$$2(CAz\text{-}SR') + 3H^2O + 2SO^4H^2 = \underset{\text{Ether dithiocarbonique.}}{CO(SR')^2} + CO^2 + 2(SO^4.HAzH^4).$$

Les sulfocarbimides réagissent aussi très-vivement sur l'acide sulfurique concentré; quelques minutes suffisent pour terminer la réaction qui fournit le bisulfate d'une amine et de l'oxysulfure de carbone (Hofmann) :

$$\begin{matrix}CS\\R'\end{matrix}\Big> Az + H^2O + SO^4H^2 = \underset{\text{Bisulfate d'amine.}}{\begin{matrix}R'\\H^2\end{matrix}\Big> Az,SO^4H^2} + \underset{\text{Oxysulfure de carbone.}}{CSO.}$$

3° *L'acide azotique* donne avec les éthers sulfocyaniques le sulfite acide du radical alcoolique, tandis que les sulfocarbimides fournissent dans les mêmes circonstances une amine, du gaz carbonique et de l'acide sulfurique.

4° *Les solutions aqueuses de potasse, de soude, de baryte et l'oxyde de plomb* dédoublent à 100° les éthers sulfocyaniques en disulfure du radical alcoolique, cyanure et cyanate de potassium; il ne se forme pas de sulfocyanate [Brüning, *Ann. der Chem. u. Pharm.*, t. CIV, p. 198],

$$2(CAz\text{-}SR') + 2KHO = \underset{\text{Disulfure alcoolique.}}{R'^2S^2} + CAzK + CAzOK + H^2O.$$

La *potasse alcoolique* bouillante agit différemment; on obtient encore du disulfure alcoolique et du cyanure de potassium, mais à la place du cyanate de potassium, on trouve ses produits de décomposition, carbonate potassique et ammoniaque. Dans l'action de la potasse alcoolique sur le véritable sulfocyanate d'allyle, on a constaté la formation du sulfocyanate de potassium.

Les éthers de la sulfocarbimide donnent avec la potasse aqueuse du carbonate et du sulfure de potassium et l'urée dialcoolique ou ses produits de décomposition; cette réaction se passe évidemment en plusieurs phases : il se forme d'abord du carbonate et du sulfure de potassium, de l'eau et l'amine correspondante; celle-ci s'unit à une autre portion de sulfocarbimide non décomposée, produisant ainsi une sulfo-urée dialcoolique que la potasse désulfure dans une dernière phase. L'équation suivante représente l'ensemble de la réaction :

$$2CSAzR' + 6KHO = \underset{\text{Urée dialcoolique.}}{CO\Big<\begin{matrix}AzHR'\\AzHR'\end{matrix}} + CO^3K^2 + 2K^2S + 2H^2O.$$

La potasse alcoolique décompose aussi les éthers de la sulfocarbimide, mais la réaction paraît assez compliquée.

5° *L'ammoniaque*, étendue d'eau, convertit lentement les éthers sulfocyaniques en disulfure alcoolique, cyanure d'ammonium et urée, réaction analogue à celle de la potasse; seulement à la place du cyanate d'ammonium, on trouve son produit de transformation, l'urée. Si l'on emploie de l'ammoniaque concentrée, on obtient des produits noirs incristallisables [A. Kremer, *Jour. für prakt Chem.*, t. LXXIII, p. 365; Jeanjean, *Compt rend.*, t. LV, p. 339].

L'ammoniaque et les ammoniaques composées s'ajoutent directement aux éthers de la sulfocarbimide, et donnent des sulfo-urées composées. Cette réaction, remarquable par sa netteté, s'accomplit très-facilement,

$$CSAzR' + AzH^3 = CS\Big<\begin{matrix}AzHR'\\AzH^2\end{matrix}$$

$$CSAzR' + AzH^2C^6H^5 = CS\Big<\begin{matrix}AzHR'\\AzHC^6H^5\end{matrix}$$

6° Le *sulfure de potassium* en solution alcoolique dédouble les éthers sulfocyaniques en sulfocyanate de potassium et sulfure alcoolique,

$$2CAzSR' + K^2S = 2CAzSK + R'^2S.$$

L'action du sulfure de potassium sur les sulfocarbimides n'a été étudiée que pour le dérivé allylique, qui fournit de l'allylthiosulfocarbamate potassique [Will, *Ann. der Chem. u. Pharm.*, t. XCII, p. 59],

$$CSAzC^3H^5 + K^2S = \underset{\text{Allythiosulfocarbamate dipotassique.}}{CS\Big<\begin{matrix}AzC^3H^5,K\\SK.\end{matrix}}$$

Il est probable que les autres sulfocarbamides se comporteront de même.

7° Les éthers sulfocyaniques sont attaqués très-facilement, même à froid, par une solution alcoolique de *sulfhydrate de potassium* qui les dédouble nettement en sulfocyanate de potassium et en mercaptan,

$$CAzSR' + KSH = CAzSK + \underset{\text{Mercaptan.}}{R'SH.}$$

L'allylsulfocarbimide s'unit directement au sulfhydrate de potassium et donne de l'allythiosulfocarbamate de potassium [Will, *loc. cit.*],

$$CSAzC^3H^5 + KHS = \underset{\text{Allylthiosulfocarbamate de potassium.}}{CS\Big<\begin{matrix}AzHC^3H^5\\SK.\end{matrix}}$$

On n'a pas encore étudié l'action du sulfhydrate de potassium sur d'autres sulfocarbimides, mais, vraisemblablement, ces corps fourniront aussi des acides thiosulfocarbamiques substitués.

8° L'action de l'*hydrogène naissant*, développé par le zinc et l'acide chlorhydrique, sur une solution alcoolique d'un éther sulfocyanique est assez complexe; indépendamment des produits principaux, acide cyanhydrique, méthylamine et mercaptan, on obtient du sulfure et une petite quantité de disulfure alcoolique, de l'ammoniaque, de l'hydrogène sulfuré et du gaz des marais; la réaction principale peut donc être représentée ainsi :

$$CAzSR' + H^2 = CAzH + R'SH,$$

et la réaction secondaire par l'équation

$$2CAzSR' + 8H^2 = R'^2S + 2AzH^3 + 2CH^4 + H^2S;$$

la méthylamine se forme par une réduction ultérieure de l'acide cyanhydrique.

L'hydrogénation des éthers de la sulfocarbimide fournit comme produits principaux du sulfure de méthylène et l'amine correspondante :

$$CSAzR' + 2H^2 = CH^2S + AzH^2R',$$

une petite partie de l'éther engendre de l'hydrogène sulfuré et une méthylamine substituée (Hofmann) :

$$CSAzR' + 3H^2 = H^2S + CH^3,AzHR'.$$
Méthylamine substituée.

9° Le *sodium* métallique et l'amalgame de sodium réagissent très-facilement sur les sulfocyanates alcooliques qu'ils dédoublent nettement en cyanure sodique et disulfure alcoolique (Hofmann) :

$$2CAzSR' + Na^2 = 2CAzNa + R'^2S^2.$$

Toutefois le sulfocyanate d'allyle fait exception, car il fournit sous l'influence de l'amalgame de sodium du sulfure de sodium et de l'allylcarbylamine :

$$CAzSC^3H^5 + Na^2 = Na^2S + CAzC^3H^5.$$

L'amalgame de sodium n'agit pas dans les mêmes circonstances sur la sulfocarbimide allylique ; le potassium la transforme à chaud en sulfocyanate de potassium et sulfure d'allyle, en même temps qu'il se dégage un gaz. On n'a pas encore étudié l'action des métaux alcalins sur d'autres sulfocarbimides alcooliques, mais on sait que le cuivre en poudre enlève le soufre à la phénylsulfocarbimide maintenue en ébullition et fournit, entre autres produits, une petite quantité de benzonitrile; probablement, il se forme d'abord de la phénylcarbylamine qui se convertit ultérieurement en benzonitrile. On sait, en effet, par les recherches de M. A. Gautier, que les carbylamines se changent en nitriles sous l'influence d'une température élevée.

10° L'*alcool éthylique* se fixe directement sur les éthers de la sulfocarbimide, et donne l'éther éthylique d'un acide sulfocarbamique substitué (Hofmann) :

$$CSAzR' + C^2H^5.OH = CS < {AzHR' \atop OC^2H^5}$$

11° Le *sulfhydrate d'éthyle* produit dans les mêmes conditions l'éther éthylique d'un acide thiosulfocarbamique substitué :

$$CSAzR' + C^2H^5.SH = CS < {AzHR' \atop SC^2H^5}$$

12° Les acides monatomiques gras ou aromatiques réagissent, à l'aide de la chaleur, sur les sulfocarbimides et donnent une alcalamide, du gaz carbonique et de l'hydrogène sulfuré [A. W. Hofmann, *Deutsch. Chem. Gesells.*, t. III, p. 770],

$$CSAzC^6H^5 + 2C^2H^4O^2$$
Phénylsulfocarbimide. Acide acétique.

$$= CO^2 + H^2S + Az < {C^6H^5 \atop (C^2H^3O)^2}.$$
Diacétylphénylamide.

13° Lorqu'on chauffe les éthers de la sulfocarbimide en présence de l'eau et d'un sel métallique avide de soufre, on observe la formation des éthers de la carbimide :

$$CSAzR' + Ag^2O = Ag^2S + COAzR'.$$

La proportion de carbimide alcoolique ainsi produite doit être nécessairement très-petite, car ce corps se formant au sein d'un liquide aqueux doit subir presque immédiatement une décomposition plus profonde.

L'ensemble des réactions précédentes établit très-nettement l'isomérie des véritables éthers sulfocyaniques et des éthers de la sulfocarbimide, et confirme en même temps les formules de constitution qu'on donne à ces deux classes de composés.

Les sulfocyanates et les sulfocarbimides bleuissent la teinture de gaïac, additionnée d'un peu de sulfate de cuivre [E. Schær, *Bull. de la Soc. chim.*, 1870, t. XIII, p. 420].

I. ÉTHERS SULFOCYANIQUES PROPREMENT DITS

Les éthers sulfocyaniques véritables ont été découverts par M. Cahours. On les prépare :

1° En distillant le sulfocyanate de potassium avec le sel de potassium ou de calcium de l'éther sulfurique acide correspondant :

$$CAzSK + SO^4K.C^2H^5 = CAzS.C^2H^5 + SO^4K^2$$
Ethylsulfate de potassium. Sulfocyanate d'éthyle.

On peut soumettre à la distillation le mélange des deux sels secs, ou bien, les faire bouillir ensemble en solution aqueuse concentrée.

2° Par l'action d'un iodure, bromure ou chlorure alcoolique sur une solution alcoolique de sulfocyanate de potassium ou sur les sulfocyanates alcalino-terreux et sur le sulfocyanate d'argent,

$$CAzSK + C^2H^5I = CAzS.C^2H^5 + KI.$$

Ces deux modes de formation ne peuvent s'appliquer à la préparation des sulfocyanates phénoliques, car on ne connaît pas encore les sulfates acides des phénols, et, ailleurs, les éthers haloïdes des phénols offrent une stabilité trop grande.

Les dérivés allyliques, sulfallylate de potassium, bromure ou iodure d'allyle, traités par un sulfocyanate métallique, ne fournissent pas non plus le sulfocyanate d'allyle, mais bien son isomère la sulfocarbimide allylique. Cette réaction anormale est due, comme M. Gerlich l'a montré récemment, au peu de stabilité de ce sulfocyanate ; ce chimiste, en traitant le bromure d'allyle à froid par une solution alcoolique de sulfocyanate de potassium, a, en effet, obtenu le véritable sulfocyanate allylique, et il a fait voir que cet éther subit à chaud une transformation moléculaire et se change en essence de moutarde.

3° Les éthers sulfocyaniques prennent naissance lorsqu'on traite, à l'abri de l'air, les sels plombiques des mercaptans en suspension dans l'alcool ou dans l'éther, par le chlorure de cyanogène; ce mode de formation, qui paraît être général, est une véritable synthèse de ces éthers :

$$(C^6H^5.S)^2Pb + 2CAzCl$$
Phénylmercaptide de plomb. Chlorure de cyanogène.

$$= 2CAzS.C^6H^5 + PbCl^2.$$
Sulfocyanate de phényle.

4° M. Cahours vient de faire la découverte intéressante d'un mode de formation du sulfocyanate de méthyle qui a de l'analogie avec le précédent; cet éther prend en effet naissance par une réaction très-énergique, lorsqu'on ajoute peu à peu du bromure de cyanogène à du sulfure de méthyle,

$$CH^3.S.CH^3 + CAzBr = CH^3Br + CAzS.CH^3;$$

le bromure de méthyle formé ne se retrouve pas dans les produits de la réaction; il se combine avec le sulfure de méthyle en excès en produisant le bromure de triméthylsulfine,

$$S(CH^3)^3Br.$$

Cette réaction pourra probablement s'appliquer à d'autres sulfures alcooliques [A. Cahours, *Compt. rend.*, t. LXXXI, p. 1163].

5° Les éthers sulfocyaniques se forment aussi lorsqu'on déshydrate les éthers thiocarbamiques par l'anhydride phosphorique [Conrad et Salomon, *Journ. für prakt. Chem.*, (2), t. X, p. 34],

$$CO\begin{cases} AzH^2 \\ SR' \end{cases} = H^2O + CAzSR'.$$

Éther thiocarbamique. Éther sulfocyanique.

Les éthers sulfocarbamiques qui devraient former dans les mêmes circonstances des éthers de la sulfocarbimide, donnent également des éthers sulfocyaniques.

SULFOCYANATE D'ALLYLE,

$$C^4H^5AzS = Az\_C\text{-}S\text{-}C^3H^5.$$

— L'allylmercaptide de plomb récemment préparé (car il est très-instable) est traité à froid par une solution éthérée de chlorure de cyanogène; au bout de 12 heures de contact, on filtre et on abandonne la solution à l'évaporation spontanée [O. Billeter, *Deutsch. chem. Gesellsch.*, t. VIII, p. 464].

Ou bien, on ajoute du bromure d'allyle à une solution alcoolique de sulfocyanate de potassium maintenue à 0°; quand il ne se dépose plus de bromure de potassium, on ajoute de l'eau glacée, on décante l'huile qui se sépare, on la sèche et on la filtre [G. Gerlich, *Deutsch. chem. Gesellsch.*, t. VIII, p. 650].

Cet éther constitue un liquide légèrement jaunâtre, d'une densité de 1,071 à 0° et de 1,056 à 15°. Il possède une odeur particulière, très-vive, différente de celle de l'essence de moutarde. Chauffé brusquement, il commence à bouillir vers 161°, mais peu à peu la température baisse et finit par se fixer à 148-149°, point d'ébullition de la sulfocarbimide allylique; la même transformation a lieu à la température ordinaire, mais beaucoup plus lentement.

Le sulfocyanate d'allyle offre les réactions des éthers sulfocyaniques que nous avons indiquées plus haut; suivant Gerlich, il donne, à basse température, sous l'influence de l'hydrogène naissant, de l'acide cyanhydrique et du sulfhydrate d'allyle.

Lorsqu'on le traite par l'amalgame de sodium, il se manifeste une réaction violente et il se forme du sulfure de sodium et de l'allylcarbylamine (Billeter); cette décomposition est accompagnée d'un changement moléculaire, car, normalement, le sulfocyanate allylique devrait fournir le cyanure d'allyle.

Cet éther ne précipite ni le nitrate d'argent ammoniacal, ni la solution alcoolique du chlorure mercurique; avec l'azotate mercureux, il donne après quelque temps un précipité gris. L'ammoniaque ne l'attaque pas à froid.

TRISULFOCYANATE D'ALLYLE [Syn. *Sulfocyanate de glycéryle*], $C^6H^5Az^3S^3 = (CAzS)^3C^3H^5$. — On chauffe au bain-marie le tribromure d'allyle avec une solution alcoolique de sulfocyanate potassique; après la réaction, on chasse l'alcool par distillation, on traite le résidu par l'eau et on purifie la partie insoluble par cristallisation dans l'alcool. Dans cette préparation le tribromure d'allyle ne peut pas remplacer le trichlorure.

Le trisulfocyanate d'allyle est en petites aiguilles blanches, brillantes, dures et cassantes, qui fondent à 126°. Il ne possède ni saveur, ni odeur; il est insoluble dans l'eau et se dissout en petite quantité dans l'alcool froid (1 p. dans 400 p. d'alcool à 13°). Chauffé, il se décompose en dégageant de l'acide prussique [L. Henry, *Bull. de la Soc. chim.*, 1870, t. XIII, p. 427].

SULFOCYANATE D'AMYLE,

$$C^6H^{11}AzS = CAzS.C^5H^{11}.$$

— On distille dans une cornue spacieuse 2 p. d'amylsulfate de potassium sec et 1 p. de sulfocyanate de potassium sec, on sèche le produit distillé sur du chlorure de calcium, et on le rectifie.

Le sulfocyanate d'amyle forme un liquide incolore, mobile, bouillant à 197°, et possédant à 20° une densité de 0,905; son odeur est alliacée et pénétrante. L'acide sulfurique l'attaque peu, l'acide azotique le convertit à chaud en acide amylsulfureux [O. Henry fils, *Ann. de Chim. et de Phys.*, (3), t. XXV, p. 248; — Medlock, *Journ. Chem. Soc. London*, t. I, p. 368].

SULFOCYANATE DE BENZOYLE. — Quadrat a décrit sous le nom impropre de sulfocyanate de benzoyle un composé ne renfermant pas d'oxygène, dont la formule n'est pas certaine, et qu'on obtient en mélangeant l'hydrure de benzoyle avec du sulfure de carbone et de l'ammoniaque. Ce corps cristallise en prismes ou en grains incolores, qui jaunissent à l'air et s'altèrent à 100°; il est insoluble dans l'eau, mais l'alcool et l'éther le dissolvent en le décomposant.

Quadrat établit pour ce corps la formule C^8H^5AzS et admet que le chlorure ferrique qui le colore en rouge le dédouble en vertu de l'équation :

$$C^8H^5AzS + H^2O = C^7H^6O + CAzSH.$$

Ce soi-disant sulfocyanate de benzoyle est très-instable : l'alcool absolu bouillant et l'ammoniaque en solution dans l'alcool faible le décomposent en donnant des corps cristallisés, azotés et sulfurés, également peu stables, pour lesquels Quadrat propose des formules fort problématiques [*Ann. der Chem. u. Pharm.*, t. LXXI, p. 17].

M. E. Mulder admet que le composé de Quadrat possède une constitution analogue à celle du thiosulfocarbamate de dibenzylidène-ammonium. — Voyez t. III, p. 88.

SULFOCYANATE DE BENZYLE,

$$C^8H^7AzS = CAzS.CH^2\text{-}C^6H^5.$$

— Obtenu par l'action du chlorure de benzyle sur une solution bouillante de sulfocyanate de potassium dans l'alcool, il se présente sous la forme de longs prismes transparents, insolubles dans l'eau, peu solubles dans l'alcool froid et très-solubles dans l'alcool chaud, dans l'éther et dans le sulfure de carbone. Sa saveur est forte et son odeur rappelle celle du cresson. Il fond à 36-38° et bout à 256° en subissant une décomposition partielle (Henry); d'après les observations de Barbaglia, il fond à 41° et distille à 230-235°; ce dernier point d'ébullition est évidemment inexact, car la sulfocarbimide benzylique distille à 243°, et le point d'ébullition des sulfocarbimides est situé plus bas que celui des sulfocyanates isomériques.

Le sulfocyanate de benzyle en solution éthérée fixe l'acide bromhydrique en donnant une combinaison insoluble dans l'éther que l'eau décompose.

Par l'oxydation, il fournit l'aldéhyde et l'acide benzoïque, sans acide benzylsulfureux.

L'acide nitrique fumant le convertit en *sulfocyanate de nitrobenzyle*, $CAzS.CH^2\text{-}C^6H^4(AzO^2)$, qu'on peut aussi préparer par l'action du chlorure de nitrobenzyle sur le sulfocyanate de potassium. Ce corps cristallise dans l'alcool en petites aiguilles blanches, sublimables vers 70° et se décomposant à une température supérieure [L. Henry, *Deutsch. chem. Gesellsch.*, t. II, p. 636; *Bull. de la Soc. chim.*, 1870, t. XIII, p. 427; — G. A. Barbaglia, *ibid.*, t. XVIII, p. 331].

SULFOCYANATE DE BUTYLE,

$$C^5H^9AzS = CAzS.[CH^2\text{-}CH(CH^3)^2].$$

— On le prépare avec le sulfocyanate de potassium et le sulfobutylate de potassium (correspondant à l'alcool de fermentation); il bout à 174-176° [K. Reimer, *Deutsch. chem. Gesellsch.*, t. III, p. 756].

SULFOCYANATE D'ÉTHYLE,

$$C^3H^5AzS = CAzS.C^2H^5$$

[Cahours, *Ann. de Chim. et de Phys.*, (3), t. XVIII, p. 264; — Lœwig, *Poggend. Ann.*, t. LXVII, p. 101; — Muspratt, *Ann. der Chem. u. Pharm.*, t. LXV, p. 253]. — Lorsqu'on sature par le chlorure d'éthyle une solution concentrée de sulfocyanate de potassium, on obtient du chlorure de potassium et de sulfocyanate d'éthyle. La réaction est lente; la lumière solaire l'accélère. Dès qu'elle est achevée, on étend le liquide de son volume d'eau, on distille, on mélange le produit distillé avec deux fois son volume d'éther, et l'on ajoute assez d'eau pour que l'éther se sépare. La solution éthérée est séchée sur du chlorure de calcium et soumise à la distillation; le sulfocyanate d'éthyle passe vers 146°.

Il est préférable de faire agir l'iodure ou le bromure d'éthyle sur une solution alcoolique de sulfocyanate de potassium; la réaction s'effectue rapidement à chaud.

On peut aussi distiller un mélange de parties égales de sulfovinate de calcium et de sulfocyanate de potassium, tous deux en solution concentrée, séparer l'éther sulfocyanique de l'eau qui se condense en même temps que lui dans le récipient, le sécher et le distiller.

Le sulfocyanate d'éthyle est un liquide mobile, incolore, fortement réfringent, d'une saveur anisée et d'une odeur pénétrante, rappelant celle du mercaptan. Il bout à 146° (corrig.) et a pour densité : 1,0330 à 0°; 1,0126 à 19°; 1,0024 à 23°, et 0,870 à 146° [H. L. Buff, *Deutsch. chem. Geselsch.*, t. I, p. 206]. La densité de sa vapeur est de 3,018. L'eau, les acides, les alcalis, l'ammoniaque, le sulfure et le sulfhydrate de potassium, l'hydrogène naissant et le sodium agissent sur cet éther comme sur les autres sulfocyanates alcooliques. — Voyez plus haut.

Le chlorate de potassium et l'acide chlorhydrique l'oxydent violemment en donnant de l'acide éthylsulfureux. Le chlore l'attaque peu à peu et fournit du chlorure de cyanogène et une huile jaune, lourde, soluble dans l'eau. Le brome agit énergiquement sur lui et donne des produits cristallisables.

Soumis à l'électrolyse, il produit les acides sulfurique, sulfureux et cyanhydrique et du soufre (Schlagdenhauffen).

Il fixe directement l'acide bromhydrique et l'acide iodhydrique secs; le bromhydrate,

$$C^3H^5AzS + 2HBr,$$

et l'iodhydrate, $C^3H^5AzS + HI$, constituent des cristaux incolores, insolubles dans l'éther et dans le sulfure de carbone, que l'eau dédouble immédiatement; le corps iodé brunit rapidement à l'air [L. Henry, *Bull. de la Soc. chim.*, 1867, t. VII, p. 85; *Institut*, 1868, p. 301].

Si l'on fait agir sur l'éther sulfocyanique de l'iodure de phosphore en présence de l'eau, il se forme du mercaptan, du dithiocarbonate d'éthyle, du gaz carbonique, de l'iodure d'ammonium et une petite quantité d'iodure d'éthylsulfine (L. Glutz).

D'après les observations de M. F. Jeanjean, le sulfocyanate d'éthyle s'unit à l'hydrogène sulfuré en donnant le thiosulfocarbamate d'éthyle (p. 89),

$$CS(AzH^2)(SC^2H^5)$$

[*Procès-verbaux des séances de l'Académie des sciences et lettres de Montpellier*, 1863, p. 12],

$$Az{\equiv}C\text{-}S\text{-}C^2H^5 + H^2S = H^2Az\text{-}CS\text{-}SC^2H^5.$$

Lorsqu'on chauffe pendant plusieurs heures à 100° un mélange de triéthylphosphine et d'éther sulfocyanique, on obtient beaucoup de sulfure de triéthylphosphine, de l'hydrate de tétréthylphosphonium, et un corps riche en azote, qui sous l'influence de l'acide chlorhydrique fournit du sel ammoniac [A. W. Hofmann, *Jahresb. für Chem.*, 1860, p. 336],

$$2[(C^2H^5)^3P] + CAzSC^2H^5 + H^2O$$
$$= (C^2H^5)^3PS + (C^2H^5)^4P.OH + CAzH.$$

La formation de l'acide cyanhydrique qui figure dans cette équation, n'a pas été démontrée directement.

SULFOCYANATE D'ÉTHYLÈNE,

$$C^4H^4Az^2S^2 = (CAzS)^2C^2H^4$$

[Cahours, 1855, *Trait. de chim. org. de Gerhardt*, t. IV, p. 932; — E. Meyer, *Journ. für prakt. Chem.*, t. LXV, p. 257; — L. Buff, *Ann. der Chem. u. Pharm.*, t. XCVI, p. 302, et t. C, p. 219]. Le chlorure ou le bromure d'éthylène est chauffé à 100° avec une solution alcoolique de sulfocyanate de potassium, le chlorure ou le bromure potassique formé pendant la réaction, est séparé et le liquide est débarrassé d'alcool par distillation au bain-marie; le résidu, lavé avec une petite quantité d'eau froide et dissous dans l'eau bouillante, fournit, par le refroidissement, des cristaux de sulfocyanate d'éthylène.

Cet éther constitue de petites aiguilles groupées en étoiles, assez solubles dans l'eau bouillante, très-solubles dans l'éther et dans l'alcool chaud; ce dernier solvant le dépose sous la forme de grandes tables rhombiques, blanches et brillantes. Il fond à 90° et se solidifie de nouveau à 83°; à une plus haute température il s'en sublime une certaine quantité, mais la majeure partie se détruit en dégageant, entre autres produits, de l'acide cyanhydrique et de l'ammoniaque. Il possède une odeur particulière, voisine de celle du raifort ou de l'*asa fœtida;* sa solution aqueuse bouillante dégage des vapeurs qui irritent fortement les yeux et provoquent l'éternument. Sa saveur est brûlante; appliqué sur la peau, il produit des démangeaisons. Les acides n'en séparent pas d'acide sulfocyanique.

L'acide azotique très-étendu dissout le sulfocyanate d'éthylène sans l'altérer; l'acide azotique à un certain degré de concentration l'oxyde en le transformant en acide éthylène-disulfureux,

$$C^2H^4(SO^3H)^2.$$

La solution alcoolique n'est colorée en rouge par les sels ferriques qu'après avoir été chauffée avec de la *potasse*. Avec la *baryte* en solution bouillante, cet éther donne du carbonate et du sulfocyanate de baryum; l'*hydrate plombique* fournit peu à peu à chaud du sulfure et du sulfocyanate de plomb. Le *chlorure mercurique* produit après quelque temps un précipité blanc dans la solution alcoolique de l'éther; si l'on chauffe, il y a formation de sulfure de mercure.

Le sulfocyanate d'éthylène est transformé par l'ammoniaque en une substance très-soluble.

La méthylphosphine enlève le soufre à cet éther, et s'unit ensuite au cyanure d'éthylène formé, produisant ainsi le cyanure d'éthylène-hexéthyldiphosphonium [t. I, p. 1387] (Hofmann) :

$$4[(C^2H^5)^3P] + C^2H^4(CAzS)^2$$
$$= 2[(C^2H^5)^3PS] + C^2H^4(C^2H^5)^6P^2(CAz)^2.$$

Lorsqu'on chauffe le sulfocyanate d'éthylène avec un excès de bisulfite de sodium, on voit bientôt se déclarer une réaction énergique et apparaître des produits noirs; si l'on maîtrise cette réaction, on obtient une solution jaune qui laisse déposer des cristaux durs d'un sel de la formule

$$CAzS^3H^4Na^3O^{10},$$

qu'on peut considérer comme une combinaison d'une molécule d'acide cyanique et de trois molécules de bisulfite de sodium; les eaux mères de ce sel en renferment un second de la formule $C^4H^{10}S^9Na^4O^{12}$ (L. Glutz).

Le sulfocyanate d'éthylène en solution aqueuse chaude, donne, par l'action de l'iodure de phosphore, un composé,

$$\left.\begin{matrix}(C^2H^4.SCAz)' \\ H^2\end{matrix}\right> \overset{IV}{S}I,$$

qui est l'*iodure de sulfocyanéthylène-sulfine* :

$$C^2H^4 \left<\begin{matrix}SCAz \\ SCAz\end{matrix}\right. + 2HI + 2H^2O$$

$$= \left.\begin{matrix}(C^2H^4.SCAz)' \\ H^2\end{matrix}\right> SI + CO^2 + AzH^4I.$$

Par le refroidissement, la solution, légèrement colorée en jaune, laisse déposer l'iodure de la sulfine en magnifiques aiguilles douées d'un éclat adamantin; on les purifie complétement par une nouvelle cristallisation dans l'eau bouillante. Cet iodure cristallise en longs prismes volumineux, très-solubles dans l'eau et dans l'alcool ; l'éther, le chloroforme, le sulfure de carbone et la benzine n'en dissolvent que des traces. Il fond au-dessus de 100° en s'altérant. Les alcalis le décomposent. Mis en contact avec l'ammoniaque, il se dissout immédiatement, mais au bout de quelques instants le liquide laisse déposer de longues aiguilles brillantes, qui paraissent constituer un produit d'addition.

Chlorure de sulfocyanéthylène-sulfine,

$$(C^2H^4.SCAz)H^2SCl.$$

— Quand on chauffe le sulfocyanate d'éthylène avec de l'étain et de l'acide chlorhydrique, le liquide fournit par le refroidisssement des prismes minces et brillants d'un chlorostannite; on précipite l'étain par l'hydrogène sulfuré et l'on évapore la solution à consistance de sirop; le chlorure de la sulfine cristallise alors par le refroidissement en lamelles groupées en étoiles. Ce même chlorure prend naissance lorsqu'on traite le sulfocyanate d'éthylène par l'acide chlorhydrique seul.

Il donne avec le chlorure de platine un *chloroplatinate,*

$$[(C^2H^4.SCAz)SH^2Cl]^2 + PtCl^4,$$

qui se dépose après quelque temps sous la forme de cristaux rouge-jaunâtre, bien formés et décomposables par une ébullition prolongée avec l'eau.

Le *nitrate de sulfocyanéthylène-sulfine,*

$$(C^2H^4.SCAz)SH^2.AzO^3 + 1/2H^2O,$$

s'obtient par double décomposition entre le chlorure et le nitrate d'argent; il offre l'aspect de cristaux tabulaires. Le *sulfate* est en cristaux déliquescents.

Sulfocyanate, $(C^2H^4.SCAz)SH^2.CAzS$. On le prépare par double décomposition entre le chlorure de sulfocyanéthylène-sulfine et le sulfocyanate potassique, tous deux en solution concentrée; ce sel constitue des lamelles agglomérées.

Le chromate de potassium produit dans la solution du chlorure un dépôt de cristaux groupés en barbes de plume, de couleur rouge-jaunâtre qui brunissent bientôt, même dans leur eau mère, et finissent par devenir noirs. L'azotite de potassium colore la solution du sulfate en un beau violet.

L'*hydrate de sulfocyanéthylène-sulfine* ne paraît pas stable; du moins, n'a-t-on pas réussi à l'isoler; le chlorure et l'iodure, décomposés par l'oxyde d'argent, donnent une solution acide [L. Glutz, *Ann. der Chem. u. Pharm.*, t. CLIII, p. 313; *Bull de la Soc. chim.*, t. XII; p. 138, t. XIV, p. 150].

SULFOCYANATE DE GLYCÉRYLE. — Voyez plus haut, TRISULFOCYANATE D'ALLYLE.

SULFOCYANATE D'α-HEXYLE. — Voyez t. II, p. 23.

SULFOCYANATE DE β-HEXYLE,

$$C^7H^{13}AzS = CAzS.C^6H^{13}.$$

— On chauffe pendant une heure, dans un ballon surmonté d'un réfrigérant ascendant, l'iodure de β-hexyle (de la mannite), avec une solution alcoolique de sulfocyanate de potassium et on précipite le produit par l'eau. Il se sépare une huile qui, séchée sur du chlorure de calcium et rectifiée, constitue le sulfocyanate de β-hexyle. C'est un liquide insoluble, plus léger que l'eau, bouillant à 206-207° (non corrig.), d'une odeur désagréable; il se colore peu à peu en jaune [J. Uppenkamp, *Bull. de la Soc. Chim.*, t. XXIV, p. 135].

SULFOCYANATE D'ISOPROPYLE. — Obtenu avec l'iodure d'isopropyle et le sulfocyanate de potassium, il constitue un liquide bouillant à 152-153° et possédant à 0° la densité 0,989 et à 15° la densité 0,974 [G. Gerlich, *Deutsch., chem. Gesellsch.*, t. VIII, p. 650].

SULFOCYANATE DE MÉTHYLE [Cahours, *Ann. de Chim. et de Phys.*, (3), t. XVIII, p. 261],

$$C^2H^3AzS = CAzS.CH^3.$$

— Lorsqu'on distille parties égales de sulfocyanate de potassium et de méthylsulfate de calcium, employés tous deux en solution concentrée, il distille avec les vapeurs aqueuses un liquide jaune, pesant; cette huile, séchée sur le chlorure de calcium et rectifiée, est le sulfocyanate de méthyle. La préparation de ce produit est difficile à conduire à cause des nombreux soubresauts du liquide; il faut employer une cornue très-spacieuse.

Il est probable qu'on pourra préparer plus facilement le sulfocyanate de méthyle en chauffant l'iodure de méthyle avec une solution concentrée de sulfocyanate de potassium dans l'alcool ordinaire ou bien dans l'alcool méthylique.

Le sulfocyanate de méthyle constitue un liquide incolore, bouillant à 132°,9 (pression 757mm); il possède une odeur alliacée; sa vapeur étourdit; sa densité est de 1,115 à 16°. M. Is. Pierre a trouvé à 0° la densité plus faible, 1,0879; il représente le volume de cet éther à différentes températures par les deux formules suivantes (le volume à 0° = 1) [*Ann. de Chim. et de Phys.* (3), t. XXXIII, p. 109]:

$$V_t = 1 + 0,00097t + 0,00000125t^2$$
$$+ 0,0000000118t^3 \text{ (entre 0° et 70°).}$$
$$V_t = 1 + 0,000948t + 0,00000255t^2$$
$$+ 0,00000000246t^3 \text{ (entre 70° et 126°).}$$

La densité de vapeur de l'éther est égale à 2,56.

L'eau le dissout en petite quantité; l'alcool et l'éther en toutes proportions.

Le chlore l'attaque très-lentement à la lumière diffuse, en produisant de beaux cristaux de chlorure de cyanogène solide et une huile jaune, qui est un mélange de chlorure de soufre, de tétrachlorure de carbone et de sulfure de méthyle perchloré; à la lumière solaire, l'action est plus vive [Riche, *Compt. rend.*, t. XXXIX, p. 910].

L'ammoniaque, la potasse aqueuse ou alcoolique, le sulfure de potassium et l'acide nitrique réagissent sur le sulfocyanate de méthyle comme sur les autres éthers sulfocyaniques.

Lorsqu'on chauffe à 100° le sulfocyanate de méthyle avec de l'iodure de méthyle, de l'iode est mis en liberté et il se forme de l'iodure de triméthylsulfine et un liquide, dont on n'a pu isoler aucun corps défini; ce liquide ne renferme pas d'iodure de cyanogène, qui aurait pu se former en vertu de l'équation suivante :

$$CAzSCH^3 + 2CH^3I = S(CH^3)^3I + CAzI$$

[A. Cahours, *Compt. rend.*, t. LXXXI, p. 1165].

SULFOCYANATE DE MÉTHYLÈNE,

$$C^3H^2Az^2S^2 = (CAzS)^2CH^2.$$

— On fait agir l'iodure de méthylène sur une solution alcoolique de sulfocyanate de potassium, et on purifie le produit par cristallisation dans l'alcool. Cet éther se dépose en prismes, en fines aiguilles ou en lamelles rhombiques, suivant la concentration; il est très-soluble dans l'alcool et l'éther, à peu près insoluble dans l'eau froide, mais assez soluble à chaud. Il fond à 102°.

L'acide azotique l'oxyde et donne, indépendamment d'une certaine quantité d'acide sulfurique, de l'acide méthylène-disulfureux $CH^2(SO^3H)^2$ [Mlle Julie Lermontoff, *Deutsch. chem. Gesellsch.*, t. VII, p. 1282; *Bull. de la Soc. chim.*, t. XXIII, p. 503].

SULFOCYANATE DE NAPHTYLE (β),

$$C^{11}H^7AzS = CAzS.C^{10}H^7.$$

— On met en suspension dans l'alcool le β-naphtylmercaptide de plomb et l'on fait passer de l'hydrogène à travers l'appareil; lorsque l'air est complétement expulsé, on dirige un courant de chlorure de cyanogène dans le liquide; l'absorption est rapide et la masse s'échauffe. La solution alcoolique, séparée du chlorure de plomb formé, laisse précipiter, après addition d'eau, une huile qui se solidifie au bout d'un temps assez long. Ce produit, dissous dans l'alcool faible et étendu de beaucoup d'eau, fournit au bout de quelque temps le sulfocyanate de naphtyle sous la forme d'une masse blanche, ayant l'aspect de la neige. Il fond à 35°. Le sulfhydrate de potassium en agissant sur cet éther donne du sulfocyanate potassique et du β-naphtylmercaptan; l'acide chlorhydrique concentré le dédouble en β-naphtylmercaptan, gaz carbonique et ammoniaque, et l'amalgame de sodium le convertit à 150-160° en bisulfure de naphtyle, en même temps qu'il se forme du cyanure de sodium [O. Billeter, *Deutsch. chem. Gesellsch.*, t. VIII, p. 463, *Bull. de la Soc. chim.*, t. XXIV, p. 372].

SULFOCYANATE D'OCTYLE,

$$C^9H^{17}AzS = CAzS.C^8H^{17}.$$

— Le sulfocyanate d'octyle, correspondant à l'alcool octylique préparé avec de l'huile de ricin, est un liquide incolore, bouillant à 242°, dont l'odeur rappelle celle de la conicine [H. Jahn., *Deutsch. chem. Gesellsch.*, t. VIII, p. 805; — *Bull. de la Soc. chim.*, t. XXV, p. 117].

SULFOCYANATE DE PHÉNYLE,

$$C^7H^5AzS = CAzS.C^6H^5.$$

— Cet éther prend naissance lorsqu'on traite le sulfate de diazobenzol en solution concentrée par une solution d'acide sulfocyanique :

$$C^6H^5Az^2,SO^4H + CAzSH = SO^4H^2 + Az^2 + CAzS.C^6H^5;$$

mais cette réaction, intéressante au point de vue théorique, ne donne qu'un rendement très-faible. Pour préparer le sulfocyanate de phényle on fait agir le chlorure de cyanogène sur du phénylmercaptide de plomb, en opérant comme nous venons de l'indiquer pour le sulfocyanate naphtylique.

Le sulfocyanate de phényle constitue un liquide incolore, bouillant à 231° (corrig., pression 706°) et possédant à 17°,5 une densité de 1,155.

Le sulfhydrate de potassium, l'acide chlorhydrique ou l'amalgame de sodium lui font subir les mêmes transformations qu'aux autres éthers sulfocyaniques [O. Billeter, *Deutsch. chem. Gesellsch.*, t. VII, p. 1753 et t. VIII, p. 462; *Bull. de la Soc. chim.*, t. XXIV, p. 74 et p. 372].

SULFOCYANATE DE PROPYLE,

$$C^4H^7AzS = CAzS.C^3H^7.$$

— Liquide incolore, d'une odeur désagréable, bouillant à 163°, qu'on obtient en faisant bouillir le bromure de propyle avec une solution alcoolique de sulfocyanate de potassium [C. Schmitt, *Zeitch. für Chem.*, 1870, p. 576].

Appendice aux éthers sulfocyaniques.

SULFOCYANATE DE GLYCOLYLE (1),

$$C^3H^3AzSO^2 = \begin{matrix} CH^2.SCAz \\ | \\ CO.OH. \end{matrix}$$

— Voyez SULFOCYANACÉTIQUE (ACIDE), t. III, p. 91.

ACIDE SULFOCYANOFORMIQUE ou SULFOCYANOCARBONIQUE,

$$C^2HAzSO^2 = CO < \begin{matrix} SCAz \\ OH. \end{matrix}$$

— L'éther de cet acide prendrait naissance, d'après M. Henry, lorsqu'on fait agir l'éther chlorocarbonique (chloroformique) sur le sulfocyanate de potassium ou d'ammonium en solution alcoolique [L. Henry, *Journ. für prakt. Chem.*, (2), t. IX, p. 464; *Bull. de la Soc. chim.*, t. XXII, p. 361],

$$CO < \begin{matrix} Cl \\ OC^2H^5 \end{matrix} + CAzSK = CO < \begin{matrix} SCAz \\ OC^2H^5 \end{matrix} + KCl.$$

Suivant les observations plus récentes de M. Delitsch, on obtiendrait, dans cette réaction, non l'éther sulfocyanocarbonique, mais bien un composé, $C^6H^{11}AzSO^3$, qui en diffère par les éléments d'une molécule d'alcool en plus :

$$C^6H^{11}AzSO^3 = C(SCAz)O^2.C^2H^5 + C^2H^5.OH.$$

D'après ces divergences, il semblerait probable que les deux observateurs n'ont pas opéré dans des conditions semblables; mais, d'un autre côté, les propriétés du composé décrit par M. Delitsch coïncidant avec celles du corps de M. Henry, il y a là un point douteux, que de nouvelles expériences doivent éclaircir [G. Delitsch, *Journ. für prakt. Chem.* (2), t. X, p. 116; *Bull. de la Soc. chim.*, t. XXIII, p. 108].

Le corps de M. Delitsch pourrait être considéré comme un dérivé de l'acide thiocarbamique,

$$C^6H^{11}AzSO^3 = CO < \begin{matrix} AzH(CO.OC^2H^5) \\ SC^2H^5 \end{matrix}$$

carboxéthylthiocarbamate d'éthyle. — Voyez t. III, p. 87.

Lorsqu'on fait agir l'éther chlorocarbonique sur le sulfocyanate d'ammonium sec, on obtient du sel ammoniac et un liquide visqueux, jaune, incristallisable, doué d'une odeur extrêmement irritante, et qui constitue peut-être le sulfocyanocarbonate d'éthyle.

En présence de l'alcool, l'éther chlorocarbonique réagit à une douce chaleur sur les sulfocyanates d'ammonium ou de potassium; une fois la réaction commencée, il faut refroidir pour la modérer. Le produit filtré, débarrassé d'alcool par distillation au bain-marie, puis additionné d'eau, fournit une huile dense, d'une odeur forte,

1. On peut faire dériver de l'acide glycolique trois radicaux : un radical d'alcool, un radical d'acide et un radical diatomique tout à la fois radical d'alcool et radical d'acide. Si l'on voulait dénommer ces trois restes; ce qui est toujours utile pour le langage, on pourrait donner au premier, CH^2-CO.OH, le nom de *glycolyle*, au second, CH^2.OH-CO, le nom d'*hydroxacétyle*; et au troisième, CH^2-CO, le nom de *déhydracétyle*.

rappelant celle de la chloropicrine et qui se prend après quelque temps en une masse cristalline. Purifié par cristallisation dans l'alcool chaud, le nouveau corps est en longs prismes incolores, suivant Henry, fusibles à 41° et renfermant

$$\mathrm{C(SCAz)O^2.C^2H^5};$$

au contraire, d'après Delitsch, fusibles à 43° et ayant pour formule $\mathrm{C(SCAz)O^2.C^2H^5 + C^2H^6O}$.

Ce corps est très-soluble dans l'alcool, l'éther et le sulfure de carbone. Si l'on ajoute à sa solution alcoolique de la potasse dissoute également dans l'alcool, il se forme immédiatement un précipité blanc, renfermant,

$$\mathrm{C^2AzSO^2K = C(SCAz)O^2.K}\ \text{(Henry)},$$

$$\mathrm{C^6H^{10}AzSO^3K = CO}<\begin{matrix}\mathrm{AzK(CO.OC^2H^5)}\\ \mathrm{SC^2H^5}\end{matrix}$$

(Delitsch).

Le sel potassique est très-peu soluble dans l'alcool, même bouillant, et se dépose sous la forme d'une poussière cristalline; l'eau le dissout abondamment. La solution donne avec les sels de cuivre un précipité vert sale; avec les sels de plomb un précipité blanc; avec les sels d'argent, un précipité blanc, noircissant rapidement avec formation de sulfure d'argent. L'acide chlorhydrique précipite de la solution du sel potassique une substance huileuse qui finit par se solidifier; le corps, ainsi obtenu, fond à 43° et cristallise dans l'eau chaude en petites aiguilles blanches; il est très-soluble dans l'alcool et l'éther et constituerait, d'après M. Henry, l'acide *sulfocyanocarbonique* $\mathrm{C(SCAz)O^2H}$, tandis qu'il ne serait, d'après M. Delitsch, que le composé primitif, $\mathrm{C^6H^{11}AzSO^3}$.

II. ÉTHERS DE LA SULFOCARBIMIDE.

Les éthers de la sulfocarbimide ou *éthers isosulfocyaniques* se préparent par la distillation des sulfocarbamides disubstituées correspondantes avec de l'anhydride phosphorique :

$$\underset{\text{Diphénylsulfocarbamide.}}{\mathrm{CS}<\begin{matrix}\mathrm{AzHC^6H^5}\\ \mathrm{AzHC^6H^5}\end{matrix}} = \underset{\text{Phénylsulfocarbimide.}}{\mathrm{CS{=}Az{-}C^6H^5}} + \underset{\text{Phénylamine.}}{\mathrm{AzH^2C^6H^5}}.$$

L'acide chlorhydrique produit le même dédoublement. L'iode en agissant sur la diphénylsulfocarbamide fournit également de la phénylsulfocarbimide, en même temps qu'il se forme de la triphénylguanidine [Hofmann, t. II, p. 901].

Il est probable que les sulfocarbamides monosubstituées donneront aussi des éthers de la sulfocarbimide sous l'influence de l'anhydride phosphorique ou de l'acide chlorhydrique; du moins la crésylène-disulfocarbimide (p. 118) se forme-t-elle en vertu d'une semblable réaction.

La production des éthers de la sulfocarbimide au moyen des sulfocarbamides substituées est une réaction générale et peut servir à la préparation des sulfocarbimides alcooliques et phénoliques; mais on obtient plus facilement les isosulfocyanates alcooliques en décomposant, par la chaleur et en présence de l'eau, les sels métalliques des acides thiosulfocarbamiques alcooliques (voyez p. 89),

$$\underset{\text{Éthylthiosulfocarbamate d'argent.}}{2\mathrm{CS}<\begin{matrix}\mathrm{AzHC^2H^5}\\ \mathrm{SAg}\end{matrix}}$$

$$= 2\underset{\text{Éthylsulfocarbimide.}}{\mathrm{(CS{=}Az{-}C^2H^5)}} + \mathrm{Ag^2S + H^2S}.$$

L'acide éthylthiosulfocarbamique *libre* se scinde en sulfure de carbone et en éthylamine,

$$\mathrm{CS}<\begin{matrix}\mathrm{AzHC^2H^5}\\ \mathrm{SH}\end{matrix} = \mathrm{CS^2 + AzH^2.C^2H^5}.$$

Traités par l'iode en solution alcoolique, les sels des acides thiosulfocarbamiques substitués fournissent également des sulfocarbimides [A. W. Hofmann, *Deutsch. chem. Gesellsch.*, t. II, p. 452; *Bull. de la Soc. chim.*, 1870, t. XIII, p. 54],

$$\underset{\text{Éthylthiosulfocarbamate d'éthylammonium.}}{\mathrm{CS}<\begin{matrix}\mathrm{AzHC^2H^5}\\ \mathrm{S.AzH^3C^2H^5}\end{matrix}} + \mathrm{I^2}$$

$$= \underset{\text{Éthylsulfocarbimide.}}{\mathrm{CSAzC^2H^5}} + \underset{\text{Iodure d'éthylammonium.}}{\mathrm{IAzH^3C^2H^5}} + \mathrm{HI + S}.$$

Les carbylamines prennent encore naissance lorsqu'on traite les amines primaires par le sulfochlorure de carbone,

$$\mathrm{AzH^2.C^2H^5 + CSCl^2 = 2HCl + CSAzC^2H^5}.$$

Les sulfo-urées dialcooliques ou diphénoliques subissent une transformation analogue sous l'influence du sulfochlorure de phosphore,

$$\mathrm{CS(AzHC^6H^5)^2 + CSCl^2 = 2HCl + 2CSAzC^6H^5}$$

[B. Rathke, *Ann. der Chem. u. Pharm.*, t. CLXVII, p. 211].

Weith a obtenu la phénylsulfocarbimide en chauffant directement la phénylcarbylamine avec du soufre [*Deutsch. chem. Gesellsch.*, t. VI, p. 210],

$$\underset{\text{Phénylcarbylamine.}}{\mathrm{CAzC^6H^5}} + \mathrm{S} = \underset{\text{Phénylsulfocarbimide.}}{\mathrm{CSAzC^6H^5}}.$$

Les carbylamines alcooliques sont peut-être susceptibles de subir une réaction analogue.

Enfin le même chimiste a récemment observé un mode de production intéressant de la phénylsulfocarbimide qui pourra probablement s'appliquer d'une manière générale à la série aromatique; ce corps se forme dans la réaction du sulfure de carbone vers 150° sur la carbodiphénylimide (produit de désulfhydration de la diphénylsulfocarbamide),

$$\underset{\text{Carbodiphénylimide.}}{\begin{matrix}\mathrm{AzC^6H^5}\\ \|\\ \mathrm{C}\\ \|\\ \mathrm{AzC^6H^5}\end{matrix}} + \underset{\text{Sulfure de carbone.}}{\begin{matrix}\mathrm{S}\\ \|\\ \mathrm{C}\\ \|\\ \mathrm{S}\end{matrix}} = 2\underset{\text{Phénylsulfocarbimide.}}{\begin{matrix}\mathrm{AzC^6H^5}\\ \|\\ \mathrm{C}\\ \|\\ \mathrm{S}\end{matrix}}$$

[W. Weith, *Bull. de la Soc. chim.*, t. XXIII, p. 510].

Pour préparer les sulfocarbimides alcooliques, on traite par le sulfure de carbone une solution alcoolique de la monamine primaire correspondante; pour les termes inférieurs de la série, la combinaison a lieu immédiatement et est accompagnée d'un dégagement de chaleur; pour les homologues supérieurs, le concours de la chaleur est nécessaire. Cette réaction fournit un sel d'amine de l'acide thiosulfocarbamique substitué correspondant :

$$\underset{\text{Sulfure de carbone.}}{\mathrm{CS^2}} + \underset{\text{Éthylamine.}}{2\mathrm{(AzH^2.C^2H^5)}} = \underset{\text{Éthylthiosulfocarbamate d'éthylammonium.}}{\mathrm{CS}<\begin{matrix}\mathrm{AzH.C^2H^5}\\ \mathrm{S(AzH^3.C^2H^5)}\end{matrix}}.$$

Le produit est débarrassé d'alcool par distillation au bain-marie, dissous dans l'eau et porté à l'ébullition après addition d'une solution de chlorure mercurique (1 molécule de $\mathrm{HgCl^2}$ pour 2 molécules de l'amine employée) : il se forme le sel mercurique de l'acide thiosulfocarbamique substitué qui se dédouble par l'ébullition de la liqueur selon l'équation précédemment donnée; la sulfocarbimide alcoolique produite passe avec la vapeur d'eau.

Les amines secondaires, telle que la diéthylamine, soumises à ce traitement, ne donnent pas de sulfocarbimides, comme M. Hofmann l'avait annoncé d'abord. La formation d'une sulfocarbimide aux dépens d'une amine peut donc servir pour caractériser les amines primaires. Cette réaction est d'ailleurs très-sensible, à cause de l'odeur intense des sulfocarbimides [A. W. Hofmann, *Ann. de Chim. et de Phys.*, (3), t. LIV, p. 200; — V. Hall, *Phyl. Mag.*, (4), t. XVII, p. 304; — Hofmann, *Berl. Acad. Ber.*, 1868, p. 24 et 464; *Compt. rend.*, t. LXVI, p. 132; t. LXVII, p. 925 et 976; *Bull. de la Soc. chim.*, 1868, t. IX, p. 478; 1869, t. XII, p. 362; *Deutsch. chem. Gesellsch.*, t. VIII, p. 107].

Nos connaissances sur les sulfocarbimides étaient restées très-incomplètes pendant longtemps; jusqu'en 1858, l'essence de moutarde (sulfocarbimide allylique) avait été le seul représentant de cette classe d'éthers sulfocyaniques; à cette époque, M. Hofmann a fait connaître la phénylsulfocarbimide, et Hall la naphthylsulfocarbimide; mais ce n'est que dix ans plus tard que M. Hofmann a publié un travail d'ensemble remarquable sur les sulfocarbimides substituées, et, en préparant les sulfocarbimides de la série grasse, il a bien établi l'isomérie des deux classes d'éthers sulfocyaniques. Ce savant a proposé pour la classe des éthers de la sulfocarbimide le nom générique d'*essences de moutarde* (*Senfœle* en allemand), désignant, par exemple, l'*éthylsulfocarbimide* par le nom d'*essence de moutarde éthylique;* le mot sulfocarbimide nous paraît préférable, car il est plus rationnel; nous l'adopterons dans le courant de cet article.

Les éthers de la sulfocarbimide possèdent un point d'ébullition situé plus bas que celui des véritables éthers sulfocyaniques; la différence est d'environ 12°. Ils offrent une odeur forte et irritante rappelant l'essence de moutarde et fort différente d'ailleurs de celle des éthers du véritable acide sulfocyanique.

ACÉTYLSULFOCARBIMIDE,

$$C^3H^3AzSO = CSAz.C^2H^3O.$$

— Le chlorure d'acétyle, en agissant à une douce chaleur sur le sulfocyanate de plomb, ne fournit pas le sulfocyanate d'acétyle, mais bien son isomère l'acétylsulfocarbimide qu'on isole en soumettant à la distillation le produit de la réaction. C'est un liquide incolore, qui rougit au contact de l'air; il bout à 131-132° et possède à 16° une densité de 1,151. Sa saveur est brûlante, et son odeur extrêmement piquante; il attaque fortement les yeux.

L'acétylsulfocarbimide se dissout dans l'alcool et l'éther; l'eau la décompose à 100° en donnant de l'acide acétique et de l'acide sulfocyanique; une autre partie se dédouble en oxysulfure de carbone et acétamide,

$$CSAz.C^2H^3O + H^2O = CSAzH + C^2H^3O.OH$$
$$CSAz.C^2H^3O + H^2O = COS + C^2H^3O.AzH^2$$

L'acétylsulfocarbimide, fixant directement une molécule d'ammoniaque, se transforme en acétylsulfo-urée, $CSAz^2H^3.C^2H^3O$. — Voyez t. III, p. 134 [P. Miquel, *Compt. rend.*, t. LXXXI, p. 1209; — *Bull. de la Soc. chim.*, t. XXV, p. 104 et p. 252].

ALLYLSULFOCARBIMIDE, S=C=Az-C^3H^5. — C'est l'essence de moutarde. — Voyez t. I, p. 155.

AMYLSULFOCARBIMIDE, $C^6H^{11}SAz = CSAz.C^5H^{11}$. — Cet éther correspondant à l'alcool amylique de fermentation, forme un liquide incolore bouillant à 182° dont la densité est : 0,9575 à 0°; 0,9419 à 17°, et 0,7875 à 182° (L. Buff); sa densité de vapeur est de 4,40 (calc. 4,48). Son odeur se rapproche de celle de l'éthylsulfocarbimide (Hofmann).

ANGÉLYLSULFOCARBIMIDE,

$$C^6H^9SAz = CSAz.C^5H^9.$$

Pour obtenir cet éther, on transforme le bromure d'amylène (de l'alcool de fermentation) en un mélange de bases, par l'ammoniaque alcoolique. La partie la plus volatile de ce mélange contient de l'angélylamine, $C^5H^9.AzH^2$; on la traite par le sulfure de carbone, puis par le chlorure mercurique. L'angélylsulfocarbimide constitue un liquide bouillant à 190° et possède l'odeur de l'essence de moutarde, quoique à un degré plus faible [A. W. Hofmann, *Deutsch. chem. Gesellsch.*, t. VIII, p. 105].

BENZOYLSULFOCARBIMIDE,

$$C^8H^5AzSO = CSAz.C^7H^5O.$$

— On la prépare en chauffant à 150° un mélange de chlorure de benzoyle et de sulfocyanate de plomb; la masse est reprise par l'éther, et après avoir chassé ce dernier au bain-marie, on distille le résidu dans le vide. Cette réaction, de même que celle du chlorure d'acétyle sur le sulfocyanate plombique, est accompagnée d'un changement moléculaire, car, normalement, elle devrait fournir le sulfocyanate de benzoyle et non son isomère, la benzoylsulfocarbimide. Celle-ci constitue un liquide incolore, très-réfringent, d'une odeur piquante, possédant une densité de 1,197 à 16°. Elle bout dans le vide entre 200 et 205°; lorsqu'on cherche à la distiller à la pression ordinaire, elle se décompose en dégageant de l'oxysulfure de carbone. Sous l'influence de l'eau, elle se dédouble partiellement en acide benzoïque et acide sulfocyanique, tandis qu'une autre portion fournit de la benzamide et de l'oxysulfure de carbone [P. Miquel, *loc. cit.*].

Elle fixe directement une molécule d'ammoniaque en produisant la benzoylsulfo-urée — Voyez t. III, p. 134.

Lorsqu'on fait agir le chlorure de benzoyle sur le sulfocyanate de potassium sec, on observe une réaction très-vive, et l'on n'obtient que les produits de décomposition de la benzoylsulfocarbimide, anhydride carbonique, sulfure de carbone et benzonitrile. Si la réaction a lieu en présence de l'alcool, les éléments de ce corps s'ajoutent à la benzoylsulfocarbamide et la transforment en acide *benzoyléthylthiocarbamique,*

$$CO \begin{cases} Az.C^2H^5, C^7H^5O \\ SH. \end{cases}$$

— Voyez SULFOCARBAMIQUES (ACIDES), t. III, p. 86.

BENZYLSULFOCARBIMIDE,

$$C^8H^7SAz = CSAz.CH^2-C^6H^5.$$

— Lorsqu'on dissout la benzylamine dans le sulfure de carbone, on obtient un corps blanc cristallisé qui, chauffé en solution alcoolique avec du chlorure de mercure, fournit la benzylsulfocarbimide. C'est un liquide bouillant vers 243° et offrant une odeur de cresson (Hofmann).

BUTYLSULFOCARBIMIDES. — M. Hofmann a préparé les sulfocarbimides correspondantes à trois alcools butyliques : alcool butylique normal, alcool butylique secondaire et alcool isobutylique; mais il n'a pu obtenir la sulfocarbimide de l'alcool butylique tertiaire car, malgré plusieurs tentatives, il n'a pas réussi à préparer l'amine de cet alcool.

Butylsulfocarbimide normale,

$$C^5H^9AzS = CSAz.CH^2-CH^2-CH^2-CH^3.$$

— Préparée en partant de l'alcool butylique normal, elle constitue un liquide incolore bouillant à 167°; en s'unissant à l'ammoniaque, elle produit la butylsulfo-urée fusible à 75° [A. W. Hofmann, *Deutsch. chem. Gesellsch.*, t. VII, p. 508; *Bull. de la Soc. chim.*, t. XXII, p. 364].

Butylsulfocarbimide secondaire,

$$C^5H^9AzS = CSAz.CH{<}{}^{CH^3}_{CH^2-CH^3}.$$

— On l'obtient en partant de la butylamine correspondante à l'alcool butylique secondaire de M. de Luynes (préparé avec l'érythrite); elle se présente sous la forme d'un liquide incolore, bouillant à 159°,5, et possédant à 12° la densité 0,944. Elle offre l'odeur de l'essence de *Cochlearia officinalis*, avec laquelle elle est complétement identique. La sulfo-urée butylique qui prend naissance par fixation directe de l'ammoniaque sur la butylsulfocarbimide, fond à 133-134° [Hofmann, *loc. cit.*; *Deutsch. chem. Gesellsch.*, t. III, p. 102; *Bull. de la Soc. chim.*, 1869, t. XII, p. 236].

Isobutylsulfocarbimide,

$$C^5H^9AzS = CSAz.CH^2-CH{<}{}^{CH^3}_{CH^3}.$$

— Elle correspond à l'alcool butylique de fermentation. C'est un liquide incolore bouillant à 162° et possédant à 14° une densité de 0,9638; la sulfo-urée résultant de la fixation de l'ammoniaque sur cette sulfocarbimide, fond à 93°.5 [Reimer, *Deutsch. chem. Gesellsch.*, t. III, p. 756; *Bull. de la Soc. chim.*, t. XIV, p. 395; — Hofmann, *loc. cit.*].

Crésylsulfocarbimide,

$$C^8H^7AzS = CSAz.C^6H^4-CH^3.$$

On en connaît trois qui correspondent aux trois toluidines : ortho-, méta-, et paratoluidine.

La première forme un liquide d'une odeur piquante, bouillant à 239°, qui s'unit facilement à l'ammoniaque et aux ammoniaques composées [E. Girard, *Deutsch. chem. Gesellsch.*, t. VI, p. 444].

La seconde est également liquide et ne se solidifie pas à — 20°; elle bout à 244° (pression 732 millimètres); elle est plus dense que l'eau [W. Weith et A. Landolt, *Deutsch. chem. Gesellsch.*, t. VIII, p. 715].

Enfin, la troisième se présente sous la forme de longues aiguilles blanches, fusibles à 26° et distillant à 237°; elle possède l'odeur de l'essence d'anis; insoluble dans l'eau, elle se dissout aisément dans l'alcool et l'éther (Hofmann, 1868).

Crésylène-disulfocarbimide,

$$C^9H^6Az^2S^2 = (CSAz)^2.C^6H^3-CH^3.$$

— On la prépare en partant du dinitrotoluène fusible à 71°, le transformant en crésylène-diamine, puis en crésylène-disulfocarbamide et chauffant celle-ci avec de l'acide chlorhydrique concentré :

$$\begin{matrix}AzH^2\text{-}CS\text{-}AzH \\ AzH^2\text{-}CS\text{-}AzH\end{matrix}{>}C^7H^6 + 2HCl$$
$$= 2AzH^4Cl + \begin{matrix}CS{=}Az \\ CS{=}Az\end{matrix}{>}C^7H^6.$$

Au bout d'une demi-heure, toute la sulfocarbamide est décomposée, et on peut alors distiller avec la vapeur d'eau la sulfocarbimide formée. On agite le liquide distillé avec de l'éther, et on évapore la solution éthérée : la sulfocarbimide reste sous la forme d'une huile brunâtre, assez épaisse, non volatile sans décomposition. Avec l'ammoniaque, elle régénère la crésylène-disulfocarbamide. L'anhydride phosphorique ne peut servir pour la préparation de la crésylène-disulfocarbimide, ce qui s'explique facilement par la non-volatilité de cette dernière.

La diphénylcrésylène-disulfocarbamide,

$$C^7H^6{<}\begin{matrix}AzH\text{-}CS\text{-}AzH.C^6H^5 \\ AzH\text{-}CS\text{-}AzH.C^6H^5\end{matrix}$$

(produit d'addition de la crésylène-diamine et de la phénylsulfocarbimide), traitée par l'acide chlorhydrique chaud, se scinde en chlorhydrate d'aniline et crésylène-disulfocarbimide [R. Lussy, *Deutsch. chem. Gesellsch.*, t. VIII, p. 667].

Crotonylsulfocarbimide,

$$C^5H^7AzS = CSAz.CH{=}C{<}{}^{CH^3}_{CH^3}$$

— Lorsqu'on traite par l'ammoniaque à 100° le bromure de butylène bouillant à 148-149°, la réaction est terminée au bout de quelques heures et la solution, séparée du bromure d'ammonium formé, contient, indépendamment d'un corps bromé très-volatil que l'ammoniaque n'attaque plus à 200°, un mélange d'ammoniaques composées bouillant entre 80° et 100°. Ce mélange est formé de butylène-diamine, de dibutylène-diamine, etc., et d'une petite quantité de crotonylamine, $C^4H^7.AzH^2$. Cette dernière base s'est produite aux dépens du butylène bromé naissant formé en premier lieu (le butylène bromé n'est pas attaqué par l'ammoniaque); elle peut être transformée facilement en crotonylsulfocarbimide par le sulfure de carbone et le chlorure mercurique. La crotonylsulfocarbimide est un liquide incolore, bouillant vers 170°, doué d'une odeur voisine de celle de l'essence de moutarde; l'ammoniaque la convertit en crotonylsulfo-urée fusible à 85° [A. W. Hofmann, *Deutsch. chem. Gesellsch.*, t. VII, p. 514; *Bull. de la Soc. chim.*, t. XXII, p. 366].

Éthylsulfocarbimide, $C^3H^5AzS = CSAz.C^2H^5$.

— Lorsqu'on chauffe la diéthylsulfocarbamide avec de l'anhydride phosphorique il se dégage, à une douce température, des vapeurs d'éthylsulfocarbimide qui se condensent en un liquide jaunâtre. Il est plus avantageux de préparer cette sulfocarbimide en décomposant l'éthylthiosulfocarbamate d'éthylamine par le chlorure mercurique (Voyez p. 116).

L'éthylsulfocarbimide purifiée par distillation constitue un liquide incolore bouillant à 134° (Hofmann), à 133°,2 (Buff); sa densité est de 1,0191 à 0°; de 0,9972 à 22°; de 0,8791 à 0,8735 à 133°,2 [H.-L. Buff, *Deutsch. chem. Gesellsch.*, t. I, p. 206].

Sa densité de vapeur a été trouvée égale à 3,03 (calcul 3,02). Elle offre une odeur piquante et provoque le larmoiement; appliquée sur la peau, elle cause une douleur brûlante.

Les réactions de l'éthylsulfocarbimide sont celles des autres sulfocarbimides; l'éthylsulfocarbamide, résultant de l'union de l'ammoniaque et de l'éthylsulfocarbimide, fond à 106°; on connaît aussi les combinaisons avec la méthylamine et l'aniline (A. W. Hofmann).

Le chlore agit très-énergiquement sur l'éthylsulfocarbimide et l'altère profondément; si l'on étend préalablement la sulfocarbimide avec de l'éther anhydre, la réaction est plus calme : le chlore est absorbé avec élévation de température, et il ne se forme que peu d'acide chlorhydrique; le liquide se prend peu à peu en une bouillie, qui, après dessiccations dans le vide, laisse une poudre jaunâtre, peu propre à l'analyse. Lorsqu'on traite ce corps par une lessive de soude, il se transforme en une huile dense et brune se solidifiant au bout de quelque temps. Purifiée par cristallisation dans l'alcool, la nouvelle substance est en longs prismes, ou en tables hexagonales renfermant $C^6H^{10}Az^2S^2O = (CSAz.C^2H^5)^2O$, c'est-à-dire les éléments de deux molécules d'éthylsulfocarbimide et d'un atome d'oxygène.

Ces cristaux fondent à 42°; insolubles dans l'eau, ils se dissolvent facilement dans l'alcool, moins abondamment dans l'éther. Ils donnent avec le chlorure de platine une combinaison rouge, incristallisable. Traités par le sulfure d'ammonium, ils fournissent un beau composé fusible à 60°, en même temps qu'il se sépare du soufre [E. Sell, *Deutsch. chem. Gesellsch.*, t. VI, p. 322; *Bull. de la Soc. chim*, t. XX, p. 273].

GLYCOLYLSULFOCARBIMIDE (1),

$$C^3H^3AzSO^2 = \begin{matrix} CH^2.AzCS \\ | \\ CO.OH. \end{matrix}$$

— Voyez SULFOCYANACÉTIQUE (ACIDE), t. III, p. 91.

β-HEXYSULFOCARBIMIDE,

$$C^7H^{13}AzS = CSAz.C^6H^{13}.$$

— Elle correspond à l'iodure de β-hexyle préparé par réduction de la mannite.

C'est un liquide incolore bouillant à 199-200° et possédant une densité de 0,9253. Son odeur est celle de l'essence de moutarde [J. Uppenkamp, *Deutsch. chem. Gesellsch.*, t. VIII, p. 54; *Bull. de la Soc. chim.*, t. XXIV, p. 135].

MÉTHYLSULFOCARBIMIDE, $C^2H^3AzS = CSAz.CH^3$.

— Elle se présente sous la forme de cristaux incolores, fusibles à 34° et se solidifiant de nouveau à 26°; elle bout à 119° et possède la densité de vapeur 2,42 (calcul 2,53) [Hofmann].

NAPHTYLSULFOCARBIMIDE,

$$C^{11}H^7AzS = CSAz.C^{10}H^7.$$

— Voyez t. II, p. 528.

OCTYLSULFOCARBIMIDE,

$$C^9H^{17}AzS = CSAz.C^8H^{17}.$$

— La sulfocarbimide préparée avec l'alcool octylique de l'huile de ricin, constitue un liquide incolore, bouillant sans décomposition à 234°; son odeur rappelle celle de l'essence de moutarde, mais elle est beaucoup plus faible [H. Jahn, *Deutsch. chem. Gesellsch.*, t. VIII, p. 803; *Bull. de la Soc. chim.*, t. XXV, p. 117].

SULFOCARBIMIDE OXYBENZOÏQUE,

$$C^8H^5AzSO^2 = \begin{matrix} C^6H^4.AzCS \\ | \\ CO.OH. \end{matrix}$$

— M. Rathke et Schæfer ont obtenu un corps de cette composition en traitant l'acide amidobenzoïque, en vase clos à 140°, par le chlorure de sulfocarbonyle,

$$\begin{matrix} C^6H^4AzH^2 \\ | \\ CO.OH \end{matrix} + CSCl^2 = 2HCl + \begin{matrix} C^6H^4.AzCS \\ | \\ CO.OH. \end{matrix}$$

Pour purifier le produit, on le dissout dans la quantité nécessaire de carbonate de sodium en solution étendue, on ajoute un peu d'acétate de plomb. Le liquide, débarrassé par l'hydrogène sulfuré du plomb qu'il contient, est précipité par un acide. La substance ainsi obtenue ne constitue probablement pas la véritable sulfocarbimide oxybenzoïque, mais bien un corps polymère; elle forme une poudre très-légèrement colorée, ne fondant pas encore à 310°; elle est insoluble dans tous les solvants ordinaires. Les alcalis la dissolvent et lui enlèvent le soufre à une douce chaleur. Traitée par l'oxyde de mercure et l'eau, elle fournit du sulfure de mercure et un composé très-soluble dans l'eau. La sulfocarbimide oxybenzoïque s'unit directement à l'aniline, produisant ainsi une sulfo-urée phénYloxybenzoïque fusible à 190-191° [B. Rathke et P. Schæfer, *Ann. der Chem. u. Pharm.*, t. CLXIX, p. 101; *Bull. de la Soc. chim.*, t. XXI, p. 463].

(1) Voyez la note de la page 115.

PHÉNYLSULFOCARBIMIDE, $C^7H^5AzS = CSAz.C^6H^5$.

— Voyez t. II, p. 913.

VINYLSULFOCARBIMIDE. — Ce corps n'a pas encore pu être préparé car on ne connaît pas la vinylamine; M. Hofmann a fait un grand nombre d'expériences pour obtenir ce corps, mais ni dans l'action de l'ammoniaque alcoolique sur le bromure d'éthylène, ni dans celle de ce même réactif sur l'éthylène bromé (bromure de vinyle), il n'a pu observer la formation de traces de vinylamine [*Deutsch. chem. Gesellsch.*, t. VII, p. 517; t. VIII, p. 106]. A. H.

SULFOCYMÉNIQUES (ACIDES),

$$C^{10}H^{13}.SO^3H.$$

— On en connaît deux : l'un correspondant au cymène α, retiré de l'essence de cumin, et qui n'est autre que le propyl-toluène; l'autre correspondant au cymène β, venant du camphre et qui paraît être l'isopropyl-toluène.

ACIDE SULFOCYMÉNIQUE α (appelé aussi *thymylsulfureux*) [Gerhardt et Cahours, *Ann. de Chim. et de Phys.*, (3), t. I, p. 106]. — On le prépare en dissolvant à froid le cymène dans l'acide sulfurique; la solution, saturée par le carbonate de baryum, fournit le sulfocyménate de baryum soluble, qui, par la concentration du liquide, s'obtient à l'état de paillettes nacrées d'un grand éclat. Il renferme $(C^{10}H^{13}SO^3)^2Ba + H^2O$; il perd son eau à 100°.

ACIDE SULFOCYMÉNIQUE β [Delalande, *Ann. de Chim. et de Phys.*, (3), t. I, p. 368]. — Obtenu par Delalande avec le cymène du camphre; il a été étudié par Siewerking qui en a décrit quelques sels [*Ann. der Chem. u. Pharm.*, t. CVI, p. 257]. Séparé de son sel de plomb par l'hydrogène sulfuré, il se présente sous la forme de petits cristaux déliquescents.

Le *sel de baryum* est en paillettes cristallines renfermant $(C^{10}H^{13}SO^3)^2Ba + 4H^2O$ (Delalande). Il ne perd pas entièrement son eau avant 170° (Siewerking). Avec le propyl-toluène synthétique, MM. Fittig, Kœnig et Schaeffer ont obtenu un sel en lamelles incolores, présentant l'aspect du sel précédent, mais renfermant $3H^2O$. — Voyez PROPYL-MÉTHYL-BENZINE, t. II, p. 890.

Le *sel de calcium*, $(C^{10}H^{13}SO^3)^2Ca + 1\ 1/2\ H^2O$, est en lames incolores, devenant anhydres à 170° (Siewerking).

Le *sel de plomb* est en paillettes nacrées; il renferme $(C^{10}H^{13}SO^3)^2Pb + 4H^2O$, et perd son eau à 120°.

Le *sel de sodium*, $C^{10}H^{13}SO^3Na + H^2O$ (?), est en fines aiguilles, perdant leur eau à 170°.

Les *sels d'argent et de cuivre* sont également en aiguilles.

Quand on fond le sel de sodium ou le sel de baryum de l'acide sulfocyménique β avec la potasse, on obtient un phénol $C^{10}H^{14}O$, isomère du thymol (voyez THYMOL). [H. Muller, *Deutsch. Chem. Gesells.*, t. II, p. 130, et *Bull. de la Soc. chim.*, 1869, t. XII, p. 315; — Pott, *même recueil*, t. XII, p. 481]. E. G.

SULFOCYANOCARBONIQUE (ACIDE). — Voyez SULFOCYANIQUES (ÉTHERS), t. III, p. 115.

SULFOFLAVIQUE (ACIDE). — Voyez ACIDE SULFINDIGOTIQUE, t. II, p. 103.

SULFOFORME, $(CH)^2S^3$. — Ce composé paraît se former lorsqu'on chauffe l'iodoforme avec du soufre en vase clos, à une température de 110°. On traite le produit par de l'eau bouillante, additionnée d'un peu de soude, ensuite par l'éther qui enlève l'iodoforme non décomposé, et on le dissout finalement dans le sulfure de carbone. La solution abandonne par l'évaporation d'abord de beaux cristaux jaunâtres de sulfoforme et à la fin des cristaux de soufre [Fr. Pfankuck, *Journ. f. prakt. Chem.* (2), t. IV, p, 38; *Bull. de la Soc. chim.*, 1874, t. XVI, p. 271].

SULFOFULVIQUE (ACIDE). — Voyez INDIGO, t. II, p. 103.

SULFOHIPPURIQUE (ACIDE). — Voyez t. II, p. 31.

SULFOMANNITIQUE. — Voyez MANNITE.

SULFOMÉLANURIQUE (ACIDE), $C^3H^4Az^4S^2$ [Syn. *Sulfomellonique (acide)*] [Jamieson, *Ann. der Chem. u. Pharm.*, t. LIX, p. 339]. — Ce corps se forme à l'état de sel de potassium, lorsqu'on traite le persulfocyanogène (voyez t. II, p. 781) par le sulfhydrate de potassium :

$$\underset{\text{Persulfocyanogène.}}{2C^3HAz^3S^3} + 3KHS + 2H^2O = \underset{\text{Sulfomélanurate de potassium.}}{C^3H^3Az^4S^2,K}$$
$$+ 2CAzSK + 3H^2S + CO^2 + S^2.$$

L'acide sulfomélanurique peut être considéré comme de l'acide mélanurique dont l'oxygène aurait été remplacé par du soufre.

Pour le préparer, on dissout le persulfocyanogène à chaud dans une solution de sulfhydrate de potassium : il se dégage de l'hydrogène sulfuré et le liquide se charge de sulfomélanurate, de sulfocyanate, de carbonate et de polysulfure de potassium; neutralisé par l'acide acétique, il donne un abondant précipité blanc, qu'on lave et qu'on traite à froid par l'ammoniaque aqueuse. L'acide sulfomélanurique se dissout et du soufre reste insoluble. On filtre, on abandonne la solution dans un lieu chaud, puis on la fait bouillir avec du noir animal jusqu'à ce qu'elle donne avec les acides un précipité entièrement blanc.

L'acide sulfomélanurique est à peine soluble dans l'eau froide, dans l'alcool et l'éther; l'eau bouillante le dissout en petite quantité et le dépose sous forme d'aiguilles très-petites. Il est sans saveur, mais sa solution rougit le tournesol. Il commence à se décomposer entre 140° et 150°, dégage à une température plus élevée de l'hydrogène sulfuré et laisse un résidu de mellon. Jamieson, admettant la formule C^3Az^4 ou $(C^3Az^4)^3$ que Liebig avait attribuée d'abord au mellon (voyez t. I, p. 1057), représente cette décomposition par l'équation $C^3H^4Az^4S^2 = 2H^2S + C^3Az^4$.

Les acides chlorhydrique, sulfurique ou azotique dédoublent, à chaud, l'acide sulfomélanurique en hydrogène sulfuré, ammoniaque et acide cyanurique,

$$C^3H^4Az^4S^2 + 3H^2O$$
$$= 2H^2S + AzH^3 + C^3H^3Az^3O^3.$$

SELS DE L'ACIDE SULFOMÉLANURIQUE. — Cet acide est monobasique, du moins n'a-t-on obtenu jusqu'ici que des sels renfermant un seul atome d'un métal monatomique.

Sel d'argent, $C^3H^3Az^4S^2,Ag$. — Flocons blancs volumineux, insolubles dans l'eau, qui se précipitent lorsqu'on ajoute du nitrate argentique à la solution ammoniacale de l'acide. Le sel ne noircit pas à la lumière et supporte une température de 100° sans s'altérer.

Sel de baryum, $(C^3H^3Az^4S^2)^2Ba + 5H^2O$. — Aiguilles incolores, d'un éclat adamantin, fort solubles dans l'eau.

Sel de calcium, $(C^3H^3Az^4S^2)^2Ca + 2H^2O$. — Cristaux brillants.

Sel de magnésium, $(C^3H^3Az^4S^2)^2Mg + 6H^2O$. — Petites aiguilles brillantes, très-solubles dans l'eau.

Sel de potassium, $C^3H^3Az^4S^2,K + 1\ 1/2\ H^2O$. — Lorsqu'on neutralise à chaud l'acide sulfomélanurique par la potasse et qu'on filtre le liquide bouillant, on obtient par le refroidissement des prismes incolores et brillants, très-solubles dans l'eau et dans l'alcool. Chauffé, ce sel se décompose en dégageant du sulfhydrate d'ammonium et de l'acide cyanhydrique, et laissant un résidu soluble dans l'eau; l'acide chlorhydrique sépare un précipité gélatineux de cette solution. Le chlore gazeux donne un précipité blanc dans la solution du sulfomélanurate potassique.

Sel de sodium, $C^3H^3Az^4S^2,Na + 1\ 1/2\ H^2O$. — Il constitue de larges tables translucides, d'un aspect gras, ou des paillettes nacrées semblables à la cholestérine.

Sel de strontium, $(C^3H^3Az^4S^2)^2Sr + 4H^2O$. — Grosses tables qui ont l'éclat de la cire. A. H.

SULFOMELLONIQUE (ACIDE). — Syn. de SULFOMÉLANURIQUE (ACIDE).

SULFONAPHTALINE. — Voyez t. II, p. 502.

SULFONAPHTALIQUE (ACIDE). — Voyez t. II, p. 497.

SULFONIQUES (ACIDES). — *Définition. Nomenclature.* — On a donné le nom d'*acides sulfoniques, acides sulfonés, acides sulfoconjugués* à une série de corps qui résultent de l'union de composés organiques et d'acide sulfurique avec élimination d'eau :

$$\underset{\text{Benzine.}}{C^6H^6} + \underset{\text{Acide sulfurique.}}{SO^4H^2} = \underset{\text{Acide phénylsulfureux.}}{C^6H^5\text{-}SO^3H} + H^2O,$$
$$C^6H^6 + 2SO^4H^2 = \underset{\text{Acide phénylène-disulfureux.}}{C^6H^4(SO^3H)^2} + 2H^2O.$$

L'acide sulfurique éprouve dans ce cas une réduction et l'on voit que les acides sulfoniques dérivent de l'acide sulfureux SO^3H^2 et non de l'acide sulfurique. Ils peuvent être tous rattachés à l'acide sulfureux, dont ils dérivent par substitution de groupes organiques à un ou plusieurs atomes d'hydrogène dans une ou plusieurs molécules d'acide sulfureux normal, SO^3H^2.

La nomenclature de ces corps est très-complexe, et on leur a donné différents noms, dont plusieurs indiquent mal leur nature et peuvent induire en erreur.

En les rattachant à l'acide sulfureux, on leur donne le nom du radical suivi du mot sulfureux; ainsi le composé, $C^6H^5\text{-}SO^3H$, est l'acide phénylsulfureux; le corps $C^6H^4(OH)\text{-}SO^3H$, produit de l'action de l'acide sulfurique sur le phénol, sera l'acide phénolsulfureux ou oxyphénylsulfureux. Cette nomenclature a l'avantage de marquer nettement les relations de ces acides avec l'acide sulfureux, et d'indiquer la nature du groupement qui est substitué à l'hydrogène de

$$SO^3H^2.$$

On peut aussi employer la terminaison *sulfonique*, mais elle n'offre aucun avantage, et l'expression d'*acides sulfoniques* me semble devoir être réservée comme terme générique pour dénommer les acides sulfoconjugués.

Après avoir donné au produit de l'action de l'acide sulfurique sur la benzine le nom exact d'acide phénylsulfureux, quelques chimistes ont improprement appelé *acides phénylsulfuriques* les acides formés par le phénol et dont la formule brute $C^6H^6SO^4$ est comparable à celle des éthylsulfates, $C^2H^6SO^4$, mais il n'y a qu'une apparence d'analogie. Les éthylsulfates sont des éthers de l'acide sulfurique, tandis que les acides $C^6H^6SO^4$ ne sont pas des produits de substitution du groupe C^6H^5 à l'hydrogène de SO^4H^2, mais représentent de l'acide sulfureux, SO^3H^2, dont l'hydrogène est remplacé par C^6H^4OH, l'oxyphényle, *hydroxyphénylène :* aussi doivent-ils être appelés oxyphénylsulfureux ou hydroxyphénylène-sulfureux. Enfin, une autre nomenclature plus fâcheuse encore a été adoptée. Le nom d'acide benzolsulfureux a été donné au corps que Gerhardt appelait *hydrure de sulphophényle*,

$$C^6H^5\text{-}SO^2H.$$

Alors le nom de *benzolsulfurique* est donné à l'acide phénylsulfureux.

Un exemple montre combien cette synonymie est complexe, et quel intérêt présente l'adoption d'une nomenclature simple et logique ; ainsi l'acide oxyphénylène disulfureux,

$$OH\text{-}C^6H^3 < {SO^3H \atop SO^3H},$$

a été appelé successivement *acide disulfophénylénique, acide oxyphénylène-disulfonique, acide disulfophénique, acide phénétyldisulfonique.*

Ainsi que nous l'avons dit plus haut, nous dénommerons tous ces corps en faisant suivre le nom du radical organique, de la terminaison *sulfureux.*

Classification. — Les dérivés sulfoniques sont donc tous des éthers sulfureux acides, ainsi qu'il ressort de notre définition, et comme le prouve leur dédoublement par les alcalis, réaction dans laquelle se produisent des sulfites. Les éthers acides sulfureux sont à fonctions simples ou à fonctions mixtes, les uns et les autres correspondant à des alcools ou à des phénols monoatomiques ou polyatomiques.

Comme acides sulfoniques à fonctions simples, citons dans la série grasse l'acide éthylsulfureux, $C^2H^5\text{-}SO^3H$, type de tous les acides sulfoniques dérivés des alcools monoatomiques, l'acide méthylène disulfureux,

$$(CH^2)'' < {SO^3H \atop SO^3H},$$

qui se rattache au glycol méthylénique, l'acide glycéryltrisulfureux correspondant à la glycérine, et qui est

$$(C^3H^5)''' \left\{ \begin{array}{l} SO^3H \\ SO^3H \\ SO^3H. \end{array} \right.$$

Dans la série aromatique, nous avons des termes analogues : ainsi au phénol, au naphtol se rattachent l'acide phénylsulfureux, $C^6H^5\text{-}SO^3H$, et l'acide naphtylsulfureux, $C^{10}H^7\text{-}SO^3H$; à la résorcine, l'acide phénylène-disulfureux,

$$C^6H^4 < {SO^3H \atop SO^3H}.$$

Les acides sulfoniques à fonctions mixtes sont très-nombreux ; toutes les autres fonctions chimiques peuvent exister dans la molécule : ainsi nous avons l'acide sulfonique-alcool,

$$C^2H^4 < {SO^3H \atop OH},$$

qui n'est autre que l'acide hydroxéthylène-sulfureux ou acide iséthionique ; l'acide sulfonique-phénol,

$$C^6H^4 < {SO^3H \atop OH},$$

ou acide oxyphénylsulfureux, l'acide sulfonique-glycol ou glycérylsulfureux,

$$(C^3H^5)''' \left\{ \begin{array}{l} SO^3H \\ OH \\ OH. \end{array} \right.$$

D'autres corps sont en même temps acides sulfoniques et acides monobasiques ou bibasiques ; tels sont : l'acide sulfacétique,

$$CH^2 < {SO^3H \atop CO^2H},$$

l'acide sulfobenzoïque,

$$C^6H^4 < {SO^3H \atop CO^2H},$$

et l'acide sulfofumarique,

$$(C^2H^3) \left\{ \begin{array}{l} SO^3H \\ CO^2H \\ CO^2H. \end{array} \right.$$

D'autres enfin sont en même temps acides sulfoniques et ammoniaques composées comme l'acide sulfanilique et ses deux isomères,

$$C^6H^4 < {SO^3H \atop AzH^2},$$

et l'acide naphtionique,

$$C^{10}H^6 < {SO^3H \atop AzH^2}.$$

A ces acides sulfoniques-amines correspondent des dérivés diazoïques dont la constitution diffère un peu de celle des corps diazoïques ordinaires ; en effet, ils ne représentent pas, comme ces derniers, des sels, mais bien des sortes d'anhydrides,

$$C^6H^4 < {Az^2 \atop SO^2} > O$$

Dérivé diazoïque de l'acide sulfanilique.

Ces exemples suffisent pour indiquer le grand nombre d'acides sulfoniques qui peuvent exister.

Modes d'obtention. — Les acides sulfoniques s'obtiennent :

1° Par l'action de l'acide sulfurique concentré, fumant ou anhydre sur les corps organiques,

$$\underset{\text{Benzine.}}{C^6H^6} + SO^2(OH)^2 = \underset{\text{Acide phénylsulfureux.}}{C^6H^5\text{-}SO^2.OH} + H^2O.$$

$$\underset{\text{Acide benzoïque.}}{C^6H^5\text{-}CO^2H} + SO^4H^2 = \underset{\text{Acide sulfobenzoïque.}}{C^6H^4 < {SO^3H \atop CO^2H}} + H^2O.$$

$$\underset{\text{Acide sulfobenzoïque.}}{C^6H^4 < {SO^3H \atop CO^2H}} + SO^3 = \underset{\text{Acide disulfobenzoïque.}}{C^6H^3 < {(SO^3H)^2 \atop CO^2H}}.$$

$$\underset{\text{Acide acétique.}}{CH^3\text{-}CO^2H} + SO^3 = \underset{\text{Acide sulfoacétique.}}{CH^2 < {SO^3H \atop CO^2H}}.$$

Ce mode d'action de l'acide sulfurique sur les hydrocarbures ou leurs dérivés hydroxylés s'observe surtout dans la série aromatique, mais elle ne lui est pas spéciale. Aussi l'anhydride sulfurique se combine avec l'éthylène pour donner l'anhydride éthionique, qui, en fixant de l'eau, se convertit en acide éthionique ou éthylène-sulfurique-sulfureux,

$$C^2H^4 < {SO^4H \atop SO^3H},$$

et, ce dernier, par l'action convenable de l'eau se dédouble, comme l'acide sulfovinique, en acide sulfurique et acide hydroxéthylène-sulfureux ou iséthionique,

$$C^2H^4 < {SO^3H \atop OH}.$$

Il se forme de même un peu d'acide iséthionique dans l'action de l'acide sulfurique sur l'alcool, et ce mode de formation est absolument semblable à celui de l'acide oxyphénylène-sulfureux :

$$\underset{\text{Alcool.}}{C^2H^5.OH} + SO^4H^2 = \underset{\text{Acide iséthionique.}}{C^2H^4 < {SO^3H \atop OH}} + H^2O,$$

$$\underset{\text{Phénol.}}{C^6H^5.OH} + SO^4H^2 = \underset{\text{Acide oxyphénylsulfureux.}}{C^6H^4 < {SO^3H \atop OH}} + H^2O.$$

Gerhardt, en considérant le mode de formation des acides sulfoconjugués, avait établi cette loi que la basicité des acides obtenus est égale à la somme des basicités des corps générateurs moins une ; ainsi avec l'acide sulfurique bibasique et la benzine, on obtient un acide monobasique ; tandis que l'acide sulfobenzoïque, l'acide sulfacétique sont bibasiques.

2° Par l'oxydation des mercaptans correspondants aux alcools ou aux phénols, oxydation opérée au moyen de l'acide azotique,

$$CH^3\text{-}SH + O^3 = CH^3\text{-}SO^3H.$$

Mercaptan méthylique. — Acide méthylsulfureux.

L'oxydation des bisulfures donne le même résultat,

$$(C^6H^5)^2S^2 + O^5 + H^2O = 2C^6H^5\text{-}SO^3H.$$

Bisulfure de phenyle.

3° Par l'action de l'acide sulfurique sur les nitriles ou les amides,

$$CH^3\text{-}CAz + 2SO^4H^2$$

Acétonitrile.

$$= CH^2 < \begin{matrix} SO^3H \\ SO^3H \end{matrix} + CO^2 + AzH^3.$$

On obtient ainsi des acides disulfoniques.

4° Par l'oxydation, au moyen de l'acide azotique fumant, des éthers sulfocyaniques, ou des éthers sulfocarboniques.

5° Par l'action du sulfite d'ammonium sur les hydrocarbures aromatiques nitrés. Cette réaction n'a encore été observée que par Piria sur la nitronaphtaline, et fournit un acide amidé, l'acide amidonaphtylsulfureux ou naphtionique,

$$C^{10}H^6(AzH^2)\text{-}SO^3H.$$

6° Par l'action des sulfites sur les éthers chlorhydriques, bromhydriques ou iodhydriques, ou sur les produits de substitutions analogues :

$$C^2H^5I + SO^3Na^2 = C^2H^5\text{-}SO^3Na + NaI.$$

Iodure d'éthyle. — Sulfite de sodium. — Éthylsulfite de sodium.

$$C^2H^4 < \begin{matrix} Cl \\ OH \end{matrix} + SO^3Na^2$$

Monochlorhydrine du glycol.

$$= C^2H^4 < \begin{matrix} SO^3Na \\ OH \end{matrix} + NaCl.$$

Iséthionate de sodium.

$$CH^2Cl\text{-}CO^2Na + SO^3Na^2$$

Monochloracétate de sodium.

$$= \begin{matrix} CH^2\text{-}SO^3Na \\ | \\ CO^2Na \end{matrix} + NaCl.$$

Sulfacétate de sodium.

Cette réaction de double décomposition, analogue à toutes celles qui donnent naissance aux éthers, n'a lieu qu'avec les éthers haloïdes des alcools. On sait, en effet, que les éthers haloïdes des phénols sont très-stables et ne se prêtent pas aux doubles décompositions.

7° Par l'union du bisulfite de sodium à des anhydrides d'alcools,

$$\begin{matrix} CH^2 \\ | \\ CH^2 \end{matrix} > O + SO^3NaH = \begin{matrix} CH^2\text{-}SO^3Na \\ | \\ CH^2OH. \end{matrix}$$

Oxyde d'éthylène. — Iséthionate de sodium.

$$\begin{matrix} CH^2Cl \\ | \\ CH \\ | \\ CH^2 \end{matrix} > O + SO^3NaH = \begin{matrix} CH^2Cl \\ | \\ CH.OH \\ | \\ CH^2.SO^3Na. \end{matrix}$$

Épichlorhydrine. — Chlorométhyl-iséthionate de sodium.

On peut rapprocher de ces corps par leur mode de formation les combinaisons que forment les aldéhydes et les acétones avec les bisulfites (Erlenmeyer),

$$\begin{matrix} CH^3 \\ | \\ C{=}O \\ | \\ H \end{matrix} + SO^3NaH = \begin{matrix} CH^3 \\ | \\ CH.OH \\ | \\ SO^3Na \end{matrix}$$

Aldéhyde. — Bisulfite d'aldéhyde-sodium.

Mais ces dernières combinaisons se distinguent des précédentes par leur moindre stabilité ; on n'en connait que les dérivés métalliques ; les acides sulfoniques correspondants n'existent pas à l'état de liberté. Elles se forment, du reste, selon le mode général de production des sulfonates ; ainsi, le chlorure d'éthylidène et le sulfite de sodium fournissent l'aldéhyde-sulfite de sodium,

$$CH^3\text{-}CHCl^2 + SO^3Na^2 + H^2O$$

Chlorure d'éthylène.

$$= CH^3\text{-}CH(OH)\text{-}SO^3Na + NaCl + HCl.$$

Aldéhyde-sulfite de sodium.

8° Les acides non saturés peuvent se combiner aux sulfites acides ou neutres,

$$\begin{matrix} CH\text{-}CO^2H \\ \| \\ CH\text{-}CO^2H \end{matrix} + 2SO^3Na^2$$

Acide fumarique. — Sulfite de sodium.

$$= \begin{matrix} CH^2 — CO^2Na \\ | \\ CH < \begin{matrix} CO^2Na \\ SO^3Na \end{matrix} \end{matrix} + SO^3NaH.$$

Fumarosulfite de sodium.

9° La chlorhydrine sulfurique $SO^2.OH.Cl$, en agissant sur la benzine, donne de la sulfobenzide $(C^6H^5)^2SO^2$ et de l'acide phénylsulfureux,

$$C^6H^5\text{-}SO^3H.$$

$$SO^2 < \begin{matrix} Cl \\ OH \end{matrix} + C^6H^6 = C^6H^5.SO^3H + HCl.$$

Propriétés et réactions. — Les acides sulfoniques sont généralement solubles dans l'eau et dans l'alcool, souvent déliquescents. Leurs sels de baryum et de calcium sont solubles, ce qui permet de les séparer de l'excès d'acide sulfurique, quand ils sont préparés par l'action de l'acide sulfurique sur les composés organiques.

Ils supportent une température élevée, puis se détruisent en donnant du charbon, de l'acide sulfureux, etc.

Ils sont ordinairement très-stables, et sont difficilement attaqués par la potasse et les acides, excepté cependant les sels des acides sulfonés des aldéhydes, que l'ébullition avec l'eau suffit à dédoubler en sulfite neutre, gaz sulfureux et aldéhydes.

Les acides sulfoniques correspondant à des phénols fondus avec *la potasse* se décomposent en donnant du sulfite, le groupe SO^3H de la molécule étant remplacé par un groupe OH,

$$C^6H^5\text{-}SO^3K + KHO = C^6H^5,OH + SO^3K^2.$$

Phénylsulfite de potassium. — Phénol. — Sulfite neutre.

$$C^{10}H^6 < \begin{matrix} SO^3K \\ SO^3K \end{matrix} + 2KHO$$

Naphtène-disulfite de potassium.

$$= C^{10}H^6(OH)^2 + 2SO^3K^2.$$

Oxynaphtol.

$$C^6H^4 < \begin{matrix} SO^3K \\ CO^2K \end{matrix} + 2KHO$$

Sulfobenzoate de potassium.

$$= C^6H^4 < \begin{matrix} OK \\ CO^2K \end{matrix} + SO^3K^2 + H^2O.$$

Oxybenzoate basique de potassium.

Avec les acides sulfoniques qui sont des éthers d'alcools, la réaction est différente; il se forme bien du sulfite, mais les composés organiques (alcools, glycols), qui pourraient prendre naissance par une réaction semblable à la précédente, sont détruits par la potasse fondante, et l'on obtient seulement leurs produits de décomposition,

$$C^2H^5\text{-}SO^3Na + KHO$$
Éthylsulfite de sodium.
$$= C^2H^4 + H^2O + SO^3KNa.$$
Éthylène.
$$C^2H^4 <^{SO^3Na}_{SO^3Na} + 2KHO$$
Éthylène-disulfite de sodium.
$$= C^2H^2 + 2H^2O + 2SO^3KNa.$$
Acétylène.
$$C^6H^5\text{-}CH^2\text{-}SO^3Na + 2KHO$$
Benzylsulfite de sodium.
$$= C^6H^5\text{-}CO^2K + SO^3KNa + 2H^2.$$
Benzoate de potassium.

L'acide sulfofumarique fondu avec la potasse donne simplement du sulfite et régénère l'acide fumarique. Il ne peut, en effet, donner d'acide malique, suivant l'équation

$$C^2H^2 <^{SO^3K}_{(CO^2K)^2} + KHO$$
Sulfofumarate de potassium.
$$= C^2H^3 <^{OH}_{(CO^2K)^2} + SO^3K^2,$$
Malate de potassium.

car la réaction se passe à une température suffisante pour enlever les éléments de l'eau à l'acide malique et le transformer en acide fumarique.

L'action de l'eau sur l'acide phénylsulfureux diffère de celle de la potasse fondue : ainsi l'acide phénylsulfureux chauffé à 200° avec de l'eau en présence du chlorure de baryum, donne de la benzine et du sulfate. A la même température, l'acide phénylsulfureux n'est pas attaqué par la baryte; la réaction est donc plus facile avec l'eau. Chauffé à 400° avec du carbonate de sodium, le phénylsulfite donne du sulfate de sodium et des traces d'acide benzoïque; il y a production de charbon et formation de corps sulfurés volatils.

Le *perchlorure de phosphore* agit sur les acides sulfoniques comme sur les acides carbonés et fournit le chlorure d'acide correspondant :

$$CH^3\text{-}SO^3H + PhCl^5$$
Acide méthylsulfureux.
$$= CH^3\text{-}SO^2Cl + HCl + PhOCl^3.$$
Chlorure méthylsulfureux.

Ces chlorures possèdent les propriétés des autres chlorures d'acides; cependant ils sont plus stables. L'action de l'eau est lente ou nulle; les alcalis les transforment en sulfonates. Avec l'ammoniaque, l'aniline, ils donnent les amides correspondantes. Sous l'influence de l'hydrogène naissant, ils remplacent le chlore par de l'hydrogène,

$$C^6H^5\text{-}SO^2Cl + H^2 = C^6H^5\text{-}SO^2H + HCl.$$
Chlorure phénylsulfureux. — Acide phénylhydrosulfureux.

Ces derniers composés sont de véritables acides, qui donnent des sels définis, leur hydrogène étant remplaçé par des métaux : ils sont comparables à l'acide hydrosulfureux de M. Schützenberger,

$$SO^2 <^{H}_{H} \qquad SO^2 <^{C^6H^5}_{H}$$
Acide hydrosulfureux. — Acide phénylhydrosulfureux.

Par l'action du brome ou du chlore, ils donnent le bromure ou le chlorure dont ils dérivent : par l'oxydation, ils régénèrent les acides sulfoniques; par l'hydrogène naissant, ils fournissent des mercaptans. Sauf la propriété de fournir des sels, ces corps sont comparables aux aldéhydes par l'ensemble de leurs réactions.

Les chlorures des acides sulfoniques traités à une température élevée (200-220°) par le perchlorure de phosphore, fournissent un hydrocarbure chloré, du chlorure de thionyle et de l'oxychlorure de phosphore :

$$C^6H^5\text{-}SO^2Cl + PhCl^5 = C^6H^5Cl$$
Chlorure phénylsulfureux. — Benzine chlorée.
$$+ SOCl^2 + PhOCl^3.$$

Isomérie dans les acides sulfoniques. — Il a été observé une isomérie provenant de la nature du groupe SO^3H^2. Quand on décompose le sulfite neutre d'éthyle, $(C^2H^5)^2SO^3$, par un excès de potasse, on régénère du sulfite et de l'alcool, mais si l'on emploie moitié moins de potasse, il se forme, non de l'acide éthylsulfureux, $C^2H^5.SO^3H$, mais un isomère qu'on désigne sous le nom d'acide éther-sulfureux.

M. Wurtz explique cette isomérie en admettant que l'acide sulfureux est représenté par la formule non symétrique, HO-S-O-OH, dans laquelle les 2 atomes d'hydrogène n'ont pas la même valeur; la substitution opérée dans l'un ou l'autre de ces atomes d'hydrogène donne donc naissance à 2 isomères. On peut donc représenter ces isomères par les formules suivantes :

$$HO\text{-}S\text{-}O\text{-}O\text{-}C^2H^5,$$
Acide éther-sulfureux.
$$C^2H^5O\text{-}S\text{-}O\text{-}OH.$$
Acide éthylsulfureux.

C'est le seul exemple, du reste, que l'on connaisse d'une isomérie de ce genre.

Les autres isoméries des acides sulfoniques s'observent dans la série aromatique. Comme ces acides sulfoniques sont formés par substitution du groupe SO^3H à un atome d'hydrogène de la benzine, les isoméries sont de l'ordre de celles que fournit la série aromatique. Ainsi le toluène fournit 3 acides sulfoniques isomères, $CH^3\text{-}C^6H^4\text{-}SO^3H$, qui représentent les 3 dérivés bisubstitués de la benzine. Il y a de même 3 acides chlorophénylsulfureux, 3 acides bromophénylsulfureux; il n'y a pas lieu de s'étendre sur la nature de ces isoméries, qui n'ont rien de particulier aux acides sulfoniques.

Enfin dans la série grasse, il y a des isoméries d'acides sulfoniques dépendant de la nature des groupes auxquels est substitué SO^3H. Ainsi, il y aura plusieurs acides butylsulfureux correspondant aux alcools butyliques isomériques. E. G.

SULFOPHÉNICIQUE (ACIDE). — Syn. de SULFOPURPURIQUE (ACIDE).

SULFOPHÉNIQUE (ACIDE). — Syn. peu usité d'OXYPHÉNYL-SULFUREUX (ACIDE), t. II, p. 917.

SULFOPHÉNYLAMIDE. — Voyez BENZINE, t. I, p. 537.

SULFOPHÉNYLÈNE-ÉTHYLÈNE,

$$C^8H^8SO^2 = C^6H^4.SO^2.C^2H^4$$

[R. Otto, *Ann. der Chem. u. Pharm.*, t. CXLIII, p. 205; *Bull. de la Soc. chim.*, 1868, t. IX, p. 494]. — Ce corps se forme comme produit secondaire lorsqu'on fait agir l'amalgame de sodium sur une solution éthérée de chlorure phénylsulfureux, réaction qui fournit l'hydrure de sulfophényle (acide phénylhydrosulfureux), $C^6H^5.SO^2H$ (t. I. p. 536).

Après distillation de l'éther, le produit est traité par l'eau et l'acide chlorhydrique, l'huile qui se sépare est lavée avec une solution de carbonate sodique et dissoute dans l'éther. La solution éthérée évaporée laisse le sulfophénylène-éthylène.

Ce composé forme une huile jaunâtre, d'une odeur douceâtre particulière, plus dense que l'eau et insoluble dans ce liquide, mais miscible en toute proportion avec l'alcool, l'éther et la benzine. Le sulfophénylène-éthylène ne se combine pas avec le bisulfite sodique, et se dissout dans l'acide sulfurique fumant tiède en le colorant en bleu violet. Le zinc et l'acide sulfurique étendu le dédoublent en alcool et sulfhydrate de phényle, $C^6H^5.SH$. Traité par l'acide azotique fumant, il fournit de l'acide nitrophénylsulfureux et des traces de nitrobenzine et d'acide picrique. A. H.

SULFOPHLORAMIQUE (ACIDE). — Hlasiwetz a donné ce nom à un acide qui prend naissance dans l'action de l'acide sulfurique concentré sur la phloramine, à la température de 100° (voyez t. II, p. 922); cet acide n'a pas été analysé, mais il constitue sans doute un acide sulfoconjugué de la phloramine. Il est en petites aiguilles incolores, solubles dans l'eau, et donne avec le perchlorure de fer une coloration violette très-intense [Hlasiwetz, *Ann. der Chem. u. Pharm.*, t. CXIX, p. 199].

SULFOPSEUDO-URIQUE (ACIDE). — Voyez URIQUE (ACIDE).

SULFOPURPURIQUE (ACIDE). — Voyez INDIGO, t. II, pp. 101 et 103.

SULFOPYROMUCIQUE (ACIDE), $C^5H^4SO^6$. — Lorsqu'on fait agir pendant quelque temps de l'acide sulfurique anhydre sur de l'acide pyromucique bien desséché, il se produit un sirop jaune brun, qui, additionné d'eau et neutralisé par du carbonate de baryum, donne, par l'évaporation de la liqueur filtrée, un sel de baryum en cristaux indistincts. Desséché à 150°, la composition de ce sel est $C^5H^2SO^6.Ba$ [H. Schwanert, *Ann. der Chem. u. Pharm.*, t. CXVI, p. 257; *Rép. de Chim. pure*, 1861, p. 334]. Ph. de C.

SULFORUFIQUE (ACIDE). — Voyez INDIGO, t. II, p. 103.

SULFOSALICYLIQUE (ACIDE). — Voyez SALICYLIQUE (ACIDE).

SULFOSINAPIQUE (ACIDE). — Voyez ALLYLE, t. I, p. 156.

SULFOTRIPHOSPHAMIDE. — Voyez t. II, p. 979.

SULFO-URÉE. — Syn. *Sulfocarbamide, urée sulfurée,*

$$CH^4Az^2S = CS\begin{cases}AzH^2\\AzH^2.\end{cases}$$

Ce corps représente de l'urée dont l'oxygène est remplacé par du soufre; il a été découvert par Reynolds; il se produit par une transposition moléculaire du sulfocyanate d'ammonium, semblable à celle que subit le cyanate d'ammonium lorsqu'il se transforme en urée :

$$\underset{\text{Sulfocyanate d'ammonium.}}{CAzS.AzH^4} = \underset{\text{Sulfo-urée.}}{CS(AzH^2)^2}$$

[J.-E. Reynolds, *Journ. Chem. Soc. London.* (2), t. VII, p. 1; *Bull. de la Soc. chim.*, 1869, t. XII, p. 261].

L'urée ordinaire résulte de la fixation de l'eau sur la cyanamide; de même, la sulfo-urée se forme lorsqu'on traite la cyanamide par l'hydrogène sulfuré :

$$\underset{\text{Cyanamide.}}{CAz.AzH^2} + H^2S = \underset{\text{Sulfo-urée.}}{CS(AzH^2)^2}$$

[E. Beaumann, *Deutsch. chem. Gesellsch.*, t. VI, p. 1375 et t. VIII, p. 26; *Bull. de la Soc. chim.*, t. XXI, p. 309, et t. XXIV, p. 134].

Glutz a obtenu la sulfo-urée par la réduction de l'acide persulfocyanique au moyen de l'acide iodhydrique naissant (iodure de phosphore et eau), ou au moyen de l'étain et de l'acide chlorhydrique (Voyez t. II, p. 780),

$$C^2H^2Az^2S^3 + H^2 = CS^2 + CH^4Az^2S$$

[L. Glutz, *Ann. der Chem. u. Pharm.*, t. CLIV, p. 44; *Bull. de la Soc. chim.*, 1870, t. XIV, p. 159].

Il est probable que l'action du gaz ammoniac sur le sulfochlorure de carbone fournirait également de la sulfocarbamide,

$$\underset{\text{Sulfochlorure de carbone.}}{CSCl^2} + 4AzH^3 = 2AzH^4Cl + \underset{\text{Sulfocarbamide.}}{CS(AzH^2)^2}.$$

Enfin on pourra peut-être obtenir la sulfo-urée en faisant agir l'ammoniaque sur les éthers des acides sulfocarbonique, sulfocarbamique, thiosulfocarbamique, etc.

Préparation. — On maintient à 160-170°, pendant deux heures, le sulfocyanate d'ammonium sec; le résidu est dissous à 80° dans son poids d'eau, et la solution filtrée est abandonnée au refroidissement : la sulfo-urée se dépose en fines aiguilles soyeuses, qu'on purifie par compression et cristallisations répétées dans l'eau bouillante (Reynolds).

D'après Claus, il n'est pas nécessaire d'employer pour cette préparation du sulfocyanate d'ammonium pur; on peut se contenter de dissoudre du sulfure de carbone dans l'ammoniaque (procédé Millon. — Voyez t. III, p. 96). On concentre la solution jusqu'au point où elle pourrait cristalliser et l'on chauffe rapidement le résidu; l'opération est arrêtée dès que la masse, devenue brune, se boursoufle considérablement et commence à dégager des vapeurs blanches. A ce moment on verse de l'eau froide dans le produit encore chaud tant que le liquide entre en ébullition et on laisse refroidir. La sulfo-urée impure qui se dépose est séparée de l'eau mère, lavée à l'alcool froid et purifiée par cristallisation dans l'eau bouillante. Les eaux mères concentrées et soumises au même traitement fournissent une nouvelle quantité de sulfo-urée [A. Claus, *Deutsch. chem. Geselsch.*, t. VI, p. 727, et *Ann. der Chem. u. Pharm.*, t. CLXXIX, p. 112; *Bull. de la Soc. chim.*, t. XX, p. 446].

L'urée sulfurée qui se dépose dans les dernières eaux mères, est souvent mélangée de combinaisons mélamiques, dont on ne peut la débarrasser par des cristallisations répétées; on y parvient au contraire facilement en additionnant d'acide acétique sa solution concentrée et chaude : la sulfo-urée se dépose par le refroidissement à l'état cristallisé, tandis que les corps mélamiques restent en solution (Volhard).

La transformation du sulfocyanate ammonique en sulfo-urée est toujours très-incomplète, la proportion de la dernière n'atteint guère plus de 20 % de la quantité théorique. En effet, à la température où la sulfo-urée se forme, elle régénère du sulfocyanate d'ammonium; ces deux réactions inverses tendent à se limiter de telle sorte qu'il se produit un certain état d'équilibre entre le sulfocyanate ammonique et la sulfo-urée. Une autre circonstance vient encore diminuer le rendement : la sulfo-urée commence déjà vers 160° à s'altérer profondément en donnant du dithiocarbonate d'ammonium et du sulfocyanate de guanidine (Voyez t. III, p. 97) [Delitsch ; — Volhard].

Pour préparer la sulfo-urée avec la cyanamide, on dissout ce dernier corps dans l'éther anhydre et l'on fait passer de l'hydrogène sulfuré dans la solution; la sulfo-urée commence à se déposer après un à deux jours. On peut aussi faire agir l'hydrogène sulfuré sur la cyanamide fondue, ou le sulfure d'ammonium sur une solution aqueuse de cyanamide (Baumann).

Propriétés et réactions. — La sulfo-urée se dépose par le refroidissement de sa solution étendue en gros prismes rhombiques, voisins du cube; quelquefois on l'obtient sous la forme de prismes fins. Si la solution est très-concentrée et chaude, elle laisse déposer de longues aiguilles, composées de petits prismes rangés en chapelets et formant un amas extrêmement volumineux; ces cristaux ressemblent à ceux que fournit une solution de sulfocarbamide impure contenant encore du sulfocyanate d'ammonium, seulement ces derniers possèdent un bel éclat soyeux, qui manque aux cristaux de la sulfocarbamide pure.

La sulfo-urée est inaltérable dans l'air moyennement chargé d'humidité; elle se dissout aisément dans l'eau et dans l'alcool, difficilement dans l'éther; 1 p. se dissout dans environ 11 p. d'eau froide. La solution aqueuse mousse un peu lorsqu'on l'agite; elle est neutre aux papiers et ne colore pas en rouge les sels ferriques; elle possède une saveur amère.

La sulfocarbamide fond à 149°. Maintenue pendant quelques heures à une température un peu plus élevée (160-170°), elle se convertit de nouveau en sulfocyanate d'ammonium. Cette transformation n'est jamais complète comme il a été dit plus haut, elle est limitée par la réaction inverse; M. Volhard a trouvé dans une expérience que la masse chauffée pendant trois heures à 160-170°, renfermait encore 34 % de sulfo-urée. Si l'on élève davantage la température, la transformation en sulfocyanate devenant de plus en plus complète, la sulfo-urée fournit les mêmes produits de décomposition que le sulfocyanate d'ammonium : sulfocyanate de guanidine, acides thioprussiamiques, mélam, hydromellon, sulfure de carbone, etc. [G. Delitsch; — J. Volhard; — A. Claus. — Voyez t. III, p. 97].

Maintenue avec de l'eau à 140°, la sulfo-urée se transforme en sulfocyanate ammonique.

La potasse ou les acides sulfurique et chlorhydrique étendus la dédoublent à chaud en ammoniaque, hydrogène sulfuré et gaz carbonique (la potasse fournit en même temps une petite quantité de sulfocyanate de potassium),

$$CS(AzH^2)^2 + H^2O = 2AzH^3 + CO^2 + H^2S.$$

Lorsqu'on fait traverser par le courant électrique une solution de sulfo-urée, légèrement acidulée par l'acide sulfurique, celle-ci se colore en brun (acide azulmique), en même temps qu'il se forme de l'acide cyanhydrique et de l'ammoniaque [E. Mulder et J.-A. Roorda Smit, *Deutsch. chem. Gesellsch.*, t. VII, p. 1634; *Bull. de la Soc. chim.*, t. XXIII, p. 550].

L'acide azotique bouillant détruit la sulfo-urée; le peroxyde de plomb, en présence de l'acide acétique, la transforme en cyanamide, en même temps qu'il se sépare du soufre,

$$CS(AzH^2)^2 + O = S + H^2O + CAz^2H^2.$$

Le permanganate de potassium, en solution acide, en sépare pareillement du soufre; en solution alcaline, il se forme de l'acide sulfurique et il se dégage de l'azote.

L'acide hypochloreux donne du soufre (qui s'oxyde presque aussitôt), de l'eau et de la cyanamide; le liquide reste incolore jusqu'à ce que la totalité de la sulfo-urée soit détruite; à ce moment, il se colore et dégage un gaz. Les hypochlorites alcalins employés en excès mettent l'azote en liberté.

L'acide azoteux en solution dans l'eau ou dans l'alcool convertit immédiatement la sulfo-urée en sulfocyanate ammonique et, en agissant sur ce dernier, donne de l'azote, de l'oxyde azotique et du persulfocyanogène [A. Claus, *Ann. der Chem. u. Pharm.*, t. CLXXIX, p. 128].

Lorsqu'on introduit de l'oxyde de mercure jaune ou de l'oxyde de mercure rouge bien lévigué dans une solution aqueuse de sulfo-urée, il se forme du sulfure de mercure, rapidement et à la température ordinaire; la désulfhydratation est complète. Si l'oxyde de mercure est parfaitement exempt d'alcali, et s'il n'a pas été employé en excès, la solution renferme de la cyanamide, qui peut en être retirée par l'évaporation; c'est même là le meilleur procédé de préparation de ce corps,

$$\underset{\text{Sulfo-urée.}}{CSAz^2H^4} + HgO = \underset{\text{Cyanamide.}}{CAz^2H^2} + HgS + H^2O.$$

Mais si l'on opère sans observer ces précautions, on obtient le polymère de la cyanamide, la *dicyanodiamide* $C^2Az^4H^4$. Le nitrate d'argent ammoniacal enlève pareillement à froid le soufre à la sulfo-urée; l'oxyde de plomb et le sous-acétate de plomb produisent le même effet à l'aide de la chaleur. [Reynolds, *loc. cit.* — A. W. Hofmann, *Deutsch. chem. Gesellsch.*, t. II, p. 605; *Bull. de la Soc. chim.*, 1870, t. XIII, p. 513; — E. Baumann, *Deutsch. chem. Gesellsch.*, t. VI, p. 1376; *Bull. de la Soc. chim.*, t. XXI, p. 309; J. Volhard, *Journ. für prakt. Chem.*, (2), t. IX, p. 6; *Bull. de la Soc. chim.*, t. XXII, pp. 123 et 126; — E. Mulder et Roorda Smit., *loc. cit.*]

L'urée sulfurée, à la manière des sulfures organiques, peut s'unir directement au brome, au chlore, à l'iodure et au bromure d'éthyle, au chlorure d'acétyle, à l'acide monochloracétique, etc., produisant ainsi des combinaisons sulfinées, sur lesquelles nous reviendrons plus loin (A. Claus).

Si l'on traite la sulfo-urée en solution alcoolique par l'iode, on obtient de l'iodhydrate d'éthylguanidine, en vertu de l'équation suivante :

$$\begin{aligned} &3CSAz^2H^4 + I^2 + 2C^2H^5.OH \\ &= \underset{\substack{\text{Iodhydrate} \\ \text{d'éthylguanidine.}}}{2CH^4(C^2H^5)Az^3.HI} + CS^2 + S + 2H^2O \end{aligned}$$

[Lietny, *Bull. de la Soc. chim.*, t. XXIV, p. 457].

A une douce chaleur, l'anhydride acétique convertit la sulfo-urée en acétylsulfo-urée (M. Nencki), et le chlorure de benzoyle en benzoylsulfo-urée (Pike). Si l'on chauffe doucement un mélange d'acide chloracétique et de sulfo-urée, une réaction très-énergique a lieu, et il se forme de l'eau et du chlorhydrate de déhydracétylsulfo-urée (voyez t. III, p. 135). L'éther chloracétique, en agissant à froid sur la sulfocarbamide, fournit le même composé (Maly; — Volhard; — E. Mulder).

Le chlorure d'éthoxalyle $C^2O^2(OC^2H^5)Cl$, réagit à froid d'une manière énergique sur la sulfo-urée : il se dégage de l'acide chlorhydrique et de l'oxyde de carbone, et il se forme un corps cristallisant en prismes rhombiques incolores et possédant la formule $C^4H^8Az^2SO^2$ (sulfo-allophanate d'éthyle?) [B. Peitzsch, *Deutsch. chem. Gesellsch.*, t. VII, p. 896; *Bull. de la Soc. chim.*, t. XXII, p. 505].

La sulfo-urée s'unit aux anhydrides succinique et citraconique. L'aldéhyde la transforme en éthylidène-sulfo-urée (Reynolds) et l'aldéhydate d'ammoniaque en diéthylidène-sulfo-urée, qui reste combinée avec une molécule d'ammoniaque (M. Nencki). Ces différents composés sont décrits à l'article SULFO-URÉES COMPOSÉES.

Si l'on chauffe à 60-70° la bromacétylurée avec une solution alcoolique de sulfo-urée, il se dépose peu à peu un corps rouge clair, insoluble dans l'alcool, et qui semble renfermer

$$CO \begin{matrix} < AzH^2 \\ < AzH.CO - CH^2.HAz > \end{matrix} \overset{H^2Az}{} CS.$$

L'eau bouillante le dédouble en urée et en sulfhydantoïne [E. Mulder, *Deutsch. chem. Gesellsch.*, t. VIII, p. 1264].

L'urée argentique réagit presque instantanément sur une solution aqueuse de sulfo-urée, en fournissant du sulfure d'argent, de la cyanamide et de l'urée [J. Ponomareff, *Bull. de la Soc. chim.*, t. XXI, p. 546],

$$COAz^2H^2Ag^2 + CSAz^2H^4$$
Urée argentique.
$$= CAz^2H^2 + COAz^2H^4 + Ag^2S.$$
Cyanamide.

En chauffant à 100° de l'alloxane avec de la sulfocarbamide en solution alcoolique, Nencki a obtenu un acide $C^5H^6Az^4SO^3$, auquel il a donné le nom d'acide *sulfopseudo-urique*; indépendamment de cet acide, il se forme dans cette réaction du soufre et les gaz carboniques et sulfureux :

$$C^4H^2Az^2O^4 + CH^4Az^2S = C^5H^6Az^4O^3 + O.$$

L'oxygène qui figure dans le second terme de cette équation ne se dégage pas, mais brûle une partie des corps mis en présence [M. Nencki, *Deutsch. chem. Gesells.*, t. IV, p. 722; *Bull. de la Soc. chim.*, 1871, t. XVI, p. 266].

La sulfo-urée, ingérée même à assez haute dose, n'exerce sur l'économie aucune influence appréciable.

En raison de la propriété qu'elle possède de dissoudre les sels d'argent, d'or, de platine, etc., la sulfo-urée pourra peut-être trouver un emploi en photographie, soit comme fixatif, soit comme un des éléments du bain de virage. Elle présente sur le sulfocyanate d'ammonium le grand avantage d'être inaltérable par les acides étendus.

Titrage de la sulfo-urée. — Se basant sur la facilité avec laquelle le nitrate d'argent ammoniacal enlève à froid le soufre à la sulfo-urée, Volhard a proposé le procédé suivant pour le dosage volumétrique de ce corps : on ajoute de l'ammoniaque au liquide dans lequel on veut doser la sulfo-urée et ensuite, peu à peu, une liqueur titrée d'azotate d'argent : il se précipite immédiatement du sulfure d'argent, et si de temps en temps on plonge dans le liquide une bandelette de papier filtre, et qu'on touche le bord aqueux de la tache de sulfure d'argent avec une solution ammoniacale d'azotate d'argent, il se formera une tache noire ou brune, tant qu'il existera dans la solution de la sulfo-urée non décomposée; vers la fin, l'endroit touché prendra la couleur jaune de la cyanamide argentique; mais cette circonstance ne diminue pas la sensibilité de la réaction finale, grâce à la coloration intense du sulfure d'argent (Volhard, *loc. cit.*).

SELS DE SULFO-URÉE. — La sulfo-urée forme des sels avec les acides, mais on n'a pu obtenir que le nitrate par l'union directe des deux corps; le chlorhydrate et l'iodhydrate s'obtiennent par des moyens détournés. La sulfo-urée possède une grande tendance à former des sels doubles avec les sels métalliques.

SELS SIMPLES. — *Azotate de sulfo-urée*,

$$CSAz^2H^4, AzO^3H.$$

Lorsqu'on ajoute à une solution saturée de sulfo-urée de l'acide azotique d'une densité de 1,25, en évitant toute élévation de température, l'azotate se précipite sous la forme de beaux cristaux. Ce sel est instable et se décompose quelquefois spontanément avec explosion, lorsqu'on le sèche dans le vide (Reynolds).

Chlorhydrate de sulfo-urée. — Les deux corps ne s'unissent pas directement; pour préparer ce sel, il faut ajouter à la sulfo-urée de l'acide chlorhydrique et du chlorure stanneux, et décomposer par l'hydrogène sulfuré le chlorostannite ainsi formé; la solution, filtrée et fortement concentrée fournit le chlorhydrate sous la forme de lamelles cristallines, que l'alcool dissout et dépose en prismes. Dans la solution de ce sel, l'acide azotique précipite de l'azotate de sulfo-urée et le chlorure mercurique donne un précipité blanc cristallisé (L. Glutz, *loc. cit.*).

Iodhydrate de sulfo-urée, $CSAz^2H^4$, HI. — Obtenu dans la réduction de l'acide persulfocyanique par l'iodure de phosphore et l'eau, il cristallise dans l'eau chaude en tables présentant l'aspect de la cire (L. Glutz).

SELS DOUBLES. — *Sulfo-urée et chlorure d'argent*, $2CSAz^2H^4 + AgCl$. — Le chlorure d'argent récemment précipité se dissout très-facilement dans une solution de sulfo-urée chaude et additionnée de quelques gouttes d'acide chlorhydrique; par le refroidissement, la combinaison des deux corps se dépose sous la forme de longues aiguilles blanches et brillantes. On obtient la même combinaison par l'addition d'acide chlorhydrique à un mélange de solutions de sulfo-urée et d'azotate d'argent. Elle se dissout dans l'acide chlorhydrique bouillant. Elle fond à 175° et se décompose à une température plus élevée, en laissant un résidu de sulfure d'argent [Volhard, *loc. cit.* — E. Baumann, *loc. cit.*].

Sulfo-urée et oxyde d'argent,

$$2CSAz^2H^4 + Ag^2O + 4H^2O.$$

— Lorsqu'on ajoute du nitrate d'argent à une solution chaude de sulfo-urée, additionnée d'acide azotique, il se dépose par le refroidissement des aiguilles soyeuses, qu'on peut purifier par une nouvelle cristallisation dans l'eau aiguisée d'acide azotique. Ce composé, qui paraît posséder la formule donnée plus haut, dégage de l'eau lorsqu'on le chauffe, et détone ensuite faiblement; il reste du sulfure d'argent et il se forme un sublimé cristallin (Reynolds).

Sulfo-urée et oxalate d'argent,

$$6CSAz^2H^4 + C^2O^4Ag^2.$$

— Lorsqu'on chauffe à l'ébullition une solution de sulfo-urée avec de l'oxalate d'argent, il se manifeste une réaction énergique : l'oxalate d'argent disparaît et est remplacé par un précipité noir (mélange d'argent métallique et de sulfure d'argent). La solution filtrée laisse déposer par le refroidissement de belles aiguilles brillantes, très-peu solubles dans l'eau froide. Ce sel double, qui possède la formule indiquée plus haut, est peu stable; chauffé avec l'eau, il noircit déjà vers 60°. Parmi ses produits de décomposition, on trouve de la sulfo-urée, un corps exempt de soufre (dérivé de la cyanamide), du gaz carbonique, du sulfure d'argent et de l'argent métallique. Traité par l'hydrogène sulfuré, il fournit un mélange de sulfo-urée et d'acide oxalique [A. Claus, *Deutsch. chem. Gesellsch.*, t. IX, p. 226].

Sulfo-urée et sulfate de cadmium,

$$2CSAz^2H^4 + CdSO^4.$$

— Prismes incolores, volumineux, généralement courts, quelquefois cependant longs de 2 centimètres, assez solubles dans l'eau [R. Maly, *Deutsch. chem. Gesellsch.*, t. IX, p. 172].

Sulfo-urée et chlorure stanneux,

$$2CSAz^2H^4 + SnCl^2.$$

— Ce sel double se forme lorsqu'on mélange des solutions concentrées des deux corps (Maly).

Sulfo-urée et chlorure mercurique. — Si l'on introduit dans une solution aqueuse et chaude de sulfo-urée du chlorure mercureux récemment précipité, ce sel se dissout en même temps qu'il se dépose du mercure métallique pulvérulent, la réaction du liquide restant neutre. Le liquide filtré laisse déposer par le refroidissement de longues aiguilles soyeuses, qui, malgré leur aspect homogène, constituent un mélange de deux combinaisons distinctes de sulfo-urée et de *chlorure mercurique*. On peut les préparer d'une manière beaucoup plus simple en ajoutant directement du chlorure mercurique à une solution aqueuse de sulfo-urée. Il se forme un précipité qui se dissout de nouveau par l'agitation, jusqu'à ce qu'on ait employé les deux substances dans le rapport de 4 molécules de sulfo-urée à 1 molécule de sublimé. Si l'on évapore à ce moment la solution, elle fournit de beaux cristaux transparents de la formule $4\,CSAz^2H^4 + HgCl^2$.

Si, au contraire, on continue à ajouter du chlorure mercurique, il se forme un précipité blanc, composé d'aiguilles microscopiques entrecroisées ou réunies en étoiles ou en faisceaux. Ce sel double renferme $2\,CSAz^2H^4 + HgCl^2$; il est extrêmement peu soluble dans l'eau et insoluble dans l'alcool [A. Claus, *loc. cit.*, et *Deutsch. chem. Gesellsch.*, t. IX, p. 226; — R. Maly, *loc. cit.*].

Sulfo-urée et cyanure mercurique,

$$CSAz^2H^4 + (CAz)^2Hg.$$

— Ce sel double se précipite sous la forme d'une poudre cristalline, si l'on mélange des solutions saturées à froid de sulfo-urée et de cyanure de mercure, employés en proportions moléculaires; il n'est que peu soluble dans l'eau froide et noircit à chaud avec formation de sulfure de mercure, d'acide cyanhydrique et de dicyanodiamide [M. Nencki, *Deutsch. chem. Gesellsch*, t. VI, p. 646; *Bull. de la Soc. chim.*, t. XX, p. 352].

Sulfo-urée et iodure mercurique,

$$CSAz^2H^4 + HgI^2.$$

— Une solution tiède de sulfo-urée dissout abondamment l'iodure de mercure et donne en se refroidissant des aiguilles brillantes légèrement jaunâtres, peu solubles dans l'eau et dans les acides étendus. L'alcool les dissout abondamment (Maly).

La sulfo-urée donne avec l'*azotate mercurique* un précipité cristallin très-instable, qui paraît contenir $2\,CSAz^2H^4, 3\,HgO + 3\,H^2O$.

Sulfo-urée et chlorure d'or. — La solution aqueuse de la sulfo-urée donne, avec le chlorure aurique presque neutre, un précipité rougeâtre, qui se dissout aussitôt; en continuant l'addition du sel d'or, tant que la liqueur se décolore rapidement et en soumettant celle-ci à l'évaporation lente, on obtient des cristaux monocliniques, nacrés, auxquels Reynolds attribue la formule

$$Au'''Cl(CSAz^2H^4)^2.$$

Il serait plus rationnel de considérer ce corps comme un sel double de chlorure aureux et de sulfocarbamide $2\,CSAz^2H^4 + AuCl$. En employant un excès de trichlorure d'or, on obtient un précipité rouge-jaunâtre renfermant peut-être

$$Au'''Cl^2(CSAz^2H^4);$$

cette formule paraît très-peu probable.

Sulfo-urée et chlorure de platine. — Le chlorure platinique (aussi neutre que possible) occasionne dans une solution de sulfo-urée un précipité rouge composé de longues aiguilles réunies en agrégations plumeuses; ce sel doit être lavé rapidement, d'abord à l'eau, puis à l'alcool, exprimé et séché à une température inférieure à 80°. Une fois purifié, il est assez stable; Reynolds lui assigne la formule $\overset{IV}{Pt}Cl^2(CSAz^2H^4)^2HCl$, qui est peut-être $2\,CSAz^2H^4 + PtCl^2 + HCl$.

Si, au contraire, on ajoute la solution de sulfo-urée à un excès de chlorure platinique acide, ce n'est qu'au bout d'un certain temps qu'il se produit un précipité brun sale, qu'on ne débarrasse que difficilement de l'excès de chlorure de platine; Reynolds propose, pour ce précipité, la formule inadmissible $\overset{IV}{Pt}Cl^3(CSAz^2H^4)$.

Sulfo-urée et chlorure de plomb,

$$2\,CSAz^2H^4 + PbCl^2.$$

— Ce sel se dépose en aiguilles irisées lorsqu'on dissout à la température de l'ébullition du chlorure de plomb dans une solution concentrée de sulfocarbamide et qu'on abandonne au refroidissement la solution filtrée (A. Claus).

La sulfo-urée ne paraît pas pouvoir dissoudre l'*oxalate de plomb*, même par la chaleur.

Sulfo-urée et sulfocyanate de plomb,

$$CSAz^2H^4 + Pb(CAzS)^2.$$

— Aiguilles groupées en mamelons peu solubles, qu'on prépare en dissolvant à chaud le sulfocyanate de plomb récemment précipité dans une solution concentrée de sulfo-urée (A. Claus).

Sulfo-urée et chlorure de zinc,

$$2\,CSAz^2H^4 + ZnCl^2.$$

— Grands prismes incolores réunis en géodes demi-sphériques, assez solubles dans l'eau chaude; l'hydrogène sulfuré précipite du sulfure de zinc de la solution (Maly).

La sulfo-urée forme des sels doubles analogues avec un grand nombre d'autres sels (cuivre, thallium, etc).

PRODUITS D'ADDITION DE LA SULFO-URÉE. — Les composés qui résultent de la fixation directe du chlore ou du brome ou de certains groupes complexes sur la sulfo-urée appartiennent probablement à la classe des *sulfines*. Ils ont été surtout étudiés par A. Claus [*Ann. der Chim. u. Pharm.*, t. CLXXIX, p. 135; *Bull. de la Soc. chim.*, t. XXII, p. 162; et t. XXIV, p. 289].

BROMURE DE SULFO-URÉE, $(CSAz^2H^4)^2Br^2$. — Lorsqu'on ajoute goutte à goutte du brome dans une solution alcoolique de sulfo-urée, on observe une réaction très-énergique; chaque goutte de brome produit un sifflement comme un fer rouge qu'on plonge dans l'eau; le brome disparaît, la température s'élève beaucoup, et, peu à peu, on voit apparaître des cristaux blancs; ces cristaux n'augmentent plus lorsqu'on a employé Br^2 pour $2\,CSAz^2H^4$. Le produit, lavé à l'éther, est séché sur l'acide sulfurique.

Le bromure de sulfo-urée est en aiguilles blanches, peu stables, qui brunissent déjà à 75°, mais qui ne fondent pas encore à 177°; à cette température élevée, il a subi une décomposition complète. Il est presque insoluble dans l'éther, mais l'alcool le dissout. L'amalgame de sodium le transforme de nouveau en sulfo-urée. L'eau le dissout facilement, mais elle le décompose aussitôt, car elle prend une forte réaction acide; lorsqu'on chauffe cette solution, elle se trouble et laisse déposer du soufre, dont la quantité s'élève à la moitié de la proportion de soufre de la sulfo-urée; le liquide contient, en outre, de l'acide bromhydrique, de la sulfo-urée et probablement de la dicyanodiamide provenant de la polymérisation de la cyanamide formée en premier lieu [A. Claus, *loc. cit.*],

$$\underset{\text{Bromure de sulfo-urée.}}{(CSAz^2H^4)^2Br^2} = \underset{\text{Sulfo-urée.}}{CSAz^2H^4} + \underset{\text{Cyanamide}}{CAz^2H^2} + S + 2\,HBr.$$

On peut donner au bromure de sulfo-urée la formule suivante :

$$\begin{array}{l} Br.S^{IV}=C(AzH^2)^2 \\ \quad | \\ Br.S^{IV}=C(AzH^2)^2. \end{array}$$

CHLORURE DE SULFO-URÉE, $(CSAz^2H^4)^2Cl^2$. — Le chlore agit sur une solution alcoolique de sulfo-urée beaucoup moins énergiquement que le brome; le liquide ne s'échauffe qu'après un certain temps et se transforme alors subitement en une bouillie de cristaux. Ce chlorure est presque insoluble dans l'éther, plus soluble dans l'alcool et, comme le bromure, se décompose sous l'influence de l'eau. A l'état sec, il peut supporter une température de 95-100° sans s'altérer.

BROMÉTHYLSULFO-URÉE,

$$CSAz^2H^4,C^2H^5Br = (AzH^2)^2C=S^{IV} \begin{smallmatrix} \diagup C^2H^5 \\ \diagdown Br. \end{smallmatrix}$$

— On chauffe, au bain de sel et en vase clos, un mélange de bromure d'éthyle et de sulfo-urée (molécules égales) avec 6 à 8 p. d'alcool. Quand toute la sulfo-urée est dissoute, on concentre au-dessous de 100° et on laisse refroidir. La bromethylsulfo-urée se dépose en tables hexagonales bien formées, de couleur jaunâtre. Elle est altérable et se décompose vers 100° en développant l'odeur du sulfocyanate d'éthyle et du mercaptan. La potasse concentrée dédouble la brométhylsulfo-urée en sulfocyanate, ammoniaque et bromure de potassium,

$$(AzH^2)^2C=S \begin{smallmatrix} \diagup C^2H^5 \\ \diagdown Br \end{smallmatrix}$$
$$= AzC\text{-}S\text{-}C^2H^5 + AzH^3 + HBr.$$

IODÉTHYLSULFO-URÉE. — Lorsqu'on chauffe au bain-marie, pendant quelque temps, molécules égales d'iodure d'éthyle et de sulfo-urée en présence de l'alcool et qu'on évapore avec précaution la solution, il reste un liquide épais qui se prend peu à peu en une masse cristalline de la formule, $CSAz^2H^4,C^2H^5I$. L'iodéthylsulfo-urée est peu stable et se décompose déjà par l'évaporation de sa solution alcoolique. L'eau bouillante l'altère promptement et dégage l'odeur du sulfocyanate d'éthyle.

Si, dans la préparation du composé précédent on chauffe moins longtemps, ou mieux si l'on emploie un excès de sulfo-urée, on obtient la combinaison $2CSAz^2H^4,C^2H^5I$, cristallisant en belles aiguilles incolores beaucoup plus stables que la première iodéthylsulfo-urée.

SULFO-URÉE ET OXALATE D'ÉTHYLE. — Une solution aqueuse ou alcoolique de sulfo-urée, additionnée d'oxalate d'éthyle laisse déposer immédiatement des prismes clinorhombiques bien développés du produit d'addition,

$$(CSAz^2H^4)^2.C^2O^4(C^2H^5)^2.$$

L'alcool n'altère pas cette substance, mais l'eau bouillante la dédouble en ses composants; l'ammoniaque en précipite de l'oxamide. Chauffée vers 150°, elle fond et se sépare en deux couches, dont l'inférieure est de l'urée sulfurée, la supérieure, de l'éther oxalique [M. Nencki, *Deutsch. chem. Gesellsch.*, t. VII, p. 779; *Bull. de la Soc. chim.*, t. XXII, p. 505].

CHLORACÉTYLSULFO-URÉE, $CSAz^2H^4,C^2H^3OCl$. — Le chlorure d'acétyle s'unit directement à la sulfo-urée; la combinaison est cristallisée, mais très-instable et dégage déjà vers 40° de l'acide chlorhydrique. L'alcool tiède la dissout sans altération et la dépose de nouveau, lorsqu'on évapore la solution à une basse température.

SULFO-URÉE ET ACIDE MONOCHLORACÉTIQUE,

$$CSAz^2H^4,C^2H^3ClO^2.$$

— Lorsqu'on broie la sulfo-urée avec l'acide monochloracétique (molécules égales), la masse devient sirupeuse; bientôt, on observe une élévation de température en même temps que le tout se transforme en une poudre jaunâtre. On chauffe cette poudre pendant quelque temps au bain-marie et l'on reprend par l'eau bouillante, qui laisse insoluble une petite quantité de persulfocyanogène : la solution donne en se refroidissant de beaux cristaux tabulaires blancs, qui constituent un produit d'addition de sulfo-urée et d'acide monochloracétique. Cette combinaison est franchement acide et peut former des sels; ceux-ci sont très-instables et se transforment facilement en sulfhydantoïne.

La sulfo-urée ne forme pas de combinaison analogue avec l'acide trichloracétique; lorsqu'on chauffe ces deux corps, soit seuls, soit en présence de l'alcool, l'acide trichloracétique se dédouble en gaz carbonique et chloroforme; la sulfo-urée s'altère aussi, car il se dégage en même temps de l'hydrogène sulfuré. A. H.

SULFO-URÉES COMPOSÉES [Syn. *Sulfocarbamides composées*]. — On a désigné sous ce nom une classe de corps analogues aux *urées composées* et qui dérivent de la sulfo-urée par la substitution à l'hydrogène, de un ou plusieurs radicaux. Ces radicaux peuvent être monatomiques ou polyatomiques; ils peuvent correspondre à des alcools, des phénols, des acides ou à des corps à fonction mixte. On conçoit, par conséquent, que la théorie puisse prévoir l'existence d'une multitude de sulfo-urées composées : en effet, on en connaît déjà un grand nombre, bien que la découverte de procédés simples pour les préparer soit assez récente.

Nous diviserons les sulfo-urées composées en trois groupes, suivant la nature des radicaux substitués :

I, les sulfo-urées à radicaux d'alcools ou de phénols;

II, les sulfo-urées à radicaux d'acides;

III, les sulfo-urées à radicaux à fonction mixte, sans faire des groupes à part de quelques composés renfermant à la fois des radicaux d'acide et d'alcool ou de phénol.

Le premier groupe, de beaucoup le plus nombreux, sera subdivisé :

A, en sulfo-urées à radicaux d'alcools ou de phénols monatomiques;

B, en sulfo-urées à radicaux d'alcools ou de phénols diatomiques.

Enfin, la première de ces sous-divisions renfermera deux sections distinctes :

a, les sulfo-urées monosubstituées;

b, les sulfo-urées disubstituées.

Le nombre peu considérable de représentants connus des groupes II et III n'exige pas qu'on les subdivise pour faciliter leur étude.

I. — SULFO-URÉES A RADICAUX D'ALCOOLS OU DE PHÉNOLS.

A. — *Sulfo-urées à radicaux d'alcools ou de phénols monatomiques.*

a, SULFO-URÉES MONOSUBSTITUÉES. — Elles ont pour formule générale

$$CS \begin{smallmatrix} \diagup AzHR' \\ \diagdown AzH^2 \end{smallmatrix}$$

L'allylsulfo-urée ou thiosinnamine, découverte en 1834 par Dumas et Pelouse, et étudiée surtout par Will (1844), a été la première et pendant longtemps aussi la seule sulfo-urée monosubstituée connue; de là le nom générique de thiosinnamines qu'on a appliqué quelquefois à ce groupe de corps. Beaucoup plus tard, en 1858, Hofmann

[*Ann. de Chim. et de Phys.*, (3) t. LIV, p. 200.], obtint la phénylsulfo-urée, et dix ans plus tard encore, lorsque ce savant eut découvert des modes de préparation généraux des éthers de la sulfocarbimide, il décrivit un certain nombre d'autres sulfocarbamides monosubstituées [*Berl. Acad. Ber.*, 1868, p. 24 et 465; *Bull. de la Soc. chim.*, 1868, t. IX, p. 478; 1869, t. XII, p. 362].

Modes de formation. — Les sulfo-urées monosubstituées se forment :

1° Par la fixation de l'ammoniaque sur les sulfocarbimides alcooliques ou phénoliques (Dumas et Pelouze. — Will. — A. W. Hofmann),

$$CS = AzR' + AzH^3 = CS\left\langle\begin{matrix}AzHR'\\AzH^2\end{matrix}\right.$$

Sulfocarbimide. — Sulfo-urée monosubstituée.

2° Par la transformation moléculaire, sous l'influence de la chaleur, des sulfocyanates d'amines primaires [Ph. de Clermont, *Bull. de la Soc. chim.*, t. XXIV, p. 530],

$$CAzSH\text{-}AzH^2R' = CS\left\langle\begin{matrix}AzHR'\\AzH^2\end{matrix}\right..$$

Sulfocyanate d'amine. — Sulfo-urée monosubstituée.

En mélangeant la solution du chlorhydrate de l'amine avec celle du sulfocyanate potassique et en maintenant le mélange à 100° pendant quelques heures, on voit le liquide se troubler et il se dépose une sulfo-urée monosubstituée.

Ce procédé a été employé par M. de Clermont pour la préparation de la monophénylsulfo-urée, mais il n'y a pas de doute qu'il ne soit susceptible d'une application plus générale.

Schiff chauffe directement l'aniline avec du sulfocyanate d'ammonium; il se dégage de l'ammoniaque, et il reste de la monophénylsulfo-urée. [H. Schiff. *Ann. der Chem. und. Pharm.*, t. CXLVIII, p. 338].

Il est encore plusieurs modes de formation des sulfo-urées monosubstituées, que la théorie permet de prévoir, mais qui jusqu'ici n'ont pas encore reçu la sanction de l'expérience. Tels sont :

3° La fixation de l'hydrogène sulfuré sur les cyanamides monalcooliques ou monophénoliques

$$CAz^2HR' + H^2S = CS\left\langle\begin{matrix}AzHR'\\AzH^2\end{matrix}\right.$$

Cyanamide monosubstituée. — Sulfo-urée monosubstituée.

4° L'action des amines primaires sur les éthers sulfocarbamiques et thiosulfocarbamiques,

$$CS\left\langle\begin{matrix}AzH^2\\OC^2H^5\end{matrix}\right. + AzH^2R' = CS\left\langle\begin{matrix}AzH^2\\AzHR'\end{matrix}\right. + C^2H^6O,$$

Sulfocarbamate d'éthyle. — Amine. — Sulfo-urée monosubstituée. — Alcool.

$$CS\left\langle\begin{matrix}AzH^2\\SC^2H^5\end{matrix}\right. + AzH^2R' = CS\left\langle\begin{matrix}AzH^2\\AzHR'\end{matrix}\right. + C^2H^6S.$$

Thiosulfocarbamate d'éthyle. — Amine. — Sulfo-urée substituée. — Mercaptan.

5° L'action de l'ammoniaque sur les éthers sulfocarbamiques et thiosulfocarbamiques substitués,

$$CS\left\langle\begin{matrix}AzHR'\\OC^2H^5\end{matrix}\right. + AzH^3 = CS\left\langle\begin{matrix}AzHR'\\AzH^2\end{matrix}\right. + C^2H^6O.$$

Sulfocarbamate d'éthyle substitué. — Sulfo-urée substituée.

6° La décomposition par la chaleur des sels d'amine de l'acide thiosulfocarbamique,

$$CS\left\langle\begin{matrix}AzH^2\\SHAzH^2R'\end{matrix}\right. = H^2S + CS\left\langle\begin{matrix}AzH^2\\AzHR'\end{matrix}\right.$$

Thiosulfocarbamate d'amine. — Sulfo-urée substituée.

On ne peut obtenir les sulfo-urées monalcooliques en traitant la sulfo-urée par les iodures ou bromures alcooliques; ces corps s'ajoutent directement à la sulfo-urée. (Voyez t. III, p 124.)

Propriétés et réactions. — Elles sont encore peu connues. Toutes les sulfo-urées monosubstituées obtenues jusqu'ici sont cristallisables et possèdent des propriétés basiques faibles.

Sous l'influence de l'anhydride phosphorique ou de l'acide chlorhydrique, elles régénèreront probablement des sulfocarbimides. Chauffées avec les acides étendus, elles donneront de l'ammoniaque, une amine, du gaz carbonique et de l'hydrogène sulfuré :

$$CS\left\langle\begin{matrix}AzHR'\\AzH^2\end{matrix}\right. + 2H^2O$$
$$= AzH^3 + AzH^2R' + CO^2 + H^2S.$$

Les alcalis doivent les dédoubler d'une manière analogue; elles pourraient aussi donner un sulfocyanate ou bien agir comme l'oxyde de mercure ou l'oxyde de plomb. Ces deux oxydes, comme on le sait depuis longtemps, enlèvent de l'hydrogène sulfuré à l'allylsulfo-urée, et la transforment en sinapine (t. I, p. 159). Hofmann a observé une réaction toute semblable avec quelques autres sulfo-urées monosubstituées. Lorsqu'on ajoute de l'oxyde de plomb ou de l'oxyde de mercure à la solution chaude, aqueuse ou alcoolique d'une sulfo-urée monosubstituée, il se forme rapidement du sulfure métallique en même temps que la sulfo-urée passe à l'état de cyanamide monosubstituée :

$$CS\left\langle\begin{matrix}AzHR'\\AzH^2\end{matrix}\right. + PbO$$

Sulfo-urée substituée.

$$= CAz^2HR' + PbS + H^2O.$$

Cyanamide substituée.

Mais les cyanamides monosubstituées ne sont pas stables et se transforment rapidement, surtout à 100°, en *mélamines trisubstituées*, par la soudure de trois molécules de cyanamide en une seule,

$$3\,CAz^2HR' = C^3Az^6H^3R'^3.$$

Cyanamide monosubstituée. — Mélamine trisubstituée.

Cette polymérisation est indiquée par un changement dans la réaction du liquide; celui-ci est primitivement presque neutre, mais il prend avec le temps rapidement, par l'évaporation, une forte réaction alcaline : les cyanamides substituées sont douées, en effet, de propriétés basiques faibles, tandis que les mélamines sont des bases assez fortes [Will. *Ann. der Chem. u. Pharm.*, t. LII, p. 1; A. W. Hofmann, *Deuts. chem. Gesells.*, t. II, p. 602; t. III, p. 264; *Bull. de la Soc. chim.*, 1870, t. XIII, p. 512; t. XIV, p. 161].

Allylsulfo-urée [Syn. *Thiosinnamine*],

$$C^4H^8Az^2S = CS\left\langle\begin{matrix}AzHC^3H^5\\AzH^2\end{matrix}\right..$$

— Voyez t. I, p. 159.

Amylsulfo-urée.

$$C^6H^{14}Az^2S = CS\left\langle\begin{matrix}AzHC^5H^{11}\\AzH^2\end{matrix}\right..$$

— Ce corps résulte de l'action de l'ammoniaque sur l'amylsulfocarbimide; il cristallise facilement et fond à 93° [Hofmann, *Deutsch. chem. Gesells.*, t. III, p. 246].

Angélylsulfo-urée.

$$C^6H^{12}Az^2S = CS\left\langle\begin{matrix}AzHC^5H^9\\AzH^2\end{matrix}\right..$$

— Obtenue par l'action de l'ammoniaque sur l'angélylsulfocarbimide, elle se présente sous la forme d'aiguilles incolores fusibles à 103° [A. W. Hofmann *Deutsch. chem. Gesellsch.*, t. VIII, p. 106].

Butylsulfo-urée normale,

$$C^5H^{12}Az^2S = CS <^{AzH.CH^2-CH^2-CH^2-CH^3}_{AzH^2}.$$

— En traitant la butylsulfocarbimide normale par l'ammoniaque, on obtient une sulfo-urée qui se fige lentement en une masse cristalline, fusible à 79° [Hofmann, *Deutsch. chem. Gesellsch.*, t. VII, p. 511].

Butylsulfo-urée secondaire,

$$C^5H^{12}Az^2S = CS <^{Az.CH <^{CH^2-CH^3}_{CH^3}}_{AzH^2}.$$

— On chauffe à 100°, pendant quelques heures, la butylsulfocarbimide secondaire (essence de *Cochlearia officinalis*) avec de l'ammoniaque aqueuse; la sulfo-urée est en aiguilles incolores, fusibles à 133-134° [Hofmann, *loc. cit.*].

Isobutylsulfo-urée,

$$C^5H^{12}Az^2S = CS <^{AzH.CH^2-CH <^{CH^3}_{CH^3}}_{AzH^2}.$$

— Elle prend naissance par l'action de l'ammoniaque aqueuse sur l'isobutylsulfocarbimide; elle forme des cristaux fusibles à 93°,5 [Reimer, *Deutsch. chem. Gesellsch.*, t. III, p. 757; Hofmann, *loc. cit.*].

Métacrésylsulfo-urée,

$$C^8H^{10}Az^2S = CS <^{AzH.C^6H^4-CH^3}_{AzH^2}.$$

— Lorsqu'on fait passer du gaz ammoniac dans la solution éthérée de la sulfocarbimide métacrésylique et qu'on évapore l'éther, on obtient cette sulfo-urée sous la forme de prismes étoilés, solubles dans l'eau bouillante, dans l'alcool et l'éther; ils fondent à 103° [W. Weith et A. Landolt, *Deutsch. chem. Gesellsch.*, t. VIII, p. 720].

Crotonylsulfo-urée,

$$C^5H^{10}Az^2S = CS <^{AzH.C^4H^7}_{AzH^2}.$$

— Si l'on ajoute de l'ammoniaque aqueuse concentrée à la crotonylsulfocarbimide, on voit bientôt celle-ci se solidifier; le produit purifié par cristallisation constitue la crotonylsulfo-urée, qui ressemble beaucoup à l'allylsulfo-urée. Elle fond à 85° [A. W. Hofmann, *Deutsch. chem. Gesellsch.*, t. VII, p. 516].

Éthylsulfo-urée,

$$C^3H^8Az^2S = CS <^{AzH.C^2H^5}_{AzH^2}.$$

— On mélange l'éthylsulfocarbimide avec une solution alcoolique d'ammoniaque : la réaction a lieu immédiatement et est accompagnée d'un dégagement de chaleur. Après quelque temps, on évapore le liquide à siccité et l'on purifie le résidu par cristallisation dans l'eau bouillante. L'éthylsulfo-urée est en belles aiguilles, fusibles à 106°; elle est assez soluble dans l'eau, très-soluble dans l'alcool. Elle possède des propriétés basiques faibles, et fournit un chloroplatinate jaune insoluble [Hofmann, 1868, *loc. cit.*, et *Deutsch. chem. Gesellsch.* t. II, p. 602].

Octylsulfo-urée,

$$C^9H^{20}Az^2S = CS <^{AzH.C^8H^{17}}_{AzH^2}.$$

— La sulfocarbimide octylique (préparée avec l'alcool de l'huile de ricin), au contact de l'ammoniaque aqueuse, se transforme au bout de quelque temps en octylsulfo-urée; ce corps, à l'état de pureté, constitue des lamelles incolores, fusibles à 112°,5, presque insolubles dans l'eau, solubles dans l'alcool et l'éther [H. Jahn, *Deutsch. chem. Gesellsch.*, t. VIII, p. 804].

Phénylsulfo-urée,

$$C^7H^8Az^2S = CS <^{AzHC^6H^5}_{AzH^2}.$$

— Voyez t. II, p. 912.

On a aussi préparé la *paracrésylsulfo-urée*, $C^{10}H^8Az^2S$, la *β-hexylsulfo-urée*, $C^7H^{16}Az^2S$, et la *méthylsulfo-urée*, $C^2H^6Az^2S$, qui toutes trois cristallisent facilement.

b. Sulfo-urées disubstituées. — Les sulfo-urées disubstituées, $CSAz^2H^2R'^2$, peuvent exister sous deux modifications isomériques, suivant que les deux radicaux R' sont substitués à l'hydrogène des deux groupes AzH^2 ou d'un seul; les formules suivantes rendent compte de cette sorte d'isomérie :

$$CS <^{AzHR'}_{AzHR'} \quad \text{et} \quad CS <^{AzR'^2}_{AzH^2}.$$

On ne connaît jusqu'ici qu'un seul représentant d'urée disubstituée de la dernière classe, la dibenzylsulfo-urée, tandis que les représentants de la première classe sont très-nombreux; ceux-ci contiennent tantôt le même radical, tantôt deux radicaux différents.

Modes de formation. — Les sulfo-urées de la première classe se forment dans plusieurs réactions :

1° Lorsqu'on fixe une amine primaire sur les éthers de la sulfocarbimide [Zinin, *Ann. der Chem. u. Pharm.*, t. LXXXIV, p. 346; — Hinterberger, *ibid.*, t. LXXXIII, p. 346; — A. W. Hofmann, *Ann. de Chim. et de Phys.*, (3), t. LIV, p. 200; *Berl. Acad. Ber.*, 1868, pp. 24 et 465; *Bull. de la Soc. chim.*, 1868, t. IX, p. 478; 1869, t. XII, p. 362; — V. Hall, *Phil. Mag.* (4), t. XVII, p. 304],

$$\underset{\text{Éther de la sulfocarbimide.}}{CS{=}AzR'} + \underset{\text{Amine primaire.}}{AzH^2R'} = \underset{\text{Sulfo-urée disubstituée.}}{CS <^{AzHR'}_{AzHR'}}$$

$$\underset{\text{Éther de la sulfocarbimide.}}{CS{=}AzR_1'} + \underset{\text{Amine primaire.}}{AzH^2R_2'} = \underset{\text{Sulfo-urée disubstituée.}}{CS <^{AzHR_1'}_{AzHR_2'}}$$

Cette dernière formule représente une sulfo-urée disubstituée à deux radicaux différents; on pourra obtenir un corps renfermant les mêmes groupes en fixant l'amine $AzH^2R^1{}'$ sur l'éther de la sulfocarbimide $CS{=}AzR^2{}'$. Hofmann avait d'abord cru devoir admettre l'isomérie de ces deux corps, mais Weith a démontré récemment leur identité complète; il a fait voir que l'éthylphénylsulfo-urée qu'on obtient en combinant l'éthylamine avec la phénylsulfocarbimide est identique avec la phényléthylsulfo-urée résultant de l'union de la phénylamine et de l'éthylsulfocarbimide. (W. Weith, *Deutsch. chem. Gesellsch.*, t. VIII, p. 1523.)

2° Lorsqu'on traite le chlorure de sulfocarbonyle par un excès d'une amine primaire [B. Rathke, *Ann. der Chem. u. Pharm.*, t. CLXVII, p. 211],

$$\underset{\text{Chlorure de sulfocarbonyle.}}{CSCl^2} + \underset{\text{Amine.}}{4AzH^2R'} =$$

$$\underset{\text{Sulfo-urée disubstituée.}}{CS <^{AzHR'}_{AzHR'}} + \underset{\text{Chlorhydrate d'amine.}}{2(AzH^2R'HCl.}$$

3° Lorsqu'on traite les amines primaires par le sulfure de carbone [A. W. Hofmann, *Ann. der Chem. u. Pharm.*, t. LVII, p. 265; Laurent et Delbos, *Compt. rend. d. trav. de Chim.*, 1846, p. 301],

$$CS^2 + \underset{\text{Amine.}}{2AzH^2R'} = \underset{\text{Sulfo-urée disubstituée.}}{CS <^{AzHR'}_{AzHR'}} + H^2S.$$

Les amines alcooliques et les amines phénoliques ne se comportent pas absolument de la même manière avec le sulfure de carbone; le résultat final est le même, mais dans la série grasse on est parvenu à isoler un produit intermédiaire, un sel d'amine d'un acide thiosulfocarbamique substitué, qui se dédouble à 100° en hydrogène sulfuré et en sulfo-urée disubstituée (Voyez t. III, p. 89),

$$CS^2 + 2AzH^2R' = CS\begin{matrix}\diagup AzHR'\\ \diagdown SHAzH^2R'\end{matrix}$$

Amine. Thiosulfocarbamate d'amine substitué.

$$CS\begin{matrix}\diagup AzHR'\\ \diagdown SHAzH^2R'\end{matrix} = H^2S + CS\begin{matrix}\diagup AzHR'\\ \diagdown AzHR'\end{matrix}.$$

Thiosulfocarbamate d'amine substitué. Sulfo-urée disubstituée.

Les thiosulfocarbamates correspondants aux amines phénoliques paraissent très-peu stables, du moins, on n'a pas encore réussi à les préparer.

4° Les carbodiimides disubstituées fixent directement l'hydrogène sulfuré et engendrent les sulfocarbamides disubstituées [W. Weith, *Deutsch. chem. Gesells.*, t. VII, p. 10, et t. VIII, p. 1530],

$$C\begin{matrix}\diagup\!\!\diagup AzR_1'\\ \diagdown\!\!\diagdown AzR_2'\end{matrix} + H^2S = CS\begin{matrix}\diagup AzHR_1'\\ \diagdown AzHR_2'\end{matrix}$$

Carbodiimide disubstituée. Sulfo-urée disubstituée.

5° Les guanidines triphénoliques chauffées avec du sulfure de carbone fournissent une sulfo-urée diphénolique et une sulfocarbimide phénolique [F. Hobrecker, *Bull. de la Soc. chim.*, 1870, t. XIII, p. 528],

$$R'Az = C\begin{matrix}\diagup AzHR'\\ \diagdown AzHR'\end{matrix} + CS^2$$

Guanidine triphénolique.

$$= CS\begin{matrix}\diagup AzHR'\\ \diagdown AzHR'\end{matrix} + CSAzR'.$$

Sulfo-urée diphénolique. Sulfocarbimide phénolique.

Les guanidines trialcooliques sont probablement susceptibles de subir une réaction analogue.

6° Hofmann, en traitant l'acide xanthique par l'aniline, a observé la formation de la diphénylsulfo-urée. Si l'on remplace l'aniline par d'autres amines, on obtiendra sans doute les sulfo-urées disubstituées correspondantes [*Deutsch. chem. Gesells.*, t. III, p. 772; *Bull. de la Soc. chim.*, 1870, t. XIV, p. 379],

$$CS\begin{matrix}\diagup OC^2H^5\\ \diagdown SH\end{matrix} + 2AzH^2C^6H^5$$

$$= CS\begin{matrix}\diagup AzHC^6H^5\\ \diagdown AzHC^6H^5\end{matrix} + C^2H^6O + H^2S.$$

Il est probable qu'on pourra obtenir les sulfo-urées disubstituées en traitant par les amines primaires les éthers sulfocarbamiques et thiosulfocarbamiques substitués,

$$CS\begin{matrix}\diagup AzHR_1'\\ \diagdown SC^2H^5\end{matrix} + AzH^2R_2'$$

Thiosulfocarbamate d'éthyle substitué. Amine primaire.

$$= CS\begin{matrix}\diagup AzHR_1'\\ \diagdown AzHR_2'\end{matrix} + C^2H^6S.$$

Sulfo-urée disubstituée. Mercaptan.

7° Les sulfo-urées dialcooliques dont les deux radicaux sont substitués à l'hydrogène d'un seul groupe AzH^2, résultent de la transformation moléculaire des sulfocyanates des amines secondaires; cette réaction n'a été appliquée jusqu'ici qu'à la préparation de la dibenzylsulfo-urée, mais il n'est pas douteux qu'elle ne soit générale,

$$CAzSH.AzHR'^2 = CS\begin{matrix}\diagup AzR'^2\\ \diagdown AzH^2\end{matrix}.$$

Sulfocyanate d'amine secondaire. Sulfo-urée disubstituée.

Les sulfo-urées de ce genre se formeront peut-être aussi dans l'action d'une amine secondaire sur les éthers sulfocarbamiques ou thiosulfocarbamiques.

Propriétés et réactions. — Les sulfo-urées disubstituées cristallisent en général très-facilement. Leurs réactions sont peu connues, ou du moins, n'ont été étudiées que sur l'une d'elles, et l'on ne sait pas si elles appartiennent à tout le groupe. La diphénylsulfo-urée est la mieux connue (voyez t. II, p. 912).

L'anhydride phosphorique ou l'acide chlorhydrique concentré les dédouble en amine et sulfocarbimide substituée:

$$CS\begin{matrix}\diagup AzHR'\\ \diagdown AzHR'\end{matrix} = CS = AzR' + AzH^2R'.$$

L'eau, ou mieux, les acides étendus les décomposent à chaud en amine primaire, gaz carbonique et hydrogène sulfuré; la diphénylsulfo-urée fournit, indépendamment de ces produits, de la triphénylguanidine:

$$CS\begin{matrix}\diagup AzHR'\\ \diagdown AzHR'\end{matrix} + 2H^2O$$

$$= 2AzH^2R' + CO^2 + H^2S.$$

Les sulfo-urées isomériques de la seconde classe donnent une amine secondaire, de l'ammoniaque, du gaz carbonique et de l'hydrogène sulfuré:

$$CS\begin{matrix}\diagup AzR'^2\\ \diagdown AzH^2\end{matrix} + 2H^2O$$

$$= AzHR'^2 + AzH^3 + CO^2 + H^2S.$$

A la température du bain-marie, la potasse en solution alcoolique, ou mieux l'oxyde de mercure, leur enlèvent le soufre en le remplaçant par de l'oxygène et produisent des urées disubstituées (Hofmann):

$$CS\begin{matrix}\diagup AzHR'\\ \diagdown AzHR'\end{matrix} + HgO$$

$$= HgS + CO\begin{matrix}\diagup AzHR'\\ \diagdown AzHR'\end{matrix}.$$

Weith a démontré que cette réaction s'accomplit en deux phases: dans une première, l'oxyde métallique enlève de l'hydrogène sulfuré et donne une cyanamide (carbodiimide) disubstituée, qui en fixant de l'eau dans la seconde phase se transforme en urée disubstituée:

$$CS\begin{matrix}\diagup AzHR'\\ \diagdown AzHR'\end{matrix} + HgO$$

Sulfo-urée disubstituée.

$$= C\begin{matrix}\diagup\!\!\diagup AzR'\\ \diagdown\!\!\diagdown AzR'\end{matrix} + HgS + H^2O.$$

Carbodiimide disubstituée.

$$C\begin{matrix}\diagup\!\!\diagup AzR'\\ \diagdown\!\!\diagdown AzR'\end{matrix} + H^2O = CO\begin{matrix}\diagup AzHR'\\ \diagdown AzHR'\end{matrix}.$$

Carbodiimide disubstituée. Urée disubstituée.

Afin d'éviter la réaction de l'eau sur la carbodiimide qui se forme dans la première phase, il faut employer, pour dissoudre la sulfo-urée disubstituée, un véhicule anhydre et ne possédant lui-même qu'une faible action dissolvante pour l'eau, la benzine par exemple. Si l'on ajoute à une solution de cette nature chauffée à l'ébullition, peu à peu, de l'oxyde mercurique sec, on peut, en effet, isoler la carbodiimide disubstituée. Les sulfo-urées à deux radicaux différents fournissent naturellement des carbodiimides mixtes dans ces conditions [A. W. Hofmann, *Deutsch. chem. Gesellsch.*, t. II, p. 600; *Bull. de la Soc. chim.*, 1870, t. XIII, p. 511; — W. Weith, *Deutsch. chem. Gesellsch.*, t. VII, p. 10; t. VIII, p. 1530; *Bull. de la Soc. chim.*, t. XXII, p. 82].

Si l'on désulfhydrate les sulfo-urées disubstituées en solution alcoolique par l'oxyde de mercure en présence d'une amine primaire, on obtient une guanidine trisubstituée, en même temps qu'il se forme de l'eau et du sulfure de mercure. Cette guanidine trisubstituée résulte simplement de la fixation de l'amine sur la carbodiimide disubstituée formée dans la première phase de la réaction (Hofmann, Weith),

$$C \begin{matrix} \diagup\!\!\diagup AzR_1' \\ \diagdown\!\!\diagdown AzR_2' \end{matrix} + AzH^2R_3'$$

Carbodiimide disubstituée. Amine primaire.

$$= R_3'Az = C < \begin{matrix} AzHR_1' \\ AzHR_2' \end{matrix}.$$

Guanidine trisubstituée.

En traitant les sulfocarbamides disubstituées par le chlorure de sulfocarbonyle, on obtient des éthers de la sulfocarbimide (Rathke),

$$CS < \begin{matrix} AzHR_1' \\ AzHR_2' \end{matrix} + CSCl^2$$

Sulfo-urée disubstituée. Chlorure de sulfocarbonyle.

$$= CSAzR_1' + CSAzR_2' + 2HCl.$$

Sulfocarbimide R_1'. Sulfocarbimide R_2'.

α- Dibenzylsulfo-urée,

$$C^{15}H^{14}Az^2S = CS(AzHCH^2-C^6H^5)^2.$$

— On l'obtient en traitant la benzylamine par le sulfure de carbone. Elle fond à 114°.

β- Dibenzylsulfo-urée,

$$C^{15}H^{14}Az^2S = CS < \begin{matrix} Az(CH^2-C^6H^5)^2 \\ AzH^2. \end{matrix}$$

— Obtenue en traitant le chlorhydrate de dibenzylamine par le sulfocyanate de potassium, elle est en longues aiguilles fusibles à 156-157°, solubles en petite quantité dans l'eau, mais se dissolvant aisément dans l'alcool et dans l'éther [Paterno et Spica, *Deutsch. chem. Gesellsch.*, t. IX, p. 81].

Diorthocrésylsulfo-urée,

$$C^{15}H^{16}Az^2S = CS(AzH.C^6H^4-CH^3)^2.$$

— Elle a été obtenue : 1° en chauffant l'orthotoluidine avec du sulfure de carbone; 2° par la combinaison de l'orthotoluidine avec l'orthocrésylsulfocarbimide; 3° par l'action du sulfure de carbone sur la diorthocrésylurée; cette réaction est accompagnée d'un dégagement d'oxysulfure de carbone :

$$CO(AzH.C^6H^4-CH^3)^2 + CS^2$$
$$= COS + CS(AzH.C^6H^4-CH^3)^2.$$

Cette sulfo-urée est en aiguilles blanches, d'un aspect laineux, très-solubles dans l'alcool et l'éther, fusibles à 165° [E. Girard, *Deutsch. chem. Gesellsch.*, t. IV, p. 985; t. VI, p. 444].

Dimétacrésylsulfo-urée,

$$C^{15}H^{16}Az^2S = CS(AzH.C^6H^4-CH^3)^2.$$

— On l'obtient en chauffant pendant plusieurs jours une solution alcoolique de métatoluidine avec du sulfure de carbone. Elle constitue des aiguilles incolores, groupées concentriquement, fusibles à 122°, à peine solubles dans l'eau bouillante, très-solubles dans l'alcool, le sulfure de carbone et la benzine [W. Weith et A. Landolt, *Bull. de la Soc. chim.*, t. XXIV, p. 552].

Diparacrésylsulfo-urée,

$$C^{15}H^{16}Az^2S = CS(AzHC^6H^4-CH^3)^2.$$

— On la prépare comme les urées précédentes en employant la paratoluidine. Maly l'a obtenue comme produit accessoire en faisant agir la paratoluidine sur l'essence de moutarde. Elle est en grains durs, blancs, à peine solubles dans l'alcool froid ou dans l'éther, peu solubles dans la benzine bouillante. Elle fond à 176° et se sublime lorsqu'on la chauffe par petites portions. Ni l'acide chlorhydrique, ni la potasse, ni l'ammoniaque ne la dissolvent [R. L. Maly, *Wien. Acad. Ber.*, t. LIX, p. 607].

Orthoparacrésylsulfo-urée. — Obtenue par l'union de la paratoluidine et de l'orthocrésylsulfocarbimide, elle est en fines aiguilles soyeuses (E. Girard).

Paracrésylallylsulfo-urée,

$$C^{11}H^{14}Az^2S = CS < \begin{matrix} AzH.C^3H^5 \\ AzC^6H^4-CH^3. \end{matrix}$$

— Lorsqu'on ajoute de l'essence de moutarde à une solution alcoolique de paratoluidine, le liquide se prend bientôt en une bouillie cristalline, mélange de paracrésylallylsulfo-urée et d'une petite quantité de diparacrésylsulfo-urée. On comprime la masse, on reprend par l'alcool chaud, dans lequel la diparacrésylsulfo-urée est très-peu soluble, on filtre et on laisse refroidir.

La paracrésylallylsulfo-urée constitue des lamelles blanches, grasses au toucher, fusibles à 112° (Jaillard), 97° (Maly). Elle est presque insoluble dans l'eau, mais l'alcool et l'éther la dissolvent aisément. En solution alcoolique, elle donne avec le cyanogène un dicyanure qui s'hydrate facilement en se convertissant en paracrésylallyloxalylsulfo-urée (voyez p. 135) [P. Jaillard, *Compt. rend.*, t. LX, p. 1096; — Maly, *loc. cit.*].

Diéthylsulfo-urée,

$$C^5H^{12}Az^2S = CS(AzH.C^2H^5)^2.$$

— Cristaux fusibles à 77°, solubles dans l'alcool, beaucoup moins solubles dans l'eau. L'acide chlorhydrique les dissout et le chlorure platinique donne dans la solution un précipité jaune clair. Avec l'anhydride phosphorique, l'acide chlorhydrique, l'oxyde mercurique, etc., elle se comporte comme les autres sulfo-urées disubstituées (Hofmann).

Éthylallylsulfo-urée,

$$C^6H^{12}Az^2S = CS < \begin{matrix} AzH.C^2H^5 \\ AzH.C^3H^5. \end{matrix}$$

— Voyez t. I, p. 160.

Éthylparacrésylsulfo-urée,

$$C^{10}H^{14}Az^2S = CS < \begin{matrix} AzH.C^2H^5 \\ AzH.C^6H^4-CH^3. \end{matrix}$$

— Obtenue par l'union de la paratoluidine et de l'éthylsulfocarbimide ou par celle de l'éthylamine et de la paracrésylsulfocarbimide, cette sulfo-urée se présente sous la forme de magnifiques tables clinorhombiques qui fondent à 95-96° [W. Weith, *loc. cit.*].

Méthyléthylsulfo-urée,

$$C^5H^{10}Az^2S = CS < \begin{matrix} AzH.CH^3 \\ AzH.C^2H^5. \end{matrix}$$

— Beaux cristaux fusibles à 54° qui se dissolvent dans l'eau, l'alcool et l'acide chlorhydrique.

Dinaphtylsulfo-urée,

$$C^{21}H^{16}Az^2S = CS(AzH.C^{10}H^7)^2.$$

— Voyez t. II, p. 527.

Naphtylallylsulfo-urée,

$$C^{14}H^{14}Az^2S = CS < \begin{matrix} AzH.C^{10}H^7 \\ AzH.C^3H^5. \end{matrix}$$

— Voyez t. I, p. 160.

Diphénylsulfo-urée,

$$C^{13}H^{12}Az^2S = CS(AzH.C^6H^5)^2.$$

Voyez t. II, p. 912.

Phénylallylsulfo-urée,

$$C^{10}H^{12}Az^2S = CS < \begin{matrix} AzH.C^6H^5 \\ AzH.C^3H^5. \end{matrix}$$

— On peut la préparer de deux manières, soit en combinant l'aniline avec l'allylsulfocarbimide (t. I, p. 160), soit en unissant l'allylamine et la phénylsulfocarbimide ; les substances engendrées par ces deux méthodes différentes sont identiques ; elles fondent à 98° [W. Weith, *loc. cit.*].

PHÉNYLÉTHYLSULFO-URÉE,

$$\mathrm{C^9H^{12}Az^2S = CS<\genfrac{}{}{0pt}{}{AzH.C^6H^5}{AzH.C^2H^5}}.$$

— On peut la préparer en fixant l'éthylamine sur la phénylsulfocarbimide ou en combinant l'aniline avec l'éthylsulfocarbimide. Elle est en grands cristaux tabulaires appartenant au type clinorhombique (p, $b^{1/2}$, $d^{1/2}$, h^1, g^1,) ; l'angle aigu de de la base est de 77°15'. Elle fond à 99°,5 ; l'alcool, la benzine et l'éther la dissolvent facilement. Lorsqu'on soumet la phényléthylsulfocarbimide à la distillation sèche, elle paraît se dissocier en aniline et éthylsulfocarbimide d'un côté, et en éthylamine et phénylsulfocarbimide de l'autre ; ces substances s'unissent de nouveau dans le récipient et régénèrent pour la plus grande partie la phényléthylsulfo-urée primitive. Une partie de l'aniline s'unit cependant à la phénylsulfocarbimide et donne de la diphénylsulfo-urée ; il est, par conséquent, probable que l'éthylamine se combine en partie avec l'éthylsulfocarbimide et fournit la diéthylurée, mais Weith n'a pu démontrer directement la formation de ce dernier corps.

Si l'on chauffe la phényléthylsulfo-urée avec de l'aniline vers 180°, il se dégage des torrents d'éthylamine et le résidu contient beaucoup de diphénylsulfo-urée :

$$\mathrm{CS<\genfrac{}{}{0pt}{}{AzH.C^6H^5}{AzH.C^2H^5} + C^6H^5.AzH^2}$$
$$\mathrm{= CS<\genfrac{}{}{0pt}{}{AzH.C^6H^5}{AzH.C^6H^5} + C^2H^5.AzH^2}$$

[W. Weith, *loc. cit.*].

PHÉNYLNAPHTYLSULFO-URÉE,

$$\mathrm{C^{17}H^{14}Az^2S = CS<\genfrac{}{}{0pt}{}{AzH.C^6H^5}{AzH.C^{10}H^7}}.$$

— Voyez t. II, p. 5?8.

PHÉNYLOCTYLSULFO-URÉE,

$$\mathrm{C^{15}H^{24}Az^2S = CS<\genfrac{}{}{0pt}{}{AzH.C^6H^5}{AzH.C^8H^{17}}}.$$

— Lorsqu'on abandonne un mélange d'aniline et d'octylsulfocarbimide (correspondant à l'alcool de l'huile de ricin), le tout se prend en masse après quelque temps. Purifiée par cristallisation dans l'alcool étendu, cette sulfo-urée forme des aiguilles enchevêtrées, fusibles à 52-53° [H. Jahn, *Deutsch. chem. Gesellsch.*, t. VIII, p. 804].

On a encore préparé la *paracrésylamylsulfo-urée*, la *diméthylsulfo-urée*, la *méthylamylsulfo-urée*, la *phénylparacrésylsulfo-urée* qui cristallisent toutes très-bien, ainsi que la *di-β-hexylsulfo-urée* qui forme une masse sirupeuse.

B. *Sulfo-urées à radicaux d'alcools ou de phénols diatomiques.*

BENZIDINE-SULFO-URÉE,

$$\mathrm{C^{13}H^{10}Az^2S = \genfrac{}{}{0pt}{}{C^6H^4\text{-}AzH}{C^6H^4\text{-}AzH}>CS}.$$

— Lorsqu'on traite la benzidine en solution alcoolique par le sulfure de carbone, il se sépare une poudre jaune, formée d'écailles microscopiques complétement insolubles dans l'alcool [A. Borodine, *Zeitsch. für Chem. u. Pharm.*, 1860, p. 533].

CRÉSYLÈNE-SULFO-URÉE,

$$\mathrm{C^8H^8Az^2S = CS<\genfrac{}{}{0pt}{}{AzH}{AzH}>C^6H^3\text{-}CH^3}.$$

— On abandonne une solution alcoolique de crésylène-diamine (correspondant au dinitrotoluène fusible à 71°) avec du sulfure de carbone ; au bout de deux jours, la réaction étant terminée, on évapore, on reprend par la benzine qui dissout une substance non cristallisable et laisse la crésylène-sulfo-urée insoluble. On la dissout dans l'alcool et on précipite par l'eau ; on obtient ainsi une poudre cristalline fusible à 149°. Ni le chlorure d'acétyle, ni l'iodure d'éthyle ne l'attaquent. Chauffée avec de l'oxyde de mercure et de l'alcool, elle se transforme en crésylène-urée [R. Lussy, *Deutsch. chem. Gesellsch.*, t. VIII, p. 291 ; *Bull. de la Soc. chim.*, t. XXIV, p. 397].

CRÉSYLÈNE-DISULFO-URÉE,

$$\mathrm{C^9H^{12}Az^4S^2 = CH^3\text{-}C^6H^3<\genfrac{}{}{0pt}{}{AzH\text{-}CS\text{-}AzH^2}{AzH\text{-}CS\text{-}AzH^2}}.$$

— Si l'on évapore au bain-marie une solution contenant du sulfate de crésylène-diamine (correspondant au nitrotoluène fusible à 71°) et du sulfocyanate de potassium, si l'on reprend le résidu par l'alcool bouillant et qu'on décolore par le charbon animal, on obtient de beaux prismes transparents de sulfocyanate de crésylène-diamine. Ce sel est peu stable et devient peu à peu opaque en se convertissant à la température ordinaire en crésylène-disulfo-urée. Lorsqu'on traite la crésylène-disulfocarbimide par l'ammoniaque on obtient la même crésylène-disulfo-urée. Celle-ci est insoluble dans l'eau bouillante et dans l'éther, et ne se dissout presque pas dans l'alcool bouillant ; l'acide acétique la dissout assez facilement à chaud et l'eau la précipite de nouveau de cette solution. C'est une poudre cristalline blanche, fusible à 218°. L'iodure d'éthyle la transforme à 100° en un dérivé diéthylé, $C^{13}H^{20}Az^4S^2$, qui est en cristaux indistincts, fusibles à 225°, solubles dans l'alcool. Avec le chlorure d'acétyle, la sulfo-urée primitive donne une diacétylcrésylène-disulfo-urée, $C^{13}H^{16}Az^4S^2O^2$, cristallisant en belles aiguilles incolores, fusibles à 232° ; elle est peu soluble dans l'eau bouillante, l'alcool et l'éther, mais l'acide acétique chaud la dissout aisément.

La crésylène-disulfocarbimide en fixant de l'aniline engendre la diphénylcrésylène-disulfocarbamide,

$$\mathrm{C^{21}H^{20}Az^4S^2}$$
$$\mathrm{= CH^3\text{-}C^6H^3<\genfrac{}{}{0pt}{}{AzH\text{-}CS\text{-}AzHC^6H^5}{AzH\text{-}CS\text{-}AzHC^6H^5}}.$$

On obtient la même sulfo-urée d'une manière beaucoup plus simple en traitant la crésylène-diamine en solution éthérée par le sulfocyanate de phényle. On purifie le produit en le dissolvant dans l'alcool, précipitant par l'eau, et répétant la même opération une seconde fois. C'est une poudre cristalline blanche fusible à 238°. L'acide chlorhydrique concentré la dédouble à chaud en aniline et crésylène-disulfocarbimide [R. Lussy, *Deutsch. chem. Gesellsch.*, t. VII, p. 1264 ; t. VIII, p. 667 ; *Bull. de la Soc. chim.*, t. XXIII, p. 512 et t. XXIV, p. 397].

ÉTHYLIDÈNE-SULFO-URÉE,

$$\mathrm{C^3H^6Az^2S = CS<\genfrac{}{}{0pt}{}{Az.CH\text{-}CH^3}{AzH^2}}.$$

— Pour la préparer, on chauffe la sulfo-urée avec de l'aldéhyde anhydre. On précipite le produit de la réaction par un mélange d'alcool et d'eau, on lave le précipité à l'alcool froid et on le purifie par une cristallisation dans beaucoup d'alcool bouillant,

$$\mathrm{CS<\genfrac{}{}{0pt}{}{AzH^2}{AzH^2} + CHO\text{-}CH^3}$$
$$\mathrm{= H^2O + CS<\genfrac{}{}{0pt}{}{Az.CH\text{-}CH^3}{AzH^2}}.$$

L'éthylidène-sulfo-urée se dépose en grains composés de cristaux microscopiques peu solubles dans l'éther et dans l'alcool froid, plus solubles à chaud. Elle est insoluble dans l'eau froide et se dédouble par l'eau bouillante en aldéhyde et en sulfo-urée; une petite quantité de cette dernière se transforme en sulfocyanate d'ammonium. Les alcalis et les acides étendus agissent d'une manière analogue. Elle donne avec les chlorures platinique et aurique des combinaisons qui n'ont pas été étudiées [J. E. Reinolds, *Chem. News*, t. XXIV, p. 87; *Bull. de la Soc. chim.*, 1871, t. XVI, p. 265].

DIÉTHYLIDÈNE-SULFO-URÉE. — Elle n'est pas connue, mais on a préparé un composé, $C^5H^{11}Az^3S$, qu'on peut considérer comme une combinaison de diéthylidène-sulfo-urée et d'ammoniaque,

$$CS<^{Az.CH-CH^3}_{Az.CH-CH^3} + AzH^3.$$

On obtient ce composé en chauffant une solution aqueuse et concentrée de sulfo-urée avec de l'aldéhydate d'ammoniaque; dès que la solution commence à bouillir, elle se prend en une bouillie de petites aiguilles, qu'on purifie par lavage à l'eau et par cristallisation dans une grande quantité d'alcool à 90 centièmes et bouillant. Cette sulfo-urée est peu soluble dans l'eau chaude, encore moins soluble dans l'alcool bouillant, insoluble dans l'alcool et l'éther; ses solutions offrent une saveur très-amère. Elle fond à 180°. L'eau bouillante la dédouble lentement en aldéhyde, ammoniaque et sulfo-urée; les acides étendus facilitent considérablement cette décomposition [M. Nencki, *Deutsch. chem. Gesellsch.*, t. VII, p. 162; *Bull. de la Soc. chim.*, t. XXII, p. 168].

II. — SULFO-URÉES A RADICAUX D'ACIDES.

ACÉTYLSULFO-URÉE,

$$C^3H^6Az^2SO = CS<^{AzH.C^2H^3O}_{AzH^2}.$$

— La sulfo-urée se dissout aisément à une douce chaleur dans l'anhydride acétique; la solution se fige par le refroidissement en une masse cristalline jaune qu'on purifie par plusieurs cristallisations dans l'eau bouillante. Ainsi préparée, l'acétylsulfo-urée constitue des prismes incolores, fusibles à 165°, très-solubles dans l'alcool et dans l'eau bouillante, moins solubles dans l'eau froide et dans l'éther. Cette même sulfo-urée prend naissance lorsqu'on traite l'acétylsulfocarbimide par le gaz ammoniac. L'opération ne réussit que si l'action de l'ammoniaque est des plus ménagées; si l'on ne modère pas la réaction, on obtient une huile jaune, dont la nature n'est pas encore connue avec certitude [P. Miquel *Bull. de la Soc. chim.*, t. XXV, p. 105 et p. 107]. La solution aqueuse de l'acétylsulfo-urée est neutre; elle donne avec le chlorure platinique un *chloroplatinate* cristallin, peu soluble, de la formule

$$C^3H^6Az^2SO,2HCl + PtCl^4.$$

Chauffée en solution aqueuse avec du cyanure de mercure, l'acétylsulfo-urée donne du sulfure mercurique, de l'acétylurée, en même temps qu'il se dégage de l'acide cyanhydrique [M. Nencki, *Deutsch. chem. Gesellsch.*, t. VI, p. 599 et p. 905; *Bull. de la Soc. chim.*, t. XX, p. 352 et 510].

ACÉTYLPHÉNYLSULFO-URÉE,

$$C^9H^{10}Az^2SO = CS<^{AzH.C^2H^3O}_{AzH.C^6H^5}.$$

— Elle résulte de la combinaison de la phénylamine avec l'acétylsulfocarbimide; la réaction entre les deux corps est très-énergique, et il est nécessaire de la modérer en dissolvant préalablement les produits dans l'éther. L'acétylphénylsulfo-urée se dépose dans l'alcool faible et bouillant en belles lames fusibles à 168-169°, presque insolubles dans l'eau, solubles dans l'alcool et l'éther. Elle forme des sels avec les hydracides [Miquel, *loc. cit.*].

BENZOYLSULFO-URÉE,

$$C^8H^8Az^2SO = CS<^{AzH.C^7H^5O}_{AzH^2}.$$

— On chauffe la sulfo-urée avec du chlorure de benzoyle à 120°, et on purifie le produit par cristallisation dans l'alcool (Pike). La même benzoylsulfo-urée se forme lorsqu'on traite la benzoylsulfocarbimide (p. 117) par l'ammoniaque aqueuse ou gazeuse (Miquel).

Elle cristallise en prismes incolores, fusibles à 170-171°; elle possède une saveur extrêmement amère. Peu soluble dans l'eau bouillante, elle se dissout facilement dans l'alcool et l'éther. Elle forme un chloroplatinate insoluble dans l'eau [W.-H.-R. Pike, *Deutsch. chem. Gesellsch.*, t. VI, p. 755; *Bull. de la Soc. chim.*, t. XX, p. 458; — P. Miquel, *loc. cit.*].

BENZOYLBENZYLSULFO-URÉE,

$$C^{15}H^{14}Az^2SO = CS<^{AzH.C^7H^5O}_{AzH.CH^2-C^6H^5}.$$

— Préparée par l'union de la benzylamine et de la benzoylsulfocarbimide, elle est en petits prismes durs et cassants, fusibles à 145°. Elle est soluble dans l'alcool et l'éther [Miquel, *loc. cit.*].

BENZOYLPHÉNYLSULFO-URÉE,

$$C^{14}H^{12}Az^2SO = CS<^{AzH.C^7H^5O}_{AzH.C^6H^5}.$$

— On traite la benzoylsulfocarbimide par la phénylamine, et on fait cristalliser le produit dans l'alcool. On obtient ainsi des aiguilles soyeuses, flexibles, insipides, fusibles à 149°. L'acide azotique bouillant détruit cette urée pour la majeure partie; il se forme cependant en même temps une petite quantité de *benzoylphénylsulfo-urée nitrée*, $C^{14}H^{11}(AzO^2)Az^2SO$, cristallisant en aiguilles légères fusibles à 230° [Miquel, *loc. cit.*].

ACIDE SULFOCITRACONURIQUE,

$$C^6H^8Az^2SO^3 = CS<^{AzH.CO-C^3H^4-CO^2H}_{AzH^2}.$$

— Il prend naissance lorsqu'on chauffe à 130° la sulfo-urée avec l'anhydride citraconique; le produit, lavé à l'eau froide et purifié par cristallisation dans l'eau bouillante, forme une poudre cristalline blanche, fusible à 222-223° W.-H. Pike, *Deutsch. chem. Gesellsch.*, t. VI, p. 1105; *Bull. de la Soc. chim.*, t. XX, p. 540].

ACIDE SULFOSUCCINURIQUE,

$$C^5H^8Az^2SO^3 = CS<^{AzH.CO-C^2H^4-CO^2H}_{AzH^2}.$$

— On le prépare en chauffant à 140° l'anhydride succinique avec de la sulfo-urée, lavant le produit à l'alcool et le faisant cristalliser dans l'acide acétique chaud ou dans l'eau bouillante. Il constitue une poudre jaunâtre, formée d'écailles cristallines, fusible à 210,5-211°; les alcalis le dédoublent en acide succinique et en sulfo-urée qui se décompose à son tour [Pike, *loc. cit.*].

OXALYL-ALLYLSULFO-URÉE [Syn. *Oxalylthiosinnamine*],

$$C^6H^6Az^2SO^2 = CS<^{AzC^3H^5}_{AzH}>C^2O^2.$$

— C'est le produit d'hydratation du dicyanure de thiosinnamine (allylsulfo-urée), $C^4H^8Az^2S, C^2Az^2$, pour lequel on peut établir la formule de constitution suivante :

$$CS<^{AzC^3H^5}_{AzH}>C^2(AzH)^2$$
$$= CS<^{AzC^3H^5-CAzH}_{AzH — CAzH}.$$

— Pour préparer ce dicyanure on sature de cyanogène une solution alcoolique de thiosinnamine, et on abandonne la solution pendant vingt-quatre heures; il se sépare peu à peu une masse cristalline vert-jaunâtre ou brune qu'on lave à l'alcool et qu'on fait cristalliser dans l'alcool bouillant. Le dicyanure est en lamelles dorées, microscopiques, assez solubles dans l'alcool chaud, peu solubles dans l'éther et dans la benzine, insolubles dans l'eau. Il fond au-dessus de 100° en se décomposant. Les alcalis en dégagent de l'ammoniaque.

Lorsqu'on chauffe le dicyanure avec de l'acide sulfurique étendu, il se dissout et la solution laisse déposer par le refroidissement des aiguilles jaunes, réunies en faisceaux; ce corps cristallisé constitue l'*oxalyl-allylsulfo-urée* qui a pris naissance en vertu de l'équation :

$$CS\left\langle\begin{matrix}AzC^3H^5\\AzH\end{matrix}\right\rangle C^2(AzH)^2 + SO^4H^2 + 2H^2O$$
$$= CS\left\langle\begin{matrix}AzC^3H^5\\AzH\end{matrix}\right\rangle C^2O^2 + SO^4(AzH^4)^2.$$

L'oxalyl-allylsulfo-urée se dépose dans l'alcool en tables brillantes d'un jaune citron, fusibles à 80-90°, peu solubles dans l'eau froide, très-solubles dans l'eau chaude, dans l'alcool et l'éther. Elle peut être sublimée. La solution aqueuse offre une réaction légèrement acide; le chlorure de baryum ne la trouble pas, mais l'hydrate de baryum en précipite de l'oxalate barytique en même temps qu'il reste de la thiosinamine en solution. Le nitrate d'argent donne un précipité jaune qui se transforme à froid en sulfure d'argent; la solution contient alors de l'oxalyl-allylurée [R.-L. Maly, *Wien. Acad. Ber.*, t. LVII, 2e part., p. 573; *Bull. de la Soc. chim.*, 1869, t. XII, p. 66.]

Oxalyl-allylparacrésylsulfo-urée.

$$C^{13}H^{12}Az^2SO^2 = CS\left\langle\begin{matrix}AzC^3H^5\\AzC^7H^7\end{matrix}\right\rangle C^2O^2.$$

— Elle résulte de l'hydratation du dicyanure d'allylparacrésylsulfo-urée (p. 132). On dissout cette sulfo-urée dans l'alcool, on sature la solution de cyanogène, on ajoute un peu d'acide sulfurique et on maintient le mélange à une douce chaleur pendant quelque temps. Le liquide fournit alors, par le refroidissement, un dépôt volumineux composé d'aiguilles jaunes. L'oxalyl-allylsulfo-urée, purifiée par cristallisation dans l'alcool bouillant, est en aiguilles dorées, d'un éclat métallique, longues et aplaties; elle se dissout aisément dans l'alcool chaud, en petite quantité à froid; elle est insoluble dans l'eau; ses solutions sont neutres. Elle fond à 157° et peut être sublimée sans décomposition. L'acide sulfurique la dissout et l'eau la reprécipite. Ses réactions sont celles de l'oxalyl-allylphénylsulfo-urée. [R. L. Maly, *Wien. Acad. Ber.*, t. LVIII, 2e partie, p. 443; t. LIX, p. 607.]

Oxalyl-allylphénylsulfo-urée,

$$C^{12}H^{10}Az^2SO^3 = CS\left\langle\begin{matrix}AzC^3H^5\\AzC^6H^5\end{matrix}\right\rangle C^2O^2.$$

— L'allylphénylsulfo-urée, traitée en solution alcoolique par le cyanogène, fournit un dicyanure,

$$CS\left\langle\begin{matrix}AzC^3H^5\\AzC^6H^5\end{matrix}\right\rangle C^2(AzH)^2,$$

cristallisant en aiguilles groupées en étoiles. Chauffé avec de l'acide sulfurique étendu, ce dicyanure se transforme en oxalyl-allylphénylsulfo-urée qui se dépose par le refroidissement de la solution et qu'on purifie par des cristallisations dans l'alcool bouillant.

Elle est en aiguilles jaune citron, très-fines et soyeuses; elle fond à 161°. Vis-à-vis des dissolvants et des réactifs, elle se comporte comme les deux urées précédemment décrites [Maly, *loc. cit.*].

III. — SULFO-URÉES A RADICAUX A FONCTION MIXTE.

Déhydracétylsulfo-urée [Syn. *Sulfhydantoïne*],

$$C^3H^4Az^2SO = CS\left\langle\begin{matrix}AzH-CH^2\\AzH-CO.\end{matrix}\right.$$

— Ce composé a été découvert en même temps par Maly et Volhard dans l'action de l'acide monochloracétique sur la sulfo-urée,

$$CS\left\langle\begin{matrix}AzH^2\\AzH^2\end{matrix}\right. + \begin{matrix}CH^2Cl\\CO.OH\end{matrix}$$
$$= \left.\begin{matrix}CH^2-AzH\\CO-AzH\end{matrix}\right\rangle CS, HCl + H^2O.$$

Chlorhydrate de déhydracétylsulfo-urée.

Ces deux chimistes l'ont décrit sous le nom de glycolylsulfo-urée; mais, d'après la nomenclature des radicaux de l'acide glycolique que nous avons adoptée (voyez la note, t. III, p. 115); le nom de glycolyle appartient à un autre groupement.

La même déhydracétylsulfo-urée prend naissance lorsqu'on fait agir, à la température ordinaire, l'éther monochlororacétique sur la sulfo-urée, ou bien, la monochloracétamide sur la sulfo-urée (Mulder).

Lorsqu'on chauffe un mélange de molécules égales d'acide monochloracétique et de sulfo-urée, il s'établit une réaction très-énergique et la masse se solidifie. La solution aqueuse du produit de la réaction, purifiée par cristallisation dans l'eau, donne avec les alcalis la déhydracétysulfo-urée, qui constitue des prismes minces, très-solubles dans l'eau bouillante, peu solubles à froid; elle est presque insoluble dans l'alcool et dans l'éther. Chauffée, elle se décompose avant de fondre.

Le *chlorhydrate*, $C^3H^4Az^2SO,HCl$ cristallise en beaux prismes, très-solubles dans l'eau, peu solubles dans l'alcool et insolubles dans l'éther; il ne fond pas sans se décomposer. L'acide sulfurique en chasse à froid l'acide chlorhydrique, le nitrate d'argent en précipite la totalité du chlore, preuves évidentes que ce corps constitue bien le chlorhydrate de déhydracétylsulfo-urée et non la chloracétylsulfo-urée isomérique.

Il forme un *chloroplatinate*,

$$(C^3H^4Az^2SO,HCl)^2 + PtCl^4,$$

qui est en lamelles allongées; le *chloraurate* est cristallin.

Lorsqu'on chauffe la déhydracétylsulfo-urée avec les acides étendus, elle se dédouble en ammoniaque et en *glycolylsulfocarbimide* (t. III, p. 92),

$$\begin{matrix}CH^2.AzCS.\\CO^2H.\end{matrix}$$

Ni l'oxyde de mercure, ni l'acétate de plomb ne parviennent à enlever le soufre à la déhydracétylsulfo-urée.

Si l'on ajoute du brome à sa solution dans l'acide chlorhydrique faible, qu'on filtre après quelques heures, pour séparer une petite quantité d'un corps insoluble qui s'est formé, le liquide filtré laisse déposer peu à peu une substance cristalline qui est la *dibromo-déhydracétylsulfo-urée*,

$$\left.\begin{matrix}CBr^2-AzH\\CO-AzH\end{matrix}\right\rangle CS.$$

Cette sulfo-urée bromée est peu stable et se décompose déjà à l'air humide; elle est insoluble dans l'eau, mais l'acide chlorhydrique, l'alcool et l'éther la dissolvent. Chauffée, elle se décompose vers 130-140°, sans fondre préalablement [R. Maly, *Wien. Acad. Ber.*, 2e partie,

t. LXVII, p. 244; *Bull. de la Soc. chim.*, t. XXI, p. 126; — J. Volhard, *Ann. der Chem. u. Pharm.*, t. CLXVII, p. 383; *Journ. für prakt. Chem.*, (2), t. IX, p. 6; *Bull. de la Soc. chim.*, t. XX, p. 182, et t. XXII, p. 168; — E. Mulder, *Deutsch. chem. Gesellsch.*, t. VIII, p. 1262].

SULFO-URÉE MÉTOXYBENZOÏQUE,

$$C^8H^8Az^2SO^2 = CS \left\langle \begin{matrix} AzH.C^6H^4\text{-}CO^2H \\ AzH^2. \end{matrix} \right.$$

Elle résulte de la transformation du sulfocyanate métamidobenzoïque. On mélange des quantités équivalentes de sulfate métamidobenzoïque et de sulfocyanate de potassium; on ajoute de l'eau et on évapore : il se dépose du sulfate de potassium qu'on sépare. L'eau mère est évaporée à sec, le résidu est repris par l'alcool bouillant, et la sulfo-urée qui entre en solution est purifiée par plusieurs cristallisations dans l'eau bouillante.

La sulfo-urée oxybenzoïque est presque insoluble dans l'eau et l'alcool froids, mais elle se dissout assez abondamment à chaud. Sa solution aqueuse chaude donne des précipités blancs avec le chlorure de baryum, le chlorure de calcium, l'azotate d'argent et l'azotate de plomb. Le chlorure ferrique produit un précipité brun rouge. L'oxyde d'argent ou celui de mercure désulfure cette sulfo-urée en la transformant probablement en urée oxybenzoïque [A. Arzruni, *Deutsch. chem. Gesellsch.*, t. IV, p. 406; *Bull. de la Soc. chim.*, t. XV, p. 202].

PHÉNYLSULFO-URÉE MÉTOXYBENZOÏQUE,

$$C^{14}H^{12}Az^2SO^2 = CS \left\langle \begin{matrix} AzH.C^6H^4\text{-}CO^2H \\ AzH.C^6H^5. \end{matrix} \right.$$

— Elle prend naissance soit par l'union de la phénylsulfocarbimide et de l'acide métamidobenzoïque, soit par la combinaison de la sulfocarbimide oxybenzoïque et de l'aniline. Elle est en aiguilles incolores, fusibles à 190-191°; peu soluble dans l'eau, elle se dissout facilement dans l'alcool et dans l'éther. Les acides ne la dissolvent pas, mais elle est soluble dans les alcalis. Le nitrate d'argent ammoniacal lui enlève le soufre. [V. Merz et W. Weith, *Deutsch. chem. Gesellsch.*, t. III, p. 244; *Bull. de la Soc. chim.*, t. XV, p. 116; — B. Rathke et P. Schaefer, *Ann. de Chem. u. Pharm.*, t. CLXIX, p. 101; *Bull. de la Soc. chim.*, t. XXI, p. 464].

SULFO-URÉE DIMÉTOXYBENZOÏQUE,

$$C^{15}H^{12}Az^2SO^4 = CS \left\langle \begin{matrix} AzH.C^6H^4\text{-}CO^2H \\ AzH.C^6H^4\text{-}CO^2H. \end{matrix} \right.$$

Pour la préparer, on chauffe l'acide métamidobenzoïque soit avec du sulfure de carbone, soit avec le chlorure de sulfocarbonyle; le produit de la réaction est repris par le sulfure de carbone, la solution sulfocarbonique est distillée et le résidu est purifié par plusieurs cristallisations dans l'alcool faible.

La même sulfo-urée composée se forme aussi lorsqu'on chauffe à 130° la sulfo-urée avec l'acide métamidobenzoïque.

La sulfo-urée dimétamidobenzoïque est en fines aiguilles, réunies en mamelons, presque insolubles dans l'eau et peu solubles dans l'alcool, l'éther, le chloroforme et le sulfure de carbone. Elle se décompose à quelques degrés au-dessus de 300°, sans fondre préalablement. Les alcalis et les carbonates alcalins la dissolvent; à chaud, ils la décomposent avec production de sulfure alcalin. Si l'on chauffe la sulfo-urée dimétamidobenzoïque avec de l'eau et des carbonates de baryum, on obtient un sel de baryum,

$$C^{15}H^{10}Az^2SO^4,Ba,$$

qui forme des grains cristallins.

L'oxyde de mercure et l'eau la transforment à 100° en *urée dimétoxybenzoïque* en même temps qu'il se forme du sulfure mercurique (V. Merz et W. Weith), [*Deutsch. chem. Gesellsch.*, t. III, p. 812, B. Rathke et P. Schaefer, *loc. cit.*].

A. H.

SULFOVINIQUE (ACIDE). — Voyez ÉTHYLIQUES (ÉTHERS COMPOSÉS), t. I, p. 1347.

SULFOVIRIDIQUE (ACIDE). — Voyez INDIGO, t. II, p. 103.

SULFOXAMIDE. — Synonyme de BISULFHYDRATE DE CYANOGÈNE, t. I, p. 1076.

SULFOXYBENZOÏQUE (ACIDE). — Voyez t. II, p. 701.

SULFURIQUE (ACIDE) (INDUSTRIE). — HISTORIQUE. — La première mention de l'acide sulfurique se rencontre dans les écrits d'un alchimiste persan, Abou-bekr Alrhases, mort en 940. Albert le Grand (1193-1280) le désigna sous le nom d'*esprit de vitriol romain*. Basile Valentin a indiqué des procédés de préparation, et Gerhard Jornaeus (1570) en décrivit exactement les propriétés. L'acide sulfurique était alors préparé par la distillation du sulfate de fer (vitriol de fer).

Au commencement du XVIIe siècle, Angelus Gala observa la formation d'acide sulfurique en brûlant du soufre dans des vases humides. En 1666, d'après les conseils de Nicolas Le Fèvre et de Nicolas Lémery, on ajouta un peu de salpêtre au soufre. Ce fut un grand progrès, qui permit à Ward d'établir une petite fabrique d'acide sulfurique à Richmond, près de Londres. Ward faisait usage de cloches en verre de 300 litres de capacité; le prix de l'acide sulfurique tomba de 32 fr. à 6 francs le kilogramme.

En 1746, Roebuck et Garbett érigèrent les premières chambres de plomb à Birmingham et à Preston-Pans en Écosse. La fabrication était intermittente; on introduisait le soufre, mélangé de 8 à 12 °/o de salpêtre, dans la chambre de plomb, en y enflammant le mélange, et l'on bouchait toutes les ouvertures afin de laisser réagir les gaz; puis on ventilait la chambre, dont le fond était recouvert d'une couche d'eau dans laquelle l'acide sulfurique formé se dissolvait. Après une succession de plusieurs opérations pareilles, l'eau était suffisamment chargée pour qu'on pût l'évaporer. Le prix de l'acide sulfurique fut réduit à 0 fr. 50 le kilogramme.

En France, la première chambre de plomb fut construite en 1766 par Holcker, à Rouen. En 1774, sur les conseils de la Follie, on introduisit de la vapeur d'eau dans les chambres pendant la combustion du soufre. C'est également en France que la fabrication intermittente fut transformée en fabrication continue. Clément Desormes montra, en 1793, que les chambres de plomb pouvaient être alimentées au moyen d'un courant gazeux continu, en réduisant considérablement la dépense du salpêtre. Il prouva que l'oxydation de l'acide sulfureux a lieu aux dépens de l'oxygène de l'air pour les neuf dixièmes, et que le salpêtre n'intervient que comme agent intermédiaire entre l'air et l'acide sulfureux. La théorie moderne de la fabrication de l'acide sulfurique était ainsi trouvée; toutefois ce n'est guère que quelques années plus tard qu'on parvint à vaincre toutes les difficultés qui s'étaient présentées à l'adoption régulière et complète du système continu. En 1810, un petit-fils de Holcker fabriquait, à Rouen, l'acide sulfurique par ces nouveaux procédés, en se servant d'une chambre de plomb unique. Peu à peu ces procédés se généralisèrent et pénétrèrent dans toutes les usines; on substitua à la chambre unique des systèmes de chambres de dimensions diverses et en nombre variable. M. Kestner, de Thann, eut l'idée de recueillir, à titre de témoin, les produits qui se condensaient contre les parois, ce qui lui permit de régulariser avec une plus grande précision la marche des chambres, en augmentant ou en diminuant l'admission d'air et celle de la vapeur; il fut appelé par MM. Tennants, de Glasgow, à introduire ce perfectionnement dans leur vaste usine de Saint-Rollox. Enfin, c'est en 1827 que Gay-Lussac introduisit dans l'usine de Chauny le premier appareil de condensation des composés nitreux qui s'échappent des chambres de plomb, appareils dont l'usage s'est répandu dans le monde entier.

Vers 1837, MM. Perret frères, de Lyon, découvrirent le procédé actuel de préparation de l'acide sulfureux destiné à alimenter les chambres de plomb, savoir : l'emploi des pyrites de fer au lieu et place du soufre; cette découverte nous affranchit de la Sicile, dont l'Europe avait été tributaire jusque-là. C'est à peu près de la même époque que date la soudure autogène du plomb, au moyen du chalumeau à hydrogène et air, de M. Desbassyns de Richemont, ingénieur français (1).

FABRICATION INDUSTRIELLE DE L'ACIDE SULFURIQUE.

La fabrication de l'acide sulfurique commercial ordinaire se divise en deux phases principales : la production du gaz acide sulfureux, soit avec du soufre, soit avec des pyrites, et la transformation de l'acide sulfureux en acide sulfurique.

PRODUCTION DU GAZ SULFUREUX AU MOYEN DU SOUFRE. — Dans les fabriques où l'on brûle encore du soufre (et le nombre en diminue tous les jours), on fait presque toujours usage du soufre brut de Sicile de qualité moyenne, appelé deuxième catégorie, ne renfermant guère plus de 1 °/₀ de matières étrangères; il existe quelques usines où l'on brûle tout ou partie du soufre régénéré des marcs de soude.

La combustion a lieu dans le *four à soufre* (fig. 684), qui présente généralement les dispositions suivantes : Sur des murs en briques, reliés entre eux par une ou plusieurs voûtes surbaissées, se trouve une sole, formée d'une plaque de fonte scellée à 0m,80 au-dessus du sol, ou construite en maçonnerie. Au-dessus de la sole s'élèvent des murs latéraux en briques, également reliés par une ou plusieurs voûtes. Lorsque le four est surmonté d'une chaudière qui utilise une partie de la chaleur produite par la combustion du soufre, soit pour la production de la vapeur, soit pour l'évaporation de l'acide, les murs latéraux, solidement reliés au moyen de plaques en fonte placées sur leurs surfaces extérieures, sont recouverts d'une plaque en fonte sur laquelle reposent les chaudières d'évaporation. La partie antérieure du four renferme une ou plusieurs portières A, A', A'', également en fonte, et percées d'ouvertures destinées à l'alimentation d'air. Ces ouvertures peuvent être fermées ou ouvertes à volonté, et dans la mesure exigée par le travail de la combustion du soufre, au moyen de petits registres *o, o', o''*. Un tuyau de dégagement T, généralement en fonte, mais qu'on fait quelquefois aussi en plomb ou même en maçonnerie, laisse échapper les gaz de la combustion.

Fig. 684. — Four à soufre.

Le soufre est introduit dans le four par les portières A, A', A'', à des intervalles réguliers. Afin d'éviter un échauffement de la sole, et par suite la distillation du soufre, on ne doit introduire le soufre que par petites quantités à la fois, quelques kilogrammes seulement, et ne remettre une nouvelle charge que lorsque la précédente est complètement brûlée : résultat auquel il est facile d'arriver en modérant ou en activant le tirage par la fermeture ou l'ouverture des registres *o, o', o''*, ou encore en réglant convenablement le registre qui se trouve placé entre la chambre de plomb et la cheminée d'appel.

La production de la vapeur d'eau sur les fours à soufre est très-avantageuse, tant au point de vue économique qu'à celui de la marche régulière des chambres de plomb; on comprend sans peine que plus la combustion du soufre est active, plus la production de vapeur est grande, et *vice versa*, c'est-à-dire que la production de vapeur augmente proportionnellement au besoin de vapeur des chambres de plomb.

L'idée très-rationnelle en elle-même d'alimenter d'une manière continue le four à soufre au moyen d'un filet de soufre fondu, s'écoulant d'un réservoir chauffé par la chaleur perdue du four, n'a pas reçu de solution pratique.

Le four à soufre ordinaire ne sert pas seulement à la production du gaz sulfureux, mais aussi à celle des composés nitreux nécessaires au service des chambres de plomb. Dans ce but, on introduit, au milieu même du soufre brûlant, au moyen d'une pince à crochet P, une marmite en fonte M à trois pieds. Dans cette marmite on place à l'avance un mélange d'azotate de sodium (salpêtre brut du Chili) et d'acide sulfurique à 60° Baumé dans les proportions convenables pour obtenir du bisulfate de sodium :

$$4AzO^3K + 3SO^4H^2 = SO^4K^2 + 2SO^4KH + 4AzO^3H.$$

Chauffé par la flamme du soufre, le mélange produit un dégagement d'acide azotique qui se trouve immédiatement réduit dans l'atmosphère sulfureux du four :

$$2SO^2 + 2AzHO^3 = SO^3 + SO^4H^2 + Az^2O^3.$$

C'est ce mélange gazeux qui arrive dans les chambres par le tuyau de dégagement. Il est important, pour la bonne marche des chambres ainsi que pour la production de l'acide, que les gaz du four à soufre y arrivent refroidis; à cet effet, on donne à la conduite des gaz une longueur suffisante pour obtenir le refroidissement, ou on les

(1) L'historique de la fabrication de l'acide sulfurique est dû à notre regretté collaborateur Emile Kopp. Il est à croire que ces quelques lignes, interrompues par la maladie qui l'a emporté, sont les dernières qu'il ait écrites. A. W.

entoure d'une enveloppe d'eau; mais, dans ce dernier cas, il faut que la conduite soit en plomb, sans quoi elle serait promptement dissoute par l'acide sulfurique, qui se condense toujours en plus ou moins grande quantité. Le réfrigérant qui suit les fours à soufre est vertical ou horizontal, suivant la place dont on dispose. Les réfrigérants verticaux s'encombrent moins vite que les réfrigérants horizontaux, mais le refroidissement des gaz y est moins facile.

Dans les fours à soufre qui ne sont ni surmontés de chaudières évaporatoires, ni suivis de réfrigérants, ni munis de conduites d'une longueur calculée, les gaz arrivent aux chambres avec une température de 100 à 130°; lorsqu'ils sont surmontés de chaudières et suivis de réfrigérants, il est facile de faire descendre la température des gaz jusqu'à 40° : condition éminemment favorable à la fabrication de l'acide et à la conservation des chambres de plomb.

Au lieu de marmites à trois pieds, on emploie souvent des caisses en fonte à fond plat ou bombé qu'on fait glisser sur des traverses ou rails en fer au-dessus de la flamme du soufre : lorsque la décomposition de l'azotate de sodium est terminée, on tire au dehors le vase en fonte et on le retourne pour en faire couler le bisulfate fondu; on le recharge et on le replace. Cette opération se fait régulièrement, comme celle des chargements du soufre.

Le four de Harrison Blair, qui peut remplacer une dizaine de fours ordinaires, et ne s'applique par conséquent qu'à une fabrication sur une très-grande échelle, permet une production régulière de gaz sulfureux au moyen des dispositions suivantes : L'appareil se compose de trois fours contigus ou superposés. Dans le premier, long de 3 mètres, large de 2 mètres et avec une hauteur de voûte de 0m,30, construit en briques épaisses, pour éviter toute déperdition de chaleur, le soufre est réduit en vapeur par combustion partielle. On introduit dans le four, par une porte qui présente à la partie inférieure une rainure pour l'admission de l'air, toute la quantité de soufre nécessaire pendant 24 heures. La vapeur de soufre se rend dans le deuxième four, le four à combustion, qui a les mêmes dimensions que le premier, mais qui est divisé par des murettes en trois compartiments, communiquant les uns avec les autres; dans le premier compartiment a lieu l'admission de l'air nécessaire à la combustion complète du soufre et au fonctionnement normal des chambres. L'alimentation du four à soufre peut aussi se faire, d'une manière continue, au moyen d'un tuyau en fonte, passant par la voûte descendant sur la sole et baignant, par conséquent, dans le soufre liquide; les gaz, après avoir passé successivement du premier compartiment dans le second, entrent, par une série d'ouvertures, dans le troisième four, le *four à nitrate*, haut de 0m,45 à 0m,50, dont la sole constitue le plafond du second four. C'est là que sont placés les vases en fonte renfermant le mélange d'azotate de sodium et d'acide sulfurique. Ce four a l'inconvénient d'être de construction compliquée, et il vaut mieux se servir des fours ordinaires, dont l'usage est facile et dans lesquels la combustion se fait parfaitement, à la condition de n'y introduire que des charges régulièrement espacées et d'un poids relativement peu élevé. Dans ces fours on brûle ordinairement de 50 à 70 kilogrammes de soufre par mètre carré de surface de sole, en 24 heures.

Pour de petits systèmes de chambres de plomb d'une capacité de 1,000 mètres cubes, on brûle environ 600 kilogrammes de soufre (0kgr,600 par mètre cube) en 24 heures. Pour les systèmes plus considérables, on augmente la quantité du soufre consommé proportionnellement au volume des chambres de plomb.

Toutefois on est arrivé, dans certaines usines, à porter la quantité du soufre consommé jusqu'à 0kgr,700 et même 0kgr,800 par mètre cube, sans que ni les rendements ni la marche régulière des opérations en aient souffert.

PRODUCTION DU GAZ SULFUREUX AU MOYEN DES PYRITES. — L'emploi des pyrites de fer (pyrite martiale) pour la fabrication de l'acide sulfurique est dû à MM. Perret, de Lyon, dont l'aîné, M. Michel Perret, en a fait la première application industrielle, suivie d'un succès sérieux, vers 1837 [*Ann. de Chim. Phys.*, t. II, p. 479].

Depuis lors cet emploi s'est extraordinairement répandu, surtout depuis une vingtaine d'années. On a réussi à utiliser aussi les produits gazeux des pyrites cuivreuses, de la blende (ZnS) et de la galène (PbS).

Les principaux gisements de pyrites actuellement exploités sont ceux :

D'*Espagne* et de *Portugal*, constituant une zone qui s'étend de la province espagnole de Huelva, à travers la partie méridionale du Portugal, jusqu'à la mer. Ces pyrites renferment de 46 à 50 % de soufre, 3 1/2 à 4 1/2 % de cuivre et très-peu d'arsenic. L'exportation de ces pyrites, pour l'Angleterre seule, s'est élevée à 437,760 tonnes en 1872.

De *Norvège*, contenant 44 % de soufre, faciles à concasser. L'exportation, pour l'Angleterre, a été en 1872 de 72,000 tonnes.

De *France*, mines de Chessy et de Saint-Bel, près de Lyon, d'Alais. Le minerai de Chessy et de Saint-Bel renferme de 45 à 48 % de soufre, avec très-peu d'arsenic et de sélénium; celui de Chessy renferme en même temps 1 à 2 % de cuivre et de zinc. Le cuivre est extrait à l'usine de MM. Perret, à Chessy; à cet effet, le minerai, après avoir été grillé dans des fours alimentant un grand système de chambres de plomb, est étendu à l'air et arrosé avec de l'eau ou des liquides faibles en degré. Le minerai occupe une immense surface sur une profondeur de plus d'un mètre; les liquides qui s'écoulent renferment du sulfate de cuivre et de zinc dont on retire le cuivre par cémentation. Les fabriques de produits chimiques de France tirent presque tous leurs minerais de ces deux mines; il n'y a que celles du Gard et de Marseille qui en tirent d'Alais, et quelques rares usines du Nord qui font usage de minerais belges. La production des mines de Chessy et Saint-Bel, cédées aujourd'hui à l'administration de Saint-Gobain, a été en 1874 de 120 000 tonnes.

Le minerai d'Alais et du département du Gard renferme de 38 à 42 % de soufre.

De *Belgique*, avec 44 à 48 % de soufre. Les minerais belges renferment souvent beaucoup d'arsenic. La production belge est d'environ 45,000 tonnes.

D'*Allemagne*. Les plus renommées sont celles de Westphalie, de Meggen (pays de Siegen); 35 à 48 % de soufre. Production 128,140 tonnes en 1873.

D'*Italie*, du Val d'Aoste, 48 à 50 % de soufre; très-arsenicales et très-fusibles. Celles de Pallanza renferment 0,5 à 1 % de nickel, de l'oxyde ferrique et seulement 30 à 35 % de soufre.

Dosage du soufre des pyrites. — La détermination du soufre dans les pyrites se fait généralement par la pesée du sulfate de baryum obtenu après dissolution dans l'acide azotique et précipitation par un sel barytique. Mais quand on ne tient pas à une très-grande précision, on se sert de la méthode alcalimétrique de Pelouze, qui donne, quand elle est bien employée, des résultats suffisamment exacts. On fond au rouge 1 gramme de pyrite réduite en poudre fine, avec 5gr,3 de carbonate de sodium sec et pur, 5 grammes de sel marin desséché, pour modérer la réaction, et 7 grammes de chlorate de potassium. ClO^3K convertit le soufre en SO^3, qui sature une quantité proportionnelle de l'alcali en donnant naissance à SO^4Na^2. La masse fondue est dissoute dans l'eau bouillante, filtrée, lavée et on détermine le titre alcalimétrique de la liqueur filtrée. La différence entre le titre alcalimétrique du carbonate de sodium employé et celui de la dissolution filtrée permet de calculer la quantité de soufre qui a été transformée en acide sulfurique, et qui se trouvait renfermée dans la pyrite soumise à l'analyse.

Il faut remarquer que ce procédé suppose l'absence de sulfates dans la gangue.

Le procédé de Pelouze, que nous venons de décrire, est surtout employé avec avantage pour l'essai quotidien des résidus provenant du grillage de la pyrite dans les fabriques d'acide sulfurique. Dans ce cas, au lieu de 1 gramme de pyrite, il convient de prendre 10 grammes de résidu, et on peut supprimer l'emploi du sel; la réaction est faite dans une cuiller à projection en fer; on obtient une masse non fondue qui se dissout promptement; l'essai complet peut être achevé en très-peu de temps. Comme il importe de connaître la quantité maxima de soufre qui reste dans les résidus et que toute perte, pendant l'expérience, tend à augmenter et non à diminuer la teneur apparente en soufre, ce procédé se recommande à l'emploi des industriels. Toutefois les résultats obtenus ne sont jamais aussi exacts que ceux fournis par la détermination au moyen du sulfate barytique.

Les fours à pyrites sont de formes et de dimensions différentes, suivant qu'il s'agit de brûler du minerai en morceaux, en grenaille ou en poudre fine.

Fours à griller la pyrite en morceaux. — Les premiers fours qui furent employés pour le grillage des pyrites d'Irlande, et qui sont connus en Angleterre sous le nom de *kilns*, étaient des fours à section carrée ou rectangulaire, sans grille, et à sole inclinée, espèce de fours coulants; ce sont les premiers fours de M. Perret, qui s'était servi, dans ses expériences, d'un four à chaux. Dans les kilns, la paroi antérieure présentait cinq ouvertures, munies de registres et placées verticalement l'une au-dessus de l'autre. L'ouverture inférieure servait à l'extraction de la pyrite grillée, les quatre autres étaient destinées à l'entrée de l'air dans le four, et aux manipulations nécessaires pour la descente régulière du minerai. Les pyrites fraîches étaient introduites par une ouverture pratiquée dans la voûte du four et qui pouvait être close hermétiquement. On associait généralement six kilns, dont l'acide sulfureux se réunissait dans un canal commun se rendant aux chambres de plomb. On obtenait ainsi un courant d'acide sulfureux gazeux, assez régulier. Les marmites à azotate de sodium étaient placées dans le canal commun.

De nos jours, on a modifié les kilns en diminuant la hauteur, en réduisant la largeur à 1 mètre, et en plaçant à la partie inférieure une grille mobile servant en même temps au passage de l'air et au décrassage du minerai grillé.

Les figures 685 et 686 représentent des fours à pyrites plus modernes que les kilns, et qui sont encore employés dans certaines usines.

Les pyrites sont entassées dans la partie A du four, située au-dessus de la grille G. L'acide sulfureux se dégage par l'ouverture et le canal S et arrive dans une chambre S appelée *chambre à poussière* dans laquelle la poussière se dépose; de là il passe dans le canal qui l'amène aux chambres de plomb. Au-dessous de la grille G est la cave C (fermée par une porte) où tombe le minerai grillé et d'où on le retire de temps à autre. L'air nécessaire à la combustion arrive sous la grille soit par l'ouverture E qu'un registre permet d'agrandir ou de diminuer, soit par de petits trous pratiqués dans la porte de la cave C. Un regard *r* permet d'observer la température du four sans avoir besoin d'en ouvrir la porte. Les pyrites peuvent être

Fig. 685. — Four à grosses pyrites. — Élévation de section verticale.

introduites dans le four soit par la porte D, soit par la porte B; on les égalise à la pelle, et on les exhausse de quelques centimètres contre les parois des murs pour opposer au passage de l'air, qui tend à suivre les murs, une légère résistance, et le forcer à se distribuer dans la masse.

Fig. 686. — Four à grosses pyrites. — Section horizontale.

Les fours modernes pour le grillage de la pyrite en morceaux ne sont plus construits en sections coniques comme ci-dessus; de plus, afin d'éviter des introductions d'air irrégulières, la grille elle-même est fermée par une plaque en tôle percée de trous à registres, et qu'on enlève chaque fois que les barreaux doivent être manœuvrés. Ceux qui donnent les meilleurs résultats se composent d'une série de fours, à parois verticales et parallèles, ayant 1 mètre carré de section horizontale, et environ 1m,50 de hauteur. La hauteur du minerai sur la grille est variable suivant la nature de celui-ci, mais généralement elle ne dépasse pas

0^m,50 à 0^m,60. La grille est mobile et formée de barreaux à section carrée pour la partie IK (fig. 687) qui supporte le poids des pyrites dans le four. L'extrémité H et la partie IL sur lesquels reposent les barreaux eux-mêmes sont cylindriques et s'adaptent à des supports en fonte; la tête G qui est hors du four est également carrée pour pouvoir être saisie par une clef en fer à assez long levier, au moyen duquel on peut faire tourner les barreaux à droite ou à gauche. Lorsque les barreaux sont dans la position AB, l'intervalle entre eux est le plus grand possible, et permet, par conséquent, l'accès du plus grand volume; tandis que dans la position CD la distance qui sépare les barreaux se trouve réduite à son minimum. Or sur les barreaux repose la pyrite grillée, dont FeS^2 a été transformé en Fe^2O^3; cette transformation est accompagnée d'un gonflement de la pyrite qui, à mesure qu'elle perd son soufre, se fissure et devient friable. En tournant donc les barreaux, on brise les résidus de la pyrite grillée et on lui permet de passer à travers l'intervalle des barreaux, pour tomber dans la cave; c'est de cette manière que s'opère chaque jour l'enlèvement de la matière grillée, sans qu'il soit besoin d'ouvrir la porte supérieure du four. Les têtes G, au lieu de dépasser le four en saillie extérieure, sont un peu moins longues que le four lui-même, et recouvertes de portes en tôle, bien lutée avec de la terre glaise, pendant la plus grande partie de la journée; on ne les ouvre que toutes les 12 heures pour enlever les résidus et les faire tomber dans la cave.

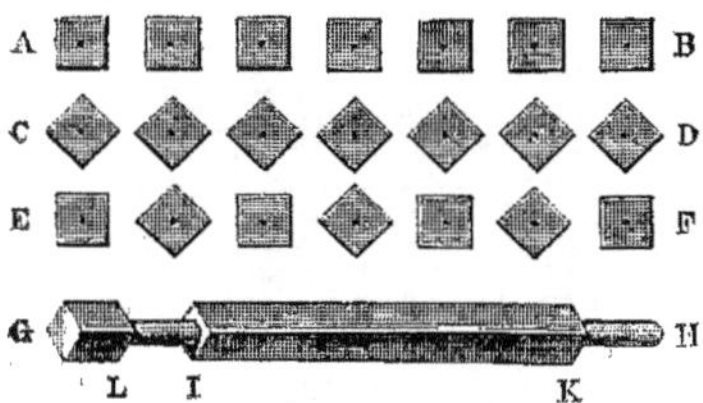

Fig. 687. — Barreaux des grilles mobiles.

Pour mettre un four en train, on le remplit de pyrite déjà grillée, ou si l'on n'a pas de ces résidus à sa disposition, de pierres communes, de dimensions convenables pour qu'elles puissent traverser les barreaux, sans toutefois tomber d'elles-mêmes dans la cave. On met sur les résidus ou les pierres du combustible ordinaire, qu'on allume. Lorsque les parois du four ont acquis la température rouge, on charge la pyrite fraîche sur une hauteur de 0^m,10 avec 50 à 100 kilogrammes de minerai. Pendant le chauffage du four avec du combustible ordinaire, il est bon de supprimer la communication avec les chambres de plomb, sauf à la rétablir lorsqu'on commence à charger la pyrite.

Échauffée par la température du four, la pyrite ne tarde pas à s'enflammer en fournissant un abondant dégagement d'acide sulfureux. On continue à introduire de nouvelles charges de pyrites jusqu'à ce qu'elles remplissent le four à la hauteur du gueulard. On maintient alors une hauteur appropriée à la nature des pyrites en réglant le remplissage et le décrassage, qui doivent se faire à intervalles déterminés et réguliers. Elle est plus grande pour les pyrites, peu sujettes à se fritter et difficilement inflammables; pour les pyrites poreuses, qui s'enflamment et brûlent aisément, la hauteur de la couche est moindre.

Le grillage doit être conduit de manière à réaliser les conditions suivantes :

1° Envoyer dans les chambres de plomb des gaz aussi riches que possible en acide sulfureux, et accompagnés seulement de l'excès d'air nécessaire pour le reste des réactions;

2° Éviter la distillation du soufre par suite du manque d'air, ou la formation de sulfure de fer FeS, qui, en fondant, retient une grande quantité de soufre et obstrue les passages des gaz (Scheurer-Kestner et Rosenstiehl);

3° Griller la pyrite le plus parfaitement possible, de manière à ne laisser subsister dans les résidus que 2 à 3 centièmes de soufre;

4° Opérer les chargements et déchargements de manière à perdre le moins d'acide sulfureux possible, par dégagement dans l'atmosphère;

5° Éviter de même une rentrée inutile d'air pendant ces opérations.

On réalise ces conditions : en employant des fours assez petits (1 mètre carré), afin de permettre à l'ouvrier une surveillance facile sur toute la surface du minerai enflammé; en ne laissant s'introduire dans le four que la quantité d'air voulue, quantité qu'on règle par l'ouverture ou la fermeture des registres; en maintenant le four à une température convenable : ni trop élevée, ce qui donnerait lieu à la distillation du soufre et à la fusion du composé FeS; ni trop basse, ce qui laisserait subsister dans les résidus une trop grande quantité de soufre; enfin, en ayant soin de munir chaque four d'un registre placé à sa partie supérieure, à l'orifice du canal de sortie, registre que l'ouvrier peut fermer ou ouvrir au moment des chargements, de manière à éviter à la fois des rentrées d'air et un refoulement des gaz trop excessif.

Un plus ou moins grand nombre de fours semblables sont réunis par groupes, accolés l'un à l'autre, pour constituer un système dont tout l'acide sulfureux se réunit dans un canal commun. Les registres inférieurs des fours sont, de plus, pourvus de petits registres que l'on a soin de fermer au moment des chargements, afin de diminuer les refoulements.

Fours a griller les pyrites en poudre. — Nous n'avons parlé jusqu'ici que du grillage de la pyrite en roche ou en morceaux. Mais l'industrie a souvent à tirer parti de sulfures métalliques en poudre plus ou moins grossière et même en poussière. Or les fours que nous avons décrits ne conviennent qu'à la combustion des morceaux; la poussière, mélangée aux morceaux, traverse les grilles sans être brûlée, ou du moins après une combustion imparfaite; de plus, elle bouche les intervalles qui séparent les morceaux et intercepte l'arrivée de l'air.

Les procédés les plus anciens pour brûler les sulfures en poudre consistent dans l'emploi de moufles chauffés extérieurement par un feu de houille ordinaire ou dans celui de boules de terre glaise dans lesquelles on a agglutiné la pyrite menue. Certaines terres glaises ont un pouvoir agglutinant si marqué qu'il suffit d'en introduire 10 % dans le mélange pour obtenir, après dessiccation, une masse compacte qui résiste assez bien et qui est brûlée dans les fours à morceaux comme la pyrite en roche elle-même; mais les résidus retiennent toujours une quantité de soufre bien supérieure à celle qui reste dans les pyrites menues grillées dans les fours spéciaux.

Dans les fours à moufle, le sulfure métallique est introduit dans l'intérieur du moufle chauffé au rouge par la flamme d'un foyer placé à l'une des extrémités du four, lorsque celui-ci n'est pas trop long, ou par plusieurs foyers répartis sur toute sa longueur. Toutefois les fours à moufle ne sont plus employés pour la fabrication de l'acide sulfurique quand cet acide est l'objet principal de la fabrication : ils ne servent plus que lorsque l'acide est un produit accessoire du traitement des minerais sulfurés au point de vue de la métallurgie. La description de ces fours appartient donc à la métallurgie plutôt qu'à l'industrie chimique.

La blende (sulfure de zinc) et certains sulfures de cuivre, riches en cuivre, sont grillés dans des moufles, dans le but de les désulfurer afin de pouvoir procéder à l'extraction du métal; l'acide sulfureux résultant de cette opération est utilisé pour la préparation d'acide sulfurique; mais c'est l'acide qui, dans ce cas, est le produit accessoire.

Pour le grillage de la pyrite en poussière on a fait bien des tentatives avant d'obtenir un résultat satisfaisant; mais aujourd'hui, en France surtout, on est arrivé, moyennant l'emploi de fours spéciaux, à utiliser le soufre du minerai à tel point que le grillage en est plus parfait que celui de la pyrite en roche, et qu'on trouve des résidus qui renferment moins de 1 °/₀ de soufre.

Les premiers essais de combustion de la pyrite en poussière ont été faits, comme nous l'avons dit, dans des fours à moufle, chauffés extérieurement. M. Spence a fait construire un certain nombre de ces fours, dont l'emploi s'est répandu en Angleterre. Le four Spence se compose d'un moufle en briques réfractaires qui a 10 à 15 mètres de longueur, et qui est chauffé en dessous au moyen d'un foyer à combustible ordinaire. Le minerai est répandu sur la sole, sur une épaisseur de $0^m,05$ à $0^m,08$.

L'air arrive dans le moufle par une ouverture et un canal pratiqués au-dessus de la voûte du foyer; c'est par ce même canal qu'on retire le minerai grillé. Le minerai est introduit à l'autre extrémité du four par un canal vertical. Des ouvertures latérales, en plus ou moins grand nombre, permettent à l'ouvrier de pousser le minerai dans le moufle et de lui faire parcourir ainsi toute la longueur du four. Par suite de cette opération, la pyrite avance peu à peu dans le four, à mesure qu'elle s'appauvrit en soufre et passe successivement des parties les moins chaudes aux parties les plus chaudes du four. Lorsque l'opération est bien conduite, on obtient des résidus qui sont exempts de soufre. Dans des fours qui ont 10 mètres de longueur, on peut griller de la sorte 6,000 kilogrammes de minerai, par portions de 500 kilogrammes introduites toutes les deux heures.

Ce procédé, qui a l'avantage de fournir des résidus à peu près désulfurés, présente l'inconvénient d'être coûteux, par suite du combustible dont il nécessite l'emploi. La grande quantité de chaleur perdue dans les fours à pyrite en roche où l'on avait remarqué, depuis longtemps, que ce minerai pouvait être brûlé comme les combustibles carbonés, par combustion spontanée, avait engagé les industriels à chercher à griller la poussière en se servant précisément de la chaleur produite par la combustion de la pyrite elle-même. C'est ce que fit un des premiers M. Usiglio, directeur de la fabrique de produits chimiques de MM. Merle et Cᵉ à Alais. M. Usiglio prit un brevet pour le chauffage d'un moufle à poussière, au moyen de la chaleur produite par la combustion de la pyrite en roche. Le premier pas dans la nouvelle voie était fait. Mais l'usage de ce four ne se répandit pas.

Le grillage de la poussière était trop imparfait; il aurait été nécessaire d'agiter la masse du minerai afin d'en renouveler les surfaces, ce qui forçait à de fréquentes ouvertures des portières et à des introductions d'air trop répétées.

Four Perret-Olivier. — MM. Perret, de Lyon, auxquels on doit, outre la découverte de l'emploi de la pyrite pour la préparation de l'acide sulfurique, la majeure partie des progrès accomplis

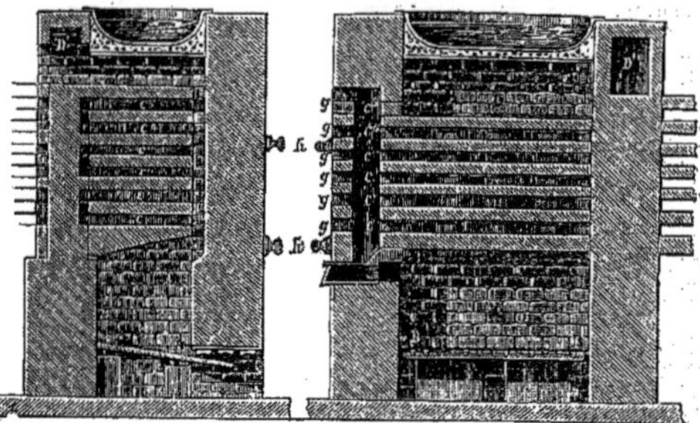

Fig. 688. Fig. 689.

Four Perret-Olivier.

dans la combustion de la pyrite en roche, avaient sur le carreau de leurs mines des quantités énormes de pyrite en poussière, provenant du triage de la roche et de la poussière; il était extrêmement important pour eux de trouver un procédé qui permît de l'utiliser avantageusement. Après un grand nombre d'essais, ils parvinrent, avec leur associé M. Olivier, à construire le premier four mixte capable de brûler d'une manière suffisante, et sans emprunter de chaleur extérieure, de la pyrite en roche et de la pyrite en poudre. Ce four porte le nom de M. Perret-Olivier, et l'usage s'en est beaucoup répandu. Il permet l'emploi d'une quantité de menu en poussière égale à la quantité de pyrite en roche consommée.

Il se compose d'un four à pyrites en morceaux, surmonté de plusieurs étages en maçonnerie, au nombre de six, sur lesquels on brûle la pyrite menue. La flamme de la pyrite en roche passe successivement sur les six étages de pyrite menue, avant de se rendre dans le canal conducteur des gaz à la chambre de plomb.

L'observation qui a conduit à la construction de ces fours est de M. Michel Perret. Nous avons vu que la combustion de la pyrite en poussière est imparfaite lorsque, soumise à la chaleur rouge, on n'en renouvelle pas les surfaces. M. Michel Perret a remarqué que, lorsqu'on ne donne à la couche de pyrite menue qu'une épaisseur de $0^m,02$, l'oxydation a lieu pour ainsi dire par cémentation et gagne peu à peu toute la masse jusqu'à la couche qui repose sur la sole. C'est sur ce principe qu'est basée la construction des fours mixtes à morceaux et menus, de MM. Perret et Olivier.

Les figures 688 et 689 représentent un de ces fours : la figure 688 le représente en coupe dans le sens de la largeur et la figure 689 dans le sens de la longueur.

On forme des groupes de quatre fours pareils accolés les uns aux autres; un four isolé, par suite du refroidissement, ne donne pas de résultats satisfaisants. A la partie inférieure existe un four à morceaux A, ayant 1 mètre de largeur sur 2 mètres de longueur. Une grille mobile B, pareille à celle que nous avons décrite, retient le minerai, dont le chargement se fait par le gueulard à gauche (fig. 689). L'air arrive sous la grille par une porte trouée qui ferme le cendrier et qui porte de petits registres à coulisse.

La grille est inclinée de $0^m,08$ à $0^m,10$ de l'arrière à l'avant, afin d'égaliser l'introduction de l'air qui, par suite de la moindre épaisseur de la couche de minerai à l'arrière, traverse plus facilement cette partie de l'appareil, ce qui compense la différence du tirage, qui est naturellement plus puissant à l'avant.

Les gaz sulfureux, provenant du four à morceaux, arrivent par le côté (fig. 688) à l'étage c, qu'ils traversent horizontalement, passent de c en c', puis en c'', c''', c^4 et c^5, sur lesquels on a étendu, par les ouvertures g, du minerai en poussière sur une hauteur de $0^m,02$.

Les étages sont espacés entre eux de $0^m,10$, et les dalles au moyen desquelles ils sont construits ont $0^m,08$ d'épaisseur. Le déchargement des résidus des morceaux se fait comme dans les fours ordinaires à morceaux; celui du menu, en le retirant au moyen de ringards et en le faisant tomber dans un canal vertical $c\,g$, $c'\,g$, etc., pourvu à sa partie inférieure, et au-dessous du gueulard, d'un orifice d'écoulement. Ce canal, pendant la marche de l'appareil, doit toujours rester rempli de menu grillé, qui s'y refroidit lentement. Lorsqu'on veut vider les étages, on commence par faire couler par l'orifice inférieur la poussière grillée et à moitié refroidie qui se trouve dans le canal vertical; puis on fait tomber dans ce canal le menu grillé du premier étage c; on charge c de minerai frais; puis on vide c' dans dans le canal vertical et on le charge de minerai frais. Lorsque cette opération a été répétée pour chaque étage, le four est non-seulement chargé, mais le canal vertical se trouve en même temps rempli, comme il doit l'être, des résidus retirés des étages. Les résidus de la pyrite grillée dans le four Perret retiennent généralement encore 4 % à 5 % de soufre, tant dans le menu que dans les morceaux. Au sortir du dernier étage les gaz se rendent, par un canal commun aux quatre fours, dans les chambres de plomb. Les fours peuvent être surmontés de chaudières, comme l'indiquent les figures 688 et 689; on y évapore de l'eau ou de l'acide sulfurique, suivant qu'on préfère produire de la vapeur pour alimenter les chambres de plomb, ou concentrer l'acide. Toutefois les réparations assez fréquentes auxquelles ces chaudières donnent lieu, ont engagé beaucoup de fabricants à les placer non sur les fours, mais à côté de ceux-ci; les gaz sulfureux passent sous ces chaudières avant de gagner les chambres.

Lorsque les appareils sont bien montés et qu'on a disposé des chaudières en plomb pour l'évaporation de l'acide sulfurique, la chaleur perdue de ces fours suffit pour évaporer non-seulement tout l'acide sulfurique produit par les pyrites, de manière à l'amener de 52° à 60°, mais encore tout l'acide nécessaire à la condensation des composés nitreux dans les tours Gay-Lussac. Du moins, tels sont les résultats auxquels on est arrivé avec les pyrites de Chessy dans la fabrique de Thann.

Depuis que le four Perret-Olivier a été introduit dans l'industrie, de nouveaux progrès ont été réalisés. On a trouvé le moyen de brûler le menu seul, par combustion spontanée et sans avoir recours à la chaleur produite par la combustion de la pyrite en roche.

Il existe aujourd'hui, en effet, des fours à menu pur, dont l'un est dû à un Allemand, M. Gerstenhoefer, et l'autre à un Français, M. Juhel, qui en a fait les premiers essais dans l'usine de M. Maletra à Rouen. Le four de M. Gerstenhoefer avait fait naître de belles espérances lorsqu'il parut : on espérait enfin avoir trouvé le moyen de consommer les énormes quantités de pyrite menue qui se trouvent partout où l'on a procédé à l'extraction de la pyrite en roche; mais on ne tarda pas à lui reconnaître de grands inconvénients : il est fort compliqué de constructions, sujet à des obstructions, lorsqu'il n'est pas mené avec le plus grand soin; quoi qu'il en soit, il continue à être employé surtout pour le grillage de certains minerais spéciaux.

Four Gerstenhœfer. — Le four Gerstenhœfer se compose d'une chambre en maçonnerie (fig. 690) rectangulaire, ayant (mesures intérieures) $5^m,20$ de hauteur, $1^m,30$ et $0^m,80$ de longueur et de largeur et renfermant des prismes en terre réfractaire. Lorsqu'on veut mettre en marche un four pareil, il faut préalablement le chauffer au rouge blanc. A cet effet, on place dans le four une grille en fonte ou en fer a, sur laquelle on entretient un feu intense. Le combustible est introduit par l'ouverture c, qui est munie d'une portière. Pendant le chauffage, il faut interrompre la communication entre le four et les chambres; les gaz de la combustion se rendent dans une cheminée d'appel au moyen d'un canal provisoire. Lorsque la température du four a atteint le rouge blanc, on commence à y introduire le minerai en poudre. Il faut qu'il soit bien sec et forme une poussière exempte de morceaux, afin que l'alimentation puisse se faire bien régulièrement au moyen du mécanisme F, qui se compose de deux cylindres cannelés mus par un engrenage qui dépend d'une transmission faisant un tour en 5 minutes. Il faut 7 heures pour remplir le four. Le minerai tombe d'abord sur le grand prisme distributeur du haut H, puis successivement sur tous les prismes inférieurs placés par rangées régulières de 6 et de 7, en commençant par les quatre prismes supérieurs. Il y en a 16 rangées, dont 8 de 6 prismes et 8 de 7 prismes. Lorsque le minerai est arrivé à la treizième rangée, on arrête le feu de la grille a, on enlève les barreaux de grille et on maçonne les vides qu'ils laissent, de manière à former une cave dans laquelle doivent tomber les résidus de la pyrite grillée, lorsque le four est en pleine marche; et on rétablit la communication interceptée avec les chambres de plomb, en bouchant le canal provisoire; des entrées d'air sont réservées dans le haut de cette cave pour l'alimentation du four. Lorsque le minerai est difficile à brûler, comme l'est, par exemple, la blende, on se sert d'air chaud pour l'alimentation; mais pour la pyrite ordinaire l'air froid est suffisant. Les gaz sulfureux provenant de la combustion s'échappent par les canaux O, qui traversent entièrement la maçonnerie du four afin de pouvoir être soumis à un décrassage facile; de là ils passent, au moyen d'un canal plus large dans lequel les deux courants se réunissent, dans une chambre en maçonnerie, appelée *chambre à poussière*, destinée à retenir les particules les plus ténues qui ont été emportées par le courant gazeux. Cette chambre est également disposée de manière que le nettoyage puisse en être fait à tout moment et sans grandes difficultés. La partie supérieure de ce canal, couverte de plaques en fonte, sert à la dessiccation de la pyrite avant son emploi. Enfin, on ménage sur la paroi de devant du four des regards K qui se trouvent placés entre chaque rangée de prismes. Ces regards servent à observer la température intérieure du four et à dégager les intervalles entre les prismes au moyen d'un outil en fer, lorsque des obstructions se produisent. Cette opération se fait toutes les trois heures.

Dans un four aux dimensions que nous avons indiquées, on brûle environ 3000 kilogrammes de pyrite par 24 heures. La cave doit être vidée toutes les six heures.

Lorsque la marche des fours est normale, la température intérieure varie du rouge blanc, qui est celle de la partie médiane du four, jusqu'au rouge sombre, qui règne dans le haut. Les dernières rangées de prismes sont sombres. Lorsque l'alimentation d'air est très-variable, on remarque dans le four Gerstenhœfer ce qui se passe dans tous les fours à pyrite, à quelque type qu'ils appartiennent. Avec une alimentation d'air trop

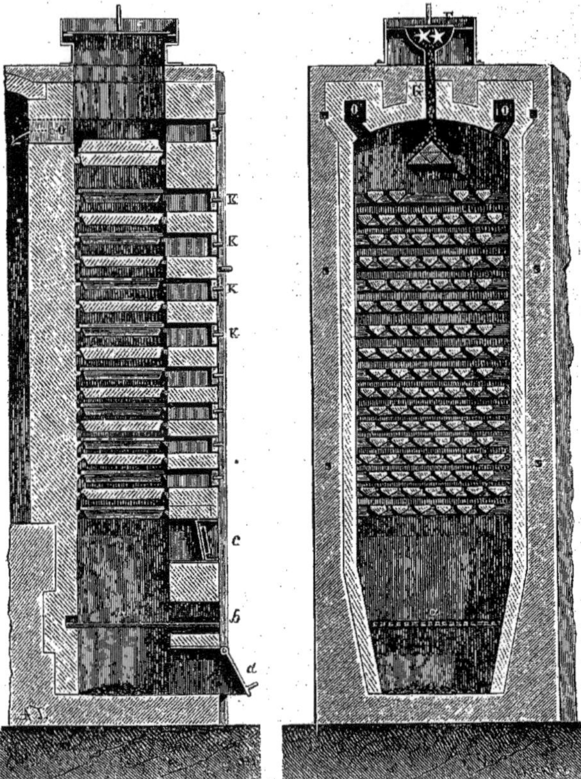

Fig. 690. — Four Gerstennœfer.

forte, la température s'élève dans la partie supérieure du four, tandis qu'elle s'abaisse vers le milieu : le four est trop froid; avec une alimentation insuffisante, la température la plus élevée descend aux étages inférieurs : le four est trop chaud. L'examen de ces variations de température permet de régler l'admission de l'air d'une manière assez exacte. Pour refroidir le four lorsque la température s'y est trop élevée, on mélange au minerai frais une quantité plus ou moins grande de résidus, de manière à diminuer la quantité de pyrite brûlée dans l'unité de temps.

Le four que nous venons de décrire s'est répandu surtout en Allemagne. En France, on se sert depuis quelques années de fours beaucoup plus simples et qui conduisent aux mêmes résultats. Les premiers de ces fours ont été construits dans l'usine de MM. Maletra à Rouen par leur chimiste, M. Juhel; depuis, ils ont été perfectionnés et l'on en obtient des résultats tels qu'il est difficile de croire qu'on fera encore beaucoup de progrès dans le mode de combustion de la pyrite. Ce sont des fours à étages analogues aux fours Perret que nous avons décrits, mais dans lesquels il n'y a pas de foyer pour les morceaux ; ils se composent d'une série d'étages montés en quinconces, surmontant une cave qui reçoit les résidus. La pyrite menue est introduite sur l'étage supérieur et poussée successivement, et d'heure en heure, sur l'étage inférieur. La combustion s'y fait beaucoup mieux que dans le four Perret, par suite du maniement que subit la pyrite et qui en renouvelle les surfaces. Pour mettre ces fours en marche, on fait un feu assez vif dans la cave destinée à recevoir les résidus, et on chauffe chaque étage avec du charbon de bois ou du coke qu'on y répand. Lorsque l'intérieur du four est porté au rouge, on commence les charges, qu'on pousse successivement du haut en bas. Lorsque ces fours sont convenablement montés et bien conduits, la combustion y est si parfaite qu'il reste à peine 1 °/₀ de soufre dans les résidus. Ordinairement leur teneur en soufre est comprise entre 1 °/₀ et 2 °/₀.

Les gaz qui se dégagent des fours sont refroidis avant d'être introduits dans les chambres de plomb. Pour cela on leur fait traverser une colonne en plomb entourée d'eau froide qui se renouvelle, ou bien on les fait passer sous des chaudières en plomb dans lesquelles on évapore l'acide sulfurique, ou encore on les dirige sur une tour en plomb remplie de briques inattaquables ou de morceaux de silex, ou enfin de sphères en poterie. Cette tour, appelée *tour Glower*, du nom de son inventeur, chimiste anglais, reçoit à sa partie supérieure un filet d'acide sulfurique sortant des chambres, et ayant par conséquent 52° Baumé. Les gaz arrivant dans le bas, la traversent en sens inverse, pour s'échapper par la partie supérieure, suffisamment refroidis. La chaleur qu'ils ont abandonnée dans l'intérieur de la tour sert à évaporer l'acide sulfurique, qui s'écoule à 61° au bas de la tour. On y fait aussi couler l'acide sulfurique nitreux provenant du condenseur Gay-Lussac afin de l'y dénitrer.

Cet appareil, dont l'emploi s'est considérablement développé depuis quelques années, présente sur les autres réfrigérants l'avantage de durer plus longtemps et de n'exiger que fort peu de réparations. En effet, le plomb qui forme l'enveloppe de la tour, n'est en contact qu'avec de l'acide sulfurique liquide, porté à une température relativement peu élevée, et avec des gaz qui sont promptement refroidis. La vapeur d'eau provenant de l'évaporation de l'acide est entraînée par le courant gazeux, et sort par conséquent à l'alimentation des chambres; il y a de ce fait une certaine économie. Au contraire, dans les appareils réfrigérants ordinaires, les réparations sont fréquentes, des arrêts en sont la conséquence et la fabrication en souffre. Lorsqu'on évapore de l'acide dans des chaudières placées sur des murs en maçonnerie, les vapeurs d'acide sulfurique qui accompagnent toujours les produits gazeux de la combustion des pyrites se condensent dans les parois en maçonnerie et les détériorent assez promptement; toutefois il y a des usines dans lesquelles on est arrivé à diminuer ces détériorations par des dispositions d'appareils convenables, en employant des matériaux réfractaires à l'action de l'acide, et on trouve aujourd'hui l'un ou l'autre de ces systèmes adoptés.

Nous avons dit déjà que, pour fournir aux chambres de plomb les gaz azotiques nécessaires aux réactions qui doivent transformer l'acide sulfureux en acide sulfurique, on introduit dans les fours à soufre, lorsque l'acide sulfureux est produit par la combustion du soufre, des marmites en fonte renfermant un mélange de nitrate de soude et d'acide sulfurique. L'acide azotique qui se dégage de la marmite se mélange aux gaz de la combustion du soufre et est entraîné avec eux dans les chambres.

Dans les fours à combustion de la pyrite l'emploi de ce procédé est moins facile; on place les marmites dans le canal qui fait suite au four à pyrites, ou bien on fait arriver les gaz chauds de la combustion, avant de les refroidir, sur des appareils spéciaux dans lesquels on décompose le salpêtre par l'acide sulfurique. Mais généralement on préfère, à cause de la plus grande facilité du travail, et notamment pour éviter la grande détérioration des maçonneries par les gaz sulfureux mélangés de gaz azotiques, introduire directement l'acide azotique, en dissolution et tout préparé, dans la chambre de plomb elle-même.

En général, les gaz provenant de la combustion de la pyrite sont plus corrosifs que ceux qui proviennent de la combustion du soufre. M. Scheurer-Kestner a montré (*Compt. rend. de l'Acad. des sciences* du 10 mai 1875) que la combustion de la pyrite produit une grande quantité d'acide sulfurique anhydre; c'est pour cette raison que les gaz de la pyrite sont remplis de vapeurs blanches d'acide sulfurique; ils renferment aussi beaucoup d'acide hydraté à haut degré. Les appareils en métal soumis à l'action de ces gaz échauffés sont vivement attaqués; le plomb des réfrigérants, par exemple, souffre beaucoup plus que celui des mêmes appareils servant à refroidir les gaz de la combustion du soufre; les maçonneries s'imprègnent aussi plus promptement, par suite de la présence d'une plus grande quantité d'acide hydraté. La tour de Glower ne présente pas ces inconvénients; mais elle introduit dans les chambres une grande quantité de vapeur d'eau en même temps que les gaz sulfureux, ce qui peut-être n'est pas sans certains inconvénients au point de vue de la marche régulière des chambres de plomb.

Lorsque les gaz sulfureux sont introduits dans la chambre de plomb, on les y met en présence de vapeur d'eau et d'acide azotique ou hypoazotique.

TRANSFORMATION DE L'ACIDE SULFUREUX EN ACIDE SULFURIQUE.

Les gaz introduits dans la chambre de plomb se composent d'acide sulfureux mélangé à l'excès d'air qui a traversé les fours à pyrites, de l'azote provenant de l'oxydation par l'air de la pyrite brûlée, de vapeur d'eau et de composés azotiques. Nous avons vu déjà que les composés azotiques sont quelquefois produits dans les fours mêmes qui reçoivent la pyrite ou dans le parcours des gaz avant leur arrivée à la chambre. Ces gaz se trouvent alors mélangés aux gaz sulfureux avant leur entrée dans les chambres. Mais, la construction des fours à pyrites étant plus compliquée que celle des fours à soufre, il n'est pas toujours facile de se servir de ce procédé, qui est cependant le plus économique, et dans un grand nombre d'usines on prépare l'acide azotique dans des appareils spéciaux. Le liquide acide est ensuite introduit régulièrement au moyen de minces filets dans le courant gazeux, au moment où il entre dans la chambre. Lorsqu'on se sert du premier procédé, il se forme naturellement dans les canaux de conduite des gaz, et dans les fours eux-mêmes où se dégage l'acide azotique, une quantité beaucoup plus considérable d'acide sulfurique; les matériaux employés à la construction des fours et des canaux s'usent en s'imprégnant d'acide. Cette circonstance l'a fait abandonner dans certaines fabriques, et remplacer par le second.

CHAMBRES DE PLOMB. — Les chambres de plomb se composent d'une charpente en sapin sur laquelle sont fixées les feuilles de plomb. La charpente destinée à supporter les parois en plomb se compose de traverses horizontales AB qui reposent sur le plancher du bâtiment. Sur ces traverses s'élèvent des poutrelles placées à la distance de $1^m,40$ à $1^m,60$ les unes des autres, C, D, C', D'...

Les figures 691 et 692 représentent la charpente d'une chambre de plomb d'environ 1500 mètres cubes de capacité. La figure 691 en représente les têtes, qui ont $7^m,10$ de largeur, et la figure 692 les parties latérales, qui ont 42 mètres de longueur. Les poutrelles verticales sont distantes de $1^m,42$, et les traverses horizontales de $1^m,43$; dans les parties latérales les centres des poutrelles verticales sont distants de $1^m,50$. Lorsque la charpente d'une chambre est montée, on procède à la pose des feuilles de plomb : on peut employer, suivant les circonstances, l'un ou l'autre des deux procédés généralement suivis.

Dans le premier, les feuilles de plomb ayant ordinairement $0^m,03$ d'épaisseur et 2 mètres de largeur sur 5 à 6 mètres de longueur, sont

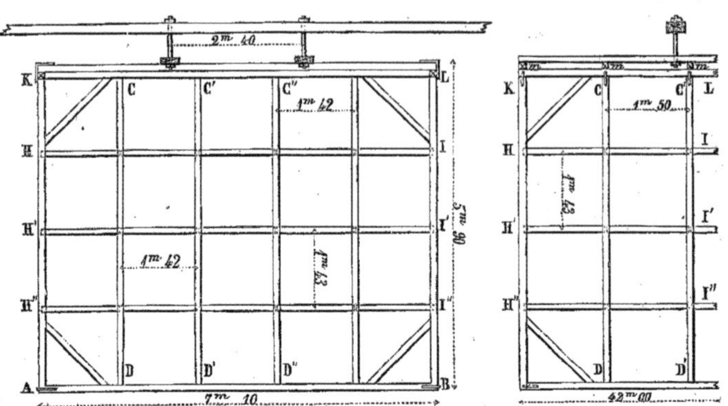

Fig. 691 et fig. 692. — Construction des chambres de plomb

étalées sur un plancher mobile établi sur le sol, dans l'intérieur de la chambre de plomb. Pour la charpente, qui a les dimensions indiquées par les figures 691 et 692, on se sort de feuilles de plomb ayant $1^m,82$ de largeur et $5^m,90$ de longueur. Trois ou quatre feuilles sont disposées sur le plancher les unes à côté des autres afin de procéder aux soudures. Toutes les soudures sont faites au plomb, elles sont dites « autogène ». Nous avons dit déjà que ce mode de soudure est dû à M. Desbassyns de Richemont, ingénieur français, qui a rendu un grand service à l'industrie des produits chimiques en la dotant de son appareil. Avant l'introduction de ce système, on soudait les chambres avec de l'étain ; mais c'était un travail imparfait et les appareils n'avaient pas de durée ; aujourd'hui, au contraire, les soudures sont solides et durent aussi longtemps que les chambres elles-mêmes.

Pour souder le plomb, l'ouvrier plombier a à sa disposition deux appareils qui sont figurés ci-contre :

Le premier (fig. 693) se compose d'un gazomètre AA en plomb, renfermant de la grenaille de zinc qui repose sur une grille en plomb KL ; dans la partie supérieure se trouve un réservoir d'acide sulfurique OC. Lorsqu'on ouvre le robinet *f* qui permet au gaz hydrogène de se dégager par l'ouverture C, après s'être lavé en *a*, l'acide sulfurique du réservoir OC pénètre dans le gazomètre par le tuyau CH, et vient réagir sur la grenaille de zinc ; alors le courant gazeux est continu, l'acide sulfurique affluant plus ou moins suivant que le robinet *f* donne plus ou moins de dégagement au gaz. Les ouvertures D, F, E servent tant à l'introduction de l'acide qu'au nettoyage des différentes parties de l'appareil.

Le second appareil (fig. 694) se compose d'un soufflet de forge de forme cylindrique AA, portatif comme le gazomètre et sur lequel peut s'asseoir le jeune ouvrier chargé de mouvoir, avec le pied, le levier *oac'* ; l'air, refoulé dans la partie supérieure du soufflet, s'échappe par l'ouverture *f*. Les deux gaz, hydrogène et air, au moyen de tubes en caoutchouc auxquels on laisse une certaine longueur, qui permet de souder à distance des appareils, sont conduits au

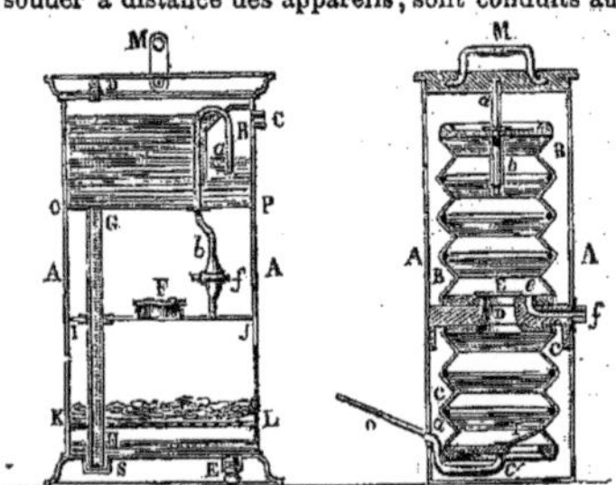

Fig. 693 et fig. 694. — Appareils pour souder à la soudure autogène.

double robinet qui les réunit un peu au-dessous du bec du chalumeau (fig. 695). Les parties *gg'*, *mm'* sont fixées aux ouvertures C et *f* des figures 693 et 694. En ouvrant plus ou moins les robinets *fcf'* de la figure 695, l'ouvrier plombier peut, à volonté, augmenter ou diminuer soit la quantité d'air, soit la quantité d'hydrogène qui arrive au chalumeau *db*, et donner à sa flamme plus ou moins de longueur, plus ou moins de volume.

Le bec du chalumeau *b* (fig. 695) est lui-même rattaché au robinet *cdf* par un tube en caoutchouc; c'est ce bec que l'ouvrier soudeur tient de la main droite lorsqu'il procède à la soudure; de l'autre main il tient une lame de plomb qu'il plonge dans le dard du chalumeau, pendant que celui-ci parcourt les tranches de feuilles de plomb qui doivent être soudées; les gouttes de plomb qui tombent de la lame, viennent se mélanger au plomb fondu sur les bords des deux feuilles; alors l'ouvrier enlève vivement le dard en le déplaçant, et la solidification du plomb fondu ne tarde pas à réunir solidement les bords des deux feuilles adjacentes. Avant de se servir du chalumeau, on a soin de rafraîchir les bords des feuilles en les râclant au moyen d'un grattoir, afin qu'aucune matière étrangère ne nuise à la soudure.

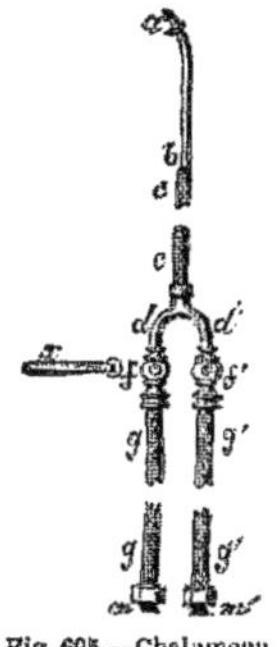

Fig. 695.—Chalumeau à deux branches.

Lorsque les feuilles sont soudées les unes aux autres, on y attache des pattes en plomb, ayant 15 à 20 centimètres de largeur et disposées de manière que, la paroi étant relevée verticalement, on puisse les rabattre sur les traverses horizontales des figures 691 et 962, HI, H'I'... La paroi composée de trois ou quatre feuilles, étant munie de ses pattes, est soulevée avec le plancher mobile vers la charpente, contre laquelle elle vient s'appuyer. On attache les feuilles d'abord à la partie supérieure, en les pliant sur la traverse supérieure KL (fig. 691), sur laquelle on les cloue. Les pattes qui ont été soudées aux feuilles, viennent successivement reposer sur les traverses HI, H'I', H''I''. On les y cloue également. — Lorsque les parois de la charpente sont toutes les quatre ainsi couvertes de plomb, on soude entre elles les différentes feuilles formant les extrêmes des parois qui ont été montées au moyen du plancher mobile, et on ferme les angles de la chambre au moyen d'une feuille de plomb. Ces soudures sont plus difficiles à faire que les premières, parce qu'il faut les exécuter debout, verticalement; mais l'habileté de l'ouvrier supplée à ce défaut; toutefois les soudures verticales ne sont jamais aussi solides que celles qui ont été faites horizontalement. Les parois étant montées, il reste à construire le plafond de la chambre, ainsi que le fond ou cuvette. Mais, comme la construction de ces deux parties est toujours la même quel que soit le mode employé à la construction des parois, nous allons d'abord décrire la seconde méthode de construction de celles-ci. — Dans le second procédé, les feuilles de plomb sont, comme dans le premier, étalées sur un plancher mobile; seulement, au lieu de les souder bout à bout, on les fait croiser d'une certaine quantité (fig. 696), AB, et, lorsque la soudure est faite en A, on relève le bord de la patte qui a ainsi été formée, CD. En soulevant le plancher mobile comme dans le premier procédé, ou en enroulant la paroi sur un cylindre en bois qu'on monte et qu'on déroule ensuite en descendant le long de la charpente, la patte CD vient se placer le long des poutrelles verticales de la charpente, contre lesquelles on les cloue. Ce mode de construction est plus prompt et plus économique que le précédent; il permet de supprimer complétement les pattes destinées à reposer sur les traverses horizontales, la solidité des bandes CD, qui occupent toute la hauteur de la chambre, étant suffisante. Lorsqu'on veut faire usage du second procédé, en conservant des pattes horizontales sans avoir de pattes verticales, on soude les feuilles comme on vient de le dire; seulement on les enroule dans le sens perpendiculaire à celui que nous venons d'indiquer; alors les bandes CD (fig. 696), disposées de manière qu'elles s'appliquent sur les traverses HI, H'I' (fig. 691), y sont clouées, et on se passe de pattes verticales. C'est ce dernier système qui semble le plus parfait. On a remarqué que les parties des feuilles de plomb qui reposent sur le bois, c'est-à-dire celles qui s'échauffent le plus, une fois que la chambre est en marche, sont celles qui sont le plus promptement attaquées par les vapeurs acides; aussi évite-t-on toute surface de bois inutile et tout contact inutile entre le bois et le plomb. L'usage des bandes CD fait qu'on peut, lorsque la paroi est bâtie, l'éloigner des poutrelles et des traverses, comme le montre la figure 697, qui représente une paroi AB clouée en C au moyen de la bande de plomb, contre une poutrelle P; quelquefois aussi on taille les poutrelles en biseau P', de manière à

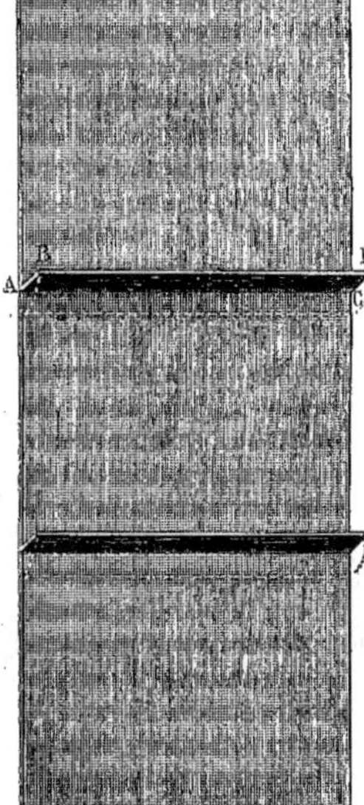

Fig. 696. — Construction des chambres de plomb.

réduire à une ligne le contact du bois et de la feuille de plomb.

Le plafond de la chambre se construit sur un plancher élevé à la hauteur de la partie supérieure de la chambre de plomb, et qu'on enlève lorsque les feuilles de plomb, soudées les unes aux autres, ont été suspendues, par le système des bandes ou des pattes, à la traverse supérieure KL et aux traverses supplémentaires *m*, *m*, placées sur les côtés supérieurs de la charpente Enfin, le fond est construit par les mêmes procédés sur le plancher de la chambre, tandis qu'on a relevé les bords inférieurs des parois. — Le fond de la chambre forme cuvette; les bords en sont relevés sur une hauteur de quinze à vingt-cinq centimètres, les parois, y tombent en rideau et viennent plonger dans l'acide (fig. 698).

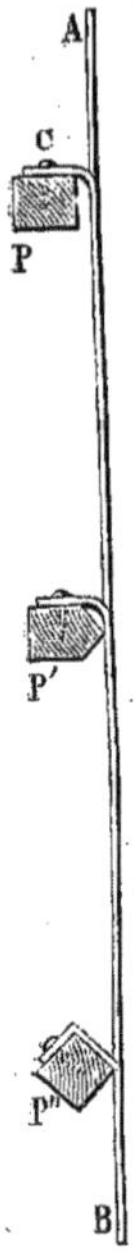

Lorsqu'on veut mettre en marche un système de chambres de plomb, on commence par couvrir le fond de la chambre de quelques centimètres d'eau, ou mieux d'acide sulfurique à 52° Baumé, degré auquel doit arriver l'acide fabriqué. Lorsqu'on se sert d'eau, il faut plusieurs jours avant qu'elle se soit chargée d'acide en suffisante quantité pour atteindre ce degré.

Fig. 697. Rattachement des feuilles de plomb aux poutrelles.

La forme et les dimensions des chambres de plomb ont beaucoup varié. On a reconnu toutefois, d'après l'expérience générale, que la forme la plus avantageuse, tant au point de vue de la construction qu'à celui de la fabrication de l'acide, est celle d'un parallélipipède dont les bases sont formées par un carré ou par un parallélogramme rectangle se rapprochant beaucoup du carré. On avait autrefois l'habitude de composer chaque système de chambres du plomb de plusieurs chambres de dimensions différentes. La première était la plus grande; elle était suivie de chambres de plus en plus petites, communiquant entre elles au moyen de tuyaux pour la conduite des gaz, et au nombre de trois ou quatre. Mais dans les constructions modernes on a généralement abandonné le système des chambres multiples. Il a été reconnu, en effet, que la condensation de l'acide sulfurique se fait aussi bien dans une seule chambre que dans plusieurs; aujourd'hui, les systèmes qui comprennent 3,000 et même 5,000 mètres cubes de chambres, consistent le plus souvent en deux chambres de dimensions égales, placées parallèlement l'une à côté de l'autre. Les gaz sulfureux entrent dans la première vers le tiers de sa hauteur, ils en sortent par l'autre bout, soit en haut, soit en bas, ce qui est indifférent, pour entrer dans la seconde, qu'ils traversent en sens inverse de la première. Mais on peut tout aussi bien n'avoir qu'une seule chambre de longueur double de la première. Les séparations en plusieurs chambres ont été reconnues absolument inutiles par des expériences directes faites dans plusieurs usines. Il existe des chambres de plomb uniques qui ont 100 mètres de longueur sur 6 mètres de largeur et $6^m,50$ de hauteur, et dont le cube est, par conséquent, de 4,000 mètres. Dans certaines usines, on fait passer les gaz, avant leur entrée dans les chambres de plomb, par ce qu'on appelle des *chambres de poussière*, milieux destinés à recueillir et à retenir les poussières ferrugineuses qui accompagnent les gaz au sortir des fours à pyrite. Ces chambres de poussière sont faites soit en maçonnerie, soit en plomb; dans ce dernier cas, le plafond est recouvert d'eau pour favoriser le refroidissement des gaz et protéger le plomb contre l'action des gaz chauds. Lorsque les conduites des gaz des fours à la chambre sont très-longues (quelquefois elles ont jusqu'à 80 et 100 mètres), on leur donne une largeur suffisante (1 mètre) afin qu'elles ne soient pas promptement obstruées par les poussières; elles font alors l'office des chambres de poussière. Ces longues conduites sont ordinairement en fonte.

Nous avons dit déjà que les gaz sulfureux, en pénétrant dans les chambres de plomb, doivent y rencontrer une atmosphère renfermant de la

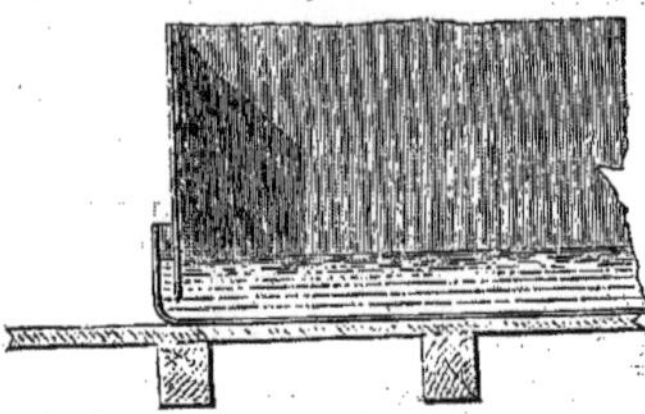

Fig. 698. — Cuvette de la chambre de plomb.

vapeur d'eau et des vapeurs azotiques. Les vapeurs azotiques sont fournies, soit par les fours à pyrites eux-mêmes au moyen de marmites à azotate de sodium pareilles à celles des fours à soufre, soit par de l'acide azotique préparé spécialement.

Introduction de l'acide azotique dans les chambres de plomb. — On a adopté différents systèmes pour l'introduction de l'acide azotique dans les chambres de plomb. L'un consiste à faire couler l'acide dans des terrines placées à l'intérieur de la chambre; le liquide arrive de l'extérieur (fig. 699), en E, il s'écoule successivement à l'intérieur de la chambre sur les terrines D D' qu'il traverse, tandis que les gaz sulfureux des fours à pyrites entrent en A et viennent traverser le système de terrines placé sur un mur en briques siliceuses B résistant à l'action de l'acide. Afin de donner à

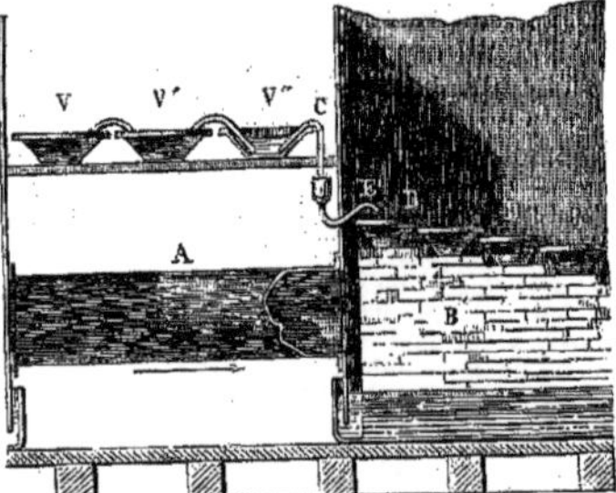

Fig. 699. — Introduction de l'acide azotique dans les chambres de plomb.

l'acide un écoulement sensiblement constant, on le puise à l'extérieur de la chambre au moyen d'un siphon dont le débit est déterminé et connu C, dans les vases V, V', V'', qui communiquent entre eux au moyen de syphons de verre; plus on multiplie le nombre des vases V, V', V'', plus le volume d'acide nitrique est considérable, et, par conséquent, moins il y a de variations dans le niveau du liquide des vases V, V', V''; plus aussi l'écoulement d'acide du siphon c est régulier.

Un autre système consiste dans l'emploi de coulettes en verre, en place des terrines intérieures D D'. Les coulettes en verre offrent une plus grande surface à l'action des gaz, le liquide y ayant une très-petite hauteur; elles ont 1 mètre de longueur et 0m,20 de largeur (fig. 701). Leur hauteur diminue de la partie de derrière A à celle d'avant B, de manière que le liquide s'écoulant dans A déborde vers B, et de B il tombe sur une seconde coulette à sa partie A pour en ressortir en B; on place ainsi de 20 à 80 coulettes dans une chambre, suivant son volume, et la quantité d'acide azotique à y introduire. Les coulettes en verre ont, sur les terrines, l'avantage d'une plus grande légèreté; elles sont placées sur des briques vernies *c, c', c"*, dont elles occupent les vides *d, d', d"*, les unes sous les autres.

Un troisième système consiste dans l'emploi de tours en grès disposées suivant le dessin de la figure 702, qui se comprend à la simple inspection. Le liquide qui s'écoule de la partie inférieure de ces appareils doit être exempt d'acide azotique; s'il en contient encore, il faut augmenter le nombre des terrines, des coulettes ou des tours. Dans certaines usines, afin de s'assurer du bon fonctionnement des appareils et de la dénitrification complète du liquide azotique, on fait sortir de la chambre celui qui s'écoule du dernier plateau; on peut ainsi, à tout moment, vérifier la marche de la dénitrification; le liquide rentre ensuite dans la chambre où il se mélange à l'acide qui en occupe le fond.

Fig. 700. — Introduction de l'acide azotique dans les chambres de plomb

Lorsque les chambres de plomb sont en marche, on en maintient le fonctionnement normal et régulier en portant toute son attention sur leur température, sur l'introduction de la vapeur d'eau, dont l'admission est augmentée ou diminuée, suivant les besoins, sur l'alimentation de l'air qui est réglée en proportion de la quantité d'acide sulfureux qui se trouve dans les gaz à l'entrée, dans les chambres ou de l'air en excès qui se trouve dans ces gaz à leur sortie dans la cheminée d'appel.

Fig. 701. — Introduction de l'acide azotique dans les chambres de plomb.

Température des gaz. — La température des gaz a une grande influence sur l'ensemble de la fabrication. Nous avons dit quelles sont les précautions à prendre lorsqu'on travaille avec du soufre, pour éviter une trop grande élévation de température dans le four lui-même, élévation qui a pour conséquence la distillation d'une partie du soufre. Dans les fours à pyrites, l'élévation trop considérable de la température provient soit d'un manque d'air, soit de leur combustion trop active par suite d'une consommation de pyrites trop considérable pour la dimension ou le nombre de fours employés. Lorsque les conditions d'une combustion bien équilibrée ne sont pas remplies et que les fours à pyrites deviennent trop chauds, le soufre du minerai distille; il se forme du sulfure ferreux, FeS, corps très-fusible qui englobe la pyrite et la soustrait à une oxydation ultérieure [Scheurer-Kestner et Rosenstiehl, *Bull. de la Soc. chim.*, 1867]. L'expérience a appris que les gaz, au moment où ils pénètrent dans la chambre de plomb, doivent avoir été suffisamment refroidis pour que leur température ne dépasse pas 60° centigrades. Toutefois les données ne sont pas encore assez précises pour déterminer avec une rigoureuse exactitude quelle est la température la plus favorable. Il est certain que celle des chambres ne doit pas descendre au-dessous de 40° centigrades, afin que la vapeur d'eau ne se condense pas trop promptement et avant qu'elle ait formé avec l'acide sulfurique un hydrate étendu, tel

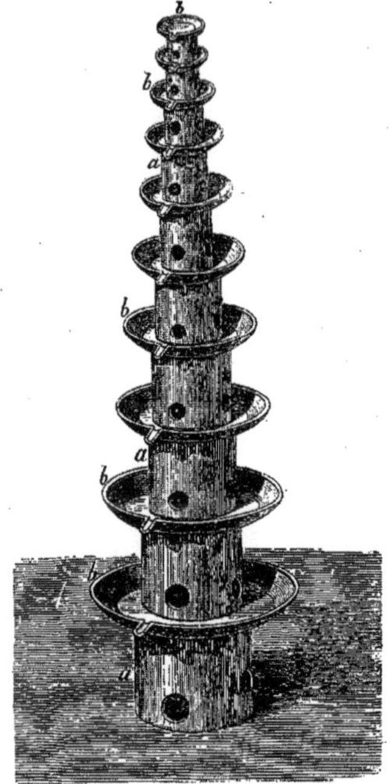

Fig. 702. — Introduction de l'acide azotique dans les chambres de plomb.

qu'on désire l'obtenir et qui se rapproche de la formule $SO^3, 4H^2O$; on risquerait aussi, en abaissant trop la température, de provoquer la condensation d'une certaine quantité d'acide azotique hydraté qui, en se précipitant dans la cuvette de la chambre, se trouverait sans emploi, et par conséquent perdue. D'après certains chimistes [Schwarzenberg et Bolley, *Handbuch der chemischen Technologie : die Schwefelsäure*, p. 353], une température maintenue trop basse dans les chambres diminue leur rendement et augmente la consommation de l'acide azotique. M. Schwarzenberg fait remarquer que dans les climats froids la consommation d'acide azotique est plus forte en hiver qu'en été. Cette remarque semble être confirmée par l'habitude qu'ont les industriels d'entourer les chambres de plomb de murs en maçonnerie dans les pays froids, tandis que dans les pays où les hivers sont relativement doux, comme en Angleterre et dans le midi, elles sont simplement couvertes par un toit et très-peu ou pas du tout protégées contre le refroidissement.

Vapeur d'eau. — L'admission de la vapeur d'eau doit être réglée avec une grande exactitude. C'est d'elle que dépend, en très-grande partie, la marche des chambres, le degré de l'acide obtenu, et, comme nous venons de le voir, la quantité d'acide azotique employée à la fabrication. Pour alimenter les chambres avec la vapeur d'eau, deux systèmes sont en usage. L'un consiste à introduire la vapeur d'eau à une certaine pression (2 à 4 atmosphères) dans le bas des chambres, à 1 mètre du fond, moyennant des tuyaux de vapeur qui y pénètrent sur une longueur de 1 mètre environ. Ces tuyaux sont en nombre plus ou moins grand, tous munis de robinets à la portée de la personne chargée de les régler. L'autre système consiste à faire arriver la vapeur d'eau par le plafond, au milieu de celui-ci, moyennant un tuyau en cuivre de large diamètre, qui le parcourt, extérieurement, sur toute sa longueur. Ce tuyau est muni d'un certain nombre de godets à fermeture hydraulique correspondant à des godets semblables soudés sur le plafond de la chambre (fig. 703). A est le tuyau général de vapeur qui longe la chambre au-dessus de son plafond FF'. La pièce de bois BB' sert de support au tuyau de vapeur A, ainsi qu'aux godets C, dont le prolongement E entre dans la chambre au plafond de laquelle il est soudé en HH'. Le tuyau E est en plomb; il se termine à sa partie supérieure dans le godet C, qui est en cuivre fortement étamé. Un godet pareil C' est soudé en II' sur le tuyau de vapeur A. Lorsqu'on veut introduire de la vapeur dans la chambre, on met en communication les deux extrémités supérieures des tuyaux E et I, au moyen d'un tuyau en plomb recourbé D, qui est recouvert d'une tresse de paille, tant pour le protéger contre le refroidissement que pour permettre à l'opérateur de le saisir facilement. Sur la longueur de la chambre, un certain nombre de

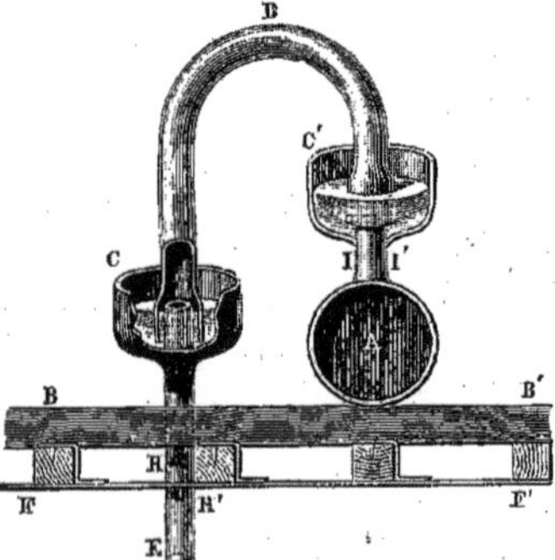

Fig. 703. — Introduction de la vapeur d'eau dans les chambres.

godets pareils sont disposés, les uns à gauche, les autres à droite du tuyau A (on les met ordinairement à 5 mètres de distance les uns des autres), et il est facile, en enlevant ou en ajoutant un certain nombre de ces tuyaux, de répartir l'admission de la vapeur d'une manière régulière et égale sur toute la surface du plafond. Le tuyau A luimême est muni d'un gros robinet au moyen duquel on règle la quantité de vapeur qui doit y pénétrer. Lorsqu'on supprime le tuyau D, on place des bouchons en plomb ou en grès sur les ouvertures des tuyaux E et I pour les maintenir fermés.

Ce système offre l'avantage d'une répartition facile de la vapeur et de permettre son emploi sous faible pression; l'eau qui se condense dans le tuyau général A s'écoule, au bout de celui-ci, dans un tonneau rempli d'eau au fond duquel plonge son extrémité; à cet effet on donne au tuyau A une légère inclinaison de l'avant à l'arrière. Une fois que l'étude de l'appareil a permis de déterminer le nombre et la distribution des godets à mettre en fonctionnement, il suffit de régler à volonté le robinet général du tuyau A pour augmenter ou diminuer l'admission de la vapeur dans la chambre; la conduite en est donc plus facile que celle du premier système.

Depuis quelque temps, on commence à employer pour l'alimentation des chambres de plomb des pulvérisateurs d'eau et vapeur analogues à

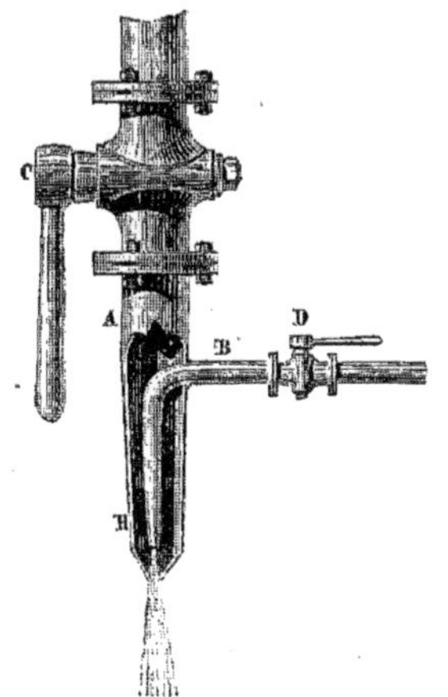

Fig. 704. — Pulvérisateur de l'eau.

ceux qui servent pour la combustion du pétrole et autres huiles et dans lesquels la vapeur est remplacée par de l'air. L'emploi des pulvérisateurs, dû à M. Sprengel, économise une partie de la vapeur (1/2 à 2/3), et permet de maintenir les chambres à une température relativement basse, sans être obligé de refroidir les gaz à leur sortie des fours, par des moyens aussi puissants; mais l'expérience n'est pas encore suffisante pour savoir si les avantages qu'offrent ces appareils ne sont pas compensés par des inconvénients. Les pulvérisateurs (fig. 704) sont en platine et de très-petites dimensions. Ils se composent essentiellement de deux tubes concentriques A et B. Par le tube A arrive l'eau et par le tube B la vapeur. En réglant convenablement les robinets C et D, on obtient à l'ouverture E de l'eau à l'état de poussière, qui tombe dans la chambre. Ces appareils ont besoin d'être construits avec beaucoup de soin; il faut notamment donner aux ouvertures E et H une forme spéciale, afin d'éviter qu'il ne se forme de grosses gouttes d'eau qui gagneraient immédiatement la surface de l'acide au fond de la chambre et qui ne serviraient qu'à en affaiblir le degré.

Quel que soit le mode d'introduction de la vapeur, il a été reconnu qu'on obtient les meilleurs résultats en cherchant à former l'hydrate $SO^3,3H^2O$, ayant une densité d'environ 1,55; cet hydrate dissout moins d'acide azotique que l'acide plus étendu d'eau, et il décompose le composé cristallisable des acides azoteux et sulfurique. Pour obtenir cet hydrate, il faut pour 1 atome de soufre 4 molécules d'eau, ou pour 32 p. en poids 72 p. d'eau; on introduit donc dans les chambres de plomb 2250 grammes d'eau par kilogramme de soufre.

A mesure que la condensation de l'acide sulfurique dans les chambres avance, il faut diminuer l'admission de la vapeur, de manière à la proportionner à la quantité d'acide sulfureux existant dans les gaz, à tous les moments, du commencement de la première chambre jusqu'à la fin de la dernière. Le système de distribution de la vapeur au moyen d'un tuyau unique (A, fig. 703) établit de lui-même la proportion; car dans les premières parties du tuyau la vapeur arrive en quantités plus considérables que dans les dernières, où elle a déjà été épuisée en grande partie par les prises D qu'elle a rencontrées sur son chemin. On avait autrefois l'habitude, quand on se servait de plusieurs chambres pour un même système, de diminuer le degré de concentration de l'acide obtenu à mesure que l'on avançait : la dernière chambre fournissait de l'acide étendu jusqu'à 35° Baumé; celui-ci s'écoulait dans la chambre précédente d'où il sortait après avoir gagné quelques degrés, et il arrivait ainsi, après avoir traversé tout le système, dans la première chambre, où il atteignait 50°. Mais il a été reconnu que cette manière de procéder n'offre pas d'avantage, et du reste, depuis que l'emploi des tours de Gay-Lussac pour la condensation des vapeurs azotiques s'est répandu, on a dû y renoncer, les gaz, au moment où ils entrent dans le condensateur de Gay-Lussac, devant être aussi peu chargés d'humidité que possible. Aujourd'hui, quand on se sert de deux chambres, par exemple, le degré de l'acide de la seconde chambre ne diffère que de quelques degrés de celui de la première; souvent même la concentration de l'acide est la même dans les deux cuvettes. L'alimentation des chambres par la vapeur d'eau et sa distribution ayant la plus grande importance, on a cherché à se rendre compte d'une manière exacte, et à tout moment du jour, du degré de concentration de l'acide qui se condense. Il faut, en effet, pour savoir si l'on doit augmenter ou diminuer la quantité de vapeur à introduire, connaître la composition de l'atmosphère de la chambre et on y arrive en déterminant le degré aréométrique du liquide acide qui s'y condense. Lorsqu'on fait usage de plusieurs chambres, et que leurs dimensions ne sont pas considérables, il suffit de recueillir l'acide qui se condense dans les tuyaux de communication; ce liquide représente, en effet, une moyenne de ce que l'atmosphère gazeuse peut fournir. Afin de pouvoir le recueillir, les tuyaux de communication sont pourvus à leur partie inférieure d'un petit trou auquel est soudé un tuyau en plomb qui plonge dans une éprouvette. Un aréomètre placé en permanence dans le liquide, sans cesse renouvelé, permet de suivre toutes les fluctuations qui se produisent.

Dans les chambres de plomb modernes, qui sont plus grandes, il a fallu recourir à d'autres moyens. Le plus simple, le plus généralement employé est celui qui est représenté sur la figure 705. Sur la paroi de la chambre de plomb est soudée une rigole AA, à laquelle on donne plus ou moins de longueur. Cette rigole recueille tout l'acide qui vient se condenser sur la partie de la paroi qui se trouve au-dessus d'elle; l'acide vient s'écouler en A, en dehors de la chambre dans une éprouvette B, où un aréomètre C plongé dans le liquide en indique le degré. On peut remplacer la rigole A A de la figure 705 par une simple gouttière demi-cylindrique ayant 1 centimètre de diamètre.

Pour avoir une représentation aussi exacte que possible de la condensation qui se fait dans la chambre, on a soin de multiplier le nombre de ces gouttières. Comme exemple, prenons une chambre de plomb ayant 40 mètres de longueur. On commence par établir une rigole de 5 mètres sur la paroi de droite, de suite à la tête de la chambre; puis on en établit une seconde à 5 mètres de la tête, mais sur la paroi de gauche; en continuant ainsi, on a, sur toute la longueur de la chambre, 8 rigoles de 5 mètres et par conséquent 8 éprouvettes d'essai pour le degré de l'acide; quatre sont placées sur la paroi de droite et quatre, alternant avec celles-ci, sur la paroi de gauche.

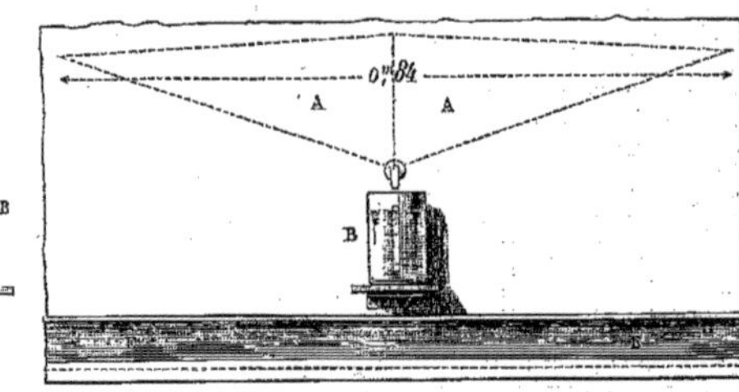

Fig. 705. — Vase d'épreuve pour connaître le degré de l'acide qui se condense sur les parois des chambres.

Lorsque le degré de l'acide s'élève trop, on ouvre un peu le ou les robinets de vapeur; dans le cas contraire on les ferme en partie. La multiplicité des éprouvettes d'essai sur les parois des chambres a été reconnue utile, surtout depuis qu'on emploie des pyrites en place du soufre. Avec la pyrite, le plomb des chambres est beaucoup plus attaqué qu'il ne l'est lorsqu'on fait usage de soufre. La moindre durée des chambres alimentées avec des gaz sulfureux produits par les pyrites provient sans doute de ce que leur atmosphère est plus riche en composés azotiques; l'air étant plus dépouillé d'oxygène à cause de l'oxydation du fer renfermé dans la pyrite, il faut employer une plus grande quantité d'acide azotique avec la pyrite qu'avec le soufre; et les chambres sont vivement attaquées dès qu'on cherche à dépasser 52° Baumé pour l'acide qui occupe la cuvette de la première chambre.

Avec le soufre, au contraire, on peut impunément sous le rapport de l'attaque du plomb monter jusqu'à 55°. Or, dès que l'acide qui s'écoule des gouttières est blanc, on sait que le plomb de la paroi est attaquée et on peut remédier au mal immédiatement parce qu'on le voit.

L'admission de la vapeur d'eau dans les chambres de plomb demande à être changée assez souvent; en effet, la quantité d'eau nécessaire à l'alimentation de la chambre varie avec la quantité d'acide sulfureux qui lui est fourni par les fours à soufre ou à pyrite. Avec les fours à soufre les opérations sont beaucoup plus régulières; mais avec les fours à pyrite, qui fournissent, suivant la combustion de la pyrite et l'heure des chargements, des gaz qui renferment tantôt 6 % et tantôt 7 et 8 % d'acide sulfureux, les réactions sont moins régulières, et il faut veiller avec grande attention aux variations qui se produisent. Lorsque la vapeur d'eau est fournie par des chaudières placées sur les fours à pyrite, le dégagement de vapeur d'eau étant proportionnel à la chaleur de combustion des pyrites et par conséquent à l'acide sulfureux produit, la conduite des chambres est plus facile. Mais les chaudières à vapeur, placées sur les fours, n'ont pas une très-longue durée; on a l'habitude de les construire en tôle avec des fonds en plomb, qui au bout de quelques mois sont hors d'usage.

Des troubles dans la marche régulière de la fabrication sont provoqués plus facilement par un excès que par un défaut de vapeur. — Avec de la vapeur en excès, les composés azotiques disparaissent de l'atmosphère et se condensent à l'état d'acide azotique. — Lorsque la vapeur manque, les composés azotiques se dissolvent dans l'acide dont le degré est trop élevé; mais ils s'en dégagent dès qu'une quantité plus considérable de vapeur vient en rabaisser le degré.

Alimentation d'air. — Dans la conduite des chambres de plomb, on règle avec beaucoup de précision la quantité d'air qui doit traverser les fours à soufre où les fours à pyrite; l'alimentation de l'air est, comme nous l'avons vu, de la plus grande importance. Pour provoquer le tirage nécessaire à la combustion du soufre ou des sulfures, et à l'entraînement des gaz sulfureux dans les chambres, et leur résidu gazeux des chambres dans l'atmosphère, on se sert de différents procédés. Lorsque les chambres de plomb ne sont pas suivies de condenseurs de Gay-Lussac, appareils qui, par leur mode de construction, entravent ou gênent le passage des gaz, il n'est pas nécessaire de recourir à une cheminée d'appel spéciale. Les fours se trouvant toujours placés plus bas que les chambres de plomb, la colonne ascensionnelle des gaz chauds entre les fours et les chambres, suffit pour maintenir le tirage. A leur sortie de la dernière chambre, les gaz s'échappent dans l'atmosphère par une petite cheminée en plomb qui dépasse de quelques mètres la toiture du bâtiment. Dans ces conditions, la température seule des gaz, à leur sortie des fours, suffit pour provoquer le mouvement ascensionnel qui établit le tirage. Le calcul justifie cette pratique. Quoique l'acide sulfureux soit beaucoup plus lourd que l'air, le mélange gazeux qui s'échappe des fours, étant chauffé à une température qui, malgré les réfrigérants et les chaudières, ne descend pas au-dessous de 100°, reste toujours très-sensiblement plus léger que l'air extérieur. Supposons un mélange gazeux sortant d'un four à soufre et ayant la composition suivante :

Acide sulfureux..........	9,00
Oxygène..................	12,00
Azote....................	79,00
	100,00

Un litre d'acide sulfureux	à 0°	et 0,760 pèse	2gr,8731
— d'oxygène	—	—	1 ,4298
— d'azote	—	—	1 ,2562
— d'air	—	—	1 ,2932

Négligeant la vapeur d'eau, qui est plus légère que l'air, on obtient pour le poids d'un litre de gaz de composition indiquée ci-dessus :

Acide sulfureux...	0l,090	à 2,8731 =	0gr,258
Oxygène.........	0 ,120	à 1,4298 =	0 ,171
Azote............	0 ,790	à 1,2562 =	0 ,992
Litre............	1l,000	pèse	1gr,421

La dilatation des gaz étant, par degré, de $\frac{1}{273}$ du volume, le volume gazeux augmente pour 100°, de $\frac{100}{273}$; donc 1 litre de gaz à 0° occupe à 100°, 1l,367, pesant 1gr,421. La densité du gaz ci-dessus à 100° est donc de $\frac{1,421}{1,367 \times 1,293} = 0,804$; la densité de l'air à 20° étant de 0,931, le tirage est provoqué par une différence de densité gazeuse d'environ 6 1/2 pour %. La densité de l'air à 62° étant de 0,802, le tirage avec des gaz sulfureux à 100° équivaut à celui que provoque l'air chauffé à 62°. Mais il est en réalité plus puissant, parce que les gaz qui s'échappent des fours ont plus de 100°; de plus, lorsqu'on brûle de la pyrite, les gaz sont plus légers, car une partie de l'oxygène, élément le plus lourd de l'air, reste dans les fours, combiné au fer. Enfin, la formation de l'acide sulfurique dans les chambres et sa condensation, ainsi que le refroidissement des gaz qui s'échappent de la dernière chambre à une température assez basse, provoquent aussi une certaine aspiration.

Lorsqu'on calcule la vitesse des gaz dans les chambres de plomb, on reconnaît qu'elle est de 0m,20 à 0m,25 par minute, suivant qu'on brûle plus ou moins de soufre par mètre cube de chambre et qu'on emploie du soufre ou des pyrites; de sorte qu'ils restent dans les chambres, lorsque celles-ci ont 80 de longueur pour un volume de 3000 mètres cubes, au moins cinq heures.

Avec une marche aussi lente et un séjour si prolongé des gaz dans les chambres, il est naturel que la direction donnée aux gaz à l'entrée dans les chambres et à leur sortie n'ait pas d'influence sur la fabrication : c'est ce que les fabricants ont reconnu; on peut, sans avantages ni inconvénients, faire entrer les gaz par le haut ou par le bas et les faire sortir de même indifféremment : le mélange se fait suffisamment.

Lorsque les chambres sont suivies d'un condenseur de Gay-Lussac, tour en plomb ou en grès remplie de coke, que les gaz sont obligés de traverser, on recourt ordinairement à un tirage artificiel, moyennant la communication du tuyau de sortie avec une des cheminées de l'usine. Toutefois il existe des fabriques où les gaz se dégagent librement dans l'air et où l'emploi d'une cheminée d'appel a été reconnu inutile. La différence de hauteur qui existe entre les fours qui produisent l'acide sulfureux et les chambres de plomb joue le principal rôle dans ce cas. Lorsqu'elle est considérable, on peut, en effet, se passer de l'appel énergique d'une cheminée chauffée par des foyers. — Pour la marche régulière de la fabrication, il vaut mieux n'avoir recours qu'à la force ascensionnelle des gaz sulfureux, parce que le tirage des cheminées des usines est très-irrégulier et qu'il faut à tout moment, soit en entraver l'action, soit l'utiliser complétement, tandis que la force ascensionnelle des gaz produits par les fours à soufre ou à pyrite est beaucoup plus régulière; on peut d'ailleurs en augmenter l'intensité, au moyen d'une injection de vapeur dans le tuyau de sortie des gaz.

Le tirage résultant des causes qui ont été indiquées, introduit dans les chambres et dans les fours la quantité d'air nécessaire à la combustion du soufre ou à celle des pyrites. On en règle l'admission en ouvrant ou en fermant les trous du registre en plomb qui se trouve placé dans le tuyau de sortie, ainsi qu'au moyen de petits régistres en tôle fixés aux portières qui ferment les caves des fours à pyrites; de sorte qu'on peut diminuer ou augmenter le volume d'air introduit dans les fours à la fois à l'avant et à l'arrière du système. L'expérience a appris qu'il faut introduire dans les fours, non-seulement l'air nécessaire à la combustion du soufre ou des sulfures et à la transformation de l'acide sulfureux en acide sulfurique, mais un excès, de manière à obtenir au tuyau de sortie des gaz dans l'atmosphère (ou dans la cheminée d'appel) un mélange gazeux qui renferme environ 5 % d'oxygène et 95 % d'azote, lorsqu'on fait usage du soufre, et 6 % d'oxygène et 94 % d'azote, lorsqu'on emploie la pyrite.

M. Schwarzenberg (ouvrage cité) calcule comme il suit la quantité d'air à introduire dans les fours lorsqu'on brûle du soufre.

Si l'on n'introduisait dans les fours que la quantité d'air théoriquement nécessaire à la formation de l'acide sulfureux et à la transformation en acide sulfurique, les gaz à leur sortie du four auraient pour composition :

Acide sulfureux.	14	Acide sulfurique... 21
Oxygène.......	7	
Azote..........	79	
	100	

En désignant par x le volume inconnu d'oxygène nécessaire pour que les gaz, à leur sortie des chambres, en renferment un excès de 5 %, on a le volume correspondant d'azote, d'après la composition de l'air, $\frac{79}{21}x$ à introduire dans les fours en même temps que la quantité x d'oxygène. Le volume total de l'azote et de l'oxygène en dehors de celui qui sert à former l'acide sulfurique se compose, pour 14 volumes d'acide sulfureux, de

$$79 + \frac{79}{21}x + x = 79 + \frac{100}{21}x.$$

x devant représenter 5 % ou le vingtième de ce volume, on a

$$x = \frac{1}{20}\left(79 + \frac{100}{21}x\right) = \frac{79}{20} + \frac{5}{21}x$$

et, en faisant le calcul,

$$x - \frac{5}{21}x \text{ ou } \frac{16}{21}x = \frac{79}{20}$$

ou

$$x = \frac{79 \times 21}{20 \times 16} = 5,18 \text{ volumes},$$

c'est-à-dire qu'il faut ajouter au volume gazeux théorique ci-dessus 5,18 volumes d'oxygène en plus des $5,18\ \frac{79}{21} = 19,50$ volumes d'azote. D'où l'on tire que le mélange gazeux qui se forme dans le four à soufre et est introduit dans la chambre, se compose, pour 14 volumes d'acide sulfureux, de

Acide sulfureux................		14,00
Oxygène.........	7 + 5,18 =	12,18
Azote..........	79 + 19,50 =	98,50
Volume total......... ..		124,68

Donc, pour un volume d'acide sulfureux, il faut $\frac{124,67}{14} = 8,906$ volumes d'air.

Un litre d'acide sulfureux pesant à 0° et 0m,760 de pression 2gr,8731, et l'acide sulfureux se composant de

1 at. soufre	= 32
2 at. oxygène	= 32
1 mol. acide sulfureux	= 64

il en résulte qu'un litre d'acide sulfureux à 0° et $0^m,760$ renferme :

$$\frac{2^{gr},8731}{2} = 1^{gr},43655 \text{ de soufre}$$
$$\text{et} \quad 1\ 43655 \text{ d'oxygène}$$
$$\text{Total.....} \quad 2^{gr},87310$$

Comme nous avons reconnu qu'il faut, pour brûler $1^{gr},43655$ de soufre, $8^{lit},906$ d'air à 0° et $0^m,760$, on pose la proportion :

$$1^{gr},43655 : 8^{lit},906 :: 1000 \text{ grammes} : x,$$
$$x = 6199 \text{ litres},$$

c'est-à-dire que pour 1,000 grammes ou 1 kilogramme de soufre il faut 6199 litres d'air pesant (6199 × 1,2932), 8017 grammes ou $8^{kil},017$.

Pour calculer le volume d'air employé à d'autres températures et pressions, il faut observer qu'un volume gazeux à 0° devient, à la température t et lorsque la pression ne change pas, $\frac{273+t}{273}$ et que, par conséquent, V volumes donnent

$$\frac{V(273+t)}{273}.$$

D'un autre côté, les volumes des gaz sont en raison inverse de la pression qu'ils supportent. Donc sous la pression de h millimètres de mercure le volume $\frac{V(273+t)}{273}$ deviendra $\frac{V(273+t) \times 760}{273h}$ suivant la proportion

$$h : 760 = \frac{V(273+t)}{273} : x,$$

d'où

$$x = \frac{V(273+t) \times 760}{273h}.$$

Au moyen de cette formule, il est facile de calculer quel sera le volume occupé par un gaz à une température et à une pression quelconques, lorsqu'on connaît celui qu'il occupe à 0° et $0^m,760$.

Ainsi, les 6199 litres d'air à 0° et $0^m,760$ employés pour la combustion de 1 kilogramme de soufre, occuperont à la même pression, mais à la température de 20° le volume,

$$\frac{(273+20)\,6199.760}{273.760} = \frac{293.6199}{273} = 6654 \text{ litres}.$$

Les nombres précédents se rapportent à l'air sec ; pour tenir compte de l'humidité de l'atmosphère, il faut y apporter une correction. Lorsqu'un gaz est saturé d'humidité à la pression h, sa tension diminue de l'importance de celle de la vapeur et devient $h - f$, lorsque la tension de la vapeur est égale à f; de sorte que le mélange de gaz et de vapeur a la même tension que celle du gaz isolé. Tandis que la vapeur pénètre dans le gaz, le volume de celui-ci varie en raison indirecte de la tension. Le volume

$$\frac{V(273+t).760}{273.h},$$

dans lequel V représente le volume primitif du gaz sec à 0° et $0^m,760$, devient, lorsqu'il est saturé d'humidité,

$$V' = \frac{V(273+t).760}{273(h-f)}.$$

Au moyen de cette formule on calcule le volume V' d'air saturé d'humidité et à 20° centigrades employé par 1 kilogramme de soufre et que nous avons reconnu être de 6,199 litres pour l'air sec à 0° et $0^m,760$; à 20° centigrades la vapeur d'eau a une tension de $17^{mm},391$ de mercure (la pression restant à 0^m760) :

$$\frac{(273+20)\,6199.760}{273\,(760-17,391)} = \frac{293.6199.760}{273.742,609}$$
$$= 6809 \text{ litres}.$$

En résumé, la quantité d'air nécessaire pour brûler 1 kilogramme de soufre pur, destiné à être transformé industriellement en acide sulfurique, est de 6199 litres d'air sec à 0° et $0^m,760$ de pression barométrique, ou de 6653 litres d'air sec à 20° centigrades et $0^m,760$ de pression barométrique, ou de 6809 litres d'air saturé d'humidité à 20° et à $0^m,760$ de pression barométrique.

La différence entre l'air sec et l'air humide n'étant que de 154 litres et provenant cependant de ce que nous avons considéré l'air comme saturé d'humidité, ce qui n'est jamais le cas, on peut, dans la pratique, négliger la correction due à l'humidité, et qui n'atteint pas 2 1/2 %, tandis que l'air employé en excès sur la quantité théorique dépasse 24 %.

Il résulte de ce qui précède que la situation de l'usine, à une plus ou moins grande altitude, exerce une influence sur la quantité de soufre qui peut être brûlée par mètre cube de chambre. C'est ainsi que dans une usine qui est à 450 mètres au-dessus du niveau de la mer, et où, par conséquent, la pression barométrique moyenne est de $0^m,720$ de mercure, la quantité d'air nécessaire à la combustion de 1 kilogramme de soufre est de 6,544 litres à 0°. La différence est donc de (6544 — 6199 = 345) 345 litres entre cette usine et celles qui se trouvent situées au bord de la mer, ou de 5,6 % ; en d'autres termes, si dans une usine placée au niveau de la mer on peut brûler 800 grammes de soufre en 24 heures par mètre cube de chambre, dans l'usine située à 450 mètres au-dessus du niveau de la mer on ne peut en brûler, au maximum, que 755 grammes.

Il n'est pas indifférent de régler l'admission de l'air dans les fours à pyrites à l'arrière ou à l'avant du système. Lorsqu'on ouvre le registre de l'arrière, on provoque dans les chambres une dépression; au contraire, en augmentant l'accès d'air dans la cave du four, on provoque dans les chambres une pression. Il faut se servir, suivant le besoin, de l'un ou l'autre de ces procédés, afin de maintenir l'atmosphère des chambres en très-légère pression, et d'éviter ainsi des rentrées d'air inutiles ou nuisibles.

Analyse des gaz des fours et des chambres. — Pour connaître la quantité d'air qui traverse les fours à pyrite et les chambres, on se sert de l'analyse des gaz. Les gaz sont analysés soit au moment où ils entrent dans les chambres de plomb, en y déterminant l'acide sulfureux, soit au moment où ils en sortent, en y dosant l'oxygène en excès.

Pour doser l'acide sulfureux qui existe dans les gaz provenant des fours à soufre ou à pyrite, M. Gerstenhœfer a proposé l'appareil suivant, qui est d'un emploi très-facile (fig. 706) :

Il se compose de deux vases A et A', formés par des bouchons de caoutchouc percés chacun de deux trous, dans lesquels s'engagent les tubes de verre B, C, D, E. — Le vase A renferme la liqueur titrée, et le vase A' ne sert que d'aspirateur. Lorsqu'on veut se servir de l'appareil, on introduit dans le vase A de l'eau, à laquelle on ajoute une dissolution titrée d'iode, renfermant $1^{gr},27$ d'iode par litre, et dans le vase A' de l'eau pure. Les tubulures C et D étant mises en communication au moyen du tube en caoutchouc H et les robinets B et E étant fermés, on ouvre le robinet K; l'eau s'écoule lentement en L; au bout de quelques secondes elle s'arrête; cet essai n'a d'autre but que celui de constater que l'appareil n'a pas de fuites. Il s'agit alors de faire une seconde opération préalable dans le but de remplir le tube B des gaz à analyser. Pour cela on ferme le robinet K et on met le tube B en communication avec le milieu dont on veut connaître la teneur en acide sulfureux; on ouvre le robinet B et le robinet K; l'eau, en s'écoulant en L, fait pénétrer en A par le tube M le gaz à analyser. Le gaz sulfureux se dissout et s'oxyde dans la dissolution iodée, qu'on a préalablement colorée en y

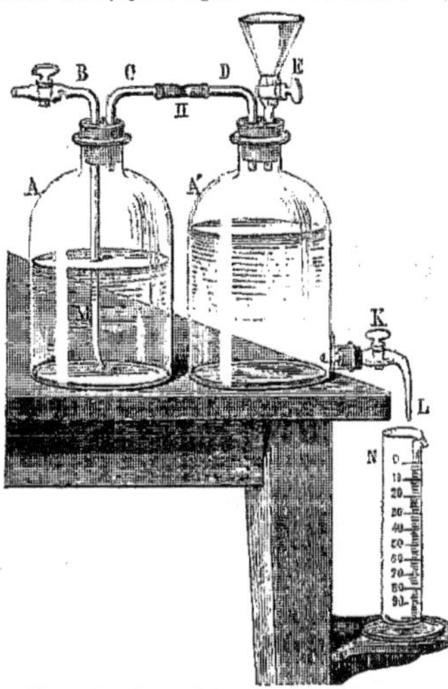

Fig. 706. — Appareil de M. Gerstenhœfer pour l'analyse des gaz.

ajoutant de l'empois. Dès que la décoloration est complète, on ferme le robinet K; alors tout le tube B se trouve rempli avec le gaz à analyser; on enlève alors la tubulure C et on introduit dans le vase A une nouvelle quantité, mesurée, de dissolution d'iode. Le déplacement du tube C a mis en communication avec l'air, l'atmosphère qui existe au-dessus des liquides; il faut, avant de commencer l'expérience, faire descendre dans le tube M le niveau du liquide jusqu'à ce qu'il affleure à son extrémité effilée. L'appareil est alors prêt pour les expériences.

Pour faire un dosage, on met l'éprouvette graduée N sous le bec effilé du robinet K, que l'on ouvre doucement, de manière à faire arriver le gaz, bulle à bulle, dans le vase A. Lorsque la décoloration du liquide A est achevée, on ferme le robinet K et on lit sur l'éprouvette graduée la division correspondant au liquide qu'elle renferme et qui représente le volume du gaz qui a traversé le liquide A, c'est-à-dire du gaz à analyser, moins celui qui s'est dissous dans la liqueur d'iode. On a ainsi les données au moyen desquelles on peut calculer l'acide sulfureux contenu dans le gaz à analyser, savoir : le volume du gaz employé, la quantité d'iode qui a disparu. Plusieurs dosages successifs peuvent être faits dans cet appareil sans qu'il soit nécessaire de renouveler l'eau du flacon A; quant à celle du flacon A', on la remplace par l'entonnoir à robinet E.

Voici comment on fait le calcul des résultats, avec une dissolution d'iode au centième (1gr,27 par litre), et en appelant n le nombre de centimètres cubes de liqueur d'iode employés : n centimètres cubes d'iode correspondent à 0gr,00032n d'acide sulfureux = 0mill.,32, qui occupent un volume de 0cc,1104 n à 0° et 0m,760 de pression. Soient p la pression barométrique, t la température, h la hauteur de l'eau au moment où l'opération est terminée, le volume de l'acide sulfureux devient

$$0{,}1104 \, . \, n \frac{336}{p - \frac{h}{13{,}6}} \times (1 + 0{,}003665 \, . \, t)$$

Ce volume est à ajouter à celui de l'eau qui a été reçue dans l'éprouvette graduée et qui représente le gaz aspiré dans l'appareil, moins cet acide sulfureux.

Dans la plupart des cas, il est inutile de tenir compte de la pression barométrique et de la température; alors le calcul se fait au moyen de la formule suivante, beaucoup plus simple :

$$\frac{11{,}04 \times n}{m + 0{,}1104 \, n}$$

m représentant le volume de l'eau mesurée.

Dans un grand nombre d'usines, on détermine le tirage des fours à pyrites et l'état de l'atmosphère des chambres de plomb, en dosant l'oxygène soit à l'entrée dans les chambres, soit à la sortie. On recueille le gaz dans des poires en caoutchouc, dont le tube est fermé par un robinet à pince. A cet effet, on introduit l'extrémité du tube dans le tuyau qui amène ou qui emmène les gaz, en ayant soin de la faire arriver en amont dans le courant gazeux, afin de la soustraire au courant de rentrée d'air qui se fait autour du tube; on comprime la poire et on la laisse revenir à son volume; en répétant cette opération un certain nombre de fois, on finit par avoir le gaz sans mélange d'air extérieur. L'analyse de ce gaz, c'est-à-dire le dosage de l'oxygène qu'il renferme, se fait au moyen du procédé de M. Payen (*Chimie industrielle*), et consiste à absorber l'oxygène par le bioxyde d'azote. Les opérations et les lectures se font sur une cuve à eau. Au moyen d'un petit ballon rempli de tournure de cuivre et dans lequel on verse un peu d'acide azotique, on prépare le bioxyde d'azote, qu'on recueille dans une éprouvette graduée. D'un autre côté, on introduit dans une éprouvette graduée un volume mesuré du gaz à analyser, auquel on ajoute le bioxyde d'azote. L'acide hypoazotique qui se forme se dissout dans l'eau; la contraction produite est triple du volume d'oxygène contenu dans le gaz analysé; il suffit donc de diviser par 3 la contraction de volume qui a été observée pour obtenir le volume de l'oxygène renfermé dans le gaz; en effet, 4 volumes de bioxyde d'azote et 2 volumes d'oxygène donnent du peroxde d'azote qui se dissout dans l'eau et disparaît :

$$\underset{4\text{ vol.}}{2AzO} + \underset{2\text{ vol.}}{O^2} = Az^2O^4.$$

Cette analyse, qui est achevée en quelques minutes, donne des résultats suffisamment exacts pour les essais quotidiens. Lorsqu'on veut obtenir une plus grande précision, on se sert d'une cuve à mercure et de pyrogallate de sodium ou de potassium, ou encore de phosphore, en prenant les précautions voulues; mais ces opérations sont beaucoup plus longues.

On emploie depuis quelques années un nouvel appareil imaginé par M. Orsat, et qui permet d'effectuer les analyses des gaz des chambres de plomb en quelques minutes, en y dosant l'acide sulfureux et l'oxygène.

L'appareil Orsat se compose (fig. 707) d'un flacon tubulé A que l'on tient à la main et qui renferme une dissolution saturée d'acide sulfureux. Ce flacon est relié par un long tube de caoutchouc, à la partie inférieure d'un large tube gradué, qui se termine à la partie supérieure par un tube capillaire servant de mesureur. Ce mesureur est placé dans un manchon rempli d'eau, qui est destiné à maintenir la température du mesureur et, par suite, celle des gaz qu'il renferme, ce qui dispense des corrections, dues à la dilatation des gaz, qui seraient nécessaires si la température venait à varier pendant les opérations.

Le flacon joue le rôle d'aspirateur : c'est lui qui sert à remplir la cloche graduée du mélange gazeux à analyser; c'est également lui qui sert à faire passer ce mélange gazeux dans les parties de l'appareil qui renferment les réactifs absorbants. Le tube capillaire qui termine le tube gradué à sa partie supérieure étant mis en com-

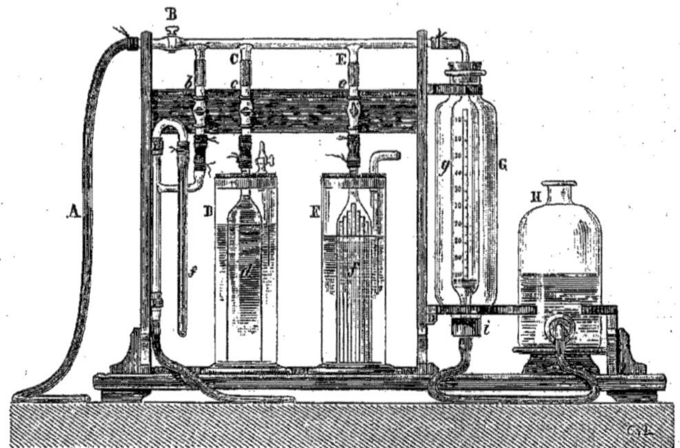

Fig. 707. — Appareil de M. Orsat pour l'analyse des gaz.

munication avec la source du gaz, si l'on suppose la cloche remplie d'eau, il suffit pour aspirer le gaz de prendre à la main le flacon inspirateur et de l'abaisser. Le niveau tendant à s'établir, le liquide baissera dans le mesureur pour entrer dans le flacon, et le gaz sera aspiré. — Pour le refouler, il suffira de faire le mouvement inverse.

Le tube capillaire se recourbe horizontalement et porte trois tubulures soufflées, fermées par des robinets de verre. La première conduit à l'appareil d'absorption de l'acide sulfureux. Celui-ci se compose d'une cloche de verre, effilée à sa partie supérieure en un tube capillaire qui est réuni au tube horizontal par un caoutchouc. La cloche est ouverte par le bas et est placée dans une éprouvette à pied, munie d'un bouchon percé de deux trous, l'un au milieu, qui donne passage au bout effilé de la cloche, et l'autre qui porte un petit tube, servant à établir la communication avec l'air. La cloche renferme une dissolution de potasse caustique, marquant 40° à l'aréomètre de Baumé. Afin de multiplier les surfaces que la dissolution présente à l'absorption des gaz, la cloche est remplie de tubes de verre qui plongent complétement dans le liquide, lorsque la dissolution affleure à son niveau normal. Lorsque, par suite du refoulement du gaz, le liquide vient à baisser dans la cloche, les tubes de verre se découvrent, et ils présentent à l'absorption du gaz leur surface intérieure et extérieure, mouillée de dissolution de potasse.

L'absorption des gaz acides est presque instantanée. A la suite de la cloche à potasse s'en trouve une seconde semblable, qui renferme une solution de chlorhydrate d'ammoniaque ammoniacal, dans laquelle se trouve une toile métallique en cuivre enroulée en spirale. — La solution cuproammoniacale absorbe l'oxygène d'une manière complète en moins d'une minute, grâce à la multiplication des surfaces due à la toile métallique; afin d'activer l'absorption, on fait passer le gaz successivement deux ou trois fois dans la cloche, en élevant et en abaissant le flacon à eau. Chaque fois que le gaz a passé dans l'une des cloches, on le fait revenir dans le mesureur, en ayant soin de ramener les liquides des cloches aux mêmes niveaux *fc*, marqués d'un trait sur leurs parties effilées, et on fait la lecture des divisions correspondantes au niveau de l'eau dans le mesureur. On obtient ainsi l'oxygène et l'acide sulfureux renfermé dans les gaz analysés. Les appareils de M. Orsat sont construits par M. Salleron.

A l'aide des analyses quotidiennes ou fréquentes des gaz, il est facile de conserver dans les fours à pyrites et dans les chambres un tirage régulier et constant. — Nous avons vu déjà que les gaz qui sortent des chambres de plomb doivent contenir encore 5 à 6 % d'oxygène. Aussitôt que cette proportion est dépassée, on ferme un peu les registres; dans le cas contraire on les ouvre. Quant à la quantité d'acide sulfureux qui se trouve dans les gaz qui sortent des fours à pyrite, elle varie généralement et en marche normale, de 7 à 8 %, suivant la nature des pyrites employées, celle des fours et l'alimentation d'air. M. Buchner (*Polytechnisches journal*, 1874) a fait quelques analyses qui lui ont donné les résultats prévus par la théorie.

Analyse des gaz fournis par la combustion des pyrites à l'entrée dans les chambres :

6,07 acide sulfureux, 7,18 d'oxygène, 86,74 d'azote.

Les 6,07 volumes d'acide sulfureux emploient pour leur transformation en acide sulfurique 3,03 volumes d'oxygène; il en reste donc 7,18 — 3,03 = 4,15 avec 86,74 d'azote, soit 4,5 °/₀. Le dosage de l'oxygène donne 4,7 °/₀.

8,42 SO^2......	8,59 O	et 82,99 Az
Disparaissent..	4,21 O	
Restent.......	4,38 O	et 82,99 Az
Ou............	5 °/₀	et 95 Az
Trouvé........	5,2 °/₀	et 94,8 Az

M. Scheurer-Kestner a montré, par l'analyse des gaz (*Bulletin de la Société chimique*, 1875), qu'il disparaît une grande quantité d'oxygène par suite de la formation d'acide sulfurique dans les fours à pyrite. — La quantité de cet acide correspond, à certains moments, au quart du soufre brûlé quand on se sert de pyrites. Du reste, toutes les analyses des gaz des pyrites qui jusqu'à présent ont été publiées, présentent cette même particularité, à savoir un défaut d'oxygène. Voici plusieurs analyses faites par M. Scheurer-Kestner avec l'appareil Orsat :

SO^2.....	7,5	7,3	6,9	6,5	7,8	7,3
O	8,0	7,8	8,2	8,5	8,1	7,9
Az.......	84,5	85,0	81,9	85,0	84,1	84,8
	100,0	100,0	100,0	100,0	100,0	100,0

Dans ces analyses, on ne retrouve pas tout l'oxygène renfermé primitivement dans l'air, même en tenant compte de celui qui a disparu dans le four à pyrite, par suite de l'oxydation du fer. L'analyse suivante :

SO^2............	4,34
O...............	11,18
Az..............	84,48
	100,00

montre que l'air a perdu dans les fours 1,62 d'oxygène qui s'est porté sur le fer; on aurait donc dû trouver pour une teneur de 4.34 d'acide sulfureux, et pour représenter les 0,21 d'oxygène de l'air, la composition suivante :

SO^2............	4,34
O...............	15,38
Az..............	80,28
	100,00

Il manque donc 15,38 — 11,18 d'oxygène, qui ont formé de l'acide sulfurique avec une partie de l'acide sulfureux dans les fours à pyrites.

Troubles dans le travail des chambres. — En observant le degré de l'acide qui se condense dans les chambres et la composition des gaz, on parvient à donner au travail des chambres de plomb une grande régularité. On règle en même temps la combustion des pyrites, en analysant chaque jour les résidus qu'on sort des caves des fours. Le grillage de la pyrite est plus ou moins parfait, suivant le travail de l'ouvrier et les conditions d'alimentation de l'air. C'est pourquoi l'analyse quotidienne des résidus a une grande importance; elle permet de suivre plus étroitement les conditions de la fabrication et de remédier au désordre dès qu'il se présente. Lorsque des troubles commencent à se faire sentir, les essais quotidiens permettent de les supprimer promptement, parce qu'ils en indiquent les causes; mais on y remédie souvent en augmentant immédiatement la proportion d'acide azotique. Lorsque les accidents continuent, leur suppression devient plus difficile. La transformation de l'acide sulfureux en acide sulfurique diminuant, la quantité d'acide sulfureux augmente dans l'atmosphère des chambres et dépasse la quantité normale. Le tirage s'en trouve amoindri; les fours à pyrites s'échauffent, et il se produit une distillation du soufre. — Lorsque cet accident se produit, il faut interrompre la fabrication, ou diminuer la quantité des pyrites qu'on introduit dans les fours et ne reprendre la consommation normale que peu à peu, à mesure que l'atmosphère des chambres s'améliore. Il ne faut pas oublier que des effets identiques peuvent être produits par des causes différentes. Ainsi l'affaiblissement du degré de l'acide produit peut provenir tout aussi bien d'une diminution de l'acide sulfurique qui se forme que de l'augmentation de la vapeur d'eau. La diminution du tirage peut provenir de la diminution dans la production de l'acide sulfurique, ainsi que des variations atmosphériques ou d'obstructions des canaux. La transformation de l'acide sulfureux en acide sulfurique se trouve amoindrie, soit par un manque d'air, soit par l'arrivée d'une trop grande quantité d'air; elle l'est aussi par un excès de vapeur d'eau, qui condense les composés azotiques et les entraîne dans l'acide sulfurique, ou par un manque de vapeur, qui permet la formation d'un composé d'acide sulfurique et d'acide azoteux. Ces différentes circonstances qui peuvent se présenter rendent cette industrie assez délicate et mettent souvent le chimiste industriel dans l'embarras.

Condensation des composés nitreux. — Les gaz qui s'échappent des chambres de plomb renferment de l'azote, l'excès d'oxygène indispensable à une bonne fabrication, et quelques vapeurs acides accompagnées de composés nitreux. Les composés nitreux, perdus lorsqu'on les laisse se dégager dans l'atmosphère, peuvent être recueillis grâce à un procédé qu'on doit à Gay-Lussac.

L'acide azoteux se dissout très-facilement dans l'acide sulfurique qui renferme moins de quatre molécules d'eau sur une molécule d'acide sulfurique. Gay-Lussac s'est servi de cette propriété pour établir la condensation des gaz nitreux qui se dégagent des chambres de plomb. Il a rendu service à l'industrie, en diminuant dans une grande mesure la dépense de l'acide azotique dans la fabrication de l'acide sulfurique, qu'il a rendue, du même coup, moins insalubre pour les environs.

Les appareils de condensation qu'on désigne sous le nom de *tours* ou condenseurs Gay-Lussac, ou encore de *dénitrante*, se composent d'une colonne cylindrique ou carrée, ayant 1 mètre de diamètre intérieur et 8 à 15 mètres de hauteur. La colonne est généralement construite en plomb, supportée par une charpente, ou en terre cuite. Elle est remplie de morceaux de coke ou de sphères creuses en terre cuite, et qui offrent une grande surface à l'action des gaz. La colonne est placée à la suite de la dernière chambre de plomb et reçoit les gaz qui la traversent de bas en haut, avant de gagner la cheminée d'appel ou l'air extérieur, tandis qu'un filet d'acide sulfurique marquant 62° à l'aréomètre Baumé (un degré inférieur est moins favorable) coule dans le sens opposé, de haut en bas, par quantités mesurées. L'acide, en traversant le condenseur, se charge de composés nitreux, dont il dépouille les gaz qui s'échappent incolores du haut de la tour, et s'écoule, à peu près saturé, à la base de l'appareil. Cet acide, appelé *acide sulfurique nitreux*, était autrefois directement introduit dans les chambres de plomb, dont l'acide affaibli faisait dégager les composés azotiques; mais aujourd'hui on en fait un usage plus avantageux. — Dans les usines, où les gaz des fours à pyrites sont refroidis au moyen des tours de Glower dont nous avons parlé, il suffit de faire couler l'acide sulfurique nitreux dans la tour de Glower, où il rencontre les gaz qui proviennent des fours à soufre ou à pyrites et qui le décomposent sans l'affaiblir; les composés nitreux se mélangent aux gaz sulfureux et rentrent ainsi dans les chambres.

Dans d'autres usines, on fait couler l'acide sulfurique nitreux sur des tours en grès pareilles à celles qui servent à l'introduction de l'acide azotique dans les chambres (voyez fig. 702) et placées de la même manière; enfin il existe un autre procédé qui est encore fréquemment employé et qui a été inventé par Gay-Lussac lui-même. Il consiste à faire arriver l'acide sulfurique nitreux à la partie supérieure d'un cylindre en lave de Volvic ayant 2 mètres de hauteur A. Ce cylindre est

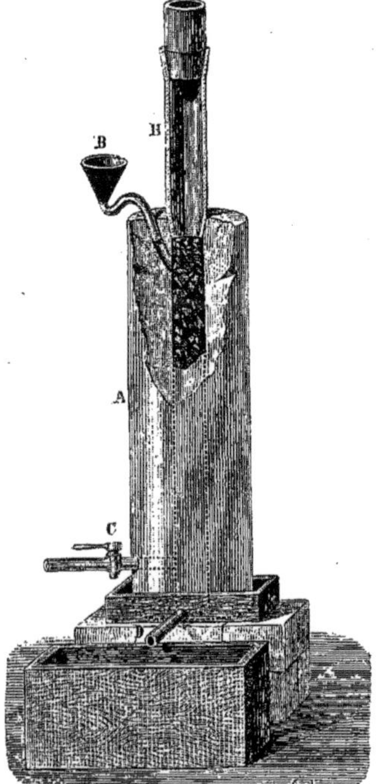

Fig. 708. — Appareil de dénitrification de l'acide provenant du condenseur Gay-Lussac.

rempli de tessons de bouteille; l'acide y pénètre à sa partie supérieure par un entonnoir B, dont le tube recourbé fait fermeture hydraulique. Pendant que l'acide arrive par le haut, de la vapeur d'eau pénètre dans le bas du cylindre C, dans lequel elle vient affaiblir l'acide; on ouvre le robinet de vapeur C, de manière que l'acide affaibli qui s'écoule en D, dans un réservoir E, n'ait plus que 50° à 52°, c'est-à-dire qu'il soit assez étendu pour être à peu près dépouillé des composés nitreux. L'acide du réservoir E est évaporé à 62° Baumé et sert aux opérations ultérieures. Quant aux composés nitreux, ils gagnent les chambres de plomb par le tuyau en grès H, dont les joints sont fermés et lutés avec du soufre fondu, et viennent concourir avec l'acide azotique, qui y est directement introduit, à la transformation de l'acide sulfureux en acide sulfurique.

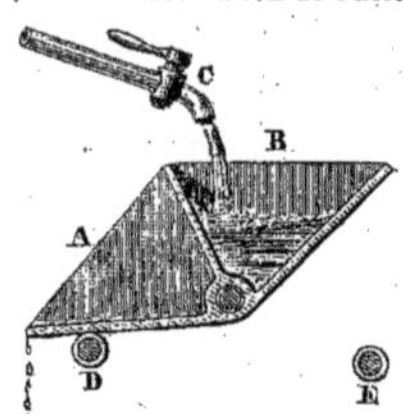

Fig. 709. — Déversoir à acide sulfurique.

L'acide sulfurique concentré à 62°, qui est distribué au-dessus du condenseur de Gay-Lussac, doit y arriver d'une manière très-régulière. On calcule ordinairement qu'il faut employer à l'état d'acide à 62° Baumé 100 kilogrammes d'acide monohydraté pour 100 kilogrammes de soufre brûlé. Afin d'obtenir cet écoulement régulier, on se sert d'un réservoir en plomb qui fait office de vase de Mariotte. L'écoulement de l'acide a lieu soit par un tuyau de plomb muni d'un robinet, soit par un tuyau de caoutchouc dont le débit est réglé par une pince à vis (système Mohr) en bois ou en cuivre. Pour obtenir une grande division du liquide au moment où il arrive sur le coke, on se sert soit

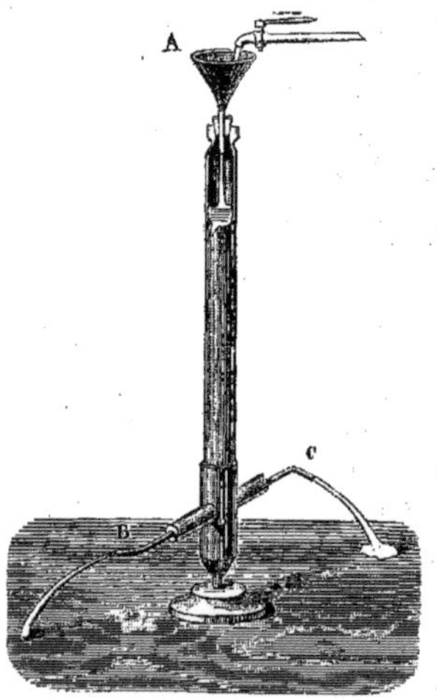

Fig. 710. — Tourniquet à réaction.

d'un déversoir (fig. 709), dont les deux parties, A et B, viennent se présenter alternativement devant l'écoulement de l'acide C, et dont le poids de celui-ci vient faire butter les côtés sur les axes D et E, soit d'un tourniquet à réaction (fig. 710), dans lequel l'acide arrive par l'entonnoir A. Il s'échappe par les ouvertures B et C en imprimant au tourniquet un mouvement régulier; l'acide qui s'écoule par les ouvertures B et C, vient tomber sur la surface du condenseur Gay-Lussac; celle-ci est divisée, au moyen de séparations en plomb, en un nombre plus ou moins grand de compartiments d'égale capacité; et dans chacune de ces divisions se trouve une ouverture donnant passage à l'acide qui tombe goutte à goutte sur la partie supérieure du coke. Dans l'appareil à déversoir, l'acide se distribue par grandes masses; ces grandes masses, en tombant d'une certaine hauteur sur une feuille de plomb placée sur le coke, se divisent sur le coke. Avec l'appareil à tourniquet, la division se fait plus complétement et plus régulièrement; il est préféré au premier. La première application des tourniquets à cet usage a été faite à l'usine de Aussig en Bohême; elle s'est beaucoup répandue; le déversoir avait été appliqué par Gay-Lussac dans l'usine de Chauny.

La hauteur des condenseurs exerce une influence considérable sur la condensation plus ou moins complète des composés nitreux, et, par suite, sur la plus ou moins grande dépense d'acide azotique pour les chambres de plomb. On a reconnu qu'il ne faut jamais leur donner moins de 8 mètres de hauteur lorsqu'on fait usage du soufre; avec les pyrites il faut l'augmenter, parce que, les gaz étant plus pauvres en oxygène, les composés nitreux s'y trouvent plus dilués et sont moins faciles à recueillir dans l'acide sulfurique. On a successivement augmenté la hauteur des tours Gay-Lussac jusqu'à 15 et même 18 mètres, en constatant une amélioration sensible dans les résultats obtenus, amélioration qui compense la dépense résultant de la plus grande hauteur à laquelle il faut élever l'acide à 62° Baumé.

Pour élever l'acide sulfurique, on se sert de monte-jus en fonte, doublés de plomb, et de pompes à air comprimé. Le monte-jus est fermé au moment de l'opération par des plaques en caoutchouc prises entre des rondelles et plaques en fer maintenues par une vis à pression.

L'application des condenseurs Gay-Lussac a non-seulement purifié l'atmosphère des émanations des chambres de plomb et produit une économie considérable de dépenses, mais elle a amené une plus grande régularité dans la fabrication de l'acide sulfurique. En effet, l'acide sulfurique nitreux, qui s'écoule du condenseur, sert de témoin constant et exact de l'état de l'atmosphère des chambres. Dès que les composés nitreux viennent à y manquer, la quantité d'acide

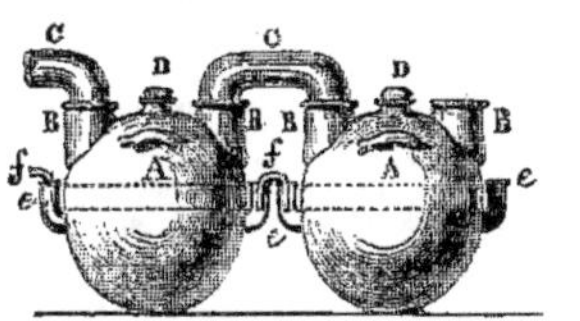

Fig. 711. — Cruches remplaçant les tours Gay-Lussac.

azoteux renfermée dans l'acide du condenseur diminue; un essai biquotidien, le matin et le soir, de cet acide permet donc de suivre avec facilité la marche de l'opération et de remédier, dès qu'il se présente, au défaut des composés nitreux, en augmentant, pendant quelque temps et jusqu'à ce que l'acide sulfurique nitreux du condenseur soit de nouveau suffisamment chargé, l'acide azotique qui est introduit dans la première chambre.

Dans quelques usines, on remplace les tours par une série de cruches en grès, A, A (fig. 711), communiquant entre elles, *f*, *f*, et par lesquelles les gaz de sortie de la chambre sont obligés de passer. Les cruches renferment de l'acide sulfurique à 62° Baumé, acide dont les gaz viennent lécher la surface. Enfin, on a remplacé les cruches elles-mêmes par de simples assiettes en grès sur lesquelles sont placés des couvercles hauts de forme mis en communication les uns avec les autres au moyen de tuyaux en grès. Ces appareils sont plus économiques de construction que les tours, mais peut-être moins avantageux au point de vue de l'absorption du gaz nitreux. Les appareils qui servent à dénitrer les gaz qui sortent des chambres de plomb, reposant sur l'emploi d'acide sulfurique concentré qui seul dissout l'acide azoteux, il faut veiller à ce que les gaz y arrivent aussi peu humides et aussi froids que possible; on donne, à cet effet, très-peu de vapeur d'eau aux dernières parties de la seconde chambre de plomb; il est utile aussi, pour les débarrasser autant que possible de l'humidité qu'ils renferment, de leur faire traverser avant leur entrée dans la tour un tuyau de plomb d'une certaine longueur, dans lequel les gaz condensables sont retenus à l'état d'acide sulfurique affaibli.

Il semblerait qu'avec des appareils aussi perfectionnés, la consommation d'acide azotique dût être absolument supprimée; mais si, d'un côté, il échappe toujours à l'action des condenseurs une certaine quantité de composés nitreux, il se produit en même temps et presque toujours une réaction défavorable qui, dans les chambres, en détruit une certaine quantité; en effet, les gaz qui se dégagent à la sortie des chambres renferment un peu de protoxyde d'azote. C'est pour éviter, autant que possible, la production de ce gaz, qui est insoluble dans l'acide sulfurique, qu'il faut maintenir dans les chambres l'excès de 5 % d'oxygène qui a été reconnu nécessaire.

Lorsque les chambres sont bien conduites, l'acide sulfureux nitreux doit renfermer 3,5 % d'acide azoteux. M. Winckler a publié l'analyse d'un acide sulfurique nitreux obtenu avec de l'acide à 60° Baumé seulement; il y a trouvé :

Acide sulfurique......	60,200
Eau	37,191
Acide azoteux........	2,550
Acide azotique........	0,256
Matière organique....	0,022
	100,219

et il a démontré que plus l'acide employé dans les condenseurs Gay-Lussac est concentré, plus l'absorption est complète. C'est l'acide à 66° Baumé qui donne les meilleurs résultats; mais on s'en tient au degré 62, parce qu'il faut, pour le dépasser, se servir d'appareils d'évaporation en platine, opération trop coûteuse. M. Kuhlmann de Lille condense les composés nitreux en se servant d'eaux ammoniacales qui proviennent des usines à gaz, ainsi que de carbonate de baryum; il obtient, par ce procédé, des sels ammoniacaux qui sont utilisés en agriculture, et du sulfate de baryum, produit qui sert à la peinture.

Lorsqu'on emploie du soufre et qu'on ne fait pas usage des tours de Gay-Lussac, il faut de 7 à 8 parties d'azotate de sodium (soit à l'état de sel, soit à l'état d'acide azotique) pour 100 parties de soufre; avec les pyrites, la consommation est plus considérable et monte de 12 à 14 % du soufre brûlé. L'emploi des tours de Gay-Lussac de 9 à 10 mètres de hauteur fait baisser la consommation à 3 à 4 % pour le soufre et à 7 à 8 % pour les pyrites. Avec les tours plus élevées, on est arrivé à réduire l'emploi de l'acide azotique bien au-dessous des nombres précédents.

Qu'on emploie le soufre ou les pyrites, le rendement du soufre brûlé, en acide sulfurique, semble être à peu près le même. On compte généralement de 290 à 300 kilogrammes d'acide sulfurique monohydraté pour 100 kilogrammes de soufre pur introduit dans les chambres à l'état d'acide sulfureux. La théorie exigerait 306; on perd donc environ 2 1/2 à 3 °/₀ de l'acide dans les gaz qui se dégagent dans l'atmosphère. Cette perte est représentée par de l'acide sulfureux et par de l'acide sulfurique; car les gaz qui se dégagent des chambres renferment toujours, et en même temps, de l'acide sulfureux et des composés nitreux qui ont échappé aux réactions. Les calculs des rendements qui se font dans les usines sont généralement exprimés par des nombres qui ont besoin de corrections. En effet, l'acide sulfurique est consommé à différents degrés de concentration; il faut donc, pour calculer les résultats obtenus, transformer préalablement par le calcul en acide monohydraté tout l'acide qui

Fig. 712 et 713. — Chaudières d'évaporation.

a été produit dans les chambres. Le calcul se fait au moyen des tables, qui sont presque toujours fautives et qui varient très-considérablement d'une usine à l'autre. Il vaudrait mieux, au lieu d'exprimer les rendements par des nombres inexacts, se servir de tables rapportant l'acide de différentes concentrations à l'acide monohydraté et non à l'acide commercial à 66°, comme on a coutume de le faire, et qui ne renferme que 94 °/₀ d'acide réel. Nous nous dispenserons de donner ces tables, dont la publication n'offrirait aucun intérêt, et nous nous bornons à celle qui a été dressée par M. Kolb, il y a quelques années, dans des conditions de rigoureuse exactitude. — Voyez Soufre, t. II, p. 1614.

Purification de l'acide brut. — L'acide sulfurique préparé avec les pyrites renferme de l'arsenic en plus ou moins grandes quantités. Certaines pyrites contiennent, outre l'arsenic, du sélénium; d'autres, des traces de thallium. — Le sélénium ne présente pas les dangers que fait naître l'arsenic, et on a l'habitude de ne pas purifier l'acide sulfurique du sélénium qu'il renferme. Mais il n'en est pas de même pour l'arsenic, surtout lorsqu'il s'y trouve en quantités relativement considérables; il faut, avant de livrer l'acide sulfurique à la consommation, le débarrasser de la présence de ce corps.

Dans quelques fabriques françaises on a traité l'acide sulfurique par du sulfure de baryum; il se forme du sulfate de baryum qui entraîne tout l'arsenic à l'état de sulfure précipité. Dans les usines allemandes, où l'acide sulfurique est un produit secondaire d'une opération métallurgique, on se sert d'acide sulfhydrique. Certains acides fabriqués de cette manière renferment jusqu'à 14 parties d'acide arsénieux, dans 10000 parties d'acide. L'acide sulfhydrique est obtenu en décomposant par l'acide sulfurique du sulfure de fer fabriqué *ad hoc*. A Freiberg, on traite l'acide sulfurique arsénifère par un courant d'acide sulfhydrique gazeux, dans des appareils spéciaux en fonte garnie de plomb, qui ressemblent par leur construction, aux fours à pyrite de M. Gerstenhœfer, fours qui sont décrits plus haut. L'acide arsénifère s'écoule dans l'appareil en gagnant successivement tous les prismes et le gaz traverse la tour du bas en haut; on soumet l'acide à ce traitement jusqu'à ce qu'il soit débarrassé de tout l'arsenic qu'il renfermait.

Concentration de l'acide sulfurique. — L'acide sulfurique sortant des chambres de plomb a, comme nous l'avons vu, de 51° à 52°, et ne renferme qu'environ 65 pour °/₀ d'acide monohydraté. Il y a peu d'emplois pour cet acide affaibli; du moins est-il restreint à quelques fabrications spéciales; mais, pour la plupart de ses applications, il faut le concentrer de manière à le faire arriver à des degrés qui dépassent 60° Baumé. — Jusqu'à 62° Baumé, correspondant à une densité de 1,746, on peut concentrer l'acide dans des chaudières en plomb, chauffées soit à la vapeur, soit au feu direct; mais lorsqu'on dépasse ce degré, le plomb des chaudières commence à être fortement attaqué; et on achève la concentration, soit dans le verre, soit dans le platine.

La concentration de l'acide sulfurique jusqu'à 62° Baumé se fait dans des chaudières en plomb, dont la figure 712 donne l'une des dispositions généralement adoptées. L'acide des chambres arrive d'abord dans la dernière chaudière qui est la plus éloignée du foyer; il les traverse successivement toutes, en suivant la direction des flèches; la flamme du foyer passe sous les chaudières en suivant les flèches de la figure 713; l'acide qui s'écoule de la dernière chaudière D, est à l'état de concentration voulue, lorsqu'on a donné au feu l'intensité qu'il doit avoir, et à l'écoulement de l'acide dans la première chaudière, le débit nécessaire. Il n'est pas toujours possible d'établir les chaudières en gradins; dans ce cas, on les place de niveau en les faisant communiquer entre elles au moyen de siphons en plomb ou en verre. Il n'est pas non plus nécessaire d'en employer six pour un seul foyer; on a reconnu que quatre chaudières, ayant chacune 2 mètres de longueur sur 1m,20 de largeur, suffisent pour employer aussi complétement que possible la flamme d'un foyer ordinaire, consommant 500 kilogrammes de houille en vingt-quatre heures et évaporant à 62° une quantité d'acide sulfurique correspondant à 3000 kilogrammes d'acide monohydraté.

Nous avons vu déjà que, dans quelques usines, on se sert de la chaleur produite par la combustion des pyrites, pour évaporer l'acide sulfurique, soit en employant la tour de Glower, soit en plaçant sur les fours à pyrites des chaudières pareilles à celles de la figure 712.

Depuis quelques années on se sert aussi, pour

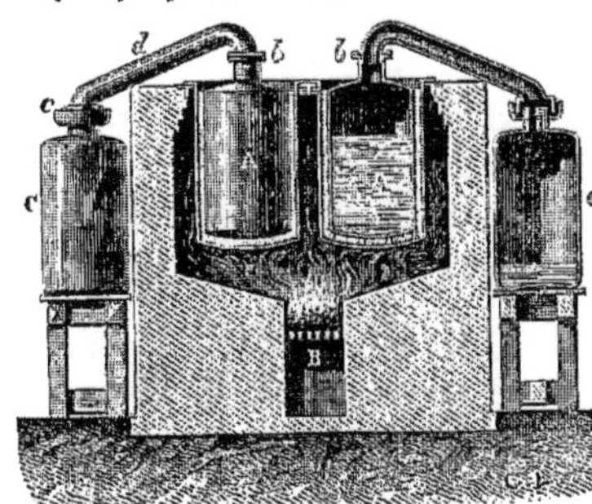

Fig. 714. — Concentration dans le verre.

l'évaporation de l'acide sulfurique, de la vapeur fournie par une chaudière à vapeur ordinaire. Cette méthode offre des avantages dans les usines où les chaudières à vapeur sont bien installées et donnent de bons résultats. — On dispose à cet effet dans une caisse en bois doublée de plomb un serpentin en plomb ayant 10 millimètres de diamètre intérieur et 30 millimètres de diamètre extérieur. — La longueur du serpentin varie avec la surface de la caisse; mais il faut en couvrir le fond, c'est-à-dire y placer autant de spirales que possible afin de concentrer le calorique. Avec de la vapeur à quatre atmosphères, on amène l'acide sulfurique à 62° Baumé. Il faut, y compris les pertes de chaleur occasionnées par le départ de l'eau chaude à 100°, environ 70 litres d'eau en vapeur pour évaporer de 52° à 62° une quantité d'acide égale à 100 kilogrammes d'acide monohydraté, soit 10 kilogrammes de houille, lorsque dans les chaudières à vapeur on évapore environ 7 kilogrammes d'eau par kilogramme de houille. Dans les foyers à flamme directe les mieux construits, il faut ordinairement 15 kilogrammes de houille : l'avantage reste donc à l'emploi de la vapeur, mais les appareils sont d'une construction plus coûteuse; toutefois ils exigent moins de réparations que les autres.

Pour amener l'acide sulfurique de 62° à 66°, on se sert soit d'appareils en verre, soit d'alambics en platine.

Les appareils en verre exigent une plus grande quantité de houille; les appareils en platine s'usant, il en résulte une dépense de platine qui n'est pas sans importance : de sorte que le verre est employé surtout dans les pays, comme l'Angleterre, où les prix du combustible sont peu élevés. On préfère au contraire le platine dans les usines du continent. La figure 714 représente l'appareil qui remplace les alambics en platine dans certaines usines anglaises. Il se compose des flacons cylindriques A, ayant 0m,85 de hauteur, 0m,45 de diamètre, et dans lesquels on introduit l'acide sulfurique. Ces flacons sont entourés de sable contenu dans des vases en fonte chauffés par le foyer B. Il est avantageux de réunir quatre de ces flacons sur un même foyer. — Les tubulures *b* sont également entourées de sable pour les protéger contre des refroidissements trop brusques, et rodées horizontalement, afin que le tuyau abducteur *d*, également rodé, vienne s'y appliquer exactement. — Les flacons et les tuyaux sont maintenus par le cylindre de plomb *b*. Les tubes *d*, conduisent les petites eaux dans les vases en plomb *c* et communiquent avec eux au moyen des fermetures hydrauliques *c'*. Lorsque la concentration est terminée, on arrête le feu; on enlève les tuyaux *d* et on soutire l'acide concentré au moyen de siphons, dès qu'il est suffisamment refroidi. Chaque flacon fournit par opération environ 160 kilogrammes d'acide sulfurique concentré; mais nous le répétons, leur emploi n'est avantageux que dans les pays où le prix du combustible et du verre sont assez bas pour le permettre.

Ce mode de concentration de l'acide sulfurique dans des vases de verre s'est répandu depuis peu d'années; jusque-là, on faisait généralement usage de vases de platine, qui avaient remplacé les anciennes cornues de verre primitivement employées. Les alambics en platine, qui servent à la concentration de l'acide sulfurique, ne diffèrent généralement pas dans leurs formes; mais ils sont de dimensions diverses, appropriées aux quantités d'acide qu'on veut y produire.

Leur volume varie des plus petites dimensions jusqu'à celui de 500 litres.

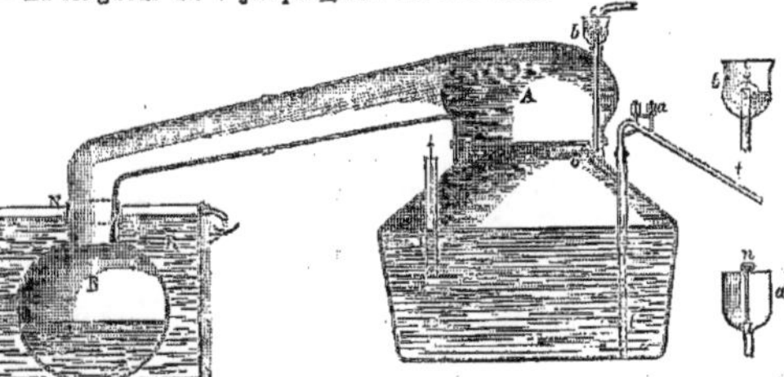

Fig. 715. — Alambic en platine.

Ils se composent d'un vase distillatoire (fig. 715) surmonté d'un chapiteau A, dont le tube de dégagement aboutit à un réfrigérant S. Le vase distillatoire est réuni au chapiteau par deux couronnes de platine maintenues au moyen de pinces à vis en fer. L'acide à 62° Baumé arrive dans l'entonnoir *b*, dont l'intérieur est muni d'une cloche *c* qui forme fermeture hydraulique sur le tube d'entrée dans le vase; il vient gagner la partie supérieure *oo* du vase, qui est percée d'une grande quantité de petits trous, afin de diviser le liquide sur toute la surface intérieure du cône. Les vapeurs acides, qui se dégagent pendant la concentration, arrivent par le tube de dégagement dans la boule en plomb B, qui est entourée d'eau froide, et qui est suivie en S d'un serpentin en plomb. La boule remplit l'office d'un réservoir d'acide dans lequel tombent les gouttes chaudes qui se forment sur les bords du tuyau de platine; si ces gouttes venaient à tomber directement sur le plomb, comme il arriverait sur un simple serpentin, le plomb ne tarderait pas à être corrodé; il se formerait un trou à l'endroit même qui les recevrait; la boule a donc pour effet de protéger le plomb du serpentin. Le vase est muni d'un tube en platine I dans lequel se trouve un flotteur indiquant constamment la hauteur de l'acide dans l'intérieur de l'appareil. Enfin, un siphon *t* sert au soutirage de l'acide concentré. On l'amorce en se servant des deux entonnoirs *a* munis des bouchons *n*.

L'appareil, monté sur son foyer et suivi du réfrigérant à serpentin, est représenté sur la figure 716.

Quant au refroidissement de l'acide concentré, il s'opère dans le siphon en platine *t*, qui traverse une cuve remplie d'eau froide, et s'achève dans un grand réfrigérant en bois doublé de plomb et renfermant des appareils en grès *c, c', c'', c'''*, entourés d'eau (fig. 717) et que l'acide est obligé de traverser au moyen des siphons en verre *d, d', d'', d'''*. Ces appareils réfrigérants peuvent aussi être construits en plomb; toutefois l'acide à 66° attaque le plomb, et il n'est jamais aussi limpide, en sortant des réfrigérants métalliques, que lorsqu'il a été refroidi dans le grès ou dans le verre.

La concentration de l'acide sulfurique a lieu d'une manière continue, l'acide à 62° entrant régulièrement et constamment dans l'entonnoir *b* (fig. 715) et sortant par le bout du réfrigérant *e* (fig. 717), dont on règle l'écoulement au moyen du robinet *e*. Pour obtenir l'acide concentré à 66° Baumé (degré commercial) d'une manière régulière et constante, on se règle sur le degré des petites eaux qui se condensent dans le serpentin S (fig. 716). Il a été reconnu que lorsque ces liquides faibles marquent 35° à l'aréomètre Baumé, l'acide sulfurique du vase distillatoire a le degré voulu pour la vente de l'acide dit *ordinaire à 66°*. L'ouvrier, pour régler la marche de l'appareil et maintenir un niveau constant de l'acide intérieur, ouvre ou ferme plus ou moins les robinets d'entrée et de sortie et augmente ou diminue l'intensité de la flamme sur le foyer. Avec un appareil de 450 litres, on peut concentrer de 62° à 66° 7000 à 7500 kilogrammes d'acide sulfurique en 24 heures, la dépense en combustible étant de 700 à 800 kilogrammes de houille. Comme cette dépense est de 15 kilogrammes (voir plus haut) pour porter le degré de 52° à 62° Baumé, on voit qu'il faut environ 25 kilogrammes de bonne houille pour produire 100 kilogrammes d'acide sulfurique commercial à 66° qui ne marque réellement que 65° 1,2). C'est la dépense minimum de combustible dans les usines bien conduites.

Fig. 716. — Alambic en platine pour concentrer l'acide sulfurique.

La flamme, au sortir du dessous de l'alambic, en fait le tour par les carnaux O O (fig. 716), mais de manière à rester toujours au-dessous du niveau du liquide, sans quoi le platine ne tarderait pas à être brûlé et à se casser sous les efforts qu'exerce sur le métal le mouvement de l'acide en ébullition. De là, la flamme passe sous plusieurs chaudières en plomb, destinées, les unes à évaporer l'acide faible, une autre à maintenir chaud celui à 62° qui doit servir à l'alimentation de l'alambic.

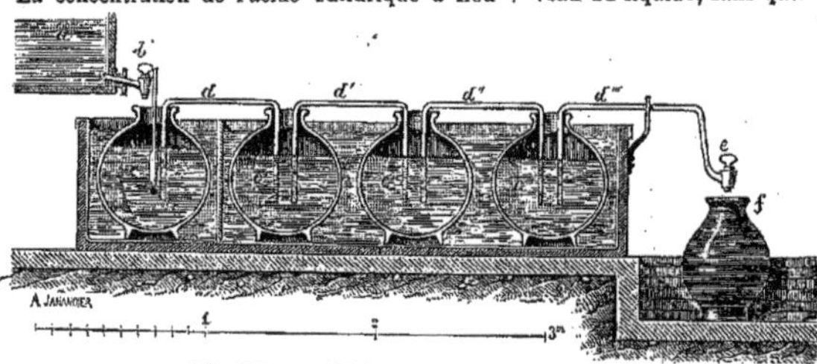
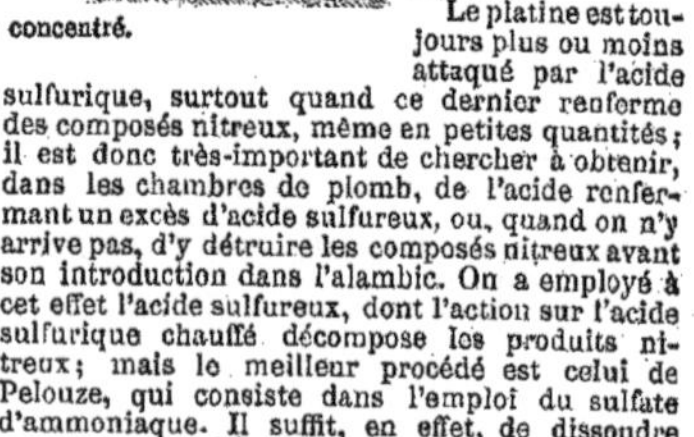

Fig. 717. — Réfrigérant pour l'acide concentré.

Le platine est toujours plus ou moins attaqué par l'acide sulfurique, surtout quand ce dernier renferme des composés nitreux, même en petites quantités; il est donc très-important de chercher à obtenir, dans les chambres de plomb, de l'acide renfermant un excès d'acide sulfureux, ou, quand on n'y arrive pas, d'y détruire les composés nitreux avant son introduction dans l'alambic. On a employé à cet effet l'acide sulfureux, dont l'action sur l'acide sulfurique chauffé décompose les produits nitreux; mais le meilleur procédé est celui de Pelouze, qui consiste dans l'emploi du sulfate d'ammoniaque. Il suffit, en effet, de dissoudre ce sel dans l'acide sulfurique pour enlever complétement les composés nitreux. Le sulfate d'ammoniaque se décompose, sous l'influence de ces composés, en acide sulfurique et azote :

$$SO^4(Az\,H^4)^2 + Az^2O^3 = SO^4H^2 + 3\,HO^2 + Az^4.$$

Lorsque la marche des chambres de plomb est normale, et que, par conséquent, l'acide est pauvre en composés nitreux, il suffit de $0^k,1$ à $0,5$ de sulfate d'ammoniaque pour purifier 100 kilogrammes d'acide sulfurique. L'action est si complète, que l'acide sulfurique traité par le sulfate d'ammoniaque ne décolore plus la dissolution de permanganate de potassium.

Lorsqu'on veut concentrer de l'acide au delà de 65° 1/2, on ne peut plus se servir de la marche continue. On effectue alors la distillation dans l'alambic d'une manière intermittente, c'est-à-dire qu'on vide le vase chaque fois que l'acide y a atteint le degré voulu; il est nécessaire, dans ce cas, de cesser le feu au moment où l'on vide l'appareil afin d'éviter les coups de feu au platine, dont les parties OO' (fig. 32) ne sont plus baignées par l'acide.

L'indication du degré Baumé n'est plus suffisante, aujourd'hui que différentes industries exigent de l'acide sulfurique plus concentré que celui qui marque 65° 1/2 : aussi a-t-on commencé à faire les ventes commerciales en indiquant sa richesse en acide monohydraté. On fabrique, en général, de l'acide sulfurique concentré à trois degrés différents. L'acide dit *66° ordinaire* renferme 93 à 94 °/₀ d'acide monohydraté et présente une densité de 65° 1/2 à 65° 3/4 Baumé; l'acide *66° plein* renferme 97 à 98 °/₀ d'acide monohydraté; enfin l'acide dit *pur*, et qui est surtout employé pour la dissolution de l'indigo, renferme jusqu'à 99 1/2 °/₀ d'acide monohydraté.

La dissolution du platine dans ces acides est en raison directe de leur concentration, comme l'a montré M. Scheurer-Kestner [*Compt. rend. de l'Acad. des sciences*, novembre 1875]. Voici les nombres qu'il a produits :

« Un alambic, qui avait servi pendant deux ans à la concentration de l'acide sulfurique dans la fabrique de produits chimiques de Thann, a perdu $12^{kg},295$, tandis qu'on y avait concentré 4 309 000 kilogrammes d'acide sulfurique à 66° B., de concentration ordinaire (c'est-à-dire renfermant de 93 à 94 °/₀ d'acide monohydraté). Il a donc disparu, pendant cette opération, $2^{gr},859$ de platine par tonne d'acide. L'acide introduit dans le vase distillatoire était souillé de composés nitreux. Par l'emploi du sulfate d'ammoniaque, la dissolution du platine s'est immédiatement amoindrie, et est tombée, dans l'année suivante, à $2^{kg},400$ pour une production de 1 843 000 kilogrammes d'acide, soit à $2^{gr},220$ de platine pour 1000 kilogrammes d'acide. Dans les années suivantes, l'acide introduit dans l'alambic renfermait de l'acide sulfureux; il était donc exempt de composés nitreux. La dissolution du platine est descendue à $0^{gr},925$ par 1,000 kilogrammes d'acide concentré; pour une production de 17 516 000 kilogrammes d'acide, la perte du poids de la chaudière en platine n'a été que de $16^{kg},178$.

« Il ne semble pas que la présence de petites quantités d'acide chlorhydrique, dans l'acide des chambres, influe d'une manière sensible sur la dissolution du platine, qui se montre constante, quel que soit le degré d'impureté de l'azotate de sodium ou de l'acide nitrique employés pour la préparation de l'acide sulfurique. Mais le degré de concentration de l'acide produit, aussitôt qu'on dépasse les limites de l'acide à 94 °/₀, exerce sur le métal une action bien plus considérable. Nous avons vu que la préparation de l'acide à 94 °/₀ enlève au vase distillatoire une quantité de platine égale à environ 1 gramme par tonne d'acide. Lorsqu'on augmente sa concentration, de manière à atteindre 97 à 98 °/₀ d'acide monohydraté, la dissolution du platine dépasse 6 grammes par tonne. Dans un alambic de platine dont la chaudière pesait primitivement 30 kilogrammes, on a évaporé 180 000 kilogrammes d'acide amené à 97-98 °/₀ : la perte de poids du métal a été de $6^{gr},070$ par tonne d'acide. Une deuxième expérience, faite sur une quantité équivalente, a donné $6^{gr},650$ de platine par tonne.

« Lorsqu'on prépare de l'acide renfermant de 99 1/2 à 99 3/4 °/₀ d'acide monohydraté, la dissolution du platine va jusqu'à 8 et 9 grammes par tonne d'acide; pour une production de 102 000 kilogrammes d'acide à 99 1/2 °/₀, la chaudière a perdu 861 grammes de platine, soit $8^{gr},444$ par tonne.

« Les nombres ci-dessus ont été corroborés, en pesant le platine obtenu d'une certaine quantité d'acide sulfurique à 99 1/2 °/₀. $73^{kg},600$ de cet acide, ayant été étendus d'eau, ont été précipités par un courant d'acide sulfhydrique; le précipité des sulfures, renfermant du plomb et du platine, a été dissous dans l'eau régale; le plomb a été précipité par l'acide sulfurique, et la solution, ayant subi deux fois ce traitement, a été débarrassée de tout le plomb qu'elle renfermait; elle avait la couleur caractéristique des sels de platine, ainsi que leurs propriétés. Le platine en a été précipité à l'état de sulfure, et pesé après calcination. On a obtenu $0^{gr},617$ de platine métallique, soit $8^{gr},380$ par tonne d'acide, nombre qui est complétement d'accord avec les résultats de l'observation industrielle. Ces expériences admettent les conclusions suivantes :

« 1° La perte de poids des vases distillatoires en platine n'est pas due à une simple action mécanique de l'acide en ébullition;

« 2° Lorsque l'acide employé est exempt de composés nitreux, il dissout environ 1 gramme de platine par 1000 kilogrammes d'acide sulfurique concentré à 94 °/₀. Il en dissout 6 à 7 grammes, lorsque la concentration a été amenée jusqu'à 98 °/₀; et 9 grammes, lorsqu'on prépare de l'acide à 99 1/2 °/₀;

« 3° Lorsque l'acide introduit dans l'appareil renferme des composés nitreux, le métal se dissout en quantités bien plus considérables.

« Le platine iridié résiste à l'action de l'acide sulfurique bien mieux que le métal pur : deux capsules, dont l'une était composée de platine pur, et l'autre de platine contenant 30 °/₀ d'iridium, ont été introduites dans un alambic où elles ont séjourné pendant cinquante-sept jours. Cet essai a été fait à Thann vers 1857 sur la demande de MM. Desmoutis et Quenessen, les habiles fabricants de platine de Paris. La capsule en platine pur a perdu 19,66 °/₀ de son poids, tandis que la capsule en platine iridié n'a perdu que 8,88 °/₀; mais le métal iridié est plus cassant que le métal pur, et c'est sans doute à ce défaut qu'il faut attribuer l'abandon qu'on a fait du métal iridié à haut titre pour la construction des vases distillatoires. »

Voici encore des nombres fournis par M. Scheurer-Kestner sur l'usure des différentes pièces qui composent un alambic en platine.

Un appareil en platine, après cinq années d'usage, avait perdu $4^{kgr},395$ de platine, qui se répartissaient de la manière suivante :

	Poids primitif.	Poids actuel.
Vase distillatoire........	$30^{kgr},346$	$26^{kgr},450$
Chapiteau..............	7 ,255	7 ,000
Siphon..................	5 ,699	5 ,520
Pièces diverses..........	1 ,075	1 ,000
	$44^{kgr},365$	$39^{kgr},970$
	39 ,970	
Perte totale...............	$4^{kgr},395$	

L'usure considérable du platine et le prix élevé de ce métal (un appareil pouvant produire 7000 kilogrammes d'acide 94 °/₀ en 24 heures, coûte de 70 à 80000 francs) ont provoqué de nombreuses recherches tendant à remplacer par un autre appareil l'alambic en platine. MM. Faure et Kessler, M. de Hemptine, M. Kuhlmann, ont essayé l'évaporation dans des appareils en grès, dans des appareils en plomb avec évaporation dans le vide, etc.; mais en dehors des vases en verre dont on fait usage en Angleterre, on n'est pas encore parvenu à remplacer le platine par une autre matière. MM. Faure et Kessler ont pris un brevet pour un appareil dans lequel le poids du platine est considérablement diminué. Le poids de ce métal pour une production de 5000 kilogrammes d'acide à 94 °/₀ en 24 heures est réduit à 12 kilogrammes.

Cet appareil (fig. 718) se compose d'une cloche en plomb K, refroidie par une double enveloppe remplie d'eau et qui recouvre la cuvette de platine C. Lorsque l'appareil se compose de deux cuvettes, chacune des cuvettes est recouverte d'une cloche semblable. Les cloches peuvent se soulever à volonté et se replacer sans qu'aucun joint soit à faire; car, plongeant dans la rigole Z, où séjournent les acides faibles, elles se placent naturellement dans un joint hydraulique.

Dans les appareils destinés à une faible production, ne dépassant pas 3000 kilogrammes d'acide en 24 heures, on n'emploie ordinairement qu'une seule cuvette. Mais pour les fortes productions il vaut mieux avoir plusieurs vases. On fait alors arriver l'acide à 60°, venant de la concentration faite dans les chaudières en plomb qui sont placées à la suite de l'appareil et chauffées par la flamme perdue, dans l'une des cuvettes que l'on tient un peu plus élevée que l'autre, de manière qu'elle déverse dans celle-ci. De la seconde bassine, l'acide sort par un tube de platine *i* et se rend dans un réfrigérant *e*. Ce réfrigérant est disposé de telle façon que toutes ses pièces puissent se démonter sans que l'on ait à faire un seul joint. La marche de l'appareil se règle sur le degré des petits acides qui s'écoulent en N et passent dans l'éprouvette *l* dans laquelle plonge un aréomètre.

Dans les appareils de MM. Faure et Kessler, la réduction du poids du platine est au moins des deux tiers; elle est due à ce que la surface totale du platine est diminuée et à ce que la surface de chauffe se trouve plus activement utilisée. L'ébullition se produisant sous une couche plus mince du liquide peut être rendue plus vive sans grand risque de débordements; enfin le vase déchargé des 9/10 du poids de son contenu en acide n'a plus besoin de ce support de maçonnerie qui, placé dans le milieu de sa surface de chauffe, s'oppose à une bonne utilisation de la chaleur du foyer.

MM. Faure et Kessler ont aussi proposé d'envoyer dans les chambres de plomb l'excédant de vapeur d'eau provenant de la condensation incomplète des vapeurs acides.

Lorsqu'on emploie deux cuvettes, les liquides acides distillés dans la première ne marquent que 8° à 10° Baumé et ceux de la seconde 25°; la moyenne ne dépasse pas 20°; dans les alambics ordinaires elle est de 35°; il y a donc moins de petits acides produits avec l'appareil de MM. Faure et Kessler, et par conséquent augmentation du rendement en acide 66°, toutes choses restant égales.

On peut aussi substituer cet appareil aux poêles ordinaires en plomb pour l'évaporation de l'acide sulfurique à des degrés inférieurs à 60°; d'après MM. Faure et Kessler, on y emploie 7 kilogr. de houille pour amener 100 kilogrammes d'acide de 52° à 58° ou 60°. Dans ce cas on envoie les vapeurs aqueuses dans les chambres de plomb, si les circonstances le permettent et si la régularité de la marche des chambres n'en souffre pas.

Avec ces appareils la surface du platine en contact avec l'acide étant moins grande que dans

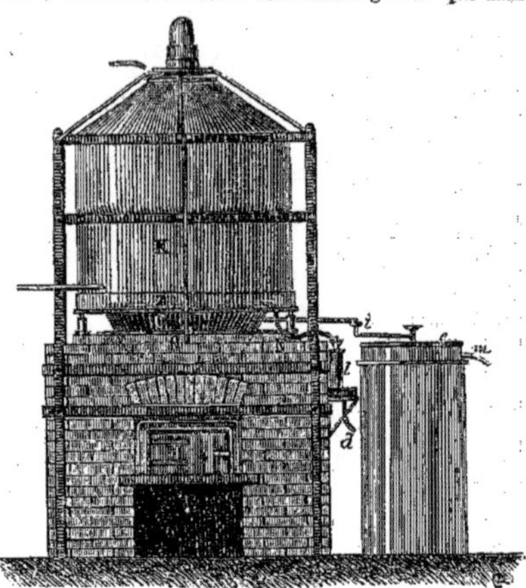

Fig. 718. — Appareil de concentration de MM. Faure et Kessler.

les alambics, l'usure du métal se trouve réduit dans de très-grandes proportions (au 1/4 ou au 1/5) et il ne faut que 18 à 20 kilogrammes de houille pour y produire 100 kilogrammes d'acide à 94 °/₀, amenés de 52° à 66°. La première cuvette sert à l'évaporation de l'acide à 52° et la seconde à celle de l'acide qui s'écoule de la première.

L'économie du combustible et celle du métal, ajoutées à une usure moindre, ont fait adopter cet appareil dans plusieurs usines. L'expérience ne s'est pas encore prononcée sur sa durée et sur la question de savoir si la délicatesse d'un pareil instrument n'expose pas le fabricant à voir disparaître une partie des avantages par suite des chômages et des réparations.

Les petites eaux des alambics, qui ont environ 25° Baumé, sont naturellement beaucoup plus pures que l'acide sulfurique concentré. On s'en sert, à cause de sa pureté, pour certains emplois, soit tel quel, soit après l'avoir concentré dans le verre ou dans le platine.

THÉORIE DE LA TRANSFORMATION DE L'ACIDE SULFUREUX EN ACIDE SULFURIQUE DANS LES CHAMBRES DE PLOMB.

Lorsqu'on dirige un courant d'acide sulfureux dans de l'acide azotique, l'acide sulfureux est absorbé et on obtient une masse de cristaux blancs solubles dans l'acide sulfurique, mais que l'eau décompose en en dégageant des vapeurs rutilantes, d'acides azoteux ou hypoazotique (Gay-Lussac).

Ces cristaux se forment quelquefois dans les chambres de plomb, par les grands froids et lorsque la vapeur d'eau y fait défaut. M. Bussy reconnut qu'ils forment une combinaison d'acide sulfurique et azoteux et non d'acides sulfurique et hypoazotique. Leur composition est exprimée par la formule :

$$H^2O.2SO^3 + Az^2O^3 \text{ ou } H^2O,SO^3 + Az^2O^3,SO^3.$$

Ils prennent naissance par la combinaison de 2 molécules d'acide sulfureux avec 1 molécule d'acide azotique monohydraté.

M. Winckler, qui a publié en 1867 un travail important sur la théorie de la fabrication de l'acide sulfurique, est arrivé aux résultats suivants :

1° Le bioxyde d'azote n'est pas absorbé par l'acide sulfurique; en présence de l'oxygène il se forme des cristaux azoto-sulfuriques.

2° L'acide azoteux en présence d'un excès d'acide sulfureux et d'eau ne produit pas de cristaux (à l'abri de l'air).

3° L'acide hypoazotique liquide se mélange en toutes proportions avec l'acide sulfurique à 66° et même avec l'acide à 60°; mais cette dissolution diffère de celle qui donne naissance aux cristaux des chambres de plomb.

4° L'acide hypoazotique mis en contact avec l'acide sulfureux, en présence de l'eau, s'y combine instantanément, et il se forme des cristaux azoto-sulfuriques, comme du reste l'avait observé Laprovostaye; dans cette réaction, il ne se dégage aucun composé azoté.

D'après M. Peligot, les cristaux azoto-sulfuriques sont fusibles et distillent vers 360° centigrades. L'eau les décompose en en dégageant de l'acide azoteux gazeux; toutefois une très-petite quantité d'eau (notamment l'humidité de l'air) ne les décompose pas. Lorsqu'ils sont dissous dans l'acide sulfurique monohydraté, l'acide sulfureux est sans action sur eux; mais, d'après M. Winckler, il n'en est plus de même dès que l'acide sulfurique est légèrement hydraté; toutefois, l'action est très-lente. Ce composé se dissout facilement dans l'acide des chambres ayant une densité de 1,5 ou 50° Baumé, et renfermant, par conséquent, environ 4 1/2 molécules d'eau; il est décomposé par de l'acide plus hydraté.

D'après M. Winckler, lorsqu'on a étendu le composé azoto-sulfurique de quatre fois son volume d'acide sulfurique concentré, on peut, sans le décomposer, ou du moins sans provoquer de dégagement gazeux, le mélanger à de grandes quantités d'eau, si l'on a soin de l'y verser lentement et en agitant. Cette propriété permet de titrer par le caméléon l'acide sulfurique nitreux qui s'écoule des condenseurs Gay-Lussac, en le versant dans une grande quantité d'eau.

La connaissance exacte des propriétés de ce composé qui se forme dans les chambres de plomb a permis d'établir avec plus de sûreté la théorie du procédé de fabrication de l'acide sulfurique.

On doit à M. Rud. Weber quelques nouvelles remarques à ajouter aux précédentes : il a reconnu que l'acide sulfureux n'est pas transformé en acide sulfurique par de l'acide azotique aqueux qui ne renfermerait que 2 à 3 % d'acide anhydre, c'est-à-dire par de l'acide de concentration égale à celle qui résulterait de la condensation des vapeurs de l'atmosphère d'une chambre de plomb; vers 40°, température normale des chambres, la décomposition est excessivement lente, trop lente pour pouvoir expliquer la réaction qui se produit dans les chambres. En présence de l'acide sulfurique qui s'empare de l'eau, la réaction a lieu. Ces faits sont en contradiction avec la théorie que M. Peligot a cherché à établir; il avait fait l'expérience à 80°, température qui n'est jamais atteinte dans la pratique. — L'acide azotique faible, qui n'agit pas sur l'acide sulfureux à la température ordinaire, est décomposé par ce gaz vers 100°; il se forme à la fois du protoxyde et du deutoxyde d'azote. L'acide azoteux est transformé en protoxyde d'azote, plus facilement que l'acide azotique, par un excès d'acide sulfureux dissous dans l'eau; l'oxydation de l'acide sulfureux se fait aussi plus facilement à l'aide de l'acide azoteux qu'avec l'acide azotique.

En faisant agir, en vase clos, un mélange gazeux d'acide sulfureux, d'acide azotique en vapeur et de vapeur d'eau, les produits de décomposition de l'acide azotique ne se condensent que lorsque la vapeur d'eau est en quantité assez petite pour que le composé azoto-sulfurique puisse se former; mais avec plus de vapeur d'eau ils restent dans les gaz. On croyait autrefois que la réduction des composés azotiques ne pouvait pas aller au delà du bioxyde d'azote. Mais Pelouze a démontré qu'elle peut aller jusqu'au protoxyde, fait important à connaître, puisqu'il donne la clef des pertes de composés azotiques qu'on éprouve dans la fabrication.

Si dans le mélange gazeux précédent on introduit de l'oxygène (c'est-à-dire de l'air), le bioxyde d'azote ne peut pas subsister; *ce gaz empêche la réduction des composés azotés en bioxyde*. Nous savons, d'un autre côté, qu'un mélange d'oxyde d'azote et d'oxygène ne produit que de l'acide hypoazotique : donc *l'oxygène libre ne peut pas empêcher la réduction par l'acide sulfureux de l'acide azotique, en acide hypoazotique*. Il résulte de ce qui précède que les gaz des chambres de plomb ne peuvent renfermer *ni bioxyde d'azote ni acide azotique*, et que c'est *l'acide azoteux, et peut-être aussi l'acide hypoazotique, qui transforme l'acide sulfureux en acide sulfurique*.

Les chimistes ne sont pas encore d'accord sur le point de savoir quel est le véritable agent de transformation : si c'est l'acide azoteux ou l'acide hypoazotique. Toutefois il est probable qu'en présence de ces substances, les unes oxydantes et les autres réductrices, qui peuvent donner lieu à la formation de deux produits extrêmes, d'un côté le bioxyde d'azote, de l'autre l'acide hypoazotique, c'est le produit intermédiaire qui se forme, à savoir : l'acide azoteux.

Lorsque les gaz arrivent dans les chambres de plomb avec un excès d'oxygène, et que la quantité de vapeur d'eau est suffisante, il n'y a aucune raison pour que les composés azotés disparaissent; mais la vapeur d'eau vient-elle à manquer, le composé azoto-sulfurique se forme, se condense et entraîne les composés azotés; l'acide sulfureux reste seul en présence de l'oxygène, sans aucune réaction. Lorsque c'est l'oxygène qui manque, les composés azotiques sont successivement réduits en bioxyde et protoxyde d'azote; la production d'acide sulfurique est arrêtée. Lorsque l'acide sulfureux est en défaut, les composés azotiques sont transformés en acide azotique par la vapeur d'eau et le plomb des chambres est vivement attaqué, et quelquefois promptement détruit. Ainsi s'expliquent et les réactions simples qui ont lieu dans les chambres de plomb, et les accidents qui surviennent.

Comme on ne peut pas attribuer à une action de contact les décompositions et oxydations qui ont lieu avec des quantités relativement petites de composés azotiques, on a cherché à expliquer ces réactions. Berzélius et Laprovostaye ont fait des hypothèses. M. Peligot a combattu l'opinion de Laprovostaye et donne la théorie suivante :

L'acide sulfureux décompose l'acide azotique ; il se forme des acides sulfurique et hypoazotique.

L'acide hypoazotique est transformé en acide azotique et bioxyde d'azote, par la vapeur d'eau. Le bioxyde d'azote se combine à l'oxygène pour reproduire l'acide hypoazotique, etc., etc.

$$2AzO^3H + SO^2 = Az^2O^4 + SO^4H^2$$
$$3Az^2O^4 + 2H^2O = 2AzO + 4AzO^3H$$
$$2AzO + O^2 = Az^2O^4.$$

D'après cette hypothèse, l'acide sulfureux n'agirait que sur l'acide azotique. La théorie suivante semble plus conforme aux faits actuellement connus :

Un mélange d'acide sulfureux, de vapeur d'eau et d'oxygène en excès, en présence d'acide azoteux ou hypoazotique, donne de l'acide sulfurique hydraté, tandis que les acides azoteux ou hypoazotique restent inaltérés; car ces deux acides, en présence de l'acide sulfureux et de vapeur d'eau, donnent de l'acide sulfurique et du bioxyde d'azote; le bioxyde d'azote et l'oxygène reproduisent immédiatement les deux acides.

Les formules suivantes expriment les réactions pour les deux cas : 1° pour l'acide hypoazotique :

$$Az^2O^4 + 8H^2O + 2SO^2$$
$$= 2AzO + 2(SO^4H^2, 3H^2O)$$
$$2AzO + O^2 = Az^2O^4$$
$$Az^2O^4 + O^2 + 8H^2O + 2SO^2$$
$$= \left\{ \begin{array}{l} 2AzO + O^2 + 2(SO^4H^2, 3H^2O) \\ Az^2O^4 + 2(SO^4H^2, 3H^2O) \end{array} \right.$$

2° pour l'acide azoteux :

$$Az^2O^3 + 4H^2O + SO^2 = 2AzO + SO^4H^2, 3H^2O$$
$$2AzO + O = Az^2O^3$$
$$Az^2O^3 + O + 4H^2O + SO^2$$
$$= \left\{ \begin{array}{l} 2AzO + O + SO^4H^2, 3H^2O \\ Az^2O^3 + SO^4H^2, 3H^2O. \end{array} \right.$$

Toutefois on ne peut pas séparer ces deux réactions, il faut admettre qu'elles se font toutes les deux en même temps. Comme le dit M. Schwarzenborg (*loc. cit.*) : « Avec nos connaissances actuelles il est impossible de donner l'explication de la formation de l'acide sulfurique d'une manière certaine; les théories qu'on a cherché à établir n'ont servi qu'à remplacer des faits connus par des hypothèses. Le mouvement moléculaire qui se produit lorsqu'on met en présence les gaz qui se rencontrent dans les chambres de plomb ne peut être représenté d'une manière plausible qu'en se reportant à l'électrolyse.

« On sait que l'acide chlorhydrique est décomposé par le courant électrolytique en hydrogène et chlore, que l'hydrogène se porte au pôle négatif et l'oxygène au pôle positif; on sait aussi que l'écartement des deux pôles n'est pas un obstacle à la production du phénomène, lorsque l'acide est dissous dans l'eau. Mais la décomposition de l'acide chlorhydrique ne peut se produire que si ses deux composants se dirigent en sens opposés; les atomes intermédiaires n'en restent pas moins combinés à l'état d'acide chlorhydrique. Il en est de même pour la formation de l'acide sulfurique; les atomes d'oxygène et d'azote se meuvent comme ceux du chlore et de l'hydrogène. Ils remplacent d'un côté, et à mesure, ceux qui disparaissent de l'autre, laissant pour ainsi dire intacts les deux acides azoteux et hypoazotique. »

ACIDE SULFURIQUE FUMANT.

Outre l'acide sulfurique concentré, on trouve dans le commerce l'acide dit de *Nordhausen* ou acide fumant, qui est moins hydraté que l'acide monohydraté. Cet acide se fabrique dans le Harz. Pour le préparer, on chauffe du sulfate ferreux sur une plaque au contact de l'air, jusqu'à ce qu'il ait perdu la plus grande partie de son eau. On place le produit obtenu dans des vases en terre B (fig. 719), qu'on dispose sur trois rangs des deux côtés d'un fourneau chauffé par le foyer G. Chaque fourneau en renferme cent vingt. Lorsque l'acide sulfurique commence à se dégager, on adapte aux premiers vases B, qui font l'office de cornues, des vases A, de forme à peu près semblable, mais un peu plus petits et qui servent de récipients. Les terrines O reçoivent les gouttes d'acide qui tombent à la jonction des deux vases. On place dans les récipients de l'acide sulfurique concentré à 66°, dans lequel se dissolvent les vapeurs acides provenant de la distillation. Après plusieurs opérations, cet acide se trouve suffisamment chargé; il renferme alors à peu près 1/6 d'acide sulfurique anhydre.

Depuis quelques années, l'emploi de l'acide sulfurique fumant a considérablement augmenté. Le procédé décrit ci-dessus présente de graves inconvénients : les pertes en acide sulfurique sont très-grandes, et il n'est possible d'appliquer ce procédé que dans des pays à peu près stériles. Les terrains qui entourent la fabrique de M. Stark en Saxe sont dénudés : la végétation y a été détruite. — Il serait fort à désirer qu'on pût trouver le moyen de préparer l'acide sulfurique fumant d'une manière moins barbare et moins coûteuse. On rendrait ainsi un grand service à l'industrie, qui jusqu'à présent est tributaire de la fabrique de Saxe.

La transformation du sulfate ferreux en acide sulfurique anhydre se fait de la manière suivante : Le sel cristallisé renfermant 7 molécules d'eau

Fig. 719. — Four servant à préparer l'acide fumant.

en perd 6; la septième ne se dégage qu'à une température plus élevée. Si l'on chauffe davantage, le sulfate ferreux se convertit en sous-sulfate ferrique aux dépens de l'acide sulfurique; la moitié de cet acide est décomposée et changée en acide sulfureux, qui se dégage. Si l'on élève encore un peu la température, le sous-sulfate ferrique se décompose : l'acide sulfurique se dégage, et il reste de l'oxyde ferrique. Comme le sel ferrique retient toujours un peu d'eau, l'acide qui se dégage n'est pas complètement anhydre.

M. Winckler [*Dingler's Polytechnisches Journ.*, t. CCXVIII, p. 128] a proposé tout récemment le procédé suivant pour la préparation de l'acide fumant : On sait que l'acide sulfureux peut s'unir à l'oxygène au rouge, dans de certaines conditions, et surtout en présence de corps poreux. Plattner avait déjà tenté d'utiliser cette réaction ; il avait choisi comme substance de contact du quartz broyé, mais la lenteur de la réaction rend ce procédé impraticable. M. Winckler a réussi en employant de l'amiante platinée dont la teneur en platine était de 8,5 %. La formation de l'anhydride sulfurique s'effectue facilement, mais la présence d'un gaz inerte exerce une funeste influence. L'acide sulfureux et l'oxygène pur, dans le rapport des poids atomiques, ont donné 73 % du rendement théorique ; mais, en remplaçant l'oxygène par de l'air, le rendement est tombé à 11,5 %. Il faut donc recourir à un mélange d'acide sulfureux et d'oxygène obtenu par la décomposition de l'acide sulfurique lui-même. A cet effet, M. Winckler propose l'emploi de cornues horizontales remplies de fragments de quartz, de briques ou autres matières analogues. La cornue étant chauffée au rouge vif, on y ferait tomber l'acide sulfurique à 66° en filet continu. Pour dessécher le gaz, on lui ferait traverser une colonne de coke arrosée d'acide à 60° ; enfin le mélange des gaz desséchés passerait dans des tubes contenant l'amiante platinée et chauffée par la chaleur perdue des cornues. Scheurer-Kestner.

SUMAC. — On donne le nom de *sumac* à une poudre grossière tantôt vert-jaune, tantôt vert-gris obtenue par les triturations des feuilles et des pétioles d'un arbrisseau connu sous le nom de *Rhus coriaria* et de *Rhus typhina* ou sumac des tanneurs. La culture de cette plante se fait sur une grande échelle en Syrie et dans l'Europe méridionale. On recueille les pousses radicales ou drageons que l'on met en terre au mois de juin ; au bout de trois ans, elles sont assez développées pour que les tiges et les feuilles puissent être coupées. Après la dessiccation, les feuilles et leurs pétioles sont séparés par un battage, puis moulus entre des meules de pierres ; la poudre est tamisée, puis livrée au commerce emballée dans des sacs.

Ce que nous venons de dire s'applique au sumac vrai ou des tanneurs. Sous le nom de *redoul* ou *redou* ou sumac des teinturiers, on emploie aussi les feuilles et les écorces comprimées et moulues des jeunes branches du *Coriaria myrtifolia* (herbe au noir, herbe aux teinturiers) ou de la busserolle (*Arbutus Uva Ursi*).

On distingue commercialement, d'après leur provenance et leurs qualités : les sumacs de Sicile, d'Espagne, de Portugal, d'Italie, de France.

Le sumac vrai contient de 22 à 26,5 % de tannin, dont une partie est quelquefois transformée en acide gallique par fermentation, si le produit est ancien. On y trouve encore une matière colorante jaune qui paraît être identique avec le quercitrin. P. S.

SUMBULINE. — Alcaloïde douteux existant, suivant Murawieff, dans la racine de *sumbul*.

SUMBULIQUE (ACIDE). — Reinsch avait donné ce nom à un acide existant dans la racine de *sumbul*, il a reconnu plus tard que cet acide est identique avec l'acide angélique (t. I, p. 300). Suivant le même chimiste, la racine de sumbul contiendrait encore un second acide, l'*acide sumbulamique*.

SUNDVIKITE (Min.). — Minéral ayant la forme d'un feldspath, trouvé à Nordsundsvik, près Kimito, Finlande. Paraît être une anorthite altérée et renferme environ 5 % d'eau.

SUPERPHOSPHATES. — Voyez ENGRAIS. t. I, p. 1242, et PHOSPHATES, t. II, p. 934.

SURINAMINE. — Alcaloïde existant, suivant Hüttenschmidt, dans l'écorce de geoffrée de la Jamaïque et de Surinam (*Geoffroya jamaïcensis*), de la famille des légumineuses [*Magaz. für Pharm. v. Geiger*, septembre 1824].

SUZANNITE (Min.). — Sulfato-carbonate de plomb $SO^4Pb, 3CO^3Pb$. Cette substance, qui a la même composition que la leadhillite, se présente en petits rhomboèdres d'un vif éclat ; blancs, jaunes, bruns, verdâtres ; facilement clivables parallèlement à la base et qui accompagne la leadhillite, la lanarkite et la cérasite, à Leadhills (Écosse), à Nertschinsk (Sibérie).

Caractères. — Ceux de la leadhillite.

Dureté, 2,5. Poussière blanche. Densité, 6,5 à 6,55.

Forme cristalline. — Rhomboèdre $pp = 72°,29'$. $a^1p = 111°,22'$. Faces p, e^2, a^1, b^1. Clivage très-facile a^1.

SUSSEXITE (Min.). — Borate de manganèse et de magnésie hydraté $(MnO, MgO)^2 Bo^2O^3 + H^2O$. Petites masses fibreuses remplissant des veines dans la franklinite, la zincite, la willemite, à Franklin furnace, Sussex, C°, N. J.

Blanc, avec teinte jaune ou rougeâtre. D'un éclat soyeux. Translucide. Soluble dans l'acide chlorhydrique.

Caractères. — Dans le tube fermé, donne de l'eau en devenant foncé. Fond à la flamme d'une bougie. Au feu d'oxydation, fond en une masse cristalline noire en colorant la flamme en vert. Avec les flux, réactions du manganèse.

SVANBERGITE (Min.). — Sulfato-phosphate hydraté d'alumine, de chaux et de soude (?)

Analyses. — I, par Igelström ; II, par Blomstrand :

	I	II
Ph^2O^5	17.80	15.70
So^3	17.82	15.97
Al^2O^3	37.84	34.95
FeO	1.40	0.73
MnO	»	traces
PbO	»	3.82
MgO	»	0.24
CaO	6.0	16.59
Na^2O	12 84	»
H^2O	6.80	12.21
Cl	traces	»

Trouvé à Horrsjöberg, Wermeland, avec klaprothine, disthène, pyrophyllite, damourite et hématite. Ressemble à la beudantite par sa cristallisation. Éclat vitreux ou adamantin ; jaune de miel, brun ou rose. Translucide.

Caractères. — Peu attaquable aux acides ; dans le tube, donne une eau acide. Sur le charbon, ne fond que sur les arêtes. Avec la soude, au feu de réduction, donne une masse hépatique rouge, qui devient verte avec l'eau et donne de l'hydrogène sulfuré avec les acides étendus. Avec le borax, réactions du fer ; avec l'azotate de cobalt, belle coloration bleue.

Dureté, 5. Poussière rougeâtre ou incolore. Densité, 3,3.

Forme cristalline. — Rhomboèdre $pp = 90°,37'$.

SYCOCÉRYLIQUE (ACIDE), $C^{18}H^{28}O^2$. — Cet acide, dont la formule n'est pas suffisamment établie, prend naissance lorsqu'on fait bouillir l'alcool sycocérylique pendant 6 heures avec de l'acide nitrique étendu ; il se convertit en une masse jaune foncé, résineuse, qui, dissoute dans l'alcool, fournit des cristaux d'acide sycocérylique, qui n'a pu être séparé d'un dérivé nitré formé en même temps. Cet acide se dissout dans les alcalis et la solution fournit un précipité avec l'acétate de plomb. On n'a pu obtenir l'acide sycocérylique en oxydant l'alcool par l'acide chromique en solution modérément étendue [Warren de la Rue et H. Müller, *Mém. cit.*, à l'article SYCOCÉRYLIQUE (ALCOOL)].

SYCOCÉRYLIQUE (ALCOOL),

$C^{18}H^{30}O = C^{18}H^{29}.OH.$

— Cet alcool, qui, d'après sa formule brute, appartient à la série de l'alcool benzylique, existe, sous forme d'acétate, dans l'exsudation du *Ficus rubiginosa*, plante de la Nouvelle-Galles du Sud. Cette exsudation constitue des morceaux résineux irréguliers, de couleur blanchâtre, jaune ou rouge. Elle est cassante et possède l'éclat de la cire sur la cassure; les grands morceaux sont mous à l'intérieur; la résine se ramollit vers 30° et devient molle et plastique. Elle est insoluble dans l'eau, mais l'alcool chaud, l'éther, l'essence de térébenthine, etc., la dissolvent aisément; elle contient 73 °/₀ de *sycorétine* (voyez ce mot), 14 °/₀ d'acétate de sycocéryle et 13 °/₀ de caoutchouc et d'impuretés [Warren de la Rue et H. Müller, *Proc. Roy. Soc. London*, t. X, p. 298; *Philos. Transact.*, 1860, p. 43 (Mém. détaillé); *Répert. de Chim. pure*, 1860, p. 410].

Pour préparer l'alcool sycocérylique, on saponifie l'acétate (voyez son extraction plus loin) par une solution de sodium dans l'alcool (alcoolate de sodium). Par le refroidissement, le mélange ne se trouble pas, mais lorsqu'on l'étend d'eau, il laisse déposer l'alcool sous la forme de flocons fins qu'on purifie par cristallisation dans l'alcool chaud.

L'alcool sycocérylique, $C^{18}H^{30}O$, cristallise en prismes très-minces groupés en mamelons ressemblant à la caféine. Il est insoluble dans l'eau, dans les alcalis et dans l'ammoniaque, mais il se dissout aisément dans l'alcool, l'éther, la benzine, le chloroforme et l'huile de naphte. Il fond vers 90° et se fige de nouveau en une masse cristalline; chauffé plus fort, il distille en partie sans altération.

L'*acide azotique* étendu oxyde lentement l'alcool sycocérylique et le convertit en *acide sycocérylique*, $C^{18}H^{28}O^{2}$, qui n'a pas été obtenu à l'état de pureté. Lorsqu'on fait bouillir l'alcool avec de l'*acide chromique* modérément étendu, l'acide ne prend pas naissance; on a obtenu une fois un corps cristallisant en prismes minces, qui était peut-être l'*aldéhyde sycocérylique*, $C^{18}H^{28}O$.

Le *potassium* et la *potasse fondante* décomposent l'alcool sycocérylique; dans le dernier cas on n'a pu observer la formation de l'acide correspondant.

L'alcool se dissout dans l'*acide sulfurique* en le colorant en brun, sans cependant engendrer un acide sulfoconjugué; l'eau précipite de la solution une substance visqueuse, peu soluble dans l'alcool.

Le *chlore*, le *brome* et l'*iode* agissent facilement sur l'alcool sycocérylique; lorsqu'on emploie une solution alcoolique de l'hydrate de sycocéryle, il se forme des combinaisons cristallisées.

Le *perchlorure de phosphore* attaque l'alcool vers 60° en donnant lieu à un dégagement de gaz chlorhydrique et à la formation d'un *chlorure* qui n'a pu être séparé du phosphate de sycocéryle, formé en même temps.

Le *chlorure d'acétyle* transforme à chaud l'alcool en acétate et le *chlorure de benzoyle* en éther benzoïque.

ÉTHERS DE L'ALCOOL SYCOCÉRYLIQUE.

ACÉTATE DE SYCOCÉRYLE,

$C^{20}H^{32}O^{2} = C^{18}H^{29}.O.C^{2}H^{3}O.$

— Cet éther existe tout formé dans l'exsudation du *Ficus rubiginosa* qui en contient environ 14 °/₀. Pour l'en retirer, on traite l'exsudation résineuse par l'alcool froid, qui dissout la *sycorétine*; on épuise ensuite la partie insoluble par de l'alcool bouillant, et l'on purifie le produit blanc qui se sépare par le refroidissement de la solution par plusieurs cristallisations dans une grande quantité d'alcool chaud, en prenant la précaution de ne laisser refroidir les solutions alcooliques qu'à 40° et de les filtrer alors rapidement. On élimine ainsi une substance floconneuse. L'acétate de sycocéryle ainsi purifié est traité à 30° par une quantité d'éther insuffisante pour en dissoudre la totalité et soumis finalement à une dernière cristallisation dans l'alcool, l'éther ou le chloroforme. Le traitement à l'éther a pour but d'éliminer une substance étrangère cristalline neutre qui a donné à l'analyse les chiffres C = 75,6; H = 12,3.

L'acétate de sycocéryle cristallise dans l'éther en prismes aplatis, qui affectent généralement la forme de tables hexagonales; l'alcool le dépose en écailles. Par le frottement il devient fortement électrique. Il fond à 118-120° et se solidifie de nouveau vers 80° en une masse diaphane, devenant bientôt opaque et cristalline. Il distille sans altération, mais lorsqu'on le chauffe trop brusquement, le liquide distillé acquiert une odeur rance et contient de l'acide acétique.

L'alcool chaud, l'éther, le chloroforme, la benzine, l'acétone, l'essence de térébenthine dissolvent aisément l'acétate de sycocéryle; la solution alcoolique, qui est neutre, ne précipite ni par l'acétate de plomb ni par celui de cuivre.

La potasse ne l'attaque pas même à l'ébullition; la potasse fondante le décompose avec dégagement d'hydrogène; l'alcoolate de sodium le saponifie à chaud.

L'acide sulfurique dissout l'acétate et la solution se colore peu à peu en brun; l'eau en précipite une substance dure, fusible au-dessous de 100°. L'acide azotique étendu transforme l'éther, à chaud, en une substance jaune résineuse; l'acide fumant le dissout déjà à froid et l'eau précipite de la solution un dérivé nitré, amorphe. Le chlore, le brome ou l'iode attaquent violemment l'acétate sycocérylique et fournissent des produits résineux; lorsqu'on ajoute à la solution alcoolique chaude de l'éther une solution alcoolique de brome ou d'iode, on obtient des composés cristallisés, qui se déposent par le refroidissement.

BENZOATE DE SYCOCÉRYLE,

$C^{25}H^{34}O^{2} = C^{18}H^{29}.O.C^{7}H^{5}O.$

— On dissout l'alcool sycocérylique dans le chlorure de benzoyle et l'on chauffe: il se dégage de l'acide chlorhydrique et le produit se prend par le refroidissement en une masse cristalline, qu'on lave avec une solution de bicarbonate potassique, puis avec de l'eau, et qu'on épuise par l'alcool bouillant. Le benzoate sycocérylique reste insoluble et est purifié finalement par une cristallisation dans l'éther bouillant. Il se présente en petits cristaux prismatiques, à peine solubles dans l'alcool, mais solubles dans l'éther bouillant, et solubles en toutes proportions dans la benzine et le chloroforme [Warren de la Rue et H. Müller, *loc. cit.*].

A. H.

SYCORÉTINE. — Cette matière résineuse constitue environ les 73 centièmes de l'exsudation du *Ficus rubiginosa*, qui contient en outre de l'acétate sycocérylique.

On traite la résine par de l'alcool froid qui ne dissout principalement que la sycorétine: la solution est neutre, de couleur brune et ne précipite qu'à peine par les acétates de cuivre ou de plomb. On y ajoute de l'eau, on dissout la résine précipitée de nouveau dans l'alcool et l'on répète cette opération plusieurs fois.

La résine ainsi décolorée n'est pas encore entièrement pure; sa solution laisse déposer à froid, au bout de quelque temps, un corps cristallisé qu'on élimine complétement en ajoutant un peu d'eau au liquide; la solution filtrée et additionnée d'eau fournit la sycorétine sous forme d'une masse cassante, blanchâtre, devenant fortement électrique par le frottement, et fusible dans l'eau chaude. Insoluble dans l'eau, les acides étendus, les alcalis et l'ammoniaque, elle se dissout aisément dans l'alcool, l'éther, le chloroforme et l'essence de térébenthine.

La sycorétine ne paraît pas être un corps défini; lorsque, par précipitation fractionnée de sa solution alcoolique par l'eau, on la partage en deux portions, celles-ci n'offrent pas la même composition; ainsi la première a donné C = 74,7; H = 10,1 et la seconde C = 77,9; H = 9,9.

Chauffée, la sycorétine fond et commence à se décomposer à quelques degrés déjà au-dessus de son point de fusion : il se dégage de l'eau et il se développe une odeur de cire; chauffée plus fortement, la substance se détruit et il distille un liquide d'une odeur particulière contenant beaucoup d'acide acétique.

L'acide nitrique concentré convertit la sycorétine en un dérivé nitré; il se forme en même temps un peu d'acide oxalique, mais pas d'acide picrique. Le dérivé nitré se dissout facilement dans la potasse, l'ammoniaque ou le carbonate potassique (sans en chasser l'acide carbonique) et colore ces solutions en jaune-brun; le composé potassique fond et détone. L'acide sulfurique dissout la sycorétine en se colorant en vert; la solution ne contient pas de sucre [Warren de la Rue et H. Müller, *Philos. Transac.*, 1860, p. 43]. A. H.

SYÉPOORITE (Min.).— Sulfure de cobalt, CoS, massif ou en grains, trouvé à Syepoor, dans le Radjouptana, Inde nord-ouest, où il se trouve dans des schistes anciens avec pyrrhotine. Couleur gris d'acier légèrement jaunâtre.

Densité, 5,45.

SYHÉDRITE (Shepard) (Min.). — Stilbite impure de couleur verte, trouvée dans les montagnes de Syhédra, près de Bombay.

SYLVANE (Min.) [Syn. *Tellure graphique, or graphique, sylvanite; tellure ferrifère et aurifère, or gris jaunâtre, müllerine*]. — Tellurure d'or et d'argent; avec plomb (müllerine). Forme de petits enduits cristallisés en dendrites de manière à imiter des caractères hébraïques, ce qui lui a valu son ancien nom; d'un gris d'acier clair, parfois avec des irisations couleur de laiton. Sur le quartz, en petites veines, avec or, dans le porphyre à Offenbanya et à Nagyag (Transylvanie). On en a trouvé aussi à Calaveras, Californie.

Caractères. — Dans le tube ouvert, donne un sublimé blanc, qui près de l'essai est gris. Ce sublimé fond en gouttelettes transparentes. Sur le charbon, fond en un globule gris foncé, en couvrant le charbon d'un enduit blanc; celui-ci disparaît au feu de réduction en colorant la flamme en un bleu verdâtre. Après une longue insufflation, il reste un globule d'or. La müllerine donne un enduit de plomb sur le charbon.

Dureté, 1,5 à 2. Densité, de 7,5 à 8,3.

Forme cristalline. — Prismes orthorhombiques $mm = 110°,48'$; $e^{1/2}$ $e^{1/2}$ par-dessus $p = 78°,35'$; faces m, p, a^1, $e^{1/2}$, h^1, g^1, g^3, $b^{1/2}$, b^1, etc. Clivage p. Macles : h'.

SYLVINE (Min.) [Syn. *Léopoldite, potasse muriatée*]. — Chlorure de potassium KCl, trouvé en enduits dans les fumerolles des volcans et en très-beaux cristaux cubooctaédriques, dans les couches de carnallite de Stassfurt.

Dureté, 2. Densité, 1,9 à 2.

Forme cristalline. — Cubique; faces p, a^1. Clivage cubique.

SYLVINOLIQUE (ACIDE) [Maly, *Jahresber. fur Chem.*, 1861; *Répert. de Chimie pure*, 1862, p. 443]. M. Maly donne le nom d'acide sylvinolique à un acide produit par l'action d'un courant de gaz chlorhydrique sur une solution alcoolique d'acide abiétique (ou sylvique). Il se forme un dépôt cristallin, qu'il regarde comme identique avec l'acide sylvique de Liebert, et il reste en solution de l'acide sylvinolique que l'on précipite par l'eau. Cet acide est incristallisable; il fond à 120° et est soluble dans l'alcool et dans l'éther.

Les *sels de potassium* et de *sodium* sont incristallisables. Le *sel de calcium* est un précipité floconneux renfermant $C^{25}H^{34}O^4Ca$, et le *sel d'argent*, un précipité pulvérulent, presque insoluble dans l'ammoniaque; il renfermerait

$C^{25}H^{34}O^4Ag^2$. E. G.

SYLVIQUE (ACIDE). — On a donné le nom d'acide sylvique à un acide résineux extrait de la colophane et sur la nature duquel les chimistes ne sont pas d'accord.

En analysant la colophane, Unverdorben a trouvé deux résines : l'une amorphe, l'*acide pinique* ou résine-α de térébenthine, l'autre cristallisée qui a été désignée sous le nom d'*acide sylvique* et appelée résine-β de térébenthine par Gerhardt. En outre, suivant Laurent, la colophane renfermerait un peu d'acide pimarique que l'on retire surtout du galipot (voyez PIMARIQUE (ACIDE), t. II, p. 1022, et PINIQUE (ACIDE), t. II, p. 1026). L'acide sylvique a été étudié par Trommsdorff, Liebig, H. Rose, Laurent, et leurs analyses conduisent à la formule $C^{20}H^{30}O^2$, qui en fait un isomère de l'acide pimarique et de l'acide pinique. En outre, M. Baup a retiré de la colophane française un acide pinique cristallisé, et de la résine de *Pinus abies* un acide abiétique également cristallisé; tous deux, suivant Gerhardt, paraissent être identiques avec l'acide sylvique. Enfin, en distillant dans le vide l'acide pimarique, Laurent a obtenu un acide pyromarique qu'il regarde comme identique avec l'acide sylvique.

M. Maly est arrivé à d'autres résultats; suivant lui, l'acide sylvique d'Unverdorben renfermerait non $C^{20}H^{30}O^2$, mais $C^{44}H^{64}O^5$, aussi lui donne-t-il le nom d'acide abiétique. La colophane serait un anhydride de cet acide abiétique et renfermerait $C^{44}H^{62}O^4$. — Voyez ABIÉTIQUE (ACIDE).

D'autre part, M. Siewert a retiré de la colophane un acide, $C^{20}H^{30}O^2$, qu'il a appelé acide sylvique, et dont il a reconnu l'identité avec l'acide étudié par Trommsdorff et Laurent.

M. Maly admet comme espèce distincte l'acide sylvique de Siewert. D'après ses expériences, cet acide sylvique se formerait également par l'action des acides sur l'acide abiétique. Il y aurait donc en résumé deux acides résineux : un l'*acide abiétique*, renfermant $C^{44}H^{64}O^5$ (ancien acide sylvique), et l'*acide sylvique* de Siewert, renfermant $C^{20}H^{30}O^2$.

Nous décrirons ici les résultats obtenus par Trommsdorff, Rose, Laurent et par Siewert, renvoyant à l'article ABIÉTIQUE (ACIDE) pour l'indication des dérivés de l'acide abiétique de M. Maly.

Remarquons, du reste, que les indications des auteurs ne sont pas très-concordantes et qu'il est difficile de savoir si les propriétés attribuées à l'acide sylvique se rapportent bien à une même espèce chimique [Unverdorben, *Poggend. Ann.*, t. VII, p. 311; t. VIII, pp. 40, 407; t. XI, pp. 26, 230 et 293; t. XI, p. 116; — Trommsdorff, *Ann. der Chem. u. Pharm.*, t. XIII, p. 169; — Liebig, *ibid.*, t. XIII, p. 174; — Rose, t. XIII, p. 174; t. XXXII, p. 297; t. XL, p. 307; — Laurent, *Ann. de Chim. et de Phys.*, t. LXV, p. 324; t. LXXII, p. 383, et (3) t. XXII, p. 459; — Siewert, *Jahresbericht für Chem.*, 1861, p. 389; — Maly, *sources citees*, t. I, p. 1].

Préparation. — Pour préparer son acide sylvique, Trommsdorff délaye de la colophane bien pulvérisée dans l'alcool de 60° centésimaux; la liqueur trouble laisse déposer, au bout de quelque temps, l'acide sylvique impur à l'état de flocons jaunes que l'on sépare du liquide surnageant et qu'on lave à plusieurs reprises avec de l'alcool; puis on les dissout à chaud dans de l'alcool de 80°, et l'on ajoute à la solution bouillante assez d'eau pour précipiter une partie de la résine. Il se sépare alors des gouttes brunes, tandis que la solution surnageante s'éclaircit; on décante pendant que la masse est encore chaude, et alors les gouttes résineuses cristallisent par le refroidissement. On purifie ces cristaux en les dissolvant dans l'alcool chaud, précipitant par l'eau et répétant cette opération deux ou trois fois.

Laurent traite la colophane broyée par l'alcool froid à plusieurs reprises, puis fait bouillir le résidu avec l'alcool, et abandonne la liqueur à la cristallisation; il obtient ainsi des cristaux mêlés d'un sirop jaunâtre qu'il enlève par l'agitation avec l'alcool. Il est à remarquer qu'en opérant de la même manière sur la colophane de Bordeaux, Laurent a obtenu non l'acide sylvique, mais son isomère l'acide pimarique. Il y a là une contradiction difficile à comprendre. Aussi Strecker regarde-t-il l'acide sylvique et l'acide pimarique comme identiques. Suivant Maly, l'extraction par l'alcool fournit l'acide abiétique. Laurent a également obtenu de l'acide sylvique en distillant dans le vide l'acide pimarique; il avait d'abord appelé ce produit de distillation acide *pyromarique*, mais il l'a depuis considéré comme identique avec l'acide sylvique.

Propriétés. — Les indications des auteurs sont différentes au sujet des propriétés de l'acide sylvique.

L'acide sylvique cristallise par le refroidissement d'une solution moyennement concentrée et bouillante en grosses tables rhombes, très-minces et réunies en faisceaux (Trommsdorff). Ce sont, suivant Unverdorben, des prismes quadrilatères, à base rhombe, terminés par un sommet à quatre faces. Laurent dit que ce sont des tables triangulaires et non quadrilatères; quelquefois les côtés de ces tables ont deux à trois lignes de longueur; la face qui correspond à la base du triangle est inclinée et les deux autres côtés du triangle sont remplacés par deux facettes; l'angle sommet est légèrement tronqué. D'après Siewert, les cristaux sont des combinaisons dérivées d'un prisme rhombique de 96° et 84°, ayant les arêtes aiguës latérales tronquées et terminées par des faces sphéroïdales, développées assez complétement pour oblitérer les deux faces du prisme. Ils sont vitreux, fragiles, et, par la trituration, fournissent une poudre blanche.

Laurent fixe le point de fusion vers 125°. Après sa fusion, l'acide sylvique présenterait la même solubilité dans l'alcool que l'acide pimarique. L'acide sylvique fond, d'après Unverdorben, à 152°5; d'après Wœhler, à 140°, et, après avoir été fondu, se solidifie en une masse qui fondrait déjà à 90-100° [Wœhler, *Ann. der Chem. u. Pharm.*, t. XLI, p. 455]. Suivant Siewert, l'acide chauffé dans un tube, qu'il soit cristallisé ou qu'il ait déjà subi la fusion, fond à 162°; mais quand il est chauffé dans une cornue, il se ramollit à 110° et fond complétement à 150°, en un liquide clair, qui se solidifie en une masse fondant alors en partie à 135° et complétement à 155°. L'acide abiétique de Maly fond à 165°.

L'acide sylvique se sublime partiellement à 170°, et la portion distillée, redissoute dans l'alcool, fournit de l'acide inaltéré; mais il se forme un résidu qui ne bout pas encore à 290° (Siewert).

Suivant Laurent, on peut distiller plusieurs fois l'acide sylvique en ne lui faisant subir qu'une faible altération.

L'acide sylvique est soluble dans l'acide acétique, l'éther, l'essence de térébenthine, le pétrole. Il se dissout dans 10 parties d'alcool froid et les 4/5 de son poids d'alcool à 92°; sa solubilité est plus grande que celle de l'acide pimarique (Siewert). D'après Unverdorben, il est soluble dans 3 p. d'alcool bouillant de 65°, d'où il cristallise par le refroidissement, et dans 1 p. d'alcool absolu; par l'addition d'un égal volume d'eau à sa solution alcoolique, il se sépare sous forme d'une huile translucide qui se solidifie par l'exposition à l'air.

SYLVATES. — L'acide sylvique est monobasique, ses sels sont obtenus par double décomposition ou par dissolution dans les alcalis, ou par précipitation d'une solution alcoolique des acétates, par une solution alcoolique de résine, dissolution du précipité dans l'éther et addition d'alcool de 80 centièmes à la solution. Ils sont pour la plupart solubles dans l'éther.

Le *sel d'argent*, $C^{20}H^{29}O^2Ag$, est cristallin, soluble dans l'alcool (Rose).

Le *sel d'ammonium* est une masse visqueuse.

Le *sel de baryum* forme des flocons blancs, solubles dans l'alcool absolu et bouillant.

Le *sel de calcium* renferme $(C^{20}H^{29}O^2)^2Ca$ (Siewert).

Le *sel cuivrique* $(C^{20}H^{29}O^2)^2Cu$ est en flocons bleu pâle (Siewert).

Le *sel de plomb* est un précipité blanc, non cristallin, insoluble dans l'alcool (Rose). D'après Laurent, lorsqu'on ajoute une solution étendue d'acide sylvique dans l'alcool bouillant à une solution alcoolique bouillante, très-peu concentrée, d'acétate de plomb, il ne se forme pas de précipité immédiatement, mais peu à peu on voit se déposer de longues aiguilles très-fines qui sont des prismes à 4 pans terminés par des pyramide ou des biseaux très-aigus.

Le *sel de potassium*, $C^{20}H^{29}O^2K$, forme des aiguilles lanugineuses, peu solubles dans l'eau, peu solubles dans l'alcool froid, assez solubles dans l'alcool bouillant. On l'obtient en faisant bouillir une solution d'acide dans l'alcool avec du carbonate de potassium. Siewert a obtenu un sel acide, $C^{20}H^{29}O^2K, 3C^{20}H^{30}O^2$, en précipitant une solution alcoolique d'acide sylvique par une solution alcoolique d'acétate de potassium. On le produit aussi en soumettant à l'ébullition une solution d'acide sylvique dans de la potasse alcoolique; il se solidifie, pendant le refroidissement, en une masse cristalline, que l'on purifie par recristallisation et compression.

Le *sel de sodium* cristallise; on le prépare comme le sel neutre de potassium.

Quand on abandonne à l'air une solution alcoolique d'acide sylvique, de manière qu'elle s'évapore lentement, il reste une matière incristallisable, qui a été regardée comme un acide oxysylvique [Hesse, *Ann. der Chem. u. Pharm.*, t. XXIX, p. 141]. E. G.

SYMPLESITE (Min.). — Substance ressemblant à l'érythrite par sa forme et que l'on suppose être un arséniate ferreux. Petits cristaux et agrégations d'un bleu verdâtre, d'un éclat vitreux, nacré sur la face de clivage (g^1); trouvés à Lobenstein, Voigtland, avec fer spathique.

Dureté, 2,5 environ. Densité, 2,95.

Caractères. — Dans le tube fermé, donne beaucoup d'eau, puis un léger sublimé d'acide arsénieux; il reste un résidu noir magnétique. Sur le charbon, donne une odeur arsénicale. Avec les flux, réactions du fer et indices du manganèse.

SYNANTHROSE, $C^{12}H^{22}O^{11}$. — Ce sucre, de la classe des saccharoses, a été trouvé par Popp dans les tubercules des Synanthérées, où il existe conjointement avec l'inuline et la glucose. Les tubercules de *Dahlia variabilis* et d'*Helianthus tuberosus* arrivés à l'état de maturité en contiennent le plus et se prêtent le plus facilement à son extraction [O. Popp, *Ann. der Chem. u. Pharm.*, t. CLVI, p. 181; *Bull. de la Soc. chim.*, 1871, t. XV, p. 96].

Le suc des tubercules est précipité par le sous-acétate de plomb, filtré, et l'excès de plomb est chassé par l'hydrogène sulfuré; le liquide, filtré de nouveau et débarrassé de l'hydrogène sulfuré, est neutralisé par du carbonate de magnésium et évaporé au bain-marie. Le résidu sirupeux contient la synanthrose, souillée par de la glucose et de l'inuline; on le traite par de petites portions d'alcool, jusqu'à ce que toute la glucose soit éliminée et que la substance n'offre plus de pouvoir rotatoire, et on l'épuise ensuite à une douce chaleur à plusieurs reprises par de très-petites quantités d'alcool étendu d'eau, qui s'empare de la synanthrose, tandis qu'il laisse l'inuline à l'état insoluble. Finalement ces solutions alcooliques sont réunies, décolorées par le charbon animal et versées, sous forme d'un filet mince, dans un mélange d'alcool absolu et d'éther.

La synanthrose, $C^{12}H^{22}O^{11}$, se précipite alors complètement à l'état d'une masse volumineuse blanche et amorphe, qui est très-déliquescente et qui doit être lavée avec de l'alcool éthéré et séchée dans le vide. Elle est très-soluble dans l'eau et dans l'alcool faible, peu soluble dans l'alcool absolu et insoluble dans l'éther. La synanthrose possède une saveur fade, non sucrée. Elle forme avec l'eau un hydrate $C^{12}H^{22}O^{11} + H^2O$, qui retient très-énergiquement son eau qu'on ne peut lui enlever par l'action de la chaleur sans l'altérer plus profondément; elle paraît engendrer avec une molécule d'alcool une combinaison analogue. Chauffée, elle brunit vers 140-145°, et se scinde en glucose et en lévulosane.

La synanthrose est sans action sur la lumière polarisée, et n'agit sur les solutions alcalines de cuivre qu'après une longue ébullition. Elle n'est pas directement fermentescible, mais éprouve d'abord, par l'action de la levûre, un dédoublement en glucose et lévulose.

Les acides lui font subir très-rapidement le même dédoublement, et le mélange de glucose et de lévulose possède le pouvoir rotatoire $[\alpha] = -54°,09$ qui est double de celui du sucre interverti. Par une action prolongée de ces acides, il se forme de l'acide glucique. La potasse ne brunit pas la synanthrose à froid; l'acide sulfurique la noircit. Le nitrate d'argent donne dans la solution de synanthrose un précipité blanc; à chaud, il y a réduction. Le nitrate mercureux est réduit déjà à froid; le nitrate mercurique produit un précipité blanc, qui s'agglomère à chaud sans se réduire.

La synanthrose empêche la précipitation des oxydes de cuivre, de fer et de chrome par les alcalis.

L'acide azotique étendu l'oxyde avec production des acides saccharique et oxalique.

Le mélange d'acides azotique et sulfurique la convertit en un produit nitré explosible, peu soluble dans l'eau, soluble dans l'alcool.

La synanthrose ne se combine pas avec le sel marin.

Lorsqu'on ajoute de l'eau de baryte à une solution de synanthrose dans l'alcool, on obtient une *combinaison barytique*, $C^{12}H^{18}Ba^2O^{11}$, sous la forme d'un précipité volumineux, soluble dans l'eau et peu stable.

Le sous-acétate de plomb donne pareillement dans la solution alcoolique de ce sucre un précipité gélatineux de la formule $C^{12}H^{18}Pb^2O^{11}$, qui se dissout dans l'acide acétique et dans un excès de sous-acétate. A. H.

SYNAPTASE. — Syn. d'ÉMULSINE, t. I, p. 1226.

SYNTAGMATITE. — Nom donné à l'amphibole noire du Vésuve.

SYNTONINE. — Lorsque l'on traite un certain nombre de matières albuminoïdes insolubles, telles que la myosine de la chair musculaire, le gluten, le blanc d'œuf cuit, par de l'acide chlorhydrique ordinaire étendu de 500 à 1000 fois son poids d'eau, on remarque que la substance protéique se dissout souvent avec rapidité, mais qu'elle a acquis la propriété de devenir désormais précipitable quand on sature exactement la liqueur. Ces faits, observés pour la première fois par A. Bouchardat en 1842 [*Compt. rend. de l'Acad. des sc.*, t. XIV, p. 960], ont été depuis généralisés. On sait maintenant que presque toutes les substances albuminoïdes solubles ou insolubles se modifient sous l'influence des acides très-étendus, ou des solutions alcalines faiblement concentrées et spécialement sous l'influence de l'ammoniaque très-diluée, et se transforment aussi en une substance précipitable par la neutralisation de la liqueur, substance qui paraît analogue ou identique dans tous les cas, et à laquelle on a donné le nom de *syntonine*. Ce nom avait été proposé par Liebig en 1849, pour indiquer la substance que l'on obtient en traitant la chair musculaire hachée et lavée à l'eau par de l'acide chlorhydrique au millième et neutralisant ensuite la liqueur. La substance ainsi obtenue, et que Liebig avait cru être la matière même contractile du muscle, n'est que la myosine transformée en *syntonine musculaire*.

Les diverses syntonines étant, d'après les travaux des physiologistes modernes, identiques ou très-analogues entre elles, il nous suffira, pour les faire connaître, de décrire la *syntonine musculaire* elle-même.

Pour la préparer, on prend de la viande de bœuf; on la hache finement et on la lave sous l'eau; on la traite ensuite par une solution d'acide chlorhydrique ordinaire étendu de 1000 p. d'eau. La viande se gonfle, devient diaphane et se dissout en partie; il reste en suspension des graisses le sarcolemme et des substances mal connues. La liqueur est filtrée et neutralisée exactement par du carbonate de soude qui laisse précipiter la syntonine sous forme d'une gelée floconneuse qu'on lave à l'eau froide; ou bien, procédé qui permet d'obtenir la syntonine exempte de sel, on soumet la solution acide à la dialyse. L'acide chlorhydrique traverse la membrane et la syntonine, se précipite à l'état de flocons translucides (A. Gautier).

Propriétés. — C'est une substance blanche, diaphane, gélatineuse, soluble dans l'acide chlorhydrique au millième, dans les liqueurs très-légèrement alcalines, précipitable de ses solutions par divers sels, mais non par la chaleur. Elle ne décompose pas l'eau oxygénée. Sa composition est exactement celle de la matière albuminoïde qui lui a donné naissance.

La syntonine musculaire jouit d'un pouvoir rotatoire gauche de 72° pour la lumière jaune; les autres syntonines, en solutions acidulées, ont un pouvoir rotatoire variant de 70° à 74°. En solutions alcalines, ce pouvoir rotatoire change sensiblement.

La syntonine est soluble dans l'eau de chaux. Cette solution ne se coagule pas par la chaleur mais elle mousse et une partie de l'écume devient insoluble. Les chlorures d'ammonium, de sodium, de magnésium produisent dans cette liqueur à froid un louche, à chaud un précipité. Un courant d'acide carbonique précipite la syntonine de ses solutions alcalines. La syntonine en suspension dans l'eau chauffée quelques minutes à 85° se modifie et devient insoluble dans l'acide chlorhydrique au millième.

Les matières collagènes sont modifiées par les acides étendus, mais on ignore si les corps qui se forment ainsi sont des syntonines analogues à celles que produisent, dans ces conditions, les matières albuminoïdes proprement dites. A. G.

SYRINGÉNINE, $C^{13}H^{18}O^{5}$. — Cette substance prend naissance, en même temps que de la glucose, dans le dédoublement de la *syringine* (voyez ce mot). On fait bouillir ce glucoside avec de l'acide sulfurique, ou mieux de l'acide chlorhydrique étendu; la syringénine se dépose en flocons visqueux, qui, après lavage à l'eau, constituent une masse amorphe, d'un rose clair, contenant $C^{13}H^{18}O^{5} + H^{2}O$. L'eau se dégage à 100° et la matière sèche fond à 170-180°. La syringénine est insoluble dans l'eau et dans l'éther, mais elle se dissout dans l'alcool, qu'elle colore en rouge cerise; cette solution l'abandonne sous la forme d'une poudre couleur de cannelle claire, composée de globules transparents. Vis-à-vis des acides elle se comporte comme la syringine [A. Kromayer, *Arch. der Pharm.*, t. CIX, p. 18 et 216].

SYRINGINE [Syn. *Lilacine*], $C^{19}H^{28}O^{10}$. — Ce glucoside existe dans le lilas (*Syringa vulgaris*); suivant Kromayer, ce principe se trouve principalement dans l'écorce; les bourgeons n'en contiennent que des traces, et les feuilles et les fruits à moitié mûrs en sont entièrement dépourvus. Ces parties sont, au contraire, riches en mannite et en matière amère incristallisable (syringopicrine). L'écorce récoltée vers le milieu du mois de mars en est particulièrement riche (elle en contient 0,7 °/₀), tandis que l'écorce prise à la fin d'avril n'en renferme plus que 0,2 °/₀ [Petroz et Robinet, *Journ. de Pharm.*, t. X, p. 530; — Meillet, *ibid.* (3), t. I, p. 25; — Bernays, *Répert. der Pharm.*, t. XXIV, p. 348; — A. Kromayer, *Arch. der Pharm.* (2), t. CIX, p. 18 et 216].

Kromager a établi l'identité de la syringine avec la ligustrine que Polex avait retirée de l'écorce du troëne (*Ligustrum vulgare*); les feuilles de cette plante n'en contiennent pas, mais renferment une substance amère et de la mannite [A. Kromayer, *Arch. der Pharm.* (2), t. CXIII, p. 19].

Pour préparer la syringine, on épuise l'écorce de lilas par de l'eau bouillante, on précipite la solution par le sous-acétate de plomb, on débarrasse le liquide filtré, par l'hydrogène sulfuré, du plomb qu'il contient, et après une nouvelle filtration on l'évapore à consistance de sirop fluide.

La masse se prend après 24 heures en une bouillie cristalline, qu'on étend d'un peu d'eau, qu'on jette sur un filtre et qu'on comprime. Pour purifier complètement la syringine, on la fait cristalliser dans l'eau bouillante, en présence d'un peu de charbon animal. L'eau mère des cristaux renferme encore un peu de syringine, qu'on peut en retirer, en l'évaporant et reprenant le résidu par l'alcool.

La syringine cristallise en longues aiguilles incolores, groupées en étoiles, sans saveur, neutres aux réactifs. A l'état cristallisé elle renferme $C^{19}H^{28}O^{10} + H^{2}O$; elle perd son eau à 115°, en devenant opaque, fond à 212° et se solidifie par le refroidissement en une masse amorphe. La syringine de l'écorce de troëne, tout en possédant les autres propriétés de la syringine du lilas, fondrait à 185-190° (Kromayer). Très-soluble dans l'eau chaude et dans l'alcool, elle est insoluble dans l'éther. Une solution de syringine additionnée de son volume d'acide sulfurique concentré, prend une couleur bleu foncé magnifique, qui passe au violet lorsqu'on n'ajoute plus d'acide; la solution bleue étendue d'eau laisse déposer des flocons abondants, d'un gris-bleu, qui se dissolvent en rouge cerise dans l'alcool ou dans l'ammoniaque.

La solution incolore de la syringine dans l'acide chlorhydrique concentré laisse précipiter à chaud des flocons bleus. L'acide azotique concentré dissout la syringine en se colorant en rouge de sang. La syringine ne réduit ni le nitrate d'argent. Le chlore colore sa solution aqueuse en rouge-brun, coloration qui disparaît plus tard presque complétement; le liquide contient alors une substance acide, soluble dans l'éther, d'un goût amer et âcre, qui réduit les oxydes de cuivre et d'argent en solutions alcalines, et qui se colore en bleu foncé par le chlorure ferrique.

La syringine est un glucoside, et se dédouble, lorsqu'on la fait bouillir avec l'acide sulfurique ou l'acide chlorhydrique étendus, en *syringénine* et en sucre fermentescible suivant l'équation :

$$C^{19}H^{28}O^{10} + H^{2}O = C^{13}H^{18}O^{5} + C^{6}H^{12}O^{6}.$$

Les proportions de syringénine (61,8 °/₀) et de sucre (41 °/₀) que Kromayer a obtenues dans cette hydratation de la syringine sont en accord avec cette équation. A. H.

SYRINGOPICRINE. — Kromayer a donné ce nom à une substance amère qui existe dans l'écorce de lilas et aussi dans les bourgeons et les fruits à moitié mûrs de cet arbre. Elle reste dans les eaux-mères provenant de la préparation de la syringine (voyez ce mot) et peut en être extraite par le charbon animal, qui la retient. Le charbon lavé à l'eau tiède est traité par l'alcool bouillant, la solution est évaporée et le traitement par le charbon est répété une seconde fois sur le résidu étendu d'eau. La syringopicrine constitue une masse jaunâtre, amère, soluble dans l'eau et dans l'alcool, insoluble dans l'éther; le tannin la précipite, mais le sous-acétate de plomb est sans action. Elle ne réduit la liqueur alcaline de cuivre qu'après l'ébullition avec l'acide sulfurique [A. Kromayer, *Arch. der Pharm.* (2), t. IX, p. 216].

SZAIBÉLYITE (Min.). — Borate hydraté de magnésie, $15MgO,6Bo^{2}O^{3},4H^{2}O$, avec un peu de sesquioxyde de fer et de chlore. Petites aiguilles ou grains, trouvés dans un calcaire gris à Werksthal, sud-est de la Hongrie. Blanc extérieurement, jaune en dedans. Poussière blanche. Translucide. Biréfringent à deux axes.

Caractères. — Dans le tube, donne de l'eau. S'exfolie, puis fond en une masse cornée brunâtre, en colorant la flamme en jaune-rouge.

T

TABAC. — Laissant de côté l'historique très-connu du tabac, nous diviserons l'article qui le concerne en trois paragraphes : culture, composition chimique, fabrication et statistique.

I. CULTURE. — Peu de plantes s'accommodent aussi facilement des climats les plus divers. Originaire de la région équatoriale, qui fournit les meilleurs produits, le tabac peut être planté dans toutes les contrées tempérées; son développement est, en effet, très-rapide; d'ailleurs il n'est pas nécessaire que la plante parcoure toutes les phases de la végétation : la récolte des feuilles suffit au planteur.

En France, la culture n'est pas libre; elle ne saurait l'être, puisque, en raison de l'impôt, elle est soumise au contrôle de l'administration, qui ne peut multiplier ses agents spéciaux sur tous les points du territoire. Elle est donc concentrée dans certaines régions, dont le choix a été déterminé par d'anciennes habitudes, ou par la qualité des produits.

C'est une culture lucrative quand elle est entreprise par de petits cultivateurs qui peuvent y employer les membres de leur famille, sans avoir à débourser le prix de journées onéreuses. Aussi est-elle fort recherchée, et l'on s'étonne parfois des refus opposés par la régie à des demandes multipliées, formulées par les représentants de divers départements. Rien n'est pourtant plus légitime : la raison d'être du monopole est uniquement le revenu qu'il procure à l'État; or le vrai moyen d'accroître le revenu est de satisfaire la consommation par la qualité des produits. Si cette qualité exige qu'une part soit faite, dans les achats, aux tabacs exotiques essentiellement différents des nôtres par leur arome, il est nécessaire de réduire d'autant la part de la culture indigène dans les approvisionnements. Ainsi les intérêts de cette culture viennent en second rang, après ceux des consommateurs qui se confondent avec ceux de l'État, et il n'est pas possible de la développer au delà des besoins. Au reste, sa part est actuellement des deux tiers de l'approvisionnement total, et la régie tend sans cesse à l'accroître, sous la condition qu'elle perfectionne ses produits.

Dans chaque région de culture, les prix sont fixés annuellement par la régie : chaque planteur est libre de les accepter ou de refuser le droit de culture. Malgré les apparences d'autocratie administrative, les prix suivent en réalité la loi de l'offre et de la demande, et ce qui le montre bien, c'est que les tabacs de France, sans l'emporter en qualité sur les tabacs exotiques, reviennent en définitive au même prix.

De 1863 à 1872, la moyenne annuelle du nombre d'hectares plantés a été de 9,600; le nombre de planteurs, de 30,000; le revenu brut d'un hectare, de 1,023 fr.

En tout pays, la culture est pratiquée à peu près de la même manière. La graine est tellement petite (1 cent. cube en contient 6,000), qu'il est indispensable d'établir d'abord des semis dans une terre riche et parfaitement ameublie. En raison des soins continus que réclament ces semis, arrosages, nettoyages, éclaircissements, pose de paillassons pendant les nuits, etc., on leur donne seulement un mètre de large sur une longueur proportionnée à la future plantation. Chaque mètre carré contient environ 1,000 plants. Dans les localités où le printemps est trop froid, on a recours aux couches en usage chez les jardiniers. Le plant est bon à repiquer quand ses principales feuilles ont un décimètre de longueur.

Le tabac est toujours planté en lignes parallèles. Comme plante sarclée, il ouvre la rotation dans la culture alterne; mais il peut revenir indéfiniment sur la même sole, jusqu'à ce que ses ennemis, animaux ou végétaux parasites, multipliés dans les mêmes lieux, obligent le cultivateur à le changer de place. La plantation s'effectue dans le courant de mai ou au commencement de juin : l'hectare reçoit de 10,000 à 55,000 plants, selon la fertilité du sol, la variété cultivée, la destination du produit. La végétation dure de 90 à 110 jours; on voit combien elle est rapide, aussi est-il nécessaire que la terre soit aussi bien préparée que possible par les labours et pourvue d'engrais. En trois mois elle doit fournir de 300 à 500 kilogrammes de matières minérales, et de 50 à 90 kilogrammes d'azote. Les lignes ne sont pas, en général, équidistantes : on les dispose par couples formés de deux lignes plus rapprochées; l'intervalle entre deux couples s'agrandit d'autant, et le cultivateur a plus d'espace libre pour accomplir ses travaux. Les soins de culture sont multiples et presque incessants : arrosage au moment du repiquage; sarclages continués jusqu'à ce que le développement des feuilles empêche la manœuvre des outils; épamprement des feuilles basses; buttage ayant pour effet de développer un abondant chevelu au-dessus du collet; écimage des plants, quand la tige est assez haute et que le bouquet terminal apparaît. A partir de ce moment, les bourgeons partent du pied ou de l'aisselle des feuilles avec une énergie surprenante; il faut les enlever constamment, car ils absorberaient en partie les principes immédiats formés dans les feuilles. Cependant la maturité survient, les feuilles se boursouflent et leur extrémité se dessèche. On procède alors à la récolte, soit en enlevant seulement les feuilles, soit en coupant les tiges. La dessiccation suit la récolte : elle doit être lente, et par conséquent exécutée dans des séchoirs spéciaux, dont les ouvertures puissent être fermées par les temps secs, ouvertes par les temps humides, en sorte que le planteur soit maître de son opération. Sa durée est d'environ six semaines, après lesquelles le tabac est trié en trois qualités, manoqué, emballé et présenté aux commissions d'expertises représentant la régie.

A Cuba, les plantations occupent, dans la partie montagneuse de l'extrémité nord-ouest de l'île, de petites vallées sillonnées par des rios : elles sont établies aussitôt après la saison des pluies, vers le mois de novembre. Le sol est léger, très-meuble, mais profond. Aussitôt que les feuilles ont atteint leur développement superficiel, on en fait une première récolte en coupant chaque tige en plusieurs tronçons, de telle sorte que deux feuilles opposées demeurent reliées par l'un d'eux; une seconde tige remplace bientôt la première et fournit une deuxième récolte suivie d'un regain. La première récolte donne les capes ou robes de cigares; la deuxième et la troisième sont réservées pour les tripes ou intérieurs. Il y a pour ces vallées ou vueltas tout un classement de crus célèbres, comme pour nos grands vins de Bourgogne ou de Bordeaux.

Les produits de la culture du tabac sont éminemment variables, en quantité et en qualité, selon les circonstances climatériques et les conditions diverses que présentent les sols, les engrais, les variétés cultivées, les habitudes des planteurs. On comprend que les relations entre ces conditions et les produits obtenus offrent matière à d'intéressantes études de chimie agricole. L'administration en a jugé ainsi depuis longtemps; c'est au directeur de son école d'application, M. Schlœsing, qu'elle a confié le soin de faire sur la culture du tabac des recherches étendues dont nous allons présenter les principaux résultats.

Il faut qu'on sache d'abord que toutes les variétés de feuilles sont classées par les fabricants en deux catégories : les feuilles corsées, riches en nicotine, propres à la fabrication du tabac à priser; les feuilles légères, ne contenant pas au delà de 1 1/2 à 3 % de nicotine, destinées à être fumées. La régie peut toujours s'approvisionner amplement des premières : la consommation du tabac à priser est en effet stationnaire, et comme elle constituait autrefois la fabrication principale des manufactures, les planteurs ont appris depuis longtemps à produire les feuilles qui lui conviennent. Ajoutons que la production des tabacs corsés, surtout dans le midi de la France, ne présente aucune difficulté. Des raisons inverses rendent malaisé l'approvisionnement en feuilles légères : la consommation du tabac à fumer croît sans cesse et il faut constamment faire face à de nouveaux besoins; de plus, les qualités requises pour cet usage, finesse, arome, combustibilité, ne s'obtiennent pas sans certaines précautions que les planteurs ne savent, ne peuvent, ou ne veulent pas toujours observer. On voit que, par la force des choses, la régie doit imposer exclusivement, dans les nouveaux centres de culture qu'elle crée, les conditions qui lui assurent la production de tabacs légers, pour la pipe ou le cigare.

Variétés. — Les caractères physiques du tabac, forme et grandeur de feuilles, finesse du tissu, relations entre la côte, les nervures et le parenchyme, une fois acquis dans une localité, à la suite d'une longue culture, se transmettent avec persistance aux générations transportées en d'autres lieux, sous un autre climat. Ainsi la variété havane, parfaitement caractérisée, n'a pas encore subi d'altération visible, depuis quinze ans qu'elle est cultivée dans le champ d'expérience de Boulogne-sur-Seine, à l'abri de l'hybridation. Ces résultats sont conformes aux conclusions que Louis Vilmorin a tirées de ses nombreuses observations sur l'hérédité. Cet éminent expérimentateur a montré encore que certains caractères chimiques sont transmissibles par hérédité, comme les caractères physiques : telle est, par exemple, l'aptitude de la betterave à produire du sucre; sa persistance a permis à Vilmorin de créer la race sucrière qui porte son nom.

Le tabac présente un nouvel exemple d'hérédité chimique : toutes les variétés étrangères importées à Boulogne y ont conservé le taux pour 100 de nicotine qu'on leur trouve au pays d'origine. Ce fait, parfaitement établi aujourd'hui, importe beaucoup à la régie lorsqu'elle est appelée à désigner les variétés qu'il convient d'essayer dans des centres nouveaux de culture; mais l'arome n'est point transmissible, comme le taux de nicotine. Le virginie, le kentucky, le havane cultivés à Boulogne ne rappellent nullement l'arome si caractéristique des plantes mères. Cette observation s'applique à bien d'autres plantes, à la vigne en particulier.

Force du tabac. — Elle est en relation directe avec la proportion de nicotine, et cette proportion est à son tour, on ne sait pourquoi, en relation avec l'épaisseur du parenchyme : les tabacs à parenchyme mince contiennent de 1 à 3 °/₀ de nicotine; on en trouve jusqu'à 9 et 10 °/₀ dans les parenchymes épais. Or le planteur peut disposer de plusieurs conditions de culture pour agir sur l'épaisseur du parenchyme; ainsi, en augmentant la compacité de la plantation, en laissant sur chaque pied un plus grand nombre de feuilles, il oblige son champ à nourrir une plus grande surface de feuilles aux dépens de leur épaisseur : c'est là un moyen d'obtenir des tabacs légers; mais il faut en user avec modération; si la compacité dépasse 55 à 60,000 pieds, si on laisse aude là de 10 à 12 feuilles sur un pied, le tabac, devenu trop léger, ne résiste plus aux manipulations en fabrique.

Les engrais ont assez peu d'influence sur la force du tabac : leur action se porte surtout sur le poids de la récolte; les feuilles sont petites ou grandes, mais leur taux pour 100 de nicotine demeure à peu près constant.

Dans les contrées où l'on veut produire des tabacs forts, comme dans le Lot, on plante de 10 000 à 15 000 pieds à l'hectare, et on leur laisse de 6 à 8 feuilles. Les tabacs légers sont plantés à raison de 30 000 à 55 000; chaque plant porte de 8 à 12 feuilles.

Il y a encore un moyen assuré d'obtenir des tabacs légers, sans surcharger la plantation, et sans recourir au choix d'une variété spéciale : c'est d'avancer l'époque de la récolte. La nicotine ne se développe pas, pendant la végétation, parallèlement avec les autres principes immédiats : la proportion, partant de 0 dans les jeunes plants, croît constamment jusqu'à la récolte : M. Schlœsing a plusieurs fois constaté ce fait, en dosant la nicotine de quinze en quinze jours, pendant le cours de la végétation. Voici un exemple de ces dosages successifs :

				Nicotine °/₀ de feuilles sèches.
Repiquage	le 25 mai,	feuilles	très-jeunes.	0,79
—	le 18 juillet,	—	...	1,21
—	le 6 août,	—	...	1,93
—	le 27 août,	—	...	2,27
—	le 8 septembre,	—	...	3,36
—	le 25 septembre,	—	...	4,32

Il ressort de là qu'en avançant la cueillette de deux à trois semaines, on peut réduire de près de moitié le taux ordinaire de la nicotine.

A en juger par les essais de culture institués à Boulogne, la qualité des feuilles ne souffre nullement d'une récolte anticipée : au reste, on ne procède pas autrement à Cuba : les feuilles pour capes sont récoltées aussitôt que leur développement superficiel est achevé, tandis qu'en France on les laisse encore sur pied cinq à six semaines après cette époque : ces feuilles contiennent 2 à 2 1/2 °/₀ d'alcali; elles en fourniraient de 6 à 8 °/₀, si on les laissait parvenir, comme chez nous, à ce point de végétation qu'on appelle *maturité*, maturité bien conventionnelle, puisque les feuilles sont encore vertes. Mais, en récoltant immédiatement après que les feuilles ont acquis leurs dimensions, on perd de 1/10 à 1/8 du poids : d'où il suit que le jour où la régie prescrirait les récoltes anticipées, elle devrait augmenter les prix en proportion de la perte imposée au planteur.

Combustibilité. — C'est la première qualité d'un tabac à fumer. Il faut qu'entre deux aspirations normalement espacées du fumeur, la pipe ou le cigare demeure allumé : telle est la définition de la combustibilité. Le temps est sa mesure : la combustibilité est, en effet, proportionnelle au temps pendant lequel le tabac peut conserver l'ignition sans le secours du fumeur. Un tabac qui, roulé en cigare, garde le feu pendant trois minutes est très-combustible; s'il le garde deux minutes, une, une demi-minute, il est combustible, peu, très-peu combustible : au-dessous de la demi-minute, il est réputé incombustible; personne, en effet, ne consentirait à précipiter ses aspirations au point de ne pas se donner une demi-minute de repos.

La combustibilité est absolument indépendante de la variété de tabac, de l'épaisseur du parenchyme, des caractères physiques, de la force, de l'arome, du climat. Elle est uniquement en relation avec la proportion des sels organiques à base de potasse contenus dans la feuille, et, par conséquent, avec la richesse en potasse du sol qui a porté le tabac. Cela fait comprendre comment on trouve des tabacs combustibles et incombustibles parmi les produits de tous les pays. C'est par des expériences de laboratoire et par des essais directs de culture qu'a été établie la théorie de la combustibilité.

Quand on lave à l'eau froide les cendres d'un tabac combustible, on trouve toujours dans la dissolution du carbonate de potasse. On n'en trouve point quand le tabac est incombustible : la potasse dissoute est alors tout entière à l'état de sulfate et de chlorure. Il y a donc une relation entre la combustibilité et la présence du carbonate potassique dans les cendres (le tabac ne contient pas de soude). Or le carbonate est un produit, un effet de la combustion : la relation signalée doit donc remonter aux composés dont le carbonate dérive, c'est-à-dire au nitrate et aux sels organiques de potasse. Le nitrate peut être laissé tout de suite de côté : en effet, des tabacs qui en contiennent beaucoup, comme certains en Algérie, sont incombustibles ; d'autres qui n'en renferment point brûlent parfaitement. Restent les sels organiques : leur efficacité peut être démontrée directement.

Lorsque, dans un tabac incombustible, on incorpore une certaine proportion de malate, citrate, oxalate, tartrate de potasse, suffisante pour que les cendres contiennent du carbonate alcalin, le tabac devient combustible.

Lorsque, dans un tabac combustible, on incorpore une certaine proportion de sulfate, de chlorure de calcium, de magnésium, en sorte que les cendres ne contiennent plus de carbonate de potasse, le tabac devient incombustible : dans ce cas, la majeure partie des sels organiques à base de potasse a été convertie, par double échange, en sels organiques de chaux ou de magnésie.

Essayons de rendre compte de ces faits. Dans la pipe ou le cigare, la combustion est incomplète, comme le témoigne assez la fumée ; les parties voisines du feu subissent toujours une distillation et une carbonisation partielles avant d'entrer à leur tour en ignition. Ce n'est donc pas le tabac, à l'état naturel, qui brûle : c'est le produit de sa calcination préalable, c'est le charbon qui se forme incessamment et propage la combustion. Que faut-il pour que ce charbon se maintienne en ignition? Il faut qu'il conserve la température à laquelle il prend feu, malgré la consommation de chaleur par le rayonnement, le contact de l'air, la conductibilité, la distillation du tabac ; et pour que cette condition soit remplie, il est nécessaire qu'il se produise, dans l'unité de temps, une quantité de chaleur suffisante, c'est-à-dire que la combustion ait une certaine activité. Or la porosité du charbon favorise singulièrement cette activité : tout le monde sait qu'un morceau de charbon de bois compacte s'éteint quand il est isolé ; le même charbon brûle entièrement quand il est réduit en poudre fine réunie en tas : dans le premier cas, il brûle seulement à la surface et ne produit pas assez de chaleur ; dans le second, il brûle sous une certaine épaisseur ; la chaleur engendrée suffit à la réparation des pertes et au maintien de la température d'ignition. Ainsi, pour tout expliquer, il reste à montrer que le charbon d'un cigare combustible est poreux, que celui d'un cigare incombustible est trop compacte. Cela est facile.

Quand on chauffe dans une capsule du malate, de l'oxalate, du pectate, etc., de potasse, on constate que le sel fond avant ou pendant sa décomposition, et que les gaz engendrés, demeurant emprisonnés, en partie, dans la matière, provoquent un boursouflement considérable ; finalement on obtient un charbon volumineux. Au contraire, les malate, oxalate, pectate de chaux, soumis à la même épreuve, donnent un charbon compacte. Qu'ils soient enfermés dans la capsule du chimiste ou dans des cellules végétales, ces sels doivent présenter les mêmes phénomènes ; en se boursouflant dans ces cellules, les sels organiques de potasse brisent et désorganisent le tissu du parenchyme ; ils sont d'ailleurs mêlés avec des matières dont le charbon serait peut-être compacte si elles brûlaient isolément, mais qui est divisé par le mélange et le boursouflement des sels potassiques. La conséquence de ces actions est une porosité convenable du résidu charbonneux. Au contraire, si la chaux remplace la potasse, le boursouflement n'a plus lieu, et le parenchyme carbonisé demeure compacte.

Quelle que soit la valeur de ces explications, il est certain que le signe de la combustibilité est la présence du carbonate de potasse dans les cendres ; que son absence est le signe de l'incombustibilité. Cela suffit pour guider le cultivateur. Il sait maintenant que sa terre doit fournir une quantité de potasse voulue pour la combustibilité, et qu'il faut lui en donner si elle en manque. Mais sous quelle forme, et combien?

Ces nouvelles questions ont été résolues par des essais directs de culture dans un champ presque dépourvu de potasse. Il a été reconnu :

1° Que le chlorure de potassium doit être rejeté ; le chlore passe avec la potasse dans le tabac, et l'alcali, ainsi neutralisé, ne concourt pas à la formation des sels à acides organiques ;

2° Que le sulfate convient parfaitement ; la potasse est assimilée à l'exclusion de l'acide, fait analogue à celui que M. Boussingault a observé dans ses recherches sur l'emploi du plâtre en agriculture.

Le nitrate, le carbonate, conviennent également, mais leur prix est trop élevé. Celui du sulfate est au contraire très-abordable aujourd'hui.

Quant aux quantités à employer, elles sont évidemment variables avec la provision antérieure du sol, avec le pouvoir absorbant pour les alcalis, etc. Les essais directs doivent seuls guider le cultivateur en pareille matière. La potasse ne se perd pas en terre ; donc, quand un sol aura acquis la quantité d'alcali qu'il doit posséder pour donner des tabacs combustibles, il suffira de l'entretenir en cet état par une restitution calculée d'après le prélèvement des récoltes.

II. COMPOSITION CHIMIQUE DU TABAC. — La feuille de tabac renferme une proportion considérable de matières minérales s'élevant à environ 20 °/₀ du poids de la substance desséchée à 100°. Le carbonate de chaux constitue la majeure partie des cendres ; les phosphates et la silice y sont en petite quantité ; le sulfate, le carbonate, le chlorure de potassium forment un total de matières solubles qui peut varier entre des limites très-étendues, de 5 à 35 °/₀. Un grand travail sur les cendres a été exécuté vers 1839, sous la direction de Gay-Lussac, par un élève de l'école des tabacs, M. Beauchef. En voici quelques conclusions :

Les racines contiennent, en moyenne, de 6 à 8 de cendres pour 100 de matières sèches.

Les tiges, déjà plus riches, en donnent de 10 à 13 °/₀ ; les côtes et feuilles de 18 à 22.

Dans ces diverses cendres, la proportion des matières insolubles l'emporte sur celle des matières solubles.

Si l'on compare les taux de potasse dans les cendres de la côte et du parenchyme d'une même feuille, on trouve que le premier dépasse sensiblement le second.

Les proportions de potasse, de sels calcaires, de phosphates vont en croissant quand on envisage successivement les racines, la tige, la feuille entière ; la silice varie en sens inverse.

A la suite de ces indications générales, nous pourrions inscrire un grand nombre d'analyses ; mais nous n'en voyons pas l'utilité : autant la constitution d'une cendre offre d'intérêt quand elle est comparée à celle du végétal ou à la composition du sol, des engrais qui ont fourni la plante, en d'autres termes, quand elle fait partie intégrante de recherches sur une question de physiologie ou d'agriculture, autant elle est peu instructive quand est présentée isolément, sans lien avec d'autres résultats analytiques.

Outre les matières minérales que l'on trouve dans toutes les cendres, le tabac renferme des nitrates et des sels ammoniacaux. Les nitrates sont très-inégalement distribués dans la feuille; la côte en est le mieux pourvue : il en est qui contiennent jusqu'à 10 % de salpêtre ; tous les fumeurs ont pu constater que les petits débris de côtes demeurés dans le tabac haché pour la pipe fusent parfois comme de l'amadou. Dans le parenchyme, la proportion de nitrate diminue de la côte aux bords du limbe.

Passons à l'énumération des principes immédiats reconnus dans le tabac.

Ce sont : la nicotine; les acides malique, citrique, oxalique, acétique, pectique; l'amidon, le sucre, la cellulose; des principes solubles dans l'éther, résines verte ou jaune, graisse, essence; des matières azotées.

Ces différentes substances sont décrites, à l'exception de l'essence, dans des articles spéciaux du dictionnaire; il nous reste à considérer leur ensemble, c'est-à-dire à nous proposer de faire l'analyse immédiate du tabac.

Vauquelin a le premier traité ce sujet dans un mémoire inséré dans les *Annales de Chimie* (1809); l'éminent chimiste présente le résumé de son travail dans les termes suivants : « ... Le suc de *Nicotiana latifolia* contient :

« 1° Une grande quantité de matière animale de nature albumineuse;

« 2° Du malate de chaux avec excès d'acide;

« 3° De l'acide acétique;

« 4° Du nitrate et du muriate de potasse en quantité notable;

« 5° Une matière rouge, soluble dans l'alcool et dans l'eau, qui se boursoufle considérablement au feu, et dont je ne connais pas bien la nature;

« 6° Du muriate d'ammoniaque;

« 7° Enfin, un principe âcre, volatil, sans couleur, soluble dans l'eau et dans l'alcool, et qui paraît être différent de tous ceux qu'on rencontre dans le règne végétal. C'est ce principe qui donne au tabac préparé le caractère particulier qui le fait facilement distinguer de toute autre préparation végétale. »

Vauquelin avait remarqué que l'odeur de ce principe était exaltée par la chaleur, et surtout par la présence de la potasse, mais presque masquée par les acides. Il est bien évident qu'à la suite de ces observations Vauquelin aurait découvert la nicotine si les chimistes avaient possédé sur les alcalis organiques, à l'époque où il exécutait ses recherches, les notions qu'ils ont acquises depuis.

Après Vauquelin, l'analyse immédiate du tabac n'a plus fait de progrès jusqu'à l'époque où elle est devenue, au laboratoire de l'école des tabacs, l'objet des recherches persévérantes de M. Th. Schlœsing. On trouve bien dans les ouvrages de chimie quelques résultats d'analyse, mais sans indication des méthodes qui les ont fournies; plusieurs principes immédiats importants n'y figurent même pas. On nous permettra de les omettre pour en venir de suite à l'indication rapide des procédés d'analyse en usage dans le laboratoire de l'administration. Nous les présenterons d'abord isolément, puis nous dirons comment on les réunit pour faire une analyse immédiate aussi complète que le permet l'état de nos connaissances.

Nicotine. — Le tabac est caractérisé par cette substance; sans elle il n'aurait aucune raison d'être préféré par ses consommateurs aux feuilles de tout autre végétal. La proportion de la nicotine détermine l'emploi des feuilles en fabrication; et, dans les produits de la régie, elle doit être comprise entre des limites assez rapprochées : double raison pour donner de l'importance à son dosage. On y procède de la manière suivante:

Le tabac, réduit en poudre fine, est alcalisé par de l'ammoniaque destinée à déplacer la nicotine, puis épuisé par l'éther dans un petit appareil à distillation continue. Cet appareil est d'une extrême simplicité. Un ballon de 100 à 150 centimètres cubes porte un bouchon de liége à deux trous; dans l'un, s'engage l'extrémité d'une allonge dont la queue a été remplacée par un tube recourbé deux fois; dans l'autre, pénètre un tube reliant l'allonge au ballon, replié dans une rigole pleine d'eau, et faisant par conséquent l'office de réfrigérant.

Le tabac, placé dans l'allonge sur un tampon de coton, est incessamment traversé par l'éther. Ce liquide dissout à la fois la nicotine et l'ammoniaque; et comme le gaz ammoniac passe à la distillation et se condense avec l'éther, le tabac se trouve baigné, pendant toute l'opération, dans un liquide alcalin dont la réaction assure le déplacement intégral de la nicotine. L'épuisement exige de 4 à 6 heures, après lesquelles on enlève l'allonge, et on procède à la distillation de l'éther, que l'on recueille dans un petit ballon suspendu à la rigole par un fil de cuivre. L'ammoniaque est éliminée avec l'éther : on s'arrête quand il ne reste plus à distiller qu'une dizaine de centimètres cubes, non sans s'être assuré que l'éther distillé en dernier lieu ne présente plus la moindre réaction alcaline, signe certain du départ complet de l'ammoniaque. La tension de vapeur de la nicotine à la température d'ébullition de l'éther est trop faible pour qu'il s'en perde une quantité appréciable pendant cette opération : l'alcali organique demeure donc tout entier, et seul de son espèce, dans le résidu. On transvase celui-ci dans une capsule de porcelaine ; on rince le ballon, à deux reprises, avec de petites quantités d'éther pur qu'on verse à leur tour dans la capsule; puis on laisse évaporer à l'air libre. Il reste un mélange poisseux, presque sec, de nicotine, de résines vertes ou jaunes, de corps gras, dans lequel l'alcali va être déterminé au moyen d'acide sulfurique titré. L'équivalent de la nicotine $C^{10}H^{14}Az^2$ est rigoureusement neutralisé par l'équivalent d'acide sulfurique. Le poids d'acide employé, multiplié par le rapport $\frac{162}{40}$, donne donc celui de la nicotine dosée. Dans les essais alcalimétriques, les chimistes ont l'habitude de se guider sur les indications de la teinture de tournesol versée d'avance dans la liqueur : il faut ici procéder autrement, en raison de la coloration du liquide et de la présence des corps résineux. On verse l'acide goutte à goutte, en malaxant la matière, jusqu'à ce que la résine, intimement mêlée au début avec la nicotine, commence à se séparer : les essais de la réaction du liquide par le papier de tournesol alternent dès lors avec les additions d'acide. Tant que le volume du liquide est très-petit, on se borne à y plonger un fil de platine qu'on appuie ensuite sur du papier rouge, humide et bien lavé; la quantité de nicotine perdue pour produire la tache bleue est tout à fait négligeable. Plus tard, quand la liqueur est étendue et a perdu en grande partie son caractère alcalin, des indications de ce genre seraient insuffisantes; mais alors on peut, sans inconvénient pour la précision du dosage, imbiber du liquide des bandes de papier bleu et rouge. Les indications du papier ne sont fidèles qu'après sa dessiccation à l'air libre; mais il n'est pas nécessaire d'attendre l'effet de cette dessiccation après chaque addition d'acide : quand on approche de la neutralisation, on range en ordre sur une plaque de verre les papiers employés aux essais successifs, et on inscrit les lectures de la burette qui leur correspondent. Quand tous sont secs, on discerne sans peine le papier et, par conséquent, la lecture correspondant à la neutralité exacte.

La quantité de tabac employée est ordinairement de 10 grammes. L'acide titré contient 5 grammes SO^3 réel par litre. Ce dosage peut très-bien être fait à une division près de la burette, équivalant à $0^{mgr}5$ SO^3, ou à 2 milligrammes nicotine. Ainsi, quand un tabac renferme seulement 1 % d'alcali, les 10 grammes en contiennent 100 milligrammes qui sont dosés à 2 milligrammes près, c'est-à-dire au 1/50. L'approximation est naturellement plus grande quand le tabac est plus riche.

Acides malique et citrique. — L'abondance des bases dans les cendres, mise en regard de la proportion d'acides minéraux, démontre l'existence dans le tabac d'une quantité considérable d'acides organiques. Les seuls acides malique et citrique y entrent dans la proportion de 10 à 14 %. Ils y sont toujours associés; leur union n'est pas d'ailleurs spéciale au tabac; dans la plupart des végétaux où l'un d'eux a été signalé, on trouve l'autre, en se donnant la peine de le bien chercher. Les solubilités des malate et citrate d'une même base ne présentent pas, en général, de différence bien tranchée; et quand il s'en trouve, le sel le moins soluble est retenu en dissolution par le sel le plus soluble; il ne faut donc pas songer à séparer les deux acides par le procédé si général qui consiste à précipiter un corps nettement, d'un seul coup, au moyen d'un réactif employé en léger excès. On est obligé d'avoir recours à la précipitation fractionnée, sous la condition de savoir discerner le moment où l'un des acides étant précipité, la précipitation de l'autre va commencer. Ce sont les sels plombiques qui se prêtent le mieux à ce genre de séparation, non qu'ils diffèrent beaucoup dans leurs rapports avec l'eau : le citrate est presque insoluble, et le malate se dissout en bien faible quantité; mais ils offrent, dans certaines conditions, des écarts assez grands de solubilité, dont l'analyste peut profiter : on va nous comprendre.

Dissolvons dans l'eau un poids connu de malate neutre de potassium, de sodium ou d'ammonium, puis ajoutons goutte à goutte, en agitant constamment, une dissolution étendue d'acétate de plomb : chaque goutte forme un précipité qui se redissout aussitôt; mais il arrive bientôt que la liqueur, paraissant saturée, refuse de dissoudre ainsi du malate de plomb; c'est ce qu'annonce la permanence du précipité. Arrêtons-nous alors, et déterminons la quantité d'oxyde de plomb employée, ce qui sera facile, si nous avons fait usage d'une solution titrée d'acétate. Nous la trouverons comprise entre les 16 et 18 centièmes du poids d'oxyde de plomb nécessaire pour convertir en malate neutre plombique la totalité de l'acide malique.

Répétons la même expérience avec un poids déterminé de citrate alcalin; nous obtiendrons exactement le même résultat : le précipité permanent apparaîtra quand nous aurons versé les 16 à 18 centièmes du poids d'oxyde de plomb qu'exigerait l'acide citrique pour former un citrate neutre.

Jusqu'ici, aucune différence entre les deux sortes de sels. Mais prenons un mélange de malate et de citrate à base alcaline, et recommençons l'expérience : nous aurons un précipité de citrate de plomb bien avant d'avoir ajouté les 16 à 18 % de l'oxyde correspondant, en équivalents, à nos deux acides. Le citrate de plomb est, en effet, moins soluble que le malate de plomb dans les malates alcalins. Remarquons que le citrate précipité sera exempt de malate, puisque la dissolution n'est point saturée de malate de plomb. On entrevoit de suite la possibilité d'une séparation assez exacte, s'il est possible de discerner le moment où le citrate étant précipité, de nouvelles additions d'acétate détermineraient la précipitation du malate. Cela est facile : l'acide acétique dissout instantanément le malate de plomb et reste sans action sur le citrate; des essais successifs de la liqueur fondés sur cette différence guideront l'opérateur.

Maintenant, nous plaçant dans le cas le plus simple, celui où il s'agit d'analyser un mélange d'acides malique et citrique purs, exempts de toute autre substance, nous donnerons quelques détails sur la manière d'opérer. Après neutralisation par l'ammoniaque, on rend à la dissolution, par quelques gouttes d'acide acétique, une réaction légèrement acide, puis on y verse lentement, en remuant sans cesse, une dissolution étendue d'acétate de plomb (4 d'eau, 1 de dissolution saturée à froid) ; on s'arrête à l'apparition d'un précipité permanent. Après quelques minutes de repos, la partie supérieure de la liqueur est éclaircie; on en sépare, à l'aide d'une pipette, environ un centimètre cube qu'on dépose dans un verre à pied; on y laisse tomber une goutte de dissolution très-étendue d'acétate de plomb, puis une goutte d'acide acétique; le précipité ne se dissolvant pas, on continue les additions d'acétate, alternées avec des essais successifs, jusqu'à ce que le précipité formé dans les conditions prescrites disparaisse dans la goutte d'acide acétique. A ce moment, l'acide citrique est presque entièrement séparé. Après chaque essai, il faut restituer à la liqueur le centimètre cube qu'on lui a emprunté; mais avant, il convient de neutraliser la goutte d'acide ajoutée, sans quoi l'acidité de la dissolution deviendrait trop grande. La neutralisation est faite avec de l'ammoniaque très-étendue, enfermée dans une burette; par une épreuve préalable on a déterminé combien il faut de gouttes pour en neutraliser une d'acide acétique.

Le citrate de plomb formé est exactement neutre; on l'isole par la filtration, puis on le lave. On sait que l'eau pure décompose ce sel en citrate basique insoluble et citrate acide soluble; on ne peut donc l'employer. En y ajoutant quelque peu d'acétate, on empêcherait cette décomposition; mais alors le citrate neutre, qui a une grande tendance à s'emparer d'un excès d'oxyde, deviendrait basique. Le mieux est de verser dans l'eau destinée au lavage quelques gouttes d'acétate et d'acide acétique; dans une pareille liqueur, le citrate neutre est en quelque sorte équilibré; l'acétate empêche la formation d'un sel acide; l'acide empêche celle d'un sel basique. Au reste, on abrége le plus possible ce lavage, et on remplace l'eau par l'alcool à 36° récemment bouilli et refroidi. On continue à laver, jusqu'à ce que toute la liqueur filtrée contienne parties égales d'eau et d'alcool.

Dans ce mélange, le citrate demeuré jusque-là en dissolution se précipite en entraînant du malate de plomb. L'ensemble des deux précipités ne représente qu'une très-faible fraction du poids des deux acides. Après l'avoir à son tour filtré et lavé à l'alcool, on passe au traitement du liquide qui ne renferme plus que de l'acide malique. Il ne faudrait pas y verser immédiatement de l'acétate de plomb; la présence de l'alcool déterminerait la formation d'un malate basique de composition variable. On commence donc par évaporer l'alcool. Le résidu de l'évaporation est traité par l'acétate en excès sensible, puis on verse sur le tout 5 à 6 fois son volume d'alcool à 36° additionné de $\frac{1}{200}$ environ d'acide acétique. Le malate de plomb se précipite complétement à l'état de sel neutre. On le filtre après quelques heures de repos, on le lave à l'alcool.

Nous voici, en définitive, en possession de trois filtres contenant, le premier, du citrate de plomb, le deuxième, une petite quantité de malate et de citrate, le troisième, du malate. On les fait sécher tous trois à 100°. On traite ensuite le contenu du premier et du troisième filtre, comme s'il s'agissait de déterminer la capacité de saturation d'un acide par son sel de plomb. Ainsi, on fait tomber la majeure partie du citrate dans une capsule de porcelaine vernie de toute part et tarée; on pèse, et on procède à la combustion. La quantité de litharge étant trouvée après les manipulations d'usage, on déduit par différence le poids d'acide citrique, et l'on compare ensuite entre eux les deux poids d'acide et de base pour vérifier s'ils correspondent à la formule du citrate de plomb séché à 100°,

$$(C^6H^5O^7)^2Pb^3 + H^2O.$$

La vérification doit se faire avec une grande approximation; sinon, on peut être sûr que les acides étaient mêlés à quelque substance étrangère. Pour achever la détermination de l'acide citrique, il reste à incinérer le filtre, à peser la litharge représentant le citrate demeuré adhérent au papier, et à en déduire le poids d'acide correspondant.

La détermination de l'acide malique se fait, avec le troisième filtre, exactement comme celle de l'acide citrique.

Quant au filtre intermédiaire, on se borne à l'incinérer pour déterminer la litharge; il y en a assez peu, pour qu'il soit permis de supposer, sans erreur bien sensible, que le précipité se composait par parties égales de malate et de citrate; on calculera donc la quantité de chaux des deux acides qui correspond à la moitié du poids de la litharge.

Les vérifications de ce procédé faites sur des poids connus et variés de bi-malate d'ammoniaque et d'acide citrique pur nous permettent d'affirmer qu'on atteint, dans la détermination des deux acides, une approximation comprise entre $\frac{1}{50}$ et $\frac{1}{100}$.

On remarquera que le procédé fournit, outre les résultats des dosages, la vérification de la pureté des composés dosés, vérification qu'on ne doit jamais négliger, surtout dans les opérations de l'analyse immédiate.

Nous voici en mesure de séparer les deux acides quand ils sont purs et simplement mêlés; il faut apprendre maintenant à les extraire en cet état d'une substance végétale, le tabac par exemple.

On ne peut guère préparer la dissolution des acides ou de leurs sels alcalins en traitant la substance par l'eau ou l'alcool; l'un ou l'autre de ces liquides dissoudrait, avec les malates et citrates, diverses substances dont la séparation serait ensuite fort difficile, sinon impossible; il vaut mieux recourir à l'éther qui ne dissout, en général, ni les combinaisons salines, ni les matières azotées, ni celles qu'on a appelées extractives; il s'empare des acides organiques, des résines, graisses, essences; mais la séparation de ces corps ne présente aucune difficulté. L'emploi de l'éther exige que les acides organiques soient au préalable isolés par un acide plus énergique, tel que l'acide sulfurique; car il ne les dissout que s'ils sont libres; et comme les acides y sont assez peu solubles, il faut se ménager le moyen de laver la substance avec une grande quantité de dissolvant, condition qu'on remplit facilement en se servant de l'appareil à distillation continue déjà décrit, et en y prolongeant la circulation de l'éther aussi longtemps qu'il est nécessaire.

Voici comment on procède au laboratoire des tabacs. On examine d'abord les cendres de la substance pour calculer la quantité *minima* d'acide sulfurique à employer; il est clair que cette quantité correspond à l'excès des bases sur les acides minéraux. Par exemple, dans la cendre de tabac, on a trouvé 60 % de carbonate de chaux, 10 % de carbonate de potasse, 5 % de magnésie; le tout correspond à 64 % d'acide sulfurique réel, SO^3. Or 10 grammes de tabac, quantité suffisante pour l'extraction proposée, contiennent 2 grammes de cendres; il faudra donc employer, au moins 64 % de 2 grammes, soit $1^{gr},3$ de SO^3. Pour assurer le déplacement complet des acides organiques, on doublera cette dose, et on pèsera environ 3 grammes d'acide monohydraté. On les étendra de 4 à 5 fois leur poids d'eau, et on versera le mélange sur les 10 grammes de tabac dans le mortier même où ils ont été broyés. Pour répartir l'acide uniformément, on réunit à diverses reprises la matière devenue pâteuse au fond du mortier, et on la presse fortement avec le pilon pour extravaser les sucs.

Sous la forme qu'elle a prise, la matière serait presque impénétrable à l'éther; on la divise en la mêlant avec de la ponce en très-petits fragments; cette ponce remplit un autre office : en s'imbibant de l'excès de sucs acides, elle les retient, et empêche l'éther de les chasser devant lui par simple déplacement. Au fond de l'allonge de l'appareil à déplacement, on a mis un tampon de coton très-lâche et de la ponce par-dessus; on y verse le mélange, on essuie le mortier et le pilon avec du papier buvard qu'on introduit à son tour dans l'allonge, et on procède à l'épuisement.

Tous les acides organiques, pour peu qu'ils soient solubles dans l'éther, finissent par être complétement dissous. Les acides oxalique et tartrique le sont en quelques heures; il en faut davantage, une quinzaine, pour les acides malique et citrique. L'épuisement est terminé lorsqu'une petite quantité d'éther, recueillie à l'issue de l'allonge et évaporée à l'air, ne laisse pas trace d'acide dans le résidu aqueux de l'évaporation. L'éther ne dissout ni l'acide nitrique, ni l'acide chlorhydrique de la substance; du moins, on n'en trouve pas dans la liqueur après l'épuisement; il dissout quelques traces d'acide phosphorique; quant à l'acide sulfurique, il demeure tout entier dans la substance, s'il y est étendu de 7 à 8 fois son poids d'eau; or, au moment de l'emploi, il a été étendu de 4 à 5 parties d'eau; et comme la moitié passe à l'état de sulfate, le reste est dissous dans 8 à 10 parties, et résiste absolument à la dissolution par l'éther.

Après l'opération, on trouve sur la paroi du ballon, tantôt des gouttelettes d'apparence oléagineuse, presque incolores : ce sont des dissolutions aqueuses concentrées d'acides malique et citrique; tantôt des cristaux, également incolores, d'acides oxalique et tartrique, formant, quand ils sont en certaine quantité, une couronne continue au niveau de l'éther. Pour dissoudre les acides, tout en laissant dans l'éther les corps étrangers qu'il a dissous, on verse dans le ballon quelques grammes d'eau, et on les agite avec l'éther. Il faut prendre garde de mêler trop brusquement les deux liquides : les gouttelettes d'eau pourraient s'envelopper d'une couche de matières grasses précipitées de l'éther, et refuser dès lors de se réunir : telles sont les globules de beurre dans le lait. La dissolution acide est soutirée avec une pipette effilée; plusieurs lavages à l'eau suivent le premier, puis les liquides sont réunis dans un petit verre de Bohême qu'on expose à une douce chaleur pour éliminer l'éther dissous par l'eau. Ils sont à peine colorés en jaune très-clair; ce qu'ils contiennent de matières autres que les acides est négligeable.

Ils ne renferment que quatre acides quand on opère avec le tabac : ce sont les acides acétique, oxalique, malique, citrique. On les neutralise par l'ammoniaque; le tournesol est ici superflu; le moindre excès d'alcali est annoncé par un brunissement sensible de la liqueur; on le fait disparaître en ajoutant quelques gouttes d'acide acétique. L'acide oxalique est précipité par une dissolution étendue d'acétate de chaux; l'excès de réactif doit être aussi faible que possible, parce que, en présence d'un excès notable de sels calcaires, le malate et le citrate de plomb qu'on précipitera bientôt entraînent des malate et citrate de chaux. L'oxalate de chaux bien déposé est filtré, lavé, séché. On pourrait doser immédiatement la chaux et en conclure l'acide oxalique; il vaut mieux recueillir le sel sur un filtre taré qu'on pèse après dessiccation; on a ainsi le poids du sel; la chaux étant ensuite déterminée, il faut que sa quantité corresponde à la formule de l'oxalate calcaire desséché à 100°,

$$C^2O^4Ca'' + 2H^2O.$$

On vérifie de la sorte que l'oxalate était pur et ne contenait pas quelque corps étranger.

Dans la liqueur filtrée, les acides malique et citrique se trouvent précisément à l'état voulu pour l'application du procédé de dosage qui a été décrit. Les quelques milligrammes d'acide phosphorique entraînés par l'éther se précipitent, avec le citrate, à l'état de phosphate de plomb. On le retrouve après la combustion du sel et la dissolution de la litharge par l'acide acétique; on peut dès lors le séparer, le déterminer, et défalquer son poids de celui du citrate.

Quant à l'acide acétique extrait du tabac avec les autres acides, on n'en tient aucun compte; nous allons donner le moyen de le déterminer directement.

Acide acétique. — La solubilité des acétates dans l'eau et l'alcool s'oppose à l'emploi des précipitants comme agents de séparation. Mais l'acide acétique est volatil, et ce caractère, trop souvent négligé par les analystes dans une foule de cas où il pourrait être mis à profit, va nous permettre de le déterminer très-simplement.

C'est par un courant de vapeur que nous entraînerons l'acide acétique mis au préalable en liberté par un acide fixe. Il est clair que la quantité de vapeur nécessaire sera d'autant moindre, et l'opération d'autant plus rapide, que l'acide acétique sera concentré dans un moindre volume de dissolution. Cette condition sera remplie de la manière suivante : la substance organique (10 grammes de tabac) sera réduite en poudre, humectée avec peu d'eau et enfarinée avec de l'acide tartrique en poudre fine. Aussitôt après, nous l'introduirons dans un tube en verre, où elle sera maintenue entre deux tampons de coton ou d'amiante; ce tube sera fixé dans un manchon de verre; une de ses extrémités qui aura été étirée sortira du manchon pour se relier à un petit serpentin entouré d'eau froide. Quand ces dispositions seront prises, nous mettrons le manchon en communication avec un ballon plein d'eau bouillante; la vapeur circulera autour du tube qui contient la substance, y pénétrera, balayera l'acide acétique, et, après condensation dans le serpentin, sera reçue dans un vase contenant quelques gouttes de teinture de tournesol. L'acide sera neutralisé, à mesure qu'il arrivera, par une liqueur titrée de baryte, en sorte que son dosage se trouvera terminé dès que la substance aura perdu tout son acide volatil.

On a compris que l'emploi du manchon a pour but d'éviter les condensations de vapeur dans le tube; s'il s'en produisait, la vapeur barboterait bientôt à travers une dissolution de sucs colorés, très-acides, dont une partie serait entraînée dans le serpentin. La vapeur n'entraîne aucune trace d'acide nitrique, ou chlorhydrique ou oxalique.

Il est presque superflu de faire observer que ce procédé est d'un emploi général. Dans certains cas, l'acide acétique peut être accompagné d'autres acides franchement volatils comme lui, l'acide formique, butyrique... Il reste alors à poursuivre l'analyse; mais les acides sont toujours séparés de la substance, ce qui est le point essentiel.

Corps gélatineux. — Depuis les recherches de M. Fremy, les corps gélatineux peuvent être rangés en trois catégories, ayant pour types : la pectose, neutre et insoluble, la pectine, neutre et soluble, l'acide pectique, très-peu soluble, et ne formant de composés solubles qu'avec la potasse, la soude, l'ammoniaque. L'un, au moins, de ces types se rencontre toujours dans les végétaux : nous croyons donc utile d'indiquer les procédés par lesquels on peut déterminer les corps gélatineux, quel que soit le type auquel ils se rapportent.

Acide pectique. — Il est d'ordinaire uni à la chaux, et forme un composé insoluble qui concourt, avec la cellulose, à donner aux organes végétaux la rigidité nécessaire : aussi en trouve-t-on beaucoup plus dans les côtes et nervures, c'est-à-dire dans la charpente des feuilles, que dans le parenchyme. Pour l'extraire et le doser, il semblerait naturel d'épuiser d'abord la matière végétale par l'eau; d'éliminer ensuite la chaux, la magnésie, les phosphates... par des lavages avec l'acide chlorhydrique étendu; de reprendre par un alcali l'acide pectique devenu libre, et de le doser enfin dans la dissolution obtenue. Cette marche peut suffire pour une préparation; mais elle ne convient pas pour un dosage : l'acide pectique n'est pas absolument insoluble dans l'eau, surtout en présence des principes solubles du végétal : une partie en serait donc perdue. De plus, l'alcali dissoudrait en même temps que lui des matières brunes dont il serait fort malaisé de le séparer. Nous préférons le procédé suivant :

La matière végétale, réduite en poudre, est introduite dans une allonge ou un entonnoir, et lavée lentement avec de l'alcool à 36°, contenant le quart de son volume d'acide chlorhydrique concentré, jusqu'à ce que le liquide filtré ne contienne plus trace de chaux. Le lavage avec l'alcool ordinaire succède alors à celui-ci par l'alcool acide; il est continué jusqu'à ce que l'acide chlorhydrique soit entièrement éliminé. L'acide pectique est ainsi rendu à la liberté sans aucune perte. Alors, avec le jet d'une pissette, on fait tomber toute la matière dans un ballon d'un litre, qu'on achève de remplir aux trois quarts et l'on y verse une dissolution tiède d'oxalate d'ammoniaque neutre contenant au moins 1 gr. de sel, pour chaque demi-gramme d'acide pectique à extraire; puis on fait digérer, vers 35°, pendant 1 ou 2 heures. L'oxalate a la propriété, observée par M. Fremy et commune à d'autres sels à acides organiques, de dissoudre l'acide pectique. La dissolution est incolore, par la raison que les matières brunes, solubles dans les alcalis, ne le sont point dans une liqueur neutre ou légèrement acide; elle se laisse aussi filtrer beaucoup mieux que la solution de pectates alcalins. On la filtre donc, et on lave le résidu. Le liquide filtré est ensuite traité par un excès de dissolution d'acétate de chaux; il s'y forme un volumineux précipité blanc d'oxalo-pectate de chaux. On pourrait en extraire l'acide pectique, en le reprenant par de l'alcool fortement acidifié par de l'acide chlorhydrique. Mais cela n'est point nécessaire, si l'on a pris la précaution de peser exactement l'oxalate d'ammoniaque, sel qui devra être purifié et bien défini par une analyse préalable. Il suffit alors de recueillir l'oxalo-pectate sur un filtre taré (le filtre séché à l'étuve doit être pesé dans un étui de verre), de le laver à l'eau, puis à l'alcool, afin de faciliter sa dessiccation, et de le porter dans l'étuve de Gay-Lussac. La pesée faite après la dessiccation donne, par différence, le poids de l'oxalo-pectate. Reste à savoir combien il renferme d'acide pectique. Pour cela, on le brûle et on dose la chaux. Le poids de l'oxalate d'ammoniaque employé permet de calculer celui de l'oxalate de chaux; dans ce calcul, il faut se rappeler que l'oxalate de chaux, qui garde ordinairement 2 molécules d'eau à la température de 100°, en perd une au contact de l'alcool, et a, en conséquence, pour formule $C^2O^4Ca + H^2O$. On calcule aussi la chaux correspondant à l'oxalate, et on la déduit de la chaux totale dosée, ce qui donne la chaux appartenant à l'acide pectique; on a donc tous les éléments du calcul pour déterminer dans l'oxalo-pectate la matière organique autre que l'acide oxalique.

La feuille de tabac, telle qu'on l'emploie en manufacture, ne contient pas de corps gélatineux autres que l'acide pectique : 5 grammes de matière suffisent pour un dosage.

Pectose. — Supposons, comme nous venons de le faire pour l'acide pectique, que cette substance soit le seul représentant des corps gélatineux dans une substance végétale. On sait qu'elle n'est pas altérée, à froid, par l'acide chlorhydrique, et qu'elle se convertit rapidement en acide pectique, à la température de l'ébullition, en présence d'un alcali. Il semble donc que le procédé le plus simple pour la doser serait d'épuiser la substance par l'acide chlorhydrique étendu, de reprendre, à chaud, par une dissolution alcaline, et de la déterminer sous la forme d'acide pectique. Ce mode d'opérer présenterait, dans la plupart des cas, de graves inconvénients : 1° l'alcali dissoudrait des matières brunes qu'on ne saurait éliminer; 2° sous les influences de la chaleur et d'un alcali, la pectose peut se transformer partiellement en acide métapectique qu'on ne pourrait doser en même temps que l'acide pectique; 3° sous les mêmes influences, l'amidon, si répandu dans les tissus végétaux, se résoudrait en matière amylacée diffusible, qu'on ne pourrait plus séparer de l'acide pectique, et qui serait entraînée avec lui, quand on le précipiterait. Nous évitons toutes ces complications en opérant de la manière suivante :

La substance (5 à 10 grammes) est broyée et mise dans un ballon de 250 centimètres cubes, où l'on verse environ 150 grammes d'alcool à 36° ; on calcine au rouge naissant 1 gramme de bi-carbonate de potasse; le carbonate neutre est dissous dans peu d'eau et versé sur l'alcool, puis on chauffe le tout vers 75°, pendant une demi-heure, en ayant soin d'agiter fréquemment : le ballon doit être surmonté d'un long tube pour condenser la vapeur d'alcool; par cette opération, la pectose est intégralement convertie en acide pectique; mais l'amidon est préservé par l'alcool de la désagrégation que la chaleur et les alcalis lui font éprouver dans l'eau. Après filtration, la substance ainsi traitée rentre dans le cas déjà examiné où le corps gélatineux est exclusivement à l'état d'acide pectique. Ce procédé a été appliqué avec plein succès aux substances très-riches en amidon, telles que la pomme de terre.

Pectine. — Braconnot a montré que cette substance est convertie instantanément en acide pectique, en présence d'un alcali, même très-dilué. Cette conversion s'opère également quand la substance est chauffée dans l'alcool alcalisé. Rien n'est donc plus facile que de ramener la détermination de la pectine à celle de l'acide pectique.

Examinons maintenant le cas où les corps gélatineux affectent plusieurs états dans une même substance végétale.

Acide pectique et pectose. — On traitera d'abord la matière, comme il a été dit, en vue d'extraire et de doser l'acide pectique. La pectose n'est solubilisée ni par l'alcool chlorhydrique, ni par la dissolution d'oxalate d'ammoniaque, elle résistera donc parfaitement aux traitements. Une fois l'acide pectique éliminé, on convertira la pectose en acide, en chauffant la substance avec de l'alcool alcalin, et on procédera à un deuxième dosage de cet acide.

Acide pectique, pectose, pectine. — La pectine sera séparée par l'eau et dosée dans la dissolution; la matière végétale lavée, ne contenant plus que la pectose et l'acide pectique, rentrera dans le cas précédent. L'extraction de la pectine peut entraîner celle d'une certaine portion d'acide pectique; par exemple, le jus de poire mûre contient, outre la pectine, de l'acide dissous à la faveur des malates. En pareil cas, on fera bien de traiter la dissolution par un sel calcaire neutre, qui précipitera l'acide, sans agir sur la pectine.

Dans la plupart des recherches d'analyse immédiate, il n'est pas indispensable de déterminer l'état des corps gélatineux : ils ont évidemment une origine commune; leur détermination en bloc, sous forme d'acide pectique, est suffisante. L'analyse est alors simplifiée : la substance est traitée tout d'abord par l'alcool alcalisé, qui convertit la pectine et la pectose en acide pectique qu'il reste à déterminer.

Nous avons dit que les substances végétales doivent être broyées : c'est une condition à remplir avant toute opération d'analyse, dans la plupart des cas. Mais elle peut embarrasser assez souvent, notamment quand la substance est gonflée de sucs, comme une feuille verte, un fruit. La trituration de fibres humides est presque impossible; d'ailleurs, les sucs frais exposés à l'air s'altèrent rapidement. Il faut donc commencer par éliminer l'eau. Or la dessiccation à l'étuve n'est pas sans inconvénient, sous le rapport de l'altération des principes immédiats : ainsi, si l'on veut étudier la maturation des fruits, fera-t-on sécher des tranches de pomme ou de poire dans une étuve, sans avoir à craindre des transformations dans les corps gélatineux? Pour nous, l'emploi de l'alcool, comme agent de dessiccation et de conservation, a résolu la difficulté. Quand nous avons à faire l'analyse immédiate d'une matière végétale verte, après l'avoir pesée et découpée au besoin, nous l'immergeons dans l'alcool. Celui-ci dissout certains principes qu'il faudra y rechercher; ce n'est pas un inconvénient, c'est au contraire un commencement d'analyse. Le résidu de la macération, imbibé d'alcool, peut être ensuite séché rapidement et broyé sans danger d'altération. C'est ainsi que nous procédons au début de l'analyse du tabac vert, de la betterave, des fruits.

Sucre. — La feuille du tabac vert ne contient qu'une très-petite proportion de sucre; on en trouve davantage dans la moelle de la tige. Pour l'extraire, il convient d'épuiser par l'alcool à 36°; le liquide évaporé laisse un résidu composé de nitrates, chlorures, résines vertes, malate, acide, nicotine, sucre... On le reprend par l'eau, on filtre, et dans la liqueur filtrée on détermine le sucre par la liqueur de Fehling. Pendant la fermentation lente que le tabac éprouve dans les magasins de la culture, le sucre disparaît, et les feuilles livrées aux manufactures n'en contiennent plus.

Amidon. — Ce principe existe dans le tabac comme dans la plupart des végétaux, mais en petite quantité. Dans des circonstances spéciales, sa proportion peut devenir considérable; c'est quand on diminue, par des moyens artificiels, l'absorption des bases minérales par les racines, par exemple, quand on enferme la plante dans une atmosphère confinée alimentée d'acide carbonique. L'évaporation naturelle est alors en partie suspendue; il en résulte que l'absorption par les racines est moins énergique, et que les bases minérales dont la plante a besoin pour constituer ses acides organiques ne lui arrivent plus en quantité suffisante. Cependant l'assimilation de l'acide carbonique continue; et la matière hydrocarbonée qui en provient s'accumule dans les feuilles, sous forme d'amidon, comme dans un magasin où elle attend un emploi. Dans des expériences de ce genre, M. Schlœsing a obtenu des feuilles contenant jusqu'à 20 % d'amidon. Cette production anormale est due évidemment à un dérangement d'équilibre dans les fonctions naturelles. Il est probable qu'elle a lieu souvent, sans qu'on s'en doute, dans les plantes cultivées sous châssis.

La détermination de l'amidon demande d'autant plus de soin que sa proportion est moindre. On le sépare, comme on sait, en le transformant en un principe soluble, le sucre, par l'action de la chaleur et d'un acide étendu; la substance organique, enfermée dans un flacon bouché, est chauffée à 108°, dans un bain d'eau salée, avec de l'acide sulfurique étendu de 50 parties d'eau. Dans ces conditions, la transformation totale s'accomplit en deux heures. Le sucre est ensuite déterminé avec la liqueur de Fehling. C'est une analyse indirecte, dans laquelle un principe est dosé par une réaction proportionnelle. En pareil cas, l'analyste ne peut compter sur les résultats obtenus qu'à la condition d'être assuré de l'absence de tout autre principe offrant la même réaction. Or le sucre partage avec quelques autres substances, notamment avec les acides solubles dérivés des corps gélatineux, la propriété de réduire la liqueur cupro-potassique; il est essentiel d'éliminer toute substance de ce genre. Nous conseillons, à cet effet, de placer le dosage de l'amidon après celui des corps gélatineux exécuté, bien entendu, d'après les instructions précédentes: la matière organique, objet de l'analyse, a bouilli avec de l'alcool alcalisé, puis a été traitée par l'alcool chargé d'acide chlorhydrique, puis encore a digéré, à la température de 30°, avec une solution étendue d'oxalate d'ammoniaque qui a dissous l'acide pectique. C'est dans le résidu de ces traitements que nous déterminons l'amidon, en recourant à sa transformation en sucre. Il n'y a pas à craindre que la cellulose subisse une modification semblable, pour peu qu'elle soit agrégée; la cellulose des très-jeunes organes, en quelque sorte naissante, doit seule inspirer des inquiétudes en pareil cas.

Cellulose. — La détermination de ce principe dans le tabac ne présente rien de particulier. Après avoir éliminé par les dissolvants neutres, acides et alcalins le plus possible de matières, et avoir obtenu ce que les Allemands ont appelé la cellulose brute, on fait digérer le résidu avec le réactif de Schweizer, dans un mortier, sous une cloche, en ayant soin de renouveler les surfaces en contact par des broyages fréquents. On filtre la dissolution sur l'amiante, on lave avec du réactif, puis on précipite la cellulose par l'acide acétique. Le précipité est recueilli sur un filtre taré, puis lavé, séché et pesé.

Principes solubles dans l'éther. — Ce sont les résines, cires, huiles, graisses, essences. On les dose ensemble parce qu'on ne sait pas les séparer. Malgré son imperfection, ce dosage simultané rend de grands services, en pratique, pour la détermination de la valeur nutritive des fourrages. Mais il est clair qu'il ne peut suffire, en analyse immédiate, et que celle-ci présente à cet égard une lacune regrettable.

Dans le tabac, et probablement dans d'autres substances végétales, ces divers corps ne sont pas extraits en totalité par l'éther, si prolongé que soit l'épuisement; et quand on fait succéder l'alcool à ce dissolvant, on en obtient encore une quantité très-notable, s'élevant souvent au quart de leur poids total. Il est évident qu'une portion des résines, graisses, etc., était, lors du traitement par l'éther, soit à l'état de combinaison insoluble dans ce liquide, soit intimement mélangée avec des corps insolubles qui l'ont protégée. Nous signalons ce fait, uniquement pour mettre en garde les chimistes qui accorderaient trop de confiance à l'efficacité de l'épuisement par l'éther pratiqué en vue d'extraire la totalité des matières solubles dans ce liquide.

La quantité d'essence extraite du tabac par l'éther est absolument négligeable. Il faut distiller au moins 100 kilogrammes de feuilles pour obtenir, après un grand nombre de rectifications successives, quelques gouttes d'une essence peu volatile, d'une odeur presque désagréable et très-persistante. Sa composition, ses propriétés n'ont pas été examinées.

Matières azotées. — Il n'y a pas à songer à séparer les unes des autres des substances dont les chimistes savent à peine distinguer les propriétés. Le meilleur mode de détermination consiste à doser l'azote total de la substance, et à en défalquer celui qui appartient aux nitrates, à l'ammoniaque, aux bases organiques, et autres principes définis. Le reste appartient aux matières azotées proprement dites, lesquelles renferment en moyenne 16 % d'azote, on multiplie donc son poids par $\frac{100}{16}$ ou 6,25 pour avoir le poids de ces matières.

Analyse immédiate du tabac. — Nous considérerons seulement le tabac tel qu'il arrive dans les manufactures.

Échantillonnage. — Une centaine de feuilles sont prises au hasard dans le tas, mises à l'étuve à 40°, et broyées grossièrement. Dans le mélange des débris, on prend 100 grammes que l'on réduit en poudre fine; c'est l'échantillon d'où l'on tirera les différents lots nécessaires aux opérations analytiques.

Humidité. — 5 à 10 grammes sont séchés à 100° pendant 2 à 3 heures, dans l'étuve de Gay-Lussac: la perte de poids donne ce que l'on appelle l'*humidité;* mais l'expression n'est pas juste. Dans le tabac, comme dans la plupart des substances végétales, il y a de l'eau hygroscopique, de l'eau retenue par des sels déliquescents, de l'eau combinée. On ne dessécherait pas complétement à 100° une dissolution de chlorure de calcium; on ne déshydraterait pas non plus de l'oxalate de chaux: de même, on ne peut éliminer à cette température toute l'eau retenue par les sels déliquescents de nicotine, par les malate et citrate de potasse, ni l'eau engagée dans les combinaisons salines qui abondent dans le tabac; aussi, quand on porte à 110° seulement du tabac qui ne perd plus rien à 100°, on lui enlève plusieurs centièmes de son poids.

L'incertitude dans la détermination de l'eau s'oppose au contrôle final de toute analyse qui consiste à comparer au poids de la matière la somme des poids de tous les principes isolés. On a toujours, heureusement, la ressource de faire une semblable vérification sur le carbone. La composition élémentaire de chaque principe étant connue, celle de la matière l'étant aussi, il est clair que, si l'on a tout dosé, la somme des poids du carbone des divers principes doit égaler le poids du carbone de la matière.

Ordre des analyses. — 10 grammes de tabac sont consacrés au dosage de la nicotine : on les épuise ensuite par l'alcool; les deux extraits des dissolutions éthérée et alcoolique donnent la totalité des corps solubles dans l'éther. Après ces deux épuisements, la matière est extraite de l'appareil à distillation continue, séchée à l'air, et divisée en deux parts égales représentant chacune 5 grammes de tabac : l'une sert au dosage de l'acide pectique et de l'amidon, l'autre à celui de la cellulose.

10 autres grammes, épuisés par l'alcool, donnent un extrait qu'on divise en deux parts, servant à la détermination du sucre et de l'acide nitrique;

10 autres sont employés au dosage des acides oxalique, malique, citrique;

10 autres à celui de l'acide acétique;

Il en faut encore 10 pour doser l'ammoniaque, soit à froid par le procédé de M. Schlœsing, soit par distillation par le procédé de M. Boussingault.

Enfin l'azote est déterminé dans 1 gramme de matière, non par la chaux sodée, mais toujours par la combustion avec l'oxyde de cuivre.

Voici maintenant, pour terminer, quelques résultats généraux des nombreuses analyses exécutées au laboratoire des tabacs.

Le taux de nicotine est compris :

Dans les feuilles d'origines diverses, entre 1 1/2 et 9 %;

Dans les cigares de 5cent. et 7cent., 5 entre 1,5 et 1,8;

Dans les londrès et cigares de la Havane, entre 1,8 et 2,2 pour %;

Dans le scaferlati ordinaire, entre 2,2 et 2,5;

Dans le tabac à priser, entre 2 et 3.

Le taux des acides malique et citrique, supposés anhydres, varie de 10 à 14 %;

Celui de l'acide oxalique également anhydre, de 1 à 2 %; l'acide acétique est en très-faible quantité dans les feuilles; mais la fermentation en développe jusqu'à 3 % dans le tabac à priser.

La proportion d'acide pectique est d'environ 5 %;

Celle des corps résineux varie de 4 à 6 %;

Le taux de cellulose est de 7 à 8 %;

La feuille de tabac renferme 4 % d'azote appartenant aux matières azotées proprement dites; ce nombre correspond à l'énorme proportion de 25 % de ces matières : n'était la nicotine, le tabac serait un admirable fourrage.

Des analyses, effectuées à divers moments de la période du développement herbacé, ont montré que les principes immédiats du tabac, la nicotine exceptée, sont produits en quelque sorte parallèlement pendant cette phase de la végétation, comme si, la matière minérale s'organisant de la même façon, sous l'action répétée des mêmes forces, la masse végétale s'accroissait sans variation notable dans les proportions des principes engendrés. Il n'en est plus ainsi, comme on sait, pendant la fructification, lorsque la plante transporte vers les graines, en les transformant, les principes accumulés jusque-là dans les feuilles, la tige ou la racine.

III. FABRICATION, STATISTIQUE. — Nous avons donné quelque développement au paragraphe précédent, dans l'espoir d'être utile aux chimistes qui s'occupent de l'analyse des végétaux ; les procédés décrits peuvent être facilement généralisés, et la plupart, bien qu'en usage depuis longtemps au laboratoire des tabacs, n'avaient pas encore reçu une publication suffisante. Nous n'avons aucun motif de cet ordre pour nous étendre sur la fabrication du tabac : nous serons donc très-bref; nous jetterons un coup d'œil sur les opérations des manufactures, réservant seulement quelques détails pour les faits chimiques qu'elles nous offriront.

Approvisionnements. — Ils consistent en feuilles exotiques et indigènes. Les feuilles indigènes, déposées dans les magasins de la culture, sont réparties entre les diverses manufactures, conformément à des *états de composition* arrêtés chaque année par l'administration supérieure. Les feuilles exotiques, entreposées dans les magasins des ports d'arrivage, le Havre, Bordeaux, Marseille..., sont à leur tour l'objet d'une semblable répartition, en sorte que tous les produits similaires fabriqués dans les divers établissements, soient préparés avec des matières premières identiques, de mêmes origines, de mêmes qualités, employées dans les mêmes rapports. La régie assure par là l'uniformité de sa fabrication; les méthodes sont d'ailleurs semblables. Le climat seul, par des différences de chaleur, d'humidité, introduit quelques variations dans la qualité des produits.

Préparation générale des feuilles. — Chaque manufacture a son magasin de matières premières, d'où elle tire chaque jour les feuilles à mettre en œuvre. Les feuilles indigènes passent toutes, d'abord, dans l'atelier d'écabochage, où l'on coupe, à l'aide de cisailles, le gros bout de la côte et quelque peu de parenchyme. Le déchet est d'environ 6 %; puis elles vont aux ateliers *d'époulardage* et *de triage*, où sont directement portées les feuilles exotiques. Là, les feuilles sont séparées les unes des autres et triées. La perfection du triage est très-variable; elle dépend de la diversité des emplois que peuvent présenter les feuilles tirées d'une balle, voire même d'une manoque. Le tabac étant consommé sous trois formes : tabac à fumer, à mâcher, à priser, les feuilles ont naturellement trois emplois principaux. Si, parmi les feuilles *époulardées* en même temps, il s'en trouve qui soient propres à des usages différents, le triage est fait avec soin; mais il est bien superflu quand toutes sont de nature à n'alimenter qu'un seul genre de fabrication.

De ces ateliers, les feuilles sont portées à la *mouillade*. Qu'elles doivent fermenter ou être simplement converties en cigares ou en scaferlati, il faut toujours les mouiller, ne serait-ce que pour les assouplir et leur permettre de résister aux manipulations. Les feuilles pour scaferlati et pour poudre sont toujours mouillées avec de l'eau salée : le sel est là pour s'opposer à la putréfaction et assurer la conservation des produits.

Pour scaferlati, on mouille à 28 d'eau salée, et 2 de sel pour 100 de feuilles;

Pour poudre, à 20-21 d'eau salée, et 3 de sel pour 100 de feuilles.

La mouillade était exécutée autrefois à la main, avec des arrosoirs qu'on répandait sur les feuilles, au moment où on les empilait. L'opération est maintenant mécanique; *le mouilleur* est un grand cylindre en bois, horizontal, muni à l'intérieur de lames héliçoïdales appliquées contre la paroi, et animé d'un mouvement lent de rotation. Il reçoit à une extrémité les feuilles sèches et un filet d'eau salée : la rotation et les lames mélangent les matières et assurent l'égale répartition de l'eau. Les feuilles, reçues à l'autre extrémité, sont mises en tas pour laisser à l'eau le temps de les pénétrer et de les assouplir. Cet appareil est l'une des nombreuses applications du torréfacteur de M. E. Rolland.

Scaferlati. — Les feuilles humectées passent ensuite dans l'atelier du hachage, où elles sont découpées en filaments de 1 millimètre environ de largeur. Un hachoir se compose essentiellement de deux parties : 1° un réceptacle pour les feuilles; c'est un intervalle compris entre deux joues latérales fixes et deux toiles sans fin, mobiles, supportées et tendues par des rouleaux de bois. Ceux-ci, à un moment donné, s'animent d'un très-petit mouvement de rotation simultané, qui fait marcher les toiles et, par suite, le tabac qui est serré entre elles; 2° un couteau se mouvant dans des glissières verticales, oblique, comme celui d'une guillotine. Son tranchant d'acier, parfaitement affilé, abat à chaque descente une tranche mince de tabac; pendant sa montée, s'effectue le mouvement d'avance des feuilles, en sorte qu'à la prochaine descente, le couteau coupera une nouvelle tranche. Naturellement le tabac doit être assez pressé pour être coupé net, sans arrachement. Une plus longue description sans l'aide d'une figure serait superflue. Les feuilles sont disposées en long, de manière à être coupées dans le sens de la largeur : les côtes sont ainsi détaillées en petites tranches transversales, et le scaferlati est exempt des *bûches*, objets de la réprobation des fumeurs. Un hachoir coupe environ 1000 kilogrammes de feuilles en 10 heures de travail.

Après le hachage, il faut éliminer l'eau qu'on a été obligé d'introduire : le séchage, nommé *torréfaction*, s'est fait longtemps, d'abord sur des plaques de tôle chauffées à feu nu, puis sur des fours horizontaux, composés de tuyaux assemblés, dans lesquels circulait de la vapeur; les ouvriers retournaient constamment le tabac, au milieu d'émanations suffocantes : c'était une opération barbare. Le torréfacteur de M. E. Rolland a mis fin à cet état de choses. Son organe essentiel est un cylindre en tôle, horizontal, muni de lames hélyçoïdales à pas très-allongé, chauffé directement par un foyer double à coke. L'appareil tourne à raison de 8 rotations par minute. Le tabac humide y pénètre par un bout, et le parcourt jusqu'à l'autre, non sans être continuellement retourné, pendant qu'un courant d'air chaud balaye les vapeurs et les emporte avec lui dans une haute cheminée. Le tabac séché s'accumule dans une caisse, et en sort spontanément, quand son poids est suffisant pour faire jouer une trappe. Tout cela se fait avec une telle précision qu'on peut obtenir tel degré voulu de dessiccation, sans danger de donner au scaferlati, par une surchauffe, le goût détestable de *four*.

Au sortir du torréfacteur, le tabac circule dans un nouveau cylindre tournant, mais pour s'y rafraîchir et perdre un léger excès d'humidité laissé à dessein; ce cylindre, simplement en bois, est traversé par un courant d'air ordinaire, appelé par un ventilateur; puis le scaferlati est mis en masses de 10 à 12,000 kilos, et abandonné pendant une quinzaine de jours; enfin il est mis en paquets de 500, 100, 40 grammes. Le paquetage, que nous ne saurions décrire sans figure, est à moitié mécanique : tout ce qui demande de la force est fait par une distribution d'eau comprimée; tout ce qui exige de l'adresse et de l'agilité de main est exécuté par des femmes, à la manufacture de Paris. Le poids des paquets est vérifié par une balance inventée récemment par M. Dargnies, qui trie en trois catégories les paquets trop légers, trop lourds, et de poids normal, avec une régularité et une fidélité vraiment admirables. Malgré ces précautions, le public se plaint de ne plus trouver dans nombre de paquets le poids de tabac réglementaire. Il doit s'en prendre à certains débitants qui décollent les bandes vignetées, ouvrent les paquets, soustraient du tabac, et remettent ensuite toutes choses en état. Il faudrait, pour réprimer cette fraude, trouver une colle *indécollable*, problème plus difficile qu'il n'en a l'air, et qui n'est point encore résolu.

L'humidité normale du scaferlati est d'environ 20 %.

Cigares. — On les distingue en plusieurs catégories désignées par leurs prix de vente; tous sont faits à la main, ordinairement par des femmes; la qualité des feuilles et le degré de soin apporté dans la main-d'œuvre font les différences entre les produits. Un cigare est toujours composé d'un *intérieur*, d'une *sous-cape* et d'une *cape* ou *robe*. L'intérieur est formé de brins de tabac plissés dans le sens de leur longueur et juxtaposés; la sous-cape est un morceau de feuille assez grand pour envelopper complétement l'intérieur; la cape est une bande de 20 à 30 centimètres de long, sur 4 à 5 de large, taillée dans une feuille de choix; elle est enroulée obliquement sur l'intérieur déjà enfermé dans la sous-cape. Elle doit être taillée et enroulée de telle manière que les nervures, aussi effacées que possible d'ailleurs, se présentent longitudinalement sur le cigare, et jamais dans le sens transversal. Les feuilles pour capes doivent être élastiques, pour se prêter aux manipulations des ouvrières; fines, de bonne couleur, pour plaire au consommateur; du meilleur goût possible, pour le contenter. Ce dernier point est essentiel; car il est bien reconnu que le goût de la robe, pendant la combustion du cigare, l'emporte de beaucoup sur celui de l'intérieur, bien que son poids ne soit que le cinquième ou le sixième du tout.

Cigares à 5 centimes et à 7c,5. — La fabrication de ces cigares, très-peu importante jusqu'en 1850, a pris à cette époque un développement subit, qui s'est toujours soutenu depuis, à la suite de perfectionnements introduits dans la préparation des feuilles par deux ingénieurs du service, MM. Lediberder et Goupil. Expliquons brièvement les améliorations dues à ces ingénieurs. Il est impossible, industriellement, d'introduire dans un cigare une proportion déterminée et constante de chaque variété des feuilles désignées pour composer l'ensemble de la fabrication. Un cigare contient toujours en excès certaines variétés, au détriment des autres, selon la nature des feuilles qui tombent sous la main des ouvrières : si donc ces variétés ont des goûts différents, des degrés divers de combustibilité, les cigares présenteront des différences de même ordre : or le défaut d'uniformité dans les cigares est ce que le consommateur déteste par-dessus tout : il vaudrait mieux lui donner un produit constamment médiocre, qu'un mélange de bons produits qu'il n'apprécie pas assez, et de mauvais sur lesquels il concentre son attention. Tels étaient les inconvénients de l'ancienne fabrication : ajoutons que, la plupart du temps, les feuilles contenaient un excès de nicotine, et que les cigares étaient beaucoup trop forts.

MM. Lediberder et Goupil ont eu l'idée de plonger dans un même bain d'eau, pendant 24 heures, toutes les feuilles d'origines diverses destinées à la fabrication d'une journée : les tabacs sont ensuite extraits du bain, pressés, séchés à point et livrés aux cigarières. Une partie de la nicotine demeurant dans le *jus*, le tabac est affaibli d'autant; c'est un premier avantage. Mais le procédé en offre un second, peut-être plus important. Pendant la digestion en commun (la macération, en terme de fabrication), il se fait entre les feuilles un échange de principes solubles, auquel succède une sorte d'équilibre, quand toutes sont arrivées au point de ne rien prendre, rien céder au *jus* moyen qui s'est formé. Or le goût du tabac accompagne les principes solubles, dans leur dissolution : par exemple, une feuille d'Algérie, bien lavée et mise à digérer dans du jus de Havane, prend le goût de cette précieuse variété.

On conçoit donc que, par la macération, les diverses sortes arrivent à un goût commun, unique, et qu'ainsi les différences de composition, inévitables dans la confection des cigares, ne soient plus appréciables. De plus, les feuilles macérées prennent toutes une proportion identique de sels de potasse à acides organiques; celles qui en contiennent trop et dont la cendre serait noire en cèdent à celles qui n'en ont pas assez; la combustibilité est la même pour toutes. En définitive, l'uniformité des cigares est parfaite de tout point.

C'est à Bordeaux que la macération a été inventée; elle a fait la réputation des *petits bordelais* : il y a bien longtemps que le procédé a été généralisé dans toutes les manufactures; néanmoins, la persistance des préjugés est telle dans toute appréciation qui échappe aux moyens de mesure exacte, qu'aujourd'hui encore les consommateurs recherchent les cigares de Bordeaux, alors que partout ailleurs le même procédé fournit les mêmes produits.

Le jus des macérations est utilisé dans la mouillade des tabacs pour poudre. Plusieurs manufactures, qui ne font pas de tabac à priser, étaient obligées de l'écouler à l'égout, son degré de dilution s'opposant à son transport. Sous ce rapport, la macération appelait un perfectionnement que lui a apporté le *lavage méthodique*. Au lieu de macérer dans une cuve unique, les feuilles parcourent une série de cuves, pendant que les jus cheminent en sens inverse. Il résulte de cette disposition, d'ailleurs connue et appliquée dans diverses industries, que le jus sort de la série avec la densité assez considérable de 20° Baumé, et que les tabacs qu'on retire à l'autre extrémité ont un degré de force que le fabricant règle à son gré.

Cigares à 10 centimes. — Ils sont fabriqués principalement avec du Brésil et du Mexique : les robes qui les couvrent sont indigènes (Meurthe-et-Moselle, Dordogne, Gironde) lorsque les variétés exotiques n'en fournissent pas en quantité suffisante. Ces sortes de tabacs sont trop délicates pour être lavées ou macérées; on se borne à les assouplir avec très-peu d'eau, et on les livre aux cigarières.

Cigares en havane. — Tous les cigares dont le prix dépasse 10 centimes sont fabriqués dans la manufacture, spécialement établie pour cet objet, de Paris-Reuilly, ou bien sont expédiés directement de la Havane. Paris consomme la moitié de tout ce qui est fabriqué ou importé. Les fumeurs arrivés aujourd'hui à l'âge mûr ont pu constater que, depuis bien des années, la qualité de ces cigares va toujours baissant, pendant que leur prix s'élève constamment, et beaucoup accusent la régie : autant vaudrait lui reprocher d'ignorer les conditions les plus élémentaires de la prospérité industrielle et commerciale. Voici la vérité sur ce sujet : tant que les bons crus de Cuba ont suffi à une consommation limitée, les prix ont été raisonnables et les cigares bons. Mais les cigares havanais sont maintenant recherchés dans le monde entier. La demande augmente sans cesse, et les prix montent toujours; en même temps, les planteurs forcent la production, aux dépens de la qualité, au moyen d'engrais énergiques, et leurs tabacs perdent de plus en plus leur valeur intrinsèque : on paye donc beaucoup plus cher des cigares bien inférieurs aux anciens régalias. Il est bon qu'on le sache : les cigares de la Havane rapportent en moyenne, à l'État, 25 °/₀ de leur prix de vente, et seulement un centième du revenu total de l'impôt, tandis que le bénéfice de la régie sur les produits ordinaires qui s'adressent aux masses est de 800 à 900 °/₀ de la valeur réelle, et constitue les $\frac{99}{100}$ du revenu; cependant les consommateurs privilégiés des produits de luxe se plaignent toujours, et ceux qui payent neuf fois la valeur de ce qu'ils consomment sont contents et ne disent rien.

Tabac à priser. — Les produits dont nous avons parlé jusqu'ici séjournent peu dans les ateliers; leur fabrication est rapide; il n'en est plus ainsi pour le tabac à priser : il demeure au moins dix-huit mois en cours de fabrication. Après la mouillade, les feuilles sont grossièrement hachées en rubans de 1 centimètre de lange, et *mises en masse*. Une masse est un tas de 40 à 50000 kilogrammes de tabac, ayant la forme d'un parallélipipède de 6 à 7 mètres de long sur 4 à 5 mètres de large et 3 à 4 mètres de haut. Peu après la construction d'une masse, la température s'élève à l'intérieur, lentement d'abord, puis plus vite, jusque vers 75°, limite qu'elle ne doit pas dépasser; quand elle menace de la franchir, on pratique sur la masse des tranchées atteignant les parties les plus chaudes. La présence du sel marin est indispensable pour empêcher la fermentation de devenir une putréfaction. Le phénomène dominant est la combustion partielle de certains principes solubles, l'acide malique, l'acide citrique, la nicotine; aussi peut-on régler la fermentation en gouvernant l'accès de l'air. Les principes insolubles : oxalate et pectate de chaux, résine, cellulose, etc., sont à peine modifiés. Les matières azotées donnent de l'ammoniaque et des acides noirs qui colorent le tabac en brun foncé. Il se produit de l'acide acétique, dont une partie demeure libre, de très-faibles quantités d'alcool méthylique et une essence très-aromatique dont l'odeur restera désormais acquise au tabac à priser. La fermentation en masse dure de 5 à 6 mois.

Les matières sont ensuite livrées aux moulins. Un moulin se compose essentiellement : d'un tronc de cône fixe, en fonte, garni à l'intérieur de lames de fer fixées, suivant des génératrices, par des coins en bois dur; et d'une noix mobile, remplissant, à un petit intervalle près, le vide de la partie fixe, et garni de lames comme elle; seulement ces lames sont inclinées sur les premières sous un angle de 20°, en sorte que, la noix étant animée d'un mouvement alternatif de rotation, le tabac se trouve pris et déchiré par les lames comme par des cisailles. Les moulins sont disposés sur une ligne, et les produits du râpage tombent dans une vis sans fin horizontale, qui les charrie vers un appareil élévatoire; celui-ci les monte à un étage supérieur et les déverse sur des tamis mécaniques qui séparent les matières suffisamment pulvérisées; les débris trop volumineux sont rejetés dans une vis sans fin qui va les distribuer aux moulins. Il y a ainsi, entre les divers appareils, un tel enchaînement qu'un brin de tabac introduit dans la circulation ne peut sortir qu'en traversant les tamis, et repasse par les mêmes voies jusqu'à ce qu'il soit assez fin pour leur échapper. Le travail est entièrement mécanique; 5 ou 6 ouvriers le surveillent et remplacent, avec le secours des machines, 1000 à 1,200 râpeurs à bras; aussi le prix de revient du râpage, autrefois de 12 francs par 100 kilogrammes de tabac, est tombé à 60 centimes.

En sortant des machines, le tabac en poudre prend le nom de *râpé sec*. Il a en effet perdu de l'eau pendant la fermentation et le râpage. On lui restitue l'humidité convenable par une mouillade à l'eau salée, puis on l'entasse dans des cases en bois, hermétiquement closes, de la contenance de 30000 kilogrammes de matières. Il y reste trois mois et n'en sort que pour être transvasé dans une autre case, qu'il occupe pendant deux mois et demi. Il est encore transvasé deux fois après pareil séjour dans de nouvelles cases; enfin, au bout de 10 mois de fermentation lente, à l'abri de l'air, il est *mûr*, mais il n'a pas acquis un goût absolument constant; c'est pourquoi les fabricants disposent leurs opérations de manière à obtenir à la fois une dizaine de cases mures, soit 300000 kilogrammes de tabac à priser; le contenu de chaque case est étendu en couches horizontales, superposées dans *la salle des mélanges*, puis, au bout d'un mois, on attaque le tas verticalement; de la sorte les 10 cases donnent un produit moyen constant. On comprend qu'un tel résultat, nécessaire pour la satisfaction des consommateurs, ne puisse être obtenu que lorsqu'on travaille, comme la régie française, sur de très-grandes quantités de matières.

Pendant la fermentation en case, l'acidité disparaît peu à peu et fait place finalement à une réaction franchement alcaline. Cependant le taux de nicotine ne varie point; celui de l'ammoniaque demeure à peu près constant, et l'acide acétique continue à se former. Mais l'analyse démontre que la destruction des acides malique et citrique se poursuit, et met ainsi à nu les bases capables de saturer l'acide acétique et de faire apparaître l'ammoniaque et la nicotine libres L'arome acquis pendant la fermentation en masse se maintient dans le *râpé parfait;* mais il n'y figure plus qu'à titre de composante dans une résultante de 3 odeurs : celle de l'ammoniaque, de la nicotine et la sienne. Si le tabac à priser n'était pas légèrement alcalin, l'arome seul persisterait, et le tabac serait absolument *plat*. Il faut aussi qu'il contienne une proportion d'eau comprise entre 32 et 33 1/2 °/₀ (il s'agit ici de l'eau qu'on peut expulser en portant la température à 100°), si l'humidité est inférieure à 32 °/₀, les grains n'adhèrent pas assez entre eux, ni aux doigts du priseur; le tabac paraît *maigre;* si l'humidité dépasse 33 1/2 °/₀, les grains collent trop et le tabac semble *trop gras*.

Il nous reste à présenter quelques renseignements sur les quantités de tabac achetées par la régie, sur la composition des principaux produits des manufactures, sur leurs prix de revient et de vente.

Moyenne annuelle des achats de la régie, et leur prix.

Feuilles.	Kilogr.	Prix des 100 kilogr.		
De Virginie....	1,300,000	108 à	135f	
— Kentucky...	4,500,000	100	180	
— Maryland...	2,300,000	95	125	
— Brésil......	200,000	175	300	
— Mexique....	45,000	200	300	
- Havane	180,000	700	900	Certains crus valent 3,000f les 100 kilog.
— Hongrie....	1,600,000	75	120	
— Levant.....	4,500	100	400	
— Java........	2,000	300	750	
— Divers......	67,000	»	»	
Exotiques	10,198,500			
Feuill. indigèn.	19,800,000	110		
Algérie........	2,400,000			
Total......	32,398,500			

Quantités fabriquées annuellement.

	Kilogr.	
Poudre étrangère.........	4,000	
— ordinaire	7,000,000	
Scaferlati étranger.........	60,000	
— supérieur. ...	140,000	
Scaferlati ordinaire......	11,000,000	
— intermédiaire.	200,000	
— de cantine....	6,000,000	
Tabac à mâcher, menu-filé.	130,000	
— ordinaire......	300,000	
— à prix réduit..	100,000	
Carottes................	400,000	
Cigares à 10 centimes....	190,000	Le kilogramme vénal est de 250 cigares.
— à 7,5............	150,000	
— à 5.............	2,600,000	
— Havane.........	150,000	

Renseignements sur les principales sortes de tabacs fabriqués.

	Composition.		Prix de revient par kilogr.	Prix de vente par kilogr.
Poudre ordinaire.	Virginie.......	25	1f, 40	12f
	Kentucky......	5		
	Lot.........., Lot-et-Garonne., Nord.........., Ille-et-Vilaine..	44		
	Coupures, débris, saisies..	26		
		100		
Scaferlati ordinaire.	Kentucky	30	1 60	12
	Maryland......, Ohio	24		
	Levant........, Hongrie.......	12		
	Alsace.........	12		
	Indigènes......	14		
	Algérie........	8		
		100		
Cigares à 10 cent.	Brésil........., Mexique.......	80	10	25
	Gironde......., Meurthe-et-Moselle, Savoie, Haute-Savoie.	20		
		100		
Cigares à 5 centim. et à 7c,5.	Kentucky......	35	4 50	12 50
	Hongrie.......	10		
	Indigènes......	44		
	Alsace.........	4		
	Algérie........	7		
		100		

Th. Schlœsing.

TABASCHIR (Min). — Concrétions siliceuses trouvées dans les nœuds de certains bambous de l'Inde. Devient opaque quand on le plonge un instant dans l'eau.

Densité = 2,149.

TABERGITE (Min.). [Syn. *Talc bleu de Werner*]. — Silicate de magnésie et d'alumine hydraté, en grandes lames d'un vert émeraude ou d'un vert bleuâtre, de Taberg en Wermeland. Les propriétés optiques en sont très-variables et obligent à rapporter les divers échantillons de ce minéral à la pennine ou au clinochlore.

TACHYDRITE (Min.). — Chlorure hydraté de calcium et de magnésium,

$$CaCl^2, 2MgCl^2, 12H^2O.$$

Masses arrondies, présentant deux clivages distincts, d'une couleur jaunâtre, transparentes ou translucides, très-déliquescentes, trouvées dans les mines de Stassfurt avec Carnallite et Kieserite, dans l'anhydrite.

Caractères. — Très-fusible, déliquescent. 100 parties d'eau à 18°,7 en dissolvent 160,3 parties.

TACHYAPHALTITE (Min.). — Minéral ressemblant au zircon et renfermant, d'après Berlin, outre la silice et la zircone, de la thorine (?), du fer, de l'alumine et de l'eau. Ce n'est peut-être qu'un zircon altéré.

Densité : 3,6. De Krageroë (Norvége).

TACHYLYTE (Min.). — Silicate d'alumine, de fer, de chaux, de magnésie, de soude, avec traces de potasse, de manganèse et un peu d'eau. Amorphe, à cassure conchoïdale, transparent, en lames très-minces, d'un éclat vitreux, légèrement résineux, d'un noir de poix, fragile. Trouvé au Säsebühl près Dransfeld, entre Göttingen et Münden, en masses écailleuses ou en croûtes disséminées à la surface d'un basalte.

Analysé par Schnedermann :

$$SiO^3 = 55{,}74.\ Al^2O^3 = 12{,}40.\ FeOFe^2O^3 = 13{,}06.\ CaO = 7{,}28.\ MgO = 5{,}92.\ Na^2O = 3{,}88.\ K^2O = 0{,}60.\ MnO = 0{,}19.\ H^2O = 2{,}73.$$
$$\text{Total} = 101{,}80.$$

Dureté = 6,5; densité, 2,56.

Caractères. — Fond facilement avec boursouflement en un verre vert-brunâtre magnétique, facilement attaquable par l'acide chlorhydrique. La poussière du minéral est attirable à l'aimant.

L'hyalomélane de Naumann présente les mêmes caractères que la tachylyte; se trouve à Babenhausen (Vogelsgebirg).

TAENITE (Min.). — Nom donné par Reichenbach au fer nickelé des météorites lorsque sa composition se rapproche de celle correspondant à la formule Ni^3Fe^4.

TAFELSPATH. — Voyez **WOLLASTONITE.**

TAGILITE (Min.). — Phosphate de cuivre hydraté $4CuO,Ph^2O^5 3H^2O$. Petits cristaux clinorhombiques ou masses concrétionnées ou terreuses; d'un éclat vitreux, d'une couleur vert-de-gris ou vert émeraude; translucide.

Dureté : 3 à 4. Fragile; poussière vert-de-gris. Densité : 4,5 à 4,7. Se trouve à Nischne Tagilsk dans la limonite.

Présente un clivage distinct.

TAIGUIQUE (ACIDE). — Cet acide a été découvert dans les bois de *Taigu* du Paraguay, d'origine botanique inconnue. Le bois est épuisé par l'alcool froid, la solution est évaporée et le résidu est dissous à plusieurs reprises dans l'alcool, pour séparer une substance résineuse; la purification de l'acide est achevée par dissolution dans l'éther qui laisse une matière cireuse. Le bois de Taigu donne environ 2 % d'acide taiguique.

Cet acide cristallise en longs prismes obliques, de couleur jaune; il ne possède ni odeur ni saveur. Il fond à 135°, et se sublime vers 180°. Très-peu soluble dans l'eau froide, il se dissout aisément dans l'alcool, l'éther, l'acétone, la benzine. Il renferme:

$$C = 70{,}9\ ;\ H = 5{,}9\ ;\ O = 23{,}2.$$

L'acide taiguique forme avec les bases des sels cristallisables; les acides énergiques le déplacent de ses combinaisons. La solution des taiguates alcalins possède une couleur rouge foncé; elle donne avec l'acétate de plomb un précipité rouge écarlate, qui dans l'eau mère se transforme peu à peu en une poudre cristalline d'un rouge jaunâtre; ce précipité est peu soluble dans l'eau, mais il se dissout plus facilement dans l'alcool et cristallise par l'évaporation de la solution. Le sel d'argent est un précipité rouge cinabre, altérable à la lumière et presque insoluble dans l'eau. [G. Arnaudon; *Compt. rend.*, t. XLVI, p. 1152].

D'après W. Stein, l'acide taiguique serait identique avec la grœnhartine, matière colorante du bois *grœnhart*, originaire de Surinam (*Journ. f. prakt. Chem.*, t. XCIX, p. 1.) A. H.

TALC (Min.). [Syn. *Stéatite, craie de Briançon, pierre allaire*]. — Silicate hydraté de magnésie avec un peu de fer et d'alumine :

$$3MgO,4SiO^2,H^2O$$

ou, d'après Rammelsberg, pour la stéatite,

$$12MgO,15SiO^2.4H^2O.$$

En considérant l'eau comme basique, la plupart des échantillons donnent des nombres correspondant exactement à un bisilicate.

Lames minces, hexagonales, paraissant dériver d'un prisme orthorhombique voisin de 120°, ayant un clivage très-facile, parallèle à la base. Éclat nacré, translucide ou transparent; plus souvent en masses compactes, opaques, à cassure esquilleuse ou terreuse. Flexible mais non élastique; se coupe à l'ongle. Onctueux au toucher.

Couleur : blanc, blanc verdâtre, vert, brun, gris, rosé, etc. Se rencontre dans les diorites, les serpentines, les calcaires cristallins, les dolomies, les gneiss, schistes, micacés, etc., au Tyrol, au Saint-Gothard, à Chamounix, en Sibérie, etc. Constitue lui-même des roches; beaucoup de pseudomorphoses sont formes de stéatite.

Dureté : 1 à 1,5. Poussière blanche ou grisâtre. Densité : 2,5-2,8.

Caractères. — Inattaquable aux acides. Dans le tube donne de l'eau à une haute température. Au chalumeau, fond difficilement en un émail blanc; avec l'azotate de cobalt, légère coloration rose.

TALCAPATITE (Min.). — Apatite altérée, magnésifère de Chichimsk, près Slataoust.

TALC CHLORITE (Min.). — Mélange de clinochlore avec une matière talqueuse; lames hexagonales à caractères optiques variables, trouvées à Traverselle (Piémont), avec le fer oxydulé.

TALC GRANULAIRE (Haüy). — Voyez **NACRITE.**

TALCITE. — Voyez MICA.

TALCOÏDE (Min.). — Nom donné par Naumann à une variété de talc riche en silice, de Pressnitz, en grandes lames, d'un blanc de neige.

TALCOSITE (Min.). — Silicate hydraté d'alumine. Rapport d'oxygène dans

$$SiO^2,Al^2O^3,H^2O = 6 : 5 : 1.$$

Petites masses à structure écailleuse; éclat nacré; d'un blanc d'argent, jaunâtre ou verdâtre. Ressemble au talc.

Dureté, 1 à 2. Densité = 2,46 à 2,5.

Trouvé au mont Ida, près de Heathcote (Victoria).

TALKSTEINMARK. — Voyez MYÉLINE.

TALLINGITE (Min.). — Oxychlorure de cuivre hydraté, $4CuO,CuCl^2,8H^2O$ (?), en petites croûtes, botryoïdes au microscope; d'une couleur bleue tirant sur le vert. Subtranslucide, fragile, hygroscopique. Trouvé dans les mines du Cornouailles.

Caractères. — Insoluble dans l'eau, soluble dans les acides et dans l'ammoniaque.

Duret 3. Poussière bleue. Densité, 3,5.

TALTAÏTE (Min.). — Tourmaline accompagnée d'oxyde de cuivre de la sierra de Taltal (Chili).

TAMARITE. — Voyez ERINITE.

TAMPICINE, $C^{34}H^{54}O^{14}$. — Ce glucoside résineux, voisin de la convolvuline et de la jalapine, existe dans le jalap de Tampico (*Ipomoea simulans*, Hanbury). Pour l'en extraire, on traite par l'alcool les racines épuisées par l'eau bouillante, et on évapore la solution; le résidu est lavé à l'eau, dissous de nouveau dans l'alcool et décoloré par le noir animal.

La tampicine est une substance résineuse incolore, translucide, ne possédant ni odeur, ni saveur; elle est insoluble dans l'eau, mais elle se dissout dans l'alcool et aussi dans l'éther, ce qui la distingue de la convolvuline. Elle fond vers 130°; chauffée au contact de l'air, elle brunit déjà à 100°. L'acide sulfurique la colore en jaune, puis la dissout en prenant une coloration rouge.

Elle n'est pas précipitée par les sels métalliques. Sous l'influence des bases puissantes elle se transforme en acide *tampicique*, en fixant de l'eau, par les acides étendus elle se dédouble à la température de l'ébullition en acide *tampicolique* et glucose.

ACIDE TAMPICIQUE, $C^{34}H^{60}O^{17}$. — Cet acide résulte de la fixation de $3H^2O$ sur la tampicine. Il constitue une masse amorphe, jaune et brillante, d'une saveur acide et amère. Il est déliquescent et se dissout facilement dans l'eau et dans l'alcool. Sa solution décompose les carbonates; le sous-acétate de plomb y donne un précipité blanc; l'acétate neutre de plomb et le chlorure mercurique n'y produisent qu'un trouble.

ACIDE TAMPICOLIQUE, $C^{16}H^{32}O^3$. — Lorsqu'on fait digérer à chaud la tampicine avec un acide étendu, l'acide tampicolique se sépare en flocons jaunâtres, qu'on purifie par cristallisation dans l'alcool faible, avec addition de noir animal,

$$C^{34}H^{54}H^{14} + 7H^2O = C^{16}H^{32}O^3 + 3C^6H^{12}O^6.$$

L'acide tampicolique se présente en aiguilles microscopiques incolores, très-solubles dans l'alcool, peu dans l'éther. Il fond sous l'influence de la chaleur et se concrète de nouveau par le refroidissement.

Les tampicolates alcalins sont solubles dans l'eau; les sels des autres métaux, au contraire, ne se dissolvent pas dans ce liquide.

Le sel de *sodium*, $C^{16}H^{31}O^3.Na$, forme des aiguilles microscopiques.

L'éther éthylique, $C^{16}H^{31}O^3.C^2H^5$, cristallise en tables rhomboïdales.

L'action thérapeutique du jalap de Tampico est analogue à celle du jalap ordinaire, mais moins prononcée [H. Spirgatis, *Neu. Rep. f. Pharm.*, t. XIX, p. 452; *Bull. de la Soc. chim.*, 1871, t. XV, p. 287]. A.-H.

TAMPICIQUE (ACIDE). — Voyez TAMPICINE.

TAMPICOLIQUE (ACIDE). — Voyez TAMPICINE.

TANACÉTINE.—Principe immédiat amer retiré des feuilles et des fleurs de la tanaisie (*Tanacetum vulgare*). L'extrait alcoolique de ces parties végétales est évaporé à consistance sirupeuse; le résidu est agité avec de l'éther et la solution éthérée est distillée à sec. On reprend la masse sèche par de l'eau légèrement ammoniacale, en vue d'éloigner les matières résineuses. Ce qui ne se dissout pas est épuisé par l'eau chargée d'acide chlorhydrique, puis par l'eau et dissous dans l'alcool. La solution alcoolique filtrée est distillée pour écarter l'alcool. La tanacétine reste sous forme d'une masse granuleuse, jaunâtre, inodore, de saveur amère, soluble dans l'éther et l'alcool, presque insoluble dans l'eau. Les solutions précipitent par les sels ferriques, les sels de plomb, les sels mercureux; elles ne précipitent pas par le tannin [Fromberg, *Geig. Mag.*, t. VIII, p. 35; — Leroy, *Journ. Chim. méd.*, t. XXI, p. 357]. P. S.

TANACÉTIQUE (ACIDE). — Peschier [*Journ. Chim. méd.*, t. IV, p. 58] a donné ce nom à un acide retiré des fleurs de la tanaisie vulgaire. Il cristallise ainsi que ses sels alcalins. Les solutions aqueuses de l'acide tanacétique précipitent par les sels alcalino-terreux et métalliques (zinc, plomb, argent, cuivre et mercure).

TANGUIN. — Le tanguin de Madagascar, employé par les Malgaches dans les épreuves judiciaires, est la drupe du *Tangénia*; cette drupe contient une amande qui renferme une substance toxique. Pour isoler cette dernière, on exprime l'amande, pour enlever une huile incolore, non vénéneuse, qui forme plus du quart du poids de l'amande. Le résidu est pulvérisé et traité par l'éther; la solution, évaporée dans le vide, laisse un produit brunâtre, qu'on traite par l'alcool bouillant. Après une nouvelle évaporation, le produit est dissous dans l'acide acétique et purifié à la fin par une cristallisation dans l'alcool. On obtient ainsi le principe actif du tanguin sous la forme de cristaux anorthiques.

Ce poison arrête les mouvements du cœur et détruit l'irritabilité musculaire; la mort arrive avec dyspnée et vomissements sans convulsions. [J. Chatin, *Bull. de la Soc. chim.*, t. XX, p. 412.] A. H.

TANKITE (Min.). — Minéral de Norvége classé par certains auteurs à l'anorthite, par d'autres à l'andalousite.

TANNAGE. — Dans l'état actuel de la science, surtout d'après les intéressants travaux de Knopp [Munich, 1858, *Étude sur le Tannage*], on peut définir le tannage une opération ayant pour but de transformer les peaux en une substance qui reste maniable et élastique, même après la dessiccation, et qui offre en même temps le caractère de l'imputrescibilité, substance à laquelle on donne généralement le nom de cuir.

Pour bien comprendre la théorie du tannage, il convient, tout d'abord, d'être fixé sur la constitution anatomique du tissu qui subit cette opération. La peau se compose de plusieurs couches distinctes, qui sont en allant du dehors en dedans:

1° L'*épiderme*, constitué extérieurement de cellules desséchées, aplaties, minces et d'apparence cornée, cellules mortes et qui tombent par désquamation, et, intérieurement, d'une couche muqueuse dite de Malpighi, formée de cellules à noyau, vivantes, d'autant moins aplaties qu'elles sont plus éloignées de la surface.

2° Le *derme* est constitué par l'entrelacement et le feutrage de faisceaux composés de fibrilles de tissu conjonctif. Ces faisceaux se bifurquent fréquemment, sont gonflés de liquide qui entretient l'humidité et la malléabilité de la peau. Ce derme, convenablement nettoyé, apparaît sous forme d'un tissu blanc, laiteux, mou et élégant.

Le derme se partage en deux couches: la couche intermédiaire qui avoisine l'épiderme et contient des fibres nerveuses, des papilles sensitives et des vaisseaux capillaires; elle est très-serrée. La couche dermique proprement dite est placée au-dessous.

3° La couche la plus profonde du derme est formée d'un tissu cellulaire très-lâche, contenant de la graisse et des glandes sudoripares dont les canaux extérieurs traversent l'épaisseur des autres couches.

Les peaux, abandonnées sous l'eau, ou mieux, mises en contact avec certaines substances chimiques, telles que solutions acides, alcalines ou salines, se modifient de telle sorte que l'épiderme ainsi que les poils s'enlèvent facilement par des opérations mécaniques. Le derme reste alors sous forme d'une membrane gonflée, demi-transparente et devenant dure et cornée par une dessiccation ménagée. Ainsi séché, le derme représente 33 % du poids de la peau brute. La séparation facile de l'épiderme d'avec le derme, après l'action de l'eau ou d'agents chimiques, est due à la dissolution de matières extractives placées entre les couches épidermiques et dermiques, matières dont le poids est d'environ 8,5 % du poids de la peau (Weinholdt).

Sous l'influence de la dessiccation le derme devient corné, perd toute élasticité et toute malléabilité. Cet effet est dû à ce que les faisceaux entre-croisés et serrés de tissu fibreux cellulaire qui le composent, se collent les uns aux autres et constituent alors une masse continue demi-transparente.

L'emploi des substances tannantes a principalement pour but d'empêcher cet accolement des fibres pendant la dessiccation, afin que, gardant leur indépendance et la faculté de glisser les unes sur les autres comme à l'état humide, le cuir desséché soit maniable et élastique.

Pour M. Knopp, le cuir n'est pas, comme on l'a dit, une combinaison chimique de la substance animale avec la substance tannante. Celle-ci n'est jamais absorbée en proportions constantes, mais en quantités variables, suivant la concentration du liquide et la nature du dissolvant. On obtient même du cuir par le seul emploi des corps gras, pour lesquels il ne peut pas être question d'une combinaison chimique avec le tissu animal. M. Knopp est même parvenu à tanner ou à faire du cuir sans substances tannantes. Partant de ce point de vue que les filaments ne se collent que lorsqu'ils sont gonflés par l'eau, il a mis la peau en contact avec un liquide tel que l'alcool ou l'éther, qui, chassant l'eau par endosmose, enlève aux fibres la faculté de se coller; il a obtenu ainsi une peau mégissée, bien blanche, offrant toutes les qualités physiques des peaux mégissées. On arrive à ce même résultat en suspendant une peau nettoyée dans l'éther anhydre placé au-dessus d'une couche de chlorure de calcium. L'eau qui l'imprègne se diffuse dans l'éther et est successivement absorbée par le chlorure de calcium. Un cuir ainsi préparé, qui ne diffère de la peau humide, sèche et cornée, que par l'état physique des fibres qui sont restées indépendantes, redevient peau ordinaire avec toutes ses qualités lorsqu'on vient à l'humecter.

Il résulte de ces intéressantes expériences que le tannage repose plutôt sur une action physique que sur une réaction chimique. Les substances tannantes, pénétrant dans la peau par endosmose, enveloppent les fibres, adhèrent à leur surface par suite d'une attraction semblable à celle qui détermine la précipitation des matières colorantes à la surface des fibres textiles. Les fibres ainsi enveloppées d'une couche de matière étrangère ne se collent plus en séchant.

La faculté que possèdent en outre les substances tannantes de rendre le cuir imputrescible est indépendante de leur action physique; elle peut se révéler plus ou moins énergiquement suivant la nature plus ou moins antiseptique du composé employé.

Une expérience très-intéressante de Knopp montre en outre que l'on peut comparer les cuirs, au point de vue de la solidité du tannage, aux tissus teints, dont les uns sont bon teint et les autres faux teint.

Ainsi les peaux tannées au tan résistent à l'action de l'eau, tandis que celles préparées au tannin de la noix de galle reprennent, par un lavage assez prolongé avec du carbonate de soude, leur état de peau non tannée, ce qui montre que la substance active du tan n'est pas tout à fait identique avec l'acide gallotannique.

Après cette discussion théorique, nous traiterons successivement des diverses méthodes employées pour préparer les peaux, en les partageant en trois catégories principales qui sont :

1° Le tannage proprement dit, au moyen des diverses substances astringentes;

2° La fabrication des peaux mégissées; mégisserie;

3° La fabrication des peaux chamoisées; chamoiserie.

Nous dirons ensuite quelques mots des fabrications spéciales du cuir de Russie, de la peau de chagrin, du cuir de Cordoue, du maroquin, du parchemin, etc.

I. Tannage proprement dit. — On tanne, en vue de les transformer en cuir, les peaux de bœufs, vaches, buffles, chevaux, veaux, moutons, tantôt fraîches, tantôt salées ou séchées.

Avant toutes choses elles doivent subir certaines préparations préliminaires destinées à les rendre aptes à recevoir l'action des matières tannantes. Ces opérations sont :

1° Le *dessaignage*, ou ramollissement des peaux, consistant en une trempe et lavage de deux ou trois jours dans l'eau, de préférence dans l'eau courante. Les peaux séchées ou salées doivent, non seulement rester dans l'eau plus longtemps, mais encore subir un véritable foulage aux pieds ou au cylindre, suivi d'un ou plusieurs étirages au chevalet, jusqu'à ce qu'elles soient devenues souples.

2° Le *nettoyage*. — Les peaux dessaignées sont couchées sur une table inclinée, dont la surface, au lieu d'être plane, a la forme d'un demi-cylindre tournant sa convexité vers le haut; le côté des poils repose sur la table; au moyen du couteau émoussé et offrant en concavité la forme convexe de la table, on gratte de bas en haut la surface interne de la peau, en exerçant en même temps une certaine pression, de manière à exprimer l'eau saturée de substances animales et à enlever les fragments de graisse ou de tissus musculaires qui peuvent être restés.

Dans les grandes tanneries, le foulage ou cylindrage, ainsi que le nettoyage, se font mécaniquement.

3° Le *pelanage*, qui suit les opérations précédentes, a pour but d'éliminer l'épiderme et les poils. On arrive à ce résultat en employant divers agents chimiques dont le plus usité est la chaux éteinte.

Il s'exécute dans une série de bassins (cinq) en bois ou en maçonnerie étanche et bien cimentée, rectangulaires, remplis de lait de chaux plus ou moins fort suivant l'épaisseur des peaux. Chaque bassin peut renfermer de cent cinquante à trois cents peaux. Celles-ci passent successivement par les cinq bassins, à commencer par le plus faible et le plus épuisé et en finissant par le pelain neuf que l'on vient de revivifier par une addition de chaux éteinte fraîche, en poudre. Le pelanage dure de trois à quatre semaines. On consomme environ un hectolitre de chaux pour vingt à vingt-cinq peaux de moyenne grandeur.

Pendant les immersions dans les diverses cuves, qui durent chacune de six à huit jours, on remue le lait avec des tiges en bois, afin de maintenir la chaux en suspension et de la répartir uniformément entre les peaux.

Les peaux sont ensuite lavées avec soin à l'eau, mais cette opération ne suffit pas pour éliminer toute la chaux qui a pénétré dans les pores du tissu dermique, ou celle qui a formé des savons insolubles avec la graisse. La séparation complète de la chaux, indispensable au succès des opérations ultérieures, s'obtient soit par la macération de six à huit jours dans de l'eau renfermant des excréments de poules, de pigeons ou de chiens; sous l'influence des agents contenus dans les excréments, il se forme des sels de chaux solubles et de l'ammoniaque. On emploie aussi fréquemment et avec succès l'acide chlorhydrique dilué. Turnbull a proposé l'emploi de l'eau sucrée qui, comme on le sait, dissout beaucoup mieux la chaux que l'eau pure.

Dans certaines tanneries on remplace la chaux par un mélange de chaux éteinte et de cendres. Par l'action mutuelle de la chaux sur le carbonate de potasse, il se forme de l'alcali caustique qui agit plus énergiquement.

Bœttger a proposé l'emploi de la chaux provenant des épurateurs à gaz, mélange de chaux caustique, de carbonate, sulfite, hyposulfite, sulfate de chaux, de sulfure de calcium, de sulfhydrate, de sulfure et de cyanure de calcium. Ce sont surtout les deux derniers sels solubles qui agissent énergiquement sur les poils pour les dissoudre ou les désagréger, aussi peut-on remplacer la chaux des épurateurs par un extrait aqueux de cette chaux. Pour éviter les inconvénients résultant de la mise en liberté d'acide prussique, il ne faut pas, immédiatement après le pelanage à la chaux du gaz, soumettre les peaux à l'action de liquides acides, tels que la jusée. Un mélange de 9 p. de chaux et de 1 p. d'orpiment, mélange qui donne lieu à la formation de sulfhydrate de calcium, peut servir à épiler les peaux des petits animaux.

On a remplacé la chaux dans le pelanage par des liqueurs acides. Les acides minéraux étendus provoquent la chute facile des poils, mais en même temps ils gonflent et ramollissent trop les peaux, de sorte que l'emploi des acides organiques est seul possible. Depuis longtemps les Tartares emploient dans ce but le lait aigri. On fait usage d'un liquide acide obtenu par la fermentation de la farine d'orge et de riz. L'opération s'exécute dans des cuves semblables à celles qui servent au pelanage à la chaux; on facilite la fermentation acide du mélange par une élévation convenable de température. Un procédé assez employé pour provoquer la chute des poils consiste à faire subir aux peaux une putréfaction commençante. A cet effet, on les empile dans des caisses, la face interne tournée en bas, et on les abandonne à elles-mêmes jusqu'à ce que la décomposition putride qui commence à se développer ait détruit l'adhérence des poils. Cette opération veut être soigneusement surveillée et les peaux doivent être examinées deux fois par jour afin d'éviter une altération trop profonde. On saupoudre souvent la face interne avec du sel afin de modérer la décomposition putride. Quelquefois on atteint le même but en enterrant les peaux entre des couches de fumier.

Delut a régularisé cette méthode par l'emploi de la vapeur qui maintient l'espace où les peaux sont suspendues à une température régulière de 20 à 27°; 24 heures suffisent pour que l'effet utile soit atteint.

Enfin, en Amérique, on suspend les peaux dans des espèces de fosses couvertes, creusées sous terre, dans lesquelles on maintient une température de 8 à 14° et une humidité suffisante. Dans ce cas, six à douze jours sont nécessaires, mais le rendement en poids du cuir est supérieur.

4° *Débourrage ou epilage.* — Les peaux, pelanées par l'un ou l'autre procédé, sont soumises au débourrage ou épilage, opération qui consiste à faire tomber le poil en raclant la peau de haut en bas avec un couteau émoussé dit couteau rond. Cela fait, on lave les peaux dans l'eau et on leur fait subir sur le chevalet les quatre opérations suivantes, en les lavant dans l'eau entre chacune : 1° on écharne ou on enlève la chair et les impuretés qui restent attachées à la peau, avec un couteau tranchant à lame circulaire; 2° on rogne les lambeaux inutiles, et surtout les bords avec un couteau de forme appropriée; 3° on adoucit le grain de la fleur ou côté du poil, avec une pierre à affûter, emmanchée comme le couteau rond.

4° Enfin on nettoie les deux côtés avec un couteau à lame circulaire, jusqu'à ce que l'eau de lavage sorte bien limpide.

Gonflement. — Les peaux que l'on a débarrassées de la chaux, par l'action des acides étendus ou des bains de son, sont généralement assez gonflées pour pouvoir subir immédiatement le tannage proprement dit et absorber uniformément et suffisamment les préparations tannantes, avec lesquelles on doit les mettre en contact. Il n'en est pas de même des peaux qui n'ont subi que l'action d'une légère putréfaction, ou qui, traitées à la chaux, n'ont pas été préparées en vue d'éliminer l'excès de chaux. Celles-ci, épilées et nettoyées, doivent être gonflées par des immersions dans des bains dont la composition varie selon les localités.

Ainsi, en Angleterre, on les empile dans des cuves et on les arrose avec une solution d'acide sulfurique au millième, en les retournant fréquemment; elles restent environ 24 heures en contact avec le liquide acide. On emploie aussi des bains montés avec du son d'orge (100 livres), de la pâte aigrie (5 à 6 livres) et de l'eau chauffée à 25°. Les peaux sont maintenues dans le liquide pendant quelques jours avec la précaution de les retirer et de les travailler plusieurs fois par jour. Dans l'un et l'autre cas, les acides (sulfurique ou acétique) contenus dans la solution favorisent le gonflement que l'on ne pourrait atteindre avec l'eau qu'en courant le risque d'amener une putréfaction. On arrive aussi à de bons résultats en faisant usage d'une infusion ancienne de tan ou de jusée des tanneurs contenant, outre l'acide acétique, des acides gallique, tannique et des matières extractives. Cette jusée est versée dans des cuves échevonnées, dont la première contient du liquide épuisé ou très-étendu d'eau, et la dernière de la jusée fraîche. Les peaux séjournent d'abord quelques jours dans le liquide le moins actif et finissent par arriver, au bout de 2 à 3 semaines, dans la solution la plus forte. On a soin de les retirer chaque jour 2 ou 3 fois et de les suspendre quelques heures à l'air. La dernière cuve contient souvent de la jusée additionnée d'acide sulfurique.

Tannage proprement dit. — La méthode ancienne consiste à mettre les peaux préparées, comme nous venons de le dire, en contact avec des couches superposées de diverses écorces astringentes, grossièrement pulvérisées et maintenues convenablement humides. Cette méthode fournit d'excellents résultats comme qualité, mais elle exige un temps considérable, et, pour les cuirs forts destinés aux semelles de souliers, il ne faut pas moins de 2 ans 1/2 à 3 ans pour atteindre le but. Aussi a-t-on cherché de bien des manières à accélérer le travail. En général, la diminution de durée est compensée par une moindre qualité de produits.

Au lieu d'employer les écorces astringentes en poudre, on a fait usage d'un extrait aqueux de ces écorces. Le tannage s'opère dans ce cas plus vite, mais les cuirs ne sont pas aussi résistants, surtout les cuirs forts.

Les produits astringents dont on fait usage sont les écorces de chêne, de saule, d'aulne et le sumac.

Les fosses ont environ 3 mètres de profondeur; elles sont en maçonnerie ou garnies intérieurement de planches.

Sur une première couche de vieux tan, d'environ $0^m,15$ d'épaisseur, on étale une couche de tan neuf de quelques centimètres, on dispose les peaux par-dessus, en les empilant et en les séparant par une couche de tan. Au-dessus de la dernière couche de tan, on place une couche de tannée de $0^m,33$, et l'on recouvre de planches que l'on charge avec des pierres. Puis on fait couler dans la cuve de l'eau chargée de tan. Chaque fosse contient 6 à 700 peaux qui restent de 4 à 8 mois, temps pendant lequel on les relève une fois, pour placer en haut les peaux qui étaient en bas et *vice versa*, entre des couches de tan frais. Ce qui se passe est facile à comprendre. L'eau contenant le tannin pénètre peu à peu dans les pores de la peau; le tannin, attiré par les fibres animales, s'y précipite. Il s'établit alors entre l'eau privée de tannin, qui gonfle la peau, et l'eau chargée de tannin, qui la baigne, une suite continue de phénomènes de diffusions à la suite duquel la peau se charge d'une proportion de tannin de plus en plus fort.

Le *tannage accéléré*, au moyen de la jusée ou d'extraits aqueux d'écorces astringentes, constitue un progrès très-notable au point de vue de la durée de l'opération. Les produits obtenus sont très-bons quand l'opération est bien conduite et qu'elle ne s'applique qu'aux cuirs légers et non aux cuirs très-forts destinés aux semelles.

On commence par préparer des solutions astringentes en épuisant les écorces moulues d'une manière méthodique. Nous n'entrerons pas dans les détails de ces opérations qui sont analogues à celles que l'on exécute pour préparer les extraits de bois colorants. — Voyez Teinture.

Le tannage doit se faire progressivement, en immergeant les peaux dans des bains, très-faibles au début, et dont la concentration va progressivement en augmentant. Sans cette opération, le tannage ne serait que superficiel.

La durée de l'immersion dans chaque cuve est d'autant plus longue que la jusée est plus forte. Les peaux sont retirées de temps en temps et suspendues à l'air.

Les peaux de bœuf sont tannées en 4 à 8 semaines; celles de vaches et de chevaux, en 3 à 6 semaines; celles de veau, en 8 jours.

Dès 1823, Spilsbury a cherché à accélérer le tannage au moyen des solutions astringentes, en utilisant la pression comme moyen de faire pénétrer les liquides actifs dans les peaux.

Deux peaux, appliquées par le côté de la fleur sont pincées sur tout leur pourtour, entre deux cadres serrés au moyen de boulons; cette espèce de sac clos est mis en communication avec un réservoir à jusée placé au-dessus, à une certaine hauteur. Un robinet supérieur permet à l'air du sac de s'écouler à mesure que celui-ci se remplit de liquide; ce robinet est fermé au moment où le liquide y arrive. La pression hydrostatique fait marcher la solution à travers les peaux qui durcissent de plus en plus tout en restant mouillées. On considère le tannage comme achevé lorsque le liquide qui suinte contient la même dose de tannin que la solution initiale. Ce procédé donne lieu à un tannage irrégulier, les parties les moins épaisses des peaux laissant passer plus de liquide actif que les autres; on perd aussi toute la partie formée entre les cadres qui ne se tanne pas; sans compter que l'emploi des cadres nécessite un matériel coûteux et encombrant. W. Drake a cherché à obvier à ces deux derniers inconvénients en faisant subir aux peaux une immersion préalable de quelques jours dans de la jusée faible. On coud ensuite les peaux deux à deux par leurs bords en mettant le côté de la fleur en dedans, de manière à former un sac fermé qui fonctionne comme dans le procédé de Spilsbury. Le tannage s'achève dans une atmosphère dont la température s'élève progressivement à 65°.

Le procédé Knowlis et Duesburg est fondé sur les principes suivants : l'air qui imprègne les peaux doit s'opposer à la pénétration rapide du liquide actif. Si donc on éloigne cet air pendant que les peaux sont plongées dans la solution tannante, l'imprégnation doit être notablement plus rapide et plus complète.

Les peaux suspendues au moyen de crochets à des traverses en bois sont placées, sans qu'il y ait contact entre elles, dans un réservoir que l'on peut fermer hermétiquement; on les immerge dans la jusée, puis, après avoir posé le couvercle, on fait le vide au-dessus du liquide. Après 24 heures, on laisse rentrer l'air et l'on fait écouler le liquide. Les peaux restent 4 heures suspendues dans l'air, puis on recommence l'opération précédente et ainsi de suite jusqu'à tannage complet.

Clark prétend que l'on accélère singulièrement le tannage en immergeant les peaux préparées, pendant 6 à 12 heures, dans une solution de bichromate de potasse et en les lavant ensuite.

Carrière se sert dans le même but d'une solution très-étendue de sulfate de cuivre; l'immersion dure 3 à 4 jours et est suivie d'un lavage; le tannage s'effectue comme à l'ordinaire.

Serruys de Bruxelles a proposé de tanner au moyen d'une solution de cachou (300 livres de cachou dissous dans 570 livres d'eau chauffée à 30°). On y immerge les peaux en les étalant. Pendant les 5 premiers jours, les peaux sont retirées et suspendues chaque jour et le bain est remué; pendant les 15 jours suivants, on ne relève que de 3 en 3 jours. Les peaux sont ensuite retirées et suspendues. On enlève $\frac{2}{3}$ du liquide primitif que l'on remplace par de l'eau et 40 livres d'acide sulfurique. On les immerge de nouveau, en les retirant pour les suspendre et les immerger de nouveau; enfin on tanne.

Corroyage. — Les cuirs tannés par l'une ou l'autre méthode subissent encore diverses préparations comprises sous le nom de corroyage. Elles sont ramollies avec de l'eau, assouplies par un foulage avec les pieds, nettoyées du côté de la chair au moyen du couteau à tranchant émoussé, écharnées ou dragées du même côté pour leur donner moins d'épaisseur, au moyen d'un couteau annulaire légèrement courbé, le vide central servant à passer la main; puis on les tire à la paumelle.

La paumelle est une pièce de bois de $0^m,30$ de long sur $0^m,11$ de large, plate et unie en dessus, bombée en dessous dans le sens de la longueur; la partie bombée est sillonnée de cannelures transversales peu profondes; sur la partie plate se trouve une poignée garnie de cuir.

Cet instrument est destiné à opérer des frictions de la peau sur elle-même. A cet effet, on rabat un quartier de la peau fleur contre fleur, on avance la paumelle, puis on la retire fortement en ramenant par soubresauts le quartier de la peau qui frotte sur le milieu de la peau. Cette opération est répétée sur la fleur et sur chaque quartier, puis on étire fortement sur une plaque en fer ou en cuivre, placée de champ, et terminée par un tranchant arrondi on obtient ainsi ce que l'on nomme cuir étiré.

La mise en suif ou en huile, pratiquée pour les cuirs de sellerie et de bourrelerie, consiste à imprégner aussi uniformément que possible les cuirs de suif ou d'huile au moyen de la paumelle et d'étirage.

La mise en couleur s'obtient facilement en badigeonnant la surface du cuir avec une solution ferrugineuse préparée en dissolvant du fer dans de la bière ou du vin aigri, on passe ensuite une couche de bière aigrie; on donne la graisse avec la paumelle, on dégraisse la fleur en frottant avec un morceau de laine, on fait reparaître le grain avec une paumelle fine, et on lustre avec une décoction d'épine-vinette.

Les *cuirs de Russie* s'obtiennent en préparant les peaux comme ci-dessus et en les gonflant dans un bain monté avec de la farine de seigle et du levain. Le tannage s'exécute en les immergeant et les travaillant deux fois par jour pendant 15 jours dans une décoction d'écorce de saule. Enfin on imprègne le côté de la chair avec l'huile empyreumatique provenant de la distillation de l'écorce de bouleau.

Ce cuir offre une couleur et une odeur spéciales et n'est pas sujet à la moisissure ou à la piqûre des insectes.

Les *cuirs* dits *hongroyés* s'obtiennent par le foulage des peaux simplement tondues et écharnées dans une dissolution de chlorhydrate d'alumine. Celle-ci se prépare en mélangeant de l'alun et du sel marin (3 kilogr. alun, 2 kilogr. sel marin). Après deux passages dans ce bain chaud séparés par un passage à l'eau chaude, on laisse tremper 8 jours dans l'eau alunée, on sèche, on blanchit au soleil et on imprègne de suif.

La mégisserie, qui opère sur des peaux de mouton et de chevreau pour ganterie, ainsi que sur celles qui doivent conserver leur poil, emploie également le chlorure d'aluminium comme moyen de conservation. Les peaux sont épilées au moyen d'un mélange de chaux et d'orpiment dont on recouvre le côté de la chair.

Avant le tannage, on les gonfle au bain de son, puis au bain de chlorure d'aluminium.

La chamoiserie ne diffère de la mégisserie que par une imprégnation d'huile de poisson par des foulages répétés, suivis d'un dégraissage à la potasse.

Les maroquins se tannent au sumac (peaux de chèvre) et sont teints après, à moins qu'on ne les destine à la nuance rouge, dans ce cas les peaux subissent la teinture au chlorure d'étain et à la cochenille avant le tannage. P. S.

TANNASPIDIQUE (ACIDE). — Voyez PTÉRITANNIQUE (ACIDE), t. II, p. 1222.

TANNECORTEPINIQUE (ACIDE). — Espèce de tannin retiré par Kawalier [*Wien. Akad. Ber.* t. XXIX, p. 10] de l'écorce, des sapins d'Écosse de 20 à 25 ans, au moment du printemps.

Pour l'extraire, on prépare un extrait alcoolique; celui-ci est desséché et repris par l'eau. La solution aqueuse est précipitée d'abord par l'acétate neutre de plomb, puis, après filtration, par l'acétate basique. Ce second précipité lavé et mis en suspension dans l'eau est décomposé par l'hydrogène sulfuré; le liquide filtré est évaporé dans un courant d'acide carbonique. L'acide, qui reste sous forme de croûtes, se réduit en poudre rouge-brun de saveur astringente. Il est soluble dans l'eau; cette solution se colore en vert par le perchlorure de fer, coloration qui passe au rouge-brun par le repos, avec dépôt d'un précipité vert foncé. L'ébullition avec l'acide sulfurique ou chlorhydrique étendu donne lieu à la précipitation de flocons rouges et à la séparation d'une petite quantité de sucre. Les flocons rouges ont la même composition que l'acide :

$$C^{26}H^{28}O^{12} (?). \qquad \text{P. S.}$$

TANNENITE (Min.) [Syn. *Emplectite, hémichalcite, kupfer-wismuthglanz*]. — Sulfobismuthure de cuivre, $CuBiS^2 = 1/2\ Cu^2SBi^2S^3$. Petits prismes orthorhombiques striés, ou aiguilles, d'un vif éclat métallique, grisâtre ou blanc d'étain, trouvé dans les usines de Tannenbaum, près de Schwarzenberg (Saxe), et aussi au Cerro-Blanco, Copiapo (Chili).

Caractères. — Attaqué par l'acide azotique avec séparation de soufre. Dans le tube ouvert, donne des fumées sulfureuses. Sur le charbon, fume et bouillonne; avec addition de soude enduit jaune d'oxyde de bismuth et globule.

Forme cristalline. — Prisme orthorhombique $m\,m = 92^\circ\,20'$; $a^1\,h^1 = 128^\circ\,52'$.

TANNINGÉNAMIQUE (ACIDE). Voyez GALLAMIQUE (ACIDE) et GALLIQUE (ACIDE).

TANNINGÉNIQUE (ACIDE). — Voyez CATÉCHINE, CACHOU.

TANNINS (ACIDES TANNIQUES). — On a donné le nom de *tannin* ou d'*acide tannique* à un certain nombre de principes immédiats, très-répandus dans l'organisme végétal, et notamment dans les écorces, les feuilles, etc. Ce sont des corps amorphes, à réaction légèrement acide, solubles dans l'eau, de saveur astringente; ils précipitent l'albumine, la gélatine et les alcaloïdes organiques, et donnent avec les sels de fer au maximum des précipités tantôt bleu foncé, tantôt verts, vert-olive.

Ces divers principes avaient d'abord été considérés comme identiques avec le tannin de la noix de galle ou acide gallotannique; un essai plus approfondi a permis de les séparer en plusieurs variétés dont les plus importantes sont : le tannin de la noix de galle ordinaire et des galles de Chine et de Turquie ou acide gallotannique, le tannin du café ou acide cafétannique, le tannin du cachou ou acide cachoutannique, le tannin du bois jaune ou acide morintannique, le tannin du quercitron ou acide quercitannique, le tannin du quinquina ou acide quinotannique. Toutes ces variétés, sauf l'acide gallotannique, ont été décrites dans des articles spéciaux, nous n'avons donc pas à y revenir. — Voyez CAFÉ-, CACHOU-, MORIN-, QUERCI-, QUINOTANNIQUES (ACIDES).

D'après Stenhouse, les tannins qui précipitent en bleu foncé les sels ferriques sont des glucosides que l'ébullition avec l'acide sulfurique étendu dédouble en glucose et en un autre principe, tandis que l'on ne trouve qu'un seul glucoside (tannin de l'écorce de saule) parmi les tannins qui précipitent en vert les sels ferriques. Ce caractère a perdu toute importance depuis que l'on sait que l'acide gallotannique lui-même n'est pas un glucoside, comme on le pensait d'après les travaux de Strecker. Le tannin de la noix de galle donne à la distillation sèche de l'acide pyrogallique, tandis que les tannins qui précipitent les sels ferriques en vert fournissent de la pyrocatéchine.

Les tannins qui précipitent en bleu les sels ferriques se rencontrent dans les noix de galle, dans les feuilles et les écorces du chêne, du peuplier, du poirier, du noisetier, les feuilles de l'*Arbutus Uva Ursi*, de l'*Arbutus Uvedo*, du *Lythrum Salicaria*, etc.

Les tannins qui précipitent les sels ferriques en vert se trouvent dans le cachou, le quinquina, les pins, la racine de *Crameria triandra*, du *Rheum rhaponticum*, du *Potentilla Tormentilla*, l'écorce du *Salix triandra* et *undulata*, de l'*Alnus glutinosa*, du *Pinus Larix*, du *Rhizophora Mangle*, etc.

R. Wagner [*Bull. de la Soc. chim.*, 1866, t. II, p. 461] distingue les tannins physiologiques et pathologiques. Les premiers se trouvent dans les tissus végétaux normaux, les seconds dans les productions pathologiques dues à la piqûre d'insectes. Les précipités formés par ces derniers avec la gélatine ne seraient pas préservés de la putréfaction.

Dosage du tannin. — Le dosage des tannins ou matières tannantes contenus dans les divers produits astringents employés par l'industrie a une importance pratique sérieuse, aussi a-t-on proposé un grand nombre de procédés pour arriver à ce résultat le plus rapidement et le plus exactement possible.

Davy indiqua le premier une méthode fondée sur la précipitation de la gélatine par le tannin. L'extrait aqueux d'un poids connu de matière astringente est additionné d'un excès d'une solution de gélatine ou d'icthyocolle (1 p. d'icthyocolle pour 6 p. de solution astringente). Le précipité recueilli sur filtre, lavé, séché et pesé, représente 4/10 de son poids en tannin. Les résultats ainsi obtenus sont trop faibles, car le précipité de tannate de gélatine passe toujours partiellement à travers le filtre. D'après Müller, on peut obvier à cet inconvénient en employant une solution de gélatine contenant de l'alun. Dans ce cas, le précipité se sépare complétement, et Fehberg a même pu fonder sur l'emploi de la gélatine alunée un procédé de titrage volumétrique. La solution normale contient 10 grammes de gélatine séchée à l'air par litre et 3 grammes d'alun. Cette liqueur est titrée au moyen d'une solution de tannin pur contenant 2 grammes par litre.

Il est évident que ce procédé n'est applicable qu'aux tannins qui précipitent la gélatine; mais comme ce sont aussi ceux qui entrent dans la composition des matières tannantes, cette restriction n'enlève pas sa valeur au procédé. On juge que la réaction est terminée lorsqu'une prise d'essai enlevée à la liqueur claire et placée dans un verre de montre ne se trouble pas sensiblement par la gélatine ou le tannin.

Lœwenthal verse une solution de chlorure de chaux ou de permanganate de potasse dans la solution acidulée du tannin, et colore par du carmin d'indigo. Ce dernier n'est décoloré qu'après oxydation complète du tannin. D'après Gauhe, cette méthode donne des résultats concordants quoique un peu plus forts (de quelques dixièmes), ce qui est dû à la présence, dans les extraits végétaux, de certains principes, tels que l'acide pectique, qui réduisent le caméléon avec la même énergie que le tannin lui-même. Cette cause d'erreur peut être écartée grâce à la propriété que possède le noir animal d'absorber et de fixer le tannin sans toucher aux produits pectiques. Il suffit de faire deux essais successifs, l'un avec la liqueur astringente primitive, l'autre avec cette même liqueur agitée avec du noir animal; la différence des deux résultats représente le tannin.

Lorsque les substances astringentes à titrer renferment en même temps de l'acide gallique, cette méthode cesse d'être exacte, vu que l'acide gallique décolore le permanganate et est absorbé par le noir comme le tannin [Neubauer, *Zeitsch. Ann. Chem.*, 1871, p. 1 à 40; — Löwenthal, *Jahresb.*, 1860, p. 680; — Gauhe, *Zeitsch. Ann. Chem.*, t. III, p. 122].

R. Handtke [*Jahresb. f. Chem.*, 1861, p. 876] dose le tannin en le précipitant par l'acétate ferrique en présence de l'acétate de soude et d'un excès d'acide acétique. Ce procédé donne des résultats variables avec la concentration des liquides. Cependant, si l'on a soin de doser le tannin indirectement, en déterminant la quantité d'oxyde ferrique précipité, on arrive à des résultats exacts.

Persoz [*Jahresb. f. Chem.*, 1863, p. 714] mesure volume du précipité obtenu au moyen du protochlorure d'étain.

Hammer [*Jahresb. f. Chem.*, 1866, p. 679] propose de déterminer la densité de la solution de tannin. Un poids connu de matière astringente est épuisé par l'eau chaude; la solution est ramenée à un volume déterminé dont on mesure la densité à l'aréomètre. Pour tenir compte des principes solubles autres que le tannin qui peuvent influer sur le degré aréométrique, on élimine le tannin en agitant la liqueur avec de la peau desséchée et pulvérisée; on filtre et on reprend la densité; la différence fournit la teneur en tannin.

Bödeker [*Jahresb. f. Chem.*, 1859, p. 703] place dans divers verres à précipiter des volumes égaux de la solution de tannin, et y ajoute des quantités croissantes d'émétique jusqu'à ce qu'une goutte du liquide filtré fournisse sur la lame de platine, avec le zinc et l'acide chlorhydrique, une légère tache d'antimoine au bout de 5 minutes.

Terreil dose le tannin en mesurant le volume d'oxygène absorbé par la solution en présence de la potasse, et se sert à cet effet d'un tube gradué éprouvette, d'une forme et d'une disposition spéciales.

Voici les résultats trouvés par l'une ou l'autre de ces méthodes, appliquées à l'usage des divers principes astringents.

Pour 100.	Tannin.	
Écorce de chêne....	13,2	Handtke.
Solonia..............	32,4	
Dividivi.............	36,0	
Sumac de Vérone ...	17,8	
Cachou brun........	31,8	
Galle d'Alep.........	43,6	Flek.
Galle de Chine.....	58,7	
Bablah..............	20,5	

ACIDE GALLOTANNIQUE. — *Tannin de la noix de galle.* — C'est la mieux connue de toutes les variétés de tannin. Découvert par Lewis au XVIIIe siècle, l'acide gallotannique fut particulièrement étudié par Pelouze, qui indiqua un procédé d'extraction qui est encore suivi aujourd'hui, à quelques détails près.

Ce procédé est fondé sur les principes suivants: De toutes les matières contenues dans la noix de galle, le tannin offre la plus grande solubilité dans l'eau. Le tannin sec est insoluble dans l'éther anhydre, mais en présence d'une petite quantité d'eau, il se forme une solution de tannin dans l'éther aqueux; cette solution sirupeuse n'est pas miscible à l'éther, mais elle se dissout dans l'alcool; mélangée avec de l'eau, cette solution éthérée de tannin aqueux se partage en trois couches: la couche inférieure est une solution de tannin dans l'éther aqueux; la seconde, une solution de tannin dans de l'eau éthérée; et enfin la troisième, de l'éther presque pur contenant fort peu de tannin.

Il en résulte qu'en arrosant des noix de galle grossièrement pulvérisées avec de l'éther anhydre, il s'écoule de l'éther peu chargé de tannin; avec l'éther contenant de l'eau, le liquide qui s'écoule se partage en trois couches semblables à celles décrites plus haut. Avec un mélange d'éther et d'alcool, il s'écoule une solution homogène de tannin dans l'éther alcoolique.

L'extraction se fait dans un appareil à déplacement à froid: l'allonge cylindrique est terminée par deux tubulures étroites, dont l'une est fermée par un tampon fait en coton et se trouve fixée sur un flacon bitubulé, la seconde tubulure est fermée par un bouchon. On remplit les $\frac{3}{4}$ de l'allonge avec de la noix de galle grossièrement pulvérisée; puis on y verse un mélange de 9 p. d'éther et de 1 p. d'eau, de manière à couvrir la substance solide d'une colonne liquide de quelques centimètres. Après 24 heures de contact, et après avoir agité le mélange, on laisse écouler le liquide dans le vase inférieur en mettant la tubulure supérieure de l'allonge en communication avec la tubulure latérale du vase au moyen d'un tube en caoutchouc. Le liquide se partage en deux couches, dont l'inférieure est une solution épaisse et sirupeuse de tannin dans l'éther un peu hydraté, la supérieure une solution très-étendue de tannin et d'acide gallique dans l'éther. On décante la couche supérieure, tandis que l'inférieure lavée avec un peu d'éther est évaporée au bain-marie ou à l'étuve dans des vases plats. Le tannin reste sous forme d'une masse jaunâtre boursouflée, amorphe, friable, que l'on peut purifier en redissolvant dans très-peu d'eau, ajoutant de l'éther, évaporant la couche sirupeuse qui se sépare et séchant à 120°-130°.

Mohr se sert pour épuiser les noix de galle d'un mélange de 4 p. d'éther et de 1 p. d'alcool ou même de parties égales des deux liquides. On distille l'éther et on dessèche.

La préparation industrielle s'effectue par l'un ou l'autre de ces procédés avec des appareils appropriés.

Ainsi obtenu, le tannin se présente sous forme d'une masse amorphe, jaunâtre, friable, sans odeur, de saveur astringente, très-soluble dans l'eau, moins soluble dans l'alcool, très-peu soluble dans l'éther. La solution aqueuse a une réaction acide; mise en contact avec les membranes animales (peau, etc.), elle perd son tannin qui se fixe sur la membrane pour former un composé insoluble et imputrescible; les solutions de gélatine la précipitent aussi en formant une combinaison.

Les acides sulfurique, chlorhydrique, arsénique, phosphorique, le sel marin, l'acétate de potasse, séparent l'acide tannique de ces solutions aqueuses concentrées sous forme de combinaisons insolubles. Le tannin chauffé fond et se décompose vers 210 à 215° en acide carbonique, acide pyrogallique et acide métagallique; la proportion de ces deux acides varie avec la température; à 250° on n'obtient que l'acide métagallique. Chauffé dans une capsule de platine sur un bec Bunsen, il fond, se boursoufle, s'enflamme et brûle avec une flamme éclairante, en laissant un résidu de charbon. L'air ozonisé le brunit en le fluidifiant et finit par la convertir entièrement en acide carbonique et en eau. Les solutions aqueuses de tannin absorbent énergiquement l'ozone, passent au rouge brun; par une action plus prolongée de l'ozone la couleur s'éclaircit et il ne reste bientôt plus que très-peu de substance en solution, avant ce terme on constate la production d'acide oxalique et d'une substance qui réduit la liqueur cupropotassique [Gorup-Bésanez, *Ann. der Chem. u. Pharm.*, t. CX, p. 106].

Une solution aqueuse étendue de tannin absorbe l'oxygène en dégageant un égal volume d'acide carbonique, en même temps elle se trouble par le dépôt d'acide gallique.

Le tannin dissous à plusieurs reprises dans l'eau et évaporé à chaud, au contact de l'air se transforme peu à peu en une substance brune insoluble (tannin oxydé des anciens chimistes). L'eau oxygénée et l'essence de térébenthine oxygénée sont sans action. Une solution d'acide iodique réagit même à froid sur le tannin avec production d'acide carbonique mélangé d'un peu d'oxyde de carbone. Le brome réagit vivement et donne une résine brune. Le chlore attaque également le tannin et colore ses solutions en brun; l'iode finement pulvérisé est dissous par l'eau chargée de tannin.

L'acide sulfurique concentré dissout le tannin avec une teinte jaune citron ou jaune brun, passant au rouge pourpre à chaud, avec dégagement d'acide sulfureux; puis la couleur passe au brun.

Le tannin bouilli ou digéré à chaud avec l'acide sulfurique étendu se transforme en acide gallique (Liebig); d'après Strecker [*Ann. der Chem. u. Pharm.*, t. LXXXI, p. 248; t. XC, p. 328; *Chem. Soc. Quart. Journ.*, t. V, p. 102. *Phil. Mag.* (4), t. VIII, p. 157], il se sépare en même temps de la glucose ainsi que des traces d'acide ellagique et de matières ulmiques.

Strecker a considéré d'après cela le tannin comme un glucoside, et lui a donné la formule $C^{27}H^{22}O^{17}$, il représenta sa décomposition par l'équation :

$$C^{27}H^{22}O^{17} + 4H^2O = 3C^7H^6O^5 + C^6H^{12}O^6.$$

Des expériences plus récentes ont prouvé que le tannin ne doit pas être considéré comme un glucoside et que la formation du sucre était due à la présence accidentelle de glucosides étrangers à sa composition réelle. D'après Rochleder et Kawalier, le tannin bouilli avec l'acide chlorhydrique, à l'abri du contact de l'air, fournit des proportions variables d'acide ellagique et de sucre. L'acide nitrique attaque le tannin en solution aqueuse, en colorant d'abord la liqueur en jaune rougeâtre et enfin en produisant de l'acide oxalique.

Une solution de tannin additionnée d'une solution à 3 % d'acide osmique prend une teinte bleu foncé et laisse à l'évaporation un résidu bleu foncé. Ce résidu, traité par la solution d'acide osmique, donne de l'oxyde d'osmium et une liqueur, qui additionnée d'ammoniaque est rouge brun et fournit à l'évaporation des aiguilles cristallines formées d'un mélange d'acide oxalique et probablement d'acide subérique ainsi qu'une matière ulmique [Boutlerow, *Journ. prak. Chem.*, t. LVI, p. 207].

D'après Rochleder et Kawalier [*Wien. Akad. Ber.*, t. XXV, p. 558], le tannin chauffé avec des alcalis dans un courant d'hydrogène se dédouble en acide gallique et en une matière gommeuse. L'hydrate de baryte fournit dans les mêmes circonstances de l'acide gallique et du glucate de baryte. Selon Liebig, la potasse transforme le tannin en acide gallique, qu'une ébullition prolongée avec la potasse convertit en acides carbonique et pyrogallique.

Bouilli pendant quelques heures avec son poids de sulfate neutre de potasse ou de soude et 12 p. d'eau, il se forme 5 à 6 % d'un corps qui possède la composition du sucre sans en avoir les propriétés (Knop).

L'acide chromique en solution aqueuse décompose complétement à chaud le tannin, avec dégagement d'acide carbonique; le bichromate de potasse le précipite en jaune brun ou noir.

Le peroxyde de manganèse bouilli avec le tannin, avec ou sans acide sulfurique, dégage de l'acide carbonique, et produit une masse brune extractive. Le tannin réduit les solutions de permanganate de potasse en lui enlevant environ 0p,6 d'oxygène pour 1 p. de tannin.

Il agit sur les sels ferriques, cuivriques, mercuriques et argentiques comme réducteur, en les ramenant au degré inférieur d'oxydation ou en précipitant le métal.

Les solutions de tannin impures, telles qu'on les obtient par simple infusion de la noix de galle, conservées au contact de l'air, se modifient; il se dégage de l'acide carbonique, en même temps qu'il se produit de l'acide gallique et de l'acide ellagique par suite d'une espèce de fermentation appelée fermentation gallique. Robiquet considère la pectase de la noix de galle comme l'agent actif dans cette circonstance.

Constitution de l'acide gallotannique. — Les expériences de Strecker avaient conduit ce chimiste à considérer le tannin de la noix de galle comme un glucoside de l'acide gallique. Les recherches plus récentes de H. Schiff sont contraires à cette opinion. En effet, Schiff est arrivé à préparer synthétiquement le tannin exempt de sucre, en partant de l'acide gallique. Ce fait avait déjà été entrevu par Löwe, mais n'avait pas reçu de lui sa véritable signification [Löwe, *Journ. prak. Chem.*, t. CVII, p. 464; H. Schiff, *Deutsch chem. Gesell*, 1871, p. 231 et 967].

D'après Schiff, l'acide gallique cristallisé et séché à 10°, traité à 100-120° par l'oxychlorure de phosphore, dégage de l'acide chlorhydrique. Il se forme une poudre jaune qu'on lave à l'éther anhydre et qu'on dissout dans l'eau. Au bout de 12 heures on sépare une certaine quantité d'acide gallique non attaqué; le liquide est précipité par le sel marin; le précipité emplastique est lavé à l'eau salée, puis dissous dans l'alcool absolu; on ajoute à la solution plusieurs fois son volume d'éther; on filtre et on distille l'éther; enfin on sèche. Le résidu offre toutes les propriétés du tannin et peut être converti en acide gallique cristallisé par l'ébullition avec l'acide chlorhydrique. D'après ces expériences le tannin serait l'acide digallique :

$$C^{14}H^{10}O^{9} = C^{6}H^{2}\begin{cases}COOH\\OH\\OH\end{cases} -O- C^{6}H^{2}\begin{cases}COOH\\OH\\OH.\end{cases}$$

Schiff a analysé deux tannates de plomb obtenus avec l'acétate de plomb employé en excès ou en quantité insuffisante ; l'un répond à la formule

$$C^{14}H^{4}Pb^{3}O^{9},$$

et l'autre à la formule $C^{14}H^{6}Pb^{2}O^{9} + 2H^{2}O$.

La formule nouvelle du tannin est confirmée par l'analyse du dérivé tétracétique formé par l'action de l'anhydride acétique sur le tannin,

$$C^{14}H^{6}(C^{2}H^{3}O)^{4}O^{9},$$

corps incolore cristallisant en mamelons, ayant la forme de choux-fleurs, à peine soluble dans l'eau, assez soluble dans l'alcool bouillant et ne réagissant plus sur les sels ferriques. L'acide sulfurique concentré le convertit en acide rufigallique, à 100°.

L'acide rufigallique serait l'anhydride du tannin ou de l'acide gallique et répondrait à la formule

$$C^{14}H^{8}O^{8}.$$

D'après tous ces résultats, il est probable que les végétaux renferment le tannin sous forme d'un glucoside polygallique très-altérable et dont une portion resterait indécomposée dans le tannin ordinaire.

P. S.

TANNOMÉLANIQUE (ACIDE). — L'acide tannomélanique s'obtient, d'après Büchner, comme produit de décomposition du tannin ordinaire, par l'ébullition prolongée d'une solution de gallotannate de potasse. On dissout le tannin dans une solution bouillante de carbonate de potasse d'une densité de 1,27, tant qu'il y a effervescence, puis on maintient le liquide en ébullition jusqu'à ce qu'une prise d'essai additionnée d'acide acétique reste limpide après refroidissement. On sursature par l'acide acétique et on évapore à sec au bain-marie. Le résidu est épuisé par l'alcool qui dissout de l'acétate et du gallate de potasse. Le résidu est dissous dans l'eau et la solution est mélangée avec de l'acide acétique et de l'acétate de plomb, qui donne lieu à une précipitation de tannomélanate de plomb sous forme de poudre brun-noir.

La composition de cet acide paraît être représentée par la formule $C^{6}H^{4}O^{3}$, et sa formation aux dépens de l'acide gallique s'expliquerait par l'équation

$$C^{7}H^{6}O^{5} + O = C^{6}H^{4}O^{3} + CO^{2} + H^{2}O.$$

[Büchner, *Ann. Chim. Pharm.*, t. LIII, p. 373].

P. S.

TANNOPINIQUE (ACIDE). — Rochleder et Kawalier [*Wien. Akad. Berich.*, t. XXIX, p. 22] donnent ce nom à un dérivé du tannin que l'on trouve vers le printemps dans les aiguilles du pin d'Écosse. L'extrait alcoolique distillé après addition d'eau il fournit un liquide aqueux d'où s'est séparé de la résine. Ce liquide est précipité en fractionnant par l'acétate neutre de plomb ; on dissout le précipité avec de l'acide acétique étendu, la solution est précipitée par l'acétate basique de plomb et le précipité mis en suspension dans l'eau est décomposé par l'hydrogène sulfuré. La solution aqueuse chaude de cet acide s'oxyde rapidement à l'air.

Les auteurs cités lui assignent la formule

$$C^{28}H^{30}O^{18}\ (?)$$

P. S.

TANNOXYLIQUE (ACIDE) ou **RUFITANNIQUE.** — Produit de l'oxydation de l'acide gallique sous l'influence des alcalis.

Pour l'obtenir, on dissout à froid le tannin dans une solution moyennement concentrée de potasse ; le liquide est abandonné à lui-même au contact de l'air, jusqu'à ce qu'il ait pris une teinte rouge-brun foncé, puis précipité par l'acétate de plomb ; on enlève le tannate de plomb mélangé au tannoxylate au moyen de l'acide acétique chaud ; le résidu insoluble est traité par un mélange d'alcool et d'acide sulfurique, à chaud. On obtient ainsi une solution rouge foncé, d'où on retire l'acide par distillation de l'alcool, sous forme d'une masse amorphe, brun-rouge. Sa composition paraît répondre à la formule $C^{7}H^{6}O^{6}$. Il se produirait aux dépens de l'acide gallique par addition d'oxygène $C^{7}H^{6}O^{5} + O = C^{7}H^{6}O^{6}$ [Büchner, *Ann. Chim. Pharm.*, t. LIII, p. 369].

TANTALE, Ta = 182 (équiv. = 91). — L'histoire de ce métal est entièrement liée à celle du niobium. Le tantale a été découvert presque simultanément par Hatchett et par Eckeberg [*Ann. de Crelle*, 1802 et 1803]. En 1809, Wollaston établit l'identité entre le columbium de Hatchett et le tantale d'Eckeberg. Un grand nombre de travaux publiés sur le tantale se rapportent à des mélanges : de là une confusion qui n'a cessé que depuis les beaux travaux de Marignac [*Archives des Sciences de Genève*, juin 1866 et février 1868 ; *Ann. de Chim. et de Phys.*, (4), t. IX, p. 249]. Les recherches les plus nombreuses sont dues à H. Rose, qui n'a pas toujours opéré sur des combinaisons pures (voyez NIOBIUM, t. II, p. 552). Rammelsberg a publié un aperçu général sur les combinaisons du tantale [*Journ. für prakt. Chem.*, 1869, t. CVII, p. 336].

ATTAQUE DES MINÉRAUX TANTALIFÈRES. — Les minéraux tantalifères, dont nous avons donné un aperçu à l'article NIOBIUM, t. II, p. 557 et 558, renferment presque toujours en même temps du niobium, et leur attaque, ainsi que la séparation du tantale et du niobium, se fait comme il a été indiqué page 553.

TANTALE MÉTALLIQUE. — Lorsqu'on chauffe de acide tantalique dans un creuset de charbon, il se transforme en sous-oxyde qu'on trouve recouvert d'une couche mince et jaunâtre, conductrice de l'électricité et prenant l'éclat métallique sous le brunissoir [Berzelius, *Traité de Chimie*]. Berzelius préparait le tantale métallique par l'action du potassium sur le fluotantalate de potassium. Il l'a décrit comme une poudre noire, pesante, très-difficilement fusible, conduisant assez mal l'électricité. H. Rose [*Poggend. Ann.*, t. XCIX, p. 69] a employé le même procédé. Il a chauffé dans un creuset de fer 3 p. de fluotantalate de sodium (t. I, p. 1479) avec 1 p. de sodium. La réaction s'établit au rouge sombre et s'effectue avec incandescence. Le produit noir, repris par l'eau, laisse une poudre noire, qui prend l'éclat métallique sous le brunissoir. Sa densité, après calcination dans l'hydrogène, est égale à 10,78.

Le tantale pulvérulent brûle à l'air avec un grand éclat en se transformant en anhydride tantalique. Il est inattaquable par les acides chlorhydrique et azotique et par l'eau régale. L'acide fluorhydrique le dissout, surtout lorsqu'il est additionné d'acide azotique. L'acide sulfurique ne l'attaque pas, mais bien le sulfate acide de potassium fondu. Le chlore le transforme à chaud en chlorure de tantale volatil.

Alliage de tantale et d'aluminium, $TaAl^{3}$. — Cet alliage a été obtenu par Marignac, qui cherchait à préparer le tantale métallique en réduisant le fluotantalate de potassium par l'aluminium, à une température élevée. Le culot métallique obtenu, traité par l'acide chlorhydrique, laisse une poudre cristalline grise renfermant 70,50 % Ta et 27,27 Al. Densité = 7,02. Cet alliage n'est pas attaqué par l'acide chlorhydrique bouillant. L'acide fluorhydrique, l'acide sulfurique bouillant et le sulfate acide de potassium l'attaquent facilement [*Compt. rend.*, t. LXVI, p. 180].

On a aussi décrit un alliage de fer et de tantale. — Voyez t. I, p. 1405.

Poids atomique. — H. Rose admettait pour l'anhydride tantalique la formule TaO^2 et pour le poids atomique du tantale le nombre 137,6. Berzelius, puis Hermann, ont fait de cet anhydride un sesquioxyde Ta^2O^3. Ce dernier chimiste admettait le poids atomique 103,2. Marignac enfin a été conduit par l'étude des fluotantalates à admettre que le tantale est pentatomique; que son anhydride a donc pour formule Ta^2O^5. Il est est arrivé pour le poids atomique du tantale au nombre 182. Les conclusions de Marignac sont complétement vérifiées par la densité de vapeur du chlorure de tantale, déterminée par Deville et Troost et qui conduit exactement à la formule $TaCl^5$.

Bromure de tantale, $TaBr^5$. — Il a été obtenu par H. Rose, qui a employé le même procédé que pour la préparation du chlorure, avec lequel le bromure présente une grande analogie de propriétés. Il est difficile de le débarrasser de l'excès de brome [*Ann. der Chem. u. Pharm.*, t. C, p. 242.]

Chlorure de tantale, $TaCl^5$. — On l'obtient par l'action d'un courant de chlore sec sur un mélange bien sec d'anhydride tantalique et de charbon chauffé au rouge; il faut commencer par expulser l'air de l'appareil.

Le chlorure de tantale est un corps d'un beau jaune, fumant à l'air, fusible vers 221° d'après H. Rose; à 211°,3 d'après Deville et Troost. Il bout, suivant ces derniers, à 241°,6 sous une pression de 753 millimètres, mais il commence déjà à se sublimer à 144° (H. Rose).

Deville et Troost ont déterminé la densité de vapeur du chlorure de tantale parfaitement exempt de chlorure de niobium et ont trouvé à 360° le nombre 185, rapporté à l'hydrogène; la densité théorique pour la formule $TaCl^5$ est égale à 178,75 [*Compt. rend.*, t. LVI, p. 89 et t. LXIV, p. 294].

L'eau décompose avec énergie le chlorure de tantale en mettant de l'acide tantalique en liberté; il en reste fort peu en solution. Traité à froid par l'acide chlorhydrique, le chlorure de tantale fournit une solution trouble qui, par le repos, se prend en gelée. Si l'on fait bouillir le chlorure avec l'acide et si l'on ajoute ensuite de l'eau, on obtient une solution opaline, que l'ébullition ne modifie pas, mais qui est abondamment précipitée par l'acide sulfurique. Le chlorure de tantale se dissout à froid dans l'acide sulfurique concentré; cette solution se trouble fortement par l'ébullition et se gélatinise ensuite par le refroidissement; la gelée produite est à peu près insoluble dans l'eau.

La potasse dissout en partie le chlorure de tantale.

La solution de l'acide tantalique dans l'acide chlorhydrique présente les caractères de la solution du chlorure de tantale.

L'alcool dissout le chlorure de tantale; la solution n'est précipitée par l'acide sulfurique qu'après avoir été additionnée d'eau et bouillie.

Lorsqu'on la distille, la solution alcoolique donne de l'alcool et de l'acide chlorhydrique et un résidu sirupeux, peut-être du tantalate d'éthyle.

D'après Rose, les solutions de chlorure de tantale donnent une coloration bleue par l'action d'une lame de zinc; cette coloration est probablement due à la présence du niobium.

Le chlorure de tantale ne paraît pas former de chlorures doubles. Il a été particulièrement décrit par H. Rose [*Poggend. Ann.*, t. XC, p. 456 et t. XCIX, p. 75].

Oxychlorure. — En faisant réagir le chlore sur un mélange, porté au rouge, d'acide tantalique et de charbon, M. Wœhler a obtenu un sublimé blanc, cristallin et soyeux, fumant un peu à l'air; ce corps se comporte du reste avec l'eau et avec les acides comme le chlorure lui-même. C'est sans doute un oxychlorure $TaOCl^3$ (?), qui a pris naissance soit par défaut de charbon, soit par la présence d'humidité [*Poggend. Ann.*, t. XLVIII, p. 91].

Fluorure de tantale. — L'acide tantalique, non calciné, se dissout dans l'acide fluorhydrique. Cette solution ne se trouble pas par l'ébullition, mais elle perd du fluorure de tantale par volatilisation. Le résidu de l'évaporation ne se redissout pas entièrement dans l'eau, mais il se dissout dans l'acide fluorhydrique. Berzelius a obtenu ainsi des cristaux limpides se troublant à l'air, solubles dans l'eau. D'après H. Rose, ces cristaux sont un oxyfluorure.

L'addition d'acide sulfurique à la solution de fluorure de tantale ne la trouble que par une ébullition prolongée, mais le précipité d'acide tantalique se redissout par une plus forte concentration.

L'anhydride tantalique calciné ne se dissout pas dans l'acide fluorhydrique; mais, lorsqu'on le calcine avec du fluorure d'ammonium, il se volatilise en totalité à l'état de fluorure.

Le fluorure de tantale forme très-facilement des fluorures doubles qui ont été étudiés par Berzelius [*Poggend. Ann.*, t. IV, p. 6], par H. Rose [*ibid.*, t. XCIX, p. 481] et surtout par Marignac (voyez t. I, p. 1479). Il ne paraît pas exister de *fluoxytantalates*.

Oxydes de tantale. — On n'en a décrit que deux, un bioxyde mal connu TaO^2 et l'anhydride tantalique Ta^2O^5.

Bioxyde de tantale, TaO^2 (*acide tantaleux*). — Il ne paraît pas avoir été obtenu avec un caractère bien défini. Berzelius admettait sa présence dans certaines tantalites. Il se forme lorsqu'on calcine très-fortement l'anhydride tantalique dans un creuset brasqué. C'est une masse poreuse d'un gris foncé, non fondue. Il ne renfermerait que 8 % d'oxygène d'après Berzelius, tandis que la formule TaO^2 en exige 14,95. Mais, suivant H. Rose, cet oxyde absorbe 3,5 % à 4,2 % d'oxygène pour se transformer en Ta^2O^5, absorption qui correspond à peu près à la transformation de TaO^2 en Ta^2O^5.

L'acide tantalique n'éprouve pas de réduction par la calcination dans un courant d'hydrogène.

Anhydride tantalique, Ta^2O^5. — Eckeberg obtenait cet oxyde en fondant la tantalite pulvérisée avec 2 p. de potasse, reprenant la masse fondue par l'eau et précipitant par un acide. Wollaston attaquait la tantalite par un mélange de carbonate alcalin et de borax, et traitait la masse fondue par l'acide chlorhydrique, puis par l'eau bouillante.

Le procédé de Berzelius, qui a été modifié par H. Rose et par Marignac, consiste à chauffer la tantalite avec 6 à 8 p. de sulfate acide de potassium, dans un creuset de platine, jusqu'à fusion tranquille. La masse fondue, refroidie et pulvérisée, est épuisée par l'eau, puis mise en digestion avec du sulfure ammonique, qui transforme en sulfures les oxydes de fer, d'étain et de tungstène; ces deux derniers sulfures restent dissous dans le sulfure ammonique et le sulfure de fer est enlevé par l'acide chlorhydrique; on lave finalement l'acide tantalique restant avec de l'eau bouillante.

Pour débarrasser complétement l'anhydride tantalique de l'étain et du tungstène, H. Rose recommande de le fondre avec 3 p. d'un mélange de carbonate sodique et de soufre, de faire digérer avec de l'acide chlorhydrique, après avoir épuisé la masse fondue par l'eau bouillante. L'anhydride tantalique renferme alors un peu de soude, dont on le prive par une nouvelle fusion avec du sulfate acide de potassium ou d'ammonium [*Poggend. Ann.*, t. C, p. 417].

Ainsi obtenu, l'anhydride tantalique est mélangé d'anhydride niobique. On en effectue la séparation en les transformant en fluosels de potassium qui sont faciles à séparer par cristallisation (voyez t. I, p. 553). Le fluotantalate de potassium pur est ensuite traité par l'acide sulfurique pur et concentré. On chasse peu à peu l'excès d'acide et on chauffe vers 400°; on fait bouillir ensuite le tout avec de l'eau pour dissoudre le sulfate de potassium et l'on obtient ainsi de petits cristaux de sulfate tantalique qui se décomposent à une température élevée en laissant l'anhydride tantalique pur (Marignac).

Nordenskjoeld et Chydenius ont cherché à obtenir l'anhydride tantalique cristallisé en le faisant fondre avec du sel de phosphore; le produit de la fusion, épuisé par l'acide chlorhydrique étendu, donne beaucoup d'anhydride amorphe et une petite quantité d'aiguilles pesantes, appartenant au type orthorhombique, avec les faces dominantes m et a^1. Angles $m : m = 100° 42'$; $a^1 : a^1 = 90° 20'$ [*Poggend. Ann.*, t. CX, p. 642].

L'anhydride tantalique forme une poudre blanche, qui est jaunâtre à chaud. Les indications relatives à la densité de cet anhydride sont assez divergentes. D'après Deville et Troost, la densité de l'anhydride calciné est 7,35; Marignac a obtenu les nombres 7,60-7,64 pour l'anhydride provenant de la fusion avec le bisulfate potassique et 8,01 pour celui provenant du traitement du fluotantalate de potassium par l'acide sulfurique. D'après H. Rose enfin, la calcination rend l'anhydride tantalique cristallin, avec une densité égale à 7,994; la calcination dans un four à porcelaine détruit la structure cristalline et abaisse la densité à 7,652. En fondant ensuite l'anhydride avec du bisulfate, on obtient un oxyde cristallin, qui reste tel au four à porcelaine et qui a pour densité 8,257. D'après le même auteur, la densité de l'anhydride tantalique obtenu par une première fusion avec le bisulfate est égale à 7,955; l'acide tantalique (hydraté) obtenu par la décomposition brusque du chlorure par l'eau a pour densité 7,028; celui obtenu par la décomposition lente, et qui est cristallin, a pour densité 7,284 [*Poggend. Annal.*, t. C, p. 417].

L'anhydride tantalique se dissout dans l'acide borique fondu en donnant un verre incolore (Eckeberg).

Hydrates tantaliques. — L'acide tantalique obtenu par fusion avec le sulfate acide de potassium, et par digestion subséquente avec l'eau et l'ammoniaque, est hydraté; séché à 100°, puis calciné, il perd 6,6 % d'eau: l'hydrate séché à 100° renfermerait donc $3Ta^2O^5, 5H^2O$.

La décomposition du chlorure de tantale par l'eau produit des hydrates dont la composition varie avec les conditions de la décomposition. Si celle-ci est brusque, l'hydrate est amorphe; si elle a lieu lentement, par l'humidité atmosphérique, l'hydrate est cristallin. Ces hydrates perdent par la calcination, le premier, avec production de lumière, 6,0 à 7,88 % d'eau. Ces nombres conduisent aux formules $2Ta^2O^5, 3H^2O$ (5,73 % d'eau) et $Ta^2O^5, 2H^2O$ (7,5 %).

L'hydrate tantalique qu'on obtient en faisant bouillir le sulfate tantalique avec la soude, renferme, d'après les analyses de Hermann, $Ta^2O^5, 5H^2O$.

Les solutions alcalines d'acide tantalique donnent un précipité d'hydrate par l'addition d'un acide faible. Les précipités produits par les acides forts paraissent renfermer une combinaison d'acide tantalique avec ces acides. L'acide sulfureux y produit un précipité d'hydrate pur.

Le précipité produit par l'addition d'acide chlorhydrique à la solution d'un tantalate alcalin se redissout dans un excès d'acide en donnant un liquide opalescent (H. Rose).

L'acide tantalique hydraté paraît former des sels avec quelques acides, mais il s'unit de préférence aux bases pour donner des tantalates. C'est ainsi qu'il se dissout dans les alcalis caustiques.

Berzelius, ainsi que Marignac, admettent l'existence de deux modifications particulières de l'acide tantalique.

Combinaisons avec les acides. — D'après Berzelius, l'anhydride tantalique est insoluble dans tous les acides; mais l'hydrate tantalique se dissout abondamment dans l'acide oxalique, moins bien dans les acides sulfurique et chlorhydrique; les acides azotique, tartrique, etc., n'en dissolvent que des traces (Gahn, Berzelius et Eggertz). Ses solutions acides sont incolores, quelques-unes se prennent en une gelée opaque par l'addition d'acide phosphorique concentré. L'addition des carbonates ou des sulfures alcalins en précipite l'acide tantalique, avec dégagement d'acide carbonique ou d'hydrogène sulfuré.

Sulfate tantalique. — L'hydrate tantalique se dissout en petite quantité dans l'acide sulfurique. L'addition d'eau à la solution en précipite un sulfate basique de tantale qui n'abandonne son acide sulfurique que par une forte calcination (Berzelius). Le même sulfate se produit d'après Berzelius par le grillage du sulfure de tantale.

L'acide tantalique qui se sépare lorsqu'on traite par l'eau le produit de la fusion avec le sulfate acide de potassium, renferme également de l'acide sulfurique. Il en est de même du précipité produit par l'addition de l'acide sulfurique aux diverses solutions de tantale, précipité qui ne se produit généralement qu'à chaud.

Ce sulfate tantalique se dissout facilement, lorsqu'il est humide, dans l'acide chlorhydrique et dans la potasse (Wœhler).

Suivant Hermann, le composé obtenu par la fusion du tantalate de sodium avec du sulfate acide de potassium forme une masse entièrement soluble dans l'eau; sa solution laisse déposer à l'ébullition un précipité gélatineux dont la composition, après dessiccation à 100°, est exprimée par les rapports $3Ta^2O^5 + SO^3 + 8H^2O$ [*Journ. für prakt. Chem.*, t. LXX, p. 193; *Ann. de Chim. et de Phys.*, (3), t. L, p. 184].

Phosphate tantalique. — L'acide tantalique se dissout dans l'acide phosphorique fondu en donnant un verre incolore (Eckeberg).

L'addition d'acide phosphorique à une solution sulfurique ou chlorhydrique d'acide tantalique fait prendre cette solution en une gelée blanche et opaque (Thenard).

Tantalates. — Les tantalates alcalins se forment facilement par fusion de l'acide tantalique avec les alcalis ou par sa dissolution dans les alcalis caustiques. Berzelius les a déjà décrits, mais sans en indiquer la composition. Ils ont été plus spécialement étudiés par H. Rose [*Pogg. Ann.*, t. C, p. 551, t. CI, p. 11, et t. CII, p. 55] et plus récemment par Marignac [*Ann. de Chim. et de Phys.*, t. IX, p. 249; *Bull. de la Soc. chim.*, (2), t. VI, p. 618], qui les a classés en deux groupes correspondant à deux modifications de l'acide tantalique, TaO^3H et $Ta^6O^{19}H^8$.

Les sels alcalins du premier groupe sont insolubles dans l'eau; les autres sont solubles et cristallisables. Les premiers se forment lorsqu'on fond à basse température l'acide tantalique avec les carbonates alcalins ou lorsqu'on calcine les seconds et qu'on épuise ensuite le produit par l'eau. Les tantalates insolubles restent.

La seconde série de sels se produit par la fusion de l'acide ou de l'anhydride tantalique avec les alcalis caustiques ou avec les carbonates alcalins à une très-haute température. Les solutions de ces tantalates se décomposent facilement en donnant les sels insolubles.

Les tantalates des autres bases forment des précipités insolubles, qui s'obtiennent par double décomposition.

Les solutions des tantalates sont précipitées, mais incomplétement, par l'ébullition avec l'acide sulfurique étendu. L'addition d'ammoniaque rend ensuite la précipitation complète.

Les acides chlorhydrique et azotique y produisent un précipité insoluble dans la potasse, soluble dans un excès d'acide en donnant une solution opaline qui n'est précipitée qu'incomplétement par l'acide sulfurique. L'acide phosphorique en précipite l'acide tantalique combiné à de l'acide phosphorique.

Les acides acétique et oxalique précipitent l'acide tantalique; l'acide oxalique en excès redissout le précipité à l'ébullition. Les acides tartrique et citrique ne produisent pas de précipité.

Voici les autres réactions que présentent les tantalates :

Acide cyanhydrique et cyanures solubles. — Rien.

Sels ammoniacaux. — Précipité formé par un sel ammoniacal acide (Hesse).

Sulfures alcalins. — Pas de précipité.

Azotate d'argent. — Précipité bleu, noircissant à 100°.

Azotite mercureux. — Précipité jaune verdâtre.

Chlorure mercurique. — Pas de précipité (H. Rose).

Ferrocyanure de potassium. — Précipité floconneux jaune, mais seulement après addition d'un acide. Le précipité se dissout difficilement dans l'acide chlorhydrique concentré. Il ne se forme qu'en présence de l'acide tartrique.

Teinture de noix de galle. — Précipité jaune pâle, mais seulement après addition d'un acide.

Zinc. — Pas de coloration bleue si le tantalate est pur. (Berzelius avait obtenu ainsi une coloration bleue qu'il attribuait à la formation d'un tantalate tantaleux; elle était due évidemment à la présence du niobium.)

TANTALATE D'AMMONIUM. — L'acide tantalique ne se combine pas directement avec l'ammoniaque. Les tantalates alcalins solubles, additionnés de sel ammoniac, donnent de l'ammoniaque libre et un précipité de tantalate acide d'ammonium, à peu près insoluble dans l'eau et perdant facilement son ammoniaque. La composition du précipité est sensiblement.

$$(AzH^4)^2O.3Ta^2O^5 + 5H^2O.$$

H. Rose a obtenu ainsi avec le tantalate de potassium un sel acide double renfermant

$$4Ta^2O^5.K^2O(AzH^4)^2O + 4H^2O,$$

soit

$$Ta^4O^{11}.K.AzH^4 + 2H^2O.$$

TANTALATES DE POTASSIUM. — H. Rose a décrit une série de ces sels qui se représentent par les rapports suivants, si l'on convertit la formule TaO^2 de l'anhydride tantalique en Ta^2O^5 :

1. $Ta^2O^5.5K^2O$ ou TaO^5K^5.
2. $4Ta^2O^5.5K^2O$ ou $3Ta^2O^5.4K^2O$ ($Ta^6O^{19}K^8$).
3. $8Ta^2O^5.5K^2O$ ou $3Ta^2O^5.2K^2O$ ($Ta^6O^{17}K^4$).
4. $2Ta^2O^5.K^2O$ ou $Ta^4O^{11}K^2$.
5. $12Ta^2O^5$ $5K^2O$ (probablement le même que 4).

Marignac n'admet que deux sels de potassium, l'*hexatantalate octopotassique*,

$$3Ta^2O^5.4K^2O = Ta^6O^{19}K^8,$$

et le *tantalate neutre*, $Ta^2O^5.K^2O$ ou TaO^3K.

Lorsqu'on dissout l'acide tantalique dans 2 à 3 fois son poids de potasse fondue, on obtient un produit entièrement soluble dans l'eau. La solution claire fournit des cristaux par l'évaporation dans le vide. On peut aussi fondre l'anhydride tantalique avec du carbonate potassique, à une température aussi élevée que possible; on laisse le produit exposé à l'air humide jusqu'à ce que tout le carbonate en excès soit tombé en déliquescence; on dissout ensuite la portion restante dans l'eau et on évapore dans le vide. Les cristaux que l'on obtient ainsi sont l'*hexatantalate octopotassique*, $Ta^6O^{19}K^8 + 16H^2O$ (c'est le sel n° 2 de H. Rose). Ils constituent des prismes clinorhombiques transparents, isomorphes avec le niobate correspondant. Faces observées : m, g^1, p, $e^{1/2}$, $b^{1/2}$. Angles $m\,m = 100°\,0'$; $p\,m = 94°\,20'$; $p\,b^{1/2} = 134°\,45'$; $p\,g^{1/2} = 132°\,25'$.

Ces cristaux se dissolvent sans décomposition dans l'eau tiède et s'obtiennent de nouveau par l'évaporation dans le vide. Leur solution se décompose par l'ébullition ou par l'exposition à l'air et laisse déposer un sel insoluble.

Chauffé à 100°, le sel sec se dédouble, de même, en potasse, qui attire l'acide carbonique, et sel insoluble qu'on sépare en reprenant par l'eau. Ce dernier sel, chauffé au rouge, puis repris par l'eau, cède encore à celle-ci une partie de la potasse et il reste le sel insoluble TaO^3K, ou *sel neutre*.

Le sel insoluble qui se forme par une ébullition prolongée du sel soluble est le sel $Ta^4O^{11}K^2$ de H. Rose (n°s 4 et 5). On obtient un sel analogue lorsqu'on fait passer un courant d'acide carbonique à travers une solution de tantalate de potassium (Rose).

L'acide tantalique ne décompose pas le carbonate potassique par voie humide; mais par voie sèche. 100 p. Ta^2O^5 déplacent environ 33 p. CO^2, ce qui correspondrait à la formation d'un sel $Ta^2O^5.3K^2O = TaO^4K^3$.

Si l'on reprend la masse par l'eau, la majeure partie reste insoluble; c'est le sel n° 3 de H. Rose. Quant à la solution, elle fournit, par la concentration, des cristaux qui paraissent renfermer 5 molécules K^2O pour 1 molécule Ta^2O^5. Ce serait l'*orthotantalate de potassium* TaO^5K^5 (n° 1).

TANTALATES DE SODIUM. — On en a décrit un grand nombre; ils correspondent à peu près aux sels de potassium. Ils ont été étudiés par H. Rose, par Marignac et par Hermann.

1. $2Ta^2O^5.5Na^2O$	$Ta^4O^{15}Na^{10}$.
2. $4Ta^2O^5.5Na^2O$ ou plutôt $3Ta^2O^5.4Na^2O$	$Ta^6O^{19}Na^8$.
3. $Ta^2O^5.Na^2O$	TaO^3Na.
4. $18Ta^2O^5.5Na^2O$ ou $3Ta^2O^5.Na^2O$.	Ta^3O^8Na.
5. $5Ta^2O^5.Na^2O$	$Ta^5O^{13}Na$.

Lorsqu'on fond de l'anhydride tantalique avec la soude, qu'on traite la masse fondue par un peu d'eau pour enlever l'excès de soude, et qu'on dissout ensuite le résidu dans l'eau bouillante, on obtient par le refroidissement des lamelles cristallines, mélangées avec un sel insoluble facile, à séparer par lévigation. Ces cristaux forment des pyramides hexagonales. Angles : $b^1p = 124°\,14'$; b^1b^1 (terminal) $= 131°\,4'$. Ils constituent l'*hexatantalate octosodique*,

$$Ta^6O^{19}Na^8 + 25H^2O \quad \text{ou} \quad + 30H^2O\ (?)$$

(H. Rose, Marignac). Hermann avait trouvé pour ce sel une composition un peu différente, mais cela tient à une erreur dans la fixation du poids atomique du tantale.

Ce sel est peu soluble dans l'eau et il est tout à fait insoluble tant qu'il renferme un excès de soude. Il exige, pour se dissoudre, 493 p. d'eau froide et 162 p. d'eau bouillante (H. Rose). Chauffé à 100°, il se décompose en soude libre et en un sel acide. Sa solution est précipitée par la soude caustique. Lorsqu'on l'évapore, elle laisse de la soude libre, un résidu semblable à l'empois, insoluble dans l'eau et ayant une composition voisine de TaO^3Na. Ce dernier sel, chauffé avec du chlorure d'ammonium, donne le sel insoluble n° 4 (H. Rose).

La solution du tantalate de sodium, traitée par un courant de gaz carbonique, fournit le même sel insoluble. Traitée par l'hydrogène sulfuré, elle donne un précipité qui est un sel encore plus acide (n° 5). Enfin, l'acide sulfureux en précipite de l'acide tantalique pur (H. Rose).

Lorsqu'on fond l'acide tantalique avec le carbonate de sodium, la quantité d'acide carbonique dégagée indique la formation du sel $Ta^4O^{15}Na^{10}$ (n° 1). Si la fusion est longtemps prolongée, c'est un sel $Ta^2O^9Na^8$ ou $Ta^2O^5,4Na^2O$, qui paraît se former. Si l'on enlève l'excès de carbonate, il reste un sel insoluble dans l'eau froide et que l'eau bouillante dédouble en un sel acide, $Ta^5O^{13}Na$ (n° 5) et un sel soluble (H. Rose).

Tantalate de calcium. — Précipité insoluble.

Tantalate de baryum, $Ta^6O^{19}Ba^4 + 6H^2O$ (soit $3Ta^2O^5.4BaO$). — Précipité obtenu par l'addition de chlorure de baryum à une solution de tantalate de sodium (H. Rose).

Tantalate de magnésium, $Ta^6O^{19}Mg^4 + 9H^2O$ (à 100°). — Précipité amorphe, devenant peu à peu cristallin.

Tantalate d'argent, $Ta^6O^{19}Ag^8 + 3H^2O$. — Précipité blanc, noircissant à 100°.

Tantalate mercureux, $Ta^6O^{19}(Hg^2)^4 + 5H^2O$. — Précipité jaune verdâtre, brunissant par la dessiccation (H. Rose).

Sulfure de tantale, TaS^2. — On ne connaît que ce seul sulfure de tantale, qui correspond sans doute à l'oxydule, dont la composition n'est pas parfaitement établie. Il prend naissance par l'union du soufre et du tantale libre au rouge. Mais il ne se forme pas par l'action du soufre, de l'hydrogène sulfuré ou des sulfures alcalins sur l'acide tantalique, soit par voie humide, soit par voie sèche (Berzelius).

On le prépare soit par le procédé qui sert à préparer le sulfure de titane, c'est-à-dire en faisant passer des vapeurs de sulfure de carbone sur l'acide tantalique chauffé au rouge blanc; soit en chauffant au rouge la vapeur de chlorure de tantale avec de l'hydrogène sulfuré.

Préparé par le premier procédé, le sulfure de tantale est d'un gris noir; il prend sous le pilon l'éclat métallique du laiton. Il n'est attaqué qu'incomplétement à chaud par le chlore. Calciné dans un courant d'hydrogène, il perd une partie de son soufre.

Obtenu par la seconde méthode, il est quelquefois en croûtes cristallines noires. Il est déjà attaqué à froid par le chlore. Sa composition est la même.

Le grillage transforme le sulfure de tantale en anhydride tantalique. 100 p. TaS^2 donnent 90 p. Ta^2O^5 [H. Rose, *Poggend. Ann.*, t. XCIX, p. 575].

La composition précédente a été vérifiée par Marignac.

Azoture de tantale, Ta^3Az^5 (?). — Cet azoture se forme en petite quantité lorsqu'on dirige un courant de gaz ammoniac sur de l'anhydride tantalique chauffé au rouge. Sa production est plus abondante lorsqu'on remplace le gaz ammoniac par du cyanogène; mais l'azoture est alors mélangé de *cyanure de tantale* (?).

Le meilleur procédé consiste à décomposer le chlorure de tantale par le gaz ammoniac.

Ce composé est une poudre noire qui prend l'éclat métallique par le frottement et qui conduit bien l'électricité. Calciné à l'air, cet azoture brûle avec production d'anhydride tantalique. Fondu avec de la potasse, il se transforme en tantalate de potassium, avec un abondant dégagement d'ammoniaque. Les acides énergiques sont sans action sur lui, sauf le mélange d'acide fluorhydrique et d'acide azotique [H. Rose, *Poggend. Ann.*, t. C, p. 146].

Minéraux tantalifères. — Voyez les minéraux niobifères, t. II, p. 557 et 558.

Analyse. — Nous avons indiqué page 195 et 196 les caractères que présentent les solutions acides et les solutions alcalines du tantale. Pour rechercher l'acide tantalique, ainsi que l'acide niobique dans les minéraux qui le renferment, le mieux est de les attaquer par le sulfate acide de potassium. Pour achever la purification de l'acide tantalique qui reste après l'épuisement du produit fondu par l'eau bouillante, on le calcine pour chasser l'acide sulfurique qu'il retient encore, puis on le fait fondre avec du carbonate de sodium et du soufre (voyez p. 194), afin d'enlever les dernières traces d'étain et de tungstène, si ces métaux accompagnent le tantale.

Séparation des acides tantalique et niobique. — Pour séparer l'acide tantalique de l'acide niobique qui l'accompagne, et qui présente avec lui la plus grande analogie de réactions, la seule méthode un peu rigoureuse consiste à les transformer en fluosels de potassium, dont la différence de solubilité est considérable. — Voyez t. I, p. 1475 et 1479, et t. II, p. 553.

Un autre procédé moins rigoureux a été proposé par H. Rose. Il est basé sur l'insolubilité du tantalate de sodium dans la soude caustique. On fait fondre le mélange des deux acides avec de la soude, au creuset d'argent; on enlève l'excès de soude par un lavage à l'eau froide, puis on redissout le résidu dans l'eau bouillante et l'on traite la solution par un courant d'acide carbonique. Les acides précipités sont ensuite portés à l'ébullition avec une solution étendue de soude caustique, puis avec une solution de carbonate sodique, jusqu'à dissolution de tout l'acide niobique, ce dont on s'assure en saturant la liqueur filtrée par l'acide sulfurique étendu : il ne doit plus se produire de précipité. Le tantalate de sodium reste insoluble; pour en isoler l'acide tantalique, on le fond de nouveau avec du sulfate acide de potassium. Quant à l'acide niobique, on le précipite de la solution alcaline par l'acide sulfurique.

Tous les oxydes métalliques peuvent être facilement séparés des acides niobique et tantalique dans la série des opérations qui viennent d'être décrites.

Les métaux dont les sulfates sont solubles dans l'eau notamment, se séparent tous lorsqu'on traite par l'eau le produit de la fusion avec le bisulfate potassique.

Le plomb, l'étain et quelques autres métaux peuvent être séparés à l'état de sulfures, par l'hydrogène sulfuré.

Enfin on pourrait séparer l'acide tantalique de tous les métaux dont les chlorures sont fixes ou peu volatils en le transformant en chlorure (p. 194) qu'il serait facile de condenser. — Voyez en outre les articles Titane, Urane, Yttrium, Zirconium.

Dosage. — Pour doser l'acide tantalique, il suffit de le calciner après la séparation des corps étrangers, pour le priver de l'eau et de l'acide sulfurique qu'il entraîne dans sa précipitation et de le peser. F. W.

TANTALE OXYDÉ YTTRIFÈRE. — Voyez Yttrotantalite.

TANTALITE (Min.) [Syn. *Sidérotantale, kimitotantalite, columbate de fer*]. — Tantalate de fer et de manganèse avec des traces de cuivre et d'étain, Ta^2O^5,FeO. Cristaux prismatiques d'un éclat presque métallique et très-vif, d'une couleur noir de fer, opaque; se trouvant dans les granites et souvent associé avec l'émeraude, en Finlande, à Kimito; en Suède, à Fahlun et Brodbo; à Chanteloube, près Limoges, dans la pegmatite; à Ildefonso (Espagne) (variété ildefonsite).

Caractères. — Inattaquable aux acides. Après fusion avec le bisulfate de potasse, donne avec l'acide chlorhydrique faible une solution jaune et une poudre blanche qui, par l'addition de zinc métallique, prennent une coloration bleu de smalt. Un excès d'eau fait disparaître la coloration. Inaltérable au chalumeau; avec le borax, donne un verre coloré par le fer, qui, suffisamment saturé, traité au feu de réduction, puis flambé, donne un bouton gris blanchâtre. Avec le sel de phosphore, le verre est jaune pâle, au feu de réduction, s'il n'y a pas d'acide tungstique; s'il y a de l'acide tungstique, le verre est rouge et ne change pas quand on le réduit par l'étain. Avec la soude et le nitre, donne la réaction du manganèse. Donne souvent de l'étain avec la soude, en présence du borax, sur le charbon.

Fig. 720. — Tantalite.

Dureté, 6 à 6,5. Fragile, poussière rouge-brun ou noire. Densité, 7 à 8.

Forme cristalline. — Prisme orthorhombique $m\ m = 113° 48'$; $b^{1/2}\ b^{1/2}$, adjacent en avant $= 126°,0$. Faces : p, g^1, $e^{4/9}$, m, h^1, $h^{7/5}$, g^2, b^1, $b^{1/2}$, $b^{3/4}$. Plan de mâcle g^1. F. et S.

TAPIOLITE (Min.). — Tantalite de Sukula (Finlande), considérée comme quadratique par M. Nordenskiöld.

Dureté, 6. Densité = 7,35 à 7,37.

TARAXACINE. — Principe cristallin retiré du suc laiteux du *Leontodon Taraxacum*. On l'obtient en faisant bouillir le suc laiteux de la plante avec de l'eau; on sépare ainsi de la matière grasse de l'albumine et du caoutchouc, puis on laisse évaporer spontanément la solution dans un endroit chaud: la taraxacine cristallise pendant l'évaporation. Cette matière cristallise sous la forme arborescente ou en étoiles. Les cristaux fondent à une douce chaleur; ils ne sont pas volatils. Ils sont un peu solubles dans l'eau froide, facilement dans l'eau bouillante, l'alcool et l'éther, et même dans les acides concentrés sans décomposition. Leur saveur est amère et un peu âcre. La taraxacine ne contient pas d'azote [Pollex, *Journ. de Pharm. et Chim.*, (3), t. I, p. 339]. E. C.

TARCONINE. — Voyez NARCOTINE, t. XX, p. 532.

TARGIONITE (Bechis) (Min.). — Galène contenant antimoine, fer, cuivre et zinc, d'Argentiera.

TARNOWITZITE (Min.). — Arragonite contenant environ 4 % de carbonate de plomb, de Tarnowitz (Silésie).

TARTRALIQUE (ACIDE). — Synonyme de DITARTRIQUE (acide). Voyez TARTRIQUES (ANHYDRIDES), t. III, p. 240.

TARTRAMÉTHANE. — Synonyme de TARTRAMATE D'ÉTHYLE. Voyez TARTRIQUES (AMIDES), t. III, p. 239.

TARTRAMIDE. — Voyez TARTRIQUES (AMIDES), t. III, p. 238.

TARTRAMIQUE (ACIDE). — Voyez TARTRIQUES (AMIDES), t. III, p. 239.

TARTRANILE. — Voyez TARTRIQUES (AMIDES), t. III, p. 240.

TARTRANILIDE. — Voyez TARTRIQUES (AMIDES), t. III, p. 239.

TARTRANILIQUE. — Voyez TARTRIQUES, (AMIDES), t. III, p. 239.

TARTRATES. — Voyez TARTRIQUES (ACIDES), t. III, p. 206.

TARTRE. — Voyez TARTRIQUES (ACIDES), t. III, p. 220, et TARTRIQUE (INDUSTRIE), t. III, p. 233.

TARTRÉLIQUE (ACIDE). — Voyez TARTRIQUES (ANHYDRIDES), t. III, p. 241.

TARTRIQUES (ACIDES). — On connaît quatre acides répondant à la formule $C^4H^6O^6$: ce sont les acides *tartrique droit*, *tartrique gauche*, *racémique* et *tartrique inactif*.

Ces acides sont tous tétratomiques et bibasiques, et offrent en général les mêmes réactions chimiques; mais, à l'état de liberté, ou sous forme de sels, ils diffèrent par la proportion d'eau de cristallisation et par certains caractères physiques, tels que la forme cristalline, le pouvoir rotatoire, la solubilité, la pyroélectricité (Pasteur).

L'acide *tartrique droit* et ses sels tournent à droite le plan de la lumière polarisée; les cristaux sont hémièdres.

L'acide *tartrique gauche* et ses sels possèdent des pouvoirs rotatoires de même grandeur que l'acide droit et ses sels, mais de signe opposé; l'hémiédrie des cristaux est aussi inverse de celle des corps précédents (hémiédrie non superposable, voyez t. II, p. 251).

L'acide racémique résulte de la combinaison des deux acides tartriques, droit et gauche; cet acide et ses sels ne sont pas hémièdres et n'exercent aucune action sur la lumière polarisée; on peut le dédoubler en ses deux composants.

Enfin, l'acide *tartrique inactif* ne possède pas non plus le pouvoir rotatoire, mais il diffère essentiellement de l'acide racémique, en ce qu'il ne peut être dédoublé en acides tartriques droit et gauche.

Les acides tartriques droit et gauche et leurs sels présentent entre eux la plus grande ressemblance : même aspect extérieur, même solubilité, même poids spécifique. Cette ressemblance se retrouve dans les formes cristallines, qui sont identiques dans leurs parties respectives, mais qui présentent l'hémiédrie non superposable; les cristaux des dérivés tartriques droits possèdent une face hémièdre située à droite, tandis que la face hémièdre du dérivé gauche est au contraire placée à gauche (Pasteur).

Cette concordance du pouvoir rotatoire et de la position des faces hémièdres n'est pas absolue, elle dépend de la position que l'observateur choisit pour le cristal. Si l'on adopte la position que M. Rammelsberg a donnée aux tartrates, les faces hémièdres des dérivés droits sont situées à la gauche de l'observateur, et celles des dérivés tartriques gauches sont placées à sa droite. C'est d'ailleurs là un point secondaire; le fait capital qui est acquis par les mémorables travaux de M. Pasteur, c'est que les cristaux des dérivés tartriques droits et gauches présentent l'hémiédrie non superposable, ou, en d'autres termes, que le cristal gauche est l'image dans un miroir du cristal droit.

Souvent les cristaux ne sont pas véritablement hémièdres, mais la moitié seulement des faces de certaines formes est très-développée aux dépens de l'autre moitié. On trouve aussi quelquefois des cristaux parfaitement holoèdres. Enfin M. Cooke, en étudiant le bitartrate droit de césium, a signalé ce fait intéressant, que certains cristaux de ce sel portent à la fois deux tétraèdres, $b^{1/2}$ et $(b^{3/2}\ b^{3/4}\ h^{4/3})$, de signe opposé, le premier étant droit et le second gauche. Le bitartrate gauche de césium n'est pas connu, mais il est certain que les cristaux de sel, comme le veut la loi de M. Pasteur, présenteront deux tétraèdres opposés, $b^{1/2}$ gauche et ($b^{3/2}\, b^{3/4}\, h^{1/8}$), droit.

L'identité au point de vue chimique des deux acides tartriques n'existe qu'autant qu'ils sont unis à des combinaisons sans action sur la lumière polarisée ; mais lorsqu'on les met en contact avec des produits actifs, toute identité cesse d'avoir lieu : les combinaisons correspondantes n'ont plus ni la même composition, ni la même solubilité, et ne se comportent pas de la même manière sous l'influence d'une température élevée. Ainsi, l'acide tartrique droit donne facilement, avec l'asparagine, une combinaison cristallisée ; l'acide tartrique gauche, au contraire, ne fournit avec ce corps qu'une liqueur sirupeuse et incristallisable. Le bitartrate droit d'ammonium se combine, molécule à molécule, avec le bimalate actif ordinaire. Le bitartrate gauche ne s'unit dans aucun cas à ce bimalate. Les tartrates droits et gauches de cinchonine, neutres ou acides, ne contiennent pas le même nombre de molécules d'eau de cristallisation, ne possèdent pas la même solubilité, et n'offrent pas la même stabilité lorsqu'on les chauffe. Les tartrates droits et gauches de quinine, de brucine et de strychnine présentent des différences semblables [Pasteur, *Ann. de Chim. et de Phys.* (3), t. XXIV, p. 442 ; t. XXVIII, p. 56 ; t. XXXVIII, p. 437].

Transformations réciproques des acides tartriques. — M. Pasteur, en chauffant à 170° pendant quelques heures l'acide tartrique droit ou gauche avec de la cinchonine, avait observé que ces acides se transforment partiellement en acide racémique, et qu'il se produit en même temps une petite quantité d'acide tartrique inactif. L'acide racémique prend aussi naissance par l'action de la chaleur sur l'éther tartrique droit [Pasteur, *Compt. rend.*, 1853, t. XXXVI, p. 162].

M. Dessaignes a observé, dans d'autres conditions, une transformation semblable de l'acide tartrique droit, mais il est allé plus loin et a établi que les acides racémique et tartrique inactifs sont susceptibles de transformation réciproque. L'ébullition longtemps maintenue des solutions d'acide tartrique droit, dans l'eau pure ou dans l'eau aiguisée d'acide chlorhydrique ou sulfurique, fournit en petite quantité les acides racémique et tartrique inactif ; l'acide tartrique droit chauffé à l'état sec pendant 5 heures, à 170-180°, donne une faible proportion d'acide tartrique inactif. D'autre part, l'acide racémique se transforme en partie en acide tartrique inactif par l'ébullition de ses solutions, et, inversement, ce dernier acide régénère de l'acide racémique lorsqu'on le soumet à un traitement semblable ou qu'on le chauffe à 200° jusqu'à ce qu'un tiers environ de l'acide soit décomposé : le résidu contient alors beaucoup d'acide racémique [Dessaignes, *Compt. rend.*, t. XLII, p. 494 ; *Bull. de la Soc. chim.*, 1863, p. 355 ; 1865, t. III, p. 34].

Dans les expériences si intéressantes de M. Dessaignes, la transformation des acides tartriques les uns dans les autres était généralement très-incomplète : à 100°, les réactions sont trop lentes, et, à plus haute température, les acides secs fournissent trop facilement des anhydrides qui paraissent mieux résister à l'action de la chaleur. M. Jungfleisch a très-heureusement modifié les conditions des expériences, en ajoutant une certaine quantité d'eau aux acides tartriques ; il empêche ainsi la formation d'anhydrides et, en opérant en vase clos, il a pu élever la température et augmenter la rapidité des réactions.

Lorsqu'on chauffe à 175° et en vase clos l'acide tartrique droit avec un cinquième ou un sixième de son poids d'eau, il se transforme peu à peu en un mélange d'acide racémique et d'acide tartrique inactif ; le pouvoir rotatoire diminue donc graduellement et est détruit si l'on prolonge suffisamment l'action de la chaleur (pendant 48 heures et plus) ; à ce moment, la totalité de l'acide tartrique droit a disparu.

D'autre part, l'acide racémique, chauffé à 175° avec une certaine quantité d'eau, ne fournit pas trace d'acide tartrique actif, droit ou gauche, mais se transforme partiellement en acide tartrique inactif ; inversement, dans les mêmes conditions, l'acide inactif se change en partie en acide racémique. Ces deux réactions contraires tendent à se limiter et à produire un état d'équilibre. Cet état varie avec la température et avec la proportion d'eau ajoutée à l'acide tartrique : si l'on fait les expériences à des températures de moins en moins élevées, mais peu écartées de la première, entre 170 et 155° par exemple, on observe que la quantité d'acide inactif va en augmentant ; elle paraît augmenter encore si, la température étant maintenue à 170° ou un peu au-dessus, la proportion d'eau devient plus considérable [E. Jungfleisch, *Bull. de la Soc. chim.*, t. XXVIII, p. 201, et t. XIX, p. 99].

En résumé, les acides tartriques droit et gauche, sous l'influence de la chaleur, perdent complétement leur pouvoir rotatoire, et se transforment en un mélange d'acides racémique et tartrique inactif, dans un rapport constant si les diverses conditions de l'expérience ne changent pas. Ces faits très-nets ont permis à M. Jungfleisch de préparer de grandes quantités d'acide racémique et d'acide tartrique inactif ; nous reviendrons plus loin sur le mode opératoire.

Constitution des acides tartriques. — Nous venons de voir que les acides tartriques peuvent se transformer facilement les uns dans les autres ; nous avons dit aussi que leurs réactions chimiques sont identiques ; il est donc probable qu'ils possèdent tous les quatre la même formule chimique.

L'acide tartrique, d'après la synthèse au moyen de l'acide dibromosuccinique, réalisée par Perkin et Duppa, et par Kekulé, doit être considéré comme un acide dioxysuccinique $C^4H^4(OH)^2O^4$.

L'acide succinique ayant pour formule

$$\begin{array}{l} CO^2H \\ | \\ CH^2 \\ | \\ CH^2 \\ | \\ CO^2H ; \end{array}$$

deux formules seulement sont possibles pour représenter la constitution de l'acide tartrique :

$$\begin{array}{lcl} CO^2H & & CO^2H \\ | & & | \\ CH.OH & \text{et} & C(OH)^2 \\ | & & | \\ CH.OH & & CH^2 \\ | & & | \\ CO^2H & & CO^2H. \end{array}$$

La seconde formule doit être très-probablement rejetée, car un corps de cette structure perdrait de l'eau avec la plus grande facilité pour se convertir en un *acide acétonique*,

$$\begin{array}{l} CO^2H \\ | \\ CO \\ | \\ CH^2 \\ | \\ CO^2H \end{array}$$

Nous savons, en effet, que les alcools diatomiques dont les deux groupes OH sont attachés au même atome de carbone, ne sont pas stables.

On a classé les quatre acides tartriques dans le groupe mal défini des isomères physiques ou géométriques, et l'on a admis, mais sans développer cette hypothèse, que ces isomères physiques diffèrent par la position ou par l'orientation des atomes dans l'espace. On sait d'ailleurs que les formules décomposées que l'on emploie aujourd'hui n'indiquent pas la position réelle des atomes; leur objet principal est d'établir le mode d'union de ces atomes entre eux.

M. Le Bel d'un côté, et M. Van't Hoff de l'autre, ont essayé de construire des formules dans l'espace, dans le but d'expliquer ce genre d'isomérie. D'après la nouvelle théorie, que nous ne pouvons exposer ici, il existerait entre la constitution chimique des corps et leur pouvoir rotatoire une relation telle, que tout corps doué du pouvoir rotatoire renferme au moins 1 atome de carbone uni à 4 atomes ou groupes tous différents entre eux. Cet atome de carbone a reçu le nom de carbone *asymétrique*.

L'acide tartrique est de ce nombre; en effet, d'après sa formule,

$$\begin{array}{c} CO^2H \\ | \\ H\text{-}C\text{-}OH \\ \left[\begin{array}{c} H\text{-}C\text{-}OH \\ | \\ CO^2H \end{array}\right] \end{array}$$

cet acide peut être considéré comme du méthane dont 3 atomes d'hydrogène sont remplacés par les trois groupes CO^2H, OH, et

$$\begin{array}{c} H\text{-}C\text{-}OH \\ | \\ CO^2H \end{array}$$

L'acide tartrique renferme donc 1 atome de carbone asymétrique; mais remarquons que le dernier des groupes substitués est identique au groupement dans lequel il entre, qu'il possède par conséquent aussi 1 atome de carbone asymétrique.

La molécule de l'acide tartrique se compose donc de deux groupements actifs, qui peuvent présenter chacun deux arrangements d'une symétrie inverse. Si les deux groupements sont superposables, leurs effets sur la lumière polarisée s'ajouteront et l'on aura l'acide tartrique actif, *droit* ou *gauche*. Si, au contraire, la symétrie des deux groupements est inverse, leurs effets se neutraliseront et l'on aura l'acide tartrique *inactif, non dédoublable*. Enfin, quant au quatrième acide, l'acide *racémique* ou tartrique inactif et *dédoublable*, on doit le considérer comme une combinaison à parties égales des acides droit et gauche. Il possède donc très-probablement, ainsi que ses dérivés, 1 molécule double de celle des autres composés tartriques [J. A. Le Bel, *Bull. de la Soc. chim.*, t. XXII, p. 337; — J. H. van 't Hoff, *ibid.*, t. XXIII, p. 295].

M. Berthelot a cherché à expliquer l'existence des quatre acides tartriques par une théorie ingénieuse sur l'orientation des mouvements vibratoires dans la molécule [*Bull. de la Soc. chim.*, t. XXIII, p. 338].

Indépendamment des quatre acides tartriques, on a décrit, sous les noms d'acide *métatartrique* et d'acide *isotartrique*, deux substances qu'on obtient en maintenant en fusion l'acide droit, et qui possèdent la même composition que l'acide tartrique. On ne sait rien sur la nature de l'acide métatartrique; l'acide isotartrique, au contraire, n'est probablement que le premier anhydride de l'acide tartrique, l'acide ditartrique. — Voyez TARTRIQUES ANHYDRIDES.

Nous décrirons successivement les acides tartrique droit (p. 200), gauche (p. 225), racémique (p. 226), tartrique inactif (p. 230) et métatartrique (p. 231), ainsi que les sels de ces acides. Les modes de formation et de synthèse et les dédoublements sont étudiés avec l'acide tartrique droit.

Pour les amides et les éthers tartriques, voyez les articles spéciaux.

Le mot *tartarum* (plus tard *tartarus*) ne se trouve dans les écrits des alchimistes qu'à partir du XIe siècle; il est d'origine arabe, *tartar* désignant dans cette langue le dépôt du vin. Plus tard, le mot *tartarus* a été donné à des corps les plus divers, notamment aux sels préparés avec le carbonate de potassium provenant de la calcination du tartre : *tartarus vitriolatus* (sulfate de potassium); *tartarus regeneratus* (acétate de potassium), etc. Paracelse avait employé le même mot pour désigner les sédiments des liquides organiques (*tartarus urinæ*), etc.

I. — ACIDE TARTRIQUE DROIT.

L'acide tartrique droit ou dextroracémique est l'acide du tartre, ou bitartrate potassique.

Historique. — Pendant longtemps on avait considéré le tartre comme un acide, et Boerhaave, dans ses *Elementa Chemiæ*, dit encore, en 1732, que le tartre est un des rares exemples d'un acide solide; il ajoute que la distillation de ce corps est une opération extrêmement curieuse, car elle convertit un acide en un véritable alcali.

Margraff démontra le premier, en 1764, que l'alcali préexiste dans le tartre et ne se forme pas pendant la distillation; dans son travail, il décomposa le tartre par la chaux; il n'examina que la partie dissoute, sans étudier le dépôt calcaire. Ce fut Scheele qui, en décomposant ce sel de chaux par l'acide sulfurique, parvint le premier, en 1769, à isoler l'acide tartrique. Cette découverte marque le début dans la carrière scientifique de l'illustre chimiste suédois; elle fut communiquée un an plus tard par Retzius à l'Académie de Stockholm. Un an après, probablement sans avoir connaissance des recherches de Scheele, Rouelle le jeune fit voir que l'acide du tartre, dans lequel il avait déjà reconnu antérieurement la présence d'un alcali, s'unit à la chaux et à la magnésie pour former des sels insolubles dont on peut isoler l'acide.

La composition et la formule de l'acide tartrique ont été établies par Berzelius [Retzius et Scheele, *Mém. de l'Acad. des sc. de Suède*, 1770, p. 207; — A. Paecken, *Diss. de sale essentiali tartari*, Gott., 1779; — Richter, *Neuere Gegenstände*, t. VI, p. 39; — Thenard, *Ann. de Chim.*, t. XXXVIII, p. 30; — Berzelius, *ibid.*, t. XCIV, p. 177].

L'acide tartrique a été depuis le sujet d'un grand nombre de travaux, que nous citerons dans le courant de cet article. La bibliographie qui se rapporte aux tartrates se trouve plus loin.

État naturel de l'acide tartrique. — Les anciens chimistes, van Helmont entre autres, savaient que le tartre qui se dépose dans les vins est déjà contenu dans les raisins. Les recherches de la chimie moderne démontrent l'extrême diffusion de l'acide tartrique dans le règne végétal; il est en effet aussi répandu que les acides malique et citrique. Sa présence, à l'état libre et à l'état de sel de potassium ou de calcium, a été constatée dans le suc de la vigne au printemps; dans les tamarins, les pélargoniums, les baies de sorbier avant la maturité, les baies de *Rhus typhinum* et *Rhus glabrum*, les baies de *Vitis sylvestris*, les baies de *Mahonia aquifolia*, les graines d'*Evonymus europæus*, les feuilles de la grande chélidoine, les feuilles de l'agavé (*Agave mexicana*), l'oseille, les cornichons, les mûres, les ananas, le poivre noir, la mousse d'Islande, les fleurs de camomille, le pissenlit, le bois de *Quassia amara*, le bois de *Quassia Simaruba*, la racine de garance, les pommes de terre, les topinambours, la racine de *Nymphæa alba*, la racine de *Triticum repens*, la scille maritime, etc.

Mode de formation de l'acide tartrique. — 1° L'acide tartrique se trouve parmi les produits d'oxydation des différentes matières sucrées et des hydrates de carbone au moyen de l'acide nitrique; ces oxydations donnent tantôt de l'acide tartrique droit, tantôt de l'acide racémique ou tartrique inactif; tantôt un mélange de ces différents corps. La lactose et la gomme fournissent de l'acide tartrique droit, dont le pouvoir rotatoire est égal à celui de l'acide du tartre [Liebig, *Ann. der Chem. u. Pharm.*, t. CXIII, p. 1; — Bohn, *ibid*, t. CXIII, p. 19]. La mannite et la dulcite produisent de l'acide racémique [Carlet, *Compt. rend.*, t. LI, p. 137; et t. LIII, p. 343]; la sorbine donne un mélange d'acide tartrique droit, d'acide racémique et d'acide tartrique inactif [Dessaignes, *Bull. de la Soc. chim.*, 1862, p. 102]; Hornemann a déterminé le rapport entre les quantités d'acide droit et d'acide racémique qui se forment dans l'oxydation de différentes matières [*Journ. für prakt. Chem.*, t. LXXXIX, p. 283]:

	100 p. du mélange acide contiennent	
	Acide tartrique droit.	Acide racémique.
Sucre de lait........	55,4	44,6
Gomme..............	63,0	37,0
Sucre de canne......	59,7	40,3
Amidon..............	100	»
Glucose..............	100	»
Levulose.............	»	100
Acide saccharique....	72,6	27,4
Acide mucique.......	»	100

On ne sait pas si ces chiffres ont une valeur absolue; car nous avons vu plus haut que l'acide tartrique droit peut se transformer sous l'influence de la chaleur en acide racémique et en acide tartrique inactif. Il est vrai que Carlet a montré que l'acide tartrique droit peut être chauffé à l'ébullition avec de l'acide nitrique étendu sans qu'une notable proportion d'acide racémique prenne naissance, mais il se pourrait que l'acide tartrique naissant ne se comportât pas de même. Le fait que l'amidon et la glucose donnent de l'acide tartrique droit sans acide racémique, semble cependant indiquer que les chiffres précédents ne s'éloignent pas beaucoup de la vérité. Ils montrent que l'acide tartrique se forme principalement aux dépens de l'acide saccharique, tandis que l'acide racémique est produit surtout par l'acide mucique [Hornemann, *loc. cit.* — Voyez aussi W. Heintz, *Poggend. Ann.*, t. CXI, p. 291].

W. Heintz a trouvé de l'acide racémique parmi les produits d'oxydation de la glycérine au moyen de l'acide nitrique; l'acide glycolique, ou un mélange d'acide glycérique et d'acide formique soumis au même traitement, ne donne pas d'acide racémique. Cette formation remarquable de l'acide racémique, qui est parfaitement bien observée, doit être rapprochée de celle de l'acide benzoïque par oxydation de la benzine; dans les deux cas, l'acide carbonique ou l'acide formique naissant produits par l'oxydation complète d'une partie du corps mis en réaction se fixe sur une autre portion de ce même corps [*Ann. der Chem. u. Pharm.*, t. CLII, p. 325; *Bull. de la Soc. chim.*, 1870, t. XIII, p. 433].

Pour préparer l'acide tartrique par oxydation du sucre de lait, on opère de la manière suivante (Liebig, Hornemann) : On chauffe 1 partie de sucre de lait (120 grammes au plus par opération) avec 2p,5 d'acide nitrique d'une densité de 1,32 et 2p,5 d'eau, jusqu'à ce qu'on observe un dégagement abondant de gaz; à ce moment, le liquide est refroidi pour être porté de nouveau à 60-80° quand l'action s'est calmée. A la fin de cette première phase de la réaction, il se sépare de l'acide mucique qu'on laisse dans le liquide ou qu'on enlève suivant qu'on veut obtenir plus ou moins d'acide racémique. On ajoute ensuite 1/4 de l'acide azotique employé primitivement, et l'on continue à chauffer en introduisant encore goutte à goutte de l'acide azotique pour détruire la coloration brune que le liquide prend au bout de quelque temps de chauffe. Au bout de 3 à 4 jours, le produit ne brunit plus ni par la chaleur ni par addition de potasse; étendu d'eau et additionné peu à peu de carbonate calcique tant que le chlorure de calcium y produit un précipité d'oxalate, il donne avec l'acétate de plomb un dépôt contenant les acides saccharique, tartrique et racémique. Les 7/8 de ce sel plombique sont décomposés par l'acide sulfurique, et le liquide filtré est traité par l'hydrogène sulfuré après addition du dernier huitième du précipité.

On obtient ainsi une solution presque incolore qui, concentrée au bain-marie et saturée à moitié par la potasse, fournit un mélange de tartrate et de racémate acides de potassium, qu'on purifie par le charbon animal et par cristallisation dans l'eau bouillante. Ces sels sont transformés de nouveau en sel de plomb et décomposés par l'hydrogène sulfuré; la solution filtrée et évaporée donne des cristaux d'acide racémique; la portion de cet acide qui reste en solution est précipitée par du sulfate de calcium. Enfin, l'acide tartrique droit reste dans les dernières eaux-mères et peut en être retirée par une concentration suffisante.

On peut suivre une marche analogue pour isoler les acides tartriques formés dans les autres réactions oxydantes.

2° La solution aqueuse de la masse noire provenant de la préparation du potassium contiendrait de l'acide tartrique, indépendamment des acides oxalique et croconique (Liebig).

3° Lorsqu'on conserve le jus de citron en bouteille pendant un an, la majeure partie de l'acide citrique se convertirait en acide tartrique [Schindler, *Ann. der Chem. u. Pharm.*, t. XXXI, p. 280].

4° La solution de la pyroxyline dans la potasse paraît renfermer quelquefois de l'acide tartrique ou un acide analogue [Kerckhoff et Reuter, *Journ. für prakt. Chem.*, t. XL, p. 284].

5° M. Perkin et Duppa, et un peu plus tard M. Kekulé, ont réalisé les premiers la synthèse de l'acide tartrique; ils ont obtenu cet acide en décomposant par la chaleur et en présence de l'eau le dibromosuccinate d'argent :

$$\begin{matrix} CHBr\text{-}CO^2Ag \\ |\\ CHBr\text{-}CO^2Ag \end{matrix} + 2H^2O$$

$$= \begin{matrix} CH(OH)\text{-}CO^2H \\ | \\ CH(OH)\text{-}CO^2H \end{matrix} + 2AgBr.$$

M. Kekulé chauffe à l'ébullition une solution de dibromosuccinate de calcium en ajoutant peu à peu de l'eau de chaux tant que la solution devient encore acide : il se précipite du tartrate calcique (environ 1/3 de la quantité théorique), tandis que la solution renferme du bromure et du monobromomalate acide de calcium. Ce dernier sel, porté à l'ébullition avec un léger excès d'hydrate calcique, se convertit à son tour en tartrate de calcium:

$$2\begin{matrix} CHBr\text{-}CO^2 \\ | \\ CH(OH)\text{-}CO^2 \end{matrix} > Ca + CaO^2H^2$$

Bromomalate de calcium.

$$= 2\begin{matrix} CH(OH)\text{-}CO^2 \\ | \\ CH(OH)\text{-}CO^2 \end{matrix} > Ca + CaBr^2.$$

Tartrate de calcium.

Le dibromosuccinate barytique se décompose aussi par l'ébullition de sa solution aqueuse, mais il donne principalement du monobromomaléate et peu de tartrate de baryum [W. H. Perkin et B.-F. Duppa, *Chem. Soc. quart., Journ.*, t. XIII, p. 102; *Ann. de Chim. et de Phys.*, (3), t. LX, p. 127 et p. 234; — A. Kekulé, *Bull. de la Soc. chim.*, 1860, p. 206; *Ann. der Chem. u. Pharm. Supplementb.*, t. I, p. 354; *Ann. de Chim. et de Phys.*, (3), t. LXV, p. 120].

M. Jungfleisch, qui a récemment étudié les conditions de la transformation de l'acide dibromosuccinique en acide tartrique, prescrit d'opérer de la manière suivante : L'acide bibromosuccinique est saturé exactement par de la soude; la solution, additionnée d'un excès de nitrate d'argent, est maintenue à l'ébullition jusqu'à ce que le précipité soit transformé complétement en bromure d'argent. A ce moment, on n'observe plus aucun dégagement gazeux; on précipite alors par l'acide chlorhydrique l'argent tenu en dissolution et on filtre. Le liquide neutralisé par l'ammoniaque et rendu franchement acide par l'acide acétique, donne avec un sel de calcium un précipité cristallin et incolore formé de tartrate calcique; comme ce précipité se forme assez lentement, on ne le recueille qu'après 24 heures [E. Jungfleisch, *Bull. de la Soc. Chim.*, t. XIX, p. 198].

L'acide tartrique dérivé de l'acide dibromosuccinique est, d'après M. Pasteur, un mélange d'acide racémique et d'acide tartrique inactif [*Ann. de Chim. et de Phys.*, (3), t. LXI, p. 484]. Ce fait explique probablement les différences que M. Kekulé avait trouvées entre l'acide synthétique et l'acide racémique. Du reste, M. Jungfleisch a confirmé le résultat obtenu par M. Pasteur, et a constaté de plus que l'acide succinique préparé synthétiquement au moyen du cyanure d'éthylène et l'acide succinique ordinaire se comportent absolument de la même manière : transformés en acide dibromosuccinique, puis en acide tartrique, ils fournissent le même mélange d'acide racémique et d'acide tartrique inactif. En chauffant ce mélange pendant quelques heures à 175°, en présence d'un peu d'eau, il a converti la majeure partie de l'acide inactif en acide racémique. Enfin cet acide a été dédoublé en acides tartriques droit et gauche. Ces expériences démontrent qu'il est possible de produire par synthèse totale des composés organiques doués du pouvoir rotatoire [Jungfleisch, *loc. cit.*].

6° L'acide désoxalique, chauffé en solution aqueuse pendant quelque temps à 100°, perd de l'acide carbonique et se transforme en acide racémique, $C^5H^6O^8 = CO^2 + C^4H^6O^6$ (voyez t. I, p. 1141).

Au lieu de partir de l'acide désoxalique, dont la préparation est assez longue, on peut employer le désoxalate d'éthyle; cet éther (5 à 6 p.), chauffé à 100° pendant 8 heures avec de l'eau (100 p.), et une petite quantité d'acide sulfurique ou chlorhydrique, se dédouble facilement en alcool, gaz carbonique et acide racémique. Le produit, débarrassé d'acide sulfurique par l'eau de baryte, fournit, par l'évaporation, des cristaux d'acide racémique [Loewig, *Journ. f. prakt. Chem.*, t. LXXXIV, p. 1]. Il est extrêmement probable que l'acide de Loewig contenait une certaine quantité d'acide tartrique inactif.

7° Enfin, Strecker a obtenu synthétiquement de l'acide tartrique en chauffant le glyoxal avec de l'acide cyanhydrique et ajoutant peu à peu de l'acide chlorhydrique; dans une première phase de la réaction, il se forme une dicyanhydrine :

$$\underset{\text{Glyoxal}}{\begin{matrix}CHO\\ CHO\end{matrix}} + 2CAzH = \underset{\text{Dicyanhydrine du glyoxal.}}{\begin{matrix}CH(OH)-CAz\\ CH(OH)-CAz,\end{matrix}}$$

qui, en fixant quatre molécules d'eau dans la seconde phase, fournit de l'ammoniaque et de l'acide tartrique :

$$\underset{\text{Dicyanhydrine du glyoxal.}}{\begin{matrix}CH(OH)-CAz\\ CH(OH)-CAz\end{matrix}} + 4H^2O$$

$$= 2AzH^3 + \underset{\text{Acide tartrique.}}{\begin{matrix}CH(OH)-CO^2H\\ CH(OH)-CO^2H.\end{matrix}}$$

Le produit de la réaction saturé par la chaux donne un précipité qui ne se dissout qu'en partie dans l'acide acétique. Le sel calcique insoluble est décomposé à la température de l'ébullition par le carbonate de potassium et la solution est sursaturée d'acide acétique : il se précipite du racémate acide de potassium. L'acide libre offre les caractères de l'acide racémique. Cette réaction fournit sans doute en même temps de l'acide tartrique inactif; mais le bitartrate inactif de potassium étant beaucoup plus soluble que le racémate a dû rester dans les eaux-mères [A. Strecker, *Zeitsch. für Chem.*, 1868, p. 216; *Bull. de la Soc. chim.*, t. X, p. 257].

La réaction de l'acide cyanhydrique sur le glyoxal avait été étudiée d'abord par Schoeyen; mais ce chimiste n'était pas arrivé à isoler un produit pur; il a décrit sous le nom d'acide *glycotartrique* un acide sirupeux, auquel il a attribué la formule de l'acide tartrique $C^4H^6O^6$ (voyez t. I, p. 1626) [*Ann. d. Chem. u. Pharm.*, t. CXXXII, p. 168; *Bull. de la Soc. chim.*, 1865, t. III, p. 295].

Préparation de l'acide tartrique. — La préparation de l'acide tartrique est une opération industrielle; elle sera décrite dans un article spécial [voyez TARTRIQUE, ACIDE (INDUSTRIE)]. L'acide livré au commerce est assez pur; cependant il contient ordinairement un peu d'acide sulfurique libre et un peu de sulfate de calcium; pour le débarrasser de ses impuretés, on le fait cristalliser à plusieurs reprises dans l'eau.

Propriétés et réactions de l'acide tartrique. — 1° L'acide tartrique forme de beaux cristaux transparents, incolores, d'un poids spécifique de 1,75 (Richter), de 1,739 (Buignet), de 1,764 (Schiff). Les cristaux appartiennent au type clinorhombique; ils ont été mesurés par un grand nombre d'observateurs [Haberle, *Taschenb.*, 1805, p. 160; — Soret, *ibid.*, 1823, p. 144; — Bernhardi, *N. Journ. d. Pharm., von Trommsdorff;* — Brooke, *Ann. of Phil.*, t. XXII, p. 118; — Péclet, *Ann. de Chim. et de Phys.*, (2) t. XXXI, p. 78; — Hankel, *Poggend. Ann.*, t. XLIX, p. 500; — E. Wolff, *Journ. für prakt. Chem.*, t. XXVIII, p. 138; — De la Provostaye, *Ann. de Chim. et de Phys.*, (3), t. III, p. 131; — Pasteur, *ibid.*, t. XXVIII, p. 66].

Nous donnons ici les mesures de la Provostaye et de Pasteur; formes : $d^{1/2}$, $(b^{1/2}\ d^{1/4}\ g^1)$, m, e^1, o^1, a^1, h^1, p; angles : $mm = 77°\,8'$; $h^1o^1 = 135°0'$; $h^1p = 100°17'$; $e^1p = 134°30'$.

Les cristaux présentent un aspect dissymétrique; la face e^1 manque généralement à gauche ou n'est que très-peu développée, tandis qu'elle se trouve presque toujours à droite; cependant dans des cas rares, les cristaux sont parfaitement réguliers. Dans les macles, le plan d'assemblage est parallèle à g^1. Plan de clivage h^1. Les cristaux de l'acide tartrique sont fortement pyroélectriques (E. Simon). Ils se chargent des deux électricités lorsqu'on les chauffe ou lorsqu'on les refroidit; la chaleur de la main suffit déjà pour accuser les pôles. L'axe b est l'axe électrique, et, par échauffement, le pôle positif se trouve du côté gauche du cristal, tandis que le côté droit se charge d'électricité négative; par refroidissement, c'est le contraire qui a lieu.

Les cristaux de l'acide tartrique droit possèdent les mêmes propriétés optiques que ceux de l'acide gauche : ils sont négatifs; l'angle des axes optiques est d'environ 120°; la bissectrice est parallèle à la diagonale horizontale (axe *b*); et le plan des axes optiques fait un angle de 20° 27′ avec la section principale passant par la diagonale horizontale (Sénarmont).

2° Les cristaux d'acide tartrique ne contiennent pas d'eau de cristallisation; ils sont inaltérables à l'air. L'acide tartrique est très-soluble dans l'eau; 100 p. d'eau à 22° en dissolvent 136p,6 ou, en d'autres termes, la solution saturée à 22° en contient 57,75 °/₀ (Maisch); Gerlach a trouvé un chiffre un peu différent, 57,9 °/₀, pour la solution saturée à 15°. La densité des solutions de différentes concentrations a été déterminée par plusieurs observateurs [Richter, *Neuere Gegenstænde*, t. VI, p. 39; — Osann, *Arch. f. d. gesammte Naturl. v. Karsten*, t. III, p. 204 et p. 269; t. V, p. 107; — H. Schiff, *Ann. der Chem. u. Pharm.*, t. CXIII, p. 183; — G. Th. Gerlach, *Jahresb. für Chem.*, 1859, p. 44 et p. 48; — J. M. Maisch, *ibid.* 1865, p. 392]. Les résultats obtenus concordent bien entre eux.

Densité à 15°.	Acide en 100 p. de solution.	Densité à 15°.	Acide en 100 p. de solution.
1,0044	1	1,097	20
1,0114	2,5	1,151	30
1,023	5	1,209	40
1,047	10	1,325	57,75

La dilatation des solutions tartriques a été déterminée par Gerlach; le tableau suivant indique le volume à différentes températures de deux solutions, contenant 25 et 50 °/₀ d'acide tartrique, le volume à 0° étant égal à 1 :

Température.	Solution à 25 °/₀.	Solution à 50 °/₀.
0°	1,0000	1,0000
10	1,0035	1,0049
20	1,0076	1,0105
30	1,0122	1,0165
40	1,0173	1,0227
50	1,0226	1,0289
60	1,0286	1,0354
70	1,0350	1,0426
80	1,0417	1,0500
90	1,0484	1,0573
100	1,0551	1,0647

La solution d'acide tartrique à 25 °/₀ bout à 102°,2, et celle à 50 °/₀ entre en ébullition à 106°,7.

L'acide tartrique en se dissolvant dans l'eau absorbe — 3cal,45 (Berthelot), — 3cal,60 (Thomsen) (1 calorie = kilogramme-degré).

L'acide tartrique se dissout facilement dans l'alcool; 100 parties d'alcool à 80 centièmes en dissolvent à 15°, 49 parties donnant une solution d'une densité de 0,999 (Schiff). Il est très-peu soluble dans l'éther. Le coefficient de partage pour l'acide tartrique en présence de l'eau et de l'éther (voyez t. II, p. 1546) est exprimé par la relation $c = 133 - 8p$, dans laquelle p représente la quantité d'acide tartrique contenue finalement dans 10 centimètres cubes de la solution aqueuse (Berthelot et Jungfleisch).

La solution aqueuse de l'acide tartrique se recouvre à la longue de moisissures; certains antiseptiques, phénol, acide salicylique, etc., ajoutés en petites quantités, empêchent le développement des champignons.

3° L'acide tartrique à l'état cristallisé n'agit pas sur la lumière polarisée, mais à l'état fondu et en solution, il est doué du pouvoir rotatoire (voyez t. II, p. 251); les solutions dévient à droite le plan de la lumière polarisée, mais le phénomène offre des anomalies qui ont été complétement étudiées par Biot (voyez à l'article Lumière, t. II, p. 252).

Le pouvoir rotatoire spécifique varie avec la concentration; il augmente d'une manière notable avec la dilution des solutions; la formule empirique suivante, proposée par Landolt, donne le pouvoir rotatoire pour la lumière jaune du sodium :

$$[\alpha]_D = 15°,06 - 0,131\,c;$$

c = le nombre de grammes d'acide contenus dans 100 centimètres cubes de la solution. La rotation augmente aussi avec la température et par l'addition de l'acide borique. Dans ce dernier cas, la dispersion anomale disparaît et l'acide tartrique se comporte comme le quartz, le sucre, etc. Il est probable que l'augmentation du pouvoir rotatoire et la régularisation des phénomènes de dispersion que l'acide tartrique éprouve par l'addition de l'acide borique, sont dues à une combinaison, une sorte de sel ou d'éther formé par les deux corps [Voyez sur le pouvoir rotatoire Biot, *Mém. de l'Institut*, 1836-1837; *Ann. de Chim. et de Phys.*, (2), t. X, p. 316 et p. 385; t. XI, p. 82; *ibid.*, (3), t. XXVIII, p. 215 et p. 351; t. XXIX, p. 35 et p. 341; t. XXXVI, p. 257 et p. 405; — Dubrunfaut, *Compt. rend.*, t. XLII, p. 112; — Arndtsen, *Ann. de Chim. et de Phys.*, (3), t. LIV, p. 403; — F.-W. Krecke, *Arch. néerland.*, t. VII, p. 97; et *Jahresb. für Chem.*, 1872, p. 154; — H. Landolt, *Deutsch. chem. Gesellsch.*, t. VI, p. 1073].

L'équivalent de réfraction de l'acide tartrique en solution est de 45,18 (J.-H. Gladstone).

4° L'acide tartrique fond entre 170° et 180° et se transforme sans perdre de l'eau en un isomère, l'acide métatartrique (voyez à la fin de cet article); si l'on prolonge l'action de la chaleur, il se dégage de l'eau, et l'acide tartrique fournit plusieurs anhydrides. — [Voyez Tartriques (Anhydrides)].

Une température encore plus élevée détermine une décomposition profonde très-complexe. Lorsqu'on chauffe l'acide tartrique peu à peu à 220°, il se boursoufle considérablement, devient de plus en plus foncé, et au bout de quelque temps il entre en ébullition régulière, dégage du gaz carbonique et fournit un liquide jaune, contenant de l'eau, de l'esprit de bois (?), de l'acide acétique, de l'acide pyruvique, de l'acide pyrotartrique et un produit sirupeux non volatil; ce mélange ne renferme pas d'acide formique. Si l'on ne dépasse pas 220°, le résidu est noir, semi-liquide, et devient dur après le refroidissement; chauffé à une température plus élevée, ce résidu fournit du gaz des marais, une huile empyreumatique, et laisse un charbon très-volumineux (Berzelius).

Pelouze a étudié l'influence de la température sur la décomposition de l'acide tartrique; entre 170 et 190°, cet acide donne du gaz carbonique, de l'eau, de l'acide pyrotartrique en notable proportion, et seulement une petite quantité d'éthylène, d'acide acétique, d'huile empyreumatique et de charbon; entre 200 et 300°, les mêmes produits apparaissent, mais les trois premiers sont moins abondants; enfin, si l'on distille l'acide tartrique à feu nu, on n'obtient qu'une très-faible quantité de gaz carbonique, d'eau et d'acide pyrotartrique, mais beaucoup d'éthylène, d'huile empyreumatique, de charbon et de l'acide acétique très-concentré [*Ann. de Chim. et de Phys.*, (2), t. LVI, p. 297]. Depuis, on a trouvé parmi les produits de la distillation de l'acide tartrique, de l'acétone (Voelckel) et de l'acide pyrotritarique (t. II, p. 1268).

La décomposition de l'acide tartrique sous l'influence de la chaleur est donc une réaction très-compliquée, et il est difficile d'expliquer par des formules, la production d'une grande quantité d'acide acétique, de l'éthylène, etc. Quant à la formation du gaz carbonique, de l'acide pyruvique, de l'acide pyrotartrique et de l'acide pyrotritarique, on peut admettre dans une première phase que l'acide tartrique se scinde en gaz carbonique et acide glycérique :

$$\begin{array}{l} CO^2H \\ CH.OH \\ CH.OH \\ CO^2H \end{array} = CO^2 + \begin{array}{l} CH^2.OH \\ CH.OH \\ CO^2H; \end{array}$$

et que, dans une seconde phase, ce dernier, perdant de l'eau, produit de l'acide pyruvique; on a, en effet, trouvé ce dernier acide parmi les produits de distillation de l'acide glycérique :

$$\begin{array}{l} CH^2.OH \\ CH.OH \\ CO^2H \end{array} = H^2O + \begin{array}{l} CH^3 \\ CO \\ CO^2H. \end{array}$$

D'autre part, on sait par les travaux de Moldenhauer, Voelckel, Böttinger et de Clermont que l'acide pyruvique, sous l'influence de la chaleur ou des alcalis, perd du gaz carbonique, et fournit les acides pyrotartrique, pyrotritarique (identique avec l'acide uvique), et une petite quantité d'acide acétique :

$$\underset{\text{Acide pyruvique.}}{2C^3H^4O^3} = CO^2 + \underset{\text{Acide pyrotartrique.}}{C^5H^8O^4}$$

$$\underset{\text{Acide pyruvique.}}{2C^3H^4O^3} = 2CO^2 + 2H^2O + \underset{\text{Acide pyrotritarique.}}{C^7H^8O^3}.$$

[Voyez les sources bibliographiques aux articles Pyruvique et Pyrotartrique (Acides)]. — Voyez aussi C. Boettinger, *Deutsch. chem. Gesellsch.*, t. IX, p. 670.]

5° Chauffé à l'air, l'acide tartrique répand une odeur particulière, qui rappelle un peu celle du caramel, s'enflamme et laisse finalement un charbon léger.

6° *Oxydants.* — L'acide tartrique, mélangé avec de l'éponge de platine et chauffé dans un courant d'oxygène, commence à donner vers 160° de l'eau et du gaz carbonique et se transforme complétement même au-dessous de 250°, en ces deux produits [Reiset et Millon, *Ann. de Chim. et de Phys.*, (3) t. VIII, p. 285].

Lorsqu'on soumet l'acide tartrique à l'électrolyse, on recueille au pôle positif un mélange de gaz carbonique et de petites quantités d'oxyde de carbone et d'oxygène; le liquide contient de l'acide acétique. Le courant dédouble l'acide en H^2, qui se rend au pôle négatif, et en un résidu $C^4H^4O^6$, qui lui-même se scinde au pôle positif $2CO^2$ et $C^2H^4O^2$ (Bourgoin).

Le tartrate de potassium en solution concentrée et neutre fournit au pôle positif principalement du gaz carbonique et un peu d'oxyde de carbone et d'oxygène; il se précipite en même temps à ce pôle du bitartrate potassique [Martens, *Ann. der Chem. u. Pharm.*, t. LXXXIX, p. 104; — E. Bourgoin, *Compt. rend.*, t. LXV, p. 1144].

Enfin, l'électrolyse du tartrate potassique en présence d'un grand excès de potasse libre (4 mol.) fournit au pôle positif du gaz carbonique, de petites quantités d'oxyde de carbone et d'oxygène, et des traces d'éthane; la solution renferme de l'acétate potassique (Bourgoin).

Le permanganate de potassium n'oxyde pas à froid l'acide tartrique en solution aqueuse; vers 50° à 60° le liquide se décolore rapidement, en même temps qu'il se précipite du peroxyde de manganèse et qu'il se dégage du gaz carbonique; dans ces conditions, le permanganate cède à l'acide tartrique 6 à 7 atomes d'oxygène et donne de l'eau, du gaz carbonique et de l'acide formique :

$$C^4H^6O^6 + O^3 = 2CH^2O^2 + 2CO^2 + H^2O.$$

Si à la fin de l'expérience on rend le liquide alcalin, l'acide formique est aussi brûlé complétement.

$$CH^2O^2 + O = CO^2 + H^2O$$

[Péan de Saint-Gilles, *Ann. de Chim. et de Phys.*, (3), t. LV, p. 391].

D'après les expériences de Fleischer, la réaction est différente, suivant que le permanganate agit sur l'acide tartrique seul ou en présence d'un acide minéral; la quantité de permanganate décomposée par l'acide tartrique en présence d'un acide est double de celle qu'exige l'acide tartrique seul; dans ce dernier cas, il se précipite du tartrate de manganèse [A. Fleischer, *Deutsch. chem. Gesells.*, t. V, p. 350].

L'acide tartrique en solution alcaline réduit les sels d'argent; cette propriété a été mise à profit pour l'argenture du verre. Les produits qui se forment dans cette oxydation de l'acide tartrique sont peu connus. Lorsqu'on *fait bouillir* l'acide tartrique avec une solution ammoniacale de carbonate d'argent, il se forme une grande quantité d'acide oxalique, probablement du gaz carbonique et une faible proportion d'un acide sirupeux, cristallisant lentement, dont le sel de calcium se dissout facilement dans l'eau [Erdmann *Ann. der Chem. u. Pharm.*, t. XXI, p. 14; — A. Claus et Wiegand, *Deutsch. chem. Gesells.*, t. VIII, p. 950].

Lorsqu'on chauffe doucement l'acide tartrique en solution aqueuse avec du peroxyde de manganèse, une réaction énergique se manifeste; le mélange se boursoufle beaucoup et dégage du gaz carbonique et de l'acide formique. Il renferme à la fois un mélange de tartrate et de formiate de manganèse. Si l'on ajoute de l'acide sulfurique au mélange primitif, la totalité de l'acide tartrique est oxydée [Döbereiner, *Gilbert's. Ann.*, t. LXXI, p. 107].

Un mélange de parties égales de dichromate potassique et d'acide tartrique avec un peu d'eau s'échauffe peu à peu jusqu'à l'ébullition en développant beaucoup d'acide carbonique et en laissant un liquide vert-brun foncé, presque noir, qui contient de l'acide formique [Winckler, *Repertorium*, t. XLVI, p. 466; t. LXV, p. 189].

Lorsqu'on broie l'acide tartrique (5 p.) avec de l'oxyde puce de plomb (16 p.), la masse s'échauffe jusqu'à l'incandescence et brûle en développant du gaz carbonique et de l'acide formique [Walcker, *Poggend. Ann.*, t. V, p. 535; — Bœttger, *Journ. für prakt. Chem.*, t. VIII, p. 477]. En présence de l'eau, la réaction est beaucoup moins énergique et exige même l'aide de la chaleur pour s'accomplir [Persoz, *Compt. rend.*, t. XI, p. 522].

L'acide tartrique transforme l'acide vanadique en oxyde de vanadium.

Le tartrate de potasse réduit à l'ébullition le chlorure d'or et le tétrachlorure de platine.

Le chlore attaque à peine la solution aqueuse de l'acide tartrique (Liebig); le brome enlève au tartrate neutre de potassium la moitié du potassium à l'état de bromure et donne du bitartrate de potassium (Cahours).

L'acide azotique décompose l'acide tartrique à

la température de l'ébullition et produit de l'acide acétique, de l'acide oxalique et un autre acide qui serait, d'après Hermbstaedt, de l'acide saccharique (?).

Les solutions bouillantes d'acide iodique et periodique attaquent lentement l'acide tartrique; de l'iode est mise en liberté et du gaz carbonique se dégage (Benckiser; — Millon).

7° *Réducteurs.* — Le sodium, en agissant sur une solution alcoolique d'acide tartrique le transforme en un acide cristallisable dont le sel de potassium est très-soluble [Kæmmerer, *Zeitsch. für Chem.*, 1866, p. 712].

A l'aide de la chaleur, le potassium ou le sodium décomposent vivement l'acide tartrique; la réaction est généralement accompagnée d'un phénomène lumineux faible; elle donne des gaz, du charbon et du carbonate alcalin (Gay-Lussac et Thenard).

Lorsqu'on chauffe à 120°, pendant 6 à 8 heures, l'acide tartrique avec de l'acide iodhydrique, on le transforme en acide succinique :

$$\begin{array}{l} CH(OH)\text{-}CO^2H \\ CH(OH)\text{-}CO^2H \end{array} + 4HI = \begin{array}{l} CH^2\text{-}CO^2H \\ CH^2\text{-}CO^2H \end{array} + 2H^2O + I^4.$$

Dans cette réaction la température ne doit pas dépasser 120°, car au delà une partie de l'acide tartrique se décompose profondément et il s'en dégage des gaz [R. Schmitt, *Ann. der Chem. u. Pharm.*, t. CXIV, p. 109; *Répert. de Chim. pure*, 1860, p. 263].

Chauffé pendant plusieurs jours à 100° avec du biiodure de phosphore et de l'eau, l'acide tartrique fournit aussi de l'acide succinique, mais une partie subit une réduction moins avancée et se change en acide malique :

$$\begin{array}{l} CH(OH)\text{-}CO^2H \\ CH(OH)\text{-}CO^2H \end{array} + 2HI = \begin{array}{l} CH(OH)\text{-}CO^2H \\ CH^2\text{-}CO^2H \end{array} + H^2O + I^2$$

[Dessaignes, *Compt. rend.*, t. L, p. 759; t. LI, p. 372].

L'acide malique dérivé de l'acide tartrique droit tourne à droite le plan de la lumière polarisée; le pouvoir rotatoire est de même grandeur que celui de l'acide malique des baies de sorbier, mais de signe opposé. L'acide malique préparé par réduction de l'acide racémique est inactif [G.-J.-W. Bremer, *Bull. de la Soc. chim.*, t. XXV, p. 6].

Si l'on chauffe à 100-120° l'acide tartrique avec de l'acide bromhydrique, il se forme beaucoup de gaz et une petite quantité d'acide monobromosuccinique [Kekulé, *Ann. der Chem. u. Pharm.*, t. CXXX, p. 30].

8° Lorsqu'on dissout l'acide tartrique dans une grande quantité d'acide sulfurique concentré, ou mieux d'acide fumant et qu'on chauffe avec une grande lenteur, il se dégage un mélange de 4 volumes d'oxyde de carbone et d'un volume d'acide sulfureux, sans trace d'acide carbonique; toutefois, vers la fin de l'opération, on trouve toujours une certaine proportion de gaz carbonique dans le mélange gazeux :

$$C^4H^6O^6 + SO^3 = 3H^2O + 4CO + SO^2.$$

Il reste en dissolution un composé renfermant les éléments de l'acide sulfurique [Dumas et Piria, *Ann. de Chim. et de Phys.*, (2), t. V, p. 353]. Dœbereiner avait déjà observé le dégagement de l'oxyde de carbone dans cette réaction [*Gilb. Ann.*, t. LXXII, p. 201].

9° Fondu avec de l'hydrate de potassium, l'acide tartrique se convertit en un mélange d'acétate et d'oxalate potassiques :

$$C^4H^6O^6 = C^2H^4O^2 + C^2H^2O^4.$$

10° L'acide nitrique fumant transforme l'acide tartrique en acide nitrotartrique (Dessaignes) :

$$C^4H^6O^6 + 2AzO^3H = C^4H^4(AzO^2)^2O^6 + 2H^2O.$$

— Voyez Tartriques (Éthers).

11° Lorsqu'on chauffe doucement l'acide tartrique avec 5 p. de perchlorure de phosphore, on obtient du gaz chlorhydrique, de l'oxychlorure de phosphore et du chlorure de chloromaléyle, $C^4HCl^3O^2$ [Perkin et Duppa, *Compt. rend.*, t. L, p. 441].

Cette réaction s'accomplit probablement en deux phases; il se produit d'abord un tétrachlorure tartrique, qui se dédouble ensuite en acide chlorhydrique et chlorure de chloromaléyle, ainsi que le montrent les équations suivantes :

1°

$$\underset{\text{Acide tartrique.}}{\begin{array}{l} CH.OH\text{-}CO^2H \\ CH.OH\text{-}CO^2H \end{array}} + 4PCl^5 = \underset{\text{Tétrachlorure tartrique.}}{\begin{array}{l} CH.Cl\text{-}COCl \\ CH.Cl\text{-}COCl \end{array}} + 4POCl^3 + 4HCl$$

2°

$$\underset{\text{Tétrachlorure tartrique.}}{\begin{array}{l} CHCl\text{-}COCl \\ CHCl\text{-}COCl \end{array}} = HCl + \underset{\text{Chlorure de chloromaléyle.}}{\begin{array}{l} CH\text{-}COCl \\ CCl\text{-}COCl \end{array}}$$

12° La solution d'acide tartrique saturée vers 37° absorbe une grande quantité d'oxyde azotique; le liquide incolore laisse déposer après quelque temps des aiguilles (qui paraissent formées d'acide tartrique non altéré); il ne se dégage aucun gaz par l'ébullition, mais le liquide brunit fortement le sulfate ferreux [Reinsch, *Journ. fur prakt. Chem.*, t. XXVIII, p. 394].

13° L'action de l'acide tartrique sur l'acide benzoïque, l'anhydride et le chlorure acétique, la glycérine et les sucres, est indiquée aux mots Tartriques (Éthers), Dulcite, Saccharose, Sorbite, etc.

14° La solution concentrée d'acide tartrique se conserve longtemps sans s'altérer; au bout d'un an, elle contient encore la proportion primitive d'acide, malgré le développement de quelques moisissures [Wittstein, *Neues Jahrb. für Pharm.*, t. II, p. 229]; les solutions étendues acquièrent avec le temps la propriété de réduire la solution cupro-potassique [Staedeler et Krause, *Pharm. Centralb.*, 1854, p. 936]. Les solutions très-anciennes d'acide tartrique renferment une petite quantité d'acide acétique.

Lorsqu'on met en fermentation un tartrate alcalin en y ajoutant d'une infusion aqueuse de son d'amandes, il se décompose rapidement avec production de carbonate et d'acétate alcalin [Buchner jeune, *Ann. der Chem. u. Pharm.*, t. LXXVIII, p. 203].

Le tartrate de calcium abandonné à l'air en présence de l'eau, de matières organiques ou de certains sels minéraux (phosphates d'ammonium, etc.), entre en fermentation et se transforme en propionate de calcium :

$$2C^4H^6O^6 = C^3H^6O^2 + 5CO^2 + 3H^2.$$

Le tartre brut, non additionné de chaux, ne fournit dans les mêmes circonstances que de l'acide acétique. Nœllner, auquel est due la découverte de ces faits, avait considéré l'acide formé dans la fermentation du tartrate calcique comme distinct de l'acide acétique, et il lui avait donné le nom d'acide pseudo-acétique; plus tard, Nicklès établit que la formule de l'acide *pseudo-acétique* est bien celle de l'acide propionique, mais il remarque que l'acide en question offre un certaine tendance à se dédoubler en acide acétique et acide butyrique, et il le dénomma acide *butyro-acétique*. MM. Dumas, Malaguti et Leblanc reconnurent l'identité de cet acide avec l'acide propionique préparé au moyen du cyanure d'éthyle.

Enfin, les recherches plus récentes de Limpricht et Uslar ont mis de nouveau en doute l'identité de l'acide pseudo-acétique avec de l'acide propionique; d'après ces chimistes, l'acide pseudo-acétique serait un mélange d'acide butyrique et d'acide acétique. De ces faits contradictoires on peut conclure que l'acide pseudo-acétique n'est pas un corps homogène et qu'il renferme probablement les trois acides, acétique, propionique et butyrique [Nœllner, *Ann. der Chem. u. Pharm.*, t. XXXVIII, p. 299; — Nicklès, *ibid.*, t. LXI, p. 343; — Dumas, Malaguti et Leblanc, *Compt. rend.*, t. XXV, p. 781; — Limpricht et Uslar, *Ann. der Chem. u. Pharm.*, t. XCIV, p. 321].

La fermentation du tartrate de calcium est produite par un infusoire, voisin du ferment butyrique et possédant la singulière propriété de détruire beaucoup plus rapidement l'acide tartrique droit que l'acide gauche. Certains champignons (*Penicillium glaucum*) en se développant dans le tartrate d'ammonium présentent le même phénomène, ce qui permet de préparer l'acide tartrique gauche avec l'acide racémique [Pasteur, *Compt. rend.*, t. XLVI, p. 615; t. LI, p. 298; t. LVI, p. 416].

15° L'acide tartrique possède la propriété d'empêcher la précipitation d'un grand nombre de métaux par les alcalis, par suite de la formation de sels doubles non décomposables par ces réactifs. Parmi les oxydes que la potasse employée en très-léger excès ne précipite pas en présence d'un excès d'acide tartrique, même lorsque les solutions sont étendues d'eau et portées à l'ébullition, nous citerons :

$$Al^2O^3,\ Gl^2O^3,\ ZnO,\ Fe^2O^3,\ NiO,\ CoO,$$
$$Cr^2O^3,\ PtO^2,\ PbO,\ Bi^2O^3,\ CuO.$$

Les oxydes suivants, au contraire, sont solubles à froid dans les conditions indiquées, mais ils se précipitent par l'ébullition de la solution suffisamment étendue d'eau :

$$MnO,\ CdO,\ U^2O^3,\ Au^2O^3;$$

ce dernier oxyde est réduit à chaud. Enfin la précipitation des oxydes HgO, Ag^2O et SnO n'est pas empêchée par l'acide tartrique.

Les réactions des métaux avec d'autres réactifs, carbonates, phosphates alcalins, etc., sont aussi plus ou moins modifiées; mais, dans la plupart des cas, les phosphates, pyrophosphates, arséniates et borates alcalins, précipitent les tartrates doubles que les alcalis ou les carbonates alcalins ne peuvent décomposer [voyez à ce sujet les recherches de E. Aubel et G. Ramdohr, *Ann. der Chem. u. Pharm.*, t. CIII, p. 33, et de H. Grothe, *Journ. für prakt. Chem.*, t. XCII, p. 175].

L'acide tartrique n'entrave nullement la précipitation des métaux par l'hydrogène sulfuré et le sulfhydrate d'ammonium.

16° L'acide tartrique et les tartrates alcalins introduits dans l'organisme y subissent une oxydation complète.

Usages de l'acide tartrique. — L'emploi de l'acide tartrique va en augmentant de jour en jour, grâce aux applications nombreuses que l'on en fait en teinture et en impression, en photographie, en analyse, en médecine, pour la fabrication de boissons gazeuses, etc.

TARTRATES.

L'acide tartrique est tétratomique et bibasique, ce que nous avons exprimé plus haut par la formule :

$$\begin{matrix} CH.OH-CO^2H \\ \vert \\ CH.OH-CO^2H \end{matrix} = C^2H^2(OH)^2 \lt \begin{matrix} CO^2H \\ CO^2H \end{matrix}$$

Il jouit donc de la double fonction d'alcool et d'acide, et l'on comprend qu'il puisse fournir un très-grand nombre de dérivés, l'hydrogène des oxhydryles pouvant être remplacé par différents radicaux, minéraux ou organiques. Les dérivés éthérés étant décrits dans un article spécial [voyez TARTRIQUES (ÉTHERS)], nous ne nous occuperons ici que des sels de l'acide tartrique, dont le nombre est très-grand.

Presque tous correspondent à deux types bien définis, sels acides et sels neutres :

$$C^2H^2(OH)^2 \lt \begin{matrix} CO^2M' \\ CO^2H \end{matrix} \quad \text{et} \quad C^2H^2(OH)^2 \lt \begin{matrix} CO^2M' \\ CO^2M' \end{matrix}$$

Mais dans certains cas les deux atomes d'hydrogène des oxhydryles alcooliques peuvent être remplacés aussi par des métaux :

$C^4H^2O^6.Pb^2$	$C^4H^2O^6.K,Sb'''$
Tartrate basique de plomb.	Émétique desséché.

Dans l'état actuel de la science, on ne peut mettre en doute l'influence des groupes fortement électronégatifs sur la nature des oxhydryles voisins, et, dans l'acide tartrique, le grand nombre d'atomes d'oxygène contenu dans la molécule fait facilement comprendre que les oxhydryles alcooliques puissent jouer, jusqu'à un certain point, le rôle d'oxhydryles acides. Ajoutons cependant que ces sels basiques sont formés par des métaux possédant une grande tendance à former des sels basiques, et que, par conséquent, on pourrait les faire dériver des anhydrides tartriques et les rapprocher des sels basiques ordinaires. Ainsi le tartrate basique de plomb pourrait être formulé

$$C^4H^2O^5.Pb + PbO,$$

sel de plomb de l'anhydride tartrique, $C^4H^4O^5$.

Cette manière de voir offre peu de probabilité; car dans la formation de l'anhydride $C^4H^4O^5$, acide bibasique, la déshydratation aurait porté sur les deux OH alcooliques, tandis que dans la déshydratation des acides-alcools la perte d'eau se fait généralement aux dépens d'un OH alcoolique et d'un OH acide.

Du reste, on a démontré directement que le tartrate basique de plomb, ainsi que l'émétique desséché, renferment bien de l'acide tartrique ordinaire et non un anhydride [H. Schiff; Frisch].

L'acidité de l'acide tartrique est très-prononcée. Sa chaleur de neutralisation par la potasse (2 molécules) est de $27^{cal},1$ (Andrews); $26^{cal},8$ (Favre et Silbermann); $26^{cal},0$ (Berthelot) (1 calorie = kilogramme-degré). La chaleur de neutralisation par la soude (2 molécules) s'élève à $26^{cal},5$ (Andrews); $27^{cal},2$ (Fabre et Silbermann); $25^{cal},0$, la première molécule dégageant $+ 12^{ca},9$, c'est-à-dire la même quantité que la seconde (Berthelot).

Thomsen est arrivé à un résultat un peu différent; suivant lui, la première molécule de soude dégage $12^{cal},4$, et la seconde $12^{cal},9$, en tout $25^{cal},3$; là ne s'arrête pas la réaction de la soude; comme les sels neutres des acides-alcools en général, le tartrate neutre de sodium dégage avec une troisième molécule de soude $0^{cal},5$ (Thomsen), $0^{cal},3$ (Berthelot).

La saturation de l'acide tartrique par 1 molécule d'hydrate de calcium est accompagnée d'un dégagement de chaleur de $33^{cal},8$ (Berthelot).

L'acide tartrique décompose les carbonates; toutefois, en solution alcoolique, il est sans action sur ces sels; en solution dans l'eau, il déplace à peu près complétement l'acide acétique de l'acétate sodique; il déplace environ la moitié de l'acide oxalique de l'oxalate sodique, produisant du bitartrate et du bioxalate de sodium. L'acide sulfurique le chasse complétement de ses sels dissous dans l'eau (Berthelot).

Un grand nombre de tartrates sont solubles dans l'eau et cristallisables; ils sont souvent remarquables par la beauté de leurs cristaux. Les sels insolubles deviennent, dans presque tous les cas, solubles par l'addition de l'acide tartrique; l'acide chlorhydrique et l'acide azotique les dissolvent pareillement. Les tartrates insolubles, à part ceux à base d'argent et de mercure, sont solubles dans la potasse et la soude, employés en excès; l'ammoniaque dissout aussi les tartrates à l'exception du tartrate de mercure.

Les tartrates forment avec une extrême facilité des sels doubles, dont quelques-uns sont très-importants. Les sels doubles peuvent se grouper en plusieurs grands groupes, dont chacun possède un représentant caractéristique: groupe du sel de Seignette, tartrates doubles des métaux monatomiques:

$$C^4H^4O^6(MM') + nH^2O.$$

Groupe des tartrates doubles renfermant en même temps des métaux monatomiques et des métaux diatomiques:

$$C^4H^4O^6M^2 + C^4H^4O^6M + nH^2O.$$

Groupe des émétiques, tartrates renfermant des métaux monatomiques ou diatomiques et un radical monatomique $(M'''O)'$, dérivé d'un élément triatomique:

$$C^4H^4O^6.M(M'''O) + nH^2O.$$

La solution des tartrates droits dévie à droite le plan de la lumière polarisée, et cette rotation est liée à la présence, sur les cristaux, de faces hémiédres.

Calcinés à l'air, les tartrates répandent une odeur empyreumatique caractéristique, rappelant l'odeur du sucre brûlé. La solution aqueuse et diluée de la plupart des tartrates se couvre à la longue de moisissures.

On prépare les tartrates en saturant l'acide libre par les hydrates ou les carbonates métalliques; les tartrates insolubles s'obtiennent par une double décomposition entre un tartrate alcalin et un sel métallique.

La composition des tartrates a été établie par les travaux d'un grand nombre de savants [Berzelius, *Ann. de Chim.*, t. XCIV, p. 177; *Poggend. Ann.*, t. XIX, p. 305; t. XXXVI, p. 4; *Ann. de Chim. et de Phys.*, (2) t. LXVII, p. 303; — Dulk, *Journ. v. Schweigger*, t. LXIV, p. 180 et 193; — Werther, *Journ. für prakt. Chem.*, t. XXXII, p. 385; — Dumas et Piria, *Ann. de Chim. et de Phys.*, (3) t. V, p. 353; — Marignac, *Ann. des Mines*, (5), t. XV, p. 280, et d'autres chimistes dont nous citerons les noms en présentant la description des tartrates].

On connaît la forme cristalline d'un très-grand nombre de tartrates [Haberle, *Journ. v. Gehlen.*, t. V, p. 338; — Brooke, *Ann. of Phil.*, t. XXI, p. 451; t. XXII, p. 40; t. XXIII, p. 161; — Bernhardi, *Journ. v. Trommsdorff*, (2), t. VII, p. 2 et p. 51; — Neumann, *Journ. v. Schweigger*, t. LXIV, p. 206; — Soret, *Leonh. Taschenb. für Min.*, 1823, p. 136; — Hankel, *Poggend. Ann.*, t. XLIX, p. 502; t. LIII, p. 620; t. LVI, p. 57; — V. Kobell, *Journ. für prakt. Chem.*, t. XXVIII, p. 483; — De la Provostaye, *Ann. de Chim. et de Phys.*, (3), t. III, p. 129; t. XX, p. 302; — Pasteur, *ibid.*, (3), t. XXIV, p. 442; t. XXVIII, p. 56, t. XXXVIII, p. 437. — Kopp, *Krystallographie*, p. 265. — Schabus, *Wien. Acad. Ber.*, juin 1850, p. 42, et *Bestimm. der Krystallgest. chem. Prod. Wien*, 1855, p. 63. — Marignac, *Rech. form. crist. de quelq. corps chim.*, Genève, 1855. — Rammelsberg, *Handb. d. krystall. Chem.*, Berlin, 1855, p. 319, et *Supplement*, Berlin, 1857, p. 142; *Poggend. Ann.*, t. XCVI, p. 135. — V. v. Lang, *Wien. Acad. Ber.*, t. LV, 2e partie, p. 408].

Les caractères optiques des tartrates ont été étudiés surtout par Biot, M. Pasteur et Sénarmont.

Le poids spécifique d'un certain nombre de tartrates a été déterminé par H. Schiff [*Ann. der Chem. u. Pharm.*, t. CXII, p. 88], et par Buignet, [*Journ. de Pharm.*, (3), t. XL, p. 161 et 337].

TARTRATES D'ALUMINIUM. — *Sel simple.* — Masse gommeuse, d'une saveur douce et âpre, très-soluble dans l'eau, mais non déliquescente.

Tartrate double d'aluminium et d'ammonium. — Masse amorphe.

Tartrates doubles d'aluminium et de potassium. — 1° *Sel neutre.* — Le bitartrate de potassium dissout l'hydrate d'aluminium en se transformant en une substance amorphe (Thenard). En solution concentrée (densité, 1,477), ce sel dévie à gauche le plan de la lumière polarisée, mais la rotation diminue au fur et à mesure qu'on étend la solution, et il finit même par passer à droite (Biot).

2° *Sel basique.* — A la température de l'ébullition, l'hydrate d'aluminium se dissout aisément dans le tartrate neutre de potassium; le liquide reste neutre et, par l'addition d'alcool, donne des gouttes oléagineuses qui se réunissent en une couche liquide. Le corps huileux se dissout de nouveau dans l'eau, et reste sous la forme d'une matière gommeuse lorsqu'on évapore la solution [Thenard, *Ann. de Chim.*, t. XXXVIII, p. 30; — — Werther. *loc. cit.*].

TARTRATES D'AMMONIUM. — 1° *Sel neutre,*

$$C^4H^4O^6(AzH^4)^2.$$

— On sursature l'acide tartrique par le carbonate d'ammonium, et l'on évapore la solution à cristallisation, en ajoutant de temps en temps un peu de carbonate ammonique. Le sel se dépose en beaux cristaux appartenant au type clinorhombique; formes: p, a^1, e^1, h^1, $b^{1/2}$, $d^{1/2}$; les formes $b^{1/2}$ et $d^{1/2}$, qui généralement sont peu développées, manquent souvent d'un côté du cristal, de sorte qu'on ne trouve de ce côté que la forme e^1; angle des axes = 87° 35' à 88° 9' (1); angles: h^1p = 91° 51' à 92° 25'; pa^1 = 127° 20' à 127° 24'; a^1h^1 = 140° 12' à 140° 29'; e^1e^1 = 110° 0' à 110° 40'; $d^{1/2}p$ = 118° 44'; $b^{1/2}p$ = 116° 52'. Clivage facile suivant p (De la Provostaye, Pasteur, Neumann, Rammelsberg). D'après M. Pasteur, le tartrate neutre d'ammonium est dimorphe; les solutions sursaturées de ce sel laissent déposer des cristaux de la même forme que celle qu'on vient de décrire; mais si cette solution contient une petite quantité de malate actif ou inactif d'ammonium, il se forme des cristaux appartenant au type orthorhombique; formes principales: m et $b^{1/2}$; angles: mm = 65° 54'; $mb^{1/2}$ = 129° 17'. Des huit faces de l'octaèdre $b^{1/2}$, deux seulement sont développées, et les six autres manquent souvent complétement. Ce tartrate

(1) Les tartrates ont été mesurés, en général, par plusieurs observateurs, mais nous ne pouvons transcrire ici tous les résultats obtenus; nous nous contenterons d'indiquer les valeurs extrêmes trouvées.

d'ammonium possède la même composition que le sel ordinaire [Pasteur, *Ann. de Chim. et de Phys.* (3), t. XLII, p. 418].

La densité des cristaux du tartrate d'ammonique est de 1,523 (Buignet), de 1,566 (Schiff); leur pouvoir rotatoire a été trouvé égal à $[\alpha]_r = + 29°0$ (Pasteur), et $[\alpha]_D = + 34°20$ [H. Landolt, *Deutsch. chem. Gesellsh.*, t. VI, p. 1073]. Ce sel s'effleurit à l'air en perdant de l'ammoniaque; il est très-soluble dans l'eau; la solution exposée pendant six mois à la lumière ne se trouble que très-peu, mais elle prend une réaction alcaline. La saveur du sel est semblable à celle du nitre.

2° *Sel acide*, $C^4H^5O^6(AzH^4)$. — Ce sel se précipite sous la forme d'une poudre cristalline, lorsqu'on ajoute de l'acide tartrique à une solution concentrée du sel neutre; cette poudre est composée de belles lames brillantes, formant des parallélogrammes ou des tables hexagonales allongées, souvent hémitropes. Il est peu soluble dans l'eau froide, (1p dans 45p,6 d'eau 15°), mais se dissout abondamment dans l'eau bouillante et cristallise par le refroidissement de cette solution. Poids spécifique = 1,680 (Schiff).

Les cristaux de tartrate acide d'ammonium appartiennent au type orthorhombique et sont isomorphes avec les cristaux du tartrate acide de potassium; formes: $p, m, b^{1/2}, e^1, e^{1/2}, e^{1/3}, g^1$; les cristaux sont très-développés dans le sens de l'axe a, de telle sorte que les formes e^1, $e^{1/2}$ et $e^{1/3}$ apparaissent comme formes prismatiques. Angles: $mm = 110°\,32'$; $b^{1/2}b^{1/2}$ (à la base) $= 102°\,24'$; $g^1e^1 = 125°\,30'$. Clivage facile suivant p et e^1 (De la Provostaye). D'après les mesures de M. Pasteur, les cristaux du bitartrate ammonique dérivent du type clinorhombique (angle des axes 90°48'); les cristaux sont souvent hémièdres, quatre faces de l'octaèdre étant très-développées aux dépens des autres et formant un tétraèdre. On peut rendre hémièdres tous les cristaux du bitartrate ammonique en faisant cristalliser ce sel dans une solution contenant du bitartrate de sodium. Les cristaux qui se déposent dans l'acide nitrique étendu, ne ressemblent pas aux cristaux ordinaires.

Le pouvoir rotatoire du bitartrate ammonique est de $[\alpha]_D = 25°65$ (Landolt).

Le bitartrate droit d'ammonium se combine, molécule à molécule, avec le bimalate gauche d'ammonium; pour préparer cette combinaison, on dissout dans 15 p. d'eau bouillante 1 p. de bitartrate, et 2 p. de bimalate d'ammonium, et on laisse refroidir. Ce sel double constitue de gros prismes, solubles à 15° dans 11,8 fois leur poids d'eau; il agit sur la lumière polarisée comme un simple mélange. Il se dédouble en partie par la cristallisation. Le bitartrate gauche ne s'unit pas au bimalate gauche d'ammonium.

TARTRATES D'ANTIMOINE. — Ces sels contiennent le groupe *antimonyle* $(SbO)'$ monatomique; sous l'influence de la chaleur, ils peuvent perdre une molécule d'eau pour se transformer en sels basiques (voyez p. 206). C'est l'atome d'oxygène de l'antimonyle qui s'unit aux deux atomes d'hydrogène des oxhydryles alcooliques de l'acide tartrique et l'antimoine triatomique occupe alors la place de trois atomes d'hydrogène de l'acide tartrique, deux atomes d'hydrogène alcoolique et un atome d'hydrogène acide :

$$\begin{array}{l} CO^2(SbO)' \\ CH.OH \\ CH.OH \\ CO^2(SbO)' \end{array} = H^2O + \begin{array}{l} CO^2 \\ CH.O \\ CH.O \\ CO^2(SbO)' \end{array}\left.\begin{array}{l} \\ \\ \\ \\ \end{array}\right\} Sb'''$$

Tartrate neutre d'antimonyle. — Tartrate d'antimoine basique.

Il existe un grand nombre de tartrates doubles d'antimonyle et d'autres métaux monatomiques ou diatomiques, auxquels on a donné le nom générique d'*émétiques*, parce que l'émétique ou tartrate d'antimonyle et de potassium, est le plus anciennement et le mieux connu. Ces sels, sous l'influence de la chaleur, perdent également une molécule d'eau, et donnent des tartrates basiques analogues au tartrate d'antimoine basique :

$$\begin{array}{l} CO^2(SbO)' \\ CH.OH \\ CH.OH \\ CO^2K \end{array} = H^2O + \begin{array}{l} CO^2 \\ CH.O \\ CH.O \\ CO^2K. \end{array}\left.\begin{array}{l} \\ \\ \\ \\ \end{array}\right\} Sb'''$$

Tartrate d'antimonyle et de potassium. — Tartrate basique d'antimoine et de potassium.

Le nom d'*émétique* a été étendu aux tartrates doubles formés par les éléments voisins de l'antimoine, tels que l'arsenic, le bismuth, le bore, l'urane. Dans tous ces sels doubles, on peut admettre l'existence d'un groupement monatomique $(MO)'$, substitué à un atome d'hydrogène.

1° *Tartrate neutre d'antimonyle*,

$$C^4H^4O^6(SbO)^2 + H^2O.$$

— L'oxyde d'antimoine se dissout dans l'acide tartrique; l'alcool précipite de cette solution une poudre blanche grenue, insoluble dans l'eau, qui représente le tartrate neutre d'antimonyle. Ce sel perd à 100° son eau de cristallisation, mais chauffé plus haut, vers 190°, il éprouve une nouvelle perte d'une molécule d'eau et se convertit en tartrate basique d'antimoine,

$$C^4H^2O^6(SbO)Sb.$$

Décomposé par l'hydrogène sulfuré, en présence de l'alcool, le sel chauffé à 190° donne de l'acide tartrique ordinaire [Berzelius, *Pogg. Ann.*, t. XLVII, p. 315].

2° *Sel acide*, $C^4H^5O^6(SbO)$ (?). — On précipite par l'alcool la solution concentrée du sel suracide; le sel acide, préalablement séché à 100°, perd de l'eau à 210° [Soubeiran et Capitaine, *Journ. de Pharm.*, t. XXV, p. 742; — Peligot, *Ann. de Chim. et de Phys.* (3), t. XX, p. 289].

3° *Sel suracide*,

$$C^4H^5O^6(SbO) + C^4H^6O^6 + 2\,1/2\,H^2O.$$

La solution de l'oxyde d'antimoine dans l'acide tartrique laisse, par l'évaporation, un sirop qui dépose après un long repos de grands cristaux transparents. Ces cristaux appartiennent au système orthorhombique; formes : $m, e^1, g^1, h^{1/3}, a^{4/5}$, angles : $mm = 133°30'$; $g^1e^1 = 115°0'$ $ma^{4/5} = 137°42'$; $a^{4/5}a^{4/5}$ (en haut) $= 72°46'$ (De la Provostaye).

Ce tartrate suracide est très-soluble dans l'eau et tombe en déliquescence à l'air humide [Peligot, *loc. cit.*].

L'acide *antimonique* se dissout facilement dans l'acide tartrique.

La précipitation de tous les sels d'antimoine par l'eau ou par les alcalis est empêchée par la présence d'une quantité suffisante d'acide tartrique.

4° *Sels doubles ou émétiques.*

Nous décrirons ici tous les tartrates doubles formés par l'antimonyle et les autres métaux.

Tartrate d'antimonyle et d'ammonium (émétique ammonique),

$$C^4H^4O^6(SbO)AzH^4 + \tfrac{1}{2}H^2O.$$

En dissolvant, à l'aide de la chaleur, de l'oxyde d'antimoine dans une solution aqueuse de bitartrate d'ammonium et en évaporant, on obtient une masse gélatineuse qui se transforme peu à peu en cristaux octaédriques ou en une poudre cristalline [L. A. Büchner, *Repert. der Chem.*, t. LXXVIII, p. 320]. Si, au lieu de concentrer rapidement la solution, on la soumet à l'évaporation lente, on obtient d'abord les mêmes cristaux, mais les eaux-mères laissent déposer à la fin des cristaux prismatiques renfermant

$$C^4H^4O^6(SbO)AzH^4 + 2\tfrac{1}{4}H^2O.$$

Le même sel se précipite à l'état de poudre cristalline lorsqu'on refroidit une solution concentrée du sel précédent et qu'on agite [Berlin, *Ann. der Chem. u. Pharm.*, t. LXIV, p. 358].

Les cristaux octaédriques, isomorphes avec ceux de l'émétique potassique, appartiennent au type orthorhombique : formes ; m, $b^{1/2}$, $b^{1/4}$, p : angles : $mm = 96°30'$; $b^{1/2}b^{1/2}$ (à la base) $= 116°42'$ $b^{1/4}b^{1/4}$ (à la base) $= 145°44'$; clivage parfait suivant p (De la Provostaye. — Von Kobell). La forme $b^{1/2}$ est toujours hémièdre ; la forme $b^{1/4}$ l'est assez souvent.

Le tartrate d'antimonyle et de potassium plus hydraté cristallise aussi dans le système orthorhombique : $mm = 127°$; les cristaux sont hémièdres, la forme $b^{1/2}$ n'existant qu'à l'état de tétraèdre (Pasteur). L'émétique ammonique est plus soluble dans l'eau que l'émétique ordinaire. À l'air, les cristaux deviennent opaques en perdant de l'eau ; le sel avec $2\tfrac{1}{4}H^2O$ subit plus rapidement ce changement. L'eau de cristallisation des deux modifications se dégage complètement à 100° ; à une température plus élevée, il se dégage lentement de l'ammoniaque. Le pouvoir rotatoire de l'émétique antimonique est de $[\alpha]_j = 119°,75$.

Tartrate d'antimonyle et d'argent,

$$C^4H^4O^6(SbO)Ag.$$

Le nitrate d'argent est précipité en blanc par l'émétique potassique ; le dépôt est anhydre. Vers 160° il perd une molécule d'eau et contient alors

$$C^4H^2O^6SbAg$$

(Dumas et Piria ; — Berlin).

Tartrate d'antimonyle et de baryum,

$$[C^4H^4O^6(SbO)]^2Ba + 2H^2O.$$

Paillettes cristallines, obtenues en précipitant de l'émétique potassique par un sel de baryum. Ce sel laisse dégager son eau à 100°, mais vers 260° il subit une nouvelle perte et renferme alors

$$(C^4H^2O^6Sb)^2Ba$$

(Dumas et Piria).

Tartrate d'antimonyle et de cadmium,

$$[C^4H^4O^6(SbO)]^2Cd \text{ (à 100°)}.$$

Précipité blanc ; séché à 100°, il perd $2H^2O$ vers 200° (H. Schiff).

Tartrate d'antimonyle et de calcium. Poudre cristalline blanche. Ce sel forme avec le *nitrate de calcium* un sel double de la formule

$$4[C^4H^4O^6(SbO)]^2Ca + (AzO^3)^2Ca + 24H^2O,$$

qu'on obtient en dissolvant à l'aide de la chaleur de l'émétique potassique dans une solution de nitrate de calcium employée en excès et laissant refroidir. Les cristaux qui se déposent doivent être purifiés par cristallisation dans une liqueur chargée de nitrate calcique, car l'eau pure les dédouble et il se forme un dépôt pulvérulent de tartrate d'antimonyle et de calcium. Les cristaux dérivent du type orthorhombique ; formes : p, g^1, m, e^1, e^2, a^1, $b^{1/2}$; angles : $mm = 124°6'$; $a^1a^1 = 124°40'$; $pe^1 = 134°30'$. Les faces p et g^1 dominent beaucoup et les faces m et a^1 étant développées également et inclinées sensiblement de la même manière, les cristaux possèdent un aspect quadratique ; la forme $b^{1/2}$ est tétraédrique (Marignac). Le sel que Rammelsberg, d'après les analyses de Kessler, cite dans son *Traité de chimie cristallographique*, comme un tartrate d'antimonyle et de calcium,

$$[C^4H^4O^6(SbO)]^2Ca + 9H^2O,$$

et qui d'après lui appartient au type quadratique, est probablement identique avec le sel décrit par Marignac.

Tartrate d'antimonyle et de glucinium. — Masse vitreuse, obtenue en faisant bouillir avec l'eau les quantités calculées d'oxyde d'antimoine, d'oxyde de glucinium et d'acide tartrique. Si l'on fait digérer ce sel avec un excès d'hydrate de glucinium, il se transforme en un sel basique, également amorphe, dont la composition est exprimée par la formule $(C^4H^2O^6)^3Sb^2Gl^3$ [F. Toczynski, *Zeitsch. für Chem.*, 1871, p. 277].

Tartrate d'antimonyle et de lithium. — Après évaporation de la solution de ce sel, on obtient une gelée transparente dans laquelle on voit se former au bout de quelque temps de petits prismes (L.-A. Buchner).

Tartrate d'antimonyle et de plomb,

$$[C^4H^4O^6(SbO)]^2Pb.$$

— L'azotate de plomb produit dans l'émétique potassique un précipité blanc ; à 230°, celui-ci perd $2H^2O$ et renferme $(C^4H^2O^6Sb)^2Pb$.

Tartrate d'antimonyle et de potassium. — — *a. Sel neutre,*

$$C^4H^4O^6(SbO)K + 1/2H^2O$$

(Émétique proprement dit, ou émétique potassique, tartre stibié). La découverte de l'émétique est due à Adrien de Mynsicht (vers 1631). On a prétendu que ce sel était beaucoup plus anciennement connu et que notamment Basile Valentin en faisait mention vers la fin du XVe siècle ; mais, d'après H. Kopp (*Geschichte der Chem.*, t. IV, p. 351), on a mal interprété les mots *sal tartari et lixivium tartari* en les appliquant au tartre ; ces mots désignent le carbonate de potasse, qui servait déjà au XVe siècle à la purification de la chaux d'antimoine. Basile Valentin n'a donc pas connu l'émétique.

Mynsicht prescrit de faire bouillir le tartre avec de l'eau de cumin et du *crocus metallorum absinthiacus* (produit de la calcination du sulfure d'antimoine avec du sel d'absinthe, lessivé à l'eau), et de faire cristalliser. Glauber indique vers 1618 la préparation au moyen de la crème de tartre et des fleurs d'antimoine ou du verre d'antimoine. Bergman montra en 1773 que l'émétique est un sel double. Le procédé qui sert aujourd'hui à la fabrication de l'émétique est celui de Glauber, un peu modifié.

On fait bouillir pendant une heure un mélange de 3 p. d'oxyde d'antimoine et de 4 p. de crème de tartre délayée dans l'eau, en ayant soin de renouveler l'eau au fur et à mesure qu'elle s'évapore ; la crème de tartre et la majeure partie de l'oxyde d'antimoine étant dissoutes, on filtre le liquide bouillant et on abandonne au refroidissement ; l'émétique se dépose en cristaux. Les eaux-mères évaporées donnent une nouvelle cristallisation et si l'on a employé des matières pures, elles cristallisent jusqu'à la dernière goutte. On peut remplacer dans cette préparation l'oxyde d'antimoine par la poudre d'Algaroth (oxychlorure), le verre d'antimoine (oxysulfure), le sulfate basique d'antimoine, etc. Les impuretés des matières premières, même l'arsenic, restent dans les eaux-mères. Toutefois, en présence d'une certaine quantité de fer, les cristaux d'émétique prennent une teinte jaune, surtout si le liquide ne contient pas d'acide minéral libre ; l'addition d'une petite quantité d'acide chlorhydrique est alors très-utile.

Bucholz avait prétendu que 2 molécules de crème de tartre peuvent dissoudre à la température de l'ébullition plus d'une molécule d'oxyde d'antimoine, Sb^2O^3, donnant ainsi un tartrate basique d'antimonyle et de potassium cristallisé en aiguilles et décomposable par l'eau. Mais déjà Soubeiran et Capitaine [*loc. cit.*], et plus récemment R. Kemper [*Arch. der Pharm.*, (2), t. CXVII, p. 27], ont démontré l'inexactitude de cette assertion.

L'émétique brut peut contenir diverses impuretés : de la crème de tartre, de l'acide arsénieux, du tartrate calcique, de l'oxyde ferrique, de la silice, etc. ; on élimine la majeure partie de ces matières étrangères en le dissolvant dans 15 parties d'eau froide et concentrant la solution. Pour préparer l'émétique à l'état de pureté, il faut employer de la crème de tartre et de l'oxyde d'antimoine purs.

Propriétés. — Le tartrate d'antimonyle et de potassium cristallise dans le système orthorhombique ; il est isomorphe avec le tartrate d'antimonyle et d'ammonium. Formes : $b^{1/2}$, $b^{1/4}$, m, p ; angles : $b^{1/2}\,b^{1/2}$ (à la base) = 116° 0' ; $b^{1/4}\,b^{1/4}$ (à la base) = 145° 18' ; mm = 92° 36' ; $b^{1/2}\,p$ = 122° 0' ; clivage suivant c. Quatre faces des octaèdres $b^{1/2}$ et $b^{1/4}$ sont toujours plus développées que les quatre autres, qui disparaissent souvent complétement ; les cristaux présentent alors l'aspect de tétraèdres (Brooke, Bernhardi, Soret). Le poids spécifique des cristaux est de 2,588 (Buignet), de 2,607 (Schiff).

L'émétique potassique se dissout dans 14p,5 d'eau froide et dans 1p,9 d'eau bouillante ; la solution aqueuse donne par l'alcool un précipité cristallin ; elle rougit le tournesol et possède une saveur métallique et nauséabonde. Son pouvoir rotatoire est $[\alpha]j = +156°,2$.

Le tartrate d'antimonyle et de potassium renferme 1/2 molécule d'eau de cristallisation qu'il perd à 100° : cette déshydratation s'effectue déjà en partie par l'exposition du sel à l'air ; en même temps les cristaux deviennent opaques. Lorsqu'on chauffe vers 200° le sel séché à 100°, il perd une nouvelle molécule d'eau et constitue alors le tartrate basique d'antimoine et de potassium, $C^4H^2O^6Sb, K$. Comme nous l'avons dit plus haut, il est probable que l'émétique desséché à 200° contient encore intacte la molécule de l'acide tartrique et par conséquent ne dérive pas d'un anhydride de cet acide. Il est vrai que Berzelius, en décomposant l'émétique chauffé par l'acide sulfurique ou par l'hydrogène sulfuré en présence de l'alcool, a isolé un acide particulier ; mais d'après Schiff cet acide ne serait que de l'acide éthyltartrique ; Schiff ajoute d'ailleurs que la solution récente de l'émétique chauffé offre toutes les réactions de l'émétique ordinaire [Phillips, *Ann. of Phil.*, t. XXV, p. 372 ; — Liebig, *Ann. der Chem. u. Pharm.*, t. XXVI, p. 132 ; — Berzelius, *Journ. fur prakt. Chem.*, t. XIV, p. 350 ; *Poggend. Ann.*, t. XLVII, p. 315 ; — Dumas et Piria, *loc. cit.* ; — Laurent et Gerhardt, *Compt. rend. des trav. de chim.*, 1849, p. 97 ; — H. Schiff, *Compt. rend.*, t. LV, p. 511].

L'ammoniaque, la potasse, la soude, la chaux, ainsi que les carbonates alcalins donnent avec l'émétique un précipité floconneux d'oxyde d'antimoine, devenant cristallin après quelque temps ; si les solutions sont très-étendues, ces réactifs ne produisent qu'un trouble. La soude et la potasse dissolvent de nouveau le précipité formé. La précipitation de l'émétique par les bases est en général incomplète ; tous ces précipités sont solubles dans l'acide tartrique.

Les acides chlorhydrique, sulfurique et nitrique produisent dans la solution de l'émétique des précipités blancs de sous-sels d'antimoine, solubles dans un excès de ces acides, ainsi que dans l'acide tartrique ; l'acide tartrique lui-même en précipite du tartrate acide de potassium. Lorsqu'on ajoute de l'iode à une solution d'émétique, il se précipite des lamelles jaune d'or formées par un oxyiodure,

$$[(SbO)I]^2, Sb^2O^3.$$

Certains métaux (Fe, Zn, Sn) mettent en liberté l'antimoine de l'émétique.

Le chlorure mercurique produit dans la solution de l'émétique un précipité de calomel. L'hydrogène sulfuré y donne un dépôt de sulfure d'antimoine. Le tannin le précipite en blanc et le chlorure ferrique en jaune ; ces deux réactions sont très-sensibles.

L'émétique réduit le chromate neutre de potassium.

Les sels de calcium, de baryum, de strontium, de plomb, d'argent, etc., forment dans la solution d'émétique des précipités blancs, d'émétique calcique, barytique, etc., produits d'une double décomposition.

L'émétique forme des sels doubles avec les tartrates des alcaloïdes.

Chauffé au rouge blanc, l'émétique donne un alliage de potassium et d'antimoine, mêlé de charbon, alliage qui décompose violemment l'eau avec dégagement d'hydrogène ; ce mélange, extrêmement pyrophorique, arrosé de quelques gouttes d'eau, donne lieu à un phénomène d'incandescence accompagné d'explosion (charbon fulminant de Serulas).

L'émétique est très-employé en médecine ; c'est un médicament très-actif. A l'extérieur, il agit comme un irritant assez énergique ; administré à l'intérieur, à la dose de 5 à 10 centigrammes, il peut agir ou comme vomitif, ou comme purgatif, ou comme un altérant suivant son mode d'emploi ; à plus haute dose (15 à 50 centigrammes et plus) l'émétique est un médicament contro-stimulant.

b. Sel acide,

$$C^4H^4O^6(SbO)K + C^4H^6O^6 + 2\tfrac{1}{2}H^2O.$$

— Cette combinaison d'émétique et d'acide tartrique se trouve ordinairement dans les eaux mères de l'émétique ; pour la préparer on dissout dans l'eau bouillante 9 p. d'émétique potassique et 4 p. d'acide tartrique et on évapore à une douce chaleur. La solution dépose d'abord des cristaux d'émétique, mais elle laisse à la fin une masse sirupeuse qui se convertit en cristaux [Knapp, *Ann. der Chem. und. Pharm.*, t. XXXII, p. 76]. Cette combinaison forme des prismes clinorhombiques, s'effleurissant à l'air et perdant complétement leur eau à 100° ; l'alcool produit dans sa solution aqueuse un précipité d'émétique ordinaire.

c. Combinaison d'émétique et de tartrate acide de potassium, $C^4H^4O^6(SbO)K + 3C^4H^5O^6K$. — Lorsqu'on fait bouillir 10 p. d'émétique avec 16 p. de bitartrate de potassium, la solution laisse déposer en se refroidissant des paillettes nacrées de la nouvelle combinaison. Elle est anhydre, peu soluble dans l'eau et insoluble dans l'alcool (Knapp).

La solution de ce sel, additionnée de carbonate de potassium tant qu'il se produit une effervescence, puis évaporée, fournit des cristaux groupés en mamelons comme la wawellite, et très-solubles dans l'eau. C'est peut-être une combinaison d'émétique et de tartrate neutre de potassium ; l'acide tartrique en précipite des paillettes du sel primitif.

d. L'acide antimonique se dissout aussi dans la crème de tartre ; la liqueur n'est pas précipitée par l'acide chlorhydrique. Par l'évaporation, elle se dessèche en une masse gommeuse très-soluble, renfermant probablement

$$C^4H^4O^6(SbO^2)K + nH^2O$$

[Geiger et Reimann, *Magaz. f. Pharm*, t. XVII, p. 128; — Mitscherlich, *Ann. de Chim. et de Phys.*, (2), t. LXXIII, p. 396].

Tartrate d'antimonyle et de rubidium. — On l'obtient en faisant bouillir une solution de bitartrate de rubidium avec de l'oxyde d'antimoine, laissant refroidir, séparant le premier dépôt cristallin, évaporant et mettant le résidu amorphe en contact avec peu d'eau. Les cristaux qui se forment après quelque temps sont isomorphes avec ceux de l'émétique potassique; ils s'effleurissent à l'air et perdent 6,25 °/₀ d'eau à 100. La formule que Grandeau attribue à ce sel est inadmissible; il s'est glissé une erreur dans le calcul de ses analyses, mais les chiffres corrigés ne conduisent pas non plus à une formule probable [L. Grandeau, *Ann. de Chim. et de Phys.*, (3), t. LXVII, p. 155].

Tartrate d'antimonyle et de sodium,

$$C^4H^4O^6(SbO)Na + 1/2\,H^2O.$$

— Il se prépare comme le sel potassique. Les cristaux appartiennent au système orthorhombique; formes : m, a^1, $a^{1/2}$, g^1, h^1, p; angles : $m\,m = 94°\,40'$; $a^1\,h^1 = 137°\,12'$; les cristaux sont allongés dans le sens de l'axe transversal (De la Provostaye). Le sel est déliquescent (Dumas et Piria).

Tartrate d'antimonyle et de strontium,

$$[C^4H^4O^6(SbO)]^2Sr.$$

— Précipité blanc cristallin, très-peu soluble dans l'eau; la solution du nitrate de strontium le dissout beaucoup plus facilement que l'eau pure, et le laisse déposer en petits prismes lorsqu'on porte la liqueur à 100°. Les cristaux dérivent du type hexagonal; formes : m, p, b^1, $b^{1/2}$; angles : $b^1\,b^1$ (arêtes culminantes) $= 138°\,26'$; $b^{1/2}\,b^{1/2} = 126°\,48'$; $m\,b^1 = 135°\,12'$ (Marignac). Le tartrate d'antimonyle et de strontium est anhydre et ne perd rien de son poids à 210°. Il peut former avec le nitrate de strontium une combinaison cristallisée que l'on obtient en faisant digérer à 30-35° 1 p. de nitrate de strontium dissous dans 2 p. d'eau avec un excès de tartrate d'antimonyle et de strontium, filtrant et abandonnant la solution à l'évaporation lente. Il se dépose des cristaux renfermant :

$$[C^4H^4O^6(SbO)]^2Sr + (AzO^3)^2Sr + 12H^2O;$$

ces cristaux sont orthorhombiques; formes : h^1, g^1, $b^{1/2}$; angles : $b^{1/2}\,b^{1/2}$ (à la base) $= 65°\,30'$; $h^1\,b^{1/2} = 114°\,36'$; $g^1\,b^{1/2} = 110°\,37'$. Les faces g^1 sont ordinairement très-développées et donnent aux cristaux l'aspect de tables; des 8 faces de la pyramide 4 dominent généralement (Rammelsberg).

Le sel double d'émétique strontique et de nitrate de strontium s'effleurit à l'air; il perd complétement son eau vers 200°; il est très-soluble dans l'eau froide, mais, lorsqu'on chauffe cette solution, il se dédouble en émétique strontique et en nitrate de strontium; le premier sel étant peu soluble se dépose en cristaux et ne se dissout qu'en partie par le refroidissement [F. Kessler, *Poggend. Ann.*, t. LXXV, p. 410].

Tartrate d'antimonyle et de thallium,

$$C^4H^4O^6(SbO)Tl + H^2O.$$

— Le bitartrate de thallium est chauffé à l'ébullition avec de l'oxyde d'antimoine et le sel qui se dépose en aiguilles par le refroidissement est laissé pendant longtemps en contact avec l'eau mère; il se convertit alors peu à peu en prismes orthorhombiques terminés par des octaèdres, isomorphes avec l'émétique potassique. Les cristaux possèdent la densité 3,990; ils se dissolvent à 22° dans environ 40 p. d'eau et à 102° dans 4p,4. A 120°, ils perdent 3,3 °/₀ de leur poids.

La solution bouillante de ce sel fournit par le refroidissement de petits cristaux opaques ne contenant que 1/2 H²O [F. Kuhlmann jeune, *Ann. de Chim. et de Phys.*, (3), t. LXVII, p. 341; — Lamy et des Cloizeaux, *ibid.*, (4), t. XVII, p. 434].

Tartrate d'antimonyle et d'uranyle,

$$C^4H^4O^6(SbO)(UO) + 4H^2O.$$

— Une solution d'émétique potassique additionnée d'azotate d'uranyle donne un précipité gélatineux jaune clair qui, dissous dans l'eau bouillante et soumis à un refroidissement lent, se dépose en aiguilles jaunes, soyeuses, rayonnées, très-peu solubles dans l'eau froide. Dans le vide, les aiguilles perdent $3H^2O$; séchées à 200°, elles contiennent $C^4H^2O^6Sb(UO)$ [Peligot, *Ann. de Chim. et de Phys.*, (3), t. XII, p. 466].

Tartrate d'argent, $C^4H^4O^6Ag^2$. — Le nitrate d'argent produit dans la solution étendue du sel de Seignette aiguisée d'un peu d'acide azotique un précipité de tartrate d'argent, blanc, caillebotté et amorphe; les mêmes solutions, mélangées à la température de l'ébullition, brunissent et déposent des lamelles brunâtres d'argent métallique. Mais vient-on à ajouter une solution chaude et moyennement concentrée de sel de Seignette à une solution diluée de nitrate d'argent, chauffée à 80°, jusqu'à ce que le précipité commence à devenir persistant (une petite quantité de sel d'argent doit rester non décomposée), on obtient par le refroidissement des paillettes blanches douées d'un éclat métallique.

Le tartrate d'argent est à peine soluble dans l'eau. Il noircit à la lumière. Il se dissout dans l'ammoniaque et dans l'acide azotique. Soumis à l'action de la chaleur, il dégage, sans se boursoufler, du gaz carbonique et de l'acide pyrotartrique, en laissant un résidu spongieux et brillant d'argent métallique. Le chlore décompose rapidement le sel d'argent sec et produit du chlorure d'argent et des produits empyreumatiques; en présence de l'eau, on obtient du chlorure d'argent, du gaz carbonique ainsi que de l'acide tartrique non altéré.

La solution ammoniacale du tartrate d'argent dépose, par l'ébullition, de l'argent métallique, tandis qu'il reste en solution un sel ammonique particulier (Werther); ce sel est probablement de l'oxalate d'ammonium.

Lorsqu'on dirige un courant de gaz ammoniac sur du tartrate d'argent sec et qu'on chauffe, le sel noircit subitement, dès que la température a atteint 70°, dégage des fumées de carbonate d'ammonium et laisse un résidu noir, contenant beaucoup de tartrate ammonique ainsi que de l'argent riche en charbon.

A froid, la potasse et la soude décomposent le tartrate d'argent, en donnant de l'oxyde argentique; une partie de l'argent paraît rester en dissolution à l'état de tartrate double d'argent et de potassium. Ce fait est en contradiction avec les observations de H. Rose et de quelques autres chimistes qui ont constaté la précipitation de l'argent par les alcalis en présence de l'acide tartrique [Liebig et Redtenbacher, *Ann. der Chem. u. Pharm.*, t. XXXVIII, p. 132; — Erdmann, *Journ. für prakt. Chem.*, t. XXV, p. 504; — Werther, *loc. cit.*].

Tartrates d'arsenic. — L'acide arsénieux se dissout dans l'acide tartrique, et la solution fournit par l'évaporation des cristaux prismatiques (Bergman). L'acide arsénieux et l'acide arsénique peuvent aussi se dissoudre dans les tartrates des métaux alcalins et produire des sels doubles; ceux que l'on prépare avec l'acide arsénieux contiennent le groupe (AsO)′ monatomique et sont comparables en tous points aux émétiques : ce sont des *émétiques à base d'arsenic*. Les sels produits par l'acide arsénique renferment le groupe $(AsO^2)'$, également monatomique.

a. Tartrates arsénieux. Tartrate d'arsenic et d'ammonium, $C^4H^4O^6(AsO)AzH^4 + 1/2H^2O$. — On le prépare en faisant bouillir longtemps de l'acide arsénieux avec une solution de bitartrate d'ammonium; la liqueur filtrée laisse déposer d'abord des croûtes de bitartrate ammonique, avec un peu d'acide arsénieux, puis, après concentration, de gros cristaux du sel double. Ceux-ci appartiennent au système orthorhombique; formes: m, $b^{1/2}$, p, g^1, $e^{1/2}$; angles: $mm = 97°34'$; $b^{1/2}b^{1/2}$ (arêtes culminantes en avant) = 122° 54′; $b^{1/2}b^{1/2}$ (de côté) = 113° 52′; $g^1e^{1/2}$ = 144° 14′ (Marignac). Le sel s'effleurit à l'air et perd son eau complétement vers 100° [Mitscherlich, *Traité de Chimie*; — Werther, *loc. cit*].

Tartrate d'arsenic et de potassium. — Ce sel se prépare comme le précédent, en remplaçant le bitartrate ammonique par la crème de tartre; il cristallise moins facilement que le sel ammonique (Mitscherlich). Prismes rhombiques de 92° 50′ (Marignac). Pouvoir rotatoire $[\alpha]_D = +21° 13$ (Landolt).

Tartrate d'arsenic et de sodium. — On l'obtient comme le sel ammonique.

Tartrate d'arsenic et de strontium. — Il n'est pas connu, mais Marignac a décrit une combinaison de ce sel avec le nitrate d'ammonium :

$$2[C^4H^4O^6(AsO)]^2Sr + AzO^3AzH^4 + 12H^2O,$$

cristallisant dans le système orthorhombique : formes : m, h^3, h^1, g^1, e^1, e^2; angles : mm = 113° 58′; e^1e^1 = 113° 0′. Les cristaux semblent être une combinaison du type quadratique dont g^1 représenterait la face p ; les angles mm et e^1e^1 étant très-voisins, on pourrait confondre la combinaison de ces faces avec une pyramide quadratique $b^{1/2}$, et Rammelsberg a en effet décrit les cristaux comme appartenant au type quadratique; mais l'examen optique montre qu'ils sont à deux axes.

b. Tartrate arsénique. — Pelouze a décrit le seul tartrate connu de ce genre : le sel

$$C^4H^4O^6(AzO^2)K + 2\tfrac{1}{2}H^2O.$$

Pour le préparer, on dissout 1 p. d'acide arsénique dans 5 à 6 p. d'eau chaude et l'on y ajoute un peu moins de la quantité théorique de bitartrate de potassium. Quand tout est entré en dissolution, le liquide est précipité par l'alcool; le précipité, amorphe d'abord, mais devenant bientôt cristallin, est lavé rapidement à l'alcool et séché à l'air. Ce sel contient $2\tfrac{1}{2}H^2O$ qu'il perd à 130°; à une température supérieure, il ne dégage plus d'eau sans s'altérer complétement. L'eau le dissout aisément, mais ne tarde pas à le décomposer en mettant du bitartrate potassique en liberté [Pelouze, *Ann. de Chim. et de Phys.*, (3), t. VI, p. 63].

TARTRATES DE BARYUM. — 1° *Sel simple,*

$$C^4H^4O^6.Ba$$

(séché dans le vide). — L'acide tartrique produit dans l'eau de baryte un précipité blanc de tartrate barytique. Le même sel se précipite en flocons blancs, devenant cristallins par le repos, lorsqu'on mélange le tartrate potassique avec le chlorure de baryum [Wittstein, *Repertor.*, t. LVII, p. 22]. Le précipité récent, non cristallin, se dissout dans 83 p. d'eau, tandis que le sel cristallin exige 1300 p. d'eau pour se dissoudre [Vogel et Reischauer, *Jahresb. für Chem.*, 1859, p. 288]. Il est insoluble dans l'acide tartrique; il se dissout à froid dans la potasse, mais en est précipité à l'état gélatineux par la chaleur. Le tartrate barytique récemment précipité se dissout dans le chlorure d'ammonium et, après quelque temps, se précipite de nouveau à l'état cristallisé, surtout si l'on agite le liquide ou qu'on frotte avec une baguette les parois du vase.

Frisch a décrit un tartrate barytique contenant $1/2H^2O$, qu'il prépare en faisant bouillir pendant longtemps l'acétate de baryum avec de l'acide tartrique libre ou saturé d'ammoniaque. Ce sel est un précipité cristallin, dense, ne perdant pas son eau à 150° et se décomposant à une température supérieure. Il est insoluble dans l'acide acétique, dans le sel ammoniac et se dissout avec difficulté dans la potasse [K. Frisch, *Journ. für prakt. Chem.*, t. XCVII, p. 279; *Bull. de la Soc. chim.*, 1867, t. VII, p. 257].

2° *Tartrate de baryum et de potassium,*

$$(C^4H^4O^6)^2BaK^2 + 2H^2O.$$

— Poudre blanche, très-peu soluble dans l'eau, obtenue en évaporant une solution de bitartrate de potassium avec de l'eau de baryte.

3° *Tartrate de baryum et de sodium*

$$(C^4H^4O^6)^2BaNa^2 + 2H^2O.$$

— Il se précipite par le mélange d'une solution de sel de Seignette avec une solution de chlorure barytique; si les liqueurs sont étendues, la combinaison ne se dépose qu'au bout de quelque temps sous la forme d'aiguilles; elle est peu soluble dans l'eau, plus soluble dans une solution de sel de Seignette.

TARTRATES DE BISMUTH,

$$(C^4H^4O^6)^3Bi^2 + 6H^2O,$$

ou peut-être

$$C^4H^4O^6(BiO)^2 + 2C^4H^6O^6 + 4H^2O.$$

Lorsqu'on ajoute une solution chaude et concentrée de 4 p. d'acide tartrique à une solution chaude et moyennement concentrée de 5 p. d'oxyde de bismuth dans l'acide nitrique, le mélange dépose par le refroidissement des croûtes blanches et dures qu'on lave avec une solution étendue d'acide tartrique additionnée d'un peu d'acide nitrique. A 100° ce sel perd $5H^2O$; le sixième ne se dégage que vers 150°.

L'eau pure le décompose partiellement; les acides en précipitent des sels de bismuth basiques. Le sel délayé dans 6 à 8 p. d'eau et additionné peu à peu de potasse donne un dépôt blanc, qui se dissout dès que la liqueur a pris une réaction neutre; ni un excès de potasse ni l'eau ne troublent cette liqueur.

Le tartrate de bismuth paraît aussi se précipiter lorsqu'on ajoute de l'acide tartrique à la solution du chlorure ou du sulfate de bismuth [R. Schneider, *Poggend. Ann.*, t. LXXXVIII, p. 45].

Tartrate basique de bismuth et de potassium, $C^4H^2O^6.BiK$. — La crème de tartre est mise à digérer avec de l'eau et un excès d'hydrate bismuthique; la solution filtrée et fortement concentrée dépose une poudre cristalline blanche, possédant à 100° la formule ci-dessus, semblable à celle de l'émétique chauffé à 200°. L'eau pure dédouble ce sel et le transforme en un sel basique insoluble, renfermant :

$$C^4H^4O^6(BiO)K + C^4H^4O^6(BiO)^2,$$

après dessiccation à 100°, et

$$C^4H^2O^6.BiK + C^4H^2O^6Bi(BiO),$$

après dessiccation à 200° [A. Schwarzenberg, *Ann. der Chem. u. Pharm.*, t. LXI, p. 244; — K. Frisch, *loc. cit.*]

TARTRATES DE BORE. — On ne connaît pas jusqu'ici un tartrate de bore simple; une combinaison de ce genre paraît cependant se former lorsqu'on broie ensemble de l'acide tartrique et de l'acide borique; le mélange est déliquescent, tandis que les deux générateurs n'attirent pas l'humidité de l'air. D'autre part, l'acide borique se dissout mieux dans l'eau contenant de l'acide tartrique que dans l'eau pure; mais il s'en sépare de nouveau complétement par l'évaporation de la solution. Enfin, le changement considérable que l'acide tartrique éprouve dans son pouvoir rotatoire après addition d'acide borique, ne peut guère s'expliquer que par la formation d'un tartrate de bore (voyez t. III, p. 203). [Thevenin, *Journ. de Pharm.*, t. II, p. 421; — Soubeiran, t. X, p. 395; — Biot, *loc. cit.*].

Les sels doubles du tartrate de bore renferment le reste *boryle* (Bo O)' monatomique [Destouches, *Bull. de Pharm.*, t. I, p. 468; — Thevenin, *loc. cit.* — Meyrac, *Journ. de Pharm.*, t. III, p. 8. — A. Vogel, *Schweigg. Journ.*, t. XVIII, p. 189. — Soubeiran, *Journ. de Pharm.*, t. X, p. 399; t. XI, p. 560; t. XXV, p. 241. — Soubeiran et Capitaine, *ibid.*, t. XXV, p. 741. — Duflos, *Schweigg. Journ.*, t. LXIV, pp. 188 et 333. — Robiquet, *Journ. de Pharm. et de Chim.*, (3), t. XXI, p. 197. — Wackenroder, *Arch. f. Pharm.*, (2), t. LVIII, p. 4. — Wittstein, *Repert. der Pharm.*, (3), t. VI, pp. 1 et 177].

Tartrate de boryle et de calcium. — Il se précipite entraînant un excès de tartrate calcique, lorsqu'on ajoute du chlorure de calcium à une solution de tartrate de boryle et de potassium neutralisée par l'ammoniaque (Wittstein).

Tartrate de boryle et de potassium,

$$C^4H^4O^6(BoO)K \text{ (séché à } 100^o).$$

C'est la *crème de tartre soluble* découverte en 1754 par Lassone.

L'acide borique et le bitartrate de potassium forment une combinaison très-soluble, qu'on isole de la manière suivante : 1 p. d'acide borique et 2 p. de bitartrate de potassium sont dissoutes dans 24 p. d'eau bouillante; cette solution, évaporée à consistance sirupeuse, est précipitée par l'alcool; la masse molle est broyée dans le liquide chaud; l'alcool est décanté et le résidu redissous dans un peu d'eau et précipité de nouveau par l'alcool. Après deux ou trois traitements semblables, l'excès d'acide borique est éliminé, et le résidu possède la formule indiquée plus haut. Si l'on épuisait le sel brut par l'alcool bouillant, on enlèverait non-seulement l'excès d'acide borique, mais encore une certaine quantité de l'acide combiné.

La crème de tartre soluble constitue une masse blanche, amorphe, fort soluble dans l'eau et insoluble dans l'alcool; par la dessiccation de sa solution en couche mince, on obtient des paillettes brillantes, incolores, ou très-légèrement jaunâtres, qui n'offrent pas la moindre texture cristalline; leur densité est de 1,832 (Buignet). Ce sel se ramollit sous l'influence de la chaleur et, vers 180°, perd 1 molécule d'eau, laissant ainsi un résidu de la formule

$$C^4H^2O^6.BoK;$$

il se comporte sous ce rapport comme l'émétique.

La solution du tartrate de boryle et de potassium possède une saveur très-acide; les acides minéraux n'en précipitent ni de l'acide borique ni du bitartrate de potassium; l'acide tartrique donne après quelque temps un dépôt de crème de tartre.

Le tartrate de boryle et de potassium forme avec le bitartrate de potassium un sel double de la formule $2[C^4H^4O^6(BoO)K] + C^4H^5O^6.K$, qu'on obtient en faisant bouillir pendant 6 heures 1 p. d'acide borique et 12 p. de crème de tartre avec beaucoup d'eau, laissant refroidir et séparant le dépôt de crème de tartre. La solution est évaporée à siccité, le résidu est repris par un peu d'eau, pour éliminer l'excès de bitartrate de potassium, la solution est évaporée et le résidu traité de nouveau par l'eau; ces opérations sont répétées jusqu'à ce que l'eau froide ne sépare plus de crème de tartre. La solution est alors évaporée une dernière fois et le résidu est lavé à l'alcool bouillant (Soubeiran). Meirac paraît avoir obtenu ce même sel à l'état cristallisé en abandonnant à l'évaporation lente sur la chaux une solution de 1 p. d'acide borique sec et de 8 p. de crème de tartre dans l'eau; il le décrit sous la forme de cristaux incolores, très-acides, se dissolvant aisément dans l'eau, à peine dans l'alcool.

La crème de tartrate soluble s'emploie en médecine comme purgatif léger et comme tempérant; elle a sur la crème de tartre ordinaire l'avantage d'être très-soluble. On l'employait aussi autrefois à l'extérieur en lotions sur certains ulcères.

Tartrate de boryle et de sodium. — Il paraît pouvoir être obtenu comme le sel précédent; le bitartrate sodique donne avec le borax, ainsi qu'avec le borate d'ammonium, des sels gommeux et déliquescents. Le borax dissout abondamment la crème de tartre; une solution de 3 p. de cette dernière et de 1 p. de borax laisse après l'évaporation une masse gommeuse et déliquescente, renfermant :

$$2[C^4H^4O^6(BoO)K] + C^4H^4O^6(BoO)Na + 6H^2O.$$

TARTRATE DE CADMIUM. — Aiguilles lanugineuses à peine solubles dans l'eau (Stromeyer). John distingue trois sels : un *sel basique* insoluble dans l'eau; un *sel neutre* sous la forme de grains durs, peu solubles dans l'eau et insolubles dans l'alcool; enfin un *sel acide* cristallisant en aiguilles, solubles dans l'eau et dans l'alcool [*Berl. Jahrb.*, 1820, p. 376].

TARTRATES DE CALCIUM. — 1° *Sel neutre,*

$$C^4H^4O^6.Ca + 4H^2O.$$

— Ce sel se trouve dans beaucoup de plantes, notamment dans les raisins; il existe toujours dans les tartres bruts, en proportion variable suivant la provenance. On le distingue quelquefois en petits cristaux dans le tartre brut.

Il se précipite sous la forme d'une poudre blanche cristalline, lorsqu'on mélange des solutions de tartrate de potassium et de chlorure de calcium; si les liqueurs sont étendues, le précipité n'apparaît qu'au bout de quelque temps. L'acide tartrique donne, avec l'eau de chaux, d'abondants flocons blancs, devenant bientôt cristallins; le précipité récent, non encore cristallin, se dissout dans un excès d'acide tartrique, mais se dépose par le repos sous forme de cristaux (Wittstein). Le précipité récent se dissout aussi dans le chlorure d'ammonium et cristallise après quelque temps de cette solution.

Le tartrate de calcium constitue des cristaux orthorhombiques; formes : m, a^1, e^1; angles : $mm = 99° 36'$ à $100° 0'$; $a^1 a^1 = 88° 0'$; $e^1 e^1 = 97° 30$ à $97° 38'$; $a^1 e^1 = 122° 15'$ à $121° 18'$ (Walchner Pasteur, Rammelsberg). Il ne perd pas son eau de cristallisation à 100°.

Il est fort peu soluble dans l'eau; 1 p. se dissout dans 1210 p. d'eau froide et dans 350 p. d'eau bouillante (A. Casselmann); dans 6265 p. d'eau à 15° et dans 352 p. d'eau bouillante (Mohr); les acides minéraux, l'acide acétique et le bitartrate potassique le dissolvent aisément. La solution dans les acides ne précipite pas immédiatement par l'ammoniaque, à moins qu'elle ne soit très-concentrée, mais le mélange laisse déposer, au bout de quelque temps, des cristaux de tartrate calcique. La solution dans l'acide chlorhydrique concentré présente la particularité de dévier à gauche le plan de la lumière polarisée; le tartrate gauche de calcium dans les mêmes circonstances est dextrogyre (Pasteur).

La potasse et la soude dissolvent abondamment le tartrate de calcium en formant des sels doubles (voyez plus loin); ce même sel est assez soluble dans les solutions concentrées de tartrate neutre de potassium, de tartrate double de potassium et d'ammonium, ou de potassium et de sodium, mais il se précipite en majeure partie lorsqu'on étend d'eau la solution.

Frisch a décrit un tartrate neutre de calcium ne contenant qu'une demi-molécule d'eau de cristallisation, $C^4H^4O^6.Ca + 1/2H^2O$, qu'on prépare comme le sel barytique correspondant (p. 212), auquel il ressemble.

Pour la fermentation du tartrate calcique, voyez plus haut, p. 205.

2° *Sel acide*, $(C^4H^5O^6)^2Ca$. — Il paraît exister dans les fruits du *Rhus typhinum* [John, *Chem. Schrift.*, t. IV, p. 175].

Pour le préparer, on ajoute à de l'eau de chaux assez d'acide tartrique pour dissoudre le précipité formé d'abord; si cette solution est abandonnée à elle-même, elle laisse déposer du tartrate neutre; mais si elle est évaporée immédiatement, elle fournit des cristaux de bitartrate calcique (Dulk).

Ce sont de petits prismes orthorhombiques, terminés par un octaèdre; angle des arêtes culminantes aiguës de cet octaèdre 82° 50'; angle des arêtes culminantes obtuses 153° environ (Neumann).

Les cristaux sont transparents, rougissent le tournesol et se dissolvent à 16° dans 140 p. d'eau, plus facilement dans l'eau bouillante. La solution de ce sel est précipitée par les carbonates alcalins, l'acide oxalique, l'acétate de plomb; mais l'ammoniaque, le nitrate d'argent, etc., sont sans action.

Tartrates de calcium et de potassium. — On en a décrit plusieurs: un *sel basique*, un *sel neutre* et un *sel acide*. Le premier existe dans la solution du tartrate calcique dans la potasse, ou dans la liqueur préparée en faisant digérer les tartrates potassiques neutre ou acide avec un excès de chaux. Cette solution laisse précipiter une partie du tartrate calcique lorsqu'on l'étend d'eau; l'acide carbonique en précipite la totalité de la chaux [Lassone, *Journ. Crell*, t. IV, p. 109; — Osann]. Si l'on porte la solution à l'ébullition, elle se transforme en une masse semblable à l'empois d'amidon; en se refroidissant, la solution s'éclaircit de nouveau; la substance que la chaleur précipite paraît être un tartrate basique de calcium.

Le *sel neutre* peut s'obtenir à l'état cristallisé par l'évaporation lente d'un mélange de crème de tartre en solution et d'eau de chaux (Thenard). Hornemann a obtenu un sel analogue en faisant bouillir le tartrate calcique avec une solution de tartrate neutre de potassium; ce sel dissout environ 27 °/₀ de tartrate calcique et fournit, après évaporation à consistance de sirop, une masse composée d'aiguilles [*Berl. Jahrb.*, 1822, p. 1 et 81].

Enfin, Martius a obtenu un *sel acide* en dissolvant dans l'eau 1 p. c. de borax et 3 p. de crème de tartre contenant du tartrate de calcium; la solution dépose une poudre blanche, craquant sous la dent, d'une saveur légèrement acide. Ce sel, très-peu soluble dans l'eau froide, est dédoublé par l'eau bouillante en bitartrate de potassium (63,6 °/₀) et tartrate neutre de calcium (35,8 °/₀) [Th. Martius, *Kastn. Archiv.*, t. XIX, p. 361].

Tartrates de calcium et de sodium. — Le sel *basique* est en tout point semblable au sel de potassium. Le *sel neutre* se précipite sous la forme de flocons, lorsqu'on mélange des solutions de sel de Seignette et de chlorure de calcium; si les liqueurs sont étendues, le précipité n'apparaît qu'au bout de quelque temps, à l'état de petites aiguilles, peu solubles dans l'eau, plus solubles dans un excès de sel de Seignette, et plus solubles encore dans le chlorure de calcium [Kaiser, *Repertorium*, t. XXII, p. 260].

TARTRATE DE CÉRIUM, $(C^4H^5O^6)^3Ce^2 + 4\frac{1}{2}H^2O$. — On l'obtient en précipitant le sulfate céreux par une quantité insuffisante de tartrate neutre d'ammonium; l'acide libre ne produit pas de précipité dans les sels de cérium. Le tartrate de cérium constitue une poudre amorphe, insoluble dans l'eau, mais se dissolvant dans les acides, les alcalis, l'ammoniaque et les tartrates alcalins. Il perd son eau à 100° [Berzelius, *loc. cit.*; — Czudnowicz, *Répert. de Chim. pure*, 1862, p. 6].

TARTRATE DE CÉSIUM. — On ne connaît que le sel acide $C^4H^5O^6.Cs$; on le prépare en saturant le carbonate de césium par la quantité calculée d'acide tartrique et évaporant à cristallisation. Les cristaux appartiennent au système orthorhombique; ils sont isomorphes avec le bitartrate de rubidium. Leurs angles s'éloignent assez considérablement de ceux du bitartrate de potassium, et les cristaux présentent surtout des clivages différents. Lang considère néanmoins les deux sels comme isomorphes. Formes : m, h^1, g^1, e^1, $b^{1/2}$ $(b^{3/2}\,b^{3/4}\,h^{4/3})$; angles $b^{1/2}b^{1/2}$ (sur c) $= 81°\,30'$; $b^{1/2}b^{1/2}$ (sur g^1) $= 51°\,10'$; $mm = 110°\,30'$. Clivage facile suivant h^1 et g^1, nul suivant p. Les deux octaèdres $b^{1/2}$ et $(b^{3/2}\,b^{3/4}\,h^{4/3})$ sont toujours hémièdres.

Les cristaux appartiennent à deux types bien distincts. Dans le premier, le tétraèdre droit $b^{1/2}$ prédomine beaucoup et est très-brillant, tandis le tétraèdre gauche $b^{1/2}$ est moins brillant et moins développé et manque souvent complétement. Les cristaux qui portaient le tétraèdre droit $b^{1/2}$ seul contenaient une petite quantité de rubidium.

Les cristaux du deuxième type présentent un aspect tout différent; ils possèdent le tétraèdre $(b^{3/2}\,b^{3/4}\,h^{4/3})$ très-développé et toujours gauche, souvent accompagné du tétraèdre droit $b^{1/2}$, peu développé. Les faces du tétraèdre gauche $(b^{3/2}\,b^{3/4}\,h^{4/3})$ sont très-ternes [J.-P. Cooke, *Sillim. Amer. Journ.*, (2), t. XXXVII, p. 70].

Le bitartrate de césium se dissout à 25° dans 10p,3 d'eau et à la température de l'ébullition dans 1p,02; il est beaucoup plus soluble que le bitartrate de rubidium et l'on a fondé une méthode de séparation des deux métaux sur ces différences de solubilité de leurs bitartrates [Allen, *Sillim. Amer. Journ.*, (2), t. XXXIV, p. 367].

TARTRATES DE CHROME. — L'hydrate de chrome se dissout dans l'acide tartrique en donnant une solution vert foncé par réflexion et violacée par transmission; l'alcool précipite de cette solution des flocons violets qui, dans l'air sec, se changent en une masse bleu foncé, soluble dans l'eau et non précipitable par les alcalis. Ce composé renferme $(C^4H^4O^6)^2Cr^2(OH)^2$, ou peut-être

$$(C^4H^5O^6)^2(Cr^2O^2).$$

Vers 220°, ce sel perd 2 molécules d'eau et laisse un composé $(C^4H^3O^6)^2Cr^2$, soluble dans l'eau, qu'il colore en violet clair [Koechlin, *Bull. d. sc. math.*, 1828, p. 132; — Brandenburg; — Berlin; — Berzelius; — H. Schiff, *Jahrb. für Chem.*, 1862, p. 153].

Tartrate de chrome et d'ammonium. — Il est amorphe.

Tartrate de chrome et de potassium. — Ce sel se produit lorsqu'on mélange de l'acide tartrique avec du dichromate potassique; la réaction est compliquée, car il se forme, indépendamment de l'eau et du gaz carbonique, de l'acide formique et de l'acide oxalique qui, en s'unissant à l'oxyde de chrome et à la potasse, donnent des sels doubles qui se mêlent au produit principal. On doit ajouter peu à peu l'acide tartrique en poudre à la solution aqueuse et chaude de dichromate potassique, tant qu'il se dégage du gaz carbonique; un excès d'acide tartrique précipiterait de la crème de tartre. La solution vert foncé fournit, par l'évaporation, une masse vitreuse fort soluble dans l'eau et que l'alcool précipite. Ce sel contiendrait

$$(C^4H^4O^6)^2(Cr^2O^2)K^2 + 7H^2O;$$

le groupe $(Cr^2O^2)''$ diatomique remplacerait 2 atomes d'hydrogène de l'acide tartrique. Lorsqu'on jette ce sel sur des charbons ardents, il ne répand pas l'odeur de caramel.

En saturant la crème de tartre d'hydrate de chrome, on obtient un sel qui ressemble au tartrate de chrome et de potassium, mais qui en diffère cependant, en ce qu'il développe l'odeur caractéristique des tartrates lorsqu'on le brûle.

La solution du tartrate de chrome et de potassium étant mélangée avec une solution concentrée de tartrate neutre de potassium, laisse déposer des grains cristallins, d'un vert foncé, contenant du potassium et du chrome dans le rapport de 1 atome à 3 (K^2 à $3Cr^2$).

Lorsqu'on mélange le tartrate de chrome et de potassium avec de l'acétate de plomb, il se produit un précipité vert bleuâtre qui, décomposé par l'hydrogène sulfuré, fournit le tartrate de chrome décrit plus haut [Berlin, *loc. cit.*; — Malaguti, *Compt. rend.*, t. XVI, p. 457; — Loewel, *ibid.*, t. XVI, p. 862].

Tartrates de cobalt. — Sel rouge cristallisable. Le *tartrate de cobalt de potassium* constitue de gros cristaux rhombiques.

Tartrates de cuivre. — *Sel neutre,*

$$C^4H^4O^6.Cu + 3H^2O.$$

— Poudre cristalline d'un vert clair, obtenue en précipitant une solution de tartrate neutre de potassium par le sulfate ou le nitrate de cuivre (V. Rose, Werther, Planche). On peut aussi préparer ce sel en saturant, à l'aide de la chaleur, l'acide tartrique par le carbonate cuivrique, ou enfin en précipitant l'acétate de cuivre par l'acide tartrique (Trommsdorff). Cette poudre est formée de plaques microscopiques; elle se dissout dans 1715 p. d'eau froide et dans 310 p. d'eau bouillante; elle se dissout dans l'acide azotique, mais est insoluble dans l'acide tartrique. Soumis à la distillation sèche, le tartrate cuivrique donne de l'acide acétique, de l'acide pyrotartrique, une huile et laisse un résidu brun foncé, qu'on peut enflammer facilement à l'air.

Le tartrate cuivrique perd entièrement son eau de cristallisation à 100°, en prenant une couleur blanc verdâtre.

Tartrate de cuivre ammoniacal,

$$C^4H^4O^6.Cu + 4AzH^3$$
$$= C^4H^4O^6.Az^2H^4Cu(AzH^4)^2.$$

— La solution ammoniacale du tartrate cuivrique laisse après évaporation lente une masse vitreuse, dure, inaltérable à l'air, très-soluble dans l'eau [H. Schiff, *Ann. der Chem. u. Pharm.*, t. CXXIII, p. 46].

Tartrate de cuivre et d'éthylamine. — Le tartrate de cuivre se dissout dans l'éthylamine aussi facilement que dans l'ammoniaque; la combinaison ressemble à la précédente, mais elle tombe en déliquescence à l'air (Schiff).

Tartrate de cuivre et de potassium. — L'oxyde ou le carbonate de cuivre se dissolvent à la température de l'ébullition dans une solution de crème de tartre, en donnant une solution d'un bleu foncé qui laisse déposer des cristaux bleus (Thenard). Trommsdorff n'a pas obtenu de corps cristallisé; suivant lui, la solution bleue fournit un dépôt de cuivre lorsqu'on l'évapore et laisse un résidu amorphe. Quoi qu'il en soit, la solubilité de l'oxyde de cuivre dans la crème de tartre et la coloration intense de la solution démontrent l'existence d'un tartrate double de cuivre et de potassium. Le fer ne précipite pas le cuivre de ce sel double, mais l'argent mis en contact avec le fer se recouvre d'une couche de cuivre. Le tartrate double de cuivre et de potassium est la base de la liqueur de Barreswil pour le dosage de la glucose.

Le tartrate de cuivre se dissout facilement dans la potasse ou dans le carbonate de potassium en donnant des solutions d'un bleu céleste très-intense; la solution dans la potasse donne par l'alcool, d'après Planche, un précipité cristallin, d'après Werther une couche huileuse d'un bleu foncé. Par l'évaporation, ces solutions déposent du cuivre métallique et de l'oxyde cuivreux et laissent à la fin un résidu amorphe bleu foncé (Trommsdorff).

Lorsqu'on fait passer du chlore dans une solution de tartrate de cuivre et de potassium, l'oxyde cuivrique est réduit et il se précipite d'abord une combinaison jaune contenant de l'oxyde cuivreux et plus tard de l'oxyde cuivreux libre. Le même composé jaune se forme, si l'on ajoute à une solution de tartrate cupropotassique 1/5 de son volume d'une solution concentrée d'hypochlorite de sodium; après quelque temps on filtre, pour séparer le dépôt jaune; on ajoute de nouveau de l'hypochlorite sodique au liquide filtré et ainsi de suite, tant que le corps jaune se précipite. Celui-ci serait une combinaison de formiate cuivreux et de carbonate sodique. Si, au lieu d'opérer comme on vient de l'indiquer, on ajoute à la fois une trop grande quantité d'hypochlorite, on obtient un précipité d'oxalate cuivrique; enfin, si la proportion d'hypochlorite augmente encore, il se dégage de l'oxygène et il se précipite de l'oxyde noir de cuivre. Cette singulière réduction de l'oxyde cuivrique sous l'influence du chlore, s'explique facilement, si l'on considère que le chlore porte d'abord son action sur l'acide tartrique, produisant ainsi des corps acétoniques ou aldéhydiques qui sont éminemment réducteurs [E. Millon, *Compt. rend.*, t. LV, p. 513].

Tartrate de cuivre et de sodium. — Le tartrate de cuivre se dissout à la température de l'ébullition dans le carbonate de sodium et la liqueur bleue fournit, par la concentration, de petites tables groupées en mamelons d'un beau bleu et fort solubles dans l'eau. Si l'on maintient trop longtemps l'ébullition du liquide, il se précipite de l'oxyde cuivreux. Le composé cristallisé paraît renfermer

$$(C^4H^4O^6)^2Na^2Cu + 2CuO + 7H^2O$$

(Werther). Le tartrate de cuivre et de sodium est la base de la liqueur de Fehling.

Tartrate de didyme, $(C^4H^4O^6)^3Di^2 + 6H^2O$. — L'acétate de didyme donne avec l'acide tartrique un précipité rougeâtre grenu qui possède la formule ci-dessus. Il perd $4H^2O$ entre 100 et 110°. L'ammoniaque le dissout et fournit, après l'évaporation, une masse jaune, transparente, ayant l'aspect de la gomme [P. T. Cleve, *Bull. de la Soc. chim.*, t. XXI, p. 252].

Tartrates d'étain. — 1° *Sel stanneux,*

$$C^4H^4O^6.Sn.$$

— On ajoute une solution concentrée d'hydrate stanneux dans l'acide acétique à une solution bouillante d'acide tartrique; l'addition de l'acétate d'étain détermine immédiatement la formation d'un nuage léger, qui ne tarde pas à disparaître; on continue alors l'addition de l'acétate jusqu'à ce que la liqueur commence à cristalliser. Par le refroidissement, le tartrate stanneux cristallise en petits prismes blancs, à base rectangulaire. Ce sel est soluble dans l'eau froide, plus soluble dans l'eau bouillante et indécomposable par ce liquide; la solution n'est pas précipitée par l'ammoniaque [Bouquel, *Journ. de Pharm. et de Chim.*, t. XI, p. 459].

Le tartrate neutre de potassium produit dans le chlorure stanneux un précipité blanc, qui, séché à 130°, répond aussi à la formule

$$C^4H^4O^6.Sn \text{ (Schiff).}$$

En traitant le bitartrate de potassium ou d'ammonium par l'hydrate stanneux, on obtient des sels doubles qui cristallisent facilement.

Lorsqu'on ajoute du tartrate de bismuth et de potassium à une solution de tartrate stannosopotassique, la liqueur se colore en jaune, puis en brun, et dépose par la concentration une poudre brune contenant de l'oxyde bismutheux, de l'oxyde stannique et de l'acide tartrique; ce précipité est soluble dans l'eau alcaline [R. Schneider, *Poggend. Ann.*, t. LXXXVIII, p. 45].

2° *Sel stannique.* — Il est inconnu, mais Thenard a préparé un sel double, difficilement cristallisable, en faisant bouillir l'étain oxydé avec de la crême de tartre; ni les alcalis, ni les carbonates alcalins ne précipitent la solution de ce sel.

Tartrates de fer. — 1° *Tartrates ferreux.* — Le tartrate neutre de potassium détermine dans le sulfate ferreux la formation d'un précipité vert clair, s'oxydant facilement à l'air et se dissolvant dans les alcalis (Werther).

La solution aqueuse saturée et froide de 4 p. de sulfate ferreux dissout 3 p. d'acide tartrique; mais lorsqu'on chauffe, elle se trouble et laisse déposer une poudre d'un blanc bleuâtre, qui disparaît de nouveau pendant le refroidissement. Le dépôt, recueilli à chaud sur un filtre et lavé à l'eau chaude, constitue des lamelles microscopiques anhydres, renfermant $C^4H^4O^6.Fe$ [Retzius; — Bolle, *Arch. Pharm. von Brandes*, (2), t. XXXVII, p. 33].

Lorsqu'on dissout à l'aide de la chaleur du fer métallique dans une solution concentrée d'acide tartrique, on obtient une poudre blanche, cristalline, qu'on lave à l'eau. Ce sel renferme 13 °/o d'eau, et semble correspondre à la formule

$$C^4H^4O^6.Fe + 2H^2O.$$

Il se dissout dans 420 p. d'eau froide, et 402 p. d'eau bouillante, mais il est beaucoup plus soluble dans les liqueurs contenant soit du sel ammoniac, soit des acides tartrique, citrique, acétique ou des acides minéraux. Ces solutions dévient à droite le plan de la lumière polarisée. A l'état sec, le sel est assez stable à l'air. Soumis à la distillation sèche, il laisse un résidu formé de charbon et d'oxyde ferreux, sans fer métallique; après le refroidissement, ce résidu prend feu à l'air [Bucholz; — Ure, *Quart. Journ. of Scien.*, (2), t. VI, p. 388; — C. Méhu, *Journ. de Pharm. et de Chim.*, (4), t. XVIII, p. 85].

Tartrate ferroso-potassique. — Aiguilles d'un blanc verdâtre, peu solubles dans l'eau, obtenues en faisant digérer, à l'abri de l'air, 1 p. de limaille de fer avec 4 p. de crème de tartre et de l'eau. La solution aqueuse de ce sel n'est précipitée ni par les alcalis, ni par les carbonates alcalins. (Thenard).

2° *Tartrates ferriques.* — L'hydrate ferrique récemment précipité se dissout dans l'acide tartrique; la solution évaporée à une température inférieure à 50° laisse une masse amorphe, jaune sale, renfermant

$$(C^4H^4O^6)^3Fe^2 + 3H^2O$$

[Werther; — Wittstein, *Repert.*, t. LXXXVI, p. 362, et t. XCII, p. 2]. L'hydrate ferrique séché est à peine soluble dans l'acide tartrique. La solution de ce sel n'est précipitée ni par les alcalis, ni par les carbonates alcalins, mais le sulfure ammonique précipite la totalité du fer. Lorsqu'on fait bouillir la solution du tartrate ferrique, il se dégage du gaz carbonique, l'oxyde ferrique est réduit partiellement, et il se précipite un sel basique; la liqueur ne retient que très-peu de fer [Wittstein; — voyez aussi H. Ludwig, *Arch. der Pharm.*, (2), t. CVII, p. 1].

La solution du tartrate ferrique exposée à la lumière devient de moins en moins colorée, en même temps qu'il se dépose une poudre cristalline, verdâtre; il ne se dégage aucun gaz dans cette réaction [Wittstein; — J. Schoras, *Deutsch. chem. Gesellsch.*, t. III, p. 11]. Cette altération du tartrate ferrique sous l'influence de la lumière a été mise à profit dans la photographie (voyez t. II, p. 1007).

Les sels doubles formés par le tartrate ferrique contiennent le groupement $(Fe^2O^2)''$ diatomique.

Tartrate ferrico-ammonique,

$$(C^4H^4O^6)^2(Fe^2O^2)(AzH^4)^2 + 4H^2O.$$

— Il s'obtient en dissolvant de l'hydrate ferrique récemment préparé dans une solution chaude de bitartrate ammonique et évaporant la liqueur brune. Ce sel est en paillettes non cristallines d'un rouge grenat, solubles dans un peu plus de 1 p. d'eau. La solution ne s'altère pas par l'ébullition; elle est précipitée par l'alcool [Procter, *Journ. de Pharm. et de Chim.*, (3), t. I, p. 414].

Le ferrocyanure et le sulfocyanate de potassium ne donnent avec ce sel les réactions des sels ferriques qu'après addition d'un acide minéral (Méhu).

Tartrate ferrico-potassique,

$$(C^4H^4O^6)^2(Fe^2O^2)K^2 \text{ (à 100°).}$$

— Pour le préparer, on met en digestion au bain-marie, vers 50 à 60°, de l'hydrate ferrique récent avec du bitartrate de potassium et de l'eau; après 24 à 36 heures on filtre et l'on évapore la solution à une douce chaleur sur des assiettes plates. Le tartrate ferrico-potassique ainsi obtenu est en écailles brillantes d'apparence cristalline, mais réellement amorphes, d'une couleur brune presque noire, d'un beau rouge par transparence. Il commence déjà à s'altérer vers 130° en émettant de l'eau et du gaz carbonique, en même temps qu'une partie de l'oxyde ferrique passe à l'état d'oxyde ferreux. Les acides en précipitent un sous-sel de fer, soluble dans un excès du réactif [Soubeiran et Capitaine, *loc. cit.*].

Le tartrate ferrico-potassique constitue la majeure partie des anciennes préparations pharmaceutiques connues sous les noms de *Tartarus chalybeatus*, de *Mars solubilis*, de *Globuli martiales* (boules de Nancy). La préparation du *Tartarus chalybeatus* est déjà décrite dans la première moitié du XVIIe siècle par Angelus Sala dans sa *Tartarologia*. Ces produits, obtenus en faisant digérer à chaud le tartre avec de l'hydrate ferrique ou du fer métallique, contiennent toujours des sels basiques insolubles et une petite quantité de tartrate ferroso-potassique. Ils sont presque tous abandonnés aujourd'hui, et remplacés par le tartrate ferrico-potassique, dont la composition est assez constante. Ce sel est un agent thérapeutique précieux; il est aussi employé à l'extérieur pour le pansement de certains ulcères, etc.

Tartrate ferrico-rubidique. — Cristaux orthorhombiques d'un jaune d'or, préparés en dissolvant, à l'aide de la chaleur, l'hydrate ferrique dans le bitartrate de rubidium (L. Grandeau).

3° *Tartrate ferroso-ferrique.*—Wittstein a décrit un tartrate contenant à la fois les oxydes ferreux et ferrique. Il l'obtient en évaporant à chaud la solution du tartrate ferrique; une petite quantité de l'acide tartrique s'oxyde aux dépens du sel ferrique, et il se précipite une poudre jaune citron, insipide, renfermant 4 % FeO et 32 % Fe^2O^3. Ce sel, mal défini, n'est probablement qu'un mélange.

TARTRATES DE GLUCINIUM,

$$C^4H^4O^6.Gl + 3H^2O.$$

— Cristaux presque microscopiques, se déposant dans la solution du sel évaporée à consistance sirupeuse; ils perdent $2H^2O$ à 100° [A. Atterberg, *Bull. de la Soc. chim.*, t. XXI, p. 162].

Tartrates de glucinium et de potassium. — On connaît deux sels basiques: le premier,

$$C^4H^3O^6.GlK,$$

s'obtient en faisant dissoudre 1 p. d'hydrate de glucinium dans 2 p. de crème de tartre et laissant évaporer la liqueur; il est en petites boules rangées en chapelets semblables à ceux de la levûre. Le second sel double,

$$C^4H^2O^6.Gl(GlOH)K + \tfrac{1}{2}H^2O,$$

se forme par l'ébullition de la crème de tartre avec un excès d'hydrate de glucinium; il est en prismes hémimorphes [F. Toczynski, *Zeitsch. f. Chem.*, 1871, p. 277].

TARTRATE D'INDIUM. — A froid, l'hydrate d'indium se dissout difficilement dans l'acide tartrique; à la température de l'ébullition la réaction est rapide, mais il se forme un précipité, probablement un sel basique, qui se dissout par le refroidissement. Après évaporation dans le vide, la solution laisse une masse gélatineuse incristallisable. La solution de ce sel n'est pas précipitée par l'ammoniaque, même à l'ébullition [R.-E. Meyer, *Jaresb. f. Chem.*, 1868, p. 243].

TARTRATE DE LANTHANE. — On le prépare par double décomposition entre le tartrate d'ammonium et le sulfate de lanthane. C'est un précipité blanc, amorphe, contenant

$$(C^4H^4O^6)^3La^2 + 9H^2O \ (La = 139);$$

il perd son eau vers 100° et se décompose déjà à une température un peu plus élevée. Il est insoluble dans l'eau, mais se dissout aisément dans les acides et dans le tartrate d'ammonium [Czudnowicz, *Répert. de Chim. pure*, 1860, p. 322]. En ajoutant de l'acide tartrique à une solution d'acétate de lanthane, Cleve a obtenu un tartrate de lanthane, $(C^4H^4O^6)^3La^2 + 3H^2O$, sous la forme d'un précipité volumineux, devenant peu à peu grenu; vers 100-110°, ce sel perd $2H^2O$ [P.-T. Cleve, *Bull. de la Soc. chim.*, t. XXI, p. 202].

TARTRATES DE LITHIUM. — 1° *Sel neutre,*

$$C^4H^4O^6.Li^2.$$

— Masse blanche, non cristalline, non déliquescente, très-soluble dans l'eau; ce sel possède le pouvoir rotatoire $[\alpha]_D = + 35°,84$ (Landolt).

2° *Sel acide,* $C^4H^5O^6.Li + 1\tfrac{1}{2}H^2O$. — Petits cristaux très-solubles (Dulk) appartenant au système orthorhombique. Formes : m, g^3, e^1, $e^{1/2}$, g^1, p; angles : $mm = 123°12'$; $g^1g^3 = 138°8'$; $e^1g^1 = 113°22'$; $e^{1/2}g^1 = 130°$; clivage suivant p (Schabus). Son pouvoir rotatoire est de $[\alpha]_D = + 27°,43$ (Landolt).

3° *Sels doubles.* — *Tartrate de lithium et d'ammonium,*

$$C^4H^4O^6.Li(AzH^4) + 2H^2O.$$

— Cristallise bien [Scacchi, *Jahresb. f. Chem.*, 1867, p. 103].

Tartrate de lithium et de potassium,

$$C^4H^4O^6.LiK + H^2O.$$

— On le prépare en saturant la crème de tartre par du carbonate lithique (Dulk). Grands prismes orthorhombiques. Formes : m, g^5, g^3, g^1; $b^{1/2}$; a^1, p; quatre des faces de l'octaèdre $b^{1/2}$ prédominent beaucoup et se trouvent même souvent seules, formant ainsi un tétraèdre gauche; angles : $mm = 122°3'$; $mb^{1/2} = 132°41'$; clivage peu accusé selon p [Zepharovich, *Wien. Acad. Ber.*, t. XLI, p. 520]. Le tartrate de lithium et de potassium est très-soluble dans l'eau; il ne s'effleurit que lentement; sa saveur est salée et amère.

Le *tartrate de lithium et de sodium,*

$$C^4H^4O^6.LiNa + 2H^2O,$$

ressemble au précédent (C. Gmelin).

TARTRATES DE MAGNÉSIUM. — 1° *Sel neutre,*

$$C^4H^4O^6.Mg + 4H^2O.$$

— On met en digestion une solution étendue d'acide tartrique avec un excès de magnésie blanche et on concentre la liqueur filtrée; le tartrate de magnésium se dépose sous la forme de croûtes blanches, solubles dans 122 p. d'eau à 16°. L'eau contenant du chlorure d'ammonium dissout ce sel beaucoup plus facilement (Dulk). Sa saveur est faible. Son pouvoir rotatoire est de $[\alpha]_D = + 35°86$ (Landolt). L'acide tartrique employé en excès empêche la précipitation des sels de magnésium par les alcalis ou par les carbonates alcalins.

2° *Sel acide,* $(C^4H^5O^6)^2Mg$. — Il se produit lorsqu'on emploie dans la préparation précédente un excès d'acide tartrique. D'après Bergman, il est en prismes à six pans, transparents; Dulk l'a obtenu sous la forme de croûtes cristallines, anhydres, solubles à 16° dans 52 p. d'eau.

3° *Sel basique,*

$$C^4H^4O^6.Mg, MgO + 2H^2O$$
$$= C^4H^4O^6(MgOH)^2 + H^2O.$$

— Ce sel se précipite par l'addition d'ammoniaque à une solution des sels doubles que le tartrate de magnésium forme avec les tartrates de potassium, de sodium ou d'ammonium. La présence d'un grand excès de sels ammoniacaux empêche la précipitation. Il constitue une poudre blanche cristalline, soluble dans 4100 p. d'eau froide. L'ammoniaque n'augmente pas cette solubilité. Il perd de l'eau au-dessus de 100°, sans brunir [W. Mayer, *Ann. der Chem. u. Pharm.*, t. CI, p. 164].

4° *Sels doubles.* — Le *tartrate de magnésium et de potassium,* $(C^4H^4O^6)^2MgK^2 + 8H^2O$, s'obtient en faisant bouillir la crème de tartre avec un excès de magnésie blanche et de l'eau; la liqueur filtrée laisse déposer de petits cristaux du sel double, inaltérables à l'air, et l'eau mère fournit par l'évaporation une masse gommeuse (Thenard; — Dulk).

Le *tartrate de magnésium et de sodium,*

$$(C^4H^4O^6)^2MgNa^2 + 10H^2O,$$

se dépose sous la forme de prismes efflorescents, par l'évaporation d'un mélange de sel de Seignette et de chlorure de magnésium (Dulk); les cristaux appartiennent au système clinorhombique; angles : $mm = 129°$; $mp = 103°$ (Neumann).

TARTRATES DE MANGANÈSE. — 1° *Sel manganeux*,

$$C^4H^4O^6.Mn + 2H^2O.$$

— Ce sel a été préparé par Fleischer. On l'obtient en ajoutant du permanganate de potassium à une solution chaude d'acide tartrique; il se forme d'abord un précipité blanc (crème de tartre) dont la couleur passe plus tard au rose (tartrate manganeux) et qui prend finalement une teinte brunâtre (peroxyde de manganèse). Dès que le dépôt commence à se teinter de brun, on arrête l'opération, on dissout le précipité dans de l'eau bouillante et l'on ajoute de l'alcool jusqu'à ce que le liquide se trouble légèrement; par le refroidissement, on obtient alors de petits cristaux durs, de couleur rose. Ce tartrate manganeux perd son eau de cristallisation entre 100° et 150°, en prenant une couleur blanche; il est peu soluble dans l'eau froide et un peu plus soluble à la température de l'ébullition : 1000 p. d'eau bouillante en dissolvent 2p,17 [A. Fleischer, *Deutsch. chem. Gesellsch.*, t. V, p. 350].

Lorsqu'on mélange des solutions bouillantes de chlorure manganeux et de tartrate neutre de potassium, il se déposerait, d'après d'anciennes expériences de Pfaff, d'abord du bitartrate potassique, puis de petits cristaux incolores de tartrate de manganèse, que l'eau bouillante décomposerait en un sel acide soluble et en un sous-sel insoluble [Pfaff, *Schweigg. Journ.*, t. IV, p. 377].

Fleischer n'a pas réussi à préparer un tartrate manganeux acide.

2° *Sel manganique.* — L'oxyde manganoso-manganique se dissout à froid dans l'acide tartrique concentré, en donnant une solution brune qui se décompose par l'évaporation. Sursaturée de potasse, cette solution garde sa couleur brune, sans donner de précipité [Fromherz, *Schweigg. Journ.*, t. XLIV, p. 338].

3° *Sels doubles.* — Le carbonate manganeux se dissout dans la crème de tartre et donne un tartrate *manganoso-potassique*, très-soluble et difficilement cristallisable; ni les alcalis, ni les carbonates alcalins ne le précipitent (Scheele). La composition de ce sel est inconnue. Schabus l'a obtenu en cristaux très-petits, appartenant au système orthorhombique; formes : $b^{1/2}$, m, g^2, a^1, e^1, h^1, g^1, p; les formes $b^{1/2}$ et e^1 sont rares; g^1 prédomine; angles : $m\,m = 107°\,52'$; $p\,a^1 = 134°\,20'$; $g^2h^1 = 155°\,30'$.

Le peroxyde de manganèse se dissout à froid dans la crème de tartre et donne une solution brune qui se décolore à chaud en dégageant du gaz carbonique (Scheele). La solution brune contient probablement un tartrate *manganico-potassique;* ce dernier sel a été préparé à l'état de pureté par Descamps en introduisant du sesquioxyde ou mieux du peroxyde de manganèse hydraté dans une solution de crème de tartre saturée à 40° et ayant soin de refroidir le vase pour empêcher l'élévation de la température.

La liqueur filtrée, qui est d'un rouge foncé, laisse déposer au bout de quelques jours des cristaux rouge grenat, de la formule

$$(C^4H^4O^6)^2(Mn^2O^2)K^2 + 4H^2O.$$

Le tartrate manganico-potassique est très-soluble dans l'eau; il est très-instable et sa solution commence déjà à se décomposer vers 50° à 60°; lorsqu'on élève davantage la température, il se dégage abondamment de l'oxygène. Les réducteurs décolorent la solution du sel; les alcalis et les carbonates alcalins ne les précipitent pas [Descamps, *Compt. rend.*, t. LXX, p. 813].

TARTRATES DE MERCURE. — 1° *Sel mercureux*, $C^4H^4O^6.Hg^2$ (?). — Ce sel se précipite lorsqu'on ajoute du tartrate neutre de potassium ou de l'acide tartrique à une solution de nitrate mercureux. Séché dans l'obscurité, il est sous la forme d'une poudre blanche cristalline, ou d'aiguilles, ou bien de paillettes brillantes; à la lumière, il se colore en jaune, en gris et en noir, surtout en présence de l'eau. Le tartrate mercureux est insoluble dans l'eau, l'alcool et l'éther, fort soluble dans l'acide azotique étendu; l'acide acétique concentré et l'acide tartrique le dissolvent aussi, mais avec moins de facilité. L'eau bouillante le décompose en le rendant gris. La potasse et la soude en séparent immédiatement de l'oxyde mercureux [Harff, *Arch. v. Brandes*, t. V, p. 269; — Burckhardt, *ibid.*, (2), t. XI, p. 257; — H. Rose, *Poggend. Ann.*, t. LIII, p. 127; — Carbonell et Bravo, *Journ. de Chim. méd.*, t. VII, p. 161].

L'ammoniaque transforme le tartrate mercureux en une poudre noire qui constitue peut-être un tartrate *mercuroso-ammonique* basique.

La solution du tartrate mercureux dans l'acide azotique étendu ne donne avec l'ammoniaque qu'un faible précipité gris, et renferme alors un sel double dissous à la faveur de l'ammoniaque. Lorsqu'on évapore cette solution à une douce chaleur, l'excès d'ammoniaque se dégage et le nouveau sel se précipite sous la forme d'une poudre blanche. Ce composé est probablement un tartrate de mercurammonium correspondant au tartrate mercurique; il noircit à la lumière et ne dégage pas d'ammoniaque avec la potasse (Burckhardt).

Tartrate mercuroso-potassique. — On l'obtient par l'ébullition de l'oxyde ou du tartrate mercureux avec du bitartrate de potassium; il est en petits prismes incolores, peu solubles dans l'eau, fort solubles dans les acides nitrique, acétique et tartrique.

2° *Sel mercurique*, $C^4H^4O^6.Hg$. — L'acétate ou le nitrate de mercure, précipité par l'acide tartrique ou par le tartrate neutre de sodium, fournit une poudre blanche, insoluble dans l'eau, l'alcool et l'éther. Le sel se dissout aisément dans l'acide azotique dilué, dans l'acide acétique et dans l'acide tartrique; les alcalis précipitent de l'oxyde mercurique de ces solutions.

Tartrates de mercurammonium. — Lorsqu'on délaye le tartrate mercurique dans l'ammoniaque, il se produit un tartrate mercurammonique sous forme d'une poudre blanche, insoluble dans l'eau. On obtient le même composé ou un corps analogue en chauffant de l'oxyde mercurique en excès avec une solution de tartrate neutre d'ammonium : l'oxyde disparaît et se trouve remplacé par un composé blanc. La liqueur filtrée donne des aiguilles par le refroidissement ou la concentration; si l'on ajoute de l'eau à cette liqueur, il se précipite une poudre blanche possédant la composition d'un tartrate de *trimercure-diammonium*,

$$C^4H^4O^6(Az^2H^2Hg^3) + 3H^2O$$

[Burckhardt, *loc. cit.*; — Hirzel, *Ann. der Chem. u. Pharm.*, t. LXXXIV, p. 263].

Enfin, on a décrit un tartrate mercurico-ammonique qui est probablement un sel double. On l'obtient en dissolvant à la température de l'ébullition du tartrate mercurique dans une solution de tartrate d'ammonium neutre et laissant refroidir la liqueur filtrée. Le sel double cristallise en petits prismes à quatre pans, transparents, très-solubles dans l'eau, insolubles dans l'alcool et l'éther. Il est précipité en rouge par la potasse; le carbonate potassique produit un trouble blanc; l'ammoniaque et le carbonate ammonique ne donnent aucun précipité (Burckhardt).

Tartrate mercurico-potassique. — On sature à l'aide de la chaleur le bitartrate de potassium d'oxyde mercurique, ou l'on dissout le tartrate mercurique dans le tartrate neutre de potassium. Le liquide filtré laisse déposer, en se refroidissant, des petits prismes brillants, à peine solubles dans l'eau froide, plus solubles dans l'eau bouillante, dans les acides et dans le tartrate potassique. Ce sel possède une saveur métallique; il rougit le tournesol. La potasse le précipite en rouge, les carbonates alcalins en blanc, tandis que l'ammoniaque, ainsi que le carbonate ammonique, n'y produisent aucun trouble (Harff; Burckhardt).

Lorsqu'on fait bouillir du bitartrate de potassium avec du chlorure de mercurammonium, il se dégage beaucoup de gaz carbonique, et la liqueur filtrée donne par l'évaporation des sels peu solubles renfermant du mercure. Les dernières eaux mères déposent des aiguilles qui paraissent constituer une combinaison de *bitartrate de potassium* et de *chlorure mercurique*,

$$2(C^4H^5O^6.K) + HgCl^2 + 6H^2O$$

[Kosmann, *Ann. de Chim. et de Phys.*, (3), t. XXVII, p. 245].

TARTRATES DE MOLYBDÈNE [Berzelius, *Poggend. Ann.*, t. VI, p. 348 et p. 379]. — 1° *Tartrate molybdeux.* — Précipité gris foncé, un peu soluble dans un excès d'acide tartrique.

Tartrate molybdoso-potassique. — On dissout l'acide molybdique dans la crème de tartre et on fait digérer ce liquide avec du zinc, en ajoutant à la fin un peu d'acide chlorhydrique. Le sel double se précipite sous la forme d'une poudre noire, peu soluble dans l'eau, qu'il colore en pourpre; il se dissout aisément dans l'ammoniaque en lui donnant une teinte d'un pourpre foncé, et se dépose de nouveau par l'évaporation.

2° *Tartrate molybdique.* — Masse gommeuse soluble dans l'eau, rouge clair, se colorant facilement en vert ou en bleu; les alcalis ne précipitent pas ce sel, mais produisent une liqueur rouge foncé qui se décolore à l'air.

Tartrate molybdico-potassique. — Le bitartrate de potassium en solution traité par un excès d'hydrate molybdique fournit un sel double brun, peu soluble dans l'eau, très-soluble dans les alcalis. La solution retient un second tartrate molybdico-potassique et laisse par évaporation une masse jaune, très-soluble dans l'eau et précipitable en jaune par le tannin.

3° *Tartrate d'acide molybdique.* — La solution incolore de l'acide molybdique dans l'acide tartrique se dessèche en une masse amorphe, bleue, très-soluble dans l'eau et dans l'alcool. Le bitartrate de potassium en solution bouillante est le meilleur dissolvant de l'acide molybdique; la liqueur laisse après évaporation lente une masse ressemblant à la gomme.

TARTRATES DE NICKEL. — 1° *Sel simple.* — Poudre cristalline verte, presque insoluble dans l'eau, obtenue en saturant la solution bouillante de l'acide tartrique par l'hydrate ou par le carbonate de nickel.

2° *Sels doubles.* — Lorsqu'on fait bouillir du carbonate de nickel avec une solution de bitartrate de potassium, le sel de nickel se dissout et la solution verte laisse, après évaporation, un tartrate de nickel et de potassium sous la forme d'une masse gommeuse, très-soluble, possédant une saveur sucrée (Woehler). Fabian prépare le même sel double en mettant en digestion, à une douce chaleur, du carbonate de nickel avec de l'eau et de la crème de tartre pulvérisée; la liqueur verte se décompose à la température de l'ébullition en laissant précipiter une masse gélatineuse verte. Évaporée au-dessous de 50°, elle donne une matière amorphe verte; enfin, concentrée dans l'air sec et à la température ordinaire, elle fournit une poudre cristalline vert pomme, s'effleurissant à l'air. Séchée à 110°, cette poudre renferme $(C^4H^4O^6)^2NiK^2$ [Fabian, *Ann. der Chem. u. Pharm.*, t. CIII, p. 248].

Le tartrate de nickel se dissout aisément à chaud dans la potasse et la soude, ainsi que dans le carbonate de sodium dont il chasse l'acide carbonique; la solution se prend par le refroidissement en une masse semblable à de l'empois (Werther).

TARTRATE DE PALLADIUM. — Les tartrates neutres de potassium ou de sodium précipitent le nitrate palladeux en jaune clair (Berzelius).

TARTRATES DE PLOMB. — 1° *Sel neutre,*

$$C^4H^4O^6.Pb.$$

— Poudre blanche, cristalline obtenue en précipitant le nitrate ou l'acétate de plomb par l'acide tartrique; si l'on mélange l'acétate de plomb avec le tartrate de potassium ou le sel de Seignette, le précipité retient un peu d'acétate.

Le précipité que donne le nitrate de plomb dans une solution de sel de Seignette se dissout dans un excès de nitrate de plomb; le mélange des solutions bouillantes des deux sels laisse déposer en se refroidissant de petits cristaux brillants de tartrate de plomb (Liebig).

Le tartrate de plomb pulvérulent possède une densité de 3,871; il ne perd pas d'eau, même à 200°. Il est à peine soluble dans l'eau, mais l'acide nitrique ainsi que l'acide tartrique le dissolvent aisément; la solution dans ce dernier acide n'est pas troublée par l'alcool et ne dépose par l'évaporation que du sel neutre. Le tartrate plombique se dissout avec dégagement de chaleur dans la potasse ou la soude; l'alcool précipite de cette solution une masse agglutinante, qui par la dessiccation se réduit en poudre cristalline. Le tartrate plombique se dissout aussi dans l'ammoniaque, dans le chlorure, le nitrate, le succinate, le tartrate, etc. d'ammonium; le carbonate ammonique ne le dissout que très-incomplétement.

2° *Sels basiques.* — Comme nous l'avons déjà dit plus haut, on doit admettre que dans les sels basiques le plomb remplace totalement ou en partie l'hydrogène alcoolique de l'acide tartrique.

Lorsqu'on fait bouillir la solution ammoniacale du tartrate plombique, il se précipite une poudre blanche renfermant $C^4H^4O^6.Pb + PbO$; ce sel basique perd 1 molécule d'eau à 120° et possède alors la composition

$$C^4H^2O^6.Pb^2 = \begin{array}{l} CO^2 \\ | \\ CH.O \\ | \\ CH.O \\ | \\ CO^2 \end{array} \begin{array}{l} >Pb \\ \\ >Pb \end{array}$$

[Erdmann, *Ann. der Chem. u. Pharm.*, t. XXI, p. 14; — H. Schiff, *Compt. rend.*, t. LV, p. 511]. — On obtient le même sel diplombique en faisant bouillir pendant 10 à 12 heures de l'acétate de plomb avec de la crème de tartre: il se dégage de l'acide acétique et il se dépose une poudre blanche cristalline, très-dense. Ce sel est insoluble dans l'acide acétique et dans le tartrate ammonique, mais il se dissout dans la potasse ainsi que dans l'acide azotique [K. Frisch, *Journ. für prakt. Chem.*, t. XCVII, p. 279; *Bull. de la Soc. chim.*, 1867, t. VII, p. 258].

L'acide de ce sel basique est de l'acide tartrique et non un anhydride; en traitant le sel par l'hydrogène sulfuré en présence de l'alcool, on peut, en effet, en isoler de l'acide tartrique ordinaire.

Indépendamment du sel diplombique, on connaît un sel moins basique, $(C^4H^3O^6)^2Pb^3$, qui présente les mêmes caractères de solubilité que le précédent; on le prépare en chauffant pendant 3 à 4 heures seulement de l'acétate de plomb avec de la crème de tartre et de l'eau (Frisch).

Lorsqu'on fait digérer de l'oxyde de plomb avec une solution de crème de tartre, il se forme un sel insoluble qui n'est décomposé ni par les alcalis ni par les sulfates; ce sel est peut-être un tartrate double de plomb et de potassium (Thenard).

TARTRATES DE POTASSIUM. — 1° *Sel neutre*,

$C^4H^4O^6.K^2 + \frac{1}{2}H^2O$.

— Ce sel, connu depuis le XVIe siècle, est décrit dans les anciens traités sous les noms de *tartre tartarisé* et de *tartre soluble*; il ne doit pas être confondu avec le tartrate borico-potassique, qui est souvent nommé *crème de tartre soluble*. Avant les travaux de Margraff et de Rouelle (vers 1770) la nature du *tartre soluble* n'avait pas été éclaircie, et l'on croyait que ce sel pouvait renfermer de la potasse ou de la chaux, suivant qu'on l'avait obtenu en neutralisant le tartre par la potasse ou par la chaux.

Aujourd'hui encore, on prépare le tartrate neutre de potassium en saturant à l'aide de la chaleur la crème de tartre par le carbonate de potassium et évaporant à cristallisation; le sel se dépose sous la forme d'une poudre cristalline. Il cristallise assez difficilement, et, pour l'obtenir en cristaux distincts, il est nécessaire de soumettre la solution à une évaporation lente; les cristaux qui se déposent dans des solutions contenant du carbonate potassique ou de la potasse, sont mieux formés. Ils appartiennent au système clinorhombique; ils ont été mesurés par plusieurs observateurs qui ne leur ont pas donné la même position; nous adoptons ici celle que Marignac a choisie. Formes : $d^{1/2}$, $b^{1/2}$, $d^{3/2}$, $b^{3/2}$, o^1, a^1, h^1, g^1, p; les cristaux sont hémimorphes; du côté droit on ne trouve que la face $d^{1/2}$, tandis qu'à gauche il n'existe que la face $b^{1/2}$, seule ou accompagnée de $d^{3/2}$, $b^{3/2}$ et g^1. Angles : $h^1\,p$ = 90° 30′ à 90° 50′; $h^1\,a^1$ = 141° 57′ à 142° 13′; $p\,d^{1/2}$ = 104° 0′; $p\,b^{1/2}$ = 103° 7′. Clivages suivant h^1 et p (Marignac, Brooke, Hankel, De la Provostaye, Pasteur).

D'après les déterminations de Rammelsberg, les cristaux du tartrate neutre de potassium dérivent du type orthorhombique, l'angle $h^1\,p$ étant suivant lui égal à 90°; il donne au cristal une position un peu différente; laissant la face h^1 en place, il le tourne de 90°, de manière à faire de la face g^1 la base du prisme. Formes : $b^{1/2}$, m, h^1, g^1, p; quatre des faces de l'octaèdre $b^{1/2}$ manquent, et les quatre autres forment un tétraèdre gauche; les cristaux sont hémimorphes, la face p ne se trouvant qu'à la partie inférieure du cristal, où les faces $b^{1/2}$ sont par conséquent beaucoup moins développées qu'en haut. Angles : $m\,h^1$ = 142° 13′ à 142° 20′; $b^{1/2}\,b^{1/2}$ (sur p) = 134° 50′ à 135° 25′; $b^{1/2}\,g^1$ = 103° 35′ à 103° 40′. Clivage suivant h^1, g^1.

Le tartrate neutre de potassium possède une densité de 1,960 (Buignet), de 1,975 (Schiff); son pouvoir rotatoire pour la raie D est $[\alpha]_D = +28°,48$ (Landolt). Il renferme 1/2 H^2O qu'il ne perd qu'à 180°. Il est très-soluble dans l'eau et absorbe en se dissolvant — 5^cal,56; le sel anhydre n'absorbe que — 3^cal,56 (Berthelot); 1 p. de sel se dissout à 2° dans 0p,75; à 14° dans 0p,66; à 23° dans 0p,63, et à 64° dans 0p,47 d'eau (Osann). Il est très-peu soluble dans l'alcool (1 p. dans 240 p. d'alcool bouillant, Wenzel); l'alcool le précipite de sa solution aqueuse sous la forme d'une huile ne cristallisant pas, même après avoir été lavée à l'alcool à plusieurs reprises. Les cristaux du tartrate potassique tombent en déliquescence dans l'air chargé d'humidité.

La plupart des acides précipitent du bitartrate de la solution du tartrate neutre de potassium; le même précipité se produit par une addition de brome, sans que l'acide tartrique en soit aucunement attaqué (Cahours).

2° *Sel acide*, $C^4H^5O^6.K$ [Syn. *crème de tartre, tartre purifié*]. — Ce sel forme la majeure partie du tartre brut, ou tartre cru, qui contient comme principales impuretés du tartrate calcique, de la matière colorante et d'autres sels en petite quantité.

Dès les temps les plus reculés, la préparation du vin a dû amener à la connaissance du tartre; mais, chez les anciens, ce dépôt de vin n'est pas désigné par un terme propre; on trouve les mots déchet du vin ou levûre, τρύξ chez les Grecs, et *Fæx vini* chez les Romains. Les Grecs savaient déjà que le tartre brûlé laisse un résidu pouvant servir à la préparation de lessives alcalines; on trouve dans Dioscoride « que le tartre laisse par la combustion un résidu blanc, d'une saveur brûlante, qui doit être conservé dans des vases fermés, car il se vaporise rapidement à l'air » (tombe en déliquescence). Pour la suite de l'historique, voyez plus haut, p. 200.)

Pour purifier le tartre, on le fait cristalliser à plusieurs reprises dans l'eau bouillante, et l'on élimine les dernières quantités de chaux qui sont retenues très-opiniâtrement en mettant 12 p. de tartre ainsi purifié en digestion vers 20° à 25° avec 1 p. d'acide chlorhydrique et 6 p. d'eau; au bout de 24 heures, on laisse égoutter les cristaux, on les lave à l'eau froide et on les fait cristalliser une dernière fois dans l'eau bouillante.

Le bitartrate de potassium se forme toutes les fois qu'on ajoute de l'acide tartrique en excès à la dissolution d'un sel de potassium; le perchlorate de potassium étant moins soluble que le bitartrate n'est pas précipité par l'acide tartrique (Serullas); le bisulfate potassique ne l'est pas non plus (Jacquelain), mais la solution donne un précipité lorsqu'on ajoute de l'alcool; en présence de l'alcool, l'acide tartrique décompose complétement le chlorure de potassium en s'emparant de la totalité du potassium et mettant l'acide chlorhydrique en liberté [Bussy et Buignet, *Journ. de Pharm. et de Chim.*, (4), t. II, p. 5].

Le bitartrate de potassium forme des cristaux durs, opaques (translucides lorsqu'ils ne contiennent aucune trace de chaux), d'une saveur acidule, appartenant au système orthorhombique. Formes : $b^{1/2}$, m, g^3, e^1, $e^{1/2}$, $e^{1/3}$, a^1, g^1, p; l'une des moitiés tétraédriques de l'octaèdre $b^{1/2}$ prédomine généralement, tandis que l'autre est peu développée ou manque complétement. D'après Haidinger et Schabus, c'est tantôt le tétraèdre droit, tantôt le gauche qui prédomine; ce fait n'est pas conforme aux observations de M. Pasteur, suivant lesquelles un seul tétraèdre prédomine dans le bitartrate droit, tandis que le tétraèdre opposé ne se trouve très-développé que dans les tartrates gauches. Les cristaux mesurés par Rammelsberg portaient un tétraèdre gauche plus développé que le droit. Sur les cristaux observés par Haidinger et Schabus le développement des faces du prisme m était en rapport avec celui des tétraèdres; la face a^1 ne se trouvait que sur les cristaux qui portaient principalement le tétraèdre gauche, et les faces $e^{1/2}$ et $e^{1/3}$ n'étaient combinées qu'avec le tétraèdre droit. La face p est toujours peu développée.

Angles : $m\,m$ = 109° 0 à 109° 8′; $m\,b^{1/2}$ = 141° 49′; $e^1\,e^1$ (*sur p*) = 107° 14′ à 107° 30′. Clivage parfait suivant p, moins facile suivant e^1 et encore moins facile suivant g^1 (Brooke, de la Provostaye, Haidinger, Pasteur, Schabus, Rammelsberg).

Les cristaux de bitartrate de potassium ont pour densité 1,943 (Schabus), 1,956 (Buignet), 1,973 (Schiff). Leur pouvoir rotatoire est de $[\alpha]_D = +22°\,61$ (Landolt); l'équivalent de réfraction = 57,60 (Gladstone). Ils sont inaltérables à l'air, attirent cependant une petite quantité d'eau dans l'air très-chargé d'humidité. La crème de tartre est peu soluble dans l'eau froide, mais beaucoup plus soluble dans l'eau bouillante et dans les acides minéraux concentrés; elle est insoluble dans l'alcool. Les chiffres suivants expriment sa solubilité dans l'eau à différentes températures :

100 p. d'eau dissolvent

Température.	Bitartrate de potassium.
0°	0p,32
10	0 40
20	0 57
30	0 90
40	1 31
50	1 81
60	2 40
70	3 20
80	4 50
90	5 70
100	6 90

[Alluard, *Compt. rend.*, t. LIX, p. 500].

Ces chiffres coïncident sensiblement avec ceux obtenus anciennement par Wenzel, A. Vogel, Brandes, Osann, etc., et plus récemment par E. Kissel; les solubilités trouvées par Chancel [*Journ. de Pharm. et de Chim.*, (4), t. I, p. 348] sont un peu plus faibles.

La solubilité dans l'alcool faible a été déterminée par Chancel et Kissel.

100 p. d'alcool à 10,5 % dissolvent (Chancel)

Température.	Bitartrate de potassium.
0°	0p,141
5	0 175
10	0 212
15	0 253
20	0 305
25	0 372
30	0 46
35	0 57
40	0 70

A la température de 12°, 100 p. d'alcool faible dissolvent :

Alcool à 6 %	0p,3139
— 8 %	0 2778
— 9 %	0 2643
— 10 %	0 2487
— 12 %	0 2267

[E. Kissel, *Zeitsch. für analyt. Chem.*, t. VIII, p. 409].

La solution saturée de crème de tartre bout à 99°,6 sous la pression de 718 millimètres (l'eau sous la même pression bout à 98°,4).

La solution de bitartrate de potassium rougit le papier de tournesol ; elle dissout un grand nombre d'oxydes métalliques en donnant des tartrates doubles. Le bitartrate de potassium enlève la moitié de la potasse au chromate neutre en produisant ainsi du tartrate potassique neutre et du dichromate potassique (Schiff).

Traité par la craie en présence de l'eau, il donne un dépôt de tartrate calcique et se convertit en tartrate neutre; chauffé à l'ébullition avec de la chaux et de l'eau, il cède à la chaux la totalité de l'acide tartrique (Scheele, Osann).

Soumis à la calcination, le bitartrate de potassium répand une fumée piquante, ayant l'odeur du pain grillé et laisse un résidu de carbonate potassique mêlé de charbon. C'est le *sel fixe du tartre* ou *alcali de tartre* des anciens chimistes; ils calcinaient aussi le tartre avec du salpêtre et se procuraient ainsi, suivant les proportions du mélange, un résidu noir contenant encore du charbon, *flux noir*, ou un résidu blanc, *flux blanc*, qu'ils employaient comme fondant dans les opérations métallurgiques.

La crème de tartre sert en teinture et en impression; elle est employée aussi en médecine, comme purgatif léger; mais on lui préfère le tartrate de boryle et de potassium. Mêlée avec de la craie et de l'alun, la crème de tartre sert pour le nettoyage de l'argenterie.

3° *Sel double. — Tartrate de potassium et d'ammonium*, $C^4H^4O^6.K\ (AzH^4) + \frac{1}{2}H^2O$. — On l'obtient en saturant le bitartrate potassique par l'ammoniaque ou le carbonate ammonique et évaporant à cristallisation. Les cristaux du sel appartiennent au système orthorhombique; ils sont isomorphes avec ceux du tartrate neutre de potassium. Formes : $b^{1/2}$, m, h^1, g^1; la forme $b^{1/2}$ se trouve toujours à l'état de tétraèdre gauche. Angles : $mh^1 = 142°12'$; $b^{1/2}b^{1/2}$ (sur p) $= 135°50'$; $b^{1/2}g^1 = 103°25'$ (De la Provostaye, Rammelsberg).

La densité du tartrate de potassium et d'ammonium est de 1,700 (Schiff); son pouvoir rotatoire $[\alpha]_D = +34°,11$ (Landolt).

Il est très-soluble dans l'eau; sa saveur est fraîche et piquante. A l'air, il devient promptement opaque en perdant de l'ammoniaque; vers 140°, la totalité de l'ammoniaque se dégage et il reste du bitartrate de potassium [Lassone, *Chem. Journ. v. Crell.*, t. V, p. 76; — Wittstein; — Bucholz, *Arch. v. Brandes*, (2), t. XI p. 232; — Veling, *ibid.*, (2), t. XXXVII, p. 38; — Dumas et Piria].

TARTRATES DE RUBIDIUM. — 1° *Sel acide*,

$C^4H^5O^6.Rb$.

— Il cristallise en prismes aplatis, transparents, qui appartiennent au système orthorhombique et sont isomorphes avec le bitartrate de césium. Formes : m, $b^{1/2}$, g^1, h^1, e^1; la forme $b^{1/2}$ existe presque toujours à l'état de tétraèdre droit; le tétraèdre gauche ($b^{2/3}\ b^{3/4}\ g^{1/3}$), si développé sur certains cristaux du bitartrate de césium manque complétement. Angles : $m\ m = 108°4'$; $b^{1/2}\ b^{1/2}$ (sur p) $= 80°16'$; $b^{1/2}\ b^{1/2}$ (sur g^1) $= 53°17'$. Clivage suivant h^1 et g^1 (Cooke, Lang). Le tartrate de rubidium est inaltérable à l'air, ainsi qu'à 100°; il est beaucoup moins soluble que le sel de césium correspondant : 1 p. se dissout dans 8p,5 d'eau bouillante et dans 84p,5 d'eau à 25° (Allen, Grandeau).

2° *Tartrate de rubidium et de sodium*,

$C^4H^4O^6.RbNa + 4H^2O$.

— La solution de ce sel, évaporée lentement, fournit une masse gélatineuse; mais, par refroidissement de sa solution saturée, il cristallise en grands prismes orthorhombiques, isomorphes avec les cristaux de sel de Seignette [Piccard, *Jahrb. für Chem.*, 1862, p. 125].

TARTRATES DE SODIUM. — 1° *Sel acide*,

$C^4H^5O^6.Na + H^2O$.

— Pour préparer ce sel, on sature l'acide tartrique par le carbonate de sodium et l'on ajoute au liquide une quantité d'acide tartrique égale à celle qui a été employée primitivement; la solution suffisamment concentrée laisse déposer, en se refroidissant, des prismes orthorhombiques, transparents, généralement assez mal formés. Formes : m, g^x, p, a^1, e^1. Angles : $m\ m = 140°$; $m\ g^x = 101°$; $p\ a^1 = 110°$; $p\ e^1 = 120°$; ces mesures ne sont qu'approximatives (Haberle). D'après M. Pasteur, ce sont des prismes orthorhombiques terminés par un tétraèdre $b^{1/2}$.

Le bitartrate de sodium perd son eau à une température peu supérieure à 100° (Dumas et Piria). Il possède une saveur acide; il se dissout dans 9 p. d'eau froide et dans 1p,8 d'eau bouillante (Bucholz); suivant Vogel, il se dissoudrait dans 12 p. d'eau froide. Il est insoluble dans l'alcool. En se dissolvant dans l'eau, le sel cristallisé absorbe — 8cal,54, et le sel anhydre — 5cal,66 (Berthelot). Son pouvoir rotatoire est de $[\alpha]_D = +23°95$ (Landolt).

2° *Sel neutre*, $C^4H^4O^6.Na^2 + 2H^2O$. — On l'obtient en saturant l'acide tartrique par le carbonate de sodium et laissant refroidir la solution suffisamment concentrée. Il forme des cristaux limpides du système orthorhombique. Formes : $m, h^1, g^1, a^1, a^{1/2}, e^1, e^{1/2}$; angles : mm = 104° 10′ à 104° 50′; $a^1 a^1$ (sur p) = 132° 44′ à 133° 24′; $g^1 e^1$ = 108° 37′. Clivage imparfait suivant m [Haberle, Bernhardi, De la Provostaye, Schabus].

Lorsque la solution du sel est refroidie rapidement, elle dépose des aiguilles groupées en faisceaux.

Le tartrate neutre de sodium possède une densité de 1,794 (Buignet); il est inaltérable à l'air et fond dans son eau de cristallisation lorsqu'on le chauffe; l'eau ne se dégage complétement qu'à 200°. Il est soluble dans 5 p. d'eau froide, fort soluble dans l'eau chaude, insoluble dans l'alcool absolu [Bucholz, *Allg. Journ. v. Gehlen*, t. V, p. 520]. Osann a trouvé une solubilité plus forte : 1 p. de sel se dissout à 6° dans $3^p,46$; à 24° dans $2^p,28$; à 38° dans $1^p,75$, et à 42° 5 dans $1^p,5$ d'eau. Le sel cristallisé, en se dissolvant dans l'eau, absorbe — $5^{cal},88$, et le sel sec — $1^{cal},12$ (Berthelot). Son pouvoir rotatoire est de $[\alpha]_D = +30°,85$ (Landolt), et son équivalent de réfraction = 50,39 (Gladstone) [Bucholz; — Osann; — Herzog, *Arch. v. Brandes*, (2), t. XXXIV, p. 1; — Dumas et Piria].

3° *Sels doubles*. — *Tartrate de sodium et d'ammonium*, $C^4H^4O^6.Na.AzH^4 + 4H^2O$. — Ce sel se prépare par la saturation du bitartrate ammonique au moyen du carbonate de sodium; on peut aussi dissoudre dans l'eau les tartrates neutres de sodium et d'ammonium employés dans la proportion de molécule à molécule; la solution suffisamment concentrée laisse déposer des cristaux très-beaux, souvent volumineux, appartenant au type orthorhombique; ils sont isomorphes avec le sel de Seignette et offrent le même développement. Formes : $b^{1/2}$ ($b^1 b^{1/3} g^1$), $m, h^3, g^3, a^1, e^1, e^{1/2}, h^1, g^1, p$; quelquefois, on trouve encore les formes $g^{7/4}$, $e^{2/5}$, et ($b^2 b^{2/5} h^1$); la forme $b^{1/2}$ est toujours hémièdre et constitue un tétraèdre gauche; la forme ($b^1 b^{1/3} g^1$) est holoèdre ou existe également comme tétraèdre gauche, c'est-à-dire que la face $b^{1/2}$ et souvent la face ($b^1 b^{1/3} g^1$) ne se trouvent que du côté gauche de l'observateur, les faces h^1 et a^1 (si cette dernière existe) étant placées en avant. M. Pasteur a tourné les cristaux de 90° autour de l'axe vertical; si l'on choisit cette position, les faces g^1, e^1 et $e^{1/2}$ se trouvent placées en avant, et la face hémièdre $b^{1/2}$ est placée à la droite de e^1.

Dans le tartrate gauche de sodium et d'ammonium, la position de la face $b^{1/2}$ par rapport à a^1 et e^1 est exactement inverse. Dans quelques cas on trouve des cristaux qui ne paraissent constituer que la moitié gauche d'un cristal, par suite du développement considérable de la face g^1 droite; mais sur ces cristaux on trouve néanmoins les faces droites des prismes verticaux et horizontaux. Angles : mm (en avant) = 101° 4′; $m g^1$ = 129° 28′ à 129° 50′; $g^1 e^1$ = 112° 50′ à 113° 30′; $p b^{1/2}$ = 146° 32′ à 145° 50′ [H. Kopp, Pasteur, Rammelsberg; pour les propriétés optiques des cristaux, voyez Sénarmont, *Ann. de Chim. et de Phys.*, (3), t. XXXIII, p. 391].

La densité du sel est de 1,587 (Schiff), son pouvoir rotatoire de $[\alpha]_j = +26°,0$ (Pasteur) et $[\alpha]_D = +32°,65$ (Landolt). Il se dissout à 0° dans $4^p,2$ d'eau. L'eau de cristallisation se dégage à 100° [Mitscherlich, *Poggend. Ann.*, t. LVII, p. 484; — Pasteur, *loc. cit.*].

Le tartrate de sodium et d'ammonium est le sel qui a servi à M. Pasteur au dédoublement de l'acide racémique en acides tartriques droit et gauche.

Tartrate de sodium et de potassium,

$$C^4H^4O^6.NaK + 4H^2O$$

[Syn. *Sel de Seignette*]. — Un des plus beaux sels de l'acide tartrique, découvert en 1672 par Pierre Seignette, pharmacien à La Rochelle; sa préparation était restée secrète pendant longtemps, et ce n'est qu'en 1731 que Boulduc, avec le concours de Grosse, fit connaître le mode d'obtention avec la crème de tartre et le carbonate de soude.

Encore aujourd'hui on prépare ce sel en saturant le bitartrate de potassium par le carbonate de sodium. On porte à l'ébullition 12 p. d'eau et l'on ajoute par portions 4 p. de crème de tartre et 3 p. de carbonate sodique cristallisé; la solution, qui doit être très-légèrement alcaline, filtrée et évaporée, donne par le refroidissement de beaux cristaux de tartrate sodico-potassique. Les eaux mères en fournissent encore si on les concentre, mais à la fin elles ne déposent plus que des aiguilles de tartrate sodique; il faut alors ajouter une certaine quantité de tartrate de potassium, faire dissoudre le tout à l'aide de la chaleur et faire cristalliser. Le tartrate sodico-potassique est purifié par une nouvelle cristallisation; il constitue de très-beaux cristaux, souvent très-volumineux, dérivant du type orthorhombique, isomorphes avec les cristaux du sel précédent. Formes : $b^{1/2}$, ($b^1 b^{1/3} g^1$), $m, h^3, g^3, a^1, e^1, e^{1/2}, h^1, g^1, p$; la forme $b^{1/2}$ est toujours hémièdre (tétraèdre gauche); la forme ($b^1 b^{1/3} g^1$) est souvent complète; dans le cas contraire, elle forme un tétraèdre droit, tandis que dans le sel isomorphe décrit plus haut on la trouve à l'état de tétraèdre gauche. L'hémiédrie du sel de Seignette est d'ailleurs moins prononcée que celle du tartrate sodico-ammonique, et l'on trouve quelquefois des cristaux parfaitement holoèdres. D'autres fois, au contraire, comme dans le sel ammonique correspondant, on rencontre des cristaux qui semblent être la moitié gauche d'un cristal. Ce que nous avons dit plus haut sur la position des faces tétraédriques du tartrate sodico-ammonique s'applique également ici. Angles : mm = 100° 0′ à 100° 30′; $m g^1$ = 129° 20′ à 129° 45′; $g^1 e^1$ = 113° 38′ à 113° 40′; $p b^{1/2}$ = 145° 38′ à 146° 10′ [H. Kopp, Brooke, Bernhardi, Hankel, Pasteur, Rammelsberg; pour les propriétés optiques, voyez Sénarmont, *loc. cit.*].

La densité du tartrate sodico-potassique est de 1,790 (Buignet) de 1,767 (Schiff), son pouvoir rotatoire $[\alpha]_D = +29°,67$ (Landolt). Les cristaux s'effleurissent superficiellement dans l'air sec et attirent, au contraire, de l'humidité dans l'air saturé de vapeur d'eau. Ils fondent à 70-80° en un liquide commençant à bouillir à 120°; vers 180° l'ébullition cesse pour ne reprendre qu'à une température supérieure; vers 190-195° le sel perd alors complétement son eau. Au-dessus de 220° il se décompose entièrement [R. Fresenius, *Ann. der Chem. u. Pharm.*, t. LIII, p. 234]. D'après Berzelius, le sel perd $3H^2O$ à 100°, et la dernière molécule d'eau se dégagerait déjà vers 130°.

Le sel de Seignette desséché se dissout à 6° dans $2^p,02$ d'eau; les cristaux exigent pour se dissoudre $3^p,3$ d'eau à 3°; $2^p,4$ à 11°; $1^p,5$ à 26° (Osann); Brandes a trouvé des chiffres plus faibles : 2 p. d'eau à 5°,6; $1^p,2$ à 12°,5; $0^p,42$ à 25°, et $0^p,3$ à 37°,5.

La solution saturée à 8° a pour densité 1,254 (Anthon). En se dissolvant dans l'eau, le sel cristallisé absorbe — $12^{cal},34$ et le sel anhydre — $1^{cal},87$ (environ).

Le sel de Seignette est employé en médecine comme purgatif léger et comme diurétique.

TARTRATES DE STRONTIUM. — 1° *Sel acide*,

$$(C^4H^5O^6)^2Sr + 2H^2O.$$

— Cristaux anorthiques obtenus en laissant évaporer une solution de tartrate de strontium neutre dans l'acide tartrique; l'eau le dédouble en tartrate neutre et acide tartrique [Scacchi, *Poggend. Ann.*, t. CIX, p. 373].

Le même auteur a décrit un *sel suracide* de la formule $(C^4H^5O^6)^2Sr + 2C^4H^6O^6$.

2° *Sel neutre*, $C^4H^4O^6.Sr + 3H^2O$. — La solution bouillante du carbonate de strontium dans un excès d'acide tartrique laisse déposer, par le refroidissement, des cristaux de tartrate neutre de strontium. Le nitrate de strontium produit dans la solution du tartrate neutre de potassium un précipité faible qui se dissout à une douce chaleur et se dépose en cristaux brillants lorsqu'on élève la température jusqu'à l'ébullition.

Le chlorure de strontium précipite en blanc le tartrate potassique : le précipité, floconneux d'abord, devient rapidement cristallin.

Les cristaux du tartrate de strontium dérivent du type clinorhombique; formes : m, h^1, g^1, p, a^1, o^1, $b^{1/2}$, $d^{1/2}$; la moitié gauche du prisme m manque, tandis que les faces $b^{1/2}$ et $d^{1/2}$ n'existent qu'à gauche et en haut; angles : $p h^1 = 102°0'$; $m h^1 = 144°0'$; $h^1 a^1 = 123°43'$; $= h^1 o^1 = 137°32'$ (Marignac).

Teschemacher a mesuré le même sel, mais est arrivé à des résultats différents; prismes clinorhombiques : $mm = 125°20'$; $mp = 92°35'$ (l'angle mm est peut-être l'angle $mg^1 = 126°$ des cristaux de Marignac) [Teschemacher, *Phil., Mag. and. Ann.*, t. III, p. 29].

Le tartrate neutre de strontium renferme $4H^2O$, d'après Dulk; $3H^2O$, d'après Marignac. Il se dissout dans 147 p. d'eau à 16°; il est plus soluble dans certains sels ammoniacaux. Le tartrate de strontium se dissout à froid dans la potasse et la soude, en donnant une liqueur qui se coagule par la chaleur; le coagulum disparaît par le refroidissement, à moins qu'on n'ait trop longtemps chauffé la matière (Osann).

3° *Sels doubles.* — *Tartrate de strontium et d'ammonium*, $(C^4H^4O^6)^2Sr(AzH^4)^2 + 12H^2O$. — La solution du carbonate de strontium dans un excès d'acide tartrique, neutralisée par l'ammoniaque, donne des tables rectangulaires minces, appartenant au système orthorhombique. Formes : m, g^3, g^1, e^1, $b^{1/2}$; la forme $b^{1/2}$ présente l'hémiédrie à faces parallèles; $mg^1 = 124°58'$; $g^1e^1 = 124°20'$ (Marignac).

Tartrate de strontium et de potassium,

$$(C^4H^4O^6)^2SrK^2 + 2H^2O.$$

— On l'obtient en évaporant une solution de crème de tartre neutralisée par de l'eau de strontiane (Thenard; — Dulk).

Tartrate de strontium et de sodium,

$$(C^4H^4O^6)^2SrNa^2 + 2H^2O.$$

— Le bitartrate sodique, neutralisé par l'eau de strontiane et évaporé, laisse une masse gommeuse, soluble dans 1p,4 d'eau à 15°, et beaucoup plus soluble dans l'eau bouillante (Dulk).

Tartrate de tantale. — L'acide tantalique ne se dissout qu'en petite quantité dans une solution bouillante de bitartrate de potassium, mais son hydrate y est très-soluble; la solution se prend en masse par le refroidissement, la potasse et le carbonate ammonique la précipitent incomplétement (Berzelius et Eggertz).

Tartrates de tellure. — 1° *Tartrate tellureux.* — La solution de l'anhydride tellureux dans l'acide tartrique, laisse après évaporation une masse radiée (Berzelius), ou des aiguilles blanches [Kœlreuter, *Journ. v. Schweigger*, t. LXII, p. 216]. Ce sel est très-soluble dans l'eau et n'est précipité ni par les alcalis, ni par le borax, ni par le tannin, etc.

2° *Tartrate telluroso-potassique.* — L'anhydride et l'hydrate tellureux se dissolvent dans une solution de crème de tartre; par la concentration lente, la liqueur laisse d'abord déposer de la crème de tartre et se dessèche à la fin en une masse gommeuse, transparente. L'eau froide décompose en partie ce sel, et précipite de l'hydrate tellureux qui se dissout de nouveau dès qu'on chauffe.

L'acide tellurique est réduit par la crème de tartre et fournit du tartrate telluroso-potassique (Berzelius).

Tartrates de thallium. — 1° *Sel acide*,

$$C^4H^5O^6.Tl.$$

— Il se précipite lorsqu'on ajoute de l'acide tartrique à la solution du sel neutre; les cristaux appartiennent au type orthorhombique, et sont isomorphes avec le tartrate acide de potassium (De la Prévostaye, — Lang, — Lamy et Des Cloiseaux). Leur densité est de 3,496; ils se dissolvent dans 122 p. d'eau à 15° et dans 6 p. d'eau à 101° [F. Kuhlmann jeune, *Ann. de Chim. et de Phys.*, (3), t. LXVII, p. 341; — Lamy et Des Cloiseaux, *ibid.*, (4) t. XVII, p. 310].

2° *Sel neutre*, $C^4H^4O^6.Tl^2 + \frac{1}{2}H^2O$. — On l'obtient en saturant l'acide tartrique à la température de l'ébullition par du carbonate de thallium et évaporant lentement la solution alcaline. Il forme de beaux prismes transparents et brillants appartenant au système clinorhombique; il n'est pas isomorphe avec le tartrate neutre de potassium. Angles : mm (en avant) $= 110°30'$; $p h^1 = 110°23'$; clivage suivant p. Ce sel possède la densité 4,658; il perd son eau à 100°. A 15°, il se dissout dans 5 p. d'eau, et à l'ébullition dans moins de 0p,1 d'eau; l'alcool ne le dissout qu'en petite quantité [F. Kuhlmann jeune; — Carstanjen, *Jahresb. für Chem.* 1867, p. 281; — Lamy et Des Cloiseaux].

3° *Sels doubles.* — *Tartrates de thallium et de sodium.* — Lorsqu'on neutralise le bitartrate de thallium en solution chaude par du carbonate sodique, il se forme un sel double,

$$C^4H^4O^6.TlNa + 4H^2O,$$

cristallisant très-facilement en beaux prismes transparents, du système orthorhombique, isomorphes avec le sel de Seignette. Les cristaux ont pour densité 2,580; ils s'effleurissent à l'air et se dissolvent à 20° dans la moitié de leur poids d'eau. Ce sel se dédouble facilement; lorsqu'on abandonne sa solution à l'évaporation spontanée, on obtient souvent une masse radiée, formée de tartrate sodique, englobant des prismes d'un nouveau *sel double*,

$$C^4H^4O^6.TlNa + C^4H^4O^6.Tl^2.$$

Ce dernier forme des prismes brillants orthorhombiques; angles : $mm = 98°40'$; $mb^{1/2} = 131°24'$. Densité $= 4,145$. Il est inaltérable à l'air, ainsi qu'à 120°; l'eau le dédouble en partie en mettant en liberté du tartrate neutre de thallium (Lamy et Des Cloiseaux).

Tartrate de thorium. — 1° *Sel simple*,

$$(C^4H^4O^6)^4Th^3(OH)^4 + 5H^2O\ (1).$$

— Ce sel basique se dépose sous la forme d'une poudre blanche, lorsqu'on laisse évaporer lentement une solution de chlorure de thorium additionnée d'acide tartrique; il perd $5H^2O$ à 100° [Chydenius, — Clève];

2° *Sel double.* — *Tartrates de thorium et de potassium*, $(C^4H^4O^6)^3ThK^2$. — En chauffant l'hydrate de thorium avec une solution de bitar-

(1) Th = 234, le thorium étant considéré comme un élément tétratomique.

trate de potassium employée en excès, on obtient par le refroidissement le sel double sous la forme d'une poudre cristalline blanche (Clève).

TARTRATE DE TITANE. — L'acide tartrique produit dans la solution chlorhydrique de l'oxyde de titane un précipité; employé en excès, cet acide empêche la précipitation de l'oxyde titanique par les alcalis et carbonates alcalins (H. Rose).

TARTRATE D'URANE. — 1° *Sous-sel uraneux,*

$$2(C^4H^4O^6.U) + UO + H^2O \text{ (à 100°)}.$$

— L'acide tartrique donne, avec le chlorure uraneux, un abondant précipité vert-grisâtre; le sel séché à l'air perd 11p,76 d'eau à 100°. Il est très-soluble dans l'acide chlorhydrique et en est précipité par l'ammoniaque; si l'on ajoute un excès d'acide à la solution chlorhydrique, l'ammoniaque ne donne plus de précipité, mais la liqueur se colore en brun.

Le tartrate uraneux est un peu soluble dans l'acide tartrique; la solution est incristallisable. Il se dissout aussi dans le bitartrate de potassium; la solution brun foncé donne une masse amorphe par l'évaporation lente [Rammelsberg, *Poggend. Ann.*, t. LIX, p. 31].

2° *Sel uranique ou tartrate d'uranyle,*

$$C^4H^4O^6(UO)^2 + H^2O \text{ et } + 4H^2O.$$

— La solution jaune de l'oxyde d'urane dans l'acide tartrique fournit, par la concentration, des cristaux renfermant H^2O, et, par l'évaporation spontanée dans le vide, des cristaux à $4H^2O$. Ces derniers perdent $3H^2O$ à 150°, en se transformant dans le premier sel; celui-ci ne subit plus de perte à 200° [Peligot, *Ann. de Chim. et de Phys.*, (3), t. XII, p. 463].

Les sels uraniques précipitent par les alcalis, lors même qu'ils ont été additionnés d'un excès d'acide tartrique (H. Rose); l'ammoniaque, le borax, le carbonate, le phosphate, le pyrophosphate et l'arséniate de sodium ne donnent pas de précipité (Grothe).

3° *Sel double. — Tartrate d'uranyle et de potassium,* $C^4H^4O^6(UO)K + H^2O$ (séché à 100°). — La crème de tartre, saturée à l'ébullition par de l'hydrate d'uranyle récemment précipité, fournit une solution jaune, incristallisable; l'alcool en précipite une poudre amorphe qui possède une composition exprimée par la formule ci-dessus. Le sel séché à 100° retient une molécule d'eau, qu'il ne perd qu'à 200° (K. Frisch).

TARTRATES DE VANADIUM. — 1° L'oxyde vanadique en se dissolvant dans l'acide tartrique donne une liqueur d'un beau bleu; qui se dessèche en une masse bleue, diaphane, fendillée. Ce sel se dissout lentement dans l'eau, rapidement dans l'ammoniaque qu'il colore en pourpre; la coloration disparaît rapidement à l'air, en même temps qu'il se forme de l'acide vanadique (Berzelius).

2° L'acide vanadique est réduit à chaud par la crème de tartre; la solution bleue renferme un tartrate vanado-potassique, masse amorphe et d'un bleu rougeâtre, soluble dans l'ammoniaque avec une couleur pourpre (Berzelius).

3. L'acide vanadique forme avec l'acide tartrique une solution jaune; si la liqueur contient un excès d'acide tartrique, elle se colore bientôt en vert et à la fin en bleu; l'acide vanadique est alors réduit à l'état d'oxyde de vanadium (Berzelius).

TARTRATES D'YTTRIUM. — 1° *Sel acide,*

$$(C^4H^5O^6)^3Y (Y = 89,55)$$

— Lorsqu'on dissout le sel neutre récemment précipité dans la quantité exactement nécessaire d'acide tartrique, le sel acide se dépose bientôt sous la forme d'une poudre dense, cristalline insoluble dans l'eau. [Popp, *Jahrb. f. Chem.*, 1864, p. 205].

2° *Sel neutre,* $(C^4H^4O^6)^3Y^2 + 6H^2O$. — Précipité volumineux, préparé par une double décomposition entre l'acétate d'yttrium et le tartrate neutre de potassium; il est très-peu soluble dans l'eau froide, moins soluble encore à la température de l'ébullition, mais il se dissout dans l'acétate d'yttrium, le tartrate neutre de potassium, le chlorure d'ammonium, l'acide acétique, la potasse, etc. [Popp, *loc. cit.*]. Les deux sels décrits par Popp contenaient une certaine quantité d'erbium.

Cleve et Hoeglund ont décrit un tartrate d'yttrium de la formule

$$(C^4H^4O^6)^3Y^2 + C^4H^6O^6 + 6H^2O,$$

qui se précipite sous la forme de prismes blancs microscopiques, très-peu solubles, lorsqu'on ajoute un excès d'acide tartrique à une solution d'acétate d'yttrium [*Bull. de la Soc. chim.*, t. XVIII, p. 296].

TARTRATES DE ZINC. — 1° *Sel neutre,*

$$C^4H^4O^6.Zn + 2H^2O.$$

— L'acide tartrique précipite d'une solution d'acétate de zinc une poudre blanche cristalline qui, séchée dans l'air sec, retient $2H^2O$ (Schiff). Le zinc est attaqué par l'acide tartrique et transformé en tartrate neutre de zinc (Bergman, Frisch). Lorsqu'on mélange à chaud des solutions concentrées de sulfate de zinc et de tartrate neutre de potassium, on obtient une poudre cristalline d'un blanc jaunâtre; si le mélange des deux solutions se fait à froid, il se produit peu à peu de petits cristaux. On ne connaît pas la composition du sel préparé de cette manière; on sait qu'il est très-peu soluble dans l'eau, et qu'il se dissout aisément dans les alcalis ainsi que dans l'ammoniaque (Werther).

La crème de tartre, mise en digestion avec un excès de zinc ou d'oxyde de zinc, fournit une solution qui dépose une poudre blanche et se dessèche en une masse gommeuse.

2° *Sel basique,* $C^4H^2O^6.Zn^2 + 1/2\,H^2O$. — Ce sel correspond aux tartrates basiques de plomb, d'antimoine, etc. On le prépare en faisant bouillir longtemps du zinc avec une solution de tartrate potassique additionnée de potasse; la solution neutralisée exactement par l'acide nitrique, fournit un précipité qu'on purifie en le dissolvant dans la potasse et le précipitant de nouveau au moyen de l'acide nitrique. Séché à 100°, le sel retient $1/2\,H^2O$ qu'il ne perd pas à 200° (K. Frisch).

3° *Tartrate de zinc ammoniacal.* — La solution concentrée de tartrate de zinc dans l'ammoniaque se prend par l'ébullition en une masse gélatineuse qui séchée sur l'acide sulfurique renferme $C^4H^4O^6(Az^2H^6Zn) + ZnH^2O^2$.

Cette masse amorphe, diaphane, perd H^2O et AzH^3 vers 160°, mais retient encore de l'ammoniaque à 200° [H. Schiff, *Ann. der Chem. u. Pharm.*, t. CXXV, p. 146].

TARTRATE DE ZIRCONIUM. — Précipité blanc, soluble dans l'acide tartrique, ainsi que dans la potasse (Berzelius).

PRODUITS DE SUBSTITUTION DE L'ACIDE TARTRIQUE.

Jusqu'ici on ne connaît pas de produit de substitution de l'acide tartrique; ce fait s'explique facilement si l'on se reporte à la constitution de l'acide tartrique; tous les atomes d'hydrogène de cet acide sont voisins d'oxhydryles alcooliques, et l'on sait que dans ces conditions les produits de substitution par Br, ce, SO^3H etc., si toutefois ils existent, sont très-instables.

Kekulé a pourtant obtenu un acide de la formule de l'*acide dibromotartrique*, $C^4H^4Br^2O^6$, qui prend naissance dans l'action du brome sur l'acide bromomaléique, préparé lui-même avec l'acide dibromosuccinique ordinaire :

$$C^4H^3BrO^4 + Br^4 + 2H^2O$$

Acide bromo-maléique.

$$= C^4H^4Br^2O^6 + 3HBr.$$

Acide dibromotartrique.

Cette réaction fournit en même temps une petite quantité de gaz carbonique et des traces de bromoforme.

L'acide dibromotartrique est déliquescent; il n'a pas été étudié davantage [A. Kekulé, *Ann. der Chem. u. Pharm.*, *Supplementband* I, p. 354].

II. — ACIDE TARTRIQUE GAUCHE.

La découverte de l'acide tartrique gauche ou lévoracémique est due aux mémorables travaux de M. Pasteur. Cet acide n'a pas encore été rencontré à l'état libre dans la nature; en combinaison avec l'acide tartrique droit, il forme l'acide racémique, qui existe peut-être dans certains végétaux (voyez plus loin, p. 226). On le prépare au moyen de l'acide racémique [Pasteur, *Ann. de Chim. et de Phys.*, (3), t. XXIV, p. 442; t. XXVIII, p. 56].

Préparation de l'acide tartrique gauche. — Si l'on neutralise poids égaux d'acide racémique par la soude et par l'ammoniaque et qu'on mêle les liqueurs, il se dépose par l'évaporation de beaux cristaux d'un sel double; ce sel ne constitue pas un racémate double de sodium et d'ammonium, mais un mélange en proportions égales des tartrates droit et gauche de sodium et d'ammonium.

Ces deux sels peuvent être séparés par un triage attentif.

En effet, en décrivant la forme cristalline du tartrate droit de sodium et d'ammonium (p. 222), nous avons vu que les cristaux de ce sel portent tous un tétraèdre gauche $b^{1/2}$, c'est-à-dire qu'en plaçant h^1 (angle obtus) en avant, on trouve la face $b^{1/2}$ à gauche de a^1. Or les cristaux du tartrate gauche de sodium et d'ammonium offrent les mêmes formes, seulement la facette $b^{1/2}$ est située à droite de a^1. La facette a^1 qui nous sert ici de point de repère manque souvent, et il est préférable, comme le fait M. Pasteur, de déterminer la position de $b^{1/2}$ par rapport aux modifications sur l'angle e; cet angle porte généralement les deux faces e^1 et $e^{1/2}$. Si l'on tourne du côté de l'observateur ces deux faces (angle aigu du prisme en avant), la facette $b^{1/2}$ est située à droite dans le tartrate droit de sodium et d'ammonium, et à gauche dans le sel gauche.

La présence de la forme (b^1 $b^{1/3}g^1$) sur certains cristaux est tantôt hémièdre, tantôt holoèdre. Dans le premier cas, il ne peut régner aucune incertitude, car le tétraèdre (b^1 $b^{1/3}$ g^1) possède le même signe que le tétraèdre $b^{1/2}$. Si la forme (b^1 $b^{1/3}g^1$) est complète, on trouve d'un côté de e^1 deux facettes et du côté opposé une seule facette; c'est alors l'orientation des deux facettes qui doit guider l'opérateur.

Pour séparer les deux sels, il faut examiner successivement chaque cristal, reconnaître le caractère hémiédrique, et mettre ensemble tous ceux dont les facettes hémiédriques offrent la même orientation. C'est là une opération très-longue et très-pénible, qu'une observation de M. Gernez sur les solutions sursaturées des tartrates de sodium et d'ammonium, droit et gauche, a beaucoup simplifiée.

Une solution sursaturée du tartrate droit, par exemple, ne cristallise qu'au contact d'un cristal droit, tandis que le sel gauche est sans influence; inversement, une solution sursaturée de tartrate gauche ne cristallise qu'au contact d'un cristal gauche. De ces faits il est facile de déduire une méthode de séparation des deux tartrates. La solution du racémate double de sodium et d'ammonium est concentrée suffisamment pour qu'après refroidissement elle soit modérément sursaturée; on introduit alors dans la solution froide un cristal de tartrate droit de sodium et d'ammonium, bien pur. Quand le dépôt de sel droit n'augmente plus, on le retire et on place dans la liqueur un cristal gauche bien pur (choisi dans une cristallisation de racémate sodico-ammonique et purifié). Quand, à son tour, le dépôt de sel gauche ne s'accroît plus, on concentre l'eau mère par l'évaporation et l'on recommence la même série d'opérations [Gernez, *Compt. rend.*, t. LXIII, p. 843].

Le tartrate de sodium et d'ammonium gauche séparé du sel droit par l'une ou l'autre méthode n'est pas encore pur; il retient une certaine quantité de sel droit (eau mère interposée et petits cristaux accolés); on le purifie en le faisant cristalliser dans l'eau.

Pour en extraire l'acide, on traite sa solution par un sel de baryum, ou mieux par du nitrate de plomb; le précipité obtenu avec le sel de plomb est d'abord gélatineux, mais ne tarde pas à devenir cristallin, surtout à chaud. Décomposé par l'acide sulfurique à une douce température, il donne l'acide tartrique gauche qui cristallise par l'évaporation lente de la solution; lorsque celle-ci contient un excès d'acide sulfurique, les cristaux sont très-beaux, limpides et volumineux.

L'acide racémique peut aussi être dédoublé au moyen des racémates de cinchonine et de quinine. Quand on concentre la solution du racémate de cinchonine, la première cristallisation est en majeure partie formée de tartrate gauche; le tartrate droit reste dans l'eau mère. Pareil résultat se présente avec la quinine, mais, dans ce cas, c'est le tartrate droit qui se dépose le premier.

Enfin, M. Pasteur a découvert un mode de préparation très-intéressant de l'acide tartrique gauche, basé sur l'action différente qu'exercent certains organismes sur les tartrates d'ammonium droit et gauche.

Le sel droit est détruit par le *Penicillium glaucum* avec une rapidité beaucoup plus grande que le sel gauche, de sorte qu'en semant quelques spores de ce champignon dans une solution de racémate d'ammonium additionnée de traces de phosphate ammonique, on observe un moment où, tout l'acide tartrique droit étant détruit, l'acide gauche existe seul dans le liquide [Pasteur, *Compt. rend.*, t. LI, p. 298].

Propriétés et réactions de l'acide tartrique et des tartrates gauches. — L'acide tartrique gauche ainsi que ses sels ne diffèrent des dérivés tartriques droits que par l'hémiédrie et le sens de la déviation qu'ils impriment au plan de polarisation de la lumière.

Aspect physique, poids spécifique, solubilité, propriétés chimiques, forme cristalline, tout se ressemble dans les deux séries de corps; mais les cristaux offrent l'hémiédrie non superposable. Nous pourrions répéter ici tout ce que nous avons dit dans les pages précédentes sur l'acide tartrique et les tartrates droits, en changeant seulement le signe du pouvoir rotatoire et donnant aux facettes hémiédriques la position opposée. Rappelons que le cristal d'un tartrate droit (exemple : bitartrate droit de césium) peut avoir une certaine forme hémièdre à gauche, et simultanément une autre forme hémièdre à droite; donc ce qui distingue les tartrates droits et gauches, ce n'est pas le sens de position d'une face hémièdre, mais l'opposition des faces dans les deux espèces de cristaux ; ainsi sur le cristal du bitartrate gauche de césium la première forme sera hémièdre à droite et la seconde hémièdre à gauche.

Rappelons aussi que le tartrate droit de calcium en solution dans l'acide chlorhydrique concentré dévie à gauche le plan de polarisation de la lumière; inversement, le tartrate gauche de calcium, dans les mêmes circonstances, est dextrogyre (Pasteur).

L'acide tartrique droit s'unit directement molécule à molécule à l'acide gauche et forme ainsi l'acide racémique. Lorsqu'on mêle des solutions concentrées d'acide tartrique droit et d'acide tartrique gauche, il se forme, avec un dégagement de chaleur très-sensible, des cristaux abondants d'acide racémique. Ce dégagement de chaleur est dû en très-grande partie à la cristallisation de l'acide racémique; si l'on emploie des solutions assez étendues pour que rien ne se dépose, ainsi que l'ont fait MM. Berthelot et Jungfleisch, on observe un dégagement de chaleur très-faible de $+ 0^{cal},12$. Il paraît probable que les deux acides demeurent presque entièrement séparés dans leurs dissolutions étendues, et que l'eau décompose en grande partie l'acide racémique en ses deux composants. L'union de l'acide tartrique droit avec l'acide gauche pour former l'acide racémique, sous la forme solide, dégagerait $+ 4^{cal},43$ [Berthelot et Jungfleisch, *Compt. rend.*, t. LXXVIII, p. 711].

Nous avons déjà dit au commencement de cet article (p. 109) que l'identité au point de vue chimique des acides tartriques droit et gauche cesse d'exister lorsqu'on les met en contact avec des corps actifs.

III. — ACIDE RACÉMIQUE.

L'acide *racémique* ou *paratartrique* résulte de l'union des acides tartriques droit et gauche; il possède donc très-probablement une molécule double de celle de l'acide tartrique et sa formule doit être : $C^8H^{12}O^{12}$.

L'acide racémique a été découvert en 1822 par Kestner, fabricant de produits chimiques à Thann (Alsace); il a d'abord été décrit par John sous le nom d'acide *thannique*. Gay-Lussac et Berzelius en ont déterminé la composition, et Pasteur en a dévoilé la constitution. C'est l'identité de composition des acides racémique et tartrique droit qui a suggéré à Berzelius ses premières idées sur la classe des *composés isomériques* [John, *Dictionn. de Chim. par John*, t. IV, p. 125; — Gay-Lussac, *Journ. de Chim. méd.*, t. II, p. 335. — Berzelius, *Poggend., Ann.*, t. XIX, op. 305; t. XXXVI, p. 1; — Pasteur, *Ann. de Chim. et de Phys.*, t. XXIV, p. 442; t. XXVIII, p. 56].

L'acide racémique ne paraît pas se trouver dans la nature; c'est dans la fabrication de l'acide tartrique qu'il se produit. En effet, pendant l'évaporation des solutions, l'acide tartrique reste longtemps exposé à une température élevée, qui autrefois dépassait souvent de beaucoup 110°. Cet acide se trouvait donc dans des conditions favorables pour sa transformation partielle en acide racémique et en acide inactif. Ce qui vient confirmer cette supposition, c'est que pendant longtemps Kestner n'avait pu retrouver l'acide racémique parmi les produits de la fabrication, et que d'ailleurs les eaux mères renferment toujours une certaine quantité d'acide inactif.

Du reste, aujourd'hui avec les nouveaux procédés d'évaporation sous pression réduite, on ne produit plus du tout d'acide racémique et l'on ne trouve dans les eaux mères que des traces d'acide tartrique inactif [E. Jungfleisch, *Bull. de la Soc. chim.*, t. XXI, p. 146].

Nous avons déjà étudié plus haut les modes de formation de l'acide racémique au moyen des acides tartriques droit, gauche et inactif (p. 109), par oxydation des matières sucrées (p. 201), par synthèse (p. 202); nous n'y reviendrons pas, et nous ne décrirons ici que le mode de préparation de cet acide au moyen de l'acide tartrique droit.

Préparation de l'acide racémique. — L'acide tartrique droit, introduit par portion de 30 grammes avec 1,6 de son poids d'eau dans des tubes résistants, est chauffé à 175° pendant 30 heures. Après refroidissement, les tubes contiennent, en même temps qu'une petite quantité d'une substance noire insoluble, un liquide sirupeux et coloré, qui finit par se prendre en masse. Lorsqu'on ouvre les tubes, ils laissent échapper une assez grande quantité de gaz (acide carbonique) formés par une décomposition profonde de l'acide tartrique; l'acide sulfurique, contenu toujours en petite quantité dans l'acide commercial, paraît être la cause principale de cette destruction partielle de l'acide tartrique.

L'opération peut s'effectuer, sur de plus grandes quantités de matière à la fois, dans un autoclave en acier émaillé à l'intérieur; dans ce cas la température doit être portée un peu plus haut, vers 180°, à cause du refroidissement produit par le couvercle qui se trouve hors du bain. On doit prendre soin aussi de laisser échapper trois ou quatre fois les gaz qui s'accumulent dans l'appareil.

Le produit de la réaction est repris par l'eau, filtré et concentré au bain-marie; par le refroidissement il se dépose une cristallisation qui, si la concentration n'a pas été poussée trop loin, est exclusivement formée d'acide racémique. Les eaux mères en fournissent une nouvelle quantité lorsqu'on les concentre et renferment à la fin de l'acide tartrique droit non modifié, de l'acide inactif et quelques produits de décomposition en faible quantité. Il suffit de les évaporer à consistance sirupeuse et de les chauffer de nouveau en vase clos à 175° pour obtenir une nouvelle quantité d'acide racémique. Les dernières eaux mères peuvent servir à la préparation de l'acide tartrique inactif.

L'acide racémique obtenu par la première cristallisation est lavé avec un peu d'eau et purifié par une seconde cristallisation dans l'eau et, s'il est nécessaire, par une troisième [E. Jungfleisch, *Bull. de la Soc. chim.*, t. XVIII, p. 201].

Propriétés et réactions de l'acide racémique. — L'acide racémique forme de beaux prismes transparents, d'un poids spécifique de 1,69 (Buignet). Les cristaux appartiennent au système anorthique; formes : m, t, h^1, g^1, o^1, a^1, e^1 plus rarement $f^{1/2}$, p, i^1; angles : h^1g^1, = 119° 24 à 119° 35'; mg^1 = 110° 45°; pg^1 = 77° 33'; o^1a^1 (sur p) = 111° 0' à 111° 57'; e^1g^1 = 128° 30' [De la Provostaye; — Rammelsberg].

L'acide cristallisé renferme $C^4H^6O^6 + H^2O$ ou plutôt $C^8H^{12}O^{12} + 2H^2O$; il perd son eau vers 100°; il est inaltérable à l'air. Il est moins soluble dans l'eau que l'acide tartrique; à l'état hydraté il exige pour se dissoudre, 5p,7 d'eau à 15° (Walchner); 4p,84 d'eau à 20° (Hornemann). Il se dissout à la température ordinaire dans 48 p. d'alcool d'une densité de 0,809.

En se dissolvant dans l'eau, l'acide cristallisé absorbe $- 13^{cal},80$ et l'acide desséché $- 10^{cal},84$ (Berthelot et Jungfleisch).

La solution d'acide racémique n'exerce aucune action sur la lumière polarisée.

La solution aqueuse étendue de l'acide racémique se recouvre à la longue de moisissures.

Sous l'influence de la chaleur, l'acide racémique

se comporte comme l'acide tartrique; il fournit d'abord des anhydrides et se décompose au-dessus de 200° en donnant les mêmes produits que l'acide tartrique droit.

Les métamorphoses chimiques de l'acide racémique sont les mêmes que celles de l'acide tartrique droit.

Nous avons déjà dit (p. 226) que l'acide racémique paraît se dédoubler en grande partie en acide tartrique droit et en acide tartrique gauche, par la dissolution dans une grande quantité d'eau.

RACÉMATES.

Les racémates peuvent être considérés comme des sels doubles formés par les tartrates droits et gauches; leur composition peut se représenter par les mêmes formules que celles des tartrates, ou plutôt par des formules doubles :

$C^4H^5O^5.M'$	$+$	$C^4H^5O^6.M'$	$=$	$C^8H^{10}O^{12}.M'^2$;
Tartrate acide droit.		Tartrique acide gauche.		Racémate acide.
$C^4H^4O^6.M'^2$	$+$	$C^4H^4O^6.M'^2$	$=$	$C^8H^8O^6.M'^4$.
Tartrate neutre droit.		Tartrate neutre gauche.		Racémate neutre.

Les cristaux des racémates ne sont pas hémièdres, et leur solution n'exerce aucune action sur le plan de la lumière polarisée.

L'acide racémique possède une réaction très-acide; il décompose facilement les carbonates, mais en solution alcoolique il n'agit pas sur ces sels. Le racémate calcique se distingue par sa faible solubilité, même dans les liqueurs légèrement acides; l'acide racémique produit en effet, dans les solutions de chlorure, de nitrate ou de sulfate de calcium, un précipité cristallin de racémate calcique; ce précipité est soluble dans l'acide chlorhydrique, mais il apparaît immédiatement lorsqu'on sature la liqueur par l'ammoniaque. Les acides tartriques droit ou gauche ne précipitent les sels calciques qu'après avoir été neutralisés par une base; le précipité se dissout pareillement dans l'acide chlorhydrique, mais l'ammoniaque ne le fait apparaître de nouveau qu'au bout de quelques heures. Les racémates ont été étudiés par Walchner [*Journ. von Schweigg.*, t. XLIX, p. 239]; Fresenius [*Ann. der Chem. u. Pharm.*, t. XLI, p. 1; t. LIII, p. 230]; Werther [*Journ. f. prakt. Chem.*, t. XXXII, p. 385], et Pasteur [*loc. cit.*].

RACÉMATES D'AMMONIUM. — 1° *Sel acide,*

$$C^8H^{10}O^{12}(AzH^4)^2.$$

— Poudre cristalline, obtenue en neutralisant 1 p. d'acide racémique par l'ammoniaque et ajoutant 1 p. du même acide; si l'on opère à chaud, le sel cristallise en aiguilles ou en lamelles; si le refroidissement est très-lent, on obtient des prismes clinorhombiques ayant la forme de tables par la prédominance de la face *p*. Le racémate acide d'ammonium se dissout à 20° dans 100 p. d'eau; il est bien plus soluble dans l'eau bouillante, ainsi que dans les acides minéraux; il est insoluble dans l'alcool. Une température de 100° ne l'altère pas (Fresenius).

2° *Sel neutre,* $C^8H^8O^{12}(AzH^4)^4$.—On le prépare en abandonnant à l'évaporation lente une solution d'acide racémique neutralisée par l'ammoniaque; il cristallise en prismes orthorhombiques, souvent mal développés. Formes : $b^{1/2}$, m, h^3, a^1, $a^{2/3}$, g^1; angles : mm = 99°30′ mg^1 = 130°15′ mh^3 = 160°50′; a^1a^1 (sur p) = 118° 0′; $a^1a^{2/3}$ = 169° 0′ (de la Provostaye). Les cristaux se ternissent à l'air, plus rapidement à 100°, en perdant de l'ammoniaque; ils sont très-solubles dans l'eau, à peine solubles dans l'alcool (Fresenius). Comme nous l'avons déjà dit, certains champignons, en se développant dans une solution de racémate ammonique, détruisent l'acide tartrique droit beaucoup plus rapidement que l'acide gauche, de sorte qu'à un certain moment la solution ne contient que du tartrate gauche d'ammonium.

RACÉMATE D'ARGENT, $C^8H^8O^{12}.Ag^4$.— Lorsqu'on verse une solution chaude de racémate acide d'ammonium dans une solution de nitrate d'argent chauffée elle-même vers 80°, jusqu'à ce que le précipité commence à devenir permanent, le liquide dépose en se refroidissant de belles paillettes brillantes de racémate d'argent. Ce sel est moins soluble dans l'eau que le tartrate argentique; il se dissout dans 48 p. d'alcool froid d'une densité de 0,809. Son poids spécifique a été trouvé égal à 3,7752 [Liebig et Redtenbacher, *Ann. der Chem. u. Pharm.*, t XXXVIII, p. 133].

RACÉMATES D'ANTIMOINE. — 1° Le *racémate d'antimonyle* ressemble au tartrate correspondant.

2° *Racémate d'antimonyle et de potassium,*

$$C^8H^8O^{12}(SbO)^2K^2 + H^2O.$$

— La solution bouillante de biracémate de potassium, saturée d'oxyde d'antimoine, fournit par le refroidissement de fines aiguilles ou des prismes orthorhombiques de racémate d'antimonyle et de potassium (Berzelius); Formes : $b^{1/2}$, m; angles : mm = 85°20′; $mb^{1/2}$ = 118° 3′ (de la Provostaye).

L'eau de cristallisation se dégage à 100°; mais, comme l'émétique, le sel subit vers 200° une nouvelle perte et renferme alors $C^8H^4O^{12}.Sb^2K^2$ (Liebig).

RACÉMATES D'ARSENIC. — La préparation des sels doubles formés par le racémate d'arsényle est difficile et ne réussit pas toujours.

1° *Racémate d'arsényle et d'ammonium,*

$$C^8H^8O^{12}(AsO)^2(AzH^4)^2 + H^2O.$$

— On l'obtient en introduisant dans une solution bouillante de 1 mol. de racémate neutre d'ammonium, par petites portions et alternativement 2 mol. d'anhydride arsénieux (As^2O^3) et 1 mol. d'acide racémique et maintenant la température à 100° pendant plusieurs heures. Une grande quantité d'anhydride arsénieux reste toujours non dissoute.

La solution filtrée laisse déposer des cristaux du sel double, mélangés d'une certaine quantité de biracémate d'ammonium, qu'on sépare par triage. Les cristaux de racémate double d'arsényle et d'ammonium s'effleurissent rapidement; à 100°, ils perdent 4,1 % de leur poids (eau et une petite quantité d'ammoniaque). Ils sont solubles dans 10p,62 d'eau à 15° et se décomposent en grande partie par l'évaporation de la solution en biracémate ammonique et acide arsénieux (Werther).

2° *Racémate d'arsényle et de potassium,*

$$C^8H^8O^{12}(AsO)^2K^2 + 3H^2O.$$

— Il se prépare par un procédé semblable à celui qu'on vient de décrire. Il est en grands cristaux bien définis, d'un éclat nacré, s'effleurissant lentement à l'air. L'eau de cristallisation ne se dégage complétement que vers 155-170°; le sel sec supporte une température de 250° sans s'altérer. Il se dissout dans 7p,96 d'eau à 15° et se dédouble par l'évaporation de cette solution en biracémate potassique et acide arsénieux (Werther).

3° *Racémate d'arsényle et de sodium,*

$$C^8H^8O^{12}(AsO)^2Na^2 + 5H^2O.$$

— La préparation de ce sel est plus facile que celle des précédents, à cause de sa plus grande stabilité dans l'eau. Grands cristaux nacrés, inaltérables à l'air, solubles à 19° dans 14p,6 d'eau, perdant complétement leur eau vers 130° (Werther).

RACÉMATE DE BARYUM $C^8H^8O^{12}.Ba^2 + 5H^2O$.

— L'acide racémique donne, avec l'eau de baryte, des flocons blancs solubles dans un excès d'acide;

la liqueur se trouble de nouveau au bout de quelque temps et dépose la presque totalité du racémate barytique sous la forme d'un précipité cristallin (Walchner).

Le racémate sodique produit le même précipité avec le chlorure de baryum [Wittstein, *Repertor.*, t. LVII, p. 22]. Une solution d'acétate barytique donne avec l'acide racémique un précipité de racémate de baryum; le précipité cristallin formé par le mélange des solutions chaudes est anhydre, tandis que le sel produit à froid, cristallisé en fines aiguilles microscopiques, renferme de l'eau (Fresenius).

Le racémate barytique perd son eau vers 200°; il est presque insoluble dans l'eau froide et soluble dans 200 p. d'eau bouillante. Il se dissout dans l'acide chlorhydrique ou l'acide azotique et est précipité de ces solutions par l'ammoniaque après quelques instants. L'acide acétique, la potasse, les chlorure, nitrate, succinate d'ammonium, etc., ne le dissolvent pas.

On n'a pu préparer ni un racémate acide de baryum, ni des sels doubles avec les racémates de potassium et de sodium.

Racémate de bore et de potassium. — Lorsqu'on fait dissoudre 1 mol. d'acide borique dans 1 mol. de biracémate de potassium, on obtient, après évaporation au bain-marie, une masse blanche, friable, acide, fort soluble dans l'eau, mais non déliquescente.

On obtient des produits semblables en faisant dissoudre du borax dans le biracémate de potassium ou de sodium; ces produits attirent l'humidité de l'air (Fresenius).

Racémate de cadmium. $C^8H^8O^{12}.Cd^2$. — Il s'obtient en saturant l'acide racémique par le carbonate de cadmium (H. Schiff).

Racémate de calcium, $C^8H^8O^{12}.Ca^2 + 8H^2O$. — L'acide racémique produit dans l'eau de chaux des flocons blancs amorphes, devenant bientôt cristallins; le sel amorphe se dissout dans un excès d'acide racémique, mais, au bout de quelques instants, la solution laisse déposer du racémate calcique cristallin. L'acide racémique précipite au bout de quelque temps la solution aqueuse du sulfate calcique; il précipite plus rapidement le chlorure ou le nitrate. Un racémate alcalin versé dans un sel calcique y produit rapidement un précipité de racémate calcique. Ce sel constitue une poudre, composée de fines aiguilles ou de lamelles perdant son eau à 200°. Il est presque insoluble dans l'eau, mais il se dissout dans l'acide chlorhydrique et en est précipité immédiatement par l'ammoniaque. Le sel à l'état cristallin ne se dissout ni dans l'acide acétique, ni dans l'acide racémique; il est à peine soluble à froid dans le chlorure d'ammonium, mais à chaud il se dissout un peu plus facilement dans plusieurs sels ammoniacaux; ces solutions laissent déposer en se refroidissant des aiguilles de racémate calcique. Il se dissout aisément dans la potasse; la solution se prend en gelée lorsqu'on la chauffe (Gay-Lussac, Berzelius, Walchner, Fresenius, Wittstein, Pasteur).

On n'a pas réussi à préparer des racémates doubles de calcium et de potassium ou de sodium.

Racémate de cérium. — L'acide racémique précipite l'acétate, mais non le chlorure de cérium; les racémates alcalins précipitent ce dernier sel. Le racémate de cérium est une poudre cristalline soluble dans l'acide racémique (Beringer, Czudnowicz).

Racémate de chrome. — L'hydrate de chrome se dissout dans une solution bouillante d'acide racémique; la liqueur est violette, très-acide et laisse après évaporation une masse cristalline violette.

La solution de ce sel est colorée en vert par le carbonate potassique; l'eau de chaux la précipite complétement; l'alcool y détermine la formation d'un sous-sel violet, insoluble dans l'eau et devenant presque noir par la dessiccation (Fresenius).

Racémate de cobalt. — L'hydrate de cobalt récemment préparé se dissout dans l'acide racémique; la solution laisse déposer, par l'évaporation, d'abord des croûtes cristallines rouge pâle, puis de l'acide racémique libre. On obtient les mêmes croûtes en laissant évaporer à une douce chaleur une solution d'acétate de cobalt additionnée d'acide racémique. Le racémate de cobalt est peu soluble dans l'eau, même dans l'eau bouillante; il se dissout plus abondamment dans l'acide racémique et dans l'acide chlorhydrique. La potasse le dissout facilement en prenant une belle couleur violette; la solution ne s'altère pas par l'ébullition, mais laisse déposer spontanément, surtout si on l'étend d'eau, un précipité bleu sale.

L'hydrate de cobalt récemment précipité se dissout à l'aide de la chaleur dans le biracémate de potassium, en donnant des croûtes cristallines qui constituent vraisemblablement un *racémate cobaltoso-potassique* (Fresenius).

Racémates de cuivre. — 1° *Sel cuivreux.* — On l'obtient en faisant digérer, à l'abri de l'air, l'oxyde cuivreux avec une solution d'acide racémique. Il est assez soluble dans l'eau et se dépose en prismes incolores, clinorhombiques (Walchner).

2° *Sel cuivrique.* — Le mélange de solutions concentrées et chaudes de sulfate de cuivre et d'acide racémique fournit après quelque temps des tables d'un vert pâle (Werther). Une solution étendue d'acétate cuivrique donne avec l'acide racémique des aiguilles d'un bleu pâle, à quatre pans, renfermant

$$C^8H^8O^{12}.Cu^2 + 4H^2O;$$

ce sel est peu soluble dans l'eau, mais il se dissout aisément dans l'acide chlorhydrique (Fresenius). Les racémates alcalins produisent avec les sels de cuivre un précipité vert (Walchner).

Ces différents sels sont très-solubles dans la soude et dans la potasse, mais ne se dissolvent qu'à l'aide de la chaleur dans les carbonates alcalins.

3° *Sels doubles.* — Le biracémate de potassium saturé à chaud de carbonate de cuivre fournit des croûtes amorphes bleues, peu solubles dans l'eau, constituant probablement un racémate *cuprico-potassique* (Fresenius).

Lorsqu'on ajoute avec précaution de l'alcool à une solution *saturée* de racémate de cuivre dans la soude caustique, de manière à ne pas mêler les deux liquides, le fond du verre se tapisse de tables d'un bleu clair, tandis qu'il se forme des aiguilles bleu foncé à la séparation des deux couches. Malgré les différences de forme et de couleur que présentent ces deux sortes de cristaux, ils possèdent la même composition :

$$C^8H^8O^{12}.Na^4, 2CuO + 8H^2O.$$

Ce sel est peu soluble dans l'eau froide, plus soluble dans l'eau bouillante; la solution supporte une ébullition prolongée sans déposer d'oxyde cuivreux. La réduction de l'oxyde cuivrique a lieu si l'on ajoute de la soude libre à la liqueur (Werther).

On obtient un autre sel, en octaèdres bleu foncé, par l'addition d'alcool à la solution *incomplétement saturée* de racémate cuivrique dans la soude, en ayant soin de superposer les deux liquides; ces octaèdres renferment : $Na^2O = 24,36\ \%$, $CuO = 11,05$, $H^2O = 19,93$ (Werther).

Le racémate cuivrique se dissout à la température de l'ébullition dans le carbonate de sodium, en donnant lieu à un dégagement de gaz carbonique; l'alcool précipite de la solution une poudre bleu clair contenant : $Na^2O = 10,78\ \%$, $CuO = 34,24$, H^2O 3,88 (Werther).

RACÉMATE D'ÉTAIN. — L'acide racémique attaque très-lentement l'étain, et la solution donne par la concentration des prismes très-solubles (Walchner).

RACÉMATES DE FER. — 1° *Sel ferreux*. — Le fer en se dissolvant dans l'acide racémique donne des aiguilles blanches peu solubles dans l'eau (Walchner). On obtient probablement le même sel, sous la forme d'un précipité blanc, en ajoutant du sulfate ferreux à un mélange de racémate de potassium et d'acide acétique. Ce précipité est peu soluble dans l'eau, mais il se dissout abondamment dans l'acide racémique, dans les acides minéraux, l'ammoniaque, la potasse, etc. (Fresenius).

2° *Sel ferrique*. — On l'obtient en dissolvant l'hydrate ferrique dans l'acide racémique et séparant, par le filtre, le sous-sel qui se forme en même temps; la liqueur, d'un rouge brun, laisse après évaporation une masse brune amorphe friable. La solution de ce sel est précipitée par l'alcool; les alcalis n'y produisent pas de trouble (Fresenius).

3° *Sels doubles*. — La solution du sel précédent, additionnée d'ammoniaque, fournit, par la concentration des grains brun jaunâtre, très-solubles.

L'hydrate ferrique se dissout dans le biracémate de potassium; la solution dépose d'abord un sous-sel jaune et laisse à la fin une masse brun noirâtre, cristalline, déliquescente (Fresenius).

RACÉMATES DE LITHIUM. — On ne connaît que deux sels doubles, le *racémate de lithium et d'ammonium*, $C^8H^8O^{12}.Li^2(AzH^4)^2 + 4H^2O$, et le *racémate de lithium et de sodium*,

$$C^8H^8O^{12}.Li^2Na^2 + 2H^2O,$$

qui cristallisent bien (Scacchi).

RACÉMATES DE MAGNÉSIUM. — 1° *Sel simple*,

$$C^8H^8O^{12}.Mg^2 + 10H^2O.$$

— On le prépare en dissolvant du carbonate de magnésium dans une solution bouillante d'acide racémique; par le refroidissement lent de la solution, le sel cristallise en petits prismes orthorhombiques, s'effleurissant à l'air. Il perd $8H^2O$ à 100° et les deux autres molécules vers 200° seulement; 1 p. de sel exige 120 p. d'eau à 19° pour se dissoudre; il est plus soluble dans l'eau bouillante. Ce sel ne se dissout pas dans l'alcool. Les acides minéraux et l'acide racémique augmentent beaucoup sa solubilité dans l'eau, mais l'acide acétique est sans influence.

L'ammoniaque précipite de sa solution un sel très-basique.

La potasse dissout le racémate magnésien; la solution se prend en gelée lorsqu'on la chauffe et s'éclaircit de nouveau par le refroidissement.

On n'a pas obtenu un racémate acide de magnésium.

2° *Sels doubles*. — Lorsqu'on sature les biracémates alcalins, à l'aide de la chaleur, avec du carbonate de magnésium, il ne se dépose, par le refroidissement, que du sel magnésien; mais, par évaporation de la liqueur, on obtient une masse amorphe, d'où l'eau, même bouillante, n'extrait qu'une très-petite quantité de racémate alcalin (Fresenius).

RACÉMATE DE MANGANÈSE,

$$C^8H^8O^{12}.Mn^2 + 2H^2O.$$

— Ce sel se dépose en petits cristaux blanc jaunâtre, lorsqu'on évapore une solution d'acétate de manganèse additionnée d'acide racémique. Il ne perd pas son eau à 100°. Il est peu soluble dans l'eau; les alcalis, l'ammoniaque et les acides, même l'acide acétique, le dissolvent facilement (Fresenius).

RACÉMATE MERCUREUX. — L'acide racémique produit dans le nitrate mercureux un précipité blanc, lourd, qui se colore rapidement à la lumière. Ce précipité est insoluble dans l'eau et dans l'acide racémique, mais il se dissout aisément dans l'acide nitrique.

RACÉMATES DE NICKEL. — 1° *Sel simple*,

$$C^8H^8O^{12}.Ni^2 + 10H^2O.$$

— Une solution d'acétate de nickel, additionnée d'acide racémique, donne, par l'évaporation, des aiguilles vertes qui s'effleurissent lentement à la température ordinaire, rapidement à 100°. Ce sel est peu soluble dans l'eau; l'acide racémique et surtout l'acide chlorhydrique augmentent considérablement sa solubilité. Il se dissout dans la potasse en la colorant en vert; à chaud, il se dissout aussi dans le carbonate sodique, dont il chasse l'acide carbonique; la liqueur se prend par le refroidissement en une masse gélatineuse.

2° *Racémate de nickel et d'ammonium*. — Le biracémate d'ammonium dissout le carbonate de nickel à la température de l'ébullition; la solution verte fournit, en s'évaporant, des flocons verts, probablement un sel double (Fresenius).

RACÉMATE DE PLOMB, $C^8H^8O^{12}.Pb^2$ (à 100°). — Lorsqu'on verse goutte à goutte une solution d'acide racémique dans une solution chaude d'acétate de plomb jusqu'à ce que le précipité devienne permanent, la liqueur dépose des grains brillants ou quelquefois des aiguilles de racémate plombique. Précipité à froid, ce sel constitue une poudre blanche, ou des croûtes cristallines, si l'acide racémique a été employé en excès (Fresenius). Il est très-peu soluble dans l'eau, plus soluble dans les acides. Il est anhydre, mais lorsqu'il se dépose de sa solution chaude dans l'acide racémique, il renferme de l'eau et décrépite par la chaleur (Berzelius). Sa densité est de 2,530 à 19°.

RACÉMATES DE POTASSIUM. — 1° *Sel acide*,

$$C^8H^{10}O^{12}.K^2.$$

— On l'obtient comme le sel ammoniacal correspondant. Il constitue une poudre cristalline ou des tables quadrilatères anhydres, solubles dans 180 p. d'eau à 19°, dans 139 p. d'eau à 25° et dans 14p,3 d'eau bouillante; il est insoluble dans l'alcool, mais se dissout facilement dans les acides minéraux (Fresenius).

Le même sel se précipite lorsqu'on ajoute de l'acide acétique à la solution du racémate neutre ou de l'acide racémique à une solution concentrée de chlorure de potassium.

2° *Sel neutre*, $C^8H^8O^{12}.K^4 + 4H^2O$. — L'acide racémique neutralisé par une solution de carbonate de potassium fournit, par l'évaporation lente, un sel neutre en tables hexagonales, appartenant au système orthorhombique et isomorphes, d'après M. Pasteur, avec le racémate ammonique ($m\ g^1 = 128°\ 20'$).

D'après les mesures plus récentes de M. V. von Lang, le racémate potassique cristalliserait dans le système clinorhombique (Formes : m, h^1, h^1, g^1, p, e^1, $e^{1/2}$, $a^{1/2}$, $b^{1/2}$, $d^{1/2}$, ($b^2\ b^{2/3}\ h^1$). Angles : $m\ h^1 = 137°\ 37'$; $p\ h^1 = 92°\ 35'$; $g^1\ e^1 = 97°\ 9'$. Il se pourrait donc que le racémate potassique fût dimorphe [*Wien. Acad. Ber.*, 2e part., t. XLV, p. 31].

Ce sel perd son eau à 100° et résiste à une température de 200°; il est soluble dans 0p,97 d'eau à 25° et presque insoluble dans l'alcool (Fresenius).

3° *Racémate de potassium et d'ammonium*. — On le prépare en neutralisant le racémate acide de potassium par l'ammoniaque et soumettant la liqueur à une évaporation lente; le sel double cristallise mal, en aiguilles striées longitudinalement; les cristaux appartiennent au type orthorhombique et sont isomorphes avec les racémates neutres d'ammonium et de potassium ($mg^1 = 130° 45'$) (Pasteur).

RACÉMATES DE SODIUM. — 1° *Sel acide*,

$$C^8H^{10}O^{12}.Na^2 + 2H^2O.$$

— Molécules égales de sel neutre et d'acide racémique, sont dissoutes dans une petite quantité d'eau, et la liqueur est précipitée par l'alcool. Le dépôt, cristallisé dans l'eau bouillante, forme des prismes clinorhombiques striés, solubles dans 11p,3 d'eau à 19° et dans une quantité beaucoup plus petite d'eau bouillante. Ce sel est insoluble dans l'alcool. Il perd son eau à 100° (Fresenius).

2° *Sel neutre*, $C^8H^8O^{12}.Na^4$. — Il s'obtient par la neutralisation de l'acide au moyen du carbonate sodique. Il cristallise très-facilement en prismes orthorhombiques anhydres, solubles dans 2p,63 d'eau à 25°, insolubles dans l'alcool (Fresenius, Pasteur).

3° *Sels doubles*. — *Racémate de sodium et d'ammonium*. — Nous avons déjà dit plus haut (p. 225) que ce sel ne peut exister qu'en solution; lorsqu'on évapore celle-ci jusqu'au point où elle cristallise, elle laisse déposer un mélange de parties égales de tartrate droit et de tartrate gauche tous deux à base de soude et d'ammoniaque.

Il en est de même du *racémate de sodium et de potassium*.

RACÉMATE DE STRONTIUM,

$$C^8H^8O^{12}.Sr^2 + 8H^2O.$$

— L'acide racémique précipite l'eau de strontiane des flocons blancs, épais, ne devenant pas cristallins, même après 12 heures; le racémate de potassium donne avec le chlorure de strontium un dépôt cristallin; enfin l'acide racémique forme dans le nitrate strontique, ou plus complétement dans l'acétate un précipité cristallin, brillant de racémate strontique (Walchner, — Fresenius).

Préparé par ce dernier procédé, le sel renferme $8H^2O$, qu'il perd à 200°; il est à peine soluble dans l'eau froide, un peu plus soluble à l'ébullition. La solution dans l'acide chlorhydrique est immédiatement précipitée par l'ammoniaque. Le sel strontique est insoluble dans l'acide acétique, mais il se dissout dans l'acide racémique. Le chlorhydrate, le nitrate et le succinate d'ammonium le dissolvent à l'aide de la chaleur, et la solution se trouble par le refroidissement.

RACÉMATE DE THALLIUM, $C^8H^8O^{12}.Tl^4$. — Ce sel est dimorphe; on l'obtient généralement en prismes incolores clinorhombiques (angles des axes = 90°20'), se clivant suivant o^1. La seconde forme appartenant aussi au type clinorhombique (angles des axes = 96°45'); clivage suivant p, se dépose dans des solutions qui contiennent des traces de potasse; les cristaux sont très-brillants et possèdent toujours une légère coloration. La densité des deux sortes de cristaux est de 4,058; leur solubilité (1 p. dans 7p,5 d'eau à 15°) est aussi la même. Ce sel se décompose à 160° (Lamy et Des Cloizeaux).

RACÉMATE DE ZINC. — L'acide racémique dissout le zinc avec dégagement d'hydrogène, et la solution fournit par l'évaporation des aiguilles incolores de racémate de zinc (Walchner). Le précipité gélatineux, que l'acide racémique produit dans l'acétate de zinc, se dessèche en une masse blanche, un peu molle, à peine soluble dans l'eau (Werther).

IV. — ACIDE TARTRIQUE INACTIF.

L'acide tartrique inactif ou acide mésotartrique, découvert par M. Pasteur, diffère de l'acide racémique en ce qu'il ne peut être dédoublé en deux acides actifs. Il prend naissance par l'action de la chaleur, dans diverses circonstances, sur les acides tartrique droit et gauche, ou sur l'acide racémique; c'est lui aussi qui, mélangé d'acide racémique, constitue l'acide tartrique synthétique. Nous avons déjà développé ces divers points plus haut (pp. 199 et 202). [Pasteur, *Compt. rend.*, t. XXXVIII, p. 162; — Dessaignes, *Bull. de la Soc. chim.*, 1862, p. 102; 1863, p. 355; 1865, t. III, p. 34; — Jungfleisch, *ibid.*, t. XIX, p. 99].

Préparation de l'acide tartrique inactif. — Nous ne décrirons ici que le procédé de M. Jungfleisch, qui permet de préparer en peu de temps de grandes quantités d'acide tartrique inactif. L'acide tartrique droit, additionné d'eau, comme dans la préparation de l'acide racémique, est chauffé dans un autoclave pendant 2 jours à 165°; au bout de ce temps, la plus grande partie de l'acide droit a disparu, et la produit contient de l'acide tartrique inactif et une proportion relativement faible d'acide racémique. Ce dernier étant séparé autant que possible par une première cristallisation, la liqueur est étendue d'eau, divisée en deux volumes égaux, dont l'un est neutralisé exactement par de la potasse, puis réuni à l'autre, de manière à transformer le tout en sel de potassium acide. Le bitartrate droit et le biracémate de potassium sont peu solubles dans l'eau, tandis que le bitartrate inactif est, au contraire, très-soluble : les deux premiers sels se déposent seuls lorsqu'on évapore partiellement la liqueur, et le troisième cristallise quand on laisse refroidir la solution suffisamment concentrée. Les cristaux de ce sel sont le plus souvent assez fortement colorés; mais, pour les décolorer, il suffit d'ajouter à leur solution quelques gouttes d'acétate de plomb, et de la saturer ensuite d'hydrogène sulfuré : le sulfure de plomb entraîne les matières colorées.

Les dernières eaux mères provenant de la préparation de l'acide racémique renferment une notable proportion d'acide tartrique inactif qu'on peut en retirer en suivant un procédé semblable.

Le bitartrate inactif de potassium est changé en sel de calcium qui, traité par l'acide sulfurique, fournit l'acide tartrique inactif à l'état cristallisé. On peut arriver au même résultat en décomposant le sel de plomb, ou mieux celui de cuivre, par l'hydrogène sulfuré.

M. Dessaignes avait suivi un procédé analogue pour retirer l'acide tartrique inactif des produits d'oxydation de la sorbine et des produits de transformation de l'acide tartrique ou de l'acide racémique sous l'influence de l'acide chlorhydrique bouillant.

Propriétés de l'acide tartrique inactif. — Cet acide est encore très-peu étudié. Il cristallise en tables rectangulaires ou en prismes renfermant $C^4H^6O^6 + H^2O$; l'eau de cristallisation se dégage complétement à 100°; dans le vide, il s'effleurit en perdant de l'eau, mais très-lentement; exposé à l'air, il reprend rapidement son poids primitif. Si l'on dissout dans une petite quantité d'eau l'acide longtemps maintenu à 100° et qu'on amène la solution promptement à cristalliser, il forme de gros cristaux ressemblant à l'acide tartrique, et qui, comme lui, sont anhydres. Ces cristaux redissous reprennent à la longue de l'eau et reproduisent les cristaux primitifs.

Il est très-soluble dans l'eau : 1 p. se dissout dans 0p,80 d'eau à 15°. Sa dissolution dans l'eau produit une absorption de chaleur de — 5cal, 24 (Berthelot et Jungfleisch). L'acide anhydre fond à 140°; vers 195°, il commence à se décomposer et se comporte comme l'acide tartrique ordinaire (Dessaignes).

TARTRATES INACTIFS.

L'acide tartrique inactif diffère essentiellement des acides tartriques droit et gauche, ainsi que de l'acide racémique, par la grande solubilité de ses sels acides d'ammonium et de potassium; il se distingue encore de l'acide racémique en ce qu'il ne précipite pas le sulfate de calcium, mais il s'en rapproche en ce que son sel calcique est précipité rapidement par l'ammoniaque de sa solution chlorhydrique.

L'acide tartrique inactif libre n'est pas précipité par le nitrate mercurique; son sel neutre d'ammonium ne précipite ni le chlorure mercurique ni le nitrate cuivrique, autant de réactions par lesquelles il diffère de l'acide tartrique ordinaire.

M. Dessaignes a analysé les tartrates inactifs suivants:

TARTRATE INACTIF D'ARGENT,

$$C^4H^4O^6.Ag^2 + 2H^2O.$$

— Le nitrate d'argent précipite le bitartrate inactif d'ammonium; le précipité se convertit à une douce chaleur en cristaux transparents, brillants, assez gros, qui possèdent la formule indiquée. Ce sel perd son eau à 100°.

TARTRATE INACTIF DE CALCIUM,

$$C^4H^4O^6.Ca + 4H^2O.$$

— Lorsqu'on verse de l'acétate de calcium dans l'acide libre, le précipité qui se forme d'abord se change bientôt en cristaux brillants; séchés à l'air, ils retiennent 4 H^2O.

TARTRATE INACTIF DE PLOMB,

$$C^4H^4O^6.Pb + H^2O.$$

— Cristaux brillants bien distincts.

V. — ACIDE MÉTATARTRIQUE.

L'acide métatartrique possède la composition de l'acide tartrique; ses sels diffèrent des tartrates ordinaires par la forme et par une plus grande solubilité. On l'obtient en faisant fondre l'acide tartrique; si l'on arrête l'opération dès que le tout est fondu, en ne dépassant pas une température de 170 à 180°, l'acide tartrique s'est modifié sans subir aucune perte de poids; si, au contraire, la chaleur est maintenue plus longtemps, le produit est mélangé d'acide ditartrique (tartralique, voyez p. 240) [Braconnot, *Ann. de Chim. et de Phys.*, (2), t. XLVIII, p. 299; — Erdmann, *Ann. der Chem. u. Pharm.*, t. XXI, p. 9; —Laurent et Gerhardt, *Compt. rend. des Trav. de Chim.*, 1849, pp. 1 et 97].

L'acide métatartrique offre l'apparence d'une gomme transparente; à la température ordinaire, il devient opaque à la longue, en cristallisant; la même transformation s'opère plus rapidement lorsqu'on le chauffe. L'acide métatartrique est déliquescent. Il possède le pouvoir rotatoire; à l'état fondu, pendant qu'il est encore chaud, il dévie énergiquement à droite le plan de la lumière polarisée; mais la déviation s'affaiblit peu à peu par le refroidissement, et passe même à gauche dès que la température est descendue à 3°,5 (Biot).

MÉTATARTRATES.

Les métatartrates possèdent la même composition que les tartrates, et se transforment promptement en ces sels, lorsqu'on fait bouillir leur solution. Ils sont plus solubles que les tartrates. L'acide métatartrique ne précipite pas les sels calciques, et son sel ammonique n'y provoque la formation d'un précipité que si les solutions sont concentrées et seulement au bout d'un certain temps. Les métatartrates ont été décrits et analysés par Laurent et Gerhardt [*loc. cit.*].

MÉTATARTRATES D'AMMONIUM. — On ne connaît que le *sel acide*, $C^4H^5O^6(AzH^4)$. Pour le préparer, on ajoute de l'ammoniaque en quantité insuffisante à une solution d'acide tartrique simplement fondu; au bout de quelques instants, il se forme un dépôt cristallin qui, lavé à l'eau alcoolisée, puis à l'alcool, constitue le bimétatartrate ammonique. Ce sel se présente en petites aiguilles groupées ensemble, et qui prennent ordinairement l'aspect de fuseaux un peu renflés au milieu; il est beaucoup plus soluble que le bitartrate d'ammonium. On peut le faire cristalliser dans l'eau tiède, sans le modifier; mais l'ébullition le convertit rapidement en bitartrate.

MÉTATARTRATE DE BARYUM, $C^4H^4O^6.Ba + H^2O$. — Il s'obtient par une double décomposition entre le métatartrate neutre d'ammonium (acide métatartrique neutralisé par l'ammoniaque), et le chlorure de baryum; il est en globules, collés les uns contre les autres.

MÉTATARTRATE DE CALCIUM,

$$C^4H^4O^6.Ca + 4H^2O.$$

— On le prépare en précipitant le métatartrate d'ammonium en solution concentrée par le chlorure de calcium; le dépôt, quelquefois floconneux au premier instant, devient grenu au bout de quelques secondes. Il se présente sous le microscope, tantôt sous forme de grains irréguliers et lenticulaires, tantôt en petits prismes dont les deux extrémités ne sont pas symétriques, l'une d'elles étant arrondie, tandis que l'autre est droite ou terminée par un angle obtus.

A 160° le métatartrate de calcium retient encore une molécule d'eau; à 230° il est anhydre.

Une fois déposé, le métatartrate de calcium ne se dissout que très-difficilement dans l'eau bouillante en se transformant en tartrate. Il est très-soluble dans l'acide chlorhydrique et dans l'acide azotique étendu, et se dépose de nouveau lorsqu'on neutralise la solution par l'ammoniaque. Lorsqu'on dissout dans l'acide chlorhydrique le métatartrate calcique séché à 220°, et qu'on précipite par l'ammoniaque, on obtient du tartrate de calcium.

MÉTATARTRATES DE POTASSIUM. — Le *sel acide*, $C^4H^5O^6.K$, présente le même aspect et les mêmes réactions que le sel ammonique correspondant. Le *sel neutre* est précipité de sa solution par l'alcool, sous la forme d'une huile; celle-ci cristallise lentement et est alors transformée en tartrate de potassium. A. H.

TARTRIQUES (ACIDES) (ANALYSE). — I. CARACTÈRES DE L'ACIDE TARTRIQUE DROIT. — 1° L'acide tartrique droit est anhydre.

2° L'acide tartrique et les tartrates sont décomposés par la chaleur, en donnant du charbon et développant une odeur particulière de caramel.

3° Chauffés avec de l'acide sulfurique, ils donnent une liqueur brune et dégagent un mélange d'oxyde de carbone et de gaz sulfureux, contenant de petites quantités de gaz carbonique.

4° Leurs solutions agissent sur la lumière polarisée.

5° L'acide tartrique droit, employé en excès, détermine dans les sels de potassium la formation d'un dépôt de tartrate acide de potassium. Lorsqu'on ajoute à la solution concentrée d'un tartrate une petite quantité d'*acétate de potassium et de l'acide acétique* libre, il se forme le même dépôt cristallisé; en liqueur étendue, le précipité ne se produit pas immédiatement; le frottement des parois du vase avec une baguette en verre facilite sa formation L'addition à la liqueur d'un volume égal d'alcool augmente beaucoup la sensibilité de la réaction.

En présence de l'acide borique, la réaction ne se produit que si l'on emploie le *fluorure de potassium* à la place de l'acétate : il se fait du fluo-borure de potassium et l'on évite ainsi la formation du tartrate borico-potassique, très-soluble [C. Barfoed, *Zeitsch. für anal. Chem.*, t. III, p. 292].

6° Le *chlorure de calcium* précipite les tartrates en blanc; le précipité, amorphe d'abord, devient bientôt cristallin. En présence des sels ammoniacaux, il ne se forme qu'au bout d'un temps quelquefois très-long. Il se dissout dans l'acide chlorhydrique; l'ammoniaque ne précipite pas immédiatement cette solution et le sel se dépose lentement en cristaux.

Le tartrate calcique est assez soluble dans le chlorure de calcium. Il se dissout dans une lessive froide et peu étendue de potasse et de soude; la dissolution s'accomplit lentement si la lessive alcaline renferme une notable proportion d'acide carbonique. Si l'on chauffe cette solution, elle se prend en une gelée semblable à l'empois d'amidon; par le refroidissement, le liquide s'éclaircit de nouveau.

7° L'*eau de chaux* détermine dans l'acide tartrique ou dans les tartrates la formation de tartrate calcique floconneux, devenant cristallin après quelque temps. Le précipité floconneux se dissout facilement dans l'acide tartrique ou dans le chlorure d'ammonium; mais, au bout de quelques heures, le sel se dépose de nouveau sur les parois du vase sous la forme de petits cristaux; une faible proportion du sel seulement reste en dissolution.

8° Le *sulfate de calcium* ne précipite pas la solution de l'acide tartrique libre; dans les tartrates neutres, il ne forme qu'un faible précipité au bout d'un temps assez long.

9° Le *chlorure de baryum* et l'*eau de baryte* se comportent avec les tartrates comme le chlorure de calcium et l'eau de chaux.

10° L'*acétate de plomb* précipite en blanc la solution de l'acide tartrique et des tartrates; le précipité se dissout facilement dans l'acide azotique, ainsi que dans l'ammoniaque exempte de carbonate.

11° L'*azotate d'argent* ne précipite pas l'acide libre, mais détermine la formation d'un dépôt blanc dans les tartrates. Le précipité se dissout aisément dans l'acide azotique et dans l'ammoniaque; par l'ébullition, cette solution noircit et dépose de l'argent pulvérulent.

Si l'on ajoute de l'ammoniaque à une quantité, même très-faible, de tartrate calcique, puis un *fragment* d'azotate d'argent et qu'on chauffe lentement, les parois se couvrent d'une couche miroitante d'argent métallique. Si l'on chauffe rapidement et surtout si l'on emploie de l'azotate d'argent en solution, l'argent réduit se dépose en poudre (A. Casselmann).

II. Caractères de l'acide tartrique gauche. — 1° L'acide tartrique gauche est anhydre.

2° Il se distingue de l'acide droit par le sens de la déviation qu'il imprime au plan de polarisation de la lumière.

3° Si l'on ne dispose pas d'une grande quantité de matière, ce mode d'essai n'est plus applicable; dans tous les cas, il est plus simple d'ajouter du chlorure ou de l'acétate de calcium à la solution de l'acide mis en expérience; celle-ci restant limpide, on y verse une à deux gouttes d'une solution d'acide tartrique droit; dans le cas où la matière examinée renferme de l'acide tartrique gauche, on observe la formation d'un dépôt cristallin de racémate calcique. Cet essai n'est rigoureux que si une liqueur semblable préparée avec addition d'acide tartrique gauche reste claire.

4° Les autres réactions de l'acide tartrique gauche coïncident avec celles de l'acide droit.

III. Caractères de l'acide racémique. — 1° L'acide racémique renferme de l'eau de cristallisation.

2° L'acide racémique et les racémates n'agissent pas sur la lumière polarisée.

3° Le *chlorure de calcium* précipite dans les racémates neutres une poudre cristalline, soluble dans l'acide chlorhydrique et immédiatement précipitable de cette solution par l'ammoniaque.

4° L'*eau de chaux* en excès donne dans l'acide racémique un précipité blanc qui ne se dissout pas dans le chlorure d'ammonium.

5° Le *sulfate de calcium* provoque, dans la solution d'acide racémique, au bout de 10 à 15 minutes, la formation d'un précipité cristallin de racémate calcique.

Par les réactions 3, 4 et 5, l'acide racémique se distingue des acides tartriques droit et gauche. La plupart des autres réactions sont semblables.

La solubilité du racémate de calcium dans les lessives de potasse et de soude distingue l'acide racémique de l'acide oxalique; du reste, ce dernier acide précipite presque instantanément le sulfate calcique et ne produit pas de précipité dans les sels de potassium.

IV. Caractères de l'acide tartrique inactif. — 1° Les cristaux de l'acide tartrique inactif, suivant les circonstances de leur formation, sont anhydres ou renferment de l'eau de cristallisation.

2° L'acide tartrique inactif et ses sels n'agissent pas sur la lumière polarisée.

3° Il ne donne pas de précipité avec les sels potassiques, le bitartrate inactif de potassium étant très-soluble. Cette réaction le distingue des acides tartrique droit et gauche et de l'acide racémique.

4° Il ne précipite pas le sulfate de calcium (différence avec l'acide racémique).

5° Il produit dans l'acétate de calcium un précipité qui se change au bout de peu de temps en cristaux *brillants*; la solution chlorhydrique de ce sel calcique est précipitée immédiatement par l'ammoniaque, ce qui le distingue des acides tartriques droit et gauche.

Dosage des acides tartriques. — Pour le dosage des acides tartriques, on met à profit la faible solubilité dans l'eau ou dans l'alcool étendu de leurs sels de calcium; ils peuvent aussi être déterminés, à l'exception de l'acide tartrique inactif, à l'état de sels acides de potassium.

1° *Dosage à l'état de tartrate calcique.* — La solution ne doit contenir d'autres métaux que les métaux alcalins ou de l'ammoniaque; on y ajoute du chlorure de calcium neutre et quelques gouttes d'eau de chaux, en évitant d'employer un grand excès du premier réactif; on agite sans toucher avec la baguette les parois du verre et on recueille le précipité après quelques heures sur un filtre séché à 100° et taré; après trois ou quatre lavages du tartrate calcique avec de l'alcool à 80 %, on le sèche à 100° et on le pèse; il renferme $C^4H^4O^6.Ca + 4H^2O$.

Le tartrate calcique étant un peu soluble dans l'eau et surtout dans le chlorure de calcium et dans quelques autres sels, cette méthode fournit des résultats un peu trop faibles; si la solution ne contient pas de sels insolubles dans l'alcool faible, on peut augmenter l'exactitude du dosage en ajoutant à la liqueur une certaine quantité d'alcool. Enfin, si la solution primitive contient des acides libres (chlorhydrique, nitrique), on la sature à peu près par du carbonate calcique, on porte à l'ébullition et l'on neutralise complétement par l'eau de chaux.

2° *Dosage à l'état de bitartrate potassique.* — La solution est sursaturée de carbonate de potassium et maintenue en ébullition pour chasser l'ammoniaque ou pour précipiter les métaux qu'elle peut renfermer; après filtration, s'il y a lieu, et refroidissement de la solution, on y ajoute de l'acide acétique tant qu'il se produit un dépôt, et enfin de l'alcool: après 24 heures de repos, le précipité est recueilli sur un filtre séché à 100° et taré, lavé à l'alcool, et pesé après dessiccation à 100°. Comme l'alcool peut précipiter, dans certains cas, des sels (sulfate, chlorure, etc. de potassium) le bitartrate de potasse recueilli sur le filtre est loin d'être pur; au lieu de le peser, on le dissout alors dans l'eau bouillante et on le titre par une solution de soude et de baryte.

SÉPARATION DES ACIDES TARTRIQUES. — 1° *Séparation d'avec les métaux.* — Elle ne présente, en général, pas de difficulté. Les métaux précipitables par l'hydrogène sulfuré ou le sulfhydrate d'ammonium peuvent être éliminés par ces réactifs; toutefois la séparation de l'aluminium et du chrome par le sulfhydrate ammonique est très-incomplète; l'alumine peut être précipitée à peu près complétement par le phosphate ou l'arséniate de sodium. Le baryum, le strontium et le calcium sont séparés au moyen de l'acide sulfurique; enfin on sépare l'acide tartrique du magnésium et des métaux alcalins en précipitant la solution par l'acétate ou le nitrate de plomb, dont on a soin de ne pas employer un excès; le précipité lavé est délayé dans l'eau et décomposé par l'hydrogène sulfuré, en facilitant par une douce chaleur la réaction, qui est très-longue.

2° *Séparation d'avec les acides.* — La séparation de tous les acides dont les sels de calcium sont solubles s'effectue facilement par le chlorure de calcium, en suivant les précautions indiquées plus haut.

Les acides à sels calciques insolubles peuvent être éliminés en traitant les sels de calcium par une lessive de potasse froide et exempte d'acide carbonique qui dissout aisément le tartrate calcique; la solution alcaline étendue d'une petite quantité d'eau, saturée de gaz carbonique et portée à l'ébullition, ne renferme plus de chaux et est précipitée directement par l'acide acétique et l'alcool.

Cette méthode de séparation est loin d'être parfaite; une partie du tartrate calcique reste toujours insoluble, et, d'autre part, le précipité formé par le gaz carbonique peut retenir une notable proportion de tartrate calcique.

On peut aussi décomposer les sels de calcium par l'acide sulfurique étendu, ajouter de l'alcool pour précipiter complétement le sulfate calcique, concentrer la solution au bain-marie, ajouter de l'eau et concentrer de nouveau et répéter cette opération plusieurs fois. La solution est alors débarrassée par l'eau de baryte de la presque totalité de l'acide sulfurique, concentrée fortement et additionnée d'une petite quantité d'alcool, puis d'acétate de potassium, tant qu'il se produit un précipité de bitartrate potassique; celui-ci, lavé à l'alcool faible, est généralement pur. Si le mélange contient de l'acide borique, il faut substituer le fluorure à l'acétate de potassium.

Cette méthode analytique laisse aussi à désirer sous le rapport de la précision; mais on n'en connaît pas de meilleure qui soit aussi générale.

Dans quelques cas particuliers, on peut appliquer des procédés de séparation plus simples, dont la description ne peut trouver place ici, d'autant plus qu'ils sont faciles à imaginer d'après les réactions des différents acides.

En terminant, nous mentionnerons un procédé rapide pour reconnaître un mélange de cristaux d'acide tartrique et d'acide citrique. Lorsqu'on verse sur un semblable mélange une solution de 4 grammes de potasse dans 30 centimètres cubes d'alcool étendu de 60 centimètres cubes d'eau, les cristaux d'acide citrique disparaissent complétement au bout de 2 à 3 heures, tandis qu'une faible proportion seulement des cristaux d'acide tratrique se dissout dans ces conditions : ces derniers deviennent troubles et s'entourent de petits cristaux aciculaires. Du reste, déjà après un contact de quelques minutes avec la solution alcaline, les cristaux de l'acide citrique se distinguent de ceux de l'acide tartrique, en ce qu'ils n'ont pas perdu leur transparence, tandis que les seconds apparaissent troubles et blanchâtres.

A. H.

TARTRIQUE (ACIDE), [INDUSTRIE]. — L'acide tartrique se rencontre dans le suc de certains végétaux. C'est le jus de raisin qui en renferme les quantités les plus importantes, principalement sous forme de bitartrate de potassium (crème de tartre), et en partie, à l'état de tartrate de calcium, d'éthers tartriques, ou même d'acide libre. Quand le jus de raisin a fermenté et qu'il s'est produit de l'alcool, le bitartrate, moins soluble dans les liqueurs alcooliques, se précipite, et il se forme contre les parois des tonneaux un dépôt adhérent, cristallin, qui se compose essentiellement de crème de tartre, mélangée à du tartrate de calcium, dont les proportions sont très-variables, et à des matières colorantes et extractives. Ce dépôt, dont l'épaisseur augmente d'année en année jusqu'au moment où il est extrait des tonneaux, s'appelle *tartre brut.* Un autre précipité, plus volumineux, plus chargé de substances pectiques et de tannin, se forme dans le moût et s'appelle *lie.* La lie renferme aussi de la crème de tartre, mais en quantité moindre que le tartre brut.

Ce sont ces deux matières, le tartre brut et la lie, qui servent de point de départ à la préparation des composés tartriques et de l'acide libre; jusqu'à présent on n'a pas encore fait un usage industriel de la découverte de Liebig, concernant la production artificielle de l'acide tartrique avec le sucre de lait, la matière première étant d'un prix trop élevé.

Le bitartrate de potassium des tartres et des lies, et les autres tartrates qu'ils renferment, sont donc les matières premières de la fabrication de l'acide tartrique. Les tartres et les lies étant de composition très-variable, le fabricant d'acide tartrique est obligé, pour éviter des mécomptes, de se rendre un compte exact de leur contenance en tartrates; aussi l'achat de ces matières est-il l'un des éléments principaux dans la fabrication industrielle de l'acide tartrique et dans l'exploitation de cette branche de la technologie chimique.

Nous diviserons l'exposé du mode de préparation de l'acide tartrique en trois parties: la première comprend la composition de la matière première et les moyens de se rendre compte de sa valeur; la seconde, la transformation des sels potassiques en tartrate de calcium, décomposition préalable qui jusqu'à présent n'a pas pu être supprimée; la troisième, la décomposition du sel de calcium et la purification de l'acide tartrique.

COMPOSITION DES TARTRES BRUTS ET DES LIES. — On trouve dans le commerce, sous le nom de tartres bruts : 1° les tartres rouges ou blancs, tels qu'ils sont extraits des tonneaux qui contenaient le vin rouge ou blanc; 2° des *cristaux d'alambics,* provenant de la fabrication de l'eau-de-vie, et qui ont été recueillis dans le fond des alambics qui servent à la distillation; 3° des *cristaux de lies,* obtenus par cristallisation des liquides provenant du traitement des lies par l'eau bouillante. Ces produits diffèrent en ce que les cristaux de lies et d'alambics sont plus riches en crème de tartre, tandis que le tartre des tonneaux, moins riche, renferme souvent des quantités importantes de tartrate de calcium, dont les cristaux de lies sont exempts, et dont ceux d'alambics ne renferment généralement qu'une petite quantité.

Le tartre brut est coloré en rouge lorsqu'il a été recueilli dans des tonneaux ayant contenu du vin rouge; il l'est en blanc jaunâtre ou rosé lorsqu'il provient de vins blancs; l'absence de coloration des tartres blancs les fait préférer pour la fabrication du bitartrate de potassium; mais le fabricant d'acide tartrique ne fait pas de grande différence entre les deux espèces de tartres, parce qu'il lui est facile, par une première épuration, de les débarrasser de la matière colorante qu'ils renferment.

Indépendamment des différences de composition des tartres, dues à la nature des vins qui les ont produits, on en constate d'autres qu'il faut attribuer à des décompositions chimiques provoquées dans le moût par l'opération du plâtrage du vin. Le plâtrage se fait en foulant du plâtre avec les raisins. Ce procédé est presque universel en Espagne, commun dans le midi de la France, dans les îles grecques, à Marsala en Sicile. Dans les autres districts de la Sicile, en Italie, en Allemagne et dans une grande partie de la France, on ne le pratique pas. Si l'on a plâtré les vins, la quantité de bitartrate de potassium est considérablement diminuée; il se forme du tartrate de calcium; dans ce cas, les lies contiennent trop peu de bitartrate pour valoir les frais d'extraction. Des analyses de tartres ont été publiées par MM. Scheurer-Kestner (*Bulletin de la Soc. chim.*, 1860), Schicht (*Polytechnisches Centralblatt*, 1871, page 1051), Robert Warington (Conférence à la Société des arts de Londres, le 10 mars 1876). Les résultats en sont résumés dans le tableau suivant :

GENRES.	SCHEURER-KESTNER.		SCHICHT.		WARINGTON.	
	Bitartrate de potassium.	Tartrate de calcium.	Bitartrate de potassium.	Tartrate de calcium.	Bitartrate de potassium.	Tartrate de calcium.
Tartre blanc d'Alsace	84,95	4,64	»	»	»	»
—	77,50	7,30	»	»	»	»
—	85,10	9,92	»	»	»	»
Tartre blanc de Suisse	85,05	7,75	»	»	»	»
—	73,50	18,88	»	»	»	»
Tartre rouge de Bourgogne	82,10	46,25	»	»	»	»
Tartre blanc de Toscane	84,50	»	»	»	»	»
—	85,20	»	»	»	»	»
—	88,53	»	»	»	»	»
Tartre rouge d'Espagne	24,20	45,20		»	»	»
Tartre blanc de Hongrie	67,35	9,20	75,00	10,40	»	»
Tartre rouge de Portugal	»	»	90,00	4,00	»	»
—	»	»	62,00	4,70	»	»
—	»	»	77,00	7,50	»	»
Tartre rouge d'Autriche	»	»	75,00	7,80	»	»
Tartre blanc d'Espagne	»	»	41,36	52,00	»	»
—	»	»	84,60	10,40	»	»
Tartre blanc d'Allemagne	»	»	34,00	33,80	»	»
—	»	»	84,50	7,80	»	»
—	»	»	77,00	9,00	»	»
Tartre blanc de Messine	»	»	88,26	9,00	»	»
—	»	»	84,60	7,80	»	»
Tartre rouge de Messine	»	»	75,00	13,00	»	»
—	»	»	75,00	9,00	»	»
—	»	»	82,70	7,80	»	»
Tartre rouge de Lees (Caroline du Sud)	»	»	39,50	5,00	»	»
Tartre de Messine	»	»	»	»	92,55	4,60
Tartre de San-Antimo	»	»	»	»	87,00	8,40

Les deux analyses suivantes donnent une idée des matières étrangères qui accompagnent le bitartrate de potassium et les tartrates dans les tartres bruts. M. Scheurer-Kestner a fait remarquer que les tartres renferment presque toujours de la magnésie, et que ce métal doit s'y trouver à l'état de tartrate, attendu que lorsqu'on les traite par l'eau bouillante, la dissolution renferme de la magnésie; or le tartrate de magnésie est soluble dans les dissolutions de bitartrate de potassium.

	Analyse de M. Scheurer-Kestner (1).	Analyse de M. Warington (2).
Silice et sable	0,32	0,19
Oxyde de fer	0,26	0,53
Magnésie	1,39	0,03
Alumine	»	0,02
Matière ligneuse	0,38	2,25
Matière colorante, soluble dans l'éther	0,73	
Matière sucrée, réduisant le tartrate cupro-potassique	0,62	

(1) Tartre blanc de Toscane, très-riche, sans tartrate de chaud.

(2) Tartrate de Messine, renfermant 4 1/2 % de tartrate de chaux.

La grande diversité de composition présentée par les tartres ne permet pas au fabricant de s'en remettre au simple aspect. Pour en connaître la richesse, on y dose le bitartrate de potassium et le tartrate de calcium; le procédé employé dans les usines pour le dosage de la crème de tartre consiste dans la saturation d'une certaine quantité de tartre au moyen d'une liqueur alcaline titrée : on pèse 10 grammes d'un échantillon pulvérisé, et qui a été pris de manière à représenter le tas de tartre dont on désire connaître le titre. Les 10 grammes sont introduits dans une casserole renfermant 1 litre d'eau bouillante; on fait bouillir le mélange pendant cinq minutes. La liqueur, sans être filtrée, est titrée par une dissolution de soude caustique affaiblie et renfermant une quantité de sodium connue. Pour saisir le terme de la saturation, on se sert de papier tournesol; ou, si l'on opère dans un vase en verre, on peut, d'après Mohr, se guider sur la couleur naturelle du tartre. Toutefois M. Bresclus a fait remarquer (*Polytechnisches Centralblatt*) que l'essai achevé de cette manière n'est pas exact, attendu que dès que la couleur rouge a verdi, le point de saturation est déjà dépassé.

Dans le commerce on se sert encore quelquefois de l'ancien essai, dit *essai à la casserole*, et qui consiste à dissoudre une certaine quantité de tartre dans 1 litre d'eau bouillante, à décanter le liquide des matières insolubles qui gagnent rapidement le fond du vase, et à peser les cristaux qui se sont formés après le refroidissement du liquide. On ajoute au poids des cristaux obtenus une quantité fixe de crème de tartre correspondante au volume d'eau employé, pour représenter la partie de ce corps restée dissoute. Mais cette méthode grossière ne donne que des résultats fort imparfaits, à cause des matières organiques que la simple décantation n'enlève pas, et qui restent plus ou moins mélangées aux cristaux de crème de tartre.

Lorsque les tartres essayés ont été mélangés de lie ou qu'ils sont très-chargés de matières organiques, l'essai par liqueurs titrées peut conduire à de grosses erreurs; le tannin, des composés pectiques, s'emparant d'une partie de la base; et si l'on se bornait à la connaissance du titre alcalimétrique de la matière, on trouverait des nombres exagérés; dans ce cas, il faut incinérer une certaine quantité pesée du tartre et titrer le carbonate de potassium formé dans les cendres. Par le calcul on détermine la quantité de bitartrate qui a produit le carbonate.

Pour doser le tartrate de calcium on peut, soit le précipiter, pour le peser, soit le titrer après l'avoir précipité, lavé et calciné. Lorsqu'on veut le doser par pesée, on dissout le tartre dans un mélange à parties égales d'eau et d'acide chlorhydrique; on ajoute de l'ammoniaque à la dissolution filtrée avec précaution, et de manière à rendre la liqueur exactement neutre, un léger excès d'ammoniaque redissolvant le tartrate de calcium. Au bout de 12 heures, le tartre calcaire est entièrement précipité; on le recueille sur un filtre taré et on le pèse après l'avoir lavé et séché à 110°. Pour avoir des résultats très-exacts, il est bon de corroborer l'essai précédent en calcinant le précipité recueilli et pesé et en le dissolvant dans de l'acide azotique ou chlorhydrique titré, dont on détermine le nouveau titre après y avoir dissous le résidu de la calcination du tartrate. Par le calcul on arrive à connaître la quantité de carbonate de calcium formé pendant la calcination, et, par conséquent, celle du tartrate qui lui a donné naissance.

L'analyse des lies est plus délicate que celle des tartres. La présence de matières astringentes acides ne permet pas de recourir au simple titrage par liqueurs. Il faut recourir à la calcination de la matière et au dosage, facile du reste, des carbonates de potassium et de calcium qui se sont produits pendant l'incinération des tartrates de potassium et de calcium. Cependant il faut s'assurer au préalable que les lies ne renferment pas de carbonate de calcium.

Depuis quelques années, le prix des tartres ayant beaucoup augmenté, on consomme de grandes quantités de lies pour la fabrication de l'acide tartrique.

D'après M. Warington, le tableau suivant montre la composition moyenne des lies de divers pays, en ce qui concerne l'acide tartrique.

GENRES.	ACIDE TARTRIQUE sous la forme de		ACIDE TARTRIQUE. Total.
	Bitartrate de potassium.	Tartrate de calcium.	
Lies d'Italie (38 échantillons)	24,1	6,1	30,2
— grecques (14 échantillons)	19,9	11,8	31,7
— françaises (9 échantillons)	17,8	6,0	23,8
— — (30 —)	5,3	20,5	25,8
— d'Espagne, jaunes (59 échantillons)	8,7	18,2	26,9
— — rouges (17 —)	8,8	17,4	26,2

Dans les lies non plâtrées, l'acide tartrique existe principalement sous la forme de sel de potassium; dans les lies plâtrées, il est en combinaison avec le calcium.

Les lies françaises ont été divisées en deux classes; les unes étant plâtrées et les autres ne l'étant pas. Les lies plâtrées retiennent du gypse.

On trouve quelquefois du carbonate de calcium en quantités considérables dans les lies espagnoles.

Celles qui proviennent des îles grecques renferment souvent de la résine. Enfin les lies sont quelquefois falsifiées avec de la terre.

La composition détaillée de trois sortes de lies figure sur le tableau ci-contre; les lies I et II sont plâtrées, le n° III ne l'est pas.

Enfin la substance organique des lies renferme un très-grand nombre de matières diverses. Outre la matière colorante, l'*œnoline*, analysée et déterminée par M. Glénard (*Annales de Chimie et de Physique*), on y trouve des substances mucilagineuses, collantes, qui rendent très-souvent la filtration des lies et leur séparation d'avec les liquides qui les baignent, fort difficiles. Dans certaines parties de l'Allemagne, on les soumet à l'action de la presse pour en retirer le vin qu'elles peuvent encore contenir; ce vin, de mauvaise qualité, est généralement transformé en eau-de-vie; et le dépôt est distillé au moyen d'un courant de vapeur, pour en retirer l'éther œnanthique, substance employée dans la fabrication des liqueurs et eaux-de-vie.

COMPOSITION DES LIES.

GENRES.	I. Lies de France.	II. Lies d'Espagne.	III. Lies d'Espagne.
Eau à 100°	11,305	10,694	9,750
Sable	4,600	4,900	4,730
Silice	2,130	1,060	
Oxyde de fer	0,394	0,351	0,214
Alumine	0,344	0,832	0,578
Acide phosphorique	0,527	0,486	9,569
Chaux	10,567	10,600	4,514
Magnésie	0,327	0,363	0,909
Potasse	1,868	2,123	7,115
Soude	0,100	0,060	»
Acide sulfurique	4,566	5,729	»
Chlore	0,040	0,042	»
Acide carbonique	0,435	0,388	»
Acide tartrique	28,621	27,024	34,369
Matière organique	33,672	34,448	37,952
	100,000	100,000	100,000

Les impuretés consistant en alumine, oxyde de fer et acide phosphorique sont les plus préjudiciables au fabricant d'acide tartrique; les lies, en contenant plus que les tartres, sont d'un emploi moins avantageux que ceux-ci :

IMPURETÉS POUR 1000 D'ACIDE TARTRIQUE.

GENRES.	TARTRES.		LIES.		
	Messine.	San-Antimo.	Espagne.	Espagne.	France.
Oxyde de fer	0,69	1,16	6,23	14,38	15,26
Alumine	0,27	1,24	16,84	34,10	32,69
Acide phosphorique	0,53	0,92	16,57	19,91	20,41
Total	1,49	3,32	39,64	68,39	68,36

La grande quantité d'impuretés qui accompagnent l'acide tartrique dans les lies ne permet pas de les employer comme les tartres. Il faut leur faire subir des opérations préalables qui en extraient l'acide tartrique sous forme de tartrate de calcium ou de crème de tartre impure; ces composés sont ensuite traités comme les tartres ordinaires dans le but d'en extraire l'acide tartrique.

D'après M. Kurtz [*Polyt. Centralb.*, 1871, p. 4045], c'est M. Seybel, de Vienne, qui le premier a attiré l'attention sur la contenance des lies de vin en acide tartrique. Pour tirer parti des lies, voici le procédé qui est recommandé par l'auteur : Pour éviter la fermentation de la matière, on la sèche après en avoir extrait par la distillation de 1 à 4 % d'eau-de-vie. La lie fraîche qu'on peut employer immédiatement est additionnée d'eau de manière à la transformer en bouillie liquide; on y ajoute 1 % d'acide chlorhydrique ordinaire. On fait bouillir le mélange, on laisse déposer et on siphonne le liquide acide qui renferme la majeure partie de l'acide tartrique; celui-ci est précipité par la craie. Le dépôt est soumis au filtre-presse et transformé en noir de fumée et le résidu est resté sur le filtre. Quant aux lies séchées, après les avoir réduites en poudre, on en met environ 1000 kilogrammes en suspension dans un mélange renfermant 100 à 150 hectolitres d'eau et 25 à 50 kilogrammes d'acide chlorhydrique; on fait bouillir et on agit comme avec les lies fraîches.

TRANSFORMATION DES TARTRATES POTASSIQUES EN TARTRATES DE CALCIUM. — L'acide tartrique est obtenu par la décomposition du tartrate de calcium au moyen de l'acide sulfurique. C'est l'ancien procédé imaginé par Scheele; seulement Scheele perdait la moitié de l'acide tartrique renfermé dans la crème de tartre, attendu qu'il se bornait à saturer le bitartrate de potassium par la craie. On substitua la chaux à la craie, et la quantité de tartrate calcaire obtenue augmenta; mais il se perdait encore de l'acide tartrique, quand Lowitz suggéra l'idée d'y ajouter du chlorure de calcium; on obtint ainsi la précipitation complète de l'acide tartrique. Plus tard M. Kestner de Thann, ayant remarqué que la matière colorante des tartres est peu soluble dans l'acide chlorhydrique, fit breveter, il y a trente ans, un procédé qui depuis lors s'est beaucoup répandu. Les tartres sont dissous dans de l'eau additionnée d'acide chlorhydrique, et la dissolution est précipitée par la chaux ou par le carbonate de calcium après qu'on en a séparé les impuretés par décantation.

A une époque où l'acide chlorhydrique était rare et le chlorure de calcium très-cher, on s'est servi (avant 1820) du procédé suivant dans l'usine de Thann : la crème de tartre était d'abord neutralisée par la chaux, et le tartrate neutre de potassium formé était décomposé par l'acétate de calcium. L'acétate de potassium obtenu était décomposé par l'acide sulfurique, en vue de la préparation de l'acide acétique. Plus tard, le chlorure de calcium nécessaire à la décomposition du tartrate neutre fut obtenu en neutralisant par la chaux les résidus de chlorure de manganèse provenant de la préparation du chlore.

Liebig, ayant remarqué que la crème de tartre est décomposée par l'acide chlorhydrique concentré, proposa d'utiliser cette réaction pour la préparation de l'acide tartrique; mais des expériences faites industriellement démontrèrent que la décomposition n'est jamais complète.

On chercha aussi à tirer parti d'une double décomposition donnant lieu à la formation simultanée de l'acide tartrique et de l'alun; dans ce but, on mélangeait la crème de tartre avec du sulfate d'alumine et avec une quantité d'acide sulfurique nécessaire pour saturer le potassium; on obtenait une cristallisation d'alun, et l'eau mère évaporée fournissait de l'acide tartrique. Mais on ne tarda pas à reconnaître que dans ce cas, comme dans le précédent, la réaction est une réaction-limite; d'un autre côté, l'acide tartrique était difficilement séparable de l'alun, dont les cristaux se formaient en même temps que ceux de l'acide.

En 1858, M. Pressier prit un brevet pour la préparation de l'acide tartrique au moyen des acides fluorhydrique et fluosilicique. — On obtient, par double décomposition, de l'acide tartrique et du fluosilicate de potassium insoluble. En faisant bouillir ce sel avec de la craie, on obtient du carbonate de potassium et du fluosilicate de calcium, servant à la régénération de l'acide hydrofluosilicique. Ce procédé a l'avantage de fournir le sel de potassium sous sa forme la plus recherchée; toutefois il n'a pas été appliqué, sans doute à cause des difficultés de la préparation de l'acide hydrofluosilicique.

M. Kuhlmann a proposé de remplacer la chaux par la baryte dans la préparation de l'acide tartrique; mais le tartrate de baryum étant plus soluble dans l'eau que celui de calcium, les lavages indispensables occasionnent des pertes.

En 1852, M. Price prit un brevet pour le procédé suivant : On dissout la crème de tartre dans de l'ammoniaque, et, après avoir filtré la solution pour en séparer les impuretés, on la décompose par la chaux. L'ammoniaque qui se dégage passe dans de l'eau renfermant une nouvelle quantité de crème de tartre ou de tartre brut; le tartrate neutre de potassium obtenu est précipité par du chlorure de calcium.

On peut encore mélanger le tartrate de potassium avec une quantité d'azotate de sodium équivalente à la quantité de potassium du tartrate. En évaporant la dissolution, on obtient d'abord un précipité cristallin d'azotate de potassium, puis du tartrate sodico-potassique. Si l'on emploie une quantité d'azotate de sodium suffisante pour produire de l'azotate de potassium et du tartrate neutre de sodium, les deux sels peuvent être séparés par cristallisation. Le tartrate de calcium obtenu par ces procédés est très-blanc et fournit de l'acide tartrique pur [Hofmann, *Rapport sur l'Exposition de* 1862].

On a essayé de décomposer le bitartrate de potassium par les sulfures de calcium ou de baryum, mais les métaux des appareils sont fortement attaqués par l'acide sulfhydrique et par les sulfures.

Les procédés les plus répandus pour transformer la crème de tartre en tartrate de calcium sont au nombre de deux. Le premier, dû à M. Charles Kestner, est principalement employé en France et en Allemagne; il repose, comme nous avons vu, sur la dissolution préalable des tartres dans l'acide chlorhydrique et la précipitation de la liqueur claire par la chaux ou par la craie. Le second, dû, selon M. Warington, à M. Desfosses, et principalement employé en Angleterre, consiste à ajouter graduellement le tartre à un mélange bouillant de craie et d'eau, jusqu'à ce que le carbonate soit consommé, et le tartre neutralisé. On ajoute ensuite une certaine quantité de sulfate de calcium hydraté et mouillé (provenant de la décomposition du tartrate de calcium par l'acide sulfurique) pour décomposer le tartrate neutre de potassium produit; on continue à agiter la masse pendant quelque temps. Le produit est un précipité dense de tartrate de calcium (mêlé à toutes les matières insolubles des tartres primitifs) et une dissolution de sulfate de potassium, colorée et renfermant du sulfate de calcium dissous. Cette dissolution retient, il est vrai, de l'acide tartrique; si l'on y ajoute un acide, il se précipite du bitartrate de potassium, et c'est le mode le meilleur pour déterminer la quantité d'acide tartrique qui s'y trouve, car cet acide y est à l'état de tartrate neutre qui a échappé à l'action du sulfate de calcium; mais en opérant avec soin, on peut arriver à une décomposition complète. Suivant M. Warington, les avantages de ce procédé sont plus grands que ses désavantages; la dissolution du sulfate de potassium, évaporée, fournit une cristallisation de ce sel, qui est vendu avec bénéfice. Il renferme généralement 90 % de sulfate de potassium, de l'eau, du gypse, un peu de craie et des matières organiques. Si la décomposition a été incomplète, il peut contenir des tartrates et des carbonates en quantités notables.

Il n'est pas possible de recueillir tout le potassium des tartres. — Les eaux de lavage du tartrate de calcium étant trop pauvres pour pouvoir être toutes évaporées avec avantage, on n'en recueille guère que 80 %. En Angleterre, les fabriques d'acide tartrique ont produit en 1875 environ 750 tonnes de sulfate de potassium. Le procédé qui consiste à obtenir du chlorure de potassium en même temps que le tartrate de calcium présente l'inconvénient de fournir du chlorure de potassium, sel qui a moins de valeur que le sulfate de ce métal, et qui est toujours souillé de chlorure de calcium, dont on le sépare difficilement.

Décomposition du sel de calcium et purification de l'acide tartrique. — Le tartrate de calcium obtenu par l'un des deux procédés qui viennent d'être décrits est plus ou moins pur. Lorsqu'il a été préparé par la décomposition d'une dissolution chlorhydrique de la crème de tartre par la chaux, il est moins pur que lorsqu'on l'a précipité par la craie. En effet, la chaux précipite de la solution les sels ferreux et ferriques qui s'y rencontrent; la craie, au contraire, n'en précipite pas les sels ferreux.

Après avoir lavé le tartrate de calcium, d'abord par décantation, ensuite sur un filtre, on le mélange avec de l'eau ou avec des liqueurs affaiblies, provenant d'opérations précédentes, et on le décompose par l'acide sulfurique. Comme réactif indiquant la fin de la décomposition, on emploie le chlorure de calcium, qui ne donne de précipité, dans une liqueur saturée de sulfate de calcium, que lorsque l'acide sulfurique est en excès; le précipité met un peu de temps à se former; mais la réaction est suffisamment sensible pour l'opérateur. Le sulfate de calcium provenant de la décomposition précédente est lavé, et la liqueur est évaporée. La décomposition du tartrate de calcium par l'acide sulfurique a lieu dans des cuves en bois, doublées de plomb et chauffées par un jet de vapeur; le sulfate de calcium provenant de cette opération est mis sur des filtres; lorsque la matière est égouttée, on la lave, soit sur le même filtre, soit, comme l'a proposé M. Mulaton, en l'introduisant dans des hydro-extracteurs centrifuges, où elle est soumise à l'action d'une pluie d'eau.

L'évaporation des liquides renfermant l'acide tartrique a lieu ordinairement dans des bassines chauffées à la vapeur, ayant 40 à 60 centimètres de profondeur, et doublées de plomb. Pendant l'évaporation, il se dépose beaucoup de sulfate de calcium; on enlève le liquide de ce dépôt, et on continue l'évaporation jusqu'à ce que le liquide atteigne un degré de concentration suffisant pour que l'acide tartrique s'en précipite à l'état granuleux. A cet effet, la liqueur concentrée est amenée dans des bacs munis d'agitateurs. L'acide granulé est essoré et lavé: on le redissout pour le transformer en gros cristaux. L'eau mère, évaporée encore deux fois, fournit de nouvelles quantités d'acide granulé. — Après ces trois cristallisations, elle est précipitée par la craie.

La granulation qui, d'après M. Warington, a été introduite dans la fabrication de l'acide tartrique vers 1856, constitue un progrès considérable, l'acide tartrique étant extrait de ses dissolutions dans le cinquième du temps autrefois nécessaire; on l'obtient plus pur, grâce à cette opération, les cristaux grenus pouvant être facilement purifiés par un lavage et un essorage dans un hydro-extracteur centrifuge.

M. Mulaton, fabricant d'acide tartrique à Lyon, a apporté, il y a quelques années, un grand perfectionnement à cette fabrication, en faisant usage d'appareils évaporatoires dans le vide. La difficulté consistait dans l'emploi du plomb, qui est obligatoire; mais elle a été vaincue. L'appareil de M. Mulaton ne diffère des appareils à évaporer les liquides sucrés dans le vide, qu'en ce que le métal, au lieu d'être du cuivre, est du plomb d'une épaisseur assez considérable pour résister à la dépression. L'évaporation s'y fait à une température à laquelle l'acide sulfurique en excès est sans action sur l'acide tartrique; l'acide tartrique granulé obtenu dans cet appareil est d'une blancheur parfaite, lorsque les liquides ont été préalablement traités par le noir animal.

Les eaux mères, séparées des cristaux granulés, sont traitées par le carbonate de calcium. Il n'est pas indifférent de se servir, pour cette précipitation, de craie ou de chaux. Si l'on traite par de la chaux une dissolution d'acide tartrique, renfermant de l'oxyde de fer ou de l'alumine, le fer et l'alumine sont précipités avec le tartrate de chaux; la précipitation par la chaux ne purifie donc pas les liquides mères de ces substances qui s'y sont accumulées. L'influence pernicieuse de ces matières ne se fait pas sentir immédiatement dans une nouvelle fabrication; mais il faut augmenter graduellement l'acide sulfurique libre, employé pour favoriser la cristallisation; cet excès d'acide occasionne une plus grande décomposition d'acide tartrique pendant les évaporations, et il se produit de l'acide oxalique et d'autres acides, qui surchargent encore l'ancienne liqueur de matières sans valeur. Peu à peu les eaux mères, devenues sirupeuses, ne cristallisent plus; par la concentration, il s'y dépose de l'alun de potasse, du sulfate de magnésie et de fer (un sel double, connu des fabricants d'acide tartrique). Quand on les analyse, on y trouve peu d'acide tartrique. Il faut alors s'en débarrasser. Si on les précipite par de la craie, après s'être assuré que le fer s'y trouve au minimum d'oxydation, le tartrate de calcium obtenu est assez pur pour être déversé dans la fabrication ordinaire, car le fer reste dans la solution ainsi que l'alumine.

On sait que l'acide paratartrique a été obtenu, pour la première fois, à Thann, par M. Charles Kestner; cet acide existe toujours en quantités plus ou moins grandes dans les eaux mères; pour l'en retirer, on décompose séparément par l'acide sulfurique le tartrate de calcium produit par les eaux mères, et on concentre la liqueur à 25° Baumé; l'acide paratartrique cristallise seul. Quelquefois l'acide paratartrique se montre dans les cristallisoirs en houppes cristallines placées entre les gros cristaux d'acide tartrique. Dans ce cas, on lave les gros cristaux avec de petites quantités d'eau bouillante qui dissout les houppes plus promptement que l'acide tartrique, et on évapore la solution. M. Jungfleisch [*Société chimique* du 16 janvier 1874] a examiné les eaux mère sincristallisables provenant de la fabrication de l'acide tartrique. Il fait remarquer que lorsque dans les traitements qui constituent cette fabrication, l'acide tartrique est soumis pendant longtemps à une température élevée, les eaux mères renferment en abondance de l'acide tartrique inactif et une petite quantité d'acide racémique. Lorsque, au contraire, les évaporations des liquides acides sont faites à basse température, dans le vide, on ne peut trouver dans les résidus de fabrication que des traces d'acide inactif. En effet, depuis que l'évaporation est faite dans le vide, à l'usine de Thann, on n'y a plus remarqué la production de l'acide racémique.

Le traitement du tartrate de calcium provenant des lies est, d'après M. Kurtz [*loc. cit.*], le suivant : On décompose le sel calcaire par l'acide sulfurique, en ayant soin de ne pas dépasser la température de 75° centigrades. Si cette température est dépassée, les liquides se colorent; on ajoute un petit excès d'acide sulfurique; on filtre et on évapore le liquide dans un appareil à double fond chauffé à la vapeur. Lorsque la liqueur a 40° Baumé, on la soutire dans les cristallisoirs qui, de préférence, sont des capsules en verre ou en terre cuite. Les eaux mères sont évaporées trois fois; la quatrième fois on les réunit à la matière première pour en faire du tartrate de calcium. Les cristaux obtenus sont égouttés et turbinés. On les redissout dans de l'eau, de manière à obtenir une solution à 27° Baumé. Cette liqueur, décolorée par le noir animal et évaporée, fournit, à l'aide d'un peu d'acide sulfurique qu'on ajoute à la solution dans les cristallisoirs, de l'acide tartrique en gros cristaux.

Quel que soit le mode de fabrication employé, les gros cristaux d'acide tartrique retirés des cristallisoirs doivent être séchés. A cet effet, on les concasse, on les lave avec de l'eau sur un filtre en plomb percé de petits trous, et on les sèche à l'étuve.

Lorsque la fabrication n'a pas donné lieu à la formation de grandes quantités d'acide incristallisable et sirupeux qui entoure les cristaux, on peut supprimer l'étuve, et il suffit de turbiner les cristaux avant de les emballer.

L'acide tartrique ordinaire obtenu par les procédés précédents n'est pas suffisamment pur pour la pharmacie; il renferme toujours un peu d'acide sulfurique et du plomb. On le purifie par une simple cristallisation.

Les rendements obtenus dans les usines sont assez variables; la perte, calculée sur l'acide tartrique introduit dans la fabrication à l'état de tartrate de calcium, se trouve comprise entre 8 et 12 %, lorsqu'on fait usage de tartres. Le sulfate de calcium en retient toujours un peu; il renferme indépendamment de petites quantités d'acide tartrique libre (1/2 % à 1%), un peu de tartrate de calcium qui a échappé à la décomposition. Il reste un peu d'acide tartrique dans le noir animal qui a servi à le décolorer; il s'en décompose toujours une certaine quantité, même quand on opère à basse température (M. Jungfleisch a constaté la présence de l'acide inactif dans des eaux mères provenant de liquides évaporés dans le vide, à 50° centigrades); si l'on ajoute à ces causes de pertes la solubilité du tartrate de calcium dans l'eau, avec laquelle il est nécessaire de laver abondamment le sel afin de n'y pas laisser des sels de potassium, on comprend qu'il ne soit guère possible de descendre au-dessous de 8 %.

La fabrication de l'acide tartrique gagne chaque jour en importance. D'après M. Warington, l'acide tartrique fabriqué en Angleterre en 1875 a été de 1350 tonnes; il s'y trouve six fabriques, toutes situées aux environs de Londres. Sur le continent, les fabriques principales sont à Lyon, à Thann, à Pforzheim, à Pesth et à Vienne. La production du continent doit équivaloir à celle de l'Angleterre; on arrive ainsi à un total de 2700 tonnes d'acide tartrique, fabriqué annuellement, pour une valeur actuelle de 10 millions de francs.

A. Scheurer-Kestner.

TARTRIQUES (AMIDES). — Les amides tartriques possèdent la constitution des amides d'acides bibasiques; elles se rapportent à trois types :

1° *Tartramide*,

$$C^4H^4O^4(AzH^2)^2 = \begin{array}{l} CH.OH\text{-}CO.AzH^2 \\ | \\ CH.OH\text{-}CO.AzH^2 \end{array}$$

2° *Acide tartramique*,

$$C^4H^4O^4 \begin{cases} AzH^2 \\ OH \end{cases} = \begin{array}{l} CH.OH\text{-}CO.AzH^2 \\ | \\ CH.OH\text{-}CO.OH \end{array}$$

3° *Tartrimide*,

$$C^4H^4O^4(AzH)'' = \begin{array}{l} CH.OH\text{-}CO \\ | \\ CH.OH\text{-}CO \end{array} \Big\rangle (AzH)''$$

La tartrimide est encore inconnue, mais on a préparé la phényltartrimide.

Jusqu'ici on ne connaît pas encore d'*amines* tartriques qui résulteraient du remplacement des oxhydryles alcooliques par le reste AzH^2.

On a décrit une diamide racémique.

1° TARTRAMIDES, $C^4H^8Az^2O^4 = C^4H^4O^4(AzH^2)^2$ [Demondésir, *Compt. rend.*, t. XXXIII, p. 227; — Pasteur, *Ann. de Chim. et de Phys.*, (3), t. XXXVIII, p. 445; — K. Grote, *Ann. der Chem. u. Pharm.*, t. CXXX, p. 202; *Bull. de la Soc. chim.*, 1864, t. II, p. 462].

Tartramide droite. — On l'obtient en saturant d'ammoniaque sèche une solution alcoolique de tartrate d'éthyle et faisant cristalliser dans l'eau les aiguilles qui se déposent dans cette réaction.

L'ammoniaque aqueuse en agissant à 100° sur l'éther tartrique ne donne pas de tartramide, mais du tartrate et du tartramate d'ammonium.

La tartramide forme des cristaux magnifiques

appartenant au type orthorhombique. Formes : $b^{1/2}$, m, h^3, e^1 et rarement a^1 ; angles : $mm = 101°6'$; $h^3 h^3 = 135° 14'$; $e^1 e^1 = 136°21'$; $b^{1/2} e^1 = 155°26'$. Les cristaux déposés dans l'eau pure ne sont pas hémièdres, mais ils le deviennent par la cristallisation dans de l'eau légèrement ammoniacale ; l'octaèdre $b^{1/2}$ ne possède alors que la moitié des faces qui forment un tétraèdre droit. Pouvoir rotatoire $[\alpha]_j = + 134°$.

La tartramide ne s'unit pas aux acides ; sa solution concentrée bouillante dissout l'oxyde de mercure et laisse déposer par le refroidissement des croûtes de la formule

$$(C^{16}H^{26}Az^8O^{16})Hg^3.$$

La substance analysée était probablement un mélange. Ce composé est insoluble dans l'eau, mais soluble dans l'acide chlorhydrique ; l'iodure d'éthyle ne l'attaque pas.

La tartramide réduit aisément l'oxyde d'argent.

La tartramide droite se combine facilement avec la malamide gauche, et donne de beaux cristaux transparents, solubles à 20° dans 5p,55 d'eau et possédant un pouvoir rotatoire à droite de $[\alpha]_j = + 43°,02$.

Tartramide gauche. — Elle ressemble en tout point à la tartramide droite, seulement elle présente une hémiédrie inverse. Elle forme également avec la malamide gauche une combinaison cristallisant en fines aiguilles soyeuses, soluble à 19° dans moins de 3 p. d'eau et déviant à gauche le plan de la lumière polarisée : $[\alpha]_j = - 95°,7$.

Amide racémique, $C^8H^{16}Az^4O^8$. — On doit la considérer comme une combinaison à molécules égales de tartramide droite et de tartramide gauche.

Pour la préparer on traite le racémate d'éthyle par l'ammoniaque alcoolique.

Elle forme de beaux cristaux, tantôt anhydres, tantôt hydratés et efflorescents ; les formes cristallines de ces deux modifications dérivent toutes deux d'un prisme clinorhombique. Formes observées pour l'amide anhydre : m, p, e^1, $e^{1/2}$; angles : $m\,m = 93° 22'$; $mp = 94° 12'$; $e^1 p = 131° 14'$.

Les cristaux de l'amide hydratée sont souvent hémitropes.

Diphényltartramide [Syn. *Tartranilide*],

$$C^{16}H^{16}Az^2O^4 = C^4H^4O^4(AzH.C^6H^5)^2$$

[Arppe, *Ann. der Chem u. Pharm.*, t. XCIII, p. 354 ; *Ann. de Chim. et de Phys.*, (3), t, XLIV, p. 243]. — Elle se forme par l'action de la chaleur sur le tartrate acide d'aniline ; ce sel commence à brunir vers 130-140° en dégageant des vapeurs d'eau et d'aniline et donnant naissance à un corps cristallisé ; lorsqu'on élève la température vers 150°, la masse fond partiellement et ne contient plus alors d'aniline. Le produit de la réaction qui renferme, entre autres substances, de la diphényltartramide et de la phényltartrimide, est épuisé par l'eau bouillante ; la diphényltartramide reste sous la forme d'une masse brune qu'on purifie par cristallisation dans l'alcool bouillant.

La diphényltartramide est en fines aiguilles incolores et feutrées ; elle est insoluble dans l'eau, peu soluble dans l'éther et assez soluble dans l'alcool bouillant. Elle supporte une température de 250° sans s'altérer, et fond par une plus forte chaleur en se décomposant ; cependant elle se sublime en lamelles lorsqu'on la chauffe avec précaution un peu au-dessous de son point de fusion.

Les solutions alcalines ne l'altèrent pas, même à la température de l'ébullition. L'acide chlorhydrique la dissout difficilement ; elle est, au contraire, très-soluble dans l'acide sulfurique ; l'acide azotique la décompose en partie.

Le racémate d'aniline donne une amide tout à fait analogue.

2° Acide tartramique,

$$C^4H^7AzO^5 = C^4H^4O^4 <^{AzH^2}_{OH}$$

[Laurent, *Compt. rend. des trav. de Chim.*, 1845, p. 153 ; — Demondésir, *loc. cit.* ; — Pasteur, *loc. cit.* ; — Grote, *loc. cit.*]. — On l'obtient en traitant l'anhydride tartrique par le gaz ammoniac ou le tartrate d'éthyle par l'ammoniaque aqueuse.

Lorsqu'on fait passer un courant de gaz ammoniac sur de l'anhydride tartrique arrosé d'alcool, on obtient deux couches liquides : la supérieure est de l'alcool, et l'inférieure renferme du tartramate d'ammonium (Laurent).

Si l'on chauffe à 100° le tartrate d'éthyle avec de l'ammoniaque en solution aqueuse et concentrée, il se forme un mélange de tartrate et de tartramate d'ammonium ; les proportions de ces deux sels sont variables suivant la durée de la réaction ; si celle-ci est prolongée suffisamment, la totalité du tartramate ammonique disparaît. Le produit fournit, par l'évaporation, d'abord des cristaux efflorescents de tartrate ammonique, et à la fin des croûtes dures de tartramate ammonique. Ce dernier sel, purifié par cristallisation, est traité par le chlorure de calcium et l'alcool, et le sel calcique qui se précipite est décomposé par l'acide oxalique.

L'acide tartramique est en très-beaux cristaux orthorhombiques. Formes : m, $b^{1/4}$, $a^{1/2}$, e^1, g^1 ; angles : $m\,m = 107° 34'$; $e^1 e^1 = 107° 54'$; $a^{1/2} a^{1/2} = 53° 25'$. La forme $b^{1/4}$ n'existe qu'à l'état de tétraèdre droit.

L'acide tartramique est très-soluble dans l'eau.

L'*acide tartramique gauche* ressemble en tous points à l'acide droit, seulement le tétraèdre $b^{1/4}$ est gauche.

Tartramates. — L'acide tartramique est monobasique.

Tartramate d'ammonium. — Il est en croûtes cristallines dures.

Tartramate de baryum,

$$(C^4H^6AzO^5)^2Ba + 8H^2O.$$

— Croûtes cristallines perdant $4H^2O$ à 100°.

Tartramate de calcium,

$$(C^4H^6AzO^5)^2Ca + 6H^2O.$$

— Le chlorure de calcium ne précipite pas le sel ammonique, mais l'addition d'alcool détermine la formation d'un dépôt de tartramate de calcium.

Ce sel est en grands cristaux tétraédriques, très-solubles dans l'eau, insolubles dans l'alcool. Lorsqu'on fait bouillir sa solution aqueuse, elle donne, à la longue, du tartrate acide de calcium et de l'ammoniaque.

Tartramate de plomb, $(C^4H^4AzO^5)^2Pb^3$. — Ce sel basique, comparable au tartrate basique de plomb, se précipite lorsqu'on ajoute de l'ammoniaque à un mélange de tartramate calcique et d'acétate de plomb.

Tartramate d'éthyle [Syn. *Tartraméthane*]. — Il s'obtient par l'action ménagée de l'alcool ammoniacal sur le tartrate d'éthyle. Décomposé avec précaution par les alcalis, il fournit l'acide tartramique ; l'ammoniaque le convertit en tartramide.

Acide phényltartramique [Syn. *Acide tartranilique*],

$$C^{10}H^{11}AzO^5 = C^4H^4O^4 <^{AzH.C^6H^5}_{OH}$$

[Arppe, *loc. cit.*]. — On fait bouillir pendant un

quart d'heure la phényltartrimide avec de l'ammoniaque :

$$C^4H^4O^4.AzC^6H^5 + AzH^3 + H^2O$$

Phényltartrimide.

$$= C^4H^4O^4 \begin{cases} AzH.C^6H^5 \\ OAzH^4 \end{cases}$$

Phényltartramate d'ammonium.

Le produit de la réaction est évaporé à une douce chaleur, pour chasser l'ammoniaque non combinée, puis traité par un excès d'eau de baryte; le précipité qui se forme est lavé et décomposé par l'acide sulfurique. La liqueur filtrée laisse déposer l'acide phényltartramique en mamelons roses ou en lamelles brillantes qu'on peut décolorer complétement par le charbon animal.

L'acide phényltartramique cristallise en lamelles incolores, très-solubles dans l'eau et dans l'alcool, moins solubles dans l'éther; il fond à 180° et se décompose partiellement en perdant de l'eau.

PHÉNYLTARTRAMATES. — L'acide phényltartramique est monobasique.

Phényltartramate d'ammonium. — Masse cristalline efflorescente, très-soluble. La solution de ce sel n'est précipitée ni par le chlorure de calcium, ni par le chlorure de baryum, ni par l'eau de chaux, mais elle donne un précipité blanc avec l'eau de baryte et un précipité jaune avec le chlorure ferrique.

Le *phényltartramate d'argent*,

$$C^{10}H^{10}AzO^5.Ag,$$

constitue une poudre blanche, un peu soluble.

Le *phényltartramate de baryum*,

$$(C^{10}H^{10}AzO^5)^2Ba,$$

est assez soluble dans l'eau bouillante et cristallise, par le refroidissement, en paillettes brillantes.

3° TARTRIMIDE. — On ne connait jusqu'ici qu'un dérivé phénylé.

PHÉNYLTARTRIMIDE [Syn. *Tartranile*],

$$C^{10}H^9AzO^4. = C^4H^4O^4.AzC^6H^5$$

[Arppo, *loc. cit.*]. — Elle se forme, indépendamment de la diphényltartramide, dans la décomposition du tartrate acide d'aniline; nous avons déjà dit plus haut comment on la sépare, au moyen de l'eau bouillante, de la diphényltartramide qui est insoluble dans ce liquide.

La solution aqueuse suffisamment concentrée laisse déposer la phényltartrimide qu'on purifie par plusieurs cristallisations dans l'eau en présence du charbon animal.

La phényltartrimide se dépose de ses solutions bouillantes dans l'eau ou dans l'alcool, sous la forme d'une poudre blanche grenue ou de lamelles nacrées. Elle est peu soluble dans l'éther, mais se dissout aisément dans l'eau et dans l'alcool. Vers 200°, la phényltartrimide grenue devient cristalline sans se décomposer; une partie se sublime et donne une masse laineuse; vers 230°, elle fond en s'altérant. La phényltartrimide n'offre aucune saveur; elle rougit le papier de tournesol d'une manière sensible. A. H.

TARTRIQUES (ANHYDRIDES). — Théoriquement on peut faire dériver de l'acide tartrique un grand nombre d'anhydrides : les uns sont de véritables anhydrides acides, les autres sont des dérivés éthérés. Jusqu'ici on n'a décrit que trois anhydrides tartriques, et encore leur étude est-elle très-incomplète; ce sont : l'acide ditartrique (acide tartralique ou isotartrique), $C^8H^{10}O^{11}$; l'acide tartrélique (anhydride tartrique soluble), $C^4H^4O^5$, et l'anhydride tartrique insoluble, $C^4H^4O^5$.

L'acide ditartrique, étant bibasique, doit être considéré comme un véritable anhydride acide,

$$C^8H^{10}O^{11}$$

$$= C^2H^2(OH)^2 \begin{cases} CO - O - OC \\ CO^2H \quad HO^2C \end{cases} (HO)^2H^2C^2.$$

L'acide tartrélique est monobasique; sa formule est donc probablement

$$C^4H^4O^5 = \begin{matrix} CO \\ \mid \\ CH \\ \mid \\ CH.OH \\ \mid \\ CO^2H. \end{matrix} \quad \text{(CO et CH} > O.)$$

L'anhydride tartrique insoluble ne paraît plus doué de propriétés acides; il constituerait alors un véritable anhydride acide de la formule.

$$C^4H^4O^5 = \begin{matrix} CH.OH-CO \\ \mid \\ CH.OH-CO \end{matrix} > O.$$

Il est possible que les formules de l'acide tartrélique et de l'anhydrique tartrique insoluble doivent être doublées.

Ajoutons que les formules de l'acide ditartrique et de l'anhydride tartrique nous paraissent peu probables; l'existence de véritables anhydrides acides n'est pas encore démontrée pour les acides-alcools.

Les produits formés par l'action de la chaleur sur l'acide racémique sont tout à fait analogues à ceux qui dérivent de l'acide tartrique; M. Fremy a décrit un *acide paratartralique*, un *acide paratartrélique* et un *anhydride paratartrique*.

ACIDE DITARTRIQUE [Syn. *Acide tartralique* ou *isotartrique*], $C^8H^{10}O^{11}$ [E. Fremy, *Ann. de Chim. et de Phys.*, (2), t. LXVIII, p. 353; (3), t. XXXI, p. 329; — Laurent et Gerhardt, *Compt. rend. des trav. de Chim.*, 1849, p. 6 et 105; — H. Schiff, *Compt. rend.*, t. LIV, p. 1075; *Ann. der Chem. u. Pharm.*, t. CXXV, p. 120]. — Laurent et Gerhardt avaient considéré l'acide ditartrique comme isomérique avec l'acide tartrique.

L'acide ditartrique se forme lorsqu'on maintient pendant longtemps l'acide tartrique en fusion, à une température de 170-180°; il se dégage de l'eau et de petites quantités de gaz carbonique et d'acides empyreumatiques,

$$2C^4H^6O^6 = H^2O + C^8H^{10}O^{11}.$$

Quand le produit donne un sel de calcium soluble, on arrête l'opération; si l'on prolongeait l'action de la chaleur, il se produirait de l'acide tartrélique, qui précipite l'acétate calcique.

L'acide ditartrique prend aussi naissance lorsqu'on fond à 160-170° un mélange de molécules égales d'acide métatartrique et d'acide tartrélique.

$$C^4H^6O^6 + C^4H^4O^5 = C^8H^{10}O^{11}.$$

L'acide ditartrique est incristallisable et déliquescent. Conservé à l'abri de l'humidité, il est parfaitement stable; le contact prolongé de l'eau le transforme en acide tartrique.

DITARTRATES. — L'acide ditartrique est bibasique; ses sels sont incristallisables. Les sels à base d'alcali s'obtiennent soit en neutralisant l'acide par un alcali, soit en dissolvant l'acide tartrélique dans les alcalis. Les tartrélates alcalins sont en effet très-peu stables et, en fixant de l'eau, ils se transforment facilement en ditartrates. On prépare les autres ditartrates en ajoutant l'acide libre à l'azotate du métal et précipitant la solution par l'alcool. On obtient ainsi des flocons qui se réunissent en une masse molle, devenant cristalline lorsqu'on la malaxe sous l'alcool.

Les ditartrates, séchés dans le vide, ne retiennent qu'une très-faible proportion d'eau

Dans cet état, ils peuvent être conservés sans altération; en présence de l'eau, ils se changent en métatartrates, puis en tartrates acides; à la température de l'ébullition cette transformation est rapide.

Ditartrate d'ammonium. — Sel déliquescent, obtenu par le même procédé que le sel potassique. Quand on chauffe légèrement le sel sirupeux, il se concrète peu à peu, en se transformant en bimétatartrate ammonique.

Ditartrate d'argent, $C^8H^8O^{11}.Ag^2$. — Le sel de calcium ne précipite le nitrate d'argent qu'après addition d'alcool; le précipité est blanc, d'aspect résineux.

Ditartrate de baryum, $C^8H^8O^{11}.Ba$. — Il est peu soluble dans l'eau.

Ditartrate de calcium, $C^8H^8O^{11}.Ca$. — Laurent et Gerhardt préparent ce sel au moyen de l'acide tartrélique obtenu en chauffant l'acide tartrique jusqu'au boursouflement; le produit, dissous dans l'eau froide, est sursaturé très-légèrement par l'ammoniaque et additionné d'une solution concentrée d'azotate de calcium; au liquide demeuré limpide on ajoute de l'alcool goutte à goutte, et en agitant avec une baguette, de manière à rassembler le précipité gluant qui se dépose sous la forme d'une huile épaisse et à peine colorée. Il est très-important de ne pas verser dans le mélange trop d'alcool à la fois, car le ditartrate calcique se précipiterait en flocons qui ne pourraient plus se réunir et qui se décomposeraient pendant les longs lavages sur un filtre. Quand le ditartrate calcique est précipité, on décante le liquide surnageant et on malaxe la masse visqueuse avec de nouvelles quantités d'alcool jusqu'à ce qu'elle soit devenue solide. Le sel est enfin écrasé, lavé plusieurs fois à l'alcool et promptement séché entre des doubles de papier buvard. L'essentiel, dans cette préparation, est d'opérer rapidement.

Le ditartrate de calcium à l'état sec est très-soluble dans l'eau; il conserve cette solubilité même après avoir été chauffé à 150°; sa solution, chauffée à 100°, devient acide et laisse déposer des cristaux de métatartrate calcique.

Ditartrate de cuivre, $C^8H^8O^{11}.Cu$. — Masse verte, très-soluble dans l'eau, insoluble dans l'alcool.

Ditartrate ferrique. — Le chlorure ferrique, additionné d'acide ditartrique, donne par la potasse un précipité blanc-jaunâtre, qui se dissout dans un excès de potasse en colorant le liquide en jaune-orangé.

Ditartrate de plomb, $C^8H^8O^{11}.Pb$. — Précipité blanc, insoluble dans l'eau et qui se décompose promptement par les lavages.

Ditartrate de potassium, $C^8H^8O^{11}.K^2$. — Il se précipite sous la forme d'une huile, lorsqu'on ajoute à froid de l'acide tartrélique à une solution alcoolique de potasse, maintenue en léger excès. C'est un sel incristallisable et déliquescent.

Éther ditartrique, $C^8H^8O^{11}(C^2H^5)^2$. — On chauffe à 120°, pendant 24 heures, molécules égales de tartrate d'éthyle et d'anhydride tartrique insoluble, et on reprend le produit par l'éther sec, qui dissout le ditartrate d'éthyle. C'est un liquide sirupeux, épais, inodore, soluble dans l'eau, l'alcool et l'éther.

ACIDE TARTRÉLIQUE [Syn. *Anhydride tartrique soluble,* ou *acide isotartritique,* $C^4H^4O^5$ [E. Fremy, *loc. cit.*; — Laurent et Gerhardt, *loc. cit.*; — H. Schiff, *loc. cit.*]. — Il se produit lorsqu'on expose l'acide tartrique pendant longtemps à une température de 180°, ou lorsqu'on chauffe brusquement cet acide, à feu nu, dans une capsule, pendant quelques minutes, jusqu'à ce qu'il soit transformé en une masse spongieuse,

$$C^4H^6O^6 = H^2O + C^4H^4O^5$$

L'acide tartrélique est jaunâtre et déliquescent; il est isomérique avec l'anhydride tartrique insoluble et se transforme en cet anhydride, sans subir aucune perte de poids, lorsqu'on le maintient à la température de 180°. La solution aqueuse de l'acide tartrélique offre une réaction acide; portée à l'ébullition, elle renferme, au bout de quelque temps, de l'acide métatartrique et à la fin de l'acide tartrique. Sa solution trouble l'eau de chaux. Les alcalis le changent immédiatement et à froid en acide ditartrique.

TARTRÉLATES. — L'acide tartrélique est monobasique; on ne connaît que les sels alcalino-terreux, ainsi que ceux des métaux lourds. On les obtient sous forme sirupeuse en versant la solution d'acide tartrélique dans la solution d'un acétate métallique. L'acide tartrélique ne précipite pas le nitrate de baryum. Les tartrélates de baryum, calcium et strontium se décomposent par l'ébullition avec l'eau en métatartrates ou tartrates et en acide métatartrique ou tartrique libres; ils ne donnent pas de ditartrates comme produits intermédiaires.

Tartrélate de baryum, $(C^4H^3O^5)^2Ba$. — Masse sirupeuse, insoluble dans l'eau et dans l'alcool.

Tartrélate de calcium, $(C^4H^3O^5)^2Ca$. — C'est le sel poisseux qu'a obtenu Braconnot en chauffant l'acide tartrique au-dessus de son point de fusion et saturant par la craie la solution du produit [*Ann. de Chim. et de Phys.*, t. XLVIII, p. 299]. Pour le préparer à l'état de pureté, on fait tomber une solution d'acide tartrélique goutte à goutte et en agitant dans une solution concentrée d'acétate ou de chlorure de calcium, qu'on a soin de maintenir en excès. La couche sirupeuse qui se sépare est lavée à l'alcool jusqu'à ce qu'elle soit devenue solide, puis séchée entre des doubles de papiers à filtre.

Le tartrélate de calcium est insoluble dans l'eau; cette insolubilité est si grande, que l'acide tartrélique trouble encore une solution fort étendue d'acétate calcique, alors que le tartrate d'ammonium ordinaire ne la précipite plus.

Tartrélate de cuivre. — Il renferme

$$(C^4H^3O^5)^2Cu.$$

Tartrélate de plomb, $(C^4H^3O^5)^2Pb$. — Précipité insoluble dans l'eau et dans l'alcool; il s'acidifie promptement pendant les lavages à l'eau.

Lorsqu'on chauffe à 150° l'acide tartrélique mélangé avec un excès de massicot, il se dégage une quantité d'eau sensiblement égale à la quantité qu'exigerait la transformation de l'acide en un sel de plomb basique de la formule $C^4H^2O^5,Pb$. La constitution de ce sel serait analogue à celle des tartrates basiques de plomb, d'antimoine, etc.

Tartrélate de strontium,

$$(C^4H^3O^5)^2Sr.$$

— Masse sirupeuse insoluble.

ANHYDRIDE TARTRIQUE INSOLUBLE, $C^4H^4O^5$ [E. Fremy, *loc. cit.*; — Laurent, *Compt. rend.*, t. XX, p. 513]. — C'est le dernier produit de transformation de l'acide tartrique sous l'influence de la chaleur, avant la destruction complète de la molécule,

$$C^4H^6O^6 = H^2O + C^4H^4O^5.$$

Il est isomérique avec l'acide tartrélique et se forme lorsqu'on expose cet acide pendant quelque temps à 180°.

Pour le préparer, M. Fremy prescrit de chauffer, à feu nu, dans une capsule, 15 à 20 grammes d'acide tartrique jusqu'à ce que la matière fondue d'abord soit transformée en une masse blanche, très-boursouflée. L'application de la chaleur doit être brusque, de telle sorte que l'opération ne dure que 4 à 5 minutes. La masse est ensuite détachée et chauffée à l'étuve pendant quelques instants à 150° environ; enfin elle est pulvérisée, lavée à l'eau jusqu'à ce que celle-ci ne soit plus acide, comprimée entre des doubles de papier et séchée dans le vide.

L'anhydride tartrique insoluble est une poudre blanche ou jaunâtre, d'une saveur très-légèrement acide, insoluble dans l'eau, l'alcool et l'éther. Au bout de quelques heures de contact, l'eau froide le transforme en une gelée et finit par le convertir successivement en acide tartrélique, ditartrique, métatartrique et tartrique. L'eau bouillante effectue rapidement les mêmes transformations; la potasse agit d'une manière semblable.

L'anhydride tartrique insoluble délayé dans l'alcool absorbe l'ammoniaque avec dégagement de chaleur et formation de tartramate d'ammonium (Laurent). Au contraire, d'après M. Fremy, l'anhydride tartrique insoluble ne serait pas attaqué par une solution de gaz ammoniac dans l'alcool absolu.

L'anhydride acétique, en agissant sur l'anhydride tartrique insoluble, fournit un produit sirupeux, qui se décompose déjà vers 130° en dégageant du gaz carbonique et de l'oxyde de carbone (Schützenberger). Ce dérivé acétique est peut-être identique avec l'anhydride diacétyltartrique. — Voyez p. 245.

Le produit résultant de l'action de la chaleur sur l'acide racémique ressemble à l'anhydride tartrique insoluble. A. H.

TARTRIQUES (ÉTHERS). — L'acide tartrique contient deux oxhydryles acides et deux oxhydryles alcooliques. Il peut donc fonctionner dans ses nombreux dérivés éthérés deux fois comme acide et deux fois comme alcool. D'où résultent trois classes de composés éthérés.

Première classe. — Ici, l'acide tartrique fonctionne à la manière des acides bibasiques ordinaires, c'est-à-dire que l'hydrogène des deux oxhydryles acides peut être remplacé par des radicaux d'alcool. On trouve dans cette classe des éthers acides et des éthers neutres :

$CH.OH-CO^2C^2H^5$ — $\dot{C}H.OH-CO^2H$
Acide éthyltartrique.

$CH.OH-CO^2C^2H^5$ — $\dot{C}H.OH-CO^2C^2H^5$
Tartrate diéthylique.

Deuxième classe. — Dans cette classe, l'acide tartrique fonctionne comme alcool : l'hydrogène des oxhydryles alcooliques est remplacé par des radicaux d'acides. Ces sortes d'éthers sont monacides et diacides :

$CH.OC^7H^5O-CO^2H$ — $\dot{C}H.OH-CO^2H$
Acide benzoyltartrique.

$CH.OAzO^2-CO^2H$ — $\dot{C}H.OAzO^2-CO^2H$
Acide dinitrotartrique.

Troisième classe. — Elle renferme des composés dans lesquels l'acide tartrique fonctionne tout à la fois comme acide et comme alcool, l'hydrogène des oxhydryles alcooliques pouvant être remplacé par des radicaux d'acides, en même temps que l'hydrogène des oxhydryles acides est remplacé par des radicaux d'alcools; de fait, ce sont les éthers des composés de la 2e classe :

$CH.OC^7H^5O-CO^2C^2H^5$ — $\dot{C}H.OH-CO^2H$
Acide benzoyléthyltartrique.

$CH.OC^7H^5O-CO^2C^2H^5$ — $\dot{C}H.OH-CO^2C^2H^5$
Benzoyltartrate diéthylique.

$CH.OC^2H^3O-CO^2C^2H^5$ — $\dot{C}H.OC^2H^3O-CO^2C^2H^5$
Diacétyltartrate diéthylique.

C'est l'étude de ces dérivés éthérés qui a le plus contribué à fixer la double nature de l'acide tartrique.

On a décrit un certain nombre d'éthers racémiques, dont la constitution est entièrement comparable à celle des éthers tartriques.

ÉTHERS TARTRIQUES.

Ire Classe. — Éthers tartriques a radicaux d'alcools.

TARTRATE D'ALLYLE, $C^4H^4O^6(C^3H^5)^2$. — Voyez t. I, p. 155.

TARTRATE D'AMYLE. — On ne connaît que l'éther acide ou *acide amyltartrique,*

$$C^9H^{16}O^6 = C^4H^5O^6.C^5H^{11}.$$

Lorsqu'on chauffe à 130° pendant plusieurs jours 150 p. d'acide tartrique avec 88 p. d'alcool amylique, l'acide entre peu à peu en dissolution, l'odeur de l'alcool amylique disparaît, et le produit de la réaction se prend par le refroidissement en une masse de cristaux mamelonnés, mous, formés d'acide amyltartrique. On le débarrasse d'une petite quantité d'acide tartrique libre, en le dissolvant dans l'éther, dans lequel il n'est cependant pas très-soluble.

L'acide amyltartrique fond à une douce chaleur; il possède une saveur amère. L'alcool le dissout aisément, l'éther plus difficilement et l'eau en plus faible proportion encore; la solution aqueuse concentrée se trouble par l'addition d'une plus grande quantité d'eau et laisse déposer des gouttes huileuses.

L'acide amyltartrique offre une forte réaction acide; il est monobasique.

Amyltartrate d'argent, $C^9H^{15}O^6.Ag.$ — Si l'on ajoute du nitrate d'argent à une solution chaude et concentrée du sel de potassium, le sel argentique se dépose, par le refroidissement, en aiguilles réunies en faisceaux, d'un éclat adamantin.

Amyltartrates de baryum. — Breunlin en a décrit deux. Lorsqu'on neutralise, à l'aide de la chaleur, la solution de l'acide par du carbonate barytique, il se sépare une mousse visqueuse, qu'on lave à l'eau et qu'on dissout dans l'alcool; cette solution alcoolique ne fournit pas de cristaux lorsqu'on l'évapore, mais l'eau en précipite des flocons amorphes qui se ramollissent à 100° et qui renferment alors $(C^9H^{15}O^6)^2Ba$.

La solution aqueuse séparée de la mousse donne par la concentration des lamelles incolores nacrées, contenant $(C^9H^{15}O^6)^2Ba + 2H^2O$; ce sel se décompose à 100°.

Le sel barytique amorphe n'a pu être transformé en sel cristallisé.

Amyltartrate de calcium, $(C^9H^{15}O^6)^2Ca$ (séché à 100). — On décompose le sel barytique amorphe dissous dans l'alcool par l'acide sulfurique et l'on neutralise la solution par du carbonate de calcium en ajoutant peu à peu de l'eau.

Le liquide filtré, concentré au bain-marie et finalement dans l'air sec, laisse le sel calcique sous la forme d'une masse friable.

Amyltartrate de plomb. — Le précipité blanc que l'acétate de plomb produit dans le sel de potassium est un sel basique.

Amyltartrate de potassium,

$$C^9H^{15}O^6.K + H^2O.$$

— Il se prépare par la décomposition du sel de baryum cristallisé au moyen du carbonate de potassium. Il constitue une masse cristalline, perdant son eau à 100°.

Amyltartrate de sodium,

$$C^9H^{15}O^6.Na \text{ (séché dans le vide).}$$

— On l'obtient comme le sel de potassium sous la

forme de cristaux mamelonnés mous, qu'une température de 100° décompose.

Les autres amyltartrates sont solubles; en général, leurs solutions peuvent être portées à l'ébullition sans s'altérer, mais les sels secs se décomposent à 100° [Balard, *Ann. de Chim. et de Phys.*, (3), t. XII, p. 309; — Breunlin, *Ann. der Chem. u. Pharm.*, t. XCI, p. 314].

TARTRATE DE DULCITE. — Voyez t. I, p. 1189.

TARTRATE D'ÉRYTHRITE. — *Acide érythritartrique*,

$$C^{32}H^{50}O^{41} = 2\,C^4H^{10}O^4 + 6\,C^4H^6O^6 - 3\,H^2O.$$

— La formule de cet acide est peu probable, car dans la réaction qui lui donne naissance il devrait se dégager 6 H^2O.

On obtient l'acide érythritartrique en chauffant à 120° pendant 1 à 2 jours l'acide tartrique avec l'érythrite. Son sel *calcique* renferme

$$(C^{32}H^{41}O^{41})^2\,Ca^9 + 6\,H^2O$$

[Berthelot, *Ann. de Chim. et de Phys.*, (3), t. LIV, p. 84].

TARTRATES D'ÉTHYLE. — 1° ACIDE ÉTHYLTARTRIQUE [Syn. *Tartrovinique*],

$$C^6H^{10}O^6 = C^4H^5O^6.C^2H^5.$$

— Il a été remarqué pour la première fois par Morian; sa composition a été reconnue par Trommsdorff, et son étude a été faite par Guérin-Varry [Morian, *Journ. der Pharm. v. Trommsdorff*, t. XXIII, p. 2 et 43; — Trommsdorff, *ibid.*, t. XXIV, p. 1 et 11; — Guérin-Varry, *Ann. de Chim. et de Phys*, (2), t. LXII, p. 57].

Cet acide se forme dans l'action de l'alcool sur l'acide tartrique. Parties égales de ces deux substances sont chauffées à 60-70° pendant 6 heures; le produit est étendu d'eau, le liquide est saturé de carbonate de baryum, et, après filtration, concentré vers 40 ou 50°; la solution est filtrée une seconde fois, pour séparer un peu de tartrate qui s'est formé et abandonnée à l'évaporation lente. Il se dépose des cristaux d'éthyltartrate de baryum; ce sel, dissous dans l'eau et décomposé par une quantité convenable d'acide sulfurique, fournit l'acide éthyltartrique qui cristallise par évaporation de la solution dans le vide.

On peut préparer le même acide en dissolvant l'acide tartrique dans son poids d'alcool bouillant et maintenant à 60-70° la solution dans une cornue, jusqu'à ce qu'un tiers du produit soit évaporé. Le résidu ne contient plus alors d'acide tartrique et fournit directement des cristaux d'acide éthyltartrique lorsqu'on l'étend d'une petite quantité d'eau et qu'on laisse évaporer le liquide.

L'acide éthyltartrique forme des prismes allongés, clinorhombiques, incolores, sans odeur et d'une saveur agréable, à la fois acide et sucrée. Il commence à se ramollir vers 30° et fond vers 90°.

Il attire promptement l'humidité de l'air. L'eau et l'alcool le dissolvent aisément, mais il est insoluble dans l'éther. Sa solution aqueuse se décompose complètement, par une ébullition prolongée, en alcool et acide tartrique.

L'acide éthyltartrique commence à se décomposer vers 140°; par la distillation sèche, il donne de l'eau, de l'alcool, de l'éther acétique, de l'acide acétique, de l'acide pyrotartrique, etc.

L'acide azotique le convertit à une douce chaleur en gaz carbonique, acide acétique et acide oxalique.

L'acide sulfurique le décompose à chaud.

L'acide éthyltartrique dissout le fer et le zinc avec dégagement d'hydrogène.

Il est monobasique; en général ses sels cristallisent facilement; ils sont gras au toucher et sans odeur; presque tous sont très-solubles dans l'eau, moins solubles dans l'alcool. Leurs solutions se décomposent par l'ébullition en alcool et en tartrates acides.

Éthyltartrate d'ammonium. — Par l'évaporation lente de sa solution il cristallise en fibres soyeuses.

Éthyltartrate d'argent, $C^6H^9O^6.Ag$. — On l'obtient cristallisé en prismes, quelquefois renflés vers le milieu, en ajoutant l'acide libre ou son sel de potassium à une solution de nitrate d'argent; il se décompose à 100°.

Éthyltartrate de baryum,

$$(C^6H^9O^6)^2\,Ba + 2\,H^2O.$$

— Nous avons vu plus haut comment on le prépare; il cristallise en beaux prismes incolores groupés en éventails, et paraissant appartenir au type orthorhombique (mm = 126 à 127°) [de la Provostaye, *Ann. de Chim. et de Phys.*, (3), t. III, p. 139]. Ce sel offre une saveur légèrement amère; il se dissout dans 2p,63 d'eau à 23° et dans 0p,78 d'eau bouillante; l'alcool et l'esprit de bois ne le dissolvent pas. Pouvoir rotatoire $[\alpha]_D = +\,25°,68$ (Landolt). L'eau de cristallisation se dégage dans le vide; le sel commence à se ramollir vers 190° et fond à 200° en se décomposant.

L'acide éthyltartrique, versé goutte à goutte dans l'eau de baryte, y produit un précipité formé par un sel basique qui diminue à mesure que la liqueur approche de la neutralité; à l'état neutre elle est encore trouble et l'addition d'un excès d'acide, loin de faire disparaître ce trouble, provoque la formation d'un nouveau précipité qui se dissout difficilement dans l'acide azotique.

Éthyltartrate de calcium,

$$(C^6H^9O^6)^2\,Ca + 5\,H^2O.$$

— Il se prépare comme le sel de baryum. Prismes ou tables rectangulaires, éprouvant à 100° la fusion aqueuse; le sel sec ne fond qu'à 210° et s'altère vers 215°.

L'acide éthyltartrique produit dans l'eau de chaux un précipité blanc formé par un sel basique.

Éthyltartrate de cuivre,

$$(C^6H^9O^6)^2\,Cu + 6\,H^2O.$$

— La solution de l'oxyde cuivrique dans l'acide libre laisse déposer des aiguilles bleues, soyeuses et efflorescentes.

Éthyltartrate de plomb. — L'acide libre précipite d'une solution d'acétate de plomb de petits prismes incolores, nacrés, insolubles dans un excès d'acide éthyltartrique, mais solubles dans l'acide azotique.

Éthyltartrate de potassium, $C^6H^9O^6.K$. — Pour l'obtenir on décompose le sel barytique par le sulfate de potassium; la solution est évaporée à consistance sirupeuse et le résidu est dissous dans l'alcool. Le liquide alcoolique fournit, par l'évaporation lente, des prismes orthorhombiques incolores. Formes : m' b^1, e^1, g^1; angles : $m\,m$ = 134° 40'; e^1 e^1 (m sur p) = 120° 8'; clivage très-parfait suivant g^1 (de la Provostaye). Les cristaux entrent en fusion vers 205°; ils se dissolvent dans 0p,94 d'eau à 23°,5 et en toute proportion dans l'eau bouillante; l'alcool absolu ne les dissout qu'en petite quantité. Pouvoir rotatoire $[\alpha]_D = +\,29°,91$ (Landolt).

Éthyltartrate de sodium. — Lames tantôt rhombiques, tantôt rectangulaires.

Éthyltartrate de strontium. — L'eau de strontiane n'est précipitée dans aucune condition par l'acide éthyltartrique.

Éthyltartrate de zinc. — La solution du zinc

métallique dans l'acide libre fournit des prismes rectangulaires, gras au toucher.

2° TARTRATE D'ÉTHYLE,

$$C^8H^{14}O^6 = C^4H^4O^6(C^2H^5)^2$$

[Demondésir, *Compt. rend.*, t. XXXIII, p. 227]. — On l'obtient en faisant passer du gaz chlorhydrique dans une solution d'acide tartrique dans l'alcool, neutralisant au bout de quelque temps le liquide acide par du carbonate de sodium et épuisant la masse à plusieurs reprises par de l'éther; celui-ci dissout le tartrate éthylique et le laisse après distillation.

Schiff prescrit de saturer de gaz chlorhydrique une solution alcoolique d'acide tartrique, d'exposer le produit pendant quelques jours à la lumière solaire directe, d'ajouter ensuite 3 à 4 volumes d'alcool éthéré, de neutraliser le liquide par du carbonate de baryum et de filtrer. La solution, débarrassée d'éther et d'alcool par distillation au bain-marie, laisse un résidu sirupeux qu'on sèche au bain-marie.

L'éther tartrique est un liquide sirupeux, légèrement jaunâtre, d'une densité de 1,1980, miscible à l'eau en toutes proportions. Il est dextrogyre $[\alpha]_D = +8°,306$; ce chiffre, qui s'applique à l'éther tartrique pur, augmente beaucoup lorsqu'on mélange l'éther avec un liquide inactif, alcool, esprit de bois ou eau; ce dernier liquide surtout exerce une influence considérable. Les formules suivantes, dans lesquelles *q* représente la teneur centésimale des solutions en liquide *inactif*, permettent de calculer le pouvoir rotatoire pour les différentes solutions.

Alcool éthylique :

$$[\alpha]_D = 8°,400 + 0°,018067\,q.$$

Alcool méthylique :

$$[\alpha]_D = 8°,418 + 0°,062460\,q + 0°,00034786\,q^2.$$

Eau :

$$[\alpha]_D = 8°,090 + 0,20032\,q$$

[Landolt, *Deutsch. chem. Gesells.*, t. IX, p. 910].

Le tartrate éthylique peut supporter une température élevée sans se détruire; il ne distille cependant pas sans altération. Lorsqu'on le maintient pendant quelque temps à une température élevée, le résidu contient de notables quantités d'acide racémique.

L'ammoniaque alcoolique le transforme, suivant que la réaction est plus ou moins prolongée, en tartramate d'éthyle ou en tartramide; avec l'ammoniaque aqueuse il donne du tartramate d'ammonium.

Le sodium se dissout dans l'éther tartrique, mais, à cause de la viscosité de la masse, l'action est lente; pour l'accélérer, on dissout l'éther tartrique dans 5 ou 6 volumes de benzine sèche. La solution séparée de l'excès de sodium et distillée au bain-marie pour séparer la benzine laisse une masse jaune brunâtre, incristallisable, probablement formée d'éther tartrique *monosodé*.

Si l'on continue l'action du sodium sur la solution benzénique, il se produit un corps gélatineux, qui constitue probablement l'éther tartrique *disodé* (Perkin).

L'amalgame de sodium en agissant sur l'éther tartrique fournit de l'acide éthyltartrique et une petite quantité d'un autre acide, peut-être l'acide érythrique [Petrieff et Eguis, *Bull. de la Soc. chim.*, t. XXIV, p. 361].

Le chlorure d'acétyle transforme le tartrate d'éthyle en *monacétyltartrate* et *diacétyltartrate d'éthyle* (Wislicenus, Perkin).

TARTRATE DE GLUCOSE. — M. Berthelot a obtenu un acide *glucotartrique* tétrabasique,

$$C^{22}H^{26}O^{25} = C^6H^{12}O^6 + 4C^4H^6O^6 - 5H^2O,$$

en chauffant la glucose avec l'acide tartrique. Cet acide réduit la liqueur cupropotassique, mais ne fermente pas au contact de la levûre; l'acide sulfurique le dédouble en acide tartrique et sucre fermentescible. Le sel de *calcium* renferme,

$$C^{22}H^{22}O^{25}.Ca^2 + 2H^2O.$$

Le sel de *magnésium*,

$$C^{22}H^{22}O^{25}.Mg^2, 2MgO + 2H^2O,$$

est cristallin. Le sel de *plomb acide* a pour formule, $C^{22}H^{24}O^{25}.Pb$; le sel de *plomb neutre* est insoluble.

TARTRATES DE GLYCÉRINE. — Voyez t. I, p. 1590.

TARTRATE DE LACTOSE. — La lactose chauffée avec l'acide tartrique fournit un acide lactotartrique octobasique,

$$C^{68}H^{104}O^{76} = 3C^{12}H^{22}O^{11} + 8C^4H^6O^6 - 5H^2O.$$

Le sel *calcique* renferme,

$$C^{68}H^{96}O^{76}.Ca^4 + 4H^2O\,;$$

il réduit la liqueur cupropotassique. En variant un peu les conditions de l'expérience, M. Berthelot a obtenu un sel *calcique* d'une autre composition,

$$C^{44}H^{52}O^{36}.Ca^6 + 8H^2O.$$

TARTRATES DE MÉTHYLE. — 1° ACIDE MÉTHYLTARTRIQUE [Syn. *Acide tartrométhylique*],

$$C^5H^8O^6 = C^4H^5O^6.CH^3$$

[Dumas et Peligot, *Ann. de Chim. et de Phys.* (2), t. LXI, p. 200; — Guérin-Varry, *ibid.*, t. LXII, p. 77; — Dumas et Piria, *ibid.* (3), t. V, p. 373]. — L'acide tartrique se dissout plus aisément dans l'alcool méthylique que dans l'alcool ordinaire, et produit plus vite l'acide vinique correspondant : 1 p. d'acide tartrique est dissoute dans 1 p. d'alcool méthylique bouillant et la liqueur est concentrée à consistance de sirop à une température inférieure à 100°; après s'être assuré de l'absence d'acide tartrique libre dans le résidu, on dissout celui-ci dans la moitié de son poids d'eau et l'on évapore la solution au-dessous de 100°. Le liquide sirupeux ainsi obtenu, abandonné à lui-même dans l'air sec, laisse déposer des cristaux d'acide méthyltartrique.

Ce sont des prismes droits, blancs, inodores et d'une saveur acide; ils fondent par la chaleur et donnent à une température élevée, indépendamment d'autres produits de décomposition, de l'alcool méthylique et de l'acétate de méthyle.

L'eau, l'alcool et l'alcool méthylique dissolvent facilement l'acide méthyltartrique; il est peu soluble dans l'éther. Il s'altère à peine à l'air humide; en solution, dans l'eau, surtout si l'on élève la température, il se dédouble en alcool méthylique et en acide tartrique.

La solution d'acide méthyltartrique dissout le fer et le zinc avec dégagement d'hydrogène; elle forme avec les eaux de baryte, de strontiane et de chaux des précipités qui se dissolvent dans un léger excès d'acide; dans l'acétate de plomb, elle détermine la formation d'un précipité pulvérulent.

L'acide méthyltartrique est monobasique; ses sels se convertissent par l'ébullition de leur solution aqueuse en alcool méthylique et tartrates acides.

Méthyltartrate d'argent. — Précipité floconneux, insoluble dans un excès d'acide méthyltartrique, un peu soluble dans l'eau.

Méthyltartrate de baryum

$$(C^5H^7O^6)^2Ba + H^2O.$$

— En mélangeant une solution de baryte dans l'alcool méthylique avec une solution d'acide tartrique dans le même alcool, on obtient un précipité gélatineux de méthyltartrate de baryum possédant la composition indiquée ci-dessus; ce précipité doit être lavé à l'alcool méthylique, car l'eau le décompose rapidement avec formation de tartrate (Dumas et Peligot)

Guérin-Varry obtient le méthyltartrate de baryum à l'état cristallisé, en saturant de carbonate de baryum la solution d'acide méthyltartrique brut et soumettant le liquide à l'évaporation spontanée; il décrit ce sel comme formé de prismes brillants, droits, terminés par des biseaux, solubles dans l'eau, insolubles dans l'alcool méthylique et dans l'alcool éthylique. Chauffés à 150-160°, les cristaux fournissent un liquide sirupeux d'une odeur alliacée, contenant de l'eau, de l'alcool méthylique, de l'acétate de méthyle et une substance cristallisée qu'on en retire par l'évaporation.

Méthyltartrate de plomb. — L'acide libre précipite de l'acétate de plomb des flocons qu'un excès d'acide transforme en une poudre composée de petits prismes plats.

Méthyltartrate de potassium, $C^5H^7O^6.K$. — Le sel barytique est décomposé par le sulfate de potassium, la solution est amenée à consistance de sirop et le résidu est repris par l'alcool qui dissout le méthyltartrate de potassium et le dépose par l'évaporation lente en prismes droits rectangulaires, incolores et insipides. Guérin-Varry admet que ce sel contient $1/2H^2O$, tandis qu'il est anhydre d'après MM. Dumas et Piria.

Méthyltartrate de sodium. — L'acide méthyltartrique employé en excès produit dans la soude un précipité grenu, soluble dans une grande quatité d'eau.

2° Tartrate de méthyle,

$$C^6H^{10}O^6 = C^4H^4O^6(CH^3)^2.$$

— On l'obtient par le même procédé que le tartrate d'éthyle, auquel il ressemble (Demondésir).

Tartrate de pinite. La pinite chauffée avec de l'acide tartrique fournit un acide hexabasique.

$$C^{30}H^{36}O^{35} = C^6H^{12}O^5 + 6C^4H^6O^6 - 6H^2O;$$

le sel de calcium de cet acide renferme,

$$C^{30}H^{30}O^{35}.Ca^3 + 6H^2O$$

(Berthelot).

Tartrate de quercite. — Voyez t. II, p. 1281.

Tartrate de saccharose. — Voyez t. III, p. 28.

Tartrate de sorbine. — Voyez t. II, p. 1552.

IIe Classe. — Éthers tartriques a radicaux d'acides.

Acide diacétyltartrique,

$$C^8H^{10}O^8 = C^4H^4O^6(C^2H^3O)^2$$

[F. Pilz, *Wien. Acad. Ber.*, t. XLIV, 2e part., p. 47; *Rép. de Chim. pure*, 1862, p. 188; — W. H. Perkin, *Journ. chem. Soc. London* (2), t. V, p. 138; *Bull. de la Soc. chim.*, 1868, t. IX, p. 222]. — Il se forme lorsqu'on dissout dans l'eau l'anhydride diacétyltartrique (voyez plus loin),

$$C^8H^8O^7 + H^2O = C^8H^{10}O^8.$$

La dissolution se fait lentement et le liquide fournit après évaporation une masse gommeuse déliquescente, que la chaleur décompose sans régénérer l'anhydride dont on était parti. L'eau dédouble à la longue l'acide diacétyltartrique en acide acétique et acide tartrique; la potasse agit d'une manière semblable, mais plus rapidement.

L'acide diacétyltartrique est bibasique; ses sels sont très-solubles et il est difficile de les obtenir à l'état de pureté.

Diacétyltartrate d'argent, $C^8H^8O^8.Ag^2$. — Il se sépare des solutions concentrées sous la forme d'un magma volumineux composé d'aiguilles soyeuses. Pilz, en neutralisant l'acide diacétyltartrique par du carbonate d'argent, paraît avoir obtenu un sel monargentique, $C^8H^9O^8.Ag$.

Diacétyltartrate de baryum, $C^8H^8O^8.Ba$. — Il cristallise de sa solution sirupeuse en longues aiguilles déliées et déliquescentes.

Diacétyltartrate de calcium, $C^8H^8O^8.Ca$. — Masse amorphe et déliquescente.

Diacétyltartrate de cuivre, $C^8H^8O^8.Cu$. — Cristaux bleus, très-solubles.

Diacétyltartrate mercureux. — Précipité gélatineux soluble dans l'acide acétique.

Diacétyltartrate de potassium. — *Sel acide*,

$$C^8H^9O^8.K.$$

— Poudre cristalline, très-soluble, mais non déliquescente.

Sel neutre. — Cristaux déliquescents.

Diacétyltartrate de sodium, $C^8H^8O^8.Na^2$. — Il cristallise en étoiles ou en longues aiguilles groupées en faisceaux autour d'un centre; il est très-soluble.

Anhydride diacétyltartrique,

$$C^8H^8O^7 = C^4H^2O^5(C^2H^3O)^2$$

[Ballik, *Wien. Acad. Ber.*, t. XXIX, p. 26; — Pilz, *loc. cit.*; — Perkin, *loc. cit.*]. Il se produit dans l'action du chlorure d'acétyle sur l'acide tartrique :

$$C^4H^6O^6 + C^2H^3O.Cl$$
$$= C^4H^4O^5 + HCl + C^2H^4O^2,$$
$$C^4H^4O^5 + 2C^2H^3O.Cl$$
$$= 2HCl + C^4H^2O^5(C^2H^3O)^2.$$

— On fait digérer au bain-marie, dans un appareil à reflux, 1 p. d'acide tartrique pulvérisé avec 2 à 3 p. de chlorure d'acétyle, jusqu'à ce que le tout soit entré en dissolution, et l'on chasse ensuite l'excès de chlorure d'acétyle et l'acide acétique au moyen d'un courant de gaz carbonique; par le refroidissement le produit se solidifie en une masse cristalline qu'on met à égoutter sur de la porcelaine dégourdie, ou qu'on purifie par sublimation à 140° dans un courant de gaz carbonique sec.

L'anhydride diacétyltartrique est en aiguilles ou en prismes clinorhombiques fusibles, d'après Pilz, à 135°; d'après Perkin, à 126-127°; il se sublime lorsqu'on le chauffe avec précaution et entre en ébullition vers 250°, en se décomposant. Porté sur la langue, il est insipide au premier moment, mais au bout de quelque temps il offre une saveur acide.

Cet anhydride se dissout lentement dans l'eau et donne l'acide diacétyltartrique; il est très-soluble dans l'alcool et l'éther, peu soluble dans l'essence de térébenthine; il se dissout aussi dans la benzine et dans l'anhydride acétique, et cristallise de ces solutions en aiguilles.

Acide benzoyltartrique,

$$C^{11}H^{10}O^7 = C^4H^5O^6.C^7H^5O$$

[Dessaignes, *Journ. de Pharm.* (3), t. XXXII, p. 47]. — Un mélange d'acide tartrique et d'acide benzoïque fait dans la proportion des poids moléculaires est chauffé à 150° en vase clos; le produit de la réaction, qui est un liquide brun, est dissous dans l'eau bouillante; l'acide benzoïque non combiné cristallise par le refroidissement et le liquide évaporé laisse un résidu soluble en partie dans le carbonate de sodium. On décolore la solution par le noir animal et on la sursature légèrement d'acide chlorhydrique; l'acide benzoyltartrique se dépose en mamelons formés de cristaux microscopiques. Cet acide est plus soluble dans l'eau que l'acide benzoïque, mais il est moins soluble dans l'alcool que ce dernier. Il fond à une température élevée en se décomposant.

Sa solution aqueuse ne précipite ni le chlorure ferrique, ni l'eau de chaux, ni le nitrate d'argent; elle produit un léger précipité dans une solution concentrée d'acétate de plomb.

Son sel ammoniacal précipite le chlorure ferrique en jaune clair; il est sans action sur le chlorure de calcium. Le sel *d'argent* $C^{11}H^{8}O^{7}.Ag^{2}$ est un précipité blanc qui se forme lorsqu'on ajoute du nitrate d'argent à une solution de l'acide saturé au quart d'ammoniaque.

ACIDE DINITROTARTRIQUE,

$$C^{4}H^{4}Az^{2}O^{10} = C^{4}H^{4}O^{6}(AzO^{2})^{2}$$

[Dessaignes, *Compt. rend.*, t. XXXIV, p. 731; *Journ. de Pharm.* (3), t. XXXII, p. 45]. — L'acide tartrique en poudre très-fine se dissout rapidement dans 4p,5 d'acide nitrique monohydraté; la solution, agitée avec un volume égal d'acide sulfurique, se prend en une bouillie blanche et ferme qui rappelle l'empois d'amidon. Cette bouillie est placée entre deux plaques poreuses, sous une cloche; après un à deux jours la majeure partie de l'acide sulfurique est absorbée par les plaques et l'acide dinitrotartrique impur se présente sous l'aspect d'une masse légère, blanche et soyeuse. On le purifie en le dissolvant dans l'eau à peine tiède et refroidissant aussitôt la solution à 0°; la liqueur se prend en une masse volumineuse composée de cristaux soyeux et enchevêtrés qui emprisonnent une grande quantité d'eau mère; on les écrase sur un entonnoir et on les sèche à la fin entre des doubles de papier.

La solution de l'acide dinitrotartrique dans l'alcool absolu est plus stable que la solution aqueuse et fournit quelquefois par l'évaporation lente des prismes assez volumineux, qui, d'après Chautard, agissent sur la lumière polarisée.

L'acide dinitrotartrique est très-instable; sa solution aqueuse à quelques degrés au-dessus de 0° dégage un mélange d'oxyde azotique et de gaz carbonique et renferme à la fin de l'acide tartronique et une petite quantité d'acide oxalique:

$$\begin{matrix} CO^{2}H \\ CH.OAzO^{2} \\ CH.OAzO^{2} \\ CO^{2}H \end{matrix} = \begin{matrix} CO^{2}H \\ CH.OH \\ CO^{2}H. \end{matrix} + CO^{2} + AzO + AzO^{2}$$

Acide tartronique.

Si la température de la solution d'acide dinitrotartrique est portée à 40 ou 50°, il ne se forme que de l'acide oxalique.

Le sel ammoniacal de l'acide dinitrotartrique chauffé avec du sulfhydrate d'ammonium se décompose avec effervescence et dépôt abondant de soufre; la solution filtrée donne, par la concentration, du tartrate neutre d'ammonium.

Dinitrotartrates d'ammonium. — L'ammoniaque ajoutée avec précaution à la solution de l'acide en précipite des prismes brillants de *sel acide*, $C^{4}H^{3}Az^{2}O^{10}.AzH^{4}$. Le *sel neutre* se prépare en saturant à 0° l'acide dinitrotartrique par l'ammoniaque.

Dinitrotartrate d'argent,

$$C^{4}H^{2}Az^{2}O^{2}.Ag^{2} + H^{2}O.$$

— Précipité cristallin, peu stable, obtenu en ajoutant une solution de l'acide à du nitrate d'argent.

La solution de l'acide dinitrotartrique donne un précipité cristallin dans l'acétate de *potassium*; elle ne précipite l'acétate de *calcium* qu'après quelque temps; enfin elle produit des précipités floconneux dans l'acétate de *plomb* et dans l'azotate *mercureux*.

IIIe CLASSE. — ÉTHERS TARTRIQUES A RADICAUX D'ALCOOLS ET A RADICAUX D'ACIDES.

MONACÉTYLTARTRATE D'ÉTHYLE,

$$C^{10}H^{16}O^{7} = C^{4}H^{3}O^{6}(C^{2}H^{3}O)(C^{2}H^{5})^{2}$$

[Perkin, *Journ. Chem. Soc. London* (2), t. V, p. 138; *Bull. de la Soc. chim.*, 1868, t. IX, p. 222]. — Lorsqu'on fait réagir à la température ordinaire le chlorure d'acétyle sur le tartrate d'éthyle (molécules égales), il se dégage du gaz chlorhydrique et il se produit le monacétotartrate d'éthyle sous la forme d'une huile neutre, d'une saveur amère, ne distillant pas sans décomposition. Cet éther est un peu soluble dans l'eau et est séparé de cette solution par le chlorure de sodium. L'ammoniaque aqueuse le décompose à la température de l'ébullition et fournit un produit sirupeux. Le sodium le transforme en une matière gommeuse, le chlorure de benzoyle en une huile épaisse et incolore (acétylbenzoyltartrate d'éthyle), en même temps qu'il se dégage de l'acide chlorhydrique.

DIACÉTYLTARTRATE D'ÉTHYLE,

$$C^{12}H^{18}O^{8} = C^{4}H^{2}O^{6}(C^{2}H^{3}O)^{2}(C^{2}H^{5})^{2}$$

[J. Wislicenus, *Ann. der Chem. u. Pharm.*, t. CXXIX, p. 175; *Bull. de la Soc. chim.*, 1864, t. II, p. 291; — Perkin, *loc. cit.*]. — On traite l'éther tartrique (1 mol.) par le chlorure d'acétyle (2 mol.); il se dégage abondamment de l'acide chlorhydrique et la réaction s'achève à froid; si l'on a employé un excès de chlorure d'acétyle, on le retrouve dans le produit et on s'en débarrasse par distillation au bain-marie. Le diacétyltartrate d'éthyle brut est purifié par cristallisation dans l'alcool.

Il est sous forme de grands prismes incolores, paraissant appartenir au type anorthique; d'après Wislicenus, il fond à 63°,5, se solidifie de nouveau à 54° et bout à 288°,5 (corrig.); d'après Perkin, il fond à 67° et bout à 294-298° en se décomposant très-légèrement

Il est très-soluble dans l'alcool et l'éther; on peut le faire cristalliser dans l'eau bouillante, mais les solutions alcalines le dédoublent en alcool, acétate et tartrate alcalins. Le sodium ne l'attaque pas.

ACIDE MONOBENZOYLÉTHYLTARTRIQUE,

$$C^{13}H^{14}O^{7} = C^{4}H^{4}O^{6}(C^{7}H^{5}O)(C^{2}H^{5})$$

[Perkin, *loc. cit.*]. — C'est l'éther monéthylique de l'acide benzoyltartrique décrit plus haut.

On saponifie le monobenzoyltartrate d'éthyle par une quantité convenable de potasse dissoute dans une grande quantité d'alcool, on chasse l'alcool par distillation au bain-marie, et l'on précipite l'acide monobenzoyléthyltartrique par l'acide chlorhydrique.

Il cristallise en aiguilles dures, réunies en faisceaux; il est très-peu soluble dans l'eau, mais l'alcool et l'éther le dissolvent aisément. La potasse le décompose facilement.

Les eaux mères de la préparation de cet acide contiennent une notable proportion d'acide benzoyltartrique.

MONOBENZOYLTARTRATE D'ÉTHYLE,

$$C^{15}H^{18}O^{7} = C^{4}H^{3}O^{6}(C^{7}H^{5}O)(C^{2}H^{5})^{2}$$

[Perkin, *loc. cit.*]. — C'est l'éther diéthylique de

l'acide benzoyltartrique. On le prépare en chauffant à 100° pendant 2 à 3 heures le chlorure de benzoyle (1 mol.) avec l'éther tartrique (1 mol.); le produit est lavé avec une solution de carbonate sodique et dissous dans l'éther.

Le monobenzoyltartrate d'éthyle constitue une huile incolore, épaisse, plus dense que l'eau; au contact de ce liquide, il se transforme au bout de quelque temps en une masse de cristaux prismatiques incolores, fusibles à 64°; le produit fondu peut rester longtemps en surfusion, mais se solidifie immédiatement lorsqu'on y introduit une trace du corps cristallisé. Il distille en se décomposant. L'alcool et l'éther le dissolvent en toutes proportions; l'eau bouillante en dissout une petite quantité; la solution se trouble en se refroidissant et laisse déposer des cristaux prismatiques.

La potasse aqueuse n'attaque pas cet éther; la potasse alcoolique le transforme suivant la concentration et les proportions employées en alcool, acide tartrique et acide benzoïque, ou bien en alcool et acide benzoyléthyltartrique, ou encore en acide benzoyltartrique. Chauffé avec l'ammoniaque, il donne de l'alcool, de l'acide benzoïque et probablement de la tartramide et de la benzotartramide. Le sodium l'attaque lentement avec dégagement d'hydrogène.

Quoique cet éther renferme encore un oxhydryle alcoolique, on n'a pas réussi à y introduire un second groupe benzoyle; mais on a préparé un éther acétylbenzoyltartrique par l'action du chlorure d'acétyle.

ACÉTYLBENZOYLTARTRATE D'ÉTHYLE,

$$C^{17}H^{20}O^{8} = C^{4}H^{2}O^{6}(C^{2}H^{3}O)(C^{7}H^{5}O)(C^{2}H^{5})^{2}$$

[Perkin, *loc. cit.*]. — Nous venons de dire comment cet éther se forme; pour le préparer on chauffe à 140-150° pendant 3 à 4 heures le benzoyltartrate d'éthyle avec un faible excès de chlorure d'acétyle, on traite le produit par l'eau et on le dissout dans l'éther. La solution éthérée distillée au bain-marie laisse une huile incolore, épaisse, dense, que la potasse alcoolique dédouble en alcool, acétate, benzoate et tartrate de potassium.

SUCCINYLTARTRATE D'ÉTHYLE,

$$C^{20}H^{30}O^{14} = [C^{4}H^{3}O^{6}(C^{2}H^{5})]^{2}C^{4}H^{4}O^{2}.$$

— Voyez t. III, p. 24.

ETHERS RACÉMIQUES.

IIe CLASSE. — ÉTHERS RACÉMIQUES A RADICAUX D'ALCOOLS.

RACÉMATE D'ÉTHYLE. — L'éther neutre n'a pas été décrit, mais Perkin en a préparé des dérivés.

ACIDE ÉTHYLRACÉMIQUE [Syn. *Acide éthylparatartrique ou racémovinique*],

$$C^{12}H^{20}O^{12} = C^{8}H^{10}O^{12}(C^{2}H^{5})^{2}$$

[Guérin-Varry, *Ann. de Chim. et de Phys.* (2), t. LXII, p. 70]. — On chauffe doucement dans une cornue 1 p. d'acide racémique et 4 p. d'alcool absolu; on cohobe jusqu'à ce que la solution, évaporée à consistance de sirop, ne dépose plus rien par le refroidissement. Le produit est alors étendu d'eau, saturé de carbonate de baryum et évaporé vers 50 ou 60°. Le sel de baryum ainsi préparé, décomposé par l'acide sulfurique, fournit l'acide éthylracémique.

Cet acide cristallise en prismes clinorhombiques, moins obliques que ceux de l'acide éthyltartrique. Il est très-soluble dans l'eau et dans l'alcool, insoluble dans l'éther; les solutions n'exercent aucune action sur la lumière polarisée; elles se décomposent par l'ébullition prolongée en alcool et acide racémique.

La chaleur, les acides sulfurique et nitrique, le fer et le zinc, agissent sur lui comme sur l'acide éthyltartrique.

L'acide éthylracémique est bibasique; ses sels cristallisent moins facilement que les éthyltartrates.

L'acide donne avec la potasse un précipité pulvérulent; dans la soude ou le carbonate sodique il produit un précipité opalin, apparaissant un peu avant que la liqueur soit neutre et augmentant avec la quantité d'acide; ce précipité est insoluble dans l'eau froide. L'acide éthylracémique agit sur l'eau de baryte comme l'acide éthyltartrique; avec l'eau de chaux il donne un précipité insoluble dans un excès d'acide et d'eau, mais soluble dans l'acide nitrique.

Il ne trouble ni le sulfate calcique, ni le sulfate sodique. Il précipite l'acétate de plomb en blanc, ainsi que le nitrate d'argent en solution concentrée.

Éthylracémate d'argent, $C^{12}H^{18}O^{12}.Ag^{2}$. Aiguilles incolores, peu solubles, se colorant en rouge, puis en brun à la lumière se décomposant à 100°.

Éthylracémate de baryum,

$$C^{12}H^{18}O^{12}.Ba + 2H^{2}O.$$

— Petites aiguilles, réunies en mamelons, beaucoup plus solubles dans l'eau chaude que dans l'eau froide, insolubles dans l'alcool; ce sel perd son eau dans le vide.

Éthylracémate de potassium,

$$C^{12}H^{18}O^{12}.K^{2} + 2H^{2}O.$$

— Prismes droits à 4 pans, appartenant probablement au système quadratique; ils perdent leur eau dans le vide.

RACÉMATE DE MÉTHYLE. — L'éther neutre est encore inconnu.

ACIDE MÉTHYLRACÉMIQUE [Syn. *Acide méthylparatartrique ou racémométhylique*],

$$C^{10}H^{16}O^{12} = C^{8}H^{10}O^{12}(CH^{3})^{2}$$

[Guérin-Varry, *loc. cit.*]. — Il se prépare comme l'acide méthyltartrique, auquel il ressemble. Il cristallise en grands prismes droits, rectangulaires, très-solubles dans l'eau, dans l'alcool ordinaire et dans l'alcool méthylique, très-peu solubles dans l'éther. L'eau bouillante le dédouble en alcool méthylique et acide racémique.

L'acide méthylracémique est bibasique.

La solution d'acide méthylracémique dissout le fer et le zinc avec dégagement d'hydrogène. Avec l'eau de baryte, elle donne un précipité soluble dans un excès d'acide et dans l'eau; elle produit dans l'eau de chaux un dépôt formé de prismes aciculaires, groupés concentriquement; ce dépôt se dissout dans un excès d'acide. L'acide fournit dans l'eau de strontiane un précipité insoluble dans un excès d'acide, mais soluble dans une grande quantité d'eau.

Méthylracémate d'argent. — Il se précipite par l'addition de l'acide méthylracémique à une solution assez concentrée de nitrate d'argent; le précipité se dissout dans un excès d'acide.

Méthylracémate de baryum,

$$C^{10}H^{14}O^{12}.Ba + 4H^{2}O.$$

— Prismes incolores, de saveur amère, appartenant au système clinorhombique ($m\,m = 119°$). Le sel perd à l'air une partie de son eau; non effleuri, il se ramollit vers 60°, et, à 100°, émet des vapeurs qui se condensent en belles lames cristallines. Il est plus soluble dans l'eau chaude que dans l'eau froide; l'esprit de bois et l'alcool ne le dissolvent pas.

Méthylracémate de plomb. — Précipité blanc.
Méthylracémate de potassium,

$$C^{10}H^{14}O^{12}.K^2 + H^2O.$$

— Prismes incolores droits, perdant leur eau dans le vide et se ramollissant à 100°. Ce sel est très-soluble dans l'eau, mais l'alcool et l'esprit de bois ne le dissolvent pas. L'eau bouillante le dédouble à la longue en biracémate potassique et en alcool méthylique.

L'acide méthylracémique, employé en excès, produit dans la potasse un précipité pulvérulent, soluble dans une plus grande quantité d'eau

IIe Classe. — Éthers racémiques a radicaux d'acides.

Acide tétracétylracémique,

$$C^{16}H^{20}O^{16} = C^8H^8O^{12}(C^2H^3O)^4.$$

— Il se produit dans l'action de l'eau sur l'anhydride tétracétylracémique; son sel de *calcium* est incristallisable. Les alcalis paraissent le dédoubler plus facilement que l'acide acétyltartrique [W. H. Perkin, *Journ. chem. Soc. London,* (2), t. V, p. 138; — *Bull. de la Soc. chim.,* 1868, t. IX, p. 222].

Anhydride tétracétylracémique,

$$C^{16}H^{16}O^{14} = C^8H^4O^{10}(C^2H^3O)^4.$$

— On l'obtient en traitant l'acide racémique pulvérisé par le chlorure d'acétyle, par un procédé en tout point semblable à celui que nous avons décrit plus haut pour la préparation de l'anhydride diacétyltartrique; comme celui-ci, il forme de beaux prismes, fusibles à 126° [Perkin].

Acide tétranitroracémique,

$$C^8H^3Az^4O^{20} = C^8H^8O^{12}(AzO^2)^4$$

[Dessaignes, *loc. cit.*]. — On introduit l'acide racémique en poudre dans de l'acide nitrique monohydraté, légèrement chauffé, on sépare par décantation la partie non dissoute et l'on mélange le liquide avec la moitié de son volume d'acide sulfurique. La bouillie cristalline qui se forme est mise à essorer entre des plaques poreuses, puis dissoute dans l'eau tiède et amenée à cristallisation par un refroidissement à 0°.

L'acide tétranitroracémique est en prismes nacrés, plus fins et plus courts que ceux de l'acide dinitrotartrique; sa solution aqueuse n'agit pas sur la lumière polarisée; elle est très-instable et se décompose à la température ordinaire en dégageant des gaz; elle renferme à la fin, entre autres produits, de l'acide tartronique. Le sulfhydrate d'ammonium en agissant sur le tétranitroracémate d'ammonium régénère de l'acide racémique.

L'acide tétranitroracémique est plus stable lorsqu'il est dissous dans l'alcool absolu; cette solution le dépose en petites plaques.

Il précipite l'acétate basique de plomb, mais est sans action sur l'acétate neutre du même métal, ainsi que sur les acétates de potassium, de calcium et d'argent.

IIIe Classe. — Éthers racémiques a radicaux d'alcools et a radicaux d'acides.

Diacétylracémate d'éthyle,

$$C^{20}H^{32}O^{14} = C^8H^6O^{12}(C^2H^3O)^2(C^2H^5)^4.$$

— On le prépare comme le monacétyltartrate d'éthyle en traitant le racémate neutre d'éthyle par la quantité calculée de chlorure d'acétyle. C'est une huile incolore (Perkin).

Tétracétylracémate d'éthyle,

$$C^{24}H^{36}O^{16} = C^8H^4O^{12}(C^2H^3O)^4(C^2H^5)^4.$$

— Il se forme dans l'action d'un excès de chlorure d'acétyle sur le racémate d'éthyle. Il cristallise en faisceaux d'aiguilles ou en prismes courts et brillants; il fond à 50°,5 et distille sans altération. Il se dissout plus abondamment dans l'eau que le diacétyltartrate d'éthyle (Perkin).

Dibenzoylracémate d'éthyle. — Cristaux fusibles à 57°, obtenus dans l'action du chlorure de benzoyle sur le racémate d'éthyle (Perkin). A. H.

TARTRONIQUE (ACIDE),

$$C^3H^4O^5 = \begin{matrix} CO^2H \\ \dot{C}H.OH \\ \dot{C}O^2H. \end{matrix}$$

[Dessaignes, *Compt. rend. de l'Acad.*, t. XXXIV, p. 731, t. XXXVIII, p. 44]. L'acide tartronique est un produit de décomposition de l'acide dinitrotartrique (voyez t. III, p. 246). La solution aqueuse de l'acide dinitrotartrique, à quelques degrés au-dessus de 0°, dégage du bioxyde d'azote et de l'acide carbonique; ce dégagement gazeux dure quelques jours. Quand il est arrêté, si l'on chauffe la solution à 40° ou 50°, elle donne lieu à une vraie effervescence, et la concentration de la liqueur fournit de l'acide oxalique; si au contraire on chauffe à peine à 30°, la solution finit par donner des cristaux d'acide tartronique.

D'après Dessaignes, il se forme également de l'acide tartronique quand on traite la solution d'acide dinitrotartrique par un courant d'hydrogène sulfuré, ou qu'on la sature par la potasse ou par l'oxyde de plomb.

M. Bæyer a obtenu aussi de l'acide tartronique en soumettant l'acide mésoxalique à l'action réductive de l'amalgame de sodium [*Jahresb. für Chem,* 1864, p. 641]. Dans l'action des solutions cupro-alcalines sur le glucose, il se forme un acide que M. Reichardt a appelé *acide gummique* et qu'il a représenté par la formule $C^3H^6O^5$. M. Claus a fait remarquer que les analyses de cet acide et de ses sels conduisent à la formule de l'acide tartronique et des tartronates, et que l'acide gummique est probablement de l'acide tartronique (voy. t. I, p. 1615) [*Ann. der Chem. u. Pharm.*, t. CXLVII, p. 114. *Bull. de la Soc. chim.*, 1869, t. XI, p. 157].

L'acide tartronique se présente sous la forme de prismes assez volumineux, tantôt transparents, tantôt à demi opaques. Il fond à 160°, en se décomposant et donnant de l'acide carbonique; si on le chauffe à 180° jusqu'à ce qu'il ne se dégage plus de gaz, on obtient un résidu qui n'est autre que l'anhydride glycolique,

$$\begin{matrix} CO^2H \\ \dot{C}H.OH \\ \dot{C}O^2H \end{matrix} = CO^2 + H^2O + \begin{matrix} CH^2 \\ \dot{C}O^2 \end{matrix}\!\!>O$$

Acide tartronique. Anhydride glycolique.

L'acide tartronique ne s'altère pas par l'ébullition de ses solutions.

Il précipite les azotates de plomb et d'argent, le chlorure mercurique, l'azotate mercureux; les précipités deviennent promptement lourds et cristallins. Il précipite également les acétates de baryum, de cuivre et de calcium; le chlorure d'ammonium redissout le sel calcique.

Le sel acide d'ammonium cristallise en beaux prismes. Chauffé à 150° pendant quelques heures, il donne de l'acide carbonique, et un résidu cristallin, brun, qui est de la glycolamide,

$$\begin{matrix} CO^2H \\ CH.OH \\ CO^2AzH^4 \end{matrix} = CO^2 + \begin{matrix} CH^2.OH \\ CO\text{-}AzH^2 \end{matrix} + H^2O$$

Tartronate acide d'ammonium. Glycolamide.

F. G.

TARTROVINIQUE (ACIDE) [Syn. d'ÉTHYLTARTRIQUE (ACIDE)]. — Voyez TARTRIQUES (ÉTHERS), t. III, p. 243.

TASMANITE (Min.). — Matière organique fossile, en écailles, d'un brun rouge, insoluble dans l'alcool, l'éther, la benzine, le sulfure de carbone, même à chaud.

Renferme

C = 79,3 ; H = 10,4 ; S = 5,3 ; O = 4,9.

Trouvé dans la rivière de Mersey, côte nord de la Tasmanie.

TAURINE, $C^4H^7AzO^3S$. — La taurine a été découverte en 1826 par Gmelin, qui l'a retirée de la bile de bœuf; elle n'y existe pas à l'état libre, mais se produit par le dédoublement d'un acide complexe, l'acide taurocholique, qui fixe les éléments de l'eau et fournit de la taurine et de l'acide cholalique :

$$C^{28}H^{45}AzO^7S + H^2O$$

Acide taurocholique.

$$= C^4H^7AzO^3S + C^{24}H^{40}O^5.$$

Taurine. Acide cholalique.

Elle a été étudiée et analysée par Demarçay; mais sa composition n'a été établie que par Redtenbacher, qui y a reconnu la présence du soufre [Gmelin, *Recherches sur la digestion*, traduction française, 1829. — Demarçay, *Ann. de Chim. et de Phys.*, (2), t. LXVIII, p. 196. — Redtenbacher, *Ann. der Chem. u. Pharm.*, t. LXVII, p. 170].

La taurine s'extrait non-seulement de la bile de bœuf, mais encore de la bile de divers autres animaux, qui renferme de l'acide taurocholique (Strecker).—Voyez BILE (ACIDES DE LA), t. I, p. 599.

On a aussi retiré la taurine de divers organes ; elle existe :

1° Dans les muscles de mollusques [Valenciennes et Fremy, *Ann. de Chim. et de Phys.*, (3), t. L, p. 177];

2° Dans les poumons du bœuf. [Cloetta, *Journ. für prakt. Chem.*, t. LXVI, p. 211 ; *Ann. de Chim. et de Phys.*, (3), t. XLVI, p. 369];

3° Dans le sang du requin; dans le foie, la rate et les reins de la raie (Strecker et Frerichs).

La synthèse de la taurine a été réalisée par Kolbe, au moyen de l'acide isethionique. L'acide iséthionique traité par le perchlorure de phosphore fournit le chlorure de l'acide chloréthylène-sulfureux :

$$\begin{matrix} CH^2OH \\ CH^2SO^3H \end{matrix} + 2PhCl^5 = \begin{matrix} CH^2Cl \\ CH^2SO^2Cl \end{matrix} + 2PhOCl^3$$

Ce chlorure, traité par l'eau, donne l'acide chloréthylène sulfureux :

$$\begin{matrix} CH^2Cl \\ CH^2SO^3H, \end{matrix}$$

qui, chauffé avec de l'ammoniaque, donne l'acide amido-éthylène sulfureux :

$$\begin{matrix} CH^2\text{-}AzH^2 \\ CH^2\text{-}SO^3H. \end{matrix}$$

Ce dernier est identique avec la taurine [Kolbe, *Ann. de Chem. u. Pharm.*, t. CXXII, p. 33, et *Répertoire de Chimie pure*, 1862, p. 363].

En soumettant l'iséthionate d'ammoniaque à l'action de la chaleur, Strecker obtint l'iséthionamide, qu'il pensa être identique avec la taurine, et qui fut pendant longtemps regardée comme telle. Mais ce mode d'obtention mène à la formule de constitution de l'iséthionamide :

$$\begin{matrix} CH^2OH \\ CH^2SO^2AzH^2. \end{matrix}$$

Entre le composé obtenu par Kolbe et celui de Strecker il ne peut donc y avoir identité, mais seulement isomérie, et cette isomérie est semblable à celle du glycocolle et de la glycollamide :

$$\begin{matrix} CH^2\text{-}AzH^2 \\ CO^2H \end{matrix} \qquad \begin{matrix} CH^2.OH \\ COAzH^2 \end{matrix}$$

Glycocolle. Glycollamide.

$$\begin{matrix} CH^2\text{-}AzH^2 \\ CH^2\text{-}SO^3H \end{matrix} \qquad \begin{matrix} CH^2.OH \\ CH^2\text{-}SO^2\text{-}AzH^2 \end{matrix}$$

Acide amido-éthylène sulfureux. Amide iséthionique.

Les faits prévus par la théorie ont été confirmés par M. Seyberth ; il a préparé l'amide iséthionique, et constaté entre autres caractères, qu'elle dégage de l'ammoniaque par l'ébullition avec la potasse, comme le font les amides. La taurine n'est pas attaquée dans les mêmes conditions. De plus, toutes les réactions de la taurine sont celles d'un acide amidé; elle est donc l'acide amido-éthylène-sulfureux. [Seyberth, *Deutsch. chem. Gesellsch.*, t. VII, p. 409, et *Bull. de la Soc. chim.*, 1874, t. XXII, p. 287].

Préparation. — Pour retirer la taurine de la bile, on ajoute de l'acide chlorhydrique afin de précipiter le mucus, on ajoute une nouvelle quantité d'acide chlorhydrique, et on fait bouillir le mélange jusqu'à ce qu'il se dépose une matière résineuse. On décante la solution aqueuse, et on concentre les liquides; on abandonne le mélange pour que le sel marin se dépose, puis on ajoute cinq ou six fois son poids d'alcool bouillant. La taurine, par refroidissement, se prend en cristaux; elle peut être purifiée par cristallisation dans l'eau bouillante.

On peut aussi la retirer de la bile en putréfaction. On additionne la bile d'eau, on l'expose pendant trois semaines à une température élevée jusqu'à ce qu'elle rougisse le papier de tournesol. On précipite par l'acide acétique, on évapore à siccité la liqueur filtrée et l'on épuise le résidu par de l'alcool concentré; la taurine ne se dissout pas. On la fait alors cristalliser dans l'eau bouillante. [Gorrup-Besanez, *Ann. der Chem. u. Pharm.*, t. LIX, p. 130].

Pour transformer l'acide iséthionique en taurine, Kolbe opère de la façon suivante : il mêle dans une cornue, à l'aide d'une baguette de verre, 60 grammes d'iséthionate de potassium finement pulvérisé avec 150 grammes de perchlorure de phosphore. Une première réaction se déclare à froid, puis on chauffe doucement. Il distille d'abord de l'oxychlorure de phosphore, puis le chlorure chloréthylène-sulfureux $CH^2Cl\text{-}CH^2SO^2Cl$. On chauffe ce liquide avec de l'eau au bain-marie, on evapore l'acide chlorhydrique, puis on chauffe l'acide chloréthylène sulfureux avec de l'ammoniaque concentrée en vase clos pendant quelques heures; après avoir chassé l'ammoniaque en excès par l'évaporation, on fait bouillir la solution avec de l'hydrate de plomb, on filtre, on fait passer dans la liqueur filtrée un courant d'hydrogène sulfuré, puis on filtre la liqueur. Par concentration, elle donne une abondante cristallisation de taurine.

Propriétés. — La taurine est en prismes clinorhombiques, incolores et transparents, craquant sous la dent. Formes : m, $b^{1/2}$, $d^{\frac{1}{2}}$, g^1, p; angles :

$mm = 111°28$; $mp = 93°0'$ $d^{1/2}p = 142°22'$ (Kopp).

Elle a une saveur piquante, ne s'altère pas à 100°, et est détruite par une chaleur élevée. Elle se dissout dans 15,5 p. d'eau à 12° et plus facilement à chaud ; elle est presque insoluble dans l'alcool absolu. Sa solution aqueuse n'est pas précipitée par les sels de mercure, d'argent et de plomb.

La taurine se dissout dans l'acide sulfurique concentré et dans l'acide azotique ; ni l'acide azotique, ni l'eau régale ne l'attaquent, même à l'ébullition. L'acide azoteux agit sur elle comme sur les acides amidés, et il se forme de l'acide iséthionique [Gibbs, *Silliman's Americ. Journ.*, (2), t. XXV, p. 30].

Ingérée dans l'économie, la taurine se convertit en acide iséthionurique ou taurocarbamique

$$C^3H^8Az^2SO^6.$$

Le même acide se forme quand on fond la taurine avec l'urée, et son sel de potassium s'obtient quand on mélange la taurine avec le cyanate de potassium. [Voyez TAUROCARBAMIQUE (ACIDE). E. Salkowski, *Deutsch. Chem. Gesellsch.*, t. VI, p. 744, et *Bull. de la Soc. chim.*, 1873, t. XIX, p. 44].

Comme les autres acides amidés, la taurine se combine à la cyanamide pour donner la taurocréatine, $C^3H^9Az^3SO^3$ (Engel). — Voyez TAUROCRÉATINE.

DÉRIVÉS MÉTALLIQUES DE LA TAURINE. — La taurine donne des dérivés métalliques, comme le glycocolle et les corps analogues. M. Engel a le premier obtenu un dérivé mercurique basique ; plus récemment, M. Lang a décrit plusieurs autres sels [Engel, thèse présentée à la Faculté des Sciences de Paris, 1875, p. 39. — Lang., *Bull. de la Soc. chim.* 1876, t. XXV, p. 180.

Sel d'argent, $C^2H^6AzSO^3Ag$. — Une solution de taurine dissout aisément l'oxyde d'argent; par l'évaporation, on obtient le sel d'argent en cristaux tabulaires, inaltérables à 100°, noircissant à la lumière, presque insolubles dans l'alcool, facilement solubles dans l'eau (Lang).

Sel de cadmium, $(C^2H^6AzSO^3)^2Cd$. — Poudre blanche, cristalline (Lang).

Sel de calcium, $(C^2H^6AzSO^3)^2Ca$. — Aiguilles minces, très-solubles dans l'eau (Lang).

Sel de mercure. On le prépare en traitant une solution chaude de taurine par de l'oxyde mercurique récemment précipité. L'oxyde se transforme en une poudre blanche, à peine cristalline, qui est la combinaison mercurique de la taurine. Suivant M. Engel, cette combinaison serait un sel basique renfermant

$$(C^2H^6AzSO^3)^2Hg + HgO.$$

M. Lang, au contraire, lui donne la formule

$$(C^2H^6AzSO^3)^2Hg$$

Sels plombiques. — M. Lang en décrit deux ; *le sel neutre* obtenu par la dissolution d'une molécule d'oxyde plombique dans la solution de deux molécules de taurine, renferme

$$(C^2H^6AzSO^3)^2Pb\ ;$$

il forme une masse d'aiguilles blanches, très solubles dans l'eau. — *Le sel basique* est une masse cristalline formée de prismes microscopiques et se produit quand on sature à chaud la taurine par de l'oxyde plombique et que l'on précipite la solution par de l'alcool. Ce sel renferme

$$2\,[(C^2H^6AzSO^3)^2Pb] + PbO, H^2O.$$

Sel de sodium. Masse déliquescente, cristalline (Lang).

ISOTAURINE. — M. Kind a désigné sous ce nom un corps isomère de la taurine, qu'il a obtenu en traitant par l'ammoniaque le sel d'argent,

$$CH^3\text{-}CH<^{SO^3Ag}_{Cl.}$$

Le sel de sodium correspondant est préparé par l'action du chlorure d'éthyle chloré (chlorure d'éthylidène) sur le sulfite neutre de sodium. L'auteur l'appelle *acide chloréthylsulfurique*, mais d'après son origine, ce sel doit être la chlorhydrine éthylidène-sulfonique,

$$CH^3\text{-}CH<^{SO^3H}_{Cl.}$$

Cette formule rend compte de son isomérie avec l'acide chloréthylène-sulfonique ou chlorhydrine éthylène-sulfonique, dérivé de l'acide iséthionique et qui est

$$\begin{matrix} CH^2\text{-}SO^3H \\ | \\ CH^2Cl. \end{matrix}$$

D'après cela, l'isotaurine doit être

$$CH^3\text{-}CH<^{SO^3H}_{AzH^2.}$$

L'isotaurine est en cristaux fibreux, dont la solution se décompose en partie pendant la concentration. Elle fournit un sel de baryum,

$$\left(CH^3\text{-}CH<^{SO^3}_{Az^2H}\right)^2Ba,$$

masse blanche, confusément cristalline [Kind, *Journ. für prakt. Chem.*, nouv. sér., t. II, p. 222 ; *Bull. de la Soc. chim.*, 1871, t. XV, p. 78]. E. G.

TAURISCITE (Min.). — Volger a donné ce nom à des cristaux orthorhombiques, ayant la forme de l'epsomite et la couleur et l'éclat de la mélantérite. Trouvé, avec mélantérite et alun, à la Windgälle (canton d'Uri).

TAUROCARBAMIQUE (ACIDE),

$$C^3H^8Az^2SO^4$$

[E. Salkowski, *Deutsch. Chem. Gesells.*, t. VI, p. 744, et *Bull. de la Soc. chim.*, 1873, t. XX, p. 447]. — L'acide taurocarbamique est un acide uramique qu'on obtient en fondant la taurine avec de l'urée :

$$\underset{\text{Taurine.}}{\begin{matrix} CH^2\text{-}AzH^2 \\ | \\ CH^2\text{-}SO^3H \end{matrix}} + \underset{\text{Urée.}}{COAz^2H^4}$$

$$= \underset{\text{Acide taurocarbamique.}}{\begin{matrix} CH^2\text{-}AzH\text{-}CO\text{-}AzH^2 \\ | \\ CH^2\text{-}SO^3H \end{matrix}} + \underset{\text{Ammoniaque.}}{AzH^3.}$$

Il se produit aussi par l'action du cyanate de potassium sur la taurine ; un mélange intime des deux corps attire de l'eau, et après deux jours est transformé en une masse radiée qui constitue le taurocarbamate de potassium. La chaleur favorise la réaction. Pour isoler l'acide taurocarbamique, on dissout le sel potassique dans l'eau, on ajoute une quantité correspondante d'acide sulfurique puis de l'alcool. La solution alcoolique filtrée donne des cristaux d'acide taurocarbamique par évaporation au bain-marie.

Le même acide prend naissance dans l'organisme, quand on absorbe de la taurine, et s'élimine avec l'urine.

L'acide taurocarbamique se présente sous forme de tables quadrangulaires brillantes, un peu hygroscopiques, solubles dans l'eau, peu solubles dans l'alcool, insolubles dans l'éther.

Le *sel de baryum* cristallise dans l'alcool bouillant en petites tables rhombiques très-brillantes et anhydres.

Le *sel d'argent* est en larges faisceaux.

Chauffé à 130° avec de l'eau de baryte, il se

dédouble en acide carbonique, ammoniaque et taurine. E. G.

TAUROCHÉNOCHOLIQUE (ACIDE). — Voyez BILE.

TAUROCRÉATINE, $C^3H^9Az^3O^3S$ [Engel, Thèse présentée à la Faculté des Sciences de Paris, 1875, p. 417]. — La taurocréatine se forme par l'addition de la cyanamide à la taurine. On mélange des solutions concentrées de cyanamide et de taurine, on ajoute quelques gouttes d'ammoniaque, et l'on chauffe au bain-marie à 100° pendant 5 à 6 jours. La taurocréatine se sépare par le refroidissement. S'il y a eu excès de cyanamide, la cristallisation n'a pas lieu et la solution évaporée ne fournit qu'un résidu sirupeux. Pour obtenir des cristaux, il faut laver la masse avec de l'éther, qui enlève l'excès de cyanamide.

La taurocréatine cristallise d'une solution chaude et saturée, en cristaux durs, opaques, ne perdant pas d'eau à 105°. Elle se dissout dans 25gr,6 d'eau à 21°. Elle est tout à fait insoluble dans l'alcool et dans l'éther. Elle fond vers 250°. La potasse et la baryte la décomposent en acide carbonique, ammoniaque et taurine. Elle donne des précipités blancs par l'addition de l'azotate d'argent ou du sublimé corrosif en présence de la potasse.

D'après son mode d'obtention et ses propriétés, ce corps est une véritable créatine et doit être représenté par la formule :

$$\begin{array}{l} CH^2\text{-}AzH\text{-}C(AzH)''\text{-}AzH^2 \\ | \\ CH^2SO^3H. \end{array}$$

E. G.

TAURYLIQUE (ACIDE) [Staedeler, *Ann. der Chem. u. Pharm.*, t. LXXVII, p. 17]. — Ce nom a été donné à un corps qui paraît être un crésylol, $C^7H^{14}O$, et qui a été retiré par Staedeler de l'urine de vache, de cheval et d'homme. L'acide taurylique n'a pas été obtenu pur, mais mélangé à une petite quantité d'acide phénique.

Ce mélange se présente sous la forme d'une huile incolore, ne se congélant pas à — 18°, et bouillant à une température un peu supérieure à celle du phénol. Les portions bouillant à 195° ont donné à l'analyse des chiffres correspondant à la formule $C^7H^{14}O$.

L'acide taurylique possède l'odeur du castoreum et produit sur l'épiderme une tache blanche. Mélangé avec son volume d'acide sulfurique concentré, il se prend en une masse dendritique dont les eaux mères renferment de l'acide phénylsulfurique.

Pour le procédé d'extraction, voyez Gerhardt, t. III, p. 569. E. G.

TAUTOCLINE. — Voyez ANKÉRITE.

TAVISTOCKITE (Min.). — Phosphate hydraté de chaux et d'alumine. Rapport d'oxygène dans les bases, l'acide phosphorique et l'eau = 6 : 5 : 3. Poudre d'un blanc nacré formée de petits cristaux aciculaires. Transparent, translucide, fragile.

Caractères. — Au chalumeau, devient incandescent et opaque. Avec l'azotate de cobalt, verre incolore. Trouvé à Tavistock (Devonshire) dans les cavités de cristaux de quartz avec pyrite, chalcopyrite et childrenite.

TAXINE. — Substance résineuse extraite des feuilles de l'if (*Taxus baccata*) au moyen de l'alcool acidulé d'acide tartrique; 1 kilogramme de feuilles en fournit environ 15 centigrammes.

La taxine est peu soluble dans l'eau, mais elle se dissout aisément dans l'alcool, l'éther et les acides faibles ; les alcalis précipitent de ces dernières solutions des flocons blancs. Elle n'est précipitée ni par le tannin, ni par la teinture d'iode. L'acide sulfurique concentré la dissout en se colorant en rouge pourpre [Lucas, *Arch. der Pharm.*, (2), t. LXXXV, p. 145].

TAYLORITE (Min.). — Sulfate de potasse et d'ammoniaque du guano des îles Chincha, en petits fragments d'un blanc jaunâtre, d'une structure cristalline.

TÉCORÉTINE — Voyez FICHTELITE.

TEINTURE ET IMPRESSION DES TISSUS. — La teinture et l'impression des tissus se touchent de trop près pour être séparées. Dans l'un et l'autre cas, il s'agit, en effet, de colorer de diverses manières les fibres textiles ; les matières premières mises en œuvre, fibres et matières colorantes, sont les mêmes ; mais tandis que dans la teinture on réalise généralement des nuances unies, par l'impression on produit, au contraire, des dessins coloriés.

La teinture s'applique aux fibres brutes, aux filés et aux tissus. L'impression qui exige une surface d'une certaine étendue ne concerne que les tissus. L'impression et la teinture peuvent, du reste, se combiner, comme dans les genres garancés et les nuances de fond avec enlevage blanc ou réserve.

Historique. — L'art de colorer les étoffes et les fibres textiles est très-ancien; sans entrer ici dans des développements historiques trop étendus, que cet article ne comporterait pas, rappelons cependant que, d'après les écrivains grecs, Hérodote, Strabon, et d'après Pline, on savait, dans l'Inde et en Égypte, teindre et imprimer les tissus. Les habitants de la mer Caspienne dessinaient sur leurs vêtements des figures de différents animaux à l'aide de mordants et de couleurs si solides que celles-ci duraient autant que l'étoffe elle-même. D'après Pline (liv. XXXV, chap. XLII), *Pingunt et vestes in Ægypto inter pauca mirabili genere, candida vela postquam attrivere, illinentes non coloribus sed colorem sorbentibus medicamentis. Hoc quum fecere, non apparet in velis; sed in cortinam pigmenti ferventis mersa, post momentum extrahuntur picta : mirumque, quum sit unus in cortina colos, ex illo alius atque alius fit in veste, accipientis medicamenti qualitate mutatus. Nec postea ablui potest : ita cortina non dubie confusura colores, si pictos acciperet, digerit ex uno, pingitque dum coquit, Et adustæ vestes firmiores fiunt, quam si non urerentur.* Nul doute que l'effet qui étonnait si fort Pline n'ait été provoqué par l'intervention de divers mordants fixés préalablement sur l'étoffe et qui se coloraient diversement en s'unissant à la même matière colorante. Nous en trouverons plus d'un exemple dans la suite, notamment lorsque nous traiterons des couleurs garancées.

Les Phéniciens, peuple industrieux et commerçant, connaissaient également l'art de la teinture, et la *pourpre de Tyr*, dont tout le monde a entendu parler, nous prouve qu'ils avaient su pousser assez loin les méthodes et les procédés. Voici ce que dit Pline au sujet de cette couleur étrange; il est amené à en parler à propos du luxe excessif des Romains : « Au moins les perles sont une propriété presque éternelle, elles passent à l'héritier; on les aliène comme un bien-fonds; mais les couleurs dues aux coquillages et à la pourpre s'altèrent d'heure en heure, et cependant le luxe qui en est aussi le père, y met un prix presque égal au prix des perles. Les pourpres vivent généralement sept ans. Elles se tiennent cachées, comme les murex, pendant trente jours. Elles ont au milieu du gosier ce suc si recherché pour la teinture des étoffes. C'est une très-petite quantité de liquide contenue dans une veine blanche, et dont la couleur est celle d'une rose tirant sur le noir. Le reste du corps est stérile. On s'efforce de les prendre vivantes, parce qu'elles rejettent cette couleur en mourant. Aux plus grandes, on l'extrait après avoir enlevé la coquille; quant aux petites, on les écrase avec le test, ce qui la leur fait dégorger.

« En Asie, la plus belle pourpre est celle de Tyr; en Afrique, celle de Meninx et de la côte Gétulienne de l'Océan; en Europe, celle de la Laconie. Devant cette pourpre, les faisceaux et les haches romaines écartent la foule; elle fait la majesté de l'enfance, etc..... Les coquillages pour la pourpre et les couleurs conchyliennes sont de deux espèces; la plus petite est le *buccin*, l'autre est appelée *pourpre*. La saison la plus favorable pour la pêche est après le lever de la Canicule ou avant le printemps. On extrait la veine dont nous avons parlé; il est nécessaire d'y mettre du sel, 20 onces environ pour 100 livres de suc. Une macération de trois jours est tout ce qu'il faut, car la liqueur a d'autant plus de force qu'elle est plus récente. On la fait bouillir dans des vases de plomb, et 100 amphores (1,944 litres) de cette préparation doivent être réduites à 500 livres, à l'aide d'une chaleur modérée; on enlève de temps en temps avec l'écume les chairs restées adhérentes aux veines. Au dixième jour environ, tout est fondu. La laine plonge pendant 5 heures, puis on la replonge, après l'avoir cardée, jusqu'à ce qu'elle soit saturée. Le buccin ne s'emploie pas seul, la teinture qu'il donne n'est pas durable; uni à la pourpre, il prend très-bien et donne à la nuance trop foncée de celle-ci l'éclat sévère de l'écarlate. Pour 50 livres de laine, on prend 200 livres de buccin et 110 livres de pourpre.

« De tout temps la pourpre a été en usage à Rome. Il est certain que le roi Tullus Hostilius se servait de la *prétexte* et du *laticlave*.

« La pourpre tyrienne *dibaphe* (deux fois teinte) coûtait du temps d'Auguste plus de 1000 deniers (820 francs) la livre. »

Nous verrons bientôt que si la passion de l'homme pour les couleurs brillantes n'a pas diminué, on est au moins arrivé, grâce aux progrès de la chimie, à se servir de couleurs plus belles que la pourpre et dont l'emploi n'élève pas de beaucoup le prix de la fibre textile.

Outre la pourpre, les anciens connaissaient encore une foule d'autres couleurs. Ainsi, pour ne citer que l'indigo dont on fait encore aujourd'hui un usage si important pour l'obtention de nuances bleu solide, Pline en parle également dans son livre XXXV, chapitre XXVII: « Après cette couleur (le *purpurissum*), l'indigo tient le premier rang; il vient de l'Inde, et c'est un limon adhérent à l'écume des joncs. Broyé, il est noir; mais délayé, il donne une teinte magnifique de bleu pourpré. »

D'un autre côté, on sait que de tout temps les Indiens ont eu l'habitude de se teindre les cheveux et de se colorer le visage avec le suc des plantes du genre indigofera; les Germains, au dire d'Ovide, se frottaient le visage du suc de l'isatis, pour faire peur à leurs ennemis. D'après les récits de M. de Beaulieu, officier de marine, chargé par Dufay d'étudier le mode que suivaient les Indiens orientaux pour la fabrication de leurs indiennes, le peuple, dans la composition de ses dessins, faisait intervenir le bleu d'indigo comme couleur d'enluminage; il ne l'appliquait que par teinture et après la formation des autres couleurs. Toute la toile recouverte alors de cire, excepté aux endroits qui devaient devenir bleus, était passée en cuve; l'indigo se portait sur tous les points perméables ou non réservés. L'examen d'anciens tissus permet d'affirmer que le mode de procéder décrit par M. de Beaulieu remontait à une haute antiquité.

Ces exemples suffisent pour montrer avec quelle ingéniosité l'homme est allé puiser jusqu'au fond des mers ou dans les sucs végétaux les éléments nécessaires pour donner satisfaction à son goût pour l'éclat et le brillant.

Si l'art de la teinture remonte aussi loin pour ainsi dire que les recherches historiques peuvent porter leurs investigations, il n'en est pas tout à fait de même de l'impression des tissus, au moins en ce qui concerne les peuples civilisés de l'Europe.

Ce n'est que vers le milieu du siècle dernier que l'on commença à imprimer sur étoffes, soit en France, soit en Angleterre, en Suisse, en Hollande.

En fait de toiles peintes, la France fut longtemps tributaire des pays voisins, notamment de la Suisse, de l'Angleterre et de la Hollande. Les toiles peintes venues du dehors portèrent même, vers le milieu du siècle dernier, un tel préjudice à la consommation des autres tissus fabriqués à Reims, Amiens, Rouen, Lyon, que, sur la réclamation des chambres de commerce de ces centres manufacturiers, le gouvernement crut devoir prohiber, sous des peines sévères, l'entrée et l'usage des toiles de coton blanches ou imprimées étrangères. Les employés de la ferme étaient même autorisés à mettre publiquement en pièces les vêtements de ce genre dont les femmes étaient parées. Cependant à cette époque on n'imprimait dans les environs de Paris, de Versailles, d'Orange et de Marseille, que des étoffes coloriées pour la tapisserie, et on n'employait que des couleurs à l'huile ou à l'eau ne résistant pas au lavage. Un peu plus tard, l'entrée en France des toiles blanches et peintes étrangères fut autorisée (1759) moyennant certains droits; en même temps, le gouvernement chercha par tous les moyens possibles à encourager l'industrie nationale des toiles imprimées. Grâce au concours de nos grands savants du commencement du XIXe siècle, de Berthollet, de Chaptal, de Chevreul, grâce aussi et surtout aux efforts persévérants et laborieux des fabricants du Haut-Rhin et de la Normandie, la France a acquis dans l'art de la teinture et de l'impression une place élevée que nos émules mêmes ne nous refusent plus. Aussi Home, un Anglais, dans son *Histoire du commerce*, dit-il: « C'est à l'Académie des sciences que les Français doivent la supériorité qu'ils ont dans les arts et surtout dans celui de la teinture. »

La première fabrique d'indiennes en France fut fondée, sous les auspices du gouvernement, à l'Arsenal, par un Anglais nommé Cabanes; mais il paraît, d'après Bancroft, que les résultats obtenus, et que ce dernier appelle *barbouillage*, ne furent pas merveilleux. Un peu plus tard le célèbre Oberkampf, d'origine suisse, à la fois dessinateur, imprimeur et coloriste chez Cabanes et Collin, fonda la manufacture de Jouy près Versailles. Presque en même temps, des établissements du même genre s'élevèrent en Normandie, à Bolbec, à Rouen, à Maromme, etc. Dès le début du XIXe siècle, Mulhouse et le Haut-Rhin commencèrent à prendre une part active dans la fabrication des toiles peintes. C'est aux travaux des Haussmann, des Koechlin (Daniel et ses fils Camille, Carlos, Jules, Eugène), des Dollfus, des Hartmann, des Schlumberger (Henri), des Schwartz (Édouard et Léonard) et de la nombreuse suite de leurs élèves et émules que la capitale industrielle du Haut-Rhin a dû sa prééminence soutenue dans la fabrication des tissus imprimés. C'est ainsi que par une série d'efforts persévérants notre pays arriva à s'affranchir du tribut qu'il payait d'abord à la Suisse, à la Hollande et à l'Angleterre, où cette industrie s'était tout d'abord implantée.

Dans ce dernier pays, bien que gênée aussi au début par des ordonnances et des droits inintelligents, elle avait pris dans le Lancashire, dès 1766, un développement considérable.

BIBLIOGRAPHIE HISTORIQUE. — Dufay, *Mémoires sur la teinture* dans l'*Histoire de l'Académie*, t. VIII, p. 244, et t. IX, p. 310, 1737, 1738; — *Lettres du R. P. Coeurdoux sur la fabrication des toiles peintes aux Indes* dans les *Lettres édifiantes,* t. XXVI, p. 172; — Q. Paris, *Traité des toiles peintes,* 1760; — *Art de faire des toiles peintes à l'instar de l'Angleterre,* par Delormois, Paris, 1770; — l'*Art de la teinture des fils et des étoffes de coton,* par Lepileur d'Apligny, Paris, 1776; — l'*Art de préparer et d'imprimer les étoffes de laine,* par Roland de la Platière, 1780; — l'*Art du fabricant de velours, suivi d'un traité de l'impression et de la teinture des toiles,* par Roland de la Platière; — *Essai sur l'art de la teinture,* par Scheffer, Hausmann, *Mémoire sur l'indigo,* dans le *Journ. de Phys.,* 1788; — Haussmann, *Théorie de la teinture,* dans les *Ann. de Chim.,* t. VII, p. 237, 1790, et Berthollet, *Éléments de l'art de la teinture,* 1791; Haussmann, *Observations sur le garançage et le rouge d'Andrinople,* dans les *Annales des Arts et Manufactures,* t. VII, p. 248, 1802, et t. XVI, p. 178, 1803; — Leuchs, traduction de Peclet, *Traité complet de la préparation et de l'emploi des matières tinctoriales;* — Chevreul, *Recherches sur la teinture,* dans les *Mémoires de l'Académie des sciences,* 4 janvier et 21 mars 1836; 27 janvier, 17 août et 18 juillet 1838; — *Mémoires de l'Académie des sciences de Rouen,* 1807-1840; — *Bulletin de la Société industrielle de Mulhouse;* — *Bulletin de la Société d'encouragement pour l'industrie nationale;* — Persoz, *Traité de l'impression des étoffes;* — P. Schützenberger, *Traité des matières colorantes;* — *Dictionnaire des Arts et Manufactures,* articles Teinture et Impression.

TEINTURE ET IMPRESSION.

Nous traiterons successivement :

1° Des fibres textiles qui doivent recevoir la couleur;

2° Des principes sur lesquels reposent la teinture et la fixation des couleurs;

3° Des moyens mécaniques et des appareils employés pour teindre ou pour imprimer ;

4° Des matières premières servant plus ou moins directement à la coloration de la fibre ou du tissu, matières colorantes, mordants, épaississants, etc., ainsi que des détails concernant les divers genres en particulier.

I. — FIBRES TEXTILES.

Elles se divisent en trois groupes, caractérisés par leur origine, leur composition chimique et leurs aptitudes spéciales à absorber et à fixer les diverses couleurs.

Le *premier groupe* renferme les fibres minérales, pour lesquelles nous n'avons à citer que l'amiante ou asbeste. Au point de vue tinctorial, son importance est nulle. Bien que l'on ait utilisé cette substance filamenteuse, assez abondante dans certaines localités, pour tisser des étoffes incombustibles, elle ne se prête que très-mal aux opérations de la teinture et de l'impression, et, à notre connaissance, aucun effort sérieux n'a été tenté dans cette voie.

Le *deuxième groupe* comprend les fibres d'origine végétale. Leur nombre est assez considérable. Les plus importantes sont le coton, le chanvre, le lin, le phormium tenax, etc. Lorsque ces fibres ont été débarrassées par les opérations du blanchiment, des matières incrustantes et colorantes qui les accompagnent naturellement, elles représentent de la cellulose à peu près pure, sous diverses formes organisées. Aussi le microscope permet-il seul de les distinguer entre elles avec certitude.

La fibre du coton mûr est une tige irrégulière en partie tordue, ayant environ $\frac{1}{45}$ de millimètre dans son plus grand diamètre. En considérant un filament de coton d'Amérique de qualité ordinaire et de 32 millimètres de long, une corde de 3,5 millimètres de diamètre et de 4 mètres de long donnera une idée de ses dimensions relatives. Vers l'extrémité opposée à la graine, son épaisseur diminue graduellement, à peu près de 1/5 de son diamètre, puis sa forme reste cylindrique et droite. Au microscope, les parois de ces tubes ne montrent aucune espèce d'ouverture que l'on puisse prendre pour des passages latéraux,

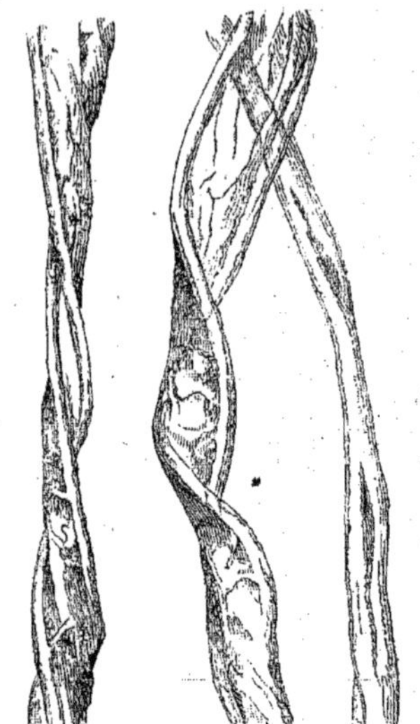

Fig. 721. — Coton mûr.

bien qu'elles se laissent très-facilement pénétrer par les fluides.

On voit que les filaments de coton mûr séchés offrent l'apparence de rubans irréguliers, tordus sur eux-mêmes, dont la surface est marquée de stries ou de points noirs; les parties plates sont transparentes, et, de chaque côté, il y a une lisière semblable à un ourlet (fig. 721).

Le chanvre, au contraire, présente des tubes creux, cylindriques, rigides, ouverts par les deux bouts, à surface lisse, avec des intersections opaques ou des nœuds accompagnés de filaments. Le diamètre de ces tubes est de $\frac{1}{75}$ à $\frac{1}{35}$ de millimètre.

Les filaments du lin se rapprochent de ceux du chanvre par leur aspect général; cependant leur diamètre n'est que de $\frac{1}{75}$ à $\frac{1}{33}$ de millimètre, et de plus les nœuds ou cloisons sont dépourvus de filaments.

Lorsque les filaments naturels ont été amenés par le travail des manufactures à l'état de fils fins et retors, les caractères spécifiques dus à la forme peuvent en partie disparaître et la détermination microscopique devient difficile.

D'après M. Vétillart, on peut encore arriver dans ce cas à distinguer la nature de la fibre en faisant intervenir sous le microscope l'iode, en présence de l'acide sulfurique étendu d'eau ou de glycérine. On observe le filament dans sa longueur et suivant une coupe perpendiculaire à l'axe, obtenue au moyen du rasoir appliqué sur un faisceau de fibres maintenu rigide au moyen d'un enduit gommeux desséché.

Le réactif se prépare avec 100 p. d'eau distillée, 1 p. d'iodure de potassium et un peu d'iode. Après avoir imbibé la fibre de cette solution et enlevé l'excès de réactif par du papier buvard, on mouille sur le porte-objet avec l'acide sulfurique étendu ou la glycérine.

On trouve ainsi que *pour le lin* les filaments sont formés de fibres réunies en faisceau, longues de 1 à 6 centimètres, pointues à leurs extrémités, d'un diamètre uniforme, avec un canal très-fin au centre. L'iode et l'acide sulfurique les colorent en bleu ou en lie de vin, le canal se colore en jaune. Les coupes offrent l'apparence de polygones correspondant aux diverses fibrilles, et se colorent en bleu au pourtour et en jaune au centre. Les fibres du chanvre sont fortement agrégées, chacune est enveloppée d'une matière mince se colorant en jaune par l'iode. Les coupes transversales offrent l'apparence de fibres enchevêtrées, très-adhérentes; chaque fibre se colore en jaune près du bord, le reste en bleu, sans canal central jaune.

Pour le coton, on n'observe que des fibres isolées; leur coupe transversale est colorée en bleu avec des taches jaunes extérieurement et intérieurement.

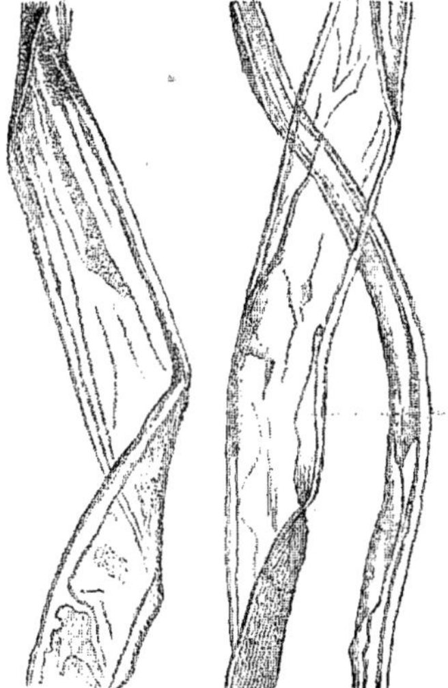

Fig. 722. — Coton non mûr.

Outre ces méthodes d'investigation, fondées sur la constitution morphologique des fibres, divers auteurs en ont proposé d'autres reposant sur l'emploi de réactifs chimiques. Les réactions diverses tiennent alors surtout à la présence persistante de matières incrustantes, dont il est difficile de débarrasser certaines fibres.

L'identité de composition chimique communique aux fibres végétales des aptitudes très-voisines dans leur manière d'être vis-à-vis des matières colorantes; aussi les procédés de teinture et de fixation des couleurs sont-ils très-rapprochés. On conçoit néanmoins que l'état d'agrégation de la cellulose, la forme des filaments, l'épaisseur des parois, l'existence ou la non-existence d'un canal central, le diamètre de ce canal, etc., peuvent amener sous ce rapport des différences très-sensibles d'une espèce de fibre à l'autre, voire même dans une même espèce.

Ainsi les étoffes tissées avec certains cotons offrent souvent après la teinture ou l'impression des couleurs, telles que les garancées, des points restés blancs donnant une apparence pointillée désagréable, et qui altère notablement la beauté de la couleur. On a reconnu que cet accident de fabrication était provoqué par la présence dans les fils complexes, dont l'enchevêtrement forme le tissu, de fibres impropres à la fixation de certaines couleurs. On a donné à cette variété de fibres le nom de coton *mort*. Le coton qui résiste à la teinture a été étudié par Walter Crum [*Bull. de la Soc. indust. de Mulhouse*, sept. 1864]. Cet éminent industriel a reconnu qu'il était formé de lames remarquablement fines et transparentes, dont quelques-unes étaient si transparentes, qu'elles en devenaient presque invisibles, excepté aux bords. On les distingue des fibres ordinaires par leur aplatissement complet sans indice de cavités, même aux côtés. Elles sont plus larges que la fibre ordinaire et offrent un grand nombre de plis longitudinaux et transversaux. La nature de ces fibres est attribuée par M. Walter Crum à un défaut de maturité. Ainsi dans les capsules sèches de coton à différents degrés de maturité, on en trouve d'autant moins que la maturation est plus avancée.

La figure 722 représente les filaments de coton non mûr. John Mercer a découvert, en 1850, l'action remarquable exercée par les dissolutions alcalines concentrées sur les tissus de coton, de chanvre et de lin. Sous l'influence de

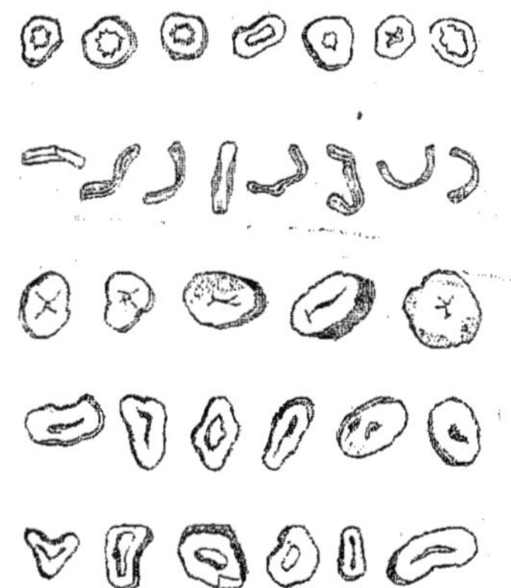

Fig. 723. — Différents aspects du coton mûr et non mûr mercérisé ou non. — Coupes transversales.

lessives froides de soude caustique de 1,3 à 1,4 de densité, les tissus se contractent, et leurs dimensions en longueur et en largeur se rétrécissent très-notablement, en même temps que l'épaisseur augmente. Sous cette influence, la fibre s'arrondit et se gonfle comme le montre la figure 723. Cet effet se fait sentir pour le coton demi-mûr, mais il est insensible pour le coton non mûr.

Il est à remarquer que les tissus ainsi *mercérisés*, comme on a l'habitude de le dire, se teignent plus facilement, en prenant des couleurs plus vives et plus foncées que le même tissu non traité. Ce fait a une certaine importance pour la teinture et l'impression des tissus de lin et de chanvre, qui prennent moins bien les couleurs que ceux du coton.

Les propriétes chimiques de la cellulose ont été décrites dans un article spécial (voyez CELLULOSE); nous rappellerons seulement ici que les fibres végétales résistent bien, dans certaines limites, à l'action d'agents chimiques assez énergiques et notamment des alcalis, de beaucoup de sels métalliques et des acides étendus, pourvu qu'avec ces derniers on ne fasse pas intervenir l'action de la chaleur. En effet, M. Crace Calvert a démontré que les fibres végétales subissent un affaiblissement notable sous l'influence des acides même végétaux (oxalique et tartrique) et de la vapeur d'eau. Ce phénomène trouve une explication rationnelle, depuis que M. A. Girard a démontré (*Compt. rend. de l'Acad. des sc.*) que la cellulose peut s'hydrater sous l'influence des acides, sans devenir pour cela soluble dans l'eau, en se convertissant en hydrocellulose.

Le chlore et les oxydants un peu énergiques agissent d'une manière destructive sur la fibre: aussi n'est-ce qu'après de longs tâtonnements que l'on est arrivé à l'emploi industriel du noir d'aniline, qui exige l'impression d'une couleur contenant du chlorate de potasse et un acide.

Le *troisième groupe* comprend les fibres animales, dont les deux plus importantes, au point de vue de la teinture et de l'impression, sont la laine et la soie. Ces deux variétés se rapprochent non-seulement par leur origine, mais encore par leur constitution chimique. Elles sont azotées toutes deux et appartiennent à la classe des substances protéiques. Elles se rapprochent par une grande analogie de constitution.

La laine et la soie soumises à l'action de la baryte hydratée à 150° s'hydratent en fournissant les mêmes, ou à peu près les mêmes, dérivés amidés.

Les produits de l'hydratation sont des deux côtés : ammoniaque, acides oxalique et carbonique dans les rapports exigés par la décomposition de l'urée et de l'oxamide, acide acétique très-peu, acides amidés de la série saturée

$$C^nH^{2n+1}AzO^2,$$

avec $n = 2, 3, 4$, formant la masse dominante.

Acides amidés de la série non saturée,

$$C^nH^{2n-1}AzO^2,$$

n étant un nombre faible. La différence de composition la plus importante entre la laine et la soie réside dans la présence d'assez fortes proportions de soufre (3,4, à 1,3 %), contenues dans la laine et manquant dans la soie.

C'est surtout dans l'état physique des fibres, leur forme et leur éclat, qu'il faut chercher la cause des différences notables que l'on remarque entre les fils et les tissus ouvrés avec les deux produits. Mais on comprend aussi que l'identité presque complète de constitution chimique doit rapprocher les deux corps, au point de vue de l'aptitude à fixer certaines classes de matières colorantes. C'est ce que l'expérience justifie pleinement. Pour plus de détails sur ces deux fibres, voir les articles LAINE, SOIE et BLANCHIMENT.

II. — PRINCIPES GÉNÉRAUX DE LA FIXATION DES COULEURS.

La teinture proprement dite n'a pas uniquement pour but de colorer les fils et les tissus d'une façon quelconque, mais de fixer la couleur d'une manière plus ou moins durable. Cette fixation ne doit pas seulement être superficielle, comme celle d'une couche de couleur que l'on déposerait sur une surface imperméable, telle que la porcelaine. Il n'y a réellement teinture que s'il y a en même temps imprégnation plus ou moins profonde de la matière colorante dans le corps de la fibre, et, à la suite de cette imprégnation, fixation de la matière colorante, soit mécaniquement, soit par affinité chimique. Aussi ne peut-on pas considérer comme une teinture proprement dite l'appplication des couleurs insolubles au moyen d'un vernis siccatif ou de l'albumine, ou de tout autre corps analogue.

Ce moyen très-répandu aujourd'hui pour colorer les étoffes, rappelle jusqu'à un certain point la peinture à l'huile. Dans l'un et l'autre cas, on fait usage de substances colorées insolubles, réduites en poudre fine. Cette poudre colorée, quelle que soit du reste sa nature chimique, est empâtée dans de l'huile siccative ou dans une solution d'albumine; la couleur fluide ainsi préparée est déposée sur la toile au moyen d'un pinceau ou de la machine à imprimer. Dans le premier cas, on attend que l'action de l'air ait résinifié l'huile de lin, en la transformant en un vernis solide et adhérent à la toile, capable de maintenir la poudre colorée; dans le second, on arrive au même résultat, quoique plus vite, en coagulant l'albumine par une chaleur humide. Mais des deux côtés, la couleur n'a pas pu pénétrer dans la fibre; elle ne l'imprègne pas, et si elle ne se détache pas par un frottement modéré ou un lavage à l'eau, cela tient uniquement à ce qu'elle est protégée par l'enduit solide. Nous nous étendrons dans la suite sur les couleurs d'impression à base d'albumine, en raison de leur importance dans les toiles peintes, mais nous n'avons pas à nous en occuper dans ce chapitre, destiné à des développements sur la théorie de la fixation des couleurs.

Si l'on veut fixer une couleur, ou toute autre substance, autrement que par simple application, il est avant tout nécessaire de l'amener préalablement à l'état de solution. Sous cette forme seule elle peut pénétrer dans la profondeur de la fibre et se répandre uniformément à sa surface.

En dehors de cette proposition toute générale, il est impossible de réduire à un principe unique la théorie de la fixation des couleurs; elle varie avec la nature de la matière colorante et celle de la substance filamenteuse.

Nous avons donc à examiner successivement plusieurs cas distincts :

1° La matière colorante est insoluble par elle-même dans l'eau, et il faudra préalablement la dissoudre à l'aide d'un dissolvant physique ou chimique approprié et dont l'espèce est déterminée par les propriétés spéciales de la matière colorante. On fait ainsi tantôt intervenir l'alcool, l'esprit de bois, les alcalis, les acides, certains sels; ou bien encore, comme pour l'indigo, on ramène le produit initial par les réducteurs à l'état de matière hydrogénée incolore soluble dans les alcalis.

Ce premier point atteint, on imprègne la fibre avec la dissolution. Deux phénomènes peuvent alors se présenter.

a. Ou bien le corps insoluble est faiblement retenu par le dissolvant et l'attraction exercée sur lui par la fibre est plus forte que celle du dissolvant; il y aura alors précipitation sans le secours d'un agent étranger. Ce phénomène a été désigné par Walter Crum sous le nom d'*attraction de porosité* ou *de surface*. Exemple : Mettons un tissu de coton, de chanvre, de lin ou même de laine dans une solution calcaire d'indigo réduit. S'il n'y avait que pénétration du liquide dans la fibre, cette dernière prendrait au bain une proportion d'indigo correspondante au liquide dont elle s'imprègne. La solution restante conserverait sa force et ne ferait que diminuer de volume. Or tous les teinturiers en indigo savent que les teintes obtenues après une immersion de cinq à dix minutes en cuve d'indigo sont bien plus foncées que si l'immersion ne durait que quelques instants. De plus, on arrive à épuiser l'indigo d'une semblable cuve par des trempes répétées et successives de nouvelles fibres, tout en y laissant une grande partie du liquide initial. Ainsi, dans cet exemple, la fibre décompose l'indigotate de chaux, en précipitant l'indigo blanc dans ses pores, où il reste retenu mécaniquement après son oxydation. Il est difficile d'attribuer cette précipitation, cette dissociation d'un composé défini à une action chimique proprement dite exercée par la fibre. Elle rentre dans la classe des attractions physiques dont la précipitation des matières colorantes par le charbon animal ou les corps poreux nous offre un exemple si remarquable et que M. Chevreul a désignées sous le nom d'*affinité capillaire*.

b. Si l'affinité du dissolvant, par rapport à la matière colorante, l'emporte sur celle de la fibre, il devient nécessaire d'opérer le déplacement du composé insoluble par un artifice convenable, et en présence de la fibre. Le résultat final sera le même; car le principe coloré insoluble, une fois précipité soit par attraction de porosité, soit par une réaction chimique proprement dite, est retenu mécaniquement dans et sur la fibre. Exemple : Il s'agit de fixer du peroxyde de fer sur un tissu pour produire les couleurs rouille, nankin, aventurine, qui ont eu tant de succès à une certaine époque. L'oxyde ferrique n'est pas soluble par lui-même, mais il forme avec beaucoup d'acides (acétique, sulfurique, nitrique, chlorhydrique) des sels solubles. Plongeons la fibre ou le tissu dans une solution de l'un de ces sels, elle s'en imprégnera uniformément et dans toute sa masse; mais la quantité de sel qui aura pénétré sera proportionnelle à la concentration du bain ou à peu près, et le tissu retiré perdra par un lavage suffisamment prolongé la totalité de l'oxyde ferrique qu'il avait emprunté au bain. Pour arriver à la fixation, il faudra soit soumettre la fibre à l'action d'une chaleur humide, si le sel employé est, comme l'acétate ferrique, susceptible de se dissocier dans ces conditions en acide acétique qui se volatilise et en oxyde ferrique adhérent, soit la plonger dans un bain alcalin qui, saturant l'acide du sel ferrique, déterminera la précipitation de l'oxyde.

Dans quelques cas particuliers qui se rattachent à ce genre spécial de fixation, on complète la teinture ou le développement de la nuance par une oxydation consécutive, comme pour le bistre au manganèse, où l'oxyde hydraté blanc de protoxyde de manganèse précipité dans la fibre par un alcali passe au brun sous l'influence de l'oxygène de l'air ou d'agents oxydants convenables.

Ces couleurs insolubles, une fois précipitées, ne peuvent plus sortir, par la même raison qui s'opposait à leur pénétration sous forme solide.

Ce que nous venons de dire ne s'applique qu'aux matières colorantes ou autres substances insolubles, telles que l'indigotine, l'oxyde ferrique, l'oxyde chromique, l'oxyde aluminique, etc.; il est peu probable que ces corps doués d'affinités chimiques si faibles puissent former avec les fibres textiles de véritables combinaisons chimiques. Du reste l'examen microscopique des fibres de coton teintes par ces procédés nous montre la substance localisée dans les pores et les cavités de la fibre. C'est ce que prouvent les dessins coloriés publiés par Walter Crum, qui font voir comment la matière colorante se trouve répartie dans l'intérieur de la fibre. Prenons comme exemples l'oxyde de fer et l'oxyde d'aluminium, que nous rendrons plus visibles en passant le tissu sur lequel nous aurons fixé ces oxydes dans un bain de garance. On sait que la matière colorante de la garance n'a aucune tendance à s'unir au coton, mais qu'elle forme avec les deux oxydes précédents des laques ou combinaisons colorées soit en rouge, soit en violet. La formation de ces laques sur la fibre permettra de juger où se trouve l'oxyde précédemment fixé.

On imbibe la fibre du coton d'une solution d'acétate ferreux ou d'acétate d'alumine; ces deux sels pénètrent avec le liquide dans les pores de la fibre par simple attraction capillaire hydrostatique. La fibre étant ensuite exposée dans un endroit chaud et humide, l'acétate ferreux s'oxyde et se dissocie en laissant de l'oxyde ferrique hydraté; il en est de même de l'acétate d'alumine, qui n'a pas besoin de s'oxyder préalablement pour se décomposer; les deux oxydes devenus insolubles dans les pores et les cavités de la fibre y sont emprisonnés et retenus mécaniquement; le frottement ne peut plus les détacher.

Les figures de la planche coloriée montrent le profil de la fibre du coton traitée au pyrolignite de fer, puis teinte en garance, et savonnée. On y voit la laque si uniformément distribuée dans le tissu cellulaire, que c'est à peine si l'on peut découvrir une partie de la fibre qui n'en soit pas entièrement pénétrée. Cependant en examinant les sections transversales de ces fibres on observe nettement une accumulation de laque violette de fer et de garance dans le centre. Avec l'acétate d'alumine, la seule différence observée est une substitution du rouge au violet. On est ainsi conduit à admettre que chaque cavité, quelque petite qu'elle soit, de la fibre ayant admis une certaine quantité de liquide se trouve contenir à la fin plus ou moins de laque rouge ou violette. La cavité centrale étant plus spacieuse, il est naturel d'y observer une accumulation plus grande de particules colorées, semblables à celles qui se trouvent uniformément répandues dans toute la fibre. Les fibres soumises à l'action de la soude offrant un canal central plus spacieux doivent y admettre une plus forte proportion de laque. C'est ce que montre l'examen d'une coupe de tissu mercérisé et teint en garance.

2° Les fibres animales, laine et soie, possèdent la remarquable propriété de précipiter de leurs dissolutions et de retenir énergiquement un grand nombre de couleurs solubles, telles que l'acide sulfindigotique, les dérivés colorés de l'aniline, l'acide picrique, l'éosine. La cause de ce phénomène intéressant pour la pratique ne réside pas uniquement dans la porosité de la fibre. En effet, si à la rigueur on pouvait invoquer cette raison pour la laine, elle ne conviendrait plus pour les filaments de la soie, les poils de divers animaux et la plupart des substances azotées de l'organisme animal, qui toutes possèdent à des degrés plus ou moins prononcés la faculté de se teindre en enlevant certaines matières colorantes à leur dissolvant. Ainsi, l'albumine coagulée se teint comme la laine dans un bain de fuchsine. Il est nécessaire d'admettre que la fibre animale forme avec la matière colorante une véritable combinaison chimique, d'un ordre particulier, et c'est en

FIBRES DE COTON TEINTES

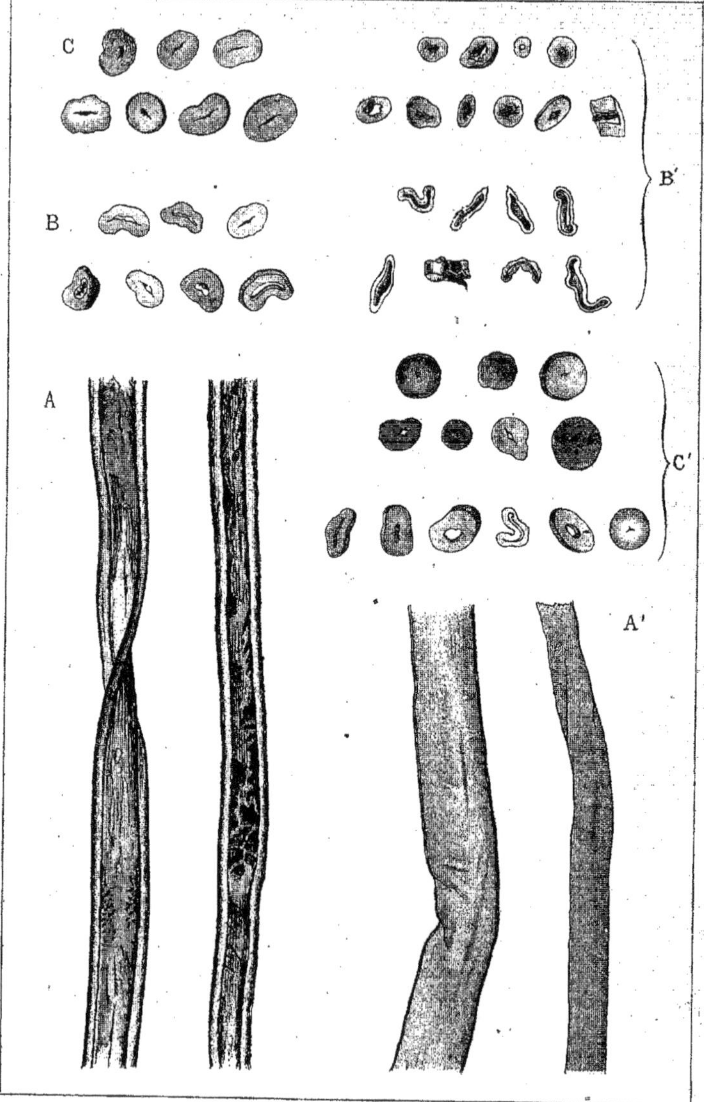

Paris, Imp. Dufrénoy.

A. Fibre de coton mordancée en fer et teinte en garance.— B. Même fibre, section transversale. C. Même fibre mercérisée.— A' Fibre de coton mordancée en alumine et teinte en garance.— B' Même fibre, section transversale.— C' Même fibre mercérisée.

raison de cette affinité respective que le pigment est enlevé au dissolvant.

Ainsi, en résumé, la teinture des fibres textiles peut être ramenée à deux types principaux.

1° La couleur insoluble par elle-même (couleur proprement dite ou laque) n'a aucune affinité propre pour la fibre, mais par imprégnation en solution et déplacement en présence de la fibre on arrive à l'emprisonner dans les pores et à l'incorporer d'une manière stable et intime ;

2° La matière colorante soluble est susceptible de former avec la fibre une combinaison colorée insoluble plus ou moins stable. C'est la forme la plus simple de la teinture. Elle ne fait intervenir que deux éléments : la fibre et la matière colorante.

Lorsqu'on se trouve en présence d'une matière colorante soluble n'ayant pour la fibre qu'une affinité faible ou nulle, on arrive à de bons résultats en imprégnant celle-ci d'après la première méthode d'une substance insoluble, faisant corps avec elle et jouissant de la propriété de se combiner avec la matière colorante. C'est ce que nous avons fait plus haut pour utiliser la garance ou ses pigments comme matières tinctoriales. La substance qui intervient en tiers pour servir de centre d'attraction et pour modifier l'inertie de la fibre, porte en pratique le nom de *mordant*. La fibre mordancée fonctionne vis-à-vis du pigment comme la laine et la soie vis-à-vis des couleurs d'aniline. Nous trouverons dans la suite de nombreux exemples de couleurs fixées par l'intervention des mordants, et nous aurons l'occasion de développer au long les diverses manières de faire intervenir ces produits.

Dans cet exposé rapide des principes chimiques présidant à la fixation des matières colorantes, nous avons négligé tous les détails. L'expérience prouve journellement aux coloristes et aux teinturiers que les résultats tinctoriaux varient d'une foule de manières sous l'influence de conditions physiques ou chimiques multiples. Les praticiens expérimentés savent par des essais multiples et méthodiques se rendre compte des effets provoqués par les modifications introduites dans les conditions types. Les résultats obtenus sont traduits pour eux par les échantillons qui remplissent leurs livres d'essais ; mais, faute d'un langage convenable ou plutôt d'une nomenclature des couleurs, les résultats obtenus restent enfermés dans des cartons accessibles seulement à un petit nombre. En réalité, j'ai tort de dire *faute d'une nomenclature des couleurs ;* cette nomenclature existe depuis longtemps ; elle est due à M. Chevreul, et si elle n'a pas encore rendu les services que son illustre auteur était en droit d'en attendre, la faute en est plutôt à ceux qui auraient dû s'en servir. Cependant, depuis quelques années, plusieurs savants, Paul Havrez, Rosenstiehl, ont suivi M. Chevreul dans la voie qu'il a frayée, et ont montré, par de remarquables travaux, tout le parti que l'on peut tirer de la classification des nuances. « Je ne fus pas plutôt engagé, dit ce dernier [*Mémoires de l'Académie des Sciences*, t. XXXIII, p. 914, 1861], dans l'étude de la teinture, telle que je l'avais conçue dès mon entrée aux Gobelins, que je sentis la nécessité de définir les couleurs autrement qu'on ne le faisait alors, et qu'on ne le fait même généralement aujourd'hui. »

M. Chevreul a réussi à classer toutes les nuances en distinguant dans chacune d'elles trois principes de modification :

1° L'espèce de couleur (rouge, orange, jaune, vert, bleu, violet-rouge), formant 72 types ; 2° le ton, le degré d'intensité (couleur pâle, tendre, faible, délicate ou vive, vigoureuse, sombre), formant 21 tons ; 3° le degré de pureté ou de mélange au gris et au noir (couleur franche, fraîche, fine, pure ou éteinte, terne, rabattue, brune), formant 10 degrés. « Supposons, dit-il, 72 couleurs disposées circulairement sur une table ronde, de manière qu'il y ait 23 couleurs entre le rouge et le jaune, 23 entre le jaune et le bleu, 32 entre le bleu et le rouge ; supposons, en outre, que chaque couleur soit à égale distance de ses deux voisines. Vous aurez les 72 types suivants »

Nom usuel.			
(Cerise) *rouge*.	R_0,	valeur $\frac{24}{24}$ rouge.	= 24 R.
Rouge d'Andrinople, oreille d'ours, mordoré.	R_1,	— $\frac{23}{24}$ rouge, + $\frac{1}{24}$ jaune...	= 23 R, 1 J.
Feu, nacarat.	R_2,	— $\frac{22}{24}$ rouge, + $\frac{2}{24}$ jaune...	= 22 R, 2 J.
Écarlate, intensité 11 ; ponceau, intensité 9.	R_3,	— $\frac{21}{24}$ rouge, + $\frac{3}{24}$ jaune...	= 21 R, 3 J.
	R_4,	— $\frac{20}{24}$ rouge, + $\frac{4}{24}$ jaune...	= 20 R, 4 J.
	R_5,	— $\frac{17}{24}$ rouge, + $\frac{5}{24}$ jaune...	= 19 R, 5 J.

Et en continuant d'après les mêmes principes :

Rouge-orange	OR_0
Alizarine sublimée	OR_1
Bichromate	OR_2
Capucine	OR_3
—	OR_4
Abricot-carotte	OR_5
Orange	O_0
—	O_1
	O_2
Orange type	O_3
—	O_4
Sulfure de cadmium	O_5
Orange-jaune	JO_0
Aurore	JO_1
—	JO_2
—	JO_3
Citron	JO_4
Paille	JO_5
Jaune	J_0
Serin	J_1
—	J_2
Soufre	J_3
—	J_4
—	J_5
Jaune-vert	VJ_0
—	VJ_1
—	VJ_2
—	VJ_3
Vert pomme	VJ_4
Vert pré	VJ_5
Vert	V_0
Vert laurier	V_1
Émeraude	V_2
Vert-de-gris	V_3
Vert de chrome	V_4
—	V_5
Vert bleu	BV_0
—	BV_1
—	BV_2
Vert canard	BV_3
—	BV_4
—	BV
Bleu	B_0
Bleu de ciel	B

Bleu de Prusse............	B_2
—	B_3
—	B_4
Saphir....................	B_5
Bleu violet...............	VB_0
Cuivre ammoniacal.........	VB_1
—	VB_2
Violette..................	VB_3
Violet évêque.............	VB_4
Pensée....................	VB_5
Violet....................	V_0
Lilas.....................	V_1
—	V_2
Mauve-pensée..............	V_3
Giroflée..................	V_4
Passe-velours.............	V_5
Violet-rouge..............	RV_0
Amaranto..................	RV_1
Rose de Bengale...........	RV_2
Cramoisi..................	RV_3
Grenat....................	RV_4
Cramoisi-cerise...........	RV_5

Si vous supposez la couleur de chaque type allant du pâle (blanc), qui occupe le centre du cercle, au foncé (noir), qui occupe la circonférence, par gradation équidistante, vous formerez 20 tons, je suppose, d'une même couleur : le premier légèrement teinté, le deuxième un peu plus, le troisième encore plus, jusqu'au vingtième dont l'intensité sera voisine du noir; l'ensemble est ce que je nomme la *gamme* de cette couleur. On a ainsi 72 × 20 ou 1440 nuances rangées systématiquement sur un cercle dit *chromatique*.

En ternissant toutes les nuances successivement par $\frac{1}{10}$, $\frac{2}{10}$, $\frac{3}{10}$, ... $\frac{10}{10}$ de noir, on formera 10 cercles chromatiques, dont le dernier est le noir pur. En ajoutant aux 14400 nuances ainsi obtenues les 20 tons de gris intermédiaires entre le blanc et le noir, on a formé toutes les nuances. Supposons, en effet, que l'on dépose $\frac{1}{10}$ de bleu sur le premier cercle chromatique, on obtiendrait des nuances déjà classées; les violets et les verts deviendraient des types plus bleus (premier cercle) et les oranges mélangés au bleu constitueraient du gris, et par suite des couleurs rabattues (deuxième cercle). Au moyen de ces 10 cercles, on peut se représenter toutes les nuances, car chacune d'elles se définit complétement par le type de la gamme, le ton et le degré de noir qui peut ternir la couleur. Ainsi, l'expression rouge 3, 12, $\frac{2}{10}$, signifie la couleur correspondant à la gamme R_3 ton 12, terni par $\frac{2}{10}$ de noir; c'est la couleur garance des uniformes français.

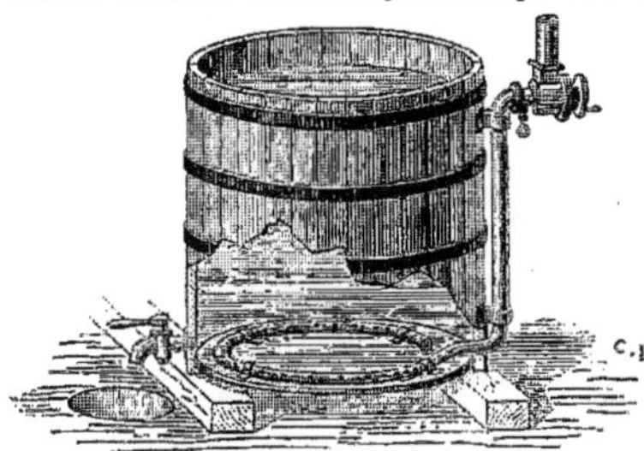

Fig. 724. — Chauffage à la vapeur d'un bain de teinture.

C'est en se fondant sur cette classification que M. P. Havrez a pu formuler les résultats obtenus dans la recherche de l'influence exercée sur la nuance par les divers ingrédients qui donnent l'écarlate de cochenille. Ainsi, il a pu fixer l'influence du tartre, de la composition d'étain (sulfochlorure stanneux), de la dose de cochenille, de la durée de l'ébullition, de l'action subséquente de l'oxygène de l'air, des divers acides substitués au tartre, notamment de l'acide nitrique, de doses variables des divers colorants jaunes substitués à une partie de l'acide tartrique, d'une ébullition prolongée pendant le mordançage, etc., etc. [P. Havrez, *Emploi de la triple classification des nuances par M. Chevreul à la détermination de l'influence des divers ingrédients de teinture*, dans le *Bulletin de la Société industrielle de Verviers*, — et *Formules pour les lois de teinture*, dans les *Comptes rendus de l'Académie des Sciences*, 6 novembre 1872]. Sans entrer dans les détails, disons seulement que M. Havrez a pu reconnaître ainsi que chaque nuance résulte d'un ensemble déterminé de drogues (sels, mordants, colorants), et de circonstances (durée, chaleur, etc.); toute nuance éprouve une *variation régulière* quand une des circonstances génératrices vient à varier régulièrement.

C'est aussi en se fondant sur la classification de M. Chevreul que M. Rosenstiehl a étudié récemment le rôle en teinture des diverses matières colorantes de la garance. Nous analyserons plus loin ce mémoire intéressant [*Bull. de la Soc. chim*, t. XXIII, p. 153].

III. MATÉRIEL DE TEINTURE ET D'IMPRESSION.

Nous passerons sommairement en revue les principaux appareils employés pour teindre ou imprimer.

TEINTURE.

La teinture pour la laine et le coton peut se donner sur la fibre brute cardée et simplement nettoyée (coton cardé, laine en toison), sur les filés ou échevaux, ou sur les tissus ouvrés; pour la soie, le lin et le chanvre on ne teint que les filés ou les tissus. L'outillage du teinturier doit nécessairement varier suivant qu'il opère avec les filés ou les tissus; il varie encore dans une certaine mesure avec la nature de la fibre. Le but à réaliser consiste toujours à tremper la fibre dans une solution colorante ou autre, en vue de l'imprégner de cette solution. On peut donc faire usage de terrines, de baquets, de cuves plus ou moins profondes, cylindriques ou rectangulaires, de cuviers, voire même de tonneaux, de barques ou caisses rectangulaires, de chaudières en cuivre étamé, de cuviers doublés de plomb au besoin. Suivant que l'immersion doit avoir lieu à froid ou à une température élevée, il convient de prendre des dispositions spéciales. Les moyens de chauffage sont : Le feu nu pour les chaudières en métal; il n'est plus employé que dans des teintureries assez peu importantes pour se passer d'un générateur. De toute façon, on a trouvé un grand avantage à remplacer le chauffage direct par la vapeur, dont l'emploi s'applique à toute espèce de vases, de barques ou de cuves à teindre, quelles que soient leur forme et leur substance. Lorsqu'on ne craint pas d'étendre le bain par la condensation, on peut faire arriver directement la vapeur dans le liquide à échauffer, au moyen d'un tuyau percé de trous qui répartit aussi uniformément que possible la vapeur dans le fond de la cuve; dans le cas contraire, on fait circuler la vapeur dans des tubes recourbés sur eux-mêmes et munis de robinets à l'entrée et à la sortie, disposés au fond du vase et communiquant d'une part avec le générateur, d'autre part avec le tube purgeur. Ou bien encore on se sert de chaudières à double enveloppe, en faisant circuler la vapeur dans l'espace réservé entre les deux. La figure 724 donne une idée d'un bain de teinture chauffé à la vapeur. On y voit une cuve cylindrique en bois ou en tôle garnie de bois, et un tube vertical extérieur, amenant la vapeur du générateur et communiquant avec lui par l'intermédiaire d'un robinet. Le tube communique avec un tube en cuivre, placé au fond de la cuve, recourbé en cercle et fermé par son extrémité. La partie circulaire qui baigne dans le bain est percée d'un grand nombre de petits trous par où

Fig. 725. — Atelier de mordançage.

s'échappe la vapeur. On évite ainsi le bruit qui résulte de la condensation de la vapeur s'échappant d'un grand orifice.

Appareils pour la teinture des Écheveaux. — La manœuvre des écheveaux est différente suivant la nature de la fibre. Ainsi, par exemple, s'agit-il de mordancer des fils ou *écheveaux, mateaux* de coton ou de lin, dans une maçonnerie à hauteur d'appui (fig. 725), se trouvent encastrées des jarres de terre contenant le mordant et des terrines dans lesquelles on manœuvre les mateaux. On commence par introduire six à sept litres de liquide dans la terrine; on plonge dans la jarre le mateau abreuvé d'eau, c'est-à-dire également

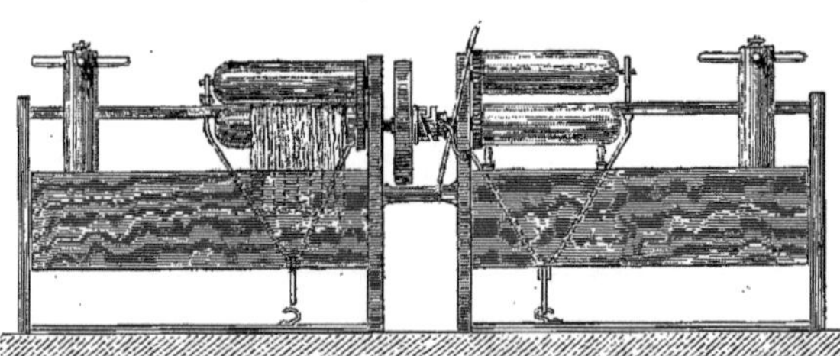

Fig. 726. — Machine à passer ou à dégorger.

imprégné de ce liquide, puis on le foule dans la terrine voisine, au sein du mordant, en le pressant à plusieurs reprises contre le fond et les parois du vase, en le tournant entre les mains, jusqu'à ce que l'on juge que le liquide a bien pénétré; on élève alors l'écheveau et on le cheville. A cet effet, l'ouvrier suspend le mateau à une cheville en forme de corne de bœuf fixée dans un poteau vertical au-dessus de la terrine, et le tord fortement; le liquide exprimé s'écoule dans la terrine. L'immersion et le chevillage sont répétés plusieurs fois, après quoi on évente, ouvre ou frise le mateau sur une table, pour le porter ensuite au séchoir. Ce travail, qui se fait à main d'ouvrier, peut être avantageusement remplacé, au point de vue de l'économie du temps et de la main-d'œuvre, par celui d'une machine dans le genre de celle de M. Prévinaire de Harlem, connue sous le nom de machine à passer ou à dégorger (fig. 726). Elle consiste en deux paires de cylindres horizontaux en bois, de $0^{m},50$ de long, sur $0^{m},15$ de diamètre, disposés sur un bâti en fonte. Les cylindres inférieurs ont une de leurs extrémités entièrement libre, pour pouvoir placer sur eux les pantes de coton. Ils sont portés par des coussinets et pourvus de pignons qui engrènent dans ceux des cylindres supérieurs mobiles. Ceux-ci peuvent être abaissés sur les cylindres inférieurs, au moyen d'un déclanchement qu'on fait jouer à

Fig. 727. — Mordançage de la laine en écheveaux.

la main ou avec le pied. On diminue à volonté la pression au moyen d'un levier à poids, exerçant son action sur les cylindres supérieurs. Le poids des cylindres supérieurs suffit pour expulser tout ou partie du liquide contenu dans les pantes; les cylindres inférieurs sont placés à peu de distance du niveau du liquide dans lequel les pantes, placés sur les cylindres inférieurs, trempent d'un tiers de leur hauteur. Pour le mordançage, cet appareil est établi au-dessus de petits bassins; pour le dégorgeage, sur le bord postérieur d'un pont au-dessus d'un cours d'eau. Dans l'un et l'autre cas, le fonctionnement se comprend aisément : le mouvement de rotation des cylindres entraîne les pantes, de sorte que toute leur circonférence immerge et sort régulièrement du bain ou de la rivière d'une manière continue. Les portions des pantes imprégnées de liquide qui viennent de sortir du bain, passant entre les deux cylindres, sont plus ou moins dégorgées ou exprimées, grâce à la pression graduée du cylindre supérieur. Avec cette machine, deux hommes suffisent pour le travail de 300 kilogrammes de fibre en deux heures.

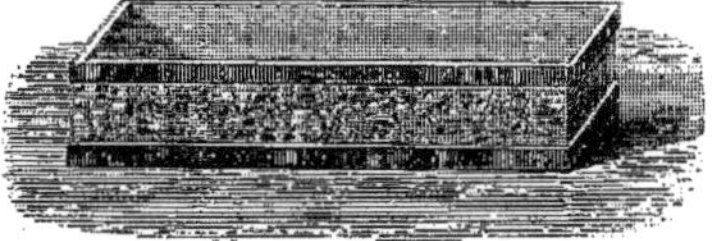

Fig. 728. — Barque pour le mordançage.

Le mordançage de fils de laine, ainsi que la teinture, s'effectuent à chaud dans des chaudières profondes ayant la forme de cônes, chauffées à feu nu ou à la vapeur (fig. 727). L'ouvrier passe au centre des mateaux de longs bâtons ou lisoirs, pouvant s'appuyer par leurs deux extrémités sur les bords de la chaudière; il tourne avec la main les fils sur les lisoirs, de manière à immerger successivement toutes les parties des écheveaux; après plusieurs lises, on enlève les lisoirs et on laisse tomber dans la chaudière les écheveaux réunis préalablement par une corde.

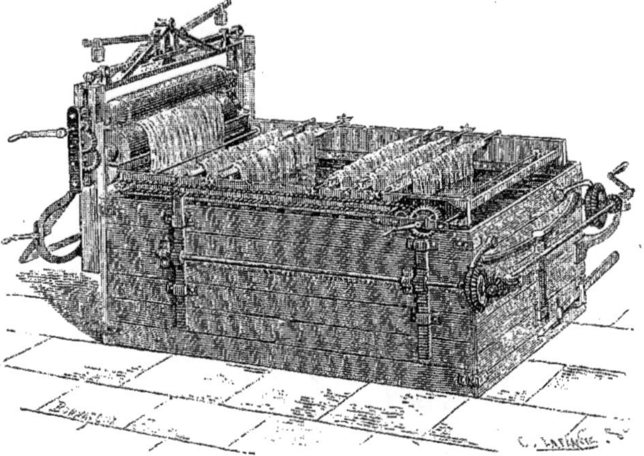

Fig. 729. — Appareil Deshayes pour la teinture des écheveaux.

Le mordançage des écheveaux de soie se donne à froid dans une barque ou caisse rectangulaire en bois (fig. 728) dans laquelle on dispose les écheveaux cordés, les uns sur les autres, en ayant soin que les mateaux soit bien étendus. M. F. Deshayes, de la Corneille (Orne), a imaginé un appareil fort ingénieux pour la teinture mécanique des écheveaux [*Bulletin de la Société d'encouragement*, t. VII (2), p. 323]. Il se compose d'un châssis mobile rectangulaire (fig. 729), que l'on peut abaisser au moyen d'une crémaillère sur la caisse rectangulaire aussi, contenant le bain de teinture. Les écheveaux sont passés sur des bâtons triangulaires placés transversalement sur le châssis et recevant un mouvement de rotation, au moyen d'une chaîne de Vaucanson rencontrant les roues dentées que ces bâtons portent à leur extrémité. Deux bâtons voisins tournent en sens inverse pour éviter que les écheveaux ne s'emmêlent. Après un temps convenable d'immersion, on relève le châssis avec les traverses qui supportent les écheveaux, aussi on laisse égoutter et on exprime entre deux cylindres en bois dont l'un est recouvert de toile. Ces cylindres sont engagés sur un bâti fixé à la partie postérieure de la cuve; ils frottent l'un sur l'autre avec une pression que l'on règle au moyen d'un levier. Le cylindre inférieur porte une échancrure dans laquelle on engage successivement chacun des bâtons chargé de ses écheveaux; celui-ci est reçu sur une armature en fer sur laquelle il glisse, lorsqu'il se dégage des cylindres presseurs.

La teinture de la laine en flocons et en général des matières filamenteuses non filées se fait dans des cuves de forme et de dimensions variables; la fibre est remuée au crochet longtemps et à diverses reprises et retournée (renversée plusieurs fois). Pour la teinture en bleu indigo, on se sert aussi de paniers formés d'un cadre ou cercle en bois garni d'un filet de cordes que l'on immerge à volonté dans le bain de teinture et que l'on retire au moyen d'une corde qui s'enroule sur un treuil placé au-dessus des cuves. Le cercle du panier s'appuie sur les bords de la cuve de teinture, et la laine jetée en vrac dans le panier par mises de 30 kilogrammes est manœuvrée avec de longs bâtons.

M. Henri Weber de Mulhouse avait imaginé pour la teinture des écheveaux un appareil dont le principe est ingénieux et qui pourrait aussi s'appliquer à la laine en toison et au coton cardé.

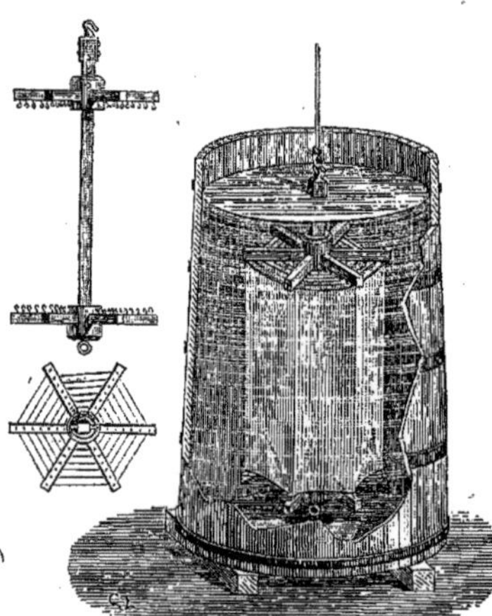

Fig. 730. — Cadre *champagne* pour la teinture des pièces en indigo.

Cet appareil se compose d'une cuve cylindrique en fonte ou en tôle garnie intérieurement et portant un double fond percé de trous à la partie inférieure; les écheveaux sont disposés et tassés sur le double fond jusqu'à une certaine hauteur, puis on les maintient par un second fond percé et fixé par une vis de pression. Au moyen d'une pompe aspirante et foulante on puise le bain colorant, préalablement chauffé, au besoin, dans un réservoir voisin, pour le refouler dans le cylindre rempli d'écheveaux, qu'il est obligé de traverser pour retourner au réservoir primitif par un tube d'écoulement. Cet appareil a fonctionné longtemps avec succès dans la grande teinturerie de M. Weber, à Mulhouse, et rendait surtout des services dans la teinture des noirs au campêche chromés.

Appareils pour la teinture des tissus. — Les appareils qui servent à teindre les tissus peuvent différer des simples cuves à immersion. En effet, il est souvent nécessaire ou utile de tendre l'étoffe pendant son passage à travers le bain pour obtenir une nuance unie; dans le cas où cette précaution est inutile, les dispositions spéciales réclamées sont toujours différentes de celles qui sont nécessaires pour les filets ou les flocons.

Ainsi pour la teinture du calicot en bleu indigo on a employé longtemps et l'on emploie encore dans certaines fabriques une disposition connue sous le nom de *champagne* (fig. 730). La cuve est en bois ou en ciment caillouteux, cylindrique, d'environ 2 mètres de profondeur et enterrée aux deux tiers dans le sol de l'atelier. Les toiles sont attachées par leur lisière sur des cadres garnis de crochets, en commençant par un bout et en finissant par l'autre. Les deux cadres entre lesquels la pièce est tendue en largeur simulent assez bien les jantes d'une roue, le cadre supérieur peut glisser sur l'axe vertical en bois qui supporte les deux cadres, de manière à pouvoir tendre la pièce qui est enroulée en spirale, en laissant un intervalle de 27 millimètres entre deux surfaces de tissu, comme le montre la figure. Le champagne est suspendu au moyen d'une corde à une poulie fixée à une poutre horizontale, au-dessus de la cuve, de manière à pouvoir être retiré ou plongé.

On fait aussi usage de cuves à roulettes dont le principe est facile à saisir (fig. 731 et 732). La pièce est convenablement pliée au devant d'une cuve rectangulaire dans laquelle se trouvent deux séries de roulettes en bois horizontales pouvant tourner librement autour de leur axe central, l'une presque à fleur du bain, l'autre à quelques centimètres au-dessus du fond de la cuve. Elle est entraînée par le mouvement de la machine et passe d'abord sur un rouleau élargisseur placé au-dessus du bord latéral de la cuve, parallèlement aux roulettes et circule ensuite, plongée dans le bain, de haut en bas et de bas en haut, d'une roulette à l'autre. Au sortir du bain elle est exprimée entre deux rouleaux garnis de toile ou de drap, dont le supérieur presse sur l'inférieur grâce à son poids et à un levier de pression. Le liquide est ainsi exprimé et recoule dans la cuve. On peut aussi faire circuler la pièce de droite à gauche et de gauche à droite, comme le montre la figure 732. Au besoin, on peut faire circuler la pièce, au sortir de la cuve de teinture, dans une ou deux autres cuves également munies de roulettes, mais en moindre nombre, où elle est lavée ou soumise à l'action de bains oxydants ou fixateurs. Cette disposition de cuves à roulettes est fréquemment usitée, non-seulement pour teindre, mais toutes les fois qu'il s'agit de faire passer des pièces lourdes dans un liquide quelconque; ainsi, par exemple, pour fixer les mordants d'alumine ou de fer en bouse ou en silicate de soude.

La figure 733 offre les dispositions de la cuve à roulettes employée pour la teinture des draps de laine en indigo par le procédé à l'hydrosulfite de soude.

A, cuve en tôle, largeur et longueur 2 mètres; profondeur, 2m,50; chauffée par le serpentin V.

B, cadre en fer solidement assemblé, portant les roulettes. Ce cadre peut être enlevé au moyen des crochets d'une chaîne et d'un palan.

C, rouleaux exprimeurs pressés au moyen d'un levier chargé d'un poids. L'axe du rouleau porte une roue droite commandée par un pignon mis en mouvement par une poulie. Les pièces disposées sur la table passent d'une manière continue

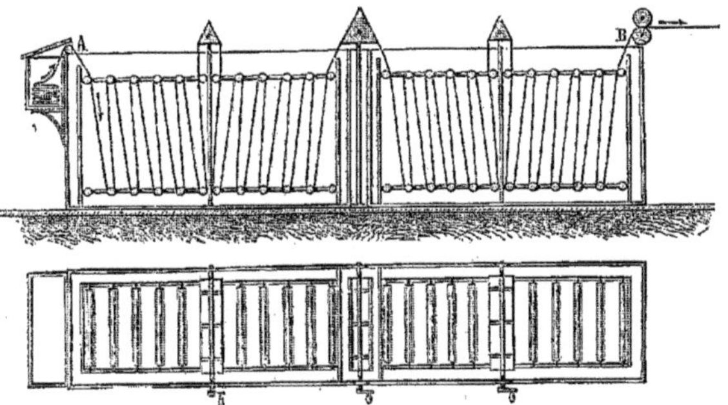

Fig. 731. — Cuve à roulettes pour la teinture des tissus.

sur le rouleau D, puis sur les divers rouleaux du cadre, puis entre les rouleaux exprimeurs qui les attirent avec une vitesse de 2 à 3 mètres à la minute; enfin elles se déverdissent en passant sur des rouleaux et sont pliées sur la table F par l'appareil E.

La *cuve qui sert à la teinture et au savonnage des articles garancés* offre les dispositions des figures 734 et 735, l'une, vue de face, et l'autre,

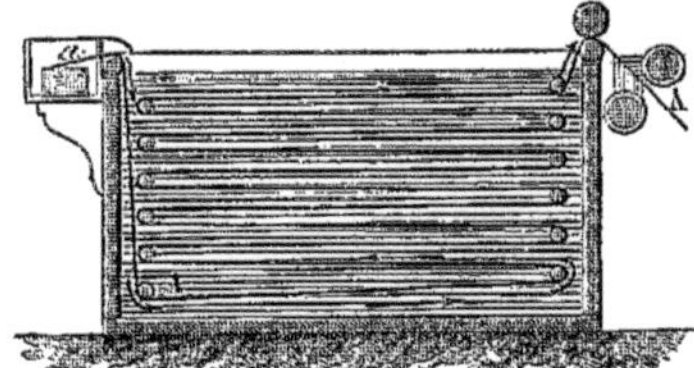

Fig. 732. — Cuve à roulettes pour la teinture des tissus.

coupe verticale en largeur. Un grand tuyau partant du générateur fournit de la vapeur au tube *a, b, c*, qui descend et s'étale au fond de chaque cuve et qui est percé d'une rangée de petits trous rapprochés, par où s'échappe la vapeur. Les cuves sont en bois ou en tôle; on les alimente de liquide au moyen d'un tuyau communiquant avec un réservoir. Elles sont couvertes au moyen d'un toit en bois offrant antérieurement des panneaux E, occupant la longueur de la cuve et pouvant se rabattre pour donner accès dans la cuve. Au-dessus du bain se trouve un tourniquet B sur lequel les pièces passent continuellement tordues en torchon et ayant leurs deux bouts cousus l'un à l'autre, de manière à former un circuit fermé. Un système de clavettes horizontales fixées au-dessus du bain à une traverse qui occupe antérieurement la longueur de la cuve et qui simule ainsi un rateau, maintient chaque pièce et l'empêche de se mêler à la pièce voisine.

Foulard. — S'agit-il d'imprégner un tissu uniformément d'un liquide, on fait fréquemment usage d'un appareil connu sous le nom de *foulard*, machine à foularder (fig. 736). Elle se compose d'une caisse pour le liquide et de rouleaux. *a, b*, cylindres en bois recouverts de tissu qui reposent par leurs tourillons sur un support placé au-dessus de la caisse A. Le cylindre *a* exerce sur *b* une pression en raison de son poids d'abord et ensuite par le levier *f*, muni du poids *p*. Le tissu enroulé en *k*, est tendu par un contrepoids *o*; il passe sur le rouleau tenseur, de là dans le réservoir A sur un rouleau, puis sur la règle élargisseuse *e*, pour se rendre entre *a* et *b* et s'enrouler en *h*. Le rouleau *h* repose sur un support mobile autour de l'arc *t*. Le rouleau *b* est mis en mouvement; il fait tourner *a*, et celui-ci agit sur *h* pour déterminer l'attraction et l'enroulement du tissu. L'appareil (fig. 737) permet de faire passer plusieurs fois le tissu dans le bain; la pièce se déroule en A, passe dans le liquide sur le rouleau *m*; de là elle se rend entre les rouleaux exprimeurs, repasse dans le bain sur la roulette *n*, monte entre C et D et vient s'enrouler en E.

Chaudière d'avivage. — Pour l'avivage et certaines teintures, on doit opérer à une température supérieure à 100° et par conséquent en chaudière close. L'appareil suivant (fig. 738) peut être employé à cet effet. Il se compose de deux chaudières A et B communiquant entre elles par le tube coudé P, muni du robinet F. Les chaudières contiennent chacune un double fond D, percé de trous. La vapeur passant au-dessous du double fond D se répand dans le tissu superposé. *m*, soupape de sûreté avec contrepoids *n*. Chaque chaudière présente, outre un robinet pour l'écoulement de la vapeur au dehors, un robinet de vidange. Cet appareil fonctionne comme deux chaudières closes, dont l'une serait chauffée à feu nu et l'autre par la vapeur issue de la première.

Appareils pour nettoyer et dégorger les tissus et les fibres. — Après la teinture, les fibres

Fig. 733. — Cuve à roulettes pour la teinture du drap en indigo.

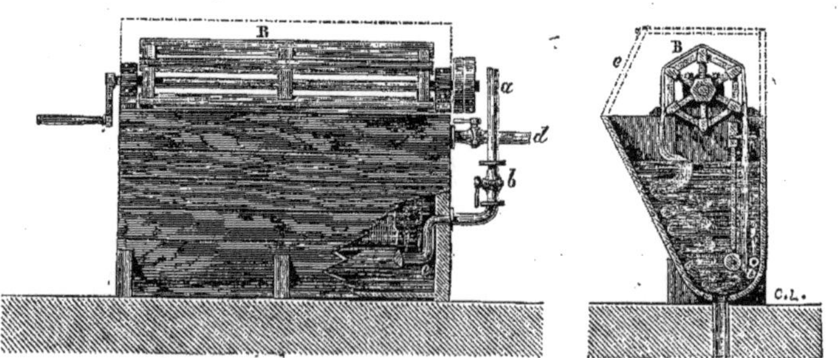

Fig. 734. Cuve pour garançage. Fig. 735.

ou les tissus sont chargés du liquide colorant qui les imprègne, et si le bain de teinture contenait une poudre tinctoriale comme la garance ou les bois, il y adhère en outre une quantité considérable de cette poudre que l'on ne peut détacher que par un lavage et un dégorgeage suffisamment prolongés. Le simple lavage ne suffit pas pour nettoyer les pièces; il faut encore faire intervenir une action mécanique qui produit l'effet du battage à la main des laveuses. Deux de ces appareils propres au lavage et au dégorgeage des tissus ont déjà été décrits à l'article BLANCHIMENT, t. I, p. 624 (clapot), figure 85, et p. 626, figure 89 (roue à laver). Nous dirons quelques mots de la dégorgeuse à excentrique de Prévinaire et de la laveuse de Riekly, toutes deux employées pour le nettoyage mécanique des écheveaux.

La *dégorgeuse à excentrique* de M. Prévinaire

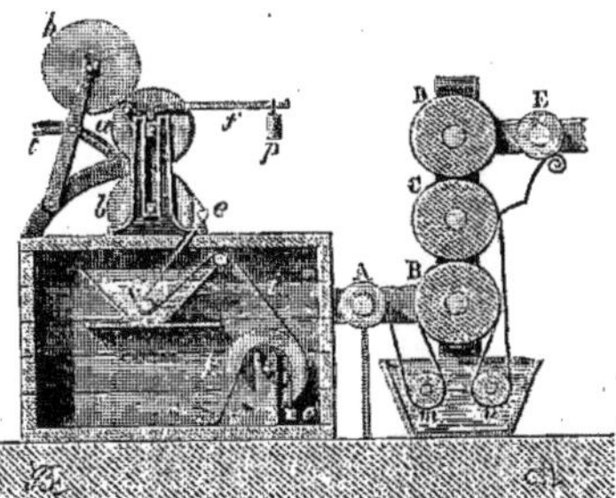

Fig. 736. Machine à foularder.

Fig. 737. Machine à foularder.

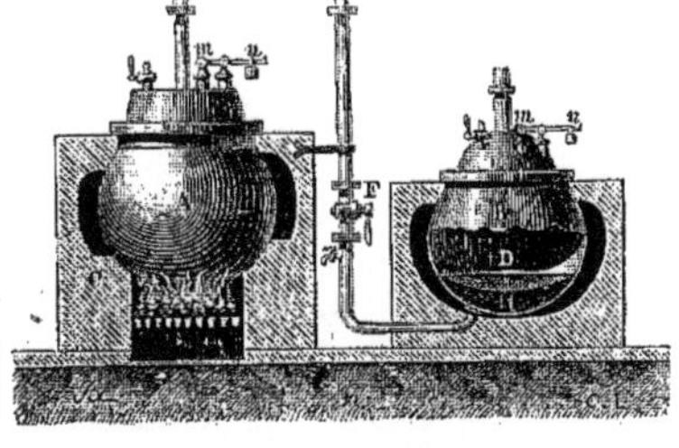

Fig. 738. — Chaudières servant à l'avivage des rouges d'Andrinople.

de Harlem (fig. 739) consiste en un cylindre horizontal, en bois, à claire-voie, d'environ $0^m,35$ de longueur et $0^m,25$ de diamètre, dont l'axe de mouvement en fer est parallèle, mais ne se confond pas avec l'axe de figure. Ce cylindre sautille au lieu de tourner sur lui-même; les pantes de fils placées dessus, et qui trempent en même temps dans le cours d'eau sur lequel est montée la machine, se développent successivement sur la surface du cylindre et subissent un mouvement saccadé qui les nettoie. On peut laver en une heure 800 pantes, avec une machine jumelle.

Fig. 739. — Dégorgeuse à excentrique de M. Prévinaire.

La *laveuse de Riekly* (fig. 740) se compose de trois paires de rouleaux, dont les axes traversent une forte pièce en bois leur servant de support. Chaque rouleau reçoit un mouvement de rotation au moyen de rochets et de cliquets *c*; en même temps, une bielle imprime à l'ensemble des rouleaux un mouvement de va-et-vient. Ces deux mouvements combinés amènent le lavage et le dégorgeage des écheveaux qui plongent en partie dans l'eau d'une rivière.

On lave aussi à la rivière, à l'eau courante, en laissant flotter librement les pièces dans le cours d'eau.

SÉCHOIRS. — Les séchoirs forment une partie importante du matériel dans les teintureries et les fabriques de tissus teints et imprimés. Au moyen de la torsion et des turbines essoreuses, on peut enlever une grande partie de l'eau qui imprègne la fibre au moment où elle cesse de s'égoutter, mais il en reste toujours une quantité variable avec la nature de la fibre qui ne peut être enlevée que par vaporisation. Ainsi en moyenne 100 p. de calicot retiennent 125 p. d'eau; 100 p. de laine retiennent 200 p. d'eau; 100 p. de soie retiennent 92 p. d'eau.

Pour arriver à la dessiccation, on suspend les écheveaux ou les tissus exprimés dans des espaces convenables, et disposés de manière à favoriser le plus possible l'évaporation de l'eau. Les séchoirs sont tantôt à la température ordinaire, disposés de manière à renouveler l'air saturé d'humidité par un puissant courant d'air; ou bien on emploie des séchoirs chauffés. Les meilleures dispositions à donner au séchoir font plutôt l'objet de l'étude des physiciens que des chimistes; nous n'insisterons donc pas sur cette question. Les pièces sont aussi souvent desséchées instantanément par leur circulation sur des tambours creux en fer, chauffés intérieurement au moyen de la vapeur.

Les soies chevillées à la main, ou au moyen d'une machine spéciale telle que celle de MM. Lyonnet et Prenat [voir Girardin, t. II, p. 455], sont toujours séchées à couvert, dans une chambre bien aérée, qu'on peut chauffer en hiver et par les temps humides. Un châssis rectangulaire ou *branloire* (fig. 741) supporte les perches sur lesquelles sont suspendues les pantes. Ce cadre est suspendu au moyen de cordes et de poulies, presque jusqu'au plafond. Un ouvrier l'agite continuellement au moyen d'une corde pour accé-

Fig. 740. — Laveuse de Riekly.

lérer la dessiccation. Cette rapidité de dessiccation est nécessaire pour que la nuance des tissus teints garde son égalité. Souvent la plus légère goutte d'eau suffit pour former une tache.

Les écheveaux de laine et de coton, après la torsion ou l'essorage, sont suspendus sur des barres, soit à l'air libre, soit dans une étuve chauffée (fig. 742).

L'étendage à froid pour les pièces de calicot se fait dans des bâtiments élevés, couverts d'un toit et fermés, sur les faces latérales, de jalousies ou de châssis à planches laissant des interstices. Les pièces sont suspendues dans leur demi-longueur à des perches ou petits madriers disposés parallèlement à la partie supérieure du bâtiment. On fait aussi usage de séchoirs à chaud où la température peut être plus ou moins élevée, et dans lesquels on peut régler à volonté la dose d'humidité nécessaire pour que l'évaporation se fasse régulièrement. Ce sont de vastes chambres ventilées dans lesquelles les pièces sont supendues à des traverses horizontales et que l'on chauffe au moyen d'un calorifère placé à la partie inférieure. Avec quelques modifications les séchoirs peuvent être transformés en chambres dites *d'oxydation*, dans lesquelles le but à remplir n'est plus le même. Il ne s'agit plus de sécher la pièce, mais de l'abandonner à elle-même, après l'impression de certaines préparations, afin de favoriser par le concours de la chaleur, de l'humidité, et aussi de l'oxygène de l'air, la fixation des mordants, ou le développement de la couleur (cachou, noir d'aniline). Afin de donner à l'air chaud qui circule entre les pièces imprimées et sèches le degré d'humidité voulu, on dispose sur le plancher inférieur de la chambre d'oxydation des rigoles remplies d'eau, dans lesquelles repose un tuyau de vapeur; au besoin on augmente la dose de vapeur d'eau en lâchant dans l'eau de la rigole de petits jets de vapeur empruntés au tuyau par des petites tubulures

Fig. 741. — Branloire pour sécher les pantes de soie.

plongeantes munies de robinets. Un hygromètre d'Auguste à deux thermomètres indique le degré hygrométrique convenable.

En Angleterre, on se sert d'un appareil à oxydation continue, dont le dessin (fig. 743) est emprunté à l'article de M. Schultz [*Moniteur scientifique*, juillet 1874]. C'est une chambre de 6 mètres de hauteur sur 5m,04 de largeur et 19 mètres de longueur dont les parois sont en bois et doubles, avec des doubles fenêtres qui permettent de voir ce qui se passe. Cette chambre est entourée de tuyaux de fonte chauffés à la vapeur, afin de porter la température intérieure au degré voulu pour éviter les condensations. Le tissu circule d'une manière continue et lente sur des roulettes en fer-blanc, comme le montre la figure, de manière à séjourner de 10 à 15 minutes dans l'appareil. Des cheminées, au nombre de six, placées à la partie supérieure, servent à la ventilation et à l'élimination des vapeurs acides. La vapeur arrive dans la chambre par les orifices avec une vitesse faible.

Fig. 742. — Étendage à l'air pour le séchage des écheveaux teints.

IMPRESSION.

Le matériel d'une fabrique d'impression sur étoffes est bien plus considérable et plus varié que celui d'un atelier de teinture.

Voici, en résumé, quelles sont les parties les plus importantes d'une fabrique de ce genre bien aménagée :

1° Un laboratoire d'essais avec ses vases appropriés, terrines, capsules, verres de diverses formes et réactifs d'essais. Le laboratoire touche ordinairement d'un côté à la cuisine aux couleurs, où se préparent les couleurs destinées à l'impression, de l'autre, au magasin de drogues;

2° Les bâtiments servant au blanchiment, au grillage et au flambage;

3° Les ateliers de gravure, les magasins pour les planches et les rouleaux;

4° Les magasins pour le tissu blanc et les pièces terminées;

5° Les ateliers où l'on exécute toutes les opérations qui exigent l'emploi de beaucoup d'eau, tels que teinture, bousage, savonnage, lavage, dégorgeage. Ces opérations se font au rez-de-chaussée ou sous des hangars couverts, au-dessus ou à proximité d'un cours d'eau;

6° Les salles d'impression à la planche, généralement superposées sur plusieurs étages dans un même bâtiment;

7° Les salles renfermant les machines à imprimer (rouleaux et perrotines) avec leurs séchoirs appropriés;

8° Les étendages à froid et à chaud, les chambres d'oxydation;

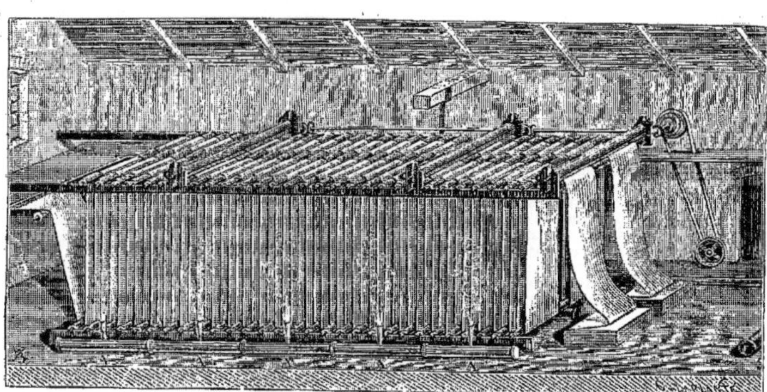

Fig. 743. — Appareil d'oxydation continue.

9° Les rames destinées à redresser la position des fils altérée par les diverses manipulations;

10° Les salles pour vaporiser, chlorer, apprêter, cylindrer et plier;

11° Enfin, les ateliers de dessin.

En résumé, une fabrique de toiles peintes, telles que nous les voyons dans les grands centres industriels du Haut-Rhin et de la Normandie, réunit dans son sein une série d'industries spéciales qui fonctionnent indépendamment les unes des autres, mais finissent toutes par concourir au même but sous l'impulsion directrice du chef de l'établissement. Voici la marche du travail :

Le dessinateur coloriste dispose, suivant le goût du moment, un dessin colorié de diverses manières. Lorsque ce dessin est accepté, il est livré au graveur, qui, par des opérations décrites plus loin, prépare autant de planches en relief ou autant de rouleaux en creux qu'il y a de nuances dans le dessin. Ces diverses planches ou ces divers rouleaux doivent tous se rapporter, de manière à reproduire le dessin complet et correct après l'impression.

Le chimiste coloriste préside de son côté à la préparation des diverses couleurs, dont l'impression réalisera le dessin demandé. Le tissu, convenablement blanchi, grillé et tondu, est livré à l'ouvrier imprimeur, qui applique les couleurs à la planche ou au rouleau. Suivent les diverses opérations destinées à fixer la matière colorante et qui varient avec la nature chimique de la couleur. On procède ensuite au lavage et dégommage, au séchage et à l'apprêt. Dans ce rapide aperçu, nous n'avons donné qu'une très-faible idée de la complication d'opérations que peut nécessiter un dessin. Ainsi, il peut arriver que le dessin comporte à la fois des couleurs de teinture et des couleurs vapeur ou d'application. On commence alors par imprimer et fixer le mordant, puis on teint, on lave, on sèche, et ce n'est qu'après ces traitements et après avoir redressé à la rame la position des fils que l'on pourra imprimer et rentrer les autres couleurs qui n'exigeront plus de nouveaux passages dans des bains que nous venons d'indiquer. Nous donnons ici quelques détails sur les diverses opérations.

1° *Essais de laboratoire.* — Nous n'avons pas besoin d'insister beaucoup sur l'outillage du laboratoire, qui rappelle avec plus de simplicité celui des laboratoires de chimie. Il peut renfermer, avec avantage, des modèles en petit des appareils employés dans la fabrique, tels que rouleaux d'impression, planches et baquet à couleur, appareil de vaporisage, séchoir. Ces dispositions permettent au chimiste de faire ses essais sans perte de temps. Cependant le plus souvent on préfère opérer avec le matériel même de la fabrique, afin que les échantillons et les pièces se fassent le plus possible dans les mêmes conditions

2° *Préparation des couleurs.* — Les couleurs destinées à l'impression sont préparées dans un atelier spécial, la *cuisine à couleur*. On se sert généralement de chaudières en cuivre à double fond, munies d'agitateurs mécaniques et pouvant basculer autour de leurs tourillons de support, pour la vidange (fig. 744). Cette dernière disposition, qui est relativement récente, ne se retrouve pas partout. Les chaudières offrent des dimensions variables suivant les besoins. Les robinets d'eau et de vapeur rendent la manipulation facile. Autrefois, le fabricant d'indienne préparait lui-même ses extraits de bois et même certains sels dont il avait besoin. Aujourd'hui il trouve dans le commerce presque tous les ingrédients qui lui sont nécessaires; aussi n'a-t-il plus guère besoin que de dissoudre ceux-ci et de les mélanger dans les proportions indiquées par les essais.

3° *Gravure.* — La gravure forme une industrie spéciale, dont nous n'avons pas à nous occuper ici. Pour l'impression, on se sert de planches offrant en relief le dessin à imprimer. Ce relief s'obtient en creusant une planche de bois de poirier, bien plane, de manière à laisser les parties qui serviront à l'application de la couleur.

Pour obtenir des dessins légers, on fixe des picots ou des lames de laiton dans la planche; ou bien on prépare des clichés en relief avec de l'alliage fusible que l'on coule dans un moule en creux. Ces clichés sont ensuite fixés sur une planche. Les moules s'obtiennent en creusant le dessin dans un bloc en bois tendre au moyen d'un petit outil en acier chauffé latéralement au moyen de jets de gaz enflammés.

Les planches d'impression sont généralement formées de quatre couches de bois bien dressées au rabot sur les deux faces. La couche de dessous est en chêne de 12 à 13 millimètres d'épaisseur. Les deux couches intermédiaires sont en bois blanc de même épaisseur, et la quatrième, de 9 millimètres d'épaisseur, est en poirier ou en pommier. Les fibres des diverses couches sont disposées de manière à se croiser; elles sont jointes par une colle insoluble et inaltérable à l'humidité.

Pour fournir la couleur à la planche, on emploie un appareil connu sous le nom de *baquet à couleur* (fig. 745). Il se compose d'une caisse rectangulaire en bois B, goudronnée intérieurement. Elle est remplie jusqu'à un niveau convenable d'une dissolution épaisse de gomme destinée à former matelas élastique. Sur cette couche repose un cadre plus petit, fermé en bas au moyen d'une toile cirée ou caoutchoutée imperméable. Enfin, un troisième cadre plus petit portant un drap de laine repose sur la toile cirée. C'est sur ce tissu

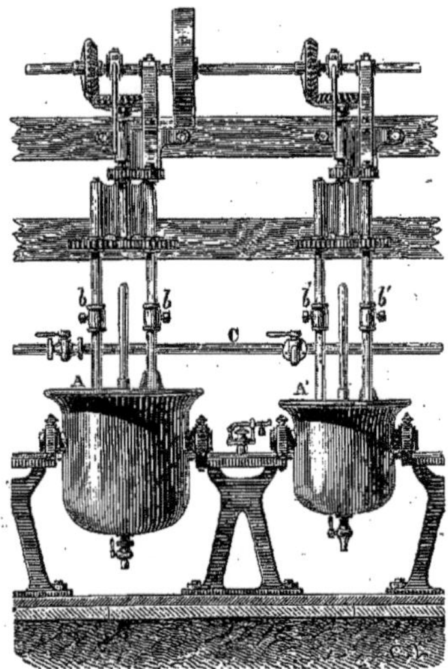

Fig. 744. — Chaudières à cuire les couleurs.

spongieux que l'ouvrier étale, au moyen d'une brosse à poils longs, la couleur conservée dans une terrine A. En appliquant ensuite la planche et en appuyant convenablement, on prend à chaque fois la dose de couleur nécessaire à une bonne impression. Des picots fixés à la planche permettent à l'ouvrier imprimeur de bien rapporter sa planche sur le dessin. On a imaginé diverses dispositions de baquets à couleur destinés à faciliter le travail, à diminuer la main-d'œuvre ou encore à remplir certaines indications. Ainsi, par exemple, telle couleur doit être conservée à l'abri de l'air ou maintenue chaude pendant l'impression. Nous n'entrerons pas dans ces détails, qui ne pourraient trouver place que dans un traité spécial.

Les tables d'impression sont plus ou moins longues, car tantôt on étale à la fois toute la pièce, pour les genres meubles à grands dessins sur laine, tantôt on n'a besoin que d'étendre une longueur de quelques mètres à la fois. La largeur de la table est un peu plus grande que celle de la pièce à imprimer. La table est forte et faite avec une planche épaisse bien dressée et solidement établie sur un bâti. On en recouvre la surface de deux ou trois couvertures de laine destinées à faire matelas et d'un doublier en toile. L'une des extrémités porte un rouleau sur lequel est enroulée la pièce à imprimer. L'ouvrier tire à lui une portion du tissu, l'étale sur la table D, et lorsque l'impression est terminée, il fait passer la pièce sur des roulettes horizontales E situées au-dessus de l'extrémité opposée de la table.

Perrotine, ou machine à imprimer d'une manière continue à la planche plate en relief. On doit à M. Perrot (t. XLVIII des *Brevets expirés*) l'invention d'une machine assez compliquée qui permet d'exécuter mécaniquement et d'une manière continue l'impression des tissus au moyen de planches plates gravées en relief. Cette machine, très-employée autrefois, n'existe plus que dans quelques fabriques et ne sert qu'exceptionnellement dans quelques cas particuliers.

La figure 746 représente la section verticale de la perrotine, dont nous ne donnerons ici qu'une idée très-sommaire, laissant de côté les détails compliqués du mécanisme.

Elle se compose essentiellement : 1° d'un bâti en fonte A sur lequel sont attachées les pièces fixes; 2° d'une table en fonte B, qui a trois faces

Fig. 745. — Table d'impression à baquet.

bien dressées 1, 1, 1, sur lesquelles s'opère l'impression. Elle porte à ses quatre angles des rouleaux 2, 2, 2, 2, garnis de pointes d'aiguilles rayonnant à leur surface et saillant de 4 à 5 millimètres, afin d'empêcher le glissement des toiles qui passent dessus; 3° des chariots C portant les planches gravées 3, 3, qui sont en bois, en cuivre, ou formées de clichés en alliage fusible fixés sur des planches en bois. Les planches sont vissées sur des plateaux 4, 4, montés à coulisse sur les chariots. La manipulation pour le changement des planches est alors très-facile. Les chariots glissent dans des coulisses; le mouvement leur est imprimé par des arbres à manivelle dont les supports reposent sur le bâti; 4° des châssis à couleur D sont articulés avec des leviers qui reçoivent du moteur général le mouvement qui convient à leur fonction; ces châssis, mobiles dans des coulisses placées sur les côtés de la table, prennent la couleur sur les rouleaux 10, des distributeurs, en glissant tangentiellement à ces rouleaux; la couleur est étendue bien uniformément par des brosses fixes. Les planches viennent prendre leur couleur sur les châssis dont le fond bien plat est garni de drap; 5° des distributeurs mécaniques E sont composés chacun d'une auge en bois ou en cuivre, remplie de couleur, d'une paire de rouleaux en cuivre 10 et d'autres rouleaux qui se chargent de la couleur dans l'auge et la donnent aux rouleaux 10 couverts de drap. C'est en passant sur ces rouleaux que les châssis, dont le fond est une étoffe de laine, se chargent d'une quantité convenable de couleur qui est étendue par les brosses; 7° de la toile sans fin, du doublier et des pièces propres à les recevoir. La toile sans fin F, ordinairement en drap, embrasse un rouleau 23, garni de pointes d'aiguilles rayonnantes à la surface, afin d'empêcher le glissement des toiles qui passent dessus; elle circule en descendant sur un rouleau garni de drap qui l'étend et ôte tous les plis, passe sur un nouveau rouleau, puis embrasse les trois branches de la table en s'appuyant sur les rouleaux 2, enfin remonte d'où elle est venue.

Le doublier en gros drap ou forte laine passe à travers des barres élargisseuses et se réunit sur le rouleau 25 à la toile sans fin F qu'il suit dans son parcours. L'étoffe enroulée sur une ensouple H passe entre des règles élargisseuses et se superpose à la toile sans fin et au doublier.

Les trois coups de planche se donnent au même instant; aussitôt après les planches reculent, l'étoffe, le doublier et la toile sans fin avancent d'une largeur de planche; pendant ce temps, les planches se sont rechargées de couleur sur le châssis et viennent de nouveau s'appuyer sur le tissu. Tel est en résumé le mécanisme de cette machine très-remarquable.

Impression au rouleau. — Aujourd'hui, en dehors de la planche et de la table à imprimer, on fabrique presque toutes les toiles peintes au moyen de la machine connue sous le nom de *rouleau* (fig. 747).

Le principe sur lequel est fondée l'impression dans cet appareil, est tout différent de celui de la planche. Le dessin, au lieu d'être en relief, est gravé en creux à une faible épaisseur, variable du reste avec le dessin, dans un rouleau en cuivre ou en laiton G. Ce rouleau, qui tourne sur son axe horizontal, est recouvert de couleur convenablement épaissie, soit en plongeant à demi dans une auge qui la renferme, soit en frottant contre un autre rouleau A garni de cuir qui, lui, plonge à moitié dans la couleur (rouleau fournisseur). Une lame d'acier *r* bien dressée, animée d'un léger mouvement de va-et-vient dans le sens de l'axe du rouleau, et appuyée contre ce dernier, enlève exactement toute la couleur, qui ne remplit pas les cavités de la gravure. C'est la *racle*. Le rouleau est appuyé fortement contre un tambour horizontal B métallique, et entre les deux passent d'un mouvement continu, et dans l'ordre sui-

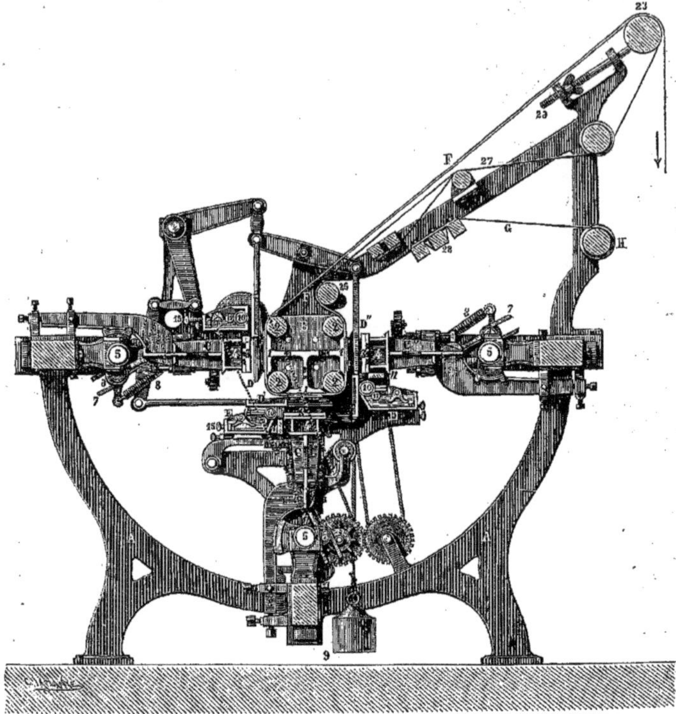

Fig. 746. — Perrotine.

A, Bâti en fonte. — B, Table en fonte avec trois faces, 1, 1, 1. — 2, 2, 2, 25, 27, 23, Rouleaux tenseurs. — 28, Règle élargisseuse. — C, C', C'', Chariots portant les planches 3, 3, 3. — D, D', D'', Châssis à couleur. — 4, 4, 4, Plateaux sur lesquels les planches sont fixées. — 5, 5, 5, Arbres à manivelle pour le mouvement des chariots. — 7, 7, 7, fourches articulées dans lesquelles jouent les manivelles. — 10, 12, Système de rouleaux-fournisseurs. — 11, Brosses fixes. — E, Auges à couleur. — 8, 8, Ressorts liés au chariot pour en opérer le mouvement rétrograde. — 15, Vis à caler les auges E. — F, Drap sans fin et doublier. — H, G, Tissu. — 9, Contre-poids.

vant, en allant du tambour au rouleau : 1° un drap caoutchouté, formant matelas élastique et 2° un doublier en tissu D, analogue à celui que l'on imprime : on emploie souvent, à cet effet, les pièces écrues ; 3° la pièce à imprimer T. On comprend que celle-ci, fortement pressée contre le rouleau, pénètre, grâce à l'élasticité du drap, dans les creux de la gravure, et enlève la couleur qui s'y trouve. Si nous donnons maintenant au tambour central des dimensions convenables, nous pourrons placer sur son pourtour jusqu'à douze ou même vingt-quatre rouleaux, dont chacun correspond à une couleur déterminée, et dont les diverses gravures se rapportent, et imprimer simultanément un dessin à plusieurs couleurs (fig. 748). Le doublier et le tissu sont enroulés chacun à part sur des rouleaux en bois et se déroulent à mesure du travail. Le drap caoutchouté forme une toile sans fin, qui monte et redescend sans cesse. On évite les plis en faisant passer le doublier et le tissu sur un nombre suffisant de roulettes et de règles élargisseuses qui les maintiennent bien tendues. Le mécanisme qui communique à tous les organes de cette machine un mouvement convenable est très-compliqué, et sa description ne peuvent trouver place ici (voir Persoz, *Impression des tissus*, et le *Dictionnaire des arts et manufactures* de Laboulaye). La racle est un des organes les plus délicats de cet appareil, et à l'entretien duquel il faut le plus

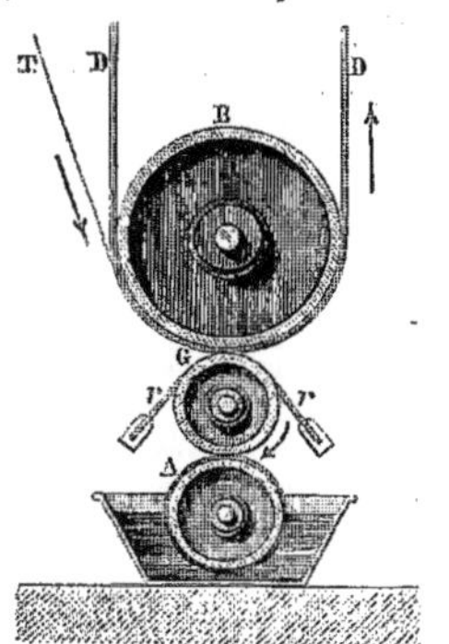

Fig. 747. — Rouleau ou machine à imprimer d'une manière continue. Organes essentiels de la machine.

veiller. On conçoit, en effet, que, pour peu que la lame d'acier n'appuie pas convenablement sur la surface du cylindre, il restera de la couleur qui salira des parties blanches. L'introduction de cette machine est une des plus belles conquêtes de la mécanique dans le domaine de l'industrie dont il s'agit.

La pièce et le doublier passent après l'impression le long de plaques de tôle doubles, rivées et disposées parallèlement à une petite distance. Dans l'intervalle circule de la vapeur; on arrive ainsi à une dessiccation rapide de la pièce.

Comme intermédiaire entre l'impression intermittente à la planche et l'impression au rouleau gravé en creux, on a employé à un certain moment une machine appelée *plombine* (fig. 749), qui réalisait l'impression continue avec un rouleau en relief.

H, tambour presseur, G, rouleau gravé en relief. Entre H et G, circulent d'une manière continue un drap élastique, un doublier et le tissu T. La couleur est fournie à G par le drap sans fin, D, E, C, qui prend lui-même la couleur aux rouleaux fournisseurs A et B, le premier plongeant dans l'auge à couleur. Le rouleau T répartit la couleur uniformément sur le drap.

La presse écossaise, destinée à produire des enlevages sur tissus teints uniformément et principalement en rouge turc, presse dont la figure 750 donne une idée sommaire, repose sur les principes et les dispositions suivantes :

Fig. 748. — Machine à imprimer au rouleau (quatre couleurs).

A, Rouleau de pression. — *c, e, d, f*, Rouleaux gravés. — *b, b*, Rouleaux fournisseurs. — *p, p*, Vis de pression. — O, Rouleau tenseur. — R, Rouleau sur lequel est enroulé le tissu. — S, Règle élargisseuse. — Q, Bras en fer supportant R, — *m' n' o'*, Contre-poids, leviers et tiges pour régler le jeu de la machine. — r, r, Ressorts.

Représentons-nous une pile d'étoffe pliée de la dimension des mouchoirs (c'est à ce genre de fabrication que s'applique cette impression), soumise à l'action d'une presse puissante entre deux plaques de plomb sur lesquelles sont pratiquées des ouvertures correspondant exactement les unes aux autres et qui font office de dessins (pois, onatis, croix, croissants, etc.); puis concevons un liquide arrivant par un mécanisme et des appareils convenables au haut de la pile d'étoffe et pénétrant par les ouvertures de la plaque, au travers de tous les plis pour en ressortir par les ouvertures inférieures.

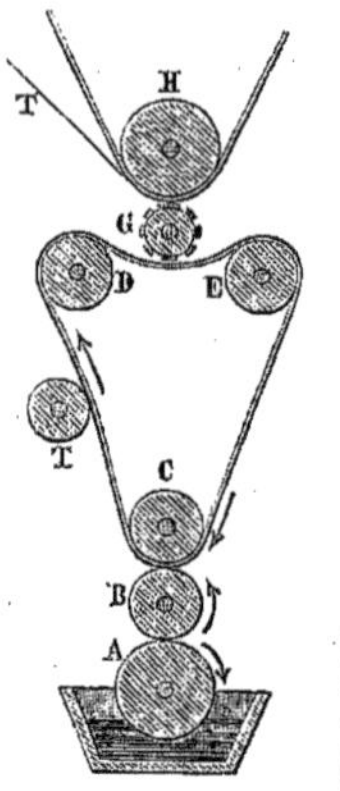

g, g, plaques gravées fixées aux blocs C et D.

h, h, rouleaux pour faire passer les pièces de la presse dans des baquets remplis d'eau.

Fig. 749. — Plombine.

La *chambre à ramer* se compose ordinairement d'une table rectangulaire ayant un peu plus de la longueur d'une pièce. Un cadre dont les côtés sont mobiles sert à tendre la pièce, au moyen de petits picots. Le tissu étant légèrement humecté et fixé, on écarte les parties latérales du cadre, de manière à tendre les fils, qui, en se desséchant dans cette position sous l'influence d'une douce chaleur reprennent leurs rapports normaux. La dessiccation peut être accélérée au moyen de ventilateurs à palettes, mis en mouvement au-dessus de la pièce.

Couleurs-Vapeur. — Les imprimeurs sur étoffes obtiennent la fixation d'un grand nombre de couleurs, en soumettant les pièces après l'impression et le séchage à l'action plus ou moins prolongée de la vapeur d'eau. Le genre vapeur, qui permet, grâce aux machines à plusieurs couleurs, d'imprimer à la fois et de fixer simultanément, par une seule opération, toutes les nuances d'un dessin, a pris dans la fabrication des toiles peintes un très-grand développement, s'expliquant par la simplicité de la manipulation.

Dans ce genre rentrent :

1° les couleurs insolubles fixées à l'albumine;

2° les préparations renfermant les matières colorantes nouvelles, dérivées de l'aniline et de ses homologues. S'agit-il de la laine et de la soie qui possèdent par elles-mêmes la propriété de se combiner avec ces matières colorantes, il suffit d'y appliquer leur dissolution convenablement épaissie, et de vaporiser pour provoquer une véritable teinture sur place. Pour le coton, le tissu aura dû subir une préparation préalable, afin de lui faire acquérir la propriété qui lui manque naturellement d'attirer les matières colorantes; ou bien on doit ajouter à la couleur d'impression de l'albumine ou tout autre agent qui servira de mordant.

3° Les anciennes couleurs-vapeur dans lesquelles entrent d'une part les matières colorantes naturelles, susceptibles de se fixer par le concours de mordants minéraux et que l'on emploie sous forme d'extraits ou de décoctions; d'autre part, une préparation métallique, capable de fournir à la matière colorante l'élément basique qui lui est nécessaire pour former une laque.

Dans ce cas, la matière colorante et le mordant se trouvent en présence dans la couleur à imprimer à l'état de dissolution. La vapeur d'eau détermine la précipitation de la laque dans les pores de la fibre.

Il y a donc à la fois mordançage et teinture. La fixation d'une couleur-vapeur peut être considérée comme une véritable teinture locale. Dans beaucoup de cas, les couleurs composées d'après les principes précédents, se fixent spontanément lorsqu'on les applique sur tissu et qu'on abandonne celui-ci à lui-même dans un endroit tiède et aéré, en faisant intervenir le temps. Il résulte de là qu'un certain nombre de couleurs dites *d'application* se rapprochent des couleurs-vapeur; la différence réside dans les conditions de temps et de température qui déterminent la fixation. Cependant une couleur d'application n'est jamais aussi résistante au lavage que la couleur-vapeur correspondante.

Le rôle fixateur de la vapeur d'eau a été étudié par M. Chevreul. Il résulte des observations de ce chimiste, qu'elle n'agit pas uniquement comme moyen calorifique, car on n'arrive pas à la remplacer par la chaleur sèche. On comprend, en effet, que l'eau doit jouer un rôle important dans les réactions qui déterminent la fixation. D'un autre côté, une vapeur trop humide, chargée d'eau condensée, nuirait à la pureté du dessin et produirait des coulages. C'est au fabricant à se placer entre ces deux extrêmes, et à déterminer les conditions convenables. Il est à remarquer aussi qu'il convient d'éviter l'emploi simultané de couleurs qui, au vaporisage, pourraient se nuire par la nature des vapeurs acides ou alcalines qui tendent à se dégager. Ainsi, on ne peut fixer simultanément un rouge-vapeur et un bleu d'outremer, vu que les vapeurs acides qui se dégagent pendant le vaporisage détruiraient l'outremer.

En traitant des principales matières colorantes, nous donnerons les indications plus spéciales sur les couleurs-vapeur. D'après la nature des produits qu'elles renferment, il sera facile de se rendre compte de la manière dont elles se fixent. Les principes généraux de la fixation des couleurs peuvent tous trouver leur application ici.

Les conditions spéciales du vaporisage, température, pression de la vapeur, degré d'humidité, durée, varient avec la nature des couleurs-vapeur qu'il s'agit de fixer. Ainsi la fixation des rouges, roses et violets vapeur à l'alizarine, exige beaucoup plus de temps que celle des couleurs albumine, pour lesquelles l'effet est pour ainsi dire instantané.

Il nous reste à parler des appareils employés pour faire intervenir la vapeur.

Un des plus anciens est connu sous le nom de colonne (fig. 751). Il est formé d'un cylindre en cuivre E percé de trous sur toute sa surface et terminé par des tubes plus étroits munis de robinets *b, b, d, d*. Ce cylindre communique par le tube fixé à sa base inférieure, avec un générateur à vapeur; une sphère creuse A, interposée, sert à retenir l'eau condensée dans le trajet. Le tissu, muni d'un doublier, est enveloppé autour du cylindre recouvert lui-même d'une chemise en toile; on recouvre ensuite le tout d'une chemise en laine *c* qu'on fixe au moyen d'une forte ligature autour des deux tubes extrêmes. On commence par ouvrir les deux robinets, et lorsque le cylindre est suffisamment échauffé par le passage de la vapeur, on ferme le robinet supérieur, pour forcer celle-ci à traverser le tissu. Cet appareil n'est plus guère employé que pour les essais de laboratoire.

Le vaporisage tel qu'il s'effectue de nos jours peut se diviser en vaporisage à haute pression, vaporisage à moyenne pression, vaporisage à basse pression. Dans le premier système rentre la colonne, aujourd'hui abandonnée. Le nouvel appareil de MM. André Koechlin et Cie (fig. 752), se compose d'une chaudière cylindrique en tôle de fer A de 3m,30 de hauteur sur 2m,500 de diamètre. La vapeur entre par un robinet d'admission *b* en bronze de 3m,50 d'ouverture. La pression inté-

Fig. 750. — Presse écossaise.

g, *g*, Plaques gravées fixées aux blocs C et D. — *h*, *h*, Rouleaux pour faire passer les pièces de la presse dans des baquets remplis d'eau. — E, Cylindre de la presse. — B, B, Colonnes en fer. — F, Socle. — A, Chapiteau. — *a*, *b*, Tubes pour amener le liquide. — H, Réservoir. — *d*, *d*, Manomètres. — G, Cuve pour recevoir les pièces.

rieure est de 3,05 atmosphères. *d*, tuyau d'écoulement de l'eau et de la vapeur. B, double fond percé de trous et couvert de toile. *a*, supports pour les pièces, *o*, *p*, leviers et poids pour la soupape.

Un pareil vaporisage n'est bon que pour les tissus très-épais, tels que les moleskines; il ne conviendrait pas non plus à certaines couleurs telles que les couleurs d'alizarine, ni pour les couleurs acides.

Le système à moyenne pression utilise une armoire en tôle de fer, en bois ou en briques recouvertes de ciment de 2 mètres de haut et d'une largeur convenable pour les pièces, armoire fortement construite et fermée par une porte en fonte. On y met les tissus de plusieurs manières : tantôt on les enroule et on les met dans des sacs que l'on suspend au moyen de crochets ou de lattes, en formant deux étages de pièces; ou bien on enroule les pièces par la méthode à poches tournantes (fig. 754). Les pièces sont préalablement enroulées avec un doublier sur un trinquet en bois (fig. 753), dont deux des bras sont en coulisse dans l'arbre du centre, et qui est recouvert d'une chemise de toile d'emballage doublée en calicot; le tissu lui-même est recouvert d'une toile d'emballage. Le tissu étant une fois enroulé et disposé, on rapproche les deux bras du trinquet, et on l'enlève sur un rouleau en cuivre garni de drap, que l'on place horizontalement dans la chambre à vaporiser. On dispose ainsi une série de plusieurs rouleaux les uns à côté des autres.

Pour les genres avec orange de chrome, on se sert de doubliers préparés en acétate de plomb. Pour les couleurs acides, on prépare les doubliers en les foulardant dans un bain composé de : eau, 10 litres; — craie, 0k,500; — léiocome, 0k,750 pour un doublier. On sèche au cylindre. On se sert aussi de doubliers canevas, qui laissent mieux passer la vapeur.

Quelquefois on pend les pièces en les pliant

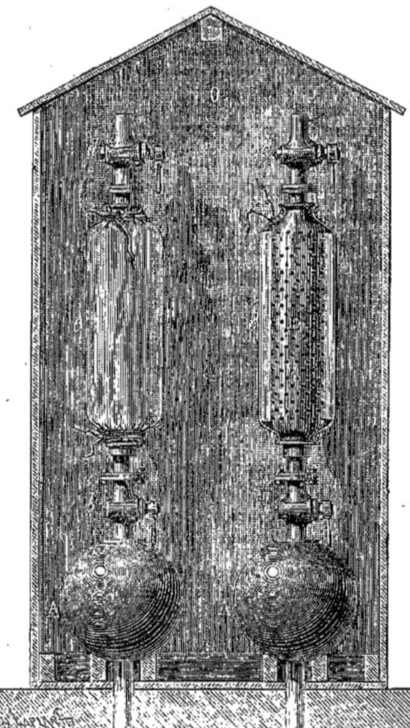

Fig. 751. — Fixation des couleurs par la vapeur.

et en les attachant avec des ficelles aux crochets du cadre d'un chariot qui est ensuite introduit dans l'armoire.

La vapeur du générateur est de 5,5 atmosphères, celle du condensateur, de 4,5; la pression de la vapeur dans l'armoire est de 1 à 0,5 atmosphère. Le tuyau d'admission est muni d'un manomètre et de disques permettant de régler le débit. Un cadran manomètre adapté à l'extérieur de la cuve indique la pression intérieure. La vapeur sort dans le fond de la caisse par un tuyau percé de trous. Un double fond percé de trous et garni de toile d'emballage sépare l'espace inférieur où arrive la vapeur, de la chambre où sont suspendues les pièces. On évite ainsi les projections de gouttelettes liquides. Le haut de la cuve est recouvert de toiles d'emballage pour éviter la condensation de gouttes qui retomberaient sur les pièces. L'eau condensée sort par un robinet qui est au bas de la cuve.

Le vaporisage à moyenne pression est bon pour des couleurs-vapeurs aux bois colorants. Pour

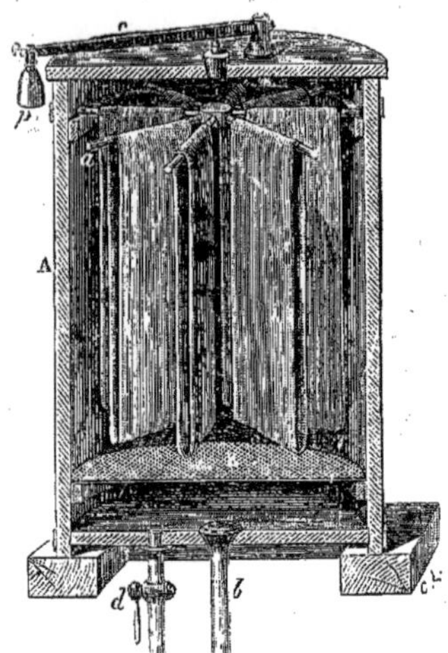

Fig. 752. — Tambour à vaporiser.

les couleurs alizarines, le vaporisage doit être gradué, à basse pression. On monte de vingt en vingt minutes, pour atteindre en deux heures une demi-atmosphère. On peut remplacer l'emploi direct de la vapeur du générateur par celle produite par l'ébullition de l'eau placée dans l'espace inférieur que l'on fait bouillir au moyen de la vapeur du générateur.

IV. — MATIÈRES PREMIÈRES UTILISÉES EN TEINTURE ET EN IMPRESSION.

L'art de colorer les fibres textiles par teinture ou par impression n'est pas borné, comme nous l'avons déjà vu, à une méthode uniforme et régulière, telle que la peinture à l'huile ou la décoration des poteries; il est au contraire très-multiple, non-seulement par le nombre considérable de matières colorantes employées et empruntées aux trois règnes de la nature, et surtout depuis une quinzaine d'années aux progrès de la synthèse chimique, mais encore par les moyens d'action qu'il met en œuvre pour obtenir la fixation des couleurs et leur adhérence intime au tissu. Il nous faudrait, pour ainsi dire, faire de ce chapitre une petite chimie minérale et organique, si nous voulions passer en revue toutes les substances employées ou successivement essayées. La plupart d'entre elles, sans en excepter certaines matières colorantes, ayant été étudiées en leurs lieu et place dans des articles spéciaux, nous nous bornons à insister sur les produits les plus importants, les plus généralement employés, en faisant surtout ressortir le côté pratique afférant au sujet que nous traitons.

Quant au mode d'emploi et à la théorie des réactions chimiques intervenant pendant les opérations de la teinture et de l'impression, nous les examinerons plus loin.

ÉPAISSISSANTS.

Les épaississants jouent un rôle important dans la préparation des couleurs destinées à l'impression des tissus; ils servent à donner du liant et de la viscosité à la couleur. La netteté du dessin et la réussite de l'impression mécanique dépendent beaucoup du choix judicieux de l'épaississant et de la manière dont on l'emploie.

On se sert principalement de l'amidon, de la fécule, de la farine, des diverses variétés d'amidon désagrégé et rendu soluble (amidon grillé, léiocome, dextrine, gommeline, etc.), des gommes proprement dites (gomme du Sénégal, gomme arabique, gomme adragante, gomme de Bassora, gomme salabreda. Le salep, le sagou, la graine de lin, le lichen carraghen ont aussi été utilisés. A côté de ces produits on emploie certains épaississants d'origine animale (albumine, caséine, glutens); enfin nous pouvons rattacher aux épaississants des produits minéraux insolubles que l'on introduit dans certaines couleurs pour leur donner du corps (kaolin, terre de pipe).

L'amidon est le produit qui à poids égal épaissit le plus; il convient pour les nuances foncées, les impressions fines au rouleau. On le mélange souvent à l'amidon grillé. On l'emploie beaucoup pur ou en mélange avec l'amidon grillé pour épaissir les mordants.

Dans les couleurs pour la planche, la proportion employée est d'environ 100 grammes par litre de liquide; pour le rouleau, elle est de 150 à 200 grammes. Les fécules de pommes de terre et de riz ne servent que pour l'apprêt, vu qu'elles épaississent mal les couleurs.

Pour cuire une couleur à l'amidon, on délaye ce produit à froid avec le liquide, puis on élève peu à peu la température en remuant toujours. Vers 100°, la couleur devient très-épaisse; par une cuisson plus prolongée, elle s'amincit de nouveau. La présence des acides minéraux forts doit être évitée dans la préparation des couleurs à l'amidon, car ils transformeraient ce corps en dextrine.

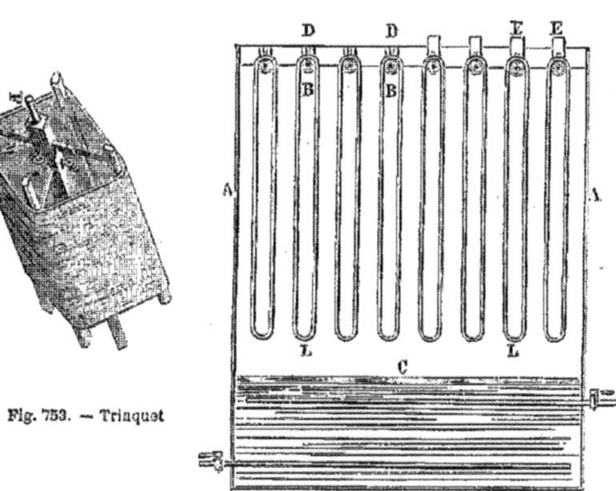

Fig. 753. — Trinquet

Fig. 754. — Appareil pour vaporiser à moyenne pression.

A, cuve à vaporiser; B, rouleaux en cuivre; C, double fond; D, ouverture pour le passage du tourillon du rouleau B; E, plaque de zinc pour fermer les orifices D; L, tissu enroulé sur le trinquet enrouloir couvert de tissu.

Gommes. — La gomme Sénégal est l'épaississant le plus employé, surtout dans l'impression à la main exigeant des couleurs plus liquides et ayant plus de cohésion que celles du rouleau. L'impression sur laine et soie en consomme de grandes quantités. Certains dessins fins au rouleau ne peuvent s'exécuter sans son intervention.

Son emploi est des plus commodes. Réduite en poudre, on peut l'ajouter telle quelle aux couleurs; elle s'y dissout à froid ou sous l'influence d'une légère élévation de température. On étend souvent les couleurs avec de l'eau de gomme préparée d'avance aux titres de 1000, 750, 700, 500 gr. par litre d'eau. A cet effet on dissout la gomme entière dans l'eau à 60° ou à l'ébullition; on laisse déposer et on tamise. La gomme se mélange mal avec les autres épaississants, sauf la terre de pipe.

La gomme Sénégal permet mieux que toute autre substance d'étendre les couleurs pour fonds; du reste, dans certains cas, elle ne se comporte pas de même, suivant qu'elle est dissoute directement dans la couleur ou employée en solutions préparées d'avance. Dans les fonds laine, par exemple, l'usage de l'eau de gomme donne lieu à des accidents qui ne se présentent pas si l'on procède par dissolution directe. On peut expliquer cet effet par l'acidification rapide du liquide, que l'on évite, du reste, par une ébullition préalable.

Pour qu'une gomme soit applicable à tous les usages auxquels on la destine dans la fabrication des tissus peints, il faut : 1° qu'elle ne ternisse pas l'éclat des couleurs délicates et qu'elle n'affaiblisse pas les mordants; 2° qu'elle ne se coagule pas avec certaines couleurs; 3° qu'elle épaississe aussi fortement que possible l'eau dans laquelle on la fait dissoudre. Pour juger de l'action des gommes sur les matières colorantes, on choisit une des couleurs les plus délicates, comme le rose à la cochenille ou à la fuchsine; on imprime sur laine pure et on vaporise. La couleur obtenue doit être d'un beau rose tendre, après lavage. Les gommes acides affaiblissent les mordants, surtout les mordants roses; aussi doit-on les essayer à ce point de vue. On dissout, à l'aide de chaleur, 250 grammes de gomme en poudre dans $\frac{11}{12}$ litres d'eau et $\frac{1}{12}$ litre d'acétate d'alumine à 500 grammes d'alun par litre et l'on remue jusqu'à ce que la gomme soit dissoute et la masse refroidie. Ce mordant est imprimé, le tissu maintenu à l'étendage pendant 12 heures; on lave et on bouse, puis on teint en garance et on savonne. On doit obtenir un rose vif si la gomme est bonne, tandis que les gommes acides ne laissent presque rien sur le tissu. Il convient aussi de mesurer le degré de viscosité qu'un poids déterminé de gomme communique à la même dose d'eau et de le comparer à celui d'une gomme type de bonne qualité. En effet, plus la gomme est visqueuse, moins il en faut pour épaissir; et comme certaines fabriques consomment jusqu'à 60,000 kilogrammes de ce produit par an, une différence même faible donne lieu à des économies notables. Le degré de viscosité s'apprécie au moyen d'appareils connus sous le nom de *viscosimètre*. Le plus simple se compose d'un entonnoir cylindrique gradué à douille étirée en pointe. On y verse la solution de gomme, en notant le temps qu'elle met à s'écouler d'une division à l'autre.

Le viscosimètre de M. Schlumberger se compose d'une espèce d'aréomètre lesté offrant à la partie inférieure un petit orifice à travers lequel pénètre le liquide visqueux. Le degré de viscosité se mesure aussi par le temps que met l'appareil à se remplir.

Gomme adragante. — La gomme adragante ne se dissout que partiellement à froid, mais se gonfle notablement, en donnant une gelée. Pour l'emploi comme épaississant, on fait bouillir cette gelée pendant plusieurs heures (5 à 6) jusqu'à ce que le liquide soit bien homogène et liant. On emploie 60 à 100 grammes de gomme par litre d'eau. Cette préparation peu cohérente ne peut remplacer l'eau de gomme ordinaire dans la plupart de ses usages. On associe fréquemment l'eau de gomme adragante à la solution d'albumine pour l'impression des couleurs dites à l'albumine. Employée dans les couleurs vapeurs ou d'application, elle donne plus de solidité à l'impression; les couleurs déchargent moins au lavage. Pour certains genres on peut même négliger le lavage.

Au lieu de cuire la gomme adragante avec de l'eau à la pression ordinaire, on peut opérer en chaudière close, à 4 ou 5 atmosphères.

Amidon grillé. — Son pouvoir épaississant est d'autant plus faible qu'il est plus parfaitement grillé. Ainsi, après transformation complète en dextrine, l'amidon épaissit 5 à 6 fois moins qu'à l'état naturel. Il sert surtout à épaissir les mordants, pour imprimer de grandes masses, tels que les fonds. Il est inutile de cuire les couleurs avec cet épaississant qui est en grande partie soluble à froid. En raison de sa coloration, il ne s'emploie pas pour les nuances claires et sert surtout dans l'impression au rouleau.

On fait quelquefois, mais beaucoup plus rarement, usage des mucilages de graines de lin, de coing, du lichen carragahen.

Les *épaississants minéraux* sont la terre de pipe et le kaolin. Ces espèces d'argiles ne servent jamais seuls, mais se mélangent aux épaississants végétaux et notamment à la gomme, pour empêcher les coulages et faciliter la fourniture plastique.

Avec la terre de pipe, on peut diminuer notablement la proportion de gomme nécessaire pour épaissir une couleur. Ainsi on épaissit très-bien avec 500 grammes terre de pipe et 500 grammes de gomme par litre. La terre de pipe entre dans la composition des réserves sous bleu d'indigo cuvé. Associée à la gomme ou à l'amidon grillé, elle fournit des couleurs avec lesquelles on imprime le mieux les dessins les plus difficiles, surtout à la planche.

Épaississants d'origine animale. — L'albumine, la caséine, le gluten, la gélatine sont fréquemment employés dans la préparation des couleurs destinées à l'impression. Leur rôle est non-seulement de communiquer au liquide la viscosité convenable, mais surtout de servir de fixateurs plastiques pour les couleurs insolubles ou de mordants pour certaines matières colorantes.

Parmi ces substances, l'albumine est la plus importante et de l'emploi le plus commode; la caséine et le gluten n'ont été proposés que par économie. Les deux exemples suivants nous donneront une idée nette du rôle de cette substance dans l'impression sur cotonnades.

1° Si nous imprimons sur coton une dissolution aqueuse de violet d'aniline et d'albumine d'œuf, la couleur après dessiccation sera terne et sans éclat et tombera au lavage; mais si l'on soumet l'étoffe à l'action de la vapeur d'eau, il se produira en même temps la coagulation et la teinture de l'albumine et la nuance violette se développera. L'albumine coagulée et teinte adhérera à la fibre. Dans ce cas l'albumine fonctionne comme mordant.

2° En mélangeant à la solution d'albumine une couleur insoluble réduite en poudre impalpable, telle que l'outremer, le vert guignet, on obtient une préparation qui, imprimée sur étoffe et soumise à l'action de la vapeur d'eau ou de l'eau bouillante se coagule. L'albumine coagulée adhère à la fibre et maintient la poudre colorante. Ce procédé de coloration rappelle la peinture à l'huile par ses effets.

Les premiers essais d'impressions de cette nature ont été tentés dès 1820 par M. Blondin à la Glacière, avec de l'outremer naturel.

On se sert généralement de l'albumine d'œuf ou de sang que l'on trouve dans le commerce en plaques desséchées. La dissolution d'albumine se fait ordinairement à raison de 500 grammes par litre. Cette opération, très-simple en apparence, peut être abrégée moyennant certaines précautions. Ainsi il convient d'employer de l'eau tiède; au lieu de verser l'eau sur l'albumine, on verse l'albumine dans l'eau, par petites portions à la fois et en remuant doucement pour éviter les agglomérations, puis on abandonne au repos pendant 24 heures. Pour les nuances délicates et claires, l'albumine d'œuf est préférable à celle du sang qui est toujours colorée en jaune. Les épaississants étrangers que l'on associe le plus souvent à l'albumine sont l'amidon et la gomme adragante. Un des inconvénients les plus graves des couleurs à l'albumine est de mousser beaucoup pendant le travail du rouleau; on l'atténue en ajoutant de l'essence de térébenthine, du pétrole ou de l'huile.

On peut remplacer l'albumine, dans l'impression des couleurs plastiques, économiquement, mais non avantageusement au point de vue de la résistance au savonnage et au frottement, par des dissolutions alcalines de caséine et notamment des dissolutions ammoniacales.

On prend par exemple :

Eau tiède....................	18 litres.
Caséine sèche..................	7k,500
Ammoniaque caustique à 20 %.	1 kil.

et l'on remue jusqu'à formation d'un liquide homogène.

La solution ammoniacale de caséine abandonne son ammoniaque après l'impression et la dessiccation et surtout après le vaporisage, et la caséine, devenue insoluble, maintient la poudre colorante mécaniquement sur le tissu.

On a proposé dans le même but des solutions alcalines de gluten dont voici des formules :

1° Gluten à la soude :

Gluten sec en poudre..........	5 kil.
Eau.........................	35 litres.

bien délayer et ajouter :

Soude caustique à 25°........	2k,500

2° Gluten à la chaux :

Gluten en pâte	20 kil.
Lait de chaux à 250 grammes de chaux vive par litre	1 à 2 lit.

M. O. Scheurer a utilisé, pour obtenir des dissolutions de gluten, l'action de l'eau chargée de quelques millièmes d'acide chlorhydrique. Macéré pendant 24 heures avec son poids d'une semblable liqueur, le gluten est complètement désagrégé et se délaye avec la plus grande facilité dans l'eau acide, qui le baigne. Une addition d'acide acétique complète la liquéfaction. Les couleurs préparées ainsi se fixent par simple application ou par vaporisage; on ne peut s'en servir pour les matières qui, comme l'outremer, ne supportent pas l'action des acides.

3° Gluten à l'acide :

Eau tiède	5 litres.
Acide chlorhydrique	180 gram.

Mélanger et ajouter :

Gluten frais	5 kilogr.

Quand la masse est devenue homogène, ajouter :

Acide acétique à 8°	2 litres.

En dehors des substances albuminoïdes, on a proposé comme fixateurs plastiques des dissolutions ammoniacales de gomme laque; des solutions de caoutchouc dans l'essence de goudron, l'huile siccative, une dissolution de résine dans l'huile de lin; le copal ramolli dans l'acétone et dissous dans l'essence de lavande.

Le meilleur moyen pour apprécier le degré de solidité d'une couleur fixée par un fixateur plastique consiste à passer le tissu au savon bouillant, puis à exercer sur lui une légère friction.

Les principales couleurs que l'on applique sur étoffes au moyen des fixateurs plastiques, sont :

1° L'outremer, auquel on associe souvent le blanc de zinc pour les bleus moyens et clairs; la couleur devient par là plus couvrante et plus brillante. En associant l'outremer et le carmin, on obtient des teintes intermédiaires. L'outremer légèrement sali et imprimé avec de l'albumine de sang donne économiquement une imitation assez parfaite des genres indigo (bleu solide).

Pour une couleur foncée on prend par litre :

Albumine	200 grammes
Outremer foncé	400 —

Pour un bleu moyen on emploie par litre :

Outremer	300 grammes.
Blanc de zinc	30 —

Au lieu d'albumine on se sert d'un mélange à volumes égaux d'eau de gomme (à 500 grammes par litre) et d'eau d'albumine (à 500 grammes par litre).

Le bleu clair se prépare avec un outremer clair mélangé à la moitié de son poids de blanc de zinc.

L'altérabilité de l'outremer sous l'influence des acides ne permet pas de l'imprimer à côté d'autres couleurs susceptibles de dégager des vapeurs acides.

Le moussage pendant le travail de l'impression et l'encrassement des dessins sont les dangers les plus sérieux que présente ce genre d'impression;

2° Le vert guignet ou vert émeraude de chrome;

3° Le vert de Shweinfurth;

4° Le blanc de zinc;

5° Le gris de charbon ou noir de fumée bouilli préalablement à la soude ou traité par l'acide sulfurique;

6° Les jaunes et oranges de chrome;

7° L'oxyde ferrique;

8° Le vermillon;

9° Le carmin de cochenille que l'on dissout dans l'ammoniaque; la dissolution mélangée à de l'eau albumine est imprimée. Le vaporisage chasse l'ammoniaque et coagule l'albumine qui fixe le carmin redevenu insoluble.

MATIÈRES COLORANTES.

Les matières colorantes servant à la teinture et à l'impression sont très-nombreuses et de diverses espèces et origines. A ce dernier point de vue, nous pouvons les classer en *matières colorantes minérales, matières colorantes organiques naturelles* que l'on trouve toutes formées dans les plantes ou dans le corps de certains animaux (acide carminique, pourpre des murex), *matières colorantes artificielles organiques* formées de toutes pièces, grâce au progrès de la synthèse chimique. Quelques-unes d'entre ces dernières sont identiques avec des matières colorantes naturelles; c'est ainsi que l'alizarine et la purpurine dérivées de l'anthracène ne se distinguent en rien des mêmes pigments extraits de la garance. L'application de ces dernières ne différant pas de celle de leurs semblables naturelles, nous en parlerons dans le même paragraphe.

Matières colorantes minérales.

Les couleurs minérales sont des métaux, des oxydes, des hydrates d'oxydes, des sulfures métalliques, des sels à constitution plus ou moins complexe. Tantôt on les emploie sous forme de couleurs insolubles toutes formées et on les fixe au moyen d'un fixateur plastique, tel que l'albumine, comme nous l'avons vu plus haut; tantôt, au contraire, on les produit et on les précipite sur la fibre même par une véritable réaction chimique, généralement par une double décomposition.

Parmi les premiers nous citerons :

1° Blanc de zinc ou oxyde de zinc anhydre, préparé par la combustion des vapeurs de zinc (laine philosophique, pompholix). — On a imprimé du blanc de zinc sur calicot, à différentes époques, par-dessus d'autres couleurs, ordinairement en picots ou en hachures serrées; on obtenait ainsi des effets de doubles teintes. Cette impression est difficile, la poudre encrassant la gravure.

2° Argent. — On fixe l'argent en feuilles sur tissu au moyen d'un mordant (vernis gras siccatif) qui permet d'enlever à la brosse l'excédant de métal qui tombe sur les parties non mordancées, ou bien on étend la feuille sur le fond (tissu ou papier) saupoudré de résine; en appuyant un moule métallique en relief chauffé au gaz, on détermine la fusion locale de la résine et l'adhérence de l'argent. Ces méthodes sont aussi applicables à l'emploi de l'or battu.

3° Étain. — On a imprimé au rouleau l'étain métallique en poudre ou argentine épaissi à la caséine (fixateur plastique). A cet effet, on délaye environ 360 grammes d'étain, divisé dans un litre de dissolution ammoniacale de caséine et on imprime au rouleau ou à la planche, après avoir légèrement apprêté le tissu, afin que la couleur reste à la surface. Après impression et vaporisage on donne l'éclat métallique à l'impression grise qui en résulte en passant le tissu plusieurs fois par une calandre à friction, à chaud. L'argentine a été employée dans l'article doublure, en filets, sur des fonds diversement colorés. L'étain divisé s'obtient en précipitant, dans des conditions convenables de lenteur, le protochlorure d'étain par des lames de zinc.

4° Iodure mercurique. — La fixation sur tissus de coton par voie chimique a été tentée en Angleterre avant 1827, mais on y a renoncé, l'iodure disparaissant peu à peu par volatilisation. On se servait d'une solution d'iodure double de mercure et de potassium : le tissu imprégné de ce liquide était passé en bain de sublimé ou d'acétate de plomb.

5° VERMILLON ou sulfure mercurique rouge ; il ne peut être formé sur la fibre. Il est employé quelquefois dans l'impression des tissus de coton ; on le fixe à l'albumine. Il en est de même du vermillon d'antimoine ou variété rouge de sulfure d'antimoine, Sb^2S^3, formée par l'action de l'hyposulfite de soude sur le chlorure d'antimoine.

6° OCRE ROUGE. — L'argile colorée par l'oxyde ferrique est quelquefois imprimée avec le concours de l'albumine.

7° HYDRATE DE PEROXYDE DE FER. — Il est employé comme matière tinctoriale ; on le fixe en le formant directement sur tissu par double décomposition suivie ou non d'une oxydation, selon que l'on fait usage d'un sel ferreux ou d'un sel ferrique soluble.

Quand il s'agit d'impression, les sels ferriques ne peuvent servir, parce qu'ils ont une grande tendance à coaguler les épaississants ; il n'en est pas de même pour la teinture. La fixation peut se faire sur soie, coton, chanvre et lin. Avec la laine douée d'un pouvoir réducteur très-marqué, les nuances sont toujours ternes et peu solides.

Les préparations usitées sont : le nitrosulfate ou rouille préparé en oxydant 8 kilogrammes de vitriol par 2 kilogrammes d'acide nitrique ; on obtient ainsi une liqueur marquant 56 à 57° Baumé et qu'il convient d'étendre.

D'après son mode de formation, c'est un sel basique de peroxyde de fer. Lorsque la fibre est imprégnée de cette liqueur plus ou moins concentrée suivant la teinte désirée, il ne reste plus qu'à déplacer l'oxyde ferrique par un passage en bain saturant de carbonate de soude, de soude caustique et d'un mélange des deux.

On peut imprégner la fibre de sulfate ferreux, passer en carbonate de soude et oxyder soit à l'air ou en passant dans un bain de chlorure à chaux.

Avec l'acétate ferreux obtenu soit par l'action de l'acide acétique sur le fer, soit par double décomposition entre le sulfate ferreux et l'acétate de plomb, il suffit d'une exposition du tissu ou de la fibre dans une chambre chaude et humide (chambre d'oxydation). L'acide acétique se dégage peu à peu, en même temps que le protoxyde de fer absorbe l'oxygène. On achève la saturation par un passage en bain de silicate de soude ou de craie et au besoin on donne un chlorage.

Les couleurs ainsi réalisées sont connues sous les noms de rouille, nankin, chamois, aventurine ; elles se prêtent à la teinture ou à l'impression.

Pour les fonds unis, nankin ou chamois, on produit des dessins blancs par enlevages ou réserves. L'enlevage se fait soit avant la fixation complète, en imprimant une préparation à base d'acides oxalique ou tartrique ; ou après le passage en bain saturant : dans ce cas, outre les acides organiques, on fait intervenir l'action réductrice du protochlorure d'étain qui favorise la dissolution du fer.

Pour *réserver*, on imprime préalablement une solution concentrée d'arséniate de potasse neutre, épaissie en partie avec de la terre de pipe et du savon. Le fer se trouve ainsi précipité, aux endroits réservés, avant qu'il n'ait pu pénétrer dans la fibre.

Une réserve à l'acide citrique produit un effet analogue, puisque le citrate ferrique n'est pas précipitable par les alcalis.

La fixation de l'hydrate ferrique constitue un genre important. Ajoutons en outre qu'elle est produite souvent, non en vue de développer la teinte rouille de ce corps, mais pour fixer un mordant destiné à attirer les matières colorantes. (Teintures en noir, violet, lilas, du coton et de la soie, voir plus bas.)

Les ocres jaunes sont employées comme les ocres rouges et fixées à l'albumine.

8° CHROMATES DE PLOMB, JAUNE ET ORANGE. — Le chromate de plomb est quelquefois imprimé à l'albumine, en même temps que d'autres couleurs plastiques ; mais il est plus avantageux, au point de vue de la nuance et de l'économie, de le former directement sur tissu. J.-L. Lassaigne a le premier eu l'idée de cette application (*Ann. de Chem. et de Phys.*, série 2, t. XV, p. 76.)

La teinture se fait en plongeant la fibre (soie, laine, coton, lin) dans une solution faible de sous-acétate de plomb ; après deux heures d'immersion, on lave à grande eau et on passe en chromate neutre. Il est préférable, quand on n'opère pas sur la soie, de chauffer le bain de plomb à 60° et de passer la fibre en eau de savon avant de teindre en chromate ; on peut aussi employer l'acétate neutre. La nuance peut être virée au jaune citron par une immersion en acide acétique, ou en orange, par l'action de l'ammoniaque ou de la chaux.

Pour l'impression, on commence par appliquer une dissolution épaissie à la gomme d'azotate et d'acétate de plomb (par exemple, par litre, 500 à 700 grammes gomme sénégal, 168 grammes azotate de plomb, 336 grammes acétate de plomb). Après dessiccation, on fixe l'oxyde de plomb par un passage en solution de sulfate de soude à 9° Baumé et 80° centigrades ou par un passage en ammoniaque (3 litres ammoniaque caustique pour 6 litres d'eau) à froid ou en carbonate de soude à 10° Baumé et 67° centigrades. On lave, puis on passe en bichromate froid, quinze minutes, la solution contenant 5 à 20 grammes de sel par litre. Le fond du tissu, qui reste jaunâtre, peut être blanchi par une immersion en acide chlorhydrique tiède, à 2° Baumé. Ce procédé donne le jaune. Pour faire virer à l'orange, il suffit de passer dans un bain bouillant, contenant pour 2600 litres d'eau 20 litres de lait de chaux à 200 grammes de chaux par litre, et 2 kilogrammes de bichromate de potasse, pendant deux heures. On peut même négliger la teinture en jaune préalable et employer immédiatement le chromate saturé par la chaux.

Lorsqu'un tissu est teint en jaune ou orange de chrome uni, on peut y former des enlevages en utilisant la propriété que possède cette couleur de se dissoudre aisément dans les alcalis. Le jaune et l'orange de chrome sont souvent employés comme enlevages jaunes sur fond bleu cuvé.

9° HYDRATES DE CHROME. — Les hydrates de chrome obtenus par précipitation peuvent offrir différentes teintes suivant la nature du sel employé, celle de la substance saturante et les conditions physiques de la double décomposition ; mais ces teintes sont toujours d'un vert grisâtre ou bleuâtre pâle et terne. Formé directement et par voie chimique sur la fibre textile, l'hydrate de chrome a été appliqué à la coloration des tissus. Sa teinte peu intense est souvent rehaussée par l'intervention des acides arsénieux et arsénique. Cette substance ne joue, du reste, pas seulement le rôle de colorant : elle intervient souvent comme mordant capable d'attirer en bain de teinture.

Le nitrate donne les meilleurs résultats ; il est plus soluble que les autres sels, et par conséquent permet d'obtenir des teintes plus foncées. Il abandonne, par aérage, assez d'oxyde à la fibre pour pouvoir au besoin fonctionner comme mordant; enfin il n'altère pas les tissus comme le chlorure. On le prépare par l'action de l'acide nitrique et de la cassonade sur une solution de bichromate. M. Gros-Renaud a récemment proposé l'emploi de l'acétonitrate de chrome.

Quoi qu'il en soit, étant donné un sel de chrome (sulfate, nitrate, etc.), il suffit d'en imprégner la fibre uniformément, ou par impression, et de déplacer ensuite l'hydrate par un passage soit en carbonate de soude à 3° Baumé et à 40° centigrades, soit en ammoniaque liquide, ou en chaux, en silicate, en arséniate. Cette méthode réussit bien sur le coton; sur lin et chanvre, il est préférable d'imprégner la fibre de la dissolution alcaline, puis de teindre en sel de chrome.

Pour la laine, on met à profit la propriété qu'elle possède d'absorber le bichromate de potasse et de le retenir même après un lavage à l'eau. On laisse la laine s'imbiber à froid ou à tiède d'une dissolution saturée de chromate acide, on lave et on soumet à l'action d'un réducteur (sulfite de soude). Ces opérations peuvent être répétées plusieurs fois selon la teinte désirée. On peut chromer la laine en la tenant quelque temps dans un bain faible d'alun de chrome; mais la quantité d'oxyde fixé à la fibre suffit au plus comme mordant et non comme colorant proprement dit.

Un tissu teint en oxyde de chrome, puis passé à chaud en arsénite de soude, prend une teinte verte plus vive. Avec la laine, on emploie l'acide arsénieux ou l'arsénite de soude neutralisé.

Lorsque les dissolutions de chrome, servant à la coloration ne sont pas à l'état de sous-sels, on peut leur ajouter à l'avance un équivalent d'acide arsénieux ou d'un arsénite alcalin. On emploie aussi le mordant dit arséniate préparé en chauffant un mélange de 100 p. bichromate, 98 p. acide arsénieux, 80 p. acide sulfurique, 200 p. eau. Il marque 66° Baumé. Étendu de vingt fois son volume d'eau, il se décompose à 78° centigrades. On peut charger des tissus (coton ou laine) de vert de chrome au moyen de trempes alternatives en arséniosulfate et en eau bouillante.

L'acétate de chrome ne se décompose pas aussi facilement par l'ébullition que l'acétate d'alumine. Cependant, au vaporisage, il cède de l'oxyde de chrome au tissu et est employé ainsi, avec addition d'acide oxalique, pour la laine.

On fait intervenir avec avantage l'acétate de chrome dans les couleurs-vapeur. Les proportions d'oxyde, susceptibles de donner des couleurs foncées avec des décoctions, sont telles qu'elles ne suffisent pas pour être visibles sur blancs.

L'hydrate spécial de chrome, connu sous les noms de vert émeraude, vert Pannetier, vert Guignet, se forme dans des conditions particulières qui ne peuvent pas être reproduites en présence de la fibre; aussi n'est-il employé que comme couleur insoluble fixée à l'albumine (voir l'article CHROME, t. I, p. 886). Cette fixation n'offre rien de spécial, nous n'insisterons donc pas.

10° VERT HAVRANECK. — Sous le nom de vert Havraneck ou vert vapeur au chrome, les fabricants de toiles peintes forment sur tissu une très-belle nuance verte plus foncée que le vert Guignet. La génération de cette couleur trouvera mieux son explication lorsque nous parlerons des bleus de Prusse, auxquels elle se rattache.

11° VERT AU MANGANATE DE BARYTE. — Le manganate de baryte obtenu en fondant du bioxyde de manganèse avec de l'hydrate de baryte résiste assez à la décoloration par les matières organiques pour pouvoir être imprimé sur tissu, avec de l'albumine. Cependant ce produit n'est pas devenu commercial à cause des difficultés de sa préparation.

12° ARSÉNIATE DE CUIVRE OU VERT DE SCHEELE. — Il se fixe sur tissu par voie chimique. A cet effet, on plaque ou on imprime un sel de cuivre; on passe en soude, ce qui donne de l'hydrate de cuivre adhérent à la fibre; enfin on fait virer en vert en teignant en acide arsénieux. On peut aussi plaquer en arsénite de soude et passer ensuite dans un bain de nitrate de cuivre ou de sulfate de cuivre ammoniacal.

13° VERT DE SCHWEINFURT. — Il n'est pas impossible de se placer, sur tissu, dans les conditions de production du vert de Schweinfurt. Ainsi on peut commencer par fixer du vert de Scheele et foularder ensuite en acide acétique chaud; ou bien on imprime un mélange d'acétate de cuivre et d'acide arsénieux, et on soumet la fibre à l'action de la vapeur d'eau. Il est préférable de fixer le vert Schweinfurt au moyen de l'albumine.

14° BLEU D'OUTREMER. — La couleur bleue connue sous le nom d'outremer naturel et artificiel a déjà été étudiée (voyez OUTREMER) au point de vue de sa composition et des circonstances de sa production. Sa formation exigeant le concours de températures élevées, il ne peut être question de la former sur fibres. Son emploi dans l'impression des tissus est donc simple; il ne peut être fixé que par l'albumine ou ses congénères.

Les qualités recherchées pour l'outremer employé dans l'impression des tissus sont la parfaite ténuité de la poudre, la beauté de la nuance et une résistance convenable à l'action des acides. Cette dernière propriété ne peut se trouver d'une manière absolue, cependant les diverses variétés d'outremer sont plus ou moins sensibles sous ce rapport. La sensibilité de l'outremer aux acides ne permet pas de l'imprimer à côté d'autres couleurs susceptibles de dégager de l'acide acétique.

On obtient un bleu moyen d'une solidité suffisante en prenant parties égales d'eau d'albumine à 500 grammes par litre et d'eau de gomme et en y délayant, par litre de ce mélange, 300 gr. d'outremer moyen et 30 grammes de blanc de zinc. Pour une couleur foncée, on emploie 200 grammes d'albumine et 400 grammes d'outremer foncé par litre. Pour le clair, on ajoute beaucoup de blanc de zinc (1 p. pour 2 p. d'outremer).

Après l'impression et la dessiccation sur le tissu des préparations précédentes, il ne reste plus qu'à coaguler l'albumine par le vaporisage, qui doit être aussi léger et aussi court que possible, afin d'éviter l'altération du bleu.

On peut aussi passer en eau bouillante, à condition d'employer exclusivement l'albumine et non un mélange d'albumine et de gomme.

L'addition de blanc de zinc est très-favorable pour les bleus moyens et clairs; la couleur devient plus couvrante et plus brillante. En incorporant la poudre d'outremer dans de l'huile d'olive (pour 2 kilogrammes d'outremer, 500 grammes huile) avant de la délayer dans l'albumine, la nuance gagne de 10 % en intensité après le fixage.

On évite en partie l'inconvénient que présentent les couleurs albumines en général de mousser pendant le travail du rouleau, en ajoutant de l'essence de térébenthine. L'addition de $\frac{1}{100}$ d'acide arsénieux préserve les préparations de la putréfaction, sans nuire à la nuance.

15° COULEURS BLEUES DÉRIVÉES DES CYANOFERRURES ET DES CYANOFERRIDES. — L'application de ces couleurs sur fibres textiles revient toujours à former le bleu de Prusse ou les composés analogues sur la fibre même, où il adhère en raison de son insolubilité. Les méthodes peuvent généralement être ramenées à deux types de réaction.

a. On fixe préalablement de l'hydrate ferrique, puis on passe la fibre ainsi chargée dans un bain d'acide ferrocyanhydrique, ou, ce qui revient au même, dans un mélange de ferrocyanure et d'un acide minéral; le bleu se développe instantanément comme lorsqu'on verse du cyanure jaune dans un sel ferrique.

b. Les acides ferro- ou ferricyanhydriques ou un mélange des deux sont appliqués en solution aqueuse par voie d'impression ou autre, puis transformés en bleu par l'action simultanée ou successive de la chaleur humide (vaporisage) et de l'oxygène de l'air ou d'un bain oxydant. Les ferro- et ferricyanures d'ammonium subissent une décomposition analogue et peuvent avec avantage remplacer les acides correspondants. Les préparations d'étain que l'on fait intervenir ont surtout pour but de modifier la nuance en lui donnant la belle teinte pourpre qui caractérise le bleu de France.

Sur laine. — On n'emploie que la seconde méthode. L'affinité de la fibre pour le bleu de Prusse qui tend à se former paraît jouer un rôle et faciliter la décomposition de l'acide ferrocyanhydrique par la chaleur.

Autrefois on teignait avec un mélange de crème de tartre, de prussiate jaune et de sel ammoniac, en montant graduellement jusqu'à 56° ou 60° centigrades, puis l'on ajoutait au bain de teinture une solution de protochlorure d'étain et d'acide sulfurique.

Pour 100 kilogrammes laine: 1er bain, 2000 litres eau, 3 kilogrammes chlorure stanneux, 4 kilogrammes chlorure stannique, 8 kilogrammes tartre; 2e bain, 2000 litres eau, 12 kilogrammes prussiate jaune, 4 kilogrammes acide sulfurique.

Pour 100 kilogrammes laine, 9 kilogrammes prussiate jaune, 200 litres eau, 10 kilogrammes acide sulfurique, 5 kilogrammes sel ammoniac, 3 heures de bouillon; on peut ajouter un peu de sel d'étain et d'azotate de potasse.

Actuellement on mordance pendant une heure et demie au bouillon, dans un bain de crème de tartre et de bichlorure et de protochlorure d'étain, puis on teint dans une dissolution contenant du prussiate jaune et rouge et de l'acide tartrique ou sulfurique, en commençant à 35° pour monter graduellement au bouillon.

Pour 110 kilogrammes mérinos, 2000 litres eau, 9 kilogrammes prussiate jaune, 14 kilogrammes acide sulfurique, 6 kilogrammes sel ammoniac, 375 grammes protochlorure d'étain.

On donne au bleu un reflet légèrement pourpré en teignant faiblement en campêche ou en violet d'aniline.

Pour les tissus légers, mérinos, etc., on peut employer le curieux procédé de Raymond fils [*Ann. de Chim. et de Phys.*, (2), 1828, t. XXIX]. Il consiste à mordancer la laine dans un bain monté avec une préparation connue sous le nom de tartrosulfate de fer (on mélange 260 litres eau, 65 kilogrammes acide sulfurique à 66°, 65 kilogrammes acide nitrique à 30° et 260 kilogrammes couperose verte que l'on ajoute par portions; on active la réaction en portant peu à peu à l'ébullition, et lorsque la réaction oxydante est terminée, on ajoute 100 kilogrammes eau, 65 kilogrammes acide sulfurique à 66° et 150 kilogrammes tartre, on pallie et on amène à 30° Baumé, on laisse éclaircir et on soutire). Le bain doit marquer 1/2° Baumé. Après quelques bouillons, la dose de fer fixée est suffisante pour le bleu, on relève sur le tour et, sans laisser égoutter trop longtemps le drap, on le lave à l'eau courante. Pour la teinture, on donne successivement deux bains: le premier à 30° centigrades monté avec 85 grammes de prussiate jaune par kilogramme de laine; on y dévide la pièce pendant quinze minutes, puis on la relève. On ajoute au bain de prussiate 1/3 du poids primitif de prussiate en acide sulfurique à 66° préalablement étendu, et on y dévide de nouveau la pièce pendant 15 minutes; on relève pour ajouter en acide sulfurique 8/3 du poids du prussiate, on manœuvre de nouveau la pièce dans le bain, puis on la laisse plongée une demi-heure, on relève, on porte le bain au bouillon et on repasse la pièce pendant quelques minutes.

M. Van Laer donne le procédé suivant: On monte un bain au sulfate ferrique à 2° Baumé (le sulfate ferrique s'obtient en oxydant par l'acide nitrique un mélange de couperose, d'eau et d'acide sulfurique), on y ajoute 2 kilogrammes sel d'étain et 2 kilogrammes tartre, on chauffe à 30° et on y manœuvre l'étoffe pendant deux heures. On retire, on rince à l'eau et on passe dans un bain chauffé à 80° et contenant 1 kilogramme prussiate jaune, 4 kilogrammes acide oxalique. On peut remplacer l'acide oxalique par de l'acide sulfurique.

Le bleu au prussiate se fixe aussi sur laine par voie d'impression et vaporisage. D'après d'anciennes recettes, on préparait les tissus dans une solution de crème de tartre, de sel d'étain, puis on imprimait une couleur composée de prussiate jaune, d'acide tartrique et oxalique ou d'acide sulfurique et de sel ammoniac pour rendre la couleur hygrométrique. On vaporise et on lave.

On a employé comme mordant le sulfomuriate d'étain (mélange de protochlorure et d'acide sulfurique), un mélange de bichlorure d'étain et de potasse caustique (stannate de potasse) et de l'acide oxalique. Généralement maintenant on emploie le stannate de soude. Le tissu est passé en stannate de soude, puis en acide sulfurique qui fixe l'acide stannique.

On imprime sur les pièces ainsi préparées une couleur contenant un mélange de prussiate jaune et rouge, du sel ammoniac et des acides tartrique, oxalique ou sulfurique. On a réalisé un grand progrès par l'emploi du prussiate d'étain qui fournit des nuances plus pures et plus vives. La couleur que l'on imprime sur tissu stannaté se compose de prussiates jaune et rouge, prussiate d'étain, acide tartrique et oxalique et sel ammoniac. On vaporise et on lave. Sur tissu non stannaté les couleurs sont moins intenses et moins éclatantes.

Soie. — L'impression des bleus vapeur sur soie se pratique absolument de la même manière.

Pour la teinture, on mordance les écheveaux à tiède, dans un bain monté avec des nitrosulfates de fer à 3° ou 6° Baumé et du sel d'étain; on rince et on teint en prussiate jaune légèrement acidulé à l'acide chlorhydrique. C'est, à quelques modifications près, l'ancien procédé de Raymond de Lyon.

Coton. — On arrive au bleu de teinture sur coton, soit en passant la fibre en nitrosulfate de fer, puis en prussiate jaune acidulé d'acide sulfurique à 45-55° centigrades (procédé Raymond), soit en passant au nitrosulfate de fer et sel d'étain, puis en prussiate jaune et acide sulfurique. De nos jours, le bleu de France par teinture se fait comme il suit: on plaque deux fois en stannate de soude à 3° Baumé, on passe deux fois dans un bain monté avec 12 p. de nitrate ferrique à 45° Baumé, 1 p. sel d'étain et 1 p. 1/2 d'acide sulfurique. On rince et on teint en prussiate avec 2 p. de cyanure jaune et 1 p. d'acide sulfurique. Si l'on veut foncer le bleu, on rentre en bain de fer.

Dans l'impression, on peut fixer aux places qui doivent se colorer, et par l'un des procédés indiqués plus haut, de l'hydrate de peroxyde de fer, que l'on teint ensuite en foulardant en bain de prussiate jaune additionné d'acide sulfurique (2 p. prussiate et 1 p. acide sulfurique). Ce bleu peu employé seul s'allie quelquefois, au bleu solide, à l'indigo, pour en rehausser l'éclat.

Les bleus vapeur s'impriment sur calicot préparé au stannate ou non préparé. Dans le premier cas, les nuances sont plus intenses, plus vives et plus pourprées. A cet effet on foularde en stannate à 6° ou 15° Baumé, on laisse reposer quelques heures et on passe en acide sulfurique à 1°,5 ou 3° Baumé, puis on lave.

Les préparations que l'on imprime sont à base de prussiates jaune et rouge, de prussiate d'étain et d'acides tartrique et oxalique (par exemple : prussiate jaune, 2 p.; prussiate rouge, 1 p.; prussiate d'étain en pâte, 6 p.; acide tartrique, 3 p.; acide oxalique, 1/4 p.

Le bleu vapeur sans acide contient du sel ammoniac. Il se forme pendant le vaporisage des prussiates d'ammoniaque qui se dédoublent comme les acides ferro- ou ferricyanhydriques (prussiate jaune, prussiate d'étain, sel ammoniac, chlorate de potasse, ou ferrocyanure d'ammonium, prussiates rouge et d'étain, acide tartrique).

Le fixage se compose de deux phases : 1° la décomposition de l'acide ferrocyanhydrique en acide prussique et ferrocyanure ferreux blanc; cette réaction s'accomplit pendant le vaporisage; 2° la transformation en bleu de Prusse par une oxydation subséquente. On développe la nuance soit par étendage à l'air, soit en eau courante, ou par un passage en bichromate tiède. Les épaississants employés sont l'amidon ou la gomme.

Lorsqu'on fait usage de sel ammoniac, il ne faut pas perdre de vue qu'il rend les couleurs hygrométriques et peut occasionner des coulages pendant le vaporisage.

En combinant le bleu et un jaune vapeur au quercitron ou à la graine de Perse, on forme ce que l'on nomme vert vapeur.

Le *vert Havraneck* est un vert vapeur spécial composé de prussiate rouge, 1 p.; prussiate jaune, 4 p.; alun de chrome, 2 p.; prussiate d'étain en pâte, 9 p.; acide tartrique, 1 p.; eau épaissie à l'amidon, 24 p. Il se fixe à la vapeur après avoir été imprimé sur tissu non stannaté ou stannaté.

16° Bleu molybdique. — L'indigo minéral est un bleu très-stable qui se forme par réduction de l'acide molybdique. On a essayé de fixer ce bleu sur tissu en imprégnant la fibre avec du molybdate d'ammoniaque, passant ensuite en acide chlorydrique, puis en sel d'étain.

17° Sulfures métalliques. — On a quelquefois utilisé, comme moyen de coloration, les sulfures métalliques bruns ou noirs, jaunes, jaune-orangé; nécessairement une condition essentielle est que le sulfure soit insoluble et inaltérable à l'air. Si le sulfure est soluble dans un réactif alcalin (ammoniaque, sulfure alcalin), on imprègne la fibre d'une semblable solution, puis, saturant l'alcali par une immersion acide, on précipite le sulfure dans la fibre. On peut aussi imprégner d'une solution d'un sel métallique et séparer le sulfure sur la fibre par l'intervention de l'hydrogène sulfuré en solution ou gazeux (sulfure de plomb); la laine se colore mieux que la soie et celle-ci mieux que le coton. M. Sacc [*Bull. de Soc. d'encourag.*, 1858, p. 415] a proposé l'intervention des hyposulfites. En imprimant un sel de plomb, de cuivre, de mercure, de cadmium, de cobalt ou de nickel, mélangé à de l'hyposulfite de soude et en soumettant le tissu au vaporisage, la réaction indiquée plus haut a lieu et le sulfure colorant est fixé.

18° Brun au manganèse, bistre. — La base de cette couleur est le bioxyde de manganèse. On le forme directement sur fibre ; à cet effet, on imprègne celle-ci uniformément (au foulard), ou par places (par voie d'impression), d'une solution d'un sel de protoxyde de manganèse (chlorure, sulfate ou acétate). Après dessiccation on passe en lessive de soude caustique qui déplace de l'hydrate manganeux blanc adhérent à la fibre. Enfin ce dernier s'oxyde peu à peu au contact de l'air et passe à l'état d'oxyde supérieur brun ; il est nécessaire d'achever l'oxydation par l'intervention d'un bain de chlorure de chaux.

Le sel de manganèse employé doit être neutre, afin de permettre la dessiccation sur tissu ; la lessive de soude doit être bien caustique, concentrée et acide de 15° à 22° Baumé, et le passage doit s'effectuer régulièrement pour éviter les inégalités de nuance. Pour les impressions bistres la lessive à 8° Baumé et à 83° centigrades suffit. On peut enlever le brun au manganèse, sur tissu uniformément teint, au moyen d'une solution de protochlorure d'étain additionnée d'acide chlorhydrique.

19° Gris et noirs au charbon. — On imprime quelquefois les noirs de fumée épaissis de l'albumine. Les noirs employés à cet effet sont préalablement bouillis à la soude caustique, puis lavés, ou mieux traités par l'acide sulfurique concentré, lavés et séchés. Mélangé à une certaine proportion d'outremer, il donne d'assez beaux noirs bleutés.

Matières colorantes organiques.

Un certain nombre de matières colorantes ne peuvent se fixer, comme nous l'avons déjà dit, sur fibres textiles que par l'intermédiaire de corps étrangers avec lesquels elles s'unissent pour former une laque. On donne à ces intermédiaires le nom de *mordants*. Parmi ces matières colorantes nous citerons particulièrement les pigments de la garance (alizarine, purpurine, pseudopurpurine), ceux de la cochenille, des bois rouges, du fernambouc, du campêche, les pigments jaunes contenus dans le bois de Cuba, le fustel, l'épine-vinette, l'écorce de quercitron, les graines de nerprun, etc., etc.

Ces matières colorantes peuvent être utilisées de deux manières :

1° On imprègne la fibre uniformément ou par places du mordant capable de s'unir au pigment, puis on la passe dans le bain de teinture, ordinairement chaud, contenant la matière colorante en solution.

Comme exemple de cette méthode, nous développerons, avec quelques détails, la teinture en garance et ses dérivés, qui forme une branche très-importante de la fabrication des toiles peintes et de la teinture ; il nous restera, après cela, peu de choses à ajouter en ce qui concerne les autres pigments;

2° On imprime une préparation épaissie contenant à la fois la matière colorante et le mordant dans un état convenable de dissolution, puis par l'action prolongée de la vapeur d'eau on détermine simultanément la fixation du mordant et sa teinture sur place. Dans ce genre rentrent un grand nombre de couleurs vapeur sur coton, laine et soie.

Mordants. — Les mordants que l'on fait le plus souvent intervenir dans la teinture et l'impression sont certains oxydes métalliques hydratés, et notamment les hydrates d'oxyde d'aluminium, de ferricum, de chrome, d'étain.

Pour la garance on n'emploie que l'alumine et l'oxyde de fer (sesquioxyde hydraté) et l'hydrate de chrome. Le mordant ne détermine pas seulement la fixation de la matière colorante, mais provoque encore, suivant sa nature, la teinte que l'on obtiendra. Ainsi, par exemple, l'hydrate d'alumine en s'unissant aux pigments de la garance fournit le rouge et ses dégradations jusqu'au rose très-clair, tandis que l'hydrate ferrique donne un noir bleuté, du violet et du lilas clair; enfin un mélange d'oxydes ferrique et aluminique produit une couleur brune connue sous le nom de *puce*. Des variations analogues s'observent avec les autres matières colorantes, suivant que l'on emploie tel ou tel mordant. La cochenille avec l'alumine donne un rouge violacé et un rouge ponceau très-vif avec l'oxyde d'étain. Un gris bleuâtre avec l'oxyde de fer.

Le principe qui attire en bain de teinture, le mordant, est par lui-même insoluble. La première opération consiste donc à imprégner la fibre de ce mordant après l'avoir amené à un état convenable de solution qui permet la pénétration; il s'agit ensuite de le précipiter ou de le rendre insoluble en présence de cette fibre, afin d'en déterminer l'adhérence.

Mordants pour rouges et roses garancés. — La base fixatrice des rouges et des roses garancés est l'alumine hydratée ou un sous-sel d'alumine insoluble. Bien des moyens se présentent à l'esprit pour fixer l'alumine sur tissu. La nature de la fibre influe notablement sur la facilité de cette opération. Parmi les moyens possibles, le fabricant choisira ceux qui exigent les manipulations les plus simples.

L'alumine peut être employée en solution : 1° sous forme de sel neutre; 2° sous forme de sel basique; 3° sous forme d'aluminate. Dans ces trois états on peut la présenter à la fibre et l'en imprégner; mais les procédés de fixage et de déplacement différeront notablement suivant les cas. Ainsi on aurait beau imprégner un tissu de coton d'une solution de sulfate d'alumine neutre, un simple lavage suffira pour éliminer toute l'alumine, à moins qu'on ne fasse intervenir une base ou un corps saturant capable d'enlever l'acide du sel et de précipiter l'alumine.

Avec l'aluminate de soude, au contraire, la fixation aura lieu par l'intervention d'un acide faible. Les sels basiques d'alumine solubles cèdent directement au tissu, à froid et mieux à chaud, une partie de leur alumine.

Généralement on emploie pour le mordançage en alumine, la préparation connue sous le nom d'*acétate d'alumine* ou *mordant rouge*. Cette préparation liquide imprimée ou foulardée se décompose peu à peu sous l'influence de la chaleur humide, en dégageant de l'acide acétique et abandonnant sur la fibre un sous-sel insoluble que l'on décompose entièrement par un passage dans un bain renfermant un sel alcalin saturant.

On le prépare en mélangeant des solutions convenablement concentrées d'alun ou de sulfate d'alumine exempts de fer et d'acétate ou de pyrolignite de plomb. Il se forme un dépôt de sulfate de plomb insoluble que l'on sépare le plus souvent par décantation. En employant l'alun, il est dans tous les cas inutile d'ajouter assez d'acétate de plomb pour précipiter non-seulement l'acide sulfurique du sulfate d'alumine, mais encore celui du sulfate potassique ou ammonique. Ce sel alcalin reste sans inconvénient dans le liquide et ne gêne en rien les opérations ultérieures; on évite, du reste, sa présence en remplaçant l'alun par du sulfate d'alumine.

Pour précipiter la totalité de l'acide sulfurique correspondant au sulfate d'alumine de l'alun, il faut employer pour 100 p. d'alun 125 p. d'acétate de plomb cristallisé. Or M. D. Koechlin-Schouch a nettement reconnu que les résultats pratiques au point de vue de la force du mordant, sont les mêmes en n'employant que 75 p. d'acétate de plomb pour 100 p. d'alun.

Il est probable, d'après les proportions respectives des deux sels employés, que le mordant des indienneurs contient, outre le sulfate de potasse ou d'ammoniaque qui manque si l'on remplace l'alun par du sulfate d'alumine et qui, dans tous les cas, ne joue aucun rôle, 1 molécule de sulfate tribasique d'alumine et 2 molécules d'acide acétique libre. Il est possible, du reste, que l'alumine se trouve autrement partagée entre les deux acides sulfurique et acétique, mais, dans tous les cas, après l'impression et par l'exposition à la chambre chaude à laquelle on soumet les tissus, l'acide acétique devient libre et se volatilise, tandis qu'il reste sur la fibre un sulfate tribasique d'alumine. M. D. Koechlin a de plus prouvé directement que l'on obtient les mêmes résultats par l'impression d'une solution de sulfate basique dans l'acide acétique.

Dans la fabrication des mordants, il convient de choisir l'alun pur, exempt de fer. Le sel de saturne doit être blanc et cristallisé. L'alun et l'acétate de plomb étant pesés et l'alun réduit en poudre, on met celui-ci dans un baquet profond; on verse dessus la quantité convenable d'eau chaude, et, quand il est dissous, on y ajoute souvent un dixième de son poids de cristaux de soude pour saturer l'excès d'acide. On y mêle alors l'acétate de plomb, et comme ce sel se dissout très-vite, la réaction a lieu à l'instant même. On doit remuer pendant une heure.

Voici comme exemple la composition de quelques mordants.

Alun....................	11 kilogr.	Mordant fort.
Pyrolignite de plomb,....	8k,250	
Eau bouillante...........	32 litres.	
Alun....................	625 parties.	Mordant fort
Pyrolignite de plomb.....	450 —	
Eau bouillante...........	2000 —	
Alun....................	16 kilogr.	8 kilogr.
Pyrolignite de plomb.....	12 —	8k,5
Eau bouillante...........	62 —	60 kilogr.
Extrait de lima, à 20°....	2 —	4k,3

Au lieu d'avoir un seul mordant mère pour en tirer toutes les nuances en l'étendant plus ou moins, les fabricants préfèrent en composer plusieurs qui diffèrent par leur densité et les proportions d'alun et d'acétate de plomb, selon le genre d'impression auquel on les destine.

En effet, un mordant fort ne se conserve pas aussi longtemps qu'un autre de densité moyenne. Tous les mordants, du reste, finissent par déposer du biacétate insoluble.

On remplace quelquefois, par économie, le sel de plomb par de l'acétate de chaux. 100 p. d'eau, 100 p. d'alun et 150 p. de pyrolignite de chaux à 11° Baumé donnent un acétate d'alumine marquant 12°,5. Il faut éviter un excès de chaux qui ternirait les nuances.

Le mordant dit à l'aluminate de potasse se prépare en dissolvant à l'ébullition 60 p. d'alun dans 126 p. de lessive caustique de potasse à 35° Baumé. Après cristallisation du sulfate de potasse, on soutire le liquide à clair. On peut aussi employer l'aluminate de soude préparé au moyen de la *bauxite*.

M. E. Kopp a proposé l'emploi de l'hyposulfite d'alumine, qui se décompose à chaud en soufre, acide sulfureux et alumine.

Mordants pour noir, violet et lilas. — La base des noirs, violets et lilas obtenus avec la garance est l'hydrate de peroxyde de fer. On se sert généralement, pour le fixer sur tissu, de l'acétate ou du pyrolignite ferreux. Ces sels, après l'impression, s'oxydent peu à peu en dégageant de l'acide acétique et en laissant sur la fibre un acétate ferrique basique que l'on achève de décomposer par un passage en bain saturant. On ne peut pas remplacer l'acétate ferreux par de l'acétate ferrique, car on a observé en pratique que, dans ce cas, l'oxyde ferrique ne se fixait pas bien et se détachait partiellement par le lavage.

L'acétate ferreux se prépare par double décomposition entre le sulfate ferreux et l'acétate de plomb, ou en dissolvant le fer dans l'acide acétique.

Généralement on emploie le pyrolygnite de fer épuré, obtenu avec de l'acide pyroligneux séparé par distillation de la plus grande partie du goudron et marquant 10°.

Les épaississants pour l'impression des mordants pour rouge et violet sont principalement l'amidon ou un mélange d'amidon et d'amidon grillé. La gomme du Sénégal est moins avantageuse, car elle s'oppose davantage à la fixation. Voici quelques recettes pour couleurs d'impression :

	Rouge foncé.	Rouge moyen.	Rose.
Acétate d'alumine à 9°...	1 lit.	1 lit.	1 lit.
Eau....................	1 —	4 —	15 —
Amidon..................	240 gr.	0	0 —
Amidon grillé............	60	2 kil.	6 kil.
Huile tournante......	30	30	31
Décoction de lima........	164	»	»

	Violet.	Lilas.
Pyrolignite ferreux, 10° Baumé.	6 kilogr.	1^k,500
Eau........................	48 lit.	48 lit.
Amidon grillé..................	36 kilogr.	30 kil.
Essence de térébenthine.......	375	375

	Noir.
Pyrolignite ferreux, 10° Baumé.........	32 litres.
Amidon grillé.........................	10 kilogr.
Eau...................................	24 litres.
Quercitron à 17°......................	2 —
Campêche à 18°........................	2 —
Huile d'olive.........................	1/4 lit.

	Puce.
Mordant rouge...............	12 à 16 litres
Pyrolignite de fer, à 10° B...	2 à 4 —
Amidon.....................	3 à 4 kilogr.
Léiocome....................	375 à 500 grammes.
Extrait de quercitron à 20° B.	3/4 à 1/2 litre.
Huile tournante.............	125 grammes.

L'impression des mordants se fait le plus souvent au rouleau, plus rarement à la planche pour les meubles. Pour les unis on foularde dans la machine à plaquer. Après l'impression au rouleau, le tissu est séché dans le séchoir qui accompagne chaque machine à imprimer, puis suspendu dans la chambre à oxydation. Cette chambre, appelée *chambre d'oxydation* ou *étendage chaud*, est un vaste espace muni de traverses horizontales, maintenu à une température de 22° à 27° Réaumur. L'humidité nécessaire à la décomposition de l'acétate est distribuée régulièrement par une disposition simple; les tuyaux du calorifère à vapeur passent au-dessus de rigoles remplies d'eau. Le degré d'humidité s'évalue au moyen de l'hygromètre d'Auguste. Le thermomètre dont la boule est mouillée doit marquer 18°, l'autre étant à 22°.

Lorsque l'atmosphère de la chambre est remplie de vapeurs d'acide acétique, il convient de la remplacer par de l'air chaud pour éviter les condensations sur les pièces. La durée de l'étendage varie avec la nature des mordants et des lessives. Elle est de :

72 heures pour les cachous avec puce.
60 — pour les violets et puce.
48 — pour du rouge et du noir.
26 — pour les rouges et roses seuls.

Si au sortir des chambres d'oxydation la fixation était complète, il ne resterait plus, avant la teinture, qu'à laver en eau tiède et à rincer pour éloigner les épaississants. L'expérience a prouvé qu'en agissant ainsi on n'arrive pas à de bons résultats.

Le simple dégommage à l'eau donne lieu à la production de nuances raclées, irrégulières, et à l'altération des blancs; en effet, les parties de mordant mal fixé qui se détachent pendant le dégommage viennent se porter sur les blancs réservés par la gravure. Les fabricants d'indienne sont arrivés à neutraliser les inconvénients du dégommage, en remplaçant l'eau par un bain tiède de bouse de vache. Celle-ci détermine la saturation complète du mordant et la précipitation des oxydes métalliques par l'intervention des sels alcalins saturants (phosphates) qu'elle renferme. La bouse s'oppose, en outre, à ce que l'oxyde qui se détache ne puisse venir adhérer et altérer les blancs. L'usage de la bouse remonte au milieu du XVIIIe siècle.

D'après M. D. Koechlin, l'opération du bousage a pour but : 1° de déterminer l'entière combinaison des sous-sels alumineux avec l'étoffe, en séparant l'acide acétique non entièrement volatilisé pendant la dessiccation; 2° de dissoudre et d'enlever une partie des substances ayant servi d'épaississant; 3° de séparer de l'étoffe la partie du mordant non combinée et qui se trouve interposée dans l'épaississant; 4° d'empêcher par la nature des substances qui composent la bouse, que le mordant non combiné, ainsi que l'acétate d'alumine dont le bain finit par être chargé, ne se portent sur les parties blanches.

Le bain de bouse se monte avec 30 litres de bouse de vache pour 1600 à 2000 litres d'eau. Le nombre de pièces que l'on peut passer dans le bain varie de 20 à 60, selon la force et l'acidité des mordants et la nature des dessins. La durée de l'immersion dépend de la concentration du mordant et de la nature de l'épaississant. La température se règle d'après les mêmes données. Avec l'amidon et la farine, elle doit être plus élevée que pour les gommes; elle varie de 45° à 100° centigrades.

Dans certains cas, lorsqu'on passe en bouse des toiles plaquées de mordants forts ou à dessins chargés, on ajoute de temps à autre un peu de craie ou de carbonate de potasse; autrement le bain, en devenant acide, redissoudrait le mordant des dernières pièces. Une température trop élevée et une trop grande quantité de bouse nuisent aux mordants faibles (roses). Les pièces doivent passer d'une manière régulière et continue, sans plis et aussi vite que possible.

On a cherché à remplacer la bouse par divers produits, tels que le son de froment, le sel à bouser (phosphate ou arséniate de soude, 50 à 80 grammes par hectolitre).

Dans les derniers temps, on a en grande partie remplacé la bouse par le silicate de soude, dont l'action est essentiellement saturante.

Exemple de bousage au silicate. — Les pièces passent en deux minutes par deux cuves chauffées à 40° Réaumur et contenant chacune : 1° pour les fonds blancs avec puce et rouge, noir et rouge, puce seul, rouge seul, rose : 2800 litres eau, 85 litres silicate de soude à 10° Baumé; 2° pour les violets et noirs, les noirs seuls et les violets seuls, 2800 litres eau, 60 litres silicate de soude à 10° Baumé.

Exemple de bousage ordinaire (noirs, violets, gris, rouges et puces de garancine). — On bouse en deux fois.

Premier bousage. — Les pièces passent successivement en deux minutes dans trois cuves à roulettes, montées avec

	Première cuve.	Deuxième et troisième cuves.
Eau............	1400	2800
Craie...........	12^k,60	35^k
Bouse..........	40^k	$11\text{-}14^k$
Température.....	30° R.	65° R.

Deuxième bousage. — Se fait dans une seule cuve dans laquelle on peut prendre douze pièces à la fois pendant une demi-heure, à 50° Réaumur. Elle renferme :

Eau	1200 litres.
Bouse	20 kilogr.
Quercitron	6 —
Sumac	2 —

Après le bousage, on lave et on dégorge. Les pièces sont prêtes pour la teinture en garance, en quercitron ou autres matières colorantes semblables.

GARANCE ET SES DÉRIVÉS. — On emploie la garance séchée et moulue, la fleur de garance (garance lavée), la garancine (fleur bouillie avec de l'acide sulfurique ou de l'acide chlorhydrique forts, puis lavée et séchée), les extraits de garance et l'alizarine artificielle. La teinture en garance réclame des soins particuliers; une foule de circonstances, telles que l'irrégularité du mode de chauffage, la nature des vases et de l'eau influent notablement sur le résultat. En substituant la fleur et la garancine à la garance, l'opération est bien plus facile à manier. Généralement la fleur peut remplacer la garance pour tous les genres destinés à l'avivage. Cependant, pour certains d'entre eux, tels que les triples roses, on préfère la garance. La fleur mélangée à la garance donne un noir plus intense que si elle était seule. La garancine se prête à des genres spéciaux n'exigeant pas d'avivage proprement dit. Pour neuf pièces de 100 mètres, on emploie :

Eau	1200 litres.
Fleur	7k,200 à 40k
Garance	7k,200 à 40k

selon les mordants et selon que le dessin est plus ou moins chargé.

On monte de 30 à 60, 65, 70° Réaumur en teignant de deux à trois heures. On peut remplacer dans les proportions précédentes la garance par de la fleur et réciproquement, en se rappelant que celle-ci a un pouvoir colorant double de celui de la garance. Après la teinture, on lave pendant une heure au clapot.

Dans la teinture en garancine, on ajoute souvent par économie une certaine proportion de bois de lima, de safran et de sumac. Les pièces qui renferment beaucoup de puces restent deux heures dans la cuve; celles où le rouge, le violet, le gris, le noir et le cachou dominent, y restent deux heures et demie. On prend pour douze pièces, impression chargée : 1200 litres eau, 12 kilogrammes garancine, 6 kilogrammes lima, 2 kil,5 quercitron; on monte de 30 à 65° Réaumur.

On lave au clapot, après la teinture, pour enlever les parties de poudre adhérentes. La teinture en alizarine commerciale, en alizarine artificielle, se fait dans les mêmes conditions.

Avivage du genre garancine. — Les couleurs obtenues avec la garancine et l'alizarine sont assez pures pour se passer d'opérations dirigées dans le but d'en rehausser l'éclat. Il suffit de bien laver et d'amener le fond blanc à toute la pureté désirable. A cet effet, on commence par les passer en son ou savon; le son est principalement employé pour les pièces sans violet, et le savon pour les articles contenant du violet.

On emploie pour 1200 litres d'eau 9 kilogrammes de son et 1kil,5 de bouse, pendant 30 minutes, à 30 ou 45° Réaumur. Puis on lave au clapot. Pour savonner, on emploie pour 1200 à 1300 litres d'eau 4 à 8 kilogrammes de savon blanc, une demi-heure à 80° Réaumur.

Afin de mieux blanchir les parties non mordancées, réservées par la gravure et qui ont fixé une certaine proportion de matière colorante, on soumet les pièces à une opération appelée *chlorage*. A cet effet, on imprègne le tissu d'une solution très-faible de chlorure décolorant, puis on le fait passer par une grande cuve ou caisse contenant de la vapeur d'eau. La chaleur humide détermine l'action oxydante du chlore et la destruction de la faible proportion de matière colorante qui adhère au blanc. La force du bain de chlore doit être calculée de manière que le tissu ne puisse être attaqué, et que l'intensité des couleurs ne souffre que d'une manière inappréciable.

On donne un second chlorage, en faisant passer la pièce humectée une seconde fois de chlore sur une douzaine de tambours chauffés à la vapeur.

L'*avivage des articles garancés,* ou teints en garance et fleur, est beaucoup plus énergique. Au sortir du bain de teinture, les fonds sont assez fortement chargés en couleur, les nuances sont ternes, sans éclat, et ne jouissent pas de toute la solidité désirable.

Les opérations au moyen desquelles on arrive aux beaux résultats atteints par l'industrie moderne, sont assez complexes et varient d'un jour à l'autre. Le rouge et le violet ne supportent pas l'influence des mêmes agents chimiques. Dans les pièces qui reçoivent les deux couleurs, l'une d'elles sera forcément sacrifiée.

Avivage des roses et des rouges seuls. — Voici rapidement la nature et la succession des opérations :

Pour 900 mètres de tissu : 1° savonnage à 45° Réaumur, cinq quarts d'heure avec 1200 litres eau, 4 kilogrammes savon blanc; 2° lavage au clapot; 3° passage en nitromuriate d'étain, monté avec 800 litres eau, 1lit,5 nitromuriate, à 45 au 50° Réaumur, 15 à 20 minutes; 4° lavage au clapot; 5° deuxième savonnage à 75° Réaumur, trois quarts d'heure, avec 3 kilogrammes savon; 6° lavage; 7° troisième savonnage à 75° Réaumur, trois quarts d'heure avec 3 kilogrammes savon; 8° lavage; 9° ébullition de 2 heures en chaudière close, avec 1200 litres eau, 2kil,500 cristaux de soude, 2kil,500 savon; 10° lavage et passage en eau chaude.

On admet généralement que pendant le savonnage il se fixe sur la laque rouge une certaine quantité d'acide gras, qui donne de la stabilité au rouge, en lui permettant de résister à l'action du nitromuriate d'étain. L'influence de cet agent est remarquable; les couleurs sont rendues plus vives et plus éclatantes. Il serait difficile de donner la théorie de son action.

Avivage des violets et puces. — Les violets ne supporteraient pas l'intervention du nitromuriate d'étain; on utilise principalement les chlorures décolorants. Voici la suite des opérations : 1° Passage en chlorure de chaux, pour 900 mètres tissu, eau 800 litres, chlorure de chaux à 8° Baumé 4 litres, 40 à 80° Réaumur, un quart d'heure; 2° lavage; 3° passage en savon avec 4kil,500 savon, pour 1200 litres eau, à 70° Réaumur, trois quarts d'heure; 4° lavage; 5° passage en chlorure de chaux comme le premier; 6° lavage; 7° passage en savon avec 2 kilogrammes savon, à 70° Réaumur, 20 minutes; 8° lavage; 9° passage en chlorure de potasse à 45° Réaumur, 20 minutes avec 4 kilogrammes de carbonate de soude, 10 litres chlorure de potasse; 10° lavage et séchage.

Aux détails fournis plus haut sur la fabrication des articles garancés, nous joindrons les observations suivantes, extraites des notes publiées par M. Schultz, ancien fabricant (*Mon. scient.* du docteur Quesneville, 1874, pp. 488, 588.)

Avant que l'on ne connût le rôle nécessaire et utile de la vapeur d'eau dans la fixation des mordants de fer et d'alumine, les fabricants observaient des résultats irréguliers. L'emploi d'étendages construits de manière à conserver continuellement et par les temps les plus secs les degrés d'humidité et de chaleur nécessaires à une bonne fixation constitue un des perfectionnements les plus importants dans l'art de l'impression.

Pour les rouges, puces, noirs, violets et cachous teints en garance, garancine, fleur, alizarine, on oxyde 48 heures avec 32° d'humidité et 35° de chaleur au psychromètre d'Auguste.

Pour les doubles roses et les rouges avivés, on oxyde 48 heures avec 27° d'humidité et 30° de chaleur.

Lorsqu'on associe le rouge garancé au noir d'aniline, on oxyde pendant 12 à 18 heures avec 30° d'humidité et 36° de chaleur, puis une deuxième fois pendant 24 heures, avec 27° d'humidité et 30° de chaleur.

Autrefois on favorisait la fixation des mordants en foulardant les tissus, avant l'impression des mordants dans une solution de 10 à 20 grammes de chlorate de potasse par litre [1]. On peut aussi hâter la fixation et l'oxydation en ajoutant aux mordants de fer 1/12 de la préparation ci-jointe :

Cristaux de soude, $4^{kil},200$. — Arsenic blanc, $2^{kil},800$. — Amidon grillé, $17^{kil},500$. — Chlorate de potasse, $8^{kil},200$. — Eau, 36 litres. Faire cuire et ajouter au moment de l'emploi. Les mordants d'alumine peuvent aussi être fixés promptement par un passage en cuve à roulettes, remplie de gaz ammoniac. Pour les mordants de fer on peut dégommer sans oxydation préalable par un passage en silicate de soude additionné d'ammoniaque

Après l'oxydation des pièces dans les étendages humides, il est prudent, si l'on veut travailler régulièrement, de dégommer et de teindre des échantillons, pour voir si l'oxydation est poussée assez loin. S'il n'en est rien, il convient d'ajouter au bain de dégommage de *l'hypochlorite d'ammoniaque* (mélange de chlorure de chaux à 5° Baumé 100 grammes, de sulfate d'ammoniaque à 12° Baumé 40 grammes); lorsqu'il s'agit des violets et noirs, 5 à 10 grammes par litre de bain de dégommage; pour les cachous garancine, on ajoute 1 à 2 grammes de bichromate par litre.

Pour garancine avec noir, puce, cachou et violet, on dégomme comme ci-dessus, en mettant dans la première cuve 60 litres de silicate de soude, et dans la deuxième 50 litres.

On se sert aussi d'un mélange de sel à bouser (phosphate de soude et de chaux) d'arséniate, de potasse ou de soude et de craie.

(Bain de dégommage A. Eau bouillante, 20 litres; biarséniate de potasse, 8 kilogrammes; sel à bouser, 4 kilogrammes; craie, 8 kilogrammes). On emploie dans la première cuve 5 litres de bain de dégommage A et 5 kilogrammes de craie, et dans la seconde une même quantité d'ingrédients. On passe les pièces à 75° centigrades, et on lave au clapot, puis on dégomme une seconde fois en cuve ordinaire à 60° centigrades, pendant trente minutes, dans un bain composé de : bain de dégommage A, 1 litre; eau, 800 litres; craie, 1 kilogramme; on lave au clapot, on passe en eau chaude à 55° centigrades pendant 20 minutes, puis on donne un dernier dégommage pendant 20 minutes à 50° centigrades semblable au second, on lave au clapot, puis on teint.

La fixation des mordants de fer et d'alumine est un peu différente lorsqu'on y associe d'autres couleurs telles que l'orange de chrome et les bleus ou verts de l'indigo.

Association (du noir d'aniline, du mordant rouge et de l'orange de chrome.) — On a imprimé à la fois la préparation pour noir, le mordant rouge est la préparation pour orange.

Laisser les pièces pendant 12 à 18 heures à l'étendage pour noir, 30° d'humidité, 36° de chaleur au psychromètre, puis pendant 12 à 18 heures à l'étendage pour rouge, 32° d'humidité et 35° de chaleur.

Passer les pièces au large dans une cuve à roulettes, contenant : sulfate de soude à 30° Baumé, 20 litres; craie, 50 kilogrammes, pendant 1 minute à 60° centigrades.

Laver au clapot.

Passer une demi-heure en silicate de soude à 55° centigrades; eau, 600 litres; silicate de soude à 20° Baumé, 4 litres.

Passer en bain de chrome; pour 100 mètres tissu, eau, 600 litres; bichromate de potasse, 1/2 à 2 kilogrammes; craie 1 1/2 à 2 kilogrammes.

Laver au clapot.

Association. — Du noir d'aniline, violet garance (mordant violet), orange de chrome, ou du noir d'aniline, du violet et rouge garance (mordants violet et rouge), et orange de chrome.

Après l'oxydation qui se fait comme ci-dessus, on passe en silicate ammoniacal à froid.

Eau, 3500 litres; silicate de soude, 20° Baumé, 500; ammoniaque liquide, 125 litres.

Puis, immédiatement, en silicate de soude à 55° centigrades dans une cuve à roulettes : eau, 600 litres; silicate de soude, 20° Baumé, 4 litres, puis en eau chaude à 65° centigrades.

Laver au clapot. — Dégommer une seconde fois en silicate de soude comme ci-dessus. — Laver au clapot et chromer une demi-heure à 80° centigrades; pour 6 pièces de 100 mètres, eau, 800 litres; bichromate 2 kilogrammes; craie, 2 kilogrammes; laver au clapot.

Association des mordants pour garance avec orange de chrome et bleu solide. — Pour fixer à la fois l'oxyde de plomb de l'orange et le bleu solide, sans nuire aux mordants, on passe les pièces à froid, dans une cuve contenant du sel de soude et de la bouse, puis en bouse seule, et enfin en chromate.

Teinture. — L'alizarine artificielle n'est pas seulement employée dans les couleurs vapeur dont nous parlerons plus loin, mais elle tend, en raison de son bas prix, à remplacer de plus en plus la fleur de garance et la garancine. Les nuances obtenues en teinture avec l'alizarine artificielle sont plus vives et plus transparentes que celles fournies par le vaporisage. Le rendement de l'alizarine à 10 % de matière colorante pure est de 12 fois celui de la fleur ou de 24 fois celui de la garance et de 6 fois la garancine.

Lorsqu'on emploie l'alizarine artificielle, il est important de saturer à point les mordants, car il est très-difficile de revenir à une nuance plus

(1) Ou dans une solution contenant : eau, 7 litres; chlorhydrate de magnésie à 15° B., 1/4 de litre; chlorate de potasse, 60 grammes; nitrate d'ammoniaque, 80 grammes. Le dégommage des doubles roses, alizarine et fleurs, des rouges et noirs avivés, se fait dans deux cuves à roulettes communiquant par un tube de 5 centimètres, contenant chacune 4500 litres d'eau; la première est montée avec 40 litres, la seconde avec 20 litres de silicate de soude à 20° B. Température, 70° C. pour les doubles roses; 80° C. pour les rouges et les noirs; durée du passage, 3 minutes à travers les deux cuves. On passe ensuite au clapot traquet une à deux fois; on lave pendant 20 minutes en eau à 50° dans un bac ordinaire, on dégomme une deuxième fois en boyaux pendant 20 minutes, à 50° C., dans un bac ordinaire contenant 600 litres d'eau et 3 litres de silicate de soude à 20° B ; on lave au clapot et on dégomme une troisième fois comme la deuxième pour les dessins chargés, enfin on lave au clapot.

faible par des dégradations, en bain acide, lorsqu'on a dépassé la nuance voulue. On juge du terme de la teinture au moyen d'échantillons dits de saturation.

Pour les doubles roses, on entre à 20° et on teint en une demi-heure à 50° centigrades. Le bain renferme, pour 5 à 6 pièces de 100 mètres, 500 à 600 litres d'eau et une quantité d'alizarine variant avec la nature du dessin. On ajoute plus ou moins de craie au bain selon la pureté de l'eau. Avec une eau très-pure, comme celle de Mulhouse, il en faut 5 % du poids de l'alizarine. On a aussi proposé l'addition d'acétate de chaux. Si après la teinture on trouve que la teinte voulue n'est pas encore réalisée, on monte à 55° ou 60° centigrades. Après la teinture on donne aux pièces les savonnages et acidages nécessaires pour aviver les teintes et blanchir les fonds. Ces opérations varient suivant la pureté de l'eau.

Avec une eau pure (Mulhouse) on peut procéder comme il suit : 6 pièces de 100 mètres :

1° Savon, une demi-heure, 50° Réaumur (savon blanc 3 kilogrammes, eau 800 litres) ;

2° Lavage ;

3° Deuxième savon, trois quarts d'heure 50° Réaumur comme le premier ;

4° Lavage ;

5° Acidage, 20 à 30 minutes 30° Réaumur (nitromuriate d'étain un demi-kilogramme, savon 0,750, eau 800 litres) ;

6° Lavage ;

7° Troisième savon comme le deuxième, au bouillon, avec addition de $0^{kil},250$ cristaux de soude ;

8° Lavage ;

9° Deuxième acidage, comme le premier ;

10° Quatrième savon, trois quarts d'heure au bouillon, comme le premier, avec addition de 750 grammes cristaux de soude ;

11° Chauffer 6 heures en chaudière close à 1/2 atmosphère dans un bain formé de 2000 litres eau, savon 500 grammes, cristaux de soude 200 grammes par pièce de 100 mètres (15 à 18 pièces à la fois) ;

12° Lavage ;

13° Chlorage dans un bac à 40° ou 50° Réaumur (eau 600 litres, hypochlorite de chaux à 8° Baumé 1 litre) ;

14° Laver, mettre au large et sécher au tambour ;

La teinture en violet d'alizarine artificielle se fait en 1 heure et demie à 2 heures ; on entre les pièces à 25° centigrades et on les sort à 80° centigrades en ajoutant de la craie si l'eau est trop pure.

Après teinture, on lave et on donne :

1° Un passage en son bouillant, 10 minutes (1000 litres eau, 15 à 20 kilogrammes son), 3 pièces à la fois ;

2° Un deuxième passage de 5 à 10 minutes en son bouillant comme la première ;

3° Un savon comme pour les roses.

Rouge turc ou *rouge d'Andrinople*. — Les fibres végétales, et surtout le coton, peuvent être teintes, au moyen de la garance et de ses dérivés, dans des conditions particulières, de manière à prendre une teinte rouge remarquable par son éclat, sa beauté et sa solidité. Les étoffes teintes en rouge d'Andrinople résistent à des agents chimiques énergiques, tels que les acides minéraux, le chlorure de chaux, qui détruisent infailliblement la couleur des garances ordinaires, même avivés.

Ce mode de teinture a pris naissance dans l'Inde ; de là il se répandit dans le Levant et fut importé en France par des Grecs, vers le milieu du XVIIIe siècle.

Le rouge d'Andrinople doit son caractère de solidité à la présence dans la laque alumineuse, déposée et formée sur la fibre, d'un corps gras modifié convenablement par des opérations spéciales. Grâce à la résistance de cette laque aux agents chimiques énergiques, on peut faire subir aux étoffes teintes des avivages assez intenses pour amener une teinte vive et pure.

Avant de mordancer en alumine, on prépare le tissu au moyen d'un corps gras (*huile tournante*), que l'on modifie ensuite par l'action combinée ou successive des carbonates alcalins, de la chaleur, de la lumière et des influences atmosphériques. Après l'huilage, on mordance en acétate d'alumine ou en sel ferreux (pour le violet huilé), on teint en garance, fleur ou alizarine artificielle, puis on avive. Cette dernière opération se fait en chaudière close avec du savon ou un carbonate alcalin et du sel d'étain.

Le point essentiel de la fabrication réside donc dans l'intervention des corps gras et dans la modification toute spéciale qu'on leur fait subir ; celle-ci s'obtient par une série assez longue de manipulations. Quelques fabricants cependant sont parvenus à abréger plus ou moins la durée du traitement et à réaliser ainsi une grande économie.

L'ancien procédé consistait à foularder les pièces dans une émulsion d'huile tournante et de carbonate alcalin (bain blanc). Le carbonate alcalin n'agit pas seulement en déterminant l'émulsion, mais il a en outre une grande influence sur la marche de la modification. Quelquefois on ajoute au bain blanc du crottin de mouton. Les pièces ainsi foulardées sont séchées à l'étuve chaude, puis exposées sur pré. Généralement on n'arrive pas par un seul passage en bain blanc à fixer la dose nécessaire de mordant organique.

Cette opération doit être répétée plusieurs fois, en séchant ensuite et exposant sur pré. Suit ensuite le dégraissage, qui s'opère en foulant le tissu dans une solution de carbonate alcalin. Pour mordancer, on foularde en acétate d'alumine, on sèche, on fixe à la chambre chaude, on bouse, on passe au bain de sumac, puis en alun, on sèche et on passe en craie. La teinture se fait en bain de garance, avec addition de sumac. On avive plusieurs fois, toujours en chaudière close, à l'ébullition et à une pression déterminée. Le premier avivage se donne dans un bain de savon et de carbonate de potasse, les deux autres dans un bain de savon et de sel d'étain.

Nous donnons ci-joints les détails du procédé employé chez MM. Prévinaire et Cie à Harlem, publiés par M. A. Schultz dans le *Moniteur scientifique*, 1874, p. 661, procédé qui est une imitation de celui de M. Steiner à Manchester. Il évite l'exposition sur pré qui offrait de graves inconvénients.

Les pièces débouillies deux fois en sel de soude, chaque fois pendant 18 heures (45 grammes sel de soude par kilogramme tissu), subissent les traitements suivants :

1° Foulardage avec de l'huile chauffée à 57° Réaumur ;

2° Étendage de 4 heures dans une chambre chauffée à 61° Réaumur. Pour le premier foulardage, le rouleau inférieur est enveloppé d'une chemise, le supérieur point ;

3° On foularde 5 fois dans le même bain, en garnissant les deux rouleaux de chemises ; entre chaque foulardage on étend dans une chambre chauffée à 61° Réaumur ;

4° On foularde quatre fois à 26° Réaumur, en dissolution de potasse marquant successivement 5°, 6°, 4°, 2° Baumé, en étendant après chaque foulardage à la chambre chaude, à 57° Réaumur ;

5° Passer en cuve à potasse de 3° Baumé à 33° Réaumur, exprimer la liqueur et étendre 4 heures en chambre chaude à 57° Réaumur ;

6° Passer en bain de potasse à 40° Réaumur

(eau 1500 litres, potasse 500 grammes). Laver au clapot, sécher. Foularder 2 fois de suite en noix de galle à 7° Baumé. Étendre 12 heures dans les chambres à 35° Réaumur. Foularder 2 fois en dissolution d'alun (alun 1500 grammes, eau 4 litres; dissolution de potasse à 28° Baumé 3/8 de litre). Étendre 12 heures à 35° Réaumur. Passer les pièces au large par la cuve à roulettes dans une dissolution de potasse à 6° Baumé. Chauffer à 40° Réaumur. Rincer une demi-heure à l'eau chaude;

7° Teinture en alizarine. — Pour chaque qualité de pièces on prend des poids convenables d'alizarine.

Pour les pièces imprimées en mordant, on prend par kilogramme de tissu : 60 à 65 grammes alizarine à 10 % et sang de bœuf 600 grammes; on monte en 3 heures au bouillon. Pour les rouges unis on augmente un peu la proportion d'alizarine. Quelquefois on emploie un mélange d'alizarine et de garancine.

Pour 1 kilogramme de tissu : alizarine à 10 % 40 grammes, garancine 120 grammes, sang de bœuf 600 grammes;

8° Avivage. — On emplit dans une chaudière close 55 à 60 kilogrammes de pièces et on dissout dans le bain : sel de soude 3kil,500, potasse 5 kilogr., cristaux de soude 7 kilogrammes, savon 2 à 3 kilogrammes; faire bouillir pendant 6 heures et laisser refroidir; après quoi on réemplit les pièces et l'on prend : savon 12 kilogrammes, sel d'étain 1 kilogramme. Faire bouillir de 3 à 4 heures; laver aux roues; exposer sur pré et passer en eau chaude à 60° Réaumur.

Bien d'autres procédés ont été publiés, mais l'espace ne nous permet pas d'entrer dans ces développements [Persoz, Impression des tissus, *Monit. scient.*, 1874, p. 664].

Il paraît que dans certains établissements on réussit maintenant à faire de très-beaux rouges turcs par des procédés beaucoup plus expéditifs que ceux dont nous avons parlé, mais tenus secrets.

On réalise sur les pièces teintes en rouge turc, et qui sont uniformément colorées, des dessins blancs par voie d'enlevage. A cet effet, on imprime sur le tissu une préparation acide à base d'acide oxalique, puis on plonge en cuve décolorante montée avec du chlorure de chaux ou de soude. L'acide hypochloreux devenant libre sur les points où l'on a porté l'acide, détruit la couleur.

On peut aussi, après avoir mordancé uniformément l'étoffe, imprimer un *blanc enlevage* au jus de citron, à l'acide oxalique ou à l'acide tartrique qui fait presque entièrement disparaître le mordant inorganique; on bouse à l'eau de craie, on dégorge, on teint et on avive. Dans ce cas, l'enlevage, au lieu de donner du blanc après teinture, fournit du rose ou du lilas, selon que l'on a mordancé en alumine ou en fer. En effet, sous l'influence de la matière grasse, les parties du tissu sur lesquelles on imprime l'enlevage conservent assez de mordant pour attirer en bain de garance et fournir des teintes dégradées.

En introduisant dans l'enlevage acide pour *cuve décolorante* des sels de plomb dont l'oxyde se trouvera fixé pendant le passage en cuve décolorante et en passant ensuite en chromate, on convertit les blancs obtenus en jaunes encadrés parfaitement de rouge.

FIXATION DIRECTE A IMPRESSION ET VAPORISAGE DES MATIÈRES COLORANTES DE LA GARANCE. — Depuis que l'industrie des matières colorantes livre aux teinturiers et imprimeurs des matières colorantes pures ou presque pures sous forme de pâtes d'une teneur et d'une richesse déterminées et fixes [alizarine jaune et purpurine commerciale (procédé E. Kopp), alizarine naturelle pour rouge (procédé Meissonier), alizarines artificielles pour violet et rose à 10 ou 15 %, alizarine artificielle pour rouge (mélange d'alizarine et d'isopurpurine), purpurine artificielle (procédé de Lalande), purpurine de Pernod], les fabricants d'indiennes ont pu aborder avec succès l'impression directe et la fixation par vaporisage des rouges, roses et violets solides aux couleurs de garance.

Il est évident que les tentatives de ce genre faites avec des produits impurs, des extraits souillés de résine, devaient échouer. On doit à la maison Scheurer-Rott, de Thann, les premiers résultats pratiques dans ce genre nouveau et important qui a pris depuis une si grande extension.

Les principes sur lesquels repose cette fabrication ressortent de ce que nous avons déjà dit à propos de la teinture. Il s'agit d'introduire dans un véhicule convenablement épaissi les éléments nécessaires à la formation d'une laque binaire d'alumine et de chaux. On a aussi tenu compte de l'influence heureuse exercée dans la fabrication du rouge d'Andrinople par les corps gras modifiés, et depuis quelque temps on est arrivé à de très-excellents résultats en préparant le tissu qui doit subir l'impression avec de l'acide sulfo-oléique.

Comme épaississant on emploie de préférence l'amidon de céréales avec addition ou non de mucilage de gomme adragante; comme mordant on fait intervenir dans la préparation à imprimer de l'acétate ou du nitrate d'alumine ou les deux, de l'acétate ou du pyrolignite de fer, de l'acétate de chaux destiné à fournir la chaux nécessaire à la production de la laque binaire. L'acide acétique qui entre dans la composition de toutes les préparations, en assez fortes proportions, sert surtout de véhicule, de dissolvant pour les matières colorantes et facilite leur transport sur les mordants sans nuire en rien à la fibre. Comme colorant on emploie les préparations ci-dessus mentionnées, représentant les matières colorantes pures délayées dans l'eau dans un grand état de division, en pâtes. Ces préparations sont des mélanges en quantités variables d'alizarine et de purpurine, d'alizarine et d'isopurpurine. Le fabricant choisit celle qui convient le mieux à la nuance à réaliser, et au besoin les mélange, en tenant compte des observations développées plus bas sur le rôle des diverses matières colorantes de la garance, observations s'appliquant aussi bien à l'impression qu'à la teinture.

Le vaporisage assez fort que l'on fait subir aux tissus imprimés avec ces couleurs détermine à la fois la fixation du mordant et la teinture de l'alumine ou de l'oxyde de fer aux dépens de la matière colorante, teinture favorisée par la présence de l'acide acétique.

Ceci posé, nous donnerons quelques recettes extraites de la note de M. E. Kopp [*Monit. sc.* du docteur Quesneville, 1873, t. XV, p. 16].

Épaississant pour rouge.

Amidon de céréales............	6k	6k
Eau........................	20 litres.	17 litres.
Acide acétique à 6° B..........	4 —	17 —
Mucilage de gomme adragante, à 60 grammes par litre..........	10 litres.	0 —
Huile d'olive................	1k,500	1k,500

(faire cuire et remuer jusqu'à complet refroidissement).

Épaississant pour violet.

Amidon de céréales	5 kilogr.
Eau..............................	18 litres.
Mucilage de gomme adragante à 60 gr. par litre..................	9 kilogr.
Acide acétique à 6° B.............	3 —
Huile d'olive......................	1000 gr.

Mordant d'acétate d'alumine. — Dissoudre

36 kilogrammes alun dans 400 litres eau; précipiter par une solution de 31 kilogrammes de cristaux de soude dans 500 litres eau. Laver huit fois par décantation le sous-sulfate d'alumine qui se précipite ainsi, filtrer, égoutter, presser. Dissoudre 15 kilogrammes de cette pâte dans 6 litres d'acide acétique à 8° Baumé, chauffer à 38° centigrades, filtrer et étendre au besoin d'eau. Cette préparation pour l'impression est plus avantageuse que le mordant rouge ordinaire, qui renferme des sels étrangers inutiles et gênants. Pour 100 de pâte d'alizarine à 15 °/₀ on emploie 30 p. de solution alumineuse à 12° Baumé; pour la pâte d'alizarine à 10 °/₀ on n'emploie que 20 p. de solution d'alumine.

Couleur vapeur pour fonds rouges. — Pâte à 15 °/₀, 800 grammes ou 1200 de pâte à 10 °/₀. Acide acétique 6° Baumé, 1 litre. Eau, 2 litres. Huile d'olive, 200 grammes. Acétate de chaux à 10° Baumé, 200 grammes. Amidon de céréales, 500 grammes. Cuire et remuer jusqu'à refroidissement, puis ajouter acétate d'alumine 200 gr.

Couleur vapeur pour mille fleurs. — Alizarine à 15 °/₀, 2600 grammes ou 4000 grammes alizarine à 10 °/₀. Épaississant pour rouge, 10 litres. Nitrate d'alumine à 15° Baumé, 500 grammes. Acétate d'alumine à 12° Baumé, 600 grammes. Acétate de chaux à 16° Baumé, 400 grammes.

Couleur vapeur pour rouge très-foncé. — Alizarine à 15 °/₀, 3300 grammes ou 5000 grammes pâte à 10 °/₀, Épaississant pour rouge, 10 litres. Nitrate d'alumine à 15° Baumé 400 grammes. Acétate d'alumine à 12° Baumé, 600 grammes. Acétate de chaux à 16° Baumé, 500 grammes.

Couleur vapeur pour violet. — Alizarine à 15 °/₀, 900 grammes ou 1400 pâte à 10 °/₀. Épaississant pour violet, 10 litres. Pyrolignite de fer à 12° Baumé, 200 grammes. Acétate de chaux 16° Baumé, 370 grammes.

Les pièces imprimées et parfaitement séchées sont vaporisées pendant 1 à 2 heures, avec de la vapeur humide à 1/2 atmosphère de pression, puis on transporte à l'étendage, où les pièces restent 24 heures. On passe ensuite en bain chauffé à 50-62° centigrades et monté avec de la craie et du sel d'étain, ou de la craie et de l'arséniate de soude.

1000 litres d'eau.
30 kilogr. de craie et 1500 grammes de sel d'étain;
Ou bien 2 kilogr. de craie et 5000 grammes d'arséniate de soude.

Durée du passage d'une demi-heure à 1 heure. On lave, et pour les rouges et roses on donne 3 savonnages d'une demi-heure à 50°, 75°, 80°; avec 1500 grammes savon et 125 gr. sel d'étain pour le premier savon pour 10 pièces de 50 mètres.

Pour les violets on donne un savon d'une demi-heure à 62-75° centigrades, à raison de 10 pièces de 50 mètres, avec 1500 grammes savon. On lave et on sèche.

Pour le puce on emploie : alizarine à 15 °/₀ 6000 grammes ou 9000 à 10 °/₀. Épaississant 10 litres, nitrate d'alumine à 18° Baumé 900 gr. Acétate d'alumine à 13° Baumé, 400 grammes. Prussiate rouge, 400 grammes. Acétate de chaux, 18° Baumé, 500 grammes.

Teinture de la laine en garance. — La teinture de la laine en garance se fait d'une manière assez simple : 1° on mordance par un bouillon en alun et crème de tartre, ou composition d'étain et crème de tartre; 2° on teint en garance ou en garancine, ou alizarine artificielle.

1er *procédé.* — Faire bouillir la laine pendant 3 heures dans un bain monté, pour 100 kilogrammes de laine, avec : alun, 25 kilogrammes; tartre, 6 kilogrammes. Retirer et laisser 7 à 8 jours dans un endroit humide, puis teindre à une température voisine de l'ébullition, jusqu'à ce que la nuance soit obtenue. On emploie 60 kilogrammes de garance ou plus, ou une quantité équivalente d'un dérivé. On peut ajouter de la composition d'étain au bain, à la fin de la teinture.

2e *procédé.* — Bouillon de 2 heures monté, pour 100 kilogrammes laine, avec composition d'étain, 8 kilogrammes; tartre, 8 kilogrammes; eau de pluie, quantité suffisante.

Après avoir retiré, on laisse 2 jours au repos, et on teint à 97° centigrades pendant 3 heures, avec 70 kilogrammes de garance et de l'eau de source.

Pour préparer la composition d'étain, on dissout dans l'acide nitrique à 30° Baumé le huitième de son poids de sel ammoniac et la même dose d'étain en grenaille, puis on étend du quart de son poids d'eau pure.

Rouge garance militaire (Dumas). — On alune pendant 2 à 3 heures au bouillon, dans un bain monté avec 4 à 5 kilogrammes alun, et 2 1/2 kilogrammes crème de tartre pour une pièce de drap de 22 mètres, en ajoutant du son. On laisse en repos 8 jours. La teinture se fait dans un bain contenant 5 kilogrammes de garance et 1 kilogramme de composition d'eau-forte par pièce de drap; on chauffe graduellement, et ce n'est qu'à la fin qu'on porte au bouillon. Les pièces sont tournées sur un moulinet, en empêchant le mieux possible leur contact avec les parois de la chaudière. Il vaut mieux mettre la composition d'étain à la fin de la teinture sans faire bouillir.

Autre procédé. — Pour 100 kilogrammes de drap, faire bouillir une heure et demie à 2 heures dans un bain contenant 12 kilogrammes alun, 3 kilogrammes tartre, 1kil,500 composition d'étain. Laisser le drap pendant 4 jours dans le bain refroidi, égoutter et teindre dans un deuxième bain monté avec 60 kilogrammes de bonne garance, sur laquelle on verse une solution de 30 kilogrammes de tartre et de 30 kilogrammes de dissolution d'étain. On passe le drap une demi-heure dans le bain chaud; on laisse refroidir 24 heures dans le bain, et on repasse une demi-heure dans un autre bain monté avec 30 kilogrammes garance et eau bouillante; laisser refroidir 24 heures, retirer et laver avec soin.

Rôle des divers pigments de la garance en teinture. — Nous avons vu, à propos de la garance (voir ce mot), quels sont les pigments contenus dans cette racine. Ceux qui jouent un rôle utile en teinture sont l'alizarine, la purpurine, l'hydrate de purpurine, la pseudo-purpurine, substances auxquelles il faut ajouter l'isopurpurine artificielle. M. Rosenstiehl a étudié avec soin la manière d'être de ces principes tinctoriaux dans les opérations si importantes du garançage. Nous devons donner ici un résumé de son travail. [*Bull. soc. ind. de Rouen*, octobre à décembre 1875. — *Bull. Soc. chim. de Paris.* — *Bull. Soc. indust. de Mulhouse*].

L'*alizarine* chimiquement pure, débarrassée de toute trace de purpurine ou d'autres pigments par la surchauffe à 200° avec de l'eau légèrement alcaline, ou par des cristallisations répétées dans l'alcool, si l'on prend comme point de départ le produit artificiel, l'alizarine pure, délayée dans l'eau distillée, ne sature pas en teinture les mordants de fer et d'alumine; pour arriver à la saturation, il faut la présence d'un peu de carbonate de chaux.

En présence de l'eau calcaire, l'alizarine se comporte d'une façon caractéristique. A froid, les deux substances agissent lentement l'une sur l'autre; à chaud, l'acide carbonique est partiellement déplacé. Il se forme une combinaison calcaire d'alizarine qui colore le liquide en violet; si l'on porte à l'ébullition, la laque calcaire se sépare sous forme d'un précipité très-ténu, qui ne teint plus, à moins qu'on ne le redissolve par l'acide carbonique. Ce dernier agent joue donc un rôle important dans le garançage.

Le rendement maximum est atteint lorsque le bain contient 1 équivalent de sel calcaire pour 1 équivalent de matière colorante. Les mordants d'alumine prennent, avec l'alizarine pure, une nuance rouge violacé, qui paraît être le 0 ou le 1 violet rouge, avec un dixième de rabat des cercles chromatiques de M. Chevreul. Les mordants de fer se teignent en une nuance voisine de 1 violet bleu, avec un dixième ou deux dixièmes de rabat. Ces nuances résistent très-bien au soleil et à l'eau de savon. Les teintes, résultant de la combinaison de l'alizarine avec les mordants de fer sont surtout recherchées.

La *purpurine*, contrairement à ce qui arrive avec l'alizarine, teint facilement les mordants dans *l'eau distillée*. Les mordants d'alumine se teignent en 4 violet-rouge; le rose avec mordant faible d'alumine paraît plus violacé que le rouge et plus vif que celui de la pseudo-purpurine. Le violet au fer est le 2 violet bleu trois dixièmes de rabat; il est plus pur que celui de la pseudo-purpurine et moins que celui de l'alizarine.

Les nuances que prennent les mordants d'alumine ne sont pas définitives, les opérations du savonnage et de l'avivage les épurent sans les modifier; mais l'eau de savon bouillante leur fait subir un virage remarquable : elles perdent ce qu'elles avaient de violacé. Le rouge devient franchement rouge (rouge 0 des tables chromatiques), et prend beaucoup d'éclat; le rose se rapproche d'un orange-rouge clair; le violet s'affaiblit et devient plus terne. Cette transformation s'accomplit aussi sous l'influence de l'eau bouillante seule, quoique les couleurs n'acquièrent pas autant d'éclat que sous l'influence du savon. M. Rosenstiehl admet qu'elle est due à la transformation sur le tissu de la purpurine en *hydrate de purpurine* ou matière orange. En effet, au point de vue de la teinture, la purpurine hydratée se comporte comme la purpurine, avec cette différence que les rouges, au sortir du bain, ont la nuance rouge franc, que présente le tissu teint en purpurine quand il a été bouilli pendant quelque temps avec l'eau. L'eau de savon et l'avivage ne font qu'épurer ces couleurs sans les virer. A part cette différence d'aspect, immédiatement après la teinture, que présentent les tissus mordancés, les deux matières colorantes (purpurine et hydrate de purpurine) se comportent de même. Le rendement maximum en teinture correspond à la présence d'équivalents égaux de carbonate de chaux et de matière colorante. Les couleurs de la purpurine et de l'hydrate de purpurine supportent les opérations du savonnage et de l'avivage aussi bien que celles d'alizarine; elles résistent moins longtemps à l'action directe du soleil.

La *pseudo-purpurine* ne teint les mordants que dans l'eau distillée. Avec l'alumine, on a une couleur voisine de celle de l'alizarine (0 ou 1 violet-rouge); avec le fer on a un gris violacé (5 violet-bleu, avec trois à quatre dixièmes de rabat). Les passages au bain de savon les dégradent rapidement. La présence du bicarbonate de chaux est toujours nuisible. Quand la quantité de chaux correspond à une laque monocalcique, toute la pseudo-purpurine est précipitée sous forme de laque sur laquelle l'acide carbonique est sans action.

Lorsqu'on teint en garance ou fleur d'Avignon qui contient du carbonate de chaux, on n'utilise que l'alizarine et la purpurine, la pseudo-purpurine combinée à la chaux reste dans le résidu; avec la garance d'Alsace, qui n'est pas calcaire, la laque qui se forme sur le tissu contient beaucoup de pseudo-purpurine : aussi ces couleurs ne résistent ni au savon ni à la lumière. Si, au contraire, on ajoute préalablement de la craie à la garance d'Alsace, on élimine de la teinture la pseudo-purpurine, et l'on obtient des couleurs solides. La pseudo-purpurine se transformant facilement et en beaucoup de circonstances en purpurine, notamment par l'ébullition avec l'acide sulfurique étendu ou même avec l'eau seule, cette substance ne se retrouve plus dans le garanceux et la garancine où elle est remplacée par une proportion équivalente de purpurine.

Les conclusions pratiques que l'on peut tirer de cette étude sont les suivantes :

L'alizarine seule produit de beaux violets avec les mordants de fer; plus un dérivé de la garance contient de purpurine libre, moins il est apte à produire du violet : telle est la garancine, qui sous ce rapport est de beaucoup inférieure à la fleur de garance, qui contient encore, sous forme de laque calcaire insoluble, la pseudo-purpurine qui, dans la garancine, existe transformée en purpurine libre. Pour les violets, on choisira donc de préférence la fleur ou l'alizarine artificielle, ou un extrait de garance riche en alizarine; ou bien on se mettra à l'abri de l'action de la purpurine par une addition convenable de craie, en sacrifiant nécessairement une partie du colorant. L'alizarine commerciale ou Pinkoffine, si remarquable par la beauté des violets qu'elle fournit, doit cette qualité à l'absence à peu près complète de la purpurine détruite dans la préparation de ce produit.

Les rouges et roses exigent le concours de l'alizarine, de la purpurine ou de l'hydrate de purpurine. M. Rosenstiehl évalue la proportion respective des pigments nécessaires à l'obtention d'un beau rouge garancé à 55 parties de purpurine et 45 parties d'alizarine. La laque formée sur le tissu renferme l'aluminium et le calcium dans les rapports de Al^4 : Ca^6. L'ébullition en chaudière close, par laquelle on donne à ces couleurs la plus grande vivacité qu'elles puissent acquérir, produirait cet effet utile en ramenant la laque de purpurine à l'état de laque de purpurine hydratée.

Le même savant a récemment étudié le rôle des acides dans la teinture avec les matières colorantes de la garance et ses substituts artificiels [*Bull. de la Soc. Chim. et de Phys.*, t. XXV, p. 53, 176]. Lorsqu'on emploie le bicarbonate de chaux dans la teinture en alizarine ou purpurine, sous l'influence de la chaleur, l'acide carbonique est déplacé par la matière colorante, il se forme un précipité violacé, qui trouble le bain et ne concourt plus à la teinture. La laque calcaire d'alizarine est facilement décomposée par l'acide carbonique, qui n'agit que lentement sur celle de la purpurine et pas du tout sur celle de la pseudo-purpurine. L'acide carbonique retardant par sa présence la formation de ces trois laques, on doit obtenir un meilleur rendement en faisant passer dans le bain, pendant la teinture, un courant d'acide carbonique. L'expérience a confirmé cette prévision, tant que l'on opérait en petit, tandis qu'en grand la différence n'a pas été sensible. Ce résultat contradictoire peut s'expliquer par la masse de l'eau que l'on emploie dans l'opération industrielle et dont l'acide carbonique se dégage beaucoup moins vite qu'en petit. La teinture peut donc s'achever sans perte sensible.

L'acétate de chaux peut remplacer avantageusement le carbonate; pendant la teinture, une partie de la chaux de ce sel se fixe sur la laque et l'acide acétique devenue libre, se répand dans le bain sans nuire au succès.

L'acide acétique n'est, du reste, pas le seul acide qui soit ainsi déplacé par les matières colorantes de la garance, en présence des mordants; des sels à acides plus énergiques, tels que le chlorure et le nitrate, sont aussi décomposés; le bain, neutre au début, devient rapidement acide à mesure que la teinture s'avance; mais à un certain moment une action inverse se manifeste et la teinture s'arrête. Parmi les sels de chaux usuels, l'acétate est donc celui qui convient le mieux pour la teinture. L'alizarine, qui ne sature pas les mordants dans l'eau distillée, teint parfaitement en présence d'un équivalent d'acétate de chaux; le résultat est un peu meilleur avec deux équivalents. La pseudo-purpurine, qui ne teint pas du tout en présence d'un équivalent de carbonate de chaux, se fixe fort bien en présence de l'acétate, dont un excès nuit peu. La purpurine, les extraits de garance et les alizarines artificielles pour rouge et violet, teignent très-bien en présence de deux équivalents d'acétate. Les mordants se saturent, les bains s'épuisent. Il y aurait donc un certain avantage à introduire dans les bains de teinture une certaine proportion d'acétate de chaux.

COCHENILLE. — Sous le nom de *cochenille*, on emploie en teinture et en impression, le corps desséché d'un insecte du genre hémiptère, de la famille des gallinsectes. Ces insectes renferment une matière colorante, rouge, décrite sous le nom d'*acide carminique* (voir ce mot). On les distingue en cochenille proprement dite ou *Coccus cacti*, en Kermès ou *Coccus ilicis*, en *Coccus lacca ou ficus, Coccus cerificus, Coccus polonicus radicens.*

La cochenille vraie vit sur une espèce de cactus (*Cactus opuntia* ou *nopal*), croissant à l'état sauvage au Mexique, ou cultivé pour l'élève des cochenilles. On donne le nom de nopaleries aux champs de nopals cultivés. De là la division des cochenilles en mestèque ou domestique, préparée principalement à Mestèque dans la province de Honduras, et la cochenille sauvage ou silvestre. La première est plus riche que la seconde en matière colorante.

Après la récolte, qui a lieu avant la saison des pluies, on tue l'insecte soit par immersion dans l'eau bouillante, suivie d'une dessiccation au soleil ou au four, soit par une exposition à la vapeur d'eau. Un hectare de nopalerie produit par an environ 300 kilogrammes de cochenille; 140 000 insectes correspondent à 1 kilogramme de produit sec.

Le Mexique a conservé pendant longtemps le monopole de la cochenille; vers 1830, la culture de cette matière tinctoriale fut importée en Espagne, aux îles Canaries, en Algérie et à Java. D'après Ctésias et Élien, la cochenille était connue très-anciennement en Perse et aux Indes.

Les grains de cochenille sèche se présentent sous forme orbiculaire de 2^m,05 à 3 millimètres de diamètre; ils sont anguleux, noirâtres, rougeâtres ou gris. Macérés dans l'eau tiède, ils se gonflent, deviennent hémisphériques; on distingue alors très-bien les anneaux qui composent le corps, la place des trois paires de pieds, des suçoirs et de la tête. Comprimés, ces grains éclatent, et il en sort des milliers de petits grains rouge foncé, que l'on reconnaît au microscope comme formés d'individus déjà développés.

Les principales variétés commerciales sont: les cochenilles de Honduras (noire ou zacatille, grise, jaspée ou argentée, rougeâtre), de Vera-Cruz, des Canaries, de Java.

Les Kermès ou gallinsectes vivant sur les jeunes pousses du chêne vert (*Quercus coccifera*), arbuste qui croît en abondance dans le midi de la France, en Espagne, dans l'archipel grec et notamment à Candie, renferme, comme la cochenille des nopals, de l'acide carminique, à la présence duquel il doit ses applications. Il était connu dans le Levant du temps de Moïse. Pline en parle sous le nom de *Coccigrenum*. On l'employait dans l'Inde pour la teinture de la soie. Lorsque l'art de teindre avec la pourpre des Tyriens fut perdu, on fit usage des kermès pour obtenir la même couleur. Au moyen âge, c'était la seule substance employée pour la teinture en rouge vif. A Venise on en consommait beaucoup pour la fabrication de l'écarlate de Venise sur laine.

Le kermès ou cochenille de Pologne (*Coccus polonicus*) a été exploité dans le Nord et en Allemagne. Ce sont de petits vers, gorgés de matière colorante rouge, et qui adhèrent aux racines souterraines de certaines plantes, et notamment du scléranthe, du parietaria.

La stick-laque, ou matière première qui sert à la fabrication de la laque en écailles ou en gâteaux, se présente sous forme de croûtes épaisses, dures et adhérentes, enveloppant les tiges de certains grands figuiers et mimosées. La masse principale est constituée par un mélange de résines renfermant des cellules juxtaposées, dans lesquelles sont emprisonnés des gallinsectes (*Coccus lacca*), contenant de la matière colorante rouge (acide carminique).

La laque en bâtons, ou stick-laque, est réduite en poudre grossière, épuisée par une macération dans l'eau chaude ou légèrement alcaline; le liquide est évaporé à feu nu dans des chaudières, ou au soleil dans des vases plats. Le résidu se présente sous forme de tablettes plates et carrées de 67 millimètres de côté sur 13 millimètres d'épaisseur; il est vendu sous le nom de laque-dye, et contient: résine, 25; matières colorantes, 50; matières terreuses, 22. La laque-dye est importée de Calcutta.

La lack-lack s'obtient en précipitant par l'alun la décoction obtenue en traitant la stick-laque par une solution faible de soude caustique. Elle renferme: matières colorantes, 50; résine, 40; alumine, 9; matières étrangères, 1. Pour l'usage, on décompose la laque alumineuse par l'acide chlorhydrique ou l'acide sulfurique.

On donne le nom de *Cochenilles ammoniacales* à des préparations dans lesquelles la couleur de la cochenille et les nuances qui en résultent dans l'application sont modifiées. Ces transformations s'expliquent par l'action de l'ammoniaque caustique sur l'acide carminique, et par la formation d'une amide dont la teinte est différente de celle de l'acide carminique.

Pour obtenir la cochenille ammoniacale en tablettes, on fait macérer pendant un mois dans un vase fermé 3 parties d'ammoniaque caustique et 1 partie de cochenille moulue. On tire à clair, on incorpore 0,4 d'alumine en gelée, on évapore dans une bassine en cuivre, jusqu'à disparition de toute odeur ammoniacale; la masse suffisamment épaisse est découpée en tablettes que l'on sèche. Pour la cochenille ammoniacale en pâte, on ne laisse marcher l'opération que durant huit jours et on évapore aux deux tiers, sans ajouter d'alumine.

CARMIN. — Le carmin de cochenille est une substance insoluble dans l'eau, d'un beau rouge vif, préparée au moyen de la cochenille par un procédé qui sera indiqué plus loin. On le vend en pains enveloppés dans du papier fin ou en poudre impalpable sèche (carmin broyé) ou en poudre délayée dans du blanc d'œuf ou dans une solution de colle de poisson (carmin à l'œuf ou à la gélatine).

Le carmin pur se dissout entièrement dans

l'ammoniaque, et c'est même sur cette propriété que repose son emploi dans l'impression sur des tissus.

La nature chimique de ce produit colorant est encore peu connue. Les expériences inédites suivantes sont cependant de nature à jeter quelque jour sur sa constitution. Lorsqu'on fait bouillir quelques heures le carmin avec de l'eau de baryte, il se forme une laque violette foncée; le liquide surnageant, débarrassé exactement de baryte par l'acide sulfurique et concentré, laisse comme résidu un sirop incolore, incristallisable, amer, formé de la matière sucrée signalée par Hlasiwetz dans la cochenille; la laque violette, décomposée par un excès d'acide chlorhydrique étendu, à froid, donne lieu à la séparation de flocons gélatineux, rouge violacé foncé, très-peu solubles dans l'eau, solubles dans l'alcool en beau rouge cramoisi, solubles dans les alcalis et l'ammoniaque, et formant avec les oxydes alcalins terreux des laques insolubles. Cet acide, malgré des purifications répétées par solution dans l'alcool, laisse un résidu blanc à l'incinération d'environ 2 °/₀, composé de phosphate de chaux.

Bouilli avec de l'acide chlorhydrique étendu, il se dédouble en acide carminique ordinaire et en phosphate de chaux. Le carmin serait, d'après ces expériences, un glucoside contenant de l'acide carminique ordinaire, un glucose spécial et du phosphate calcique, le tout uni avec élimination d'eau. Contrairement à ce qu'avait avancé Hlasiwetz, l'acide carminique *pur*, que l'on isole de la cochenille par le procédé Warren de la Rue, ne fournit pas de glucose par l'ébullition avec les acides ou les alcalis, et ne peut être considéré comme un glucoside formé de rouge de carmin et de glucose.

Préparation du carmin de cochenille. — Pour obtenir le carmin, on épuise par l'eau bouillante, pure ou chargée d'un sel alcalin, de la cochenille broyée, et l'on détermine la séparation du carmin par l'addition d'un acide faible ou d'un sel acide. Certains fabricants favorisent la précipitation en ajoutant de l'albumine ou de la gélatine et faisant intervenir l'alun.

Ainsi on fait bouillir 500 grammes de cochenille pulvérisée avec 15 kilogrammes d'eau pendant un quart d'heure, on ajoute 30 grammes de crème de tartre; on fait bouillir 10 minutes, puis on ajoute 15 grammes d'alun et on fait bouillir de nouveau pendant 2 minutes. Le liquide clarifié est abandonné à lui-même dans des vases plats en verre; le carmin, déposé et lavé, doit être séché à l'ombre.

Il est probable que le carmin existe tout formé dans la cochenille, et qu'il se sépare des décoctions en raison de son insolubilité.

Il sert en peinture, dans le dessin, pour la coloration des bonbons, des fleurs, et pour l'impression des tissus. Il se fabrique principalement en Allemagne. La *laque carminée* ou *de Florence* s'obtient en précipitant par l'alun une dissolution alcaline de cochenille.

Dosage de la matière colorante de cochenille. — La richesse d'une cochenille s'évalue de diverses manières:

1° On teint un échantillon mordancé comme pour les essais de garance, dans un bain monté avec 1 gramme de cochenille broyée, comparativement avec un type; ou bien on imprime sur laine une couleur vapeur, préparée avec un poids connu de cochenille broyée, et l'on compare avec le type (la couleur est formée de cochenille, d'eau, de gomme, d'acide oxalique et de bichlorure d'étain à 55°).

2° On dissout 1 gramme de cochenille en poudre dans 36 grammes d'une solution faible de potasse; on ajoute 24 grammes d'eau, puis on verse goutte à goutte une solution normale de cyanure rouge, préparée avec 5 grammes de ce sel dissous dans 1 litre d'eau, jusqu'à ce que la nuance rouge pourpre ait été remplacée par une couleur jaune brunâtre.

Applications de la cochenille. — L'acide carminique ne peut se fixer utilement sur tissus de coton, laine ou soie, que par l'intervention des mordants.

Avec le coton mordancé à l'alumine, on obtient une teinte rouge amarante, ou rouge rose violacé; l'intervention simultanée de l'oxyde d'étain fait virer la nuance au rouge-ponceau. Les mordants de fer donnent des teintes grises, gris violacé ou noir grisâtre.

La laine et les préparations d'étain fournissent une belle couleur écarlate difficile à réaliser avec une autre matière colorante sur une autre fibre.

La cochenille ammoniacale donne des mauves et des amarantes.

On ne teint plus le coton mordancé en couleurs cochenilles, l'emploi des nouvelles couleurs ayant rendu ces genres inutiles. Quoi qu'il en soit, il convient de ne pas ajouter au bain de teinture, en une fois, toute la cochenille nécessaire: l'acide carminique se trouvant, au début, en excès, en présence du mordant, le dissoudrait partiellement.

On teint en deux fois, la première à 40 degrés, la seconde au bouillon, en ajoutant de la noix de galle, qui donne de la fixité au mordant. Les pièces teintes sont simplement rincées et passées au son. Les nuances sont peu solides, et s'altèrent sous l'influence des acides ou des alcalis.

Les couleurs-vapeur ou d'application à la cochenille pour coton contiennent, outre la décoction de cochenille, plus ou moins concentrée (250 grammes à 375 grammes cochenille par litre), et la gomme, soit du mordant rouge à base d'alumine et de l'acide oxalique, soit du nitromuriate d'étain et du sel ammoniacal.

Rose vapeur. — 1 litre décoction de cochenille, à 4° (250 grammes par litre), 2 litres eau, 0^{lit},500 mordant rouge à 10° Baumé, 40 grammes acide oxalique, 1^{kil},750 gomme.

Rose d'application. — 2 litres décoction de cochenille à 375 grammes par litre, 23 grammes gomme adragante, 185 grammes sel d'étain ammoniacal, préparé avec 1 litre nitromuriate d'étain, ajouté à une dissolution chaude et saturée de 500 grammes de sel ammoniac.

Teinture en écarlate. — La cochenille est surtout employée pour obtenir sur laine cette belle nuance rouge avec ton orangé connue sous le nom d'*écarlate* ou de *ponceau*. La teinture en écarlate se fait en mordançant le drap avec des préparations d'étain, et en teignant en cochenille. Suivant les recettes et le mode d'opérer, la nuance peut être plus ou moins belle, plus ou moins vive. Comme mordant d'étain, on emploie soit le chlorure stanneux, soit un mélange de chlorures stanneux et stannique, soit encore ce que l'on appelle en teinture la composition d'étain. Celle-ci s'obtient en dissolvant peu à peu 2^{kil},375 d'étain effilé dans un mélange formé avec: eau distillée ou de pluie, 15 litres; sel marin, 750 grammes; acide azotique à 35° Baumé, 15 kilogrammes.

Pour 100 kilogrammes de drap, on emploie dans une chaudière en cuivre, avec la quantité d'eau nécessaire pour teindre: 6 kilogrammes crème de tartre, 5 kilogrammes composition d'étain, un demi-kilogramme de cochenille. On plonge les pièces que l'on tourne pendant un quart d'heure, puis on laisse bouillir pendant 2 heures et demie et on lave le drap avec soin dans l'eau courante. On prépare ensuite un nouveau bain dans lequel on verse 5^{kil},500 de cochenille. On doit attendre que l'eau soit chaude pour que la cochenille revienne à la surface et forme une croûte. Au moment où celle-ci crève, on y verse 14 kilogrammes de composition d'étain, et on rafraîchit le bain; puis on y plonge les pièces et on les tourne activement jusqu'à ce qu'elles aient atteint la nuance demandée. D'après M. Dumas, dont le *Traité de chimie* nous a fourni les renseignements précédents (art de la teinture, p. 214), le ton jaune de l'écarlate bon teint ne s'obtient qu'au moyen de la destruction d'une portion du principe colorant rouge de la cochenille, qui passe au jaune par son contact avec l'acide tartrique et l'acide azotique.

M. Van Laer (*Recueil des principaux procédés de teinture à mordant*) donne le procédé suivant : Eau de pluie, quantité suffisante; acide oxalique, 7 kilogrammes; sel d'étain, $3^{kil},500$; bichlorure d'étain, 3 kilogrammes. Quand les sels sont dissous, on ajoute la laine, que l'on fait bouillir pendant une demi-heure, puis on ajoute 10 à 12 kilogrammes cochenille au bain, après avoir retiré la laine de la chaudière. Quand le mélange est fait, on remet la laine dans la chaudière, et l'on fait bouillir jusqu'à obtention de la nuance voulue. Cette méthode, qui diffère des précédentes en ce que la teinture s'opère après et non pendant le mordançage, est plus rationnelle et doit donner de meilleurs résultats au point de vue de l'emploi utile de la matière colorante.

M. P. Havrez (*Mémoire sur la teinture*) a étudié scientifiquement, en se fondant sur la classification de M. Chevreul, l'influence des divers ingrédients qui donnent l'écarlate. Les essais ont été faits dans une chaudière à six compartiments. Chacun d'eux contenait la même quantité d'eau et les mordants; on chauffait à 80° centigrades, puis on ajoutait 10 grammes de laine que l'on manœuvrait pendant 30 minutes au bouillon. On retirait la laine pour l'éventer; pendant ce temps, on ajoutait au bain la cochenille pulvérisée, que l'on faisait bouillir pendant un quart d'heure; on rentrait les laines, que l'on remuait au bouillon pendant 30 minutes. Pour les résultats intéressants qui ont été obtenus et le parti que les praticiens peuvent en tirer, nous renvoyons au mémoire original, reproduit dans le Recueil de teinture à mordant de Van Laer.

Pour *la teinture en amarante* à la cochenille, on mordance la laine au bouillon, avec un mélange d'alun et de crème de tartre, puis on teint en cochenille.

Pour 100 kilogrammes laine, on emploie 10 kilogrammes alun et 8 kilogrammes tartre; on fait bouillir une heure, après quoi on retire la laine, que l'on teint dans un deuxième bain contenant de 8 à 15 kilogrammes de cochenille. On fait quelquefois intervenir d'autres matières colorantes, telles que cochenille ammoniacale, orseille, pourpre française ou fuchsine.

ORSEILLE. — Nous avons vu à l'article ORSEILLE (voyez ce mot) comment on prépare cette matière colorante au moyen des divers lichens colorables; il nous reste à indiquer les diverses applications.

L'orseille n'est pas employée sur coton; à un certain moment, on a utilisé la pourpre française dans l'impression du calicot; on fixait au moyen de l'albumine, en imprimant une couleur dans le genre de la recette suivante : pourpre française 25 grammes, acide acétique 50 grammes, alcool 80 grammes, eau d'albumine 1 litre. On imprime, on sèche, on vaporise et on lave à l'eau bouillante.

Le coton huilé, préparé comme dans la fabrication du rouge turc, ou le coton albuminé, se teignent en bain de pourpre française. Pour préparer ce bain on décompose la pourpre française qui est une laque calcaire de matière colorante, en la faisant bouillir avec son poids d'acide oxalique, on filtre et l'on ajoute de l'ammoniaque. On monte jusqu'à 60°.

La laine non mordancée teinte au bouillon dans un bain d'orseille prend des nuances variant du rouge au violet, selon la qualité du produit. Avec la pourpre française débarrassée de chaux par l'acide oxalique et neutralisée par l'ammoniaque, on obtient un violet pourpré très-beau et très-solide.

Pour les nuances groseille vif ou groseille violet foncé, on mordance dans un mélange de crème de tartre et de dissolution d'étain (400 grammes sel marin, $1^{kil},250$ étain, 8 litr s acide nitrique).

Pour 10 kilogrammes de laine, on prend 1 kilogramme crème de tartre et 2 litres de dissolution d'étain, et on laisse 1 heure au bouillon. La nuance peut être modifiée par l'intervention simultanée de la cochenille ammoniacale.

Pour l'amarante et le rouge sur laine, on emploie le mordant pour rouge et un mélange d'orseille et de cochenille, en variant les proportions respectives des deux matières colorantes selon la nuance que l'on veut obtenir. Avec l'alun et l'orseille alliée au carmin d'indigo, au curcuma, au cuba, on réalise diverses teintes, telles que feuille morte, bois, carmélite, pommerolle.

Pour les puces-vapeur sur laine, on imprime des mélanges d'extrait d'orseille, de sulfate d'alumine, de gomme et de carmin d'indigo. Après l'impression on sèche, on vaporise et on lave.

Pour les grenats-vapeur, on fait intervenir à la fois l'orseille, la cochenille ammoniacale, le carmin d'indigo, l'alun, l'acide oxalique et le sel ammoniac.

Pour les couleurs-vapeur sur laine et soie avec la pourpre française, on dissout celle-ci dans l'acide acétique, on neutralise avec du carbonate de magnésie, on ajoute de l'alcool et on épaissit à l'eau de gomme; on imprime et on vaporise.

L'orseille teint la soie sans mordant en nuances analogues à celles que prend la laine. La pourpre française, préparée comme il est dit plus haut, lui communique des nuances mauve ou dahlia très-pures. Associée au carmin d'indigo, elle donne un beau violet, et avec la cochenille des nuances fleur de pêcher, groseille et rose des Alpes.

Nous avons décrit aux articles BOIS DE TEINTURE, QUERCITRON (voyez ces mots), les principales matières colorantes contenues dans ces produits tinctoriaux; nous avons également vu comment on peut préparer avec ces bois des extraits plus ou moins concentrés que le teinturier ou l'imprimeur utilise plus facilement que le bois lui-même. Nous n'avons donc plus qu'à insister sur les applications.

La teinture du coton avec les matières colorantes du campêche, des bois rouges, du cuba, du quercitron, du pastel, etc., repose sur les mêmes réactions et met en usage les mêmes procédés que la teinture en garance. La matière colorante ne se fixe que sur tissu mordancé, et la nuance varie avec la nature du mordant et pour un même mordant avec la matière colorante.

CAMPÊCHE. — Sur coton on réalise avec le campêche des bleus de teinture qui imitent les bleus cuvés. A cet effet, on teint dans un bain préparé avec une dissolution d'extrait de campêche de 1/2° à 2° de l'aréomètre Baumé, additionné d'acétate de cuivre; on monte en une heure de la température ordinaire à 50°.

Les fonds noirs sur coton s'obtiennent en mordançant le tissu avec un mélange en proportions convenables de pyrolignite de fer et d'acétate d'alumine, mélange auquel on ajoute quelquefois du salpêtre pour favoriser l'oxydation du fer; on bouse, puis on teint en campêche, ou en campêche, sumac et quercitron, en montant de 30° à l'ébullition. Au lieu de plaquer en mordant ferro-aluminique, on peut imprimer celui-ci et réaliser ainsi des dessins noirs.

Le campêche fournit aussi des noirs au chromate. A cet effet, on imprime une dissolution d'extrait mélangé avec de l'acétate d'alumine; on sèche, puis on passe en bain de bichromate à 40°. Cette couleur noire, plus solide que les autres noirs campêche, se forme par une oxydation spéciale de l'hématine, sous l'influence de l'acide chromique.

On réalise un noir teinture sur coton très-économique en ajoutant à 500 litres d'extrait de campêche à 2° Baumé, $1^{kil},500$ de bichromate de potasse dissous et $3^{kil},500$ d'acide chlorhydrique. Les écheveaux ou les tissus sont passés dans ce mélange dont on élève la température jusqu'à l'ébullition. La fibre prend ainsi une nuance bleu indigo foncé, qui passe au noir bleuté par lavage à l'eau.

Les fonds gris s'obtiennent en foulardant dans un bain faible de pyrolignite de fer. Après oxydation et bousage, on teint en campêche dans des cuves semblables à celles qui servent au garançage.

Le campêche est employé dans la teinture de la laine en faux bleu. Le procédé consiste à mordancer la laine au bouillon dans un bain monté avec de la crème de tartre et de l'alun, avec addition ou non de sulfate de cuivre et d'acide sulfurique; on teint dans un bain monté avec du campêche ou de l'extrait de campêche et de l'urine ou du carbonate de soude. Voici quelques recettes anciennes et récentes pour obtenir ces bleus.

1° *La couleur.* — 100 kilogrammes laine, bouillis 2 heures et demie dans un bain monté avec eau de pluie, quantité suffisante, tartre $4^{kil},500$, alun 9 kilogrammes. Teindre dans un second bain monté avec eau de pluie, quantité suffisante, campêche 10 kilogrammes, urine un seau.

2° *Gris bleu.* — Laine 100 kilogrammes. Bouillon d'une heure et demie dans un bain monté avec alun 4 kilogrammes, tartre 2 kilogrammes; laver.

On verse ensuite dans le bain quelques seaux d'une décoction de campêche et du sulfate de cuivre. Teindre au bouillon pendant une demi-heure.

3° *Bleu moyen.* — 100 kilogrammes laine. Bouillon de 2 heures dans un bain monté avec alun 13 kilogrammes, tartre 6 kilogrammes, sel d'étain 200 grammes, acide sulfurique 500 grammes. Laisser reposer une nuit et teindre en bain de campêche 40 kilogrammes, carbonate de soude 1 kilogramme.

4° *Bleu violet.* — 100 kilogrammes de laine. Bouillon de 2 heures dans bain monté avec alun 7 kilogrammes, sel d'étain 2 kilogrammes, tartre 4 kilogrammes. Après mordançage, teindre avec campêche 30 kilogrammes, sulfate de cuivre 1 kilogramme.

5° *Bleu noir.* — 100 kilogrammes laine. Eau quantité suffisante. Bichromate de potasse 2 kilogrammes, acide sulfurique 1 kilogramme. Après un repos de 1 à 2 jours, on teint dans un bain de 20 kilogrammes campêche.

6° *Bleu moyen.* — 100 kilogrammes laine. Bouillon de 2 heures dans un bain monté avec : Eau quantité suffisante, alun de chrome 5 kilogrammes, bichromate 500 grammes. Après repos, on teint avec 15 kilogrammes campêche. On peut substituer à l'alun de chrome, de l'alun ou de l'azotate de potasse.

7° *Bleu pour laine et coton.* — 100 kilogrammes laine et coton; mordancer 2 heures entre 35° à 40° centigrades dans un bain monté avec : Eau quantité suffisante, acétate de soude 8 kilogrammes, alun 4 kilogrammes, sulfate de fer 2 kilogrammes. Après un jour de repos on teint dans une décoction de 20 kilogrammes campêche à 50° centigrades.

Le campêche entre dans la teinture du bleu national sur drap, en mélange avec l'indigo cuvé, le santal, l'orseille et la noix de galle.

Pour les noirs d'Elbeuf ou de Sedan, la laine ayant reçu un pied de bleu plus ou moins intense, est teinte dans un bain bouillant monté avec du campêche, du sumac et du sulfate de fer.

On réalise avec le campêche des gris et noirs vapeurs d'impression sur coton et sur laine.

Exemple de gris vapeur sur coton.

Campêche à 20°..................	0 lit. 4
Acide acétique à 8°..............	0 4
Sulfate de fer à 20°..............	0 4
Eau de gomme..................	12 litres.

Pour noir vapeur sur laine, on mélange de l'extrait de campêche, du sulfate ou du chromate de cuivre, de l'alun, du nitrate ferroferrique, de l'acide oxalique. Le campêche entre aussi dans une foule de couleurs-vapeur complexes.

On teint la soie en noir dans un bain de campêche ou extrait de campêche, après l'avoir mordancée en sulfate ferreux et en nitrosulfate de fer ou en nitrate ferreux. On répète les immersions successives. Quelquefois on rehausse l'intensité du noir et on augmente le poids de la soie, en la chargeant avec une solution de sous-acétate de plomb et en l'exposant aux vapeurs sulfhydriques.

BOIS ROUGES. — La brésiline, ou matière colorante des bois rouges, teint en rouge ou en rose le coton mordancé en alumine; en violet grisâtre ou noir, le coton mordancé en oxyde de fer. Avec un mélange d'oxyde de fer et d'alumine, on obtient une espèce de puce. Le bioxyde d'étain comme mordant donne des rouges; l'oxyde de chrome fournit de l'olive. On n'emploie guère les bois rouges ou leurs matières colorantes dans la teinture du calicot, si ce n'est quelquefois en mélange avec la garancine. Les extraits entrent dans la composition de diverses couleurs-vapeur, dans lesquelles on fait intervenir, outre la matière colorante et l'épaississant, de l'acétate d'alumine, du bichlorure d'étain, de l'acide oxalique, des sels de cuivre.

Exemple. — Rouge-vapeur foncé au bois pour rouleau.

Décoction de bois de Sainte-Marthe, à 3° B...	9 litres.
— de graine de Perse, à 8° B.........	1 —
Mordant rouge..............................	1,500
Amidon.....................................	$1^{k},500$
Nitrate de cuivre à 50°......................	$1^{k},125$

La teinture de la laine se fait en mordançant préalablement la laine avec de l'alun et du sel d'étain.

Pour 10 kilogrammes de laine on prend 1 kilogramme crème de tartre et 2 litres dissolution pour rouge (8 litres eau, 400 grammes sel marin, $1^{kil},250$ étain, 8 litres acide nitrique), bouillon d'une heure; ou 2 kilogrammes alun et 20 kilogrammes acide sulfurique, bouillon d'une heure. Teinture en décoction de bois rouge.

BOIS JAUNES. — Ces bois et leurs extraits sont utilisés pour la teinture et l'impression du coton, de la laine et de la soie.

Nous choisirons quelques exemples qui serviront de types à l'emploi général de ces diverses matières colorantes.

1° *Teinture du calicot en quercitron.* — Les pièces imprimées en mordant et traitées comme pour l'article garance sont teintes, par quatre à la fois, dans une cuve à garance montée avec 750 grammes à $1^{kil},500$ de quercitron par pièce et 60 grammes de colle forte par livre de quercitron. La matière colorante se dissout assez facilement pour que l'on puisse coller immédiatement ou peu de temps après avoir ajouté le quercitron en poudre. On teint une heure, en montant de la température ordinaire à 30° ou 45° Réaumur. Avec les gris, on ne doit pas dépasser 30°. Au sortir de la cuve, on lave, on dégorge et on passe un quart d'heure dans un bain de son à 30° ou 40° Réaumur, contenant 5 livres de son par pièce. S'il y a beaucoup de blanc, cette opération doit être répétée deux fois. Elle a pour but de débarrasser le fond blanc de la matière jaune qui s'y était fixée.

2° *Teinture avec la gaude.* — On fait bouillir préalablement la gaude, pendant une demi-heure, dans l'eau du bain, puis on enlève l'herbe; on laisse refroidir à 50° Réaumur; on entre les pièces mordancées par 4 ou 6 à la fois. On emploie de 10 à 20 livres de gaude par pièce et on monte pendant une demi-heure à 60° Réaumur. On passe deux fois en son (10 livres par pièce pour les fonds blancs); on expose quelques jours sur pré, on repasse en son et on sèche.

3° *Teinture de la laine en quercitron.* — 100 kilogrammes laine, bouillon de 1h 1/2 dans un bain monté avec eau de pluie, alun 20 kilogrammes, crème de tartre 5 kilogrammes, sel d'étain 2 kilogrammes. Repos jusqu'au lendemain. Teinture avec 20 kilogrammes quercitron, 15 minutes d'ébullition, puis maintenir une heure entre 75 et 80°.

Pour les bois jaunes et le fustel, on mordance également soit à l'alun seul, soit à l'alun avec bichlorure, protochlorure d'étain et crème de tartre, puis on sèche.

Les jaunes-vapeur sur coton renferment comme éléments essentiels :

1° Des décoctions ou des extraits de quercitron, de graine de Perse, de bois jaune;

2° De l'acétate d'alumine avec un peu de bi et de protochlorure d'étain pour modifier la nuance;

3° De l'acide acétique;

4° L'épaississant. Le tissu est quelquefois préparé au stannate.

Sur laine et soie, les jaunes-vapeur renferment la décoction ou l'extrait colorant, de l'alun, le sel d'étain, le bichlorure d'étain et l'acide oxalique.

Associés aux bleus-vapeur, les jaunes-vapeur donnent des verts de diverses nuances.

INDIGO. — Nous avons déjà traité à l'article INDIGO (voir ce mot) des diverses méthodes usitées dans l'application de cette matière colorante si précieuse par son extrême solidité. La théorie de la réduction de l'indigo et du montage des diverses cuves (cuves au vitriol, au pastel, cuve allemande) a été donnée. Nous n'avons à ajouter ici que quelques détails pratiques, et à décrire les nouveaux procédés récemment appliqués au travail de l'indigo.

MONTAGE D'UNE CUVE A FROID. — On mélange dans une chaudière 5 kilogrammes de potasse caustique, 20 litres d'eau et 5 à 6 kilogrammes d'indigo broyé; on chauffe à l'ébullition, que l'on maintient pendant deux heures en remuant constamment; d'un autre côté, on éteint dans un tonneau 15 kilogrammes de chaux vive en ajoutant peu à peu 100 litres d'eau, puis on y verse le contenu de la chaudière en brassant le tout. Dans la cuve de teinture contenant environ 600 seaux d'eau, on dissout 10 kilogrammes de sulfate de fer, puis on ajoute le mélange du tonneau et l'on pallie pendant 25 à 30 minutes; on couvre et on laisse déposer 12 heures avant de teindre. Le bain doit être jaunâtre; s'il offre une teinte verte, l'indigo n'est pas complétement réduit, et l'on doit ajouter de la chaux et de la couperose.

Cuves à froid : Pour bleu clair. — Eau, 600 seaux; vitriol vert, 2k,5; carbonate de soude, 1 kilogramme; chaux vive, 6 kilogrammes; indigo broyé, 1 kilogramme; stannite de potasse, 500 grammes; potasse caustique à 20°,2 litres.

Bleu foncé. — Eau, 600 seaux; chaux vive, 40 kilogrammes; sulfate ferreux, 35 kilogrammes; indigo broyé, 15 kilogrammes.

Bleu moyen. — Eau, 600 seaux; chaux vive, 15 kilogrammes; sulfate ferreux, 10 kilogrammes; indigo broyé, 3 kilogrammes.

Bleu clair. — Eau, 600 seaux; chaux vive, 6 kilogrammes; sulfate de fer, 2k,1/2; indigo broyé, 1 kilogramme. Ou bien, eau, 600 seaux, chaux vive, 15 kilogrammes; potasse caustique à 2° 5 kilogrammes; sulfate ferreux, 10 kilogrammes, indigo broyé, 5 kilogrammes.

Persoz indique les proportions suivantes :

Eau, 1,000 litres; ajouter 10 kilogrammes de chaux éteinte; 10 kilogrammes de sulfate ferreux, 5k,5 d'indigo broyé. Ou bien 5 kilogrammes de chaux éteinte, 5 kilogrammes de sulfate de fer, 5 kilogrammes d'indigo broyé.

M. Cohen a fait breveter l'emploi du zinc en poudre comme moyen de réduire l'indigo. On emploie un mélange de 1 kilogramme d'indigo broyé, 6 parties de chaux éteinte et 1/4 partie de zinc en poudre ou gris de zinc provenant des usines métallurgiques de zinc.

M. Leuchs a proposé l'emploi de la pectine.

On chauffe à 75° centigrades 45 à 50 kilogrammes de lessive caustique, on y ajoute 1/2 kilogramme d'indigo pulvérisé, puis on suspend dans la cuve une sorte de panier en fil de fer renfermant 8 à 10 kilogrammes de raves fraîches découpées; on chauffe à l'ébullition. L'indigo se réduit rapidement. On peut aussi employer un extrait alcalin de raves obtenu en chauffant les raves sous une pression de 2 à 3 atmosphères.

EMPLOI DE L'HYDROSULFITE DE SOUDE DANS LA RÉDUCTION DE L'INDIGO. — Depuis quelques années, MM. P. Schützenberger et F. de Lalande ont utilisé les propriétés énergiquement réductrices de l'hydrosulfite de soude pour transformer l'indigotine bleue en indigo blanc et la rendre, par ce moyen, soluble dans les alcalis et par conséquent propre à la teinture. L'emploi de ce nouveau moyen réducteur a conduit à des applications industrielles intéressantes et constitue un progrès réel dans la teinture et l'impression en bleu solide à l'indigo; aussi les fabricants de drap et les fabricants de toiles peintes, aussi bien en France qu'à l'étranger et notamment en Angleterre, n'ont-ils pas tardé à installer les nouveaux procédés de réduction. Ceux-ci fonctionnent avec avantage à Lille, Roubaix, Amiens et en Normandie.

L'acide hydrosulfureux se forme toutes les fois que l'acide sulfureux se trouve en présence de l'hydrogène naissant, dans certaines conditions. Il diffère de l'acide sulfureux par de l'oxygène en moins. A l'état de liberté, il est très-peu stable et ne peut guère se manier ni s'isoler à l'état de pureté. Il se forme au début, lorsqu'on met du zinc en présence d'une solution d'acide sulfureux. Dans ces conditions, la liqueur prend une teinte jaune et acquiert la propriété de décolorer instantanément une solution d'acide sulfindigotique.

En remplaçant la solution d'acide sulfureux par une solution de bisulfite de soude à 30° Baumé, on obtient, au bout de quelques minutes de contact avec du zinc en copeaux ou en poudre, un mélange de sulfite de zinc et d'hydrosulfite de soude, d'après l'équation

$$3\left(SO<\begin{matrix}ONa\\OH\end{matrix}\right) + Zn = SO<\begin{matrix}ONa\\ONa\end{matrix}$$

Bisulfite de soude. Sulfite de soude

$$SO<\begin{matrix}O\\O\end{matrix}>Zn + S<\begin{matrix}ONa\\OH\end{matrix} + H^2O.$$

Sulfite de zinc. Hydrosulfite de soude.

Le liquide, versé dans trois ou quatre fois son volume d'alcool, laisse précipiter immédiatement un liquide qui se fige en quelques instants en une masse cristalline composée d'un mélange de sulfite de soude et de sulfite de zinc; la solution alcoolique décantée se prend au bout de 5 minutes en un magma cristallin formé de longues et fines aiguilles feutrées que l'on filtre rapidement sur un linge, que l'on exprime et sèche dans le vide. Ces aiguilles représentent l'hydrosulfite de soude.

En pratique, il est inutile de séparer l'hydrosulfite des sulfites au moyen de l'alcool et l'on emploie directement le liquide provenant de l'action du zinc sur la solution de bisulfite.

La préparation industrielle de l'hydrosulfite de soude pour la réduction de l'indigo constitue donc une opération fort simple. Pour y réussir, il faut néanmoins tenir compte de quelques conditions indispensables, qui sont : 1° Emploi d'un bisulfite marquant de 30 à 33° à l'aréomètre de Baumé, bien saturé d'acide sulfureux et exempt de sulfate de soude qui augmenterait le titre aréométrique du bisulfite au détriment du pouvoir réducteur qu'il peut acquérir sous l'influence du zinc.

2° Le contact du bisulfite avec le zinc doit se faire sur une large surface et à l'abri de l'air qui oxyderait l'hydrosulfite d'abord formé et diminuerait d'autant le pouvoir réducteur. Il ne doit pas non plus être trop prolongé, car l'hydrosulfite éprouve une altération spontanée et assez rapide, même à l'abri de l'air, en se changeant en hyposulfite.

On peut procéder de deux manières : avec le zinc en feuilles ou en grenailles, et avec le zinc en poudre.

Avec le zinc en feuilles ou en grenailles, on emploie des vases pouvant être bien bouchés, par exemple des tonneaux en bois munis d'une ouverture à la partie supérieure et d'un robinet à la base, ou encore de grands flacons en verre ou des récipients en grès. On remplit complétement le vase avec des rognures de zinc coupées en lanières de 1 à 2 centimètres de largeur sur 40 à 50 centimètres de longueur. Les lanières sont tordues sur elles-mêmes de manière que, dans le vase, elles ne s'appliquent pas les unes sur les autres, et que, tout en le remplissant, elles laissent disponibles pour un liquide la plus grande partie du volume réel. La surface du zinc étant propre et décapée, on remplit le vase avec du bisulfite de soude. On laisse la réaction s'opérer à l'abri de l'air pendant 35 à 40 minutes. Le liquide, soutiré au bout de ce temps et qui s'est notablement échauffé en perdant l'odeur d'acide sulfureux, peut servir directement à la réduction de l'indigo; dans ce cas il doit être utilisé immédiatement, comme nous le verrons plus loin. Veut-on au contraire le conserver, il est nécessaire de le traiter par une quantité suffisante d'un lait de chaux qui donne lieu à la précipitation de l'oxyde de zinc et du sulfite de chaux. Le liquide filtré et exprimé ou simplement décanté doit avoir une réaction faiblement alcaline. Il peut être alors conservé plusieurs jours dans des vases bien bouchés à l'abri de l'air.

Pour 1 kilogramme d'hydrosulfite, tel qu'il résulte de l'action du bisulfite à 35° Baumé sur le zinc, on emploie environ 350 grammes d'un lait de chaux, à raison de 200 grammes de chaux vive pour 1 litre de lait.

Le zinc qui a servi à une première opération peut être utilisé à nouveau, à condition d'avoir été bien lavé et décapé avec de l'eau aciduléo à l'acide chlorhydrique.

La préparation de l'hydrosulfite de soude brut au moyen du zinc en poudre est plus simple. Il suffit de verser dans un vase fermé, muni d'un agitateur, la quantité de bisulfite liquide sur laquelle on veut opérer et d'ajouter, par un orifice que l'on bouche ensuite, la quantité de zinc en poudre nécessaire (7 à 10 p. 100 de bisulfite à 35° Baumé). On agite quelques minutes (10 à 12). Dans cet état le liquide peut être immédiatement employé. Lorsqu'on veut le conserver, on sature à la chaux comme il est dit ci-dessus.

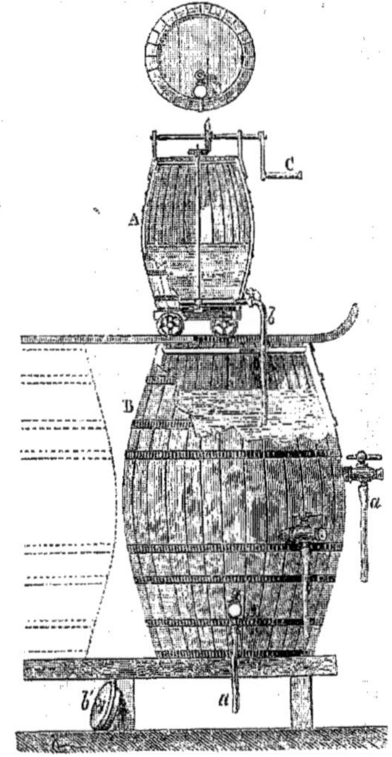

Fig. 755. — Appareil pour la préparation des hydrosulfites.

La figure 755 montre la description d'un appareil pour préparer l'hydrosulfite saturé.

A, vase fermé avec agitateur pour le mélange du bisulfite avec la poudre de zinc. B, tonneau de saturation à la chaux avec les robinets *a* de soutirage placés à diverses hauteurs.

Réduction de l'indigo. — L'hydrosulfite de soude préparé par les procédés décrits plus haut, mis en présence de l'indigo bleu broyé et d'une quantité suffisante d'un alcali (soude, potasse, chaux), réduit l'indigo instantanément ou en très-peu de temps, surtout à une température de 50° à 60°. Si la quantité d'alcali employée est non-seulement suffisante pour saturer le bisulfite de soude qui tend à se former par l'oxydation de l'hydrosulfite, mais encore pour dissoudre l'indigo blanc on obtient une cuve ou dissolution d'indigo de couleur jaune clair, qui peut être plus ou moins concentrée, suivant la force de l'hydrosulfite et la quantité d'indigo mise en œuvre pour une même proportion d'eau. Si, au contraire, on n'a fait intervenir que la dose d'alcali nécessaire pour la saturation du bisulfite, l'indigo réduit reste au fond du vase sous forme d'une poudre blanche, dense, facile à séparer par décantation, soluble dans les lessives alcalines. La réaction est exprimée par l'équation

$$SO^3NaH + NaHO + 2C^8H^5AzO$$
Hydrosulfite de soude. Indigo bleu.

$$= SO(NaO)^2 + 2(C^8H^6AzO).$$
Sulfite neutre. Indigo blanc.

Pour la teinture de la laine, il est nécessaire de faire usage d'une cuve claire.

A cet effet, on commence par réduire l'indigo au moyen de l'hydrosulfite clair saturé à la chaux. Celui-ci, préparé comme ci-dessus, est étendu de 3 à 4 volumes d'eau et abandonné au repos; le liquide clair surnageant est saturé.

Pour 1 kilogramme d'indigo, on emploie 1000 à 1300 grammes de lait de chaux (à 200 grammes de chaux par litre) et la quantité d'hydrosulfite saturé à la chaux correspondant à 8 ou 10 kilogrammes de bisulfite concentré. On chauffe vers 70 à 75° centigrades jusqu'à réduction complète.

Pour monter la cuve, on en chauffe l'eau vers 45° à 50° avec un serpentin à vapeur, on enlève l'oxygène dissous en y versant de l'hydrosulfite saturé, puis on ajoute la solution calcaire concentrée d'indigo réduit, en quantité suffisante pour amener la laine à la force voulue, et l'on teint à la manière ordinaire en remplaçant l'indigo enlevé par des additions successives de bain concentré. La cuve doit renfermer toujours un excès d'hydrosulfite, être jaune et claire. La durée de la trempe varie de 10 à 15 minutes; généralement au bout de 15 minutes, la laine n'attire plus de matière colorante. Retirée du bain au bout de ce temps, elle est égouttée rapidement et même au besoin exprimée entre deux rouleaux presseurs, puis déverdie par l'exposition à l'air, où elle s'évente. Si on laissait le liquide alcalin et encore réducteur, qui imprègne la fibre au moment où on la sort du bain, filtrer trop longtemps à travers la laine chargée d'indigo blanc, celui-ci serait partiellement dissous par l'alcali et la couleur serait rongée et affaiblie sur certains points. On peut obvier à cet inconvénient en plongeant la laine égouttée rapidement dans un bain légèrement acidulé à l'acide sulfurique.

Si, par accident, la cuve avait verdi, il est nécessaire, avant d'en faire usage, d'ajouter de nouveau de l'hydrosulfite et au besoin de l'alcali, et de chauffer quelque temps à 75° pour la ramener au jaune par la réduction de l'indigo. Pendant le travail, l'alcalinité de la cuve augmente peu à peu, au point de gêner la teinture et d'attaquer la fibre; il est alors nécessaire de neutraliser partiellement l'alcali libre par des additions convenables d'acide chlorhydrique. La teinture des draps de laine peut s'effectuer dans des cuves montées à l'indigo réduit par l'hydrosulfite, semblables à celles qui servent à la teinture au moyen des cuves de fermentation; mais il est plus avantageux de faire usage de cuves rectangulaires dans lesquelles plonge un cadre portant deux rangées de roulettes horizontales disposées sur deux plans horizontaux dont l'un serait à quelques centimètres au-dessus du fond et l'autre à quelques centimètres au-dessous du niveau du liquide (voir la figure 733 à la page 263). Les pièces circulant d'une manière continue dans la cuve tendue sur les roulettes vont se faire exprimer entre deux cylindres presseurs garnis de drap placés au-dessus de l'extrémité de la cuve, puis se déverdissent en passant exposées à l'air sur une seconde série de roulettes.

La teinture du coton avec les cuves montées à l'hydrosulfite s'effectue comme cela a lieu dans les cuves au vitriol; seulement les cuves sont claires, sans dépôt, et leur force peut être maintenue par des additions successives d'indigo réduit.

Procédé d'impression de l'indigo réduit par l'hydrosulfite. — 1° On procède d'abord à la réduction de l'indigo. Pour cela on introduit 20 litres d'indigo Bengale de bonne qualité, broyé à l'eau et contenant 2 kilogrammes d'indigo sec dans une chaudière en cuivre à double enveloppe de 60 à 80 litres de capacité, et l'on ajoute 5 à 5 kilogrammes 1/4 de soude caustique à 33° B; 14 kilogrammes d'hydrosulfite de soude fraîchement préparé et non saturé à la chaux.

On chauffe vers 75° C. pendant 15 à 20 minutes. Lorsque la réduction est complète, on ajoute par un entonnoir à long col allant jusqu'au fond de la chaudière et en remuant sans cesse 3 litres 1/2 à 3 litres 3/4 d'acide chlorhydrique, de manière à rendre la liqueur légèrement acide. Après quelques heures de repos, on décante la liqueur claire qui surnage le précipité d'indigo blanc. Celui-ci est lavé par une seconde décantation, puis filtré et égoutté. On obtient ainsi 7 kilogrammes de pâte d'indigo réduit que l'on incorpore dans 20 kilogrammes d'eau de gomme contenant 1400 grammes de gomme du Sénégal par litre d'eau. Cette préparation, que l'on appelle *bleu gommé*, peut se conserver longtemps, même au contact de l'air.

Pour préparer la couleur à imprimer, on emploie l'une ou l'autre des recettes suivantes :

1° 20 kilogrammes de bleu gommé; 10 kilogrammes 3/4 d'hydrosulfite de soude saturé à la chaux; 1 kilogr. 866 de lait de chaux à 200 grammes de chaux vive par litre; 2 kilogrammes d'eau de gomme.

2° 10 kilogrammes de bleu gommé; 6 kilogrammes d'eau de gomme; 7 kilogrammes d'hydrosulfite de soude saturé à la chaux; 950 grammes de lait de chaux à 200 grammes de chaux vive par litre.

3° 4410 grammes de bleu gommé; 8 kilogrammes d'hydrosulfite de soude saturé; 6 kilogrammes d'eau de gomme ordinaire; 420 grammes de soude caustique à 36° Baumé.

On peut aussi préparer la couleur d'impression directement avec l'indigo bleu, en versant dans une chaudière :

3 kilogrammes 3/4 d'indigo bleu broyé à l'eau, contenant 2 kilogrammes d'indigo sec pour 15 litres; 3 kilogrammes de gomme en poudre; puis, après solution, 5 kilogrammes d'hydrosulfite de soude; 450 grammes de lait de chaux à 200 grammes de chaux vive par litre.

On chauffe pendant 20 minutes à 70° centigrades; on laisse refroidir à 35° centigrades, et on ajoute :

1 kilogramme 1/2 d'hydrosulfite de soude saturé, puis 450 grammes de lait de chaux à 200 grammes de chaux vive par litre.

Au delà de 40 grammes d'indigo bleu par kilogramme de couleur, il est impossible d'augmenter l'intensité du bleu.

Les couleurs précédentes se coupent facilement avec de l'eau gommée additionnée d'une certaine quantité d'hydrosulfite de soude saturé.

Pendant l'impression, il est convenable de maintenir les couleurs à 30° ou 35° centigrades.

Plus les couleurs sont minces, plus les résultats définitifs sont bons.

Après l'impression des pièces, on étend celles-ci jusqu'au lendemain dans un endroit aéré, puis on lave à la rivière et dans un clapot, et on savonne pendant 3/4 d'heure à 50° ou 65° centigrades.

Dans le cas où le bleu à l'hydrosulfite est imprimé à la machine à plusieurs couleurs, avec d'autres couleurs, pour des fabrications spéciales, on fait ensuite subir aux pièces les opérations indiquées pour ces dernières, sans tenir compte d'une manière notable du bleu qui figure sur les pièces ; car il est démontré que les passages en cristaux ou sel de soude, en acide sulfurique à divers degrés de concentration, en bichromate de potasse chaud ou froid, en silicate de soude, en bouse, n'ont pas d'influence sensible sur le bleu fixé. Le bleu à l'hydrosulfite peut donc être associé au noir d'aniline, au puce de naphtylamine, à l'orange de chrome, au cachou, aux rouges de garance et aux violets de garance et d'alizarine artificielle.

L'emploi de ce bleu réalise sur celui de l'encre bleue solide, pour la même intensité, une économie de 50 % environ d'indigo. — Voyez INDIGO.

CACHOU. — Le cachou a été employé pour la première fois en Europe, en 1806, par M. Hartmann ; mais ce n'est qu'en 1829 que son usage pour l'impression du coton prit de l'importance, grâce aux travaux de M. Barbet de Jouy.

Les procédés au moyen desquels on réalise sur tissus les nuances dérivées du cachou reposent sur les principes suivants :

La catéchine est appliquée en solution sur la fibre qu'elle pénètre, puis le tissu est mis dans des conditions convenables pour qu'il y ait oxydation et transformation du principe immédiat colorable et soluble, en composés bruns insolubles et adhérents.

L'oxydation s'effectue :

1° Par simple exposition du tissu à l'air;

2° Par le vaporisage. Dans ces deux cas, on favorise singulièrement l'oxydation en introduisant dans la couleur à imprimer des agents oxydants (sels de cuivre) qui ne produisent leur effet qu'à la longue ou pendant le vaporisage ;

3° Par un passage en solution alcaline qui exalte l'affinité de la catéchine pour l'oxygène;

4° Par un passage en solution de bichromate ;

5° Quelquefois on combine deux de ces procédés : vaporisage et passage en chromate ; aérage et vaporisage.

MM. C. Kœchlin et Mathieu Plessy [*Bull de la Soc. de Mulhouse*, t. XXII, p. 311] ont fait une étude spéciale de l'intervention des sels de cuivre, comme oxydants, dans les couleurs-vapeur et d'application. Le chlorhydrate d'ammoniaque favoriserait l'oxydation des matières colorantes par les sels de cuivre.

Voici quelques exemples de couleurs cachou :

Cachou	6 kil.	Épaissir avec de la gomme, vaporiser et oxyder par un passage en chromate.
Acide acétique à 7° Baumé	12 lit.	
Eau	4 lit.	
Cachou	3 kil.	Aérer, puis passer en eau de chaux, sans vaporisage ni chromatage.
Acide pyroligneux	6 lit.	
Sel ammoniac	300 gr.	
Verdet	31 gr.	
Eau de gomme à 700 gr. par litre	6 lit.	
Acétate de chaux	1 50.	
Cachou	14 kil.	Fixer à la chambre d'oxydation, bouser et teindre en garance.
Eau	18 lit.	
Sel ammoniac	5 kil.	
Azotate de cuivre	3k375.	
Acide acétique à 7° Baumé	13 lit.	
Acétate de chaux	9 lit.	
Gomme	15 kil.	
Pyrolignite d'alumine	1 lit.	

Les couleurs cachou s'associent aux couleurs garancines et se distinguent par leur solidité.

D'autres matières astringentes, sumac, noix de galle dissous, sont employées seules ou en mélange avec diverses matières colorantes pour obtenir des nuances spéciales, dont l'obtention repose sur des principes analogues à ceux qui président à la fabrication des articles teints et imprimés avec les bois, le campêche ou le cachou.

COULEURS NOUVELLES ARTIFICIELLES. — Les procédés d'application des matières colorantes artificielles sont fort simples généralement et ont été décrits à propos de chacune d'elles. P. S.

TÉLÉSIE. — Voyez CORINDON.

TELLURE, Te = 128. — Cet élément, dont l'apparence et beaucoup de propriétés rappellent celles des métaux, mais qui doit être classé parmi les métalloïdes de la famille du soufre, a été signalé par Müller de Reichenstein en 1782 et caractérisé pour la première fois par Klaproth en 1798 (*Crell's Ann.*, 1798, t. I, p. 91). Il est fort rare. On le trouve à l'état natif ou sous forme de tellurures de bismuth (*tétradymite*), de plomb (*altaïte, élasmose, nagyagite*), d'or (*sylvane, calavérite*), d'argent (*hessite, petzite*), et parfois de nickel (*mélonite*), en Hongrie, en Transylvanie, à Savodinskoï (Altaï) dans la Virginie, en Californie (Calaveras), et à Kara-Hissœr (Asie Mineure). Il existe en très-petite quantité dans la cérite de Batnas. Presque toute l'histoire du tellure a été tracée par Berzelius [*Schw. Jour.*, t. VI, p. 311, et t. XXXIV, p. 78 ; *Poggend. Ann.*, t. VIII, p. 411 ; t. XXVIII, p. 392 ; t. XXXII, p. 1 et 577].

Extraction. — 1° Elle peut s'effectuer par les mêmes procédés que l'extraction du sélénium. L'un d'eux consiste à chauffer au rouge blanc, dans un creuset couvert, du tellurure de bismuth réduit en pâte avec son poids de potasse d'Amérique et de l'huile d'olive. On traite la masse fondue par l'eau bouillie qui se charge de tellurure de potassium, lequel est décomposé par l'oxygène de l'air avec production de tellure en paillettes métalliques (1). Il reste dans la liqueur du sulfure et du séléniure de tellure que l'on décompose par l'acide chlorhydrique (Berzelius).

Ou bien, on pulvérise finement la nagyagite, on la débarrasse des carbonates et des sulfures par des traitements répétés avec l'acide chlorhydrique chaud ; on lave avec de l'eau et l'on fait bouillir avec de l'acide nitrique concentré. On a ainsi une solution d'acide tellureux qu'on évapore. On reprend le résidu par l'acide chlorhydrique et l'on réduit par le gaz sulfureux (Berthier).

2° On chauffe le tellurure d'argent dans un courant de chlore. Il se forme d'abord du bichlorure, puis du tétrachlorure de tellure qui peut être isolé du chlorure d'argent par distillation. On décompose le tétrachlorure par l'acide chlorhydrique, et l'on précipite le tellure par le bisulfite. Le métalloïde retient généralement une assez grande quantité de sélénium ; on le purifie, à un certain degré, en le distillant dans un courant d'hydrogène qui entraîne les vapeurs de sélénium. On peut encore employer le procédé indiqué par Oppenheim.

3° On traite les schlichs tellurifères de Nagyag comme dans le procédé de Berthier, mais on substitue l'eau régale à l'acide nitrique. On précipite l'or de la solution à l'aide du sulfate ferreux ou mieux de l'acide oxalique ou de la glycérine ; puis on ajoute une lame de zinc qui, en présence de

(1) Le tellure obtenu par ce procédé peut être facilement purifié par un procédé dû à Oppenheim [*Répert. de Chim. pure*, t. III, p. 186]. On le pulvérise et on le fait bouillir pendant 8 ou 10 heures avec une solution de cyanure de potassium ; tout le soufre et tout le sélénium se dissolvent, à l'état de sulfocyanate et de séléniocyanate. Il se dissout un peu de tellure à l'état de tellurite (tellurocyanate selon Rose), mais cette petite quantité n'est pas perdue ; on filtre, on précipite le sélénium par l'acide chlorhydrique, on filtre de nouveau et l'on traite à l'ébullition par le sulfite de soude ; au bout de 24 heures tout le tellure s'est déposé.

l'acide chlorhydrique étendu, réduit le tellure à l'état d'une masse noirâtre. On la chauffe au rouge sombre pour volatiliser le chlorure de zinc. On lévige le produit et on le traite par l'acide sulfurique concentré pour enlever un peu d'argent. Puis on le convertit en acide tellureux, qu'on réduit par le bisulfite. Les premières portions précipitées renferment tout le sélénium s'il y en a. Il faut se rappeler qu'une solution de tellure saturée d'acide chlohydrique n'est pas précipitée par le gaz sulfureux; il est donc nécessaire d'étendre les liqueurs [Schroetter, *Wiener Acad. Ber.*, 1872, p. 80 et 135; *Wiener Anzeiger*, 1873, p. 57; et *Bull. de la Soc. chim.*, t. XVIII, p. 311, et t. XX. p. 502].

Propriétés physiques. — L'aspect du tellure est celui d'un métal cristallin d'un blanc assez éclatant. Les cristaux sont des rhomboèdres de 86° 57', isomorphes avec ceux de l'antimoine, de l'argent et du bismuth. On rencontre parfois en même temps le rhomboèdre inverse donnant une double pyramide hexagonale, la base et le prisme à six pans e^2, selon lequel il existe un clivage.

Le tellure est fragile, d'une dureté voisine de 2,5. Il conduit la chaleur et l'électricité, mais moins bien que les métaux proprement dits. Densité, 6,25. Chaleur spécifique, entre 98° et 18°, 0,04737. Il fond vers 500°, et se volatilise à une température supérieure (dans un courant d'hydrogène), en gouttelettes cristallines ou en aiguilles. La vapeur est d'un jaune d'or; elle fournit un beau spectre d'absorption caractérisé par des bandes qui courent du jaune au violet et qui sont en général moins réfrangibles que celles du soufre et du sélénium [Gernez, *Compt. rend.*, t XXIV, p. 1190]. La densité de cette vapeur rapportée à celle de l'air est de 9 à 1390° et 9,08 à 1439° [Deville et Troost, *Compt. rend.*, t. LVI, p. 891]. Par rapport à l'hydrogène, Dh = 130. [$\frac{1}{2}$ Te^2 = 128]. L'étincelle disruptive éclatant entre des pôles de tellure est blanc bleuâtre, et donne des raies caractéristiques dont voici les principales en longueurs d'onde :

643,7; 597,3...575,5; 570,7;
564,7; 557,4...544,7...521,7... (Thalén).

L'on obtient ainsi avec les tubes de Geissler ou par voie de combustion des bandes primaires à peu près aussi écartées que celles du soufre [*Ann. de Chim. et de Phys.*, (4), t. XXVIII, p. 48].

Propriétés chimiques. — Le tellure brûle avec une flamme bleu tendre, verdâtre intérieurement, en répandant des fumées d'anhydride tellureux. On perçoit en même temps une odeur faible et particulière (généralement due à des traces de sélénium). La lumière de la flamme donne un spectre de bandes.

L'*acide sulfurique* concentré et froid dissout un peu de tellure en se colorant en pourpre. Le métalloïde est précipité sans altération par un excès d'eau. Mais lorsqu'on chauffe légèrement, l'acide sulfurique est réduit, et il produit du gaz sulfureux et de l'acide tellureux qui cristallise par le refroidissement [Hilger, *Ann. der Chem. u. Pharm.*, t. CLXXI, p. 211]. La solution pourpre de tellure dans l'acide sulfurique fumant conservée en vase clos finit par devenir brune, une grande partie du tellure étant passée à l'état d'acide tellureux. Le tellure ne décompose pas l'*eau* au rouge; il est oxydé rapidement par l'*acide nitrique concentré*, il se forme de l'acide tellureux. L'*eau régale* donne un mélange d'acides tellureux et tellurique. L'*acide chlorhydrique* seul est sans action.

Fondu avec du *carbonate de potassium*, le tellure fournit du tellurure et du tellurite de potassium; la *lessive de potasse* à l'ébullition donne les mêmes produits. La solution, qui est rouge, se décolore par le refroidissement ou par l'addition d'une grande quantité d'eau; il se forme du tellure et de la potasse par une réaction inverse,

$$2K^2Te + K^2TeO^3 + 3H^2O = 6KHO + Te^3.$$

Fondu avec le *salpêtre*, le tellure donne des tellurates de potassium.

Le rôle chimique du tellure est celui d'un élément électro-négatif analogue au sélénium, mais plus faible que lui. Il donne un hydrure H^2Te et deux chlorures $TeCl^2$ et $TeCl^4$; il est diatomique et tétratomique. Le poids atomique généralement adopté (Te = 128), a été déterminé par V. Hauer à l'aide d'une analyse de bromotellurate de potassium, $2KBr.TeBr^4$. Berzelius avait trouvé 128,27 et 128,29.

COMBINAISONS DU TELLURE AVEC LES MÉTALLOÏDES MONATOMIQUES.

HYDROGÈNE TELLURÉ OU ACIDE TELLURHYDRIQUE, H^2Te. — Densité par rapport à l'air, 4,489 (Bineau; par rapport à l'hydrogène, Dh = 64,82, $\frac{1}{2}$ H^2Te = 65.

On l'obtient en traitant les tellurures alcalins ou terreux, ou ceux de zinc et de fer par l'acide chlorhydrique. Le tellurure de zinc se prépare facilement en fondant ensemble les deux éléments.

L'hydrogène telluré possède une odeur analogue à celle de l'hydrogène sulfuré, rougit le tournesol, se dissout dans l'eau et peut former en réagissant sur les oxydes et les hydrates des tellurures et des tellurhydrates, R^2Te, $RHTe$. Il brûle avec une flamme bleue. Il est décomposé par le chlore et par l'étain comme l'hydrogène sulfuré. Il est soluble dans l'eau. La solution est incolore; elle brunit à l'air ou par l'action du chlore en déposant du tellure; elle précipite les solutions métalliques en donnant des tellurures. Comme l'hydrogène sélénié, l'acide tellurhydrique se produit par synthèse directe lorsqu'on chauffe le tellure avec l'hydrogène. Si une partie du tube où s'opère la réaction est refroidie, on y voit paraître un anneau de tellure cristallisé dû à la décomposition du gaz, en vertu de la réaction inverse [A. Ditte, *Compt. rend.*, t. LXXXIV, p. 980, et *Bull. de la Soc. chim.*, t. XVII, p. 554].

CHLORURES DE TELLURE. — *Bichlorure*, $TeCl^2$. Lorsqu'on fait passer un courant lent de chlore sur du tellure fortement chauffé, on obtient des gouttelettes d'un liquide noir et volatil qui se solidifie bientôt en une masse amorphe. La vapeur de ce composé est pourpre et donne sous une très-faible épaisseur un beau spectre d'absorption avec des bandes dans l'orangé et dans le vert. C'est le chlorure $TeCl^3$. On peut encore l'obtenir avec le chlore et le tellurure d'argent naturel, ou bien en chauffant le tétrachlorure avec son poids de tellure finement pulvérisé [H. Rose, *Poggend. Ann.*, t. XXI, p. 443; — Berzelius, *Traité de Chimie*].

Ce corps absorbe l'humidité de l'air, mais ne fume pas. Traité par l'eau, il donne du tellure métallique et de l'acide tellureux qui reste dissous si l'on a acidulé préalablement la liqueur. Chauffé dans le chlore, il passe peu à peu à l'état de tétrachlorure, mais il faut renouveler fréquemment les surfaces. Traité par le carbonate de soude sec, il donne du tellurure et du tellurite. Il peut être fondu en toutes proportions avec le tellure et le tétrachlorure.

Tétrachlorure, $TeCl^4$. On l'obtient en faisant passer un courant de chlore assez vif sur du tellure modérément chauffé ou sur de l'anhydride tellureux porté à une température un peu inférieure à celle de sa fusion. C'est un corps blanc, cristallin, bien moins volatil que le bichlorure, facilement fusible en un liquide jaunâtre qui brunit avant de se volatiliser, peut-être à cause d'une réduction produite par des traces de matières organiques; sa vapeur est jaune foncé.

Il est très-déliquescent, mais ne fume pas; avec l'eau, il donne un liquide rendu laiteux par l'acide tellureux (par une combinaison de tétrachlorure et d'acide tellureux, selon Berzelius); avec l'eau aciduléc d'acide chlorhydrique en quantité suffisante pour dissoudre l'acide tellureux, la solution est tout à fait transparente et incolore.

Berzelius a signalé plusieurs combinaisons d'acide tellureux et de tétrachlorure de tellure; ces combinaisons sont solides et décomposables par un excès d'eau, l'une d'elles s'obtient en abandonnant simplement le tétrachlorure à l'air. Une autre est cristallisée et se dépose avec l'acide tellureux d'une solution bouillante de tétrachlorure. L'étude de ce corps est à reprendre [*Poggend. Ann.*, t. XXXII, p. 612].

Si l'on mêle une solution de chlorure de potassium avec une solution d'acide tellureux dans l'acide chlorhydrique, on obtient par évaporation de petits octaèdres jaunes citron déliquescents dans l'air humide, décomposables par l'eau et par l'alcool absolu et renfermant du tétrachlorure de tellure à l'état de combinaison avec le chlorure de potassium. Le chlorure d'ammonium donne aussi des cristaux octaédriques avec le chlorure de tellure (Berzelius).

En fondant du chlorure d'aluminium avec du tétrachlorure de tellure et en chassant l'excès de chlorure d'aluminium par une chaleur ménagée, R. Weber a obtenu un chlorure double renfermant $Al^2Cl^6, TeCl^4$ sous forme d'une masse blanc jaunâtre, très-fusible et très-soluble dans l'acide sulfurique étendu. Quand on la chauffe à une haute température, elle se décompose partiellement et s'enrichit en tellure [*Journ. für prakt. Chem.*, t. LXXVI, p. 313].

Le tétrachlorure de tellure absorbe le gaz ammoniac et donne une masse d'un jaune verdâtre renfermant $4AzH^3, TeCl^4$; ce corps peut être conservé dans l'air sec; l'eau le décompose en acide tellureux et sel ammoniac; chauffé, il dégage du sel ammoniac, de l'acide chlorhydrique, de l'azote, et il reste du tellure [Espenschied, *Journ. für prakt. Chem.*, t. LXXX, p. 480].

Bromures de tellure. *Bibromure*, $TeBr^2$. — Berzelius le prépare en distillant le tétrabromure sur du tellure divisé; il passe des vapeurs violettes qui se condensent en aiguilles noirâtres fusibles. La vapeur donne des bandes d'absorption dans le rouge et le jaune (Gernez). L'eau décompose le bibromure comme le bichlorure.

Tétrabromure, $TeBr^4$. — On dissout du tellure dans du brome refroidi à zéro, et l'on chasse l'excès de brome par évaporation (Berzelius). On peut encore verser de l'acide bromhydrique sur de petits morceaux de tellure, puis ajouter du brome et abandonner dans un flacon bouché que l'on remue de temps à autre; on a ainsi une solution de $TeBr^4$, d'un rouge rubis, qu'on évapore au bain-marie. Il cristallise du tétrachlorure hydraté [V. Hauer, *Journ. für prakt. Chem.*, t. LXXIII, p. 98].

Ce dernier corps présente une couleur rouge de rubis: quant au tétrabromure, il est d'un rouge jaune; il fond assez facilement en un liquide rouge foncé et se solidifie en prenant l'aspect cristallin. Il peut être sublimé sans décomposition et donne alors des aiguilles jaunes. Il se dissout en jaune rougeâtre dans une petite quantité d'eau, mais il est détruit par un excès d'eau avec formation d'acide tellureux.

La solution de tétrabromure donne avec les bromures alcalins des sels doubles d'un rouge de cinabre. Le composé potassique qu'on peut obtenir avec le chlorure de potassium, cristallise en prismes rhombiques courts et souvent tabulaires, parfois hémitropes avec angles rentrants. Il est stable dans l'air; l'eau et l'alcool en excès le décomposent. V. Hauer le prépare en ajoutant du brome à un mélange de tellure et d'une solution saturée de bromure de potassium. On agite de temps à autre, on chauffe légèrement pour chasser le brome, on décante, et le liquide refroidi abandonne des cristaux rouge foncé, presque opaques et brillants, qui renferment

$$2KBr, TeBr^4 + 3H^2O,$$

et s'effleurissent légèrement dans l'air sec. Ils sont solubles dans l'eau chaude, et abandonnent leur eau à une température peu élevée en devenant jaune orange. Si l'on chauffe davantage, ils se détruisent en perdant du bromure de tellure.

Iodures de tellure. — *Biiodure*, TeI^2. — Corps noir cristallin, indécomposable par l'eau bouillante, très-fusible, volatil, produit par l'union directe de l'iode et du tellure à une température peu élevée. On le débarrasse de l'iode en excès en chauffant légèrement; si l'on chauffait brusquement, il se dégagerait de l'iode et, selon Berzelius, il resterait un sous-iodure.

Tétraiodure, TeI^4. — On laisse en contact avec une solution d'acide iodhydrique de l'acide tellureux pulvérisé. Celui-ci se change alors en granules noirâtres et cohérents de tétraiodure. Une partie reste dissoute dans l'acide iodhydrique et la liqueur d'un brun noir, abandonnée dans le vide au-dessus d'un vase plein de chaux laisse déposer le même iodure en prismes d'un gris de fer. Le tétraiodure fond facilement et perd de l'iode à une température plus élevée. L'eau froide n'a que peu d'action sur lui. L'eau chaude le transforme en acide iodhydrique et oxyiodure de tellure d'un gris brunâtre pâle; $TeI^4, 2TeO^2$ (?) Ce corps serait indécomposable par l'eau (Berzelius). La solution du tétraiodure dans l'acide iodhydrique concentré, abandonnée dans le vide au-dessus de la chaux vive, fournit des cristaux quadrilatères d'aspect métallique, fusibles à la chaleur de la main lorsqu'on opère en tube fermé, mais perdant de l'acide iodhydrique sans fondre, lorsqu'on les chauffe vers 60° en vase ouvert. C'est une combinaison d'acide iodhydrique et d'iodure que Berzelius n'a pas analysée; mais on peut se demander si les cristaux d'iodure obtenus comme on l'a dit plus haut diffèrent réellement de ceux-ci.

En saturant exactement par un alcali une solution de tétraiodure de tellure dans l'acide iodhydrique, on obtient par évaporation des cristaux d'iodures doubles. Le composé potassique est en tables ou en prismes rhombiques d'un gris d'acier et présente l'éclat métallique. Il donne, avec une petite quantité d'eau, une liqueur brune; avec un excès, celle-ci se trouble et fournit un précipité. Le composé sodique est brun sans éclat métallique, il contient de l'eau de cristallisation et tombe en déliquescence dans l'air humide. Le composé ammonique est en petits octaèdres souvent hémitropes, d'un gris d'acier, solubles dans l'eau et dans l'alcool absolu.

Hexaiodure. — Berzelius a discuté les données qui peuvent faire croire à son existence. Nous renvoyons le lecteur à son ouvrage.

Fluorure de tellure, $TeFl^4$. — Si l'on évapore au bain-marie une solution d'acide tellureux dans l'acide fluorhydrique, on obtient un sirop qui se solidifie par le refroidissement en une masse granulaire d'un blanc laiteux. Cette sorte d'oxyfluorure, chauffé dans un creuset de platine, donne d'abord de l'eau et de l'acide fluorhydrique, puis un sublimé de tétrafluorure qu'on peut recueillir à la surface d'un autre creuset de platine refroidi intérieurement. Le tétrafluorure est solide, transparent, très-déliquescent; il s'amollit lorsqu'on le chauffe, et donne avec un excès d'eau un dépôt d'acide tellureux. Quant à l'oxyfluorure, lorsqu'on l'a porté au rouge, il se solidifie en une masse cristalline contenant encore du fluor, mais plus riche en oxygène.

COMBINAISONS DU TELLURE AVEC LES MÉTALLOÏDES DIATOMIQUES.

On connait deux composés oxygénés du tellure : l'anhydride tellureux TeO^2, correspondant à l'anhydride sulfureux, et l'anhydride tellurique TeO^3, correspondant à l'anhydride sulfurique. Ces anhydrides forment avec l'eau des acides TeO^3H^2 et TeO^4H^2, dont les sels (tellurites et tellurates) sont plus ou moins analogues aux sulfites et aux sulfates. L'oxyde TeO, qui correspondrait au bichlorure $TeCl^2$, n'a pas été préparé.

ANHYDRIDE TELLUREUX, TeO^2.—*Oxyde de tellure.* C'est le corps qui se produit quand le tellure brûle à l'air. Petz dit l'avoir rencontré à l'état natif (voyez TELLURITE). On le prépare aussi en chauffant légèrement l'acide tellureux ou sa solution. Si l'on dissout le tellure dans l'acide nitrique froid, on obtient une liqueur saturée d'acide tellureux qui laisse déposer spontanément au bout d'un certain temps des cristaux octaédriques d'anhydride tellureux. Densité à 20° = 5,93. L'anhydride tellureux est quelque peu soluble dans l'eau; la solution ne rougit pas le tournesol. Il se dissout mieux dans l'acide chlorhydrique et dans les alcalis caustiques; bouilli avec les carbonates alcalins, il donne des tellurites.

L'anhydride tellureux fond en un liquide transparent jaune foncé, qui donne par le refroidissement une masse blanche cristalline. Il est moins volatil que le tellure lui-même et beaucoup moins que l'acide antimonieux avec lequel on pourrait le confondre dans les essais au chalumeau.

ACIDE TELLUREUX, TeO^3H^2.— On traite par l'eau une dissolution de tellure dans l'acide nitrique (D = 1,25) préparée à froid et quelques minutes seulement à l'avance, ou bien on ajoute de l'eau à du tétrachlorure de tellure, ou enfin on précipite par l'acide nitrique le tellurite de potassium. Dans tous les cas, on obtient un corps blanc qui, après dessiccation sur l'acide sulfurique, est léger, d'un aspect terreux non cristallin : c'est l'acide tellureux; il est un peu soluble dans l'eau, rougit le papier de tournesol et possède une saveur métallique. Légèrement chauffé ou même spontanément sur le filtre sur lequel on le lave, il perd son eau et donne de l'anhydride tellureux; il ne rougit plus alors le tournesol.

L'acide tellureux est soluble dans les acides. La dissolution chlorhydrique concentrée est jaune; étendue ou saturée par un carbonate alcalin, elle laisse déposer de l'acide tellureux. Seule la solution nitrique abandonne spontanément et plus vite sous l'influence de la chaleur, de l'anhydride tellureux. On ne peut en évaporant ces solutions obtenir des sels de tellure; cependant, dans le cas des acides phosphorique et oxalique, on voit se déposer des poudres blanches. Lorsqu'on chauffe doucement du tellure pulvérisé et délayé dans un peu d'acide sulfurique, on développe une coloration pourpre; mais lorsque l'acide sulfurique a entièrement disparu, le tout se prend en une masse blanche, amorphe, terreuse, donnant à la langue une sensation de sécheresse, puis un goût métallique : c'est le sulfate de tellure $Te(SO^4)^2$(?). Il fond à une température plus élevée et perd une partie de son anhydride sulfurique, laissant un sous-sel qui se solidifie en une masse vitreuse [Berzelius, Magnus, *Pogg. Ann.*, t. X, p. 491]. Le sulfate de tellure se dissout dans les acides chlorhydrique et nitrique chauds; la solution saturée donne des grains cristallisés par le refroidissement.

La solution chlorhydrique d'acide tellureux précipite en brun par l'hydrogène sulfuré. Le sulfure est soluble dans le sulfhydrate d'ammoniaque.

Le chlorure de baryum donne dans la solution chlorhydrique un précipité insoluble dans l'ammoniaque. Le précipité blanc d'acide tellureux que forment l'ammoniaque et les carbonates alcalins dans la solution acide, est soluble dans un excès du réactif, ce qui distingue les sels tellureux des sels stanneux.

L'acide sulfureux, surtout à chaud, le chlorure d'étain, le zinc métallique donnent un dépôt noir de tellure; le glucose réduit aussi et complétement l'acide tellureux (en solution alcaline) [Stolba, *Bull. de la Soc. chim.*, t. XX, p. 175 et t. XXI, p. 569].

L'acide tellureux est bibasique; il donne des *tellurites neutres*, $TeO^3R'^2$, des *tellurites acides*,

$$TeO^3HR',$$

et enfin des *tellurites tétracides*,

$$TeO^3HR, TeO^3H^2.$$

On connait aussi des anhydrosels alcalins : exemple,

$$Te^2O^5K^2 = K^2O, 2TeO^2$$

et

$$Te^4O^9K^2 = K^2O, 4TeO^2.$$

Ils correspondent à des anhydrides formés par la déshydratation partielle de plusieurs molécules d'acide tellureux

$$2TeO(OH)^2 = \begin{matrix} TeO \diagup OH \\ \quad\;\; \diagdown O \\ TeO \diagup \\ \quad\;\; \diagdown OH \end{matrix} + H^2O$$

Les métaux lourds ne fournissent que des sels neutres, lesquels sont insolubles. Les sels des alcalis sont solubles, ceux des terres le sont beaucoup moins. Beaucoup de tellurites se dissolvent dans l'acide chlorhydrique en donnant une solution jaune qui ne dégage pas de chlore par la chaleur. — Pour les réactions, voyez TELLURE (ANALYSE).

ANHYDRIDE TELLURIQUE, TeO^3. — On l'obtient en chauffant les cristaux d'acide tellurique à une température inférieure au rouge. C'est une substance d'un jaune orangé, insoluble dans l'eau, même à chaud, dans l'acide chlorhydrique concentré et froid, dans l'acide nitrique bouillant et dans une lessive de potasse bouillante. Il perd de l'oxygène à une température élevée, mais cependant insuffisante pour que l'anhydride tellureux formé soit fondu. Il est attaqué par l'acide chlorhydrique chaud avec dégagement de chlore.

ACIDE TELLURIQUE, TeO^4H^2. — On le prépare en décomposant le tellurate de baryum par l'acide sulfurique. En évaporant la liqueur, on obtient des cristaux incolores, hexagonaux et souvent maclés, qui renferment $TeO^4H^2 + 2H^2O$. Ces cristaux se dissolvent lentement, mais abondamment dans l'eau froide, en toutes proportions dans l'eau bouillante. Ils sont insolubles dans l'alcool anhydre; la solution aqueuse rougit le tournesol, mais assez faiblement si elle est étendue;

elle a un goût métallique; elle est précipitée par l'alcool. Les cristaux s'effleurissent un peu au-dessus de 100°; en perdant toute leur eau de cristallisation et en donnant le véritable acide TeO^4H^2. Celui-ci se dissout très-lentement, quoique complétement, dans l'eau froide, un peu plus vite à l'ébullition; la liqueur concentrée donne l'hydrate cristallin décrit plus haut. Nous rappelons que le tellurate de baryum se prépare en fondant du tellure ou de l'anhydride tellureux avec du nitre et précipitant le tellurate de potassium formé à l'aide du chlorure de baryum.

L'acide sulfhydrique ne précipite pas immédiatement la solution étendue d'acide tellurique: au bout de quelque temps, la liqueur abandonnée, en vase fermé, dans une étuve, laisse déposer du sulfure tellurique brun clair, qui tapisse le flacon d'un dépôt doué de l'éclat métallique. La solution chlorhydrique d'acide tellurique est réduite et devient noire par le chlorure stanneux, mais la réaction n'a pas lieu tout d'abord. De même la glucose réduit complétement le tellurate de potasse alcalin, mais l'action est fort lente (Stolba).

L'acide tellurique est bibasique, il donne des tellurates correspondant aux tellurites

$$TeO^4R'^2 \ldots\ TeO^4R'H \ldots\ TeO^4R'H,\ TeO^4H^2.$$

On connaît aussi des anhydrosels, comme

$$Te^4O^{13}K^2 = K^2O.4TeO^3,$$

et des sels basiques, comme

$$TeO^6Ag^6 = 3\,Ag^2O.TeO^3.$$

Les métaux lourds donnent surtout des sels neutres; les sels alcalins neutres et acides sont solubles, les anhydrosels le sont à peine.

Les solutions chlorhydriques des tellurates sont incolores, elles ne se troublent pas lorsqu'on les étend d'eau; bouillies, elles dégagent du chlore; elles noircissent et laissent déposer du tellure lorsqu'on les traite par l'acide sulfureux ou les sulfites; la précipitation est lente, elle exige quelquefois l'application de la chaleur.

Les tellurates chauffés au rouge donnent des tellurites. — Voyez TELLURE (ANALYSE).

SULFURES DE TELLURE. — Le tellure fournit deux sulfures correspondant à ses deux oxydes, chacun d'eux donne des sulfosels.

Sulfure tellureux, TeS^2. — C'est une substance d'un brun foncé qui se ramollit et se décompose sans fondre lorsqu'on la chauffe; elle prend par le refroidissement un éclat demi-métallique. On l'obtient en traitant l'acide tellureux par l'hydrogène sulfuré, ou en exposant à l'air une solution de sulfotellurite alcalin; il se forme du sulfure tellureux et de l'hyposulfite alcalin. Les sulfotellurites alcalins possèdent, d'après Berzelius, une composition représentée par la formule

$$TeS^5R^6 = TeS^3R^2,\ 2R^2S.$$

On les prépare en saturant par le gaz sulfhydrique les tellurites correspondants. Ils sont bruns à l'état anhydre, jaunes à l'état hydraté. Ils donnent facilement avec l'eau une solution jaune pâle. Ils peuvent être calcinés en vase clos sans perdre de soufre ni de tellure. Les sulfotellurites de baryum, de strontium et de calcium se préparent en faisant bouillir des sulfures correspondants avec du sulfure tellureux et de l'eau, et en évaporant dans le vide; ils sont un peu solubles. Les sels des métaux lourds s'obtiennent par double décomposition; ils sont insolubles.

Sulfure tellurique, TeS^3. — On l'obtient par l'action de l'acide sulfhydrique sur l'acide tellurique (voir plus haut). Oppenheim a décrit des sels qui correspondent à ce corps, et qu'on prépare en saturant les tellurates de sodium ou de potassium par l'hydrogène sulfuré. On filtre pour séparer le sulfure tellurique précipité et l'on évapore. La liqueur rouge laisse déposer des cristaux jaunes de sulfotellurate. Dans le cas du sel de soude, on peut, au lieu de séparer le sulfure de tellure par filtration, ajouter de la soude et continuer à faire passer le courant gazeux: le sulfure de tellure se dissout et la solution évaporée presque à sec donne le sulfotellurate sous forme d'aiguilles d'un jaune de soufre.

SÉLÉNIURE DE TELLURE. — Lorsqu'on fond du tellure avec du sélénium, la combinaison des deux corps s'opère avec dégagement de chaleur. Le produit est d'aspect métallique, très-fusible, volatil et distillable. Chauffé à l'air, il s'oxyde et forme des gouttes incolores et limpides, qui sont peut-être du sélénite de tellure.

COMBINAISONS DU TELLURE AVEC LES MÉTALLOÏDES TRIATOMIQUES ET TÉTRATOMIQUES.

Parmi les corps appartenant à ces deux classes, on ne connaît que les alliages de tellure et de bismuth, lesquels s'obtiennent en toute proportion. — Voyez aussi TÉTRADYMITE.

COMBINAISONS DU TELLURE AVEC LES MÉTAUX.

Le tellure donne des tellurures et des tellurhydrates alcalins, analogues aux sulfures et sulfhydrates R^2Te, $HRTe$. On les obtient avec le gaz tellurhydrique et les alcalis, ou bien en fondant le tellure avec du carbonate alcalin mêlé de charbon (*flux noir*), et reprenant par l'eau bouillie; on a une solution couleur pourpre qui ne renferme probablement que des tellurhydrates, et qui laisse déposer tout son tellure par l'action de l'air atmosphérique. La plupart des tellurures métalliques sont de vrais alliages et s'obtiennent par fusion.

COMBINAISONS ORGANIQUES DU TELLURE.

Les tellurures des radicaux alcooliques contiennent, comme les tellurures métalliques, R^2Te, R représentant CH^3, C^2H^5, etc. Ils ont été d'abord obtenus par Wœhler qui a signalé leur aptitude à fixer deux atomes monatomiques, pour donner des corps analogues à $R^2Te''Cl^2$. Cahours en a fait une étude approfondie et a vu qu'ils se combinaient directement aux iodures alcooliques, donnant ainsi des iodures R^3TeI et toute une série de combinaisons semblables aux dérivés des sulfines. — Voyez AMYLE (t. II, p. 242), ÉTHYLE (t. II, p. 1331), MÉTHYLE (t. II, p. 414). G. S.

TELLURE (ANALYSE). — Nous traiterons dans cet article : 1° de la recherche du tellure et des acides tellureux et tellurique; 2° de la séparation et du dosage de ces différents corps.

I. — RECHERCHE DU TELLURE ET DE SES ACIDES.

Au chalumeau. — Les composés du tellure sont réduits sur le *charbon* dans la *flamme intérieure*. Le métalloïde réduit se volatilise, s'oxyde et forme autour de l'essai une auréole blanche, orangée sur les bords, d'anhydride tellureux. Ce caractère pourrait faire confondre le tellure avec l'antimoine, le bismuth ou le sélénium, mais l'odeur servira à reconnaître le sélénium; de plus, en dirigeant le dard réducteur sur l'auréole du tellure, celle-ci disparaîtra en colorant la flamme en vert bleuâtre, tandis que l'antimoine aurait donné dans les mêmes circonstances une coloration blanc bleuâtre, et que le bismuth n'aurait fourni aucune coloration. Grillés dans le *tube ouvert*, les tellurures naturels donnent de l'anhydride tellureux. Celui-ci se volatilise entièrement, donnant un sublimé blanc qu'on peut, par l'application d'une douce chaleur, réunir en gouttes transparentes. L'acide antimonieux dans le tube ouvert ne se sublime que partiellement, laissant un résidu (Sb^2O^4), et l'oxyde de bismuth fond en un liquide brun sans presque émettre de vapeurs. Avec le *borax* et le *sel de phosphore*, l'acide tellureux donne un verre incolore qui devient gris sur le charbon et contient du tellure réduit. Avec la *soude* sur le charbon, il y a production de tellurure de sodium qui pénètre dans le charbon. Si on chauffe dans le *tube fermé* de l'acide tellureux, de la soude et du charbon jusqu'au rouge et qu'on ajoute quelques gouttes d'eau bouillie, on aura une solution pourpre de tellurure, abandonnant du tellure par l'action de l'air.

Par voie humide. — Les tellurures alcalins et alcalino-terreux, ceux de zinc et de fer sont décomposés par les *acides* avec production d'hydrogène telluré. Les tellurures naturels sont solubles dans l'*acide nitrique* avec production d'acide tellureux. Les tellurures naturels étant pulvérisés et placés dans une capsule avec un peu d'eau et un morceau d'amalgame de sodium, colorent l'eau en violet. La présence du sulfure de fer peut masquer la réaction, mais il suffit de jeter l'eau et de recommencer le traitement pour voir apparaître la coloration [Kustel, *Bull. de la Soc. chim.*, t. XX, p. 174]. Les solutions acides d'acide tellureux ont des caractères que nous avons décrits p. 299. Quant aux tellurites, ils donnent généralement avec l'*acide chlorhydrique* une solution jaune qui ne dégage pas de chlore par l'ébullition; lorsque ces solutions ne sont pas trop acides, elles précipitent de l'acide tellureux par l'addition d'un excès d'eau.

Les tellurites alcalins précipitent en brun par l'*hydrogène sulfuré* ou par le *sulfhydrate d'ammoniaque*; le précipité est très-soluble dans le sulfhydrate d'ammoniaque et dans les alcalis. L'*acide sulfureux* et l'*acide phosphoreux* (phosphatique) réduisent les tellurites. Il est bon pour que la précipitation soit complète qu'il y ait en présence une quantité d'acide chlorhydrique suffisante pour précipiter et redissoudre l'acide tellureux; l'acide tellureux donne avec le *sulfate de magnésie* et le sel ammoniac un tellurite ammoniaco-magnésien non cristallin. Le précipité correspondant de l'acide sélénieux est cristallisé [Hilger, *Bull. de la Soc. chim.*, t. XXII, p. 501].

Les caractères de la solution acide d'acide tellurique sont décrits plus haut. Les tellurates se décomposent *au rouge* et dégagent de l'oxygène. Ceux qui sont solubles ne précipitent pas par un excès d'*eau*; la *calcination* peut en rendre un certain nombre insolubles.

L'*acide chlorhydrique* peut dissoudre à froid les tellurates sans les décomposer. Cette solution, qui est incolore, ne précipite pas par un excès d'eau lorsqu'il y a un petit excès d'acide chlorhydrique. Si l'on fait bouillir, il se dégage du chlore et il se forme de l'acide tellureux qui peut précipiter par l'eau, etc. La solution chlorhydrique du tellurate est réduite par l'acide *sulfureux*.

Les tellurates neutres précipitent en blanc le *chlorure de baryum*, le tellurate produit se dissout dans les acides. Comme on a vu plus haut, l'action de l'*hydrogène sulfuré* sur la solution étendue d'acide tellurique donne au bout d'un certain temps du sulfure tellurique.

II. — SÉPARATION ET DOSAGE DU TELLURE ET DE SES ACIDES.

A. Réduction par l'acide sulfureux. — Le tellure est amené à l'état d'acide tellureux; pour cela, les tellurures naturels sont traités par l'acide azotique, les tellurites sont dissous dans un excès d'acide chlorhydrique, les tellurates ou les tellurites traités par l'acide azotique sont maintenus à l'ébullition avec l'acide chlorhydrique jusqu'à cessation de l'odeur de chlore. Les liqueurs sont traitées à une douce chaleur par l'acide *sulfureux*, si l'on veut doser les alcalis, ou par *un sulfite alcalin*. Il est bon, surtout si les liqueurs sont concentrées, d'abandonner en vase bouché le précipité de tellure avec de l'acide sulfureux en excès, pendant plusieurs jours et dans un endroit chaud; on décante alors la liqueur chlorhydrique, on lave le précipité dans la fiole avec de l'eau chargée d'acide sulfureux, on jette sur un filtre pesé, on sèche à une douce chaleur et on pèse. Il convient de traiter à chaud les liqueurs filtrées par une nouvelle dose de sulfite pour s'assurer que la précipitation est complète.

B. Précipitation a l'état de sulfure. — L'hydrogène sulfuré précipite complétement l'acide tellureux de ses dissolutions chlorhydriques. On peut dessécher le sulfure TeS^2 au-dessous de 100° et le peser, mais il vaut mieux, si l'on craint d'avoir un excès de soufre, l'oxyder par l'eau régale, ou par l'acide chlorhydrique et le chlorate de potasse, ou enfin par le chlore en présence de l'eau. On chauffe avec de l'acide chlorhydrique, et l'on réduit l'acide tellureux selon la méthode indiquée en A.

C. — Réduction du tellure par le cyanure de potassium. — Ce procédé, imaginé par Oppenheim et perfectionné par H. Rose, s'applique aux acides oxydés du tellure et à leurs sels. On place la substance dans un matras peu fusible traversé par un courant d'hydrogène, on la mélange avec 10 ou 12 fois son poids de cyanure de potassium et l'on chauffe jusqu'à la fusion; au bout d'un quart d'heure on laisse refroidir dans l'hydrogène, on emplit le matras d'eau et on le retourne sur l'eau. La masse se dissout et tombe dans le vase inférieur; la solution colorée en rouge renferme du tellurure de potassium. Par l'action d'un courant d'air, celui-ci abandonne tout son tellure, qui est recueilli et pesé. Un peu de tellure peut s'être oxydé et dissous à l'état de tellurite, on le précipite par l'acide sulfureux dans la liqueur filtrée additionnée d'acide chlorhydrique [*Repert. de Chim. pure*, t. III, p. 186 et 385, 1861].

D. — Dosage de l'anhydride tellureux a l'état libre. — S'il n'y a avec l'acide tellureux que de l'acide nitrique ou chlorhydrique, il suffit, pour chasser ceux-ci, de chauffer à 200°. En élevant la température jusqu'au point de fusion de zinc, on peut chasser de même l'acide sulfurique sans volatiliser l'acide tellureux (H. Rose).

E. — Dosage de l'acide tellurique a l'état de tellurate basique d'argent. — Ce procédé est dû à Berzelius : on précipite la solution de tellurate par le nitrate d'argent en léger excès, on dissout le précipité dans l'ammoniaque, on chasse celle-ci par l'évaporation, on recueille sur un filtre pesé, on sèche avec précaution et l'on pèse. Ce précipité renferme $3Ag^2O.TeO^3$. Rose conseille, pour plus de sûreté, d'y doser l'argent.

F. — Séparation du tellure et des métaux par le chlore gazeux. — On se sert de l'appareil figuré t. II, p. 1628. Il se produit, selon la température et la rapidité du courant gazeux, l'un ou l'autre des chlorures de tellure. S'il y a eu formation de bichlorure, l'eau acidulée d'acide chlorhydrique du tube B renferme du tellure; comme le contenu de ce tube doit être réduit par l'acide sulfureux à l'état de tellure, on ne s'en préoccupe pas. Si le courant de chlore a été très-prolongé et si l'on craint la présence de l'acide tellurique dans le liquide B, on le traitera à chaud par l'acide chlorhydrique avant de le réduire. La séparation réussit bien avec la plupart des métaux (plomb, cuivre, or, argent, fer); dans le cas du mercure, on peut précipiter le mercure du liquide B, à froid, et les liqueurs étant étendues, par l'acide phosphatique. Dans la liqueur séparée du calomel, au bout de 24 heures, on dosera le tellure selon A.

G. — Séparation du tellure et de l'or. — On dissout dans l'eau régale et on réduit l'or par le sulfate ferreux; on chasse l'acide azotique et l'on précipite le tellure sans s'inquiéter du fer, avec l'acide sulfureux. On peut aussi, l'acide nitrique étant séparé autant que possible, réduire à la fois le tellure et l'or par l'acide sulfureux, peser, puis traiter par l'acide nitrique qui ne dissout que le tellure. On peut enfin traiter selon F.

H. — Séparation des acides du tellure et des métaux : chrome, uranium, nickel, cobalt, zinc, fer et manganèse. — Elle s'effectue en liqueurs acides à l'aide de l'acide sulfureux (beaucoup mieux qu'avec l'hydrogène sulfuré). On ne peut obtenir de bonnes séparations en traitant le mélange des sulfures par le sulfhydrate d'ammonium qui dissoudrait uniquement le sulfure de tellure. Il va sans dire que l'on réduit d'abord les tellurates à l'état de tellurites avec l'acide chlorhydrique.

I. — Séparation des acides du tellure et des métaux : cuivre, bismuth, cadmium, étain, antimoine, arsenic. — Elle doit se faire à l'aide de l'acide sulfureux, mais, d'après Berzelius, le tellure précipité contient du bismuth.

J. — Séparation des acides du tellure et de l'argent. — On précipite celui-ci par l'acide chlorhydrique et le tellure par l'acide sulfureux.

K. — Séparation des acides du tellure et du mercure. — On peut chasser le mercure de la combinaison sèche par la calcination avec le carbonate alcalin et la chaux; on reprend le résidu par l'acide chlorhydrique et l'on traite selon A. Si l'on veut opérer par voie humide, on dissout dans l'eau régale. On étend l'eau et l'on précipite à froid le mercure à l'état de calomel par l'acide phosphatique. Au bout de 24 à 36 heures, on filtre et on précipite le tellure selon A.

L. — Séparation des acides du tellure et du plomb. — On dissout dans l'acide nitrique, on étend avec de l'eau à laquelle on a ajouté 1/8 de son volume d'alcool et on précipite le plomb par l'acide sulfurique étendu, on lave le sulfate à l'eau alcoolisée et on le pèse. On chauffe la liqueur pour chasser l'alcool, on chasse l'acide nitrique par l'acide chlorhydrique et l'on continue selon A.

M. — Séparation des acides du tellure et des terres, terres alcalines et alcalis. — On précipite l'acide tellureux par l'hydrogène sulfuré, ou bien s'il n'y a pas de base susceptible de donner un sulfate insoluble, par l'acide sulfureux. Les sels alcalins solides peuvent être analysés par calcination avec le sel ammoniac (5 p.). Le tellure se volatilise et il reste un chloruré alcalin qu'on pèse. Une seconde calcination est parfois nécessaire. G. S.

TELLURE (Min.) [Syn. *Sylvanite de Kirwan, tellure natif auro-ferrifère*]. — Tellure mélangé avec un peu de fer et d'or. Se trouve en petites masses compactes ou granulaires, rarement en cristaux prismatiques hexagonaux, d'un gris de fer et d'un éclat métallique. Se trouve dans le grès à la mine Maria-Lorette, près de Zalathna (Transylvanie), avec quartz, pyrite et or.

Caractères. — Dans le tube fond et donne un sublimé d'acide tellureux. Au chalumeau, brûle en donnant des fumées d'acide tellureux et en colorant la flamme en vert.

Dureté, 2 à 2, 5. Fragile. Poussière blanc d'étain, Densité, 6, 1 à 6, 3.

Forme cristalline. — Rhomboédrique, $pp = 86° 57'$. Faces observées : p, $e^{1/2}$, e^2, a^1. Clivage : e^2 parfait, a^1 imparfait. F. et S.

TELLURE AURIFÈRE. — Voyez Sylvanite.

TELLURE AURO-ARGENTIFÈRE. — Voyez Sylvanite.

TELLURE AURO-PLOMBIFÈRE. — Voyez Nagyagite.

TELLURE BISMUTH. — Voyez Tétradymite.

TELLURITE (Min.). — Acide tellureux (?) en petites masses blanchâtres, rayonnées, ou terreuses, trouvées à la surface du tellure natif de Zalathna.

TENGÉRITE (Min.). — Enduit mince, blanc, terreux, se trouvant à la surface des cristaux de gadolinite, d'Ytterby. C'est, d'après Swanberg et Tenger, un carbonate d'yttrium. Donne de l'eau dans le tube et fait effervescence avec les acides.

TENNANTITE (Min.) [Syn. *Cuivre gris arsénical, kupferblende*]. — Sulfo-arséniure de cuivre, avec fer, zinc, argent, $4Cu^2S, As^2S^3$. Une partie de l'arsenic est souvent remplacée par de l'antimoine; les variétés antimonifères forment le passage de la tennantite à l'espèce isomorphe panabase.

Cristaux présentant la forme générale du dodécaèdre rhomboïdal b^1, modifié par le tétraèdre ou l'octaèdre a^1. D'un éclat métallique. Trouvé anciennement dans les mines des Cornouailles, et plus récemment à Skutterud (Norvége) et en Algérie.

Caractères. — Attaquable par l'acide azotique, avec séparation de soufre. Dans le tube bouché, donne un sublimé de sulfure d'arsenic; dans le tube ouvert, un sublimé d'acide arsénieux et une odeur sulfureuse. Au chalumeau, sur le charbon, fond facilement en donnant des fumées arsénicales et en laissant un globule gris foncé magnétique. Avec le flux, réactions du cuivre et du fer, après grillage.

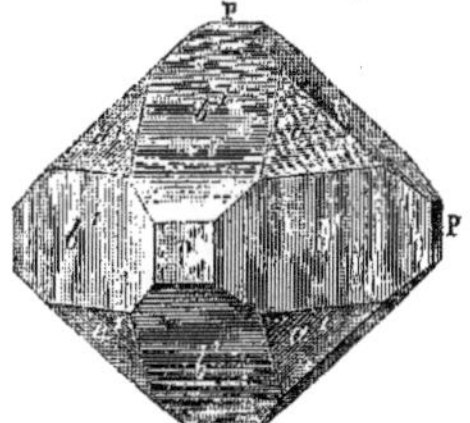

Fig. 750. — Tennantite.

Dureté, 3,5 à 4. Cassure inégale. Poussière gris rougeâtre foncé. Densité, 4,37 à 4,53.

Forme cristalline. — Cubique; faces, b^1, a^1, p, a^2. Clivage b^1 imparfait. F. et S.

TÉNORITE (Min.). — Oxyde de cuivre CuO, en lamelles hexagonales biréfringentes à deux axes (d'après Maskeline). Transparent ou translucide et brun à la lumière transmise; d'un éclat métallique, gris d'acier ou noir; poussière noire. Trouvé dans les crevasses de la lave du Vésuve.

Forme cristalline. — Orthorhombique (?), présente deux clivages égaux sous l'angle de 72°. Jeunsch a décrit comme orthorhombique de l'oxyde de cuivre cristallisé dans un fourneau ayant des angles de

$$mm = 99°59; \; mb^{1/2} = 126°29.$$

TÉPHROÏTE (Min.). — Orthosilicate manganeux $Mn^2SiO^4 = 2MnO.SiO^2$, avec des proportions variables de magnésie, de zinc, de fer et des traces de chaux. Masses cristallines, clivables dans trois directions rectangulaires : un des clivages est facile et net, le deuxième moins parfait, le troisième difficile. Cassure inégale, éclat assez vif. Gris de cendre ou brun rougeâtre; translucide. La surface devient souvent brune ou noire à l'air.

Se trouve avec franklinite et zincite à Sparta, à Stirling (New-Jersey), et à Pajsberg (Wermeland) avec rhodonite.

Caractères. — Soluble en gelée dans l'acide chlorhydrique, sans dégagement de chlore; au chalumeau, fond en une scorie nacrée, les variétés magnésifères plus difficilement que les autres. Pour les flux, réactions du manganèse et du fer.

Dureté, 5,5 à 6. Poussière gris pâle. Densité, 4 à 4,12.

Forme cristalline. — Orthorhombique. F. et S.

TÉRACRYLIQUE. — Voyez PYROTÉRÉBIQUE.

TÉRATOLITE (Min.). [Syn. *Eisensteinmark* (Breithaupt)]. — Argile lithomarge violacée (Haüy). Bol formant des couches compactes, quelquefois poreuses et offrant des empreintes végétales, dans la formation carbonifère des environs de Planitz, près Zwickau (Saxe).

TÉRÉBÈNE, $C^{10}H^{16}$. — Ce nom a été donné par M. Deville au carbure isomérique qu'il a obtenu par l'action modificatrice de l'acide sulfurique concentré sur l'essence de térébenthine. Suivant cet auteur, il posséderait l'odeur du thym, entrerait en ébullition vers 160° et produirait avec l'acide chlorhydrique un sous-chlorhydrate $(C^{10}H^{16})^2HCl$. Il formerait avec le chlore et le brome des composés de substitution. [*Ann. de Chim. et de Phys.*, (2), t. LXXV, p. 37.]

M. Riban a montré que le corps ainsi obtenu est un mélange de cymène très-abondant et de véritable térébène qu'il a isolé à l'état pur et dont il a fait connaître les principales propriétés [Riban, *Bull. de la Soc. Chim.*, t. XIX, p. 242; t. XX, p. 100 et 244; t. XXI, p. 4 et 171; — *Compt. rend. de l'Acad. des Sciences*, t. LXXVI, p. 1547; t. LXXVII, p. 483; t. LXXVIII, p. 288; t. LXXIX, p. 314; *Ann. de Chim. et de Phys.*, (5), t. VI, p. 232].

Préparation. — On obtient le térébène en versant peu à peu dans de l'essence de térébenthine bien rectifiée et contenue dans un ballon refroidi par un courant d'eau, 1/20 environ de son poids d'acide sulfurique concentré; on agite fréquemment. Il se forme deux couches, l'une inférieure, brune, formée en partie par l'acide sulfurique ajouté; l'autre, supérieure, constituée par le carbure modifié. Après 24 heures, la couche surnageante est décantée et distillée. Il se dégage de l'acide sulfureux en abondance et de l'eau; on recueille jusqu'à 250° environ. Le résidu de la cornue contient du colophène ou ditérébène et des polymères supérieurs à ce dernier, mal définis et désignés sous le nom de méta-térébenthène. Le carbure distillé et desséché est soumis à un nouveau traitement à l'acide sulfurique, suivi d'une nouvelle distillation pour éliminer le colophène qui s'est encore formé sous l'influence polymérisante de cet acide. On répète ces traitements jusqu'à ce que le produit obtenu ne présente plus la plus faible trace de déviation au polarimètre, on le lave à la soude caustique concentrée pour le débarrasser de produits sulfurés fétides et colorants, et on le fractionne. Il fournit alors: 1° le térébène; 2° le cymène; 3° dans quelques cas, une petite quantité de matière camphrée; 4° du colophène; 5° des produits supérieurs à ce dernier et visqueux. Le térébène et le cymène sont séparés par des fractionnements qui durent plusieurs semaines, quoique facilités par l'emploi du déflegmateur de M. Wurtz modifié par MM. Lebel et Henninger.

On ne considérera le térébène comme pur que lorsque, bouillant vers 156°, il se prend complétement en masse cristalline par l'action du gaz chlorhydrique.

Propriétés. — Le térébène pur est liquide, incolore, mobile, d'une odeur faible difficile à définir, non congélable à — 27°, bouillant à 156° (corrigé). Son pouvoir rotatoire est nul.

Sa densité à 0° = 0,8767. La densité aux diverses températures entre 0° et 100° est fournie par la relation

$$D_t = 0,8767 - 0,00081925\, t. - 0,000000252\, t^2.$$

Indice de réfraction pour la raie D à la température de + 25° : $n_D = 1,4626$. Energie réfringente spécifique : 0,5403 [Riban, *loc. cit.*]. Le térébène, isomère liquide du térébenthène, correspond à la formule $C^{10}H^{16}$ déduite de sa composition centésimale, de sa densité de vapeur (procédé Hofmann) = 4,79, calcul 4,70, (de sa combinaison chlorhydrique) $C^{10}H^{16}, HCl$.

Le térébène n'est pas altéré par une chaleur de 300° longtemps soutenue; il ne se forme pas de corps polymères.

Le protochlorure d'antimoine $SbCl^3$ le transforme en un carbure solide et amorphe, le tétratérébène.

Il constitue un groupement moléculaire très-stable, susceptible d'être engagé dans une combinaison et d'en ressortir avec ses caractères primitifs. Cette stabilité relative permet de comprendre pourquoi le térébène est le terme ultime des transformations intramoléculaires auquel aboutissent ses divers isomères lorsqu'on les soumet à des actions non ménagées.

Le térébène absorbe l'oxygène avec lenteur et finit, au bout d'un très-long temps, par devenir visqueux. Mais il est bien moins oxydable que le térébenthène, et des expériences comparatives ont montré que les quantités d'oxygène absorbées dans un même temps par le térébenthène et le térébène sont sensiblement entre elles comme 2:1.

Traité par l'acide sulfurique, le térébène se polymérise en se convertissant en grande partie en ditérébène (colophène); le reste est brûlé par l'oxygène de l'acide sulfurique en se transformant en cymène, avec production simultanée d'acide sulfureux et d'eau, en vertu de l'équation suivante :

$$\underset{\text{Térébène.}}{C^{10}H^{16}} + SO^4H^2 = \underset{\text{Cymène.}}{C^{10}H^{14}} + SO^2 + H^2O.$$

Ainsi s'explique dans la préparation du térébène la présence d'une proportion considérable de cymène, qui peut égaler, dans certaines circonstances, la quantité de térébène obtenue. On peut isoler le cymène en traitant à froid par l'acide sulfurique concentré les parties de cette préparation bouillant vers 175°; les traces de térébène qui la souillent sont polymérisées et l'on sépare ainsi, après distillation, le cymène pur, bouillant comme celui du camphre à 174-176 (corrigé); fournissant le cymyl-sulfite de baryum : $(C^{10}H^{13}SO^3)^2Ba + 3H^2O$. Il ressort de plus de ces expériences que la soustraction de H^2 dans la molécule du térébène élève le point d'ébullition de 20° [Riban. *loc. cit.*]

M. Wright [*Journ. of the Chem. Soc.*, (2), t. XI, p. 70.] a contesté cette interprétation de la formation du cymène par l'action de l'acide sulfurique. M. Riban a répondu à ces objections [*Bull. de la Soc. Chim.*, nouv. sér., t. XXI, p. 4], et montré que la réduction du térébène en cymène dans ces conditions s'effectue à très-basse température : elle a déjà lieu au voisinage de 0° et marche plus rapidement à la température ambiante. M. Orlowski [*Deutsche Chem. Geselsch.*, 1873, p. 1257] a contrôlé et adopté l'interprétation de ce dernier auteur.

Soumis à l'action du gaz chlorhydrique sec, le térébène se transforme en une masse cristalline de monochlorhydrate $C^{10}H^{16}, HCl$. Il en est de même si on l'abandonne au contact d'une solution aqueuse de cet hydracide.

Saturé en solution alcoolique ou éthérée par le même gaz, il ne fournit que le monochlorhydrate précédent et point de bichlorhydrate. Il partage avec les camphènes ce caractère de ne pouvoir donner qu'un monochlorhydrate et jamais de bichlorhydrate. L'action de l'acide bromhydrique est analogue à la précédente.

Traité par le mélange d'alcool et d'acide nitrique, il ne produit pas d'hydrate cristallisé.

D'après MM. Favre et Silbermann [*Ann. de Chim. et de Phys.*, (3), t. XXXIV, p. 257], la chaleur de combustion du térébène serait 10662 calories; suivant M. Berthelot [*Ann. de Chim. et de Phys.*, (4), t. XX, p. 521], ce corps, par l'action de l'acide iodhydrique, fournirait les hydrures successifs du térébène jusqu'à l'hydrure saturé $C^{10}H^{22}$; mais le térébène pur et défini n'étant pas encore isolé à l'époque où ont été effectués ces divers travaux, il serait utile de faire de nouvelles déterminations.

D'autre part, MM. Bauer et Verson [*Zeitsch. für Chem.*, nouv. sér., t. V, p. 402, et *Bull. de la Soc. Chim.*, nouv. sér., t. XIII, p. 239] auraient transformé le diamylène en térébène, en passant par le rutylène chloré, $C^{10}H^{17}Cl$, traité par la potasse alcoolique. Le carbure obtenu fournissait un sous-chlorhydrate de térébène $(C^{10}H^{16})^2$, H Cl. Comme l'on sait aujourd'hui que le sous-chlorhydrate de térébène n'existe pas, ces expériences demandent à être reprises.

DÉRIVÉS DU TÉRÉBÈNE. — MONO-CHLORHYDRATE DE TÉRÉBÈNE : $C^{10}H^{16}$, H Cl. [Riban, *loc. cit.*].

Préparation. — On obtient ce corps en faisant passer un courant lent de gaz chlorhydrique bien desséché dans du térébène refroidi par un courant d'eau; il ne se forme que des traces de produits liquides, la masse est comprimée dans des papiers jusqu'à ce qu'elle ne les tache plus. Le chlorhydrate brut ainsi obtenu ne renferme pas la quantité de chlore théorique (il n'en contient que 18 à 19 p. 0/0 environ au lieu de 20,57) à cause d'un commencement de dissociation de la substance à la température ordinaire. Pour avoir le corps pur, il faut introduire la matière brute dans un ballon spacieux que l'on remplit de gaz chlorhydrique sec et qu'on scelle à la lampe ; on sublime alors à une température inférieure à 100° et on enferme rapidement le produit dans des vases bouchés à l'émeri.

Propriétés. — Le monochlorhydrate de térébène est un corps solide, blanc, se présentant en cristaux pennés qui rappellent entièrement par leur aspect le monochlorhydrate de térébenthène (camphre artificiel). Il est cependant moins cireux, plus dur que ce dernier. Il fond à la température de 125°. Le point de fusion ne peut être déterminé avec exactitude que dans un vase scellé, plein de gaz chlorhydrique, s'opposant à la dissociation de la substance.

Abandonné à lui-même, en vase ouvert, le chlorhydrate de térébène dégage lentement de l'acide chlorhydrique; il en est de même s'il est mis dans une atmosphère limitée sur de la chaux absorbant le gaz acide à mesure qu'il se produit.

Lavé à l'eau froide, le chlorhydrate de térébène abandonne à ce liquide son acide chlorhydrique et se transforme en un mélange de carbure $C^{10}H^{16}$ cristallisé (β camphène inactif) et d'un peu de chlorhydrate inaltéré que l'on peut détruire par les solutions alcalines chaudes. L'eau, à 100°, produit l'élimination rapide et totale de l'acide chlorhydrique, mais le carbure régénéré est maintenant liquide : c'est le térébène primitif. La décomposition de ce chlorhydrate par l'eau en fonction du temps a été étudiée et l'on a donné une courbe représentant la marche du phénomène.

La potasse alcoolique, à 100°, régénère le térébène :

$$C^{10}H^{16},HCl + KOH = C^{10}H^{16} + KCl + H^2O.$$

Le stéarate de soude, à la température de 180°, engendre l'isomère solide $C^{10}H^{16}$, qu'on a nommé β-camphène, pour réserver la question de son isomérie avec l'α-camphène, obtenu par l'action du benzoate de soude sur le chlorhydrate de térébenthène. Le β-camphène est toujours accompagné d'une certaine quantité de son isomère liquide, le térébène. Après purification, il fond à + 45°, comme les autres camphènes connus. Le chlorhydrate de térébène est isomérique avec les monochlorhydrates solides de même formule examinés jusqu'à ce jour. On le distingue du chlorhydrate de térébenthène en ce qu'il se décompose rapidement par l'eau, à 100°, avec régénération de carbure $C^{10}H^{16}$, caractère qu'il partage avec les chlorhydrates de camphène et l'éther chlorhydrique du bornéol; mais ces derniers régénèrent un carbure *solide*, camphène, tandis que le chlorhydrate de térébène régénère un carbure *liquide*, térébène. Le chlorhydrate de thérébenthène, au contraire, ne se décompose pas sensiblement par l'eau à 100°. Ce sont là des distinctions radicales établissant l'isomérie de ces divers chlorhydrates et permettant de les caractériser par des essais qualitatifs rapides.

BROMHYDRATE DE TÉRÉBÈNE. $C^{10}H^{16}$, HBr. — S'obtient de la même façon que le chlorhydrate, et présente les mêmes caractères extérieurs et les mêmes réactions; il est bien moins stable que son congénère. J. R.

TÉRÉBÉNIQUES (CARBURES). — *Généralités* [voir : Berthelot, *Leçons professées devant la Soc. chim. de Paris*, année 1863 ; — Riban, *Ann. de Chim. et de Phys.*, (5), t. VI, p. 1, et 473]. On désigne par cette expression, dérivée du mot térébenthène, la série de carbures de formule générale, C^nH^{2n-4}, pour laquelle M. Berthelot a adopté depuis longtemps la dénomination de série camphénique.

Les carbures térébéniques de formule $C^{10}H^{16}$ doivent seuls nous occuper ici à un point de vue général, leur étude individuelle ayant été présentée avec détail dans cet ouvrage.

Ces hydrocarbures sont contenus, les uns dans les essences naturelles, d'autres moins nombreux, mais bien mieux étudiés, sont dérivés d'un type naturel modifié dans sa constitution moléculaire par les procédés du laboratoire. Tels sont, par exemple, les divers corps isomériques dans lesquels on a successivement transformé l'essence de térébenthine.

On a quelquefois rapproché de cette série, des carbures tels que ceux des essences de cubèbe et de copahu, $C^{15}H^{24}$, qui appartiennent en réalité à la série C^nH^{2n-6}.

Les carbures térébéniques contenus dans les essences s'y trouvent généralement mélangés : 1° à des produits plus volatils indéterminés; 2° assez souvent à du cymène; 3° à des composés oxygénés liquides ou solides (stéaroptènes), d'une nature parfois inconnue, mais souvent à fonction bien définie : aldéhydes, camphres, acétones, phénols, etc., etc.; 4° à des polymères du carbure $C^{10}H^{16}$; 5° enfin à des acides de la série grasse et plus spécialement aux acides acétique et formique.

On arrive souvent à extraire le carbure térébénique de ce mélange complexe par de longs fractionnements effectués avec un déphlegmateur convenable; si malgré cela il est encore souillé de composés oxygénés (et c'est le cas le plus général), on parviendra à s'en débarrasser par l'action d'un agent chimique approprié; c'est ainsi que le traitement par la potasse éliminera ou détruira les acides, les éthers, les aldéhydes, les phénols; le bisulfite de soude enlèvera les aldéhydes et les acétones; enfin le sodium se combinera aux dernières traces de camphre ou d'autres produits oxygénés.

La séparation du cymène pourra se faire dans l'état actuel de la science que par fractionnements. Cette dernière voie est toujours fort imparfaite, avec d'autant plus de raison que certains carbures térébéniques bouillent à la même température que le cymène. Aussi est-il préférable, lorsqu'on n'a en vue que de constater la présence de ce dernier corps, de recueillir les portions bouillant vers 176°, de les traiter, en évitant tout échauffement, par l'acide sulfurique concentré qui polymérise le carbure $C^{10}H^{16}$ et laisse inattaqué le cymène que l'on sépare en distillant dans un courant de vapeur d'eau et qu'on purifie en le transformant en cymylsulfite de baryum, etc.

Les carbures naturels ou artificiels bouillent les uns vers 156°, les autres vers 175°. Ils s'unissent pour la plupart aux éléments de l'eau en donnant des hydrates cristallisés et stables. Traités par le gaz chlorhydrique, ils fournissent, suivant leur nature et les conditions expérimentales, un ou plusieurs chlorhydrates, qui sont les combinaisons les plus caractéristiques de cette série de carbures.

Ainsi on aura tantôt un monochlorhydrate ou un bichlorhydrate solide, tantôt une combinaison de ces deux corps affectant l'état liquide, ou bien encore un monochlorhydrate ou un bichlorhydrate liquide. Ces derniers sont sans doute moins communs qu'on ne le pense, et tel carbure naturel, qui a fourni de ces produits liquides, bien débarrassé du cymène et autres substances étrangères qui l'accompagnent, donnerait probablement des chlorhydrates *solides* que de faibles traces d'impuretés maintenaient dissous en grande quantité.

Les carbures térébéniques sont susceptibles de polymérisation sous l'influence d'agents variés : chaleur seule, acide sulfurique, fluorure de bore, protochlorure d'antimoine, etc. C'est ainsi que l'on obtient dans une foule de réactions du colophène $C^{20}H^{32}$, du tétratérébenthène $C^{40}H^{64}$, et d'autres polymères $(C^{10}H^{16})^n$ non étudiés.

En dehors du citrène et du térébenthène, on peut dire que l'étude des autres carbures naturels a été peu approfondie : aussi nous arrêterons-nous quelques instants sur le térébenthène et les carbures isomériques que l'on en dérive, leur étude ayant été faite avec plus de soin et de développements.

Le térébenthène engendre sous des influences convenables le terpilène, les isotérébenthènes, les camphènes, le térébène, série de corps représentant 5 types des mieux caractérisés, auxquels bien d'autres viendront un jour se rapporter. Comprenons-les dans une étude parallèle au point de vue physique et chimique.

A. *Point de vue physique.* — Tous ces carbures d'hydrogène sont liquides, sauf les camphènes; ils bouillent à 156°, à l'exception des isotérébenthènes bouillant à 175°. Parmi ces carbures, les uns sont inactifs, terpilène et térébène; les autres présentent divers états optiques : les camphènes offrent les variétés droite, gauche et inactive; les isotérébenthènes α et β sont tous les deux gauches, quoique dérivés le premier d'un carbure dextrogyre, le second d'un carbure lévogyre; un isotérébenthène sensiblement inactif a été obtenu par synthèse en partant de l'isoprène. Enfin, le térébenthène fournit une variété droite et une gauche, mais point qui soit inactive.

Il est à remarquer que certaines variétés optiques, actives ou inactives, peuvent être obtenues à volonté par le choix d'un agent convenable; c'est ainsi que, si l'on engendre certains de ces carbures, les camphènes par exemple, dans un milieu alcalin, neutre ou rendu acide par un acide organique faible, tel que l'acide stéarique, on obtient des espèces actives; si, au contraire, l'hydrocarbure prend naissance dans un milieu à acide plus énergique, acide acétique, chlorhydrique, sulfurique, les produits obtenus sont inactifs, et si, de plus, l'action de ces derniers agents n'est pas ménagée, on aboutit à un terme final, le térébène, le corps le plus stable de la série.

L'indice de réfraction identique pour le térébenthène et le térébène est plus considérable pour les isotérébenthènes.

Les densités des carbures isomériques dérivés du térébenthène dont on a donné la loi du décroissement par la chaleur dans l'étude individuelle de chacun de ces corps, varient généralement en passant d'une espèce à une autre. Si l'on considère en effet ces densités pour une même température de 60° par exemple, pour que le camphène alors liquide soit comparable aux autres carbures, ceux-ci seront classés comme il suit dans l'ordre croissant de leurs densités :

Isotérébenthène........ ...	0,8116
Térébène..........	0,8266
Térébenthène............	0,8271
Camphène...............	0,8738

En résumant tout ce qui est connu des propriétés physiques du térébenthène et des isomères qui en dérivent, on trouve : 1° que le térébenthène et le térébène ont les mêmes constantes; 2° que les isotérébenthènes s'éloignent par toutes leurs propriétés physiques des autres isomères liquides; 3° que les camphènes n'ont avec ceux-ci qu'un seul caractère commun, le point d'ébullition.

Tous ces corps ont donc une ou plusieurs caractéristiques de leur isomérie purement physique. (Riban, *loc. cit.*)

B. *Point de vue chimique.* — Si l'on considère les carbures térébéniques à l'égard de leur affinité pour l'oxygène, on observe que, toutes conditions égales d'ailleurs, la quantité d'oxygène absorbée par chacun d'eux n'est pas la même :

	Quantité absorbée par 100 p. de matière, en 35 jours.
β. isotérébenthène..........	11,18 °/₀
Térébenthène..............	0,99
Térébène..................	0,56

Ces nombres sont entre eux en chiffres ronds comme 20 : 2 : 1. Tel est l'ordre de l'affinité décroissante de ces corps pour l'oxygène. L'oxydabilité relative du terpilène n'a pas été examinée, pas plus que celle du camphène : ce dernier carbure, étant solide, ne se prête pas à des déterminations comparatives.

Examinons les carbures térébéniques dans leur combinaison avec l'acide chlorhydrique; ici les déterminations ont pu être effectuées sur tous les termes de la série.

1° Le terpilène se combine d'emblée à l'acide chlorhydrique pour former un bichlorhydrate solide $C^{10}H^{16}, 2HCl$.

2° L'α et le β-isotérébenthène s'unissent au gaz chlorhydrique, en fournissant un liquide mélangé de mono et de bichlorhydrate, dont le rapport varie avec les conditions expérimentales; ce mélange est résoluble pour l'α-isotérébenthène en bichlorhydrate et monochlorhydrate, l'un et l'autre *solides*; pour le β-isotérébenthène en bichlorhydrate *solide* et monochlorhydrate *liquide*. Si l'on change les conditions et que l'on emploie une solution éthérée du carbure, il ne se forme que du bichlorhydrate.

3° Le térébenthène s'unit également au gaz chlorhydrique avec dégagement de chaleur, mais l'action s'arrête franchement ici à la formation de deux monochlorhydrates isomériques, l'un solide, l'autre liquide. Les déterminations indiquent donc une affinité moins prononcée pour l'acide chlorhydrique que dans les deux corps qui précèdent. Ce qui vient corroborer cette manière de voir, c'est que, si l'on dissout à son tour le térébenthène dans l'éther, on obtient une combinaison $C^{10}H^{16}$, 2HCl + $2C^{10}H^{16}$, HCl, là où l'isotérébenthène fournissait du bichlohydrate, composé plus riche en hydracide.

4° Les camphènes et le térébène n'absorbent le gaz chlorhydrique qu'avec lenteur, en ne dégageant que peu de chaleur et ne produisant que des monochlorhydrates solides, facilement décomposables. Ces carbures dissous dans l'éther ou d'autres dissolvants ne fournissent jamais que des monochlorhydrates sans que ce terme puisse être dépassé.

Terpilène, isotérébenthènes, térébenthène, camphènes, térébène représentent le classement de ces corps dans l'ordre de leur affinité décroissante pour les agents (oxygène ou acide chlorhydrique), mis en expérience.

Isomérie des chlorhydrates solides

$C^{10}H^{16}$, HCl.

— Tous ces chlorhydrates cristallisent en agglomérations de cristaux en barbe de plume; rien dans leur aspect, s'ils sont purs, ne peut les faire distinguer les uns des autres. M. Riban est parvenu néanmoins à montrer leur isomérie par un examen attentif de leurs points de fusion dans une atmosphère de gaz chlorhydrique qui s'oppose à leur dissociation, et par l'étude de la décomposition de ces chlorhydrates par l'eau à la température ordinaire et à 100°.

1° *Points de fusion :*

Chlorhydrate de térébène..........	125°
— de térébenthène......	131-132°
— des divers camphènes.	146°
Éther chlorhydrique des bornéols..	

— A l'égard de leur point de fusion ces matières forment trois catégories, représentant chacune un type spécial indépendant, mis encore en évidence par l'action de l'eau;

2° *Action de l'eau à la température ordinaire.* — Le chlorhydrate de térébenthène reste absolument indécomposé; tous les autres se décomposent en abandonnant de l'acide chlorhydrique en quantité d'autant plus grande qu'ils sont moins stables.

3° *Action de l'eau à 100°.* — Le chlorhydrate de térébenthène n'abandonne que des traces d'acide chlorhydrique; tous les autres monochlorhydrates sont rapidement décomposés, ils perdent la totalité de leur acide chlorhydrique; le carbure constituant étant mis à nu. La décomposition de ces divers chlorhydrates, $C^{10}H^{16}HCl$, par 25 fois leur poids d'eau en fonction du temps est résumée dans le tableau suivant :

TEMPS en heures.	TÉRÉBÈNE.	CAMPHÈNE (inactif).	CAMPHÈNE (actif.)	ÉTHER chlorhydrique du bornéol.	TÉRÉBENTHÈNE.
h	gr	gr.	gr.	gr.	gr.
0,50	0,097	0,105	»	0,059	0,0004
1,50	0,140	0,145	0,134	0,105	0,0012
3,00	»	0,169	0,155	0,136	0,0034
3,50	0,171	»	»	»	0,0028
7,50	0,195	0,196	0,189	0,161	0,0061
12,50	0,201	0,202	0,200	0,166	0,0101
15,00	»	»	»	»	0,0125

En prenant pour abscisses les temps et pour ordonnées les quantités d'acide chlorhydrique éliminées, on a pu construire des courbes qui rendent sensibles l'isomérie de ces divers chlorhydrates.

Il ressort de leur examen : 1° que le chlorhydrate de térébenthène n'éprouve que des traces de décomposition représentée par une ligne droite.

2° Que les chlorhydrates des camphènes et du térébène sont rapidement décomposés par l'eau et que leurs courbes à concavité tournée vers l'axe des x sont très-voisines comme toutes les propriétés de ces deux ordres de chlorhydrates, ce qui porterait à penser que l'on doit considérer les camphènes comme les isomères solides du térébène.

3° Que l'éther chlorhydrique des bornéols,

$C^{10}H^{16}$, HCl

se décompose moins rapidement par l'eau que les chlorhydrates de camphène, et que, par conséquent, il n'est point identique avec ces derniers, quoique comme eux il régénère un camphène par cette action de l'eau.

Ces considérations et d'autres expériences qu'on ne peut analyser ici permettent de diviser ces chlorhydrates en deux classes :

A. Chlorhydrates indécomposables par l'eau : monochlorhydrate des térébenthènes (indécomposables par l'eau, de même que les sulfates de chaux et de plomb sont classés dans la catégorie des sulfates insolubles).

B. Chlorhydrates aisément décomposables par l'eau : chlorhydrate des camphènes, éther chlorhydrique du bornéol, chlorhydrate de térébène, les deux premiers régénérant ainsi des carbures *solides*, les camphènes, le dernier un carbure *liquide*, le térébène.

Il existe donc trois types bien tranchés de monochlorhydrates, auxquels un certain nombre de corps analogues que l'on étudiera ultérieurement viendront sans doute se rapporter; savoir : *chlorhydrate de térébenthène, chlorhydrate de camphène, chlorhydrate de térébène.* Ces trois types se sont déjà révélés dans l'examen des points de fusion.

On a déduit de tout ceci un moyen pratique et rapide, étant donné un chlorhydrate, de reconnaître à quel type il appartient :

Le chlorhydrate est broyé avec de l'eau bleuie par du tournesol sensible.

A. Le liquide reste bleu indéfiniment. On chauffe quelques décigrammes de matière à 100° avec 25 fois son poids d'eau dans un tube scellé horizontal durant 4 heures.

La masse surnageante restée inaltérée est solide à la sortie du bain et a conservé sa forme de fragments; l'eau soutirée et acidifiée par l'acide azotique donne avec l'azotate d'argent un louche ou quelques rares flocons de chlorure d'argent : *chlorhydrate de térébenthène*, fusible dans le gaz chlorhydrique à 132°. Le sens de la déviation optique indique sa provenance.

B. Le liquide passe lentement ou instantanément au rouge. On chauffe alors de même quelques décigrammes avec 25 fois leur poids d'eau.

a. La masse surnageante est liquide à la sortie du bain, l'eau soutirée donne un précipité très-abondant et caillebotté par le nitrate d'argent : *chlorhydrate des divers camphènes, éther chlorhydrique des bornéols, chlorhydrate de térébène.*

b. La masse surnageante s'est complétement figée par le refroidissement (camphène régénéré) : *chlorhydrate des camphènes, éther chlorhydrique des bornéols*, fusibles dans HCl à 146°. L'examen optique du chlorhydrate primitif indique si l'on avait un corps actif ou inactif et le sens de la déviation sa provenance.

c. La masse surnageante est restée liquide après refroidissement (térébène régénéré) : *chlorhydrate de térébène*, fusible dans HCl à 125°. Sans action sur la lumière polarisée. (Riban, *loc. cit.*)

Nous avons classé les carbures térébéniques d'après l'ordre de leur affinité décroissante pour l'acide chlorhydrique dans l'ordre suivant :

Terpilène, isotérébenthènes, térébenthène, camphènes, térébène. Le térébenthène placé au centre de cette série transversale dont il est le générateur, est le seul qui ne puisse être régénéré de ses combinaisons avec ses caractères primitifs, il en ressort toujours modifié isomériquement, formant ainsi au gré de l'expérimentateur les carbures qui le précèdent et le suivent.

L'affinité de ces carbures pour l'acide chlorhydrique est croissante si l'on s'éloigne vers la gauche du térébenthène, décroissante si l'on s'éloigne vers la droite.

Les isotérébenthènes, les camphènes, le térébène et le terpilène peuvent être régénérés de leurs combinaisons chlorhydriques et en ressortir avec leurs caractères primitifs.

Parmi les divers carbures classés ci-dessus, les uns, terpilène, isotérébenthènes, térébenthène, peuvent être considérés à l'égard de l'acide chlorhydrique comme tétratomiques dans l'état actuel de la science ; les autres : camphènes et térébène comme diatomiques. On ne connaît pas encore de carbure térébénique franchement hexatomique ; un carbure saturé $C^{10}H^{16}$, également prévu par les théories, reste encore à découvrir.

Constitution du térébenthène et de ses isomères [Beilstein et Hirzel, *Zeitsch. chim.*, nouv. sér., t. II, p. 204 ; *Bull. de la Soc. chim.*, t. VI, p. 388 ; — Bauer et Verson, *Ann. der Chem. u. Pharm.*, t. CLI, p. 52 ; *Ann. de Chim. et de Phys.*, (4), t. XIX, p. 455 ; — Berthelot, *Bull. de la Soc. chim.*, t. XI, p. 189 ; — Wright, *Journ. Chem. Soc.*, (2), t. XI, p. 699 ; — Oppenheim, *Deutsch. Chem. Gesells.*, t. V, p. 94, et t. VI, p. 915 ; *Bull. de la Soc. chim.*, t. XVII, p. 321, et t. XX, p. 560 ; — Kékulé, *Deutsch. Chem. Gesellsch.*, t. VI, p. 437 ; *Bull. de la Soc. chim.*, t. XX, p. 297 ; — G. Bouchardat, *Compt. rend.*, t. LXXX, p. 1446.]

M. Berthelot a donné [*Bull. de la Soc. chim.*, *loc. cit.*] une théorie complète de la série $C^{10}H^{16}$ et de ses dérivés. Pour cet auteur, le térébenthène et ses isomères dérivent d'un carbure hypothétique, le *térène*, C^5H^8. M. Greville Williams d'une part, et Hlasiwetz de l'autre, ont fait connaître des carbures isomériques ou identiques avec le térène. Le valérylène de M. Reboul possède également la même composition.

Plusieurs molécules de térène constituent par leur union le térébenthène, ses isomères, ses polymères :

$2C^5H^8 = C^{10}H^{16}$ térébenthène et isomères.
$3C^5H^8 = C^{15}H^{24}$ sesquitérébène, copahuvène, cubébène, etc.
$4C^5H^8 = C^{20}H^{32}$ le ditérébène, etc.

et ainsi de suite ; le térébenthène et les carbures plus élevés et de même composition centésimale seraient donc considérés comme des polymères du carbure fondamental, le térène C^5H^8. Nous renvoyons au mémoire original pour le développement de cette théorie.

Pour déterminer la constitution probable du térébenthène, M. Kekulé s'appuie sur le fait bien constaté de sa transformation facile en cymène, fait qui a été constaté par lui-même, ainsi que par MM. Barbier, Oppenheim, Greville Williams, Riban. Il admet, en conséquence, que ce carbure d'hydrogène renferme 6 atomes de carbone unis ensemble comme ils le sont dans la benzine. Dans ce noyau ou anneau benzique, si l'on remplace 1 atome d'hydrogène par un groupe méthylique et un autre atome d'hydrogène par un groupe isopropyle, cette substitution s'accomplissant dans les positions 1 et 4 on a le cymène,

```
        H                  CH³
        |                   |
        C                   C
     ⁄     ⸌             ⁄     ⸌
  HC         CH      HC          CH
  ‖          |       ‖           |
  HC         CH      HC          CH
     ⸌     ⁄             ⸌     ⁄
        C                   C
        |                   |
        H                  C³H⁷.
    Benzine.             Cymène.
```

Mais comme l'essence de térébenthine renferme 2 atomes d'hydrogène de plus que le cymène, il faut admettre, en outre, que la double liaison entre 2 atomes de carbone voisins est supprimée par l'addition de ces 2 atomes d'hydrogène et que, en conséquence, le noyau benzique du térébenthène ne présente que deux doubles liaisons au lieu de trois. Reste à déterminer la position de ces doubles liaisons. On peut choisir à cet égard entre deux formules pour le noyau générateur du térébenthène, savoir :

```
          H                        H
          |                        |
          C                        C
       ⁄     ⸌                  ⁄     ⸌
(1)  HC        CH    et (2)  H²C        CH
     ‖         |             |          |
     HC        CH²           HC         CH²
       ⸌     ⁄                  ⸌     ⁄
          C                        C
          |                        |
          H²                       H.
```

La dernière paraît préférable à M. Kekulé. Il exprime, en conséquence, la constitution du térébenthène par la formule :

```
         CH³
          |
          C
       ⁄     ⸌
   H²C         CH
     |         |
    HC         CH²
       ⸌     ⁄
          C
          |
         C³H⁷.
```

qui représente une *méthyle-isopropyle-hydrobenzine*.

Par l'addition de 2 atomes de brome sur ce carbure une double liaison est supprimée de nouveau et les 2 atomes de brome se fixent, par exemple, de la façon suivante :

```
        BrCH³
          \/
          C
       ⁄     ⸌
   H²C         CHBr
     |         |
    HC         CH²
       ⸌     ⁄
          C
          |
         C³H⁷.
```

Si maintenant on vient enlever 2 molécules d'acide bromhydrique à ce produit d'addition, les 2 atomes de brome enlèvent 1 atome d'hydrogène à chacun des groupes CH^2 placés à côté d'eux, et il se forme du cymène. Ainsi la formation du cymène s'explique facilement avec cette formule (2) : il n'en serait de même si l'on choisissait la formule (1).

Ces formules expliquent la formation des produits d'oxydation du térébenthène. Elles rendent également compte des nombreuses combinaisons du térébenthène et de ses isomères, comme les formules de M. Berthelot précédemment citées. J. R.

TÉRÉBENTHÈNE. — On donne aujourd'hui ce nom au carbure $C^{10}H^{16}$ contenu dans l'essence de térébenthine (voyez ce mot). Quelques auteurs emploient encore à tort l'expression essence de térébenthine comme synonyme de térébenthène (allemand *terpentinöl*, anglais *turpentine-oil*); elle doit être réservée pour désigner le produit brut et complexe obtenu par l'industrie et sur lequel ont porté d'ailleurs bon nombre d'expériences anciennes.

La composition du térébenthène a été nettement établie par M. Dumas [*Ann. de Chim. et de Phys.*, (2), t. L, p. 230]; ses variétés sont nombreuses, le terébenthène gauche extrait de l'essence française du *Pinus maritima* et le térébenthène droit du *Pinus australis* ont seuls été bien étudiés.

Préparation. — Pour préparer le térébenthène pur exempt de toutes modifications optiques, M. Berthelot distille dans le vide au bain-marie la térébenthine brute préalablement mélangée à un carbonate alcalin pour saturer les acides libres qu'elle contient [Berthelot, *Ann. de Chim. et de Phys.*, (3), t. XL, p. 5]. On obtient, suivant M. Riban, ce carbure également très-pur et beaucoup plus aisément en fractionnant l'essence de térébenthine du commerce, de façon à recueillir les parties distillant au voisinage de 150°. Les portions recueillies vers cette température présentent le pouvoir rotatoire maximum. L'essence est ainsi débarrassée, 1° de carbures plus volatils et non étudiés qui la souillent; 2° de petites quantités de cymène qu'elle peut contenir; 3° de produits oxygénés assez abondants et variables avec la durée de son exposition à l'air.

Propriétés. — Le térébenthène pur, $C^{10}H^{16}$, est un liquide incolore, mobile, d'une odeur spéciale bien connue, brûlant avec une flamme éclairante fuligineuse, bouillant de 159°,5 à 163° (Berthelot), à 156°,5 (Riban).

Le pouvoir rotatoire du térébenthène gauche obtenu par distillation de la térébenthine dans le vide est pour la teinte sensible : $[\alpha]j = -42°,35$ (Berthelot). Obtenu par le fractionnement de l'essence de térébenthine commerciale, son pouvoir rotatoire pour la raie D est : $[\alpha]d = -40°,32$ [Riban, *Ann. de Chim. et de Phys.*, (5), t. VI, p. 14]. Ce dernier chiffre sera plus fort que le précédent si l'on fait la correction pour le ramener à la teinte sensible.

Il ne varie plus par une ébullition prolongée à l'abri de l'air, mais est diminué à partir de la température de 100° sous l'influence inexpliquée de certains agents tels que les acides organiques, les chlorures et fluorures terreux, etc. (voyez plus bas) [Berthelot, *Ann. de Chim. et de Phys.*, (3), t. XXX, p. 267].

M. Gernez a étudié la variation du pouvoir rotatoire de l'essence de térébentine, et non pas deutérébenthène, en fonction de la température; elle est représentée par la formule

$$[\alpha]D = 36{,}61 - 0{,}004437 . t.$$

Le pouvoir rotatoire moléculaire de la vapeur de cette essence est presque rigoureusement le même que celui du liquide supposé à la même température [Gernez, *Compt. rend.*, t. LVIII, p. 1108].

Le térébenthène gauche dévie dans le même sens le plan de polarisation de la chaleur; le pouvoir rotatoire calorifique est un peu plus faible que le pouvoir rotatoire optique [de la Provostaye et Desains, *Ann. de Chim. et de Phys.*, (3), t. XXX, p. 267].

Le térébenthène de l'essence anglaise extraite du *Pinus australis* est dextrogyre, son pouvoir rotatoire rapporté à la teinte sensible est : $[\alpha]j = +18°,9$ [Berthelot, *loc. cit.*]. Il subit les mêmes modifications que celui de l'essence gauche.

La densité du térébenthène gauche à 0° = 0,8767. Ses densités entre 0° et 100° sont données par l'équation :

$$Dt = 0{,}8767 - 0{,}00008213\ t - 0{,}00000010\ t^2.$$

Son indice pour la raie D à la température de + 20° : $nj = 1{,}4618$. Énergie réfringente spécifique 0,5403 [Riban, *loc. cit.*]. Son indice de réfraction à la température de + 24°, suivant Gladstone et Dale [*Phil. Mag.*, (4), 1870, t. XXXIX, p. 232] est : $nj = 1{,}4653$; si l'on fait la correction relative à la différence de température, ce chiffre se confond avec le précédent. Sa chaleur spécifique moyenne par la méthode des mélanges est, entre 100° et 15° : 0,4672, entre 20° et 15° : 0,426. Elle croît rapidement avec la température [Regnault, *Ann. de Chim. et de Phys.*, (2), t. LXXIII, p. 5 et suiv., et (3), t. IX, p. 322]. Sa chaleur de combustion est de 10852 calories. On a trouvé, par la méthode du calorimètre à mercure, pour sa chaleur spécifique moyenne entre 155° et la température ambiante 0,4073 et pour sa chaleur latente de vaporisation 68,734 unités [Favre et Silbermann, *Ann. de Chim. et de Phys.*, (3), t. XXXIV, p. 357 et t. XXXVII, p. 406].

Action de la chaleur. — Suivant les expériences de M. Berthelot [*Ann. de Chim. et de Phys.*, (3), t. XXXIX, p. 5], la chaleur modifie, vers la température de 250°, le pouvoir rotatoire du térébenthène en le diminuant :

Substances examinées.	température du bain.	Durée de l'expérience.	Densité.	Déviation pour la teinte de passage sous une épaisseur de 100 millim.
I. Essence française	non surchauffée.	»	0,8654 à + 15°	— 35°,4
—	vers 250°	7 à 8 h.	»	— 32°,45
— en dissolution dans l'alcool.	vers 360°	1 h. 30	»	— 12°,0
II. Essence anglaise..........	non surchauffée.	»	0,8065 à + 15°	+ 18°,6
— chauffée à	250°	4 h.	0,8657 à + 15°	+ 15°,3
— —	250°-260°	4 h.	»	+ 11°,8
— —	250°-260°	60 h.	0,9072 à + 11°	— 8°,55
— —	250°-300°	37 h.	»	— 5°,6

Le carbure a pris une odeur citronnée; il est devenu très-oxydable et se trouve maintenant changé en un mélange de polymères et d'isotérébenthène, carbure isomérique lévogyre dont la formation permet d'expliquer le changement de signe du pouvoir rotatoire de l'essence anglaise par la surchauffe.

L'essence de térébenthine française lévogyre donne un isotérébenthène lévogyre, mais isomérique avec celui que fournit l'essence dextrogyre [Riban, *Ann. de Chim. et de Phys.* (5), t. VI, p. 216 et *Compt. rend.*, t. LXXIX, p. 223]. — Voyez le mot TÉRÉBENTHÈNE (ISO-).

L'essence de térébenthine suisse éprouve des

transformations analogues aux précédentes, mais le pouvoir rotatoire de l'essence de citron ne varie pas par la surchauffe, ce qui fournit un moyen d'y reconnaître de l'essence de térébenthine qui y serait frauduleusement introduite.

Au delà de 360° le térébenthène commence à se décomposer en dégageant des gaz. Par l'action de la chaleur rouge il se détruit complétement en donnant de la benzine, du toluène, du cumolène, du cymène, de la naphtaline [Berthelot, *Ann. de Chim. et Phys.*, (4), t. XVI, p. 165].

L'ensemble des faits qui précèdent permet d'expliquer ce fait qu'en distillant, à plusieurs reprises à feu nu, un mélange d'essence de térébenthine et de brique pilée, M. Bouchardat obtenait un liquide pouvant dissoudre avec facilité le caoutchouc et susceptible d'applications industrielles [A. Bouchardat, *Compt. rend. de l'Acad.*, t. XX, p. 1836].

Action de l'oxygène. — Le térébenthène absorbe rapidement l'oxygène, soit pur, soit à l'état de mélange dans l'air atmosphérique, il devient visqueux et se résinifie. Ce phénomène est accompagné d'une combustion lente du carbure qui donne naissance à de l'acide acétique [Boissenot et Persoz, *Ann. de Chim. et de Phys.*, (2), t. XXXI, p. 442], à de l'acide formique [Weppen et Kolbe, *Ann. der Chem. u. Pharm.*, t. XLI, p. 294; — Laurent, *Revue scient.*, t. X, p. 126], et à une petite quantité d'acide carbonique.

Voici d'après M. Berthelot [*loc. cit.*] la quantité d'oxygène absorbée et d'acide carbonique produite après 30 jours, la matière étant placée sur le mercure dans une cloche pleine d'oxygène.

Substances employées.	Poids d'oxygène absorbé par 100 p. en poids d'essence.	Poids d'acide carbonique formé par 100 p. d'essence.
1. Essence de térébenthine française (lévogyre)...	3,4	0,1
2. Essence anglaise (dextrogyre)............	4,7	»
3. Essence suisse (lévogyre)...............	4,9	»

Enfin un autre produit de la combustion lente du térébenthène est le cymène, $C^{10}H^{14}$, que l'on trouve en faible proportion dans les vieilles essences de térébenthine longtemps abandonnées au contact de l'air : le carbure, dans ce cas, a perdu H^2 avec formation d'une quantité correspondante d'eau [Wright, *Journ. of the Chem. Soc.* 1873, t. XI, et Orlowski, *Berichte*, 1873, p. 1257].

Mais il ne faudrait pas croire que la totalité de l'oxygène absorbé par le térébenthène se fixe sur lui d'une façon définitive à l'état de composés oxygénés stables : une partie de ce gaz absorbé est disponible au sein du carbure et en fait dès lors un agent oxydant des plus énergiques.

Pour M. Schœnbein, l'oxydation du térébenthène est précédée d'une polarisation de l'oxygène inactif. L'oxygène négatif (ozone) se combine au carbure et le résinifie, l'oxygène positif (antozone) y reste dissous et sa présence est facile à démontrer à l'aide de la solution d'indigo, qui se décolore immédiatement par l'agitation avec le carbure aéré. L'oxygène actif s'y trouve bien à l'état d'antozone, car, en agitant le carbure avec de l'eau acidulée par les acides sulfurique ou azotique, on obtient de l'eau oxygénée. L'opinion de Schœnbein nous paraît peu fondée [*Journ. für prakt. Chem.*, t. LXXX, p. 257, t. XCIX, p. 11, t. C. p. 469, t. CII, p. 145, ou *Répert. de Chim. pure*, 1861, p. 36, et *Bull. de la Soc. chim.*, t. VII, p. 238, t. VIII, p. 26, t. IX, p. 74, t. X, p. 12].

D'après M. Kuhlmann [*Compt. rend. de l'Acad.*, t. XLI, p. 470 et 538], le térébenthène aéré agit à froid sur la solution de gaz sulfureux avec dégagement de chaleur et production d'acide sulfurique; il fait passer au maximum d'oxydation l'acide arsénieux, les sels de protoxyde de fer, d'étain, etc., etc.; chauffé avec de la litharge, il la transforme en oxyde puce de plomb.

Le carbure, à la suite de ces diverses réactions, a perdu sa propriété oxydante, mais il la reprend par une nouvelle aération, servant ainsi de véhicule à l'oxygène atmosphérique.

D'après M. Berthelot, le térébenthène aéré oxyde l'acide malique avec formation d'acide oxalique [*Ann. de Chim. et de Phys.*, (3), t. LXI, p. 462]; une pareille combustion lente a lieu avec le sucre. Il oxyde également le pyrogallate de potasse, il émulsionne et éteint le mercure avec production d'une poudre noire qui semble formée par du protoxyde.

Il résulte des expériences faites par M. Berthelot, soit avec l'indigo, soit avec le pyrogallate de potasse : 1° que le térébenthène, *constamment aéré, à l'air libre*, cède à l'indigo en sept mois et demi pour le décolorer 168 fois son volume d'oxygène; 2° que le térébenthène aéré, *puis soustrait à l'action ultérieure de l'air*, fournit à l'indigo et au pyrogallate la moitié de son volume d'oxygène oxydant; 3° que cette dernière dose d'oxygène n'est pas contenue à l'état libre dans le carbure, car elle ne se dégage ni par l'ébullition ni par le déplacement à l'aide d'un autre gaz tel que l'acide carbonique ou l'oxyde de carbone, ce qui exclut l'idée d'une union de l'oxygène et du carbure semblable à celle de l'oxygène avec le globule sanguin; 4° que la quantité d'oxygène purement dissoute dans le carbure est insignifiante et ne représente que le 1/100e de la quantité d'oxygène oxydant l'indigo et le pyrogallate; 5° qu'il faut écarter l'opinion d'après laquelle l'oxygène, en agissant sur le térébenthène, acquerrait les propriétés de l'ozone. L'oxygène actif, pour M. Berthelot, existe dans le carbure à l'état de combinaison oxygénée peu stable, qui céderait aisément son oxygène et serait comparable, par exemple, au peroxyde d'azote (en tant que formé par l'union du bioxyde d'azote et de l'oxygène) apte à oxyder un grand nombre de corps que l'oxygène libre ne peut oxyder [Berthelot, *Ann. de Chim. et de Phys.*, (3), t. LVIII, p. 426].

M. Chas. Kingzett, dans un mémoire récent et trop étendu pour être résumé ici, arrive aux mêmes conclusions que M. Berthelot, en établissant par de nouvelles méthodes qu'il n'existe pas d'ozone dans l'essence de térébenthène aérée. Pour l'auteur le corps oxydé, à oxygène disponible, se formant dans la réaction ne serait autre chose que le peroxyde camphorique de Brodie $C^{10}H^{14}O^4$ dérivé de l'anhydride camphorique. L'auteur donne une analyse du camphorate de fer ainsi obtenu; mais il est regrettable que l'on n'ait pas pu isoler en nature l'acide camphorique, dont les caractères si tranchés n'auraient plus laissé de doute sur la formation, fort intéressante de ce corps dans l'oxydation lente du térébenthène [*Journ. of the Chem. Soc.*, juin 1874 et mars 1875 et *Monit. Quesneville*, 3e sér., t. IV, p. 1020, *Ann.* 1875].

Suivant M. Sobrero [*Compt. rend. de l'Acad.*, t. XXXIII, p. 66] le térébenthène humide absorberait sous l'influence de la lumière l'oxygène pur et formerait un composé, $C^{10}H^{16}O + H^2O$, oxyde de térébenthène. Ce résultat nous paraît douteux : le corps obtenu pourrait bien n'être que de la terpine ou hydrate de térébenthène.

Le soufre n'agit pas sur le térébenthène : il se dissout simplement dans le carbure, qui en retient la moitié de son poids environ.

Le phosphore se dissout aisément dans le térébenthène, la solution phosphorée n'est plus vénéneuse. M. Personne, qui a constaté ce fait, a proposé ce carbure comme antidote du phosphore [*Compt. rend. de l'Acad.*, t. LXXVIII, p. 543]. Suivant M. Jonas [*Ann. der Chem. u. Pharm.*, t. XXXIV, p. 238], il se formerait une véritable combinaison phosphorée. Le sel de baryte de cette combinaison a pour formule, d'après MM. Kœhler et Schimpf, $C^{10}H^{15}PhO^{2}Ba$; ces chimistes ont appelé térébentho-phosphoreux l'acide qu'ils en ont isolé [*Dingl. polyt. Journ.*, t. CXCIX, p. 510, et *Bull. de la Soc. chim.*, t. XVI, p. 169].

Le chlore, suivant M. Deville [*Ann. de Chim. et de Phys.*, (2), t. LXXV, p. 60], agit sur le térébenthène en dégageant beaucoup de chaleur et d'acide chlorhydrique; il se forme du térébenthène quadrichloré, $C^{10}H^{12}Cl^{4}$.

Le brome en excès produit dans les mêmes conditions un dérivé quadribromé, $C^{10}H^{12}Br^{4}$. Mais si, employant une quantité deux fois moindre de brome, l'on opère avec ménagement et en refroidissant, on obtient sans dégagemen d'acide bromhydrique le produit d'addition $C^{10}H^{16}Br^{2}$ (Oppenheim), qui, traité par l'aniline, donne du cymène. M. Greville Williams a réalisé cette dernière transformation en traitant successivement le térébenthène par le brome et le sodium.

L'iode se dissout dans le carbure en le colorant en vert foncé; à chaud, il se dégage de l'acide iodhydrique [Deville, *loc. cit.*; — Schützenberger et de Clermont, *Bull. de la Soc. chim.*, t. XIV, p. 2 et 3]. Il paraît se former le composé $C^{10}H^{16}I^{2}$, qui, par l'action de la chaleur, se transforme en cymène [Kekulé, *Deutsche Chem. Gesells.*, t. VI, p. 437, et *Bull. de la Soc. chim.*, t. XX, p. 297].

L'eau s'unit spontanément au térébenthène pour donner un hydrate cristallisé, $C^{10}H^{16},2H^{2}O + H^{2}O$, hydrate de térébenthène ou terpine (voyez ces mots). L'addition à l'eau d'un mélange d'alcool et d'acide nitrique favorise la combinaison.

Il paraît exister un monohydrate liquide, $C^{10}H^{16},H^{2}O$ [Berthelot, *Journ. de Pharm.*, t. XXIX, p. 28].

L'acide sulfurique agit énergiquement sur l'essence de térébenthine avec dégagement de chaleur. Si l'on distille le produit de la réaction, on obtient du térébène, du cymène, du colophène (ditérébène) et des polymères supérieurs et visqueux; il se forme en même temps de l'eau et l'on constate un dégagement abondant d'acide sulfureux [Deville, *loc. cit.*; — Riban, *Compt. rend. de l'Acad.*, t. LXXVI, p. 1547]. — Voyez également à ce sujet le mot TÉRÉBÈNE.

L'acide nitrique agit avec beaucoup de violence sur le térébenthène en dégageant des torrents de vapeurs rutilantes; les produits formés varient avec la concentration de l'acide et les quantités employées. Par l'action d'un acide étendu de son volume d'eau, on obtient des matières résineuses et des acides appartenant à la série aromatique et à la série grasse. Ce sont les acides : térébique, oxalique, toluique, téréphtalique, térébchrysique [Bromeis, *Ann. der Chem. u. Pharm.*, t. XXXVII, p. 97; — Rabourdin, *Journ. de Pharm.*, (3), t. VI, p. 185; — Cailliot, *Journ. de l'Institut*, 1849, n° 827; *Ann. de Chim. et de Phys.*, (3), t. XXI, p. 27].

MM. Beilstein et Hirzel ont montré que l'acide térébenzique de M. Cailliot n'était autre chose que de l'acide toluique impur [*Zeitsch. für Chem.*, nouv. sér., t. II, p. 204, ou *Bull. de la Soc. chim.*, t. VI, p. 388].

L'acide toluique ainsi obtenu est de l'acide paratoluique [Kekulé, *Deutsche Chem. Gesells.*, t. VI, p. 437, et *Bull. de la Soc. chim.*, t. XX, p. 297; — Oppenheim, *Deutsche Chem. Gesells.*, t. VI, p. 915, et *Bull. de la Soc. chim.*, t. XX, p. 560].

Les produits volatils qui résultent de l'action de l'acide nitrique et qui se condensent dans le récipient contiennent les acides butyrique, propionique, acétique, formique [Schneider, *Ann. der Chem. u. Pharm.*, t. LXXV, p. 101]. Il se forme également de l'acide cyanhydrique, dont la présence a été signalée par divers auteurs.

D'après M. Chautard [*Journ. de Pharm. et de Chim.*, t. XXIV, p. 166], la matière résineuse obtenue dans l'action de l'acide nitrique sur le térébenthène, fournit de la toluidine par la distillation avec de la potasse. Suivant M. Hugo Schiff, la substance résineuse résultant de l'action de l'acide azotique concentré sur le térébenthène donne lorsqu'on la distille avec du sable une matière huileuse contenant de la nitro benzine [*Ann. der Chem. u. Pharm.*, t. CXIV, p. 201, et *Répert. de Chim. pure*, 1860, p. 270].

L'acide nitreux gazeux change le térébenthène en un produit noir et résinoïde. Pendant cette réaction, accompagnée de dégagement de chaleur, il distille un liquide rougeâtre dont l'odeur rappelle beaucoup les amandes amères et un peu le carbure primitif.

L'acide phosphorique vitreux colore légèrement le térébenthène en rouge, mais n'exerce d'ailleurs qu'une action peu sensible.

L'acide chlorhydrique gazeux se combine au térébenthène avec dégagement de chaleur et formation de deux monochlorhydrates isomériques, $C^{10}H^{16},HCl$, l'un solide et bien défini (camphre artificiel), l'autre liquide, que l'on n'a pu obtenir complètement exempt de la modification solide.

Si le carbure est en solution dans l'acide acétique, l'alcool ou l'éther, le gaz chlorhydrique le transforme en un composé liquide,

$$C^{10}H^{16},2HCl + 2(C^{10}H^{16},HCl)$$

qui, par évaporation spontanée du monochlorhydrate qu'il contient, fournit du bichlorhydrate de térébenthène, $C^{10}H^{16},2HCl$.

La solution aqueuse de gaz chlorhydrique agissant pendant un temps assez long sur le carbure le transforme également en bichlorhydrate souillé de matières liquides.

Le gaz bromhydrique produit deux monobromhydrates, l'un solide, l'autre liquide.

L'acide iodhydrique se combine également à froid au térébenthène : il se formerait un monoiodhydrate liquide, $C^{10}H^{16},HI$, assez instable.

A haute température et en vase clos, l'acide iodhydrique fournit de l'hydrogène naissant qui se fixe sur le carbure (Berthelot).

En opérant dans trois conditions différentes, à savoir :

(*a*) En présence d'un excès d'hydracide;

(*b*) En présence d'une quantité insuffisante d'hydracide et à une température ménagée;

(*c*) En présence d'une quantité insuffisante d'hydracide, et en poussant à l'extrême la réaction, on a obtenu, suivant les circonstances, les trois hydrures successifs :

$$C^{10}H^{16}H^{2},$$
$$C^{10}H^{16},2H^{2},$$
$$C^{10}H^{16},3H^{2} \text{ (saturé).}$$

En même temps il se forme par dédoublement et presque dans tous les cas une certaine proportion d'hydrure d'amylène,

$$C^{10}H^{16} + 4H^{2} = 2C^{5}H^{12}$$

[Berthelot, *Ann. de Chim. et de Phys.*, (4), t. XX, p. 520; et, pour plus de détails, *Bull. de la Soc. chim.*, t. XI, p. 15 et p. 187].

L'acide fluorhydrique ne paraît pas avoir d'action sur le térébenthène.

L'acide hypochloreux s'unit à lui en donnant naissance au composé, $C^{10}H^{18}Cl^2O^2$, chlorhydrine du térébenthène [Wheeler, *Compt. rend. de l'Acad.*, t. LXV, p. 1040].

L'acide carbonique n'agit pas à froid sur le carbure; mais, suivant M. Deville [*loc. cit.*], il le décompose par une chaleur qui n'est pas encore le rouge sombre, en donnant, entre autres produits, un carbure, $C^{10}H^{14}$; il se formerait en même temps de l'oxyde de carbone et de l'eau. Il est évident que le corps obtenu est le cymène, que l'on a vu se former par l'action de la chaleur sur le térébenthène.

L'acide borique n'a pas d'action à froid, mais il modifie le carbure à la température de 100° en diminuant son pouvoir rotatoire.

Le chlorure de nitrosyle s'unit au térébenthène refroidi : il se dépose une poudre blanche insoluble dans l'alcool ayant pour composition $C^{10}H^{16}AzOCl$. [Tilden, *Deutsche Chem. Gesellschaft*, t. VIII, p. 549 ou *Bull. de la Soc. chim.*, t. XXV, p. 30].

Le protochlorure d'antimoine, $SbCl^3$, réagit à froid sur le térébenthène avec dégagement de chaleur, et le transforme en un mélange de polymères, parmi lesquels on trouve le colophène et un carbure solide, le tétratérébenthène (voyez ce mot). Si l'on fait à l'extrémité bouclée d'un fil de platine une perle de protochlorure d'antimoine que l'on soumet à froid aux vapeurs de l'essence de térébenthine, la perle prend une coloration rouge de sang tout à fait caractéristique. Cette réaction très-sensible permet de déceler moins de 1/500e de ce carbure existant dans une atmosphère [Riban, *Ann. de Chim. et de Phys.*, (5), t. VI, p. 38 et *Compt. rend.*, t. LXXIX, p. 389].

Le fluorure de bore modifie le térébenthène en produisant un violent dégagement de chaleur, 1 p. de réactif transforme 168 p. de carbure en un produit visqueux dichroïque dénué de pouvoir rotatoire, mélange de polymères presque exclusivement volatils à 300° et au-dessus [Berthelot, *Ann. de Chim. et de Phys.*, t. XXXVIII, p. 41].

Action des sels. — Certains sels jouissent de la propriété d'accélérer ou déterminer à plus basse température les modifications que produit la chaleur seule sur le térébenthène; ainsi, le chlorure de zinc diminue le pouvoir rotatoire dès la température de 100°; la transformation s'effectue avec rapidité si l'on chauffe davantage et il se dégage en même temps de l'hydrogène pur. A la distillation, on obtient une petite portion de carbure non polymérisée et moins active, puis des corps polymères.

Les chlorures de baryum, strontium, calcium et le fluorure de cette dernière base n'altèrent pas le carbure à 100°, mais vers 240° ou 250°, température où le térébenthène chauffé seul commence à se modifier, ils accélèrent la transformation. C'est le fluorure de calcium qui produit la plus forte diminution de pouvoir rotatoire. Avec ces derniers corps il ne se forme presque pas de polymères, les carbures obtenus et peu étudiés jouissent encore de la propriété de former l'hydrate cristallisé comme le ferait le térébenthène lui-même.

Hypochlorite de chaux. — Lorsqu'on distille l'essence de térébenthine avec du chlorure de chaux et de l'eau (600 p. d'eau, 200 p. de chlorure de chaux et 25 p. d'essence), il se manifeste une réaction tumultueuse, de l'acide carbonique se dégage en abondance et l'on recueille à la distillation du chloroforme [Chautard, *Compt. rend.*, t. XXXIII, p. 671; *Journ. de Pharm.*, (3), t. XXI, p. 88].

L'hypobromite de chaux fournit aussi du bromoforme [Chautard, *Compt. rend.*, t. XXXIV, p. 485].

Permanganate de potassium — Suivant M. Berthelot, ce réactif transforme le térébenthène en un acide résineux, soluble dans l'eau, constituant la majeure partie, et en un corps neutre accessoire comme quantité, qui paraît être un isomère du camphre [*Ann. de Chim. et de Phys.*, (4), t. XV, p. 364].

Action des acides organiques. — Les acides acétique, oxalique, tartrique, citrique, modifient le térébenthène dès la température de 100° et diminuent son pouvoir rotatoire.

L'acide oxalique produit la plus forte diminution. A la distillation, il passe des produits modifiés bouillant à la même température que le carbure générateur, puis des corps polymères. Avec l'acide acétique, ces derniers ne se forment pas. Cette action des acides permet d'expliquer les modifications optiques que l'on peut observer dans certaines essences de térébenthine commerciales surchauffées accidentellement en présence des acides libres que contient la térébenthine brute [Berthelot, *loc. cit.*].

Usages du térébenthène. (Voyez Térébenthine essence).

A. PRODUITS D'ADDITION DU TÉRÉBENTHÈNE.

Bromure de Térébenthène, $C^{10}H^{16}Br^2$. — Suivant M. Oppenheim [*loc. cit.*], lorsqu'on traite avec ménagement le térébenthène bien refroidi par le brome en ayant soin de faire arriver lentement ce dernier par un tube capillaire, il ne se dégage pas d'acide bromhydrique et l'on obtient un liquide sirupeux coloré $C^{10}H^{16}Br^2$. Traité par l'aniline à chaud, ce corps perd 2 HBr en se transformant en cymène. L'acide nitrique l'attaque lentement en le nitrant : il se forme des produits résineux mal définis. Oxydé par l'acide chromique, il se transforme en acide téréphtalique [Oppenheim, *Deutsche Chem. Gesells.*, t. V, p. 627 et 628, et *Bull. de la Soc. chim.*, t. XVIII, p. 357]. La distillation pure et simple du bibromure le transforme en cymène avec dégagement d'acide bromhydrique

Monochlorhydrate solide de térébenthène,

$C^{10}H^{16}, HCl.$

— On le nommait autrefois *camphre artificiel* ou chlorhydrate de camphène, mais cette dernière dénomination doit être réservée aujourd'hui à la combinaison chlorhydrique des camphènes, carbures cristallisés isomériques avec le térébenthène.

Le chlorhydrate de térébenthène, découvert par Kindt (1804) [*Journ. de Pharm. de Trommsdorff*, t. XI, p. 2 et 132], a été étudié depuis par un grand nombre d'expérimentateurs. On l'obtient en faisant passer un courant lent de gaz chlorhydrique sec dans du térébenthène bien refroidi; la combinaison a lieu avec dégagement de chaleur; il se produit ainsi deux chlorhydrates isomères, l'un solide qui se dépose aussitôt, l'autre liquide.

Le rapport entre les quantités des deux chlorhydrates obtenus varie avec la température. Ce fait, constaté depuis longtemps, a été étudié par M. Berthelot. Suivant cet auteur, le carbure saturé à — 30° ne se solidifie pas; à 0°, il donne 50 % de produit solide; à + 35°, 67 %; à + 60° on obtient un composé liquide qui ne contient que des traces de camphre artificiel; à + 100°, il ne se forme plus trace de produit solide [Berthelot, *Ann. de Chim. et de Phys.*, t. XL, p. 16]. Nous avons néanmoins obtenu des quantités notables de chlorhydrate cristallisé à la température de 100°.

Quoi qu'il en soit, le chlorhydrate solide obtenu est comprimé dans des papiers jusqu'à ce qu'il ne les tache plus, puis cristallisé dans l'alcool ou l'éther, pour le débarrasser complétement des substances liquides qui le souillent. On peut aussi sublimer ce corps à basse température, en évitant, contrairement à ce qui a été recommandé par quelques auteurs, de le mélanger au préalable avec de la chaux. Ce mode d'opérer ne le débarrasse pas complétement des matières liquides. Le procédé de purification qui consiste à dissoudre le chlorhydrate dans l'alcool et à le précipiter par l'eau est défectueux, en ce que les impuretés dissoutes dans l'alcool sont de nouveau précipitées par l'eau en même temps que le chlorhydrate.

Propriétés. — Le monochlorhydrate de térébenthène pur se présente en beaux cristaux pennés blancs, mous comme de la cire, d'une odeur camphrée, insolubles dans l'eau, solubles dans l'alcool, l'éther et l'acide acétique cristallisable. Sa composition a été établie par M. Dumas [*Ann. de Chim. et de Phys.*, (2), t. LII, p. 40]. Son pouvoir rotatoire est de même sens que celui de l'essence dont il dérive; le térébenthène gauche exempt de modification optique et dont le pouvoir est $[\alpha]_j = -42°,3$, fournit un monochlorhydrate homogène : $[\alpha]_r = -23°,0$. La température à laquelle a été faite la saturation du carbure n'exerce aucune influence sur ce pouvoir rotatoire. Le térébenthène dextrogyre $[\alpha]_j = +18°,9$ donne un monochlorhydrate $[\alpha]_r = +9°,0$. Mais si l'on opère avec de l'essence de térébenthine du commerce contenant du carbure dont le pouvoir rotatoire a été légèrement modifié sous des influences déjà énumérées, le chlorhydrate obtenu n'est plus optiquement homogène et par l'évaporation d'une solution alcoolique ou éthérée de ce corps, on obobtient des dépôts successifs dont les pouvoirs rotatoires sont sensiblement différents [Berthelot, *loc. cit.*].

Le chlorhydrate de térébenthène fond, suivant la plupart des auteurs, à la température de 115°. Le chlorhydrate pur fond à 131° dans une atmosphère de gaz chlorhydrique s'opposant à sa dissociation par la chaleur [Riban, *loc. cit.*].

Il se sublime aisément, mais l'opération doit être faite à basse température, afin d'éviter toute décomposition; il bout vers 208°, en dégageant des vapeurs d'acide chlorhydrique.

L'acide chlorhydrique n'agit pas sur le chlorhydrate de térébenthène et ne le transforme pas en bichlorhydrate, soit que l'on soumette le corps à cette action à l'état sec ou en dissolution dans un liquide approprié.

L'acide nitrique fumant l'attaque à peine; on peut se servir de cette propriété pour séparer de petites quantités de monochlorhydrate solide de sa modification liquide qui est complétement détruite par cet acide. Si l'on opère dans une cornue, on voit le monochlorhydrate se sublimer dans le col et le récipient (Deville, Berthelot). Cependant, par une action prolongée, ce corps finit par se transformer avec perte d'acide chlorhydrique en une poudre blanche soluble dans les alcalis (Deville) (et qui est peut-être de l'acide téréphtalique?).

L'acide sulfurique n'agit pas à froid sur le camphre artificiel; à chaud il le charbonne avec dégagement d'acide sulfureux.

Le chlore, suivant M. Deville, attaque lentement le chlorhydrate de térébenthène en le changeant en un liquide $C^{10}H^{12}Cl^{4}, HCl$, chlorhydrate de térébenthène tétrachloré, qui, soustrait à l'atmosphère de chlore environnante et exposé à l'air, se décompose en se transformant en un corps solide cristallisé $C^{10}H^{12}Cl^{4}$.

Action de l'eau. — L'eau froide ne décompose pas le monochlorhydrate de térébenthène; il ne cède que des traces d'acide chlorhydrique à l'eau bouillante. Sa faible décomposition par 25 fois son poids d'eau à 100° exprimée en fonction du temps est représentée par : $Q = 0,00081.t$. Q désignant la quantité de HCl éliminée après un temps t exprimé en heures [Riban, *Compt. rend.*, t. LXXX, p. 1331 et *Annales, loc. cit.*]. Mais lorsqu'on chauffe le chlorhydrate de térébenthène avec ce liquide en vase clos, à la température de 200°, il lui cède la totalité de son acide chlorhydrique en se transformant en térébène.

Ces réactions permettent de distinguer nettement le chlorhydrate de térébenthène de ses isomères les chlorhydrates de térébène, de camphène actif et inactif et de l'éther chlorhydrique du bornéol [Riban, *Compt. rend.*, t. LXXVII, p. 487 et *Ann. de Chim. et de Phys.*, (5), t. VI, p. 480].

Action des alcalis libres ou combinés. — D'après les expériences de M. Oppermann [*Ann. de Chim. et de Phys.*, (2), t. XLVII, p. 225], le chlorhydrate de térébenthène dirigé en vapeurs dans un tube contenant de la chaux vive portée à une température inférieure au rouge sombre perd son acide chlorhydrique et se transforme en un liquide possédant la même composition et le même point d'ébullition que le térébenthène. Il est apte comme lui à régénérer un chlorhydrate cristallisé, mais le carbure de M. Oppermann se prend en masse cristalline à + 12° et est sans action sur la lumière polarisée [Soubeiran et Capitaine, *Journ. de Pharm.*, t. XXVI, p. 1 et 65]. Cette même transformation peut être effectuée à la température d'ébullition du chlorhydrate (Dumas).

On a montré depuis que le produit liquide obtenu par l'action de la chaux était un mélange de deux carbures isomériques, l'un liquide non étudié (sans doute du térébène?), l'autre solide, camphène, qu'Oppermann n'a fait qu'entrevoir et qui n'a été réellement isolé et défini que plus tard par M. Berthelot.

Suivant M. Riban, la potasse alcoolique réagit bien sur le monochlorhydrate de térébenthène à la température de 180°, lui enlève la totalité de son hydracide en le transformant en camphène actif pur, en vertu de l'équation suivante :

$$C^{10}H^{16}, HCl + KOH = C^{10}H^{16} + KCl + H^{2}O.$$

C'est un excellent procédé pour obtenir, dans les laboratoires, le camphène actif [Riban, *Compt. rend.*, t. LXXX, p. 1307, et *Ann. de Chim. et de Phys.*, (5), t. VI, p. 356].

Le stéarate de soude agissant à la température de 200-220° en vase clos sur le monochlorhydrate de térébenthène lui enlève son acide chlorhydrique et le transforme en un carbure $C^{10}H^{16}$, camphène actif, solide, cristallisé, fusible à + 45°, et de même sens au point de vue optique que le chlorhydrate dont il dérive. Le stéarate de baryte donne un mélange variable de camphène actif et inactif. La substitution, dans ces expériences, du benzoate de potasse ou de soude au stéarate fournit principalement du camphène inactif mêlé avec une certaine quantité de camphène actif inséparable [Berthelot, *Compt. rend.*, t. XLVII, p. 266 et t. LV, p. 496, ou *Répert. de Chim. pure*, 1859, p. 64; 1862, p. 435].

Le monochlorhydrate de térébenthène, chauffé à 170° avec 2 fois son poids d'acétate de potasse ou de soude, se transforme en camphène absolument inactif souillé de térébène; ce dernier est facilement éliminable [Riban, *loc. cit.*].

L'aniline dissout le chlorhydrate de térébenthène; si l'on chauffe à 150°, il se transforme en camphène inactif contenant encore un peu de chlore qu'il est difficile d'éliminer. La rosaniline n'agit pas sur le chlorhydrate de térébenthène, même lorsqu'on chauffe la solution alcoolique des deux corps à 200° [Lauth et Oppenheim, *Bull. de la Soc. chim.*, t. VIII, p. 6].

Le monochlorhydrate de térébenthène, mis en contact à l'état sec avec le bichlorhydrate correspondant, forme un composé liquide résultant de l'union des deux corps (Berthelot). Il se combine également au bichlorhydrate d'isotérébenthène.

Usages. — Le monochlorhydrate de térébenthène est employé dans l'industrie. Suivant Perkins, on obtient, en chauffant ce corps avec de la rosaniline et de l'alcool méthylique, une matière colorante violette.

MONOCHLORHYDRATE LIQUIDE DE TÉRÉBENTHÈNE, $C^{10}H^{16}, HCl$ [Deville, *Ann. de Chim. et de Phys.*, (2), t. LXXV, p. 43; — Soubeiran et Capitaine; — Berthelot, *loc. cit.*; — Riban, *Annales, loc. cit.*]. — La préparation du monochlorhydrate de térébenthène solide fournit toujours une certaine quantité de la modification liquide, dont la proportion augmente, si l'on laisse l'essence de térébenthine s'échauffer sous l'influence du courant gazeux chlorhydrique. Le chlorhydrate liquide, séparé des cristaux qui l'accompagnent, est refroidi à la plus basse température possible au-dessous de 0° pour éliminer encore une portion notable de produit solide; mais il est impossible de le débarrasser complétement de ce dernier. On le décolore par le noir animal (Deville). Il contient, en outre, une petite quantité de bichlorhydrate (Riban). C'est un liquide huileux, d'une densité de 1,017. Indice de réfraction $+ n_j = 1,511$ (Deville). Déviation absolue du plan de polarisation pour 100 millimètres $= - 19°,9$ (Soubeiran et Capitaine). Selon M. Deville, il serait inactif, et la déviation observée serait due à une certaine quantité de chlorhydrate solide mélangée au produit. Mais M. Berthelot fait observer avec juste raison que le pouvoir rotatoire du chlorhydrate liquide qu'il a obtenu $= - 28°$ est supérieur à celui du chlorhydrate solide $= - 24°$ qui y est contenu, et que dès lors il faut admettre que le monochlorhydrate liquide a un pouvoir rotatoire qui lui est propre et n'est point inactif. Ce dernier fait a été vérifié et trouvé exact.

Le monochlorhydrate liquide de térébenthène paraît isomérique avec celui de l'isotérébenthène; il est décomposable par l'eau à 100°, avec mise à nu d'acide chlorhydrique (Riban).

BROMHYDRATE DE TÉRÉBENTHÈNE, $C^{10}H^{16}HBr$ [Deville, *loc. cit.*; — Berthelot, *Compt. rend.*, t. LV, p. 496]. — S'obtient en faisant passer un courant lent d'acide bromhydrique dans le térébenthène; il se forme beaucoup de bromhydrate liquide, de telle sorte qu'il est nécessaire de refroidir la masse au-dessous de 0° pour en isoler la modification solide. On le purifie par cristallisation dans l'éther; il a d'ailleurs tous les caractères extérieurs et l'odeur du monochlorhydrate. Sa dissolution alcoolique rougit à l'air. Son pouvoir rotatoire en solution alcoolique est $[\alpha]_j = - 22°,8$.

Suivant M. Berthelot, le bromhydrate de térébenthène, traité par la potasse alcoolique en tube scellé à 180°, donne de l'éther $C^4H^{10}O$ et un liquide oxygéné volatil de 180° — 210° qui lui a paru principalement constitué par un mélange de l'alcool $C^{10}H^{18}O$ avec son éther éthylique $C^{12}H^{22}O$. Il en résulterait que le bromhydrate de térébenthène se comporte autrement que le chlorhydrate, qui fournit dans les mêmes conditions, comme on l'a vu plus haut, du camphène pur.

IODHYDRATE DE TÉRÉBENTHÈNE, $C^{10}H^{16}, HI$. — Ce corps est peu connu; il se forme, suivant M. Deville (*loc. cit.*), lorsqu'on sature le carbure par le gaz iodhydrique. On obtient de la sorte un liquide coloré en rouge foncé, fumant et très-dense. Le produit dépouillé par la craie de l'acide libre qu'il contient ne dépose pas de cristaux, même au-dessous de 0°. Il contient de l'iode libre qui le colore fortement. On peut l'en débarrasser par l'agitation avec du mercure; il est alors incolore, et sa composition correspond à la formule: $C^{10}H^{16}, HI$. Densité à $+ 15° = 1,51$. Pouvoir rotatoire: $[\alpha]_j = - 15°,9$ environ. Il noircit rapidement au contact de l'oxygène de l'air et dépose de l'iode. La potasse lui enlève peu à peu son acide. Par la chaleur, il se décompose en dégageant de l'acide iodhydrique.

BICHLORHYDRATE DE TÉRÉBENTHÈNE,

$$C^{10}H^{16}, 2HCl$$

[Berthelot, *Ann. de Chim. et de Phys.*, (3), t. XXXVII, p. 223]. — Ce corps, isomérique ou identique avec le bichlorhydrate de citrène, est parfois désigné sous le nom de *bichlorhydrate de terpilène*. Cette dernière dénomination nous semble devoir être réservée, dans l'état actuel de la science, au produit résultant de l'union directe du terpilène et de l'acide chlorhydrique. On ne saurait, en effet, en voyant le bichlorhydrate de térébenthène fournir du terpilène, en déduire que le térébenthène s'est transformé dans ce dernier carbure en s'unissant à l'acide chlorhydrique. Ne voyons-nous pas, par exemple, le monochlorhydrate de térébenthène fournir à volonté du camphène ou du térébène sans que pour cela nous soyons autorisés à dire que ce corps est un chlorhydrate de camphène ou de térébène? Les expériences de M. Berthelot et de M. Riban ont prouvé en effet que le camphène ou le térébène n'existaient pas dans le chlorhydrate de térébenthène, et que ces carbures isomériques se sont formés au moment où l'on dégageait de sa combinaison chlorhydrique le carbure, base du chlorhydrate de térébenthène.

Préparation. — On prépare le bichlorhydrate de térébenthène en déposant dans un flacon fermé une couche de térébenthène de quelques millimètres à la surface d'une solution aqueuse et saturée d'acide chlorhydrique. Après une semaine on agite vivement et on répète de temps à autre cette agitation. Au bout d'un mois environ le carbure s'est rempli de cristaux minces et nacrés de bichlorhydrate. Le liquide au sein duquel ces cristaux se sont formés, abandonné à l'air libre dans un vase à large surface, en fournit une nouvelle proportion. On peut aussi obtenir le bichlorhydrate autrement: il suffit de dissoudre le carbure dans l'alcool, l'éther ou l'acide acétique cristallisable et de saturer cette solution par l'acide chlorhydrique gazeux; l'opération terminée, on précipite par l'eau. On obtient alors un liquide lévogyre correspondant à la formule.

$$C^{10}H^{16}, 2HCl + 2C^{10}H^{16}, HCl.$$

C'est un mélange ou plutôt une combinaison instable de mono et de bichlorhydrate. Quant au liquide obtenu par l'intermédiaire de l'acide acétique comme dissolvant, le monochlorhydrate contenu dans la combinaison est sous sa modification solide, ainsi qu'il est aisé de s'en assurer par l'action de l'acide azotique fumant. Au contraire, dans le cas où l'intermédiaire dont on s'est servi est l'alcool ou l'éther, le monochlorhydrate uni au bichlorhydrate est sous sa modification liquide. Quoi qu'il en soit, le liquide obtenu dans la précipitation par l'eau, comme il est dit plus haut, est abandonné à l'air libre sur une large surface; les monochlorhydrates unis au bichlorhydrate se volatilisent lentement, et ce dernier reste seul pour résidu. On le comprime entre des papiers et on le fait cristalliser dans l'alcool ou l'éther pour le débarrasser des produits huileux qui l'accompagnent (Berthelot).

La terpine, traitée en poudre fine et au sein de

l'eau par le gaz chlorhydrique, se transforme intégralement en un bichlorhydrate $C^{10}H^{16}2HCl$, fusible à + 44° [Deville, *Ann. de Chim., et de Phys.*, (3), t. XXVII, p. 80]. Le protochlorure et le perchlorure de phosphore produisent la même transformation; le bichlorhydrate obtenu dans ce cas fond à + 48° [Oppenheim, *Bull. de la Soc. chim.*, 1862, p. 86].

L'isotérébenthène dissous dans l'éther et traité par le gaz chlorhydrique donne un bichlorhydrate fusible à 49°,5 [Riban, *Compt. rend. de l'Acad.*, t. LXXIX, p. 223].

Le terpilène et l'essence de citron fournissent un bichlorhydrate par l'action directe du gaz chlorhydrique sans l'intermédiaire d'aucun dissolvant, contrairement à ce qui a lieu pour les carbures qui précèdent. Quoique les bichlorhydrates ainsi obtenus aient sensiblement le même point de fusion et la plupart des propriétés extérieures et chimiques du bichlorhydrate de térébenthène qui fait l'objet de cet article, il n'est pas démontré que ces corps soient identiques; il est même probable que certains d'entre eux sont isomériques.

Propriétés. — Le bichlorhydrate de térébenthène se présente sous forme de cristaux blancs nacrés, insolubles dans l'eau, solubles dans l'alcool, l'éther, etc., fusibles, suivant divers auteurs, à 42°-44°, mais le corps bien débarrassé par cristallisation des produits liquides qui l'accompagnent fond d'une façon constante à 49°,5 [Riban, *loc. cit.*]. Il est sans action sur la lumière polarisée, il se sublime aisément et ne peut être distillé sans décomposition.

Bouilli avec de l'alcool aiguisé d'acide chlorhydrique, il fournit du terpinol $(C^{10}H^{16})^2,H^2O$.

La potasse aqueuse ne l'attaque pas à l'ébullition; la potasse alcoolique le change en terpinol.

Distillé sur de la chaux, il fournit un carbure liquide d'une odeur citronnée.

Le potassium lui enlève son acide chlorhydrique et le change en un carbure $C^{10}H^{16}$ (Deville). M. Berthelot a reproduit ce même corps par l'action du sodium et l'a appelé *terpilène* (voyez ce mot).

L'aniline agissant à chaud sur le bichlorhydrate le transforme également en terpilène [Lauth et Oppenheim, *loc. cit.*].

Le bichlorhydrate de térébenthène se combine à froid avec le monochlorhydrate lorsqu'on broie ensemble les deux corps, en donnant une combinaison liquide à la température ordinaire [Berthelot, *loc. cit.*]. Il fournit également des composés liquides analogues avec le monochlorhydrate de térébène, de camphène actif et inactif, avec l'éther chlorhydrique du bornéol [Riban, *Compt. rend.*, t. LXXVII, p. 483].

Le bichlorhydrate de térébenthène, additionné d'une petite quantité de solution concentrée de perchlorure de fer ou de peroxyde de fer et d'acide chlorhydrique, produit, si on le chauffe modérément, une belle coloration rose passant au rouge violacé et finalement au bleu. Cette réaction très-sensible, et caractéristique, permet de déceler de faibles traces de ce corps [Riban, *Ann. de Chim. et de Phys.*, (5), t. VI, p. 37].

Bibromhydrate de térébenthène,

$$C^{10}H^{16},2HBr.$$

— Il ne paraît pas avoir été obtenu à l'état isolé par l'union directe du térébenthène et de l'acide bromhydrique. Suivant M. Oppenheim [*loc. cit.*], lorsqu'on sature par ce gaz une solution acétique du carbure, il se forme un liquide $C^{10}H^{16},2HBr + C^{10}H^{16},HBr$ (qui serait l'analogue du produit complexe engendré par l'acide chlorhydrique dans les mêmes conditions), mais le liquide exposé à l'air ne fournit pas de cristaux du bibromhydrate.

M. Berthelot a signalé la formation d'un bibromhydrate présentant les caractères extérieurs du bichlorhydrate par l'action de l'acide bromhydrique sur la terpine [*Ann.*, (3), t. LXI, p. 463]. Un composé semblable a été obtenu en faisant agir du protobromure et du perbromure de phosphore sur ce même hydrate; il serait fusible à + 42°. Traité par l'acétate d'argent à froid, il se transforme en terpinol (Oppenheim).

Biiodhydrate de térébenthène, $C^{10}H^{16},2HI$. — Ce corps n'a pas encore été obtenu par l'union directe des composants. M. Oppenheim a trouvé parmi les produits de l'action de l'iodure de phosphore sur la terpine, une substance cristallisée fusible à 48°, très-instable, correspondant sensiblement à la formule $C^{10}H^{16},2HI$, et noircissant très-rapidement à l'air.

Bihydrate de térébenthène (Syn. *Hydrate d'essence de térébenthine, terpine*),

$$C^{10}H^{16},2H^2O + Aq$$

[Büchner, *Répert.*, 1820, t. IX, p. 276; — Boissenot et Persot, *Ann. de Chim. et de Phys.*, (2), t. XXXI, p. 442; — Boissenot, *Ann de Chim. et de Phys.*, (2), t. XLI, p. 434; — Blanchet et Sell, *Ann der Chem. u. Pharm.*, t. VI, p. 267; — Dumas et Peligot, *Ann. de Chim. et de Phys.*, (2), t. LVII, p. 334; — Wiggers, *Ann der Chem. u. Pharm.*, t. XXXIII, p. 358; t. LVII, p. 247; *Ann. de Poggend.*, t. LXVII, p. 410; — Deville, *Revue scientifique*, t. XV, p. 66; *Ann. de Chim. et de Phys.*, (3), t. XXVII, p. 80; — List, *Ann. der Chem. u. Pharm.*, t. LXVII, p. 362; — Rammelsberg, *Ann. de Poggend.*, t. LXIII, p. 570; — Berthelot, *Ann. de Chim. et de Phys.*, (3), t. XXXVIII, p. 55; t. XL, p. 41; *Journ. de Pharm. et de Chim.*, (3) t. XXVIII, p. 450; t. XXIX, p. 28; — Personne, *Compt. rend.*, t. XLIII, p. 553; — Oppenheim, *Compt. rend.*, t. LV, p. 406; *Bull. de la Soc. Chim.*, 1862, p. 84; *Compt. rend.*, t. LVII, p. 399; *Bull. de la Soc. chim.*, t. I, p. 365; — Blacke, *Bull. de la Soc. chim.*, t. IX, p. 75; — Barbier, *Compt. rend.*, t. LXXIV, p. 194; *Bull. de la Soc. chim.*, t. XVII, p. 16; — Oppenheim, *Bull. de la Soc. chim.*, t. XVII, p. 321; Leclaire, *Répert. de Chim. appliq.*, 1861].

Le bihydrate de térébenthène se forme par l'union directe de ses composants toutes les fois que le térébenthène est abandonné au contact de l'eau. Boissenot et Persot ont signalé son existence en distillant alors le produit et refroidissant au-dessous de 0° l'eau qui accompagne la distillation du carbure; l'hydrate cristallise. Ce corps se dépose d'ailleurs spontanément dans l'essence de térébenthine humide et apparaît sous forme d'aiguilles sur les parois des vases qui la contiennent. MM. Blanchet et Sell, Dumas et Peligot, ont établi sa composition par l'analyse des cristaux déposés spontanément. Wiggers a constaté que certaines préparations employées dans l'art vétérinaire, mélange d'essence de térébenthine, d'alcool et d'acide nitrique, déposent de l'hydrate en abondance et a fondé sur cette observation le procédé de préparation généralement suivi de nos jours.

Préparation. — Pour préparer l'hydrate de térébenthène, on fait, selon Wiggers, un mélange de 8 p. de térébenthène, 2 p. d'acide nitrique (D = 1,25 à 1,3) et de 1 p. d'alcool à 80° centésimaux. Ces quantités donnent de faibles rendements. Les proportions les plus avantageuses sont, suivant M. Deville : térébenthène récemment distillé 4 litres, alcool à 80° centésimaux 3 litres, acide nitrique ordinaire du commerce 1 litre. Le mélange des trois corps est agité fréquemment; au bout d'un mois à six semaines déjà, en été surtout, on peut obtenir 250 grammes de cristaux; plus tard, il s'en dépose un peu plus de 1 kilogramme. Il ne reste plus finalement que des eaux mères liquides et noirâtres qui refusent de cristalliser. M. Berthelot trouve avantageux de ne pas laisser le mélange des trois corps dans des flacons, mais de le mettre dans des vases découverts et à large surface. D'après M. List, la formation des cristaux serait beaucoup favorisée par l'insolation. Ce fait est mis en doute par quelques auteurs. La température du mélange paraît avoir une influence plus certaine; plusieurs observateurs s'accordent à penser, en effet, que les opérations commencées en été fournissent les plus beaux rendements. La marche de l'opération est d'ailleurs parfois assez capricieuse : il arrive que certaines préparations donnent peu d'hydrate et beaucoup de composés liquides sans qu'il soit possible de trouver la raison de ces accidents. Dans ce cas, suivant M. Personne, (communication verbale), on verse ce liquide en couches minces à la surface de l'eau; on voit au bout de plusieurs jours les cristaux d'hydrate se former. Ce fait est exact.

Quoi qu'il en soit, les cristaux volumineux et généralement un peu colorés qui se sont déposés successivement sont égouttés, puis comprimés à diverses reprises dans des papiers pour les débarrasser des produits huileux. On les fait cristalliser dans l'eau bouillante ou mieux encore dans l'alcool; la solution étant acide à cause de la présence d'un peu d'acide nitrique interposé dans les cristaux bruts, il est bon d'en saturer la majeure partie par de la potasse. On évite ainsi au cours des cristallisations successives des pertes de produit résultant de la transformation de la terpine en terpinol sous l'influence des acides.

La théorie de cette préparation est mal connue. L'alcool employé n'agit ici que comme dissolvant, car il peut être, suivant M. Deville et M. Berthelot, remplacé par une foule d'autres corps, par exemple : l'éther, l'esprit de bois, l'acétone, l'acide acétique cristallisable, la benzine, etc., etc. La part de l'acide nitrique est fort obscure; cet agent est néanmoins indispensable, car, si on le supprime, on n'obtient que de très-faibles quantités de produit; chose singulière, l'acide nitrique n'est pas détruit dans cette réaction.

Propriétés. — L'hydrate de térébenthène ou terpine, ainsi obtenu à l'état de pureté, se présente sous forme de beaux prismes droits à base rhombe, d'une limpidité parfaite et souvent très-volumineux. Type orthorhombique : $mm = 74°44'$, $mb^{1/2} = 127°2'$ (Rammelsberg). Les cristaux tels qu'ils se déposent de l'alcool nitrique, possèdent, suivant List, une forme différente. Le pouvoir rotatoire de la terpine est nul. Sa densité $= 1,0994$. Cristallisée dans l'alcool à 85° centésimaux ou dans l'eau, elle correspond à la formule

$$C^{10}H^{16}, 2H^2O + H^2O.$$

Ces cristaux exigent, pour se dissoudre, 200 p. d'eau froide et 22 p. d'eau bouillante; 100 p. d'alcool à 85° en dissolvent 14p,9 à la température de + 10°. Il sont également solubles à chaud dans l'essence de térébenthine, l'éther, les huiles grasses, etc., etc.

L'hydrate de térébenthène fond à la température de 103°-105°, en laissant échapper des traces d'eau. Récemment fondu, il éprouve le phénomène de la surfusion : il reste mou et filant; au bout de quelque temps, il finit par se transformer en une masse cristalline rayonnée. Chauffé à une température supérieure à son point de fusion, il perd son eau de cristallisation et passe à la distillation sans se décomposer. On arrive au même résultat en le maintenant dans le vide sec.

Le corps privé de son eau de cristallisation par l'un ou l'autre de ces moyens a pour formule

$$C^{10}H^{16}, 2H^2O.$$

Densité de vapeur : expérience, 6,26; calcul, 6,01. Il fond à 150° et peut être sublimé à cette température dans un courant d'air; il bout sans décomposition sensible et d'une façon constante à 250°. Exposé à l'air humide, il reprend son eau de cristallisation; il en est de même si on le fait cristalliser dans l'alcool à 85° centésimaux; il se dépose alors avec sa forme primitive (Deville).

Le brome n'agit bien sur la terpine que vers la température de 50°; si l'on chauffe avec précaution, il se forme de l'eau et un composé huileux de la consistance de la glycérine, qui paraît être un bromure $C^{10}H^{16}Br^2$. Si l'on distille ce corps et si l'on fait bouillir le produit ainsi recueilli avec de la potasse en poudre, ou bien encore si l'on chauffe le composé bromé avec de l'aniline, il perd 2 HBr et se transforme en cymène pur identique avec les autres carbures de même formule obtenus jusqu'à ce jour (Barbier, Oppenheim).

L'hydrate de térébenthène traité à froid par le gaz chlorhydrique, soit que la matière ait été réduite en poudre et mise en suspension dans l'eau, soit qu'elle se trouve en solution alcoolique, est intégralement transformé en bichlorhydrate

$$C^{10}H^{16}, 2HCl,$$

fusible à + 44° (Deville). Traité par l'acide bromhydrique, il fournit également un bibromhydrate semblable, par ses caractères extérieurs, au bichlorhydrate (Berthelot).

L'acide sulfurique concentré dissout les cristaux d'hydrate avec une coloration rouge; si l'on étend d'eau, il se précipite une matière résineuse. Un mélange d'hydrate et d'acide phosphorique soumis à la distillation fournit un liquide, mélange de (térébène?) et de colophène ou ditérébène.

Traité par le protochlorure de phosphore, l'hydrate de térébenthène se transforme en cristaux nacrés de bichlorhydrate, $C^{10}H^{16}2HCl$, fusibles à + 48°,

$$(C^{10}H^{16}, 2H^2O + H^2O) + 2PCl^3 = C^{10}H^{16}, 2HCl + 4HCl + P^2O^3.$$

Le protobromure et le perbromure de phosphore produisent une réaction analogue. Enfin le biiodure de phosphore fournit un biiodhydrate cristallisé et peu stable, $C^{10}H^{16}, 2HI$ (Oppenheim).

L'acide cyanhydrique anhydre, chauffé avec le terpine à 100°, en dissout plus de 2 fois son poids et l'abandonne en longs cristaux par le refroidissement.

L'acide acétique cristallisable et l'acide butyrique chauffés vers 200° avec la terpine régénèrent un hydrocarbure, $C^{10}H^{16}$ (Berthelot). En changeant les conditions, c'est-à-dire chauffant à 140° avec de l'acide acétique anhydre, on obtient, suivant M. Oppenheim, un éther monoacétique de la terpine :

$$C^{10}H^{16}(H^2) < {OC^2H^3O \atop OH}$$

accompagné de produits étrangers. On sépare l'éther de ces derniers par distillation dans le vide. L'acétate bout alors à 140-150° dans un vide à 0m,02 et se décompose à la distillation sous la pression normale. Ce corps n'a pas été obtenu à l'état de pureté parfaite.

Les dissolutions concentrées de potasse et de soude ne paraissent pas agir sur la terpine. Cette matière, dirigée en vapeurs sur de la chaux sodée maintenue vers 400°, donne de l'acide térébenthilique, $C^8H^{10}O^2$ (voyez ce mot). Il se forme en outre, comme produit accessoire, un peu de terpinol (Personne).

D'après les expériences qui précèdent, l'hydrate de térébenthène anhydre, $C^{10}H^{16},2H^2O$, pourrait être considéré comme un pseudo-glycol,

$$C^{10}H^{16}(H^2) < \begin{matrix} OH \\ OH \end{matrix}$$

CONSTITUTION DU TÉRÉBENTHÈNE. — Voyez TÉRÉBÉNIQUES (CARBURES).

Voir, outre les nombreuses sources déjà signalées dans cet article, les suivantes, de moindre importance : Thénard, *Mémoires de la Soc. d'Arcueil*, t. II, p. 32; — Boulley, *Ann. de Chim.*, t. LI; — Houton-Labillardière, *Journ. de Pharm.*, t. IV; — Hermann, *Ann. de Poggend.*, t. XVIII, p. 368; — Biot, *Compt. rend.*, t. II, p. 542; t. XXI, p. 1; *Ann. de Chim. et de Phys.*, (3), t. XXXVI, p. 290; — Tschifelli, *Compt. rend.*, t. II, p. 628; — Gay-Lussac et Larivière, *ibid.*, t. XII, p. 125; — Boyer, *ibid.*, t. XIII, p. 586; — Laurent, *Ann. de Chim. et de Phys.*, (2), t. LXVI, p. 209; — De la Rive et Marcet, *ibid.*, (2), t. LXXV, p. 113; — G. Aimé, *ibid.*, (3), t. VIII, p. 268; — Masson, *ibid.*, (3), t. XXXI, p. 325; — H. Kopp, *ibid.*, (3), t. XLVII, p. 291; — Schwanert, *Bull. de la Soc. chim.*, t. II, p. 56, ou *Ann. der Chem. u. Pharm.*, (2), t. CXXVIII, p. 77; — Bunge, *Bull. de la Soc. Chim.*, t. XIII, p. 272; — Athanase Dupré, *Ann. de Chim. et de Phys.*, (4), t. I, p. 206; t. III, p. 89; t. VI, p. 284; — Bussy et Buignet, *ibid.*, (4), t. IV, p. 9; — Hirn, *ibid.*, (4), t. X, p. 55 et 86; — Pfaundler, *ibid.*, (4), t. XXII, p. 57; — Croullebois, *ibid.*, (4), t. XXII, p. 149; — G. Hinrichs, *Compt. rend.*, t. LXXX, p. 47. J. R.

TÉRÉBENTHÈNE (ISO-), $C^{10}H^{16}$ [Berthelot, *Ann. de Chim. et de Phys.*, (3), t. XXXIX, p. 16; — Riban, *Compt. rend.*, t. LXXIX, p. 223 et 314, et *Ann. de Chim. et de Phys.*, (5), t. VI, p. 215].

M. Berthelot a donné ce nom au carbure isomérique du térébenthène qui se forme sous l'influence de la chaleur et qu'il a isolé. Il existe deux modifications de ce carbure, l'une dérivée de l'essence anglaise dextrogyre et préparée par M. Berthelot, l'autre obtenue par M. Riban en partant de l'essence française lévogyre.

α-ISOTÉRÉBENTHÈNE. — Pour préparer la première modification, M. Berthelot chauffe l'essence anglaise $= [\alpha]_j + 18°,6$ à 300° durant 2 heures, et soumet le produit obtenu à la distillation. Les matières volatiles au-dessous de 250° sont recueillies et redistillées. Pendant toute la durée de l'opération, le point d'ébullition maintient entre 176°-178°.

Propriétés. — C'est un liquide mobile incolore, réfractant fortement la lumière, doué d'une odeur analogue à celle des vieilles écorces de citron. Densité à $+ 22° = 0,8432$; il bout entre 176°-178°; son pouvoir rotatoire : $[\alpha]_j = - 10°,0$, à $+ 22°$, est en sens inverse de celui du carbure générateur. Il paraît varier en valeur absolue avec la durée et l'intensité de la chauffe.

L'isotérébenthène fournit : 1° avec l'alcool nitrique un hydrate dont la forme est sensiblement la même que celle de l'hydrate de térébenthène, l'angle du prisme est de 78° environ; 2° par l'action de l'acide chlorhydrique gazeux l'isotérébenthène donne un composé liquide répondant à la formule $(C^{10}H^{16}, 2HCl + 2C^{10}H^{16}HCl)$, combinaison de bichlorhydrate et de monochlorhydrate. On peut isoler ce dernier par l'action de l'acide nitrique. Le monochlorhydrate solide ainsi obtenu est lévogyre comme le carbure modifié dont il dérive. Son pouvoir rotatoire est $[\alpha]_j = - 11°,2$.

L'acide chlorhydrique fumant transforme l'isotérébenthène en un bichlorhydrate.

Ce carbure, paraît au point de vue de ses réactions, se comporter comme un corps intermédiaire entre le térébenthène et l'essence de citron. Son pouvoir rotatoire est modifié par les agents qui altèrent celui du térébenthène (Berthelot).

β-ISOTÉRÉBENTHÈNE. — M. Riban a obtenu la deuxième modification de l'isotérébenthène en chauffant dans les conditions énumérées plus haut de l'essence française lévogyre dont le pouvoir rotatoire pour la lumière du sodium était $[\alpha]_D = - 39°,3$.

La température de 300° doit être exactement maintenue, car au delà il se formerait du cymène, en deçà il resterait du térébenthène inaltéré. Le produit est soumis à de longs fractionnements à l'abri de l'air jusqu'à fixité du point d'ébullition.

Propriétés. — Liquide incolore, mobile, d'une odeur pure d'essence d'oranges, bouillant à 175°, c'est-à-dire à 19 ou 20° au-dessus de ses isomères, le térébenthène et le térébène. Pouvoir rotatoire pour la raie D $[\alpha]_D = - 9°,17$ et $9°,72$ (deux opérations différentes). Il est de même sens que celui du térébenthène dont il dérive, et aussi de même sens et presque de même intensité que celui de l'isotérébenthène obtenu en partant de l'essence dextrogyre.

Sa densité à $0° = 0,8586$. La densité aux diverses températures entre 0° et 100° est fournie par la relation suivante :

$$D_t = 0,8586 - 0,000769\,t - 0,0000002375\,t^2,$$

qui montre que l'isotérébenthène est moins dense que le térébenthène et le térébène. Il semble donc que les atomes du térébenthène écartés sous l'action de la chaleur ne reviennent plus à leur distance première et constituent alors par ce fait une nouvelle substance isomérique, l'isotérébenthène. Indice de réfraction pour la raie D :

$$n_j = 1,4709 \text{ à } t = + 25°.$$

L'isomérie au point de vue physique est encore ici manifeste.

Le brome s'unit à l'isotérébenthène sans dégagement d'acide bromhydrique, si l'on opère avec des solutions dans le sulfure de carbone étendues et refroidies. Il se forme le composé $C^{10}H^{16}Br^2$. Ce dernier, convenablement traité, fournit un cymène bouillant à 177° (corrigé), et donnant le sel $(C^{10}H^{13}SO^3)^2Ba + 3H^2O$ comme tous les autres cymènes connus; il résulte de ceci que l'isotérébenthène perdant H^2 se transforme en un cymène possédant sensiblement le même point d'ébullition que le carbure dont il dérive.

MONOCHLORHYDRATE DE β-ISOTÉRÉBENTHÈNE. — Le gaz chlorhydrique agissant sur l'isotérébenthène fournit un monochlorhydrate liquide souillé d'une petite quantité de bichlorhydrate solide. On le débarrasse de ce dernier par distillation fractionnée dans le vide. C'est un corps incolore assez mobile, d'une odeur douce, nullement camphrée, laissant un arrière-goût sucré; bouillant vers 110° sous une pression de $0^m,02$. Il distille sous la pression normale en se décomposant partiellement et dégageant des vapeurs chlorhydriques, mais la majeure partie du liquide passe vers 210°. Sa densité à $0° = 0,9927$. Pouvoir rotatoire pour la raie D : $[\alpha]_D = - 0°,47$. Indice de réfraction : $n_j = 1,4808$ à la température de $+ 26°$. Il ne fournit pas trace de monochlorhydrate solide : 1° par l'action de l'acide nitrique; 2° par la distillation dans le vide; 3° par évaporation spontanée. C'est le premier exemple d'un monochlorhydrate liquide défini. Dissous dans l'éther et traité par le gaz chlorhydrique, ce liquide se transforme en bichlorhydrate solide. On sait que les autres chlorhydrates connus ne peuvent plus fixer une nouvelle molécule d'acide chlorhydrique. Traité par la potasse alcoolique, il perd son acide chlorhydrique en régénérant le carbure primitif. L'ensemble de ces propriétés différencie nettement le β-isotérébenthène de l'α-isotérébenthène isolé par M. Berthelot.

Bichlorhydrate de β-isotérébenthène. — L'acide chlorhydrique agissant sur l'isotérébenthène en solution éthérée le change en bichlorhydrate $C^{10}H^{16},2HCl$, que le dissolvant abandonne sous forme de belles lames nacrées par l'évaporation spontanée. Dans les mêmes conditions le térébenthène fournit une combinaison liquide de monochlorhydrate et de bichlorhydrate.

Le bichlorhydrate d'isotérébenthène fond à $+49°,5$ comme celui de térébenthène. Comme lui il n'est pas attaqué par la solution bouillante de potasse; il donne du terpinol par l'ébullition avec l'alcool aiguisé d'acide chlorhydrique; enfin, comme lui, il se combine aux monochlorhydrates de térébenthène, de térébène, de camphène actif et inactif et à l'éther chlorhydrique du bornéol pour former avec ces corps des composés liquides (Riban).

M. G. Bouchardat a réalisé tout récemment la synthèse d'un isotérébenthène en partant de l'isoprène C^5H^8 de Greville Williams. En chauffant ce dernier à 280° en tube scellé, on obtient entre autres produits un isotérébenthène formé en vertu de l'équation suivante :

$$2C^5H^8 = C^{10}H^{16}.$$

C'est un carbure dénué de pouvoir rotatoire, densité à $0° = 0,866$, d'une odeur citronnée, bouillant de 176°-181°, formant avec l'acide chlorhydrique, suivant les conditions, soit un monochlorhydrate *liquide*, soit un bichlorhydrate solide fusible à $+49°,5$ [*Compt. rend.*, t. LXXX, p. 1446].

Ces caractères rapprochent beaucoup ce carbure du β isotérébenthène obtenu par M. Riban. Ces deux corps ne diffèrent quant à présent que par le pouvoir rotatoire. J. R.

TÉRÉBENTHÈNE (TÉTRA-), ($C^{40}H^{64}$) [Riban, *Compt. rend.*, t. LXXIX, p. 389, et *Ann. de Chim. et de Phys.*, (5), t. VI, p. 42]. — Le tétratérébenthène est un polymère solide du térébenthène obtenu par l'action polymérisante du protochlorure d'antimoine $SbCl^3$.

Préparation. — Pour préparer ce corps il suffit de faire agir avec précaution le protochlorure d'antimoine sur le térébenthène. On introduit peu à peu le réactif pulvérisé par écrasement entre des feuilles de papier buvard, dans le carbure et on agite vivement le mélange. On observe une réaction accompagnée de dégagement de chaleur; on la conduit modérément par additions successives de l'agent polymérisant, en ayant soin de refroidir au besoin par des affusions d'eau, afin d'empêcher la température de s'élever au delà de 50° à 60°. On constate bientôt que par de nouvelles additions de protochlorure le liquide ne s'échauffe plus que faiblement. On arrête alors l'opération : la masse épaissie est constituée par un mélange de carbure inaltéré, de colophène ou ditérébène, de tétratérébenthène, de protochlorure d'antimoine et d'oxychlorure (poudre d'algaroth), si l'humidité est intervenue; la matière est versée dans un grand volume d'alcool absolu, qui dissout les corps précédents, excepté le tétratérébenthène et l'oxychlorure. Par des agitations successives avec de l'alcool absolu froid et en traitant finalement par ce corps bouillant, on élimine des produits liquides. La masse épaisse est alors dissoute dans l'éther et filtrée. L'oxychlorure, s'il s'en était formé, reste sur le filtre. L'éther est éliminé par distillation et le résidu maintenu dans le vide pendant une heure vers 240°. Il passe avant cette température un liquide huileux, dernières traces de colophène ayant échappé à l'action dissolvante de l'alcool. Le résidu est le carbure solide cherché; on le casse et l'enferme dans des vases pleins de gaz carbonique.

Propriétés. — Le tétratérébenthène $C^{40}H^{64}$, ainsi obtenu, est un corps solide, amorphe, cassant, d'une couleur légèrement citrine, parfaitement transparent, à cassure conchoïdale, se réduisant en poussière blanche par l'écrasement comme le ferait de la colophane presque incolore, dont il possède d'ailleurs l'aspect. Il s'électrise par le frottement avec une grande facilité; il est presque insoluble dans l'alcool, soluble dans l'éther, le sulfure de carbone, les pétroles, l'essence de térébenthine, qui l'abandonne sous forme de vernis incolore.

Le tétratérébenthène dévie à droite le plan de polarisation de la lumière $[\alpha]_D = +20°$ environ, c'est-à-dire en sens inverse du carbure générateur. Densité à $0° = 0,977$. Il fond au-dessous de 100° en passant par des états pâteux intermédiaires qui empêchent de fixer nettement son point de fusion.

Exposé à l'air à l'état de grande division et de préférence à une température de 40°, il s'oxyde facilement et l'on trouve au bout de plusieurs mois jusqu'à 12 °/₀ d'oxygène combiné. Les produits formés dans cette circonstance ne sont pas de nature acide, car ils ne se dissolvent pas dans les alcalis.

Le tétratérébenthène se combine aux gaz chlorhydrique et bromhydrique.

Monochlorhydrate de tétratérébenthène,

$$C^{40}H^{64}, HCl.$$

— S'obtient difficilement en soumettant le corps réduit en poudre impalpable à l'action du gaz chlorhydrique sec; la matière broyée est soumise un grand nombre de fois à l'action du gaz chlorhydrique jusqu'à cessation d'augmentation de poids. C'est une poudre blanche amorphe, qui n'offre rien de particulier.

Bichlorhydrate de tétratérébenthène,

$$C^{40}H^{64}, 2HCl.$$

— Ce corps s'obtient lorsque l'on sature une solution éthérée de tétratérébenthène par le gaz chlorhydrique; on abandonne la masse à elle-même pendant 48 heures; on lave à l'eau, puis avec une solution faible de carbonate de soude; on éloigne l'éther par distillation et l'on maintient le produit dans le vide à la température de 100°. Le résidu est une masse solide, cassante, résineuse, fusible au-dessus de 100°, aisément pulvérisable qui constitue le produit cherché.

Bibromhydrate de tétratérébenthène,

$$C^{40}H^{64}, 2HBr.$$

— S'obtient de la même manière que le précédent et présente les mêmes caractères extérieurs.

Action de la chaleur sur le tétratérébenthène. — Porté à la température de 350°, le tétratérébenthène reste fixe et ne distille pas; soumis à l'action d'une température plus élevée, surtout si l'on opère dans le vide, il se résout en produits plus simples, moins condensés. On recueille principalement un carbure $C^{10}H^{16}$ bouillant à 176° (probablement de l'isotérébenthène) et un polymère, le ditérébène ou colophène $C^{20}H^{32}$ bouillant à 318°-320°, et enfin des carbures visqueux supérieurs au point d'ébullition du mercure. L'équation ci-dessous rend compte de la formation des termes principaux de ce dédoublement :

$$\underset{\text{Tétra-térében-thène.}}{C^{40}H^{64}} = \underset{\text{Colo-phène.}}{C^{20}H^{32}} + \underset{\text{Isotéré-benthène?}}{2C^{10}H^{16}}$$

Une décomposition analogue a sans doute lieu dans la transformation du métastyrolène en styrolène sous l'influence de la chaleur.

Il est à remarquer que les produits du dédoublement de la molécule du tétratérébenthène sont solubles dans l'alcool, tandis que le carbure initial y est presque insoluble; il en est de même pour le styrolène.

Cette considération a permis à M. Riban de donner une théorie de la transformation industrielle des matières résineuses insolubles en matières solubles par l'action d'une haute température. On sait en effet que plusieurs corps, et notamment le copal et l'ambre jaune, sont insolubles ou peu solubles dans les dissolvants usuels; ils y deviennent très-solubles, et aptes dès lors à la préparation des vernis, s'ils sont préalablement soumis à une température de 350° à 400°. La chaleur produirait sur ces corps un phénomène de dépolymérisation semblable à celui que l'on observe sur le tétratérébenthène. Cette théorie paraît d'autant mieux justifiée, que la plupart des matières résineuses représentent des polymères des carbures $C^{10}H^{16}$ à des degrés plus ou moins avancés d'oxydation et qu'elles fournissent, par la distillation sèche, des carbures $C^{10}H^{16}$ et du colophène, comme le fait le tétratérébenthène lui-même. J. R.

TÉRÉBENTHILIQUE (ACIDE), $C^8H^{10}O^2$ [Personne, *Compt. rend.*, t. XLIII, p. 553]. — Cet acide se forme lorsqu'on fait passer la vapeur de la terpine anhydre $C^{10}H^{16},2H^2O$ sur de la chaux sodée maintenue dans un tube à la température de 400° environ. Il se dégage en même temps un gaz, mélange de gaz des marais et d'hydrogène purs. La formation de cet acide a donc lieu en vertu de l'équation suivante :

$$\underset{\text{Terpine.}}{C^{10}H^{16},2H^2O} = \underset{\text{Acide térébenthilique.}}{C^8H^{10}O^2} + 2CH^4 + H^2.$$

On obtient, en outre, comme produit accessoire, un peu de terpinol.

La matière du tube est traitée par l'acide chlorhydrique; on met ainsi à nu le nouvel acide que l'on purifie par cristallisation dans l'eau ou l'alcool.

Propriétés. — L'acide térébenthilique est un corps solide blanc, plus dense que l'eau, d'une légère odeur de bouc; il fond à + 90° et distille à 250°. Pendant la distillation, il paraît s'en décomposer une très-petite quantité. Il est presque insoluble dans l'eau froide, plus soluble dans l'eau bouillante, d'où il se dépose par le refroidissement sous forme d'une poudre blanche composée de petites aiguilles cristallines. Il est très-soluble dans l'alcool et l'éther. Par la sublimation, il cristallise en petites lames qui paraissent être des prismes obliques. Sa vapeur est très-âcre et irrite fortement les narines. Il se combine aux bases pour former des sels bien définis, il éthérifie l'alcool avec la plus grande facilité et produit un éther dont l'odeur rappelle celle de la poire et de l'ananas.

Cet acide monobasique correspond à la formule $C^8H^{10}O^2$, déduite de sa composition et de l'analyse du sel de chaux et d'argent. Il diffère de l'acide toluique par H^2 en plus.

Térébenthilate de chaux, $(C^8H^9O^2)^2,Ca$. — S'obtient par l'union des deux corps. C'est un sel blanc, cristallisant en petites aiguilles soyeuses qui lui donnent l'aspect du sulfate de quinine dont il possède la légèreté.

Térébenthilate d'argent, $C^8H^9AgO^2$. — Très-légèrement soluble dans l'eau bouillante, qui le laisse cristalliser en petite quantité par le refroidissement.

Térébenthilate de plomb. — Formé par l'union directe de l'acide avec l'oxyde de plomb; c'est un sel incristallisable qui possède, à l'état sec, l'aspect de la gomme arabique. J. R.

TÉRÉBENTHINE. — Les térébenthines sont des composés naturels, de consistance molle, formés par le mélange d'une ou plusieurs résines acides et de carbures $C^{10}H^{16}$ (essence de térébenthine). Ces mélanges complexes sont le résultat de l'exsudation naturelle ou provoquée de végétaux appartenant à la famille des Conifères. Les variétés de térébenthines sont nombreuses et portent des noms rappelant leur origine. On emploie généralement en France : les térébenthines dites de Bordeaux, extraites, soit dans les Landes, soit en Sologne, du *Pinus maritima;* les térébenthines dites de Strasbourg, d'Alsace, des Vosges, de l'*Abies pectinata;* les térébenthines de la Suisse, de l'Illyrie, de Venise découlent du mélèze, *Pinus Larix* (*Larix europea*); la térébenthine du faux sapin (*Abies excelsa*), connue sous le nom de poix de Bourgogne; la térébenthine dite de Chio, produite par le *Pistacia terebenthus;* le baume du Canada, extrait de l'*Abies balsamea.* En Angleterre on connaît en outre plus spécialement les térébenthines dites de Boston, provenant du *Pinus australis;* les térébenthines dites d'Amérique, extraites du *Pinus Strobus;* la térébenthine du Nord, du *Pinus sylvestris.* Il existe encore un grand nombre de variétés : térébenthine de Hongrie, du *Pinus Mughus;* térébenthine des monts Carpathes, du *Pinus cimbra*, etc., etc.

Extraction. — Le procédé d'extraction est partout le même, sauf quelques modifications dans les détails : il consiste à inciser l'arbre, à recueillir la térébenthine brute et à la filtrer pour la livrer au commerce. Si on veut en retirer l'essence de térébenthine qu'elle contient, on la distille avec de l'eau; le résidu de cette distillation constitue la colophane (voyez ce mot).

Voici quelques exemples d'extraction de la térébenthine :

Térébenthine de Bordeaux. — Elle est recueillie dans les Landes et en Sologne. La récolte de la térébenthine ou le *gemmage* se pratique de la façon suivante dans l'une des exploitations de la Sologne : Du 20 janvier au 10 février, on enlève l'écorce des arbres (qui n'ont pas moins de vingt-cinq ans) du côté du sud ou de l'est sur à peu près le quart de la circonférence, de manière cependant à ne pas attaquer le vif et jusqu'à une hauteur de $0^m,70$ au-dessus du sol; du 25 mars au 1er mai, on procède à l'incision avec un instrument dont le tranchant a la forme d'une gouge; on enlève au ras de terre, dans la partie récemment écorcée, un copeau de $0^m,11$ de long sur $0^m,010$ à $0^m,012$ d'épaisseur, de telle sorte que le vif du tronc se trouve attaqué. La sécrétion ne tarde pas à apparaître; le produit coule le long de l'arbre; on le reçoit dans une cavité pratiquée en terre ou creusée dans une racine saillante. Dans les bonnes exploitations on reçoit la résine dans des pots de terre fixés au tronc au moyen de fils métalliques et l'on y dirige la résine à l'aide de rigoles en zinc. On a ainsi la térébenthine brute ou *gemme.*

L'opération de l'incision se renouvelle tous les dix jours et dure jusqu'au 5 octobre. Un résinier suffit pour le gemmage de 5,000 pins. Si l'opération est bien conduite, elle peut être annuellement renouvelée pendant soixante ou quatre-vingts ans. L'évaluation comparative du rendement indique l'époque où l'arbre doit être abattu.

Les pins qui n'ont pas poussé régulièrement et que l'on veut sacrifier pour une cause quelconque, sont gemmés *à mort*, c'est-à-dire que les saignées ne sont pas ménagées; on se propose alors de laisser vivre l'arbre quatre ou cinq ans.

Le produit que donne le gemmage est récolté

tous les mois ; on l'appelle *gemme*. Une portion qui reste exposée à l'air et au soleil sous une trop mince épaisseur et se solidifie est arrachée avec une gratte en fer et mise à part : c'est le *galipot* ou *barras*.

Sept hectares de pins donnent environ 3,600 kilogrammes de gemme molle et 1,600 kilogrammes de galipot.

La gemme molle ou térébenthine brute doit être purifiée avant d'être livrée au commerce, car elle est souillée de terre, de débris de branches et de feuilles ; pour cela, elle est fondue dans des chaudières et passée à travers un lit de paille. Lorsque cette opération se fait par la seule chaleur du soleil, le produit porte le nom de *térébenthine au soleil*.

La gemme filtrée ou térébenthine se présente avec une consistance grenue ; peu à peu elle se sépare en un produit comme cristallin, qui se dépose et que surnage un liquide consistant et transparent. Elle est entièrement soluble dans l'alcool ; exposée à l'air, elle se dessèche complétement.

Elle contient le quart environ de son poids d'essence de térébenthine, qu'on en extrait par la distillation ; le résidu de cette opération s'appelle *brai sec, arcanson* ou *colophane*.

Si, au lieu de soutirer la colophane de l'alambic pour la laisser refroidir et se solidifier, on la brasse fortement avec de l'eau, on lui fait perdre sa transparence : elle porte alors le nom de *résine jaune* ou *poix résine*.

La combustion des filtres de paille et des éclats de bois provenant des incisions fournit une matière résineuse désignée sous le nom de *poix noire*. Cette combustion s'effectue dans des fourneaux sans courant d'air, entièrement remplis de matière à brûler que l'on allume par la partie supérieure ; la combustion de cette partie de la masse, fait exsuder de la portion de la paille et des éclats de bois non brûlés la matière résineuse qui se réunit dans le bas du fourneau et s'écoule par un tuyau dans une cuve à demi-pleine d'eau. Là elle se sépare en deux parties, l'une liquide, qu'on nomme *huile de poix*, l'autre plus solide, qu'on expose dans une chaudière de fonte jusqu'à ce qu'elle devienne cassante par le refroidissement : c'est la *poix noire*.

Enfin, par un procédé analogue, on extrait des éclats de bois, des branches et des débris des troncs abattus, une matière liquide vendue sous le nom d'*huile de cade* (qui n'est pas la véritable huile de cade extraite du genévrier) et du goudron. Ce dernier est employé, comme les autres produits de la térébenthine, à la fabrication du noir de fumée et surtout au calfatage des navires.

Térébenthine de Suisse, d'Illyrie, de Briançon, de Venise. — Elle exsude du mélèze, comme celle de Bordeaux, du pin maritime. On pratique au tronc de l'arbre des trous au moyen d'une tarière et on adapte des rigoles de bois qui conduisent le produit résineux dans une auge. Lorsque la térébenthine cesse de couler, on ferme les trous, pour les ouvrir de nouveau au bout de quinze jours. La térébenthine du mélèze donne 15 % d'une essence incolore peu estimée dans la peinture.

Térébenthine de Strasbourg ou des Vosges, appelée aussi *térébenthine citron*. — Exsude du vrai sapin. Deux fois par an, au printemps et à l'automne, les bergers des Vosges et des Alpes font cette récolte ; ils râclent l'écorce avec un cornet de ferblanc et crèvent ainsi les utricules qui se forment à la surface de l'écorce ; la récolte d'une journée n'est guère que de 125 grammes. Cette résine, assez rare, se reconnaît à la suavité de son odeur qui rappelle le citron. Il est probable que cette matière diffère de la térébenthine de Bordeaux ; elle doit contenir un carbure $C^{10}H^{16}$, isomérique avec le térébenthène.

La *térébenthine du faux sapin*, connue sous le nom de *poix de Bourgogne, poix jaune, poix blanche*, est obtenue par des incisions faites au tronc du faux sapin (*Abies excelsa*). La résine coule le long du tronc. On la ramasse avec une râcloire. On la fond avec de l'eau dans une chaudière. On obtient ainsi une poix très-tenace et qui adhère fortement à la peau.

On imite ce produit en fondant et brassant avec de l'eau le galipot du pin maritime et la térébenthine de Bordeaux.

Parmi toutes les variétés de térébenthine signalées dans cet article, la térébenthine de Bordeaux a été plus spécialement étudiée, quoique incomplétement, par divers chimistes, parmi lesquels il faut signaler notamment Unverdoben, Laurent, H. Rose Cailliot. Suivant ces auteurs, il existe dans la matière résineuse séparée de l'essence de térébenthine les acides *pinique, pimarique* et *sylvique*, le premier amorphe et les deux derniers cristallisés (voyez ces mots). Ils sont isomériques, monobasiques, et correspondent à la formule $C^{20}H^{30}O^{2}$. Leur existence dans ces résines explique comment celles-ci forment des savons résineux lorsqu'on les traite à chaud par les alcalis.

Les résines contenues dans la térébenthine donnent dans leur oxydation par l'acide nitrique, entre autres produits, de l'acide térébique (voyez ce mot) (Bromeis, Rabourdin, etc.), de l'acide isophtalique et de l'acide trimellique (voyez ces mots) (J. Schreder). D'après Laurent, il se formerait un acide nitro-substitué, l'acide azomarique.

Voyez, sur les résines de térébenthine et autres résines semblables, le mot RÉSINE et les sources suivantes [Bouillon, Lagrange et A. Vogel, *Ann. de Chim.*, t. LXXII, p. 72 ; — Pelletier, *Journ. de Phys.*, t. LXXIX, p. 275 ; *Ann. de Chim.*, t. LXXIX, p. 90, t. LXXX, p. 38. *Bull. de Pharm.*, t. III, p. 481, t. IV, p. 502 ; — Braconnot, *Ann. de Chim.*, t. LXVII, p. 19 et 66 ; — Bonastre, *Journal de Pharm.*, t. IX, p. 178, t. X, p. I, t. XII, p. 492 ; — Unverdoben, *Ann. de Poggend.*, t. VII, p. 40 et 407, t. XI, p. 28, 230, 293, t. XIV, p. 116 ; — Berzelius, *ibid.*, t. X, p. 252, t. XII, p. 419, t. XIII, p. 78 ; — Blanchet et Sell, *Ann. der Chem. u. Pharm.*, t. VI, p. 269 ; — H. Trommsdorff, *ibid.*, t. XIII, p. 169 ; — Liebig, *ibid.*, t. XIII, p. 174 ; — H. Rose, *Ann. de Poggend.*, t. XXIII, p. 33, t. XLVIII, p. 61, t. LIII, p. 365 ; et en extrait, *Ann. der Chem. u. Pharm.*, t. XIII, p. 174 ; t. XXXII, p. 297, t. XL, p. 307 ; — Hess, *ibid.*, t. XXIX, p. 135 ; — Laurent, *Ann. de Chim. et de Phys.*, t. LXV, p. 324, t. LXXII, p. 383 ; *Compt. rend. des trav. de chim.*, 1846, p. 57 ; *Ann. de Chim. et de Phys.*, (3), t. XII, p. 459 ; — Baup, *ibid.*, t. XXXI, p. 108 ; — Cailliot, *Journ. de Pharm.*, t. XVI, p. 436 ; — Wœhler, *Ann. der Chem. u. Pharm.*, t. XLI, p. 155 ; — Fremy, *Ann. de Chim. et de Phys.*, t. LIX, p. 11 ; — Pelletier et Walter, *ibid.* t. LXVII, p. 269 ; — Deville, *ibid.* (3), t. LXXV, p. 69]. J. R.

TÉRÉBENTHINE (ESSENCE DE). — On nomme ainsi le produit brut et commercial de la distillation de la térébenthine. Quelques chimistes ont désigné et désignent encore à tort sous ce nom le carbure $C^{10}H^{16}$, *térébenthène*, qui est contenu dans l'essence.

L'extraction de cette dernière se fait dans les appareils les plus simples. La térébenthine est introduite dans un alambic et distillée doucement à feu nu ; il serait préférable, ainsi qu'on l'a recommandé, d'opérer cette distillation au bain de sable ou mieux dans un courant de vapeur d'eau.

Le produit recueilli et tel que le livre l'industric est constitué en grande partie par du térébenthène bouillant à 156°, mélangé à des carbures plus volatils et à des produits plus fixes formés par du térébenthène oxydé au cours de la distillation ou dans les vases mal bouchés qui le contiennent. On rencontre aussi un peu de cymène provenant de la combustion lente de l'essence par l'oxygène atmosphérique.

Les diverses essences de térébenthine sont le plus souvent lévogyres, quelquefois dextrogyres. Leur pouvoir rotatoire est tantôt de même sens que celui de la térébenthine qui les fournit, exemples : essence de térébenthine de Bordeaux, essence de Suisse, lévogyres; tantôt de sens inverse à celui de la térébenthine, exemples : essence lévogyre du baume de Canada dextrogyre, essence dextrogyre de la térébenthine lévogyre du *Pinus australis*. (Bouchardat et Guibourt).

L'essence de térébenthine récemment préparée est incolore, elle est neutre au papier. Sa densité est = 0,86. Elle ne tarde pas à jaunir au contact de l'air en même temps qu'elle devient moins fluide, et que les produits étrangers que nous venons de signaler y ont pris naissance. Elle rougit alors le tournesol et l'on y trouve les acides acétique et formique résultant de la combustion incomplète du térébenthène qui forme la majeure partie de l'essence de térébenthine. On rencontre souvent dans les vieilles essences humides des cristaux brillants qui ne sont autre chose qu'un hydrate, combinaison très-stable d'eau et de térébenthène. — Voyez comme complément indispensable le mot TÉRÉBENTHÈNE.

Usages. — L'essence de térébenthine dissout aisément les corps gras : aussi est-elle parfois employée au dégraissage des étoffes; sa faculté dissolvante pour les matières résineuses explique son emploi considérable dans la fabrication des vernis. Elle dissout l'huile de lin rendue siccative par l'action des oxydes de plomb et de manganèse et sert aussi au vernissage du cuir et de la toile cirée. L'essence de térébenthine dissout également l'huile de lin et l'huile d'œillette crue, et chacun sait que les peintres en font pour ce motif une consommation considérable. Elle sert à délayer et à coucher le mélange d'huile avec la céruse ou le blanc de zinc, qui, après son évaporation, constitue la couche de peinture. Les propriétés oxydantes de carbure ne sont certainement pas sans influence sur l'oxydation et, par suite, sur la prompte dessication des peintures.

Elle a été employée, après avoir été surchauffée, comme dissolvant dans l'industrie du caoutchouc.

L'essence de térébenthine se dissout aisément dans l'alcool absolu ; l'alcool à 85° en retient le 1/10 de son poids environ, et ce mélange en combustion fournit un bel éclairage, à peu près abandonné de nos jours.

L'essence de térébenthine est employée en médecine, et, dans l'art vétérinaire, elle entre dans la préparation d'un certain nombre de médicaments, destinés soit à l'usage externe, soit à l'usage interne.

D'après les expériences de M. Personne, l'essence de térébenthine constitue un excellent antidote dans l'empoisonnement par le phosphore. Ce carbure agit, selon lui, en favorisant l'hématose du sang, que le phosphore tend à priver de son oxygène. Suivant MM. Kœhler et Schimpff, il agirait en formant un acide térébentophosphoreux complétement inoffensif et éliminable par les urines.

Action physiologique. — M. A. Bouchardat a constaté [*Compt. rend. de l'Acad.*, t, XX, p. 1839], dans ses expériences sur l'essence de térébenthine que l'exposition aux vapeurs de ce corps produit une légère céphalalgie, suivie d'un état de lassitude, de défaillance, d'incapacité de travail que nous avons observé nous-même au cours de nos recherches. C'est à la présence des vapeurs de cette essence que sont dus les accidents bien constatés que l'on observe chez les personnes qui couchent dans un appartement fraîchement peint : le malade peut présenter alors une prostration générale des forces allant jusqu'à la résolution complète des membres [Marchal de Calvi, *Compt. rend.*, t. XLI, p. 1041, et t. XLV, p. 880; — Letellier, *ibid.*, t. XLII, p. 243].

La quantité de vapeur de carbure répandue dans l'atmosphère est suffisante dans ce cas pour produire des cristaux d'hydrate de térébenthène (terpine) à la surface de l'eau déposée sur une assiette ou mouillant une botte de foin [Leclaire, *Compt. rend.*, t. LIII, p. 111 ; *Répert. de Chim. appl.*, 1861, p. 320]. J. R.

TÉRÉBENZIQUE (ACIDE). — M. Cailliot avait donné le nom d'acide térébenzique à un acide cristallisable, obtenu en même temps que l'acide téréphtalique dans l'oxydation de l'essence de térébenthine. Depuis, on a reconnu l'identité de cet acide avec l'acide toluique de Noad (voyez ACIDE TOLUIQUE).

TÉRÉBIQUE (ACIDE), $C^7H^{10}O^4$ [Bromeis, *Ann. der Chem. u. Pharm.*, t. XXXVII, p. 297 ; — Rabourdin, *Journ. de Pharm.*, (3), t. VI, p. 185 ; — Cailliot, *Journ. de l'Inst.*, 1849, n° 287, p. 353 ; — Chautard. *Journ. de Pharm.*, (3), t. XXVIII, p. 102 ; — Eckmann, *Akademisk afhandl*, Stockolm, 1861 ; — Carleton Williams, *Deutsch. Chem. Gesellsch.*, t. VI, p. 1094 ; *Bull. de la Soc. chim.*, t. XXI, p. 27 ; — Fittig et Mielck, *Deutsch. Chem. Gesellsch.*, t. VII, p. 640 ; *Bull. de la Soc. chim.*, t. XXII, p. 392].

L'acide térébique est un isomère de l'acide éthylcrotonique. On l'obtient par l'oxydation de la colophane ou de l'essence de térébenthine par l'acide nitrique; il a été isolé par Bromeis. C'est un acide monobasique, mais susceptible de fournir, d'après les expériences de M. Cailliot, deux séries de sels : les térébates proprement dits, $C^7H^9MO^4$, obtenus dans la saturation de l'acide par une base combinée à l'acide carbonique, et les diatérébates, $C^7H^{10}M^2O^5$, se formant dans la saturation de l'acide par une base libre. La façon particulière dont se comporte l'acide térébique à l'égard des bases libres ou combinées, trouvera plus loin une explication.

Préparation. — Le meilleur mode de préparation de l'acide térébique est le suivant : On ajoute peu à peu 800 gr. d'acide azotique de 1,25 de densité à 200 grammes d'essence de térébenthine, puis l'on chauffe à 80°. Lorsque la réaction est terminée, on maintient pendant 24 heures au bain-marie en ajoutant peu à peu de l'acide azotique d'une densité de 1,4 jusqu'à ce que la résine d'abord formée se soit redissoute, après quoi l'on évapore au tiers et l'on ajoute de l'eau ; la solution donne alors par une nouvelle évaporation des cristaux d'acide térébique et de l'oxalate acide d'ammonium. On n'observe pas dans ce cas de production d'acide téréphtalique. La colophane traitée par un procédé analogue fournit également de l'acide térébique. On le purifie par cristallisation dans l'eau ou dans l'alcool.

Propriétés. — Par cristallisation rapide, l'acide térébique se présente sous forme de doubles pyramides microscopiques; par cristallisation lente on l'obtient en cristaux prismatiques brillants ; il fond à 168° (Cailliot) ; le corps pur fond à 175° (Williams). Il se sublime déjà à 100° et se dédouble par la distillation en acide pyrotérébique, $C^6H^{10}O^2$ (voyez ce mot) et acide carbonique (Rabourdin). 100 p. d'eau à 14°,7 en dissolvent 0,97 p., l'eau bouillante 119 p. 100 p. d'alcool absolu dissolvent à 14°,2 5,47 p. et 87,1 p. à l'ébullition. L'éther en dissout 0,7 p. à + 10°,2 et 1,45 p. à chaud.

L'acide nitrique ne l'altère pas, l'acide sulfurique le noircit. La solution chaude d'acide térébique dissout le zinc et le fer avec dégagement d'hydrogène. L'acide térébique n'est pas modifié par l'hydrogène naissant, obtenu soit avec l'amalgame de sodium, soit par le zinc et l'acide sulfurique.

Traité par un mélange de bichromate de potasse et d'acide sulfurique ou par le permanganate de potasse, il donne les acides acétique et carbonique. La potasse en fusion fournit de l'acide acétique et de l'hydrogène. L'oxyde d'argent est sans action sur l'acide térébique.

Le perchlorure de phosphore transforme ce corps en acide chlorotérébique, $C^7H^9ClO^4$.

Tous les sels de l'acide térébique sont cristallisables et ont une réaction acide; traités par un excès d'alcali ou chauffés avec certains oxydes métalliques, ils se transforment en diatérébates.

TÉRÉBATES. — *Térébate de potassium*, $C^7H^9O^4K + H^2O$, et *térébate de sodium*, $C^7H^9O^4Na + H^2O$. — On les obtient en dissolvant l'acide dans le poids calculé de carbonates alcalins et évaporant à consistance sirupeuse. Il se dépose des cristaux très-solubles qui perdent leur eau à 100°.

Térébate d'ammonium, $C^7H^9O^4(AzH^4)$. — Il forme des prismes très-solubles, perdant lentement de l'ammoniaque, à la température ordinaire et rapidement à 100°.

Térébate de baryum, $(C^7H^9O^4)^2Ba + 2H^2O$. — Il s'obtient par la dissolution du carbonate de baryte dans l'acide térébique; en amenant à l'état sirupeux et additionnant d'alcool, le sel se dépose sous forme d'aiguilles. Les solutions étendues additionnées d'alcool fourniraient à la longue un sel en cristaux mamelonnés qui seraient une combinaison de térébate et de diatérébate de baryum. Suivant M. Carleton Williams, le térébate de baryum, contrairement à ce qui vient d'être dit, est incristallisable et se transforme, lorsqu'on le traite par l'eau de baryte, en sel diatérébique cristallisé.

Térébate de plomb, $(C^7H^9O^4)^2Pb + H^2O$. — Cristallise en aiguilles groupées en mamelons, solubles dans 6 p. d'eau froide.

Térébate d'argent, $C^7H^9O^4Ag$. — Il se produit selon Bromeis lorsqu'on décompose le térébate d'ammoniaque par un léger excès de nitrate d'argent, évaporant et laissant refroidir lentement la liqueur. Il forme des houppes soyeuses très-belles. Suivant M. Williams, ce composé peut être obtenu comme celui de baryum. Les eaux mères qui ont déposé le sel d'argent abandonnent un second sel cristallin, $C^7H^9AgO^4 + C^7H^{12}O^5$, qui paraît être une combinaison de térébate d'argent et d'acide diatérébique.

Térébate d'éthyle, $C^7H^9O^4(C^2H^5)$. — On l'obtient en chauffant à 150° en tubes scellés l'acide térébique avec de l'alcool absolu ou bien le térébate d'argent avec l'iodure d'éthyle. C'est une huile peu odorante à froid, d'une odeur aromatique spéciale à chaud, d'une saveur particulière, laissant un arrière-goût amer. Sa densité à + 16 est 1,113. Il bout sans décomposition à 255°; il est un peu soluble dans l'eau froide, et davantage dans l'eau chaude. Les alcalis le décomposent en produisant de l'alcool et un sel diatérébique.

La solution de l'acide térébique dans l'alcool absolu, traitée par le gaz ammoniac sec, ne fournit pas l'amide correspondante; mais l'ammoniaque aqueuse dissout lentement l'éther, et la solution fournit, par l'évaporation sous un exsiccateur à acide sulfurique, une masse gommeuse à réaction acide, soluble en toutes proportions dans l'eau. La solution du corps ainsi obtenu précipite par l'acide chlorhydrique; traitée à chaud par l'oxyde de mercure, elle donne une combinaison mercurique cristalline et peu soluble que l'on peut aussi obtenir par la précipitation pure et simple de la solution aqueuse par le nitrate de mercure.

Térébamide, $C^7H^9O^3(AzH^2)$. — On la produit en chauffant l'acide térébique dans le gaz ammoniac; la masse fond d'abord, puis devient solide pour se liquéfier de nouveau, si l'on élève la température à 140°; elle est alors changée en amide.

La transformation s'effectue plus rapidement si l'on opère à la température de 160° : la masse est dissoute dans l'eau, elle cristallise par évaporation.

Les cristaux de térébamide sont peu solubles dans l'eau et l'alcool froids, très-solubles dans ces liquides bouillants. Leur solution ne réagit pas sur le tournesol et ne décompose pas les carbonates. Les alcalis caustiques dissolvent aisément la térébamide en régénérant un acide, mais le sel ainsi obtenu n'est point un térébate, mais bien un diatérébamate.

ACIDE CHLOROTÉRÉBIQUE, $C^7H^9ClO^4$. — On le prépare en faisant agir le perchlorure de phosphore sur l'acide térébique; on obtient ainsi une huile dense, qui, traitée par l'eau froide, donne un acide cristallisable, très-soluble, fusible à 189°,5-190°. C'est l'acide chlorotérébique, dont les sels ressemblent aux térébates. L'amalgame de sodium réagit sur ce composé chloré en régénérant l'acide térébique.

Le *chlorotébérate de plomb*,

$$(C^7H^8ClO^4)^2Pb + 3H^2O,$$

perd $2H^2O$ à 100°.

Le *chlorotérébate de barytum*, bouilli avec de l'eau de baryte en excès, se transforme en sel diatérébique, $C^7H^9ClBaO^5 + H^2O$.

ACIDE DIATÉRÉBIQUE, $C^7H^{12}O^5$. — L'acide diatérébique bibasique n'est connu que par ses sels correspondant à la formule $C^7H^{10}M^2O^5$. Quand on cherche à l'isoler, il se scinde en acide térébique et en eau :

$$\underset{\text{Acide diatérébique.}}{C^7H^{12}O^5} = \underset{\text{Acide térébique.}}{C^7H^{10}O^4} + H^2O.$$

Diatérébates. — Ces sels s'obtiennent en général en faisant chauffer les térébates en solution avec un excès d'alcali caustique; ils se transforment par ce fait en diatérébates. On sait que la saturation de l'acide térébique par les carbonates ne fournit que des térébates. Les diatérébates sont neutres au papier; ils ne sont point décomposés par l'acide carbonique; ils ne perdent par l'action d'une chaleur modérée que leur eau de cristallisation, mais pas leur eau de constitution. Ils sont tous, excepté les sels de potassium et d'ammonium, cristallisables et difficilement solubles comme les térébates correspondants. Les dissolutions des diatérébates traitées par un acide régénèrent de l'acide térébique provenant du dédoublement immédiat de la molécule diatérébique mise à nu.

Diatérébates de potassium et d'ammonium. — Ils sont incristallisables et déliquescents.

Diatérébate de baryum, $C^7H^{10}O^5Ba, 3H^2O$. — On l'obtient en neutralisant par l'eau de baryte, le térébate de baryum obtenu dans l'action de l'acide térébique sur le carbonate de cette base, précipitant l'excès d'eau de baryte par l'acide carbonique et évaporant pour faire cristalliser. Ce sel perd 3 molécules d'eau de cristallisation à 140°. L'alcool produit sur lui le même effet que la chaleur. Exposé à l'air, il reprend l'eau de cristallisation qu'il avait perdue.

Diatérébate de calcium, $C^7H^{10}O^5Ca + 3H^2O$. — Il se dépose spontanément par l'évaporation de sa solution sous forme de tables microscopiques très-difficilement solubles dans l'eau. Il perd toute son eau de cristallisation par la chaleur.

Diatérébate de plomb, $C^7H^{10}O^5Pb + 2H^2O$. — Forme de petits cristaux réunis en mamelons, insolubles dans l'eau froide, partiellement solubles dans l'eau bouillante, qui les décompose avec formation d'un sel basique.

Il existe un sel basique,

$$C^7H^{10}O^5Pb, PbH^2O^2 + H^2O,$$

résultant de l'union d'une molécule de diatérébate et d'une molécule d'hydrate de plomb. On l'obtient en faisant dissoudre dans le rapport des poids moléculaires, l'oxyde de plomb dans l'acide térébique : la réaction est assez vive. Ce sel ne peut perdre de l'eau sans décomposition.

Diatérébate d'argent, $C^7H^{10}O^5Ag^2$. — On le forme par double décomposition. C'est un précipité cristallin très-peu soluble dans l'eau froide, un peu plus soluble dans l'eau chaude qui l'abandonne par refroidissement sous forme d'aiguilles. Il existe en outre une combinaison cristallisée de térébate d'argent et d'acide diatérébique,

$$C^7H^9AgO^4 + C^7H^{12}O^5,$$

que l'on trouve dans les eaux mères provenant de la préparation du térébate d'argent.

Diatérébamate de baryum,

$$[C^7H^{10}(AzH^2)O^4]^2, Ba.$$

On l'obtient en chauffant la térébamide avec une solution de baryte. C'est un sel très-soluble dans l'eau, qui se présente par l'évaporation à sec sous forme d'une masse gommeuse; dissoute dans l'alcool, cette matière cristallise; les cristaux desséchés se présentent en aiguilles microscopiques, d'une contexture soyeuse et brillante.

ACIDE PYROTÉRÉBIQUE, $C^6H^{10}O^2$. — Il se forme en quantité presque théorique par la distillation sèche de l'acide térébique (Rabourdin) :

$$\underset{\text{Acide térébique.}}{C^7H^{10}O^4} = \underset{\text{Acide pyrotérébique.}}{C^6H^{10}O^2} + CO^2.$$

Propriétés. — L'acide pyrotérébique est un liquide incolore, non congélable à — 20°, d'une odeur qui rappelle celle de l'acide butyrique; sa densité est 1,01; il est soluble dans 25 p. d'eau. Il distille à 200° (Rabourdin); l'acide pur bout à 210° (Chautard, Williams).

L'acide pyrotérébique forme des sels que l'on obtient difficilement cristallisés. Les sels alcalins ne précipitent pas les solutions métalliques étendues, mais ils font naître un précipité dans les solutions d'argent et de plomb un peu concentrées.

Cet acide s'unit directement au brome en donnant un acide bibromocaproïque, $C^6H^{10}Br^2O^2$, qui régénère l'acide pyrotérébique par l'action de l'amalgame de sodium sans engendrer d'acide caproïque. Cette hydrogénation paraît s'effectuer sous l'influence de l'acide iodhydrique [Carleton, Williams).

Par la fusion avec de la potasse, l'acide pyrotérébique fournit les acides acétique et butyrique, ce qui le range dans la série acrylique (Chautard). L'acide butyrique obtenu dans cette circonstance est de l'acide isobutyrique. Ce dédoublement permet d'assigner à l'acide pyrotérébique, suivant Williams, la formule :

$$\begin{matrix}CH^3\\CH^3\end{matrix}\!\!>CH\text{-}CH{=}CH\text{-}CO^2H.$$

Constitution des acides térébique et diatérébique. — En se basant sur ce qui précède, MM. Fittig et Mielck pensent que l'acide térébique, monobasique, représente l'anhydride (dans le sens de l'anhydride lactique) de l'acide diatérébique connu seulement par ses sels. Cet acide diatérébique représente l'acide oxypimélique,

$$C^7H^{12}O^5,$$

homologue de l'acide dilactique. Dans cette hypothèse, en se basant sur la formule de l'acide pyrotérébique, on aurait pour celle de l'acide térébique :

$$\begin{matrix}CH^3\\CH^3\end{matrix}\!\!>CH\text{-}\underset{\substack{|\\O}}{CH}\text{-}CH\text{-}\underset{}{CO^2H} \quad (O\text{-}CO)$$

et pour celle de l'acide diatérébique :

$$\begin{matrix}CH^3\\CH^3\end{matrix}\!\!>CH\text{-}\underset{\substack{|\\OH}}{CH}\text{-}\underset{\substack{|\\CO^2H}}{CH}\text{-}CO^2H$$

Séparé de ses sels, l'acide diatérébique se dédouble en eau et lactide correspondante ou acide térébique qui, en perdant CO^2 sous l'influence de la chaleur, donne de l'acide pyrotérébique.

La façon particulière dont se comporte l'acide térébique à l'égard des bases s'explique ainsi facilement. L'eau et les carbonates n'en modifient pas le caractère lactidique, tandis que les bases énergiques (baryte) le transforment en acide diatérébique.

J. R.

TÉRÉCAMPHÈNE. — On a décrit sommairement ce corps à l'article CAMPHÈNES. On sait que ce dernier nom sert à désigner aujourd'hui les carbures $C^{10}H^{16}$ solides que M. Berthelot a obtenus en traitant les chlorhydrates ou bromhydrates solides de térébenthène et d'australène, par divers agents peu énergiques, tels que le stéarate ou le benzoate de soude, qui s'emparent de l'acide chlorhydrique. M. Berthelot a distingué le térécamphène, l'austra-camphène et le camphène inactif (voyez t. I, p. 712). M. Riban a repris récemment l'étude de ces corps et de ces réactions; il distingue un camphène actif, deux camphènes inactifs et un bornéocamphène [*Ann. de Chim. et de Phys.*, (5), t. VI, p. 353].

CAMPHÈNE ACTIF (térécamphène). — On l'obtient en chauffant du chlorhydrate de térébenthène préalablement fondu avec du stéarate de soude très-sec. Pour 133 grammes de chlorhydrate on emploie 660 grammes de stéarate; on introduit le mélange dans un ballon de deux litres et l'on chauffe au bain d'huile, à 205°, pendant 70 à 75 heures; le contenu du ballon refroidi et cassé est distillé dans des cornues tubulées que l'on chauffe au bain d'huile à + 290°. Le camphène distille et se fige dans le col et le récipient. Le produit brut est purifié par distillation. On recueille ce qui passe de 156° à 161°. Les produits qui passent au delà fournissent, par une nouvelle distillation fractionnée, une certaine quantité de camphène. La masse solide est fortement comprimée entre du papier. Pour la priver entièrement de composés oxygénés, il est bon de la distiller sur du sodium. On achève de purifier le camphène en le faisant cristalliser dans l'alcool.

Le rendement est de 45 à 50 °/o du chlorhydrate de térébenthène employé.

Un autre procédé consiste à chauffer ce chlorhydrate avec son poids de potasse caustique et 3 à 4 fois son poids d'alcool. On chauffe à 180° pendant 75 heures. Après le refroidissement on étend d'eau, le camphène se sépare à l'état solide. On le lave, on l'égoutte et on le distille.

Propriétés. — Le camphène fond entre 45° et 48°. Il bout, sous la pression normale, entre 156° et 157°. Fondu, il possède à 47°,7 une densité de 0,8481 et à 97°,7 une densité de 0,8062. Son pouvoir rotatoire varie, comme celui du camphre, avec la dilution :

$$[\alpha]_D = 53°,80 - 0,0308\,c,$$

c représente le poids du dissolvant (alcool) contenu dans 100 p. de solution.

Il donne un *monochlorhydrate solide* et dextrogyre dont le pouvoir rotatoire est $[\alpha]_D = + 30°,23$ (la solution alcoolique renfermant 10,5 °/o de matière).

Pour préparer ce chlorhydrate, on dissout 100 p. de camphène dans 140 p. d'alcool absolu et l'on sature par un courant lent d'acide chlorhydrique sec. Les 85 centièmes du chlorhydrate formé se déposent à l'état solide. On comprime les cristaux et on les sèche. Ils renferment $C^{10}H^{16}$, H Cl. Ils fondent à 147°. Ils perdent de l'acide chlorhydrique par des lavages à l'eau. L'eau bouillante les décompose entièrement, avec séparation du camphène qui cristallise par le refroidissement. Le chlorhydrate solide de térébène donne dans les mêmes circonstances du térébène liquide, et le chlorhydrate de térébenthène ne se décompose pas sensiblement. C'est un moyen de distinguer les trois chlorhydrates.

La potasse alcoolique décompose rapidement le chlorhydrate de camphène avec régénération de camphène.

α-CAMPHÈNE INACTIF. — M. Berthelot avait obtenu ce corps en chauffant le monochlorhydrate de térébenthène avec deux fois son poids de benzoate de soude. Ainsi préparé, il est toujours mélangé avec une certaine quantité de camphène actif. D'après M. Riban, on l'obtient entièrement inactif en décomposant le monochlorhydrate de térébenthène par l'acétate de soude (2 fois son poids). On chauffe à 170° pendant 24 heures, en opérant comme pour la préparation du camphène actif.

L'α-camphène inactif ressemble par tous ses caractères au carbure actif. Il fond à 47°. Il bout à 157° (corrigé).

Il forme un *monochlorhydrate solide*,

$$C^{10}H^{16}, HCl,$$

qui fond à + 145° (corrigé) dans le gaz chlorhydrique. L'eau froide et l'alcool chaud lui enlèvent de l'acide chlorhydrique; l'eau bouillante le décompose complétement en régénérant le camphène inactif. La potasse alcoolique agit de même.

β-CAMPHÈNE INACTIF. — M. Riban l'obtient en décomposant à chaud le monochlorhydrate de térébène avec 5 fois son poids de stéarate de soude bien sec. On opère comme pour la préparation du camphène actif. Le produit de la réaction est un mélange de β-camphène inactif, de térébène régénéré et de produits supérieurs. Après avoir séparé les carbures $C^{10}H^{16}$ par distillation, on refroidit le produit dans un mélange de glace et de chlorure de calcium, on comprime les cristaux au sein du mélange réfrigérant d'abord, puis rapidement entre des papiers. On distille le camphène solide à plusieurs reprises sur du sodium et on le purifie finalement par cristallisation dans l'alcool.

Le produit ainsi obtenu est inactif. Il bout à 157° et fond à + 45°. Il forme un monochlorhydrate solide fusible à + 147° et qui présente toutes les propriétés du chlorhydrate d'α-camphène inactif. Il faut remarquer que M. Riban a formellement réservé la question de l'isomérie des deux camphènes inactifs. Il pense que cette isomérie peut exister, par la raison que les deux camphènes inactifs dérivent l'un d'un carbure actif, le térébenthène, l'autre d'un carbure inactif, le térébène.

BORNÉOCAMPHÈNE. — C'est le camphène solide qui résulte de la décomposition de l'éther chlorhydrique du bornéol par la potasse alcoolique. Pour l'isoler, M. Riban chauffe cet éther pendant 70 heures à 180° avec un excès de potasse alcoolique. Au bout de ce temps, la solution refroidie et étendue d'eau fournit le camphène solide, qu'on purifie par lavage, distillation, compression et cristallisation dans l'alcool. M. Riban a réalisé ainsi une transformation intéressante. Partant du camphène, il a converti ce corps en bornéol et ce dernier en un camphène solide et cristallisé comme le camphre générateur.

Le bornéocamphène fond à + 48° et bout à 157°, caractères qui le confondent avec les autres camphènes. Son pouvoir rotatoire est nul. Il forme un monochlorhydrate fusible à 147° dans une atmosphère d'acide chlorhydrique. Ce bornéocamphène semble donc identique avec le camphène inactif.

Transformation des camphènes en camphre. — Elle avait été annoncée par M. Berthelot, qui l'a réalisée par deux méthodes : 1° en faisant réagir le noir platine sur le camphène; 2° en traitant ce dernier par l'acide chromique pur.

Le fait est exact : M. Riban a confirmé ces résultats en opérant sur une grande échelle. Voici le procédé qu'il indique pour effectuer l'oxydation du camphène.

On chauffe dans une fiole spacieuse, surmontée d'un tube long et large, 100 p. de camphène lévogyre avec un mélange de 570 grammes de bichromate, 700 grammes d'acide sulfurique du commerce et 1420 grammes d'eau. L'oxydation s'effectue sans violence et le camphène se sublime et reflue sans cesse à l'état liquide à la surface du bain oxydant. Au bout de quelques heures on voit apparaître un sublimé de camphre qui augmente sans cesse. L'opératon est terminée au bout de 15 à 16 heures. On distille alors le camphre formé, en faisant passer dans la fiole un courant de vapeur d'eau qui entraîne en même temps l'acide acétique formé dans la réaction. Après avoir lavé et comprimé le produit, on le purifie par plusieurs distillations fractionnées que l'on pousse jusqu'à 205°, le camphre restant dans le résidu.

Ce résidu est sublimé avec de la chaux. Le produit possède la composition, l'odeur et l'aspect du camphre. Il fond à 172° (corrigé). Son pouvoir rotatoire lévogyre est $[\alpha]_D = -13,66$ pour une solution alcoolique renfermant 15 % de matière et à une température de 16°. Le camphre des Laurinées est dextrogyre et présente le pouvoir rotatoire $[\alpha]_D = +40°$ environ, suivant la dilution.

M. Riban a transformé ce camphre synthétique en acide camphorique. Point de fusion 197-198°. Pouvoir rotatoire $[\alpha]_D = -6°,5$ en solution alcoolique à 14 % de matière. A. W.

TÉRÉCHRYSIQUE (ACIDE), $C^6H^8O^5$ [Cailliot, *Ann. de Chim. et de Phys.*, [3] t. XXI, p. 34]. — C'est l'un des trois acides non azotés obtenus par M. Cailliot dans l'oxydation de l'essence de térébenthine par l'acide nitrique étendu de son poids d'eau. Le produit de cette action est : 1° une matière résineuse que l'on élimine; 2° une eau mère acide que l'on évapore au bain-marie, et qu'on reprend ensuite par l'eau. Il se sépare une substance poisseuse contenant la majeure partie des acides téréphtalique et toluique formés dans la réaction; la solution aqueuse contient encore une petite quantité de ces derniers et de l'acide téréchrysique. On isole ce corps en traitant la solution par le carbonate de baryte qui précipite les acides téréphtalique et toluique, et forme du téréchrysate de baryte soluble. L'acide sulfurique, versé en quantité exactement nécessaire, fournit l'acide téréchrysique libre, mélangé sans doute à de l'acide térébique. On achève de purifier l'acide téréchrysique en le versant dans une solution bouillante d'acétate plombique, et laissant refroidir; il se dépose du téréchrysate de plomb en cristaux microscopiques. Ce dernier sel est traité un grand nombre de fois par l'eau bouillante pour en séparer les dernières traces de toluate de plomb qu'il peut contenir. Il fournit à l'analyse, après dessiccation, des résultats qui s'accordent avec la formule :

$$C^6H^6PbO^5.$$

L'acide téréchrysique peut être isolé en traitant le sel plombique par l'acide sulfurique; on l'obtient par l'évaporation sous forme d'une masse pâteuse jaune orangé incristallisable, d'une saveur d'abord très-aigre, puis acerbe et amère. Il est soluble en toutes proportions dans l'eau, l'alcool et l'éther.

Lesteréchrysates sont jaunes ou rouge orangé. Ils sont presque tous solubles dans l'eau. J. R.

TÉRÉNITE (Min.). — Wernerite altérée, en petites veines dans un calcaire grenu blanc d'Antwerp, comté de Saint-Laurent (New-York).

TÉRÉPHTALIQUE (ACIDE),

$$C^8H^6O^4 = C^6H^4<^{CO^2H}_{CO^2H}$$

— L'acide téréphtalique isomère de l'acide phtalique et de l'acide isophtalique appartient à la série, dite *para*, des dérivés bisubstitués de la benzine. Il a été découvert par M. Cailliot, qui l'obtint en oxydant l'essence de térébenthine par l'acide azotique. M. Hofmann, en oxydant le cymène, l'acide cuminique et l'aldéhyde cuminique, obtint un acide $C^9H^8O^4$, qu'il appela *acide insolinique*. Suivant Hugo Müller et Warren de la Rue, l'acide insolinique est identique avec l'acide téréphtalique. Ce sont ces auteurs qui ont surtout étudié l'acide téréphtalique. Schwanert a trouvé de l'acide téréphtalique dans les produits de l'action de l'acide azotique sur les essences de citron, de cajeput, de camomille romaine, sur le cymène et sur l'essence de thym. Avec l'essence de térébenthine, il se formerait en outre de l'acide camphrétique, et avec le thymol et le thymène un acide huileux ayant la composition de l'acide insolinique de M. Hofmann. M. Beilstein a préparé de l'acide téréphtalique en oxydant le xylène du goudron de houille par le bichromate de potassium et l'acide sulfurique; mais le rendement est faible, car le xylène de la houille est un mélange d'isoxylène (orthoxylène), et de paraxylène; ce dernier, auquel correspond l'acide téréphtalique, n'y entre qu'en petite quantité (Fittig). L'acide téréphtalique se produit aussi par l'oxydation du tollylèneglycol $C^8H^{10}O^2$, dérivé du paraxylène, et de ses éthers (E. Grimaux). Il se forme en un mot par l'oxydation de tous les corps qui constituent des dérivés bisubstitués de la benzine où l'hydrogène est remplacé par des groupes carbonés et qui appartiennent à la série dite série para, tels que l'acide toluique de Noad $CH^3 - C^6H^4 - CO^2H$ (Beilstein); la paradiéthyl-benzine (Fittig et König), l'amyl-toluène (Fittig et Bigot), etc.

Par la distillation sèche d'un mélange de bromoxyphénylsulfite de potassium et de cyanure de potassium, il se forme un dicyanure de phénylène, identique avec le nitrile téréphtalique et qui fournit de l'acide téréphtalique par l'ébullition avec la potasse (Ireland). [Cailliot, *Ann. de Chim. et de Phys.*, (3), t. XXVII, p. 21. — Hofmann, *même recueil*, (3), t. LII, p. 104. — Hugo Müller et Warren de la Rue, *Proceed. of the Roy. Society*, t. XI, p. 112, et *Répert. de Chim. pure*, 1861, p. 311. — Schwanert, *Ann. der Chem. u. Pharm.* t. CXXXII, p. 257, et *Bull. de la Soc. chim.*, 1865, t. IV, p. 143. — Beilstein, *Ann. der Chem. u. Pharm.*, t. CXXXIII, p. 32; *Bull. de la Soc. chim.*, t. IV, p. 206. — E. Grimaux, *Ann. de Chim. et de Phys.*, (4) 1872, t. XXVI, p. 338. — Ireland, *Zeitch. für. Chem.*, nouv. sér., t. V, p. 164, et *Bull. de la Soc. chim.*, 1869, t. XII, p. 310.]

Préparation. — MM. Hugo Müller et Warren de la Rue préparent l'acide téréphtalique avec l'essence de cumin, en employant le procédé d'oxydation dont s'était servi M. Hofmann pour l'obtention de l'acide insolinique. On prend 1 partie d'essence de cumin, 1 partie de bichromate de potassium, 8 parties d'acide sulfurique concentré et 12 parties d'eau, et l'on fait bouillir pendant 12 heures. On recueille les portions insolubles sur un filtre, on les lave pour enlever le sel de chrome soluble, puis on les fait bouillir avec de l'ammoniaque qui dissout l'acide téréphtalique libre et décompose le téréphtalate de chrome. La solution est filtrée de nouveau pour en séparer l'oxyde de chrome, puis précipitée par l'acide chlorhydrique; on purifie l'acide téréphtalique ainsi obtenu par des lavages à l'eau bouillante et à l'alcool.

Propriétés (H. Müller et Warren de la Rue). — L'acide téréphtalique se présente sous la forme d'une poudre opaque. Quand on décompose à l'ébullition une solution étendue de son sel de potassium, il se sépare sous la forme cristalline. Les cristaux très-petits se réunissent en une masse cohérente et possédant un éclat soyeux.

Il est insoluble dans l'eau, l'alcool, l'éther, le chloroforme. L'acide sulfurique concentré le dissout à chaud, mais sans l'altérer et l'eau le précipite de cette solution.

Soumis à l'action de la chaleur, il se sublime à une haute température sans entrer en fusion et sans donner d'anhydride. Chauffé dans une atmosphère d'acide carbonique, il se sublime en cristaux hémitropes (Beilstein).

Chauffé avec de la potasse, il se dédouble en carbonate et en benzine. Ces diverses propriétés servent à reconnaître l'acide téréphtalique; on peut de plus, pour en caractériser de petites quantités, mettre à profit la formation de son éther méthylique. On le chauffe avec un peu de perchlorure de phosphore; au produit de la réaction on ajoute de l'alcool méthylique, puis de l'eau, et on agite finalement le tout avec de l'éther. Ce dernier abandonne par l'évaporation de grands cristaux de téréphtalate de méthyle, fusibles à 140° (Oudemans, *Zeit. für Chem.*, (2), t. V, p. 86).

TÉRÉPHTALATES. — La plupart des téréphtalates sont solubles. Le *sel d'ammonium*,

$$C^8H^4O^4(AzH^4)^2,$$

est en petits cristaux brillants, très-solubles. — Le *sel de baryum*, $C^8H^4O^4Ba + 4H^2O$, est peu soluble dans l'eau froide; on l'obtient en précipitant le sel d'ammonium par le chlorure de baryum, et faisant recristalliser dans l'eau. Il est en petites tables groupées en étoiles, et perd son eau de cristallisation à 150°. — Le *sel de calcium*, $C^8H^4O^4Ca + 3H^2O$, s'obtient comme le précédent. — Le *sel de cuivre* est une poudre cristalline d'un bleu clair. — Les *sels d'argent et de plomb* sont des précipités caillebotés.

ÉTHERS TÉRÉPHTALIQUES (H. Müller et Warren de la Rue, Schwanert). — On les prépare en traitant le chlorure de téréphtalyle par les alcools correspondants.

Téréphtalate d'amyle, $C^8H^4O^4(C^5H^{11})^2$. — Il est en cristaux écailleux, d'un aspect nacré; il est facilement soluble dans l'alcool et fond à la chaleur de la main.

Téréphtalate d'éthyle, $C^8H^4O^4(C^2H^5)^2$. — Il est en primes incolores, fusibles à 44°, très-solubles dans l'alcool et dans l'éther.

Téréphtalate de méthyle, $C^8H^4O^4(CH^3)^2$. — Il est très-caractéristique; il se présente en beaux prismes aplatis, incolores, inodores, fusibles à 140°, et se sublimant sans décomposition. Peu soluble dans l'alcool froid, il se dissout en grande quantité dans l'alcool chaud. Il peut donner des cristaux de plusieurs centimètres de longueur.

Téréphtalate de phényle, $C^8H^4O^4(C^6H^5)^2$. — Substance blanche, cristalline, fondant au-dessus de 100°. — D'après Schreder, il fond à 191°.

Il existe aussi des éthers acides qui prennent naissance en petite quantité, en même temps que les éthers neutres, par l'action des iodures alcooliques sur le téréphtalate d'argent; ce sont des acides monobasiques, cristallisables, solubles dans l'alcool.

Chlorure de téréphtalyle, $C^8H^4O^2Cl^2$. — On l'obtient en chauffant à 40° de l'acide téréphtalique avec du perchlorure de phosphore. Il est cristallisé, sans odeur, à la température ordinaire. Les alcools le convertissent en éthers, et l'ammoniaque en amide. Il fond à 98° (Schreder).

Téréphtalamide $C^8H^4O^2(AzH^2)^2$. — Elle est blanche, amorphe, insoluble dans tous les solvants. Traitée par l'acide azotique fumant, elle donne un *dérivé nitré* $C^8H^3(AzO^2)O^2(AzH^2)^2$, cristallisant en beaux prismes. Distillée avec de l'anhydride phosphorique, elle fournit le nitrile téréphtalique ou dicyanure de phénylène

$$C^6H^4(CAz)^2$$

(voyez t. II, p. 894).

Acide nitrotéréphtalique, $C^8H^5(AzO^2)O^4$. — Obtenu par l'action d'un mélange d'acide sulfurique et d'acide azotique sur l'acide téréphtalique, il est en mamelons ou en cristaux prismatiques. Il se dissout dans l'eau et dans l'alcool à chaud. Il donne des sels neutres et des sels acides, des éthers cristallisés plus solubles et plus fusibles que les éthers téréphtaliques correspondants (H. Müller et Warren de la Rue).

Acide amidotéréphtalique, $C^8H^5(AzH^2)O^4$. — La réduction de l'acide nitrotéréphtalique fournit l'acide amidé, que les auteurs appellent *acide oxytéréphtamique*. Il forme des prismes minces, d'une couleur jaune citron; il est très-peu soluble dans l'eau froide, l'éther, l'alcool ou le chloroforme. Il se combine aux bases et aux acides. Les combinaisons avec les bases donnent des solutions incolores, mais très-fluorescentes. Les combinaisons avec les acides sont cristallisables; elles ne sont pas fluorescentes.

Les éthers se préparent par la réduction des éthers de l'acide nitrotéréphtalique. Ils se combinent aux acides. L'*éther éthylamidotéréphtalique* forme de grands cristaux, ressemblant aux cristaux d'azotate d'urane; ses solutions sont fluorescentes. L'*éther méthylique* est une belle substance cristalline, très-soluble dans l'alcool chaud.

Quand on soumet la solution aqueuse de l'acide *amidotéréphtalique* à l'action de l'acide azoteux, on le transforme en *acide oxy-téréphtalique* $C^8H^5(OH)O^4$ (voyez t. II, p. 717).

Acide sulfotéréphtalique, $C^8H^6SO^7$ [Max Ascher, *Ann. der Chem u. Pharm.*, t. CLXI, p. 1, et *Bull. de la Soc. chim.*, 1872, t. XVII, p. 275]. — Il se produit quand on chauffe à 100°, en tubes scellés, de l'acide téréphtalique avec de l'acide sulfurique fumant. Le *sel de baryum* renferme $(C^8H^5SO^7)^2Ba$. Le *sel potassique*, fondu avec du formiate de sodium pour donner un acide tricarboné, régénère simplement de l'acide téréphtalique.

Acide thiotéréphtalique,

$$C^8H^6O^2S^2 = C^6H^4(CO,SH)^2$$

[Jos. Schreder, *Deutsch. chem. Gesellsch.*, t. VII, p. 704, et *Bull. de la Soc. chim.*, 1874, t. XXII, p. 519]. — Il se forme par l'addition du téréphtalate de phényle à une solution alcoolique de sulfhydrate de potassium. En ajoutant de l'éther on précipite du thiotéréphtalate de potassium, qui, décomposé par l'acide chlorhydrique, fournit un précipité amorphe, blanc, très-peu soluble dans l'alcool. C'est de l'acide thiotéréphtalique, qui se présente sous l'aspect d'une poudre amorphe, crayeuse. On le purifie par un lavage au sulfure de carbone, puis on le dissout dans l'ammoniaque, et on le précipite par l'acide chlorhydrique. E. G.

TÉRÉTINIQUE (ACIDE), $C^9H^{14}O^5$ [Weppen et Kolbe, *Ann. der Chem. u. Pharm.*, t. XLI, p. 291]. — Cet acide se forme quand on chauffe doucement l'essence de térébenthine avec du massicot. Le carbure se colore d'abord en absorbant beaucoup d'oxygène; peu à peu il se décolore de nouveau, et alors on trouve au fond du vase un précipité jaune et volumineux. On recueille ce dernier sur un filtre, on l'épuise par l'alcool bouillant jusqu'à ce que les alcools de lavage ne soient plus troublés par l'eau; on dessèche le précipité resté sur le filtre et on le décompose dans un tube par l'hydrogène sulfuré. L'alcool extrait alors l'acide mélangé au sulfure de plomb.

Propriétés. — L'acide térétinique est un corps résinoïde dont la solution rougit le tournesol et abandonne, par l'évaporation spontanée au soleil, de petits groupes de cristaux blancs et déliés. Si l'on évapore trop brusquement, on n'obtient qu'une masse brune et visqueuse sans apparence cristalline. La solution alcoolique des cristaux précipite la plupart des solutions métalliques et est également précipitée par l'eau; un excès d'alcool dissout les précipités.

En même temps que l'acide térétinique, il se produit aussi de l'acide formique par l'action du massicot sur l'essence de térébenthine. Il paraîtrait, d'après cela, que ce carbure se dédouble de la manière suivante:

$$\underset{\text{Térébenthène.}}{C^{10}H^{16}} + 7O = \underset{\text{Acide térétinique.}}{C^9H^{14}O^5} + \underset{\text{Acide formique.}}{CH^2O^2}.$$

J. R.

TEROPIAMMON. — C'est une amide opianique. — Voyez t. II, p. 616.

TERPÉNIQUE (ACIDE) [C. Hempel, *Deutsch. chem. Gesellsch.*, t. VIII, p. 357, et *Bull. de la Soc. chim.*, t. XXV, p. 31]. — On obtient l'acide terpénique, suivant M. Hempel, en oxydant la terpine (hydrate de térébenthène) par une quantité insuffisante de bichromate potassique et d'acide sulfurique. La solution d'acide terpénique amenée à l'état sirupeux, puis abandonnée à elle-même, se prend complétement en une masse cristalline, que l'on purifie par compression et cristallisation.

Ce nouvel acide a pour formule,

$$C^8H^{12}O^4 + H^2O.$$

Il cristallise au sein de l'eau, dans laquelle il est très-soluble, en lamelles incolores groupées en étoiles; il perd son eau de cristallisation dans l'air sec en tombant en poussière. L'acide anhydre fond vers 90°. L'acide terpénique est monobasique et forme des sels extrêmement solubles dans l'eau; la solution du sel ammoniacal, même très-concentrée, n'est précipitée par aucun des sels métalliques ordinaires.

Le *terpénate d'argent*, $C^8H^{11}O^4Ag$, forme une masse cristalline inaltérable à 90° et à la lumière.

Le *terpénate de cuivre*, $(C^8H^{11}O^4)^2Cu$, se dépose par l'évaporation lente de sa solution en petits cristaux bleu foncé, bien développés.

Les *sels de baryum* et *de calcium* n'ont pu être obtenus en cristaux distincts.

L'*éther terpénique* constitue une substance bien cristallisée, fusible à 36-38° et distillant vers 300°.

L'acide terpénique paraît être l'homologue supérieur de l'acide térébique; soumis à la distillation sèche, il ne laisse qu'un faible résidu de charbon et fournit un liquide contenant une forte proportion d'un acide volatil avec les vapeurs aqueuses, dont l'odeur rappelle celle de l'acide pyrotérébique. J. R.

TERPILÈNE, $C^{10}H^{16}$. — Suivant M. Deville [*Ann. de Chim. et de Phys.*, (3), t. XXVII, p. 86], le bichlorhydrate obtenu par l'action de l'acide chlorhydrique sur la terpine, traité par le potassium, fournit un carbure $C^{10}H^{16}$ possédant l'odeur du citrène. M. Berthelot a reproduit ce carbure en faisant agir à chaud le sodium sur le bichlorhydrate de térébenthène; il l'a étudié et l'a nommé *terpilène* [*Chimie fondée sur la synthèse*, t. II, p. 735 et *Leçons prof. devant la Soc. chim.*, 1864-1865]. Ce carbure, qui est sans action sur la lumière polarisée, bout vers 160° et régénère, par l'action du gaz chlorhydrique, un bichlorhydrate solide.

D'après MM. Lauth et Oppenheim on obtient le même carbure en chauffant le bichlorhydrate de térébenthène avec de l'aniline au point d'ébullition de cette dernière : il se dépose du chlorhydrate d'aniline; le terpilène surnage. Il ne se produit point de réaction secondaire [*Bull. de la Soc. chim.*, t. VIII, p. 7].

Le terpilène ne se solidifie pas dans un mélange d'acide carbonique et d'éther.

Bichlorhydrate de terpilène. — Ce corps a été à peine signalé; il se forme par l'union directe des éléments. On obtient une masse cristalline accompagnée d'un peu de liquide, comme cela a lieu dans le traitement de l'essence de citron par le gaz chlorhydrique. La portion restée liquide dans cette opération, étant refroidie dans un mélange d'acide carbonique et d'éther, se transformerait d'une façon définitive dans la modification solide de ce corps. J. R.

TERPINE. — Voyez TÉRÉBENTHÈNE.

TERPINOL $(C^{10}H^{16})^2, H^2O$ [*Bibliographie* : consulter à ce sujet toutes les sources qui ont été données à l'article HYDRATE DE TÉRÉBENTHÈNE].

Préparation. — Ce corps s'obtient, suivant Wiggers et List, lorsqu'on ajoute une très-petite quantité d'acide sulfurique ou chlorhydrique à la solution des cristaux d'hydrate de térébenthène dans l'eau chaude; la liqueur devient laiteuse et prend une odeur agréable si on la chauffe davantage. En distillant, il passe alors avec la vapeur d'eau une matière huileuse qui, séchée et fractionnée, constitue le terpinol; quelques acides organiques et même des sels acides déterminent la même transformation. C'est un liquide incolore, rappelant l'odeur des jacinthes; il bout à 168°. Sa densité = 0,852. Il correspond à la formule $(C^{10}H^{16})^2, H^2O$.

Suivant M. Oppenheim, le terpinol est loin d'être un produit homogène; il est difficile d'obtenir un produit à point d'ébullition fixe et offrant une composition bien constante.

La terpine, en passant en vapeur sur de la chaux sodée chauffée vers 400° environ, donne, outre l'acide térébenthilique, produit principal, un peu de terpinol (Personne).

Ce dernier corps se produit également par l'ébullition du bichlorhydrate de térébenthène avec l'eau, l'alcool pur ou mieux aiguisé d'un peu d'acide, avec la potasse alcoolique. Il se forme encore dans l'action de l'acétate d'argent sur le bibromhydrate de térébenthène.

Traité par l'acide chlorhydrique, le terpinol se change en bichlorhydrate $C^{10}H^{16}, 2HCl$.

Distillé avec un mélange d'acide sulfurique et de bichromate de potasse, il fournit entre autres produits de l'acide acétique.

Le terpinol peut être envisagé comme dérivant d'un alcool ou pseudo-alcool, le monohydrate de térébenthène,

$$\left.\begin{matrix} C^{10}H^{16}H \\ H \end{matrix}\right\} O.$$

Il en serait l'éther :

$$\left.\begin{matrix} C^{10}H^{16}, H \\ C^{10}H^{16}, H \end{matrix}\right\} O.$$

Si l'on considère le terpinol comme un éther, on comprend aisément qu'il ait un point d'ébullition relativement bas. J. R.

TERRE À FOULON. — Voyez ARGILE SMECTIQUE.

TERRE ARABLE. — On désigne sous le nom de *terre arable*, le mélange de sable, d'argile, de calcaire, de débris organiques, attaquable par la charrue et par la bêche, sur lequel se développent les végétaux.

Nous examinerons successivement dans cet article :

Le mode de formation des terres arables;

Les procédés employés pour déterminer leur composition physique;

Les propriétés physiques, les propriétés absorbantes qui découlent des proportions des différents éléments qui constituent le sol;

L'analyse chimique de la terre arable, et sa constitution chimique.

Enfin, nous résumerons dans un dernier chapitre ce qu'on sait aujourd'hui sur les causes qui déterminent sa fertilité ou sa stérilité.

FORMATION DE LA TERRE ARABLE.

Les roches ignées ou sédimentaires qui forment l'écorce solide du globe, se sont altérées sur place, ou ont été recouvertes par des alluvions récentes; aussi distingue-t-on dans les terres arables celles qui proviennent de la désagrégation de la roche sous-jacente de celles qui proviennent de terres de transport.

I. DÉCOMPOSITION DES ROCHES SUR PLACE. — Quelques corps portés à une température élevée, puis refroidis brusquement, ont une certaine tendance à se briser en fragments; tous les corps vitreux sont dans ce cas, et il est possible que certaines roches doivent leur propriété de s'exfolier à la rapidité avec laquelle elles se sont refroidies après leur arrivée à la surface du globe.

La force expansive que manifeste l'eau au moment où elle se congèle, favorise singulièrement l'exfoliation des roches; cette action s'exerce sur les roches très-dures et *a fortiori* sur les masses sédimentaires beaucoup plus tendres. Darwin rapporte que, dans ses voyages aux Andes et à la Terre-de-Feu, il a observé que partout où les roches étaient couvertes de neige pendant une partie de l'année, elles étaient brisées en petits fragments de forme anguleuse. Scoresby observa le même phénomène au Spitzberg.

Action de l'oxygène et de l'acide carbonique sur les roches. — A ces actions purement mécaniques s'ajoute, au reste, l'influence de l'oxygène et de l'acide carbonique sur des roches complexes renfermant des alcalis ou des éléments incomplétement oxydés. On sait que les combustions qui se produisent spontanément dans certaines roches les métamorphosent rapidement : les argiles mélangées de pyrite blanche se brûlent lentement à l'air; il se forme du sulfate de fer, du sulfate d'alumine, et il reste un produit pulvérulent riche en oxyde de fer, employé comme amendement, sous le nom de *cendres de Picardie*. On conçoit de même que l'oxygène, en se fixant sur le protoxyde de fer d'un labrador ou d'une amphibole, les altère profondément et amène leur désagrégation.

L'action de l'acide carbonique s'exerce plus fréquemment que celle de l'oxygène, et nous allons l'étudier avec d'autant plus de soin qu'elle a été une des causes les plus actives de la formation des *argiles*.

Bien que des travaux importants aient été faits par Berthier sur la transformation du feldspath en kaolin, ce n'est que depuis les mémoires publiés par Ebelmen, en 1846 et 1848, dans les

Annales des mines, qu'on a bien compris le mode de formation des masses argileuses si répandues à la surface du globe. On croyait, avant ces recherches, que le silicate de potasse du feldspath était soluble dans l'eau et pouvait s'en séparer peu à peu. Ebelmen attribua surtout la décomposition des roches à l'influence de l'acide carbonique en dissolution dans l'eau.

La perte que subissent les feldspaths, les basaltes et les trapps porte surtout sur la silice et la potasse.

Les analyses suivantes indiquent, au reste, les différences de composition que présentent les roches normales et les produits de leur altération :

	Feldspath.	Kaolin.	Composition du kaolin rapportée à 18,4 d'alumine.
Silice	62,2 °/₀	46,8 °/₀	23,1
Alumine	18,4	37,3	18,4
Potasse	17,0	2,5	1,1
Eau	0,0	13,0	6,4
Perte	0,4	0,4	
	100,0	100,0	

	Basalte.	Basalte altéré.	Composition du basalte altéré rapportée à 13,2 d'alumine.
Acide silicique	46,1 °/₀	36,7 °/₀	15,9
Alumine	13,2	30,5	13,2
Chaux	7,3	8,9	3,8
Magnésie	7,0	0,6	0,3
Sesquioxyde de fer	16,6	4,3	1,9
Alcalis	4,5	1,5	0,6
Eau	4,9	16,9	7,2
Perte	0,4	0,6	
	100,0	100,0	

Depuis Ebelmen, plusieurs observateurs ont confirmé les faits précédents. Il existe en divers points de l'Erzgebirge du basalte transformé en argile sur 20 centimètres de profondeur; l'analyse indique que la perte a porté surtout sur la silice, la chaux, la magnésie, la potasse et la soude.

Des analyses de trapps à l'état normal et ayant subi de profondes altérations, insérées par Ebelmen dans ses mémoires, démontrent encore que toutes les roches ignées renfermant de l'alumine laissent, par leur décomposition, un résidu argileux plus ou moins pur, plus ou moins mélangé d'oxyde de fer, suivant la nature de la roche et suivant les circonstances dans lesquelles son altération a eu lieu.

Dans presque toutes les argiles, on rencontre au reste une certaine quantité d'alcali qui reste comme un témoin de leur origine; c'est après cette décomposition que la masse, devenue friable, facile à délayer, a pu être transportée par les eaux et former, aussitôt que leur mouvement a cessé, ces dépôts qu'on rencontre dans les terrains sédimentaires.

L'action qu'exerce l'acide carbonique sur les roches, est établie par les analyses d'Ebelmen; toutefois il est intéressant d'appuyer l'opinion du savant ingénieur par des expériences directes, et il est possible qu'il eût lui-même entrepris ces travaux, si une mort prématurée n'était venue l'enlever à la science. En Allemagne, MM. Polstorf et Wiegman constatèrent que du sable maintenu pendant trente jours dans de l'eau saturée d'acide carbonique lui abandonna de la potasse, de la chaux et de la magnésie; mais ils ne donnèrent aucun nombre qui pût indiquer les quantités ainsi dissoutes.

M. Daubrée a récemment comblé cette lacune; mais l'exposé de ses travaux sera mieux placé au paragraphe où nous traiterons de la formation des terres de transport.

Les *schistes micacés* se détruisent assez facilement à leur surface, soit par la suroxydation du fer, soit par la tendance du silicate d'alumine à attirer l'humidité, soit par l'eau qui parvient à s'interposer entre les feuillets et qui les sépare lorsqu'elle se gèle. Les débris de mica sont doux au toucher et constituent un excellent sol, ni trop sec, ni trop humide; mais quand le quartz est abondant, il peut aisément devenir trop sec et trop ferme.

Aux environs de Toulon, dans la presqu'île de Tamaris, le schiste est abondant et donne un sol passable, où la culture de la vigne est possible sur les collines; dans les vallées, où les débris sont accumulés, la terre est devenue argileuse et peut être défoncée à plus de 60 centimètres pour planter la vigne.

Les *trachytes*, les *basaltes*, sont d'une dureté qui les rend difficiles à altérer par une action mécanique; mais il suffit d'avoir parcouru les pays à volcans anciens pour avoir vu des basaltes profondément altérés, quelques-uns entièrement changés en une masse argileuse, et d'autres où cette modification est commencée à la surface.

La nature de la roche soumise à ces causes multiples de décomposition influe notablement sur la qualité de la terre formée. Ainsi le *quartz pur*, le *pétrosilex*, le *porphyre quartzifère*, ne se décomposent que mécaniquement; ces roches ne fournissent que peu de terre et une terre siliceuse peu fertile. Les *gneiss* ne se décomposent encore que médiocrement, et donnent presque toujours un sol complétement stérile. Certains granites se décomposent plus facilement que d'autres: les granites de l'Auvergne s'altèrent plus vite que ceux des Alpes.

Quand le *granite* est très-siliceux, les terres qui en résultent sont mauvaises. Dans la Corrèze et dans les Cévennes, dans la Bretagne, l'abondance du quartz communique une grande stérilité au pays. Le roc dur ne fournit point de terre argileuse; il ressort presque partout au travers d'une mince couche de sable impropre à la végétation. « Là, dit M. de Gasparin, tout est solitude; on fait souvent plusieurs kilomètres sans trouver une habitation, et l'on ne rencontre que de loin en loin des châtaigniers improductifs.

« Dans quelques contrées privilégiées, comme au nord de Pompadour, le granite, presque entièrement feldspathique, donne une couche de terre végétale de plus de $0^{m},33$ d'épaisseur, d'une admirable fertilité. Aussi la végétation y déploie toute sa splendeur; les châtaigniers et les chênes y acquièrent des dimensions généralement inconnues au reste du pays, et les magnifiques prairies de Pompadour nourrissent les plus beaux bœufs du Limousin. »

Les *roches calcaires* pures, primitives, résistent aux agents mécaniques en raison de leur plus ou moins grande dureté; mais elles sont attaquées par les eaux pluviales et terrestres chargées d'acide carbonique. On trouve à leur surface une couche terreuse peu épaisse, qui contient toujours des bicarbonates et qui nourrit quelques plantes labiées, le thym, le serpolet, la lavande.

Si la roche présente des fissures, on y trouve des romarins, des genévriers, et même de grands arbres, comme le pin. Celui-ci s'accommode bien du calcaire, même compacte. Ainsi les essais de reboisement des montagnes calcaires de la Provence ont passablement réussi sur les versants nord, où les jeunes pins échappent à l'ardeur dévorante du soleil; à l'exposition du sud, le roc est entièrement dénudé, ainsi qu'on peut le voir sur le Faron, qui domine Toulon.

Les *calcaires* plus ou moins sablonneux et

argileux sont plus facilement attaqués par les agents extérieurs. Les couches terreuses provenant de ces roches ont généralement peu d'épaisseur, et les récoltes y sont souvent médiocres : la Champagne en est un exemple. Dans la craie, les plantes annuelles réussissent mieux que les arbres : sur le versant de la vallée de Grignon exposé au midi, se trouve la pièce de la Défonce : elle donne par les années humides des récoltes passables, quand elle est bien fumée ; mais la Côte-aux-Buis, qui est placée à côté et qui est encore boisée, n'est couverte que de rares bouleaux ; les arbres verts cependant pourraient y prospérer, si les semis n'étaient ravagés par le gibier.

Les *grès purement siliceux* sont durs et ne se désagrègent pas plus facilement que le quartz ; mais les *grès verts*, qui contiennent de la chlorite, de l'argile ou du fer oxydé, tombent facilement en poussière, et forment des couches assez fertiles pour les prairies, quand l'eau est abondante. Dans les points plus élevés, ils ne portent que des forêts : les environs de Nogent-le-Rotrou, la région du Nord-Est, en fournissent des exemples.

Détritus organiques. — Au sable provenant de la désagrégation mécanique des roches quartzeuses ou calcaires, aux argiles dues à la décomposition des roches feldspathiques sous l'influence de l'acide carbonique, à l'oxyde de fer enlevé aux basaltes, aux amphiboles, aux pyroxènes, etc., viennent s'ajouter, dans la terre arable, les résidus des végétations qui s'y succèdent. Ces résidus, qui ont une influence si marquée sur les qualités des terres arables, ne sont pas indispensables cependant pour que les végétaux puissent se développer ; il suffit de parcourir un pays de montagnes pour voir des arbres s'accrocher dans les anfractuosités des rochers et y acquérir une assez grande hauteur. Les mousses, les lichens, recouvrent les roches les plus stériles, pourvu qu'elles y reçoivent de temps à autre un peu d'humidité, et l'apparition de ces humbles végétaux favorise singulièrement le développement des plantes d'une organisation plus complexe. Chaque végétal qui se développe sur un sol y meurt et s'y décompose, l'enrichit de sa dépouille ; pendant sa vie, il fixe une certaine quantité de carbone, il s'assimile de l'azote, et, après sa mort, ces éléments soumis à l'action lente de l'oxygène atmosphérique, et sans doute à une fermentation particulière, donnent ces produits noirs et complexes désignés sous le nom d'*humus*.

C'est ainsi qu'une roche, en s'altérant, en s'exfoliant, se recouvre d'une surface meuble qu'enrichissent les végétations qui s'y succèdent, et se transforme en terre arable. Mais il faut reconnaître cependant que ces terres ainsi formées sur place sont loin de présenter la fertilité des terres de transport, et l'on conçoit en effet que, parmi les éléments de la roche primitive, peuvent manquer quelques-unes des matières nécessaires au développement normal des récoltes : quand l'élément qui fait défaut est apporté, les terres acquièrent par cette seule addition une fertilité moyenne et peuvent être cultivées avec profit. On sait avec quel avantage le noir animal et les phosphates fossiles sont employés sur les terres granitiques de la Bretagne, provenant de roches dont le phosphore ne fait pas partie.

Si la culture est possible sur les terres formées par l'altération des roches sous-jacentes, elle est infiniment plus profitable sur les terres de transport, dont il nous reste à indiquer le mode de formation.

II. Formation des terres de transport. — *Action des glaciers.* — Les géologues ont remarqué depuis longtemps, dans les vallées qui avoisinent les Alpes, les Pyrénées, les Vosges, les montagnes de la Suède et de la Norvége, de gros blocs qui proviennent des chaînes voisines : ces pierres ont été transportées sans secousse par les glaciers, jusqu'à leur limite inférieure, d'où elles ont roulé dans la plaine ou la vallée. Accumulées là, elles forment les moraines, si fréquentes dans tous les pays de hautes montagnes. Si le glacier se bornait à transporter les roches sans les modifier, il n'aurait qu'un rôle insignifiant en ce qui concerne la formation de la terre arable ; mais s'il amène sans les briser les blocs qui reposent à sa surface, il exerce au contraire une action profonde sur la roche qui forme son lit. « Lorsqu'un glacier, dit M. Martins (*Lettres sur les révolutions du globe*, d'A. Bertrand, note 20), descend dans une vallée, on conçoit qu'il exerce une profonde friction sur son fond et sur ses parois : il use, il polit, il arrondit, il strie toutes les roches avec lesquelles il se trouve en contact ; il agit à la façon d'un immense polissoir. Les fragments de roches, réduits à l'état de sable et de gravier, jouent le rôle d'émeri. Cette action a été mise en évidence par M. Daubrée, dans une série d'expériences justement célèbres (*Compt. rend.*, 1857, t. XLIV, p. 997). Pour imiter autant que possible les conditions dans lesquelles les stries se sont produites, on a fait frotter de la glace, du sable, des galets et des fragments anguleux de roche sur une autre roche. Ces matériaux étaient pressés par des blocs de bois et pouvaient marcher à des vitesses et sous des pressions variées et tourner sur eux-mêmes. La masse à frotter étant granitique comme les roches les plus dures et les fragments frotteurs de diverses natures, on a reconnu que non-seulement les matériaux de même dureté mordent parfaitement l'un sur l'autre, mais même qu'une roche relativement molle peut strier une roche dure, si elle est animée d'une vitesse suffisante. A chaque instant les fragments frotteurs subissent des changements : on les voit s'user avec rapidité et souvent s'écraser sur les angles, de telle sorte que si l'appareil leur permet de tourner sur eux-mêmes, d'anguleux qu'ils étaient d'abord, ils s'arrondissent bientôt. Après avoir buriné une strie sur la roche, ils y creusent ensuite un sillon. Les produits de la désagrégation sont des galets, du sable et du limon.

Si l'on réfléchit que des étendues considérables de la surface du globe, telle que la Scandinavie et l'Amérique du Nord, portent les marques des stries faites par les glaciers, si l'on se rappelle que dans toutes les vallées des Alpes, des Pyrénées, etc., il y a eu autrefois des glaciers infiniment plus étendus que ceux qui existent aujourd'hui, tellement que leurs moraines s'étendent à des distances considérables des points que les glaces atteignent actuellement, on reconnaîtra que les glaciers ont pu exercer sur le transport des roches, et par suite sur leur pulvérisation et la formation des sables et des détritus meubles, une importance considérable. Elle est moindre cependant que le grand mouvement des eaux qui a creusé les vallées.

L'existence de profondes vallées d'érosion qui sont parsemées de blocs arrachés aux roches avoisinantes, ou provenant de régions très-éloignées, puisqu'on trouve dans les plaines de la Russie et de la Prusse des blocs erratiques appartenant aux Alpes Scandinaves, et jusque dans les environs de Paris des sables feldspathiques qui paraissent en provenir, accuse à la fin de la période glaciaire une gigantesque inondation boueuse assez dense pour porter des roches sans les rouler. Elle paraît avoir couvert une partie des plaines aujourd'hui cultivées ; souvent leur surface est recouverte par une couche épaisse de terre meuble formée de sable et d'argile qui ne semble nullement provenir de la désagrégation de la roche sous-jacente, mais bien avoir été entraînée par les eaux, puis déposée pendant le repos qui a précédé leur écoulement.

L'origine de ces boues de transport qui forment aujourd'hui, en beaucoup de points, la terre arable, est difficile à pénétrer; on ignore à quel cataclysme il faut attribuer l'arrivée sur la surface d'une grande partie de l'Europe d'une masse d'eau charriant ces dépôts meubles qui constituent nos terres de meilleure qualité. Quant à ces boues elles-mêmes, elles n'ont pas été produites seulement par la pulvérisation des roches sur lesquelles les glaciers ont glissé pendant des années, mais aussi par les chocs multipliés des fragments entraînés par les torrents boueux qu'a produits la fonte d'immenses quantités de glaces ou de neige. Les travaux de M. Daubrée, que nous résumons dans les paragraphes suivants, mettent dans tout leur jour l'influence des chocs souvent répétés au sein de l'eau sur la décomposition des roches.

Effets des chocs multipliés au sein de l'eau sur la désagrégation des roches. — Par des chocs multipliés au sein de l'eau, les roches éprouvent des décompositions manifestes; elles sont non-seulement réduites en poudre, elles sont de plus modifiées profondément dans leur composition [*Compt. rend.*, t. XLIV, p. 997; *Ann. des mines*, (5), t. XII]. Dans un vase cylindrique mobile autour de son axe placé horizontalement, M. Daubrée a introduit diverses roches en fragments angulaires et une certaine quantité d'eau; le liquide était animé d'un mouvement de rotation à peu près dans les mêmes conditions de vitesse qu'offrent les eaux courantes, c'est-à-dire qu'il parcourait environ 2550 mètres à l'heure.

Le feldspath orthose, en fragments anguleux, se brise et donne une quantité notable de limon: dans une des expériences de M. Daubrée, 3 kilogrammes de feldspath, après un mouvement prolongé pendant 192 heures, correspondant à un parcours de 460 kilomètres, ont formé une quantité de limon du poids de $2^{kil},720$. Les 5 litres d'eau dans lesquels s'était opérée la trituration renfermaient $12^{gr},60$ de potasse.

On a calculé que pour 25 kilomètres parcourus les fragments anguleux perdaient 4 dixièmes de leur poids, tandis que les fragments arrondis n'en perdaient qu'une quantité beaucoup plus faible, évaluée de 1 centième à 1 quatre-centième.

Quand l'eau contenue dans le cylindre où se meuvent les fragments de feldspath est saturée d'acide carbonique, l'effet produit est plus prononcé. Dans une expérience où M. Daubrée employa 2 kilogrammes de cailloux bien arrondis et 3 litres d'eau saturée d'acide carbonique, on a trouvé, après 10 jours pendant lesquels l'acide carbonique a été renouvelé une fois et les cailloux avaient fait un nombre de tours équivalant à 142 kilomètres, 40 grammes de limon; l'eau renfermait $0^{gr},270$ de potasse libre et $0^{gr},750$ de silice : c'est-à-dire que les cailloux perdirent 2 centièmes de leur poids, au lieu de 1 centième, nombre maximum de l'expérience exécutée avec l'eau pure.

Le limon obtenu est extrêmement ténu. Mouillé, il présente une certaine plasticité et ressemble à de l'argile à pâte courte; mais, une fois desséché, il s'en distingue en ce qu'il devient pulvérulent. Il est resté anhydre et fusible; il résiste à l'action des acides et des alcalis : ce n'est qu'une boue feldspathique. Il est à remarquer cependant qu'une partie de la potasse arrachée par ces triturations aux roches primitives est devenue soluble, et pourra, par suite, pénétrer dans les végétaux.

En résumé, nous voyons que l'action de la gelée, celle de l'oxygène et de l'acide carbonique, déterminent la pulvérisation et la décomposition des roches sur place; qu'en outre les glaciers et les eaux, en transformant les fragments de roches, aident également à leur pulvérisation; et nous concevons que les cataclysmes qui se sont succédé pendant des milliers d'années ou de siècles aient déterminé le dépôt, sur un grand nombre de points de la surface du globe, des matériaux meubles sur lesquels s'exerce l'industrie agricole.

Ces matières meubles de transport ne se sont pas déposées dans tous les points de notre pays, sans qu'il soit toujours facile de comprendre quelles sont les causes qui ont déterminé leur répartition. En Champagne, le dépôt argileux n'existe pas, la craie est à peine recouverte d'une mince couche de terre meuble peu fertile; plus au sud, le Sancerrois, le Nivernais, la maigre Sologne, sont également privés des dépôts de transport; enfin, tandis qu'ils fécondaient la Beauce, comme les plaines du Nord, la Picardie et la Normandie, le Perche au contraire n'a pas été recouvert, non plus que la Bretagne.

On remarquera, ainsi que nous l'avons dit plus haut, que les contrées les plus fertiles de notre région septentrionale sont précisément celles qui ont été couvertes par les limons de transport.

Le midi de la France ne paraît pas avoir été atteint par les limons diluviens; les terres meubles accumulées dans les vallées proviennent des montagnes voisines et présentent une composition analogue à la leur.

III. Formation actuelle des terres d'alluvion. — Si les eaux entraînant dans leur cours les fragments de roches favorisent leur désagrégation et leur décomposition, si elles exercent ainsi une influence décisive sur la formation de terres arables nouvelles, elles contribuent d'autre part à enlever celles qui sont déjà formées à les entraîner dans les torrents et les rivières, et ce n'est qu'au prix des plus grands efforts que les cultivateurs des pays de montagnes parviennent à retenir sur les pentes les terres souvent précieuses par leur bonne exposition. En Provence, on compte parfois dans les montagnes dix, douze, quinze étages de murs de pierres sèches, qui retiennent les terres qui portent les oliviers et les pins. A Menton, où ces travaux sont exécutés avec un grand soin et où les murs maçonnés présentent des rigoles destinées à faire descendre les eaux du sommet de la montagne jusqu'à la vallée, on voit les citronniers et les orangers occuper les premières assises de la montagne au bord de la mer; à une certaine hauteur, ils sont remplacés par les oliviers; puis, plus haut encore, ceux-ci disparaissent, et le pin est seul cultivé.

Quand les terres ne sont pas maintenues par des constructions ou par le lacis des racines d'un gazon ou d'une forêt, elles sont entraînées par les torrents jusqu'aux rivières et aux fleuves, qui les conduisent à la mer; mais, à leur embouchure, les eaux s'arrêtent au moment où la marée est haute, et les limons se déposent : ils forment ainsi ces deltas au travers desquels les fleuves se divisent pour gagner péniblement la mer. Il suffit de jeter les yeux sur une carte pour voir que le Rhin, le Rhône, le Nil, le Gange, l'Amazone, ont des bouches nombreuses, et qu'ils se sont créé eux-mêmes des obstacles qu'ils ont aujourd'hui quelque peine à franchir.

Les anciens ports situés actuellement à quelque distance de la mer sont nombreux : les ruines de Carthage sont dans l'intérieur des terres; le rivage de la mer est aujourd'hui à 25000 mètres d'Adria, et paraît s'en être éloigné environ de 10 mètres par an, depuis deux mille ans.

Les quantités de limon transportées par les fleuves sont réellement énormes. La crue considérable qui survient dans le Nil est régularisée aujourd'hui par un immense barrage; elle inonde tout le pays et transporte une masse solide évaluée à 22 millions de mètres cubes, qui élève le niveau du sol d'un décimètre par siècle environ. Les villes de Rosette et de Damiette, bâties au bord de la mer il y a moins de mille ans, en sont aujourd'hui à plus d'une lieue.

Le long des côtes de la mer du Nord, les atterrissements, se forment avec rapidité dans le pays de Groningue. On sait positivement qu'en 1570 des digues furent construites devant la ville, et que cent ans après on avait déjà gagné trois quarts de lieue en dehors de ces travaux.

Les particules solides que les fleuves charrient se déposent aussi sur leur fond et l'exhaussent assez promptement. Aussi est-il parfois nécessaire de contenir les eaux entre des digues, pour les empêcher de se déverser sur les pays voisins. M. de Prony a reconnu, pendant le premier empire, que la surface des eaux du Pô était déjà plus haute que les toits des maisons de Ferrare. Grâce à ces atterrissements, le rivage a gagné, à son embouchure, plus de 6600 toises depuis l'année 1604, ce qui fait 150, 180, et en quelques endroits 200 pieds par an [Al. Bertrand, *Lettres sur les révolutions du globe*].

On doit à M. Hervé Mangon d'importants travaux sur les limons charriés par les cours d'eau. Les observations qu'il a réunies sur diverses rivières de France permettent de se faire une idée des masses qui sont ainsi entraînées par les eaux de rivières différentes. De novembre 1859 à la fin d'octobre 1860, il a fait mesurer chaque jour la quantité de matières tenues en suspension dans un certain volume d'eau de la Durance, et a pu calculer la masse totale transportée pendant une année : il a trouvé ainsi que le poids total charrié par cette rivière devant Mérindol [*Expériences sur les eaux d'irrigation*, 1869, p. 141], pour un débit total de 13 188 880 000 mètres cubes d'eau, a été de 17 723 331 tonnes de 1000 kilogrammes.

« En admettant, ajoute M. H. Mangon, que ces limons déposés sur le sol pèsent en moyenne 1600 kilogrammes le mètre cube, ce qui ne doit pas s'éloigner beaucoup de la réalité, leur volume serait de 11 077 071 mètres cubes.

« Un volume équivalant à un cube de 220 mètres de côté environ a donc été enlevé aux terrains supérieurs, et entraîné, sous forme de limon, dans les parties basses du cours de la rivière jusqu'à la mer.

« Si ce limon se déposait entièrement sur le sol, il recouvrirait en un an, d'une couche de $0^m,01$ d'épaisseur, l'énorme surface de 110 770 hectares. S'il était amené sur la Camargue, il pourrait en combler les marais et la transformer en une plaine des plus fertiles en moins d'un demi-siècle.

« Plusieurs des régions les plus riches du département de Vaucluse ont été formées, sans aucun doute, à des époques plus ou moins anciennes, par des colmatages naturels de la Durance. Les terres si fertiles des communes du Cheval-Blanc, de Cavaillon, etc., ne doivent leur richesse qu'à une couche de limons semblables à ceux qui sont encore transportés aujourd'hui, couche déposée sur des terrains caillouteux d'une date plus ancienne. L'étendue de cette couche de limons est environ de 25 000 hectares.

« On regarde comme très-fertile, dans le département de Vaucluse, les terres arables qui possèdent $0^m,30$ d'épaisseur de ces précieuses alluvions ou 3000 mètres par hectare. Le volume de limon entraîné en une année par la Durance, à Mérindol, représente donc la terre arable de

$$\frac{11\,077\,071^{mc}}{3000} = 3692 \text{ hectares de ces sols de pre-}$$

mière qualité, très-supérieurs à la moyenne de nos terres de première classe, ou près de 2 centièmes de la surface arable d'un département moyen. En cinquante ans, les eaux de la Durance entraînent donc une quantité du sol arable égale à celle d'un département français. »

Les autres rivières de France donnent des chiffres analogues aux précédents, mais qui varient d'une part avec le débit du fleuve, de l'autre avec sa pente plus ou moins rapide. Toutes les fois qu'il est possible d'arrêter ces eaux limoneuses au moment de leur arrivée à la mer, on crée des terres excellentes; les *polders* n'ont pas d'autre origine.

Le dépôt plus ou moins rapide des limons entraînés par les eaux est lié à une propriété très-curieuse des argiles qui a été étudiée dans ces dernières années avec beaucoup de soin par M. Schlœsing [*Compt. rend.*, et aussi *Ann. de Chim. et de Phys.*, (5), 1874, p. 514]. Le savant professeur de la manufacture des tabacs a reconnu depuis plusieurs années que l'argile reste longtemps en suspension dans une eau pure exempte de sels en dissolution, mais qu'elle est, au contraire, facilement précipitée par de petites quantités de sels de chaux, de magnésie ou de sels alcalins.

En examinant la composition des eaux de diverses rivières de France données il y a déjà longtemps par M. Sainte-Claire-Deville, M. Schlœsing en tire une application heureuse à l'explication de la limpidité, ou, au contraire, du trouble de leurs eaux.

Ainsi on trouve dans l'eau du Rhône prise à Genève une quantité de sels de chaux et de magnésie suffisante pour faire comprendre que les eaux du lac de Genève soient d'une admirable limpidité; les eaux des principaux fleuves de France se rangent quant à la richesse en sels alcalino-terreux dans l'ordre suivant : Seine, Rhin, Rhône, Garonne et Loire. M. Schlœsing en déduit « que les eaux de la Seine, en première ligne, puis celles du Rhin doivent déposer leurs limons en quelques jours; il est probable qu'il faut plus de temps aux eaux du Rhône, et je doute fort que les eaux de la Garonne et de la Loire deviennent limpides après un long repos. »

On sait que les eaux limoneuses des fleuves qui sont restées troubles pendant tout leur parcours, abandonnent les limons qu'elles charrient à l'embouchure au moment où elles se mêlent aux eaux de la mer, M. Schlœsing attribue ce dépôt à l'action qu'exercent les sels de la mer. Leur dose élevée explique d'ailleurs surabondamment la limpidité parfaite des eaux marines et leur rapide clarification, lorsqu'elles ont été souillées de vase le long des côtes par l'agitation des flots.

Dunes. — Si les eaux sont souvent les auxiliaires de la culture et favorisent la formation de terres arables d'excellentes qualités, les vents ont parfois, au contraire, une influence des plus fâcheuses, lorsque sur le bord de la mer ils déterminent la formation des dunes. Pour que celles-ci apparaissent, plusieurs conditions sont nécessaires : il faut que, sur une côte basse du sable fin soit rejeté par la mer et soit agglutiné dans une certaine mesure par les pluies; dans les pays où il ne pleut que rarement, les sables sont transportés par le vent, mais ils ne peuvent durcir suffisamment pour créer des dunes.

En France, les dunes formées de sables rejetés de l'Océan occupent, entre les embouchures de l'Adour et de la Gironde, une bande de 75 lieues, sur une élévation moyenne de 20 mètres. Les dunes avancent dans l'intérieur des terres de plusieurs mètres par an, car le vent d'ouest les écime, les écrête, rejette du côté de l'est les parties arrachées au sommet, et les dispose en talus, sur lequel vient bientôt s'étendre une nouvelle couche de sable qui, comme la première, a franchi la cime sous l'impulsion du vent. La partie intérieure, plus humide, résiste pendant un certain temps; mais bientôt sa surface se dessèche à son tour, devient pulvérulente, mobile, et passe par-dessus le sommet. Quand le vent souffle de l'ouest pendant plusieurs jours de suite, les dunes avancent rapidement, et créent ainsi un notable danger pour le pays.

Les dunes qui bordent nos départements des Landes et de la Gironde ont eu, en outre, une influence des plus fâcheuses, en posant un obstacle absolu à l'écoulement des eaux amenées par les pluies fréquentes de l'hiver, et qui ne peuvent arriver à la mer, car les dunes forment sur le littoral une ceinture infranchissable; aujourd'hui des travaux d'assainissement importants ont été faits en pratiquant des fossés d'écoulement qui dirigent les eaux vers le bassin d'Arcachon; en outre la marche des dunes a été arrêtée par des plantations.

On sait que c'est à l'ingénieur Brémontier qu'est due l'idée de planter les dunes : les premiers travaux furent exécutés sur la partie de la côte qui sépare l'Océan de la base des dunes; des semis de graines de pin et de genêt furent protégés d'abord par des branchages fixés en terre et inclinés dans la direction du vent; les graines purent germer et former bientôt un fourré épais qui posa un premier obstacle au passage des sables; derrière cette plantation, après cinq ou six ans, une seconde fut établie sur une largeur de 60 à 100 mètres, puis on commença à planter la dune elle-même.

Les travaux de Brémontier, commencés en 1787, furent couronnés du plus grand succès. En 1809, les semis s'étendaient sur 3700 hectares, et aujourd'hui on peut voir des plantations vigoureuses sur les dunes, dont le sable est désormais fixé par les racines qui le pénètrent de toutes parts. Des résultats analogues ont été obtenus sur le littoral de la Manche dans le Pas-de-Calais; là, au reste, l'humidité étant plus abondante et le soleil moins ardent, la dune se couvre facilement d'un maigre herbage qui lui donne une certaine fixité, elle n'avance pas dans l'intérieur des terres comme dans les Landes; les boisements en conifères ont, au reste, parfaitement réussi sur les parties qui n'ont pas été réservées à l'état de garennes pour la chasse du lapin.

ANALYSE PHYSIQUE DES TERRES ARABLES.

Nous avons vu dans le chapitre précédent que les roches laissent, par leur désagrégation, deux variétés de résidus. Les calcaires compactes, les quartzites, se fendillent, se brisent, tombent en poussières dures et grenues, vulgairement désignées sous le nom de *sable*; les roches alumineuses éprouvent, sous l'influence de l'eau, de l'acide carbonique, des forces mécaniques, une altération plus complète : elles se décomposent et se réduisent en *argile*. Or ces deux matières ont des propriétés non-seulement différentes, mais opposées : l'un est pulvérulent, l'autre plastique; l'un laisse filtrer l'eau et se dessèche aisément, l'autre lui oppose un obstacle absolu et la conserve; l'un est mobile, facile à travailler, à échauffer; l'autre est tenace, il résiste au soc de la charrue, sa température est lente à changer. On conçoit donc que les propriétés physiques de la terre arable varient suivant la proportion dans laquelle ces deux principes opposés s'y rencontrent; elles sont encore modifiées dans une certaine mesure par l'abondance ou la rareté du calcaire et de l'humus, et il importe, avant d'aborder l'étude des propriétés physiques de la terre arable, d'examiner à l'aide de quels procédés on peut déterminer les proportions dans lesquelles sont mélangées ces diverses matières, sable, argile, calcaire, humus, qui constituent le sol.

ANALYSE PHYSIQUE DE LA TERRE ARABLE. — *Prise d'échantillons.* — Quand on veut déterminer la composition d'une terre, il faut en prélever des échantillons en plusieurs points, à diverses profondeurs, les bien mélanger; puis prendre au milieu de la masse devenue homogène un poids de 2 à 3 kilogrammes, que l'on conserve pour toutes les opérations à exécuter.

Avant de commencer l'analyse, on laisse généralement les terres se dessécher jusqu'au moment où elles conservent l'empreinte de la main sans s'émietter ou sans adhérer aux doigts.

Séparation du sable et de l'argile. — On prélève sur une terre ainsi préparée 50 grammes environ, on les passe dans un tamis à mailles un peu larges, pour séparer les cailloux, qu'on recueille séparément et dont on détermine le poids; puis on verse la terre tamisée dans un vase à précipité renfermant une certaine quantité d'eau ordinaire, et l'on agite vivement. Le gravier tombe au fond, et l'on décante l'eau bourbeuse qui surnage. On remplace l'eau, on lave de nouveau le sable tombé au fond du vase, on décante, et l'on répète ces lavages jusqu'au moment où, malgré une agitation prolongée, l'eau reste claire. On jette alors le sable sur un filtre, on le dessèche et on le pèse. On reconnaît sa nature au moyen de l'acide chlorhydrique faible : s'il détermine une effervescence, on peut être certain que le sable est calcaire; si au contraire on n'observe aucun dégagement de gaz, le sable est siliceux.

L'argile qu'on laisse se déposer dans un grand vase où sont réunies toutes les eaux de lavage est elle-même traitée par l'acide chlorhydrique, afin d'y reconnaître la présence du carbonate de chaux terreux entraîné par l'eau en même temps que l'argile.

Procédé de M. Masure. — Le procédé que nous venons de décrire a été perfectionné par les chimistes allemands, et aussi par M. Masure, qui l'a rendu facile à employer dans les laboratoires. Une allonge de verre B, disposée verticalement sur un support, porte à sa partie inférieure un petit tampon de coton sur lequel on fait couler l'échantillon de terre dont on veut faire l'essai; à l'orifice inférieur, l'allonge est fermée par un bouchon qui porte un tube recourbé, légèrement incliné, comme le montre la figure 756. L'eau du vase A pénètre par la partie inférieure de l'allonge, soulève devant elle la terre, arrive jusqu'au tube B, s'y engage, et s'écoule jusqu'au verre C, entraînant avec elle l'argile. On continue l'opération jusqu'au moment où l'eau passe claire.

On démonte alors l'appareil, on verse le sable de l'allonge dans un filtre, on dessèche, et l'on pèse comme il a été dit plus haut.

Ces procédés ne donnent pas avec toute l'exactitude désirable les proportions de sable et d'argile, car il y a toujours une petite quantité de sable entraînée, mais ils sont cependant suffisants pour les besoins de la pratique.

Dosage du calcaire. — Le dosage du calcaire peut se faire sur la terre normale ou sur chacun des produits séparés de l'opération précédente: ce qui permet de distinguer le sable calcaire, qui reste mêlé au sable siliceux, du calcaire terreux entraîné par les lavages en même temps que l'argile.

L'attaque de quelques grammes de matière indique d'abord, par la vivacité de l'effervescence, si le carbonate de chaux est rare ou abondant; il conduit, par suite, à fixer le poids de terre qu'il convient de prendre pour l'analyse. Si la terre est très-calcaire, 5 ou 6 décigrammes suffisent; si elle l'est peu, le poids à attaquer ne doit pas être moindre de 10 grammes. — Voyez à l'article CALCIUM, le procédé de dosage de la chaux.

Détermination de l'humus. — Nous avons vu qu'on donne le nom d'*humus* aux résidus d'origine organique qui existent dans la terre arable; ils ont une grande importance, puisque c'est par leur décomposition que se forment les nitrates et les sels ammoniacaux qui fournissent aux plantes l'azote nécessaire à la formation de leurs matières albuminoïdes. C'est encore au moment de l'oxydation de l'humus que se produit l'acide carbonique, qui amène aux plantes le phosphate de chaux que l'on rencontre dans leurs tissus; enfin, ainsi qu'on le verra plus loin, c'est l'humus qui est l'agent de fixation de l'azote atmosphérique. Enfin les terres riches en humus retiennent l'eau beaucoup plus aisément que celles qui en sont dépourvues et pendant les sécheresses se couvrent de récoltes beaucoup plus abondantes que celles qu'on pourrait obtenir de terres privées d'humus. On conçoit donc que la

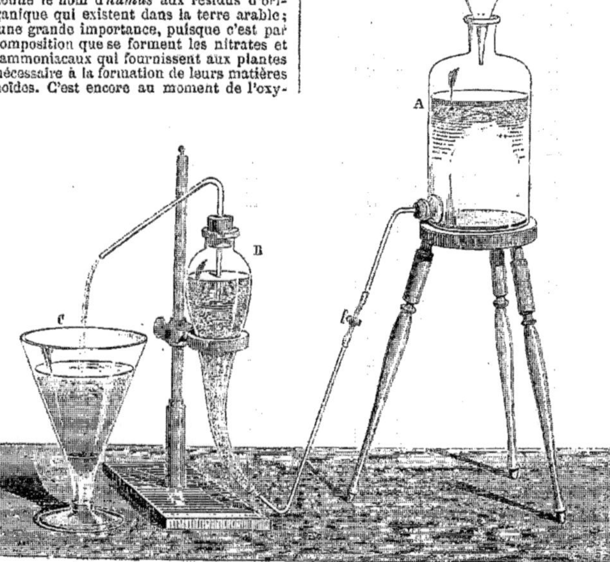

Fig. 757. — Appareil de M. Masure.

détermination rigoureuse de la quantité d'humus contenue dans la terre ait été considérée comme capitale.

Cette détermination est très-difficile. En effet, l'humus ne représente pas un principe nettement défini, dont la composition soit rigoureusement établie; aussi, ce n'est pas en l'isolant des autres substances contenues dans le sol que les anciens chimistes agronomes appréciaient sa quantité, mais tout simplement par une calcination. Ils admettaient que la perte subie au feu était due à la destruction de la matière organique contenue dans la terre en expérience, et inscrivaient au tableau de l'analyse cette perte sous le nom d'*humus*.

Ce procédé est tout à fait défectueux, car non-seulement, pendant la calcination au rouge, la matière organique est détruite, mais l'eau des argiles, qui persiste à la dessiccation à 100 degrés, est évaporée, les carbonates sont décomposés partiellement; par conséquent la diminution de poids est due à des causes variées, combattues d'autre part par l'oxydation des argiles signalée par leur changement de teinte qui passe du gris bleuâtre au rouge brique.

Les difficultés qu'ont rencontrées les chimistes agronomes à doser directement l'acide ulmique les ont conduits à rechercher la quantité de matières organiques contenues dans le sol en y dosant le carbone et l'azote des matières organiques: nous indiquerons ces dosages au chapitre où nous traitons de l'analyse chimique de la terre arable.

Procédé de M. Schlœsing. — M. Schlœsing a donné récemment [*Compt. rend.*, t. LXXVIII, p. 1276, 1874], un procédé d'analyse physique des sols beaucoup plus exact que le précédent. Après avoir séparé les graviers à l'aide du tamis comme on le fait d'ordinaire, il prend 5 grammes de terre qu'il place dans une capsule, il l'arrose d'un peu d'eau, il la pétrit et la transforme en pâte ferme qu'il réunit en un seul tas. La capsule ayant été remplie à moitié d'eau pure, on délaye la terre en la frottant légèrement avec le doigt. Quand l'eau est chargée de matière en suspension, on la décante sans entraîner le sable mis à nu, on la remplace par de nouvelle eau et l'on continue le délayage. Finalement la capsule ne contient plus que du sable, que l'on frotte à son tour jusqu'à ce qu'il ne cède plus rien à l'eau : on le verse alors dans le vase où sont réunies toutes les eaux décantées. C'est dans ce vase qu'on fait, selon les errements convenus la séparation du gros sable par décantations et lavages. On le sèche, on le pèse, on y détermine le sable calcaire, les débris organiques, etc.

Le sable fin, le calcaire terreux et l'argile se trouvent réunis dans un volume d'eau de 300 à 400 centimètres cubes. On y verse de l'acide nitrique, par petites quantités successives en agitant chaque fois à plusieurs reprises, jusqu'à ce que, le calcaire étant détruit, le liquide reste sensiblement acide. Dès le début de ce traitement, on observe que le liquide resté trouble après les décantations, s'éclaircit rapidement par le repos : l'argile est en effet coagulée par le sel calcaire formé; mais ce fait se reproduit avec la même régularité, quand la terre est absolument dépourvue de calcaire; il est dû alors à la seule présence de l'acide libre : il est facile de constater que des traces d'acide chlorhydrique, nitrique ou sulfurique coagulent l'argile en suspension aussi bien que les sels calcaires ou magnésiens.

Après le traitement par l'acide, on filtre le mélange d'argile, de sable fin et on lave. L'élimination du sel calcaire et de l'excès d'acide est achevée, lorsque le liquide filtré passe trouble et que la filtration devient difficile : l'argile a repris alors sa propriété colloïdale de s'étendre dans l'eau pure. Cependant elle n'est pas encore assez préparée pour la mise en suspension, on la fait donc tomber avec la pissette à jet du filtre dans un vase à précipité de 2 litres; la dépense de la pissette pour nettoyage du papier est au plus de 150 cent. cubes. Sur la matière on verse de 1 à 2 cent. cubes d'ammoniaque pure, on agite et on laisse reposer pendant vingt-quatre heures. Après ce temps la proportion de sable qui demeure encore suspendu est négligeable. Le liquide argileux peut être décanté tout entier à quelques centimètres cubes près par un siphon. Le dépôt est alors transvasé au moyen de la pissette dans une capsule, séché, pesé : c'est le sable fin, qu'on confond d'ordinaire avec l'argile. On remarque le plus souvent à sa surface une pellicule brune que la dessiccation contracte et sépare nettement du sable; elle consiste principalement en matière organique, riche en oxyde de fer, comme le témoigne la combustion. Le sable doit être à très-peu près dépourvu de cohésion : c'est signe que l'argile en a été bien séparée.

Le liquide argileux est coloré, par un humate multiple d'ammoniaque, d'oxyde de fer, d'alumine. En neutralisant l'ammoniaque et acidifiant légèrement, on précipiterait à la fois l'argile et la matière organique; le dosage de l'argile serait trop élevé. Il vaut mieux séparer, autant que possible, les deux substances, en dissolvant quelques grammes de chlorhydrate d'ammoniaque dans le liquide alcalin : l'argile est coagulée et l'humate demeure dissous; toutefois l'argile en entraîne une petite quantité. Lorsque le liquide a été clarifié par un repos suffisant, on en décante le plus possible; le reste est versé avec l'argile sur un filtre taré; on lave, on sèche à 100° et l'on pèse. La dose de chlorhydrate d'ammoniaque nécessaire pour coaguler l'argile varie selon la quantité d'humate en dissolution; il en faut jusqu'à 20 grammes quand celui-ci est très-abondant.

En employant cette méthode M. Schlœsing est arrivé à se convaincre qu'il y a beaucoup moins d'argile dans les terres arables qu'on ne le suppose d'ordinaire; une terre est déjà forte quand elle renferme de 16 à 20 °/₀ d'argile; la proportion de 35 °/₀ offerte par une terre de Vaujours est tout à fait exceptionnelle.

M. Schlœsing a, en outre, indiqué le procédé suivant de préparation de l'acide humique. On attaque la terre mise en suspension dans l'eau par l'acide chlorhydrique ajouté à diverses reprises. La matière est alors jetée sur une toile recouverte de papier à filtre et lavée avec de l'eau distillée. On l'introduit ensuite dans un flacon d'une trentaine de litres et on l'agite avec une dissolution faible de potasse, de soude ou d'ammoniaque. Après avoir laissé digérer pendant quelques heures, on remplit le flacon d'eau distillée, on agite et on laisse reposer. Le sable se précipite, mais l'argile demeure en suspension au sein d'une liqueur brune. On décante, puis on précipite l'argile à l'aide d'une dissolution de chlorure alcalin renfermant de 2 à 5 grammes par litre; l'argile entraîne toujours une certaine quantité des humates, mais la liqueur reste cependant colorée, et en la traitant par l'acide chlorhydrique, on voit apparaître un précipité; on ajoute alors une dissolution étendue d'un sel de chaux, d'alumine ou de peroxyde de fer, suivant l'humate qu'on veut obtenir.

En calcinant le sel ainsi formé, on sait la quantité d'acide qu'il renferme.

Si, au lieu d'ajouter un sel au moment où l'acide chlorhydrique commence à donner un précipité, on continue à jeter de l'acide chlorhydrique, on pourra obtenir l'acide ulmique.

PROPRIÉTÉS PHYSIQUES DES TERRES ARABLES.

Pesanteur spécifique. — S'il n'y a pas grand intérêt à connaître exactement la densité des terres arables, qui varie de 2 à 2,5, il est souvent important de savoir le poids que présente un certain volume de terre bien tassée; ce poids est de 2 kilogrammes par litre environ pour les terres sablonneuses sèches et de $1^{kil},5$ pour les terres argileuses; mais il dépasse $2^{kil},5$ pour les sables humides et atteint 2 kilogrammes pour les terres argileuses saturées d'humidité.

Imbibition des terres par l'eau. — Schubler, qui a étudié, il y a déjà bien des années, les propriétés physiques des terres arables, les mesurait en pesant d'abord un filtre humide, en y introduisant ensuite un poids connu de terre desséchée, puis on y ajoutant de l'eau, de façon que la terre fût bien imbibée; on attend que l'eau cesse de couler par le bec de l'entonnoir, et l'on pèse de nouveau. Il a trouvé que l'état physique des matières en expérience a bien plus d'influence sur la faculté de retenir l'eau que la composition chimique, puisque 100 kilogrammes de terre calcaire retiennent 85 kilogrammes d'eau, tandis que 100 kilogrammes de sable calcaire n'en absorbent que 29. L'humus prend un poids d'eau presque double de son poids quand il est saturé d'humidité; une terre ordinaire saturée d'humidité en retient, d'après Schubler, à peu près le tiers du poids total.

MM. Lawes et Gilbert ont reconnu, par des expé ences faites directement sur le sol, qu'une terre arable drainée pouvait retenir, quand elle était saturée d'humidité, 25 °/₀ d'eau; après une longue sécheresse, ce même sol, qui portait une récolte de blé, n'en renfermait à la surface que 6 °/₀, mais encore 16 °/₀ à une profondeur de $0^{m},75$ environ [*Ann. agronom.*, t. I, p. 560].

Faculté hygrométrique des terres. — Ce n'est

pas seulement la pluie qui humecte les terres, elles jouissent aussi de la propriété de condenser la vapeur d'eau qui existe dans l'air. On peut le démontrer à l'aide d'une expérience imaginée par Babo [*Lettres sur l'agriculture moderne de Justus de Liebig*, p. 42]. Dans un flacon renfermant de l'air entièrement saturé de vapeur d'eau à une température de 20° environ et qui, par suite, donne un dépôt de rosée par le moindre abaissement de température, on place une centaine de grammes de terre préalablement séchée à une température qui ne dépasse pas 30 ou 40°, et l'on remarque bientôt qu'elle absorbe complétement la vapeur d'eau, et qu'on peut abaisser la température du flacon au-dessous de zéro sans déterminer la moindre apparence de rosée. L'absorption de l'eau est accompagnée d'une élévation de température; dans une de ses expériences, Babo vit la température s'élever de 20° à 31° dans une terre riche en matières organiques, mais ne monter qu'à 27° dans une terre sablonneuse.

M. Hervé-Mangon a reconnu qu'on observe encore cette élévation de température quand on ajoute de l'eau à l'état liquide à une terre dans laquelle la tension de vapeur n'est pas égale à celle de l'eau pure pour la température à laquelle on opère; c'est à cette cause qu'il faut, d'après lui, attribuer l'élévation de température que l'on remarque dans la terre arable, quand il pleut après une sécheresse, même si la pluie est moins chaude que le sol lui-même.

Schubler avait observé cette propriété de la terre d'absorber l'humidité en exposant 5 grammes de terre distribués sur une surface de 0m,36 carrés dans de l'air saturé à une température de 19°; après 72 heures les terres étaient saturées, l'argile avait pris 0gr,245 d'eau, le sable calcaire 0gr,015, l'humus 0gr,600, une terre arable 0gr,100, enfin le sable siliceux n'avait pas absorbé la moindre trace d'humidité.

Dessiccation des terres exposées à l'air. — L'air sec enlève aussi à la terre arable une partie de la vapeur d'eau qu'elle renferme. Cette propriété, inverse de la précédente, présente également un grand intérêt; pour la mesurer, Schubler employait le procédé suivant : Un disque métallique muni d'un rebord et offrant très-peu de profondeur était suspendu au bras d'une balance. Sur ce disque, on étendait aussi uniformément que possible la terre préalablement imbibée d'eau; on en déterminait le poids; puis on procédait à de nouvelles pesées, après un séjour de 4 heures dans une chambre dont la température était entretenue à 18°,75. On obtenait ainsi le poids d'eau évaporée. On terminait ensuite par une dessiccation complète à l'étuve, et l'on pouvait reconnaître la fraction de l'eau totale que la terre avait perdue.

On a obtenu les résultats suivants :

Désignation des terres.	Quantités d'eau perdues pendant 4 heures à 18°,75, rapportées à 100 d'eau contenues dans la terre.
Sable siliceux	88,4
Sable calcaire	75,9
Gypse	71,7
Argile maigre	52,0
Argile grasse	45,7
Terre argileuse	34,9
Argile pure	31,9
Calcaire en poudre fine	28,0
Humus	20,5
Terre de jardin	24,3
Terre arable d'Hofwyl	32,0
Terre arable du Jura	40,1

On reconnait que le sable abandonne facilement l'eau qu'il renferme, tandis que l'humus, au contraire, le retient énergiquement. Les terres qui, à 0m,33 de profondeur, retiennent habituellement de 15 à 20 °/o d'eau, sont réputées *terres fraîches*; celles qui en renferment moins de 10 °/o sont considérées comme *terres sèches*. Lorsque la proportion d'eau s'abaisse au-dessous de 10 °/o dans la couche de terre située à 0m,06 de profondeur, les végétaux commencent à y jaunir.

Dans les observations faites à Grignon pendant l'été de 1870, qui a été remarquablement sec en mai, juin et juillet, on a trouvé que la terre de la superficie jusqu'à 0m,10 de profondeur ne renfermait que 0,5 °/o d'eau; aussi les graines de betterave n'ont germé qu'autant qu'elles ont été arrosées; mais, malgré cette sécheresse prolongée, la terre prise à 0m,10 et au-dessous renfermait 9 °/o d'eau.

Les terres, en se desséchant, éprouvent un retrait sensible, qui est la cause des crevasses qui se montrent dans le sol après les sécheresses quelque peu prolongées. On a évalué ce retrait en mesurant des prismes de terre humide avant et après leur dessiccation à l'ombre :

Désignation des terres.	1000 p. cubes se réduisent à
Chaux carbonatée en poudre fine	950
Argile maigre	940
Argile grasse	911
Terre argileuse	886
Argile pure	817
Humus	846
Terre de jardin	851
Terre arable d'Hofwyl	880
Terre arable du Jura	905

Le gypse, le sable siliceux et calcaire ne figurent pas dans ce tableau, parce qu'ils n'ont présenté aucune diminution de volume. L'humus a éprouvé le retrait le plus fort; réciproquement, il se gonfle considérablement lorsqu'on le mouille, ce qui explique l'exhaussement qu'on remarque dans certains sols tourbeux à l'époque des pluies.

Propriétés calorifiques de la terre arable. — Pour déterminer ce qu'il appelait la *propriété du sol de retenir la chaleur*, Schubler notait le temps du refroidissement d'un même poids de différentes terres renfermées dans une même enveloppe et chauffées à une même température. Cette expérience ne donne que la résultante de plusieurs actions distinctes. « Pour étudier les propriétés calorifiques d'un terrain, dit M. Hervé-Mangon, il faut déterminer sa chaleur spécifique, qui permet de connaître la quantité de chaleur nécessaire à la production d'un changement donné de chaleur sensible; sa conductibilité, qui permet d'apprécier la rapidité de la transmission de la chaleur dans le sol; le pouvoir rayonnant de sa surface à l'état naturel où elle se trouve dans les champs. »

Tel est le programme tracé par le savant professeur du Conservatoire des arts et métiers; lorsque les nombreuses déterminations qu'il comporte seront exécutées, elles éclaireront singulièrement une question des plus importantes et qui aujourd'hui est à peine étudiée. En attendant la publication des travaux qu'a entrepris M. H. Mangon, nous donnerons ici les résultats obtenus par Schubler, sur la chaleur spécifique des terres arables.

Pour mesurer la faculté qu'ont les terres de retenir la chaleur, Schubler plaçait un thermomètre au centre d'un vase de 595 centimètres cubes de capacité, rempli de la substance à essayer. La température initiale étant portée à 62°,5, on cherchait pour chaque substance le temps nécessaire pour qu'elle s'abaissât à 21°,2, la température de l'air ambiant étant maintenue à 16°,2.

Désignation des terres.	Faculté de retenir la chaleur, celle du sable calcaire étant 100.	Temps que 395 cc. de terre mettent à se refroidir de 62°,5 à 21°, l'air ambiant étant à 16°,2.
Sable calcaire	100,0	3h, 30
Sable siliceux	95,6	3 27
Gypse	73,2	2 34
Argile maigre	76,9	2 41
Argile grasse	71,1	2 30
Terre argileuse	68,4	2 24
Argile pure	66,7	2 19
Calcaire en poudre fine	61,8	2 10
Humus	49,0	1 43
Terre de jardin	64,8	2 16
Terre arable d'Hofwyl	70,1	2 27
Terre arable du Jura	74,3	2 36

On voit que le sable se refroidit avec lenteur. On a remarqué, en effet, depuis longtemps, que les terrains sablonneux échauffés par le soleil durant le jour conservent même pendant la nuit une température assez élevée.

Échauffement de la terre exposée au soleil. — Parmi les propriétés calorifiques importantes des terres, se trouve encore celle de s'échauffer plus ou moins vite sous l'influence du soleil, et d'élever leur température à un degré plus ou moins élevé. Les différences que l'on observe sont dues : 1° à l'état de la surface des terres; 2° à leur composition; 3° à la quantité d'eau qui s'y trouve et qui, par son évaporation, tend à abaisser la température; 4° à l'angle d'incidence des rayons solaires. Cette dernière condition a une influence particulièrement sensible, et chacun sait que dans nos régions septentrionales, les coteaux inclinés au midi, qui reçoivent normalement les rayons lumineux, sont aptes à des cultures qui échouent sur les terres plates, et à fortiori sur les versants exposés au nord.

Schubler a déterminé la température qu'acquièrent diverses variétés de terres exposées au soleil dans les mêmes conditions et pendant le même temps. Il a obtenu les nombres suivants :

Désignation des terres.	Température maxima de la couche supérieure du sol, la température moyenne de l'air ambiant étant 25°	
	Terre humide.	Terre sèche.
Sable siliceux gris jaunâtre	37°,25	44°,75
Sable calcaire gris blanchâtre	37 38	44 50
Gypse clair gris blanchâtre	36 25	43 62
Argile maigre jaunâtre	36 75	44 12
Argile grasse	37 25	44 50
Terre argileuse gris jaunâtre	37 38	44 62
Argile pure gris jaunâtre	37 50	45 00
Terre calcaire blanche	35 63	43 00
Humus gris noir	39 75	47 37
Terre de jardin gris noir	37 50	45 25
Terre arable d'Hofwyl grise	36 88	45 25
Terre arable du Jura grise	36 50	43 75

Nous terminerons cet exposé des propriétés physiques des terres arables en indiquant, d'après Schubler, comment on a pu mesurer la ténacité des terres arables et leur adhérence au bois et au fer.

TÉNACITÉ DES TERRES. — Pour la déterminer, Schubler modelait en prismes de mêmes dimensions les terres humides qu'il voulait éprouver; quand la dessiccation avait eu lieu, il enlevait les moules, plaçait les deux extrémités des prismes sur des supports de bois, puis suspendait au milieu un plateau chargé de poids jusqu'au moment où la rupture avait lieu.

Pour mesurer l'adhérence de la terre au bois et au fer qui servent à la confection des outils et des machines agricoles, Schubler fixait des disques de bois de hêtre ou de fer de même dimension au plateau d'une balance sensible; la terre étant maintenue à son maximum d'humidité, on appuyait le disque de façon à déterminer l'adhérence, puis on chargeait le plateau opposé de poids de plus en plus forts, jusqu'au moment où l'adhérence était vaincue.

A quoi est due cette ténacité des terres arables, c'est ce qui a été mis particulièrement en lumière depuis quelques années par les travaux de M. de Gasparin et par ceux de M. Schlœsing. M. de Gasparin analyse simplement les terres par lévigation comme on le fait depuis longtemps, et sans chercher à distinguer, comme le fait M. Schlœsing, le sable fin de l'argile : la ténacité de la terre est due, en effet, pour le savant d'Orange, au rapport qui existe entre le gros sable et l'impalpable, destiné à combler les vides du premier et à donner à la terre une plus ou moins grande ténacité (1); pour M. Schlœsing, au contraire, la ténacité est due surtout à la présence de l'argile et à celle des matières ulmiques. Si la terre arable ne renfermait aucun sel soluble et qu'elle reçût de l'eau de pluie pareillement exempte de sels solubles, l'argile délayée par les eaux serait entraînée jusqu'à la mer; mais habituellement il n'en est pas ainsi : l'eau de pluie se charge dans le sol de bicarbonate de chaux qui suffit pour coaguler l'argile et la maintenir à l'état de ciment qui réunit et agglomère le gravier avec lequel elle est mélangée. Par des essais synthétiques, M. Schlœsing a reconnu qu'il fallait environ 11 parties d'argile excessivement plastique de Vanves pour donner au sable une agglutination suffisante; or, en examinant ensuite des terres arables de diverses provenances, M. Schlœsing a reconnu que des terres qui ne renfermaient que 5 à 10 % d'argile résistaient à l'eau calcaire comme l'auraient fait des mélanges artificiels plus riches en argile, et qu'après des lavages prolongés, on n'y voyait aucun symptôme de séparation entre les différents éléments. Ces résultats divergents annonçaient qu'une matière différente de l'argile pouvait encore exercer une action agglutinative, et M. Schlœsing résolut d'examiner à ce point de vue les propriétés de l'acide ulmique préparé comme nous l'avons indiqué plus haut.

En mélangeant du sable ou du calcaire à de petites quantités d'un de ces humates, de façon à former un mélange homogène, on remarque que ces terres artificielles résistent à l'eau calcaire comme celles qui renferment de l'argile; quand on ajoute aux mélanges précédents de l'argile en petites quantités, les effets de ces matières colloïdales se sont ajoutés et les terres ont résisté aux épreuves habituelles sans se délayer.

Les agriculteurs ne se bornent pas à dire que le terreau donne du corps aux terres trop légères; ils lui reconnaissent une propriété contraire dans les terres fortes, en prétendant qu'il les ameublit. M. Schlœsing a reconnu, en effet, que si une argile pure et sèche, réduite en un mélange de poudre et de petits fragments, se ressoude quand, après l'avoir humectée, on la laisse se sécher sans remuer, mais qu'il n'en est plus ainsi pour les mélanges d'argile et de matières ulmiques; les argiles reprennent en séchant d'autant moins de cohésion que la proportion d'humate est plus élevée. « A voir les effets des humates, on dirait que ces colloïdes emprisonnent l'argile comme en un réseau, et lui enlèvent la propriété de se distendre sous l'action de l'eau et de se souder elle-même en séchant.

« Les humates du terreau sont un ciment né-

(1) Voyez *Détermination des terres arables dans le laboratoire*, par M. de Gasparin. Masson, 1874.

cessaire principalement dans les sols qui ne sont pas positivement argileux; d'où résulte qu'il faut entretenir leur provision, sans cesse attaquée par la combustion lente, au moyen des engrais d'origine végétale, dont le plus important est le fumier. Exclusivement employés, les engrais minéraux peuvent bien tromper le cultivateur par de belles récoltes pendant quelques années; celui-ci reconnaît son erreur quand sa terre effritée, manquant de terreau, a perdu la qualité essentielle de rester meuble sous la pluie. Ainsi, les effets physiques du terreau reconnus de tout temps, mais non précisés, se joignent à ses propriétés chimiques, si essentielles au développement des plantes, pour en faire un élément indispensable de la terre végétale. »

Classification des terres d'après leurs propriétés physiques. — Depuis longtemps les cultivateurs ont distingué les terres en deux grandes variétés : les unes, renfermant une quantité notable d'argile, sont les terres fortes; celles qui, au contraire, sont particulièrement riches en sable, sont les terres légères.

Nous avons vu que les propriétés de ces deux substances sont presque constamment opposées. Tandis que les terres très-argileuses, retenant l'eau, sont parfois inabordables en hiver, que leur travail est difficile, qu'elles se fendillent et durcissent par la sécheresse, les terres siliceuses, au contraire, se dessèchent rapidement, et si elles sont presque toujours abordables et d'un travail facile, elles laissent filtrer l'eau et les principes solubles qu'elles renferment : c'est donc du mélange en proportion convenable du sable et de l'argile que dépendent leurs qualités et la nature des plantes qu'il faut y cultiver.

D'après Thaer, les terres très-riches en argile (1), ne renfermant pas 30 % de sable, sont surtout propres à la culture de l'avoine; toutefois, quand la proportion d'humus est un peu notable, on peut déjà cultiver le froment. Quand la proportion de sable est de 30 %, la culture de l'orge réussit mieux que celle du froment. Quand l'argile et le sable sont en parties égales, ou qu'il y a 40 de l'un pour 60 de l'autre, et réciproquement, toutes les cultures sont possibles. Quand la proportion de sable dépasse 60, la réussite du froment n'est plus assurée, mais le sol convient encore à l'orge et particulièrement au seigle. Quand le lavage accuse dans une terre 90 % de sable, il est très-difficile d'en tirer parti.

Schwerz, admettant comme son prédécesseur Thaer qu'il est convenable de juger le sol d'après ses produits, adopte comme échelle de comparaison la culture des céréales, en prenant pour termes extrêmes le froment et le seigle : le premier réussissant dans les mauvais terrains argileux, le second végétant encore dans les sols sablonneux les plus médiocres. Dans ces terres *limites*, ajoute M. Boussingault, auquel nous empruntons ce passage, le froment et le seigle viennent fort mal, à la vérité; mais entre ces deux extrêmes se trouvent comprises toutes les variétés de sols qui résultent du mélange des terres les plus fortes, les plus tenaces, avec les terres les plus légères, depuis l'argile la plus consistante jusqu'au sable mouvant. Dans ces sols mixtes, de qualités intermédiaires, le froment et le seigle s'avancent graduellement l'un vers l'autre en recrutant l'orge, l'avoine, le sarrasin, jusqu'à ce qu'ils se rencontrent au milieu de l'échelle dans un terrain neutre qui permet la culture de toutes les céréales.

(1) Il faut entendre ici sous le nom d'*argile*, le mélange de sable fin et d'argile qui reste en suspension dans l'eau quand on fait l'analyse par lévigation ou par le procédé Mazure.

Schwerz a disposé son échelle des terrains de la façon suivante :

0. Sable mouvant.	0. Argile tenace.
1. Terre à seigle.	1. Terre à blé.
2. Terre à seigle et à sarrasin.	2. Terre à blé et avoine.
3. Terre à seigle, sarrasin, avoine.	3. Terre à blé, avoine et petite orge.
4. Terre à seigle, avoine et petite orge.	4. Terre à blé et à grosse orge.

5. Terre à blé, seigle et avoine.

Les espèces de sols qui conviennent à ces diverses cultures sont :

1. Sable léger sec.	1. Argile froide, tenace.
2. Sable frais très-peu argileux.	2. Argile légèrement humide.
3. Sable argileux.	3. Argile chaude, sèche.
4. Argile sablonneuse.	4. Argile riche.

5. Terre franche.

Il faut bien remarquer, au reste, que ces résultats s'appliquent surtout aux terrains non irrigués; quand on peut arroser les terres à mesure des besoins, les terres sablonneuses deviennent de bonne qualité. Ainsi, on cite des terres du Sénégal présentant un haut degré de fertilité et renfermant cependant jusqu'à 91 % de sable et de silice. M. Boussingault a donné l'analyse d'une terre prise sur les bords du rio Cupari; la végétation y est d'une vigueur exceptionnelle, et cependant la terre est exclusivement formée de sable et de débris de feuilles [*Agronomie*, t. II, p. 17.]

Classification de M. de Gasparin. — Un chimiste agronome distingué, M. P. de Gasparin, a proposé récemment une méthode de classification des terres différente des précédentes (*Détermination des terres arables dans le laboratoire*, Masson). M. de Gasparin s'attache surtout à distinguer dans les terres trois éléments : les *pierres*, qu'il sépare, ainsi qu'on le fait d'ordinaire (1), à l'aide d'un tamis présentant dix fils dans un centimètre, le *sable* et l'impalpable. Il sépare cet impalpable par de simples lévigations par la méthode anciennement employée par tous les chimistes, avant que M. Schlœsing eût montré que ce qu'on considérait comme argile était, en réalité, un mélange d'argile et de sable fin. M. de Gasparin ne paraît pas attacher à cette séparation la même importance que M. Schlœsing, et, pour lui, une terre sera *continue*, compacte ou susceptible d'agrégation, si la partie impalpable représente, en volume ou en poids (car les densités sont à peu près les mêmes pour le sable ou l'impalpable), de 33 à 29 et le sable de 67 à 71.

Un sol peut être continu quand il présente les proportions précédentes sans être tenace : c'est ce qui arrivera si une fraction importante de l'impalpable est formée de carbonate de chaux; quand, au contraire, l'argile domine sur le calcaire, la ténacité se produit. « Dès que la quantité d'argile est suffisante pour excéder les vides du carbonate, il y a continuité entre les particules argileuses, et leur contraction sous l'influence de la sécheresse réalise la ténacité. Réciproquement, dès que le volume du carbonate est suffisant pour excéder les vides de l'argile, il y a continuité entre les particules de carbonate; elles forment un réseau

(1) On néglige parfois les pierres dans l'analyse physique des terres, et c'est un grand tort. Comme elles sont à peu près inertes, elles tiennent la place de parties actives dans le sol, et la fertilité est réduite en raison de son volume. Ainsi, toutes choses égales d'ailleurs, deux terres qui contiendraient, l'une 50 % de pierres, l'autre 10 %, seraient, par cela même, pour la fertilité, dans le rapport de 50 à 90.

invariable qui contrarie les effets de la dilatation et de la contraction de l'argile, et le mélange devient immobile, c'est-à-dire qu'il joint à la continuité ou compacité et à la ténacité un troisième caractère, que nous devons appeler l'*immobilité*.

En s'appuyant sur les considérations précédentes, M. de Gasparin partage les terres au point de vue physique en 5 groupes :

Première division.

Plus de 70 % de sable (1). — Terrain discontinu.

Deuxième division.

Moins de 70 % } de sable. Plus de 30 % } Plus de 70 % de carbonate de chaux.	Terrain friable, immobile, continu.

Troisième division.

Moins de 70 % } de sable. Plus de 30 % } Moins de 70 % } de carbonate de chaux. Plus de 30 % }	Terrain tenace, immobile, continu.

Quatrième division.

Moins de 70 % } de sable. Plus de 30 — } Moins de 30 % de carbonate de chaux.	Terrain tenace, mobile, continu.

Cinquième division.

Moins de 30 % de sable.	Craies, marnes et argiles.

En excluant la 5e division, qui, comme les terrains qui contiennent plus de 70 % de pierres, est généralement en dehors des sols arables proprement dits, il ne reste que 4 divisions.

1re *division*. — Sols sablonneux, terres légères, et, à la limite, terres franches quand il y a de 70 à 80 % de sable.

2e *division*. — Terres calcaires.

3e *division*. — Sols argilo-calcaires, terres marneuses, terres fortes calcaires ;

4e *division*. — Sols argileux, terres fortes siliceuses, terres argilo-siliceuses.

M. de Gasparin ne considère pas cette classification comme la seule qu'on puisse proposer ; c'est ainsi qu'on trouvera à la fin de son ouvrage des considérations importantes sur les autres classifications qui peuvent être adoptées. Nous y renvoyons le lecteur.

PROPRIÉTÉS ABSORBANTES DES TERRES ARABLES.

C'est en 1848 que l'agronome anglais Huxtable, ayant fait filtrer du purin sur de la terre arable, reconnut que le liquide filtré avait perdu toute odeur. Ce premier résultat fut étendu par les travaux de M. Way, puis par ceux de M. Brüstlein. Il en résulte qu'une dissolution d'ammoniaque étendue, par un contact plus ou moins prolongé avec la terre arable, perd toujours une partie de l'alcali dissous, mais que l'absorption n'est jamais complète. Lorsque, au lieu de mettre en contact avec les terres en expérience de l'ammoniaque caustique ou du carbonate d'ammoniaque, on y introduit un sel ammoniacal, on trouve encore que la quantité d'alcali contenue dans la liqueur filtrée a diminué, mais l'acide s'y retrouve combiné à la chaux. Toutefois, si on commence par laver la terre arable avec une dissolution faible d'acide chlorhydrique, qui lui enlève tout le carbonate de chaux qu'elle renferme, puis qu'on y fasse filtrer un sel ammoniacal, on reconnaît que l'alcali n'est plus absorbé. Comme d'autre part l'expérience enseigne que l'humus s'empare très-aisément de l'ammoniaque caustique ou du carbonate d'ammoniaque, M. Brüstlein [*Ann. de Chim. et de Phys.* (3), t. LVI, p. 497] a pensé que l'absorption de l'alcali combiné à un acide comprenait deux réactions successives : 1° décomposition du sel ammoniacal par le carbonate de chaux ; 2° absorption par l'humus du carbonate d'ammoniaque formé. Cette interprétation a été vérifiée par des expériences synthétiques, dans lesquelles on a rendu à une terre qui avait perdu toute puissance d'absorption pour l'alcali du chlorhydrate d'ammoniaque, par la soustraction du carbonate de chaux, ses propriétés primitives en lui incorporant une certaine quantité de carbonate de chaux très-divisé, au moyen d'une dissolution de ce sel dans l'acide carbonique. Ce n'est pas seulement l'ammoniaque qui est ainsi absorbée par la terre arable ; Liebig, puis M. Voelcker (*The Journal of the agric. societ. of. Engl.*, 1865, t. I, p. 319), ont reconnu que la potasse était aussi retenue, et beaucoup plus facilement que la soude. Dans mes recherches sur le plâtrage des terres arables (Voy. ce mot), j'ai fait voir que les carbonates étaient beaucoup mieux retenus que les sulfates. Enfin M. Voelcker a reconnu que l'acide phosphorique soluble des superphosphates était très-facilement amené à l'état insoluble dans la terre arable. Cette curieuse propriété que possède la terre arable d'enlever certains principes à leur dissolution est probablement un cas particulier des phénomènes attribués par M. Chevreul à l'*affinité capillaire*.

Il est remarquable que plusieurs des principes les plus utiles aux végétaux, susceptibles d'être ainsi retenus dans le sol, n'y circulent qu'en dissolutions très-étendues ; l'ammoniaque, la potasse, l'acide phosphorique, sont facilement absorbés par les sols qui ne sont pas absolument dépourvus d'humus, mais il n'en est plus de même pour les nitrates, qui filtrent aux travers de la terre arable sans que la concentration de la dissolution soit sensiblement modifiée.

L'analyse des eaux de drainage confirme complétement les données précédentes : si on y rencontre souvent des nitrates, on n'y trouve que rarement de la potasse, de l'acide phosphorique ou de l'ammoniaque. C'est ce qui apparaît avec une grande netteté dans les nombreuses analyses des eaux d'égout employées en Angleterre aux irrigations : on reconnaît que ces eaux, chargées d'ammoniaque quand elles arrivent à la surface du sol, ne renferment plus que des nitrates quand elles ont traversé la couche arable pour arriver jusqu'aux drains. [Voyez mon *Cours de Chimie agricole*. Voyez aussi Ronna, *Égouts et irrigations*.]

Au lieu de rechercher la composition des eaux qui ont traversé la terre arable, M. Schlœsing a voulu déterminer la composition des eaux qui y circulent ; à l'aide d'un procédé de déplacement ingénieux, il est arrivé à obtenir l'eau qui imprégnait un certain nombre de terres de composition variable. Les résultats de ces analyses (*Comptes rendus*, 1870, t. LXX, p. 98) confirment les faits précédents : les eaux extraites de la terre arable renferment des proportions sensibles d'acide azotique, de chlore, de chaux, de magnésie, de soude ; mais elles sont très-pauvres en ammoniaque, en potasse et en acide phosphorique.

On doit à MM. Lawes et Gilbert une série d'essais conduits par une toute autre méthode que les précédents, méthode qui présente au

(1) Le mot *sable* indique un caractère physique ; ce sable peut être calcaire ou siliceux.

point de vue agricole un très-grand intérêt. (Expériences sur la culture de l'orge continuée pendant vingt ans de suite sur le même sol. [*The Journal of the Royal agric. Soc. of Engl.*, vol. IX, 1873]. La partie de ce mémoire que je résume ici a été traduite dans le tome I des *Annales agronomiques*, p. 16.)

Les laborieux agronomes de Rothamsted ont voulu déterminer quelle est la fraction de l'azote de l'engrais qui concourt à l'accroissement de la récolte à laquelle il est appliqué ; cette fraction étant connue, ils ont voulu savoir encore ce qu'est devenue la partie non utilisée, non recouvrée dans la récolte : est-elle fixée dans le sol, à un état où elle pourra profiter aux récoltes suivantes ? ou bien a-t-elle été entraînée au dehors par les eaux de drainage ?

Le procédé de recherche a été le suivant : Deux parcelles, choisies aussi identiques que possible, reçoivent pendant six ans des quantités égales d'engrais minéraux, mais l'une d'elles est fumée avec une quantité de sel ammoniacal double de celle que reçoit l'autre ; puis, au moment où commence l'expérience, elles sont soumises l'une et l'autre au même régime. La fumure double n'a fourni pendant sa durée de six ans qu'un excès de récolte de 3 hectolitres de grain à l'hectare (47 au lieu de 44 obtenus sur la parcelle qui a reçu la fumure modérée). Il est clair qu'une très-faible fraction du sel ammoniacal donnée en surplus a exercé une action favorable. Qu'est devenue la fraction non utilisée ? est-elle irrévocablement perdue, ou au contraire en reste-t-il dans le sol une quantité notable, qui va exercer une action manifeste sur les récoltes suivantes ? Pour le reconnaître, on continue pendant dix ans à peser les récoltes des deux parcelles soumises, ainsi qu'il a été dit depuis le commencement de l'expérience, à la même fumure ; or il se trouve que, pendant ces dix ans, la parcelle qui a reçu avant l'expérience, la fumure double, donne chaque année un excès de récolte d'un hectolitre et demi environ. Ainsi une partie de l'ammoniaque non utilisée immédiatement a été fixée dans le sol, l'a enrichi, et son action reste sensible pendant plusieurs années.

La même expérience fut répétée en substituant au sel ammoniacal employé dans le premier essai du nitrate de soude, et l'on trouve encore que, pendant les cinq années de préparation, la parcelle qui avait reçu 600 kilogr. de nitrate de soude donna en moyenne 45^{h},9, tandis que celle qui n'avait été fumée qu'avec 300 kilogr. de nitrate, n'en fournit que 40^{h},5. Pendant les treize années suivantes, les deux parcelles reçurent l'une et l'autre 300 kilogr. de nitrate, mais le rendement de celle qui avait reçu la fumure double se trouve être en moyenne de 2^{h},7 supérieur à celle qui, pendant toute la durée des expériences, n'avait reçu que 300 hectolitres.

Ce résultat est digne de remarque : il montre que, contrairement à ce qui a lieu dans les expériences de laboratoire exécutées rapidement, les nitrates sont susceptibles de se fixer dans la terre arable lorsqu'ils peuvent y séjourner pendant un temps assez long, probablement parce qu'ils y sont réduits par les matières ulmiques qui y abondent et qu'ils forment avec elles quelques-uns de ces composés azoto-carbonés étudiés par M. P. Thénard.

Les engrais solubles employés dans les expériences sur l'orge, distribués au printemps, se sont conservés partiellement dans le sol ; mais il n'en est plus de même quand on emploie ces mêmes sels à fertiliser les parcelles destinées à porter du blé d'hiver ; dans ce cas, les engrais sont distribués à l'automne, et la déperdition est beaucoup plus grande. Ainsi MM. Lawes et Gilbert ont reconnu, à l'aide d'expériences disposées comme les précédentes, qu'un excès de fumure donné à l'automne n'exerçait plus d'actions sensibles deux ans après qu'on avait cessé de le distribuer.

Au reste, les analyses exécutées par MM. Voelcker et Frankland, non-seulement sur les terres des champs d'expériences de Rothamsted, mais aussi sur les eaux de drainage, ont conduit aux résultats suivants :

Les analyses des terres prises jusqu'à une profondeur de 0^{m},75 démontrent qu'une quantité considérable de l'azote non recouvré dans l'augmentation des récoltes s'y est accumulée ; mais cette quantité est loin de représenter la totalité de l'azote non utilisé par les végétaux.

Les eaux de drainage recueillies à la sortie du champ d'expérience accusent une proportion considérable de nitrates ; cette proportion augmente en raison de la quantité de sels ammoniacaux appliqués comme engrais. Quand l'engrais est répandu à l'automne, les eaux de drainage sont beaucoup plus chargées pendant l'hiver que plus tard au printemps et en été.

L'analyse montre encore que les eaux de drainage recueillies pendant l'hiver qui suit l'épandage des sels ammoniacaux, renferment de 20 à 30 grammes, et quelquefois beaucoup plus d'azote, sous forme de nitrates et de nitrites par mètre cube ; cette perte est encore plus forte quand l'engrais employé est formé de nitrates.

Ces faits, tirés de la pratique agricole, sont importants à connaître, car ils montrent que la propriété qu'a la terre arable de retenir les principes des engrais ne suffit pas à empêcher la déperdition par les eaux de drainage, et que cette perte augmente en raison de l'abondance même des engrais solubles répandus.

ANALYSE CHIMIQUE DE LA TERRE ARABLE.

Nous avons indiqué plus haut comment s'exécute l'analyse physique de la terre arable ; il nous reste à examiner d'abord dans ce chapitre les modes de dosage à l'aide desquels on peut trouver les proportions d'azote, d'ammoniaque, d'acide azotique, de carbone combiné, d'acide phosphorique, de chaux et de potasse qui existent dans le sol ; ce sont là les seuls éléments dont la recherche présente un véritable intérêt.

Dosage de l'azote. — Dans les laboratoires de chimie agricole, on exécute toujours le dosage de l'azote à l'aide de la chaux sodée, par le procédé de MM. Will et Varentrapp, heureusement modifié par M. Peligot. Ce procédé a été décrit à l'article Analyse, et nous n'y reviendrons pas.

Il ne serait inexact qu'au cas où la terre renfermerait des proportions notables de nitrates, ce qui est extrêmement rare. Dans ce cas, en effet, une fraction inconnue des nitrates se métamorphosant sous l'influence des matières organiques en ammoniaque, on obtiendrait un nombre trop fort pour l'azote des matières organiques ; et il conviendrait de débarrasser par un lavage rapide à l'eau bouillante les 15 ou 20 grammes de terre destinés au dosage, des nitrates qu'ils renferment ; on ferait ensuite le dosage à l'aide de la chaux sodée.

Ammoniaque toute formée. — La plus grande partie de l'azote contenu dans la terre arable s'y trouve à l'état de combinaison insoluble ; il est donc intéressant de distinguer cet azote non actuellement assimilable par les végétaux, de la petite quantité d'ammoniaque toute formée qui peut y être contenue. M. Boussingault emploie pour faire ce dosage une base faible, la magnésie calcinée qui décompose très-bien les sels ammoniacaux, mais n'exerce aucune action sur les matières azotées complexes (*Agron. chim., agricole*, t. III, p. 206). M. Boussingault prélève sur la terre à analyser un échantillon de 100 grammes environ, qu'il place dans un ballon de 1 litre, avec de la magnésie et 300 centimètres cubes d'eau distillée, exempte d'ammoniaque. Pour des recherches de cette nature, on doit préparer de l'eau distillée exempte d'ammoniaque, en distillant de l'eau distillée ordinaire et en rejetant le premier tiers du liquide passé.) On distille et l'on recueille environ le tiers du liquide employé dans un vase renfermant un peu d'acide sulfurique étendu; en même temps que de l'ammoniaque, il passe de l'acide carbonique, qui rend le titrage difficile: aussi M. Boussingault verse-t-il le liquide obtenu dans cette première distillation, dans un second appareil tout semblable au premier, mais dans lequel on introduit une certaine quantité de potasse qui s'empare de l'acide carbonique et déplace l'ammoniaque; on la recueille dans 10^{cc} d'acide titré au 10e, et on neutralise avec une dissolution de potasse étendue (voyez l'art. AMMONIAQUE). Quelques chimistes, au lieu de procéder à deux distillations, recueillent directement l'ammoniaque sortant du ballon, où elle a été déplacée par la magnésie, dans l'acide sulfurique titré, et font bouillir le liquide pour chasser l'acide carbonique avant de procéder à la neutralisation; ils évitent ainsi la seconde distillation

Nitrates. — Le dosage de l'acide nitrique contenu dans la terre arable a été indiqué à l'article ACIDE AZOTIQUE, et nous n'avons pas à y revenir. (Voyez aussi Boussingault, *Agron.*, t. II, p. 244, et pour différents autres procédés, *Ann. de Chim. et de Phys.*, t. XL, p. 479, et t. XLVI.)

Dosage de l'acide phosphorique contenu dans la terre arable. — Ce dosage, qui était considéré autrefois comme extr mement laborieux, est devenu aujourd'hui beaucoup plus aisé, grâce aux travaux de M. P. de Gasparin et de M. Joulie.

Si la terre est une alluvion ordinaire, le dosage doit être fait sur un échantillon aussi homogène que possible, de 20 grammes. Si l'on opère sur une terre de jardin ou sur une terre d'origine volcanique, 10 grammes suffisent. On arrose la matière avec une petite quantité d'acide nitrique pur, on évapore à sec dans le but de détruire les matières organiques; le fer passant au maximum, la terre devient habituellement d'un beau rouge. On reprend par de l'acide azotique étendu et on *fait digérer pendant quelque temps pour ramener l'acide phosphorique à la variété tribasique.* On filtre la liqueur, puis on évapore de façon à amener le liquide à un volume d'une vingtaine de centimètres cubes; on ajoute alors 20 centimètres cubes du réactif indiqué sous le nom de nitromolybdate d'ammoniaque par M. de Gasparin; l'acide phosphorique est précipité à l'état de phosphomolybdate d'ammoniaque; on filtre après 24 heures; on redissout le précipité sur le filtre par un peu d'ammoniaque: on ajoute alors dans la liqueur du chlorure de magnésium ammoniacal qui détermine la formation de phosphate ammoniaco-magnésien. M. de Gasparin le recueille et le pèse. A Grignon [*Ann. agronom.*, t. I, p. 30], nous terminons le dosage par le procédé indiqué par M. Joulie, c'est-à-dire que l'on prend le filtre, qui est placé dans une capsule et arrosé de quelques gouttes d'acide nitrique; on ajoute alors 100 centimètres cubes d'eau et on chauffe jusqu'à l'ébullition; on verse dans le liquide 10 centimètres cubes d'acétate de soude au dixième, de façon à remplacer l'acide nitrique libre par de l'acide acétique, et l'on ajoute goutte à goutte une dissolution titrée à l'avance, d'acétate d'urane; l'acide phosphorique est précipité à l'état de phosphate d'urane. On est averti de la fin de l'opération par la coloration rouge que prend une goutte du liquide lorsqu'on la met en contact avec une des gouttes de ferrocyanure de potassium qu'on a déposé, à l'aide d'un agitateur, sur une assiette de porcelaine enduite d'une légère couche de matière grasse qui a pour effet d'empêcher les gouttes de ferrocyanure de se réunir. La quantité d'acétate d'urane que l'on a dû ajouter est proportionnelle à la quantité d'acide phosphorique en dissolution.

M. Maquenne a soumis ce procédé à des épreuves synthétiques sérieuses qui ont montré qu'il fournissait des résultats d'une très-grande précision; il est exclusivement aujourd'hui employé dans les laboratoires d'analyse.

Toutefois il y a quelques cas particuliers à considérer. Quand la terre est très-riche en matières organiques, il convient de n'ajouter l'acide azotique que par petites portions et d'évaporer chaque fois à sec; sans cela la terre fuse à la fin de l'évaporation et on peut perdre l'analyse. Quand la terre est très-calcaire, il se forme pendant la calcination à sec du silicate de chaux qui, par le traitement ultérieur, donne de la silice gélatineuse; une semblable liqueur est impossible à filtrer; il convient, dans ce cas, d'ajouter, après la première calcination, une petite quantité d'acide sulfurique qui s'empare de toute la chaux pour former du plâtre; on calcine de nouveau pour chasser l'excès d'acide: le reste du dosage s'exécute comme il a été dit plus haut. Il est très-important de se rappeler que l'acide phosphorique tribasique seul est bien précipité par le réactif molybdique et que toute calcination doit être suivie d'une digestion de plusieurs heures avec de l'eau aiguisée d'acide azotique.

Dosage de la potasse. — La terre arable renferme la potasse à différents états; elle peut être engagée encore en combinaison avec l'acide silicique et l'alumine dans les roches feldspathiques, mais alors son action est nulle pour la végétation, et ce n'est qu'après des siècles et sous l'influence longtemps prolongée des agents atmosphériques qu'elle peut être dissoute; nous ne nous occuperons pas de la potasse à cet état, on trouvera son mode de dosage aux articles VERRE, etc.

Au contraire, la potasse, tout en étant encore insoluble dans l'eau, se trouve à un état tel qu'elle cède facilement à l'influence des agents atmosphériques, et son influence sur la végétation peut être sensible. M. de Gasparin (*Détermination des terres arables dans le laboratoire*) procède à son dosage comme il suit: On attaque 10 grammes de terre placés dans une capsule, en y versant de l'acide chlorhydrique étendu jusqu'à ce qu'il n'y ait plus d'effervescence, puis on ajoute un mélange de 10 centimètres cubes d'acide azotique et 30 centimètres cubes d'acide chlorhydrique, et on évapore doucement au bain-marie. On reprend par de l'eau aiguisée d'acide chlorhydrique toute la partie attaquable, qu'on sépare par filtration de la partie insoluble.

La liqueur renfermant, à l'état de chlorure, le fer, l'alumine, la chaux, la magnésie, la potasse et la soude, est précipitée par l'ammoniaque; le précipité est recueilli sur un filtre, redissous et précipité de nouveau; les eaux de lavage de ces deux filtres sont réunies au liquide ammoniacal qui ne renferme plus que la chaux, la magnésie, la potasse et la soude. On sépare la chaux à l'aide de l'oxalate d'ammoniaque, et le liquide filtré qui renferme la potasse, la soude et quelquefois un peu de magnésie et de silice, est évaporé, puis traité par de l'eau aiguisée d'acide sulfurique et évaporé au bain de sable presque à sec. Le produit introduit dans un creuset de platine est calciné tant qu'il se dégage des vapeurs, puis repris par l'eau bouillante qui laisse la silice à l'état insoluble; on filtre, on ajoute de l'eau de baryte bien pure pour séparer l'acide sulfurique et la magnésie; un courant d'acide carbonique précipite l'excès de baryte, mais les dernières traces ne sont éliminées que par l'ébullition; on filtre une dernière fois, et le liquide, qui ne renferme plus que les alcalis, potasse et soude, est aiguisé d'acide chlorhydrique, rapproché et enfin traité par le chlorure de platine qui donne la potasse à l'état de chloroplatinate, insoluble dans l'alcool faible.

Il peut être intéressant parfois de déterminer en outre la quantité de potasse directement soluble dans l'eau froide.

Pour y réussir, on opère au moins sur 100 gr. de terre sèche qu'on introduit dans un flacon bouché à l'émeri avec un litre d'eau, on agite à différentes reprises pendant une journée; on filtre après 24 heures sans laver le filtre et on mesure le liquide obtenu. On suppose que le liquide resté sur le filtre a la même composition que celui qui est filtré, de telle sorte que, si l'on ne recueille, par exemple, que 900 centimètres cubes d'eau au lieu d'un litre, on augmentera le nombre trouvé d'un dixième pour compenser la perte due aux 100 centimètres cubes restés dans la terre.

La liqueur évaporée à moitié est additionnée d'eau de baryte qui précipite toutes les bases, à l'exception des alcalis, et élimine du même coup l'acide sulfurique. On filtre, on fait passer un courant d'acide carbonique pour précipiter la baryte restée en dissolution; on porte à l'ébullition de façon à décomposer le bicarbonate de baryte et à volatiliser les traces d'ammoniaque libre que l'eau a pu dissoudre dans la terre et l'on filtre de nouveau. On ajoute alors quelques gouttes d'acide chlorhydrique et l'on continue la dessiccation dans une capsule de platine. On calcine le résidu pour détruire les matières organiques entraînées, on le reprend par de l'eau aiguisée d'acide chlorhydrique et l'on ajoute à la liqueur du chlorure de platine. On évapore le précipité au bain-marie à siccité; on le fait tomber sur un filtre avec une fiole à jet renfermant de l'alcool et on lave encore à l'alcool jusqu'à ce qu'il n'y ait plus de réaction acide. On dessèche à 110° et l'on pèse le chloroplatinate obtenu.

CONSTITUTION CHIMIQUE DE LA TERRE ARABLE.

De l'azote contenu dans la terre arable. — Les terres arables renferment des proportions sensibles d'azote combiné, mais très-variables d'une terre à une autre; tandis que le terreau des maraîchers contient 10 grammes d'azote combiné, par kilogramme, on rencontre souvent des terres qui n'en accusent que 0gr,5 et moins encore.

L'origine de cet azote combiné soulève une question qui doit être étudiée avec soin.

Les nombreuses expériences de M. Boussingault, celles plus récentes de MM. Lawes, Gilbert et Pugh qui les ont confirmées, ont fait voir que l'azote atmosphérique n'était pas absorbé directement par les feuilles des végétaux; comme d'autre part il est démontré que les forêts, les prairies hautes des montagnes qui ne sont jamais fumées, que les terres arables même, exportent plus d'azote par les récoltes qu'elles n'en reçoivent par les fumures, il faut bien reconnaître que l'azote atmosphérique doit intervenir pour combler le déficit qu'accuse la comparaison entre l'azote apporté par les engrais et celui qui est exporté par les récoltes.

Tout récemment, M. Thénard a fait remarquer que le sol du clos Vougeot, qui est cultivé en vignes depuis près d'un millier d'années, est loin de recevoir par la fumure la quantité d'azote qu'enlèvent tous les ans la récolte du raisin et la coupe des sarments. Enfin on doit à M. Truchot une étude très-intéressante des terres d'Auvergne, dans lesquelles il a dosé comparativement le carbone et l'azote des matières organiques; il a reconnu que des terres qui ne sont jamais fumées et qui sont seulement pacagées par les vaches, terres qui perdent par conséquent tous les ans toute la quantité d'azote contenue dans le lait des vaches qui y séjournent pendant la belle saison, renfermait enfin 9 grammes d'azote combiné par kilog.; cette quantité correspondait à 118 grammes de carbone combiné, tandis que l'une des terres bien fumées de la plaine contenait seulement 1gr,9 d'azote combiné et 18 grammes de carbone. Les nombreuses analyses de M. Truchot (*Annales agronomiques*, t. I, p. 535), établissent donc que « la proportion d'azote contenue dans les sols est en rapport divers avec la quantité de carbone des composés ulmiques de ces mêmes sols, et qu'il y a lieu de penser, avec M. Dehérain, que l'azote atmosphérique se fixe sur ces composés carbonés avant de concourir à la nutrition des plantes ».

On tire encore un puissant argument en faveur de cette manière de voir en calculant la quantité d'azote contenue dans un cube de terre qui n'a jamais reçu par les fumures qu'une quantité d'azote inférieure à celle qu'elle a donnée par les engrais. Ainsi, la terre des vingt-six arpents du domaine de Grignon présente une profondeur qui dépasse 1m,50 avant qu'on arrive au sous-sol, un hectare de cette terre ou 10,000 mètres présente donc au moins une masse de 10,000 mètres cubes en prenant seulement une épaisseur de 1 mètre. Chacun de ces mètres cubes pèse environ 1 tonne 5; cette terre renferme à peu près 1gr,5 d'azote combiné par kilogr.; il y a donc dans 1500 kilogr. de terre 2kil,25 d'azote, et dans les 10,000 mètres cubes 22,500 kilogr. d'azote combiné. Or une tonne de fumier renferme 5 kilogr. d'azote; il faut donc que cette terre ait reçu $\frac{22500}{5}$ = 4,500 tonnes de fumier pour qu'elle ait pu acquérir la quantité d'azote que l'analyse y décèle; on distribue à ce sol, tous les cinq ans, 50 tonnes de fumier ou 10 tonnes tous les ans; elle renferme donc tout l'azote qu'on lui a fourni depuis 450 ans, en admettant que la fumure ait toujours été aussi intense qu'elle l'est aujourd'hui, et comme autrefois on fumait beaucoup moins que maintenant, on peut affirmer que cette terre renferme intégralement tout l'azote contenu dans le fumier qu'elle a reçu depuis plus de 500 ans, et cela tout en fournissant chaque année une récolte abondante renfermant au moins la quantité d'azote qui existait dans la fumure.

Ces calculs démontrent clairement que la quantité considérable d'azote combiné, contenue dans les terres arables, ne provient pas du résidu des fumures antérieures, mais bien du réservoir inépuisable qui entoure le globe : de l'atmosphère.

M. Schlœsing a proposé dans ces derniers temps une théorie ingénieuse qui repose d'abord sur une très-jolie expérience dans laquelle il reconnait que de l'ammoniaque gazeuse contenue dans l'air peut être saisie par les feuilles des plantes et métamorphosée en principes immédiats azotés. Il est clair, d'après cette expérience préliminaire, que s'il existe dans l'air une quantité sensible d'ammoniaque, on pourra comprendre que cette ammoniaque soit absorbée comme l'acide carbonique par les feuilles des végétaux, et l'on conçoit dès lors comment les récoltes peuvent renfermer plus d'azote que les engrais sans que la terre qui les a portées soit épuisée.

A l'aide d'appareils très-ingénieux, M. Schlœsing, reprenant les expériences déjà faites nombre de fois par MM. Liebig, Fresenius, G. Ville, Isidore Pierre, etc., constate dans l'air la présence de petites quantités d'ammoniaque, dont il trouve l'origine dans l'eau de la mer.

Cette ammoniaque proviendrait de la série des réactions suivantes : l'étincelle électrique des orages donne, comme on le sait depuis longtemps, de petites quantités d'acide azotique en traversant notre atmosphère; cet acide azotique entraîné par l'eau de la pluie tombe directement dans la mer, où il est rejoint par celui qui y est entraîné par tous les cours d'eau. Là il éprouve, par suite d'une action réductrice dont M. Schlœsing n'a pas encore donné le mécanisme, une réduction qui l'amènerait à l'état d'ammoniaque; enfin cette ammoniaque, s'exhalant de l'eau de mer, se répandrait dans l'atmosphère, où elle serait absorbée par les feuilles des arbres ou des plantes herbacées.

Cette manière de voir, que nous esquissons rapidement et qu'on trouvera exposée dans les *Comptes rendus* de 1874, 1875 et 1876, soulève plusieurs objections graves. D'abord l'eau de mer renferme-t-elle de l'ammoniaque à un état tel qu'elle puisse se volatiliser? C'est ce qui ne paraît pas avoir lieu d'après les recherches récentes de M. Audoynaud [*Compt. rend.*, t. LXXXI, p. 619. *Ann. agronom.*, t. I, p. 397]. Ce chimiste a recueilli l'eau de la Méditerranée et l'a soumise à l'ébullition avec ou sans alcali. Or il n'a pu en tirer de l'ammoniaque qu'autant qu'il a ajouté de la magnésie pour décomposer les combinaisons fixes dans lesquelles elle était engagée. Il est à remarquer toutefois que l'eau de mer conservée pendant plusieurs jours dans une atmosphère confinée dégage de l'ammoniaque, due sans doute à la décomposition des matières organiques qu'elle renferme, de telle sorte que l'expérience utilisée récemment par M. Schlœsing pour lever l'objection qui se présentait naturellement à l'esprit, à savoir l'ammoniaque dosée dans l'eau de la mer y est-elle retenue à l'état fixe, n'est pas démonstrative, puisqu'on ignore depuis combien de temps était conservée l'eau sur laquelle il a opéré.

En outre, si M. Schlœsing a reconnu que des plantes exposées à l'action de vapeurs ammoniacales se saisissaient de cet alcali pour constituer des principes immédiats azotés, il n'a pas fait voir que les plantes exposées à l'air libre trouvent dans l'air une quantité suffisante de cet alcali pour augmenter leur teneur en azote. Cette démonstration directe serait d'autant plus importante à donner que, dans les nombreuses expériences qu'il a exécutées pour reconnaître si les plantes prenaient directement de l'azote dans l'air, M. Boussingault a très-souvent opéré avec des plantes placées à l'air libre : elles étaient seulement protégées contre la pluie. Or la quantité d'azote qu'elles renfermaient à la fin de leur croissance était habituellement égale à celle qui était contenue dans la semence et dans l'engrais; elle n'a dépassé la somme de ces deux quantités que très-rarement, et quand il y a eu gain, celui-ci a été fait plutôt par le sol que par la plante; ce gain aurait dû se manifester habituellement si l'hypothèse de M. Schlœsing était exacte, c'est-à-dire si la quantité d'ammoniaque contenue dans l'air était suffisante pour avoir une influence quelconque sur le développement des végétaux.

Enfin un savant allemand, M. A. Mayer, qui a étudié cette question il y a déjà plusieurs années et à qui on doit nombre d'expériences intéressantes résumées dans un article de M. Grandeau [*Journ. d'agril. prat.*, 1875, t. I, p. 549], arrive à cette conclusion : « L'absorption d'ammoniaque par les feuilles est possible théoriquement; mais, vu la parcimonie avec laquelle les sources atmosphériques l'offrent aux plantes, ce phénomène n'a pas une importance pratique considérable. Les papilionacées ne semblent pas jusqu'ici offrir des différences bien grandes sous ce rapport avec les autres familles végétales. » Il faut donc bien reconnaître que la manière de voir de M. Schlœsing reste jusqu'à présent à l'état d'hypothèse non démontrée.

J'ai proposé, il y a déjà plusieurs années, une manière de voir tout à fait différente de celle à laquelle s'est arrêté M. Schlœsing.

J'ai reconnu que certaines matières organiques carbonées, maintenues pendant plusieurs jours au contact d'alcalis et d'une certaine quantité d'air ou même d'azote pur, ont la propriété d'absorber, de fixer une quantité plus ou moins forte de ce gaz. Ce serait donc d'après moi dans le sol lui-même que se ferait la fixation de l'azote par suite d'une réaction dont le mécanisme n'est pas encore bien connu.

Depuis que j'ai publié ce travail qui est inséré in extenso dans les *Annales des sciences naturelles, Botanique*, t. XVIII, 1873), on lui a fait diverses objections, et d'autre part plusieurs observations sont venues justifier ma manière de vo[ir].

M. Simon, directeur de la station agronomique de Gand, est arrivé à fixer directement l'azote de l'air sur l'humus (voyez *Ann. agronom*, t. I, p. 212.) M. Bretschneider, en exposant de l'ulmine artificielle à l'action de l'air, a reconnu qu'elle s'était enrichie en azote. M. Armsby a fixé dans une expérience où il avait employé 15 grammes d'un mélange de viande desséchée et de fumier mêlé à de la potasse, 0gr,075 d'azote quand il a opéré dans l'air, et quand le mélange précédent a été exposé à l'action de l'azote pur, il a fixé 0gr,087 d'azote (*Annales agronomiques*, t. II, p. 141).

M. Pilcque, en exposant des écumes de défécation à l'action de l'azote pur, les a vu s'enrichir en composés azotés.

D'autre part, M. Boussingault, ayant laissé de la terre dans une atmosphère confinée pendant plusieurs années, n'a pu trouver dans cette terre, à la fin de son expérience, plus d'azote combiné, qu'au commencement; l'azote des matières organiques avait été partiellement transformé en nitrates, mais la quantité d'azote combiné n'avait pas augmenté, elle avait au contraire légèrement diminué; c'est ce qu'on observe souvent quand les matières organiques azotées sont soumises à des actions oxydantes puissantes; elles dégagent de l'azote libre, le fait a été observé successivement par MM. Reiset, Lawes, Gilbert et Pugh, par moi-même et tout récemment par M. Armsby. M. Schlœsing, de son côté, a fait une expérience analogue dans des atmosphères renfermant des quantités d'azote décroissantes, et il n'a pas été plus heureux que M. Boussingault : il n'a pas pu observer la moindre fixation d'azote.

Enfin, M. Schlœsing, en mélangeant du terreau ou des hydrates de carbone avec des alcalis, n'a pas obtenu non plus la fixation de l'azote, de telle sorte que la question restait indécise avant les remarquables travaux de M. Berthelot.

En soumettant à l'action des effluves électriques de l'air atmosphérique ou de l'azote, M. Berthelot a réussi à le faire entrer en combinaison avec des hydrates de carbone variés, et notamment avec de la dextrine et même avec du papier; après l'opération ces deux substances ont dégagé des quantités notables d'ammoniaque quand elles ont été chauffées au rouge avec de la chaux sodée.

Les premières expériences de M. Berthelot ont été faites à l'aide de puissantes bobines, et on pouvait dès lors les considérer comme n'étant pas applicables à la question que nous étudions ici, puisqu'on ne pouvait supposer habituellement dans l'atmosphère des effluves aussi énergiques que celles qu'il mettait en jeu ; mais dans une communication plus récente, M. Berthelot a montré que la fixation de l'azote se faisait encore sous l'influence de l'électricité atmosphérique, et dès lors disparait l'objection qui se présentait naturellement à l'esprit.

Ainsi l'azote atmosphérique soumis aux décharges électriques silencieuses qui semblent traverser notre atmosphère d'une façon en quelque sorte continue, acquiert la propriété de s'unir aux matières carbonées, aux matières ulmiques, qui deviennent, ainsi que je le pensais, l'intermédiaire entre l'azote atmosphérique et les végétaux.

En résumé, les travaux accumulés depuis vingt-cinq ans sur cette question ont amené tous les chimistes agronomes à reconnaître que l'excès d'azote que présente les récoltes sur les fumures est déterminé par un gain que fait directement la terre arable, gain dont les matières carbonées paraissent être l'intermédiaire nécessaire.

De l'état dans lequel se trouve l'azote contenu dans la terre arable. — C'est à Liebig qu'on doit la découverte des quantités considérables d'azote combiné que renferme la terre arable; on sait aussi que cette découverte importante le conduisit à cette idée erronée, que la quantité d'azote contenue dans les engrais ne représente en aucune façon leur valeur, mais que celle-ci est déterminée seulement par leur teneur en engrais minéraux.

Cette manière de voir, connue dans la science sous le nom de *théorie minérale,* fut combattue avec un plein succès par les agronomes anglais MM. Lawes et Gilbert (j'ai donné dans trois articles insérés dans la *Revue des cours scientifiques,* en 1874-1875, le résumé de leurs expériences). L'erreur de Liebig reposait sur l'ignorance où il se trouvait de l'état dans lequel se trouve l'azote de la terre arable. Il y est généralement à l'état insoluble; en dosant l'azote total, l'azote à l'état d'ammoniaque et celui qui se rencontre à l'état d'acide azotique, M. Boussingault a fait voir que l'azote engagé dans une combinaison soluble n'est qu'une faible fraction de l'azote total et que par suite les petites quantités de composés azotés assimilables, introduites sous forme d'engrais, étaient loin d'être négligeables.

Le tableau suivant, emprunté à M. Boussingault, donnera une idée des quantités d'azote total, des quantités d'ammoniaque correspondant à cet azote total, et en regard de la quantité réelle d'ammoniaque et d'acide azotique contenus dans la terre d'un hectare, en supposant à tous ces sols une épaisseur constante de $0^{m},350$ et un poids de 1400 kilogr. pour le mètre cube de terre.

PROVENANCES des terres.	AZOTE total.	AMMONIAQUE calculée en supposant que tout l'azote se trouve à l'état d'ammoniaque.	AMMONIAQUE calculée d'après l'ammoniaque dosée.	NITRATES exprimés en nitrate de potasse.
	kilogr.	kilogr.	kilogr.	kilogr.
Bischwiller	14,755	17,917	100	7,630
Liebfrauenberg	12,970	15,806	100	875
Bechelbronn	6,985	8,482	45	75
Herbages d'Argentan	25,650	31,146	300	230
Rio Madeira	7,140	8,670	450	20
Rio Trombetto	5,955	7,231	183	5
Rio Negro	3,440	4,177	100	5
Sarracca	9,100	11,050	210	»
Santarem	32,450	39,404	415	55
Caparí	34,250	41,589	2,875	»
Iles du Salut	27,170	32,421	400	3,215
Martinique	5,500	6,738	275	930

De l'acide phosphorique contenu dans la terre arable. — Les recherches récentes de M. de Gasparin, de M. Schlœsing, de M. Truchot, ont montré que la terre arable renferme habituellement des quantités sensibles d'acide phosphorique. Les terres les plus riches sont les terres volcaniques; on y trouve de 6 grammes d'acide phosphorique par kilogr. (Gasparin), à 4 grammes, 3 grammes et même seulement 1, et 2 (Truchot). Les terres les plus pauvres sont les terres granitiques ; dans vingt-trois analyses qu'il en a faites, M. Truchot n'arrive jamais à y découvrir 1 gramme par kilogr., mais seulement $0^{gr},9$ et très-souvent des nombres plus faibles. *Ann. agron.,* t. I, p. 535.

D'après M. Schlœsing, il existerait en moyenne dans la terre arable $1^{gr},7$ d'acide phosphorique par kilogramme, soit 6 à 7 tonnes par hectare, en admettant une épaisseur de 25 centimètres pour la couche arable, et un poids de $1^{kil},5$ par litre de terre. D'après M. P. de Gasparin, les sables granitiques d'Annonay renfermeraient 21,000 kilogrammes par hectare dans la couche arable; dans les alluvions de la Durance, on calcule 16 tonnes par hectare, 20 tonnes dans le diluvium du littoral méditerranéen, et 5 tonnes seulement dans les argiles marneuses de la vallée de l'Arve (Haute-Savoie et Suisse).

M. P. de Gasparin considère la proportion d'acide phosphorique contenue dans une terre comme donnant une mesure de sa fertilité, et il admet qu'on puisse classer les terres arables en terre riches, très-riches, moyennement riches ou pauvres, suivant que l'analyse y décèle 2 millièmes de 1 à 2, de 1/2 à 1, ou enfin moins de 1/2 millième d'acide phosphorique.

De même que l'azote se rencontre habituellement dans la terre arable à l'état insoluble dans l'eau, et par suite non immédiatement assimilable par les plantes, de même l'acide phosphorique existe dans le sol à l'état de phosphate de fer et d'alumine, c'est-à-dire complétement insoluble dans les acides faibles. Cette importante observation est due à M. P. Thénard. J'ai eu occasion d'en reconnaître l'exactitude en examinant une terre qui avait reçu une forte fumure de noir animal, une année avant d'être soumise à mon examen; je ne pus en extraire aucune trace d'acide phosphorique à l'aide de l'acide acétique, mais au contraire l'acide chlorhydrique, qui dissout les phosphates de sesquioxydes, en enleva des quantités sensibles.

M. Voelcker a reconnu que l'acide phosphorique soluble, contenu dans les phosphates traités par l'acide sulfurique qui sont d'un usage constant dans la grande culture, devient promptement insoluble dans l'eau pure; ces phosphates sont toutefois facilement attaquables par les carbonates alcalins ou par le carbonate de chaux, et cette transformation qui ramène l'acide phosphorique à une forme où il peut être assimilé par les plantes, est certainement une des utilités du chaulage (voyez ce mot).

De la potasse contenue dans la terre arable. — La potasse se rencontre habituellement en quantité suffisante dans la terre arable pour qu'il n'y ait pas grand avantage à en ajouter : au moins jusqu'à présent, les efforts qui ont été faits par nos salines du Midi et par les industriels qui exploitent les mines de Stassfurt pour faire pénétrer les engrais alcalins dans la grande culture, n'ont pas été couronnés de succès.

La potasse est particulièrement abondante dans les sols granitiques, auxquels au contraire la chaux et l'acide phosphorique font habituellement défaut, de telle sorte que si la quantité d'acide phosphorique contenue dans le sol indique, dans une certaine mesure, le degré de fertilité de la terre qui l'a fourni, le dosage de la potasse ne donne aucune indication de ce genre.

Les plantes trouvent donc habituellement dans le sol une quantité de potasse suffisante; elles ont même une tendance particulière à s'en emparer, en laissant au contraire la soude qui s'y rencontre également. En arrosant des pommes de terre croissant en pleine terre avec des sels variés de soude, l'auteur de cet article a pu reconnaître que les plantes s'étaient seulement emparées de la potasse; il était impossible de trouver de la soude dans les cendres des tubercules. En arrosant diverses plantes semées dans de grands pots à fleurs avec du sel marin, on les a fait périr assez rapidement; mais on a reconnu avec étonnement que si les cendres renfermaient des quantités notables de chlorure de potassium, on n'y trouvait que des traces de chlorure de sodium. Ces expériences n'ont fait au reste que confirmer les observations de M. Peligot, qui a étudié avec beaucoup de soin la répartition de la potasse et de la soude dans les végétaux (voyez *Ann. de chimie et de physique*, 4 et 5).

De la chaux contenue dans la terre arable. — Les terres d'alluvion, les terres volcaniques renferment habituellement des quantités de chaux suffisantes pour que le chaulage n'y serve qu'à modifier l'état dans lequel se trouvent les composés azotés et les phosphates; dans les terres granitiques, au contraire, le calcaire fait souvent défaut, et les chaulages exercent une action des plus marquées, (voyez dans les *Annales agronomiques,* t. I, p. 538, la composition d'un grand nombre de sols granitiques). Les terres granitiques trouvent au reste souvent dans les eaux qui circulent dans le sous-sol la quantité de chaux nécessaire au développement des végétaux, chaux dont le rôle a été précisé récemment par M. Boehm.

Si la présence d'une certaine quantité de chaux est utile à la végétation, s'il est même beaucoup de plantes qui se plaisent dans les terrains calcaires ou qui vivent indifféremment dans un sol riche ou pauvre en carbonate de chaux, il est au contraire certaines espèces qui vivent très-mal dans les terrains calcaires. MM. Fliche et Grandeau ont signalé récemment [*Ann. de Chim. et de Phys*, 4, t. XXIX, p. 383] le faible développement qu'acquiert le pin maritime semé dans les sols calcaires.

De l'atmosphère confinée dans la terre arable. — MM. Boussingault et Lewy ont étudié, il y a plusieurs années, la composition de l'air confiné dans la terre arable: ils y ont trouvé des quantités notables d'acide carbonique qui augmentait en raison de l'abondance de la fumure; le volume de l'oxygène, ajouté à celui de l'acide carbonique, était souvent légèrement en défaut sur celui qu'il présente dans l'air normal, une petite quantité d'oxygène étant prise par les composés minéraux non arrivés au maximum d'oxydation qui existent dans le sol ou par les matières organiques pour former des produits fixes.

DE LA STÉRILITÉ ET DE LA FERTILITÉ DES TERRES ARABLES.

La puissance de production d'un sol est liée non-seulement à sa composition, dont nous avons particulièrement à nous occuper ici, mais encore au climat sous lequel il est placé, à la facilité plus ou moins grande avec laquelle il se laisse pénétrer par l'eau.

L'influence du climat est non-seulement déterminée par la quantité de chaleur solaire que le sol reçoit pendant qu'il est couvert de végétaux, mais aussi par le degré de lumière qui accompagne cette chaleur; nous avons vu dans plusieurs articles insérés dans ce *Dictionnaire* (voyez notamment Assimilation et Feuilles) que plusieurs fonctions importantes de la vie végétale sont en relation directe avec la lumière, et on conçoit qu'il faille tenir compte dans les conditions atmosphériques de l'intensité lumineuse, dont on n'a malheureusement aucune mesure exacte [A. de Humboldt, *Cosmos*, tr. de Faye, t. I, p. 387].

La nature des cultures auxquelles un sol est propre est souvent déterminée par la facilité plus ou moins grande que présente l'eau à le traverser; tandis que dans les terrains très-perméables les prairies n'existent que dans les vallées où arrivent les sources résultant du drainage des plateaux voisins, dans les terrains imperméables les prairies remontent des coteaux jusque sur les plateaux [voyez l'ouvrage de M. Belgrand, *la Seine*]; les cultures des céréales, au contraire, ne réussissent dans les terrains peu perméables, qu'autant que par le drainage on a réussi à enlever l'excédant d'humidité; enfin, quand on veut établir des prairies sur les terrains perméables, on n'y peut réussir que par un apport artificiel d'une certaine quantité d'eau, par l'irrigation.

M. Hervé-Mangon, qui a fait des irrigations une étude approfondie, remarque qu'elles sont conduites très-différemment dans le nord et dans le midi de la France; dans le nord-est, dans les Vosges, l'irrigation est très-abondante, et elle fournit une partie importante de la fumure nécessaire aux végétaux. Il a calculé qu'une prairie de Saint-Dié avait reçu en une année plus de 1,500,000 mètres cubes d'eau, et, en calculant la quantité d'azote contenue dans l'eau d'entrée et dans l'eau de sortie, le savant ingénieur arrive aux résultats suivants :

Azote donné par l'eau d'irrigation..	206k,545
Azote de la récolte................	70 861
Différence en plus.....	135 684

Ainsi, l'eau seule fournit tout l'azote de la récolte et enrichit même la prairie. Il n'en est plus ainsi dans le Midi, où la quantité d'eau employée est infiniment plus faible; elle est d'environ 30,000 mètres cubes par hectare et par an pour une prairie, et atteint 73,000 mètres cubes par an pour un hectare planté en légumes.

Dans ces deux cas, au reste, l'azote de la récolte surpasse de beaucoup l'azote de la fumure et celui apporté par l'eau d'irrigation. L'excès est de $39^k,019$ pour le foin récolté sur la prairie et de 270 kilogrammes pour les légumes produits par la culture maraîchère. On voit que dans le Midi le rôle de l'irrigation est tout différent de celui qu'elle remplit dans le Nord-Est, et que si dans les Vosges elle augmente la richesse du sol, dans Vaucluse elle a surtout pour but de fournir aux plantes la masse d'eau qu'elles doivent évaporer sous l'influence de la lumière éclatante à laquelle elles sont constamment soumises. (Voyez un travail important publié récemment par M. Barral : *Les irrigations dans les Bouches-du-Rhône*, Imprimerie nationale, 1876.)

De l'influence de la composition physique du sol sur sa fertilité. — Le sable et l'argile, qui par leur mélange constituent le sol arable, présentent non-seulement des propriétés différentes, mais en quelque sorte opposées. De leurs mélanges en proportions convenables résultent les conditions de perméabilité et de consistance, de résistance à la sécheresse, de facilité de travail, qui assurent la réussite de toutes les cultures. Mais si au contraire l'un de ces éléments domine, la terre perd de ses qualités, devient de moins en moins fertile à mesure que la proportion de l'un des constituants s'exagère ; l'argile pure pas plus que le sable ne peuvent être cultivés avantageusement. Le calcaire se rencontre parfois aussi dans les terres arables avec une abondance extraordinaire, et si son mélange à la terre est utile quand il ne dépasse pas certaines proportions, sa prédominance devient aussi fâcheuse que celle du sable ou de l'argile ; il n'est même pas jusqu'à l'humus, qui contribue si puissamment à la fertilité quand il est en proportions convenables, qui ne devienne une source de stérilité lorsque sa proportion s'exagère.

Les terres suivantes, dont nous empruntons les analyses à un excellent travail de M. Vœlcker, peuvent être considérées comme absolument stériles à cause de la prédominance exclusive de l'un des éléments précédents [*Some causes of unproductiveness of soils*, in *the Journ. of the Roy. Agricult. Society of England*, (2), 1865, t. 1].

Composition de sols stériles (tourbeux, calcaires, argileux et sablonneux).

	N° 1. Sol calcaire.	N° 2. Sol sablonneux.	N° 3. Sol argileux.	N° 4. Sol tourbeux.
Humidité	»	2,65	»	»
Matières organiques et eau combinée	»	4,56	7,94	49,07
Oxyde de fer et alumine	0,780	5,93	10,95	10,88
Carbonate de chaux	78,807	0,39	0,86	2,29
Magnésie	0,825	»	0,26	0,75
Potasse et soude	traces.	0,28	0,39	0,90
Acide phosphorique	0,242	»	0,10	0,06
Acide sulfurique	1,346	»	0,30	1,04
Sable	16,000	86,19	»	»
Argile fine	6,090	»	79,20	35,01
	100,000	100,00	100,00	100,00

Si l'on compare les nombres inscrits dans ce tableau à ceux que nous donnons plus haut, on reconnaîtra que les proportions de chaux, de sable, d'argile ou d'humus sont ici énormes : ainsi le terreau des maraîchers, qui peut être considéré comme une terre saturée de matières organiques, ne renferme guère plus de 20 % d'humus, tandis qu'on en compte près de 50 % dans la terre n° 4.

Les terres précédentes sont considérées par M. Vœlcker comme stériles, et il les donne avec raison comme exemples de mauvais sols sous le climat de la Grande-Bretagne ; mais il faudrait se garder de généraliser les faits précédents, et de conclure à priori que tous les sols qui présentent une constitution analogue sont forcément stériles.

En effet, M. Boussingault cite comme un sol d'une fertilité exceptionnelle le terreau naturel qu'il a désigné, dans ses analyses, comme terre du *rio Cupari*, et qui a été prise sur les bords de cette rivière, à son point de jonction avec le rio Tapajo. Ce terreau forme un banc de 1 à 2 mètres d'épaisseur, résultant de la superposition de strates alternatives de sable et de feuilles souvent bien conservées, tellement qu'à l'analyse physique il présente la constitution suivante :

Sable	60
Débris de feuilles	40
	100

Ces réserves étant posées, il faut reconnaître que très-habituellement des terres exclusivement siliceuses, argileuses, calcaires ou tourbeuses, sont stériles, et l'on doit se demander s'il existe des procédés pour les améliorer.

Des procédés propres à modifier la constitution physique du sol arable. — Quand une terre est très-argileuse, on ne peut réussir à y ajouter une quantité de sable convenable pour changer ses propriétés physiques. En effet, le sable ne reste pas en suspension dans l'eau, il tombe bientôt au fond des ruisseaux qui l'ont entraîné ; son transport par les liquides est impossible : il faudrait donc pour modifier la constitution physique d'un sol trop argileux procéder par des charrois, ce qui serait d'un prix hors de toute proportion avec les avantages à en recueillir. Il n'en est plus ainsi quand il s'agit de modifier un sol trop sablonneux à l'aide d'un dépôt d'argile, car l'argile, facilement entraînée par un courant d'eau un peu rapide, ne tarde pas à s'arrêter et à se déposer aussitôt que l'eau elle-même cesse d'être en mouvement.

M. Hervé-Mangon a étudié depuis plusieurs années les limons charriés par les cours d'eau, et nous devons rappeler ici quelques-uns des résultats auxquels il est arrivé et montrer toute l'importance que pourrait acquérir leur utilisation.

Les limons entraînés par les fleuves présentent habituellement une composition analogue à celle des terres de très-bonne qualité. Ainsi « la Durance transporte annuellement 17 723 231 tonnes de matières solides formées de 9 529 368 tonnes d'argile, de 7 033 714 tonnes de carbonate de chaux, de 14 166 tonnes d'azote, de 98 201 tonnes carbone et de 1 047 271 tonnes d'eau combinée ou matières diverses, le tout réuni dans les conditions les plus favorables à la constitution des terres arables les plus fertiles.

« Une seule rivière entraîne donc par an plus de 14 000 tonnes d'azote à l'état de combinaison la plus convenable au développement de nos plantes cultivées, alors que l'agriculture achète au dehors, au prix des plus grands sacrifices, d'autres matières azotées, et que l'importation du guano, qui fournit à peine cette quantité d'azote chaque année à l'agriculture française, lui coûte une trentaine de millions de francs. »

Un dixième environ des limons de la Durance est utilisé ; les eaux du canal de Carpentras, alimenté par la Durance, sont employées dans quelques localités pour l'irrigation. M. Hervé-Mangon a calculé que la quantité de limon déposée formait sur les terres arrosées une épaisseur variant de $0^{mm},6$ à 2 millimètres par an ; parfois l'exhaussement est beaucoup plus considérable : on cite dans le Vaucluse des prairies dont le sol s'exhausse, dit-on, de 1 centimètre par an.

Les troubles des autres fleuves et rivières de France sont encore plus délaissés que ceux de la Durance. « Ainsi la Vienne, d'après les résultats obtenus le 22 octobre 1859, avec des hauteurs de 2m,90 à 3m,60 à l'échelle de Châtellerault, entraînait assez de limon pour colmater 100 hectares par jour sur une épaisseur d'un centimètre et demi environ, et jetait à la mer, dans ces conditions, 102 102 kilogrammes d'azote, 818 196 kilogrammes de carbone. A la cote de 0m,83 à 0m,95, cette rivière pourrait encore limoner 40 hectares par jour sur une épaisseur d'un millimètre, et elle leur apporterait 5059 kilogrammes d'azote et 45 929 kilogrammes de carbone.

« Pour la Loire à Tours, les chiffres sont bien plus élevés. Ainsi, du 8 au 4 janvier 1860, pour des hauteurs de 2m,10 à 2m,65, le volume du limon entraîné était de 26 423 mètres cubes par 24 heures, c'est-à-dire suffisant pour colmater 100 hectares sur une épaisseur de près de 3 centimètres. Du 18 au 26 janvier 1863, avec des eaux peu chargées et des hauteurs de 2 mètres à 2m,10 seulement au-dessus de l'étiage, le volume du limon perdu par 24 heures était encore de 2736 mètres cubes, représentant sur 100 hectares de superficie une couche de près de 3 millimètres d'épaisseur de matières fertilisantes contenant 24 088 kilogrammes d'azote et 217 231 kilogrammes de carbone... Ces troubles ne sont utilisés nulle part et se perdent dans la profondeur des mers, à l'exception du faible volume qui vient se déposer dans la baie de Noirmoutier, et former le sol des polders que l'on endigue peu à peu sur la côte. »

Malgré ses efforts, M. Hervé-Mangon n'a pu encore faire entreprendre les travaux nécessaires pour utiliser les limons charriés par nos cours d'eau; mais il importe de signaler la fertilité exceptionnelle des sols formés par les terres meubles entraînées des pentes dans les vallées, pour que le cultivateur, dans la mesure de ses moyens, les utilise s'il reçoit des eaux torrentueuses, ou s'efforce de s'opposer à leur déperdition, s'il cultive des pentes dont l'eau descende avec rapidité.

INFLUENCE DE L'ÉPAISSEUR DE LA COUCHE ARABLE. — Si le cultivateur est souvent dans des conditions telles qu'il lui est impossible de modifier la constitution physique de sa terre par l'apport des limons fluviaux, il a très-habituellement entre les mains un procédé puissant d'augmenter la fertilité de son domaine au moyen des labours profonds.

La profondeur de la couche dans laquelle les plantes peuvent enfoncer leurs racines a, en effet, l'influence la plus marquée sur la fertilité, et les études que nous avons poursuivies sur la terre arable en fournissent de remarquables exemples.

D'après les règles posées plus haut, la composition suivante paraît s'appliquer à une terre d'excellente qualité :

Analyse physique.

Sable	20,20
Calcaire	31,00
Argile	40,96
Eau	7,84
	100,00

Cependant cette analyse est celle de la terre de *la Défonce*, du domaine de Grignon, et c'est à coup sûr la plus mauvaise terre de la propriété; elle n'a été cultivée qu'à grands renforts d'engrais par M. A. Bella, et il n'est pas certain que l'opération ait jamais été avantageuse. J'y ai vu souvent manquer les récoltes, et notamment en 1866 une culture de blé a dû être retournée, et un essai de culture d'œillette qui lui a succédé manqua absolument. Si la terre de *la Défonce* est particulièrement mauvaise, si la terre de *la Carrière*, et en général les terres qui forment les deux versants qui s'inclinent vers l'étang de Grignon ne valent guère mieux, il faut surtout en chercher la cause dans leur faible épaisseur : on trouve la roche calcaire aussitôt qu'on attaque le sol un peu profondément.

Analyses des terres de Russie et de la terre de la Brie. — J'ai donné, il y a plusieurs années déjà, un exemple frappant de l'influence de la profondeur des terres arables dans un travail dont je crois devoir reproduire ici les principaux éléments [*Bull. de la Soc. chim.*, 1862, p. 8]. J'ai analysé deux échantillons des terres noires de Russie dont la fertilité est prodigieuse, et qui paraissent être dues à des dépôts lacustres émergés au-dessus des eaux par suite d'un plissement dans l'écorce du globe; et, pour établir la comparaison, j'ai eu l'idée d'analyser en même temps une terre de la Brie prise dans un champ épuisé par la culture et qui devait être bientôt fumé.

On a trouvé dans un kilogramme de terre sèche :

Désignation des matières dosées.	Terre noire de Russie (tchornoïzem). N° 1.	Terre noire de Russie (tchornoïzem). N° 2.	Terre de la Brie, Chapelles-Bourbon, près de Tournan (S.-et-Marne).
	gr.	gr.	gr.
Sable	496	202	205
Argile	504	798	795
	1,000	1,000	1,000

Mon attention s'est ensuite portée sur le dosage exact des principales matières utiles aux plantes qu'elles renfermaient.

Analyse d'un kilogramme de terres sèches

Désignation des matières dosées.	Terre noire de Russie (tchornoïzem). N° 1.	Terre noire de Russie (tchornoïzem). N° 2.	Terre de la Brie, Chapelles-Bourbon, près de Tournan (S.-et-Marne).
	gr.	gr.	gr.
Azote des matières organiques	0,524	2,009	0,888
Carbone des matières organiques	»	22,999	7,208
Acide phosphorique	0,570	1,545	0,900
Chaux	5,273	7,153	4,374
Magnésie	3,823	8,403	5,038
Oxyde de fer	»	19,100	5,038
Silice soluble	0,400	3,840	17,300

Ces analyses montrent qu'une des terres de Russie est singulièrement plus riche en azote, en carbone combiné et en acide phosphorique que la terre de la Brie, mais que l'autre est au contraire plus pauvre. Enfin, si l'on compare la composition de la terre de Russie n° 2 à celle des nombreuses terres dont nous avons déjà donné l'analyse et à celle de la terre de la Brie qui, sans fumure, ne donnerait plus bientôt que des récoltes très-chétives, tandis que les terres noires de Russie sont capables de fournir pendant une longue suite d'années des récoltes de céréales sans recevoir aucun engrais, on reconnaît que l'analyse chimique d'une terre ne donne que des indications insuffisantes sur sa fertilité, et il est manifeste que, pour apprécier la richesse d'une terre arable, il ne suffit pas de doser les principes utiles que renferme un kilogramme, il faut encore savoir dans combien de kilogrammes semblables les racines des plantes peuvent puiser; en d'autres termes, il faut se préoccuper de l'épaisseur de la couche arable. Essayons donc, en tenant compte de ce nouvel élément, de nous rendre compte de la fertilité des terres de Russie.

On ne peut attribuer à la terre des Chapelles qu'une épaisseur moyenne de 30 centimètres, au-dessous desquels on trouve le sous-sol d'argile. Murchison, qui a particulièrement étudié les terres noires (voy. *Annales des mines*, 1844), affirme au contraire que les terres noires de Russie ont parfois de 5 à 6 mètres de profondeur ; il est vrai que Hermann, de son côté, ne leur attribue qu'une profondeur de 50 centimètres à 1 mètre, bien qu'il ajoute que dans quelques endroits elle soit plus considérable. Il est vraisemblable qu'il en doive être ainsi : si cette terre est un dépôt lacustre, sa profondeur varie naturellement avec le relief du terrain sur lequel elle s'est déposée.

Des épaisseurs considérables ne sont pas très-rares dans la terre arable; nous avons constaté que la pièce des 26 arpents du domaine de Grignon présente une épaisseur de 90 centimètres à 1 mètre, en haut du champ, mais que, si l'on descend vers le bas, cette épaisseur augmente, et que près de l'étang, à 1m,80, on ne trouve pas encore le sous-sol. La composition de la terre à toutes les profondeurs n'est pas la même, mais cependant elle ne diffère pas autant qu'on pourrait le supposer. Ainsi, dans les analyses faites à Grignon de la terre de la pièce des 26 arpents, en différents points, et notamment près de l'étang, on a trouvé par kilogramme (*Compt. rend.*, 1868, t. LXVI, p. 494; *Bull. de la Soc. chim.*, 1868, t. X, p. 91), pour l'azote combiné :

A la surface.........	2gr,040 et 2gr,020
A 0m,80.............	1 600
A 0m,90.............	1 500
A 1 mètre...........	1 060
A 1m,60.............	1 090

M. Is. Pierre avait établi, depuis longtemps déjà, la richesse en azote des couches profondes du sol (*Ann. de chim. et de phys.*, 1860, t. LIX, p. 63); il avait trouvé dans la plaine de Caen en azote par kilogramme :

		gr.
1re couche de la surface à 25 cent. de profondeur.		1,732
2e couche, de 25 à 50 cent.	—	1,008
3e couche, de 50 à 75 cent.	—	0,765
4e couche, de 75 cent. à 1 mètre.	—	0,837

Cette richesse va en diminuant. Si donc nous calculons la composition d'un hectare arable de Russie ou de la Brie en nous appuyant sur la composition de la terre de la surface, il est clair que nous faisons une erreur, et que les chiffres que nous donnons sont un peu forts (1); mais il ne sont pas cependant assez grossis par la différence de composition des diverses couches, pour que le calcul ne soit encore très-instructif

(1) M. Grandeau a donné dans le *Journal d'agriculture pratique* (1872, t. I, p. 471) la composition de quelques échantillons des terres noires de Russie, qu'il a comparée, comme je l'ai fait en 1862, à la composition d'une terre de France d'une fertilité médiocre. Les échantillons de M. Grandeau ont été pris avec soin, et ils représentent les diverses couches depuis la surface jusqu'à 3 mètres; or, contrairement à ce qui semblait devoir être indiqué particulièrement, à partir de 1m,80 la richesse *en azote* de la terre n'est plus indiquée; au moins cet élément est marqué par un trait dans l'analyse de M. Grandeau, de telle sorte qu'on ignore s'il a été dosé et si l'on n'a rien trouvé, ou si le dosage n'a pas été fait. C'est cette dernière interprétation qui paraît exacte, car, pour les autres éléments, les diverses couches ne diffèrent que médiocrement. J'ai donc cru pouvoir conserver les considérations suivantes, qui, ainsi que je l'ai dit dans le travail de 1862, donnent sans doute des nombres trop forts.

Composition d'un hectare de diverses terres.

	Terre noire de Russie (tchornoïzem). N° 1.	Terre noire de Russie (tchornoïzem). N° 2.	Terre de la Brie, Chapelles-Bourbon, près de Tournan (S.-et-Marne).
Densité............	1,266	1,186	1,300
Profondeur.........	3m	3m	0,3
Poids de la terre arable d'un hectare..	37 980 000k	35 580 000k	3 900 000k

Poids des matières dosées que renferme un hectare.

	Terre noire de Russie (tchornoïzem). kil.	Terre noire de Russie (tchornoïzem). kil.	Terre de la Brie Chapelles-Bourbon, près de Tournan (S.-et-Marne).
Azote..............	19,901	71,480	3,521
Carbone des matières organiques.......	»	818,304	28,778
Acide phosphorique.	21,648	50,559	3,541
Chaux..............	189,912	237,312	19,722
Magnésie...........	145,297	25,012	22,713

On trouve une sorte de confirmation des nombres précédents dans les analyses données par Liebig relativement aux quantités d'azote trouvées dans la terre noire de Russie. D'après ce savant, elle renfermerait par hectare :

Au minimum....	26k,709 d'ammoniaque (1)
Au maximum....	52 224 —

Ces nombres ne diffèrent que médiocrement des nôtres, bien que les échantillons analysés soient certainement différents; d'autre part, M. Boussingault attribue à quelques-unes des terres françaises qu'il a analysées une profondeur de 0m,355, et il trouve alors pour l'azote d'un hectare :

Terre de Bischwiller................	14,735
Terre du Liebfrauenberg............	12,970
Terre de Bechelbronn...............	6,985
Herbage d'Argentan.................	25,050

nombres qui, bien que supérieurs à ceux que nous avons trouvés pour la terre de la Brie, sont bien éloignés de ceux de la terre de Russie n° 2. La différence de fertilité, de puissance à porter des récoltes, est donc due surtout ici à l'épaisseur variable des terres analysées (2).

Deux terres d'inégale fertilité diffèrent plus par leur épaisseur que par leur composition. — Nous avons vu, dans les chapitres précédents, que la plus grande partie des principes contenus dans la terre arable s'y trouvent à l'état insoluble; ce n'est que lentement que la matière

(1) Il est bien entendu qu'il faut comprendre azote des matières organiques calculé sous forme d'ammoniaque, et non d'ammoniaque toute formée.

(2) Certains faits connus des cultivateurs montrent de la façon la plus nette l'influence considérable de l'épaisseur de la couche arable.

Dans la discussion qui suivit la présentation du mémoire que nous venons de résumer, à la Société chimique en 1862, un de nos collègues, M. Laveisse, rappela le fait suivant : Un propriétaire avait acheté des terres dans les Landes, où la terre arable n'a qu'une très-faible épaisseur et repose sur une couche très-dure, très-dense d'*alios*; il n'obtenait que des récoltes peu rémunératrices, quand il eut l'idée d'enlever toute la couche arable de la moitié de l'un de ses champs pour la remettre sur la seconde moitié; la terre arable avait doublé d'épaisseur, et dès lors la culture fut possible et fructueuse. Il reste, bien entendu, à savoir cependant si la plus-value des récoltes a pu couvrir les frais considérables de main-d'œuvre et de transport qu'a nécessités l'opération.

azotée se transforme en acide azotique et en ammoniaque, et nous nous rappelons que M. Boussingault a montré qu'une graine semée dans un sol renferment 130 grammes d'une terre fertile mêlée à du sable y avait vécu comme dans un sol absolument stérile, bien qu'il y eût dans ces 130 grammes de terre une quantité d'azote suffisante pour subvenir à ses besoins, si cet azote eût été engagé dans une combinaison soluble. Des plantes de la même espèce végétaient au reste vigoureusement dans une plate-bande du potager d'où la terre avait été extraite ; mais, dans ce second cas, la plante avait à sa disposition une masse de terre infiniment plus considérable que dans le creuset-pot de l'expérience précédente, et ses racines pouvaient s'étendre librement et aller glaner de toutes parts la petite quantité d'azote actuellement assimilable répandue dans la terre arable.

Il y a entre une terre profonde et un sol d'une faible épaisseur exactement le même rapport qu'entre le creuset-pot et la plate-bande dans l'expérience de M. Boussingault. Le sol, bien que présentant toujours la même composition ou de faibles différences, comme la terre de Russie n° 1 et la terre des Chapelles, peut être cependant très-différemment fertile ; car, dans un cas, les plantes peuvent envoyer leurs racines dans un très-grand espace, tandis qu'il est très-limité dans le second. Or les nombres suivants, dus à M. Boussingault, montrent que les plantes dans la culture ordinaire ont à leur disposition une masse de terre assez considérable, qui est de 29 kilogrammes pour un haricot nain, de 86 kilogrammes pour une pomme de terre, de 215 kilogrammes pour un pied de tabac, et enfin de 1 334 kilogrammes environ pour un pied de houblon.

En résumé, les exemples précédents suffisent pour établir que deux terres inégalement fertiles diffèrent souvent plus par leur épaisseur que par leur composition ; d'où il faut conclure qu'il sera très-habituellement avantageux au cultivateur d'attaquer le sous-sol avec de puissantes charrues, de façon à le faire pénétrer dans le sol lui-même, dont l'épaisseur s'accroîtra ainsi peu à peu. Une des causes auxquelles il faut surtout attribuer l'augmentation de rendement des cultures depuis vingt ans est certainement l'emploi de plus en plus fréquent d'instruments perfectionnés qui entament la terre plus profondément que les charrues anciennes. Il faut remarquer toutefois que cet accroissement dans l'épaisseur de la couche arable doit être accompagné d'une augmentation proportionnelle dans la quantité d'engrais employée. On avait observé depuis longtemps que les terres argileuses sont longues à mettre en valeur, et que des fumures abondantes n'y produisent pas d'abord tout l'effet qu'on semblait devoir en attendre : cette remarque judicieuse se trouve expliquée aujourd'hui par la découverte des propriétés absorbantes des terres arables (voyez plus haut) ; et l'on conçoit que si l'on mélange à un sol déjà enrichi par des fumures répétées un sous-sol encore pauvre, celui-ci pourra retenir à son profit les principes solubles que le sol primitif aurait abandonnés à l'eau qui y circule, et par suite aux plantes qui y enfoncent leurs racines, et qu'ainsi la quantité d'aliments disponibles se trouvera diminuée.

Ces inconvénients sont faciles à éviter, et l'on reconnaîtra que dans nos contrées septentrionales il y a habituellement grand avantage à augmenter l'épaisseur de la couche arable par des labours profonds, quand on dispose d'une masse d'engrais notable et qu'on a le loisir et le moyen de multiplier les façons.

Nous venons de résumer les connaissances que nous possédons aujourd'hui sur les causes de fertilité des terres arables : il est malheureusement évident que nombre de ces causes nous échappent encore, et qu'il nous est impossible de formuler d'une façon précise pourquoi telle terre est capable de fournir d'abondantes moissons sans fumure pendant de longues années, tandis que telle autre cessera de produire aussitôt que l'engrais lui fera défaut.

Laissons donc ce sujet après l'avoir poussé jusqu'à la limite de nos connaissances actuelles, et occupons-nous maintenant des causes de la stérilité.

Des sols stérilisés par la présence des matières nuisibles aux végétaux. — Une terre présentant une bonne constitution physique, suffisamment humide, drainée et irriguée, placée sous un climat favorable, peut être impropre à la culture, si elle renferme des matières solubles capables de nuire à la végétation.

Les oxydes de fer non arrivés au maximum d'oxydation exercent souvent une action fâcheuse ; probablement en dépouillant l'atmosphère du sol de l'oxygène nécessaire à la germination. On sait que dans le haut Boulonnais où les minières sont abondantes, il ne faut attaquer le sous-sol qu'avec beaucoup de ménagement, sous peine d'appauvrir les terres pendant plusieurs années. Ce ne sont pas cependant les composés oxygénés du fer qui sont les plus funestes à la culture ; la pyrite de fer blanche, qui s'oxyde facilement à l'air en se transformant en sulfate, est infiniment plus dangereuse. On reconnaît la présence dans la terre arable du sulfate de fer, ou vitriol vert, d'abord à la réaction acide que présentent les eaux de lavage, et ensuite au précipité vert, devenant bientôt rougeâtre, qu'y fait apparaître l'ammoniaque caustique.

Influence du sulfate de fer. — Un sol qui renferme 5 pour 1 000 de sulfate de fer est déjà très-difficile à cultiver ; quand la proportion atteint ou dépasse 1 %, le sol est absolument stérile.

On doit à M. Vœlcker, qui a étudié avec beaucoup de soin les causes de stérilité des terres arables, quelques analyses de sols stérilisés par le sulfate de fer. Une de ses analyses porte sur un sol provenant des terrains conquis par le dessèchement du lac de Harlem.

Analyse d'un sol du lac de Harlem, en Hollande.

	Dessiccation à 110°.
Matière organique [1] et eau de combinaison	14,71
Oxyde de fer et alumine	9,27
Sulfate de protoxyde de fer	0,74
Sulfure de fer (pyrites)	0,71
Acide sulfurique formant du sulfate basique de fer	1,08
Sulfate de chaux	1,72
Magnésie	0,78
Acide phosphorique	0,27
Potasse	0,53
Soude	0,32
Argile	69,83
	100,00

(1) Contenant azote, 0,52.

Ce sol renferme en proportion notable tous les éléments minéraux qui entrent dans la composition des cendres des plantes, et il est particulièrement riche en acide phosphorique ; il renferme en outre une proportion considérable de matière organique capable de fournir par sa décomposition plus de 0,[illegible] % d'ammoniaque ; mais malheureusement il est imprégné de sulfate de fer qui neutralise toutes ces bonnes qualités et le rend improductif.

Une circonstance assez curieuse s'est produite dans son exploitation. Il a été pendant quelques années très-légèrement labouré à la surface avant les semailles, et il donnait des récoltes passables; plus tard il changea de main, et le nouveau propriétaire, mécontent du rendement, retourna le sol énergiquement : l'effet que produisit ce travail fut déplorable: la récolte manqua absolument. Une bonne fumure à l'aide du fumier de ferme ne changea rien à la stérilité, aucune plante ne put se développer. Un échantillon de cette terre ingrate fut alors adressé à M. Vœlcker, qui reconnut dans le sol une réaction acide due au sulfate de fer. Celui-ci avait été entraîné dans le sous-sol par l'eau de la pluie, et tant qu'on se borna à ameublir la surface, ainsi que l'avait fait le premier propriétaire, la culture fut possible; mais quand on ramena par des labours profonds les couches du sous-sol à l'air, on fit surgir aussi le sulfate de fer, dont l'acidité s'oppose à toute végétation.

Le remède était nettement indiqué : il fallait décomposer le sulfate de fer au moyen de la chaux; un chaulage énergique fut donc appliqué avec un plein succès.

M. Vœlcker cite encore, parmi les sols rendus stériles par la présence du sulfate de fer, les deux suivants dont il a donné l'analyse :

Composition d'une terre conquise sur la mer, sur la côte du Hampshire.

Eau	5,45
Matière organique et eau de combinaison	9,93
Oxyde de fer et alumine	7,18
Sulfate de fer	1,39
Sulfure de fer (pyrites)	0,78
Sulfate de chaux	0,34
Magnésie	0,51
Chlorure de sodium	0,04
Potasse et soude	0,83
Matière siliceuse insoluble	73,55
	100,00

Composition d'un sol sablonneux absolument stérile, dans le Bedfordshire.

	Séché à 100°.
Matière organique et eau de combinaison	4,27
Oxyde de fer et alumine	3,84
Acide phosphorique	0,09
Sulfate de chaux	0,85
Potasse et soude	0,96
Magnésie	0,85
Sulfate de fer	1,05
Sulfure de fer (pyrites)	0,56
Matière siliceuse insoluble (sable)	87,91
	100,00

Ce sol était tellement stérile, qu'il ne portait pas le moindre brin d'herbe. Sa couleur était d'un gris noirâtre, et il semblait riche en matière organique; mais en réalité cette teinte était due à du sulfure de fer très-divisé, et capable d'émettre, sous l'influence de l'acide carbonique de l'air et de l'humidité, de l'hydrogène sulfuré, dont l'action vénéneuse s'étend aussi bien aux végétaux qu'aux animaux.

Influence des nitrates et du sel marin. — Toutes les substances salines solubles dans l'eau exercent sur les plantes une action fâcheuse quand elles se rencontrent dans le sol en proportion un peu notable. Il importe toutefois de préciser cette proportion. M. Vœlcker estime qu'un sol qui renferme un centième de matière saline soluble est déjà peu fertile, et que celui qui présente quelques centièmes de sel commun, de nitrate de chaux, ou de chlorure de potassium, devient stérile; il en donne comme exemple l'analyse suivante :

Composition d'un sol imprégné de sel et de nitrates.

Humidité	10,86
Matière organique (1)	4,84
Oxyde de fer et alumine	11,28
Acide phosphorique	2,35
Carbonate de chaux	5,21
Nitrate de chaux	2,32
Chlorure de sodium	11,61
Chlorure de potassium	2,31
Matière siliceuse insoluble	49,22
	100,00

(1) Contenant azote, 0,24.

Il existe cependant quelques plantes qui sont susceptibles de vivre et même de prospérer dans des terrains extrêmement chargés de nitre; tel est notamment l'*Amarantus Blitum*, sur lequel M. Boutin a récemment appelé l'attention [*Compt. rend.*, t. LXXVI, p. 413]. La quantité de salpêtre que renferme cette plante sèche est très-considérable, et quand on allume l'extrémité d'un rameau sec, on le voit continuer à brûler en fusant comme s'il avait été trempé dans une dissolution de nitre. Quand la plante est un peu altérée et qu'on la met à dessécher à l'étuve, elle peut même occasionner des accidents en s'enflammant spontanément. On a émis l'idée que cette plante était capable de créer le salpêtre de toutes pièces dans ses tissus à l'aide des éléments de l'air et du carbonate de potasse prélevés dans le sol. Mais nous nous sommes assuré par un essai spécial que l'amarante ne renferme de salpêtre que lorsque le sol en est pourvu; en la semant ou même en la repiquant dans du sable pur, elle végète misérablement et ne renferme que des traces de salpêtre; il est certain cependant que cette plante, recueillie dans les endroits où elle se développe spontanément et enfouie en vert, pourra être considérée comme un excellent engrais. Parmi les plantes de grande culture, le maïs et la betterave paraissent être celles qui se chargent le plus facilement de salpêtre.

Le sel marin se rencontre parfois en proportions nuisibles dans les terres récemment conquises sur la mer ou submergées par elle de temps à autre.

Il est vrai que quelques plantes marines, telles que les *Salsola*, les *Atriplex*, les salicornes, les betteraves, et en général les chénopodées, les tamariscinées, peuvent supporter le sel [voy. Le Maout et Decaisne, *Traité de botanique*, p. 447 et 432]; mais les céréales, le trèfle et les autres plantes fourragères ne se développent que très-médiocrement dans un sol qui en est imprégné habituellement. En effet, quand bien même la quantité en est faible, la concentration s'opère par l'évaporation de l'eau pendant les sécheresses de l'été, le sel vient cristalliser à la surface, et les plantes meurent.

On a trouvé parfois des procédés ingénieux pour tirer parti de ces terres très-salées. C'est ainsi que, d'après Puvis, dans certains cantons du Morbihan, on sème à la fois du froment et du *Salsola* dans les terres très-salées. Si les pluies sont assez abondantes pour laver le sol et pour le dessaler suffisamment, le froment devient très-beau et la récolte de *Salsola* est presque nulle; dans le cas contraire, le froment reste chétif, mais le *Salsola* prend le dessus et donne une assez bonne récolte.

Une terre humide peut contenir jusqu'à 2 % de sel sans cesser d'être propre à la végétation; si la terre est sèche au contraire ou susceptible de le devenir, il suffit de la présence de 1 % de sel pour la rendre improductive.

Cette remarque a été utilisée dans la Camargue,

où il pleut assez rarement. Pour conserver l'humidité, on recouvre le sol, après la semaille, de roseaux tirés des fossés ou des étangs voisins; sans cette précaution le blé serait grillé avant d'avoir assez de force pour résister à l'action fâcheuse du sel. Grâce à cette pratique, les terres peuvent rapporter 12 à 13 fois la semence là où sans abri elles ne produiraient rien. Quand le sol se recouvre d'une croûte saline, il devient impropre à la végétation.

C'est ce qu'on observe particulièrement dans les départements riverains de la Méditerranée, où l'on désigne sous le nom de *salant* une légère croûte saline qui se présente sur des terres improductives, recouvertes d'une végétation rare et de nature maritime, et sur lesquelles la culture est impuissante ou donne des résultats misérables.

Le salant, qui, d'après M. E. P. Bérard [*Compt. rend.*, 1871, t. LXXIII, p. 1155], est surtout formé de sel marin, apparaît pendant les années de longue sécheresse sur des sols où l'on n'en soupçonnait pas l'existence, et qui jusqu'alors avaient été considérés comme fertiles. Il est curieux de voir souvent deux champs voisins présenter des proportions de sel très-différentes. M. Bérard a trouvé, dans le sol d'une de ces plaques salées qui se manifestent au milieu d'un champ fertile, et qui, presque dépourvues de végétation, tranchent brusquement au milieu d'une belle culture, pour 100 grammes de terre, $0^{gr},845$ de sel marin et $0^{gr},300$ de sulfate de magnésie. Le terrain immédiatement adjacent ne contenait que des dix-millièmes de sel.

Il paraît évident que le sel contenu primitivement dans les plaines basses situées le long de la mer, qui ont été autrefois inondées, peut remonter par capillarité pendant les sécheresses, surtout dans les points où le sol est particulièrement tassé, et empêcher toute végétation, avant que des pluies abondantes l'aient entraîné dans le sous-sol, où il séjourne jusqu'au moment où les chaleurs de l'été le ramènent à la surface. Quand les eaux, conduites par des drains ou des fossés hors du domaine, peuvent dissoudre le sel, cette cause accidentelle de stérilité disparaît, et après quelques années le sel est complétement éliminé. M. Peligot a fourni récemment la preuve de cette disparition du sel marin sous l'influence des eaux pluviales, dans une importante communication adressée à l'Académie des sciences pour compléter ses travaux sur la répartition de la potasse et de la soude dans les végétaux [*Compt. rend.*, 1871, t. LXXIII, p. 1072].

Dans la baie de Bourgneuf (Vendée), près de l'île de Noirmoutier, non loin de l'embouchure de la Loire, il existe des polders ou lais de mer dont la culture a été commencée il y a vingt ans par M. Hervé-Mangon, et continuée par M. Le Cler, ingénieur civil. Les polders ne sont séparés de la mer que par des digues de 4 à 5 mètres de hauteur. Avant leur endiguement, ils étaient couverts d'eau à chaque marée haute; une fois endigués, ils sont desséchés et dessalés par un système de drainage à ciel ouvert, formé d'un réseau de fossés avec pentes convenables pour l'écoulement des eaux pluviales, qui s'est montré remarquablement efficace. Pendant les premières années de mise en culture, les récoltes sont misérables; elles vont en s'améliorant au fur et à mesure du dessalage des terres.

En 1863, M. Hervé-Mangon analysa quelques-uns des sols de ces polders : il trouva pour l'un d'entre eux 1,76 de sel marin pour 100 de terre; aujourd'hui M. Peligot n'y trouve plus que $0^{gr},008$ de sel. Des terres endiguées en 1867 ne renferment plus en 1871 que $0^{gr},056$ de sel, beaucoup plus que les terres en culture depuis 1863; mais celles-ci, en revanche, sont plus pauvres que des terres éloignées des bords de la mer, qui, analysées par M. Peligot, ont accusé dans 100 grammes $0^{gr},024$ de sel marin.

« Les faits que j'ai observés, ajoute cet éminent chimiste, relativement à l'existence d'une petite quantité de sel marin dans les terrains des polders de la Vendée, s'accordent d'ailleurs parfaitement avec ceux qui sont consignés par M. Barral dans l'importante étude qu'il a faite des moëres du Nord, aux environs de Dunkerque et sur les confins de la Belgique; elles ne sont devenues bonnes qu'après que l'eau salée a été complétement enlevée par les moulins. Chaque fois que les moëres ont été inondées par des eaux salées, ainsi que cela est arrivé quatre fois en deux siècles, par des faits de guerre ou de mauvaise gestion, la mise en culture ne s'est rétablie qu'après un long intervalle, tandis que la végétation reprend immédiatement après les inondations par les eaux douces. Il y a là par conséquent une expérience séculaire faite sur une très-grande échelle, puisque les moëres françaises et belges ont une superficie de plus de 2278 hectares. »

Un agriculteur distingué, M. G. Gautier, a réussi récemment, dans le département de l'Aude, à métamorphoser des terres salées, stériles, en sols excellents, par la combinaison des labours profonds, du drainage et des arrosements. Pour pratiquer le dessalement, le sol ayant été drainé de 10 mètres en 10 mètres, à 1 mètre de profondeur, a été défoncé à 45 centimètres, puis recouvert d'une couche d'eau douce de 5 à 10 centimètres d'épaisseur sans cesse renouvelée.

Les eaux salées recueillies dans un collecteur étaient élevées par une machine à vapeur jusqu'à 1 mètre de haut et rejetées hors de la propriété. Le sol dessalé a été converti d'abord en luzernière, puis en vigne, qui, étant susceptible d'être inondée, se trouvait à l'abri du phylloxera.

Quand les terres salées se trouvent dans des conditions moins avantageuses que celles sur lesquelles a opéré M. Gautier, ce savant agriculteur recommande de cultiver des plantes qui s'accommodent du sel, et qui peuvent vivre dans les terres qui en renferment des proportions sensibles : tel est le tamarin. M. Gautier croit même que quelques-unes des plantes qui renferment habituellement de la soude dans leurs cendres, telles que la betterave, pourraient s'accommoder de ces terrains salés; il donne, en outre, la nomenclature de plusieurs autres espèces utiles qui résistent à l'action des chlorures (*Revue scientifique*, n° 30, 1876).

De la stérilité des terres arables par défaut des matières utiles aux plantes, et de l'épuisement du sol par le système de culture actuellement suivi en Europe. — Nous savons que les plantes, pour se développer, doivent rencontre dans le sol des matières azotées et des phosphates; nous savons en outre que les alcalis fixes, tels que la potasse et la chaux, paraissent exercer une influence marquée sur quelques-unes d'entre elles, et il est clair qu'un sol dans lequel ces matières feront défaut ne pourra pas porter de récoltes rémunératrices, qu'il sera forcément stérile. Des exemples de terres improductives par l'absence de ces matières nécessaires, sont connus; mais sans insister sur le défaut de ces principes dans quelques sols, heureusement assez rares, nous porterons toute notre attention sur cette question capitale : Notre système de culture actuel doit-il conduire nos terres à la stérilité? Arrivons-nous à l'épuisement par le système même de culture que nous pratiquons depuis un temps immémorial?

Il est clair que si nous enlevons constamment au sol des éléments nécessaires au développement de la plante, sans les lui restituer, nos contrées sont destinées à devenir stériles, comme le sont aujourd'hui les parties de l'Asie Mineure qui étaient autrefois florissantes; tandis que si au contraire le sol s'enrichit par la culture même, nous pouvons conserver l'espoir de voir nos descendants l'améliorer sans cesse et le rendre capable de fournir des récoltes de plus en plus abondantes, suffisantes pour nourrir une population de plus en plus nombreuse.

Nous avons discuté plus haut les causes qui tendent à enrichir le sol en azote, mais nous avons vu que cette restitution est liée à l'abondance de la matière carbonée, et les analyses des terres d'Auvergne de M. Truchot donnent à cette manière de voir un appui remarquable, de telle sorte qu'en ce qui concerne les composés azotés, la culture au fumier de ferme, dans laquelle le cultivateur accumule au commencement de chaque rotation dans le sol une quantité faible d'azote, mais une masse considérable de matières carbonées en voie d'altération, nous paraît excellente.

Cette culture par le fumier de ferme peut maintenir le sol dans un état moyen de fertilité : nous croyons avoir donné les raisons de ce fait, mis hors de doute par une expérience séculaire; en faut-il conclure que les autres sources d'engrais azotés que le commerce met à la disposition du cultivateur doivent être négligées? Nous sommes bien loin de le penser. Il est clair que toutes les tentatives qui seront faites pour employer les matières azotées provenant des vidanges des villes présentent un immense intérêt; les pays les plus prospères sont ceux dans lesquels ces matières fécales sont utilisées : la Chine et le Japon, dans l'extrême Orient, nourrissent des populations extrêmement denses, précisément parce qu'aucune matière fertilisante n'est perdue. Notre département du Nord, l'Alsace, doivent la prospérité de leur agriculture à l'emploi des vidanges diluées dans une grande quantité d'eau. Enfin, si l'on n'a pas encore réussi à livrer à l'agriculture, sous une forme facile à utiliser, les produits des vidanges de Paris, il n'en est pas moins vrai que le prix toujours croissant du sulfate d'ammoniaque fabriqué aux usines de Bondy montre clairement que les cultivateurs savent apprécier à leur juste valeur les engrais azotés, et qu'ils les regardent avec juste raison, non pas comme destinés à maintenir simplement la terre arable dans des conditions normales de fertilité, mais à l'enrichir et à la pousser jusqu'aux rendements élevés, plus rémunérateurs que les rendements moyens.

Épuisement du sol en acide phosphorique. — Nous avons vu que les cendres de toutes les graines renferment des phosphates; nous avons vu encore (voyez Assimilation) qu'ils accompagnent constamment la matière azotée comme s'ils en faisaient partie intégrante; de telle sorte qu'il est clair que toute récolte entraîne avec elle les phosphates du sol arable, et qu'ici l'épuisement est à craindre. C'est du sol en effet que provient la quantité considérable d'acide phosphorique que renferment tous les os mis dans le commerce sous une forme ou sous une autre; c'est encore du sol que proviennent tous les phosphates conservés dans les cimetières ou enfouis dans les catacombes, qui se trouvent ainsi retirés de la circulation générale.

Tandis que le charbon, l'oxygène, l'hydrogène et l'azote, qui forment les tissus musculaires des animaux, sont essentiellement aptes à reprendre l'état aériforme et à rentrer sous forme d'eau, d'acide carbonique, d'ammoniaque, ou d'acide azotique, dans l'organisme de nouveaux êtres, le phosphore, engagé dans des combinaisons fixes peu altérables, reste là où il est déposé.

Elie de Beaumont, en évaluant le poids de phosphate de chaux qui existe dans le squelette moyen des habitants de la France, et en supposant que ces squelettes restent séquestrés dans les cimetières, calculait que le milliard d'individus dont le sol de la France a fourni l'acide phosphorique en ont emporté en mourant une quantité correspondante à 2 milliards de kilogrammes ou 2 millions de tonnes de phosphate de chaux (*Étude sur l'utilité agricole du phosphore*, extrait des Mémoires de la Société centrale d'agriculture, 1856). Mais il est probable que la quantité de phosphate de chaux soustraite définitivement de la circulation par suite du respect que nous professons pour nos morts, n'est pas aussi grande que le supposait l'illustre secrétaire perpétuel de l'Académie des sciences. En effet, les ossements non protégés par des constructions, simplement déposés dans le sol, finissent certainement par se dissoudre. Mais, d'autre part, il faut tenir compte de la déperdition constante des matières des vidanges jetées dans les cours d'eau directement, et enfin des conditions particulières à certains sols dans lesquels les phosphates sont soumis à des causes constantes de dissolution.

Toutefois on ne peut pas supposer que l'humanité soit menacée actuellement d'un péril sérieux par suite de l'épuisement du sol en acide phosphorique, les quantités énormes de phosphates découvertes depuis vingt ans, depuis que cette matière est devenue l'objet d'un commerce important, enlèvent toute crainte à cet égard, probablement pour de longues suites d'années. Est-ce à dire que ces gisements de phosphate ne finiront pas par s'épuiser à leur tour? Il est malheureusement probable que cet épuisement aura lieu; mais c'est là une question analogue à celle de l'épuisement de la houille, des mines de fer, etc., qui, tout en posant pour l'avenir un problème redoutable, ne s'impose pas dès aujourd'hui à notre étude.

Épuisement du sol en potasse, en chaux, etc. — L'analyse des terres arables montre qu'habituellement elles renferment une quantité de potasse suffisante pour subvenir aux besoins des plantes cultivées; une preuve nouvelle et très-forte de cette abondance relative à cet alcali dans nos terres cultivées est l'impossibilité où l'on s'est trouvé de faire entrer la potasse dans le commerce régulier des engrais; il est à remarquer en outre que le fumier de ferme renferme toujours une certaine quantité d'alcali, et que la quantité qu'il en fournit au sol équivaut souvent à celle qui est prise par les végétaux; c'est au moins ce qu'a démontré M. Boussingault, pour la culture de la vigne (*Agr*, t. V, p. 421). Enfin, si le besoin de potasse se faisait sentir, le gisement de Stassfurt, les salines de la Méditerranée en fourniraient des quantités énormes et plus que suffisantes. La silice ne fait pas habituellement défaut dans le sol, et quant à la chaux, les facilités de transport qui existent aujourd'hui permettront toujours de l'amener là où elle est nécessaire.

Des causes probables de la stérilité actuelle de contrées autrefois fertiles. — Nous venons de voir que la culture du nord de l'Europe se trouve actuellement dans des conditions favorables, qu'elle s'enrichit chaque année, et qu'en France notamment le rendement de l'hectare va toujours en augmentant. Mais il n'en a pas été de même pour d'autres contrées : une grande partie de l'Asie Mineure, la Sicile, la Grèce, une partie de l'Italie, sont loin d'avoir aujourd'hui la fertilité qu'elles avaient autrefois. L'étude des changements qui sont survenus dans les conditions de production de ces contrées est remplie d'intérêt, elle touche aux considérations historiques les plus élevées; elle montre qu'il ne faut pas seulement attribuer à la guerre et à tous les maux qu'elle entraîne, aux commotions politiques de toute nature, à la conquête et à ses brutalités, la décadence des peuples, mais que le changement dans les conditions de la culture, la diminution des récoltes, l'amoindrissement de la nourriture disponible, ont eu sur la dépopulation une influence plus rapide et plus funeste. L'épuisement du sol fait plus pour abattre une population que la défaite, et l'ignorance est plus fatale que le manque de courage.

Ces études, au reste, ne sont pas seulement spéculatives, elles doivent, comme tous les travaux historiques, servir de leçon; le récit des misères qui suivent fatalement les mauvaises pratiques agricoles doit nous enseigner à les éviter.

Essayons donc de découvrir, à l'aide des connaissances que nous avons acquises dans les chapitres précédents, à l'aide des données historiques que nous a laissées l'antiquité, à l'aide des faits que nous rapportent les voyageurs, les causes auxquelles il faut attribuer la stérilité actuelle de pays qui ont nourri autrefois une population nombreuse, et qui, aujourd'hui déserts, couverts de ruines, ne sont plus parcourus que par quelques tribus errantes et misérables.

La première condition d'existence pour la plante est l'humidité. Nos pays septentrionaux et encore voisins de la mer ne souffrent pas habituellement de la sécheresse; mais à mesure qu'on descend au midi, on reconnaît que l'arrosage est indispensable à la culture. Dans notre Afrique, l'oasis n'existe qu'autour des ruisseaux, et le forage des puits artésiens est le plus grand bienfait dont n us puissions doter nos populations algériennes. En Asie, la Palestine était autrefois florissante et très-peuplée; il en était de même de la Mésopotamie: aujourd'hui ces contrées sont désertes ou à peine habitées, et l'on ne saurait juger de la fertilité du pays de Chanaan en parcourant les pachaliks d'Acre et de Damas.

Or il est facile de se convaincre que ces contrées étaient autrefois infiniment plus humides qu'elles ne le sont aujourd'hui. On en trouve une preuve très-claire dans l'étude qu'on a faite des eaux de la mer Morte. Leur densité est considérable: elle varie de 1,240, nombre donné par Lavoisier, à 1,194, chiffre trouvé récemment par M. Boussingault. Aucun animal ne peut vivre dans ces eaux, extrêmement chargées de chlorures, et dans lesquelles les bromures sont déjà très-abondants; le sel cristallise en différents points, et forme des masses isolées parfois assez hautes et rappelant le bloc que mentionne l'historien Josèphe comme étant, suivant la tradition, la statue de la femme de Loth.

Ces eaux proviennent cependant de la Méditerranée, dont elles ont été séparées à une époque plus ou moins reculée; pour qu'elles aient acquis le degré de salure qu'elles affectent aujourd'hui, pour que le sel cristallise sur leurs bords, il faut fatalement que l'évaporation soit infiniment plus active que l'arrivée de l'eau.

Les pluies ne manquent pas cependant absolument aujourd'hui en Judée, mais l'eau s'écoule rapidement sur le pays dénudé; le Jourdain se gonfle, l'eau de la mer Morte s'élève parfois de 2 mètres, puis descend ensuite avec rapidité sous l'action d'une évaporation excessive. A l'époque où les Hébreux pénétrèrent dans le pays, ils eurent pour s'y maintenir à combattre constamment contre les populations industrieuses qui envoyaient leurs vaisseaux dans la Méditerranée, jusqu'à Carthage et à Marseille, le sol offrait sans doute une fertilité qui contraste avec la stérilité complète qui le désole aujourd'hui.

Au moment où Ninive et Babylone poussaient leurs guerriers à travers l'Asie jusqu'en Grèce et en Égypte, la population était dense et serrée; elle trouvait donc une terre fertile pour la nourrir. A quelle cause attribuer l'abandon de ces contrées, si ce n'est à ce que les conditions climatériques ont changé et ont rendu la culture impossible?

Faut-il attribuer cette dépopulation à un épuisement du sol en matières azotées, en phosphates? Nous ne le pensons pas: ces pays n'ont jamais exporté des quantités notables de céréales; les phosphates qui ont servi à constituer les ossements des habitants n'ont pas été séquestrés d'une façon absolue, et nous ne voyons pas de cause régulière d'appauvrissement du sol: aussi n'est-ce pas à l'épuisement que nous attribuons la stérilité actuelle de ces contrées, mais bien à la diminution des pluies, accusée par un changement complet dans le régime des eaux de toute la contrée.

Suivant Strabon, les Babyloniens avaient à lutter énergiquement contre les inondations de l'Euphrate, qui, à certains moments, auraient couvert le pays si on ne l'eût détourné à l'aide de saignées et de canaux. Au dire de M. Oppert, qui a parcouru cette contrée récemment, les débordements n'ont plus lieu, et les canaux sont à sec. Le fleuve Scamandre, en Troade, était navigable du temps de Pline; de nos jours il n'a pu être retrouvé par Choiseul-Gouffier.

La quantité d'eau qui circule dans ces régions aujourd'hui stériles est donc infiniment plus faible qu'autrefois, et c'est à l'absence des pluies qu'il faut attribuer l'impossibilité pour l'homme d'y cultiver les végétaux nécessaires à son alimentation.

Si l'on cherche enfin pourquoi les pluies y sont moins abondantes, on en trouvera la raison dans le déboisement. Tous les pays où l'homme pénètre pour la première fois sont couverts de forêts; toutes les contrées, au contraire, habitées depuis longtemps sont plus ou moins déboisées. Quand l'homme pénètre dans un sol vierge, il attaque la forêt, il faut qu'elle lui cède la place et qu'il la remplace par un sol dénudé sur lequel il pourra cultiver les espèces dont il se nourrit. Tant qu'il repousse la forêt sans la détruire, il accomplit un travail utile; mais s'il exagère son action, s'il rase les bois, il change les conditions climatériques: les pluies deviennent plus rares, et la stérilité arrive.

Il est facile de se convaincre que le déboisement amène la diminution dans la quantité d'eau tombée; les exemples sont nombreux. On a remarqué que la disparition du Scamandre a coïncidé avec la destruction des cèdres du mont Ida, où il prenait sa source. M. de Humboldt rapporte que le lac Ticaragua, situé dans la vallée d'Aragua, province de Venezuela, éprouvait au commencement de ce siècle, depuis une trentaine d'années, un desséchement graduel dont on ignorait la cause. En 1822, d'après M. Boussingault, le lac s'était accru et recouvrait des terres antérieurement cultivées. La guerre de l'indépendance ayant en effet détruit la population, les forêts avaient regagné du terrain et rendu leur volume primitif aux rivières dont la réunion forme le lac de Ticaragua. M. Boussingault cite encore d'autres faits analogues. Dans les hauts plateaux de la Nouvelle-Grenade se trouve le village d'Ubate, voisin de deux lacs réunis autrefois en un seul. « Les anciens habitants ont vu successivement les eaux diminuer et de nouvelles plages s'étendre d'année en année. Aujourd'hui des champs de blé d'une fertilité extrême couvrent un terrain qui était encore complétement inondé il y a trente ans. Il suffit de parcourir les environs d'Ubate, de consulter les plus vieux chasseurs du pays, pour rester convaincu que de nombreuses forêts ont été abattues. »

Si l'on recherche la cause à laquelle il faut enfin attribuer l'action des forêts sur le régime des eaux, on la trouve dans le pouvoir émissif considérable que possèdent les feuilles. Le pouvoir étudié récemment par M. Maquenne à Grignon s'est trouvé très-voisin à celui du noir de fumée. Pendant la nuit les feuilles se refroidissent donc aisément et déterminent un abondant dépôt de rosée. Chacun a remarqué que, pendant les belles matinées d'été, les champs sont mouillés de rosée. Sous les tropiques, quand on bivouaque dans une clairière par une nuit sereine, on entend l'eau ruisseler des hautes branches des arbres. Pendant le jour, les plantes évaporent, il est vrai, une quantité d'eau notable par leurs feuilles sous l'influence de la lumière; mais à l'ombre cet effet s'amoindrit singulièrement, et, dans une forêt épaisse, sous un fourré, l'évaporation est faible. Il est clair enfin que da s les bois la température est moins élevée qu'en plaine, et que par conséquent l'humidité contenue dans l'air se condense aisément en pluie; l'abaissement de température d'un air chargé d'humidité suffit pour la déterminer.

L'influence réfrigérante de la forêt s'étend à une certaine hauteur dans l'atmosphère. Dans ses ascensions aérostatiques, M. Tissandier a été obligé, parfois, de jeter du lest en arrivant au-dessus d'une forêt, tant son ballon se dégonflait par suite du refroidissement. On conçoit donc que l'air chargé d'humidité qui passe au-dessus des bois se refroidisse, et que la vapeur qu'il renferme, amenée d'abord à l'état vésiculaire, se condense bientôt en pluie.

En résumé, nous voyons que la forêt exerce une influence manifeste sur la quantité d'eau tombée, et que c'est sans doute à sa destruction qu'il faut attribuer la sécheresse et la stérilité. Si, poursuivant nos investigations, nous cherchons les causes de la disparition des bois, celles-ci nous apparaissent nombreuses et puissantes. La guerre est une des causes qui, dans les pays méridionaux, l'amène habituellement; le conquérant, gêné dans ses attaques par la forêt dans laquelle les habitants cherchent un refuge, la brûle sans pitié, et nous ne pouvons pas nous étonner que les guerres terribles qui ont dévasté l'Asie Mineure, parcourue par les Perses, les Grecs, les Turcs, aient peu à peu détruit les forêts. La paix même ne les épargne pas : nous savons qu'aujourd'hui encore l'Arabe met le feu aux herbes qui couvrent la steppe pour y faire développer une végétation nouvelle plus utile à ses troupeaux. Combien de fois le feu ne s'est-il pas communiqué aux bois avoisinants, et combien ont été ainsi détruits!

L'histoire a conservé le souvenir de la disparition des forêts de l'île de Madère (en portugais *Madura*, bois) : lorsque pour la première fois ils y abordèrent en 1410, l'île était couverte de végétaux; on y mit le feu, l'incendie dura sept ans.

L'homme abat les bois non-seulement pour faire de la place à ses cultures, pour se frayer un chemin plus facile, mais encore il élève un nombreux bétail qui contribue à la destruction.

On porte à Porto-Santo, en 1418, une lapine pleine, et sa progéniture se multiplie tellement, qu'elle broute tout ce qu'elle peut atteindre, menaçant de chasser par la faim les colons eux-mêmes. Quand on découvrit l'île de Sainte-Hélène, il y a trois cent soixante ans, elle était couverte de forêts qui descendaient dans les ravins jusqu'au bord de la mer. En 1513, on introduisit dans l'île un troupeau de chèvres; elles s'y multiplièrent tellement, qu'en 1588 le capitaine Cavendish en vit des bandes longues de 2 kilomètres. En 1709, il n'existe plus que quelques forêts; ce n'est que cent ans plus tard qu'on se décide à détruire les chèvres : presque toute la flore primitive de l'île avait disparu [*les Migrations végétales*, dans la *Revue des Deux Mondes*, 1870, t. LXXXV, p. 645 et 647]. Dans un grand nombre de pays où existe la transhumance, les forêts sont détruites, la sécheresse devient excessive, le pays s'appauvrit, la population diminue. Toutes les personnes qui ont parcouru les plateaux des Castilles, la Manche et l'Estramadure, ont été frappées de l'absence absolue des arbres : aussi l'aridité est-elle extrême et la terre absolument nue pendant une grande partie de l'année.

Nous avons insisté plus haut sur l'épuisement des sols en acide phosphorique, et il est possible qu'il ait eu sa part dans la stérilité d'un certain nombre de contrées où à l'origine il était peu abondant; mais le manque d'eau produit par le déboisement exerce sur les contrées méridionales une influence singulièrement plus étendue.

Quand la terre se dessèche, toute végétation devient impossible, et tous les éléments carbonés autrefois contenus dans le sol se brûlent complétement. La formation des nitrates y est souvent considérable, et nombre de pays aujourd'hui stériles sont cependant abondamment pourvus de nitre. Dans l'Inde, en Perse, les voyageurs le voient s'effleurir sur le sol, et si un jour ces pays se trouvaient entre des mains industrieuses, capables d'entreprendre les travaux nécessaires pour utiliser l'eau des fleuves en irrigations, il est probable que la fertilité ancienne reparaîtrait et que le berceau de la civilisation retrouverait son ancienne splendeur.

Si les considérations précédentes sont exactes, on reconnaîtra que nos pays occidentaux, habituellement parcourus par les vents du sud-ouest, qui leur apportent, en même temps que la chaleur de l'équateur, l'humidité de l'Océan, ont moins à craindre la stérilité par la sécheresse que les contrées orientales, où les vents chargés d'humidité n'arrivent plus si aisément. Prenons-y garde cependant : conservons précieusement nos forêts comme une des sources les plus puissantes d'arrosement; gardons-nous de les aliéner et d'autoriser trop facilement les défrichements, sous peine de voir les longues sécheresses de l'été diminuer la fertilité de notre sol, que la nature a si heureusement doué. P. P. D.

TERRE DE VÉRONE. — Voyez Céladonite.

TERRE VERTE. — Voyez Céladonite.

TESCHEMAKERITE. — Nom donné par Dana au bicarbonate d'ammoniaque trouvé dans les guanos de la côte d'Afrique, de la Patagonie et des îles Chincha.

Dureté : 1,5. Densité : 1,45.

Cristaux jaunes ou incolores présentant deux clivages brillants sous l'angle de 120°.

TESSELITE (Min.). — Voyez Apophyllite.

TÉTARTINE. — Voyez Albite.

TÉTRA. — Pour les mots qui ne se trouvent pas à leur rang alphabétique, voyez le mot qui suit ou le mot générique. Exemples : *Tétra-bromobenzine*, *Tétra-chlorotoluène*, etc., voy. Benzine, Toluène, etc.

TÉTRACLASITE. — Voyez Wernerite.

TÉTRACRYLIQUE (ACIDE). — Nom donné par Geuther à l'acide crotonique solide. — Voyez au Supplément l'article Crotoniques (acides).

TÉTRADÉCYLE. — Syn. de MYRIRTYLE, $C^{14}H^{19}$. on connaît l'hydrure et l'hydrate de ce radical; — Voyez t. II, p. 484 et 485.

TÉTRADYMITE. (Min.). [Syn. *Bornine* (Beudant). — Tellurure de bismuth avec un peu de soufre.

La proportion de tellure varie depuis 48 % (tétradymite) jusqu'à 30 (wehrlite) et même jusqu'à 16 (joséite). Plusieurs variétés renferment du sélénium et du soufre, mais même en ajoutant ces quantités au tellure on n'arrive pas à établir un rapport constant entre le bismuth d'une part, et le tellure avec le soufre et le sélénium de l'autre.

Cristaux tabulaires hexagonaux et masses cristallines foliacées, avec un clivage basal très-facile, d'un vif éclat métallique et d'une couleur gris d'acier pâle, noire à la surface, se trouvant à Schubkan, près de Chemnitz, Bastnaës (Suède), Tellemarken (Norwége), Rezbanya (Transylvanie), San-José (Brésil), Deutsch-Pilsen (Hongrie), etc.

Caractères. — Soluble dans l'acide azotique à la réserve du soufre. Au chalumeau fond en un globule métallique en émettant l'odeur du soufre et du sélénium, et en colorant la flamme en bleu. L'essai s'entoure sur le charbon d'un enduit jaune brun d'oxyde de bismuth et plus loin d'acide tellureux blanc. Dans le tube ouvert, donne un sublimé d'acide tellureux fusible au chalumeau en gouttes incolores.

Dureté : 1,5 à 2. Poussière gris noir. Densité : 7,4 a 8,4 (Wehrlite).

Les lames sont flexibles et tachent le papier.

Forme cristalline. — Rhomboédrique : $pp = 81°,2'$. Faces : a^1, p, e^1; plan de mâcle a^2. Clivage très-facile a^1.

TÉTRAÉDRITE. — Voyez PANABASE.

TÉTRAMÉTHYLALLÈNE,

$$C^7H^{12} = \begin{matrix}H^3C\\H^3C\end{matrix}\!>C=C=C<\!\begin{matrix}CH^3\\CH^3\end{matrix}.$$

— Hydrocarbure de la série C^nH^{2n-2}, dérivé de l'isobutyrone (diisopropylacétone),

$$\begin{matrix}H^3C\\H^3C\end{matrix}\!>CH-CO-CH<\!\begin{matrix}CH^3\\CH^3\end{matrix}$$

et découvert par M. Henry. Cette acétone, traitée par le perchlorure de phosphore, fournit deux chlorures, $C^7H^{14}Cl^2$ et $C^7H^{13}Cl$, dont le premier perd facilement de l'acide chlorhydrique par la distillation et se convertit dans le second. Celui-ci constitue un liquide incolore, bouillant à 118-120° et possédant à 9° une densité de 0,9513. Chauffé avec de la potasse alcoolique, il perd à son tour une molécule d'acide chlorhydrique et fournit un hydrocarbure, le tétraméthylallène, C^7H^{12}, sous forme d'un liquide bouillant à 70°, d'une odeur très-désagréable. Cet hydrocarbure se combine avec le brome, mais ne précipite ni nitrate d'argent, ni le chlorure cuivreux ammoniacal; il ne constitue par conséquent pas un hydrocarbure acétylénique proprement dit.

Sa constitution ne peut être douteuse; d'après la formule que nous avons donnée plus haut, il représente de l'allène, $CH^2=C=CH^2$ (hydrocarbure isomérique de l'allylène) dont les quatre atomes d'hydrogène sont remplacés par quatre groupes méthyliques, de là son nom [L. Henry, *Deutsch. chem. Gesellsch.*, t. VIII, p. 400; *Bull. de la Soc. chim.*, t. XXIV, p. 380]. A. H.

TÉTRAMÉTHYLBENZINE, $C^6H^2(CH^3)^4$. — On ne connaît jusqu'ici qu'un des trois isomères indiqués par la théorie, c'est le *durol* (t. II, p. 890).

TÉTRAMÉTHYLSTILBÈNE,

$$C^{18}H^{20} = \begin{matrix}CH-C^6H^3(CH^3)^2\\ \| \\ CH-C^6H^3(CH^3)^2\end{matrix}$$

— C'est un des termes d'une série d'hydrocarbures résultant du remplacement de un ou plusieurs atomes d'hydrogène du stilbène par des radicaux alcooliques. Cette substitution n'a pas encore été effectuée directement, et les termes de cette série ont été préparés par des procédés détournés.

Le tétraméthylstilbène se forme dans la distillation sèche du produit de l'action de l'aldéhyde monochlorée sur le xylène du goudron de houille. Au lieu d'employer l'aldéhyde monochlorée, composé très-difficile à préparer, on se sert d'éther bichloré, qui peut être considéré comme la chloréthyline de l'aldéhyde monochlorée,

$$CH^2Cl-CH<\!\begin{matrix}Cl\\OC^2H^5\end{matrix}.$$

Un mélange d'éther bichloré (1 molécule) et de xylène (2 molécules) est additionné peu à peu d'acide sulfurique concentré; on agite continuellement et on évite un échauffement trop considérable en plongeant le vase de temps en temps dans de l'eau froide. Le produit de la réaction versé dans l'eau fournit une huile qui constitue très-probablement le composé

$$\begin{matrix}CH^2Cl\\ | \\ CH[C^6H^3(CH^3)^2]^2\end{matrix},$$

formé en vertu de l'équation,

$$\begin{matrix}CH^2Cl\\ | \\ CHO\end{matrix} + 2C^6H^4(CH^3)^2$$
$$= H^2O + \begin{matrix}CH^2Cl\\ | \\ CH[C^6H^3(CH^3)^2]^2\end{matrix}$$

Cette huile, soumise à la distillation sèche, donne entre 325° et 340° un produit qui se solidifie partiellement et laisse déposer le tétraméthylstilbène. La réaction en vertu de laquelle ce carbure se produit n'est pas normale; la température élevée amène un changement moléculaire. En effet,

$$\begin{matrix}CH^2Cl\\ | \\ CH[C^6H^3(CH^3)^2]^2\end{matrix},$$

en perdant 1 molécule d'acide chlorhydrique devait former,

$$\begin{matrix}CH^2\\ \| \\ C[C^6H^3(CH^3)^2]^2\end{matrix},$$

et non l'hydrocarbure symétrique,

$$\begin{matrix}CH-C^6H^3(CH^3)^2\\ \| \\ CH-C^6H^3(CH^3)^2\end{matrix},$$

le tétraméthylstilbène.

Il est probable que, si au lieu de soumettre le composé à la distillation sèche, on le traitait par la potasse alcoolique, on obtiendrait l'hydrogène carboné isomérique. Le diphénylchloréthane,

$$\begin{matrix}CH^2Cl\\ | \\ CH(C^6H^5)^2\end{matrix},$$

en tout point comparable à la substance qui nous occupe ici, donne, en effet, deux hydrocarbures isomériques, suivant qu'on le décompose par la potasse ou par la distillation sèche, le premier un diphényléthylène disymétrique et le second du stilbène.

Le tétraméthylstilbène, purifié par compression et par cristallisation dans l'alcool, est en écailles incolores, fusibles à 105-106°, peu solubles dans l'alcool froid, solubles dans l'éther et le sulfure de carbone. Il distille sans décomposition. Il s'unit au brome en donnant un produit d'addition, sous la forme de petites aiguilles brillantes peu solubles dans l'éther.

Le tétraméthylstilbène, oxydé par l'acide azotique étendu, fournit de l'acide xylique fusible à 122°.

Le tétraméthylstilbène est accompagné d'un carbure liquide bouillant à 335°, isomérique avec lui. Le brome s'y combine d'abord directement, mais après peu de temps il se dégage du gaz bromhydrique.

Si dans la préparation du tétraméthylstilbène on substitue le paraxylène pur au xylène du goudron, on obtient une petite quantité d'un nouveau tétraméthylstilbène, cristallisant en lamelles brillantes, fusibles à 157°, en même temps qu'une forte proportion d'un hydrogène carboné isomérique liquide qui paraît être identique avec le carbure liquide mentionné plus haut [E. Hepp, *Deutsch. chem. Gesells.*, t. VII, p. 1416; *Bull. de la Soc. chim.*, t. XXIV, p. 36]. A. H.

TÉTRAMÉTHYLMÉTHANE,

$$C^5H^{12} = H^3C\text{-}\underset{CH^3}{\overset{CH^3}{C}}\text{-}CH^3.$$

— C'est un des trois hydrocarbures C^5H^{12} isomériques indiqués par la théorie. Il se forme par l'action du zinc-méthyle sur l'iodure de butyle tertiaire,

$$H^3C\text{-}\underset{CH^3}{\overset{CH^3}{C}}I + (CH^3)^2Zn$$

$$= (CH^3)ZnI + H^3C\text{-}\underset{CH^3}{\overset{CH^3}{C}}\text{-}CH^3.$$

On fait tomber goutte à goutte le zinc-méthyle dans l'iodure; la réaction s'accomplit à la température ordinaire et développe même de la chaleur. Le gaz qui se dégage traverse un appareil laveur rempli d'acide chlorhydrique étendu et vient se condenser dans de l'alcool fortement refroidi; par addition d'eau à l'alcool, on le met de nouveau en liberté et on le condense dans un matras refroidi. Après un traitement au brome suivi d'une digestion à 100° avec du sodium, le tétraméthylméthane se présente sous la forme d'un liquide incolore, très-mobile, qui se prend à — 20° en une masse cristalline et qui bout à + 9°,5.

Lorsqu'on introduit goutte à goutte le méthylchloracétol, $CH^3\text{-}CCl^2\text{-}CH^3$, dans du zinc-méthyle légèrement chauffé, il se dégage un gaz qui possède les propriétés du tétraméthylméthane, qui en diffère cependant en ce qu'il ne se solidifie pas à — 30°. Dans cette préparation, il est essentiel d'introduire le méthylchloracétol dans le zinc-méthyle, et de ne pas opérer d'une manière inverse; car dans ce cas la réaction ne se déclarerait que lorsqu'on a ajouté la quantité théorique de zinc-méthyle, et elle est alors tellement violente, qu'elle se termine toujours par une explosion.

Il n'est pas possible de préparer le tétraméthylméthane en faisant agir du zinc sur un mélange d'iodure de méthyle et d'iodure de butyle tertiaire; la réaction s'effectue déjà à la température ordinaire, mais elle ne fournit que des hydrocarbures gazeux, une petite quantité de zinc-méthyle et des hydrocarbures bouillant à une température élevée (polybutylènes) (?) [M. Lwow, *Zeitsch. für Chem.*, 1870, p. 520; et 1871, p. 257; *Bull. de la Soc. chim.*, t. XV, p. 93, et t. XVI, p. 300]. A. H.

TÉTRAMÉTHYLSUCCINIQUE (ACIDE). — C'est un isomère de l'ACIDE SUBÉRIQUE. — Voyez t. III, p. 2.

TÉTRAPHÉNOL, C^4H^4O. — Ce composé, que Limpricht envisage comme le dérivé hydroxylé d'un carbure hypothétique, le tétrol (voyez ce mot) se produit lorsqu'on soumet le pyromucate de baryum à la distillation sèche, avec 9/10 de son poids de chaux sodée.

$$\underset{\text{Acide pyromucique.}}{C^5H^4O^3} = CO^2 + \underset{\text{Tétraphénol.}}{C^4H^4O}$$

C'est un liquide incolore, d'une odeur particulière, bouillant à 32°, et se solidifiant par le froid. Il est insoluble dans l'eau, mais l'alcool le dissout; cette solution n'est précipitée ni par les sels de plomb, ni par ceux d'argent; le chlorure ferrique ne la colore pas.

Le sodium et le potassium n'attaquent pas le tétraphénol, même en présence du gaz carbonique; l'amalgame de sodium ou les bisulfites alcalins n'exercent aucune action sur lui. La potasse ne le dissout pas. Les acides le convertissent avec une extrême énergie en une matière brune,

$$C^{12}H^{10}O^2,$$

insoluble dans l'alcool, l'éther, la benzine, etc. Cette matière, voisine du rouge de pyrrol, est formée par la condensation de 3 molécules de tétraphénol avec élimination de 1 molécule d'eau,

$$3C^4H^4O = H^2O + C^{12}H^{10}O^2$$

[H. Limpricht et Rohde, *Deutsch. chem. Gesellsch.*, t. III, p. 90; *Bull. de la Soc. chim.*, t. XIII, p. 527, et t. XIX, p. 401].

D'après ces réactions, il nous semble fort peu probable que le tétraphénol soit un dérivé hydroxylé; ce composé devra plutôt être considéré comme une acétone non saturée. A. H.

TÉTRAPHÉNYLÉTHYLÈNE. — Voyez t. II, p. 898.

TÉTRAPHOSPHAMIQUES (ACIDES). — Voyez PHOSPHORE, t. II, p. 981.

TÉTRAPHYLLINE. — Voyez TRIPHYLLINE.

TÉTRATÉRÉBENTHÈNE. — Voyez t. III, p. 317.

TÉTRÈNE. — Syn. de BUTYLÈNE, t. I, p. 676.

TÉTROL. — Limpricht a donné ce nom au diacétylène, C^4H^4, carbure hypothétique, dont il fait dériver un certain nombre des composés du groupe pyromucique:

$C^4H^3.OH$	$C^4H^3.AzH^2$.
Tétraphénol.	Pyrrol.
$C^4H^2\begin{cases}CO^2H\\OH\end{cases}$	$C^4H^2\begin{cases}COH\\OH.\end{cases}$
Acide pyromucique.	Furfurol.

L'hypothèse de Limpricht manque jusqu'ici de base expérimentale.

TÉTROLIQUE (ACIDE), $C^4H^4O^2$. — Cet acide diffère de l'acide monochlortétracrylique,

$$C^4H^5ClO^2,$$

de Geuther [voyez CROTONIQUES (ACIDES), au Supplément], par les éléments de 1 molécule d'acide chlorhydrique qu'il renferme en moins. Il se produit dans l'action de la potasse alcoolique sur l'acide monochlortétracrylique. Il est inutile d'employer cet acide à l'état de pureté, on peut se servir directement du produit de la réaction du perchlorure de phosphore sur l'éther acétylo-acétique, produit qui est un mélange d'éther monochlortétracrylique et d'éther monochlorquartényllique isomérique avec le premier. Ce mélange est chauffé à l'ébullition avec un faible excès de potasse alcoolique; les deux éthers se saponifient, l'acide monochlorotétranylique perd ensuite 1 molécule d'acide chlorhydrique, tandis que l'acide monochloroquartényllique résiste à l'action de la potasse. L'alcool est distillé, le résidu est sursaturé d'acide sulfurique étendu et distillé une seconde fois; l'acide monochloroquartényllque passe avec les vapeurs aqueuses, tandis que l'acide tétrolique se retrouve dans le résidu et peut en être extrait par l'éther exempt d'alcool. On le purifie par cristallisation dans l'eau.

Il cristallise en tables rhombiques, incolores et transparentes, très-solubles dans l'eau et déliquescentes à l'air humide. L'alcool et l'éther le dissolvent abondamment. Il fond à 76°,5 et se solidifie de nouveau à 70°,5; son point d'ébullition est situé à 203° (corrigé).

Traité par un grand excès de potasse l'acide tétrolique se décompose à la longue [A. Geuther, *Journ. für prakt. Chem.*, (2), t. III, p. 431; *Bull. de la Soc. chim.*, t. XVI, p. 109]. A. H.

TÉTRONÉRYTHRINE. — On a donné ce nom à une matière colorante rouge que Wurm a extraite au moyen du chloroforme de la tache rouge mamillaire placée au-dessus des yeux du coq de bruyère (*Tetrao urogallus*) et du coq de bouleau (*Tetrao tetrix*). La matière colorante est soluble dans le sulfure de carbone et dans l'éther, fusible à une température peu élevée. Elle est insoluble dans les alcalis; avec l'acide nitrique elle ne montre pas la réaction caractéristique de l'hématoïdine [Wurm, *Poggend. Ann.*, t. CXLV, p. 170; — Bischoff, *ibid.*, p. 171; — Liebig, *ibid.*, p. 173].

TÉTRYLE. — Syn. de BUTYLE, t. I, p. 676.

TÉTRYLÈNE. — Syn. de BUTYLÈNE, t. I, p. 676.

TEXALITHE (Min.). — Hydrate de magnésie considéré comme clinorhombique par Hermann.

TEXASITE (Min.). [Syn. *Zaratite*]. — Hydrocarbonate de nickel

$$CO^3Ni + 2NiO^2H^2 + 4H^2O.$$

Incrustations ou masses mamelonnées d'un beau vert émeraude, fragiles, d'un éclat vitreux, transparentes ou translucides, trouvées dans le fer chromé du Texas (Lancaster Co), à Sweananess (Uust, Shetland), et en Espagne, près du cap Ortegal (zaratite).

Caractères. — Fait effervescence avec les acides; dans le tube bouché, donne de l'eau et de l'acide carbonique et laisse un résidu noir magnétique. Au chalumeau il ne fond pas; avec le borax, réaction du nickel.

Dureté : 3 à 3,25. Poussière vert pâle. Densité : 2,57 à 3,69.

THALHEIMITE. — Voyez MISPICKEL.

THALITE (Min.). — Silicate hydraté de magnésie et d'alumine trouvé dans le trapp sur la côte nord du lac Supérieur.

THALLITE. — Voyez ÉPIDOTE.

THALLIUM, Tl. — Poids atomique = 204 (équivalent = 204). — *Historique.* — La découverte de ce métal, comme celle du césium et du rubidium qui l'a précédée et celle de l'indium qui l'a suivie, est due à la méthode spectroscopique de Kirchhoff et Bunsen. Au commencement de 1861, W. Crookes, examinant au spectroscope des dépôts sélénifères et tellurifères des fabriques d'acide sulfurique du Harz, constata l'apparition d'une belle raie verte; il l'attribua à la présence d'un corps simple nouveau qu'il envisagea comme un métalloïde appartenant au groupe du soufre. Un peu plus tard il signala le même élément dans le soufre natif de Lipari et en isola une petite quantité à l'état impur. Il lui donna, en raison de sa raie verte, le nom de thallium (de θαλλός, rameau vert) [*Chem. News.* mars et mai 1861, t. III, p. 193 et 303; *Rép. de Chim. pure*, t. III, p. 211 et 289].

Un an plus tard, en avril 1862, Lamy observa la même raie verte en examinant les boues des chambres de plomb de l'usine Kuhlmann à Loos, où l'on fabriquait l'acide sulfurique avec des pyrites belges. Le 16 mai suivant, il fit voir à la Société des sciences et d'agriculture de Lille un échantillon du nouveau corps simple sous la forme d'un lingot métallique de $1^{gr},5$. En même temps il en faisait connaître les principaux caractères, qui sont ceux d'un métal et non d'un métalloïde, comme l'avait pensé Crookes. Des études plus complètes sur le thallium furent publiées, le 19 juin, par Crookes [*Proceed. of the Roy. Soc.*, t. XII, p. 150; *Répert. de Chim. pure*, t. IV, p. 403] et le 23 juin par Lamy [*Compt. rend.*, t. LIV, p. 1255; t. LV, p. 836; *Répert. de Chim. pure*, t. IV, p. 291; t. V, p. 81]. Les premières recherches de M. Lamy sont exposées en grande partie dans une *Leçon professée à la Société chimique de Paris*, le 30 janvier 1863 (voir aussi *Ann. de Chim. et de Phys.*, (3), t. LXVII, p. 385).

Quoique l'un des derniers métaux connus, le thallium est de ceux dont l'étude est la plus complète. Les principaux travaux qui s'y rapportent sont dus à Lamy, à Fr. Kuhlmann fils, qui a fait connaître principalement les sels organiques du thallium [*Compt. rend.*, t. LV, p. 607; *Répert. de Chim. pure*, t. IV, p. 408, et *Bull. de la Soc. chim.*, 1864, (2), t. I, p. 330]; à Crookes [*Journ. of the Chem. Soc.*, 1864; *Bull. de la Soc. chim.*, t. VII, p. 186]; à Werther, qui a fait connaître notamment les sels doubles fournis par le thallium [*Journ. für prakt. Chem.*, t. XCI, p. 385; t. XCII, p. 128, 351; *Bull. de la Soc. chim.*, (2), t. II, p. 272; t. III, p. 58]; à Ed. Willm, qui s'est occupé principalement des combinaisons triatomiques du thallium et des sels thalleux doubles [*Bull. de la Soc. chim.*, 1864, p. 352, 354; 1865, t. I, p. 241; t. II, p. 89; t. IV, p. 165; *Ann. de Chim. et de Phys.*, (4), t. IV, p. 5]. Ad. Strecker a décrit également quelques sels thalliques [*Ann der Chem. u. Pharm.*, t. CXXXV, p. 207]. La Provostaye [*Compt. rend.*, t. LV, p. 610], Lamy et Descloizeaux [*Ann. de Chim. et de Phys.*, (4), t. XVII, p. 310] et W.-H. Miller [*Phil. Mag.*, (4), t. XXXI, p. 149] ont déterminé la forme cristalline d'un grand nombre de sels de thallium. Carstanjen a publié un travail d'ensemble, dans lequel il s'est occupé notamment des alliages du thallium et de quelques-unes de ses combinaisons [*Journ. für prakt. Chem.*, t. II, p. 65, 129].

Origine et extraction du thallium. — Le thallium se rencontre principalement dans certaines pyrites, notamment dans celles d'Oneux, de Theux, de Namur et de Philippeville en Belgique; dans celles d'Alais (Gard), dans quelques pyrites d'Espagne, dans les pyrites blanches de Bolivie. D'autres n'en renferment point : telles sont celles de Saint-Bel, près Lyon. Lorsque les pyrites thallifères sont employées à la fabrication de l'acide sulfurique, le thallium est volatilisé et va se condenser, avec les produits solides entraînés, dans une chambre placée en avant des grandes chambres de plomb, dans le but précisément de retenir ces produits solides ou facilement condensables. Le thallium se rencontre dans les boues ainsi accumulées, dans la proportion de 0,5 à 1 %. Ce sont ces boues qui constituent la matière première la plus avantageuse pour l'extraction du thallium. Boettger a rencontré ce métal en abondance dans les boues de la fabrique d'Oker, dans le Harz, où l'on utilise les pyrites de Rammelsberg. Le thallium est fréquemment accompagné de sélénium.

Les pyrites thallifères ne contiennent guère que $\frac{1}{100000}$ de thallium, d'après l'évaluation de Lamy; aussi leur traitement direct pour en extraire le thallium serait-il une opération longue et pénible.

La présence du thallium a été constatée dans certains échantillons de manganèse (et cela dans la proportion de 1 %) [Bischoff, *Ann. der Chem. u. Pharm.*, t. CXXIX, p. 33]; dans quelques minerais de fer et dans les pépites de cuivre; dans la blende et la calamine de Theux, dans le zinc et le cadmium de la Nouvelle-Montagne, dans le soufre natif de Lipari et dans le soufre brut provenant de la distillation des pyrites d'Espagne (Crookes); quelquefois dans le bismuth et l'antimoine du commerce; dans la lépidolithe de Moravie et dans le mica de Zinnwald (Schroetter); dans les eaux de Nauheim et d'Orb (Boettger). W. Crookes l'a aussi rencontré dans l'acide chlorhydrique du commerce.

Un seul minéral jusqu'à présent a été signalé comme renfermant le thallium à l'état d'élément essentiel : c'est la *crookesite*, découverte par Nordenskjold, et constituant un séléniure complexe d'argent, de cuivre et de thallium (Cu,Tl,Ag) Se. Il renferme :

Cuivre..........	44,21 à 46,55
Argent..........	1,44 à 5,09
Fer..........	1,28 à 0,36
Thallium........	18,55 à 16,30
Sélénium........	30,86 à 32,10

[*Ann. der Chem. u. Pharm.*, t. CXLIV, p. 127; *Bull. de la Soc. chim.*, (2), t. VII, p. 409].

Extraction des boues des chambres de plomb. — Voici le procédé auquel s'est arrêté Lamy. On fait bouillir le dépôt calciné préalablement dans un four, pour convertir le chlorure peu soluble en sulfate, avec 5 fois son poids d'eau; on filtre et on précipite la liqueur par l'acide chlorhydrique. Le chlorure de thallium, peu soluble, s'étant rassemblé, on le recueille, on le lave et on le sèche. On le décompose ensuite par l'acide sulfurique concentré, à chaud; on étend d'eau le sulfate formé et on traite la solution par un courant d'hydrogène sulfuré, pour précipiter l'arsenic, etc., le thallium n'étant pas précipité en solution acide. On purifie ensuite le sulfate de thallium par cristallisation. On verra plus loin les procédés à suivre pour obtenir le thallium métallique.

Boettger, après avoir épuisé les boues par l'eau bouillante, sursature la solution par du carbonate sodique et y ajoute un peu de cyanure de potassium pulvérisé. Après quelques minutes il filtre de nouveau et précipite le thallium par l'hydrogène sulfuré.

Willm préfère le traitement suivant : après avoir saturé par le carbonate sodique, comme on vient de le dire, on précipite le thallium à l'état de chlorure. Quant au résidu du traitement par le carbonate sodique, on le reprend par l'eau régale et l'on réduit la solution décantée par l'acide sulfureux, qui occasionne ainsi un nouveau dépôt de protochlorure, moins pur que le premier et renfermant notamment du mercure et du plomb. On le transforme en sulfate, dont on décompose la solution acide par l'hydrogène sulfuré qui ne laisse en dissolution que le thallium avec des traces de fer. Une nouvelle précipitation par l'acide chlorhydrique fournit le chlorure de thallium pur.

Boettger a aussi proposé de traiter la solution bouillante des dépôts thallifères par de l'hyposulfite de sodium qui précipite le thallium à l'état de sulfure; celui-ci est très-impur, car il renferme de l'arsenic et des métaux étrangers.

Stolba met à profit la facilité avec laquelle cristallise l'alun à base de thallium. Il fait bouillir les boues avec de l'acide sulfurique, ajoute du sulfate d'aluminium à la solution et fait cristalliser celle-ci; les eaux mères des cristaux d'alun sont finalement précipitées par l'acide chlorhydrique [*Chem. Centralblatt*, t. V, p. 115; *Bull. de la Soc. chim.*, t. XXI, p. 560].

Günning conseille d'épuiser les boues par de l'acide sulfurique; on dissout ainsi, d'après cet auteur, tout le thallium, y compris celui qui est contenu dans les boues à l'état de peroxyde. La solution filtrée est précipitée par l'acide chlorhydrique, puis, après réduction par l'acide sulfureux, par l'iodure de potassium. Pour purifier le chlorure ou le transformer en d'autres combinaisons, on le délaye dans une solution de carbonate sodique et on le traite par un courant de chlore qui précipite du peroxyde de thallium, on redissout ce dernier dans l'acide sulfureux et l'on obtient le sulfate thalleux [*Zeitsch. für Chem.*, 1868, p. 370; *Bull. de la Soc. chim.*, t. X, p. 359].

Extraction du thallium du soufre et des pyrites. — Pour retirer le thallium contenu dans le soufre natif de Lipari ou dans le soufre provenant de la distillation des pyrites thallifères, Crookes traite ce soufre par le sulfure de carbone ou par la soude bouillante. Le résidu noir, renfermant le sulfure de thallium, convenablement lavé, est dissous dans l'acide sulfurique étendu et la solution précipitée par l'acide chlorhydrique.

Un autre procédé consiste à traiter le soufre par l'eau régale, à étendre d'eau, à précipiter le plomb par l'acide sulfurique et le thallium par l'hydrogène sulfuré, après addition de cyanure de potassium. Si l'on veut retirer le thallium directement des pyrites, il faut soumettre celles-ci à la distillation dans de grands tubes à section hexagonale, que l'on porte au rouge vif; le thallium est entraîné par le soufre qui distille. On l'isole par un des procédés indiqués [*Chem. News*, t. XXIX, p. 473].

Thallium des eaux mères des usines de Goslar. — Dans la grande fabrique de vitriol de zinc de Goslar, dans le Harz inférieur, on obtient des eaux mères qui sont très-riches en thallium et qui ont pour densité 1,44. Ces eaux mères renferment 0,05 % de chlorure de thallium. Le procédé le plus simple, d'après Bunsen, pour extraire le thallium de ce liquide, consiste à traiter celui-ci par des lames de zinc. On précipite ainsi le cuivre, le cadmium et le thallium à l'état métallique. Ce procédé offre l'avantage de ne pas entraver la fabrication du sulfate de zinc, dont il facilite au contraire la purification. Un mètre cube d'eau mère fournit ainsi un précipité métallique spongieux pesant 6kg,4 et renfermant :

	kilogr.
Cadmium..............	4, 2
Cuivre..............	1, 6
Thallium..............	0, 6

On exprime ce précipité dans un feutre et on le traite par l'acide sulfurique étendu, qui dissout le cadmium et le thallium. On précipite ce dernier par l'iodure de potassium ou par l'acide chlorhydrique.

Résidus de laboratoire. — Pour traiter les résidus de thallium, dans le but d'en extraire ce métal, Willm le ramène à l'état d'iodure ou de sulfure. Dans le premier cas, il faut avoir soin d'ajouter au mélange de l'acide sulfureux ou un sulfite pour réduire tout le thallium au minimum. L'iodure précipité, convenablement lavé, est traité par l'acide nitrique dans une cornue; l'iode se dégage et se condense dans le récipient, tandis que le thallium se transforme en azotate, qu'on enlève par l'eau et qu'on fait cristalliser. Si le résidu retenait encore du thallium, il faudrait le traiter par l'eau régale, neutraliser la solution par un alcali et précipiter le thallium par le sulfure ammonique.

Dans le cas où l'on a précipité le thallium sous forme de sulfure, on traite celui-ci par l'acide sulfurique jusqu'à ce qu'il ne se dégage plus d'hydrogène sulfuré, on étend d'eau, on sursature par le carbonate de sodium pour précipiter les métaux étrangers, puis on précipite le thallium à l'état d'iodure qu'on décompose par l'acide azotique.

THALLIUM MÉTALLIQUE. — *Préparation.* — Le thallium est précipité de ses combinaisons, à l'état métallique spongieux, par le zinc ou par l'électrolyse. La masse spongieuse ainsi obtenue, qui est très-oxydable, est lavée rapidement à l'eau, puis exprimée et fondue dans un creuset de fer; il faut avoir soin, pendant la fusion, de promener à la surface du métal un courant de gaz hydrogène; la surface reste ainsi très-brillante et le métal fondu ressemble à du mercure; on le coule dans une lingotière ou dans de l'eau froide si on veut l'obtenir grenaillé.

Le chlorure de thallium, forme sous laquelle on précipite le plus souvent le thallium de ses solutions, est facilement réduit par le flux noir ou par le cyanure de potassium; il est bon d'ajouter au mélange du chlorure de sodium comme fondant. Il faut éviter avec soin, dans cette opération, la présence du sulfate de thallium ou de tout autre sulfate, sans quoi le culot de thallium renfermerait du soufre, ce qui se reconnaît au dégagement d'hydrogène sulfuré qui se produit par l'action de l'acide sulfurique; en outre le thallium obtenu dans ces conditions présente beaucoup plus de dureté. Si l'on veut avoir le thallium dans un grand état de pureté, il faut redissoudre le thallium, obtenu par une première fusion, dans l'acide sulfurique étendu d'eau, et séparer le sulfate de plomb demeuré insoluble. La liqueur filtrée est traitée par un courant d'hydrogène sulfuré qui précipite le cuivre, le mercure, le cadmium, le bismuth, qui pourraient se trouver dans le thallium (ce dernier n'est pas précipité par H^2S dans une liqueur acide). Le thallium est ensuite précipité de nouveau à l'état de chlorure que l'on soumet à une nouvelle réduction.

L'oxalate de thallium, fortement chauffé, se décompose en laissant du thallium métallique pur accompagné d'un peu de protoxyde (Éd. Willm). Cette propriété permet d'obtenir facilement le thallium métallique pur, sans perte notable, l'opération pouvant se faire dans des appareils en verre; il est en effet facile d'utiliser la petite quantité d'oxyde de thallium qui accompagne le métal, soit en le dissolvant dans l'eau et le conservant comme tel, soit en le convertissant de nouveau en oxalate qu'on soumet à une nouvelle calcination. Pour amener le thallium à l'état d'oxalate, on le convertit d'abord en peroxyde en traitant ses combinaisons par l'eau régale et précipitant la solution bouillante par l'ammoniaque. Le peroxyde noir qui se précipite étant traité par une solution d'acide oxalique se transforme, après quelque temps d'ébullition, en oxalate thalleux, avec dégagement d'acide carbonique. Ce procédé pourrait être appliqué à l'extraction du thallium des boues des chambres de plomb.

Propriétés physiques. — Par ses propriétés physiques, le thallium se rapproche beaucoup du plomb : dureté, densité, fusibilité, couleur, toutes ces propriétés sont sensiblement les mêmes. Il est cependant deux caractères physiques qui distinguent nettement le thallium du plomb : c'est d'abord la facilité avec laquelle il volatilise, ainsi que ses combinaisons, à une température élevée; puis l'aspect de son spectre, caractère qui l'a fait découvrir.

Le thallium est très-mou et se laisse couper avec une grande facilité et même rayer par l'ongle, lorsqu'il est pur; sa coupure fraîche est très-brillante, mais elle se ternit rapidement par suite de son oxydation; le thallium se recouvre alors d'une couche jaune ou brune. La trace qu'il laisse sur le papier est noire et bordée de jaune. Le thallium est très-malléable, mais offre peu de ténacité; on peut le réduire en feuilles d'une grande ténuité.

La densité du thallium à 0° est égale à 11,862 (Lamy); à 11,853 à 11° (de la Rive). Sa chaleur spécifique, déterminée par V. Regnault [*Compt. rend.*, t. LV, p. 887], est sensiblement la même que celle du plomb, soit 0,03355; Lamy avait trouvé le nombre 0,0325.

Le thallium est plus fusible que le plomb; il fond à 290° (Lamy), à 288° d'après Crookes. On peut le fondre dans un bain d'acide sulfurique. Par le refroidissement, il se solidifie en prenant une texture cristalline; aussi le thallium fondu fait-il entendre le cri de l'étain lorsqu'on le plie. La dilatation totale du thallium entre 0° et 100° est égale à 0,003135 (Fizeau). Le thallium n'est pas très-bon conducteur de la chaleur. Sa conductibilité électrique a été déterminée par de la Rive [*Compt. rend.*, t. LVI, p. 588] et par Mathiessen et Vogt [*Poggend. Ann.*, t. CXVIII, p. 257]. D'après le premier observateur, cette conductibilité est égale à 8,64, à la température de 12°, celle de l'argent étant 100 et celle du mercure 1,63; cette conductibilité décroît de $t \times 0,0038$ pour une élévation de température de t^o. Suivant les seconds, cette conductibilité est représentée par l'expression :

$$9,163 - 0,03689\, t + 0,00008104\, t^2.$$

Le thallium et ses combinaisons sont diamagnétiques.

Le spectre du thallium est caractérisé par une magnifique raie verte, douée d'un grand éclat, vers le 120e degré de l'échelle micrométrique de Bunsen, soit au numéro 1442,6 de l'échelle spectrale de Kirchhoff (longueur d'onde = 534,9). Cette raie ne correspond à aucune raie noire du spectre solaire. W. Allen Miller, en observant le spectre de l'étincelle éclatant sur une électrode de thallium, a reconnu en outre une série de raies nouvelles qu'on aperçoit surtout sur les bords du spectre [*Ann. de Chim. et de Phys.*, (3), t. LXIX, p. 507].

Outre la raie verte qui caractérise si bien le thallium, les sels de thallium donnent dans la flamme du gaz une autre raie très-faible, nébuleuse et fugitive, ayant pour longueur d'onde 568. Elle est située au 106,55 de l'échelle micrométrique, la raie principale étant située à 118,40 [Lecoq de Boisbaudran, *Compt. rend.*, t. LXXVII, p. 1152].

Suivant Nicklès, la présence du sodium peut masquer le spectre du thallium.

Propriétés chimiques. — Le thallium est un métal très-oxydable et, sous ce rapport, il se range immédiatement à la suite des métaux alcalins. Conservé à l'air, il devient noir à sa surface; cette oxydation est très-rapide si l'on chauffe le métal à l'air. Mis en présence de l'eau, le thallium ne paraît pas la décomposer; mais il s'empare avec avidité de l'oxygène tenu en dissolution; malgré cette oxydation, le métal reste longtemps brillant, grâce à la solubilité de l'oxyde de thallium qui reste dissous et rend l'eau très-alcaline; néanmoins le métal se recouvre, au bout d'un certain temps, d'une couche jaune de protoxyde ou d'un dépôt noir de peroxyde. Dans l'eau bien purgée d'air et mise tout à fait à l'abri de l'atmosphère, le thallium reste indéfiniment brillant (Boettger). L'oxydation du thallium est très-rapide en présence de l'eau lorsque l'on chauffe celle-ci et que l'on y fait passer un courant d'oxygène.

Le thallium reste inaltéré dans une atmosphère d'azote ou de gaz carbonique.

Le thallium s'unit directement à chaud au soufre et au sélénium. Le chlore, le brome et l'iode s'y combinent avec une grande facilité.

Chauffé dans la vapeur de phosphore, il se recouvre seulement d'une pellicule noire et boursouflée.

Le thallium se dissout rapidement dans l'acide sulfurique froid, concentré ou étendu, avec dégagement d'hydrogène; il n'est que difficilement attaqué par l'acide chlorhydrique; mais il décompose énergiquement l'acide azotique en donnant des aiguilles blanches d'azotate de thallium.

Le thallium est déplacé de ses combinaisons par le zinc; le métal ainsi déposé est cristallin et ressemble au plomb précipité dans les mêmes conditions. L'étain et le fer ne déplacent pas le thallium. Ce dernier, par contre, déplace le cuivre, l'argent, l'or, le mercure et le plomb de leurs dissolutions.

Soumises à l'électrolyse, les solutions de thallium fournissent au pôle négatif un dépôt de thallium métallique.

Les combinaisons de thallium colorent la peau en blanc et la raccornissent. D'après Lamy [*Compt. rend.*, t. LVII, p. 442], elles sont très-vénéneuses; les accidents qu'elles occasionnent sont une vive douleur dans les intestins et des élancements semblables à des secousses électriques. Un jeune chien a succombé 40 heures après l'ingestion de $0^{gr},1$ de sulfate de thallium. On doit à Paulet des expériences spéciales relatives à l'action toxique du thallium. Suivant ce savant, le thallium exerce une action bien plus énergique que le plomb. Administré à faible dose, il tue au bout de quelques jours, en produisant un ralentissement dans la respiration. 1 g. de carbonate de thallium tue un lapin après quelques heures [*Compt. rend.*, t. LVII, p. 494]. Des expériences analogues sont dues à L. Grandeau [*Institut*, 1863, p. 333].

Poids atomique et atomicité du thallium. — Lamy a déterminé l'équivalent du thallium par l'analyse de son sulfate et est arrivé au nombre 204. Crookes, de son côté, qui avait d'abord obtenu le nombre 203, est arrivé, par de nouvelles expériences fondées sur la transformation d'un poids connu de thallium en azotate, au nombre 204,8. Ce nombre, rapporté aux poids atomiques trouvés par Stas pour l'oxygène et pour l'azote, devient 203,642 [*Chem. News*, t. XXVI, p. 231].

G. Werther, en analysant l'iodure de thallium, a trouvé les nombres 203,5 et 204,4, suivant le mode de décomposition de l'iodure. La chaleur spécifique du thallium, qui est la même que celle du plomb, conduit à admettre pour le poids atomique du thallium un nombre voisin de 200 et identique, par conséquent, avec le nombre exprimant l'équivalent. Cette déduction est parfaitement conforme à celle que l'on peut tirer de l'isomorphisme constant des combinaisons du thallium au minimum avec les combinaisons du potassium dont le poids atomique se confond de même avec l'équivalent. L'assimilation du thallium aux métaux alcalins est justifiée par l'isomorphisme que nous venons de signaler et, conséquence de cet isomorphisme, par l'existence d'une foule de sels doubles dans lesquels le thallium remplace les métaux alcalins; parmi ces sels doubles nous citerons les aluns, les sulfates doubles de la série magnésienne, l'émétique, etc.

Un certain nombre de chimistes rangent le thallium à côté du plomb, en se fondant sur l'analogie des caractères physiques du métal et des réactions que présentent les sels de thallium: précipitation d'un chlorure peu soluble et d'un iodure à peu près insoluble, précipitation du thallium par le zinc, etc. Mais il est à remarquer que des raisons du même ordre peuvent être invoquées contre cette assimilation, notamment la solubilité de son oxyde, de son carbonate et de son sulfate. Les conclusions tirées de l'isomorphisme et du poids atomique sont beaucoup plus précises. Le poids atomique du thallium se confond, comme nous l'avons dit, avec son équivalent, tandis que celui du plomb est double de l'équivalent; de sorte que la formule atomique du protoxyde de thallium est Tl^2O et celle de l'oxyde de plomb, PbO.

Le thallium forme deux séries de combinaisons: dans l'une, il fonctionne comme élément monatomique, à la façon du potassium; dans l'autre, comme dans le peroxyde Tl^2O^3 et le perchlorure $TlCl^3$, il est triatomique. Ce dernier caractère l'éloigne du plomb aussi bien que du potassium et du sodium, dont les peroxydes ont pour composition K^2O^4 et Na^2O^2. Le passage des sels thalleux aux sels thalliques a lieu assez difficilement par oxydation; le passage inverse par réduction est plus facile à réaliser.

Nous allons étudier concurremment les combinaisons monatomiques du thallium ou *thalleuses* et ses combinaisons triatomiques ou *thalliques*.

Alliages du thallium. — Le thallium s'unit facilement à la plupart des métaux. Quelques-uns de ces alliages ont été étudiés par Lamy [*Leçons professées à la Société chimique*, t. IV, p. 248]. L'alliage de 4 p. de thallium pour 1 p. d'antimoine est plus dur, mais aussi plus altérable à l'air que les caractères d'imprimerie. Dans les alliages de cuivre et de thallium, d'aluminium et de thallium, l'affinité entre ces métaux est très-faible. L'alliage correspondant à l'alliage de d'Arcet (le thallium remplaçant le plomb) ne fond pas au-dessous de 100°.

Amalgame de thallium. — Le thallium se dissout facilement dans le mercure. L'alliage se fait avec production de chaleur: il est électro-négatif par rapport au thallium [Regnault, *Compt. rend.*, t. LXIV, p. 611]. Cet amalgame s'oxyde rapidement à l'air, surtout à chaud.

L'amalgame $HgTl^3$ est butyreux (Carstanjen).

Thallium et magnésium. — Ces alliages peuvent être étirés en fils. Avec 5 % de magnésium, l'alliage est plus ductile que ce dernier métal seul; il est peu altérable. Lorsqu'il renferme plus de thallium, il est très-oxydable. Tous ces alliages brûlent moins bien que le magnésium et, chose curieuse, la flamme est très-blanche, même avec 50 % de thallium [S. Mellor, *Chem. News*, t. XV, p. 245; *Bull. de la Soc. chim.*, t. VIII, p. 259].

On doit à Carstanjen [*Journ. für prakt. Chem.*, t. XCII, p. 278] un certain nombre de données relatives aux alliages que forme le thallium avec les divers métaux. Nous les résumons dans le tableau suivant:

	Proportion des alliages.	Point de fusion.	Propriétés.
Thallium et aluminium......	Tl^2 : Al.	Fusible au rouge blanc sous une couche de borax.	Plus mou que le thallium. Il s'oxyde quand on le chauffe à l'air, mais sans brûler.
Thallium et bismuth.........	Tl : Bi.	170°	Gris rougeâtre, cristallin et mou.
Thallium, bismuth et cadmium.	6p Tl, 6p Bi et 1p Cd.	134	Dur et cassant. Cassure gris clair et cristalline.
Thallium, bismuth et plomb..	1p Tl, 6p Bi et 8p Pb.	130	Confusément cristallin, dur et brillant.
Thallium, bismuth et étain...	1p Tl, 2p Bi et 1p Sn.	115	Dur et grenu, gris clair ou blanc.
Thallium et cadmium........	Tl^2 : Cd.	184	Blanc d'argent, cristallin, plus dur que l'alliage Tl^2Zn.

	Proportion des alliages.	Point de fusion.	Propriétés.
Thallium et cuivre...........	Tl^2 : Cu.	Fusible au rouge blanc sous une couche de borax.	Jaune de laiton. Se laisse couper au couteau; la coupure fraiche s'altère à l'air.
Thallium et étain............	Tl^2 : Sn.	—	Blanc, difficilement fusible, peu ductile, inaltérable à l'air.
Thallium et magnésium.......	1p Tl et 1p Mg.	—	Très-altérable. Brûle avec la flamme du magnésium.
Thallium et plomb...........	Tl^2 : Pb.	Au delà de 250°	Mou et non cristallin; couleur de plomb.
Thallium et zinc..	Tl^2 : Zn.	360	Mou comme le thallium. Fait entendre le cri de l'étain.

Tous ces alliages, sauf celui avec l'étain, s'altèrent à l'air et sont attaqués par l'acide sulfurique étendu.

Les alliages du thallium avec le potassium et avec le sodium, à équivalents égaux, sont blancs et cristallins; ils attirent l'humidité et décomposent l'eau avec énergie. L'alliage avec le sodium se conserve bien sous l'huile de naphte; celui de potassium colore le pétrole en brun en s'altérant (Carstanjen).

COMBINAISONS DU THALLIUM AVEC LES ÉLÉMENTS MONATOMIQUES.

Chlorures de thallium. — Le thallium forme avec le chlore plusieurs combinaisons. L'une a pour formule $Tl\,Cl$; une autre, $Tl\,Cl^3$; les autres représentent des combinaisons de ces deux chlorures

$$Tl^2Cl^4 = Tl\,Cl^3, Tl\,Cl \text{ et}$$
$$Tl^4Cl^6 = Tl\,Cl^3, 3\,Tl\,Cl.$$

Soumis à l'action du chlore, le thallium n'est attaqué que lentement à froid; mais vers 300° la combinaison se fait avec ignition et il se forme un liquide jaune brunâtre qui se prend par le refroidissement en une masse cristalline jaune : c'est l'un des chlorures intermédiaires, Tl^2Cl^4 ou Tl^4Cl^6. Il est possible cependant de faire absorber au thallium plus de chlore et de produire directement le trichlorure $Tl\,Cl^3$.

Tous ces chlorures, portés à une température élevée, perdent du chlore et laissent un résidu dont la composition se rapproche de celle du protochlorure.

Protochlorure de thallium, $Tl\,Cl$. — Ce chlorure se forme soit par la calcination des chlorures supérieurs, soit, plus simplement, par la décomposition des solutions de thallium au minimum par l'acide chlorhydrique. Ainsi préparé, il forme un précipité caillebotté blanc, ressemblant au chlorure d'argent; la ressemblance persiste pour le chlorure fondu. Il s'en distingue par son inaltérabilité relative à la lumière, par sa faible solubilité dans l'ammoniaque et par sa solubilité dans l'eau, surtout à chaud. Il fond très-facilement. Fondu, il a pour densité 7,02 (Lamy).

Il exige 283 p. d'eau à 15° pour se dissoudre et 52p,5 à 100°, d'après Crookes. Suivant Holberling, cette solubilité est plus faible : 1 p. de chlorure de thallium exige, d'après lui :

à 0°	à 16°	à 16°,5	à 100°
504 p.	379 p.	359 p.	63 p. d'eau.

La solubilité en présence de l'acide chlorhydrique libre est plus faible.

Il est insoluble dans l'alcool.

Les agents oxydants, en présence d'un excès d'acide chlorhydrique, transforment facilement ce protochlorure en perchlorure.

Le chlorure thalleux se combine avec divers chlorures. Ses combinaisons avec le chlorure thallique seront décrites plus loin.

Chloroplatinate de thallium,

$$Pt\,Cl^6\,Tl^2 = Pt\,Cl^4, 2\,Tl\,Cl.$$

— Cette combinaison forme un précipité d'un jaune pâle et se produit par l'addition de chlorure platinique à un sel de thallium additionné d'acide chlorhydrique. C'est le moins soluble des chloroplatinates alcalins. Il exige, en effet, pour sa dissolution 15585 p. d'eau à 15° et 1948 p. d'eau bouillante [voyez t. I, p. 807, pour la solubilité des autres chloroplatinates] (Crookes). Calciné, il perd du chlore entraînant du thallium et laisse un résidu de platine et de thallium en partie alliés (Fr. Kuhlmann fils).

Chloromercurate thalleux. — Le protochlorure de thallium se dissout à chaud dans une solution de chlorure mercurique. Par le refroidissement, il se dépose des aiguilles soyeuses, aisément volatiles, d'un sel double renfermant, d'après Carstanjen [*Journ. für prakt. Chem.*, t. CII, p. 65] 49,71 % Tl, 24,39 Hg et 25,90 Cl, ce qui conduit à la formule invraisemblable $Hg\,Tl^2Cl^6$.

Jeorgensen assigne au contraire à ce sel la formule $Hg\,Cl^2, Tl\,Cl$.

Chlorure thalloso-ferrique, $Fe^2Cl^6, 6\,Tl\,Cl$. — Petits prismes transparents, rouges, avec facettes mordorées, qu'on obtient en dissolvant le chlorure de thallium humide dans une solution de chlorure ferrique additionnée d'acide azotique, et faisant recristalliser la combinaison dans l'acide chlorhydrique. Ce sel est inaltérable à l'air; l'eau le décompose [Woehler, *Ann. der Chem. u. Pharm.*, t. CXLIV, p. 251; *Bull. de la Soc. chim.*, t. IX, p. 463].

Le chlorure thalleux se combine aussi au chlorure de zinc et au chlorure roséocobaltique (Carstanjen).

Perchlorure de thallium ou chlorure thallique, $Tl\,Cl^3$. — Lamy a obtenu ce chlorure en chauffant le chlorure thalleux vers son point de fusion dans un courant de chlore; il se forme un liquide de couleur ambrée qui devient à peu près incolore et cristallise par le refroidissement. On l'obtient aussi en traitant le protochlorure de thallium par l'eau régale ou simplement en le délayant dans un peu d'eau et le traitant par un courant de chlore jusqu'à dissolution complète. Les dissolutions ainsi obtenues abandonnent par l'évaporation dans une atmosphère de chlore un résidu cristallin très-hygroscopique (Ed. Willm). L'analyse de ce chlorure est difficile à effectuer parce que la dessiccation lui fait perdre du chlore. Mais sa solution est précipitée intégralement par la potasse; il se sépare du peroxyde de thallium et il ne reste rien en dissolution, comme cela arrive avec les chlorures de thallium intermédiaires.

Werther, en traitant le thallium par le chlore en excès sous l'eau et chassant finalement l'excès de chlore, a obtenu une masse cristalline composée de prismes assez volumineux auxquels il assigne la composition $Tl\,Cl^3 + H^2O$. Quelquefois on obtient de longues aiguilles déliquescentes renfermant $2\,Tl\,Cl^3 + 15\,H^2O$. Le premier retient de l'eau à 60° et perd déjà du chlore à cette température [*Journ. für prakt. Chem.*, t. XCI, p. 385, et *Bull. de la Soc. chim.*, (2), t. II, p. 272].

Lorsqu'on traite le peroxyde de thallium par l'acide chlorhydrique froid, il n'y a pas de dégagement de chlore et la majeure partie du peroxyde se dissout; il se forme néanmoins des lamelles chatoyantes blanches qui constituent évidemment un chlorure intermédiaire; elles ne se forment pas si l'acide chlorhydrique est additionné d'acide azotique; elles sont évidemment le résultat d'une réduction partielle du peroxyde. D'après Werther, ces cristaux incolores renferment 69,30 % de protochlorure et 30,60 % de trichlorure, ce qui correspond sensiblement à la formule du sesquichlorure; mais les caractères sont différents.

Le trichlorure de thallium est en partie décomposé par l'eau pure, avec formation de peroxyde et d'acide chlorhydrique; en présence d'un excès de cet acide cette dissociation n'a pas lieu.

Les agents réducteurs, notamment l'acide sulfureux, ramènent le trichlorure de thallium et les chlorures intermédiaires à l'état de protochlorure.

TRICHLORURE DE THALLAMMONIUM (*chloramidure de thallium*), $Tl\,Cl^3\,(Az\,H^3)^3$ ou $(Az^3H^9Tl''')'''\,Cl^3$. — Par l'addition d'ammoniaque à une solution de trichlorure de thallium il se forme un précipité de peroxyde de thallium. Mais si l'on ajoute préalablement du chlorure d'ammonium à la solution, cette précipitation n'a pas lieu à froid, et si la solution est concentrée, il se dépose une poudre cristalline blanche assez dense. Si l'on chauffe la solution, elle se trouble; il se forme d'abord un nuage brun, et finalement tout le thallium se précipite à l'état de peroxyde dont une partie adhère énergiquement aux parois du vase. De même, si l'on chauffe la poudre blanche, elle se change brusquement en un dépôt noir de peroxyde de thallium anhydre. La même décomposition se produit lorsqu'on cherche à dissoudre le corps blanc dans l'eau pure; mais on peut le traiter sans inconvénient par de l'eau chargée d'ammoniaque ou de sel ammoniac.

Cette poudre blanche constitue le trichlorure de thallammonium.

$$Tl\,Cl^3\,(Az\,H^3)^3 \quad \text{ou} \quad Tl''' \begin{cases} Az\,H^3\,Cl \\ Az\,H^3\,Cl \\ Az\,H^3\,Cl \end{cases}$$

Pour l'obtenir pure, il faut la laver à plusieurs reprises par de l'eau ammoniacale pour la débarrasser du sel ammoniac, puis à l'alcool ammoniacal, enfin avec un peu d'alcool absolu; on la dessèche finalement dans le vide. Ainsi obtenu, le chlorure de thallammonium constitue une poudre friable blanche, inaltérable à l'air sec et se décomposant immédiatement au contact de l'eau en sel ammoniac et oxyde thallique noir,

$$2\,Tl(Cl\,Az\,H^3)^3 + 3\,H^2O = 6\,Az\,H^4Cl + Tl^2O^3.$$

Le chlorure de thallammonium peut se préparer par l'ébullition d'une solution de sel ammoniac avec du peroxyde de thallium; celui-ci se dissout, et il se dégage de l'ammoniaque. La solution ainsi obtenue est décomposée lorsqu'on y ajoute de l'eau. Par l'addition d'ammoniaque on en précipite le chlorure de thallammonium.

Le même composé prend naissance par l'action du gaz ammoniac sec sur le chlorure thallique. Pour cela, on introduit du chlorure thallique sec, par conséquent en partie décomposé dans un ballon, on le traite par un courant de chlore sec en chauffant légèrement; après avoir expulsé l'excès de chlore, on fait passer dans le tube un courant de gaz ammoniac.

Le meilleur procédé consiste à ajouter de l'ammoniaque alcoolique à du perchlorure de thallium mélangé d'alcool absolu; le chlorure de thallammonium se précipite immédiatement.

La chaleur décompose le chlorure de thallammonium; il se dégage de l'ammoniaque, du chlorure d'ammonium et sans doute de l'azote; le résidu est formé de chlorure thalleux.

Traité par l'acide chlorhydrique, le chloramidure se dissout et la solution fournit par la concentration du chlorothallate d'ammonium

$$Tl\,Cl^3.3\,Az\,H^4Cl.$$

[Ed. Willm, *Ann. de Chim. et de Phys.*, t. V, p. 28].

CHLORURES THALLIQUES DOUBLES. — Le chlorure thallique peut se combiner avec d'autres chlorures pour former des chlorosels. Ceux-ci appartiennent à deux séries. La première comprend les sels ayant pour formule générale $Tl\,Cl^4M'$ ou $Tl\,Cl^3.M'Cl$; la seconde, les sels $Tl\,Cl^6\,\acute{M}^3$ ou $Tl\,Cl^3.3\,M'Cl$. Dans cette série rentrent les chlorures intermédiaires du thallium Tl^2Cl^4 et Tl^4Cl^6. Ceux-ci ne correspondent en effet à aucune combinaison oxygénée; les alcalis les dédoublent en chlorure thalleux et chlorure thallique, lequel fournit du peroxyde de thallium; ils peuvent se former par l'union directe des chlorures.

Sesquichlorure de thallium,

$$Tl^4Cl^6 = Tl\,Cl^3, 3\,Tl\,Cl.$$

— Il se produit par l'action du chlore sur le thallium à une température élevée. Il forme alors un liquide brun très-dense qui se prend par le refroidissement en une masse cristalline d'un jaune pâle, plus soluble que le protochlorure de thallium, car l'eau bouillante en dissout 5 % (Lamy). D'après Crookes, par contre, sa solubilité, au moins à froid, serait moins grande; les indications de Helberling, à ce sujet, ne s'éloignent pas notablement de celles de Crookes: 1 p. de sesquichlorure exige, d'après lui, pour sa dissolution, 346 p. d'eau à 17°.

On obtient aussi le sesquichlorure de thallium en fondant le trichlorure et le maintenant en fusion tant qu'il se dégage du chlore. Il s'obtient par voie humide lorsque l'on précipite par l'acide chlorhydrique un mélange de sels thalleux et thalliques. Densité de Tl^4Cl^6 fondu = 5,90. Il fond au delà de 400°; chauffé plus fort, il perd du chlore. La potasse le décompose d'après l'équation

$$2\,Tl^4Cl^6 + 6\,KHO$$
$$= Tl^2O^3 + 6\,Tl\,Cl + 6\,K\,Cl + 3\,H^2O.$$

Une grande quantité d'eau le décompose en partie.

Chlorure $Tl^2Cl^4 = Tl\,Cl^3, Tl\,Cl$ (bichlorure). — M. Lamy l'a obtenu d'une manière constante en faisant absorber le chlore par le thallium et maintenant la masse bien fluide. Ce chlorure est jaune pâle, hygrométrique; calciné, il perd du chlore et se transforme en sesquichlorure.

Chlorothallate d'ammonium,

$$Tl\,Cl^6(Az\,H^4)^3 \times 4\,H^2O = Tl\,Cl^3, 3\,Az\,H^4Cl \times H^2O.$$

— Cristaux bien formés, appartenant au système cubique. Il se produit par dissolution du chloramidure de thallium dans l'acide chlorhydrique et cristallisation subséquente. Il est très-soluble dans l'eau [E. Willm, *loc. cit.*, p. 35].

Nicklès a décrit un chlorothallate d'ammonium cristallisé en tables orthorhombiques solubles dans l'eau et dans l'alcool et renfermant

$$Tl\,Cl^3, 3\,Az\,H^4Cl + 2\,H^2O$$

[*Journ. Pharm.*, (4), t. I, p. 26]. D'après Rammelsberg, les cristaux à 4 H^2O offrent les combinaisons du cube et de l'octaèdre. On a pour l'octaèdre principal : $a : c = 1 : 0{,}795$. Angle au sommet = 110°12; angles latéraux = 96°44' [*Deutsch. Chem. Gesells.*, t. III, p. 360]. L'addition d'ammoniaque à ce sel en précipite à froid du chloramidure de thallium.

Il est à remarquer que ce sel cristallise en

toutes proportions avec le sel ammoniac (Ed. Willm)

Chlorothallate de potassium,

$$2TlCl^3, 3KCl + 3H^2O.$$

— Cristaux du système cubique, obtenus par la cristallisation d'un mélange de deux chlorures en proportions définies (Ed. Willm).

Chlorothallate de cuivre,

$$(TlCl^3)^2CuCl^2 = Tl^2Cl^8Cu''.$$

— Un mélange des deux chlorures fournit, par cristallisation, deux espèces de cristaux : les uns sont des prismes incolores et transparents (ils n'ont pas été étudiés); les autres sont verts et opaques et possèdent la composition indiquée.

Le trichlorure de thallium peut se combiner avec l'éther. Nicklès prépare l'*éther chlorothallique* en traitant le thallium ou le protochlorure de thallium par le chlore en présence de l'éther. Il se forme deux couches dont l'inférieure est un liquide fumant. Si l'on distille le tout dans un courant d'acide carbonique, on obtient un résidu qui a pour composition :

$$TlCl^3.(C^2H^5)^2O.HCl + H^2O$$

[*Compt. rend.*, t. LVIII, p. 537].

Bromures de thallium. — Ils correspondent tout à fait aux chlorures.

Protobromure de thallium, TlBr. — Il ressemble beaucoup au chlorure et se forme dans les mêmes circonstances, notamment par l'addition d'acide bromhydrique ou d'un bromure soluble à un sel thalleux. C'est un précipité plus cristallin que le chlorure et qui paraît être notablement moins soluble.

Tribromure de thallium, $TlBr^3$. — L'addition de brome à du protobromure de thallium délayé dans un peu d'eau en amène rapidement la dissolution, en produisant un grand dégagement de chaleur. La solution ne cristallise que par l'évaporation dans le vide. La masse cristalline formée est jaune et brunit à la longue; elle est composée d'aiguilles jaunes enchevêtrées. Elle est déliquescente et possède une odeur très-irritante, surtout pour les yeux. C'est le perbromure de thallium à peu près pur; il est assez altérable, mais moins cependant que le trichlorure, dont il présente en général les caractères (Ed. Willm).

Bromure de thallammonium (bromamidure de thallium),

$$TlBr^3, 3AzH^3 = Tl(AzH^3.Br)^3.$$

— Ce composé se forme dans les mêmes circonstances que le chloramidure dont il possède les caractères. La meilleure manière de l'obtenir consiste à précipiter le perbromure de thallium en solution alcoolique concentrée par de l'alcool ammoniacal. Séché, ce composé constitue une poudre blanche qui jaunit peu à peu, mais sans cependant se décomposer profondément [Ed. Willm, *Ann. de Chim. et de Phys.*, (4), t. V, p. 42].

Chauffé à 100°, le bromamidure de thallium devient très-jaune et visqueux; il perd 11 à 12 % de son poids, tant en brome qu'en ammoniaque; chauffé plus fort, il laisse un résidu de protobromure de thallium. L'acide bromhydrique transformerait sans doute le bromure de thallammonium en bromothallate triammonique

$$TlBr^3, 3AzH^4Br.$$

Bromures de thallium intermédiaires. — Il en existe deux : l'un, Tl^4Br^6, qui est rouge ; l'autre, Tl^2Br^4, qui est jaune [Willm, *loc. cit.*].

Sesquibromure, $Tl^4Br^6 = TlBr^3, 3TlBr$. — Ce composé se présente en lamelles hexagonales d'un rouge orangé. Il peut être obtenu :

1° Par l'addition d'acide bromhydrique à un mélange de sels thalleux et thallique en proportions convenables;

2° Par l'addition de protobromure de thallium à une solution de tribromure;

3° Par l'action d'une petite quantité d'eau sur les aiguilles jaunes du bibromure.

Traité par l'eau, le sesquibromure de thallium se décompose en donnant du protobromure qui se précipite et du perbromure qui reste dissous; aussi ne peut-on pas le faire cristalliser une seconde fois; pour le débarrasser des matières étrangères, il faut le laver à l'alcool faible.

Chauffé dans un tube, ce bromure fond en un liquide brun, puis se sublime en globules bruns à chaud et jaunes à froid; il se dégage en même temps du brome.

Bibromure, $Tl^2Br^4 = TlBr^3, TlBr$. — Ce bromure intermédiaire se produit par l'addition d'une quantité convenable de protobromure à une solution de tribromure, ou par une réduction partielle de ce dernier. Il se dépose par le refroidissement de sa solution bouillante en longues et belles aiguilles jaunes qui présentent l'apparence de prismes carrés. On ne peut le soumettre à une nouvelle cristallisation dans l'eau, ce liquide le dédoublant en tribromure soluble et en sesquichlorure rouge peu soluble, d'après l'équation : $3Tl^2Br^4 = 2TlBr^3 + Tl^4Br^6$.

Bromothallate d'ammonium, $TlBr^3, AzH^4Br$. — Longues aiguilles jaunes et transparentes; elles deviennent opaques en s'effleurissant. Ce sel renferme $5H^2O$, qu'il perd aisément dans le vide (Willm.)

Nicklès a observé ce même sel avec $4H^2O$ et avec $8H^2O$; dans le premier cas, il forme des tables hexagonales; dans le second, il est cristallisé en aiguilles [*Compt. rend.*, t. LVIII, p. 537].

Le *bromothallate triammonique* n'a pas été décrit.

Bromothallate de potassium,

$$2TlBr^3, 3KBr + 3H^2O.$$

— Cristaux jaunâtres (Rammelsberg).

L'*éther bromothallique*, $2TlBr^3, 3C^4H^{10}O$, ressemble à l'éther chlorothallique et se prépare d'une manière analogue (Nicklès).

Iodures de thallium. — On ne connaît bien que le protoiodure. Le triiodure n'est guère connu à l'état de liberté, mais seulement en combinaison.

Protoiodure de thallium TlI. — Ce composé est jaune; il ressemble beaucoup à l'iodure de plomb, mais est encore plus insoluble que ce dernier. On l'obtient par l'addition d'iodure de potassium à la solution d'un sel thalleux ou d'un sel thallique additionné d'acide sulfureux. Il ne se précipite pas toujours avec la même nuance, quelquefois il est jaune verdâtre ou jaune-orange, mais généralement la couleur passe au jaune-citron après quelques heures. La potasse bouillante dissout des quantités notables d'iodure de thallium; par le refroidissement, celui-ci se dépose en paillettes miroitantes rouges; après quelques heures, ces cristaux redeviennent jaunes (Willm). Il se dépose d'une solution dans l'acétate de potassium en petits cubes ou en cubo-octaèdres oranges (Werther). Il paraît exister au moins deux modifications allotropiques de l'iodure de thallium, dont l'une est très-peu stable. D'après Knoesel [*Deutsch. chem. Gesells.*, t. VII, p. 576 et 893], la couleur verdâtre serait due à un sous-iodure, mais le fait n'est pas démontré. Chauffé, l'iodure de thallium devient rouge écarlate à 190°, puis il fond en un liquide rouge foncé; par le refroidissement, il donne une masse cristalline rouge qui devient bientôt jaune (Helberling).

Voici, d'après Crookes, la solubilité de l'iodure thalleux dans l'eau : 1 p. TlI exige 4453 p. d'eau à 15° et 842 p. d'eau bouillante. Cette solubilité est encore plus faible d'après Werther; 1 p. TlI exige, d'après lui,

à 13°	à 23°,4	à 45°
20 000	10 000	5 400 p. d'eau.

Elle serait enfin, d'après Helberling [*Ann. der Chem. u. Pharm.*, t. CXXXIV, p. 11], de $\frac{1}{11676}$ à 16° et de $\frac{1}{884}$ à 100°. L'alcool ne dissout que des traces d'iodure; 1 p. de ce dernier se dissout à 13° 5 dans 56330 p. d'alcool à 85 centièmes (Werther); dans 18934 p. d'alcool à 10° d'après Helberling.

La présence d'iodure de potassium paraît diminuer la solubilité de l'iodure de thallium.

Le chlore et l'eau régale dissolvent l'iodure de thallium sans mettre d'iode en liberté; il se forme peut-être dans ce cas un chloroiodure de thallium. L'acide nitrique décompose très-facilement l'iodure de thallium.

Periodure de thallium TlI^3. — Ce periodure, dont l'existence n'est pas douteuse, n'a pas encore pu être isolé en raison de son instabilité. L'addition d'iodure de potassium à la solution d'un sel thallique en précipite une poudre noire ressemblant beaucoup à l'iode; l'odeur de ce corps se manifeste en même temps; si l'on fait bouillir, il se volatilise de l'iode et il reste de l'iodure thalleux jaune. Lorsqu'on chauffe du protoiodure de thallium avec une solution d'iode dans l'alcool ou dans l'acide iodhydrique, il y a combinaison; l'iodure thalleux jaune disparaît; la solution reste colorée en brun et il se sépare un produit oléagineux presque noir, très-dense, qui se prend par le refroidissement en une masse cristalline composée d'aiguilles enchevêtrées; ce corps constitue peut-être le periodure ou bien un iodure intermédiaire (expérience inédite). Les solutions dans lesquelles on a cherché à obtenir le periodure de thallium en renferment en dissolution, car la potasse en précipite du peroxyde de thallium.

En chauffant de l'iodure thalleux avec un excès d'iode, Knœsel a obtenu des aiguilles brillantes, presque noires, dont la composition se rapproche le plus de celle de l'*iodure intermédiaire* Tl^2I^3, ou

$$Tl^4I^6 = TlI^3,3TlI$$

[*Deutsch. chem. Gesellsch.*, t. VII, p. 893].

D'après Jœrgensen [*Journ. prakt. für Chem.*, nouv. série, t. VI, p. 82; *Bull. de la Soc. chim.*, t. XVIII, p. 312], on obtient un autre iodure de thallium intermédiaire, $TlI^3,5TlI = Tl^6I^8$, en tables rhombiques microscopiques, de 99° 30′, de couleur foncée, en ajoutant de l'iodure de potassium à une solution étendue d'un sel thallique, ou en évaporant à 70° une solution de TlI dans l'acide iodhydrique chargé d'iode, ou enfin en faisant digérer l'iodure thallium avec une solution alcoolique ou éthérée d'iode. La chaleur décompose cet iodure intermédiaire; il en est de même de l'iodure de potassium en excès et de l'alcool bouillant qui dissolvent l'iode et laissent le protoiodure jaune.

Iodothallate de potassium, $TlI^4K = TlI^3,KI$. — Cette combinaison, parfaitement définie, se prépare par l'ébullition du protoiodure de thallium avec une solution alcoolique d'iodure de potassium ioduré renfermant I^2 pour KI. Quand tout l'iodure thalleux est dissous, on soumet la solution à l'évaporation. L'iodothallate de potassium se dépose en cristaux cubiques volumineux, presque noirs, d'un rouge grenat lorsqu'on les regarde par transparence; pulvérisé, ce sel est d'un rouge de cinabre. Il est anhydre. On peut le soumettre à une nouvelle cristallisation dans l'alcool; mais l'eau le décompose en mettant de l'iode en liberté et en précipitant de l'iodure thalleux. Les cristaux se conservent à l'air sec et sont sensiblement inodores; mais à l'air humide ils répandent l'odeur de l'iode. Une chaleur même très-modérée les décompose; il se volatilise de l'iode et il reste un mélange de TlI insoluble et de KI [Willm, *Ann. de Chim. et de Phys.*, (4), t. V, p. 45].

Rammelsberg a décrit un *iodothallate*

$$2TlI^3,3KI + 3H^2O,$$

cristallisé en cubooctaèdres rouges et translucides.

Iodothallate cuprammonique

$$2TlI^3,CuI^2,4AzH^3.$$

— Longues aiguilles brunes obtenues par l'addition d'une solution d'iodure thalleux dans l'acide iodhydrique, chargé d'iode libre, à une solution étendue et tiède de sulfate cuprammonique. Le sel est décomposable par l'eau et par l'ammoniaque; l'alcool le dissout. La chaleur le décompose en laissant un résidu d'iodure thalleux et d'iodure cuivreux [Jœrgensen, *loc cit.*].

Jœrgensen a décrit les combinaisons du triiodure de thallium avec les iodures de tétréthylammonium, de tétréthylphosphonium et de triéthylsulfine.

Fluorure de thallium. *Fluorure thalleux*, TlFl. — Le thallium est difficilement attaqué par l'acide fluorhydrique.

Kuhlmann fils a obtenu ce sel à l'état anhydre, sous forme d'une masse sublimée blanche, en traitant le carbonate de thallium par le gaz fluorhydrique. Ce fluorure est très-altérable à la lumière.

Lorsqu'on sature l'acide fluorhydrique aqueux par de l'oxyde ou du carbonate de thallium, on obtient, par le refroidissement de la solution concentrée dans une capsule de platine, de jolis cristaux incolores, sous forme de tables hexagonales. Les cristaux dérivent d'un prisme clinorhombique. Chauffé sur une lame de platine, ce sel fond et se volatilise rapidement. Il perd 5, 3 % de son poids, tant en eau qu'en acide fluorhydrique [Kuhlmann, *Compt. rend.*, LVIII, p. 1037; Willm, *loc. cit.*, p. 47].

D'après Buchner [*Journ. prakt. für Chem.*, t. XCVI, p. 404], le fluorure de thallium cristallise par l'évaporation lente en hexaèdres modifiés par les faces de l'octaèdre. Il se dissout à 15° dans 1 p. 25 d'eau; il est plus soluble à 100°; il est peu soluble dans l'alcool; sa réaction est alcaline.

Fluorhydrate de fluorure, TlFl,FlH. — Il cristallise en hexaèdres par l'évaporation, sur l'acide sulfurique, d'une solution de fluorure de thallium dans l'acide fluorhydrique. Sa réaction est acide; il se dissout dans son poids d'eau et ne se décompose qu'à 100° en FlH et TlFl (Buchner).

Fluosilicate de thallium, $SiFl^6Tl^2$. — Octaèdres réguliers ou tables, d'apparence hexagonale, très-solubles dans l'eau [Werther; Kuhlmann, *Compt. rend.*, t. LXVIII, p. 1037].

L'ammoniaque précipite de sa solution une masse floconneuse qui prend peu à peu un aspect cristallin. Les cristaux renferment $2H^2O$. Ce sel est volatil sans décomposition.

Fluorure thallique. — Précipité vert-olive foncé, obtenu par la digestion du peroxyde de thallium avec l'acide fluorhydrique ou par l'addition d'acide fluorhydrique à une solution d'azotate thallique. Il est insoluble dans l'eau, même bouillante, et dans l'acide chlorhydrique froid. Chauffé, il devient d'abord brun, puis fond en une masse orange devenant blanche par le refroidissement. Chauffé plus fort, il se volatilise.

L'addition de fluorure d'ammonium à une solution d'azotate thallique fournit un précipité brun clair [Ed. Willm, *loc. cit.*].

COMBINAISONS DU THALLIUM AVEC LES ÉLÉMENTS DIATOMIQUES.

OXYDES DE THALLIUM. — Il existe deux oxydes de thallium correspondant au protochlorure et au trichlorure, soit Tl^2O et Tl^2O^3. Ces deux oxydes possèdent des caractères basiques, surtout le premier, qui présente beaucoup d'analogie avec les oxydes alcalins; le second possède des affinités beaucoup plus faibles et les sels qui en dérivent offrent peu de stabilité. M. Crookes avait cru pouvoir admettre l'existence d'un acide thallique, soluble et cristallisable [*Chem. News*, juillet 1862], mais les recherches postérieures n'ont pas confirmé cette assertion. D'après Carstanjen cependant, on obtiendrait une solution d'un violet foncé, renfermant du thallate de potassium lorsqu'on fait passer un courant de chlore à travers du peroxyde de thallium en suspension dans de la potasse concentrée. Cette solution, qu'on peut filtrer sur du papier, dégage des torrents d'oxygène lorsqu'on l'acidule.

PROTOXYDE DE THALLIUM, Tl^2O. — On le connaît à l'état anhydre et à l'état hydraté [Lamy, *Ann. de Chim. et de Phys.*, (3), t. LXVII, p. 392]. On le prépare par oxydation directe du thallium ou par la décomposition du sulfate de thallium par une quantité calculée de baryte. Dans le premier cas, on chauffe le thallium à 100°, puis on le plonge dans l'eau qui dissout la couche d'oxyde; on renouvelle cette opération un grand nombre de fois. Dans le second cas, il est bon d'opérer sur une solution étendue de sulfate de thallium, le sulfate barytique entraînant facilement du thallium dans sa précipitation. On peut aussi décomposer l'oxalate thalleux par la chaux. Une exposition prolongée du thallium dans l'eau aérée fournit très-facilement une solution d'oxyde de thallium. Les solutions d'oxyde de thallium doivent être concentrées rapidement et à l'abri de l'acide carbonique si l'on veut éviter le mélange de carbonate thalleux.

L'oxyde de thallium hydraté cristallise en longues aiguilles prismatiques; il perd facilement son eau et noircit en devenant anhydre pour redevenir jaune en s'hydratant. Il fond à 300° en un liquide jaune brunâtre qui se prend par le refroidissement en un enduit jaune très-adhérent au verre. En réalité, celui-ci est attaqué et a cédé une partie de sa silice à l'oxyde de thallium. Les cristaux qui se déposent par la concentration offrent en général des parties noires. Cette coloration noire n'est pas due, comme on pourrait le croire, à une suroxydation, car elle se produit dans le vide, et les parties noircies redeviennent jaunes au contact de l'eau et se dissolvent (Lamy). Il est des circonstances cependant où la coloration noire est due à une oxydation. Willm a obtenu accidentellement des cristaux jaunes, assez volumineux, déposés lentement au sein d'une solution d'oxyde de thallium; ces cristaux sont des prismes orthorhombiques dont la composition est représentée par la formule

$$Tl^2O.3H^2O = TlHO + H^2O.$$

On n'a du reste pas indiqué la composition de l'hydrate de thallium ordinaire; peut-être est-elle la même.

La solution d'oxyde de thallium est très-alcaline; lorsqu'on la concentre, elle manifeste la même odeur que les lessives de potasse ou de soude à chaud. L'oxyde de thallium exerce à l'égard des solutions métalliques une action semblable à celle des alcalis; elle est très-avide d'acide carbonique. L'hydrogène sulfuré en précipite du sulfure de thallium noir, et cette réaction le distingue nettement des alcalis ordinaires. Les solutions d'oxyde de thallium attaquent lentement le verre.

L'oxyde de thallium anhydre se dissout dans l'alcool absolu en donnant un produit liquide, très-dense, que Lamy a désigné sous le nom d'*alcool thallique*. Cette combinaison sera décrite plus loin. — Voyez THALLIUM (COMBINAISONS ORGANIQUES).

PEROXYDE DE THALLIUM, Tl^2O^3. — L'oxyde de thallium brunit à l'air en absorbant de l'oxygène. D'après Schœnbein, cette oxydation est produite non pas par l'oxygène ordinaire, mais par l'ozone. Si l'on plonge dans un flacon renfermant de l'air ozonisé une bande de papier imprégnée d'oxyde de thallium, on le voit brunir instantanément [*Journ. für prakt. Chem.*, t. XCIII, p. 35]. Le peroxyde de thallium se forme immédiatement par l'action du peroxyde d'hydrogène sur le thallium, mais un excès de ce composé le réduit de nouveau. Une foule d'agents oxydants opèrent la suroxydation du protoxyde de thallium.

Le peroxyde de thallium a été décrit en premier lieu par Lamy [*Ann. de Chim. et de Phys.*, (3), t. LXVII, p. 397]. A l'état hydraté, il est brun; à l'état anhydre, il est noir. L'un et l'autre sont tout à fait insolubles dans l'eau.

L'électrolyse du sulfate de thallium produit sur l'électrode positive en platine un dépôt d'oxyde brun (Crookes).

Le peroxyde de thallium brun se produit par l'addition d'un alcali à une solution de trichlorure ou de sesquichlorure de thallium. Il a pour composition, d'après Lamy,

$$TlHO^2 = \tfrac{1}{2}\,(Tl^2O^3 + H^2O).$$

Cette composition est conforme au poids du peroxyde formé en partant d'un poids connu de sesquichlorure,

$$Tl^4Cl^6 + 3KHO$$
$$= TlHO^2 + 3TlCl + 3KCl + H^2O.$$

La peroxyde noir ou anhydre se produit par l'oxydation directe du thallium. La déshydratation directe de l'oxyde brun ne peut se faire sans entraîner une perte d'oxygène; cette réduction commence déjà à 100°; elle est accompagnée d'une absorption d'acide carbonique, de sorte que les pesées n'indiquent pas la marche de cette action.

L'oxyde noir s'obtient immédiatement par l'action de l'eau sur les sels instables de peroxyde de thallium, et surtout par la décomposition du chloramidure.

Pour obtenir du peroxyde de thallium exempt de protoxyde, le mieux est de traiter par un courant de chlore un sel thalleux additionné d'un alcali.

Le peroxyde de thallium est infusible au rouge sombre; au rouge vif, il éprouve une sorte d'ébullition due à un fort dégagement d'oxygène; le résidu est du protoxyde de thallium fondu.

Le peroxyde brun se dissout avec facilité dans l'acide chlorhydrique en donnant du trichlorure de thallium. Les autres acides le dissolvent plus difficilement. Lorsqu'ils sont concentrés et que l'on chauffe trop fort, il se dégage de l'oxygène. Cette circonstance explique le fait que les sels thalliques renferment presque toujours une petite quantité de sel thalleux.

Le peroxyde de thallium ne se combine pas aux alcalis.

Chauffé dans un courant de gaz ammoniac, il absorbe ce gaz en assez grande quantité, mais sans paraître s'y combiner. Chauffé avec une solution de sel ammoniac, il déplace de l'ammoniaque et donne naissance à du chlorure de thallammonium dont la présence est accusée par la précipitation de peroxyde noir, lorsqu'on étend d'eau la solution,

$$Tl^2O^3 + 6AzH^4Cl = 2Tl(AzH^3Cl)^3 + 3H^2O.$$

Le dégagement d'ammoniaque provient d'une décomposition partielle du chloramidure par l'ébullition (Willm).

L'acide sulfureux réduit instantanément le peroxyde de thallium en produisant du sulfate thalleux. L'acide oxalique ne le réduit que par une ébullition prolongée; il se forme d'abord de l'oxalate thallique qui est relativement stable et qui constitue une poudre blanche peu soluble. L'acide tartrique le réduit à l'ébullition; il se dégage de l'acide carbonique et il reste en solution du formiate thalleux très-soluble mélangé de tartrate.

Sulfures de thallium. — Le *protosulfure*, Tl^2S, se produit par l'action de l'hydrogène sulfuré sur les solutions alcalines de thallium ou sur les solutions qui ne renferment que de l'acide acétique libre. Dans les autres solutions acides, il ne prend pas naissance. C'est un précipité noir, tout à fait insoluble dans l'eau. Il s'oxyde avec une grande rapidité par son contact avec l'air, en se transformant en sulfate; c'est ce que l'on observe lorsqu'on lave ce précipité sans précaution avec de l'eau. Il se dissout très-facilement dans les acides sulfurique et azotique; il est insoluble dans les sulfures alcalins.

Le sulfure de thallium est fusible; par le refroidissement, il se prend en une masse cristalline à larges facettes, d'une densité égale à 8 environ (Lamy). On ne peut le maintenir fondu sans qu'il perde de son poids.

Le protosulfure obtenu par voie sèche est une masse cassante à structure cristalline (Carstanjen).

L'addition d'hydrogène sulfuré à un sel thallique en détermine la réduction avec dépôt de soufre et de sulfure de thallium, lorsqu'on neutralise la solution.

Carstanjen [*Journ. für prakt. Chem.*, t. CII, p. 65] a décrit un *trisulfure* de thallium, Tl^2S^3, qu'il a obtenu par fusion directe. C'est un composé noir, très-fusible, mou et s'étirant en fils; il n'est dur et cassant qu'à 12°. L'acide sulfurique étendu ne l'attaque qu'à chaud, sans séparation de soufre. Le sulfure de carbone ne lui enlève pas de soufre.

Fondu avec le protosulfure, le trisulfure de thallium fournit un sulfure intermédiaire cristallisé en prismes d'un gris noir, de composition variable. D'après Carstanjen, on obtient aussi des sulfures intermédiaires par voie humide.

Tous ces sulfures sont réduits à chaud par l'hydrogène.

R. Schneider a obtenu une combinaison de trisulfure de thallium avec le sulfure de potassium, $Tl^2S^4K^2 = Tl^2S^3.K^2S$. On fond 1 p. de sulfate thalleux avec 6 p. de carbonate potassique sec et 6 p. de soufre. Lorsqu'on reprend la masse par l'eau, il reste une poudre cristalline rouge cochenille, formée de tables quadratiques. Densité = 4,263. Chauffé dans un tube, ce sulfure fond sans altération; dans un courant d'hydrogène, il est décomposé et laisse un résidu de K^2S et TlS. Les alcalis sont sans action sur ce sulfure double.

La *combinaison sodique* correspondante est amorphe et très-altérable [*Poggend. Ann.*, t. CXXXIX, p. 661; *Bull. de la Soc. chim.*, (2), t. XIV, p. 207].

Séléniure de thallium, TlSe. — Lamelles grisâtres brillantes, se ternissant à l'air, qui se précipitent lorsqu'on traite une solution de carbonate thallique par l'hydrogène sélénié. Il est fusible à 340°. Il est soluble dans l'acide sulfurique. L'acide azotique le transforme en sélénite [Fr. Kuhlmann fils, *Bull. de la Soc. chim.*, (2), t. I, p. 334].

Le séléniure obtenu par voie sèche est une masse fondue noire, dure et cassante, qui n'est attaquée qu'à chaud par l'acide sulfurique étendu.

Lorsqu'on fond le thallium avec le sélénium, dans le rapport de 1 atome du premier pour 2 ou 3 atomes du second, le produit cristallise par le refroidissement en prismes radiés, que l'acide sulfurique concentré n'attaque qu'à chaud en séparant du sélénium et en dégageant du gaz sulfureux [Carstanjen, *Journ. für prakt. Chem.*, t. CII, p. 65].

COMBINAISONS AVEC LES ÉLÉMENTS TRIATOMIQUES.

Azoture de thallium. — On ne connaît pas l'azoture de thallium. Le chlorure de thallammonium (p. 360) peut être envisagé comme renfermant l'amide $Tl'''(AzH^2)^3$ combiné à 3HCl.

Phosphure de thallium. — Le phosphure de thallium ne se produit ni par union directe, ni par réduction du phosphate (Carstanjen). Le thallium, chauffé dans la vapeur de phosphore, n'est attaqué qu'à la surface (Flemming).

Le phosphore introduit dans la solution d'un sel de thallium se recouvre d'un enduit noir prenant l'aspect métallique par l'ébullition et qui paraît être un phosphure de thallium. Si l'on opère à chaud, en tubes scellés, les parois du tube se recouvrent en outre de petits cristaux. Il se forme en même temps de l'acide phosphoreux et de l'hydrogène phosphoré [Flemming, *Zeitsch. für Chem.*, 1869, p. 292; *Bull. de la Soc. chim.*, t. X, p. 235].

Antimoniure de thallium. — L'alliage TlSb est cristallin, dur et cassant; il dégage de l'hydrogène antimonié par l'action de l'acide sulfurique étendu (Carstanjen).

SELS DE THALLIUM.

Le thallium forme, comme on l'a vu, deux séries de sels, les sels thalleux et les sels thalliques. Dans les premiers, le thallium est monatomique; dans les seconds, il est triatomique. Les caractères de l'une ou l'autre de ces combinaisons sont décrits plus loin (voyez Thallium (analyse)). Les sels thalliques peuvent être obtenus par l'oxydation des sels thalleux, procédé qu'on emploie pour le sulfate, par exemple, ou par combinaison de Tl^2O^3 avec les acides, combinaison qui n'a pas toujours lieu avec facilité; enfin, par double décomposition.

Arséniates thalleux et thallique. — Voyez t. I, p. 405.

Sulfarsénite de thallium, AsS^3Tl. — Précipité floconneux rouge brique qui se produit par l'action de l'hydrogène sulfuré dans une solution de thallium additionnée d'acide arsénieux. Traité par les alcalis, ce précipité donne du sulfure de thallium et du sulfure d'arsenic qui se dissout [Günning, *Zeitsch. für Chem.*, 1868, p. 241; *Bull. de la Soc. chim.*, t. X, p. 359]. Lorsqu'on remplace l'acide arsénieux par l'acide arsénique, c'est sans doute du sulfarséniate qui prend naissance.

Azotate thalleux, AzO^3Tl. — On l'obtient par dissolution du thallium, de son oxyde ou de son carbonate dans l'acide azotique. Il cristallise en belles aiguilles prismatiques d'un blanc mat. Il fond à 205° d'après Crookes; sa densité à l'état fondu est égale à 5,8. Sa solubilité dans l'eau est la suivante: 1 p. d'azotate se dissout à 15° dans 9p,4 d'eau et dans moins de son volume d'eau bouillante (Crookes). Solubilité d'après Lamy [*Ann. de Chim. et de Phys.*, (3), t. LXVII, p. 409]: 100 p. d'eau à 18° en dissolvent 9p,75; à 58°, 43p,7 et à 107°, 5p,80.

Les cristaux sont anhydres. Leur forme cristalline a été déterminée par W. H. Miller [*Phil. Mag.*, (4), t. XXXI, p. 149].

Azotate thallique, $(AzO^3)^3Tl''' + 4H^2O$. — Cristaux volumineux, incolores et transparents. On les prépare en dissolvant le peroxyde de thallium, récemment précipité, dans l'acide azotique concentré et chaud. Après quelques jours de repos, les cristaux se déposent; les eaux mères sont sirupeuses. Ce sel est très-déliquescent; pour le purifier, il faut le laver avec de l'eau fortement acidulée d'acide azotique, puis avec de l'alcool et le sécher dans le vide. L'eau le décompose instantanément; il se décompose déjà en partie audessous de 100° [Ed. Willm, *Ann. de Chim. et de Phys.*, (4), t. V, p. 70].

Strecker n'a trouvé que $3H^2O$ dans les cristaux de ce sel.

Bromate thalleux. — Précipité blanc peu soluble à froid, un peu plus soluble dans l'eau bouillante (Oettinger).

Carbonate thalleux, CO^3Tl^2. — Il se forme par l'action de l'acide carbonique sur une solution d'oxyde de thallium. Pour le préparer, on décompose le sulfate de thallium par la baryte et on sature la solution par un courant d'acide carbonique; on fait bouillir, on concentre et on fait cristalliser la liqueur filtrée. Ce sel cristallise en longues aiguilles aplaties, très-friables et d'un gris jaunâtre clair. Il fond facilement et se décompose à la longue en se transformant en oxyde anhydre. Densité = 7,06. Sa solubilité est exprimée par les chiffres suivants [Lamy, *Ann. de Chim. et de Phys.*, (3), t. LXVII, p. 407].

100 p. d'eau en dissolvent :

5p,23 à 18°
12p,85 à 62°
22p,4 à 100°,8

D'après Crookes, 1 p. de sel exige 24p,8 d'eau à 15° et 3p,6 à 100°.

Le carbonate de thallium obtenu par exposition de l'alcool thallique à l'air forme des cristaux clinorhombiques à éclat adamantin présentant un grand nombre de facettes; angles : mm (en avant) = 71° 26'; ph^1 (sur a^1) = 94° 47'. Clivage suivant p et a^1 Densité = 7,164 [Lamy et Descloizeaux, *Ann. de Chim. et de Phys.*, (4), t. XVII, p. 310].

La forme cristalline de ce sel a aussi été déterminée par W. H. Miller. D'après ce savant, les cristaux paraissent appartenir au type orthorhombique [*Phil. Mag.*, (4), t. XXXI, p. 149].

Carstanjen a obtenu un *bicarbonate de thallium*, $C^2O^5Tl^2$ ou (CO^3HTl), en aiguilles déliées, solubles dans l'eau. Ce sel se forme par l'addition d'alcool à une solution de carbonate neutre saturée d'acide carbonique.

Chlorate de thallium. — Longues aiguilles anhydres, peu solubles. On le prépare directement ou par double décomposition [Crookes, *Chem. News*, t. VIII, p. 195].

Perchlorate de thallium. — Crookes l'a obtenu en décomposant de la solution du chlorate. Il se dépose en cristaux incolores et brillants par la concentration à consistance sirupeuse.

Roscoe le prépare par dissolution du thallium dans l'acide perchlorique ou par double décomposition entre le perchlorate de baryum et le sulfate de thallium. Il forme des cristaux orthorhombiques anhydres, transparents et déliquescents. Il se décompose seulement à 350°. Densité = 4,844. Faces observées : m, a^1, p, angle mm = 102° 50'. Rapport des axes : 0,7978 : 1 : 0,6449. Il se dissout à 15° dans 10 p. d'eau et à 100° dans 0p,6; il est très-peu soluble dans l'alcool [*Journ. of Chem. Soc.*, (2), t. IV, p. 504].

Chromates de thallium. — *Chromate neutre*, CrO^4Tl^2. — Précipité jaune, insoluble, ressemblant beaucoup au chromate de plomb (Lamy).

Bichromate, $Cr^2O^7Tl^2$. — Cristaux microscopiques anhydres se séparant par le refroidissement d'une solution de chromate neutre dans l'acide sulfurique étendu et bouillant.

Trichromate, $Cr^3O^{10}Tl^2$. — Cristaux d'un rouge plus vif que ceux du bichromate et se produisant dans des circonstances analogues (Willm). Ce sel se dissout, d'après Crookes, dans 2814 p. d'eau à 15° et dans 438p,7 d'eau bouillante.

Iodate thalleux, IO^3Tl. — Précipité blanc, peu soluble à froid, un peu plus à l'ébullition [Oettinger, *Zeit. Chem.*, 1864, p. 440]. Insoluble d'après Rammelsberg. Il laisse, par la calcination, un résidu d'iodure et d'oxyde de thallium [*Deutsch. Chem. Gesells.*, t. III, p. 360; *Bull. de la Soc. chim.*, t. XIV, p. 155].

Iodate thallique, $2(IO^3)^3Tl + 3H^2O$. — Sel cristallin gris, insoluble dans l'eau, obtenu en traitant le peroxyde de thallium par l'acide iodique (Rammelsberg).

Periodate thalleux. — Précipité blanc, devenant jaune-rouge par la dessiccation.

Periodate thallique. — Sel basique brun clair, insoluble dans l'eau. Il paraît renfermer : $I^2O^{16}Tl^6 + 30H^2O$ (Rammelsberg).

Molybdates de thallium. — Voyez t. II, p. 444.

Phosphates de thallium. — Ces sels ont été principalement étudiés par Lamy [*Ann. de Chim. et de Phys.*, (4), t. V, p. 410]; leur forme cristalline a été décrite par Lamy et Descloizeaux [*ibid.*, (4), t. XVII, p. 310].

Phosphate trithalleux, PO^4Tl^3. — C'est le seul des phosphates thalleux qui soit très-peu soluble dans l'eau. C'est celui qui a été décrit par Crookes. C'est un précipité cristallin et soyeux qui se produit par l'addition de phosphate sodique ordinaire à un sel thalleux ou par l'addition d'ammoniaque aux phosphates suivants. On l'obtient en longues aiguilles en fondant du métaphosphate thalleux avec 1 molécule de carbonate thalleux et décantant la partie fluide avant complète solidification.

Il fond au rouge en un liquide rougeâtre qui se prend par le refroidissement en une masse cristalline blanche. Densité = 6,89. Il exige 201 p. d'eau à 15° pour se dissoudre et 149 p. d'eau à 100° (Crookes). D'après Carstanjen, il est soluble dans les sels ammoniacaux.

Phosphate dithalleux, PO^4Tl^2H. — On l'obtient en dissolvant le carbonate de thallium dans l'acide phosphorique et évaporant à consistance sirupeuse. Il se dépose d'abord des cristaux du sel anhydre. Lorsqu'on cherche à le redissoudre dans l'eau, il paraît se dédoubler en prosphate monothalleux et phosphate trithalleux insoluble. Après le sel anhydre, se déposent des cristaux de sel hydraté, $2PO^4Tl^2H + H^2O$. Ce dernier fond sans perte de poids à 145°; il ne perd son eau qu'à 170°. La chaleur rouge transforme ce sel en une masse cristalline de pyrophosphate.

Le phosphate dithalleux cristallise en tables rectangulaires orthorhombiques : mm (en avant) = 94° 4'; mh^1 = 137° 2' et a^1h^1 = 130° 1'. C'est la forme du phosphate disodique

$$PO^4Na^2H + H^2O.$$

Phosphate monothalleux, PO^4TlH^2. — Il cristallise par l'évaporation en lames nacrées, très-solubles dans l'eau, insolubles dans l'alcool. Il forme de longues aiguilles ou des cristaux clinorhombiques transparents, dérivant d'un prisme de 34° 59'; inclinaison des axes = 88° 16'. Clivage suivant h^1. Densité = 4,723.

Il fond à 190°. Chauffé plus fort, il se transforme successivement en pyrophosphate acide et en métaphosphate.

Phosphate double de thallium et d'ammonium, $PO^4Tl(AzH^4)^2$. — Grands prismes transparents, solubles (Lamy). Les eaux mères de la précipitation du phosphate trithallique par l'ammoniaque, évaporées à consistance sirupeuse, fournissent un autre phosphate ammoniacal, $PO^4(AzH^4)^3 + PO^4Tl, (AzH^4)^2$, cristallisé en prismes quadratiques, anhydres et transparents, isomorphes avec le phosphate d'ammonium. Ce sel est inaltérable à 110°; il est très-soluble dans l'eau (Lamy et Descloizeaux).

PYROPHOSPHATES DE THALLIUM. — Le *pyrophosphate neutre*, $P^2O^7Tl^4$, s'obtient sous forme d'une masse vitreuse par la fusion du phosphate dithalleux; il est soluble dans l'eau et cristallise de sa solution sirupeuse en aiguilles enchevêtrées. Une nouvelle dissolution dans l'eau décompose ce sel. Les cristaux de ce pyrophosphate, qui ont un éclat adamantin, appartiennent au type clinorhombique. Angles : $mm = 74°58'$; $ph^1 = 114°$. Densité = 6,784. Chauffés à 100°, ils se ramollissent, puis fondent.

Les eaux mères de ce sel déposent des tables clinorhombiques, fusibles au-dessous du rouge et renfermant $P^2O^7Tl^4 + 2HO^2$.

MÉTAPHOSPHATE THALLEUX, PO^3Tl. — Masse vitreuse obtenue par la calcination du phosphate monothalleux ou du phosphate, $PO^4Tl(AzH^4)^2$.

PHOSPHATES THALLIQUES, $PO^4Tl''' + 2H^2O$. — Précipité gélatineux blanc, insoluble dans l'eau, qui se produit par l'addition d'acide phosphorique, puis d'eau, à une solution sirupeuse d'azotate thallique. Il est soluble dans l'acide azotique et dans l'acide chlorhydrique. Séché, il possède une apparence cristalline. L'ébullition avec l'eau le jaunit, en donnant sans doute un sel basique.

La précipitation incomplète de ce sel, dissous dans l'acide chlorhydrique, par l'ammoniaque, produit un précipité vert qui est un sel basique, correspondant à la formule $2PO^4Tl''' + Tl^2O^3$ (Ed. Willm).

SÉLÉNIATE THALLEUX, SeO^4Tl^2. — Belles et longues aiguilles blanches, isomériques avec le sulfate. Il est peu soluble dans l'eau froide, insoluble dans l'alcool et dans l'éther [F. Kuhlmann fils, *Bull. de la Soc. chim.*, (2), t. I, p. 334; — Oettinger, *Zeitsch. für Chem.*, 1864, p. 440].

Séléniate double de zinc et de thallium, $(SeO^4)^2Tl^2Zn + 6H^2O$. — Ressemble au sulfate correspondant. Cristaux clinorhombiques peu solubles. Faces : $mm = 71°12'$; $pm = 102°50'$; $e^1p = 151°9'$ (Werther).

SÉLÉNITE DE THALLIUM, SeO^3Tl^2. — Lamelles micacées, solubles dans l'eau, insolubles dans l'alcool, à réaction alcaline.

Le *sélénite acide*, SeO^3TlH, est plus soluble que le sel neutre; il cristallise facilement de sa solution aqueuse additionnée d'alcool. Ces sels s'obtiennent par l'acide sélénieux et le carbonate de thallium [Fr. Kuhlmann fils, *loc. cit.*].

SILICATE DE THALLIUM. — Une solution d'oxyde de thallium dissout par une ébullition prolongée 4,17 % de silice gélatineuse. L'évaporation de la solution fournit une masse cristalline blanche qui, séchée à 150°, renferme 31,1 % SiO^2 et 65,2 Tl^2O, soit $27SiO^2$ pour $8Tl^2O$, ou à peu près $3SiO^2Tl^2O$, soit $Si^3O^7Tl^2$ [Flemming, *Zeitsch. für Chem.*, 1868, p. 292].

Verre et cristal de thallium. — Le thallium peut remplacer le potassium et le plomb pour donner des verres transparents très-denses, doués d'une teinte jaunâtre et d'un pouvoir réfringent supérieur à ceux de tous les verres connus.

Un mélange de 300 grammes de sable, 400 grammes de carbonate de thallium et 100 grammes de carbonate de potassium donne un verre qui fond et s'affine facilement; mais la masse refroidie n'est pas homogène; les couches inférieures sont plus riches en thallium et par suite plus jaunes et plus denses.

Un mélange de 300 grammes de sable, 200 grammes de minium et 335 grammes de carbonate de thallium donne un verre homogène, présentant une teinte jaune, agréable et brillante. Densité = 4,235; indice de réfraction pour le rayon jaune 1,71. En variant les proportions, Lamy a obtenu des verres dont la densité allait jusqu'à 5,625 et l'indice de réfraction jusqu'à 1,965. Ces propriétés pourraient être utilisées pour la fabrication de certains verres d'optique ou de pierres précieuses artificielles [Lamy, *Bull. de la Soc. chim.*, 1866, (2), t. V, p. 164].

SULFATE THALLEUX NEUTRE, SO^4Tl^2. — On obtient ce sel en dissolvant du thallium dans l'acide sulfurique, ou en dissolvant l'oxyde ou le carbonate, ou bien encore en décomposant le chlorure de thallium par l'acide sulfurique concentré. Il cristallise en beaux prismes appartenant au type clinorhombique; l'angle des pans y est très-rapproché de celui que présentent les cristaux du sulfate de potassium [Lamy, *Ann. de Chim. et de Phys.*, (3), t. LXVII, p. 408]. De Lang a déterminé les constantes cristallographiques de ce sel. Les prismes orthorhombiques offrent les faces g^1, g^3, m, h^1, $b^{1/2}$, e^1. Le rapport des axes y est 1 : 0,7319 : 0,5539 (pour le sulfate de potassium on a 1 : 0,7454 : 0,5727). Quant à l'orientation des axes optiques, elle n'est pas la même que dans le sulfate de potassium; mais elle est identique à celle des cristaux de sulfate d'ammonium [*Phil. Mag.*, t. XXV, p. 248].

Le sulfate de thallium est anhydre, comme celui de potassium. Il fond à une température voisine du rouge et se prend par le refroidissement en une masse cristalline dont la densité est égale à 6,77 (Lamy). D'après Carstanjen [*Journ. für prakt. Chem.*, t. CII, p. 65], le sulfate thalleux fond à la même température que le chlorure de sodium. Maintenu longtemps en fusion dans un creuset ouvert, au fourneau à vent, il se décompose et laisse un résidu de peroxyde de thallium (fait difficile à admettre, ce peroxyde se décomposant lui-même à une température élevée). D'après Boussingault [*Compt. rend.*, t. LXIV, p. 1159], ce sel se volatilise complètement dans un creuset ouvert, au soufflet de la lampe d'émailleur (0gr,321 de sulfate en 20 minutes).

D'après Lamy, 100 p. d'eau dissolvent 4gr,8 de sulfate thalleux à 18°; 11p,5 à 62° et 19p,15 à 101°,2. Crookes donne des chiffres à peu près identiques. La solution est neutre aux réactifs colorés.

SULFATE THALLEUX ACIDE. — Suivant Carstanjen [*loc. cit.*], ce sel se précipite en poudre amorphe par l'addition d'eau à la solution du sel neutre dans l'acide sulfurique concentré. La solution de ce produit fournit par la cristallisation d'abord du sulfate neutre, puis des prismes volumineux courts de sulfate acide.

SULFATES THALLEUX DOUBLES. — Le thallium, par suite de son isomorphisme avec le potassium, peut le remplacer dans tous ses sulfates doubles, aluns et sulfates de la série magnésienne. La formation de l'alun de thallium a déjà été signalée par Lamy. L'étude des sels de la série magnésienne a été faite par Ed. Willm [*Bull. de la Soc. chim.*, (2), 1864, t. I, p. 241; *Ann. de Chim. et de Phys.*, (4), t. V, p. 52; G. Werther, *Journ. für prakt. Chem.*, 1864, t. XCII, p. 128]. Ces sels s'obtiennent aisément par la combinaison des deux sulfates.

Alun de thallium, $(SO^4)^3Al^2, SO^4Tl^2 + 24H^2O$. — Il s'obtient facilement par la combinaison du sulfate de thallium et du sulfate d'aluminium. Il cristallise en octaèdres réguliers, brillants, le plus souvent modifiés profondément par les faces du cube.

Alun ferrique de thallium,

$$(SO^4)^3Fe^2,SO^4Tl^2 + 24H^2O.$$

— Cristaux volumineux, de couleur améthyste, affectant la même forme que l'alun précédent. Sa tendance à la cristallisation est remarquable. Ce sel s'effleurit avec une grande facilité et se recouvre alors d'un dépôt ocreux jaune [Willm, *loc. cit.*; — Nicklès, *Journ. Pharm*, (3), t. XLV, p. 24, 142].

Alun chromique de thallium. — Il ressemble en tous points à l'alun de chrome ordinaire et se prépare de même avec une grande facilité.

Sulfate double de cuivre et de thallium,

$$SO^4Cu, SO^4Tl^2 + 6H^2O.$$

— Petits cristaux verts, assez pâles, dérivés d'un prisme clinorhombique. Il se décompose facilement par une nouvelle cristallisation.

Sulfate ferroso-thalleux,

$$SO^4Fe, SO^4Tl^2 + 6H^2O.$$

— Cristaux brillants d'un vert pâle, décomposables par l'eau. Système clinorhombique. Angle du prisme = 109° 24', pm = 77° 7'; e^1e^1 = 128° 57'. Rapport des axes $a : b : c = 0,7085 : 1 : 0,4906$.

Sulfate de magnésium et de thallium,

$$SO^4Mg, SO^4Tl^2 + 6H^2O.$$

— Il est plus difficile à obtenir que les autres sels doubles, les deux sulfates ayant plus de tendance à cristalliser séparément. Faces mm = 109° 6'; pm = 76° 42'; e^1e^1 = 128° 34'.

Sulfate de nickel et de thallium,

$$SO^4Ni, SO^4Tl^2 + 6H^2O.$$

— Cristaux verts, opaques, à facettes brillantes, perdant leur eau à 120°. Prismes rhomboïdaux obliques de 109° 6'. Angle pm = 76° 30'; e^1e^1 = 128° 5'. Faces observées e^1, $b^{1/2}$, $d^{1,2}$, $a^{2/3}$.

Sulfate de zinc et de thallium,

$$SO^4Zn, SO^4Tl^2 + 6H^2O.$$

— Cristaux ressemblant tout à fait à ceux du sulfate double précédent, sauf la couleur. C'est le plus facile à obtenir des sels de cette série; ses cristaux se déposent quelquefois sur les lames de zinc servant à décomposer une solution saturée de sulfate de thallium. Angle du prisme = 109° 12'; mp = 75° 44'; e^1e^1 = 129° 8'.

SULFATES THALLIQUES. — Leur existence a déjà été signalée par Lamy. Leur description est due à Ed. Willm [*Ann. de Chim. et de Phys.*, (4), t. V, p. 68] et à Strecker [*Ann. der Chem. u. Pharm.*, t. CXXXV, p. 207]. La préparation de ces sels à l'état de pureté présente de grandes difficultés à cause de leur tendance à la réduction.

Lorsqu'on traite du peroxyde de thallium par l'acide sulfurique concentré, il s'y dissout avec élévation de température. Si l'acide est moyennement concentré, il faut chauffer pour effectuer la dissolution. Par le refroidissement, on obtient de fines aiguilles blanches et les eaux mères abandonnent après quelques jours des cristaux prismatiques transparents accompagnés d'une poudre blanche d'apparence amorphe. L'addition d'acide sulfurique aux dernières eaux mères y produit encore un abondant précipité qu'on peut laver avec de petites quantités d'eau froide.

Les cristaux aiguillés déposés en premier lieu constituent un sel basique, dans les rapports de $2SO^3$ à Tl^2O^3 et $5H^2O$, rapports qu'on peut exprimer par la formule :

$$2[(SO^4)^3Tl^2] + Tl^2O^3 + 15H^2O.$$

La poudre blanche qui accompagne les cristaux prismatiques et le précipité produit par l'acide sulfurique dans les eaux mères, présentent les mêmes rapports, sauf pour l'eau; ces rapports sont $2SO^3, Tl^2O^3, 3H^2O$. On connaît un sulfate de bismuth correspondant. Ce sulfate thallique perd de l'eau à 100°.

La composition des cristaux prismatiques est plus complexe, car ce sel renferme du sulfate thalleux. Elle se représente par les rapports

$$3(SO^4)^3\overset{'''}{Tl^2} + \begin{cases} SO^4H^2 \\ 2SO^4Tl^2 \end{cases} + 25H^2O,$$

qui représente une combinaison d'un sulfate thallique acide avec du sulfate thalleux. L'excès d'acide provient peut-être d'une purification incomplète.

Lorsqu'on fait bouillir une solution de sulfate thalleux avec du bioxyde de plomb ou de baryum et de l'acide sulfurique, tout le sulfate thalleux finit par être transformé en sulfate thallique. La liqueur, séparée du sulfate de plomb ou de baryum insoluble, donne par la concentration un dépôt cristallin de sulfate thallique. On lave ce dépôt avec un peu d'eau, jusqu'à ce qu'il commence à brunir, puis on le sèche dans le vide. Le sulfate ainsi obtenu présente la composition du sulfate thallique normal, $3SO^3.Tl^2O^3$, soit $(SO^4)^3\overset{'''}{Tl^2}$.

Strecker a obtenu ce sulfate normal avec $7H^2O$, en concentrant de la solution du peroxyde de thallium dans l'acide sulfurique. Le sel est en lamelles minces. Ce sel perd $6H^2O$ à 220°.

Tous les sulfates thalliques sont décomposés par l'eau en acide sulfurique et peroxyde de thallium qui se précipite. Chauffés, ils perdent de l'oxygène et se transforment en sulfate thalleux.

Sulfate thallico-sodique, $(SO^4)^3\overset{'''}{Tl^2}, SO^4Na^2$. — Aiguilles incolores se déposant par le mélange des deux sulfates.

Sulfate thallico-potassique, $(SO^4)^3\overset{'''}{Tl^2}, (SO^4)^2K^4$. — Croûtes cristallines dures, peu solubles dans l'acide sulfurique (Strecker).

HYPOSULFATE THALLEUX, $S^2O^6Tl^2$. — Tables brillantes, très-solubles dans l'eau, isomorphes sans doute avec le sel de potassium (Werther).

HYPOSULFITE THALLEUX, SO^3STl^2. — Cristaux tabulaires solubles dans l'eau, anhydres comme le sel de potassium avec lequel ils paraissent isomorphes; mais ils sont hémièdres (Werther).

Hyposulfite thalloso-sodique,

$$2S^2O^3Tl^2, 3S^2O^3Na^2 + 10H^2O$$

— Aiguilles feutrées se déposant de la solution du chlorure thalleux dans l'hyposulfite de sodium bouillant. La chaleur le décompose en sulfure de sodium et sulfates de sodium et de thallium [G. Werther, *Journ. für prakt. Chem.*, t. CXII, p. 128; *Bull. de la Soc. chim.*, (2), t. III, p. 58].

TUNGSTATE, VANADATES. — Voyez TUNGSTÈNE, VANADIUM.

E. W.

THALLIUM (ANALYSE). — CARACTÈRES DES SELS DE THALLIUM. — Par ses caractères chimiques le thallium se rapproche tantôt des métaux alcalins, tantôt des métaux proprement dits, notamment du plomb. Tous ses sels sont incolores lorsque l'acide n'est pas coloré. Ces sels sont de deux sortes, les sels thalleux et les sels thalliques. Les premiers se transforment dans les seconds par oxydation, et plus facilement les sels thalliques donnent des sels thalleux par réduction, notamment par l'action de l'acide sulfureux. La chaleur seule suffit le plus souvent pour opérer cette réduction qui a lieu alors avec dégagement d'oxygène. La réaction la plus sensible des combinaisons du thallium est celle qu'il produit au spectroscope. — Voyez p. 357.

CARACTÈRES DES SELS THALLEUX. — L'*acide chlorhydrique* et les chlorures solubles produisent dans la solution de ces sels, quand elle n'est pas trop étendue, un précipité caillebotté abondant, blanc, soluble dans l'eau bouillante et fournissant par l'action de l'acide azotique bouillant des lamelles jaunes de sesquichlorure.

L'*hydrogène sulfuré* produit un précipité noir de sulfure de thallium dans les solutions alcalines ou dans une solution ne renfermant que de l'acide acétique libre. Les solutions neutres ne sont pas précipitées, ou elles le sont très-incomplétement; les solutions acides ne le sont pas. Ce caractère distingue nettement le thallium du plomb.

Les *sulfures alcalins* produisent un précipité noir, soluble dans les acides, insoluble dans un excès de sulfure alcalin.

L'*iodure de potassium* donne dans les solutions, même extrêmement étendues, un précipité jaune presque insoluble dans l'eau (voyez p. 361), insoluble dans l'iodure de potassium.

Le *bromure de potassium* produit un précipité semblable au chlorure.

Les *alcalis* et leurs *carbonates* ne précipitent pas les sels thalleux. Pourtant, dans les solutions concentrées, il se sépare un précipité cristallin dense, soluble dans une plus grande quantité d'eau.

Le *chromate neutre de potassium* fournit un précipité jaune presque insoluble dans l'eau, un peu soluble à chaud dans les acides.

Phosphate de sodium. — Précipité gélatineux dans les solutions un peu concentrées.

Acide oxalique. — En excès, pas de précipité.

Oxalate ammonique. — Précipité cristallin blanc dans les solutions neutres; ce précipité est soluble dans beaucoup d'eau.

Cyanure de potassium. — Pas de précipité.

Ferrocyanure de potassium. — Précipité soluble dans un excès de réactif et ne se produisant que dans les solutions concentrées.

Sulfocyanate de potassium. — Précipité cristallin blanc, soluble dans l'eau bouillante.

Permanganate de potassium. — Décoloration du réactif et suroxydation du thallium, accusée par le précipité brun produit par les alcalis.

Le *zinc* précipite le thallium en lamelles métalliques brillantes très-oxydables; si on lave le précipité à l'eau, celle-ci passe avec une réaction alcaline.

Les combinaisons du thallium colorent la flamme de l'alcool et du gaz en vert intense.

Caractères des sels thalliques. — Les sels thalliques sont très-instables; l'eau les dissocie instantanément. La chaleur les décompose en leur faisant perdre de l'oxygène. Ils ne sont solubles qu'à la faveur d'un excès d'acide; mais il suffit d'étendre d'eau cette solution acide pour décomposer le sel plus ou moins complétement.

La *potasse* et les *carbonates alcalins* précipitent le peroxyde de thallium sous forme d'un précipité brun, un peu gélatineux, qui est lent à se déposer, si la précipitation a lieu à froid. La présence d'acide tartrique n'empêche pas cette précipitation.

L'*ammoniaque* produit le même effet, mais la précipitation n'est pas toujours complète, au moins à froid; elle est complétement empêchée par l'addition d'acide tartrique.

L'*acide chlorhydrique* et les *chlorures alcalins* ne produisent un précipité dans les solutions thalliques que si celles-ci renferment du sel thalleux; dans ce cas, il se précipite du sesquichlorure de thallium en lamelles jaunes.

Le *bromure de potassium* se comporte d'une manière analogue.

L'*iodure de potassium* est instantanément décomposé par les sels thalliques; il se forme un précipité noir d'iode libre (mélangé d'iodure thallique très-instable) et d'iodure thalleux; à l'ébullition, l'iode se dégage et il ne reste que de l'iodure thalleux jaune. L'acide sulfureux, ajouté à la suite des réactifs précédents, précipite le thallium sous forme de protochlorure, de protobromure ou de protoiodure.

Chromate de potassium. — Pas de précipité.

Ferrocyanure de potassium. — Précipité jaune, devenant vert à chaud.

Ferricyanure de potassium. — Précipité jaune verdâtre, décomposable par la potasse avec mise en liberté de Tl^2O^3.

Sulfocyanate de potassium. — Précipité gris foncé (ressemblant à l'iode précipité). Si la solution est très-peu acide, le précipité est jaune et soluble dans l'eau bouillante; la liqueur ne renferme plus de thallium qu'à l'état de combinaison au minimum.

Acide oxalique. — Précipité blanc, assez dense, d'oxalate thallique.

Acide phosphorique. — Précipité blanc gélatineux.

Acide arsénique. — Précipité jaune très-gélatineux.

Ces précipités par les acides paraissent d'autant moins solubles qu'il y a un plus grand excès d'acide; aussi les sels alcalins de ces acides ne produisent-ils pas toujours un précipité.

L'*acide sulfurique* lui-même donne naissance à un précipité blanc de sulfate thallique.

Dosage et séparation du thallium. — Le dosage exact du thallium n'est pas exempt de difficultés. Celles-ci tiennent tant à l'insolubilité incomplète des combinaisons thalliques qu'à l'impossibilité de les soumettre à la calcination avant la pesée, cette calcination déterminant toujours des pertes par volatilisation. Le sulfure de thallium précipité, par exemple, lavé à l'eau chargée d'hydrogène sulfuré, puis calciné avec du soufre, ne fournit pas un poids constant, une partie du sulfure étant entraînée par volatilisation.

Les procédés de dosage par la méthode des pesées, qui ont été recommandés, sont les suivants:

1° *A l'état d'iodure.* — La précipitation de cet iodure doit être faite à froid, dans un vase ouvert, facile à nettoyer, une partie du précipité s'attachant fortement aux parois. Après quelques heures, on décante sur un filtre taré et séché à 100°, et on lave plusieurs fois le dépôt par décantation, en ayant soin d'ajouter une petite quantité d'iodure de potassium aux eaux de lavages, ce sel diminuant la solubilité de l'iodure de thallium dans l'eau (pour cette solubilité, voyez p. 361 et 362). On verse alors l'iodure sur le filtre et on achève son lavage à l'eau pure. Quand le lavage est complet, l'eau qui passe se trouble en rencontrant les premières eaux, qui contiennent de l'iodure de potassium. On sèche alors à 100° et l'on pèse (Ed. Willm),

G. Werther recommande d'opérer la précipitation en présence de l'ammoniaque.

Le poids de thallium est représenté par le produit du poids d'iodure par le facteur constant

$$0,6163 = \frac{Tl}{TlI}.$$

Si le thallium à doser est à l'état de combinaison thallique, il faut commencer par réduire celle-ci par l'acide sulfureux;

2° *A l'état de chloroplatinate.* — Cette méthode a été recommandée par Fr. Kuhlmann fils et est fondée sur l'insolubilité presque complète du chloroplatinate (voyez p. 359). La pesée a lieu dans des filtres tarés et séchés à 100°. Le poids du thallium est fourni par le produit du poids du chloroplatinate par le facteur 0,4981. Le chloroplatinate offre l'inconvénient de passer facilement à travers les filtres;

3° *A l'état de chlorure.* — Ce procédé ne peut

être employé que si l'on veut se contenter de résultats approximatifs; le précipité doit être lavé à l'alcool. Facteur constant = 0,8518.

4° *A l'état de peroxyde.* — Ce procédé, commode dans certains cas, est le plus défectueux, par la raison que pendant la dessiccation du peroxyde une partie de celui-ci se réduit. Il est bon de précipiter le peroxyde par la potasse à la température de l'ébullition, le précipité se réunissant plus facilement qu'à froid (G. Werther).

5° *A l'état de chromate neutre.* — Après la séparation des métaux autres que les métaux alcalins, on précipite la solution, préalablement neutralisée, par le chromate neutre de potassium. On recueille le précipité sur un filtre séché à 100° et taré.

Lorsque, dans une solution renfermant un sel thalleux et un sel thallique on veut connaître le rapport de ces sels, il faut commencer par précipiter le peroxyde par la potasse à l'ébullition, filtrer et précipiter ensuite le thallium de la liqueur filtrée par l'iodure de potassium et l'acide sulfureux. On pèse à part l'iodure ainsi précipité.

Le dosage simultané d'un sel thalleux et d'un sel thallique peut aussi se faire par le procédé volumétrique indiqué ci-dessous.

Dosage volumétrique par le permanganate de potassium. — Une solution chaude de protochlorure de thallium ou d'un sel thalleux quelconque est additionnée de quelques gouttes d'acide chlorhydrique et d'une quantité suffisante d'eau pour dissoudre le chlorure formé; on y ajoute une solution de permanganate de potassium qui se décolore tant qu'il reste du chlorure thalleux en dissolution; sitôt que celui-ci a été transformé entièrement en perchlorure, la solution reste colorée par l'addition d'une goutte de la solution de permanganate. La fin de la réaction est très-facile à saisir. Cette réaction est exprimée par l'équation :

$$Mn^2O^8K^2 + 5TlCl + 16HCl$$
$$= 5TlCl^3 + 2MnCl^2 + 2KCl + 8H^2O.$$

La solution de permanganate peut être titrée directement par du thallium pur ou par un sel de thallium. Si elle est titrée par le fer et qu'on veuille rapporter ce titre au thallium, il faudra multiplier ce titre par le rapport :

$$\frac{Tl}{2Fe} = \frac{204}{112}, \text{ soit } 1{,}83036.$$

En effet, il faut la même quantité de permanganate pour transformer $2FeCl^2$ en Fe^2Cl^6 que pour transformer $TlCl$ en $TlCl^3$, c'est-à-dire pour perchlorurer $2Fe = 112$ que pour $Tl = 204$.

On dissout le sel à analyser dans une quantité d'eau telle, que la solution renferme environ 1 gramme de thallium pour 1/2 litre; on chauffe à 75°, on ajoute 10 centimètres cubes d'acide chlorhydrique, puis on titre par le permanganate.

Si le sel de thallium est au maximum, il suffit de le réduire d'abord par l'acide sulfureux, de chasser l'excès de ce dernier par l'ébullition, pour retomber dans le cas précédent.

Dans le cas d'un mélange de sels thalleux et thallique, on fait un premier titrage sur la solution du sel mixte; ce titrage donne le thallium au minimum; on réduit ensuite la même portion, ou plutôt une nouvelle, par l'acide sulfureux, on chasse l'excès de ce dernier et on procède à un nouveau titrage qui donne le thallium total; la différence entre les deux titrages donne le thallium au maximum [Ed. Willm, *Ann. de Chim. et de Phys.*, (3), t. V, p. 83].

Séparation du thallium. — La séparation du thallium des autres métaux ne présente pas en général de difficultés sérieuses, grâce aux caractères si tranchés de ce corps. L'emploi de l'hydrogène sulfuré permet de le séparer facilement des métaux appartenant aux groupes analytiques de l'étain et du plomb, pourvu qu'on opère sur des solutions acides. Il est à remarquer pourtant que le thallium peut être précipité en même temps que l'arsenic, à l'état de sulfarsénite ou de sulfarséniate; mais ces combinaisons sont décomposées par les alcalis ou les sulfures alcalins, qui mettent le sulfure de thallium en liberté.

La séparation des métaux alcalins et alcalino-terreux peut se faire par l'iodure de potassium, qui précipite le thallium presque intégralement: cette méthode peut servir du reste dans une foule d'autres cas. On peut aussi séparer le thallium à l'état de sulfure, en précipitant la liqueur neutralisée ou alcaline, par le sulfure ammonique.

Enfin, on peut isoler le thallium des métaux alcalins en le précipitant à l'état de peroxyde après oxydation par l'eau régale ou en faisant passer un courant de chlore dans la solution rendue alcaline par la potasse.

Enfin, en ce qui concerne la séparation des métaux qui sont précipités par le sulfure ammonique, comme le thallium, elle s'effectue facilement par les alcalis ou plus généralement par les carbonates alcalins qui précipitent le nickel, le cobalt, le manganèse, le chrome, l'aluminium, le zinc, le fer, mais non le thallium. Il faut seulement avoir soin de ne pas opérer sur des solutions concentrées et de s'assurer si tout le thallium est au minimum; s'il n'en était pas ainsi, il faudrait commencer par le réduire par l'acide sulfureux. E. W.

THALLIUM (COMBINAISONS ORGANIQUES). — On ne connaît pas encore les combinaisons organo-métalliques du thallium à l'état de liberté, savoir le *thallium-éthyle*, TlC^2H^5, et le *thallium-triéthyle*, $Tl'''(C^2H^5)^3$, et leurs homologues; mais on a préparé des dérivés triatomiques du thallium renfermant $(C^2H^5)^2$ et un élément ou groupe monatomique Cl, AzO^3, etc. [Hansen, *Deutsch. Chem. Gesells.*, t. III, p. 9, et *Bull. de la Soc. chim.*, t. XIII, p. 431; — Hartwig, *Deutsch. Chem. Gesells.*, t. VII, p. 298; *Bull. de la Soc. chim.*, t. XXII, p. 176].

Carius et Fronmuller ont cherché à préparer le thallium-éthyle en faisant réagir le thallium métallique sur le mercure-éthyle. La réaction est très-profonde à 160-170°; le mercure-éthyle disparaît et il se sépare du mercure; mais le thallium ne se combine pas avec l'éthyle ou, plus probablement, sa combinaison se détruit immédiatement après sa formation. A l'ouverture des tubes, il se dégage en grande abondance des gaz combustibles [*Deutsch. chem. Gesells.*, t. VII, p. 302].

Le point de départ des combinaisons décrites par Hansen et par Hartwig est la combinaison découverte par Nicklès (p. 361) du chlorure thallique avec l'éther $TlCl^3, C^4H^{10}O, HCl + H^2O$, combinaison qui se forme par l'action du chlore sur le protochlorure de thallium en suspension dans l'éther. C'est un liquide fumant, jaune. La solution éthérée de ce produit, traitée par une solution éthérée de zinc-éthyle, fournit un liquide brunâtre qui renferme peut-être le thallium-triéthyle. Ce produit ne distille pas sans décomposition. Traité par l'acide chlorhydrique étendu, il fournit le *chlorure de thallium-diéthyle*,

$$Tl(C^2H^5)^2Cl,$$

qui reste après distillation de l'éther sous forme d'une masse cristalline blanchâtre, soluble dans l'eau bouillante, l'alcool et l'éther, et cristallisable en lamelles brillantes. A 225°, il se charbonne sans fondre; chauffé plus fort, il se décompose brusquement en laissant un résidu de protochlorure de thallium (Hansen, Hartwig). La formation de ce composé a lieu d'après l'équation :

$$TlCl^3 + Zn(C^2H^5)^2 = Tl(C^2H^5)^2Cl + ZnCl^2.$$

Hydrate de thallium-diéthyle, $Tl(C^2H^5)^2OH$. On ne l'obtient pas en faisant réagir l'oxyde d'argent humide sur le chlorure, mais bien en décomposant le sulfate correspondant par la baryte. Il cristallise en aiguilles déliées et soyeuses, deux fois plus solubles à froid qu'à chaud. Sa solution est alcaline, mais n'absorbe pas l'acide carbonique. Chauffé à 211°, cet hydrate se décompose brusquement.

Iodure de thallium-diéthyle, $Tl(C^2H^5)^2I$. — Préparé par double décomposition entre le sulfate et l'iodure de baryum, il cristallise par le refroidissement en lamelles soyeuses exigeant 1000 p. d'eau froide pour se dissoudre. Il se décompose brusquement à 195°.

Le chlorure de thallium-diéthyle donne facilement les combinaisons suivantes par l'action des sels d'argent (Hansen, Hartwig).

Azotate de thallium-diéthyle, $Tl(C^2H^5)^2AzO^3$. — Lamelles peu solubles, détonant à 236°.

Sulfate, $[Tl(C^2H^5)^2]^2SO^4$. — Aiguilles étoilées très-solubles, détonant à 205°.

Phosphate, $[Tl(C^2H^5)^2]^3PO^4$. — Aiguilles plus solubles à froid qu'à chaud dans l'eau, solubles dans l'alcool. Il détone à 189°.

Acétate, $Tl(C^2H^5)^2C^2H^3O^2$. — Aiguilles déliées, assez solubles dans l'eau et dans l'alcool. Chauffé brusquement, il se décompose; mais chauffé lentement, il fond à 212° et distille à 245°.

Traité par le zinc-éthyle, le chlorure de thallium-diéthyle ne donne pas le thallium-triéthyle; il se forme du thallium métallique, du chlorure de zinc et les gaz éthylène et éthane. L'action du mercure-éthyle est analogue.

ALCOOLS THALLIQUES. — Aux combinaisons organo-métalliques précédentes, il faut joindre les combinaisons très-intéressantes découvertes par Lamy et décrites sous le nom d'*alcools thalliques* [*Ann. de Chim. et de Phys.*, (3), t. LXVII, p. 395 et (4), t. III, p. 373].

ALCOOL ÉTHYLTHALLIQUE,

$$\begin{matrix} C^2H^5 \\ Tl \end{matrix} > O.$$

— Cette combinaison se produit par la simple dissolution du protoxyde de thallium anhydre dans l'alcool absolu ou par l'action simultanée de la vapeur d'alcool et de l'air sec et privé d'acide carbonique sur le thallium réduit, en feuilles minces. Le meilleur procédé pour la préparer consiste à introduire sous la cloche de la machine pneumatique un vase plat, contenant de l'alcool absolu et recouvert d'une toile métallique sur laquelle on place des feuilles de thallium. Après avoir fait le vide, pour enlever l'humidité et l'acide carbonique, on fait rentrer dans la cloche de l'oxygène pur et sec, qu'on renouvelle au besoin après quelque temps. Il se forme rapidement de l'alcool thallique qui perle sur les feuilles de thallium et qui s'égoutte dans le vase contenant l'alcool. On obtient ainsi facilement 100 grammes de produit en 24 heures, si la température est de 20 à 25°. Dans cette opération, l'alcool en excès s'hydrate, conformément à l'équation :

$$2Tl + O + 2C^2H^5OH = C^4H^5TlO + H^2O.$$

L'alcool thallique est un liquide limpide, dont la densité est égale à 3,550, à 3,612 selon qu'il contient un petit excès d'alcool ou de protoxyde de thallium. Si l'on chauffe légèrement ou qu'on expose dans le vide un produit de densité inférieure, cette densité s'élève. On observe des variations de densité inverses avec les produits à densité maxima. La densité de l'alcool thallique le plus pur est égale à 3,550. Ce corps est donc le plus dense de tous les liquides, après le mercure.

Le coefficient de dilatation moyen entre 0° et + 20° est égal à 0,00072.

L'alcool éthylthallique est de tous les liquides le plus réfringent et le plus dispersif. Voici, à ce sujet, les résultats obtenus par M. Lamy et comparés aux chiffres fournis par le sulfure de carbone :

	Indices			Pouvoir dispersif
	pour la raie B.	pour la raie D.	pour la raie H.	$n_v - n_r$.
Alcool éthylthallique.	1,6615	1,6676	1,7590	0,0975
Sulfure de carbone..	1,6140	1,6330	1,6930	0,0795

L'alcool thallique est bon conducteur de la chaleur. Il se solidifie à — 3°; s'il a été agité avec de l'alcool, son point de solidification est situé à 0°, et même un peu au-dessus. Si, au contraire, l'oxyde de thallium est en léger excès (de manière à avoir la densité maxima), ce point peut s'abaisser jusqu'à — 5° et même — 12°.

L'alcool thallique peut se mélanger au cinquième de son poids d'alcool absolu; la solution se trouble à chaud et s'éclaircit de nouveau par le refroidissement. L'éther *pur* le dissout; l'éther aqueux en décompose une partie en précipitant de l'oxyde de thallium. C'est là une réaction très-sensible pour reconnaître la pureté de l'éther.

Le chloroforme dissout l'alcool thallique, mais il le décompose peu à peu. La solution laisse déposer bientôt du protochlorure de thallium; le résidu paraît renfermer du formiate.

L'alcool thallique brûle avec une flamme verte. Soumis à l'action de la chaleur, il laisse dégager quelques bulles de gaz à 130°; de 170 à 180°, ce dégagement devient tumultueux, il se produit des lamelles de thallium métallique dans la masse et il distille de l'alcool, mais pas d'éther. Le gaz dégagé est de l'hydrogène. Le résidu renferme du thallium, du carbonate et de l'acétate de thallium. Si la température est portée brusquement à 200°, il se dégage CO^2 et CO dans le rapport de 3 : 1.

L'eau décompose l'alcool thallique en alcool et en oxyde de thallium hydraté, se précipitant sous la forme d'une masse volumineuse jaunâtre. L'humidité de l'air agit de même à la longue, et pour conserver l'alcool thallique, il faut le recouvrir d'une couche d'alcool ou le conserver en tubes scellés. Sans ces précautions, les flacons se recouvrent peu à peu d'un enduit en partie jaune, en partie noir, dû à de l'oxyde et à de l'oxyde anhydre. Les acides agissent dans le même sens que l'eau.

L'acide carbonique se fixe directement sur l'alcool thallique en donnant d'abord une pellicule blanche. Cette combinaison ne se détruit qu'au delà de 100°, en donnant d'épaisses fumées blanches, un liquide empyreumatique et du thallium métallique. La composition de ce produit n'est pas indiquée.

Le sulfure de carbone décompose l'alcool thallique avec violence. Si l'on modère la réaction en versant goutte à goutte l'alcool thallique dans le sulfure de carbone, il se produit une espèce de gelée jaunâtre et volumineuse.

ALCOOL AMYLTHALLIQUE,

$$\begin{matrix} C^5H^{11} \\ Tl \end{matrix} > O.$$

— Il se forme comme l'alcool éthylthallique, mais plus lentement. Pour le préparer, on traite l'alcool éthylthallique par l'alcool amylique. A 80-90°, il distille de l'alcool ordinaire. On laisse la température s'élever à 140-150° pour expulser l'excès d'alcool amylique.

L'alcool amylthallique est liquide; sa densité varie de 2,465 à 2,518. Indice de réfraction pour la raie D = 1,572. Il ne se congèle pas à — 20°. Il est très-soluble dans l'alcool amylique, insoluble dans l'alcool absolu ordinaire. L'eau agit sur lui comme sur l'alcool éthylthallique, mais l'influence de l'humidité atmosphérique se manifeste plus lentement. Sa flamme est plus éclairante et moins verte.

ALCOOL MÉTHYLTHALLIQUE,

$$\begin{matrix} CH^3 \\ Tl \end{matrix} > O.$$

— Il se distingue des précédents en ce qu'il est solide. Il est difficile de le préparer par les mêmes procédés. Mais on l'obtient très-facilement par l'addition d'alcool méthylique *en excès* aux alcools précédents. Par l'agitation, il se dépose sous la forme d'un précipité grenu blanc. Il est très-peu soluble dans l'alcool méthylique, dans lequel on peut néanmoins le faire cristalliser. Ce corps est à peu près 5 fois plus lourd que l'eau. Ses caractères chimiques sont les mêmes que ceux des alcools ci-dessus.

Traité par un *excès* d'alcool ordinaire, l'alcool méthylthallique se convertit de nouveau en alcool éthylthallique. E. W.

THALLOCHLORE. — Knop et Schnedermann ont donné ce nom à la matière colorante verte des lichens, qu'ils regardent comme différente de la chlorophylle [*Ann. der Chem. u. Pharm.*, t. LVI, p. 147].

THARANDITE (Min.). — Dolomie contenant 4 °/₀ environ de carbonate ferreux de Tharand.

THÉBAÏCINE [O. Hesse, *Ann. der Chem. u. Pharm.*, t. CLIII, p. 47, 1870]. — Cette base peu connue semble être un isomère de la thébaïne; Hesse ne l'a pas analysée ni ses sels non plus. Il l'obtient en traitant pendant plusieurs minutes la thébaïne par l'acide chlorhydrique concentré et bouillant. L'ammoniaque précipite après cette action une base amorphe jaune, insoluble dans l'eau, l'ammoniaque, la benzine et l'éther, un peu soluble dans l'alcool bouillant d'où elle se sépare à l'état amorphe. La potasse la dissout et la solution s'oxyde à l'air en brunissant. Elle se dissout en rouge dans l'acide nitrique et en bleu dans l'acide sulfurique concentré. Le *sulfate* et le *chlorhydrate* sont résineux.

THÉBAÏNE, $C^{19}H^{21}AzO^3$ [Syn. *Paramorphine*]. — Cet alcaloïde, découvert en 1835, par Thiboumery dans l'usine de Pelletier, existe dans l'opium dont il constitue environ la centième partie. Il a été étudié par Pelletier [*Journ. de Pharm.*, t. XXI, p. 569], Couerbe [*Ann. de Chim. et de Phys.*, (2), t. LIX, p. 155], Kane [*Ann. der Chem. u. Pharm.*, t. XIV, p. 9], Anderson [*ibid.*, t. LXXXVI, p. 179] et Hesse [*ibid.*, t. CLIII, p. 69; *Bull. de la Soc. chim.*, t. XIV, p. 76].

Préparation. — Pelletier traitait l'extrait d'opium par un excès de lait de chaux et épuisait le précipité calcaire, lavé préalablement à l'eau et desséché, par l'alcool bouillant. Il évaporait l'alcool et reprenait par l'éther qui dissolvait la thébaïne. Anderson se servait des eaux mères alcooliques d'où s'étaient déposés les cristaux bruns de narcotine. En les évaporant il obtenait un résidu amorphe contenant beaucoup de matières résineuses, un peu de narcotine et toute la thébaïne. Voici comment il la séparait : le résidu était traité par l'acide acétique étendu et bouillant; celui-ci dissolvait les alcaloïdes et un peu de résine; on ajoutait alors du sous-acétate de plomb jusqu'à réaction franchement alcaline, la narcotine et la résine étaient seules précipitées; on les séparait par le filtre; on enlevait l'excès de plomb par l'acide sulfurique et l'on précipitait la thébaïne dans la liqueur filtrée par l'ammoniaque. Le précipité, lavé à l'eau et séché, était dissous dans l'alcool bouillant, et la solution, traitée par le charbon animal, déposait par le refroidissement des paillettes brillantes qu'on pouvait encore purifier par de nouvelles cristallisations.

Hesse agite la solution basique de l'extrait aqueux d'opium avec l'éther, puis la solution éthérée avec de l'acide acétique. On chasse l'éther par évaporation et on verse la liqueur lentement et en agitant continuellement dans une lessive alcaline maintenue en excès. Le précipité dans lequel la résine n'a pas dû s'agglomérer est séparé au bout de 24 heures et dissous dans l'acide acétique. On décolore la solution avec du charbon animal et on y ajoute de l'acide tartrique en poudre. Après 24 heures on recueille des cristaux de tartrate de thébaïne qu'on fait recristalliser dans l'eau bouillante. On met enfin la base elle-même en liberté et on la fait cristalliser dans l'alcool.

Propriétés. — C'est une substance cristallisant en lamelles quadratiques, d'un éclat perlé, absolument insipide quand elle est pure, fondant à 193° (Hesse), insoluble dans l'eau froide, très-soluble dans l'alcool, surtout à chaud. Soluble dans le chloroforme et dans la benzine, assez peu soluble dans l'éther (1 p. dans 140 p. d'éther à 10°). Insoluble dans les solutions alcalines, et facilement soluble dans les acides, elle possède une réaction alcaline et elle est toxique. Magendie a constaté que 5 centigrammes injectés dans la jugulaire d'un chien suffisent pour produire la mort à la suite de convulsions tétaniques. Claude Bernard place la thébaïne en tête des alcaloïdes de l'opium au point de vue de la toxicité sur les animaux; cependant, d'après Rabuteau, l'homme peut ingérer 10 à 15 centigrammes de chlorhydrate de thébaïne sans danger, et selon M. Bouchut, à la dose de 50 centigrammes elle est absolument inerte. Son action hypnotique paraît faible, elle n'arrête que difficilement la diarrhée [*Bull. de la Soc. chim.*, t. XVIII, p. 31 et 260].

L'*acide sulfurique concentré* colore la thébaïne en rouge. Plus étendu (D = 1,3), il la dissout à froid, mais la solution légèrement chauffée laisse déposer un résidu, qui se dissout lentement dans l'eau bouillante et s'en sépare par le refroidissement à l'état de cristaux microscopiques (Anderson). L'*acide nitrique concentré* donne des vapeurs rouges et la solution jaune traitée par la potasse devient brune et dégage une base volatile.

L'*acide chlorhydrique* dissout aisément la thébaïne, la solution se fonce par l'évaporation et laisse une matière résineuse qui n'est plus entièrement soluble dans l'eau. Il se produit d'abord de la thébénine et de la thébaïcine (voyez ces mots).

Le *chlore* et le *brome* attaquent la thébaïne vivement avec production de corps résineux.

L'*acide chlorhydrique gazeux* donne du sel ammoniac et une masse résineuse qui ne fournit plus de sels [Liebig, *Ann. der Chem. u. Pharm.*, t. XXVI, p. 60].

SELS DE THÉBAÏNE. — Les sels de thébaïne ne peuvent pas être obtenus cristallisés à l'aide de leur solution aqueuse; ils cristallisent bien dans l'alcool ou l'éther. Leurs solutions aqueuses précipitent par les alcalis ou leurs carbonates et (même en présence de l'acide tartrique) par les bicarbonates alcalins, ce dernier précipité est composé de petits prismes.

Chlorhydrate de thébaïne,

$$C^{19}H^{21}AzO^3.HCl + H^2O.$$

— Ce sel forme de gros prismes rhombiques solubles dans 15,8 p. d'eau à 10° et perdant leur eau à 100°. La solution est neutre, elle jaunit avec le temps, surtout à chaud, aussi l'évaporation la résinifie. Il est difficilement soluble dans l'alcool, surtout absolu, insoluble dans l'éther. On l'obtient en mélangeant la thébaïne avec une petite quantité d'alcool et ajoutant une solution alcoolique d'acide chlorhydrique jusqu'à ce qu'elle soit entièrement dissoute, on abandonne la liqueur, qui ne doit pas renfermer un excès d'acide.

Chloroplatinate

$$[C^{19}H^{21}AzO^3.HCl]^2PtCl^4 + 2H^2O.$$

— Précipité jaune qu'on obtient avec le chlorure de platine et le sel précédent. Il se convertit vite en cristaux orangés microscopiques, peu solubles dans l'eau bouillante. La solution dépose un sel probablement altéré.

Le sel primitif perd son eau dans l'air sec; selon Anderson il ne renfermerait que H^2O.

Chloromercurate. — Précipité cristallin obtenu avec le chlorhydrate de la base et le chlorure mercurique (avec la *base libre* le précipité est volumineux), ni l'un ni l'autre n'offrent de composition constante (Anderson).

Chloraurate. — Précipité orangé fusible à 100° en une masse résineuse.

Iodhydrate de thébaïne. — Prismes incolores et déliés, très-solubles dans l'eau, obtenus en traitant le tartrate neutre par l'iodure de potassium. En présence de l'iodure de potassium la solution laisse déposer à l'air de beaux prismes violets (Hesse).

Sulfate de thébaïne. — On ajoute de l'acide sulfurique à une solution de thébaïne dans l'éther. On obtient des cristaux et une résine qui finit elle-même par cristalliser (Anderson).

Hyposulfite de thébaïne. — Il se produit par la décomposition du tartrate neutre à l'aide de l'hyposulfite de sodium; il forme de petits prismes blancs solubles dans l'eau, surtout à chaud, et dans l alcool.

Chromate de thébaïne. — Petits prismes jaunes très-altérables.

Oxalates de thébaïne. — Le sel neutre se présente en prismes incolores groupés en choux-fleurs, solubles dans 9g,7 d'eau froide, insolubles dans l'éther. On le prépare en traitant une solution alcaline de la base par l'acide oxalique. Sa composition est représentée par la formule

$$(C^{19}H^{21}AzO^3)^2C^2H^2O^4 + 6H^2O.$$

Le sel acide, $C^{19}H^{21}AzO^3.C^2H^2O^4 + H^2O$, se produit par l'addition d'une molécule d'acide oxalique à la solution concentrée du sel précéden et forme de gros prismes incolores solubles dans 44p,5 d'eau à 20°.

Tartrates de thébaïne. — Le sel acide,

$$C^{19}H^{21}AzO^3.C^4H^6O^6 + H^2O,$$

est en prismes déliés solubles dans l'eau et l'alcool bouillants; il se dissout dans 130 p. d'eau à 20°.

Le sel neutre est facilement soluble dans l'eau et dans l'alcool, on l'obtient en employant un excès de thébaïne qu'on enlève ensuite par l'éther.

Méconate de thébaïne

$$(C^{19}H^{21}AzO^3)^2C^7H^4O^7 + 6H^2O.$$

— Prismes incolores groupés en étoiles, solubles dans l'eau et dans l'alcool bouillants, solubles seulement dans 304 p. d'eau à 20°. G. S.

THÉBÉNINE [O. Hesse, *Ann. der Chem. u. Pharm.*, t. CLIII, p. 47, 1870]. — Cet alcaloïde résulte de la transformation isomérique de la thébaïne (voyez ce mot) sous l'influence de l'acide chlorhydrique bouillant. On porte un instant à l'ébullition 200 p. d'acide chlorhydrique (D = 1,04) avec 10 p. de thébaïne, et l'on étend aussitôt la solution de son volume d'eau froide. Il se sépare peu après des cristaux qu'on lave à l'eau et qu'on dissout dans l'eau bouillante additionnée d'acide acétique; on obtient alors par le refroidissement le chlorhydrate de thébénine à l'état de pureté (voyez plus bas). La solution aqueuse de ce sel traitée par le sulfite de sodium, donne un précipité floconneux de thébénine libre. C'est une substance amorphe insoluble dans l'éther et dans la benzine, peu soluble dans l'alcool bouillant, insoluble dans l'ammoniaque, mais soluble dans la potasse et précipitable de cette solution par le sel ammoniac. Elle neutralise les acides les plus énergiques. Elle s'oxyde rapidement à l'air surtout en présence de matières alcalines. Sa solution dans la potasse devient brun noir par la formation d'une substance humoïde de nature probablement basique. L'acide sulfurique concentré dissout la thébénine avec une belle coloration bleue qui disparaît par l'addition d'eau et reparaît par l'addition d'une nouvelle quantité d'acide.

Chlorhydrate de thébénine. — On l'obtient, comme il a été dit plus haut sous la forme de lamelles incolores solubles dans l'eau et dans l'alcool bouillants, solubles seulement dans 100 p. d'eau froide, et renfermant

$$C^{19}H^{21}AzO^3.HCl + 3H^2O.$$

L'acide nitrique les dissout avec une coloration jaune en dégageant des vapeurs rouges. La solution de chlorhydrate de thébénine possède un goût amer et ne paraît pas être toxique. Le *chloroplatinate* est jaune et amorphe; il s'altère assez vite et prend une coloration brun-verdâtre.

Le *chloromercurate* forme de longs prismes incolores renfermant

$$(C^{19}H^{21}AzO^3.HCl)^2Hg^2Cl^2 + 2H^2O.$$

Sulfate de thébénine

$$(C^{19}H^{21}AzO^3)^2H^2SO^4 + 3H^2O.$$

— On l'obtient en chauffant la solution du chlorhydrate avec un peu d'acide sulfurique. Il se dépose à l'état d'une poudre blanche cristalline formée de petits prismes. Ceux-ci perdent leur eau à 100°.

Le sulfate de thébénine est peu soluble dans l'eau bouillante, insoluble dans l'eau froide et dans l'alcool.

Sulfocyanate de thébénine. — Il se prépare avec la solution aqueuse du chlorhydrate et le sulfocyanate de potassium. C'est une poudre cristalline blanche, très-peu soluble dans l'eau froide.

Oxalate de thébénine,

$$C^{19}H^{21}AzO^3.C^2H^2O^4 + H^2O.$$

— Il se forme par l'action de l'acide oxalique sur le chlorhydrate; ce sont de belles lames nacrées peu solubles dans l'eau bouillante, insolubles dans l'alcool, perdant leur eau à 100°. G. S.

THÉBOLACTIQUE (ACIDE). — MM. T. et H. Smith ont retiré des eaux mères de la morphine un acide possédant la composition de l'acide lactique, mais qui en différerait par certains caractères. D'après les recherches plus récentes de Buchanan, et acide est identique en tous points avec l'acide lactique de fermentation [T. et H. Smith, *Pharm. Journ. and Transact.*, (2), t. VII, p. 50; — Buchanan, *Deutsch. chem. Gesell.*, t. III, p. 182].

THÉINE. — Syn. de CAFÉINE, t. I, p. 693.

THÉNARDITE (Min.). [Syn. *Pyrotechnite* (Scacchi)]. — Sulfate de sodium anhydre. SO^4Na^2. Trouvé en Espagne, près d'Aranjuez, à Tarapaca et au Vésuve.

Dureté : 2 à 3. Densité : 2,73,

Forme cristalline. — Prisme orthorhombique $mm = 103°,26'$; $pa^1 = 120°,36'$. Clivage p, presque parfait.

THÉOBROMINE, $C^7H^8Az^4O^2$. — Cet alcaloïde, découvert par M. Woskresenski en 1842, a été retiré de la semence du cacao (*Theobroma cacao*), arbre peu élevé de l'Amérique appartenant à la famille des Bythnériacées ou sous-famille des Malvacées.

La théobromine est l'homologue inférieur de la caféine. La synthèse de cette dernière base a été obtenue à l'aide de la théobromine argentique et de l'iodure de méthyle.

La théobromine s'obtient en épuisant le cacao par l'eau bouillante; l'alcaloïde se dissout, ainsi qu'une certaine quantité d'acide malique, de malates acides et de matière colorante. On filtre à travers une toile et on ajoute à la solution un excès d'acétate de plomb; on filtre de nouveau et l'excès de plomb est enlevé à l'aide de l'hydrogène sulfuré. La solution est évaporée à siccité, et le résidu est repris par l'alcool bouillant, qui laisse déposer, par le refroidissement, la théobromine sous forme d'une poudre cristalline encore colorée que l'on purifie par de nouvelles cristallisations [Woskresenski (1842) *Ann. der Chem. u. Pharm.*, t. XLI, p. 125].

Propriétés. — La théobromine est une base faible, cristalline, d'une saveur légèrement amère, inaltérable à l'air, même à 100°; à 250°, elle commence à se colorer en brun et donne quelques degrés plus haut un sublimé cristallin en laissant un résidu de charbon. D'après M. Keller, la théobromine, au contraire, se sublime sans décomposition vers 290°; le produit de la sublimation est formé de cristaux microscopiques consistant en prismes rhomboïdaux terminées par un sommet octaédrique [*Ann. der Chem. u. Pharm.*, t. XCII, p. 71, et *Journ. de Pharm. et de Chim.*, t. XXVII, p. 160 (3)]. Elle est à peine soluble dans l'eau même bouillante; l'alcool et l'éther la dissolvent encore moins.

La théobromine chauffée à l'ébullition avec de l'eau de baryte se dissout sans altération, il ne se dégage pas d'ammoniaque; par le refroidissement, la liqueur se prend en une bouillie blanche.

Lorsqu'on chauffe cet alcaloïde avec un mélange d'acide sulfurique et d'oxyde puce de plomb, de l'acide carbonique se dégage sans qu'il soit nécessaire de continuer à chauffer, et si l'oxyde plombique n'a pas été employé en excès, on obtient après filtration un liquide incolore et légèrement acide qui colore la peau en pourpre; chauffé avec de la potasse caustique, il laisse dégager de l'ammoniaque; l'hydrogène sulfuré y fait naître un dépôt de soufre; enfin, en présence de la magnésie, il prend une couleur bleue indigo qu'un excès de magnésie fait disparaître, mais qu'il est facile de reproduire en ajoutant une quantité convenable d'acide sulfurique.

Cette liqueur, chauffée avec un excès de magnésie, dégage de l'ammoniaque, prend une teinte rouge et laisse un résidu qui, traité par l'alcool bouillant, lui abandonne un corps donnant des cristaux à base rhombe, incolores, ayant une réaction acide, et qui ne forment de combinaison ni avec l'azotate d'argent, ni avec les bichlorures de platine ou de mercure [Glasson, *Ann. der Chem. u. Pharm.* t. LXI, p. 335].

Sous l'influence du chlore, la théobromine donne des composés analogues à ceux que l'on obtient avec la caféine dans la même réaction. On obtient une liqueur jaunâtre bleuissant par les sels de fer au minimum en présence de l'ammoniaque, et qui colore la peau en pourpre. Le bichlorure de platine forme dans cette liqueur un précipité de chloroplatinate de méthylamine. La théobromine soumise à l'action de la pile donnerait, d'après MM. Rochleder et Hlasiwetz, un corps qui répondrait à la formule $C^6H^8Az^2O^5$ [Rochleder et Hlasiwetz, *Wiener Acad. Berichte*, 1850, mars, 266; — *Ann. der Chem. u. Pharm.*, t. LXXIX, p. 124].

Transformation de la théobromine en caféine. — La théobromine argentique, traitée par l'iodure de méthyle, a été transformée en caféine identique avec l'alcaloïde naturel :

$$\underset{\text{Théobromine argentique.}}{C^7H^7AgAz^4O^2} + CH^3I = AgI + \underset{\text{Caféine.}}{C^8H^{10}Az^4O^2}.$$

On trouvera tous les détails relatifs à cette synthèse obtenue par Strecker, ainsi que l'opinion de Rochleder sur les formules rationnelles de la théobromine et de la caféine, à l'article CAFÉINE, t. I, p. 695 [Strecker, *Compt. rend.*, t. LII, p. 1210 et 1268; *Ann. der Chem. u. Pharm.*, t. CXVIII, p. 151; *Ann. de Chim. et de Phys.*, (3) t. LXII, p. 355; *Répert. de Chim. pure*, t. III, p. 343; — Rochleder, *Wiener Acad. Berichte*, *Journ. für prakt. Chem.*, t. XCIII, p. 98; *Bull. de la Soc. chim.*, 1865, t. III, p. 213].

SELS DE THÉOBROMINE. — Les sels de théobromine sont cristallisables et se décomposent en partie par l'eau.

Azotate de théobromine, $C^7H^8Az^4O^2,HAzO^3$. Cristallise sous la forme de prismes obliques à base rhombe. Il se forme lorsqu'on abandonne une solution de la base dans l'acide nitrique. La chaleur et l'eau le décomposent.

Théobromine et azotate d'argent,

$$C^7H^8Az^4O^2,AgAzO^3.$$

— On obtient ce sel en ajoutant une dissolution d'azotate d'argent à une dissolution très-étendue d'azotate de théobromine. Le sel formé se dépose en aiguilles brillantes d'un blanc argentin. Cette combinaison, fort peu soluble dans l'eau, peut être utilisée pour reconnaître des traces de théobromine. L'azotate de théobromine peut être chauffé à 100° sans éprouver d'altération; à une température plus élevée, il fond en émettant des vapeurs rutilantes, et laisse un résidu d'argent pur.

Chlorhydrate de théobromine,

$$C^7H^8Az^4O^2,HCl.$$

— Ce sel prend naissance lorsqu'on fait dissoudre la théobromine dans l'acide chlorhydrique concentré et chaud. Étendu d'eau, il se décompose en donnant un sous-sel. Cette combinaison est peu stable : il suffit de la chauffer à 100° pour chasser tout l'acide chlorhydrique.

Chloromercurate de théobromine. — Il s'obtient en mélangeant une solution aqueuse de théobromine et une solution étendue de bichlorure de mercure; le chloromercurate de théobromine se dépose sous forme d'un précipité blanc cristallin.

Chloroplatinate de théobromine,

$$(C^7H^8Az^4O^2,HCl)^2PtCl^4 + 4H^2O.$$

— Sel cristallisé en prismes obliques à base rhombe, qui s'effleurissent à l'air. On l'obtient en versant une solution de bichlorure de platine dans une solution chlorhydrique de théobromine. Il perd ses deux molécules d'eau lorsqu'on le chauffe à 100°.

Tannate de théobromine. — Cette combinaison se forme lorsqu'on ajoute une dissolution d'acide tannique à une dissolution de théobromine. C'est un précipité soluble dans un excès d'acide tannique, dans l'alcool et dans l'eau bouillante.

Tétraiodure de théobromine,

$$C^7H^8Az^4O^2,HI^4.$$

— Se produit lorsqu'on ajoute de l'iodure de potassium à une solution chlorhydrique de théobromine; le mélange, abandonné à lui-même, laisse déposer à la longue de grands prismes presque noirs de tétraiodure de théobromine. L'eau froide ou l'alcool chaud les décompose [M.-E.-M. Jœrgensen, *Deutsch. chem. Gesellsch.*, t. II, p. 460; *Bull. de la Soc. chim.*, t. XIII, p. 180]. E. C.

THERMOCHIMIE. — Depuis la rédaction de l'article CHALEUR (t. I, p. 813), la partie de la science qui traite de l'étude thermique des réactions s'est enrichie d'une multitude de données expérimentales nouvelles; certains travaux peu connus en France à cette époque ont été mis en lumière; enfin bon nombre de problèmes de statique chimique ont été abordés et résolus à l'aide du thermomètre. Nous croyons donc utile de compléter notre article primitif en présentant au lecteur un très-rapide résumé des récents progrès de la thermochimie. Nous nous occuperons d'abord des instruments et des méthodes calorimétriques (1); nous donnerons ensuite quelques-uns des résultats numériques les plus importants (2); nous mentionnerons les applications du calorimètre à l'étude des réactions chimiques (3); enfin nous passerons en revue les lois chimiques auxquelles les réactions paraissent être subordonnées (4).

1. INSTRUMENTS ET MÉTHODES CALORIMÉTRIQUES.

Calorimètre à glace. — Bunsen a modifié récemment, d'une façon fort ingénieuse, le calorimètre à glace, en mettant à profit les différences de densité de l'eau et de la glace à zéro [*Ann. de Chim. et de Phys.*, (4e, XXIII, p. 50, 1871]. Dans son appareil, la fusion de la moindre quantité de glace provoque une contraction que l'on mesure facilement sur le déplacement d'une colonne liquide dans un tube étroit. L'instrument tel qu'il

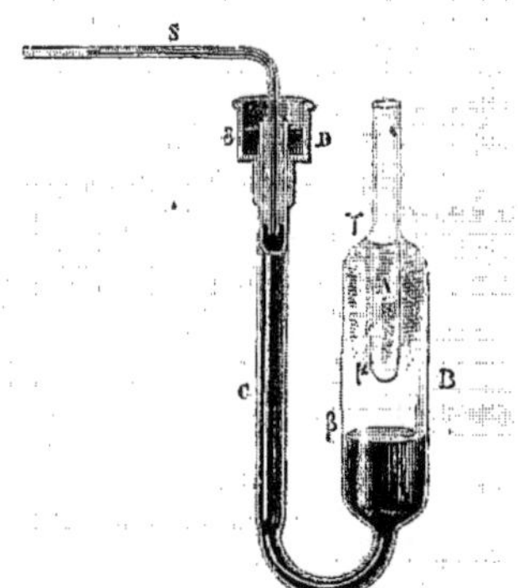

Fig. 758. — Calorimètre à glace de Bunsen.

existe a été construit en vue des déterminations de chaleurs spécifiques, mais rien n'empêche d'en faire un véritable calorimètre de chimiste. Il est tout en verre et comprend un tube laboratoire A, soudé au réservoir B, lequel se recourbe en C et s'adapte à un support solide qui vient saisir la douille de fer D. Un tube gradué se fixe en D par l'intermédiaire d'un bouchon qu'on peut soulever plus ou moins. Pour se servir de l'appareil on doit d'abord y introduire de l'eau de β à γ et du mercure de β à δ. Pour cela, on commence par y verser de l'eau bouillie, puis, retournant le réservoir, on fait plonger la partie D (où la douille de fer n'est pas encore fixée) dans de l'eau bouillante; on provoque alors l'ébullition de l'eau du réservoir, et, lorsque le tiers de cette eau a distillé, on laisse l'absorption se produire. On verse alors du mercure par le tube C, remis dans la position indiquée par la figure, jusqu'à ce qu'il vienne remplir la portion du réservoir au-dessous de β. On sèche la branche C avec du papier, puis dans le vide, et l'on achève de la remplir avec du mercure sec en évitant les bulles d'air. Pour faire congeler l'eau, on fait circuler pendant un assez long temps, dans le tube laboratoire, de l'alcool refroidi à —20 à l'aide d'un mélange de glace et de sel. La même quantité d'alcool passant d'un récipient refroidi dans l'appareil, puis dans un autre récipient refroidi et *vice versa*, suffit pour amener l'eau du calorimètre à une très-basse température. La congélation s'opère alors tout à coup de γ à μ, puis, sous l'influence du courant d'alcool froid, la solidification dépasse μ. L'opération est terminée lorsque le cylindre de glace a partout une épaisseur de 6 à 10 millimètres. L'appareil est alors introduit dans un vase de verre contenant de la neige fondante; si la neige est pure, la congélation s'arrête et le niveau du mercure se fixe dans le tube gradué; si la neige était impure, son point de fusion serait inférieur à zéro et le mercure s'avancerait continuellement par la formation, dans le calorimètre, d'une quantité croissante de glace. Lorsque le déplacement du mercure, de demi-heure en demi-heure, est très-faible, on peut faire des opérations calorimétriques, mais en ayant soin de noter la valeur de ce déplacement avant et après l'expérience. La moyenne du déplacement par minute, multipliée par le nombre de minutes employées par l'expérience, est retranchée de la marche de la colonne mercurielle qui doit entrer dans le calcul.

Voici comment on effectue une opération calorimétrique : On a introduit dans le tube laboratoire une certaine quantité d'eau et un petit tampon de ouate lesté par un fil de platine; on ajuste le bouchon de façon que le mercure atteigne presque l'extrémité du tube S. Puis on laisse tomber dans le tube A le corps préalablement chauffé dans une étuve mobile qu'on débouche rapidement, et l'on ferme A avec un bouchon. Le mercure rétrograde de n divisions. Soit Q le nombre de divisions qui correspond à une calorie dégagée dans le vase A, constante qu'on déterminе comme on le verra tout à l'heure; $\frac{n}{Q}$ sera la quantité de chaleur cédée par le corps depuis T° jusqu'à zéro, c'est-à-dire pcT, si l'on appelle c sa chaleur spécifique et p son poids : il s'ensuit que $n = QpcT$ ou $c = \frac{n}{pQT}$. Pour chaque instrument, il faut fixer la constante Q. Voici, à ce sujet, la méthode employée par Bunsen. On chauffe à T° un poids p'' de platine, on le plonge dans le vase et l'on observe un déplacement du mercure de n'' divisions; il s'ensuit que 1 gramme de platine, pour se refroidir d'un degré seulement, déterminera un mouvement du mercure de Q″ divisions, Q″ étant égal à $\frac{n''}{p''T}$. Si l'on suppose la chaleur spécifique du platine C″, on peut dès lors calculer Q; car le déplacement de la colonne de mercure, provoqué par une variation de 1° dans la température de 1 gramme de platine, sera à celui produit par une semblable variation dans la température de 1 gramme d'eau (c'est-à-dire par une calorie), comme la chaleur spécifique du platine est à 1; d'où $Q'' = QC''$; mais Bunsen, après avoir déterminé directement dans son appareil Q'', a préféré fixer de la même manière une constante semblable Q' pour le verre, puis il a plongé dans le calorimètre un certain poids d'eau p chauffé à T°. L'eau était contenue dans une ampoule de verre du poids p', lestée par un fil de platine de poids p''. Le déplacement de n divisions qu'on observait était égal à la somme de $QpcT$ pour l'eau (c étant la chaleur spécifique de l'eau de zéro à T°), de $Q'p'T$ pour le verre et de $Q''p''T$ pour le platine. Il en résulte que

$$Q = \frac{\frac{n}{T} - (Q'p' + Q''p'')}{pc}.$$

C'est cette constante dont on se sert dans toutes les opérations faites avec le même instrument. Inutile de faire observer que la dernière équation résolue par rapport à c donnerait la chaleur spécifique d'un corps qu'on aurait placé au lieu d'eau dans l'ampoule lestée et plongée à T° dans le calorimètre.

On sait que c'est avec le nouveau calorimètre que Bunsen a déterminé la chaleur spécifique de l'indium = 0,0574 à 0,0565, valeur qui fait de l'oxyde jaune d'indium un sesquioxyde de la formule In^2O^3 et qui donne à l'indium un poids atomique égal à 113,4. Un autre résultat non moins important a été obtenu avec le même instrument par F. Weber: nous voulons parler de la variation de la chaleur spécifique du carbone, variation telle, que le diamant possède une capacité calorifique 3 fois plus grande à 200° qu'à zéro, et que celle du graphite est 2 fois 1/3 plus considérable à 100° qu'à zéro.

Voici, du reste, pour le diamant, les résultats calculés à l'aide d'une formule d'interpolation.

0°	c = 0,0947
50	0,1435
100	0,1905
150	0,2357
200	0,2790

[*Philosoph. Magazine* (4), t. XLIV, p. 251.]

Calorimètre à eau. — La forme de cet instrument, grandement employé dans ces derniers temps par Andrews, Thomsen et Berthelot, a été un peu modifiée par ces savants; voici le dispositif adopté par Berthelot. Le calorimètre proprement dit renferme de 600 à 2,000 centimètres cubes; il est en platine mince et possède un couvercle percé de trous. Un agitateur hélicoïdal, analogue à celui de certaines glacières de ménage et fonctionnant par un mouvement de rotation d'une amplitude d'environ 30°, permet de mélanger rapidement les substances; si celles-ci ne peuvent être mises en contact avec l'eau, on effectue la réaction dans des petits vases de platine de formes diverses plongés dans le calorimètre. Celui-ci repose sur 3 pointes de liége et est entouré d'un vase avec couvercle, en cuivre rouge très-mince, plaqué intérieurement d'argent poli, et destiné à empêcher le rayonnement. Le vase de cuivre, porté sur trois minces rondelles de liége, est placé au centre d'un cylindre en ferblanc à doubles parois renfermant entre celles-ci de 10 à 40 litres d'eau; le fond est également double et plein d'eau. Le couvercle est en carton revêtu d'étain. Un agitateur circulaire permet de remuer de temps en temps l'eau de l'enceinte pour y établir l'équilibre de température. Une chemise de feutre épais enveloppe à son tour l'enceinte d'eau. Le thermomètre calorimétrique doit donner le 200me de degré; il est construit, gradué et vérifié avec les précautions d'usage

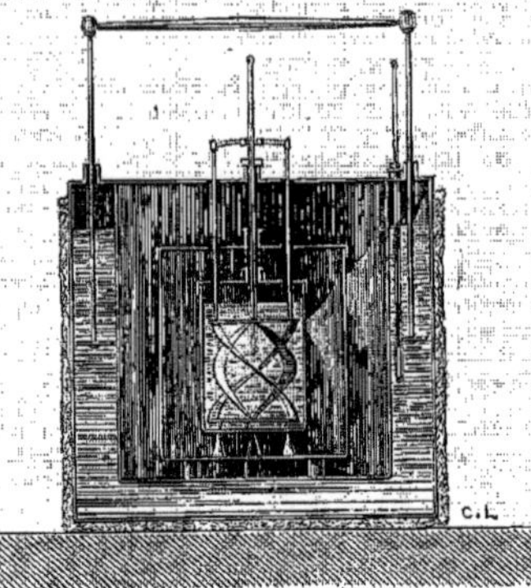

Fig. 759. — Calorimètre de Berthelot.

[I. Pierre, *Ann. de Chim. et de Phys.* (3), V, p. 427, et Berthelot, *Journ. de Phys.*, t. II, p. 18].

La plupart des réactions étudiées s'effectuent par le mélange de deux liquides, dont l'un est contenu dans le calorimètre et dont l'autre, placé à côté dans une fiole entourée d'une enceinte argentée, doit avoir une température parfaitement connue et extrêmement voisine de celle du premier. Pour verser le liquide de la fiole dans celui du calorimètre, on saisit la fiole avec une pince en bois et on la vide directement et sans entonnoir. On fait ensuite agir l'agitateur et l'on fait la lecture. L'influence du refroidissement, quoique très-faible dans les circonstances ordinaires, nécessite des corrections que l'on effectue de la façon suivante: elles sont négligeables si l'opération ne dure que 2 minutes et si la différence de température, avant et après la réaction, ne dépasse pas 2°.

On observe le refroidissement (ou le réchauffement) du calorimètre pendant diverses portions de la période qui précède l'expérience; on répète les mêmes observations pendant la réaction et après celle-ci. Cela fait, prenant comme abscisse la température moyenne de la période initiale et comme ordonnée la perte moyenne correspondante pendant une minute, on détermine un premier point; on en détermine un second semblable pour la période finale; l'on joint ces deux points par une droite et l'on admet que, pour chaque température de la période moyenne correspondant à une abscisse donnée, la perte est exprimée par l'ordonnée correspondante. On somme les pertes ainsi calculées pour toute la durée de l'expérience [Regnault. Voyez Pfaundler, *Ann. de Chim. et de Phys.*, (4), t. XI, p. 260]. M. Berthelot se place encore plus près de la vérité en opérant comme il a été dit plus haut, mais en substituant à la ligne droite de tout à l'heure une courbe empirique obtenue comme il va être dit. Après la période finale, on remplace une portion de l'eau du calorimètre par une quantité égale d'eau plus froide, de façon à réduire l'excès de température, qui était de 4° par exemple, à 3°, l'on enregistre le refroidissement en 5 minutes, puis on réduit de la même façon la température de 1 degré environ, et l'on enregistre de nouveau le refroidissement en 5 minutes. On possède alors les éléments d'une correction analogue à celle de Regnault, mais évidemment plus exacte.

Calorimètre à mercure. — Cet instrument, imaginé par Favre et Silbermann, a été modifié récemment par M. Favre. Il se compose maintenant d'un vaste réservoir de fonte, pouvant contenir 7 ou même 20 litres de mercure, et plusieurs moufles ouverts à l'extérieur pénètrent dans le métal liquide. L'appareil fonctionne comme un gros thermomètre; à cet effet, il communique avec un tube gradué dans lequel se meut le mercure chassé du réservoir par la dilatation. Une certaine quantité de chaleur versée dans un des moufles élève, d'une quantité fort petite, la température du mercure, mais détermine un déplacement très-mesurable de la colonne liquide. Des critiques ont été faites à cet appareil, ou plutôt à l'ancien appareil de Favre et Silbermann, par M. Thomsen et par M. Berthelot. Quoiqu'il résulte des travaux de M. Favre que l'on peut avec son aide atteindre une grande précision, il ne paraît pas que son emploi soit extrêmement pratique, à cause des précautions et des corrections qu'il nécessite [*Ann. de Chim. et de Phys.* (4) t. XXVI, p. 385].

2. — RÉSULTATS NUMÉRIQUES.

Nous grouperons en tableaux les résultats publiés dans les dernières années par les divers savants qui se sont occupés de thermochimie. Nous donnerons d'abord les données calorimétriques concernant les métalloïdes et les acides (α), puis celles qui se rapportent aux métaux, aux bases (β) et enfin aux sels (γ). Nous réunirons dans une dernière section (δ) celles qui regardent plus spécialement la chimie organique. Suivant la convention faite dans notre premier article, le symbole [H^2;O] signifie la chaleur dégagée par l'union de 2 grammes d'hydrogène avec 16 grammes d'oxygène; elle est exprimée en calories, c'est-à-dire en kilogrammes-degrés: une calorie étant la chaleur nécessaire pour élever la température d'un kilogramme d'eau de zéro à + 1°. Le mot *Eau* indique un excès d'eau: 100, 200, 600, H^2O.

α. RÉSULTATS CALORIMÉTRIQUES CONCERNANT LES MÉTALLOÏDES ET LES ACIDES.

[H^2; O]	+ 70,4	Glace à zéro. } Moyennes.
	+ 69	Eau à zéro. } Moyennes.
	+ 58,1	Vapeur saturée à zéro. } Moyennes.
	+ 68,36	Eau à la température ordinaire, Thomsen.
[H^2; O^2; Eau]	+ 45,29	T.
[H^2O; O]	— 23,07	T.
	— 21,48	H^2O^2 étendue, Berthelot.
[Cl^2; Eau]	+ 3,0	B
	+ 4,8	T
[H; Cl]	+ 23,78	HCl, gazeux, F. et S.
	+ 22	Id. T.
[HCl; 2 H^2O]	+ 11,62	B.
[HCl; 3 H^2O]	+ 13,56	B.
[HCl; Eau]	+ 17,43	Berthelot et Louguinine.
	+ 17,48	Favre.
	+ 17,32	T.
[Cl^2; O; Eau]	— 5,8	B.
	— 8,6	T.
	— 11,7	T., 1873.
[Cl^2O; Eau]	+ 9,44	T.
[Cl^2; O^5; Eau]	— 20,48	T.
	— 20,38	T., 1873.
[HCl + Eau; O^3]	— 15,38	T.
[Br^2; Eau]	+ 1,08	T.
[H; Br]	+ 8,44	HBr, gazeux, T.
	+ 9,32	Favre et Silbermann.
[HBr; Eau]	+ 20	B.
	+ 19,94	T.
	+ 19,08	F. et S.
[Br^2; O^5; Eau]	— 43,52	T.
	— 57,59	T., 1873.
[HBr + Eau; O^3]	— 15,96	T.
	— 22,09	T., 1873.
[H; I]	— 6,04	HI, gazeux, T.
[HI; Eau]	+ 19,57	B.
	+ 19,21	T.
[I^2; O^5]	+ 44,96	T.
	+ 27,92	Ditte.
	+ 20,6	Environ, T., 1873.
[I^2O^5; Eau]	— 1,90	Ditte.
[IO^3H; Eau]	— 2,17	T.
[HI + Eau; O^3]	+ 40	B.
	+ 42,54	T.
[I; O^6; H^5]	+ 185,78	Hydrate cristallisé, T.
[IO^6H^5; Eau]	— 1,38	T.
[I^2; O^7; Eau]	+ 27	T.
S insoluble ou octaédrique changé en S amorphe soluble	+ 0,083	B., à + 18°,5.
[H^2; S]	+ 4,51	T. Soufre mou.
	+ 4,82	Hautefeuille, S octaédrique.
[H^2S; Eau]	+ 4,75	T.
[S; O^2]	+ 71,07	F. et S.
[SO^2; Eau]	+ 7,7	T.
[SO^2; O]	+ 32,16	SO^3, liquide, T.
[SO^2; O; Eau]	+ 71,83	T.
[SO^2 + Eau; O]	+ 63,63	T.
[S; O^3]	+ 103,23	T.

Réaction	Chaleur	Observations
$[SO^3; H^2O]$	+21,32	SO^4H^2, liquide, T.
	+20,38	— B.
$[SO^4H^2; H^2O]$	+6,83	Pfaundler.
	+6,64	Favre et Quaillard.
	+6,54	T.
	+6,2	B.
$[SO^4H^2; 2H^2O]$	+10,14	P.
	+9,95	F. et Q.
$[SO^4H^2; 3H^2O]$	+11,65	P.
	+11,85	F. et Q.
	+11,19	T.
$[SO^4H^2; 5H^2O]$	+13,8	P.
	+13,92	F. et Q.
	+13,03	T.
$[SO^4H^2; Eau]$	+17,75	P.
	+17,85	T.
	+16,92	B.
$[SO^3; Eau]$	+37,3	B.
	+40,8	Hess.
$[2SO^2; O; Eau]$	+68,95	T., acide dithionique.
$[SO^2; S; Eau]$	−1,57	T., acide hyposulfureux.
$[2SO^2; O; S^2; Eau]$	+62,82	T., acide tétrathionique.
$[H^2; Se]$	−5,4	Hautefeuille, sélénium rouge.
	−4,2	Id. sélénium métallique
$[Se; O^2]$	+57,71	SeO^2 cristallisé, T.
$[SeO^2; Eau]$	−0,92	T.
$[Se; O^3; Eau]$	+77,24	T.
	+75,68	T., 1873.
$[SeO^2; O; Eau]$	+19,53	T.
	+17,97	T., 1873.
$[Te; O^2; H^2O]$	+81,19	T.
	+76,30	
$[TeO^2 + Eau; O]$	+25,85	T.
	+24,6	T., 1873.
$[Te; O^3; Eau]$	+100,9	T., 1873.
$[Az; H^3]$	+25,93	F.
	+26,71	T.
$[AzH^3; Eau]$	+8,74	Favre.
	+8,82	B.
	+8,44	T.
$[Az^2; O]$	−17,45	F. et S.
	−18,32	T.
$[2AzO; O^2]$	+39,136	T.
	+38,3	B.
$[Az^2O^4; Eau]$	+15,505	T.
$[2AzO; O; Eau]$	+36,34	T.
$[2AzO; O^3; Eau]$	+72,94	T.
$[Az^2; O^2]$	−86,6	B.
$[Az^2; O^3]$	−65,6	B., Az^2O^3, gaz.
$[Az^2; O^4]$	−48,6	B., Az^2O^4, gaz.
	−40	B., Az^2O^4, liquide.
$[Az^2; O^5]$	−44,6	B., Az^2O^5, gaz.
$[Az^2; O^5; Eau]$	−14,8	B.
$[Az^2O^5; H^2O]$	+10,6	B., Az^2O^5, liquide.
$[AzO^3H; H^2O]$	+3,81	B.
$[AzO^3H; 2H^2O]$	+4,83	B.
$[AzO^3H; Eau]$	+7,15	B., à + 9°,7.
	+7,56	B., à + 20°.
$[PCl^3; Eau]$	+63 6	Berthelot et Louguinine.
	+62,7	Favre.
$[PCl^5; Eau]$	+118,9	B. et L.
	+137,5	F
$[PBr^3; Eau]$	+64,1	B. et L.
$[POCl^3; Eau]$	+74,7	B. et L.
$[P; O^4; H^3]$	+302,56	T., phosphore ordinaire : acide solide.
$[P; O^3; H^3]$	+227,68	Id.
$[P; O^2; H^3]$	+139,95	Id.
$[PO^4H^3; Eau]$	+2,69	T., acide solide.
$[PO^3H^3; Eau]$	−0,13	Id.
$[PO^2H^3; Eau]$	−0,20	Id.
$[As^2; O^3]$	+154,59	T.
$[As^2; O^5]$	+219,40	T.
$[As^2O^3; Eau]$	−7,55	T.
$[As^2O^5; Eau]$	+6,00	T.
$[AsO^4H^3; Eau]$	−0,40	T.
$[As^2O^7H^4; Eau]$	+1,30	T.
$[AsCl^3; Eau]$	+18,9	Andrews.
$[Bo^2; O^3]$	+317,24	Troost et Hautefeuille, bore amorphe.
$[Bo; Cl^3]$	+104	Id. Id.
$[BoCl^3; Eau]$	+79,2	Id.
$[C; O]$	+30,150	F. et S., charbon de bois.
$[CO; O]$	+66,81	
$[C; O^2]$	+96,96	F. et S., charbon de bois.
	+93,6	Id. graphite.
	+94	Id. diamant.
$[CO^2; Eau]$	+5,88	T.
	+5,6	B.
$[Si; O^2]$	+219,24	Troost et Hautefeuille, silicium amorphe.
$[Si; Cl^4]$	+157,64	Id. Id.
$[Si; Cl^4; Eau]$	+81,64	

β. RÉSULTATS CALORIMÉTRIQUES CONCERNANT LES MÉTAUX ET LES BASES

Réaction	Chaleur	Auteur
[KHO; 260H^2O]	+12,46	B.
[KHO+2H^2O; 170H^2O]	−0,08	B.
[NaHO; 140H^2O]	+9,78	B.
[CaO; H^2O]	+15,10	B.
[BaO; H^2O]	+17,62	B.
[BaH^2O^2; 9H^2O]	+24,32	B.
[SrO; H^2O]	+17,2	B.
[SrH^2O^2; 9H^2O]	+24,72	B.
[Mg; O]	+147,14	Ditte (calorimètre à mercure).
[Zn; O]	+88,244	Id. Id.
[Cd; O]	+30,364	Id. Id.
[In^2; O^3]	+118,458	Id. (In = 113,4)

γ. RÉSULTATS CALORIMÉTRIQUES CONCERNANT LES SELS INORGANIQUES.

1. CHALEURS DE NEUTRALISATION.

Réaction	Chaleur	Auteur
[HCl + Eau; KHO + Eau]	+14,9	Andrews.
	+15,5	Favre.
	+13,75	Thomsen.
	+13,59	Berthelot (Eau, 4 litres).
[HCl + Eau; NaHO + Eau]	+14,7	Andrews.
	+14,0	F.
	+13,74	T.
	+13,69	B.
[HCl + Eau; AzH^3 + Eau]	+13	A.
	+13,2	F.
	+12,27	T.
	+12,45	B.
[HCl + Eau; 1/2 Ag^2O, précipité (1)]	+20,6	Berthelot.
[2HCl + Eau; CaO]	+46,06	B.
[2HCl + Eau; CaH^2O^2 + Eau]	+27,96	B.
[2HCl + Eau; BaO]	+55,58	B.
[2HCl + Eau; BaH^2O^2 + Eau]	+27,7	B.
[2HCl + Eau; SrO]	+51,8	B.
[2HCl + Eau; SrH^2O^2 + Eau]	+28,04	B.
[2HCl + Eau; MnO, précipité]	+23,6	B.
[2HCl + Eau; FeO, précipité]	+21,4	B.
[2HCl + Eau; ZnO, précipité]	+19,6	B.
[2HCl + Excès d'eau; PbO, précipité]	+15,4	B., PbCl^2, dissous.
[2HCl + Eau; PbO, précipité]	+19,4	B., PbCl^2, cristallisé.
[2HCl + Eau; CuO, précipité]	+15,0	B.
[2HCl + Eau; HgO, précipité]	+18,9	B.
[ClOH + Eau; KHO + Eau]	+9,6	B.
	+9,98	T.
[ClOH + Eau; NaHO + Eau]	+9,6	B.
[2ClOH + Eau; BaO^2H^2 + Eau]	+19,4	B.
[ClO^3H + Eau; KHO + Eau]	+13,76	T.
[HBr + Eau; KOH + Eau]	+13,75	T.
	+13,5	B.
[HBr + Eau; NaOH + Eau]	+13,6	B.
[HBr + AzH^3]	+45,03	T.
	+45,6	B.
[HBr + Eau; 1/2 Ag^2O, précipité]	+25,1	B
	+25,5	B. (autre cohésion des précipités).
[BrO^3H + Eau; KHO + Eau]	+13,75	T.
[HI + Eau; KHO + Eau]	+13,68	T.
	+13,58	B.
[HI + Eau; NaHO + Eau]	+13,6	B.
[HI + AzH^3]	+43,46	T.
	+44,2	B.
[HI + Eau; 1/2 Ag^2O, précipité]	+28,3	B.
Id.	+31,3	B. (autre cohésion des précipités).
[IO^3H + Eau; KHO + Eau]	+42,54	T.
[IO^6H^5 + Eau; KHO + Eau]	+5,15	T. (?).
[IO^6H^5 + Eau; 2KHO + Eau]	+26,59	T.
[AzO^3H + Eau; KHO + Eau]	+14,8	Andrews.
	+15,8	Favre.
	+13,77	Thomsen.
	+13,83	Berthelot.
[AzO^3H + Eau; NaHO + Eau]	+14,5	A.
	+14,6	F.
	+13,68	T.
	+13,72	B.
[AzO^3H + Eau; AzH^3 + Eau]	+12,7	A.
	+13,1	F.
	+12,32	T.
	+12,57	B.
[AzO^3H + Eau; 1/2 Ag^2O, précipité]	+5,2	B.
[2AzO^3H + Eau; CaH^2O^2 + Eau]	+27,8	B.
[2AzO^3H + Eau; BaH^2O^2 + Eau]	+28,0	B,
[2AzO^3H + Eau; SrH^2O^2 + Eau]	+27,8	B.
[2AzO^3H + Eau; ZnO, précipité]	+19,6	B.

1. La formule *oxyde précipité* indique le corps avec la *quantité d'eau* et l'*état d'agrégation* qu'il possède lorsqu'on le précipite.

[2AzO^{3}H + Eau; 2/3 Fe^{2}O^3]	+11,8	B.
[2AzO^{3}H + Eau; CuO, précipité]	+15,0	B.
[2AzO^{3}H + Eau; PbO, précipité]	+15,4	B.
[AzO^{2}H + Eau; AzH^3 + Eau]	+9,1	B.
[AzO^{2}H + Eau; 1/2 Ag^{2}O, précipité]	+8,25	B.
[2AzO^{2}H + Eau; BaH^{2}O^2 + Eau]	+21,0	B.
[H^{2}S + Eau; NaHO + Eau]	+7,7	B., T.
[H^{2}S + Eau; 2NaHO + Eau]	+7,74	T.
	+7,7	B. (H^{2}S dans 8 litres d'eau).
[H^{2}S + Eau; 2AzH^3 + Eau]	+6,2	B. (Id. comme dans les suivants).
[H^{2}S + Eau; Ag^{2}O, précipité]	+55,8	B.
[H^{2}S + Eau; BaH^{2}O^2 + Eau]	+7,8	B.
[H^{2}S + Eau; MnO, précipité]	+10,3	B.
[H^{2}S + Eau; FeO, précipité]	+14,6	B.
[H^{2}S + Eau; ZnO, précipité]	+19,2	B.
[H^{2}S + Eau; PbO, précipité]	+26,6	B.
[H^{2}S + Eau; CuO, précipité]	+31,6	B.
[H^{2}S + Eau; HgO, précipité]	+48,70	B.
[SO^2 + Eau; 2NaHO + Eau]	+28,97	T.
[S^{2}O^{6}H + Eau; 2NaHO + Eau]	+27,07	T.
[SO^{4}H^2 + Eau; 2KHO + Eau]	+33,4	Andrews.
	+33,4	Favre.
	+31,28	Thomsen.
	+31,42	Berthelot.
[SO^{4}H^2 + Eau; KHO + Eau]	+14,6	B.
[SO^{4}H^2 + Eau; 2NaHO + Eau]	+33,2	A.
	+32,6	F.
	+31,38	T.
	+31,74	B.
[SO^{4}H^2 + Eau; NaHO + Eau]	+14,7	B.
[SO^{4}H^2 + Eau; 2AzH^3 + Eau]	+29,4	A.
	+29,8	F.
	+28,14	T.
	+29,06	B.
[SO^{4}H^2 + Eau; BaH^{2}O^2 + Eau]	+36,8	B.
[SO^{4}H^2 + Eau; MgO]	+40,2	Ditte, magnésie calcinée fortement.
	+33,3	Ditte, magnésie calcinée à 350°.
	+34,8	Marignac, moyenne.
[SO^{4}H^2 + Eau; ZnO]	+23,4	B., oxyde précipité.
	+21,38	Marignac, moyenne.
	+19,78	Ditte, oxyde chauffé à 350°.
	+24,27	Id., calciné fortement.
[SO^{4}H^2 + Eau; CdO]	+28,46	Ditte, oxyde du nitrate calciné.
	+29,02	D., Id., du carbonate calciné ou du métal oxydé.
[SO^{4}H^2 + Eau; FeO précipité]	+25,0	B.
[SO^{4}H^2 + Eau; MnO précipité]	+27,0	B.
[SO^{4}H^2 + Eau; CuO précipité]	+18,4	B.
[SO^{4}H^2 + Eau; PbO précipité]	+21,4	B.
[SeO^{3}H^2 + Eau; 2NaHO + Eau]	+27,02	T.
[SeO^{4}H^2 + Eau; 2NaHO + Eau]	+30,39	T.
[PO^{4}H^3 + Eau; 3NaHO + Eau]	+3,04	T.
[P^{2}O^{7}H^4 + Eau; 4NaHO + Eau]	+52,7	T.
[PO^{2}H^3 + Eau; NaHO + Eau]	+15,2	T.
[AsO^{4}H^3 + Eau; 3NaHO + Eau]	+35,9	
[CO^2 + Eau; 2KHO + Eau]	+20	B.
[CO^2 + Eau; KHO + Eau]	+11	B.
[CO^2 + Eau; 2NaHO + Eau]	+20,5	B.
	+20,18	T.
[CO^2 + Eau; NaHO + Eau]	+11,1	B.
	+11,2	T.
[CO^2 + Eau; AzH^3 + Eau]	+9,73	B., Eau, 2 litres.
	+9,13	B., Eau, 20 litres.
[CO^2 + Eau; 2AzH^3 + Eau]	+12,34	B., Eau, 220 H^{2}O.
	+10,70	B., Eau, 2,200 H^{2}O.
[CO^2 + Eau; 4AzH^3 + Eau]	+13,62	B., Eau, 440 H^{2}O.
[Bo^{2}O^3 + Eau; NaHO + Eau]	+11,56	B., 6 litres d'eau.
	+11,1	T.
[Bo^{2}O^3 + Eau; 2NaHO + Eau]	+19,82	B., 8 litres d'eau.
	—20,00	T.
[Bo^{2}O^3 + Eau; 3NaHO + Eau]	+19,65	B., 10 litres d'eau.
	+20,04	T.
[Bo^{2}O^3 + Eau; AzH^3 + Eau]	+8,93	B., 6 litres d'eau.
[Bo^{2}O^3 + Eau; 2AzH^3 + Eau]	+11,55	B., 8 —
[Bo^{2}O^3 + Eau; 3AzH^3 + Eau]	+12,62	B., 10 —
[SiH^{2}Fl^6 + Eau; 2NaHO + Eau]	+26,6	T.
[Si(OH)^4 + Eau; 2NaHO + Eau]	+5,2	T.
[Si(OH)^4 + Eau; 4NaHO + Eau]	+5,4	T.

2. CHALEURS DE DISSOLUTION DES SELS INORGANIQUES (1).

[KCl; 200 H^{2}O] à + 21°	—4,19	B.
[NaCl; 150 H^{2}O] à + 21°	—1,08	B.
[AmCl; 120 H^{2}O] à + 10°	—4,00	B.
[SrCl^2; 180 H^{2}O] à + 10°	+10,98	B.
[SrCl^2 + 6H^{2}O, 300 H^{2}O] à + 10°	—7,30	B.
[BaCl^2; 230 H^{2}O] à + 10°	+1,64	B.
[BaCl^2 + 2H^{2}O; 280 H^{2}O] à + 10°	—5,22	B.

1. Voyez l'article SOLUTION, t. II, p. 1549.

[$PbCl^2$; Eau]	$-4,00$	B.
[$HgCl^2$; 300 H^2O] à + 15°	$-3,04$	B.
[$SnCl^2 + 2H^2O$; 110 H^2O] à + 21°	$-5,16$	B.
[ClO^3Na; Eau] vers 10°	$-5,57$	B.
[ClO^3K; Eau] —	$-9,95$	B.
[$(ClO^3)^2Ba$; Eau] —	$-6,74$	B.
[$(ClO^3)^2Ba + H^2O$; Eau] —	$-11,48$	B.
[ClO^4Na; Eau] —	$-3,50$	B.
[$(ClO^4)^2Ba$; Eau] —	$-1,84$	B.
[$(ClO^4)^2Ba + 3H^2O$; Eau] —	$-9,33$	B.
[MnO^4K + Eau] à 16°	$-10,2$	B.
[KBr; 300 H^2O] à + 10°,6	$-5,45$	B.
[$NaBr$; 330 H^2O] à + 10°,8	$-0,29$	B.
[$NaBr + 2H^2O$; 450 H^2O] + 10°,8	$-4,45$	B.
[KI; 450 H^2O] à + 11°	$-5,32$	B.
[NaI; 500 H^2O] à + 11°	$+1,30$	B.
[$NaI + 2H^2O$; 500 H^2O] à + 11°	$-3,98$	B.
[AzO^3K; Eau] de 10 à 15°	$-8,29$	B.
[AzO^3Na; Eau] —	$-4,66$	B.
[AzO^3Ag; Eau] —	$-5,73$	B.
[AzO^3AzH^4; Eau] —	$-6,2$	B.
[$(AzO^3)^2Ca$; Eau] —	$+3,2$ (?)	B.
[$(AzO^3)^2Ca + 4H^2O$; Eau] —	$-7,62$	B.
[$(AzO^3)^2Sr$; Eau] —	$-5,08$	B.
[$(AzO^3)^2Sr + 5H^2O$; Eau] —	$-12,06$	B.
[$(AzO^3)^2Ba$; Eau] —	$-9,28$	B.
[$(AzO^3)^6Fe^2 + 18H^2O$; Eau] —	$-18,18$	B.
[$(AzO^3)^2Pb$; Eau]	$-8,22$	B.
[AzO^2Ag; Eau]	$-8,8$	B.
[AzO^2AzH^4; 400 H^2O] à 12°,5	$-4,75$	B.
[$(AzO^2)^2Ba$; 800 H^2O] à 12°	$-5,68$	B.
[$(AzO^2)^2Ba + H^2O$; 800 H^2O] à 12°	$-8,60$	B.
[$AzH^4.HS$; 250 parties d'eau] à 12°,5	$-3,25$	B.
[SO^4K^2; Eau]	$-6,04$	B., de 10 à 15°.
	$-6,34$	Favre et Valson.
[SO^4HK; Eau]	$-3,23$	B.
[$S^2O^7K^2$; Eau]	$+2,90$	B.
[SO^4Na^2; Eau]	$+0,76$	B.
	$+0,708$	F. et V.
[$SO^4Na^2 + 10H^2O$; Eau]	$-18,10$	B.
	$-18,6$	F. et V.
[SO^4NaH; Eau]	$-0,76$	B.
[$SO^4(AzH^4)^2$; Eau]	$-2,70$	B.
	$-1,95$	F. et V.
[$SO^4Fe + 7H^2O$; Eau]	$-4,364$	F. et V.
[$SO^4Zn + 7H^2O$; Eau]	$-4,148$	F. et V.
[$SO^4Mg + 7H^2O$; Eau]	$-3,720$	F. et V.
[$SO^4Ni + 7H^2O$; Eau]	$-3,884$	F. et V.
[$SO^4Co + 7H^2O$; Eau]	$-3,360$	F. et V.
[$SO^4Cu + 5H^2O$; Eau]	$-2,432$	F. et V.
[$SO^4Mn + 5H^2O$; Eau]	$+0,470$	F. et V.
[$SO^4Cd + 3H^2O$; Eau]	$+3,062$	F. et V.
[$SO^4Zn + H^2O$; Eau]	$+9,624$	F. et V.
[$SO^4Mg + H^2O$; Eau]	$+10,986$	F. et V.
[$SO^4Cu + H^2O$; Eau]	$+9,468$	F. et V.
[$SO^4Mn + H^2O$; Eau]	$+8,432$	F. et V.
[$SO^4Cd + H^2O$; Eau]	$+6,020$	F. et V.
[SO^4Mg; Eau]	$+20,304$	F. et V.
[SO^4Zn; Eau]	$+18,578$	F. et V.
[SO^4Cu; Eau]	$+16,298$	F. et V.
[SO^4Mn; Eau]	$+14,170$	F. et V.
[SO^4Cd; Eau]	$+10,688$	F. et V.
[1 molécule d'alun de KAl^2; 1000 H^2O à 10°]	$-19,606$	F. et V.
Id. $AmAl^2$; 1000 H^2O]	$-19,160$	F. et V.
Id. KCr^2 1000; H^2O	$-19,302$	F. et V.
Id. $AmCr^2$; 1000 H^2O]	$-19,256$	F. et V.
Id. KFe^2; 1000 H^2O]	$-32,032$	F. et V.
Id. $AmFe^2$; 1000 H^2O]	$-33,142$	F. et V.
[CO^3K^2; Eau]	$+6,54$	B.
[$CO^3K^3 + 3/2\ H^2O$; Eau]	$-0,24$	B.
[CO^3Na^2; Eau]	$+5,54$	B.
[CO^3KH; Eau]	$-5,32$	B.
[CO^3NaH; Eau]	$-4,27$	B.
[CO^3AmH; Eau]	$-6,28$	B.

3. CHALEUR MISE EN JEU DANS QUELQUES RÉACTIONS INORGANIQUES.

[BaO^2 anhydre; $2HCl$ + Eau]	$+23$	B.
[$2AzO^3H$ + Eau; CO^3Na^2 + Eau]	$+6,82$	B., Eau, 20 litres.
[SO^4H^2 + Eau; CO^3Na^2 + Eau]	$+11,04$	B., Eau, 40 litres.
[HCl + Eau; KCl + Eau]	$-0,03$	B.
[AzO^3H + Eau; AzO^3Na + Eau]	$-0,04$	B.
[SO^4K^2 + Eau; SO^4H^2 + Eau]	$-2,08$	B.
[SO^4Na^2 + Eau; SO^4H^2 + Eau]	$-2,10$	B.
[SO^4K^2 + Eau; $10SO^4H^2$ + Eau]	$-3,80$	B.
[SO^4K^2 + Eau, 2 lit.; SO^4H^2 + Eau, 2 lit.]	$-2,46$	B.
[SO^4K^2 + Eau, 20 lit.; SO^4H^2 + Eau, 20 lit.]	$-1,60$	B. Environ.
[SO^4K^2 + Eau, 2 lit.; $2AzO^3H$ + Eau, 2 lit.]	$-3,6$	B.
[$10SO^4K^2$ + Eau, 20 lit.; $2AzO^3H$ + Eau, 2 lit.]	$-7,4$	B.

Réaction	Chaleur	Observations
[SO^4K^2 + Eau, 2 lit.; 2HCl + Eau, 2 lit.]	− 4,04	B.
[10SO^4K^2 + Eau, 20 lit.; 2HCl + Eau, 2 lit]	− 8,08	B.
[CO^3K^2 + Eau; 2 AzO^3Am + Eau]	− 6,44	B., Eau, 28 litres.
[CO^3K^2 + Eau; SO^4Am^2 + Eau]	− 6,36	B., Id.
[CO^3Na^2 + Eau; 2 AmCl + Eau]	− 6,12	B.
[CO^3KH + Eau; AzO^3Am + Eau]	− 0,08	B.
[2 AmCl + Eau; Na^2S + Eau]	+ 1,26	B.
[2 AmCl + Eau; NaHO + Eau]	+ 1,33	B.
[$Bo^2O^7Na^2$ + Eau; CO^3Am^2 + Eau]	− 0,40	B.
[$Bo^2O^7Am^2$ + Eau; CO^3Na^2 + Eau]	− 3,38	B.
[$Bo^2O^7Na^2$ + Eau; CO^3AmH]	− 3,06	B.
[AzO^3Ag + Eau; KCl + Eau]	+ 15,67	B.
[AzO^3Ag + Eau; KI Eau]	+ 26,5	B.
[$SnCl^2$ + Acide chlorhydrique concentré; Cl^2]	+ 77,0	B.
[$SnCl^4$; Eau]	+ 17	Andrews.
[1 molécule Alun de KAl^2 + Eau; 4 $BaCl^2$ + Eau]	+ 30,052	F. et V.
— Alun de $AmAl^2$; Id.	+ 29,776	F. et V.
— Alun de KCr^2; Id.	+ 29,534	F. et V.
— Alun $AmCr^2$; Id.	+ 29,274	F. et V.
— Alun KFe^2; Id.	+ 36,322	F. et V.
— Alun $AmFe^2$; Id.	+ 36,572	F. et V.
— Alun KCr^2 après 14 jours; Id.	+ 27,246	F. et V.
— Alun $AmCr^2$ après 14 jours; Id.	+ 27,8	F. et V.

δ. RÉSULTATS CALORIMÉTRIQUES CONCERNANT LES CORPS ORGANIQUES.

1. CHALEURS DE FORMATION.

Réaction	Chaleur	Observations
[C^2H^2; O^5 combust.]	+ 310,57	T.
— D'où [C^2 graphite; H^2]	− 55,01	T., acétylène.
[C^2H^4; O^6 combust.]	+ 334,8	T.
— D'où [C^2 graphite; H^4]	− 10,88	T., éthylène.
[CH^4; O^4 combust.]	+ 209,9	Moyenne des expériences.
— D'où [C graphite; H^4]	+ 20,4	Gaz des marais.
[CO^2H^2; O combust.]	+ 69,9	B.
	+ 60,193	T.
[CO; HKO + Eau]	+ 11,7	B., formiate de potasse.
[CO; H^2O]	− 1,4	B.
	+ 6,6	T., acide formique.
[C^2; Az^2]	− 82	B., gaz cyanogène.
[CAzH liquide; $O^{5/2}$ combust.]	+ 136,9	B.
[CAzH gazeux; $O^{5/2}$ combust.]	+ 142,6	B.
[C^2H^2; Az^2]	+ 25,6	B., acide cyanhydrique gazeux.
[C diamant; Az; H]	− 14,1	B., Id.
[Cy; H]	+ 26,9	B., Id.
[K; Cy]	+ 86,7	B.
[KCy; O]	+ 70,8	B., cyanate solide.
[Cy; Cl]	+ 27,8	B., CyCl liquide.
[Cy; Cl]	+ 19,5	B., Id. gazeux.
[Cy; I]	− 17,9	B., CyI solide.
[C^2H^6O; AzO^3H]	+ 58,0	B., nitrate d'éthyle.
[$C^3H^8O^3$; 3 AzO^3H]	+ 13,0	B., nitroglycérine.
	+ 19,0	Troost et Hautefeuille.
[$C^6H^{14}O^6$; 6 AzO^3H]	+ 21,2	B., nitromannite.
	+ 24,5	T. et H.
[$C^{12}H^{20}O^{10}$ + 5 AzO^3H]	+ 55,0	B., coton poudre.
	+ 52,0	T. et H.
[$C^6H^{10}O^5$; AzO^3H]	+ 12	B., xyloïdine.
[C^6H^6; AzO^3H]	+ 36	B., nitrobenzine.
	+ 38,4	T. et H.
[$C^6H^5AzO^2$; AzO^3H]	+ 36,06	B., binitrobenzine.
	+ 38,4	T. et H.
[C^6H^5Cl; AzO^3H]	+ 36	B., chloronitrobenzine.
[$C^7H^6O^2$; AzO^3H]	+ 35	B., acide nitrobenzoïque.
[C^7H^8; AzO^3H]	+ 38	T. et H., nitrotoluène.
[$C^{10}H^8$; AzO^3H]	+ 36,5	T. et H., nitronaphtaline.

2. CHALEURS DE COMBINAISON DES ALCOOLS ET DES ACIDES ORGANIQUES AVEC LES BASES (Berthelot).

Réaction	Chaleur	Observations
Glycérine.		
[$C^3H^8O^6$ + Eau; NaOH + Eau]	+ 0,37	Eau, 200 H^2O.
	+ 0,01	Eau, 1200 H^2O.
[$C^3H^8O^6$ + Eau; 2NaHO + Eau]	+ 0,59	
Mannite.		
[$C^6H^{14}O^6$ + Eau; NaHO + Eau]	+ 1,107	Eau, 4 litres.
[$C^6H^{14}O^6$ + Eau; 1/2 NaHO + Eau]	+ 0,696	Eau, 3 litres.
[$C^6H^{14}O^6$ + Eau; 3/2 NaHO + Eau]	+ 1,209	Eau, 5 litres.
[Solution précédente; 5 vol. Eau	− 1,43	
Phénol.		
[C^6H^6O + 10 litres eau; NaHO + Eau]	+ 7,34	
[C^6H^6O + Eau; $Ca^{1/2}OH$ + Eau]	+ 7,4	
[C^6H^6O + Eau; $Ba^{1/2}OH$ + Eau]	+ 7,48	
[C^6H^6O + Eau; 2/5 AzH^3 + Eau]	+ 1,27	
[C^6H^6O + Eau; 4/5 AzH^3 + Eau]	+ 1,80	
[C^6H^6O + Eau; 6/5 AzH^3 + Eau]	+ 2,18	
[C^6H^6O + Eau; 8/5 AzH^3 + Eau]	+ 2,52	
[C^6H^6O + Eau; 2 AzH^3 + Eau]	+ 2,70	

Acide picrique.

Réaction	Chaleur	Remarques
[$C^6H^3(AzO^2)^3O$ + Eau ; $NaHO$ + Eau, 2 litres]	+13,3	8 à 9 grammes d'acide par litre.
[$C^6H^3(AzO^2)^3O$ + Eau ; KHO + Eau]	+13,7	
[$C^6H^3(AzO^2)^3O$ + Eau ; AzH^3 + Eau]	+12,7	

Aldéhyde.

Réaction	Chaleur
[C^2H^4O ; 50 parties Eau]	+3,62
[C^2H^4O + Eau ; KHO + Eau]	+4,32
[La solution précédente ; 5 vol. Eau]	−1,51

Acide salicylique.

Réaction	Chaleur
[$C^7H^6O^3$, crist. ; $NaHO$ + Eau]	+5,27
[La solution précédente ; $NaHO$ + Eau]	+2,00
[Celle-ci ; 5 vol. Eau]	−2,05
[$C^7H^6O^3$ + Eau ; $NaHO$ + Eau]	+14,5

Acide lactique.

Réaction	Chaleur
[$C^3H^6O^3$ + Eau 2 litres ; 1/2 $NaHO$ + 1 litre Eau].	+6,81
[$C^3H^6O^3$ + 2 litres Eau ; $NaHO$ + 2 litres Eau]	+18,33
[Solution précédente ; $NaHO$ + 2 litres Eau]	+0,21
[Celle-ci ; 5 volumes Eau]	−0,7

Acide formique.

Réaction	Chaleur	Remarques
[CH^2O^2 + Eau ; KHO + Eau]	+13,08 +13,4	Acide formique = 7 litres. t = 13,5. Env. Ac. form. = 2 lit. t = 8 à 10 (plus exact)
[CH^2O^2 + Eau ; $NaHO$ + Eau]	+18,38	Acide formique = 2 litres.
[CH^2O^2 + Eau ; AzH^3 + Eau]	+11,9	
[2 CH^2O^2 + Eau ; CaH^2O^2 + Eau]	+26,4	Ajouter + 0,8 environ.
[2 CH^2O^2 + Eau ; SrH^2O^2 + Eau]	+26,2	Ajouter + 0,8 environ.
[2 CH^2O^2 + Eau + BaH^2O^2 + Eau]	+26,86	
[2 CH^2O^2 + Eau ; MnO (1) précipité]	+21,4	Environ.
[2 CH^2O^2 + Eau ; ZnO précipité]	+18,2	
[2 CH^2O^2 + Eau ; CuO précipité]	+13,2	
[2 CH^2O^2 + Eau ; PbO précipité]	+13,3	

Acide acétique.

Réaction	Chaleur	Remarques
[$C^2H^4O^2$ + 2 litres Eau ; KHO + 2 litres Eau]	+13,3	
[$C^2HCl^3O^2$ + Eau ; KHO + Eau]	+14,23	Louguinine.
[$C^2H^4O^2$ + Eau ; $NaHO$ + Eau]	+13,8	
[$C^2HCl^3O^2$ + Eau ; $NaHO$ + Eau]	+14,17	
[$C^2H^4O^2$ + Eau ; AzH^3 + Eau]	+11,9	
[$C^2H^4O^2$ + Eau ; 1/2 Ag^2O précipité]	+4,7	Environ.
[2 $C^2H^4O^2$ + Eau ; CaH^2O^2 + Eau]	+26,8	
[2 $C^2H^4O^2$ + Eau ; $S^2H^2O^2$ + Eau]	+26,6	
[2 $C^2H^4O^2$ + Eau ; BaH^2O^2 + Eau]	+26,8	
[2 $C^2H^4O^2$ + Eau ; MnO précipité]	+22,6	
[2 $C^2H^4O^2$ + Eau ; ZnO précipité]	+17,8	
[2 $C^2H^4O^2$ + Eau ; CuO précipité]	+12,4	
[2 $C^2H^4O^2$ + Eau ; PbO précipité]	+13,0	

Acide propionique.

Réaction	Chaleur
[2 $C^3H^6O^2$ + 8 litres Eau ; BaH^2O^2 + Eau]	+26,8

Acide butyrique.

Réaction	Chaleur
[$C^4H^8O^2$ + 4 litres Eau ; $NaHO$ + 4 litres Eau]	+13,66

Acide valérique de l'alcool amylique.

Réaction	Chaleur
[$C^5H^{10}O^2$ + 5 litres Eau ; $NaHO$ + 5 litres Eau]	+13,98
[$C^5H^{10}O^2$ + 5 litres Eau ; AzH^3 + 2 litres Eau]	+12,7

Acide valérique de la valériane.

Réaction	Chaleur
[$C^5H^{10}O^2$ + 4 litres Eau ; AzH^3 + 2 litres Eau]	+12,6

Acide pivalique (triméthylacétique).

Réaction	Chaleur
[$C^5H^{10}O^2$ + 6 litres Eau ; KHO + Eau]	+13,6

Acide benzoïque.

Réaction	Chaleur
[$C^7H^6O^2$ + Eau ; KHO + Eau]	+13,4
[$C^7H^6O^2$ + Eau ; $NaHO$ + Eau]	+13,5
[$C^7H^6O^2$ + Eau ; AzH^3 + Eau]	+12,2
[2 $C^7H^6O^2$ + Eau ; CaH^2O^2 + Eau]	+27,2

Acide cyanhydrique.

Réaction	Chaleur
[HCy + Eau ; KHO + Eau]	+2,96
[HCy + Eau ; AzH^3 + Eau]	+1,3
[HCy + Eau ; 1/2 Ag^2O précipité]	+20,9
[2 HCy + Eau ; HgO précipité]	+31,0
[$HgCy^2$; + 32 litres Eau ; 2 KCy + 8 litres Eau]	+11,6

Acide ferrocyanhydrique.

Réaction	Chaleur
[FeH^4Cy^6 + Eau ; 4 KHO + Eau]	+54
[3 FeH^4Cy^6 + Eau ; 2 Fe^2O^3 précipité]	+75,6

1. Voir la note de la page 378.

Acide oxalique.

[$C^2H^2O^4$ + Eau ; $2KHO$ + Eau] .... +28,52
[$C^2H^2O^4$ + Eau ; $2NaHO$ + Eau] .... +28,6
[$C^2H^2O^4$ + Eau ; $NaHO$ + Eau] .... +13,8
[$C^2H^2O^4$ + Eau ; $2AzH^3$ + Eau] .... +25,4
[$C^2H^2O^4$ + Eau ; Ag^2O précipité] .... +25,8
[$C^2H^2O^4$ + Eau ; CaH^2O^2 + Eau] .... +37,0
[$C^2H^2O^4$ + Eau ; SrH^2O^2 + Eau] .... +35,2
[$C^2H^2O^4$ + Eau ; BaH^2O^2 + Eau] .... +33,4
[$C^2H^2O^4$ + Eau ; MnO précipité] .... +28,6
[$C^2H^2O^4$ + Eau ; ZnO précipité] .... +25,0
[$C^7H^2O^4$ + Eau ; PbO précipité] .... +25,6

Acide tartrique.

[$C^4H^6O^6$ + Eau ; $2KHO$ + Eau] .... +26,0
[$C^4H^6O^6$ + Eau ; $2NaHO$ + Eau] .... +25,0
[$C^4H^6O^6$ + Eau ; $NaHO$ + Eau] .... +12,9
[$C^4H^6O^6$ + Eau ; KHO + $NaHO$ + Eau] .... +26
[$C^4H^6O^6$ + Eau ; CaH^2O^2 + Eau] .... +33,8

Bases organiques (Thomsen).

[$2Az(CH^3)^4OH$ + Eau ; SO^4H^2 + Eau] .... +31,01
[$2AzH^2(C^2H^5)$ + Eau ; SO^4H^2 + Eau] .... +28,35

3. CHALEUR DE DISSOLUTION DES ACIDES ET DES SELS ORGANIQUES (Berthelot).

Phénol.

[C^6H^6O ; Eau] .... −2,16

Acide picrique.

[$C^6H^3(AzO^2)^3O$; 1600 Eau] vers 15° .... −7,10
[$C^6H^2(AzO^2)^3OK$; Eau] Id. .... −10,00
[$C^6H^2(AzO^2)^3ONa$; 1600 Eau] Id. .... −6,44
[$C^6H^2(AzO^2)^3O\,Am$; Eau] Id. .... −8,7

Acide formique.

[CH^2O^2 crist. ; 300 H^2O] à 6° .... −2,85
[CH^2O^2 liquide ; 46 H^2O] Id. .... +0,08
[$CHKO^2$; 320 H^2O] à 11° .... −0,93
[$CHNaO^2$; 150 H^2O] à 11°,5 .... −0,52
[CHO^2Am ; 140 H^2O] à 10° .... −2,94
[$(CHO^2)^2Ca$; 360 H^2O] à 16° .... +0,66
[$(CHO^2)^2Sr$; 500 H^2O] à 16° .... +0,62
[$(CHO^2)^2Sr + 2H^2O$; 500 H^2O] à 11° .... −5,46
[$(CHO^2)^2Ba$; 500 H^2O] à 7°,5 .... −2,44
[$(CHO^2)^2Mn$; 500 H^2O] à 24° .... +4,34
[$(CHO^2)^2Mn + 2H^2O$; 500 H^2O] à 24° .... −2,88
[$(CHO^2)^2Zn$; 500 H^2O] à 15° .... +3,93
[$(CHO^2)^2Zn + 2H^2O$; 500 H^2O] à 13° .... −2,88
[$(CHO^2)^2Cu$; 500 H^2O] à 15° .... +0,52
[$(CHO^2)^2Cu + 4H^2O$; 500 H^2O] à 10° .... −7,84
[$(CHO^2)^2Pb$; 500 H^2O] à 10° .... −6,90

Acide acétique.

[$C^2H^4O^2$ crist. ; 150 H^2O à 6°5] .... −2,13
[$C^2H^4O^2$ liquide ; 120 H^2O] à 23° .... +0,24
[$C^2H^4O^2$ liquide ; 100 H^2O] à 7° .... +0,40
[$C^2H^4O^2$ liquide ; 20 H^2O] à 28° .... +0,15
[$C^2H^4O^2 + 20H^2O$; 20 H^2O] à 23° .... +0,07
[$C^2H^4O^2 + 40H^2O$; 40 H^2O] à 23° .... +0,02
[$C^2H^4O^2 + 80H^2O$; 40 H^2O] à 23° 0
[$C^2H^3O^2K$ fondu récemment ; 220 H^2O] à 7°,5 .... +3,21
[$C^2H^3O^2K$ séché dans le vide ; 220 H^2O] à 7°,5 .... +3,27
[$C^2H^3O^2Na$ fondu 1 heure avant ; 250 H^2O] à 7°,5 .... +4,23
[$C^2H^3O^2Na$ séché dans le vide ; 250 H^2O] à 7°,5 .... +4,08
[$C^2H^3O^2Na$ fondu anciennement ; 200 H^2O] à 21° .... +3,76
[$C^2H^3O^2Na + 3H^2O$; 200 H^2O] à 21° .... −4,58
[$C^2H^4O^2AzH^3$ solide ; 200 H^2O] à 24° .... +0,25
[$C^2H^3O^2Ag$; 120 H^2O] à 10° .... −4,30
[$(C^2H^3O^2)^2Ca$; 440 H^2O] à 15°,5 .... +7,02
[$(C^2H^3O)^2Ca + H^2O$; 600 H^2O] à 17° .... +5,36
[$(C^2H^3O^2)^2Sr$; 800 H^2O] à 11°,5 .... +5,56
[$(C^2H^3O^2)^2Sr + 1/2\,H^2O$; 440 H^2O] à 12° .... +5,26
[$(C^2H^3O^2)^2Ba$; 600 H^2O] à 10°,8 .... +5,24
[$(C^2H^3O^2)^2Ba + 3H^2O$; 600 H^2O] à 10°,8 .... −0,82
[$(C^2H^3O^2)^2Mn$; 520 H^2O] à 17° .... +12,24
[$(C^2H^3O^2)^2Mn + 4H^2O$; 600 H^2O] à 12° .... +1,58
[$(C^2H^2O^2)^2Zn$; 720 H^2O] à 23°,5 .... +9,82
[$(C^2H^3O^2)^2Zn + H^2O$; 800 H^2O] à 25°,5 .... +7,00
[$(C^2H^3O^2)^2Zn + 2H^2O$; 500 H^2O] à 10°,2 .... +4,24
[$(C^2H^3O^2)Cu$; 320 H^2O] à 16° .... +2,42
[$(C^2H^3O^2)Cu + H^2O$; 440 H^2O] à 10° .... +0,80
[$(C^2H^3O^2)^2Pb$; 440 H^2O] à 10°,8 .... +1,40
[$(C^2H^3O^2)^2Pb + 3H^2O$; 240 H^2O] à 10°,8 .... −5,54

Acide pivalique (triméthylacétique).

$[C^5H^{10}O^2$ crist.; 880 $H^2O]$ à + 11°	+0,34
$[C^5H^9O^2K$; 500 $H^2O]$ à 15°	+7,85

Acide benzoïque.

$[C^7H^6O^2$; 8,000 $H^2O]$ à 18°	−6,5
$[C^7H^5O^2K$; 450 $H^2O]$ à 17°,5	−1,48
$[C^7H^5O^2Na$; 400 $H^2O]$ à 17°,5	+0,78
$[C^7H^5O^2Am$; 900 $H^2O]$ à 17°,5	−2,69
$[(C^7H^5O^2)^2Ca$; 1,800 $H^2O]$ à 18°	+4,68

Acide picrique.

$[C^6H^3(AzO^2)^3O$; 1,600 $H^2O]$ vers 15°	−7,10
$[C^6H^2(AzO^2)^3OK$; Eau] Id.	−10
$[C^6H^2(AzO^2)^3ONa$; 1,600 $H^2O]$ Id.	−6,44
$[C^6H^2(AzO^2)^3OAm$; Eau] Id.	−8,7

Acide cyanhydrique.

[HCy liquide ; Eau]	+0,4
[HCy gazeux ; Eau]	+6,10
[KCy; 50 parties Eau] à 20°	−2,86
[AmCy; 850 parties Eau] à 18°	−4,36
$[HgCy^2$; 40 parties Eau] à 15°	−3,00
$[HgCy^2 + 2KCy$; 40 parties Eau] à 11°	−13,92
$[AgCy + KCy$; 40 parties Eau] à 11°	−8,55
$[Cy^6FeK^4$; 40 parties Eau] à 12°	−11,96
$[Cy^6FeK^4 + 3H^2O$; 40 parties Eau] à 11°	−16,92

Acide oxalique.

$[C^2H^2O^4$; Eau]	−2,29
$[C^2H^2O^4 + 2H^2O$; Eau]	−8,49
$[C^2O^4K^2$; Eau]	−4,74
$[C^2O^4K^2 + H^2O$; Eau]	−7,73
$[C^2O^4Na^2$; Eau]	−4,30
$[C^2O^4HNa$; Eau]	−5,60
$[C^2O^4HNa + H^2O$; Eau]	−9,50
$[C^2O^4Am^2$; Eau]	−7,98
$[C^2O^4Am^2 + H^2O$; Eau]	−11,47

Acide tartrique.

$[C^4H^6O^6$; Eau]	−3,45	
$[C^4H^4O^6K^2$; Eau]	−3,56	
$[C^4H^4O^6K^2 + 1/2\ H^2O$; Eau]	−5,56	
$[C^4H^4O^6Na^2$; Eau]	−1,12	
$[C^4H^4O^6Na^2 + 2H^2O$; Eau]	−5,88	
$[C^4H^5O^6Na$; Eau]	−5,66	
$[C^4H^5O^6Na + H^2O$; Eau]	−8,54	
$[C^4H^4O^6KNa$; Eau]	−1,87	Environ.
$[C^4H^4O^6KNa + 4H^2O$; Eau]	−12,34	

4. CHALEUR MISE EN JEU DANS QUELQUES RÉACTIONS ORGANIQUES.

$[C^2H^3OCl$; Eau]	+23,30	B. et Louguinine.
$[C^2H^3OBr$; Eau]	+23,3	B. et L.
$[C^2H^3OI$; Eau]	+21,4	B. et L.
$[C^4H^7OCl$; Eau]	+21,68	L.
	+20,19	L. (Isobut.).
$[C^4H^7OBr$; Eau]	+27,0	Env. B. et L.
$[C^5H^9OCl$; Eau]	+20,17	L. (Ac. de la valériane).
	+20,63	L. (Ac. de l'alc. amylique).
	+14,40	L. (Ac. triméthylacétique).
$[C^5H^9OBr$; Eau]	+22,37	L. (Ac. de l'alc. amylique).
$[(C^2H^3O)^2O$; Eau]	+12,8	Env. B. et L.
$[C^2H^3O^2Na$ + Eau, 2 litres; AzO^3H + Eau, 2 litres]	+0,45	B.
$[CHO^2K$ + Eau, 6 litres; HCl + Eau, 2 litres]	+0,70	B.
$[(CHO^2)^2B$ + Eau, 8 litres; 2HCl + Eau, 4 litres]	+1,80	B.
$[C^6H^6O + KHO$ + Eau; HCl + Eau]	+6,3	B.
[KCy + Eau; HCl, Eau]	+10,7	B.
$[HgCl^2$ + Eau, 32 litres; 2HCy + Eau, 8 litres]	+11,8	B.
$[2C^2H^3O^2Na$ + Eau, 4 litres; SO^4H^2 + Eau, 4 litres]	+4,76	B.
$[C^4H^6O^6$ + Eau, 4 litres; $2C^2H^3O^2Na$ + Eau, 4 litres]	−0,50	B.
$[2AzO^3H$ + Eau, 4 litres; $C^2O^4Na^2$ + Eau]	−1,20	B.
[2HCl + Eau, 4 litres; $C^2O^4Na^2$ + Eau]	−1,40	B.
$[2C^2H^3O^2Na$ + Eau, 4 litres; $C^2O^4H^2$ + Eau]	+1,60	B.
$[SO^4H^2$ + Eau, 4 litres; $C^2O^4Na^2$ + Eau]	+0,90	B.
$[SO^4H^2$ + Eau, 4 litres; $C^4H^4O^6Na^2$ + Eau]	+4,88	B.
$[C^4H^4O^6Na^2$ + Eau, 4 litres; $C^2H^2O^4$ + Eau, 4 litres]	+1,53	B.
$[C^2O^4Na^2$ + Eau, 4 litres; $C^4H^6O^6$ + Eau, 4 litres]	−1,33	B.

3. — APPLICATION DU CALORIMÈTRE A L'ÉTUDE DES RÉACTIONS CHIMIQUES.

La mesure des quantités de chaleur, dégagées ou absorbées dans les réactions chimiques, nous éclaire dans bien des cas sur leur mécanisme. Pour ne parler que des dissolutions, la formation ou la destruction de certains corps, plutôt soupçonnée que prouvée d'après des caractères physiques malheureusement peu nombreux (coloration, variation de pouvoir rotatoire, etc.), se trouve établie d'une façon incontestable par la méthode thermique. L'état réel de la distribution des acides et des bases dans leurs dissolutions mélangées devient possible à définir. Enfin, grâce au thermomètre, nous acquérons tous les jours des raisons plus nombreuses et plus fortes pour décider *à priori* de la nécessité ou de l'impossibilité d'une réaction.

La comparaison des nombres inscrits dans les tableaux précédents a permis aux divers savants qui se sont occupés de thermochimie d'élucider ainsi certains points importants de statique moléculaire. C'est sur les déductions d'ordre chimique tirées d'observations physiques que nous devons dire quelques mots. Le présent paragraphe sera donc au précédent ce qu'une légende est à une figure.

Métalloïdes et acides. — D'après un travail d'ensemble de M. Thomsen, l'affinité des métalloïdes pour l'hydrogène, mesurée par la chaleur de formation de composés hydrogénés, diminue, dans chaque famille, à mesure que le poids atomique augmente. Les métalloïdes dont le poids atomique est très-élevé, comme l'iode et le sélénium, absorbent même de la chaleur, pour donner naissance à l'acide iodhydrique et à l'hydrogène sélénié [*Deutsch. Chem. Gesells*, t. IV, p. 941 et 769, t. VI, p. 1533].

La formation de l'acétylène à partir de ses éléments, pris à la température ordinaire, donne lieu à une notable absorption de chaleur, comme l'avait prévu Berthelot.

Un phénomène semblable, mais moins marqué, signale la formation de l'éthylène. Mais le charbon et l'hydrogène dégagent de la chaleur pour donner naissance au composé saturé, au gaz des marais.

Nous avons insisté ailleurs sur la signification à donner aux formations de molécules qui sont accompagnées d'une absorption de chaleur (t. I, p. 80), et sur la chaleur de combustion des atomes de carbone supposés libres (t. I, p. 826). M. Berthelot et M. Thomsen ont été aussi conduits à penser que le carbone à la température ordinaire est dans un état de passivité, dont une température très-élevée peut seule le faire sortir; M. Thomsen évalue à 70 calories la chaleur absorbée par 12 grammes de carbone pour ce travail moléculaire. Ce nombre est sans doute trop fort.

Le même auteur, par une méthode indirecte, et en se fondant sur la chaleur de combustion du soufre $= 71^{cal},07$, déterminée par Favre et Silbermann, et sur diverses expériences personnelles, a calculé les chaleurs de formation des divers acides du soufre. En ce qui concerne les acides thioniques, pour chaque atome de soufre dont s'augmente la molécule, la chaleur de formation paraît s'abaisser de $3^c,05$ environ. L'acide hyposulfureux, d'après les derniers travaux de l'auteur, se formerait, à partir de l'acide ou de l'anhydride sulfureux, avec absorption de chaleur.

M. Berthelot a mesuré la chaleur de transformation aux températures ordinaires du soufre insoluble en soufre soluble amorphe; la transformation s'opère par le contact de l'hydrogène sulfuré [*Compt. rend.*, t. LXX, p. 941]. Il se dégage autant de chaleur que dans la transformation du soufre octaédrique en soufre amorphe soluble. — Le changement du soufre amorphe insoluble en $S\alpha$ correspondrait donc à un phénomène thermique à peu près nul. Chose curieuse, c'est le changement endothermique, celui du soufre amorphe soluble en $S\alpha$, qui s'accomplit spontanément. Rappelons que d'après Mitscherlich le soufre prismatique dégage pour se changer en soufre octaédrique une quantité de chaleur très-voisine des précédentes. Le soufre α, en se changeant en soufre insoluble solide, dégage de la chaleur au-dessous de $+18°$ et absorbe de la chaleur de $+18$ à $+113$; à $160°$, en donnant du soufre insoluble liquide, il dégage de nouveau de la chaleur [*Ann. de Chim. et de Phys.* (4), t. XXVI, p. 468]; ce sont des différences dues aux variations de chaleur spécifique.

MM. Troost et Hautefeuille ont étudié la chaleur de combustion du phosphore rouge préparé en chauffant le phosphore en vase clos à une température plus ou moins élevée, et présentant, en raison de ces différences, des apparences très-diverses, rouge, orangé, violacé, cristallisé [*Compt. rend.* t., LXXVIII, p. 748].

Selon ces savants, le phosphore rouge préparé au-dessous de 580° perd de la chaleur lorsqu'on le chauffe assez fort pour en provoquer la cristallisation. Le contraire arrive si l'on est parti du phosphore fondu, préparé à 580°. La chaleur de combustion obtenue à l'aide de la solution concentrée d'acide iodique varie, dans ces cas, depuis $5^c,22$ par gramme (Ph préparé à 580°), jusqu'à 5,27 (Ph rouge cristallisé), et à 5,59 (Ph préparé à 265°).

La chaleur dégagée par l'hydratation de l'acide sulfurique a été mesurée avec soin par beaucoup d'expérimentateurs [Pfaundler, *Jahresb. für Chem.*, 1869, p. 122]. Les résultats ont été interprétés en admettant la formation de divers hydrates, dont quelques-uns peuvent cristalliser. M. Berthelot a développé de semblables hypothèses pour différents acides [*Ann. de Chim. et de Phys.* (5), t. IV, p. 488]. Toutes les indications tirées de la tension de vapeur des hydracides, des réactions inverses effectuées par ceux-ci, selon leur concentration, etc., s'accordent pour nous faire penser qu'en effet l'eau forme des combinaisons chimiques avec les acides comme avec la plupart des corps dissous; par conséquent, une formule simple, représentant la chaleur de dilution des acides en fonction de leur concentration, sera généralement moins exacte et aura moins de valeur au point de vue des déductions théoriques à en tirer que la courbe représentant le phénomène empirique, avec ses particularités, ses points saillants, etc.

Quoi qu'il en soit, voici, d'après M. Berthelot, les formules très-simples qui représentent approximativement la chaleur de dilution de quelques acides. Soit un liquide composé de

$$HCl\,(36^{gr},5) + nH^2O\,;$$

sa dilution dans 200 H^2O dégagera une quantité de chaleur $Q = +\dfrac{11,62}{n}$ calories.

Pour l'acide bromhydrique $Q = +\dfrac{12,06}{n} - 0,20$;

au delà de $n = 60$, le terme $-0,20$ doit être retranché. Pour l'acide iodhydrique

$$Q = +\frac{11,74}{n} - 0,50\,;$$

au delà $n = 20$, le terme $-0,50$ doit disparaître.

Pour l'acide azotique, il vaut mieux se servir de plusieurs formules empiriques que de tenter de représenter la courbe assez compliquée par une expression analytique unique. On a :

$$Q = +\frac{16,25}{1,773 + n} - 2,04, \text{ jusqu'à } n = 5.$$

$$Q = +\frac{4,4}{n} - 0,53, \text{ de } n = 5 \text{ jusqu'à } n = 15,$$

$$Q = -\frac{3,60}{n}, \text{ de } n = 15 \text{ à } n = 200.$$

D'après l'examen de ces courbes, il semble résulter l'existence dans les dissolutions des hydrates suivants :

$HCl + 8H^2O$; $HBr + 4H^2O$; $HI + 4H^2O$; $AzO^3H + 2H^2O$ $AzO^3H + 6H^2O$ environ.

Selon Berthelot, les solutions très-concentrées d'hydracides contiendraient, outre les hydrates précédents, de l'hydracide libre et seulement liquéfié. Cette considération expliquerait certaines réactions que les hydracides concentrés ou gazeux peuvent seuls effectuer, et qui ne dégagent de la chaleur que si on les considère comme isolés de l'eau. Exemple, l'attaque du sulfure d'antimoine par l'acide chlorhydrique concentré et la reprécipitation du sulfure par l'addition d'eau à la liqueur contenant encore de l'hydrogène sulfuré.

L'étude thermique des oxydes de l'azote, si difficile et si compliquée, a été reprise récemment par M. Berthelot [*Ann. de Chim. et de Phys.* (5), t. VI, p. 145]. En voici les principaux résultats : Le bioxyde d'azote se forme à partir des éléments avec une absorption énorme de chaleur (—43^{cal},3 pour AzO). A partir du bioxyde, l'union d'un oxyde d'azote avec l'oxygène dégage de la chaleur, et la chaleur dégagée par un même poids d'oxygène va en décroissant à mesure que celui-ci s'unit à un oxyde de l'azote plus oxygéné.

Le bioxyde d'azote dégagerait aussi de la chaleur (34^{cal},3) en s'unissant à l'azote pour fournir le protoxyde Az^2O. Mais toutes ces quantités de chaleur sont inférieures à 43 calories. Tous les oxydes de l'azote sont donc formés à partir des éléments avec absorption de chaleur. D'après les chiffres récents de M. Berthelot, voici quelles sont les quantités de chaleur dégagées par la synthèse de plusieurs corps employés pour la fabrication des matières explosives. Ces quantités sont assez différentes de celles admises jusqu'ici; elles forcent à augmenter d'un tiers environ les valeurs théoriques admises pour la décomposition de la poudre et des corps nitrés :

$$Az + O^3 + K = AzO^3K, \text{ solide}, +97,3,$$
$$Az + O^3 + Na = AzO^3Na, \text{ solide}, +88,9,$$
$$Az + O^3 + H = AzO^3H, \text{ liquide}, +49,9.$$

M. Thomsen a obtenu un certain nombre de résultats calorimétriques, en effectuant des oxydations ou des réductions dans le calorimètre à l'aide du chlore, du permanganate, de l'acide hypochloreux [*Deutsch. chem. Gesellsch.*, t. VI, p. 233]. D'une étude approfondie des phénomènes complexes qui se passent alors, M. Berthelot a tiré la conclusion que de semblables méthodes, très-simples en théorie, ne doivent généralement pas être adoptées en pratique, les résultats étant très-variables, d'après des circonstances souvent impossibles à déterminer. L'eau de chlore, par exemple, peut contenir des quantités très-différentes d'un composé oxydé du chlore, qu'on a pris souvent pour le *chlore actif* ou *insolé*. La dissolution du chlore dans l'eau peut ainsi dégager des quantités de chaleur très-diverses; de là l'écart entre le nombre donné par M. Thomsen et celui publié par M. Berthelot et qui se rapporte à la dissolution du chlore sans attaque de l'eau [*Ann. de Chim. et de Phys.*, (5), t. IV, p. 318].

M. Ditte a effectué plusieurs oxydations calorimétriques, à l'aide de l'acide iodique, pour déterminer les chaleurs d'oxydation des métaux. Dans ce cas, la décomposition d'un cinquième de molécule d'acide iodique (mettant en liberté un atome d'oxygène), doit d'après ce savant entrer en ligne de compte comme absorbant 5^{cal},58 [*Compt. rend.*, t. LXXII, p. 762, 858, t. LXXIII, p. 108].

Le nombre donné par M. Ditte pour la chaleur d'oxydation de l'iode diffère notablement de ceux publiés par M. Thomsen, mais beaucoup moins que ceux-ci entre eux; M. Thomsen opérait par réduction à l'aide du chlorure stanneux et ces sortes de réactions calorimétriques sont délicates et souvent fautives [Ditte, *Ann. de Chim. et de Phys.* (4), t. XXI, p. 52. — Thomsen, *Deutsch. chemische Gesellsch.*, t. VI, p. 429]. Des divergences du même ordre se remarquent dans les chiffres relatifs à l'acide hypochloreux. On comprend que devant ces divergences, et surtout devant la variation nécessaire des données calorimétriques selon la température, l'état physique des composants, etc., les chimistes ne soient pas prêts à admettre la théorie de M. Thomsen sur la *constante commune des affinités*. Selon cette théorie, les quantités de chaleur dégagées par les réactions les plus diverses seraient des multiples du nombre constant 18^{cal},427 [*Deutsch. chemische Gesellsch.*, t. VI, p. 239].

M. Thomsen a cherché à déterminer à l'aide du thermomètre la basicité de plusieurs acides. Il a ajouté la base en proportion graduellement croissante, et il a vérifié que le dégagement de chaleur était proportionnel à la quantité de base ajoutée tant que l'acide n'était pas saturé; au delà, l'addition d'eau est accompagnée d'un phénomène thermique négligeable. Les résultats concernant l'acide sulfhydrique sont conformes aux notions que nous pouvons avoir du rôle chimique de ce corps; ils ont été vérifiés depuis par M. Berthelot. Il faut donc admettre que le premier atome de métal alcalin, qui remplace un atome d'hydrogène dans l'acide sulfhydrique, dégage beaucoup plus de chaleur et est retenu beaucoup plus fortement que le second. De là, l'existence et la stabilité des sulfhydrates alcalins, et la décomposition presque totale des sulfures alcalins par un excès d'eau. Pour les métaux lourds, la même distinction ne peut plus s'établir, les sulfhydrates de ces corps n'existant pas. D'ailleurs, l'affinité de l'acide sulfhydrique pour les oxydes métalliques proprement dits est très-considérable et plus grande que celle de ce même corps pour les alcalis [Thomsen, *Poggend. Ann.*, t. CXL, p. 522. — Berthelot, *Ann. de Chim. et de Phys.* (4), t. XXIX, p. 507]. De semblables remarques ont été faites sur l'acide carbonique et les carbonates par M. Berthelot. Selon ce savant, l'acide carbonique normal CO^3H^2, homologue de l'acide lactique, serait comme celui-ci un acide-alcool. En réalité, nous ne connaissons aucune réaction alcoolique de l'acide carbonique, il serait donc plus simple de dire que le premier atome de métal, dans les carbonates alcalins, est plus fortement retenu que le second, conclusion conforme à tout ce que nous savons des propriétés de ces corps.

M. Thomsen a donné, pour l'union du premier équivalent de base avec l'acide periodique, un nombre moindre que la moitié de la chaleur dégagée par deux équivalents. C'est vraisemblablement une erreur. L'acide periodique, selon ce savant, serait bibasique et tétratomique, son poids moléculaire étant représenté par la formule

$$IO^6H^5.$$

Mais M. Thomsen propose de doubler la formule, la basicité et l'atomicité. M. Basarow a fait voir qu'il n'y avait point de raisons chimiques pour motiver ce changement [*Deutsch. chem. Gesellsch.*, t. V, p. 2 et 92].

Les chaleurs de formation des acides borique et silicique ont été tirées par MM. Troost et Hautefeuille de deux systèmes d'expériences faites, les unes, en mêlant le chlorure acide avec l'eau, les autres, en attaquant le métalloïde amorphe par le chlore et en recevant le chlorure formé dans l'eau, les deux opérations s'effectuant dans le calorimètre à mercure. [*Compt. rend.*, t. LXX, p. 185-252]. Comme on pouvait le supposer d'après les propriétés connues, la chaleur dégagée par l'oxydation du silicium est fort considérable.

Métaux et bases. — Quelques chaleurs de combustion ont été déterminées indirectement par M. Ditte; ce savant dissout dans l'acide sulfurique des poids équivalents d'un métal donné et de son oxyde; la différence entre la chaleur dégagée, dans les deux cas, mesure la chaleur d'oxydation du métal. Le nombre relatif au zinc diffère de celui de Favre et Silbermann; cette différence, selon l'opinion de M. Ditte, est due à la température plus ou moins haute à laquelle l'oxyde a été porté [*Compt. rend.*, t. LXXII, p. 762 et 858, et t. LXXIII, p. 108]. Le même chimiste a trouvé des différences analogues en dissolvant dans un même acide de la magnésie ou de l'oxyde de cadmium plus ou moins calcinés, mais M. Marignac pense que ces divergences ne doivent pas être attribuées à la cause indiquée par M. Ditte.

Les chaleurs de dissolution des bases sont empruntées au mémoire de M. Berthelot [*Ann. de Chim. et de Phys.* (5), t. IV, p. 513]. D'après les conclusions de ce travail, les dissolutions alcalines contiendraient divers hydrates dont la formation s'achèverait progressivement à mesure que la proportion d'eau augmenterait. C'est à partir de $KHO + 7H^2O$ et de

$$NaHO + 6H^2O$$

que l'addition d'un excès d'eau paraît sans effet.

Sels. — Ces nombres très-importants ont été obtenus par divers expérimentateurs; ils concordent d'une façon satisfaisante, la température étant la même. Cette dernière condition est indispensable [Favre, *Compt. rend.*, t. LXXVII, p. 101, 1873. — Thomsen, *Deutsche chemische Gesellsch.*, t. VI, p. 1330]. Ainsi, d'après les expériences de ce dernier savant, la chaleur de neutralisation de l'acide sulfurique par la soude diminue de $0^{cal},027$ pour une élévation de température de 1°; le nombre qui se rapporte à l'ammoniaque augmente au contraire de $0^{cal},069$ par degré, etc. Ce résultat doit être rapproché de ceux obtenus par M. Berthelot pour les chaleurs de dissolution des sels. — Voyez SOLUTION.

De l'examen et de la comparaison des chiffres figurant dans les tableaux 1, 2 et 3, on peut tirer un nombre presque infini de conclusions. Les plus importantes se rapportent à la constitution des mélanges salins, étude si souvent remise à l'ordre du jour et qui a exercé la sagacité de nombreux savants. Nous serons brefs sur ce sujet intéressant qui se trouve en partie traité aux articles SELS et AFFINITÉ, et nous aurons à revenir plus loin sur le point de théorie qui s'y rattache immédiatement, à savoir: si les réactions chimiques doivent toujours être accompagnées d'un dégagement de chaleur. Nous nous contenterons donc de résumer ici les opinions émises par Thomsen et Berthelot sur le partage des acides et des bases, et l'action de l'eau sur les sels.

La considération du mode d'action de l'eau est d'une importance capitale pour l'étude des réactions. Loin d'être un simple dissolvant, l'eau peut s'unir chimiquement aux acides, aux bases et aux sels. Elle décompose beaucoup de sels en se combinant à leurs éléments pour donner un acide proprement dit et une base, et on peut constater facilement son action sur une foule de composés ammoniacaux, sur les carbonates, sur les sulfures, etc. La base et l'acide existant en quantités équivalentes dans une liqueur peuvent donc être en partie à l'état de liberté, ou de combinaisons hydratées : un excès de base ou d'acide provoquera l'union plus intime des deux principes du sel; un excès d'eau la rendra moins complète. Le thermomètre nous aidera puissamment à démêler ces réactions, il accusera un dégagement de chaleur d'autant plus grand que l'on emploiera des solutions plus concentrées, ou qu'on fera intervenir un plus grand excès d'un des corps, il décèlera par un abaissement de température l'action décomposante de l'eau. Tous ces effets s'observent pour les sels dont la formation est accompagnée d'un faible dégagement de chaleur; si l'acide et la base sont *forts*, l'eau sera impuissante à les désunir, tout au plus pourra-t-elle, dans le cas d'un acide polybasique, provoquer la formation d'un sel acide. C'est ce qui ressort très-nettement des nombres donnés par MM. Thomsen et Berthelot, par ce dernier savant notamment, qui a consacré, au rôle de l'eau, plusieurs mémoires importants [*Ann. de Chim. et de Phys.* (4), t. XXIX, p. 433, et t. XXX, p. 145, 433, 456 et (5), et t. IV, p. 21, 446, 460, 513, 526]. Ainsi, ce qui distingue un acide fort d'un acide faible, c'est, au point de vue de sa neutralisation, que des quantités égales de base ajoutées progressivement à un acide fort produisent toutes le même effet thermique jusqu'à ce que, la neutralisation étant atteinte, le dégagement de chaleur devienne tout à coup insignifiant; c'est encore, au point de vue de la stabilité du sel produit, que l'addition d'une grande masse d'eau ne change rien au phénomène.

Un acide faible, surtout un acide polybasique dégagera de la chaleur avec un excès de base et du froid avec un excès d'eau. Comme généralement ses différentes affinités ne sont pas égales, il pourra réagir comme un acide fort jusqu'à la saturation d'une de ces affinités, puis comme un acide faible. Pour un certain degré de dilution, les dernières affinités ne seront même plus à considérer (sulfhydrates alcalins, bicarbonate d'ammonium).

Un caractère très-remarquable de ces équilibres entre l'eau, l'acide, le sel, la base, c'est qu'ils ne correspondent pas au maximum de chaleur dégagée, de sorte qu'ils peuvent se produire soit avec dégagement, soit avec *absorption* de chaleur, selon le mode d'union primitif des corps en présence. Nous insisterons plus tard sur ce point de vue.

D'après ce qu'on vient de lire, on conçoit aisément que le thermomètre puisse nous donner certains renseignements sur l'état de combinaison des bases et des acides dans un mélange salin liquide, renseignements assez précis et d'une plus grande généralité que les changements de coloration. Traitons, par exemple, un équivalent d'acétate de soude par un équivalent d'acide azotique. Nous aurons un dégagement de chaleur $+ A$. Traitons, au contraire, l'azotate de soude par l'acide acétique, nous observerons une absorption de chaleur $- B$. Si l'acide azotique déplace complétement l'acide acétique de l'acétate de soude, et si l'acide acétique est complétement inactif vis-à-vis de l'azotate, la quantité $+ A$ doit être égale à la chaleur de dilution de l'acide azotique $+ a$, plus la chaleur de neutralisation de l'acide azotique par la soude $+ N$, moins la chaleur de neutralisation de l'acide acétique par la même base $- N'$. La quantité $- B$, de son côté, doit être égale à la chaleur de dilution de l'acide acétique $- a'$. S'il n'en est pas ainsi, il sera possible de calculer approximativement la proportion de sel qui aura été décomposé d'après les valeurs de A et de B.

Dans l'exemple que nous avons choisi, l'acide

azotique chasse en réalité l'acide acétique tout entier, et la réaction marche dans le sens du dégagement maximum de chaleur, car l'acide azotique, acide puissant, dégage en s'unissant à la soude plus de chaleur que l'acide acétique. Est-ce à dire que toutes les réactions de ce genre soient gouvernées par une loi analogue? Les choses sont loin d'être aussi simples. Certains acides faibles, c'est-à-dire dégageant dans leur union avec les alcalis, par exemple, moins de chaleur que d'autres acides plus forts, peuvent déplacer ceux-ci de leurs sels. M. Thomsen a fait à ce sujet des expériences fort exactes dont il a donné une interprétation nouvelle; malheureusement celle-ci ne paraît pas inattaquable [*Poggend. Ann.*, t. CXXXVIII, p. 90, et t. CXL, p. 505]. Selon lui, chaque acide possède pour chaque base une *avidité* spéciale, cette avidité se mesure par un certain coefficient parfaitement indépendant des données thermiques, de la quantité d'eau en présence et de toutes les propriétés connues des acides; c'est proportionnellement à cette avidité que s'effectue le partage d'une base entre deux acides. M. Berthelot a fait voir que ce coefficient n'offre pas les caractères d'une constante, et qu'ainsi les conséquences de la théorie de l'avidité ne sont pas vérifiées par l'observation [*Ann. de Chim. et de Phys.* (4), t. XXX, p. 515]. Il a proposé pour l'explication des faits de déplacement et de partage, une théorie également simple dans son principe, mais beaucoup plus délicate dans son application; c'est celle qu'il résume ainsi.

« *La statique des dissolutions salines est réglée par la chaleur dégagée dans les réactions entre les sels et les acides isolés du dissolvant, mais pris avec l'état réel de combinaison chimique définie, sous lequel chacun d'eux séparément existerait au sein du même dissolvant; les acides et les sels étant comparés d'ailleurs dans des états physiques semblables.* »

En d'autres termes, les absorptions de chaleur que l'on observe quelquefois sont dues, d'après M. Berthelot à des phénomènes *physiques* de solution; il convient donc pour l'étude thermique de réaction, de calculer la chaleur dégagée, en supposant les corps isolés de l'eau, c'est-à-dire en éliminant l'influence de la solution. Mais la véritable action chimique peut avoir lieu non pas entre les corps anhydres, mais entre les hydrates qu'on peut supposer exister dans la solution. Il faut encore tenir compte de cette circonstance dans le calcul des quantités de chaleur (1). Moyennant ces restrictions, c'est le sens du dégagement de chaleur qui règle celui de la réaction [*Ann. de Chim. et de Phys.* (5), t. IV, p. 74, et (4), t. XXIX, p. 433].

Nous allons donner deux exemples qui montrent dans quel cas la correction de la chaleur de solution, est nécessaire pour faire cadrer les résultats expérimentaux avec la règle pressentie par tous les chimistes, « que toutes les réactions doivent s'effectuer avec dégagement de chaleur ».

Soit une dissolution d'une molécule d'acide tartrique dans 4 litres d'eau, mêlée à la quantité équivalente, c'est-à-dire deux molécules d'acétate de sodium, dissoutes dans 4 litres d'eau. Il se produit une absorption de $-0^{cal},50$. L'action réciproque de l'acide acétique sur le tartrate dégagerait $+0,14$. La différence entre ces chiffres est négative et égale à $-0,64$. Elle doit coïncider théoriquement avec la différence des chaleurs de neutralisation des deux acides, et en effet, l'acide acétique dissous dégage $0^{cal},7$ de plus que l'acide tartrique en s'unissant à deux molécules de soude (1). La réaction est un déplacement intégral de l'acide acétique par l'acide tartrique; la méthode des deux dissolvants indiquée par MM. Berthelot et de Saint-Martin, permet de le prouver; or cette réaction *absorbe* près de $0^{cal},7$.

Supposons maintenant que la réaction s'opère entre l'acide tartrique sec, et l'acétate sec avec production de tartrate sec et d'acide acétique cristallisé. Le calcul indique dans ce cas, un *dégagement* de chaleur voisin de $+9^{cal}$, nombre qui se réduirait à $+4,5$ environ, si l'acide acétique était considéré comme liquide.

De la sorte, le phénomène serait thermopositif comme la plupart de ceux que nous pouvons observer. Il semble donc que les chaleurs de dissolution ne doivent pas, *dans ce cas*, entrer en ligne de compte.

Autres exemples : Faisons réagir l'acide nitrique *concentré* sur le sulfate de potassium *sec* ou l'acide sulfurique *concentré* sur l'azotate de potassium *sec*. Dans les deux cas, il y aura attaque, formation de bisulfate et *dégagement* de chaleur.

Si l'on emploie des quantités équivalentes, on aura :

$$[SO^4H^2 + 2AzO^3K]$$
$$= [SO^4KH + AzO^3K + AzO^3H]$$

réaction fournissant $+5^c,9$.

et
$$[SO^4K^2 + 2AzO^3H]$$
$$= [SO^4KH + AzO^3K + AzO^3H]$$

réaction fournissant $+10^c,1$.

Si le déplacement de l'un des acides par l'autre était intégral, on aurait pour la réaction

$$[SO^4H^2 + 2AzO^3K] = [SO^4K^2 + 2AzO^3H]$$

une absorption $-4^c,2$, et la réaction inverse dégagerait la même quantité de chaleur. Il s'ensuivrait que l'acide sulfurique ne décomposerait pas le nitrate, puisqu'il y aurait absorption de chaleur. Il le décomposerait seulement, et ce résultat est conforme à la pratique, si l'on employait assez d'acide sulfurique pour former du bisulfate. La réaction

$$[SO^4H^2 + AzO^3K] = [SO^4HK + AzO^3H]$$

dégage en effet $+5^c,9$.

Tâchons maintenant de prévoir l'action des solutions d'azotate et d'acide sulfurique, ou de sulfate et d'acide azotique.

Pour cela, étudions l'action de l'eau sur les corps que nous considérions tout à l'heure. De nombreuses données physiques ont prouvé que les sels acides des acides polybasiques peuvent subsister dans les dissolutions, tandis que ceux des acides monobasiques ou sels *suracides*, sont détruits dans les mêmes conditions. Cependant l'action de la dilution finit par décomposer le bisulfate de potasse lui-même, et pour chaque cas particulier, l'on a un équilibre déterminé entre l'eau, l'acide, le sel neutre et le sel acide; celui-ci étant d'autant plus stable qu'il y a plus de sulfate neutre en présence [*Ann. de Chim. et*

(1) Par exemple, il faut faire intervenir l'acide chlorhydrique comme *hydraté* dans le calcul de l'action de l'acide cyanhydrique sur la solution de chlorure de mercure. Le gaz chlorhydrique chasse l'acide cyanhydrique du cyanure sec par une réaction inverse, correspondant à une énergie plus grande du gaz chlorhydrique sec, énergie qu'il perd en partie dans sa *combinaison* avec l'eau.

(1). Appelons B la solution de la base, A, A′ les solutions des deux acides, on a, le produit final étant le même, [A ; B] + [AB ; A′] = [A′ ; B] + [A′B ; A], d'où, en négligeant l'effet de la dilution, la différence thermique des actions réciproques de l'acide A sur un sel de l'acide A′ et de l'acide A′ sur le sel correspondant de l'acide A, c'est-à-dire [AB ; A′] — (A′B ; A) est égale à [A′ ; B] — [A ; B], c'est-à-dire à la différence des chaleurs de neutralisation (Thomsen).

de Phys. (4), t. XXX, p. 433]. La comparaison de ces divers résultats suffit pour expliquer et calculer les effets thermiques des mélanges de *solutions* de sulfate et d'acide azotique, ou d'azotate et d'acide sulfurique, effets qui se traduisent souvent par des absorptions de chaleur.

En effet, soit d'abord l'action de l'acide azotique sur un excès de sulfate de potasse. Celui-ci étant en excès, on doit supposer que tout l'acide azotique formera de l'azotate et du bisulfate comme en l'absence de l'eau, et que de plus, le bisulfate formé ne sera décomposé que très-faiblement dans les dissolutions, à cause de la présence du sulfate neutre.

Calculons donc la chaleur dégagée ou absorbée, en supposant que la solution de sulfate neutre donne des solutions d'azotate et de bisulfate non décomposé. Le résultat du calcul pour AzO^3H = 1 litre, est une absorption de — 3^c,8. L'expérience donne — 3^c,7.

Supposons maintenant que le sulfate neutre soit en moindre quantité. Le bisulfate sera décomposé plus fortement par l'eau, or cette décomposition dégage de la chaleur : l'absorption sera donc diminuée, ce que l'expérience confirme. Prenons juste assez de sulfate neutre pour donner du bisulfate (AzO^3H et SO^4K^2), et calculons l'effet thermique, d'après celui qu'on obtient en décomposant réellement le bisulfate par l'eau; on devra constater, si la réaction primitive est effectivement

$$AzO^3H + SO^4K^2 = SO^4KH + AzO^3K,$$

une absorption de — 2,8; l'expérience donne le même chiffre.

D'après ces quelques exemples, on voit que ce n'est pas par une formule simple où l'on ferait entrer un coefficient affinitaire nouveau, mais par l'étude détaillée de phénomènes réels, qu'on peut se rendre compte de ce qui se passe dans un mélange salin. Ce qui décide du sens de la réaction, c'est le signe de l'action chimique primitive, et, pour définir cette véritable action chimique, on doit supposer les corps réagissant comme isolés du menstrue, mais avec l'état réel de combinaison qu'ils présentent au sein de celui-ci. Cette restriction a pour objet, de faire rentrer dans la loi générale, certains cas particuliers où l'application de la règle aux corps anhydres mènerait à des erreurs (réactions des hydracides dissous, par exemple).

Le principe général du dégagement de chaleur doit encore, dans l'application, recevoir d'autres restrictions. Si un corps AB par exemple, est dans un état de dissociation actuelle, il absorbe *spontanément* de la chaleur en se résolvant partiellement en ses composants, absolument comme un liquide se vaporise avec une absorption de chaleur spontanée. Si l'un des composants, A, est susceptible d'entrer en combinaison directe avec les corps environnants, et cela en dégageant de la chaleur, il subira l'action chimique et cessera de s'opposer par sa présence à la dissociation du corps qui lui a donné naissance. La dissociation continuera donc, la décomposition du corps primitif s'achèvera, et si l'union de A avec les corps environnants et les réactions subies par B, dégagent moins de chaleur que la dissociation de AB n'en absorbe, il y aura production de froid. C'est la dissociation qui est alors le phénomène positif concomitant de la transformation chimique négative(1).

M. Berthelot a donné une application toute semblable de ce qui se passe lorsque le corps AB est à l'état de décomposition partielle dans une solution, les produits de la décomposition étant non pas B et A, mais les combinaisons de A et de B avec les éléments de l'eau. En effet, dans ce cas aussi, la décomposition est limitée par l'action inverse, et il y a entre ce cas et la dissociation proprement dite, la même analogie et les mêmes différences qu'entre la dissolution et l'évaporation ; c'est un état d'équilibre semblable à celui dont nous parlions tout à l'heure.

Il semble dès lors que les composants de AB pourront s'unir à d'autres corps et former de nouveaux composés AC, BD, le tout avec un dégagement de chaleur que le froid produit par la décomposition de AB pourra masquer.

Il est très-vraisemblable que telle est l'explication de plusieurs phénomènes thermonégatifs; cependant, certaines réactions où M. Berthelot fait intervenir cette interprétation ne l'exigent pas absolument, on peut les représenter comme des doubles décompositions dégageant de la chaleur, suivies d'une destruction partielle d'un des corps par l'acte de la dissolution : cette dernière action étant spontanée et thermonégative [*Ann. de Chim. et de Phys.* (4), t. XXIX, p. 503].

L'étude thermique des mélanges salins, conduit en somme à la conclusion générale suivante (lorsqu'il n'y a pas de précipitation) : Les acides forts prennent les bases fortes et laissent les bases faibles aux acides faibles; la *force* des acides et des bases étant mesurée par leur chaleur de neutralisation et par la stabilité de leurs sels en présence de l'eau. Le partage existe lorsque les corps sont à peu près d'égale force. L'on sait que M. Dumas était arrivé aux mêmes conclusions [*Philos. Chim.*, p. 386].

Lorsqu'il y a des précipités, ceux-ci subissent souvent, aussitôt après leur formation, des changements chimiques, comme la déshydratation, la décomposition en corps différents, une sorte de polymérisation, etc.; ou simplement des changements physiques comme la cristallisation, etc. Ce sont des effets secondaires qui ont leur influence sur le thermomètre et qui peuvent être cause à leur tour d'un changement dans l'équilibre primitif de la liqueur [Berthelot, *Ann. de Chim. et de Phys.* (5), t. IV, p. 160].

La précipitation dégage souvent plus de chaleur que l'action chimique primitive, mais si un précipité peut, par son action chimique sur la liqueur, donner un dégagement de chaleur en se dissolvant, il se redissout en effet, quand même le dégagement de chaleur serait masqué par une absorption due à un phénomène de solution concomitant (t. II, p. 1475).

Les nombres contenus dans le tableau γ2 et ceux donnés à l'article Solution servent surtout au calcul des réactions ; nous n'insistons pas.

Certains d'entre eux cependant, déterminés par MM. Favre et Valson, ont fourni à ces savants des déductions particulières et intéressantes [*Compt. rend.*, t. LXXIII, p. 1144, t. LXXIV, p. 1016, 1065, t. LXXV, p. 798, 925, 1000, 1066, 1071]. Ils appellent *dissociation cristalline* la décomposition progressive par l'eau des édifices moléculaires qui existent dans les corps cristallisés, et plus particulièrement celle des hydrates. Cette décomposition s'accompagne d'une absorption de chaleur.

D'après les tableaux, on voit que la dissolution des sulfates anhydres ou contenant peu d'eau est

1. On appelle ici, comme Clausius a proposé de le faire, *transformations positives*, celles qui peuvent s'effectuer sans compensation, c'est-à-dire sans être accompagnées d'une transformation d'ordre inverse. Telle est la transformation d'une certaine quantité de chaleur d'une température donnée en une même quantité de chaleur à une température plus basse; la transformation du travail en chaleur; l'augmentation de désagrégation des corps (ici dissociation) (*Théorie mécanique de la chaleur*. Édition française, I, p. 280).

thermopositive, elle indique la formation d'un hydrate défini supérieur.

Cet hydrate à son tour est détruit partiellement par un excès d'eau, ainsi que le prouve l'absorption de chaleur. Les sels doubles absorbent aussi en se dissolvant plus de chaleur que leurs éléments séparés, ils sont décomposés partiellement.

Les divers aluns subissent de la part de l'eau une action presque semblable, les aluns ferriques même présentent un phénomène de décomposition bien plus complet; non-seulement les deux sels constituants se séparent mais le sulfate ferrique est en partie détruit. La précipitation des aluns par le chlorure de baryum mène aux mêmes résultats, la chaleur dégagée étant à très-peu près celle que fourniraient les deux sulfates pris isolément; dans le cas de l'alun ferrique il faudrait même compter l'acide sulfurique correspondant à l'oxyde ferrique comme libre.

Le temps altère la constitution de l'alun de chrome violet comme on peut le voir lorsqu'on précipite l'acide sulfurique au bout de 14 jours. Un changement semblable s'opère rapidement par l'ébullition, le sel vert qui se produit ne précipite plus de la même façon par le chlorure de baryum: en employant ce réactif par doses fractionnées on voit, en effet, que la moitié de l'acide sulfurique se précipite d'abord avec le dégagement de chaleur ordinaire, et ensuite l'addition du restant du chlorure ne produit qu'un faible effet thermique accompagné d'une lente précipitation. MM. Favre et Valson expliquent ce résultat en admettant dans le sulfate de chrome modifié un groupement particulier du chrome et d'un tiers de l'acide.

Nous ne suivrons pas les auteurs dans les calculs au moyen desquels ils pensent arriver à distinguer la chaleur due à l'action chimique réelle et celle dégagée par la seule contraction des liquides réagissants. Il est parfaitement vrai que les actions chimiques thermopositives sont accompagnées généralement d'une contraction et que, pour effectuer mécaniquement une pareille diminution de volume, il faudrait employer une compression énergique représentant un nombre parfois considérable de calories; mais il ne semble pas légitime d'appliquer à un phénomène de contraction permanente, accompagné d'un changement dans les rapports des molécules et même des atomes entre eux, les nombres obtenus dans l'étude d'un phénomène purement mécanique et nullement permanent.

Le tableau 73 comprend les chiffres relatifs à plusieurs doubles décompositions salines. On a tiré plus haut de leur comparaison des conséquences générales. Il nous suffira de rappeler les conséquences particulières. L'eau oxygénée se forme avec absorption de chaleur à partir de l'eau, mais la réaction qui lui donne naissance en réalité est thermopositive.

Le carbonate de soude est décomposé complétement par les acides, même dans des liqueurs assez étendues pour que l'anhydride carbonique s'y dissolve.

Les sulfates alcalins sont partiellement décomposés par les acides azotique et chlorhydrique, l'on a vu plus haut les particularités de ce partage. Il se forme un sel acide.

Les chlorures et azotates alcalins sont très-stables, ils ne donnent pas de sels acides, ils ne dégagent donc pas de chaleur avec un excès d'acide.

Les sels ammoniacaux des acides forts sont décomposés à peu près complétement par des carbonates alcalins. Il se forme du carbonate d'ammoniaque qui est changé par l'eau en bicarbonate: de là absorption de chaleur.

Dans les mêmes circonstances les bicarbonates alcalins ne donnent lieu qu'à un phénomène thermique négligeable, le bicarbonate d'ammoniaque étant stable.

Les solutions de sulfure de potassium se comportent vis-à-vis des sels ammoniacaux comme un mélange de sulfhydrate et de potasse.

Le borate d'ammoniaque étant opposé au carbonate de soude, il se forme presque exclusivement du borate de soude; entre borate de soude et bicarbonate d'ammoniaque la réaction est inverse, il y a production de borate d'ammoniaque et de bicarbonate de soude.

Corps organiques. — La valeur adoptée jusqu'ici pour la chaleur de combustion de l'acide formique a été grandement diminuée par M. Thomsen [*Deutsch. chem. Gesellsch.*, t. V, p. 957] : une étude plus attentive de M. Berthelot a provoqué un second changement en sens inverse. Il est probable que le dernier chiffre n'est pas éloigné de la vérité; en l'adoptant, la réaction de l'oxyde de carbone sur la potasse, réaction réelle, devient un phénomène thermopositif. La formation de l'acide formique avec l'oxyde de carbone et l'eau reste au contraire thermonégative, mais elle est fictive. La décomposition de l'acide formique gazeux en hydrogène et gaz carbonique doit dégager de la chaleur, conclusion conforme à l'expérience [*Ann. de Chim. et de Phys.* (5), t. V, p. 289].

L'étude thermique de la série du cyanogène a donné les résultats suivants : l'acide cyanhydrique, liquide ou gazeux, est formé à partir de ses éléments, avec absorption de chaleur; sa formation réelle à partir de l'acétylène et de l'azote libre est également thermonégative; il en serait de même de l'union (fictive) du cyanogène avec l'hydrogène, et de la réaction du cyanogène sur le brome et sur l'iode (les produits de la réaction étant gazeux). Le remplacement de l'hydrogène par le chlore dans Cy H est thermopositif comme les substitutions semblables dans l'acide acétique, etc., la substitution bromée dégage beaucoup moins de chaleur, la substitution iodée est thermonégative [Berthelot, *Ann. de Chim. et de Phys.* (5), t. V, p. 433). En général les halogènes sont rangés dans l'ordre,

$$Cl > Br > I,$$

par rapport à leur chaleur de substitution dans les corps organiques.

Tandis que si l'on emploie les hydracides l'ordre de substitution est celui-ci :

$$HCl < HBr < HI.$$

[Berthelot et Louguinine, *Ann. de Chim. et de Phys.* (5), t. VI, p. 301, et aussi t. IV, p. 506].

Les corps nitrés ont donné lieu à plusieurs travaux, l'application des notions de la thermochimie à ces corps ayant une grande importance pratique. Moins l'action de l'acide nitrique a dégagé de chaleur dans leur préparation, plus ils en auront à dégager dans leur décomposition. De là l'efficacité de la nitroglycérine comme explosif. Les nombres de M. Berthelot [*Compt. rend.*, t. LXXIII, p. 260] et de MM. Troost et Hautefeuille [*ibid.*, p. 378] concordent entre eux; ils font voir que les éthers nitriques sont des explosifs plus puissants que les corps nitrés proprement dits.

L'union des bases avec les alcools, les phénols et les acides organiques permet d'établir une graduation quantitative entre les affinités de ces corps. En effet le produit de l'action de la potasse sur l'alcool ordinaire se détruit tout entier par la dilution, l'action thermique des liqueurs aqueuses étant nulle.

Étendue d'eau, la glycérine offre pour la soude un peu plus d'affinité, il y a combinaison partielle même en présence de 200 H^2O. Un excès de base ou de glycérine donne de la stabilité au produit que 1,200 H^2O détruisent. L'étude de la mannite conduit à des résultats analogues. Le phénol, au contraire, comme un acide proprement dit, mais peu énergique, donne lieu, par son action sur la soude, à un dégagement de chaleur qu'un excès de base, de phénol ou même d'eau (?) altère très-faiblement. Le phénate d'ammoniaque est très-facilement décomposé par l'eau, aussi l'action de l'ammoniaque dégage-t-elle encore de la chaleur sur le phénol lorsqu'on a dépassé la quantité équivalente : c'est que la combinaison dans ce cas est loin d'être complète. L'acide picrique possède des caractères semblables, mais la quantité de chaleur dégagée est plus considérable et de même ordre que celle qui correspond aux acides forts. L'aldéhyde tient le milieu entre les alcools et les acides, elle se combine à l'eau avec un dégagement de chaleur qui s'effectue en deux temps; une première réaction presque instantanée en dégage les 3/4; le reste ne se manifeste que lentement : il se forme sans doute un hydrate d'aldéhyde analogue à l'hydrate de chloral. L'acide salicylique, à la fois acide et phénol, dégage des quantités de chaleurs très-différentes en s'unissant à un premier et à un second équivalent de base. La première réaction est toute semblable à celle d'un acide caractérisé, mais peu énergique, elle n'est pas influencée par la dilution. La seconde donne lieu à un très-faible accroissement de température, elle ne s'accomplit pas en liqueurs étendues. Il est probable que le même caractère se retrouverait dans le phénol lui-même.

L'acide lactique est à la fois acide et alcool. Au point de vue acide, il est plus fort que l'acide salicylique et tout à fait comparable à l'acide acétique; les réactions alcooliques sont semblables à celles de l'alcool ordinaire.

Il existe peu de données touchant les bases organiques, M. Thomsen a déterminé la chaleur de neutralisation de l'hydrate de tétraméthylammonium et celle de l'éthylamine; le premier nombre est presque égal à celui qui se rapporte à la potasse, le second à celui qui regarde l'ammoniaque [*Deutsch. chem. Gesellsch.*, t. IV, p. 308].

Les résultats calorimétriques concernant la chaleur de dissolution des sels organiques sont empruntés au mémoires de Berthelot sur l'état solide [*Ann. de Chim. et de Phys.*, (5) t. IV, p. 74]. Ils prêtent à peu de déductions générales, mais ils servent au calcul des réactions. — Voyez SOLUTION.

Les premiers nombres figurant au tableau 4 se rapportent à l'action de l'eau sur le chlorure d'acétyle, etc., leur comparaison est intéressante à cause de l'isomérie des acides gras [*Ann. de Chim. et de Phys.* (5), t. XXX, p. 476]. On voit, par leur comparaison, que l'acide azotique et l'acide chlorhydrique déplacent complétement l'acide acétique, et l'acide formique, l'acide cyanhydrique, etc.

L'acide tartrique déplace de même complétement l'acide acétique de son sel de sodium, et la réaction, vérifiée par la méthode de deux dissolvants, a cela de particulier qu'elle est thermonégative. Elle serait thermopositive si l'on considérait les corps comme isolés de l'eau.

La même remarque peut être faite à l'égard de l'action des acides minéraux énergiques sur les oxalates. L'acide oxalique opposé à l'acide acétique prend les $\frac{2}{3}$ de la base : le partage, s'explique, selon M. Berthelot, par la présence d'un peu d'acétate acide de soude et de bioxalate.

Le partage de la soude entre l'acide oxalique et l'acide tartrique paraît être à peu près égal; il répond, pour les corps supposés anhydres, au maximum de chaleur.

4. — PRINCIPES GÉNÉRAUX DE LA THERMOCHIMIE.

En thermochimie, comme dans beaucoup de sciences, les premières notions de la vérité remontent fort loin, mais une étude patiente des perturbations est devenue nécessaire pour arriver aux lois générales; comme cette étude est loin d'être achevée, la formule définitive n'est pas encore trouvée. Un principe qui s'imposait presque comme une vérité d'expérience, c'est-à-dire l'évolution nécessaire de la chaleur dans les réactions chimiques, est aujourd'hui soumis à une révision à laquelle il pourra bien ne pas résister. Nous avons donné à l'article CHALEUR (t. I, p. 833) l'exemple d'une réaction extrêmement générale, l'éthérification, dans laquelle il peut y avoir de la chaleur *absorbée*, or la réaction est des plus simples, c'est une double décomposition limitée par l'action inverse. De semblables réactions se passent entre corps gazeux, et l'on a signalé entre ces derniers corps des équilibres variant par sauts brusques sous l'influence d'un changement continu dans les conditions expérimentales; or, l'existence de ces sauts brusques paraît inconciliable avec le principe de la nécessité du dégagement de chaleur.

D'après M. Berthelot, c'est seulement en dehors des actions chimiques limitées par l'action inverse, et bien entendu en dehors de l'influence des agents physiques, que le signe thermique décide du sens de la réaction, *les corps qui se produisent avec le plus grand dégagement de chaleur tendant à se former de préférence* [*Ann. de Chim. et de Phys.* (5), t. IV, p. 52]. C'est là un point acquis et dont l'importance est considérable, bien que nous ne sachions généralement pas, *a priori*, si une réaction qui va se produire sera ou non limitée par l'action inverse. Mais alors même que le principe est applicable, il importe, pour s'en servir correctement, de tenir compte de l'influence du dissolvant et de l'état réel des corps en présence (voyez plus haut), enfin de connaître si les réactions peuvent s'effectuer sans travail préliminaire. Le mélange d'hydrogène et d'oxygène, par exemple, ne donne de l'eau que si on le chauffe jusqu'au *point de réaction*; l'action chimique a donc quelquefois besoin d'être provoquée par une énergie étrangère qui peut d'ailleurs être aussi petite que l'on voudra par rapport à celle développée par la réaction, mais toujours est-il que sans cette intervention de force extérieure la réaction n'aurait pas lieu.

L'on voit de quelles difficultés est entourée l'application correcte du principe énoncé plus haut. C'est à la définition précise des conditions où son emploi est légitime et de son mode d'application, que tendent aujourd'hui les efforts des thermochimistes.

M. Thomsen a revendiqué, en 1873 [*Deutsch chem. Gesellich*, t. VI, p. 423], l'honneur d'avoir découvert et publié le premier, dès 1853, le principe de la nécessité du dégagement de chaleur dans les réactions. Il est juste de reconnaître que les travaux de ce savant auront contribué puissamment à l'établissement de la théorie thermochimique; mais jusqu'à ce que cette théorie soit sortie de l'état d'ébauche, il ne semble pas qu'on doive attacher un nom unique à la découverte d'un principe qui, dans le vague de sa généralité primitive, est presque banal, mais dont l'expression définitive est encore inconnue. G. S.

THERMONATRITE (Min.). — Carbonate de sodium hydraté $CO^3Na^2 + H^2O$. Se trouve en efflorescences sur les bords de certains lacs des contrées tropicales.

Forme cristalline. — Prisme orthorhombique $mm = 96°10'$; $a^{1/2}a^{1/2} = 107°50'$. Ordinairement en tables aplaties parallèlement à h^1.

Dureté : 1 à 1,5. Densité : 1,5 à 1,6.

THERMOPHYLLITE (Min.). — Variété de serpentine en cristaux indistincts appartenant probablement au type orthorhombique, ou en grains lamellaires disséminés dans une masse amorphe de même nature, à Hopansuo (Finlande). Demi-transparent, brun clair ou blanc d'argent. Présente un clivage parfait dans une direction.

Dureté : 2,5. Densité : 2,6.

Au chalumeau, gonfle et s'exfolie en ne fondant que sur les bords minces. Difficilement attaqué par l'acide sulfurique.

THÉVÉRÉSINE. — Voyez THÉVÉTINE.

THÉVÉTINE, $C^{54}H^{84}O^{24}$. — Glucoside retiré par Blas des graines de *Thevetia nereifolia* (Juss.) ou *Cerbera thevetia* (Linn.). Les graines débarrassées par expression, et par un traitement à l'éther, de l'huile qu'elles contiennent en forte proportion, sont traitées par l'eau, puis épuisées par l'alcool bouillant. La décoction alcoolique laisse déposer, en se refroidissant, des cristaux qu'on purifie par des cristallisations répétées.

La thévétine constitue une poudre blanche, composée de petites lamelles, insipide, de saveur très-amère. Elle se dissout à 14° dans 122 p. d'eau, et en plus forte proportion dans l'eau bouillante; l'alcool et l'acide acétique cristallisables la dissolvent abondamment, mais elle est insoluble dans l'éther.

La thévétine séchée sur l'acide sulfurique renferme $C^{54}H^{84}O^{24} + 3H^2O$; à 110° elle perd 1 molécule d'eau. Elle fond vers 170° et se décompose à une température plus élevée. En solution acétique elle est lévogyre : $[\alpha] = -85°,5$ (de Vry). Les sels métalliques ne la précipitent pas.

L'acide sulfurique concentré la dissout en se colorant en rouge brun, coloration qui passe bientôt au rouge cerise et, au bout de quelques heures, au violet.

Comme tous les glucosides, la thévétine, sous l'influence des acides étendus, est dédoublée en glucose et une nouvelle substance la *thévérésine*,

$$C^{48}H^{70}O^{17}.$$

On effectue l'opération en vase clos, en se servant d'acide sulfurique faible, et l'on purifie la thévérésine par plusieurs dissolutions dans l'alcool suivies de précipitations par l'eau. Elle se présente sous la forme d'une poudre blanche, s'agglutinant facilement, fusible à 140°. L'eau bouillante et l'éther la dissolvent en petite quantité, l'alcool en forte proportion, mais elle est insoluble dans la benzine ou dans le chloroforme. Les solutions sont neutres et offrent une saveur amère; elles ne précipitent pas les sels métalliques.

La thévérésine se dissout dans les alcalis, en les colorant en jaune; elle se comporte avec l'acide sulfurique comme la thévétine.

Sa composition est exprimée par la formule

$$C^{48}H^{70}O^{17} + 2H^2O;$$

les 2 molécules d'eau se dégagent à 110°. L'équation suivante rend compte de sa formation,

$$C^{54}H^{84}O^{24} = C^{48}H^{70}O^{17} + C^6H^{12}O^6 + H^2O.$$

La proportion de glucose trouvée (15 à 16 %) s'accorde avec cette équation.

La thévétine et la thévérésine constituent des poisons narcotiques énergiques.

Oudemans avait décrit sous le nom de *cerbérine* un glucoside cristallisé qui se dépose peu à peu de la solution éthérée de l'huile extraite des graines de *Cerbera Odollam*, et qui est peut-être identique avec la thévétine [Oudemans, *Bull. de la Soc. chim.*, 1867, t. VIII, p. 378. — Ch. Blas, *Bull. Acad. roy. de Méd. de Belgique*, (3), t. II, n° 9; *Jahresb. f. Chem.*, 1868, p. 768]. A. H.

THIACÉTIQUE (ACIDE),

$$C^2H^4OS = CH^3\text{-}CO\text{-}SH$$

[Kekulé, *Ann. der Chem. u. Pharm.*, t. XC, p. 309; *Ann. de Chim. et de Phys.*, (3), t. XLII, p. 240. — Ulrich, *Ann. der Chem. u. Pharm.*, t. CIX, p. 272; *Répert. de Chim. pure*, 1859, p. 379. — Jacquemin et Vosselmann, *Compt. rend. de l'Acad.*, t. XLIX, p. 372. — Kekulé et Linnemann, *Ann. der Chem. u. Pharm.*, t. CXXXIII p. 273; *Bull. de la Soc. chim.*, 1865, p. 141. — Kekulé, *Zeitsch. für Chem.*, 1867, p. 196; *Bull. de la Soc. chim.*, t. XIII, p. 352]. — L'acide thiacétique a été découvert, par M. Kekulé, qui l'obtint en faisant réagir le pentasulfure de phosphore sur l'acide acétique. Il se forme également :

1° Par l'action du chlorure d'acétyle sur le sulfhydrate de potassium KHS (Jacquemin et Vosselmann);

2° Par l'action de l'eau sur le bisulfure d'acétyle $(C^2H^3O^2)^2S^2$, décrit plus loin (Kekulé et Linnemann);

3° Par l'action du sulfhydrate de potassium sur l'acétate de phényle,

$$\begin{matrix} C^6H^5 \\ C^2H^3O \end{matrix} > O + KHS = C^6H^5.OH + C^2H^4OS;$$

4° Enfin, suivant M. C. Vogt, le chlorure,

$$C^2H^3ClSO^4,$$

obtenu par l'action du perchlorure de phosphore sur l'acide sulfacétique se convertirait, par l'hydrogène naissant, en acide thiacétique. [*Ann. der Chem. u. Pharm.*, t. CXIX, p. 142].

Préparation. — On introduit 108 grammes d'acide acétique cristallisable et 300 grammes de pentasulfure de phosphore dans une cornue d'une capacité telle que le mélange en occupe seulement la moitié. On chauffe pour commencer la réaction, puis on retire le feu. Le produit qui distille alors est recueilli et rectifié; à l'aide de cette seule rectification, on obtient un poids d'acide thiacétique pur (passant de 92 à 95°), dépassant le tiers du poids de l'acide acétique, et à peu près autant d'acide thiacétique moins pur, bouillant de 95 à 100° (Kekulé et Linnemann).

Propriétés. — L'acide thiacétique est un liquide incolore, soluble dans l'eau, bouillant à 93°. Il possède une odeur particulière rappelant à la fois l'acide acétique et l'hydrogène sulfuré (Kekulé). Il ne se solidifie pas à — 17°; sa densité est de 1,074 à 10°. Sa densité de vapeur déterminée à 130° est égale à 3,04, et à 180° = 2,465. La densité théorique serait de 2,631. On voit que l'acide thiacétique se comporte, sous ce rapport, comme l'acide acétique (Ulrich).

L'acide azotique décompose l'acide thiacétique avec explosion; le pentachlorure de phosphore l'attaque vivement; il se forme du chlorure d'acétyle, du chlorosulfure de phosphore et de l'acide chlorhydrique (Kekulé).

Le chlore le décompose avec dégagement de chaleur en donnant du chlorure de soufre, de l'acide chlorhydrique et du chlorure d'acétyle. Avec l'acide sulfurique concentré, il donne de l'hydrogène sulfuré, et plus tard de l'acide sulfureux, avec dépôt de soufre. Avec l'oxyde de mercure, il s'échauffe vivement, une partie de l'acide se volatilise, et il se produit du sulfure de mercure. L'aniline chauffée avec de l'acide thiacétique donne de l'acétanilide et de l'hydrogène sulfuré (Ulrich).

THIACÉTATES. — L'acide thiacétique est monobasique comme l'acide acétique ; on obtient les thiacétates, qui sont pour la plupart solubles et cristallisables, en dissolvant les oxydes ou les carbonates dans l'acide libre, ou en décomposant le thiacétate de baryum par les sulfates solubles.

Les thiacétates traités par l'iode donnent du bisulfure d'acétyle décrit plus loin (Kekulé et Linnemann).

Ulrich a analysé les thiacétates suivants, tous solubles et incristallisables.

Sel de baryum, $(C^2H^3OS)^2Ba + 3H^2O$.
Sel de calcium, $(C^2H^3OS)^2Ca + 2H^2O$.
Sel de potassium, $C^2H^3O.SK$.
Sel de sodium, $2(C^2H^3O.SNa) + H^2O$.
Sel de strontium, $(C^2H^3OS)^2Sr + 2H^2O$.

Le *sel de plomb*, $(C^2H^3OS)^2Pb$, est peu soluble ; il cristallise dans l'eau ou l'alcool bouillant en aiguilles soyeuses, incolores, mais qui noircissent rapidement.

Thiacétate d'éthyle, $C^2H^3O.SC^2H^5$. — Suivant Kekulé, le thiacétate d'éthyle, obtenu par l'action du pentasulfure de phosphore sur l'éther acétique, est un liquide léger, insoluble dans l'eau, bouillant à 80°. M. Lukaschewicz a préparé l'éther thiacétique en traitant le mercaptide de sodium par le chlorure d'acétyle ; il le décrit comme un liquide bouillant à 117° [*Zeitsch. für Chem.*, 1868, p. 672 ; *Bull. de la Soc. chim.*, t. XII, p. 277]. Entre ces deux points d'ébullition, il y a une différence considérable, et qui ferait croire à un cas d'isomérie. Peut-être l'un des éthers a-t-il été obtenu à l'état impur. Faisons remarquer que le point d'ébullition donné par M. Kekulé s'accorde mieux avec les analogies, car les éthers de l'alcool ordinaire ont en général un point d'ébullition inférieur à celui de l'acide.

ANHYDRIDE THIACÉTIQUE (*sulfure d'acétyle*),

$$(C^2H^3O)^2S.$$

— On l'obtient en faisant réagir à une douce chaleur le pentasulfure de phosphore sur l'anhydride acétique (Kekulé). Il se forme aussi par l'action d'une température de 150° sur le thiacétate de plomb qui donne en même temps du sulfure (Kekulé et Linnemann),

$$(C^2H^3O.S)^2Pb = PbS + (C^2H^3O)^2S.$$

L'anhydride thiacétique prend aussi naissance par l'action à chaud du chlorure d'acétyle sur le sulfure de potassium (Jacquemin et Vosselmann).

C'est un liquide incolore, plus dense que l'eau, d'une odeur analogue à celle de l'acide thiacétique. Il bout à 121°. L'eau le décompose en acide thiacétique et acide acétique.

BISULFURE D'ACÉTYLE, $(C^2H^3O^2)S^2$ (Kekulé et Linnemann). — Il se produit dans l'action de l'iode sur le thiacétate de potassium. On ajoute peu à peu de l'iode à une solution aqueuse de ce sel ; il se sépare un liquide jaune que l'on sèche sur du chlorure de calcium et qui se prend en cristaux par le froid.

On décante les parties restées liquides, et l'on dissout les cristaux dans la plus petite quantité possible de sulfure de carbone, puis on refroidit cette solution en même temps qu'on y introduit un petit cristal de bisulfure d'acétyle. Tout le bisulfure se sépare alors en beaux cristaux.

Ce composé fond à 20° ; il présente une odeur particulière, un peu sulfureuse ; insoluble dans l'eau, il se dissout dans l'alcool, l'éther et le sulfure de carbone. L'eau le décompose, lentement à froid, rapidement à l'ébullition ; il se forme de l'acide thiacétique et il se dépose du soufre. Avec les alcalis et les carbonates alcalins, cette décomposition est très-rapide.

Constitution de l'acide thiacétique. — D'après son origine et la nature de ses dérivés, l'acide thiacétique a pour formule $CH^3\text{-}CO.SH$. On comprend l'existence d'un isomère renfermant $CH^3\text{-}CS.OH$; ce dernier se formerait peut-être par l'oxydation du sulfure d'éthylidène (aldéhyde sulfurée) ; jusqu'à présent, il n'a pas été isolé. E. G.

THIACÉTONINE. — Voyez t. I, p. 34.

THIALDINE, $C^6H^{13}AzS^2$ [Wœhler et Liebig, *Ann. der Chem. u. Pharm.*, 1847, t. LXI, p. 1. — Hofmann, *Ibid.*, t. CIII, p. 93, et *Ann. de Chim. et de Phys.*, (3), t. LIII, p. 245. — Brusewitz et Cathander, *Journ. für prakt. Chem.*, t. CXVIII, p. 215 ; *Bull. de la Soc. chim.*, 1867, t. VII, p. 450. — H. Schiff, *Ann. der Chem. u. Pharm.*, 1868, *Supplementband* VI, p. 1 ; *Bull. de la Soc. chim.*, 1869, t. XI, p. 247. — Flueckiger, *Jahresb. für Chem.*, 1856, p. 519]. — La thialdine est un corps basique qui prend naissance dans l'action de l'acide sulfhydrique sur une solution aqueuse d'aldéhydate d'ammoniaque ; elle a été découverte et étudiée par Liebig et Wœhler. Hofmann a fait connaître l'action de l'iodure de méthyle sur ce corps. Brusewitz et Cathander ont analysé plusieurs de ses sels. Enfin, des corps analogues à la thialdine ont été décrits par Schiff, qui les obtint avec d'autres aldéhydes, et par Flueckiger qui a fait réagir l'acide sulfhydrique sur l'aldéhyde en présence de la méthylamine ou de l'éthylamine.

Préparation. — On dissout de l'aldéhydate d'ammoniaque exempt d'eau et d'alcool, dans 12 à 16 p. d'eau, on y ajoute 10 à 15 gouttes d'ammoniaque par 30 grammes de solution, et l'on dirige dans le mélange un lent courant de gaz sulfhydrique. Au bout d'une demi-heure, le mélange devient laiteux et commence à déposer de gros cristaux, de l'apparence du camphre ; il s'éclaircit après 4 ou 5 heures ; l'opération est alors terminée. Les cristaux lavés à l'eau froide et desséchés sont purifiés par cristallisation dans l'éther étendu d'un tiers de son poids d'alcool ; ils se séparent de cette solution en grandes tables rhombes.

La réaction qui donne naissance à la thialdine est la suivante :

$$3[C^2H^4O.AzH^3] + 3H^2S$$
$$= C^6H^{13}AzS^2 + (AzH^4)^2S + 3H^2O$$

Quelquefois, dans cette réaction, on obtient, au lieu de cristaux, une huile fétide. Pour en extraire la thialdine qu'elle renferme en grande quantité, on l'agite avec la moitié de son volume d'éther, et on y ajoute de l'acide chlorhydrique. Il se forme aussitôt une bouillie cristalline de chlorhydrate de thialdine, qu'il faut laver avec de l'éther. Puis on dessèche le chlorhydrate, on l'humecte d'ammoniaque, et on reprend la thialdine par l'éther.

La thialdine prend encore naissance quand on traite par un courant de gaz ammoniac la combinaison de sulfaldéhyde et d'hydrogène sulfuré,

$$6(C^2H^4S),H^2S + 8AzH^3$$
$$= 2C^6H^{13}AzS^2 + 3(AzH^4)^2S.$$

La thialdine se présente sous la forme de grands cristaux diaphanes, incolores et brillants, disposés comme ceux du sulfate de calcium. Ils sont très-réfringents. Leur densité est de 1,191. Ils possèdent une odeur aromatique désagréable ; ils fondent à 43° et se décomposent par la distillation. Néanmoins, ils se volatilisent sans résidu à la température ordinaire, et sont entraînés par la vapeur d'eau.

La thialdine, très-peu soluble dans l'eau, se dissout facilement dans l'alcool, et très-rapidement dans l'éther.

La solution alcoolique de thialdine présente les

réactions suivantes : elle n'est pas immédiatement précipitée par l'acétate de plomb, mais il se forme au bout de quelque temps un précipité jaune qui devient rouge, puis noir. Avec l'azotate d'argent, il se forme un précipité blanc qui noircit ; avec le chlorure mercurique, un précipité blanc qui passe au jaune ; avec le tétrachlorure de platine, il se forme lentement un précipité d'un jaune sale.

La thialdine calcinée avec de la chaux donne une huile alcaline qui présente les caractères de la quinoléine. Avec l'oxyde d'argent, elle donnerait de la leucine, suivant Goessmann ; mais, d'après Hofmann, il ne se forme pas de leucine, et tout l'azote de la thialdine passe à l'état d'ammoniaque.

SELS DE THIALDINE (Liebig et Wœhler ; Brusewitz et Cathander).

Azotate de thialdine, $C^6H^{13}AzS^2, AzO^3H$. — Il est en aiguilles incolores, plus solubles dans l'eau que le chlorhydrate, solubles dans l'alcool, insolubles dans l'éther.

Bromhydrate de thialdine, $C^6H^{13}AzS^2, HBr$. — On l'obtient en mélangeant des solutions de sulfate de thialdine et de bromure de potassium. Il est en prismes rhomboïdaux droits, peu solubles dans l'eau froide.

Chlorhydrate de thialdine, $C^6H^{13}AzS^2, HCl$. — Obtenu directement par la dissolution de la base dans l'acide chlorhydrique étendu, il est en beaux prismes incolores, très-brillants, assez solubles dans l'eau froide, moins solubles dans l'alcool, insolubles dans l'éther.

Iodhydrate de thialdine, $C^6H^{13}AzS^2, HI$. — Préparé de la même manière que le bromhydrate, il forme de petits prismes ou des lamelles, peu solubles dans l'eau froide, facilement solubles dans l'eau bouillante, l'alcool et l'éther.

Cyanhydrate de thialdine. — Par l'addition de cyanure de potassium à la solution de sulfate de thialdine, il se forme un précipité blanc en même temps qu'une huile qui surnage le liquide ; le liquide et l'huile ne tardent pas à se prendre en une masse cristalline, qu'on peut faire recristalliser dans l'éther.

Phosphate acide de thialdine,

$$C^6H^{13}AzS^2, H^3PO^4 + H^2O.$$

— Lorsqu'on ajoute du phosphate de sodium à une solution de sulfate de thialdine, on obtient un précipité blanc qui est de la thialdine libre. Pour préparer le phosphate acide, on dissout un excès de thialdine dans l'acide phosphorique et l'on évapore dans le vide. Ce sel cristallise en fines aiguilles, très-solubles dans l'eau, dans l'alcool et dans l'éther.

Sulfate acide de thialdine, $C^6H^{13}AzS^2, H^2SO^4$. — Une solution sulfurique renfermant un excès de thialdine, évaporée dans le vide, fournit le sel acide en gros prismes, solubles dans l'eau, l'alcool et l'éther. Quand on évapore la solution à l'aide de la chaleur, on obtient en outre de fines aiguilles que Brusewitz et Cathander regardent comme formées de sulfure d'allyle.

L'*oxalate de thialdine* est probablement un sel acide ; il se sépare en gros cristaux quadrangulaires, dont la solution se décompose facilement par l'évaporation. Le tartrate forme de gros prismes.

Action de l'iodure de méthyle sur la thialdine.

IODURE DE MÉTHYLTHIALDINE, $C^7H^{16}AzS^2, I$ (Hofmann). — La thialdine dissoute dans l'iodure de méthyle étendu de son volume d'éther se convertit en 24 heures en iodure de méthylthialdine. On purifie le produit en le lavant avec de l'éther et le faisant recristalliser dans l'alcool. Il est soluble dans l'eau et dans l'alcool, insoluble dans l'éther. La potasse ne le décompose pas à froid et le transforme à chaud en une masse brune résineuse.

L'oxyde d'argent le décompose profondément en donnant de l'iodure d'argent, du sulfure d'argent, de l'ammoniaque, de l'aldéhyde et de l'hydrate de tétraméthylammonium.

COMPOSÉS ANALOGUES A LA THIALDINE.

Nous décrirons dans ce paragraphe les corps suivants dont le mode de formation est analogue à celui de la thialdine.

ÉTHYLTHIALDINE, $C^8H^{12}(C^2H^5)AzS^2$. — On l'obtient à l'état impur en mélangeant l'aldéhyde avec de l'éthylamine, et saturant le liquide sirupeux avec de l'hydrogène sulfuré. C'est une huile neutre, facilement décomposable.

La *méthylthialdine* s'obtient par un procédé identique.

ACROTHIALDINE, $C^9H^{13}AzS^2 + 5H^2O$ (Schiff). — Elle se produit par l'action de l'acroléine sur le sulfure d'ammonium incolore saturé d'hydrogène sulfuré et refroidi.

C'est une matière blanche, cristallisée indistinctement, de l'apparence du camphre, presque sans saveur, d'une odeur faiblement alliacée. Elle est insoluble dans l'eau, très-peu soluble dans l'alcool, l'éther, la benzine, soluble dans le sulfure de carbone. Elle ne donne pas de sels. Chauffée avec de l'acide chlorhydrique concentré, ou soumise à une action prolongée avec l'eau, elle est décomposée.

ŒNANTHOTHIALDINE, $C^{21}H^{43}AzS^2$ (Schiff). — Elle se produit par l'action du sulfure d'ammonium sur l'œnanthol à froid. C'est une huile incolore, d'une odeur particulière fade et alliacée, insoluble dans l'eau, soluble dans l'alcool, non volatile sans décomposition, n'ayant aucune réaction sur le papier de tournesol. Sa densité est de 0,896 à 26°.

L'œnanthothialdine est une base peu énergique, qui ne fournit pas de combinaisons stables avec les acides faibles. Le perchlorure de platine la décompose partiellement avec production d'œnanthol et de chlorure d'ammonium. Une solution aqueuse d'acide sulfureux la décompose à 110° ; il se forme de l'œnanthol et de l'oxysulfure d'heptylène,

$$(C^7H^{14})^2SO.$$

L'œnanthothialdine, chauffée à 160° avec de l'œnanthol, fournit également de l'oxysulfure d'heptylène, en même temps que de la *triœnanthonaldine*, $C^{21}H^{41}AzO$. A 100°, elle réagit sur l'aniline ; avec 2 molécules d'aniline, elle donne de l'oxysulfure d'heptylène, et de la *diheptylidène-diphénylamine*, $Az^2(C^7H^{14})^2(C^6H^5)^2$.

Si l'aniline est en excès, il ne se forme que ce dernier corps, avec de l'ammoniaque et de l'hydrogène sulfuré, mais point d'oxysulfure. Enfin si l'œnanthothialdine est en excès, il se forme de l'heptylène, C^7H^{14}, et la base précédente.

VALÉROTHIALDINE, $C^{15}H^{31}AzS^2$ (Schiff). — On fait agir le sulfure d'ammonium incolore saturé sur l'aldéhyde valérique. C'est un liquide épais, qui se décompose en partie par la distillation. Il donne avec l'iodure d'éthyle une combinaison cristallisée. Le produit principal de l'action de l'aniline est la *diamylidènediphénylamine*, $Az^2(C^5H^{10})^2(C^6H^5)^2$.

CONSTITUTION DES THIALDINES. — Les thialdines sont formées par l'union de 3 molécules d'une aldéhyde, 1 molécule d'ammoniaque, et 2 molécules d'hydrogène sulfuré avec élimination de 3 molécules d'eau :

$$\underset{\text{Aldéhyde.}}{3C^2H^4O} + AzH^3 + 2H^2S = \underset{\text{Thialdine.}}{C^6H^{13}AzS^2} + 3H^2O$$

$$\underset{\text{Œnanthol.}}{3C^7H^{14}O} + AzH^3 + 2H^2S = C^{21}H^{43}AzS^2 + 3H^2O.$$

D'après l'action de l'iodure de méthyle qui fournit avec la thialdine l'iodure d'un ammonium composé, donnant de l'hydrate de tétraméthylammonium, M. Hofmann regarde la thialdine comme une base tertiaire renfermant

$$(C^6H^{13}S^2)''' Az.$$

M. Schiff a présenté la thialdine comme résultant de la substitution de 3 radicaux monoatomiques à 3 atomes d'hydrogène de l'ammoniaque, et en considérant seulement les aldéhydes de la série $C^nH^{2n}O$, attribue aux thialdines la formule générale :

$$Az \begin{cases} C^nH^{2n}, SH \\ C^nH^{2n}, SH \\ C^nH^{2n-1}. \end{cases}$$

Ainsi la thialdine serait :

$$Az \begin{cases} C^2H^4, SH \\ C^2H^4, SH \\ C^2H^3. \end{cases}$$

Ces formules ne sont pas encore suffisamment justifiées, et, comme celles des oxaldines (voyez t. II, p. 668), demandent de nouvelles recherches. E. G.

THIAMÉTHALDINE [Syn. de MÉTHYLTHIALDINE]. — Voyez THIALDINE.

THIAMYLIQUE (ACIDE). — M. Commaille a donné ce nom à un acide monobasique de la formule, $C^5H^{11}.SO^4H$, isomérique avec l'acide amylsulfurique et qui serait à cet acide ce que l'acide parathionique est à l'acide éthylsulfurique [A. Commaille, *Compt. rend.*, t. LXXV, p.1630]. L'existence de l'acide parathionique a été rendue plus que douteuse par les travaux de Scheibler et d'Erlenmeyer, et il nous semble que l'acide paramylique doit partager le sort de son congénère. M. Commaille prétend avoir trouvé l'acide thiamylique, parmi les produits accessoires de la préparation de la coralline au moyen du phénol, de l'acide oxalique et de l'acide sulfurique. On ne comprend pas comment ces corps peuvent engendrer un acide contenant le radical amyle.

La composition de quelques thiamylates correspond presque exactement à celle des oxyphénylsulfites.

THIANISOÏQUE. — Voyez ANISOÏQUE (ACIDE). t. I, p. 337.

THIANILINE. — Voyez PHÉNYLAMINES, t. II, p. 860.

THIANISOL, C^8H^8OS. — [Cahours, *Compt. rend.*, t. XXV, p. 450, 1847]. Ce corps, qui paraît être l'hydrure de sulfoanisyle ou aldéhyde anisique sulfurée

$$C^6H^4 \begin{matrix} \diagup OCH^3 \\ \diagdown CSH, \end{matrix}$$

se produit par l'action du sulfhydrate d'ammoniaque sur l'anishydramide $(C^8H^8O)^3Az^2$ (voyez t. I, p. 336).

C'est une poudre blanche, farineuse.

THIOBENZALDINE. — Synonyme de SULFAZOTURE DE BENZYLÈNE, t. I, p. 578.

THIOBENZOÏQUE (ACIDE). — On a donné le nom d'acide thiobenzoïque à des acides renfermant C^7H^6SO ; mais on remarque qu'il peut y avoir deux acides de cette formule, renfermant l'un, $C^6H^5-CO.SH$; c'est le sulfhydrate de benzoyle, étudié par Cloëz, Engelhardt, etc.; l'autre, renfermant $C^6H^5-CS-OH$, c'est l'hydrate de sulfobenzoyle étudié par Fleischer. Nous décrirons successivement ces deux acides.

ACIDE THIOBENZOÏQUE (*sulfhydrate de benzoyle*), $C^7H^6OS = C^6H^5-CO.SH$. — [Cloëz, *Bull. de la Soc. chim.*, 1858, p. 105. — Tüttscheff, *Bull. de l'Acad. de Pétersb.*, t. V, p. 295. — Engelhardt, Latschinoff et Malyscheff, *Zeitsch. für. Chem.*, 1868, p. 353, et *Bull. de la Soc. chim.*, 1868, t. X, p. 460]. M. Cloëz a décrit sous le nom d'acide thiobenzoïque C^7H^6OS, un composé cristallisé, fondant à 120°, et qu'il obtint en versant du chlorure de benzoyle dans une solution alcoolique de monosulfure de potassium, filtrant la solution, chassant l'alcool au bain-marie, dissolvant dans l'eau et additionnant la solution d'acide chlorhydrique. Il se sépare un liquide oléagineux qui, au bout de quelques jours, abandonne des cristaux volumineux, incolores. Suivant MM. Engelhardt, Latschinoff et Malyscheff, dans l'action du chlorure de benzoyle sur le monosulfure de potassium, il se forme bien du thiobenzoate de potassium comme l'a vu M. Cloëz; mais l'huile séparée par l'acide chlorhydrique, serait le véritable acide thiobenzoïque, tandis que les cristaux décrits par Cloëz seraient du bisulfure de benzoyle $(C^7H^5O)^2S^2$, formé par transformation de l'acide thiobenzoïque, corps peu stable et s'altérant à l'air. Il est d'autant plus facile de confondre ce corps avec l'acide thiobenzoïque qu'il donne avec la potasse du thiobenzoate en même temps que du benzoate; la transformation de l'acide thiobenzoïque en bisulfure de benzoyle s'opère à l'air, suivant l'équation

$$2(C^7H^5O, SH) + O = H^2O + (C^7H^5O)^2S^2.$$

Nous décrirons donc le corps de Cloëz sous le nom de bisulfure de benzoyle.

MM. Engelhardt, Latschinoff et Malyscheff ont préparé l'acide thiobenzoïque au moyen du thiobenzoate d'éthyle que M. Tüttscheff avait obtenu en traitant le mercaptide de plomb par le chlorure de benzoyle. Cet éther,

$$C^7H^5O, SC^2H^5,$$

traité par le sulfhydrate de potassium, donne du thiobenzoate de potassium, C^7H^5OSK ; celui-ci, par l'action de l'acide chlorhydrique fournit une huile jaune qui, refroidie à 0°, se prend en une masse cristalline radiée, fusible à 24°, soluble en toutes proportions dans l'éther et le sulfure de carbone. Abandonné à l'air, cet acide se transforme, comme nous l'avons dit, en acide thiobenzoïque de Cloëz, peu soluble dans l'éther, et qui est le bisulfure de benzoyle.

L'acide thiobenzoïque prend également naissance à l'état de sel de potassium :

1° Par l'action du sulfhydrate de potassium en solution alcoolique sur l'anhydride thiobenzoïque, sur l'anhydride benzoïque, et sur le benzoate de phényle :

$$\underset{\text{Benzoate de phényle.}}{C^6H^5O, C^7H^5O} + KHS = \underset{\text{Phénol.}}{C^6H^6O} + \underset{\text{Thiobenzoate de potassium.}}{C^7H^5OSK};$$

2° Par l'action de la potasse alcoolique ou de l'ammoniaque aqueuse sur l'anhydride thiobenzoïque ;

3° Par la décomposition du bisulfure de benzoyle, par la potasse ou le sulfhydrate de potassium en solution alcoolique.

L'acide thiobenzoïque est légèrement volatil à la température ordinaire, et peut être distillé avec la vapeur d'eau. Il ne cristallise pas de ses solutions dans le sulfure de carbone et dans l'éther, même dans un mélange réfrigérant. L'acide azotique le transforme en bisulfure de benzoyle et en acide benzoïque. Il se dissout dans les alcalis et les carbonates alcalins; sa solution ammoniacale se décompose au bain-marie en donnant du sulfure d'ammonium.

THIOBENZOATES. — Le *sel de baryum*

$$(C^7H^5OS)^2Ba$$

(à 120°), se dépose de sa solution en lamelles hydratées, qui perdent facilement leur eau de cristallisation. Le *sel d'argent*, C^7H^5OSAg, est un précipité blanc-jaunâtre, insoluble dans l'eau. Mis en suspension dans l'eau bouillante, il se décompose et donne du sulfure d'argent. — Le *thiobenzoate de potassium*, C^7H^5OSK, décrit d'abord par M. Cloëz, s'obtient à l'état de pureté par plusieurs cristallisations dans l'alcool absolu, bouillant. Il est en beaux prismes ou en tables transparentes, jaunâtres; il est très-soluble dans l'eau. — Le *sel de plomb*, $(C^7H^5OS)^2Pb$, insoluble dans l'eau, est un peu soluble dans le sulfure de carbone bouillant, d'où il se sépare par le refroidissement en petites aiguilles déliées. — Le *sel de sodium* est très-soluble dans l'alcool, d'où il se sépare en une masse confusément cristallisée.

ÉTHERS THIOBENZOÏQUES. — Ils s'obtiennent, comme l'a montré M. Tüttscheff, par l'action du chlorure de benzoyle sur les mercaptides de plomb.

Thiobenzoate d'amyle, C^7H^5OS, C^5H^{11} (Engelhardt). — Il est liquide, oléagineux, insoluble dans l'eau, et bout à 271° avec décomposition partielle. Ses réactions sont celles du dérivé éthylique.

Thiobenzoate d'éthyle, C^7H^5OS, C^2H^5 (Tüttscheff). — Il est liquide, incolore, d'une odeur de mercaptan et d'éther benzoïque, bouillant à 243°, insoluble dans l'eau, soluble dans l'alcool et dans l'éther. Traité par la potasse alcoolique, il donne du benzoate et du mercaptan; traité par le sulfhydrate de potassium, il donne du mercaptan et du thiobenzoate de potassium; avec l'acide azotique, il donne de l'acide éthylsulfureux et de l'acide benzoïque.

ANHYDRIDE THIOBENZOÏQUE, $(C^7H^5O)^2S$ (Engelhardt). — Il se forme par l'action du chlorure de benzoyle sur le thiobenzoate de potassium. Après avoir lavé le produit de la réaction avec de l'eau et du carbonate de soude, on obtient une huile qui se concrète par le froid. En faisant cristalliser ce corps dans l'éther, on l'obtient en beaux prismes, fusibles à 48°. La potasse le transforme en un mélange de benzoate et thiobenzoate.

BISULFURE DE BENZOYLE, $(C^7H^5O)^2S^2$. — Nous avons dit qu'il se forme par l'oxydation de l'acide thiobenzoïque; il se sépare de sa solution dans le sulfure de carbone en tables rhomboïdales, et de l'alcool bouillant en aiguilles ou en lamelles. Il fond à 120° (Cloëz); à 128° (Engelhardt). Il est insoluble dans l'eau, peu soluble dans l'éther et l'alcool.

A une température plus élevée, entre 160-180°, il se colore en violet-rouge. Il est insoluble dans l'ammoniaque aqueuse. La potasse le dissout en le convertissant en benzoate et en thiobenzoate.

M. Mosling a obtenu, par l'action de l'hydrogène sulfuré sur l'anhydride benzoïque, un corps cristallisé qui paraît identique avec le bisulfure de benzoyle [*Ann. der Chem. u. Pharm.*, t. CXVIII, p. 304].

ACIDE ISOTHIOBENZOÏQUE (*Hydrate de sulfobenzoyle*), $C^7H^6OS = C^6H^5\text{-}CS\text{-}OH$ [H. Fleischer, *Ann. der Chem. u. Pharm.*, t. CXLI, p. 234]. — Il s'obtient par l'oxydation de l'*hydrure de sulfobenzoyle, sulfure de benzylène, sulfobenzole* ou *hydrure de thiobenzoyle*, décrit par M. Cahours, et qui se forme par l'action du chlorure de benzylène, $C^6H^5\text{-}CHCl^2$, sur le sulfure de potassium. — Voyez t. I, p. 576, *sulfure de benzylène*.

On soumet à une ébullition prolongée, un mélange de sulfure de benzylène et d'acide azotique d'une densité de 1,3; il se forme outre l'hydrate de sulfobenzoyle, de l'acide benzoïque et de l'acide sulfurique. On sature le liquide par du carbonate de sodium et on précipite par l'acide chlorhydrique; le précipité jaunâtre renferme de l'acide benzoïque. Pour enlever celui-ci, on chauffe le précipité à 160° dans un courant de gaz carbonique, et l'on fait cristalliser le résidu dans l'eau chaude. L'hydrate de sulfobenzoyle se sépare de sa solution aqueuse sous la forme d'une poudre cristalline jaune; sa solution dans l'alcool ou dans la benzine donne des groupes d'aiguilles blanches, cristallisées; il renferme $(C^7H^6OS)^2 + H^2O$, et perd son eau à 110°. Par la chaleur, il se décompose sans entrer préalablement en fusion.

Le *sel de baryum* est en croûtes dures, formées de petits grains, parfaitement solubles dans l'eau, peu solubles dans l'alcool, il renferme

$$(C^7H^5OS)^2Ba + 2H^2O,$$

et perd son eau de cristallisation dans l'air sec.

ACIDE DITHIOBENZOÏQUE, $C^7H^6S^2$. [Engelhardt et Latschinoff, *Zeitsch. für Chem.*, 1868, p. 455, et *Bull. de la Soc. chim.*, t. XI, p. 159]. — Cet acide prend naissance dans l'action du trichlorotoluène ou chloroforme benzylique, $C^6H^5\text{-}CCl^3$, sur une solution alcoolique de sulfure de potassium. On mélange les deux corps dans les proportions données par l'équation :

$$C^6H^5\text{-}CCl^3 + 2K^2S = 3KCl + C^6H^5\text{-}CS^2K,$$

et on étend le sulfure de beaucoup d'alcool. La réaction, très-énergique à froid, est ensuite terminée au bain-marie. On doit veiller à ce que la température ne s'élève pas trop pendant la réaction, sinon, une partie du produit se résinifie. Après avoir séparé le chlorure de potassium, on ajoute de l'eau à la solution alcoolique, pour précipiter une petite quantité de matière résineuse, on filtre, puis on ajoute peu à peu de l'acétate de plomb à la solution aqueuse. Le premier précipité est formé de sulfure de plomb, puis il se sépare du dithiobenzoate rouge. C'est à l'aide de ce sel que l'on prépare les autres dithiobenzoates.

Quant à l'acide dithiobenzoïque, il ne peut être obtenu à l'état de pureté, car il se décompose à l'air. Le sel d'ammonium, additionné d'acide chlorhydrique, le fournit sous l'aspect d'une huile violette, dense, insoluble dans l'eau, soluble dans l'alcool et dans l'éther; une petite quantité suffit pour colorer l'éther en rouge carmin. Cette huile ne tarde pas à se convertir en une résine qui, d'après les analyses, paraît constituer un mélange de $(C^7H^5)^2S^3$, et de $(C^7H^5)^2S^5$.

DITHIOBENZOATES. — Le *sel d'argent*, $C^7H^5S^2Ag$, est un précipité rouge-brun. — Le *sel d'ammonium* s'altère facilement; sa solution est rouge-orange. — Le *sel de mercure*, $(C^7H^5S^2)^2Hg$, est un précipité jaune, brunâtre, cristallisant dans l'alcool en lamelles brillantes, d'un jaune d'or; il est soluble dans l'éther et dans la benzine. — Le *sel de plomb*, $(C^7H^5S^2)Pb$, est un précipité rouge de minium, cristallisant dans la benzine brute en belles aiguilles rouges; insoluble dans l'eau, peu soluble dans l'éther et dans l'alcool bouillant, il est soluble dans le sulfure de carbone. — Le *sel de potassium* est soluble dans l'eau; la solution est rouge et se décompose pendant l'évaporation.

ACIDE CHLORODITHIOBENZOÏQUE, $C^7H^5ClS^2$ (Engelhardt et Latschinoff). — Il s'obtient comme le précédent, au moyen du toluène tétrachloré,

$$C^6H^4Cl\text{-}CCl^3.$$

Le *sel de plomb* $(C^7H^4ClS^2)^2Pb$ est un précipité rouge, soluble dans la benzine bouillante et le sulfure de carbone, et cristallisant en belles aiguilles rouges. Traité par l'acide chlorhydrique concentré, il fournit une huile d'un rouge-violet, dont la solution éthérée donne avec le sublimé corrosif, un précipité cristallisant dans l'alcool en lamelles verdâtres et brillantes, renfermant

$$(C^7H^4ClS^2)^2Hg.$$ E. G.

THIOBENZOL. — Synonyme de SULFURE DE BENZYLÈNE, t. I, p. 577.

THIOBUTYRIQUE (ACIDE), C^4H^8OS [Ulrich, *Répert. de Chim. pure*, 1858-59, p. 380]. — Obtenu par l'action du sulfure de phosphore sur l'acide butyrique. C'est un liquide incolore, bouillant vers 130° et doué d'une odeur très-désagréable.

THIOCHRONIQUE (ACIDE). — Voyez QUINONE, t. II, p. 1309.

THIOCINNAMIDE. — Voyez CINNAMIDE, t. I, p. 914.

THIOCINNOL, C^9H^8S ou plutôt $(C^9H^8S)^n$. — Composé analogue à l'hydrure de sulfobenzoyle (t. I, p. 578) qui se précipite sous forme d'une poudre blanche lorsqu'on dirige un courant d'hydrogène sulfuré dans une solution alcoolique de cinnhydramide :

$$(C^9H^8)^3Az^2 + 4H^2S = 3C^9H^8S + (AzH^4)^2S$$

[A. Cahours, *Compt. rend.*, t. XXV, p. 457].

THIOCUMINAMIDE,

$$C^{10}H^{13}AzS = C^{10}H^{11}S.AzH^2.$$

— Lorsqu'on traite le cumonitrile en solution alcoolique par l'hydrogène sulfuré, on obtient de belles aiguilles d'un composé qui représente de la cuminamide dont l'oxygène est remplacé par du soufre,

$$C^{10}H^{11}Az + H^2S = C^{10}H^{11}S.AzH^2.$$

La thiocuminamide est très-peu soluble dans l'alcool froid, plus soluble dans l'alcool bouillant. L'hydrogène naissant, développé en solution alcoolique par le zinc et l'acide chlorhydrique la convertit en hydrogène sulfuré et cumilamine, $C^{10}H^{13}Az$, identique avec la base de Rossi (t. I, p. 1129) [E. Czumpelik, *Wien. Acad. Ber.* 2me part., t. LIX, p. 886; *Bull. de la Soc. chim.*, 1870, t. XIII, p. 80].

Lorsqu'on ajoute de la teinture d'iode à une solution alcoolique de thiocuminamide, l'iode disparaît immédiatement en même temps qu'il se sépare du soufre; quand la teinture n'est plus décolorée, on filtre le liquide et on chasse l'alcool par distillation. L'huile brunâtre qui reste, lavée à l'eau ammoniacale, se prend par le frottement en une masse blanche qu'il est très-difficile de débarrasser complétement du soufre par des cristallisations. A l'état de pureté le composé se présente en longs prismes transparents, fusibles à 45°. Il renferme

$$C^{20}H^{22}SAz^2 = (C^{10}H^{11}Az)^2S.$$

L'eau ne le dissout pas, mais il est soluble dans l'alcool, l'éther, le chloroforme, le sulfure de carbone, la benzine. Il est très-stable; l'acide sulfurique le dissout sans l'altérer et l'eau le précipite de nouveau de la solution; les acides et les alcalis étendus, ainsi que l'oxyde de plomb ne l'attaquent pas; une ébullition prolongée avec de la potasse concentrée le décompose en soufre et cumonitrile ou plutôt en produits d'hydratation de ce corps, ammoniaque et acide cuminique. Si l'on chauffe le composé avec du zinc et de l'acide chlorhydrique en présence de l'alcool, il dégage lentement de l'hydrogène sulfuré; au bout d'une semaine environ, la réaction est achevée et le corps sulfuré est alors transformé en un hydrocarbure renfermant : C = 89,64; H = 9,21 [R. Wanstrat, *Deutsch. chem. Gesellsch.*, t. VI, p. 332; et *Bull. de la Soc. chim.*, t. XX, p. 289]. A. H.

THIOCUMINOL ou **THIOCUMOL.** — Ce nom a été donné au composé résultant de l'action du sulfure d'ammonium sur l'aldéhyde cuminique (t. I, p. 1045).

THIOCYANIDE. — Voyez PERSULFOCYANIQUE (ACIDE).

THIOCYMOL. — Voyez THIOTHYMOL.

THIODIACÉTIQUE. — Synonyme de THIODIGLYCOLIQUE, t. III, p. 76.

THIODIGLYCOLAMIDE. — Synonyme de SULFACÉTAMIDE, t. III, p. 57.

THIODIGLYCOLAMIQUE (ACIDE),

$$C^4H^7AzSO^3 = S{<}{\begin{matrix}CH^2\text{-}CO.AzH^2\\CH^2\text{-}CO.OH.\end{matrix}}$$

— L'eau de baryte dissout à froid la thiodiglycolimide (voyez ce mot) en la transformant en thiodiglycolamate barytique d'où l'on peut isoler l'acide libre au moyen de l'acide sulfurique. Le même acide se produit lorsqu'on chauffe à 145° le thiodiglycolate acide d'ammonium, jusqu'à ce qu'il ne perde plus d'eau, ce qui exige plusieurs jours :

$$S{<}{\begin{matrix}CH^2\text{-}CO.OAzH^4\\CH^2\text{-}CO.OH\end{matrix}}$$

Thiodiglycolate acide d'ammonium.

$$= H^2O + S{<}{\begin{matrix}CH^2\text{-}CO.AzH^2\\CH^2\text{-}CO.OH.\end{matrix}}$$

Acide thiodiglycolamique.

L'acide préparé par ce dernier procédé est purifié par cristallisation dans l'eau bouillante. Il se présente alors en prismes incolores, inaltérables à l'air, peu solubles dans l'eau froide, très-solubles à l'ébullition. Il fond à 125° et se convertit, à une température plus élevée, en thiodiglycolimide en perdant de l'eau.

L'acide thiodiglycolamique possède une faible réaction acide; il est monobasique, les alcalis bouillants le dédoublent en ammoniaque et en thioglycolate.

Le *sel d'argent*, $C^4H^6AzSO^3.Ag$, se dépose de sa solution bouillante en aiguilles réunies en faisceaux ou en prismes peu solubles; il noircit à la lumière et se décompose vers 120°.

Sel de baryum, $(C^4H^6AzSO^3)^2Ba + H^2O$. — Sa solution se dessèche en une masse amorphe; mélangée très-lentement avec de l'alcool, elle fournit des mamelons cristallins.

Sel de calcium, $(C^4H^6AzSO^3)^2Ca + H^2O$. — La solution de l'acide saturée de carbonate calcique et évaporée à consistance de sirop, laisse déposer des aiguilles réunies en mamelons.

L'acétate de *cuivre* ou de *plomb* n'est pas précipité par le thiodiglycolamate de baryum [E. Schulze, *Jenaische Zeitsch.*, t. II, p. 466; *Bull. de la Soc. chim.*, 1866, t. VI, p. 395]. A. H.

THIODIGLYCOLIMIDE.

$$C^4H^5AzSO^2 = S{<}{\begin{matrix}CH^2\text{-}CO\\CH^2\text{-}CO\end{matrix}}{>}AzH.$$

— C'est l'imide de l'acide thiodiglycolique (t. III, p. 76). On l'obtient en maintenant à 180-200° le thiodiglycolate diammonique, jusqu'à ce qu'il ne perde plus d'ammoniaque :

$$S{<}{\begin{matrix}CH^2\text{-}CO.OAzH^4\\CH^2\text{-}CO.OAzH^4\end{matrix}}$$

$$= AzH^3 + 2H^2O + S{<}{\begin{matrix}CH^2\text{-}CO\\CH^2\text{-}CO\end{matrix}}{>}AzH.$$

Le résidu brun se prend par le refroidissement en une masse cristalline, qu'on purifie par cristallisation dans l'eau bouillante avec addition de charbon animal.

La thiodiglycolimide se présente en fines aiguilles, en lamelles ou en prismes plus volumineux, suivant que la cristallisation s'est effectuée plus ou moins vite; l'eau froide ne la dissout qu'en faible proportion. Elle fond à 128° et se sublime sans altération à une température plus élevée. Les alcalis la transforment, à froid en thiodiglycolamate, à l'ébullition en thiodiglycolate: dans ce dernier cas il se forme en même temps de l'ammoniaque.

Lorsqu'on ajoute de l'azotate d'argent et quelques gouttes d'ammoniaque à une solution de thiodiglycolimide on obtient un précipité blanc floconneux formé par le composé argentique,

$$S\left<\begin{matrix}CH^2\text{-}CO\\CH^2\text{-}CO\end{matrix}\right>AzAg.$$

Celui-ci cristallise en aiguilles microscopiques, que l'ammoniaque dissout [E. Schulze, *Mém.* cité à l'article précédent]. A. H.

THIODIGLYCOLIQUE. — Voyez t. III, p. 76.

THIOFORMIQUE (ACIDE). [Limpricht. *Ann. der Chem. u. Pharm.*, t. XCVII, p. 366, et *Ann. de Chim. et de Phys.* (3), t. XLVIII, p. 117. — Hurtz, *Journ. of the Chem. Society*, t. XV, p. 278 et *Bull. de la Soc. chim.*, 1863, p. 415). — M. Limpricht a considéré comme de l'acide thioformique, CH^2SO, un corps qui prend naissance par l'action de l'hydrogène sulfuré sur le formiate de plomb chauffé de 200 à 300°. L'acide formique ainsi obtenu exhale une odeur alliacée, et se prend souvent en une masse de cristaux déliés. L'acide formique, décanté et distillé de nouveau, laisse un résidu formé du même corps. On purifie ces aiguilles en les faisant cristalliser dans l'alcool. Ce composé fond à 120° et se sublime à une basse température; il est insoluble dans l'eau, facilement soluble à chaud dans l'alcool et dans l'éther.

Suivant M. Hurtz, ce corps qui ne se forme qu'en petite quantité, ne présente pas les caractères d'un acide thioformique, et donne à l'analyse des nombres différents de ceux qu'exige la formule CH^2SO. De plus, il ne se produit pas dans les mêmes conditions où l'on obtient l'acide thiacétique avec l'acide acétique, c'est-à-dire par l'action du pentasulfure de phosphore sur le formiate de plomb.

Il reste donc encore à déterminer la nature du composé formé par l'action de l'hydrogène sulfuré sur le formiate de plomb. E. G.

THIOFORMIQUE (ALDÉHYDE). — Synonyme de sulfure de méthylène (t. II, p. 417).

THIOFUCUSOL. — Produit, voisin du thiofurfurol, qui se forme dans l'action de l'hydrogène sulfuré sur une solution alcoolique de fucusamide (t. I, p. 1506); soumis à la distillation sèche, il donne du pyrofucusol (t. II, p. 1235).

THIOFURFUROL. — Voyez t. I, p. 1506.

THIOGLYCOLIQUE (ACIDE). — Synonyme de *Sulfhydrate de glycolyle.* (Voyez la note, t. III, p. 115);

$$C^2H^4SO^2 = \begin{matrix}CH^2.SH\\|\\CO.OH.\end{matrix}$$

— Cet acide représente de l'acide glycolique dont l'oxhydryle alcoolique est remplacé par un groupe sulfhydryle; il est à l'acide thiodiglycolique ce que le mercaptan est au sulfure d'éthyle. Carius l'a découvert dans l'action du sulfhydrate de potassium sur l'acide monochloracétique :

$$\begin{matrix}CH^2.Cl\\|\\CO.OH\end{matrix} + KSH = KCl + \begin{matrix}CH^2.SH\\|\\CO.OH.\end{matrix}$$

Siemens l'a obtenu par la réduction du chlorure acétyle-sulfureux chloré (t. III, p. 76) au moyen de l'étain et de l'acide chlorhydrique ;

$$\begin{matrix}CHCl.SO^2Cl\\|\\CO.Cl\end{matrix} + 4H^2 = \begin{matrix}CH^2.SH\\|\\CO.OH\end{matrix} + 3HCl + H^2O.$$

Enfin Heintz, en traitant l'éther éthylique du sulfocyanate de glycolyle par l'acide sulfurique étendu et bouillant (voyez t. III, p. 92), a obtenu une substance offrant la composition du thioglycolate d'éthyle.

$$\begin{matrix}CH^2.SCAz\\|\\CO.OC^2H^5\end{matrix} + SO^4H^2 + 2H^2O = \begin{matrix}CH^2.SH\\|\\CO.OC^2H^5\end{matrix} + SO^4H(AzH^4) + CO^2.$$

Pour préparer l'acide thioglycolique, on fait bouillir pendant 3 à 4 heures 3 p. d'acide monochloracétique avec 5 p. de sulfhydrate de potassium en solution aqueuse très-concentrée; le produit est additionné ensuite de 3 vol. d'ammoniaque et précipité par le chlorure de baryum; il se dépose du thioglycolate de baryum qu'on lave avec de l'ammoniaque concentrée. Le sel barytique est dissous dans l'eau bouillante et précipité par l'acétate de plomb; en décomposant le sel plombique par l'hydrogène sulfuré et évaporant la solution, vers la fin à basse température, on obtient l'acide thioglycolique sous la forme d'une masse jaunâtre, visqueuse, amorphe, très-soluble dans l'alcool et l'éther. Il s'altère déjà à 100°.

L'acide azotique étendu le transforme, à l'aide de la chaleur, en acide acéto-sulfureux (Carius),

$$\begin{matrix}CH^2.SH\\|\\CO^2H\end{matrix} + O^3 = \begin{matrix}CH^2.SO^3H.\\|\\CO^2H.\end{matrix}$$

L'acide thioglycolique est un acide diatomique et monobasique; cependant Siemens a décrit un sel de baryum et un sel de plomb dans lequel Ba et Pb remplacent les deux atomes d'hydrogène.

Thioglycolate d'argent, $CH^2.SH\text{-}CO^2Ag$. — Précipité caséeux, peu soluble dans l'eau bouillante, noircissant à la lumière.

Sels de baryum. — On en a décrit deux : un sel neutre et un sel basique; le premier

$$(CH^2.SH\text{-}CO^2)^2Ba$$

constitue une poudre blanche amorphe ou bien des aiguilles courtes et transparentes; l'eau tiède le dissout facilement; il est insoluble dans l'ammoniaque. Par l'ébullition de sa solution aqueuse il se décompose et dégage de l'hydrogène sulfuré (Carius).

Le sel basique,

$$\begin{matrix}CH^2.S\\|\\CO.O\end{matrix}>Ba$$

est une poudre blanche cristalline (Siemens).

Sels de plomb. — On en connaît aussi deux. Le sel neutre $(CH^2.SH\text{-}CO^2)Pb$ se présente sous la forme d'un précipité blanc, caséeux, peu soluble dans l'eau bouillante (Carius).

Le sel basique qui est pareillement un précipité blanc contient $C^2H^2SO^2Pb$ (Siemens).

Sel de potassium. — L'acide libre est neutralisé par du carbonate de potassium et la solution est fortement concentrée par évaporation; le sel potassique se dépose alors en aiguilles réunies en faisceaux, déliquescentes, insolubles dans l'alcool, et qui ne se décomposent qu'au dessus de 100°.

Thioglycolate d'éthyle,

$$C^4H^8SO^2 = CH^2.SH\text{-}CO^2C^2H^5.$$

— Carius le prépare en maintenant en ébullition pendant plusieurs heures la solution alcoolique de l'acide thioglycolique après l'avoir additionnée de quelques gouttes d'acide chlorhydrique, et précipitant au bout de ce temps le produit de la réaction par l'eau. L'éther constitue une huile jaune, d'une faible odeur de mercaptan qui se décompose vers 200° en donnant du sulfure d'éthyle.

Dans une solution alcoolique de chlorure mercurique, cet éther produit un précipité blanc qui cristallise dans l'alcool en aiguilles incolores et auquel Wislicenus assigne la formule

$$C^4H^7SO^2.HgCl.$$

A l'aide de la chaleur ce corps se dissout facilement dans une solution alcoolique d'éther thioglycolique et le liquide dépose, par le refroidissement, de longs cristaux minces, fusibles à 56°,5 et renfermant $(C^4H^7SO^2)^2Hg$ [J. Wislicenus. *Zeitsch für Chem.*, 1865, p. 621].

Le thiodiglycolate d'éthyle que Heintz a obtenu par la décomposition de l'éther du sulfocyanate de glycolyle diffère notablement de l'éther de Carius. C'est un liquide incolore, plus dense que l'eau, bouillant vers 156-158°, qui se dissout dans les alcalis en les colorant en rouge et en se dédoublant en alcool et thioglycolate. Il possède du reste la composition de l'éther de Carius. De nouvelles recherches sont nécessaires pour éclaircir ce point. [Carius, *Ann. der Chem. u. Pharm.*, t. CXXIV, p. 43; — W. Heintz, *ibid.*, t. CXXXVI, p. 223; *Bull. de la Soc. chim.*, 1866, t. VI, p. 37; — R. Siemens, *ibid.*, t. XX, p. 359]. A. H.

THIOHYDROBENZOÏQUE (ACIDE), $C^7H^6SO^2$ [Huebner et Upmann, *Zeitsch. für Chem.*, 1870, p. 291; *Bull. de la Soc. chim.*, t. XIV, p. 407. — Reters Van Lennep, *Zeitsch. für Chem.*, 1871, p. 67; *Bull. de la Soc. chim.*, t. XV, p. 255. — Frerichs, *Deutsch. chem. Gesellsch.*, t. VII, p. 792; *Bull. de la Soc. chim.*, t. XXII, p. 557].

— On a désigné sous le nom d'acide thiohydrobenzoïque un acide représentant un acide oxybenzoïque dont l'oxygène de l'oxhydryle phénolique serait remplacé par du soufre.

Les formules suivantes indiquent ses relations et la fonction mixte de l'acide thiohydrobenzoïque :

$$C^6H^4\begin{cases}CO^2H\\OH\end{cases}\qquad C^6H^4\begin{cases}CO^2H\\SH.\end{cases}$$

Acide oxybenzoïque. — Acide thiohydrobenzoïque.

Hübner et Upmann ont attribué le nom d'acide thiohydrobenzoïque et la formule précédente à un acide qu'il ont obtenu en hydrogénant par l'acide chlorhydrique et l'étain, le chlorure,

$$C^6H^4\begin{cases}COCl\\SO^2Cl\end{cases}$$

provenant de l'action du perchlorure de phosphore sur le sulfobenzoate neutre de sodium.

Suivant Frerichs, le corps obtenu par ces chimistes n'est pas l'acide thiohydrobenzoïque, mais un produit d'oxydation formé à l'air, *l'acide dithiobenzoïque*, produit par l'enlèvement de 2 atomes d'hydrogène à 2 molécules d'acide thiohydrobenzoïque :

$$2\left(C^6H^4\begin{cases}CO^2H\\SH\end{cases}\right)+O=\begin{matrix}C^6H^4\begin{cases}CO^2H\\S\end{cases}\\ |\\ C^6H^4\begin{cases}S\\CO^2H\end{cases}\end{matrix}+H^2O.$$

Acide thiohydrobenzoïque. — Acide dithiobenzoïque.

Frerichs emploie le mode opératoire de Huebner et Upmann; il prend du sulfobenzoate acide de sodium pur, le convertit en chlorure par le perchlorure de phosphore, et hydrogène le chlorure au moyen de l'acide chlorhydrique et de l'étain; seulement au lieu de purifier le produit par cristallisation, il le sublime dans un courant de gaz carbonique.

L'acide thiohydrobenzoïque obtenu par sublimation est en lamelles déliées, fusibles à 146-147°, assez solubles dans l'eau, plus solubles dans l'alcool. M. Reters Van Lennep, en hydrogénant l'acide monobromo-thiohydrobenzoïque (voir plus loin), a obtenu un corps qu'il regarde comme de l'acide thiohydrobenzoïque, et dont le point de fusion serait à 206°. Ce corps paraît être un mélange qui renferme l'acide dithiobenzoïque.

THIOHYDROBENZOATES. — M. Frerichs a analysé les sels suivants qui sont des précipités cristallins. Il admet que le métal est substitué à l'hydrogène du groupe SH, ce qui n'est pas prouvé.

Sel de baryum $(C^7H^5O^2S)^2Ba, + 2\frac{1}{2}H^2O$. — Blanc.

Sel d'argent, $C^7H^5O^2S.Ag$. — Jaune citron.

Sel de cuivre $(C^7H^5O^2S)^2Cu$. — Vert

Sel de plomb, $C^7H^4O^2SPb, + 3H^2O$. — Jaune citron.

Sel de mercure $(C^7H^5O^2S)^2Hg$. — Il est soluble et cristallise de sa solution en aiguilles déliées.

Acide thiohydrobenzoïque monobromé,

$$C^7H^5BrO^2S.$$

— On l'obtient comme l'acide thiohydrobenzoïque en traitant par l'acide chlorhydrique et l'étain, le chlorure bromosulfobenzoïque,

$$C^6H^3Br\begin{cases}COCl\\SO^2Cl.\end{cases}$$

Moins altérable à l'air que l'acide non bromé, il est en lamelles déliées, peu solubles dans l'eau froide, fusibles à 192-194°, volatiles sans décomposition. Son *sel de plomb* est un précipité jaune citron, cristallin, $C^7H^3BrO^2SPb + 3H^2O$ (Frerichs).

Huebner et Upmann ont également obtenu, au moyen du chlorure bromosulfobenzoïque un acide qu'ils considéraient comme le dérivé bromé de l'acide thiohydrobenzoïque, mais qui doit être un dérivé bibromé de l'acide dithiobenzoïque

$$(C^6H^3Br)^2S^2.(CO^2H)^2.$$

Cet acide est en petites aiguilles incolores, insolubles dans l'eau, fusibles à 254-256°. Il fondrait à 242-243° et donnerait par substitution d'hydrogène au brome un acide fusible à 206° (Reters Van Lennep).

ACIDE DITHIOBENZOÏQUE,

$$C^{14}H^{10}S^2O^4=\begin{matrix}C^6H^4\begin{cases}CO^2H\\S\end{cases}\\ |\\ C^6H^4\begin{cases}S\\CO^2H.\end{cases}\end{matrix}$$

— Formé par l'oxydation à l'air de l'acide thiohydrobenzoïque ou par l'action du brome sur cet acide, il est en courtes aiguilles, insolubles dans l'eau, un peu solubles dans l'alcool, fusibles à 242-244°

Le *sel d'argent* est un précipité jaunâtre.

Le *sel d'ammonium*, $C^{14}H^8S^2O^4(AzH^4)^2 + 2H^2O$, est une masse grenue et cristalline, soluble dans l'eau et dans l'alcool.

Le *sel de baryum*, $C^{14}H^8S^2O^4Ba + 3H^2O$, est

un précipité blanc, insoluble dans l'eau (Frerichs). Obtenu par l'addition de chlorure de baryum très-étendu au sel d'ammonium, il est en petites aiguilles blanches, très-peu solubles,

$$C^{14}H^8S^2O^4Ba + 2\tfrac{1}{2}H^2O$$

(Huebner et Upmann).

Le *sel de calcium*, $C^{14}H^8S^2O^4Ca + 3H^2O$, est un précipité grenu, cristallin.

Le *sel de cuivre*, $C^{14}H^8S^2O^4Cu + 5H^2O$, est un précipité amorphe bleu clair.

Le *sel de plomb* qui renferme seulement H^2O est un précipité blanc.

En préparant l'acide isophtalique au moyen du sulfobenzoate de sodium et du formiate de sodium, M. Ador a obtenu en même temps de l'acide dithiobenzoïque. Il s'est formé de l'acide thiohydrobenzoïque par une action réductrice, et pendant la manipulation, cet acide s'est oxydé à l'air et converti en acide dithiobenzoïque [Ador, *Deutsche chem. Gesellsch.*, t. IV, p. 622; *Bull. de la Soc. chim.*, t. XVI, p. 328]. E. G.

THIO-ISOPHTALIQUE (ACIDE) [Schreder, *Deutsch. chem. Gesells.*, t. VII, p. 704; *Bull. de la Soc. chim.*, t. XXII, p. 519.] — On obtient facilement son sel de potassium en chauffant pendant un quart d'heure, à l'ébullition, du sulfhydrate de potassium avec une solution alcoolique chaude d'isophtalate de phényle et précipitant par l'éther; le sel de potassium est en aiguilles jaunâtres; additionné d'acide chlorhydrique, il laisse déposer l'acide thio-isophtalique à l'état huileux.

THIOMÉLANIQUE (ACIDE). — On a nommé ainsi le produit noir qui se forme lorsqu'on chauffe l'alcool avec un excès d'acide sulfurique. Ce produit n'est certainement pas un composé défini, et le nom de thiomélanique doit disparaître de la science.

THIONAMIDE (ACIDE).—Voyez t. II, p. 1610.

THIONAMIQUE (ACIDE). — Voyez t. II, p. 1610.

THIONAPHTAMIQUE (ACIDE) [Piria, *Ann. de Chim. et de Phys.* (3), t. XXXI, p. 247]. — Le thionaphtamate d'ammonium se forme en même temps que l'amidonaphtylsulfite, dans l'action du sulfite d'ammonium sur la nitronaphtaline [Voyez pour la préparation, AMIDONAPHTYLSULFUREUX (ACIDE), t. II, p. 200].

L'acide thionaphtamique n'existe pas à l'état libre; quand on traite les thionaphtamates par un acide, même par un acide faible, l'acide thionaphtamique se dédouble en acide sulfurique et en naphtylamine,

$$C^{10}H^9AzSO^3 + H^2O = SO^4H^2 + C^{10}H^9Az.$$

D'après cette réaction, l'acide thionaphtamique serait une amide naphtylique instable de l'acide sulfurique, et les thionaphtamates seraient

$$SO^2 \begin{cases} AzH, C^{10}H^7 \\ OR. \end{cases}$$

analogues aux sulfamates,

$$SO^2 \begin{cases} AzH^2 \\ OR. \end{cases}$$

THIONAPHTAMATES. — On les obtient au moyen du sel d'ammonium. Il sont solubles, cristallisés, et se présentent en larges lames nacrées, rougeâtres ou violettes. Les solutions s'altèrent promptement au contact de l'air en se colorant en rouge-brun; aucun réactif ne les précipite.

Lorsqu'on les distille avec de la chaux, on obtient de la napthylamine.

Le *sel d'ammonium* cristallise en petites lames micacées; on le purifie en le faisant dissoudre dans le double de son poids d'eau bouillante; comme il est peu stable il est bon d'ajouter quelques gouttes d'ammoniaque à la solution pour prévenir la décomposition.

Sel de baryum $(C^{10}H^8AzSO^3)^2Ba + 3H^2O$. — Lorsqu'on mélange des solutions concentrées et bouillantes de sel de potassium et de chlorure de baryum, le thionaphtamate de baryum cristallise par le refroidissement.

Le *sel de potassium*, $C^{10}H^8AzSO^3K$, s'obtient par l'ébullition du sel d'ammonium avec le carbonate de potassium. Il cristallise en larges lames nacrées et anhydres ressemblant à l'acide borique. Il est à peine soluble dans l'alcool.

Les *sels de calcium et de magnésium* sont très-solubles. Le *sel de sodium* ressemble à celui de potassium.

Le *sel de plomb* est en grains cristallins; il donne un sel double avec l'acétate de plomb, en lames allongées d'un aspect nacré. E. G.

THIONAPHTIQUE (ACIDE). — Voyez NAPHTÈNE-DISULFUREUX (ACIDE), t. II, p. 501.

THIONESSALE, $C^{28}H^{20}S$ [Laurent, *Revue scientifique*, t. XVIII, p. 197. — Maercker, *Ann. der Chem. u. Pharm.*, t. CXXXVI, p. 75; *Bull. de la Soc. chim.*, 1866, t. VI, p. 55. — Fleischer, *Zeitsch. für Chem.*, 1866, p. 49., et 1867, p. 376. — *Bull. de la Soc. chim.*, t. VII, p. 344, et t. IX, p. 238. — Dorn, *Zeitsch. für Chem.*, 1869, p. 597; *Bull. de la Soc. chim.*, t. XIII, p. 202].

L'hydrure de sulfobenzoyle ou sulfure de benzène, $n(C^6H^5, CSH)$ (voyez t. I, p. 578), soumis à la distillation sèche fournit, suivant Laurent, du stilbène, $C^{14}H^{12}$, du sulfure de carbone, et un corps cristallisé qu'on sépare du stilbène par l'action de l'éther dans lequel il est peu soluble. C'est le thionessale qui renfermerait, suivant Laurent, $C^{26}H^{18}S$, mais qui doit être représenté, suivant Fleischer, par la formule $C^{28}H^{20}S$; cette formule a été confirmée par les dédoublements du thionessale.

Le thionessale se forme aussi dans la distillation sèche du sulfure de benzyle, $C^{14}H^{14}S$, et du bisulfure de benzyle, $C^{14}H^{14}S^2$; il se forme de l'hydrogène sulfuré, du toluène, du sulfhydrate de benzyle, du stilbène, du thionessale, et un corps plus riche en soufre que ce dernier, et qui renferme $C^{28}H^{20}S^2$; c'est le *sulfure de tolallyle* plus soluble dans l'éther que le thionessale (Maercker).

En distillant le sulfobenzol de Cahours ou le sulfure de benzène de Laurent, Fleischer n'a pas observé la formation du sulfure de carbone (voyez t. I, p. 577), comme l'avait indiqué Laurent, mais, outre le stilbène et elthionessale, il a obtenu le sulfure de tollalyle de Maercker.

Les recherches de Dorn, dans le cours desquelles il a converti le thionessale, $C^{28}H^{20}S$, et le sulfure de tollalyle, $C^{28}H^{20}S^2$, en *oxylépidène*, $C^{28}H^{20}O^2$, ont montré les relations des deux composés sulfurés avec le lépidène $C^{28}H^{20}O$, et l'oxylépidène (pour la constitution attribuée au thionessale et au sulfure de tolallyle, voyez OXYLÉPIDÈNE, t. II, p. 713).

Ces deux corps ayant une même origine et des réactions communes, nous les décrirons ici.

THIONESSALE, $C^{28}H^{20}S$. — Le thionessale est cristallisé en aiguilles longues, incolores, inodores, très-peu solubles dans l'alcool et dans l'éther à l'ébullition. Il fond à 178° (Laurent) à 180° (Maercker). Chauffé au rouge sombre avec de la limaille de fer ou de cuivre, il ne donne qu'une petite quantité d'un corps fusible à 60°, probablement le tolane. Traité par le chlorate de potassium et l'acide chlorhydrique, il perd tout son soufre à l'état d'acide sulfurique et se transforme en oxylépidène, $C^{28}H^{20}O^2$.

Le brome donne avec le thionessale un dérivé tribromé, $C^{28}H^{17}Br^3S$, qui se sépare de sa solution dans le pétrole en cristaux microscopiques fusibles à 265-270°.

Suivant Fleischer, le perchlorure de phosphore l'attaque avec production d'un corps,

$$nC^7H^5Cl,$$

en aiguilles soyeuses, fusibles vers 130°; d'après M. Dorn, le perchlorure de phosphore n'enlève pas le soufre du thionessale, mais le transforme en dérivé bichloré, $C^{28}H^{18}Cl^2S$, fusible à 210°. Ce dérivé bichloré, soumis à l'action du chlorate de potassium et de l'acide chlorhydrique, donne de l'oxylépidène bichloré,

$$C^{28}H^{18}Cl^2O^2.$$

L'acide azotique attaque énergiquement le thionessale, en produisant un composé nitré amorphe, qui par l'action prolongée de l'agent oxydant, fournit de l'acide paranitrobenzoïque (nitrodracylique), $C^7H^5(AzO^2)O^2$ (Fleischer). Avec l'acide sulfurique fumant, le thionessale donne un acide cristallisable dans l'alcool en aiguilles blanches déliquescentes, dont le *sel de baryum* renferme $C^{14}H^{10}S^2O^2.Ba + 4H^2O$.

SULFURE DE TOLALLYLE, $C^{28}H^{20}S^2$. — Découvert par Maercker, il forme une poudre cristalline peu soluble dans l'alcool froid, plus soluble dans l'éther et la benzine; il fond à 143-145° et donne des produits de substitution bromés et nitrés.

Traité par le chlorate de potassium et l'acide chlorhydrique, il se transforme en oxylépidène,

$$C^{28}H^{20}O^2.$$

E. G.

THIONURIQUE (ACIDE), $C^4H^5Az^3SO^6$ [Liebig et Wœhler, *Ann. de Chim. et de Phys.* (2), t. LXVIII, p. 253]. — L'acide thionurique est un des dérivés de l'alloxane, qui se forme, à l'état de sel d'ammonium, par l'action simultanée de l'ammoniaque et de l'acide sulfureux sur l'alloxane. On l'obtient à l'état de liberté en décomposant son sel de plomb par l'hydrogène sulfuré.

L'acide thionurique forme une masse blanche, cristalline, composée de fines aiguilles; sa solution rougit le tournesol et possède une saveur fortement acide. En présence de l'acide chlorhydrique, il ne précipite ni les sels de plomb, ni les sels de baryum. Sa solution, portée à l'ébullition, se trouble, puis se prend en une masse soyeuse d'uramile (dialuramide), tandis que de l'acide sulfurique devient libre :

$$\underset{\text{Acide thionurique.}}{C^4H^5Az^3SO^6} + H^2O$$
$$= SO^4H^2 + \underset{\text{Uramile.}}{C^4H^5Az^3O^3}.$$

Thionurate d'ammonium neutre,

$$C^4H^3Az^3SO^6(AzH^4)^2.$$

— Ce sel, point de départ de toutes les combinaisons thionuriques, s'obtient de la manière suivante : on ajoute à une solution d'alloxane, du sulfite d'ammonium mêlé d'un excès de carbonate d'ammonium, on porte lentement le tout à l'ébullition, et l'on maintient celle-ci pendant une demi-heure. Par le refroidissement, la liqueur se prend en une masse de paillettes d'un éclat nacré, solubles et cristallisables dans l'eau sans autre altération qu'une légère coloration en rose. A 100°, ce sel perd une molécule d'eau de cristallisation et se colore en rose.

Les acides minéraux ne l'attaquent pas à froid; mais à l'ébullition, ils le décomposent en donnant de l'uramile.

Mélangé avec de l'azotate d'argent, il se réduit au bout de quelque temps, en donnant un miroir métallique. M. Finck a étudié l'action d'une chaleur de 200°, prolongée pendant quelques jours, sur le thionurate d'ammonium. Dans ces conditions, le sel fournit de l'uramile, un sel d'ammonium, et comme produit principal, un composé insoluble dans l'eau, $C^4H^3Az^3O^2$, qu'il appelle *xanthinine*. L'auteur représente cette décomposition par l'équation,

$$C^4H^3Az^3SO^6(AzH^4)^2$$
$$= C^4H^3Az^3O^2 + SO^4(AzH^4)^2.$$

[Finck, *Ann. der Chem. u. Pharm.*, t. CXXXII, p. 298].

Thionurate d'ammonium acide,

$$C^4H^4Az^3SO^6, AzH^4.$$

— Il est en aiguilles incolores très-fines, et se produit par l'évaporation au bain-marie du sel neutre, avec une quantité d'acide sulfurique moitié moindre que celle qu'il faudrait pour neutraliser toute l'ammoniaque. Par l'ébullition, ce sel se dédouble en donnant du sulfate d'ammonium et de l'acide dialurique,

$$C^4H^4Az^3SO^6, AzH^4 + 2H^2O$$
$$= SO^4(AzH^4)^2 + \underset{\text{Acide dialurique.}}{C^4H^4Az^2O^4}.$$

Thionurate de baryum. — On le prépare en précipitant le sel neutre d'ammonium par le chlorure de baryum. Il forme une masse gélatineuse qui devient, après quelque temps, opaque et cristalline.

Thionurate de calcium. — Il est en prismes courts, fins et satinés, et s'obtient par le mélange des dissolutions chaudes du sel d'ammonium et d'azotate de calcium.

Thionurate de plomb, $C^4H^3Az^3SO^6Pb + H^2O$. — On ajoute une dissolution d'acétate de plomb à une dissolution bouillante de thionurate d'ammonium; il se forme un précipité gélatineux qui se change par le refroidissement en fines aiguilles blanches ou roses groupées concentriquement.

Thionurate de zinc. — Il est très-peu soluble et se précipite bientôt lorsqu'on ajoute du sel de zinc à une dissolution de thionurate d'ammonium. Il forme de petites agrégations de cristaux d'un jaune citron.

On peut rapprocher de l'acide thionurique un composé non analysé que Liebig et Wöhler ont obtenu en saturant par l'acide sulfureux une dissolution d'alloxane, et évaporant à une douce chaleur. Ce corps cristallise en feuillets transparents, efflorescents, peu solubles dans l'eau, et donne, avec l'ammoniaque, une masse rougeâtre de la consistance de l'empois. Grégory, en ajoutant un très-léger excès de potasse à une solution froide d'alloxane additionnée d'abord d'un excès d'acide sulfureux dissous dans l'eau, a obtenu un sel très-stable, bien cristallisé. D'après les analyses, ce sel correspondrait à un acide non isolé, $C^4H^3Az^2SO^6$, c'est-à-dire renfermerait les éléments de l'acide thionurique, moins l'ammoniaque [Grégory, *Phil. Mag.*, (3), t. XXIV, p. 186; *Compt. rend. des trav. de chim.*, 1845, p. 118].

Constitution de l'acide thionurique. — L'acide thionurique se dédoublant par l'action de l'eau en acide sulfurique et dialuramide :

```
         CO — AzH
AzH²-CH      CO
         CO — AzH
```

paraît devoir être représenté par la formule de constitution :

```
                  CO — AzH
SO²(OH)-AzH-CH        CO
                  CO — AzH,
```

analogue à celle de l'acide sulfamique. E. G.

THIONYLE. — On a donné ce nom au radical $(SO)''$ dont on peut admettre l'existence dans le chlorure de thionyle, dans l'acide sulfureux, etc.

THIOPHÉNOL. — Voyez SULFHYDRATE DE PHÉNYLE, t. II, p. 892.

THIOPHOSPHAMIDE ou **SULFOPHOSPHOTRIAMIDE.** — Voyez t. II, p. 655.

THIOPHOSPHAMIQUE et **THIOPHOSPHODIAMMIQUE (ACIDES).** — Voyez t. II, p. 980.

THIOPHTALIQUE (ACIDE), $C^8H^6O^2S^2$ [Schreder, *Deutsche chem. Gesellsch.*, t. VII, p. 704; *Bull. de la Soc. chim.*, 1874, t. XXII, p. 518]. — Cet acide s'obtient par l'action du phtalate de phényle en solution alcoolique sur le sulfhydrate de potassium solide. Après un quart d'heure d'ébullition, la réaction est achevée. Par l'addition d'acide chlorhydrique à la solution aqueuse du thiophtalate de potassium, il se sépare de fines aiguilles jaunâtres, que l'on fait cristalliser dans l'alcool et qui distillent sans décomposition : ce corps n'est pas l'acide thiophtalique, mais son anhydrosulfide,

$$C^8H^4O^2S = C^6H^4 \left\langle \begin{array}{c} CO \\ CO \end{array} \right\rangle S,$$

cristallisant en longues aiguilles fragiles, de plusieurs pouces de longueur.

Le *sel de potassium* paraît renfermer

$$C^6H^4 \left\langle \begin{array}{l} COSK \\ COSK. \end{array} \right.$$

E. G.

THIOPRUSSIAMIQUES (ACIDES). — En chauffant le sulfocyanate d'ammonium à une température élevée, supérieure à celle où il se transforme en sulfo-urée, mais inférieure à celle où il fournit du mélam, Claus a observé la formation de trois corps complexes, auxquels il a donné le nom d'acides thioprussiamiques (voyez t. III, p. 97). Ce sont les acides :

Dithio-diprussiamique,

$$C^6H^7Az^9S^2 = AzH \left\langle \begin{array}{l} (CAz)^3 = (SH)^2 \\ (CAz)^3 = (AzH^2)^2. \end{array} \right.$$

Monothio-diprussiamique,

$$C^6H^8Az^{10}S = AzH \left\langle \begin{array}{l} (CAz)^3 \left\langle \begin{array}{l} SH \\ AzH^2. \end{array} \right. \\ (CAz)^3 = (AzH^2)^2. \end{array} \right.$$

Dithio-triprussiamique,

$$C^9H^{10}Az^{14}S^2 = \begin{array}{l} AzH \left\langle \begin{array}{l} (CAz)^3 = (SH)^2 \\ (CAz)^3 = AzH^2 \end{array} \right. \\ AzH \left\langle (CAz)^3 = (AzH^2)^2. \right. \end{array}$$

Le troisième acide n'a pas été obtenu à l'état libre, mais on connaît son sel mono-ammonique. Les proportions des trois acides varient avec la température à laquelle le sulfocyanate d'ammonium a été exposé ; à un certain degré de chaleur l'acide dithio-diprussiamique se forme seul ; à mesure que la température s'élève, il est mélangé de proportions de plus en plus fortes d'acides monothiodiprussiamique et dithiotriprussiamique, et finit par disparaître complètement. Les deux derniers acides semblent se produire simultanément ; du moins, Claus n'a pu trouver les conditions où l'un de ces acides prendrait naissance d'une manière prépondérante.

Les acides thioprussiamiques sont dédoublés tous les trois par l'acide chlorhydrique étendu en mélamine et en un composé sulfuré que Claus n'a pu obtenir à l'état de pureté, mais qui, par une action prolongée de l'acide chlorhydrique bouillant, perd la totalité de son soufre sous forme d'hydrogène sulfuré pour se convertir en acide cyanurique.

L'acide azotique bouillant transforme les acides thioprussiamiques également en mélamine, en même temps que le soufre passe à l'état d'acide sulfurique.

Sous l'influence d'une température de 300 à 400°, les acides thioprussiamiques ne fondent pas ; ils se décomposent profondément, dégagent du soufre, de l'hydrogène sulfuré, de l'ammoniaque et laissent un résidu de mélam.

Les trois acides thioprussiamiques saturés d'hydrate de plomb récemment préparé et évaporés avec précaution, fournissent le même sel plombique, cristallisant en mamelons ; par l'ébullition de sa solution, ce sel fournit du sulfure de plomb et un acide qui semble être l'acide cyanurique.

D'après leurs réactions, les acides thioprussiamiques offrent des relations étroites avec l'acide sulfomélanurique (t. III, p. 120), avec la mélamine (cyanuramide) et l'acide cyanurique, et les formules que Claus a proposées pour exprimer leur constitution, rendent sensibles ces rapports ; c'est à ce titre que nous les avons données. Nous allons décrire brièvement les trois composés.

ACIDE DITHIO-DIPRUSSIAMIQUE, $C^6H^7Az^9S^2$. — On chauffe le sulfocyanate d'ammonium dans une capsule spacieuse, et l'on élève rapidement la température : le sel fond, brunit, émet des vapeurs et mousse considérablement. Quand ces vapeurs se dégagent en grande abondance et que la mousse formée de petites bulles est devenue brune et épaisse, on ne continue plus à chauffer que pendant un moment. Le produit obtenu, dans ces conditions, est formé pour la majeure partie de sulfocyanate ammonique non altéré et de sulfo-urée, et il ne contient que quelques centièmes d'acide dithio-diprussiamique. La masse broyée est mise à digérer avec 3 p. d'eau froide, qui dissout le sulfocyanate d'ammonium et la sulfo-urée ; la solution est évaporée et le résidu est employé pour une nouvelle opération. La partie insoluble dans l'eau froide est lavée, puis épuisée à plusieurs reprises par l'eau bouillante, qui dissout l'acide dithio-diprussiamique et le laisse après évaporation. On purifie le résidu par des lavages prolongés à l'alcool étendu, suivis de plusieurs cristallisations dans 400 p. d'eau bouillante.

L'acide dithio-diprussiamique constitue une poudre d'un blanc jaunâtre, indistinctement cristalline, insoluble dans l'eau froide et dans l'alcool, peu soluble dans l'eau bouillante. La solution aqueuse offre une réaction acide ; le nitrate d'argent y produit un précipité blanc jaunâtre, presque insoluble dans les acides ; le sulfate de cuivre la précipite en vert sale, les sels mercurique et zincique en blanc ; les sels de plomb et de baryum donnent dans la solution concentrée, des dépôts blancs volumineux, solubles dans l'eau bouillante.

ACIDE MONOTHIO-DIPRUSSIAMIQUE, $C^6H^8Az^{10}S$. — Si, au lieu d'interrompre la chauffe du sulfocyanate d'ammonium au moment indiqué dans le chapitre précédent, on la continue jusqu'à ce que le dégagement de vapeurs se soit ralenti, le produit renferme les deux autres acides, l'acide monothio-diprussiamique et le sel mono-ammonique de l'acide dithio-triprussiamique.

La masse est mise en digestion avec de l'eau froide, pour dissoudre le sulfo-cyanate d'ammonium non altéré et la sulfo-urée, puis lavée à l'eau froide, et épuisée à plusieurs reprises par l'eau bouillante. Les solutions réunies et concentrées un peu par évaporation laissent déposer une certaine quantité d'acide dithio-diprussiamique qu'on sépare. Le liquide évaporé à siccité, laisse un mélange d'acide monothio-diprussiamique, de dithio-triprussiamate et de sulfocyanate ammonique; l'élimination du dernier sel par lavage de la masse à l'eau ou à l'alcool froid entraîne toujours de grandes pertes en acides thioprussiamiques, qui se dissolvent assez facilement dans le sulfocyanate d'ammonium. Le résidu insoluble dans l'eau ou dans l'alcool froid est soumis à des dissolutions et des cristallisations fractionnées dans l'alcool bouillant, qui dissout le dithio-triprussiamate mono-ammonique, beaucoup plus aisément que l'acide monothio-diprussiamique. On parvient ainsi à isoler à l'état de pureté ces deux corps, dont la séparation par dissolution méthodique dans l'eau bouillante est extrêmement pénible.

L'acide monothio-diprussiamique, à l'état humide, est une masse gélatineuse ou floconneuse qui se dessèche en une poudre blanc grisâtre. Il est presque insoluble dans l'eau et l'alcool froids; l'alcool bouillant le dissout en petite quantité; l'eau chaude, assez facilement. Sa solution aqueuse est faiblement acide; elle colore le chlorure ferrique en rouge de sang, comme le font les sulfocyanates. Avec les sels d'argent, de cuivre, de zinc et de mercure, l'acide monothio-diprussiamique se comporte comme l'acide dithio-diprussiamique. L'acétate de plomb donne dans la solution de l'acide saturée à l'ébullition, un précipité blanc qui se dissout aisément lorsqu'on ajoute une petite quantité d'eau et qu'on fait bouillir; c'est là une réaction sûre pour indiquer l'absence de sulfocyanates.

Lorsqu'on expose l'acide monothio-diprussiamique, seul ou en présence de l'eau, à une température de 120°, il perd la propriété de se déposer de sa solution sous forme de gelée et il semble céder en même temps une certaine proportion de soufre.

DITHIO-TRIPRUSSIAMATE D'AMMONIUM,

$$C^9H^{13}Az^{15}S^2 = C^9H^9Az^{14}S^2.AzH^4.$$

— Sa préparation a été indiquée plus haut. Il se dépose du sein de l'eau bouillante, sous la forme d'une poudre cristalline blanche; de l'alcool, en fines aiguilles blanches. L'eau et l'alcool bouillant le dissolvent assez facilement à chaud; mais il est très-peu soluble dans l'eau froide et presque insoluble dans l'alcool. Sa solution, qui est acide, colore en rouge sang le chlorure ferrique et précipite en blanc l'acétate de plomb; ce précipité se dissout complétement dans l'eau bouillante.

Le dithio-triprussiamate ammonique dégage à froid de l'ammoniaque avec la potasse; il cède aussi de l'ammoniaque à l'acide chlorhydrique et le corps traité par cet acide n'en fournit plus avec la potasse : c'est probablement l'acide dithio-triprussiamique libre, mais Claus n'est pas encore parvenu à l'obtenir à l'état de pureté. [A. Claus, *Ann. der Chem. u. Pharm.*, t. CLXXIX, p. 148; *Bull. de la Soc. chim.*, t. XXII, p. 161.] A. H.

THIORÉSORCINE. — Voyez t. II, p. 893.

THIOSALICYLIQUE (ACIDE). — Carius a obtenu une masse brune, amorphe, qu'il regardait comme l'acide thiosalicylique,

$$C^6H^4(SH),CO^2H,$$

en faisant bouillir avec une solution aqueuse de sulfure de potassium l'acide chlorosalylique, $C^7H^5ClO^2$, provenant de l'action du perchlorure de phosphore sur l'acide salicylique [Carius, *Bull. de la Soc. Chim.*, 1864, t. I, p. 375]. Hübner et Upmann ont constaté que l'acide chlorosalylique n'est pas attaqué par le sulfhydrate de potassium. Néanmoins on est parvenu à préparer un acide cristallisé de la formule,

$$C^6H^4{<}{CO^2H \atop SH.}$$

Ce corps a été désigné sous le nom *d'acide thiohydrobenzoïque* (voyez ce nom, t. III, p. 399).

THIOSALICYLOL. — Voyez t. I, p. 1395.

THIOSINNAMINE. — C'est l'ALLYLSULFO-URÉE, t. I, p. 159.

THIOSUCCINIQUE (ACIDE). — L'acide thiosuccinique libre est inconnu, mais on a décrit son sel de potassium et l'anhydrosulfide correspondant, ou sulfure de succinyle,

$$C^4H^4SO^2 = C^2H^4{<}{CO \atop CO}{>}S.$$

Pour préparer le thiosuccinate de potassium on dissout, à l'aide de la chaleur, le succinate de phényle dans une solution alcoolique et concentrée de sulfhydrate de potassium; au bout de quelque temps le produit devient pâteux; on le laisse alors refroidir et on sépare la partie liquide en l'exprimant dans un linge, puis en le comprimant fortement entre des doubles de papier buvard; enfin on le sèche dans le vide. On obtient ainsi le thiosuccinate de potassium, $C^4H^4S^2O^2.K^2$, sous la forme d'aiguilles microscopiques, réunies en faisceaux, extrêmement solubles dans l'eau, un peu moins solubles dans l'alcool et l'éther; ces solutions s'altèrent par l'évaporation lente et laissent à la fin des résidus visqueux d'une odeur alliacée. Les sels métalliques précipitent des sulfures de la solution récente. Les acides en dégagent de l'hydrogène sulfuré et séparent des gouttes huileuses qui se solidifient bientôt; on agite le liquide avec de l'éther qui dissout la matière et la laisse, après évaporation, sous la forme de cristaux incolores, inodores, fusibles à 31°. Ce corps constitue l'anhydrosulfide thiosuccinique; il est soluble dans l'eau, l'alcool et l'éther; l'acétate de plomb produit dans la solution un précipité jaune, qui passe rapidement au brun et enfin au noir, surtout si l'on chauffe; le nitrate d'argent donne un précipité blanc qui noircit bientôt; le sulfate de cuivre fournit immédiatement du sulfure de cuivre noir; le chlorure de fer rend la solution laiteuse au bout de quelque temps [P. Weselsky, *Wien. Acad. Ber.*, 2e part., t. LX, p. 35; *Bull. de la Soc. chim.*, t. XIII, p. 348]. A. H.

THIOTERÉPHTALIQUE (ACIDE). — Voyez TÉRÉPHTALIQUE (ACIDE), t. III, p. 325.

THIOTÉRINE. — Ce nom a été donné par Thudichum à une substance sulfurée qui se trouve souvent, en même temps que la leucinimide, parmi les produits de dédoublement des matières albuminoïdes sous l'influence de l'acide sulfurique. La thiotérine constitue des lamelles nacrées, plus solubles dans l'éther que la leucinimide. L'oxyde de plomb en solution potassique lui enlève à l'ébullition du soufre [*Journ. Chem. Soc. London*, (2). t. VIII, p. 409].

THIOTHYMOL, $C^{10}H^{14}S$. — On connaît deux corps de cette formule, l'un correspondant au thymol-α ou thymol de l'essence de thym, l'autre au thymol-β ou cymol, provenant de l'action de la potasse sur l'acide cymène-sulfureux, et identique avec le carvacrol et la camphocréosote (voy. THYMOL, t. III, p. 409). Nous désignerons le le premier sous le nom de *thiothymol*, et le second, sous le nom de *thiocymol*.

THYOTHYMOL, $C^{10}H^{14}S$. — On l'obtient, en même temps que le cymène, par l'action du persulfure de phosphore sur le thymol; il bout à 233-235° et reste encore liquide à 20°. Il fournit un dérivé plombique cristallisant en aiguilles jaunes [Fittica, *Deutsche chem. Gesellsch.*, t. VI, p. 938, et *Bull. de la Soc. chim.*, 1869, t. XX, p. 558].

THIOCYMOL. — Dans la préparation du cymène par l'action du sulfure de phosphore sur le camphre, il se forme un composé que M. Flesch a reconnu être un dérivé sulfuré de cymène ou thiocymol. M. Rodenburg et MM. Kekulé et Fleischer ont reconnu l'identité de ce corps, et du produit obtenu par l'action du sulfure de phosphore sur le cymol. Ces derniers l'ont également obtenu en traitant le carvol par le persulfure de phosphore. M. Bechler a préparé le thiocymol par une autre voie : en transformant le cymol en cymolsulfite de potassium, celui-ci en chlorure cymylsulfureux, $C^{10}H^{13}SO^2Cl$, et en hydrogénant ce dernier [Flesch, *Deutsch. chem. Gesells.*, t. VI, p. 478. *Bull. de la Soc. chim.*, 1773, t. XX, p. 299. — Rodenburg, *même recueil*, 1873, t. XX, p. 402. — Kekulé et Fleischer, *Deuts. chem. Gesellsch.*, t. VI, p. 1087, et *Bull. de la Soc. chim.*, 1874, t. XXI, p. 34. — M. Bechler, *Journ. für prakt. Chem.*, (2), t. VIII, p. 167, et *Bull. de la Soc. chim.*, 1874, t. XXII, p. 134].

Le thiocymol est un liquide incolore, réfringent, d'une odeur aromatique ne rappelant pas celle des composés sulfurés. D'après Flesch il bout à 235-236° et possède une densité de 0,9975 à 17°5 ; d'après Bechler il distille à 233° et offre une densité de 0,995.

Avec l'oxyde de mercure, il donne un *dérivé mercurique* $(C^{10}H^{13}S)^2Hg$ cristallisant dans l'alcool en aiguilles soyeuses ; si l'on verse la solution alcoolique du thiocymol dans un excès de chlorure mercurique, on obtient une autre combinaison plus soluble, $C^{10}H^{13}S,HgCl$.

La *combinaison argentique* $C^{10}H^{13}S,Ag$ est un précipité cristallin jaune, peu soluble dans l'alcool bouillant, qu'on obtient par addition d'azotate d'argent à une solution alcoolique de thiocymol en excès ; si l'on opère inversement, on obtient un précipité blanc, $C^{10}H^{13}SAg,AzO^3Ag$, cristallisant dans l'alcool bouillant en lamelles brillantes.

Par l'action de l'iodure de méthyle sur le dérivé sodé du thiocymol, on obtient le *méthylthiocymol* $C^{10}H^{13}S,CH^3$, liquide réfringent, d'une odeur agréable, bouillant à 241° et d'une densité de 0,986°. Désulfuré par l'action de la tournure de cuivre au rouge sur la vapeur, il donne un hydrocarbure qui n'a pu être purifié, mais qui oxydé par l'acide azotique a donné un acide

$$C^6H^3(CH^3)^2CO^2H ;$$

cet acide distillé avec de la chaux donne une diméthyl-benzine qui paraît être l'ortho-xylène.

Le thiocymol par l'action des oxydants faibles, comme l'action de l'iode, sur sa solution potassique, se transforme en bisulfure $(C^{10}H^{13})^2S^2$, huile jaunâtre décomposable par la distillation. Par l'oxydation au moyen de l'acide azotique, il fournit de l'acide sulfotoluique,

$$C^6H^3(CH^3)\left\{\begin{matrix}CO^2H\\SO^3H.\end{matrix}\right.$$

Le brome et le permanganate de potassium n'ont pas donné de produit défini avec le thiocymol. E. G.

THIOTOLUIDINE. — Voyez TOLUIDINES.

THIOVALÉRIQUE (ACIDE). — L'action du pentasulfure de phosphore sur l'acide valérique, est analogue à celle du même agent sur l'acide acétique et sur l'acide butyrique, et fournit un acide sulfuré, l'acide thiovalérique, renfermant probablement $C^5H^{10}OS$ (Ulrich).

THIURAMIQUES (COMPOSÉS). — Hlasiwetz et Kachler ont désigné par le nom de *thiuram* le reste monatomique, $(AzH^2\text{-}CS)'$ de l'acide thiosulfocarbamique ; cet acide, $AzH^2\text{-}CS\text{-}SH$, serait le sulfhydrate de thiuram ; l'acide sulfocarbamique, $AzH^2\text{-}CS\text{-}OH$, l'hydrate de thiuram ; le disulfure sulfocarbamique (t. III, p. 91),

$$(AzH^2\text{-}CS)^2S^2,$$

le disulfure de thiuram ; la sulfo-urée,

$$AzH^2\text{-}CS\text{-}AzH^2,$$

la thiuramamine, etc. [*Ann. der Chem. u. Pharm.*, t. CLXVI, p. 137].

THJORSAUITE (Min.). — Nom donné à l'anorthite de la rivière de Thjorsa (Islande), que l'on avait considérée à tort comme une espèce nouvelle.

THOMAITE (Min.). — Carbonate ferreux considéré comme orthorhombique de Bleisbach en Siebengebirge.

THOMSENOLITHE (Min.) [Syn. *Pachnolithe dimétrique*]. — Fluorure hydraté d'aluminium et de calcium, avec un peu de sodium,

$$2\,(Ca,Na^2)Fl^2,Al^2Fl^6 + 2H^2O.$$

Cristaux prismatiques d'apparence rectangulaire, ayant les faces *m*, fortement striées parallèlement à la base. Blanc ou jaune brun à la surface ; se trouve avec la pachnolithe sur la cryolithe du Groenland, dont il est une altération.

Caractères. — En poudre, facilement décomposé par l'acide sulfurique. Décrépite fortement à la flamme d'une bougie, et fond plus facilement que la cryolithe.

Dureté, 2,5 à 4. Poussière blanche. Densité, 2,74 à 2,76.

Forme cristalline. — Prisme clinorhombique d'environ 80°. $pd^{1/2} = 124°$. Clivage basal parfait.

THOMSONITE (Min.) [Syn. *Comptonite*]. — Silicate hydraté d'alumine de chaux et de soude, $RO,Al^2O^3,2SiO^2 + 2\frac{1}{2}H^2O$; $R = Ca,Na^2$. Se trouve en cristaux ou en lames cristallines bacillaires, blancs, rosés ou jaunâtres ; transparent ou translucide, éclat vitreux faiblement nacré sur les faces de clivage. Pyroélectrique. Se trouve dans les cavités des laves, ou des amygdaloïdes, et dans quelques roches métamorphiques avec éléolithe. Les principales localités sont : Kilpatrick (Écosse), les îles Cyclopes, Elbogen en Bohême, Seisser-Alp en Tyrol, etc.

Fig. 759. — Thomsonite.

Caractères. — Fait gelée avec l'acide chlorhydrique. Fond facilement avec boursouflement en un émail blanc.

Dureté, 5 à 5, 5. Densité, 2, 3 à 2, 4.

Forme cristalline. — Prisme orthorhombique $mm = 90°40'$; $pa^{1/3} = 125°$. Clivages : g^1 facile ; h^1 moins facile ; *p* traces.

Mâcles. Axe de rotation normal à *p*. F. et S.

THORITE (Min.) [Syn. *Orangite*]. — Silicate hydraté de thorium, avec un peu d'oxydes ferrique, manganique, de chaux, d'urane, de magnésie, d'alcalis, d'oxyde de plomb, et d'acide stannique,

$$SiO^4Th + 2H^2O.$$

Cristaux très-rares, dodécaédriques, avec faces des deux tétraèdres inégalement développées, ou d'apparence hexagonale, orange, brun ou brun noir ; éclat résineux, cassure conchoïdale ; translucide ou transparent en lames minces ; se trouve dans la syénite, à Lövö, près de Brevig (Norvége).

Caractères. — Fait gelée avec l'acide chlorhydrique, mais non après calcination ; complétement attaquable à chaud par l'acide sulfurique même après calcination. Dans le tube bouché, donne de l'eau ; la variété orange devient brun foncé et reprend sa couleur ; par le refroidissement, devient plus clair.

Difficilement fusible au chalumeau sur les bords. Avec le borax, donne une perle jaune orangé à chaud, qui devient grisâtre par le refroidissement; un peu d'azotate de potasse ajouté au globule fondu, fait persister la teinte orange après le refroidissement.

Dureté, 4,5 à 5. Fragile; poussière orange clair ou brun foncé. Densité, 5 à 5,4.

Forme cristalline. — Cubique, probablement avec hémiédrie tétraédrique.

THORIUM, Th = 234 (de *thor*, le dieu du Tonnerre en Scandinavie). — *Historique.* — En soumettant à l'analyse quelques minéraux rares provenant des environs de Fahlun (Suède), Berzelius y trouva, en 1818, un corps qu'il supposait contenir l'oxyde d'un métal encore inconnu, auquel il donna le nom de thorium [*Schweigg*, t. XXI, p. 25]. Mais à quelques années de là il constata que cette matière était du phosphate d'yttrium. Lorsque quelques années plus tard, en 1828, il découvrit un nouvel élément dans un minéral rare, trouvé par Esmark dans les environs de Brewig (Norvège), il lui assigna ce même nom de thorium [*Poggend. Ann.*, t. XVI, p. 385].

Le thorium fut, à deux reprises, méconnu comme tel, et pris pour un nouvel élément. Bergemann, en 1851, annonça la découverte d'un nouveau métal qu'il nomma *donarium* [*Poggend. Ann.*, t. LXXXII, p. 561; *Ann. de Chim. et de Phys.*, (3), t. XXXV, p. 235], mais dont l'identité avec le thorium ne tarda pas à être reconnue par Damour, Berlin et par Bergemann lui-même [*Poggend. Ann.*, t. LXXXV, p. 555; *Ann. de Chim. et de Phys.*, (3), t. XXXVII, p. 68]. Une confusion semblable fut faite en 1862 par Bahr qui croyait avoir découvert un nouvel élément, le *wasium* [*Ofvers. af. Svenska vetenskaps Acad. Færhandl*, 1862, p. 415; *Bull. de la Soc. chim.*, (2), t. I, p. 134], mais dont il reconnut peu après la véritable nature [*Ann. der Chem. u. Pharm.*, nouv. sér., t. LVI, p. 227].

Le thorium et ses combinaisons ont été décrits par Berzelius, et, plus récemment, par Chydenius [*Poggend. Ann.*, t. CXIX, p. 43; *Bull. de la Soc. Chim.*, 1864, t. I, p. 130] et par Cleve [*Bull. de la Soc. Chim.*, t. XXI, p. 115].

État naturel. — Le thorium est un des éléments les plus rares. Il existe à l'état de silicate dans la thorite et dans l'orangite; ces minéraux renferment de 57 à 74 % d'oxyde de thorium. La monazite en renferme 18 %. Le pyrochlore n'en contient pas plus de 4 à 5 %. Chydenius en a trouvé 6,28 dans l'euxénite [*Bull. de la Soc. chim.*, t. VI, p. 433]. Bahr découvrit de petites quantités de thorium dans une variété d'orthite connue sous le nom de wasite et, d'après Cleve, il existe dans la proportion de 1 % dans plusieurs variétés d'orthite.

Extraction. — On chauffe la thorite, bien pulvérisée, avec un excès d'acide chlorhydrique, on évapore à sec, on reprend le résidu par de l'eau acidulée et on filtre pour séparer la silice insoluble. Après avoir séparé le plomb et l'étain par un courant d'hydrogène sulfuré, on précipite la solution par un excès d'ammoniaque. Le précipité, formé d'hydrates de thorium, etc., est lavé et redissous dans l'acide chlorhydrique. L'addition de sulfate de sodium en excès à la solution en précipite le cérium, le lanthane et le didyme sous la forme de sulfates doubles sodiques presque insolubles dans une solution saturée de sulfate de sodium. On sépare les sulfates doubles insolubles, et on précipite la solution par un excès d'ammoniaque. On redissout l'hydrate dans l'acide sulfurique étendu et on chauffe la solution. Le sulfate de thorium se sépare alors sous la forme d'une masse floconneuse blanche composée d'aiguilles minces et flexibles. On sépare ce sulfate de la solution chaude, on le redissout dans l'eau froide pour le précipiter de nouveau par l'ébullition. On obtient ainsi le sulfate de thorium parfaitement pur. Par la calcination, il laisse un résidu d'oxyde.

Les eaux mères du sulfate retiennent encore une quantité considérable de thorium, qu'on précipite par l'acide oxalique en excès; on obtient ainsi l'oxalate de thorium insoluble dans l'eau pure, très-peu soluble dans l'eau acidulée.

Pour extraire le thorium des autres minéraux qui le renferment, l'euxénite, par exemple, on dissout ces minéraux dans un acide et on précipite la solution par le sulfate potassique. Le cérium, le didyme, le lanthane et le thorium sont précipités à l'état de sulfates doubles. On redissout ceux-ci dans l'eau additionnée d'un peu d'acide chlorhydrique et on précipite la solution très-étendue et bouillante par l'hyposulfite de sodium. Le thorium se sépare, mais non d'une manière complète, sous forme d'un hyposulfite basique soluble dans les acides étendus; les oxydes de cérium, etc., restent dissous. Le précipité renferme en outre le zirconium dans le cas où cet élément est contenu dans le minéral employé. Il faut alors redissoudre le précipité dans l'acide chlorhydrique et précipiter le thorium par l'acide oxalique.

Thorium métallique. — Berzelius l'a préparé en réduisant par le potassium, soit le chlorure anhydre de thorium, soit le chlorure double ou le fluorure double de thorium et de potassium. Chydenius opère cette réduction par le sodium.

Le thorium métallique constitue une poudre grisâtre, pesante, qui prend un éclat métallique sous la pression. Sa densité est égale à 7,657-7,795 (Chydenius). Chauffé à l'air, il brûle avec un éclat extraordinaire et donne un résidu blanc d'oxyde. D'après Berzelius, le métal ne se dissout que difficilement dans l'acide azotique, aisément d'après Chydenius. Il ne s'oxyde pas sous l'eau, même à l'ébullition; il se dissout lentement dans l'acide chlorhydrique froid, aisément dans le même acide chaud, avec dégagement d'hydrogène. L'acide sulfurique ne l'attaque pas à froid, mais facilement à chaud (Chydenius). L'acide fluorhydrique et les alcalis ne l'attaquent pas (Berzelius).

Poids atomique. — Berzelius détermina, en 1828, le poids atomique du thorium par l'analyse du sulfate et du sulfate double potassique. La moyenne des nombres qu'il a obtenus donne pour ce poids atomique 237,28. Delafontaine est arrivé en 1863, également par l'analyse du sulfate, au nombre moyen 231,52. Cleve, en dosant l'oxyde et le carbone contenus dans l'oxalate, a obtenu, comme moyenne de cinq expériences, le nombre 233,97. Par la calcination du sulfate anhydre, il a trouvé comme moyenne de six déterminations, le nombre 233,8.

Oxyde de thorium, ThO^2. — On l'obtient facilement par la calcination de l'oxalate, du sulfate ou de l'hydrate. Ses propriétés varient un peu, suivant le mode de préparation. Obtenu par la calcination de l'hydrate, il forme des fragments durs, translucides, d'un brun grisâtre. Obtenu par la calcination du sulfate, de l'oxalate, etc., il constitue une poudre fine, parfaitement blanche. Densité = 9,402 (Berzelius); 9,366 (Damour); 8,975 (Bergemann); 9,228 (Chydenius).

Nordenskjœld a obtenu l'oxyde en cristaux réguliers par sa fusion avec du borax dans un four à porcelaine.

L'oxyde de thorium est infusible, irréductible par le charbon, inattaquable par les alcalis en fusion.

Le seul acide qui attaque l'oxyde obtenu par l'hydrate est l'acide sulfurique concentré et bouillant. Les acides chlorhydrique et azotique ne produisent aucune action apparente sur l'oxyde provenant de l'oxalate; mais si l'on évapore ces acides, ils laissent un résidu amorphe, semi-transparent, aisément soluble dans l'eau pure en produisant une solution opaline et blanchâtre à la lumière réfléchie, rougeâtre par transmission. La solution est précipitée par les acides chlorhydrique et azotique [Bahr, *Ofvers af Svenska Vetenskaps Akad. Foerhandl.*, 1862, p. 415] ainsi que par certains sels, tels que les chlorures de sodium, de baryum, etc.; les précipités sont solubles dans l'eau pure. La combinaison chlorhydrique, purifiée par des dissolutions et des précipitations réitérées, contient 85,45 à 85,31 % de thorium et 0,61 à 0,88 % de chlore; c'est donc un chlorure très-basique. La solution de ce corps fournit par l'ammoniaque un précipité d'hydrate ayant pour composition

$$Th^4O^7(OH)^2$$

(Cleve).

Hydrates de thorium. — Il y en a deux, savoir : $Th(OH)^4$ et $Th^4O^7(OH)^2$.

L'hydrate normal $Th(OH)^4$ se précipite par l'addition d'un alcali en excès à une solution d'un sel thorique. C'est un précipité gélatineux blanc, se contractant fortement par la dessiccation en fournissant des fragments translucides. Il attire l'acide carbonique de l'air. Il se dissout avec la plus grande facilité dans les acides même étendus. Desséché à 100°, il a pour composition $Th(OH)^4$ soit $ThO^2,2H^2O$ (Cleve).

L'hydrate $Th^4O^7(OH)^2$ dont le mode de formation se trouve indiqué plus haut, ressemble beaucoup à l'hydrate normal, mais il est insoluble dans les acides même concentrés. La formule $Th^4O^7(OH)^2 = 4ThO^2 + H^2O$ représente la composition de l'hydrate séché à 100° (Cleve).

Chlorures de thorium. — Le *chlorure anhydre*, $ThCl^4$, s'obtient par l'action du chlore sec sur un mélange d'oxyde de thorium et de charbon chauffé au rouge. Il se sublime en prismes courts, probablement rhombiques. Formes : h^1, a^1 (Nordenskjœld). Il ne se volatilise pas à 440°; il fond au chalumeau à gaz (Chydenius).

Chlorure hydraté, $ThCl^4 + 8H^2O$. — Il cristallise en masses arrondies, ressemblant à la wavellite, par le refroidissement de la solution aqueuse du chlorure, évaporée à consistance sirupeuse. Il attire avec avidité l'humidité atmosphérique; mais il perd une partie de son eau de cristallisation par dessiccation sur l'acide sulfurique. Avant cette dessiccation il renferme 11 à 12 molécules d'eau et il en retient 8 (Cleve).

Chlorure thorico-potassique,

$$(ThCl^4)KCl + 18H^2O.$$

— Il se dépose d'une solution très-concentrée en petits cristaux perdant une partie de leur eau (environ 7,1 %) à l'air sec (Cleve).

Chlorure thorico-ammonique,

$$ThCl^4,8AzH^4Cl + 8H^2O.$$

— Masse cristalline perdant $6H^2O$ à 100° (Chydenius).

Chloroplatinate de thorium,

$$ThCl^4,PtCl^4 + 12H^2O.$$

— Cristallise d'une solution très-concentrée, en cristaux tabulaires orangés, bien développés et déliquescents (Cleve).

Bromure de thorium. — Masse gommeuse obtenue par l'évaporation d'une solution d'hydrate dans l'acide bromhydrique (Berzelius).

Iodure de thorium. — Masse gommeuse et confusément cristalline (Chydenius).

Fluorure de thorium, $ThFl^4 + 4H^2O$. — Lorsqu'on ajoute de l'acide fluorhydrique à la solution aqueuse du chlorure, il se forme un précipité gélatineux devenant pulvérulent après quelque temps. Il est insoluble dans l'eau et dans un excès d'acide chlorhydrique. Il perd 1 molécule H^2O à 100° et $2H^2O$ à 140°; les deux autres molécules d'eau sont encore retenues à 200°. Calciné, ce fluorure laisse un résidu d'oxyde pur et il se dégage de l'acide fluorhydrique.

Lorsqu'on chauffe de l'oxyde de thorium avec du fluorure de calcium et un excès d'acide sulfurique, on n'obtient aucune combinaison volatile (Chydenius).

Fluorures thorico-potassiques. 1°

$$ThFl^4,2KFl + 4H^2O.$$

— Poudre pesante, presque insoluble, obtenue lorsqu'on fait bouillir l'hydrate de thorium avec le fluorure acide de potassium (Chydenius).

2° $2(ThFl^4KFl) + H^2O$. — Lorsqu'on mélange des solutions de chlorure de thorium et de fluorure acide de potassium, il se produit un précipité volumineux qui se transforme bientôt en une poudre blanche amorphe (Chydenius).

Fluosilicate de thorium. — Lorsqu'on fait digérer l'hydrate de thorium avec de l'acide fluosilicique, on obtient une masse volumineuse, composée d'aiguilles microscopiques. La solution ne contient que des traces de thorium. Exposé sur l'acide sulfurique, le fluosilicate de thorium se décompose en dégageant des vapeurs acides (Cleve).

Platinocyanure de thorium,

$$(PtCy^4)^2Th + 16H^2O.$$

— Il s'obtient par double décomposition entre le platinocyanure de baryum et le sulfate de thorium. Il cristallise en prismes aplatis, bien développés, d'un jaune verdâtre. Densité = 2,460 (Topsoë). Les cristaux appartiennent au type orthorhombique. Formes : m, g^1, a^1; angles : $mm = 40°18'$; $a^1 a^1 = 108°16'$ (Topsoë). Ce sel est très-soluble dans l'eau chaude; il perd $14H^2O$ sur l'acide sulfurique ou à 100° (Cleve).

Ferrocyanure de thorium,

$$FeCy^6Th + 4H^2O.$$

— Précipité pulvérulent blanc et amorphe exempt de potasse (Cleve).

Sulfocyanate de thorium. — La solution de l'hydrate thorique dans l'acide sulfocyanique laisse par l'évaporation une masse non cristalline (Cleve).

Sulfocyanate basique de thorium et cyanure mercurique,

$$a. \quad Th\left\{\begin{matrix}OH\\(CyS)^3\end{matrix}\right. + 3HgCy^2 + 12H^2O.$$

— Lorsqu'on ajoute une solution concentrée de sulfocyanate thorique à une solution chaude de cyanure mercurique, il se précipite une poudre blanche, non cristalline du sel *b*. Par le refroidissement, le sel double *a* se dépose en cristaux minces et nacrés, qu'on purifie par une nouvelle cristallisation (Cleve).

$$b. \quad Th\left\{\begin{matrix}(OH)^3\\CyS\end{matrix}\right. + HgCy^2 + H^2O.$$

— Poudre blanche, soluble dans l'eau chaude (Cleve).

Sulfure de thorium, ThS^2. — Le thorium métallique brûle avec éclat dans la vapeur de soufre, en donnant un produit jaune, sans éclat métallique (Berzelius). Lorsqu'on chauffe au blanc un mélange de sulfate de thorium et de charbon, on obtient une poudre noire prenant l'éclat métallique par la pression. L'acide chlorhydrique ne l'attaque pas, l'acide azotique l'attaque lentement, mais il se dissout aisément dans l'eau régale

Il est probable qu'il existe un oxysulfure, $2ThO^2 + ThS^2$ (Chydenius).

SELS DE THORIUM.

AZOTATE DE THORIUM, $(AzO^3)^4Th + 12H^2O$. — Ce sel est extrêmement soluble dans l'eau. Sa solution sirupeuse abandonne dans le vide de grands cristaux tabulaires et transparents, très-déliquescents. Les cristaux perdent $8H^2O$ sur l'acide sulfurique (Cleve).

D'après Berzelius, il existe un azotate double de thorium et de potassium.

PERCHLORATE DE THORIUM. — La solution de ce sel fournit par l'évaporation dans le vide une masse déliquescente ressemblant au savon (Cleve).

Le *chlorate* ressemble au perchlorate (Cleve).

BROMATE DE THORIUM. — Sa solution se décompose par évaporation dans le vide et laisse une masse visqueuse répandant l'odeur de brome (Cleve).

IODATE DE THORIUM, $(IO^3)^4Th$. — Précipité blanc, non cristallin; anhydre après dessiccation sur l'acide sulfurique. Il laisse un résidu d'oxyde par la calcination (Cleve).

PERIODATE DE THORIUM. — Précipité volumineux, de composition variable (Cleve).

SULFATE DE THORIUM. — Le sulfate neutre cristallise avec des quantités d'eau très-variables. Lorsqu'on abandonne à l'évaporation spontanée une solution légèrement acidulée de ces sels, on obtient des cristaux volumineux, bien développés, ayant pour formule $(SO^4)^2Th + 9H^2O$ (Delafontaine, Chydenius, Cleve). Souvent, lorsque la solution est neutre, on obtient un sel qui ne contient que $8H^2O$ (Cleve). Le sel qui se dépose par l'ébullition de la solution renferme 2 ou $3H^2O$ (Chydenius) ou 4 1/2 H^2O (Delafontaine). Chydenius a obtenu enfin un autre sulfate, renfermant $4H^2O$, par l'évaporation de la solution à 25°.

Le sulfate à $9H^2O$ cristallise dans le système clinorhombique. Formes : m, h^1, g^1, p, e^1, o^1; angles : $m\,m = 60°\,40'$ (Topsoë), 61° 0' (Marignac), 60° 54' (Nordenskjöld); $e^1\,o^1 = 113°\,17'$ (Topsoë), 111° 44' (Marignac), 113° 54' (Nordenskjöld), $p\,h^1 = 98°\,24'$ (Topsoë), 98° 20' (Marignac), 98° 10' (Nordenskjöld).

Densité = 2,767 (Topsoë). Le sel perd $7H^2O$ sur l'acide sulfurique ou à 100°. Il est peu soluble dans l'eau. 1 p. de sulfate cristallisé exige 88 p. d'eau à 0° pour se dissoudre. Le sel anhydre est beaucoup plus soluble, car il n'exige que 20p,6 d'eau à zéro, tandis qu'il en exige 30 p. à 100°. L'ébullition de la solution en précipite un sel en aiguilles blanches et flexibles.

Le sel à $8H^2O$ forme des mamelons cristallins. Celui à $4H^2O$ est une masse blanche (Chydenius).

Le sel à $3H^2O$ forme des aiguilles flexibles, ressemblant au coton. Il est peu soluble dans l'eau bouillante, mais il se dissout aisément dans l'eau froide; la solution laisse déposer après quelque temps des cristaux à 8 ou $9H^2O$.

Le sel contenant H^2O ressemble au précédent (Chydenius).

Sulfate thorico-potassique,

a. $(SO^4)^2Th + 2SO^4K^2 + 2H^2O$.

— Poudre cristalline blanche, peu soluble dans l'eau pure. La solution se décompose par l'ébullition, avec dépôt d'un sel basique. Il est absolument insoluble dans une solution saturée de sulfate de potassium. Il est inaltérable à l'air (Berzelius, Chydenius).

b. $(SO^4)^2Th + 4SO^4K^2 + 2H^2O$.

— Cristaux minces, altérables à l'air, obtenus par Chydenius par l'évaporation de la solution du sel précédent

Sulfate thorico-sodique,

$$(SO^4)^2Th + SO^4Na^2 + 6H^2O.$$

— Aiguilles soyeuses agglomérées en masses arrondies. Ce sel est soluble dans une solution de sulfate sodique. 100 p. d'une solution saturée de sulfate sodique dissolvent environ 4 p. de sulfate double (Cleve).

Sulfate de thorium ammoniacal,

$$(SO^4)^2Th + 2SO^4(AzH^4)^2.$$

— Croûtes blanches composées d'aiguilles microscopiques, solubles dans l'eau et dans une solution de sulfate ammonique (Cleve).

SÉLÉNIATE DE THORIUM, $(SeO^4)^2Th + 9H^2O$. — Il ressemble au sulfate et est inaltérable à l'air. Il exige pour sa dissolution environ 200 p. d'eau à 0° et 50 p. à 100°. Densité = 3,026 (Topsoë), Il est en cristaux clinorhombiques isomorphes avec ceux du sulfate. Formes : m, h^1, g^1, p, e^1; angles : $mm = 61°\,14'$; $p\,h^1 = 98°\,26'$; $e^1\,e^1 = 114°\,11'$.

SULFITE DE THORIUM, $(SO^3)^2Th + H^2O$. — L'hydrate de thorium se dissout difficilement dans l'eau saturée d'acide sulfureux. La solution laisse déposer le sulfite à chaud, à l'état d'une poudre blanche amorphe (Cleve).

HYPOSULFITE DE THORIUM. — Il se décompose par l'ébullition de sa solution (Cleve).

SÉLÉNITE DE THORIUM, $(SeO^3)^2Th + H^2O$. — Précipité blanc, volumineux et amorphe, produit par l'addition d'une solution d'acide sélénieux à une solution de chlorure de thorium (Cleve).

PHOSPHATE DE THORIUM. — *Sel neutre,*

$$(PO^4)^4Th^3 + 4H^2O.$$

— Précipité gélatineux produit par le phosphate disodique dans une solution d'azotate thorique.

Sel acide, $(PO^4)^2H^2Th + H^2O$. — Précipité volumineux blanc, obtenu par l'addition d'acide phosphorique à la solution de chlorure (Cleve).

Pyrophosphate, $P^2O^7Th + 2H^2O$. — Précipité volumineux blanc, soluble dans un excès d'acide pyrophosphorique et dans une solution de pyrophosphate sodique. Cette dernière solution n'est précipitée ni par l'ammoniaque, ni par l'acide oxalique.

Pyrophosphate sodico-thorique,

$$(P^2O^7)^2ThNa^4 + 2H^2O.$$

— Poudre cristalline blanche, obtenue par le refroidissement d'une dissolution de pyrophosphate de thorium dans un excès de sel sodique (Cleve).

CARBONATE DE THORIUM. — L'hydrate de thorium humide absorbe l'acide carbonique de l'air et se transforme en un carbonate basique (Chydenius). On obtient un autre carbonate très-basique par l'addition de carbonate sodique à un sel de thorium. C'est un précipité amorphe blanc (Chydenius, Cleve).

Carbonate thorico-sodique,

$$(CO^3)^2Th + 3CO^3Na^2 + 12H^2O.$$

— Lorsqu'on ajoute une solution d'azotate de thorium à une solution bouillante de carbonate de sodium, on obtient un précipité blanc, aisément soluble dans un excès de ce dernier. L'addition d'alcool à la solution en sépare un précipité dense composé de petits cristaux bien développés. Ce sel double est décomposé par sa dissolution dans l'eau pure. Exposé à l'air, il perd $8H^2O$; chauffé à 100°, il perd $10H^2O$ (Cleve).

SILICATE DE THORIUM, $SiO^4Th + 2H^2O$. — C'est la thorite, voy. p. 404.

CARACTÈRES DES SELS DE THORIUM. — Les sels thoriques sont généralement incolores; leur saveur est astringente.

Traités par les *alcalis caustiques*, leurs solutions donnent un précipité volumineux d'hydrate, insoluble dans un excès d'alcali. L'hydrate précipité à froid par l'*ammoniaque* est toujours mélangé de sels basiques. La présence d'acide tartrique empêche la précipitation de l'hydrate.

Les *carbonates* et *bicarbonates alcalins* précipitent un carbonate basique soluble dans un excès de réactif. Le *sulfure d'ammonium* produit un précipité d'hydrate.

L'*acide oxalique* et les *oxalates alcalins* précipitent de l'oxalate de thorium insoluble dans l'eau pure, peu soluble dans l'eau acidulée.

Le *sulfate potassique* produit un précipité cristallin tout à fait insoluble dans une solution saturée de sulfate potassique. Le *sulfate sodique* ne produit pas de précipité dans les solutions un peu étendues.

Le *ferrocyanure potassique* produit un précipité blanc amorphe.

Au *chalumeau*, l'oxyde de thorium se dissout sans coloration dans le borax et dans le sel de phosphore en donnant des perles blanchâtres après refroidissement.

Dosage et séparation du thorium. — On dose le thorium à l'état d'oxyde. La plupart de ses sels laissent par la calcination un résidu d'oxyde pur. Leurs solutions donnent, par la potasse caustique bouillante et en excès, un précipité d'hydrate qu'on calcine et qu'on pèse.

Séparation des oxydes alcalins. — Elle s'effectue par précipitation du thorium par l'ammoniaque.

Séparation d'avec la glucine et l'alumine. — Elle s'effectue par l'acide oxalique ou par un excès de potasse caustique qui redissout l'alumine et la glucine, mais non l'hydrate de thorium. La *zircone* est séparée par un excès d'acide oxalique.

Séparation des bases de la cérite. — On précipite la liqueur par une solution bouillante, étendue et neutre, d'hyposulfite de sodium, ou par le sulfate sodique, qui donne avec les bases de la cérite, des précipités presque insolubles dans une solution concentrée de sulfate sodique.

La séparation de l'*yttrium* et de l'*erbium* s'effectue par le sulfate potassique, qui peut servir du reste à séparer la thorine de la plupart des autres oxydes. On peut aussi séparer l'yttrium et l'erbium par l'acide tartrique et l'ammoniaque. Cleve.

THRAULITE. — Voyez Hisingérite.

THROMBOLITHE (Min.). — Phosphate hydraté de cuivre, amorphe et d'un vert émeraude plus ou moins foncé. D'un éclat vitreux, compacte.

Renferme, suivant Plattner,

$$Ph^2O^5 = 41,0 \quad CuO = 39,2 \quad H^2O = 16,8,$$

avec traces de silice et d'alumine. Trouvé à Rezbanya (Hongrie), avec malachite sur un calcaire à grains fins.

THUYA. — Les parties vertes du *Thuya occidentalis*, arbre de l'Amérique du Nord, renferment une essence (voyez t. I, p. 1283) de la cire, de la résine, des acides, dont l'acide citrique, du sucre, un principe amer, un tannin identique avec l'acide pinitannique (t. II, p. 1027), et en très-petite quantité deux matières colorantes jaunes, la thuyine et la thuyigénine.

THUYÈNE. — Voyez t. I, p. 1283.

THUYÉTINE, $C^{28}H^{28}O^{16}$. — C'est le premier produit de dédoublement de la thuyine sous l'influence des acides étendus. On chauffe au bain-marie une solution alcoolique de thuyine additionnée d'acide chlorhydrique ou sulfurique étendu; le liquide verdit d'abord, puis jaunit et laisse déposer, au fur et à mesure que l'alcool s'évapore, une substance jaune. La liqueur surnageante devient incolore à la fin et renferme alors de la glucose. Le corps jaune constitue la thuyétine, qui séchée dans le vide à 100° renferme

$$C^{28}H^{28}O^{16}.$$

Elle est insoluble dans l'eau, mais l'alcool et l'éther la dissolvent. La solution alcoolique est précipitée en noir par le chlorure ferrique; l'ammoniaque ajoutée en petite quantité la colore en vert bleuâtre, la potasse en vert; la liqueur exposée à l'air passe au jaune, puis au brun rouge, et les acides en précipitent alors une substance rouge. L'eau de baryte précipite la thuyétine en vert, l'acétate et le sous-acétate de plomb en rouge, le nitrate d'argent en gris noirâtre.

Les acides étendus ne l'altèrent pas à l'ébullition; l'eau de baryte bouillante la transforme en thuyétate de baryum (Kawalier). A. H.

THUYÉTIQUE (ACIDE), $C^{28}H^{22}O^{13}$. — Il se forme lorsqu'on fait bouillir la thuyétine ou la thuyine avec de l'eau de baryte; la thuyine se dédouble, dans ce cas, en sucre et en thuyétine, et c'est ce dernier corps qui, en perdant ensuite 3 molécules d'eau, se convertit en acide thuyétique. Après que l'ébullition a été prolongée pendant quelque temps, on ajoute à la liqueur de l'acide sulfurique étendu, puis de l'alcool et l'on filtre le liquide bouillant. L'acide thuyétique se dépose alors en flocons jaunes, formés d'aiguilles microscopiques qui, séchées à 100° dans le vide, renferment $C^{28}H^{22}O^{13}$. Son sel de baryum est insoluble (Kawalier). A. H.

THUYIGÉNINE, $C^{28}H^{24}O^{14}$. — Ce composé qui renferme $2H^2O$ en moins que la thuyétine, vient se placer entre la thuyétine et l'acide thuyétique. Il existe en petite quantité à l'état de liberté dans le *Thuya occidentalis;* on peut l'en extraire en précipitant par le sous-acétate de plomb la liqueur séparée de la combinaison plombique de la thuyine (Voy. l'article suivant). Le précipité lavé et décomposé par l'hydrogène sulfuré fournit la thuyigénine qui se sépare, par évaporation de la solution dans le vide, sous forme de flocons jaunes.

La thuyigénine peut aussi s'obtenir au moyen de la thuyine; la solution concentrée de ce corps est mélangée avec de l'acide chlorhydrique, puis le tout est chauffé. Quand la liqueur commence à se troubler, par suite de la formation de thuyétine, on la refroidit brusquement : la thuyigénine se dépose alors en flocons cristallins.

Elle est très-peu soluble dans l'eau, facilement soluble dans l'alcool. Séchée à 100° et dans le vide, elle renferme $C^{28}H^{24}O^{14}$. L'ammoniaque la colore en vert bleuâtre; le chlorure d'acétyle la transforme en une substance résineuse, très-soluble dans l'eau, possédant la composition d'un éther diacétique, $C^{32}H^{28}O^{15} = C^{28}H^{22}(C^2H^3O)^2O^{14}$ (Kawalier). A. H.

THUYINE, $C^{40}H^{44}O^{24}$. — Glucoside retiré par Kawalier des parties vertes du *Thuya occidentalis* où il existe en petite quantité, indépendamment de la thuyigénine. L'extrait alcoolique de la plante fait à chaud laisse déposer de la cire en se refroidissant. On sépare le dépôt, on chasse l'alcool par distillation, et on ajoute au résidu de l'eau, puis une petite quantité d'acétate de plomb; le précipité qui se produit entraîne les impuretés, et la solution filtrée, qui est d'un jaune brunâtre, donne alors avec une nouvelle quantité d'acétate neutre de plomb, la combinaison plombique de la thuyine, sous la forme d'un précipité jaune. La thuyigénine n'étant précipitable que par le sous-acétate de plomb reste en solution. Le précipité formé par l'acétate plombique est dissous dans l'acide acétique, reprécipité par l'acétate basique de plomb et enfin décomposé par l'hydrogène sulfuré. Le liquide porté à l'ébullition, filtré et évaporé dans le vide, fournit la thuyine impure qu'on fait cristalliser à plusieurs reprises dans l'eau alcoolisée.

La thuyine se présente en tables quadrilatères microscopiques, d'un jaune citron; elle est peu soluble dans l'eau, mais l'alcool la dissout aisément. La solution alcoolique est colorée en vert foncé par le chlorure ferrique, en jaune par la potasse ou l'ammoniaque, et la coloration passe au rouge brun à l'air; en jaune foncé par la chlorure stannique.

L'acétate et le sous-acétate de plomb le précipitent, le nitrate d'argent, le sulfate de cuivre et le chlorure platinique sont sans action.

L'eau de baryte dédouble la thuyine en glucose et thuyétate de baryum; l'acide chlorhydrique et l'acide sulfurique étendus, en glucose et thuygénine ou thuyétine, suivant les circonstances :

$$C^{40}H^{44}O^{24} + 2H^2O$$
Thuyine.
$$= 2C^6H^{12}O^6 + C^{28}H^{24}O^{14}$$
Glucose. Thuygénine.
$$C^{40}H^{44}O^{24} + 4H^2O$$
$$= 2C^6H^{12}O^6 + C^{28}H^{28}O^{16}.$$
Thuyétine.

Le sucre formé dans ce dédoublement ne paraît pas être cristallisable; il possède cependant la composition de la glucose et réduit la même proportion d'oxyde de cuivre que celle-ci [Kawalier, *Wien. Acad. Ber.*, t. XIII, p. 514, t. XVIII, p. 3, t. XXIX, p 10; *Rép. de Chim. pure*, 1859, p. 361].

La thuyine et la thuyétine présentent de grandes analogies avec le quercitrin et la quercitine et sont peut-être identiques avec ces substances; du moins Hlasiwetz a-t-il émis cette opinion [*Rép. de Chim. pure*, 1860, p. 141]. A. H.

THULITE (Min.).—Zoïsite rose de Souland en Tellemarken.

THUMITE. — Voyez Axinite.

THURINGITE (Min.) [Syn. *Owénite*] (Genth). — Silicate hydraté d'alumine et des oxydes de fer,

$$4FeO.2R^2O^3.3SiO^2 + 4H^2O; R = Al, Fe.$$

Masses composées de petites écailles clivables dans une direction. Vert olive, très-tenace. Présente une odeur argileuse. Se trouve dans une couche d'hématite brune, près Saalfeld en Thuringe, et dans les roches métamorphiques sur les bords du Potomac (Virginie).

Caractères.—Facilement attaquable par l'acide chlorhydrique avec production d'une gelée. Fond facilement au chalumeau en un globule noir magnétique; avec les flux, réactions du fer.

Dureté, 2,5. Poussière vert pâle, grasse au toucher. Densité, 3,15 à 3,19.

THYM (ESSENCE DE). — Voyez Thymène et Thymol.

THYMÈNE, $C^{10}H^{16}$. — Le thymène est un hydrocarbure de la classe des térébenthènes, qui, avec le thymol et le cymène constitue l'essence de thym. Séparé par distillation fractionnée, il se présente sous l'aspect d'un liquide incolore, d'une odeur douce de thym, bouillant de 160 à 165° et d'une densité de 0,868 à 20°. Il agit sur la lumière polarisée, et il est lévogyre, mais son pouvoir rotatoire est bien inférieur à celui de l'essence de térébenthine. Le thymène, du reste, n'a pu être préparé à l'état de pureté absolue, il est mélangé d'un peu de cymène, qui est inactif optiquement.

Cet hydrocarbure absorbe l'acide chlorhydrique, mais le chlorhydrate reste liquide même à — 20°.

Pour démontrer que les hycrocarbures de l'essence de thym renferment une forte proportion de cymène, on agite avec de l'acide sulfurique les produits qui distillent entre 170 et 176°. Le thymène est dissous par l'acide sulfurique, tandis que le cymène non altéré surnage [Lallemand, *Ann. de Chim. et de Phys.*, (3), t. XLIX, p. 155]. E. G.

THYMICIQUE (ACIDE). — Synonyme de Thymotique (acide).

THYMINE. — Le nom de thymine avait été donné à un corps cristallin retiré du thymus, et dont on a reconnu depuis l'identité avec la leucine.

THYMOÏLE, THYMOÏLOL, THYMÉIDE. — Voyez Thymoquinones.

THYMOL, $C^{10}H^{14}O$. — Le thymol est un phénol qui se trouve dans l'essence de thym avec le cymène et le thymène : M. Doveri l'a d'abord obtenu légèrement impur, et gardant l'état liquide. M. Lallemand l'a préparé à l'état solide et en a étudié les principaux dérivés. Le thymol a été trouvé également dans l'essence de monarde (*Monarda punctata*), par M. Arppe, et dans l'essence de *Ptychotis Ayowan*, par M. Stenhouse. Il a été depuis l'objet de diverses recherches de la part de MM. Engelhardt et Latschinoff; de M. Carstanjen, etc.

L'identité du thymol et de l'essence de ptychotis a été indiquée par M. H. Müller.

De plus, M. H. Müller et M. Pott ont dérivé du cymène du camphre un phénol isomère du thymol, et qui, d'après les recherches récentes de Kekulé et Fleischer, est identique avec le carvacrol. Nous le décrirons en appendice après l'étude du thymol et de ses dérivés [Doveri, *Ann. de Chim. et de Phys.*, (3), t. XX, p. 174. — Lallemand, *même recueil*, (3), t. XLIX, p. 148. — Arppe, *Ann. der Chem. u. Pharm.*, t. LVIII, p. 42. — Stenhouse, *Ann. der Chem. u. Pharm.*, t. XCIII, p. 269].

Le thymol qui forme environ la moitié de l'essence de thym, se dépose quelquefois de l'essence elle-même. Pour l'obtenir, on agite l'essence avec une solution moyennement concentrée de soude caustique, et l'on précipite sa solution aqueuse étendue d'eau par l'acide chlorhydrique. Le thymol liquide qui s'en sépare ne tarde pas à se solidifier.

Purifié par compression et par cristallisation dans l'alcool, le thymol se présente sous la forme de tables rhomboïdales, transparentes, striées parallèlement aux côtés, qui se réunissent souvent de manière à simuler des hexagones irréguliers. Quand il se dépose de l'essence de thym, il forme des prismes obliques à base rhombe, assez volumineux, ayant des facettes supplémentaires sur les arêtes latérales. Son odeur douce diffère de celle de l'essence; sa saveur est piquante et poivrée. Il fond à 44° et reste facilement en surfusion; il bout à 230°. Très-soluble dans l'éther, l'alcool et l'acide acétique concentré, il est un peu soluble dans l'eau qui en dissout environ 3 millièmes, et qui ne le précipite pas de sa solution alcoolique.

Le thymol donne avec les alcalis des combinaisons définies, très-solubles dans l'eau, peu stables, analogues à celles que fournit le phénol. Traité par le sodium et l'acide carbonique il fixe CO^2 et fournit *l'acide thymotique* $C^{11}H^{14}O^3$ (Voyez ce mot, p. 414).

L'acide sulfurique dissout le thymol en donnant plusieurs dérivés sulfo-conjugués.

Lorsqu'on le chauffe avec un excès d'acide sulfurique jusqu'à 240°, il fournit un produit visqueux, qui donne des sels gommeux très-solubles dans l'eau; le sel de baryum cristallise dans l'alcool faible. D'après M. Lallemand, cet acide paraîtrait identique avec le composé décrit par Laurent sous le nom d'acide sulfodraconique et qui provient de l'action de l'acide sulfurique sur l'essence d'estragon (t. I, p. 330).

Dissous dans l'acide acétique cristallisable et traité par l'acide sulfurique concentré, le thymol donne *l'acide sulfacétothymylique* ou mieux acétyl-thymolsulfureux, $C^{10}H^{12}(OC^2H^3O)SO^3H$ (voir plus loin).

L'acide azotique convertit le thymol en un dérivé trinitré. Le chlore et le brome donnent des produits de substitution; l'un d'eux, le thymol pentachloré, se dédouble, par l'action de la chaleur, en crésylol trichloré, propylène et gaz chlorhydrique (Lallemand).

Ce dédoublement du thymol en propylène et en un corps du groupe crésylique a été depuis réalisé par MM. Engelhard et Latschinoff dans l'action de l'anhydride phosphorique sur le thymol; [*Zeitsch. für Chem.*, 1869, p. 615, et *Bull. de la Soc. chim.*, 1870, t. XIII, p. 250]. En traitant 100 grammes de thymol par 35 grammes d'anhydride phosphorique, on obtient du propylène pur, et une masse épaisse qui fournit du γ-crésylol par l'action de la potasse fondante.

Le thymol, traité par les iodures alcooliques en présence de la soude ou de la potasse donne des dérivés alcooliques. Avec l'oxychlorure de carbone à 140-150°, il fournit un corps cristallisé en lamelles et qui paraît être le carbonate de thymyle, mais ce corps n'a pas été obtenu à l'état de pureté [Kempf, *Bull. de la Soc. Chim.*, 1870, t. XIV, p. 280].

Par l'action du chlorure de fer sur le thymol, on obtient du dithymol, $C^{20}H^{26}O^2$, fusible à 162° et cristallisant de sa solution dans l'alcool aqueux en tables rhombiques renfermant

$$C^{20}H^{26}O^2 + 2H^2O$$

[Dianine, *Bull. de la Soc. chim.*, 1875, t. XXIII, p. 265].

Le thymol dissous dans l'acide sulfurique et additionné d'un mélange d'acide sulfurique concentré et d'azotite de potassium se colore en vert, puis en bleu. Après avoir ajouté à la solution le double de son volume d'acide sulfurique, pour dissoudre l'excès de thymol, on verse le tout dans l'eau; il se précipite alors une matière résineuse violette renfermant $C^{30}H^{36}Az^2O^4$ [Liebermann, *Deutsche chem. Gesellsch*, t. VII, p. 1098; *Bull. de la Soc. chim.*, 1875, t. XXIII, p. 285].

Le thymol, traité par le persulfure de phosphore, fournit du cymène et du thiothymol ou thiocymol, $C^{10}H^{14}S$ (voyez THIOTHYMOL, t. III, p. 403) [Fittica, *Deutsche chem. Gesellsch.*, t. VI, p. 938; *Bull. de la Soc. chim.*, 1873, t. XX, p. 558].

Lorsqu'on traite un mélange de chloral et de thymol par l'acide sulfurique, il se forme du dithymyltrichloréthane, $C^{22}H^{27}Cl^3O^2$ [Jaeger]. Voyez plus loin, *Action du chloral sur le thymol*.

Le perchlorure de phosphore convertit le thymol en un cymène chloré qui, par hydrogénation, fournit un cymène identique avec celui du camphre [Carstanjen, *Journ. für prakt. Chem.* (2) t. III, p. 53].

Les dérivés sulfoconjugués du thymol, soumis à l'action des oxydants, donnent des dérivés quinoniques (Lallemand, Carstanjen). — Voyez THYMOQUINONE, t. III, p. 413.

Dérivés alcooliques et éthers du thymol.

M. Jungfleisch a fait connaître l'éthyl-thymol; M. Paterno a décrit le dérivé acétylique et le dérivé éthylénique [*Gaz. chim.*, 1875, p. 15; *Bull. de la Soc. chim.*, 1876, t. XXV, p. 32]. MM. Engelhardt et Latschinoff ont fait connaître les autres composés.

ACÉTATE DE THYMYLE, $C^{10}H^{13}O, C^2H^3O$. — Liquide incolore, bouillant à 244° 7 sous une pression de 754 millimètres; D = 1,009 à 0°.

AMYL-THYMOL, $C^{10}H^{13}O, C^5H^{11}$. — On l'obtient, ainsi que les autres dérivés alcooliques, en faisant bouillir un excès d'iodure d'amyle avec un mélange à molécules égales de thymol et de potasse en solution alcoolique, puis ajoutant de l'eau au mélange et rectifiant l'huile qui se sépare.

C'est un liquide oléagineux, insoluble dans l'eau, bouillant à 238-243° avec décomposition partielle.

ÉTHYLÈNE-THYMOL, $(C^{10}H^{13}O)^2 C^2H^4$. — Obtenu par l'action du bromure d'éthylène sur une solution de thymol dans la potasse alcoolique, il forme de belles lames fusibles à 99°.

ÉTHYL-THYMOL, $C^{10}H^{13}O, C^2H^5$ [E. Jungfleisch, *Bull. de la Soc. chim.*, 1865, t. IV, p. 17]. — Il a été obtenu par l'action de l'iodure d'éthyle sur le thymol sodé, à 100°, pendant 24 heures. C'est un liquide incolore, mobile, d'une odeur aromatique, d'une saveur brûlante, distillant à 222°, moins dense que l'eau. Insoluble dans l'eau, il est facilement soluble dans l'alcool et dans l'éther. Traité par l'acide sulfurique, il donne l'acide éthylthymol-sulfureux.

MÉTHYL-THYMOL, $C^{10}H^{13}O, CH^3$. — C'est un liquide huileux, bouillant à 205°, d'une odeur aromatique et d'une saveur brûlante. Sa densité est de 0,941 à 18°. Suivant Paterno, il bout à 216°, 7 et sa densité est de 0,954 à 0°. Traité par l'acide nitrique fumant, il donne un dérivé trinitré,

$$C^{11}H^{13}(AzO^2)^3O.$$

— Voyez plus loin *Dérivés nitrés*.

BENZOATE DE THYMYLE (*benzoyl-thymol*),

$$C^{10}H^{13}O, C^7H^5O.$$

— Formé par l'action du chlorure de benzoyle sur le thymol, il forme un liquide volatil sans décomposition, se concrétant à la longue en une masse cristalline, fusible à la chaleur de la main.

CUMOL-THYMOL, $(C^{10}H^{13}O)^2C^{10}H^{12}$. — On l'obtient en faisant réagir une molécule de chlorocumol, $C^{10}H^{12}Cl^2$ (provenant de l'action du perchlorure de phosphore sur l'aldéhyde cumique), 2 molécules de thymol et 2 molécules de potasse en solution alcoolique. Ce composé cristallise en tables rhombiques, fusibles à 157°.

PHOSPHATE DE THYMYLE, $(C^{10}H^{13}O)^3PO^4$. — On chauffe le thymol avec l'oxychlorure de phosphore, on traite par la potasse, on dissout dans l'éther, et après avoir distillé l'éther, on chauffe jusqu'à 200°. Le résidu est une huile brune qui finit par se prendre en une masse solide, cristallisant dans l'alcool en gros prismes transparents, fusibles à 59°.

Dérivés de substitution.

DÉRIVÉS CHLORÉS ET BROMÉS [Lallemand, *Mém. cité*].

THYMOL TRICHLORÉ, $C^{10}H^{11}Cl^3O$. — Le thymol traité par un courant de chlore jusqu'à ce qu'il ait augmenté des deux tiers de son poids, et dans les cas où l'on évite une trop grande élévation de température, se transforme en une matière de la consistance du miel, formée par des aiguilles prismatiques que souille une substance huileuse. La portion solide purifiée par compression, et recristallisée dans l'alcool éthéré, constitue des prismes obliques à base rhombe, d'une couleur jaune citron, et possédant la composition du thymol trichloré. Ce corps insoluble dans l'eau, est peu soluble dans l'alcool; il fond à 61° et se décompose vers 180°. L'acide sulfurique concentré, à 100°, le détruit en fournissant du phénol trichloré.

THYMOL PENTACHLORÉ, $C^{10}H^9Cl^5O$. — En prolongeant l'action du chlore sur le thymol à une lumière diffuse un peu vive, on obtient une huile jaune rougeâtre, très-visqueuse, au sein de laquelle il se forme, avec le temps, des cristaux durs, incolores, de thymol pentachloré, que l'on purifie par une cristallisation dans l'éther. Ce corps fond à 98° et se décompose vers 200° en donnant de l'acide chlorhydrique, du propylène, et du crésylol trichloré, $C^7H^5Cl^3O$.

Thymol pentabromé. — A la lumière solaire le brome agit sur le thymol, et fournit un dérivé bromé qui peut cristalliser dans l'éther.

Dérivés nitrés (Lallemand).

Thymol mononitré $C^{10}H^{12}(AzO^2),OH$ (R. Schiff) — On l'obtient en chauffant au bain-marie, avec du ferricyanure de potassium, le nitrosothymol $C^{10}H^{13}(AzO)O$ en solution alcaline. Il cristallise en aiguilles rayonnées, jaunes, fusibles à 137° (Voir plus loin Nitrosothymol).

Thymol dinitré, $C^{10}H^{12}(AzO^2)^2O$. — Il s'obtient par l'action de l'acide azotique sur la dissolution aqueuse des acides thymolsulfureux: le mélange s'échauffe un peu, et il se sépare une huile rougeâtre qui finit par se solidifier. Ce dérivé fond à 55°; très-peu soluble dans l'eau, il se dissout facilement dans l'alcool et dans l'éther, d'où il se sépare à l'état liquide. Les sels sont cristallisables en aiguilles soyeuses; ils se décomposent à 150° avec une légère explosion.

Le *sel de potassium* est peu soluble dans l'eau; il est jaune orangé à l'état hydraté et rouge rubis à l'état anhydre. Le sel de baryum est en aiguilles rouges brillantes renfermant

$$C^{10}H^{10}(AzO^2)^2OBa + 1\frac{1}{2}H^2O.$$

(Engelhardt et Latschinoff.)

Thymol trinitré, $C^{10}H^{11}(AzO^2)^3O$. — On le prépare en dissolvant le dérivé dinitré dans l'acide sulfurique concentré, et ajoutant peu à peu de l'acide azotique, de manière à éviter une trop grande élévation de température. Par l'addition d'eau, on sépare le trinitrothymol, qui cristallise dans l'eau bouillante en belles aiguilles d'un jaune citron, un peu solubles dans l'eau froide, très-solubles dans l'alcool et dans l'éther, et fondant à 111°. Les sels sont plus solubles que ceux du dérivé nitré et d'une couleur jaune plus pâle.

Trinitrothymate de méthyle (*méthylthymol trinitré*), $C^{10}H^{10}(AzO^2)^3,OCH^3$ [Atcherley, *Chem. News*, t. XXIV, p. 96; *Bull. de la Soc. chim.*, 1871, t. XVI, p. 337]. — On l'obtient en dissolvant le méthylthymol dans l'acide sulfurique concentré, et traitant par l'acide azotique fumant. Il se présente en lamelles nacrées jaunes, fondant à 92°, presque insolubles dans l'eau bouillante, aisément solubles dans l'alcool et dans l'éther.

Dérivé nitrosé. — Nitrosothymol,

$$C^{10}H^{12}(AzO),OH$$

[R. Schiff, *Deutsche chem. Gesellsch.*, t. VIII, p. 1506, *Bull. de la Soc. chim.*, 1876, t. XXVI, p. 296]. On le prépare en dissolvant le thymol (40 grammes) dans la potasse étendue (28 grammes) versant cette solution dans l'eau (18 à 20 litres), et ajoutant de l'azotite de potassium dissous (40 grammes), puis, en agitant le mélange, on y verse de l'acide sulfurique (60 grammes) étendu d'un litre d'eau. Il se sépare une bouillie de cristaux, qui sont recueillis, lavés, séchés et purifiés par cristallisation d'abord dans la benzine, puis dans le chloroforme.

Le nitrosothymol est en petites aiguilles; il fond à 155-150°; il est insoluble dans l'eau froide, peu soluble dans l'eau bouillante, soluble dans l'alcool. Il donne avec les alcalis des combinaisons qui cristallisent dans le vide en longues aiguilles d'un jaune foncé et qui sont décomposées par l'acide carbonique de l'air.

Oxydé en solution alcaline par le ferricyanure de potassium, il se convertit en thymol mononitré; avec l'acide azotique concentré, il fournit le dinitrothymol.

Son sel potassique, traité par le chlorure de benzoyle, donne l'éther benzoylique (benzoate de nitroso-thymol), $C^{10}H^{12}(AzO)O,C^7H^5O$, cristallisant dans l'alcool ou le chloroforme en aiguilles jaunes, brillantes, fusibles à 110°.

L'acide chlorhydrique et l'étain le réduisent en donnant le *chlorhydrate d'amidothymol*,

$$C^{10}H^{13}(AzH^2)O,HCl,$$

en petits cristaux blancs, se décomposant à 210°. L'amido-thymol libre est très-instable.

Le nitrosothymol traité en solution éthérée par l'acide azoteux, et additionné d'acide chlorhydrique donne un précipité cristallin blanc constituant un chlorhydrate très-instable. Le sulfate beaucoup plus stable est une masse cristalline présentant la composition du sulfate de diazothymol, $C^{10}H^{13}Az^2,OH,SO^4$.

Dérivés sulfoconjugués. — M. Lallemand avait décrit, sous le nom d'acide sulfothymique, un acide sulfoconjugué du thymol. Suivant MM. Engelhardt et Latschinoff, cet acide est un mélange de deux isomères l'acide, α et l'acide β-thymolsulfureux et d'un acide thymoldisulfureux; en outre, dans l'action de l'acide sulfurique fumant sur le thymol, il se forme un nouvel isomère des deux premiers et qu'ils ont désigné par la lettre γ.

Acide α-thymolsulfureux, $C^{10}H^{12}(OH)SO^3H$. — C'est le principal produit de la réaction lorsqu'on opère à une douce chaleur. On abandonne à 50° un mélange de 60 grammes de thymol et de 40 grammes d'acide sulfurique. Quand il s'est solidifié, on le dissout dans l'eau, on agite la solution filtrée avec de l'éther, puis on la neutralise par du carbonate de baryum.

Le mélange des thymolsulfites de baryum ayant été traité par le sulfate de potassium pour transformer les sels de baryum en sels potassiques, le sel de potassium se dépose en beaux cristaux par l'évaporation; les eaux mères fournissent des lamelles peu solubles de β-thymosulfite de potassium. Le liquide dans lequel a cristallisé ce sel étant évaporé à sec et le résidu dissous dans l'alcool bouillant, on obtient, par le refroidissement, des aiguilles de thymol-disulfite de potassium, $C^{10}H^{11}(OH)(SO^3K)^2$, peu solubles dans l'alcool, tandis que l'eau mère alcoolique fournit du β-thymolsulfite de potassium en tables rhomboïdales.

α-thymolsulfites. — Ils sont colorés en violet par le chlorure ferrique.

Le *sel de baryum*,

$$[C^{10}H^{12}(OH)SO^3]^2Ba + 4H^2O,$$

cristallise de sa solution aqueuse bouillante en prismes aplatis et transparents, décomposables à 100°.

Le *sel de cuivre* se dépose de l'alcool en croûtes cristallines confuses.

Le *sel de plomb* renferme

$$[C^{10}H^{12}(OH)SO^3]^2Pb + 4H^2O,$$

il est très-soluble dans l'eau, soluble dans l'alcool bouillant, il cristallise en aiguilles réunies en étoiles.

Le *sel de potassium*,

$$C^{10}H^{12}(OH)SO^3K + 2\frac{1}{2}H^2O,$$

cristallise d'une solution aqueuse très-concentrée en tables rhombiques transparentes ou en prismes volumineux efflorescents.

Acide β-thymolsulfureux. — Son *sel potassique*,

$$C^{10}H^{12}(OH)SO^3K + H^2O,$$

est peu soluble dans l'eau; il cristallise d'une solution aqueuse bouillante en fines lamelles se décomposant à 115°.

Acide γ-thymolsulfureux. — Il se forme par l'action de l'acide sulfurique fumant sur le thymol à la température du bain-marie. Le produit, dissous dans l'eau et neutralisé par le carbonate de baryum, fournit le *sel de baryum*,

$$[C^{10}H^{12}(OH)SO^3]^2Ba + 3H^2O,$$

en aiguilles réunies en faisceaux, ne se décomposant pas au-dessous de 120°.

Le *sel de potassium*,

$$C^{10}H^{12}(OH)SO^3K + H^2O,$$

est très-soluble dans l'eau et dans l'alcool, et ne se décompose pas à 135°.

Dans la préparation de l'acide γ, il se forme en même temps de l'*acide thymol-disulfureux*,

$$C^{10}H^{11}(OH)(SO^3H)^2.$$

— Voyez plus bas.

Les sels de potassium des acides α, β et γ traités par les iodures alcooliques en présence de la potasse donnent des acides éthylthymolsulfureux, amylthymolsulfureux, etc.

Acide acétyl-thymolsulfureux,

$$C^{10}H^{12}(OC^2H^3O)SO^3H.$$

(Lallemand). — On le prépare en dissolvant le thymol dans l'acide acétique cristallisable, et en ajoutant au mélange de l'acide sulfurique très-concentré, renfermant un peu d'acide fumant. La combinaison s'opère à une faible chaleur, et par le refroidissement on obtient une bouillie de cristaux prismatiques, qui, après avoir été égouttés, sont débarrassés de l'excès d'acide acétique par un séjour dans le vide sur de la chaux. On les dissout ensuite dans l'eau et l'on sature la solution par le carbonate de baryum. Tous les sels sont solubles dans l'eau et dans l'alcool.

Le *sel de baryum* séché à 100° a pour formule

$$[C^{10}H^{12}(OC^2H^3O)SO^3]^2Ba.$$

Acide α-amyl-thymolsulfureux. — Le *sel de baryum*, $[C^{10}H^{12}(OC^5H^{11})SO^3]^2Ba + 3H^2O$, se forme soit par double décomposition avec le sel de potassium, soit par saturation avec le carbonate de baryum, du produit de l'action de l'acide sulfurique sur l'amyl-thymol. C'est un précipité blanc, soluble dans l'eau bouillante et cristallisant par le refroidissement.

Les *sels de magnésium et de plomb* présentent les mêmes caractères.

Sel de potassium, $C^{10}H^{12}(OC^5H^{11})SO^3K$. Il se forme par l'action de l'iodure d'amyle sur une solution alcoolique de potasse et de α-thymolsulfite. Il est peu soluble dans l'eau froide et cristallise dans l'eau bouillante en fines aiguilles.

Acides éthyl-thymolsulfureux. — On en connaît deux : l'un, l'acide α, se produit dans l'action de l'iodure d'éthyle sur un mélange de potasse et d'α-thymolsulfite de potassium; le second, l'acide γ, s'obtient d'une manière analogue avec le γ-thymolsulfite de potassium. Le premier se forme aussi par l'action de l'acide sulfurique sur l'éthylthymol $C^{10}H^{13}O,C^2H^5$.

Sels de l'acide α. — Le *sel de baryum*

$$[C^{10}H^{12}(OC^2H^5)SO^3]^2Ba + 3H^2O$$

cristallise par refroidissement en belles lamelles peu solubles dans l'eau froide.

Le *sel de plomb* est un précipité cristallin blanc, soluble dans l'eau bouillante; le *sel de magnésium* présente les mêmes caractères. Le *sel de potassium* est très-peu soluble dans l'eau froide et cristallise par le refroidissement en lames minces, ne se décomposant pas à 140°.

Sels de l'acide γ. — Le *sel de plomb* cristallise en belles aiguilles par le refroidissement de sa solution. Le *sel de potassium* peu soluble à froid, cristallise en aiguilles aplaties. Le *sel de baryum* $[C^{10}H^{12}(OC^2H^5)SO^3]^2Ba$ est en tables hexagonales solubles dans l'eau bouillante.

Acide méthyl-thymol-sulfureux. — Il se forme par l'action de l'acide sulfurique sur le méthylthymol, $C^{10}H^{13}O,CH^3$.

Le *sel de baryum*

$$[C^{10}H^{12}(OCH^3)SO^3]^2Ba + 3H^2O$$

est très-soluble dans l'eau pure et cristallise en petits mamelons.

Acides benzoyl-thymolsulfureux. — On obtient leurs sels de potassium en faisant réagir le chlorure de benzoyle sur l'α-thymolsulfite de potassium ou le γ-thymolsulfite, à la température de 125°. Le *sel d'argent-α* cristallise en aiguilles brillantes solubles dans l'eau bouillante. Le *sel de calcium-α* renferme

$$[(C^{10}H^{12}(OC^7H^5O)SO^3)]^2Ca + 4H^2O;$$

le *sel de baryum-α* renferme $5H^2O$, de même que le *sel de plomb* ; ce sont des précipités blancs solubles dans l'eau bouillante. Le *sel de potassium-α* $C^{10}H^{12}(OC^7H^5O)SO^3K + 2H^2O$ est en aiguilles aplaties, peu solubles à froid.

Le *sel de potassium-γ* renferme $3H^2O$; il ressemble au sel α.

Acide thymol-disulfureux. — Il se forme en même temps que l'acide γ dans l'action de l'acide sulfurique fumant sur le thymol; on sépare ces deux acides en les transformant en sels de potassium que l'on dissout dans l'alcool bouillant : celui-ci dépose par le refroidissement le thymoldisulfite peu soluble dans l'alcool. Ce sel très-soluble dans l'eau est en fines aiguilles; il renferme

$$C^{10}H^{11}(OH)(SO^3K)^2 + 1\tfrac{1}{2}H^2O.$$

Dérivés par oxydation :

Voyez l'article Thymoquinone, t. III, p. 413.

Action du chloral sur le thymol.

On ajoute à un mélange de 1 molécule de chloral et de deux molécules de thymol 4 à 5 fois son poids d'acide sulfurique étendu du tiers de son volume d'acide acétique, en ayant soin de bien refroidir, de n'ajouter l'acide que lentement et d'agiter. Il se sépare peu à peu une masse blanche, résinoïde, qui est chauffée avec de l'eau bouillante pour chasser l'excès de thymol, puis que l'on fait cristalliser dans l'alcool à plusieurs reprises. On obtient ainsi le dithymyle-trichloréthane combiné à 1 molécule d'alcool,

$$C^{22}H^{27}Cl^3O^2 + C^2H^5,OH,$$

Ce corps qui a la constitution suivante,

$$CCl^3\text{-}CH<\begin{matrix}C^{10}H^{12}OH\\ C^{10}H^{12}OH.\end{matrix}$$

est insoluble dans l'eau, très-soluble dans l'alcool et l'éther; l'acide azotique le convertit en un dérivé nitré cristallisable. Il ne se dissout pas dans la potasse à froid; à chaud, il se décompose et la masse noircit. Avec l'anhydride acétique ou le chlorure de benzoyle, il donne un éther diacétique ou dibenzoïque.

Traité en solution alcoolique bouillante par la poudre de zinc, il donne une masse blanche, pâteuse que l'on fait cristalliser dans l'acide acétique. Elle se sépare en une partie peu soluble, qui est le dithymyléthane,

$$C^{22}H^{30}O^2 = CH^3\text{-}CH<\begin{matrix}C^{10}H^{12},OH\\ C^{10}H^{12},OH.\end{matrix}$$

et une partie très-soluble, renfermant, $C^{22}H^{28}O^2$.

Le mélange de ces deux corps, oxydé par le ferricyanure de potassium en solution neutre, donne des fines aiguilles vertes, très-brillantes, solubles seulement dans l'acétone, renfermant $C^{44}H^{56}O^5$ [E. Jæger, *Deutsche chem. Gesells.*,

t. VII, p. 1197, et *Bull. de la Soc. chim.*, 1875, t. XXIII, p. 367].

APPENDICE.

THYMOL-β (*cymol, cymophénol, oxycymène, carvacrol*) $C^{10}H^{13}$, OH. — M. H. Müller et M. Pott en traitant le cymène du camphre par l'acide sulfurique ont obtenu un acide sulfoconjugué, qui par fusion avec la potasse leur a fourni un phénol $C^{10}H^{14}O$, isomère du thymol, et pour lequel M. Pott a proposé le nom de β-thymol. MM. Kekulé et Feischer ont reconnu l'identité de ce β-thymol avec la camphocréosote décrite par Claus en 1842, et avec le carvacrol de Schweitzer (Voyez t. I, p. 775) [H. Müller, *Deutsche chem. Gesellsch.*, t. II, p. 130, et *Bull. de la Soc. Chim.*, 1869, t. XII, p. 315. — Pott, *Zeitch. für Chem.*, 1869, p. 200, et *Bull. de la Soc. chim.*, 1869, t. XII, p. 482. — Kekulé et Fleischer, *Deutsche chem. Gesellsch.*, t. VI, p. 934 et p. 1087; *Bull. de la Soc. chim.*, 1873 t. XX, p. 559, et 1874, t. XXI, p. 34].

Le cymol est décrit par M. Müller comme une huile épaisse ayant l'odeur du cuir de Russie; d'après M. Pott, c'est un liquide bouillant à 230° et ne se solidifiant pas à -20°. La camphocréosote bout à 231-232°, et le carvacrol à 232-232°,5 (Kekulé et Fleischer). Il se dissout difficilement dans l'acide sulfurique, tandis que le thymol s'y dissout facilement; il fournit néanmoins un acide sulfoconjugué qui, à l'oxydation, fournit la *même thymoquinone* que le thymol.

Traité par le persulfure de phosphore, il donne du thiocymol $C^{10}H^{14}S$, isomère du thiothymol Voyez THIOTHYMOL, t. III, p. 404).

Traité par l'anhydride phosphorique, le cymol se comporte comme le thymol; il fournit du propylène et un crésol qui est l'orthocrésol ou crésol-β. Avec le sodium et l'acide carbonique, il donne un isomère de l'acide thymotique, l'acide *carvacrotinique* fusible à 133-134°, cristallisant dans l'eau bouillante en longues aiguilles. Le perchlorure de phosphore fournit *un cymène chloré* bouillant à 214° et donnant par oxydation un *acide mono-chlorotoluique*, fusible à 184-186°. Ces diverses réactions ont été étudiées par Kekulé et Fleischer.

ACÉTYL-CYMOL, $C^{10}H^{13}O, C^2H^3O$ (Paterno). — C'est un liquide transparent incolore, bouillant à 245°8. D = 1,01° à 0°.

MÉTHYL-CYMOL, $C^{10}H^{13}O, CH^3$. — Il ressemble au méthyl-thymol; traité par l'acide sulfurique, il donne l'acide méthyl-cymolsulfureux,

$$C^{10}H^{12}(OCH^3)SO^3H,$$

en une masse cristalline, dont le sel de baryum renferme $3H^2O$ (Paterno).

Constitution du thymol et du cymol :

Le thymol donnant par l'action du sulfure de phosphore le même cymène que le cymol, ces deux phénols isomériques correspondent au même hydrocarbure. Comme le cymène est de la méthylpropylbenzine *para*.

$$C^6H^4 \begin{cases} CH^3 \\ C^3H^7; \end{cases}$$

l'isomérie des deux phénols doit venir de la position différente de l'oxhydryle substitué dans le cymène. La position de cet oxhydryle peut être déterminée, puisque les deux phénols se convertissent l'un et l'autre en crésylols et propylène.

Le thymol fournit du crésylol-γ ou métacrésol, et le cymol fournit de l'orthocrésylol; leur isomérie sera donc représentée par les formules suivantes :

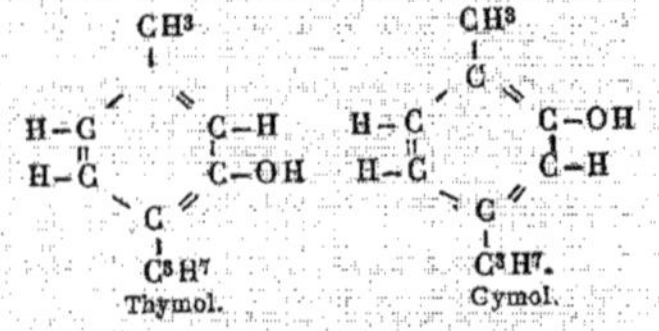

Thymol. Cymol.

Un *troisième corps* présente la formule $C^{10}H^{14}O$ du thymol et du cymol; c'est le *carvol* que l'anhydride phosphorique transforme en cymol ou carvacrol. La constitution de ce corps n'est pas connue; mais il est très-voisin des précédents, car, traité par le protosulfure de phosphore, il donne du cymène, et par le persulfure de phosphore, il donne du thiocymol. E. G.

THYMOQUINONES. — M. Lallemand, en oxydant le dérivé sulfoconjugué du thymol, obtint un composé qu'il appela *thymoïle*, et qu'il représenta par la formule $C^{12}H^{16}O^2$; ce corps se transformait par les agents réducteurs d'abord en *thymeïde*,

$$C^{24}H^{34}O^4,$$

et finalement en *thymoïlol*, $C^{12}H^{18}O^2$; il décrivit un *acide thymoïlique*, $C^{24}H^{30}O^3$, et un *oxythymoïle*, $C^{12}H^{16}O^3$. Il fit remarquer l'analogie de ces corps avec la quinone, l'hydroquinone verte, l'hydroquinone et l'acide quinonique. Mais, comme l'avait fait observer Gerhardt, il était peu vraisemblable que, dans une action oxydante, la molécule se compliquât, et que des corps renfermant C^{12} pussent dériver du thymol $C^{10}H^{14}O$. M. Carstanjen a repris l'étude de ces composés, et en reconnaissant l'exactitude des expériences de Lallemand, a modifié les formules de ces corps d'après de nouvelles analyses, et montré qu'ils dérivent du thymol, comme la quinone dérive du phénol. Il a de plus fait connaître les oxyquinones et les bromoquinones [Lallemand, *Ann. de Chim. et de Phys.*, (3), t. XLIX, p. 163; — Carstanjen, *Journ. fur prakt. Chem.*, (2), t. III, p. 50; *Bull. de la Soc. chim.*, 1871, t. XVI, p. 150].

THYMOQUINONE (*thymoïle*), $C^{10}H^{12}O^2$. — On l'obtient en ajoutant peu à peu du bioxyde de manganèse ou du bichromate de potassium à une solution aqueuse d'acide thymolsulfureux renfermant un excès d'acide sulfurique. Le mélange s'échauffe beaucoup et la distillation commence. Il passe dans le récipient des gouttelettes huileuses, qui se solidifient, et que l'on fait cristalliser dans l'alcool éthéré.

La thymoquinone cristallise en tables quadrangulaires d'un grand éclat, fusibles à 48° (Lallemand), à 45°,5 (Carstanjen); elle bout vers 230°; elle est peu soluble dans l'alcool, très-soluble dans l'éther; l'acide sulfurique et l'acide azotique la dissolvant sans l'altérer. Sous l'influence de la lumière solaire, elle s'altère et s'oxyde, en fournissant une poudre cristalline jaune citron, insoluble dans l'eau et l'alcool, très-peu soluble dans l'éther, fusible à 190°, insoluble dans les alcalis, et que M. Lallemand a appelé *oxythymoïle*; il la représentait par la formule $C^{12}H^{16}O^3$; ce corps, probablement une oxythymoquinone, diffère du corps de ce nom et de la formule $C^{10}H^{12}O^3$, qui a été obtenu par Carstanjen au moyen de la monobromothymoquinone et que nous décrivons plus loin.

Les agents réducteurs convertissent la thymoquinone en *thymoquinhydrone* (*thyméide*),

$$C^{20}H^{26}O^4,$$

et finalement en hydrothymoquinone (thymoïlol). $C^{10}H^{14}O^2$ (Lallemand).

BROMOTHYMOQUINONES. — Lorsqu'on chauffe la thymoquinone sous l'eau, avec 2 molécules de brome, on obtient une huile rougeâtre qui lavée avec de l'eau se prend en une masse cristalline formée de deux produits de substitution. En reprenant par l'alcool bouillant, on sépare le dérivé dibromé moins soluble, du dérivé monobromé qui reste dans les eaux mères.

La *thymoquinone monobromée*, $C^{10}H^{11}BrO^2$, cristallise en longues aiguilles jaunes par l'évaporation lente de la solution alcoolique; elle n'a pas été obtenue exempte de produit dibromé. Dissoute dans la potasse, elle se convertit en oxythymoquinone, $C^{10}H^{11}(OH)O^2$, qui se précipite par l'addition d'un acide.

La *thymoquinone dibromée*, $C^{10}H^{10}Br^2O^2$, cristallise en lamelles brillantes, d'un jaune clair, fusibles à 73°, 5, se colorant peu à peu en rouge à la lumière. C'est un composé très-stable que l'acide sulfureux ne réduit pas. La potasse la dissout à chaud et la convertit en *dioxythymoquinone*, $C^{10}H^{10}(OH)^2O^2$. Avec l'aniline, elle donne une solution pourpre, abandonnant des lamelles cristallines de même couleur, peu solubles dans l'alcool froid.

THYMOQUINHYDRONE (*thyméide*). — Ce corps n'a pas été analysé, mais, d'après son mode de formation, qui serait analogue à celui de l'hydroquinone verte, il doit renfermer $C^{20}H^{26}O^4$. Il prend naissance dans l'oxydation de l'hydrothymoquinone ou dans la réduction de la thymoquinone, et s'obtient à l'état de pureté quand on mélange à poids égaux les deux corps précédents en solution alcoolique. La liqueur prend aussitôt une teinte rouge de sang, et donne par évaporation de beaux cristaux violets, à reflets bronzés et métalliques.

HYDROTHYMOQUINONE (*thymoïlol*), $C^{10}H^{14}O^2$. — Obtenu par l'action des agents réducteurs (acide sulfureux), ce composé cristallise dans l'alcool étendu, en petits prismes incolores à 4 pans, fusibles à 145° (Lallemand), à 139° (Carstanjen), et distillant sans altération à 290°.

Dans l'essence d'arnica, MM. Spiegel a trouvé un liquide bouillant à 230-240°, et qui par oxydation fournit de la thymoquinone, et par réduction avec l'acide iodhydrique de l'iodure de méthyle et de l'hydrothymoquinone. C'est donc l'hydrothymoquinone diméthylée, $C^{10}H^{12}O^2(CH^3)^2$ [O. Spiegel, *Ann. der Chem. u. Pharm.*, t. CLXX, p. 345; *Bull. de la Soc. chim.*, 1874, t. XXI, p. 512].

OXYTHYMOQUINONE, $C^{10}H^{11}(OH)O^2$. — On peut l'obtenir, soit en dissolvant dans la potasse la thymoquinone monobromée, soit en réduisant le dinitrothymol par l'acide chlorhydrique et l'étain, et oxydant le chlorhydrate de diamidothymol; cette oxydation se fait facilement, à l'ébullition, sous l'influence du chlorure de fer ou de platine. L'oxythymoquinone distille avec les vapeurs d'eau.

Ce composé cristallise dans l'alcool en tables rhomboïdales, dans l'éther en cristaux allongés à faces courbes. Il fond à 187° et se sublime en tables ou en aiguilles. Il se dissout dans les alcalis en donnant des combinaisons très-solubles, qui fournissent des sels de plomb et d'argent, sous forme de précipités bruns. Le chlorure d'acétyle ne l'attaque pas, mais avec l'iodure d'éthyle il donne un dérivé éthylé.

L'aniline en solution alcoolique agit facilement sur l'oxythymoquinone, et, par évaporation de la solution, sublimation du résidu, on obtient de belles aiguilles bleu violet, à éclat métallique, fusibles à 200° et très-solubles dans l'alcool.

L'acide sulfureux ne réduit pas l'oxythymoquinone, cette réduction a lieu facilement par l'étain et l'acide chlorhydrique; après avoir séparé l'étain par l'hydrogène sulfuré, on obtient une solution qui, évaporée dans un courant d'acide carbonique, fournit une masse cristalline blanche, très-soluble, s'oxydant rapidement à l'air, et qui est probablement l'*oxythymohydroquinone*.

DIOXYTHYMOQUINONE, $C^{10}H^{10}(OH)^2O^2$. — On dissout la thymoquinone dibromée, humectée d'alcool, dans la potasse chaude qu'on neutralise ensuite par un acide. Il se sépare des flocons jaune brun, que l'on dissout dans l'alcool; le nouveau composé se sépare en cristaux souillés par une résine qu'il est difficile d'enlever.

Oxydée par le chlorure ferrique, la dioxythymoquinone laisse déposer des paillettes jaunes qui sont peut-être la *thymodiquinone*,

$$C^{10}H^{10}(O^2)(O^2).$$

ACIDE THYMOQUINONIQUE (*Acide thymoïlique*). — Obtenu par l'action des alcalis sur la thymoquinone, il forme des flocons d'un jaune sale, incristallisables, dont tous les sels sont solubles, excepté les sels de plomb et d'argent. E. G.

THYMOTIQUE (ACIDE),

$$C^{11}H^{14}O^3 = C^{10}H^{12}(OH)CO^2H$$

[Kolbe et Lautemann, *Ann. der Chem. u. Pharm.*, t. CXV, p. 157; *Répert. de Chim. pure*, 1860, p. 474]. — L'acide thymotique présente avec le thymol (phénol de l'essence de thym), $C^{10}H^{14}O$, les mêmes relations que l'acide salicylique avec le phénol. Il s'obtient dans les mêmes conditions; on dirige un courant de gaz carbonique dans du thymol où l'on dissout en même temps du sodium. Il se produit une masse jaunâtre, visqueuse, formée de thymylcarbonate de sodium et de thymotate de sodium. On décompose ce mélange par l'acide chlorhydrique, on reprend par une solution de carbonate d'ammoniaque le liquide qui se précipite, on décante la solution ammoniacale, on la concentre par l'ébullition et on l'additionne d'acide chlorhydrique. Il se sépare ainsi des flocons blancs d'acide thymotique, que l'on purifie en les distillant avec de la vapeur d'eau.

L'acide thymotique forme une masse blanche, légère et amorphe. Il fond à 120° et se sublime sans altération. Presque insoluble dans l'eau froide, il est peu soluble dans l'eau bouillante, d'où il cristallise, par un refroidissement lent, en aiguilles longues et soyeuses. Traité par une solution étendue de perchlorure de fer et abandonné dans un endroit chaud, il se colore en bleu. La solution aqueuse du sel d'ammonium se colore immédiatement en bleu foncé par le perchlorure de fer.

Traité par le perchlorure de phosphore, ou l'anhydride phosphorique, il donne un anhydride, la *thymotide*, $C^{11}H^{12}O^2$.

Chauffé avec de l'hydrate de baryte, il se dédouble en acide carbonique et thymol.

Les *sels d'argent, de cuivre et de plomb* sont insolubles.

En traitant le cymol ou carvacrol par le sodium et l'acide carbonique, on obtient un acide isomère de l'acide thymotique, l'*acide carvacrotinique*, fusible à 133-134°, cristallisable dans l'eau en longues aiguilles [Kekulé et Fleischer, *Deutsche chem. Gesellsch*, t. VI, p. 1087; *Bull. de la Soc. chim.*, 1874, t. XXI, p. 35].

THYMOTIDE (*Anhydride thymotique*), $C^{11}H^{12}O^2$ [Naquet, *Bull. de la Soc. chim.*, 1865, t. IV, p. 93]. — On traite 1 molécule de thymotate de sodium bien sec par 2 molécules de perchlorure de phosphore, et l'on termine la réaction en chauffant jusqu'à 200°. Le produit de la réaction traité par l'eau pour enlever l'oxychlorure, le perchlorure en excès et le chlorure de sodium, est repris par l'éther. La solution éthérée, après évaporation, laisse un résidu formé d'acide thymotique non attaqué et de thymotide; on reprend par les solutions alcalines étendues qui dissolvent l'acide thymotique et laissent la thymotide. On purifie celle-ci par plusieurs cristallisations dans l'alcool bouillant. La thymotide s'obtient aussi dans l'action à 180° de l'anhydride phosphorique sur l'acide thymotique.

La thymotide cristallise en aiguilles assez volumineuses, transparentes, ou en petits cristaux microscopiques, dont la réunion forme une poudre cristalline blanche. Elle fond à 187°. L'eau à 200°, la potasse aqueuse à 150° ne l'altèrent pas; mais avec la potasse en fusion, elle régénère du thymotate.

La thymotide paraît devoir être représentée par la formule

$$\begin{matrix} C^{10}H^{12} \\ CO \end{matrix} > O.$$

C'est un anhydride analogue à la coumarine.

E. G.

THYMYLSULFUREUX (ACIDE). — Voyez SULFOCYMÉNIQUE (ACIDE), t. III, p. 119.

THYMYLSULFURIQUE (ACIDE). — Voyez THYMOL (*Dérivés sulfoconjugués*).

TIEMANNITE (Min.). — Séléniure de mercure, $Hg^{11}Se^{10}$, ou plutôt Hg Se, avec un peu de soufre. Couleur gris d'acier, éclat métallique, fragile, se trouve avec chalcopyrite près de Zorge; à Tilkerode, près de Clausthal; en Californie, près du lac Clear.

Caractères. — Dans le tube, décrépite, et lorsqu'il est pur, se sublime entièrement en un anneau noir bordé de rouge brun. Dans le tube ouvert, donne une odeur de sélénium et un sublimé rouge brun, avec un bord de séléniate de mercure blanc fusible. Sur le charbon, se volatilise en colorant la flamme en bleu.

Dureté, 2,5. Densité, 7,1 à 7,37.

TIGLIQUE (ACIDE). — D'après un travail récent de Geuther et Frölich, l'huile de croton ne contiendrait ni acide crotonique, ni acide angélique, comme Schlippe l'avait indiqué; indépendamment des acides acétique, butyrique, valérianique et d'acides homologues supérieurs, elle renfermerait un isomère de l'acide angélique, qui a reçu le nom d'acide tiglique. Cet acide semble être identique avec l'acide méthylcrotonique (t. II, p. 405) [A. Geuther et O. Frölich, *Jenaische Zeitsch.*, t. VI, p. 46; *Bull. de la Soc. chim.*, t. XIII, p. 523].

Néanmoins l'indication de Schlippe, en ce qui touche l'acide angélique, est peut-être exacte, et les résultats si divergents peuvent s'expliquer par des différences dans le mode d'extraction de l'acide. D'après les recherches toutes récentes de M. E. Demarçay, nous savons, en effet, que l'acide angélique se convertit sous l'influence de la chaleur seule, par la distillation fractionnée, par exemple, en un acide isomérique qui est probablement l'acide méthylcrotonique. Or c'est précisément ce mode de purification que Geuther et Frölich ont employé, tandis que Schlippe a purifié son acide par distillation avec la vapeur d'eau.

A. H.

TILKERODITE. — Voyez CLAUSTHALITE.

TINCAL. — Voyez BORAX.

TINCALCITE. — Voyez HAYÉSINE.

TIROLITE. — Voyez TYROLITE.

TITANE, Ti = 50 (équiv. = 25). — L'oxyde de ce métal fut signalé pour la première fois en 1791 par Gregor dans la ménaccanite (fer titané). Klaproth, trois ans plus tard, le découvrit dans le rutile et en fit connaître quelques propriétés. H. Rose publia des recherches plus étendues sur ce sujet en 1821 et dans les années suivantes [*Poggend. Ann.*, t. III, p. 163; t. XII, p. 492; t. XV, p. 145; t. XVI, p. 57; t. XXIV, p. 141; t. XLII, p. 527; voyez aussi *Ann. de Chim. et de Phys.*, (3), t. XII, p. 176, et t. XV, p. 290]. Ce métal a été depuis l'objet d'un grand nombre de travaux.

Le titane entre dans la composition d'un grand nombre de minéraux dont nous indiquons plus loin les principaux. — Voyez p. 424.

On trouve fréquemment dans les scories des hauts-fourneaux des cristaux cubiques que l'on a pris longtemps pour du titane métallique; mais Wœhler a reconnu qu'ils constituent un azotocyanure de titane, renfermant 78 % de titane [*Ann. de Chim. et de Phys.*, (3), t. XXVIII, p. 382].

Rees [*Phil. Mag.*, t. V, p. 398] avait annoncé l'existence du titane dans le vin et dans le sang; mais cette assertion a été démentie par Marchand.

Préparation du titane métallique. — Berzelius traitait le fluotitanate de potassium par le potassium; la réaction a lieu avec production de lumière; on traite la masse refroidie pour enlever le fluorure de potassium. Le titane reste sous la forme d'une poudre grise, non cristalline [*Poggend. Ann.*, t. IV, p. 3]. Wœhler l'a préparé par le même procédé. Examiné sous le microscope, ce titane présente la couleur du fer et l'éclat métallique [*Ann. de Chim. et de Phys.*, (3), t. XXIX, p. 181]. Merz est arrivé au même résultat en remplaçant le potassium par le sodium.

La calcination de l'oxyde de titane avec du charbon, dans un creuset brasqué, au feu de forge, est le procédé le plus anciennement décrit (Laugier, Wollaston, Berthier). Mais le titane que l'on obtenait ainsi, et qui présentait la couleur du laiton ou du cuivre, est de l'azoture de titane dont la formation est due au passage de l'azote de l'air à travers le creuset.

Le titane n'a jamais été obtenu dans un état métallique proprement dit; ce qu'on a décrit comme titane cristallisé, est un azoture ou de l'azoto-cyanure de titane (Wœhler). La couche métallique jaune obtenue par Ebelmen en réduisant à chaud du chlorure de titane par l'hydrogène, n'est sans doute aussi qu'un azoture.

Propriétés. — Le titane pulvérulent brûle avec un grand éclat lorsqu'on le chauffe au contact de l'air; si on le chauffe dans l'oxygène, sa combustion a lieu brusquement en produisant un éclair. Un mélange de minium ou d'oxyde de cuivre avec le titane brûle avec une élévation de température considérable. Le chlore n'attaque pas le titane à froid, mais à chaud la combinaison a lieu avec incandescence.

Un des faits caractéristiques dans l'histoire du titane est son affinité énergique pour l'azote, à une température élevée (Wœhler).

Le titane décompose faiblement l'eau à 100°, avec dégagement d'hydrogène. L'acide chlorhydrique le dissout à chaud avec dégagement d'hydrogène et la solution incolore renferme probablement du protochlorure de titane $TiCl^2$ (Wœhler). L'acide azotique l'attaque énergiquement en donnant l'acide métatitanique (R. Weber).

Poids atomique et atomicité du titane. — Le titane forme trois groupes de composés correspondant au protochlorure $TiCl^2$, au sesquichlorure Ti^2Cl^6 et à l'anhydride titanique TiO^2 ou au tétrachlorure $TiCl^4$. La densité de vapeur de ce dernier montre que sa molécule est bien exprimée par la formule $TiCl^4$. Le titane appartient donc au même groupe d'éléments que le silicium et l'étain; il est tétratomique.

La constitution des fluotitanates est la même que celle des fluosilicates. Des rapprochements analogues se retrouvent du reste pour la plupart des combinaisons du titane.

Il est à remarquer que les combinaisons du type TiX^2 sont extrêmement altérables.

Le poids atomique du titane a été trouvé par H. Rose égal à 48,6 ; Rose décomposait le chlorure de titane par l'eau, traitait la solution par l'ammoniaque et dosait le chlore dans la liqueur filtrée. Isid. Pierre a opéré d'une manière analogue avec du chlorure de titane dont la pureté avait été mise hors de doute ; les nombres qu'il a obtenus sont notablement plus élevés que ceux de H. Rose, ce qu'il attribue à la rapidité avec laquelle le chlorure de titane s'altère à l'air humide. La moyenne des nombres qu'il a obtenus est 50,35 [*Ann. de Chim. et de Phys.*, (3), t. XX, p. 257]. Le nombre déduit par Dumas de la densité de vapeur du chlorure de titane serait beaucoup plus fort, soit 55,6.

Le nombre que l'on admet généralement est 50.

ALLIAGES DU TITANE. — Le seul que l'on ait décrit est celui que le titane forme avec l'aluminium. Wœhler a obtenu cet alliage en fondant dans un creuset d'argile, à la température de fusion de l'argent, un mélange de 10 grammes d'acide titanique, 30 grammes de cryolithe, 30 grammes d'un mélange de chlorures de potassium et de sodium et 5 p. d'aluminium. Le culot métallique obtenu, privé de l'excès d'aluminium par la soude caustique, laisse des lamelles cristallines irisées, brunes et brillantes qui deviennent incolores lorsqu'on les arrose d'acide chlorhydrique étendu. Ces lamelles, dont la densité est égale à 3,3, ne présentent pas une composition constante. Elles sont infusibles au chalumeau ; le chlore les attaque vivement à chaud ; l'acide chlorhydrique les attaque lentement avec dégagement d'hydrogène et formation d'une solution bleue. L'acide azotique les oxyde énergiquement [*Ann. der Chem. u. Pharm.*, t. CXIII, p. 248 ; *Répert. de Chim. pure*, t. II, p. 160].

Le fer et l'acier renferment quelquefois de petites quantités de titane.

CHLORURES DE TITANE. — Le *protochlorure* ou plutôt *dichlorure de titane* $TiCl^2$, s'obtient en décomposant par la chaleur, dans un courant d'hydrogène, l'hexachlorure dititanique, Ti^2Cl^6. Il est noir, volatil au rouge, sans fusion préalable ; très-altérable à l'air humide ; il se dissout dans l'eau avec un bruit de fer rouge et en dégageant de l'hydrogène. La solution précipite en noir bleuâtre par l'ammoniaque. Le dichlorure de titane est insoluble dans le sulfure de carbone, le chloroforme, l'éther, le tétrachlorure de titane. Il agit sur l'alcool à 99, 5 centièmes avec dégagement d'hydrogène. Le brome l'attaque avec incandescence et donne un chlorobromure liquide qui bout vers 176° et qui paraît être $TiCl^2Br^2$ [Friedel et Guérin, *Compt. rend.*, t. LXXI, p. 889].

D'après Wœhler, la solution du titane dans l'acide chlorhydrique renferme du protochlorure de titane. [*Ann. de Chim. et de Phys.*, (3), t. XXIX, p. 182]. Glatzel a démontré récemment que cette solution, qui est violette, renferme du sesquichlorure.

Ebelmen avait obtenu par l'action de l'hydrogène sur le tétrachlorure de titane des lamelles d'un jaune d'or qu'il pensait pouvoir être ce protochlorure. Friedel a reconnu récemment que ces lamelles constituent un oxychlorure.

SESQUICHLORURE DE TITANE, OU HEXACHLORURE DITITANIQUE, Ti^2Cl^6. — Ce composé a été découvert et décrit par Ebelmen [*Ann. de Chim. et de Phys.*, (3), t. XX, p. 380]. Il se produit lorsqu'on fait passer à travers un tube de porcelaine ou de verre, chauffé au rouge, des vapeurs de tétrachlorure entraînées par un courant d'hydrogène sec. L'air de l'appareil doit être remplacé par de l'hydrogène avant l'opération. Le sesquichlorure de titane se dépose dans la partie non chauffée du tube ; pour le débarrasser du tétrachlorure qui l'imprègne, il suffit de le chauffer doucement en maintenant le courant d'hydrogène.

Le sesquichlorure de titane se produit aussi lorsqu'on chauffe à 180°, en tubes scellés, le tétrachlorure de titane avec de l'argent métallique :

$$2\,TiCl^4 + 2\,Ag = 2\,AgCl + Ti^2Cl^6.$$

On ne peut séparer par volatilisation le sesquichlorure du chlorure d'argent, car à la température élevée qui est nécessaire pour volatiliser le sesquichlorure, il se produit une réaction inverse de la précédente, c'est-à-dire que le sesquichlorure de titane se transforme de nouveau en tétrachlorure en réduisant le chlorure d'argent [Friedel, *Bull. de la Soc. chim.*, t. XXI, p. 145].

Le sesquichlorure de titane se présente en larges écailles d'un violet foncé. Il ne fume pas à l'air, mais en attire l'humidité ; il se dissout dans l'eau avec une couleur rouge violacé. Évaporée à sec, cette solution dégage de l'acide chlorhydrique et laisse un oxychlorure bleu. Chauffé au contact de l'air, le sesquichlorure de titane répand d'épaisses fumées de tétrachlorure et le résidu est formé d'acide titanique. Cette décomposition s'opère lentement à la température ordinaire (Ebelmen).

En même temps que le sesquichlorure de titane, on trouve dans le tube des lamelles d'un jaune d'or, très-peu volatiles et qui d'après Friedel sont un oxychlorure ; leur formation est due à la présence d'un peu d'air dans l'appareil.

Enfin Ebelmen a remarqué sur les parois du tube une couche mince miroitante, d'un jaune d'or, qu'il regardait comme du titane métallique et qui est sans doute un azoture.

Le sesquichlorure de titane est un réducteur énergique ; il décompose à chaud l'acide sulfureux, avec dépôt de soufre. Il ramène au minimum les chlorures cuivrique et ferrique et réduit à l'état métallique les sels d'or, d'argent et de mercure (Ebelmen).

L'hexachlorure dititanique n'est pas volatil. Chauffé dans un courant d'hydrogène à la température d'ébullition du soufre, il commence à dégager du tétrachlorure en donnant un résidu de dichlorure. La décomposition est plus rapide à une température plus élevée. L'hexachlorure est attaqué par le brome, avec production de chlorobromure ; le produit formé bout vers 154° et paraît être le corps $TiCl^3Br$ [Friedel et Guérin, *loc. cit.*].

M. Glatzel a obtenu un hydrate du sesquichlorure de titane $Ti^2Cl^6 + 8H^2O$ en évaporant la solution violette qui se forme lorsqu'on dissout le titane métallique dans l'acide chlorhydrique. La liqueur se colore de plus en plus et finit par devenir rouge cerise. En même temps il se dépose de l'acide titanique en poudre fine, ce qui oblige à filtrer plusieurs fois la liqueur. On obtient finalement un sel vert qui présente la composition indiquée plus haut et qui ne se dissout pas dans l'eau sans laisser en suspension une petite quantité d'acide titanique finement divisé, circonstance qui rend la liqueur opaline [*Deutsche chem. Gesells.*, t. IX, p. 1831].

TÉTRACHLORURE DE TITANE, $TiCl^4$. — Il a été décrit pour la première fois par George [*Ann. Phil.*, t. XXV, p. 18], qui l'avait obtenu par l'action du chlore sec sur le titane métallique.

Préparation. — On le prépare par l'action du chlore sec sur un mélange de charbon et d'acide titanique anhydre, en opérant comme pour le chlorure de silicium [Dumas, *Ann. de Chim. et de Phys.*, (2), t. XL, p. 288]. Le chlorure de titane se condense dans le récipient ; pour le priver du chlore qu'il tient en dissolution et qui le colore en jaune, on l'agite avec du mercure et on le rectifie par distillation.

Propriétés. — Liquide limpide, pesant, bouillant à 135° sous une pression de 763 millimètres. Sa densité de vapeur a été trouvée égale à 98,8 au lieu de 96, par rapport à H = 1 (cette densité est calculée avec le coefficient de dilation des gaz 0,00375 au lieu de 0,00367) (Dumas). Son odeur est piquante; il répand d'abondantes fumées à l'air.

Le potassium et le sodium ne décomposent la vapeur du chlorure de titane qu'à chaud; la réaction a lieu avec la plus grande violence (H. Rose).

L'eau froide dissout le chlorure de titane. La solution se trouble par l'ébullition ou par un repos prolongé et laisse déposer de l'oxychlorure de titane. On obtient une solution analogue en dissolvant l'hydrate titanique dans l'acide chlorhydrique. L'absorption lente de l'humidité de l'air transforme de même le tétrachlorure en oxychlorure. Si l'on évapore la solution aqueuse sur l'acide sulfurique, ou à la température de 35° à 40°, elle perd de l'acide chlorhydrique; le résidu est soluble dans l'eau, mais s'en précipite par l'ébullition. Ce résidu ne renferme que 15,6 % d'acide chlorhydrique (Wœhler).

Oxychlorures. — On a décrit plusieurs oxychlorures obtenus par voie sèche. L'un de ces oxychlorures, qu'Ebelmen avait pris pour du bichlorure, avait été obtenu accidentellement en très-petite quantité dans la réduction du tétrachlorure par l'hydrogène, par suite de la présence d'un peu d'air dans l'appareil. On l'obtient en plus grande quantité lorsqu'on dirige des vapeurs de tétrachlorure mélangées d'hydrogène sur de l'anhydride titanique chauffé au rouge [Friedel et J. Guérin, *Bull. de la Soc. chim.*, t. XXI, p. 241]. Cet oxychlorure forme des lamelles d'un jaune d'or. Il renferme $TiOCl$ ou $Ti^2O^2Cl^2$ et correspond à l'hexachlorure.

Troost et Hautefeuille ont obtenu un oxychlorure $Ti^2O^3Cl^2$ en dirigeant à travers un tube chauffé au rouge un mélange de vapeurs de tétrachlorure et d'oxygène [*Compt. rend.*, t. LXXIII, p. 563].

Les oxychlorures obtenus par voie humide, c'est-à-dire par l'action de l'eau sur le tétrachlorure de titane, ne présentent pas une composition constante. On a vu plus haut comment se comporte la solution aqueuse du tétrachlorure. Exposé à l'air humide, ce tétrachlorure se transforme d'abord en une poudre jaune, puis en une poudre blanche qui tombe peu à peu en déliquescence. La solution concentrée qui en résulte, étant desséchée sur l'acide sulfurique, laisse une masse cireuse soluble dans l'eau et dont la solution se trouble par l'ébullition. Cette masse a pour composition $TiCl^4, 3TiO^2 + 16H^2O$, soit

$$Ti^2O^3Cl^2 + 8H^2O;$$

elle perd la moitié de son eau et un peu d'acide chlorhydrique par son exposition sur la chaux. Chauffée à 100°, elle se transforme en

$$TiCl^4, 11TiO^2 + 12H^2O,$$

soit $Ti^6O^{11}Cl^2 + 6H^2O$. Chauffée à 180° elle ne retient plus que 1 % de chlore environ [Merz, *Journ. für prakt. Chem.*, t. XCIX, p. 157; *Bull. de la Soc. chim.*, (2), t. VII, p. 401].

COMBINAISONS DU TÉTRACHLORURE DE TITANE. — Le tétrachlorure de titane forme des combinaisons avec l'ammoniaque, l'hydrogène phosphoré, l'acide cyanhydrique et divers chlorures d'éléments électronégatifs. Enfin il forme, d'après H. Rose, des combinaisons cristallisables avec les chlorures alcalins; mais ces chlorosels n'ont pas été décrits, sauf le chlorotitanate d'ammonium.

Chlorure de titane ammoniacal, $TiCl^4.4AzH^3$. — Le tétrachlorure de titane absorbe énergiquement, et avec élévation de température, le gaz ammoniac sec en se transformant en une poudre d'un rouge brun. Il est nécessaire de remuer fréquemment la masse pour obtenir une saturation complète (H. Rose). Suivant Persoz, le produit saturé est d'un jaune pâle et renferme

$$TiCl^4.6AzH^3.$$

Chauffée dans un tube, cette combinaison perd d'abord un peu d'ammoniaque; puis il se sublime du sel ammoniac et du chlorotitanate d'ammonium imprégné d'acide chlorhydrique. Le résidu est de l'azoture de titane. Lorsque la combinaison est humide, le résidu est formé d'acide titanique.

Le chlorure de titane ammoniacal est très-avide d'eau; il attire l'humidité de l'air en devenant blanc et en tombant en déliquescence.

Chlorotitanates d'ammonium, $TiCl^4, 3AzH^4Cl$ et $TiCl^4, 6AzH^4Cl$. — Ils se subliment dans la décomposition de la combinaison précédente par la chaleur. Une nouvelle sublimation les décompose. Ce sel qui, suivant les circonstances, présente une des deux compositions ci-dessus, se dissout parfaitement dans l'eau (H. Rose).

Chlorure de titane et hydrogène phosphoré. — Le chlorure de titane absorbe l'hydrogène phosphoré sec et se transforme finalement en un composé brun, qui fume à l'air. Arrosée d'eau, cette combinaison dégage de l'hydrogène phosphoré, avec effervescence. Ce gaz est aussi déplacé par le gaz ammoniac.

Chauffé dans un tube, le composé brun se comporte à peu près comme la combinaison ammoniacale; il se forme un sublimé jaune accompagné d'un peu de phosphore libre; le résidu que H. Rose prenait pour du titane métallique est probablement un phosphure de titane. Quant au sublimé jaune, il constitue un *chlorotitanate de phosphonium*, $3TiCl^4.2PH^4Cl$ (H. Rose). L'eau le décompose avec dégagement d'hydrogène phosphoré.

Tétrachlorure de titane et acide cyanhydrique, $TiCl^4.2HCAz$. — Le tétrachlorure de titane se combine à froid avec l'acide cyanhydrique anhydre, liquide ou gazeux. L'excès d'acide cyanhydrique ayant été chassé, la combinaison se sublime, au-dessous de 100°, en petits cristaux limpides, d'un jaune citron, dérivés d'un octaèdre orthorhombique. Ce composé fume à l'air et se transforme peu à peu en une masse visqueuse, en perdant de l'acide cyanhydrique. L'eau le dédouble avec élévation de température. Sa vapeur se décompose au rouge en donnant un dépôt cuivré d'azoture de titane [Wœhler, *Ann. de Chim. et de Phys.*, (3), t. XXIX, p. 184].

Tétrachlorure de titane et chlorure de cyanogène ou *cyanochloride de titane*, $TiCl^4, CAzCl$. — Ce composé, décrit par Wœhler [*loc. cit.*, p. 182], se produit soit par l'union directe des deux chlorures, soit par l'action du chlore sur l'azotocyanure de titane (t. I, p. 1124). C'est un composé jaune citron, volatil au-dessous de 100° et se sublimant en petits cristaux limpides qui paraissent être des octaèdres orthorhombiques. L'eau le décompose avec production de chaleur et dégagement de chlorure de cyanogène. Il se dissout à chaud dans le tétrachlorure de titane et cristallise de nouveau par le refroidissement.

Chlorure de titane et de nitrosyle. 1°

$$TiCl^4, 2AzOCl.$$

— Le chlorure de nitrosyle est absorbé par le tétrachlorure de titane et il se forme une combinaison volatile et cristallisable, d'un jaune citron [R. Weber, *Poggend. Ann.*, t. CXVIII, p. 471; *Bull. de la Soc. chim.*, 1863, p. 445].

2° $3TiCl^4,4AzOCl$. — Le tétrachlorure de titane absorbe les vapeurs nitreuses et donne une combinaison cristallisable (R. Weber). Cette combinaison se sublime en cristaux jaunes présentant les faces du cube et de l'octaèdre, qui ont été analysés par Hampe et qui se forment d'après l'équation :

$$4TiCl^4 + 2Az^2O^3 = 3TiCl^4.4AzOCl + TiO^2$$

[*Ann. der Chem. u. Pharm.*, t. CXXVI, p. 43].

Tétrachlorure de titane et chlorure de soufre. — Un mélange de chlorure de titane et de chlorure de soufre (?) fournit par le refroidissement des cristaux volumineux jaunes (H. Rose).

Le sulfure de titane, traité par un courant de chlore, se résout en un liquide jaune; une partie du soufre est entraînée à l'état de chlorure et si l'on prolonge l'action du chlore, le liquide se prend en une masse cristalline jaune, très-fusible et sublimable et qui émet des fumées blanches à l'air; ce corps attire l'humidité et donne les produits de décomposition des deux chlorures.

Les analyses de cette combinaison, effectuées par Rose, ne l'ont pas conduit à des résultats constants; il est probable qu'il avait affaire à des mélanges.

R. Weber a obtenu une combinaison définie, $2TiCl^4.SCl^4$, en faisant passer un courant de chlore à travers un mélange de tétrachlorure de titane et de bichlorure de soufre, légèrement chauffé. Cette combinaison, d'un jaune de soufre, est décomposée par la chaleur, ce qui tient au peu de stabilité du tétrachlorure de soufre. Elle est déliquescente et se dissout dans les acides [*Poggend. Ann.*, t. CXXXII, p. 452].

Tétrachlorure de titane et perchlorure de phosphore, $TiCl^4.PCl^5$. — Cette combinaison s'obtient par union directe des deux chlorures ou par l'action du chlore sur un mélange équivalent de trichlorure de phosphore et de tétrachlorure de titane [R. Weber, *loc. cit.*].

Tuttschew l'a préparée par l'action du perchlorure de phosphore sur l'acide titanique anhydre,

$$TiO^2 + 3PCl^5 = TiCl^4.PCl^5 + 2POCl^3.$$

On chasse l'oxychlorure de phosphore par la distillation [*Ann. der Chem. u. Pharm.*, t. CXLI, p. 111; *Bull. de la Soc. chim.*, (2), t. VIII, p. 320].

C'est une masse cristalline d'un jaune citron, se sublimant avant de fondre et se condensant sous forme d'une poudre jaune. Ce chlorure double est soluble dans l'éther qui l'abandonne sous la forme d'une masse gommeuse. Il est hygroscopique et décomposable par l'eau.

Tétrachlorure de titane et oxychlorure de phosphore, $TiCl^4.POCl^3$. — Masse cristalline incolore, très-fusible et déliquescente, obtenue en dissolvant à chaud le tétrachlorure de titane dans l'oxychlorure de phosphore et décantant ce dernier après refroidissement (R. Weber).

Tétrabromure de titane, $TiBr^4$. — Duppa a préparé ce corps en faisant réagir de la vapeur de brome sur un mélange d'acide titanique et de charbon chauffé au rouge. L'excès de brome est enlevé par le mercure. Ce tétrabromure constitue une masse cristalline d'un jaune d'ambre, déliquescente. Densité = 2,6. Il fond à 39° et bout à 230° [*Ann. de Chim. et de Phys.*, (3), t. XLVII, p. 165].

Tétraiodure de titane, TiI^4. — Il a été d'abord obtenu par R. Weber qui l'a préparé par l'action de la vapeur d'iode sur le titane libre chauffé au rouge, et qui l'a décrit comme une masse rouge, fusible et volatile [*Poggend. Ann.*, t. CXX, p. 287].

P. Hautefeuille le prépare :

1° En faisant passer du gaz acide iodhydrique sec sur le tétrachlorure de titane chauffé peu à peu jusqu'à l'ébullition; on distille ensuite plusieurs fois l'iodure formé dans un courant d'hydrogène, jusqu'à ce que sa vapeur soit exempte d'iode libre;

2° En dirigeant à travers un tube chauffé au rouge des vapeurs de tétrachlorure mélangées de vapeurs d'iode et d'hydrogène. L'iodure de titane qui est peu volatil se sublime dans la partie froide du tube, avec un excès d'iode.

Purifié, l'iodure de titane forme une masse cassante, d'un brun rouge, à éclat métallique, fusible à 150° en un liquide brun, qui cristallise au-dessous de 100° en octaèdres volumineux se transformant après quelques jours en houppes prismatiques soyeuses. Il fume à l'air et est soluble dans l'eau; la solution se décompose par l'évaporation.

Il bout au delà de 360°. Sa densité de vapeur prise à 440° a été trouvée égale à 260 (H = 1); la densité théorique est égale à 279 [*Bull. de la Soc. chim.*, (2), t. VII, p. 201].

Bifluorure de titane, $TiFl^2$. — Ce composé n'a pas encore été préparé.

M. Hautefeuille avait obtenu des cristaux prismatiques violets, présentant des angles de 135°, en faisant réagir l'hydrogène sec, chargé de gaz chlorhydrique sur le fluotitanate de potassium [*Compt. rend.*, t. LVII, p. 148]. Il avait décrit ces cristaux comme un bifluorure; mais dans une autre note [*Compt. rend.*, t. LIX, p. 188], le même chimiste envisage le composé produit dans cette circonstance comme du sesquifluorure, ce qui nous paraît exact.

Sesquifluorure de titane, Ti^2Fl^6. — Ce sesquifluorure a été obtenu par R. Weber en faisant passer un courant d'hydrogène sur le fluotitanate de potassium au rouge. Il se forme ainsi un masse violette qu'on fait bouillir avec de l'eau pour lui enlever l'excès de fluotitanate et le fluorure de potassium. Le sesquifluorure reste sous forme d'une poudre violette [*Poggend. Ann.*, t. CXX, p. 287].

Tétrafluorure de titane, $TiFl^4$. — Il se produit lorsqu'on distille dans une cornue de plomb un mélange d'acide titanique, de fluorure de calcium et d'acide sulfurique fumant. Il distille des gouttes oléagineuses décomposables par l'eau [Unverdorben, *Neues Journ. der Pharm.*, t. IX, p. 1 et 32].

Le titane se dissout avec dégagement d'hydrogène dans l'acide fluorhydrique. La solution incolore renferme un tétrafluorure, et l'ammoniaque en précipite de l'acide titanique. Évaporée à feu nu, elle laisse dégager de l'acide fluorhydrique et abandonne une masse sèche qui renferme de l'acide titanique [Glatzel, *loc. cit.*].

Acide hydrofluotitanique, $TiFl^4,2HFl$. — Le fluorure de titane se comporte avec l'eau comme le fluorure de silicium : il se précipite une poudre blanche (acide titanique ou oxyfluorure de titane) et il reste en solution un composé répondant à la formule $TiFl^4,2HFl$. Le même composé s'obtient lorsqu'on attaque du titane par un mélange d'acide fluorhydrique et d'acide azotique ou lorsqu'on dissout l'acide titanique dans l'acide fluorhydrique; la dissolution a lieu avec dégagement de chaleur.

La solution précédente évaporée à consistance sirupeuse fournit des cristaux que Berzelius regardait comme un fluorhydrate d'acide titanique, $TiO^2,4HFl$, et qui représentent le tétrafluorure hydraté, $TiFl^4 + 2H^2O$. Ces cristaux sont décomposés par l'eau avec formation d'acide hydro fluotitanique et d'acide titanique ou d'un oxyfluorure [*Poggend. Ann.*, t. IV, p. 1].

A l'acide hydrofluotitanique correspondent des fluorures doubles qui ont déjà été décrits. — Voyez t. I, p. 1480.

OXYDES DE TITANE.

Le titane paraît former un protoxyde TiO; mais ce corps n'a jamais été analysé et on a dû le confondre souvent avec le sesquioxyde Ti^2O^3 découvert par Ebelmen. Le mieux connu est l'oxyde TiO^2 ou anhydride titanique, qui existe dans la nature sous différentes formes (anatase, rutile, brookite).

PROTOXYDE DE TITANE, TiO (?). — Lorsqu'on chauffe au fourneau à vent, dans un creuset brasqué, de l'acide titanique réduit en pâte avec de l'huile, on trouve au centre de la masse de petites aiguilles brillantes, d'un bleu noir. C'est peut-être du protoxyde de titane [Laugier, *Ann. de Chim.*, t. LXXIX].

Si l'on chauffe de l'acide titanique avec 10 fois son poids de zinc, jusqu'à ce que tout le zinc soit volatilisé, on obtient une masse qui, traitée par l'acide chlorhydrique, laisse une poudre d'un bleu indigo. Le résultat est le même si l'on fait passer de la vapeur de zinc sur de l'acide titanique chauffé dans un tube de porcelaine [Karsten, *Poggend. Ann.*, t. L, p. 313].

Tous les fondants qui renferment de l'acide titanique se colorent en bleu sous les influences réductrices. C'est ce que l'on observe si l'on chauffe dans la flamme réductrice du borax ou du sel de phosphore additionné d'acide titanique ou d'un titanate. C'est à la présence d'un oxyde inférieur de titane qu'est due la couleur bleue que présentent souvent les scories des hauts-fourneaux.

Le grillage transforme l'oxyde inférieur en acide titanique blanc.

D'après M. E. Glatzel, la solution du titane dans l'acide chlorhydrique est violette et renferme du sesquichlorure (page 416). Précipitée par l'ammoniaque, cette solution donne un précipité noir que M. Wœhler avait envisagé comme un hydrate titaneux. C'est plutôt un hydrate de sesquioxyde.

D'un autre côté les colorations bleues ci-dessus mentionnées ne sont pas dues en réalité au protoxyde de titane lui-même, mais à des combinaisons de cet oxyde avec l'acide titanique ou au sesquioxyde de titane, ou même à un oxyde salin intermédiaire entre ces derniers. On voit, en somme, que l'existence du protoxyde de titane est fort problématique.

SESQUIOXYDE DE TITANE, Ti^2O^3. — L'acide titanique, chauffé à une haute température dans un courant d'hydrogène, devient noir. La perte de poids quand l'opération est terminée correspond très-sensiblement à la transformation de TiO^2 en Ti^2O^3. Cette réduction est longue, et, si l'hydrogène est humide, elle n'a pas lieu du tout. C'est ce qui explique pourquoi on regardait l'acide titanique comme tout à fait irréductible par l'hydrogène [Ebelmen, *Ann. de Chim. et de Phys.*, (3), t. XX, p. 392].

Lorsque la réduction de l'acide titanique se fait en présence du tétrachlorure de titane et à une température élevée, le sesquioxyde que l'on obtient est d'un rouge de cuivre violacé; il est en petits cristaux très-brillants qui présentent la forme cristalline de fer oligiste. Ce fait démontre l'isomorphisme des oxydes Fe^2O^3, Ti^2O^3 et $FeTiO^3$; ce dernier est considéré quelquefois comme un titanate ferreux. (Friedel et Guérin.)

L'oxyde noir de titane ainsi obtenu est très-difficile à s'oxyder. Il ne blanchit par le grillage que sous l'influence d'une température très-élevée. Les acides chlorhydrique et nitrique ne l'attaquent pas; mais l'acide sulfurique le dissout avec une coloration violacée.

Les alcalis fixes et l'ammoniaque donnent dans la solution violette du sesquichlorure de titane un précipité brun foncé qui change rapidement de couleur et devient successivement noir, bleu, puis tout à fait bleu, en même temps qu'il se dégage de l'hydrogène. Le précipité brun est sans doute l'hydrate de sesquioxyde de titane. Comme il ne devient bleu qu'après un commencement d'oxydation, on en peut conclure que cette coloration appartient non au sesquioxyde lui-même, mais à un degré d'oxydation intermédiaire entre celui-ci et l'acide titanique [Ebelmen, *loc. cit.*, p. 389].

On obtient un hydrate analogue lorsqu'on traite les solutions acides de titane par du zinc, de l'étain, du fer ou même du cuivre. La solution se colore d'abord en violet, puis il se précipite une poudre de même couleur. Ce précipité est très-oxydable; non-seulement il attire l'oxygène de l'air pour se transformer finalement en acide titanique, mais même il décompose l'eau à la température ordinaire avec dégagement d'hydrogène. Cette décomposition est très-active en présence d'un alcali (H. Rose).

Ebelmen a mesuré la quantité d'hydrogène résultant de la décomposition de l'eau par l'hydrate précédent; il a trouvé que cette quantité correspond très-sensiblement à l'équation

$$Ti^2O^3,H^2O = 2TiO^2 + H^2.$$

Le sesquioxyde de titane peut former des sels avec les acides.

Le *sulfate* seul a été décrit. Ebelmen l'a obtenu en dissolvant le sesquichlorure dans l'acide sulfurique et concentrant dans le vide sur la chaux. Il reste une masse mamelonnée déliquescente, d'un beau violet. La solution de ce sel est violacée. Elle se décolore par l'ébullition avec dépôt d'acide titanique et probablement avec dégagement d'hydrogène. Ses réactions sont celles du sesquichlorure.

L'analyse de ce sel a toujours indiqué un peu trop d'acide sulfurique pour la formule $(SO^4)^3Ti^2$.

M. E. Glatzel a obtenu un sulfate sesquititanique en dissolvant le titane métallique dans l'acide sulfurique. Le métal se dissout facilement à chaud avec dégagement d'hydrogène. La solution fournit par l'évaporation de petits amas de cristaux feuilletés. Ceux-ci se dissolvent complétement dans l'eau, mais la solution laisse déposer à l'ébullition un précipité noir qui finit par blanchir [Glatzel, *loc. cit.*].

OXYDE INTERMÉDIAIRE, $Ti^3O^5 = TiO^2.Ti^2O^3$. — En chauffant l'acide titanique avec de l'acide chlorhydrique gazeux dans une atmosphère réductrice, H. Deville a obtenu de petits cristaux d'un bleu indigo très-foncé, dont les faces se coupent, en projection, à angle droit. Ces cristaux présentent la composition Ti^3O^5. C'est peut-être à cet oxyde qu'est due la coloration de l'anatase [*Compt. rend.*, t. III, p. 161; *Répert. de Chim. pure*, t. III, p. 376]. Friedel et Guérin ont obtenu un composé d'un bleu grisâtre, ayant une composition analogue. Il prend naissance par l'action simultanée de l'hydrogène et de l'acide chlorhydrique, au rouge, sur l'acide titanique.

ANHYDRIDE TITANIQUE, TiO^2. — On le rencontre dans la nature sous trois modifications différentes, le *rutile* qui appartient au type quadratique, l'*anatase* cristallisée en octaèdres quadratiques et la *brookite* qui se présente en prismes orthorhombiques. Ces formes naturelles ont été reproduites artificiellement. — Voyez plus loin.

Préparation. — Pour préparer l'acide titanique on fait usage du rutile, qui renferme, comme impuretés, les oxydes de fer, de manganèse et quelquefois d'étain, ainsi que de la silice. On peut aussi partir du fer titané qui est du titanate ferreux. On a décrit un grand nombre de procédés pour cette préparation. Le fer titané cède la majeure partie de son fer à l'acide chlorhydrique bouillant, de telle sorte qu'après ce traitement on peut opérer comme s'il s'agissait du rutile. Dans tous les cas, le minerai doit être porphyrisé pour que l'attaque soit complète.

Procédé de Laugier. — On fond le rutile avec 2 fois son poids de potasse, au creuset d'argent. Il se forme du titanate de potassium. La masse fondue est épuisée par l'eau qui enlève l'excès d'alcali en même temps que du silicate, du stannate et du manganate alcalin. Le résidu qui renferme du titanate acide de potassium est dissous dans l'acide chlorhydrique concentré; la solution est étendue d'eau, puis portée à l'ébullition. On en précipite l'acide titanique par l'acide oxalique ou par l'oxalate ammonique, on lave le précipité et on le calcine.

Procédé de H. Rose. — On fond le rutile avec 3 p. de carbonate potassique, on traite la masse par l'eau froide qui agit comme on vient de l'indiquer. On continue les lavages jusqu'à ce que l'eau commence à passer trouble à travers le filtre; puis on dissout le résidu de titanate acide de potassium dans l'acide chlorhydrique. La solution étendue d'eau est maintenue en ébullition jusqu'à ce que tout l'acide titanique soit précipité; on lave ce précipité à l'eau, on le redissout dans l'acide chlorhydrique et l'on répète le même traitement jusqu'à ce que l'acide titanique se précipite exempt de fer, ce qu'on reconnait à ce qu'il reste parfaitement blanc après calcination. Les eaux de lavage retiennent beaucoup d'acide titanique qu'il est facile de retrouver.

Un autre procédé consiste à précipiter la solution chlorhydrique par l'ammoniaque, et à faire digérer le précipité avec du sulfure ammonique qui transforme les oxydes de fer et de manganèse en sulfures faciles à enlever par l'acide chlorhydrique étendu.

On peut aussi sursaturer la solution par l'ammoniaque, après l'avoir additionnée d'acide tartrique, qui empêche la précipitation de l'acide titanique, précipiter le fer et le manganèse par le sulfure ammonique, évaporer à siccité la solution filtrée et incinérer le résidu. Il reste de l'acide titanique pur.

Un autre procédé de Rose consiste à chauffer à une haute température le rutile ou le fer titané dans un courant d'hydrogène sulfuré sec, aussi longtemps qu'on voit de l'eau se former. Le sulfure de fer produit est facilement enlevé par l'acide chlorhydrique concentré, qui laisse l'anhydride titanique. Ce dernier renferme encore un peu de fer; pour l'en débarrasser on le soumet une seconde fois au même traitement.

Procédé de Berthier. — On fond au creuset brasqué le rutile avec 1 à 2 p. de carbonate sodique et 1/2 à 1 p. de soufre. On pulvérise la masse fondue et on l'épuise successivement par l'eau (qu'on sépare en décantant), puis par l'acide sulfurique étendu qui dissout le fer et laisse presque tout le titane (à l'état d'un sous-oxyde?). Ce résidu, grillé, donne l'anhydride titanique pur et blanc.

Pour extraire l'acide titanique, à l'état de pureté, de la solution chlorhydrique ou sulfurique du rutile préalablement attaqué par les alcalis (voir ce qui précède), Berthier étend cette solution d'une grande quantité d'eau, la sature ensuite par l'hydrogène sulfuré qui en précipite du sulfure d'étain. Au liquide filtré il ajoute de l'ammoniaque aussi longtemps qu'il se forme un précipité. Celui-ci renferme de l'acide titanique mêlé de sulfure de fer et peut-être aussi de sulfure de manganèse. On agite le tout et on laisse le précipité se déposer, puis, après avoir décanté la liqueur claire, on le traite par une solution concentrée d'acide sulfureux : les sulfures se dissolvent à l'état d'hyposulfites et l'acide titanique reste : on le recueille sur un filtre et on le lave.

Pour rendre le rutile attaquable par les acides, Berthier a aussi recommandé de le chauffer au creuset brasqué, avec son poids de chlorure de baryum. Le produit de la fusion est d'abord épuisé par l'eau qui enlève l'excès de chlorure de baryum, puis traité par l'acide sulfurique qui dissout l'acide titanique. La solution est traitée par l'hydrogène sulfuré qui précipite l'étain, puis sursaturée par l'ammoniaque qui précipite l'acide titanique avec du sulfure de fer. Ce dépôt étant mis en digestion avec une solution d'acide sulfureux, le sulfure de fer se dissout à l'état d'hyposulfite.

Procédé de Wœhler. — On chauffe le rutile avec le double de son poids de carbonate potassique dans un creuset de platine contenu dans un creuset de Hesse. On dissout la masse pulvérisée dans l'acide fluorhydrique étendu. Il se dépose bientôt du fluotitanate de potassium qu'on purifie par plusieurs cristallisations dans l'eau bouillante. La solution bouillante de ce sel pur est alors traitée par l'ammoniaque qui en précipite du titanate ammonique. Ce sel donne, par la calcination, de l'acide titanique parfaitement pur.

Les eaux mères du fluotitanate de potassium primitif renferment une certaine quantité de ce sel; pour en éliminer le fer on précipite celui-ci par une petite quantité d'ammonium qui ne précipite pas immédiatement à froid le fluotitanate. On filtre rapidement et l'on fait bouillir pour précipiter du titanate d'ammonium [*Ann. de Chim. et de Phys.*, (2), t. XXIX, p. 186].

Merz a modifié ce procédé de la manière suivante. Il emploie 4 p. de carbonate potassique pour 1 p. de rutile, lave à l'eau et dissout le titanate acide de potassium dans l'acide chlorhydrique concentré. Cette solution, bouillie avec du fluorure de potassium dans une capsule de plomb, fournit un magma cristallin de fluotitanate de potassium. La solution aqueuse bouillante de ce sel est additionnée d'une goutte de sulfure ammonique qui précipite des traces de fer; puis, après filtration, précipitée par l'ammoniaque [*Journ. für prakt. Chem.*, t. XCIX, p. 157; *Bull. de la Soc. chim.*, t. VII, p. 400].

Procédé de R. Weber. — On chauffe le rutile avec 2 p. de fluorure de calcium et de l'acide sulfurique étendu d'un peu d'eau. On ajoute ensuite de l'eau et on précipite la liqueur filtrée par l'ammoniaque. Le précipité renferme le fer et le titane : on le redissout dans une quantité aussi petite que possible; on ramène le fer au minimum par l'acide sulfureux, puis on verse le tout dans l'eau bouillante et on maintient l'ébullition jusqu'à ce que tout l'acide titanique soit précipité. Pour le débarrasser de ce qui reste de fer, on le transforme en fluotitanate de potassium [*Journ. für prakt. Chem.*, t. XC, p. 212; *Bull. de la Soc. chim.*, (2), t. I, p. 185].

Enfin, un dernier procédé, qui a été plusieurs fois proposé et qui fournit de l'acide titanique très-pur, consiste à attaquer le minerai mélangé de charbon par le chlore, à décomposer le chlorure de titane ainsi obtenu par l'eau et à précipiter l'acide titanique par l'ammoniaque.

Nous mentionnerons encore le procédé qui consiste à attaquer les minerais titanifères par le sulfate acide de potassium. Ce procédé est un de ceux qui s'appliquent le mieux à l'analyse de ces minerais. — Voyez ANALYSE, p. 426.

Propriétés. — L'anhydride titanique artificiel est une poudre blanche; il prend une teinte jaune quand on le chauffe. Il est infusible et indécomposable par la chaleur. Il est insoluble dans l'eau. Sa densité est égale à 3,971 (H. Rose).

Il se dissout dans l'acide fluorhydrique et dans l'acide sulfurique concentré et bouillant.

Hydrates titaniques. — L'acide titanique se précipite toujours à l'état d'hydrate, que la précipitation ait lieu par un alcali dans une solution acide ou par un acide dans une solution alcaline. Lorsque le précipité est débarrassé du précipitant par des lavages à l'eau, il traverse facilement les filtres. On peut éviter cet inconvénient en ajoutant un acide, par exemple de l'acide acétique.

H. Rose a fait voir le premier qu'il existe deux modifications de l'acide titanique. La modification α est celle qui se précipite par l'addition d'ammoniaque à une solution acide. La modification β (ou acide *métatitanique*), au contraire, est celle qui se précipite à l'état gélatineux par l'ébullition en présence d'un acide, notamment l'acide sulfurique. Ces hydrates rougissent le tournesol.

L'acide titanique α, séché avec précaution, est soluble dans les acides étendus et la solution peut être additionnée d'eau sans qu'elle se trouble. Lorsqu'on calcine cet hydrate il devient légèrement incandescent. Delffs avait trouvé pour cet hydrate, desséché sur l'acide sulfurique, la composition $TiH^4O^4 = Ti(OH)^4$ [N. *Jahrb. für Pharm.*, t. VII, p. 291]. Mais d'après H. Rose, d'après Merz et d'après Tuttschew, il renferme TiH^2O^3 ou $TiO(OH)^2$, soit TiO^2,H^2O. Il retient facilement un peu d'ammoniaque; dans ce cas, il présente une teinte noirâtre après la calcination.

Voici, d'après Merz, le degré d'hydratation de l'acide titanique dans diverses circonstances :

Séché à l'air pendant 24 heures........	$TiH^2O^3 + 2H^2O$ ou $Ti(OH)^4 + H^2O$.
Séché à l'air pendant quelques semaines..........	$TiH^2O^3 + H^2O$ ou $Ti(OH)^4$.
Séché sur l'acide sulfurique........	TiH^2O^3.
Séché à 60°	$8TiH^2O^3 + TiO^2$.
Séché à 100°......	$TiH^2O^3 + TiO^2$.

La modification β est insoluble dans les acides, sauf dans l'acide sulfurique chaud (il en est de même de la modification α après calcination). Elle ne présente pas d'incandescence pendant sa calcination. Cet hydrate perd de l'eau plus facilement que l'hydrate α. Séché sur l'acide sulfurique ou pendant 24 heures à l'air, il renferme TiH^2O^3 (Merz). D'après Tuttschew, la modification β, séchée dans le vide, a pour composition $TiH^4O^4 = Ti(OH)^4$. Il en est de même de l'hydrate qui se forme dans la décomposition du perchlorure double de titane et de phosphore à l'air humide. Séché successivement à 60°, à 100°, 120° et à 160°, cet hydrate renferme 1, 2, 3 et 4 molécules d'anhydride pour 1 molécule d'hydrate. Il resterait à prouver que sont là des hydrates définis [H. Rose, *Poggend. Ann.*, t. LIII, p. 267; — Merz, *Journ. für prakt. Chem.*, t. XCIX, p. 157; — Tuttschew, *Ann. der Chem. u. Pharm.*, t. CXLI, p. 111].

On obtient notamment l'acide métatitanique en soumettant la solution du chlorure de titane à l'ébullition et l'additionnant ensuite d'un acide. La même solution faite à froid n'est pas précipitée par les acides sulfurique, chlorhydrique et azotique, mais par les acides phosphorique, arsénique et iodique. Weber admet que la solution renferme après l'ébullition du *métachlorure de titane*. Les précipités produits par les acides sont, d'après lui, solubles dans l'eau après qu'on a éliminé l'excès de précipitant, mais ces solutions aqueuses sont de nouveau précipitées par les acides (R. Weber).

Le titane, oxydé par l'acide azotique, donne l'acide métatitanique, qui reste en grande partie non dissous [R. Weber, *Journ. für prakt. Chem.*, t. XC, p. 212].

Graham a obtenu un acide titanique soluble en dialysant la solution du chlorure de titane faite à froid.

L'acide titanique forme des combinaisons avec les acides et avec les bases.

SELS DE L'ACIDE TITANIQUE. — Les combinaisons que forme l'acide titanique avec les acides sont très-instables; leurs solutions sont toutes décomposées par l'ébullition; elles le sont aussi par la dilution, soit immédiatement, soit à la longue. Il reste toujours en solution une petite quantité d'acide titanique, qui peut être précipité par l'ammoniaque. Leur altérabilité tient sans doute à la transformation de l'acide α, soluble dans les acides, en modification β qui y est insoluble.

C'est l'hydrate précipité par l'ammoniaque qui se dissout le plus facilement dans les acides; la dissolution est moins facile lorsque cet hydrate a été lavé à l'eau bouillante (Rose). Ses solutions sont jaunes ou incolores, à saveur âcre et très-acide. Concentrées, elles laissent un résidu amorphe qui ne se redissout qu'incomplétement dans l'eau si une partie de l'acide a été chassée.

Le zinc, l'étain et le fer colorent ces solutions en bleu et y occasionnent ensuite un précipité violet (sesquioxyde). Ces solutions sont précipitées par l'ébullition, soit directement, soit après dilution. Cette précipitation n'est jamais complète, et la liqueur filtrée abandonne alors le reste de l'acide titanique lorsqu'on la neutralise par l'ammoniaque. Les alcalis caustiques précipitent l'acide titanique et le redissolvent difficilement; leurs carbonates et leurs sulfures en précipitent l'hydrate titanique avec dégagement d'acide carbonique ou d'hydrogène sulfuré.

Le ferrocyanure de potassium y produit un précipité volumineux, rouge-brun, soluble dans un excès de réactif. Le tannin occasionne un précipité rouge-brun ou une coloration jaune-orange.

L'hydrogène sulfuré ne produit aucune réaction.

CHLORHYDRATE D'ACIDE TITANIQUE. — La solution du chlorure de titane dans l'eau froide ou de l'acide titanique dans l'acide chlorhydrique contient un chlorhydrate d'acide titanique. L'hydrate $Ti(OH^2)$ offrant une certaine stabilité, il est possible que ce chlorhydrate renferme $TiOCl^2$. — Voyez aux HYDRATES et p. 417.

SULFATES TITANIQUES. — L'acide titanique se dissout dans l'acide sulfurique concentré et chaud s'il est anhydre; l'acide précipité des titanates se dissout déjà à froid dans l'acide étendu. La solution dans l'acide concentré peut être étendue d'eau sans qu'il y ait précipitation; si l'on a soin d'empêcher toute élévation de température. Si l'on évapore la solution sulfurique pour chasser l'excès d'acide, mais sans calciner le résidu, celui-ci reste soluble dans l'eau.

L'addition de beaucoup d'eau, l'addition d'alcool, l'ébullition surtout, précipitent la solution. Le précipité retient de l'acide sulfurique (Berzelius, H. Rose). La calcination lui fait perdre tout l'acide sulfurique.

D'après Merz, le résidu de l'évaporation de la solution sulfurique d'acide titanique, privé de l'excès d'acide par une température de 180° renferme $SO^3.TiO^2 = TiO(SO^4)$ analogue à l'oxychlorure $TiOCl^2$. L'eau enlève à ce résidu presque tout l'acide sulfurique; l'acide chlorhydrique le dissout lentement à froid, rapidement à chaud [*Journ. für prakt. Chem.*, t. XCIX, p. 157; *Bull. de la Soc. chim.* (2), t. VII, p. 401].

M. Glatzel a préparé le sulfate titanique normal

$$(SO^4)^2\overset{IV}{Ti} + 3H^2O$$

en oxydant le sulfate sesquititanique (page 419)

par l'acide nitrique. L'oxydation a lieu à une douce chaleur avec dégagement de vapeurs rouges et décoloration de la solution violette. La liqueur additionnée d'une petite quantité d'acide fournit un résidu, lequel débarrassé de l'excès d'acide sulfurique par une chaleur ménagée, présente la composition ci-dessus indiquée. C'est une masse transparente jaunâtre, résineuse, déliquescente, qui laisse après calcination un résidu blanc d'acide titanique.

Sulfate titano-potassique. — Le sulfate acide de potassium fondu dissout l'acide titanique. Le produit est un verre transparent, que l'eau rend opaque et décompose, en laissant la majeure partie de l'acide titanique et en en dissolvant une portion. Si l'on traite la masse vitreuse par l'acide sulfurique et qu'on chasse l'excès de cet acide à une douce chaleur, on obtient une masse cristalline qui cède du sulfate acide de potassium à l'eau en laissant de petits cristaux peu solubles dans l'eau et décomposables par beaucoup d'eau.

Ces cristaux ont pour composition $(SO^4)^3K^2\overset{IV}{Ti}$ [Warren, *Poggend. Ann.*, t. CII, p. 449].

M. Glatzel a obtenu le même sel combiné avec 3 molécules d'eau de cristallisation, en ajoutant au sulfate titanique normal décrit plus haut une juste proportion de sulfate de potassium, et abandonnant la solution sous une cloche au-dessus d'un vase renfermant de l'acide sulfurique. Ainsi obtenu, ce sulfate double forme de petits cristaux peu solubles dans l'eau et la solution laisse déposer de l'acide titanique à l'ébullition [*loc. cit.*].

L'*acide sulfureux* dissout de petites quantités d'acide titanique (Berthier).

Azotate de titane. — L'acide titanique se dissout dans l'acide azotique; la solution, évaporée sur la chaux, se recouvre d'une pellicule irisée composée de lamelles brillantes, imparfaitement solubles dans l'eau; leur solution claire se trouble à chaud. Ce composé renfermerait, d'après Merz,

$$5\,TiO^3H^2 + 2\,AzO^3H.$$

Phosphate de titane. — Lorsqu'on mélange des solutions aqueuses d'acide phosphorique et de chlorure de titane, il se précipite des flocons volumineux blancs, solubles dans l'excès de l'une ou l'autre des solutions. Desséché, ce précipité forme une masse gommeuse brillante (H. Rose).

L'addition de phosphate ammonique à une solution chlorhydrique d'acide titanique y produit un précipité gélatineux; celui-ci, lavé et séché, forme une masse porcelanée qui renferme

$$P^2O^5.2TiO^2 = (PO^4)^2\left\{\begin{matrix}\overset{IV}{Ti}\\(TiO)''\end{matrix}\right.$$

Merz pense que le précipité primitif est le phosphate $P^2O^5TiO^2$ (qui serait un pyrophosphate P^2O^7Ti ou peut-être un phosphate $(PO^4)^2H^2Ti$, mais que les lavages lui enlèvent de l'acide phosphorique.

Les cristaux que l'on obtient en dissolvant l'acide titanique dans le sel de phosphore, au fourneau Perrot, ne sont pas de l'anatase, comme le pensait G. Rose, mais un phosphate

$$3\,TiO^2.P^2O^5 = (PO^4)^2\,3(TiO)''$$

Ce sel est en cristaux transparents, jaune de miel, brillants; ils paraissent être orthorhombiques. D = 2,9 [Knop, *Ann. der Chem. u. Pharm.*, t. CLVII, p. 363].

Le *phosphite d'ammonium* produit aussi dans la solution chlorhydrique d'acide titanique un précipité blanc; celui-ci laisse un résidu noir par la calcination.

Arséniate de titane. — Précipité floconneux ressemblant à l'alumine, soluble dans un excès d'acide arsénique ou de solution titanique.

Titanates. — L'acide titanique forme des sels, la plupart insolubles dans l'eau, solubles dans l'acide chlorhydrique concentré, décomposables par l'acide étendu et bouillant. Il existe un certain nombre de titanates naturels. Chauffés avec du borax ou du sel de phosphore, les titanates donnent une perle violacée dans la flamme de réduction. La composition d'un grand nombre de titanates, est représentée par les formules

$$TiO^4M^4 \text{ et } TiO^3M^2$$

M représentant un métal monatomique. Ces sels correspondent aux hydrates

$$Ti(OH)^4 \text{ et } TiO(OH)^2.$$

Ils sont analogues aux orthosilicates et aux métasilicates.

Titanates de potassium. — L'hydrate titanique et les titanates acides de potassium se dissolvent dans un excès de potasse.

Par la fusion de 1 molécule d'acide titanique avec un excès de carbonate potassique, 1 molécule d'acide carbonique paraît se déplacer. La partie supérieure de la masse fondue est presque exclusivement formée par l'excès de carbonate; la partie inférieure renferme le titanate potassique neutre TiO^3K^2 (?) (H. Rose). Ce sel forme une masse fibreuse, jaunâtre, plus fusible que le carbonate potassique. Traité par l'eau, il se dédouble en sel basique qui reste dissous, et en un titanate acide insoluble. Ce dernier, lavé jusqu'à ce que les eaux passent troubles, forme une poudre blanche ressemblant beaucoup à l'acide titanique et passant comme lui à travers les filtres. H. Rose y a trouvé 17,33 à 18,01 d'oxyde de potassium, et 82,67 à 81,99 d'anhydride titanique, soit environ

$$5\,TiO^2.K^2O = Ti^5O^{11}K^2,$$

formule qui correspond à celle du métastannate anhydre de potassium.

Lorsqu'on traite ce sel acide par l'acide chlorhydrique concentré et qu'on sursature le mélange par l'ammoniaque, le précipité renferme 8,7 % d'oxyde de potassium, soit $12\,TiO^2 + K^2O$.

Titanates de sodium. — Ils s'obtiennent comme ceux de potassium. Celui provenant de la décomposition du sel neutre par l'eau renferme

$$15,20\ \%\ Na^2O,\quad 75\ \%\ TiO^2\quad \text{et}\quad 10\ \%\ H^2O$$

(H. Rose). Cette composition varie sans doute avec la durée des lavages.

La plupart des autres titanates connus se rencontrent dans la nature; ils ont été reproduits artificiellement par Hautefeuille [*Ann. de Chim. et de Phys.*, (4), t. IV, p. 129].

Titanate de calcium, TiO^3Ca (*pérowskite*). — On l'obtient avec ses caractères naturels en soumettant, au rouge vif, à l'action de l'air chargé de vapeur d'eau et d'acide chlorhydrique, un mélange de silice, d'acide titanique et de chlorure de calcium. Des traitements successifs à l'acide chlorhydrique et à la potasse dissolvent la gangue et laissent les cristaux de pérowskite. Densité = 4,0 (Hautefeuille).

Titanate de magnésium, *a.* TiO^3Mg. — Hautefeuille a obtenu ce sel en chauffant au rouge vif un mélange d'anhydride titanique, de sel ammoniac et de chlorure de magnésium; après le lavage aux acides faibles, le titanate reste sous forme d'un sable cristallin (tables hexagonales ou rhomboïdales, transparentes, probablement orthorhombiques). Densité = 3,9.

b. TiO^4Mg^2. — Beaux octaèdres, plus durs que le verre, obtenus par la calcination d'un mélange d'acide titanique, d'oxyde et de chlorure de magnésium. Densité = 3,52

Titanate ferreux. — Il existe un grand nombre

de titanates de fer naturels dont nous indiquons plus loin la composition. Hautefeuille a obtenu le titanate ferreux TiO^4Fe^2 en chauffant au creuset de platine un mélange d'acide titanique, de fluorure ferreux et de chlorure de sodium; il forme de beaux cristaux orthorhombiques rouges non magnétiques.

TITANATE MANGANEUX, TiO^4Mn^2. — Obtenu comme le titanate diferreux en remplaçant le fluorure ferreux par le fluorure manganeux; il forme des cristaux assez nets, mélangés de lames très-fragiles de titanate monobasique, TiO^3Mn.

SILICO-TITANATES. — Le *sphène* ou *titanite* est un silico-titanate de calcium

$$2SiO^2.CaO + 2TiO^2.CaO, \text{ soit } TiSiO^5Ca$$

ou

$$O\begin{matrix}\diagup TiO\text{-}O \\ \diagdown SiO\text{-}O\end{matrix}\rangle Ca$$

dérivé de l'hydrate mixte

$$O\begin{matrix}\diagup TiO\text{-}OH \\ \diagdown SiO\text{-}OH\end{matrix}$$

Hautefeuille a reproduit ce minéral en fondant à une température élevée un mélange de 3 p. de silice et de 4 p. d'anhydride titanique avec du chlorure de calcium, et reprenant le produit par de l'acide chlorhydrique étendu. Prismes clinorhombiques de 113°20'. Densité = 3,45.

L'addition de chlorure de manganèse au chlorure de calcium a donné la greenovite.

Silicotitanate de potassium. — Ce sel complexe reste comme résidu insoluble lorsqu'on épuise par l'eau le produit de la fusion d'un mélange de silice et d'acide titanique avec le carbonate potassique. Il est soluble dans l'acide chlorhydrique concentré (H. Rose).

SULFURE DE TITANE, TiS^2. — H. Rose a obtenu ce sulfure, le seul que l'on connaisse, en soumettant l'acide titanique, chauffé au rouge vif, à l'action des vapeurs de sulfure de carbone.

La fusion d'un mélange de 1 p. de rutile, 1 p. de carbonate sodique sec, 1 p. de soufre et environ 1/5 de charbon, au creuset brasqué, fournit une masse noire, dense, qui, lavée à l'eau et à l'acide sulfurique, laisse des lamelles jaunes de sulfure de titane (Berthier); mais ces procédés ne donnent pas un produit de composition constante.

Ebelmen a préparé le sulfure de titane en dirigeant à travers un tube chauffé au rouge naissant un mélange de vapeur de chlorure de titane et d'hydrogène sulfuré. Pour faire ce mélange il suffit de faire passer de l'hydrogène sulfuré à travers du chlorure de titane que l'on chauffe dans une cornue. L'intérieur du tube se tapisse d'une couche épaisse de sulfure de titane; à la fin de l'opération, on trouve dans la cornue un produit vert olivâtre, qui est pareillement du sulfure de titane; ce dernier se forme donc déjà à la température d'ébullition du tétrachlorure.

Il ne se produit pas par voie humide.

Le sulfure de titane se présente en larges lames cristallines d'un jaune de laiton et ressemblant à l'or mussif. Il s'altère lentement à l'air humide en exhalant une odeur d'hydrogène sulfuré. Le grillage le transforme en acide sulfureux et oxyde de titane. Il est insoluble dans l'acide chlorhydrique et dans l'acide sulfurique étendu. L'eau régale le dissout sans résidu [Ebelmen, *Ann. de Chim. et de Phys.*, (3), t. XX, p. 394]. Chauffé au rouge vif dans un courant de vapeur d'eau, il se décompose avec production d'acide titanique et d'hydrogène sulfuré (Regnault). La potasse aqueuse le décompose peu à peu (H. Rose).

AZOTURES DE TITANE. — Le titane est remarquable par son affinité pour l'azote libre et il est difficile d'obtenir du titane métallique exempt d'azote, qui lui communique alors un aspect métallique et une couleur jaune ou rougeâtre. Cette affinité se manifeste à chaud et le titane libre fixe avec la plus grande avidité l'azote de l'air resté dans les appareils ou qui passe à travers les pores des creusets.

Les azotures de titane ont pendant longtemps été confondus avec le titane lui-même. C'est à Wœhler qu'on doit la découverte de cette affinité spéciale du titane; il a décrit quelques azotures de ce métal et a reconnu la nature des cristaux dits de titane qu'on trouve dans la partie inférieure de certains hauts-fourneaux. Il a reconnu que ces cristaux sont une combinaison de cyanure et d'azoture de titane (voyez t. I, p. 1124) [*Ann. de Chim. et de Phys.*, (3), t. XXIX, p. 175]. L'étude de ces azotures a été ensuite reprise par Wœhler et H. Sainte-Claire Deville [*Ibid.*, t. LII, p. 92].

Wœhler a décrit quatre azotures de titane, mais l'un d'eux, Ti^3Az^2, n'existe, d'après lui, que combiné au cyanure dans l'azoto-cyanure de titane; les trois autres azotures sont $TiAz^2$, Ti^3Az^4 et Ti^5Az^6. Traités par la potasse en fusion, tous ces azotures produisent un dégagement d'ammoniaque. Il en est de même dans l'action de la vapeur d'eau à une température élevée.

Azoture de titane, Ti^2Az^2. — MM. Friedel et Guérin n'ont pu obtenir les azotures

$$TiAz^2 \text{ et } Ti^5Az^6.$$

Ils ont fait voir qu'en chauffant l'acide titanique pendant un temps suffisamment long dans un courant de gaz ammoniac tout à fait sec, on obtient non pas l'azoture $TiAz^2$ mais un azoture $TiAz$, ou plutôt Ti^2Az^2 d'un beau jaune d'or. Les produits intermédiaires sont des mélanges d'azoture et de sesquioxyde de titane. L'azoture Ti^2Az^2 correspond au sesquioxyde Ti^2O^3. Il présente à 18° une densité = 5,28 [*Compt. rend.*, t. LXXXII, p. 972].

Quant à l'azoture $TiAz^2$, on l'a décrit comme une poudre d'un bleu violet foncé, douée de reflets cuivrés, obtenue par l'action du gaz ammoniac sur l'anhydride titanique maintenu à une température très-élevée.

Azoture, Ti^3Az^4. — Il correspond à l'acide titanique $3TiO^2 + 4AzH^3 = Ti^3Az^4 + 6H^2O$. Il a été découvert par Liebig et se forme lorsqu'on chauffe le chlorure de titane ammoniacal dans un courant de gaz ammoniac. La calcination de cet azoture à l'air a lieu avec une sorte d'éclair.

Pour le préparer facilement, Wœhler et Deville font arriver les vapeurs de tétrachlorure de titane sur du sel ammoniac chauffé jusqu'à la température de sa volatilisation; le mélange des vapeurs passe ensuite à travers une partie du tube chauffée au rouge vif. Il se dégage de l'acide chlorhydrique et l'azoture formé se dépose sur les parois du tube sous la forme d'un enduit métallique d'un rouge de cuivre. Sa formation a lieu d'après l'équation:

$$3TiCl^4 + 4AzH^4Cl = 16HCl + Ti^3Az^4.$$

Lorsqu'on chauffe assez longtemps l'azoture Ti^3Az^4, correspondant à l'acide titanique, il se transforme dans l'azoture Ti^2Az^2, qui correspond au sesquioxyde (Friedel et Guérin).

Azoture, Ti^5Az^6. — L'existence de cet azoture a été révoquée en doute par MM. Friedel et Guérin. Wœhler admet qu'il se produit lorsqu'on chauffe au rouge l'azoture précédent dans un courant d'hydrogène sec. Une partie de l'azote se dégage à l'état de gaz ammoniac et le nouvel azoture reste sous la forme de lamelles brillantes, d'un jaune d'or.

D'après Wœhler cet azoture paraît aussi se former lorsqu'on chauffe l'anhydride titanique dans un courant de cyanogène ou d'acide cyanhydrique.

On n'a pas réussi à obtenir un azoture correspondant au dichlorure $TiCl^2$.

D'après ce qui précède, les azotures de titane bien définis paraissent donc se réduire à deux, savoir, l'azoture Ti^2Az^2 et l'azoture Ti^3Az^4.

PHOSPHURE DE TITANE. — La seule donnée relative à cette combinaison est due à Chenevix qui l'a obtenue en fragments grenus, blancs et fragiles, par la fusion du phosphate titanique avec du charbon et du borax.

MINÉRAUX TITANIFÈRES. — Les principaux minéraux renfermant du titane sont, outre les trois variétés d'acide titanique, *rutile, anatase* et *brookite*, les différentes variétés de *fer titané:* le *sphène* ou *titanite* qui est un silicotitanate de calcium; la *polymignite* qui est un titanate de zirconium et d'yttrium, l'*æschynite*, l'*euxénite* et le *pyrochlore* qui sont en même temps des minéraux niobifères (voyez t. II, p. 558), etc. L'acide titanique est contenu en outre en petite quantité dans une foule de minerais de fer.

ACIDE TITANIQUE NATUREL. — Voici quelques analyses de ses trois variétés :

	Anatase (Damour).	Brookite (Oural) (Hermann).	Rutile (Saint-Yrieix). (H. Rose).
TiO^2.......	98,36	94,09	98,47
Fe^2O^4......	1,11	4,50	1,53
SnO^2......	0,20	—	—
Perte au feu.	—	1,41	—

Reproduction artificielle. — M. Daubrée a obtenu la brookite en faisant réagir à une température élevée de la vapeur d'eau sur le chlorure de titane. L'acide titanique, chauffé longtemps dans un courant d'acide chlorhydrique, se transforme en cristaux quadratiques de rutile (Deville).

Ebelmen a saturé dans un four à porcelaine du sel de phosphore avec de l'acide titanique. Par le refroidissement, il a obtenu de longs cristaux de rutile aciculaire [*Ann. de Chim. et de Phys.*, (3), t. XXXIII, p. 68]. (D'après Knop, ces cristaux seraient un phosphate titanique.)

Les expériences les plus variées sur ce sujet sont dues à Hautefeuille [*Compt. rend.*, t. LVII, p. 148, et t. LIX, p. 188; *Bull. de la Soc. chim.*, 1863, p. 558; et 1864, t. II, p. 194; *Ann. de Chim. et de Phys.*, (4), t. IV, p. 129].

En chauffant au rouge blanc, dans un courant d'acide chlorhydrique, un mélange de titanate et de chlorure de potassium, on obtient du rutile en cristaux prismatiques accolés. L'emploi du mélange de titanate et de fluotitanate de potassium donne de même du rutile aciculaire en cristaux isolés; enfin un mélange de titanate et de fluosilicate de potassium donne du rutile laminaire.

L'action de la vapeur d'eau sur le fluorure de titane au rouge vif fournit du rutile en beaux prismes carrés.

L'acide fluorhydrique, employé comme agent minéralisateur au lieu d'acide chlorhydrique, transforme l'acide titanique amorphe en brookite, anatase ou rutile, suivant la température, tandis que l'acide chlorhydrique fournit toujours du rutile. Si la température à laquelle la vapeur d'eau agit sur le fluorure de titane est voisine du point d'ébullition du cadmium, on obtient des cristaux d'anatase colorés en violet ou en bleu si la vapeur d'eau est mélangée d'hydrogène. Si la température se rapproche de celle qui est nécessaire pour volatiliser le zinc, on obtient la brookite.

TITANATES ET FERS TITANÉS. — Les titanates simples ne sont pas nombreux. Nous ne citerons que la *pérowskite* ou titanate de calcium, TiO^3Ca, la *crichtonite* ou titanate ferreux, TiO^3Fe, et la *picrotitanite* ou titanate ferrosomagnésien,

$$(TiO^3)^2FeMg.$$

Voici la composition de ces minéraux :

Perowskite du Mont-Rose (Damour).		Crichtonite (Dauphiné).			Picrotitanite (État de New-York). (Rammelsberg).	
			(Marignac).	(Damour).		
TiO^2.......	59,23	TiO^2.......	52,27	57,09	TiO^2....	57,71
CaO.......	39,92	Fe^2O^3.....	1,20	—	FeO......	26,82
FeO.......	1,14	FeO.......	46,53	42,12	MgO.....	13,71
		MnO.......	—	0,80	MnO.....	0,90

Tous les autres fers titanés rhomboédriques représentent des mélanges de titanate ferreux et d'oxyde ferrique, $m\,TiO^3Fe + n\,Fe^2O^3$. Tels sont : l'*ilménite*, $6\,TiO^3Fe + Fe^2O^3$; la *washingtonite*, $TiO^3Fe + Fe^2O^3$, etc. Ces minéraux renferment fréquemment du manganèse.

Les fers titanés octaédriques correspondent au fer oxydulé et à la formule générale $R^2O^3.RO$, dans laquelle $R^2 = (Fe^2, Ti^2)$ et $R = Fe$. — Ex : l'*isérine*.

L'acide titanique se rencontre dans la plupart des basaltes; ceux d'Auvergne (Gergovie) contiennent jusqu'à 2,74 % de titane, d'après Roussel [*Compt. rend.*, t. LXXVII, p. 1102].

Riley a constaté sa présence dans un grand nombre d'argiles. E. W.

TITANE (COMBINAISONS ORGANIQUES). — Le chlorure de titane, $TiCl^4$, donne naissance, par son action sur l'alcool et sur les éthers, à divers composés, dont le premier a été décrit par Friedel et Crafts [*Bull. de la Soc. chim.*, (2), t. XIV, p. 98], et représente la trichloréthyline,

$$TiCl^3(OC^2H^5),$$

c'est-à-dire le tétrachlorure de titane dont un atome de chlore a été remplacé par un groupe oxéthyle. Demarçay a fait connaître la combinaison chlorhydrique de la chlorotriéthyline,

$$TiCl(OC^2H^5)^3,$$

combinaison qui a permis de préparer l'éther orthotitanique $Ti(OC^2H^5)^4$ [*Compt. rend.*, t. LXXX, p. 51]. Le même savant a décrit une série de combinaisons formées par le tétrachlorure de titane avec divers éthers composés [*Bull. de la Soc. chim.*, (2), t. XX, p. 127]. Enfin Benson a fait connaître la combinaison du tétrachlorure de titane avec l'éther [*Chem. News*, t. XXXI, p. 65, et *Bull. de la Soc. chim.*, (2), t. XXIV, p. 376].

TRICHLORÉTHYLINE TITANIQUE,

$$Ti\begin{cases}Cl^3\\OC^2H^5.\end{cases}$$

— Cette combinaison prend naissance lorsqu'on soumet à la distillation un mélange d'éther ou d'alcool absolu avec du chlorure titanique. C'est un composé cristallin, bouillant à 190-195°, fusible à 77°. Si l'on chauffe l'éther et le chlorure de titane à 150° en tubes scellés, on obtient une poudre blanche, soluble dans l'eau et renfermant

$$TiO\begin{cases}Cl\\OC^2H^5\end{cases} + x\,TiO^2.$$

La solution aqueuse de ce corps se prend en gelée lorsqu'on la chauffe à 100° (Friedel et Crafts).

L'action du chlorure de titane sur l'éther est très-violente; elle donne naissance à un liquide brun. Celui-ci fournit par la distillation, de 105 à 120° un composé cristallisé, fusible à 42-45° et représentant la combinaison $TiCl^4.(C^2H^5)^2O$. Les dernières portions du produit distillé renferment la trichloréthyline de Friedel et Crafts. D'après Benson, cette dernière combinaison fond à 76-78° et bout à 186-188° (corrigé).

CHLORHYDRATE DE CHLOROTRIÉTHYLINE TITANIQUE. — Lorsqu'on fait évaporer sous une cloche, en présence de potasse solide et d'acide sulfurique, une solution de chlorure titanique dans l'alcool absolu, on obtient une masse amorphe ayant pour composition $TiCl(OC^2H^5)^3.HCl$. On obtient la même combinaison en cristaux volumineux lorsqu'on distille dans le vide, de 80 à 100°, une dissolution de 1 molécule $TiCl^4$ dans 4 molécules d'alcool absolu. Il reste une masse cristalline blanche ou jaunâtre, qu'il ne reste plus qu'à faire cristalliser dans l'alcool. Ces cristaux fondent de 105 à 110° en perdant de l'acide chlorhydrique et en donnant un sublimé cristallin, peut-être la monochlorotriéthyline. L'eau décompose le chlorhydrate de chloréthyline titanique (Demarçay).

TITANATE TÉTRÉTHYLIQUE OU ORTHOTITANATE D'ÉTHYLE,

$$Ti(OC^2H^5)^4.$$

— La solution du chlorhydrate précédent, étant additionnée d'une solution alcoolique étendue d'éthylate de sodium, fournit un précipité de chlorure de sodium; la liqueur claire donne, par la concentration à l'abri de l'humidité, des cristaux d'éther titanique. Ce corps, cristallisé en longs fuseaux, est très-altérable sous l'influence de l'humidité. La solution éthérée laisse déposer de l'hydrate titanique lorsqu'on y ajoute de l'eau (Demarçay).

COMBINAISONS DU CHLORURE TITANIQUE AVEC LES ÉTHERS.

Combinaisons avec l'acétate d'éthyle :

1° $2TiCl^4.(C^2H^3O.OC^2H^5)$.

— Petits cristaux jaunes, groupés sphériquement. On les obtient en ajoutant, goutte à goutte du chlorure de titane à l'éther acétique pur, en quantités proportionnelles. L'eau, l'alcool, l'éther, décomposent cette combinaison; il en est de même de la distillation;

2° $TiCl^4.(C^2H^3O.OC^2H^5)$. — Amas de cristaux qu'on obtient en dissolvant la combinaison précédente dans un poids calculé d'éther acétique;

3° $TiCl^4.(C^2H^3O.OC^2H^5)^2$. — Cette combinaison cristallise dans un excès d'éther acétique en longues et belles aiguilles.

Combinaisons avec le benzoate d'éthyle. — Elles sont au nombre de trois, correspondant aux précédentes; elles sont plus stables et mieux cristallisées. La fusion les altère.

La combinaison $(TiCl^4)^2(C^7H^5O.OC^2H^5)$, soumise à une série de distillations, fournit un corps cristallisé qui paraît renfermer

$$TiCl^4(C^7H^5O.OC^2H^5).2C^7H^5OCl.$$

On obtient des combinaisons analogues avec les *butyrate, valérate, caproate, angélate d'éthyle, valérate* et *acétate d'amyle, benzoate de méthyle.*

L'oxalate et le succinate d'éthyle donnent des combinaisons peu stables :

$$(TiCl^4)^2.[C^2O^2(OC^2H^5)^2]$$
$$TiCl^4.[C^2O^2(OC^2H^5)^2]$$
$$(TiCl^4)^2[C^4H^4O^2(OC^2H^5)^2]$$
$$TiCl^4.[C^4H^4O^2(OC^2H^5)^2].$$

Demarçay, à qui l'on doit la description de ces composés, les envisage comme des combinaisons de la trichloréthyline titanique avec les chlorures d'acides, par exemple :

$$TiCl^4.C^2H^3O.OC^2H^5 = Ti\left\{\begin{matrix}OC^2H^5\\Cl^3\end{matrix}\right. + C^2H^3OCl.$$

Le principal argument en faveur de cette interprétation est la formation de ces combinaisons par l'union de la trichloréthyline avec les chlorures d'acides, par exemple avec le chlorure d'acétyle. Cette trichloréthyline s'unit du reste aussi aux différents éthers. Il existe au surplus des combinaisons semblables aux précédentes, avec excès de chlorure d'acide, par exemple de chlorure de benzoyle.

Combinaisons du chlorure titanique avec les sulfures alcooliques. — Les sulfures et sulfhydrates alcooliques donnent les combinaisons suivantes :

$$TiCl^4.C^2H^5.HS = TiCl^3(SC^2H^5).HCl$$
$$TiCl^4.(C^2H^5)^2S = TiCl^3(SC^2H^5).C^2H^5Cl$$
$$TiCl^4(C^2H^5.HS)^2 = TiCl^2(SC^2H^5)^2.2HCl$$
$$TiCl^4[(C^2H^5)^2S]^2 = TiCl^2(SC^2H^5)^2.2C^2H^5Cl.$$

Les deux premières sont d'un rouge noirâtre et cristallisent mal; la troisième est écarlate et la dernière d'un rouge foncé; elles cristallisent bien. L'eau et l'alcool décomposent ces combinaisons.

Il existe enfin des combinaisons intermédiaires entre les combinaisons oxygénées et les combinaisons sulfurées par exemple :

$$TiCl^4C^2H^5.HS + C^7H^5O.OC^2H^5.$$ E. W.

TITANE (ANALYSE). — Les caractères des combinaisons titaniques ont été indiqués à l'occasion des combinaisons de l'acide titanique avec les acides. Quant aux combinaisons alcalines, elles sont beaucoup plus rares et se reconnaissent aisément si l'on a soin de les transformer en solutions acides en les traitant à froid par l'acide chlorhydrique. La réaction caractéristique des combinaisons titaniques est leur réduction par le zinc, réduction qui donne une coloration ou un précipité violet, précipité très-oxydable et qui se transforme très-facilement en acide titanique. La même coloration est produite au chalumeau avec la perle de borax ou de sel de phosphore dans la flamme réductrice. Cette coloration est rouge de sang en présence du fer.

Dosage de l'acide titanique. — On le pèse toujours comme tel, en le séparant par l'ébullition ou par l'ammoniaque de ses solutions acides. Pour précipiter les solutions acides étendues, on les neutralise par un léger excès d'ammoniaque; on laisse déposer le précipité, qui ressemble à l'alumine, on le lave, d'abord par décantation, puis sur le filtre, puis on le calcine après dessiccation.

Si le précipité renfermait de l'acide sulfurique, il faudrait faciliter le départ de cet acide par l'addition d'un peu de carbonate ammonique. L'acide calciné doit être pesé immédiatement, car il est hygrométrique. Il doit être parfaitement blanc après calcination.

Si l'acide titanique est en solution sulfurique, ou si cette solution est celle qui provient du traitement par l'eau froide de la masse obtenue par fusion d'un composé titanique avec le sulfate acide de potassium, il peut être précipité complétement par une ébullition *prolongée* de la liqueur très-étendue; il faut avoir soin de renouveler l'eau évaporée.

Fuchs a proposé de doser d'une manière indirecte l'acide titanique contenu dans une solution en faisant bouillir celle-ci avec une quantité connue de cuivre métallique, à l'abri de l'air. L'acide titanique est réduit et il se dissout une quantité de cuivre correspondant à 1 atome, pour 2 molécules d'acide titanique,

$$(2 TiO^2 + Cu = CuO + Ti^2O^3).$$

En pesant la lame de cuivre après l'expérience, on connaît la quantité de cuivre dissous, et, par suite, la quantité d'acide titanique qui se trouvait dans la solution.

Pisani réduit la solution titanique par le zinc, à l'abri de l'air, l'étend ensuite d'eau bouillie et titre, par une solution de permanganate, la quantité d'acide titanique réduite par le zinc. Le sesquioxyde de titane est ramené ainsi très-facilement à l'état d'acide titanique [*Compt. rend.*, t. LIX, p. 298].

Ce procédé permet de doser l'acide titanique en présence de la zircone, dont la séparation est très-difficile.

Pisani a fondé un procédé sur ce fait que dans un mélange renfermant du sesquioxyde violet de titane et un sel ferreux, c'est le sesquioxyde de titane qui est le premier oxydé par le permanganate. Il dose les deux oxydes successivement par ce réactif dans la même solution. On verse le permanganate jusqu'à disparition de la couleur violette; on reconnaît le moment où le fer commence à s'oxyder en prélevant à ce moment une goutte de liqueur et l'essayant par le sulfocyanate de potassium; quand la coloration rouge de sulfocyanate ferrique se produit, on est arrivé au terme de l'oxydation du titane et au commencement de celle du sel ferreux. On continue ensuite le titrage de ce dernier comme à l'ordinaire.

Analyse des minéraux titanifères. — Indépendamment des procédés qui ont été mentionnés p. 419, on peut attaquer le minéral titanifère par 5 à 6 p. de sulfate acide de potassium, dans un creuset de platine, jusqu'à dissolution complète. On dissout dans l'eau froide la matière fondue et pulvérisée. Cette solution laisse déposer tout son acide titanique par une ébullition prolongée. C'est le procédé qui convient le mieux pour la séparation subséquente du fer.

Séparation du titane et du fer. — Cette séparation est difficile à effectuer d'une manière complète par l'ébullition de la solution acide. L'acide titanique, en se précipitant, entraîne toujours du fer dans sa précipitation. Le seul procédé qui permette d'effectuer cette séparation repose sur l'emploi de l'hyposulfite de sodium qui maintient le fer en dissolution, sans empêcher la précipitation de l'acide titanique, lorsqu'on fait bouillir. A cet effet, on ajoute ce sel à la solution provenant de l'attaque par le sulfate acide de potassium, et l'on porte à l'ébullition. On reconnaît facilement que l'acide titanique est exempt de fer; il doit être parfaitement blanc après calcination.

S'il n'en était pas ainsi, ce qui arrive lorsqu'on a suivi une autre marche, on traite la matière colorée par le sulfate acide de potassium, comme il a été dit plus haut, et on sépare le fer à l'aide de l'hyposulfite.

On a aussi recommandé de traiter l'acide titanique ferrugineux par le sulfure ammonique en excès; par une digestion de quelques heures avec ce réactif, tout le fer se transforme en sulfure et l'acide titanique reste inaltéré. On étend d'eau le mélange, on lave le dépôt et on traite celui-ci par l'acide sulfureux, qui dissout le sulfure de fer.

On peut attaquer les fers titanés ou les mélanges d'acide titanique et d'oxyde de fer, au rouge sombre, par un mélange de gaz chlorhydrique et de chlore. Le fer se volatilise à l'état de sesquichlorure et peut être recueilli. L'acide titanique reste dans la nacelle de porcelaine. Une très-petite quantité de titane peut être volatilisée en même temps, mais se retrouve dans le précipité d'oxyde de fer, si on lui fait subir un nouveau traitement pareil au premier. L'acide titanique est tout à fait blanc (Friedel et Guérin).

Pour les autres procédés, voyez p. 419 et 420.

Pour rechercher le titane dans le fer ou la fonte, on dissout un poids connu de métal dans l'acide chlorhydrique. L'acide titanique reste dans le résidu avec la silice. On traite ce résidu par le sulfate acide de potassium, et l'on achève comme il a été dit plus haut. S'il existe de l'acide titanique dans la solution, on traite celle-ci par un peu d'ammoniaque; l'acide titanique se précipite avec les premières portions du fer.

Acide titanique et silice. — Il arrive quelquefois que l'acide titanique précipité est mélangé de silice. Pour l'en séparer, on le traite par l'acide sulfurique concentré et chaud qui dissout l'acide titanique; après refroidissement, on verse le tout dans l'eau en empêchant la température de s'élever; on filtre pour séparer la silice et on porte la solution à l'ébullition pour précipiter l'acide titanique. On soumet au besoin la silice à un second traitement semblable. Ce procédé est applicable aux silicates titanifères; dans ce cas, l'acide titanique renferme du fer dont il faut effectuer la séparation.

On peut aussi se débarrasser de la silice en attaquant par l'acide sulfurique en présence d'acide fluorhydrique; toute la silice est transformée en fluorure de silicium qui se volatilise (Scheerer).

Acide titanique, étain, antimoine, tungstène. — On traite le mélange des oxydes par le sulfure ammonique jaune, qui redissout les sulfures d'étain, d'antimoine et de tungstène, sans modifier l'acide titanique.

Acide titanique et alumine. — La solution sulfurique est étendue d'eau et soumise à une ébullition prolongée. L'acide titanique se précipite et l'alumine reste entièrement dissoute. La glucine est séparée de même. Le même procédé peut servir à séparer l'acide titanique des *bases alcalines*, de la *chaux*, de la *magnésie*, des *oxydes de zinc*, de *cuivre*, etc. Dans certains cas on peut faciliter la précipitation de l'acide titanique par l'addition d'ammoniaque lorsque celle-ci ne précipite pas l'oxyde métallique ou qu'elle peut le redissoudre après l'avoir précipité.

Acides titanique, niobique et tantalique. — Ces acides se trouvent associés dans certains minéraux (*Æschynite*, etc.). Leur séparation est difficile. Voici le procédé suivi par Marignac [*Ann. de Chim. et de Phys.*, (4), t. XIII, p. 5].

On attaque le minéral par 2 p. de fluorhydrate de fluorure de potassium. Le produit de la réaction, traité par l'eau bouillante additionnée d'acide fluorhydrique, cède à celle-ci des fluotitanates, fluoniobates et fluotantalates alcalins, tandis que les fluorures terreux restent insolubles. On évapore à sec la liqueur filtrée et on redissout le résidu dans l'eau bouillante, qui laisse une petite quantité de substance qu'on ajoute au premier résidu insoluble. La solution est ensuite précipitée par l'hydrogène sulfuré (s'il y a de l'étain ou autres métaux précipitables), puis évaporée à sec avec de l'acide sulfurique. La solution sulfurique, additionnée d'hyposulfite de sodium, et neutralisée par l'ammoniaque, puis portée à l'ébullition, laisse précipiter le mélange des acides titanique et niobique ou tantalique. Pour en effectuer la séparation, Marignac met à profit ce fait que la réduction de l'acide niobique par le zinc en solution acide étendue n'a pas lieu en présence de fluorures, tandis que celle de l'acide titanique se fait avec la plus grande facilité, ce qui permet alors de doser cet acide par le permanganate de potassium.

On chauffe 0gr,5 du mélange d'acides avec 1gr,5 de fluorhydrate de fluorure de potassium; on fait digérer le produit fondu avec 250 grammes d'acide chlorhydrique (d'une densité de 1,025), puis on introduit la solution dans un ballon contenant du zinc pur et portant un tube de dégagement qui débouche sous l'eau. La réduction de l'acide titanique est complète après 24 heures. On décante alors rapidement la solution et on la titre par le permanganate. La différence entre le poids total des acides et le poids d'acide titanique ainsi trouvé fournit le poids de l'acide niobique ou tantalique. E. W.

TITANE OXYDÉ. — Voyez ANATASE, BROOKITE et RUTILE.

TITANE SILICO-CALCAIRE.—Voyez SPHÈNE.

TITANITE. — Voyez SPHÈNE.

TOLALLYLE (SULFURE DE). — Voyez THIONESSALE, t. III, p. 401.

TOLANE, $C^{14}H^{10}$ [Limpricht et Schwanert, *Ann. der Chem. u. Pharm.*, t. CXLV, p. 330; *Deutsche chem. Gesselsch.*, t. IV, p. 379; *Bull. de la Soc. Chim.*, 1868, t. IX, p. 330 et t. XV, p. 262. — Zinin, *Zeitsch. für Chem.*, t. IV, p. 718 et t. VII, p. 284; *Bull. de la Soc. Chim.*, 1869, t. XI, p. 420 et t. XV, p. 262].

Le tolane, qui est un isomère de l'anthracène et du phénanthrène, a été découvert par MM. Limpricht et Schwanert. Ces chimistes l'ont obtenu en chauffant pendant 10 à 12 heures à 130°, le bromure de stilbène avec de la potasse alcoolique,

$$\underset{\text{Bromure de stilbène.}}{C^{14}H^{12}Br^2} + 2KHO = \underset{\text{Tolane.}}{C^{14}H^{10}} + 2KBr + 2H^2O.$$

Zinin l'a obtenu au moyen du chlorobenzile,

$$C^{14}H^{10}OCl^2,$$

qui provient de l'action du perchlorure de phosphore sur le benzile, $C^{14}H^{10}O^2$; en traitant ce chlorobenzile, à 200° par le perchlorure de phosphore, on le convertit en un composé, $C^{14}H^{10}Cl^4$, appelé d'abord tétrachlorobenzile, mais qui est identique avec le tétrachlorure de tolane; en effet, traité par l'amalgame de sodium en présence d'alcool bouillant, le composé, $C^{14}H^{10}Cl^4$, perd tout son chlore et fournit du tolane.

La désoxybenzoïne, $C^{14}H^{12}O$, traitée par le perchlorure de phosphore, donne un composé chloré, $C^{14}H^{11}Cl$, qui chauffé avec de la potasse perd les éléments de l'acide chlorhydrique et se convertit en tolane, $C^{14}H^{10}$ (Zinin).

Suivant Pfankuch, le tolane se produirait dans la distillation d'un mélange de soufre et de benzoate de sodium [*Journ. für prakt. Chem.*, t. IV, p. 35; *Bull. de la Soc. Chim.*, 1871, t. XVI, p. 314].

Le tolane très-soluble dans l'éther et dans l'alcool à chaud se sépare de l'éther en grands cristaux transparents et de sa solution alcoolique, en longs prismes ou en lames; il fond à 60° et distille sans décomposition à une haute température.

BROMURE DE TOLANE, $C^{14}H^{10}Br^2$. — Le tolane en solution éthérée absorbe le brome et donne deux bromures isomériques: l'un, cristallisé, en lamelles fusibles à 200-205°, l'autre, qui a été obtenu par M. Jena et ne se forme qu'en petite quantité, est en longues aiguilles cassantes, fusibles à 64°. Ces bromures se transforment, en partie, l'un dans l'autre par l'action de l'eau à 180°; le bromure fusible à 200° distille sans altération, tandis que par la distillation, le bromure fusible à 64° se convertit presque entièrement en bromure fusible à 200°.

Chauffés avec de l'eau à 200°, ces bromures se décomposent en donnant du tolane et du benzile, $C^{14}H^{10}O^2$. Chauffés à 150° avec de l'acétate d'argent et de l'acide acétique, ils donnent les mêmes produits; mais à 120°, ils donnent une combinaison, $C^{14}H^{10}(C^2H^3O^2)Br$, fusible à 107°.

CHLORURES DE TOLANE. — Le tétrachlorure,

$$C^{14}H^{10}Cl^4,$$

ne s'obtient pas au moyen du tolane, mais se forme dans l'action du perchlorure de phosphore sur le chlorobenzile, $C^{14}H^{10}OCl^2$. Ce tétrachlorure est insoluble dans l'eau, peu soluble dans l'alcool et dans l'éther; l'hydrogène naissant dégagé par l'amalgame de sodium le convertit en tolane; traité en solution alcoolique par le zinc, il donne deux chlorures de tolane isomères, $C^{14}H^{10}Cl^2$ (Zinin).

Ces mêmes chlorures se forment, d'après Limpricht et Schwanert, par l'action du perchlorure de phosphore sur le stilbène. L'un de ces chlorures est en lamelles rhomboïdales, fusibles à 153°, solubles dans 10 parties d'alcool bouillant; l'autre est en longues aiguilles ou en prismes hexagonaux, fusibles à 63°, solubles en toute proportion dans l'alcool bouillant. 10 p. de tétrachlorure de tolane fournissent par l'action du zinc 2 p. 2 à 2 p. 4 du chlorure, $C^{14}H^{10}Cl^2$, fusible à 153°, et 6 p. à 5 p. 2 du chlorure fusible à 63°. Tous deux peuvent être distillés sans décomposition; ils sont solubles dans l'éther et dans l'acide acétique; la potasse alcoolique à 180° ou l'amalgame de sodium les transforment en tolane. Traités par l'acétate d'argent, ils ne donnent pas de dérivé acétylé. Par la distillation, ils se transforment aisément l'un dans l'autre.

L'action du perchlorure de phosphore additionné d'oxychlorure de phosphore convertit le tolane en deux chlorures chlorés, $C^{14}H^9Cl, Cl^2$, l'un, en aiguilles jaunes, fusibles à 137-145°, l'autre, en prismes blancs, brillants, fusibles à 150°.

Le tolane se dissout dans l'acide sulfurique en donnant un acide sulfoconjugué dont les sels sont bruns et incristallisables; par l'action de la potasse fondante, cet acide sulfoconjugué ne donne que du phénol et de l'acide benzoïque.

Sous le nom d'*alcool tolanique*, MM. Limpricht et Jena ont décrit un corps cristallisé, fusible à 200°; présentant la composition de la benzoïne, $C^{14}H^{12}O^2$, et qu'ils ont obtenu en décomposant l'*acétyl-benzoïne* de Zinin, par la potasse alcoolique. Aucune réaction ne prouve que ce corps soit l'alcool diatomique présentant avec le tolane les relations de l'éthylène et du glycol [Limpricht et Jena, *Ann. der Chem. u. Pharm.*, t. CLV, p. 89; *Bull. de la Soc. Chim.*, 1871, t. XV, p. 117].

Constitution du tolane. — Le tolane dérivant du benzile, comme l'a montré Zinin, sa formule et celles de ses dérivés sont comparables aux formules des corps de la série de la benzoïne et de l'hydrobenzoïne (voyez t. I, p. 552).

Benzile.	Chlorobenzile.	Tétrachlorure de tolane.	Tolane.
C^6H^5	C^6H^5	C^6H^5	C^6H^5
CO	CO	CCl^2	C
CO	CCl^2	CCl^2	C
C^6H^5	C^6H^5	C^6H^5	C^6H^5.

Le tolane peut être envisagé comme le diphénylacétylène. E. G.

TOLÈNE. — Voyez BAUMES, t. I, p. 520.

TOLIDINE. — Voyez TOLUÈNE (7°. PRODUITS DE RÉDUCTION DES MONONITROTOLUÈNES).

TOLU (BAUME DE). — Voyez BAUMES, t. I, p. 520.

TOLUÈNE [Synonymes : *toluol, méthylbenzine, hydrure de benzyle, hydrure de crésyle;* anciens noms : *rétinaphte, benzoène, dracyle, hydrure de toluényle*],

$$C^7H^8 = C^6H^5\text{-}CH^3.$$

Le toluène est le premier homologue de la benzine. Il a été découvert en 1838, par Pelletier et Walter. En étudiant les produits huileux provenant de la fabrication du gaz de l'éclairage au moyen des résines, ces savants avaient obtenu un hydrocarbure bouillant vers 108°, auquel ils avaient donné le nom de *rétinaphte*. Un peu plus tard, M. Deville obtint un carbure de même composition en soumettant le baume de tolu à la distillation sèche; il le considéra comme isomérique avec le rétinaphte et le décrivit sous le nom de *benzoène*. Encore quelques années plus tard, Glenard et Boudault montrèrent que la distillation de la résine de sang-dragon fournit un hydrocarbure analogue, le *dracyle*.

Comme Gerhardt l'a déjà fait remarquer en 1845, dans son « *Précis de chimie organique* », le rétinaphte, le benzoène et le dracyle ne constituent qu'un seul et même hydrocarbure. Berzelius, en rendant compte du travail de M. Deville dans son Rapport annuel, rejette la dénomination de benzoène et propose les noms de *toluol* ou *toluine*, que M. Cahours a plus tard changé en celui de *toluène*. Les chimistes allemands ont conservé le mot toluol.

Depuis ces divers travaux, le toluène a été rencontré par Mansfield dans les huiles légères du goudron de houille; il y existe en assez grande abondance et accompagne la benzine et ses autres homologues. Wilson et Ritthausen ont confirmé cette découverte quelques années plus tard. M. Cahours a trouvé le toluène dans l'huile qui se sépare de l'esprit de bois brut par addition d'eau; Voelckel dans les parties volatiles du goudron de hêtre; Warren et Storer dans les produits de distillation de l'huile de Menhaden (extraite de l'*Alosa Menhaden*, espèce de hareng); enfin, d'après les expériences de Warren de la Rue et H. Müller, le toluène se rencontre dans l'huile minérale de Burmah (appelée aussi *Rangoon-tar*) [Pelletier et Walter, 1838, *Ann. de Chim. et de Phys.*, (2), t. LXVII, p. 278; — H. Sainte-Claire-Deville, *ibid.*, (3), t. III, p. 168; — Glénard et Boudault, *Compt. rend.*, t. XIX, p. 505; — Mansfield, *Quart. Journ. chem. Soc. London*, t. I, p. 244; — A. Cahours, *Compt. rend.*, t. XXX, p. 319; — W. Wilson, *Quart. Journ. chem. Soc. London*, t. III, p. 154; — Ritthausen, *Journ. für prakt. Chem.*, t. LXI, p. 74; — Voelckel, *Ann. der Chem. u. Pharm.*, t. LXXXVI, p. 331; — C. M. Warren et F. H. Storer, *Journ. f. prakt. Chem.*, t. CII, p. 436; — Warren de la Rue et Hugo Müller, *ibid.*, t. LXX, p. 300].

On le voit, le toluène se forme dans la distillation sèche d'un très-grand nombre de substances diverses; ce sont là des réactions complexes qui fournissent, indépendamment du toluène, une foule d'autres produits. Ni les uns, ni les autres ne dérivent d'une manière régulière de la substance primitive et ces réactions ne nous donnent aucune indication sur la nature du toluène. Les modes de formation et de synthèse du toluène dont nous allons parler maintenant sont plus simples, et quelques-uns vont nous permettre de fixer la constitution de cet hydrocarbure.

1° Le toluène se produit par la distillation de l'acide paratoluique avec un grand excès de baryte ou de chaux :

$$\underset{\text{Acide paratoluique.}}{C^8H^8O^2} + BaO = \underset{\text{Toluène.}}{C^7H^8} + CO^3Ba.$$

[Noad, *Phil. Mag.*, (3), t. XXXII, p. 15, *Ann. der Chem. u. Pharm.*, t. LXIII, p. 281]. Les acides orthotoluique et isotoluique, isomériques avec l'acide paratoluique doivent se comporter d'une manière analogue et fournir le même toluène.

2° Tollens et Fittig ont obtenu synthétiquement le toluène en traitant par le sodium un mélange d'iodure de méthyle et de benzine monobromée, mélange fait en proportion des poids moléculaires et étendu de son volume d'éther anhydre,

$$\underset{\text{Benzine monobromée.}}{C^6H^5Br} + \underset{\text{Iodure de méthyle.}}{CH^3I} + Na^2$$
$$= \underset{\text{Toluène.}}{C^6H^5\text{-}CH^3} + NaI + NaBr.$$

[B. Tollens et R. Fittig, *Ann. der Chem. u. Pharm.*, t. CXXIX, p. 369 et t. CXXXI, p. 303; *Bull. de la Soc. chim.*, 1864, t. II, p. 452; 1865, t. III, p. 132].

3° M. Berthelot a cherché à réaliser une synthèse semblable par voie pyrogénée, en exposant un mélange de benzine et de méthane à l'action de la chaleur,

$$C^6H^6 + CH^4 = H^2 + C^6H^5\text{-}CH^3.$$

Ces deux substances, à l'état isolé, ne réagissent l'une sur l'autre qu'au rouge blanc, température à laquelle le toluène n'est plus stable; aussi M. Berthelot n'a-t-il obtenu dans cette réaction qu'une petite quantité d'anthracène. Il n'en est plus de même lorsque, à une température élevée, on met en présence la benzine et le méthane, tous deux à l'état naissant : ils s'unissent alors en perdant de l'hydrogène et produisent du toluène. On réalise ces conditions en soumettant à la distillation un mélange intime de benzoate et d'acétate de calcium; le produit condensé dans le récipient contient, indépendamment d'autres produits, du toluène et une petite quantité d'homologues supérieurs de la benzine [Berthelot, *Bull. de la Soc. Chim.*, 1867, t. VII, p. 116].

4° Le toluène se forme, en même temps que d'autres hydrocarbures, par l'action de la chaleur sur un mélange d'hydrogène et de styrolène,

$$2(\underset{\text{Styrolène.}}{C^6H^5\text{-}CH = CH^2}) + H^2$$
$$= 2(\underset{\text{Toluène.}}{C^6H^5\text{-}CH^3}) + \underset{\text{Acétylène.}}{C^2H^2}.$$

[Berthelot, *Bull. de la Soc. chim.*, t. XI, p. 376].

5° Lorsqu'on dirige le xylène en vapeurs au travers d'un tube chauffé au rouge, il se produit du toluène et de la naphtaline.

$$3C^8H^{10} = 2C^7H^8 + C^{10}H^8 + 3H^2$$

La décomposition pyrogénée du cumène du goudron de houille fournit aussi du toluène, mais qui paraît dériver du xylène formé en premier lieu. Le toluène est accompagné dans ce cas d'une foule d'autres carbures aromatiques [Berthelot, *Bull. de la Soc. chim.*, t. VII, p. 227].

6° Fittig, Köbrich et Jilke ont trouvé du toluène parmi les produits de décomposition du camphre par le chlorure de zinc [*Ann. der Chem. u. Pharm.*, t. CXLV, p. 129].

7° La toluidine, la pseudotoluidine, la benzylamine, l'hydrure de benzoyle et l'acide benzoïque, produisent du toluène lorsqu'on les soumet vers 250-280°, à l'action de 20 p. d'acide iodhydrique, quantité insuffisante pour une hydrogénation complète [Berthelot, *Bull. de la Soc. chim.*, 1868, t. IX, p. 96 et t. XI, p. 381].

8° L'alcool benzylique est converti par la potasse alcoolique bouillante en toluène et benzoate potassique,

$$3C^7H^8O + KHO$$
$$= 2C^7H^8 + C^7H^5O^2.K + 2H^2O$$

[Cannizzaro, *Ann. der Chem. u. Pharm.*, t. LXXXVIII, p. 129].

9° La potasse bouillante dédouble l'acide oxatoluique (t. II, p. 694) en toluène et oxalate de potassium (Strecker et Möller),

$$\underset{\text{Acide oxatoluique.}}{C^{16}H^{16}O^3} + 2KHO = 2C^7H^8 + C^2O^4K^2 + H^2O.$$

10° Enfin Pfankuch prétend avoir obtenu une petite quantité de toluène, en distillant un mélange de phénate et d'acétate de potassium.

Constitution du toluène. — Les hydrocarbures formés dans ces diverses réactions sont tous identiques entre eux et avec la méthylbenzine synthétique; leur constitution est exprimée par les formules :

$$C^7H^8 = C^6H^5\text{-}CH^3,$$

ou

```
        CH³
         |
         C
       /   \\
   H-C       C-H
     ||      |
   H-C       C-H
       \   //
         C
         |
         H
```

en admettant le schéma de la benzine proposé par Kekulé.

La possibilité d'obtenir avec le toluène plusieurs dérivés de substitution isomériques (voyez t. III, p. 431), a engagé M. Berthelot et M. Rosenstiehl à rechercher si quelques-uns des hydrocarbures qui portent ce nom n'étaient pas eux-mêmes des mélanges de deux ou de plusieurs corps isomères. Mais leurs recherches ont montré que le toluène du goudron, celui qui a été exposé à la chaleur rouge, le toluène préparé avec le xylène, celui du baume de tolu, le toluène régénéré de la paratoluidine et de l'orthotoluidine, le toluène préparé synthétiquement d'après le procédé de Tollens et Fittig sont identiques, ainsi que le toluène obtenu par la distillation de l'acide paratoluique avec la chaux; tous ces toluènes fournissent deux dérivés mononitrés isomériques [Berthelot, *Bull. de la Soc. chim.*, 1869, t. XI, p. 381; — Rosenstiehl, *ibid.*, t. XI, p. 385].

On ne connaît donc jusqu'ici qu'un seul toluène ou méthylbenzine; comme tous les dérivés monosubstitués de la benzine, le toluène confirme pleinement l'hypothèse de Kekulé.

Depuis le premier travail scientifique sur le toluène dû à M. Deville, cet hydrocarbure a été étudié par une foule de savants, dont nous citerons les noms dans le courant de cet article. Le nombre de travaux publiés depuis une dizaine d'années est considérable et l'histoire chimique du toluène, en ce qui concerne les produits de substitution isomériques, est déjà très-complète.

Préparation du toluène. — De tous les modes de production que nous avons indiqués, un seul présente, pour le moment, un intérêt pratique : nous voulons parler de la distillation de la houille. C'est, en effet, du goudron de houille que l'industrie tire les grandes quantités de toluène qu'elle consomme pour la fabrication d'un certain nombre des matières colorantes. Dans le traitement des goudrons, le toluène se concentre, avec la benzine, le xylène, etc., dans les *huiles légères*, qui sont purifiées et séparées en leurs composants d'après les procédés décrits à l'article BENZINE (INDUSTRIE) (t. I, p. 541). Les appareils à colonne, dont se sert aujourd'hui l'industrie sont tellement parfaits, que le toluène commercial est presque pur ou ne contient, en général, que quelques centièmes d'impuretés, constituées par de petites quantités de benzine, de xylène et souvent d'hydrocarbures saturés. La préparation du toluène chimiquement pur est une opération longue. On parvient à éliminer les carbures saturés, en traitant vers 100° le toluène par le double de son poids d'un mélange d'acide sulfurique ordinaire et d'acide fumant; on facilite la réaction en agitant fréquemment le produit. Au bout de quelques heures le toluène est entré en dissolution, tandis que, dans ces conditions, les carbures saturés ne sont pas attaqués par l'acide sulfurique. Le produit est repris par l'eau, débarrassé exactement de l'excès d'acide sulfurique, au moyen du carbonate calcique ou mieux du carbonate de baryum et de l'eau de baryte, filtré et évaporé, d'abord à feu nu, puis au bain-marie. Le résidu est un mélange d'acides ortho- et paracrésylsulfureux, qu'on décompose en les chauffant dans un courant de vapeur d'eau : le toluène régénéré passe à la distillation. Ce toluène renferme encore de petites quantités de benzine et de xylène; s'il est nécessaire de les séparer, on convertit les acides crésylsulfureux en sels de potassium et on isole par cristallisation le paracrésylsulfite de potassium qui peut être obtenu facilement en beaux cristaux parfaitement purs (voyez t. III, p. 451). L'acide de ce sel est décomposé au moyen de la vapeur d'eau, et la purification du toluène est achevée par des distillations sur le sodium. Le toluène ainsi obtenu peut servir à la détermination des constantes physiques de cet hydrocarbure. Lorsqu'il s'agit de préparer des dérivés du toluène, on peut se passer d'effectuer cette longue série d'opérations, par la raison que la purification de ces dérivés présente, en général, des difficultés moindres.

Propriétés du toluène. — Le toluène est un liquide incolore, mobile, fortement réfringent, bouillant à 110° (Wilson), 111° (Wilbrand et Beilstein) 110°,3 (C.-M. Warren). Le toluène ne se solidifie pas à — 20°. Sa densité à 0° est de 0,8824 et à 15° de 0,8720 (Warren); à 0° de 0,8841 et à 15° de 0,8702 (Louguinine); le volume du toluène à 0° étant égale à 1, celui à t est donné, d'après Louguinine, par la formule :

$$V_t = 1 + 0{,}001028\,t + 0{,}000001779\,t^2.$$

Sa densité de vapeur est de 3,26 (calcul, 3,186). Indice de réfraction = 1,4899 (Deville).

Le toluène est doué d'une odeur particulière un peu différente de celle de la benzine. Il est à peu près insoluble dans l'eau, à laquelle il communique pourtant son odeur; il est miscible à l'alcool, à l'éther, au sulfure de carbone, etc. Il dissout le soufre, le phosphore, l'iode. Il brûle avec une flamme éclairante très-fuligineuse.

Réactions et décompositions du toluène. — La constitution du toluène permet de préciser, jusqu'à un certain point, ses réactions. Par son noyau, cet hydrocarbure présente les caractères de la benzine, et par son groupe méthylique, il se rapproche du gaz des marais. En effet, le toluène peut subir, en général, les mêmes transformations que chacun de ces groupes considérés isolément : ce point domine toute l'histoire de ce corps.

1° Le toluène peut s'unir directement à l'*acide picrique* : lorsqu'on dissout à l'aide de la chaleur 1 p. de cet acide dans 4 p. de toluène et qu'on expose la solution au froid, elle laisse déposer le picrate de toluène en prismes jaunes, clinorhombiques; la combinaison est peu stable J. Fritzsche, *Jahresb. f. Chem.*, 1868, p. 401].

2° D'après les observations de M. Berthelot, le toluène possède la propriété, comme l'essence de térébenthine, de rendre l'*oxygène actif;* lorsqu'on agite en présence de l'air le toluène avec une solution très-étendue et tiède d'indigo, celle-ci se décolore bientôt [*Bull. de la Soc. chim.*, 1867, t. VII, p. 100].

3° Le toluène n'est attaqué ni par le sodium, ni par le potassium.

4° Lorsqu'on dirige le toluène en vapeurs à travers un tube de porcelaine, chauffé au rouge vif, il fournit les produits pyrogénés suivants : benzine, C^6H^6; naphtaline, $C^{10}H^8$; dibenzyle, $C^{14}H^{14}$ et un carbure isomérique liquide; anthracène, $C^{14}H^{10}$; chrysène et benzérythrène. A ces produits, Græbe a ajouté dernièrement le phénanthrène, $C^{14}H^{10}$, isomérique avec l'anthracène. Le carbure $C^{14}H^{14}$ liquide est probablement identique avec le benzyltoluène de Zincke que Van Dorp a transformé en anthracène par l'action de la chaleur. Le dibenzyle exposé à la chaleur rouge fournissant du phénanthrène, nous pouvons représenter par les équations suivantes la décomposition pyrogénée du toluène :

$$2(C^6H^5-CH^3) = H^2 + \begin{array}{l} C^6H^5-CH^2 \\ C^6H^5-CH^2 \end{array}$$

Dibenzyle.

$$\begin{array}{l} C^6H^5-CH^2 \\ C^6H^5-CH^2 \end{array} = 2H^2 + \begin{array}{l} C^6H^4-CH \\ C^6H^4-CH \end{array}$$

Phénanthrène.

$$2(C^6H^5-CH^3) = 2H^2 + C^6H^4 < \begin{array}{l} CH^3 \\ CH^2-C^6H^5 \end{array}$$

Benzyltoluène.

$$C^6H^4 < \begin{array}{l} CH^3 \\ CH^2-C^6H^5 \end{array} = 2H^2 + C^6H^4 < \begin{array}{c} H \\ C \\ C \\ H \end{array} > C^6H^4$$

Anthracène.

La formation de la benzine et de la naphtaline ne peut être expliquée d'une manière rationnelle; l'équation

$$4C^7H^8 = 3C^6H^6 + C^{10}H^8 + 3H^2$$

ne montre que la production simultanée des deux substances [Berthelot, *Bull. de la Soc. chim.*, 1867, t. VII, p. 218; — Græbe, *ibid.*, t. XXII, p. 82].

5° Chauffé à 280° avec 80 p. d'acide iodhydrique saturé, le toluène se change en un hydrure d'heptyle, C^7H^{16}, bouillant de 94-96°,

$$C^7H^8 + 8HI = C^7H^{16} + 4I^2.$$

Il se produit en même temps une quantité notable d'hydrogène libre.

Le fait avancé par Wreden, que l'acide iodhydrique ne peut transformer le toluène en un hydrocarbure saturé, mais que l'hydrogénation s'arrête au terme C^7H^{14} (point d'ébullition, 94 à 100°; densité à 0° = 0,772), est au moins douteux [*Bull. de la Soc. chim.*, t. XIV, p. 458; — Berthelot, *ibid.*, t. XXVI, p. 146].

Si l'on n'emploie que 20 p. d'acide iodhydrique, il se forme une matière charbonneuse, du propane et de l'hydrogène, d'après l'équation

$$C^7H^8 + 2HI = C^3H^8 + 4C + H^2 + I$$

[Berthelot, *Bull. de la Soc. chim.*, t. IX, p. 91].

6° Si l'on remplace l'acide iodhydrique par l'*iodure de phosphonium*, PH^4I, la réduction du toluène est moins énergique; cet hydrocarbure traité à plusieurs reprises par l'iodure de phosphonium à une température élevée qui doit atteindre, vers la fin, 350°, se transforme en un *hydrure de toluène*, C^7H^{10}, bouillant vers 105-108, [A. Baeyer, *Ann. der Chem. u. Pharm.*, t. CLV, p. 266].

7° Les oxydants, tels que le mélange de *dichromate de potassium* et d'acide sulfurique étendu (Deville, Church), l'*acide chromique* en solution acétique, l'*acide azotique* étendu (Fittig), le *permanganate de potassium* en solution acidulée (Berthelot), transforment le toluène en acide benzoïque,

$$C^6H^5-CH^3 + O^3 = H^2O + C^6H^5-CO^2H.$$

Dans l'oxydation par le permanganate potassique, il se forme en même temps une substance solide, neutre, insoluble dans l'eau et dans les alcalis, soluble dans l'éther.

En oxydant le toluène par l'acide nitrique chaud dont ils n'indiquent pas le degré de concentration, Pelletier et Walter ont observé la formation d'une notable quantité d'acide cyanhydrique; indépendamment de ce corps, ils ont obtenu un acide cristallisé, qui était probablement un mélange d'acide benzoïque et d'acide nitrobenzoïque.

Lorsqu'on dirige un mélange d'air et de vapeur de toluène sur une spirale de platine ou mieux de palladium portée au rouge, le toluène s'oxyde et donne un mélange d'aldéhyde benzoïque et d'acide benzoïque [J.-J. Coquillion, *Compt. rend.*, t. LXXVII, p. 444].

L'oxyde de mercure, vers 250°, oxyde nettement le toluène et produit de la benzine, du gaz carbonique et de l'eau [F. de Lalande, *Expér. inédite*].

$$\begin{array}{l} C^6H^5-CH^3 + 3HgO \\ = C^6H^6 + CO^2 + H^2O + 3Hg \end{array}$$

8° L'oxyde de plomb enlève au-dessous du rouge de l'hydrogène au toluène et le transforme en stilbène,

$$\begin{array}{l} 2(C^6H^5-CH^3) + 2PbO \\ = 2Pb + 2H^2O + \begin{array}{l} C^6H^5-CH \\ C^6H^5-CH \end{array} \end{array}$$

Stilbène.

[A Behr et W. A. Van Dorp, *Deutsche chem. Gesellsch.*, t. VI, p. 753].

9° Le *brome* et le *chlore* agissent déjà à froid sur le toluène et donnent des produits de substitution; lorsqu'on a soin d'empêcher le produit de s'échauffer, l'élément halogène entre par substitution dans le noyau benzique du toluène :

$$\begin{array}{l} C^6H^5-CH^3 + Br^2 \\ = HBr + C^6H^4Br-CH^3 \end{array}$$

Toluène monobromé.

$$\begin{array}{l} C^6H^5-CH^3 + 2Cl^2 \\ = 2HCl + C^6H^3Cl^2-CH^3 \end{array}$$

Toluène dichloré.

Dans certaines conditions, assez mal définies, le chlore peut s'unir directement aux produits de substitution formés en premier lieu et donner ainsi des composés qui sont à la fois des produits d'addition et de substitution. — Voyez p. 432.

Si, au contraire, on fait agir le brome ou le chlore sur le toluène chauffé, ou mieux encore sur le toluène en vapeurs, le sens de la réaction change; le brome ou le chlore, au lieu d'attaquer le noyau benzique du toluène, remplacent l'hydrogène du groupe méthylique :

$$C^6H^5-CH^3 + Br^2 = HBr + C^6H^5-CH^2Br$$

Bromure de benzyle.

$$C^6H^5-CH^3 + 3Cl^2 = 3HCl + C^6H^5-CCl^3$$

Chlorure de benzényle.

Le composé qui figure dans la dernière équation, de même que tous les corps qui ne contiennent plus d'hydrogène dans la chaîne latérale, ne sont presque pas attaqués à l'ébullition par le chlore; à la longue la molécule est détruite et il se forme des dérivés chlorés de la benzine.

A des températures intermédiaires entre le point d'ébullition du toluène et la température ordinaire, les deux genres de réaction s'accomplissent simultanément. Ce sont là des faits remarquables, qui, d'après les observations ultérieures, s'appliquent d'une manière générale à tous les dérivés aromatiques avec chaîne latérale hydrocarbonée.

Ils ont été découverts par Beilstein et Geitner en ce qui concerne le chlore; peu de temps après, Lauth et Grimaux ont démontré que le brome se comporte avec le toluène comme le chlore [F. Beilstein et P. Geitner, *Ann. der Chem. u. Pharm.*, t. CXXXIX, p. 332; — Ch. Lauth et E. Grimaux, *Bull. de la Soc. chim.*, 1866, t. V, p. 347; 1867, t. VII, p. 108].

Le brome et le chlore en agissant sur le toluène additionné de quelques centièmes d'iode se substituent toujours à l'hydrogène du groupe C^6H^5, et cela, quelle que soit la température. Le pentachlorure de molybdène agit comme l'iode [Beilstein et Geitner, *loc. cit.*; — Beilstein, *Ann. der Chem. u. Pharm.*, t. CXLIII, p. 369; — Aronheim et Dietrich *Deutsch. chem. Gesellsch.*, t. VIII, p. 1401].

On n'a pas réussi jusqu'ici à remplacer tous les atomes d'hydrogène du toluène par le chlore ou le brome. Lorsqu'on épuise l'action de ces éléments sur le toluène, en employant, pour faciliter la réaction, le perchlorure d'antimoine, le chlorure ou le bromure d'iode, cet hydrocarbure se dédouble en benzine perchlorée ou perbromée, et en chlorure ou bromure de carbone,

$$C^6H^5\text{-}CH^3 + 9Cl^2 = C^6Cl^6 + CCl^4 + 8HCl$$

[Beilstein et Kulberg, *Bull. de la Soc. chim.*, t. XII, p. 146; t. XIII, p. 266; — E. Gessner, *Deutsche chem. Gesellsch.*, t. IX, p. 1508].

Pour l'isomérie des produits de substitution du toluène, voir plus loin le chapitre qui traite de ces dérivés.

10° L'*iode* n'agit sur le toluène qu'à une température élevée; les deux substances étant chauffées vers 250°, fournissent de l'acide iodhydrique, de la benzine, peut-être du xylène (?), du benzyltoluène et des produits bouillant au-dessus de 310°. Par la distillation de ces derniers, on obtient des hydrocarbures visqueux non étudiés et un résidu rouge, solide à la température ordinaire. L'alcool bouillant le dissout et laisse déposer par le refroidissement de très-petits grains d'un rouge cinabre qui n'accusent aucune structure cristalline. Cette substance se dissout aisément dans la benzine et dans le chloroforme; elle est moins soluble dans l'alcool bouillant et presque insoluble dans le même dissolvant froid. Son point de fusion est situé vers 100°. L'analyse lui assigne la formule $(C^{14}H^{11})^n$. Elle fournit un dérivé bromé, $(C^{14}H^{10}Br)^n$, d'un jaune clair, très-peu soluble dans l'alcool bouillant [P. Schützenberger, *Compt. rend.*, t. LXXV, p. 1767].

11° L'acide *nitrique* fumant attaque très-vivement le toluène et le convertit en produits mono-, di- ou trinitrés suivant la proportion et la concentration de l'acide, suivant la température, et suivant que l'acide est employé seul ou mélangé d'acide sulfurique. La substitution a lieu dans le noyau benzique.

$$C^6H^5\text{-}CH^3 + AzO^3H$$
$$= H^2O + C^6H^4(AzO^2)\text{-}CH^3$$

L'acide nitrique d'une densité inférieure à 1,42 n'agit pas à froid sur le toluène (Rosenstiehl).

12° A l'aide de la chaleur et d'une agitation prolongée, on parvient à dissoudre le toluène dans l'*acide sulfurique* ordinaire; la dissolution dans l'acide sulfurique fumant s'effectue beaucoup plus rapidement. Dans les deux cas, le reste SO^3H entre par substitution dans le groupe C^6H^5 du toluène, et il se forme deux acides crésylsulfureux isomériques (t. III, p. 448) qui sont accompagnés d'une petite quantité de sulfotoluide, si l'on a employé l'acide fumant :

$$C^6H^5\text{-}CH^3 + SO^4H^2$$
$$= H^2O + C^6H^4 \begin{cases} CH^3 \\ SO^3H \end{cases}$$

Acide crésylsulfureux.

$$2(C^6H^5\text{-}CH^3) + SO^3$$
$$= H^2O + SO^2 \begin{cases} C^6H^4\text{-}CH^3 \\ C^6H^4\text{-}CH^3. \end{cases}$$

Sulfotoluide.

13° L'action du *chlorure de chromyle*, CrO^2Cl^2, sur le toluène a été étudié par Carstanjen et tout récemment par Étard; les deux observateurs sont arrivés à des résultats différents. Le premier, en ajoutant peu à peu du chlorure de chromyle à du toluène dissous dans son volume d'acide acétique glacial, tant qu'on observait une réaction, a obtenu l'anhydride mixte benzo-acétique, fusible à 41° et décomposable par l'eau en ses deux composants; l'acide acétique a donc pris part à la réaction, qui peut se formuler ainsi :

$$C^6H^5\text{-}CH^3 + 2CrO^2Cl^2$$
$$= C^6H^5\text{-}COCl + Cr^2O^3 + 3HCl$$

Chlorure de benzoyle.

$$C^6H^5\text{-}COCl + CH^3\text{-}CO.OH$$
$$= HCl + \begin{matrix} C^6H^5\text{-}CO \\ CH^3\text{-}CO \end{matrix} > O.$$

Étard, au contraire, en introduisant peu à peu à froid 50 grammes de chlorure de chromyle dans 200 grammes de toluène, a obtenu du chlorure de benzyle.

Carstanjen n'indique pas la proportion de chlorure de chromyle qu'il a employée, mais il est évident qu'elle était plus forte que dans l'expérience d'Étard [E. Carstanjen, *Deutsche chem. Gesellsch.*, t. II, p. 634; — A. Étard, *Compt. rend.*, t. LXXXIV, p. 127].

14° Le *trichlorure de phosphore* n'attaque pas le toluène vers 250°; mais lorsqu'on dirige un mélange des deux corps en vapeurs à travers un tube chauffé en répétant l'opération un grand nombre de fois, il se dégage du gaz chlorhydrique, et on obtient un produit complexe renfermant du phosphore, du dibenzyle, du stilbène et une petite quantité du chlorure, $PCl^2.C^7H^7$ [A. Michaelis et H. Lange, *Deutsche chem. Gesellsch.*, t. VIII, p. 502 et p. 1313].

15°. Le *chlorure de benzyle* additionné d'une petite quantité de zinc en poudre, agit sur le toluène comme sur tous les carbures aromatiques; il se dégage du gaz chlorhydrique et il se forme un hydrocarbure qui a reçu le nom de benzyltoluène. Cette réaction intéressante a été découverte par Zincke.

$$C^6H^5\text{-}CH^3 + C^6H^5\text{-}CH^2Cl$$
$$= HCl + C^6H^4 \begin{cases} CH^3 \\ CH^2\text{-}C^6H^5 \end{cases}$$

Benzyltoluène.

Le chlorure d'amyle (préparé avec l'alcool de fermentation), en présence du zinc, agit d'une manière analogue sur le toluène et fournit l'amyltoluène,

$$C^6H^4(CH^3)(C^5H^{11})$$

[A. Pabst, *Bull. de la Soc. chim.*, t. XXV, p. 337].

16°. Baeyer a fait connaître une réaction très-remarquable des aldéhydes sur les hydrocarbures aromatiques, en présence d'un déshydratant (acide sulfurique plus ou moins étendu d'acide acétique). Cette réaction offre une certaine analogie avec la précédente :

$$2(C^6H^5\text{-}CH^3) + CH^2O = H^2O + CH^2(C^6H^4\text{-}CH^3)^2$$

Dicrésylméthane

17°. Le toluène, introduit dans l'organisme, apparaît dans les urines à l'état d'acide hippurique [O. Schultzen et B. Naunyn, *Bull. de la Soc. chim.* 1868, t. X, p. 61].

PRODUITS D'ADDITION DU TOLUÈNE

Les corps de cette classe sont mal connus. On a préparé un hydrure $C^7H^8.H^2$ que nous avons déjà mentionné (p. 430) ; et des chlorures.

Dichlorure de toluène dichloré, $C^7H^6Cl^2.Cl^2$ —Quand on fait passer à froid du chlore dans du toluène à la lumière diffuse un peu vive, jusqu'à ce qu'il ne se dégage plus d'acide chlorhydrique, on obtient le dichlorure de toluène dichloré sous forme d'un liquide incolore, très-fluide (Deville, *loc cit.*).

Hexachlorure de toluène dichloré, $C^7H^6Cl^2.Cl^6$. — Le toluène saturé de chlore, à la lumière diffuse et à la température de l'été, finit par laisser déposer ce corps en cristaux qu'on purifie par cristallisation dans l'éther (Deville), ou dans le sulfure de carbone. Ce sont des prismes transparents, fusibles vers 150° et se solidifiant à une température beaucoup inférieure; ils sont insolubles dans l'eau, peu solubles dans l'alcool froid, mais facilement solubles dans l'éther et le sulfure de carbone. L'hexachlorure de toluène dichloré est assez stable; il paraît être volatil sans décomposition; chauffé à 200° avec de l'eau ou de l'alcool, il ne subit qu'une décomposition incomplète. La soude alcoolique le dédouble en acide chlorhydrique, un toluène tétrachloré bouillant vers 280-290° et en un acide fusible à 203°, probablement un acide dichlorobenzoïque [O. Pieper, *Ann. der Chim. u. Pharm.*, t. CXLII, p. 304; *Bull. de la Soc. chim.*, 1868, t. IX, p. 220].

Dichlorure de toluène trichloré, $C^7H^5Cl^3.Cl^2$. — Le liquide séparé des cristaux d'hexachlorure de toluène dichloré, saturé de chlore à l'aide de la chaleur, possède la composition d'un dichlorure de toluène trichloré (Deville).

PRODUITS DE SUBSTITUTION DU TOLUÈNE

Les produits de substitution du toluène sont nombreux, ils sont néanmoins faciles à classer. On peut les diviser en trois classes principales :

I. — La première renferme les produits dans lesquels les groupes substitués remplacent l'hydrogène du noyau; ces corps sont comparables aux benzines substituées dont ils partagent les réactions. C'est ainsi que les toluènes bromés, chlorés ou iodés sont d'une stabilité remarquable; ils résistent à l'action de la potasse, de l'acétate d'argent, etc. Exemples :

$C^6H^4Cl\text{-}CH^3$	$C^6H^3(AzO^2)^2\text{-}CH^3$	$C^6H^4\begin{smallmatrix}CH^3\\SO^3H\end{smallmatrix}$
Toluène chloré.	Toluène dinitré.	Acide crésylsulfureux.

II. — La seconde classe comprend les corps dans lesquels les groupes substitués sont entrés dans la chaîne latérale; ces corps se rapprochent des produits de substitution du méthane et réagissent facilement par voie de double décomposition sur d'autres substances; tels sont par exemple :

$C^6H^5\text{-}CH^2Br$	$C^6H^5\text{-}CHCl^2$	$C^6H^5\text{-}CH^2.SO^3H$
Bromure de benzyle.	Chlorure de benzylène.	Acide benzylsulfureux.

III. — La troisième classe contient les produits mixtes, dans lesquels le noyau et la chaîne latérale ont été modifiés en même temps par substitution; ces corps présentent jusqu'à un certain point les réactions des deux classes précédentes; tels sont :

$C^6H^4Cl\text{-}CH^2Cl$	$C^6H^4(AzO^2)\text{-}CH^2Cl$
Chlorure de chlorobenzyle.	Chlorure de nitrobenzyle.

De ce que nous venons de dire, il suit immédiatement que tous les dérivés polysubstitués du toluène peuvent présenter de nombreux cas d'isomérie; c'est ainsi que nous connaissons trois toluènes dichlorés :

$C^6H^3Cl^2\text{-}CH^3$	$C^6H^4Cl\text{-}CH^2Cl$	$C^6H^5\text{-}CHCl^2$
Toluène dichloré.	Chlorure de chlorobenzyle.	Chlorure de benzylène.

Il serait facile de multiplier ces exemples et de montrer que les toluènes trichlorés, tétrachlorés et pentachlorés, présentent quatre modifications isomériques; que les toluènes hexachlorés en possèdent trois et, enfin, qu'on en trouve deux dans les toluènes heptachlorés. Les produits de substitution bromés, iodés, sulfureux, etc., présentent des cas d'isomérie analogues.

Si les groupes substitués, au lieu d'être tous identiques, diffèrent entre eux, le nombre d'isomères augmente considérablement; il est pourtant facile d'en déterminer le nombre mais il paraît superflu d'insister davantage sur ce point.

Il reste encore à examiner les cas d'isomérie provenant de la position que les groupes substitués occupent dans le noyau par rapport au groupe méthylique. Citons, pour le moment, dans les corps de la première classe, les toluènes monosubstitués qui sont des dérivés disubstitués de la benzine et peuvent, par conséquent, exister sous *trois* modifications isomériques (voy. Isomérie, t. II, p. 150).

Les isoméries dans les produits de substitution plus avancés sont bien plus nombreuses; la théorie prévoit l'existence de *six* modifications isomériques des toluènes disubstitués si les deux groupes substitués sont identiques, et de *dix* modifications si ces groupes diffèrent. Si nous nous élevons successivement aux toluènes trisubstitués, tétrasubstitués et pentasubstitués, la question se complique encore; mais les composés de cette nature n'étant connus jusqu'ici que très-incomplétement, nous ne développerons pas ce sujet.

Ce ne sont pas là des spéculations purement théoriques, elles ont déjà reçu la sanction expérimentale; on connaît en effet presque complétement les trois séries de produits monosubstitués; on connaît six dibromotoluènes, et des dix acides bromocrésylsulfureux possibles, on en a déjà préparé au moins sept et peut-être même neuf, etc.

On n'a pas encore observé d'isomères analogues parmi les produits de substitution de la seconde classe, et tous les faits semblent prouver que les trois atomes d'hydrogène du groupe CH^3 du toluène sont égaux. Mais on peut appliquer directement les considérations développées plus haut aux composés de la troisième classe.

Pour nous résumer, cherchons à déterminer le nombre d'isomères du bromo-chloratoluène,

$$C^7H^6ClBr:$$

nous trouvons d'abord les quatre composés :

$C^6H^3ClBr{-}CH^3$. Chlorobromo toluène.	$C^6H^4Cl{-}CH^2Br$. Bromure de chlorobenzyle.
$C^6H^4Br{-}CH^2Cl$. Chlorure de bromobenzyle.	$C^6H^5{-}CHClBr$. Chlorobromure de benzylène.

La première formule représente 10 isomères, la seconde et la troisième, chacune 3 et la quatrième un seul, soit un total de 17 bromo-chlorotoluènes isomériques.

Les produits de substitution du toluène s'obtiennent soit directement, soit par des moyens détournés. Nous avons déjà vu (p. 429) que le brome et le chlore fournissent des produits différents suivant qu'ils agissent sur le toluène à chaud ou à froid, ou en présence de l'iode ou du pentachlorure de molybdène. L'acide nitrique et l'acide sulfurique entrent par substitution dans le noyau benzique et, dans aucun cas, on n'a pu observer la formation de composés de la deuxième classe.

Lorsque le brome, le chlore ou les restes AzO^2 et SO^3H se substituent à un atome d'hydrogène du noyau benzique, deux corps monosubstitués du toluène prennent naissance, un dérivé *ortho* et un dérivé *para*. Les proportions de ces deux corps paraissent varier avec les conditions de l'expérience, mais on ne possède que des données tout à fait insuffisantes sur ce sujet, à l'exception pourtant des nitrotoluènes. M. Rosenstiehl a, en effet, étudié avec soin les conditions de formation des deux nitrotoluènes, ortho- et paranitrotoluène et est il arrivé aux conclusions suivantes :

Dans l'action de l'acide nitrique, on obtient toujours les deux nitrotoluènes, mais leurs proportions varient suivant les conditions de l'expérience. L'orthonitrotoluène se produit en plus grande proportion lorsqu'on attaque le toluène à basse température et par des quantités faibles d'acide nitrique ; le paranitrotoluène domine, au contraire, dans le produit, quand on opère à une température modérée (vers 40°) et avec un excès d'acide nitrique. Dans ce dernier cas, le nitrotoluène brut contient 65 % de paranitrotoluène et, dans le premier, il en renferme 33 % seulement En se basant sur les observations précédentes, et sur ce fait que l'acide azotique d'une densité de 1,42 ($2AzO^3H, 3H^2O$) n'attaque plus le toluène à froid, M. Rosenstiehl a donné une théorie de la formation simultanée d'isomères, pour laquelle nous renvoyons au mémoire original [A. Rosenstiehl, *Compt. rend.*, t. LXX, p. 260, et *Ann. de Chim. et de Phys.*, (4), t. XXVII, p. 461].

Avant d'aborder l'étude même des produits de substitution du toluène, il sera peut-être utile de réunir dans le tableau suivant les composés monosubstitués de la première classe. Nous distinguerons les isomères par les préfixes *ortho*, *méta* et *para*, ou par les symboles chiffrés 1.2, 1.3 et 1.4:

	ORTHO-SÉRIE. (Série salicylique) 1. 2.	MÉTA-SÉRIE. (Série oxybenzoïque) 1. 3.	PARA-SÉRIE. (Série peroxybenzoïque) 1. 4.
Bromotoluènes, $C^6H^4Br{-}CH^3$.	liquide à — 24° ; bout à 181°.	liquide à — 20° ; bout à 181°,5.	fusible à 28°,5 ; bout à 185°,2.
Chlorotoluènes, $C^6H^4Cl{-}CH^3$.	liquide à — 20° ; bout à 158°.	liquide bout à 156°.	fusible à + 6°,5 ; bout à 160°,5.
Iodotoluènes, $C^6H^4I{-}CH^3$.	liquide à — 14° ; bout à 205°,5.	liquide bout à 204°.	fusible à 35° ; bout à 211°,5.
Nitrotoluènes, $C^6H^4(AzO^2){-}CH^3$.	liquide bout à 219°.	fusible à + 16° ; bout à 230°,5.	fusible à 54° ; bout à 237°,5.
Toluidines, $C^6H^4(AzH^2){-}CH^3$.	liquide à — 20° ; bout à 198°.	liquide à — 13° ; bout à 197°.	fusible à 45° ; bout à 200°.
Acides crésylsulfureux, $C^6H^4(SO^3H){-}CH^3$.	Chlorure est liq. Amide f. à 153°,5.	Chlorure est liq. Amide f. à 90°,5.	Chlorure f. à 69°. Amide f. à 139°.
Crésylols, $C^6H^4(OH){-}CH^3$.	fusible à 31°,2 ; bout à 185°,5.	liquide à — 10° ; bout à 197°.	fusible à 34°,5 ; bout à 201°,5.

PREMIÈRE CLASSE.

Produits de substitution dans le noyau benzique.

1° — *Toluènes bromés.*

MONOBROMOTOLUÈNES,

$$C^7H^7Br = CH^3{-}C^6H^4Br.$$

— On connait les trois isomères indiqués par la théorie.

ORTHOBROMOTOLUÈNE (1.2),

$$C^7H^7Br = C^6H^4 {<} {(CH^3)_{(1)} \atop Br_{(2)}}. \text{ (1)}$$

Il se forme, en même temps que le parabromotoluène, lorsqu'on attaque à froid le toluène par le brome (Hübner et Wallach). On l'obtient à l'état de pureté en décomposant par l'alcool le perbromure de diazo-orthotoluol ou bien le dérivé diazoïque de l'orthobromo-métatoluidine (Wroblevsky).

$C^6H^4 {<} {CH^3 \atop (Az^2Br^3)_{(2)}}$	$C^6H^3 {\lt} {CH^3 \atop {Br_{(2)} \atop (AzH^2)_{(3)}}}$	$C^6H^4 {<} {CH^3 \atop Br_{(2)}}$
Perbromure de diazo-orthotoluol.	Orthobromo-métatoluidine.	Orthobromo-toluène.

Préparation. — 1° Pour préparer l'orthobro-

(1). Les chiffres placés entre parenthèse au bas des lettres indiquent la position des groupes substitués, par rapport au groupe méthylique. Le chiffre (1) de ce dernier a été supprimé dans les formules qui vont suivre.

Il me semble nécessaire d'introduire aujourd'hui cette manière de noter; elle complique, il est vrai, nos formules, mais elle est la seule qui permette de représenter d'une manière précise les dérivés de substitution très-avancés de la benzine. Elle ne repose sur aucune formule spéciale de la benzine et elle suppose uniquement que les 6 atomes d'hydrogène de l'hydrocarbure sont de même valeur. J'insiste surtout sur ce point, puisque nous ne savons rien de positif sur la structure intérieure de la benzine, tandis que les travaux des dernières années ont donné une grande probabilité aux isoméries de position de la série aromatique. Si, pour mieux fixer les idées, on veut se reporter à un symbole, on pourra employer la formule hexagonale de la benzine qui, au point de vue graphique, est certainement la plus commode pour rendre sensible tout ce que ces recherches nous ont appris.

Dans les formules que j'emploie, j'ai, à dessin, écarté les lettres *o*, *m*, *p* dont on s'est déjà servi, parce qu'elles donnent lieu à des confusions : en effet, *o* représente deux places, (2) et (6), et, de même, *m* indique les positions (3) et (5). A. H.

motoluène au moyen de l'orthotoluidine, on réduit le nitrate de cette base en bouillie avec un peu d'eau, et on le traite par un courant de gaz nitreux; la réaction est très-vive : aussi, faut-il refroidir fortement et n'opérer que sur une petite quantité de matière à la fois. On obtient ainsi le nitrate de diazo-orthotoluol qu'on transforme en sulfate; celui-ci, additionné de bromure de sodium et d'eau de brome, donne le perbromure qui se dépose en formant une couche huileuse. Décomposé par l'alcool, ce perbromure fournit l'orthobromotoluène qu'on purifie par distillation. Le rendement est faible, car il ne dépasse pas 10 °/₀ du chiffre théorique.

2° Il est plus commode de retirer l'orthobromotoluène du bromotoluène brut. Après avoir séparé, autant que possible, le parabromotoluène par un froid de —20°, soutenu pendant quelques heures (1), on le soumet à un grand nombre de rectifications en recueillant à part la portion qui passe vers 183° (toute la colonne mercurielle dans la vapeur). Cette portion est très-riche en orthobromotoluène; pour achever la purification de ce corps on le soumet à l'oxydation : parties égales de bromotoluène, de peroxyde de manganèse et d'acide sulfurique sont chauffées à l'ébullition avec une quantité d'acide acétique suffisante pour maintenir le mélange à l'état liquide. Dans ces conditions le parabromotoluène s'oxyde, tandis que l'orthobromotoluène est attaqué plus difficilement. Au bout de 10 heures d'ébullition, on distille la partie non oxydée et l'on répète sur elle trois fois la même opération. A la fin, le produit est lavé avec une solution alcaline, séché et rectifié à plusieurs reprises. Cette méthode, extrêmement pénible, est aussi très-dispendieuse; le mélange oxydant attaque à la longue l'orthobromotoluène et en détruit une notable quantité; d'ailleurs le produit n'est pas entièrement exempt de parabromotoluène (H. Hübner et G. Retschy). Dmochowski emploie pour effectuer cette oxydation, un mélange de dichromate de potassium et d'acide sulfurique étendu [*Bull. de la Soc. chim.*, t. XXIII, p. 78].

Pour séparer les deux bromotoluènes, il est préférable d'employer le procédé suivant : le toluène bromé liquide étendu de 3 volumes de pétrole léger ou de benzine pure et sèche, est mis mis en contact avec du sodium coupé en tranches très-minces; au bout de quelques jours, le parabromotoluène est transformé en diparacrésyle, tandis que l'orthobromotoluène résiste à froid à l'action du sodium; le liquide est alors filtré à la trompe et soumis à la distillation; ce qui passe avant 200° est traité une deuxième fois par le sodium, et cette opération doit être renouvelée une troisième et même une quatrième fois. Enfin, en soumettant le liquide à la distillation fractionnée, on peut facilement en isoler l'orthobromotoluène pur [W. Louguinine, *Bull. de la Soc. chim.*, t. XVI, p. 131; — B. Rayman, *ibid.*, t. XXVI, p. 532].

L'orthobromotoluène est un liquide incolore, très-réfringent, bouillant à 181°; il ne se solidifie pas à —24°; sa densité à 18° est de 1,401. Son odeur est faible, aromatique et très-différente de celle du bromure de benzyle. Dissous dans le pétrole léger, il n'est pas attaqué à froid par le sodium; vers 50°, l'action a lieu et il se forme du toluène et un dicrésyle liquide; l'amalgame de sodium et l'eau n'en éliminent le brome qu'avec une extrême lenteur; l'acide iodhydrique, à haute température, le transforme en hydrocarbures plus riches en hydrogène que le toluène.

(1) L'addition d'une certaine quantité d'alcool au toluène bromé brut favorise la cristallisation du parabromotoluène.

La constitution de l'orthobromotoluène a été fixée premièrement par sa transformation en orthoxylène au moyen de l'iodure de méthyle et du sodium (Jannasch et Hübner), et, en second lieu, par son oxydation à l'aide de l'acide nitrique étendu de 3 vol. d'eau, qui le convertit en acide orthobromobenzoïque, fusible à 147-148° [Th. Zincke, *Deutsche chem. Gesellsch.*, t. VII, p. 1502]. Il est probable que le permanganate de potassium peut opérer la même oxydation; l'acide chromique ou le mélange de dichromate potassique et d'acide sulfurique étendu ne peuvent être employés dans ce but, parce qu'ils semblent détruire l'acide orthobromobenzoïque plus facilement qu'ils n'oxydent l'orthobromotoluène.

Le brome transforme l'orthobromotoluène en un dibromotoluène liquide, probablement l'orthométadibromotoluène.

L'orthobromotoluène traité par l'acide sulfurique donne un seul acide bromocrésylsulfureux. Les dérivés qu'il forme avec l'acide nitrique n'ont pas été suffisamment étudiés [H. Hübner et O. Wallach, *Zeitsch. f. Chem.*, 1869, p. 499 et 530, *Bull. de la Soc. chim.*, t. XIII, p. 254; — H. Hübner et G. Retschy, *Ann. der Chem. u. Pharm.*, t. CLXIX, p. 1; *Bull. de la Soc. chim.*, t. XVIII, p. 80; — P. Jannasch et H. Hübner, *Zeitsch. f. Chem.*, 1871, p. 706; *Bull. de la Soc. chim.*, t. XVIII, p. 334; — E. Wroblevsky, *Ann. der Chem. u. Pharm.*, t. CLXVIII, p. 171; *Bull. de la Soc. chim.*, t. XVIII, p. 79].

MÉTABROMOTOLUÈNE (1.3),

$$C^7H^7Br = C^6H^4 \begin{cases} CH^3 \\ Br_{(3)} \end{cases}$$

— Wroblevsky l'a obtenu en remplaçant par de l'hydrogène le groupe AzH^2 de la métabromo-orthotoluidine ou de la métabromoparatoluidine, suivant l'une des méthodes de Griess,

$C^6H^3 \begin{cases} CH^3 \\ (AzH^2)_{(2)} \\ Br_{(3)} \end{cases}$	$C^6H^3 \begin{cases} CH^3 \\ Br_{(3)} \\ (AzH^2)_{(4)} \end{cases}$	$C^6H^4 \begin{cases} CH^3 \\ Br_{(3)} \end{cases}$
Métabromo-orthotoluidine.	Métabromo-paratoluidine.	Métabromo-toluène.

Pour le préparer, on choisira de préférence comme point de départ, la paratoluidine qu'il est plus facile d'obtenir à l'état de pureté que l'orthotoluidine; du reste, le mode d'opération est le même si l'on emploie cette dernière. La base est transformée successivement en acétoparatoluide, en acétoparatoluide monobromée et, enfin, en paratoluidine monobromée, au moyen des procédés qui seront indiqués à l'article TOLUIDINE. Le nitrate de paratoluidine monobromée est réduit en bouillie avec un peu d'eau, refroidi fortement et saturé de gaz nitreux; le nitrate de métabromo-diazoparatoluol est transformé en sulfate qu'on décompose, à l'aide de la chaleur, par l'alcool concentré, pour obtenir le métabromotoluène; le rendement s'élève à la moitié du rendement théorique et peut même atteindre les deux tiers. On arrive au même résultat d'une manière plus simple en dissolvant la paratoluidine bromée dans l'alcool concentré, saturant la solution par l'acide nitreux et la chauffant ensuite pendant quelque temps. Le métabromotoluène formé est précipité par l'eau, lavé avec une liqueur alcaline et purifié par rectification.

La décomposition du sulfate de métabromodiazoparatoluol par l'eau, fournit aussi du métabromotoluène; ce n'est pas là une réaction régulière, puisque normalement on devrait obtenir du métabromorthocrésol. Le perbromure de ce corps diazoïque offre aussi une particularité; lorsqu'on le dédouble par l'alcool absolu, il se comporte comme ses congénères, c'est-à-dire, fournit du métaparadibromotoluène (p. 436), tandis qu'en employant de l'alcool à 80° on obtient du métabromotoluène.

Le métabromotoluène est un liquide incolore, bouillant à 181-182° (Wroblevsky), à 184° (Kœrner), et ne se solidifiant pas à — 20°; son odeur est faible. Densité à 21° = 1,4009. Le mélange de dichromate potassique et d'acide sulfurique étendu le transforme en acide métabromobenzoïque. Il ne réagit que très-difficilement sur l'iodure de méthyle en présence du sodium; avec l'iodure d'éthyle la réaction est plus facile, et lorsqu'on fait bouillir au réfrigérant ascendant, pendant 2 jours, une solution éthérée de métabromotoluène et d'iodure d'éthyle dans la proportion de molécule à molécule, avec un excès de sodium, on obtient la méta-méthyléthylbenzine que les oxydants changent en acide isophtalique. Ces deux réactions fixent la constitution du métabromotoluène [E. Wroblevsky, *Ann. dee Chem. u. Pharm.*, t. CLXVIII, p. 153; — *Deutsche chem. Gesellsch.*, t. VII, p. 1680; — *Bull. de la Soc. chim.*, t. XII, p. 385; t. XIV, p. 296; t. XV, p. 246, t. XXIV, p. 203].

Traité par le brome, il fournit l'orthométadibromotoluène liquide. D'après Wroblevsky, l'acide nitrique transforme le métabromotoluène en deux dérivés nitrés, l'un liquide, l'autre fusible à 55°; d'après Grete, le dérivé nitré liquide n'est pas un principe défini, il est formé principalement de la modification solide maintenue à l'état liquide par quelque impureté [E. A. Grete, *Liebig's Ann. der Chem*, t. CLXXVII, p. 231; voyez aussi E. Wroblevsky, *Deutsche chem. Gesellsch.*, t. VII, p. 1063].

Avec l'acide sulfurique le métabromotoluène donne naissance à trois acides métabromocrésylsulfureux $C^7H^6BrSO^3H$ isomériques (Wroblevsky). D'après les recherches de Grete, au contraire, il ne fournit qu'un seul acide sulfoné.

PARABROMOTOLUÈNE (1.4),

$$C^7H^7Br = C^6H^4 \lt {CH^3 \atop Br_{(4)}}$$

— Le parabromotoluène ou bromotoluène solide se forme, en même temps que l'orthobromotoluène, dans l'action du brome sur le toluène; il a été isolé pour la première fois par Hübner et Wallach.

On fait tomber peu à peu du brome (2 atomes) dans du toluène employé en léger excès et refroidi; il ne tarde pas à se dégager de l'acide bromhydrique, mais la réaction se ralentit bientôt et exige environ 24 heures pour s'achever. Au bout de ce temps, le liquide, qui garde toujours une coloration rouge-brun, est lavé avec une solution alcaline et chauffé pendant quelques heures au réfrigérant ascendant, avec de l'alcool et une petite quantité de benzoate de potassium, pour transformer en éther benzoïque peu volatil le bromure de benzyle que le produit renferme en petite quantité; à la fin, on chasse l'alcool par distillation, on précipite le toluène bromé par l'eau et on le purifie par plusieurs distillations fractionnées, en recueillant ce qui passe entre 179 et 184°. D'après Beilstein, on peut empêcher totalement la formation du bromure de benzyle en traitant le toluène par le brome en présence d'une faible proportion d'iode [Glinzer et R. Fittig, *Ann. der Chem. u. Pharm.*, t. CXXXVI, p. 301; — Ch. Lauth et E. Grimaux, *Bull. de la Soc. chim.*, 1866, t. V, p. 347; — A. Kekulé, *Ann. der Chem. u. Pharm.*, t. CXLII, p. 304; — R. Fittig, *ibid.*, t. CXLVII, p. 39; — S. Cannizzaro, *Bull. de la Soc. chim.*, 1867, t. VIII, p. 45; — F. Beilstein, *ibid.*, t. VIII, p. 205].

Pour extraire le parabromotoluène du bromotoluène brut ainsi préparé, on expose celui-ci pendant quelques heures à un froid de — 15° à — 20°, on décante ensuite la partie liquide et on recueille les cristaux sur un entonnoir fortement refroidi. Les parties liquides, sont enlevées au moyen d'une trompe, la masse est lavée sur l'entonnoir avec un peu d'alcool refroidi puis dissoute dans la plus petite quantité possible d'alcool tiède. La solution est refroidie fortement; les cristaux qui se déposent sont débarrassés de l'eau mère au moyen de la trompe et soumis à deux nouvelles cristallisations dans l'alcool.

Le parabromotoluène parfaitement pur constitue des cristaux rhombiques incolores, brillants et assez durs; il fond à + 28°,5 et bout à 185°,2 (Hübner; toute la colonne mercurielle dans la vapeur). D'après Kœrner, il fond à 28°,2, se solidifie de nouveau à 25°,4 et bout à 184°,6. Sa densité à 30° est de 1,3999. Son odeur est voisine de celle des deux bromotoluènes isomériques.

La constitution du parabromotoluène est établie par sa transformation, d'une part, en paraxylène au moyen de l'iodure de méthyle et du sodium (Jannasch), et, d'autre part, en acide parabromobenzoïque sous l'influence des oxydants; cette oxydation s'effectue facilement par le mélange de dichromate de potassium et d'acide sulfurique étendu.

Comme ses deux isomères, le parabromotoluène est très-stable; ni l'ammoniaque, ni la potasse, ni l'éthylate de sodium, ni l'acétate d'argent, ni le cyanure de potassium ne l'attaquent. Le sodium, au contraire, agit vivement sur sa solution dans l'éther ou dans le pétrole léger; il se forme du diparacrésyle, $C^{14}H^{14}$, fusible à 121°, et du toluène en quantité d'autant plus grande que la réaction est plus vive. L'amalgame de sodium et l'eau ne régénèrent le toluène que très-lentement du parabromotoluène. Si l'amalgame agit sur une solution de parabromotoluène dans l'huile de houille bouillant de 120 à 140°, en présence d'une petite quantité d'éther acétique, il se forme du paracrésylmercure $Hg(C^6H^4 - CH^3)^2$ (Droher et Otto). A froid, le brome agit peu à peu sur le parabromotoluène et le transforme en ortho-para-dibromotoluène.

L'acide sulfurique convertit le parabromotoluène en deux acides parabromocrésylsulfureux.

L'acide azotique, en agissant sur le parabromotoluène, ne fournirait, suivant Körner, qu'un seul parabromonitrotoluène; mais Wroblevsky et Kurbatow, et Roos dans des recherches plus récentes, ont observé la formation de deux dérivés isomériques, l'un solide et l'autre liquide [H. Hübner et O. Wallach, *Zeitsch. für Chem.*, 1869, p. 138 et 499; — Hübner et Terry, *ibid.*, 1871, p. 232; — Hübner et G. Retschy, *ibid.*, 1871, p. 618; Mém. d'ensemble, *Liebig's Ann. der Chem.* t. CLXIX, p. 1; *Bull. de la Soc. chim.*, t. XIII, p. 254; t. XVI, p. 129; t. XVIII, p. 80; — Kœrner, *Compt. rend.*, t. LXIX, p. 475].

Origine.	Symbole.	Point de fusion.	Point d'ébullition.	Densité.	$C^7H^5Br^2AzO^2$ Point de fusion.	$C^7H^3Br^2AzH$ Point de fusion.
Dibromo-orthotoluidine....	$o\text{-}m = C^7H^6Br_{(2)}Br_{(3)}$ (?)	42°,5	239°	—	50°	—
Toluène..................	$o\text{-}p = C^7H^6Br_{(2)}Br_{(4)}$	107,5	245	—	—	—
Métabromo-orthotoluidine.	$o\text{-}m = C^7H^6Br_{(2)}Br_{(5)}$ (?)	liq.	236,5	1,8127 à 19°	86,5	83°
Dibromo-métatoluidine...	$o\text{-}o = C^7H^6Br_{(2)}Br_{(6)}$	liq.	246	1,812 à 22	79	—
Métabromo-paratoluidine.	$m\text{-}p = C^7H^6Br_{(3)}Br_{(4)}$	liq.	238,5	1,812 à 19	86,5	95
Dibromo-paratoluidine...	$m\text{-}m = C^7H^6Br_{(3)}Br_{(5)}$	60°	241	—	124	—

DIBROMOTOLUÈNES, $C^7H^6Br^2 = C^6H^3Br^2 - CH^3$. — Les six toluènes dibromés prévus par la théorie sont connus; l'orthoparadibromotoluène a été découvert par Fittig, et les cinq autres par Wroblevsky [R. Fittig, *Ann. der Chem. u. Pharm.*, t. CXLVII, p. 39; *Bull. de la Soc. chim.*, t. XI, p. 70; — E. Wroblevsky, *Ann. der Chem. u. Pharm.*, t. CLXVIII, p. 181].

Le tableau de la page précédente résume les propriétés de ces dibromotoluènes.

ORTHO-MÉTADIBROMOTOLUÈNE (1.2.3) (?),

$$CH^3 - C^6H^3 \begin{matrix} \diagup Br_{(2)} \\ \diagdown Br_{(3)} \end{matrix} (?).$$

— On l'obtient en introduisant la dibromo-orthotoluidine (voyez p. 409) dans de l'alcool saturé de gaz nitreux; la réaction s'accomplit sans le concours de la chaleur et il se forme de l'aldéhyde et du dibromotoluène. Ce dernier corps se produit aussi lorsqu'on transforme l'orthobromo-métatoluidine successivement en nitrate, en dérivé diazoïque, en perbromure solide et que l'on décompose ce dernier par de l'alcool à 99 centièmes. Ce mode de formation montre que ce dibromotoluène appartient au type ortho-méta; sa constitution ne peut donc être exprimée que par les symboles 1. 2. 3 ou 1. 2. 5.

L'ortho-métadibromotoluène est en longues et belles aiguilles, fusibles à 42°,5 et bouillant à 239°; il est insoluble dans l'eau, peu soluble dans l'alcool [E. Wroblevsky, *loc. cit.*; *Bull. de la Soc. chim.*, t. XVI, p. 132, et t. XVIII, p. 79].

ORTHO-PARADIBROMOTOLUÈNE (1. 2. 4),

$$CH^3 - C^6H^3 \begin{matrix} \diagup Br_{(2)} \\ \diagdown Br_{(4)} \end{matrix}.$$

— Le brome agit très-lentement sur le toluène bromé brut; après quelques semaines de contact, les portions bouillant au-dessus de 200° laissent déposer des cristaux qu'on purifie par cristallisation dans l'alcool.

On obtient ainsi l'ortho-paradibromotoluène sous forme de longues aiguilles, fusibles à 107°,5 et distillant sans décomposition à 245°. Ce corps est très-soluble dans l'alcool bouillant, moins soluble à froid. Ni la potasse alcoolique, ni le dichromate de potassium et l'acide sulfurique étendu ne l'attaquent [R. Fittig, *loc. cit.*].

Ce dibromotoluène dérive du parabromotoluène, qui théoriquement ne peut donner que deux dérivés monobromés, dont la constitution est exprimée par les symboles 1. 2. 4 et 1. 3. 4. Le dernier symbole représente un corps différent du dibromotoluène qui nous occupe; donc celui-ci doit constituer le dibromotoluène 1. 2. 4, ou ortho-paradibromotoluène.

ORTHO-MÉTADIBROMOTOLUÈNE (1. 2. 5) (?),

$$CH^3 - C^6H^3 \begin{matrix} \diagup Br_{(2)} \\ \diagdown Br_{(5)} \end{matrix} (?).$$

— On traite le métabromotoluène par la quantité calculée de brome, en favorisant, vers la fin, la réaction par une douce chaleur; le produit, lavé avec de la soude étendue et soumis à plusieurs rectifications, fournit l'ortho-métadibromotoluène.

On obtient le même dibromotoluène en transformant la métabromo-orthotoluidine en nitrate, en dérivé diazoïque et en perbromure, et décomposant ce dernier par l'alcool à 99 centièmes. D'après ce mode de formation, il représente un dérivé orthométa 1. 2. 3 ou 1. 2. 5.

L'ortho-métadibromotoluène constitue un liquide incolore bouillant sans décomposition à 236°,5, et ne se solidifiant pas à — 20°. Densité à 19° = 1,8127. Il se dissout facilement dans l'alcool. Son odeur est voisine de celle des monobromotoluènes. Le mélange de dichromate potassique et l'acide sulfurique étendu ne l'oxyde pas [E. Wroblevsky, *loc. cit.*; *Bull. de la Soc. chim.*, t. XV, p. 251].

DIORTHO-DIBROMOTOLUÈNE (1. 2. 6),

$$CH^3 - C^6H^3 \begin{matrix} \diagup Br_{(2)} \\ \diagdown Br_{(6)} \end{matrix}.$$

— Il se prépare avec la dibromo-métatoluidine; on introduit cette base dans de l'alcool saturé de gaz nitreux, et l'on chauffe très-légèrement: l'azote se dégage et il se forme de l'aldéhyde et du dibromotoluène qu'on précipite par l'eau et qu'on purifie par distillation.

Un des atomes de brome de la dibromo-métatoluidine occupe la position dite ortho, puisque la monobromo-métatoluidine peut fournir l'orthobromotoluène (p. 432); le toluène dibromé qui en dérive peut donc être considéré comme un dérivé bromé de l'orthobromotoluène; la théorie prévoit quatre de ces dérivés, 1. 2. 3; 1. 2. 4; 1. 2. 5 et 1. 2. 6. Or, les trois premiers symboles représentent les trois dibromotoluènes qui viennent d'être décrits, tous trois distincts de celui qui dérive de la dibromo-métatoluidine; ce dernier correspond donc au symbole 1. 2. 6; il constitue le diorthodibromotoluène.

C'est un liquide incolore, bouillant à 246° et ne se solidifiant pas à — 20°. Densité à 22° = 1,812 [E. Wroblevsky, *loc. cit.*; *Bull. de la Soc. chim.*, t. XVII, p. 125].

MÉTA-PARADIBROMOTOLUÈNE (1. 3. 4),

$$CH^3 - C^6H^3 \begin{matrix} \diagup Br_{(3)} \\ \diagdown Br_{(4)} \end{matrix}.$$

— Ce corps dérive de la métabromo-paratoluidine par la substitution d'un atome de brome au groupe AzH^2. On transforme, d'après les méthodes de Griess, le nitrate de cette base en perbromure de métabromo-diazoparatoluol, que l'on décompose par l'alcool à 99 centièmes.

$$C^7H^6BrAz^2Br^3 + C^2H^6O$$
$$= C^7H^6Br^2 + C^2H^4O + Az^2 + 2\,HBr.$$

Dans cette réaction, il est indispensable d'employer de l'alcool presque anhydre. En effet, comme il a été dit plus haut, le dédoublement du perbromure est anomal en présence de l'eau; si, par exemple l'alcool contient 6 % d'eau, on obtient un mélange de 1/3 de métabromotoluène et de 2/3 de dibromotoluène, et si l'alcool renferme 20 % d'eau, le métabromotoluène se forme seul. La décomposition du perbromure par le carbonate de sodium donne de mauvais résultats.

Le méta-paradibromotoluène dont la constitution découle de son mode de formation est un liquide bouillant à 238-239° sans décomposition et ne cristallisant pas à — 20°. Son odeur est celle des monobromotoluènes. Densité à 19° = 1,812. Il est miscible à l'alcool [E. Wroblevsky, *loc. cit.*; *Bull. de la Soc. chim.*, t. XIV, p. 296].

DIMÉTA-DIBROMOTOLUÈNE (1. 3, 5),

$$CH^3 - C^6H^3 \begin{matrix} \diagup Br_{(3)} \\ \diagdown Br_{(5)} \end{matrix}.$$

— Il se produit lorsqu'on élimine le groupe AzH^2 de la dibromo-paratoluidine; à cet effet, on introduit peu à peu cette base dans de l'alcool saturé de gaz nitreux; la réaction s'accomplit à la température ordinaire et l'on obtient la quantité théorique de dibromotoluène. Le même composé se forme encore dans la décomposition du sulfate de dibromo-paratoluol par l'eau, qui, normalement, devrait fournir du dibromocrésol.

Dans la monobromo-paratoluidine, l'atome de brome occupe la position dite méta, puisque cette base fournit le métabromotoluène; ce même atome de brome se retrouve évidemment dans la dibromo-paratoluidine, et la constitution du dibromotoluène qui en dérive ne peut être représentée que par un des symboles suivants : 1. 2. 3; 1. 2. 5 et 1. 3. 5. Les isomères 1. 2. 3 et 1. 2. 5 étant déjà connus, le sixième dibromotoluène doit appartenir au type méta-méta 1. 3. 5.

Le diméta-dibromotoluène cristallise dans l'alcool en longues et belles aiguilles, fusibles à 60° et bouillant à 241° [E. Wroblevsky, *loc. cit.; Bull. de la Soc. chim.*, t. XVI, p. 133].

TRIBROMOTOLUÈNES, $C^7H^5Br^3 = C^6H^2Br^3\text{-}CH^3$. — On ne connaît que trois des six tribromotoluènes indiqués par la théorie.

α-TRIBROMOTOLUÈNE (1. 2. 6. ?). — Il se forme lorsqu'on introduit peu à peu la tribromo-métatoluidine dans de l'alcool chargé de gaz nitreux; la réaction est vive; il se dégage de l'azote et des vapeurs d'aldéhyde; le tribromotoluène précipité par l'eau et purifié par cristallisation dans la benzine se présente en longues aiguilles soyeuses, peu solubles dans l'alcool. Il fond à 70° et bout sans décomposition vers 290° [E. Wroblevsky, *loc. cit.; Bull. de la Soc. chim.*, t. XVII, p. 124].

β-TRIBROMOTOLUÈNE (1. 3. 4. 5). — Les deux atomes de brome de la dibromo-paratoluidine occupent les places 3 et 5, puisqu'on peut en dériver le diméta-dibromotoluène en éliminant le groupe AzH^2. Si, au contraire, on remplace ce groupe par un atome de brome, on obtient le diméta-paratribromotoluène. A cet effet, on arrose la base avec la quantité nécessaire d'acide nitrique concentré, et on dirige dans la masse fortement refroidie un courant de gaz nitreux; quand le tout est devenu liquide, on y ajoute avec précaution de l'acide sulfurique un peu étendu et refroidi, puis de l'éther : il se précipite du sulfate de diméta-bromo-diazoparatoluol. Celui-ci est dissous dans l'eau, additionné de bromure de sodium et d'eau de brome, et le perbromure solide qui se précipite est décomposé par l'alcool:

$$C^7H^5Br^2Az^2Br^3 + C^2H^6O$$
$$= C^7H^5Br^3 + Az^2 + C^2H^4O + 2HBr.$$

Le diméta-paratribromotoluène est un liquide bouillant vers 260° et ne se solidifiant pas à — 20°. Son odeur est celle des toluènes monobromés. Insoluble dans l'eau, il se dissout aisément dans l'alcool (E. Wroblevsky).

γ-TRIBROMOTOLUÈNE. — Ce tribromotoluène a été obtenu synthétiquement en distillant un mélange de tribromo-phénate et d'acétate de potassium. Il cristallise en petites aiguilles fusibles à 150°, très-solubles dans l'alcool, peu solubles dans l'éther [F. Pfankuch, *Bull. de la Soc. chim.*, t. XVIII, p. 497].

2° — *Toluènes chlorés.*

MONOCHLOROTOLUÈNES,

$$C^7H^7Cl = CH^3\text{-}C^6H^4Cl.$$

— Comme les toluènes monobromés, les monochlorotoluènes existent sous trois modifications.

ORTHOCHLOROTOLUÈNE (1. 2),

$$C^6H^4<^{CH^3}_{Cl_{(2)}}.$$

— F. Beilstein et A. Kuhlberg l'ont obtenu à l'état de pureté en décomposant par la chaleur le chloroplatinate du diazo-orthotoluol mélangé avec douze fois son poids de sable sec [*Ann. d. Chem. u. Pharm.* t. CLXI, p. 79; *Bull. de la Soc. chim.*, t. XIII, p. 263]. Ce procédé est peu pratique pour préparer des quantités un peu grandes d'orthochlorotoluène; on obtiendrait peut-être plus facilement ce produit en arrosant d'acide chlorhydrique très-concentré le chlorhydrate d'orthotoluidine et dirigeant dans la bouillie un courant de gaz nitreux.

Mélangé de parachlorotoluène, l'orthochlorotoluène constitue le monochlorotoluène brut, obtenu en chlorant le toluène en présence de l'iode. On n'est pas parvenu jusqu'ici à isoler de ce mélange l'orthochlorotoluène à l'état de pureté parfaite; on peut cependant obtenir un produit ne renfermant plus qu'une faible proportion de parachlorotoluène. A cet effet, on fait bouillir, pendant 2 jours, le monochlorotoluène brut avec un mélange de dichromate de potassium et d'acide sulfurique étendu; au bout de ce temps, on renouvelle le mélange oxydant; on continue à chauffer et on répète l'opération une troisième fois : dans ces conditions, le parachlorotoluène s'oxyde presque entièrement, tandis que la majeure partie de l'orthochlorotoluène résiste à l'action du réactif. La portion non attaquée, dont le poids est inférieur à la moitié de la quantité primitive, est très-riche en orthochlorotoluène [G. Vogt et A. Henninger, *Bull. de la Soc. chim.* t. XVII, p. 547].

Peut-être pourrait-on achever la purificatio de cet orthochlorotoluène en le traitant par sodium, comme nous l'avons indiqué plus hau pour l'orthobromotoluène (p. 434).

L'orthochlorotoluène est un liquide incolore, d'une odeur particulière, nullement désagréable, bouillant à 158°. Chauffé à l'ébullition avec 3 p. de permanganate de potassium en solution très-étendue, il s'oxyde au bout de 4 à 5 heures et se transforme en acide orthochlorobenzoïque [O. Emmerling, *Deutsch. chem. Gesellsch.*, t. VIII, p. 880]. Cette réaction établit sa constitution.

L'acide sulfurique, en agissant sur l'orthochlorotoluène, ne semble donner qu'un seul acide monochlorocrésylsulfureux.

MÉTACHLOROTOLUÈNE (1. 3),

$$C^6H^4<^{CH^3}_{Cl_{(3)}}$$

— On le prépare en partant de la métachloroparatoluidine. Le nitrate de cette base (p. 478) réduit en bouillie avec un peu d'eau, est fortement refroidi et traité par le gaz nitreux; quand le tout est entré en dissolution, on ajoute la quantité calculée d'acide sulfurique préalablement étendu de deux volumes d'eau et refroidi, ensuite de l'alcool absolu et, à la fin, de l'éther sec : le sulfate de métachlorodiazoparatoluol se sépare sous la forme d'une couche liquide peu colorée, qu'on décante et qu'on laisse évaporer dans le vide sur l'acide sulfurique. Il reste une masse cristalline qui, décomposée par l'alcool concentré, à l'aide de la chaleur, fournit le métachlorotoluène. Ce corps se forme aussi lorsqu'on traite le même sulfate de métachloro-diazoparatoluol par l'eau; normalement cette réaction devrait fournir du métachlorocrésol.

Le métachlorotoluène, purifié par distillation avec la vapeur d'eau en présence d'une liqueur alcaline, est un liquide incolore bouillant à 156°, doué d'une odeur voisine de celle de l'orthochlorotoluène. Un mélange de dichromate de potassium et d'acide sulfurique étendu, le transforme assez facilement en acide métachlorobenzoïque fusible à 151°. On a préparé un dérivé nitré liquide du métanitrotoluène; les acides sulfonés n'ont pas été étudiés [E. Wroblevsky, *Ann. der Chem. u. Pharm.*, t. CLXVIII, p. 199; *Bull. de la Soc. chim.*, t. XIII, p. 64 et t. XXIII, p. 376].

PARACHLOROTOLUÈNE (1. 4),

$$C^6H^4<^{CH^3}_{Cl_{(4)}}$$

— Lorsqu'on dirige un courant de chlore sec dans du toluène additionné de 2 à 3 centièmes d'iode et légèrement chauffé dans un appareil à reflux, le chlore est avidement absorbé, et il se produit des dérivés chlorés du toluène; on interrompt l'opération lorsque 100 p. de toluène ont augmenté de 40 p. Le produit est alors distillé et les portions passant au-dessous de 140° sont mises de côté pour une opération ultérieure; tout ce qui passe au-dessus de cette température est introduit, avec de la soude concentrée, dans un appareil distillatoire dans lequel on fait arriver un courant de vapeur d'eau. Cette opération a pour but de détruire la majeure partie des composés iodés que le produit brut renferme toujours. A la fin, le liquide qui a été entraîné avec les vapeurs aqueuses est séché et soumis à une série de distillations fractionnées : le monochlorotoluène passe entre 158 et 160°.

Dans cette préparation on peut remplacer l'iode, par le pentachlorure de molybdène dont on ajoute 1 °/₀ au toluène; ce corps présente l'avantage sur l'iode de pouvoir être éliminé très-facilement du produit par simple lavage à l'ammoniaque [B. Aronheim et G. Dietrich, *Deutsche chem. Gesells.*, t. VIII, p. 1401].

Le monochlorotoluène préparé avec le toluène est un mélange d'ortho et de parachlorotoluène, et on ne connaît jusqu'ici aucun procédé qui permette d'en isoler ce dernier à l'état de pureté. Nous avons néanmoins décrit sa préparation, parce que le parachlorotoluène paraît y dominer et surtout parce que la plupart des chimistes ont employé le monochlorotoluène brut comme parachlorotoluène pur [F. Beilstein et P. Geitner, *Ann. der Chem. u. Pharm.*, t. CXXXIX, p. 331; *Bull. de la Soc. chim.*, 1866, t. VI, p.46 8 et t. VII, p. 251; — H. Limpricht, *Ann. der Chem. u. Pharm.*, t. CXXXIX, p. 303; *Bull. de la Soc. chim.*, t. VI, p. 467].

Le monochlorotoluène brut est un liquide incolore, doué d'une odeur particulière non irritante; distillant entre 158 et 160°; densité à 14° = 1,080 (Limpricht), et à 27°,2 = 1,0735 (Aronheim et Dietrich). Le permanganate de potassium le transforme en un mélange d'acides orthochlorobenzoïque et parachlorobenzoïque; l'acide chromique ne fournit que le dernier acide, puisqu'il oxyde facilement l'acide orthochlorobenzoïque. Le monochlorotoluène résiste à l'action de la plupart des réactifs qui éliminent si facilement le chlore du chlorure de benzyle; le sodium ou la chaux sodée le convertissent à chaud en produits huileux, bouillant à 300° et au-dessus.

Le parachlorotoluène a été préparé à l'état de pureté au moyen de la paratoluidine, d'abord par Griess, plus tard par Hübner et Majert. Griess transforme la paratoluidine en nitrate de diazoparatoluol, puis en chloroplatinate de diazotoluol

$$(C^7H^7Az^2Cl)^2 + PtCl^4$$

qui, distillé avec un grand excès de carbonate de sodium sec, fournit du parachlorotoluène [*Jahresber. f. Chem.*, 1866, p. 458].

Hübner et Majert arrosent le chlorhydrate de paratoluidine d'acide chlorhydrique concentré et dirigent dans la bouillie un courant de gaz nitreux; quand le tout est entré en dissolution, le produit est porté très-lentement à l'ébullition: il passe une huile complexe, mélange de parachlorotoluène, de crésol, de nitrocrésol et de nitrotoluène. Elle est traitée par l'étain et l'acide chlorhydrique, distillée avec la vapeur d'eau, lavée à la soude, séchée et rectifiée. Le parachlorotoluène est un liquide incolore, bouillant à 160°, 5 qui se prend vers 0° en cristaux incolores, fusibles à + 6°, 5 [*Deutsche chem. Gesells.*, t. VI, p. 794; *Bull. de la Soc. chim.*, t. XX, p. 460].

Sous l'influence de l'acide nitrique, il donne deux dérivés nitrés isomériques; l'acide sulfurique paraît le transformer également en deux acides parachlorocrésylsulfureux isomériques. Les oxydants l'attaquent beaucoup plus facilement que l'orthochlorotoluène et le convertissent en acide parachlorobenzoïque.

DICHLOROTOLUÈNES,

$$C^7H^6Cl^2 = CH^3\text{-}C^6H^3Cl^2.$$

— D'après l'analogie avec les dibromotoluènes, il doit exister six dichlorotoluènes, mais on n'en connaît pas un seul à l'état de pureté. On n'a décrit que le dichlorotoluène obtenu directement avec le toluène, qui certainement est un mélange de deux ou de plusieurs isomères.

On fait passer du chlore sec dans du toluène légèrement chauffé et additionné de 2 à 3 centièmes d'iode ou de 1 centième de pentachlorure de molybdène; quand la quantité de gaz absorbée est telle que 100 p. de toluène ont augmenté de 75 p., on arrête l'opération, et l'on soumet le produit à la distillation fractionnée, en recueillant à part ce qui passe avant 175-180°; cette portion est traitée de nouveau par le chlore. Les fractions supérieures sont distillées en présence de la soude dans un courant de vapeur d'eau, comme il a été dit plus haut, et soumises à la fin à une série de distillations fractionnées : le dichlorotoluène passe entre 190 et 198°.

C'est un liquide incolore, doué d'une odeur particulière, bouillant à 197°. Densité, 1,234 à 21° (Beilstein); 1,2557 à 18° (Aronheim et Dietrich). Le dichlorotoluène résiste à l'action de la potasse, de l'acétate d'argent, etc.; un mélange d'acide sulfurique étendu et de dichromate de potassium le transforme en un acide dichlorobenzoïque fusible à 201°. Son dérivé nitré est liquide.

Le dichlorotoluène ne semble pas constituer un corps unique : du moins, Aronheim et Dietrich, en le traitant à l'ébullition par le chlore, ont-ils obtenu deux trichlorures de dichlorobenzényle, $C^6H^3Cl^2\text{-}CCl^3$, isomériques (voyez p. 463) [F. Beilstein et Geitner, *loc. cit.*; — E. Neuhof, *Ann. der Chem. u. Pharm.*, t. CXLVI, p. 319; *Bull. de la Soc. chim.*, t. VIII, p. 92; — Aronheim et Dietrich, *loc. cit.*].

TRICHLOROTOLUÈNES, $C^7H^5Cl^3 = CH^3\text{-}C^6H^2Cl^3$. — On en connaît deux.

TRICHLOROTOLUÈNE SOLIDE. — On fait passer du chlore dans du toluène en se plaçant dans les conditions indiquées plus haut; quand 100 p. de toluène ont augmenté de 115 p., l'opération est arrêtée et le produit, purifié par un traitement à la soude (1), est soumis à la distillation fractionnée.

Les portions passant entre 233 et 240° sont refroidies fortement; les cristaux qui se déposent sont débarrassés des parties liquides au moyen de la trompe et purifiés par cristallisation dans l'éther.

Le trichlorotoluène solide se présente en longs prismes brillants, fusibles à 75°,5 et bouillant à 237°, suivant Limpricht; fusibles à 73° et bouillant à 235°, suivant Aronheim et Dietrich.

L'eau ne l'altère pas à 200°; le mélange de dichromate de potassium et d'acide sulfurique étendu le convertit en un acide trichlorobenzoïque fusible à 163° (Jannasch) [H. Limpricht, *loc. cit.*; — F. Beilstein et A. Kuhlberg, *Ann. der Chem. u. Pharm.*, t. CXLVI, p. 317; *Bull. de la Soc. chim.*, t. IX, p. 62; — Aronheim et Dietrich, *loc. cit.*].

TRICHLOROTOLUÈNE LIQUIDE. — Les parties liquides qui imprègnent les cristaux du trichlorotoluène solide ne peuvent être solidifiées par le froid; elles distillent à 237° et offrent la composition du trichlorotoluène. Leur étude n'est pas

1. Le trichlorotoluène n'est entraîné que très-lentement par la vapeur d'eau, de sorte que ce mode de purification si excellent ne peut servir ici, à moins qu'on ne dispose de vapeur d'eau sous pression.

encore faite [Aronheim et Dietrich, *loc. cit.*].

TÉTRACHLOROTOLUÈNES,

$$C^7H^4Cl^4 = CH^3 - C^6HCl^4.$$

— On en connaît deux.

TÉTRACHLOROTOLUÈNE SOLIDE. — On fait passer du chlore dans du toluène, additionné d'iode, comme il a été indiqué plus haut, et l'on arrête l'opération lorsque 100 p. de toluène ont augmenté de 150 p. Le produit soumis à la distillation fractionnée fournit, entre 270° et 280°, un liquide qui laisse déposer par le froid le tétrachlorotoluène. Purifié par cristallisation dans l'éther, il est en fines aiguilles, fusibles à 96° et bout à 276°,5, d'après Limpricht; il fond à 91°,5 et bout à 271°, d'après Beilstein et Kuhlberg. L'acide azotique fumant l'attaque très-lentement; l'eau à 220° ne l'altère pas [H. Limpricht, *loc. cit.*; — F. Beilstein et A. Kuhlberg, *Ann. der Chem. u. Pharm.*, t. CL, p. 286; *Bull. de la Soc. chim.*, t. X, p. 418].

TÉTRACHLOROTOLUÈNE LIQUIDE. — Obtenu en décomposant l'hexachlorure de toluène dichloré par la soude, il constitue une huile incolore, bouillant à 280-290° (Pieper, voyez p. 432).

PENTACHLOROTOLUÈNE, $C^7H^3Cl^5 = CH^3 - C^6Cl^5$. — Le toluène, additionné d'iode, est saturé de chlore et, vers la fin, l'action est favorisée par la chaleur. Les portions du produit distillant vers 300° sont lavées avec du sulfure de carbone dans lequel le pentachlorotoluène est très-peu soluble, puis leur purification est achevée par cristallisation dans la benzine. Le pentachlorotoluène forme des aiguilles blanches, brillantes, fusibles à 218° et bouillant à 301°. L'acide azotique fumant ne l'attaque pas [Beilstein et Kuhlberg, *loc. cit.*].

3° — *Toluènes iodés.*

MONO-IODOTOLUÈNES, $C^7H^7I = CH^3 - C^6H^4I$. — Ils sont connus sous trois modifications.

ORTHO-IODOTOLUÈNE (1. 2),

$$C^6H^4 < \begin{matrix} CH^3 \\ I_{(2)} \end{matrix}.$$

— Le sulfate de diazo-orthotoluol est décomposé par l'acide iodhydrique et l'ortho-iodotoluène formé est distillé dans un courant de vapeur d'eau; on achève sa purification par la distillation fractionnée. C'est un liquide incolore, bouillant à 205°,5 (à 211°, si toute la colonne mercurielle plonge dans la vapeur), d'une densité de 1,697 à 20°; il ne se solidifie pas à — 14°.

Traité par l'éther chloroxycarbonique et l'amalgame de sodium, l'ortho-iodotoluène fournit l'acide orthotoluique.

L'acide nitrique étendu le transforme en acide ortho-iodobenzoïque fusible à 156°,5. Ces deux réactions, ainsi que son mode de formation, établissent la constitution de l'ortho-iodotoluène.

Un mélange de dichromate de potassium et d'acide sulfurique étendu le brûle complétement sans donner d'acide aromatique. Suivant Koerner, au contraire, il fournit dans ces conditions un acide iodobenzoïque fusible à 172°,5, que la potasse convertit en acide métoxybenzoïque. Cette dernière indication n'a pu être confirmée. L'acide nitrique fumant transforme l'orthoiodotoluène en un dérivé mononitré [F. Beilstein et A. Kuhlberg, *Ann. der Chem. u. Pharm.*, t. CLVIII, p. 347; *Bull. de la Soc. chim.*, t. XIV, p. 295; — A. Koerner, *ibid.*, t. XIII, p. 170; — A. Kekulé, *Deutsche Chem. Gesellsch.*, t. VII, p. 1007; *Bull. de la Soc. chim.*, t. XXIII, p. 120].

MÉTA-IODOTOLUÈNE (1. 3),

$$C^6H^4 < \begin{matrix} CH^3 \\ I_{(3)} \end{matrix}.$$

— On le prépare en décomposant le sulfate de diazométatoluol par l'acide iodhydrique et entraînant le produit formé, au moyen d'un courant de vapeur d'eau. C'est un liquide incolore, bouillant à 204° et offrant une densité de 1,698 à 20°. Avec l'acide nitrique il fournit un dérivé mononitré.

Le mélange de dichromate de potassium et d'acide sulfurique oxyde profondément le méta-iodotoluène et ne fournit pas d'acide méta-iodobenzoïque [Beilstein et Kuhlberg, *loc. cit.*].

PARA-IODOTOLUÈNE (1. 4),

$$C^6H^4 < \begin{matrix} CH^3 \\ I_{(4)} \end{matrix}.$$

— Il se forme lorsqu'on traite le sulfate de diazoparatoluol par l'acide iodhydrique (Koerner), ou le diparacrésylmercure par l'iode (Dreher et Otto),

$$(CH^3 - C^6H^4)^2Hg + I^2$$
$$= CH^3 - C^6H^4.HgI + CH^3 - C^6H^4I.$$

Il constitue une substance solide, cristallisant en lamelles incolores, ressemblant à la naphtaline, fusibles à 35° et bouillant à 211°,5; il se sublime déjà à la température ordinaire. Son odeur rappelle la menthe. Le dichromate de potassium et l'acide sulfurique le transforment en acide para-iodobenzoïque.

Avec l'acide sulfurique, le para-iodotoluène fournit deux acides para-iodocrésylsulfureux isomériques. L'acide nitrique fumant le transforme en un mélange de corps nitrés dont l'un, le para-iododinitrotoluène a été isolé à l'état de pureté [W. Koerner, *Bull. Acad. roy. Belgique*, (2), t. XXIV, p. 151; — E. Dreher et R. Otto, *Bull. de la Soc. chim.*, t. XIII, p. 447; — H. Glassner, *Deutsche chem. Gesellsch.*, t. VIII, p. 560; *Bull. de la Soc. chim.*, t. XXV, p. 373].

4° — *Toluènes bromo-iodés.*

MONOBROMO-MONO-IODOTOLUÈNES,

$$C^7H^6BrI = CH^3 - C^6H^3BrI.$$

— Wroblevsky en a préparé deux [*Ann. der Chem. u. Pharm.*, t. CLXVIII, p. 159 et 164].

MÉTABROMO-ORTHO-IODOTOLUÈNE,

$$CH^3 - C^6H^3 < \begin{matrix} Br_{(3)} \\ I_{(2) \text{ ou } (6)} \end{matrix}.$$

— On l'obtient en traitant le sulfate de métabromodiazo-orthotoluol par l'acide iodhydrique; c'est un liquide incolore, ne se solidifiant pas à — 20° et bouillant à 260°, doué d'une odeur analogue à celle des monobromotoluènes. Densité = 2,139 à 18°. La constitution du métabromo-mono-iodotoluène découle de son mode de formation.

MÉTABROMO-PARA-IODOTOLUÈNE,

$$CH^3 - C^6H^3 < \begin{matrix} Br_{(3)} \\ I_{(4)} \end{matrix}.$$

— Il résulte de la décomposition du sulfate de métabromodiazo-paratoluol par l'acide iodhydrique; on obtient une huile brune qu'on distille avec la vapeur d'eau. Le métabromo-para-iodotoluène est un liquide incolore, ne se solidifiant pas à — 14° et bouillant à 265° sans s'altérer. Densité = 2,041 à 20°. Il est miscible à l'alcool. Son odeur se rapproche de celle des monobromotoluènes.

DIMÉTADIBROMO-PARA-IODOTOLUÈNE,

$$C^7H^5Br^2I = CH^3 - C^6H^2[Br_{(3)}\, I_{(4)}\, Br_{(5)}].$$

— Obtenu par l'action de l'acide iodhydrique sur le sulfate de dimétadibromo-diazoparatoluol, il se présente en longues et belles aiguilles, fusibles à

86° et bouillant à 270° [Wroblevsky, *Mém. cité*].

DIMÉTADIBROMO-ORTHO-PARADIIODOTOLUÈNE,

$$C^7H^4Br^2I^2 = CH^3\text{-}C^6H\left[I_{(2)}Br_{(3)}I_{(4)}Br_{(5)}\right].$$

— Le dérivé nitré du corps précédent est réduit par l'étain et l'acide chlorhydrique, et le dérivé amidé ainsi obtenu (voyez p. 469) est transformé en corps diazoïque; celui-ci, décomposé par l'acide iodhydrique, fournit le dibromo-diiodotoluène. Il cristallise en prismes peu solubles dans l'alcool, fusibles à 68° et volatils avec la vapeur d'eau [E. Wroblevsky, *Deutsche chem. Gesells.*, t. IX, p. 1055].

5° — *Toluènes chloro-iodés.*

MONOCHLORO-MONO-IODOTOLUÈNES,

$$C^7H^6ClI = CH^3\text{-}C^6H^3ClI.$$

— On en a décrit trois, dont la constitution n'est pas encore bien éclaircie.

α-CHLORO-IODOTOLUÈNE. — Il dérive de la chloro-orthotoluidine que Beilstein et Kuhlberg ont obtenue comme produit secondaire dans la réduction de l'ortho-nitrotoluène (voyez p. 469). Le sulfate du composé diazoïque de cette base, décomposé par l'acide iodhydrique, fournit un liquide d'une densité de 1,702 à 19°, bouillant vers 240°. L'atome d'iode de ce corps occupe la place 2.

β-CHLORO-IODOTOLUÈNE. — La chlorotoluidine, fusible à 84° (voyez p. 490), est transformée en sulfate de chlorodiazotoluol et celui-ci est traité par l'acide iodhydrique; la réaction s'accomplit rapidement et l'on obtient presque la quantité théorique de chloro-iodotoluène; on le purifie par lavage à la soude et par distillation avec la vapeur d'eau. C'est un liquide incolore, miscible à l'alcool, se solidifiant à + 10° et bouillant sans décomposition à 240°. Densité à 19°,5 = 1,770. Son odeur est celle des iodotoluènes (E. Wroblevsky).

γ-CHLORO-IODOTOLUÈNE. — On le prépare d'après la méthode qui vient d'être décrite en employant le sulfate du composé diazoïque de la chlorotoluidine liquide, bouillant à 238° (voyez p. 469). Il constitue un liquide incolore, miscible à l'alcool, ne se solidifiant pas à — 14° et bouillant à 242-243°. Densité à 17° = 1,716. Son odeur se rapproche de celle des iodotoluènes (Wroblevsky).

6° — *Toluènes nitrés.*

MONONITROTOLUÈNES,

$$C^7H^7AzO^2 = CH^3\text{-}C^6H^4(AzO^2).$$

Le nitrotoluène a été découvert en 1841 par M. Deville; ce savant l'obtint sous la forme d'un liquide, d'une odeur d'essence d'amandes amères, bouillant à 225° et possédant la densité 1,180 à 16°,5 et la densité de vapeur 4,95. Tous les observateurs qui s'occupèrent du nitrotoluène après M. Deville, le décrivirent également comme un liquide, et c'est seulement en 1865 que les travaux de Jaworsky firent connaître le nitrotoluène solide ou paranitrotoluène. Deux ans plus tard, Kekulé confirma les indications de Jaworsky, mais il méconnut la nature de la partie liquide du nitrotoluène brut, puisqu'il la considérait comme une impureté (nitrobenzine). C'est Rosenstiehl qui le premier montra en 1869 que cette partie liquide est formée d'un nitrotoluène isomérique avec le paranitrotoluène et correspondant à l'orthotoluidine. Dans la même année, Beilstein et Kuhlberg firent connaître le troisième isomère, le métanitrotoluène.

Les deux réactions suivantes n'ont été observées jusqu'ici qu'avec le nitrotoluène brut:

La potasse attaque vivement ce corps et le dissout en se colorant en rouge (Deville); le sulfite d'ammonium le transforme en acide amidocrésylsulfureux (Hilkenkamp, 1855) [H. Sainte-Claire Deville, 1841, *loc. cit.*; — W. Jaworsky, *Zeitsch. für Chem.*, 1865, p. 220; — A. Kekulé, *ibid.*, 1867, p. 225; *Bull. de la Soc. chim.*, t. VII, p. 105; — P. Alexeyeff, *ibid.*, t. VII, p. 376].

ORTHONITROTOLUÈNE (1. 2.),

$$C^6H^4\Big\langle\begin{matrix}CH^3\\(AzO^2)_{(2)}\end{matrix}.$$

— Quelques semaines après la découverte de Rosenstiehl, Beilstein et Kuhlberg obtinrent l'orthonitrotoluène en décomposant par l'alcool absolu le sulfate du dérivé diazoïque correspondant à l'orthonitroparatoluidine ou à l'orthonitrométatoluidine (voyez p. 478 et p. 474). Cette méthode, très-détournée et très-pénible, est la seule qui permette, pour le moment, d'obtenir l'orthonitrotoluène à l'état de pureté.

Lorsqu'on attaque le toluène par l'acide nitrique, l'ortho- et le paranitrotoluène se forment toujours simultanément; leurs proportions varient avec les conditions de l'expérience (voyez p. 433).

Beilstein et Kuhlberg avaient trouvé qu'on peut séparer les deux isomères par la distillation fractionnée, mais Rosenstiehl a contredit ce fait; il n'a pu obtenir de l'orthonitrotoluène exempt de la modification para ni par des distillations fractionnées en très-grand nombre, ni par des condensations partielles. Le produit le plus pur que cette méthode lui ait fourni, contenait encore 14 % de paranitrotoluène.

Voici quelques indications pour obtenir l'orthonitrotoluène à ce degré de pureté. Au moyen d'un entonnoir effilé, on introduit peu à peu 1 p. de toluène dans 1p,5 d'acide nitrique d'une densité de 1,5 en agitant fréquemment et refroidissant pour que la température du mélange ne s'élève pas au-dessus de 15°. Dans ces conditions, la réaction s'accomplit lentement et l'orthonitrotoluène se forme en proportion dominante.

Au bout d'une dizaine d'heures, on précipite le produit par l'eau : la couche huileuse est décantée, séchée et soumise à un très-grand nombre de distillations fractionnées; il est utile de faire ces distillations sous pression réduite pour prévenir la décomposition d'une forte proportion de substance.

On recueille séparément les fractions de 2° en 2°; le point d'ébullition du paranitrotoluène étant supérieur d'environ 18° à celui de l'orthonitrotoluène, le premier composé s'accumule dans les dernières fractions, où il se dépose même à l'état de cristaux, faciles à séparer et à purifier. Après 15 à 20 séries de distillations fractionnées, le produit se scinde en deux portions principales, l'une bouillant sous la pression ordinaire, de 222° à 223° et composée d'orthonitrotoluène pur; l'autre passant de 235° à 236°, formée de paranitrotoluène; les parties intermédiaires sont en proportion très-faible (Beilstein et Kuhlberg).

Rosenstiehl n'a pas observé une séparation aussi nette; il a constaté de plus que la fraction bouillant de 222° à 223° n'est pas homogène et que son point d'ébullition s'abaisse à 213-219° lorsqu'on pousse la rectification plus loin. Ce produit, qui renferme encore 14 % de paranitrotoluène, peut être purifié plus complétement par l'oxydation au moyen d'un mélange de dichromate de potassium et d'acide sulfurique, mélange qu'on renouvelle plusieurs fois. Le paranitrotoluène, comme tous les dérivés dits para, s'oxyde beaucoup plus facilement que l'orthonitrotoluène, et disparaît par conséquent peu à peu du mélange. Rosenstiehl est arrivé ainsi à préparer de l'orthonitrotoluène ne contenant plus que 9 % environ de paranitrotoluène.

L'orthonitrotoluène se présente sous forme d'un liquide jaune clair, fortement réfringent, bouillant vers 219° (Rosenstiehl), à 222°,5 (Beilstein et Kuhlberg). Il ne se solidifie pas par le froid. Densité = 1,163 à 23°,5. Son odeur rappelle celle de la nitrobenzine.

L'acide chromique, en présence de l'acide sulfurique étendu, l'attaque lentement et détruit profondément la molécule; il ne se forme pas d'acide aromatique dans cette réaction.

Les agents de réduction le transforment en orthotoluidine; l'étain et l'acide chlorhydrique fournissent en même temps une chloro-orthotoluidine; l'amalgame de sodium donne des produits de réduction moins avancés, l'azoxy-orthotoluol et l'azo-orthotoluol. L'acide nitrique convertit l'orthonitrotoluène en orthoparadinitrotoluène; il semble se former en même temps un dinitrotoluène isomérique liquide (Rosenstiehl).

Avec l'acide sulfurique, l'orthonitrotoluène fournit un acide orthonitrocrésylsulfureux [A. Rosenstiehl, *Bull. de la Soc. chim.*, 1869, t. XI, p. 389 et t. XIX, p. 470; *Ann. de Chim. et de Phys.*, (4), t. XXVII, p. 433; — F. Beilstein et A. Kuhlberg, *Zeitsch. für Chem.*, 1869, p. 280 et 521; *Ann. der Chem. u. Pharm.*, t. CLV, p. 11; *Bull. de la Soc. chim.*, t. XII, p. 388, et t. XIII, p. 262].

MÉTANITROTOLUÈNE (1.3),

$$C^6H^4<^{CH^3}_{(AzO^2)_{(3)}}$$

— Il a été découvert par Beilstein et Kuhlberg qui l'obtiennent en décomposant par l'alcool absolu le sulfate de métanitro-diazoparatoluol ou de métanitro-diazo-orthotoluol. Les deux toluidines, la paratoluidine et l'orthotoluidine fournissant le même métanitrotoluène, on peut employer pour sa préparation le mélange des deux bases qu'on transforme en acéto-toluide par une ébullition prolongée avec l'acide acétique glacial. L'acéto-toluide est introduite peu à peu dans de l'acide nitrique d'une densité de 1,475, refroidi; quand toute réaction a cessé, le produit est versé sur de la glace pilée : il se précipite de l'acéto-toluide nitrée qui, purifiée par cristallisations dans l'eau bouillante et décomposée par la potasse alcoolique ou même par l'acide sulfurique étendu de 3 volumes d'eau, fournit un mélange de paratoluidine et d'orthotoluidine métanitrées. Ce mélange est transformé, d'après les procédés connus, en sulfate de métanitro-diazotoluol, qu'on décompose à l'aide de la chaleur par l'alcool absolu.

Le métanitrotoluène ainsi préparé est un liquide bouillant à 230°,5, qui se prend par le froid en cristaux fusibles à + 16°. Densité à 22° = 1,168. Le mélange de dichromate de potassium et d'acide sulfurique étendu l'oxyde facilement et fournit l'acide métanitrobenzoïque. L'acide azotique concentré le convertit en un dinitrotoluène fusible à 60° et l'acide sulfurique le transforme en acide métanitrocrésylsulfureux. Par réduction, le métanitrotoluène produit la métatoluidine [F. Beilstein et A. Kuhlberg, *Ann. der Chem., u. Pharm.* t. CLV, p. 23; *Bull. de la Soc. chim.*, t. XIV, p. 293; t. XV, p. 115].

PARANITROTOLUÈNE (1.4),

$$C^6H^4<^{CH^3}_{(AzO^2)_{(4)}}$$

— Il a été découvert par Jaworsky. Pour le préparer, on introduit peu à peu, au moyen d'un entonnoir effilé, du toluène dans 3 à 4 p. d'acide nitrique d'une densité de 1,5 et maintenu à 30°; l'action est très-énergique et s'achève au bout de quelques heures; l'eau précipite alors une huile jaune qui renferme de 50 à 60 % de paranitrotoluène. Cette huile est soumise à un grand nombre de distillations fractionnées, comme il a été indiqué plus haut pour l'orthonitrotoluène; les fractions qui passent au-dessus de 225° étant refroidies laissent déposer des cristaux de paranitrotoluène qu'on débarrasse des parties liquides au moyen de la trompe et par la compression, et qu'on fait cristalliser dans l'alcool. La solution éthérée du paranitrotoluène fournit par l'évaporation lente de volumineux cristaux bien développés.

Le paranitrotoluène constitue de très-beaux cristaux prismatiques, incolores, brillants, dont on ne connaît pas encore le type cristallin; on a mesuré un angle, probablement *mm* qui est de 72° 53'. Le paranitro-toluène fond à 54° (Jaworsky, Beilstein et Kuhlberg), à 52° (Rosenstiehl), à 51°,3 (Mills); ce dernier chimiste n'a du reste pu observer un point de fusion constant. Le point d'ébullition est situé à 237°,5 (235,5 d'après Beilstein et Kuhlberg). Le paranitrotoluène est insoluble dans l'eau, à laquelle il communique toutefois son odeur; l'alcool, l'éther, l'huile de naphte, etc., le dissolvent aisément. Son odeur rappelle plutôt l'anis que l'essence d'amandes amères.

Par oxydation, le paranitrotoluène fournit l'acide paranitrobenzoïque; par l'étain et l'acide chlorhydrique et une foule d'autres réducteurs, la paratoluidine; par l'amalgame de sodium et l'eau, l'azoxy- et l'azoparatoluol. Un mélange d'acide nitrique et d'acide sulfurique le transforme en orthopara-dinitrotoluène; il est à remarquer que l'ortho- et le paranitrotoluène engendrent, dans ces conditions, le même dinitrotoluène fusible à 70°,5 (1.2.4).

L'acide sulfurique le convertit en acide paranitrocrésylsulfureux [W. Jaworsky, *loc. cit.*; — A. Kekulé, *loc. cit.*; — P. Alexeyeff; *loc. cit.*; — Rosenstiehl, *loc. cit.*; — F. Beilstein et Kuhlberg, *loc. cit.*; — E.-J. Mills, *Phil. Mag.*, (4), t. L, p. 17].

DINITROTOLUÈNES,

$$C^7H^6(AzO^2)^2 = CH^3\text{-}C^6H^3(AzO^2)^2.$$

— On en connaît trois.

α-ORTHOPARADINITROTOLUÈNE (1. 2. 4),

$$CH^3\text{-}C^6H^3<^{(AzO)^2_{(2)}}_{(AzO^2)_{(4)}}$$

— M. Deville l'a obtenu par en traitant le toluène par un mélange d'acide nitrique fumant et d'acide sulfurique. Il se produit aussi lorsqu'on attaque l'orthonitrotoluène ou le paranitrotoluène par l'acide azotique fumant, à la température de l'ébullition, ou mieux, à une douce chaleur, par un mélange d'acide nitrique et d'acide sulfurique. Ces modes de formation fixent la constitution du dinitrotoluène.

Quel que soit le mode de préparation qu'on ait employé, le produit est précipité par l'eau, et le dinitrotoluène est lavé avec de l'eau légèrement alcaline, puis avec de l'eau pure et purifié par cristallisation dans l'alcool.

Le dinitrotoluène cristallise en aiguilles, fusibles à 70-71°, à 69°,2 (Mills) et bouillant vers 300° en se décomposant partiellement; il est insoluble dans l'eau, soluble dans l'alcool, l'huile de naphte, le sulfure de carbone, etc. 100 p. de ce dernier liquide en dissolvent 2p,188 à 17°. La potasse le dissout en donnant une liqueur rouge d'où les acides précipitent une substance brun rouge.

Le sulfhydrate d'ammonium le réduit à l'état de toluidine nitrée (Cahours). C'est le groupe AzO^2 occupant la place para (4) qui se réduit et le corps formé est l'orthonitro-paratoluidine (Beilstein et Kuhlberg).

Les réducteurs plus puissants, tels que fer et acide acétique, étain et acide chlorhydrique, attaquent les deux groupes AzO^2 et fournissent la crésylène-diamine fusible à 99° (Hofmann). L'acide azotique fumant n'attaque le dinitrotoluène que très-lentement, même à chaud; à la longue, il le transforme en acide ortho-paradinitrobenzoïque fusible à 179° (Tiemann et Judson).

Traité à l'ébullition par un mélange d'acide azotique fumant et d'acide sulfurique, le dinitrotoluène fournit du trinitrotoluène [Deville, *loc. cit.*; — A. Cahours, *Compt. rend.*, t. XXVIII, p. 381; t. XXX, p. 320; — Rosenstiehl, *loc. cit.*; — Beilstein et Kuhlberg, *loc. cit.*; — Mills, *loc. cit.*].

β-DINITROTOLUÈNE (1. 2. ?),

$$CH^3\text{-}C^6H^3\begin{cases}(AzO^2)_{(2)}\\(AzO^2)_{(1)}\end{cases}$$

— Ce corps signalé par Rosenstiehl, se produit, indépendamment de la modification α, lorsqu'on attaque l'orthonitrotoluène par l'acide nitrique fumant et chaud. Il forme un liquide incolore, plus dense que l'eau, d'une odeur faible de nitrobenzine, bouillant à 286° en se décomposant partiellement. Le sulfure d'ammonium le transforme en une orthonitrotoluidine (p. 430); ici encore c'est le groupe AzO^2 occupant la place 2, qui n'est pas attaqué (Limpricht et Cunerth).

γ-DINITROTOLUÈNE (1. 3. ?),

$$CH^3\text{-}C^6H^3 < \begin{matrix}(AzO^2)_{(3)}\\(AzO^2)_{(?)}\end{matrix}$$

— On l'obtient en agitant pendant longtemps le métanitrotoluène avec de l'acide nitrique au maximum de concentration. Il cristallise en fines aiguilles incolores, fusibles à 60°. Sa solubilité dans le sulfure de carbone est la même que celle de la modification α; 100 p. en dissolvent 2p,19 à 17°. L'acide azotique fumant mélangé d'acide sulfurique le transforme en trinitrotoluène [F. Beilstein et A. Kuhlberg, *loc. cit.*].

TRINITROTOLUÈNE (1. 2. 4. ?),

$$C^7H^5(AzO^2)^3 = CH^3\text{-}C^6H^2(AzO^2)^3.$$

— Le dinitrotoluène-α est maintenu en ébullition modérée pendant plusieurs jours avec un mélange d'acide nitrique très-concentré et d'acide sulfurique fumant; au bout de ce temps, la masse est précipitée par l'eau et le dépôt est purifié par cristallisation dans l'alcool.

Le trinitrotoluène formé des aiguilles incolores, fusibles à 82°; les chiffres indiqués par Mills varient entre 78°,9 et 80°,5. Il se dissout aisément dans l'éther et dans l'alcool bouillant. Les alcalis le décomposent, à l'aide de la chaleur, plus facilement qu'ils n'attaquent le dinitrotoluène. Le sulfhydrate d'ammonium transforme le trinitrotoluène successivement en dinitrotoluidine et en nitrocrésylène-diamine (Tiemann).

En faisant bouillir pendant deux semaines le trinitrotoluène avec de l'acide nitrique fumant, on parvient à l'oxyder et l'on obtient un acide trinitrobenzoïque fusible à 190° (Tiemann et Judson).

Beilstein et Kuhlberg en traitant le γ-dinitroluène par un mélange d'acide nitrique et d'acide sulfurique fumant, ont obtenu un trinitrotoluène qui paraît être identique avec celui qui vient d'être décrit. Ce corps cristallise en petites aiguilles aplaties, fusibles entre 76° et 82°; 100 p. de sulfure de carbone en dissolvent 0p,236 à 17° [J. Wilbrand, *Ann. der Chem. u. Pharm.*, t. CXXVIII, p. 176; *Bull. de la Soc. chim.*, 1866, t. VI, p. 365; — F. Tiemann, *ibid.*, t. XIV, p. 297; — F. Tieman et W.-E. Judson, *ibid.*, t. XIV, p. 306; — E.-J. Mills, *loc. cit.*; — F. Beilstein et A. Kuhlberg, *loc. cit.*].

7° — *Produits de réduction des mononitrotoluènes.*

Les nitrotoluènes se comportent avec les réducteurs comme la nitrobenzine. Le sulfhydrate d'ammonium, le zinc, l'étain et l'acide chlorhydrique, le fer et l'acide acétique, etc., les transforment en toluidines. L'amalgame de sodium en agissant sur la solution alcoolique des corps nitrés fournit des produits de réduction moins avancés, qui appartiennent au groupe des corps azoïques dont la constitution est analogue, en tout point, à celle des composés azoïques dérivés de la benzine. — Voyez t. I, p. 535 et p. 1150.

$$\begin{matrix}CH^3\text{-}C^6H^4\text{-}Az\\ \Vert \\ CH^3\text{-}C^6H^4\text{-}Az\end{matrix} \qquad \begin{matrix}CH^3\text{-}C^6H^4\text{-}Az\\ | \\ CH^3\text{-}C^6H^4\text{-}Az\end{matrix}\!\!>\!O$$

Azotoluol. Azoxytoluol.

$$\begin{matrix}CH^3\text{-}C^6H^4\text{-}AzH\\ | \\ CH^3\text{-}C^6H^4\text{-}AzH\end{matrix} \qquad \begin{matrix}CH^3\text{-}C^6H^3\text{-}AzH^2\\ | \\ CH^3\text{-}C^6H^3\text{-}AzH^2\end{matrix}$$

Hydrazotoluol. Tolidine.

Le genre d'isomérie des trois nitrotoluènes se retrouve dans les corps azoïques qui en dérivent; mais comme ceux-ci contiennent deux fois le groupe crésylique, on conçoit en outre l'existence de composés mixtes renfermant ce groupe sous deux modifications différentes, par exemple, un groupe orthocrésylique et un groupe paracrésylique. Cette circonstance double le nombre des isomères, de telle sorte que la théorie prévoit six séries de corps azoïques isomériques dérivés du toluène.

Ces corps sont encore très-peu connus et leur histoire est remplie d'incertitudes et de contradictions.

Le mode de formation de l'azoxytoluol et de l'azotoluol par réduction du nitrotoluène a été indiqué pour la première fois par Werigo et Jaworsky; depuis, Barsilowsky a obtenu l'azoparatoluol en oxydant la paratoluidine par le permanganate de potassium.

DÉRIVÉS DE L'ORTHONITROTOLUÈNE. — L'*azoxy-orthotoluol*, $C^{14}H^{14}Az^2O$, et l'*azo-orthotoluol*, $C^{14}H^{14}Az^2$, ont seulement été mentionnés.

HYDRAZO-ORTHOTOLUOL, $C^{14}H^{16}Az^2$. — On n'a pas publié de détails sur sa préparation. C'est un corps cristallisé fusible à 165°, stable dans une atmosphère exempte d'oxygène; à l'air, surtout en présence de l'eau ou de l'alcool, il se transforme facilement en azoxyorthotoluol. L'acide azotique le convertit complétement en azoxy-orthotoluol. Lorsqu'on dirige un courant de gaz hypochloreux dans une solution éthérée d'hydrazo-orthotoluol; il se sépare une poudre blanche (chlorhydrate d'orthotolidine) et il se produit de l'azoxy-orthotoluol, ainsi qu'un produit d'addition d'hydrazo-orthotoluol et d'anhydride hypochloreux; les équations suivantes rendent compte de la formation des deux dernières substances.

$$C^{14}H^{16}Az^2 + Cl^2O = 2\,HCl + C^{14}H^{14}Az^2O.$$
$$C^{14}H^{16}Az^2 + Cl^2O = C^{14}H^{16}Az^2.Cl^2O.$$

Quant au chlorhydrate d'orthotolidine, il résulte de la transformation isomérique que subit une partie de l'hydrazo-orthotoluol sous l'influence de l'acide chlorhydrique formé dans la réaction.

ORTHOTOLIDINE, $C^{14}H^{16}Az^2 = C^{14}H^{12}(AzH^2)^2$. — Cet homologue de la benzidine constitue le dérivé diamidé d'un des nombreux dicrésylus. Le chlorhydrate de cette base, $C^{14}H^{16}Az^2$, 2 H Cl dont on vient d'indiquer le mode de production, constitue une poudre blanche, très-soluble dans l'eau et précipitant le nitrate de cuivre. Les alcalis en séparent l'orthotolidine qui cristallise en lamelles nacrées, fusibles à 112°, peu solubles dans l'eau, très-solubles dans l'alcool et l'éther [H. Petriew, *Deutsch. chem. Geselsch.*, t. VI, p. 556].

DÉRIVÉS DU PARANITROTOLUÈNE. — Ils ont été étudiés par Werigo, Jaworsky, Melms, Petriew et Barsilowsky, mais les indications de ces divers observateurs sont loin d'être d'accord. Les substances obtenues par Petriew et Barsilowsky diffèrent tellement de celles qu'ont étudiées Jaworsky et Melms que nous allons les décrire séparément.

AZOPARATOLUOL, $C^{14}H^{14}Az^2$. — *a. Composé de Jaworsky et Melms.* — On dissout 1 p. de paranitrotoluène dans 10 p. d'alcool et l'on ajoute peu à peu 22 p. d'amalgame de sodium à 4 % en refroidissant modérément pour empêcher la réaction de devenir trop vive; de temps en temps on sature par l'acide acétique la soude formée. Quand la totalité de l'amalgame a été introduite, le produit se prend, par le refroidissement, en une masse cristalline qui, lavée à l'alcool faible et cristallisée à plusieurs reprises dans l'alcool, constitue l'azoparatoluol.

Ce corps forme des aiguilles rouge orange, fusibles à 137°, se sublimant sans altération à une température élevée; ni l'eau, ni les acides étendus, ni les alcalis ne le dissolvent; il est au contraire très-soluble dans l'alcool, l'éther et la benzine bouillants. L'acide nitrique fumant le dissout aisément et le transforme en un produit nitré, extrêmement peu soluble dans l'alcool et l'éther, fusible à 190°,5.

L'azoparatoluol se dissout dans l'acide sulfurique sans s'altérer; l'acide de Nordhausen le transforme en un acide sulfoné,

$$C^{14}H^{13}Az^2.SO^3H$$

que l'eau précipite de la solution sous la forme de petites lamelles jaunes solubles dans une plus grande quantité d'eau. L'acide azoparatoluolsulfureux est plus soluble dans l'alcool et dans les acides étendus que dans l'eau pure. Les sels alcalins de cet acide se précipitent lorsqu'on neutralise sa solution aqueuse par l'alcali correspondant. Le sel *sodique* est en lamelles jaunes, le sel *ammonique* en aiguilles jaunes.

Lorsqu'on ajoute du brome à la solution alcoolique d'azoparatoluol impur, tel qu'on l'obtient en traitant le nitrotoluène par l'amalgame de sodium, il se forme un précipité cristallin renfermant, suivant Werigo,

$$C^{14}H^{20}Az^2Br^4 = C^{14}H^{18}Br^2Az^2, 2HBr.$$

Ce corps se dépose de l'eau ou de l'alcool en lames incolores, brillantes, insolubles dans l'éther. Le nitrate d'argent en élimine la moitié du brome et le transforme en une substance, de la formule,

$$C^{14}H^{18}Br^2Az^2(HAzO^3)^2,$$

cristallisant en longues aiguilles, solubles dans l'eau et dans l'alcool, insolubles dans l'éther. La soude produit dans la solution du corps bromé un précipité peu soluble dans l'eau, en aiguilles fusibles à 57°,5 et renfermant

$$C^{14}H^{18}Br^2Az^2.$$

Ce dernier composé est envisagé par Werigo comme une diamine, mais il nous paraît plutôt constituer une des bromotoluidines, C^7H^8BrAz, dont la formule doublée ne diffère que par H^2 de la formule $C^{14}H^{18}Br^2Az^2$.

Le sulfhydrate d'ammonium, ou l'amalgame de sodium transforment facilement l'azoparatoluol en hydrazoparatoluol [A. Werigo, *Zeitsch. für Chem. u. Pharm.*, 1864, p. 481 et 721; — W. Jaworsky, *ibid.*, 1864, p. 640; — A. Werigo, *Zeitsch. für Chem.*, 1865, p. 631, et 1866, p. 196; *Bull. de la Soc. chim.*, t. VI, p. 469; — F. Melms, *Deutsche. chem. Geselsch.*, t. III, p. 549; *Bull. de la Soc. chim.*, t. XIV, p. 411].

b. Composé de Petriew. — Suivant Petriew, l'azoparatoluol ne peut être obtenu à l'état de pureté par voie directe; on est obligé de le transformer d'abord en hydrazoparatoluol que l'on oxyde de nouveau.

L'azoparatoluol fond à 144-145°; il peut être sublimé sans altération; il est moins soluble dans l'alcool que l'azo-orthotoluol.

Barsilowsky a obtenu le même azoparatoluol en arrosant la paratoluidine d'une quantité d'acide chlorhydrique insuffisante pour tout dissoudre et ajoutant ensuite une solution de permanganate de potassium; après la réaction, on trouve une masse solide qui cède à l'éther un produit noir; celui-ci étant repris par l'essence de pétrole, fournit des aiguilles rougeâtres d'azoparatoluol fusible à 144°.

Indépendamment de l'azoparatoluol, cette réaction donne un composé isomérique, $(C^7H^7Az)^n$, qui s'en distingue par sa faible solubilité dans l'essence de pétrole. Ce composé cristallise dans la benzine en beaux cristaux d'un rouge rubis, fusibles à 244-245°. Les alcalis bouillants ne l'altèrent pas; l'acide sulfurique le dissout en se colorant en un bleu intense; l'acide chlorhydrique se combine avec lui. L'acide nitrique concentré et chaud le transforme en trinitro-azoxyparatoluol, fusible à 201°. Le sulfhydrate d'ammonium le convertit en hydrazoparatoluol.

Lorsqu'on chauffe doucement l'azoparatoluol avec de l'acide azotique d'une densité de 1,4, on obtient un mélange d'azoparatoluol mononitré et d'azoparatoluol dinitré; la solution alcoolique du produit laisse déposer des aiguilles jaunes du dérivé *dinitré*,

$$C^{14}H^{12}(AzO^2)^2Az^2,$$

fusibles à 110°, tandis que le dérivé *mononitré*, $C^{14}H^{13}(AzO^2)Az^2$, reste dans les eaux mères et peut en être extrait sous la forme d'aiguilles blanches fusibles à 76°. L'acide azotique au maximum de concentration ($D = 1,54$) convertit l'azoparatoluol en trinitro-azoxyparatoluol fusible à 201°.

Le brome, en agissant directement sur l'azoparatoluol, le change en *monobromazoparatoluol*, $C^{14}H^{13}BrAz^2$, cristallisant en aiguilles groupées concentriquement, fusibles à 130°. Ce corps est peu soluble dans l'alcool et l'éther, très-soluble dans le chloroforme et la benzine; il peut se sublimer sans altération [W. Petriew, *Zeitsch. für Chem.*, 1870, p. 264; *Deutsche chem. Geselsch.*, t. VI, p. 556; *Bull. de la Soc. chim.*, t. XIV, p. 301; t. XX, p. 384; — G. Barsilowsky, *Deutsche chem. Gesellsch.*, t. VI, p. 1200; t. VIII, p. 605; *Bull. de la Soc. chim.*, t. XXI, p. 323; t. XXIV, p. 453].

AZOXYPARATOLUOL, $C^{14}H^{14}Az^2O$. — *a. Composé de Melms.* — On n'a pu l'obtenir jusqu'ici en traitant le paranitrotoluène par la potasse. Il se forme en petite quantité dans la préparation de l'azoparatoluol décrite plus haut; la proportion en augmente considérablement si, pour dissoudre le paranitrotoluène, on n'emploie que 6 p. d'alcool au lieu de 10 p. L'azoxyparatoluol reste dans les eaux mères de l'azoparatoluol et s'y dépose en aiguilles jaunes qu'on purifie par plusieurs cristallisations dans l'alcool.

Il est en aiguilles jaunes, brillantes, fusibles à 70°, insolubles dans les acides et les alcalis étendus, très-solubles dans l'alcool et l'éther. La chaleur le détruit avec production d'azoparatoluol et de paratoluidine. L'acide nitrique fumant le transforme en deux produits nitrés, l'un soluble dans l'alcool et cristallisant en aiguilles jaunes, l'autre presque insoluble dans ce liquide. L'acide sulfurique concentré le dissout et l'altère à la longue;

l'acide sulfurique fumant l'attaque et l'eau précipite de la solution une masse résineuse rouge.

Le brome agit vivement sur l'azoxyparatoluol et fournit un dérivé *monobromé*, $C^{14}H^{13}BrAz^2O$, cristallisant en petites tables d'un jaune clair, fusibles à 74° et très-solubles dans l'alcool et l'éther.

L'amalgame de sodium et le sulfhydrate d'ammonium convertissent l'azoxyparatoluol en hydrazoparatoluol [W. Jaworsky, *loc. cit.*; — F. Melms, *loc. cit.*].

b. Composé de Petriew. — Il a été obtenu également en traitant le paranitrotoluène par l'amalgame de sodium. Il constitue de grandes lames rouges, fusibles à 59° et plus solubles dans l'alcool et l'éther que l'azoparatoluol.

Lorsqu'on le traite par l'acide azotique d'une densité de 1,4, il se forme deux azoxyparatoluols nitrés, l'un *mononitré* et l'autre *dinitré*, cristallisant tous deux en aiguilles jaunes : le premier fond à 84° et se dissout aisément dans l'alcool; le second fond à 145° et est presque insoluble dans ce dissolvant.

L'acide nitrique, plus concentré, le convertit en *trinitro-azoxyparatoluol*, $C^{14}H^{11}(AzO^2)^3Az^2O$, fusible à 201° et détonant à une température plus élevée; ce composé est presque insoluble dans l'alcool, mais il se dissout dans l'acide nitrique ou dans la benzine et s'y dépose en lamelles jaunes.

Le brome attaque vivement l'azoxyparatoluol et fournit un mélange des dérivés *monobromé* et *dibromé*. Ce dernier forme des aiguilles peu solubles dans l'alcool, et fusibles à 138° [W. Petriew, *loc. cit.*; *Zeitsch. f. Chem.*, 1870, p. 30; *Bull. de la Soc. chim.*, t. XIII, p. 533].

HYDRAZOPARATOLUOL, $C^{14}H^{16}Az^2$. — *a. Composé de Melms.* — L'hydrazoparatoluol se produit par la réduction de l'azoparatoluol ou de l'azoxyparatoluol; l'amalgame de sodium en présence de l'alcool, et surtout le sulfure d'ammonium, peuvent effectuer la réduction. L'azoparatoluol ou l'azoxyparatoluol est chauffé, à 100° en vase clos, avec une solution alcoolique très-concentrée de sulfure d'ammonium, jusqu'à ce que le tout soit dissous : la solution, qui est brune à chaud, laisse déposer, en se refroidissant, des tables incolores qu'on lave à l'eau.

L'hydrazoparatoluol ainsi préparé est en grandes tables ou en aiguilles incolores, fusibles à 124° et se dédoublant, à une température plus élevée, en paratoluidine et azoparatoluol. Insoluble dans l'eau, il se dissout aisément dans l'alcool, l'éther et la benzine; ces solutions, incolores d'abord, se colorent rapidement en jaune à l'air, surtout si on les fait bouillir, et renferment à la fin de l'azoparatoluol. Les acides puissants rougissent immédiatement les solutions d'hydrazoparatoluol et fournissent de l'azoparatoluol et un sel de paratolidine :

$$2\,C^{14}H^{16}Az^2 + 2\,HCl$$
$$= C^{14}H^{14}Az^2 + 2\,(C^7H^9Az,HCl)$$

Les acides acétique, tartrique et oxalique produisent à la longue le même dédoublement. L'hydrazoparatoluol se distingue donc, sous ce rapport, de son homologue inférieur, l'hydrazobenzol, qui, sous l'influence des acides, se transforme très-facilement en benzidine; l'acide sulfureux fait cependant subir à l'hydrazotoluol une transposition moléculaire analogue et le change en paratolidine [Melms, *loc. cit*].

b. Composé de Barsilowsky. — En réduisant l'azoxyparatoluol fusible à 59° par l'amalgame de sodium, Petriew a obtenu un hydrazoparatoluol qu'il n'a pas décrit, mais qu'il a pu transformer en paratolidine, en le traitant avec précaution par l'acide chlorhydrique. — Barsilowsky, de son côté, a obtenu un hydrazoparatoluol, en traitant par le sulfure d'ammonium le corps rouge fusible à 244-245° et isomérique avec l'azoparatoluol (voy. p. 443). Cet hydrazoparatoluol est en lamelles incolores, brillantes, fusibles à 170-172°, peu solubles dans l'alcool froid. A l'air, il rougit rapidement, surtout lorsqu'il est humecté d'alcool, et régénère l'azoparatoluol fusible à 144° [Barsilowsky, *loc. cit*].

PARATOLIDINE $C^{14}H^{16}Az^2 = C^{14}H^{12}(AzH^2)^2$. — Elle doit être considérée comme un diamidodicrésyle, résultant d'une transposition moléculaire de l'hydrazoparatoluol. Comme pour tous les autres termes de la série, la paratolidine décrite par Melms diffère entièrement de celle de Petriew.

a. *Paratolidine de Melms.* — On dirige un courant de gaz sulfureux dans la solution alcoolique d'hydrazoparatoluol, saturée à une douce chaleur; le liquide se colore en rose et laisse déposer, après addition d'eau, une petite quantité d'azoparatoluol. Celui-ci étant séparé par filtration de la liqueur tiède, on précipite par l'ammoniaque la paratolidine formée, on la lave à l'eau et on la sèche rapidement.

La paratolidine est en lamelles inodores et incolores qui se colorent en jaune ou en brun pendant la dessiccation. Elle fond à 103°; elle se dissout dans l'eau bouillante et s'y dépose par le refroidissement en lamelles incolores; l'alcool et l'éther la dissolvent plus facilement. Les solutions se colorent en rouge au bout de quelque temps.

La paratolidine est une base diacide : les acides la dissolvent et la solution se colore peu à peu en rouge foncé. Ses sels sont rougeâtres. Le *sulfate* cristallise en aiguilles; le *chlorhydrate* en tables; le *picrate* en aiguilles brillantes d'un jaune rouge; le *chloroplatinate* constitue un précipité rouge foncé [Melms, *loc. cit.*].

b. *Paratolidine de Petriew.* — Elle a été obtenue au moyen de l'hydrazoparatoluol de Petriew, qui correspond à l'azoxyparatoluol fusible à 59°. Lorsqu'on fait tomber, goutte à goutte, de l'acide chlorhydrique concentré ou de l'acide sulfurique dans une solution alcoolique d'hydrazoparatoluol, il se produit un sel de paratolidine. Si l'acide est immédiatement ajouté en excès, l'hydrazoparatoluol se décompose profondément et il ne se forme pas de paratolidine; d'autre part, la préparation ne réussit qu'avec l'hydrazoparatoluol obtenu, par réduction de l'azoxyparatoluol au moyen de l'amalgame de sodium; celui qui est préparé au moyen du sulfure d'ammonium ne fournit pas de base.

La paratolidine libre est en lamelles argentées fusibles à 128-129°, très-solubles dans l'eau bouillante, dans l'alcool et dans l'éther. Elle forme avec l'acide *sulfurique* deux sels, l'un soluble dans l'eau bouillante, l'autre insoluble; le dernier est un sel acide renfermant $C^{14}H^{16}Az^2, 2\,H^2SO^4$.

Le *chlorhydrate*, $C^{14}H^{16}Az^2, 2\,HCl$ est en lamelles incolores, très-solubles dans l'eau, insolubles dans l'eau chargée d'acide chlorhydrique, insolubles dans l'alcool et dans l'éther. Le *chloroplatinate* constitue un précipité jaune cristallin [W. Petriew, *Zeitsch. f. Chem.*, 1870, p. 265; *Bull. de la Soc. chim.*, t. XIV, p. 291].

8° — *Toluènes bromo-nitrés.*

MONOBROMO-MONONITROTOLUÈNES,

$$C^7H^6Br(AzO^4) = CH^3\text{-}C^6H^3Br(AzO^4).$$

— On en connaît quatre ou cinq, que nous distinguerons par des lettres grecques ou par des symboles chiffrés.

α — Métabromo-orthonitrotoluène (1. 3. 6). ou (1. 2. 3).

$$CH^3\text{-}C^6H^3 <^{Br_{(3)}}_{(Az\,O^2)_{(2)\ ou\ (6)}}$$

— Le métabromotoluène est introduit dans de l'acide nitrique fumant et, au bout de quelque temps, le produit est précipité par l'eau; il se sépare une huile qui, refroidie à —17°, se prend en cristaux. La masse, comprimée entre des doubles de papier et purifiée par plusieurs cristallisations dans l'alcool, se présente en beaux cristaux rhombiques, fusibles à 55° et bouillant à 267°. Les cristaux affectent tantôt la forme de tables, tantôt celle de prismes; leur formation, ainsi que leur dissolution, est accompagnée d'un crépitement faible. Le métabromo-orthonitrotoluène est très-soluble dans l'alcool; l'étain et l'acide chlorhydrique le transforment en métabromorthotoluidine fusible à 57°,5. La constitution du métabromo-orthonitrotoluène est donc exprimée par un des symboles suivants (1. 2. 3) ou (1. 3. 6). [E. Wroblevsky, *Ann. der Chem. u. Pharm.*, t. CLXVIII, p. 170; *Bull. de la Soc. chim.*, t. XIV, p. 296; — E. A. Grete, *Liebig's, Ann. der Chem.*, t. CLXXVII, p. 231; — *Bull. de la Soc. chim.*, t. XXV. p. 370].

β — Métabromo-nitrotoluène. — Lorsqu'on nitre le métabromotoluène, il se forme, d'après Wroblevsky, indépendamment du composé précédent, un bromo-nitrotoluène liquide qui imbibe les papiers dans lesquels on a comprimé le produit solidifié par le froid et qui peut en être retiré par distillation avec la vapeur d'eau. C'est une huile incolore, bouillant à 269° et possédant à 20° une densité de 1,612. Suivant Grete, ce liquide est une substance impure, composée principalement de la modification α, maintenue à l'état liquide par une petite quantité d'une impureté. Sous l'influence des réducteurs, il fournit la même métabromo-orthotoluidine fusible à 57°,5.

γ — Métabromo-métanitrotoluène (1. 3. 5).

$$CH^3\text{-}C^6H^3 <^{Br_{(3)}}_{(Az\,O^2)_{(5)}}$$

— On l'obtient en éliminant, par l'alcool saturé de gaz nitreux, le groupe Az H² de la métabromo-métanitroparatoluidine fusible à 64°,5. Il cristallise dans l'alcool en prismes incolores brillants, fusibles à 86° et bouillant à 269°,5. L'étain et l'acide chlorhydrique le transforment en métabromo-métatoluidine [E. Wroblesvsky, *Deutsch. chem. Gesellsch.*, t. VIII, p. 573].

δ — Parabromo-orthonitrotoluène (1. 2. 4).

$$CH^3\text{-}C^6H^3 <^{(Az\,O^2)_{(2)}}_{Br_{(4)}}$$

— Il se forme, en même temps que le parabromo-métanitrotoluène, lorsqu'on traite le parabromotoluène par l'acide nitrique; le produit de la réaction se prend en masse dans un mélange réfrigérant. On le comprime et on le purifie par plusieurs cristallisations dans l'alcool; le corps isomère se trouve en partie dans les papiers, en partie dans les eaux-mères alcooliques (Wroblevsky et Kurbatow).

Le même bromonitrotoluène se produit, et à l'état de pureté, lorsqu'on décompose par l'acide bromhydrique le sulfate d'orthonitro-diazoparatoluol préparé avec la paratoluidine orthonitrée (Heynemann).

Il constitue de belles aiguilles incolores, fusibles à 45° et bouillant à 256°,5; l'alcool, l'éther et le sulfure de carbone le dissolvent facilement. [E. Wroblevsky et A. Kurbatow, *Ann. der Chem. u. Pharm.*, t. CLXVIII, p. 177; — *Bull. de la Soc. chim.*, t. XIV, p. 295; — A. Heynemann, *Ann. der Chem. u. Pharm.*, t. CLVIII, p. 339; — E. Wroblevsky, *Deutsch. chem. Gesells.*, t. VIII, p. 571.] Le même bromonitrotoluène avait été obtenu antérieurement à l'état impur par Hübner et Wallach et par Kœrner (Voy. les sources, p. 435).

ε — Parabromo-métanitrotoluène (1. 3. 4).

$$CH^3\text{-}C^6H^3 <^{(Az\,O^2)_{(3)}}_{Br_{(4)}}$$

— Nous avons vu qu'il se produit, indépendamment de la modification δ, lorsqu'on traite le parabromotoluène par l'acide nitrique. Il est impossible de le séparer complétement de son isomère et, pour l'obtenir à l'état de pureté, il faut avoir recours à la décomposition du perbromure de métanitro-diazoparatoluol par l'alcool. Le produit de la réaction est précipité par l'eau et purifié par cristallisation dans l'alcool faible. On obtient ainsi de fines aiguilles jaunâtres, fusibles à 33°,5 [F. Beilstein et A. Kuhlberg, *Ann. der Chem. u. Pharm.*, t. CLVIII, p. 344].

Dibromo-mononitrotoluènes,

$$C^7H^5Br^2(Az\,O^2) = CH^3\text{-}C^6H^2Br^2(Az\,O^2).$$

— On en connaît six, dont cinq ont été obtenus en nitrant les dibromotoluènes correspondants (Wroblevsky, voy. p. 435), et le sixième en traitant l'orthonitrotoluène par le brome (Wachendorff).

α — Orthométadibromo-nitrotoluène (1. 2. 3. ?). — Belles aiguilles, fusibles à 59°, assez peu solubles dans l'alcool.

β — Orthométadibromo-nitrotoluène (1. 2. 5. ?). — L'alcool faible le dépose en belles aiguilles, fusibles à 87°; l'étain et l'acide chlorhydrique le convertissent en ortho-métadibromotoluidine, fusible à 83°.

γ — Diorthodibromo-nitrotoluène (1. 2. 6. ?). — Il cristallise dans la benzine en beaux prismes, fusibles à 79°.

δ — Métaparadibromo-nitrotoluène (1. 3. 4. ?). — Par cristallisation dans l'alcool faible, on l'obtient sous la forme d'aiguilles, fusibles à 86°,5.

Ce point de fusion coïncide avec celui de la modification β; mais sous l'influence de l'étain et de l'acide chlorhydrique, le dérivé nitré de la modification fournit une métaparadibromotoluidine fusible à 95°.

ε — Dimétadibromo-nitrotoluène (1. 3. 5. ?). — Prismes fusibles à 124°, très-solubles dans l'alcool [Wroblevsky, *loc. cit.*].

ζ — Dibromo-orthonitrotoluène (1. 2. ? ?). — Lorsqu'on chauffe l'orthonitrotoluène avec du brome à 100° et en vase clos, on trouve, après la réaction, des tables qui, soumises à plusieurs cristallisations dans l'alcool chaud, se changent en aiguilles blanches de dibromo-orthonitrotoluène. Ce corps fond à 225°,5 et se sublime à une température plus élevée en aiguilles brillantes; une partie se détruit pendant la sublimation. L'alcool, l'éther et les alcalis en solution aqueuse le dissolvent facilement; les acides le précipitent de nouveau de la solution alcaline [C. Wachendorff, *Deuts. chem. Gesells.*, t. IX, p. 1347].

Tribromo-mononitrotoluène,

$$C^7H^4Br^3(Az\,O^2) = CH^3\text{-}C^6H\,Br^3(Az\,O^2).$$

— Le seul tribromonitrotoluène connu a été préparé par Wroblevsky, par l'action de l'acide nitrique fumant sur le tribromotoluène fusible à 70° (1. 2. 6. ?). Il est peu soluble dans l'alcool, très-soluble, au contraire, dans la benzine et se dépose de cette solution en cristaux lamelleux, fusibles à 215°.

MONOBROMO-DINITROTOLUÈNE,

$C^7H^5Br(AzO^2)^2 = CH^3-C^6H^2Br(AzO^2)^2$.

— Grete a obtenu ce composé en traitant le métabromotoluène par un mélange d'acide nitrique et d'acide sulfurique. Ce corps cristallise dans l'alcool en aiguilles prismatiques, jaunâtres, fusibles à 103°,5. Ni sa dissolution, ni sa cristallisation, ne produisent un crépitement, comme cela a lieu pour le métabromo-orthonitrotoluène. Les réducteurs le transforment en une métabromocrésylène-diamine fusible à 107° (Grete).

9° — *Toluènes chloro-nitrés.*

MONOCHLORO-MONONITROTOLUÈNES,

$C^7H^6Cl(AzO^2) = CH^3-C^6H^3Cl(AzO^2)$.

— On en a préparé quatre.

MÉTACHLORO-PARANITROTOLUÈNE (1. 3. 4),

$$CH^3-C^6H^3<^{Cl_{(3)}}_{(AzO^2)_{(4)}}$$

— Il se forme lorsqu'on traite le paranitrotoluène par le pentachlorure d'antimoine. Il se dépose de sa solution alcoolique bouillante en très-longs cristaux brillants, fusibles à 64°,5; l'alcool, l'éther et l'acide acétique le dissolvent aisément; l'eau bouillante en prend une petite quantité et laisse déposer par le refroidissement des aiguilles déliées. Il est facilement entraîné par les vapeurs aqueuses. Le permanganate de potassium le transforme en acide paranitrométachlorobenzoïque [C. Wachendorff, *loc. cit.*].

MÉTACHLORO-NITROTOLUÈNE (1. 3. ?). Obtenu par la nitration du métachlorotoluène, il constitue un liquide bouillant à 249° et ne cristallisant pas à — 20°. Densité à 20° = 1,300 (Wroblevsky).

PARACHLORO-ORTHONITROTOLUÈNE (1. 2. 4),

$$CH^3-C^6H^3<^{(AzO^2)_{(2)}}_{Cl_{(4)}}$$

— La solution du nitrate d'orthonitro-diazoparatoluol (correspondant à l'orthonitroparatoluidine) est additionnée de chlorure platinique, puis d'alcool absolu, le précipité qui se forme est lavé à l'alcool absolu, bien desséché et distillé avec 10 à 12 fois son poids de carbonate de sodium sec ou de sable fin. Le produit brut est purifié par distillation avec la vapeur d'eau, puis par compression et par cristallisation dans l'alcool. On obtient ainsi le parachloro-orthonitrotoluène sous la forme de longues aiguilles brillantes, faiblement colorées en jaune, fusibles à 38°. Ce corps est peu soluble dans l'alcool froid mais très-soluble à chaud dans ce véhicule. Il est entraîné par la vapeur d'eau. Un mélange de dichromate de potassium et d'acide sulfurique étendu ne l'attaque pas, même après une ébullition prolongée pendant 3 jours (Beilstein et Kuhlberg).

Le même chloronitrotoluène se forme lorsqu'on nitre le parachlorotoluène; mais, dans ce cas, il est accompagné de la modification suivante (1.3.4) (Engelbrecht).

Dans l'action de l'acide nitrique d'une densité de 1,475 sur le toluène monochloré brut, Wroblevsky a obtenu deux produits mononitrés liquides qu'il a décrits comme des dérivés du parachlorotoluène, mais qui évidemment étaient des mélanges. L'un, la modification α, forme un liquide bouillant à 243°, d'une densité de 1,307 à 18°; et l'autre, la modification β, un liquide bouillant à 253°, d'une densité de 1,3259 à 18°; cette dernière forme de beaucoup la majeure partie du produit. [A. Beilstein et Kuhlberg, *Ann. der Chem. u. Pharm.*, t. CLVIII, p. 335; *Bull. de la Soc. chim.*, t. XII, p. 388; — A. Engelbrecht, *ibid.*, t. XXII, p. 556; — E. Wroblevsky, *loc. cit.*].

PARACHLORO-MÉTANITROTOLUÈNE (1. 3. 4),

$$CH^3-C^6H^3<^{(AzO^2)_{(3)}}_{Cl_{(4)}}$$

— Ce corps, qui a seulement été signalé, se forme, indépendamment du précédent, lorsqu'on nitre le parachlorotoluène. Il fond vers 8 à 9° [Engelbrecht, *loc. cit.*].

DICHLORO-NITROTOLUÈNE,

$C^7H^5Cl^2(AzO^2) = CH^3-C^6H^2Cl^2(AzO^2)$.

—On ne connaît, jusqu'ici, qu'un seul composé de cette formule, le dérivé nitré du dichlorotoluène. C'est un liquide incolore, doué d'une odeur d'essence d'amandes amères, bouillant à 274° et possédant, à 17°, une densité de 1,455. Il se solidifie dans un mélange réfrigérant, mais fond de nouveau à la température ordinaire. Il est miscible à l'alcool et à l'éther [E. Wroblevsky et J. Pirogoff, *Ann. der Chem. u. Pharm.*, t. CLXVIII, p. 212; *Bull. de la Soc. chim.*, t. XIV, p. 292].

10° — *Toluènes iodo-nitrés.*

MONOIODO-MONONITROTOLUÈNES,

$C^7H^6I(AzO^2) = CH^3-C^6H^3I(AzO^2)$.

— On en a décrit quatre.

α — ORTHOIODO-NITROTOLUÈNE (1.2.?). — L'orthoiodotoluène est introduit dans l'acide nitrique fumant et le dérivé nitré est précipité par l'eau et purifié par cristallisation dans l'alcool. Il constitue des aiguilles microscopiques, fusibles à 103°,5, assez solubles dans l'alcool bouillant (Beilstein et Kuhlberg).

β — MÉTAIODO-NITROTOLUÈNE (1.3.?). — Préparé par la nitration du métaiodotoluène, il est en petites aiguilles fusibles à 108°,5 (Beilstein et Kuhlberg).

γ. PARAIODO-ORTHONITROTOLUÈNE (1. 2. 4.)

$$CH^3-C^6H^3<^{(AzO^2)_{(2)}}_{I_{(4)}}$$

— Il se produit lorsque le sulfate d'orthonitro-diazoparatoluol est décomposé par l'acide iodhydrique aqueux; la réaction est très-vive; il faut refroidir et n'ajouter l'acide que lentement. C'est une substance cristalline, fusible à 60,5-61° et entrant en ébullition vers 280° en se décomposant; il se sublime déjà au-dessous de 100°, en très-fines aiguilles, mais il n'est entraîné que lentement par la vapeur d'eau. L'éther et le sulfure de carbone le dissolvent aisément (Heynemann).

δ. PARAIODO-MÉTANITROTOLUÈNE (1.3.4)

$$CH^3-C^6H^3<^{(AzO^2)_{(3)}}_{I_{(4)}}$$

— Le sulfate de métanitro-diazoparatoluol, décomposé par l'acide iodhydrique en solution, fournit le paraiodo-métanitrotoluène, sous la forme d'aiguilles jaunes, aplaties, fusibles à 55°,5. Il se volatilise difficilement avec les vapeurs aqueuses. L'alcool bouillant le dissout aisément; le sulfure de carbone en absorbe une très-grande proportion [Beilstein et Kuhlberg, *loc. cit.*].

PARAIODO-DINITROTOLUÈNE,

$C^7H^5I(AzO^2)^2 = CH^3-C^6H^2I(AzO^2)^2$.

— Lorsqu'on nitre le paraiodotoluène, il se forme un mélange de corps nitrés, d'où l'on peut isoler un paraiodo-dinitrotoluène sous la forme de cristaux incolores, fusibles à 137°,5 (H. Glassner).

11° — *Toluènes bromo-iodo-nitrés.*

MONOBROMO-MONOIDO-MONONITRO-TOLUÈNE,

$$C^7H^5BrI(AzO^2) = CH^3\text{-}C^6H^2BrI(AzO^2).$$

— On en connait deux.

MÉTABROMO-ORTHOIODONITROTOLUÈNE (1.2.3. ?),

$$CH^3\text{-}C^6H^2(AzO^2) < {}^{I_{(2)\ ou\ (6)}}_{Br_{(3)}}.$$

— C'est le dérivé nitré du métabromo-orthoïodotoluène (p. 439). Il cristallise en beaux prismes fusibles à 86° et très-solubles dans l'alcool (Wroblevsky).

MÉTABROMO-PARAIODONITROTOLUÈNE (1.3.4. ?),

$$CH^3\text{-}C^6H^2(AzO^2) < {}^{Br_{(3)}}_{I_{(4)}}$$

— Obtenu par l'action de l'acide nitrique fumant sur le métabromo-paraïodotoluène, il se présente en belles aiguilles, fusibles à 118° et solubles dans l'alcool (Wroblevsky).

DIBROMO-MONOIODO-MONONITROTOLUÈNE,

$$C^7H^4Br^2I(AzO^2)$$
$$= CH^3\text{-}C^6H[(AzO^2)_{(2)}Br_{(3)}I_{(4)}Br_{(5)}].$$

— Le dibromo-iodotoluène décrit p. 439 est traité par l'acide nitrique fumant et le produit nitré est distillé avec la vapeur d'eau. Ce corps cristallise dans l'acide acétique en grandes aiguilles aplaties, fusibles à 69°. Sa constitution découle, d'une part, de celle du toluène dibromo-iodé dont il dérive, et, d'autre part, de ce fait que l'étain et l'acide chlorhydrique le transforment en orthotoluidine dibromo-iodée [E. Wroblevsky, *Deuts. chem. Gesells*, t. IX, p. 1655].

DIBROMO-DIIODO-MONONITROTOLUÈNE,

$$C^7H^3Br^2I^2(AzO^2)$$
$$= CH^3\text{-}C^6[(AzO^2)_{(2)}Br_{(3)}I_{(4)}Br_{(5)}I_{(6)}].$$

— Il se produit lorsqu'on traite le dibromo-diiodotoluène par l'acide nitrique fumant; le produit de la réaction est précipité par l'eau et purifié par distillation avec la vapeur d'eau; cette opération ne s'accomplit que lentement. L'alcool laisse déposer le dibromo-diiodonitrotoluène en tables fusibles à 129°. Les réducteurs le transforment en orthotoluidine dibromo-diiodée [E. Wroblevsky, *loc. cit.*].

12° — *Dérivés amidés du toluène.*

Ce sont les toluidines et les crésylène-diamines isomériques résultant de la réduction complète des dérivés nitrés. — Voyez l'article TOLUIDINES, et, au Supplément, l'article CRÉSYLÈNE-DIAMINES.

13° — *Dérivés sulfureux du toluène.*

On connait les trois acides monosulfonés isomériques dérivés du toluène, ou acides crésylsulfureux, trois acides disulfonés ou acides crésylène-disulfureux, un acide monosulfiné ou crésylhydrosulfureux et un corps neutre, la sultotoluide. Nous décrirons d'abord le dernier composé.

SULFOTOLUIDE.

La sulfotoluide,

$$C^{14}H^{14}SO^2 = SO^2(C^6H^4\text{-}CH^3)^2,$$

est un homologue de la sulfobenzide; elle a été signalée par M. Deville et étudiée plus récemment par Otto et Gruber, qui l'obtionnent en faisant arriver des vapeurs d'anhydride sulfurique dans du toluène refroidi,

$$2SO^3 + 2(C^6H^5\text{-}CH^3)$$
$$= SO^2(C^6H^4\text{-}CH^3)^2 + SO^4H^2.$$

Après la réaction, le produit traité par l'eau, laisse une partie insoluble que l'on purifie par cristallisation dans l'alcool bouillant. Dans ces conditions, la sulfotoluide cristallise en petits prismes aplatis; la benzine la laisse déposer en prismes clinorhombiques brillants. Elle fond à 155°,5 et se volatilise sans décomposition lorsqu'on opère sur de petites quantités de matière. Elle est peu soluble dans l'alcool et l'éther, plus soluble dans la benzine, le sulfure de carbone et le chloroforme.

L'eau ou la potasse n'attaquent pas la sulfotoluide à 160°.

Les produits résultant de l'action du chlore sur la sulfotoluide, soit à la lumière diffuse, soit à la lumière solaire, n'ont pas été étudiés.

L'acide sulfurique fumant dissout la sulfotoluide sans l'altérer; l'acide sulfurique ordinaire la transforme, avec le concours de la chaleur, en acide crésylsulfureux. Un mélange d'acide sulfurique et d'acide nitrique la change en dérivés nitrés, non étudiés [H. Sainte-Claire Deville, *loc. cit.*; — R. Otto et A. Gruber, *Ann. der Chem. u. Pharm.*, t. CLIV, p. 193; *Bull. de la Soc. chim.*, t. XIII, p. 447].

ACIDE SULFINÉ DU TOLUÈNE,

ACIDE CRÉSYLHYDROSULFUREUX [Syn. *toluolhydrosulfureux; hydrure de sulfocrésyle*].

$$C^7H^8SO^2 = C^6H^4 < {}^{CH^3}_{SO^2H}$$

— Cet acide homologue de l'acide phénylhydrosulfureux ou hydrure de sulfophényle (t. I. p. 536) peut exister sous trois modifications; jusqu'ici on n'en connaît qu'une seule, la modification para, qui se produit par l'action de l'hydrogène naissant sur le chlorure paracrésylsulfureux.

$$C^6H^4 < {}^{CH^3}_{(SO^2Cl)_{(4)}} + H^2 = HCl + C^6H^4 < {}^{CH^3}_{(SO^2H)_{(4)}}$$

Le chlorure paracrésylsulfureux dissous dans plusieurs fois son volume d'éther anhydre ou de benzine, est introduit dans une cornue tubulée munie d'un réfrigérant ascendant, et traité par l'amalgame de sodium qu'on ajoute par petites portions. La réaction est très-vive et il est bon de n'opérer à la fois que sur 50 à 60 grammes de chlorure. Quand l'addition d'une nouvelle quantité d'amalgame ne produit plus de réaction, on chasse le véhicule par distillation, on reprend le résidu par la plus petite quantité d'eau possible, et l'on traite le liquide aqueux par l'acide chlorhydrique : l'acide crésylhydrosulfureux impur qui se précipite, est soumis, à l'abri de l'air, à plusieurs cristallisations dans l'eau bouillante, préalablement privé d'air (Otto et Gruber).

Si l'on a employé l'éther pour dissoudre le chlorure paracrésylsulfureux, on obtient, indépendamment de l'acide crésylhydrosulfureux, une substance neutre, insoluble dans l'eau, le sulfocrésylène-éthylène (t. III, p. 91).

D'après une communication toute récente de Schiller et Otto, il est plus avantageux de réduire le chlorure paracrésylsulfureux par le zinc en poudre, en présence de l'alcool ou de l'eau. Le chlorure est dissous dans l'alcool absolu, et la solution est traitée à froid par la poudre de zinc qu'on ajoute par petites portions; puis la masse, jetée sur un filtre, est lavée à l'eau froide, mise en suspension dans l'eau et décomposée par le carbonate de sodium. La solution du sel sodique, concentrée par évaporation, fournit par l'acide chlorhydrique un dépôt d'acide crésylhydrosulfureux dont on achève la purification, par cristallisation dans l'eau bouillante.

Enfin, on peut opérer la réduction du chlorure en introduisant une petite quantité de ce corps dans de l'eau portée à une température suffisante pour qu'il entre en fusion (à l'état sec il fond à 69°) et ajoutant de la poudre de zinc : la réaction est vive et le chlorure disparaît rapidement; quand elle est achevée, on ajoute alternativement de petites portions de chlorure et de zinc en poudre, jusqu'à ce que le tout soit transformé en une bouillie. Il est essentiel d'empêcher une trop grande élévation de température et de maintenir toujours la poudre de zinc en excès; si l'on n'observe pas ces précautions, une partie du chlorure se transforme en acide paracrésylsulfureux. Le paracrésylhydrosulfite de zinc ainsi formé est traité par le carbonate sodique, comme on l'a dit plus haut. Les deux derniers procédés donnent des rendements excellents.

L'acide paracrésylhydrosulfureux cristallise en grandes lamelles rhombiques soyeuses, inodores, ressemblant à l'acide benzoïque; les solutions étendues le laissent souvent déposer en aiguilles rayonnées, très-longues. Il est très-soluble dans l'alcool, l'éther, la benzine, peu soluble dans l'eau froide; chauffé avec une quantité d'eau insuffisante pour le dissoudre, il fond et la liqueur chaude offre une odeur aromatique particulière, rappelant en même temps l'ozone; elle devient laiteuse par le refroidissement.

L'acide paracrésylhydrosulfureux fond à 85° et se décompose au-dessus de 100°. A l'air sec, il est inaltérable, mais en présence de l'humidité, il tombe en déliquescence, s'oxyde et se change en acide paracrésylsulfureux.

$$C^6H^4 < \begin{matrix} CH^3 \\ SO^2H \end{matrix} + O = C^6H^4 < \begin{matrix} CH^3 \\ SO^3H \end{matrix}$$

Cette oxydation s'accomplit plus lentement que celle de l'acide phénylhydrosulfureux.

Le chlore ou le brome en agissant sur l'acide paracrésylhydrosulfureux mis en suspension dans l'eau, fournissent le chlorure ou le bromure paracrésylsulfureux :

$$C^6H^4 < \begin{matrix} CH^3 \\ SO^2H \end{matrix} + Cl^2 = HCl + C^6H^4 < \begin{matrix} CH^3 \\ SO^2Cl \end{matrix}$$

Le perchlorure de phosphore réagit très-vivement sur le paracrésylhydrosulfite de sodium; il se forme du chlorure paracrésylsulfureux et, en petite quantité, un corps huileux non étudié.

L'hydrogène naissant n'agit pas sur la solution alcaline de l'acide paracrésylhydrosulfureux; en solution acide et avec le concours de la chaleur, il le convertit en sulfhydrate de crésyle (Voy. au Supplément : *Crésyle, sulfhydrates de*)

$$CH^3\text{-}C^6H^4.SO^2H + 2H^2 = 2H^2O + CH^3\text{-}C^6H^4.SH.$$

Chauffé avec de l'eau à 120-130°, l'acide paracrésylhydrosulfureux fournit de l'acide paracrésylsulfureux et du dioxydisulfure de paracrésyle $C^{14}H^{14}S^2O^2$.

$$3\,C^7H^8SO^2 = C^7H^8SO^3 + C^{14}H^{14}S^2O^2 + H^2O$$

La potasse le dédouble à 300° en sulfite et en toluène.

$$C^7H^8SO^2 + 2\,KHO = SO^3K^2 + C^7H^8 + H^2O$$

Si l'on chauffe à une température peu supérieure à 100°, un mélange d'acide paracrésylhydrosulfureux et de sulfhydrate de paracrésyle, on obtient du disulfure de paracrésyle, en vertu d'une réaction très-nette :

$$C^7H^8SO^2 + 3\,C^7H^8S = 2\,H^2O + 2[(C^7H^7)^2S^2]$$

Lorsqu'on dirige un courant de gaz azoteux dans une solution aqueuse ou alcoolique d'acide paracrésylhydrosulfureux, il se produit d'abord un composé cristallisé qui n'a pas été étudié et qui se transforme ensuite, par une action prolongée du gaz azoteux, en une substance qui a reçu le nom d'hydrure de diazotrisulfocrésyle (diazotrisulfotoluène) $C^{21}H^{22}Az^2S^3O^6$. Ce sont des tables rhombiques, incolores et dures, fusibles à 190°, insolubles dans l'eau, peu solubles dans l'alcool, très-solubles dans la benzine.

Le même corps se produit aussi, indépendamment de l'acide nitroparacrésylsulfureux, lorsqu'on dissout l'acide paracrésylhydrosulfureux dans l'acide nitrique fumant.

L'acide paracrésylhydrosulfureux est monobasique.

Sel d'argent $C^7H^7SO^2.Ag$. — Lamelles irisées, très-peu solubles dans l'eau froide.

Sel de baryum $(C^7H^7SO^2)^2Ba$. — Lamelles flexibles blanches, d'un éclat gras, insolubles dans l'eau froide.

Sel de calcium $(C^7H^7SO^2)^2Ca + 2\,H^2O$. — Il ressemble au précédent.

Les sels de *potassium* et de *sodium* sont très-solubles dans l'eau et se déposent en lamelles de leur solution alcoolique. Ils précipitent la plupart des sels métalliques.

Paracrésylhydrosulfite d'éthyle. — On l'obtient sous forme d'un liquide incolore, non volatil sans décomposition, en traitant la solution alcoolique de l'acide par le gaz chlorhydrique et précipitant le produit par l'eau [R. Otto et O. von Gruber, *Ann. der Chem. u. Pharm.*, t. CXLII, p. 92; t. CXLV, p. 10; *Bull. de la Soc. chim.*, t. IX, p. 132; t. X, p. 142; — R. Schiller et R. Otto, *Deutsche chem. Gesellsch.*, t. IX, p. 1584 et 1588].

On connaît un acide *nitro-paracrésylhydrosulfureux* que l'on obtient en traitant le chlorure nitroparacrésylsulfureux dissous dans l'éther pur, par l'amalgame de sodium. Son sel de *sodium*

$$C^7H^6(AzO^2)SO^2.Na + \tfrac{1}{2}H^2O$$

cristallise en aiguilles striées, très-solubles dans l'eau et dans l'alcool bouillant (Otto et Gruber).

ACIDES SULFONÉS DU TOLUÈNE.

ACIDES CRÉSYLSULFUREUX, [Syn. *toluolsulfureux; toluolsulfonique*].

$$C^7H^8SO^3 = CH^3\text{-}C^6H^4.SO^3H.$$

— Les trois acides indiqués par la théorie sont connus.

Deville avait déjà observé que le toluène se dissout dans l'acide sulfurique fumant en donnant naissance à un acide sulfoné, cristallisant en petites feuilles de la formule $C^7H^8SO^3 + H^2O$; il en a décrit les sels d'ammonium, de potassium et de baryum $(C^7H^7SO^3)^2Ba$, tous sels bien cristallisés (*loc. cit.*). L'acide de Deville était un mélange d'acide ortho- et paracrésylsulfureux.

ACIDE ORTHOCRÉSYLSULFUREUX (1. 2).

$$C^7H^7SO^3H = C^6H^4 < \begin{matrix} CH^3 \\ (SO^3H)_{(2)} \end{matrix}$$

— Il se forme, en même temps que l'acide paracrésylsulfureux, par l'action de l'acide sulfurique sur le toluène (Engelhardt et Latschinoff). On l'obtient aussi en traitant l'acide parabromo-orthocrésylsulfureux (p. 454) par l'amalgame de sodium (Hübner et Terry), ou bien en faisant bouillir avec de l'alcool le dérivé diazoïque de l'acide métamido-orthocrésylsulfureux (Lorenz), ou de l'acide paramido-orthocrésylsulfureux (Jenssn).

$$C^6H^3\left\{\begin{array}{l}CH^3\\(SO^3H)_{(2)}\\Br_{(4)}\end{array}\right.$$

Acide parabromo-orthocrésylsulfureux.

$$C^6H^3\left\{\begin{array}{l}CH^3\\(SO^3H)_{(2)\ \text{ou}\ (6)}\\(Az\,H^2)_{(3)}\end{array}\right.$$

Acide métamido-orthocrésylsulfureux.

$$C^6H^3\left\{\begin{array}{l}CH^3\\(SO^3H)_{(2)}\\(Az\,H^2)_{(4)}\end{array}\right.$$

Acide paramido-orthocrésylsulfureux.

$$C^6H^4\left\langle\begin{array}{l}CH^3\\(SO^3H)_{(2)}\end{array}\right.$$

Acide ortho-crésylsulfureux.

L'acide orthocrésylsulfureux a été étudié par Engelhardt et Latschinoff, par Mlle Anna Wolkow, par Hübner et Terry [A. Engelhardt et P. Latschinoff, *Zeitsch. f. Chem.*, 1869, p. 617; *Bull. de la Soc. chim.*, t. XIII, p. 257; — Mlle Anna Wolkow, *Zeitsch. f. Chem.*, 1870, p. 321 et 577; 1871, p. 421; *Bull. de la Soc. chim.*, t. XIV, p. 287; t. XV, p. 122; t. XVII, p. 126. — H. Hübner et N. M. Terry, *Liebig's Ann. der Chem.*, t. CLXIX, p. 27; *Bull. de la Soc. chim.*, t. XVI, p. 129].

Préparation. — Le toluène est chauffé au bain-marie avec son volume d'acide sulfurique fumant, ou bien avec 1 1/2 fois son volume d'un mélange à parties égales d'acide sulfurique ordinaire et d'acide fumant : en agitant fréquemment le mélange on parvient à dissoudre le toluène en deux jours. La masse liquide est étendue de beaucoup d'eau et additionnée d'une quantité suffisante de lait de chaux pour saturer la totalité de l'acide sulfurique libre et une très-faible proportion seulement d'acide sulfoné. La liqueur filtrée est débarrassée par l'eau de baryte de l'acide sulfurique qu'elle renferme encore sous forme de sulfate de calcium, et filtrée de nouveau. On peut employer, dès le début, le carbonate de baryum pour saturer l'acide sulfurique libre. Dans l'un ou l'autre cas, on obtient une solution ne renfermant plus que les acides crésylsulfureux et une faible proportion de leurs sels de calcium et de baryum. Elle est traitée par le carbonate de potassium, portée à l'ébullition et, après une dernière filtration, soumise à l'évaporation. Lorsque la solution a atteint un degré suffisant de concentration, elle laisse déposer de gros cristaux de paracrésylsulfite de potassium; concentrée davantage, elle fournit encore les mêmes cristaux mélangés de mamelons légers d'orthocrésylsulfite de potassium, qu'on peut séparer mécaniquement du premier sel au moyen d'un tamis à grosses mailles. Enfin l'eau mère évaporée complétement ne fournit plus que des mamelons. Ceux-ci sont formés de fines aiguilles; ils constituent un mélange en proportions égales des deux sels de potassium, ou plutôt un sel double, car on ne parvient pas à les décomposer par des cristallisations dans l'eau ou dans l'alcool; le dernier dissolvant les laisse déposer en petites lamelles de la formule

$$C^7H^7SO^3K + \tfrac{1}{2}H^2O.$$

Au moyen du perchlorure de phosphore on transforme ce mélange en chlorure $C^7H^7SO^2Cl$ (voyez plus loin) qu'on débarrasse, par le froid, autant que possible, de la modification solide (para). La partie liquide, décomposée ensuite par la potasse, fournit un sel de potassium qui renferme encore de petites quantités du sel para; pour le préparer dans un état de pureté complète, on décompose l'amide $C^7H^7SO^2AzH^2$ par le gaz nitreux et l'on transforme le produit en sel de potassium.

Le mode de préparation qui vient d'être décrit est extrêmement long et ne donne, au surplus, qu'un faible rendement. La proportion d'acide orthocrésylsulfureux formée par l'action de l'acide sulfurique sur le toluène à la température de 100°, est beaucoup plus faible que celle de l'acide para. A l'aide d'une agitation longtemps prolongée à une assez basse température, vers 40° à 50°, on parvient à dissoudre le toluène dans l'acide sulfurique fumant et dans ces conditions l'acide orthocrésylsulfureux semble se produire en proportion plus considérable qu'à 100° [G. Vogt et A. Henninger, *Expér. inédites*].

Pour obtenir l'acide orthocrésylsulfureux pur, il est peut-être plus simple de traiter la solution d'un sel de l'acide parabromo-orthocrésylsulfureux par l'amalgame de sodium; au bout de 10 jours on rend la liqueur très-fortement acide par l'acide sulfurique, on la dessèche au bain-marie et on l'épuise par l'éther, qui s'empare de l'acide orthocrésylsulfureux.

L'acide orthocrésylsulfureux forme de grandes lames cristallines très-solubles. Le dichromate de potassium et l'acide sulfurique étendu ne l'oxydent que lentement; ils semblent le détruire complétement sans produire d'acide orthosulfobenzoïque (Ira Remsen). Son sel de potassium, fondu avec la potasse, fournit de l'orthocrésylol et de l'acide salicylique (Engelhardt et Latschinoff, Barth, Wurtz); soumis à la distillation avec le cyanure de potassium, il donne le nitrile orthotoluique (Ramsay et Fittig).

Orthocrésylsulfites. — L'acide orthocrésylsulfureux est monobasique : ses sels sont très-solubles dans l'eau et cristallisent facilement.

Sel de baryum $(C^7H^7SO^3)^2Ba + H^2O$. — Tables clinorhombiques, incolores, très-solubles, perdant leur eau à 190°.

Sel de calcium $(C^7H^7SO^3)^2Ca$. — Aiguilles extrêmement solubles dans l'eau et dans l'alcool.

Sel de plomb $(C^7H^7SO^3)^2Pb + 4H^2O$. — Aiguilles très-solubles dans l'eau et dans l'alcool, perdant déjà à l'air une partie de leur eau.

Sel de potassium $C^7H^7SO^3, K + H^2O$. — Tables clinorhombiques, très-solubles, non altérables à l'air (Hübner et Terry). D'après Mlle Anna Wolkow le sel cristallise dans l'eau en mamelons, et dans l'alcool bouillant en petites tables brillantes contenant une molécule d'eau qui se dégage sur l'acide sulfurique.

Chlorure orthocrésylsulfureux $C^7H^7SO^2.Cl$. — Parties égales de sel de potassium et de pentachlorure de phosphore sont chauffées à 100°, la masse est reprise par l'eau froide et la partie insoluble est dissoute dans l'éther; après l'évaporation de l'éther, on obtient le chlorure sous forme d'une huile.

Lorsqu'on chauffe vers 130-150° le chlorure orthocrésylsulfureux avec les amides, acétamide, cinnamide, il se forme le nitrile correspondant, du gaz chlorhydrique et de l'acide orthocrésylsulfureux (Anna Wolkow).

$$\underset{\text{Cinnamide.}}{C^9H^7O\,AzH^2} + C^7H^7SO^2Cl$$

$$= \underset{\text{Nitrile cinnamique.}}{C^9H^7Az} + HCl + C^7H^7SO^3H$$

Orthocrésylsulfamide $C^7H^7SO^2.AzH^2$. — On l'obtient en traitant le chlorure par le carbonate d'ammonium ou par l'ammoniaque en solution aqueuse saturée. Elle cristallise en prismes clinorhombiques (Hübner et Terry); d'après Mlle Anna Wolkow l'alcool la laisse déposer en octaèdres brillants. Elle fond à 135°,5. L'eau, l'alcool et l'éther la dissolvent; l'ammoniaque aqueuse ou la potasse en prennent une plus forte proportion que l'eau; ils n'altèrent pas l'amide, même pas à la température de l'ébullition. La potasse alcoolique fournit un composé cristallisant en lamelles de la formule

$$C^7H^7SO^2(AzHK) + \tfrac{1}{2}H^2O.$$

Benzoylorthocrésylsulfamide,

$$C^{14}H^{13}AzSO^3 = C^7H^7SO^2.AzHC^7H^5O.$$

— Elle se forme lorsqu'on chauffe à 150-160° l'orthocrésylsulfamide avec du chlorure de benzoyle. Le produit de la réaction est traité par l'alcool, évaporé à sec, repris par une solution de carbonate de sodium, et précipité, après filtration, par l'acide chlorhydrique. Le dépôt, purifié par cristallisation dans l'éther, constitue la benzoylorthocrésylsulfamide; elle cristallise en tables ou en prismes aplatis et transparents, fusibles à 110-112°, peu solubles dans l'eau, très-solubles dans l'alcool et l'éther. Elle possède les propriétés d'un acide monobasique.

Le *sel d'argent*, $C^7H^7SO^2.AzAgC^7H^5O$, est un précipité blanc, soluble dans l'ammoniaque.

Sel de baryum, $(C^{14}H^{12}AzSO^3)^2Ba + H^2O$; prismes aplatis.

Sel de calcium, $(C^{14}H^{12}AzSO^3)^2Ca$. — Aiguilles groupées en sphères, très-solubles dans l'eau et dans l'alcool.

Sel de potassium, $C^{14}H^{12}AzSO^3.K + \tfrac{1}{2}H^2O$. — La solution alcoolique le dépose, en s'évaporant, sous forme d'aiguilles soyeuses, très-solubles dans l'eau et dans l'alcool (Anna Wolkow).

Acide métacrésylsulfureux,

$$C^7H^7SO^3H = C^6H^4 \left\langle \begin{array}{l} CH^3 \\ (SO^3H)_{(3)}. \end{array} \right.$$

— Il se produit lorsqu'on traite par l'amalgame de sodium et l'eau un sel soluble de l'acide orthobromo-métacrésylsulfureux (Hübner et Müller), ou de l'acide orthochloro-métacrésylsulfureux (Hübner et Majert).

$$C^6H^3 \begin{array}{l} \diagup CH^3 \\ — Br_{(2)} \\ \diagdown (SO^3H)_{(3)\ ou\ (5)} \end{array} \qquad C^6H^4 \left\langle \begin{array}{l} CH^3 \\ (SO^3H)_{(3)\ ou\ (5)} \end{array} \right.$$

Acide orthobromo-métacrésylsulfureux. Acide métacrésylsulfureux.

Il se forme encore lorsqu'on décompose, au moyen de l'alcool, le dérivé diazoïque de l'acide orthamidométacrésylsulfureux (Gerver, Pagel) ou le dérivé diazoïque de l'acide paramidométacrésylsulfureux (Pechmann).

$$C^6H^3 \begin{array}{l} \diagup CH^3 \\ — (AzH^2)_{(2)} \\ \diagdown (SO^3H)_{(3)\ ou\ (5)} \end{array} \qquad C^6H^3 \begin{array}{l} \diagup CH^3 \\ — (SO^3H)_{(3)} \\ \diagdown (AzH^2)_{(4)} \end{array}$$

Acide orthamido-métacrésylsulfureux. Acide paramido-métacrésylsulfureux.

$$C^6H^4 \left\langle \begin{array}{l} CH^3 \\ (SO^3H)_{(3)} \end{array} \right.$$

Acide métacrésylsulfureux.

La décomposition des dérivés diazoïques est très-lente au point d'ébullition de l'alcool. Elle se fait plus rapidement, si l'on fait bouillir l'alcool sous un excès de pression de 200 à 400 millimètres de mercure.

Les indications faites par Gerver sur cet acide ne concordent pas avec les résultats obtenus par les autres observateurs; du reste, elles ont été rectifiées par Pagel [H. Hübner et F. C. G. Müller, *Liebig's Ann. der Chem.*, t. CLXIX, p. 47; *Bull. de la Soc. chim.*, t. XV, p. 247; — H. Hübner et W. Majert, *Deutsche chem. Gesellsch.*, t. VI, p. 290; *Bull. de la Soc. chim.*, t. XX, p. 458; — F. Gerver, *Liebig's Ann. der Chem.*, t. CLXIX, p. 373; *Bull. de la Soc. chim.*, t. XXI, p. 30; — Pagel, *Deutsche chem. Gesellsch.*, t. VII, p. 1392; *Bull. de la Soc. chim.*, t. XXIV, p. 83; — H. von Pechmann, *Liebig's Ann. der Chem.*, t. CLXXIII, p. 195; *Bull. de la Soc. chim.*, t. XXIII, p. 75].

Pour préparer l'acide métacrésylsulfureux, on introduit peu à peu de l'amalgame de sodium dans une solution d'orthobromo-métacrésylsulfite de sodium; au bout de 6 à 7 jours, tout le brome est ordinairement éliminé. On neutralise alors la liqueur par l'acide sulfurique et on la concentre par évaporation; en se refroidissant, elle laisse déposer du sulfate de sodium qu'on sépare, pour évaporer le liquide à siccité. Le résidu bien desséché est chauffé avec du perchlorure de phosphore et repris par l'eau : le chlorure métacrésylsulfureux reste sous forme d'un liquide huileux qui, lavé à l'eau et décomposé ensuite par l'eau à 130°, fournit l'acide métacrésylsulfureux.

C'est une masse cristalline, extrêmement déliquescente.

Métacrésylsulfites. — L'acide métacrésylsulfureux est monobasique; ses sels cristallisent et, pour la plupart, se dissolvent facilement dans l'eau et dans l'alcool.

Sel de baryum, $(C^7H^7SO^3)^2Ba + 2H^2O$. — Mamelons indistinctement cristallins, moins solubles dans l'alcool que dans l'eau, perdant leur eau complétement à 280°.

Sel de calcium, $(C^7H^7SO^3)^2Ca$. — A cause de sa grande solubilité dans l'eau, il n'a pas été obtenu à l'état cristallin par concentration de la solution aqueuse. Il offre la propriété d'être moins soluble dans l'alcool à chaud qu'à froid; sa solution alcoolique saturée laisse déposer, par une élévation de température, de petites lamelles brillantes, anhydres, qui se dissolvent de nouveau par le refroidissement de la liqueur.

Sel de plomb, $(C^7H^7SO^3)^2Pb + 2H^2O$. — Il se dépose de sa solution alcoolique en aiguilles groupées en mamelons ou en lamelles réunies en rosaces. Sa solution dans l'alcool *absolu* le fournit en longues aiguilles; par addition d'éther, elle laisse déposer de petites tables. Il perd son eau vers 160°; le sel sec est fortement hygrométrique (Hübner et Müller, Pagel). Pechmann a obtenu un sel de plomb ne contenant qu'une molécule d'eau.

Sel de potassium, $C^7H^7SO^3.K + \tfrac{1}{2}H^2O$. — Très-soluble dans l'eau; il cristallise dans l'alcool concentré en grandes lames, ressemblant à la naphtaline. Il ne perd pas d'eau dans l'air sec (Hübner et Müller). Pagel a décrit un sel potassique cristallisant en lames hygrométriques contenant $2H^2O$.

Sel de sodium, $C^7H^7SO^3.Na + \tfrac{1}{2}H^2O$. — L'alcool le dépose en grandes lames brillantes, très-solubles dans l'eau; il perd son eau vers 140°.

Chlorure métacrésylsulfureux, $C^7H^7SO^2.Cl$. — Liquide jaunâtre, d'une odeur pénétrante, ne se solidifiant pas à — 10°; l'eau à 130° le décompose et régénère l'acide. L'étain et l'acide chlorhydrique le transforment en sulfhydrate de métacrésyle.

Métacrésylsulfamide, $C^7H^7SO^2.AzH^2$. — Le chlorure est traité par l'ammoniaque, la solution est évaporée et le résidu est repris par l'éther qui s'empare de l'amide. Celle-ci cristallise en aiguilles, ou en grandes tables rhombiques très-solubles dans l'alcool, l'éther et l'eau ammoniacale, peu solubles à froid dans l'eau pure. Elle fond à 90-91° (Hübner et Müller), à 104° (Pagel).

Acide paracrésylsulfureux,

$$C^7H^7SO^3H = C^6H^4 \left\langle \begin{array}{l} CH^3 \\ (SO^3H)_{(4)}. \end{array} \right.$$

— Il forme la majeure partie du produit de l'action de l'acide sulfurique fumant sur le toluène, produit qui contient en même temps de l'acide orthocrésylsulfureux; nous avons vu comment on sépare ces deux acides (p. 449). Les gros cristaux qui se déposent en premier lieu, lorsqu'on évapore la solution des sels potassiques, étant purifiés par une nouvelle cristallisation dans l'eau bouillante, constituent du paracrésylsulfite de potassium pur (Engelhardt et Latschinoff).

Déjà en 1866, Otto et Gruber avaient obtenus l'acide paracrésylsulfureux à l'état de pureté, par oxydation de l'acide paracrésylhydrosulfureux à l'air [R. Otto et O. von Gruber, *Ann. der Chem. u. Pharm.*, t. CXLII, p. 92; — A. Engelhardt et P. Latschinoff, *loc. cit.*; — Mlle Anna Wolkow. *loc. cit.*].

L'acide paracrésylsulfureux constitue une masse cristalline, fusible à 104-105°. Son sel de potassium fondu avec de la potasse fournit du paracrésol et de l'acide paroxybenzoïque (Wurtz, Engelhardt et Latschinoff, Barth); chauffé avec du formiate de sodium, il produit une petite quantité d'acide paratoluique (Ira Remsen); enfin distillé avec du cyanure de potassium, il donne du nitrile paratoluique (Merz). Le dichromate de potassium et l'acide sulfurique étendu transforment l'acide paracrésylsulfureux en acide parasulfobenzoïque (Ira Remsen).

L'acide nitrique fumant le convertit en acide orthonitroparacrésylsulfureux (Anna Wolkow).

Paracrésylsulfites. — L'acide paracrésylsulfureux est monobasique; ses sels cristallisent facilement et sont très-solubles dans l'eau, moins solubles dans l'alcool. Pour les préparer, on décompose le sel de potassium au moyen de l'acide sulfurique, on évapore et l'on reprend par l'alcool; l'acide libre qui entre en dissolution est neutralisé par les hydrates ou les carbonates métalliques.

Sel de baryum, $(C^7H^7SO^3)^2Ba$. — Il cristallise dans l'alcool en lamelles brillantes.

Le *sel de calcium* est en aiguilles.

Sel de plomb, $(C^7H^7SO^3)^2Pb$. — Aiguilles réunies en mamelons.

Sel de potassium, $C^7H^7SO^3.K + H^2O$. Il forme de gros prismes ou des tables hexagonales allongées; par un refroidissement rapide de sa solution, il se dépose sous forme d'aiguilles; dans l'alcool, il cristallise aussi en aiguilles. Les cristaux s'effleurissent à l'air.

Paracrésylsulfite d'éthyle, $C^7H^7SO^3.C^2H^5$. — On l'obtient en chauffant la solution alcoolique du chlorure ou du bromure paracrésylsulfureux et précipitant le produit par l'eau. Cet éther cristallise en fines aiguilles ou en prismes hexagonaux volumineux, fusibles à 32-33° (Jaworsky; Otto et Gruber).

Chlorure paracrésylsulfureux, $C^7H^7SO^2.Cl$. — Parties égales de paracrésylsulfite de potassium sec et de perchlorure de phosphore sont chauffées à 100°; après la réaction, la masse est reprise par l'eau, et la partie insoluble est purifiée par cristallisation dans l'éther.

Le même chlorure a été obtenu en dirigeant n courant de chlore dans de l'eau tenant en susension l'acide paracrésylhydrosulfureux.

Il cristallise en grandes tables rhombiques fusibles à 69°, insolubles dans l'eau et solubles dans l'alcool et l'éther. L'acide nitrique pur ou mélangé d'acide sulfurique le dissout sans l'altérer, et l'eau le précipite de nouveau sous forme d'aiguilles.

L'eau ne l'attaque que difficilement, même à l'ébullition; l'ammoniaque le convertit en amide; l'alcool le change en éther, à une température peu élevée. Le zinc et l'acide chlorhydrique le transforment en sulfhydrate de paracrésyle; l'amalgame de sodium ou la poudre de zinc et l'eau produisent de l'acide paracrésylhydrosulfureux [W. Jaworsky, *Zeitsch. f. Chem.*, 1865, p. 220; — C. Mærcker, *Ann. der Chem. u. Pharm.*, t. CXXXVI, p. 75; *Bull. de la Soc. chim.*, t. VI, p. 55; — R. Otto et O. von Gruber, *loc. cit.*; — Mlle Anna Wolkow, *loc. cit.*].

Bromure paracrésylsulfureux, $C^7H^7SO^2.Br$. — L'acide paracrésylhydrosulfureux, mis en suspension dans l'eau, est attaqué rapidement par le brome; il se forme de l'acide bromhydrique et du bromure paracrésylsulfureux qu'on purifie par cristallisation dans l'éther. Le même bromure se produit lorsqu'on fait agir, pendant longtemps, le brome sur le dioxydisulfure de paracrésyle en présence de l'eau :

$$C^{14}H^{14}S^2O^2 + 3Br^2 + 2H^2O$$
$$= 4HBr + 2(C^7H^7SO^2.Br)$$

Si l'on éléve la température à 120°, on obtient l'acide orthobromo-paracrésylfureux (voy. p. 454).

Le bromure paracrésylsulfureux forme de grands prismes incolores, clinorhombiques, qui, à première vue, ressemblent beaucoup aux rhomboèdres de spath d'Islande; il fond à 95-96°. L'éther, la benzine et l'alcool le dissolvent, ce dernier en l'éthérifiant; l'eau froide ne l'altère pas (Ottoet Gruber).

Paracrésylsulfamide, $C^7H^7SO^2.AzH^2$. — Elle a été signalée pour la première fois, en 1858, par Fittig. On la prépare en traitant le chlorure ou le bromure par le carbonate d'ammonium ou par l'ammoniaque concentrée; la solution laisse déposer, par l'évaporation, de grandes lames nacrées, fusibles à 139-140°: à 137° d'après Mlle Wolkow.

L'amide est assez semble dans l'eau bouillante et dans l'alcool, peu soluble dans l'eau froide. Elle possède les propriétés d'un acide faible; les alcalis la dissolvent plus facilement que l'eau pure; ils ne la décomposent pas. Évaporée avec de la potasse alcoolique, elle fournit le composé $C^7H^7SO^2.AzHK + H^2O$ que l'alcool extrait de la masse et laisse déposer en aiguilles soyeuses [Fittig, *Ann. der Chem. u. Pharm.*, t. CVI, p. 277; — Jaworsky, *loc. cit.* — Otto et Gruber, *loc. cit.*, — Mlle A. Wolkow, *loc. cit.*]

Benzoylparacrésylsulfamide,

$$C^{14}H^{13}AzSO^3 = C^7H^7SO^2.AzHC^7H^5O.$$

— Un mélange de chlorure de benzoyle et de paracrésylsulfamide est chauffé à 150-160°; le produit lavé à l'éther est purifié par cristallisation dans l'eau bouillante.

La benzoylparacrésylsulfamide constitue des prismes aplatis ou des aiguilles fusibles à 147-150°, très-solubles dans l'alcool bouillant, très-peu solubles, au contraire, dans l'éther ou dans l'eau bouillante. L'introduction du radical benzoyle augmente notablement les propriétés faiblement acides de la paracrésylsulfamide; en effet, la benzoylparacrésylsulfamide fonctionne comme un acide monobasique; ses solutions offrent une réaction acide et décomposent les carbonates; neutralisées par l'ammoniaque, elles précipitent en blanc les sels d'argent et de baryum.

Le *sel d'argent*, $C^7H^7SO^2.AzAgC^7H^5O$, est un précipité blanc, insoluble dans l'eau froide, soluble dans l'ammoniaque; cette solution fournit, par l'évaporation lente, des aiguilles du sel argento-ammonique $C^7H^7SO^2.Az(AzH^3Ag)'C^7H^5O$.

Le *sel de baryum*, $(C^{14}H^{12}AzSO^3)^2Ba$, cristallise en aiguilles réunies en faisceaux, très-peu solubles dans l'eau.

Le *sel de calcium*, $(C^{14}H^{12}AzSO^3)^2Ca + \frac{1}{2}H^2O$, forme des mamelons très-solubles dans l'eau et dans l'alcool.

Le *sel de potassium*, $C^{14}H^{12}AzSO^{3}.K$, se dépose en lamelles de sa solution alcoolique bouillante [Mlle Anna Wolkow, *Zeitsch. für Chem.*, 1870, p. 577; *Bull. de la Soc. Chim.*, t. XV, p. 122].

Paracrésylsulfuryle-succinimide,

$$C^{11}H^{11}AzSO^{4} = C^{4}H^{4}O^{2}.AzC^{7}H^{7}SO^{2}.$$

— On la prépare en chauffant à 160° la paracrésylsulfamide avec un excès de chlorure de succinyle, et lavant la masse brune successivement avec de l'eau et de l'alcool bouillant. Elle est presque insoluble dans l'eau et dans l'alcool, très-peu soluble dans l'éther qui la dépose en prismes à quatre pans. Par une ébullition prolongée avec l'eau, elle s'hydrate et fournit l'acide paracrésylsulfuryle-succinamique. L'ammoniaque la dissout et la transforme en sel ammoniacal du composé suivant.

Paracrésylsulfuryle-succinamide.

$$C^{11}H^{14}Az^{2}SO^{4} = C^{4}H^{4}O^{2} \begin{cases} AzH\,C^{7}H^{7}SO^{2} \\ AzH^{2}. \end{cases}$$

— La solution de l'imide dans l'ammoniaque concentrée donne avec l'acide chlorhydrique un précipité blanc, peu soluble dans l'eau froide, très-soluble dans l'eau bouillante et dans l'alcool qui le laissent déposer en aiguilles fusibles à 180°. La paracrésylsulfuryle-succinamide est un acide monobasique; sa solution est acide et chasse l'acide carbonique des carbonates; la potasse bouillante en dégage de l'ammoniaque.

Le *sel d'argent,*

$$C^{4}H^{4}O^{2} \begin{cases} AzAg\,C^{7}H^{7}SO^{2} \\ AzH^{2} \end{cases} + H^{2}O.$$

est en aiguilles incolores, peu solubles dans l'eau froide; il perd son eau sur l'acide sulfurique ou à 100°.

Acide paracrésylsulfuryle-succinamique,

$$C^{11}H^{13}AzSO^{5} = C^{4}H^{4}O^{2} \begin{cases} AzH\,C^{7}H^{7}SO^{2} \\ OH. \end{cases}$$

—Soumis à une ébullition prolongée avec l'eau, la paracrésylsulfuryle-succinimide se dissout et la solution laisse déposer, par le refroidissement, l'acide succinamique substitué sous la forme d'aiguilles aplaties. C'est un acide bibasique, qui décompose les carbonates; sa solution sodique produit avec le nitrate d'argent un précipité qui renferme $C^{11}H^{11}AzSO^{5}.Ag^{2}$.

Diparacrésylsulfuryle-succinamide,

$$C^{18}H^{20}Az^{2}S^{2}O^{6} = C^{4}H^{4}O^{2}(AzH\,C^{7}H^{7}SO^{2})^{2}.$$

— Il se produit, indépendamment de la paracrésylsulfuryle-succinimide, lorsqu'on traite la paracrésylfamide par une quantité insuffisante de chlorure de succinyle. On chauffe 4 p. de ce corps avec 5 p. d'amide, d'abord entre 125-130° et, vers la fin, à 150°. Le produit lavé à l'alcool est soumis à une ébullition prolongée avec l'eau pour éliminer la paracrésylsulfuryle-succinimide. La partie insoluble est dissoute dans l'alcool bouillant qui laisse déposer la diparacrésylsulfuryle-succinamide en aiguilles aplaties, insolubles dans l'eau. C'est un acide bibasique.

Le *sel d'argent*, $C^{4}H^{4}O^{2}(AzC^{7}H^{7}SO^{2})^{2}Ag^{2}$, et celui de *baryum*, $C^{4}H^{4}O^{2}(AzC^{7}H^{7}SO^{2})^{2}Ba$, forment des précipités blancs.

Ces faits concernant les produits de substitution de la paracrésylsulfamide montrent clairement l'influence des groupements acides sur la nature de l'hydrogène de l'ammoniaque [Mlle Anna Wolkow, *loc. cit.*].

Paracrésylsulfoparatoluide,

$$C^{14}H^{15}AzSO^{2} = C^{7}H^{7}SO^{2}.AzH\,C^{7}H^{7}.$$

— On traite le chlorure paracrésylsulfureux par la paratoluidine en achevant la réaction à une température de 100°; le produit, épuisé par l'acide chlorhydrique bouillant et dissous dans l'alcool bouillant, se dépose en grands cristaux brillants, fusibles à 117°, et peu solubles dans l'eau (Mlle Anna Wolkow).

ACIDES CRÉSYLÈNE-DISULFUREUX.

$$C^{7}H^{8}S^{2}O^{6} = CH^{3}\text{-}C^{6}H^{3}(SO^{3}H)^{2}$$

— On en a décrit trois, que nous distinguerons par les lettres α, β et γ.

ACIDE α-CRÉSYLÈNE-DISULFUREUX $C^{7}H^{6}S^{2}O^{6}H^{2}$. — On l'obtient mélangé d'acide β, en traitant par l'acide sulfurique fumant l'acide crésylsulfureux (mélange des modifications ortho et para). Cet acide, ou un de ses sels préalablement desséché, est chauffé à 150-160° avec 2p,5 d'acide sulfurique fumant; au bout de 3 à 4 heures, la masse goudronneuse est dissoute dans l'eau, saturée presque complétement de craie, filtrée et neutralisée par du carbonate de plomb. La liqueur, débarrassée par l'hydrogène sulfuré du plomb dissous, est presque incolore, le sulfure de plomb entraînant les matières colorantes. On la traite par du carbonate de potassium et l'on évapore la solution filtrée : l'α-crésylène-disulfite de potassium se dépose en cristaux, tandis que le sel de la modification β, ainsi que le crésylsulfite, non attaqué, restent dans les eaux mères.

L'acide α-crésylène-disulfureux constitue une masse sirupeuse, incristallisable et déliquescente, extrêmement soluble dans l'alcool. C'est un acide bibasique, qui semble ne donner ni sels acides, ni sels doubles. Le mélange de dichromate de potassium et d'acide sulfurique étendu le transforme en un acide disulfobenzoïque; la potasse en fusion le convertit en une substance voisine de l'orcine.

α-Crésylène-disulfite. — Sel ammoniacal.

$$C^{7}H^{6}S^{2}O^{6}(AzH^{4})^{2} + H^{2}O$$

— Prismes ou tables hexagonaux, dérivant probablement du type clinorhombique, ne perdant pas leur eau à 140°. Ce sel exige 3p,24 d'eau à 12° pour se dissoudre; l'alcool le précipite de la solution.

Sel d'argent $C^{7}H^{6}S^{2}O^{6}.Ag^{2}$. — Grands cristaux anhydres, ne noircissant pas à la lumière.

Sel de baryum $C^{7}H^{6}S^{2}O^{6}.Ba$. — Prismes déliés, contenant probablement $2H^{2}O$, dont ils perdent la moitié sur l'acide sulfurique. Le sel séché vers 210° est anhydre; il se dissout dans 1p,3 d'eau à 17°.

Sel de calcium $C^{7}H^{6}S^{2}O^{6}.Ca + 3\frac{1}{2}H^{2}O$. — Masse cristalline, très-soluble, déliquescente; perdant 1 mol. d'eau, dans l'air sec, en s'effleurissant.

Sel de cuivre $C^{7}H^{6}S^{2}O^{6}.Cu + 8H^{2}O$. — Prismes bleus, aplatis, à quatre pans.

Sel de magnésium $C^{7}H^{6}S^{2}O^{6}.Mg + 8H^{2}O$. — Grands prismes hexagonaux, très-solubles dans l'eau et dans l'alcool; inaltérable à l'air, perdant $7H^{2}O$ au-dessous de 200° et la 8e molécule à 250° seulement.

Sel de plomb $C^{7}H^{6}S^{2}O^{6}.Pb + 4\frac{1}{2}H^{2}O$. — La solution chaude le laisse déposer sous forme d'une masse cristalline; l'alcool le précipite de la solution aqueuse en prismes minces très-solubles dans l'eau.

Sel de potassium $C^{7}H^{6}S^{2}O^{6}.K^{2} + H^{2}O$. — Prismes courts, incolores, inaltérables à l'air, insolubles dans l'alcool, solubles dans 5p,25 d'eau à 14° et dans 1p,32 d'eau bouillante. Le sel perd son eau à 160-170° et peut alors subir une chaleur de 300° sans s'altérer.

Sel de sodium $C^{7}H^{6}S^{2}O^{6}.Na^{2} + 7H^{2}O$. — Longs prismes quadrangulaires, solubles dans l'eau et dans l'alcool, perdant leur eau de cristallisation à l'air.

Les *sels d'aluminium* et *de strontium* sont incristallisables et déliquescents ; ceux *de cadmium, de cobalt, de manganèse* et *de nickel*, constituent des masses cristallines ou des aiguilles minces, très-solubles.

Chlorure α-crésylène-disulfureux.

$$C^7H^6S^2O^4Cl^2 = C^7H^6(SO^2Cl)^2$$

— On l'obtient en chauffant légèrement le sel de potassium avec du perchlorure de phosphore, reprenant par l'eau et faisant cristalliser dans l'éther la partie insoluble. Il se présente sous forme de grands prismes incolores, fusibles à 51°,5 ; solubles dans l'alcool et l'éther. L'eau bouillante ne l'attaque pas ; une lessive concentrée de potasse le change aisément en chlorure et en α-crésylène-disulfite. L'ammoniaque le transforme en amide ; le zinc et l'acide chlorhydrique, en sulfhydrate de crésylène.

α-Crésylène-disulfamide.

$$C^7H^6S^2O^4Az^2H^4 = C^7H^6(SO^2AzH^2)^2$$

— Le chlorure se dissout à 60° dans l'ammoniaque concentrée ; la solution laisse, après l'évaporation, une masse visqueuse qu'on traite par un mélange à volumes égaux d'alcool et d'éther ; la solution, séparée du chlorure d'ammonium, est évaporée et le résidu est dissous dans l'eau bouillante ; l'amide cristallise par le refroidissement ; on la purifie par plusieurs cristallisations. Ce sont des prismes minces, fusibles à 186°, assez solubles dans l'alcool et dans l'eau bouillante, mais fort peu dans l'eau froide et dans l'éther.

Le chlorure de benzoyle transforme l'amide en un *dérivé dibenzoïque* $C^7H^6(SO^2AzHC^7H^5O)^2$ qui constitue des cristaux indistincts, presque insolubles dans l'eau. Ce corps fonctionne comme acide bibasique ; le sel *potassique*

$$C^7H^6(SO^2AzKC^7H^5O)^2$$

est une masse gommeuse, dont la solution précipite les sels métalliques [P. Hakansson, *Deutsche chem. Gesellsch.*, t. V, p. 1084 ; *Bull. de la Soc. chim.*, t. XIX, p. 260 ; t. XX, p. 393.]

Acide β-crésylène-disulfureux $C^7H^8S^2O^6H^2$. — Il se produit en petite quantité, indépendamment de l'acide α, lorsqu'on traite l'acide crésylsulfureux par l'acide sulfurique fumant ; à 160°, la proportion en est faible, mais elle paraît augmenter si l'on élève la température à 180°.

Il se trouve à l'état de sel de potassium dans les eaux-mères de l'α-crésylène-disulfite potassique.

Sel d'ammonium. — Petites tables minces.

Sel de baryum $C^7H^6S^2O^6Ba + H^2O$. — Croûtes cristallines, solubles dans 11p,66 d'eau à 15°.

Sel de potassium. — Cristaux microscopiques groupés en mamelons.

Chlorure β-crésylène-disulfureux. — Cristaux fusibles à 94°, moins solubles dans l'éther que le chlorure α-crésylène-disulfureux.

β-Crésylène-disulfamide. — Cristaux fusibles à 216°, moins solubles dans l'eau que l'α-crésylène-disulfamide [P. Hakansson, *loc. cit*].

Acide γ-crésylène-disulfureux $C^7H^6S^2O^6H^2$. — Il se forme par l'action combinée de l'anhydride phosphorique et de l'acide sulfurique sur le toluène ; on introduit dans des tubes très-résistants le toluène par portions de 10 grammes, avec 5 fois son poids d'un mélange de 1p d'anhydride phosphorique et de 2p d'acide sulfurique ; on scelle les tubes à la lampe et on les chauffe à 230° pendant 4 à 5 heures. Après refroidissement, ils contiennent deux couches : l'inférieure, brune et épaisse, renferme l'acide sulfoné ; la supérieure, limpide, est de l'anhydride sulfureux liquide. Après l'ouverture des tubes, le produit est porté à l'ébullition avec l'eau, pour chasser le gaz sulfureux, neutralisé par du carbonate de baryum et évaporé ; la liqueur, suffisamment concentrée, fournit, par addition d'alcool, le sel barytique sous forme d'un précipité qu'on purifie par plusieurs dissolutions dans l'eau, suivies de précipitations par l'alcool.

L'acide α-crésyle-disulfureux, isolé du sel barytique par l'acide sulfurique, est une masse déliquescente, difficilement cristallisable et s'altérant déjà par l'évaporation de sa solution au bain-marie. Fondu avec la potasse, le sel de potassium de cet acide fournit un corps voisin de l'orcine ; chauffé avec du formiate de sodium, il donne l'acide isoxylique $C^9H^8O^4$.

Sel d'ammonium. — Aiguilles entre-croisées très-solubles.

Sel d'argent $C^7H^6S^2O^6.Ag^2 + 2H^2O$. — L'acide, neutralisé à 100° par l'oxyde d'argent, donne un dépôt cristallin jaune, noircissant à la lumière et perdant son eau à 110°.

Sel de baryum $C^7H^6S^2O^6.Ba + 3\frac{1}{2}H^2O$. — Précipité blanc, indistinctement cristallin, très-soluble dans l'eau, peu soluble dans l'alcool.

Sel de cadmium. — Masse gommeuse, très-soluble.

Sel de potassium $C^7H^6S^2O^6.K^2 + H^2O$. — Prismes courts, bien développés, s'effleurissant à l'air, insolubles dans l'alcool concentré. [C. Senhofer, *Ann. der Chem. u. Pharm.*, t. CLXIV, p. 126 ; *Bull. de la Soc. chim.*, t. XVIII, p. 459.]

14°. — *Dérivés bromo-sulfureux.*

ACIDES MONOBROMOCRÉSYLMONOSULFUREUX.

$$C^7H^6BrSO^3H = CH^3\text{-}C^6H^3\begin{matrix}\diagup Br \\ \diagdown (SO^3H)\end{matrix}$$

— Ils sont théoriquement au nombre de dix ; on en a décrit neuf, mais il est douteux que tous ces corps constituent des espèces chimiques distinctes ; trois d'entre eux, les acides décrits sous les rubriques 1, 8 et 9, semblent être identiques, à en juger d'après les points de fusion du chlorure et de l'amide ; cependant ils présentent dans l'aspect et dans la teneur en eau de leurs sels, des différences tellement grandes que nous les décrirons séparément. De nouvelles recherches sont nécessaires pour établir définitivement l'individualité de ces trois acides.

1°. — Acide orthobromo-métacrésylsulfureux (1.2.3) ou (1.2.5).

$$CH^3\text{-}C^6H^3\begin{matrix}\diagup Br_{(2)} \\ \diagdown (SO^3H)_{(3)\ ou\ (5)}\end{matrix}$$

— Il se produit lorsqu'on dissout, à l'aide d'une douce chaleur, l'orthobromotoluène dans deux fois son volume d'acide sulfurique fumant ; dans ces conditions, il ne se forme qu'un seul acide sulfoné ; Dmochowski croit en avoir obtenu deux, mais ses indications sont au moins douteuses.

Quand la dissolution de l'orthobromotoluène est complète, le produit est étendu d'eau et transformé en sel de baryum d'après la méthode ordinaire ; ou bien, il est saturé par un lait de chaux puis fortement concentré par évaporation, additionné d'une solution chaude et concentrée de chlorure de baryum et filtré ; le sel de baryum de l'acide orthobromo-métacrésylsulfureux se dépose alors par le refroidissement et est purifié par une nouvelle cristallisation.

L'acide du sel de baryum, mis en liberté au moyen de l'acide sulfurique, est une masse cristalline, très-soluble. Il est monobasique. Ses sels cristallisent facilement et supportent une température de 180° sans se décomposer.

L'hydrogène naissant le transforme en acide métacrésylsulfureux ; l'acide nitrique fumant, en un acide nitrobromocrésylsulfureux et le mélange oxydant de dichromate de potassium et d'acide sulfurique étendu, en acide orthobromo-métasulfobenzoïque.

Sel de baryum $(C^7H^6BrSO^3)^2Ba + 2H^2O$. — Lamelles rhomboïdales allongées, brillantes, solubles dans 258p d'eau à 14° et dans 253p d'eau à 17°; l'eau se dégage au-dessus de 100°. Ce sel est moins soluble que le parabromo-orthocrésylsulfite de baryum.

Sel de calcium $(C^7H^6BrSO^3)^2Ca$. — Tables rhombiques ou hexagonales, anhydres, solubles dans 60p d'eau à 14°.

Sel de cuivre. — Grandes tables, peu colorées, efflorescentes, très-solubles dans l'eau, fusibles dans leur eau de cristallisation.

Le *sel de magnésium* cristallise en petites écailles très-solubles, et le *sel de manganèse* en tables.

Sel de plomb $(C^7H^6BrSO^3)^2Pb + 2H^2O$. — Lamelles allongées, réunies en faisceaux solubles dans 102p d'eau à 18°; l'eau de cristallisation se dégage vers 1[illegible]0°.

Sel de potassium $C^7H^6BrSO^3.K + \frac{1}{2}H^2O$. — Tables ou aiguilles courtes et épaisses, perdant leur eau vers 140°. Fondu avec la potasse, ce sel fournit de l'orcine et une petite quantité d'acide salicylique (G. Vogt et A. Henninger).

Sel de sodium $C^7H^6BrSO^3.Na + \frac{1}{2}H^2O$. — Belles et grandes tables rhombiques, généralement minces, solubles à 14° dans 19p d'eau. Le sel perd son eau vers 130° et ne se décompose pas à 240°.

Le *sel de strontium* ressemble à celui de baryum. Le *sel de zinc* constitue des lamelles brillantes, très-solubles.

Chlorure $C^7H^6BrSO^2Cl$. — On l'obtient en traitant le sel de sodium sec par le perchlorure de phosphore. Il se dépose dans l'éther en grandes tables, fusibles à 52-53°, entrant en ébullition vers 250° et se décomposant brusquement vers 260°; dans le vide, il distille sans altération. Son odeur est piquante. Il est insoluble dans l'eau qui, à haute température (200°), l'attaque lentement et régénère l'acide orthobromo-métasulfureux. L'acide sulfurique le dissout en petite quantité; l'acide nitrique fumant en absorbe une grande proportion sans l'altérer. L'étain et l'acide chlorhydrique le transforment en sulfhydrate d'orthobromocrésyle.

Amide $C^7H^6BrSO^2AzH^2$. — Pour la préparer on broie, à une douce chaleur, le chlorure avec du carbonate d'ammonium. Elle cristallise en longues aiguilles incolores et brillantes, fusibles à 133-134°. Elle est peu soluble dans l'eau froide, soluble dans l'eau bouillante et très-soluble dans l'alcool et l'éther; l'ammoniaque augmente sa solubilité dans l'eau. Elle ne s'unit pas aux acides [H. Hübner, F. G. C. Müller et Retschy, *Liebig's Ann. der Chem.*, t. CLXIX, p. 34; *Bull. de la Soc. chim.*, t. XV, p. 116; t. XVIII, p. 83; t. XXI, p. 461; — Dmochowsky, *Bull. de la Soc. chim.*, *ibid.*, t. XVIII, p. 78].

2°. — ACIDE ORTHOBROMO-PARACRÉSYLSULFUREUX (1.2.4).

$$CH^3\text{-}C^6H^3 \left\langle \begin{matrix} Br_{(2)} \\ (SO^3H)_{(4)} \end{matrix} \right.$$

— Il a été obtenu d'abord par l'action du brome et de l'eau à 120° sur le dioxydisulfure de paracrésyle $C^{14}H^{14}S^2O^2$:

$$C^{14}H^{14}S^2O^2 + 5Br^2 + 4H^2O$$
$$= 2C^7H^6BrSO^3H + 8HBr$$

cette réaction fournit, en même temps, d'autres produits non étudiés [R. Otto, J. Lœwenthal et A. von Gruber, *Ann. der Chem. u. Pharm.*, t. CXLIX, p. 101; *Bull. de la Soc. chim.*, t. XI, p. 404].

Hayduck l'a préparé depuis en traitant par l'acide bromhydrique le dérivé diazoïque de l'acide orthamido-paracrésylsulfureux; ce mode de formation établit la constitution de l'acide.

L'acide nitrique fumant le transforme en acide orthobromo-paracrésylsulfureux métanitré. L'oxyde d'argent humide ne l'altère pas à l'ébullition.

Sel de baryum $(C^7H^6BrSO^3)^2Ba + 2H^2O$. — Tables microscopiques, irrégulières, peu solubles dans l'eau froide, inaltérables dans l'air sec.

Sel de plomb $(C^7H^6BrSO^3)^2Pb + 2\frac{1}{2}H^2O$. — Masses mamelonnées, indistinctement cristallisées, peu solubles dans l'eau froide, perdant une partie de leur eau dans l'air sec.

Sel de potassium $C^7H^6BrSO^3.K$. — Aiguilles microscopiques, réunies en mamelons et très-solubles.

Chlorure. — Il fond à 54°.

Amide. — L'eau bouillante la laisse déposer en prismes microscopiques, fusibles à 151°, peu solubles dans l'eau, très-solubles dans l'alcool [M. Hayduck, *Liebig's Ann. der Chem.*, t. CLXXII, p. 204; *Bull. de la Soc. chim.*, t. XXII, p. 381].

3°. — ACIDE MÉTABROMOCRÉSYLSULFUREUX (1.3.?).

$$CH^3\text{-}C^6H^3 \left\langle \begin{matrix} Br_{(3)} \\ (SO^3H)_{(?)} \end{matrix} \right.$$

— Le métabromotoluène est attaqué à froid par l'acide sulfurique fumant; au début, la masse s'échauffe et il faut refroidir pour modérer la réaction; vers la fin, on achève la dissolution du corps bromé, à l'aide de la chaleur. D'après Wroblevsky, le produit contiendrait trois acides métabromocrésylsulfureux isomériques, qu'il a séparés par cristallisations fractionnées des sels de baryum. Il est probable que Wroblevsky a employé pour ses recherches du métabromotoluène impur, car Hübner et Grete ont montré depuis que le métabromotoluène ne fournit qu'un seul acide sulfoné [E. Wroblevsky, *Ann. der Chem. u. Pharm.*, CLXVIII, p. 166; *Bull. de la Soc. chim.*, t. XV, p. 246; — H. Hübner et E. A. Grete, *Deutsche chem. Gesellsch.*, t. VI, p. 801; *Bull. de la Soc. Chim.*, t. XX, p. 554; — E. A. Grete, *Deutsche chem. Gesellsch.*, t. VII, p. 705; t. VIII, p. 565; *Bull. de la Soc. Chim.*, t. XXII, p. 556; t. XXV, p. 370].

Nous ne décrirons ici que les sels obtenus par Hübner et Grete.

Le *sel de baryum*, $(C^7H^6BrSO^3)^2Ba + H^2O$, préparé de la manière habituelle avec le produit brut, est en lamelles ressemblant à la naphtaline, qui perdent leur eau à une température élevée.

Sel de calcium, $(C^7H^6BrSO^3)^2Ca + 2H^2O$. — Prismes à 6 pans, transparents, souvent aplatis, légèrement hygrométriques.

Sel de cuivre, $(C^7H^6BrSO^3)^2Cu + 4H^2O$. — Tables réunies, d'un bleu pâle; le sel anhydre est verdâtre.

Sel de magnésium, $(C^7H^6BrSO^3)^2Mg + 6H^2O$. — Masse cristalline rayonnée, déliquescente.

Sel de plomb, $(C^7H^6BrSO^3)^2Pb + 3H^2O$. — Tables bien développées, groupées en rosaces.

Sel de potassium, $C^7H^6BrSO^3.K$. — Tables allongées minces et transparentes. Fondu avec de la potasse, il fournit de l'acide salicylique; les autres produits de la réaction n'ont pas été étudiés.

4°. — ACIDE PARABROMO-ORTHOCRÉSYLSULFUREUX (1.2.4),

$$CH^3\text{-}C^6H^3 \left\langle \begin{matrix} (SO^3H)_{(2)} \\ Br_{(4)} \end{matrix} \right.$$

— Il se produit, en même temps que l'acide parabromo-métasulfureux, par l'action de l'acide sulfurique sur le parabromotoluène (Hübner, Post et Retschy). Il se forme aussi lorsqu'on décompose le dérivé diazoïque de l'acide paramido-orthocrésylsulfureux par l'acide bromhydrique (Jenssen).

Le parabromotoluène est dissous vers 80° dans 3 fois son volume d'acide sulfurique fumant, la solution est étendue d'eau et saturée de carbonate de baryum : la liqueur, filtrée et concentrée par évaporation, laisse déposer des lames de parabromo-orthocrésylsulfite de baryum qu'on purifie par une nouvelle cristallisation ; le sel barytique de l'acide parabromo-métacrésylsulfureux étant beaucoup plus soluble, se concentre dans les eaux mères.

L'acide parabromo-orthocrésylsulfureux se forme en proportion dominante, entre des limites de température assez distantes (40 à 160°) ; d'autre part, il est stable à 210° et ne se transforme pas en un acide isomérique.

L'acide parabromo-orthocrésylsulfureux libre constitue une masse lamelleuse, très-soluble dans l'eau et dans l'alcool, peu soluble dans l'éther. Le brome ne l'attaque que vers 200° ; l'amalgame de sodium et l'eau le convertissent en acide orthocrésylsulfureux ; l'acide nitrique, en un dérivé mononitré ; le mélange de dichromate de potassium et d'acide sulfurique étendu, en acide parabromo-orthosulfobenzoïque.

Sel de baryum, $(C^7H^6BrSO^3)^2Ba + H^2O$. — Tables rhombiques, ou lamelles brillantes réunies souvent en groupes, peu solubles dans l'eau froide, inaltérables à l'air et perdant leur eau vers 180°.

Sel de calcium, $(C^7H^6BrSO^3)^2Ca + 4H^2O$. — Longues aiguilles prismatiques ou tables triangulaires dont les pointes sont tronquées ; ce sel est très-soluble dans l'eau et devient opaque dans l'air sec, en perdant une partie de son eau.

Sel de cuivre, $(C^7H^6BrSO^3)^2Cu + 7H^2O$. — Grandes tables, transparentes, d'un bleu clair.

Sel de magnésium,

$$(C^7H^6BrSO^3)^2Mg + 8\tfrac{1}{2}H^2O\ (?).$$

— Aiguilles déliées et soyeuses, réunies en faisceaux.

Sel de plomb, $(C^7H^6BrSO^3)^2Pb + 3H^2O$. — Aiguilles soyeuses groupées en étoiles et souvent juxtaposées.

Sel de sodium, $C^7H^6BrSO^3.Na + H^2O$. — Lames soyeuses ou prismes à quatre pans, entrelacés, minces et transparents, qui paraissent appartenir au système clinorhombique. Le sel est plus soluble que le sel barytique, mais moins soluble que le parabromo-métacrésylsulfite de baryum ; il est inaltérable dans l'air sec.

Sel de strontium, $(C^7H^6BrSO^3)^2Sr + H^2O$. — Lames incolores, perdant leur eau à 180°.

Chlorure, $C^7H^6BrSO^2Cl$. — Il cristallise dans le chloroforme en tables fusibles à 35° et offre une odeur toute particulière.

Amide, $C^7H^6BrSO^2AzH^2$. — L'eau la laisse déposer en longues aiguilles fines et brillantes, fusibles à 166-167°. Le brome ne l'attaque qu'à 180° [Hübner, J. Post, G. Retschy, P. Haesselbarth, *Liebig's Ann. der Chem.*, t. CLXIX, p. 15 ; *Bull. de la Soc. chim.*, t. XVI, p. 130 ; t. XVIII, p. 80 ; t. XXI, p. 459].

5°. — ACIDE PARABROMO-MÉTACRÉSYLSULFUREUX (1.3.4),

$$CH^3\text{-}C^6H^3 \Big< \begin{matrix} (SO^3H)_{(3)} \\ Br_{(4)} \end{matrix}$$

— L'action de l'acide sulfurique fumant sur le parabromotoluène produit, indépendamment de l'acide parabromo-orthocrésylsulfureux, un acide isomérique, en faible proportion, qui est l'acide parabromo-métacrésylsulfureux. Le sel de baryum de cet acide se trouve dans les dernières eaux mères du parabromo-orthocrésylsulfite de baryum, et s'y dépose en aiguilles transparentes, compactes, qu'on sépare mécaniquement des lamelles minces du sel isomérique ; on achève la purification par cristallisation dans l'eau bouillante (Hübner, Post et Retschy).

En décomposant par l'acide bromhydrique le dérivé diazoïque de l'acide paramido-métacrésylsulfureux, Pechmann a obtenu un acide bromosulfoné qui paraît être identique avec l'acide parabromo-métacrésylsulfureux.

L'acide libre est une masse lamelleuse très-soluble. L'acide de Pechmann cristallise en lames ou en prismes, contenant 1 molécule d'eau qui se dégage à 100° ; il fond entre 105 et 110° en se décomposant ; il est très-soluble dans l'eau et dans l'alcool, insoluble dans l'éther.

Traité par l'acide nitrique fumant, il fournit un dérivé mononitré. Le mélange de dichromate de potassium et d'acide sulfurique étendu le transforme en acide parabromo-métasulfobenzoïque.

Sel de baryum, $(C^7H^6BrSO^3)^2Ba + 7H^2O$. — Aiguilles rhombiques compactes, ou longues aiguilles soyeuses, beaucoup plus soluble que le parabromo-orthocrésylsulfite de baryum.

Sel de plomb, $(C^7H^6BrSO^3)^2Pb + 3H^2O$. — Longues aiguilles ou tables rhombiques, légèrement jaunes, ne perdant pas d'eau dans l'air sec.

Sel de strontium, $(C^7H^6BrSO^3)^2Sr + 7H^2O$. — Petites pyramides quadrangulaires, réunies, assez dures.

Chlorure. — D'après Pechmann, il se dépose de sa solution éthérée en cristaux fusibles à 61°, tandis qu'il serait liquide d'après les autres observateurs.

Amide, $C^7H^6BrSO^2AzH^2$. — Elle cristallise dans l'eau en magnifiques aiguilles, ténues, longues et soyeuses ; elle fond à 151-152° (à 147°, d'après Pechmann). L'eau bouillante, l'alcool et l'éther la dissolvent aisément [H. Hübner, J. Post et G. Retschy, *loc. cit.* ; H. von Pechmann, *Bull. de la Soc. chim.*, t. XXIII, p. 77].

6°. — ACIDE BROMO-ORTHOCRÉSYLSULFUREUX (1.2.?),

$$CH^3\text{-}C^6H^3 \Big< \begin{matrix} (SO^3H)_{(2)} \\ Br_{(?)} \end{matrix}$$

— On l'obtient en chauffant avec de l'alcool le dérivé diazoïque de l'acide bromo-paramido-orthocrésylsulfureux,

$$CH^3\text{-}C^6H^2 \begin{matrix} \diagup (SO^3H)_{(2)} \\ - Br_{(?)} \\ \diagdown (AzH^2)_{(4)} \end{matrix} \qquad CH^3\text{-}C^6H^3 \Big< \begin{matrix} (SO^3H)_{(2)} \\ Br_{(?)} \end{matrix}$$

Acide bromo-paramido-orthocrésylsulfureux. Acide bromo-orthocrésylsulfureux.

L'acide libre constitue une masse cristalline, déliquescente, formée de tables rhombiques microscopiques. Chauffé à l'ébullition avec de l'oxyde d'argent, il cède peu à peu la totalité de son brome ; les produits qui se forment n'ont pas été étudiés. L'acide nitrique fumant le transforme en un dérivé mononitré.

Sel de baryum, $(C^7H^6BrSO^3)^2Ba + 2\tfrac{1}{2}H^2O$. — Lamelles minces, groupées en rosaces, très-solubles dans l'eau, perdant $1\tfrac{1}{2}H^2O$ dans l'air sec.

Sel de cuivre, $(C^7H^6BrSO^3)^2Cu + \tfrac{1}{2}H^2O$. — Prismes ou lamelles verts, très-solubles dans l'eau, insolubles dans l'alcool.

Sel de plomb, $(C^7H^6BrSO^3)^2Pb + 3\tfrac{1}{2}H^2O$. — Aiguilles jaunes, groupées en mamelons, et perdant $\tfrac{1}{2}H^2O$ dans l'air sec. Dans certaines circonstances, le sel cristallise avec $5H^2O$ sous forme d'aiguilles jaunes brillantes qui perdent 1 molécule d'eau sur l'acide sulfurique. A 150°, le sel est anhydre.

Sel de potassium, $C^7H^6BrSO^3.K + H^2O$. — Tables rhombiques, grandes et minces.

Sel de sodium, $C^7H^6BrSO^3.Na + \tfrac{1}{2}H^2O$. — Il cristallise dans l'eau en écailles jaunes, brillantes, et dans l'alcool en mamelons déliquescents; il est très-soluble dans les deux dissolvants.

Sel de strontium, $(C^7H^6BrSO^3)^2Sr + 2\frac{1}{2}H^2O$. — Aiguilles jaunes, fines et brillantes, qui perdent 1 molécule d'eau sur l'acide sulfurique.

Chlorure. — Il est liquide, mais se prend par le froid en une masse radiée.

Amide. — Elle cristallise dans l'eau en aiguilles blanches, très-fines, fusibles à 155°; dans l'alcool ou l'éther on obtient des écailles fusibles à 154°, et dans le chloroforme des aiguilles jaunes, volumineuses, qui ne fondent qu'à 165°, et à 162° après une nouvelle cristallisation dans l'eau. Cette amide est très-peu soluble dans l'eau, assez soluble dans le chloroforme et très-soluble dans l'alcool, l'éther et l'acide sulfurique.

La couleur jaune que présentent quelques-uns des sels qui viennent d'être décrits, ainsi que les irrégularités dans le point de fusion de l'amide, semblent indiquer que l'acide bromo-orthocrésylsulfureux n'a pas été obtenu dans un état de pureté parfaite [E. Weckwarth, *Liebig's Ann. der Chem.*, t. CLXXII, p. 191].

7°. — ACIDE BROMO-CRÉSYLSULFUREUX. (Constitution inconnue.) — Cet acide à peine connu se forme lorsqu'on décompose, par l'alcool, le dérivé diazoïque de l'acide amidocrésylsulfureux (p. 490).

Le *sel de baryum*, $(C^7H^6BrSO^3)^2Ba + H^2O$, cristallise en petites masses sphériques.

Chlorure. — Huile se solidifiant peu à peu.

Amide. — Elle se dépose dans l'alcool éthéré en petites lames groupées sous forme de mamelons qui ne fondent pas encore à 230° [M. Hayduck, *Deutsche chem. Gesellsch.*, t. VIII, p. 376].

8°. — ACIDE BROMO-MÉTACRÉSYLSULFUREUX (1.3.?),

$$CH^3\text{-}C^6H^3 \begin{cases} (SO^3H)_{(3)} \\ Br_{(?)} \end{cases}$$

Il se forme lorsqu'on fait bouillir avec de l'alcool le dérivé diazoïque de l'acide bromo-paramido-métasulfureux; la décomposition n'a lieu qu'autant que l'on élève le point d'ébullition de l'alcool, en opérant sous une pression supérieure à celle de l'atmosphère. Le chlorure et l'amide de cet acide fondent à la même température que les dérivés correspondants de l'acide orthobromo-métacrésylsulfureux, décrit plus haut, mais les sels diffèrent par la quantité d'eau de cristallisation.

L'acide libre se présente sous forme d'une masse cristalline.

Sel de baryum, $(C^7H^6BrSO^3)^2Ba + 3\frac{1}{2}H^2O$. — Longues aiguilles, peu solubles dans l'eau froide.

Sel de plomb, $(C^7H^6BrSO^3)^2Pb + 3H^2O$. — Groupes de longues aiguilles, peu solubles dans l'eau froide.

Sel de potassium, $C^7H^6BrSO^3.K$. — Prismes transparents anhydres, assez solubles.

Le *chlorure* fond à 53° et l'*amide* à 134° [H. von Pechmann, *Liebig's Ann. der Chem.*, t. CLXXIII, p. 195; *Bull. de la Soc. chim.*, t. XXIII, p. 78].

9°. — ACIDE ORTHOBROMO-MÉTACRÉSYLSULFUREUX (1.2.3) ou (1.2.5),

$$CH^3\text{-}C^6H^3 \begin{cases} Br_{(2)} \\ (SO^3H)_{(3)\ ou\ (5)} \end{cases}$$

— On l'obtient en décomposant par l'acide bromhydrique le dérivé diazoïque de l'acide orthamido-métacrésylsulfureux. Il constitue des lamelles hexagonales. Porté à l'ébullition avec de l'oxyde d'argent et de l'eau, il perd tout son brome; les produits de cette réaction ne sont pas connus. Malgré certaines différences dans la teneur en eau de cristallisation des sels, cet acide semble être identique avec l'acide orthobromo-métacrésylsulfureux; les chlorures et les amides des deux acides fondent à la même température et les sels de baryum des dérivés mononitrés et mono-amidés renferment les mêmes proportions d'eau.

Sel de baryum, $(C^7H^6BrSO^3)^2Ba + \frac{1}{2}H^2O$. — Mamelons blancs; 100 p. d'eau à 17°,5 en dissolvent 8p,887.

Sel de calcium, $(C^7H^6BrSO^3)^2Ca + 3H^2O$. — Lamelles groupées en étoiles.

Sel de cuivre, $(C^7H^6BrSO^3)^2Cu + 3H^2O$. — Tables microscopiques.

Sel de plomb, $(C^7H^6BrSO^3)^2Pb + 2H^2O$. — Aiguilles courtes, réunies en mamelons.

Sel de potassium, $C^7H^6BrSO^3.K + H^2O$. — Lamelles, solubles dans l'eau et dans l'alcool.

Chlorure. — Cristaux pennés, fusibles à 53°.

Amide. — Aiguilles ou lamelles fusibles à 134-137° [F. Gerver, *Liebig's Ann. der Chem.*, t. CLXIX, p. 373; *Bull. de la Soc. chim.*, t. XXI, p. 30; — Pagel, *Liebig's Ann. der Chem.*, t. CLXXVI, p. 291; *Bull. de la Soc. chim.*, t. XXIV, p. 83],

ACIDE DIBROMO-CRÉSYLMONOSULFUREUX, — On n'en connait jusqu'ici qu'un seul, l'*acide dibromo-orthocrésylsulfureux* (1.2.4.?),

$$C^7H^5Br^2SO^3H = CH^3\text{-}C^6H^2\left[Br_{(4)}Br_{(?)}(SO^3H)_{(2)}\right]$$

— Il se produit lorsqu'on traite le dérivé diazoïque de l'acide amido-parabromo-orthocrésylsulfureux par l'acide bromhydrique concentré; la solution évaporée au bain-marie laisse l'acide sous forme d'un sirop incristallisable.

Sel de baryum, $(C^7H^5Br^2SO^3)^2Ba + 2\frac{1}{2}H^2O$. Petits cristaux en forme de navette, peu solubles.

Le *sel de sodium*, $C^7H^5Br^2SO^3.Na + 2H^2O$, cristallise dans l'alcool en aiguilles ramifiées, jaune clair, très-solubles dans l'eau et dans l'alcool [M. Schæfer *Liebig's Ann. der Chem.*, t. CLXXIV, p. 357; *Bull. de la Soc. chim.*, t. XXIV, p. 82].

ACIDE TRIBROMO-CRÉSYLMONOSULFUREUX. — On en a préparé un, l'acide *tribromo-paracrésylsulfureux* (1.2.3.4.?).

$$C^7H^4Br^3SO^3H = CH^3\text{-}C^6H\left[Br_{(2)}Br_{(3)}(SO^3H)_{(4)}Br_{(?)}\right]$$

— Il se forme lorsqu'on ajoute de l'acide bromhydrique au dérivé diazoïque de l'acide dibromo-orthamido-paracrésylsulfureux et qu'on évapore le tout au bain-marie. Le dérivé nitrodiazoïque du même acide fournit pareillement l'acide tribromo-paracrésylsulfureux sous l'influence de l'acide bromhydrique; dans ce cas, du brome est mis en liberté.

L'acide tribromo-paracrésylsulfureux se présente sous l'aspect d'une masse jaune, déliquescente.

Sel de baryum $(C^7H^4Br^3SO^3)^2Ba + 1\frac{1}{2}H^2O$. — Mamelons blancs, très-peu solubles.

Sel de potassium $C^7H^4Br^3SO^3.K$. — Aiguilles d'un blanc éclatant, peu solubles dans l'eau froide, très-solubles à chaud.

Chlorure. — Huile visqueuse, non cristallisable.

Amide. — Poudre amorphe, rougeâtre, à peine soluble dans l'eau [M. Hayduck, *Liebig's Ann. der Chem.*, t. CLXXIV, p. 343; *Bull. de la Soc. chim.*, t. XXIII, p. 557.]

15°. — *Dérivés chlorosulfureux.*

ACIDES MONOCHLORO-CRÉSYLMONOSULFUREUX.

$$C^7H^6ClSO^3H = CH^3\text{-}C^6H^3 \begin{cases} Cl \\ (SO^3H) \end{cases}$$

— On en connait quatre : le premier a été obtenu par l'action du chlore sur le dioxydisulfure de paracrésyle, et les trois autres en dissolvant dans l'acide sulfurique l'orthochlorotoluène ou le parachlorotoluène. Le premier fournit, dans ces conditions, un seul acide sulfoné, tandis que le parachlorotoluène en produit deux.

Un grand nombre des sels des acides chlorocrésylsulfureux possèdent la même proportion d'eau de cristallisation que les composés bromés correspondants.

1°. — ACIDE ORTHOCHLORO-MÉTACRÉSYLSULFUREUX (1.2.3) ou (1.2.5).

$$CH^3\text{-}C^6H^3 \lt \begin{matrix} Cl_{(2)} \\ (SO^3H)_{(3)\ ou\ (5)} \end{matrix}$$

— Il dérive de l'orthochlorotoluène. Le toluène monochloré brut étant chauffé au bain-marie avec trois fois son poids d'acide sulfurique ordinaire ou mélangé de moitié d'acide fumant, on voit la dissolution s'opérer au bout de quelques heures. La solution, de couleur brune, contient trois acides chlorocrésylsulfureux isomériques qu'on sépare de la manière suivante : le produit de la réaction est étendu de beaucoup d'eau, puis additionné d'une quantité suffisante de carbonate de baryum délayé dans l'eau afin de neutraliser la totalité de l'acide sulfurique libre et de ne saturer qu'une faible proportion des acides sulfonés. Le liquide est porté à l'ébullition, filtré, neutralisé par une solution chaude de baryte et concentré par évaporation. Par le refroidissement, on obtient des lamelles d'orthochloro-métacrésylsulfite de baryum; concentrées davantage, les eaux mères fournissent encore le même sel, puis, elles laissent déposer des croûtes mamelonnées, riches en parachloro-orthocrésylsulfite de baryum, et, enfin, elles donnent des aiguilles de parachloro-métacrésylsulfite barytique. Les premiers cristaux, purifiés par une nouvelle cristallisation, constituent l'orthochloro-métacrésylsulfite pur. Les cristaux mamelonnés et les aiguilles ne constituent que des mélanges, et il faut de nombreuses cristallisations fractionnées pour obtenir à l'état de pureté les deux sels qui dérivent du parachlorotoluène.

L'acide orthochloro-métacrésylsulfureux forme des aiguilles groupées concentriquement, très-déliquescentes. L'amalgame de sodium et l'eau le transforment en acide métacrésylsulfureux; les oxydants le convertissent en acide orthochloro-métasulfobenzoïque (Hübner et Majert). Son sel de potassium fondu avec la potasse fournit de l'orcine et une petite quantité d'acide salicylique (Vogt et Henninger).

Sel d'ammonium $C^7H^6ClSO^3.AzH^4 + nH^2O$. — Aiguilles mates, groupées en rosaces.

Sel de baryum $(C^7H^6ClSO^3)^2Ba + 2H^2O$. — Lamelles incolores, rhombiques, allongées, réunies en petits groupes caractéristiques; deux sommets des lamelles sont quelquefois tronqués. Ce sel possède un brillant nacré; il est inaltérable à l'air et ne perd son eau que vers 180°; il se dissout à 16°,5 dans environ 175p d'eau et est insoluble dans l'alcool.

Sel de cadmium $(C^7H^6ClSO^3)^2Cd + 2H^2O$. — Aiguilles aplaties, très-solubles dans l'eau et dans l'alcool.

Sel de calcium $(C^7H^6ClSO^3)^2Ca + 2H^2O$. — Cristaux aplatis réunis en groupes radiés.

Sel de cuivre $(C^7H^6ClSO^3)^2Cu + \frac{1}{2}H^2O$. — Grands cristaux bleus appartenant au système régulier. Le sel *cupro-ammonique* forme aussi des cristaux du type régulier, d'un bleu foncé, qui perdent aisément de l'ammoniaque.

Sel de plomb $(C^7H^6ClSO^3)^2Pb + 2H^2O$. — Courtes aiguilles brillantes, réunies en rosaces.

Sel de potassium $C^7H^6ClSO^3.K + \frac{1}{2}H^2O$. — Lames nacrées, assez solubles dans l'eau; d'après Hübner et Majert, ce sel cristallise en grandes tables quadratiques à sommets tronqués.

Sel de sodium $C^7H^6ClSO^3.Na + \frac{1}{2}H^2O$. — Il ressemble au sel de potassium, mais il est plus soluble que lui [G. Vogt et A. Henninger, *Bull. de la Soc. chim.*, t. XIII, p. 196; t. XVII, p. 541; *Ann. de Chim. et de Phys.*, (4), t. XXVII, p. 129. — H. Hübner et W. Majert, *Deutsche chem. Gesellsch.*, t. VI, p. 790; *Bull. de la Soc. chim.*, t. XX, p. 458].

2°. — ACIDE ORTHOCHLORO-PARACRÉSYLSULFUREUX (1.2.4).

$$CH^3\text{-}C^6H^3 \lt \begin{matrix} Cl_{(2)} \\ (SO^3H)_{(4)} \end{matrix}$$

— Lorsqu'on dirige un courant de chlore dans de l'eau portée à 80° et tenant en suspension le dioxydisulfure de paracrésyle $C^{14}H^{14}S^2O^2$, il se sublime du chlorure paracrésylsulfureux et il se forme un acide chlorocrésylsulfureux qui se dissout dans l'eau et qui, à en juger d'après l'analogie avec le dérivé bromé (voy. p. 454), est l'acide orthochloro-paracrésylsulfureux. On ne l'a pas étudié et on n'a décrit que le sel de baryum qui renferme $(C^7H^6ClSO^3)^2Ba + 2H^2O$ [R. Otto, J. Loewenthal et A. von Gruber].

3°. — ACIDE PARACHLORO-ORTHOCRÉSYLSULFUREUX (1.2.4).

$$CH^3\text{-}C^6H^3 \lt \begin{matrix} (SO^3H)_{(2)} \\ Br_{(4)} \end{matrix}$$

— Cet acide, ainsi que le suivant, dérivent du parachlorotoluène. Pour les préparer on peut partir du monochlorotoluène brut (voy. plus haut) ou bien, du parachlorotoluène pur; dans le dernier cas, la séparation des deux sels barytiques présente des difficultés bien moindres. Le sel de baryum de cet acide a été décrit par Vogt et Henninger; l'étude des autres sels est due à Hübner et Majert.

Sel de baryum $(C^7H^6ClSO^3)^2Ba + H^2O$. — Mamelons cristallins ou lamelles incolores, solubles à 14°,5 dans 33p d'eau; Vogt et Henninger ont trouvé pour un sel qui contenait encore une certaine quantité d'orthochloro-crésylsulfite barytique, une solubilité plus faible (1p de sel dans 51p,5 d'eau à 16°).

Sel de calcium $(C^7H^6ClSO^3)^2Ca + 6H^2O$. — Lamelles allongées ou tables groupées en rosaces.

Sel de cuivre $(C^7H^6ClSO^3)^2Cu + 7H^2O$. — Grandes lames d'un bleu clair. Le sel *cupro-ammonique* forme des croûtes cristallines d'un bleu-indigo.

Sel de plomb $(C^7H^6ClSO^3)^2Pb + 8H^2O$. — Aiguilles blanches réunies en rosaces.

Sel de potassium $C^7H^6ClSO^3.K + H^2O$. — Aiguilles ténues, soyeuses, très-solubles; la solution reste souvent à l'état de sursaturation [G. Vogt et A. Henninger, *loc. cit.*; — H. Hübner et W. Majert, *loc. cit*].

4°. — ACIDE PARACHLORO-MÉTACRÉSYLSULFUREUX (1.3.4).

$$CH^3\text{-}C^6H^3 \lt \begin{matrix} (SO^3H)_{(3)} \\ Cl_{(4)} \end{matrix}$$

— Comme l'acide précédent, il correspond au parachlorotoluène; il se forme en moindre proportion que celui-ci.

Le *sel de baryum* $(C^7H^6ClSO^3)^2Ba + 7H^2O$ est le plus soluble des sels qu'on a obtenus avec le monochlorotoluène brut; nous avons vu comment on le sépare des deux autres sels isomériques. Il cristallise en fines aiguilles qui se transforment peu à peu en cristaux bien développés; après de nouvelles cristallisations ceux-ci se présentent sous forme de prismes à quatre pans, solubles dans 7p d'eau à 14°,5.

Sel de cuivre $(C^7H^6ClSO^3)^2Cu + 10H^2O$. — Grands prismes réunis, d'un bleu clair.

Sel de plomb $(C^7H^6ClSO^3)^2Pb + 6H^2O$. — Longues aiguilles transparentes.

Sel de sodium $C^7H^6ClSO^3.Na + 5H^2O$. — Longues aiguilles spiculaires ou petits rectangles allongés et tronqués aux sommets; ce sel s'effleurit très-facilement [H. Hübner et W. Majert, *loc. cit.*; — A. Engelbrecht, *Deutsche chem. Gesellsch.*, t. VII, p. 796; *Bull. de la Soc. chim.*, t. XXII, p. 550.

16°. — *Dérivés iodosulfureux.*

ACIDES MONOIODO-CRÉSYLMONOSULFUREUX.

$$C^7H^6ISO^3H = CH^3\text{-}C^6H^3 <^{I}_{(SO^3H)}$$

— On ne connaît que les acides sulfonés dérivés du paraïodotoluène; celui-ci, comme le parabromotoluène et le parachlorotoluène, fournit deux acides paraïodo-crésylsulfureux.

ACIDE PARAÏODO-ORTHOCRÉSYLSULFUREUX. (1.2.4).

$$CH^3\text{-}C^6H^3 <^{(SO^3H)_{(2)}}_{I_{(4)}}$$

— Le paraïodotoluène dissous dans le chloroforme est additionné peu à peu d'une solution chloroformique d'anhydride sulfurique renfermant la quantité théorique d'anhydride. Après avoir chassé le chloroforme par la distillation, on transforme le résidu en sel de baryum, d'après les procédés connus, et l'on soumet celui-ci à des cristallisations fractionnées; on obtient ainsi deux sels de baryum différant par leur solubilité dans l'eau. Le sel le moins soluble renferme l'acide paraïodo-orthocrésylsulfureux; c'est une masse cristalline déliquescente qui, à 200°, ne cède pas encore d'iode à la soude.

Sel de baryum $(C^7H^6ISO^3)^2Ba + H^2O$. — Lamelles minces, peu solubles.

Sel de calcium $(C^7H^6ISO^3)^2Ca + 3H^2O$. — Aiguilles soyeuses, très-solubles.

Sel de cuivre basique

$$C^7H^6ISO^3Cu.OH + 2\tfrac{1}{2}H^2O.$$

— Lamelles très-solubles, d'un bleu clair.

Sel de plomb basique. — Lamelles incolores, assez solubles.

Sel de potassium $C^7H^6ISO^3.K + H^2O$. — Lamelles brillantes, très-solubles.

Sel de sodium $C^7H^6ISO^3.Na + \tfrac{1}{2}H^2O$. — Cristaux très-solubles.

Amide $C^7H^6ISO^2.AzH^2$. — Aiguilles incolores, fusibles à 178°, solubles dans l'eau bouillante et dans l'alcool. Par son contact avec cette amide, l'acide nitrique fumant régénère l'acide paraïodo-orthocrésylsulfureux [H. Glassner, *Deutsche chem. Gesellsch.*, t. VIII, p. 560; *Bull. de la Soc. chim.*, t. XXV, p. 373].

ACIDE PARAÏODO-MÉTACRÉSYLSULFUREUX (1.3.4).

$$CH^3\text{-}C^6H^3 <^{(SO^3H)_{(3)}}_{I_{(4)}}$$

— Le sel de *baryum* de cet acide

$$(C^7H^6ISO^3)^2Ba + 4H^2O$$

se trouve dans les eaux mères du sel barytique de l'acide précédent et s'y dépose en longues aiguilles incolores, très-solubles, par évaporation lente dans l'air sec [H. Glassner, *loc. cit.*].

17°. — *Dérivés nitro-sulfureux.*

ACIDES MONONITRO-CRÉSYLMONOSULFUREUX.

$$C^7H^6(AzO^2)SO^3H = CH^3\text{-}C^6H^3 <^{AzO^2}_{(SO^3H)}$$

— On en connaît cinq :

1°. — ACIDE ORTHONITRO-MÉTACRÉSYLSULFUREUX (1.2.3) ou (1.2.5).

$$CH^3\text{-}C^6H^3 <^{(AzO^2)_{(2)}}_{(SO^3H)_{(3)\text{ ou }(5)}}$$

— Cet acide a seulement été signalé; on l'obtient en décomposant le dérivé diazoïque orthonitré de l'acide paramido-métasulfureux (voyez p. 481) par l'alcool bouillant, sous une pression supérieure à celle de l'atmosphère. Le sel de *baryum*

$$[C^7H^6(AzO^2)SO^3]^2Ba + 2H^2O$$

cristallise en lamelles jaunes, peu solubles dans l'eau, et devenant anhydres à 150° [H. von Pechmann, *Bull. de la Soc. chim.*, t. XXIII, p. 78].

2°. — ACIDE ORTHONITRO-PARACRÉSYLSULFUREUX (1.2.4).

$$CH^3\text{-}C^6H^3 <^{(AzO^2)_{(2)}}_{(SO^3H)_{(4)}}$$

— Il se produit : 1° lorsqu'on dissout l'orthonitrotoluène dans l'acide sulfurique fumant (Beilstein et Kuhlberg); 2° par l'action de l'acide azotique fumant sur l'acide paracrésylsulfureux (Beck, Mlle Wolkow); 3° si l'on introduit le sulfhydrate de paracrésyle dans l'acide nitrique d'une densité de 1,3 (Mærcker); 4° par l'action de l'acide nitrique fumant sur l'acide paracrésylhydrosulfureux ou le sulfocrésylène-éthylène (Otto et Gruber).

La constitution de l'acide orthonitro-paracrésylsulfureux est établie par ce fait, qu'il peut être obtenu en partant soit de l'orthonitrotoluène, soit de l'acide paracrésylsulfureux.

Pour le préparer, on dissout, à l'aide d'une douce chaleur, l'orthonitrotoluène dans l'acide sulfurique fumant et l'on transforme le produit en sel de baryum, d'après les procédés connus.

On peut aussi arroser l'acide paracrésylsulfureux d'acide nitrique et, après la réaction, chasser l'excès d'acide nitrique au bain-marie; le résidu, qui contient une petite quantité d'orthoparadinitrotoluène, est saturé par du carbonate de baryum.

Dans cette préparation, il n'est pas nécessaire d'employer de l'acide paracrésylsulfureux pur, il est plus simple de dissoudre le toluène par portions de 200 grammes dans son volume d'acide sulfurique fumant, puis d'ajouter, goutte à goutte, de l'acide nitrique d'une densité de 1,5 : la réaction est très-vive, et le mélange s'échauffe; de temps en temps on laisse refroidir. L'opération est terminée lorsqu'une nouvelle quantité d'acide nitrique ne dégage plus de chaleur. La masse est versée alors dans six fois son volume d'eau, filtrée au bout de quelques heures, pour séparer l'orthoparadinitrotoluène formé et saturée de carbonate de plomb. On obtient ainsi deux sels plombiques, l'orthonitro-paracrésylsulfite et le paranitro-orthocrésylsulfite; on les sépare par des cristallisations fractionnées, le premier étant beaucoup moins soluble dans l'eau que le second [E. Weckwarth, *Liebig's Ann. der. Chem.*, t. CXXII, p. 191]. Les eaux mères du paranitro-orthocrésylsulfite contiennent une petite quantité d'un troisième isomère (Hayduck).

Le sulfure d'ammonium transforme l'acide orthonitro-paracrésylsulfureux en acide orthamido-paracrésylsulfureux.

Sel de baryum, $[C^7H^6(AzO^2)SO^3]^2Ba + 2H^2O$. — Écailles brillantes ou grains cristallins (tables quadrilatères incolores d'après Mærcker). Le sel est insoluble dans l'alcool; 100 p. d'eau en dissolvent 0^gr^,57 à 19°.

Sel de plomb, $[C^7H^6(AzO^2)SO^3]^2Pb + 2H^2O$. — Fines aiguilles incolores, groupées en faisceaux; 100 p. d'eau en dissolvent 0^gr^,77 à 18°. Le sel de plomb décrit par Mærcker cristalliserait en lamelles volumineuses renfermant $4H^2O$.

Chlorure. — Liquide huileux jaunâtre, miscible à l'alcool et à l'éther, insoluble dans l'eau qui le décompose lentement à l'ébullition.

Amide, $C^7H^6(AzO^2)SO^2.AzH^2$. — Longues aiguilles ou prismes rhombiques à quatre pans, fusibles à 128° (Otto et Gruber), à 144° (Wolkow).

Elle est très-soluble dans l'alcool et dans l'eau bouillante. La potasse la dissout abondamment; l'acide chlorhydrique la précipite de cette solution.

Paratoluide, $C^7H^6(AzO^2)^2SO^2.AzHC^7H^7$. — On l'obtient en traitant le chlorure par la paratoluidine. Cristaux brillants, fusibles à 140°,5, peu solubles dans l'eau, très-solubles dans l'alcool bouillant (Wolkow) [C. Mærcker, *Ann. der Chem. u. Pharm.*, t. CXXXVI, p. 75; *Bull. de la Soc. chim.*, t. VI, p. 57; — R. Otto et O. von Gruber, *Ann. der Chem. u. Pharm.*, t. CXLV, p. 10; *Bull. de la Soc. chim.*, t. X, p. 142; — R. Otto, *ibid.*, t. IX, p. 494; — Beck, *Zeitch. für. Chem.*, 1869, p. 209; — F. Beilstein et A. Kuhlberg, *Ann. der Chem. u. Pharm.*, t. CLV, p. 19; *Bull. de la Soc. chim.*, t. XIII, p. 262; — Mlle Anna Wolkow, *ibid.*, t. XIV, p. 288].

3°. — Acide métanitrocrésylsulfureux (1.3.?),

$$CH^3-C^6H^3<\begin{matrix}(AzO^2)_{(3)}\\(SO^3H)_{(?)}\end{matrix}$$

— On l'obtient en dissolvant le métanitrotoluène dans l'acide sulfurique fumant; le produit de la réaction saturé de carbonate barytique fournit un *sel de baryum*, $[C^7H^6(AzO^2)SO^3]^2Ba+2H^2O$, cristallisant en mamelons qui perdent leur eau dans l'air sec; $1^p,145$ du sel sec se dissolvent dans 100 p. d'eau à 17°,5.

Les eaux mères de ce sel contiennent un sel plus soluble, peut-être un isomère.

Sel de plomb, $[C^7H^6(AzO^2)SO^3]Pb+2\frac{1}{2}H^2O$. — Petits grains cristallins; 100 p. d'eau à 18° en dissolvent $3^p,62$. La solution de ce sel dissout du carbonate de plomb qui se précipite de nouveau lorsqu'on y ajoute de l'alcool [F. Beilstein et A. Kuhlberg, *loc. cit.*, p. 27; *Bull. de la Soc. chim.*, t. XIV, p. 293].

4°. — Acide paranitro-orthocrésylsulfureux (1.2.4),

$$CH^3-C^6H^3<\begin{matrix}(SO^3H)_{(2)}\\(AzO^2)_{(4)}\end{matrix}$$

— On fait digérer, pendant quelques jours, le paranitrotoluène avec 4 fois son poids d'acide sulfurique fumant; ou bien on dirige des vapeurs d'anhydride sulfurique dans une solution de paranitrotoluène dans l'acide sulfurique ordinaire, et l'on chauffe jusqu'à ce que le tout se dissolve dans l'eau. Le produit de la réaction est alors étendu d'eau et saturé de carbonate de baryum.

On peut aussi retirer cet acide des eaux mères de l'orthonitro-paracrésylsulfite de plomb (voy. plus haut).

L'acide libre, $C^7H^6(AzO^2)SO^3H+2\frac{1}{2}H^2O$, forme de beaux prismes ou des tables rhombiques, qui se ramollissent vers 130° pour fondre à 133°,5; il est très-soluble dans l'eau, l'alcool, l'éther et le chloroforme. 100 p. de sa solution aqueuse contiennent $67^p,71$ d'acide à 23° et $71^p,45$ à 28°. L'acide se dissout aussi dans l'acide sulfurique modérément étendu qui le laisse déposer en beaux cristaux anhydres.

Sel d'ammonium. — Longues aiguilles anhydres.

Sel de baryum, $[C^7H^6(AzO^2)SO^3]^2Ba+3H^2O$. — Cristaux brillants, groupés en faisceaux d'un jaune clair ou larges tables quadrilatères. D'après Beilstein et Kuhlberg, ce sel perd totalement son eau sur l'acide sulfurique; d'après Jenssen, il retient dans ces conditions $\frac{1}{2}H^2O$ qui ne se dégage qu'à 190°; 100 p. d'eau dissolvent $3^p,34$ de sel à 18°,5.

Sel de plomb, $[C^7H^6(AzO^2)SO^3]^2Pb+3H^2O$. — Faisceaux cristallins, d'un jaune clair qui perdent lentement $2H^2O$ dans l'air sec; 100 p. d'eau en dissolvent $15^p,25$ à 19°.

Sel de potassium. — Longues aiguilles anhydres.

Chlorure, $C^7H^6(AzO^2)SO^2Cl$. — Il se dépose dans l'éther sous forme de tables rhombiques fusibles à 43-44°,5; il est très-soluble dans l'alcool et l'éther, peu soluble dans le chloroforme.

Amide, $C^7H^6(AzO^2)SO^2AzH^2$. — Elle cristallise dans l'eau en longues aiguilles fragiles, fusibles à 186°, peu solubles dans l'alcool, l'éther et dans l'eau, beaucoup plus solubles dans l'eau ammoniacale [W. Jaworsky, *Zeitsch. f. Chem.*, 1865, p. 222; — F. Beilstein et A. Kuhlberg, *loc. cit.*, p. 9; — F. Jenssen, *Liebig's Ann. der Chem.*, t. CLXXII, p. 230; *Bull. de la Soc. chim.*, t. XXII, p. 208].

5°. — Acide nitro-orthocrésylsulfureux (1.2.?),

$$CH^3-C^6H^3<\begin{matrix}(SO^3H)_{(2)}\\(AzO^2)_{(?)}\end{matrix}$$

— Il se produit lorsqu'on fait bouillir le dérivé diazoïque nitré de l'acide paramido-orthocrésylsulfureux (voy. p. 480) avec de l'alcool absolu, sous une pression supérieure à celle de l'atmosphère. Ce sont des aiguilles groupées en étoiles, très-solubles.

Sel de baryum, $[C^7H^6(AzO)^2SO^3]^2Ba+2\frac{1}{2}H^2O$. — Aiguilles groupées en faisceaux d'un beau rouge [Pagel, *Bull. de la Soc. chim.*, t. XXIV p. 84].

ACIDES DINITRO-CRÉSYLMONOSULFUREUX,

$$C^7H^5(AzO^2)^2SO^3H = CH^3-C^6H^2(AzO^2)^2SO^3H.$$

— Jusqu'ici, on n'est pas parvenu à transformer l'orthoparanitrotoluène en acide sulfoné, même en le traitant par l'anhydride sulfurique.

Lorsque la solution de 1 p. de toluène dans son volume d'acide sulfurique fumant est traitée par 5 p. d'acide nitrique fumant et que le tout est porté à l'ébullition pendant quelque temps, on obtient deux acides dinitrocrésylsulfureux dont l'un dérive de l'acide orthocrésylsulfureux et l'autre, de l'acide paracrésylsulfureux. Ce dernier seul a été décrit.

Pour l'isoler du produit de la réaction, on chasse par distillation la totalité de l'acide nitrique, on étend la masse d'une grande quantité d'eau et on enlève exactement l'excès d'acide sulfurique au moyen du carbonate de plomb. La solution filtrée et additionnée de chlorure de baryum fournit des cristaux de dinitroparacrésylsulfite de baryum, tandis que le sel isomérique reste dans les eaux mères.

L'acide dinitroparacrésylsulfureux se produit seul si l'on traite par l'acide nitrique fumant l'acide paracrésylsulfureux pur ou l'acide orthonitro-paracrésylsulfureux, en ayant soin, dans les deux cas, de faire bouillir à la fin le mélange.

La constitution de cet acide est exprimée par le symbole (1. 2. 4. ?), ou par la formule

$$CH^3-C^6H^2\left[(AzO^2)_{(2)}(SO^3H)_{(4)}(AzO^2)_{(?)}\right]+2H^2O;$$

il cristallise en prismes rhombiques aplatis et striés, d'un jaune pâle, ou en petites lamelles. La lumière le colore en jaune de soufre. Il est un peu déliquescent et très-soluble dans l'eau, l'alcool ou l'éther. Il se ramollit vers 110°, perd son eau de cristallisation à 140° et fond à 165°. Le sulfure d'ammonium le transforme directement en un acide diamidé, du moins, n'est-on pas parvenu à obtenir le corps nitro-amidé. Ses sels sont très-peu solubles et détonent par la chaleur; l'air les brunit.

Sel d'ammonium, $C^7H^5(AzO^2)^2SO^3.AzH^4$. — Prismes rhombiques, incolores, flexibles.

Sel de baryum, $[C^7H^5(AzO^2)^2SO^3]^2Ba+4H^2O$. — Prismes incolores, soyeux, flexibles, devenant anhydres vers 160°. Ce sel offre une saveur très-amère.

Sel de calcium, $[C^7H^5(AzO^2)^2SO^3]^2Ca+2H^2O$ — Lamelles ou aiguilles groupées concentriquement.

Sel de cuivre, $[C^7H^5(AzO^2)^2SO^3]^2Cu + 4H^2O$. — Prismes clinorhombiques, d'un vert bleu pâle.

Sel de plomb, $[C^7H^5(AzO^2)^2SO^3]^2Pb + 2H^2O$. — Aiguilles jaunâtres réunies en mamelons. Quelquefois on obtient ce sel en écailles jaunâtres contenant 3 H^2O; 100 p. d'eau à 14°, 5 en dissolvent 2p,64. Les écailles perdent 2 H^2O dans le vide.

Sel de potassium, $C^7H^5(AzO^2)^2SO^3.K$. — Il cristallise dans l'eau en longs prismes rhombiques, et dans l'alcool en petites lamelles brillantes.

Chlorure, $C^7H^5(AzO^2)^2SO^2.Cl$. — Aiguilles rhombiques fusibles à 125°, solubles dans l'alcool et l'éther.

Amide, $C^7H^5(AzO^2)^2SO^2.AzH^2$. — Elle se dépose dans l'eau en lamelles brillantes ressemblant à l'acide benzoïque, et dans l'alcool en aiguilles; elle est fusible à 203° [F. Beilstein et A. Kuhlberg, *loc. cit.*; — H. Schwanert, *Deutsche chem. Gesellsch.*, t. X, p. 28].

18°. — *Dérivés bromo-nitro-sulfureux.*

ACIDES MONOBROMO-MONONITRO-CRÉSYLMONOSULFUREUX,

$$C^7H^5Br(AzO^2)SO^3H$$
$$= CH^3 \text{-} C^6H^2Br(AzO^2)(SO^3H).$$

— On en a décrit six :

1°. — ACIDE ORTHOBROMO-NITRO-MÉTACRÉSYLSULFUREUX (1. 2. 3. ?) ou (1. 2. 5. ?). — Il résulte de l'action de l'acide nitrique sur l'acide orthobromo-métacrésylsulfureux. Le sel de baryum desséché et finement broyé est introduit, par petites portions, dans de l'acide nitrique fumant et chauffé; après la réaction, on décante le liquide pour séparer le nitrate de baryum et on l'évapore au bain-marie. Le résidu formé d'acide nitré est purifié par dissolution dans l'éther.

Cet acide cristallise en petites aiguilles groupées en étoiles très-déliquescentes et très-solubles dans l'alcool et l'éther; il offre une saveur amère. Ses sels se dissolvent aisément dans l'eau et dans l'alcool; ils se déposent de l'eau en cristaux microscopiques très-nets.

Sel de baryum,

$$[C^7H^5Br(AzO^2)SO^3]^2Ba + 2H^2O.$$

— Petits mamelons ou aiguilles réunies en groupes.

Sel de calcium. — Petits cristaux anhydres.

Sel de plomb, $[C^7H^5Br(AzO^2)SO^3]^2Pb + 2H^2O$. — Il présente la forme de navettes.

Sel de potassium. — Cristaux anhydres, ressemblant à ceux du sel plombique.

Sel de sodium, $C^7H^5Br(AzO^2)SO^3.Na + H^2O$. — Longues aiguilles, groupées en faisceaux, moins solubles que les sels précédents (H. Hübner et F. C. G. Müller).

2°. — ACIDE ORTHOBROMO-MÉTANITRO-PARACRÉSYLSULFUREUX (1. 2. 3. 4) ou (1. 2. 4. 5). — On l'obtient en nitrant l'acide orthobromo-paracrésylsulfureux, ou bien en décomposant par l'acide bromhydrique le dérivé diazoïque de l'acide orthoamido-métanitro-paracrésylsulfureux. Il cristallise en aiguilles microscopiques, très-solubles dans l'eau et dans l'alcool.

Le *sel de baryum*,

$$[C^7H^5Br(AzO^2)SO^3]^2Ba + 3H^2O,$$

constitue des aiguilles soyeuses, réunies en faisceaux, peu solubles dans l'eau froide.

Le *chlorure* forme des aiguilles microscopiques, et l'*amide*, $C^7H^5Br(AzO^2)SO^2.AzH^2$, de longues aiguilles, très-solubles dans l'eau bouillante, peu solubles dans l'alcool chaud; ces deux substances se décomposent avant de fondre (Hayduck).

3°. — ACIDE MÉTABROMO-NITRO-CRÉSYLSULFUREUX (1.3.?.?). — Wroblevsky a préparé cet acide en nitrant un des trois acides sulfonés (la modification β) que fournit, d'après lui, le métabromotoluène; les recherches postérieures de Grete ayant montré qu'il ne se forme qu'un seul acide sulfoné par l'action de l'acide sulfurique sur le métabromotoluène, on ne sait pas si l'acide nitré, décrit par Wroblevsky, constitue une espèce chimique.

Le *sel de baryum*,

$$[C^7H^5Br(AzO^2)SO^3]^2Ba + 7H^2O,$$

est en aiguilles, très-solubles dans l'eau bouillante.

Sel de calcium. — Grands prismes jaunes, très-solubles dans l'eau et dans l'alcool, contenant $4\frac{1}{2}H^2O$.

Sel de plomb. — Beaux prismes renfermant $3H^2O$ (Wroblevsky).

4°. — ACIDE PARABROMO-NITRO-ORTHOCRÉSYLSULFUREUX (1.2.4.?). — On l'obtient en ajoutant peu à peu de l'acide parabromo-orthocrésylsulfureux desséché à de l'acide nitrique fumant préalablement chauffé, puis l'on chasse l'excès d'acide nitrique par évaporation au bain-marie. Le résidu, dissous dans l'éther et abandonné à l'évaporation, fournit de petites écailles déliquescentes d'une saveur amère.

Les sels de cet acide sont très-solubles dans l'eau et dans l'alcool.

Sel d'argent, $C^7H^5Br(AzO^2)SO^3.Ag$. — Petits cristaux écailleux, noircissant à la lumière et se décomposant à 110°.

Sel de baryum,

$$[C^7H^5Br(AzO^2)SO^3]^2Ba + 2H^2O.$$

— Aiguilles réunies en mamelons jaunes, ne perdant pas d'eau dans l'air sec.

Sel de cuivre, $[C^7H^5Br(AzO^2)SO^3]^2Cu + 6H^2O$. — Prismes microscopiques à quatre pans, d'un bleu verdâtre.

Sel de plomb, $[C^7H^5Br(AzO^2)SO^3]^2Pb + 3H^2O$. — Il cristallise dans l'alcool éthéré en petites aiguilles qui commencent à se décomposer vers 130°.

Sel de sodium. — Cristaux indistincts, extrêmement solubles.

Le *sel de strontium* cristallise en petites aiguilles jaunes, inaltérables dans l'air sec renfermant 7 H^2O (H. Hübner et P. Haesselbarth).

5°. — ACIDE PARABROMO-NITRO-MÉTACRÉSYLSULFUREUX (1.3.4.?). — Il se forme lorsqu'on introduit dans l'acide nitrique fumant et chauffé du parabromo-métacrésylsulfite de baryum desséché et finement pulvérisé; la solution, séparée du nitrate de baryum, est évaporée au bain-marie et le résidu est repris par l'alcool éthéré; l'acide nitré se dissout. Il cristallise en très-petites aiguilles, déliquescentes; ses sels sont très-solubles.

Sel de baryum, $[C^7H^5Br(AzO^2)SO^3]^2Ba + H^2O$. — Fines aiguilles jaunes, réunies en groupes ou en cristaux plus gros présentant l'aspect du sel ammoniac. Le sel ne perd pas d'eau dans l'air sec.

Sel de plomb. — Aiguilles minces incolores, ou octaèdres brillants; les aiguilles sont plus solubles dans l'alcool que les octaèdres; ces derniers contiennent $2\frac{1}{2}H^2O$.

Sel de sodium. — Fines aiguilles incolores.

Le *sel de strontium* cristallise en fines aiguilles groupées en éventails, inaltérables à l'air et renfermant 5 H^2O (H. Hübner et P. Haesselbarth).

6°. — ACIDE BROMO-NITRO-ORTHOCRÉSYLSULFUREUX

(1.2.?.?). — Il se forme par l'action de l'acide nitrique fumant sur l'acide bromo-orthocrésylsulfureux.

Sel de baryum,

$$[C^7H^5Br(AzO^2)SO^3]^2Ba + 3\tfrac{1}{2}H^2O.$$

— Aiguilles brillantes, groupées en rosaces, d'un jaune clair, très-solubles dans l'eau et l'alcool.

Sel de calcium. — L'alcool le laisse déposer en prismes jaunes renfermant 5 H^2O.

Sel de sodium. — Grains cristallins, jaunes et ternes, très-solubles (E. Weckwarth).

SECONDE CLASSE DE DÉRIVÉS SUBSTITUÉS DU TOLUÈNE

(Produits de substitution dans la chaîne latérale.)

Ce sont les dérivés benzyliques, tels que l'iodure de benzyle, le dibromure de benzylène, le trichlorure de benzényle, etc.

Ces corps sont déjà décrits dans cet ouvrage aux articles : BENZYLÈNE, t. I, p. 576, et BENZYLIQUE (ALCOOL), t. I, p. 580.

TROISIÈME CLASSE DE DÉRIVÉS SUBSTITUÉS DU TOLUÈNE

(Produits de substitution mixtes, dans le noyau benzique et dans la chaîne latérale.)

1°. — *Toluènes bromés.*

BROMURES DE BROMOBENZYLE,

$$C^7H^6Br^2 = C^6H^4 <^{CH^2Br}_{Br.}$$

— Les trois modifications isomériques indiquées par la théorie sont connues. Ce sont des corps comparables au bromure de benzyle, car ils échangent facilement la moitié de leur brome par voie de double décomposition.

BROMURE D'ORTHOBROMOBENZYLE (1. 2),

$$C^6H^4 <^{(CH^2Br)_{(1)}}_{Br_{(2)}}$$

— Il se produit par l'action du brome sur la vapeur d'orthobromotoluène. Lorsqu'on fait arriver 1 p. de brome en vapeur dans les vapeurs que dégage 1 p. d'orthobromotoluène, maintenu en ébullition, l'élément halogène disparaît assez lentement; le produit de la réaction, purifié par distillation avec la vapeur d'eau, constitue une huile d'odeur aromatique ne se solidifiant pas à — 15°, attaquant violemment les yeux et la muqueuse pituitaire. Ce corps s'altère légèrement par la distillation et dégage de l'acide bromhydrique.

L'alcool correspondant au bromure d'orthobromobenzyle ne fournit par oxydation qu'une trace d'un acide aromatique [C. Loring Jackson et Woodbury Lowry, *Deutsche chem. Gesellsch.*, t. VIII, p. 1672; t. IX, p. 931; *Bull. de la Soc. chim.*, t. XXVI, p. 294; t. XXVII, p. 279.

BROMURE DE MÉTABROMOBENZYLE (1. 3),

$$C^6H^4 <^{(CH^2Br)_{(1)}}_{Br_{(3)}}$$

— On le prépare par le même procédé que le corps précédent, en remplaçant l'orthobromotoluène par le métabromotoluène, qui est attaqué plus facilement par le brome. Le produit de la réaction se prend par le froid en une masse cristalline qu'on dissout dans une petite quantité d'alcool bouillant : la solution fortement refroidie laisse déposer le bromure de métabromobenzyle sous forme de lamelles ou d'aiguilles fusibles à 41° ; ce corps présente une odeur aromatique assez agréable au premier moment, mais il ne tarde pas à attaquer vivement les muqueuses. Il est très-peu soluble dans l'eau, assez soluble dans l'alcool froid et très-soluble dans l'alcool bouillant, l'éther, le sulfure de carbone, l'acide acétique. Il est entraîné avec les vapeurs d'eau, d'alcool et même d'éther. Les oxydants le transforment en acide métabromobenzoïque [C. L. Jackson et W. Lowry, *loc. cit.*; — Jackson, *ibid.*].

BROMURE DE PARABROMOBENZYLE (1. 4),

$$C^6H^4 <^{(CH^2Br)_{(1)}}_{Br_{(4)}}$$

— On le prépare en dirigeant des vapeurs de brome dans la vapeur de parabromotoluène; il est bon de n'opérer que sur 15 grammes de matière à la fois. Le produit se prend par le refroidissement en une masse solide qu'on purifie par cristallisation dans l'alcool bouillant. On peut aussi employer, dans cette préparation, le monobromotoluène brut; dans ce cas, le produit de la réaction laisse déposer, en se refroidissant, une grande partie du dérivé para ; les parties huileuses, étant soumises à la distillation avec la vapeur d'eau, fournissent d'abord du bromure d'orthobromobenzyle, tandis que le bromure de parabromobenzyle, moins volatil, passe en dernier lieu.

Ce corps cristallise en aiguilles ou en prismes rhombiques, fusibles à 61° ; comme ses deux isomères, il possède une odeur aromatique, mais irrite bientôt les muqueuses. L'alcool froid le dissout en petite quantité; l'alcool bouillant, l'éther, le sulfure de carbone, la benzine et l'acide acétique le dissolvent abondamment. Sous l'influence des oxydants, il fournit de l'acide parabromobenzoïque [Jackson et Lowry, *loc. cit.*; Jackson, *ibid.*].

2°. — *Toluènes chlorés.*

Les toluènes chlorés mixtes présentent de nombreux cas d'isoméries, soit entre eux soit avec les toluènes chlorés de la première et de la seconde classe; ce point a déjà été développé à la p. 432.

DÉRIVÉS CHLORÉS DU CHLORURE DE BENZYLE. — Les réactions de ces corps sont celles du chlorure de benzyle : sous l'influence de la potasse des sels d'argent et de potassium, ils échangent avec une grande facilité un atome de chlore contre des restes monatomiques et fournissent des combinaisons benzyliques chlorées. Quelques-uns d'entre eux ne constituent probablement pas des espèces chimiques, mais des mélanges d'isomères de position ; leur étude a été faite à une époque où l'on soupçonnait à peine la formation simultanée de corps isomériques dans une même réaction chimique.

CHLORURE DE MONOCHLOROBENZYLE,

$$C^7H^6Cl^2 = C^6H^4Cl{-}CH^2Cl.$$

— Il se forme par l'action du chlore sur le monochlorotoluène bouillant, ou bien lorsqu'on fait agir à froid le chlore sur le chlorure de benzyle en présence de l'iode. Le produit de l'une ou de l'autre réaction, soumis à la distillation fractionnée, fournit le chlorure de monochlorobenzyle sous forme d'un liquide incolore, d'une odeur irritante, bouillant à 214°; densité à 22° = 1,297. Les oxydants le transforment facilement en acide parachlorobenzoïque. Il est très-probablement formé d'un mélange des chlorures parachlorobenzylique et orthochlorobenzylique; en effet l'acide chlorobenzylsulfureux (p. 404), qu'on peut en dériver, fournit les acides paroxybenzoïque et salicylique lorsqu'on le fond avec de la potasse (Vogt et Henninger). [F. Beilstein, *Bull. de la Soc. chim.*, 1860, p. 223; — A. Naquet, *ibid.*, 1863, p. 74 et 179; — A. Cahours, *Compt. rend.*, t. LVI, p. 703; — E. Neuhof, *Zeitsch. f. Chem.*, 1866, p. 653; *Bull. de la Soc. chim.*, t. VIII, p. 92; — F. Beilstein et P. Geitner, *Ann. der Chem. u. Pharm.*, t. CXXXIX, p. 331].

Chlorure de dichlorobenzyle.

$C^7H^5Cl^3 = C^6H^3Cl^2\text{-}CH^2Cl.$

— On le prépare en traitant le chlorure de benzyle par le chlore en présence de l'iode ou, plus avantageusement, en dirigeant un courant de chlore dans du dichlorotoluène en vapeur. Le chlorure de dichlorobenzyle, purifié par distillation fractionnée, constitue un liquide incolore bouillant à 241° sans se décomposer [F. Beilstein et A. Kuhlberg, *Ann. der Chem. u. Pharm.*, t. CXLVI, p. 317; *Bull. de la Soc. chim.*, t. IX, p. 62].

Chlorure de trichlorobenzyle.

$C^7H^4Cl^4 = C^6H^2Cl^3\text{-}CH^2Cl.$

— Pour l'obtenir, on traite le trichlorotoluène bouillant par le chlore, et l'on soumet le produit à une série de distillations fractionnées. C'est un liquide incolore, bouillant sans décomposition à 273°; densité à 23° = 1,547 [F. Beilstein et A. Kuhlberg, *Ann. der Chem. u. Pharm.*, t. CL, p. 286; *Bull. de la Soc. chim.*, t. X, p. 418].

Chlorure de tétrachlorobenzyle.

$C^7H^3Cl^5 = CH\,Cl^4\text{-}CH^2Cl$

— On le prépare en traitant le tétrachlorotoluène par le chlore à l'ébullition et fractionnant le produit. C'est un liquide bouillant sans décomposition à 296-297°; densité = 1,634 à 25° [Beilstein et Kuhlberg, *loc. cit.*].

Chlorure de pentachlorobenzyle.

$C^7H^2Cl^6 = C\,Cl^5\text{-}CH^2Cl$

— Il se produit lorsqu'on fait agir le chlore sur le pentachlorotoluène chauffé. Il est plus avantageux de le préparer au moyen du chlorure de benzyle; pour cela, on traite ce dernier corps par le chlore en présence de l'iode, jusqu'à ce qu'il n'augmente plus de poids; le produit est distillé, à plusieurs reprises, lavé à la potasse pour enlever l'iode mis en liberté pendant la distillation. Après dessiccation, il est additionné de $\frac{1}{10}$ de son poids de chlorure d'antimoine saturé de chlore, à l'aide de la chaleur, lavé à l'acide chlorhydrique pour enlever le chlorure d'antimoine, distillé et, enfin, purifié par cristallisation dans un mélange bouillant d'alcool et de benzine.

Le chlorure de pentachlorobenzyle cristallise en fines aiguilles blanches, fusibles à 103° et bouillant à 325-327° sans s'altérer. Il est insoluble dans l'alcool froid, peu soluble dans l'alcool bouillant et dans l'éther, soluble dans la benzine [Beilstein et Kuhlberg, *loc. cit.* et *Bull. de la Soc. chim.*, t. XI, p. 163].

Dérivés chlorés du chlorure de benzylène. — Leurs réactions sont celles du chlorure de benzylène (t. I, p. 576). Ils ont été étudiés principalement par Beilstein et Kuhlberg [voy. les *Mém. cités* précédemment, et *Bull. de la Soc. chim.*, t. XII, p. 146].

Chlorure de monochlorobenzylène.

$C^7H^5Cl^3 = C^6H^4Cl\text{-}CH\,Cl^2$

— On le prépare en traitant le chlorure de benzylène par le chlore en présence de l'iode, ou, plus facilement, en faisant agir le chlore sur le monochlorotoluène bouillant. Il se présente sous forme d'un liquide incolore bouillant à 234° sans s'altérer. L'eau le transforme à 170° en aldéhyde monochlorobenzoïque $C^6H^4Cl\text{-}CHO$.

Henry a obtenu le *chlorure d'orthochlorobenzylène* en traitant l'aldéhyde salicylique par le perchlorure de phosphore.

$$C^6H^4(OH)_{(2)}\text{-}CHO + 2PCl^5$$
$$= C^6H^4Cl_{(2)}\text{-}CH\,Cl^2 + 2\,POCl^3 + HCl$$

C'est un liquide fortement réfringeant, d'une odeur d'essence de térébenthine, bouillant à 227-228° et possédant à 9° une densité de 1,413. L'eau le transforme, lentement à froid, rapidement à chaud, en aldéhyde orthochlorobenzoïque. Le brome, en agissant sur sa solution éthérée, fournit un dérivé monobromé de la formule

$$C^6H^3Br\,Cl\text{-}CH\,Cl^2$$

[L. Henry, *Deutsche chem. Gesellsch.*, t. II, p. 135; *Bull. de la Soc. chim.*, t. XII, p. 403].

Chlorure de dichlorobenzylène.

$C^7H^4Cl^4 = C^6H^3Cl^2\text{-}CH\,Cl^2$

— Il résulte de l'action du chlore sur le dichlorotoluène bouillant. C'est un liquide incolore, bouillant sans décomposition à 257°, d'une densité de 1,518 à 22°. L'eau le décompose au-dessus de 100° et donne l'aldéhyde dichlorobenzoïque.

Chlorure de trichlorobenzylène.

$C^7H^3Cl^5 = C^6H^2Cl^3\text{-}CH\,Cl^2$

— On l'obtient en traitant par le chlore le trichlorotoluène bouillant. Il est sous forme d'un liquide incolore, bouillant sans décomposition à 280-281° et se solidifiant au-dessous de 0°; densité à 22° = 1,607.

Chlorure de tétrachlorobenzylène.

$C^7H^2Cl^6 = C^6H\,Cl^4\text{-}CH\,Cl^2$

— Le tétrachlorotoluène bouillant, traité à refus par le chlore, ne fournit pas uniquement le chlorure de tétrachlorobenzényle (p. 463); on obtient toujours en même temps du chlorure de tétrachlorobenzylène qu'on parvient à en séparer, quoique difficilement, par un grand nombre de distillations fractionnées. Indépendamment de ces deux corps, il se produit dans la réaction une certaine quantité de benzine pentachlorée, par suite de la séparation complète de la chaîne latérale [Beilstein et Kuhlberg, *loc. cit.* et *Zeitschr. f. Chem.*, 1869, p. 520; *Bull. de la Soc. chim.*, t. XIII, p. 266].

Le chlorure de tétrachlorobenzylène constitue un liquide incolore bouillant à 305-306° sans s'altérer; densité à 25° = 1,704. L'eau le transforme à 250° en aldéhyde tétrachlorobenzoïque.

Chlorure de pentachlorobenzylène.

$C^7H\,Cl^7 = C^6Cl^5\text{-}CH\,Cl^2$

Le chlorure de benzylène saturé de chlore en présence de l'iode est distillé à plusieurs reprises, lavé à la soude et séché; on ajoute ensuite au produit trois à quatre fois son poids de perchlorure d'antimoine, on fait passer du chlore dans le mélange chauffé et l'on distille au bout de quelques heures : il passe d'abord du chlorure d'antimoine, ensuite une masse solide qu'on lave à l'acide chlorhydrique, puis à l'eau et qu'on épuise par l'alcool bouillant à 80 centièmes, tant que celui-ci dissout encore des quantités appréciables de matière. La partie insoluble est de la benzine hexachlorée, tandis que l'alcool a dissous le chlorure de pentachlorobenzylène mélangé d'une faible quantité de chlorure de tétrachlorobenzényle. L'alcool est chassé au bain-marie et le résidu est soumis à la distillation; les portions passant entre 332 et 335° sont traitées par l'eau sous pression, à une température de 300°, et soumises, ensuite, à plusieurs cristallisations dans l'alcool, pour éliminer complétement le chlorure de tétrachlorobenzényle.

Le chlorure de pentachlorobenzylène cristallise en lamelles allongées, d'un blanc éclatant, fusibles à 109° et bouillant à 334° sans décomposition. Il est peu soluble dans l'alcool froid, plus soluble dans l'alcool bouillant. Il est très-stable : l'eau à 300° ne l'attaque pas

DÉRIVÉS CHLORÉS DU CHLORURE DE BENZÉNYLE. — Ces corps présentent les réactions du chlorure de benzényle ou chloroforme benzylique (t. I, p. 577). Comme celui-ci, ils offrent la propriété remarquable de résister à chaud à l'action du chlore ; ce n'est qu'avec le concours de l'iode que cet agent parvient à les modifier par substitution. Leur étude est due principalement à Beilstein et Kuhlberg [*Mém. cités*].

CHLORURE DE MONOCHLOROBENZÉNYLE.

$$C^7H^4Cl^4 = C^6H^4Cl\text{-}CCl^3$$

— Lorsqu'on traite vers 180° le chlorure de benzoyle par le perchlorure de phosphore, il se produit, indépendamment du chlorure de benzényle, une petite quantité de chlorure de monochlorobenzényle et même de chlorure de dichlorobenzényle

$$C^6H^5\text{-}COCl + 2PCl^5$$
$$= C^6H^4Cl\text{-}CCl^3 + POCl^3 + PCl^3 + HCl$$

[H. Limpricht, *Ann. der Chem. u. Pharm.*, t. CXXXIV, p. 55 et t. CXXXIX, p. 303 ; *Bull. de la Soc. chim.*, t. V, p. 51 et t. VI, p. 467].

On l'obtient d'une manière beaucoup plus simple en dirigeant un courant de chlore dans du chlorure de benzényle additionné d'iode, et fractionnant le produit.

Le chlorure de chlorobenzényle est un liquide incolore, bouillant à 245° (non corrig., Beilstein et Kuhlberg), à 255° (corrig.) et possédant une densité de 1,495 à 14° (Limpricht). L'eau le transforme complétement à 190° en acide parachlorobenzoïque ; il constitue donc le chlorure de *parachlorobenzényle*.

On connaît aussi les chlorures d'*orthochlorobenzényle* et de *métachlorobenzényle*. Le premier

$$C^6H^4Cl_{(2)}\text{-}CCl^3$$

se forme, entre autres produits, lorsqu'on chauffe l'acide salicylique avec le perchlorure de phosphore (voy. t. II, p. 1399) ; il constitue une masse cristalline, fusible à 30° et bouillant à 260°, dont la densité à l'état liquide est de 1,51. L'eau le convertit à 150° en acide orthochlorobenzoïque [H. Kolbe et E. Lautemann, *Rép. de Chim. pure*, 1860, p. 471].

Le second chlorure,

$$C^6H^4Cl_{(3)}\text{-}CCl^3,$$

a été obtenu en chauffant le chlorure de l'acide métasulfobenzoïque avec du perchlorure de phosphore,

$$C^6H^4(SO^2Cl)_{(3)}\text{-}COCl + 2PCl^5$$
$$= C^6H^4Cl_{(3)}\text{-}CCl^3 + SOCl^2 + 2POCl^3.$$

C'est un liquide incolore, bouillant à 235°, qui ne se solidifie pas à — 40° ; l'eau le transforme à 150° en acide métachlorobenzoïque [H. Kæmmerer et L. Carius, *Ann. der Chem. u. Pharm.*, t. CXXXI, p. 153].

CHLORURE DE DICHLOROBENZÉNYLE.

$$C^7H^3Cl^5 = C^6H^3Cl^2\text{-}CCl^3.$$

— Le dichlorotoluène bouillant est traité par le chlore jusqu'à ce qu'il n'augmente plus de poids, et le produit est soumis à la distillation. On obtient ainsi un liquide bouillant à 273° sans se décomposer d'une manière appréciable ; densité à 21° = 1,587 (Beilstein et Kuhlberg).

Les parties qui distillent à une température un peu supérieure, vers 280°, possèdent aussi une composition correspondant à la formule $C^7H^3Cl^5$, et semblent constituer un chlorure de dichlorobenzényle isomérique (Aronheim et Dietrich).

L'eau, l'ammoniaque aqueuse ou l'alcool l'attaquent vers 200° et fournissent l'acide, l'amide ou l'éther dichlorobenzoïque. Un mélange d'acide sulfurique et d'acide nitrique très-concentré le change en un acide chloronitrobenzoïque qui n'a pas été étudié.

CHLORURE DE TRICHLOROBENZÉNYLE,

$$C^7H^2Cl^6 = C^6H^2Cl^3\text{-}CCl^3.$$

— On fait passer du chlore à refus dans du trichlorotoluène bouillant et l'on fractionne le produit ; les portions passant entre 294° et 302° se solidifient bientôt ; elles sont comprimées et purifiées par cristallisation dans l'alcool. Dans cette préparation, on obtient une petite quantité de tétrachlorobenzine, qui doit sa formation à la destruction de la chaîne latérale.

Le chlorure de trichlorobenzényle présente l'aspect de longues aiguilles soyeuses d'un blanc éclatant, fusibles à 82° et bouillant à 307-308° sans décomposition. Il est assez soluble dans l'alcool. L'eau le transforme nettement à 250° en acide trichlorobenzoïque.

CHLORURE DE TÉTRACHLOROBENZÉNYLE,

$$C^7HCl^7 = C^6HCl^4\text{-}CCl^3.$$

— Il se produit lorsqu'on épuise l'action du chlore sur le tétrachlorotoluène bouillant, réaction qui fournit en même temps le chlorure de tétrachlorobenzylène décrit plus haut et une petite quantité de pentachlorobenzine. La partie du produit qui passe de 310° à 320° se prend, au bout de quelque temps, en une bouillie cristalline ; celle-ci, comprimée et soumise à plusieurs cristallisations dans l'alcool bouillant, fournit le chlorure de tétrachlorobenzényle sous forme de fines aiguilles ou de lamelles d'un blanc éclatant, fusibles à 104° et bouillant à 316° sans s'altérer. Chauffé avec de l'eau à 270°, il donne l'acide tétrachlorobenzoïque. Le brome ne l'altère pas, même au-dessus de 200° ; le perchlorure d'antimoine ne l'attaque qu'en vase clos et à 280° et fournit de la benzine hexachlorée.

CHLORURE DE PENTACHLOROBENZÉNYLE, C^7Cl^8. — Le toluène perchloré n'est pas connu ; les chlorures de pentachlorobenzylène ou de tétrachlorobenzényle ne sont attaqués ni par le chlore, ni par le pentachlorure d'antimoine, à une température modérée et lorsqu'on les chauffe à 280° avec ce dernier réactif, on obtient de la benzine hexachlorée et probablement du tétrachlorure de carbone.

3°. — *Toluènes bromo-nitrés.*

DÉRIVÉS MONONITRÉS DU BROMURE DE BENZYLE,

$$C^7H^6(AzO^2)Br = C^6H^4(AzO^2)\text{-}CH^2Br,$$

— On les obtient en traitant le méta- ou le paranitrotoluène par le brome à une température élevée ; l'orthonitrotoluène ne fournit, dans ces conditions, qu'un produit de substitution de la première classe (voyez p. 445) [C. Wachendorff, *Deutsche chem. Gesellsch.*, t. VIII, p. 1101 ; t. IX, p. 1345].

BROMURE DE MÉTANITROBENZYLE (1.3),

$$C^6H^4(AzO^2)_{(3)}\text{-}CH^2Br$$

— Le métanitrotoluène, chauffé en vase clos vers 130° avec la quantité calculée de brome, fournit après purification, le bromure de métanitrobenzyle en fines aiguilles ou en lamelles fusibles à

57-58°. Ce corps échange facilement son brome par voie de double décomposition.

BROMURE DE PARANITROBENZYLE (1.4),

$$C^6H^4(AzO^2)_{(4)}\text{-}CH^2Br.$$

— On l'obtient, à 125-130°, par l'action du brome sur le paranitrotoluène; il cristallise en aiguilles soyeuses, feutrées ou en tables minces, très-solubles dans l'alcool, l'éther et l'acide acétique. Il exerce sur la peau une action corrosive et attaque fortement les muqueuses. Il réagit facilement sur les sels d'argent ou de sodium.

DÉRIVÉS MONONITRÉS DU BROMURE DE BENZYLÈNE, $C^7H^5(AzO^2)Br^2 = C^6H^4(AzO^2)\text{-}CHBr^2$. — On connaît les dérivés de la méta- et de la para-série [C. Wachendorff, *loc. cit.*].

BROMURE DE MÉTANITROBENZYLÈNE (1.3),

$$C^7H^4(AzO^2)_{(3)}\text{-}CHBr^2$$

— Le métanitrotoluène est chauffé, vers 130°, en vase clos, avec du brome, dans le rapport de 1 molécule du premier pour 4 molécules du second; on obtient ainsi des aiguilles microscopiques, de bromure de métanitrobenzylène, fusibles à 101-102°.

BROMURE DE PARANITROBENZYLÈNE (1.4),

$$C^6H^4(AzO^2)_{(4)}\text{-}CHBr^2.$$

— Le paranitrotoluène (1 mol.) et du brome (2 mol.) sont chauffés à 130° et le produit est purifié par cristallisation dans l'alcool. Le bromure de paranitrobenzylène forme de fines aiguilles réunies en faisceaux ou des lamelles rectangulaires, fusibles à 82-82°,5 et très-solubles dans l'alcool et l'éther.

On n'est pas arrivé jusqu'ici à préparer à l'état de pureté des dérivés nitrés du bromure de benzényle.

4°. — *Toluènes chloronitrés.*

CHLORURE DE PARANITROBENZYLE (1.4),

$$C^7H^6(AzO^2)Cl = C^6H^4(AzO^2)_{(4)}\text{-}CH^2Cl.$$

— Il a déjà été décrit dans cet ouvrage, t. I, p. 581. On peut le préparer en nitrant le chlorure de benzyle ou bien en traitant à 190° le paranitrotoluène par le chlore. Les chlorures de métanitro- et d'orthonitrobenzyle ne sont pas encore connus; on n'a pu les obtenir par l'action du chlore sur le méta- ou l'orthonitrotoluène (Wachendorff).

CHLORURE DE NITROBENZYLÈNE. $C^7H^5(AzO^2)Cl^2$. — On l'obtient sous forme d'une huile lourde, en introduisant, goutte à goutte, le chlorure de benzylène dans l'acide nitrique fumant et précipitant la solution par l'eau. Il est inconnu à l'état de pureté; les oxydants le transforment en acide métanitrobenzoïque [F. Beilstein et A. Kuhlberg, *Ann. der Chem. u. Pharm.*, t. CXLVI, p. 317; *Bull. de la Soc. chim.*, t. IX, p. 62].

CHLORURE DE NITROBENZÉNYLE. — Il n'est pas connu; lorsqu'on introduit le chlorure de benzényle, $C^6H^5\text{-}CCl^3$, dans l'acide nitrique et qu'on ajoute de l'eau, on obtient directement de l'acide métanitrobenzoïque (Beilstein et Kuhlberg).

5°. — *Toluènes chloro-amidés.*

On ne connaît que deux composés appartenant à ce groupe, la diparachlorobenzylamine

$$(C^6H^4Cl_{(4)}\text{-}CH^2)^2AzH$$

et la triparachlorobenzylamine

$$(C^6H^4Cl_{(4)}\text{-}CH^2)^3Az.$$

Ces substances seront décrites à l'article BENZYLAMINES du Supplément.

6°. — *Toluènes chloro-sulfureux.*

ACIDE CHLOROBENZYLSULFUREUX,

$$C^7H^6ClSO^3H = C^6H^4Cl\text{-}CH^2SO^3H.$$

— Le chlorure de chlorobenzyle, chauffé dans un réfrigérant à reflux, avec une solution concentrée de sulfite de potassium, disparaît au bout de quelques heures d'ébullition; la solution filtrée est évaporée à sec et le résidu est repris par l'alcool bouillant qui dissout le chlorobenzylsulfite de potassium et le laisse déposer par le refroidissement. Ce sel, $C^7H^6ClSO^3.K + H^2O$, cristallise dans l'eau en grandes aiguilles aplaties, groupées concentriquement, et dans l'alcool en lames nacrées. Il est assez soluble dans l'eau et perd son eau de cristallisation vers 160°. Fondu avec la potasse, il fournit un mélange d'acide salicylique et d'acide paroxybenzoïque en proportions sensiblement égales. Il est donc très-probable que ce sel constitue un mélange de deux modifications isomériques appartenant aux séries ortho et para.

Sel de baryum, $(C^7H^6ClSO^3)^2Ba + H^2O$. — Aiguilles groupées en faisceaux, peu solubles.

Sel de plomb neutre. — Cristaux incolores.

Sel de plomb basique,

$$C^7H^6ClSO^3.PbOH + H^2O.$$

—Petites écailles brillantes, peu solubles [O. Bœhler, *Ann. der Chem. u. Pharm.*, t. CLIV, p. 50; *Bull. de la Soc. chim.*, t. XIV, p. 60; — G. Vogt et A. Henninger, *ibid.*, t. XIII, p. 196, et t. XVII, p. 548].

DICHLORODIBENZYLSULFONE,

$$C^{14}H^{12}Cl^2SO^2 = (C^6H^4Cl\text{-}CH^2)^2SO^2.$$

— Dans la préparation du chlorobenzylsulfite de potassium, il se forme une substance insoluble dans l'eau, qui surnage la solution et qui se solidifie par le refroidissement. Lavé à l'éther froid et purifié par cristallisation dans l'alcool bouillant, ce corps constitue la dichlorodibenzylsulfone, qui se présente en petites aiguilles blanches, fusibles à 167°.

Les eaux mères de ce corps semblent renfermer deux autres substances présentant la même composition que la dichlorodibenzylsulfone, l'une fusible à 149°, l'autre à 185° [G. Vogt et A. Henninger, *loc. cit.*].

5°. — *Toluènes nitrosulfureux.*

ACIDE NITROBENZYLSULFUREUX,

$$C^7H^6(AzO^2)SO^3H = C^6H^4(AzO^2)\text{-}CH^2SO^3H.$$

— On l'obtient en traitant le benzylsulfite de potassium par l'acide nitrique fumant.

Sel de baryum $[C^7H^6(AzO^2)SO^3]^2Ba + 2H^2O$, Fines aiguilles brillantes.

Sel de plomb neutre,

$$[C^7H^6(AzO^2)SO^3]^2Pb + 3H^2O.$$

— Belles aiguilles brillantes.

Sel de plomb basique,

$$C^7H^6(AzO^2)SO^3.Pb.OH + H^2O.$$

— Aiguilles incolores, moins solubles que le sel neutre [O. Bœhler, *loc. cit.*]. A. H.

TOLUÈNE (HYDRURE DE). — Voyez TOLUÈNE, p. 430.

TOLUÉNYLE. — Ce mot a été employé indifféremment pour désigner les radicaux $CH^3\text{-}C^6H^4$ et $CH^3\text{-}C^6H^4\text{-}CH^2$; il est impropre, le premier de ces radicaux ayant reçu le nom de crésyle et le second celui de tolyle.

TOLUGLYCIQUE (ACIDE). — Voyez TOLURIQUE (ACIDE).

TOLUIDES. — Alcalamides dérivées des toluidines. — Voyez TOLUIDINES et les différents ACIDES.

TOLUIDINES (Syn. *Crésylamines, Amidotoluènes*). — Les trois nitrotoluènes fournissent, par réduction, trois amidotoluènes ou toluidines :

$$C^7H^9Az = C^7H^7.AzH^2 = CH^3\text{-}C^6H^4.AzH^2,$$

tous trois isomériques avec la benzylamine, quatrième amidotoluène,

$$C^7H^7.AzH^2 = C^6H^5-CH^2.AzH^2$$

correspondant à un nitrotoluène encore inconnu. Les toluidines appartiennent à la série des monamines primaires aromatiques dont l'aniline est le premier terme ; la benzylamine, au contraire, se rapproche des monamines primaires de la série grasse.

Les toluidines sont encore isomériques avec la lutidine, amine tertiaire appartenant à la série pyridique.

Les toluidines étant des amidotoluènes, leur isomérie est due, comme celles de tous les dérivés monosubstitués du toluène (voy. t. III, p. 432), aux positions différentes occupées dans le noyau benzique par le groupe AzH^2, relativement au groupe CH^3. Nous les distinguerons donc par les préfixes *ortho*, *méta* et *para*. La *paratoluidine* est la plus anciennement connue ; après sa découverte, en 1845, par Muspratt et Hofmann, elle fut considérée pendant longtemps comme le seul produit de réduction du mononitrotoluène brut, et les difficultés que plusieurs chimistes avaient rencontrées pour obtenir la paratoluidine à l'état solide furent attribuées à la présence d'une petite quantité d'aniline. En 1865, Graefinghoff en réduisant le nitrotoluène avait obtenu une base liquide, bouillant à 198°, possédant la composition de la toluidine, et ce chimiste émit l'opinion que ce corps existe sous deux modifications isomériques, l'une liquide et l'autre solide. Il étudia les combinaisons que ces deux modifications forment avec le chlorure de zinc, mais il ne put observer de différences entre elles. En 1868, Rosenstiehl isola à l'état de pureté la base isomérique liquide ou *orthotoluidine* et la distingua nettement de la paratoluidine. La troisième modification, la *métatoluidine* enfin, a été découverte en 1870 par Beilstein et Kuhlberg.

Nous décrirons successivement les trois toluidines isomériques ; un quatrième chapitre sera consacré à l'étude d'un certain nombre de dérivés mono-amidés du toluène, dont la constitution n'est pas encore nettement établie.

En tant que monamines aromatiques primaires, les toluidines présentent les réactions générales de l'aniline qui ont déjà été décrites aux articles Amines, Diazoïques (Combinaisons) et Phénylamines ; nous n'y reviendrons plus en parlant de chacune des toluidines.

I. — ORTHOTOLUIDINE.

(Syn. *Pseudotoluidine, Orthamidotoluène, Orthocrésylamine*) (1.2).

$$C^7H^7.AzH^2 = C^6H^4 \begin{cases} CH^3 \\ (AzH^2)_{(2)} \end{cases}$$

— L'orthotoluidine a été découverte en 1868 par Rosenstiehl dans la toluidine liquide, dite de Coupier, que l'on préparait par la réduction du mononitrotoluène brut. Rosenstiehl parvint à dédoubler cette toluidine en deux bases isomériques dont l'une, la toluidine solide, était connue depuis longtemps ; l'autre, à l'état liquide, fut distinguée par Rosenstiehl sous le nom de pseudotoluidine. On la nomme aujourd'hui orthotoluidine, tandis que la base solide est appelée paratoluidine, désignations qui indiquent les rapports de ces deux bases avec les trois séries de composés aromatiques isomères.

L'orthotoluidine se forme :

1° par la réduction de l'orthonitrotoluène ;

2° par la distillation de l'acide orthamido-paratoluique avec de la chaux sodée (Beilstein et Kuhlberg) ;

$$CH^3-C^6H^3 \begin{cases} (AzH^2)_{(2)} \\ (CO^2H)_{(4)} \end{cases} = CO^2 + CH^3-C^6H^4(AzH^2)_{(}$$

Acide orthamido-paratoluique. — Ortholuidine.

3° Lorsqu'on réduit au moyen de l'étain et de l'acide chlorhydrique, l'orthonitro-parabromotoluène et qu'on traite la base bromée ainsi obtenue, par l'amalgame de sodium et l'eau (Hübner et Wallach ; Kœrner ; Rosenstiehl et Nikiforoff) ;

$$CH^3-C^6H^3 \begin{cases} (AzO^2)_{(2)} \\ Br_{(4)} \end{cases} + 3H^2$$

Parabromo-orthonitrotoluène.

$$= 2H^2O + CH^3-C^6H^3 \begin{cases} (AzH^2)_{(2)} \\ Br_{(4)} \end{cases}$$

Parabromo-orthotoluidine.

$$CH^3-C^6H^3 \begin{cases} (AzH^2)_{(2)} \\ Br_{(4)} \end{cases} + Na^2 + H^2O$$

$$= NaBr + NaOH + CH^3-C^6H^4(AzH^2)_{(2)}$$

Orthotoluidine.

4° Lorsqu'on chauffe à 180-200°, l'acide orthamidobenzoïque ou même l'acide paramidobenzoïque avec 2 p. d'acide iodhydrique saturé (Rosenstiehl). Ce procédé n'en fournit que de petites quantités, d'ailleurs la formation de l'orthotoluidine par la réduction de l'acide paramidobenzoïque est difficile à comprendre ; cet acide devrait fournir la paratoluidine ;

5° Par la décomposition brusque des acides orthamido- ou paramidobenzoïque à l'aide de la chaleur ; dans ce cas l'orthotoluidine est mélangée d'une forte proportion d'aniline (Rosenstiehl) ;

6° L'aniline préparée avec l'indigo contient une faible proportion d'orthotoluidine (Rosenstiehl).

[A. Rosenstiehl, Mém. d'ensemble. *Ann. de Phys. et de Chim.*, (4) t. XXVI, p. 180 ; *Bull. de la Soc. chim.*, t. X, p. 192 ; t. XI, p. 385 ; t. XIII, p. 69, et 122, t. XVII, p. 4 ; — F. Beilstein et A. Kuhlberg, *Ann. der Chem. u. Pharm.* t. CLVI, p. 75 ; *Bull. de la Soc. chim.*, t. XII, p. 388 ; t. XIII, p. 262 ; — H. Hübner et O. Wallach, *Ann. der Chem. u. Pharm.*, t. CLIV, p. 300 ; *Bull. de la Soc. chim.*, t. XII, p. 310 ; t. XIII, p. 169 ; — W. Koerner, *ibid.*, t. XII, p. 387 ; t. XIII, p. 170 ; — A. Rosenstiehl et Nikiforoff, *ibid.*, t. XIII, p. 172].

Constitution. — Dès 1869, on a étudié la constitution de l'orthotoluidine, mais les différents observateurs qui se sont occupés de cette question sont arrivés à des résultats contradictoires : Beilstein et Kuhlberg ont rangé cette base dans la série ortho ; Kœrner dans la série méta et Rosenstiehl, à la fois, dans les séries ortho et para. Depuis, on a transformé l'orthotoluidine, d'une part, en acide orthotoluique (Weith, Kekulé) et, d'autre part, en orthobromotoluène, orthochlorotoluène ou orthoïodotoluène ; ces réactions permettent de conclure que l'orthotoluidine appartient à la série ortho.

Préparation. — Comme nous l'avons vu à l'article Toluène, la préparation de l'orthonitrotoluène est une opération difficile ; on ne peut donc prendre ce corps comme point de départ dans la préparation de l'orthotoluidine. Pour obtenir cette base, on réduit le mélange des deux nitrotoluènes et l'on sépare les toluidines en suivant un des procédés décrits plus loin. Aujourd'hui la préparation et la réduction des nitrotoluènes s'exécutent sur une grande échelle et, comme l'on peut obtenir, à volonté, un nitrotoluène plus ou moins riche en orthonitrotoluène, le produit de réduction contient également une plus ou moins grande proportion d'orthotoluidine. D'ailleurs, plusieurs procédés industriels permettent de séparer presque complètement les deux toluidines et de livrer au commerce une paratoluidine dans un état de pureté suffisant et une toluidine liquide très-riche en orthotoluidine [voy. TOLUIDINES (INDUSTRIE)]. Cependant la toluidine liquide du commerce est ordinairement un produit moins pur que l'on a simplement débarrassé par le froid d'une partie de la paratoluidine, mais qui en retient encore 30 à 35 %. Voici par quels procédés on peut en extraire l'orthotoluidine pure.

1° Lorsqu'on projette peu à peu 585 grammes d'acide oxalique cristallisé dans 1 kilogramme de toluidine liquide, chauffée au bain-marie, on obtient une masse sèche et pulvérulente, renfermant du bioxalate de paratoluidine, une petite proportion d'oxalate neutre d'orthotoluidine et de l'orthotoluidine libre. Cette masse, traitée par l'éther, dans un appareil d'épuisement, cède à ce dissolvant l'orthotoluidine et son oxalate, mais ce dernier sel étant très-peu soluble dans l'éther, il faut plusieurs semaines pour obtenir une séparation complète. Le liquide éthéré est soumis à la distillation, le résidu est saturé complétement d'acide oxalique et l'oxalate est épuisé de nouveau par l'éther. On obtient, en dernier résultat, un produit insoluble dans l'éther, l'oxalate acide de paratoluidine, et un produit soluble, l'oxalate neutre d'orthotoluidine dont on peut retirer la base en le traitant par la soude. On a effectué ainsi une séparation très-nette des deux toluidines (Rosenstiehl).

2° Une autre méthode est fondée sur la cristallisation successive des chlorhydrates à l'état de sursaturation; elle présente un intérêt plutôt théorique que véritablement pratique. La toluidine liquide placée dans un ballon est additionnée peu à peu d'acide chlorhydrique au maximum de concentration jusqu'au moment où les vapeurs blanches qui apparaissent en abondance au commencement de l'expérience aient cessé de se produire. Ce moment atteint, on lave le col du ballon avec une petite quantité d'eau bouillante pour dissoudre les cristaux qui auraient pu s'y déposer, on le ferme au moyen d'un tampon humide et on l'abandonne au refroidissement lent. La solution étant dans un état de sursaturation, on peut y provoquer la cristallisation de l'un ou de l'autre des sels; dans le cas qui nous occupe, le chlorhydrate d'orthotoluidine dominant dans le produit, il est préférable de commencer par ce sel, dont on introduit un petit cristal parfaitement pur. Au bout de quelques heures, la cristallisation étant achevée, on décante les eaux mères et on fait égoutter les cristaux. La concentration des eaux mères par l'évaporation est une opération pénible; il vaut mieux les décomposer par la soude et traiter par l'acide chlorhydrique l'alcaloïde régénéré; dans la solution sursaturée on introduit cette fois un cristal de chlorhydrate de paratoluidine (Rosenstiehl).

3° La méthode suivante est très-avantageuse; elle fournit de l'orthotoluidine pure, mais ne permet pas d'effectuer une séparation complète des deux bases. Cette méthode est fondée sur la différence de solubilité des oxalates acides, le sel de paratoluidine étant beaucoup moins soluble dans l'eau et surtout dans les solutions de bioxalate d'orthotoluidine. La toluidine est traitée par un excès d'acide oxalique et le produit de la réaction est dissous dans une grande quantité d'eau bouillante : il se dépose, par le refroidissement, un mélange des deux oxalates acides, tandis que l'eau mère tient en dissolution de l'oxalate acide d'orthotoluidine à peu près pur (Rosenstiehl). Ce procédé a été modifié par Bindschedler de manière à le rendre industriel; il se trouve décrit à l'article TOLUIDINES (INDUSTRIE).

4° La quatrième méthode est fondée sur la saturation fractionnée au moyen de l'acide oxalique ou de l'acide sulfurique. La paratoluidine déplace son isomère de ses combinaisons; si donc on ajoute à un mélange des deux toluidines une quantité insuffisante d'acide oxalique par exemple, celui-ci se combine de préférence avec la paratoluidine de manière à former du bioxalate malgré l'excès de base. En présence de l'éther, le bioxalate se précipite et la séparation est complète, vu l'insolubilité presque totale du sel; si l'on opère sur des solutions aqueuses, le phénomène principal reste le même, mais les oxalates des deux toluidines étant solubles, il s'établit un partage entre l'acide et les bases, et une certaine proportion de paratoluidine n'entre pas en combinaison. Aussi, lorsqu'on soumet la liqueur à l'ébullition, laisse-t-elle dégager, avec les vapeurs aqueuses, un mélange d'ortholuidine et de paratoluidine, et il faut répéter, à plusieurs reprises, la saturation incomplète par l'acide pour obtenir de l'orthotoluidine pure.

Voici comment il convient d'opérer. Un mélange de 7gr,5 de toluidine liquide, de 2gr,5 d'acide sulfurique et 20 p. d'eau est soumis à la distillation; l'eau qui passe avec les bases libres est décantée de temps en temps et versée dans l'appareil distillatoire. Le mélange de bases est devenu beaucoup plus riche en orthotoluidine, mais il faut le soumettre encore plusieurs fois à un traitement semblable par l'acide sulfurique pour obtenir une orthotoluidine sensiblement pure. Le résidu contenu dans les appareils distillatoires décomposé par la soude donne un alcali riche en paratoluidine que l'on peut séparer par le froid.

Il est possible d'obtenir de l'orthotoluidine pure par une seule opération, à la condition de diriger les vapeurs qui se dégagent de l'appareil distillatoire dans deux barboteurs contenant des solutions bouillantes de sulfate d'orthotoluidine ou d'une toluidine très-riche en modification ortho; les vapeurs se dépouillent de la paratoluidine, qu'elles laissent dans les barboteurs à l'état de sulfate et mettent en liberté une quantité équivalente d'orthotoluidine (Rosenstiehl). Ce procédé paraît être le plus pratique pour la préparation de l'orthotoluidine.

5° Lorsqu'on fait bouillir la toluidine liquide avec une quantité calculée d'acide acétique cristallisable, la paratoluidine se transforme beaucoup plus rapidement en toluide que l'orthotoluidine. au bout de 6 heures d'ébullition, la première base a disparu en totalité, et les portions du produit qui distillent au-dessous de 200° contiennent de l'acétate d'orthotoluidine sensiblement pur; [E. Wroblevsky, *Ann. der Chem. u. Pharm.*, t. CLXVIII, p. 162; *Bull. de la Soc. chim.*, t. XV, p. 250.]

6° On peut mettre à profit la différence de solubilité des nitrates et des chlorhydrates pour isoler l'orthotoluidine contenue dans les anilines lourdes du commerce. En effet, d'une part, les nitrates d'aniline et de paratoluidine sont plus solubles dans l'eau que le nitrate d'orthotoluidine et que les nitrates des homologues supérieurs (xylidine, etc.). On peut donc, tout d'abord, éliminer l'aniline et la paratoluidine par la cristallisation des nitrates. D'autre part, le chlorhydrate d'orthotoluidine est moins soluble que les chlorhydrates des homologues supérieurs; il peut donc, à son tour, en être séparé par cristallisation. On est parvenu, par cristallisations successives des nitrates et des chlorhydrates, à retirer d'anilines lourdes bouillant de 196 à 204°, environ 10 °/₀ d'orthotoluidine. [L. Schad, *Deutsche chem. Gesellsch.*, t. VI, p. 1361; *Bull. de la Soc. chim.*, t. XXI, p. 285.]

La présence de petites quantités d'eau abaisse le point d'ébullition de l'orthotoluidine; aussi, quel que soit le procédé employé pour l'obtenir, faut-il la mettre en digestion, à une douce chaleur, avec des morceaux de potasse récemment fondue, décanter et la soumettre à une dernière distillation.

Propriétés. — L'orthotoluidine constitue un liquide incolore, de la consistance huileuse de l'aniline, fortement réfringent, possédant une odeur analogue à celle de l'aniline, mais qui ne peut cependant pas être confondue avec l'odeur de cette base. L'orthotoluidine ne se solidifie pas à — 20°. D'après Rosenstiehl, elle entre en ébullition à 198° sous la pression de 744 millimètres (temp. corrig. 201°). Densité à 16°,3 = 1,0002. D'après Beilstein et Kuhlberg, elle bout à 197° et offre une densité de 1,003 à 20°,2 et de 0,998 à 25°,5.

Elle est miscible en toute proportion avec l'alcool, l'éther, les hydrocarbures liquides, etc. 100 p. d'eau en dissolvent 1p,6 à 28° et 1p,7 à 45°.

Réactions. — 1° L'orthotoluidine exposée à l'air se colore peu à peu en jaune, puis en brun; dans ce cas, il se forme un produit d'oxydation résineux que les acides dissolvent en se colorant en un rouge violacé intense.

2° La solution de ses sels colore le bois de sapin en jaune.

3° *Oxydants.* — Lorsqu'on soumet les sels d'orthotoluidine à l'électrolyse, le liquide du pôle positif se colore en violet; les agents oxydants font passer cette coloration au rouge (Goppelsrœder).

L'*acide arsénique* ou le *nitrate mercurique* transforment, vers 200°, l'orthotoluidine en une matière rouge isomérique avec la rosaniline; sous l'influence de l'acide iodhydrique, cette matière régénère, indépendamment de l'orthotoluidine, une notable proportion d'aniline; il faut donc admettre que, par oxydation, l'orthotoluidine peut se changer en aniline.

La même matière rouge se produit lorsqu'on mélange préalablement l'orthotoluidine avec de l'aniline, et, dans ce cas, le rendement est meilleur; on obtient un résultat semblable en substituant la paratoluidine à l'aniline ou en employant un mélange des trois bases. — Voyez ANILINE (INDUSTRIE), t. I, p. 318, et TOLUIDINES (INDUSTRIE).

Lorsqu'on abandonne à elle-même pendant 24 heures une solution de chlorhydrate d'orthotoluidine additionnée d'un excès de *dichromate de potassium*, il se forme un précipité abondant noir verdâtre que la soude fait passer au noir violacé; l'éther en extrait alors une matière violette et laisse une poudre noire à l'état insoluble. La solution éthérée est d'un brun violet intense; agitée avec de l'acide acétique très-étendu, elle fournit un précipité d'un bleu pur que les acides énergiques font virer au vert; l'eau rétablit la couleur bleue. Ce précipité bleu est insoluble dans l'eau, mais il se dissout dans l'alcool; il se comporte comme le sel d'une base violette soluble dans l'éther.

Le *chlorate de cuivre* produit avec l'orthotoluidine, à une température de 15 à 30°, une matière vert bleu très-foncé qui passe au noir violacé par l'ébullition avec le carbonate de sodium.

Avec l'*acide chromique*, l'*acide nitrique*, les *hypochlorites*, l'*acide iodique*, l'orthotoluidine donne différentes réactions colorées qui ont déjà été décrites à l'article PHÉNYLAMINES, t. II, p. 842.

4° *Réducteurs.* — L'orthotoluidine, chauffée à 260° avec 60 p. d'*acide iodhydrique* saturé, subit une réduction complète et fournit de l'ammoniaque et de l'heptane; si l'on emploie seulement 20 p. d'acide iodhydrique, on obtient du toluène et une trace de benzine (Berthelot).

5° Lorsqu'on dirige dans l'orthotoluidine des vapeurs de brome entraînées par un courant d'air, il se forme, suivant la proportion du brome, un dérivé dibromé ou tribromé.

6° L'acide sulfurique fumant donne avec l'orthotoluidine deux acides orthamidocrésylsulfureux isomériques. L'éthylsulfate d'orthotoluidine se dédouble vers 200° en alcool et en acide orthamido-métacrésylsulfureux,

$$CH^3\text{-}C^6H^4\text{-}AzH^2(SO^4H.C^2H^5)$$

Ethylsulfate d'orthotoluidine.

$$= C^2H^5.OH + CH^3\text{-}C^6H^3 \begin{cases} AzH^2 \\ SO^3H \end{cases}$$

Acide orthamido-métacrésylsulfureux.

7° On a encore étudié l'action des réactifs suivants sur l'orthotoluidine : *Acides formique, acétique* et *oxalique; éther chloroxycarbonique* et *chlorure de carbonyle; urée; sulfure de carbone, sulfocarbimides; diorthocrésylurée* et *trichlorure de phosphore; diorthocrésylsulfo-urée* et *oxyde de plomb; chlorhydrates d'aniline* et *d'orthotoluidine; gaz azoteux.*

Il paraît superflu d'insister sur ces réactions, par la raison que l'orthotoluidine se comporte, avec ces réactifs, comme les monamines primaires aromatiques, en général, et la phénylamine, en particulier.

SELS D'ORTHOTOLUIDINE (Rosenstiehl, Beilstein et Kuhlberg). — Les sels d'orthotoluidine cristallisent facilement; ils sont, en général, moins solubles que les sels correspondants d'aniline et plus solubles que ceux de paratoluidine. L'orthotoluidine est douée d'affinités moins puissantes pour les acides que la paratoluidine; elle est, en effet, déplacée en majeure partie de ses sels par cette dernière base.

Les sels d'orthotoluidine préparés avec la base récemment distillée sont incolores, mais, peu à peu, ils se colorent, surtout si leurs solutions sont exposées à l'air et à la lumière; le liquide devient d'abord rose, puis rouge violacé, en même temps qu'il se forme un dépôt floconneux d'un noir verdâtre.

Certains sels perdent de l'eau par l'action de la chaleur et se transforment en orthotoluides.

Azotate d'orthotoluidine. — Prismes incolores orthorhombiques larges et aplatis, terminés quelquefois par un pointement octaédrique (Rosenstiehl). Ce sel est moins soluble que les nitrates de paratoluidine ou d'aniline (Schad).

Chlorhydrate d'orthotoluidine,

$$C^7H^9Az, HCl + H^2O.$$

— Prismes incolores orthorhombiques (m, h^1, g^1, e^1 ou p), efflorescents et perdant totalement leur eau à 80°; à une température à peine supérieure, le sel émet des vapeurs. 100 p. d'eau en dissolvent 37p,4 à 15°,5; les solutions se sursaturent facilement. Le sel est très-soluble dans l'alcool, à peine soluble dans l'éther.

Chloroplatinate d'orthotoluidine,

$$(C^7H^9Az, HCl)^2, PtCl^4 + 2H^2O.$$

— Aiguilles jaunes brillantes, peu solubles dans l'eau, obtenues par le mélange de solutions étendues et refroidies de chlorhydrate d'orthotoluidine et de chlorure platinique. Ce sel est très-instable et se décompose aisément sous l'influence de la lumière ou de la chaleur; il noircit déjà vers 50° et sa solution ne supporte même pas 30° sans s'altérer; elle laisse déposer une poudre noire formée de platine et de noir d'aniline; une matière violette reste en dissolution.

Chlorozincate d'orthotoluidine,

$(C^7H^9Az, HCl)^2, ZnCl^2$

— Un mélange de solutions concentrées de chlorhydrate d'orthotoluidine et de chlorure de zinc laisse déposer, par un froid de —5°, de belles tables incolores, groupées concentriquement. Ce sel ne fond pas à 205°; il est très-soluble dans l'eau et les solutions montrent une grande tendance à la sursaturation; elles se colorent à l'air [N. Bibanow, *Monit. scient.*, (3), t. IV, p. 925].

Formiate d'orthotoluidine, — La solution de la base dans l'acide formique à 60 % ne cristallise pas à la température ordinaire; refroidie au-dessous de 0°, elle se prend en une masse d'aiguilles enchevêtrées qui se liquéfient de nouveau à quelques degrés au-dessus de 0°. La chaleur le dédouble en eau et formo-orthotoluide (p. 472).

Oxalates d'orthotoluidine. — On en connaît deux : 1° Le *sel neutre,* $(C^7H^9Az)^2C^2H^2O^4$, constitue de petites paillettes anhydres, nacrées, flexibles; à 21°, 100 p. d'eau en dissolvent 2p,38; 100 p. d'alcool (à 84 %), 2p,68; et 100 p. d'éther, 0p,05 (Beilstein et Kuhlberg); 100 p. d'éther en dissolvent 0p,26 à 11°; 0p,37 à 18° et 0p,62 à 35° (Rosenstiehl et Nikiforoff). L'oxalate neutre s'altère rapidement en présence de l'eau; par une ébullition prolongée avec ce liquide, il perd les éléments de l'eau et se transforme en orthocrésyloxamate d'orthotoluidine (p. 472).

2° L'*oxalate acide,* $C^7H^9Az.C^2H^2O^4 + H^2O$, forme des prismes clinorhombiques, solubles dans l'eau et l'alcool; 100 p. d'éther en dissolvent 0p,42 à 17° et 0p,47 à 18°.

Paroxyphénylsulfite d'orthotoluidine. — Ce sel se dépose à l'état d'une huile de sa solution concentrée et chaude; il peut cristalliser en grands prismes tabulaires fusibles vers 192°; 100 p. d'eau en dissolvent 10p,7 à 14°. Chauffé, ce sel fournit du phénol et de l'acide orthamido-métacrésylsulfureux [T. Lecco, *Monit. scient.*, (3), t. IV, p. 423. — Pratesi, *Gaz. chim. ital.*, 1872, p. 555].

Sulfate neutre d'orthotoluidine,

$(C^7H^9Az)^2H^2SO^4 + 2H^2O.$

— Il se dépose de la solution aqueuse en larges lames rectangulaires, dont 8p,3 se dissolvent dans 100 p. d'eau à 15° (Rosenstiehl). Hübner et Wallach, de même que Beilstein et Kuhlberg, ont obtenu ce sel à l'état anhydre sous forme de petits cristaux qui se colorent à l'air en violet, puis en vert; suivant ces derniers observateurs, 100 p. d'eau en dissolvent 10 p. à 19°,2 et 100 p. d'alcool (à 89 %) 23p,5 à 16°,5.

On n'a pas réussi à préparer le sulfate *acide* d'orthotoluidine.

Tartrate d'orthotoluidine. — Aiguilles incolores.

Recherche de l'orthotoluidine (Rosenstiehl). — Sous l'influence des oxydants, l'orthotoluidine présente diverses colorations dont quelques-unes sont caractéristiques; nous avons déjà étudié ce sujet à l'article Phénylamines (t. II, p. 842). Rappelons cependant que le chlore, les chromates, les permanganates en présence de l'acide sulfurique un peu étendu,

$(SO^4H^2 + H^2O \quad \text{ou} \quad SO^4H^2 + 2H^2O),$

produisent avec l'orthotoluidine une teinte bleue qui, par addition d'eau, passe au violet rouge stable, tandis que la liqueur bleue que donne l'aniline, dans les mêmes conditions, est décolorée complètement par l'eau. Rappelons encore que l'orthotoluidine étant traitée, en présence de l'eau et de l'éther, par les hypochlorites, la couche aqueuse se colore en jaune, puis en brun; si l'on décante alors la couche éthérée et qu'on l'agite avec de l'eau aiguisée d'acide sulfurique, celle-ci se colore en un violet rouge intense et très-stable. Cette réaction est caractéristique pour l'orthotoluidine.

Pour la recherche de l'orthotoluidine dans l'aniline ou dans les mélanges d'aniline et de paratoluidine, voyez t. II, p. 843; pour le dosage dans la paratoluidine, voyez plus loin, p. 477.

Rosenstiehl a fait la remarque que la para- et l'orthotoluidine donnent avec les mêmes réactifs des réactions inverses et des colorations complémentaires.

PRODUITS DE SUBSTITUTION DE L'ORTHOTOLUIDINE.

Tous les produits de substitution de l'orthotoluidine connus jusqu'ici renferment les groupes substitués dans le noyau benzique; ils sont comparables aux dérivés de substitution du toluène appartenant à la première classe (voyez p. 432) et présentent, comme ces derniers, de nombreux cas d'isomérie. Leur étude est encore incomplète.

Orthotoluidines bromées. — On a préparé deux orthotoluidines monobromées, une orthotoluidine dibromée et deux orthotoluidines tribromées.

Métabromo-orthotoluidine (1.2.3) ou (1.2.5),

$$C^7H^8BrAz = CH^3\text{-}C^6H^3 < \begin{matrix} (AzH^2)_{(2)} \\ (Br_{(3)\ \text{ou}\ (5)} \end{matrix}$$

— Elle se forme lorsqu'on réduit le métabromo-orthonitrotoluène (α) (Grete). On l'obtient plus aisément en saponifiant par la potasse alcoolique l'acéto-métabromo-orthotoluide qui résulte de l'action directe du brome sur l'acéto-orthotoluide (p. 472). Après avoir chassé l'alcool, on distille la base au moyen d'un courant de vapeur d'eau et l'on purifie la masse solide ainsi obtenue par cristallisation dans l'alcool.

La métabromo-orthotoluidine cristallise en grands octaèdres fusibles à 57°,5 et bouillant à 240° sans décomposition; la base fondue se solidifie très-lentement. Elle est peu soluble dans l'eau et très-soluble dans l'alcool. Sa constitution découle de ce fait qu'elle fournit le métabromotoluène lorsqu'on en élimine le groupe AzH^2.

Azotate, $C^7H^8BrAz, HAzO^3$. — Longues aiguilles fusibles à 183° en se décomposant; 100 p. d'eau en dissolvent 4p,92 à 17°.

Chlorhydrate, C^7H^8BrAz, HCl. — Prismes incolores nacrés, solubles dans l'eau et dans l'alcool; l'acide chlorhydrique le précipite de la solution aqueuse. Lorsqu'il a été sublimé, il présente l'aspect du chlorure d'ammonium.

Oxalate, $(C^7H^8BrAz)^2C^2H^2O^4$. — Longues aiguilles réunies en faisceaux (Grete).

Sulfate, $(C^7H^8BrAz)^2H^2SO^4 + 1\frac{1}{2}H^2O$. — L'eau bouillante le laisse déposer en petites tables incolores, nacrées [E. Wroblevsky, *loc. cit.*].

Parabromo-orthotoluidine (1.2.4),

$$C^7H^8BrAz = CH^3\text{-}C^6H^3 < \begin{matrix} (AzH^2)_{(2)} \\ Br_{(4)} \end{matrix}$$

— On l'obtient en réduisant par l'étain et l'acide chlorhydrique le parabromo-orthonitrotoluène (δ), ajoutant un lait de chaux au produit de la réaction et distillant avec de la vapeur d'eau.

La parabromo-orthotoluidine forme des lamelles fusibles 32° (Roos), 30°,5 (Hübner et Wallach, Heynemann), à 27° (Kœrner): Wroblevsky et Kurbatow l'ont obtenue sous forme d'un liquide qui se solidifie à — 2°; elle bout à 253-257.

L'*azotate* constitue de fines aiguilles soyeuses ou de grandes tables rhombiques; 100 p. d'eau en dissolvent 0p,827 à 11°,5 (Wroblevsky) et 0p,9 à 17° (Heynemann); 0p,58 à 17°,5 (Roos).

Le *chlorhydrate* C^7H^8BrAz, HCl cristallise en

grandes lames incolores, rhombiques dont deux angles sont tronqués ; il se sublime en lamelles ; 100 p. d'eau en dissolvent 1p,69 à 16°. Le *sulfate* forme des feuillets incolores [H. Hübner et O. Wallach, *loc. cit.* — W. Kœrner, *loc. cit.* — A. Heynemann, *Ann. der Chem. u. Pharm.*, t. CLVIII, p. 337 ; — E. Wroblevsky et A. Kurbatow, *ibid.*, t. CLXVIII, p. 177 ; *Bull. de la Soc. chim.*, t. XIV, p. 295 ; — P.-F. Hamel Roos, *Thèse inaugurale*, Gœttingen, 1873 ; *Bull. de la Soc. chim.*, t. XX, p. 553].

ORTHO-MÉTADIBROMO-ORTHOTOLUIDINE (1.2.3.6), ou (1.2.5.6).

$$C^7H^7Br^2Az = CH^3\text{-}C^6H^2\left[(AzH^2)_{(2)}Br_{(3)\ \text{ou}\ (5)}Br_{(6)}\right]$$

— Elle se forme lorsqu'on fait barboter de l'air chargé de vapeurs de brome (2 mol.) dans une solution aqueuse de chlorhydrate d'orthotoluidine (1 mol.) ; l'action est assez vive et le liquide se trouble. Le produit, additionné d'un lait de chaux et distillé avec la vapeur d'eau, fournit l'ortho-métadibromo-orthotoluidine sous forme d'une masse blanche solide.

La base cristallise en aiguilles nacrées, fusibles à 50°, à peine solubles dans l'eau et très-solubles dans l'alcool. Elle ne s'unit pas aux acides. L'acide nitreux, en présence de l'alcool, la transforme en ortho-métadibromo-toluène fusible à 42°,5, réaction qui établit sa constitution [E. Wroblevsky, *loc. cit.*].

α. TRIBROMO-ORTHOTOLUIDINE $C^7H^6Br^3Az$. — Préparée par l'action directe du brome (3 mol.) sur l'orthotoluidine, elle forme de longues aiguilles, fusibles à 105-106° ; peut-être est-elle identique avec le composé suivant [F. Gerver, *Liebig's Ann. der Chem.*, t. CLXIX, p. 373].

β. TRIBROMO-ORTHOTOLUIDINE $C^7H^6Br^3Az$. — Elle se produit, en même temps qu'un acide sulfoné dibromé, lorsqu'on ajoute du brome à une solution aqueuse d'acide orthamido-métacrésylsulfureux. Le précipité qui se forme, purifié par distillation avec la vapeur d'eau, puis par cristallisation dans l'alcool étendu, se présente en longues aiguilles incolores, fusibles à 112°. Ce corps peut être sublimé. Il ne s'unit pas aux acides [F. Gerver, *loc. cit*].

ORTHOTOLUIDINES CHLORÉES. — On connaît deux monochloro-orthotoluidines :

PARACHLORO-ORTHOTOLUIDINE (1.2.4).

$$C^7H^8ClAz = CH^3\text{-}C^6H^3 \Big< \begin{matrix} (AzH^2)_{(2)} \\ Cl_{(4)} \end{matrix}$$

— Cette base dérive par réduction du parachloro-orthonitrotoluène ; elle cristallise en lamelles, fusibles à 18°. L'*azotate* est sous forme de larges aiguilles anhydres ; le *chlorhydrate*

$$C^7H^8ClAz, HCl + H^2O,$$

ainsi que le *sulfate* cristallisent en lames incolores [F. Beilstein et A. Kuhlberg, *loc. cit.* ; — A. Engelbrecht, *loc. cit.*].

Wroblevsky paraît avoir obtenu la même base à l'état impur en réduisant l'α-chloronitrotoluène bouillant à 243° (p. 446). Ce chimiste la décrit sous forme d'un liquide bouillant à 238° et ne se solidifiant pas à — 20° ; densité à 20° = 1,1855. L'*azotate*

$$C^7H^8ClAz, HAzO^3$$

constitue des prismes, fusibles à 179° en se décomposant ; 100 p. d'eau en dissolvent 2p,855 à 17°. Le *chlorhydrate* $C^7H^8ClAz, HCl + H^2O$ se présente en cristaux prismatiques brillants, qui se subliment à la manière du sel ammoniac.

CHLORO-ORTHOTOLUIDINE (1.2.?) C^7H^8ClAz. — Lorsqu'on réduit l'orthonitrotoluène par l'étain et l'acide chlorhydrique on obtient, indépendamment de l'orthotoluidine, une certaine quantité d'une orthotoluidine monochlorée, cristallisée en lamelles incolores, fusibles à 29°,5 et bouillant à 241°. Cette base est très-soluble dans l'alcool, l'éther et le sulfure de carbone. L'*azotate* forme des lames quadrilatères ; 100 p. d'eau en dissolvent 3p,712 à 19°. Le *chlorhydrate*

$$C^7H^8ClAz, HCl$$

est en tables minces, très-solubles [F. Beilstein et A. Kuhlberg, *Ann. d. Chem. u. Pharm.*, t. CLVI, p. 81 ; *Bull. de la Soc. chim.*, t. XIV, p. 295].

PARAIODO-ORTHOTOLUIDINE (1.2.4).

$$C^7H^8IAz = CH^3\text{-}C^6H^3 \Big< \begin{matrix} (AzH^2)_{(2)} \\ I_{(4)} \end{matrix}$$

— Elle s'obtient par la réduction du paraïodo-orthonitrotoluène (voy. p. 446) au moyen de l'étain et de l'acide chlorhydrique. Elle forme des cristaux aciculaires incolores, fusibles à 48-49°, bouillant vers 273°, mais en se décomposant fortement. L'alcool, l'éther et le sulfure de carbone dissolvent aisément cette base. L'*azotate* cristallise dans l'eau en lamelles incolores, nacrées ; 100 p. d'eau à 16° en dissolvent 0p,95.

L'acide azoteux transforme difficilement ce nitrate en dérivé diazoïque ; celui-ci est décomposé par l'eau même à froid et fournit un corps cristallisant en aiguilles jaunes qui constitue probablement un *dinitro-iodocrésol*.

$$CH^3\text{-}C^6HI(AzO^2)^2OH$$

— Ce dernier corps fond à 165° et détone à une température supérieure ; il se dissout dans la soude et en est précipité de nouveau par l'acide chlorhydrique [A. Heynemann, *loc. cit.*].

DIBROMO-IODO-ORTHOTOLUIDINE (1.2.3.4.5).

$$C^7H^6Br^2IAz = CH^3\text{-}C^6H\left[(AzH^2)_{(2)}Br_{(3)}I_{(4)}Br_{(5)}\right]$$

— Préparée par la réduction du dimétadibromo-paraïodo-orthonitrotoluène (voy. p. 447), elle se présente en aiguilles incolores, fusibles à 64°, insolubles dans l'alcool ; l'amalgame de sodium et l'eau la transforment en orthotoluidine, à la chaleur du bain-marie, mais seulement au bout d'un temps très-long (Wroblevsky).

DIBROMO-DIIODO-ORTHOTOLUIDINE (1.2.3.4.5.6). — Le produit de réduction du dibromo-diiodo-mononitrotoluène fusible à 129° est solide ; traité par l'amalgame de sodium et l'eau, il régénère l'orthotoluidine, mais pour que cette action soit complète, il faut la chaleur du bain-marie prolongée pendant six semaines (Wroblevsky).

MÉTANITRO-ORTHOTOLUIDINE (1.2.3) ou (1.2.5).

$$C^7H^8(AzO^2)Az = CH^3\text{-}C^6H^3 \Big< \begin{matrix} (AzH^2)_{(2)} \\ (AzO^2)_{(3)\ \text{ou}\ (5)} \end{matrix}$$

— On chauffe en vase clos l'acéto-orthotoluide métanitrée (voy. p. 472) avec de l'acide sulfurique étendu de 3 vol. d'eau, ou bien on la décompose par l'ébullition avec de la potasse alcoolique. La métanitro-orthotoluidine ainsi mise en liberté est purifiée par cristallisation dans l'eau ou dans l'alcool aqueux ; l'eau bouillante n'en dissout qu'une faible proportion et la laisse déposer, par le refroidissement, sous forme de petites aiguilles d'un jaune citron ; ces aiguilles, en se desséchant, s'agglomèrent en une masse feutrée. Dans l'acide nitrique étendu, elle cristallise en aiguilles aplaties, brillantes, jaunes. Elle fond à 127-128° et se dissout aisément dans l'alcool concentré [F. Beilstein et A. Kuhlberg, *Ann. der Chem. u. Pharm.*, t. CLVIII, p. 346].

ACIDES SULFONÉS DE L'ORTHOTOLUIDINE. — Ce sont des acides crésylsulfureux orthamidés ; on en connaît trois

ACIDE ORTHAMIDO-MÉTACRÉSYLSULFUREUX (1.2.3) ou (1.2.5).

$$C^7H^8Az.SO^3H = CH^3 - C^6H^3 < \begin{matrix} (AzH^2)_{(2)} \\ (SO^3H)_{(3)\ ou\ (5)} \end{matrix}$$

— Lorsqu'on chauffe pendant quelques heures, à 160-180°, l'orthotoluidine avec le double de son poids d'acide sulfurique fumant, deux acides sulfonés isomériques prennent naissance ; la transformation n'étant pas complète, le produit de la réaction renferme du sulfate d'orthotoluidine non altéré. Ce produit est étendu d'eau, saturé de carbonate de baryum, puis additionné d'un excès d'hydrate barytique et soumis à la distillation tant qu'il passe de l'orthotoluidine avec les vapeurs aqueuses. Le mélange des deux sels de barytiques est décomposé par la quantité strictement nécessaire d'acide sulfurique et la liqueur est concentrée par évaporation : elle laisse alors déposer des cristaux d'acide orthamido-métacrésylsulfureux, tandis que l'acide isomérique reste dans les eaux mères (Gerver).

Au lieu de transformer l'orthotoluidine au moyen de l'acide sulfurique en acides sulfonés, il est plus avantageux de préparer d'abord l'éthylsulfate d'orthotoluidine par double décomposition de l'oxalate d'orthotoluidine et l'éthylsulfate de calcium, et de le chauffer à 200° : il se dédouble alors en alcool et en acide orthamido-métacrésylsulfureux (Limpricht) :

$$CH^3-C^6H^3 < \begin{matrix} AzH^2.HSO^3.OC^2H^5 \\ H \end{matrix}$$

$$= C^2H^5.OH + CH^3-C^6H^3 < \begin{matrix} AzH^2 \\ SO^3H \end{matrix}$$

Dans cette réaction, l'acide isomérique ne paraît se former qu'en petite quantité.

L'acide orthamido-métacrésylsulfureux se forme encore par la réduction de l'acide orthonitro-métacrésylsulfureux (p. 458), au moyen de sulfure d'ammonium (Pechmann).

L'acide orthamido-métacrésylsulfureux renferme une molécule d'eau de cristallisation ; il constitue des tables ou des prismes clinorhombiques, jaunâtres, efflorescents dans l'air sec et perdant complétement leur eau à 120° ; à une température supérieure il se décompose sans fondre. À 17°,5, 100 p. d'eau dissolvent 6^gr^,468 d'acide cristallisé et 100 p. d'alcool à 70 centièmes, 2^gr^,105 ; cet acide est très-soluble dans l'eau bouillante, insoluble dans l'alcool absolu, dans l'éther, la benzine et le chloroforme. Sa solution est colorée par le perchlorure de fer en jaune-rouge intense, surtout si l'on chauffe.

Fondu avec de la potasse, l'acide régénère l'orthotoluidine. Le brome produit dans sa solution un précipité de tribromo-orthotoluidine, en même temps qu'il se forme un acide dibromo-orthamido-métacrésylsulfureux.

L'acide orthamido-métacrésylsulfureux est monobasique ; ses sels, à l'exception du sel d'argent, sont très-solubles dans l'eau.

Sel d'argent $C^7H^8AzSO^3.Ag$. — Petites lamelles incolores, très-peu solubles.

Sel de baryum $(C^7H^8AzSO^3)^2Ba + 7H^2O$. — Longs prismes à six pans, peu solubles dans l'alcool faible ; ce sel perd son eau, partiellement sur l'acide sulfurique, en totalité à 120°.

Sel de plomb $(C^7H^8AzSO^3)^2Pb + 0,75H^2O$(?). — Prismes à six pans.

Sel de potassium $C^7H^8AzSO^3.K + \frac{1}{2}H^2O$. — Il se dépose de l'alcool faible en cristaux soyeux.

Sel de sodium $C^7H^8AzSO^3.Na + H^2O$. — Cristaux pennés, moins solubles dans l'alcool faible que le sel de potassium.

Dérivé diazoïque. — Lorsqu'on traite une solution aqueuse et refroidie d'acide orthamido-métacrésylsulfureux par le gaz azoteux, il se dégage de l'azote ; mais si l'on dirige un courant de ce gaz dans de l'alcool à 95 centièmes refroidi et tenant en suspension l'acide finement pulvérisé, on obtient le dérivé diazoïque

$$C^7H^6Az^2SO^3 = CH^3-C^6H^3 < \begin{matrix} Az=Az \\ SO^2 \end{matrix} > O$$

Ce composé forme des cristaux microscopiques incolores, détonant par le choc ou par une chaleur de 110°. L'alcool bouillant le transforme en acide métacrésylsulfureux ; l'eau, en acide orthocrésol-métasulfureux et l'acide bromhydrique, en acide orthobromo-métacrésylsulfureux [F. Gerver, *Liebig's Ann. der Chem.*, t. CLXIX, p. 373 ; *Bull. de la Soc. chim.*, t. XXI, p. 30 ; — Pagel, *Liebig's Ann. der Chem.*, t. CLXXVI, p. 291 ; *Bull. de la Soc. chim.*, t. XXIV, p. 83].

ACIDE ORTHAMIDO-PARACRÉSYLSULFUREUX.

$$C^7H^8Az.SO^3H = CH^3 - C^6H^3 < \begin{matrix} (SO^3H)_{(2)} \\ (AzH^2)_{(4)} \end{matrix}$$

— On l'obtient en dissolvant l'acide orthonitro-paracrésylsulfureux dans un excès d'ammoniaque, saturant la solution d'hydrogène sulfuré et la concentrant au bain-marie ; le liquide filtré, pour séparer le soufre mis en liberté, puis sursaturé d'acide chlorhydrique, fournit, en se refroidissant, des cristaux d'acide orthamido-paracrésylsulfureux qu'on purifie par le charbon animal et par plusieurs cristallisations dans l'eau (Bock, Beilstein et Kuhlberg).

Si l'acide orthonitro-paracrésylsulfureux, employé pour cette préparation, contient encore une certaine quantité d'acide paranitro-orthocrésylsulfureux, l'acide obtenu est mélangé d'acide paramido-orthocrésylsulfureux ; dans ce cas, on transforme l'acide brut en sel de baryum et l'on fait cristalliser celui-ci dans l'eau : l'orthamido-paracrésylsulfite étant moins soluble se dépose d'abord, et peut être purifié avec facilité ; le paramido-orthocrésylsulfite se concentre dans les eaux mères [E. Weckwarth, *Liebig's Ann. der Chem.*, t. CLXXII, p. 191].

L'acide orthamido-paracrésylsulfureux renferme une molécule d'eau de cristallisation ; il cristallise en longs prismes à quatre pans, d'un jaune pâle ; il perd son eau dans l'air sec. 100 p. d'eau en dissolvent 0^gr^,974 à 11° ; il est beaucoup plus soluble dans l'eau bouillante, mais l'alcool ne le dissout pas. Le chlorure ferrique colore sa solution en violet foncé. La solution de cet acide additionnée de quelques gouttes d'acide nitrique fumant, puis étendue, se trouble et, si on la chauffe, elle prend une couleur jaune. L'acide chlorhydrique ne le décompose pas à 200° ; l'acide sulfurique, à la même température, le charbonne légèrement sans l'altérer profondément. Fondu avec la potasse, il donne de l'acide anthranilique ; lorsqu'on applique une chaleur plus forte, il se forme de l'ammoniaque et un peu d'aniline. Le formiate de sodium en fusion ne réagit pas sur lui. Chauffé avec du peroxyde de manganèse et de l'acide sulfurique étendu, il développe une odeur de quinone et fournit une petite quantité d'un corps cristallisé. Le chlorate de potassium et l'acide chlorhydrique le convertissent en trichloro-orthotoluquinone. Le brome le transforme en un dérivé dibromé (Voyez plus loin).

L'acide orthamido-paracrésylsulfureux est monobasique ; ses sels sont solubles dans l'eau ; chauffés avec du nitrate d'argent, ils se colorent en violet et donnent lieu à un dépôt d'argent métallique.

Sel de baryum $(C^7H^8AzSO^3)^2Ba + 2\frac{1}{2}H^2O$. — Belles tables, peu solubles dans l'eau froide, perdant leur eau sur l'acide sulfurique.

Le sel de calcium cristallise en tables hexagonales, très-solubles dans l'eau et dans l'alcool.

Sel de plomb. — Prismes jaunâtres, anhydres, moins solubles encore que le sel barytique.

Sel de potassium $C^7H^8AzSO^3.K + H^2O$. — Il se dépose dans l'alcool sous forme d'aiguilles.

Sel de sodium $C^7H^8AzSO^3.Na + 4H^2O$. — Il cristallise dans l'alcool bouillant en aiguilles aplaties, brillantes, très-solubles dans l'eau.

Dérivé diazoïque.

$$C^7H^6Az^2SO^3 = CH^3\text{-}C^6H^3<{Az=Az \atop SO^2}>O$$

— L'acide orthamido-paracrésylsulfureux étant arrosé d'alcool à 50 % et traité par le gaz azoteux, jusqu'à ce qu'au microscope on ne puisse plus reconnaître des parcelles de l'acide primitif, fournit une poudre blanche, formée de très-petits prismes clinorhombiques, détonant par le choc. Ce dérivé diazoïque se dissout sans décomposition dans l'eau froide, mais il est insoluble dans l'alcool. L'eau bouillante ou l'acide sulfurique le transforme en acide orthocrésol-parasulfureux; l'acide bromhydrique, en acide orthobromo-paracrésylsulfureux; l'alcool, en acide éthyl-orthocrésol-parasulfureux. Cette dernière réaction n'est pas normale, car elle devrait donner l'acide paracrésylsulfureux; elle peut être représentée par l'équation.

$$C^7H^6<{Az=Az \atop SO^2}>O + C^2H^5.OH$$
$$= Az^2 + C^7H^6<{OC^2H^5 \atop SO^3H}$$

L'alcool méthylique fournit dans les mêmes conditions l'acide méthyl-orthocrésol-parasulfureux.

Lorsqu'on introduit à froid l'acide orthamido-paracrésylsulfureux dans de l'acide nitrique fumant, c'est le *dérivé mononitré* du corps diazoïque qui se produit :

$$CH^3\text{-}C^6H^2(AzO^2)<{Az=Az \atop SO^2}>O;$$

l'eau le précipite sous la forme d'une poudre blanche. Ce corps détone par la chaleur ou par le choc. L'alcool bouillant ne l'attaque pas; l'eau bouillante le transforme en un acide nitro-orthocrésol-parasulfureux et l'acide bromhydrique produit de l'acide nitro-orthobromo-paracrésylsulfureux [Beck, *Zeitschr. f. Chem.*, 1869, p. 209; — F. Beilstein et A. Kuhlberg, *Ann. der Chem. u. Pharm.*, t. CLV, p. 21. — Mlle Anna Wolkow, *Zeitschr. f. Chem.*, 1870, p. 321; — M. Hayduck, *Liebig's Ann. der Chem.*, t. CLXXII, p. 204 et t. CLXXIV, p. 343; *Bull. de la Soc. chim.*, t. XXII, p. 381; t. XXIII, p. 556].

ACIDE ORTHAMIDO-CRÉSYLSULFUREUX (1. 2. ?),

$$C^7H^9Az.SO^3H = CH^3\text{-}C^6H^3<{(AzH^2)_{(2)} \atop (SO^3H)_{(?)}}$$

— Comme nous l'avons vu, il se trouve dans les eaux mères de l'acide orthamido-métacrésylsulfureux et s'y dépose en mamelons indistincts, jaunâtres. Il renferme de l'eau de cristallisation qu'il perd à 120°. Sa solution est fortement troublée par l'eau de brome. Ses sels sont très-solubles dans l'eau et dans l'alcool; ils cristallisent difficilement.

Le *sel d'argent*, $C^7H^8AzSO^3.Ag$, forme des aiguilles microscopiques peu stables [Gerver, *loc. cit.*].

ACIDE DIBROMO-ORTHAMIDO-MÉTACRÉSYLSULFUREUX,

$$C^7H^6Br^2Az.SO^3H$$
$$= CH^3\text{-}C^6HBr^2<{(AzH^2)_{(2)} \atop (SO^3H)_{(3)\ ou\ (5)}}$$

— On ajoute du brome à une solution d'acide orthamido-métacrésylsulfureux, on sépare par le filtre la tribromo-orthotoluidine formée, et l'on neutralise par la baryte. L'acide du sel de baryum, mis en liberté et purifié par cristallisation dans l'alcool, se présente sous forme de longues aiguilles incolores contenant 1 molécule d'eau dont une partie se dégage dans l'air sec et le reste à 120°. Il ne fond pas sans décomposition. Très-soluble dans l'eau et dans l'alcool à la température de l'ébullition, il ne se dissout qu'en petite quantité à froid; il est insoluble dans l'éther ou le chloroforme.

La potasse aqueuse ne le décompose pas, même à l'ébullition; la potasse fondante le transforme en tribromo-orthotoluidine (?). Ses sels sont moins solubles que les orthamido-métacrésylsulfites.

Sel d'argent. — Précipité blanc, formé d'aiguilles microscopiques s'altérant à la lumière et sous l'influence de l'eau bouillante.

Sel de baryum, $(C^7H^6Br^2AzSO^3)^2Ba + 4H^2O$. — Longues aiguilles incolores, devenant anhydres à 100°.

Sel de plomb. — Longues aiguilles renfermant $3H^2O$ qui se dégagent à 120° [Gerver, *loc. cit.*].

ACIDE DIBROMO-ORTHAMIDO-PARACRÉSYLSULFUREUX.

$$C^7H^6Br^2Az.SO^3H = CH^3\text{-}C^6HBr^2<{(AzH^2)_{(2)} \atop (SO^3H)_{(4)}}$$

— Obtenu par l'action du brome sur une solution d'acide orthamido-paracrésylsulfureux, il cristallise dans l'eau en longues aiguilles très-fines et dans l'alcool, en aiguilles groupées concentriquement. Il renferme une molécule d'eau qui se dégage au-dessus de 100°; chauffé vers 150°, il se décompose sans fondre. L'eau et l'alcool bouillants le dissolvent aisément.

Sel de baryum, $(C^7H^6Br^2AzSO^3)^2Ba + 9H^2O$. — Aiguilles groupées en masses sphériques, très-solubles dans l'eau et perdant $9H^2O$ dans l'air sec.

Le gaz azoteux transforme l'acide dibromo-orthamido-paracrésylsulfureux en un *dérivé diazoïque* qui se présente sous forme d'un précipité blanc, gélatineux, composé d'aiguilles microscopiques, presque insolubles dans l'eau et dans l'alcool. L'alcool bouillant ne l'attaque pas; l'eau bouillante le change en un acide dibromo-orthocrésol-parasulfureux, et l'acide bromhydrique en un acide tribromoparacrésylsulfureux.

On obtient le dérivé mononitré de ce composé diazoïque en introduisant l'acide dibromo-orthamidoparacrésylsulfureux dans l'acide nitrique fumant et précipitant par l'eau. Chauffé avec de l'acide bromhydrique, ce corps mononitré dégage du brome et produit un acide tribromoparacrésylsulfureux [Hayduck, *loc. cit.*].

DIORTHOCRÉSYLAMINE,

$$C^{14}H^{15}Az = AzH(C^6H^4\text{-}CH^3)^2.$$

— Willm et Girard ont obtenu ce corps, indépendamment d'autres produits, en chauffant à 280° du chlorhydrate d'aniline avec de l'orthotoluidine; dans une première phase de la réaction, il se forme une certaine quantité de chlorhydrate d'orthotoluidine qui en agissant ensuite sur l'orthotoluidine fournit du chlorure d'ammonium et de la diorthocrésylamine. C'est un liquide incristallisable, même dans un mélange d'anhydride carbonique solide et d'éther; il bout à 304-308° [E. Willm et Ch. Girard, *Bull. de la Soc. chim.*, t. XXV, p. 251].

ACÉTO-ORTHOTOLUIDE. (Syn. *Acétylorthocrésylamine; orthocrésylacétamide*).

$$C^9H^{11}AzO = CH^3\text{-}C^6H^4.AzHC^2H^3O.$$

— On fait bouillir pendant trois jours un mélange d'acide acétique cristallisable et d'orthotoluidine en cohobant les produits; enfin l'on distille toute la masse : l'acéto-orthotoluide passe vers 296°. Purifiée par cristallisation dans l'eau, elle constitue de longues aiguilles incolores, fusibles à 107° et bouillant à 296°; 100 p. d'eau en dissolvent 0p,85 à 19° (Beilstein et Kuhlberg). Sa solution dans 4 p. d'acide acétique concentré n'est pas troublée par l'addition de 80 p. d'eau, tandis que l'acétoparatoluide fournit, dans ces conditions, un précipité; cette réaction permet de déceler la présence de quelques centièmes d'acétoparatoluide dans l'acéto-orthotoluide. Avec le concours de la chaleur, la potasse alcoolique ou les acides étendus dédoublent l'acéto-orthotoluide, ainsi que ses dérivés de substitution.

Acéto-métabromo-orthotoluide, $C^9H^{10}BrAzO$. — Pour la préparer, on ajoute, goutte à goutte et en agitant continuellement, la quantité calculée de brome à l'acéto-orthotoluide mise en suspension dans l'eau. Le produit obtenu cristallise en longues aiguilles, fusibles à 156-157°, très-solubles dans l'alcool et solubles dans l'eau bouillante (Wroblevsky).

Acéto-parachloro-orthotoluide, $C^9H^{10}ClAzO$. — On l'obtient par l'action du chlorure d'acétyle sur la parachloro-orthotoluidine; elle forme de longues aiguilles, fusibles à 130-131° (Engelbrecht).

Acéto-dimétadibromo-paraïodo-orthotoluide,

$$C^9H^8Br^2IAzO.$$

— Elle correspond à l'orthotoluidine dimétadibromo-paraïodée décrite plus haut et cristallise dans l'alcool en aiguilles déliées fusibles à 121° (Wroblevsky).

Acéto-métanitro-orthotoluide,

$$C^9H^{10}(AzO^2)AzO.$$

— L'acéto-orthotoluide est introduite, par petites portions, dans de l'acide nitrique à 45° B. et bien refroidie, le produit est additionné de neige et le dépôt qui se forme est purifié par cristallisation dans l'alcool.

Le dérivé métanitré ainsi obtenu se dépose dans l'alcool en petites aiguilles d'un jaune citron, et dans l'eau en aiguilles microscopiques fusibles à 196-197°. Il est très-peu soluble dans l'eau bouillante, plus soluble dans l'alcool (Beilstein et Kuhlberg).

FORMO-ORTHOTOLUIDE,

$$C^8H^9AzO = CH^3\text{-}C^6H^4.AzHCHO.$$

— Préparée par l'action de la chaleur sur le formiate d'orthotoluidine, elle cristallise en paillettes nacrées, flexibles, fusibles à 50°; elle est peu soluble dans l'eau pure, plus soluble dans l'eau acidulée et encore mieux dans les solutions aqueuses des sels d'orthotoluidine.

La formo-orthotoluide entre en ébullition vers 180°; une certaine quantité passe inaltérée et le reste se décompose en oxyde de carbone et orthotoluidine. Le même dédoublement a lieu si l'on distille cette toluide avec l'anhydride phosphorique, avec l'acide chlorhydrique fumant ou avec le chlorure de zinc fondu; en même temps, il se produit une petite quantité de nitrile orthotoluique (Rosenstiehl).

ACIDE OXA-ORTHOTOLUIDIQUE [Syn. *Acide orthocrésyloxamique*],

$$C^9H^9AzO^3 = \begin{matrix} CO.AzH(C^6H^4\text{-}CH^3) \\ | \\ CO.OH. \end{matrix}$$

— On ne connaît que le sel d'orthotoluidine de cet acide; il se forme lorsqu'on chauffe à 100-110° l'oxalate neutre d'orthotoluidine; quand un échantillon prélevé sur la masse et dissous dans l'eau ne précipite plus par le chlorure de calcium, on reprend par l'eau et on fait cristalliser.

L'orthocrésyloxamate d'orthotoluidine,

$$C^{16}H^{18}Az^2O^3,$$

est en belles aiguilles soyeuses flexibles, solubles dans l'eau, l'alcool et l'éther. Il ne peut être ni fondu ni volatilisé sans décomposition. La solution aqueuse présente une réaction acide; elle ne précipite pas le chlorure de calcium, mais elle donne avec le chlorure de baryum des paillettes incolores nacrées. L'ammoniaque n'altère pas l'orthocrésyloxamate d'orthotoluidine; la soude en sépare à l'ébullition la base (Rosenstiehl).

OXA-ORTHOTOLUIDE [Syn. *Diorthocrésyloxamide*]

$$C^{16}H^{16}Az^2O^2 = \begin{matrix} CO.AzH(C^6H^4\text{-}CH^3) \\ | \\ CO.AzH(C^6H^4\text{-}CH^3) \end{matrix}$$

— Dans la préparation du corps précédent, il reste une poudre blanche amorphe, insoluble dans l'eau et les dissolvants neutres, qui paraît constituer l'oxa-orthotoluide. Elle fond à 120° et cristallise par le refroidissement en lames dures et cassantes; elle entre en ébullition à 240°; une petite quantité se sublime sans altération, mais la majeure proportion se décompose et fournit les mêmes produits que la formo-orthotoluide et, de plus, du gaz carbonique. L'acide sulfurique concentré ne paraît pas altérer l'oxa-orthotoluide; la soude bouillante ne régénère pas l'orthotoluidine (Rosenstiehl).

DÉRIVÉS DIAZOIQUES. — On a préparé les dérivés diazoïques de l'orthotoluidine et de ses produits de substitution, mais on ne les a point étudiés; ces corps ont été obtenus comme termes intermédiaires entre les dérivés de l'orthotoluidine et quelques produits de substitution du toluène. Leur mode de préparation est le même que celui des dérivés diazoïques de la phénylamine (t. II, p. 872). Les corps diazoïques correspondant aux acides orthamido-sulfonés du toluène ont déjà été décrits plus haut.

II. — MÉTATOLUIDINE

[Syn. *Métamidotoluène, métacrésylamine*] (1.3).

$$C^7H^9Az = C^6H^4 \begin{matrix} CH^3 \\ (AzH^2)_{(3)} \end{matrix}$$

— La métatoluidine a été découverte en 1870 par Beilstein et Kuhlberg. Elle se forme lorsqu'on réduit le métanitrotoluène par l'étain et l'acide chlorhydrique; le produit, sursaturé par un alcali et distillé au moyen d'un courant de vapeur d'eau, fournit un liquide huileux qu'on sèche sur la potasse et qu'on rectifie.

La métatoluidine constitue un liquide incolore, bouillant à 197°, d'une densité de 0,998 à 25°; elle ne se solidifie pas encore à — 13°. Presque insoluble dans l'eau, elle se mélange en toutes proportions à l'alcool et à l'éther. Sa constitution est établie, d'une part, par son mode de formation et, d'autre part, par ce fait qu'on peut la transformer en acide métatoluique.

On a étudié sur la métatoluidine l'action des *oxydants* (voyez plus loin, p. 473), celle du *sulfure de carbone*, de l'*acide acétique*, du *brome* et celle de l'*acide sulfurique fumant*.

Le brome la transforme en un dérivé tribromé, tandis que les deux toluidines isomériques fournissent des dérivés dibromés (Wroblevsky); l'acide sulfurique donne un acide sulfoné et une petite quantité d'un acide disulfoné (Lorenz).

SELS DE MÉTATOLUIDINE. — La métatoluidine ne change pas la couleur du tournesol rouge; ses sels offrent une réaction acide et on peut déterminer par titrage avec la soude la proportion d'acide qu'ils renferment. A l'air, ils se colorent rapidement en rose.

Azotate de métatoluidine, $C^7H^9Az, HAzO^3$. — Tables épaisses ou lamelles hexagonales allongées, solubles dans 5 p. d'eau à 23°, plus solubles dans l'alcool, mais peu solubles dans l'éther. Les solutions aqueuses se sursaturent facilement.

Chlorhydrate de métatoluidine C^7H^9Az, HCl. — Lamelles minces, groupées en rosaces, très-solubles dans l'eau et dans l'alcool.

Oxalates de métatoluidine. — On en a préparé trois :

1° Le sel *neutre* se sépare en lamelles rhombiques lorsqu'on mélange des solutions alcooliques chaudes d'acide oxalique et de métatoluidine, cette dernière étant maintenue en très-grand excès. Il renferme une molécule d'eau de cristallisation. Séché à l'air il présente l'aspect de la cholestérine ;

2° Le sel *sesqui-acide* $(C^7H^9Az)^3(C^2H^2O^4)^2$ se dépose de la solution tiède du sel biacide, sous forme de lamelles rhombiques glissées les unes sur les autres ; il peut être soumis à de nouvelles cristallisations sans se décomposer ;

3° Le sel *biacide* $C^7H^9Az, C^2H^2O^4$ cristallise en fines aiguilles soyeuses, réunies en mamelons, peu solubles dans l'eau, l'alcool et l'éther. Il commence à perdre du poids à 75°.

Sulfate de métatoluidine $(C^7H^9Az)^2H^2SO^4$. — Longues aiguilles rayonnées, cassantes, très-solubles dans l'eau, peu solubles dans l'alcool et insolubles dans l'éther. On n'a pu obtenir un sulfate acide.

RECHERCHE DE LA MÉTATOLUIDINE. — Les réactions suivantes permettent de reconnaître la métatoluidine :

1° L'acide *chromique* dissous dans l'acide sulfurique un peu étendu ($SO^4H^2 + H^2O$) produit avec la base une coloration jaune-brunâtre qu'une petite quantité d'eau fait virer au vert-jaunâtre et qu'une plus forte proportion d'eau fait disparaître ;

2° L'acide *nitrique* fournit, avec la solution sulfurique ($SO^4H^2 + H^2O$) de la base, une coloration rougeâtre passant rapidement au rouge de sang, puis au rouge foncé sale ; par addition d'eau la liqueur devient orange ;

3° Si l'on ajoute une solution de *chlorure de chaux* à la métatoluidine mise en présence de volumes égaux d'eau et d'éther, on voit la couche éthérée prendre une teinte rougeâtre et l'eau devenir trouble en se colorant en jaune brunâtre ; lorsque la couche éthérée est décantée et agitée avec de l'eau aiguisée d'acide sulfurique, l'eau prend une coloration faible violette (Lorenz) [F. Beilstein et A. Kuhlberg, *Ann. der Chem. u. Pharm.*, t. CLVI, p. 83 ; *Bull. de la Soc. chim.*, t. XIV, p. 293. — F. Lorenz, *Liebig's Ann. der Chem.*, t. CLXXII, p. 177 ; *Bull. de la Soc. chim.*, t. XXII, p. 315].

PRODUITS DE SUBSTITUTION DE LA MÉTATOLUIDINE

On n'a préparé jusqu'ici que des produits de substitution renfermant l'élément substitué dans le noyau benzique.

MÉTATOLUIDINES BROMÉES. — On connaît trois métatoluidines monobromées, un dérivé dibromé et un dérivé tribromé.

ORTHOBROMO-MÉTATOLUIDINE (1.2.3) ou (1.3.6).

$$C^7H^8BrAz = CH^3\text{-}C^6H^3 \begin{cases} (AzH^2)_{(3)} \\ Br_{(2)\text{ ou }(6)} \end{cases}$$

— L'acéto-métatoluide mise en suspension dans l'eau est traitée peu à peu par la quantité calculée de brome ; la réaction est vive, mais si l'on agite continuellement, on évite la formation de matières résineuses. Le produit, saponifié par de la potasse alcoolique, fournit un mélange de monobromo- et de dibromo-métatoluidine qu'on reprend par l'acide chlorhydrique : la dibromo-métatoluidine, ne s'unissant pas aux acides, reste insoluble, tandis que la base monobromée se dissout et peut être mise en liberté par l'ammoniaque.

L'orthobromo-métatoluidine forme un liquide incolore, bouillant à 240° et offrant une odeur qui rappelle celle de la métatoluidine.

L'*azotate* $C^7H^8BrAz, HAzO^3$ cristallise en petits cristaux prismatiques, rosés [E. Wroblevsky, *Ann. der Chem. u. Pharm.*, t. CLXVIII, p. 173 ; *Bull. de la Soc. chim.*, t. XVIII, p. 79].

MÉTABROMO-MÉTATOLUIDINE (1.3.5).

$$C^7H^8BrAz = CH^3\text{-}C^6H^3 \begin{cases} (AzH^2)_{(3)} \\ Br_{(5)} \end{cases}$$

— On l'obtient en réduisant le métabromo-métanitrotoluène (γ) par l'étain et l'acide chlorhydrique. Elle constitue un liquide incolore, bouillant à 255-260°, restant liquide à — 20° ; densité à 19° = 1,442. A la chaleur du bain-marie, l'amalgame de sodium lui enlève, à la longue, l'atome de brome en régénérant la métatoluidine.

Azotate $C^7H^8BrAz, HAzO^3$. — Longues aiguilles rosées ; 2p,49 de ce sel se dissolvent dans 100 p. d'eau à 13°.

Chlorhydrate C^7H^8BrAz, HCl. — Lamelles incolores, nacrées, se sublimant comme le sel ammoniac, moins solubles dans l'acide chlorhydrique que dans l'eau.

Sulfate $(C^7H^8BrAz)^2H^2SO^4$. — Lamelles incolores, nacrées (E. Wroblevsky).

PARABROMO-MÉTATOLUIDINE (1.3.4).

$$C^7H^8BrAz = CH^3\text{-}C^6H^3 \begin{cases} (AzH^2)_{(3)} \\ Br_{(4)} \end{cases}$$

— Elle dérive par réduction du parabromo-métanitrotoluène (ε) au moyen de l'étain et de l'acide chlorhydrique. Le produit de la réaction, sursaturé de chaux et soumis à la distillation, fournit la base sous forme d'une masse solide, fusible à 67° (Wroblevsky) à 75°,5 (Roos) et cristallisant en prismes par le refroidissement.

Chlorhydrate, C^7H^8BrAz, HCl. — Belles aiguilles ; 100 p. d'eau en dissolvent 9p,5 à 16°.

Azotate, $C^7H^8BrAz, HAzO^3$. — D'après Wroblevsky, ce sel cristallise en prismes et 100 p. d'eau en dissolvent 0p,46 à 11°,5 ; d'après Roos, il est en petites tables rhombiques et 100 p. d'eau en dissolvent 3p,21 à 16° [Wroblevsky, *loc. cit.* — P. F. Hamel Roos, *loc. cit.*].

DIORTHOBROMO-MÉTATOLUIDINE (1.2.3.6).

$$C^7H^7Br^2Az = CH^3\text{-}C^6H^2\left[Br_{(2)}(AzH^2)_{(3)}Br_{(6)}\right]$$

— On l'obtient en traitant, dans les conditions décrites plus haut, l'acéto-métatoluide par la quantité théorique de brome (2 mol.), et saponifiant le dérivé dibromé par la potasse alcoolique. Elle cristallise en longues aiguilles soyeuses, fusibles à 92°,5 ; elle ne s'unit pas aux acides. Si l'on en élimine le groupe AzH^2, on obtient le diorthodibromo-toluène ; cette réaction fixe sa constitution [Wroblevsky, *loc. cit.*].

TRIBROMO-MÉTATOLUIDINE (1.2.3.?.6).

$$C^7H^6Br^3Az = CH^3\text{-}C^6H\left[Br_{(2)}(AzH^2)_{(3)}Br_{(?)}Br_{(6)}\right]$$

— Elle se forme par l'action directe du brome sur le chlorhydrate de métatoluidine ; on dirige dans la solution du sel de l'air chargé de vapeur de brome, jusqu'à ce qu'on ait employé 2 mol. de ce corps pour 1 mol. de sel ; les flocons qui se forment, purifiés par cristallisation dans l'alcool, constituent la tribromo-métatoluidine ; elle est sous forme de longues aiguilles, fusibles à 97°, qui ne s'unissent pas aux acides [Wroblevsky, *loc. cit.*].

La même tribromo-métatoluidine paraît se former lorsqu'on ajoute de l'eau de brome à une solution d'acide métamido-orthocrésylsulfureux (voy. plus loin); purifiée par cristallisation dans l'alcool en présence du charbon animal, elle est en aiguilles cassantes, fusibles à 95°; par une sublimation ménagée, on l'obtient en aiguilles d'un blanc éclatant, fusibles à 101°. Elle est insoluble dans la soude et dans l'acide chlorhydrique; l'acide sulfurique la dissout et l'eau la précipite de cette solution (Lorenz).

MÉTATOLUIDINE CHLORÉE. — On ne connaît que la *métatoluidine parachlorée* (1.3.4),

$$C^7H^8ClAz = CH^3 - C^6H^3 < \begin{matrix} (AzH^2)_{(3)} \\ Cl_{(4)} \end{matrix}$$

qui se forme par la réduction du parachloro-métanitrotoluène. Le produit de la réaction, sursaturé de soude et distillé dans un courant de vapeur d'eau, fournit des flocons blancs, fusibles à 28-29°, insolubles dans l'eau. Le *sulfate* de cette base cristallise en aiguilles ténues, et le *chlorhydrate* en tables (Engelbrecht).

MÉTATOLUIDINE NITRÉE. — On a préparé la *métatoluidine orthonitrée* (1.2.3) ou (1.3.6).

$$C^7H^8(AzO^2)Az = CH^3 - C^6H^3 < \begin{matrix} (AzH^2)_{(3)} \\ (AzO^2)_{(2)\ ou\ (6)} \end{matrix}$$

— L'acéto-orthonitro-métatoluide est saponifiée par la quantité calculée de potasse alcoolique, et l'orthonitro-métatoluidine mise en liberté est purifiée par cristallisation dans l'eau bouillante. Elle forme de longues aiguilles fines, d'un jaune safran, fusibles à 133-134°. Elle se dissout dans les acides, mais forme des sels peu stables [F. Beilstein et A. Kuhlberg, *Ann. der Chem. u. Pharm.*, t. CLVIII, p. 348; *Bull. de la Soc. chim.*, t. XV, p. 249].

ACIDES SULFONÉS DE LA MÉTATOLUIDINE. — Ils représentent des acides crésysulfureux métamidés; on en connaît trois.

ACIDE MÉTAMIDO-ORTHOCRÉSYLSULFUREUX (1.2.3) ou (1.3.6).

$$C^7H^8Az.SO^3H = CH^3 - C^6H^3 < \begin{matrix} (AzH^2)_{(3)} \\ (SO^3H)_{(2)\ ou\ (6)} \end{matrix}$$

— Il se forme par l'action directe de l'acide sulfurique fumant sur la métatoluidine. 1 p. de cette base est chauffée pendant 4 heures à 160-170° avec 3 p. d'acide sulfurique fumant, puis la masse est précipitée par l'eau. Le dépôt, purifié par cristallisation dans l'eau bouillante, fournit des tables épaisses, blanches, anhydres d'acide métamido-orthocrésylsulfureux. Cet acide se détruit au-dessus de 275° sans fondre préalablement; il est peu soluble dans l'eau et insoluble dans l'alcool. Le gaz azoteux le transforme en un dérivé diazoïque que l'alcool bouillant décompose en azote et acide orthocrésylsulfureux. Le brome produit dans la solution de l'acide amidé un précipité de tribromo-métatoluidine.

Sel de baryum $(C^7H^8AzSO^3)^2Ba + 9H^2O$. — Tables minces ou longs prismes ressemblant aux cristaux d'urée.

Sel de plomb $(C^7H^8AzSO^3)^2Pb + 3\frac{1}{2}H^2O$. — Mamelons durs, d'un gris jaunâtre [F. Lorenz, *loc. cit.*].

ACIDE MÉTAMIDO-PARACRÉSYLSULFUREUX (1.3.4).

$$C^7H^8Az.SO^3H = CH^3 - C^6H^3 < \begin{matrix} (AzH^2)_{(3)} \\ (SO^3H)_{(4)} \end{matrix}$$

— En traitant par l'amalgame de sodium et l'eau l'acide métamido-orthobromo-paracrésylsulfureux (voy. plus loin), on obtient l'acide métamido-paracrésylsulfureux sous forme de très-petites aiguilles réunies en faisceaux et contenant 1 mol. d'eau qui se dégage lentement dans l'air sec. Il est peu soluble dans l'eau et dans l'alcool; 1 p. se dissout à 16° dans 715 p. d'eau. Les sels de *plomb* et de *baryum* sont amorphes [M. Hayduck, *Bull. de la Soc. chim.*, t. XXIII, p. 557].

ACIDE MÉTAMIDO-CRÉSYLSULFUREUX (1.3.?).

$$C^7H^8Az.SO^3H$$

— Préparé par la réduction de l'acide métanitro-crésylsulfureux (voy. p. 459) au moyen du sulfure de sodium, il cristallise en aiguilles anhydres incolores, brillantes, peu solubles dans l'eau (Beilstein et Kuhlberg).

ACIDE MÉTAMIDO-ORTHOBROMO-PARACRÉSYLSULFUREUX (1.2.3.4) ou (1.2.4.5).

$$C^7H^7BrAz.SO^3H$$

— Il a été obtenu à l'état impur et amorphe par l'action du sulfure d'ammonium sur l'acide métanitro-orthobromo-paracrésylsulfureux (Hayduck).

ACIDE MÉTAMIDO-CRÉSYLÈNE-DISULFUREUX.

$$C^7H^7Az(SO^3H)^2$$

— Il se trouve dans les eaux mères de la préparation de l'acide métamido-orthocrésylsulfureux; après avoir débarrassé celles-ci de l'acide sulfurique libre, au moyen du carbonate de baryum, on les sursature d'hydrate barytique et on les soumet à la distillation, tant qu'il passe de la métatoluidine. Le liquide traité ensuite par le gaz carbonique, filtré et évaporé, fournit des aiguilles incolores, feutrées, d'un *sel de baryum acide*, $[C^7H^7Az(SO^3H)SO^3]^2Ba + 12\frac{1}{2}H^2O$.

Le *sel de plomb* forme des croûtes cristallines de la formule $C^7H^7Az(SO^3)^2Pb + 2H^2O$. L'acide libre semble être très-peu stable, il n'a pu être isolé [Lorenz, *loc. cit.*].

ACÉTOMÉTATOLUIDE,

$$C^9H^{11}AzO = CH^3 - C^6H^4(AzH.C^2H^3O)_{(3)}$$

— On l'obtient en traitant la métatoluidine par le chlorure d'acétyle ou en faisant bouillir cette base avec de l'acide acétique cristallisable. La solution de l'acéto-métatoluide dans l'eau bouillante devient laiteuse en se refroidissant, puis laisse déposer des cristaux réunis en faisceaux, fusibles à 65°,5 et bouillant à 303°. 100 p. d'eau en dissolvent 0p,44 à 13° (Beilstein et Kuhlberg).

Acéto-diorthobromométatoluide, $C^9H^9Br^2AzO$. — Elle se prépare, comme nous l'avons dit plus haut, par l'action du brome, en quantité calculée, sur l'acétométatoluide. Elle se dépose dans l'eau bouillante en aiguilles aplaties, fusibles à 154° (Wroblevsky).

Acéto-parachlorométatoluide, $C^9H^{10}ClAzO$. — Lamelles fusibles à 139-140° (Engelbrecht).

Acéto-orthonitrométatoluide, $C^9H^{10}(AzO^2)AzO$. — Par l'action de l'acide nitrique sur l'acétométatoluide, il ne paraît se former qu'un corps nitré, le dérivé orthonitré. On introduit peu à peu l'acétométatoluide dans de l'acide nitrique froid de 46°,5 B., et l'on précipite le dérivé nitré par addition de neige; on achève sa purification par cristallisation répétée dans l'eau bouillante. L'orthonitro-acétométatoluide se présente en petits parallélipipèdes jaunes ou en cristaux orthorhombiques plus volumineux, fusibles à 101-102°. Elle est très-soluble dans l'alcool bouillant et peu soluble dans l'eau bouillante (Beilstein et Kuhlberg).

III. — PARATOLUIDINE

[Syn. *Paramidotoluène, paracrésylamine*] (1.4).

$$C^7H^9Az = C^6H^4 < \begin{matrix} CH^3 \\ (AzH^2)_{(4)} \end{matrix}$$

La paratoluidine a été découverte en 1845 par

Muspratt et Hofmann, qui l'ont obtenue en réduisant le nitrotoluène de Deville. Cette réaction fournit un mélange d'orthotoluidine et de paratoluidine, mais Muspratt et Hofmann n'ont pas observé la formation de la première, par la raison qu'ils ont purifié la base par cristallisation de l'oxalate; or, comme nous l'avons vu plus haut, un des modes de séparation des deux bases est précisément fondé sur la différence de solubilité des oxalates dans l'eau; l'orthotoluidine a dû par conséquent rester dans les eaux mères.

On obtient la paratoluidine pure en réduisant la paranitrotoluène (Kekulé, Alexeyeff). La réduction peut s'effectuer par le sulfure d'ammonium, par l'étain et l'acide chlorhydrique, par le fer et l'acide acétique, etc.

Lorsqu'on expose le chlorhydrate de méthylaniline pendant 24 heures à une température de 350°, il subit une transformation isomérique et fournit du chlorhydrate de paratoluidine,

$$C^6H^5.AzH\,CH^3, HCl = CH^3\text{-}C^6H^4.AzH^2, HCl$$

Chlorhydrate de méthylaniline. — Chlorhydrate de paratoluidine.

L'iodhydrate de méthylaniline produit, dans les mêmes conditions, une toluidine liquide dont la nature n'est pas encore connue (Hofmann et Martius).

Lorsqu'on fait réagir l'acide nitrique fumant sur le toluène bromé brut, on obtient un mélange de bromotoluènes nitrés qui, par la réduction, fournissent des bromotoluidines; en traitant celles-ci, à l'aide de la chaleur, par l'amalgame de sodium et l'alcool, on les transforme en un mélange d'ortho- et de paratoluidine. La première doit son origine au parabromotoluène contenu dans le toluène bromé brut, et il est probable que la paratoluidine dérive de l'orthobromotoluène (Rosenstiehl et Nikiforoff).

On obtient aussi de la paratoluidine, en distillant avec la potasse la résine provenant de l'action de l'acide azotique sur l'essence de térébenthine (Chautard).

L'acide métanitrobenzoïque impur (fondant à 127°) fournit de la paratoluidine lorsqu'on le chauffe avec 40 p. d'acide iodhydrique saturé et une petite quantité de phosphore rouge : d'abord, à 100° pendant 4 heures, puis à 200° pendant 20 heures (Rosenstiehl). C'est là une réaction anormale, puisque l'acide métanitrobenzoïque correspond à la métatoluidine.

[Muspratt et A. W. Hofmann (1845), *Ann. der Chem. u. Pharm.*, t. LIV, p. 1; — A. W. Hofmann et Martius, *Deutsch. chem. Gesellsch.*, t. IV, p. 742; t. V, p. 720; *Bull. de la Soc. chim.*, t. XVII, p. 123; t. XVIII, p. 353; — A. Rosenstiehl et Nikiforoff, *Ann. de Chim. et de Phys.*, (4), t. XXVI, p. 210; — Chautard, *Journ. de Pharm.*, (3), t. XXIV, p. 166].

Constitution de la paratoluidine. — La paratoluidine appartient à la série dite para-, puisqu'elle dérive du paranitrotoluène dont la constitution est bien établie, et, d'autre part, parce qu'on peut la transformer en acide paratoluique (Weith).

Préparation. — La paratoluidine se prépare aujourd'hui en grand [voyez TOLUIDINES (INDUSTRIE)] et l'industrie la livre dans un état de pureté suffisant; elle retient cependant opiniâtrement des traces d'aniline et de pseudotoluidine.

Pour l'en débarrasser complétement, on la transforme soit en oxalate, soit en acétoparatoluide qu'on purifie par cristallisation dans l'eau; ces combinaisons décomposées ensuite soit par la potasse aqueuse, soit par la potasse alcoolique, et soumises à la distillation dans un courant de vapeur d'eau, fournissent la paratoluidine dont on achève la purification par cristallisation dans l'alcool aqueux ou dans le pétrole bouillant de 80 à 100°.

On a décrit des procédés pour extraire la paratoluidine des anilines lourdes ou des *queues d'aniline*, mais ces modes de préparation ne présentent aujourd'hui qu'un intérêt historique; ils sont fondés sur la faible solubilité de l'oxalate de paratoluidine ou de l'acétoparatoluide [voyez à ce sujet : E. Sell, *Ann. der Chem. u. Pharm.*, t. CXXVI, p. 153; *Bull. de la Soc. chim.*, 1863, p. 416; — G. Staedeler et A. Arndt, *Jahresber für Chem.*, 1864, p. 425; — R. Brimmeyr, *Dingl. polyt. Journ.*, t. CLXXVI p. 461; *Bull. de la Soc. chim.*, t. IV, p. 202].

Propriétés. — La paratoluidine cristallise dans l'alcool faible en larges feuillets incolores ressemblant à la naphtaline; l'éther la dépose par l'évaporation lente en cristaux plus volumineux. Son odeur se rapproche de celle de l'aniline; sa saveur est brûlante. Sa densité est voisine de 1.

La paratoluidine fond à 45° et bout à 198° (Muspratt et Hofmann), à 200° (Beilstein et Kuhlberg), à 205°,5 (corrig. Staedeler); elle distille facilement avec la vapeur d'eau, et, même à la température ordinaire, elle possède une tension de vapeur assez grande : une baguette humectée d'acide chlorhydrique s'entoure de nuages blancs si on la tient suspendue sur des cristaux de paratoluidine. A l'air, elle se colore peu à peu en jaune, puis en brun. L'alcool concentré, l'éther, l'alcool méthylique, l'acétone, les huiles grasses et les essences dissolvent abondamment la paratoluidine; 285 p. d'eau à 11°,5 en dissolvent 1 p. L'éther l'enlève à la solution aqueuse.

Réactions. — 1° La solution aqueuse de paratoluidine bleuit très-faiblement le papier de tournesol rouge; elle verdit le papier de dahlia, mais elle n'agit pas sur le papier de curcuma. Elle colore en jaune intense le bois de sapin et la moelle de sureau.

2° Le *potassium* prend feu dans la vapeur de paratoluidine et fournit du cyanure.

3° Chauffée à 250° avec 20 p. d'acide iodhydrique, elle fournit de l'ammoniaque et du toluène,

$$C^7H^7.AzH^2 + 2HI = I^2 + AzH^3 + C^7H^8.$$

Si l'on emploie 80 p. d'acide et qu'on élève la température à 275°, on arrive à l'hydrocarbure saturé, l'heptane (Berthelot).

4° *Oxydants.* — L'*acide nitrique* chargé de vapeurs nitreuses transforme la paratoluidine en dinitritrocrésol [Martius et Wichelhaus, *Bull. de la Soc. chim.*, t. XII, p. 476; t. XXI, p. 522; — M. Ballo, *ibid.*, t. XIX, p. 450].

Avec l'*acide chromique*, l'*acide nitrique* ou l'*acide iodique* en présence de l'acide sulfurique $SO^4H^2 + H^2O$ ou avec le chlorure de chaux, on observe des colorations que nous avons déjà décrites à l'article PHÉNYLAMINES (t. II, p. 842 et 843) et sur lesquelles nous reviendrons plus loin (p. 477)

Lorsqu'on ajoute une solution saturée de *dichromate de potassium* à une solution de chlorhydrate de paratoluidine, il se forme, au bout de 24 heures, un précipité marron contenant de l'oxyde de chrome et plusieurs matières colorées. La soude n'en change pas la teinte; l'éther lui enlève une substance jaune, et l'eau acidulée un corps rouge jaunâtre.

Le *chlorate de cuivre* produit avec le chlorhydrate de paratoluidine une matière d'un brun marron vif qui devient terne par un lavage avec une solution de carbonate de sodium.

Par l'*électrolyse*, les sels de paratoluidine fournissent une matière brune, soluble dans l'alcool et teignant la soie et la laine en jaune brunâtre (Goppelsrœder).

La paratoluidine, arrosée d'acide chlorhydrique en quantité insuffisante pour tout dissoudre et additionnée de *permanganate de potassium*, donne de l'azoparatoluol (Barsilowsky); l'acétoparatoluide est convertie en acide acétoparamidobenzoïque lorsqu'on la traite par une solution de permanganate de potassium (A. W. Hofmann).

5° Le *brome* en vapeurs, en agissant sur le chlorhydrate de paratoluidine, fournit un dérivé métabromé (1.3.4) et un dérivé dimétadibromé (1.3.4.5); on n'observe pas la formation d'un dérivé tribromé (Wroblevsky).

L'action du chlore est moins nette : il se produit des résines et seulement une petite quantité de métachloroparatoluidine.

6° Avec l'*acide sulfurique fumant*, la paratoluidine donne deux acides monosulfonés isomériques et un acide disulfoné; les proportions relatives de ces acides dépendent de la température; l'acide paramido-orthocrésylsulfureux et l'acide disulfoné dominent d'autant plus dans le mélange que la température est plus élevée, tandis que le troisième composé, l'acide paramidométacrésylsulfureux se forme en plus forte proportion à une basse température.

7° La paratoluidine bouillante est attaquée par le *soufre* avec formation d'un produit de substitution sulfuré.

8° En chauffant à 230° la *nitrobenzine* avec la paratoluidine, Staedeler a obtenu une matière goudronneuse d'un brun vert sale ne contenant pas de matière colorante rouge; si l'on fait agir la nitrobenzine sur un mélange d'ortho- et de paratoluidine, il se forme une substance voisine de la rosaniline, sinon identique avec elle (Coupier).

$$2\,C^7H^7AzH^2 + C^6H^5AzO^2$$
$$= C^{20}H^{19}Az^3 + 2\,H^2O.$$

9° Un mélange de chlorhydrate de paratoluidine et d'*azobenzol* (molécules égales) se transforme à 230° en une masse noire, contenant trois matières colorantes, l'une rouge, l'autre violette et la troisième bleue [G. Staedeler, *Bull. de la Soc. chim.*, t. V, p. 221].

10° L'*aldéhyde benzoïque* s'unit directement au sulfite de paratoluidine et donne un composé cristallisé (H. Schiff).

11° On a encore étudié l'action des réactifs suivants sur la paratoluidine : *sulfure de carbone; aldéhydes; furfurol; quinone; oxyde d'éthylène; chlorhydrine du glycol; bromure d'éthylène; chlorure de cyanogène; cyanogène; nitriles; acide acétique et trichlorure de phosphore; acide acétique seul; chlorures acides; phosphoplatinate d'éthyle; sulfocarbimides; acide azoteux; iodures alcooliques; chlorhydrates des monamines primaires aromatiques.* Avec tous ces réactifs, la paratoluidine se comporte comme les autres bases aromatiques.

SELS DE PARATOLUIDINE. La paratoluidine forme avec les acides des sels cristallisables; sa solution alcoolique se prend, avec la plupart des acides, en masses cristallines qui, après une nouvelle cristallisation, constituent des sels purs. Pour préparer ces composés, on peut aussi dissoudre la base dans les acides un peu étendus d'eau et concentrer les solutions à une douce chaleur. Les sels ainsi produits sont incolores et ne prennent qu'à la longue une teinte jaune; ils se colorent assez rapidement en rose lorsqu'ils contiennent une petite proportion d'orthotoluidine. Un tissu de coton imprégné d'une solution de chlorhydrate de paratoluidine et exposé à l'air, à la température de 20°, se colore en jaune; la coloration est plus rougeâtre en présence de l'orthotoluidine. Les sels de paratoluidine offrent une réaction acide; les alcalis ou les carbonates alcalins les décomposent aisément en mettant la base en liberté sous forme d'un coagulum cristallin; la réaction alcaline de la paratoluidine étant presque nulle, on peut, par un simple titrage alcalimétrique, apprécier la proportion d'acide contenu dans les sels (Wanklyn).

La paratoluidine donne avec le chlorure et le sulfate cuivriques des précipités verdâtres, cristallins; avec le nitrate d'argent, un précipité blanc cristallin; avec les chlorures platiniques et palladiques, des précipités orangés, cristallins. Ajoutée à une solution chaude de chlorure ferrique, elle en précipite l'hydrate. Elle déplace aussi l'orthotoluidine de ses sels. [Muspratt et Hofmann, *loc. cit.*; — Beilstein et Kuhlberg, *Ann. der Chem. u. Pharm.*, t. CLVI, p. 70; — A. Rosenstiehl, *loc. cit.*].

Arséniate. — Lamelles peu fusibles.

Azotate. — Cristaux en forme de fer de lance, transparents, brillants, plus solubles que les nitrates d'orthotoluidine et d'aniline. 100 p. d'eau à 23°,5 dissolvent 17p,7 de ce sel. 100 p. d'alcool à 89 centièmes ou 100 p. d'éther en prennent 0p,4 à 20°. Ce sel est insoluble dans la benzine et dans le sulfure de carbone.

Chloraurate $C^7H^9Az, HCl + AuCl^3$. — Lorsqu'on ajoute du chlorure aurique à une solution de chlorhydrate de paratoluidine, il se forme un précipité qui se prend, au bout de quelque temps, en une masse feutrée; celle-ci fond dans l'eau à 50-60° et se dissout à une température plus élevée : par le refroidissement, le chloraurate se dépose en magnifiques aiguilles jaunes, très-brillantes.

Chlorhydrate C^7H^9Az, HCl. — Paillettes cristallines ou cristaux clinorhombiques (m, h^1, c^1 ou $b^{1/2}$, $d^{1/2}$). Ce sel est peu soluble dans l'éther; 100 p. d'eau en dissolvent 22p,9 à 11°; il montre une certaine tendance à former des solutions sursaturées. Il se sublime à la manière du sel ammoniac.

Chloroplatinate $(C^7H^9Az, HCl)^2, PtCl^4$. — Paillettes orangées, assez solubles dans l'eau et dans l'alcool.

Chlorozincates. — On connaît deux combinaisons : 1° $(C^7H^9Az)^2ZnCl^2$. — Une solution alcoolique de chlorure de zinc se prend en une bouillie cristalline lorsqu'on y ajoute de la paratoluidine; le composé formé cristallise dans l'alcool en aiguilles soyeuses décomposables par l'eau;

2° $(C^7H^9Az, HCl)^2, ZnCl^2$. — Le composé précédent dissous dans l'acide chlorhydrique étendu laisse déposer, par l'évaporation lente, des tables ou des prismes colorés en vert; on obtient le même sel en mettant en présence le chlorhydrate de paratoluidine et du chlorure de zinc. Le chlorure double est soluble dans l'eau et dans l'alcool; celui qui se dépose dans ce dernier liquide est anhydre, tandis que le sel cristallisé dans l'eau retient de l'eau de cristallisation [R. Graefinghoff, *Journ. f. prakt. Chem.*, t. XCV, p. 221; *Bull. de la Soc. chim.*, t. IV, p. 391].

Cobalticyanure $(C^7H^9Az)^6H^6Co^2Cy^{12} + 12\,H^2O$. — Cristaux incolores, ressemblant au nitre (Weselsky)

Iodozincate $(C^7H^9Az)^2, ZnI^2$. — Un mélange des solutions alcooliques chaudes d'iodure de zinc et de paratoluidine laisse déposer, en se refroidissant, des aiguilles groupées en mamelons (H. Vohl).

Oxalate acide $C^7H^9Az, C^2H^2O^4$ (Muspratt et Hofmann) $C^7H^9Az, C^2H^2O^4 + H^2O$ (Rosenstiehl). — On l'obtient en ajoutant de l'acide oxalique à de la toluidine en présence de l'eau, de l'alcool ou de l'éther et faisant cristalliser dans l'eau bouillante le sel ainsi obtenu. L'oxalate acide de paratoluidine cristallise en prismes orthorhombiques, très-peu solubles : 100 p. d'eau en dissolvent 0p,836 à 8°,2 et 0p,87 à 14°; 100 p. d'alcool, à 84 centièmes, en dissolvent 0p,483 à 22°; 100 p. d'éther en prennent 0p,015 à 15°; 0p,043 à 35° après 2 heures d'ébullition, et 0p,112 à la même température après 10 heures d'ébullition. Il est à peu près insoluble à froid dans la solution d'oxalate acide d'orthotoluidine. L'oxalate d'orthotoluidine est beaucoup plus soluble que celui de paratoluidine et la différence de solubilité des deux oxalates a été mise à profit pour la séparation de ces deux bases. L'oxalate acide de paratoluidine se forme quel que soit l'excès de base qu'on ait employé dans sa préparation ; dans aucun cas, on n'a pu obtenir le sel *neutre*.

Paraphénosulfite. — Grands prismes incolores, translucides; 100 p. d'eau dissolvent à 17°, 5p,18 de ce sel. Il fond à 202° et se dédouble, à une température supérieure, en phénol et acide paramido-métacrésylsulfureux [L. Pratesi, *Gaz. chim. ital.*, 1872, p. 555; — T. Lecco, *Monit. scient.* (3), t. IV, p. 423].

Phosphate. — Il est incristallisable.

Sulfate $(C^7H^9Az)^2H^2SO^4$. — Lames minces et allongées, flexibles, insolubles dans la benzine, le sulfure de carbone et l'éther. 100 p. d'eau à 22°,5 dissolvent 5p,06 de ce sel; 100 p. d'alcool en prennent 1p,3 à 23°. D'après Muspratt et Hofmann, le sulfate de paratoluidine renferme 1 molécule d'eau de cristallisation ; suivant Beilstein et Kuhlberg, il est anhydre. — Le *sulfate acide* ne semble pas stable.

Recherche et dosage de la paratoluidine. — La paratoluidine est caractérisée par sa tendance à produire des matières colorantes jaunes, dans les conditions où l'orthotoluidine fournit des matières violettes; l'acide nitrique, cependant, donne une coloration bleue fugitive (t. II, p. 842).

Pour donner à cette réaction toute sa sensibilité, on dissout la paratoluidine dans l'acide sulfurique étendu, renfermant *aussi exactement que possible* $SO^4H^2+H^2O$; on introduit dans cette solution une goutte d'acide nitrique pur et l'on agite : le liquide se remplit aussitôt de veines bleues très-belles et se colore bientôt, dans toute sa masse, en un bleu foncé ; au bout d'une minute la coloration passe au violet, puis au rouge et, après quelques heures, au brun. En présence des chlorures, c'est-à-dire de l'eau régale, la coloration bleue se produit de même; mais l'eau régale colorant aussi en bleu l'aniline et l'orthotoluidine, ce réactif ne peut être employé pour distinguer les trois bases. La réaction de l'acide nitrique est la seule qui permette de constater avec certitude la présence de la paratoluidine; mais elle exige que la base soit à l'état de pureté ; en présence de l'aniline ou de l'orthotoluidine la coloration est violette, rouge ou même jaune, suivant que la paratoluidine domine plus ou moins dans le mélange. Dans ces cas, il faut procéder à l'élimination des deux bases étrangères ; nous avons déjà vu comment on recherche la paratoluidine en présence de l'aniline ou de l'aniline mélangée d'orthotoluidine, et il ne nous reste à examiner ici que le cas d'un mélange d'ortho- et de paratoluidine.

Séparation de l'orthotoluidine et de la paratoluidine. — On constate facilement la présence de l'orthotoluidine dans la paratoluidine à l'aide du chlorure de chaux et de l'éther; la réaction est si sensible, qu'il est difficile de trouver une paratoluidine qui ne donne absolument aucune coloration. — La recherche de la paratoluidine dans l'orthotoluidine est plus délicate; lorsque le mélange contient encore 15 °/₀ de paratoluidine, l'acide nitrique ne produit plus qu'une coloration jaune; dans ce cas, on a recours à la méthode de séparation quantitative que nous exposons un peu plus loin et qui permet de constater la présence de 0,5 °/₀ de paratoluidine dans l'orthotoluidine (Rosenstiehl).

On peut aussi déceler la présence de la paratoluidine dans l'orthotoluidine en transformant le mélange des bases en acétotoluides et versant la solution acétique de celles-ci dans l'eau : la liqueur se trouble et laisse déposer l'acétoparatoluide, tandis que l'acéto-orthotoluide reste en solution. On ne connaît pas la limite de sensibilité de cette méthode. Un procédé entièrement semblable permet de retrouver 2 à 3 °/₀ de paratoluidine dans l'aniline [Merz et Weith, *Deutsch. chem. Gesells.*, t. II, p. 433].

Dosage de la paratoluidine. — C'est un dosage volumétrique; il exige : 1° de l'éther exempt d'alcool, mais pouvant renfermer de l'eau; 2° une solution de paratoluidine pure dans l'éther contenant 1gr,25 de base pour 250cc; 3° une solution titrée d'acide oxalique dans l'éther, contenant 1gr,473 d'acide cristallisé et pur pour 250cc. 10cc de cette solution doivent correspondre à 10cc de la solution de paratoluidine.

La base dissoute dans 400 fois son poids d'éther (0gr,2 dans 80 grammes d'éther) est introduite dans un matras et additionnée peu à peu de la solution oxalique contenue dans une burette de Gay-Lussac, dont l'orifice est bouché par un tampon de coton. Il se forme un précipité d'oxalate de paratoluidine dont l'aspect varie avec la quantité de cette base : si la solution en renferme plus de 0gr,03, le précipité est presque amorphe et ressemble au sulfate de baryum; par l'agitation il se réunit en flocons et se dépose alors rapidement. Quand il y a moins de 0gr,03 de paratoluidine en dissolution, le précipité est chatoyant et, lorsqu'il n'y en a plus que 0gr,01 à 0,005, le précipité est franchement cristallin. L'aspect du précipité permet donc de reconnaître que la fin de la réaction approche; on n'ajoute alors la liqueur titrée que par dixième de centimètre cube et il est prudent de filtrer le liquide dans un autre matras à parois bien transparentes, car l'oxalate de paratoluidine qui se précipite en dernier lieu s'attache aux parois du vase et les ternit. Quand l'acide oxalique ne produit plus de précipité, il est nécessaire de s'assurer, d'une part, qu'on n'a pas employé un excès d'acide oxalique, ce que l'on reconnaît à l'aide de la liqueur titrée de paratoluidine, et, d'autre part, que le dernier précipité formé est bien un sel de paratoluidine ce que l'on constate au moyen des réactions colorées : si l'on avait employé une quantité trop petite de dissolvant, il pourrait se précipiter de l'oxalate d'orthotoluidine; dans tous les cas, il faut préalablement s'assurer de l'absence de l'aniline.

Sachant que 1cc de solution oxalique titrée correspond à 0gr,005 de paratoluidine, on déduit la quantité de cette base du nombre de centimètres cubes employés; la proportion d'orthotoluidine se calcule par différence (Rosenstiehl).

Au lieu de saisir le moment où la solution oxalique ne produit plus de précipité, Lorenz a proposé de mettre à profit la réaction acide de l'oxalate neutre d'orthotoluidine; dès que la paratoluidine est entièrement précipitée, le liquide devient acide au papier de tournesol.

D'après le même chimiste, la détermination volumétrique de la paratoluidine, effectuée de la manière suivante, fournit des résultats encore plus exacts: la solution éthérée est additionnée d'un excès d'acide oxalique, puis filtrée; l'éther est évaporé et le résidu repris par l'eau est titré avec une solution de soude [F. Lorenz, *Liebig's Ann. der Chem.*, t. CLXXII, p. 190].

PRODUITS DE SUBSTITUTION DE LA PARATOLUIDINE.

— A l'exception de quelques dérivés paramidés des benzylamines qui seront décrits à l'article Benzylamines du Supplément, les produits de substitution de la paratoluidine renferment tous les groupes substitués dans le noyau benzique. Les dérivés monosubstitués peuvent exister sous deux modifications isomériques (1.2.4) et (1.3.4).

BROMOPARATOLUIDINES. — On ne connaît qu'une seule modification des dérivés mono- di- et tribromés :

MÉTABROMO-PARATOLUIDINE (1.3.4).

$$C^7H^8BrAz = CH^3-C^6H^3 \begin{cases} Br_{(3)} \\ (AzH^2)_{(4)} \end{cases}$$

— Cette base se forme lorsqu'on dirige de l'air saturé de vapeurs de brome dans une solution aqueuse de chlorhydrate de paratoluidine; quand le produit a absorbé la moitié de la quantité théorique de brome, on le filtre pour séparer la dibromo-paratoluidine formée, on évapore à sec et l'on reprend le résidu par l'eau froide qui dissout un mélange de chlorhydrate de paratoluidine et de chlorhydrate de métabromo-paratoluidine; il reste des matières résineuses à l'état insoluble. La liqueur additionnée d'ammoniaque laisserait précipiter, d'après Wroblevsky, la métabromo-paratoluidine, tandis que la paratoluidine resterait en dissolution et ne serait précipitée qu'après addition de soude (?). La base mise en liberté par l'ammoniaque est transformée en chlorhydrate, celui-ci est purifié par cristallisation dans l'eau, puis décomposé par la potasse.

Il est plus avantageux de préparer la métabromo-paratoluidine par la saponification de l'acéto-métabromo-paratoluide au moyen de la potasse alcoolique et bouillante; après la réaction, le liquide est étendu d'eau et soumis à la distillation : la base libre passe avec les vapeurs aqueuses.

C'est un liquide incolore, miscible à l'alcool, presque insoluble dans l'eau, se solidifiant à $+8°$ et bouillant à 240°; densité à 20° = 1,510. Son odeur se rapproche de celle de la toluidine. Ses sels cristallisent aisément.

Azotate $C^7H^8BrAz, HAzO^3$. — Grands cristaux lamellaires, jaunes, fusibles à 182°; 100 p. d'eau en dissolvent 2g,533 à 19°.

Chlorhydrate C^7H^8BrAz, HCl. — Prismes à quatre pans, incolores, peu solubles dans l'eau; ce sel commence à brunir vers 210° et fond à 221° en se décomposant légèrement.

Oxalate acide $C^7H^8BrAz, C^2H^2O^4$. — Grandes aiguilles incolores, peu solubles dans l'eau.

Sulfate acide $C^7H^8BrAz, H^2SO^4 + H^2O$. — Grandes aiguilles, colorées en rose, extrêmement solubles dans l'eau [E. Wroblevsky, *Ann. der Chem. u. Pharm.*, t. CLXVIII, p. 153; *Bull. de la Soc. chim.*, t. XII, p. 387; t. XIII, p. 66].

DIMÉTA-DIBROMO-PARATOLUIDINE (1.3.4.5).

$$C^7H^7Br^2Az = CH^3-C^6H^2\left[Br_{(3)}(AzH^2)_{(4)}Br_{(5)}\right]$$

— On l'obtient, en même temps que de la base précédente, en faisant barboter de l'air chargé de vapeur de brome dans une solution aqueuse de chlorhydrate de paratoluidine; lorsqu'on emploie, par molécule de paratoluidine, 2 atomes de brome, il se produit principalement de la dibromo-paratoluidine et la moitié de la paratoluidine se retrouve non altérée. Le dérivé dibromé ne forme pas de sels et se précipite par conséquent au sein de la liqueur acide; il est purifié par distillation avec la vapeur d'eau et par cristallisation dans l'alcool. On obtient le même composé lorsqu'on ajoute du brome (4 at.) à une solution aqueuse d'acide paramido-métacrésylsulfureux (Pechmann).

La diméta-dibromo-paratoluidine constitue de longues aiguilles, fusibles à 73-74°, insolubles dans l'eau, solubles dans l'alcool et l'éther. L'alcool saturé de gaz nitreux la convertit en dimétal-dibromo-toluène (p. 436); cette réaction établit la constitution de la diméta-dibromo-paratoluidine. Ce corps ne donne pas de sels; il se dissout dans l'acide chlorhydrique bouillant et se dépose de nouveau par le refroidissement.

L'acide nitrique agit assez vivement sur lui et fournit des produits résineux, solubles dans les alcalis; le brome le détruit sans produire une paratoluidine tribromée [E. Wroblevsky, *loc. cit.*].

TRIBROMOTOLUIDINE (1.3.4.5.?) $C^7H^6Br^3Az$. — On ajoute plus de 4 atomes de brome à une solution aqueuse d'acide paramido-métacrésylsulfureux, et l'on épuise le précipité par de l'acide chlorhydrique bouillant qui dissout la dibromo-paratoluidine. Le résidu, purifié par cristallisation dans l'alcool ou l'éther, constitue la tribromo-paratoluidine. Celle-ci cristallise en longues aiguilles incolores qui fondent à 113° et se subliment aisément; elle est complétement dénuée de propriétés basiques (Pechmann).

MÉTACHLORO-PARATOLUIDINE (1.3.4).

$$C^7H^8ClAz = CH^3-C^6H^3 \begin{cases} Cl_{(3)} \\ (AzH^2)_{(4)} \end{cases}$$

— On la prépare en chauffant l'acéto-métachloro-paratoluide avec de la potasse alcoolique, ajoutant de l'eau au produit et distillant le tout : la base passe avec les vapeurs aqueuses. Le même composé se forme, mais en faible proportion, lorsqu'on traite le chlorhydrate de paratoluidine par le chlore.

La métachloro-paratoluidine est un liquide incolore, bouillant à 222°, insoluble dans l'eau et miscible à l'alcool. Densité à 20° = 1,151.

Azotate $C^7H^8ClAz, HAzO^3$. — Grands prismes jaunâtres et brillants, qui commencent à brunir à 180° et fondent à 189°; 100 p. d'eau en dissolvent 2g,593 à 19°.

Chlorhydrate C^7H^8ClAz, HCl. — Tables quadrilatères, incolores, nacrées, peu solubles dans l'eau. Ce sel se sublime au-dessus de 210°, sans s'altérer.

Oxalate acide $C^7H^8ClAz, C^2H^2O^4$. — Grandes aiguilles, peu solubles dans l'eau.

Sulfate acide C^7H^8ClAz, H^2SO^4. — Grandes aiguilles, très-solubles dans l'eau [E. Wroblevsky, *loc. cit.* et *Bull. de la Soc. chim.*, t. XII, p. 385].

NITROTOLUIDINES. — On connaît deux dérivés mononitrés et un dérivé dinitré :

ORTHONITRO-PARATOLUIDINE (1.2.4).

$$C^7H^8(AzO^2)Az = CH^3-C^6H^3 \begin{cases} (AzO^2)_{(2)} \\ (AzH^2)_{(4)} \end{cases}$$

— En réduisant l'orthoparadinitrotoluène (α) par le sulfure d'ammonium, Cahours a obtenu une nitrotoluidine qui, d'après les recherches beaucoup plus récentes de Beilstein et Kuhlberg, constitue l'orthonitro-paratoluidine.

$$CH^3-C^6H^3 \begin{cases} (AzO^2)_{(2)} \\ (AzO^2)_{(4)} \end{cases} + 3H^2$$

$$= 2H^2O + CH^3-C^6H^3 \begin{cases} (AzO^2)_{(2)} \\ (AzH^2)_{(4)} \end{cases}$$

Pour préparer cette base, on traite le dinitrotoluène dissous dans l'alcool ammoniacal par un courant d'hydrogène sulfuré, suivant la méthode décrite pour la réduction de la dinitrobenzine (t. II, p. 854).

L'orthonitro-paratoluidine cristallise en lamelles très-allongées, jaunes et brillantes, fusibles à 77°,5; elle est assez soluble dans l'eau bouillante peu soluble à froid. Le sulfate du composé diazoïque correspondant (orthonitro-diazo-paratoluol), fournit l'orthonitrotoluène lorsqu'on le décompose par l'alcool bouillant. Les réducteurs puissants, tels que fer et acide acétique, étain et acide chlorhydrique, la transforment en orthoparacrésylène-diamine, fusible à 99°.

Nitrate $C^7H^8(AzO^2)Az, HAzO^3$. — Petites lamelles jaunes, fusibles vers 185° en se décomposant.

Chlorhydrate $C^7H^8(AzO^2)Az, HCl$. — Fines aiguilles ou aiguilles plus volumineuses groupées en faisceaux jaunes, assez solubles dans l'eau et qui fondent vers 220° en s'altérant.

Sulfate $[C^7H^8(AzO^2)Az]^2H^2SO^4 + 2H^2O$. — Petites aiguilles fines, groupées en étoiles faiblement colorées en rose [A. Cahours, *Compt. rend.*, t. XXVIII, p. 381; t. XXX, p. 319; — F. Beilstein et A. Kuhlberg, *Ann. der Chem., u. Pharm.*, t. CLV, p. 14; *Bull. de la Soc. chim.*, t. XII, p. 388].

MÉTANITRO-PARATOLUIDINE (1.3.4).

$$C^7H^8(AzO^2)Az = CH^3\text{-}C^6H^3 < \begin{matrix}(AzO^2)_{(3)}\\(AzH^2)_{(4)}\end{matrix}$$

— On l'obtient en faisant bouillir, pendant peu de temps, l'acéto-métanitro-paratoluidine avec la potasse alcoolique, précipitant le produit par l'eau et purifiant le dépôt par cristallisation dans l'alcool.

La métanitro-paratoluidine cristallise en petits prismes rouges, fusibles à 114°, très-solubles dans l'alcool bouillant, à peine solubles dans l'eau. Elle se distingue de son isomère surtout par sa faible affinité pour les acides; elle s'échauffe au contact de l'acide azotique faible, mais la combinaison se détruit par addition d'eau. Chauffée pendant longtemps avec de la soude concentrée, elle fournit de l'ammoniaque et du métanitro-paracrésol, fusible à 33°,5.

$$C^7H^6(AzO^2)(AzH^2) + NaHO = AzH^3 + C^7H^6(AzO^2)ONa$$

[P. Wagner, *Deutsche chem. Gesellsch.*, t. VII, p. 535].

Le sulfate du composé diazoïque (métanitro-diazo-paratoluol) est transformé par l'alcool absolu et à l'aide de la chaleur en métanitrotoluène [F. Beilstein et A. Kuhlberg, *loc. cit.*, p. 23. *Bull. de la Soc. chim.*, t. XIV, p. 293].

DINITRO-PARATOLUIDINE (1.3.4.?).

$$C^7H^7(AzO^2)^2Az = CH^3\text{-}C^6H^2[(AzO^2)_{(3)}(AzH^2)_{(4)}(AzO^2)_{(?)}]$$

— Pour la préparer, on fait bouillir pendant peu de temps l'acéto-dinitro-paratoluide avec la quantité nécessaire de potasse en dissolution dans l'alcool; le produit est additionné d'eau et le précipité qui se forme est soumis à des cristallisations dans la benzine, puis dans le sulfure de carbone (Beilstein et Kuhlberg).

Le même composé se forme, indépendamment d'une nitrocrésylène-diamine, lorsqu'on réduit le trinitrotoluène, fusible à 82°, par le sulfure d'ammonium en solution alcoolique; après la réaction, le produit est évaporé au bain-marie et le résidu est repris par l'acide chlorhydrique étendu qui s'empare de la nitrocrésylène-diamine; la partie insoluble cède à l'alcool la dinitro-paratoluidine (Tiemann).

La dinitro-paratoluidine cristallise en aiguilles jaunes, fusibles à 166-168°, qui se subliment sans décomposition lorsqu'on opère sur de petites quantités de matière. Elle est peu soluble dans l'alcool bouillant et à peu près insoluble dans l'éther; la benzine la dissout plus aisément; 100 p. de sulfure de carbone en dissolvent 0p,32 à 18°.

Le sulfure d'ammonium la transforme en une nitrocrésylène-diamine, fusible à 132°; avec l'étain et l'acide chlorhydrique, elle semble donner une crésylène-diamine et non un dérivé triamidé du toluène. La dinitro-paratoluidine, mise en suspension dans l'alcool ou dans l'acide nitrique, n'est pas attaquée à froid par le gaz nitreux, traitée par ce gaz en présence de l'alcool bouillant, elle se dissout et la solution paraît contenir un dinitro-toluène. La soude étendue et bouillante attaque rapidement la dinitro-paratoluidine et la transforme en dinitro-paracrésol, fusible à 83°,5; il se dégage en même temps de l'ammoniaque (Wagner).

La dinitro-paratoluidine ne forme pas de sels; à l'ébullition, elle se dissout dans l'acide chlorhydrique concentré, mais l'eau la précipite de la solution [F. Beilstein et A. Kuhlberg, *Ann. der Chem. u. Pharm.*, t. CLVIII, p. 341; — F. Tiemann, *Deutsche chem. Gesellsch.*, t. III, p. 217; *Bull. de la Soc. chim.*, t. XIV, p. 297].

MÉTABROMO-MÉTANITRO-PARATOLUIDINE (1.3.4.5).

$$C^7H^7Br(AzO^2)Az = CH^3\text{-}C^6H^2[Br_{(3)}(AzH^2)_{(4)}(AzO^2)_{(5)}]$$

— On décompose l'acéto-métabromo-métanitro-paratoluide par la soude bouillante et l'on distille, au moyen d'un courant de vapeur d'eau, la métabromo-métanitro-paratoluidine mise en liberté. Celle-ci cristallise dans l'acide acétique faible en belles aiguilles orangées, fusibles à 64°,5. L'alcool saturé de gaz nitreux la transforme en métabromo-métanitro-toluène (E. Wroblevsky).

DÉRIVÉ SULFURÉ DE LA PARATOLUIDINE (Syn. *thioparatoluidine*).

$$C^{14}H^{16}Az^2S = S < \begin{matrix}C^6H^3(AzH^2)\text{-}CH^3\\C^6H^3(AzH^2)\text{-}CH^3\end{matrix}$$

— Le soufre agit directement par substitution sur la paratoluidine bouillante et fournit la thioparatoluidine.

$$2(C^7H^7, AzH^2) + S^2 = H^2S + (C^7H^6, AzH^2)^2S.$$

— La réaction est facilitée par la présence de la litharge. On fait bouillir un mélange de paratoluidine, de soufre et de litharge pulvérisée, et on isole la thioparatoluidine par un procédé semblable à celui que nous avons décrit pour la préparation de la thianiline (t. II, p. 860).

La thioparatoluidine cristallise dans l'alcool en lames ressemblant à celles de la naphtaline, fusibles à 103°,5, très-solubles dans l'alcool et l'éther, très-peu solubles dans l'eau bouillante. L'acide sulfurique la dissout, en se colorant peu à peu en brun-malaga; les oxydants, tels que chlorure ferrique, dichromate de potassium, chlorate de potassium et acide chlorhydrique, colorent les solutions des sels de thioparatoluidine successivement en jaune, brun-rouge, rouge-framboise, et donnent à la fin un précipité; l'eau de chlore les colore en jaune-rouge foncé.

Les *sels* de thioparatoluidine cristallisent facilement, se décomposent partiellement par l'eau et offrent une réaction acide.

Chlorhydrate, $C^{14}H^{16}Az^2S, 2HCl$. — Longs prismes anhydres, incolores et brillants.

Chloroplatinate, $C^{14}H^{16}Az^2S, 2HCl, PtCl^4$. — La solution du chlorhydrate fournit avec le chlorure platinique de fines aiguilles jaunes.

Sulfate, $C^{14}H^{16}Az^2S, H^2SO^4$. — Précipité blanc anhydre, obtenu en neutralisant par l'acide sulfurique la solution alcoolique de la base. L'eau acidulée par l'acide sulfurique laisse déposer ce sel en aiguilles groupées sous forme de mamelons renfermant $2H^2O$ [V. Merz et W. Weith, *Deutsche chem. Gesellsch.*, t. IV, p. 384; *Bull. de la Soc. chim.*, t. XV, p. 240].

ACIDES SULFONÉS DE LA PARATOLUIDINE. — On

a préparé les deux acides monosulfonés isomériques indiqués par la théorie, leurs dérivés monobromés et un acide disulfoné.

ACIDE PARAMIDO-ORTHOCRÉSYLSULFUREUX (1. 2. 4),

$$C^7H^8Az.SO^3H = CH^3\text{-}C^6H^3 < \begin{matrix}(SO^3H)_{(2)} \\ (AzH^2)_{(4)}\end{matrix}$$

— Il se forme lorsqu'on réduit l'acide paranitro-orthocrésylsulfureux par le sulfure d'ammonium (Beilstein et Kuhlberg), ou quand chauffe la paratoluidine avec l'acide sulfurique fumant (Sell, Malyscheff, Buff); dans ce dernier cas, il est mélangé d'acide paramido-métacrésylsulfureux et d'acide paramido-crésylène-disulfureux.

L'acide paramido-métacrésylsulfureux domine dans le produit si la température est restée relativement basse, tandis qu'à une température plus élevée l'acide paramido-orthocrésylsulfureux et l'acide disulfureux se forment en plus grande proportion. Du reste, les deux acides monosulfureux isomériques se transforment l'un dans l'autre lorsqu'on les chauffe à 180-200° pendant 20 minutes; il est bien entendu qu'il se forme en même temps une certaine quantité d'acide sulfureux et que les proportions des deux acides qui se transforment ainsi sont très-inégales, l'acide paramido-métacrésylsulfureux étant moins stable, dans ces conditions, que son isomère (Pechmann).

Pour préparer l'acide paramido-orthocrésylsulfureux, on arrose 1 p. de toluidine avec 2 p. d'acide sulfurique fumant et l'on chauffe le mélange à la température où il commence à dégager des quantités notables d'acide sulfureux; si l'on appliquait une chaleur trop forte, la masse se charbonnerait. Le produit est traité par l'eau et la masse cristalline qui se dépose au bout de quelque temps est dissoute dans l'eau bouillante avec addition de charbon animal : la solution fournit, en se refroidissant, deux espèces de cristaux : de fines aiguilles et des tables rhombiques qu'on sépare grossièrement par lévigation. Les acides obtenus sont arrosés d'eau bouillante qui dissout plus facilement les aiguilles que les tables; on les purifie enfin par cristallisation dans l'eau. L'acide cristallisé en aiguilles constitue l'acide paramido-métacrésylsulfureux, tandis que les tables sont formées d'acide paramido-orthocrésylsulfureux (Malyscheff). On peut aussi séparer les deux acides par l'alcool ordinaire qui dissout l'acide métasulfureux plus abondamment que l'acide isomère, ou encore par cristallisation dans l'eau des sels de plomb; le paramido-métacrésylsulfite est beaucoup moins soluble que le paramido-orthocrésylsulfite.

L'éthylsulfate de paratoluidine, préparé par double décomposition entre l'oxalate de cette base et l'éthylsulfate de calcium, fournit de l'alcool et les acides paramido-crésylsulfureux lorsqu'on le chauffe à 200°; la réaction est nette et l'acide paramido-métacrésylsulfureux domine dans le produit (H. Limpricht).

On peut aussi retirer l'acide paramido-orthocrésylsulfureux des eaux mères de l'acide orthamidoparacrésylsulfureux (voyez p. 470); les eaux mères renferment même un troisième acide amidocrésylsulfureux, dont la constitution n'est pas encore établie (Voy. p. 490).

L'acide paramido-orthocrésylsulfureux cristallise en grandes tables rhombiques, incolores (Malyscheff), ou en rhomboèdres durs (Buff, Jenssen). Il est peu soluble dans l'eau froide, presque insoluble dans l'alcool et insoluble dans l'éther. Il renferme une molécule d'eau de cristallisation qui se dégage vers 190°. Sa solution aqueuse est colorée en rouge par le chlorure ferrique; additionnée de quelques gouttes d'acide nitrique fumant, puis étendue d'eau, elle produit un liquide limpide qui, par l'ébullition, devient rouge de sang.

Le *brome* en agissant sur la solution bouillante de cet acide fournit un acide bromo-paramido-orthocrésylsulfureux.

L'acide *nitreux* le transforme en un dérivé *diazoïque*

$$CH^3\text{-}C^6H^3 < \begin{matrix}Az{=}Az \\ SO^2\end{matrix} > O$$

cristallisant en petites aiguilles jaunes ou brunes, qui se décomposent sous l'influence de l'alcool, de l'eau et des hydracides en donnant naissance aux acides orthocrésylsulfureux, paroxy-orthocrésylsulfureux, orthochlorocrésylsulfureux et orthobromocrésylsulfureux.

Lorsqu'on introduit l'acide paramido-orthocrésylsulfureux dans l'acide nitrique fumant et fortement refroidi, il se dissout sans dégagement de gaz et la solution fournit, par l'évaporation sur la chaux, de grands cristaux rougeâtres possédant la composition d'un dérivé *nitrodiazoïque*

$$CH^3\text{-}C^6H^2(AzO^2) < \begin{matrix}Az{=}Az \\ SO^2\end{matrix} > O$$

On obtient en même temps un dérivé dinitré en cristaux jaunes très-instables (Pagel).

L'acide paramido-orthocrésylsulfureux, distillé avec la potasse solide, fournit une base huileuse qui ne donne pas de sels cristallisables (Buff).

L'acide paramido-orthocrésylsulfureux est monobasique; ses sels sont très-solubles dans l'eau; ils s'altèrent légèrement par l'évaporation de leurs solutions, en se colorant en rouge. A l'ébullition, ils réduisent le nitrate d'argent ammoniacal avec formation d'un miroir métallique en même temps que le liquide se colore en un violet rouge.

Sel d'*ammonium*. — On l'obtient en lames incolores par l'évaporation lente de ses solutions.

Sel de *baryum*, $(C^7H^8AzSO^3)^2Ba + H^2O$. — Lamelles brillantes, très-solubles dans l'eau, insolubles dans l'alcool.

Sel de *plomb* $(C^7H^8AzSO^3)^2Pb$. — Sa solution aqueuse additionnée d'alcool fournit un précipité gélatineux qui devient cristallin lorsqu'on le chauffe dans l'eau mère au bain-marie; ce sel est très-soluble dans l'eau et insoluble dans l'alcool.

Sel de *potassium*, $C^7H^8AzSO^3.K$. — Il cristallise de sa solution alcoolique bouillante en lames hexagonales et, par évaporation lente de sa solution aqueuse, en prismes à six pans, transparents et brillants; il est très-soluble dans l'eau [E. Sell, *Ann. der Chem. u. Pharm.*, t. CXXVI, p. 153; *Bull. de la Soc. chim.*, t. V, p. 416; — J. Malyscheff, *Zeitsch. für Chem.*, 1869, p. 212; *Bull. de la Soc. chim.*, t. XIII, p. 173; — F. Beilstein et A. Kuhlberg, voyez t. III, p. 450; — H. L. Buff, *Deutsche chem. Gesellsch.*, t. III, p. 796; *Bull. de la Soc. chim.*, t. XIV, p. 409; — F. Jenssen, *Liebig's Ann. der Chem.*, t. CLXXII, p. 230; *Bull. de la Soc. chim.*, t. XXII, p. 208; — E. Weckwarth, *Liebig's Ann. der Chem.*, t. CLXXII, p. 191; — H. von Pechmann, *ibid.*, t. CLXXIII, p. 195; *Bull. de la Soc. chim.*, t. XXIII, p. 75; — Pagel, *Liebig's Ann. der Chem.*, t. CLXXVI, p. 291; *Bull. de la Soc. chim.*, t. XXIV, p. 84].

ACIDE PARAMIDO-MÉTACRÉSYLSULFUREUX (1. 3. 4),

$$C^7H^8Az.SO^3H = CH^3\text{-}C^6H^3 < \begin{matrix}(SO^3H)_{(3)} \\ (AzH^2)_{(4)}\end{matrix}$$

— Nous avons indiqué plus haut son mode de formation et de préparation. Il cristallise en aiguilles, colorées légèrement en jaune, contenant $\frac{1}{2}H^2O$; les cristaux s'effleurissent dans l'air sec et perdent complétement leur eau à 130°. Il est plus soluble dans l'eau que l'acide précédent; à froid, il se dissout dans 10 p. d'eau; l'alcool absolu ne le dissout qu'en faible quantité; il est insoluble dans l'éther. La solution aqueuse est colorée en rouge par le chlorure ferrique; la chaleur favorise l'apparition de cette coloration.

L'eau à 130° transforme l'acide paramido-métacrésylsulfureux en acide sulfurique et paratoluidine. Il se produit aussi de la paratoluidine lorsqu'on distille l'acide avec la potasse. Fondu avec la potasse jusqu'à ce que le dégagement d'hydrogène ait diminué considérablement, cet acide fournit de l'acide paroxybenzoïque; il n'est pas attaqué par le formiate de sodium en fusion.

Le *brome* dédouble l'acide paramido-métacrésylsulfureux dissous dans l'eau en acide sulfurique et en dimétadibromo-paratoluidine ou en tribromo-paratoluidine; si l'on fait agir de l'air saturé de vapeurs de brome sur la solution froide de l'acide, il se forme en même temps un acide bromoparamido-métacrésylsulfureux.

L'acide *azoteux* le convertit en dérivé diazoïque et l'acide azotique fumant en dérivé nitrodiazoïque (voyez plus loin).

L'acide paramido-métacrésylsulfureux est monobasique.

Sel d'argent, $C^7H^8AzSO^3.Ag$. — Lamelles brillantes incolores, se colorant en gris à la lumière.

Sel de baryum, $(C^7H^8AzSO^3)^2Ba + \frac{5}{2}H^2O$ (?) — Sa solution aqueuse bouillante le laisse déposer, par le refroidissement, en tables brillantes, peu solubles à froid, qui ne perdent pas d'eau sur l'acide sulfurique (Malyscheff). Pechmann a obtenu le sel de baryum sous forme de lamelles hexagonales incolores, très-solubles dans l'eau, insolubles dans l'alcool et renfermant $3H^2O$.

Sel de plomb, $(C^7H^8AzSO^3)^2Ba + 2H^2O$. — Longues aiguilles incolores, beaucoup moins solubles dans l'eau que le paramido-orthocrésylsulfite de plomb.

Sel de potassium, $C^7H^8AzSO^3.K + \frac{1}{2}H^2O$. — Aiguilles ou tables hexagonales allongées, très-solubles dans l'eau et dans l'alcool bouillants.

Dérivé diazoïque,

$$C^7H^6 < \begin{matrix} Az=Az \\ SO^2 \end{matrix} > O.$$

— L'acide paramido-métacrésylsulfureux étant mis en suspension dans de l'eau à 30 ou 40° et saturé de gaz nitreux, on obtient le dérivé diazoïque sous forme de lames incolores ou rosées qui se dissolvent sans décomposition dans l'eau à 60° et cristallisent de nouveau par le refroidissement. L'eau bouillante le transforme en acide paracrésolmétasulfureux; l'acide bromhydrique, en acide parabromo-métacrésylsulfureux. L'alcool bouillant ne l'altère pas; si l'on augmente dans l'appareil la pression de 200 millimètres de mercure, il se forme de l'acide métacrésylsulfureux.

Dérivé ortho-nitrodiazoïque,

$$C^7H^5(AzO^2) < \begin{matrix} Az=Az \\ SO^2 \end{matrix} > O.$$

— L'acide paramido-métacrésylsulfureux est introduit dans de l'acide nitrique fumant préalablement refroidi, et lorsque la dissolution est complète, le liquide est précipité par l'eau ou bien soumis à l'évaporation sur de la chaux. Dans le premier cas, on obtient le dérivé nitrodiazoïque en petites aiguilles incolores, et, dans le second, en longues aiguilles d'un violet foncé. Ce corps détone par la chaleur ou par le choc; par l'ébullition avec de l'alcool sous pression, il fournit l'acide orthonitrométacrésylsulfureux [E. Sell, *loc. cit.*; — J. Malyscheff, *loc. cit.*; — H. L. Buff, *loc. cit.*; — H. von Pechmann, *loc. cit.*].

ACIDE PARAMIDO-CRÉSYLÈNE-DISULFUREUX,

$$C^7H^7Az(SO^3H)^2 = CH^3\text{-}C^6H^2(AzH^2)(SO^3H)^2.$$

— Il prend naissance lorsqu'on chauffe vers 200° avec de l'acide sulfurique fumant, soit la paratoluidine soit les acides paramido-orthocrésylsulfureux, ou paramido-métacrésylsulfureux.

Le produit additionné d'eau fournit un magma cristallin dont on peut extraire facilement les acides monosulfonés non attaqués; l'acide disulfoné étant beaucoup plus soluble reste dans les eaux mères et s'y dépose, après l'évaporation, sous forme de mamelons contenant 1 molécule d'eau. L'acide disulfoné est aussi très-soluble dans l'alcool.

Sel de baryum, $C^7H^7Az(SO^3)^2Ba + 3H^2O$. L'alcool le précipite en lamelles brillantes de sa solution aqueuse concentrée et chaude; il ne perd pas d'eau sur l'acide sulfurique.

Le *sel de plomb* se précipite, dans les mêmes conditions, sous forme de mamelons plus solubles encore que le sel barytique [H. von Pechmann, *loc. cit.*].

ACIDE BROMOPARAMIDO-ORTHOCRÉSYLSULFUREUX (1.2.4.?),

$$C^7H^7BrAz.SO^3H = CH^3\text{-}C^6H^2[(SO^3H)_{(2)}(AzH^2)_{(4)}Br_{(?)}]$$

— On l'obtient en ajoutant du brome à une solution aqueuse et bouillante d'acide paramido-orthocrésylsulfureux. Il cristallise en aiguilles blanches, longues et fines, très-peu solubles dans l'eau bouillante, assez solubles dans les acides chlorhydrique et bromhydrique, insolubles dans l'alcool et l'éther. Il se colore à l'air et à la lumière. Fondu avec de la potasse, il ne fournit pas de bromoparatoluidine.

L'acide azoteux le transforme en un dérivé diazoïque,

$$CH^3\text{-}C^6H^2Br < \begin{matrix} Az=Az \\ SO^2 \end{matrix} > O$$

qui, par l'action de l'alcool bouillant, fournit un acide bromo-orthocrésylsulfureux (Weckwarth, voyez t. III, p. 455, n° 6).

Sel d'argent. — Aiguilles peu solubles dans l'eau froide, brunissant facilement à la lumière.

Sel de baryum, $(C^7H^7BrAzSO^3)^2Ba + 7H^2O$. — L'eau le laisse déposer en prismes, l'alcool en aiguilles; il est très-soluble dans l'eau, peu soluble dans l'alcool; il perd complétement son eau sur l'acide sulfurique.

Sel de plomb. — Lamelles très-solubles.

Sel de potassium, $C^7H^7BrAzSO^3.K + H^2O$. — Prismes volumineux, durs, très-solubles [F. Jenssen, *loc. cit.*].

ACIDE BROMO-PARAMIDO-MÉTACRÉSYLSULFUREUX (1.3.4.?),

$$C^7H^7BrAz.SO^3H = CH^3\text{-}C^6H^2[(SO^3H)_{(3)}(AzH^2)_{(4)}Br_{(?)}]$$

— On fait passer un courant d'air entraînant des vapeurs de brome dans une solution froide d'acide paramido-métacrésylsulfureux; quand la solution a absorbé 1 molécule de brome par molécule d'acide on sépare par le filtre la dimétadibromoparatoluidine formée et on isole l'acide bromo-paramido-métacrésylsulfureux tenu en dissolution, en mettant à profit la faible solubilité de son sel de baryum. Le sel barytique de l'acide paramido-métacrésylsulfureux non altéré étant très-soluble, reste dans les eaux mères.

L'acide bromé cristallise dans l'eau ou dans l'alcool en aiguilles jaunes, très-solubles dans ces dissolvants, mais insolubles dans l'éther.

Il retient $\frac{3}{2}H^2O$ qu'il ne perd qu'à 130°; il se décompose au-dessus de 200° sans fondre préalablement. Il n'est pas attaqué par une lessive bouillante de potasse; distillé avec de la potasse, il fournit une bromo-paratoluidine liquide.

Sel d'argent, $C^7H^7BrAzSO^3.Ag$. — Fines aiguilles incolores, devenant grises à la lumière, presque i solubles dans l'eau froide

Sel de baryum, $(C^7H^7BrAzSO^3)^2Ba + 2H^2O$. — Petites tables rhombiques, brillantes, très-peu sol bles dans l'eau froide, insolubles dans l'alcool. Ce sel ne perd pas d'eau dans une atmosphère sèche.

Sel de plomb. — Aiguilles brillantes, anhydres, très-peu solubles dans l'eau froide.

Sel de potassium, $C^7H^7BrAzSO^3.K$. — Prismes volumineux, incolores, assez solubles dans l'eau froide.

Dérivé diazoïque,

$$CH^3 - C^6H^2Br \left\langle \begin{matrix} Az = Az \\ SO^2 \end{matrix} \right\rangle O.$$

— Préparé par l'action de l'acide azoteux sur l'acide bromo-paramido-métacrésyl ulfureux mis en suspension dans l'alcool, il constitue une poudre brun-rouge formée de très-petites tables rhombiques, détonant sous l'influence de la chaleur ou du choc. L'eau froide le décompose à la longue; l'alcool bouillant ne l'altère que lorsqu'on élève le point d'ébullition en augmentant la pression dans l'appareil; dans ces conditions, on obtient un acide bromo-métacrésylsulfureux (t. III, p. 456, nº 8) [H. von Pechmann, *loc. cit.*].

AMINES COMPLEXES DÉRIVÉES DE LA PARATOLUIDINE.

Les dérivés de la paratoluidine qui résultent de la substitution partielle ou totale de l'hydrogène du groupe AzH^2 sont, en tout points, comparables aux amines complexes dérivées de l'aniline. Les généralités qui ont été exposées aux articles Amines (t. I, p. 200), Alcalamides (t. I, p. 95) et Anilides (t. I, p. 304), peuvent s'appliquer directement à la paratoluidine.

Nous décrirons successivement les monamines secondaires et tertiaires, les ammoniums quaternaires, les diamines, triamines et tétramines, ainsi que plusieurs alcalamides renfermant le reste $CH^3 - C^6H^4$ de la paratoluidine, le *paracrésyle* :

1º. — *Paracrésylamines secondaires.*

ÉTHOXY-TRICHLORÉTHYLIDÈNE-PARACRÉSYLAMINE.

$$C^{11}H^{14}Cl^3AzO = CCl^3 - CH \left\langle \begin{matrix} OC^2H^5 \\ AzH(C^6H^4 - CH^3) \end{matrix} \right.$$

— La paratoluidine se dissout dans le chloral et produit la trichloréthylidène-diparacrésyldiamine (voy. p. 485) ; si l'on ajoute de l'alcool au produit de la réaction pendant qu'il est encore chaud, on obtient en même temps une substance très-soluble qui constitue l'éthoxy-trichloréthylidène-paracrésylamine. Ce corps, étant beaucoup plus soluble que la diamine, se concentre dans les eaux mères de celle-ci, et s'y dépose en grandes tables dont on achève la purification par cristallisation dans l'éther additionné d'une faible proportion d'alcool.

Il se présente en cristaux volumineux, durs, fusibles à 76-77° et restant longtemps en surfusion. Il n'est pas volatil sans décomposition. L'eau ne le dissout pas, mais le décompose peu à peu à la température de l'ébullition. Les alcalis ne l'altèrent que lentement à froid; les acides en séparent de la paratoluidine [O. Wallach, *Deutsche chem. Gesells.*, t. V, p. 252; *Bull. de la Soc. chim.*, t. XVII, p. 406].

ÉTHYLPARATOLUIDINE,

$$C^9H^{13}Az = (C^2H^5)(CH^3 - C^6H^4)AzH.$$

— La paratoluidine, chauffée pendant plusieurs jours au bain-marie avec un excès d'iodure d'éthyle, se transforme en iodhydrate d'éthylparatoluidine. Après la réaction, on chasse l'excès d'iodure d'éthyle par la distillation et l'on décompose le résidu huileux par une lessive concentrée de potasse.

L'éthylparatoluidine forme une huile incolore, bouillant à 217°, douée d'une odeur particulière Densité à 15°.5 = 0,9391.

Son *chloroplatinate* $(C^9H^{13}Az, HCl)^2, PtCl^4$ est un sel jaune, pâle cristallin, soluble dans l'eau et dans l'alcool, moins soluble dans l'éther; il est fort altérable [Morley et Abel, *The quart. Journ. chem. Soc. London*, t. VII, p. 68].

HYDROXÉTHYLÈNE-PARATOLUIDINE.

$$C^9H^{13}AzO = (CH^2.OH - CH^2)(CH^3 - C^6H^4)AzH.$$

— L'oxyde d'éthylène et la paratoluidine employés en proportions moléculaires, sont chauffés à 100° et le produit est soumis à la distillation fractionnée : l'hydroxéthylène-paratoluidine passe vers 286-288°; les produits supérieurs contiennent la dihydroxéthylène-paratoluidine bouillant vers 338-340°, et la vinylparatoluidine bouillant vers 360°.

L'hydroxéthylène-paratoluidine cristallise en aiguilles incolores, soyeuses, groupées en faisceaux jaunissant à la lumière; elle fond à 37° et bout à 287° en se décomposant partiellement. L'eau, l'alcool, l'éther et le chloroforme la dissolvent aisément.

C'est une base puissante; le *chlorhydrate* est déliquescent; le *chloroplatinate* forme des cristaux brun clair fusibles à 148° qui ne sont altérés ni par l'eau, ni par l'alcool bouillant. L'*oxalate*

$$(C^9H^{13}AzO)^2C^2H^2O^4$$

est en petites prismes incolores très-solubles dans l'eau, moins solubles dans l'alcool et fusibles à 121°; à cette température, il commence déjà à se décomposer et dégage de l'oxyde de carbone, du gaz carbonique et de l'eau; le résidu renferme les produits de déshydratation de l'hydroxéthylène-paratoluidine (Voy. plus loin.)

Sulfate acide $C^9H^{13}AzO.H^2SO^4$. Prismes incolores, très-solubles dans l'eau, fusibles à 110°.

Maintenue, pendant quelques heures à 280°, l'hydroxéthylène-paratoluidine émet des vapeurs aqueuses et fournit de petites quantités de vinyltoluidine mélangée d'une autre substance basique fusible à 155-160°.

Lorsqu'on la traite à 50° par l'iodure de méthyle, on obtient l'iodhydrate d'*hydroxéthylène-méthylparatoluidine*; la base de cet iodhydrate est liquide et le chloroplatinate cristallise en faisceaux cassants, d'un rouge-brun. Chauffée à son tour avec un excès d'iodure de méthyle et à la température de 100°, cette base fournit l'iodhydrate d'*hydroxéthylène-diméthylparacrésylammonium*, qui est liquide. Le chloroplatinate

$$(C^{11}H^{18}AzO, Cl)^2, PtCl^4$$

forme des cristaux mamelonnés d'un rouge de rubis; le chloraurate présente l'aspect de faisceaux jaunes [E. Demole, *Liebig's Ann. der Chem.*, t. CLXXIII, p. 123; *Bull. de la Soc. chim.*, t. XXII, p. 463].

MÉTHYLPARATOLUIDINE,

$$C^8H^{11}Az = (CH^3)(CH^3 - C^6H^4)AzH.$$

— L'iodure de méthyle agit très-vivement sur la paratoluidine et fournit l'iodhydrate de méthylparatoluidine. La base qu'on peut en séparer par la soude forme un liquide incolore bouillant à 202-203°. Elle contient une petite quantité de diméthylparatoluidine (Hofmann et Martius). Son chlorhydrate, chauffé dans un courant de gaz chlorhydrique, se dédouble en chlorure de méthyle et chlorhydrate de paratoluidine (Ch. Lauth).

NAPHTYLPARATOLUIDINE,

$$C^{17}H^{15}Az = (C^{10}H^7)(CH^3\text{-}C^6H^4)AzH.$$

— On la prépare en chauffant à 280° le chlorhydrate de paratoluidine avec la naphtylamine et purifiant le produit par le procédé décrit plus loin pour la paracrésylparatoluidine. C'est un corps cristallisé, incolore, rougissant peu à peu, fusible à 78° et bouillant vers 300° sous une pression de 528mm de mercure et à 236° sous 15mm. La base dissoute dans l'acide sulfurique est successivement colorée par l'acide nitrique en brun, verdâtre et de nouveau en brun [Ch. Girard et G. Vogt, *Bull. de la Soc. chim.*, t. XVIII, p. 67].

PARACRÉSYLPARATOLUIDINE (Syn. *Diparacrésylamine*) $C^{14}H^{15}Az = (CH^3\text{-}C^6H^4)^2AzH.$ — On l'obtient en chauffant à 280°, pendant 10 heures et en vase clos, le chlorhydrate de paratoluidine avec de la paratoluidine. A l'ouverture des tubes, il se dégage une certaine quantité d'ammoniaque. Le produit est traité par l'acide chlorhydrique concentré, puis additionné d'eau et la masse qui se précipite est lavée à plusieurs reprises avec de l'eau chaude; on élimine ainsi le chlorure d'ammonium formé et l'excès de toluidine à l'état de chlorhydrate, tandis que la diparacrésylamine dont le chlorhydrate n'est pas stable en présence de l'eau, reste à l'état insoluble. On l'exprime et on la purifie par distillation sous une faible pression.

La diparacrésylamine cristallise en aiguilles, fusibles à 82° (Girard et Willm), à 79° (Gerver); d'après de Laire, Girard et Chapoteaut elle bout à 355-360°, et d'après Girard et Willm, à 323° (non corrigé). Elle donne une coloration jaune paille avec l'acide nitrique.

La diparacrésylamine est une base faible; elle forme avec les acides concentrés de sels que l'eau scinde de nouveau en acide et en base. Le chlorure d'acétyle ou celui de benzoyle la transforment en *acétyldiparacrésylamine* ou en *benzoyldiparacrésylamine*, cristallisant toutes deux en prismes; la première fusible à 85°, et la seconde à 125° [G. de Laire, Ch. Girard et P. Chapoteaut, *Compt. rend.*, t. LXIII, p. 91; — Ch. Girard et G. Vogt *loc. cit.*; — N. Gerver, *Bull. de la Soc. chim.*, t. XX, p. 392; — Ch. Girard et E. Willm, *ibid.*, t. XXV, p. 250].

PHÉNYLPARATOLUIDINE (Syn. *Paracrésylaniline*),

$$C^{13}H^{13}Az = (C^6H^5)(CH^3\text{-}C^6H^4)AzH.$$

— Voy. t. II, p. 862.

VINYLPARATOLUIDINE.

$$C^9H^{11}Az = (C^2H^3)(CH^3\text{-}C^6H^4)AzH.$$

— Elle se forme en même temps que deux bases tertiaires qui seront décrites plus loin (p. 484), lorsqu'on chauffe, pendant quelques heures à 220-225°, un mélange de paratoluidine et de chlorhydrine du glycol dans le rapport de 1 à 3 mol. Le contenu des tubes, liquide brun épais, est additionné d'eau et épuisé un grand nombre de fois avec de l'éther ou mieux avec de la benzine qui tous deux dissolvent la vinylparatoluidine. Après l'évaporation du dissolvant, on obtient cette base en cristaux colorés qu'on purifie par compression, par lavage avec une petite quantité d'éther et cristallisation dans la benzine.

La vinylparatoluidine prend encore naissance par l'action du bromure d'éthylène sur la paratoluidine, à une température comprise entre 195 et 205°; la base brométhylée,

$$(C^2H^4Br)(CH^3\text{-}C^6H^4)AzH,$$

qui serait le produit normal de la réaction, se dédouble en base vinylique et en acide bromhydrique. Enfin, elle se produit, en petite quantité, lorsqu'on chauffe l'hydroxéthylène-paratoluidine à 280° pendant quelques heures.

La vinylparatoluidine cristallise en prismes incolores, fusibles à 189-191°, en un liquide qui se concrète de nouveau à 183°; elle bout vers 360°. Elle est insoluble dans l'eau, peu soluble dans l'éther, plus soluble dans la benzine. Elle offre les propriétés d'une base faible; les acides sulfurique et chlorhydrique moyennement concentrés la dissolvent, mais l'eau la précipite de ces solutions. Le chlorure platinique produit dans la solution chlorhydrique un précipité jaune qui offre la composition du chloroplatinate de vinylparatoluidine $(C^9H^{11}Az,HCl)^2,PtCl^4$ [A. Wurtz, *Bull. de la Soc. chim.*, t. XII, p. 190].

D'après Demole, la base qui vient d'être décrite doit être considérée comme une diamine tertiaire, la *diéthylène-diparacrésyldiamine*

$$(C^2H^4)^2(CH^3\text{-}C^6H^5)^2Az^2$$

car elle s'unit directement à une molécule d'iodure de méthyle en donnant le composé ammonié

$$(C^2H^4)^2(CH^3\text{-}C^6H^5)^2Az,CH^3I$$

qui forme de magnifiques cristaux d'un rouge foncé. Cet iodure n'est pas attaqué par la potasse et fournit avec l'oxyde d'argent une base puissante [E. Demole *loc. cit.*].

XYLYLPARATOLUIDINE.

$$C^{15}H^{17}Az = [(CH^3)^2 = C^6H^3][CH^3\text{-}C^6H^4]AzH.$$

— On l'obtient en chauffant le chlorhydrate de paratoluidine avec de la xylidine. Elle cristallise dans l'alcool en aiguilles incolores, soyeuses, ressemblant au sulfate de quinine. Elle fond à 70° et bout à 298-302° sous une pression de 487mm, (Ch. Girard et G. Vogt).

2°. — *Paracrésylamines tertiaires.*

DIBENZYLPARATOLUIDINE,

$$C^{21}H^{21}Az = (C^6H^5\text{-}CH^2)^2(CH^3\text{-}C^6H^4)Az.$$

— Une solution alcoolique de paratoluidine est chauffée à 100° avec du chlorure de benzyle, dans la proportion de molécule à molécule; l'alcool est ensuite distillé et le résidu est traité par la potasse. La base mise en liberté, chauffée une deuxième fois avec du chlorure de benzyle et de l'alcool, fournit la dibenzylparatoluidine, qu'on peut précipiter par addition d'eau.

Purifiée par cristallisation dans l'alcool bouillant, elle constitue de fines aiguilles, incolores, fusibles à 54,5-55° et qui, à l'air, prennent une teinte jaunâtre. Elle est insoluble dans l'eau et peu soluble dans l'alcool froid; l'alcool bouillant la dissout aisément.

La dibenzylparatoluidine est une base faible. Son *chlorhydrate* est très-soluble dans l'alcool et peut cristalliser dans ce liquide; l'eau le décompose en mettant la base en liberté. La solution alcoolique du chlorhydrate additionnée de chlorure platinique et d'éther, laisse déposer peu à peu de petits cristaux orangés du *chloroplatinate*; ce sel est décomposé également par l'eau comme le chlorhydrate [S. Cannizzaro, *Bull. de la Soc. chim.*, 1865, t. IV, p. 218].

DIÉTHYLPARATOLUIDINE,

$$C^{11}H^{17}Az = (C^2H^5)^2(CH^3\text{-}C^6H^4)Az.$$

— On l'obtient en chauffant l'éthylparatoluidine avec de l'iodure d'éthyle dans un tube scellé à la lampe et décomposant par un alcali l'iodhydrate formé.

La diéthylparatoluidine est un liquide incolore, bouillant à 229°, d'une densité de 0,9242 à 15°,5. Le *chloroplatinate* forme une masse résineuse incristallisable. L'*iodhydrate* $C^{11}H^{17}Az,HI$ cristallise en prismes à six pans, extrêmement solubles dans l'eau [Morley et Abel, *loc. cit.*].

DIHYDROXÉTYLÈNE-PARATOLUIDINE,

$C^{11}H^{17}AzO^2 = (CH^2.OH-CH^2)^2(CH^3-C^6H^4)Az.$

— On l'obtient comme produit accessoire dans la préparation de l'hydroxéthylène-paratoluidine (voy. plus haut); c'est un liquide incolore, épais, bouillant à 338-340°, brunissant assez rapidement à l'air. Le *chloroplatinate* forme des paillettes brillantes, couleur ocre, beaucoup plus solubles dans l'alcool que le chloroplatinate d'hydroxétylène-paratoluidine [Demole, *loc. cit.*].

DIMÉTHYLPARATOLUIDINE,

$C^9H^{13}Az = (CH^3)^2(CH^3-C^6H^4)Az.$

— Pour la préparer, on chauffe la méthylparatoluidine avec l'iodure de méthyle et on décompose par la potasse l'iodhydrate formé. Ainsi obtenue, elle peut encore renfermer des traces de monométhylparatoluidine; pour rendre impossible tout mélange avec cette dernière, Hofmann a préparé la diméthylparatoluidine en distillant l'hydrate de triméthylparacrésylammonium.

La base forme un liquide incolore, ne se solidifiant pas à — 10° et bouillant à 210°; densité = 0,938 [A. W. Hofmann, *Deutsche chem. Gesellsch.*, t. V, p. 711].

SALHYDROPARATOLUIDE,

$C^{14}H^{13}AzO = (OH.C^6H^4-CH)''(CH^3-C^6H^4)Az.$

— L'aldéhyde salicylique est chauffée à 50° avec de la paratoluidine et le produit jaune qui se forme est purifié par cristallisation dans l'alcool bouillant.

$$C^6H^4 \begin{matrix} OH \\ CHO \end{matrix} + AzH^2(C^6H^4-CH^3)$$
$$= H^2O + C^6H^4 \begin{matrix} OH \\ CHAz(C^6H^4-CH^3). \end{matrix}$$

La salhydroparatoluide forme des cristaux jaunes, inodores, insolubles dans l'eau, solubles dans l'alcool et l'éther. Elle fond à 100° et se volatilise à une température beaucoup plus élevée. Les alcalis la décomposent. Le *chlorhydrate* est cristallisable et le *chloroplatinate* renferme $(C^{14}H^{13}AzO, HCl)^2, PtCl^4$ [P. Jaillard, *Compt. rend.*, t. LX, p. 1096].

En appendice aux paracrésylamines tertiaires, nous décrivons deux bases tertiaires qui se forment, indépendamment de la vinyltoluidine, lorsqu'on chauffe à 220-225° la chlorhydrine du glycol avec la paratoluidine; le produit de la réaction renferme en outre du chlorure d'éthyle et du chlorure d'éthylène. Ces bases ne sont plus des dérivés immédiats de la paratoluidine, car elles contiennent, à la place du groupe paracrésylique, un reste C^7H^5 fonctionnant comme radical monatomique, mais dont la constitution n'est pas connue. Le chlorure d'éthyle, produit dans cette réaction, dérive par réduction de la chlorhydrine, et il est probable que l'hydrogène qui intervient dans sa formation, est emprunté au groupe paracrésylique C^7H^7.

VINYLHYDROXÉTHYLÈNE-CRÉSÉNYLAMINE,

$C^{11}H^{13}AzO = (C^2H^3)(CH^2.OH-CH^2)(C^7H^5)Az.$

— L'eau mère aqueuse et colorée d'où l'éther ou la benzine ont extrait la vinyltoluidine, renferme les chlorhydrates des deux bases tertiaires en proportions variables. Pour les séparer, on précipite la liqueur par le chlorure platinique, en fractionnant les précipités; le chloroplatinate de la vinylhydroxéthylène-crésénylamine se sépare en dernier lieu. Les différentes fractions sont décomposées par l'hydrogène sulfuré et les chlorhydrates ainsi régénérés sont soumis à de nouvelles précipitations fractionnées par le chlorure platinique; cette série d'opérations doit être répétée encore plusieurs fois.

Le *chlorhydrate* de vinylhydroxéthylène-crésénylamine, $C^{11}H^{13}AzO, HCl$, forme une masse cristalline qui se dissout dans l'alcool, en le colorant en jaune brun; il s'en sépare sous forme de mamelons d'un jaune brunâtre, lorsqu'on verse une couche d'éther au-dessus de la solution alcoolique. Il est très-soluble dans l'eau; la solution concentrée est d'un jaune brun et douée d'un pouvoir colorant intense; plus étendue, elle est jaune; très-étendue, elle présente une magnifique fluorescence verte. L'ammoniaque précipite de la solution de petites gouttelettes qui finissent par se rassembler en un liquide oléagineux vert; cette matière, qui est probablement la base libre, se colore en bleu lorsqu'on l'expose pendant quelques jours à l'air.

Le chlorhydrate solide peut absorber jusqu'à 152 % (4 atomes) de brome en vapeur sans fournir d'acide bromhydrique; il se transforme en une masse rouge-orangé insoluble dans l'eau.

La solution du chlorhydrate est précipitée en brun par l'iodure de potassium.

Le *chloroplatinate* $(C^{11}H^{13}AzO, HCl)^2, PtCl^4$ constitue un précipité d'un jaune pur qui présente, sous le microscope, des amas cristallins dont les bords sont marqués par de petites aiguilles courtes.

Iodhydrate $C^{11}H^{13}AzO, HI$. — Obtenu par l'évaporation de la solution du chlorhydrate additionné d'acide iodhydrique, il est en paillettes jaune d'or, moins solubles que le chlorhydrate; sa solution est jaune et non fluorescente.

Le *nitrate* est soluble et très-fluorescent [A. Würtz, *Bull. de la Soc. chim.*, t. XII, p. 100.]

DIVINYLE-CRÉSÉNYLAMINE,

$C^{11}H^{11}Az = (C^2H^3)^2(C^7H^5)Az.$

— Elle dérive de la base précédente par perte d'une molécule d'eau, et il a été dit plus haut comment on parvient à séparer les deux bases par des précipitations fractionnées avec le chlorure platinique : le chloroplatinate de la base divinylique se précipite en premier lieu; décomposé par l'hydrogène sulfuré, il fournit une solution incolore qui, après l'évaporation, laisse le *chlorhydrate* sous forme de masse incolore. Ce sel se dépose dans l'alcool absolu en croûtes cristallines renfermant $C^{11}H^{11}Az, HCl + H^2O$; l'eau de cristallisation se dégage à 100°. Il absorbe directement 252 % de brome (6 atomes) et se convertit en un liquide rouge qui se concrète, au-dessus d'un vase renfermant de la chaux, en une masse cristalline d'un rouge de rubis.

Le *chloroplatinate* se précipite en aiguilles microscopiques d'un jaune plus fauve que le chloroplatinate de la base fluorescente; il se dissout en petite quantité dans l'eau bouillante qui le laisse déposer en aiguilles déliées d'un jaune fauve [A. Wurtz, *loc. cit.*].

3° *Paracrésylammonium.*

On a obtenu plusieurs paracrésylammoniums en fixant les iodures alcooliques sur les paracrésylamines tertiaires, mais on n'a décrit en détail que les combinaisons du *triéthylparacrésylammonium*, $(C^2H^5)^3(CH^3-C^6H^4)Az$.

L'*iodure* s'obtient en cristaux incolores lorsqu'on maintient pendant quelques jours à 100°, en tube fermé, un mélange de diéthylparacrésylamine et d'iodure d'éthyle.

L'*hydrate* est très-soluble dans l'eau et doué de propriétés basiques très-énergiques; il se comporte avec les solutions métalliques comme la potasse.

Chloroplatinate, $(C^{13}H^{22}AzCl)^2, PtCl^4$. — Précipité cristallin, très-peu soluble dans l'eau froide; l'eau bouillante le dissout assez facilement et le laisse déposer en belles aiguilles [Morley et Abel, *loc. cit.*].

L'*hydrate de triméthylparacrésylammonium* se décompose par la distillation en alcool méthylique et diméthylparacrésylamine; c'est ainsi que Hofmann a préparé cette dernière base pour exclure complétement la présence de la monométhylparacrésylamine.

4° *Paracrésyldiamines.*

Diallylidène-diparacrésyldiamine,

$$C^{20}H^{22}Az^2 = (C^3H^4)^2(CH^3\text{-}C^6H^4)^2Az^2.$$

— L'acroléine en agissant sur la paratoluidine fournit une masse résineuse qui contient la diallylidène-diparacrésyldiamine; le chloroplatinate de cette base a pour formule

$$(C^{20}H^{22}Az^2, HCl)^2, PtCl^4.$$

[H. Schiff, *Bull. de la Soc. chim.*, t. IV, p. 220].

Dibenzylidène-diparacrésyldiamine,

$$C^{28}H^{26}Az^2 = (C^6H^5\text{-}CH)^2(CH^3\text{-}C^6H^4)^2Az^2.$$

— Obtenue par l'action de l'aldéhyde benzoïque sur la paratoluidine, elle constitue une poudre cristalline jaune, fusible dans l'eau bouillante et insoluble dans ce liquide, soluble dans l'alcool. Elle ne forme pas de sels avec les acides. Sous l'influence d'une température de 160°, maintenue pendant 24 heures, elle se transforme en un corps jaune cristallisé en aiguilles et se combinant avec les acides [Schiff, *loc. cit.*].

Diéthylène-diparacrésyldiamine,

$$C^{18}H^{22}Az^2 = (CH^2\text{-}CH^2)^2(CH^3\text{-}C^6H^4)^2Az^2.$$

— La vinylparatoluidine décrite plus haut, constitue, d'après Demole, la diéthylène-diparacrésyldiamine. Elle est probablement identique avec la base fusible à 186° que Gretillat a obtenue en chauffant à 150° la paratoluidine avec du bromure d'éthylène; ce chimiste a attribué à cette base la formule de la *triéthylène-triparacrésyltriamine*, $(CH^2\text{-}CH^2)^3(CH^3\text{-}C^6H^4)^3Az^3$ [A. Gretillat, *Monit. scient.*, (3), t. III, p. 383].

Diéthylidène-diparacrésyldiamine,

$$C^{18}H^{22}Az^2 = (CH^3\text{-}CH)^2(CH^3\text{-}C^6H^4)^2Az^2.$$

— On la prépare en chauffant à 100° la paratoluidine avec l'aldéhyde et faisant cristalliser le produit dans l'alcool. Elle forme des mamelons jaunes, fusibles à 60°. Les sels constituent des masses résineuses rouges, solubles dans l'alcool; l'eau les décompose.

Le *chloroplatinate* renferme

$$(C^{18}H^{22}Az^2, HCl)^2, PtCl^4$$

[H. Schiff, *loc, cit.*].

Trichloréthylidène-diparacrésyldiamine,

$$C^{16}H^{17}Cl^3Az^2 = (CCl^3\text{-}CH)(CH^3\text{-}C^6H^4)^2Az^2H^2.$$

— Lorsqu'on dissout la paratoluidine dans le chloral anhydre, on constate un dégagement de chaleur et l'on voit le produit se solidifier pendant le refroidissement; en le faisant cristalliser dans l'éther, on obtient des prismes incolores de trichloréthylidène-diparacrésyldiamine. Ce corps fond à 114-115°, mais se décompose déjà sous l'influence d'une température de 100° maintenue pendant longtemps.

Si l'on emploie l'alcool dans la préparation de ce corps, on obtient comme produit accessoire l'éthoxytrichloréthylidène-paracrésylamine décrite plus haut [O. Wallach, *loc. cit.*]

Diœnanthylidène-diparacrésyldiamine. — La substance résultant de la combinaison, avec perte d'eau, de l'œnanthol et de la paratoluidine, est liquide et dénuée de propriétés basiques (Schiff).

Éthylène-diparacrésyldiamine,

$$C^{16}H^{20}Az^2 = (CH^2\text{-}CH^2)(CH^3\text{-}C^6H^4)^2Az^2H^2.$$

— Elle se produit, en même temps que la diéthylène-diparacrésyldiamine, lorsqu'on fait agir à 150° le bromure d'éthylène sur la paratoluidine. Elle forme des cristaux fusibles à 97°,5, très-solubles dans l'alcool. Le *chlorhydrate* cristallise en longues aiguilles incolores, très-solubles dans l'eau bouillante [Gretillat, *loc. cit.*].

Furfurotoluidine,

$$C^{19}H^{22}Az^2O^2 = C^5H^4O^2 + 2C^7H^9Az.$$

— La paratoluidine réagit en présence de l'alcool sur le furfurol et le transforme, au bout de quelque temps, en une masse rouge d'où l'on ne peut extraire aucune substance cristallisée. On atteint un résultat plus favorable par l'emploi simultané de la paratoluidine et d'un de ses sels: lorsqu'on mélange des solutions bouillantes renfermant pour 150 p. d'alcool, l'une, 8 p. de furfurol et l'autre, 12 p. de chlorhydrate de paratoluidine et 9 p. de paratoluidine, il se dépose, par le refroidissement, de petits cristaux aciculaires rouges de *chlorhydrate de furfurotoluidine*, $C^{19}H^{22}Az^2O^2, HCl$.

On obtient le *nitrate*, $C^{19}H^{22}Az^2O^2, HAzO^3$, d'une manière analogue, en employant, pour 100 p. d'alcool bouillant, d'une part 8 p. de furfurol et d'autre part un mélange de 14 p. de nitrate de paratoluidine et et de 9 p. de paratoluidine. Le sel cristallise en aiguilles pourpres.

La *furfurotoluidine*, $C^{19}H^{22}Az^2O^2$, préparée en broyant le chlorhydrate avec de l'ammoniaque, constitue une masse brune, amorphe et cassante. D'après sa formule, elle résulte de l'union directe de 1 molécule de furfurol et de 2 molécules de paratoluidine [J. Stenhouse, *Proceed. Roy. Soc. London*, t. XVIII, p. 537; *Bull. de la Soc. chim.*, t. XV, p. 113].

Les paracrésyldiamines suivantes contiennent un radical triatomique.

Benzénylparacrésyldiamine,

$$C^{14}H^{14}Az^2 = C^6H^5\text{-}C \Big\langle \begin{matrix} Az(C^6H^4\text{-}CH^3) \\ AzH^2. \end{matrix}$$

— Elle se produit, en même temps que la benzényldiparacrésyldiamine, lorsqu'on chauffe un mélange de benzonitrile et de chlorhydrate de paratoluidine :

$$C^6H^5\text{-}CAz + AzH^2(C^6H^4\text{-}CH^3)HCl$$

$$= \left[C^6H^5\text{-}C \Big\langle \begin{matrix} Az(C^6H^4\text{-}CH^3) \\ AzH^2 \end{matrix}\right] HCl.$$

Chlorhydrate de benzénylparacrésyldiamine.

$$\left[C^6H^5\text{-}C \Big\langle \begin{matrix} Az(C^6H^4\text{-}CH^3) \\ AzH^2 \end{matrix}\right] HCl$$

$$+ AzH^2(C^6H^4\text{-}CH^3)HCl$$

$$= AzH^4Cl + \left[C^6H^5\text{-}C \Big\langle \begin{matrix} Az(C^6H^4\text{-}CH^3) \\ AzH(C^6H^4\text{-}CH^3) \end{matrix}\right] HCl.$$

Chlorhydrate de benzényldiparacrésyldiamine.

Le produit de la réaction repris par l'eau cède à celle-ci le chlorhydrate de benzénylparacrésyldiamine et le chlorhydrate de paratoluidine employé en excès, tandis que le chlorhydrate de benzényldiparacrésyldiamine qui est très-peu soluble, ne se dissout pas. Les deux premières bases sont séparées en mettant à profit la différence de solubilité de leurs oxalates.

La benzénylparacrésyldiamine cristallise en tables transparentes, fusibles à 99-99°,5, peu solubles dans l'eau et solubles dans l'alcool et l'éther.

L'*azotate* forme de longues aiguilles assez solubles dans l'eau.

L'*oxalate* est en petites aiguilles, solubles dans l'eau et dans l'alcool, insolubles dans l'éther [A. Bernthsen, *Deutsche chem. Gesellsch.*, t. IX, p. 429; *Bull. de la Soc. chim.*, t. XXVI, p. 382].

Benzényldiparacrésyldiamine:

$$C^{21}H^{20}Az^2 = C^6H^5\text{-}C \lessdot \begin{matrix} Az(C^6H^4\text{-}CH^3) \\ AzH(C^6H^4\text{-}CH^3). \end{matrix}$$

— Le mode de formation de cette base vient d'être décrit. Elle cristallise en prismes volumineux, légèrement jaunâtres, beaucoup moins solubles dans l'alcool et l'éther que la base précédente. Elle fond à 131-132° et se sublime à une température plus élevée.

Le *chloroplatinate* est une masse amorphe d'un jaune clair, plus soluble dans l'alcool que dans l'eau [Bernthsen, *loc. cit.*].

Éthényldiparacrésyldiamine [Syn. *Diparacrésylacédiamine*],

$$C^{16}H^{18}Az^2 = CH^3\text{-}C \lessdot \begin{matrix} Az(C^6H^4\text{-}CH^3) \\ AzH(C^6H^4\text{-}CH^3). \end{matrix}$$

— Cette base se forme, en vertu d'une réaction nette, lorsqu'on fait agir la paratoluidine sur le corps chloré

$$CH^3\text{-}CCl = Az(C^6H^4\text{-}CH^3),$$

(Wallach et Fassbender) (voir plus loin p. 487).

Hofmann avait obtenu bien antérieurement l'éthényldiparacrésyldiamine en traitant par le chlorure phosphoreux un mélange de paratoluidine et d'acide acétique. C'est une réaction complexe qui paraît cependant être analogue à la précédente; en effet, il se forme d'abord de l'acétoparatoluide et l'on conçoit que celle-ci puisse donner avec le chlorure phosphoreux le composé chloré $CH^3\text{-}CCl = Az(C^6H^4\text{-}CH^3)$.

L'éthényldiparacrésyldiamine forme des cristaux fusibles à 117-118° qui présentent les réactions de l'éthényldiphényldiamine (t. II, p. 870) [A. W. Hofmann, *Bull. de la Soc. chim.*, t. VI, p. 162; — O. Wallach et Fassbender, *Deutsche chem. Gesellsch.*, t. IX, p. 1214].

Éthénylnaphtylparacrésyldiamine [Syn. *Naphtylparacrésylacédiamine*],

$$C^{19}H^{18}Az^2 = CH^3\text{-}C \lessdot \begin{matrix} Az(C^6H^4\text{-}CH^3) \\ AzH\,C^{10}H^7. \end{matrix}$$

— On la prépare en faisant agir la naphtylamine sur le corps chloré $CH^3\text{-}CCl = Az(C^6H^4\text{-}CH^3)$. Elle cristallise difficilement (Wallach et Fassbender).

Éthénylphénylparacrésyldiamine [Syn. *Phénylparacrésylacédiamine*],

$$C^{15}H^{16}Az^2 = CH^3\text{-}C \lessdot \begin{matrix} Az(C^6H^4\text{-}CH^3) \\ AzH\,C^6H^5. \end{matrix}$$

— Obtenue par l'action de l'aniline sur le corps chloré $CH^3\text{-}CCl = Az(C^6H^4\text{-}CH^3)$, elle cristallise en aiguilles incolores, groupées en faisceaux, fusibles à 86-88° (Wallach et Fassbender).

Phényléthénylparacrésyldiamine,

$$C^{15}H^{16}Az^2 = C^6H^5\text{-}CH^2\text{-}C \lessdot \begin{matrix} Az(C^6H^4\text{-}CH^3) \\ AzH^2. \end{matrix}$$

— Elle se produit lorsqu'on chauffe le chlorhydrate de paratoluidine avec le cyanure de benzyle ou avec la phénylsulfacétamide,

$$C^6H^4\text{-}CH^2\text{-}CS.AzH^2.$$

Cette base cristallise de sa solution alcoolique en prismes volumineux bien développés qui paraissent dériver du type anorthique. Elle fond à 118-119° et se sublime à une température plus élevée. L'eau la dissout en faible quantité, l'alcool ou l'éther en dissolvent une forte proportion.

La phényléthénylparacrésyldiamine est probablement une base monacide comme son homologue inférieur, la phényléthénylphényldiamine.

Le *chlorhydrate* est en petits cubes peu solubles dans l'eau froide. Le *chloroplatinate* se précipite d'abord à l'état amorphe, mais il ne tarde pas à devenir cristallin; on peut même l'obtenir en beaux prismes jaunes groupés concentriquement; il est plus soluble dans l'alcool que dans l'eau.

Le *nitrate* se dépose d'une solution bouillante sous forme d'une huile incolore qui se transforme plus tard en longues aiguilles très-ténues. L'*acétate* peut cristalliser [A. Bernthsen, *loc. cit.*].

5° *Paracrésyltriamines.*

On ne connaît que deux composés de ce groupe la diparacrésyl et la triparacrésylguanidine qui seront décrites au Supplément.

6° *Paracrésyltétramines.*

La *cyanoparatoluidine*,

$$C^{16}H^{18}Az^4 = \begin{matrix} HAz{=}C\text{-}AzH(C^6H^4\text{-}CH^3) \\ | \\ HAz{=}C\text{-}AzH(C^6H^4\text{-}CH^3), \end{matrix}$$

est le seul corps connu qui appartienne à ce groupe. Lorsqu'on fait passer du cyanogène dans une solution alcoolique de paratoluidine, le liquide s'échauffe et se colore en rouge; au bout de quelques heures de repos, l'odeur du cyanogène a disparu et il se dépose un mélange cristallin de plusieurs substances d'où l'acide chlorhydrique extrait la cyanoparatoluidine. Cet alcali ressemble à la cyananiline (t. II, p. 871), mais il est encore moins soluble dans l'alcool et l'éther (Hofmann). Évaporé avec de l'acide chlorhydrique, il se décompose et fournit du sel ammoniac, du chlorhydrate de paratoluidine, de l'oxamide, de la paracrésyl- et de la diparacrésyloxamide (E. Sell).

7° *Paracrésylalcalamides.*

Les paracrésylalcalamides ou *paratoluides* sont décrites avec les acides dont elles renferment le radical; cependant ici, nous dérogerons à cette règle et nous ferons l'histoire de quelques paratoluides dont il ne pouvait être traité jusqu'à présent dans cet ouvrage. Du reste, l'une d'elles, l'acétoparatoluide offre un intérêt direct pour la préparation de certains produits de substitution de la paratoluidine.

Acétoparatoluide [Syn. *Acétylparatoluidine*, *paracresylacetamide*] (1. 4),

$$C^9H^{11}AzO = CH^3\text{-}C^6H^4(AzHC^2H^3O)_{(4)}$$

— Riche et Bérard ont rencontré ce corps dans les derniers produits qui passent à la distillation dans la fabrication de l'aniline d'après le procédé Béchamp; cette observation a été confirmée un an plus tard par Stædeler et Arndt qui constatèrent, de plus, la présence de l'acétanilide dans ces produits.

Pour préparer l'acétoparatoluide, on emploie le procédé indiqué par Riche et Bérard, qui consiste à faire bouillir, pendant quelques heures, un mélange de proportions équivalentes de paratoluidine et d'acide acétique cristallisable. En distillant ensuite et recueillant les portions qui passent au-dessus de 290°, on obtient l'acétoparatoluide dont on achève la purification par cristallisations dans l'eau bouillante.

L'acétoparatoluide se produit encore lorsqu'on traite la paratoluidine par le chlorure d'acétyle ou par l'anhydride acétique.

L'acétoparatoluide mélangée d'acétanilide, est très-difficile à purifier par la cristallisation seule; on y parvient au contraire rapidement, en dissolvant le produit dans une quantité suffisante d'acide sulfurique ou acétique concentré et versant la solution dans une grande quantité d'eau : l'acétoparatoluide se précipite seule, tandis que l'acétanilide reste en dissolution [A. Riche et P. Bérard, *Compt. rend.*, t. LVII, p. 54; — G. Stædeler et A. Arndt, *Jahresb. f. Chem.*, 1864, p. 425].

L'acétoparatoluide cristallise en longues aiguilles incolores; sublimée, elle ressemble à l'acide benzoïque. Les points de fusion indiqués par les divers observateurs varient de 145° à 147°; à cette température, elle se sublime en émettant des vapeurs acres; elle bout vers 306°. Elle se dissout à 6°,5 dans 1786 p. d'eau (Stædeler et Arndt) et à 22° dans 1129 p. (Beilstein et Kuhlberg); l'eau bouillante et l'éther la dissolvent plus facilement; l'alcool, en plus grande quantité encore. Les acides concentrés en absorbent une forte proportion qui se précipite presque complétement par addition d'eau; la solution sulfurique est colorée en un beau vert par le dichromate de potassium.

L'acétoparatoluide n'est décomposée que lentement par l'ébullition avec les alcalis en solution aqueuse ou avec les acides étendus; la potasse alcoolique met facilement la paratoluidine en liberté.

Le brome, le chlore, l'acide nitrique transforment l'acétoparatoluide en produits de substitution; les dérivés monosubstitués appartiennent à la série dite *méta*.

Lorsqu'on ajoute du permanganate de potassium à une solution bouillante d'acétoparatoluide, jusqu'à ce que la couleur rouge du réactif ne disparaisse plus immédiatement, on obtient l'acide acétoparamidobenzoïque :

$$C^6H^4 < \begin{matrix} CH^3 \\ (AzHC^2H^3O)_{(4)} \end{matrix} + O^3$$

$$= H^2O + C^6H^4 < \begin{matrix} COOH \\ (AzHC^2H^3O)_{(4)} \end{matrix}$$

[A.-W. Hofmann, *Deutsche chem. Gesellsch.*, t. IX, p. 1302].

Le perchlorure de phosphore en agissant sur l'acétoparatoluide lui enlève 1 atome d'oxygène qui est remplacé par 2 atomes de chlore et il se produit le composé chloré

$$C^9H^{11}Cl^2Az = (CH^3\text{-}C^6H^4)AzH\text{-}CCl^2\text{-}CH^3.$$

Celui-ci est très-instable et perd facilement une molécule d'acide chlorhydrique en fournisssant le composé cristallisé :

$$C^9H^{10}ClAz = (CH^3\text{-}C^6H^4)Az{=}CCl\text{-}CH^3.$$

Ce corps chloré, à son tour, se transforme sous l'influence de la chaleur en un chlorhydrate peu soluble dans l'eau, qui présente la composition :

$$C^{18}H^{19}ClAz^2, HCl = 2C^9H^{10}ClAz.$$

La base libre se précipite sous forme d'une huile incolore qui bientôt se solidifie; elle se dépose dans l'alcool, en cristaux fusibles à 71-72° [O. Wallach et Fassbender, *loc. cit.*].

ACÉTO-MÉTABROMOPARATOLUIDE (1. 3. 4),

$$C^9H^{10}BrAzO$$
$$= CH^3\text{-}C^6H^3\left[Br_{(3)}(AzHC^2H^3O)_{(4)}\right]$$

— On l'obtient par l'action directe du brome sur l'acétoparatoluide; ce dernier corps est délayé dans l'eau et traité par la quantité calculée de brome (1 mol.) qu'on a soin d'ajouter par petites portions et en agitant continuellement. La masse se colore en rouge, mais il ne se forme pas de matières résineuses et le produit peut être purifié aisément par cristallisation dans l'alcool bouillant.

On peut aussi faire agir le brome sur l'acétoparatoluide dissoute dans l'acide acétique cristallisable, précipiter par l'eau l'acéto-métabromoparatoluide et la faire cristalliser dans l'eau bouillante.

L'acéto-métabromoparatoluidine cristallise en belles aiguilles incolores, fusibles à 117°,5, peu solubles dans l'eau, très-solubles dans l'alcool. La potasse alcoolique la saponifie à l'aide de la chaleur, mais la soude est sans action ! (Wroblevsky).

ACÉTO-MÉTACHLOROPARATOLUIDE (1. 3. 4),

$$C^9H^{10}ClAzO = CH^3\text{-}C^6H^3\left[Cl_{(3)}(AzHC^2H^3O)_{(4)}\right]$$

— Pour la préparer, on dirige un courant de chlore dans de l'eau tenant en suspension de l'acétoparatoluide, et l'on arrête l'opération quand le liquide a absorbé la quantité théorique (1 molécule) de chlore. Le produit est purifié par plusieurs cristallisations dans l'eau.

L'acéto-métachloroparatoluide cristallise en grandes lames incolores, fusibles à 99°, peu solubles dans l'eau, très-solubles dans l'alcool. La potasse alcoolique la dédouble en métachloroparatoluidine et acide acétique; la soude ne l'attaque pas ! (Wroblevsky).

CHLORACÉTO-PARATOLUIDE [Syn. *Paracrésylchloracétamide*] (1. 4),

$$C^9H^{10}ClAzO = CH^3\text{-}C^6H^4\text{-}AzH(CO\text{-}CH^2Cl).$$

— Ce composé, isomérique avec le précédent, se produit lorsqu'on introduit peu à peu de la paratoluidine dans du chlorure de chloracétyle refroidi et employé en léger excès.

Il se dépose de sa solution alcoolique en aiguilles prismatiques, fusibles à 162° et se sublimant déjà à 110°. Insoluble dans l'eau bouillante, il se dissout facilement, à chaud, dans les acides sulfurique et acétique. L'acide nitrique paraît le convertir en un dérivé nitré.

L'ammoniaque, en solution dans l'alcool faible, transforme, vers 40 à 60°, la chloracéto-paratoluide en dérivé hydroxylé,

$$CH^3\text{-}C^6H^4\text{-}AzH(CO\text{-}CH^2OH).$$

L'*hydroxacéto-paratoluide* ou paracrésylhydroxacétamide (voyez la note t. III, p. 115) est isomérique avec le paracrésylglycocolle; elle est solide, commence à fondre à 70°, mais ne devient complétement liquide qu'à 130°; elle est insoluble dans l'eau froide et dans l'acide chlorhydrique. L'acide sulfurique la dissout sans noircir. Elle retient ½ H^2O qu'on ne peut expulser sans détruire la matière. L'eau bouillante la décompose peu à peu [D. Tommasi, *Bull. de la Soc. chim.*, t. XIX, p. 400; t. XXII, p. 6].

ACÉTO-MÉTANITROPARATOLUIDE (1. 3. 4),

$$C^9H^{10}(AzO^2)AzO$$
$$= CH^3\text{-}C^6H^3\left[(AzO^2)_{(3)}(AzHC^2H^3O)_{(4)}\right]$$

— On introduit l'acétoparatoluide, par petites portions, dans de l'acide nitrique d'une densité de 1,475 et bien refroidi, jusqu'à ce qu'on n'observe plus de réaction; le liquide est alors versé sur de la neige et la masse solide qui se sépare est purifiée par cristallisations réitérées dans l'eau bouillante.

L'acéto-métanitroparatoluide cristallise en magnifiques aiguilles, d'un jaune citron, fusibles à 92°; elle est peu soluble dans l'eau, fort soluble dans l'éther.

La potasse alcoolique la saponifie à chaud et fournit la métanitroparatoluidine décrite plus haut (p. 479) (Beilstein et Kuhlberg).

ACÉTO-DINITROPARATOLUIDE (1. 3. 4. ?),

$$C^9H^9(AzO^2)^2AzO$$
$$= CH^3\text{-}C^6H^2\left[(AzO^2)_{(3)}(AzO^2)_{(?)}(AzHC^2H^3O)_{(4)}\right]$$

— Elle se forme lorsqu'on ajoute 1 p. d'acéto-paratoluide à 4 p. d'acide nitrique d'une densité de 1,51 et fortement refroidi; au début, la réaction est très-vive et il ne faut introduire la toluide que très-lentement. Après la réaction, le liquide est versé sur de la neige, et l'acéto-dinitroparatoluide brute qui se sépare est lavée à l'eau et soumise à plusieurs cristallisations dans l'alcool.

C'est une substance d'un jaune pâle cristallisant en longues aiguilles fusibles à 190°,5, beaucoup plus soluble dans l'alcool bouillant que dans le même véhicule froid.

La potasse alcoolique la saponifie aisément et fournit la dinitroparatoluidine si l'on n'a pas employé un excès d'alcali (voy. t. III, p. 479) (Beilstein et Kuhlberg).

ACÉTO-MÉTABROMO-MÉTANITROPARATOLUIDE (1.3.4.5),

$$C^9H^9Br(AzO^2)AzO$$
$$= CH^3\text{-}C^6H^2\left[Br_{(3)}(AzHC^2H^3O)_{(4)}(AzO^2)_{(5)}\right]$$

— On l'obtient en introduisant l'acéto-métabromoparatoluide dans l'acide nitrique fumant, précipitant la solution par l'eau glacée et faisant cristalliser le dépôt dans l'alcool ou dans l'acide acétique faible. Ce sont des aiguilles fines, incolores et fusibles à 210°,5.

La soude la transforme à l'ébullition en métabromo-métanitroparatoluidine (E. Wroblevsky).

BENZOTOLUIDE [Syn. *Benzoylparatoluidine, paracrésylbenzamide*] (1 4),

$$C^{14}H^{13}AzO = CH^3\text{-}C^6H^4(AzHC^7H^5O)_{(4)}$$

— Lorsqu'on fait agir le chlorure de benzoyle sur la paratoluidine, on obtient, après la réaction, une masse dure qui, lavée à l'eau acidulée, puis dissoute dans l'alcool à 90 °/₀ bouillant, fournit de longues aiguilles incolores de benzotoluide. Ce corps fond, d'après Jaillard, à 160°; d'après Kelbe à 155°; il se sublime vers 232° sans s'altérer; il est presque insoluble dans l'eau, mais l'alcool et l'éther le dissolvent aisément. Les alcalis le saponifient facilement [P. Jaillard, *Compt. rend.*, t. LX, p. 1096; — W. Kelbe, voy. plus loin].

BENZO-ORTHONITROPARATOLUIDE (1. 2. 4),

$$C^{14}H^{12}(AzO^2)AzO$$
$$= CH^3\text{-}C^6H^3\left[(AzO^2)_{(2)}(AzHC^7H^5O)_{(4)}\right]$$

— Préparée par l'action du chlorure de benzoyle sur l'orthonitroparatoluidine, cette substance cristallise en longues aiguilles brillantes, fusibles à 168° [H. Limpricht et O. Cunerth, *Liebig's Ann. der Chem.*, t. CLXXII, p. 221].

BENZOMÉTANITROPARATOLUIDE (1. 3. 4),

$$C^{14}H^{12}(AzO^2)AzO$$
$$= CH^3\text{-}C^6H^3\left[(AzO^2)_{(3)}(AzHC^7H^5O)_{(4)}\right]$$

— Elle se forme, indépendamment d'un dérivé dinitré, lorsqu'on introduit la benzoparatoluide dans l'acide nitrique fumant; la solution est précipitée par l'eau froide et le dépôt est soumis à des cristallisations dans l'alcool rendu alcalin. Dans ces conditions, le dérivé dinitré reste dissous, probablement à l'état de sel, tandis que la benzo-métanitroparatoluide se dépose en longues aiguilles jaunes, fusibles à 143°, et insolubles dans l'eau. L'acide chlorhydrique la dédouble à 200° en métanitroparatoluidine et en acide benzoïque. L'étain et l'acide chlorhydrique la transforment en benzényl-métaparacrésylène-diamine,

$$CH^3\text{-}C^6H^3 < {Az \atop AzH} > C\text{-}C^6H^5$$

(voyez CRÉSYLÈNE-DIAMINES au Supplément) [W. Kelbe, *Deutsche chem. Gesellsch.*, t. VIII, p. 875; *Bull. de la Soc. chim.*, t. XXV, p. 417].

DINITROBENZOPARATOLUIDE (1. 3. 4. ?),

$$C^{14}H^{11}(AzO^2)^2AzO$$
$$= CH^3\text{-}C^6H^2\left[(AzO^2)_{(3)}(AzHC^7H^5O)_{(4)}(AzO^2)_{(?)}\right]$$

— On vient de voir comment ce corps se forme. Il cristallise en aiguilles incolores, fusibles à 186°, très-solubles dans l'alcool et dans l'acide acétique glacial. La potasse alcoolique ou l'acide chlorhydrique le saponifient vers 150° et produisent la dinitroparatoluidine. Le sulfure d'ammonium le convertit en benzo-nitrocrésylène-diamine; l'étain et l'acide chlorhydrique fournissent une benzénylcrésényltriamine, $CH^3\text{-}C^6H^2[Az^3H^3(C\text{-}C^6H^5)]$ (Kelbe).

OXAPARATOLUIDE.—Ce corps a été obtenu, mais n'a pas été décrit. On a fait connaître son dérivé *dinitré* qui se forme lorsqu'on introduit l'oxaparatoluide dans l'acide nitrique fumant. Il constitue des cristaux jaunes, peu solubles dans le chloroforme ou l'acide acétique. L'étain et l'acide chlorhydrique le transforment en une base fusible à 193° et renfermant

$$C^7H^7 < {Az \atop AzH} \gg C\text{-}C \ll {Az \atop AzH} > C^7H^7$$

[H. Hübner et C. Rudolph, *Deutsche chem. Gesellsch.*, t. VIII, p. 474; *Bull. de la Soc. chim.*, t. XXV, p. 260].

SALICYLOPARATOLUIDE,

$$C^{14}H^{13}AzO^2$$
$$= CH^3\text{-}C^6H^4(AzHCO\text{-}C^6H^4.OH)_{(4)}$$

— On l'obtient en traitant un mélange d'acide salicylique et de paratoluidine par le trichlorure de phosphore; la réaction ne s'accomplit qu'avec le concours d'une température élevée et il se forme des produits bruns difficiles à séparer de la salicyloparatoluide. Celle-ci cristallise en prismes blancs, fusibles à 155-156°, moins solubles que la salicylanilide dont elle présente les réactions principales (R. Wanstrat). — Voyez t. II, p. 1392.

DÉRIVÉS DIAZOÏQUES DE LA PARATOLUIDINE.

L'acide azoteux transforme la paratoluidine et ses produits de substitution, en dérivés diazoïques comparables aux dérivés diazoïques de l'aniline. A part quelques anomalies présentées par le sulfate et le perbromure de métabromo-diazoparatoluol et par le sulfate de métachloro diazoparatoluol, anomalies qui ont été indiquées à l'article TOLUÈNE (t. III, p. 434 et p. 436), ces corps peuvent subir, sous l'influence des réactifs, les modifications si variées qui caractérisent les dérivés diazoïques (t. I, p. 1152). Leur mode de préparation est identique avec celui des dérivés du diazobenzol et on pourrait presque répéter ici ce qui a été dit sur ce sujet à l'article PHÉNYLAMINES (t. II, p. 872).

On a préparé un grand nombre de diazoparatoluols substitués, mais, dans la plupart des cas, ces corps n'ont été que des termes de passage entre les produits de substitution de la paratoluidine et ceux du toluène, et leur étude n'a pas été faite. Les dérivés diazoïques des acides paramidocrésylsulfureux ont été décrits plus haut.

DIAZOPARATOLUOL. — On ne connaît que les sels de ce corps :

Azotate.

$$C^7H^7Az^2, AzO^3 = C^6H^4 < {CH^3 \atop (Az = Az.AzO^3)_{(4)}}$$

— Aiguilles incolores, très-solubles dans l'eau, peu solubles dans l'alcool et insolubles dans l'éther.

Sulfate acide $C^7H^7Az^2.HSO^4$ — Aiguilles incolores ou prismes plus volumineux.

Chloroplatinate $(C^7H^7Az^2.Cl)^2 + PtCl^4$. — Prismes jaunes.

Perbromure. ($C^7H^7Az^2.Br)Br^2$. — Masse cristalline [P. Griess, *Jahresb. f. Chem.*, 1866, p. 458].

Lorsqu'on traite le nitrate de diazoparatoluol par le sulfite neutre de potassium, on obtient un sel jaune, renfermant probablement $C^7H^7Az^2.SO^3K$. La poudre de zinc et l'acide acétique réduisent facilement ce sel et fournissent des lamelles incolores du composé $C^7H^7Az^2H^2.SO^3K$, que le chlorure de benzoyle transforme en dibenzoylparacrésylhydrazine, fusible à 188° et contenant

$$C^7H^7Az^2H(C^7H^5O)^2$$

[E. Fischer, *Deutsche chem. Gesellsch.*, t. VIII, p. 592].

DIAZO-AMIDOPARATOLUOL.

$$C^{14}H^{15}Az^3$$
$$=CH^3-C^6H^4-Az=Az-AzH(C^6H^4-CH^3)$$

— Une solution de paratoluidine dans un mélange de 1 vol. d'alcool et de 2 à 3 vol. d'éther est traitée par un courant de gaz azoteux; quand une portion du liquide laisse, en s'évaporant, des aiguilles jaunes, le tout est abandonné à l'évaporation lente, les cristaux sont lavés à l'alcool froid et purifiés par cristallisation dans l'alcool ou dans l'éther.

On peut préparer le même corps en plaçant la paratoluidine sur une solution saturée de chlorure de sodium, chauffant de manière à faire entrer la base en fusion et dirigeant dans le liquide salin un courant de gaz nitreux; au bout de quelque temps, la couche fondue se prend en une masse cristalline qui, purifiée par lavage à l'eau et cristallisation dans l'alcool, constitue le diazo-amidoparatoluol (Hofmann et Geyger).

Le diazo-amidoparatoluol forme des aiguilles brillantes, jaunes, ou des prismes plus volumineux d'un jaune rouge. Le *chloroplatinate*

$$C^{14}H^{15}Az^3, 2HCl, PtCl^4$$

cristallise en lamelles jaunes ressemblant à l'iodure de plomb [P. Griess, *Jahresb. f. Chem.*, 1862, p. 341; — A. W. Hofmann et A. Geyger, *Deutsche chem. Gesellsch.*, t. V, p. 476; *Bull. de la Soc. chim.*, t. XVIII, p. 281].

Le diazo-amidoparatoluol ne paraît pas susceptible d'éprouver une transposition moléculaire analogue à celle qui change le diazo-amidotoluol en amido-azobenzol, du moins, dans les conditions où ce dernier corps prend naissance aux dépens de l'aniline, la paratoluidine ne fournit que le diazo-amidoparatoluol.

Le diazo-amidoparatoluol chauffé à 150° avec de l'alcool et une base aromatique, aniline, paratoluidine, naphtylamine, donne lieu à une réaction complexe; il se produit des matières colorantes et d'autres substances qui n'ont pas été étudiées.

DIAZOBENZOL-AMIDOPARATOLUOL,

$$C^{13}H^{13}Az^3 = C^6H^5-Az=Az-AzH(C^6H^4-CH^3).$$

— Ce composé, analogue par sa constitution au diazo-amidoparatoluol, se forme lorsqu'on mélange une solution alcoolique de paratoluidine (2 molécules) avec une solution aqueuse de nitrate de diazobenzol (1 molécule). Il cristallise en lamelles jaunes et brillantes [Griess, *Jahresb. f. Chem.*, 1866, p. 444].

DIAZOPARATOLUOL-AMIDOBENZOL,

$$C^{13}H^{13}Az^3 = CH^3-C^6H^4-Az=Az-AzHC^6H^5.$$

— Préparé par la réaction de l'aniline sur le nitrate de diazoparatoluol, il forme de longues aiguilles jaunes [Griess, *Jahresb. f. Chem.*, 1866, p. 459].

D'après leur mode de production, les deux composés précédents devraient être isomériques; mais Griess a fait voir, dans un travail récent, qu'ils possèdent les mêmes propriétés physiques et se dédoublent de la même manière sous l'influence des réactifs. Dans ces dédoublements, ils fournissent en même temps des dérivés du diazobenzol, du diazoparatoluol, de l'aniline et de la paratoluidine. Les formules de constitution données plus haut, d'après Kekulé, ne rendent pas compte de l'identité des deux corps [P. Griess, *Deutsche chem. Gesellsch.*, t. VII, p. 1618; *Bull. de la Soc. chim.*, t. XXIV, p. 43].

IV. — DÉRIVÉS NON CLASSÉS.

Plusieurs dérivés monamidés du toluène n'ont pu être rangés dans une des trois divisions précédentes de cet article, par la raison qu'on ne connaît pas les positions relatives qu'occupent dans ces dérivés les groupes CH^3 et AzH^2. Nous les décrirons ici en faisant remarquer qu'ils correspondent certainement à l'une ou à l'autre des trois toluidines.

BROMOTOLUIDINE, C^7H^8BrAz. — Le composé, fusible à 57°,5, que Werigo a obtenu par l'action du brome sur l'azoparatoluol, est probablement une bromotoluidine. — Voyez t. III, p. 443.

ORTHOBROMOTOLUIDINE (1.2.?),

$$C^7H^8BrAz = CH^3-C^6H^3Br(AzH^2).$$

— Lorsqu'on nitre l'orthobromotoluène impur, contenant une certaine proportion de parabromotoluène, on obtient un mélange de toluènes bromonitrés d'où l'on ne peut extraire aucun principe défini. Ce mélange réduit par l'étain et l'acide chlorhydrique, sursaturé de soude et distillé avec la vapeur d'eau, fournit un liquide brun renfermant trois bromotoluidines isomériques, dont l'une dérive de l'orthobromotoluène et les deux autres du parabromotoluène; ces deux dernières ont déjà été décrites plus haut sous les noms de parabromo-orthotoluidine et parabromo-métatoluidine.

On parvient à séparer les trois bases par des cristallisations méthodiques du chlorhydrate. Le produit brut est saturé d'acide chlorhydrique, traité par la soude et distillé une deuxième fois dans un courant de vapeur d'eau, il est alors incolore. On le transforme de nouveau en chlorhydrate et on dissout celui-ci dans une grande quantité d'eau bouillante : la solution, en se refroidissant, laisse déposer des lamelles de chlorhydrate d'orthobromotoluidine; concentrée davantage, elle fournit une nouvelle quantité de ce sel. Les eaux mères en retiennent encore une certaine proportion, ainsi que les chlorhydrates des deux autres bromotoluidines. La séparation de ces derniers sels présente de grandes difficultés.

Les lamelles qui se sont déposées en premier lieu sont purifiées par de nouvelles cristallisations et décomposées par la soude. L'orthobromotoluidine, ainsi mise en liberté et distillée avec la vapeur d'eau, constitue un liquide incolore, ne se solidifiant pas à 0°. Elle est plus lourde que l'eau et insoluble dans ce véhicule.

Azotate, $C^7H^8BrAz, HAzO^3$. — Cristaux incolores, lamelleux; 100 p. d'eau en dissolvent 1p,31 à 17°.

Chlorhydrate, C^7H^8BrAz, HCl. — Lamelles rhombiques, nacrées, colorées en rose, solubles dans l'alcool, très-peu solubles dans l'acide chlorhydrique; 100 p. d'eau en dissolvent 3p,14 à 16°,5.

Sulfate, $(C^7H^8BrAz)^2H^2SO^4$. — Aiguilles déliées, groupées en mamelons, très-peu solubles dans l'eau; chauffé avec de l'eau, ce sel dégage l'odeur de la base [P. F. von Hamel Roos, *Thèse inaugurale*, Göttingen, 1873; *Bull. de la Soc. chim.*, t. XX, p. 553].

ORTHOMÉTA-DIBROMOTOLUIDINE (1. 2. 5. ?),

$$C^7H^7Br^2Az = CH^3-C^6H^2Br^2(AzH^2).$$

— On l'obtient en réduisant l'orthométa-dibromonitrotoluène (β) par l'étain et l'acide chlorhydrique; elle cristallise en beaux prismes soyeux fusibles à 83°, très-solubles dans l'alcool; elle ne s'unit pas aux acides (Wroblevsky).

Métapara-dibromotoluidine (1. 3. 4. ?). — Ce composé, isomérique avec le précédent, dérive par réduction du métaparadibromonitrotoluène (δ); il forme de belles lamelles incolores, fusibles à 95°, très-solubles dans l'alcool et ne se combinant pas avec les acides (Wroblevsky).

β-Monochlorotoluidine, C^7H^8ClAz. — On l'obtient en réduisant le β-monochloronitrotoluène (t. III, 446) par l'étain et l'acide chlorhydrique; le produit est sursaturé par la chaux et soumis à la distillation dans un courant de vapeur d'eau. La base ainsi préparée est refroidie et les cristaux qui se déposent sont essorés à la trompe, comprimés entre des doubles de papier et soumis à des cristallisations dans l'alcool.

La β-chlorotoluidine forme des cristaux tabulaires, volumineux, incolores et nacrés, très-solubles dans l'alcool, peu solubles dans l'eau; elle fond à 84° et bout à 242°.

Azotate, $C^7H^8ClAz, HAzO^3$. — Tables incolores et nacrées, fusibles à 165° en s'altérant; 100 p. d'eau à 17° dissolvent 5gr,014 de ce sel.

Chlorhydrate, C^7H^8ClAz, HCl. — Lamelles allongées terminées en pointe, incolores et nacrées, plus solubles dans l'eau que le chlorhydrate d'α-chlorotoluidine; ce sel en se sublimant prend l'aspect du chlorure d'ammonium [E. Wroblevsky; — L. Henry et B. Radziszewski, *Bull. de la Soc. chim.*, t. XIII, p. 64 et 301].

Wroblevsky a cherché à élucider la constitution de cette chlorotoluidine de même que celle de l'α-chlorotoluidine qui a été décrite plus haut (p. 469) en traitant les deux bases par l'amalgame de sodium et l'eau pour les convertir en toluidines; malheureusement elles ne sont presque pas attaquées dans ces conditions. D'autre part, les sulfates de leurs dérivés diazoïques se comportent aussi d'une manière particulière au contact de l'alcool absolu; à la place de toluènes chlorés, on obtient, dans ce cas, deux oxydes mixtes d'éthyle et de chlorocrésyle isomériques,

$$\underset{\text{Sulfate de chloro-diazotoluol.}}{C^7H^6ClAz^2, HSO^4} + C^2H^6O$$

$$= \underset{\text{Oxyde d'éthyle et de chlorocrésyle}}{C^7H^6ClOC^2H^5} + Az^2 + H^2SO^4.$$

Dichlorotoluidine,

$$C^7H^7Cl^2Az = CH^3 \text{-} C^6H^2Cl^2(AzH^2).$$

— Le dichloronitrotoluène (p. 446) est réduit par l'étain et l'acide chlorhydrique; le produit sursaturé par un lait de chaux est soumis à la distillation; la dichlorotoluidine qui passe avec les vapeurs aqueuses est purifiée par cristallisation dans l'alcool faible. On obtient ainsi des cristaux lamellaires, incolores, d'une odeur de paratoluidine; ils sont peu solubles dans l'eau bouillante, très-solubles dans l'alcool. La dichlorotoluidine fond à 88° et bout vers 259°. Elle ne forme pas de sels avec les acides (Wroblevsky et Pirogoff).

Paraïodotoluidine (1. 2. 4) ou (1. 3. 4):

$$C^7H^8IAz = CH^3 \text{-} C^6H^3I_{(4)}(AzH^2)_{(2) \text{ ou } (3)}$$

— Par l'action de l'acide nitrique sur le paraïodotoluène, il se forme un mélange de corps nitrés dont l'un, le paraïododinitrotoluène, a été isolé à l'état de pureté; le produit, débarrassé de ce corps, et réduit par l'étain et l'acide chlorhydrique, fournit une paraïodotoluidine, cristallisant en lamelles ou en aiguilles fusibles à 188°,5, insolubles dans l'eau, très-solubles dans l'alcool. L'*azotate*, $C^7H^8IAz, HAzO^3$, forme des lames nacrées; le *chlorhydrate*, C^7H^8IAz, HCl, est en prismes aciculaires bien développés; le *sulfate acide*, C^7H^8IAz, H^2SO^4, cristallise en aiguilles, très-solubles dans l'eau et dans l'alcool (H. Glassner). Comme la paraïodo-orthotoluidine (t. III, p. 469) diffère de la base qu'on vient de décrire, celle-ci constitue très-probablement la paraïodo-métatoluidine.

Orthonitrotoluidine (1. 2. ?).

$$C^7H^8(AzO^2)Az = CH^3 \text{-} C^6H^3\left[(AzO^2)_{(2)}(AzH^2)_{(?)}\right]$$

— Elle a été obtenue par réduction du dinitrotoluène liquide (1. 2. ?) au moyen du sulfure d'ammonium; ce dinitrotoluène n'est pas connu à l'état de pureté; il renferme toujours une certaine quantité d'ortho-paranitrotoluène et la base qui en dérive contient par conséquent de l'orthonitroparatoluidine. On transforme le mélange par le chlorure de benzoyle en benzotoluides et l'on sépare la benzo-orthonitroparatoluide, moins soluble, par des cristallisations fractionnées dans l'alcool absolu.

La seconde *benzo-orthonitrotoluide*, qui reste dans les eaux-mères alcooliques, forme de petites aiguilles jaunes, fusibles à 145-146°. Décomposée, à l'aide de la chaleur, par la soude ou par l'acide chlorhydrique, elle fournit l'orthonitrotoluidine cristallisant en longues aiguilles jaune-clair, qui fondent à 94°,5.

L'anhydride acétique la convertit en acétoorthonitrotoluide qui constitue des prismes incolores, fusibles à 155°,5; l'acide nitrique fumant n'attaque pas ce corps à froid; à chaud, il le détruit.

Traitée par l'acide azoteux en présence de l'alcool l'orthonitrotoluidine produit de l'orthonitrotoluène [H. Limpricht et O. Cunerth, *Liebig's Ann. der Chem.*, t. CLXXII, p. 221; *Bull. de la Soc. chim.*, t. XXII, p. 382].

Acide amido-orthocrésylsulfureux (1. 2. ?).

$$C^7H^8Az.SO^3H = CH^3 \text{-} C^6H^3 \begin{cases} (SO^3H)_{(2)} \\ (AzH^2)_{(?)} \end{cases}$$

— Il se forme lorsqu'on réduit l'acide nitro-orthocrésylsulfureux (p. 459) par le sulfure d'ammonium. Il cristallise en petites aiguilles solubles.

Sel de baryum $(C^7H^8Az.SO^3)^2Ba + 2\frac{1}{2}H^2O$. — Petits prismes très-solubles (Pagel).

Acide amidocrésylsulfureux $C^7H^8Az.SO^3H$. — Cet acide se produit, indépendamment des acides orthamido-paracrésylsulfureux et paramido-orthocrésylsulfureux, lorsqu'on réduit par le sulfure d'ammonium le mélange des acides nitrocrésylsulfureux qui prennent naissance par l'action de l'acide nitrique sur une solution de toluène dans l'acide sulfurique. Les dernières eaux mères laissent déposer le nouvel acide amidocrésylsulfureux. On le lave à l'eau froide pour dissoudre le sel ammoniac qui l'accompagne et on le fait cristalliser dans l'eau bouillante.

Cet acide forme de fines aiguilles réunies en faisceaux, assez solubles dans l'eau froide, très-solubles à l'ébullition; il contient 1 mol. d'eau de cristallisation. Mis en suspension dans l'alcool absolu, puis refroidi et traité par un courant de gaz azoteux, il fournit un dérivé *diazoïque* sous forme de fines aiguilles microscopiques. L'acide bromhydrique transforme ce dernier en un acide bromocrésylsulfureux (p. 456).

Sel de baryum $(C^7H^8Az.SO^3)^2Ba$. — La solution aqueuse et concentrée de ce sel, après addition d'alcool, laisse déposer des lamelles minces.

Sel de plomb. — Il se décompose complétement lorsqu'on évapore sa solution [M. Hayduck].

ACIDE AMIDO-ORTHOBROMO-MÉTACRÉSYLSULFUREUX (1.2.3.?) ou (1.2.5.?) $C^7H^5Br(AzH^2)SO^3H$. — On l'obtient en dissolvant l'acide nitro-orthobromo-métacrésylsulfureux (p. 460) dans un excès d'ammoniaque, saturant la solution d'hydrogène sulfuré et évaporant au bain-marie. Le résidu repris par l'eau et séparé par le filtre du soufre mis en liberté, fournit par l'acide chlorhydrique un précipité que l'on purifie par cristallisation dans l'eau bouillante.

L'acide libre cristallise dans l'eau en lames rhombiques allongées et dans l'alcool en mamelons; il se dissout à 21° dans 188 p. d'eau et dans 32 p. d'alcool. Le brome et l'eau le dédoublent en acide sulfurique et en une tribromotoluidine cristallisant en aiguilles, fusibles à 82°.

Sel de baryum $[C^7H^5Br(AzH^2)SO^3]^2Ba + H^2O$. — Tables quadratiques, microscopiques, très-solubles dans l'eau, peu solubles dans l'alcool.

Sel de plomb $[C^7H^5Br(AzH^2)SO^3]^2Pb + H^2O$. — Tables allongées, très-solubles, se colorant en jaune à l'air.

Dérivé diazoïque. — Poudre brune, très-altérable, que l'eau ou l'acide bromhydrique aqueux changent en acide orthobromo-crésolmétasulfureux [M. Schaefer, *Liebig's Ann. der Chem.*, t. CLXXIV, p. 357; *Bull. de la Soc. chim.*, t. XXIV, p. 81].

ACIDE AMIDO-PARABROMO-ORTHOCRÉSYLSULFUREUX (1. 2. 4. ?) $C^7H^5Br(AzH^2)SO^3H$. — C'est le produit de réduction de l'acide nitro-parabromo-orthocrésylsulfureux (p. 460), on le prépare comme l'acide précédent. Il constitue de petits prismes bien développés, plus solubles dans l'alcool que dans l'eau; 31 p. d'eau en dissolvent 1 p. Avec le brome et l'eau, cet acide fournit une tribromotoluidine, cristallisant en lamelles incolores, fusibles à 72°. L'acide azoteux le transforme en un dérivé *diazoïque*, qui forme de très-petits cristaux rouge clair, détonant par le choc ou à la température de 160°; l'acide bromhydrique convertit ce dérivé en acide dibromo-orthocrésylsulfureux, et l'eau, en acide parabromo-crésolorthosulfureux.

Sel de baryum $[C^7H^5Br(AzH^2)SO^3]^2Ba + 2H^2O$. — Aiguilles microscopiques, incolores et très-solubles.

Sel de sodium $C^7H^5Br(AzH^2)SO^3.Na + 2H^2O$. — Cristaux microscopiques, indistincts, très-solubles [Schaefer, *loc. cit.*].

ACIDE AMIDO-PARABROMO-MÉTACRÉSYLSULFUREUX (1.3.4.?) $C^7H^5Br(AzH^2)SO^3H$. — Il dérive par réduction de l'acide nitro-parabromo-métacrésylsulfureux (p. 460). Il cristallise en aiguilles blanchâtres, très-peu solubles dans l'eau, plus solubles dans l'alcool.

Dérivé diazoïque. — Prismes rouges, détonant par le choc; l'eau, l'alcool ou l'acide bromhydrique, le décomposent aisément.

Sel de baryum $[C^7H^5Br(AzH^2)SO^3]^2Ba + 4H^2O$. — Petits mamelons blancs [Schaefer, *loc. cit.*].

DIMÉTHYLTOLUIDINES,

$$C^9H^{13}Az = C^7H^7.Az(CH^3)^2,$$

— Lorsqu'on chauffe l'iodure de triméthylphénylammonium à 220-230° pendant 24 heures, on obtient les iodhydrates de plusieurs bases tertiaires et secondaires (diméthyltoluidines, diméthylxylidine, méthylxylidine, etc.); le produit est distillé avec la soude et les bases mises en liberté, sont soumise à un grand nombre de distillations fractionnées. On parvient ainsi à isoler un liquide bouillant à 186° qui offre la composition d'une *diméthyltoluidine*; D = 0,9324. Les sels de cette base cristallisent difficilement; le chloroplatinate $(C^9H^{13}Az.HCl)^2, PtCl^4$ forme des cristaux d'un jaune paille.

Cette diméthyltoluidine fixe facilement à 100° une molécule d'iodure du méthyle et fournit l'iodure de triméthylcrésylammonium

$$C^7H^7Az(CH^3)^3I$$

cristallisant en magnifiques aiguilles incolores, fusibles à 210°. Le chloroplatinate de cet ammonium quaternaire $[C^7H^7Az(CH^3)^3Cl]^2, PtCl^4$ est en longues aiguilles d'un jaune orangé, peu solubles.

Les parties du produit brut qui passent entre 195 et 220°, contiennent une autre diméthyltoluidine et une certaine quantité de diméthylxylidine et de méthylxylidine, dont la séparation par la distillation fractionnée est impossible. Ce mélange est chauffé à 100° avec de l'iodure de méthyle; la masse cristalline ainsi obtenue est reprise par l'eau et la solution est séparée d'une faible quantité d'huile légère (diméthylxylidine); le liquide aqueux contient principalement l'iodure du triméthylcrésylammonium mélangé d'une faible proportion d'iodhydrate de diméthylxylidine. Pour séparer ces deux corps, on ajoute à la liqueur un grand excès de soude qui ne décompose que l'iodhydrate de diméthylxylidine; au moyen d'un courant de vapeur d'eau, on entraîne la base mise en liberté. L'iodure de triméthylcrésylammonium surnage, à la fin de l'opération, la solution alcaline dans laquelle il est insoluble. Il est purifié par cristallisation dans l'eau, puis décomposé par l'oxyde d'argent humide; la liqueur contient alors l'hydrate de triméthylcrésylammonium qui, décomposé par la chaleur, fournit une *diméthyltoluidine* bouillant à 205°; D = 0,9363. Le chloroplatinate $(C^9H^{13}Az, HCl)^2, PtCl^4$ est plus soluble que celui de la base décrite plus haut.

Ces deux diméthyltoluidines diffèrent dans leurs propriétés de la diméthylparatoluidine, qui bout à 210°. Elles doivent correspondre, l'une à l'orthotoluidine, et l'autre à la métatoluidine [A. W. Hofmann, *Deutsche chem. Gesellsch.*, t. V, p. 704].

A. H.

TOLUIDINES (INDUSTRIE). L'importance industrielle de la toluidine est d'une date plus récente que celle de l'aniline.

Dans les premières années de la fabrication des couleurs dérivées de la houille, le rôle de la toluidine était resté à peu près ignoré ou méconnu. Bien qu'elle fût l'élément nécessaire et le plus abondant de la production des deux principales couleurs fabriquées à cette époque, la mauvéine et la rosaniline, la notion de ce fait essentiel était si confuse pour les fabricants, même les plus instruits, que jamais la matière première de cette fabrication n'était désignée par le nom de toluidine. Chaque jour, des milliers de kilogrammes de cette substance étaient préparés, vendus, employés sous l'appellation d'aniline lourde.

Les recherches de M. Hofmann sur la constitution de la rosaniline en mettant en évidence le rôle de la toluidine, dirigèrent sur elle l'attention des industriels. A l'un d'eux, à M. Coupier, revient incontestablement l'honneur d'avoir créé la fabrication industrielle de la toluidine. Au lieu de chercher à séparer une fois produites simultanément, la toluidine de l'aniline, ou les dérivés nitrés des carbures d'hydrogène dont elles proviennent par réduction, il s'attacha à préparer à l'état pur, ces carbures eux-mêmes : la benzine, le toluène, le xylène [Coupier, brevet du 4 avril 1863, n° 58085, sur la fabrication des couleurs dérivées du goudron de houille (Société industrielle de Mulhouse; séance du 25 avril 1866)].

Une fois ces corps obtenus, il devenait facile d'avoir les alcaloïdes isolés les uns des autres; il suffisait de nitrer et de réduire chacun d'eux séparément. C'est par l'ingénieuse application qu'il fit à la distillation, des huiles légères de houille, des appareils employés alors exclusivement à la rectification des alcools qu'il parvint à fournir à l'industrie de la benzine, du toluène, du xylène, dans un état de pureté inconnu avant lui. Il signala l'existence de deux toluidines, l'une solide, l'autre liquide, prépara d'assez grandes quantités de chacune d'elle, et provoqua sur ce sujet les recherches de plusieurs chimistes, en particulier de M. Rosenstiehl, qui achevèrent l'étude qu'il avait commencée [Rosenstiehl, *Bul. de la Soc. Chim.*, t. X, p. 178-192; t. XI, p. 267-287-385; t. XVII, p. 4; t. XIX, p. 470].

Ce n'est pas à nous qu'il appartient ici d'examiner sous le rapport théorique les travaux de M. Rosensthiel, il nous suffira de dire qu'au point de vue industriel, ils ont contribué notablement au progrès de la fabrication de la toluidine, en précisant divers points inconnus ou douteux, comme, par exemple, les conditions de formation des deux nitrotoluènes isomériques α et β.

Aujourd'hui, on prépare facilement et abondamment pour les besoins de l'industrie.

1° Un mélange des toluidines α et β ou toluidine ordinaire;

2° De la toluidine β ou toluidine liquide (orthotoluidine);

3° De la toluidine α ou toluidine solide (paratoluidine).

Préparation de la toluidine ordinaire ou mélange des deux isomères α et β. — Le toluène pur étant obtenu au moyen de l'appareil Coupier (voyez t. I p. 544), on le convertit en nitrotoluènes α et β (paranitrotoluène et orthonitrotoluène). — Les conditions dans lesquelles on opère, sont analogues à celles qui permettent d'obtenir la nitrobenzine.

On emploie un mélange d'acide azotique à 40°, et d'acide sulfurique à 66° dans les proportions suivantes:

Acide azotique....	112 kilogrammes.
Acide sulfurique..	140 —
Toluène..........	110 —

L'appareil dans lequel se fait l'attaque est en fonte; comme l'appareil Nicholson, sa disposition a été modifiée ainsi qu'il suit par MM. de Laire et Ch. Girard : c'est un demi cylindre placé horizontalement, d'une capacité de deux à trois mètres cubes, muni d'un agitateur mu par la vapeur, et fermé par un convercle boulonné, portant deux tubulures et un trou d'homme clos par un joint hydraulique. L'une de ces tubulures est en communication avec une colonne en grès remplie de coke, imprégné d'acide sulfurique étendu, qui a pour effet, d'absorber les vapeurs nitreuses, dégagées pendant la réaction. La seconde tubulure est mise en rapport par un tube de plomb recourbé en S avec une tourie à robinet, remplie avec le mélange d'acide azotique et sulfurique fait d'avance. Au moyen du robinet, on règle l'arrivée du mélange d'acides dans le toluène, qui est introduit d'avance dans l'appareil, en une seule fois par le trou d'homme.

Un tube percé de trous capillaires obliques, fait le tour du cylindre à sa partie supérieure. Il communique avec un réservoir rempli d'eau froide, de sorte qu'il suffit de tourner un robinet pour que l'appareil tout entier soit instantanément enveloppé d'une nappe froide.

Un robinet de gros calibre permet de vider complétement l'appareil lorsque la réaction est terminée. — Enfin un thermomètre placé à la partie inférieure du cylindre, donne la température de la masse en réaction. Elle ne doit pas dépasser 50° ni tomber au-dessous de 30°. Au-dessus de 50°, la réaction peut devenir trop vive et amener une explosion, au-dessous de 30°, la réaction peut se ralentir de telle sorte, qu'une partie seulement de l'acide qui arrive, se combine, l'autre s'accumule petit à petit, jusqu'à ce que les masses d'acides libres et de toluène en présence, venant à réagir en une seule fois, tout à coup la température monte brusquement et détermine une explosion. On maintient la température entre ces limites, en accélérant l'arrivée du mélange d'acides dans l'appareil, si la température est trop basse ou en la diminuant si elle est un peu trop élevée; enfin, en refroidissant au moyen de la nappe d'eau si elle monte rapidement.

L'opération dure trois heures; on peut à la fois transformer deux ou trois cents kilogrammes de toluene par appareil. — Il est important d'agiter régulièrement et assez vite pendant toute la durée de la réaction : de cette agitation dépend le rendement. On obtient ainsi un mélange de nitrotoluènes α et β.

Transformation de nitrotoluènes α et β en toluidines. — La réduction du mélange de nitrotoluènes α et β se fait comme celle de la nitrobenzine avec la fonte pulvérisée et l'acide acétique ou chlorhydrique (voir p. 308, t. I).

La modification suivante a été faite au mode opératoire indiqué par M. Nicholson pour la réduction de la nitrobenzine en aniline.

La réduction par le fer et l'acide chlorhydrique étant achevée, au lieu de distiller toute la masse, il est plus facile de séparer par décantation la plus grande partie des toluidines formées.

Les cornues où s'opèrent la réduction sont à cet effet munies de robinets superposés. On sature par la chaux ou la soude le sel de toluidine formé, on étend d'eau puis on agite, on laisse reposer. Le mélange des bases mises en liberté vient surnager; on décante. La partie restée dans la cornue avec l'oxyde de fer est ensuite entraînée par la vapeur d'eau ou distillée à feu nu.

Préparation de la toluidine liquide ou toluidine β (orthotoluidine). — Le mélange des toluidines α et β préparé comme nous venons de l'indiquer, suivant les conditions de nitrification du toluène, contient des proportions variables des deux isomères α et β. — Ces conditions sont la concentration de l'acide nitrique employé et la température de la réaction. Mais toutes les fois qu'on emploie au lieu d'acide nitrique seul, un mélange de cet acide avec l'acide sulfurique, la modification β domine dans le mélange des nitrotoluènes isomériques. — La toluidine qui en provient est donc toujours riche en toluidine liquide. Elle renferme d'ordinaire de 60 à 70 % de toluidine β et peut en contenir quelquefois plus de 80 %. Lorsqu'on veut de la toluidine liquide pure, c'est d'un semblable mélange qu'on l'extrait. Pour cela, il existe deux procédés.

Premier procédé. — Il repose essentiellement sur la différence de solubilité qui existe entre l'oxalate de toluidine β et celui de toluidine α. Ce n'est qu'une modification du procédé analytique étudié par M. Rosenstiehl.

Dans cent litres d'eau, on dissout à l'ébullition 10 kilogrammes d'acide oxalique et on ajoute 24 kilogrammes d'acide chlorhydrique du commerce à 20° Baumé. Dans cette solution on verse lentement 40 kilogrammes de toluidine ordinaire. On porte le tout de nouveau à l'ébullition, puis on filtre rapidement à travers un filtre de laine pour séparer le dépôt cristallin formé d'oxalate acide de toluidine α. Celui-ci est pressé de suite, broyé avec un peu d'eau froide, puis exprimé de nouveau. En le décomposant par de la soude caustique et distillant, on obtient de la toluidine cristallisée. A la liqueur filtrée, on ajoute en remuant constamment encore 8 kilogrammes d'acide oxalique, ce qui donne lieu à un nouveau dépôt cristallin constitué par un mélange d'oxalates de toluidines α et β. Ce dépôt est séparé par filtration et mis à part. Les eaux-mères de cette seconde cristallisation, complètement refroidies, sont essayées de nouveau avec une solution aqueuse concentrée d'acide oxalique. On agite vivement, et s'il ne se forme pas de nouveau précipité, c'est qu'il n'y a plus alors de toluidine α dans la liqueur. On filtre donc et on sature ensuite par la soude caustique en excès. La toluidine liquide monte à la surface, on la décante, on la distille. Convenablement rectifiée, c'est de la toluidine β presque pure.

Second procedé. — On prend 100 kilogrammes de toluidine ordinaire, mélange des isomères α et β. Après avoir au préalable déterminé par la méthode analytique de M. Rosenstiehl, au moyen de l'acide oxalique et de l'éther, les proportions respectives des deux isomères, on traite ces 100 kilogrammes par la quantité d'acide sulfurique nécessaire pour faire un sulfate neutre avec la toluidine α contenue dans le mélange. — L'acide sulfurique employé, avant d'être versé dans la toluidine, doit être étendu d'un poids d'eau égal à six fois celui du sulfate de toluidine α qui doit prendre naissance. L'eau et l'acide sont mélangés, chauffés à 100° et versés par filets minces en remuant constamment et énergiquement dans la toluidine. Le sulfate de toluidine α reste en dissolution dans l'eau et la toluidine β forme une couche huileuse qui surnage. On décante l'huile et on la rectifie [R. Bindschedler, *Bull. de la Soc. Chim.* t. XX, p. 228].

Préparation de la toluidine α ou toluidine solide (paratoluidine). — Ainsi qu'il vient d'être dit, on peut obtenir la toluidine α comme produit accessoire de la préparation de la toluidine β. — Mais pour l'obtenir facilement et à un prix modéré, il convient de prendre pour point de départ une toluidine plus riche en toluidine α que celle qui résulte de la réduction des nitrotoluenes préparés au moyen d'un mélange d'acide sulfurique et d'acide nitrique.

D'après Ch. Girard, le toluène pur doit être attaqué par de l'acide azotique très-concentré d'une densité de 1.47 et privé de vapeurs nitreuses autant que possible. — L'appareil doit être soigneusement refroidi de manière à ce que la température, peudant toute la durée de l'opération ne dépasse pas 30°.

Le nitrotoluène ainsi obtenu est réduit à la manière ordinaire et donne une toluidine riche en toluidine α solide. Lorsque l'opération a été bien conduite, elle peut renfermer jusqu'à 75 % de toluidine α. Il est dès lors facile de l'obtenir pure soit par le simple refroidissement de la toluidine brute soit par l'un des deux procédés indiqués précédemment.

Ditoluylamines ou dicrésylamines, phenyltoluylamines ou phenylcrésylamines. — Ces monomines secondaires ont reçu quelques applications industrielles assez restreintes du reste. Quelle que soit celle que l'on veuille obtenir, le mode de préparation est identique, il consiste essentiellement à faire réagir la monamine primaire sur son chlorhydrate ou sur le chlorhydrate d'une autre monamine primaire à une température voisine du point d'ébullition de ce chlorhydrate [De Laire et Girard, brevet du 21 mars 1866, n° 70876].

Préparation. — L'appareil adopté par nous se compose d'un autoclave en fonte d'une capacité d'un hectolitre et demi environ. Il est émaillé intérieurement. Son couvercle porte 1° une soupape de sûreté; 2° un manomètre métallique; 3° un tube en fer forgé fermé à sa partie inférieure, vissé dans le couvercle de manière à venir affleurer la surface du liquide dans l'autoclave : il sert à recevoir un thermomètre; 4° un robinet auquel est adapté un tube communiquant avec un serpentin; par ce moyen on peut mettre l'appareil en communication avec l'extérieur et recueillir les produits qui s'échappent.

L'autoclave est chauffé par le retour des flammes du foyer et les gaz de la combustion.

On charge l'appareil avec 70 kilogrammes de chlorhydrade de toluidine et 50 kilogrammes de toluidine. On chauffe vers 255° ou 260°. Il est inutile que la pression dépasse cinq à six atmosphères, condition qu'on réalise en faisant échapper, de temps à autre, l'ammoniaque qui se forme pendant la réaction. La durée d'une opération est de 12 heures de chauffe effective. L'opération terminée, on retire le produit refroidi de l'autoclave, on le chauffe légérement avec 70 kilogrammes d'acide chlorhydrique qui le dissolvent et l'on verse cette dissolution en agitant, dans trois à quatre cents litres d'eau, puis on laisse en repos pendant vingt-quatre heures.

La dicréslamine libre se rassemble au fond de l'appareil, tandis que le chlorhydrate de la monamine primaire reste dissous dans l'eau acidulée. On décante, et l'on met de côté les eaux afin de recueillir le chlorhydrate de toluidine qu'elles contiennent; le précipité est traité à deux ou trois reprises par une petite quantité d'eau bouillante et en dernier lieu par une lessive alcaline faible afin de décomposer les dernières traces de chlorhydrate de dicrésylamine qui pourraient subsister.

La dicrésylamine ainsi lavée est pressée, puis distillée dans des cornues plates présentant une large surface de chauffe et dans lesquelles ont fait circuler un courant d'acide carbonique.

Rouge de toluène. — La toluidine liquide β traitée par les agents oxydants, tels que l'acide arsénique, donne une matière colorante rouge, que l'on a désignée sous le nom de rouge de toluène, bien qu'à l'analyse sa composition centésimale ait été trouvée identique à celle de la rosaniline, par M. Rosenstiehl. Les propriétés du rouge de toluène se confondent d'ailleurs entièrement avec celle de la rosaniline sauf quelques résultats en teinture. M. Rosenstiehl a constaté la formation d'une certaine quantité d'aniline, pendant l'action de l'acide arsénique sur la toluidine β. — Il est probable qu'une partie du méthyle de la toluidine β est brûlé pendant la réaction et l'on se retrouve alors dans les conditions ordinaires de la formation de la rosaniline.

Cette opinion sans être entièrement prouvée, acquiert un nouveau degré de probabilité de l'observation suivante due à M. Hofmann. Lorsqu'on chauffe avec un agent oxydant un mélange de xylidine et d'aniline, de cumidine et d'aniline, on obtient des matières colorantes rouges tout à fait semblables à la rosaniline, tant par leurs propriétés que par leur composition.

Chrysotoluidine. — Matière colorante jaune orange produite par l'action des agents oxydants sur la toluidine α. Voyez t. I, p. 328, chrysaniline et chrysotoluidine.

Bleus de toluidine. — On avait désigné sous ce nom la matière colorante bleue obtenue en chauffant la toluidine avec le rouge de toluidine. Ce bleu n'étant pas différent de la rosaniline tricrésylée, c'est à tort qu'on l'appellerait ainsi. — Plus justement pourrait-on nommer de cette manière les matières colorantes bleues ou violettes bleuâtres obtenues par l'action des oxydants sur la dicrésylamine β, et les matières colorantes d'un bleu plus ou moins vert qui résultent de l'action oxalique sur la dicrésylamine β ou sur ses dérivés alcooliques ou benzyliques.

Safranine. — On vend sous ce nom dans le commerce depuis quelques années une très-belle matière colorante d'une couleur rouge ponceau tirant un peu sur l'écarlate qui est surtout recherchée pour teindre la soie. Signalée pour la première fois par M. E. Willm, elle a été introduite dans l'industrie par M. Perkin en 1808 [Willm, *Bull. de la Soc. Chim.*, 1859, p. 204.

Préparation. — La préparation de cette substance n'est pas encore connue dans tous ses détails. On est fondé à croire qu'elle dérive de la toluidine liquide, car lorsqu'on emploie de la toluidine solide pure, ou de l'aniline pure, ou bien encore un mélange de toluidine solide et d'aniline on n'obtient pas de safranine.

D'après MM. Hofmann et Geyger, l'expression $C^{21}H^{20}Az^{4}$ représente sa composition [Hofmann et A. Geyger, *Bull. de la Soc. chim.*. t. XVIII, p. 279]. Elle proviendrait directement par élimination de quatre atomes d'hydrogène d'un corps intermédiaire non isolé, $C^{21}H^{24}Az^{4} = (C^{7}H^{4})^{3}Az^{3}Az$, résultant lui-même de la condensation de 3 molécules de toluidine β par le remplacement de 3 atomes d'hydrogène par 1 atome d'azote.

Avant d'interpréter les réactions d'après lesquelles la safranine peut se former, il est utile de rappeler que dans l'action de l'acide nitreux sur la toluidine, il se produit du diazotoluol $C^{7}H^{6}Az^{2}$, ou plutôt son nitrate $C^{7}H^{7}Az^{2}.AzO^{3}$ (p. 488) du diazoamidotoluol, $C^{7}H^{7}Az^{2}-AzH(C^{7}H^{7})$, et peut-être (voir p. 480) son isomère l'amidoazotoluol, $C^{7}H^{6}Az^{2}-C^{7}H^{7}(AzH^{2})$; enfin que si l'on opère sur un mélange d'aniline et de toluidine, il se forme du diazotoluolamidobenzol, $C^{7}H^{7}Az^{2}-AzH(C^{6}H^{5})$, et du diazobenzolamidotoluol, $C^{6}H^{5}Az^{2}-AzH(C^{7}H^{7})$.

Ces différents corps prennent naissance dans cette réaction en plus ou moins grande quantité suivant que l'on opère en présence d'un excès de toluidine ou en présence d'un excès d'acide azoteux.

Dans le premier cas, au début de la réaction, le premier produit qui se forme est le diazoamidotoluol; en prolongeant le courant d'acide azoteux, il arrive un moment où l'on agit, par suite de l'acide nitrique produit dans la réaction, sur du nitrate de toluidine et du nitrate de diazoamidotoluol, ce dernier se transforme alors en diazotoluol, mais inversement; le diazotoluol en présence d'un excès de sel de toluidine et de la température à laquelle on opère (25 à 30° environ), se transforme en un dérivé isomérique plus stable, l'amidoazotoluol. Ajoutons encore que sous les mêmes influences le diazoamidotoluol se transforme également en amidoazotoluol.

Dans les conditions industrielles dans lesquelles la réaction s'effectue, c'est donc l'amidoazotoluol qui se produit en plus grande abondance.

Nous avons d'abord pensé que la réaction qui donne naissance à la safranine, en admettant comme définitive la formule donnée par MM. Hofmann et Geyger, se passait suivant l'équation suivante :

$$\underset{\text{Amidoazotoluol.}}{2(C^{14}H^{15}Az^{3})} + 2O = \underset{\text{Safranine.}}{C^{21}H^{20}Az^{4}} + 2H^{2}O + \underset{\text{Diazotoluol.}}{C^{7}H^{6}Az^{2}}.$$

Le diazotoluol ne pouvant exister dans les conditions de la réaction, se transforme immédiatement en crésylol et azote.

Mais il est plus simple d'admettre que la réaction s'effectue ainsi que M. Würtz l'a interprétée dans son rapport sur l'Exposition de Vienne [Würtz, *Rapport sur les progrès de l'industrie des matières colorantes artificielles*].

$$\underset{\text{Pseudotoluidine.}}{2C^{7}H^{9}Az} + AzHO^{2} = \underset{\text{Diazoamidotoluol ou isomère.}}{C^{14}H^{15}Az^{3}} + 2H^{2}O.$$

$$\underset{\text{Diazoamidotoluol ou isomère.}}{C^{14}H^{15}Az^{3}} + \underset{\text{Pseudotoluidine.}}{C^{7}H^{9}Az} + 2O = \underset{\text{Safranine.}}{C^{21}H^{20}Az^{4}} + 2H^{2}O.$$

On peut encore envisager d'une autre manière la formation de la safranine sans la faire dériver du corps $C^{21}H^{24}Az^{4}$, il suffit d'admettre en premier lieu la production du diazoamidotoluol,

$$C^{14}H^{15}Az^{3},$$

corps qui prend effectivement naissance par l'action de l'acide nitreux sur la toluidine et en second lieu que 2 molécules de diazoamidotoluol sous l'influence d'un corps oxydant se soudent en perdant 4 atomes d'hydrogène et en éliminant une molécule de diazotoluol,

$$2C^{14}H^{15}Az^{3} + 2O = C^{21}H^{20}Az^{4} + 2H^{2}O + C^{7}H^{6}Az^{2}.$$

Lorsqu'au lieu d'opérer sur de la toluidine β pure on opère sur un mélange de 3 p. de toluidine β et de 1 p. d'aniline, la réaction serait représentée par l'expression suivante :

$$C^{14}H^{15}Az^{3} + \underset{\text{Diazobenzolamidotoluol.}}{C^{13}H^{13}Az^{3}} + 2O = C^{21}H^{20}Az^{4} + 2H^{2}O + C^{6}H^{4}Az^{2}.$$

A fort peu de chose près, cette manière d'envisager la production de la safranine concorde avec l'observation industrielle.

Dans la pratique, en effet, pour fabriquer la safranine on emploie, de préférence à la toluidine β pure, des anilines lourdes distillant entre 196° et 200° et ne renfermant environ que 70 % à 75 % de toluidine β. Elles proviennent généralement des bases échappées dans la préparation de la foschine. C'est donc un mélange de toluidine β et d'aniline avec une trace des homologues supérieurs.

Il est probable, du reste, qu'il existe plusieurs safranines homologues. Les différences de propriétés que présentent les safranines du commerce plus ou moins jaunes s'expliqueraient très-aisément si cette hypothèse était vérifiée.

Préparation. — Dans un mélange de toluidine β, d'aniline et d'une certaine quantité d'alcool, on fait arriver, au moyen d'un tube largement ouvert et plongeant profondément dans le liquide, un courant de vapeurs nitreuses. On se sert avantageusement pour obtenir ce courant de vapeurs nitreuses soit d'un mélange de 1 p. d'amidon et de 8 p. d'acide azotique que l'on chauffe dans un matras au bain-marie, soit de glucose ou de mélasse que l'on fait tomber au moyen d'un entonnoir à robinet dans de l'acide nitrique fumant. Le gaz ainsi produit passe au préalable dans un flacon laveur contenant de l'acide sulfurique.

On a soin d'agiter pendant ce temps la masse en réaction et de refroidir l'appareil afin d'empêcher la température de s'élever, ce qui pourrait amener la carbonisation du produit. Lorsque le liquide est devenu brun marron et qu'une petite quantité mise sur un verre de montre, cristallise on peut arrêter le courant de vapeurs nitreuses: la première phase du procédé est terminée. On a produit ainsi les dérivés diazoïques de la benzine et du toluène. Il s'agit maintenant de les oxyder.

L'oxydation est effectuée, soit au moyen du bichromate soit par l'acide arsénique. Avec l'acide arsénique, pour cent parties en poids de monamines, il faut prendre 80 à 90 parties d'acide sirupeux, contenant 72 % d'acide arsénique sec. Il est nécessaire d'introduire l'acide arsénique peu à peu, afin d'éviter une élévation trop brusque et trop considérable de la température; on chauffe ensuite au bain de sable jusqu'à ce qu'une coloration violette apparaisse. On soumet alors le tout à l'ébullition avec de l'eau calcaire sans laquelle la matière colorante violette est insoluble. Pour séparer le dépôt formé, on filtre sur des filtres en laine sur lesquels se trouve une couche de sable.

On sature exactement par l'acide chlorhydrique et l'on ajoute du chlorure de sodium en excès.

La safranine qui se précipite est purifiée ensuite par dissolution dans l'eau et précipitation par le chlorure de sodium.

Le second mode de préparation de la safranine consiste à verser dans des marmittes en fonte émaillée placées dans des doubles fonds, dans lesquels l'eau froide puisse circuler et se renouveler rapidement, un mélange d'aniline lourde (mélange de toluidine β et d'aniline) et de nitrite de potasse neutre. On ajoute alors au moyen d'un entonnoir à robinet, et peu à peu, de l'acide chlorhydrique, en ayant soin d'agiter constamment et d'éviter une réaction trop vive, et qui donnerait lieu à un dégagement brusque d'azote.

Il se produit ainsi les mêmes dérivés diazoïques que dans le premier mode de fabrication. On ajoute alors une nouvelle quantité d'aniline lourde, en excès, on agite, puis on oxyde incomplétement le tout par l'acide arsénique. On arrête alors le courant d'eau froide, et, au moyen d'un robinet de vapeur qu'on ouvre et qui est en communication avec le double fond, on chauffe la masse. On arrête aussitôt qu'une petite quantité de la masse mise en réaction se dissout dans l'alcool en violet rouge. Ce produit est alors dissous dans de grandes cuves en bois placées généralement à la partie supérieure de l'atelier; pour 1 p. de matière on emploie environ 100 p. d'eau. On filtre sur des filtres de sable qui retiennent la matière goudronneuse. La liqueur filtrée tombe dans des cuves placées au-dessous des premières dans lesquelles a eu lieu la dissolution. On complète alors l'oxydation, en faisant bouillir la solution avec du bichromate de potasse (1 p. de bichromate de potasse pour 3 p. de matière brute).

L'ébullition est continuée jusqu'à ce que la coloration rouge soit très-intense. On ajoute alors un lait de chaux en quantité suffisante pour neutraliser complétement l'acide. Il se précipite des matières grises et brunes, en même temps que de l'arséniate, de l'arsénite de chaux ainsi que de l'hydrate de chrome. On fait passer alors la liqueur claire, soit dans des filtres-presses, soit sur des filtres doubles de coton et qui se trouvent placés entre la cuve à solution et celle qui reçoit le liquide filtré; on a donc en réalité trois cuves, disposées en gradin entre lesquelles sont intercalées deux rangées de filtres.

La solution de safranine parfaitement filtrée et débarrassée des matières grises est précipitée par le sel marin, et le précipité est recueilli sur des filtres.

Si l'on veut obtenir une safranine plus pure, on dissout à nouveau le précipité de safranine dans de l'eau rendue alcaline avec de l'hydrate de soude. On filtre, puis on sature légèrement par l'acide chlorhydrique, et on précipite de nouveau par le sel marin.

La safranine se rencontre dans le commerce soit sous forme solide, soit sous forme de pâte. L'étude de la base et de ses sels a été faite par MM. Hofmann et A. Geyger.

Pour l'obtenir à l'état cristallisé, il suffit d'épuiser le produit commercial par l'eau bouillante. La liqueur filtrée laisse déposer par le refroidissement une masse cristalline, que l'on purifie par des cristallisations successives; il faut avoir soin à chaque cristallisation d'ajouter une petite quantité d'acide chlorhydrique, les sels de safranine perdant facilement leur acide en présence de l'eau.

Un procédé qui nous a donné d'excellents résultats et qui permet de préparer rapidement la safranine à l'état de pureté, consiste à dissoudre la safranine commerciale dans l'alcool absolu, et à chauffer la masse au bain-marie afin de faciliter la dissolution. Après refroidissement, on filtre et l'on précipite la solulution alcoolique par trois ou quatre fois son volume d'éther absolu. On obtient ainsi un précipité cristallin de chlorhydrate de safranine. Une seule cristallisation dans l'eau ou l'alcool fournit le produit chimiquement pur.

La safranine à l'état libre est soluble dans l'eau et l'alcool, insoluble dans l'éther. Pour l'obtenir à l'état de base il est difficile de la précipiter par un alcali, vu sa solubilité dans l'eau; il faut donc décomposer la solution aqueuse du chlorhydrate par l'oxyde d'argent; on obtient alors une solution jaune orange qui dépose, après évaporation, des cristaux ressemblant à ceux du chlorhydrate. Séchés à 100°, ces cristaux prennent un éclat métallique mordoré.

Les sels de safranine en présence du zinc en poudre et d'un léger excès d'acide se décolorent plus difficilement que les sels de rosaniline; la solution garde une belle couleur jaune.

Le chlorhydrate de safranine se présente sous la forme de petits cristaux de couleur rougeâtre, beaucoup plus solubles à chaud qu'à froid, dans l'eau et dans l'alcool. Les solutions présentent une couleur jaune rouge intense et une fluorescence caractéristique.

Le bromhydrate et l'iodhydrate de safranine sont cristallins, très-peu solubles dans l'eau froide, assez solubles dans l'eau chaude. On les prépare en ajoutant de l'acide bromhydrique ou iodhydrique à une solution du chlorhydrate.

L'azotate de safranine est moins soluble dans l'eau et l'alcool que le chlorhydrate; on l'obtient en traitant la safranine libre par l'acide azotique en excès. Il cristallise en belles aiguilles rouge brun.

Le sulfate de safranine cristallise en fines aiguilles assez solubles.

Le picrate de safranine est insoluble dans l'eau, l'alcool et l'éther; il est précipité sous forme cristalline lorsqu'on verse dans les solutions des autres sels de safranine de l'acide picrique.

Tous les sels de safranine présentent une réaction caractéristique. Leur solution devient violette, puis bleue, et finalement verte par l'addition d'acide sulfurique concentré et même d'acide chlorhydrique. Lorsqu'on ajoute peu à peu de l'eau à la solution sulfurique, on obtient les mêmes phénomènes de coloration, mais en sens inverse.

Matières violettes dérivées de la safranine. — Lorsqu'on chauffe la safranine avec de l'aniline, il y a dégagement d'ammoniaque et la masse passe peu à peu du rouge au violet intense. La matière ainsi obtenue possède des propriétés très-voisines de celles de la mauvéine (voyez t. I, p. 311, Aniline); il est possible que ces deux substances soient identiques, mais cela n'est point encore prouvé.

Jaune d'or, jaune victoria. — On trouve dans l'industrie sous ces dénominations des matières colorantes jaunes isomériques qui se dissolvent dans l'eau en la colorant en jaune intense qui se fixe facilement sur la laine et sur la soie.

Elles répondent à la formule,

$$C^6H^2(NO^2)^2.CH^3.OH.$$

Ce sont des binitro-crésylols isomériques. On peut les préparer soit par l'action de l'acide nitreux sur les toluidines α et β. On obtient ainsi des composés azoïques que l'acide nitrique convertit en dinitro-crésols, soit en traitant par l'acide nitrique les acides sulfocrésyliques α et β, soit enfin par l'action de l'acide nitrique sur le crésylol α et β. Dans ce cas, on conduit l'opération en employant les mêmes précautions que celles usitées dans la préparation de l'acide picrique.

Ch. G. et de L.

TOLUIQUES (ACIDES). — Le nom d'acide toluique ou toluylique a été donné primitivement à acide $C^8H^8O^2$, homologue de l'acide benzoïque, et que Noad a obtenu le premier en oxydant le cymène par l'acide azotique étendu. Cet acide fournissant du toluène (méthylbenzine) par la distillation de son sel de calcium, correspond à une diméthylbenzine (xylène), C^8H^{10},

$$C^6H^4 < \begin{matrix} CH^3 \\ CH^3 \end{matrix} \qquad C^6H^4 < \begin{matrix} CH^3 \\ CO^2H. \end{matrix}$$

Xylène. Acide toluique.

La découverte de l'existence de trois diméthylbenzines, amena celle de trois acides toluiques correspondant à chacune de ces diméthylbenzines : ce sont l'acide orthotoluique, fondant à 102° ; l'acide iso- ou métatoluique, fondant à 105°, et l'acide paratoluique ou acide de Noad fusible à 175°. Enfin le nom d'acide α-toluique avait été donné à un quatrième isomère, $C^8H^8O^2$, qui correspond non à un xylène, mais à l'éthylbenzine; cet isomère, d'une constitution différente,

$$C^8H^8O^2 = C^6H^5-CH^2-CO^2H,$$

Acide α-toluique.

est connu sous le nom d'acide phénylacétique qui lui convient mieux.

Nous décrirons dans cet article les trois acides toluiques dérivés des trois xylènes isomériques.

ACIDE ORTHOTOLUIQUE.— Cet acide a été obtenu d'abord par l'oxydation au moyen de l'acide azotique étendu, de l'orthoxylène provenant de la distillation du paraxylate de calcium [Fittig et Bieber, *Zeitsch. für Chem.*, 1869, t. V, p. 494; *Bull. de la Soc. chim.*, 1870, t. XIII, p. 269]. En transformant l'orthotoluidine en orthocrésylsulfocarbimide bouillant à 227° (voyez t. III, p. 118) et chauffant ce dernier corps avec du cuivre divisé, M. Weith a obtenu le nitrile de l'acide orthotoluique (voyez plus loin) ; ce nitrile se transforme en acide orthotoluique par l'action de la potasse à 130°, et de l'acide chlorhydrique à 200° [Weith, *Deuts. chem. Gesells.*, t. VI, p. 418; *Bull. de la Soc. chim.*, 1873, t. XX, p. 288].

La distillation d'un mélange de l'orthocrésylsulfite et de paracrésylsulfite de potassium avec du cyanure de potassium fournit des nitriles que la potasse alcoolique convertit en acide paratoluique et acide orthotoluique. On les sépare en les transformant en sels de calcium et reprenant par l'alcool bouillant : l'orthotoluate de calcium moins soluble cristallise par le refroidissement [Ramsay et Fittig, *Zeitsch. für Chem.*, 1871, t. VII, p. 584; *Bull. de la Soc. chim.*, 1872, t. XVII, p. 360].

M. Kekulé a préparé cet acide par la méthode de M. Würtz, en faisant réagir l'éther chloroxycarbonique et l'amalgame de sodium sur l'orthoiodotoluène [*Deuts. chem. Gesells.*, t. VII, p. 1006; *Bull. de la Soc. chim.*, t. XXIII, p. 122].

L'acide orthotoluique, peu soluble dans l'eau froide, assez soluble à chaud, cristallise en longs cristaux transparents, aciculaires, qui fondent à 102°.

L'oxydation par l'acide azotique ou par l'acide chromique le détruit entièrement sans donner d'acide phtalique. Mais si on opère l'oxydation par le permanganate de potassium en solution alcaline, il se forme de l'acide phtalique [Weith, *Deutsche chem. Gesellsch.*, t. VII, p. 1057; *Bull. de la Soc. chim.*, 1875, t. XXIII, p. 469].

Le *sel de baryum*, $(C^8H^7O^2)^2Ba$, et le *sel de calcium*, $(C^8H^7O^2)^2Ca$, cristallisent en fines aiguilles très-solubles.

L'*acide nitro-orthotoluique* cristallise en aiguilles blanches fusibles à 145° (Weith).

AMIDE ORTHOTOLUIQUE, $C^6H^4(CH^3)-CO-AzH^2$. — Elle se forme avant l'acide orthotoluique, par l'action de la potasse alcoolique sur le nitrile. Elle cristallise dans l'eau bouillante en longues aiguilles soyeuses, peu solubles à froid. Elle cristallise dans l'alcool et dans l'éther en faisceaux nacrés. Elle fond à 138°.

NITRILE ORTHOTOLUIQUE (cyanure d'orthocrésyle),

$$C^6H^4 < \begin{matrix} CH^3 \\ CAz \end{matrix}$$

(Weith). — On l'obtient en chauffant la crésylsulfocarbimide (t. III, p. 118) bouillant à 227° avec du cuivre divisé, puis distillant le mélange. Ce nitrile bout à 203-204°.

ACIDE MÉTATOLUIQUE (*Acide isotoluique*). — En oxydant le xylène de la houille (mélange de métaxylène et d'un peu de paraxylène) par l'acide azotique étendu, M. Ahrens a obtenu un mélange d'acides, présentant la composition de l'acide toluique, mais n'offrant pas un point de fusion constant. C'était un mélange d'acide paratoluique et d'acide métatoluique, qui n'a pu être séparé par cristallisation des sels. L'oxydation par l'acide chromique du monobromoxylène bouillant à 207-208° avait fourni à MM. Fittig et Ahrens un acide toluique bromé fusible à 205°, et un isomère de celui-ci fondant à 185-190°. En traitant l'acide fusible à 205° par l'amalgame de sodium, M. Ahrens a obtenu l'acide métatoluique qu'il a appelé isotoluique, et auquel il a assigné un point de fusion de 90-93°. Cet acide se distingue de ses deux isomères, en ce qu'il fournit de l'acide isophtalique par l'oxydation au moyen de l'acide chromique. M. Tawildarow en oxydant le xylène brut par l'acide azotique avait obtenu un acide, fusible à 85°, qu'il avait appelé *acide pseudotoluique*, et qui devrait être identique avec l'acide métatoluique. D'un autre côté, M. Richter avait obtenu l'acide métatoluique en partant du toluène bromé solide, le transformant en toluène bromonitré solide, et le chauffant avec le cyanure de potassium en solution alcoolique, à 220°. Il se forme du toluonitrile bromé,

$$C^6H^3Br, CH^3, CAz,$$

que la potasse convertit en un acide bromotoluique. Celui-ci par l'amalgame de sodium fournit un acide toluique fusible à 105-106°, mais dont l'identité avec l'acide d'Ahrens est mis hors de doute, car il se convertit en acide isophtalique par l'acide chromique. MM. Fittig et Bœttinger ont obtenu l'acide métatoluique fusible à 105°, en chauffant avec de la chaux au-dessus de 330° l'uvitate de calcium préparé au moyen de l'acide pyruvique.

M. Ramsay a alors repris les expériences de M. Ahrens, et il a obtenu comme lui un acide fusible à 92°, mais par des cristallisations répétées dans l'alcool, il a pu séparer cet acide en acide paratoluique, et en acide métatoluique fusible à 105°. Le point de fusion de l'acide métatoluique était donc abaissé par la présence d'une petite quantité d'acide paratoluique.

MM. Weith et Landolt ont aussi obtenu l'acide métatoluique par le procédé qui avait fourni à M. Weith ses deux isomères. La métatoluidine fut transformée en sulfocarbométatoluide (métacrésylsulfo-urée) par l'action du sulfure de carbone, et cette urée fut dédoublée par l'acide chlorhydrique, en chlorhydrate de métatoluidine et sulfocarbimide métacrésylique,

$$CS = Az - C^6H^4, CH^3.$$

Cette dernière, chauffée à 200° avec de la poudre de cuivre, fournit le nitrile de l'acide métatoluique [Ahrens, *Zeitsch. für Chem.*, 1869, t. V, p. 202; *Bull. de la Soc. chim.*, 1869, t. XII, p. 319; — Tawildarow, *Zeitsch. für Chem.*, 1871, t. VII, p. 418; *Bull. de la Soc. chim.*, 1871, t. XV, p. 129; — Richter, *Deutsche chem. Gesells.*, t. V, p. 422; *Bull. de la Soc chim.*, 1872, t. XVIII, p. 179; — Fittig et Bœttinger, *Deutsche chem. Gesells.*, t. V, p. 954; *Bull. de la Soc. chim.*, 1873, t. XIX, p. 260; — Ramsay, *même recueil*,

t. XIX, p. 260; *Ann. der Chem. u. Pharm.*, t. CLXVIII, p. 253; — Weith et Landolt, *Deutsch. chem. Gesellsch.*, t. VIII, p. 715; *Bull. de la Soc. chim.*, 187 , t. XXIV, p. 553].

L'acide métatoluique cristallise dans l'alcool en aiguilles réunies en mamelons; il est beaucoup plus soluble dans l'eau que ses deux isomères; il distille avec la vapeur d'eau. Il fond à 105°. Oxydé par l'acide chromique, il donne de l'acide isophtalique (métaphtalique).

Le *sel de baryum*,

$$(C^6H^4, CH^3, CO^2)^2Ba + 2H^2O,$$

cristallise en lamelles brillantes, moins solubles que le sel de calcium.

Le *sel de calcium*,

$$(C^6H^4, CH^3, CO^2)^2Ca + 2H^2O,$$

forme des aiguilles très-solubles dans l'eau, cristallisables dans l'alcool. Suivant Richter, le sel de calcium renferme 3 1/2 H^2O dont il perd déjà 3 molécules dans une atmosphère séchée par l'acide sulfurique et le reste à 140°.

Dérivés bromés, nitrés et amidés de l'acide métatoluique.

Ces dérivés n'ont pas été obtenus directement avec l'acide métatoluique, mais par l'oxydation des dérivés correspondants du xylène de la houille. Comme celui-ci est un mélange de deux isomères, mais où domine le métaxylène, il est probable que ces dérivés appartiennent pour la plupart à la même série, mais il se peut qu'ils n'aient pas été obtenus purs, et qu'ils soient mélangés de petites quantités d'isomères, dérivés du paraxylène, de même que l'acide isotoluique d'Ahrens renferme un peu d'acide paratoluique. De plus, parmi les nombreux acides nitrotoluiques, il en est peut-être qui correspondent à l'acide paratoluique.

Dérivés bromés. — *Acides métatoluiques monobromés* (Fittig et Ahrens). — On en connaît deux, obtenus dans l'oxydation par l'acide chromique du xylène monobromé, bouillant à 200-208°. On les sépare en mettant à profit la différence de solubilité de leurs sels de calcium.

Acide α, $C^8H^7BrO^2 = C^6H^3Br, CH^3, CO^2H$. — Il a été décrit d'abord sous le nom impropre d'acide parabromotoluique, alors qu'on ne connaissait qu'un seul acide toluique. Peu soluble dans l'eau bouillante, assez soluble dans l'alcool bouillant, il se sépare en petits cristaux blancs, fusibles à 205°, et sublimables en petites aiguilles. Par hydrogénation, il fournit de l'acide métatoluique, mélangé d'un peu d'acide paratoluique (acide de Noad), preuve qu'il n'a pas été obtenu absolument pur.

Le *sel d'argent*, $C^8H^6BrO^2Ag$, forme un précipité blanc.

Le *sel de baryum*, $(C^8H^6BrO^2)^2Ba + 4H^2O$, cristallise dans l'eau en aiguilles incolores.

Le *sel de calcium* renferme $3H^2O$; il cristallise en longues aiguilles, plus solubles que le sel de baryum.

L'éther éthylique, $C^8H^6BrO^2, C^2H^5$, est un liquide incolore, d'une odeur agréable, bouillant à 275° et se solidifiant à 5°.

Cet acide toluique bromé, soumis à l'action de l'acide azotique fumant, fournit un *dérivé nitré*, $C^8H^6(AzO^2)BrO^2$, qu'on avait appelé *acide nitroparabromotoluique*; il cristallise dans l'alcool en petits cristaux fusibles à 175°.

Son *sel de baryum*,

$$[C^8H^5(AzO^2)BrO^2]^2Ba + 3H^2O,$$

est soluble dans l'eau et cristallise en belles aiguilles incolores.

Le *sel de calcium* est en cristaux mamelonnés.

Acide β. — Obtenu en même temps que le précédent, par l'oxydation du xylène monobromé, il donne un sel de calcium beaucoup plus soluble et restant dans les eaux mères; il fond à 185-189° et n'a pas été autrement étudié.

Le *sel de calcium* renferme $8H^2O$.

Acide métatoluique dibromé,

$$C^8H^6Br^2O^2 = C^6H^2Br^2, CH^3, CO^2H.$$

— Il se forme par l'oxydation du xylène dibromé, fusible à 69° et bouillant à 255-256°. On effectue l'oxydation par le bichromate de potassium et l'acide sulfurique étendu. Presque insoluble dans l'eau, peu soluble dans l'alcool, il cristallise de ce dernier solvant en petites aiguilles groupées en faisceaux, fusibles à 185-186°.

Dérivé chloré. — *L'acide métatoluique monochloré*, $C^8H^7ClO^2$, appelé aussi *acide parachlorotoluique*, se produit dans l'oxydation du xylène chloré par l'acide chromique [Vollrath, *Zeitsch. für Chem.*, 1866, t. II, p. 488; *Bull. de la Soc. chim.*, 1867, t. VII, p. 342]. Il s'obtient aussi dans le dédoublement de l'*acide diazoamidotoluique* par l'acide chlorhydrique. — Voyez plus loin, Acide amido-métatoluique (Kreusler).

Il cristallise en aiguilles fines, très-peu solubles dans l'eau; il fond à 203°.

Le *sel de baryum*, $(C^8H^6ClO^2)^2Ba + 3H^2O$ est en fines aiguilles solubles dans l'eau; il en est de même du *sel de calcium*, qui cristallise pareillement avec $3H^2O$.

Dérivés nitrés. — Les dérivés nitrés isomères sont nombreux; l'un d'eux a été obtenu dans l'oxydation du xylène nitré (30 p.), par le bichromate de potassium (40 p.) et l'acide sulfurique (55 p.) étendu du double de son volume d'eau. Il a été appelé par l'auteur *acide paranitrotoluique* [Kreusler, *Zeitsch. für Chem.*, 1866, p. 370; *Bull. de la Soc. chim.*, 1867, t. VII, p. 185].

Les autres dérivés nitrés ont été préparés par M. Ahrens, qui les a obtenus en nitrant le mélange d'acides toluiques (méta- et para-) que fournit l'oxydation du xylène de houille [Ahrens, *Mém. cité*].

Acide de Kreusler, $C^8H^7(AzO^2)O^2$. — Nous avons dit plus haut dans quelles conditions on prépare cet acide. Après l'oxydation, on recueille, par filtration, une masse poisseuse verte que l'on traite par la soude caustique; on distille pour chasser le nitroxylène non attaqué, et l'on précipite par l'acide chlorhydrique. Le précipité, purifié par cristallisation jusqu'à ce que son point de fusion soit constant à 211°, est peu soluble dans l'eau bouillante, presque insoluble dans l'eau froide, aisément soluble dans l'alcool. Par sublimation, il donne des aiguilles ou des lamelles brillantes. Traité par l'acide chlorhydrique et l'étain, il fournit le dérivé amidé correspondant.

Le *sel d'ammonium*,

$$C^8H^6(AzO^2)O^2, AzH^4 + 2H^2O,$$

est une masse cristalline blanche, très-soluble.

Le *sel de baryum*, $[C^8H^6(AzO^2)O^2]^2Ba + 4H^2O$, est soluble dans l'eau et cristallise en masses feutrées formées d'aiguilles soyeuses.

Le *sel de calcium*,

$$[C^8H^6(AzO^2)O^2]^2Ca + 2H^2O,$$

est peu soluble dans l'eau froide; il est en prismes brillants groupés en étoiles.

Le *sel de magnésium*,

$$[C^8H^6(AzO^2)O^2]^2Mg + 7H^2O,$$

est très-soluble, et cristallise difficilement.

L'éther éthylique, $C^8H^6(AzO^2)O^2, C^2H^5$, cristallise dans l'alcool bouillant en aiguilles incolores.

Amide de l'acide nitrotoluique,

$$C^8H^6(AzO^2)O, AzH^2.$$

— On traite l'acide par le perchlorure de phosphore et, après avoir distillé l'oxychlorure, on décompose le chlorure nitrotoluique par le gaz ammoniac. Cette amide est en lamelles cristallines jaunâtres, très-brillantes, assez solubles dans l'eau bouillante, peu solubles à froid; elle fond à 150°. Traitée par le sulfhydrate d'ammonium, elle donne l'amide amidotoluique,

$$C^8H^6(AzH^2)O, AzH^2.$$

Acide nitrotoluique d'Ahrens $C^8H^7(AzO^2)O^2$. — En oxydant par l'acide azotique étendu de 3 volumes d'eau, le xylène de la houille, M. Ahrens a obtenu comme nous l'avons dit, de l'acide métatoluique, mélangé d'acide paratoluique. Il a soumis ce mélange à l'action de l'acide azotique fumant, et après avoir neutralisé par le carbonate de calcium, il a fait cristalliser les sels de calcium. Il a obtenu ainsi un sel calcique peu soluble et deux sels très-solubles.

L'*acide nitrotoluique* du sel calcique peu soluble fond à 190°; il est lui-même peu soluble dans l'eau, soluble dans l'alcool, d'où il cristallise en gros prismes monocliniques, à faces miroitantes m, p et $b^{1/2}$.

Le *sel de baryum*, $[C^8H^6(AzO^2)O^2]^2Ba$, est en aiguilles radiées.

Le *sel de calcium* renferme $3H^2O$.

Le *sel de cadmium* cristallise en belles aiguilles d'un éclat soyeux.

Le *sel de plomb* est un sel basique, anhydre; il renferme $C^8H^6(AzO^2)O^2PbOH$, et cristallise dans l'eau bouillante en longues aiguilles incolores.

Cet acide nitrotoluique fournit par réduction un *acide amidométatoluique*, $C^8H^7(AzH^2)O^2$, et de celui-ci on a dérivé par l'acide azoteux, un acide nitroxytoluique, $C^8H^7(AzO^2)O^3$. — Voyez plus bas.

Les *acides nitrotoluiques* des sels calciques solubles, ayant été mis en liberté, sont traités par l'alcool bouillant; ils se séparent, l'un en prismes clinorhombiques insipides, fusibles à 220°, et l'autre en longues aiguilles déliées, fusibles à 217-218°.

Le *sel de calcium* de l'acide fusible à 220° cristallise mal dans l'eau où il est très-soluble. Après avoir été séché à 140°, il cristallise dans l'alcool en grandes tables incolores.

Dérivés amidés. — On en a décrit deux, l'un dérivé de l'acide nitrotoluique de Kreusler, l'autre dérivé de l'acide de Ahrens, fusible à 190°.

Acide amidotoluique de Kreusler. — Obtenu par réduction de l'acide nitré au moyen de l'acide chlorhydrique et de l'étain, il forme de longues aiguilles incolores, fusibles à 167°, solubles dans l'eau et dans l'alcool. Lorsqu'on traite sa solution alcoolique par l'acide azoteux, on obtient une poudre insoluble dans l'eau, d'un jaune orangé, qui est l'*acide diazo-amidotoluique.*

L'acide chlorhydrique dédouble ce dernier en acide amidotoluique, et en acide chlorométatofusible à 203°.

L'acide amidotoluique donne un sel de baryum, $[C^8H^6(AzH^2)O^2]^2Ba + 10H^2O$, bien cristallisé, brunâtre, très-soluble dans l'eau.

Le *chlorhydrate d'acide amidotoluique*,

$$C^8H^7(AzH^2)O^2, HCl,$$

forme des cristaux volumineux, anhydres, solubles dans l'eau, peu solubles dans l'acide chlorhydrique.

L'*azotate*, $C^8H^7(AzH^2)O^2, AzO^3H$, est en longs prismes, très-solubles dans l'eau.

L'*amide amidotoluique*, $C^8H^7(AzH^2)O, AzH^2$, se prépare par l'action du sulfure d'ammonium sur l'amide nitrotoluique de Kreusler. C'est une masse cristalline brunâtre, peu soluble dans l'eau froide, et fondant à 115°.

Acide amidotoluique de Ahrens. — Obtenu avec l'acide nitré fusible à 190°, il forme de longues aiguilles jaunâtres, solubles dans l'eau, fondant à 164-165°. En le traitant par une solution récente d'acide azoteux, on le convertit en un acide *nitroxytoluique*, qui est évidemment un dérivé nitré d'un acide crésotique, et qui fond à 187-188°.

L'*amidotoluate d'argent* est en longues aiguilles anhydres, peu solubles à froid.

Le *sel de baryum*,

$$[C^8H^6(AzH^2)O^2]^2Ba + 1/2H^2O,$$

est très-soluble dans l'eau; pour l'obtenir cristallisé, on le sèche à 140° et l'on précipite sa solution alcoolique par l'éther.

Le *sel de cuivre* est un précipité cristallin vert, anhydre.

Le *sel de plomb* cristallise dans l'eau bouillante en longues aiguilles jaunâtres anhydres.

Acide paratoluique (*Acide toluique de Noad*). — Cet acide, le premier acide toluique connu, a été obtenu par M. Noad dans l'oxydation du cymène du camphre (méthyl-isopropyl-benzine de la série para-), $C^6H^4(CH^3)(C^3H^7)$. Il prend encore naissance : 1° dans l'oxydation du xylène de houille par le bichromate de potassium et l'acide sulfurique (Beilstein et Yssel de Schepper), ou par le permanganate de potassium (Berthelot). Comme l'acide paratoluique correspond au paraxylène, et que celui-ci ne forme qu'une faible portion du xylène de houille, le rendement en acide toluique est très-faible. Le paraxylène étant plus facilement oxydable que le métaxylène, on obtient l'acide toluique par une oxydation incomplète du xylène de la houille. Si l'oxydation est prolongée, l'acide obtenu est un mélange d'acide paratoluique et d'acide métatoluique, ainsi que l'a montré Ahrens.

2° Par l'action simultanée du sodium et de l'acide carbonique sur le parabromotoluène (Kekulé);

3° Par l'action de l'éther chloroxycarbonique et de l'amalgame de sodium sur le parabromotoluène (Wurtz),

$$C^6H^4 < {CH^3 \atop Br} + CO < {OC^2H^5 \atop Cl} + Na^2$$

$$= NaCl + NaBr + C^6H^4 < {CH^3 \atop CO^2C^2H^5},$$

Toluate d'éthyle.

4° L'acide paratoluique s'obtient à l'état de nitrile, quand on chauffe avec du cuivre divisé la crésyl-sulfocarbimide obtenue avec la toluidine solide, $CS = Az-C^7H^7$ (Weith);

5° On obtient également le toluonitrile en distillant le paracrésylsulfite de potassium,

$$CH^3, C^6H^4, SO^3K,$$

avec du cyanure de potassium (Merz) [Noad, *Ann. der Chem. u. Pharm.*, t. LXIII, p. 281. — Beilstein et Yssel de Schepper, *Zeitsch. für Chem.*, 1865, t. I, p. 212, et *Bull. de la Soc. chim.*, 1866, t. V, p. 286. — Berthelot, *même recueil*, 1867, t. VII, p. 134. — Kekulé, *Ann. der Chem. u. Pharm.*, t. CXXXVII, p. 129; *Bull. la Soc. chim.*, 1866, t. VI, p. 46. — Wurtz, *Bull. de la Soc. chim.*, 1869, t. XII, p. 76. — Weith, *Deutsche chem. Gesellsch.*, t. VI, p. 418, et *Bull. de la Soc. chim.*, 1873, t. XX, p. 288. — Merz, *Zeitsch. für Chem.*, 1868, t. IV, p. 33; *Bull. de la Soc. chim.*, 1868, t. X, p. 47.]

Préparation. — Le procédé de préparation à employer pour obtenir l'acide paratoluique consiste à oxyder le cymène, suivant le procédé de Noad. On emploie pour 1 partie de cymène, 4 parties d'acide azotique et l'on étend l'acide de 6 fois son volume d'eau. On fait bouillir lentement et on cohobe de temps en temps, ou ce qui vaut mieux, on opère dans un ballon en communication avec un réfrigérant ascendant. L'oxydation exige une ébullition continue d'une semaine; elle est terminée quand le ballon se remplit de cristaux par le refroidissement. Plus l'acide est faible, et plus l'ébullition est prolongée, plus l'acide est pur. Il se forme néanmoins une petite quantité d'acide nitroparatoluique, que l'on sépare en transformant le mélange des acides en sels de baryum; le paratoluate de baryum est très-soluble dans l'eau froide, tandis que le nitroparatoluate y est faiblement soluble.

Quand on emploie un acide azotique trop concentré, on obtient alors beaucoup d'acide nitroparatoluique et une matière résineuse jaune; l'acide toluique est alors très-difficile à purifier, et l'on n'obtient qu'un faible rendement.

Propriétés. — L'acide paratoluique est très-soluble dans l'eau bouillante; il cristallise, par le refroidissement, en une masse d'aiguilles; il est très-soluble dans l'alcool et l'éther. Il fond à 175-175°5 (Kekulé), et se sublime en aiguilles.

Distillé avec de la chaux, il donne du toluène,

$$C^8H^8O^2 = CO^2 + C^7H^8.$$

Traité par l'acide azotique concentré, il se transforme en un dérivé nitré (Noad). Avec le chlorure de phosphore, il fournit du chlorure de paratoluyle (Cahours). Ingéré dans l'économie, il se transforme en *acide tolurique*, $C^{10}H^{11}AzO^3$ (Voyez ce mot).

PARATOLUATES. — *Le sel d'ammonium* est en petits prismes.

Le *sel d'argent* $C^8H^7O^2Ag$ cristallise dans l'eau chaude en fines aiguilles.

Le *sel de potassium* est fort soluble; il cristallise difficilement en aiguilles.

Le *sel de baryum* $(C^8H^7O^2)^2Ba$ cristallise mal.

Le *sel de calcium* est en longues aiguilles brillantes.

Le *sel de cuivre* $(C^8H^7O^2)^2Cu$ est un précipité bleu de ciel, peu soluble dans l'eau.

Le *sel de sodium* est très-soluble.

ÉTHERS PARATOLUIQUES. — *Paratoluate d'éthyle*,

$$C^8H^7O^2,C^2H^5$$

(Noad). Obtenu par l'action d'un courant de gaz chlorhydrique sur une solution alcoolique d'acide paratoluique, il constitue un liquide aromatique, d'une odeur semblable à celle de l'acide benzoïque; il bout à 228°.

Paratoluate de phényle, $C^8H^7O^2,C^6H^5$ [Kraut, *Dissertation über Cymen*, Göttingue, 1854]. Il est obtenu par la distillation de l'acide paratoluosalicylique,

$$C^6H^4 < \begin{matrix} CO^2H \\ OC^8H^7O, \end{matrix}$$

provenant de l'action du chlorure de paratoluyle,

$$C^8H^7OCl,$$

sur le salicylate de sodium. Il forme des lames nacrées, blanches, fondant à 71-72°.

Dérivés bromés, nitrés, amidés de l'acide paratoluique.

ACIDE BROMO-PARATOLUIQUE,

$$C^8H^7BrO^2 = C^6H^3Br,CH^3,CO^2H$$

[Landolph, *Deutsche chem. Gesellsch.*, t. V, p. 267; *Bull. de la Soc. chim.*, 1872, t. XVII, p. 520. — Jannasch et Dickmann, *Deutsche chem. Gesellsch.*, t. VII, p. 110; *Bull. de la Soc. chim.*, 1874, t. XXII, p. 207]. — Cet acide s'obtient par l'oxydation du bromocymène, $C^{10}H^{13}Br$, bouillant à 228-229° (Landolph) ou par l'oxydation du paraxylène bromé (Jannasch et Dickmann). Pour oxyder le bromocymène, on le traite par l'acide azotique étendu de 4 fois son volume d'eau; quant au paraxylène bromé, on l'oxyde en le versant goutte à goutte dans de l'acide acétique cristallisable tenant en dissolution 5 à 10 °/₀ d'acide chromique : la réaction commence à froid et dégage de la chaleur; pour la terminer, on n'a qu'à chauffer à 100° pendant une heure; après quoi, on ajoute de l'eau, on distille pour chasser l'excès de paraxylène bromé, et l'on filtre après refroidissement. L'acide bromé reste sur le filtre; on le purifie par cristallisation dans l'eau bouillante ou dans l'alcool.

L'acide bromo-paratoluique cristallise en petites aiguilles brillantes; insoluble dans l'eau froide, un peu soluble dans l'eau bouillante, il est très-soluble dans l'alcool et l'éther. Il fond à 203-204°, et se sublime en larges aiguilles. L'amalgame de sodium lui enlève facilement son brome et le transforme en acide paratoluique. Dissous dans l'acide azotique concentré, il donne un dérivé nitré, $C^8H^6(AzO^2)BrO^2$.

Le *sel de baryum* $(C^8H^6BrO^2)^2Ba + 4H^2O$, peu soluble à froid, beaucoup plus soluble à chaud, est en petites aiguilles réunies en groupes concentriques.

Le *sel de calcium* $(C^8H^6BrO^2)^2Ca + 3H^2O$ est en courtes aiguilles arborescentes, plus solubles que le sel de baryum.

ACIDE IODOPARATOLUIQUE, $C^8H^7IO^2$ [Griess, *Ann. der Chem. u. Pharm.*, t. CXVII, p. 61, et *Bull. de la Soc. Chim.*, 1866, t. VI, p. 409]. Il s'obtient par l'action de l'acide iodhydrique sur l'acide diazo-amidoparatoluique. Il cristallise en petites lamelles ou en aiguilles blanches, peu solubles dans l'eau, très-solubles dans l'alcool et dans l'éther.

ACIDES NITRO-PARATOLUIQUES. — Outre l'acide nitrotoluique de Noad, Landolph en a décrit deux obtenus par l'oxydation des mononitrocymènes mais d'après Fittica, l'un d'eux est identique avec l'acide nitré de Noad. Il existe de plus un acide dinitrotoluique, décrit par Temple.

Acide nitroparatoluique de Noad,

$$C^8H^7(AzO^2)O^2 = C^6H^3(AzO^2)CH^3,CO^2H.$$

— Il a été obtenu par l'action de l'acide azotique fumant sur le cymène. On chauffe le mélange jusqu'à ce qu'il ne se dégage plus de vapeurs rutilantes; par le refroidissement, il se sépare des cristaux, et si l'on étend d'eau, on voit se former un abondant précipité. On jette le tout sur un filtre, on lave à l'eau froide pour enlever l'acide azotique et l'on dissout le résidu dans l'ammoniaque; la solution ammoniacale ayant été filtrée, on la précipite par l'acide chlorhydrique, et, après avoir lavé le précipité avec de l'eau froide, on le fait cristalliser dans l'alcool bouillant; enfin on dissout le produit dans l'alcool, on décolore la solution par le noir animal et on la soumet à l'évaporation lente.

L'acide nitroparatoluique, est en beaux prismes à base rhombe, d'un jaune pâle, peu solubles dans l'eau, fusibles à 189-190°. Le sulfhydrate d'ammonium le convertit en acide amido-toluique.

NITROPARATOLUATES. — Le *sel d'ammonium* est en longues aiguilles.

Le *sel d'argent*, $C^8H^6(AzO^2)O^2.Ag$, forme un précipité caillebotté, quand on mélange le sel d'ammonium avec de l'azotate d'argent; il se dissout facilement dans l'eau bouillante et cristallise par le refroidissement.

Le *sel de baryum*, $[C^8H^6(AzO^2)O^2]^2Ba$, obtenu par double décomposition avec le sel d'ammonium et le chlorure de baryum, forme un précipité caillebotté, très-soluble dans l'eau bouillante, se déposant en beaux cristaux par le refroidissement.

Le *sel de calcium* plus soluble que le sel de

baryum, cristallise en prismes obliques à base rhombe.

Le *sel de potassium*, très-soluble, cristallise difficilement.

Le *sel de sodium* ne cristallise pas.

Le *sel de strontium*, un peu plus soluble que le sel de baryum, donne de gros cristaux semblables à ceux de ce dernier sel.

Éthers nitroparatoluiques.—*Nitroparatoluate d'éthyle*, $C^8H^6(AzO^2)O^2,C^2H^5$. — On le prépare en saturant de gaz chlorhydrique, la solution alcoolique d'acide nitrotoluique, et soumettant le produit à la distillation jusqu'à ce que le liquide distillé se trouble par l'addition d'eau. Le résidu dans la cornue est une huile jaune, qui se solidifie par le refroidissement; on lave les cristaux avec du carbonate de potassium, puis avec de l'eau, et on les comprime; enfin, on les fait cristalliser dans l'alcool. Le nitroparatoluate d'éthyle est en cristaux d'un jaune clair, d'une odeur agréable

Nitroparatoluate de méthyle,

$$C^8H^6(AzO^2)O^2,CH^3.$$

— Obtenu comme l'éther éthylique, il est coloré en noir et doit être purifié par une ébullition de quelques minutes avec l'acide azotique fumant. On le précipite ensuite par l'eau, on lave avec de l'ammoniaque l'huile qui s'est séparée, et quand celle-ci s'est solidifiée, on fait recristalliser le produit dans l'éther.

Acides nitroparatoluiques de Landolph. — En oxydant un nitrocymène liquide par l'acide sulfurique et le bichromate de potassium, M. Landolph a obtenu un acide nitrotoluique, qu'il considère comme différent de l'acide nitrotoluique de Noad. Cet acide, un peu soluble dans l'eau bouillante, cristallise en aiguilles ou en lamelles et se sublime sans fondre. Le sel de baryum cristallise en fines aiguilles étoilées.

En traitant le cymène de l'essence de ptychotis par l'acide azotique de 1,5, il a obtenu, indépendamment du trinitrocymène, un acide nitroparatoluique, fusible à 183,5-184°,5, cristallisant dans l'eau bouillante en aiguilles groupées en faisceaux.

En oxydant les cymènes de diverses provenances (du camphre, de l'essence de *ptychotis* et du thymol), au moyen de l'acide azotique d'une densité de 1,5, M. Fittica a obtenu l'acide mononitroparatoluique, fusible à 189-190°; il pense que l'acide de Landolph fondant à 183-184°, était le même acide dont le point de fusion était abaissé par la présence d'un peu d'acide paratoluique [Landolph, *Deutsche chem. Gesellsch.*, t. VI, p. 936; *Bull. de la Soc. chim.*, 1863, t. XX, p. 557; — Fittica, *Deutsche chem. Gesellsch.*, t. VI, p. 938; *Bull. de la Soc. chim.*, 1873, t. XX, p. 558].

Acide dinitrotoluique, $C^8H^6(AzO^2)^2O^2$ [Temple, *Ann. der Chem. u. Pharm.*, t. CXV, p. 277]. — On le prépare en faisant digérer, pendant deux jours, l'acide nitrotoluique avec un mélange à parties égales d'acide azotique fumant et d'acide sulfurique fumant, puis précipitant par l'eau et faisant recristalliser le produit dans l'eau bouillante.

Le *sel d'argent*, $C^8H^5(AzO^2)^2O^2,Ag$, est un précipité blanc.

M. Brückner a préparé de nouveau cet acide; il l'a obtenu en lamelles jaune clair ou en fines aiguilles, fusibles à 157-158°, fondant sous l'eau au-dessous de 100°.

Le *sel de baryum*, $[C^8H^5(AzO^2)^2O^2]^2Ba+2H^2O$. est en fines aiguilles.

Le *sel de calcium* forme des prismes volumineux, renfermant également $2H^2O$.

Le *sel de potassium*, $C^8H^5(AzO^2)^2O^2K+2H^2O$, est très-soluble dans l'eau et dans l'alcool; il cristallise en aiguilles groupées en mamelons *Deutsche chem. Gesellsch.*, t. VIII, p. 1678; *Bull. de la Soc. chim.*, 1876, t. XXVI, p. 304].

Acide amidoparatoluique (*acide toluamique* ou *oxytoluamique*). — Il a été obtenu, comme l'acide amidobenzoïque, par l'action du sulfhydrate d'ammonium sur l'acide nitrotoluique de Noad (Bouilhet).

Chlorhydrate d'acide amidotoluique,

$$C^8H^7(AzH^2)O^2,HCl.$$

[Cahours, *Ann. de Chim. et de Phys.*, (3), t. LIII, p. 332]. — Peu soluble dans l'eau froide il se dissout dans l'eau bouillante et, par le refroidissement, se sépare sous la forme de petites aiguilles nacrées. Il donne un chloroplatinate en aiguilles d'un rouge brun, renfermant

$$[C^8H^7(AzH^2)O^2,HCl]^2,PtCl^4.$$

Acide diazoamidoparatoluique, $C^{16}H^{15}Az^3O^4$ [Griess, *Bull. de la Soc. chim.*, t. VI, p. 408]. — Obtenu par l'action d'un courant d'acide azoteux sur une solution alcoolique froide d'acide amidoparatoluique, il cristallise en prismes jaunes microscopiques, insolubles dans l'eau, dans l'alcool et dans l'éther. Les réactions sont celles de l'acide diazoamidobenzoïque (voyez t. I, p. 562). Avec l'acide chlorhydrique, il donne un acide paratoluique chloré, et avec l'acide iodhydrique, un dérivé iodé.

Acide sulfoparatoluique. — L'acide sulfoparatoluique provient de l'oxydation du thiocymol $C^{10}H^{14}S$, et a, par conséquent, pour formule

$$C^6H^3(CH^3)<^{CO^2H}_{SO^3H} = C^8H^8SO^5.$$

[Flesch, *Deutsche chem. Gesellsch.*, t. VI, p. 478; *Bull. de la Soc. chim.*, 1873, t. XX, p. 299; Bechler, *Journ. für prakt. Chem.*, (2), t. VIII, p. 167; *Bull. de la Soc. chim.*, 1874, t. XXII, p. 134]. Le thiocymol se transforme en acide sulfoparatoluique par une ébullition de 2 heures avec l'acide azotique; le produit brut est transformé en sel de plomb, et celui-ci est décomposé par l'hydrogène sulfuré.

L'acide sulfoparatoluique cristallise en belles aiguilles concentriques, hydratées, solubles dans l'eau, l'alcool et l'éther; il se décompose déjà à 100°. Par la potasse en fusion, il donne deux acides, l'un est un acide oxytoluique, fusible à 202-203° (probablement identique avec l'acide oxytoluique de Kekulé et Dittmar); l'autre acide, qui n'a pas été complétement purifié, paraît être un acide dioxybenzoïque (Flesch).

Le *sulfoparatoluate de magnésium,*

$$C^8H^6SO^5Mg+3H^2O,$$

est en aiguilles groupées en faisceaux.

Sel de plomb, $C^8H^6SO^5Pb+H^2O$. — Suivant Bechler, il est en mamelons formés d'aiguilles; suivant Flesch, c'est une poudre grenue renfermant $3H^2O$.

Le *sel de potassium*, $C^9H^7SO^5K+H^2O$, est en prismes incolores. E. G.

TOLUIQUES (ALDÉHYDES). — On connaît l'aldéhyde paratoluique et l'aldéhyde isotoluique.

Aldéhyde paratoluique,

$$C^8H^8O = C^6H^4(CH^3)CHO$$

[Cannizzaro, *Compt. rend.* t. LIV, p. 1225, et *Répert. de Chim. pure*, 1862, p. 302]. Obtenue par la distillation d'un mélange de paratoluate et de formiate de calcium, elle constitue un liquide aromatique, d'une odeur poivrée, bouillant à 204° et s'oxydant à l'air, aussi rapidement que l'hydrure de benzoyle, pour régénérer de l'acide paratoluique.

Traitée par une solution alcoolique de potasse, elle donne du paratoluate et de l'alcool tolylique,

$$C^8H^{10}O.$$

Aldéhyde métatoluique. — En traitant le

xylène du goudron de houille par le chlore, à la température de l'ébullition, MM. Lauth et Grimaux ont obtenu un chlorure, $C^6H^4(CH^3)CH^2Cl$, homologue du chlorure de benzoyle, et qu'ils ont transformé en une aldéhyde bouillant à 200°. Ils ont considéré cette aldéhyde comme identique avec celle de Cannizzaro. On ne savait pas alors que le xylène de la houille est un mélange de 2 isomères, le métaxylène (isoxylène) et le paraxylène en beaucoup plus faible quantité. L'aldéhyde dérivée du xylène devait donc consister surtout en aldéhyde métatoluique [*Bull. de la Soc. chim.*, 1867, t. VII, p. 233].

M. Ch. Gundelach a repris récemment l'étude de cette aldéhyde; il a préparé du métaxylène pur et l'a transformé successivement en dérivé chloré et en aldéhyde par l'azotate de plomb. Il a ainsi obtenu l'aldéhyde métatoluique bouillant à 199°, d'une densité de 1,037 à 0°, et de 1,024 à 22°, et s'oxydant facilement à l'air pour fournir l'acide métatoluique [Ch. Gundelach, *Bull. de la Soc. chim.*, 1876, t. XXVI, p. 44]. E. G.

TOLUIQUE (AMIDE),

$$C^8H^7O,AzH^2 = C^6H^4(CH^3)CO,AzH^2$$

[Vollrath, *Zeitch. für Chem.*, 1866, t. II, p. 488]. On l'obtient en traitant le chlorure paratoluique $C^6H^4(CH^3)CO,Cl$ par l'ammoniaque; elle est en longues aiguilles, fusibles à 155°. Traitée par le perchlorure de phosphore, elle donne le *nitrile paratoluique*, $C^8H^7Az = C^6H^4(CH^3)CAz$, liquide oléagieux bouillant à 215°.

Ce nitrile se produit aussi, comme l'a montré M. Weith, par l'action du cuivre divisé à 200° sur la paracrésylsulfocarbimide,

$$CS = Az - C^6H^4 - CH^3,$$

obtenue au moyen de la paracrésylsulfurée (Voyez Acides toluiques, t. III, p. 498). E. G.

TOLUOL. — Syn. de Toluène.

TOLUONITRILES. — Syn. *Nitriles toluiques*. — Voyez Toluiques (acides et amide).

TOLUQUINONE. — Si la quinone et ses congénères appartiennent réellement à la série dite *para*, comme tout semble l'indiquer, la théorie ne prévoit l'existence que d'une seule toluquinone,

$$CH^3 - C^6H^3\left[O_{(2)} - O_{(5)}\right].$$

Jusqu'ici on ne connaît pas ce corps, mais on a préparé quelques-uns de ses produits de substitution qui se forment lorsqu'on oxyde l'*orthocrésol* ou le *métacrésol* par un mélange de chlorate de potassium et d'acide chlorhydrique. Le *paracrésol* ne fournit, dans ces conditions, aucun dérivé quinonique, ce qui plaide en faveur de l'hypothèse actuelle sur la constitution de la quinone.

DICHLOROTOLUQUINONES,

$$C^7H^4Cl^2O^2 = CH^3 - C^6HCl^2(O^2).$$

— En traitant l'orthocrésol (ou le crésol du goudron) par le chlorate de potassium et l'acide chlorhydrique, d'après le procédé décrit par Græbe pour la préparation du chloranile (t. II, p. 1308), on obtient un mélange d'*α-dichlorotoluquinone* et de trichlorotoluquinone; l'α-dichlorotoluquinone ainsi formée n'a pas été décrite en détail (Borgmann, Southworth).

Le métacrésol fournit dans les mêmes conditions un composé unique, la *β-dichlorotoluquinone* et pas de dérivé trichloré; lorsqu'on chauffe ce phénol avec le chlorate potassique et l'acide chlorhydrique, il se colore d'abord en noir, puis en rouge foncé, et tombe à la fin au fond du vase sous la forme de petites gouttes jaunes qui se solidifient bientôt. Le produit, lavé à l'eau et distillé avec les vapeurs aqueuses, cristallise dans l'alcool en tables transparentes jaunes, se colorant peu à peu en brun.

La β-dichlorotoluquinone est peu soluble dans l'eau, très-soluble dans l'alcool bouillant et dans l'éther; son point de fusion n'a pu être déterminé, par la raison qu'elle se sublime, avec décomposition partielle, un peu au-dessus de 100°. La soude la dissout en se colorant en jaune. L'acide sulfureux la transforme à froid en dichlorotoluhydroquinone [M. S. Southworth, *Ann. der Chem. u. Pharm.*, t. CLXVIII, p. 267; *Bull. de la Soc. chim.*, t. XXI, p. 224].

TRICHLOROTOLUQUINONE,

$$C^7H^3Cl^3O^2 = CH^3 - C^6Cl^3(O^2).$$

— On n'en connaît qu'une seule, ce qui est en accord avec la théorie. Comme nous l'avons dit, elle se forme lorsqu'on traite l'orthocrésol, ou le crésol du goudron par le chlorate de potassium et l'acide chlorhydrique; on la purifie en faisant cristalliser à plusieurs reprises le produit brut (Borgmann, Southworth). On peut substituer l'acide orthamidoparacrésylsulfureux au crésol (Hayduck).

La trichlorotoluquinone est en grandes tables brillantes, jaunâtres, d'une odeur de quinone, fusibles à 232°; elle se colore en brun à l'air. Elle est entraînée par la vapeur d'eau. Sa solution dans la soude est de couleur brune et laisse déposer, au bout de quelque temps, des aiguilles. L'acide sulfureux la transforme à 100-120° en trichlorotoluhydroquinone [E. Borgmann, *Ann. der Chem. u. Pharm.*, t. CLII, p. 248; *Bull. de la Soc. chim.*, t. X, p. 424; t. XIII, p. 356; — Southworth, *loc. cit.*].

DICHLOROTOLUHYDROQUINONES,

$$C^7H^6Cl^2O^2 = CH^3 - C^6HCl^2(OH)^2.$$

— On en a obtenu deux.

α-Dichlorotoluhydroquinone. — Le mélange d'α-dichlorotoluquinone et de trichlorotoluquinone (Voy. plus haut) est chauffé à 100° en vases clos avec de l'acide sulfureux aqueux et le produit est distillé dans un courant de vapeur d'eau. La trichlorotoluhydroquinone reste dans le vase distillatoire, tandis que l'α-dichlorotoluhydroquinone passe avec les vapeurs aqueuses et se dépose dans le liquide distillé en cristaux pennés, blancs; elle est assez soluble dans l'eau froide, soluble dans l'eau bouillante et très-soluble dans l'alcool et l'éther. Elle fond à 119-121° et se sublime en belles aiguilles brillantes (Southworth).

β-Dichlorotoluhydroquinone. — La β-dichlorotoluquinone étant arrosée d'acide sulfureux, se colore d'abord en un brun intense, puis elle devient incolore; le produit purifié par cristallisation dans l'eau bouillante contenant de l'acide sulfureux, se présente en longues aiguilles réunies en faisceaux, fusibles à 167-169° et se sublimant facilement. La β-dichlorotoluhydroquinone renferme 1 ½ ou $2H^2O$ qu'elle perd à 100°; elle est assez soluble dans l'eau froide, très-soluble dans l'alcool et l'éther; les solutions prennent à l'air une teinte brunâtre. Sa solution potassique est d'un rouge intense.

On a cherché, mais sans succès, à éliminer le chlore de la β-dichlorotoluhydroquinone, en la traitant par l'amalgame de sodium.

Le chlorure d'acétyle la transforme en un dérivé acétylé cristallisant dans l'alcool en petites aiguilles incolores, fusibles à 122-124° (Southworth).

TRICHLOROTOLUHYDROQUINONE,

$$C^7H^5Cl^3O^2 = CH^3 - C^6Cl^3(OH)^2.$$

— On la prépare en chauffant à 100° la trichlorotoluquinone avec une solution d'acide sulfureux.

La même substance s'obtient comme produit

accessoire dans la préparation de l'α-dichlorotoluhydroquinone (voyez ci-dessus).

Elle cristallise en longues aiguilles incolores, inodores, très-solubles dans l'alcool et peu solubles dans l'eau. Elle fond à 211-212° et peut être sublimée sans altération. A l'état humide, elle se colore en vert à l'air. Elle se dissout aisément dans la soude et dans l'ammoniaque qu'elle colore en rouge. La solution aqueuse donne avec l'acétate de plomb un précipité soluble dans l'acide acétique. L'acide nitrique la transforme en trichlorotoluquinone.

Diacétyltrichlorotoluhydroquinone,

$$CH^3-C^6Cl^3(C^2H^3O^2)^2.$$

— La trichlorotoluhydroquinone est chauffée à 100° avec un excès de chlorure d'acétyle, le produit est lavé à la soude étendue, puis sublimé. L'éther diacétique cristallise en aiguilles incolores, fusibles à 114°, peu solubles dans l'eau froide, très-solubles dans l'alcool et l'éther. La soude même chaude ne l'attaque pas; l'acide nitrique le convertit en trichlorotoluquinone.

Diéthyltrichlorotoluhydroquinone,

$$CH^3-C^6Cl^3(OC^2H^5)^2.$$

— La trichlorotoluhydroquinone chauffée à 140-150° avec de la potasse, de l'iodure d'éthyle et une petite quantité d'alcool, fournit l'éther diéthylique en aiguilles incolores, peu solubles dans l'eau, très-solubles dans l'alcool. Cet éther fond à 107° et se sublime aisément [E. Borgmann, *loc. cit.*].

ACIDE MONOCHLOROTOLUHYDROQUINONE-DISULFUREUX,

$$C^7H^7ClS^2O^8 = CH^3-C^6Cl(OH)^2(SO^3H)^2.$$

Le *sel de potassium* de cet acide se forme lorsqu'on dissout, à l'aide d'une douce chaleur, la trichlorotoluquinone dans le bisulfite de potassium; au bout de quelque temps, il se dépose des grains cristallins qu'on purifie par cristallisation dans l'eau. On obtient ainsi des lamelles incolores, brillantes, renfermant $C^7H^5ClS^2O^8,K^2$. Ce sel est peu soluble dans l'eau froide et insoluble dans l'alcool. Sa solution aqueuse est colorée en jaune par la soude; elle n'est pas troublée, à froid, par le chlorure de baryum, mais elle est précipitée en blanc par l'acétate de plomb, et en jaune par le sous-acétate (Borgmann).

NITROTOLUQUINONE,

$$C^7H^5AzO^4 = CH^3-C^6H^2(AzO^2)(O^2).$$

— Elle a été obtenue tout récemment par Étard par la réaction du chlorure de chromyle sur le nitrotoluène liquide brut (mélange des modifications ortho et para); ce corps, maintenu à 200°, est traité par une quantité insuffisante de chlorure de chromyle qu'on a soin d'ajouter par très-petites portions pour empêcher une réaction trop vive. Le produit est étendu d'eau et la solution, séparée par décantation du nitrotoluène non attaqué, est portée à l'ébullition avec un excès de soude. Enfin, le liquide est filtré, traité par le charbon animal et additionné d'acide chlorhydrique : la nitrotoluquinone se précipite et il suffit de la faire cristalliser dans l'eau bouillante pour l'obtenir à l'état de pureté. Elle forme de larges lamelles brillantes d'un jaune brun; elle fond à 237° et commence déjà à se sublimer à une température inférieure [A. Étard, *Compt. rend.*, t. LXXXIV, p. 614]. A. H.

TOLURIQUE (ACIDE), $C^{10}H^{11}AzO^3$.— [Kraut, *Ann. der Chem. u. Pharm.*, t. XCVIII, p. 360, et *Ann. de Chim. et de Phys.* (3), t. XLVIII, p. 192]. L'acide tolurique se produit dans l'économie par l'ingestion de l'acide paratoluique; il est homologue de l'acide hippurique et présente la même constitution; c'est du glycocolle toluylé,

$$\begin{matrix} CH^2-AzH(C^8H^7O) \\ | \\ CO^2H. \end{matrix}$$

Acide tolurique.

Pour l'extraire de l'urine, on évapore celle-ci à consistance sirupeuse; on épuise par l'alcool, on ajoute à la solution alcoolique de l'acide oxalique, on l'évapore et on reprend le résidu par l'éther. On chasse l'éther par la distillation et on obtient de l'acide tolurique cristallisé, mais impur, et souillé d'acide oxalique. Pour séparer ce dernier acide, on fait bouillir le mélange avec du carbonate de calcium, et l'on purifie le tolurate calcique par plusieurs cristallisations dans l'eau chaude; enfin on le décompose par l'acide chlorhydrique; on sépare le précipité d'acide tolurique et on le fait recristalliser dans l'eau bouillante.

Il se présente sous l'aspect de lamelles incolores, très-solubles dans l'alcool bouillant et dans l'eau chaude, peu solubles dans l'éther pur; par l'évaporation spontanée de sa solution alcoolique, il donne des tables rhomboïdales. Il fond à 160-165°, et se décompose à une température plus élevée. L'acide chlorhydrique le dissout sans altération à froid et, par l'ébullition, le dédouble en acide paratoluique et glycocolle.

Le *tolurate d'argent*, $C^{10}H^{10}AzO^3,Ag$, insoluble dans l'eau froide, se dissout facilement dans l'eau bouillante et cristallise par le refroidissement.

Le *sel de baryum* $[C^{10}H^{10}AzO^3]^2Ba + 3H^2O$ cristallise en petites aiguilles, paraissant orthorhombiques, et très-solubles dans l'eau chaude.

Le *sel de calcium* $(C^{10}H^{10}AzO^3)^2Ca + 3H^2O$ forme des lamelles striées, d'une consistance molle, douées d'un éclat nacré, peu solubles dans l'eau froide.

ACIDE MÉTATOLURIQUE. — Par l'ingestion du xylène dans l'économie, il se forme un acide isomère de l'acide tolurique, et qui correspond probablement à l'acide métatoluique, tandis que l'acide de Kraut correspond à l'acide paratoluique; cet acide métatolurique est en gouttelettes d'un brun clair, incristallisables, solubles dans l'alcool, l'éther et les alcalis.

Le *sel de baryum* est incristallisable.

Le *sel de cuivre* $(C^{10}H^{10}AzO^3)^2Cu + 6H^2O$ est en aiguilles microscopiques.

Le *sel d'argent* est peu soluble dans l'eau froide; il se dépose en grains cristallins de sa solution dans l'eau bouillante.

Le *sel de zinc* $(C^{10}H^{10}AzO^3)^2Zn + 4H^2O$ forme des lamelles blanches et argentines [Schultzen et Naunyn, *Zeitch. für Chem.*, 1868, t. IV, p. 29, et *Bull. de la Soc. chim.*, 1868, t. X, p. 61]. E. G.

TOLUYLE. — Radical de l'acide toluique. Voyez aussi TOLYLE.

TOLUYLÈNE. — Syn. de STILBÈNE, t. II, p. 1675. Le même nom a été donné quelquefois à tort au *crésylène*.

TOLUYLÈNE-DIAMINES. — Voyez CRÉSYLÈNE-DIAMINES au Supplément.

TOLYLE. — C'est le radical de l'alcool tolylique, homologue de l'alcool benzylique; il est bien nommé, puisque le mot tolyle est dérivé de toluène, comme benzyle de benzine.

Les chimistes allemands ont l'habitude de désigner par le même mot ou par celui de *toluyle*, le radical du crésol, le *crésyle* $CH^3-C^6H^4$. C'est une nomenclature impropre; les deux premiers noms possèdent depuis longtemps un sens tout différent, tandis que le mot crésyle, dérivé régulièrement de crésol, ne donne lieu à aucune ambiguïté Aussi nous l'employons seul dans la nomenclature des corps qui se rattachent au crésol. Pour tous les mots commençant par

TOLYL, qui ne se trouvent pas ici dans leur rang alphabétique, voyez au Supplément CRÉSYL.

TOLYLE ou DITOLYLE,

$$C^{16}H^{18} = C^6H^4(CH^3)-CH^2-CH^2-C^6H^4(CH^3).$$

— Le dérivé monochloré, préparé à chaud, avec le xylène de la houille, $C^6H^4(CH^3)CH^2Cl$, consistant surtout en métaxylène chloré, est attaqué par le sodium et donne un hydrocarbure $C^{16}H^{18}$ (*tolyle* ou *ditolyle*). C'est un liquide épais, bouillant à 296° [Vollrath, *Zeitsch. für Chem.*, 1868, t. II, p. 488].

TOLYLÈNE. — Radical divalent du glycol tolylénique. Le même mot a été appliqué improprement au CRÉSYLÈNE.

TOLYLÈNE-DIAMINES. — Voyez CRÉSYLÈNE-DIAMINES au Supplément.

TOLYLÉNIQUE (GLYCOL), $C^8H^{10}O^2$. — En soumettant à la distillation fractionnée les produits de l'action du chlore sur le xylène bouillant, MM. Lauth et Grimaux ont isolé, en petite quantité, un xylène dichloré, cristallisé, fusible à 100° et distillant vers 240°. Depuis, M. Grimaux a reconnu que ce composé dérive du paraxylène renfermé dans le goudron de houille, et l'ayant obtenu avec le paraxylène synthétique, a montré que ce dérivé dichloré est un éther dichlorhydrique,

$$C^6H^4 < \begin{matrix} CH^2Cl \\ CH^2Cl, \end{matrix}$$

d'un glycol,

$$C^6H^4 < \begin{matrix} CH^2OH \\ CH^2OH, \end{matrix}$$

fournissant par oxydation de l'acide téréphtalique; les corps de cette série appartiennent donc à la série *para*. L'auteur a appelé ce *glycol tolylénique*, car il présente avec l'alcool tolylique (paratolylique) de Cannizzaro, les mêmes relations que le glycol éthylénique avec l'acool éthylique [Lauth et Grimaux, *Bull. de la Soc. chim.*, 1867, t. VII, p. 233; — E. Grimaux, *Ann. de Chim. et de Phys.*, (4), t. XXVI, p. 331, 1872].

GLYCOL TOLYLÉNIQUE,

$$C^8H^{10}O^2 = C^6H^4 < \begin{matrix} CH^2,OH \\ CH^2,OH. \end{matrix}$$

— On l'obtient par la saponification du chlorure ou du bromure de tolylène avec 30 parties d'eau, en vases clos, à 170-180°; au bout de deux ou trois heures, la réaction est complète. On concentre la solution au bain-marie, on sature l'acide chlorhydrique par du carbonate de potassium, et l'on agite avec de l'éther. Après avoir distillé l'éther, on reprend le résidu par l'eau bouillante, on filtre la solution aqueuse et on l'abandonne à la cristallisation dans le vide.

Le glycol tolylénique se présente sous l'aspect d'aiguilles blanches et opaques, entrelacées; il fond à 112-113°; il est très-soluble dans l'eau, l'alcool et l'éther. Oxydé par le bichromate de potassium et de l'acide sulfurique, il fournit de l'acide téréphtalique.

Distillé avec un grand excès d'acide chlorhydrique, il régénère du chlorure de tolylène, qui passe avec les vapeurs d'eau. Cette réaction le différencie du glycol éthylénique qui, par l'acide chlorhydrique, donne la monochlorhydrine. Il se comporte de même avec l'acide bromhydrique et l'acide iodhydrique.

ÉTHERS TOLYLÉNIQUES. — *Acétates de tolylène.* Le diacétate.

$$C^{12}H^{14}O^4 = C^6H^4 < \begin{matrix} CH^2,O(C^2H^3O) \\ CH^2,O(C^2H^3O), \end{matrix}$$

se forme par l'action de l'éther dichlorhydrique sur l'acétate de potassium. Il est en cristaux durs, incolores, fusibles à 47°. Souvent au lieu de ce corps, on obtient une huile qui ne se concrète pas, mais qui doit être le monoacétate, car elle fournit le diacétate par l'action du chlorure d'acétyle.

Benzoate de tolylène.

$$C^{15}H^{14}O^3 = C^6H^4 < \begin{matrix} CH^2.OH \\ CH^2O(C^7H^5O). \end{matrix}$$

— En chauffant pendant vingt-quatre heures à 100° le chlorure de tolylène avec une solution alcoolique de benzoate de sodium, on obtient le monobenzoate en fines aiguilles, fusibles à 73-74°, très-solubles dans l'alcool et dans l'éther.

Bromure de tolylène,

$$C^8H^8Br^2 = C^6H^4 < \begin{matrix} CH^2Br \\ CH^2Br. \end{matrix}$$

— On fait réagir le brome sur le paraxylène synthétique à une température de 150°; il se forme une masse cristalline noire, que l'on fait recristalliser dans l'alcool bouillant d'où il se sépare en paillettes légères, ou dans le chloroforme, qui abandonne, par l'évaporation spontanée, des cristaux durs et brillants, fusibles à 145-147°. Ce corps, isomorphe avec le chlorure, est clinorhombique, et présente les faces p, m, h^1, et une facette a^1, qui n'est pas assez nette pour permettre de déterminer les dimensions de la forme primitive. On a trouvé $m\ m = 46°30'$ en avant, $p\ h^1 = 98°48'$, $p\ m = 93°33'5$, $h^1\ m = 113°20'5$; $p\ a^1 = 115°10$ environ. Clivages faciles p, h^1. Plans des axes perpendiculaires au plan de symétrie (Friedel).

Peu soluble dans l'éther, même bouillant, il se dissout assez bien dans l'alcool bouillant; il est très-soluble dans le chloroforme.

Dans la préparation par le brome et le paraxylène, il se forme un composé plus fusible et plus soluble, qui paraît être un mélange de bromure de tolylène et de bromure de tolylène bromé.

Chlorure de tolylène,

$$C^8H^8Cl^2 = C^6H^4 < \begin{matrix} CH^2Cl \\ CH^2Cl. \end{matrix}$$

— Ce composé, point de départ de la série, s'obtient par l'action du chlore, à la température de 140°, sur le xylène de la houille ou sur le paraxylène synthétique. On distille, et on recueille les portions qui passent de 230 à 260°, on les refroidit et on les exprime; puis on purifie la masse par cristallisation dans l'alcool bouillant. Ce chlorure se forme aussi quand on distille le glycol tolylénique avec de l'acide chlorhydrique.

Il est soluble dans l'alcool, l'éther, le chloroforme; d'une solution alcoolique bouillante, il se sépare sous forme de paillettes légères; mais en abandonnant à l'évaporation lente sa solution dans le chloroforme ou dans l'éther, on l'obtient en cristaux volumineux, durs, transparents qui ont été mesurés par M. Friedel.

Ils appartiennent au système clinorhombique, la base p domine, accompagnée des faces m, h^1, les faces sont brillantes, mais pas très-planes. L'angle du prisme $m m$ est de 48° environ, $h^1 p = 99°20'$, $p\ m = 93°37'$, $m\ h^1 = 114°$. Il y a des clivages faciles parallèles à p et h^1. Le plan des axes optiques est perpendiculaire au plan de symétrie. En inclinant sous le microscope polarisant les lamelles très-minces parallèles à p, on peut y voir l'origine des deux systèmes d'anneaux.

Le chlorure de tolylène fond à 100°; il distille, avec décomposition partielle, entre 240-245°. Il distille avec les vapeurs d'eau en se saponifiant un peu; à 180° avec 30 fois son poids d'eau, il est entièrement tranformé en glycol. Si l'on chauffe au-dessus de 200°, on obtient des matières jaunes, insolubles dans tous les solvants et qui paraissent être des anhydrides de polyglycols, $n\,C^8H^8O$. Il se transforme facilement par double décomposition avec l'acétate et le benzoate de sodium; avec la potasse alcoolique, il donne la *monoéthyline*,

$$C^6H^4 < \begin{matrix} CH^2.OH \\ CH^2OC^2H^5. \end{matrix}$$

Oxydé par l'acide chromique, il fournit de l'acide téréphtalique. Traité par l'acide azotique fumant, il se convertit en un *dérivé nitré*,

$$C^6H^3(AzO^2) < \begin{matrix} CH^2Cl \\ CH^2Cl, \end{matrix}$$

en petites lames brillantes, fusibles à 35°, très-solubles dans l'éther.

Chauffé avec une solution d'azotate de plomb, il se convertit en aldéhyde téréphtalique,

$$C^6H^4 < \begin{matrix} CHO \\ CHO \end{matrix}$$

[E. Grimaux, *Compt. rend.*, 1876].

Iodure de tolylène. — Il se produit par la distillation du glycol avec l'acide iodhydrique bouillant à 127°, et passe difficilement avec la vapeur d'eau; il est en petites lames rhomboïdales, très-solubles dans l'éther et le chloroforme et se colorant rapidement à la lumière. Il fond à 170° en se décomposant.

Monoethyline tolylénique,

$$C^{10}H^{14}O^2 = C^6H^4 < \begin{matrix} CH^2,OH. \\ CH^2,OC^2H^5 \end{matrix}.$$

— On fait bouillir le chlorure de tolylène avec la potasse alcoolique pendant une heure ou deux; on distille l'alcool et on précipite par l'eau. La monoéthyline est un liquide limpide, d'une odeur agréable, bouillant à 252°. Elle est attaquée par le chlorure de benzoyle, avec dégagement d'acide chlorhydrique, et formation d'une huile épaisse, aromatique, probablement la benzoéthyline. E. G.

TOLYLIQUE (ALCOOL) [Syn. *alcool toluique, alcool tolylénique*],

$$C^8H^{10}O. = C^6H^4(CH^3)CH^2,OH$$

ALCOOL PARATOLYLIQUE. [Cannizzaro, *Compt. rend.* t. LIV, p. 1225, et *Réper. de Chim. pure*, 1862, p. 302]. On l'obtient en dissolvant l'adéhyde paratoluique dans la potasse alcoolique, par le procédé qui permet de convertir l'aldéhyde benzoïque en alcool benzylique.

C'est un corps blanc, cristallisé en aiguilles, fondant à 58,5-59°,5 et bouillant à 217°. Peu soluble dans l'eau froide, un peu plus soluble dans l'eau chaude, il se dissout très-bien dans l'alcool et dans l'éther. Fondu et soumis à l'action du gaz chlorhydrique, il donne un chlorure, C^8H^9Cl, qui n'est autre que le paraxylène monochloré, $C^6H^4.CH^3,CH^2Cl$.

COMPOSÉS MÉTATOLYLIQUES. — En traitant par l'acétate de potassium, le dérivé monochloré préparé à chaud avec le xylène de la houille, MM. Lauth et Grimaux et M. Vollrath ont obtenu un acétate qu'ils ont considéré à tort comme correspondant à l'alcool tolylique de Cannizzaro. Le xylène de la houille étant surtout du métaxylène, cet acétate et ses dérivés, étudiés par M. Vollrath, doivent correspondre à un alcool métatolylique isomère.

Le *chlorure métatolylique* a été obtenu avec du métaxylène pur, par M. Ch. Gundelach; il bout de 195 à 196° (192°, d'après Lauth et Grimaux; 1[illegible]3°, d'après Vollrath).

L'acétate préparé avec le chlorure bouillant à 103° du xylène brut est un liquide d'une odeur agréable, bouillant à 226° (Vollrath).

Pour l'aldéhyde métatolylique, voyez ALDÉHYDES TOLUIQUES, t. III p. 500.

L'alcool métatolylique n'a pas été isolé.

L'action du sulfhydrate et du sulfure de potassium sur le chlorure métatolylique donne le sulfhydrate métatolylique, C^8H^9,SH, et le sulfure $(C^8H^9)^2S$, liquides d'une odeur désagréable (Vollrath) [Lauth et Grimaux, *Bull. de la Soc. chim.*, 1867, t. VII, p. 233; — Vollrath, *même recueil*, 1867, t. VII, p. 342, et *Zeitsch. für Chem.*, 1866, p. 488; — Ch. Gundelach, *Bull. de la Soc. chim.*, 1876, t. XXVI, p. 42]. E. G.

TOMBAC. — Nom donné à certains alliages des cuivre et de zinc. — Voyez t. I, p. 1090 le tableau des alliages de cuivre.

TOMBAZITE. — Voyez GERSDORFFITE.

TOPAZE (Min.) [Syn. *Chrysolithe* des anciens, *physalithe, pyrophysalite, alumine fluatée siliceuse* (Haüy), *pycnite*]. — Fluosilicate d'aluminium. La formule la plus probable est

$$SiO^4(Al^2Fl^2)^{iv}.$$

La proportion de fluor trouvée est en général plus faible que ne l'exigent ces rapports, mais Stædeler a obtenu le nombre 20,68 qui correspond exactement à la théorie.

Beaux cristaux, jaunes de miel, brunâtres, rougeâtres, incolores, bleuâtres, striés parallèlement à l'axe du prisme, d'un éclat vitreux, transparents ou translucides, à cassure subconchoïdale. Se trouvant dans le gneiss, ou le granite, avec tourmaline, mica, émeraude, souvent avec apatite, fluorine et cassitérite; se rencontre aussi dans les roches talqueuses, ou les micaschistes; avec le quartz, la tourmaline et l'argile lithomarge, forme la roche apppelée topazosème d'Haüy. Les plus gros échantillons viennent de l'Oural, près de Miask, et des monts Adoutchelon, près de Nertchinsk; ils sont souvent bleuâtres, et parfois possèdent une couleur jaune de vin que l'exposition à la lumière fait disparaître.

Les topazes du Brésil, qui se trouvent dans une argile lithomarge, ou dans le talc, sont souvent d'un jaune-brun foncé; elles peuvent alors être *brûlées*, ce qui leur donne une couleur rouge-violacé, recherchée en joaillerie. La couleur n'est pas toujours uniforme, et dans quelques parties d'un cristal incolore peuvent se rencontrer des plagos jaunes. Les topazes roulées du Brésil sont ordinairement incolores et ont reçu le nom de gouttes d'eau.

Beaucoup de topazes présentent de petites cavités renfermant des liquides incolores, qui ont reçu les noms de Brewstoline et de cryptoline (voyez ces mots). On connaît en Saxe des cristaux de topaze pseudomorphosés en une sorte de kaolin.

Caractères. — Faiblement attaquable à l'acide sulfurique avec dégagement d'acide fluorhydrique;

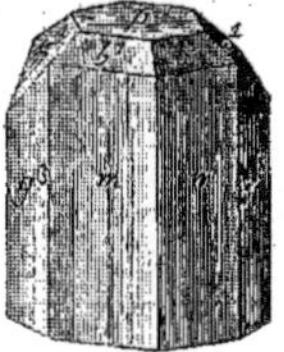

Fig. 760. — Topaze.

Fig. 761. — Topaze.

inattaquable aux autres acides. Au chalumeau ne fond pas, mais perd du fluorure de silicium, et d'autant plus que la température est plus élevée. Dans le tube ouvert, avec le sel de phosphore, donne la réaction du fluor. Avec l'azotate de cobalt, le minéral réduit en poudre fournit la réaction de l'alumine.

Dureté, 8. Poussière blanche. Densité, 3,4 à 3,65.

Forme cristalline. — Prisme orthorhombique, $mm = 124°17'$; $pe^1 = 136° 21'$; $b^{1/2} b^{1/2}$ (en avant) $= 141°0'$.

Faces habituelles : m, g^3, b^1, e^1, a^2, p, $b^{1/2}$; $b^{3/2}$, $a^{1/2}$, $e^{1/2}$, g^1, etc. Dans les cristaux du Brésil, la forme dominante est : m, g^3, b^1 : ils sont allongés parallèlement à l'axe du prisme. Les cristaux de Sibérie présentent habituellement la base p et les faces e^1; ils sont moins allongés.

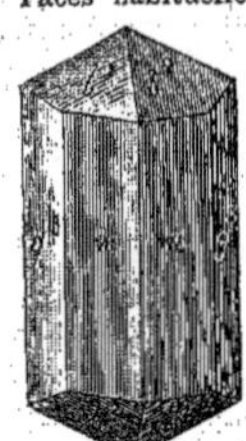

Fig. 762. — Topaze.

Clivage très-facile p.

La topaze est pyroélectrique avec des pôles centraux et des pôles extérieurs d'après Riess et Rose, avec un axe parallèle à l'axe du prisme d'après M. Friedel; certains cristallographes la considèrent comme hémièdre; les deux sommets ne présentent pas toujours la même terminaison. F. et S.

TOPAZE FAUSSE. — Quartz hyalin coloré en jaune.

TOPAZE ORIENTALE. — Voyez CORINDON.

TOPAZOLITE (Min.). — Grenat mélanite, jaune pâle.

TORBERNITE (Min.) [Syn. *Torbérite, uranite, uranphyllite, cuprouranite, phosphate d'urane et de cuivre, chalcolithe*]. — Phosphate hydraté d'urane et de cuivre, $2 PhO^4 (U^2O^2)^2 Cu + 8 H^2O$, se trouve en cristaux et en lames quadratiques d'un beau vert émeraude, quelquefois jaunâtre. Transparent et translucide. D'un éclat nacré sur la base, vitreux sur les autres faces. Dans les filons métallifères traversant les roches granitiques et micacées, et principalement dans les mines d'étain; sa gangue est généralement quartzeuse; à Johanngeorgenstadt (Saxe), à Zinnwald (Bohême), à Gunnislake (Cornouailles).

Caractères. — Soluble dans l'acide azotique. Dans le tube bouché, donne de l'eau. Fond en une masse noirâtre en colorant la flamme en vert. Avec le sel de phosphore, donne une perle verte, qui au feu de réduction sur le charbon devient rouge. Avec la soude, donne un globule de cuivre.

Dureté, 2 à 2,5. Poussière vert pâle. Tendre et fragile. Densité, 3,4 à 3,6.

Forme cristalline. — Prisme à base carrée; $p b^{1/2} = 124°27'$; faces: p dominante, b^2, b^1, $b^{1/2}$. Clivage très-facile p. F. et S.

TORMENTILLE. — La racine de tormentille fraîche contient, d'après Stenhouse, 5 à 6 % d'un tannin, précipitant le sulfate ferreux en vert foncé, l'acétate ferrique en rouge bleuâtre; ce tannin précipite aussi la gélatine et l'émétique.

Rembold qui a étudié plus récemment cette racine, est parvenu à en retirer une petite quantité d'acide ellagique, de l'acide quinovique, du rouge quinovique, identique avec le rouge du quinquina, un tannin, et une matière rouge particulière. Ce *rouge de tormentille* est amorphe, il possède la même composition que les rouges de ratanhia et de marrons d'Inde; il renferme $C^{26}H^{22}O^{11}$. Il se distingue du rouge quinovique en ce qu'il forme une combinaison barytique insoluble dans l'eau. Fondu avec de la potasse, il donne de l'acide protocatéchique et de la phloroglucine [O. Rembold, *Ann. der Chem. u. Pharm.*, t. CXLV, p. 5; *Bull. de la Soc. chim.*, t. X, p. 291]. A. H.

TORRÉLYTE. — Voyez NIOBITE.

TOULOUCOUNIN. — Le touloucounin est le principe amer de l'écorce du Carapa du Sénégal appartenant à la famille des Cédrélacées. C'est une matière d'apparence résineuse, analogue au principe amer du Caïl-cedra, mais qui en diffère par son insolubilité dans l'éther et la propriété de former, lorsqu'il est légèrement humecté, une magnifique couleur bleue sous l'influence de quelques acides, surtout de l'acide sulfurique ordinaire.

Le touloucounin est une substance neutre, solide, incristallisable, soluble dans l'alcool, insoluble dans l'eau; il ne contient pas d'azote. L'écorce du Carapa a été indiquée comme succédanée du quinquina [E. Caventou, *Répert. de Pharm.*, t. XV, 1859]. E. C.

TOURMALINE (Min.). [Syn. *Schörl, aphrite, sibérite, Daourite, Aschenzieher, Taltaite*]. — Groupe de silicoborates fluorifères d'alumine, dans lesquels domine tantôt la magnésie, tantôt le fer, avec accompagnement de manganèse, de chaux, de soude, de potasse, et parfois de lithine; il y a souvent des traces d'acide phosphorique,

On n'a pas réussi jusqu'ici à trouver de formules simples pour les diverses espèces de tourmalines. Les rapports d'oxygène indiqués par M. Rammelsberg, sont les suivants :

	RO.		R^2O^3.		SiO^2.		Bo^2O^3.
Tourmalines magnésiennes.	1	:	3	:	4	:	1
Ferro-magnésiennes	1	:	4	:	5	:	1
Ferrifères................	1	:	6	:	6	:	2
Ferro-manganésiennes	1	:	9	:	9	:	2
Manganésiennes	1	:	12	:	12	:	4

Prismes à six ou à neuf pans, ayant souvent une section triangulaire rappelant un triangle sphérique; les deux sommets, lorsqu'ils existent ensemble, sont ordinairement dissemblables, la tourmaline étant affectée d'hémiédrie à faces inclinées. Couleur : noire, brun foncé, brunâtre, verte, bleue, rouge, rose, lie de vin; les cristaux

Fig. 763. — Tourmaline. Fig. 764. — Tourmaline.

présentent parfois plusieurs couleurs, qui sont disposées tantôt par zones perpendiculaires à l'axe du prisme (île d'Elbe), tantôt de manière à former un noyau rouge, par exemple, entouré d'une croûte verte (Haddam). Éclat vitreux, transparent, translucide. Dichroïsme très-marqué; cette propriété est mise à profit en optique. Cassure conchoïdale. Pyroélectrique, avec axe électrique coïncidant avec l'axe de symétrie cristalline. Se trouve dans le granite, le gneiss, la syénite, les schistes chloritiques ou talqueux, la dolomie, les calcaires cristallins, etc., dans un nombre considérable de localités. Les tourmalines rouges (rubellite), viennent de Schaitansk, Sibérie; les variétés incolores de l'île d'Elbe, du Saint-Gothard, qui en fournit aussi de vert-clair; les vertes du Brésil, de Chesterfield (Mass.), etc., les bleues d'Utö (Suède), etc., les noires du Hartz, du Cornouailles, du Groenland, etc. Le *Feijao* des sables diamantifères du Brésil est une tourmaline noire.

Caractères. — Inattaquable par les acides; devient décomposable par l'acide sulfurique après fusion. Par la chaleur, dégage du fluorure de silicium et peut-être de bore. Au chalumeau, fond difficilement tantôt en une scorie, tantôt en un verre bulleux, sauf les variétés lithifères et manganésifères, qui sont à peu près infusibles, et deviennent blanches et opaques (tourmaline apyre). Avec le bisulfate de potasse et le spath fluor, donne la réaction de l'acide borique.

Après une forte calcination, s'attaque facilement par l'acide fluorhydrique, ce qui n'a pas lieu avant.

Dureté = 7 à 75. Poussière incolore.

Densité = 2,94 à 3,3.

Forme cristalline. — Rhomboèdre $p\,p = 133°8'$, arête culminante; $pa^1 = 152°40'$. Formes habituelles : d^1, a^1, p, b^1, e^1, e^2, $d^{3/2}$, $e^{4/3}$, $k = (b^{1/3}\,d^1\,d^{1/2})$; les formes e^2, k, a^1, e^3, $e^{4/3}$, d^3, d^2, $d^{3/2}$, offrent souvent l'hémiédrie à faces inclinées, qui, comme on sait, est corrélative de la pyroélectricité.

F. et S.

TOURNESOL. — On vend dans le commerce, sous le nom de *tournesol en pains*, une matière colorante mélangée à des matières terreuses (gypse, carbonate de chaux, etc.) et combinée avec des alcalis ou de la chaux.

Les conditions nécessaires à la productions du tournesol ont été indiquées par M. Gélis [*Revue scient.*, t. VI, p. 50; *Journ. de Pharm.*, t. XXIV, p. 277].

Kane [*Phil. Trans.*, 1840, p. 298] a étudié au point de vue chimique la ou les matières colorantes qui forment la base de cette préparation. Les résultats obtenus ne sont pas suffisamment nets pour donner une solution complète de cette dernière question; nous les résumerons sommairement.

Préparation. — Le tournesol se prépare au moyen des lichens mêmes qui servent à l'obtention de l'orseille, tels que le *Roccella tinctoria* des îles Canaries, les diverses variétés de *Variolaria* et de *Lecanora*. Il suffit, en effet, de modifier dans un certain sens les conditions dans lesquelles s'opère le développement de la couleur sous l'influence de l'air et de l'ammoniaque, pour modifier sa nuance. Ainsi, avec le concours de l'air et de l'ammoniaque seule, les acides colorables des lichens et les produits de leur dédoublement fournissent des substances colorées qui forment avec les bases alcalines des combinaisons rouges ou violettes et parmi lesquelles il faut compter l'orcéine. Si l'on fait intervenir en même temps les carbonates alcalins, on finit, au bout d'une macération suffisamment prolongée, par obtenir un sel alcalin coloré en bleu, qui rougit lorsqu'on déplace la matière colorante *rouge* de ce sel par un acide fort.

Ainsi, un mélange de 2 p. de lichen, 1 p. carbonate de potasse, mis en digestion avec du carbonate d'ammoniaque ou de l'urine, à une température de 25° à 30°, se colore successivement en brun, rouge pourpre, en bleu, et fournit après 40 jours de macération du tournesol de la nuance la plus pure.

Le tournesol du commerce renferme toujours un excès d'alcali ou de carbonate alcalin qui diminue la sensibilité de la réaction des acides. Il faut, en effet, commencer par neutraliser cet alcali par un acide pour faire apparaître ensuite la teinte rouge caractéristique du tournesol acide. On prépare facilement une solution sensible en acidifiant légèrement par un excès d'acide sulfurique une décoction de pain de tournesol, puis en l'agitant à chaud avec un excès de carbonate de baryte précipité, et enfin en filtrant.

M. de Luynes obtient un tournesol sensible en colorant directement l'orcine pure par un mélange d'ammoniaque et de carbonate alcalin, au contact de l'air

Les papiers de tournesol s'obtiennent en immergeant du papier dans une décoction de tournesol neutralisée ou non et en séchant. Suivant que l'on emploie la décoction acidifiée ou non acidifiée, on obtiendra du papier rouge ou bleu.

D'après Kane [*loc. cit.*], le tournesol ne contiendrait pas moins de quatre matières colorantes distinctes, auxquelles il donne les noms d'azolithmine, spaniolithmine, érythroléine et érythrolithmine.

Pour séparer ces divers principes, on épuise le tournesol en pains par l'eau bouillante. Le résidu insoluble est réduit en pâte avec de l'eau et additionné d'un léger excès d'acide chlorhydrique; on filtre et on lave, puis on sèche la partie insoluble restée sur le filtre. La masse sèche est épuisée par l'alcool bouillant. La solution alcoolique, évaporée à sec, donne un résidu que l'on reprend par l'éther chaud. Celui-ci dissout l'érythroléine et laisse l'érythrolithmine.

L'azolithmine se trouve dans la partie insoluble dans l'alcool, que l'on reprend par l'ammoniaque. La solution ammoniacale est évaporée à sec et le résidu est lavé à l'acide chlorhydrique et à l'eau.

Enfin on trouve encore de l'azolithmine dans la solution aqueuse provenant du premier épuisement du tournesol par l'eau. Le liquide est précipité par le sous-acétate de plomb; le précipité bien lavé est mis en suspension dans l'eau, décomposé par l'hydrogène sulfuré. Le mélange de sulfure de plomb et de matière colorante est traité par l'eau ammoniacale chaude. On filtre et on évapore à sec, puis on lave à l'acide chlorhydrique et à l'eau.

L'azolithmime, qui paraît représenter la principale matière colorante du tournesol, est une poudre rouge-brun, amorphe, soluble en bleu dans l'ammoniaque et les alcalis. Les analyses élémentaires conduisent d'une manière approchée à la formule $C^7H^9AzO^4$. Elle renfermerait donc 1 atome d'oxygène de plus que l'orcéine et prendrait naissance, aux dépens de l'orcine, suivant l'équation :

$$C^7H^8O^2 + AzH^3 + O^3 = C^7H^9AzO^4 + H^2O.$$

Les solutions alcalines d'azolithmine précipitent en bleu ou en violet par les sels alcalino-terreux ou métalliques.

L'hydrogène naissant décolore ces solutions. Une réaction de ce genre se produit dans la teinture de tournesol conservée à l'abri de l'air, sous l'influence, très-probablement, d'une fermentation du genre butyrique, ou par suite du développement d'infusoires capables d'absorber l'oxygène. On évite en partie cet inconvénient en conservant la teinture dans des vases mal bouchés.

L'érythroléine se présente sous la forme d'une masse rouge demi-fluide.

L'érythrolithmine cristallise en grains rouge foncé, et donne avec l'ammoniaque un composé bleu insoluble.

La spaniolithmine n'a pas été isolée à l'état de pureté.

Ces trois dernières matières colorantes ne contiennent pas d'azote.

P. S.

TOWANITE. — Voyez CHALCOPYRITE.

TOXICODENDRONIQUE (ACIDE). — Les propriétés toxiques des feuilles de *Rhus Toxicodendron* sont dues, d'après Khittel, à un alcaloïde volatil, d'après Maisch, au contraire à un acide volatil. Ce dernier, qui a reçu le nom d'acide toxicodendronique, produit sur la peau des phlyctènes et une éruption particulière; il différerait de l'acide formique en ce que son sel de mercure peu soluble ne se réduit pas à chaud [*Jahresb. f. Chem.*, 1858, p. 530; 1866, p. 708].

TRAVERSELLITE (Min.). — Variété d'hédenbergite d'un vert poireau de Traverselle (Piémont). Renferme environ 20 °/₀ d'oxyde ferreux.

TRÉHALA. — Le tréhala, décrit pour la première fois sous le nom de *schakar el ma-ascher*, dans la *Pharmacopée persane* de Frère Ange de Toulouse, en 1681, a été étudié par Guibourt [*Journ. de Pharm.*, (3), t. XXXIV, p. 81; *Compt. rend. de l'Acad. des sc.*, 1858, t. XLVI, p. 1213]. Cette matière, originaire de Syrie, est aussi commune en Orient et d'un usage aussi répandu que le sont en France le salep et le tapioka. Les Persans lui donnent le nom de sucre des nids. Le tréhala est une coque creuse ronde ou ovale, du volume d'une grosse olive environ et présente, du côté interne, une couche de matière blanche qui, du côté extérieur, est recouverte de grains grossièrement agglomérés.

L'insecte qui construit cette coque est un charançon, le *Larinus nidificans;* il se nourrit des rameaux d'une espèce d'*Echinops* et en dégorge la plus grande partie pour construire son nid. Le tréhala, mis en contact avec l'eau, se ramollit, se gonfle et finit par se convertir en une bouillie épaisse et mucilagineuse; il a la composition suivante: amidon 66,54 °/₀, gomme peu soluble 4,66 °/₀, sucre et principe amer 28,80 °/₀, moins 4,6 °/₀ de cendre.

L'amidon est analogue aux amidons d'orge, de sagou des Moluques et surtout de gomme adragante; il est très-dense, l'eau ne peut complétement le diviser et encore moins le dissoudre; le sucre est de la tréhalose (voyez ce mot). Les sels solubles sont composés de carbonate, chlorure et sulfate alcalins, en quantités approximativement égales, et d'une moindre quantité de phosphate. La cendre, insoluble dans l'eau, mais soluble dans l'acide chlorhydrique, est formée presque entièrement de carbonate de chaux et d'une petite quantité de fer probablement phosphaté. Ph. de C.

TRÉHALOSE. — La tréhalose est un sucre que M. Berthelot [*Ann. de Chim. et de Phys.*, 1859, (3), t. LV, p. 272] a extrait du tréhala (voyez ce mot). Pour la préparer, on traite le tréhala pulvérisé par l'alcool bouillant; après des cristallisations et des dissolutions dans l'alcool bouillant en présence de noir animal, on obtient la tréhalose sous forme d'octaèdres rectangulaires, brillants et durs, croquant sous la dent, doués d'un goût fortement sucré. La tréhalose cristallisée,

$$C^{12}H^{22}O^{11} + 2H^2O,$$

se déshydrate sous l'influence d'une température de 130°. Suivant le rapport qui existe entre la vitesse d'échauffement de la tréhalose et celle de sa déshydratation, on peut déterminer sa fusion à toute température comprise entre 100° et 200°. Elle forme un liquide vitreux et transparent qui, par refroidissement, se solidifie en une masse semblable à du sucre d'orge.

La tréhalose peut être chauffée à 200° sans s'altérer, elle est donc plus stable que les autres sucres. Au delà de 200°, elle se décompose, perd de l'eau et se change en une matière noire et insoluble, avec dégagement de gaz et d'une odeur de caramel. A l'air libre, elle brûle avec une flamme rougeâtre, en laissant du charbon. La tréhalose est soluble dans l'eau, insoluble dans l'éther, presque insoluble dans l'alcool froid, assez soluble dans l'alcool bouillant.

La levûre de bière ne la fait fermenter que très-lentement et imparfaitement. La potasse et la baryte ne l'altèrent pas à 100°; elle est précipitée par l'acétate de plomb ammoniacal; elle ne réduit pas d'une manière sensible le tartrate de cuivre alcalin. Chauffée à 100° avec de l'acide chlorhydrique fumant, elle noircit et se décompose peu à peu; l'acide sulfurique concentré la charbonne rapidement à la même température. L'acide nitrique la transforme en acide oxalique sans qu'il se produise d'acide mucique. Avec les acides stéarique, benzoïque, butyrique, etc., elle forme, lorsqu'on la chauffe à 180°, des combinaisons neutres analogues au corps gras [Berthelot, *Ann. de Chim. et de Phys.*, (3), t. LX, p. 93]. L'acide sulfurique dilué ne la transforme que lentement à 100° en un sucre non cristallisable, réduisant la liqueur cupropotassique, destructible à 100° par les alcalis et fermentant facilement au contact de la levûre de bière.

La tréhalose a une frappante ressemblance avec la mycose (voyez ce mot), et ces deux substances sont peut-être identiques (Berthelot, Müntz). La température à laquelle elles se déshydratent offrent quelque différence. Les formes cristallines de la tréhalose et de la mycose, qui appartiennent au type orthorhombique, sont sensiblement les mêmes; mais la différence essentielle entre la tréhalose et la mycose paraît résider dans leurs pouvoirs rotatoires. En effet, celui de la tréhalose cristallisée = + 199°, tandis que celui de la mycose, d'après Mitscherlich, serait égal à + 173°.

Müntz [*Compt. rend.* t. LXXVI, p. 649] a reconnu qu'un grand nombre de champignons contiennent en même temps, et dans des proportions très-variables, de la mannite et de la tréhalose; d'autres, et parmi les espèces les plus communes (*Agaricus muscarius*), par exemple, contiennent de la tréhalose seulement, et souvent en quantité très-notable (jusqu'à 10 °/₀ de la matière sèche). D'autres enfin (*Boletus cyanatus*), contiennent en même temps de la mannite, de la tréhalose et un sucre capable de réduire la liqueur cupropotassique. Ph. de C.

TREMENHEERITE (Min.). — Paraît être une variété impure de graphite. Structure écailleuse; couleur noir foncé; éclat fortement métallique. Brûle avec difficulté.

TRÉMOLITE. — Voyez AMPHIBOLE.

TRI. — Pour les mots qui ne se trouvent pas à leur rang alphabétique, voyez le mot qui suit ou le mot générique. Exemple : *Trichlorobenzine, Trinitrotoluène*, etc., — voyez BENZINE, TOLUÈNE, etc.

TRIAMINES. — Voyez AMINES, t. I, p. 207.

TRIAMYLÈNE, $C^{15}H^{30}$. — Il se forme, indépendamment de l'amylène, du diamylène et d'hydrures saturés, lorsqu'on traite l'alcool amylique par le chlorure de zinc (t. I, p. 236). Il distille en partie avec ces hydrocarbures, une autre partie reste avec le chlorure de zinc dans le vase distillatoire et peut en être séparée par l'eau dans laquelle le triamylène est insoluble. On le purifie par la distillation fractionnée. C'est un liquide incolore, d'une odeur d'essence de térébenthine, bouillant à 245 - 248°; densité, = 0,8139; densité de vapeur = 7,6. Indices de réfraction : pour la raie b=1,4485; pour E = 1,4512 et pour F=1,4525. Il ne se dissout que dans une grande quantité d'alcool [A. Bauer, *Wien. Acad. Ber.*, t. XLIV, 2ᵉ part., p. 87; *Rép. de Chim. pure*, 1862, p. 110].

TRIANOSPERMINE. — Nom donné par Peckolt à une substance contenue dans la racine de *Trianosperma ficifolia*, plante grimpante de la famille des Cucurbitacées, originaire du Brésil. Elle cristallise en aiguilles spiculaires, solubles dans l'éther.

Cette même racine renferme des matières résineuses, une matière drastique amorphe, la *tayuyine*, et un corps cristallisé en grains incolores, la *trianospermitine;* celle-ci est soluble dans l'éther, mais l'eau ou l'alcool ne la dissolvent pas [Th. Peckolt, *Arch. der Pharm.* (2), t. CXIII, p. 104].

TRIBENZOLAMINE. — Syn. d'HYDROBENZAMIDE, t. II, p. 61.

TRICARBALLYLIQUE (ACIDE). — Syn. de CARBALLYLIQUE (ACIDE), t. I, p. 742.

TRICARBHEXANILIDE. — Voyez PHÉNYLGUANIDINES, t. II, p. 901.

TRICHALCITE (Min.). — Arséniate hydraté de cuivre $(AsO^4)^2Cu^3 + 5H^2O$. Masses rayonnées ou dendrites d'un éclat soyeux et d'une couleur vert de gris, trouvées à Turginsk ou à Beresowsk, sur une panabase.

Caractères. — Facilement soluble dans l'acide chlorhydrique froid. Dans le tube, décrépite, devient noir-brun et donne de l'eau.

Dureté. 2,5.

TRICHITE (Min). Nom appliqué par Zirkel à des substances microscopiques de nature indéterminée qui se trouvent dans certains minéraux vitreux des volcans. Ce sont des filaments recourbés rappelant l'aspect de poils d'animaux.

TRICHOPYRITE. — Voyez MILLÉRITE.

TRICLASITE. — Voyez FAHLUNITE.

TRICYANHYDRIQUE (ACIDE) $C^3Az^3H^3$ [O. Lange, *Deutsche chem. Gesellsch.*, t. VI, p. 99; *Bull. de la Soc. chim.*, 1873, t. XIX, p. 454]. — Ce polymère de l'acide cyanhydrique se produit quand on chauffe en tubes scellés à 40-60°, pendant 15 jours de l'épichlorhydrine et de l'acide cyanhydrique anhydre. Le contenu des tubes est noir et solide; si on le dissout dans l'eau et qu'on agite celui-ci avec l'éther, la solution éthérée abandonne des cristaux jaune-brun dont la composition est celle de l'acide cyanhydrique.

On peut obtenir ce composé à l'état incolore en reprenant le contenu des tubes par l'éther, évaporant l'éther et dissolvant le résidu dans l'eau bouillante; la solution aqueuse est filtrée, et abandonne des cristaux par refroidissement dans l'eau glacée. Les cristaux paraissent appartenir au système triclinique; ils sont souvent en tables; l'eau à 26° en dissout 0,55, et l'eau bouillante 9 à 10 % [Wippermann, *Deutsche chem. Gesellsch.*, t. VII, p. 767; *Bull. de la Soc. chim.*, 1874, t. XXII, p. 506].

L'acide tricyanhydrique noircit à 146°, fond à 180°, puis se décompose subitement en dégageant de l'acide cyanhydrique et laissant un résidu solide, noir et brillant.

Chauffé avec une solution de baryte, il donne de l'ammoniaque, du carbonate de baryum et du glycocolle :

$$C^3Az^3H^3 + BaH^2O^2 + 3H^2O$$
$$C^2H^5AzO^2 + CO^3Ba + 2AzH^3$$

Glycocolle.

(O. Lange).

Avec l'acide chlorhydrique et l'acide iodhydrique, on observe le même dédoublement (Wippermann).

Constitution de l'acide tricyanhydrique. — En raison de la réaction qui vient d'être exposée, M. Wippermann envisage l'acide tricyanhydrique comme le nitrile de l'acide amidomalonique; l'acide amidomalonique étant :

$$CH(AzH^2)<^{CO^2H}_{CO^2H}$$

l'acide tricyanhydrique serait :

$$CH(AzH^2)<^{CAz}_{CAz}$$

Ce nitrile, par fixation d'eau, devrait donner de l'acide amidomalonique; mais M. Baeyer a montré que ce corps est peu stable et se dédouble facilement sous l'influence de l'eau à chaud en glycocolle et acide carbonique, de même que l'acide malonique, par l'action de la chaleur, se dédouble en acide acétique et acide carbonique :

$$CH(AzH^2)<^{CO^2H}_{CO^2H} = CH^2(AzH^2)-CO^2H + CO^2$$

Acide amidomalonique. — Glycocolle.

E. G.

TRIDÉCYLE (HYDRURE DE). — [Syn. COCCINYLE, HYDRURE DE], $C^{13}H^{28}$. — Hydrocarbure saturé découvert par Pelouze et Cahours dans les pétroles d'Amérique. C'est un liquide incolore, d'une légère odeur térébenthinée, bouillant à 218-220°; densité à 20° = 0,796; densité de vapeur = 6,509. Il partage les réactions de ses homologues inférieurs. Le chlore le transforme en *chlorure de tridécyle*, bouillant à 258-260° [*Ann. de Chim. et de Phys.* (4), t. I, p. 70].

TRIDYMITE (Min.). — Silice cristallisée en petites lames hexagonales, généralement groupées par trois, parallèlement à une diagonale de l'hexagone. D'un éclat vitreux, se trouve en druses dans les roches trachytiques : à Saint-Christobal, près de Pachucha (Mexique); au Siebengebirge (Prusse Rhénane); au Mont-Dore, etc. Accompagné d'ordinaire de pyroxène, ou d'hypersthène, de fer oxydulé, etc. Souvent altéré à la surface et opaque.

Caractères. — Ceux du quartz; sauf que la tridymite est plus facilement attaquable par les solutions alcalines.

Densité = 2,2 à 2,3.

Forme cristalline. — Hexagonale; a été reproduite artificiellement par G. Rose, par fusion de la silice gélatineuse ou des silicates avec le sel de phosphore. F. et S.

TRIÉTHYLBENZINE,

$$C^{12}H^{15} = C^6H^3(C^2H^5)^3 \ (1.3.5).$$

— Cet hydrocarbure se produit en petite quantité lorsqu'on traite la méthyléthylacétone

$$CH^3-CO-C^2H^5$$

par l'acide sulfurique : son mode de formation est tout à fait analogue à celui du mésitylène au dépens de l'acétone.

$$3(CH^3-CO-C^2H^5) = 3H^2O + (CH-C-C^2H^5)^3$$
$$= C^6H^3(C^2H^5)^3.$$

La triéthylbenzine est liquide, incolore et bout à 217-220°. L'acide chromique la transforme en acide trimésique, $C^6H^3(CO^2H)^3$. L'acide sulfurique la charbonne en grande partie et fournit un acide sulfoné, dont le sel barytique est peu soluble dans l'eau [O. Jacobsen, *Deutsche chem. Gesellsch.*, t. VII, p. 1430; *Bull. de la Soc. chim.*, t. XXIV, p. 74]. A. H.

TRIÉTHYLCARBINOL (*Alcool méthylique triéthylé*), $C^7H^{16}O$ [Nahapetian, *Zeitch. für Chem.*, 1871, p. 274; *Bull. de la Soc. Chim.*, t. XVI, p. 303]. — Ce composé qui est un alcool heptylique tertiaire, $C(C^2H^5)^3.OH$, se prépare par l'action du chlorure de propionyle,

$$C^2H^5-COCl$$

sur le zinc éthyle. Le mélange abandonné à lui-même pendant 22 jours a été chauffé à 100°, puis additionné d'eau. L'alcool qui se sépare est desséché sur la baryte, puis rectifié.

Il bout à 140-142°; à 20° il est encore liquide; son odeur est camphrée; sa densité est de 0,8593 à 0°. Il est peu soluble dans l'eau; le carbonate de potassium le sépare de la solution aqueuse.

Oxydé par le dichromate de potassium et l'acide sulfurique étendu, il a donné un peu d'acide carbonique, de l'acide acétique, probablement un peu d'acide propionique et de l'heptylène,

$C^7H^{14} = (C^2H^5)^2{=}C{=}CH{-}CH^3.$ E. G.

TRIÉTHYLMÉTHANE,

$C^7H^{16} = CH(C^2H^5)^3.$

— C'est un des heptanes prévus par la théorie. On l'obtient en réduisant l'éther orthoformique $CH(OC^2H^5)^3$ par le sodium-éthyle; on chauffe doucement, dans un appareil à reflux, 100 p. d'éther orthoformique avec 40 p. de zinc-éthyle et l'on ajoute peu à peu 20 p. de sodium; la réaction est très-vive, et il se dégage des gaz hydrocarbonés. Le produit ayant été fractionné, les parties bouillant au-dessus de 144° sont soumises de nouveau au traitement par le zinc-éthyle et le sodium, et cette opération est renouvelée encore trois fois. On obtient à la fin environ 12 p. d'un liquide que l'on peut séparer par la distillation en deux portions, l'une bouillant vers 100° et l'autre vers 142-144°; celle-ci contient de l'éther orthoformique non altéré et peut-être son premier produit de réduction $CH(C^2H^5)(OC^2H^5)^2$; tandis que la portion plus volatile, lavée à l'acide sulfurique et à l'eau, constitue le triéthylméthane. C'est un liquide incolore, d'une faible odeur de pétrole, bouillant à 96°; densité à 27° = 0,689; sa densité de vapeur correspond à la formule C^7H^{16} [A. Ladenburg, *Deutsche chem. Gesellsch.*, t. V, p. 752; *Bull. de la Soc. chim.*, t. XVIII, p. 548]. A. H.

TRIÉTHYLSILICOL. — Voyez SILICIUM, COMPOSÉS ORGANIQUES, t. II, p. 1501.

TRIGÉNIQUE (ACIDE) $C^4H^7Az^3O^2$ [Liebig et Wœhler, *Ann. der Chem. u. Pharm.*, t. LIX, p. 296; et *Rapports de Berzelius*, 1848, p. 309]. — Le nom a été donné au produit de l'action de l'acide cyanique sur l'aldéhyde (de τρίς, trois, γεννάω j'engendre), parce qu'il peut être envisagé comme formé d'acide cyanique, d'aldéhyde et d'ammoniaque.

On dirige les vapeurs d'acide cyanique dans de l'aldéhyde refroidie par la glace fondante, en ayant soin en même temps d'opérer seulement sur quelques grammes. Quand le mélange est opéré et qu'on l'abandonne à la température de l'air, il se fait un dégagement d'acide carbonique qui dure pendant plusieurs heures, et le tout se prend en une masse visqueuse et bulleuse ressemblant à du borax calciné, ou bien elle prend l'aspect d'un sirop où se forment peu à peu des croûtes cristallines. Pour en retirer l'acide trigénique, on dissout la masse dans de l'acide chlorhydrique de concentration moyenne, et l'on fait bouillir tant qu'il se dégage de l'aldéhyde. Par le refroidissement, il se dépose des cristaux d'acide trigénique, que l'on purifie en les dissolvant dans l'eau bouillante en présence de noir animal.

L'acide trigénique forme de petits prismes à peine solubles dans l'alcool, peu solubles dans l'eau; il fond par la chaleur, puis se décompose en émettant des vapeurs alcalines qui paraissent être formées de quinoléine.

Le trigénate d'argent $C^4H^6Az^3O^2,Ag$ est pulvérulent; il perd de l'eau entre 120-130° et fond au-dessus de 160° en dégageant une vapeur épaisse de l'odeur de la quinoléine.

M. Bæyer, en traitant l'aldéhyde valérique par l'acide cyanique, a obtenu un composé analogue, l'*acide valéryl-trigénique* $C^7H^{13}Az^3O^2$ [Bæyer, *Ann. der Chem. u. Pharm.*, t. CXIV, p. 156; et *Rép. de Chimie pure*, 1860, p. 372.]

L'acroléine absorbe également l'acide cyanique; le produit de la réaction dissous dans l'acide chlorhydrique à chaud, cristallise en aiguilles incolores, peu solubles dans l'eau, qui constituent probablement l'acide *allyltrigénique* [Melms, *Zeitsch. für Chem.* 1871, p. 27; et *Bull. de la Soc. chim.*, 1870, t. XIV, p. 395].

Constitution de l'acide trigénique. — L'acide trigénique renferme les éléments de l'urée, de l'aldéhyde et de l'acide cyanique; il me paraît devoir être considéré comme un dérivé du biuret; l'*éthylidène-biuret*. Sa constitution serait représentée par la formule :

$$CH^3{-}CH{<}^{AzH-CO}_{AzH-CO}{>}AzH$$

ou $CH^3{-}CH{=}Az{-}CO{-}AzH{-}CO{-}AzH^2.$

Ce serait analogue à l'éthylidène-urée

$$CH^3{-}CH{=}Az{-}CO{-}AzH^2,$$

obtenu par M. Reynolds, dans l'action de l'aldéhyde sur l'urée.

Si ma manière de voir est exacte, l'acide trigénique doit se former par l'action de l'aldéhyde sur le biuret. E. G.

TRIGLYCÉRIQUE (ALCOOL). — Voyez GLYCÉRYLE, t. I, p. 1506.

TRIGLYCOLAMIDIQUE (ACIDE). — [Syn. TRIGLYCOLLAMINE],

$$C^6H^9AzO^6 = Az(CH^2{-}CO.OH)^3.$$

Cet acide se produit, indépendamment des acides glycolamidique (glycocolle), diglycolamidique et glycolique, lorsqu'on fait bouillir l'acide monochloracétique avec un excès d'ammoniaque (Heintz)

$$3(CH^2Cl{-}CO.OH) + AzH^3$$
$$= 3HCl + Az(CH^2{-}CO.OH)^3.$$

Le même acide prend naissance si l'on fait agir l'acide monochloracétique sur l'acide diglycolamidique (Ziegler)

$$CH^2Cl{-}CO.OH + AzH(CH^2{-}CO.OH)^2$$
$$= HCl + Az(CH^2{-}CO.OH)^3.$$

Pour le préparer, on dissout l'acide monochloracétique dans 12 ou 15 p. d'eau, on ajoute un excès d'ammoniaque et l'on fait bouillir la solution, pendant 12 à 24 heures au réfrigérant ascendant, en y ajoutant de temps en temps un peu d'ammoniaque pour remplacer celle qui s'évapore. Le produit est concentré fortement par évaporation et débarrassé ainsi de la majeure partie du sel ammoniac qui se dépose en cristaux. L'eau mère, sirupeuse et colorée en brun, est additionnée d'eau et portée à l'ébullition avec un excès d'hydrate plombique, tant qu'il se dégage de l'ammoniaque. La liqueur renferme alors en dissolution du glycolate, du glycolamidate et du diglycolamidate de plomb, tandis que le triglycolamidate mélangé d'oxychlorure plombique se trouve dans le dépôt; celui-ci est lavé à l'eau, mis en suspension dans l'eau bouillante et décomposé par l'hydrogène sulfuré. La solution fournit par évaporation des cristaux d'acide triglycolamidique.

Au lieu de traiter par hydrate de plomb l'eau mère sirupeuse, dont il a été question, on peut en précipiter l'acide triglycolamidique au moyen d'un excès d'acide chlorhydrique; étant peu soluble dans l'eau, l'acide triglycolamidique se dépose au bout de quelque temps surtout si l'on agite, et il suffit de le laver et de le faire cristalliser dans l'eau bouillante, pour l'obtenir parfaitement pur (Heintz).

Suivant Lüddecke, le rendement en acide triglycolamidique est meilleur, si l'on n'emploie dans la préparation qu'une partie d'eau pour dissoudre l'acide monochloracétique.

Propriétés. — L'acide triglycolamidique forme de petits prismes incolores, anhydres, inodores, d'une saveur faiblement acide; vers 190°, il commence à perdre sa transparence, et il fond en s'altérant à une température supérieure; il se dissout à 5° dans 747 p. d'eau; il est un peu plus soluble dans l'eau bouillante, mais ni l'alcool, ni l'éther ne le dissolvent.

Soumis à la distillation sèche, l'acide triglycolamidique fournit du carbonate d'ammonium, de l'oxyde de carbone, de la diméthylamine et probablement du gaz du marais; le sel barytique donne les mêmes produits, à l'acide carbonique près. La chaux sodée, chauffée à 300° avec l'acide, dégage de l'ammoniaque, une petite quantité de diméthylamine, du gaz des marais, de l'hydrogène et le résidu renferme de l'acide acétique.

A 200°, l'acide chlorhydrique dédouble l'acide triglycolamidique en acide diglycolamidique et acide glycolique, en même temps qu'il se forme des traces de glycocolle et d'ammoniaque.

$$Az(CH^2\text{-}CO^2H)^3 + H^2O$$
$$= AzH(CH^2\text{-}CO^2H)^2 + CH^2OH\text{-}CO^2H.$$

Avec l'acide iodhydrique, on obtient, à 160°, de l'ammoniaque et de l'acide acétique formé par réduction de l'acide glycolique.

L'étain et l'acide chlorhydrique n'attaquent pas l'acide triglycolamidique; l'amalgame de sodium et l'eau n'agissent que lentement, tandis que le zinc et l'acide sulfurique le transforment en acide éthyldiglycolamidique (t. I, p. 1168).

$$Az(CH^2\text{-}CO^2H)^3 + 3H^2$$
$$= 2H^2O + AzC^2H^5(CH^2\text{-}CO^2H)^2.$$

La réduction n'a pu être poussée plus loin.

L'acide triglycolamidique est un acide tribasique assez puissant.

Ses propriétés basiques, au contraire, sont extrêmement faibles; il se dissout facilement dans les acides sulfurique et chlorhydrique, mais l'eau le précipite de ces solutions. Lorsqu'on chauffe cet acide avec une très-petite quantité d'acide sulfurique, on obtient, par le refroidissement, une substance blanche qu'on peut dessécher sur une plaque poreuse. Cette masse constitue probablement un sulfate; elle est très-avide d'eau et se dédouble en ses composants à mesure qu'elle en attire. L'acide triglycolamidique pulvérisé n'absorbe le gaz chlorhydrique ni à froid, ni à 100°.

Triglycolamidates, (Heintz, Lüddecke). — L'acide est tribasique; les sels monacides s'obtiennent très-aisément; les sels neutres et les sels diacides paraissent être moins stables.

La solution du sel ammonique additionnée d'un léger excès d'ammoniaque produit avec le nitrate mercurique un précipité devenant gris, et avec le sulfate de cuivre un précipité bleu amorphe. L'acide chlorhydrique précipite l'acide triglycolamidique des solutions concentrées des sels.

Sel diammonique $C^6H^7AzO^6(AzH^4)^2 + H^2O$. — Lorsqu'on verse de l'alcool sur la solution de ce sel de manière à ne pas mélanger les couches, on obtient de longues aiguilles très-solubles.

Sel triargentique. $C^6H^6AzO^6.Ag^3$. — On le prépare par double décomposition entre le sel ammonique et le nitrate d'argent; c'est une poudre cristalline blanche, détonant par la chaleur.

Sels de baryum. — On en connaît deux, 1° *Sel monacide* $C^6H^7AzO^6.Ba + 1\frac{1}{2}H^2O$ (Heintz); d'après Lüddecke, il renferme H^2O. On l'obtient en faisant bouillir l'acide avec 10 à 15 p. d'eau et la quantité calculée d'hydrate ou de carbonate de baryum et laissant refroidir; ce sel forme des prismes rhombiques (*mm* = 106° 30') terminés par la base, un octaèdre pointu ou par un prisme horizontal. Il perd son eau à 120° et se décompose vers 200°. Il est peu soluble dans l'eau; sa solution possède une réaction acide.

2° *Sel neutre,* $(C^6H^6AzO^6)^2Ba^3 + 4H^2O$. — Il se précipite en petites tables quadratiques, nacrées, lorsqu'on fait bouillir l'acide libre ou le sel ammoniacal avec un excès d'eau de baryte. Il perd son eau vers 180°. Il est insoluble dans l'eau; l'acide chlorhydrique met l'acide triglycolamidique en liberté, tandis que l'acide acétique transforme le sel en triglycolamidate monacide.

Sel de calcium. — Le chlorure de calcium ne précipite la solution du sel ammoniacal qu'à la température de l'ébullition.

Sel ferrique — La solution bouillante d'acide triglycolamidique dissout l'hydrate ferrique et la liqueur fournit, par l'évaporation, des lamelles indistinctes d'un vert-pomme, anhydres renfermant de 16 à 18 % de fer. Ce sel est insoluble dans l'eau et dans l'acide acétique, un peu soluble dans les acides chlorhydrique et sulfurique étendus.

Sels de plomb. — On en a préparé deux: 1° *Sel monacide* $C^6H^7AzO^6.Pb + 2H^2O$. Prismes clinorhombiques [*mm* = 142° 30'], solubles dans environ 30 p. d'eau; ce sel perd son eau à 110-120° et se décompose vers 210°.

2° *Sel neutre,* $(C^6H^6AzO^6)^2Pb^3$. — Il se dépose en lamelles opaques, anhydres, lorsqu'on ajoute une solution du sel ammoniacal à une solution bouillante d'acétate basique de plomb maintenu en excès.

Sel de potassium monacide,

$$C^6H^7AzO^6.K^2 + H^2O.$$

— Molécules égales d'acide et de carbonate potassique sont dissoutes dans l'eau, la solution est évaporée à un petit volume et additionnée d'alcool; le sel potassique se dépose en aiguilles incolores qui sont purifiées par dissolution dans l'eau, suivie d'une nouvelle précipitation par l'alcool. Il est insoluble dans l'alcool et dans l'éther, très-soluble, au contraire, dans l'eau; la solution offre une réaction acide. Il devient anhydre à 110°.

On n'a pu obtenir un sel neutre de potassium à l'état solide [W. Heintz, *Ann. der Chem. u. Pharm.*, t. CXXII, p. 257; t CXXIV, p. 297; t. CXXXVI, p. 213; t. CXLV, p. 49; t. CXLIX, p. 75; *Répert. de Chim. pure*, 1862, p. 314; *Bull. de la Soc. chim.*, 1863, p. 330, 1866, t. V, p. 378; t. X, p. 253; t. XII, p. 268; — W. Lüddecke, *Ann. der Chem. u. Pharm.*, t. CXLVII, p. 272; *Bull. de la Soc. chim.*, t. XI, p. 257; — J. Ziegler, *Zeitsch. f. Chem.*, 1869, p. 659].

Triglycolamidate d'éthyle,

$$C^{12}H^{21}AzO^6 = Az(CH^2\text{-}CO^2C^2H^5)^3.$$

— On l'obtient en chauffant à 100° pendant 6 à 8 heures, le triglycolamidate d'argent avec un excès d'iodure d'éthyle; à une température supérieure le sel d'argent fait explosion, il est donc essentiel de ne pas dépasser 100°.

Le même éther se produit lorsqu'on chauffe, à 120° pendant plusieurs heures, l'éther monochloracétique avec du carbonate d'ammonium; dans ce cas, il est accompagné d'éther glycolamidique et d'éther diglycolamidique.

L'éther triglycolamidique est liquide, oléagineux, jaunâtre, d'une odeur de fruits; il bout vers 280-290° en se décomposant partiellement. Il est peu soluble dans l'eau, miscible à l'alcool et l'éther. L'acide chlorhydrique, ainsi que les alcalis, le saponifient. L'ammoniaque le transforme en triamide triglycolamidique [W. Heintz, *Ann. der Chem. u. Pharm.*, t. CXL, p. 264; t. CXLI, p. 355; *Bull. de la Soc. chim.*, t. VII, p. 513; t. VIII, p. 434].

Triamide triglycolamidique,

$$C^6H^{12}Az^4O^3 = Az(CH^2\text{-}COAzH^2)^3.$$

— Lorsqu'on sature d'ammoniaque une solution alcoolique concentrée d'éther triglycolamidique, cette triamide se dépose au bout de quelque temps en petites aiguilles. Purifiée par cristallisation, d'abord dans l'alcool, puis dans l'eau bouillante, elle forme des tables incolores, rectangulaires dont les sommets portent souvent des troncatures de 140°, 30' et 123° 20'. Elle est très-soluble dans l'eau bouillante et peu soluble dans l'alcool. L'eau bouillante, plus facilement la soude, la décompose en dégageant de l'ammoniaque.

La triamide ne possède pas de réaction alcaline. Elle se dissout dans les acides froids en s'y combinant; cependant, une partie se décompose et il se forme un sel ammoniacal; l'ébullition active ce dédoublement.

L'acétate n'est pas stable; *l'azotate, l'oxalate* et le *sulfate* cristallisent.

Chlorhydrate $C^6H^{12}Az^4O^3, HCl$. Par évaporation lente de sa solution aqueuse, il cristallise en prismes rhombiques ($mm = 124°$), solubles dans l'eau, peu solubles dans l'alcool et insolubles dans l'éther. Il est acide.

Le *chloraurate* $C^6H^{12}Az^4O^3, HCl, AuCl^3$ est en cristaux, allongés, feuilletés, d'un jaune d'or brillant, qui, sous le microscope, paraissent formés de lamelles rhombiques, avec un angle de 80° ou de lamelles hexagonales avec les angles de 94° et 133°; il est soluble dans l'eau froide, un peu soluble dans l'alcool et insoluble dans l'éther anhydre. Le *chloromercurate* est cristallisé. Le *chloroplatinate* $(C^6H^{12}Az^4O^3, HCl)^2, PtCl^4$ cristallise dans l'eau en belles tables rectangulaires ou en lamelles minces, d'un jaune d'or foncé; il est insoluble dans l'alcool et l'éther, et peu soluble dans l'eau froide. L'acide chlorhydrique chaud le dédouble en chloroplatinate d'ammonium et un autre composé platinique non étudié. [W. Heintz, *loc. cit.*] A. H.

TRIHYDROCARBOXYLIQUE (ACIDE). — Voyez RHODIZONIQUE (ACIDE), t. II, p. 1358.

TRIMELLIQUE (ACIDE). — Voyez MELLIQUE (ACIDE), t. II, p. 334.

TRIMÉSIQUE (ACIDE). — Voyez t. II, p. 373.

TRIMÉTHYLACÉTIQUE (ACIDE). — Voyez VALÉRIQUES (ACIDES).

TRIMÉTHYLBENZINE. — La théorie en prévoit trois, dont deux sont connus; ce sont le pseudocumène et le mésitylène (voy. t. I, p. 1039; t. II, p. 371 et au Supplément.

TRIMÉTHYL-CARBINOL [*Alcool méthylique triméthyle, alcool butylique tertiaire*],

$$C^4H^{10}O.$$

[Boutlerow, *Bull. de la Soc. chim.*, 1864, t. II, p. 106; 1866, t. V, p. 19; *Zeitsch. für Chem.*, t. III, p. 361; t. VII, p. 273; p. 484; *Bull. de la Soc. chim.*, 1867, t. VIII, p. 486; t. XVI, p. 302; t. XVII, p. 302]. — Le triméthyl-carbinol est le premier alcool tertiaire qu'on ait isolé; il a été découvert par M. Boutlerow qui a fait connaître cette classe de composés.

Il se produit dans l'action du chlorure d'acétyle sur le zinc-méthyle. Si l'on fait arriver peu à peu le chlorure d'acétyle sur le zinc-méthyle refroidi à 0°, il se fait une réaction énergique et on obtient un liquide mobile, presque incolore, duquel on retire de l'acétate si on le traite immédiatement par l'eau, ainsi que l'avait montré M. Thenard. Mais si l'on abandonne à lui-même le premier produit de la réaction du chlorure d'acétyle et de zinc-méthyle, une nouvelle réaction se manifeste quelques heures après; de la chaleur se dégage et le tout se prend en une masse de cristaux, formés de prismes rhombiques, d'abord incolores, transparents, puis qui deviennent opaques quand on les dessèche dans un courant d'acide carbonique. Ces cristaux renferment

$$C^6H^{15}Zn^2ClO;$$

c'est-à-dire les éléments d'une molécule de chlorure d'acétyle et de 2 molécules de zinc-méthyle. Lorsqu'on les traite par l'eau, ils se décomposent en donnant du chlorure de zinc, de l'hydrate de zinc, du gaz des marais et du triméthylcarbinol,

$$C^6H^{15}Zn^2ClO + 6H^2O$$
$$= 2C^4H^{10}O + 4CH^4 + ZnO^2H^2 + ZnCl^2.$$

M. Boutlerow admet que la formation du radical C^4H^9 du triméthyl-carbinol a lieu par substitution de deux groupes méthyle à l'atome d'oxygène de chlorure d'acétyle, et qu'en même temps il y a formation de chlorure de zinc-méthyle et du composé $CH^3-C(CH^3)^2-O-ZnCH^3$ qui restent unis à la façon de l'eau de cristallisation. Les cristaux seraient donc :

$$CH^3-C(CH^3)^2-O-ZnCH^3 + Cl-Zn-CH^3.$$

Préparation. — Pour préparer le triméthyl-carbinol, M. Boutlerow recommande d'opérer comme il suit : On fait tomber goutte à goutte très-lentement 100 grammes de chlorure d'acétyle dans 250 grammes de zinc-méthyle convenablement refroidi. Lorsque le mélange est terminé, on l'abandonne à lui-même pendant quelques jours en l'entourant d'eau froide, puis on ajoute de l'eau au produit de la réaction, on distille le triméthyl-carbinol et on verse de l'eau dans le produit de distillation tant qu'il s'y produit un trouble; on filtre la solution aqueuse sur un filtre mouillé qui retient une substance insoluble, et à la liqueur filtrée on ajoute de la potasse pour séparer le triméthyl-carbinol, et on le dessèche sur du chlorure de calcium. On en obtient ainsi 70 à 80 grammes d'un produit bien cristallisé.

Autres modes de formation. — L'alcool isobutylique (alcool butylique de fermentation ou de Wurtz) peut être transformé en alcool tertiaire; quand on chauffe l'iodure de cet alcool avec de la potasse, on obtient un butylène C^4H^8 qui en se combinant avec l'acide iodhydrique ne régénère pas l'iodure dont il dérive, mais fournit l'iodure de l'alcool butylique tertiaire [Markownikoff, *Zeitsch. für Chem.*, 1870, p. 29; *Bull. de la Soc. chim.*, 1870, t. XIII, p. 435].

Cette transformation est représentée de la façon suivante :

$$\begin{array}{c} CH^3 \quad CH^3 \\ \diagdown \quad \diagup \\ CH \\ | \\ CH^2I \\ \text{Iodure} \\ \text{Isobutylique.} \end{array} \quad - HI = \quad \begin{array}{c} CH^3 \quad CH^3 \\ \diagdown \quad \diagup \\ C \\ \| \\ CH^2 \\ \text{Isobutylène.} \end{array}$$

$$\begin{array}{c} CH^3 \quad CH^3 \\ \diagdown \quad \diagup \\ C \\ \| \\ CH \\ \text{Isobutylène.} \end{array} \quad + HI = \quad \begin{array}{c} CH^3 \quad CH^3 \\ \diagdown \quad \diagup \\ CI \\ | \\ CH^3 \\ \text{Iodure de} \\ \text{l'alcool butylique} \\ \text{tertiaire.} \end{array}$$

On arrive à la même transformation en faisant absorber par l'acide sulfurique le butylène qui se dégage par l'action de la potasse sur l'iodure d'isobutyle; l'acide sulfoconjugué distillé avec de l'eau fournit du triméthyl-carbinol [Boutlerow, *Zeitsch. für Chem.*, 1870, p. 237; *Bull. de la Soc. chim.*, 1870, t. XIV, p. 269].

Suivant M. Linnemann, quand on traite l'iodure isobutylique dont la formule est donnée plus haut par l'acétate d'argent, on obtient l'acétate d'isobutyle pur, bouillant à 113-115° et régénérant l'alcool isobutylique par la saponification. Mais si l'on chauffe cet iodure avec de l'acétate d'argent et de l'*acide acétique* pur, on obtient un acétate bouillant à 80-85° et fournissant du triméthyl-carbinol par sa saponification. Pour effectuer cette réaction, on fait tomber goutte à goutte sur de l'oxyde d'argent récemment précipité de 50 grammes d'azotate, un mélange de 30 grammes d'iodure isobutylique et de 20 gr. d'acide acétique pur; on agite, on ajoute 20 autres grammes d'acide acétique, et l'on chauffe à 100°, au réfrigérant ascendant. La réaction terminée, on ajoute de l'eau, on sépare le triméthyl-carbinol et son acétate, et on saponifie celui-ci par la potasse; ensuite, on déshydrate l'alcool tertiaire sur de la baryte pulvérisée et on le rectifie. M. Linnemann admet que c'est là le meilleur mode de préparation du triméthyl-carbinol. On peut remplacer l'oxyde d'argent par l'oxyde de mercure. Ce dernier exerce la même action sur le bromure isobutylique, mais celui-ci n'est pas attaqué par l'oxyde d'argent en présence d'acide acétique; le chlorure isobutylique n'est attaqué dans aucun cas.

M. Boutlerow, en reprenant l'expérience de M. Linnemann, a obtenu, il est vrai, du triméthyl-carbinol, mais accompagné de beaucoup d'alcool isobutylique [Linnemann, *Ann. der Chem. u. Pharm.*, t. CLXII, p. 12; *Bull. de la Soc. chim.*, 1872, t. XVII, p. 513; — Boutlerow, *Ann. der Chem. u. Pharm.*, t. CLXVIII, p. 143; *Bull. de la Soc. chim.*, 1874, t. XXI, p. 218].

La transformation de l'iodure d'isobutyle en triméthyl-carbinol peut s'expliquer en admettant que l'iodure d'isobutyle se dédouble d'abord en isobutylène qui se combine à l'acide acétique; ce qui tend à le prouver, c'est que dans la réaction il se forme une petite quantité d'isobutylène.

M. Linnemann a réussi également par d'autres réactions à convertir les dérivés isobutyliques en dérivés du triméthyl-carbinol. Ainsi, le chlorure d'iode transforme l'iodure isobutylique en chlorure de triméthyl-carbinol; on fait agir, en refroidissant, 17 grammes de chlorure d'iode sur 24 grammes d'iodure isobutylique; on ajoute de l'eau au produit, on distille et on purifie le chlorure formé qui bout entre 46 et 52°.

De même l'iodure d'isobutyle traité par le cyanate d'argent donne un cyanate que la potasse transforme, non en isobutylamine, mais en *triméthyl-carbinolamine* (voyez plus loin), et l'azotite de cette base fournit du triméthyl-carbinol par sa décomposition.

Enfin, l'isobutylamine, préparée d'après la méthode de M. Wurtz (t. I, p. 679) peut se transformer en triméthyl-carbinol, quand on distille à siccité son chlorhydrate avec de l'azotite d'argent (Linnemann).

M. Boutlerow a signalé la présence du triméthyl-carbinol dans l'alcool butylique du commerce; mais M. Freund a montré que ce corps n'existe pas tout formé dans l'alcool isobutylique, et qu'il prend naissance dans la préparation du chlorure d'isobutyle par l'action de l'acide chlorhydrique. Quand on chauffe de l'alcool isobutylique pur avec de l'acide chlorhydrique concentré, il se forme non-seulement du chlorure d'isobutyle, mais aussi du chlorure de triméthyl-carbinol, et ce dernier est en proportion d'autant plus grande que l'acide chlorhydrique employé est en plus grande quantité; ainsi, l'alcool isobutylique éthérifié à 100° avec 7 fois son poids d'acide chlorhydrique fournit un chlorure renfermant 36 % de chlorure de triméthyl-carbinol. On arrive à des résultats analogues en faisant réagir l'acide bromhydrique ou l'acide iodhydrique sur le triméthyl-carbinol [Boutlerow, *Zeitsch. für Chem.*, nouv. sér., t. III, p. 367; *Bull. de la Soc. chim.*, 1867, t. VIII, p. 268; — Freund, *Journ. für prakt. Chem.*, (2), t. XIII, p. 25; *Bull. de la Soc. chim.*, 1876, t. XXVI, p. 78].

Propriétés. — Le triméthyl-carbinol parfaitement desséché sur la baryte caustique forme des aiguilles ou tables longues, rhombiques, prismatiques, biréfringentes. Il bout à 8°° sous la pression de 750 millimètres, et se volatilise déjà à la température ordinaire; il fond à 25-25°,5; sa densité est de 0,7788 à + 30°. Il donne avec l'eau un hydrate $2C^4H^{10}O + H^2O$, liquide à 0° et bouillant à 80°; cet hydrate se concrète dans un mélange réfrigérant en fines aiguilles soyeuses, sa densité est de 0,8276 à 0° (Boutlerow).

Suivant Linnemann, le triméthyl-carbinol bout à 82°,94 (corrigé), sa densité est de 0,7792 à 37°. Il se solidifie au-dessous de 20° et fond à 23°.

Le triméthyl-carbinol oxydé par l'acide sulfurique et le bichromate de potassium donne de l'acétone, de l'acide acétique et de l'acide isobutyrique (Boutlerow). Traité par le chlore, il donne divers produits chlorés; le principal présente la composition du pentachlorobutylène, $C^4H^3Cl^5$; c'est un liquide dense bouillant à 185-188° [Loidl, *Deutsche Chem. Gesellsch*, t. VIII, p. 107; *Bull. de la Soc. chim.*, 1876, t. XXV, p. 304].

ÉTHERS DE TRIMÉTHYL-CARBINOL. — ACÉTATE, $C^4H^9,C^2H^3O^2$. — Il prend naissance par l'action de l'iodure sur l'acétate d'argent mélangé d'acide acétique cristallisable; il se forme en même temps un peu de butylène. C'est un liquide d'une odeur aromatique, moins dense que l'eau dans laquelle il est un peu soluble. Il bout à 96°. L'eau de baryte le saponifie à 100°.

CHLORURE, C^4H^9Cl. — Obtenu par l'action du perchlorure de phosphore sur le triméthylcarbinol, il est incolore, plus léger que l'eau; il bout de 50 à 52°.

Quand on dirige l'isobutylène dans de l'acide chlorhydrique concentré, placé dans des tubes fortement refroidis, puis qu'après avoir scellé les tubes, on les chauffe à 200° pendant quelques heures, on obtient le chlorure de triméthyl-carbinol [Salessky, *Ann. der Chem. u. Pharm.*, t. CLXVI, p. 92].

IODURE, C^4H^9I. — Préparé par l'action d'un courant de gaz iodhydrique sur le triméthylcarbinol, il constitue un liquide dense, insoluble dans l'eau, d'une odeur rappelant celle du pétrole, il bout à 98-99° en se décomposant partiellement. Une solution de potasse dans l'alcool absolu le décompose, comme le fait la distillation, en acide iodhydrique et butylène C^4H^8. Traité par le zinc, cet iodure donne du triméthylméthane (p. 513) et du butylène

$$2C^4H^9I + Zn = C^4H^{10} + C^4H^8 + ZnI^2$$

Comme nous l'avons dit précédemment, l'isobutylène fixe l'acide iodhydrique et fournit l'iodure de triméthyl-carbinol (Markownikoff).

TRIMÉTHYL-CARBINOLAMINE,

$$C^4H^9,AzH^2 = C(CH^3)^3,AzH^2$$

(Linnemann). — Elle a été obtenue au moyen de l'iodure d'isobutyle (alcool butylique de Wurtz). On chauffe au bain-marie 50 grammes de cet iodure avec 42 grammes de cyanate d'argent sec. On ajoute ensuite au mélange 60 grammes de potasse en poudre, on chauffe et l'on recueille dans l'acide chlorhydrique les vapeurs qui se dégagent. Le sel ainsi obtenu est du chlorhydrate de triméthylcarbinolamine, et non d'isobutylamine, car l'azotite correspondant fournit du triméthylcarbinol par sa décomposition.

La triméthyl-carbinolamine est un liquide d'une odeur ammoniacale, soluble en toutes proportions dans l'eau. Elle bout à 45-46° sous une pression de 740°.

Le *chlorhydrate* cristallise en tables microscopiques, carrées et transparentes; il ne fond qu'au-dessus de 260°, et le sel fondu augmente considérablement de volume par la solidification.

Il est déliquescent, très-soluble dans l'eau et dans l'alcool ; il peut être distillé. E. G.

TRIMÉTHYLÈNE. — Voyez PROPYLÈNE, t. II, p. 1210.

TRIMÉTHYLÉTHYLMÉTHANE.

$$C^6H^{14} = C(CH^3)^3(C^2H^5). —$$

Goriainow a obtenu cet hydrure d'hexyle en faisant agir le zinc-éthyle sur l'iodure de butyle tertiaire ; la réaction est très-vive, et l'hydrocarbrure formé est entraîné par le gaz. Il est lavé à l'acide chlorhydrique et condensé dans l'alcool fortement refroidi ; cette solution étendue d'eau et soumise à la distillation, fournit un produit qui est traité successivement par le brome, la soude et le sodium. On obtient à la fin un liquide incolore, bouillant entre 43 et 48° ; densité de vapeur = 2,917 [W. Goriainow, *Bull. Acad. des Scienc.* Pétersbourg, t. XVIII, p. 75].

TRIMÉTHYLMÉTHANE. $C^4H^{10} = CH(CH^3)^3$. — C'est l'un des deux hydrures du butyle que prévoit la théorie. Il prend naissance lorsqu'on traite l'iodure de butyle tertiaire par le zinc et l'eau ; il se dégage un mélange de volumes égaux de pseudobutylène et de triméthylméthane, qui a pris naissance suivant l'équation

$$2C^4H^9I + Zn = C^4H^{10} + C^4H^8 + ZnI^2.$$

Le gaz est dirigé d'abord dans du brome, puis dans de la potasse et recueilli sur l'eau. Le triméthylméthane est gazeux à la température ordinaire ; sous une pression de 747^{mm}, il se liquéfie à — 17°. Le brome l'attaque assez rapidement à la lumière diffuse et fournit des produits de substitution bromés supérieurs. Mélangé avec 9/10 de son volume de chlore, il se liquéfie à l'obscurité, et il se forme du chlorure de butyle tertiaire.

$$CH(CH^3)^3 + Cl^2 = HCl + CCl(CH^3)^3$$

[Boutlerow, *Ann. der Chem. u. Pharm.* t. CXLIV, p. 1 ; *Bull. de la Soc. chim.*, t. VIII, p. 187]. A. H.

TRIOXYADIPIQUE (ACIDE). Cet acide se forme par l'action de la baryte ou de l'oxyde d'argent sur l'acide tribromo-adipique (t. II, p. 474). C'est une masse sirupeuse qui laisse déposer peu à peu des cristaux. Le *sel de baryum*, précipité par l'alcool de sa solution aqueuse, renferme $C^6H^8O^7.Ba + \frac{1}{2}H^2O$ [L. Marquardt *Bull. de la Soc. chim.*, t. XIV, p. 262].

TRIOXYINDOL. — Syn. ISATIQUE (ACIDE), t. II, p. 134.

TRIPHANE (Min.). *Syn. Spodumène.* — Silicate d'alumine et de lithine, avec soude, chaux, etc. On a représenté les analyses par la formule

$$3RO.4Al^2O^3.15SiO^2.$$

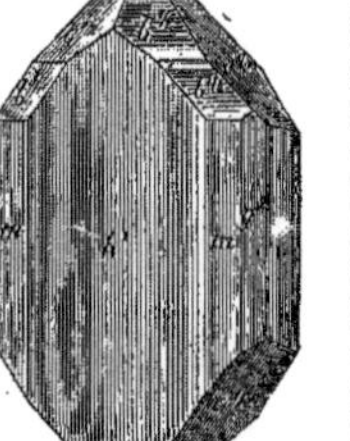

Fig. 765. — Triphane.

Gros cristaux, ou masses laminaires clivables, d'un gris verdâtre, translucides ; d'un éclat vitreux un peu nacré sur les faces de clivage ; se trouvant dans le granite, à Chersterfield, Sterling, Norwich (Mass.) ; dans le Connecticut ; à Utö (Suède), avec quartz, feldspath et tourmaline, dans une couche de fer magnétique ; près de Lisens (Tyrol) ; à Killiney, près Dublin.

Caractères. — Inattaquable aux acides. Au chalumeau, devient blanc et opaque, puis se gonfle en colorant la flamme en rouge ; fond facilement en un verre incolore ou blanc.

Dureté, 6,5 à 7. Fragile ; poussière blanche.

Densité, 3,13 à 3,19.

Forme cristalline. — Prisme clinorhombique $mm = 87°$; $p\,h^1 = 110°20'$; $b^{1/2}\,b^{1/2} = 116°30$.

Faces habituelles : m, h^1, g^1, p, $e^{1/2}$, $b^{1/4}$, etc.

Clivages : parfait h^1 ; moins facile m.

Ressemble beaucoup par sa forme et par ses propriétés optiques au pyroxène. F. et S.

TRIPHÉNYLBENZINE.

$$C^{24}H^{18} = C^6H^3[C^6H^5]^3 \text{ (1. 3. 5).}$$

Cet hydrocarbrure se produit lorsqu'on traite la phénylmethylacétone (acétophénone) par les agents déshydratants, tels que l'anhydride phosphorique, l'acide chlorhydrique

$$3(CH^3\text{-}CO\text{-}C^6H^5) = 3H^2O + (CH\text{-}C\text{-}C^6H^5)^3 = C^6H^3(C^6H^5)^3$$

Ce mode de formation est analogue à celui du mésitylène aux dépens de 3 molécules d'acétone.

L'acétophénone est saturée de gaz chlorhydrique et la masse est abandonnée à elle-même dans un endroit tiède ; au bout de plusieurs jours, les cristaux formés sont séparés ; le liquide est traité de nouveau par le gaz chlorhydrique et cette opération est répétée une troisième fois. On parvient ainsi à transformer environ 60 °/₀ de l'acétophénone en produit solide ; les dernières eaux mères en fournissent encore lorsqu'on y ajoute de l'alcool étendu. Le produit solide, purifié par deux cristallisations dans l'éther, constitue le triphénylbenzine symétrique. Cette substance est en cristaux orthorhombiques incolores ; formes : m, h^1, g^1, p, e^1 ; g^1 domine et donne aux cristaux l'aspect de tables ; angles : $m\,g^1 = 127°\,40'$; $g^1\,e^1 = 119°43'$ (v. Fritsch). Elle fond à 169-170° et bout à une temperature supérieure à 440°. Elle est peu soluble dans l'alcool aqueux ; plus soluble dans l'alcool absolu, dans l'éther et le sulfure de carbone, très-soluble dans la benzine.

Les oxydants ne l'attaquent que très-difficilement. Le brome la transforme en *triphénylbenzine monobromée*, cristallisant dans l'alcool en petites aiguilles incolores, fusibles à 104° [C. Engler et H. Heine, *Deutsche chem. Gesells.*, t. VI, p. 638 ; *Bull. de la Soc. chim.*, t. XX, p. 391 ; — C. Engler et H.-E. Berthold, *Deutsche chem. Gesells.*, t. VII, p. 1123 ; *Bull. de la Soc. chim.*, t. XXIII, p. 321]. A. H.

TRIPHÉNYLCARBINOL

$$C^{19}H^{16}O = (C^6H^5)^3C.OH.$$

Ce corps, comparable par sa formule au triméthylcarbinol, prend naissance lorsqu'on oxyde le triphénylméthane (t. II, p. 908) par un mélange de dichromate de potassium et d'acide sulfurique étendu ; on arrête l'opération lorsque la couche fondue du triphénylméthane est convertie entièrement en une masse cristallisée.

$$(C^6H^5)^3CH + O = (C^6H^5)^3C.OH.$$

On l'obtient encore en ajoutant la quantité théorique de brome à une solution sulfocarbonique de triphénylméthane, évaporant la solution et ajoutant de l'eau au résidu.

$$(C^6H^5)^3CH + Br^2 = HBr + (C^6H^5)^3CBr$$
$$(C^6H^5)^3CBr + H^2O = HBr + (C^6H^5)^3C.OH$$

Le produit, préparé d'après l'un ou l'autre procédé, est lavé à l'eau et soumis à des cristallisations dans la benzine bouillante. Le triphénylcarbinol se présente en cristaux clinorhombiques, durs, brillants ; formes : m, $b^{1/2}$, p, $o^{1/2}$ $o^{1/3}$; rapport des axes : $a:b:c: = 0,75188 : 0,62971$; angle des axes : $ac = 118°\,42'$. Il est très-soluble dans l'alcool, l'éther, la benzine. Il fond à 157° et distille sans décomposition au-dessus de 360°.

Le triphénylcarbinol est très-stable ; on peut le distiller sur de la chaux sodée, le traiter par les alcalis, les acides étendus, l'amalgame de sodium, etc., sans l'altérer. L'acide sulfurique concentré le dissout et l'eau le précipite non altéré de la solution. Le brome et l'acide nitrique donnent des produits de substitution difficiles à purifier.

Lorsqu'on chauffe le triphénylcarbinol avec la benzine et l'anhydride phosphorique, on obtient du diphénylméthane et du diphényle

$$(C^6H^5)^3C.OH + 2C^6H^6$$
$$= H^2O + (C^6H^5)^3CH + (C^6H^5)^2$$

Le tétraphénylméthane, qui aurait pu se former n'a pas été trouvé parmi les produits de la réaction.

DÉRIVÉS DU TRIPHÉNYLCARBINOL. — Le triphénylcarbinol est un alcool monatomique tertiaire; par la faible stabilité de ses éthers, il se rapproche singulièrement des acides.

Dérivé sodé. — Le triphénylcarbinol, en solution dans le toluène, dissout à chaud du sodium et se convertit en une masse pulvérulente blanche, très-hygroscopique, que l'eau dédouble en soude et en triphénylcarbinol.

Dérivé acétique. — Le chlorure d'acétyle agit sur le triphénylcarbinol en dégageant abondamment de l'acide chlorhydrique; il se forme une masse radiée qui, à l'air humide, émet de l'acide acétique et régénère l'alcool. Par la distillation, cet éther acétique se charbonne en partie, en même temps qu'il distille de l'acide acétique et du triphénylcarbinol.

Chlorure. — Obtenu en traitant l'alcool par le perchlorure de phosphore, il constitue une masse cristalline radiée, que l'eau froide décompose lentement, l'eau bouillante immédiatement en acide chlorhydrique et triphénylcarbinol. Ce chlorure commence à s'altérer vers 150°; chauffé plus fort, il fournit au-dessus de 300° une huile presque incolore qui se solidifie par le refroidissement; ce corps cristallise dans l'acide acétique en fines aiguilles soyeuses, enchevêtrées, fusibles à 138°, peu solubles dans l'éther et dans l'alcool froid; il possède la composition du *diphényl-phénylène-méthane* $C^{19}H^{14} = (C^6H^5)^2C{=}C^6H^4$. Le même hydrocarbure se forme lorsqu'on fait agir le zinc en poudre sur une solution benzénique du chlorure; le tétraphénylméthane, qui aurait pu se former dans cette réaction, n'a pas été trouvé parmi les produits.

Dérivé éthylique $(C^6H^5)^2C.O.C^2H^5$. En traitant le chlorure précédent par l'alcool, on obtient l'éther éthylique sous forme d'une huile incolore qui se fige au bout de quelque temp. Ce corps, cristallise dans l'alcool en petits cristaux indistincts, fusibles à 78°, et volatils sans décomposition lorsqu'on les chauffe avec précaution dans un courant d'air [W. Hemilian, *Deutsche chem. Gesellsch.*, t. VII, p. 1203; *Bull. de la Soc. chim.*, t. XXIII, p. 372.]. A. H.

TRIPHÉNYLMÉTHANE. — Voyez PHÉNYLMÉTHANES, t. II, p. 908.

TRIPHYLINE (Min). [*Syn. Tétraphilline, Perowskyne.*] — Phosphate de manganèse, de fer et de lithine : $RLiPhO^4$; $R = Fe, Mn$; avec un peu de magnésie, de chaux, de soude, etc. Se présente quelquefois en très-grands cristaux, inégaux, et plus souvent en masses clivables, qui sont d'un gris verdâtre ou bleuâtre, et brun-noir dans les parties altérées. Translucide en fragments très-minces; éclat gras ou résineux. Se rencontre en nids dans les roches granitiques à Rabenstein, près de Zwiesel (Bavière); à Tammela (Finlande); près de Limoges; à Norwich Mass.); à Keityö, Finlande (Perowskyne).

Caractères. — Soluble dans l'acide chlorhydrique. Dans le tube bouché, noircit et donne un peu d'eau. Au chalumeau, fond facilement en colorant la flamme en un rouge bordé de bleu-verdâtre. Avec le borax, réaction du fer, et avec la soude, réaction du manganèse, etc.

Dureté, 5. Poussière grise. Densité, 3,54 à 3,6.

Forme cristalline. — Prisme orthorhombique $m\ m = 98°$, $p\ e' = 133°\ 32'$. Clivage : p, facile sur les cristaux inaltérés; m, g^1, moins faciles. F. et S.

TRIPLITE (Min.). — Fluophosphate de fer et de manganèse : $PO^4R(R''Fl)'$, $R = Mn, Fe$; avec traces de chaux. Se rencontre en masses cristallines, sans formes extérieures reconnaissables, mais présentant trois clivages rectangulaires inégaux. D'un brun noir, d'un éclat gras ou résineux Cassure subconchoïdale. Fragile. Trouvé dans les pegmatites des environs de Limoges, et à Peilau (Silésie).

Caractères. — Soluble dans l'acide chlorhydrique. Avec l'acide sulfurique, dégage de l'acide fluorhydrique. Au chalumeau, fond facilement en un globule magnétique; humecté d'acide sulfurique, colore la flamme en un bleu-verdâtre. Avec le borax, réactions du fer et du manganèse.

Dureté, 4 à 5,5. Poussière jaune-brun.

Densité, 3,44 à 3,8.

Forme cristalline. — Orthorhombique (?) F. et S.

TRIPLOCLASE. — Voyez THOMSONITE.

TRITHIONIQUE (ACIDE). — Voyez SOUFRE, t. II, p. 1621.

TRITICINE, $C^{12}H^{22}O^{11}$. — Cet hydrate de carbone se trouve, indépendamment du sucre de fruits, dans la racine de chiendent (*Triticum repen*). Les racines, séchées et coupées, sont épuisées à chaud par de l'alcool à 25 à 30 centièmes, la solution est précipitée par le sous-acétate de plomb et la liqueur filtrée et débarrassée de l'excès de plomb, est évaporée au bain-marie. Le résidu, lavé à l'alcool fort, est dissous dans l'eau, traité de nouveau par le sous-acétate de plomb, évaporé une deuxième fois, et cette série d'opérations est répétée jusqu'à ce que le sel de plomb ne produise plus de précipité. Enfin le résidu est dissous dans 8 à 10 p. d'eau, décoloré par le noir animal, concentré et soumis à la dialyse pendant plusieurs jours. Une dernière évaporation fournit alors la triticine pure, qu'on lave à l'alcool fort et qu'on sèche à 80-100° d'abord, 110° à la fin. La racine de chiendent ne fournit par ce procédé, que 1,5 à 2 °/₀ de triticine quoiqu'elle en renferme de 6 à 8 °/₀.

La triticine forme une masse gommeuse, transparente, hygroscopique, colloïde; elle est neutre et sans saveur, extrêmement soluble dans l'eau, insoluble dans l'alcool et dans l'éther; l'alcool ne la précipite qu'incomplétement de sa solution aqueuse. Elle est lévogyre; $[\alpha] = 50°,1$. Chauffée à 150°, elle fond; à 160°, elle se transforme en une masse brune, à saveur sucrée, soluble dans l'alcool.

L'acide nitrique transforme la triticine en acide oxalique; le peroxyde de manganèse et l'acide sulfurique étendu produisent de l'acide formique. L'acide sulfurique concentré fournit un acide *triticine-sulfurique* qui forme avec les alcalis des sels solubles, avec les autres métaux des sels insolubles, gélatineux et colorés.

Par l'ébullition de sa solution, sous pression ou en présence d'un acide, la triticine se transforme en *levulose*, $C^{12}H^{22}O^{11} + H^2O = 2C^6H^{12}O^6$.

La diastase peut produire cette saccharification.

La levûre de bière ne fait pas fermenter la triticine [H Müller, *Arch. f. Pharm.*, (3), t. II, p. 500; t. III, p. 1; *Bull. de la Soc. chim.*, t. XXI, p. 134]. A. H.

TRITOMITE (Min.). — Silicate de cérium et de lanthane avec yttria, fer, manganèse, alumine, chaux, etc. Les analyses sont discordantes et ne paraissent pas avoir été faites sur la même matière. Tétraèdres réguliers à faces ternes, sans clivages, à cassure conchoïde, d'un brun foncé, à éclat vitreux, se trouvant avec leucophane, mosandrite, catapléite, dans une syénite à gros grains de l'île de Lamö, près Brevig (Norvége).

Caractères. — Attaquable par l'acide chlorhydrique en faisant gelée et en donnant du chlore. Dans le tube, donne de l'eau et une légère réaction de fluor. Avec le borax, verre jaune rouge à chaud, qui devient incolore à froid.

Dureté, 3,5. Poussière brun jaunâtre sale. Fragile. Densité, 3,9 à 4,66. F. et S.

TRITYLÈNE. — Syn. de PROPYLÈNE, t. II, p. 1205.

TRITYLIQUE (ALCOOL). — Syn. de PROPYLIQUE (ALCOOL), t. II, p. 1212.

TROÏLITE. — Voyez MÉTÉORITES.

TROLLEITE (Min.). — Phosphate hydraté d'alumine, $Al^2Ph^2O^8 + 1/3\,Al^2H^6O^6$. Petites masses détachées et veines, engagées dans d'autres phosphates, dans la mine de fer de Westana (Suède). Clivage peu marqué, couleur vert pâle, éclat plus ou moins vitreux. Cassure conchoïdale.

Difficilement attaquable aux acides.

Dureté, près de 6. Densité, 3,10.

TRONA. — Voyez URAO.

TROPÉOLIQUE (ACIDE).—Ce nom a été donné par Müller à un acide retiré des feuilles et des grains du *Tropæolum majus*; cet acide cristallise en aiguilles, solubles dans l'eau, l'alcool et l'éther. Il forme des sels cristallisables avec la soude et la potasse. D'après les expériences de Payr, l'acide tropéolique n'existerait pas [Müller, *Ann. der Chem. u. Pharm.*, t. XXV, p. 207; — Payr, *Wien.Acad. Ber.*, t. XXIV, p. 41].

TROPINE. — Voyez ATROPINE, t. I, p. 481.

TROPIQUE (ACIDE), $C^9H^{10}O^3$. — Cet acide, découvert par Lossen, est le premier produit de dédoublement de l'atropine sous l'influence de l'hydrate de baryum ou de l'acide chlorhydrique,

$$C^{17}H^{23}AzO^3 + H^2O = C^9H^{10}O^3 + C^8H^{15}AzO.$$

En perdant 1 molécule d'eau dans une seconde phase de la réaction, il engendre les acides atropique et isatropique, $C^9H^8O^2$.

Pour le préparer, on chauffe, à 120-130° pendant plusieurs heures, l'atropine avec de l'acide chlorhydrique fumant : on trouve le contenu des tubes partagé en deux couches; l'inférieure, sirupeuse, formée d'un mélange des acides tropique, atropique et isatropique; la supérieure dépose encore une certaine quantité de ces acides lorsqu'on l'étend d'eau et renferme alors du chlorhydrate de tropine et une petite quantité d'acide tropique, qui peut en être extrait directement par l'éther. Le mélange des trois acides étant dissous dans une solution étendue de carbonate sodique et l'acide isatropique étant précipité par l'acide chlorhydrique (voyez t. II, p. 135), on agite la solution avec de l'éther, on chasse ce dissolvant par la distillation et l'on traite le résidu par la benzine qui ne dissout que l'acide atropique. Enfin on purifie la partie insoluble par cristallisation dans l'eau.

L'acide tropique forme des cristaux prismatiques fins, réunis en mamelons ou en chouxfleurs, solubles dans 40 p. d'eau à 14°,5, très-solubles dans l'alcool et l'éther. Il fond à 117-118° et n'est pas volatil sans décomposition.

L'eau de baryte dédouble l'acide tropique vers 130° et au bout de plusieurs heures, en acide atropique et en eau,

$$C^9H^{10}O^3 = H^2O + C^9H^8O^2$$

L'acide chlorhydrique à 140° donne lieu à une réaction tout à fait analogue; seulement c'est l'acide isatropique, isomérique avec l'acide tropique qui se produit.

L'acide tropique est diatomique et monobasique.

Sel d'argent, $C^9H^9O^3.Ag$. — L'eau bouillante laisse déposer ce sel en cristaux, peu solubles à froid et se décomposant vers 110-120°.

Sel de calcium, $(C^9H^9O^3)^2Ca + 4H^2O$. — Il cristallise en prismes clinorhombiques, brillants; formes : p, e^1, $a^{1/m}$, h^1; p domine et donne aux cristaux une forme tabulaire; angles : $ph^1 = 77$ à 78°; $pe^1 = 100°$; $p\,a^{1/m} = 120°$; clivage suivant p. Il perd son eau à 120°; il se dissout à 18° dans 42 à 44 p. d'eau. Ce sel avait été décrit par Kraut comme atropate de calcium, renfermant $5H^2O$. — Voyez t. I, p. 481.

La constitution de l'acide tropique est exprimée par la formule :

$$CH^2.OH\text{-}CH(C^6H^5)\text{-}CO^2H,$$

qui en fait un acide phényléthyléno-lactique (voyez t. II, p. 135) [W. Lossen, *Ann. der Chem. u. Pharm.*, t. CXXXVIII, p. 230; *Ann. de Chim. et de Phys.*, (4), t. VIII, p. 488]. A. H.

TROOSTITE. — Voyez WILLEMITE.

TSCHERMIGITE (Min.). — Alun d'ammoniaque en petits cristaux octaédriques, trouvés à Tschermig (Bohême).

TSCHEWKINITE (Min.). — Silicotitanate de cérium et de fer, avec chaux et traces de manganèse, d'alumine, etc.

$$RO\,SiO^2 + RO\,TiO^2.$$

Masses d'un noir de velours, presque opaques, à cassure conchoïdale; trouvées dans les monts Ilmen et à la côte de Coromandel.

Caractères. — Attaquable à chaud par l'acide chlorhydrique en faisant gelée. Au chalumeau, devient incandescent en se boursouflant fortement, puis noircit et fond en un verre noir. Dans le tube, donne un peu d'eau. Avec le borax, réactions du fer et du manganèse.

Dureté, 5 à 4,5. Poussière brun foncé. Densité, 4,51 à 4,55.

TUÉSITE (Min.). — Silicate hydraté d'alumine; variété de lithomarge des grès rouges des bords de la Tweed (Écosse). Opaque. Blanc de lait.

TUNGSTATE DE CHAUX. — Voyez SCHÉELITE.

TUNGSTATE DE FER. — Voyez WOLFRAM.

TUNGSTATE DE PLOMB. — Voyez SCHÉELITINE.

TUNGSTÈNE, Tu ou W = 184 (équivalent = 92). — Ce métal, nommé aussi *wolfram* et que beaucoup de chimistes désignaient autrefois sous le nom de *scheelium*, est contenu dans un certain nombre de minerais assez abondants dans les gisements d'étain. Le principal d'entre eux est le *wolfram*, qui constitue un tungstate ferroso-manganeux. On le rencontre en Cornouailles, en Saxe, en Bohême, etc. La *schéelite* est du tungstate de calcium; la *schéelitine*, qu'on trouve à Zinnwald, en Bohême, à Bleiberg, en Carinthie, au Chili, etc., constitue du tungstate de plomb.

En soumettant à l'analyse le minerai désigné autrefois sous le nom de *tungsten* (pierre pesante), et qui n'est autre que le tungstate de calcium ou scheelite, Scheele reconnut, en 1781, qu'il était composé de chaux et d'un acide encore inconnu, qu'il appela *acide du tungsten* (acide tungstique). Bergman émit l'hypothèse que cet acide renfermait un métal nouveau, et cette hypothèse ne tarda pas à être confirmée par les recherches des frères d'Elhuyart, chimistes espagnols, qui réduisirent l'acide tungstique par le charbon et isolèrent ainsi le tungstène [*Journ. des Mines*, n° 19].

Les expériences des frères d'Elhuyart ont été répétées et étendues par Ruprecht et Tondy en 1791, par Vauquelin et Hecht, en 1796, par Klaproth, Allen et Aiken, Bucholz et d'autres chimistes. Berzelius a fait de nombreuses recherches sur la composition des minerais de tungstène.

En 1825, Wœhler a publié un travail sur les chlorures de tungstène. [*Poggend. Ann.*, t. II, p. 345, *Ann. Chim. et Phys.* (2), t. XXIX, p. 435]. Malaguti a fait connaître en 1835 un oxyde et un chlorure intermédiaires du tungstène et plusieurs autres combinaisons de ce métal [*Ann. Chim. et Phys.*, (2), t. LX, p. 271]. Les tungstates et les métatungstates ont été l'objet de grand nombre de recherches de la part de Margueritte qui a découvert les métatungstates [*Ann.*, *Chim.*, *Phys.* (3), t. XVII, p. 475], p. 54]; de Laurent [*Ann. Chim. Phys.* (3). t. XXI] de Persoz et autres. Riche a publié en 1857 un travail d'ensemble sur le tungstène et ses combinaisons [*Ibid* (3), t. L, p. 5]. Depuis cette époque, les travaux les plus importants sur le tungstène sont dus à Marignac, Scheibler, Debray, Roscoe, etc.

TUNGSTÈNE MÉTALLIQUE. — On obtient le tungstène métallique :

1° Par la calcination dans un creuset brasqué, de l'anhydride tungstique Tu O^3, à l'état de mélange intime avec le charbon. On opère comme il suit : l'acide tungstique pur est mélangé avec de l'huile de manière à former une pâte épaisse; ce mélange est chauffé pendant plusieurs heures au rouge blanc, dans un creuset brasqué.

2° Par la calcination au rouge vif de l'anhydride tungstique dans un courant d'hydrogène;

3° Par le passage à travers un tube chauffé au rouge d'un mélange d'hydrogène et de vapeurs de chlorure ou d'oxychlorure de tungstène [Wœhler, *Ann. der Chem. u. Pharm*, t. XCIV, p. 255];

4° Par la réduction du chlorure de tungstène par la vapeur de sodium [Riche, *Ann. Chim. et Phys.* (3), t. L, p. 9];

5° Par une forte calcination de l'amido-azoture de tungstène [Wœhler, *Ann. Chim. et Phys.*, (3), t. XXIX, p. 192];

6° Par l'électrolyse du tungstate de sodium fondu (Zettnow).

Propriétés physiques. — Réduit par le charbon, le tungstène n'est pas tout à fait pur : il retient du carbone (Riche). Obtenu par la réduction à l'aide de l'hydrogène, il se présente en petits grains cristallins très-nets, brillants, prenant un beau poli par le frottement et assez durs pour rayer le verre. En réduisant l'acide tungstique pur dans un tube de platine ou de porcelaine par l'hydrogène au rouge vif, M. Roscoe a obtenu le métal sous forme d'une poudre grenue, de couleur gris-clair et d'un bel éclat [*Journ. of the Chem. Soc.* (2) t. X, p. 286].

Le métal qui résulte de la réduction du chlorure de tungstène par l'hydrogène forme un dépôt spéculaire brillant, d'un gris d'acier foncé, se détachant du verre en croûtes dures et fragiles. Celui que fournit l'azoto-amidure de tungstène est pulvérulent. Enfin, l'électrolyse du tungstate de sodium fondu ne donne qu'une poudre d'un gris noir, très-oxydable.

Le tungstène est un des corps les plus denses; les données à cet égard sont assez divergentes. Voici les chiffres trouvés par différents auteurs :

Tungstène réduit de Tu O^3 par l'hydrogène	D = 17,2 à 17°,6	(Woehler).
— —	17,9 à 18°,2	(Bernoulli).
— —	19,261 à 12°	(Roscoe).
Métal fondu par la pile	17,2	(Riche).
Métal réduit de Tu Cl^6 par l'hydrogène	16,54	(Woehler).
Métal réduit de Tu O^4K^2 par l'hydrogène	18.26	(Woehler).
Métal réduit de l'azoture	17,5	(Woehler).

Infusible au feu de forge, le tungstène fond au chalumeau oxhydrique, mais la majeure partie du métal brûle avec une flamme bleu-verdâtre et se répand en fumées d'acide tungstique. Il fond aussi par la chaleur développée par 200 éléments Bunsen. Le métal fondu manque tout à fait de ductilité (Riche).

Chaleur spécifique = 0,03342 (Regnault).

Propriétés chimiques. — Le tungstène est inaltérable dans l'oxygène sec comme dans l'oxygène humide, à la température ordinaire, même après huit mois de contact. Au rouge, le métal pulvérulent brûle dans l'oxygène ou dans l'air et se transforme en acide tungstique; le métal compacte est inaltérable à l'air, à la température rouge. Il s'oxyde pourtant à la température élevée de l'arc voltaïque d'une batterie de 200 éléments Bunsen. Le tungstène ne se combine pas au soufre à la température de fusion de ce dernier. Il ne brûle pas dans le chlore à la température ordinaire, mais il s'y combine à 250-300°; il se combine de même au brome, plus difficilement à l'iode.

L'eau est sans action sur le tungstène à la température ordinaire; mais si l'on fait passer un courant de vapeur d'eau sur du tungstène chauffé au rouge, ce métal s'oxyde et se transforme en un mélange verdâtre d'acide tungstique et d'oxyde bleu.

Traité par une lessive concentrée et bouillante de potasse, le tungstène s'oxyde et se transforme en tungstate de potassium, avec dégagement d'hydrogène.

L'acide azotique n'attaque que lentement le tungstène et le transforme en acide tungstique; l'eau régale produit cette oxydation très-rapidement. L'acide sulfurique et l'acide chlorhydrique concentrés ne l'attaquent qu'avec lenteur.

Le sulfure de carbone en vapeur attaque faiblement le tungstène en donnant une poudre noire de bisulfure Tu S^2 [Riche, *Ann. de Chim. et de Phys.*, (3), t. L, p. 12].

Poids atomique et combinaisons du tungstène.

— Le tungstène est un élément hexatomique donnant deux séries de combinaisons, qui ont pour types Tu Cl^4 et Tu Cl^6 ou Tu O^2 et Tu O^3; mais il existe des combinaisons intermédiaires, qui doivent être envisagées comme des combinaisons de ces deux termes, par exemple

$$Tu^2Cl^{10} = Tu\,Cl^6.\,Tu\,Cl^4 \text{ et } Tu^2O^5 = Tu\,O^3.\,Tu\,O^2.$$

Aucun des oxydes de tungstène ne présente de caractères basiques : aussi doit-on envisager le tungstène plutôt comme un métalloïde que comme un métal.

Le poids atomique du tungstène, l'anhydride tungstique étant Tu O^3, est égal à 184, ainsi qu'il résulte des déterminations de Schneider (184,12), Marchand (184,1), Bord (184), Dumas (186), Roscoe (184,04), Zettnow (184). Ces déterminations ont été faites en général en réduisant de l'anhydride tungstique par l'hydrogène, pesant le métal réduit et transformant de nouveau celui-ci en anhydride tungstique.

S'appuyant sur certaines analogies que présentent les combinaisons du tungstène avec celles de l'antimoine, Persoz a représenté les combinaisons du tungstène par les formules

$$Tu^2O^3, Tu^2O^5, Tu\,Cl^3, Tu\,Cl^5$$

en admettant pour le poids atomique du tungstène le nombre 153,3; la densité de vapeur du perchlorure de tungstène, déterminée par Debray et trouvée égale à 166,1 par rapport à l'hydrogène, semblerait confirmer la formule de Persoz $Tu\,Cl^5$ qui conduit au nombre théorique 165,4, tandis que la formule $Tu\,Cl^6$, avec $Tu = 184$, exigerait 198,5. Mais dans ce cas l'oxychlorure $Tu\,O\,Cl^4$ dont Debray a aussi pris la densité de vapeur, serait représenté par la formule très-complexe et tout à fait improbable

$$Tu^6O^5Cl^{20} = Tu^2O^5 + 4\,Tu\,Cl^5.$$

Il est à remarquer du reste que Roscoe, en opérant dans la vapeur de mercure, a trouvé le nombre 19?,9 pour la densité de vapeur du perchlorure. Il semblerait donc qu'à la température de 350° l'hexachlorure subit une légère dissociation en pentachlorure et en chlore. D'autre part, la chaleur spécifique du tungstène confirme le nombre 184 [Persoz, *Ann. Chim. et Phys.*, (4), t. I, p. 93].

Alliages du tungstène. — Les frères d'Elhuyart ont cherché à combiner le tungstène à divers métaux. Pour cela, ils fondaient les métaux avec la moitié de leur poids d'acide tungstique et une quantité de charbon suffisante pour le réduire.

Avec l'*or* et le *platine*, la fusion n'a pas été complète.

Avec l'*argent*, ils obtinrent un bouton brun blanchâtre, s'aplatissant sous le marteau, mais en se brisant;

Avec le *cuivre*, un bouton d'un rouge cuivreux, spongieux et un peu ductile;

Avec le *plomb*, un bouton spongieux, très-ductile, d'un brun obscur;

Avec la *fonte blanche*, un bouton parfait, d'un brun blanchâtre, dur, d'une cassure compacte.

Bernoulli a obtenu, en 1860, divers alliages en réduisant simultanément les oxydes correspondants avec de l'acide tungstique. Le cuivre, le zinc, l'antimoine, le bismuth, le cobalt, le nickel ne donnent que des alliages difficiles à fondre; les alliages renfermant plus de 10 % de tungstène ne forment pas de régule métallique. Le fer est le seul métal qui s'allie en toutes proportions au tungstène, jusqu'à 80 % de ce dernier; avec cette teneur, l'alliage est infusible aux températures les plus élevées. La fusion de la fonte grise avec l'acide tungstique fournit des alliages d'une grande dureté, renfermant encore au delà de 5 % de carbone : celui-ci, combiné au fer, n'agit donc pas sur l'acide tungstique [Bernoulli, *Ann. Pogg.*, t. XCI, p. 573; *Rep. chim. pure*, t. III, 322].

Le tungstène communique de la dureté au fer et à l'acier : aussi a-t-on fait de nombreuses tentatives pour fabriquer des aciers tungstifères propres à la confection des outils. Pour obtenir de semblables aciers, on peut faire usage du wolfram que l'on réduit au creuset brasqué, après l'avoir purifié préalablement par grillage, pulvérisation et lévigation à l'acide chlorhydrique faible.

Le tungstène uni au fer n'est pas enlevé par les opérations de l'affinage.

En ajoutant une certaine proportion de tungstène à divers alliages de cuivre, d'étain, de zinc, de plomb M. Neujean obtient des bronzes et laitons de tungstène, qui possèdent des qualités spéciales.

Tungstène et aluminium. — Wœhler et Michel ont préparé une combinaison définie Al^4Tu par la fusion de 15 grammes d'anhydride tungstique, 30 grammes de cryolite, 30 grammes de chlorure de sodium et 15 grammes d'aluminium. L'alliage reste sous forme d'une poudre cristalline, lorsqu'on traite la masse fondue par l'acide chlorhydrique étendu. Les cristaux, qui paraissent appartenir au système du prisme orthorhombique, sont d'un gris de fer, durs et cassants, inattaquables par les acides concentrés et froids, oxydables par l'acide azotique chaud. Densité = 5,58. [*Ann. Chem. u. Pharm.*, t. CXV, p. 102; *Rép. Chim. pure*, t. III, p. 40].

COMBINAISONS HALOÏDES DU TUNGSTÈNE.

Bromures de tungstène. — Le tungstène métallique, chauffé dans la vapeur de brome, s'y combine, aussitôt que la température a atteint le rouge vif. D'après Borch [*Journ. für prakt. Chem.*, t. LIV, p. 254], le produit est formé de *tétrabromure* $Tu\,Br^4$ mélangé de *pentabromure* $Tu\,Br^5$, le premier plus volatil que le second mais l'un et l'autre pouvant être sublimés en aiguilles noires très-déliquescentes.

Suivant Riche, il se forme dans ces circonstances de l'*hexabromure de tungstène* $Tu\,Br^6$, dont une partie est fondue dans le tube et une autre partie sublimée en aiguilles à reflets dorés. Ce bromure fond et se sublime brusquement à une température élevée. Exposé à l'air humide, l'hexabromure de tungstène répand des vapeurs bromhydriques et se tranforme successivement en oxybromure $Tu\,Br^4O$ et en acide tungstique. L'eau produit immédiatement cette décomposition [*Ann. Chim. et Phys.* (3), t. L, p. 24].

Blomstrand pense que le produit de l'action du brome sur le tungstène est le pentabromure, $Tu\,Cl^5$ mélangé de plus ou moins d'oxybromure $Tu\,Br^2O^2$ et $Tu\,Br^4O$, si l'air et l'humidité ont eu accès dans le tube. Suivant Blomstrand, le tétrabromure de Borch serait l'oxybromure $Tu\,Br^4O$ [*Journ. für prakt. Chem.*, t. LXXXII, p. 408]. Telle est aussi l'opinion de Roscoe [*Chem. News.*, t. XXV, p. 61; *Bull. de la Soc. chim.*, t. XVII, p. 212].

Le *pentabromure de tungstène*, $Tu\,Br^5$, est en cristaux d'un bleu foncé après plusieurs cristallisations. Il bout et se sublime au-dessus de son point de fusion, en donnant des vapeurs pourpre foncé, qui se condensent en masses cristallines compactes ou en prismes quadratiques brillants (Blomstrand).

D'après Roscoe, il fond à 276°, se concrète à 273° et bout à 333° (corrigé).

L'eau et l'air humide convertissent ce bromure en oxyde bleu Tu^2O^5 et acide bromhydrique. Chauffé au contact de l'air, il donne un sublimé de dioxybromure $Tu\,Br^2O^2$ (Blomstrand). Chauffé dans un courant d'hydrogène à 350°, il donne une poudre noire qui constitue peut-être le dibromure $Tu\,Br^2$ (Roscoe).

Oxybromure, $Tu\,Br^2O^2$ ou $Tu\,Br^6 . 2\,Tu\,O^3$. — Lamelles d'un jaune d'or, ressemblant à l'or musif, infusibles et se dédoublant par la chaleur en anhydride tungstique et oxybromure $Tu\,Br^4O$. L'eau le convertit en acide tungstique. Il se produit dès la première phase de l'action du brome sur le tungstène, en présence d'air humide (Blomstrand). Il prend naissance, en même temps que oxybromure $Tu\,Br^4O$, par l'action de la vapeur de brome sur un mélange de 2 p. $Tu\,O^2$ et de 1 p. de tungstène métallique; le premier oxybromure peut être séparé du second par sublimation (Roscoe).

Oxybromure, $Tu\,Br^4O$. On a vu dans quelles conditions se forme cet oxybromure. Blomstrand conseille de le préparer en faisant réagir du brome sur un mélange de sulfure ou d'oxyde tungstique et de charbon. Sa couleur est celle du pentabromure, mais un peu moins foncée. Il cristallise en aiguilles cotonneuses. Il fond à 277° et bout à 377°,5 (Roscoe); sa vapeur est rouge-brun. L'eau le dédouble en TuO^3 et $4HBr$.

CHLORURES DE TUNGSTÈNE. — Ils sont au nombre de quatre, savoir : le *dichlorure*, $TuCl^2$, le *tétrachlorure*, $TuCl^4$, le *pentachlorure* $TuCl^5$ et l'*hexachlorure*, $TuCl^6$.

On connaît en outre deux oxychlorures :

$$TuCl^2O^2 \text{ et } TuCl^4O.$$

L'action du chlore sur le tungstène métallique conduit à des résultats différents, suivant les circonstances; aussi les indications des divers auteurs ne sont-elles pas très-concordantes. La plupart d'entre eux ont obtenu un mélange d'hexachlorure et de pentachlorure avec plus ou moins d'oxychlorure, en opérant de façon à ne pas exclure complétement l'air et l'humidité [Woehler, *Poggend. Ann.*, t. II, p. 345; — Malaguti, *Ann. de Chim. et de Phys.*, (2), t. LX, p. 271; — Borch, *Journ. für prakt. Chem.*, t. LIV, p. 254; — Riche, *Ann. de Chim. et de Phys.*, (3), t. L, p. 15; — Blomstrand, *Journ. für prakt. Chem.*, t. LXXXII, p. 408; *Rép. de Chim. pure*, t. IV, p. 52; — Forcher, *Journ. für prakt. Chem.*, t. LXXXVI, p. 227; *Bull. de la Soc. chim.*, 1863, p. 197; — Debray, *Compt. rend.*, t. LX, p. 820; *Bull. de la Soc. chim.*, t. V, p. 121, 1866; — Roscoe, *Chem. News*, t. XXV, p. 61; *Bull. de la Soc. chim.*, t. XVII, p. 210, 1872].

DICHLORURE DE TUNGSTÈNE, $TuCl^2$. — Poudre grise et amorphe, non volatile, formée par la décomposition du tétrachlorure par la chaleur ou par la réduction de l'hexachlorure à une température élevée. Ce corps est décomposé par l'eau avec production d'oxyde brun de tungstène et dégagement d'hydrogène (Roscoe).

TÉTRACHLORURE DE TUNGSTÈNE, $TuCl^4$. — Il se forme par la réduction incomplète du perchlorure ou du pentachlorure de tungstène par l'hydrogène (Riche). Il reste comme résidu fixe lorsqu'on distille l'hexachlorure ou le pentachlorure dans un courant d'hydrogène ou d'acide carbonique (Roscoe). Le composé envisagé par Borch et par Wœhler comme le tétrachlorure est d'après Blomstrand l'oxychlorure $TuCl^4O$.

Le tétrachlorure forme une poudre cristalline légère, d'un gris brun, très-hygroscopique, décomposable par l'eau avec formation d'oxyde brun et d'acide chlorhydrique. Il est infusible et fixe sous la pression ordinaire. La chaleur le dédouble en pentachlorure qui se volatilise et en dichlorure qui reste: $3TuCl^4 = TuCl^2 + 2TuCl^5$. A une température élevée, il est réduit par l'hydrogène avec formation de tungstène métallique spongieux (Roscoe).

D'après Cronander [*Bull. de la Soc. chim.*, t. XIX, p. 500], on obtient une combinaison

$$TuCl^4 + PCl^5$$

en faisant réagir le perchlorure de phosphore sur l'hexachlorure de tungstène. C'est une masse noire, amorphe. Sa formation est accompagée d'un dégagement de chlore. L'eau dissout cette combinaison avec une couleur bleuâtre.

PENTACHLORURE DE TUNGSTÈNE, $TuCl^5$. — Ce chlorure a été signalé d'abord par Malaguti. Il se forme par l'action du chlore sur le tungstène, en même temps que l'hexachlorure, dont on peut le séparer aisément par sublimation, car il se volatilise plus facilement (Forcher). On l'obtient dans un grand nombre de circonstances, notamment par l'action du chlore sur le sulfure de tungstène, sur l'azoto-amidure de tungstène, ou sur un mélange d'acide tungstique et de charbon; par la réduction de l'hexachlorure au moyen de l'hydrogène sec. Pour le préparer par cette dernière réaction, il faut éviter de chauffer trop fort l'hexachlorure, sans quoi une partie serait réduite à l'état métallique. Roscoe prescrit de le chauffer un peu au delà de son point de fusion (275°). Pour purifier le pentachlorure, on le soumet à plusieurs distillations dans un courant d'hydrogène.

D'après Forcher, le pentachlorure de tungstène se présente en aiguilles d'un rouge foncé, ou en cristaux volumineux pourpres, plus fusibles et plus volatils que l'hexachlorure; il fond en un liquide rouge foncé, et sa vapeur, qui présente la couleur du peroxyde d'azote, se condense en une masse cristalline.

D'après Blomstrand, au contraire, le pentachlorure de tungstène (obtenu par réduction de $TuCl^6$) serait moins fusible et moins volatil que l'hexachlorure; sa couleur est celle de l'hexachlorure, quoique plus foncée; sa vapeur est jaune-verdâtre et se condense en aiguilles noirâtres et brillantes.

Enfin, Roscoe, auquel on doit les indications les plus précises sur ce sujet, décrit le pentachlorure obtenu par réduction de l'hexachlorure comme formant de longues aiguilles noirâtres et brillantes, donnant une poudre d'un vert foncé. Il est très-hygroscopique. Il fond à 248°, se concrète à 242° et distille à 275°,6 (corrigé) (l'hexachlorure fond à 275° et bout à 346°,7). Sa densité de vapeur, prise à 440°, a été trouvée égale à 181,3 ($H = 1$), ce qui correspond à la formule $TuCl^5$ (2 volumes), qui exige 180,75. La formule

$$Tu^2Cl^{10} = \begin{matrix} \overset{VI}{Tu}Cl^5 \\ | \\ TuCl^5 \end{matrix}$$

que l'on pourrait adopter pour le pentachlorure, répondrait à 4 volumes de vapeur et se rapporterait à un composé dissocié

$$Tu^2Cl^{10} = TuCl^6 + TuCl^4;$$

mais une telle dissociation semble être peu probable, $TuCl^4$ n'étant pas volatil. Il faut donc maintenir la formule $TuCl^5$.

Traité par l'eau, le pentachlorure de tungstène donne une solution vert-olive, en même temps qu'un abondant dépôt d'oxyde bleu. Les alcalis le dissolvent avec dégagement d'hydrogène et production de tungstate.

HEXACHLORURE DE TUNGSTÈNE, $TuCl^6$. — Il se forme en même temps que le pentachlorure par l'action du chlore sec sur le tungstène ou sur un mélange d'acide tungstique et de charbon; dans ce dernier cas, il est toujours mélangé d'oxychlorures. Pour l'obtenir exempt de ces derniers, il faut employer du tungstène métallique et prendre les plus grandes précautions pour dessécher le chlore.

On introduit le tungstène dans un tube de porcelaine luté extérieurement. On le chauffe au rouge dans un courant d'hydrogène sec jusqu'à expulsion de l'humidité; on laisse alors refroidir, en ayant soin de ne laisser rentrer que de l'air parfaitement desséché. On fait passer ensuite dans le tube un courant de chlore parfaitement desséché, puis on chauffe légèrement la partie du tube renfermant le métal. Lorsque la température atteint à peine le rouge sombre on entend un bruit qui se produit par suite de l'énergie de la réaction, et on aperçoit une fumée abondante de chlorure; on pousse alors le courant de chlore avec vivacité, et quand la réaction est terminée, on retire le chlorure du tube, et on l'introduit immédiatement dans un flacon bien sec. La majeure partie du produit forme un anneau violet, dur et épais, composé de lames aplaties, ayant cristallisé par fusion; une autre partie est sublimée, loin de la partie chauffée, en fines aiguilles bronzées (Riche).

Roscoe purifie l'hexachlorure de tungstène par plusieurs distillations dans le chlore; le chlorure se sublime en aiguilles d'un violet foncé; ces cristaux deviennent pulvérulents par le refroidissement.

Il est difficile d'obtenir l'hexachlorure de tungstène tout à fait exempt de pentachlorure; ce dernier en modifie beaucoup certaines propriétés. L'action de l'eau notamment donne naissance avec le pentachlorure à de l'oxyde bleu Tu^2O^5.

Suivant Roscoe, l'hexachlorure pur constitue un sublimé cristallin d'un noir violet. Il ne s'altère pas à l'air; la présence d'une trace d'oxychlorure le rend très-avide d'humidité. Il n'est attaqué que lentement par l'eau froide; l'eau bouillante le transforme en acide tungstique. Il est soluble dans le sulfure de carbone, d'où il cristallise en tables hexagonales. Il fond à 275° (corrigé) et se concrète à 270°; des traces d'impuretés abaissent son point de fusion à 180°, qui est le degré indiqué par Forcher: Riche avait indiqué 183°. L'hexachlorure bout à 346°,7.

La densité de vapeur de l'hexachlorure de tungstène a été déterminée par Debray et par Roscoe, dans la vapeur de mercure (350°) et dans la vapeur de soufre (440°); les indications de ces savants ne sont pas concordantes: seule la densité de vapeur observée par Roscoe dans la vapeur de mercure s'accorde avec la densité théorique; les densités observées par Debray s'accorderaient avec la formule $TuCl^5$ de Persoz ($Tu = 153,3$). Voici les résultats rapportés à la densité de l'hydrogène prise pour unité:

	Debray.	Roscoe.	D. théor.
A 350°....	166,1	190,6	198,5
A 440°....	171,3	168,8	»

Chauffé au contact de l'air, l'hexachlorure de tungstène se convertit en oxychlorure rouge cinabre $TuCl^4O$. Les alcalis le transforment en tungstate. Chauffé avec de l'alcool, il donne de l'oxyde bleu, Tu^2O^5, et du chlorure d'éthyle (Forcher).

Oxychlorures de tungstène. — On en connaît deux: $TuCl^2O^2$ ou $2TuO^3.TuCl^6$, et $TuCl^4O$ ou $TuO^3.2TuCl^6$.

Oxychlorure, $TuCl^2O^2$. — On le prépare facilement en chauffant le bioxyde de tungstène dans un courant de chlore. Il se forme aussi par l'action du chlore sur l'oxyde bleu, Tu^2O^5, ou sur un mélange de 1 p. d'anhydride tungstique avec 4 à 5 p. de charbon. Enfin, on l'obtient à l'état impur par l'action du chlore sur le wolfram (Forcher).

Il est en flocons d'un jaune citron ou en lamelles brillantes, volatiles à 265-267°, infusibles; ses vapeurs sont d'un jaune foncé d'après Forcher, incolores d'après Blomstrand. L'eau le dédouble en acides chlorhydrique et tungstique.

Oxychlorure, $TuCl^4O$. — Il se produit toujours en même temps que le perchlorure lorsque, dans la préparation de ce dernier, le chlore n'est pas parfaitement sec. Il accompagne aussi toujours l'oxychlorure $TuCl^2O^2$. Chauffé brusquement à 140-150°, ce dernier se transforme en $TuCl^4O$, sans doute d'après l'équation

$$2TuCl^2O^2 = TuO^3 + TuCl^4O$$

(Forcher).

L'oxychlorure $TuCl^4O$ cristallise en aiguilles déliées d'un rouge cinabre ou en flocons jaune-orange. Fondu, il est d'un rouge-carmin. C'est le plus fusible et le plus volatil de tous les composés chlorés du tungstène. Il fond à 210°,4 et se concrète à 206°,7, il bout à 227°,5 (corrigé); sa vapeur est rouge. Sa densité de vapeur, déterminée par Roscoe, a été trouvée égale à 171,3-171,7 (prise dans la vapeur de soufre), et à 170,8-175,8 (dans la vapeur de mercure); la densité théorique est égale à 171. Debray avait trouvé des nombres beaucoup plus faibles, 155,1 et 148,4.

Exposé à l'air, l'oxychlorure $TuCl^4O$ se recouvre d'une couche jaune d'oxychlorure

$$TuCl^2O^2.$$

L'eau le dédouble en acide chlorhydrique et en acide tungstique.

Iodure de tungstène. — L'iode n'agit que difficilement sur le tungstène. Lorsqu'on chauffe ce dernier dans la vapeur d'iode il se sublime un produit mélangé d'iode, difficile à purifier. Ce produit paraît renfermer deux substances différentes; l'une brune, qui est sans doute un iodure, l'autre en écailles verdâtres, que Riche présume être un oxyiodure [*Ann. de Chim. et de Phys*, (3), t. L, p. 25].

En chauffant le tungstène au rouge dans la vapeur d'iode mélangée de gaz carbonique, Roscoe a obtenu un composé infusible, non volatil sans décomposition, et qui constitue le *diiodure*, TuI^2.

Fluorure de tungstène. — L'acide tungstique anhydre se dissout très-difficilement dans l'acide fluorhydrique; l'acide hydraté s'y dissout en donnant un liquide laiteux, jaune, qui s'éclaircit par l'addition de beaucoup d'eau. Évaporée, la solution laisse un sirop jaune, perdant de l'acide fluorhydrique à chaud, et laissant pour résidu une masse fendillée verdâtre, que l'eau ne redissout que difficilement en abondonnant un résidu d'acide tungstique (Berzelius).

L'hexafluorure $TuFl^6$, n'a été ni isolé ni obtenu en combinaison avec d'autres fluorures. Les sels décrits comme des fluotungstates sont des fluoxytungstates (voir t. I, p. 1482).

COMBINAISONS DU TUNGSTÈNE AVEC L'OXYGÈNE.

On connaît trois oxydes de tungstène, qui sont TuO^2, TuO^3, et un oxyde intermédiaire Tu^2O^5. Aucun d'eux ne présente de caractères basiques.

Bioxyde de tungstène, TuO^2. — Cet oxyde se produit par la réduction de l'anhydride tungstique TuO^3 par l'hydrogène, à une température ne dépassant pas le rouge sombre. On l'obtient aussi par voie humide lorsqu'on traite l'acide tungstique, arrosé d'acide chlorhydrique, par le zinc (Woehler).

Pour le préparer par voie sèche, il faut avoir soin d'atteindre la température voulue: si cette température est trop basse, le bioxyde est mélangé d'oxyde intermédiaire bleu; si elle est trop élevée, une partie peut être réduite à l'état métallique. Le bioxyde de tungstène ainsi obtenu est une poudre brune; il est d'un rouge de cuivre, si l'acide tungstique employé était cristallin. Il est nécessaire de le laisser refroidir pendant un long temps dans l'hydrogène, sans quoi il est fortement pyrophorique.

Pour le préparer par voie humide, il vaut mieux remplacer l'acide tungstique par un métatungstate alcalin; dans ce cas, la réduction est plus complète et plus facile. L'oxyde brun précipité doit être lavé à l'eau purgée d'air, puis séché dans un courant d'hydrogène, sans quoi il s'oxyde rapidement en devenant bleu: une fois desséché, il est inaltérable à l'air.

Le bioxyde de tungstène est un peu soluble dans les acides chlorhydrique ou sulfurique concentrés: les solutions sont pourpres; elles laissent déposer à la longue toute la matière dissoute, à l'état d'oxyde bleu. Les agents oxydants transforment rapidement le bioxyde en acide tungstique.

La potasse le dissout avec dégagement d'hydrogène et production de tungstate :

$$TuO^2 + 2KHO = TuO^4K^2 + H^2.$$

L'ammoniaque est sans action sur le bioxyde de tungstène. Cet oxyde ramène facilement au minimum les sels cuivriques et mercuriques (Riche).

Tungstite de sodium,

$$Tu^2O^5Na^2 = 2TuO^2.Na^2O.$$

— On prépare cette combinaison, la seule qu'on ait obtenue avec le bioxyde de tungstène, en dissolvant de l'anhydride tungstique dans la soude fondue et chauffant ensuite au rouge dans un courant d'hydrogène. On lave le produit à l'eau, qui dissout le tungstate non attaqué et laisse le tungstite en lamelles d'un jaune d'or, ou en cubes à éclat métallique, offrant une ressemblance frappante avec l'or. Ce sel, qui ne peut être obtenu directement par la soude et l'oxyde brun, est inattaquable par les acides minéraux et par les alcalis ; seul l'acide fluorhydrique l'attaque (Woehler).

Trioxyde de tungstène ou anhydride tungstique, TuO^3. — Cet oxyde se rencontre à l'état natif, accompagnant le wolfram et autres minéraux tungstifères, dans le Cumberland, à Saint-Léonard près Limoges, dans le Connecticut, dans la Caroline du Nord ; c'est la *wolframine*, qui est quelquefois cristallisée en cubes, d'autres fois pulvérulente et terreuse et d'un jaune foncé.

Pour préparer cet oxyde, on a recours à un des tungstates naturels, le wolfram (tungstate ferro-manganeux), ou la scheelite (tungstate de calcium).

Préparation avec la scheelite. — On traite le minerai bien pulvérisé par l'acide azotique ou par l'acide chlorhydrique, qui enlèvent la chaux et laissent l'acide tungstique ; on lave ce dernier à l'eau et on le calcine.

Préparation avec le wolfram. — 1° Le wolfram pulvérisé est traité par l'acide chlorhydrique, puis par l'eau régale, qui dissolvent le fer et le manganèse. Le résidu bien lavé est dissous dans l'ammoniaque, et la solution est évaporée à siccité. Le résidu, formé de tungstate acide d'ammonium, laisse, par la calcination à l'air, l'anhydride tungstique en lamelles d'un jaune pâle.

2° On fond une partie de wolfram pulvérisé avec deux parties de carbonate potassique, puis on fait digérer la masse fondue avec de l'eau. On ajoute à la solution du sel ammoniac, pour qu'il se forme du tungstate ammonique décomposable par la chaleur ; on évapore à sec, et l'on calcine le résidu dans un creuset. La masse reprise par l'eau est traité par l'acide chlorhydrique et le zinc : il se précipite de l'oxyde brun TuO^2 qu'on transforme en TuO^3 par grillage à l'air (Woehler).

3° On transforme le wolfram en tungstate de calcium en le fondant, après l'avoir pulvérisé finement, pendant une heure, avec le double de son poids de chlorure de calcium, puis lavant la masse fondue à l'eau, qui laisse le tungstate calcique. On traite finalement celui-ci comme le tungstate calcique naturel (Woehler).

4° On attaque le wolfram pulvérisé par le tiers de son poids de carbonate de sodium sec, auquel on peut ajouter 15 % d'azotate de sodium. On élève graduellement la température au rouge blanc, en opérant dans un creuset ou dans un four à réverbère, et en remuant avec une tige de fer. On coule la masse fondue et on l'épuise par l'eau bouillante. La solution fournit par cristallisation du tungstate neutre de sodium, puis, après addition d'acide azotique, du tungstate acide de sodium ; les dernières eaux mères sont précipitées par le chlorure de calcium. En ajoutant un acide aux sels de sodium on précipite l'acide tungstique, qui fournit l'anhydride par calcination. Le niobium contenu dans le wolfram reste dans la partie qui est insoluble dans l'eau bouillante [Scheibler, *Journ. für prakt. Chem.*, t. LXXXIII, p. 273 ; — Zettnow, *Poggend. Ann.*, t. CXXX, p. 16].

5° On chauffe au rouge un mélange intime de wolfram pulvérisé, de 3 % de craie, et de 20 à 30 % de chlorure de sodium. Le mélange, refroidi et pulvérisé, est traité par l'acide chlorhydrique bouillant, qui dissout la chaux, le fer et le manganèse avec dégagement de chlore, et laisse l'anhydride tungstique sous forme d'une poudre cristalline jaune-citron. Ce procédé a été recommandé par Ferd. Jean, pour l'extraction industrielle de l'acide tungstique [*Compt. rend.*, t. LXXX, p. 95].

Enfin, pour mettre l'anhydride tungstique en liberté, on peut précipiter des tungstates solubles, obtenus par l'une des méthodes ci-dessus, par l'azotate mercureux ; le tungstate mercureux, tout à fait insoluble, étant soumis à la calcination, perd tout son mercure et laisse un résidu d'anhydride tungstique pur.

Propriétés. — L'anhydride tungstique est une poudre d'un jaune de soufre ou d'un jaune citron, plus ou moins foncé, suivant les conditions de sa préparation. Chauffé au rouge, il devient orange, mais il reprend sa teinte jaune par le refroidissement.

Il fond à la température du feu de forge et se prend, par le refroidissement, en longues plaques cristallisées, un peu verdâtres par suite de l'action réductrice des gaz du foyer.

Debray l'a obtenu cristallisé en calcinant au rouge vif un mélange de tungstate et de carbonate de sodium dans un courant de gaz chlorhydrique ; il se présente alors en cristaux octaédriques, les uns petits, jaunes et translucides ; les autres plus volumineux, mais noirs et opaques [*Compt. rend.*, t. LV, p. 287].

En fondant au four à porcelaine de l'acide tungstique hydraté avec du borax, Nordenskioeld a obtenu l'acide anhydre cristallisé en petites tables transparentes ou en prismes courts, du système orthorhombique.

Chauffé dans l'oxygène, l'anhydride tungstique devient verdâtre et prend une texture cristalline ; en même temps une partie se sublime. L'anhydride vert, que Bernouilli a nommé acide pyrotungstique, présente la même composition que l'anhydride jaune [*Pog. Ann.*, t. XCI, p. 573 ; *Répert. de chim. pure*, t. III, p. 323].

Densité de l'anhydride tungstique = 5,27 (Herapath ; 6,12 (d'Elhuyart) ; 7,14 (Krosten).

L'anhydride tungstique verdit à la lumière, mais seulement lorsqu'il est exposé aux poussières de l'air. D'après Liesegang, il se transforme en oxyde bleu sous l'influence simultanée de la lumière et d'une substance organique.

Chauffé au rouge avec du charbon ou dans un courant d'hydrogène, il se transforme en oxyde bleu (à 250° dans l'hydrogène), en oxyde brun, TuO^2 (au rouge sombre), ou en tungstène métallique, suivant la température et suivant la durée de la réaction.

Calciné dans le gaz ammoniac, il se transforme en oxyamido-azoture de tungstène (Woehler). La vapeur de soufre le réduit au rouge en oxyde bleu.

Traité par le perchlorure de phosphore, l'anhydride tungstique fournit à la distillation de l'oxychlorure de phosphore et une petite quantité de chlorure ou d'oxychlorure de tungstène $TuCl^4O$; le résidu, traité par l'eau, donne de l'acide chlorhydrique et un mélange de TuO^3 et de Tu^2O^5 (Gerhardt et Chiozza, Schiff, Weber).

Soumis à l'action des agents réducteurs, zinc et acide chlorhydrique, chlorure stanneux, matières organiques à l'ébullition, l'acide tungstique anhydre se transforme successivement en oxyde bleu et en oxyde brun.

L'anhydride tungstique calciné est soluble dans les alcalis fixes et dans l'ammoniaque, ainsi que dans les carbonates alcalins, qu'il décompose pour donner des tungstates. Il est insoluble dans l'eau et dans les acides; il se dissout pourtant en petite quantité dans l'acide chlorhydrique concentré et dans l'acide fluorhydrique.

ACIDE TUNGSTIQUE. — Il existe plusieurs hydrates tungstiques, les uns insolubles, les autres solubles. Ces hydrates correspondent à deux classes de sels nettement caractérisés. Parmi les hydrates, les deux principaux sont l'*acide tungstique* insoluble,

$$TuO^4H^2 = TuO^3.H^2O,$$

et l'*acide métatungstique* soluble,

$$Tu^4O^{13}H^2.8H^2O = (TuO^3)^4H^2O + 8H^2O$$

Au premier correspond un *dihydrate*,

$$TuO^4H^2.H^2O = TuO^3.2H^2O,$$

qui donne naissance aux mêmes sels que l'autre, c'est-à-dire aux tungstates ordinaires.

L'hydrate tungstique $TuO^4H^2 = TuO^2(OH)^2$ peut être envisagé comme un anhydride de l'acide orthotungstique $Tu(OH)^6$. L'acide métatungstique est sans doute un anhydro-hydrate, dont la composition paraît devoir être exprimée par la formule $Tu^4O^{13}H^2 + 8H^2O$. Cette formule répond aux analyses des métatungstates de M. Marignac. Elle rend compte de l'union de 4 molécules d'acide tungstique avec élimination de 3 molécules d'eau.

$$4TuO^2(OH)^2 = Tu^4O^{13}H^2 + 3H^2O$$

Sa constitution paraît devoir être exprimée par la formule

$$\begin{array}{l} TuO^2 \langle ^{OH}_{O} \\ TuO^2 \langle ^{O}_{O} \\ TuO^2 \langle ^{O}_{O} \\ TuO^2 \langle ^{O}_{OH} \end{array}$$

On concevrait difficilement l'existence de l'hydrate $Tu^4O^{14}H^4$ qu'admet M. Scheibler. Les sels analysés par ce dernier paraissent renfermer une molécule d'eau de cristallisation. Quant aux ditungstates et aux tritungstates

$$Tu^2O^7Na^2 \text{ et } Tu^3O^{10}K^2$$

que l'on a signalés, on peut les rapprocher des métatungstates et les considérer comme des anhydro-sels.

Propriétés de l'acide tungstique. — L'acide tungstique, TuO^4H^2, se dépose à l'état de poudre amorphe *jaune* lorsqu'on précipite à chaud une solution de tungstate alcalin par l'acide chlorhydrique. Si la précipitation a lieu à froid, dans une solution étendue de tungstate, le précipité est *blanc* et gélatineux; il constitue l'*hydrate d'acide tungstique*, $TuO^4H^2.H^2O$. Cet hydrate blanc prend aussi naissance dans la décomposition de l'hexachlorure de tungstène par l'eau [Riche, *Ann. de Chim. et de Phys.*, (3), t. L, p. 36]. L'hydrate blanc perd 1 molécule d'eau sur l'acide sulfurique; il perd encore 1/2 molécule d'eau à 100-110°, ce qui a lieu aussi pour l'hydrate jaune, en laissant un *hydrate jaune*,

$$(TuO^3)^2.H^2O = Tu^2O^7H^2$$

[Braun, *Journ. für prakt. Chem.*, t. XCI, p. 39].

L'hydrate jaune se produit dans l'attaque du wolfram par l'eau régale et s'obtient ainsi très-pur; mais on le prépare plus facilement en attaquant le wolfram par un mélange de carbonate et d'azotate de sodium (500 p. wolfram, 850 p. de carbonate de sodium et 150 p. d'azotate de sodium), reprenant par l'eau et précipitant la solution à chaud par l'acide chlorhydrique. Pour purifier l'acide précipité, on le redissout dans l'ammoniaque et on le précipite de nouveau par l'acide chlorhydrique. Il est à remarquer que l'acide précipité de son sel sodique retient toujours de la soude qu'il est impossible d'enlever par lavage. Quand les précipitations ont lieu à froid, on obtient, comme on l'a vu, l'hydrate blanc. Cet hydrate est difficile à laver, car, après trois ou quatre lavages, il passe en partie à travers les filtres, (Riche).

L'acide tungstique jaune est insoluble dans les acides, sauf dans l'acide fluorhydrique. Si l'on évapore la solution fluorhydrique, il se sépare de nouveau en petits cristaux jaunes (Riche). D'après Mallet [*Deutsch. chem. Gesellsch.*, t. VIII, p. 834], l'acide chlorhydrique concentré peut dissoudre de l'acide tungstique; la solution se colore en rouge par le zinc.

L'acide tungstique rougit le tournesol; il se dissout facilement dans les alcalis.

ACIDE MÉTATUNGSTIQUE. — Cet acide remarquable, dont les sels ont été découverts par Marguerite [*Ann. de Chim. et de Phys.*, (3), t. XVII, p. 475], a été isolé par Scheibler, qui a approfondi en même temps l'histoire de ses sels et répandu quelque lumière sur celle des tungstates en général [*Journ. für prakt. Chem.*, t. LXXX, p. 204; *Rép. chim. pure*, t. III, p. 51].

Les métatungstates prennent naissance par l'action des acides forts, ou, mieux, d'un excès d'acide tungstique sur les tungstates. Ils se distinguent de ces derniers par leur solubilité, propriété que possèdent presque tous les métatungstates. Pour isoler l'acide métatungstique, on décompose le métatungstate de baryum,

$$Tu^4O^{13}Ba + 9H^2O,$$

par l'acide sulfurique dilué et l'on évapore le liquide filtré dans le vide, sur l'acide sulfurique. On obtient ainsi des petits cristaux très-solubles, paraissant être des octaèdres ou des pyramides à base carrée et présentant la composition

$$4TuO^3.9H^2O \text{ soit } Tu^4O^{13}H^2 + 8H^2O.$$

Forcher a obtenu le même corps en décomposant le métatungstate de plomb par l'hydrogène sulfuré, chassant l'excès d'hydrogène sulfuré par l'acide carbonique et évaporant la liqueur claire dans le vide.

L'acide métatungstique cristallisé perd 7 molécules d'eau à 100° et le reste seulement par la calcination. Une molécule d'eau adhère donc plus fortement que les autres. Il est très-soluble dans l'eau; voici la densité de ses solutions à 17°,5.

Solution à	2,79 °/o	TuO^3......	1,0257
—	12,68	—	1,1275
—	27,61	—	1,3274
—	43,75	—	1,6343

Sa solution est très-acide et possède une saveur amère très-prononcée. On peut la faire bouillir sans qu'elle s'altère; on peut même l'évaporer au bain-marie à consistance sirupeuse; mais si l'on chauffe davantage, il se sépare brusquement de l'hydrate tungstique jaune, TuO^4H^2. L'acide sulfurique concentré produit dans sa solution un précipité blanc qui disparaît de nouveau par l'addition d'eau. Le zinc et le fer se dissolvent dans l'acide métatungstique avec dégagement d'hydrogène et formation d'oxyde bleu de tungstène.

ACIDE TUNGSTIQUE COLLOÏDAL. — Cette modification d'acide tungstique soluble a été découverte par Graham [*Journ. of Chem. Soc.*, t. XVII, p. 318; *Bull. de la Soc. chim.*, (2), 1864, t. II, p. 185]. On l'obtient par la dialyse d'une solution de tungstate neutre de sodium à 5 %, additionnée d'une quantité d'acide chlorhydrique suffisante pour saturer la soude. Le liquide resté sur le dialyseur, après quelques jours, possède une saveur amère et astringente; il n'est pas gélatinisé par les acides, même à l'ébullition. Évaporé à sec, il laisse des lamelles vitreuses et transparentes, analogues à la gélatine et très-adhérentes à la capsule, incolores si l'évaporation a lieu dans le vide. Ces lamelles peuvent être chauffées à 200° sans perdre leur solubilité; ce n'est que vers le rouge qu'elles se transforment en acide tungstique anhydre, en perdant 2,42 % d'eau. Arrosé d'eau, l'acide colloïdal devient pâteux et adhésif comme la gomme. Sa propriété de n'être pas gélatinisé par les acides est caractéristique; l'acide silicique colloïdal, qui se gélatinise si facilement, ne l'est plus par les acides lorsqu'il est mélangé d'acide tungstique colloïdal.

Voici la densité des solutions d'acide tungstique colloïdal :

Solution à TuO^3 %.	5	20	50	66,5	79,8
Densité..........	1,0475	1,2168	1,8001	2,596	3,243

Nous ferons remarquer que la solution renfermant 79,8 % TuO^3 présente à peu de chose près la composition de l'hydrate orthotungstique,

$$Tu(OH)^6,$$

qui renferme 81,1 % TuO^3.

OXYDE DE TUNGSTÈNE INTERMÉDIAIRE,

$$Tu^2O^5 = TuO^2.TuO^3.$$

— Nous le décrivons plus loin, sous la dénomination de *tungstate de tungstène*.

TUNGSTATES. — *Composition et propriétés générales*. — L'acide tungstique se combine avec les bases en proportions diverses qu'on n'est pas habitué à rencontrer dans les combinaisons minérales. La composition de ses sels a été interprétée de diverses manières par les chimistes qui s'en sont occupés. [Berzelius [*Poggend. Ann.*, t. IV, p. 147, et t. VIII, p. 267] et Anthon [*Journ. für prakt. Chem.*, t. VIII, p. 399, et t. IX, p. 6 et 337] admettaient deux séries de tungstates, les tungstates neutres et les bitungstates.

En 1847, Laurent chercha à rapporter ces sels à cinq types distincts, dans lesquels il admettait six acides isomères ou polymères:

L'*acide tungstique ordinaire*, TuO^4H^2;
L'*acide iso-* ou *ditungstique*, $Tu^2O^7H^2$;
L'*acide méta-* ou *tritungstique*, $Tu^3O^{10}H^2$;
L'*acide para-* ou *tétratungstique*, $Tu^4O^{14}H^4$;
L'*acide polytungstique*, $Tu^6O^{21}H^6$[*Ann. de Chim. et de Phys.*, (3), t. XXI, p. 54].

Les paratungstates de Laurent peuvent être représentés par les formules dualistiques,

$$12TuO^3, 5M^2O.H^2O + xH^2O,$$

ainsi qu'il l'a établi lui-même : aucun de ces sels ne renferme plus de $5M^2O$ pour $12TuO^3$.

Quant à l'acide métatungstique, qu'il envisage comme un acide tritungstique, il constitue en réalité un acide tétratungstique.

L'histoire de ces sels est plus simple cependant, que ne le croyait Laurent. Les recherches de Riche, de Scheibler et de Marignac démontrent, en effet, que tous les tungstates se rapportent à deux types, les tungstates ordinaires, neutres ou acides et les métatungstates. Les premiers donnent tous le même hydrate tungstique jaune, insoluble dans l'eau ; les seconds donnent l'acide métatungstique très-soluble. Les premiers sont tous insolubles, sauf les sels alcalins; les seconds sont solubles pour la plupart.

Tungstates neutres et tungstates acides (paratungstates). — Les tungstates neutres ont pour formule

$$TuO^4M^2.$$

Les tungstates acides les plus nombreux sont ceux qu'on désignait autrefois comme des bitungstates et que Laurent a envisagés comme les paratungstates : ils renferment $12TuO^3$ pour $5M^2O$, rapport qu'admet aussi Marignac, de préférence au rapport très-voisin, du reste, $7TuO^3$ à $3M^2O$, admis par Scheibler et par Lotz; Marignac a conservé à ces sels le nom de *paratungstates*. Sans vouloir entrer ici dans des considérations relatives à la constitution des paratungstates, nous dirons que ces sels constituent probablement des combinaisons moléculaires de sels doubles ou de sels acides. [Lotz, *Ann. der Chem. u. Pharm.*, t. XCI, p. 49; — Scheibler, *Journ. für prakt. Chem.*, t. LXXX, p. 204; *Répert. de Chim. pure*, t. IV, p. 256; — Marignac, *Ann. de Chim. et de Phys.*, (3), t. LXIX, p. 5].

Parmi les tungstates ordinaires, les sels alcalins et de magnésium sont seuls solubles dans l'eau; encore le sont-ils peu. On les obtient en dissolvant l'acide ou l'anhydride tungstique dans les alcalis ou leurs carbonates; ils se produisent facilement par voie de fusion. Les tungstates insolubles se préparent soit par double décomposition, soit par calcination de l'anhydride tungstique avec les oxydes ou les carbonates, soit encore par fusion d'un tungstate alcalin avec les chlorures métalliques; dans ce cas, les tungstates obtenus sont cristallins [Manross, *Ann. der Chem. u. Pharm.*, t. LXXXI, p. 243, et t. LXXXII, p. 356]. On les obtient en cristaux plus grands si l'on ajoute du chlorure de sodium à ce mélange [Geuther et Forsberg, *Ann. der Chem. u. Pharm.*, t. CXX, p. 268; — Schultze, *ibid.*, t. CXXVI, p. 36]. Ajoutons qu'on doit la description de quelques tungstates à Zettnow [*Poggend. Ann.*, t. CXXX, p. 240; *Bull. de la Soc. chim.*, t. VIII, p. 37, 174] et à Ullik [*Journ. f. prakt. Chem.*, t. CIII, p. 147; *Bull. de la Soc. chim.*, t. XI, p. 50].

Les tungstates insolubles dans l'eau le sont aussi dans les acides dilués. Les acides concentrés les décomposent à chaud, en mettant de l'acide tungstique insoluble en liberté (ce qui n'a pas lieu pour les métatungstates). Si c'est l'acide phosphorique que l'on emploie, il redissout l'acide tungstique précipité; sa présence empêche la précipitation par les autres acides. En agissant à froid, les acides concentrés donnent lieu à la formation d'une certaine quantité de métatungstate.

Les acides organiques (acétique, oxalique, citrique et tartrique) transforment les tungstates neutres en tungstates acides, sans séparation d'acide tungstique. [Lefort, *Ann. Chim. et Phys.*, (5) t. IX; p. 93].

Les tungstates alcalins donnent des précipités blancs avec les sels de baryum, de strontium, de calcium, d'aluminium, de zinc, de plomb et avec les sels mercuriques; un précipité jaune avec les sels mercureux; un précipité bleuâtre avec les sels de cuivre; un précipité fleur de pêcher avec les sels de cobalt; avec le chlorure stanneux, ils produisent un précipité jaunâtre, qui devient blanc lorsqu'on le chauffe avec de l'acide chlorhydrique.

Le ferrocyanure de potassium, additionné d'acide chlorhydrique, donne dans la solution des tungstates alcalins un précipité floconneux brun, soluble dans l'eau (les métatungstates ne sont pas précipités).

La teinture de noix de galle donne un précipité brun chocolat par l'addition d'un acide.

Calcinés avec du sel ammoniac à l'abri de l'air, les tungstates alcalins donnent de l'oxyde bleu, Tu^2O^5, et une substance noire, probablement l'oxyamido-azoture de tungstène.

Additionnés d'acide acétique ou d'acide phosphorique, les tungstates alcalins précipitent les matières albuminoïdes; le précipité est soluble dans les alcalis. Ils précipitent toute la matière colorante du sang défibriné. Ce caractère a été recommandé par Sonnenschein pour reconnaître les taches de sang.

Les tungstates alcalins peuvent être employés comme mordants à la place des stannates. On a recommandé aussi leur emploi pour rendre les étoffes incombustibles. Quant aux tungstates métalliques, on a proposé de les employer comme couleurs [Sacc., *Bull. de la Soc. chim.*, t. XI, p. 343, 517].

MÉTATUNGSTATES. — Ces sels renferment d'après Marignac

$$Tu^4O^{13}M^2 = TuO^4M^2.3TuO^3;$$

D'après Scheibler leur composition serait exprimée par la formule

$$Tu^4O^{14}M^2H^2 = (TuO^3)^4M^2O.H^2O$$

Nous adopterons la formule de M. Marignac, qui s'accorde avec les considérations théoriques précédemment exposées.

Les métatungstates ont été découverts par Margueritte [*Ann. de Chim. et de Phys.*, (3), t. XVII, p. 475]. Ils se produisent par l'addition d'acide tungstique aux tungstates ordinaires, ou bien par soustraction partielle de la base. Inversement ils se convertissent en tungstates ordinaires lorsqu'on y ajoute une base. Ils ont été décrits par Margueritte, Riche [*Ann. de Chim. et de Phys.*, (3), t. L, p. 60], Scheibler [*Journ. f. prakt. Chem.*, t. LXXX, p. 204], Marignac [*Ann. de Chim. et de Phys.*, (3), t. LXIX, p. 59], Forcher, *Journ. f. prakt. Chem.*, t. LXXXVI, p. 227].

Les métatungstates alcalins s'obtiennent par l'ébullition du tungstate neutre correspondant avec de l'acide tungstique en excès ou par l'addition d'un acide, de préférence l'acide phosphorique, à une solution de tungstate neutre, aussi longtemps que le précipité se redissout. Les autres métatungstates peuvent être obtenus par double décomposition, par exemple entre le sel de baryum et un sulfate.

Ces sels sont en général solubles et cristallisables; quelques-uns sont très-solubles et restent sous forme gommeuse après l'évaporation de leur solution. Ils sont en général efflorescents et perdent toute leur eau de cristallisation à 100°.

Les métatungstates alcalins ne précipitent que les sels de plomb et les sels mercureux. Ils ne sont précipités ni par le cyanure jaune, ni par les acides. Additionnés d'acide chlorhydrique, ils se colorent en bleu, puis en rouge violet, lorsqu'on plonge dans la solution une lame de zinc. Dans les mêmes circonstances les tungstates se colorent en brun.

L'acide métatungstique, ou les métatungstates additionnés d'un acide, sont un réactif très-sensible pour les alcaloïdes qu'ils précipitent. Une solution renfermant $\frac{1}{200000}$ de quinine ou de strychnine est encore troublée d'une manière très-apparente par l'acide métatungstique (Scheibler).

Nous décrirons successivement les tungstates et les métatungstates alcalins, alcalino-terreux et terreux, enfin les sels des métaux lourds.

TUNGSTATES D'AMMONIUM. — *Sel neutre.* — Ce sel n'a pu être isolé; sa solution, obtenue par dissolution de l'acide tungstique dans l'ammoniaque aqueuse, perd de l'ammoniaque par l'évaporation et laisse un sel acide.

Sels acides. — On en a décrit quatre, qui, abstraction faite de l'eau, se représentent par les formules suivantes :

1. $Tu^3O^{11}(AzH^4)^4 = 2TuO^4(AzH^4)^2.TuO^3$.
2. $Tu^7O^{24}(AzH^4)^6 = 3TuO^4(AzH^4)^2.4TuO^3$.
3. $Tu^5O^{17}(AzH^4)^4 = 2TuO^4(AzH^4)^2.3TuO^3$.
4. $Tu^8O^{27}(AzH^4)^6 = 3TuO^4(AzH^4)^2.5TuO^3$.

1. *Tritungstate tétrammonique.* — Il se dépose quelquefois en cristaux mamelonnés d'une solution neutre, très-concentrée d'acide tungstique dans l'ammoniaque. Il renferme $3H^2O$. Il perd de l'ammoniaque à l'air et laisse le sel suivant (Marignac).

2. *Heptatungstate hexammonique* ou *paratungstate.* — C'est le sel que Laurent, puis Marignac, ont représenté par la formule

$$(TuO^3)^{12}.5(AzH^4)^2O + 11H^2O.$$

La formule $Tu^7O^{24}(AzH^4)^6 + 6H^2O$ est celle de Lotz et de Scheibler.

Il se dépose en cristaux aciculaires ou en prismes aplatis par l'évaporation lente d'une solution d'acide tungstique dans l'ammoniaque; c'est la forme aciculaire qui paraît être la plus fréquente. Ces cristaux dérivent d'un prisme oblique non symétrique. On y observe la base p, les fases du prisme m et t, les troncatures h et g, et les facettes a et c. Angles : $g\,m = 142°0'$; $g\,p = 75°20'$; $h\,g = 108°50'$; $p\,h = 110°10'$; $p\,t = 121°35'$ (Marignac).

Quand le même sel cristallise à chaud, il renferme $3H^2O$ (soit $5H^2O$ pour la formule de Laurent et de Marignac). Il est alors en prismes clinorhombiques; $m\,m = 91°$; $m\,p = 104°$.

C'est ce même sel que Riche a décrit comme un tétratungstate diammonique, renfermant

$$3H^2O,\ 2H^2O,\ \text{ou}\ H^2O,$$

suivant la température où le sel a cristallisé.

L'ébullition d'un tungstate alcalin avec du sel ammoniac, fournit du tungstate acide d'ammonium (Anthon, Woehler). Ferd. Jean a obtenu de cette manière de petits cristaux denses et brillants, renfermant $Tu^7O^{24}(AzH^4)^6 + 2H^2O$ [*Compt. rend.*, t. LXXVIII, p. 1436].

Le tungstate acide d'ammonium possède une saveur amère et une réaction faiblement acide; il se dissout dans 26 à 28 parties d'eau froide; il est peu soluble dans l'ammoniaque, insoluble dans l'alcool. Le sel à $3H^2O$ perd $2H^2O$ à 160°; il se transforme dans le sel à $6H^2O$ par dissolution dans l'eau froide et évaporation lente (Scheibler). Chauffé en vase clos, ces sels laissent de l'oxyde bleu de tungstène; calcinés à l'air, ils laissent de l'anhydride cristallisé.

3. *Pentatungstate tétrammonique.* — C'est le sel désigné par Marignac sous le nom de *tungstate octogonal.* Il se dépose par le refroidissement d'une solution de paratungstate faite à chaud. Il cristallise en lamelles octogones, renfermant $5H^2O$; elles dérivent d'un prisme dissymétrique, dont Marignac a déterminé les éléments cristallographiques.

4. *Octotungstate hexammonique.* — Marignac a obtenu une fois ce sel en faisant cristalliser de nouveau du pentatungstate; il est en cristaux lamellaires, renfermant $8H^2O$.

MÉTATUNGSTATE D'AMMONIUM,

$$Tu^4O^{13}(AzH^4)^2 + 8H^2O$$

(Scheibler, Marignac); $7\frac{1}{2}H^2O$ d'après Lotz; Marguerite lui avait assigné la composition

$$Tu^3O^{10}(AzH^4)^2 + 5H^2O.$$

— Ce sel se produit par une ébullition prolongée du tungstate ammonique, soit seul, soit avec addition d'acide tungstique. Par l'évaporation à consistance sirupeuse, il se dépose d'abord du tungstate acide ordinaire d'ammonium, puis des octaèdres transparents, très-brillants et efflorescents à l'air. Ces cristaux, qui constituent le métatungstate d'ammonium, sont très-solubles dans l'eau; leur solution est très-réfringente. Elle n'est pas précipitée par les acides. Lorsqu'on ajoute de l'ammoniaque à la solution il en sépare après évaporation des cristaux de tungstate acide d'ammonium.

On obtient le même sel, cristallisé en lames rhomboïdales minces, renfermant $6H^2O$, lorsqu'on ajoute de l'alcool à sa solution aqueuse chaude, et qu'on laisse refroidir. Ces cristaux dérivent d'un prisme clinorhombique, fortement basé. Ils perdent $5H^2O$ à 100°.

La solution de métatungstate d'ammonium, abandonnée à l'évaporation, après addition d'acide chlorhydrique, fournit des cristaux limpides, efflorescents, paraissant appartenir au système dissymétrique, et constituant un sel acide

$$(Tu^4O^{13})^4(AzH^4)^3H + 16H^2O.$$

L'eau décompose ce sel acide [Marignac, *Ann. de Chim. et de Phys.*, (4), t. III, p. 71].

Les eaux-mères des cristaux octaédriques de métatungstate d'ammonium fournissent des lamelles bien définies d'*hexatungstate d'ammonium*, $Tu^6O^{19}(AzH^4)^2 + 6H^2O$ (Margueritte).

On obtient le métatungstate d'ammonium, combiné avec *l'azotate d'ammonium*, lorsqu'on cherche à préparer le premier sel par l'action de l'acide azotique sur la paratungstate (heptatungstate hexammonique.) Le sel double cristallise en prismes hexagonaux réguliers, volumineux, qui renferment.

$$Tu^4O^{13}(AzH^4)^2.AzO^3(AzH^4) + 2H^2O$$

(Marignac).

TUNGSTATES DE POTASSIUM. — *Sel neutre*,

$$TuO^4K^2.$$

— On obtient ce sel en ajoutant peu à peu de l'anhydride tungstique ou du wolfram pulvérisé à son poids de carbonate potassique en fusion, et reprenant la masse fondue par l'eau. On peut aussi dissoudre l'acide tungstique en poudre (450 p.) dans une solution concentrée de carbonate potassique (400 p.), chauffée à 60 ou 80°.

Suivant qu'il se dépose par le refroidissement de sa solution saturée à chaud, ou par l'évaporation lente à la température ordinaire, le tungstate neutre de potassium se présente en cristaux aciculaires anhydres, ou en gros cristaux prismatiques, limpides, renfermant $2H^2O$ (Marignac). Anthon avait décrit ce sel avec $5H^2O$, tandis que Riche ne lui attribue qu'une seule molécule d'eau.

Le *sel anhydre* est en cristaux aciculaires très-minces, assez déliquescents; ils dérivent d'un prisme dissymétrique et présentent l'apparence d'un prisme hexagonal régulier, résultat d'hémitropies très-compliquées. Chauffé, il décrépite en perdant un peu d'eau d'interposition; il ne fond que très-difficilement au rouge, sans perte de poids (Marignac).

Riche décrit le sel monohydraté (dihydraté d'après Marignac) comme formé d'aiguilles déliées.

Le *sel dihydraté*, $TuO^4K^2 + 2H^2O$, cristallise à la température de 10° au plus, au-dessus de l'acide sulfurique, en prismes ou en tables clinorhombiques, volumineux et brillants. Ces cristaux présentent un grand nombre de faces qui ont été déterminées par Marignac. Ils sont très-efflorescents dans l'air sec, déliquescents dans l'air humide.

Le *pentahydrate*, $TuO^4K^2 + 5H^2O$ décrit récemment par Anthon, est en prismes hexagones, incolores. D'après Ullik, le sel de d'Anthon serait un tungstate sodico-potassique.

Paratungstate. — Ce sel, qui a été décrit par Anthon, par Riche et par Lefort, comme un bitungstate, $Tu^2O^7K^2 + 2H^2O$, constitue le paratungstate de Laurent et de Marignac, $Tu^{12}O^{41}K^{10} + 11H^2O$, soit

$$12TuO^3.5K^2O + 11H^2O.$$

Cette classe de tungstates présente, d'après Lotz et d'après Scheibler, les rapports $7TuO^3$ à $3M^2O$; ces chimistes assignent à ce sel la formule

$$Tu^7O^{24}K^6 + 6H^2O.$$

Ce sel se forme constamment lorsqu'on ajoute un acide quelconque à la solution du tungstate neutre; sa faible solubilité à froid permet de le purifier très-facilement. Pour le préparer, on fond le wolfram avec le tiers de son poids de carbonate potassique, on reprend la masse fondue par l'eau bouillante, puis on traite la solution par un courant d'acide carbonique, qui précipite le paratungstate en fines lamelles nacrées, douces au toucher.

Ce sel est beaucoup plus soluble dans l'eau bouillante que dans l'eau froide. Pour le dissoudre dans l'eau bouillante, il faut l'ajouter par petites portions à l'eau portée à l'ébullition; en opérant autrement, on provoque de violents soubresauts.

Dans la préparation du partungtstate, il reste fréquemment du métatungstate en dissolution.

D'après Riche, une partie de ce sel exige pour se dissoudre 45 parties d'eau froide, et 15 parties d'eau bouillante; d'après Anthon, il exige 100 p. d'eau froide, et 8p,5 d'eau bouillante; enfin, suivant Lefort, il se dissout à 15° dans 12p,5 d'eau. Marignac a trouvé que cette solubilité varie beaucoup avec la durée de l'ébullition : aussi, de premiers essais lui avaient indiqué 30 à 50 parties d'eau à 18°, pour 1 partie de sel. Après une ébullition de plusieurs jours, la solution refroidie ne renfermait que 5p,62 d'eau pour 1 partie de sel; cette solution abandonne ensuite peu à peu le sel resté dissous, et cette séparation peut se prolonger durant un an; le phénomène est dû, non à une sursaturation ordinaire, mais à une transformation isomérique, ou peut-être, à un dédoublement en deux sels plus solubles, qui ne se recombinent que lentement pour régénérer le paratungstate peu soluble [*Ann. de Chim. et de Phys.*, (3) t. LXIX, p. 36].

Le paratungstate de potassium est insoluble dans l'alcool.

Tritungstate dipotassique $Tu^3O^{10}K^2 + H^2O$. — On l'obtient en ajoutant du tungstate neutre à de l'acide acétique *bouillant*, filtrant et lavant. Il est soluble dans 5 à 6 fois son poids d'eau à 15° et cristallise par l'évaporation en aiguilles déliées ou en prismes obliques. Une ébullition prolongée le dédouble en paratungstate et tungstate neutre de potassium; mais si l'on maintient sa solution très-chaude pendant quelques heures, il se transforme en métatungstate, précipitable par l'alcool. (Lefort, *Ann. de Chim. et de Phys.* (5) t. IX, p. 93.

Pentatungstate $Tu^5O^{17}K^4 + 4H^2O$. — Précipité amorphe produit par l'addition de tungstate neutre à un excès d'acide acétique froid. Il se dissout dans 20 p. d'eau froide et cristallisé par l'évaporation en tables prismatiques. L'ébullition le décompose (Lefort).

MÉTATUNGSTATE DE POTASSIUM,

$$Tu^4O^{13}K^2 + 8H^2O.$$

— Scheibler prépare ce sel par l'ébullition du tungstate neutre avec un excès d'acide tungstique, jusqu'à ce que la liqueur filtrée ne précipite plus par l'acide chlorhydrique. Par l'évaporation sur l'acide sulfurique, le métatungstate cristallise en octaèdres brillants et efflorescents. Scheibler a observé en outre la formation du même sel en longues et fines aiguilles, qu'une nouvelle cristallisation convertit en octaèdres. Il pense qu'il y a là un cas de dimorphisme. Marignac, au contraire, croit que ces aiguilles constituent un sel hydraté :

$$Tu^4O^{13}K^2 + 5H^2O.$$

Prismes très-déliés, se déposant d'une solution de métatungstate additionnée d'alcool et chauffée jusqu'à redissolution du sel déposé. La forme est celle d'un prisme rhomboïdal oblique, tronqué sur les arêtes latérales (Marignac). Ce sel ne s'effleurit pas à froid; chauffé à 100°, il perd $4H^2O$.

TUNGSTATES DE SODIUM. — *Sel neutre*,

$$TuO^4Na^2 + 2H^2O.$$

— On le prépare comme le sel de potassium, ou industriellement, par le procédé indiqué p. 520. Il cristallise en lames orthorhombiques nacrées, très-minces. Il possède une saveur amère et une réaction alcaline. Il est inaltérable à l'air, soluble dans 4 p. d'eau froide et dans 2 p. d'eau bouillante; il est insoluble dans l'alcool qui le précipite de sa solution aqueuse.

Ce sel perd son eau à 200° et devient opaque; il fond vers le rouge en un liquide transparent, qui cristallise par le refroidissement.

B. Franz a déterminé la densité des solutions aqueuses de ce sel [*Journ. für prakt. Chem.*, (2), t. IV, p. 238; *Bull. de la Soc. chim.*, t. XVI, p. 358]. Nous donnons ci-dessous un extrait des résultats de ces déterminations. La première colonne indique la teneur en sel hydraté, $TuO^4Na^2 + 2H^2O$; la seconde, la densité la température de 24°,5.

Sel °/o.	Densité.	Sel °/o.	Densité.	Sel °/o.	Densité.
2	1,012	18	1,147	32	1,303
4	1,029	20	1,166	34	1,335
6	1,045	22	1.185	36	1,364
8	1,059	24	1,204	38	1,397
10	1,075	26	1,227	40	1,430
12	1,092	28	1,250	42	1,460
14	1,110	30	1,274	44	1,492
16	1,130				

Si l'on sature une solution de tungstate neutre de sodium par l'acide acétique, jusqu'à réaction acide, on obtient après quelques jours des cristaux rhomboïdaux qui sont du paratungstate bitungstate d'après Lefort, *Ann. Chim. et Phys.* (5), t. IX, p. 93). Traité par un excès d'acide acétique à froid, il se transforme en pentatungstate; à chaud, il fournit le tritungstate disodique (Lefort).

L'acide tartrique ne donne pas naissance à un tungstate acide peu soluble, ce que Lefort attribue à la formation d'un *tartrotungstate* incristallisable, renfermant $2C^4H^5NaO^6 + Tu^2O^7Na^2$.

L'acide citrique produit de même un *citrotungstate* $8C^6H^5NaO^7, Tu^2O^7Na^2 + 4H^2O$, se déposant en houppes cristallines, solubles dans 20 p. d'eau à 15°.

Le tungstate neutre de sodium est quelquefois employé en teinture comme mordant. Il a été recommandé aussi comme apprêt incombustible pour les étoffes. Pour cet usage, on prend une solution à 20 °/o de tungstate renfermant en même temps 3 °/o de phosphate de sodium. (Oppenheim et Versmann).

Sels acides. — Outre les paratungstates de sodium plus ou moins hydratés, qui renferment d'après Laurent et Marignac,

$$Tu^{12}O^{41}Na^{10} + nH^2O = 12TuO^3, 5Na^2O + nH^2O$$

ou d'après Lotz, Scheibler, Forcher,

$$Tu^7O^{24}Na^6 + mH^2O = 7TuO^3, 3Na^2O + mH^2O.$$

Marignac a obtenu des tungstates acides, auxquels il assigne précisément la formule $Tu^7O^{24}Na^6$, que Scheibler attribue aux paratungstates. Voici les sels acides décrits

	Marignac.		Scheibler.
1.	$Tu^{12}O^{41}Na^{10} + 28H^2O$	ou	$Tu^7O^{24}Na^6 + 16H^2O$.
2.	$Tu^{12}O^{41}Na^{10} + 25H^2O$	ou	$Tu^7O^{24}Na^6 + 15H^2O$.
3.	$Tu^{12}O^{41}Na^{10} + 21H^2O$	ou	$Tu^7O^{24}Na^6 + 12H^2O$.
4.	$Tu^7O^{24}Na^6 + 21H^2O$		— —
5.	$Tu^7O^{24}Na^6 + 16H^2O$		— —
6.	$Tu^5O^{17}Na^4 + 11H^2O$		— —
7.	— —		$Tu^3O^{11}Na^4 + 7H^2O$.

A ces tungstates, il faut joindre le sel diacide décrit par Rammelsberg et par Forcher, et l'octotungstate obtenu par Ullik ainsi qu'un tritungstate disodique indiqué par Lefort. Quant au sel envisagé par divers chimistes comme le bitungstate, il constitue sans doute le paratungstate.

Bitungstate, $Tu^2O^7Na^2 + 2H^2O$. — Poudre cristalline se précipitant par l'addition d'acide chlorhydrique à la solution du sel neutre [Rammelsberg, *Poggend. Ann.*, t. XCIV, p. 514].

Forcher a obtenu ce sel à l'état anhydre en fondant 1 molécule de tungstate neutre avec 1 molécule d'anhydride tungstique. Il forme des aiguilles tapissant les cavités de la masse fondue.

Paratungstates sodiques. — Les paratungstates 1, 2 et 3 se préparent comme le paratungstate de potassium, c'est-à-dire en fondant le sel neutre avec une quantité calculée d'acide tungstique, et épuisant la masse par l'eau bouillante; on peut les préparer aussi en fondant du wolfram avec le tiers de son poids de carbonate sodique sec, ou enfin en ajoutant de l'acide tungstique au tungstate neutre, ou à une solution bouillante de carbonate de soude, en quantité insuffisante pour former le métatungstate.

Ces sels cristallisent avec une grande facilité. Si la cristallisation a lieu à froid, on obtient le sel 1; si elle a lieu à 60-80°, on obtient le sel 2; enfin, si les cristaux se déposent à 100°, ils constituent le sel 3.

1er *Sel.* — Prismes clinorhombiques, offrant souvent l'apparence de tables hexagonales, d'autres fois, celle d'un prisme presque rectangulaire. Leur forme a été déterminée par Scheibler et par Marignac [*Ann. de Chim. et de Phys.*, (3), t. LXIX, p. 39]. Densité = 3,897 à 14°. Ce sel est plus soluble que le sel potassique correspondant. Chauffé à 100°, il perd $21H^2O$ (formule de Marignac). Desséché au-dessous de son point de fusion, il reste entièrement soluble dans l'eau; sa densité est alors 5,49; mais si on le fond, il se transforme en une masse cristalline que l'eau dédouble en une partie soluble et en une partie insoluble. La portion soluble, que Marignac envisage comme un mélange de paratungstate et de tungstate neutre, est considérée par Scheibler comme un tritungstate tétrasodique, $Tu^3O^{11}Na^4$ (voir plus loin). Le résidu insoluble forme des lamelles nacrées, blanches, renfermant, d'après Scheibler, $(TuO^3)^4.Na^2O$; ce résidu peut être plus riche en acide tungstique et renfermer au moins $5TuO^3$ pour Na^2O (Marignac).

Le paratungstate dont il s'agit exige environ douze fois son poids d'eau froide pour se dissoudre; à l'ébullition, on observe le même phénomène que pour le sel potassique (Marignac).

2e *Sel.* — Prismes clinorhombiques, souvent aplatis suivant une des faces du prisme oblique; ils sont basés et portent des facettes sur les arêtes inférieures. Angles : $mm = 110°12'$; $pm = 114°20'$.

3e *Sel.* — Octaèdres obliques non symétriques,

tronqués au sommet par la base *p* et latéralement par les faces *g*.

4e *Sel.* — *Tungstate acide prismatique.* — Marignac a obtenu ce sel en abandonnant à l'évaporation spontanée une solution sursaturée de paratungstate de sodium. Il se distingue des cristaux de paratungstate auquel il est mélangé par la forme prismatique allongée, à 8 pans (prisme oblique non symétrique), et par ses groupements bacillaires. Il paraît beaucoup plus soluble que le paratungstate; lorsqu'on veut le soumettre à une seconde cristallisation, il se convertit de nouveau en paratungstate. Chauffé à 100°, il perd $17 H^2O$ avec formation simultanée de tungstate neutre, ou peut-être du sel $Tu^3O^{11}Na^4 + 7H^2O$ de Scheibler.

5e *Sel.* — Le tungstate acide qui, d'après Marignac, renferme $Tu^7O^{24}Na^6 + 16H^2O$, a été obtenu par la cristallisation d'une solution de paratungstate renfermant du carbonate de sodium. Cristallisé une seconde fois, il fournit le paratungstate. Cristaux prismatiques très-nets, allongés suivant l'axe vertical.

En dissolvant de l'acide tungstique dans une solution de carbonate de sodium, jusqu'à ce qu'il ne se dégage plus d'acide carbonique, Forcher a obtenu un sel en petits rhomboèdres brillants, auxquels il assigne la formule

$$Tu^7O^{24}Na^6 + 15H^2O.$$

6e *Sel.* — *Pentatungstate,* $Tu^5O^{17}Na^4 + 11H^2O$. — Prismes clinorhombiques que Marignac a obtenus accidentellement en même temps que le paratungstate. Angle plan de la base = 117° 30'.

Forcher a décrit un pentatungstate tétrasodique, en cristaux translucides, brillants, renfermant $12H^2O$, et que l'on obtient en faisant digérer pendant longtemps à froid du sel neutre avec de l'eau, ou en saturant une solution chaude de ce sel par de l'acide tungstique.

Ce sel a été obtenu par Lefort par l'addition du tungstate neutre à un excès d'acide acétique froid.

7e *Sel.* — *Tritungstate tétrasodique.* — C'est le sel qu'on obtient en fondant le paratungstate ordinaire, reprenant par l'eau et faisant cristalliser la solution (Scheibler).

Tritungstate disodique $Tu^3O^{10}Na^2 + 4H^2O$. — Il se précipite par l'addition d'une solution de paratungstate de sodium à de l'acide acétique bouillant. Il est soluble dans l'eau et cristallise par l'évaporation en prismes déliés. Sa solution donne des précipités de composition analogue avec les chlorures de baryum et de calcium [Lefort, *loc. cit.*].

Octotungstate, $Tu^8O^{25}Na^2 + 12H^2O$. — Beaux cristaux clinorhombiques brillants, qui se déposent lorsqu'on fait évaporer lentement une solution de métatungstate additionnée d'acide azotique ou chlorhydrique [Ullik, *Journ. für prakt. Chem.*, t. CIII, p. 147].

Tungstates acides sodico-ammoniques. — Marignac a décrit deux sels doubles, qu'il a obtenus en faisant cristalliser un mélange des deux tungstates simples. Le premier est en lamelles rhomboïdales nacrées, très-minces, dont la composition correspond à la formule complexe

$$12TuO^3.5\,[\tfrac{1}{4}\,Na^2O, \tfrac{3}{4}\,(AzH^4)^2O] + 12H^2O.$$

Le second ressemble au premier, et présente la composition plus simple:

$$12\,TuO^3.3\,(AzH^4)^2O.2Na^2O + 15H^2O,$$
$$\text{ou } Tu^{12}O^{41}(AzH^4)^6Na^4 + 15H^2O.$$

On a décrit en outre deux sels, en lamelles nacrées blanches, et qu'on a obtenus en mélangeant des solutions bouillantes de tungstate sodique neutre et de sel ammoniac. Pour préparer le premier, on mêle les deux sels dans le rapport de molécules égales. Pour le second, on emploie 1 molécule TuO^4Na^2 pour 2 molécules AzH^4Cl. Ces sels renferment

$$7\,TuO^3,\,2\,(AzH^4)^2O.\,Na^2O + 3H^2O,$$
$$35\,TuO^3.\,12\,(AzH^4)^2O.\,3Na^2O + 14H^2O.$$

Le second présente sensiblement les mêmes rapports que le premier des sels de Marignac, sauf pour l'eau.

Tungstates sodico-potassiques. — Un mélange des deux tungstates acides de potassium et de sodium dépose d'abord des cristaux de sel acide de potassium, puis des lames rhomboïdales du sel double, $Tu^{12}O^{41}Na^2K^8 + 15\,H^2O$; puis des octaèdres obliques non symétriques,

$$12\,TuO^3.\,5\,(\tfrac{3}{11}\,K^2O.\,\tfrac{8}{11}\,Na^2O) + 25\,H^2O;$$

enfin des cristaux de tungstate acide de potassium (Marignac).

Ullik a décrit un tungstate sodico-potassique,

$$(TuO^4)^3K^2Na^4 + 14H^2O,$$

qu'il a obtenu en faisant fondre 1 molécule de CO^3K^2, 1 molécule de CO^3Na^2 et 3 molécules de TuO^3 ou en faisant bouillir un mélange de carbonates alcalins avec l'acide tungstique. Il cristallise en grands prismes hexagonaux.

MÉTATUNGSTATE DE SODIUM,

$$Tu^4O^{13}Na^2 + 10H^2O.$$

— Cristaux octaédriques, probablement réguliers, très-efflorescents. Densité = 3,84. L'eau froide dissout 10,69 fois son poids de ce sel; l'eau bouillante le dissout en toute proportion. Chauffé, il perd son eau au rouge sombre, et s'il n'a pas été chauffé trop fort, il se dissout de nouveau entièrement dans l'eau (Scheibler, Marignac, Forcher). Margueritte décrit un sel renfermant

$$Tu^4O^{13}Na^2 + 4H^2O.$$

TUNGSTATES DE LITHIUM. — *Sel neutre,* TuO^4Li^2. — On le prépare en neutralisant l'acide tungstique par le carbonate de lithium, par voie sèche ou par voie humide. Il cristallise en prismes clinorhombiques (C. Gmelin) ou en octaèdres (Anthon). Il est très-soluble dans l'eau; sa saveur est amère et alcaline.

Sel acide, $Tu^7O^{24}Li^6 + 19H^2O$. — Il s'obtient comme le sel de sodium et cristallise en grands prismes clinorhombiques ou en tables inaltérables à l'air, très-solubles dans l'eau. Il ne fond qu'à une haute température et se prend par le refroidissement en une masse porcelainée (Scheibler).

MÉTATUNGSTATE DE LITHIUM. — La solution aqueuse l'abandonne par l'évaporation sur l'acide sulfurique, en masse amorphe.

TUNGSTATE DE THALLIUM. — Lorsqu'on ajoute à froid un tungstate alcalin à la solution concentrée d'un sel de thallium il se produit un précipité amorphe blanc, anhydre et renfermant

$$Tu^5O^{19}Tl^8 = 5\,TuO^3.\,4\,Tl^2O.$$

Ce sel se dissout dans une solution bouillante de carbonate de sodium; par le refroidissement il se dépose des lamelles hexagonales du sel neutre TuO^4Tl^2. On obtient immédiatement ce dernier par le refroidissement d'une solution étendue et bouillante d'un sel de thallium additionnée d'un tungstate alcalin [R. de Flemming, *Zeitsch. für Chem.*, 1868, p. 292].

TUNGSTATES D'ARGENT. — Une solution de tungstate acide de potassium ajoutée à une solution d'argent y produit un précipité blanc, anhydre, renfermant $Tu^2O^7Ag^2$, insoluble dans l'eau, soluble dans les acides acétique et phosphorique et dans l'ammoniaque.

Tungstate d'argent-diammonium,

$$Tu\,O^4\left(Az\,H^2 \begin{smallmatrix} \diagup Ag \\ \diagdown Az\,H^4 \end{smallmatrix}\right)^2.$$

Ce sel a été obtenu par dissolution dans l'ammoniaque du tungstate d'argent, lequel avait été précipité par le tungstate neutre de potassium. Il cristallise en grandes tables inaltérables à l'air et solubles dans l'eau, mais sa solution s'altère rapidement. Il perd toute son ammoniaque à 100° [O. Widmann, *Bull. de la Soc. chim.*, t. XX, p. 65].

Tungstate argenteux acide, $Tu^2\,O^7\,(Ag^2)^2$. — Poudre cristalline noire et brillante qui se dépose par l'action de l'hydrogène sur une solution ammoniacale du sel argentique [Rautenberg, *Ann. der Chem. u. Pharm.*, t. CXIV, p. 119].

MÉTATUNGSTATE D'ARGENT, $Tu^4\,O^{13}\,Ag^2 + 3\,H^2O$. — Croûtes cireuses, formées d'octaèdres microscopiques, se déposant par le refroidissement d'un mélange bouillant de métatungstate de sodium et d'azotate d'argent acidulé par l'acide azotique. Ce sel est soluble dans l'eau; sa solution l'abandonne sous forme cristalline par l'évaporation sur l'acide sulfurique, à l'état amorphe par évaporation à chaud (Scheibler).

TUNGSTATES DE BARYUM. — *Sel neutre*, $Tu\,O^4Ba$. — D'après Zettnow, ce sel se précipite sous forme d'une poudre blanche, renfermant $2\,{}^1/_2\,H^2\,O$. Il est insoluble dans l'eau, décomposable par les acides et par les carbonates alcalins. Suivant Scheibler, le tungstate ainsi obtenu est toujours un mélange de plusieurs sels. Pour obtenir le tungstate neutre de baryum pur, ce chimiste emploie le métatungstate dont il chauffe la solution avec un excès d'eau de baryte, ou bien il fait tomber goutte à goutte de l'eau de baryte dans une solution étendue et bouillante de tungstate acide de sodium, aussi longtemps que le précipité se redissout. La solution laisse déposer par le refroidissement du tungstate sodico-barytique, dont les eaux mères donnent, par un excès de baryte, un précipité volumineux blanc, devenant peu à peu dense et cristallin: c'est le tungstate $Tu\,O^4Ba$ pur, qui se présente en petits octaèdres brillants, renfermant $1/2\,H^2O$.

On obtient le sel anhydre en fondant 2 p. de tungstate sodique neutre avec 7 p. de chlorure de baryum et 4 p. de chlorure de sodium, et reprenant par l'eau. Il cristallise en octaèdres incolores, paraissant isomorphes avec le sel de calcium. L'acide azotique concentré ne le décompose qu'à l'ébullition (Geuther et Forsberg).

Sel acide, $Tu^7\,O^{24}\,Ba^3 + 8\,H^2\,O$. — Précipité blanc, devenant anhydre et jaune par la calcination (Lotz).

Tungstate sodico-barytique,

$$Tu^7\,O^{24}\,Ba\,Na^4 + 14\,H^2\,O,$$

d'après Scheibler, ou

$$Tu^{12}\,O^{41}\,Ba^2\,Na^6 + 24\,H^2\,O,$$

suivant Marignac. On a vu plus haut comment Scheibler a obtenu ce sel, qui se dépose par le refroidissement en cristaux grenus formés de lamelles rhomboïdales microscopiques. Leur analyse s'accorde mieux avec la formule de Marignac qu'avec celle de Scheibler.

MÉTATUNGSTATE DE BARYUM, $Tu^4\,O^{13}\,Ba + 9\,H^2\,O$. — On l'obtient par le mélange des solutions concentrées et chaudes de métatungstate de sodium et de chlorure de baryum. On le purifie par cristallisation. Zettnow prépare ce sel en ajoutant du chlorure de baryum (9 p.) à une solution chaude de tungstate de sodium (42 p.), additionnée de phosphate sodique cristallisé du commerce (15 p.) et d'acide chlorhydrique d'une densité de 1,12 (15 p.); on filtre et on fait cristalliser.

Le métatungstate de baryum se dépose en grands octaèdres quadratiques, basés, brillants, modifiés par les faces du prisme. Angles $a^1\,a^1$ (au sommet) = 107° 47'; (sur les côtés) = 112° 55'; $a^1\,p$ = 123° 32'; $a^1\,m$ = 126° 7'. Densité = 4,298. — Ces cristaux s'effleurissent à l'air; ils perdent 6 H^2O à 100°.

Chauffé au rouge, ce sel devient jaune et insoluble. Il est décomposé par l'eau froide en sel triacide insoluble et acide métatungstique libre; à l'ébullition, le métatungstate se régénère. Ce sel permet de préparer facilement l'acide métatungstique libre et les autres métatungstates par l'action de l'acide sulfurique ou des sulfates correspondants (Scheibler).

TUNGSTATE DE CALCIUM, $Tu\,O^4\,Ca$. — Il est insoluble dans l'eau pure et dans l'eau acidulée. On l'obtient cristallisé, sous la forme de la scheelite ou tungstate de calcium naturel (t. II, p. 1454), en fondant le wolfram avec un excès de chlorure de calcium et reprenant la masse par l'eau bouillante (Manross), ou en chauffant le sel amorphe, obtenu par précipitation, dans un courant de gaz chlorhydrique (Debray).

MÉTATUNGSTATE DE CALCIUM, $Tu^4\,O^{13}\,Ca + 10\,H^2\,O$. — Cristallise difficilement.

TUNGSTATE DE STRONTIUM, $Tu\,O^4\,Sr$. — Ressemble au sel de baryum et se prépare de même. On l'obtient en cristaux translucides, ayant la forme du sel de plomb naturel, en fondant 1 p. de tungstate de sodium, 2 p. de chlorure de strontium et 2 p. de chlorure de sodium (Schultze).

Le *sel acide*, $Tu^2\,O^7\,Sr + 4\,H^2\,O$ (Anthon) ou $Tu^7\,O^{24}\,Sr^3 + 4\,H^2\,O$ (Lotz), est blanc, insoluble, décomposable par les acides et se prépare comme le sel de baryum.

MÉTATUNGSTATE DE STRONTIUM,

$$Tu^4\,O^{13}\,Sr + 8\,H^2\,O.$$

— On l'obtient comme le sel de baryum. Octaèdres quadratiques, modifiés par les faces du prisme (Scheibler).

TUNGSTATE DE MAGNÉSIUM. — Les sels de magnésium ne sont pas précipités par les tungstates alcalins neutres. L'ébullition de l'acide tungstique avec le carbonate de magnésium et l'eau donne une solution qui dépose par l'évaporation des lamelles brillantes, très-amères, inaltérables à l'air (Anthon). D'après Ullik, on obtient ainsi d'abord une substance blanche qui n'a pas été analysée, puis un sel renfermant

$$Tu\,O^4\,Mg + 7\,H^2\,O$$

et formé de petits cristaux vitreux, souvent mamelonnés, très-solubles dans l'eau et fusibles au rouge.

Par voie sèche, on obtient le tungstate anhydre $Tu\,O^4\,Mg$ en fondant de 1 p. de tungstate de sodium, 2 p. de chlorure de magnésium et 2 p. de chlorure de sodium, puis lavant la masse fondue à l'eau bouillante. Ce sel est en cristaux prismatiques ou octaédriques isomorphes avec le sel de calcium.

Tungstate ammoniaco-magnésien. — Petits cristaux nacrés se déposant d'un mélange des solutions concentrées et chaudes des deux sels; Lotz leur assigne la formule

$$Tu^7\,O^{24}\,Mg^2\,(Az\,H^4)^2 + 10\,H^2\,O,$$

mais cette composition ne paraît pas constante.

Si l'on verse du sulfate de magnésium dans une solution bouillante de tungstate acide d'ammonium, on obtient par le refroidissement un précipité cristallin qui renferme

$$Tu^{12}\,O^{41}\,Mg^3\,(Az\,H^4)^4 + 24\,H^2\,O$$

(Marignac).

Métatungstate de magnésium,

$Tu^4 O^{13} Mg + 8 H^2 O$.

— Cristaux brillants, probablement clinorhombiques, inaltérables à l'air et solubles dans l'eau (Scheibler).

MÉTATUNGSTATE CÉREUX, $Tu^4 O^{13} Ce + 10 H^2 O$. Obtenu par le carbonate céreux et l'acide métatungstique, il forme des cristaux clinorhombiques jaune-citron, pâles, inaltérables à l'air et solubles dans l'eau (Scheibler).

Les métatungstates de *lanthane* et de *didyme* sont également cristallisables.

MÉTATUNGSTATE DE GLUCINIUM. — Il cristallise de sa solution sirupeuse en lamelles déliquescentes (Scheibler).

TUNGSTATE D'YTTRIUM, $Tu O^4 Y + 2 H^2 O$. — Précipité pulvérulent blanc, très-peu soluble (Berlin).

TUNGSTATE D'ALUMINIUM. — Le *sel neutre* forme un précipité floconneux blanc, insoluble dans l'eau, soluble dans l'ammoniaque et dans les acides.

Le *sel acide*, $Tu^7 O^{24} Al^2 + 9 H^2 O$ (à 100°) forme, d'après Lotz, un précipité volumineux, qui se dessèche en une masse vitreuse et conchoïde.

Le *métatungstate* se dessèche en une masse amorphe.

TUNGSTATE DE CHROME, $(Tu O^4)^3 Cr^2 + 13 H^2 O$. Précipité vert clair, soluble dans les acides, gris jaunâtre après dessiccation.

Le *sel acide*, $Tu^7 O^{24} Cr^2 + 9 H^2 O$, obtenu par double décomposition, forme une poudre gris vert, insoluble.

TUNGSTATES DE MANGANÈSE. — *Sel neutre.* — Préparé par voie humide, il forme un précipité blanc. Préparé par voie sèche, comme le sel de magnésium, il se présente en cristaux orthorhombiques volumineux et brillants, d'un rouge grenat clair, d'une densité égale à 6,7. Il se forme en même temps des aiguilles jaunes, de même composition (Geuther et Forsberg).

Le *sel acide* est un précipité gommeux jaunâtre, renfermant $Tu^7 O^{24} Mn^3 + 11 H^2 O$, d'après Lotz; il perd $3 H^2 O$ à 100°.

MÉTATUNGSTATE DE MANGANÈSE,

$Tu^4 O^{13} Mn + 10 H^2 O$.

— Beaux octaèdres quadratiques, d'un jaune pâle, à sommets tronqués, inaltérables à l'air (Scheibler).

TUNGSTATES DE FER. — *Sel ferreux neutre,*

$Tu O^4 Fe$.

— Précipité brun, devenant plus foncé par la chaleur.

Debray l'a obtenu par la voie sèche, à l'état cristallisé, en dirigeant un courant de gaz chlorhydrique sur un mélange d'anhydride tungstique et d'oxyde de fer. La fusion de 1 p. de tungstate de sodium, de 2 p. $Fe Cl^2$ et de 1 p. Na Cl fournit ce sel en cristaux volumineux, noirs, opaques et très-brillants, présentant la forme du wolfram (Geuther et Forsberg).

Sel ferroso-manganeux. — C'est le wolfram naturel. Geuther et Forsberg l'ont obtenu artificiellement en fondant du tungstate de sodium avec un mélange de chlorures manganeux, ferreux et de sodium, en diverses proportions.

Tungstates ferriques. — Le chlorure ferrique donne dans une solution de tungstate acide d'ammonium un précipité couleur café au lait, soluble à froid dans un excès de chlorure ferrique et à chaud dans un excès de tungstate ammonique.

On obtient le même précipité en ajoutant de l'ammoniaque à la solution du métatungstate ferrique. Il reste alors un tungstate ferrico-ammonique en dissolution. Ce dernier sel double, auquel Borck assigne la formule

$(Tu O^3)^8 [(Az H^4)^2 O]^5 . Fe^2 O^3 + 5 H^2 O$,

se forme aussi par l'action de l'ammoniaque sur l'acide tungstique, tel qu'on l'obtient dans le traitement du wolfram par l'eau régale.

MÉTATUNGSTATES DE FER. — Le *sel ferreux* s'obtient par dissolution du fer dans l'acide métatungstique; il est cristallisable, mais difficile à obtenir pur. La solution, qui est bleue, contient en même temps l'oxyde $Tu^2 O^5$.

Le *sel ferrique* reste par l'évaporation de sa solution à l'état d'une masse amorphe. L'ammoniaque précipite de cette solution du tungstate ferrique, tandis qu'il reste du tungstate ferrico-ammonique en dissolution.

TUNGSTATE DE COBALT, $Tu O^4 Co$. — Cristaux translucides, d'un bleu verdâtre, qu'on obtient en fondant ensemble 1 p. $Tu O^4 Na^2$, 2 p. $Co Cl^2$ et 2 p. Na Cl [Schultze, *Ann. der Chem. u. Pharm.*, t. CXXXI, p. 56].

Le *métatungstate*, $Tu^4 O^{13} Co + 9 H^2 O$, cristallise en octaèdres quadratiques (Scheibler).

TUNGSTATES DE NICKEL. — *Sel neutre,* $Tu O^4 Ni$. — Cristaux translucides, bruns et brillants, obtenus par la fusion de 1 p. $Tu O^4 Na^2$, avec 2 p. $Ni Cl^2$ et 2 p. Na Cl (Schultze).

Le *sel acide* est un précipité vert clair, s'agglutinant en une masse gommeuse. Lotz lui assigne la formule $Tu^7 O^{24} Ni^3 + 14 H^2 O$.

Le *métatungstate de nickel,*

$Tu^4 O^{13} Ni + 8 H^2 O$,

cristallise en prismes ou en tables clinorhombiques.

TUNGSTATES DE ZINC. — Le *sel neutre*, $Tu O^4 Zn$, s'obtient par la fusion de 1 p. de tungstate de sodium avec 2 p. $Zn Cl^2$ et 2 p. NaCl. Il cristallise en prismes carrés avec les faces de l'octaèdre, incolores, insolubles dans l'eau (Geuther et Forsberg).

Tungstate acide zinco-ammonique,

$Tu^7 O^{24} Zn^2 (Az H^4)^2 + 3 H^2 O$ (d'après Lotz).

— Aiguilles d'un blanc de neige, qui se précipitent lorsqu'on ajoute du tungstate acide d'ammonium à une solution de sulfate de zinc. Ce sel est un peu soluble dans l'eau bouillante, plus soluble en présence du tungstate ammonique, du sulfate de zinc ou des acides oxalique, tartrique et phosphorique.

Le *métatungstate*, $Tu^4 O^{13} Zn + 10 H^2 O$, est très-soluble et cristallise difficilement (Scheibler).

TUNGSTATES DE CADMIUM. — Le *sel neutre* se prépare par la fusion de 4 p. $Tu O^4 Na^2$ avec 11 p. $Cd Cl^2$ et 16 p. Na Cl; il est en cristaux incolores, peut-être isomorphes avec le sel de calcium (Geuther et Forsberg).

Sel double ammoniacal,

$4 (Tu^7 O^{24} Cd^3) . Tu^7 O^{24} (Az H^4)^6 + 35 H^2 O$.

— Précipité volumineux blanc qu'on obtient avec le tungstate acide d'ammonium et le sulfate de cadmium (Lotz).

Le *métatungstate*, $Tu^4 O^{13} Cd + 10 H^2 O$, cristallise en octaèdres brillants, inaltérables à l'air, solubles dans l'eau.

TUNGSTATES DE CUIVRE. — Le produit de la fusion de 2 p. $Tu O^4 Na^2$ avec 3 p. $Cu Cl^2$ et 4 p. NaCl, repris par l'acide azotique dilué, fournit des pyramides quadratiques, blanches et translucides, recouvertes de cristaux d'un brun jaunâtre (Schultze).

Le *métatungstate*, $Tu^4 O^{13} Cu + 11 H^2 O$, est en lames ou tables probablement clinorhombiques (Scheibler).

TUNGSTATES DE MERCURE. — *Sels mercureux*,

$TuO^4(Hg^2)$.

— L'addition d'un sel mercureux à un tungstate alcalin neutre donne un précipité jaune, devenant plus foncé après dessiccation. Calciné, il laisse de l'anhydride tungstique. L'insolubilité de ce sel et sa décomposition par la chaleur permettent de l'employer pour la séparation et le dosage de l'acide tungstique.

Sels mercuriques. — On obtient un sel mercurique basique, $(TuO^4Hg)^2HgO$), sous la forme d'une poudre dense, blanche et insoluble, lorsqu'on précipite le chlorure mercurique en excès par le tungstate neutre de potassium.

On obtient un sel acide, $Tu^3O^{11}Hg^2$, soit

$$3TuO^3.2HgO,$$

par double décomposition avec l'azotate mercurique et le tungstate de potassium.

Ces sels sont décomposés par les alcalis. Calcinés, ils laissent de l'anhydride tungstique.

Tungstate ammoniaco-mercurique,

$$(TuO^4)^2Hg(AzH^4)^2 + H^2O.$$

— Précipité blanc, très-dense, qu'on obtient par l'azotate mercurique et le tungstate acide d'ammonium.

MÉTATUNGSTATE MERCUREUX,

$$Tu^4O^{13}(Hg^2) + 25H^2O(?).$$

— L'azotate mercureux, ajouté à l'acide métatungstique libre ou à un métatungstate alcalin, y produit un volumineux précipité blanc, qui se contracte par la chaleur en devenant jaune.

TUNGSTATES DE PLOMB. — Le *tungstate neutre*, TuO^4Pb, qui constitue la *scheelitine* (t. II, p. 1454), s'obtient par précipitation sous forme d'une poudre blanche. La fusion de 1 p. de tungstate de sodium avec 4p,7 de chlorure de plomb dans un creuset couvert fournit une masse caverneuse, d'un gris foncé, dont les cavités sont tapissées par des cristaux brillants et incolores de tungstate de plomb [Manross, *Ann. der Chem. u. Pharm.*, t. LXXXII, p. 357]. Zettnow a obtenu en outre le tungstate de plomb cristallisé, en fondant le sel amorphe avec du tungstate de sodium et reprenant par l'eau.

Sel acide, $Tu^7O^{24}Pb^3 + 10H^2O$. — Précipité pulvérulent, obtenu par l'azotate de plomb et le tungstate acide d'ammonium. Ce sel perd $7H^2O$ à 100°; il est soluble dans la soude, insoluble dans l'eau et dans l'acide azotique dilué.

MÉTATUNGSTATE DE PLOMB, $Tu^4O^{13}Pb + 5H^2O$. — Précipité floconneux, produit par l'acétate de plomb dans une solution, moyennement concentrée, d'acide métatungstique ou de son sel ammoniacal. Ce précipité est soluble dans une grande quantité d'eau chaude et cristallise par l'évaporation lente en petits cristaux aiguillés, soyeux, solubles dans l'acide azotique.

TUNGSTATES D'ÉTAIN. — On obtient un *tungstate stanneux*, sous la forme d'une poudre brune, brillante, en fondant 1 p. de tungstate de sodium avec 3 p. de chlorure stanneux (Zettnow).

Sel stannique. — L'addition de tungstate acide d'ammonium à une solution de chlorure stannico-ammonique y produit un précipité floconneux blanc, soluble dans un excès de sel stannique, dans les acides phosphorique, oxalique et tartrique (Lotz).

TUNGSTATES DE THORIUM. — Précipités floconneux, produits par les sels de thorium dans la solution des tungstates neutres ou acides.

TUNGSTATES D'URANIUM. — On obtient un *sel uraneux basique*, $TuO^4U.UO + 6H^2O$, sous la forme d'un précipité brunâtre, en ajoutant un tungstate alcalin à du chlorure uraneux. L'acide chlorhydrique le dissout avec une coloration verte (Rammelsberg).

Le *sel uranique* est un précipité jaune pâle, insoluble dans l'eau, soluble dans les acides forts et dans l'ammoniaque (Berzelius).

TUNGSTATE DE VANADIUM. — Les tungstates alcalins donnent dans les sels vanadiques un précipité brun, un peu soluble dans l'eau, oxydable à l'air avec formation d'acide vanadique.

TUNGSTATE MOLYBDIQUE. — Lorsqu'on ajoute du sel ammoniac à un mélange de chlorure molybdique et de tungstate de sodium il se forme un précipité qui, après lavage par une solution de sel ammoniac et par l'alcool, est d'un pourpre foncé, inaltérable à l'air, soluble dans l'eau. L'addition d'ammoniaque à sa solution aqueuse en précipite un tungstate ammoniaco-molybdique. La solution s'oxyde à l'air, se décolore et laisse déposer de l'acide tungsto-molybdique (Berzelius).

TUNGSTATE DE TUNGSTÈNE, Tu^2O^5 ou

$$TuO^3.TuO^2.$$

— C'est l'oxyde intermédiaire bleu qui prend naissance dans certaines réductions de l'acide tungstique, notamment par l'action du zinc en présence d'acide chlorhydrique. Il se forme aussi, comme on l'a vu, par l'action de l'hydrogène sur l'anhydride tungstique, chauffé modérément sur la lampe à alcool (Malaguti), ainsi que par la calcination en vase clos du tungstate d'ammonium.

On l'obtient sous forme d'une poudre cristalline bleue par l'électrolyse du tungstate de sodium fondu, neutre ou acide [Scheibler; Burkhard, *Zeitsch. für Chem.*, 1870, p. 212]. Enfin on peut le préparer à l'état cristallisé en calcinant des métatungstates ou des tungstates alcalins, et lavant le produit de la calcination à l'acide chlorhydrique et à la potasse.

TUNGSTATES TUNGSTO-ALCALINS. — Cette classe de sels, que Woehler avait envisagés comme des combinaisons de l'oxyde de tungstène TuO^2, constitue, ainsi que l'a montré Malaguti, des tungstates doubles, combinaisons d'acide tungstique avec l'oxyde TuO^2 et un alcali. Ainsi, le sel sodique que Woehler envisageait comme

$$(TuO^2)^2Na^2O \text{ ou } Tu^2O^5Na^2,$$

a pour composition

$$(TuO^3)^2TuO^2.Na^2O \text{ soit } Tu^2O^5.TuO^4Na^2$$

[Woehler, *Poggend. Ann.*, t. II, p. 350; — Malaguti, *Ann. de Chim. et de Phys.*, (2), t. LX, p. 271; — Laurent, *ibid.*, (2), t. LXVII, p. 219; — Scheibler, *Journ. für prakt. Chem.*, t. LXXX, p. 204, et t. LXXXIII, p. 273].

Tungstate tungsto-potassique, $Tu^2O^5.TuO^4K^2$. — On fait passer un courant d'hydrogène sec sur du tungstate acide de potassium chauffé au rouge. La masse, traitée par l'eau, abandonne du tungstate neutre de potassium et laisse un résidu formé de petites aiguilles de couleur cuivrée, à éclat métallique. Ces cristaux prennent un reflet bleu sous le brunissoir. Ils sont insolubles dans l'eau, dans les acides et dans les alcalis; ils constituent le tungstate tungsto-potassique (Laurent).

Scheibler prépare le même sel en fondant un fragment d'étain avec le tungstate de potassium et l'obtient ainsi en aiguilles d'un bleu indigo.

L'électrolyse du tungstate acide de potassium fondu fournit des cristaux brillants, qui renferment, d'après Zettnow, $TuO^4K^2.4TuO^2$.

Tungstates tungsto-sodiques. — On prépare le sel $Tu^2O^5.TuO^4Na^2$ comme le sel de potassium (Woehler, Malaguti). Comme lui, il est inattaquable par les acides, et même par l'eau régale. Il est en petits cubes de couleur jaune, ayant presque l'éclat de l'or.

On obtient un autre sel, renfermant

$$2Tu^2O^5.TuO^4Na^2,$$

par l'électrolyse du tungstate acide de sodium en fusion. Il se dépose au pôle négatif en petits cubes bleus à reflets cuivrés, inattaquables par les acides et par les alcalis (Scheibler).

Tungstate de tungstène et de lithium. — Scheibler a obtenu ce sel en tables quadrangulaires bleues par l'action de l'étain sur le tungstate de lithium fondu.

SULFURES DE TUNGSTÈNE.

Il existe deux sulfures de tungstène, correspondant aux deux oxydes, soit TuS^2 et TuS^3; le second est un sulfure acide, et donne des sulfosels solubles,

$$TuS^4M^2.$$

BISULFURE DE TUNGSTÈNE, TuS^2. — Ce sulfure se produit par l'action du soufre ou de certains composés volatils du soufre, notamment l'hydrogène sulfuré et le sulfure de carbone, sur le tungstène métallique ou sur ses oxydes mélangés de charbon et portés au rouge. Il se forme aussi par la calcination en vase clos du trisulfure de tungstène.

On le prépare en chauffant au rouge blanc, dans un creuset, de l'anhydride tungstique avec six fois son poids de cinabre; on recouvre le mélange de charbon de bois (Berzelius).

Riche le prépare en fondant du tungstate acide de potassium avec son poids de soufre, coulant la masse fondue et la lavant à l'eau chaude. Le sulfure reste sous forme de cristaux mous, d'un noir bleuâtre, très-fins, s'écrasant sous la plus légère pression, tachant le papier et les doigts comme la plombagine [*Ann. de Chim. et de Phys.*, (3), t. L, p. 26].

Ce sulfure est insoluble dans l'eau. Chauffé à l'air ou dans la vapeur d'eau, il s'oxyde. Il reste inaltéré par la fusion avec le cyanure de potassium (Woehler et Uslar). Densité = 6,26 à 20° (Schafarik).

TRISULFURE DE TUNGSTÈNE, TuS^3. — On ne l'obtient que par voie humide, en dissolvant l'acide tungstique dans un sulfure alcalin, et précipitant par un acide, ou en décomposant une solution de tungstate alcalin par l'hydrogène sulfuré, puis par l'acide chlorhydrique.

Sec, le trisulfure de tungstène est presque noir; sa poudre est brune. Il est un peu soluble dans l'eau froide, plus soluble dans l'eau bouillante; il est précipité peu à peu complétement de sa solution par le sel ammoniac et par d'autres sels, ainsi que par les acides. Porté à l'ébullition avec de l'acide chlorhydrique, il devient plus dense et prend une teinte plus foncée, mais il ne cesse pas d'être soluble dans l'eau. Il se dissout dans les carbonates alcalins, surtout lorsqu'il est récemment précipité. Il s'unit aux sulfures métalliques pour donner des sels dont un grand nombre sont solubles Ces sulfosels ont été décrits par Berzélius.

SULFOTUNGSTATES, TuS^4M^2. — Ils correspondent aux tungstates neutres.

Les sulfotungstates alcalins et alcalino-terreux s'obtiennent par dissolution du sulfure de tungstène dans les sulfhydrates, ou par l'action de l'hydrogène sulfuré sur les tungstates. Le sulfure de tungstène se dissout dans les alcalis, en donnant à la fois un tungstate et un sulfotungstate. L'addition d'un acide à la solution en précipite un *oxysulfure* rouge-brun, qui devient noir par l'ébullition avec l'acide chlorhydrique.

Les autres sulfotungstates se préparent par double décomposition ou par l'ébullition des sulfotungstates alcalins avec les oxydes correspondants.

Sulfotungstate d'ammonium, $TuS^4(AzH^4)^2$. — Il se dépose par l'évaporation lente de sa solution en tables rectangulaires jaunes. Il n'est pas très-soluble. Chauffé à l'abri de l'air, il décrépite et laisse un résidu de trisulfure qui, par une plus forte calcination, se transforme en bisulfure.

Sulfotungstate de potassium, TuS^4K^2. — Il cristallise par l'évaporation spontanée en prismes quadrilatères aplatis, anhydres, d'un rouge pâle. Il fond à l'abri de l'air en un liquide brun foncé, qui est le sel inaltéré. Il est très-peu soluble dans l'alcool, qui le précipite lentement de sa solution aqueuse en petits prismes déliés, d'un rouge cinabre.

Additionnée d'une petite quantité d'acide chlorhydrique et évaporée, sa solution fournit une masse noire, qui est un sulfotungstate acide,

$$Tu^2S^7K^2.$$

Oxysulfotungstate de potassium,

$$TuO^2S^2K^2 + 2H^2O.$$

— Ce sel se dépose par l'évaporation d'une solution de tungstate, saturée incomplétement par l'hydrogène sulfuré. Il se forme aussi par la fusion du tungstate neutre avec du soufre, à l'abri de l'air. Il cristallise en tables rectangulaires jaune-citron. Sa solution n'est pas précipitée par l'alcool.

Sulfotungstate et azotate potassique,

$$TuS^4K^2.2AzO^3K.$$

— Cristaux transparents d'un rouge rubis, très-solubles dans l'eau froide, insolubles dans l'alcool. On les obtient par l'évaporation lente d'une solution renfermant deux parties de sulfotungstate et une partie d'azotate de potassium. Chauffé, ce sel détone comme la poudre, et laisse un résidu d'oxysulfotungstate de potassium et de bisulfure de tungstène.

Sulfotungstate de sodium, TuS^4Na^2. — Il cristallise difficilement; cependant sa solution alcoolique l'abandonne en cristaux confus, rouges, qui s'humectent à l'air en devenant jaunâtres.

Il paraît exister un sel plus basique, également soluble dans l'eau et dans l'alcool.

Sulfotungstate de baryum, TuS^4Ba. — On le prépare par l'action de l'hydrogène sulfuré sur le tungstate de baryum délayé dans l'eau. La solution produite abandonne par l'évaporation des croûtes cristallines jaunes. On obtient un sel amorphe par l'évaporation d'une solution de trisulfure de tungstène dans le sulfure de baryum.

Sulfotungstate de strontium, TuS^4Sr. — Cristaux rayonnés, d'un jaune citron, qu'on obtient comme le sel de baryum.

Le *sulfotungstate de calcium* se dessèche en une masse jaune pâle, amorphe, soluble dans l'eau et un peu soluble dans l'alcool.

Le *sulfotungstate de magnésium* reste par l'évaporation sous forme d'un vernis jaune, soluble dans l'eau et dans l'alcool.

Ces sels, qui se préparent comme le sel de baryum, peuvent dissoudre un excès de trisulfure de tungstène, en donnant des sels acides qui restent après l'évaporation en masses amorphes brunes.

Le *sulfotungstate de manganèse* est soluble et jaune.

Le *sulfotungstate de cérium*, TuS^4Ce, est un précipité jaune, qui ne se dépose que lentement.

Les *sulfotungstates de cadmium et de zinc*, TuS^4Cd et TuS^4Zn, s'obtiennent, comme les suivants, par double décomposition. Ce sont des précipités jaunes; le dernier ne se dépose que lentement.

Sulfotungstates de fer. — Le sel ferreux est soluble. Le sel ferrique $(TuS^4)^3(Fe^2)$ se précipite en flocons volumineux d'un brun foncé.

Le *sulfotungstate chromique* ne se dépose que dans des solutions concentrées en flocons brun-verdâtre.

Sulfotungstates de cobalt, de cuivre, de nickel. — Précipités bruns ou noir-bruns.

Sulfotungstates de mercure. — Le sel mercureux $TuS^4(Hg^2)$ est un précipité noir. Le sel mercurique TuS^4Hg se précipite en flocons orange. Avec un excès de chlorure mercurique, le précipité est blanc; avec un excès de sulfotungstate alcalin, il est noir.

Sulfotungstate d'argent, TuS^4Ag^2. — Précipité brun foncé.

Sulfotungstate stanneux, TuS^4Sn. — Précipité floconneux brun.

Le *sulfotungstate stannique* se précipite en flocons d'un jaune-grisâtre, renfermant

$$(TuS^4)^2Sn.SnS^2.$$

Les *sulfotungstates aurique et platinique* sont des précipités noirs.

Le *sulfotungstate de bismuth,* $(TuS^4)^3Bi^2$, est un précipité brun-noir.

AZOTURES DE TUNGSTÈNE.

Il n'est pas certain que l'azoture de tungstène $TuAz^2$ ait été isolé. Il se produit peut-être lorsqu'on fait passer dans un tube chauffé au rouge des vapeurs de chlorure de tungstène et de sel ammoniac. Il se dépose dans ces circonstances un corps vert à éclat semi-métallique. Fondu avec de la potasse, ce corps, qui est peut-être un dérivé amidé, dégage des torrents d'ammoniaque [Woehler, *Ann. der Chem. u. Pharm.*, t. CVIII, p. 258].

Amido-azotures de tungstène. — Lorsqu'on soumet le tétrachlorure de tungstène à l'action du gaz ammoniac, il se forme du sel ammoniac, qui se volatilise quand on chauffe pour terminer l'opération, et il reste dans le tube, qu'on laisse refroidir lentement en continuant le courant de gaz ammoniac, un corps noir, ayant l'aspect du graphite. Chauffé à l'air, ce corps dégage de l'ammoniaque, puis brûle et se transforme en acide tungstique. Fondu avec la potasse, il dégage de l'ammoniaque et de l'hydrogène, et se convertit en tungstate; les lessives alcalines ne l'attaquent pas, non plus que les acides. Ce corps, que Woehler désigne sous le nom d'*amido-azoture de tungstène,* a pour composition

$$2TuAz^2.Tu(AzH^2)^2;$$

il se forme d'après l'équation :

$$3TuCl^4 + 18AzH^3$$
$$= 2TuAz^2.Tu(AzH^2)^2 + 12AzH^4Cl + H^2.$$

Chauffé au rouge naissant dans une atmosphère d'hydrogène, ce composé se transforme en un second amido-azoture, qui a pour composition $Tu^2Az^2.Tu(AzH^2)^2$ et qui reste sous forme d'une poudre grisâtre. Ce second amidure est souvent mélangé au premier. Soumis à une forte chaleur, l'un et l'autre laissent du tungstène métallique [Woehler, *Ann. de Chem. et de Phys.*, (3), t. XXIX, p. 187].

Oxyamido-azoture de tungstène,

$$3TuAz^2.Tu^2(AzH^2)^2.2TuO^3.$$

— Ce composé noir, d'aspect demi-métallique, prend naissance par l'action du gaz ammoniac sur l'acide tungstique, chauffé dans un tube de verre jusqu'à l'incandescence. Il est difficile de l'obtenir à l'état de pureté; une chaleur trop élevée le décompose avec dégagement d'ammoniaque. Il résiste aux acides et aux alcalis. Il brûle avec éclat quand on le chauffe au contact de l'air; l'hydrogène le réduit à l'état métallique. Traité par le chlorure de chaux, il dégage de l'azote et fournit du tungstate de calcium.

On obtient une combinaison analogue quand on fait fondre à une température élevée un mélange de tungstate de potassium et de sel ammoniac en excès; on reprend la masse par l'eau et par la potasse faible [Woehler, *loc. cit.*].

COMBINAISONS PHOSPHORÉES DU TUNGSTÈNE.

Phosphure de tungstène. — Le phosphore en vapeur et le tungstène métallique se combinent directement à chaud, mais sans incandescence; il se forme une poudre d'un gris foncé, difficilement oxydable, dont la composition est représentée par la formule Tu^3P^4.

Lorsqu'on réduit à une température élevée un mélange de 2 molécules d'acide phosphorique et de 1 molécule d'anhydride tungstique par le charbon, au feu de forge, il se forme de beaux cristaux prismatiques hexagonaux, gris d'acier, à éclat métallique, bons conducteurs de l'électricité. Ces cristaux ont pour composition Tu^4P^2. Densité = 5,207. Ce phosphure brûle difficilement au rouge dans l'air; mais dans l'oxygène il brûle avec éclat. Il est inattaquable par les acides, même par l'eau régale [Wright, *Journ. of Chem. Soc.*, t. V, p. 94].

Acides phosphotungstiques. — L'acide tungstique forme avec l'acide phosphorique des combinaisons analogues aux acides phosphomolybdiques. Scheibler avait remarqué que le tungstate de sodium, additionné d'acide phosphorique, constitue un réactif très-sensible des bases organiques. Il a d'abord attribué cette réaction à la formation d'acide métatungstique, qui présente des réactions analogues, mais il a reconnu depuis que l'acide phosphorique donne naissance à des combinaisons complexes [*Deut. chem. Gesellsch.*, t. V, p. 801; *Bull. Soc. chim.*, t. XIX, p. 23].

Lorsqu'on dissout le tungstate acide de sodium dans l'eau bouillante, avec la moitié de son poids d'une solution d'acide phosphorique d'une densité de 1,13, et qu'on fait bouillir pendant un certain temps, il se dépose après quelques jours de beaux cristaux d'un sel de sodium, dont la composition est représentée par la formule brute

$$P^2Tu^6O^{31}Na^5H^{11} + 13H^2O,$$

formule qui n'est donnée qu'avec réserve, ainsi que celle toute différente de l'acide libre qu'on a retiré de ce sel. Les cristaux du sel sodique appartiennent au type anorthique; rapport des axes = 0,8321 : 1 : 0,7030.

La solution de ce sel de sodium, traitée par le chlorure de baryum, donne un sel barytique peu soluble qui, décomposé par l'acide sulfurique, fournit l'acide phospho-tungstique libre. Celui-ci cristallise par la concentration de sa solution en beaux octaèdres réguliers, d'un éclat adamantin, ayant pour composition $PTu^{11}O^{43}H^{15} + 18H^2O$. Il est très-soluble dans l'eau, car sa solution, saturée à 12°,5, en renferme 66,85 %, le résidu étant pesé après calcination.

On obtient un acide offrant une composition différente lorsqu'on prend pour point de départ le tungstate neutre de sodium. Ce second acide est en cristaux d'apparence cubique, mais en réalité, d'après l'examen des propriétés optiques, ils appartiennent à un autre système. Ils ont pour composition $PTu^{10}O^{38}H^{11} + 8H^2O$.

Ces acides phosphotungstiques, notamment le second, sont un réactif précieux pour la séparation des alcaloïdes, qu'ils précipitent intégralement de la solution de leurs sels. Ainsi ils précipitent des solutions ne renfermant que $\frac{1}{200000}$ de strychnine et $\frac{1}{100000}$ de quinine. Ces précipités sont floconneux et peuvent être lavés à l'eau acidulée. Pour isoler les alcaloïdes de ces précipités, on traite ceux-ci par la chaux ou la baryte.

COMBINAISONS SILICOTUNSTIQUES.

Ces curieuses combinaisons ont été découvertes et décrites avec une grande précision par Marignac [*Ann. de Chim. et de Phys.*, (3), t. LXIX, p. 81, et (4), t. III, p. 5]. Cet auteur a reconnu que les tungstates alcalins dissolvent la silice gélatineuse en donnant des sels complexes dont les acides se représentent par les formules suivantes :

$$SiO^2.12TuO^3.4H^2O = SiTu^{12}O^{42}H^8.$$

Acide silicoduodécitunstique
ou silicotungstique.

$$12TuO^3.SiO^2.4H^2O = Tu^{12}SiO^{42}H^8.$$

Acide tungstosilicique (isomère
du précédent).

$$SiO^2.10TuO^3.4H^2O = SiTu^{10}O^{36}H^8.$$

Acide silicodécitungstique.

Le premier se forme par dissolution de la silice gélatineuse dans le tungstate acide de potassium ou de sodium ; il est cristallisable, ainsi que ses sels. L'acide silicodécitungstique se forme de même par dissolution de la silice dans du tungstate acide d'ammonium, mais il est incristallisable ainsi que la plupart de ses sels, qui sont extrêmement solubles. Il est en outre très-altérable, et la chaleur décompose sa solution en produisant l'acide tungstosilicique cristallisable et déliquescent. Par l'effet de cette dissolution de la silice dans les tungstates acides, la liqueur, qui possédait d'abord une réaction acide, prend une réaction légèrement alcaline.

Acide silicotungstique. — Pour isoler cet acide de son sel de potassium, on traite la solution de celui-ci par l'azotate mercureux qui précipite du silicotungstate mercureux insoluble, puis l'on décompose ce sel, bien lavé, par la quantité exactement suffisante d'acide chlorhydrique. On reconnaît le terme de la saturation à l'éclaircissement subit de la liqueur ; s'il restait un peu de mercure, on le précipiterait par l'hydrogène sulfuré, en évitant un excès de ce réactif. Dans le cas où l'on aurait ajouté un excès d'acide chlorhydrique, on s'en débarrasserait par évaporation à sec et une nouvelle dissolution dans l'eau. Par l'évaporation lente de la solution concentrée l'acide se dépose en octaèdres quadratiques d'une grande beauté, volumineux et brillants, un peu jaunâtres, efflorescents.

Ces cristaux ont pour composition

$$SiTu^{12}O^{42}H^8 + 29H^2O.$$

Faces observées : $b^{1/2}$, h^1, p; angles : $b^{1/2}$ $b^{1/2}$ au sommet = 109° 9', à la base 110° 6'. Chauffés, ils commencent à fondre à 36° et sont tout à fait liquides à 53° ; l'acide qui cristallise alors par le refroidissement renferme $22H^2O$. Cet hydrate se forme aussi lorsqu'on fait cristalliser l'acide d'une solution renfermant les acides chlorhydrique ou sulfurique. A 100°, l'acide perd $25H^2O$. Maintenu longtemps à 220°, il perd encore $6H^2O$, comprenant 2 molécules d'eau de constitution. On peut continuer à le chauffer jusqu'à 350° sans qu'il cesse d'être soluble dans l'eau ; chauffé plus fort, il se convertit en un mélange insoluble d'anhydrides silicique et tungstique.

L'acide à $22H^2O$ est en cristaux présentant l'apparence de cubo-octaèdres, mais qui présentent la combinaison de deux rhomboèdres basés, dont l'un, de 88°, se rapproche du cube. Ils sont inaltérables à l'air.

L'acide silicotungstique est très-soluble dans l'eau et dans l'alcool ; sa solution aqueuse saturée à 18° renferme 1 p. d'acide octaédrique pour 0p,104 d'eau ; elle a pour densité 2,843. La solution alcoolique additionnée de plus de son volume d'éther abandonne une couche sirupeuse soluble dans l'eau et qui retient de l'éther ; le même produit, renfermant 13 °/o d'éther, se forme lorsqu'on expose les cristaux octaédriques dans la vapeur d'éther.

Silicotungstates. — L'acide silicotungstique est un acide fort, qui décompose les carbonates. Tous ses sels sont solubles, sauf le sel mercureux ; les sels de césium et de rubidium sont très-peu solubles.

Les silicotungstates sont cristallisables ; l'acide chlorhydrique bouillant ne les décompose pas. Les alcalis caustiques ou carbonatés en séparent de la silice ; le précipité formé par l'ammoniaque se dissout de nouveau à l'ébullition.

L'acide silicotungstique donne comme les alcaloïdes des sels très-peu solubles. Ainsi il occasionne encore un trouble sensible dans les solutions de chlorhydrate d'atropine à $\frac{1}{15000}$; de chlorhydrate de quinine à $\frac{1}{50000}$; de chlorhydrate de cinchonine à $\frac{1}{200000}$ [Godefroy, *Deut. chem. gesellsch.*, t. IX. p. 1792].

Silicotungstate d'ammonium. — Le sel neutre, $SiTu^{12}O^{42}(AzH^4)^8 + 16H^2O$, se prépare soit par saturation directe, soit par l'ébullition prolongée du silicodécitungstate d'ammonium ; l'évaporation l'abandonne en mamelons blancs opaques. Par l'ébullition avec l'acide chlorhydrique il se convertit en sel acide, $SiTu^{12}O^{42}H^4(AzH^4)^4 + 6H^2O$. L'ébullition avec l'ammoniaque donne naissance à du tungstate acide d'ammonium peu soluble, et à du silicodécitungstate qui cristallise par la concentration.

Silicotungstates de potassium. — *Sel octopotassique*, $SiTu^{12}O^{42}K^8 + 14H^2O$. — Pour préparer ce sel, on projette, par petites portions, pour éviter les soubresauts, du tungstate acide de potassium dans de l'eau bouillante tenant de la silice en suspension ; on neutralise de temps en temps par quelques gouttes d'acide chlorhydrique. La transformation est complète lorsqu'une goutte du liquide ne produit aucun trouble avec l'acide chlorhydrique. La liqueur filtrée dépose par le refroidissement des croûtes cristallines du sel de potassium, qu'on purifie par une nouvelle cristallisation dans l'eau bouillante, mais il est difficile de l'obtenir en cristaux isolés. Il exige 10 p. d'eau à 18° pour se dissoudre, tandis qu'il en exige moins de 3 p. à l'ébullition. L'apparence de ces cristaux est celle de petits cubes, mais ils montrent la double réfraction. Ce sel perd $10H^2O$ à 100°.

Sel tétrapotassique, $SiTu^{12}O^{42}K^4H^4 + 16H^2O$. — La solution du sel précédent, additionnée d'un excès d'acide chlorhydrique, fournit de beaux cristaux limpides et brillants ; leur forme est celle d'un prisme hexagonal régulier terminé par une pyramide assez obtuse, dont les faces font avec celles du prisme un angle de 107° 40'. Ces cristaux sont efflorescents ; chauffés à 100°, ils perdent toute leur eau de cristallisation et même 1 molécule d'eau de constitution. Ce sel est beaucoup plus soluble que le précédent, il se dissout dans trois fois son poids d'eau à 20°.

Sel tripotassique, $2SiTu^{12}O^{42}K^3H^5 + 25H^2O$. — Lorsqu'on concentre une solution du sel neutre, additionnée d'un excès d'acide sulfurique, il se forme d'abord un dépôt pulvérulent blanc, puis des cristaux du sel tétrapotassique ; mais si on laisse ces deux produits en contact avec l'eau mère, ils disparaissent l'un et l'autre et sont remplacés par des cristaux dérivés d'un prisme clinorhombique dont l'inclinaison est de 102° 5'; la base est remplacée par un pointement; les cristaux sont rarement simples; ils sont presque toujours formés par un groupe de deux ou de quatre cristaux.

Ce sel, qui est le sel tripotassique, est inaltérable à l'air. Redissous dans l'eau, il se décompose, et la solution donne, par des concentrations successives : 1° le sel tétrapotassique hexagonal; 2° quelques cristaux du sel tripotassique; 3° des cristaux rhomboédriques d'acide silicotungstique retenant 0,6 % de potasse.

Silicotungstates de sodium. — *Sel octosodique,* $SiTu^{12}O^{42}Na^8 + 7H^2O$. — On l'obtient comme le sel potassique. Lorsqu'on concentre à consistance sirupeuse la solution du sel sodique, elle se prend en un magma de fines aiguilles, difficiles à séparer des eaux mères; séché à 100°, ce sel renferme $7H^2O$. Sa solution saturée à 19° a pour densité 3,05; elle renferme alors 0gr,21 d'eau pour 1 p. de sel.

Sel tétrasodique, $SiTu^{12}O^{42}Na^4H^4$. — Il se forme par l'addition d'acide chlorhydrique à la solution du sel neutre; cristallisé à la température de 40 à 50°, il se présente en tables rhomboïdales, presque rectangulaires, appartenant au système anorthique inaltérables, à l'air et renfermant $11H^2O$. Cristallisé à froid, il se présente en cristaux volumineux appartenant également au système anorthique et renfermant $18H^2O$; ces cristaux sont efflorescents.

Ce sel se combine à l'azotate de sodium en donnant des prismes presque rectangulaires, dérivant cependant du type anorthique, qui ont pour composition

$$3SiTu^{12}O^{42}Na^4H^4 + 4AzO^3Na + 39H^2O.$$

Sel disodique, $SiTu^{12}O^{42}Na^2H^6 + 14H^2O$. — Ce sel se dépose par la concentration de la solution du silicotungstate tétrasodique additionnée d'acide sulfurique. Il cristallise en prismes anorthiques, munis quelquefois d'une troncature des arêtes latérales, et de facettes sur l'angle intérieur et sur l'un des angles latéraux.

Silicotungstate de césium, $SiTu^{12}O^{42}Cs^8$ (séché à 100°). — Précipité cristallin blanc exigeant 20,000 p. d'eau à 20°, pour se dissoudre, et 192 à 200 parties d'eau bouillante. Il est insoluble dans l'alcool et dans l'acide chlorhydrique étendu, un peu soluble de l'ammoniaque [Godefroy, *Deut. chem. Gesellsch.*, t. IX, p. 1363].

Silicotungstate de rubidium, $SiTu^{12}O^{42}Rb^8$. — Précipité cristallin, plus soluble que le sel de césium. Il se dissout à 20° dans 145 à 150 parties d'eau et à 100° dans 19 à 20 parties (R. Godeffroy).

Silicotungstates de baryum. — Si l'on sature l'acide silicotungstique par du carbonate de baryum jusqu'à ce qu'il se forme un précipité de sel neutre presque insoluble, le liquide filtré fournit, par concentration et refroidissement, de beaux cristaux prismatiques; si l'on abandonne ceux-ci au contact des eaux mères, ils finissent par être remplacés par un sel plus hydraté, cristallisé en rhomboèdres.

Les premiers cristaux, qui sont des prismes clinorhombiques basés et tronqués sur les arêtes aiguës, renferment $SiTu^{12}O^{42}Ba^2H^4 + 14H^2O$.

Le sel rhomboédrique présente l'apparence de cubo-octaèdres, mais il est formé de rhomboèdres basés; il renferme $22H^2O$.

Sel sodico-barytique,

$$SiTu^{12}O^{42}Ba^3Na^2 + 28H^2O.$$

— Petits octaèdres orthorhombiques se déposant par le refroidissement d'une solution chaude de silicotungstate tétrasodique additionnée de chlorure de baryum, le premier sel restant en excès.

Les lavages prolongés décomposent ce sel en laissant un résidu presque insoluble, qui est le *sel neutre* ou *tétrabarytique.*

Silicotungstate bicalcique,

$$SiTu^{12}O^{42}Ca^2H^4 + 22H^2O.$$

— Sa solution concentrée, presque sirupeuse, obtenue en neutralisant l'acide libre par la craie, fournit de beaux cristaux rhomboédriques basés, limpides et brillants.

Silicotungstate bimagnésique,

$$SiTu^{12}O^{42}Mg^2H^4 + 16H^2O.$$

— Prismes anorthiques, limpides et inaltérables à l'air, se déposant d'une solution sirupeuse. Il perd $2H^2O$ à 100°.

Silicotungstate bialuminique,

$$(SiTu^{12}O^{42})^3.Al^4H^{12} + 87H^2O$$
$$= 3(SiO^2.12TuO^3).2Al^2O^3.6H^2O + 87H^2O.$$

— On le prépare en dissolvant de l'alumine dans l'acide silicotungstique ou par l'addition de cet acide à une solution de chlorure d'aluminium; par la concentration, il se dépose en magnifiques cristaux octaédriques, limpides et très-brillants.

Traitée par l'ammoniaque, la solution de ce sel se trouble à froid et s'éclaircit de nouveau à chaud; si l'on chasse l'excès d'ammoniaque et qu'on concentre, il se dépose de beaux cristaux octaédriques d'un sel double,

$$3(SiO^2.12TuO^3).2Al^2O^3.9(AzH^4)^2O + 75H^2O,$$

soit

$$(SiTu^{12}O^{43})^3Al^4(AzH^4)^{18} + 75H^2O.$$

Silicotungstate tétra-argentique,

$$SiTu^{12}O^{42}Ag^4H^4 + 7H^2O.$$

— Il est peu soluble dans l'eau, soluble dans l'acide azotique étendu. Sa solution chaude l'abandonne par le refroidissement en croûtes et en pellicules cristallines formées d'agrégations de grains à peu près rectangulaires.

Silicotungstate mercureux, $SiTu^{12}O^{42}(Hg^2)^4$. — Précipité lourd, d'un jaune pâle, insoluble dans l'eau, presque insoluble dans l'acide azotique étendu.

Acide tungstosilicique. — Cet acide, isomère du précédent, se forme par l'évaporation à sec d'une solution d'acide silicodécitungstique. On reprend le résidu par l'eau, qui laisse un peu de silice; la solution évaporée à consistance sirupeuse laisse déposer peu à peu de beaux cristaux d'acide tungstosilicique,

$$12TuO^3.SiO^2.4H^2O + 20H^2O,$$

soit

$$Tu^{12}SiO^{42}H^8 + 20H^2O.$$

Ces cristaux sont des prismes anorthiques. Faces: *m, t, p, g, e, i*. Angles: $gt = 112°\ 14'$; $gm = 59°\ 48'$; $mt = 127°\ 34'$; $pt = 119°\ 46'$; $pm = 117°\ 24'$. Ces cristaux sont déliquescents à l'air humide. Chauffés, ils fondent dans leur eau au-dessous de 100°, puis se dessèchent en se boursouflant. Vers 200°, le produit se délite brusquement et se réduit en une fine poussière; il ne retient plus alors que 2 molécules d'eau. Chauffé même au delà de 300°, l'acide reste soluble dans l'eau. Il est très-soluble dans l'alcool et se comporte avec l'éther comme l'acide silicotungstique.

Tungstosilicates. — L'acide tungstosilicique décompose énergiquement les carbonates; la grande solubilité de ces sels rend leur cristallisation difficile. Ils ne présentent pas, du reste, de caractères saillants qui permettent de les distinguer des silicotungstates. La transformation de ces sels isomériques les uns dans les autres n'a jamais été observée.

Tungstosilicates d'ammonium. — On n'a pu obtenir aucun sel défini d'ammonium; avec une quantité insuffisante d'alcali, on obtient un dépôt blanc, mou, mamelonné, ressemblant au silicotungstate. Avec un excès d'ammoniaque, il se forme du silicodécitungstate et du paratungstate d'ammonium.

Tungstosilicates de potassium. — Le *sel neutre*, $Tu^{12}SiO^{42}K^8 + 20H^2O$, cristallise en prismes rectangulaires dont les arêtes sont tronquées par les faces d'un prisme rhomboïdal de 160°; ils se terminent par des faces courbes.

Le *sel tétrapotassique*, $Tu^{12}SiO^{42}H^4K^4 + 7H^2O$, cristallise dans le système orthorhombique, soit en prismes courts, soit en lamelles hexagonales formées d'octaèdres rhomboïdaux fortement basés et tronqués. Ce sel est extrêmement soluble dans l'eau chaude, beaucoup moins dans l'eau froide, quoique plus que le silicotungstate.

Tungstosilicate tétrasodique,

$$Tu^{12}SiO^{42}H^4Na^4 + 10H^2O.$$

— Il se dépose de sa solution sirupeuse en cristaux volumineux, formés de rhomboèdres voisins du cube et tronqués sur les arêtes culminantes par un rhomboèdre tangent, obtus. Ces cristaux se conservent bien à l'air. Leur solubilité est considérable.

Lorsqu'on dissout dans l'acide tungstosilicique une quantité de carbonate de sodium suffisante pour former le sel octosodique, la solution est incristallisable, et se prend par la concentration en une masse mielleuse.

Tungstosilicate tétrabarytique,

$$Tu^{12}SiO^{42}Ba^4 + 9H^2O.$$

— Quoique peu soluble, ce sel s'obtient lorsqu'on neutralise l'acide par la baryte, à l'état d'un liquide glutineux, qui se précipite, et qui, exposé à l'air, durcit peu à peu, et se change en une masse vitreuse. Celle-ci, séchée à 100°, renferme $9H^2O$. Un séjour prolongé dans l'eau chaude rend ce sel pulvérulent; il renferme alors $27H^2O$.

Tungstosilicate bicalcique,

$$Tu^{12}SiO^{42}Ca^2H^4 + 20H^2O.$$

— La solution sirupeuse de ce sel, obtenue directement, abandonne des prismes anorthiques, tronqués par les faces latérales *g*; leur aspect est en général celui de tables hexagonales. Ces cristaux ne sont pas déliquescents.

Le *sel tétracalcique* se prend par la concentration en une masse mielleuse.

Marignac a obtenu une fois un *sel pentacalcique* $(Tu^{12}SiO^{42})^2Ca^5H^6 + 47H^2O$ en prismes anorthiques.

Sel bialuminique,

$$(Tu^{12}SiO^{42})^3(Al^2)^2H^{12} + 75H^2O.$$

— L'acide tungstosilicique dissout l'alumine en gelée; le sel formé est extrêmement soluble et cristallise de sa solution sirupeuse en prismes anorthiques modifiés par les faces *g* et *h*, et fréquemment maclés parallèlement à la face *t*.

ACIDE SILICODÉCITUNGSTIQUE. — On isole cet acide en décomposant par une quantité exacte d'acide chlorhydrique les sels mercureux ou argentique, obtenus eux-mêmes par double décomposition à froid avec le silicodécitungstate d'ammonium et bien lavés à l'eau froide. Un excès d'acide chlorhydrique ayant pour effet de rendre plus facile la décomposition de l'acide silicodécitungstique par l'évaporation, il faut éviter d'en ajouter un excès. La concentration de la solution ne doit être faite que dans le vide, à froid. Malgré ces précautions, l'opération manque souvent; quand elle réussit, la solution se prend finalement en un verre parfaitement limpide qui, bien desséché dans le vide, ne change pas de poids à 100°. Il absorbe l'humidité de l'air et tombe en déliquescence en produisant un curieux phénomène de décrépitation, produit sans doute par le gonflement sous l'influence de l'humidité. L'acide vitreux a pour composition

$$SiTu^{10}O^{36}H^8 + 3H^2O.$$

La solution d'acide silicodécitungstique se décompose par l'évaporation en laissant déposer de la silice et en se transformant en acide tungstosilicique. Quelquefois on parvient à l'évaporer sans décomposition. Elle ne trouble point les sels de baryum, de calcium, de magnésium, d'aluminium, de plomb; elle donne avec l'azotate d'argent un précipité blanc jaunâtre, soluble dans l'acide azotique et avec l'azotate mercureux en sel peu soluble dans l'acide azotique.

Silicodécitungstates. — Ils sont très-instables et très-solubles; le sel d'ammonium seul a été obtenu avec des caractères bien définis.

Silicodécitungstate d'ammonium,

$$SiTu^{10}O^{36}(AzH^4)^8 + 8H^2O.$$

— On l'obtient facilement par l'ébullition du tungstate acide d'ammonium avec la silice gélatineuse; pendant la concentration de la solution, il faut y ajouter de temps en temps de l'ammoniaque. Par le refroidissement de la solution concentrée, ce sel se dépose en prismes courts orthorhombiques; $mm = 119°$. Il est neutre, très-soluble dans l'eau chaude; la solution refroidie à 18° en retient encore 18 %. Les cristaux perdent $4H^2O$ à 100°.

Il ne paraît pas pouvoir exister de sel acide d'ammonium.

Le sel neutre forme facilement des sels doubles, très-solubles, mais incristallisables. Marignac a obtenu cependant un *silicodécitungstate ammonio-potassique,*

$$SiTu^{10}O^{36}K^4(AzH^4)^3H + 12H^2O,$$

en ajoutant du chlorure de potassium à une solution chaude du sel d'ammonium : le sel double se dépose par le refroidissement en fines aiguilles radiées. On obtient de la même manière des *sels sodico-ammonique* et *sodico-barytique*, plus difficiles à obtenir purs.

Silicodécitungstates de potassium. — En neutralisant l'acide silicodécitungstique par une quantité de carbonate potassique et concentrant la solution à une douce chaleur, on obtient successivement des croûtes cristallines, puis des cristaux prismatiques aciculaires, enfin un sel lamellaire mamelonné.

Ce dernier, formé de lamelles rhomboïdales indéterminées, paraît être le sel neutre,

$$SiTu^{10}O^{36}K^8 + 17H^2O.$$

Le sel aciculaire est formé de prismes orthorhombiques, tronqués par les faces du prisme rectangle et terminés par un pointement à six faces. Ce sel n'est pas un silicodécitungstate, car il a pour composition

$$SiTu^{11}O^{39}K^8 + 14H^2O;$$

peut-être représente-t-il une combinaison de silicodécitungstate et de silicotungstate.

Lorsqu'on ajoute à l'acide silicotungstique une quantité de carbonate potassique moitié de la précédente, on obtient par des concentrations successives des mélanges de silicotungstate tétrapotassique et de tungstosilicate; les dernières eaux mères fournissent des mamelons composés de lamelles et paraissant constituer le sel tétrapotassique,

$$SiTu^{10}O^{36}K^4H^4 + 8H^2O.$$

Silicodécitungstate de baryum,

$$SiTu^{10}O^{36}Ba^{4} + 22H^{2}O.$$

— Masse glutineuse insoluble dans l'eau, se séparant par l'addition d'acide silicodécitungstique à une solution de chlorure de baryum en excès. Exposée à l'air, cette masse devient vitreuse; elle se ramollit de nouveau par l'action de l'eau. Le sel vitreux présente la composition indiquée.

Silicodécitungstate d'argent,

$$SiTu^{10}O^{36}Ag^{8} + 3H^{2}O.$$

— Poudre légère et jaunâtre à peu près insoluble, obtenue par précipitation.

COMBINAISON DE TUNGSTATES ET DE SILICATES D'ÉTAIN, DE FER ET DE MANGANÈSE. — Cette combinaison, qui ne se rattache pas aux précédentes, est un produit métallurgique, qui prend naissance sans doute par la réaction de l'oxyde d'étain sur le wolfram; elle a été décrite par Rammelsberg [*Poggend. Ann.*, t. CXX, p. 54; *Bull. de la Soc. chim.*, (2), t. I, p. 354].

Elle est en petits prismes allongés et brillants, inattaquables par l'acide azotique, attaquables lentement par l'eau régale. Sa composition est exprimée par les formules ($R = 4/5Fe + 1/5Mn$):

$$4TuO^{4}R + 3[(SnO^{2}SiO^{2})^{3}(RO)^{2}].$$

COMBINAISONS ORGANIQUES DU TUNGSTÈNE.

TUNGSTÈNE-ÉTHYLE. — Voyez t. II, p. 411.

TUNGSTATE D'ÉTHYLE. — Masse vitreuse, dure, insoluble dans l'eau, l'alcool et l'éther. On l'obtient en faisant réagir l'alcool sur l'oxychlorure de tungstène, $TuOCl^{4}$. Maly lui a assigné la formule,

$$Tu^{2}O^{6}H(C^{2}H^{5}) + H^{2}O.$$

Cette formule suppose $Tu = 153$; avec $Tu = 184$, elle devient à peu près $Tu^{2}O^{7}H(C^{2}H^{5}) + H^{2}O$ [*Journ. f. prakt. Chem.*, t. XCVII, p. 255].

Scheibler n'a pas obtenu de tungstate d'éthyle par l'action de l'iodure d'éthyle sur le tungstate d'argent.

MÉTATUNGSTATE D'ÉTHYLE. — Scheibler attribue cet éther à la formule probable

$$Tu^{4}O^{13}(C^{2}H^{5})^{4} + 3H^{2}O.$$

Il l'a obtenu en faisant réagir de l'iodure d'éthyle sur le métatungstate d'argent en tubes scellés. Sirop visqueux se prenant au-dessus de l'acide sulfurique en une masse verdâtre fendillée. L'eau le décompose avec formation d'acide tungstique [*Journ. f. prakt. Chem.*, t. LXXXIII, p. 276].

BITUNGSTATE DE TÉTRÉTHYLAMMONIUM,

$$Tu^{2}O^{7}[Az(C^{2}H^{5})^{4}]^{2}.$$

— Sel blanc, cristallin, légèrement déliquescent, produit par la dissolution de l'hydrate tungstique dans une solution d'hydrate de tétréthylammonium [Classen, *Journ. f. prakt. Chem.*, t. XCIII, p. 446].

TUNGSTÈNE (ANALYSE). — CARACTÈRES DES COMPOSÉS DU TUNGSTÈNE. — Les composés du tungstène, chauffés au chalumeau avec du borax ou du sel de phosphore, dans la flamme extérieure, donnent une perle incolore. Dans la flamme intérieure, on obtient, avec le borax, une perle jaune ou incolore, suivant la proportion de tungstène; avec le sel de phosphore, la perle est d'un beau bleu; elle est rouge en présence du fer, mais devient bleue par l'addition d'étain.

Les composés insolubles du tungstène donnent un tungstate soluble lorsqu'on les fond avec les alcalis ou les carbonates alcalins.

Les solutions des tungstates et des métatungstates présentent quelques caractères communs. Sursaturées par les acides sulfurique, chlorhydrique, phosphorique, oxalique, acétique, elles donnent par l'action d'une lame de zinc une belle coloration bleue, due à la formation d'oxyde intermédiaire, $Tu^{2}O^{5}$; avec les acides azotique, tartrique, citrique, cette coloration n'a pas lieu.

Le *sulfure ammonique* ne donne pas de précipité dans la solution des tungstates alcalins; l'addition subséquente d'un acide occasionne la précipitation du sulfure TuS^{3}, soluble dans le sulfure ammonique.

L'*hydrogène sulfuré* ne produit pas de précipité en présence d'un acide, mais une coloration bleue; dans une solution neutre ou alcaline, il y a coloration jaune, par suite de la formation du sulfotungstate, puis précipitation du sulfure par l'addition d'un acide.

Quant aux réactions spéciales aux tungstates et aux métatungstates, elles ont été indiquées pages 522 et 523.

DOSAGE ET SÉPARATION. — Le tungstène est toujours dosé sous forme d'anhydride tungstique (qui renferme 79, 3 % de tungstène métallique). Si le tungstène est en solution, sans autre substance fixe, il suffit d'évaporer la solution et de calciner le résidu au contact de l'air.

Si l'on a affaire à un tungstate insoluble, on le réduit en poudre fine, et on le fond au creuset de platine avec du carbonate de sodium sec. On reprend par l'eau, on filtre et on neutralise la liqueur filtrée par l'acide acétique. S'il y a de la silice, elle est précipitée. La solution, traitée par l'acétate de plomb, donne un précipité de tungstate de plomb qu'on fait digérer avec du sulfure ammonique; il se forme du sulfure de plomb insoluble et du sulfure de tungstène qui se dissout; on filtre, on évapore à sec et on oxyde le résidu par l'acide azotique [Bernoulli, *Poggend. Ann.*, t. CXI, p. 573].

On peut aussi précipiter par l'azotate mercureux, neutraliser par l'ammoniaque, laver le précipité avec de l'eau additionnée d'azotate mercureux, ce qui l'empêche de traverser le filtre, puis le calciner après dessiccation (Berzélius).

Margueritte additionne la solution du tungstate alcalin d'acide sulfurique, évapore à sec, calcine légèrement le résidu et le reprend par l'eau qui dissout le sulfate alcalin et laisse l'anhydride tungstique.

Pour séparer l'acide tungstique des oxydes terreux et alcalino-terreux, on traite le produit par l'acide azotique, puis par le carbonate ammonique, qui dissout l'acide tungstique.

Pour la séparation d'avec le fer, le manganèse, le nickel, le cobalt, le plomb, etc., on emploie la fusion avec le carbonate de sodium; ce procédé est applicable à l'analyse du wolfram.

Séparation du titane, du tantale et du niobium. — On met à profit, en général, pour opérer cette séparation la solubilité de l'acide tungstique dans l'ammoniaque et dans le sulfure ammonique. Une digestion pure et simple avec ces réactifs est insuffisante pour dissoudre tout le tungstène si la substance a été calcinée. Dans ce cas, on la fond avec du soufre et du carbonate de sodium qui convertissent le tungstène en sulfotungstate soluble. Un semblable mélange de titane, de tantale, de niobium et de tungstène se rencontre assez fréquemment dans les minéraux niobifères.

Séparation du molybdène. — On dissout la substance dans un alcali ou on la fond avec un carbonate alcalin; la solution, additionnée d'acide tartrique et d'acide chlorhydrique en excès, qui dans ce cas ne donne pas de précipité, est traitée par un courant d'hydrogène sulfuré qui ne précipite que le molybdène.

Séparation des acides tungstique et chromique. — Les deux acides, ramenés à l'état de sels alcalins, sont traités à l'ébullition par un excès d'acide chlorhydrique en présence d'alcool ; l'acide chromique est réduit ; l'addition d'ammoniaque à la solution verte en précipite l'oxyde de chrome, tandis que l'acide tungstique reste dissous.

Séparation des acides silicique et tungstique. — La séparation fondée sur la volatilité du fluorure de silicium est toujours incomplète, même après plusieurs traitements successifs par l'acide fluorhydrique. Le procédé qui consiste à fondre le mélange avec le carbonate de sodium, à dissoudre dans l'eau et à ajouter du sel ammoniac, qui précipite la silice, donne toujours un dosage un peu trop faible pour le tungstène. Marignac fond le mélange de silice et d'anhydride tungstique avec du bisulfate de potassium ; il reprend la masse fondue par l'eau, qui dissout le tungstate de potassium et laisse la silice qui n'a pas été attaquée par le bisulfate ; on précipite ensuite l'acide tungstique par le nitrate mercureux, et on calcine le tungstate mercureux.

Marignac a appliqué ce procédé à l'analyse des silicotungstates ; ces sels sont précipités par le nitrate mercureux, et le précipité est soumis à la calcination, qui laisse un mélange de TuO^3 et de SiO^2 ; on pèse ce mélange, puis on retranche de son poids celui de l'acide tungstique déterminé par la méthode ci-dessus, pour avoir celui de la silice [*Ann. de Chim. et de Phys.*, (4), t. III, p. 8].

Séparation du tungstène et de l'étain. — Cette séparation présente une certaine importance, car ces deux métaux sont fréquemment associés dans leurs minerais.

Si les deux métaux se trouvent en dissolution, leur séparation est très-facile par l'hydrogène sulfuré qui précipite tout l'étain, en solution acide, et laisse le tungstène en dissolution.

Lorsque ces deux métaux sont à l'état insoluble on fond un poids connu de substance dans un creuset de porcelaine dans lequel on fait arriver un courant d'hydrogène. L'acide stannique est réduit à l'état métallique et l'acide tungstique à l'état d'oxyde inférieur TuO^2. On enlève l'étain par l'acide chlorhydrique et on le dose dans la solution par les procédés ordinaires ; l'oxyde TuO^2 restant est converti en TuO^3 par le grillage (H. Rose).

Dans cette séparation, une partie de l'acide tungstique est toujours réduite à l'état métallique, et Rammelsberg préfère même provoquer cette réduction totale, en élevant davantage la température. Le tungstène métallique n'étant pas attaqué par l'acide chlorhydrique, l'étain en est facilement séparé en totalité.

Rammelsberg a proposé une autre méthode qui consiste à chauffer le mélange des deux oxydes avec 5 à 6 parties de sel ammoniac, et cela à plusieurs reprises, jusqu'à ce qu'on ne constate plus de perte de poids ; tout l'étain est volatilisé à l'état de chlorure, tandis que l'anhydride tungstique n'est pas attaqué. Il faut, pour réussir, garantir le creuset de l'humidité pour que les parois ne se couvrent pas d'oxyde d'étain ; il suffit pour cela de l'introduire dans un creuset plus grand [*Poggend. Ann.*, t. CXX, p. 66].

Nous citerons, pour terminer, le procédé recommandé par Talbot, procédé qui est fondé sur l'action qu'exerce le cyanure de potassium sur les anhydrides stannique et tungstique ; le premier est réduit, mais non le second. On chauffe le mélange avec 3 à 4 parties de cyanure de potassium, et l'on reprend la masse refroidie par l'eau, qui laisse l'étain et dissout le tungstate de potassium [*Chem. News*, t. XXII, p. 229].

Recherche et dosage du tungstène dans la fonte. — On a indiqué au t. I, p. 1432, les procédés qui permettent de rechercher le tungstène dans les fers. Ces procédés peuvent servir au dosage de cet élément s'il ne se trouve pas en quantité trop minime.

E. W.

TUNGSTÈNE DE BASTNAES. — Voyez Cérite.

TUNGSTITE. — Voyez Wolframine.

TUNICINE, $C^6H^{10}O^5$. — La tunicine est une espèce de cellulose qui constitue la partie organique de l'enveloppe de certains mollusques tuniciers. Schmidt [*Ann. der Chem. u. Pharm.*, t. LIV, p. 318], Lœwig, Kölliker, Payen et Berthelot [*Ann. de Chim. et de Phys.*, 1855, (3), t. LVI, p. 149 ; *Bull. de la Soc. chim.*, 1872, t. XVIII, p. 9] ont étudié cette substance. Berthelot l'a extraite des enveloppes d'ascidies (*Cynthia papillata*, Sav.) qu'il a fait bouillir pendant quelques heures avec de l'acide chlorhydrique concentré, puis avec une solution de potasse marquant 32° Baumé, enfin avec de l'eau. La tunicine présente vis-à-vis des réactifs une résistance très-supérieure à celle du ligneux le plus cohérent. Bouillie pendant plusieurs semaines avec les acides chlorhydrique et sulfurique étendus, elle ne s'altère pas sensiblement. Le gaz fluoborique ne la carbonise pas. C'est principalement ce dernier caractère qui met hors de doute l'existence de la tunicine comme principe distinct.

On peut transformer la tunicine en sucre. Pour cela on la délaye dans l'acide sulfurique concentré et froid ; peu à peu la matière s'y liquéfie sans se colorer sensiblement. On verse alors le liquide goutte à goutte dans cent fois son poids d'eau bouillante, et l'on fait bouillir pendant une heure, on sature par la craie, on évapore la liqueur filtrée. On obtient ainsi un liquide sirupeux, mélange d'un sucre fermentescible analogue au glucose avec une substance non déterminée.

Ph. de C.

TURACINE. — Nom donné par Church au pigment rouge des plumes de différentes espèces de *touracos*, oiseaux originaires d'Afrique. On l'extrait des plumes par une solution alcaline faible et on le précipite par un acide. Ce pigment est remarquable en ce qu'il contient 5,9 % de cuivre. Son spectre d'absorption montre deux bandes noires.

Les différentes espèces de touracos, telles que *Musophaga violacea*, *Corythaix albo-cristata* et *C. porphyreolopha*, fournissent la même turacine ; mais cette matière n'existe que dans les plumes rouges de ces oiseaux [A. W. Church, *Bull. de la Soc. chim.*, t. XIV, p. 341].

TURBITH. — Le turbith des pharmaciens est la racine d'*Ipomœa Turpethum*, plante de la famille des Convolvulacées, originaire des Indes et d'Australie. Elle renferme une huile volatile, des matières grasses, une substance colorante jaune et une résine purgative douée de propriétés analogues à celles du jalap (Boutron-Charlard). D'après Spirgatis, la proportion de résine s'élève à 4 % dont 1/20 environ se dissout dans l'éther ; la partie insoluble contient un glucoside, la turpéthine.

TURBITH MINÉRAL et **TURBITH NITREUX.** — Anciennes préparations mercurielles, à peu près inusitées aujourd'hui ; le premier est formé essentiellement de sulfate trimercurique, et le second d'azotate trimercurique. — Voyez Mercure, t. II, p. 354 et 356.

TURGITE (Min.) [Syn. *Hydrohématite*]. — Hydrate de sesquioxyde de fer, $2Fe^2O^3, H^2O$. Compacte, fibreux, stalactifique, d'un éclat demi-métallique, et souvent un peu satiné dans le sens de la structure fibreuse. D'un noir rougeâtre, rouge clair lorsqu'il est terreux. Minerai de fer très-abondant, ressemblant à la limonite dont il se distingue par sa dureté plus grande, sa poussière rouge clair, et par la propriété de décrépiter dans le tube bouché en donnant de l'eau.

Dureté, 5 à 6. Densité, 3,6 à 4,49.

Pourrait bien être un mélange d'hématite et de limonite ou de goethite.

TURNÉRITE (Min.). — M. Pisani a fait voir que ce minéral est identique avec la monazite.

TURPÉTHINE, $C^{34}H^{56}O^{16}$. — Glucoside retiré par Spirgatis du turbith, racine d'*Ipomœa Turpethum*. La turpéthine est voisine de la convolvuline, de la jalapine et de la tampicine, toutes trois glucosides extraits des résines de différentes Convolvulacées. Elle possède la même composition que la jalapine, dont elle se différencie par son insolubilité dans l'éther, propriété qui la rapproche de la convolvuline.

Les racines d'*Ipomœa Turpethum* sont épuisées d'abord par l'eau froide, puis, après dessiccation, par l'alcool; l'extrait alcoolique est distillé et le résidu est additionné d'eau : il se sépare une masse jaune brunâtre qui, traitée à plusieurs reprises par l'eau bouillante et par l'éther, est dissoute dans l'alcool absolu et précipitée de cette solution par l'éther. Cette opération étant répétée quatre à cinq fois, on obtient la turpéthine sous forme d'une matière résineuse, brunâtre, inodore, d'une saveur âcre et amère, qui ne se développe qu'après quelque temps; la poudre irrite fortement les muqueuses. Elle est très-soluble dans l'alcool, mais insoluble dans l'eau et dans l'éther. Elle fond à 183°. L'acide sulfurique la dissout peu à peu en se colorant en rouge.

Les alcalis dissolvent la turpéthine en la transformant en acide turpéthique,

$$C^{34}H^{56}O^{16} + 2H^2O = C^{34}H^{60}O^{18}.$$

Les acides la dédoublent en acide turpétholique et en glucose fermentescible,

$$C^{34}H^{56}O^{16} + 6H^2O.$$
$$= C^{16}H^{32}O^4 + 3C^6H^{12}O^6.$$

Lorsqu'on oxyde la turpéthine, l'acide turpéthique ou l'acide turpétholique par l'acide nitrique, on obtient de l'acide oxalique et de l'acide sébacique (ou ipomique).

ACIDE TURPÉTHIQUE, $C^{34}H^{60}O^{18}$. — On dissout la turpéthine dans l'eau de baryte chaude, on élimine la baryte par l'acide sulfurique, l'excès de cet acide par l'hydrate de plomb; puis on traite par l'hydrogène sulfuré et l'on évapore la liqueur filtrée.

L'acide turpéthique forme une masse amorphe, jaunâtre, très-soluble dans l'eau et très-acide. On a préparé deux sels de baryum qui renferment

$$(C^{34}H^{59}O^{18})^2Ba \quad \text{et} \quad C^{34}H^{58}O^{18}.Ba.$$

ACIDE TURPÉTHOLIQUE, $C^{16}H^{32}O^4$. — On le prépare en dissolvant la turpéthine dans l'eau de baryte chaude, et ajoutant à la liqueur filtrée une quantité suffisante d'acide chlorhydrique d'une densité de 1,129, pour que le liquide commence à fumer. Au bout de 8 à 10 jours, le tout se convertit en une bouillie cristalline jaunâtre. Le produit solide, essoré au moyen de la trompe, est fondu à plusieurs reprises dans l'eau chaude pour éliminer l'acide chlorhydrique et purifié par plusieurs cristallisations dans l'alcool faible, après décoloration par le charbon animal.

L'acide turpétholique forme une masse blanche composée de fines aiguilles microscopiques. Il est inodore, acide, très-soluble dans l'alcool, moins soluble dans l'éther et insoluble dans l'eau; il fond à 88° et se décompose à une température supérieure en répandant une odeur très-irritante. Maintenu pendant longtemps entre 100 et 110°, il éprouve une perte de poids et se transforme en une masse jaunâtre, résineuse après refroidissement; cette masse renferme peut-être l'anhydride turpétholique.

L'acide turpétholique est monobasique.

Sel d'argent, $C^{16}H^{31}O^4.Ag$. — Précipité blanc, floconneux, insoluble dans l'eau.

Sel de baryum, $(C^{16}H^{31}O^4)^2Ba$. — Précipité amorphe.

Sel de cuivre, $(C^{16}H^{31}O^4)^2Cu$. — Précipité amorphe d'un bleu clair, fusible en un liquide d'un beau vert qui, par le refroidissement, se prend en une masse transparente.

Sel de plomb, $(C^{16}H^{31}O^4)^2Pb$. — Précipité amorphe, blanc, fusible.

Sel de sodium, $C^{16}H^{31}O^4.Na$. — Masse brillante soyeuse, composée de plaques rhombiques microscopiques, avec des angles de 125 et 55°. Ce sel est soluble dans l'eau.

Turpétholate d'éthyle, $C^{16}H^{31}O^4(C^2H^5)$. — Il se forme lorsqu'on abandonne à elle-même, pendant quelques jours, une solution alcoolique de turpéthine additionnée de la moitié de son volume d'acide chlorhydrique d'une densité de 1,128. Purifié par plusieurs cristallisations dans l'alcool suivies de précipitations par l'eau, cet éther cristallise en lamelles incolores, nacrées, fusibles à 72° et très-solubles dans l'alcool et dans l'éther [H. Spirgatis, *Journ. für prakt. Chem.*, t. XCII, p. 97; *Ann. der Chem. u. Pharm.*, t. CXXXIX, p. 41; *Bull. de la Soc. chim.*, t. II, p. 382; t. VII, p. 359]. A. H.

TURPÉTHIQUE (ACIDE) et **TURPÉTHOLIQUE (ACIDE)**. — Voyez TURPÉTHINE.

TURQUOISE (Min.) [Syn. *Calaite, agaphite, Johnite, turquoise de vieille roche,* ou *orientale*]. — Phosphate hydraté d'alumine et de cuivre,

$$2Al^2O^3, Ph^2O^5 + 5H^2O.$$

L'oxyde de cuivre entre dans la composition pour 2 à 5 %. Minéral compacte, réniforme ou stalactitique, d'un beau bleu, ou d'un bleu verdâtre, opaque, translucide sur les bords; se trouvant en veines sur un schiste argileux, près de Nichabour (Perse). Une variété impure se trouve en Silésie, à Hölsnitz (Saxe), et aussi entre le Sinaï et Suez.

Caractères. — Soluble dans l'acide chlorhydrique. Dans le tube fermé, décrépite, donne de l'eau et devient brun ou noir. Sur la pince, brunit et devient vitreux sans fondre. Colore la flamme en vert, et avec l'acide chlorhydrique en bleu. Avec le sel de phosphore, au feu de réduction, donne un verre rouge de cuivre.

Dureté, 6. Poussière blanche ou verdâtre. Densité, 2,6 à 2,83.

TYPES. — Voyez le DISCOURS PRÉLIMINAIRE.

TYRITE. — Voyez FERGUSONITE.

TYROLEUCINE. — Composé amidé extrait récemment par Schützenberger des produits du dédoublement de l'albumine sous l'influence d'une solution de baryte à 150°.

Il s'est trouvé dans la masse cristalline déposée après que la baryte non précipitable par l'acide carbonique avait été séparée par l'acide sulfurique.

Voici le procédé qui a été employé pour isoler cette substance :

On a chauffé pendant 4 jours à 140°, dans un autoclave en fonte, un mélange de 10 kilogr. d'albumine d'œufs, 30 kilogrammes d'hydrate de baryte cristallisé, 50 kilogrammes d'eau.

Le liquide, bouilli pour chasser l'ammoniaque, a été ensuite précipité par l'acide carbonique, filtré et concentré. Il s'est déposé des cristaux, principalement composés de tyrosine, de leucine, de leucéine et d'acide amido-valérique.

L'eau mère sirupeuse a été étendue, précipitée exactement par l'acide sulfurique, filtrée et concentrée. On a obtenu une abondante cristallisation, d'où l'on a pu séparer la tyroleucine, par une série de cristallisations fractionnées.

Elle se présente sous forme de boules arrondies, incolores, sans saveur, solubles dans l'eau, plus à chaud qu'à froid. 100 grammes d'eau en dissolvent à 15° environ 5 grammes, très-peu solubles dans l'alcool, insolubles dans l'éther.

Chauffée à l'abri de l'air dans un gaz inerte, elle fond vers 250° et se décompose en même temps, en donnant un sublimé blanc d'acide amido-valérique et un liquide incolore huileux qui passe dans le récipient. Ce liquide se fige au bout de quelque temps en une masse de cristaux feuilletés. Enfin il reste dans le fond de la cornue une masse jaune, transparente, fondue, qui se fige par le refroidissement en un produit dur et cassant.

Le liquide huileux qui passe à la distillation est un mélange d'eau et de carbonate d'une base liquide identique ou isomérique avec la collidine, $C^8H^{11}Az$.

La masse vitreuse qui reste dans la cornue offre composition de la tyroleucine, moins de l'eau.

Les analyses de la tyroleucine conduisent à la formule $C^7H^{11}AzO^2$, ou plutôt $C^{14}H^{22}Az^2O^4$.

En raison de ses réactions et de sa décomposition pyrogénée, on peut l'envisager comme une combinaison d'acide amido-valérique, $C^5H^{11}AzO^2$, avec un composé de formule $C^9H^{11}AzO^2$, qui ne différerait de la tyrosine que par 1 atome d'oxygène en moins. On sait du reste que, par l'action de la chaleur, la tyrosine se dédouble en CO^2 et en une base oxygénée de formule $C^8H^{11}AzO$.

L'action d'une température de 250-280° donnerait donc lieu aux dédoublements exprimés par les deux équations :

$$C^{14}H^{22}Az^2O^4 = 2H^2O + C^{14}H^{18}Az^2O^2;$$
$$C^{14}H^{22}Az^2O^4$$
$$= CO^2 + C^8H^{11}Az + C^5H^{11}AzO^2.$$

La tyroleucine ne donne pas de coloration avec le réactif de Millon ou celui de Piria qui sont si sensibles pour la tyrosine ; mais, lorsqu'on la chauffe sur une lame de platine avec quelques gouttes d'acide nitrique, elle laisse une masse jaune qui devient jaune-brun par la potasse [Schützenberger, *Compt. rend. de l'Acad.*, 1877, t. LXXXIV, p. 124]. P. S.

TYROLITE (Min.) [Syn. *Kupferschaum*]. — Arséniate de cuivre hydraté contenant du carbonate de chaux.

$$As^2O^5 = 25,0 ; CuO = 42,9 ; H^2O = 17,5 ;$$
$$CO^3Ca = 13,0.$$

Lamelles minces et flexibles, d'une couleur vert bleuâtre pâle, translucide, d'un éclat nacré sur le clivage et vitreux sur les autres faces.

Habituellement en masses réniformes à structure divergente dans les cavités de la calamine, de la calcite et du quartz, accompagnant d'autres minerais de cuivre, dans le Banat, à Posing et Libethen (Hongrie), à Nertschinsk (Sibérie), Falkenstein et Schwatz (Tyrol), etc.

Caractères. — Soluble dans l'acide azotique avec effervescence ; soluble en bleu dans l'ammoniaque en laissant un résidu blanc de carbonate de chaux. Dans le tube bouché, décrépite et donne beaucoup d'eau. Au chalumeau, fond en un globule gris d'acier. Sur le charbon, donne des fumées arsénicales et fond en une masse qui finit par laisser au feu de réduction un globule de cuivre.

Dureté, 1 à 2. Poussière vert pâle. Densité, 3,02 à 3,1.

Forme cristalline. — Prisme orthorhombique. Faces : *p*, *m*, g^1. Clivage *p*, parfait.

TYROSINE, $C^9H^{11}AzO^3$. La tyrosine a été découverte, en 1846, par Liebig, qui l'a obtenue en fondant la caséine avec de la potasse. Peu de temps après, Warren de la Rue la trouva toute formée dans la cochenille (300 p. de cochenille donnent 1 gramme de tyrosine). Bopp la prépara en traitant la caséine, la fibrine, l'albumine par l'acide sulfurique étendu et bouillant. Elle se forme également par l'action de la potasse sur les cheveux, les plumes, les épines de hérisson, etc. (Leyer et Köller), ou de l'acide sulfurique sur la corne (Hinterberger), de la baryte sur les matières albuminoïdes (Schützenberger). Elle se trouve aussi dans l'extrait obtenu par la digestion de la levûre (Schützenberger). Dans toutes ces réactions, sa production est accompagnée de celle de la leucine.

La tyrosine se rencontre aussi, accompagnée de leucine, dans la rate, le pancréas, le foie, dans le sang des veines hépatiques, dans l'urine (Staedeler et Frerichs), dans les écailles de la pellagre (Schmetzer) [Liebig 1846, *Ann. der Chem. u. Pharm.*, t. LVII, p. 62, et t. LXII, p. 269. — Warren de la Rue, *ibid.*, t. LXIV, p. 35. — Bopp, *ibid.*, Hinterberger, *ibid.*, t. LXII, p. 72. — Leyer et Köller, *ibid.*, t. LXXXIII, p. 332. — Frerichs et Staedeler, *Jahresb. fur Chem.*, 1855, p. 729, et 1856, p. 702. — Schmetzer, *Inaugural. Dissert.*, *Erlangen*, 1862. — Schützenberger, *Bull. de la Soc. chim.*, 1874, t. XXI, p. 265, et 1875, t. XXIV, p. 145].

Préparation. — A l'article LEUCINE (t. II, p. 215), on a indiqué les procédés indiqués par Bopp et par Hinterberger pour retirer la tyrosine, en même temps que la leucine, des matières albuminoïdes. Piria a décrit un mode opératoire pour la préparation de la tyrosine au moyen de la corne et de l'acide sulfurique. Le procédé de Stædeler, à peu près semblable, donne un meilleur rendement. Nous décrirons de ces deux procédés celui de Stædeler seulement; [Piria, *Ann. der Chem. u. Pharm.*, t. LXXXII, p. 251; Stædeler, *même recueil*, t. CXVI, p. 457; *Répert. de Chim. pure*, 1861, p. 107].

Procédé de Stædeler. — De l'acide sulfurique étendu (1 volume d'acide pour 4,5 volumes d'eau) est porté presque à l'ébullition dans une chaudière de cuivre; la corne est introduite à l'état de copeaux (1 partie de corne pour 2 d'acide) et le mélange est maintenu en ébullition pendant 16 heures, durant lesquelles on renouvelle l'eau évaporée : on peut opérer sur 3 kilogrammes de corne à la fois. La réaction terminée, on étend la liqueur du double de son volume d'eau et on la rend alcaline au moyen d'un lait de chaux. On filtre, on exprime le résidu et on le lave à l'eau bouillante. Les liqueurs filtrées laissent déposer du protoxyde de cuivre (provenant de la chaudière) ou bien du sulfure de cuivre, si l'on fait bouillir la solution. On évapore au 2/3 du volume occupé par l'acide sulfurique primitivement employé; on neutralise ensuite par l'acide sulfurique, et on laisse reposer pendant 12 heures. On recueille alors un abondant dépôt formé de tyrosine, de sulfate de calcium, et de sulfure de cuivre.

Les eaux mères concentrées donnent une nouvelle portion de tyrosine mélangée de leucine ; on enlève cette dernière au moyen de l'eau froide.

Quant au premier dépôt de tyrosine impure, on le broie avec une lessive étendue de soude caustique, puis on chauffe et l'on filtre ; on traite une seconde fois le résidu de la même manière, on le lave à l'eau et on réunit les liquides ; on précipite la chaux dissoute par le carbonate de sodium, on filtre, on sature à peu près par l'acide sulfurique, puis on sursature par l'acide acétique. La tyrosine se sépare immédiatement, de telle sorte que la liqueur se prend en masse. Après 12 heures, on exprime la tyrosine, on la lave à l'eau froide, et on la dissout dans l'ammoniaque concentrée. Elle cristallise par évaporation de l'ammoniaque. Ainsi obtenue, elle retient, comme la leucine, une petite quantité d'un produit sulfuré qu'on élimine en ajoutant à sa solution froide du sous-acétate de plomb, séparant le précipité par le filtre et précipitant, dans la liqueur filtrée, l'excès de plomb par l'hydrogène sulfuré. Il ne reste qu'à évaporer.

Ce procédé fournit pour 100 parties de corne, 1 partie de tyrosine.

MM. Erlenmeyer et Schœffer, en décomposant

diverses matières albuminoïdes par l'acide sulfurique étendu, ont obtenu les rendements suivants en leucine et en tyrosine :

	Leucine.	Tyrosine.
Cartilage	36 à 45 °/o	0,25 °/o
Fibrine de sang	14	2
Fibrine des muscles	18	1
Albumine de l'œuf	10	1
Corne	10	3,6

[Erlenmeyer et Schœffer, *Journ. für prakt. Chem.*, t. LXXX, p. 357, et *Répert. de Chim. pure*, 1861, p. 32].

La décomposition des matières albuminoïdes par la baryte fournit les quantités suivantes de tyrosine :

	Tyrosine.
Albumine	2,03 à 2,4 °/o
Caséine	4,12
Hemiprotéine	2,2
Fibrine du sang de cheval	3,2 à 3,5
Fibrine végétale	2,00

[Schützenberger, *Bull. de la Soc. chim.*, 1875, t. XXIV, p. 159].

Propriétés. — La tyrosine cristallise de sa solution aqueuse ou de sa solution ammoniacale en aiguilles soyeuses, groupées en étoiles. Elle se dissout dans 150 p. d'eau bouillante et dans 1900 p. d'eau à 16°, dans 13500 p. d'alcool à 90° froid, et la solubilité n'augmente pas par l'élévation de la température. La tyrosine impure, mêlée d'une matière étrangère, est plus soluble dans l'alcool.

Ingérée dans l'économie, la tyrosine n'est pas transformée, elle se retrouve dans l'urine et dans les excréments [Newski, *Zeitsch. für analyt. Chem.*, t. X, p. 376; *Bull. de la Soc. chim.*, 1872, t. XVII, p. 180].

Soumise à l'action de la chaleur, elle brunit et se détruit en donnant une huile présentant l'odeur du phénol (Stædeler). Mais lorsqu'on la chauffe, en petites quantités, à une température de 270°, elle donne de l'acide carbonique, et un sublimé blanc renfermant $C^8H^{11}AzO$. Ce corps est alcalin et a été considéré comme de l'éthyloxyphénylamine,

$$C^6H^4 < \begin{matrix} AzH^2 \\ OC^2H^5 \end{matrix}.$$

Mais d'après la constitution la plus probable de la tyrosine (voyez plus loin), ce corps doit être

$$C^6H^4(OH)-CH^2-CH^2(AzH^2)$$

ou

$$C^6H^4(OH)-CH < \begin{matrix} CH^3 \\ AzH^2 \end{matrix}$$

[Schmidt et Nasse, *Ann. der Chem. u. Pharm.*, t. CXXXIII, p. 211; *Bull. la Soc. chim.*, 1865, t. IV, p. 499].

La tyrosine, comme les acides amidés, se combine également aux acides et aux bases, en donnant des dérivés qui sont décrits plus loin.

La solution aqueuse de la tyrosine n'est précipitée ni par l'acétate neutre, ni par le sous-acétate de plomb, mais avec le sous-acétate de plomb ammoniacal, elle donne un précipité de tyrosine plombique. L'acétate mercurique précipite la tyrosine dans une solution additionnée préalablement de sous-acétate de plomb; le précipité est une combinaison mercurique de tyrosine.

La solution de tyrosine portée à l'ébullition avec une solution d'azotate mercurique précipite des flocons rouges, en même temps que la liqueur se colore en rose intense. Comme l'acide azotique détruit cette couleur, il ne faut pas employer l'azotate de mercure trop acide. La réaction est tellement sensible qu'on l'observe avec une solution faite à froid de tyrosine, étendue de plusieurs fois son volume d'eau [R. Hoffmann, *Ann. der Chem. u. Pharm.*, t. LXXXVII, p. 123].

D'après Lothar Meyer, une solution mercurique obtenue avec de l'acide azotique pur et un excès d'oxyde de mercure, donne avec une solution bouillante de tyrosine un volumineux précipité d'un blanc jaunâtre, qui ne change pas par l'ébullition du liquide. Mais si l'on ajoute une goutte d'acide azotique fumant ou d'une solution d'azotite de potassium additionnée d'acide azotique, la coloration rouge-cerise apparaît. Il semble donc que l'acide azoteux est nécessaire pour faire naître la réaction dont il s'agit [Lothar Meyer, *Ann. der Chem. u. Pharm.*, t. CXXXII, p. 156; *Bull. de la Soc. chim.*, 18(6)5, t. III, p. 305].

Stædeler donne le nom d'*érythrosine* à cette matière rouge; il fait remarquer qu'elle dérive directement de la tyrosine et non pas de la nitrotyrosine, car celle-ci peut être soumise à l'ébullition avec l'acide azotique sans qu'il se produise une coloration rouge. L'érythrosine présente une certaine analogie avec l'hématine.

Une autre réaction de la tyrosine a été indiquée par Piria. On mouille la tyrosine dans une capsule de porcelaine avec quelques gouttes d'acide sulfurique concentré, et on chauffe légèrement; la tyrosine se dissout; on ajoute un peu d'eau, puis un lait de carbonate de baryum, jusqu'à disparition de la réaction acide, ensuite on fait bouillir et l'on filtre; en ajoutant au liquide du perchlorure de fer en solution étendue, on observe une belle coloration violette [Piria, *Ann. der Chem. u. Pharm.*, t. LXXIII, p. 251].

Lorsqu'on traite la tyrosine en suspension dans l'eau par un courant de chlore ou par le chlorate de potassium et l'acide chlorhydrique et que l'on distille le mélange, il passe avec la vapeur d'eau de l'acétone chlorée, et le résidu est une masse résineuse qu'une action ultérieure du chlorate de potassium et de l'acide chlorhydrique convertit en quinone perchlorée (Stædeler). Par l'action de la vapeur de brome sur la tyrosine sèche, il se forme du bromhydrate de dibromotyrosine (Gorup-Besanez). — Voyez plus loin DIBROMOTYROSINE.

La tyrosine en solution alcaline est décomposée par le permanganate de potassium avec formation d'acide oxalique et d'une substance brune [Neubauer, *Ann. der Chem. u. Pharm.*, t. CVI, p. 72]. Oxydée par le bichromate de potassium et l'acide sulfurique, elle donne de l'acide cyanhydrique, de l'hydrure de benzoyle, de l'acide benzoïque, de l'acide acétique et de l'acide formique [Froehde, *Journ. für prakt. Chem.*, t. LXXIX, p. 483; *Répert. de Chim. pure*, 1860, p. 376]. Avec le même oxydant, Thudicham et Wanklyn n'ont obtenu que de l'acide formique et du gaz carbonique; en employant une quantité insuffisante d'acide sulfurique, ils ont vu apparaître un précipité jaune verdâtre, renfermant

$$C^9H^{11}AzO^{12}, Cr^2O^3, 3H^2O$$

Zeitsch. für Chem., 1869, p. 669; *Bull. de la Soc. chim.*, 1870, t. XIII, p. 466].

Par l'acide azotique, la tyrosine donne des dérivés nitrés (Strecker, Stædeler). En cherchant à obtenir la dinitrotyrosine de Stædeler, avec la mononitrotyrosine Wanklyn et Thudichum [*Mém. cité*] ont obtenu un produit d'oxydation de la nitrotyrosine, l'acide nitrotyrosique,

$$C^9H^{10}(AzO^2)AzO^6.$$

— Voyez DÉRIVÉS NITRÉS DE LA TYROSINE.

La tyrosine mise en suspension dans l'eau et traitée par un courant d'acide azoteux se dissout, et le liquide aqueux, neutralisé par le carbonate de calcium, puis filtré, donne, avec l'acétate de plomb, un précipité brun renfermant

$$C^8H^7AzO^6Pb$$

(Thudichum et Wanklyn). Fondue avec 4 fois son poids de potasse, la tyrosine se dédouble en acide paroxybenzoïque, acide acétique et ammoniaque,

$$C^9H^{11}AzO^3 + H^2O + O$$
Tyrosine.
$$= C^7H^6O^3 + C^2H^4O^2 + AzH^3$$
Acide paroxy-benzoïque. Acide acétique.

[Barth, *Ann. der Chem. u. Pharm.*, t. CXXXVI, p. 110; *Bull. de la Soc. chim.*, 1866, t. V, p. 307]. Ce fait a été confirmé par Ost, qui a obtenu le même résultat en employant la soude [*Journ. für prakt. Chem.*, (2), t. XII, p. 159; *Bull. de la Soc. chim.*, 1876, t. XXVI, p. 210].

Chauffé avec l'acide sulfurique concentré, elle donne l'*acide tyrosisulfureux*, $C^9H^{10}AzO^3, SO^3H$ (Stædeler).

SELS DE TYROSINE (Stædeler). — *Azotate de tyrosine.* — Lorsqu'on ajoute à de la tyrosine en suspension dans l'eau, de l'acide azotique par petites portions, elle ne se colore pas, même si l'on chauffe, si l'on a la précaution de ne pas employer un excès d'acide. Après avoir séparé par cristallisation l'excès de tyrosine, on obtient une solution qui se décompose partiellement en se colorant en rouge, et qui abandonne de petits cristaux aciculaires, constituant probablement l'azotate $C^9H^{11}AzO^3, AzO^3H$.

Chlorhydrate de tyrosine, $C^9H^{11}AzO^3, HCl$. — On sursature avec la tyrosine de l'acide chlorhydrique étendu, et on laisse la liqueur déposer la tyrosine non combinée : la liqueur filtrée n'est troublée ni par l'alcool, ni par l'éther; à l'évaporation, elle abandonne de l'acide chlorhydrique et des cristaux de chlorhydrate de tyrosine. Ce sel est très-acide; l'eau le décompose. On peut l'obtenir en abondance en dissolvant de la tyrosine dans l'acide chlorhydrique concentré, il se dépose ensuite à l'état cristallin.

En mélangeant du chlorhydrate de tyrosine en poudre avec une solution acide de chlorure de platine chauffée à 40°, on obtient une dissolution qui, abandonnée dans le vide pendant plusieurs mois, fournit de petits cristaux d'un *chloroplatinate*, $(C^9H^{11}AzO^3, HCl)^2PtCl^4$, très-déliquescent, très-soluble dans l'alcool absolu, moins soluble dans l'éther [Gintl, *Zeitsch. für Chem.*, 1869, p. 704; *Bull. de la Soc. chim.*, 1870, t. XIII, p. 307].

Sulfate de tyrosine, $C^9H^{11}AzO^3, SO^4H^2$. — Il est en fines aiguilles solubles dans l'eau, mais dont la solution se décompose très-promptement avec dépôt de tyrosine.

DÉRIVÉS MÉTALLIQUES (Staedeler). — La tyrosine chasse à l'ébullition l'acide carbonique des carbonates de baryum, de calcium, en formant des sels de baryum et de calcium, elle fournit aussi d'autres dérivés métalliques. Elle se dissout dans l'ammoniaque, mais sans former de combinaison avec elle.

Sels d'argent. — On en connaît deux. Si l'on ajoute à une solution concentrée d'azotate d'argent une solution saturée de tyrosine dans l'ammoniaque, en agitant constamment, il se produit un produit lourd, amorphe, renfermant

$$C^9H^9AzO^3, Ag^2 + H^2O.$$

Après avoir séparé ce précipité on obtient, par l'addition d'acide acétique, un autre précipité cristallin, lourd, $(C^9H^{10}AzO^3Ag)^2 + H^2O$.

Sel de baryum, $C^9H^9AzO^3Ba + 2H^2O$. — Une solution de baryte, saturée à une douce chaleur, et additionnée de tyrosine, laisse déposer ce dérivé sous l'aspect d'un précipité cristallin, lourd, formé de prismes épais souvent maclés, peu solubles dans l'eau, précipitables par l'alcool de leur solution aqueuse, perdant leur eau de cristallisation au-dessus de 130°.

En faisant bouillir la tyrosine avec du carbonate de baryum, on obtient un autre dérivé barytique, qui paraît être $(C^9H^{10}AzO^3)^2Ba$.

Sels mercuriques, [Vintschgau, *Zeitsch. für Chem.*, 1871, p. 62, et *Bull. de la Soc. chim.*, 1871, t. XV, p. 296]. Par le refroidissement d'un mélange bouillant de solutions très-étendues de tyrosine et d'azotate mercurique, il se forme des octaèdres carrés, ou des aiguilles microscopiques, peu solubles dans l'eau et renfermant,

$$C^9H^{11}AzO^3, 2HgO + 2H^2O.$$

Si l'on ajoute de l'azotate mercurique à une solution bouillante de tyrosine aussi longtemps qu'il se forme un précipité, on obtient une combinaison amorphe, jaune, renfermant à 100°,

$$C^9H^{11}AzO^3, 3HgO + H^2O.$$

Sel de sodium (Stædeler). Une solution étendue de soude, saturée de tyrosine et filtrée après plusieurs jours, n'est pas précipitée par l'alcool; elle renferme une combinaison qui n'a pas été isolée, mais, qui d'après les résultats donnés par l'analyse de la solution, doit renfermer

$$C^9H^9AzO^3.Na^2.$$

DÉRIVÉ BROMÉ. — DIBROMOTYROSINE,

$$C^9H^9Br^2AzO^3 + 2H^2O$$

[Gorup-Besanez, *Ann. der Chem. u. Pharm.*, t. CXXV, p. 281, et *Bull. de la Soc. chim.*, 1863, p. 378]. Lorsqu'on dirige de la vapeur de brome sur de la tyrosine, celle-ci se convertit en bromhydrate de dibromotyrosine, $C^9H^9Br^2AzO^3, HBr$, pendant qu'il se dégage de l'acide bromhydrique. Cette combinaison, soluble dans l'eau froide, est détruite par l'ébullition de sa solution : il se sépare de l'acide bromhydrique, et il se dépose de la dibromotyrosine qui se dissout de nouveau par une ébullition prolongée; elle cristallise ensuite, par le refroidissement, en aiguilles blanches et brillantes, qui perdent 2 molécules d'eau à 120°. Dans les solutions étendues, elle cristallise en larges tables transparentes appartenant au système orthorhombique, et devenant opaques à l'air. Elle est peu soluble dans l'alcool, facilement soluble dans les alcalis et dans les carbonates alcalins. Sa saveur est amère.

L'acide azotique la colore en rouge orange et la transforme en dinitrotyrosine. L'azotate mercurique donne, dans les solutions de dibromotyrosine, un précipité blanc se colorant en jaune par la chaleur. L'amalgame de sodium la décompose facilement.

La dibromotyrosine ne paraît pas pouvoir se combiner avec les alcalis. Elle donne une *combinaison argentique*, cristalline,

$$C^9H^7Br^2AzO^3.Ag^2 + 2H^2O;$$

les eaux mères de cette combinaison, additionnées d'acide azotique, donnent un second précipité qui paraît renfermer $C^9H^6Br^2AzO^3, Ag^3$.

Le *bromhydrate*, $C^9H^9Br^2AzO^3, HBr$, est en aiguilles soyeuses, solubles à froid dans l'eau et dans l'alcool, se décomposant par l'ébullition.

Le *chlorhydrate*,

$$C^9H^9Br^2AzO^3, HCl + 1\frac{1}{2}H^2O,$$

ressemble au précédent.

Le *sulfate* $(C^9H^9Br^2AzO^3)^2SO^4H^2$ forme des cristaux étoilés.

DÉRIVÉS NITRÉS. — [Strecker, *Ann. der Chem. u. Pharm.*, t. LXXIII, p. 70. — Stædeler, *mémoire cité*].

NITROTYROSINE, $C^9H^{10}(AzO^2)AzO^3$ (Strecker).

— Quand on délaye de la tyrosine dans l'eau et qu'on y ajoute de l'acide azotique goutte à goutte, elle se dissout et la liqueur se colore bientôt en jaune. On cesse alors l'addition de l'acide azotique; au bout de quelques heures, il se dépose une poudre cristalline jaune d'azotate de nitrotyrosine. Pour en retirer la nitrotyrosine, on le dissout dans l'ammoniaque étendue, et on y ajoute de l'azotate d'argent; il se forme un précipité de nitrotyrosine argentique, qui fournit la nitrotyrosine par l'action de l'hydrogène sulfuré. Il est plus simple, pour transformer l'azotate de nitrotyrosine en nitrotyrosine, d'opérer comme le fait Stædeler, en ajoutant goutte à goutte de l'ammoniaque à la solution d'azotate de nitrotyrosine. Celle-ci se sépare sous la forme de flocons volumineux, qui se transforment en un précipité cristallin jaune de soufre.

Les cristaux de nitrotyrosine paraissent, au microscope, formés d'aiguilles réunies en étoiles. Très-peu soluble dans l'eau froide, insoluble dans l'alcool et dans l'éther, elle se dissout dans les alcalis et dans les acides, avec lesquels elle donne des combinaisons.

Le *dérivé argentique* obtenu, comme nous l'avons dit plus haut, est un précipité jaune et amorphe renfermant $C^9H^8(AzO^2)AzO^3,Ag^2$ (Stædeler).

Le *sel de baryum*, $[C^9H^9(AzO^2)AzO^3]^2Ba$, est un précipité amorphe, d'un rouge de sang.

Azotate de nitrotyrosine,

$$C^9H^{10}(AzO^2)AzO^3,AzO^3H.$$

Nous avons décrit plus haut son mode d'obtention. C'est une poudre cristalline, peu soluble dans l'eau froide, plus soluble dans l'eau bouillante, cristallisant par le refroidissement en petites paillettes, d'une couleur brune presque bronzée, d'un jaune clair en poudre. Elle se dissout un peu dans l'alcool, à chaud.

Chlorhydrate, $C^9H^{10}(AzO^2)AzO^3,HCl + \frac{1}{2}H^2O$. Il cristallise en touffes d'aiguilles d'un jaune citron, facilement solubles dans l'eau et dans l'alcool.

Sulfate $[C^9H^{10}(AzO^2)AzO^3]^2SO^4H^2$. — Il forme des aiguilles jaunes.

DINITROTYROSINE, $C^9H^9(AzO^2)^2AzO^3$ (Stædeler). — Ce dérivé se produit lorsqu'on chauffe doucement l'azotate de nitrotyrosine avec parties égales d'eau et d'acide azotique d'une densité de 1, 3. Il se forme en même de l'acide oxalique et divers corps non étudiés. On évapore le produit de la réaction, on lave le résidu avec de l'eau froide, puis on le fait cristalliser dans l'eau bouillante.

La dinitrotyrosine cristallise en lamelles d'un jaune citron; elle ne se combine pas avec les acides, mais donne facilement des combinaisons avec les bases.

Le *dérivé barytique*,

$$C^9H^7(AzO^2)^2AzO^3.Ba + 2H^2O,$$

est bien cristallisé, coloré en rouge; on le prépare en ajoutant du chlorure de baryum à la solution de la dinitrotyrosine dans l'ammoniaque.

Le *dérivé calcique*,

$$C^9H^7(AzO^2)^2AzO^3.Ca + 3H^2O,$$

ressemble au précédent et s'obtient comme lui.

En traitant la nitrotyrosine par l'acide azotique, comme l'indique Stædeler, Thudichum et Wanklin n'ont pu préparer le dérivé dinitré, mais ils ont obtenu un produit d'oxydation qu'ils appellent *acide nitrotyrosique*.

Le *sel de calcium* renferme,

$$C^9H^8(AzO^2)AzO^6.Ca + 3H^2O;$$

il est en tables orangées.

DÉRIVÉ AMIDÉ (*amidotyrosine*),

$$C^9H^{10}(AzH^2)AzO^3.$$

= [G. Beyer, *Zeitsch. für Chem.*, 1867, p. 436, et *Bull. de la Soc. chim.*, 1867, t. VIII, p. 368]. — On traite la nitrotyrosine par l'étain et l'acide chlorhydrique étendu; la solution, privée d'étain par l'hydrogène sulfuré, doit être rapidement évaporée jusqu'à formation de pellicule; pendant l'évaporation, on ajoute de temps en temps de l'hydrogène sulfuré pour que la liqueur ne se colore pas. On obtient ainsi le chlorhydrate d'amidotyrosine presque incolore. On le redissout dans l'eau et on le décompose par une quantité exactement équivalente de soude, puis on évapore à 100° jusqu'à ce que le tout se prenne en un magma épais; on laisse refroidir dans le vide, et l'on exprime. Le résidu est l'amidotyrosine, poudre cristalline, très-soluble dans l'eau, peu soluble dans l'alcool, attirant l'humidité de l'air en brunissant. Chauffée au-dessus de 100°, elle se décompose.

Le *chlorhydrate*,

$$C^9H^{12}Az^2O^3,2HCl + H^2O,$$

cristallise en longues aiguilles, perdant leur eau de cristallisation à 120°, sans se colorer. Sa solution aqueuse s'altère facilement et se colore en brun violacé; elle réduit à l'ébullition l'oxyde d'argent et le chlorure de platine.

Le *sulfate acide*, $C^9H^{12}Az^2O^3,2SO^4H^2$, se sépare par le refroidissement en mamelons anhydres, solubles dans l'eau, lorsqu'on évapore, au bain-marie, le chlorhydrate d'amidotyrosine avec de l'acide sulfurique étendu.

Le *sulfate neutre*, $C^9H^{12}Az^2O^3,SO^4H^2$ est en cristaux bien définis.

Le *sulfate double de zinc et d'amidotyrosine*,

$$ZnSO^4,(C^9H^{12}Az^2O^3,SO^4H^2),$$

s'obtient à l'état cristallisé par le mélange des deux sulfates.

DÉRIVÉS SULFUREUX (Stædeler). — On dissout de la tyrosine dans 4 ou 5 fois son poids d'acide sulfurique concentré, et l'on chauffe le mélange pendant une heure environ, puis on étend d'eau, on neutralise le liquide par le carbonate de baryum, on filtre et l'on décompose le sel de baryum par l'acide sulfurique. La solution renferme de l'*acide tyrosi-sulfureux* dont une notable portion a été précipitée avec le sulfate de baryum, et peut en être retirée par l'eau bouillante.

L'acide tyrosi-sulfureux se sépare de ses solutions d'abord à l'état cristallin, sans eau de cristallisation; dans cet état il renferme

$$C^9H^{10}AzO^3.SO^3H;$$

plus tard il se dépose à l'état amorphe, avec $2H^2O$. Ce dernier est plus soluble que la modification cristalline en laquelle il se transforme par l'addition d'acide chlorhydrique.

Les sels de l'acide tyrosi-sulfureux sont amorphes, en général solubles dans l'eau. Comme l'acide, ils se colorent en violet par le perchlorure de fer. L'azotate d'argent et l'acétate de plomb ne les précipitent pas; le sous-acétate de plomb les précipite abondamment. Le *sel de baryum* renferme

$$(C^9H^{10}AzO^3.SO^3)^2Ba + 4H^2O.$$

Lorsqu'on chauffe longtemps et fortement la tyrosine avec un excès d'acide sulfurique, et qu'on sature par le carbonate de baryum, on obtient des sels différents du précédent. L'un d'eux est en petites concrétions incolores, qui renferment $C^9H^9AzO^3,SO^3.Ba + 3H^2O$. Un autre se présente en croûtes amorphes, et sa solution dans l'eau bouillante se prend en gelée par le refroidissement. Un troisième est en petits cristaux groupés.

Constitution de la tyrosine.

La tyrosine est un acide amidé de la série aromatique. Schmidt et Nasse l'ont considérée comme de l'acide amido-éthylsalicyque,

$$C^6H^3 \begin{cases} OC^2H^5 \\ AzH^2 \\ CO^2H, \end{cases}$$

envisageant comme de l'éthyloxyphénylamine la base solide, $C^8H^{11}AzO$, qui prend naissance par l'action de la chaleur sur la tyrosine.

Barth, ayant obtenu de l'acide paraoxybenzoïque par fusion de la tyrosine avec la potasse, a montré qu'elle ne se rattachait pas à l'acide salicylique, et a pensé qu'elle pouvait être un acide éthylamidoparaoxybenzoïque,

$$C^6H^3 \begin{cases} OH \\ AzH(C^2H^5) \\ CO^2H; \end{cases}$$

en conséquence, il a tenté sa synthèse par l'action de l'éthylamine sur l'acide iodoparaoxybenzoïque, mais les résultats ont été négatifs. Hüfner ayant montré que par l'action de l'acide iodhydrique on obtient non de l'éthylamine, mais de l'ammoniaque et de l'acide phlorétique, $C^9H^{10}O^3$, a émis l'opinion que la tyrosine était l'acide amidophlorétique,

$$C^6H^3 \begin{cases} OH \\ AzH^2 \\ C^3H^5O^2. \end{cases}$$

Barth la considéra alors comme de l'acide mido-oxyphénylpropionique, ce qui en fait de l'oxyphénylalanine,

$$\begin{array}{cc} C^2H^4(AzH^2) & C^2H^3(C^6H^4,OH)AzH^2 \\ | & | \\ CO^2H & CO^2H \\ \text{Alanine.} & \text{Tyrosine.} \end{array}$$

[Hüfner, *Zeitsch. für Chem.*, 1868, p. 391; — Barth, *ibid.*, 1870, t. VI, p. 113].

Cette formule fut adoptée par la plupart des chimistes. Ladenburg fit cependant remarquer que, d'après la plupart de ses réactions, on pouvait la considérer comme de l'acide éthylène-oxyparamidobenzoïque,

$$C^6H^4 \begin{cases} AzH(C^2H^4,OH) \\ CO^2H, \end{cases}$$

et prépara cet acide en chauffant l'oxyde d'éthylène avec de l'acide paramidobenzoïque; il l'obtin ainsi de beaux prismes fusibles à 187°, et constata que ce produit n'est pas identique avec la tyrosine [Ladenburg, *Deutsch. chem. Gesells.*, t. VI, p. 129; *Bull. de la Soc. chim.*, 1873, t. XIX, p. 512].

La formule de Barth rattache la tyrosine à l'acide hydroparacoumarique ou oxyphénylpropionique dont elle serait un dérivé amidé, l'acide hydroparacoumarique étant

$$\begin{array}{l} C^6H^4.OH \\ | \\ CH^2\text{-}CH^2\text{-}CO^2H. \end{array}$$

Mais d'après le dédoublement de Hüfner, elle doit se rattacher à l'acide phlorétique, et celui-ci, isomère de l'acide hydroparacoumarique, me paraît devoir être

$$\begin{array}{l} C^6H^4,OH \\ | \\ CH \begin{cases} CH^3 \\ CO^2H. \end{cases} \end{array}$$

La tyrosine en serait donc un dérivé amidé, comme l'a dit Hüfner, mais non un dérivé amidé dans le groupe phényle, ainsi qu'il l'a admis, l'acide iodhydrique lui enlevant, vers 150°, de l'ammoniaque, ce qui n'a pas lieu avec les dérivés amidés du groupe benzine. Il me semble donc que la tyrosine doit être représentée par l'une ou l'autre des deux formules suivantes :

$$\begin{array}{l} C^6H^4,OH \\ | \\ C(AzH^2) \begin{cases} CH^3 \\ CO^2H \end{cases} \end{array} \quad \text{ou} \quad \begin{array}{l} C^6H^4,OH \\ | \\ CH \begin{cases} CH^2(AzH^2) \\ CO^2H. \end{cases} \end{array}$$

E. G.

U

UDDEVALLITE (Min.). — Fer titané rhomboédrique renfermant environ 15 % d'acide titanique, d'Uddevala (Suède). Densité = 4,78.

UIGITE (Min). — Zéolithe mal définie formant des noyaux groupés en gerbes de lames nacrées, dans une amygdaloïde de Uig (île de Skye),

$SiO^2 = 45{,}98$; $Al^2O^3 = 21{,}93$ $CaO = 16{,}15$;

$Na^2O = 4{,}7$; $H^2O = 11{,}25$.

Dureté, 5,5. Densité, 2,28.

ULEXITE (Min.). — Voyez HAYESINE.

ULLMANNITE (Min.) [Syn. *Nickelspiesglanzerz, nickelstibine, antimoine sulfuré nickelifère*]. — Antimoniosulfure de nickel arsénifère, NiSSb. Gris d'acier clair; se trouve dans les mines de Freusburg (Nassau), de Siegen (Prusse), etc., avec galène et chalcopyrite.

Caractères. — Attaqué par l'acide azotique avec production d'une solution verte et d'un résidu de soufre et d'acide antimonique. Sur le charbon, fond en bouillonnant en un globule, qui émet des fumées d'antimoine. Avec le borax, réaction du nickel.

Dureté, 5, à 5,5. Densité, 6,3 à 6,5.

Forme cristalline. — Cubique, faces p, a^1, b^1. Clivage p parfait.

Isomorphe avec la gersdorffite.

ULMARIQUE (ACIDE). — Synonyme d'hydrure de salicyle. — Voyez t. II, p. 1392.

ULMINE et **ULMIQUE (ACIDE).** — Sous les noms de matières ulmiques ou humiques, d'ulmine, d'acide ulmique ou humique, de géine, d'acide géique, les chimistes désignent diverses substances brunes ou noires, que l'on extrait du terreau, de la tourbe, de la terre d'ombre, du fumier d'étable, du purin et de certaines eaux minérales. Elles doivent être considérées comme le résultat final de la putréfaction des matières végétales ou animales en présence de l'air humide. Ces mêmes dénominations ont aussi été données à un grand nombre de substances analogues que l'on a obtenues artificiellement, soit en faisant agir les acides ou les alcalis sur différentes matières organiques telles que la cellulose, l'amidon, le sucre, la fibrine, le glucose, la mélasse, l'alcool, l'albumine, etc. Toutefois la composition des différents corps ainsi obtenus varie avec les circonstances de leur production, bien qu'elle indique qu'ils doivent être rangés dans une même classe.

Produits ulmiques formés par la putréfaction des matières organisées. — Les végétaux morts se décomposent, à la suite de réactions chimiques analogues aux fermentations, et se transforment en produits colorés en brun plus ou moins foncé, qui sont généralement connues sous le nom d'*humus*. La putréfaction des matières animales au contact de l'air humide, à une certaine température et sous l'influence de principes azotés, engendrent aussi des produits analogues, désignés vulgairement sous le nom de *pourri*. Ces corps doivent être classés dans la série ulmique.

Rappelons d'abord que Klaproth [*Ann. de Gehlen*, t. IV, p. 329] a désigné sous le nom d'ulmine ou d'acide ulmique une substance gommeuse contenue dans les cavités noires des troncs des arbres malades, particulièrement des ormes.

On a isolé et décrit un certain nombre de ces produits. Leurs propriétés et leur composition varient suivant le mode de préparation. Nous allons entrer dans quelques détails à ce sujet.

Mulder [*Ann. der Chem. u. Pharm.*, t. XXXVI, p. 245; *Journ. für prakt. Chem.*, t. XXXII, p. 325], ayant fait digérer du terreau végétal ou du bois pourri avec une solution faible de potasse et de soude, a obtenu un liquide brun dans lequel l'addition d'un acide a déterminé un précipité brun noirâtre soluble dans les alcalis et toujours très-azoté. Mulder regarde ce dernier précipité comme un mélange de trois substances qui résultent elles-mêmes de la combinaison de l'eau ou de l'eau et de l'ammoniaque avec trois acides différents : l'acide géique, $C^{20}H^{12}O^7$, l'acide humique, $C^{20}H^{12}O^6$, et l'acide ulmique, $C^{20}H^{14}O^6$.

Hermann [*Journ. für prakt. Chem.*, t. XXII, p. 65; t. XXIII, p. 375; t. XXV, p. 189; t. XXVII, p. 165; t. XXXIV, p. 156] distingue onze matières humiques qui sont pour la plupart azotées, même lorsqu'elles proviennent de substances ne contenant pas d'azote. Dans ce cas, elles absorbent l'azote de l'air. Mulder et Hermann ont analysé un grand nombre de ces matières ulmiques extraites de la tourbe ou de débris végétaux, et ont constaté que, par leur composition et leurs propriétés, elles doivent être considérées comme des produits analogues à ceux obtenus par l'action des acides ou des alcalis sur un grand nombre de matières organiques. Leurs analyses et leurs formules sont peu concordantes et prouvent que ces substances sont le produit de matières végétales dans un état de décomposition plus ou moins complet.

Th. Lettenmayer et C. Liebermann [*Deutsche chem. Gesells.*, t. VII, p. 408], ayant recueilli une couche de résine sur un fragment de bois de hêtre provenant d'un tronc en décomposition, l'ont dissoute dans l'eau froide. La solution alcaline a donné par l'addition d'un acide un précipité floconneux, couleur de rouille, se desséchant à 100° en une masse vitreuse brune, difficilement soluble dans les alcalis et renfermant 53,6 °/₀ de carbone et 4,9 °/₀ d'hydrogène. Après dessiccation, l'acide était insoluble dans l'eau, l'alcool et l'éther et se dissolvait difficilement dans les alcalis. Les auteurs considèrent la matière première comme formée des sels alcalins de cet acide avec des traces de chaux, de fer et d'alumine.

M. Detmer [*Landwirthschafliche Versuchsstationen*, t. XIV, p. 248] traite la tourbe ou les terres tourbeuses par une solution de carbonate de sodium, précipite le liquide par l'acide chlorhydrique et purifie le précipité obtenu en le soumettant un grand nombre de fois au même traitement. Finalement il le dissout dans l'eau bouillante et le précipite par l'acide chlorhydrique. Il obtient ainsi de l'acide humique ne contenant plus que 0,179 °/₀ d'azote. L'analyse de cet acide desséché à 120° a donné 59,75 de carbone, 4,61 d'hydrogène, ce qui correspond à la formule $C^{20}H^{18}O^9$. Toutefois, de la composition des sels qu'il a préparés, ce chimiste déduit la formule triple $C^{60}H^{54}O^{27}$, qu'il croit être la véritable.

Propriétés de l'acide humique. — L'acide humique est amorphe et commence à se décomposer à 145°; non desséché préalablement, il exige 8333 p. d'eau à 6° et 625 p. à 100° pour se dissoudre. Desséché, il ne se dissout plus que dans 13784 p. d'eau bouillante. L'acide phosphorique le dissout plus facilement que les autres acides. Il rougit le tournesol et chasse l'acide carbonique des carbonates métalliques. Les combinaisons alcalines seules ne sont pas insolubles.

Avec l'ammoniaque, il donne un corps de la formule, $C^{60}H^{48}(AzH^4)^6O^{27}$; avec le sesquichlorure de fer, on a un composé $C^{60}H^{46}(Fe^2)^{vi}(AzH^4)^2O^{27}$. Le nitrate d'argent donne un composé renfermant $C^{60}H^{46}Ag^8O^{27}$. Tous ces corps sont amorphes.

La composition et les propriétés de l'acide humique préparé par Mulder avec la tourbe brune ne diffèrent pas de celles du corps préparé avec la tourbe noire. En s'oxydant l'acide humique donne les acides crénique et apocrénique (voyez ces mots). Des échantillons de tourbe de la tourbière de Nienwold desséchés à 120° ont été analysés et montrent par la différence des résultats les changements que la tourbe subit pendant sa formation.

	Gendres °/₀.	Az °/₀.	H °/₀.	O °/₀.	C °/₀.
Tourbe brune de la surface.	2,719	0,80	5,43	36,02	57,75
— presque noire (7 pieds).	7,423	2.10	5,21	30,65	62,04
— noire (14 pieds).......	9,164	4,05	5,01	26,87	64,07

Fulminose. — Blondeau [*Rép. de chim. appl.*, t. V, p. 331] constate que sous l'influence d'une végétation mycodermique le bois qui se pourrit se transforme en fulminose (espèce de cellulose). D'après lui l'humus n'est autre que la fulminose teinte en noir par l'action de l'ammoniaque sur la matière incrustante, laquelle donne lieu à un acide brun.

Acide du lignite. — Si, après avoir enlevé la résine du lignite par l'alcool, on le fait bouillir longtemps avec de la soude concentrée, on obtient un liquide brun qui, traité par l'acide chlorhydrique, laisse précipiter des flocons brun foncé. Ce précipité traité par l'alcool lui cède de l'acide carbo-ulmique, tandis que l'acide carbo-humique reste indissous. L'analyse de l'acide carbo-ulmique donne 62,36 °/₀ de carbone, 4,77 °/₀ d'hydrogène, 32,87 °/₀ d'oxygène. Celle de l'acide carbo-humique à 130-140° donne 64,59 °/₀ de carbone, 5,15 °/₀ d'hydrogène et 30,26 °/₀ d'oxygène [Herz, *Neues Rep.*, t. X, p. 496].

Produits ulmiques formés par l'action des acides sur les substances organiques. — Si l'on soumet la cellulose, le sucre, la gomme et la matière amylacée à une ébullition prolongée avec les acides minéraux étendus, il se forme probablement d'abord du glucose qui lui-même est transformé en produits bruns ou noirs, lesquels doivent être considérés comme des substances ulmiques. On a étudié spécialement l'action des acides sur le sucre.

Si l'on fait bouillir pendant un certain temps du sucre avec de l'acide chlorhydrique, azotique ou sulfurique étendu, on voit apparaître des écailles brunes ou noires; il se produit en même temps de l'acide formique, si l'opération est faite au contact de l'air. Toutefois, à une température suffisamment élevée, la réaction peut se produire sans le concours de l'air, même dans une atmosphère d'azote. Ajoutons que les acides minéraux étendus peuvent être remplacés par des acides organiques énergiques.

Les paillettes brunes ainsi obtenues sont lavées à l'eau, puis digérées avec l'ammoniaque qui les dissout partiellement. La partie insoluble dans l'alcali est de l'ulmine; le liquide contient l'acide ulmique que l'on précipite par un acide. Cet acide ulmique se dissout dans l'eau pure, mais est insoluble dans l'eau acidulée ou contenant du sulfate de potassium. Par une ébullition prolongée, il se transforme en ulmine.

Selon Stein [*Ann. der Chem. u. Pharm.*, t. XXX, p. 84], l'acide ulmique et l'ulmine ont la même composition; il leur attribue la formule $C^{24}H^{18}O^{9}$ ne différant de celle du sucre que par les éléments de l'eau. Une forte dessiccation, ou la digestion dans l'acide chlorhydrique concentré, diminue la solubilité de l'acide ulmique dans les alcalis en le transformant en ulmine. Les alcalis concentrés le rendent de nouveau soluble, du moins en partie. La formation d'ulmine est d'autant moindre que la température du mélange est moins élevée. Voici les résultats de la combustion des produits ulmiques faites par différents chimistes.

	Boullay.	Malaguti.	Stein.	Mulder.				
Carbone..........	56,7	57,4	64,2-64,8	65,3	64,7	65,6	64,0	64,7
Hydrogène.......	4,8	4,7	4,6-4,8	4,3	4,5	4,5	4,4	4,3
Oxygène..........	38,5	37,9	31,2-30,4	30,4	30,8	29,9	31,6	31,0

[P. Boullay, *Ann. de Chim. et de Phys.*, (2), t. XLIII, p. 273; — Malaguti, *ibid.*, t. LIX, p. 407; — Mulder, *ibid.*, t. XXXVI, p. 245].

Comme on le voit, les proportions de carbone trouvées par Stein et Mulder sont de beaucoup supérieures à celles trouvées par Boullay et Malaguti. Mulder appelle humine et acide humique les produits bruns, tandis qu'il désigne sous les noms d'ulmine et d'acide ulmique les produits noirs. Il attribue aux premiers les formules

$$C^{40}H^{20}O^{15} \text{ et } C^{40}H^{24}O^{12}$$

et aux seconds les formules

$$C^{20}H^{16}O^{7} \text{ ou } (C^{40}H^{32}O^{14})$$
$$C^{20}H^{14}O^{6} \text{ ou } (C^{40}H^{28}O^{12}).$$

Cette division est contestable. Malaguti, qui emploie pour la préparation de l'acide ulmique 10 % de sucre, 30 % d'eau et 1 % d'acide sulfurique, attribue à cet acide la formule

$$C^{12}H^{12}O^{6}.$$

On a décrit les ulmates de cuivre et d'argent. L'ulmate de cuivre est un corps brun noir obtenu en précipitant l'ulmate de potassium par le sulfate de cuivre. Selon Malaguti, il contient 8,7 ou 8,6 % de cuivre, et, selon Mulder, 8,1 %. L'ulmate d'argent est un corps rouge marron, contenant 24,5 ou 24,14 % d'argent. Desséché, il est formé de fragments anguleux d'une nuance cuivreuse ayant l'aspect du sulfate de fer grossièrement pulvérisé.

Mulder explique de la manière suivante la formation des matières ulmiques : le sucre incristallisable est transformé en acide glucique, qui, lui-même, par une métamorphose ultérieure, produit des matières brunes ou noires ne différant de l'acide glucique que par les éléments de l'eau. On sait que l'action seule de la chaleur sur le sucre engendre des produits analogues, aussi est-il probable que les substances ulmiques sont des hydrates de carbone, comme le sucre et la cellulose, et que le caramel, le caraméian, l'assamare, l'acide apoglucique, ne sont que des modifications de l'acide ulmique, c'est-à-dire de la cellulose plus ou moins déshydratée, plus ou moins voisins du charbon.

Mulder a encore obtenu des produits ulmiques analogues aux précédents en remplaçant le sucre par l'albumine. Les produits de décomposition de l'acide gallique et de l'acide tannique, la masse charbonneuse obtenue en traitant l'alcool par l'acide sulfurique, doivent être regardés comme des produits ulmiques.

Dérivés des produits ulmiques. — Le même chimiste a décrit un acide humique chloré qu'il prépare en traitant l'humine, l'acide humique ou l'ulmine par le chlore en présence de l'eau. Il a obtenu un acide nitro-humique en traitant les matières humiques et ulmiques par l'acide nitrique. Il se dégage beaucoup d'acide formique et se forme une matière rouge renfermant 53,71 % de carbone, 3,44 % d'hydrogène, 5,02 % d'azote et 37,83 % d'oxygène. Cet acide nitro-humique a été regardé plus tard comme l'apocrénate d'ammonium. En traitant les produits ulmiques et humiques par l'acide sulfurique, Mulder a obtenu une poudre noire dont il donne la composition. Il décrit aussi différents composés, produits par l'action de la potasse en fusion sur les matières ulmiques, substances à composition variable suivant la durée de la réaction. En faisant bouillir pendant quelques heures du sucre de canne avec de l'acide chlorhydrique concentré, puis en lavant à grande eau, M. Berthelot [*Bull. de la Soc. chim.*, 1869, p. 281] a obtenu une poudre brunâtre, charbonneuse, insoluble dans tous les dissolvants, qu'il considère comme de l'ulmine représentant un dérivé condensé des sucres. Ayant fait réagir, à 275°, 100 p. d'acide iodhydrique sur 1 p. d'ulmine qu'il a ainsi presque entièrement transformée en carbures liquides. Il a obtenu : 1° un carbure principal bouillant vers 200°, répondant à la formule, $C^{12}H^{26}$, résistant aux acides sulfurique et azotique fumants, à leur mélange ainsi qu'au brome; 2° un carbure oléagineux offrant la composition et les réactions générales des carbures forméniques.

Produits ulmiques formés par l'action des alcalis sur les substances organiques. — L'action des alcalis caustiques sur les matières organiques telles que le sucre, la gomme ou la matière amylacée, est peu différente de celle qu'exercent les acides, du moins quant au résultat final. Une ébullition prolongée les transforme en produits bruns ou noirs qui sont des substances ulmiques. On peut employer indifféremment l'hydrate de baryte, la potasse, la soude et la chaux. Avec le glucose fondu à 100°, l'action est vive et la température s'accroît tellement qu'une portion du liquide est projetée hors du vase par suite du dégagement d'une grande quantité de vapeur d'eau. Il se forme tout d'abord de l'acide glucique qui, à une température plus élevée, donne naissance à un acide noir de la série ulmique. M. Peligot [*Ann. de Chim. et de Phys.*, (2), t. LXVII, p. 157] a désigné ce corps sous le nom d'acide mélassique. La masse noire, résultat de la réaction, est dissoute dans l'eau, et l'addition d'acide chlorhydrique précipite des flocons noirs d'acide mélassique insolubles dans l'eau, mais solubles dans l'alcool. L'analyse faite par M. Peligot a donné : 61,9 à 61,0 de carbone, 5,3 à 5,4 d'hydrogène, 32,8 à 33,6 d'oxygène, nombres qui, pour le carbone, correspondent à la formule $C^{12}H^{10}O^{5}$.

L'acide gallique, le tannin, l'acide particulier du cachou donnent aussi par une ébullition prolongée à l'air avec les alcalis des produits ulmiques dont on ne connaît pas la composition.

Braconnot [*Ann. de Chim.*, t. LXI, p. 287, t. LXXX, p. 289; *Ann. de Chim. et de Phys.*, t. XII, p. 289; t. XXI, p. 40] a préparé l'acide ulmique en faisant réagir l'hydrate de potassium en fusion sur le ligneux. M. Peligot [*Ann. de Chim. et de Phys.*, (3) t. LXXIII, p. 208], qui a aussi étudié cette réaction, a constaté que le contact de l'air n'était pas indispensable à la formation de l'acide ulmique artificiel, qui, du reste, dans cette réaction, ne peut pas être considéré comme un produit constant. Sa couleur varie du jaune au noir. Il se forme en même temps des substances huileuses, de l'esprit de bois, du formiate et de l'oxalate de potassium. Les produits soumis à l'analyse par M. Peligot ont donné :

	Acide ulmique jaune chamois.	Acide ulmique noir.		
Carbone	65,8 à 67,6	72,3	71,5	72,1
Hydrogène...	6,3 à 6,2	6,2	6,1	5,8

On remarque que ces produits ulmiques contiennent plus de carbone qu'il n'en avait été trouvé jusqu'alors pour de semblables substances. Les produits analysés, il est vrai, n'étaient pas purs. On a encore désigné sous le nom d'ulmine un produit obtenu par l'ébullition de la potasse caustique solide avec l'alcool.

Millon [*Compt. rend.* t. LI, p. 249] a préparé une matière humique acide se dissolvant dans l'ammoniaque et les alcalis aqueux, en traitant par la potasse fondante au contact de l'air, du charbon de bois obtenu à 320°. On peut remplacer la potasse par le carbonate de potassium, mais la réaction est plus lente.

M. Berthelot [*Ann. de Chim. et de Phys.*, (3), t. LIV, p. 87] a constaté la formation de produits humiques en chauffant du chlorure de carbone avec de la potasse alcoolique.

A ces produits ulmiques dérivés de matières organiques, nous devons ajouter encore la substance obtenue par Dragendorff [*Chem. Centralb.*, 1861, p. 865] en chauffant un mélange de carbonate de sodium et de phosphore dans un tube en verre pendant plusieurs heures vers 240°. Il a ainsi préparé une matière brune amorphe, brillante comme de la résine, légèrement acide, répondant approximativement à la formule, $C^{20}H^{16}O^{8}$. Elle est précipitée de sa solution aqueuse par un grand nombre de sels.

On sait aussi que M. Paul Thenard [*Bull. de la Soc. chim.*, 1861, p. 33] a préparé des matières azotées en arrosant d'ammoniaque des tas de paille ou de sciure de bois, ainsi qu'en faisant passer un courant d'ammoniaque dans du glucose fondu. Mais ces produits font plutôt partie de la série humique que de la série ulmique.

M. Schützenberger [*Bull. de la Soc. chim.*, 1861, p. 16] a étudié de son côté l'action de l'ammoniaque sur les matières organiques (sucres, amidone, dextrine, gomme, cellulose), et a obtenu des matières brunes gommeuses qu'il considère comme des mélanges de principes azotés nouvellement formés et de substances hydrocarbonées non modifiées. Ces substances renferment 10 à 11 °/₀ d'azote et le retiennent énergiquement. Aussi diffèrent-elles notablement des produits ulmiques par la grande proportion d'azote qu'elles contiennent.

A ces produits ulmiques se rattachent encore quelques substances préparées d'une façon toute différente par M. Hardy [*Bull. de la Soc. chim.*, 1862, p. 29, et 1863, p. 339]. Ce chimiste expose un mélange de chloroforme et d'acétone à l'action du sodium : il se produit une quantité de gaz considérable et il se dépose des matières brunes et incristallisables qui se séparent de l'alcool par évaporation sous forme d'une masse noire brillante. Cette masse se dissout en partie dans l'éther, et parmi les produits de la réaction figure un corps brun qui se comporte comme un acide chloré et qu'il appelle chloracétulmique. Les produits insolubles contiennent du chloracétulmate de sodium et un isomère de l'acide chloracétulmique formés suivant la réaction :

$$6(C^{3}H^{6}O) + CHCl^{3} + 2Na$$
$$= \underset{\text{Acide chloracétulmique.}}{C^{7}H^{11}ClO^{2}} + C^{7}H^{10}ClNaO^{2}$$
$$+ 2CO + 3CH^{4} + 4H + NaCl.$$

La potasse dédouble cet acide en acide acétulmique, $C^{7}H^{12}O^{2}$, et en acide bioxyacétulmique, $C^{7}H^{12}O^{4}$. L'acide acétulmique donne des dérivés de substitution chlorés, bromés et nitrés. La potasse transforme l'acide bioxyacétulmique en acide trioxyacétulmique, $C^{7}H^{12}O^{5}$. M. Hardy a préparé encore l'acide chloréthulmique, $C^{6}H^{9}ClO^{2}$, en mélangeant du chloroforme avec l'alcool en présence de sodium. La potasse dédouble cet acide en acide éthulmique, $C^{6}H^{10}O^{2}$, et en acide bioxéthulmique, $C^{6}H^{10}O^{4}$. En remplaçant dans cette préparation l'alcool éthylique par les alcools méthylique, amylique, il a obtenu les acides chlorométhulmique, méthulmique, bioxyméthulmique et les acides chloro-amulmique, amulmique et bioxyamulmique.

Propriétés fertilisantes de l'ulmine. — L'humus influe d'une manière très-sensible sur la fertilité d'une terre. En raison de sa couleur foncée, il absorbe bien la chaleur ; hygroscopique, il permet aux terres sableuses de retenir une quantité plus considérable d'eau. Il absorbe facilement l'ammoniaque et dégage de l'acide carbonique en se décomposant. Aussi détermine-t-on la teneur en humus d'une terre en oxydant par le bichromate de potassium, et en dosant l'acide carbonique qui se dégage. Il ne faut cependant pas en conclure que plus une terre contient d'humus, plus elle est fertile. Il est, au contraire, prouvé qu'une quantité considérable est nuisible en réduisant les sels de fer et pour d'autres raisons (voyez TERRE ARABLE).

Corps absolument colloïdes, l'humine et l'humate d'ammonium ne peuvent servir directement à l'alimentation des plantes : cela paraît résulter d'expériences qui ont été faites à ce sujet.

Bretschneider [*Chem. Ackersmann*, 1871, p. 287] a établi que l'acide humique dans le sol favorise beaucoup l'absorption de l'azote de l'air. Il a pris de l'acide humique séché à 110°, et contenant 60,30 °/₀ de carbone, 4,50 °/₀ d'hydrogène, 35,03 °/₀ d'oxygène, 0,025 °/₀ d'azote, et 0,042 de cendres. Il s'est servi de quatre vases en métal d'une profondeur de 6 pouces et d'une surface de 1 pied carré. Dans chacun de ces vases, il a mis 15 kilogrammes de sable de quartz humecté de 3k,55 d'eau. Le premier des vases ne contenait pas trace d'acide humique, les trois autres en contenaient respectivement, 1, 3, 5 °/₀ du poids du sable. Ces vases furent exposés à l'air libre pendant un an, en ayant soin de les préserver de la pluie et des insectes et de remplacer de temps en temps l'eau évaporée. Au bout de ce temps, l'azote a été dosé et on a constaté que l'augmentation d'azote pour 1 °/₀ d'acide humique était 0gr,060, pour 3 °/₀, de 0gr,230, et pour 5 °/₀, de 0gr,454. De ces expériences il résulte que pour une surface d'un are l'augmentation d'azote était respectivement de 0,24, 21,72, et 41,14 livres d'azote, ce qui prouve que l'augmentation d'azote n'est pas proportionnelle à l'augmentation d'humus, mais qu'elle lui est supérieure. L'auteur n'a pas constaté que l'azote ait été absorbé à l'état d'ammoniaque.

Ph. de C.

ULMIQUES ET HUMIQUES (MATIÈRES) voyez ULMINE et ULMIQUE (ACIDE).

UMBELLIFÉRONE. — Voyez OMBELLIFÉRONE au Supplément.

UMBELLIQUE (ACIDE). — Voyez OMBELLIQUE (ACIDE) au Supplément.

UNDÉCYLE (HYDRURE DE), $C^{11}H^{24}$. — Cet hydrocarbure saturé a été découvert par Pelouze et Cahours dans le pétrole d'Amérique. Amato l'a obtenu, indépendamment de l'hydrure d'heptyle, en soumettant à la distillation le résidu visqueux et boursouflé provenant de la préparation de l'œnanthol au moyen de l'huile de ricin. Enfin, Cahours et Demarçay ont signalé la présence de cet hydrocarbure dans l'huile volatile formée pendant la distillation des acides gras bruts dans un courant de vapeur d'eau surchauffée.

L'hydrure d'undécyle est un liquide incolore bouillant à 180-182°; densité = 0,765 à 16°; densité de vapeur 5,458 (calcul 5,496). Le chlore le transforme en un chlorure, $C^{11}H^{23}Cl$ bouillant à 220-224° [J. Pelouze et A. Cahours, *Ann. de Chim. et de Phys.* (4), t. I, p. 65; — D. Amato, *Gazz. chim. ital.*, 1872, p. 6; — A. Cahours et E. Demarçay, *Compt. rend.*, t. LXXX, p. 1568]. A. H.

UNDÉCYLÈNE. — Voyez RUE (ESSENCE DE), t. II, p. 1377.

UNDÉCYLIQUE (ALCOOL). — Voyez RUE (ESSENCE DE), t. II, p. 1377.

UNGHWARITE. — Voyez CHLOROPALE.

UNIONITE (Min.). — Ce nom paraît avoir été donné à deux substances, dont l'une, d'après M. Brush, doit être rapportée à la zoïsite, et l'autre serait un oligoclase. D'Unionville (Pennsylvanie), avec tourmaline noire et euphyllite.

URACONISE (Min.) [Syn. *Uranocre*]. — Sous-sulfate d'urane hydraté,

$$(U^2O^3)^3SO^3 + 14H^2O.$$

Poussière jaune, écailleuse, formant des enduits sur les minerais d'urane, à Joachimsthal (Bohême).

URALITE ou **OURALITE** (Min.). — Cristaux ayant la forme (m, h^1, g^1, $b^{1/2}$, a^1) de l'augite et les clivages de l'amphibole. Ils sont formés d'une agrégation de petits cristaux d'amphibole et ne sont autre chose qu'une pseudomorphose d'augite. La composition est celle d'une hornblende sans oxyde ferrique. Couleur vert foncé. Poussière blanc verdâtre.

Dureté, 5. Densité = 3,15.

URALORTHITE. — Voyez ALLANITE.

URAMIDÉS (ACIDES). — Griess a donné ce nom à une classe d'urées substituées qui sont douées de propriétés acides et qui résultent de l'union, avec perte d'eau, de l'urée et d'un acide à fonction mixte, acide-alcool ou acido-phénol :

$$C^6H^4 <^{COH^2}_{OH} + CO <^{AzH^2}_{AzH^2} - H^2O$$

Acide métoxy-benzoïque. Urée.

$$= CO <^{AzH(C^6H^4 - CO^2H)}_{AzH^2}$$

Acide uramido-métabenzoïque.

On connaît un certain nombre d'acides uramidés; tels sont les trois acides uramido-benzoïques isomériques (t. II, p. 703); les acides uramido-isobutyrique, uramido-caproïque, etc., etc.

URAMILE. — Voyez DIALURAMIDE, t. I, p. 1144.

URAMILIQUE ACIDE, $C^8H^{11}Az^5O^8$. [Liebig et Wöhler *Ann. de Chim. et de Phys.*, 1836. t. LXVIII, p. 225]. — Quand on traite le thionurate d'ammonium, $C^4H^3Az^3SO^6(AzH^4)^2$ par une quantité convenable d'acide sulfurique qu'on évapore à une douce chaleur, il se dépose, au bout de 24 heures, des cristaux d'un corps auquel Liebig et Wöhler ont donné le nom d'acide uramilique, et attribué la formule $C^8H^{11}Az^5O^8, \frac{1}{2}H^2O$. D'après Grégory, ce corps paraît être du bidialurate d'ammonium,

$$C^8H^{11}Az^5O^8 = C^4H^3Az^2O^4, AzH^4 + C^4H^4Az^2O^4.$$

Les analyses de Liebig et Wöhler coïncident également avec cette dernière formule [Grégory, *Phil. Magaz.* t. XXIV, p. 187].

Quand l'acide uramilique se dépose lentement d'une solution passablement concentrée, il forme des prismes à quatre pans assez volumineux, incolores et transparents, d'un éclat très-vitreux. Dans une solution chaude saturée, il cristallise en fines aiguilles soyeuses. Par la dessiccation à l'aide d'une douce chaleur, il se colore légèrement en rose. Il se comporte comme un acide et donne avec l'ammoniaque et les alcalis des sels cristallisables. Il ne précipite les sels de calcium, de baryum et d'argent qu'après l'addition de l'ammoniaque. Après une ébullition prolongée avec l'acide sulfurique étendu, il donne de l'alloxantine dimorphe et précipite en violet l'eau de baryte. Avec l'acide azotique il donne des paillettes blanches, cristallisées d'un corps qui n'a pas encore été étudié. Si l'acide uramilique était réellement du dialurate acide d'ammonium, il semble qu'avec l'acide azotique, il devrait donner de l'alloxane. E. G.

URANBLÜTHE. — Voyez ZIPPÉITE.

URANE OXYDULÉ. — Voyez PECHBLENDE. — Une variété impure, renfermant de la silice, de l'acide phosphorique et environ 15 % d'eau, a reçu le nom de gummite, à cause de son aspect gommeux.

URANE PHOSPHATÉ, URANITE ou **URANGLIMMER.** — Voyez AUTUNITE et TORBÉRITE.

URANINE, URANINITE. — Voyez PECHBLENDE.

URANIUM. U = 120. — Klaproth reconnut en 1789 que le minéral désigné sous le nom de *pechblende*, et qu'on croyait être un minerai de zinc, puis un minerai de tungstène, renferme un nouveau métal qu'il a nommé *urane*. Ce corps fut étudié successivement par Richter, Bucholz, Lecanu, Brande, puis par Berzélius [*Poggend. Ann.*, t. I, p. 359], et par Arfvedson [*ibid.*, t. I, p. 245; *Ann. de Chim. et de Phys.*, (1), t. XXIX, p. 148]. Ce n'est que beaucoup plus tard, en 1842, que les recherches classiques de Peligot dévoilèrent la véritable nature du corps découvert par Klaproth et firent voir que ce soi-disant métal est en réalité un oxyde. Peligot en isola le métal lui-même et le nomma *uranium* [*Ann. de Chim. et de Phys.*, (3), t. V, p. 5, et t. XII, p. 549]. Les recherches de Peligot ont été confirmées par celles d'Ebelmen (*ibid*, t. V, p. 189].

L'uranium est un métal peu abondant. Ses minerais principaux sont : 1° la pechblende ou pechurane, qui constitue l'oxyde uranoso-uranique; il se rencontre à Joachimsthal, à Johann-Georgenstadt, en Saxe, à Vale en Norvége, etc. (voyez t. II, p. 775), et 2° l'uranite d'Autun ou autunite, qui est un phosphate uranico-calcique (voyez t. I, p. 483). L'uranium se rencontre en outre à l'état de carbonate urano-calcique ou liebigite, de sulfate basique ou de sulfates doubles de cuivre et d'uranium, de calcium et d'uranium (uranocre, johannite, uranochalcite). La chalkolite est un phosphate cuprico-uraneux; l'uranospinite est un arséniate urano-calcique correspondant à l'autunite; l'uranophane et l'uranotile constituent des silicates complexes; l'uranosphérite, un uranate de bismuth, etc., etc. Enfin, nous rappellerons la présence de l'uranium dans certains minéraux niobifères et tantalifères, notamment la samarskite, qui renferme 16 % d'oxyde d'uranium. L'euxénite renferme de l'uranium à l'état de niobate et de titanate.

Extraction de l'uranium des minéraux uranifères. — C'est généralement la pechblende que l'on emploie pour la préparation des combinaisons de l'uranium. Ce minéral renferme de 40 à 90 % d'oxyde uranoso-uranique, U^3O^4, associé à du soufre, de l'arsenic, du plomb, du fer, etc. Voici, d'après Ebelmen, la composition d'une pechblende [*Ann. de Chim. et de Phys.*, (3), t. VIII, p. 498] :

Oxyde U^3O^4	75,23
Sulfure de plomb	4,82
Silice	3,48
Chaux	5,24
Magnésie	2,07
Soude	0,25
Protoxyde de fer	3,10
Protoxyde de manganèse	0,82
Acide carbonique	3,32
Eau	1,85
	100,18

1° On attaque le minéral, après l'avoir pulvérisé, par l'eau régale, on évapore à sec et l'on reprend le résidu par l'eau. La solution est traitée par un courant d'hydrogène sulfuré, qui précipite l'arsenic, le plomb ainsi que le cuivre et le bismuth que renferme souvent la pechblende. La solution, privée de l'excès d'hydrogène sulfuré par l'ébullition, est chauffée avec de l'acide nitrique pour suroxyder l'uranium, puis précipitée par l'ammoniaque; le précipité encore humide est mis en digestion avec du carbonate ammonique, qui dissout l'oxyde uranique; la liqueur filtrée étant soumise à une ébullition prolongée, l'oxyde uranique se sépare. Le dépôt, calciné dans un creuset de platine, fournit de l'oxyde vert d'uranium qu'on lave à l'acide chlorhydrique pour dissoudre les uranates qui l'accompagnent; l'oxyde uranique de ces uranates, en solution chlorhydrique, est enfin précipité par l'ammoniaque (Arfvedson).

2° Peligot simplifie beaucoup l'extraction de l'urane en se fondant sur la séparation facile de l'azotate à l'état cristallisé et sur la solubilité de ce sel dans l'éther. On pulvérise la pechblende, après l'avoir étonnée, puis on l'attaque par l'acide azotique. La solution évaporée à sec est reprise par l'eau, qui laisse un résidu insoluble, formé de sulfate de plomb, d'arséniate et d'oxyde ferriques. Le liquide filtré, qui est d'un jaune verdâtre, fournit par la concentration une masse radiée confuse, imprégnée d'une eau mère sirupeuse; on la fait égoutter et on la soumet à une nouvelle cristallisation. On obtient alors des prismes allongés qu'on fait égoutter et qu'on lave avec une petite quantité d'eau froide. (Les eaux de lavage sont employées pour dissoudre le nitrate d'urane brut, dans une autre opération.) Après avoir séché les cristaux, on les reprend par l'éther qui dissout l'azotate d'urane et l'abandonne par l'évaporation sous forme cristalline. Une dernière cristallisation dans l'eau chaude fournit ce sel tout à fait pur.

Les eaux mères de l'azotate d'urane brut sont étendues d'eau et précipitées par l'hydrogène sulfuré, qui leur enlève l'arsenic, le plomb et le cuivre; par concentration, elles fournissent alors une nouvelle quantité d'azotate d'urane. L'azotate d'urane donne de l'oxyde d'urane par calcination et peut servir facilement à la préparation des divers composés d'urane [*Ann. de Chim. et de Phys.*, (3), t. V, p. 7].

3° Ebelmen traite pareillement la pechblende par l'acide azotique, mais il soumet préalablement le minerai pulvérisé à l'action de l'acide chlorhydrique faible pour le débarrasser de la gangue, formée de carbonates, puis à une calcination avec du charbon à une haute température, pour enlever une partie du soufre et de l'arsenic. En traitant la masse refroidie par l'acide chlorhydrique concentré, on dissout du fer, du plomb et une certaine quantité de cuivre, mais point d'urane, dont l'oxyde a été réduit par le charbon. On lave à l'eau la matière ainsi épuisée par l'acide chlorhydrique pour enlever le reste du soufre et une nouvelle quantité d'arsenic; enfin on la traite par l'acide azotique et on purifie l'azotate uranique par cristallisation. [*Ann. de Chim. et de Phys.*, (3), t. V, p. 190].

4° Le minerai, préalablement pulvérisé et grillé, est traité par un mélange de 3 p. d'acide chlorhydrique et de 1 p. d'acide azotique. Le produit de l'attaque, desséché dans une marmite plate, est repris par l'eau, et la solution, qu'on amène à marquer 8° à 10° Baumé, est additionnée d'un léger excès de carbonate de sodium. On chauffe à l'ébullition : il se forme un précipité d'oxydes et de carbonates et, en même temps, du carbonate double d'uranyle et de sodium, qui est soluble et qu'on sépare du dépôt par filtration et expression. On fait bouillir ensuite le dépôt avec une nouvelle quantité de carbonate de sodium pour en retirer le reste de l'urane. Lorsqu'on concentre la solution filtrée, le carbonate double se dépose sous la forme d'une poudre cristalline grenue, jaune citron. Pour le transformer en oxyde d'urane, on fait bouillir sa solution avec du sel ammoniac ou du sulfate d'ammonium aussi longtemps qu'il se dégage du carbonate ammonique. Il se dépose ainsi de l'oxyde d'urane ammoniacal qu'il suffit de laver et de calciner [F. Anthon, *Dingl. polyt. Journ.*, t. CLVI, p. 207; *Répert. de Chim. appl.*, t. II, p. 281].

5° Nous ferons enfin connaître le procédé recommandé par Wöhler [*Traité pratique d'anal. chim.*, édition française, p. 192]. On pulvérise la pechblende et on fait digérer la poudre avec de l'acide sulfurique en ajoutant de temps en temps de petites quantités d'acide nitrique au mélange. Quand le minéral s'est transformé en une poudre blanche et partiellement dissous, on chasse l'excès d'acide sulfurique, et l'on fait digérer le résidu avec beaucoup d'eau. Celle-ci laisse un résidu de silice, de sulfate de plomb, de sulfate basique de bismuth et d'arséniate de bismuth. La liqueur filtrée est traitée à chaud par un courant d'hydrogène sulfuré, pour précipiter l'arsenic, l'antimoine, le cuivre, et le reste du plomb et du bismuth, puis suroxydée par l'acide azotique et précipitée par un excès d'ammoniaque. Le précipité, lavé à l'ammoniaque, renferme les sesquioxydes de fer et d'uranium hydratés; on le fait digérer à chaud avec une solution concentrée de carbonate ammonique, avec excès d'ammoniaque, et l'on dissout ainsi l'hydrate uranique à l'état de carbonate ammoniacal, qui cristallise en partie par le refroidissement. Les eaux mères renferment encore un peu de cobalt, de nickel et de zinc qu'on peut leur enlever par l'addition de quelques gouttes de sulfure ammonique aussi longtemps qu'il se forme un précipité brun noirâtre. Enfin, on fait bouillir la liqueur filtrée, qui laisse ainsi déposer un précipité jaune : c'est de l'uranate d'ammonium.

Uranium métallique. — Peligot a obtenu l'uranium par l'action du potassium ou du sodium sur le chlorure uraneux. On introduit rapidement le mélange (8 à 10 grammes au plus à la fois) des deux corps dans un creuset de platine dont on assujettit le couvercle au moyen de fils de fer. Sous l'influence d'une chaleur assez faible, celle d'une lampe à alcool, la réaction se manifeste brusquement, et s'accomplit avec une telle intensité que le creuset devient incandescent; il est bon d'introduire ce dernier dans un autre plus grand pour éviter la projection de la matière en cas de rupture, ce qui peut arriver. On donne finalement un coup de feu pour chasser l'excès de métal alcalin. L'uranium reste dans le creuset, mélangé de chlorure de potassium qu'on enlève par des lavages à l'eau. L'uranium est en partie sous forme d'une poudre noire, en partie en plaques métalliques. Le creuset de platine est fortement attaqué.

Peligot a modifié avantageusement ce procédé de la manière suivante. Un mélange de 75 gr. de chlorure uraneux, de 150 grammes de chlorure de potassium et de 50 grammes de sodium en petits fragments est introduit dans un creuset de porcelaine et recouvert d'une couche de chlorure de potassium. Le creuset de porcelaine est introduit dans un creuset de graphite et l'intervalle est rempli avec du charbon pulvérisé. On chauffe d'abord au rouge, puis on active le feu à l'aide du soufflet, de manière à fondre le métal réduit, que l'on trouve disséminé dans la scorie en globules métalliques.

Ainsi obtenu l'uranium est peu malléable, dur, quoique rayé par l'acier; sa couleur est celle du nickel et du fer, mais il ne tarde pas à jaunir à l'air. Sa densité est égale à 18,4. Chauffé au rouge, il s'oxyde avec incandescence et se recouvre d'une couche boursouflée d'oxyde noir qui protége le reste du métal. L'uranium pulvérulent brûle avec éclat à 207° et se transforme en oxyde vert U^3O^4.

L'uranium ne décompose pas l'eau à froid; il se dissout dans les acides dilués avec dégagement d'hydrogène. Il s'unit directement au chlore avec dégagement de chaleur et de lumière, en donnant un chlorure volatil. Il se combine à chaud avec le soufre.

Poids atomique. — Le poids atomique de l'uranium est égal à 120, les chlorures d'uranium et d'uranyle ayant pour formules UCl^2 et $(U^2O^2)Cl^2$ ou $(UO)Cl$. L'analyse du chlorure uraneux et de l'acétate uranique a conduit Peligot aux nombres 119,9 et 120,0 — 120,1. Wertheim a déduit de l'analyse de l'acétate sodico-uranique le nombre un peu plus faible 118,5 et Ebelmen celle de l'oxalate uranique, le nombre 118,85. Rammelsberg est arrivé au nombre 120.

L'uranium se place à côté du fer et du chrome si l'on admet, comme on le fait généralement, que son poids atomique est 120. Prenant en considération certaines analogies avec le molybdène, Mendéléeff a proposé de doubler ce poids atomique (voir plus loin).

L'uranium forme deux séries de composés : les composés uraneux qui sont *verts* et dans lesquels l'uranium joue le rôle d'élément diatomique; tels sont

$$\overset{''}{U}O, \ \overset{''}{U}Cl^2, SO^4U'', \text{ etc., etc.,}$$

et les composés uraniques, qui sont *jaunes*, par exemple, U^2O^3, $U^2O^2Cl^2$. Il est à remarquer que l'on ne connait pas les chlorure, bromure, etc., de la formule U^2Cl^6 et que tous les composés uraniques renferment le radical $(UO)'$ ou $(U^2O^2)''$, que Peligot a nommé *uranyle*. Dans aucun sel uranique le rapport de l'oxyde U^2O^3, à l'anhydride d'acide n'est normal; ainsi il n'existe pas de sulfate

$$(SO^3)^3U^2O^3, \text{ soit } (SO^4)^3(U^2)^{vi}$$

correspondant au sulfate ferrique,

$$(SO^3)^3Fe^2O^3 \text{ ou } (SO^4)^3(Fe^2),$$

ni d'azotate, $3Az^2O^5.U^2O^3$, etc.; tous les sels uraniques connus paraissent être des sels basiques dans lesquels on observe les rapports

$$SO^3.U^2O^3; 2Az^2O^5.U^2O^3, \text{ etc.,}$$

soit

$$SO^4(U^2O^2)'', (AzO^3)^2(U^2O^2)'',$$

ou

$$SO^4(UO)^2, AzO^3(UO), \text{ etc.}$$

Les dérivés haloïdiques correspondants sont de même $U^2O^2Cl^2$, $U^2O^2Fl^2$, etc.

Le sesquioxyde d'uranium lui-même devient l'oxyde d'uranyle,

$$U^2O^2.O \text{ ou } (UO)^2O.$$

Cet uranyle n'est autre que l'urane que Klaproth et ses successeurs regardaient comme le radical métallique des composés d'urane.

Indépendamment des oxydes U^2O^2 et U^2O^3, il existe plusieurs oxydes intermédiaires représentant des combinaisons de ces deux oxydes. Nous signalerons enfin une combinaison d'uranium qui, jusqu'à présent, se trouve tout à fait isolée, c'est le pentachlorure d'uranium décrit par Roscoe, U^2Cl^5, ou peut-être U^4Cl^{10}.

Ainsi que nous l'avons fait remarquer plus haut, M. Mendéléeff a proposé de doubler le poids atomique de l'uranium et de le porter à 240. Il se fonde sur les considérations suivantes.

En attribuant à l'uranium le poids atomique 120 et à ses composés les formules indiquées plus haut, il est difficile d'assigner à cet élément une place dans le système. On sait que M. Mendéléeff a [*Die periodische Gesetzmässigkeit der chemischen Elemente, Ann. der Chem. u. Pharm.* Supplementband VIII] découvert des relations remarquables entre les poids atomiques des éléments et leurs propriétés physiques et chimiques (voyez au Supplément).

Or, dit-il, entre l'argent (108) et l'iode (127), toutes les places sont occupées. Et si l'on prend en considération l'ensemble des propriétés physiques et chimiques de l'uranium, ce métal se rapprocherait plutôt du chrome, du molybdène et du tungstène que du fer. Malgré certaines analogies avec le groupe de ce dernier métal (analogie, marquée surtout par l'existence des oxydes UO, U^2O^3, U^3O^4), on constate aussi des différences notables. La densité de l'uranium (18,4) qui est très-élevée, la difficulté de réduire ses oxydes, l'existence d'un chlorure volatil, UCl^2, celle des combinaisons de l'uranyle, UOX, la non-existence de combinaisons uraniques, UX^3 ou U^2X^6, toutes ces propriétés écartent l'uranium du fer. Les propriétés acides du sesquioxyde U^2O^3 sont, au contraire, prononcées, et si l'on doublait le poids atomique de l'uranium, ce dernier serait UO^3 et pourrait être rapproché des acides molybdique, MoO^3, et tungstique, TuO^3.

Ajoutons que l'existence d'un chlorure,

$$U^2Cl^5 \ (U = 120),$$

décrit par Roscoe, constitue un nouvel et solide argument en faveur du rapprochement fait par M. Mendéléeff et de la duplication du poids atomique de l'uranium.

Ce chlorure, UCl^5 $(U = 240)$ serait l'analogue des pentachlorures, $MoCl^5$ et $TuCl^5$. Enfin on peut invoquer en faveur de l'opinion du chimiste russe la composition des fluorures et oxyfluorures doubles d'uranium, lesquels pour 1 molécule de fluorure alcalin renferment toujours U^2Fl^2 ou $U^2O^2Fl^2$ et jamais UFl ou $UOFl$. On peut ajouter, dans le même ordre d'idées, que les uranates renferment, pour 1 molécule d'oxyde M^2O ou MO, $2U^2O^3$ et jamais U^2O^3.

En résumé, si l'on adoptait pour l'uranium le poids atomique 240, les principales combinaisons de ce métal recevraient les formules suivantes :

UCl^3 ou U^2Cl^6, sous-chlorure d'uranium.
UCl^4, chlorure uraneux.
UCl^5, pentachlorure.
UO^2Cl^2, chlorure d'uranyle.
U^2O^3, sous-oxyde d'uranium.
UO^2, oxyde uraneux.
U^3O^8, oxyde vert d'uranium.
UO^3, oxyde uranique.

L'opinion qui vient d'être exposée est très-digne d'attention. Elle soulève pourtant quelques objections.

1° En multipliant le poids atomique 240 de l'uranium par une chaleur spécifique 0,0619, on trouverait le nombre insolite 14,86 ;

2° Il est vrai que l'oxyde uranique présente un caractère acide plus prononcé que celui des autres sesquioxydes, mais c'est peut-être forcer un peu les analogies que de rapprocher ce sesquioxyde des acides molybdique et tungstique, car ces derniers ne donnent pas, en s'unissant aux acides, des sels qui correspondent aux sels d'uranyle. Il faut remarquer d'ailleurs que les oxydes inférieurs d'uranium recoivent des formules insolites. Il en est surtout ainsi de l'oxyde uraneux UO^2 et de l'oxyde vert U^3O^8.

3° Il est vrai que l'existence du pentachlorure rapproche l'uranium du molybdène et du tungstène. Mais, d'un autre côté, l'hexachlorure UCl^6 n'a pas été obtenu. On peut donc invoquer, comme on voit, des raisons pour et contre l'opinion de M. Mendéléeff, et, à tout prendre, il semblerait qu'on est plutôt autorisé à rapprocher l'uranium du chrome en conservant les formules actuelles des composés uraniques que de le placer à côté du molybdène et du tungstène, en doublant le poids atomique. Il faut remarquer que le chrome, qui présente des analogies avec le fer, s'en écarte aussi sous bien des rapports. Les composés ferreux sont bien mieux caractérisés que les composés chromeux auxquels ils ne ressemblent guère. Et, sous ce dernier point de vue, l'uranium se rapproche peut-être davantage du fer que le chrome, bien que le sulfate uraneux, $SO^4U + 4H^2O$, ne présente pas la composition du sulfate ferreux et ne soit pas isomorphe avec lui.

COMBINAISONS HALOÏDES DE L'URANIUM.

Bromures d'uranium. — On ne connaît que le dibromure ou protobromure UBr^2 et le bromure d'uranyle $U^2O^2Br^2$.

Dibromure d'uranium (bromure uraneux), UBr^2. — On l'obtient à l'état anhydre en dirigeant des vapeurs de brome sur un mélange calciné d'oxyde uraneux avec six fois son poids d'amidon, placé dans un tube de porcelaine. Le bromure se dépose sous la forme d'une masse pulvérulente brune qui, dans la partie la plus chaude du tube, offre une structure cristalline. Ce bromure fume à l'air et tombe en déliquescence, en donnant un liquide vert émeraude. Il se dissout dans l'eau avec sifflement [H. Hermann, *Jahresb.*, 1861, p. 260].

L'hydrate uraneux se dissout dans l'acide bromhydrique en donnant une solution d'un vert foncé qui abandonne, par l'évaporation sur l'acide sulfurique, des cristaux verts très-déliquescents qui renferment $UBr^2 + 4H^2O$. La chaleur les décompose en donnant de l'acide bromhydrique et du protoxyde d'uranium (Rammelsberg).

Bromure d'uranyle (oxybromure d'uranium), $U^2O^2Br^2$ ou $(UO)Br$. — Il se forme par l'action du brome sur le protoxyde UO ou par la dissolution du sesquioxyde U^2O^3 dans l'acide bromhydrique. L'évaporation l'abandonne en aiguilles déliquescentes jaunes, à saveur styptique. Chauffées, elles perdent de l'eau et deviennent jaune orange. La calcination à l'air décompose ce bromure en brome, acide bromhydrique et sesquioxyde d'uranium [Berthemot, *Ann. de Chim. et de Phys.*, (2), t. XLIV, p. 387].

Chlorures d'uranium. — Indépendamment du dichlorure UCl^2, et du chlorure d'uranyle $U^2O^2Cl^2$, il paraît exister un sous-chlorure décrit par Peligot et un pentachlorure qu'a fait connaître Roscoe.

Sous-chlorure d'uranium, U^2Cl^3 ou U^4Cl^6. — Il se produit par l'action de l'hydrogène sur le dichlorure chauffé à une température insuffisante pour le volatiliser. Il se dégage de l'acide chlorhydrique et il reste un corps brun foncé, peu volatil, formé d'une trame de filaments très-déliés. C'est le sous-chlorure. Il est soluble dans l'eau ; sa solution est pourpre, mais devient peu à peu verte par suite de la formation de chlorure uraneux ; en même temps il se dégage de l'hydrogène et il se dépose une poudre rouge qui est du protoxyde. La solution pourpre donne par l'ammoniaque un précipité de sous-oxyde [Peligot, *Ann. de Chim. et de Phys.*, (3), t. V, p. 20].

Suivant Rammelsberg, on obtient un autre *sous-chlorure*, U^3Cl^4, qui est brun, par l'action du gaz ammoniac sur le dichlorure UCl^2.

Dichlorure d'uranium (chlorure uraneux), UCl^2. — Il se produit avec incandescence lorsqu'on fait passer du chlore pur sur l'uranium métallique ; il se forme aussi par l'action du gaz chlorhydrique sur le protoxyde d'uranium chauffé. Pour le préparer on dirige un courant de chlore sur un mélange intime d'oxyde d'uranium et de charbon dans un tube en verre peu fusible. Le dichlorure se condense un peu au delà de la partie chauffée en octaèdres réguliers doués d'une sorte d'éclat métallique et d'une couleur noire ou verte, suivant leurs dimensions. Il est assez volatil pour pouvoir être déplacé dans le tube ; sa vapeur est rouge. C'est un corps extrêmement déliquescent et qui fume à l'air ; on ne peut le conserver que dans des tubes scellés à la lampe. Il se dissout dans l'eau en produisant un sifflement ; la solution est vert émeraude foncé. Évaporée dans le vide, cette solution laisse une masse amorphe verte, déliquescente. Si on l'évapore à chaud à l'air, elle laisse un résidu soluble incristallisable, en même temps qu'il se dégage de l'acide chlorhydrique. Cette décomposition a lieu même par l'ébullition et il se dépose alors une poudre brune très-divisée (Peligot).

Arendt et Knop préparent la solution de chlorure uraneux par le procédé suivant : on dissout le carbonate uranique ammoniacal dans une quantité d'acide chlorhydrique double de celle qui est nécessaire, puis on fait bouillir cette solution additionnée de quelques gouttes de tétrachlorure de platine, avec du cuivre métallique en excès, jusqu'à ce qu'une goutte de la liqueur laisse déposer du chlorure cuivreux par l'addition d'eau. On étend alors d'eau, on précipite par l'hydrogène sulfuré la petite quantité de cuivre restant en solution, on filtre et l'on évapore rapidement. Cette solution se conserve bien à l'air. Versée dans l'eau bouillante, elle laisse déposer tout l'urane à l'état d'hydrate uraneux [*Journ. prakt. Chem.*, t. LXXI, t. 68].

Le chlorure uraneux est un réducteur énergique ; il réduit les sels d'or et d'argent et ramène le chlorure ferrique à l'état de chlorure ferreux.

Chauffé dans l'hydrogène, il perd le quart de son chlore et se convertit en sous-chlorure, U^2Cl^3 (Peligot).

Le gaz ammoniac sec le convertit à froid en une combinaison, $3UCl^2.2AzH^3$, au rouge en sous-chlorure U^3Cl^4 (Rammelsberg).

C'est par l'analyse du chlorure uraneux que

Peligot a reconnu que l'urane, regardé jusque-là comme le radical métallique des combinaisons uraniques, est en réalité un oxyde. En effet, en oxydant ce chlorure, précipitant par l'ammoniaque et réduisant l'oxyde uraniquee par l'hydrogène (réduction qui donne l'ancien urane métallique, c'est-à-dire le protoxyde d'uranium), il a obtenu, pour le chlorure uraneux, un total de 108 % (37,3 % Cl et 71,2 d'urane), résultat qui était inadmissible.

CHLORURE D'URANYLE (oxychlorure d'uranium)

$(U^2O^2)Cl^2$ ou $(UO)'Cl$.

— Lorsqu'on fait passer un courant de chlore sur le protoxyde d'uranium UO chauffé au rouge, il se forme des vapeurs d'un jaune orange qui se condensent en une masse cristalline jaune très-fusible et peu volatile. C'est le chlorure d'uranyle; il est soluble dans l'eau, dans l'alcool et dans l'éther; sa solution aqueuse fournit par l'évaporation des cristaux hydratés qui renferment

$U^2O^2Cl^2 + H^2O$.

On obtient le chlorure d'uranyle en solution en faisant réagir l'acide chlorhydrique sur le sesquioxyde d'uranium, ou encore en oxydant le chlorure uraneux à l'air ou par l'acide nitrique.

Traité par le potassium, le chlorure d'uranyle fournit du chlorure de potassium et du protoxyde d'uranium.

Le chlorure d'uranyle forme avec les chlorures alcalins des sels doubles qu'on obtient soit en mélangeant les chlorures, soit plus facilement en dissolvant les uranates correspondants dans l'acide chlorhydrique et faisant cristalliser (Peligot).

Sel double ammoniacal,

$UOCl.AzH^4Cl + H^2O$.

— Il cristallise de sa solution sirupeuse en rhomboèdres isolés, très-nets; il est très-déliquescent.

Chlorure double potassique,

$(UO)Cl.KCl + H^2O$.

— Larges tables rhomboïdales, d'un jaune verdâtre, très-solubles dans l'eau. Lorsqu'on veut le soumettre à une nouvelle cristallisation, il se dédouble en chlorure d'uranyle et chlorure de potassium.

Le *chlorure double sodique* ne cristallise qu'avec une grande difficulté, à cause de sa déliquescence.

Le chlorure d'uranyle se combine aussi aux chlorures des bases organiques (Gr. Williams).

PENTACHLORURE D'URANIUM,

U^2Cl^5 ou U^4Cl^{10}.

— Il prend naissance, d'après Roscoe, en même temps que le dichlorure, lorsqu'on dirige un courant de chlore sur un mélange d'oxyde ou d'oxychlorure d'uranium et de charbon. Si le chlore arrive lentement, on obtient de longues aiguilles foncées, d'un rouge rubis, peu transparentes et présentant des reflets métalliques verts. Si le chlore arrive avec rapidité, il se forme une poudre brune. L'un et l'autre de ces produits constituent le pentachlorure et se déposent dans la partie du tube la plus éloignée du foyer; le dichlorure produit en même temps est en octaèdres qui se déposent plus près de ce dernier.

Le pentachlorure d'uranium est très-hygroscopique et se résout à l'air humide en un liquide jaune verdâtre. Il se dissout dans l'eau avec sifflement. Chauffé, il se dissocie à 120° en chlore et dichlorure; la dissociation est complète à 235°. Chauffé au rouge dans un courant de gaz ammoniac sec, le pentachlorure d'uranium se convertit en un azoture noir. [Roscoe, *Deutsch. chem. Gesellsch.*, 1874, p. 1131; *Bull. de la Soc. chim.*, t. XXIII, p. 270].

Cronander a décrit une combinaison de ce pentachlorure avec le perchlorure de phosphore, combinaison qui renferme $U^2Cl^5 + PCl^5$ et qui se forme, entre autres produits, dans l'action du perchlorure de phosphore sur le sesquioxyde d'uranium. C'est une masse jaune-rougeâtre, décomposable par l'eau. On peut la sublimer sans décomposition [*Bull. de la Soc. chim.*, t. XIX, p. 500].

IODURE D'URANIUM. — On ne connaît que l'iodure uraneux UI^2, décrit par Rammelsberg. Il se produit par dissolution de l'hydrate uraneux dans l'acide iodhydrique. La solution est verte; évaporée à l'air, elle brunit, perd de l'iode et laisse une masse cristalline noire, insoluble dans l'eau.

FLUORURES D'URANIUM. — Ils correspondent aux chlorures et ont été indiqués sommairement par Berzélius et étudiés d'une manière complète par Carrington Bolton [*On the fluorine compound of uranium*, 1865; *Bull. de la Soc. chim.* (2), t. VI, p. 450]. H. Hermann [*Jahresb. f. Chem.*, 1861 p. 260] a décrit un sesquifluorure qui n'est autre que le difluorure.

DIFLUORURE D'URANIUM, UFl^2. — L'oxyde vert d'uranium U^3O^4 ou $U^2O^3.UO$ est attaqué énergiquement par l'acide fluorhydrique; il se produit une poudre verte insoluble, qui est le fluorure uraneux et une solution jaune renfermant l'oxyfluorure d'uranium. La poudre verte passe facilement à travers les filtres. Un mode de préparation plus facile consiste à faire bouillir la solution d'oxyfluorure. Ainsi préparé il peut être lavé facilement.

Le fluorure uraneux se produit aussi par l'action de l'acide fluorhydrique sur l'hydrate uraneux. Il se précipite sous la forme d'un sel vert volumineux lorsqu'on ajoute de l'acide fluorhydrique à une solution de chlorure uraneux.

Le fluorure uraneux est insoluble dans l'eau; l'acide nitrique même concentré ne le dissout qu'en petite quantité; il est insoluble dans l'acide fluorhydrique. La soude bouillante le décompose en séparant du protoxyde d'uranium.

Calciné à l'air, il laisse un résidu d'oxyde vert. Chauffé dans un courant d'hydrogène, il perd de l'acide fluorhydrique et laisse une masse rougeâtre insoluble dans l'eau et qui constitue sans doute un *sous-fluorure*.

Le fluorure uraneux forme avec les fluorures alcalins des sels doubles qu'on n'obtient pas directement, mais bien par la réduction des monoxyfluorures correspondants, par l'acide formique ou oxalique, sous l'influence de la lumière (Bolton).

Uranofluorure de potassium, $2UFl^2.KFl$. — On l'obtient en réduisant l'uranoxyfluorure par l'acide formique ou oxalique, sous l'influence de la lumière. C'est une poudre verte ressemblant au fluorure uraneux, insoluble dans l'eau et dans les acides étendus, soluble dans l'acide chlorhydrique. Calciné à l'air, il fond, se décompose et laisse un résidu jaune d'uranate de potassium.

Le *sel de sodium*, $2UFl^2.NaFl$ (?) ressemble au précédent et paraît être un peu plus soluble dans l'eau. Il se décompose comme lui par la calcination, mais sans fondre.

FLUORURE D'URANYLE (oxyfluorure d'uranium)

$U^2O^2Fl^2$ ou $(UO)Fl$.

— Il est contenu dans la solution jaune qu'on obtient en traitant l'oxyde vert ou le sesquioxyde d'uranium par l'acide fluorhydrique. Il est incristallisable et reste après l'évaporation sous forme d'une masse presque blanche, soluble dans l'eau et dans l'alcool et retenant encore de l'eau après dessiccation à 100°. Calciné à l'air il se décompose en dégageant du fluor, d'après Bolton, et en laissant de l'oxyde uranique. Sa solution est réduite par l'étain et l'acide chlorhydrique à l'état de fluorure uraneux qui se précipite.

Uranoxyfluorure de potassium, 2UOFl.3KFl. — Précipité cristallin jaune citron formé par l'addition de fluorure de potassium en excès à une solution d'azotate d'uranyle. On le purifie par cristallisation dans l'eau bouillante. On l'obtient aussi par l'action de l'acide fluorhydrique, additionné de fluorure de potassium, sur l'uranate de potassium ou sur le sesquioxyde d'uranium. Sa solution bouillante l'abandonne en croûtes cristallines, formées de cristaux clinorhombiques, et l'évaporation lente en cristaux maclés appartenant au système quadratique. Les premiers offrent les faces p, m, o^1, a^1. Rapport des axes = 1,375 : 1 : 3,477; inclinaisons des axes = 90°40'.

Angles po^1 = 77° 0'; pm = 82° 14'; ma^1 = 72° 50'.

Dans les cristaux quadratiques, le rapport des axes est 1:2,0815 et les faces observées sont m et p.

Ce sel est anhydre. Chauffé, il fond en se décomposant et en donnant un liquide rouge; calciné à l'air, il laisse un résidu d'uranate de potassium.

Calciné dans un courant d'hydrogène, l'uranoxyfluorure de potassium se décompose en donnant du fluorure uraneux, du sous-oxyde d'uranium et du fluorure de potassium. Fondu avec du carbonate de sodium, il dégage du fluor et laisse de l'uranate de sodium (Bolton.)

L'eau bouillante ne le décompose pas et sa solution n'attaque pas le verre. L'ammoniaque donne dans sa solution un précipité d'uranate d'ammonium; les carbonates de sodium et d'ammonium ne les décomposent pas. Le chlorure de baryum y produit un précipité cristallin; l'acétate de plomb, un précipité transparent impossible à filtrer; l'acétate de plomb un précipité jaune-orange, soluble dans les acides étendus; les sels d'argent, de mercure, de cuivre, de zinc, de platine ne donnent pas de précipités.

L'acide formique et l'acide oxalique réduisent ce sel sous l'influence de la lumière, en donnant de l'urano-fluorure de potassium (Bolton.)

Uranoxyfluorure de sodium,

$$2UOFl.NaFl + 4H^2O.$$

— Il est plus difficile à obtenir que le précédent et cristallise en beaux prismes orthorhombiques efflorescents, qu'une seconde cristallisation décompose en partie. Il cristallise aussi avec $2H^2O$.

Uranoxyfluorure d'ammonium,

$$2UOFl.AzH^4Fl + xH^2O.$$

— Cristaux mal définis, solubles dans l'eau, peu solubles dans l'acide fluorhydrique, insolubles dans l'alcool. Calciné, ce sel laisse un résidu de sous-oxyde d'uranium.

Uranoxyfluorure de baryum,

$$4UOFl.3BaFl^2 + 2H^2O.$$

— Précipité cristallin, jaune-citron, insoluble dans l'eau froide, soluble dans les acides dilués. On l'obtient par double décomposition.

Fluosilicate uraneux, $SiFl^6U$. — Masse gélatineuse d'un bleu verdâtre obtenue par addition d'acide fluosilicique à une solution de chlorure uraneux. Il est soluble dans l'acool (Stolba).

Combinaisons oxygénées de l'uranium.

L'uranium forme principalement deux oxydes: le *protoxyde* UO et le *sesquioxyde* U^2O^3. Le premier est basique, le second joue à la fois le rôle d'acide et le rôle de base et forme avec le protoxyde des oxydes salins intermédiaires

$$U^3O^4 = U^2O^3.UO \text{ et } U^4O^5 = U^2O^3.2UO.$$

Il existe en outre plusieurs *sous-oxydes*, l'un décrit par Peligot et renfermant U^4O^3, et deux autres, U^2O et U^3O^2 qu'a fait connaître A. Guyard. Enfin, ce dernier a signalé l'existence d'un *oxyde uranique acide* U^2O^5 correspondant à l'anhydride antimonique Sb^2O^5.

Sous-oxydes d'uranium. — 1° U^4O^3. Il se précipite à l'état d'hydrate par l'addition d'ammoniaque au sous-chlorure U^4Cl^6. C'est un précipité brun extrêmement altérable, car il décompose l'eau en dégageant de l'hydrogène et en se transformant en un hydrate jaune-verdâtre, qui paraît renfermer un autre sous-oxyde et qui s'oxyde ensuite à l'air pour donner l'hydrate uraneux (Peligot).

2° U^3O^2. Il se forme par la réduction de U^2O^3 en solution chlorhydrique par le zinc; sa solution acide est rouge hyacinthe, mais les alcalis le précipitent à l'état d'hydrate vert-clair.

3° U^2O. Il se produit dans les mêmes circonstances que le précédent et se précipite à l'état d'hydrate vert-clair; sa solution est vert-clair. La composition de ces deux sous-oxydes a été reconnue par la quantité de permanganate de potassium nécessaire pour les transformer en sesquioxyde [Antony Guyard, *Bull. de la Soc. chim.* 1864, t. I, p. 94].

Protoxyde d'uranium (oxyde uraneux, uranyle, urane), UO ou U^2O^2. — Cet oxyde, qu'on avait pris originairement pour le métal lui-même, se produit par l'action du charbon ou des matières charbonneuses sur le sesquioxyde d'uranium, à la température du fourneau à vent. Il s'obtient plus facilement par l'action de l'hydrogène au rouge sur le même oxyde ou sur l'uranoxychlorure de potassium $U^2O^2Cl^2.2KCl$. On peut l'obtenir enfin en calcinant ce dernier sel ou l'oxalate uraneux en vase clos, ou mieux dans un courant d'hydrogène.

Pour le préparer, Wöhler fait évaporer la solution chlorhydrique d'uranate d'ammonium, additionnée de sel ammoniac et de chlorure de sodium, puis calcine le résidu dans un creuset, jusqu'à expulsion du sel ammoniac et fusion du chlorure de sodium. Le protoxyde reste, après lavage du produit, sous la forme d'une poudre cristalline noire.

Préparé par réduction du sesquioxyde au moyen de l'hydrogène ou par coloration de l'oxalate uraneux, le protoxyde d'uranium est pyrophorique et présente l'aspect d'une poudre métallique brune ou rouge-cuivre. Densité = 10,15 (Peligot, Ebelmen).

L'oxyde uraneux obtenu par la réduction du sesquioxyde par le charbon forme une poudre d'un gris de fer, composée de petites aiguilles à éclat métallique faible (Bucholz). Enfin celui qu fournit l'uranoxychlorure de potassium est en octaèdres microscopiques translucides, d'un rouge-brun (Arfvedson).

Chauffé à l'air, l'oxyde uraneux brûle et se transforme en oxyde intermédiaire U^3O^4.

Hydrate uraneux. — Il se précipite en flocons d'un rouge brun, devenant noirs à l'ébullition, lorsqu'on ajoute un alcali à un sel uraneux; il entraîne dans sa précipitation une certaine quantité d'alcali, qu'on ne peut lui enlever par des lavages à l'eau froide. Cet hydrate se dissout facilement dans les acides dilués. L'oxyde calciné, au contraire, est insoluble dans les acides sulfurique ou chlorhydrique étendus; il est soluble dans l'acide sulfurique concentré.

L'oxyde uraneux présente avec les sels d'argent une réaction intéressante qui fait ressortir son rôle de radical. Il précipite de l'argent métallique comme le ferait un métal plus électropositif, sans qu'il y ait dégagement de gaz (Ebelmen). Il se forme d'abord un précipité volumineux d'oxyde d'argent et la liqueur devient verte, indice de la présence d'un sel uraneux; peu à peu cette teinte disparaît pour faire place à la couleur jaune des sels uraniques; en même temps le précipité change d'aspect et se transforme en argent métallique. La réaction a donc lieu en deux phases :

$$UO + 2AzO^3Ag = (AzO^3)^2U + Ag^2O;$$
$$2(AzO^3)^2U + 2Ag^2O$$
$$= 2AzO^3(UO) + 2AzO^3Ag + Ag^2$$

[Isambert, *Compt. rend.*, t. LXXX, p. 1087].

Oxyde uranique ou d'uranyle (sesquioxyde),

$$U^2O^3 = U^2O^2.O.$$

— On le prépare :

1° Par la calcination de l'azotate uranique à la température de 250°; il reste sous la forme d'une poudre d'un brun chamois;

2° En chauffant à 300° le carbonate uranicoammonique, l'uranate d'ammonium ou l'hydrate uranique; il forme alors une poudre rouge-brique (Ebelmen); suivant Malaguti, l'oxyde préparé par calcination de l'hydrate retient encore de l'eau à 400°.

Chauffé au rouge, l'oxyde uranique perd de l'oxygène et se convertit en oxyde intermédiaire vert U^3O^4.

Hydrate uranique. — On ne peut pas obtenir l'hydrate uranique en précipitant un sel uranique par un alcali, le précipité ainsi formé constituant un uranate alcalin. On le prépare :

1° En exposant à l'air le précipité brun-violacé que laisse déposer la solution d'oxalate jaune d'uranium sous l'influence de la lumière, et qui constitue un hydrate uranoso-uranique. Ainsi préparé l'hydrate uranique renferme $U^2O^3.2H^2O$ (Ebelmen);

2° Par la calcination modérée de l'azotate uranique : on chauffe ce sel au bain de sable, aussi longtemps qu'il se dégage de l'acide nitrique. Le résidu renferme l'hydrate uranique mélangé d'un sel basique qu'on peut enlever par lavage à l'eau bouillante (Berzélius).

Malaguti dissout l'azotate uranique dans l'alcool et évapore la solution à une douce chaleur jusqu'à ce qu'il se produise de l'éther nitreux et de l'aldéhyde : il reste une masse spongieuse jaune d'hydrate uranique qu'on épuise par l'eau bouillante. Cet hydrate renferme $U^2O^3.2H^2O$ [*Compt. rend.*, t. XVI, p 851];

3° Par la décomposition du carbonate double d'uranyle et d'ammonium. La solution de ce sel laisse déposer par l'ébullition un hydrate uranique renfermant encore 2 % d'ammoniaque, qui s'en vont à la longue lorsqu'on abandonne le précipité dans un flacon mal bouché. Cet hydrate renferme $2H^2O$ (Ebelmen, Drenkmann);

4° Par la fusion de l'oxyde vert U^3O^4 avec du chlorate de potasssium : on épuise le produit par l'eau bouillante. Il renferme également $2H^2O$ [Drenkmann, *Jahresb. f. Chem.*, 1861, p. 256].

L'hydrate $U^2O^3.2H^2O$ perd la moitié de son eau dans le vide ou à 100°. D'après Drenkmann il ne perd la moitié de son eau qu'à 160°. D'après Ebelmen il perd toute son eau à 300°, tandis que suivant Malaguti, il en retient encore à 400°. Chauffé plus fort, il perd en même temps de l'oxygène.

Le monohydrate est jaune. Densité = 5.92. Il est inaltérable à l'air et n'en attire pas l'acide carbonique.

L'oxyde et l'hydrate uraniques se dissolvent dans les acides pour donner des sels.

L'oxyde uranique joue le rôle de base vis-à-vis des acides et le rôle d'acide à l'égard des bases. Dans le premier cas, il donne des sels uraniques ou d'uranyle, qui sont décrits plus loin; dans le second cas, il donne des uranates, parmi lesquels il convient de placer les *oxydes intermédiaires* U^3O^4 et U^4O^5. Ces sels devraient plutôt s'appeler des *uranites* si l'acide U^2O^5 annoncé par M. Guyard existe réellement.

Uranates. — Les uranates alcalins s'obtiennent par la précipitation d'un sel uranique par un alcali; ceux des métaux alcalino-terreux et autres, par la précipitation d'un mélange d'un sel uranique et du sel métallique correspondant par l'ammoniaque. Ils se produisent aussi lorsqu'on calcine à l'air un mélange des carbonates ou des acétates métalliques avec l'acétate d'uranyle.

Ils ont en général pour composition

$$2U^2O^3.M^2O \text{ (ou } M''O) = U^4O^7M^2 \text{ ou } U^4O^7M''.$$

Ils sont jaunes, insolubles dans l'eau, solubles dans les acides. Ils sont décomposés par la chaleur à la manière de l'oxyde uranique lui-même.

Uranate ammonique. — Il se précipite lorsqu'on ajoute de l'ammoniaque à un sel uranique C'est une poudre jaune, peu soluble dans l'eau, insoluble en présence du sel ammoniac, inaltérable à 100°. A une température plus élevée, cet uranate perd de l'ammoniaque, de l'azote et de l'eau et laisse un résidu d'oxyde intermédiaire U^3O^4. Il peut servir facilement à la préparation des autres composés d'urane.

C'est l'uranate d'ammonium qui constitue le produit désigné dans le commerce sous le nom de *jaune d'urane*. On le prépare en grand en ajoutant un sel ammoniacal à une solution bouillante d'uranate de sodium aussi longtemps qu'il se dégage de l'ammoniaque, lavant le précipité et le desséchant à une douce chaleur [Anthon, *Dingl. polyt. Journ.*, t. CLVI, p. 211].

Uranate d'argent. — Il se précipite lorsqu'on fait bouillir de l'acétate uranico-argentique avec l'eau, sous la forme d'une poudre rouge qui se décompose au delà de 100°. Il se forme aussi par l'action de l'oxyde d'argent récemment précipité sur une solution d'azotate uranique (A. Guyard).

Uranate de baryum, $U^4O^7Ba = 2U^2O^3.BaO$. — Précipité jaune rougeâtre. Calciné dans l'hydrogène, il laisse de l'oxyde uraneux pyrophorique, mélangé de baryte. Il se forme par la calcination de l'acétate uranico-barytique ou par l'addition de baryte à la solution de ce sel [Wertheim, *Ann. de Chim. et de Phys.*, (3), t. XI, p. 59].

Uranate de bismuth, $2U^2O^3.Bi^2O^3$. — Il constitue le minéral décrit sous le nom d'*uranosphérite*, qui se trouve en amas hémisphériques rouge brique et qui sont composés d'aiguilles soyeuses [Cl. Winkler, *Journ. prakt. Chem.*, (2), t. VII, p. 1].

Uranate de calcium. — Il s'obtient en précipitant l'acétate uranico-calcique par l'ammoniaque. Il constitue plusieurs produits naturels (uranocre).

Uranate de cuivre, $U^4O^7Cu = 2U^2O^3.CuO$. — Poudre cristalline, ressemblant à l'aventurine, qui se produit par fusion du phosphate uranico-cuivrique avec le carbonate de sodium [Debray, *Ann. de Chim. et de Phys.*, (3), t. LXI, p. 453].

Uranate de magnésium,

$$U^4O^7Mg = 2U^2O^3.MgO.$$

— Poudre jaune-brun obtenue par calcination de l'acétate uranico-magnésien.

Uranate de plomb, $U^4O^7Pb = 2U^2O^3.PbO$. — On l'obtient en précipitant un mélange d'acétates d'urane et de plomb par l'ammoniaque, ou encore en faisant bouillir à plusieurs reprises du carbonate de plomb, avec des quantités renouvelées d'acétate d'urane. Il est d'un rouge jaunâtre et devient rouge-brun par une calcination modérée. Chauffé au four à porcelaine, il devient jaune-pâle, sans se réduire, et est alors difficilement soluble dans l'acide acétique. Chauffé dans un courant d'hydrogène, il laisse un mélange pyrophorique d'oxyde uraneux et de plomb métallique (Wertheim).

La calcination de l'oxalate uranico-plombique fournit un uranate de plomb brun qui renferme $U^2O^3.PbO$.

Uranate de potassium,

$$U^4O^7K^2 + 3H^2O \text{ soit } 2U^2O^3.K^2O + 3H^2O.$$

On l'obtient en précipitant un sel uranique par la potasse en excès; ou en calcinant du carbonate ou de l'acétate uranico-potassique; ou encore en fondant du sesquioxyde d'uranium avec du carbonate de potassium.

Préparé par voie humide, il forme une poudre jaune-orange pâle; obtenu par la voie sèche, il est jaune-rougeâtre. L'hydrogène le réduit partiellement à chaud en donnant l'oxyde U^3O^4 et un uranate plus ou moins basique (Berzélius; Wertheim).

On peut aussi le préparer directement à l'aide de la pechblende, en opérant comme pour le sel de sodium.

Dans les arts on l'obtient en calcinant la pechblende avec de la potasse et du nitre [Wysocki, *Dingl. polyt. Journ.*, t. CLV, p. 305].

Drenkmann a obtenu un uranate plus acide, $6U^2O^3.K^2O + 6H^2O$, en fondant du sulfate acide d'uranyle avec le chlorure de potassium. Il reste après lavage de la masse fondue sous la forme d'une poudre jaune, composée de prismes rhomboïdaux microscopiques. Il devient rouge brique par une calcination prolongée; au rouge blanc, il devient gris d'argent et l'oxyde U^2O^3 est réduit à l'état d'oxyde vert U^3O^4.

Uranate de sodium. — Le sel

$$U^4O^7Na^2 = 2U^2O^3.Na^2O$$

s'obtient comme le sel de potassium, dont il présente les caractères généraux. Il est jaune. Fondu avec du chlorure de sodium, il fournit un autre sel, en tables hexagonales jaunes, mélangées d'un peu d'oxyde U^3O^4 et renfermant probablement $U^2O^3.Na^2O$ (Drenkmann).

Lorsqu'on fond de l'azotate d'uranyle avec du chlorure de sodium et qu'on épuise la masse refroidie par l'eau, on obtient des lamelles rhombiques bronzées, à éclat nacré, ressemblant à l'or musif. Densité = 6,912. Ce sel renferme

$$3U^2O^3.Na^2O.$$

Il est insoluble dans l'eau. Il ne se décompose qu'au blanc, en devenant gris d'argent par réflexion et incolore par transparence (Drenkmann).

Le sel $2U^2O^3.Na^2O$ est fréquemment employé pour colorer le verre et la porcelaine en jaune ou en vert.

Le *jaune d'urane* employé à cet usage est préparé industriellement par le grillage de 100 p. de pechblende (à 45 % U^3O^4), avec 14 p. de chaux dans un four à réverbère : il se forme de l'uranate de calcium qu'on traite par l'acide sulfurique dilué; celui-ci dissout tout l'urane en donnant une solution verte. On ajoute à cette solution un excès de carbonate sodique, qui redissout l'urane d'abord précipité et laisse presque toutes les impuretés. On ajoute alors à la solution de l'acide sulfurique dilué, aussi longtemps qu'il y a effervescence; l'uranate de sodium se précipite ainsi à l'état hydraté; il devient peu à peu cristallin par la dessiccation et renferme alors $2U^2O^3.Na^2O + 6H^2O$ [Patera, *Journ. für prak. Chem.*, t. LXI, p. 397].

On obtient un uranate orange en précipitant une solution de carbonate uranico-sodique par la soude, lavant et séchant le précipité [Wysocky, *Dingl. polyt. Journ.*, t. CLXXVI, p. 418; *Bull. de la Soc. chim.*, t. VI, p. 494].

Le verre coloré par l'uranate de sodium est très-fluorescent.

Uranate de tétréthylammonium,

$$U^2O^4 < {AzEt^4 \atop H} = U^2O^3.Az(C^2H^5)^4OH$$

— Précipité jaune, produit par l'addition d'hydrate de tétréthylammonium à une solution d'azotate uranique; la dessiccation l'agglomère et le transforme en une poudre jaune. L'acide acétique le dissout en donnant un sel cristallisable, sans doute un acétate double [C. Bolton, *Amer. Journ.*, 1872, t. II, p. 456].

Uranate de thallium. — Précipité jaune, produit par l'addition d'oxyde de thallium à une solution uranique (Bolton).

Uranates d'uranium ou *oxydes intermédiaires*. — 1° *Oxyde vert*, $U^3O^4 = U^2O^3.UO$. — C'est lui qui constitue principalement la *pechblende*. On l'obtient pur par le grillage de l'uranium ou de son protoxyde à l'air, ainsi que par la calcination ménagée du sesquioxyde d'uranium qui, dans ce cas, perd la neuvième partie de son oxygène. Il se forme encore par la calcination du protoxyde dans un courant de vapeur d'eau. C'est une poudre veloutée d'un vert foncé. Densité = 7,1 à 7,3.

Calciné fortement, il se transforme en oxyde noir U^4O^5. Calciné dans un courant d'hydrogène ou avec du sodium, du charbon, du soufre, il est réduit en protoxyde.

L'oxyde U^3O^4 est à peine attaqué par les acides chlorhydrique ou sulfurique faibles; à l'état de concentration, ces acides le dissolvent aisément. L'acide azotique le dissout en le transformant en azotate uranique. La solution sulfurique ou chlorhydrique, étendue d'eau, donne par l'ammoniaque un précipité gris vert d'hydrate uranoso-uranique qui, s'il est formé à froid, se dissout aisément dans les acides dilués. Le carbonate ammonique le décompose en dissolvant du carbonate uranico-ammonique et en laissant de l'hydrate uraneux.

L'addition d'alcool à la solution du sulfate uranoso-uranique en précipite du sulfate uraneux, tandis que le sulfate uranique reste dissous. La solution chlorhydrique se comporte de même. Ces solutions paraissent donc renfermer un mélange de sels uranique et uraneux et non des sels de l'oxyde U^3O^4. Chauffé avec un excès d'acide sulfurique, le sulfate mixte donne du sulfate uranique et un dégagement de gaz sulfureux (Ebelmen).

2° *Oxyde noir*, $U^4O^5 = U^2O^3.2UO$. — Il se produit lorsqu'on soumet à une forte calcination l'uranate d'ammonium ou l'oxyde uraneux au contact de l'air. A une température inférieure, c'est-à-dire au rouge, il absorbe de l'oxygène pour donner l'oxyde vert. Cet oxyde se comporte comme le précédent à l'égard des acides.

C'est à cet oxyde qu'est due évidemment la coloration noire que communique la pechblende au verre.

Uranate de zinc. — On l'obtient, par voie sèche ou par voie humide, en précipitant par l'eau de baryte l'acétate double de zinc et d'uranyle. Il se produit aussi par l'action du zinc sur une solution d'azotate uranique; il forme dans ce cas un enduit jaune sur le zinc (Wertheim).

Acide uranique. — Si l'on introduit de l'oxyde uranique ou un uranate alcalin dans une solution d'azotate d'argent, on obtient une poudre cristalline noire, brillante et insoluble, qui a pour composition $(U^2O^5)^2Ag^2O = U^4O^{11}Ag^2$, et qui représente par conséquent le sel d'argent d'un acide uranique (A. Guyard).

SULFURES D'URANIUM.

On ne connaît avec certitude que le *protosulfure* US et les *oxysulfures*, $U^3OS^2 = UO.2US$ et U^2O^2S; quant au sesquisulfure, son existence est douteuse.

PROTOSULFURE D'URANIUM, US. — Il se produit avec incandescence lorsqu'on chauffe l'uranium métallique dans la vapeur de soufre (Peligot); il prend aussi naissance par l'action du gaz hydrogène sulfuré sur le dichlorure d'uranium chauffé au rouge [H. Hermann, *Jahresb. f. Chem.*, 1861, p. 258]. Le sulfure ammonique donne un précipité noir dans les sels uraneux.

Le protosulfure d'uranium est une poudre amorphe, d'un gris noir et devenant cristalline lorsqu'on la calcine à l'abri de l'air. Exposé à l'air humide, il émet de l'hydrogène sulfuré et se convertit en oxysulfure U^2O^2S.

L'acide chlorhydrique ne le dissout que lorsqu'il est concentré. L'acide azotique l'oxyde et le convertit en sulfate uranique.

Lorsqu'on chauffe les oxydes d'uranium dans un mélange d'anhydride carbonique et de sulfure de carbone en vapeur, ils sont réduits à l'état de protoxyde et il ne se forme pas de sulfure. Celui-ci ne se forme pas non plus lorsqu'on réduit le sulfate d'uranium par l'hydrogène ou que l'on chauffe le sesquioxyde d'uranium avec du soufre et du sel ammoniac, ou encore lorsqu'on chauffe le sulfate uraneux avec du persulfure de potassium. C'est l'oxyde uraneux qui prend naissance dans toutes ces réactions (H. Hermann).

OXYSULFURE URANEUX, $U^3OS^2 = UO.2US$. — Il se produit suivant Hermann par l'action du sulfure de carbone au rouge blanc sur l'oxyde uraneux ou sur l'oxyde uranique. C'est une masse gris noirâtre qui est attaquée par le chlore avec incandescence.

SULFURE D'URANYLE, U^2O^2S. — Le sulfure ammonique produit dans une solution aqueuse d'azotate uranique un précipité brun, très-altérable, qui est l'oxysulfure U^2O^2S, mais impur et renfermant 18 % d'eau, et 1,7 % de sulfure ammonique. La précipitation est très-incomplète, car une portion du sulfure précipité se redissout dans le sulfure ammonique.

Si l'on emploie une solution alcoolique d'azotate uranique, le sulfure précipité est beaucoup plus stable et la liqueur surnageante est presque entièrement privée d'urane. On obtient ainsi un précipité brun, qu'on peut laver à l'alcool faible et sécher dans le vide; il constitue le sulfure d'uranyle à peu près pur.

Le sulfure d'uranyle est un peu soluble dans l'eau pure; sa solution est brune et s'oxyde à l'air en laissant déposer de l'hydrate uranique. Les acides, même très-étendus, le dissolvent rapidement sans dégagement considérable d'hydrogène sulfuré, en donnant un sel uraneux et un dépôt de soufre.

Chauffé à 50°, au moment de sa précipitation, avec un excès de sulfure ammonique, il devient d'un noir mat et inattaquable par l'acide chlorhydrique concentré. Si on le fait digérer à froid avec une solution aqueuse de sulfure ammonique, il se transforme après 24 ou 48 heures en une poudre cristalline d'un rouge de sang, qu'on nomme *rouge d'urane*. Sa composition est très-complexe et ne peut pas s'exprimer par une formule simple. Il renferme, en effet, 64 % de protoxyde d'uranium, 16,9 de sesquioxyde, 4,9 de soufre, 10 d'eau et une certaine quantité d'ammoniaque [Remelé, *Journ. f. prakt. Chem.*, t. XCVII, p. 193; *Bull. de la Soc. Chim.*, t. VI, p. 318].

Les sulfures de potassium et de sodium donnent dans une solution alcoolique d'azotate uranique des précipités jaune-orangé, dont la composition ne paraît pas constante. Le sulfure de baryum donne un précipité volumineux brun rouge qui ne se conserve que sous l'alcool. C'est un *uranosulfure de baryum*. On obtient un sel analogue, mais vert, par l'addition d'un sel de baryum à la liqueur brune obtenue par l'action du sulfure ammonique sur une solution aqueuse d'azotate uranique. C'est un précipité vert sale (Remelé).

Sulfure uranique, U^2S^3. — Ce sulfure n'a pu être isolé. Patera admet qu'il existe dans le produit de l'action de la potasse sur le *rouge d'urane* (voyez plus haut). Celui-ci se transforme en une poudre rouge à laquelle Patera assigne la composition invraisemblable

$$2U^2S^3.K^2S + 21(2U^2O^3.K^2O.3H^2O).$$

Soumis à l'ébullition avec de la chaux ou de la magnésie, le rouge d'urane devient noir [*Ann. der Chem. u. Pharm.*, t. LXXXVI, p. 254].

SELS D'URANIUM.

L'uranium forme deux classes de sels, les *sels uraneux*, correspondant au protoxyde d'uranium UO ou au protochlorure UCl^2, et les *sels uraniques* ou *d'uranyle*, qui correspondent à l'oxychlorure, UOCl. Aucun des sels uraniques ne présente la composition normale des sels à base de sesquioxyde, circonstance qui a conduit Peligot à admettre que ces sels renferment le radical *uranyle*. Ce radical est (UO)′ ou $(U^2O^2)''$. La constitution de ces sels est analogue à celle de certains sels d'antimoine et de bismuth, dans lesquels on peut admettre de même le radical *stibyle* (SbO)′ et bismuthyle (BiO)′. En rapprochant l'uranium des deux métaux dont il s'agit, rapprochement en faveur duquel milite la composition de la walpurgine (voyez page 555), on peut admettre dans les composés uraniques, le groupe uranyle mono-atomique (UO), sinon il faudrait y admettre un radical diatomique (U^2O^2). La densité de vapeur du chlorure d'uranyle, qui correspond aux sels uraniques n'ayant pas de déterminée, il est impossible de décider cette question. En l'état, nous appliquerons, sous toute réserve, aux composés uraniques les formules les plus simples, c'est-à-dire celles où se forme le radical (UO).

Les sels uraneux sont verts; les sels uraniques sont jaunes. Les premiers sont très-oxydables et se transforment facilement en sels uraniques qui, de leur côté, sous l'influence de certains agents réducteurs, sont convertis en sels uraneux; ces changements dans le degré d'oxydation sont accusés par le changement de coloration.

Les sels uraniques offrent une très-belle fluorescence jaune-vert que possèdent également les verres dans la composition desquels on fait entrer l'urane. Cette fluorescence et les bandes d'absorption que présentent les sels d'urane ont été étudiées par E. Becquerel [*Ann. de Chim. et de Phys.* (4), t. XXVII, p. 539] et par H. Morton et H.-C. Bolton [*Moniteur scientifique*, t. III, p. 963].

Les sels uraniques présentent en général une grande sensibilité à la lumière : aussi a-t-on fréquement recommandé leur emploi en photographie. La première idée de cette application est due à Niepce [*Compt. rend.*, t. XLVI, p. 448 et 489].

ARSÉNIATES D'URANIUM. — Ils ont été décrits t. I, p. 405.

A. Winkler a fait connaître plusieurs minéraux qui constituent des arséniates uraniques simples ou doubles.

La *trögerite*, $AsO^4(UO)^3 + 6H^2O$, est en cristaux jaunes perdant leur eau par la calcination, en devenant d'un brun doré. Arrosé d'eau, le minéral calciné se réduit en lamelles micacées.

La *walpurgine* est un arséniate basique d'uranyle et de bismuth dont la composition peut se représenter par la formule

$$AsO^4(UO)^3.AsO^4(BiO)^3.Bi^2O^3 + 5H^2O.$$

L'uranospinite est un arséniate uranico-calcique correspondant à l'uranate et renfermant

$$(AsO^4)^2Ca(UO)^4 + 8H^2O.$$

La *zeunérite* enfin constitue l'arséniate uranico-cuprique correspondant

$$(AsO^4)^2Cu(UO)^4 + 8H^2O;$$

elle est en beaux cristaux verts ressemblant à la chalcolite ou phosphate uranico-cuprique.

On obtient des lamelles cristallines vertes, possédant la composition de l'uranospinite ou de la zeunérite, lorsqu'on verse une solution d'azotate uranique dans une solution de chaux, ou d'oxyde de cuivre dans l'acide arsénique.

AZOTATE D'URANYLE, $AzO^3(UO)' + 3H^2O$. — Ce sel se prépare facilement avec la pechblende (voir p. 547). Il est extrêmement soluble et fond à une douce chaleur dans son eau de cristallisation. L'eau à 18° en dissout le double de son poids. Il s'effleurit dans le vide en perdant la moitié de son eau de cristallisation. Il est soluble dans l'alcool et dans l'éther (Peligot, Ebelmen).

Il cristallise en magnifiques cristaux, d'un jaune serin, appartenant au type orthorhombique. Faces observées : g^1, h^1, $b^{1/2}$, $e^{1/2}$. Angles $g^1h^1 = 90°$; $g^1e^{1/2} = 121°20'$; $e^{1/2}e^{1/2} = 117°20'$; $h^1b^{1/2} = 120°45'$; $b^{1/2}e^{1/2} = 149°15$; $b^{1/2}b^{1/2}$ (par derrière) $= 127$; $g^1b^{1/2} = 116°30'$. Rapport des axes $= 0,6088:1:0,874$ [De la Provostaye, *Ann. de Chim. et de Phys.*, (3), t. V, p. 48]. Densité des cristaux $= 2,807$ (Bœdecker).

Les cristaux fondent à 59°,5 et le liquide bout à 118°, en restant limpide jusqu'à l'expulsion de $2H^2O$; le résidu se dissout dans l'eau avec élévation de température [Ordway, *Sillim. Amer. Journ.* (2), t. XXVII, p. 14].

Lorsque l'azotate uranique cristallise dans un grand excès d'acide, il forme des aiguilles fluorescentes qui renferment $2AzO^3(UO)' + 3H^2O$. Ce sel fond à 59° et ne s'effleurit pas dans le vide, il absorbe de l'eau à l'air [Schulz-Sellack, *Zeitsch. für Chem.*, 1870, p. 646].

BORATE URANEUX. — Précipité gris-vert, peu stable, obtenu par double décomposition.

Le *borate uranique* se précipite sous forme d'une poudre jaune-pâle.

BROMATE URANEUX. — Il ne paraît pas exister. Lorsqu'on traite le protoxyde d'uranium par l'acide bromique, ce dernier est réduit, il se dégage du brome et il se forme du bromure d'uranyle.

BROMATE URANIQUE, $BrO^3(UO)'$. — Il est incristallisable et se produit par la dissolution de l'oxyde uranique dans l'acide bromique.

CARBONATE URANEUX. — Il ne paraît pas exister.

CARBONATE URANIQUE. — Ce sel n'est pas connu à l'état de liberté. Quand on précipite un sel uranique par un carbonate alcalin sans excès, il se forme un précipité jaune serin qui renferme peut-être le carbonate uranique; mais ce sel offre si peu de stabilité qu'il perd son acide carbonique par les lavages à l'eau (Berzélius). En précipitant un excès d'azotate uranique par du carbonate potassique, Ebelmen a obtenu un précipité qui, lavé et séché, contenait 4 % d'anhydride carbonique, 10,8 % d'eau et 3,7 % de potasse. Ainsi dans ces conditions même, il s'était produit un sel complexe renfermant de la potasse. En effet, si le carbonate uranique libre ne paraît pas exister, il forme avec la plus grande facilité des sels doubles.

Il convient d'ajouter que d'après Parkmann [*Bul. de la Soc. chim.* 1863, p. 552], le carbonate $CO^3(UO)^2$ peut cependant exister.

CARBONATE URANICO-AMMONIQUE,

$$CO^3(UO)^2.2CO^3(AzH^4)^2.$$

— Lorsqu'on fait digérer à une douce chaleur l'uranate d'ammonium jaune, qui se précipite par l'addition d'ammoniaque à un sel uranique, avec du carbonate ammonique, il se dissout très-facilement, et la liqueur filtrée laisse déposer par le refroidissement des grains cristallins, jaune citron, très-adhérents au verre, qui constituent le carbonate double. Ce sel est assez stable à la température ordinaire. Chauffé lentement, il se décompose peu à peu et finit par laisser vers 300° de l'oxyde uranique pur; mais si on le chauffe brusquement, il se décompose en produisant du protoxyde d'uranium, qui est pyrophorique.

Ce sel est peu soluble; il exige 20 fois son poids d'eau à 15° pour se dissoudre; il est plus soluble en présence du carbonate ammonique. Sa solution se trouble par l'ébullition et laisse déposer de l'hydrate uranique retenant environ 2 % d'ammoniaque et qui constitue le *jaune* d'urane du commerce [Peligot; Ebelmen, *Ann. de Chim. et de Phys.* (3), t. V, p. 44 et 206].

Le carbonate uranico-ammonique cristallise en prismes clinorhombiques portant un assez grand nombre de facettes. Rapport des axes $= 0,8968:1:1,0052$; angle du prisme $= 79°4'$ à $80°56'$ [De la Provostaye, *ibid.*, t. V, p. 49].

D'après Keferstein [*Poggend. Ann.*, t. XCIX, p. 275] le rapport des axes est $0,8762:1:1,0380$ et l'angle du prisme de 80° 41'. Clivage suivant *p*.

Densité des cristaux $= 2,773$ (Husemann).

CARBONATE URANICO-POTASSIQUE,

$$CO^3(UO)^2.2CO^3K^2.$$

— L'uranate de potassium se dissout dans le bicarbonate potassique; la solution, concentrée à une douce chaleur, laisse déposer le carbonate double en croûtes cristallines jaune-serin. L'eau à 15° dissout 7,4 % de ce sel, qui est un peu plus soluble à chaud. L'eau bouillante le décompose en partie, à moins qu'on n'ajoute un peu de carbonate potassique. Il y a de même décomposition partielle lorsqu'on étend fortement la solution. Le carbonate double d'uranyle et de potassium est insoluble dans l'alcool. La potasse sépare de la solution aqueuse tout l'urane à l'état d'uranate de potassium. Le même produit se forme par l'action de la chaleur (300°) sur le carbonate double (Ebelmen).

CARBONATE URANICO-SODIQUE,

$$CO^3(UO)^2.2CO^3Na^2.$$

— On l'obtient comme le sel précédent. Il se dépose par la concentration de sa solution sous la forme d'une poudre jaune, dense, grenue et cristalline [Anthon, *Dingl. Polyt. Journ.*, t. CLVI, p. 288].

Ce sel, ainsi que le sel potassique, est transformé en carbonate uranico-ammonique par l'action du sulfate ou du chlorure d'ammonium sur sa solution. Anthon emploie cette réaction pour préparer le sel ammoniacal.

CHLORATE et PERCHLORATE URANEUX. — Ils s'obtiennent par la dissolution du protoxyde d'uranium dans les acides chlorique et perchlorique. La concentration de la solution, qui est verte, fournit un sirop vert qui se décompose bientôt par suite de la suroxydation de l'urane aux dépens de l'acide; le produit devient alors jaune.

CHROMATES D'URANIUM. — Voir t. I, p. 895.

IODATE et PERIODATE URANEUX. — Ils se produisent par double décomposition et forment des précipités d'un gris vert qui ne tardent pas à s'altérer en devenant jaunes, par suite d'une oxydation.

L'iodate uranique $2IO^3(UO) + 5H^2O$ se précipite sous la forme d'une poudre noire, insoluble dans l'eau, très-peu soluble dans l'acide azotique.

Phosphate uraneux, $PO^4HU'' + H^2O$. — Précipité gélatineux vert, obtenu par l'addition de phosphate disodique à la solution du chlorure uraneux. Il est insoluble dans l'eau et même dans les acides dilués.

Phosphates uraniques. — Lorsqu'on fait digérer l'acide phosphorique avec du sesquioxyde d'uranium, on obtient une masse saline jaune qui se dissout en partie par l'ébullition. La partie insoluble constitue le *phosphate diuranique*

$$2[(PO^4)(UO)^2H] + 3H^2O$$

qui perd ses $3H^2O$ de 120 à 170°. Quant à la solution, elle fournit par l'évaporation un dépôt cristallin jaune citron qui constitue le *phosphate mono-uranique* hydraté $2[PO^4(UO)H^2] + 3H^2O$.

On obtient aussi le phosphate diuranique avec 4 molécules d'eau,

$$PO^4(UO)^2H + 4H^2O,$$

sous la forme d'une poudre cristalline jaune. Ce sel se forme lorsqu'on ajoute de l'acide phosphorique ou du phosphate de sodium à l'acétate ou à l'azotate uranique; il perd H^2O à 100° et le reste à 120° [Werther, [*Journ. für prakt. Chem.*, t. XLIII, p. 321, *Annuaire de Chim.*, 1849, p. 140].

Debray a vu le même sel diuranique, avec $4H^2O$, se déposer en croûtes cristallines d'un mélange de phosphate de calcium acide et d'azotate uranique en excès.

Le phosphate uranique se dissout dans l'acide azotique. La solution laisse déposer à la longue un précipité verdâtre, formé de prismes microscopiques constituant un azoto-phosphate uranique auquel W. Heintz assigne la formule peu probable

$$PO^4U''.AzO^3(UO) + 8H^2O.$$

Ce sel est décomposé par la chaleur. Sa solution acétique se décompose à chaud en laissant déposer du phosphate uranique $PO^4(UO)H^2$ dans lequel Heintz admet $4^1/_2H^2O$. L'eau bouillante agit de même [*Ann. der Chem. u. Pharm.*, t. CLI, p. 216; *Bull. de la Soc. chim.*, t. XIII, p. 135]

Phosphate uranico-calcique,

$$(PO^4)^2(UO)^4Ca + 8H^2O.$$

— Ce sel constitue le minéral connu sous le nom *d'uranite* ou *d'autunite*. Sa composition a été établie par Peligot.

En cherchant à reproduire ce minéral, par la réaction réciproque du phosphate mono-calcique et de l'azotate d'uranyle, Debray a obtenu un autre sel double ayant pour composition

$$(PO^4)^2(UO)^2CaH^2$$

et renfermant des quantités d'eau qui varient avec la température. A 50-60° le sel se dépose avec $5H^2O$; à 100°, avec $4H^2O$ et à 250° avec $3H^2O$.

Phosphate uranico-cuivrique,

$$(PO^4)^2(UO)^4Cu + 8H^2O.$$

— C'est le minéral connu sous le nom de *chalcolite*. Debray l'a reproduit en faisant digérer le phosphate de cuivre avec une solution d'azotate d'uranyle.

Fondu avec du carbonate de sodium, ce sel double donne du phosphate de sodium et de l'uranate de cuivre cristallin $(U^2O^3)^2CuO$ [Debray, *Ann. de Chim. et de Phys.* (3), t. LXI, p. 445].

Phosphate uranico-ammonique,

$$PO^4(UO)^2AzH^4.$$

— Précipité jaune-verdâtre, insoluble dans l'acide acétique, produit par l'addition d'un phosphate alcalin à l'acétate d'uranyle, additionné de chlorure d'ammonium. L'insolubilité de ce corps est utilisée pour le dosage de l'urane et pour celui de l'acide phosphorique [Voy. t. II, p. 984]. Calciné, il laisse un résidu de *pyrophosphate d'uranyle*,

$$P^2O^7(UO)^4.$$

Sélénites uranique, $SeO^3(UO)^2 + 2H^2O$. — Précipité jaune, amorphe et insoluble. La digestion de ce sel neutre avec un excès d'acide sélénieux le transforme en une poudre cristalline qui constitue un sel acide, où l'acide et la base sont unis dans le rapport

$$5SeO^2:3U^2O^3,$$

et renfermant soit 9, soit $7H^2O$ [Nilson, *Bull. de la Soc. chim.*, t. XXIII, p. 497].

Silicates uraniques. — On a signalé un minéral qui représente un silicate uranique simple, de la formule $SiO^3(UO)^2 + 2H^2O$, en cristaux asbestoïdes, accompagnant l'uranosphérite et les minéraux arséniatés de l'urane (Cl. Winkler).

L'uranotile est un silicate uranique renfermant 5 % de chaux et de petites quantités d'alumine et d'acide phosphorique. *L'uranophane* est un silicate hydraté d'urane beaucoup plus complexe renfermant notamment 6 % d'alumine, 5 % de chaux, 1,5 % de magnésie, près de 2 % de potasse et 15 % d'eau.

Sulfate uraneux, $SO^4U'' + 4H^2O$. — Peligot le prépare en décomposant par l'acide sulfurique le chlorure uraneux, chassant l'acide chlorhydrique par la chaleur et faisant cristalliser le résidu dans l'eau. On l'obtient aussi en faisant dissoudre l'hydrate uraneux dans l'acide sulfurique étendu de six fois son poids d'eau.

Ebelmen le prépare en dissolvant l'oxyde vert U^3O^4 dans l'acide sulfurique étendu d'eau alcoolisée. L'oxyde vert donne ainsi du sulfate uranique et du sulfate uraneux; ce dernier, insoluble dans l'alcool, se dépose à l'état cristallin. Le liquide alcoolique, contenant le sulfate uranique fournit ensuite de beaux cristaux de sulfate uraneux lorsqu'on l'expose, dans un flacon bouché, au soleil. Ainsi obtenu, le sulfate uraneux ne contient que $2H^2O$. Dans cette préparation le sulfate d'uranyle est réduit par l'alcool qui s'oxyde et se transforme en aldéhyde.

Calciné à l'air, le sulfate uraneux perd de l'anhydride sulfureux et se convertit en sulfate uranique.

Le sulfate uraneux se dissout facilement dans les acides sulfurique et chlorhydrique faibles; il est très-peu soluble dans les acides concentrés.

L'eau le décompose en donnant une solution laiteuse qui laisse déposer du sulfate uraneux basique. Si l'on expose cette solution à l'air, elle jaunit, par suite de son oxydation, et le sulfate se redissout.

Le sulfate uraneux cristallise en prismes verdâtres appartenant au type orthorhombique. Ce sont des prismes à quatre pans dont les arêtes verticales sont tronquées; ils sont terminés par des pyramides surbaissées. Rapport des axes = 0,1419:1:0,2123 [De la Provostaye, *Ann. de Chim. et de Phys.* (3), t. V. p. 48].

Sulfate uraneux basique,

$$SO^4U.UH^2O^2 + H^2O.$$

— Ce sel, qui dérive du sulfate uranique

$$SO^4(UO)^2$$

par réduction, se forme par l'action de la lumière sur la solution alcoolique de ce dernier sel. Il se produit aussi par l'action de l'eau sur le sel neutre. C'est une poudre vert-clair, décomposable elle-même par une grande quantité d'eau bouillante, en donnant un sel de plus en plus basique, noir [Ebelmen, *Ann. de Chim. et de Phys.* (3), t. V, p. 217].

Le sulfate uraneux forme avec les sulfates alcalins des sels doubles cristallisables.

Sulfate uranoso-ammonique,

$$(SO^4)^2U(AzH^4)^2 + H^2O.$$

— Aiguilles concentriques, groupées en mamelons, d'un vert foncé, assez solubles dans l'eau. Sa solution laisse déposer par l'ébullition du sulfate uraneux basique.

Sulfate uranoso-potassique,

$$(SO^4)^3U^2K^2 + H^2O.$$

— Croûtes cristallines vertes, peu solubles dans l'eau.

Sulfate uranique, $SO^4(UO)^2 + 3H^2O$. — On le prépare en traitant l'azotate d'uranyle par l'acide sulfurique, chassant l'excès d'acide et faisant cristalliser le résidu dans l'eau. Il cristallise difficilement. Ses cristaux renferment, d'après Ebelmen, $3\frac{1}{2}H^2O$, mais ils s'effleurissent à l'air en perdant $\frac{1}{2}H^2O$; ils abandonnent 2 molécules d'eau à 100° ou dans le vide et le sel ne se déshydrate complétement que vers 300° (Ebelmen). Calciné fortement, il laisse un résidu d'oxyde vert d'uranium.

On peut aussi préparer ce sel en traitant par l'acide sulfurique le sesquioxyde d'uranium, ou bien l'oxyde vert, avec addition d'acide azotique.

En faisant cristalliser le sulfate uranique dans l'acide sulfurique concentré, Schultz-Sellack l'a obtenu en cristaux anhydres non fluorescents, attirant l'humidité de l'air.

100 p. d'eau dissolvent 216 parties du sel cristallisé avec $3H^2O$ à 22° et 360 p. à l'ébullition. Le sulfate uranique se dissout aussi dans l'alcool. Sa solution alcoolique se réduit à la lumière.

Berzélius a décrit deux sulfates acides, présentant les rapports $2SO^3.U^2O^3$ et $3SO^3.U^2O^3$; ce dernier serait d'après lui le sulfate neutre. Mais Peligot a montré que cette assertion n'est pas fondée et que s'il existe un sulfate acide, celui-ci est comparable au sulfate acide de potassium et renferme

$$SO^4(UO)H$$

[*Ann. de Chim. et de Phys.* (3), t. XII, p. 558].

Drenkmann [*Jahresb. f. Chem.*, 1861, p. 256], puis Schultz-Sellack [*Deutsch. chem. Gesellsch.*, t. IV, p. 12] ont pleinement confirmé l'opinion de Peligot.

Sulfate acide d'uranyle, $SO^4(UO)H$. — Ce sel, déjà observé par Peligot, se dépose à l'état cristallin par le refroidissement de la solution du sel neutre dans l'acide sulfurique moyennement concentré. On l'obtient en beaux cristaux fluorescents, d'un vert jaune, lorsqu'on évapore lentement cette solution à 200° (Schultz-Sellack).

Anhydrosulfate d'uranyle, $S^2O^7(UO)^2$. — Il se sépare après quelque temps de la solution sulfurique du sulfate neutre, à laquelle on a ajouté de l'anhydride sulfurique. Il est très-avide d'eau [Schultz-Sellack].

Sulfate uranico-ammonique,

$$SO^4(UO)AzH^4 + H^2O.$$

— Prismes clinorhombiques jaunes, peu solubles, souvent réunis en masses mamelonnées et confuses.

Sulfate uranico-potassique,

$$SO^4(UO)K + H^2O.$$

— Croûtes cristallines jaune-citron, inaltérables à l'air, obtenues par cristallisation d'un mélange des deux sulfates. 100 p. d'eau dissolvent 11 p. de ce sel à 22° et 196 p. à 100°. — Chauffé à 120°, ce sel perd son eau de cristallisation (Ebelmen).

Le *sulfate uranico-sodique* ressemble aux précédents, mais n'a pas été analysé.

Berzélius a décrit d'autres sulfates doubles dans lesquels il admet le sulfate uranique

$$(SO^3)^3U^2O^3;$$

mais l'existence de ces sels est douteuse, celle du sulfate $(SO^3)^3U^2O^3$ lui-même ayant été contestée avec raison.

On rencontre dans la nature, notamment à Joachimsthal (Bohême) divers minéraux uranifères sulfatés, les ocres d'urane ou fleurs d'urane (uranblüthe) qui constituent des sulfates basiques; un sulfate cuprico-uranique, ou *johannite*, un sulfate uranoso-uranique combiné au sulfate cuprico-uranique et nommé *uranochalkolite*.

Sulfite uraneux. — On obtient un *sulfite uraneux basique*, $SO^3U''.UH^2O^2, + H^2O$ par l'addition de sulfite de sodium à une solution de chlorure uraneux; il se dégage de l'acide sulfureux. Précipité gris vert, soluble dans les acides. Chauffé, il perd de l'acide sulfureux et laisse un résidu d'oxyde vert d'uranium.

Sulfite uranique, $SO^3(UO)^2$. — L'addition de sulfite neutre d'ammonium à une solution d'azotate uranique détermine un précipité floconneux, jaune-pâle qui renferme d'après Muspratt $3H^2O$. Suivant Remelé [*Bull. de la Soc. chim.*, t. VI, p. 322], on obtient ainsi un précipité cristallin jaune-citron qui contient $2H^2O$. Ce sel se dépose aussi avec $3H^2O$ lorsqu'on dirige un courant de gaz sulfureux à travers du sesquioxyde d'uranium hydraté, en suspension dans l'eau (Muspratt). Dans ces conditions, l'oxyde uranique se dissout en donnant une liqueur jaune qui abandonne par l'évaporation spontanée de petits prismes jaunes renfermant $4H^2O$ [Girard, *Compt. rend.*, t. XXXIV, p. 22].

Le sulfite uranique est inaltérable à l'air à la température ordinaire; chauffé, il dégage du gaz sulfureux et laisse un oxyde intermédiaire. Il se dissout dans une solution d'acide sulfureux.

Lorsque, à la solution jaune obtenue par l'action de l'acide sulfureux sur l'hydrate uranique, on ajoute une solution très-acide de sulfite de potassium, de sodium ou d'ammonium, on obtient des précipités cristallins jaunes, qui se déposent complétement lorsqu'on chauffe. Ces sels doubles renferment selon Scheller, outre 1 ou 2 molécules H^2O :

$$U^2K.HSO^6$$
$$U^2Na.HSO^6$$
$$U^2AzH^4.HSO^6,$$

formules qui peuvent se traduire par la suivante qui représente des sels basiques :

$$SO^3{(UO) \atop K}.(UO)OH.$$

La formation de ces sels dans une liqueur qui doit être acide semble inexplicable. Le sel sodique seul est un peu soluble dans l'eau. Tous trois se dissolvent dans l'acide sulfureux [*Ann. der Chem. u. Pharm.*, t. CXLIV, p. 238].

Tellurate uranique, $TeO^4(UO)^2$. — Poudre d'un jaune citron pâle, insoluble dans l'eau, obtenue par double décomposition.

Tellurite uranique. — Comme le tellurate.

E. W.

URANIUM (ANALYSE). — L'uranium forme deux classes de composés : les composés *uraneux* et les composés *uraniques*. Les premiers sont verts, les seconds sont jaunes. Beaucoup d'entre eux possèdent une fluorescence remarquable. Ils offrent une saveur amère.

Chauffés au *chalumeau* avec le sel de phosphore ou le borax, les composés d'uranium donnent dans la flamme extérieure une perle jaune-clair, qui devient verdâtre par le refroidissement, et dans la flamme intérieure une perle verte, qui devient plus foncée par le refroidissement. Chauffés sur le charbon, ils ne sont pas réduits à l'état métallique.

Les perles d'uranium présentent des spectres d'absorption qui ont été étudiés par Sorby [*Bull. de la Soc. chim.*, t. XIV, p. 40].

Sels uraneux. — Les solutions des sels uraneux sont vertes; elles s'oxydent à l'air ou par l'action de l'acide azotique en devenant jaunes. Elles agissent comme réducteurs sur les sels d'or et d'argent.

Les *alcalis caustiques*, y compris l'*ammoniaque*, y produisent un précipité gélatineux rouge-brun d'hydrate uraneux.

Carbonates alcalins. — Précipités verts, avec dégagement d'acide carbonique, solubles dans un excès de carbonate, surtout de carbonate ammonique, en donnant une solution verte.

Hydrogène sulfuré. — Pas de précipité dans les solutions neutres.

Sulfure ammonique. — Précipité noir, dans les liqueurs neutres.

Phosphate disodique. — Précipité gélatineux vert.

Acide oxalique. — Précipité vert grisâtre d'oxalate uraneux.

Ferrocyanure de potassium. — Précipité brun-clair.

Sels uraniques. — Leurs solutions sont jaunes. Beaucoup sont solubles dans l'alcool, et leur solution alcoolique se colore en vert à la lumière par suite de la formation d'un sel uraneux.

Elles donnent avec les *alcalis* des précipités jaunes d'uranates alcalins insolubles dans un excès d'alcali, facilement solubles dans les carbonates alcalins. Certaines matières organiques empêchent la précipitation par les alcalis.

Carbonates et bicarbonates alcalins. — Précipité jaune, facilement soluble dans un excès de carbonate, surtout de carbonate ammonique. L'addition de potasse à la solution du précipité en sépare tout l'oxyde uranique; la solution ammoniacale laisse précipiter une partie de l'oxyde uranique par l'ébullition. Ces caractères sont très-importants pour la séparation de l'uranium.

Carbonate de baryum. — Il précipite tout l'oxyde uranique à froid.

Hydrogène sulfuré. — Réduit les sels uraniques en sels uraneux verts.

Sulfure ammonique. — Précipité noir de sulfure d'uranyle, se déposant très-lentement, à peu près insoluble dans un excès de réactif. La solution du carbonate uranico-ammonique n'est pas troublée par le sulfure ammonique.

Phosphate disodique. — Précipité jaune-clair.

Tannin. — Précipité brun-foncé.

Cyanure de potassium. — Précipité jaune incomplétement soluble dans un excès.

Ferrocyanure de potassium. — Précipité rouge-brun foncé (1).

Ferricyanure de potassium. — Pas de précipité.

Dosage et séparation. — On dose généralement l'uranium à l'état d'oxyde vert U^3O^4. Pour cela, on le précipite de ses solutions uraniques par l'ammoniaque; la précipitation est complète. Le précipité jaune est de l'oxyde uranique contenant une certaine quantité d'ammoniaque; pour l'empêcher de traverser les filtres, il faut le laver avec une solution de sel ammoniac. Soumis à la calcination dans un creuset ouvert, il laisse un résidu d'oxyde vert; mais pour avoir des résultats constants, il faut couvrir le creuset pendant son refroidissement, sans quoi l'oxyde vert absorberait de l'oxygène. Le produit calciné, c'est-à-dire U^3O^4, renferme 84,90 °/₀ d'uranium.

On peut aussi introduire dans une ampoule de verre le précipité urano-ammonique après l'avoir desséché, et le chauffer fortement dans un courant d'hydrogène, de manière à le ramener à l'état de protoxyde; il faut laisser refroidir celui-ci dans le courant d'hydrogène et le peser dans l'ampoule pleine d'hydrogène, car il est fortement pyrophorique (H. Rose). Le protoxyde ainsi obtenu renferme 88,24 °/₀ d'uranium.

Quand la liqueur d'où l'on précipite l'oxyde uranique par l'ammoniaque contient beaucoup d'alcalis ou de terres alcalines, ces bases sont partiellement entraînées avec le précipité à l'état d'uranates; le précipité calciné présente alors par places une coloration orange. Lorsqu'il en est ainsi, il faut avoir soin de redissoudre le précipité dans l'acide chlorhydrique et de le précipiter une seconde fois par l'ammoniaque; la petite quantité d'alcali que renferme alors la liqueur reste dans la solution.

C'est ainsi, en répétant au besoin l'opération, qu'on dose l'uranium dans les uranates alcalins.

H. Rose a proposé de précipiter l'uranium de ses solutions uraniques par le sulfure ammonique, après sursaturation par l'ammoniaque, de laver le précipité avec de l'eau chargée de sulfure ammonique et de le calciner, après dessiccation, dans un courant d'hydrogène. La précipitation est empêchée par la présence du carbonate ammonique. [*Poggend. Ann.*, t. CXVI, p. 352].

Pisani précipite le sesquioxyde d'uranium en solution acétique, par le phosphate disodique. Le précipité calciné est du pyrophosphate d'uranyle, $P^2O^7(UO)^4$, qui renferme 66,85 °/₀ d'uranium [*Compt. rend.*, t. LII, p. 72].

Dosage volumétrique. — On peut doser volumétriquement l'uranium par le permanganate de potassium, lequel transforme les sels uraneux en sels uraniques. Pour cela, on commence par ramener la solution uranique au minimum par l'action du zinc pur et de l'acide sulfurique étendu, puis l'on ajoute goutte à goutte la solution titrée de permanganate. L'uranium doit être contenu dans la solution à l'état de chlorure ou de sulfate [Belohoubec, *Journ. für prakt. Chem.*, t. XCIX, p. 231].

Ant. Guyard a fait connaître un procédé de titrage de l'urane basé sur la précipitation de l'acétate double d'uranium et d'ammonium par le phosphate manganique acide. Le précipité, qui est d'un blanc jaunâtre, devient subitement rose lorsque tout l'uranium est précipité. Le précipité blanc est du phosphate uranico-ammonique; le précipité rose qui se dépose à la fin du titrage est du phosphate manganique basique.

On dissout 1 gramme à 1gr,5 du sel, de l'oxyde ou du minerai à analyser dans l'acide azotique ou dans l'eau régale; on sursature par le carbonate ammonique, de manière à redissoudre l'oxyde d'uranium et à le séparer ainsi de la majeure partie des oxydes qui l'accompagnent. Le sesquioxyde d'uranium, séparé de sa solution dans le carbonate ammonique, est transformé en acétate.

La solution acétique, étendue d'un litre environ d'eau froide, est ensuite titrée par le phosphate manganique. Pour établir le titre de ce dernier, on se sert d'une solution d'acétate uranique pur, d'un titre connu [*Bull. de la Soc. chim.*, 1864, t. I, p. 93].

On peut enfin doser l'uranium par le phosphate de sodium comme on dose l'acide phospho-

1. Ce précipité renferme $FeCy^6(UO)^3K + 3H^2O$, d'après Atterberg [*Bull. de la Soc. chim.*, t. XXIV, p. 355] et $3FeCy^6U^2\ FeCy^6K^4 + 12H^2O$, d'après Wyrouboff [*Ann. Chim. Phys.* (5) t. VIII, p. 483

rique par l'acétate uranique. — Voyez t. II, p. 984.

Séparation des alcalis. — Dans un mélange de sels d'uranium et de sels alcalins les alcalis sont précipités par l'ammoniaque avec l'uranium, à l'état d'uranates. Pour les séparer de l'oxyde uranique, on peut redissoudre le précipité dans l'acide chlorhydrique et le précipiter de nouveau par l'ammoniaque. Ou bien on calcine le précipité avec du sel ammoniac et on reprend le résidu par l'eau, qui enlève le chlorure alcalin formé, tandis qu'il reste du protochlorure d'uranium insoluble.

Stolba a fait connaître une méthode de séparation fondée sur la solubilité du fluosilicate d'uranium dans l'alcool et sur l'insolubilité des fluosilicates alcalins [*Zeitsch. für analyt. Chem.*, t. III, p. 71, 1864].

Séparation des terres alcalines. — La baryte peut être séparée par l'acide sulfurique; il en est de même de la chaux et de la strontiane, si l'on ajoute de l'alcool à la solution. Pour séparer les terres alcalines entraînées dans la précipitation de l'oxyde uranique par l'ammoniaque, on peut redissoudre le précipité dans l'acide chlorhydrique et précipiter la baryte, etc. par l'acide sulfurique, ou bien évaporer la solution chlorhydrique et la calciner dans un courant d'hydrogène; le résidu renferme les chlorures de baryum, etc., que l'eau enlève facilement au protoxyde d'uranium insoluble (Ebelmen).

Séparation du nickel, du cobalt, du zinc et du manganèse. — Ces métaux accompagnent l'uranium lorsqu'on le sépare du fer, etc. par le carbonate ammonique en excès; ils sont précipités de cette solution par le sulfhydrate d'ammonium qui, dans ce cas, ne précipite pas l'uranium (Ebelmen).

Le zinc, le cobalt et le nickel peuvent aussi être précipités par l'hydrogène sulfuré dans la solution additionnée d'acétate de sodium; l'uranium reste dissous [Gibbs, *Sillim. Amer. Journ.*, (2), 1865, t. XXXIX, p. 58].

Leur séparation peut encore être effectuée par le carbonate de baryum, qui ne précipite que l'uranium lorsque celui-ci est à l'état de sesquioxyde; s'il était au minimum, il faudrait le suroxyder.

Enfin, ces métaux peuvent être séparés de l'oxyde uranique par les bicarbonates alcalins fixes, qui redissolvent facilement ce dernier.

Séparation du fer. — On ramène le fer et l'uranium au maximum, on neutralise la solution par l'ammoniaque et on y ajoute un excès de carbonate ammonique: le sesquioxyde de fer reste précipité, tandis que celui d'uranium se redissout.

Pour le précipiter de nouveau de cette solution, on fait bouillir ou bien on sursature par l'acide chlorhydrique, et on précipite par l'ammoniaque caustique exempte de carbonate.

Rose a proposé de précipiter les deux oxydes par l'ammoniaque, puis de les soumettre, après dessiccation, à l'action de l'hydrogène au rouge; le sesquioxyde d'uranium est transformé en protoxyde insoluble dans l'acide chlorhydrique, tandis que l'oxyde de fer est réduit à l'état métallique.

Rheineck sépare les deux métaux, au maximum, en les transformant en acétates; par une longue digestion au bain-marie, l'acétate ferrique se décompose, tandis que l'acétate uranique reste dissous; celui qui se précipite avec l'hydrate ferrique peut être facilement enlevé par l'eau bouillante [*Chem. News.*, t. XXIV, p. 233].

Nous rappellerons encore le procédé indiqué par Berthier et qui est fondé sur l'insolubilité du sulfite d'uranium.

On fait bouillir la solution uranique avec du sulfite ammonique; il se forme un précipité cristallin jaune-clair de sulfite uranique. Cette méthode peut servir à séparer l'uranium d'un grand nombre d'autres métaux.

L'*aluminium* et le chrome sont facilement séparés par le carbonate ammonique.

Les métaux précipitables par l'hydrogène sulfuré en solution acide (*cadmium, plomb*, etc.) sont facilement séparés par ce réactif.

Séparation du molybdène, du tungstène et du vanadium. — Elle est fondée sur la solubilité des sulfures de ces métaux dans un excès de sulfure ammonique.

Séparation du niobium, du tantale et du titane. — On peut avoir recours aux procédés qui servent à séparer le fer de ces métaux.

Séparation de l'uranium et de l'acide phosphorique. — On dissout le phosphate d'urane dans l'acide azotique et on traite la solution nitrique par l'étain métallique. Le précipité d'hydrate stannique renferme tout l'acide phosphorique, avec des traces seulement d'urane [W. Heintz, *Ann. der Chem. u. Pharm.*, t. CLI, p. 216].

On dissout le phosphate d'urane dans l'acide chlorhydrique, on y ajoute du chlorure ferrique et de l'acétate de sodium, puis l'on fait bouillir; l'acide phosphorique est entraîné par l'hydrate ferrique qui se précipite [Reichardt, *Zeitsch. für analyt. Chem.*, t. VIII, p. 116].

D'après Reichardt, la séparation s'effectue facilement en précipitant l'acide phosphorique par un sel de magnésium ajouté à la solution de phosphate d'urane dans un excès de carbonate sodique.

Tous ces procédés peuvent servir à isoler l'urane des précipités de phosphate qui s'accumulent dans les laboratoires où l'on effectue le dosage de l'acide phosphorique par l'acétate d'urane.

Essai des minerais d'urane (pechblende). — On peut suivre la marche indiquée par l'extraction de l'uranium. Nous mentionnerons encore le procédé suivant, recommandé par Patera et qui est très-expéditif [*Dingl. polyt. Journ.*, t. CLXXX, p. 242]. Il est fondé sur les procédés de séparation ci-dessus.

On attaque le minerai par l'acide azotique, on étend d'eau et on précipite la solution par un excès de carbonate de sodium; on chauffe pour redissoudre tout l'oxyde uranique, puis on précipite le liquide filtré par la soude caustique. Il se dépose de l'uranate de sodium $(U^2O^3)^2Na^2O$, qu'on lave, qu'on sèche et qu'on calcine. Il est bon de laver de nouveau le produit calciné, de le sécher et le calciner une seconde fois avant de le peser. 100 p. d'uranate de sodium correspondent à 88p,5 d'oxyde vert U^3O^4 contenu dans la pechblende analysée. E. W.

URANOCHALCITE (Min.) [Syn. *Urangrün*]. — Petites croûtes veloutées de cristaux aciculaires groupés, d'un beau vert d'herbe, à poussière vert-pomme, de Joachimsthal (Bohême).

Sous-sulfate d'urane, de chaux et de cuivre hydraté.

$$SO^3 = 20{,}03;\ U^3O^4 = 36{,}14;\ FeO = 0{,}14;$$
$$CuO = 6{,}55;\ CaO = 10{,}10;\ H^2O = 27{,}16.$$

Dureté, 2 à 2,5.

URANOCRE. — Voyez URACONISE.

URANOLITE (Min.). — Espèce très-analogue à l'uranophane, probablement identique avec elle.

URANONIOBITE et **URANOTANTALE.** — Voyez SAMARSKITE.

URANOPHANE (Min.). — Silicate hydraté d'urane, d'alumine, avec chaux, antimoine, bismuth, etc. Petits cristaux microscopiques, en prismes rhomboïdaux droits, $mm = 146°$. D'un jaune de miel. En masses d'un vert jaunâtre. Trouvé dans le granite à Kupferberg (Silésie).

Densité, au-dessous de 3.

URANOSPHÉRITE (Min.). — Bismuthite d'urane, $Bi^2O^3, 2U^2O^3, 3H^2O$. Se trouve en petites masses demi-globulaires, à surface drusique, rayonnées, d'un jaune orange passant au rouge brique, d'un éclat gris. Accompagne les autres minéraux d'urane à la mine de Weisser-Hirsch, près de Schneeberg (Saxe).

Caractères. — Au chalumeau, décrépite en se réduisant en petites aiguilles cristallines.

Densité, 2 à 3. Poussière jaune. Densité, 6,36.

URANOSPINITE (Min.). — Arséniate hydraté d'urane et de chaux, $As^2O^5, U^2O^3, CaO, 8H^2O$, en lames ou écailles cristallines à section rectangulaire, appartenant au type orthorhombique; vert-serin, trouvé dans la mine de Weisser-Hirsch, près Schneeberg (Saxe).

Dureté, 2 à 3. Densité, 3,45.

Clivage parfait parallèle aux grandes faces des lamelles.

URANPECHERZ. — Voyez PECHBLENDE.

URANPHYLLITE. — Voyez TORBERNITE.

URANYLE. — Nom donné par Peligot au radical des sels uraniques. C'est l'oxyde U O qui, avant les recherches de Peligot, avait été considéré comme l'urane métallique. — Voyez t. II, p. 548 et 551.

URAO (Min.) [Syn. *Trona*]. — Sesquicarbonate de sodium hydraté.

$$(CO^2)^3(Na^2O)^2 H^2O + 2H^2O \text{ ou } 3H^2O.$$

L'urao (carbonate à $2H^2O$) se trouve en masses granulaires saccharoïdes ou compactes, au fond d'un lac voisin de Mérida, Venezuela.

Le trona (carbonate à $3H^2O$) se rencontre en grandes masses dans la province de Suckenna, à deux jours de marche du Fezzan, en Égypte, au Thibet, dans l'Inde.

L'urao cristallise en prismes clinorhombiques, $m\,p\,a^1$; $m\,m = 47°\,30'$; $p\,m = 105°\,11'$; $p\,a^1 = 103°\,15'$. Clivage parfait p, traces m, a^1. S'effleurit à peine à l'air.

URARI. — Synonyme de CURARE.

URDITE. — Voyez MONAZITE.

URÉE (*Amide carbonique*), $COAz^2H^4$. — L'urée, principe cristallisé de l'urine, a été signalée pour la première fois, en 1773, par Rouelle le cadet qui lui donna le nom d'*extrait savonneux* de l'urine, et la décrivit comme une matière molle et cristalline, soluble dans l'alcool. Fourcroy et Vauquelin en firent une étude approfondie vers 1799, ils lui donnèrent le nom d'urée et constatèrent sa transformation en ammoniaque, sa cristallisation par l'addition d'acide azotique, etc. La préparant d'abord par concentration de l'urine et par dissolution du résidu dans l'alcool, ils l'avaient obtenue sous forme d'une matière de la consistance de miel épais, formée de lames cristallines entrecroisées, d'une couleur jaunâtre, d'une saveur forte et âcre, d'une odeur fétide. Plus tard, en ajoutant de l'acide azotique à l'urine et en refroidissant fortement le mélange, ils séparèrent des cristaux d'azotate d'urée qu'ils décomposèrent par le carbonate de potasse, et, reprenant le résidu par l'alcool, ils obtinrent de l'urée pure. Le procédé actuellement suivi fut indiqué en 1819 par le chimiste anglais William Prout, qui fit une analyse très-exacte de l'urée et en décrivit les principales propriétés. Proust, chimiste français, obtint également de l'urée pure en décomposant l'azotate par le carbonate de plomb et contribua à faire connaître les propriétés de l'urée.

Vauquelin montra que l'urée, dans sa transformation en carbonate d'ammonium, absorbe les éléments de l'eau, et Dumas, rapprochant l'urée de l'oxamide, fit voir qu'elle représente du carbonate d'ammonium, moins de l'eau; cette vue fut confirmée plus tard par diverses synthèses de l'urée, et surtout par les recherches de M. Wurtz sur les éthers cyaniques et les urées composées.

En 1828, Wöhler effectua la synthèse de l'urée par l'union de l'acide cyanique et de l'ammoniaque. C'était une découverte importante, car elle a fourni le premier exemple de la formation artificielle d'une substance organique.

L'urée a été l'objet d'un grand nombre d'autres recherches, dont nous citerons les auteurs à mesure que nous décrirons les faits [Rouelle le jeune, *Journ. de médecine*, année 1773; — Fourcroy et Vauquelin, *Ann. de Chim.*, an VIII, t. XXXII, p. 80; *Ann. du Mus. d'hist. nat.*, cahier 63; — W. Prout, *Ann. de Chim. et de Phys.*, 1819, t. X, p. 367; — Proust, *même recueil*, 1820, t. XIV, p. 267; — Vauquelin, *ibid.*, t. XXV, p. 457; — Wöhler, *ibid.*, 1828, t. XXXVII, p. 330; — Dumas, *ibid.*, 1830, t. XLIV, p. 273].

État naturel et modes de production. — L'urée se trouve non-seulement dans l'urine de l'homme et des carnivores (voyez URINE), en petite quantité dans celle des oiseaux et des reptiles, mais encore elle se rencontre dans un grand nombre de liquides de l'économie.

On a trouvé de l'urée : 1° Dans le sang des chiens dont les reins ont été extirpés [Prévost et Dumas, *Ann. de Chim. et de Phys.* (2), t. XXIII, p. 97]. Le sang normal des animaux et de l'homme renferme une petite quantité d'urée;

2° Dans le sang des cholériques [Marchand, *Journ. für prakt. Chem.*, t. XI, p. 449].

3° Dans la liqueur amniotique de la femme [Wöhler, *Ann. der Chem. u. Pharm.*, t. LVIII, p. 98; — J. Regnault, *Compt. rend.* t. XXXI, p. 248];

4° Dans les liquides des hydropisies [Marchand, *Ann. de Poggend.*, t. XXXVIII, p. 350];

5° Dans l'humeur vitrée de l'œil et l'humeur aqueuse qui remplit les chambres antérieures de l'œil [Millon, *Compt. rend.*, t. XXVI, p. 121; — Wöhler, *Ann. der Chem. u. Pharm.*, t. LXVI, p. 128];

6° Dans le chyle et la lymphe du chien, du taureau, de la vache, du bélier, du mouton et du cheval [Wurtz, *Compt. rend.*, t. XLIX, p. 52];

7° Dans tous les organes des plagiostomes [Stædeler et Frerichs, *Journ. für prakt. Chem.*, t. LXXVI, p. 58];

8° Dans le lait des herbivores; de 10 litres de lait d'herbivores en bonne santé, on a pu retirer 1gr,60 d'azotate d'urée [Lefort, *Compt. rend.*, t. LXII, p. 190];

9° Dans la bile [Popp, *Ann. der Chem. u. Pharm.*, t. CLVI, p. 88];

10° Dans les excréments des chauve-souris d'Égypte. M. Popp, en analysant des excréments accumulés dans une caverne, y a trouvé 77 % d'urée [*Ann. der Chem. u. Pharm.*, t. CLV, p. 351];

11° Dans la salive [Pettenkofer. *Rep. für die Pharmacie*, t. LI, p. 289].

M. Picard, qui a dosé l'urée des divers liquides de l'organisme, y a trouvé les quantités suivantes pour 100 p.

Humeur de l'œil	0,500
Sueur	0,088
Salive	0,035
Bile	0,030
Lait	0,013
Sérosité du vésicatoire	0,060
Liquide de l'ascite	0,015
Liquide amniotique	0,035

Quant aux quantités d'urée que renferme l'urine, et la variation que subit ce principe suivant la différence des conditions physiologiques, voyez l'article URINE.

L'urée se produit dans un grand nombre de réactions, savoir :

1° Par le dédoublement de l'acide urique et de ses dérivés. — Voyez ACIDE URIQUE;

2° Par l'action des alcalis sur la créatine (t. I, p. 983);

3° Par la décomposition du fulminate de cuivre ammoniacal au moyen de l'hydrogène sulfuré [Gladstone, *Ann. der Chem. u. Pharm.*, t. LXVI, p. 1; *Ann. de Millon*, 1849, p. 303];

4° Par la distillation sèche de l'acide urique (Liebig);

5° Par l'oxydation de l'oxamide. L'oxamide est chauffée avec de l'oxyde de mercure jusqu'à ce que le mélange soit devenu grisâtre; on traite ensuite par l'eau et l'on fait cristalliser :

$$\begin{matrix} CO\text{-}AzH^2 \\ CO\text{-}AzH^2 \end{matrix} + HgO$$

Oxamide.

$$= CO\begin{matrix} < AzH^2 \\ < AzH^2 \end{matrix} + Hg + CO^2$$

Urée.

[Williamson, *Mém. du congrès scient. de Venise*, 1847; *Ann. de Millon*, 1849, p. 304];

6° Par l'oxydation des matières albuminoïdes. Cette production de l'urée, annoncée d'abord par M. Béchamp, puis plus récemment par M. Ritter, a été mise en doute par plusieurs chimistes qui n'ont pu réaliser cette réaction.

Synthèses de l'urée. — L'urée se forme par divers procédés synthétiques :

1° Par la transformation isomérique du cyanate d'ammonium. Quand on fait arriver des vapeurs d'acide cyanique dans du gaz ammoniac, ou qu'on traite le cyanate de plomb, d'argent ou de potassium par le sulfate d'ammonium, ou le cyanate de plomb par l'ammoniaque, on obtient du cyanate d'ammonium, qui par l'ébullition de sa solution ou spontanément à froid se convertit en urée [Wöhler, *Mém. cité*] :

$$CO, Az(AzH^4) \qquad CO\begin{matrix} < AzH \\ < AzH^2 \end{matrix}$$

Cyanate d'ammonium. Urée.

Cette synthèse constitue un mode de préparation avantageux de l'urée, que nous décrivons plus loin. — Voyez PRÉPARATION.

2° Par l'action du gaz chloroxycarbonique sur l'ammoniaque sèche [Natanson, *Ann. der Chem. u. Pharm.*, t. XCVIII, p. 287]:

$$COCl^2 + 2AzH^3 = CO\begin{matrix} < AzH^2 \\ < AzH^2 \end{matrix} + 2AzH^4Cl;$$

3° Par l'action de l'ammoniaque aqueuse sur le carbonate d'éthyle, à 180°.

$$CO\begin{matrix} < OC^2H^5 \\ < OC^2H^5 \end{matrix} + 2AzH^3$$

$$= CO\begin{matrix} < AzH^2 \\ < AzH^2 \end{matrix} + 2C^2H^6O$$

(Natanson).

Ces deux réactions semblables à celles qui fournissent les amides, montrent bien que l'urée est l'amide de l'acide carbonique;

4° Par l'action de la chaleur sur le carbamate d'ammonium, chauffé à 130° dans des tubes scellés :

$$CO\begin{matrix} < AzH^2 \\ < OAzH^4 \end{matrix} = H^2O + CO\begin{matrix} < AzH^2 \\ < AzH^2 \end{matrix}$$

Carbamate d'ammonium. Urée.

[Basarow, *Zeitsch. für Chem.*, 1868, p. 206; *Bull. de la Soc. chim.*, 1868, t. IX, p. 250];

5° Par l'évaporation lente d'une solution aqueuse d'acide cyanhydrique [Campani, *Gaz. chim. ital.*, t. I, p. 472].

PRÉPARATION. — Deux procédés sont employés pour l'obtention de l'urée : ou bien on l'extrait de l'urine, ou bien on la prépare synthétiquement en faisant réagir le sulfate d'ammonium sur le cyanate de potassium, de manière à obtenir du cyanate d'ammonium qui se convertit spontanément en urée.

Extraction de l'urine. — Le procédé employé pour retirer l'urée de l'urine est le même qui a été indiqué en 1819 par W. Prout.

On fait évaporer avec précaution l'urine fraîche en consistance de sirop, et quand elle est refroidie, on y ajoute un volume d'acide azotique de 1,42 égal au sien. On recueille la masse, on la lave avec un peu d'eau froide, puis on dissout les cristaux dans l'eau chaude, on décolore la solution par du noir animal sans la faire bouillir, et l'on neutralise la liqueur filtrée par du carbonate de potassium. On concentre la liqueur, on la laisse reposer pour que la plus grande partie de l'azotate de potassium cristallise, puis on décante la liqueur aqueuse; on l'évapore doucement à siccité, et l'on reprend le résidu sec par l'alcool concentré et bouillant qui dissout l'urée et l'abandonne par concentration.

Proust, au lieu de carbonate de potassium, employait la céruse pour décomposer l'azotate d'urée.

Au lieu de transformer l'urée en azotate, Berzélius conseille de traiter l'urine concentrée par l'acide oxalique, et de décomposer l'oxalate d'urée par la craie en poudre.

Quand on traite l'urine trop fortement concentrée par l'acide azotique, l'azotate d'urée est souvent très-coloré et difficile à purifier. Le charbon animal n'y produit presque aucun effet. On réussit à le décolorer en le faisant bouillir avec une demi-partie d'eau, un dixième d'acide azotique ordinaire et ajoutant dans la liqueur bouillante de petites portions de chlorate de potassium pulvérisé jusqu'à décoloration. Par le refroidissement, l'azotate d'urée cristallise avec une faible teinte jaunâtre qu'il perd complétement par l'expression [Roussin, *Bull. de la Soc. chim.*, 1859, p. 29].

Par le cyanate de potassium. — On prépare le cyanate de potassium en grillant un mélange de deux parties de ferrocyanure de potassium et de une partie de peroxyde de manganèse, l'un et l'autre bien secs et réduits en poudre fine (voyez CYANATE DE POTASSIUM, t. I, p. 1071). On épuise la masse par l'eau froide, et l'on y dissout du sulfate d'ammonium sec (environ 205 grammes pour 280 grammes de ferrocyanure employé). Il se sépare du sulfate de potassium que l'on sépare par décantation, puis on évapore au bain-marie, on sépare de nouveaux dépôts de sulfate, puis on pousse l'évaporation jusqu'à siccité et l'on reprend par l'alcool bouillant qui dissout seulement l'urée. Ce mode opératoire, dû à Liebig, constitue le meilleur mode de préparation de l'urée; c'est celui qu'ont adopté les fabricants de produits chimiques [Liebig, *Ann. der Chem. u. Pharm.*, t. XXXVIII, p. 108].

Diverses modifications ont été apportées à ce procédé. M. Carey Lea prépare le cyanate de potassium en fondant dans un vase de fer 850 gr. de ferrocyanure de potassium et 318 grammes de carbonate de potassium calciné, puis quand la température est un peu abaissée, ajoutant 1 900 grammes de minium par portions de 300 à 400 grammes à la fois, à intervalles d'environ 10 minutes, pendant lesquelles on remue la masse, en la maintenant à une température assez élevée pour que la matière reste en fusion complète. Après l'addition de la dernière portion de minium, on laisse le vase sur le feu pendant une demi-heure pour que la réaction soit complète. En tout on chauffe pendant 4 heures. On épuise par l'eau froide, pour enlever le cyanate de potassium, et l'on termine l'opération comme dans la méthode de Liebig. Les quantités indiquées précédemment fournissent 500 grammes d'urée [Carey Lea, *Sillim. Amer. Journ.* n° 95, 1861; *Rép. de chim. appl.*, 1861, p. 439].

M. J. Williams trouve plus avantageux de remplacer le cyanate de potassium par le cyanate de plomb, sel insoluble et inaltérable que l'on peut conserver et au moyen duquel on prépare facilement l'urée, en la laissant digérer à une douce chaleur avec une solution de sulfate d'ammonium. Pour obtenir le cyanate de plomb, on transforme le cyanure de potassium en cyanate, on épuise la masse pulvérisée par l'eau froide et l'on ajoute de l'azotate de baryum à la solution de cyanate qui est mélangé de carbonate. On sépare le carbonate de baryum par le filtre, et l'on précipite par de l'azotate de plomb. Le précipité est du cyanate de plomb [*Journ. of the chem. Soc.*, nouv. sér., t. VI, p. 63; *Bull. de la Soc. chim.*, 1868, t. IX, p. 322].

PROPRIÉTÉS. — L'urée cristallise de sa solution aqueuse en longs prismes aplatis. Par évaporation spontanée des eaux mères alcooliques provenant du traitement du cyanate d'ammonium, on l'a obtenue en prismes quadratiques, terminés par les faces de l'octaèdre. Formes : $m, b^{1/2}, p$ à une extrémité seulement du prisme; angles : $mb^{1/2}$ $=139°$; $b^{1/2}b^{1/2}=82°$ [Werther, *Journ. für prakt. Chem.*, t. XXXV, p. 51].

L'urée est incolore, d'une saveur fraîche et amère, analogue à celle du salpêtre; elle est sans action sur les papiers réactifs.

Très-soluble dans l'eau, elle se dissout dans 1 p. d'eau à 15°, et la dissolution s'accompagne d'un notable abaissement de température. Elle est soluble dans 5 p. d'alcool froid de 0,816, et dans 1 p. d'alcool bouillant. Elle est très-peu soluble dans l'éther.

A l'état de pureté, elle n'est pas déliquescente. Néanmoins, pulvérisée et mêlée à certains sels qui renferment de l'eau de cristallisation, elle s'empare de l'eau, et la masse, de solide qu'elle était, devient tout à coup molle et même tout à fait liquide, quand le sel hydraté, comme le sulfate de sodium, par exemple, contient beaucoup d'eau de cristallisation [Pelouze, *Ann. de Chim. et de Phys.*, (3), t. VI, p. 68].

Action de la chaleur. — Suivant Wöhler, l'urée entre en fusion vers 120°, mais l'urée pure a un point de fusion plus élevé qui est situé à 132° [Lubavine, *Deutsche chem. Gesellsch.*, t. III, p. 303; *Bull. de la Soc. chim.*, 1870, t. XIV, p. 332].

A quelques degrés au-dessus de son point de fusion, l'urée entre en ébullition en émettant des vapeurs d'ammoniaque et de carbonate d'ammonium, et, maintenue à cette température, laisse un résidu d'ammélide, $C^6H^9Az^9O^3$ [Laurent et Gerhardt, *Ann. de Chim. et de Phys.*, (3), t. XIX, p. 94]. Chauffée entre 150 et 170°, elle fournit un mélange d'ammélide, d'acide cyanurique et de biuret, $C^2H^5Az^3O^2$:

$$\underset{\text{Urée.}}{2(COAz^2H^4)} = \underset{\text{Biuret.}}{C^2H^5Az^3O^2} + \underset{\text{Ammoniaque.}}{AzH^3}$$

[Wiedemann, *Poggend. Ann.*, t. LXXIV, p. 67].

Enfin, maintenue à cette température jusqu'à ce qu'elle soit complétement convertie en une masse sèche, blanche ou grisâtre, elle laisse un résidu qui est principalement formé d'acide cyanurique. Si l'on opère dans une cornue, on trouve de l'urée dans les produits de la distillation, non pas que celle-ci soit volatile, mais une certaine quantité d'acide cyanurique a passé à l'état d'acide cyanique qui s'est uni à l'ammoniaque dégagée pour régénérer de l'urée :

$$\underset{\text{Urée.}}{3COAz^2H^4} = \underset{\text{Acide cyanurique.}}{C^3O^3Az^3H^3} + \underset{\text{Ammoniaque.}}{3AzH^3}$$

[Wöhler, *Ann. de Chim. et de Phys.*, 1830, t. XLIII, p. 64; — Wöhler et Liebig, *même recueil*, 1831, t. XLVI, p. 28].

Réactions. — 1. L'urée étant une amide carbonique fixe les éléments de l'eau dans beaucoup de réactions. Chauffée avec les *alcalis* (potasse, soude, chaux, magnésie), elle donne du carbonate et de l'ammoniaque (W. Prout).

Traitée à chaud par l'acide sulfurique concentré, elle dégage de l'acide carbonique et il reste du sulfate d'ammonium [Dumas, *Mémoire cité*, 1830].

2. L'action de l'*eau seule* suffit pour décomposer l'urée qui, en solution aqueuse à 140°, se convertit en acide carbonique et en ammoniaque (Pelouze) :

$$COAz^2H^4 + H^2O = CO^2 + 2AzH^3.$$

3. Lorsque l'urine se putréfie, l'urée subit le même dédoublement (Fourcroy et Vauquelin). Cette transformation a lieu sous l'influence d'un ferment spécial, constitué par des chapelets ou de petits amas de globules sphériques, se développant par bourgeonnement et dont le diamètre est environ de 0mm,0015 [Van Tieghem, *Compt. rend.* t. LVIII, p. 210; *Bull. de la Soc. chim.*, 1864, t. II, p. 61].

D'après les recherches plus récentes de M. Musculus, le ferment de l'urine n'est pas un ferment organisé, mais il se rapproche de la diastase. Pour le préparer, on précipite par l'alcool les urines épaisses, filantes et ammoniacales, et l'on recueille ce mucus coagulé, qui lavé à l'alcool et séché, se conserve dans des flacons bouchés. Il est soluble dans l'eau, et sa solution filtrée fait fermenter rapidement l'urée. Une température de 80°, les acides même étendus détruisent son activité, l'acide phénique est sans action sur lui [Musculus, *Compt. rend.* t. LXXXII, p. 333; *Bull. de la Soc. chim.*, 1876, t. XXVI, p. 470].

La solution de l'urée pure, abandonnée à elle-même, ne se décompose pas, mais par l'addition d'une petite quantité du ferment retiré de l'urine, le dédoublement s'effectue.

Par l'ébullition, les solutions d'urée ne sont pas altérées, à moins qu'elles ne soient très-concentrées; dans ce cas, elles dégagent de petites quantités d'ammoniaque, parce que l'urée s'échauffe au-dessus de 100°.

4. Un courant de *chlore* dirigé dans une solution aqueuse d'urée, la décompose en acide carbonique et azote,

$$COAz^2H^4 + 6Cl + H^2O$$
$$= CO^2 + Az^2 + 6HCl.$$

Mais si l'on dirige du chlore sec dans de l'urée en fusion, il se produit de l'acide cyanurique, de l'azote, du chlorhydrate d'ammoniaque et de l'acide chlorhydrique [Wurtz, *Comp. rend.* t. XXIV, p. 436].

Les *hypochlorites alcalins* agissent comme le chlore sur les solutions aqueuses d'urée; la réaction s'accomplit à une douce chaleur. Elle a été appliquée par Leconte au dosage de l'urée. Les hypobromites agissent plus rapidement à froid: aussi l'hypobromite de sodium a-t-il été employé par Knop, Hüfner, Yvon, pour le dosage de l'urée (voyez à l'article URINE, *dosage de l'urée*).

5. L'urée étant une amide amidoformique, possède des propriétés basiques faibles. Aussi se com-

bine-t-elle avec certains acides pour former des sels ; on connaît l'azotate, l'oxalate, le chlorhydrate d'urée, etc. ; mais elle ne s'unit pas à l'acide lactique, à l'acide hippurique et à l'acide urique, comme l'avaient annoncé Henry et Cap, qui pensaient que l'urée se trouvait à l'état de lactate d'urée dans l'urine humaine, à l'état d'hippurate dans l'urine des herbivores, à l'état d'urate dans celle des reptiles. Pelouze a montré que l'urée cristallise sans altération dans l'acide lactique, qu'elle ne se combine ni avec l'acide hippurique ni avec l'acide urique [*Ann. de Chim. et de Phys.* (3), t. VI, p. 65]. Lecanu avait déjà nié l'existence du lactate d'urée dans l'urine [*Ann. de Chim. et de Phys.*, (2), t. LXXIV, p. 90].

Lorsqu'on fait bouillir l'urée avec des acides concentrés, elle se détruit en dégageant de l'acide carbonique et donnant un sel d'ammonium. Cette réaction, observée par Dumas avec l'acide sulfurique concentré, a lieu même avec des acides faibles ; ainsi par l'ébullition d'un mélange d'urée et d'acide hippurique en solution aqueuse, il se forme de l'hippurate d'ammonium et il se dégage de l'acide carbonique (Pelouze).

6. L'acide formique chauffé avec de l'urée donne de la formylurée, $COAz^2H^3(CHO)$ (voyez *Urées composées*, t. III, p. 575).

7. L'*acide chloreux* réagit en solution aqueuse sur l'urée et donne un corps cristallisant en grands prismes aplatis, très-hygroscopiques. Ce corps, qui renferme, CH^8Az^3ClO, pourrait être considéré comme une combinaison d'urée et de chlorure d'ammonium, $COAz^2H^4 + AzH^4Cl$, mais on n'arrive pas à l'obtenir en faisant cristalliser ensemble molécules égales d'urée et de chlorure d'ammonium [Schiel, *Ann. der Chem. u. Pharm.*, t. CXII, p. 73, et *Répert. de Chim. pure*, 1860, p. 190].

8. L'*acide azoteux* et l'acide azotique chargé de vapeurs nitreuses, décomposent l'urée avec dégagement d'acide carbonique et d'azote. Cette décomposition est généralement représentée par l'équation :

$$COAz^2H^4 + Az^2O^3 = CO^2 + Az^4 + 2H^2O \ (1).$$

Liebig et Wöhler ont représenté ce dédoublement comme il suit :

$$2COAz^2H^4 + Az^2O^3 = CO^3(AzH^4)^2 + Az^4 + CO^2 \ (2).$$

M. Claus a déterminé les conditions dans lesquelles le dédoublement se fait dans un sens ou dans l'autre. Si l'on fait le mélange à froid dans le rapport de une molécule d'acide azoteux à deux molécules d'urée, la décomposition se passe comme l'indique l'équation 2. Si, au contraire, on ajoute peu à peu l'acide azoteux à la solution d'urée préalablement chauffée, et dans les mêmes proportions, une moitié de l'urée se décompose entièrement et l'autre moitié reste inaltérée ; par conséquent, en ajoutant de nouvel acide azoteux, on arrive à décomposer l'urée entièrement suivant l'équation 1 [Claus, *Deutsche chem. Gesellsch.*, t. IV, p. 140, et *Bull. de la Soc. chim.*, 1871, t. XV, p. 200].

9. Les *chlorures d'acides monobasiques* agissent sur l'urée en remplaçant un atome d'hydrogène par un radical acide : ainsi le chlorure d'acétyle fournit l'acétylurée, $COAz^2H^3(C^2H^3O)$ (Zinin). En chauffant l'urée avec les *anhydrides d'acides monobasiques*, on obtient les mêmes urées composées ; l'anhydride benzoïque fondu avec de l'urée donne la benzoylurée,

$$COAz^2H^3(C^7H^5O).$$

10. Les *chlorures d'acides bibasiques* comme le chlorure de carbonyle, le chlorure de succinyle, donnent des diurées,

$$\underset{\text{Chlorure de carbonyle.}}{COCl^2} + \underset{\text{Urée.}}{2COAz^2H^4}$$

$$= \underset{\text{Carbonyl-diurée.}}{CO<\begin{matrix} AzH-CO-AzH^2 \\ AzH-CO-AzH^2 \end{matrix}} + \underset{\text{Acide chlorhydrique.}}{2HCl.}$$

11. La réaction des *anhydrides d'acides bibasiques* n'est pas générale ; l'anhydride succinique donne l'acide succinurique,

$$\begin{matrix} CO-AzH-CO-AzH^2 \\ | \\ C^2H^4 \\ | \\ CO^2H \end{matrix}$$

(voyez, pour toutes ces réactions, l'article : Urées composées); avec l'*anhydride phtalique* à 130°, il se fait de la phtalimide et il se dégage de l'acide carbonique et de la vapeur d'eau.

$$\underset{\text{Anhydride phtalique.}}{2C^6H^4<\begin{matrix} CO \\ CO \end{matrix}>O} + \underset{\text{Urée.}}{COAz^2H^4}$$

$$= \underset{\text{Phtalimide.}}{2C^6H^4<\begin{matrix} CO \\ CO \end{matrix}>AzH} + \underset{\text{Acide carbonique.}}{CO^2} + H^2O.$$

[E. Grimaux, *Bull. de la Soc. chim.*, 1876, t. XXV, p. 241].

12. Chauffée avec du *sulfure de carbone* et de l'alcool absolu, en tubes scellés, à 100°, l'urée dégage de l'acide carbonique et la solution renferme du sulfocyanate d'ammonium [Henry, *Compt. rend.*, t. LIV, p. 519, et *Répert. de Chimie pure*, 1862, p. 155]. Dans ces conditions, il se forme, en outre, du mercaptan ; mais si l'on chauffe l'urée seulement avec du sulfure de carbone, il se forme du sulfocyanate d'ammonium et de l'oxysulfure de carbone. $COAz^2H^4 + CS^2 = COS + CSAz, AzH^4$ [Ladenburg, *Zeitsch. für Chem.*, 1869, p. 253].

13. L'urée se combine avec un grand nombre de sels ; elle forme avec le chlorure de sodium, le chlorure de mercure, l'azotate de calcium, de magnésium, etc., des composés cristallins, que nous décrirons plus loin. Elle s'unit également à l'*oxyde d'argent* et à l'*oxyde de mercure.*

Quand on chauffe un mélange d'urée et d'*azotate d'argent*, tous deux en solution aqueuse, et qu'on évapore, on obtient de l'azotate d'ammonium et du cyanate d'argent. Dans cette réaction, l'urée se comporte comme du cyanate d'ammonium (Wöhler).

$$COAz^2H^4 + AzO^3Ag = AzO^3AzH^4 + COAzAg.$$

14. Par l'*azotate mercureux acide*, contenant de l'acide azoteux (réactif de Millon), l'urée est décomposée comme par l'acide azoteux ; Millon a appliqué cette réaction au dosage de l'urée ; dans ce procédé, on recueille l'acide carbonique produit (voyez Urines, t. III, p. 594).

15. L'*ozone* est absorbé par l'urée, en présence de la potasse, et il se dégage de l'ammoniaque ; la liqueur ne renferme que du carbonate de potassium. L'urée n'est pas décomposée par l'ozone en l'absence des alcalis [Gorup-Besanez, *Bull. de la Soc. chim.*, 1863, p. 421].

16. Le *permanganate de potassium* en excès (100 p. de permanganate pour 1 p. d'urée) et en présence d'une solution fortement alcaline, décompose l'urée en mettant en liberté tout l'azote qu'elle renferme. Avec une quantité moindre de perman-

ganate, une partie de l'azote seulement se dégage à l'état gazeux, et le reste se transforme en acide azotique [Wanklyn et Gamgee, *Journ. of the Chem. Society* (2), t. VI, p. 25].

17. L'*hydrogène naissant*, dégagé par l'acide acétique et le zinc ou le fer, agit sur l'urée en donnant de l'ammoniaque; avec le fer, il se produit des traces de bases amidées [Scheitz, Marsh et Geuther, *Bull. de la Soc. Chim.*, 1868, t. X, p. 400].

18. En chauffant l'urée avec l'*iodure de cyanogène* à 140° en tubes scellés pendant plusieurs heures, M. Poensgen a obtenu un corps qu'il a décrit comme de la cyanocarbamide ou *cyanurée*,

$$COAz^2H^3, CAz.$$

D'après M. Hallwachs, la cyanurée n'est autre chose que de l'ammélide impure [Poensgen, *Ann. der Chem. u. Pharm.*, t. CXXVIII, p. 339, et *Bull. de la Soc. chim.*, 1864, t. I, p. 275; — Hallwachs, *Ann. der Chem. u. Pharm.*, t. CLIII, p. 293, et *Bull. de la Soc. chim.*, 1870, t. XIV, p. 220].

19. Les *aldéhydes*, l'*aldéhyde trichlorée* ou *chloral* agissent sur l'urée; il en est de même de l'*acide glyoxylique*, qui, chauffé avec l'urée, donne de l'allantoïne, et de l'*acide pyruvique*, qui fournit des uréides analogues aux dérivés de l'acide urique. Ces diverses réactions et les composés qu'elles fournissent sont indiqués à l'article : Urées composées p. 572 et p. 579.

20. Avec les *acides amidés*, l'urée se combine à 125° en éliminant de l'ammoniaque et formant des urées substituées; ainsi avec le glycocolle et l'urée, on obtient l'acide hydantoïque, etc.:

$$\underset{\text{Acide amido-acétique (glycocolle).}}{\begin{matrix}CH^2\text{-}AzH^2\\ CO^2H\end{matrix}} + \underset{\text{Urée.}}{CO\begin{matrix}\diagup AzH^2\\ \diagdown AzH^2\end{matrix}}$$

$$= \underset{\text{Acide hydantoïque.}}{\begin{matrix}CH^2\text{-}AzH\text{-}CO\text{-}AzH^2\\ CO^2H\end{matrix}} + \underset{\text{Ammoniaque.}}{AzH^3.}$$

(voyez Urées composées, p. 575).

21. Les *alcools* agissent sur l'urée en donnant des éthers allophaniques et des uréthanes. Si l'on chauffe au réfrigérant ascendant 2 parties d'alcool amylique et 1 partie d'urée, il se dégage de l'ammoniaque; la liqueur renferme de l'allophanate d'amyle, $C^8H^{14}Az^2O^4$:

$$\underset{\text{Urée.}}{2COAz^2H^4} + \underset{\text{Alcool amylique.}}{C^5H^{12}O}$$

$$= \underset{\text{Allophanate d'amyle.}}{\begin{matrix}CO\text{-}AzH\text{-}CO\text{-}AzH^2\\ CO^2\text{-}C^5H^{11}\end{matrix}} + \underset{\text{Ammoniaque.}}{AzH^3,}$$

et de l'amyluréthane, $C^7H^{13}AzO^3$,

$$\underset{\text{Urée.}}{COAz^2H^4} + \underset{\text{Alcool amylique.}}{C^5H^{12}O}$$

$$= \underset{\text{Amyl-uréthane.}}{\begin{matrix}CO\text{-}AzH^2\\ CO^2\text{-}C^5H^{11}\end{matrix}} + \underset{\text{Ammoniaque.}}{AzH^3}$$

[A. W. Hofmann, *Deutsch. chem. Gesells.*, t. IV, p. 262, et *Bull. de la Soc. chim.*, t. XV, p. 197].

22. L'*éther cyanique* chauffé un quart d'heure à 100° avec de l'urée, donne un composé cristallisant en magnifiques écailles blanches, renfermant $C^7H^{14}Az^4O^3$ (A. W. Hofmann, *Compt. rend.* t. LII, p. 1011, et *Répert. de Chimie pure*, 1861, p. 274]. Ce corps me paraît devoir être représenté par la formule de constitution,

$$CO\begin{matrix}\diagup AzH\text{-}CO\text{-}AzH(C^2H^5)\\ \diagdown AzH\text{-}CO\text{-}AzH(C^2H^5)\end{matrix}$$

Ce qui en fait le dérivé diéthylique de la *carbonyldiurée* de Schmidt (Voy. Urées composées, t. III, p. 579.)

23. L'*oxalate d'éthyle*, chauffé à 135-170° avec de l'urée donne de l'oxamide et de l'éther allophanique [Hlasiwetz et A. Grabowski, *Ann. der Chem. u. Pharm.*, t. CXXXIV, p. 115, et *Bull. de la Soc. chim.*, 1866, t. V, p. 133]. En chauffant seulement à 105-110°, le mélange d'oxalate d'éthyle et d'urée, MM. G. Vogt et E. Grimaux ont obtenu une petite quantité d'un corps cristallisé qui présente les réactions et la composition de l'acide parabanique (oxalylurée) [*Bull. de la Soc. chim.*, 1871, t. XVI, p. 3].

24. Lorsqu'on chauffe du *carbonate de guanidine* avec de l'urée à 160°, on obtient de la *dicyanodiamidine*, $C^2H^6Az^4O$,

$$\underset{\text{Urée.}}{COAz^2H^4} + \underset{\text{Guanidine.}}{C(AzH)Az^2H^4}$$

$$= \underset{\text{Dicyanodiamidine.}}{AzH\begin{matrix}\diagup CO\text{-}AzH^2\\ \diagdown C(AzH)\text{-}AzH^2\end{matrix}} + \underset{\text{Ammoniaque.}}{AzH^3.}$$

[Baumann, *Deutsch. chem. Gesells.*, t. VII, p. 1766; *Bull. de la Soc. chim.*, 1875, t. XXIV, p. 70].

25. L'*anhydride phosphorique* chauffé doucement avec de l'urée la décompose; il se dégage de l'acide cyanique, en même temps qu'il se forme de la cyamélide, de l'ammélide, du phosphate d'ammonium et du cyanurate d'urée [Weltzien, *Ann. der Chem. u. Pharm.*, t. CVII, p. 219, et t. CXXXII, p. 219; *Répert. de Chimie pure*, 1859, p. 73, et *Bull. de la Soc. chim.*, 1865, t. III, p. 303].

Sels d'urée.

Azotate d'urée, $COAz^2H^4, AzO^3H$. — Cette combinaison, découverte par Fourcroy et Vauquelin, se précipite à l'état d'une poudre blanche et cristalline, quand on ajoute de l'acide azotique à une solution d'urée suffisamment concentrée. Nous avons dit plus haut comment on la prépare avec l'urine. Sa composition a été déterminée par M. Regnault [*Ann. de Chim. et de Phys.*, 1836, t. LXVIII, p. 155].

L'azotate d'urée est en prismes ou en feuillets incolores, brillants, anhydres, rougissant le tournesol, peu solubles dans l'eau froide et dans l'alcool, moins solubles dans l'acide azotique concentré, assez solubles dans l'eau bouillante.

Pelouze a étudié l'action de la chaleur sur ce sel. A 140°, l'azotate d'urée commence à se décomposer en dégageant de l'acide carbonique et du protoxyde d'azote, environ 2 volumes du premier pour un du second. Le résidu renferme de l'azotate d'ammonium et de l'urée :

$$4COAz^2H^4, AzO^3H$$
$$= 2CO^2 + Az^2O + 2COAz^2H^4 + 3AzO^3, AzH^4.$$

A une température plus élevée ce résidu se décompose lui-même en donnant de nouveau du protoxyde d'azote, de l'acide carbonique avec de l'eau et de l'ammoniaque. Il se forme en même temps une petite quantité d'acide cyanurique [Pelouze, *Ann. de Chim. et de Phys.* (3), t. VI, p. 69].

L'azotate d'urée chauffé à 100° dans des tubes scellés avec de l'alcool absolu, donne de l'azotate d'ammonium et de l'uréthane ou carbamate d'éthyle :

$$COAz^2H^4, AzO^3H + C^2H^5, OH$$
$$= CO\begin{matrix}\diagup AzH^2\\ \diagdown OC^2H^5\end{matrix} + AzO^3, AzH^4$$

[Bunte, *Ann. der Chem. u. Pharm.*, t. CLI, p. 181; *Bull. de la Soc. chim.*, 1869, t. XIII, p. 237].

CHLORHYDRATE D'URÉE, $COAz^2H^4,HCl$. — L'urée sèche absorbe le gaz chlorhydrique bien desséché. Elle s'échauffe, entre en fusion et se prend en une masse oléagineuse, que l'on maintient fondue jusqu'à ce qu'elle n'absorbe plus de gaz chlorhydrique, puis on chasse l'excès d'acide par un courant d'air, et l'on obtient le chlorhydrate d'urée sous la forme d'une masse cristallisée. Exposé à l'air, ce chlorhydrate en absorbe l'humidité et se décompose [Erdmann, *Journ. f. prakt. Chem.*, t. XXV, p. 506; — Pelouze, *Mém. cité*].

Chauffé au bain d'huile, le chlorhydrate d'urée se décompose vivement à 145°, en chlorhydrate d'ammoniaque et acide cyanurique [De Vrij, *Ann. der Chem. u. Pharm.*, t. LXI, p. 248].

M. Dessaignes a obtenu un *sous-chlorhydrate*, $2COAz^2H^4,HCl$, en ajoutant 1 molécule d'acide chlorhydrique à 2 molécules d'urée et abandonnant la solution sous une cloche en présence de chaux. Ce sel est cristallisé en longues lames parallèles et accolées; il est peu déliquescent [*Journ. de Pharm.*, t. XXV, p. 31].

Suivant M. Beckmann, il existe une combinaison de chlorhydrate d'urée et de chlorure d'ammonium et d'urée,

$$2(COAz^2H^4,AzH^4Cl)+COAz^2H^4,HCl,$$

que l'on obtient en mélangeant une solution d'urée avec une solution de soude caustique, et dirigeant dans le liquide un courant de chlore, jusqu'à ce qu'il ne se dégage plus d'azote. On détruit ensuite l'excès d'hypochlorite par un peu d'ammoniaque, on évapore à siccité et l'on reprend le résidu par un mélange d'alcool et d'éther. On obtient de grosses lames, fort solubles, dégageant de l'ammoniaque par la potasse, et donnant un précipité d'azotate d'urée par l'acide azotique.

CYANURATE D'URÉE, $COAz^2H^4,C^3Az^3H^3O^3$ [Kodweiss, *Ann. de Poggend.*, t. XIX, p. I; — Wiedemann, *même recueil*, t. LXXIV, p. 67]. — On obtient ce sel cristallisé en aiguilles en faisant bouillir une solution d'urée avec l'acide cyanurique et filtrant la liqueur. Weltzien l'a obtenu comme produit accessoire dans la décomposition de l'urée par l'anhydride phosphorique. Le cyanurate d'urée se produit également quand on fait passer des vapeurs d'acide cyanique dans de l'urée fondue, ou quand on traite le biuret par le gaz chlorhydrique à 160-170° [Finckh, *Ann. der Chem. u. Pharm.*, t. CXXIV, p. 351; *Bull. de la Soc. chim.*, 1863, p. 377].

Le cyanurate d'urée forme de petites aiguilles appartenant au système clinorhombique : le rapport des axes est :

$$a : b : c = 0,9639 : 1 : 174338.$$

Sa solution traitée par un acide précipite de l'acide cyanurique.

OXALATE D'URÉE, $2COAz^2H^4,C^2O^4H^2$. — L'oxalate d'urée se sépare à l'état d'une poudre blanche et cristalline, par l'addition d'une solution d'acide oxalique à une solution d'urée. Il se dissout dans 23 p. d'eau à 25°; sa solution saturée et froide est précipitée en partie par un excès d'acide oxalique. Il est assez soluble dans l'eau bouillante; il se dissout dans 60p,5 d'alcool d'une densité de 0,83 à la température de 16°; il est un peu plus soluble dans l'alcool bouillant. Il cristallise en prismes minces et transparents, d'une saveur acide. Soumis à la distillation sèche, il donne de l'acide carbonique, de l'ammoniaque et de l'acide cyanurique.

PHOSPHATES D'URÉE [Schmeltzer et Birnbaum, *Zeitsch. für Chem.*, 1869, p. 206; *Bull. de la Soc. chim.*, 1869, t. XII, p. 257]. — Lehmann a retiré de l'urine d'un porc nourri avec du son un composé cristallin d'acide phosphorique et d'urée qu'il représentait par la formule peu vraisemblable $COAz^2H^4,Ph^2O^5,2H^2O$ [*Buchner's Repert.*, t. XV, p. 224]. Schmeltzer et Birnbaum ont préparé le phosphate d'urée en abandonnant dans le vide une solution concentrée d'acide phosphorique additionnée d'urée. Après dissolution de la masse cristallisée dans l'eau, la solution laisse déposer d'abord de gros cristaux rhomboïdaux de phosphate d'urée, puis des prismes carrés de phosphate acide d'ammonium.

Le phosphate d'urée, $COAz^2H^4,PhO^4H^3$, est soluble dans l'eau, dans l'alcool, peu soluble dans l'éther. Il est inaltérable à l'air sec; il se décompose à 100°.

Un autre phosphate d'urée,

$$3COAz^2H^4,2PhO^4H^3,$$

se produit lorsqu'on laisse évaporer dans l'air sec un mélange d'acide phosphorique et d'urée en excès. Si l'on chauffe sa solution aqueuse, elle se décompose et fournit un précipité cristallin d'acide cyanurique.

Combinaisons avec les oxydes.

URÉE ARGENTIQUE. — Liebig a obtenu un dérivé argentique de l'urée en introduisant de l'oxyde d'argent récemment précipité dans une solution aqueuse d'urée et chauffant doucement. L'oxyde d'argent se convertit en une poudre grise ou d'un gris jaunâtre qui paraît au microscope formée de petits cristaux auxquels Liebig attribue la formule, $2COAz^2H^4,3Ag^2O$. M. Mulder fait remarquer que les dosages d'argent de ce composé s'accordent aussi bien avec la formule,

$$COAz^2H^2Ag^2,$$

d'un dérivé diargentique de l'urée. M. Mulder obtient ce dérivé diargentique en ajoutant de la soude à une solution de 2 p. d'urée et de 5 p. d'azotate d'argent [*Deutsche chem. Gesellsch.*, t. VI, p. 1019; *Bull. de la Soc. chim.*, 1873, t. XX, p. 539]. Chauffée avec de l'eau, l'urée diargentique se décompose en donnant de l'urée et de l'oxyde d'argent.

La sulfo-urée $CSAz^2H^4$ réagit sur l'urée diargentique en donnant du sulfure d'argent, de l'urée et de la cyanamide,

$$CSAz^2H^4 + COAz^2H^2Ag^2$$
$$= Ag^2S + COAz^2H^4 + CAz^2H^2.$$

Le sulfure de carbone donne de l'urée et de l'oxysulfure de carbone,

$$CS^2 + COAz^2H^2Ag^2 + H^2O$$
$$= Ag^2S + COS + COAz^2H^4$$

[Ponomareff, *Bull. de la Soc. chim.*, t. XXI, p. 546].

URÉE ET OXYDE DE MERCURE. — L'urée forme plusieurs combinaisons avec l'oxyde de mercure [Liebig, *Ann. der Chem. u. Pharm.*, t. LXXX, p. 123; t. LXXXI, p. 128; t. LXXXII, p. 232; t. LXXXV, p. 289] :

1° $COAz^2H^4,HgO$.

— On l'obtient en ajoutant peu à peu de l'oxyde de mercure à une solution d'urée, chauffée à une température voisine de l'ébullition. Quand l'oxyde de mercure ne se dissout plus, on ajoute de l'urée et on obtient un dépôt pulvérulent blanc. On jette sur un filtre; après 24 heures, il s'est formé un second dépôt blanc et adhérent; l'un et l'autre présentent la même composition [Dessaignes, *Ann. de Chim. et de Phys.*, (3), t. XXXIV, p. 143];

2° $2 CO Az^2 H^4, 3 Hg O$..

— On mélange une solution d'urée avec la potasse caustique et l'on y ajoute une solution de chlorure mercurique; il se forme un précipité blanc, gélatineux, qui, après avoir été lavé, est chauffé dans de l'eau bouillante et se transforme alors en une poudre grenue, d'un jaune rougeâtre après dessiccation.

3° $CO Az^2 H^4, 2 Hg O$.

— Il se produit par le mélange d'une solution alcaline d'urée et d'azotate mercurique. Ce précipité se forme aussi lorsqu'on ajoute peu à peu une solution étendue d'azotate mercurique à une solution d'urée diluée, et qu'on neutralise de temps en temps par l'eau de baryte ou par une solution étendue de carbonate de sodium. Il arrive un moment où le précipité, au lieu d'être blanc, devient jaune; c'est du sous-azotate mercurique et toute l'urée est alors précipitée. Liebig a appliqué cette réaction à un procédé de dosage de l'urée.

Combinaisons de l'urée avec les sels.

L'urée se combine avec un grand nombre de sels; quoique ces combinaisons ne soient pas très-stables, néanmoins il en est qui résistent à l'action décomposante de l'eau, et dont l'acide azotique ou l'acide oxalique ne séparent pas d'urée. Ces dérivés ont été décrits par Werther [*Journ. für prakt. Chem.*, t. XXXVI, p. 51; *Ann. de Millon*, 1846, p. 388].

Azotate d'argent et urée, $CO Az^2 H^4, Az O^3 Ag$ (Werther), — On mélange des solutions concentrées de molécules égales d'azotate d'argent et d'urée. La combinaison cristallise en gros prismes clinorhombiques. Formes: $m, p, g^1, h^3, e^{1/n}$; angles: $mm = 118°$; $ph^3 = 110°$; $g^1 e^{1/n} = 110°$.

Ces cristaux sont solubles sans décomposition dans l'eau froide, l'eau chaude et l'alcool. Par l'ébullition de sa solution, ce corps se décompose en donnant de l'azotate d'ammonium et du cyanate d'argent. L'acide azotique lui enlève une partie de l'urée seulement à l'état d'azotate d'urée. Chauffés brusquement, les cristaux se décomposent avec explosion.

Quand on mêle une solution aqueuse contenant 2 à 3 molécules d'azotate d'argent avec une molécule d'azotate d'urée et qu'on abandonne la solution dans le vide, il se sépare d'abord des cristaux de la combinaison précédente, puis un nouveau dérivé, $CO Az^2 H^4, 2 Az O^3 Ag$, en gros prismes appartenant au système orthorhombique. Formes : $m, p, b^{1/2}, h^1, g^1, e^1, b^{1/2n}$; angles : $mm = 112° 30'$; $b^{1/2} b^{1/2}$ (en avant) $= 127° 19'$; (de côté) $= 74°$; $p b^{1/2} = 127°$.

Azotate de calcium et urée,

$6 CO Az^2 H^4, (Az O^3)^2 Ca$

(Werther). — On obtient cette combinaison en mélangeant des solutions alcooliques des constituants. Elle forme des cristaux brillants; l'acide azotique n'en sépare pas d'urée, mais l'acide oxalique donne dans la solution un précipité d'oxalate de calcium et d'oxalate d'urée.

Azotate de magnésium et urée,

$4 CO Az^2 H^4, (Az O^3)^2 Mg$.

— La combinaison se fait par le mélange des solutions des constituants dans l'alcool absolu; il se sépare peu à peu, par l'évaporation dans le vide, de gros prismes clinorhombiques, brillants, fusibles à 85° sans décomposition.

Formes : $m, d^{1/2}, o^1, a^1, g^1, e^{1/n}$; angles : $mm = 135°$; $ma^1 = 126° 30'$; $d^{1/2} d^{1/2} = 123° 34'$. — Ils ne s'altèrent pas par l'ébullition de leur solution, l'acide oxalique n'en précipite pas l'urée; l'acide azotique en précipite une partie.

Azotate de mercure et urée [Liebig, *Ann. der Chem. u. Pharm.*, t. LXXXV, p. 294]. — L'urée forme trois combinaisons différentes avec l'azotate mercurique.

1° $2 CO Az^2 H^4, (Az O^3)^2 Hg, Hg O, H^2 O$.

On verse une solution d'azotate d'urée dans une solution d'azotate mercurique, moyennement étendue et additionnée d'acide azotique, jusqu'à ce qu'il se produise un léger trouble; on filtre la liqueur et, après 24 heures, il s'y dépose des croûtes dures et cristallines composées de petites tables rectangulaires, transparentes et brillantes. L'eau bouillante détruit les cristaux.

2° $2 CO Az^2 H^4, (Az O^3)^2 Hg, 2 Hg O, H^2 O$.

— Lorsqu'on ajoute à une solution d'urée une solution étendue d'azotate mercurique tant qu'il se forme un précipité et qu'on abandonne la bouillie blanche à une température de 40 à 50°, le précipité se convertit en paillettes hexagones qui paraissent être la combinaison 2; elles sont mélangées de cristaux du corps 1 et du corps 3;

3° $2 CO Az^2 H^4, (Az O^3)^2 Hg, 3 Hg O, H^2 O$.

— On obtient cette combinaison en précipitant à chaud une solution d'urée par une solution fort étendue d'azotate mercurique et abandonnant le précipité dans la liqueur. C'est une poudre blanche, formée de petites aiguilles groupées concentriquement.

Azotate de sodium et urée,

$CO Az^2 H^4, Az O^3 Na, H^2 O$

(Werther). — Ce composé se sépare sous forme de cristaux prismatiques, par le refroidissement du mélange des solutions aqueuses chaudes d'azotate de sodium et d'urée. Les cristaux commencent à fondre vers 35°, mais la fusion n'est pas complète à 100°; à 140°, ils se décomposent. La solution aqueuse n'est précipitée ni par l'acide azotique ni par l'acide oxalique.

Chlorure de sodium et urée,

$CO Az^2 H^4, Na Cl, H^2 O$

(Werther). — On obtient cette combinaison sous forme de prismes clinorhombiques en évaporant une solution saturée à chaud de molécules égales de chlorure de sodium et d'urée. Ces cristaux sont légèrement déliquescents; ils fondent à 60-70°; fort solubles dans l'eau, ils sont décomposés en partie par l'alcool absolu. Ils appartiennent au système clinorhombique. Formes : $m, g^1, o^1, a^1, o^{1/2}$; angles : $mm = 139°$; $ma^1 = 126°$ $a^1 o^1 = 103°$.

Leur solution aqueuse et concentrée est précipitée par l'acide azotique; avec l'acide oxalique, il ne se produit de l'oxalate d'urée qu'à la longue ou par évaporation.

On peut étendre cette solution de 10 à 12 fois son volume d'alcool absolu, sans que rien ne se précipite, et alors l'acide azotique n'y forme pas d'azotate d'urée.

Chlorure mercurique et urée, $CO Az^2 H^4, Hg Cl^2$ (Werther). — Ce composé se forme par le refroidissement des solutions alcooliques bouillantes d'urée et de chlorure mercurique. Il est en cristaux nacrés, peu solubles dans l'eau froide, décomposables par l'eau bouillante. Ces cristaux fondent à 125-128°.

M. Werther n'a pas réussi à combiner l'urée avec les azotates de baryum, de potassium, de strontium, ni avec les chlorures d'ammonium, de baryum et de potassium. Avec le chlorure de strontium, il se fait une combinaison très-déliquescente.

DOSAGE DE L'URÉE. — Voyez URINES, t. III, p. 594.

Constitution de l'urée.

L'urée a été considérée dès 1830 par Dumas comme de la carbamide. En 1838, M. Regnault ayant traité le chlorure de carbonyle par l'ammoniaque sèche, obtint un mélange de chlorhydrate d'ammoniaque et d'un corps blanc qu'il considéra comme la vraie carbamide, à cause de son origine, mais qu'il n'analysa pas. Comme il n'arriva pas à isoler l'urée de ce mélange, il en conclut que l'urée était différente de la carbamide. Gerhardt adoptant les conclusions de M. Regnault et différenciant l'urée de la carbamide, la regarda comme de l'hydrate de cyanammonium, $AzH^3(CAz)\text{-}O\text{-}H$.

Mais les recherches de Wurtz sur les urées composées, et surtout les deux synthèses de l'urée réalisées par Natanson, au moyen du chlorure de carbonyle et du carbonate d'éthyle ne laissent aucun doute sur la constitution de ce corps.

Elle doit être considérée comme de l'amide carbonique : en effet, l'action du carbonate d'éthyle sur l'ammoniaque est analogue à celle de tous les éthers qui fournissent des amides dans ces conditions :

$$CO<\begin{matrix}OC^2H^5\\OC^2H^5\end{matrix} + 2AzH^3 = CO<\begin{matrix}AzH^2\\AzH^2\end{matrix} + 2C^2H^6O,$$

Carbonate d'éthyle. — Ammoniaque. — Carbamide (urée). — Alcool.

et l'équation précédente est comparable à celle qui fournit l'oxamide ;

$$\begin{matrix}CO\text{-}OC^2H^5\\CO\text{-}OC^2H^5\end{matrix} + 2AzH^3$$

Oxalate d'éthyle. — Ammoniaque.

$$= \begin{matrix}CO\text{-}AzH^2\\CO\text{-}AzH^2\end{matrix} + 2C^2H^6O$$

Oxamide. — Alcool.

E. G.

URÉES COMPOSÉES. — On désigne sous le nom d'*urées composées*, diverses combinaisons qui dérivent de l'urée et que l'on peut considérer comme formées par la substitution de radicaux alcooliques ou de radicaux acides à un ou plusieurs atomes d'hydrogène de l'urée.

Les urées composées appelées aussi *uréides* comprennent donc plusieurs séries de corps dont les modes d'obtention et les propriétés générales sont subordonnés à la nature des groupes substitués. On peut les distinguer d'abord en *urées composées à radicaux alcooliques* et en *urées à radicaux acides*, et chacune de ces grandes classes comprend des subdivisions, suivant que ces radicaux sont mono- ou polyatomiques. Parmi les urées à radicaux acides, les unes renferment le groupe CO^2H et jouissent de propriétés acides, on les appelle *acides uréiques* ou *uramiques* ; à ces acides uréiques correspondent des sels, des amides, des éthers ; les autres sont neutres. Nous allons marquer ces caractères distinctifs en indiquant les propriétés spéciales à chaque série d'urées. Nous commencerons par étudier les urées composées à radicaux alcooliques.

URÉES COMPOSÉES A RADICAUX ALCOOLIQUES.

La première urée composée, la *phénylurée*, a été obtenue par M. Hofmann dans l'action de l'acide cyanique sur l'aniline. La nature de ce composé fut d'abord méconnue, et Gerhardt considéra à tort comme étant la phénylurée, un corps isomère, l'amidobenzamide décrite par Chancel,

$$C^6H^4(AzH^2)COAzH^2.$$

En 1848, M. Wurtz obtint un grand nombre d'urées composées, sur la nature desquelles aucun doute n'était permis, et c'est à lui qu'on doit réellement la connaissance de cette fonction nouvelle. En 1861, M. Hofmann fit remarquer que le composé décrit par Chancel différait des urées, et que l'urée phénylique véritable était le composé obtenu dans l'action de l'acide cyanique sur l'aniline [*Ann. de Chim. et de Phys.*, (3), t. CLXI, p. 377].

Depuis les recherches de M. Wurtz, le nombre des urées à radicaux alcooliques s'est considérablement accru ; on a de plus préparé des urées renfermant des radicaux alcooliques polyatomiques. Il y a donc lieu de distinguer les urées composées en urées à radicaux monoatomiques et urées à radicaux polyatomiques.

Urées à radicaux alcooliques monoatomiques.

Elles dérivent du remplacement de 1, 2, 3 ou 4 atomes d'hydrogène de l'urée par des radicaux alcooliques ; l'urée étant $COAz^2H^4$, elles sont représentées par les formules générales :

$$COAz^2H^3R, \quad COAz^2H^2R^2, \quad COAz^2HR^3, \quad COAz^2R^4,$$

R étant un radical monoatomique [Hofmann, *Ann. der Chem. u. Pharm.*, 1846, t. LVII, p. 265 ; — Wurtz, *Compt. rend.* 1848, t. XXVII, p. 240 ; t. XXXII, p. 414 ; *Répert. de Chim. pure*, 1862, p. 199].

Le mode d'obtention des urées à radicaux monoalcooliques consiste à fixer sur une ammoniaque composée de l'acide cyanique (Hofmann, Wurtz), ou à décomposer par l'ammoniaque ou les ammoniaques composées, les éthers cyaniques (Wurtz). Ainsi l'éthylurée se forme par l'union de l'acide cyanique et de l'éthylamine :

$$COAzH + C^2H^5,AzH^2 = COAz^2H^3(C^2H^5)$$

Acide cyanique. — Éthylamine. — Éthylurée.

ou dans l'action de l'ammoniaque sur le cyanate d'éthyle,

$$COAzC^2H^5 + AzH^3 = COAz^2H^3(C^2H^5)$$

Cyanate d'éthyle. — Ammoniaque. — Éthylurée.

Ces deux modes de production sont analogues à celui de l'urée par l'union de l'acide cyanique et de l'ammoniaque,

$$COAzH + AzH^3 = COAz^2H^4.$$

Acide cyanique. — Ammoniaque. — Urée.

Le mode opératoire est le suivant : au lieu de se servir de l'acide cyanique, on fait réagir sur un sel de l'ammoniaque composée, du cyanate de potassium ; c'est ainsi que M. Wurtz a préparé la méthylurée en évaporant un mélange de cyanate de potassium et de sulfate de méthylamine.

Quant à l'autre procédé, il suffit de dissoudre l'éther cyanique dans de l'ammoniaque et d'évaporer pour avoir la nouvelle urée.

Ces urées traitées par les alcalis subissent le même ordre de décomposition que l'urée ; elles fournissent de l'acide carbonique et une ammoniaque composée :

$$COAz^2H^4 + H^2O = CO^2 + AzH^3$$

Urée. — Ammoniaque.

$$COAz^2H^3(C^2H^5) + H^2O$$

Éthylurée.

$$= CO^2 + AzH^2(C^2H^5).$$

Éthylamine.

Les urées di- et trisubstituées se produisent, avons-nous dit, dans les mêmes conditions que les urées monoalcooliques, par l'action de l'acide cyanique ou des éthers cyaniques sur les ammoniaques composées, primaires ou secondaires (1).

$$\underset{\text{Éther cyanique.}}{COAzC^2H^5} + \underset{\text{Éthylamine.}}{C^2H^5, AzH^2} = \underset{\text{Diéthylurée.}}{COAz^2H^2(C^2H^5)^2}$$

$$\underset{\text{Acide cyanique.}}{COAzH} + \underset{\text{Diéthylamine.}}{(C^2H^5)^2, AzH} = \underset{\text{Diéthylurée.}}{COAz^2H^2(C^2H^5)^2}$$

$$\underset{\text{Éther cyanique.}}{COAzC^2H^5} + \underset{\text{Diéthylamine.}}{(C^2H^5)^2AzH} = \underset{\text{Triéthylurée.}}{COAz^2H(C^2H^5)^3}$$

Les urées dialcooliques se produisent aussi dans l'action de l'eau sur les éthers cyaniques ; il se dégage en même temps de l'acide carbonique (Wurtz):

$$\underset{\text{Éther cyanique.}}{2(COAzC^2H^5)} + H^2O$$
$$= \underset{\text{Diéthylurée.}}{COAz^2H^2(C^2H^5)^2} + CO^2.$$

On peut admettre que, dans cette réaction, l'eau décompose 1 molécule d'éther cyanique en acide carbonique et en éthylamine qui réagit sur une portion d'éther cyanique non décomposé pour donner la diéthylurée.

Les urées dialcooliques présentent un fait d'isomérie remarquable suivant leur mode d'obtention.

Quand elles sont formées par l'action de l'acide cyanique sur une amine secondaire, soit la diéthylurée provenant de la diéthylamine, les deux radicaux alcooliques substitués dans une même molécule d'ammoniaque y restent attachés et la diéthylurée formée aura pour constitution,

$$AzH^2\text{-}CO\text{-}Az(C^2H^5)^2.$$

Aussi, soumise à l'action des alcalis, donne-t elle de l'acide carbonique, de l'ammoniaque et de la diéthylamine.

$$\underset{\text{Diéthylurée.}}{AzH^2\text{-}CO\text{-}Az(C^2H^5)^2} + H^2O$$
$$= CO^2 + AzH^3 + \underset{\text{Diéthylamine.}}{AzH(C^2H^5)^2}$$

La diéthylurée formée par l'union de l'éther cyanique et de l'éthylamine présente une autre constitution ; les deux groupes alcooliques sont apportés dans la molécule de l'urée composée, fixés l'un à l'azote de l'éther cyanique, l'autre à l'azote de l'éthylamine; ils restent ainsi indépendants. La constitution de la diéthylurée ainsi produite est donnée par la formule

$$C^2H^5, HAz\text{-}CO\text{-}AzHC^2H^5;$$

aussi cette diéthylurée se dédouble-t-elle par les alcalis d'une autre façon que son isomère ; elle donne de l'acide carbonique et 2 molécules d'éthylamine,

$$\underset{\text{Diéthylurée.}}{C^2H^5, Az\text{-}CO\text{-}AzH, C^2H^5} + H^2O$$
$$= CO^2 + \underset{\text{2 molécules éthylamine.}}{C^2H^5, AzH^2 + C^2H^5, AzH^2}.$$

Par conséquent, les urées dialcooliques renfermant les mêmes groupes alcooliques présentent un cas isomérie. Celles qui sont formées par l'union de l'acide cyanique et d'une amine secondaire, donnent à la décomposition une amine secondaire, de l'ammoniaque et de l'acide carbonique, ce dont rend compte la formule générale, $AzH^2\text{-}CO\text{-}AzR^2$; les autres, formées par l'union d'un éther cyanique et d'une amine primaire, ou par l'action de l'eau sur les éthers cyaniques, donnent en se détruisant 2 molécules d'amine primaire et de l'acide carbonique. Leur formule générale est

$$AzHR\text{-}CO\text{-}AzHR.$$

Cette isomérie des urées dialcooliques a été démontrée par Volhardt [*Compt. rend.*, t. LII, p. 664; *Répert. de Chim. pure*, 1861, p. 361].

Les urées dialcooliques se produisent aussi par la désulfuration des sulfo-urées disubstituées : ainsi, la diéthylsulfo-urée traitée à l'ébullition de sa solution aqueuse par l'oxyde de mercure, donne de la diéthylurée [Hofmann, *Deutsche chem. Gesellsch.*, t. II, p. 600; *Bull. de la Soc. chim.*, 1870, t. XIII, p. 511]. La diphénylsulfo-urée donne de même une petite quantité de diphénylurée ; dans ces transformations, la réaction se passe en deux phases; il se forme d'abord une cyanamide carbodiimide disubstituée qui fixe ensuite de l'eau pour se convertir en urée :

$$\underset{\text{Diphénylsulfo-urée.}}{CSAzH^2(C^6H^5)^2} + HgO$$
$$= \underset{\text{Diphénylcarbodiimide.}}{C(AzC^6H^5)^2} + HgS + H^2O$$
$$\underset{\text{Diphényl-carbodiimide.}}{C(AzC^6H^5)^2} + H^2O = \underset{\text{Diphénylurée.}}{CO(AzH^2C^6H^5)^2}$$

[Werth, *Deutsche chem. Gesellsch.*, t. VII, p. 10; *Bull. de la Soc. chim.*, t. XXII, p. 82]. — Voyez Sulfo-urée., t. III, p. 131].

Les urées tétrasubstituées s'obtiennent dans l'action du gaz chloroxycarbonique sur les amines secondaires. M. Michler a obtenu ainsi la tétréthylurée,

$$COCl^2 + 2AzH(C^2H^5)^2$$
$$= COAz^2(C^2H^5)^4 + 2HCl.$$

Avec la diphénylamine, avec l'éthylaniline il se forme des corps intermédiaires, provenant de l'action d'une seule molécule de l'ammoniaque composée sur le chlorure de carbonyle :

$$COCl^2 + (C^6H^5)^2AzH$$
$$= CO{<}^{Cl}_{Az(C^6H^5)^2} + HCl.$$

Ces corps intermédiaires, *chloro-uréide diphénylique, chloro-uréide éthylphénylique*, chauffés à une plus haute température avec des ammoniaques secondaires, fournissent des urées tétrasubstituées (Michler). — Voyez plus loin Phénylurées.

Allylurée, $COAz^2H^3, C^3H^5$, et Diallylurée, $COAz^2H^2(C^3H^5)^2$. — Voyez t. I, p. 519.

Amylurée, $COAz^2H^3, (C^5H^{11})$ (Wurtz). — Produite par l'action de l'ammoniaque sur le cyanate d'amyle, elle est en cristaux lamelleux. Elle paraît se combiner avec l'acide azotique.

Isoamylurée. — Une urée isomérique de la précédente s'obtient au moyen du cyanate d'isoamyle, appelé aussi cyanate d'amylène et correspondant à l'isoalcool découvert par M. Wurtz et appelé par lui hydrate d'amylène.

Le cyanate d'isoamyle est agité avec de l'ammoniaque aqueuse, et du jour au lendemain se prend en une masse solide d'isoamylurée. Celle-ci forme de magnifiques aiguilles fusibles vers 150°, solubles dans 79p,3 d'eau à 27°. Chauffée à 150° avec de la potasse concentrée, elle donne l'isoamylamine. Quand on l'arrose avec de l'acide azotique, elle donne un liquide oléagineux qui fournit par l'évaporation des cristaux d'azotate d'urée ordinaire [Wurtz, *Bull. de la Soc. chim.*, 1867, t. VII, p. 141].

Diisoamylurée, $COAz^2H^2(C^5H^{11})^2$ [Wurtz, *Même mémoire*]. — Le cyanate d'isoamyle, sous l'in-

(1) Cette propriété n'appartient qu'aux bases primaires et secondaires. Les bases tertiaires ne la possèdent pas; ainsi l'acide cyanique n'est pas absorbé par la triéthylamine [Hoffmann, *Comps. rend.*, t. LIV, p. 252].

fluence de la potasse, ne se dédouble pas en acide carbonique et en isoamylamine, mais la réaction s'arrête à moitié; l'isoamylamine mise en liberté dans une première phase de la réaction se combine avec le cyanate d'isoamyle pour donner la diisoamylurée, $CO Az^2 H^2 (C^5 H^{11})^2$, suivant l'équation :

$$2(CO Az C^5 H^{11}) + 2 KHO$$
$$= CO Az^2 H^2 (C^5 H^{11})^2 + CO^3 K^2.$$

Cette urée se sublime en belles aiguilles; elle est presque insoluble dans l'eau; elle n'est décomposée par la potasse qu'après une chauffe de plusieurs heures; avec de la potasse concentrée, à 150-160°, elle donne de l'isoamylamine.

D'après son mode d'obtention et de dédoublement, elle est représentée par la formule

$$C^5 H^{11}, H Az - CO - Az H, C^5 H^{11}$$

BENZYLURÉES [Cannizzaro, *Gaz. chim. ital.*, t. I, p. 41; *Bull. de la Soc. chim.*, 1871, t. XV, p. 153; — Letts, *Deutsche chem. Gesellsch.*, t. V, p. 90; *Bull. de la Soc. chim.*, 1872, t. XVII, p. 324].

MONOBENZYLURÉE, $CO Az^2 H^3 (C^7 H^7)$. — Elle se forme par l'action de l'ammoniaque sur le cyanate de benzyle obtenu au moyen du chlorure de benzyle et du cyanate de potassium ou du cyanate d'argent. On peut également l'obtenir en chauffant du chlorure de benzyle avec de l'urée et de l'alcool; il se forme en même temps de la dibenzylurée; on les sépare en traitant le mélange par l'eau qui dissout l'urée monobenzylique.

La monobenzylurée est cristallisée en aiguilles blanches fusibles à 147-147°,5, d'après Cannizzaro; à 144° d'après Leth; chauffée à 200°, elle donne de l'ammoniaque et un sublimé de dibenzylurée.

DIBENZYLURÉE, $CO(Az H C^7 H^7)^2$. — On l'obtient par l'action de l'eau à 100° sur le cyanate de benzyle ou par l'action de la chaleur sur l'urée monobenzylique.

Il se produit aussi de la dibenzylurée par l'action à 100° de l'azotate d'urée sur l'alcool benzylique. Si l'on chauffe à 150-160°, c'est du carbamate de benzyle qui prend naissance [Campisi et Amato, *Gaz. chim. ital.*, t. I, p. 39; *Bull. de la Soc. chim.*, 1871, t. XV, p. 134].

La dibenzylurée est en aiguilles blanches, fusibles à 167°, solubles dans l'alcool, insolubles dans l'eau.

MM. Paterno et Spica ont obtenu la dibenzylurée isomérique $Az H^2 - CO - Az (C^7 H^7)^2$ en faisant bouillir une solution de chlorhydrate de dibenzylamine avec du cyanate de potassium.

Cette dibenzylurée est en gros prismes peu solubles dans l'eau froide, fusible à 124-125° [*Deutsch. chem. Gesells.*, t. IX, p. 81; *Bull. de la Soc. chim.*, 1876, t. XXVI, p. 308].

BENZYL-PHÉNYLURÉE, $CO Az H C^6 H^5, Az H C^7 H^7$ (Letts). — Le cyanate de benzyle s'échauffe au contact de l'aniline; par le refroidissement, le mélange se prend en une masse cristalline brune de benzyl-phénylurée, qui, recristallisée dans l'alcool, se présente sous la forme d'aiguilles blanches, insolubles dans l'eau, fusibles à 168°. Cette urée donne du cyanate de benzyle par l'action de la chaleur.

CRÉSYLURÉE. — La *dicrésylurée*,

$$Az H C^7 H^7 - CO - Az H C^7 H^7,$$

a été obtenue par l'action du chlorure de carbonyle sur la paratoluidine ou par l'action prolongée d'un excès de paratoluidine sur la chloro-uréide diphénylique. Elle est blanche, peu soluble dans l'alcool, fusible à 256° [Michler, *Deuts. chem. Gesells.*, t. IX, p. 710; *Bull. de la Soc. chim.*, 1877, t. XXVII, p. 18].

CYMYLURÉE, $CO Az^2 H^3 (C^{10} H^{13})$ [Raab, *Deutsch. chem. Gesells.*, t. VIII, p. 1148; *Bull. de la Soc. chim.*, 1876, t. XXV, p. 325]. — Obtenue par l'action de l'ammoniaque sur le cyanate de cymyle, $C^{10} H^{13}, CO Az$, elle est en petites aiguilles fusibles à 133°, solubles dans l'alcool, dans l'éther et dans l'eau bouillante.

CYMYL-PHÉNYLURÉE,

$$CO \begin{matrix} \diagup Az H (C^{10} H^{13}) \\ \diagdown Az H (C^6 H^5). \end{matrix}$$

— Elle se forme par l'action de l'aniline sur le cyanate de cymyle; insoluble dans l'eau, soluble dans l'alcool bouillant, elle cristallise en fines aiguilles fusibles à 146° (Raab).

ÉTHYLURÉES. — ÉTHYLURÉE, $CO Az^2 H^3 (C^2 H^5)$ (Wurtz). — Obtenue par l'action de l'ammoniaque sur l'éther cyanique, l'éthylurée est en prismes rhomboïdaux obliques, fusibles à 92°. Soumise à la distillation sèche, elle laisse comme résidu du cyanurate diéthylique,

$$C^3 Az^3 O^3 H (C^2 H^5)^2.$$

L'azotate d'éthylurée, $C^3 H^8 Az^2 O, Az O^3 H$, est soluble; il ne se précipite pas par l'addition d'acide azotique à l'éthylurée, mais cristallise par l'évaporation de sa solution dans le vide. Il est en cristaux acides déliquescents. On peut également obtenir l'oxalate d'éthylurée.

DIÉTHYLURÉE, $Az H C^2 H^5 - CO - Az H C^2 H^5$. — Cette diéthylurée, qui se résout par l'action de la potasse en acide carbonique et éthylamine, se forme soit par l'action de l'eau sur l'éther cyanique, soit par la combinaison directe de cet éther et de l'éthylamine. Elle est en cristaux prismatiques incolores, solubles dans l'eau et dans l'alcool, fusibles à 112°,5, bouillant à 263°. — L'azotate est en prismes rhomboïdaux très-aplatis, extrêmement déliquescents.

M. Volhardt a préparé la diéthylurée isomérique,

$$Az H^2 - CO - Az (C^2 H^5)^2,$$

au moyen de l'acide cyanique et de la diéthylamine, et a montré qu'elle se dédouble par les alcalis en donnant de l'acide carbonique, de l'ammoniaque et de la diéthylamine.

Action de l'acide azoteux sur la diéthylurée. — En traitant la diéthylurée de M. Wurtz, en solution dans l'acide azotique étendu, par l'azotite de potassium et évitant l'échauffement du mélange. M. Zotta a obtenu un composé huileux auquel il attribuait la formule

$$CO \begin{matrix} \diagup Az C^2 H^5 \\ \diagdown Az C^2 H^5 \end{matrix} \!\!> Az (O H).$$

M. E. Fischer a montré que cette formule est erronée et que le corps obtenu par Zotta est de la *nitrosodiéthylurée*

$$(C^2 H^5) Az H - CO - Az \begin{matrix} \diagup Az O \\ \diagdown C^2 H^5. \end{matrix}$$

Il a étudié les réactions de ce corps qu'il obtient à l'état de pureté en faisant passer un excès d'acide azoteux dans une solution éthérée de diéthylurée. Après l'évaporation de l'éther, on lave avec de l'eau l'huile jaune qui reste, on la redissout dans l'éther, on sèche la solution avec du chlorure de calcium et on évapore l'éther à une basse température. Le résidu huileux, abandonné dans le vide, se prend pendant les froids de l'hiver, en belles lames rhomboïdales limpides, fusibles à 5°.

Traitée en solution alcoolique par l'acide acétique et la poudre de zinc, la nitrosodiéthylurée se convertit en *diéthylhydrazinurée*

$$(C^2 H^5) Az H - CO - Az \begin{matrix} \diagup Az H^2 \\ \diagdown C^2 H^5. \end{matrix}$$

Ce dernier corps est une masse sirupeuse incristallisable, soluble dans l'alcool et dans l'éther. Les alcalis ou l'acide chlorhydrique le décomposent en acide carbonique, éthylamine et *éthylhydrazine* C^2H^5-AzH-AzH^2.

Le chlorhydrate de diéthylhydrazinurée est cristallisé en aiguilles blanches. [Von Zotta, *Ann. der Chem. u. Pharm.*, t. CLXXIX, p. 101, et *Bull. de la Soc. chim.*, 1876, t. XXVI, p. 170. — E. Fischer, *Deutsch. chem. Gesells.*, t. IX, p. 111, et *Bull. de la Soc. chim.*, 1876, t. XXVI, p. 303].

TRIÉTHYLURÉE,

$$AzHC^2H^5\text{-}CO\text{-}Az(C^2H^5)^2$$

(Wurtz, Hofmann). — On l'obtient en ajoutant du cyanate d'éthyle à la diéthylamine. Elle est en cristaux mous, solubles dans l'eau, l'alcool et l'éther, fusibles à 63°, distillant sans décomposition à 223° (Hofmann); vers 235° (Wurtz). Elle ne se combine pas avec les acides; avec la potasse, elle donne de l'éthylamine et de la diéthylamine.

TÉTRÉTHYLURÉE, $COAz^2(C^2H^5)^4$ [Michler, *Deutsch. chem. Gesellss.*, t. VIII, p. 1664, et *Bull. de la Soc. chim.*, 1876, t. XXVI, p. 276]. — On dirige un courant de gaz chloroxycarbonique dans de l'essence de pétrole renfermant de la diéthylamine en solution; le liquide s'échauffe et laisse déposer du chlorhydrate de diéthylamine. Après l'avoir séparé par filtration, on distille et on recueille, au-dessus de 200°, la tétréthylurée bouillant vers 205°.

Cette urée est un liquide d'une odeur agréable, présentant les caractères d'une base; insoluble dans l'eau, elle se dissout dans les acides et est précipitée par l'addition des alcalis.

Ses autres propriétés sont celles d'une urée éthylique. M. Michler fait remarquer que dans les quatre urées éthyliques, les points de fusion et d'ébullition sont, en général, d'autant plus bas qu'elles renferment plus de groupes éthyliques.

	Urée.	Éthylurée.	Diéthylurée.	Triéthylurée.	Tétréthylurée.
Fusion....	130°	92°	112°,5	63°	Liquide.
Ébullition.	Non volatile.	Non volatile.	263°	223°	205°.

HEXYLURÉE, $COAz^2H^3C^6H^{13}$ [Pelouze et Cahours, *Bull. de la Soc. chim.*, 1863, p. 228]. — Appelée aussi caproylurée, elle a été obtenue au moyen du cyanate d'hexyle des pétroles d'Amérique. Elle se présente sous la forme d'écailles blanches, douées de beaucoup d'éclat, solubles dans l'alcool et dans l'éther, facilement décomposables par l'ébullition avec une lessive de potasse concentrée.

Le cyanate d'hexyle traité par l'eau donne un corps nettement cristallisé qui paraît être la *dihexylurée*, $COAz^2H^2(C^6H^{13})^2$.

ISOHEXYLURÉE, $COAz^2H^3,C^6H^{13}$. — Ce corps, décrit sous le nom de pseudo-urée hexylénique, a été obtenu au moyen de l'iodure hexylique ou iodhydrate d'hexylène dérivé de la mannite. Cet iodure fournit un cyanate, qui, agité avec l'ammoniaque aqueuse, se convertit en urée isohexylique [Uhydenius, *Bull. de la Soc. chim.*, 1867, t. VII, p. 461].

Elle forme des aiguilles fines et blanches assez solubles dans l'eau bouillante, très-solubles dans l'alcool et dans l'éther. Elle fond à 127°, et commence à bouillir vers 220° en se décomposant. Elle n'est attaquée par la potasse caustique qu'entre 230 et 250°, en donnant un liquide huileux, probablement l'isohexylamine.

MÉTHYLURÉES (Wurtz). — MÉTHYLURÉE,

$$COAz^2H^3,CH^3.$$

— Obtenue par l'action de l'ammoniaque sur le cyanate de méthyle ou par l'évaporation d'une solution de cyanate de potassium et de sulfate de méthylamine, elle est en beaux prismes très-solubles dans l'eau et dans l'alcool; sa solution aqueuse est précipitée par l'acide azotique et l'acide oxalique.

L'*azotate de méthylurée*, $C^2H^6Az^2O,AzO^3H$, est en magnifiques prismes rhomboïdaux. L'*oxalate* est un précipité grenu et cristallin.

DIMÉTHYLURÉE, $AzH(CH^3)$-CO-$AzH(CH^3)$. — Préparée au moyen de la méthylamine et du cyanate de méthyle ou par l'action de l'eau sur ce dernier, elle est en cristaux fusibles à 99°,5 bouillant à 273°. — L'*azotate*,

$$C^3H^8Az^2O,AzO^3H,$$

est en cristaux déliquescents.

MÉTHYLÉTHYLURÉE,

$$AzH(C^2H^5)\text{-}CO\text{-}AzH(CH^3).$$

— Obtenue par l'éthylamine et le cyanate de méthyle, elle est en cristaux déliquescents, fusibles à 52-53°, distillant entre 266-268°.

NAPHTYLURÉE (voyez t. II, p. 526).

PHÉNYLURÉES. — Nous avons décrit t. II, p. 880 la phénylurée, la diphénylurée et la phényléthylurée. On a décrit depuis une autre diphénylurée, la tri- et la tétradiphénylurée.

DIPHÉNYLURÉE. — La diphénylurée que nous avons décrite t. II, p. 880, est représentée par la formule,

$$CO<^{AzHC^6H^5}_{AzHC^6H^5}.$$

M. Michler en a décrit une seconde qui n'est pas symétrique et renferme les 2 groupes, C^6H^5, fixés à un seul atome d'azote. Cette urée correspond donc à la diphénylamine, Az H $(C^6H^5)^2$. On l'obtient au moyen d'un corps que fournit l'action du chloroxyde de carbone sur la diphénylamine, et qui renferme,

$$CO<^{Cl}_{Az(C^6H^5)^2}.$$

Ce composé appelé improprement *chloro-uréide diphénylique*, traité par l'ammoniaque alcoolique à 100°, fournit la diphénylurée non symétrique, cristallisée en belles aiguilles fusibles à 189°, soluble dans l'acide sulfurique avec une belle couleur bleue, dédoublée par la potasse fondante en diphénylamine, ammoniaque et acide carbonique [Michler, *Deuts. chem. Gesells.*, t. IX, p. 396, et *Bull. de la Soc. chim.*, 1876, t. XXVI, p. 455].

DIPHÉNYL-DIÉTHYLURÉES. — M. Michler en a décrit deux; l'une est :

$$CO\begin{cases} Az\begin{cases}C^2H^5\\C^2H^5\end{cases}\\ Az\begin{cases}C^6H^5\\C^6H^5\end{cases}\end{cases}$$

l'autre, qui est symétrique, renferme,

$$CO\begin{cases} Az\begin{cases}C^2H^5\\C^6H^5\end{cases}\\ Az\begin{cases}C^2H^5\\C^6H^5.\end{cases}\end{cases}$$

La première s'obtient par l'action de la diéthylamine sur la chloro-uréide diphénylique,

$$COCl,Az(C^6H^5)^2.$$

La réaction est très-violente; pour la modérer, on fait tomber peu à peu la solution aqueuse de diéthylamine dans la solution chloroformique du chlorure; on chauffe au bain-marie pour achever la réaction. Cette urée cristallise dans l'alcool en petits cristaux lamellaires, fusibles à 54°. Elle se dédouble par la potasse comme l'indique la formule, en donnant de la diéthylamine et de la diphénylamine.

La seconde de ces diphényldiéthylurées s'obtient par l'action de l'éthylaniline,

$$AzH\,C^2H^5, C^6H^5,$$

sur le chlorure de carbonyle; il se forme un chlorure, $CO\,Cl, Az\,C^2H^5, C^6H^5$, que l'on chauffe à 130° avec un excès d'éthylaniline. L'urée produite cristallise dans l'alcool en beaux cristaux, fusibles à 79°. Elle se dédouble par la potasse en donnant seulement de l'éthylaniline [Michler, *Deuts. chem. Gesells.*, t. IX, p. 710, et *Bull. de la Soc. chim.*, 1877, t. XXVII, p. 17].

DIPHÉNYLCRÉSYLURÉE,

$$CO\begin{cases}AzH(C^7H^7)\\Az(C^6H^5)^2\end{cases}$$

(Michler). — On traite à 130° la chloro-uréide diphénylique par la paratoluidine. La diphénylcrésylurée est en belles aiguilles blanches, fusibles à 130°. La potasse la dédouble en donnant de la paratoluidine et de la diphénylamine.

Avec un excès de toluidine, et par une action prolongée pendant quelques heures, on obtient de la *dicrésylurée*,

$$CO\begin{cases}AzH\,C^7H^7\\AzH\,C^7H^7.\end{cases}$$

TRIPHÉNYLURÉE, $CO\,Az^2H(C^6H^5)^3$ (Michler). — Elle se produit dans l'action de l'aniline à 230° sur la chloro-uréide diphénylique. Elle est en aiguilles blanches, fusibles à 136°, solubles dans l'alcool. Elle se dissout dans l'acide sulfurique avec une couleur bleue. La potasse la dédouble en mettant en liberté de l'aniline et de la diphénylamine.

TÉTRAPHÉNYLURÉE, $CO\,Az^2(C^6H^5)^4$ [Michler. — Girard et Willm, *Bull. de la Soc. chim.*, 1876, t. XXV, p. 252]. — On l'obtient en chauffant à 200-220° de la diphénylamine avec la chloro-uréide diphénylique. Purifiée par cristallisation dans le chloroforme et lavage des cristaux avec l'alcool faible, elle se présente sous la forme de cristaux denses et grenus, fusibles à 183°. Elle est peu soluble dans l'alcool froid, soluble dans l'alcool bouillant. Chauffée à 250° avec de l'acide chlorhydrique, elle se dédouble en acide carbonique et diphénylamine.

XYLYLURÉE, $CO\,Az^2H^3, C^8H^9$ [Genz, *Deuts. chem. Gesells.*, t. III, p. 225, et *Bull. de la Soc. chim.*, 1870, t. XIV, p. 309]. — Elle a été préparée au moyen de la xylidine retirée des portions supérieures de l'aniline commerciale. Elle est en aiguilles blanches, fusibles à 180°, solubles dans l'alcool, insolubles dans l'eau froide.

Urées à radicaux alcooliques diatomiques.

Ces urées ont d'abord été obtenues par M. Volhardt, dans l'action des sels de diamines sur le cyanate d'argent. Ce sont des diurées, c'est-à-dire qu'elles dérivent de 2 molécules d'urée, soudées par le radical alcoolique diatomique; ainsi l'éthylène-urée renferme,

$$C^2H^4\begin{cases}AzH-CO-AzH^2\\AzH-CO-AzH^2.\end{cases}$$

De plus, les autres atomes d'hydrogène peuvent être remplacés par des radicaux alcooliques: ainsi il existe deux éthylène-urées, dans lesquelles entre un même nombre de groupes, C^2H^5, et qui présentent le même genre d'isomérie que les urées diéthyliques; ce sont l'urée,

$$C^8H^{18}Az^4O^2 = C^2H^4\begin{cases}AzC^2H^5-CO-AzH^2\\AzC^2H^5-CO-AzH^2\end{cases}$$

et l'urée,

$$C^8H^{18}Az^4O^2 = C^2H^4\begin{cases}AzH-CO-AzH,C^2H^5\\AzH-CO-AzH,C^2H^5.\end{cases}$$

Nous indiquons plus loin leur mode de formation et leur dédoublement.

On ne connaît qu'une urée formée par la substitution d'un radical alcoolique diatomique à l'hydrogène d'une seule molécule d'urée, c'est la *crésylène-urée*, $CO\,Az^2H^2.C^7H^6$.

ÉTHYLÈNE-URÉES [Volhardt, *mém. cit.*]. — ÉTHYLÈNE-URÉE, $C^2H^4(AzH-CO-AzH^2)^2$. — On traite le chlorure d'éthylène-diamine, $C^2H^{10}Az^2Cl^2$, par le cyanate d'argent, on filtre la solution et l'on évapore; il se sépare de beaux prismes d'éthylène-urée, fusibles à 192°, solubles dans l'eau et dans l'alcool, se décomposant facilement par la potasse en donnant de l'acide carbonique, de l'ammoniaque et de l'éthylène-diamine. Cette urée se dissout dans l'acide chlorhydrique et dans l'acide azotique sans s'y combiner; elle donne un *chloroplatinate* en prismes d'une couleur rouge-orangé renfermant $(C^4H^{10}Az^4O^2, HCl)^2, PtCl^4$, et un *chloro-aurate* en écailles d'un jaune d'or,

$$C^4H^{10}Az^4O^2, HCl, AuCl^3.$$

ÉTHYLÈNE-URÉE DIÉTHYLIQUE. — Il existe deux isomères de ce corps, comme nous venons de le dire. L'un est obtenu par l'action du cyanate d'argent sur le bromhydrate d'éthylène-diamine diéthylique,

$$C^2H^4, Az^2H^2(C^2H^5)^2, 2HBr.$$

Il est en aiguilles incolores, très-solubles dans l'eau et l'alcool, fusibles à 124° avec décomposition partielle, et donnant un chloroplatinate,

$$(C^8H^{18}Az^4O^2, HCl)^2, PtCl^4.$$

Traitée par la potasse, cette urée se dédouble en ammoniaque, acide carbonique, et éthylène-diamine diéthylique. La formule de constitution,

$$C^2H^4\begin{cases}AzC^2H^5-CO-AzH^2\\AzC^2H^5-CO-AzH^2\end{cases}$$

rappelle l'origine de cette urée et son mode de décomposition.

L'autre éthylène-urée diéthylique se produit par l'addition du cyanate d'éthyle à l'éthylène-diamine anhydre. Elle est en aiguilles fines, solubles dans l'eau bouillante, peu solubles dans l'eau froide et dans l'alcool ordinaire, presque insolubles dans l'alcool absolu. Elle fond à 201° et se solidifie à 185°. Traitée par la potasse, elle donne de l'acide carbonique, de l'éthylamine et de l'éthylène-diamine, ce que rappelle la formule,

$$C^2H^4\begin{cases}AzH-CO-AzH,C^2H^5\\AzH-CO-AzH,C^2H^5.\end{cases}$$

CRÉSYLÈNE-URÉE,

$$C^9H^{12}Az^4O^2 = C^7H^6\begin{cases}AzH-CO-AzH^2\\AzH-CO-AzH^2\end{cases}$$

[Strauss, *Ann. der Chem. u. Pharm.*, t. CXLVIII, p. 157; *Bull. de la Soc. chim.*, 1869, t. XII, p. 62]. — On l'obtient au moyen du cyanate de potassium et du sulfate de la crésylène-diamine, fusible à 99°,

$$C^7H^6, Az^2H^4.$$

Elle est en lamelles nacrées ou en aiguilles brillantes, fusibles à 220°; elle jouit de propriétés basiques et se combine avec l'acide chlorhydrique et avec l'acide azotique.

Le *chlorhydrate* renferme $C^9H^{12}Az^4O^2, 2HCl$.

La crésylène-urée se forme aussi par l'action de l'ammoniaque sur le cyanate de crésylène,

$$(C^7H^6)''(CO\,Az)^2.$$

Chauffée à 110° avec de l'iodure d'éthyle, elle donne la crésylène-urée diéthylique,

$$C^7H^6\begin{cases}AzH-CO-AzH\,C^2H^5\\AzH-CO-AzH\,C^2H^5,\end{cases}$$

masse cristalline, fusible à 175° [Lussy, *Deuts chem. Gesells.*, t. VIII, p. 201; *Bull. de la Soc. chim.*, 1875, t. XXIV, p. 337].

Une autre crésylène-urée résulte de la substitution du radical C^7H^6 à 2 atomes d'hydrogène *d'une seule molécule d'urée* et renferme

$$C^7H^6 < \begin{matrix} AzH \\ AzH \end{matrix} > CO.$$

Elle se produit lorsqu'on désulfure la crésylène-sulfo-urée,

$$C^7H^6 < \begin{matrix} AzH \\ AzH \end{matrix} > CS,$$

en la chauffant avec de l'oxyde de mercure et de l'alcool (voyez t. III, p. 133) [Lussy, *Mém. cité*]. Strauss l'a aussi obtenue dans l'action du sulfate de crésylène-diamine sur le cyanate de potasse.

Cette crésylène-urée est soluble dans l'alcool et l'éther, et cristallise en petites aiguilles fusibles à 112°.

PHÉNYLÈNE-URÉE,

$$C^6H^4 < \begin{matrix} AzH-CO-AzH^2 \\ AzH-CO-AzH^2 \end{matrix}$$

[Wasder, *Deutsche chem. Gesellsch.*, t. VIII, p. 1180; *Bull. de la Soc. chim.*, 1876, t. XXV, p. 310]. — La phénylène-urée se produit facilement quand on fait digérer le chlorhydrate de la phénylène-diamine fusible à 63° avec le cyanate de potassium. Elle cristallise dans l'eau bouillante en cristaux rougeâtres, très-peu solubles dans l'alcool, fusibles à 300°, donnant, par sublimation, des aiguilles étoilées incolores.

URÉES A RADICAUX HYDROCARBONÉS DIATOMIQUES, RÉSIDUS DES ALDÉHYDES.

L'urée agit sur les aldéhydes et s'y unit avec élimination d'eau. La première réaction de cet ordre a été observée par Laurent et Gerhardt, qui ont décrit une benzoyl-uréide (voyez t. I, p. 574) provenant de l'union de 3 molécules d'aldéhyde benzoïque et de 4 molécules d'urée, avec élimination de 3 molécules d'eau. C'est Hugo Schiff qui a surtout étudié les uréides aldéhydiques; il a décrit les uréides formées par l'aldéhyde œnanthylique, par l'aldéhyde benzoïque et celles que fournit l'aldéhyde salicylique. Il a montré que dans l'action d'une aldéhyde sur l'urée, on obtient des combinaisons diverses constituant des urées condensées, suivant les proportions des substances mises en présence et les conditions de la réaction. Ainsi quand on fait réagir une aldéhyde sur des solutions aqueuses ou alcooliques d'urée, on obtient des diurées résultant de l'union d'une molécule d'aldéhyde et de 2 molécules d'urée avec élimination d'une molécule d'eau. C^nH^mO étant une aldéhyde quelconque, on a

$$C^nH^mO + 2COAz^2H^4$$
$$= C^nH^m < \begin{matrix} AzH-CO-AzH^2 \\ AzH-CO-AzH^2 \end{matrix} + H^2O.$$

Si l'on emploie l'urée en poudre, on a une triurée, par l'union de 2 molécules d'aldéhyde et de 3 molécules d'urée, avec élimination de 2 molécules d'eau,

$$2C^nH^mO + 3COAz^2H^4$$
$$= CO < \begin{matrix} AzH-C^nH^m-AzH-CO-AzH^2 \\ AzH-C^nH^m-AzH-CO-AzH^2 \end{matrix} + 2H^2O.$$

Enfin, par l'action d'un excès d'aldéhyde sur les urées précédentes, on obtient des tétra-urées et des hexa-urées. La production de ces urées condensées est représentée par la formule générale :

$$nC^nH^mO + (n+1)COAz^2H^4 - nH^2O.$$

Les formules précédentes font connaître la constitution de ces uréides. L'oxygène du groupe CHO des aldéhydes est enlevé à l'état d'eau en s'unissant à 2 atomes d'hydrogène de 2 molécules d'urée, et le résidu diatomique de l'aldéhyde soude les restes des deux molécules d'urée, ce qui donne naissance à une diuréide.

De même cette diuréide et une nouvelle molécule d'urée peuvent être liées par un autre résidu diatomique d'aldéhyde, ce qui fournit la triurée.

Enfin une réaction du même ordre donne naissance aux urées plus condensées.

Néanmoins, les combinaisons des aldéhydes et de l'urée ne sont pas toutes formées dans ces rapports; l'éthylidène-urée fait une exception, car elle se forme par union d'une seule molécule d'aldéhyde éthylique et d'une seule molécule d'urée avec élimination de H^2O.

$$COAz^2H^4 + C^2H^4O$$
$$= COAz^2H^2(C^2H^4) + H^2O.$$

(voyez plus loin ÉTHYLIDÈNE-URÉE) [H. Schiff, *Ann. der Chem. u. Pharm.*, t. CLI, p. 186].

ANISODIURÉIDE, $C^{10}H^{14}Az^4O^3$. — L'aldéhyde anisique et la solution alcoolique d'urée ne réagissent qu'après quelques jours. Au bout de 8 à 10 jours, il se sépare des cristaux en forme de tables d'anisodiuréide. En chauffant à 130° l'urée et l'aldéhyde anisique, on obtient une masse cristalline colorée, qui constitue la *dianisotriuréide*, $C^{19}H^{24}Az^6O^5$.

ACRYLDIURÉIDE, $C^5H^{10}Az^4O^2$. — Préparée par l'action d'une solution aqueuse d'acroléine sur l'urée, elle est en petites aiguilles blanches qu'on purifie en les lavant avec de l'alcool et de l'éther.

BENZYLÈNE-URÉES (*Benzuréides*). — M. Schiff obtient la *benzodiuréide*, $C^9H^{12}Az^4O^2$, en mélangeant une solution alcoolique d'urée avec de l'hydrure de benzoyle. C'est une poudre cristalline blanche, insoluble dans l'eau et dans l'éther, soluble dans l'alcool, fondant à 195° et se décomposant ensuite en donnant de l'hydrobenzamide.

La *dibenzotriuréide*, $C^{17}H^{20}Az^6O^3$, se produit par l'action à chaud d'une solution alcoolique d'urée en excès sur l'hydrure de benzoyle; elle constitue une masse cristalline. La *tribenzotétra-uréide*, $C^{25}H^{28}Az^8O^4$, confusément cristallines fusible à 240°, prend naissance par l'action de l'essence d'amandes amères sur la benzodiurée, $C^9H^{12}Az^4O^2$.

Gerhardt et Laurent ont décrit sous le nom de *benzoyluréide*, un corps de même formule (voyez t. I, p. 574). Suivant M. Schiff, le corps de Gerhardt et Laurent ne serait pas une espèce chimique, mais un mélange de divers benzuréides.

Nitrobenzodiuréide, $C^9H^{11}(AzO^2)Az^4O^2 + H^2O$. — Obtenue avec l'hydrure de nitrobenzoyle et l'urée, elle est en petites aiguilles blanches, renfermant une molécule d'eau de cristallisation qu'elle perd à 120°. A 150°, elle fond en se décomposant.

ŒNANTHYLIDÈNE-URÉES. — *OEnanthodiuréide*, $C^9H^{20}Az^4O^2$. — On mélange la solution alcoolique concentrée d'urée avec de l'œnanthol; au bout de quelques instants, il se sépare une masse cristalline très-peu soluble dans l'eau, l'éther et l'alcool. Ce corps est en aiguilles blanches, fusibles à 160° avec décomposition. L'ébullition avec l'eau la dédouble comme toutes ces combinaisons aldéhydiques en urée et en aldéhyde œnanthylique. Elle se combine avec l'acide azotique et avec l'acide oxalique. La *diœnanthotriuréide*,

$$C^{17}H^{36}Az^6O^3,$$

s'obtient par l'action de l'œnanthol sur l'urée pulvérisée. C'est une poudre blanche, cristalline, craquant sous les doigts, de l'apparence de l'amidon. Elle fond avec décomposition à 162°.

En traitant l'urée à chaud par un excès d'œnanthol, on obtient des polyuréides, insolubles dans l'eau, dans laquelle elles se gonflent en devenant gélatineuses, un peu solubles dans l'éther et dans l'alcool.

La *triœnantho-tétra-uréide*, $C^{25}H^{52}Az^8O^4$, est une poudre jaune amorphe; la *penthœnantho-hexuréide*, $C^{41}H^{84}Az^{12}O^6$, est une masse cornée. Quand on a lavé ces corps avec l'éther, il reste un résidu gélatineux, soluble dans l'alcool; c'est une uréide œnanthylique, $C^{89}H^{180}Az^{24}O^{12}$.

Benzo-diœnanthotétra-uréide, $C^{25}H^{44}Az^8O^4$. — On mélange de l'aldéhyde benzoïque avec une solution alcoolique saturée d'œnanthodiuréide, et l'on chauffe. Au bout de 24 heures, il commence à se déposer des flocons qui augmentent après quelque temps, et le tout finit par se prendre en masse.

Après avoir lavé avec de l'eau et de l'éther on recueille une poudre blanche, brillante, confusément cristalline.

La diœnanthotriuréide, traitée de la même façon par l'aldéhyde benzoïque, donne la *benzo-tétra-œnantho-hexuréide*, $C^{41}H^{76}Az^{12}O^6$. Ce corps a l'aspect de la fibrine desséchée; comme elle, il se gonfle dans l'eau.

ÉTHYLIDÈNE-URÉE, $C^3H^6Az^2O$. — Ce corps, d'abord obtenu par Schiff, a été ensuite signalé par M. Emerson Reynold [*Chem. News*, t. XXIV, p. 87; *Bull. de la Soc. chim.*, 1871, t. XVI, p. 265], On le prépare soit en ajoutant de l'aldéhyde à une solution concentrée d'urée dans l'alcool et attendant 24 heures, soit en chauffant à 100° de l'aldéhyde pure avec de l'urée. Il est en petites aiguilles blanches, fusibles à 154°, se décomposant à 160°. Presque insoluble dans l'eau, dans l'éther, un peu soluble dans l'alcool bouillant, il est très-peu stable. L'eau bouillante le décompose; l'acide azotique le détruit immédiatement en donnant de l'azotate d'urée.

A l'éthylidène-urée se rattachent des composés obtenus avec la dichloraldéhyde et le chloral.

DICHLORÉTHYLIDÈNE-URÉE, $C^3H^4Cl^2Az^2O$ (Schiff). — Une solution aqueuse d'urée donne avec la dichloraldéhyde une masse huileuse, épaisse; au bout de 2 jours, il n'y a pas de cristaux formés, mais si l'on agite le vase, le tout se prend en une masse cristalline de dichloréthylidène-urée. Par l'action de la chaleur, ce composé noircit sans fondre, et se décompose en donnant du sel ammoniac et du chlorure de cyanogène.

Le chloral forme 2 combinaisons avec l'urée; quand on ajoute du chloral à une solution concentrée d'urée en excès, il se sépare des cristaux renfermant $C^2HCl^3O, COAz^2H^4$. Ce corps, peu soluble à froid dans l'eau et dans l'alcool, plus soluble à chaud, fond à 150° en se décomposant.

Quand on chauffe à 100° du chloral avec de l'urée sèche, on obtient une autre combinaison, $2(C^2HCl^3O)COAz^2H^4$. Ce corps est en petites tables hexagonales ou en aiguilles aplaties et nacrées, fusibles à 190°, presque insolubles dans l'eau bouillante, facilement solubles dans l'alcool et dans l'éther [Jacobsen, *Ann. der Chem. u. Pharm.*, t. CLVII, p. 243; *Bull. de la Soc. chim.*, 1871, t. XV, p. 216]. Ces corps diffèrent des précédents, car ils sont formés par simple union des constituants, sans élimination d'eau.

SALICYLURÉIDES. — Voyez t. II, p. 1395.

URÉES COMPOSÉES A RADICAUX D'ACIDES.

Ces urées composées, plus spécialement appelées *uréides*, à cause de l'analogie d'un grand nombre d'elles avec les amides, comprennent divers groupes de combinaisons, suivant la basicité et l'atomicité des acides qui concourent à leur formation. Elles comprennent un grand nombre de termes dont les uns ont été obtenus par synthèse, dont les autres appartiennent à la série des dérivés uriques. On ne peut les classer qu'en prenant en considération le genre d'acides dont elles renferment les résidus.

Avec les acides monobasiques et monoatomiques (acide acétique, acide benzoïque), il y a substitution d'un radical acide à un atome d'hydrogène de l'urée; telles sont l'acétylurée,

$$COAz^2H^3(C^2H^3O)$$

la benzoylurée, $COAz^2H^3(C^7H^5O)$. Par l'action des chlorures d'acides ou des anhydrides, on ne peut pas obtenir d'urées acides dans lesquelles il y ait plus d'un atome d'hydrogène substitué.

Avec les acides-alcools, acide glycolique, acide lactique, il peut se former deux ordres de combinaisons. Considérons, en effet, l'acide glycolique, $OH-CH^2-CO-OH$: il peut donner deux résidus, l'un monoatomique par enlèvement de OH au groupe alcoolique CH^2-OH, et qui sera CH^2-CO^2H; l'autre diatomique par enlèvement des deux OH sera $-CH^2-CO-$.

Le premier remplacera un seul atome d'hydrogène de l'urée et donnera une uréide, l'acide hydantoïque,

$$CO\Big\langle{AzH-CH^2-CO^2H \atop AzH^2}$$

Ce corps qui renferme CO^2H pourra jouer le rôle d'un acide et constituera un acide *uramique*.

Le résidu diatomique se substituant à 2 atomes d'hydrogène de l'urée donnera une urée composée,

$$CO\Big\langle{AzH-CH^2 \atop AzH-CO,}$$

qui est la glycolyl-urée ou hydantoïne, le nom de glycolyle ayant été donné au résidu diatomique $-CH^2-CO-$.

Il est à remarquer que, par leur constitution, ces uréides sont des corps qui se rapprochent des urées à radicaux alcooliques. En effet, dans l'acide hydantoïque, c'est un groupe carboné qui est fixé à l'azote, comme dans la méthylurée, et on peut rapprocher ce corps de la méthylurée,

$$COAz^2H^3(CH^3),$$

dont il dériverait par la substitution de un atome d'hydrogène, dans CH^3, par le groupe CO^2H. C'est qu'en effet elles présentent avec l'acide-alcool, par son côté alcool, les mêmes relations qu'une urée alcoolique avec un alcool.

Ce rapprochement est parfaitement justifié, car l'acide hydantoïque et ses homologues (acides uramiques)se forment dans les mêmes conditions que les urées alcooliques, c'est-à-dire par l'action d'un cyanate sur le sel d'une amine mixte :

$$\underset{\text{Cyanate d'argent.}}{COAzAg} + \underset{\text{Chlorhydrate d'éthylamine.}}{C^2H^5AzH^2, HCl}$$
$$= AgCl + \underset{\text{Éthylurée.}}{COAz^2H^3(C^2H^5)}$$

$$\underset{\text{Cyanate d'argent.}}{COAzAg} + \underset{\text{Chlorhydrate de glycocolle.}}{{CH^2-AzH^2, HCl \atop CO^2H}}$$
$$= AgCl + \underset{\text{Acide hydantoïque.}}{CO\left\{{AzH-CH^2-CO^2H \atop AzH^2}\right.}$$

Quant aux uréides où 2 atomes d'hydrogène sont remplacés par le résidu diatomique de l'acide glycolique, lactique, acétonique, etc., elles dérivent des acides uramiques correspondants par perte d'eau et sont analogues tout à la fois aux uréides alcooliques, comme la méthylurée et aux uréides acides, comme l'acétylurée, ce que montrent les 3 formules :

$$CO<{}^{AzH(CH^3)}_{AzH^2} \qquad CO<{}^{AzH-CO-CH^3}_{AzH^2}$$

Méthylurée. Acétylurée.

$$CO<{}^{AzH-CH^2}_{AzH-CO}$$

Glycolylurée (hydantoïne).

Les acides diatomiques et bibasiques donnent naissance à deux séries de corps qui dérivent de l'union de l'urée et des acides avec élimination de 1 ou 2 molécules d'eau. Ce sont, comme le disait Gerhardt, des sels d'urée qui ont perdu de l'eau, et ces uréides sont comparables aux amides,

$$COAz^2H^4 + C^2O^4H^2$$

Urée. Acide oxalique.

$$= CO\left\{{}^{AzH-CO-CO^2H}_{AzH^2}\right. + H^2O$$

Acide oxalurique.

$$COAz^2H^4 + C^2O^4H^2$$

Urée. Acide oxalique.

$$= CO<{}^{AzH-CO}_{AzH-CO} + 2H^2O$$

Oxalylurée (acide parabanique).

De ces uréides, les unes sont des acides uramiques formés par substitution d'un résidu monoatomique d'acide bibasique à un atome d'hydrogène ; les autres renferment un radical acide diatomique substitué à 2 atomes d'hydrogène de l'urée.

La plupart des termes de cet ordre appartiennent à la série urique ; d'autres ont été obtenus directement, mais on ne connaît pas de procédés généraux pour leur préparation.

Les acides bibasiques donnent aussi naissance à des composés analogues, à l'urée éthylénique, dans lesquels 2 molécules d'urée sont soudées par un résidu diatomique ; telle est la carbonyldiurée,

$$CO<{}^{AzH-CO-AzH^2}_{AzH-CO-AzH^2}$$

comparable à l'urée éthylénique,

$$C^2H^4<{}^{AzH-CO-AzH^2}_{AzH-CO-AzH^2}.$$

Enfin il existe des uréides dérivées des acides acétoniques ; tout au moins le fait a été observé avec l'acide pyruvique, et l'on connaît deux uréides dérivées de l'acide pyruvique, la diuréide pyruvique (un d'acide plus deux d'urée, moins deux molécules d'eau) et la mono-uréide pyruvique (un d'acide plus un d'urée, moins une molécule d'eau). Un acide aldéhydique, l'acide glyoxylique, se comporte avec l'urée comme l'acide pyruvique.

Un grand nombre d'urées composées à radicaux d'acides, peuvent s'unir avec élimination d'eau et donner naissance à des uréides complexes ; c'est ce que l'on observe surtout avec les uréides appartenant à la série urique. — Voyez Acide urique (dérivés).

Nous diviserons cet article d'après les indications que nous venons de donner, en faisant l'histoire des urées qui n'ont pas été encore décrites dans cet ouvrage.

Urées composées à radicaux d'acides monoatomiques.

Ces uréides s'obtiennent par l'action des chlorures d'acides ou des anhydrides sur l'urée. Elles ont été découvertes par M. Zinin [*Journ. für prakt. Chem.*, t. LXII, p. 355 ; *Ann. de Chim. et de Phys.*, (3) 1855, t. XLIV, p. 57].

Elles comprennent les termes suivants :

$$COAz^2H^3(C^2H^3O) \qquad COAz^2H^3(C^7H^5O)$$

Acétylurée. Benzoylurée.

$$COAz^2H^3(CHO)$$

Formylurée.

Acétylurée (*Acéturéide*), $COAz^2H^3(C^2H^3O)$ (Zinin). — Le chlorure d'acétyle réagit à froid sur l'urée ; quand la réaction est terminée, on chauffe à 120° pour chasser l'excès de chlorure d'acétyle et l'on fait dissoudre la masse dans l'alcool bouillant, d'où l'acétylurée cristallise par le refroidissement.

On peut aussi obtenir l'acétylurée en chauffant un mélange d'urée et d'anhydride acétique jusqu'au point d'ébullition de l'anhydride acétique, et ajoutant ensuite au mélange de l'eau qui sépare l'urée acétique [Schertz, Marsh et Geuther, *Zeitsch. f. Chem.*, 1868, p. 299 ; *Bull. de la Soc. chim.*, 1868, t. X, p. 457].

L'acétylurée est en longues aiguilles à base rectangulaire, striées, très-blanches et d'un éclat soyeux : 1 p. se dissout dans 10 p. d'alcool bouillant et 100 p. d'alcool froid. Elle est peu soluble dans l'eau froide ; l'eau chaude la dissout plus facilement que l'alcool et la laisse déposer par le refroidissement, sous la forme de prismes groupés en étoiles, à base rhomboïdale et à sommets dièdres.

Elle commence à se sublimer vers 160° et fond à 200° ; plus fortement chauffée, elle se dédouble en acide cyanurique et acétamide.

Bromacétylurée, $COAz^2H^3(C^2H^2BrO)$ [Bæyer, *Ann. der Chem. u. Pharm.*, 1864, t. CXXX, p. 129]. — On l'obtient en mêlant 3 p. d'urée avec 5 p. de bromure de bromacétyle, et faisant cristalliser le produit dans l'alcool faible. Elle est en aiguilles difficilement solubles dans l'eau froide, et décomposées par l'eau bouillante. L'ammoniaque alcoolique la convertit, suivant Bæyer, en glycolylurée (hydantoïne).

$$CO<{}^{AzH-CO-CH^2Br}_{AzH^2} + AzH^3$$

$$= CO<{}^{AzH-CH^2}_{AzH-CO} + AzH^4Br.$$

M. Mulder a contesté les résultats signalés par M. Bæyer. Il a obtenu dans l'action de l'ammoniaque sur la bromacétylurée un corps qu'il appelle *diglycolamidodiuramide*, et qu'il représente par la formule suivante analogue à celle de l'acide diglycolamidique :

$$AzH<{}^{CH^2-CO-AzH-CO-AzH^2}_{CH^2-CO-AzH-CO-AzH^2}.$$

En outre, il se formerait de la *triglycolamidotriuramide*,

$$(AzH^2-CO-AzH-CO-CH^2)^3Az$$

[Mulder, *Deutsche chem. Gesells.*, t. V, p. 1011 ; *Bull. de la Soc. chim.*, 1873, t. XIX, p. 213].

Depuis, M. Bæyer a maintenu l'exactitude de ses premiers résultats [*Deutsche chem. Gesellsch.*, t. VIII, p. 612 ; *Bull. de la Soc. chim.*, 1875, t. XXIV, p. 378].

Tribromacétylurée,

$$COAz^2H^3(C^2Br^3O)$$

[Bæyer, *Mém. cité*]. — On l'obtiendrait probablement au moyen du bromure de tribromacétyle et de l'urée, mais elle a été préparée seulement par le dédoublement d'une uréide de la série urique, la *dibromomalonylurée* ou *acide dibromobarbiturique*, $CO Az^2 H^2 (C^3 Br^2 O^2)$. Elle se produit après quelques heures de contact, lorsqu'on a saturé de brome une solution d'acide dibromobarbiturique; il se dégage en même temps de l'acide carbonique et de l'acide bromhydrique. Elle est en aiguilles prismatiques incolores, difficilement solubles dans l'eau, mais solubles dans l'alcool. Sa vapeur et sa poudre irritent vivement les yeux et le nez. Elle fond à 140° et se solidifie à 123°.

L'eau bouillante, les acides et les alcalis la décomposent en urée, bromoforme et acide carbonique. Dissoute dans l'ammoniaque, elle donne du bromoforme et un composé que Bæyer avait appelé *isobiuret* et dont Hofmann a reconnu l'identité avec le biuret.

CHLORACÉTYLURÉE, $CO Az^2 H^3 (C^2 H^2 Cl O)$ [Jazukowitsch, *Zeitsch. f. Chem.*, 1867, p. 234; *Bull. de la Soc. chim.*, 1868, t. X, p. 252; — Tomasi, *Même recueil*, 1873, t. XIX, p. 242]. — Obtenue par l'action du chlorure d'acétyle chloré sur l'urée, la chloracétylurée est en fines aiguilles incolores, peu solubles dans l'eau bouillante, assez solubles dans l'alcool à chaud.

TRICHLORACÉTYLURÉE, $CO Az^2 H^3 (C^2 Cl^3 O)$ [A. Clermont, *Compt. rend.* t. LXXVIII, p. 148]. Elle s'obtient par l'action du chlorure de trichloracétyle sur l'urée et peut également se préparer par la distillation d'un mélange d'anhydride phosphorique et de trichloracétate d'urée séché à 40°. Vers 120°, la trichloracétylurée distille; on la purifie en la faisant cristalliser dans l'alcool bouillant. Elle se présente sous la forme de lamelles micacées presque insolubles dans l'eau bouillante. L'azotate d'argent et l'azotate mercurique ne la précipitent pas.

DIACÉTYLURÉE,

$$C^2 H^3 O\text{-}AzH\text{-}CO\text{-}AzH\text{-}C^2 H^3 O.$$

— Quand on chauffe, pendant une heure à 60°, de l'oxychlorure de carbone liquide et de l'acétamide, il se forme, entre autres produits, un corps cristallisé en aiguilles, peu solubles dans l'eau et l'alcool froid, et que l'auteur appelle *carbonyl-diacétamide*. D'après son origine et sa formule, ce corps n'est autre que la diacétylurée.

Par l'action de la chaleur, ce corps entre en fusion et se sublime sans décomposition [Schmidt, *Journ. f. prakt. Chem.*, t. V, p. 35; *Bull. de la Soc. chim.*, 1872, t. XVII, p. 401].

BENZOYLURÉE (*Benzuréide*), $CO Az^2 H^3 (C^7 H^5 O)$ (Zinin). — On chauffe un mélange intime de 2 molécules d'urée et d'une molécule de chlorure de benzoyle à 150-155°. La masse refroidie est lavée à l'alcool froid et reprise par l'alcool bouillant.

La benzoylurée se sépare en lames minces, rectangulaires, ressemblant aux cristaux d'acide benzoïque. Elle se dissout dans 26 p. d'alcool bouillant et 100 p. d'alcool froid; elle est encore moins soluble dans l'eau et dans l'éther. Elle fond à 200°.

Cette urée se forme également, quand on chauffe à 140-150° de l'anhydride benzoïque et de l'urée.

Métanitrobenzoylurée. [Griess, *Deutsch. chem. Gesells.*, t. VIII, p. 221, et *Bull. de la Soc. chim.*, 1876, t. XXV, p. 23]. — Elle s'obtient par l'action du chlorure de métanitrobenzoyle sur l'urée: elle est en lamelles rhombiques, blanches, très-peu solubles. Le sulfure d'ammonium la convertit en *métamidobenzoylurée* $C^8 H^9 Az^3 O^2$, qui est en fines aiguilles brillantes. Cette urée donne un chlorhydrate et un chloroplatinate cristallisés.

DIBENZOYLURÉE, $CO Az^2 H^2 (C^7 H^5 O)^2$ [Schmidt, *Mém. cité*]. — Ce corps, analogue à la diacétylurée, se produit comme elle par l'action de l'oxychlorure de carbone liquide sur la benzamide. Elle constitue des aiguilles soyeuses, enchevêtrées, très-peu solubles dans l'eau, plus solubles dans l'alcool, principalement dans l'alcool bouillant. Par la chaleur, elle fond et se sublime sans décomposition. Les acides concentrés la dédoublent à chaud en acide carbonique, ammoniaque et acide benzoïque.

BUTYRYLURÉE, $CO Az^2 (C^4 H^7 O)$. — Obtenu au moyen du chlorure de butyryle, elle est en petites écailles ou en paillettes minces fusibles à 176° (Zinin).

FORMYLURÉE, $CO Az^2 H^3 (CHO)$ [Scheitz, Marsh et Geuther, *Mém. cité*]. — L'acide formique est maintenu quelque temps à 100° avec de l'urée, puis la masse est chauffée à feu nu jusqu'à l'ébullition. Il se produit de la formylurée en petits cristaux blancs, très-peu solubles dans l'alcool absolu froid, facilement solubles dans l'eau, fusibles à 159°.

VALÉRYLURÉE, $CO Az^2 H^3 (C^5 H^9 O)$. — Elle cristallise dans l'eau bouillante en petits cristaux nacrés, fusibles à 191° (Zinin).

Uréides dérivées d'acides-alcools.

Nous avons dit que les acides-alcools, comme l'acide glycolique, l'acide lactique, donnent deux séries d'uréides, suivant que la substitution a lieu par un résidu monoatomique renfermant encore le groupe CO^2H, ou par un résidu diatomique; avec l'acide lactique,

$$\begin{array}{l} CH^3\text{-}CH\text{-}OH \\ \quad\;\; | \\ \quad\; CO^2H, \end{array}$$

on a l'acide lacturamique,

$$\begin{array}{l} CH^3\text{-}CH\text{-}AzH\text{-}CO\text{-}AzH^2 \\ \quad\;\; | \\ \quad\; CO^2H \end{array}$$

et la lactylurée,

$$\begin{array}{l} CH^3\text{-}CH\text{-}AzH \\ \quad\;\; | \qquad\qquad > CO. \\ \quad\; CO\text{-}AzH \end{array}$$

Les uréides peuvent s'obtenir par déshydratation des acides uramiques correspondants sous l'influence de la chaleur; inversement, en chauffant les uréides avec de la baryte, on les transforme en sels de baryum des acides uramiques:

$$\begin{array}{l} CH^2\text{-}AzH \\ | \qquad\quad > CO + H^2O \\ CO\text{-}AzH \end{array}$$

Glycolylurée.

$$= \begin{array}{l} CH^2\text{-}AzH\text{-}CO\text{-}AzH^2 \\ | \\ CO^2H \end{array}$$

Acide hydantoïque.

Le mode d'obtention de ces acides uramiques est analogue à celui des urées composées. On fait réagir sur un cyanate, le sulfate ou le chlorhydrate d'une amine acide comme le glycocolle, l'alanine, la leucine,

$$CO^2H\text{-}CH^2\text{-}AzH^2, HCl + COAzK$$

Chlorhydrate de glycocolle.

$$= KCl + \begin{array}{l} CH^2\text{-}AzH\text{-}CO\text{-}AzH^2 \\ | \\ CO^2H \end{array}$$

Acide hydantoïque.

On peut encore les obtenir en chauffant à 125° l'amine-acide avec l'urée: il y a union des constituants avec élimination d'ammoniaque:

$$CO^2H\text{-}CH^2\text{-}AzH^2 + COAz^2H^4$$

Glycocolle. Urée.

$$= AzH^3 + \begin{array}{l} CH^2\text{-}AzH\text{-}CO\text{-}AzH^2 \\ | \\ CO^2H \end{array}$$

Acide hydantoïque.

Souvent, dans cette réaction, la température est suffisante pour déshydrater l'acide uramique, et c'est l'uréide correspondante qui prend naissance :

$$CO^2H\text{-}CH^2\text{-}AzH(C^2H^5) + COAz^2H^4$$

Éthylglycocolle. Urée.

$$= AzH^3 + H^2O + \begin{matrix} CH\text{-}Az(C^2H^5) \\ CO - AzH \end{matrix} > CO$$

Éthylhydantoïne.

L'acétonylurée a été obtenue dans une réaction spéciale que nous indiquons plus loin en faisant l'histoire de ce corps.

On a préparé les acides uramiques et les uréides correspondant à diverses amines-acides de la série grasse, glycocolle, méthyl- et éthylglycocolle, alanine, leucine ; et dans la série aromatique, les composés dérivés de l'acide amidobenzoïque et ses isomères.

Les termes connus de cette série, sont les suivants :

Acide hydantoïque et hydantoïne (glycolylurée), t. II, p. 54.

Éthylhydantoïne.

Acide méthylhydantoïque et méthylhydantoïne.

Acide acétonylurique et acétonylurée.

Acide lacturamique et lactylurée.

Oxycaproylurée ou l'acide uramidocaproïque.

Dans la série aromatique : Acide oxybenzuramique et ses isomères, l'acide uramido-dracylique et l'acide uranthranilique (t. II, 703).

HYDANTOÏNE. — L'hydantoïne, l'éthylhydantoïne et la méthylhydantoïne, ainsi que l'acide hydantoïque ont été décrits (t. II, p. 54).

L'acide éthylhydantoïque n'est pas encore connu. Quant à l'*acide méthylhydantoïque*, il a été préparé récemment.

ACIDE MÉTHYLHYDANTOÏQUE (appelé aussi *sarcosurique*),

$$CO < \begin{matrix} Az(CH^3)\text{-}CH^2\text{-}CO^2H \\ AzH^2 \end{matrix}$$

[Baumann et Hoppe-Seyler, *Deutsche chem. Gesells.*, t. VII, p. 34, et *Bull. de la Soc. chim.*, 1874, t. XXII, p. 71 ; Salkowski, *même recueil*, 1876, t. XXII, p. 72]. — La sarcosine (méthylglycocolle) ingérée dans l'économie, se transforme en acide sarcosurique (Schultzen). On obtient également ce corps en faisant bouillir une solution de sarcosine avec l'urée, ou en traitant la sarcosine par le cyanate de potassium en présence d'acide sulfurique ou de sulfate d'ammonium. Il se forme en même temps de la méthylhydantoïne.

L'acide méthylhydantoïque est en cristaux étoilés, peu solubles à froid dans l'eau et dans l'alcool, assez solubles à chaud.

ACÉTONYLURÉE,

$$C^5H^8Az^2O^2 = \begin{matrix} C(CH^3)^2 - AzH \\ CO - \quad AzH \end{matrix} > CO$$

[Urech, *Ann. der Chem. u. Pharm.*, t. CLXIV, p. 215, et *Bull. de la Soc. chim.*, 1873, t. XIX, p. 26]. — Lorsqu'on ajoute à de l'acétone mélangée de cyanure de potassium pur, une quantité d'acide chlorhydrique telle qu'elle représente une molécule d'HCl pour une molécule de cyanure, on obtient une combinaison d'acétone et d'acide cyanhydrique, la *diacétone-cyanhydrine*,

$$C^6H^{12}O^2, CAzH ;$$

mais si, au lieu de cyanure de potassium pur, on emploie un cyanure mélangé de cyanate, on obtient l'acétonylurée, dont la formation est représentée par l'équation :

$$C^3H^6O + CAzH + COAzH = C^5H^8Az^2O^2.$$

Acétone. Acide cyanhydrique. Acide cyanique. Acétonylurée.

Pour isoler cette substance, on décante le liquide après la réaction, on chauffe légèrement pour chasser l'acétone non attaquée, et la solution évaporée laisse déposer du chlorure de potassium et de l'acétonylurée. On reprend celle-ci par l'éther, et on la purifie par compression et par sublimation. Pour cette dernière opération, l'acétonylurée doit être mélangée de sable quartzeux.

L'acétonylurée est en gros prismes brillants, d'une saveur amère, solubles dans l'eau, l'alcool et l'éther, fusibles à 175° et se sublimant déjà audessous de cette température en aiguilles longues et cassantes. Elle donne avec l'azotate d'argent, une combinaison, $C^5H^8Az^2O^2 + AzO^3Ag$, cristallisant en gros prismes très-solubles dans l'eau.

Chauffée en solution aqueuse avec de l'oxyde d'argent, elle fournit un *dérivé argentique*,

$$C^5H^7Az^2O^2Ag,$$

poudre cristalline peu soluble dans l'eau.

Chauffée à 150° avec de l'acide chlorhydrique fumant, elle se dédouble en donnant de l'acide carbonique, de l'ammoniaque, et le chlorhydrate d'une amine-acide, une butalanine, l'acide *α amido-isobutyrique*,

$$C^4H^9AzO^2 = \begin{matrix} C(CH^3)^2\text{-}AzH^2 \\ CO^2H. \end{matrix}$$

Cet acide fournit de l'acide acétonique, ou oxyisobutyrique

$$\begin{matrix} C(CH^3)^2\text{-}OH \\ CO^2H. \end{matrix}$$

par l'action de l'acide nitreux.

L'acétonylurée, bouillie avec de l'eau de baryte, donne le sel de baryum de l'*acide acétonyluramique*,

$$C^5H^{10}Az^2O^3 = \begin{matrix} (CH^3)^2\text{-}C\text{-}AzH\text{-}CO\text{-}AzH^2 \\ CO^2H. \end{matrix}$$

On ne réussit pas à retirer l'acide du sel de baryum ; il se transforme dans ce cas en acétonylurée ; mais on le prépare au moyen du procédé général, en chauffant le sulfate d'acide α-amidoisobutyrique avec du cyanate de potassium.

L'acide acétonyluramique est cristallisé, assez soluble dans l'eau et dans l'alcool bouillants, insoluble dans l'éther ; il perd de l'eau à 140°, et se transforme en acétonylurée. — *Son sel d'argent*,

$$C^5H^9Az^2O^3Ag,$$

cristallise en aiguilles anhydres réunies en faisceaux.

LACTYLURÉE,

$$C^4H^6Az^2O^2 = \begin{matrix} CH^3\text{-}CH\text{-}AzH \\ CO\text{-}AzH \end{matrix} > CO$$

[Urech, *Ann. der Chem. u. Pharm.*, t. CLXV, p. 99 ; *Deutsche chem. Gesellsch.*, t. VI, p. 1113, et *Bull. de la Soc. chim.*, 1873, t. XIX, p. 307, t. XX, p. 540 ; Heintz, *Ann. der Chem. u. Pharm.*, t. CLXIX, p. 120, et *Bull. de la Soc. chim.*, 1874, t. XXI, p. 352].

La lactylurée se produit :

1° Quand on déshydrate par la chaleur l'acide lacturamique obtenu dans l'action du sulfate d'alanine sur le cyanate de potassium (Urech).

2° En traitant par l'acide chlorhydrique un mélange d'aldéhydate d'ammoniaque, de cyanure de potassium et de cyanate de potassium et reprenant la masse par l'alcool éthéré (Urech).

En préparant de l'alanine par l'aldéhydate d'ammoniaque, l'acide chlorhydrique et le cyanure de potassium, M. Heintz a trouvé dans les eaux-mères de la préparation, de la lactylurée provenant de l'action du cyanate de potassium renfermé dans le cyanure.

La lactylurée cristallise par l'évaporation lente

de sa solution aqueuse en grands prismes incolores qui s'effleurissent à l'air, fondent à 145° et contiennent, $C^4H^6Az^2O^2 + H^2O$. Les cristaux appartiennent au système orthorhombique. Formes : m, g^1, e^1. Angles : $mm = 42°30'$; $e^1 e^1 = 137°$; $e^1 g^1 = 111°30'$; $m e^1 = 97°30'$. Clivage suivant g^1.

Par le refroidissement des solutions chaudes, elle se dépose en petites aiguilles concentriques anhydres.

La lactylurée anhydre fond à 125° (Urech) ; vers 140° (Heintz); elle se sublime lentement vers 160°. Elle est assez soluble dans l'eau et insoluble dans l'éther (Urech); elle est peu soluble dans l'éther (Heintz).

Chauffée avec de l'acide chlorhydrique, elle se décompose en acide carbonique, ammoniaque et alanine. Par l'action de l'hydrate de baryte à l'ébullition, elle donne du lacturamate de baryum. Avec l'oxyde d'argent, elle fournit un *dérivé argentique*, $C^4H^5Az^2O^2Ag$.

Acide lacturamique,

$$C^4H^8Az^2O^3 = \begin{array}{l} CH^3\text{-}CH\text{-}AzH\text{-}CO\text{-}AzH^2. \\ \quad\quad\;\; | \\ \quad\quad CO^2H \end{array}$$

— On le prépare en chauffant une solution de sulfate neutre d'alanine avec un petit excès de cyanate de potassium ; puis on ajoute beaucoup d'alcool pour séparer le sulfate de potassium et l'on évapore. Les cristaux obtenus sont soumis à une nouvelle cristallisation dans l'alcool faible.

L'acide lacturamique est une masse cristalline blanche, peu soluble dans l'alcool froid, insoluble dans l'éther, fondant à 155° sans altération, et se dédoublant, à une température supérieure, en eau et lactylurée.

Le *sel d'argent*, $C^4H^7Az^2O^3Ag$, est en aiguilles anhydres, groupées en faisceaux, solubles dans l'eau.

Le *sel de cuivre* est soluble, vert et amorphe.

Le *sel de plomb*,

$$(C^4H^7Az^2O^3)^2Pb + 2H^2O,$$

est en croûtes cristallisées solubles.

Acide uramido-caproïque. — En fondant la leucine avec de l'urée, M. Franz a obtenu un corps cristallisé en aiguilles qu'il n'a pas analysé ; ce corps doit être l'acide leucyluramique ou uramidocaproïque $C^7H^{14}Az^2O^3$, ou l'oxycaproylurée $C^7H^{12}Az^2O^2$ (*Deutsch. chem. Gesells.*, t. VI, p. 1278).

Les uréides précédentes renferment des résidus d'acides-alcools monobasiques : acide glycolique, acide lactique, etc. On connaît des corps analogues correspondant à des acides-alcools bibasiques, comme est l'acide malique. A l'acide malique correspond, en effet, une uréide qui conserve encore les caractères d'un acide, et qui présente avec l'acide malique les mêmes relations que la glycolylurée (hydantoïne) avec l'acide glycolique.

$$\begin{array}{ll} \begin{array}{l} CH^2\text{-}OH. \\ | \\ CO^2H \end{array} & \begin{array}{l} CH^2\text{-}AzH \\ | \\ CO\text{-}AzH \end{array} > CO \\ \text{Acide glycolique.} & \text{Glycolylurée.} \\ \begin{array}{l} CO^2H \\ | \\ CH\text{-}OH \\ | \\ CH^2 \\ | \\ CO^2H \end{array} & \begin{array}{l} CO^2H \\ | \\ CH\text{-}AzH \\ | \\ CH^2 \\ | \\ CO\text{-}AzH \end{array} > CO \\ \text{Acide malique.} & \text{Acide malylurÉique.} \end{array}$$

Cette uréide dérive de l'acide aspartique ou amidosuccinique, comme la lactylurée de l'alanine ou acide amido-propionique, mais comme l'acide aspartique est bibasique, l'uréide malique présente encore les caractères d'un acide, c'est l'acide malyluréique [E. Grimaux, *Ann. de Chimie et de Phys.* (5), t. XI, p. 358].

Acide malyluréique, $C^5H^6Az^2O^4$. — Il a été obtenu par le dédoublement de son amide,

$$C^5H^5Az^2O^3, AzH^2,$$

que fournit la fusion de l'asparagine avec l'urée (voyez plus bas *amide malyluréique*).

On fait bouillir l'amide malyluréique avec 4 fois son poids d'acide chlorhydrique, on évapore à siccité et l'on reprend le résidu par 2 à 3 fois son poids d'eau bouillante, en présence de noir animal. L'acide cristallise par le refroidissement.

L'acide malyluréique se présente sous la forme de prismes blancs ou légèrement teintés en jaune, brillants, presque insolubles dans l'alcool, solubles dans 4 fois leur poids d'eau bouillante. La solution rougit le tournesol.

Les *malyluréates* sont tous solubles, excepté le sel d'argent.

Le *sel de baryum*,

$$(C^5H^5Az^2O^4)^2Ba + H^2O,$$

est une poudre blanche, amorphe. Le brome attaque, en vases clos, l'acide malyluréique et donne plusieurs dérivés, que nous décrivons ci-après.

Amide malyluréique, $C^5H^5Az^2O^3, AzH^2$. — On l'obtient en chauffant à 125°, l'asparagine (amide aspartique) avec de l'urée ; la masse entre en fusion, dégage de l'ammoniaque, puis se solidifie. On emploie 1 partie d'urée, 2 parties d'asparagine et l'on chauffe une douzaine d'heures. L'équation suivante rend compte de la formation de l'amide malyluréique, et son origine indique sa constitution :

$$\begin{array}{l} CO\text{-}AzH^2 \\ | \\ CH\text{-}AzH^2 \\ | \\ CH^2 \\ | \\ CO^2H \end{array} + CO \begin{array}{l} < AzH^2 \\ < AzH^2 \end{array}$$

Asparagine. Urée.

$$= AzH^3 + \begin{array}{l} CO\text{-}AzH^2 \\ | \\ CH\text{-}AzH \\ | \\ CH^2 \\ | \\ CO\text{-}AzH \end{array} > CO + H^2O$$

Amide malyluréique.

Quand la réaction est terminée, on reprend le produit par 3 fois son poids d'eau bouillante en présence de noir animal, et on purifie par de nouvelles cristallisations.

L'acide malyluréique est en rhomboèdres aigus, brillants, solubles dans environ 5 fois leur poids d'eau à 100°, très-peu solubles dans l'eau froide, insolubles dans l'alcool et dans l'éther, fondant avec décomposition entre 230 et 235°.

L'acide chlorhydrique, à l'ébullition, le convertit en chlorure d'ammonium et acide malyluréique.

Action du brome sur l'acide malyluréique. — Cette action donne lieu à divers produits ; quand on chauffe l'acide pendant 24 heures à 100° avec 4 parties de brome et 5 parties d'eau, il se forme un corps cristallisé peu soluble, le *malolacturile hexabromé*, $C^9H^6Br^6Az^4O^6$, et les eaux mères évaporées donnent deux nouveaux produits, l'un qui est presque insoluble dans l'eau renferme $C^9H^4Br^4Az^4O^5$, l'autre beaucoup plus soluble, $C^8H^5BrAz^4O^4$. Si l'on chauffe pareillement à 100°, l'acide malyluréique avec 5 parties de brome et sans eau, on observe une autre réaction; le produit principal de la réaction est un corps bien cristallisé

$$C^4H^4Br^2Az^2O^2$$

l'hydromalonylurée bibromée, et avec une moindre quantité de brome, on obtient un corps

$$C^9H^6Br^2Az^4O^5$$

Le *malolacturile hexabromé*, $C^9H^6Br^6Az^4O^6$, se forme quand on chauffe à 100° pendant 24 heures, 1 partie d'acide, 2 parties d'eau et 4 parties de brome. Il est en paillettes très-légères, d'un aspect nacré, d'un toucher talqueux; peu soluble dans l'alcool et dans l'éther, il se dissout dans 35 fois environ son poids d'eau bouillante. Il fond à 250° en se décomposant. Le brome et l'acide azotique même à chaud sont sans action sur lui. Les alcalis le détruisent à froid : il se dégage du bromoforme et la solution renferme du bromure et de l'oxalate. Chauffé avec de l'acide bromhydrique, il donne un corps insoluble $C^9H^4Br^4Az^4O^6$ que nous décrivons ci-après.

Corps $C^9H^4Br^4Az^4O^8$. — Il se trouve dans les eaux mères bromhydriques de la préparation du corps précédent; on les évapore à siccité, et on reprend par une grande quantité d'eau. Ce composé se sépare sous la forme d'une poudre blanche, légère, à reflet chatoyant, soluble dans 400 fois son poids d'eau bouillante, ne se décomposant qu'à une haute température et sans entrer préalablement en fusion.

Chauffé avec de l'eau et du brome, ce corps donne du malolacturile hexabromé

$$C^9H^6Br^6Az^4O^6.$$

Avec de l'eau de baryte, il donne un sel de baryum violet que l'action successive de l'acide azotique et de l'ammoniaque convertit en une matière pourpre, présentant les réactions caractéristiques de la murexide, ou plutôt de l'isoalloxanate d'ammonium. Avec l'ammoniaque, qui le dissout à l'ébullition, il donne une substance brune; celle-ci, traitée par quelques gouttes d'acide azotique à chaud, fournit une matière incolore, gommeuse, très-soluble, se colorant en pourpre par l'ammoniaque.

Corps $C^9H^6Br^2Az^4O^5$. Produit dans l'action de 2 parties du brome sec sur une partie d'acide malyluréique, à 100°, il est en petites paillettes légères, jaunes, solubles dans l'eau, l'alcool et l'éther. Chauffé avec un excès de brome et d'eau, il se convertit en malolacturile hexabromé.

Hydromalonylurée bibromée $C^4H^4Br^2Az^2O^3$. — On chauffe à 100°, pendant 3 jours, 1 partie d'acide malyluréique et 5 parties de brome. On reprend par l'eau et, après avoir séparé une petite quantité de malolacturile hexabromé peu soluble on concentre la solution d'où se séparent des cristaux durs, en tables hexagonales, que l'on purifie par une ou deux cristallisations.

L'hydromalonylurée bibromée est en beaux cristaux brillants, solubles dans 4 à 5 fois leur poids d'eau bouillante, solubles dans l'alcool et dans l'éther. Sa solution traitée à 70° par l'eau de baryte donne un précipité violacé qui se dissout d'abord, puis devient blanc et persistant, et donne à l'analyse la quantité de baryum qu'exige la formule de l'alloxanate.

Si l'on chauffe doucement la solution de ce corps avec quelques gouttes d'ammoniaque, il se développe une belle couleur pourpre, absolument semblable à celle que fournissent l'acide dialurique et l'alloxantine dans les mêmes conditions. Cette solution pourpre donne avec les sels métalliques la même réaction que la solution de l'alloxantine dans l'ammoniaque.

Corps $C^8H^5BrAz^4O^4$. — Formé en petite quantité dans l'action du brome en présence de l'eau sur l'acide malyluréique, il est en paillettes légères, jaunâtres. Chauffé avec du brome et de l'eau, il se convertit en hydromalonylurée bibromée.

$$C^8H^5BrAz^4O^4 + 4Br + 2H^2O$$
$$= 2C^4H^4Br^2Az^2O^3 + HBr$$

Uréides dérivées des acides bibasiques.

Deux séries d'uréides peuvent être obtenues, avons-nous dit, avec les acides bibasiques. Les unes représentent un sel d'urée, moins 1 molécule d'eau,

$$\underset{\text{Oxalate d'urée.}}{C^2O^4H^2, CO\,Az^2H^4} - H^2O = \underset{\text{Acide oxalurique.}}{C^2O^3H, CO\,Az^2H^3}$$

Les autres représentent ce même sel d'urée, moins deux molécules d'eau,

$$\underset{\text{Oxalate d'urée.}}{C^2O^4H^2, CO\,Az^2H^4} - 2H^2O = \underset{\text{Oxalylurée (acide parabanique.)}}{C^2O^2, CO\,Az^2H^2}$$

Les premières constituent des acides uramiques. Ces acides formés par la substitution d'un reste monoatomique à un atome d'hydrogène de l'urée et renfermant encore le groupe CO^2H, sont des acides énergiques :

```
CO-AzH-CO-AzH²
|
CO²H
```

Acide oxalurique.

Les secondes renferment le radical diatomique de l'acide substitué à 2 atomes d'hydrogène de l'urée.

```
CO-AzH
|      > CO
CO-AzH
```

Oxalyl-urée.

On ne connait aucune méthode générale pour l'obtention de ces différentes uréides; les plus importantes et les premières connues ont été dérivées de l'acide urique. (Voyez DÉRIVÉS DE L'ACIDE URIQUE, t. III, p. 605).

A l'acide carbonique correspond également un acide carburéique, mais connu seulement à l'état de sels ou d'éthers; c'est l'acide allophanique.

Enfin plusieurs des uréides comme la mésoxalylurée, peuvent s'unir à d'autres uréides avec élimination d'eau et donner des diuréides, comme l'alloxantine, l'acide hydurilique, tous corps dont nous indiquerons les relations et la constitution en traitant des dérivés uriques.

Les termes connus des uréides d'acides bibasiques sont les suivants :

Acides uramiques.

Acide carburéique (allophanique), t. I, p. 146.
Acide oxalurique, t. II, p. 693.
Acide succinurique (voyez plus loin.
Acide mésoxalurique (alloxanique), t. I, p. 150.

Uréides.

Oxalylurée (acide parabanique), t. II, p. 764.
Mésoxalylurée (alloxane), t. I, p. 148.
Malonylurée (acide barbiturique), t. I, p. 500.
Tartronylurée (acide dialurique), t. I, p. 1144.

A ces dernières se rattachent l'acide hydurilique, l'alloxantine, etc. De plus, il est une autre classe de diuréides provenant de la soudure de 2 molécules d'urée par l'intermédiaire d'un radical acide bibasique. Elles sont analogues à l'éthylène-urée de Volhard.

```
     / AzH-CO-AzH²         / AzH-COAzH²
C²H⁴                    CO
     \ AzH-CO-AzH²         \ AzH-COAzH²
```

Ethylène-urée. Carbonyldiurée.

Ces dernières uréides s'obtiennent dans l'action des chlorures d'acides bibasiques sur l'urée.

Les seuls termes connus sont :

La *carbonyle-diurée.*

La *succinyle-diurée.*

Dans la classe des uréides d'acides bibasiques, nous n'avons à décrire, outre ces deux dernières, que l'acide succinurique.

ACIDE SUCCINURIQUE,

$$C^5H^8Az^2O^4 = C^2H^4 < \begin{matrix} CO\text{-}AzH\text{-}CO\text{-}AzH^2 \\ CO^2H \end{matrix}$$

[Pike, *Bull. de la Soc. chim.*, 1873. t. XX, p. 539]. — On chauffe à 120° de l'anhydride succinique avec 1 molécule d'urée; la masse entre en fusion, puis se concrète subitement. On reprend par l'eau bouillante, et l'on obtient l'acide succinurique sous forme d'écailles brillantes, presque insolubles dans l'eau froide, dans l'alcool et dans l'éther. Il fond à 195° en se décomposant.

Les sels alcalins sont solubles ; les sels d'argent, de mercure sont insolubles.

CARBONYLE-DIURÉE,

$$C^3H^6Az^4O^3 = CO < \begin{matrix} AzH\text{-}CO\text{-}AzH^2 \\ AzH\text{-}CO\text{-}AzH^2 \end{matrix}$$

[Schmidt, *Journ. f. prakt. Chem.*, (2), t. V, p. 35; *Bull. de la Soc. chim.*, 1872, t. XVII, p. 398]. — On chauffe pendant 2 jours, à 100°, du chlorure de carbonyle liquide avec de l'urée.

La carbonyle-diurée est une poudre cristalline blanche, volumineuse, peu soluble dans l'eau froide, plus soluble dans l'eau bouillante, très-peu soluble dans l'alcool chaud. Chauffée sur une lame de platine, elle se volatilise en entier en dégageant de l'ammoniaque et de l'acide cyanique. L'acide sulfurique froid la dissout et elle se précipite sans altération par l'addition de l'eau. Les alcalis caustiques la convertissent à l'ébullition en ammoniaque et acide cyanurique.

La carbonyle-diurée ne se combine ni avec les acides ni avec les sels; cependant sa solution bouillante additionnée d'une solution étendue d'azotate mercurique donne une poudre cristalline, insoluble dans l'eau froide,

$$C^3H^6Az^4O^3 + HgO.$$

SUCCINYLE-DIURÉE,

$$C^6H^{10}Az^2O^4 = C^2H^4 < \begin{matrix} CO\text{-}AzH\text{-}CO\text{-}AzH^2 \\ CO\text{-}AzH\text{-}CO\text{-}AzH^2 \end{matrix}$$

[Conrad, *Journ. f. prakt. Chem.*, (2) t. IX, p. 300; *Bull. de la Soc. chim.*, 1874, t. XXII, p. 278]. — Le chlorure de succinyle réagit à 60-70° sur l'urée pour donner la succinyle-diurée, poudre volumineuse blanche peu soluble dans l'eau bouillante, à peu près insoluble dans l'alcool et dans l'éther.

Uréides dérivées d'un acide acétonique.

On ne connaît que les uréides dérivées de l'acide pyruvique.

URÉIDES PYRUVIQUES. — Les termes de cette série sont :

Le *pyruvile* ou *diuréide pyruvique*, $C^5H^8Az^4O^3$, formé par l'union d'une molécule d'acide pyruvique et de deux molécules d'urée, moins 2 molécules d'eau.

La *mono-uréide pyruvique*, $C^4H^4Az^2O^2$ (1 molécule d'acide, plus 1 molécule d'urée, moins 2 molécules d'eau).

La *triuréide dipyruvique*, $C^9H^{12}Az^6O^5$ (2 molécules d'acide pyruvique, plus 3 molécules d'urée, moins 4 molécules d'eau), et enfin des composés amorphes, produits de condensation, qui paraissent être la *tétra-uréide tripyruvique*,

$$C^{13}H^{16}Az^8O^7,$$

et la *tétra-uréide tétrapyruvique*, $C^{16}H^{16}Az^8O^9$ [E. Grimaux, *Ann. de Chim. et de Phys.* (5), t. XI, p. 358.

PYRUVILE, $C^5H^8Az^4O^3$. — On l'obtient en chauffant une heure ou deux à 100° un mélange de 2 p. d'urée et de 1 p. d'acide pyruvique bouillant de 160 à 170°, lavant le produit de la réaction avec de l'alcool bouillant et faisant cristalliser le résidu dans 10 fois son poids d'eau bouillante.

Le pyruvile ou diuréide pyruvique est en cristaux blancs, brillants, formés de tables rhombiques. Insoluble dans l'alcool et dans l'éther, peu soluble dans l'eau froide, il se dissout facilement dans l'eau bouillante. Il ne perd rien de son poids jusqu'à 145°, puis, entre 150-160°, il s'altère et se transforme en un produit de condensation en perdant de l'eau. L'acide chlorhydrique étendu le dédouble à l'ébullition en triuréide dipyruvique, $C^9H^{12}Az^6O^5$, et en urée. Le dédoublement est représenté par l'équation :

$$2C^5H^8Az^4O^3 = COAz^2H^4 + C^9H^{12}Az^6O^5.$$

Avec l'acide chlorhydrique concentré, le dédoublement est plus profond : il se forme de la mono-uréide pyruvique et de l'urée,

$$C^5H^8Az^4O^3 = COAz^2H^4 + C^4H^4Az^2O^2.$$

En employant l'acide azotique, on obtient un dérivé nitré de la mono-uréide pyruvique,

$$C^4H^3(AzO^2)Az^2O^2.$$

MONO-URÉIDE PYRUVIQUE, $C^4H^4Az^2O^2$. — Elle se présente sous la forme d'une poudre blanche, légère, confusément cristallisée, et s'obtient, comme nous venons de le dire, par l'action de l'acide chlorhydrique concentré et bouillant sur la diuréide.

Traitée par l'acide azotique, elle donne un dérivé nitré, la *mono-uréide pyruvique nitrée*,

$$C^4H^3(AzO^2)Az^2O^2.$$

Celle-ci se produit aussi, en même temps que de l'azotate d'urée, par l'action de l'acide azotique sur la diuréide ou la triuréide dipyruvique. On fait bouillir avec l'acide azotique ordinaire, de manière à détruire l'azotate d'urée et à le transformer en azotate d'ammonium, on évapore à consistance pâteuse et on reprend par l'eau bouillante.

Ce dérivé nitré est en belles lames brillantes, d'un jaune pâle, peu soluble dans l'eau froide, soluble dans environ 25 fois son poids d'eau bouillante. Sa saveur est sucrée. Il ne fond pas à 160°, mais perd de l'eau et se transforme en une poudre amorphe, qui, redissoute dans l'eau, régénère le corps primitif.

L'ébullition avec la potasse le détruit en donnant de l'oxalate. Chauffé avec de l'eau et du brome, il donne de la bromopicrine et de l'acide parabanique (oxalylurée),

$$C^4H^3(AzO^2)Az^2O^2 + Br^6 + H^2O = CBr^3(AzO^2) + C^3H^2Az^2O^3 + 3HBr.$$

TRIURÉIDE DIPYRUVIQUE, $C^9H^{12}Az^6O^5$. — Elle se produit lorsqu'on chauffe à 100°, parties égales d'urée et d'acide pyruvique. Elle prend aussi naissance dans l'action de l'acide chlorhydrique étendu sur le pyruvile.

Elle forme de longues aiguilles minces, enchevêtrées en masses légères, d'aspect cotonneux. Presque insoluble dans l'eau froide, elle exige plus de 250 fois son poids d'eau bouillante pour se dissoudre. Elle se dissout dans les alcalis et en est précipitée de nouveau à l'état gélatineux par l'acide carbonique.

Bouillie pendant quelques minutes avec de l'eau de baryte, elle donne du pyruvile, de l'urée et du pyruvate de baryum ou ses produits de décomposition.

Uréides condensées. — Quand on a épuisé par l'eau bouillante le produit de la réaction de parties égales d'urée et d'acide pyruvique, et que l'on a enlevé la triuréide dipyruvique, il reste une poudre blanche, amorphe, complétement insoluble dans l'eau, se dissolvant seulement dans les alcalis. Ce corps paraît renfermer $C^{13}H^{16}Az^8O^7$, et constituer la tétra-uréide tripyruvique.

Un autre corps amorphe se forme quand on chauffe le pyruvile à 170°, pendant quelques jours, ou qu'on fait réagir à 100°, sur l'urée, un grand excès d'acide pyruvique. Ce corps, analogue au précédent, s'en distingue en ce qu'il se dissout très-lentement dans les alcalis; il s'y gonfle d'abord, devient gélatineux, et la solution n'est complète qu'au bout de 24 heures. Ce composé paraît être une tétra-uréide tétrapyrurique,

$$C^{16}H^{18}Az^8O^8.$$

Les solutions dans les alcalis sont précipitées par l'acide carbonique, les bicarbonates alcalins, l'eau de baryte, l'eau de chaux et tous les sels métalliques; les précipités sont gélatineux. Après avoir été séchés à 100°, ils ne se dissolvent plus complétement dans les alcalis caustiques.

Uréide tribromopyruvique, $C^5H^3Br^3Az^4O^2$. — On chauffe pendant quelques heures à 100° un mélange d'acide tribromopyruvique et d'urée, et l'on fait cristalliser dans l'eau bouillante. Cette uréide, qui représente l'union de 2 molécules d'urée et de 1 molécule d'acide tribromopyruvique avec élimination de 3 molécules d'eau, constitue des aiguilles légères, assez solubles à l'ébullition dans l'eau, l'alcool et l'alcool éthéré. Elle a une saveur âcre. A 180°, elle fond en se détruisant.

Constitution des uréides pyruviques. — L'acide pyruvique étant représenté par la formule :

$$\begin{array}{l} CH^3 \\ | \\ CO \\ | \\ CO^2H, \end{array}$$

qui en fait un acide acétonique, il est facile d'en déduire la constitution des uréides les moins complexes.

Le pyruvile ou diuréide pyruvique,

$$C^5H^8Az^4O^3,$$

doit être

$$\begin{array}{l} CH^3 \\ | \\ C \begin{cases} AzH-CO-AzH^2 \\ AzH \end{cases} \!\!\!>CO, \\ | \\ CO-AzH \end{array}$$

et la mono-uréide est

$$\begin{array}{l} CH^3 \\ | \\ C = Az \\ | \qquad\quad >CO, \\ CO-AzH \end{array}$$

son dérivé nitré étant

$$\begin{array}{l} CH^2(AzO^2) \\ | \\ C = Az \\ | \qquad\quad >CO. \\ CO-AzH \end{array}$$

On comprend facilement, d'après cette formule, comment agissent le brome et l'eau qui donnent de la bromopicrine et de l'acide parabanique (oxalylurée).

Au pyruvile (diuréide-pyruvique), obtenu par l'union de deux molécules d'urée et d'un acide acétonique avec élimination d'eau, se rattache l'allantoïne, homologue inférieur du pyvurile, et qui s'obtient par l'union d'un acide aldéhydique, l'acide glyoxylique, et de deux molécules d'urée avec élimination d'eau (E. Grimaux).

$$\underset{\text{Acide glyoxylique.}}{C^2H^2O^3} + 2COAz^2H^4 = 2H^2O + \underset{\text{Allantoïne.}}{C^4H^6Az^4O^3}.$$

E. G.

URÉIDES. — On donne le nom d'*uréides* à des composés qui résultent de la substitution de radicaux acides à l'hydrogène de l'urée, par analogie avec le nom d'*amides*, qui désigne les produits de substitution de l'ammoniaque par les radicaux acides. Gerhardt, le premier, a marqué cette relation des uréides et des amides, en disant que l'acide oxalurique et l'acide parabanique présentent avec l'oxalate d'urée, les mêmes rapports que les acides amidés et les amides avec les sels ammoniacaux. Par acides amidés, il entendait les corps constitués comme l'acide oxamique, l'acide succinamique. Ces analogies sont représentées par les équations suivantes :

$$\underset{\text{Oxalate d'urée.}}{COAz^2H^4, C^2O^4H^2} = \underset{\text{Acide oxalurique.}}{C^3H^4Az^2O^4} + H^2O$$

$$\underset{\text{Succinate d'ammonium.}}{AzH^3, C^4H^6O^4} = \underset{\text{Acide succinamique.}}{C^4H^7AzO^3} + H^2O.$$

De même, quand il y a 2 molécules d'eau d'éliminées, nous avons :

$$\underset{\text{Oxalate d'urée.}}{COAz^2H^4.C^2O^4H^2} = \underset{\text{Acide parabanique (oxalylurée.}}{C^3H^2Az^2O^3} + 2H^2O$$

$$\underset{\text{Succinate d'ammonium.}}{AzH^3, C^4H^6O^4} = \underset{\text{Succinimide.}}{C^4H^5AzO^2} + 2H^2O.$$

M. Zinin est parvenu le premier à introduire, par une réaction directe, un radical acide dans l'urée, en traitant l'urée par les chlorures acides. Ce mode d'obtention étant analogue à celui des amides, il désigna l'acétylurée,

$$COAz^2H^3(C^2H^3O),$$

la benzoylurée,

$$COAz^2H^3(C^7H^5O),$$

par les noms d'*acéturéide*, de *benzuréide*. M. Zinin me paraît donc avoir employé ce nom pour la première fois en 1855. Cependant Gerhardt avait employé, sinon le même mot, du moins une désinence analogue, car en montrant que l'acide allophanique est au carbonate d'urée ce que l'acide carbamique est au bicarbonate d'ammonium, il l'appelait *acide carburéique*.

Quoi qu'il en soit, le nom d'uréides est resté attaché aux urées à radicaux acides, et M. Bæyer, en classant les dérivés de l'acide urique, les a divisés en *uréides, biuréides, uréides acides* ou *acides uramiques*, etc.

Les uréides actuellement connues comprennent donc tous les corps qui résultent de la substitution de radicaux acides dans l'urée, que ces radicaux soient monoatomiques ou polyatomiques, et que les dérivés aient été obtenus directement comme l'*acéturéide* de Zinin, la *glyoxyldiurée* (allantoïne), ou qu'ils proviennent de réactions complexes comme le sont les composés de la série urique.

M. Schiff a aussi donné le nom d'*uréides* aux urées composées obtenues par l'action des aldéhydes sur l'urée (Voyez Urées composées, t. III, p. 574).

Dans cet ouvrage, nous avons cru devoir ranger les uréides dans l'article : *Urées composées*, sauf celles qui dérivent de l'acide urique, qui ont été décrites à leur ordre alphabétique (voyez *Alloxane, alloxantine, allantoïne,* etc.). Néanmoins, pour bien marquer la nature des transformations de l'acide urique et les relations que présentent les corps dérivés, nous faisons une étude générale de ceux-ci sous le titre : ACIDE URIQUE (DÉRIVÉS DE L') (voyez p. 605). E. G.

URÉTHAMYLANE. — Ancien nom du carbamate d'amyle.

URÉTHANE. — Ce mot a été employé primitivement pour désigner le carbamate d'éthyle (t. I, p. 744); depuis il a été appliqué d'une manière générale à tous les éthers carbamiques. C'est ainsi, par exemple, que les carbamates de méthyle ou de phényle,

$$CO{<}^{OCH^3}_{AzH^2} \quad \text{et} \quad CO{<}^{OC^6H^5}_{AzH^2}$$

portent les noms de méthyluréthane et de phényluréthane.

URÉTHYLANE. — Ancien nom du carbamate de méthyle.

URINES. — Le liquide qui est sécrété d'une façon continue par les reins des mammifères s'écoule, par les uretères, dans la vessie et constitue *l'urine* dont l'animal se débarrasse de temps à autre par la miction. C'est essentiellement un produit d'excrétion principalement formé d'eau tenant en dissolution des corps minéraux et organiques nombreux, dont les glandes rénales, et spécialement les glomérules de Malpighi, déchargent sans cesse le sang. L'urée, le sel marin, les phosphates terreux sont les principaux matériaux de désassimilation dont l'économie se débarrasse par cette voie. Chez les animaux non mammifères, le produit de la sécrétion des glandes rénales se mélange le plus souvent au résidu du tube intestinal avant d'être expulsé au dehors; mais ces excréments complexes composés, surtout chez les mollusques, les insectes, les reptiles, les oiseaux, d'acide urique, de guanine et de matières extractives peu ou mal connues, ne nous occuperont dans cet article que très-accessoirement.

Les *urines* proprement dites, ont été surtout étudiées chez l'homme. C'est d'elles que nous devons plus particulièrement parler dans cet article. Celles des herbivores, de certains carnivores, etc., contiennent quelques matières qui leur sont propres et que nous n'omettrons pas de signaler en passant; mais on connaît trop peu ces urines spéciales pour que nous puissions faire ici l'histoire particulière de chacunes d'elles.

L'urine sécrétée par l'homme bien portant est un liquide aqueux, limpide, de couleur jaune ambrée, de saveur saline un peu amère, d'une odeur particulière, très-légèrement aromatique quand elle vient d'être émise. Sa réaction est acide, mais elle peut normalement être neutre ou même alcaline.

La quantité d'urine sécrétée par l'adulte moyennement nourri, et d'un poids de 65 kilogrammes environ, est, dans notre pays, de 1 250 à 1 350 centimètres cubes par 24 heures, soit 20 centimètres cubes par kilogramme. Pour un même poids l'enfant en sécrète plus que l'adulte. D'ailleurs l'activité des reins dépend non-seulement du mode d'alimentation de l'individu, mais aussi de l'énergie de l'assimilation et de la désassimilation, de l'état de santé ou de maladie, etc.

L'adulte s'abstenant de boissons ne fournit en 24 heures que 800 à 1 000 centimètres cubes d'urine; celui qui boit et mange moyennement en donne de 1 250 à 1 350; celui qui boit et mange beaucoup, surtout s'il fait aussi de l'exercice, sécrète de 1 400 à 2 000 centimètres cubes d'urines et au delà. Dans les maladies, le volume de l'urine émise tantôt diminue (maladies fébriles, maladies organiques des centres nerveux, du foie, du cœur), tantôt augmente au contraire (maladies nerveuses, glycosurie, azoturie, albuminurie).

L'urine fraîchement émise est limpide chez l'homme adulte, quelquefois chargée d'un précipité d'acide urique et d'urates acides chez l'enfant, trouble chez les herbivores, dont les urines alcalines fournissent toujours un dépôt de carbonates et de phosphates insolubles. Le plus souvent les urines claires de l'homme, lorsqu'on les abandonne à elles-mêmes, deviennent en se refroidissant légèrement louches par précipitation de quelques légers flocons de mucus et d'une trace de phosphates due au départ d'un peu d'acide carbonique. Plus tard elles peuvent déposer une faible quantité d'acide urique ou d'urates. Lorsque l'urine est trouble au moment où elle sort de la vessie, elle peut être ammoniacale, chargée de pus, de fines granulations graisseuses. Quand chez l'homme elle devient *jumenteuse* après refroidissement, elle indique un état anormal de la nutrition; au contraire, elle est toujours louche ou bourbeuse lorsque pour des causes morbides ou normales, comme chez les herbivores, elle offre une réaction alcaline au sortir de la vessie. Nous reviendrons sur ce sujet en parlant des *sédiments*.

La couleur de l'urine normale est ambrée; mais cette teinte peut varier du jaune très-pâle au jaune rougeâtre. En général les urines de la nuit, et celles qui suivent les principaux repas sont les plus colorées. Dans les fièvres et dans presque toutes les maladies où les urines sont rares, elles se colorent plus fortement.

L'odeur des urines est fade et rappelle un peu, au moment où elles sont rendues, celle de la bile de l'animal. Plus tard cette odeur devient plus vive, c'est *l'odeur urineuse,* si désagréable chez les félins. L'odeur ammoniacale, lorsqu'elle existe, indique un commencement d'altération due surtout à la fermentation ammoniacale de l'urée.

La saveur de l'urine, à la fois amère, salée et acidule, est due surtout au chlorure de sodium et à l'urée.

La densité de l'urine humaine normale peut varier de 1,005 à 1,030; mais en général elle oscille entre 1,015 et 1,025. Les urines émises quelques heures après le repas sont les plus denses, celles qui succèdent aux libations abondantes de liquides aqueux sont les plus légères.

CARACTÈRES CHIMIQUES GÉNÉRAUX ET COMPOSITION DES URINES.

COMPOSITION MOYENNE DES URINES. — L'urine est un liquide extrêmement complexe. On y retrouve, en effet, toutes les substances minérales ou organiques absorbées que l'excès de leur absorption rend inassimilables et toutes celles qui proviennent de la désassimilation des tissus; mais on peut la considérer, en gros, comme une solution aqueuse d'urée et de sel marin. A ces substances principales viennent s'ajouter: 1° des matériaux organiques savoir: une petite quantité d'acide urique, d'acide hippurique, et de créatinine, une trace de xanthine et de matières colorantes, enfin une petite proportion de matières extractives mal connues et pour la plupart azotées; 2° des matières minérales qui accompagnent en petite quantité le sel marin; ce sont: des sulfates alcalins, des phosphates alcalins et terreux, une trace d'ammoniaque et d'acide silicique, des gaz, etc.

Chez les diverses espèces animales omnivores,

la composition des urines diffère peu de celle de l'urine humaine, on y trouve cependant quelquefois une petite quantité de matériaux propres à chacune d'elles. Chez le chien, l'urée s'y rencontre en quantité si abondante que ces urines se prennent souvent en masse par addition d'acide nitrique; à côté de cet excès d'urée on rencontre dans ce même liquide un acide spécial mal connu, l'acide kynurique, qui paraît y remplacer en partie l'acide urique, avec lequel il a de grandes analogies. On a signalé encore dans ces urines de l'acide succinique, de la cystine, des pigments, et même des acides biliaires, enfin un composé sulfuré qui donne du soufre quand on chauffe ces urines avec de l'acide chlorhydrique. Celles du chat et des félins, contiennent une plus grande quantité encore de ce corps sulfuré, ainsi que de l'allantoïne et des corps odorants fétides. Celle du porc, outre les principes de l'urine humaine, contiendraient du phosphate d'urée (?), et beaucoup d'indican lorsque l'animal est nourri de végétaux; cette urine donne un dépôt de phosphates et de carbonates terreux.

L'urine des herbivores est presque toujours alcaline. Elle contient les matériaux principaux de l'urine humaine : urée et sel marin; mais l'acide urique ne s'y trouve qu'en très-faible proportion et peut même disparaître. Il y est remplacé par l'acide hippurique. Leur trouble est dû surtout à du carbonate calcaire mêlé d'un peu d'urate et de traces de phosphates avec une faible proportion des sels correspondants de magnésium.

Le tableau suivant indique la composition moyenne de l'urine normale de l'homme :

NOMS DES SUBSTANCES.		Quantités moyennes secrétées par jour chez l'adulte d'un poids de 65 kilogrammes.	Quantités moyennes par kilogramme d'urine.	Quantité moyenne par kilogramme du poids du corps. (d'après Parkes).
Eau : Par jour, 1238 grammes. Par kilogr. d'urine, 952gr,36.	Eau	1238gr,07	952gr,36	23gr,00
Matières organiques : Par jour, 41gr,740. Par kilogr. d'urine, 32gr,11.	Urée	31 55	24 27	0 500
	Acide urique	0 52	0 40	0 0084
	Acide hippurique	1 300	1 00	0 006
	Créatinine, créatine	1 3	1 00	0 014
	Xanthine	0 006	0 004	»
	Matières extractives et colorantes	7 065	5 44	0 151
	Corps divers. { Acides gras, Glucose, Phénol, Mucine, etc.	Traces.	Traces.	»
Matières minérales : Par jour, 20gr,19. Par kilogr. d'urine, 15gr,53.	Chlorure sodique	13 30	10 231	0 207
	Sulfates alcalins	4 03	3 1	0 061
	Phosphates de calcium	0 408	0 313	»
	— de magnésium	0 591	0 455	»
	— alcalins	1 86	1 431	»
	Corps divers. { Acide silicique, ammoniaque, trace de fer, acide azotique (?). Gaz. { Oxygène, acide carbonique, azote	Traces.	Traces.	»
		1300gr,000	1000gr,000	»

Ces nombres sont susceptibles de grandes variations, même à l'état normal ; ils se rapportent aux urines d'un adulte pesant 65 kilogrammes, usant d'une alimentation normale et faisant un exercice modéré. En Angleterre et en Allemagne, où le poids moyen de l'homme est un peu plus élevé et où l'on consomme en général une dose d'aliments surabondante, les nombres précédents changent notablement. C'est ainsi que Parkes admet que l'excrétion moyenne d'urine s'élève par jour à 1 500 centimètres cubes, contenant 33 grammes d'urée environ et 10 grammes de matières extractives (5e *colonne de nombres du tableau précédent*). D'après J. Vogel, en Allemagne, l'adulte excrète par 24 heures, 1 500 centimètres cubes d'urine contenant : 35 grammes d'urée, 0gr,75 d'acide urique, 16gr,5 de sel marin, 3gr,5 d'acide phosphorique et 2 grammes d'acide sulfurique.

Poids du résidu fixe. — Le poids du résidu fixe des urines, par 24 heures, varie donc à l'état normal, entre 45 et 60 ou 65 grammes. Ce poids augmente le plus souvent avec la quantité d'urine émise, mais sans lui être proportionnel.

On peut, en général, de la densité d'une urine normale déduire approximativement le poids du résidu fixe qu'elle laissera. Il suffit de prendre cette densité avec 3 décimales, et de multiplier 2gr,3 par les deux derniers chiffres décimaux de cette densité. Ainsi, d'après cette règle empirique, une urine de densité 1,020 contiendrait 20 × 2gr,3 = 46 grammes de résidu fixe. Cette observation, faite d'abord par M. Bouchardat, ne s'applique ni aux urines sucrées ni aux urines albumineuses.

Dans les maladies aiguës, le volume d'urine diminue et sa densité augmente; le poids du résidu fixe pour 24 heures est supérieur à la normale. Si la maladie s'aggrave beaucoup, ce poids tombe au-dessous de la quantité moyenne et l'urine devient encore plus rare. Dans les accès des maladies nerveuses hystériformes : la chorée, l'anémie, la chlorose, l'azoturie, le diabète, les urines sont abondamment sécrétées; mais sauf dans ces deux derniers cas, le poids par litre de son résidu fixe est inférieur à la normale.

Sédiments de l'urine normale. — Presque toujours les urines en se refroidissant laissent déposer une petite quantité de matériaux insolubles qui se rassemblent au fond du vase. La quantité de ces substances ne dépasse guère, à l'état normal, les $\frac{5}{10000}$ du poids de l'urine. Ce dépôt est formé de quelques globules de mucus entouré d'un protoplasma albumineux que l'alcool rend plus apparent (0,30 de mucus par 1 000 d'urine), de quelques cellules épithéliales et de très-rares leucocythes. Souvent aussi, chez l'homme, et dès que les moindres influences viennent entraver les fonctions digestives, respiratoires ou cutanées, l'urine dépose quelques sédiments gris ou rougeâtres formés d'urates acides de sodium, d'ammonium, de calcium ou de magnésium; quelquefois d'un peu d'oxalates terreux, si l'urine est très-faiblement acide. Dans l'urine des oiseaux et des reptiles, les sédiments d'urates acides sont toujours abondants. Nous avons dit plus haut comment étaient composés ceux qui se forment dans l'urine jumenteuse des herbivores.

Nous reviendrons avec détail sur les sédiments urinaires dans un paragrapho suivant.

Réaction de l'urine. — L'urine normale de l'homme rougit presque toujours le papier de tournesol. Le maximum d'acidité a lieu dans la nuit, le minimum le matin. Quelquefois deux ou trois heures après le repas l'urine devient neutre ou même un peu alcaline. L'usage exclusif des végétaux la rend alcaline. L'acidité totale des urines des 24 heures correspond en moyenne à 1 gramme ou $1^{gr},5$ d'hydrate de sodium.

L'urine doit son acidité à des sels acides et spécialement à du phosphate acide de sodium (dû lui-même, d'après Liebig, à la réaction de l'acide urique et de l'acide hippurique sur le phosphate trisodique du sang), ainsi qu'à des urates et à des hippurates acides. L'expérience directe a prouvé qu'en effet le phosphate tribasique de sodium en solution dans l'eau dissout par molécule 2 équivalents d'acide hippurique ou urique et se convertit en phosphate monosodique, tandis que la liqueur devient fortement acide [Voyez Donath, *Bull. de la Soc. chim.*, t. XXIII, p. 38 et *Journ. de Pharm. et de Chim.*, novembre 1867]. Toutefois, suivant Tudichum, l'acide cryptophanique serait l'acide normal auquel serait due l'acidité des urines, et d'après M. Byasson l'urine la devrait à un *phosphate uricosodique* que l'on peut retirer de l'urine, ou former artificiellement par synthèse, et qui cristallise à l'état de prismes droits à base carrée bien définis [Voyez *Journal d'anatomie et de physiologie*, Paris, 1872, p. 383 et 396].

Fermentation spontanée de l'urine. — Après être sortie de la vessie l'urine normale s'acidifie et se fonce en couleur; en même temps il s'y fait un dépôt d'acide urique et d'urates acides. Cette augmentation d'acidité, due en partie à une oxydation, s'observe même lorsque les urines sont mises à l'abri de l'air. Elle a été attribuée à une sorte de fermentation acide, provoquée par la présence du mucus, et peut-être à de petites cellules analogues à celles de la levûre de bière, qui n'existaient pas dans l'urine au moment de son émission, et proviennent sans doute de l'athmosphère. Sous ces influences combinées, il se forme dans ce liquide une petite quantité d'acide lactique et, suivant quelques auteurs, d'acide acétique.

Cet état acide des urines se maintient quelque temps, et l'on peut dire indéfiniment, avec M. Pasteur, lorsque dans l'urine acide bouillie on empêche la rentrée des germes aériens. Mais exposée à l'air, l'urine au bout de quelque temps et sans cause appréciable, devient d'abord neutre, puis fortement alcaline et dégage de l'ammoniaque aux dépens de son urée qui s'unit aux éléments de l'eau : $COAz^2H^4 + 2H^2O = CO^3(AzH^4)^2$. Il se forme alors sous l'influence de l'alcalinité de la liqueur un sédiment abondant de phosphates et d'oxalates terreux, de phosphate ammoniaco-magnésien et d'urate ammonique.

M. Van Tieghem a montré que pendant la fermentation ammoniacale de l'urine on trouve toujours dans ce liquide une torulacée formée de globules en chapelets de $0^{mm},0015$ de diamètre, petit ferment organisé qui jouit de la propriété de transformer très-rapidement en carbonate d'ammonium l'urée dissoute dans l'eau [*Ann. scientif. de l'école normale*, t. I]. D'après Musculus, le ferment ammoniacal de l'urée ne serait pas un ferment organisé, mais serait analogue à la diastase (Voyez Urée, t. III, p. 562).

Action de quelques réactifs sur l'urine normale. — En général, l'urine soumise à l'ébullition ne se trouble pas. Toutefois si elle est neutre ou un peu alcaline, la chaleur y fait naître un léger précipité formé surtout de phosphates qui se redissolvent en partie à froid dans les bicarbonates que la chaleur n'a pas entièrement décomposés.

L'urine mélangée de 2 à 3 millièmes d'acide chlorhydrique, azotique ou même acétique se fonce en couleur sans donner de précipité immédiat et laisse, au bout de 24 à 30 heures, déposer de petits cristaux d'acide urique mélangés d'une matière brune contenant du fer d'après M. Magnier de la Source; les alcalis troublent immédiatement l'urine en donnant un précipité formé surtout de phosphates terreux, et plus tard d'un peu de phosphate ammoniaco-magnésien et quelquefois d'oxalates.

L'acétate et le sous-acétate de plomb précipitent du chlorure, des sulfates, des phosphates et de l'urate plombique. Une partie de ces précipités est soluble dans un excès de réactif. La matière colorante des urines précipite aussi par le sous-acétate de plomb.

L'azotate d'argent précipite de l'urine, du chlorure, du phosphate et de l'urate.

Le chlorure de baryum donne dans les urines de l'urate, du phosphate et du sulfate barytiques.

L'oxalate ammonique précipite de l'oxalate de calcium.

L'alcool concentré trouble l'urine; si l'on ajoute à celle-ci trois fois son volume d'alcool, on obtient un précipité qui, redissous dans l'eau, possède la propriété de transformer l'amidon en glucose (*Nephrozymase* de A. Béchamp).

L'urine fraîche normale décolore l'iodure d'amidon. Elle décolore aussi un mélange de teinture d'indigo et de sulfate ferreux.

Après avoir fait connaître les principaux caractères généraux, les propriétés et la composition des urines, nous allons traiter maintenant de chacun de ses matériaux en particulier, et de leurs variations dans l'état de santé ou de maladie, en commençant par les éléments organiques.

MATÉRIAUX ORGANIQUES DES URINES ET LEURS VARIATIONS.

Urée, CH^4Az^2O. — L'urée est le terme ultime de l'oxydation des matières azotées de l'économie. Elle ne se produit pas d'emblée aux dépens de ces substances; celles-ci, en s'oxydant, paraissent se dédoubler en produits divers dont les uns exempts d'azote sont représentés par la matière glycogène, l'inosite, la cholestérine, etc., et dont les autres riches en azote tels que l'urée elle-même, la créatinine, la xanthine, l'acide urique, etc., se retrouvent dans les divers tissus, où peu à peu, et d'une manière plus ou moins complète ils peuvent se transformer en urée en s'oxydant, s'hydratant et se dédoublant successivement. Produit ultime de ces dédoublements et de ces oxydations, l'urée est emportée par la circulation et se retrouve dans le sang, comme l'ont démontrée les premiers Prevost et Dumas; elle est sans cesse aussi rejetée par les reins. Grehant ayant lié le canal excréteur de l'un des reins, prouva que la quantité d'urée qui s'accumule dans le sang qui l'a traversé était égale à celle qui était sécrétée dans le même temps par l'autre rein.

L'urine normale contient environ 25 grammes d'urée par litre. Cette quantité peut osciller toutefois entre 20 et 35 grammes. Sous l'influence d'une alimentation très-riche en eau et en matières amylacées, chez les personnes mises à la diète, ou qui font peu d'exercice, cette quantité diminue beaucoup. Elle peut s'élever jusqu'à 60 grammes et plus, par litre d'urine, lorsqu'on fait usage d'une alimentation exclusivement animale. L'urée ne disparaît jamais des urines même dans la privation complète d'aliments continuée durant plusieurs semaines. Au bout de deux jours de diète absolue l'homme adulte élimine encore 10 à 12 grammes d'urée en 24 heures. Ce n'est que dans ces cas que la quantité d'azote ainsi éliminée surpasse celle que les aliments fournissent à l'animal. Lui donne-t-on alors à boire, la quantité d'urée augmente, pour diminuer ensuite et tomber au-dessous de la moyenne, quoique le volume d'urine sécrétée revienne à la normale.

Une nourriture substantielle élève le chiffre de l'urée. L'addition de graisses ou d'hydrates de carbone, toutes choses restant d'ailleurs égales, semble abaisser un peu le poids de l'urée excrétée en 24 heures. Le thé et le café ne ralentissent pas l'excrétion. Pour une même alimentation, et grâce au pouvoir diurétique très-grand de ces infusions, la quantité d'urée augmente au contraire, mais bien moins vite que le volume de l'urine sécrétée (Voit).

Des expériences faites pendant plus de 50 jours sur un adulte ne prenant jamais d'alcool que sous forme de vin, ont démontré à M. Maguier de la Source, que l'alcool ne paraît avoir aucune influence sur la quantité d'urine excrétée, mais bien sur celle de l'urée, qui s'abaisse de 23 grammes à 16 grammes par 24 heures.

Si la température ambiante s'élève, l'excrétion de l'urée diminue.

Suivant Hammond, Byasson, Ritter, le travail musculaire déterminerait une excrétion plus abondante d'urée (de 5 à 12 centièmes au-dessus de la normale). Toutefois Voit et Pettenkofer ont observé que pour une même alimentation, la quantité d'urée diminuait légèrement (de 21gr,7 à 20gr,01) lorsque le travail était poussé jusqu'à la fatigue, et Van Franque, expérimentant sur lui-même, a trouvé qu'il rendait après un exercice modéré 37gr98 d'urée en 24 heures, et après un exercice violent 37gr,87; il suivait d'ailleurs un régime mixte et se nourrissait modérément.

La quantité d'urée sécrétée varie aux différentes heures du jour et sa courbe est à peu près parallèle à celle des volumes de l'urine émise. Cette courbe semble surtout influencée par les heures des repas. Elle présente deux maximums, quatre à cinq heures environ après chacun des repas principaux, et un minimun vers la fin de la nuit.

L'urée excrétée pour 1 kilogramme du poids du corps diminue de l'enfance à la vieillesse. Uhle [*Wiener medic. Wochensch.*, 1850] a donné les nombres suivants :

	Par kilogr. du poids du corps.
Enfants de 3 à 6 ans........	1gr,
— de 8 à 11 ans.......	0 8
Jeune homme de 13 à 16 ans.	0 4 à 0gr,6
Adulte (moyenne)............	0 5

Les nombres suivants sont empruntés à l'ouvrage de G. Harley [*de l'Urine*, etc., traduction française de Hahn, p. 53]. Ils montrent comme les précédents que l'excrétion de l'urine diminue à mesure que l'âge augmente, et que le volume sécrété dans les 24 heures par le sexe féminin est, pour un même poids, inférieur à celui que produit l'autre sexe. Cette dernière observation mérite toutefois confirmation, et le contraire avait été antérieurement affirmé. Voici d'ailleurs les nombres de Harley :

	Urée sécrétée en 24 heures pour 1 kilogr. du poids du corps.
Garçon âgé de 18 mois......	1gr,07
Fille âgée de 18 mois.......	0 94
Homme âgé de 27 ans.......	0 67
Femme âgée de 27 ans......	0 53

De nombreuses observations il résulte que, durant les maladies, les hautes températures coïncident avec un accroissement dans l'élimination de l'urée et lui sont presque proportionnelles, si ce n'est tout au début de la convalescence, où le poids élevé de l'urée se maintient malgré l'abaissement de la température du patient. Lorsque le mieux se confirme, l'excrétion de l'urée tombe bientôt à un chiffre très-faible et s'y maintient malgré le retour de l'alimentation. Dans les maladies très-graves, comme dans le deuxième stade de la fièvre typhoïde, les fièvres éruptives à marche maligne, et dans la période d'agonie qui précède la mort, le poids de l'urée excrétée en une heure tombe à un chiffre faible ou très-faible.

En général, dans les maladies chroniques sans fièvre, le poids de l'urée des 24 heures, s'abaisse un peu au-dessous de la normale. D'après A. Bouchardat, dans l'*azoturie* et le *diabète*, ce poids peut s'élever à 30, 100 et 160 gr. par jour [Voyez pour plus de renseignements au sujet des variations de l'urée dans les maladies le *Traité de chimie appliqué à la physiologie et à la pathologie* de A. Gautier, t. II, p. 15 et 356].

Acide urique, $C^5H^4Az^4O^3$. — L'acide urique existe dans les urines de la plupart des mammifères carnivores et omnivores, mais surtout dans les excréments urinaires des oiseaux, des reptiles, des gastéropodes et des insectes. On n'en trouve pas dans les urines d'herbivores.

On sait qu'en oxydant ce corps on est parvenu à le dédoubler en alloxane et urée; allantoïne et acide carbonique ; urée, acide carbonique et ammoniaque. Tous ces produits (à l'exception de l'alloxane) ont été retrouvés dans les urines normales et dérivent sans doute de l'oxydation partielle de l'acide urique. Chez l'homme, cet acide s'élimine presque exclusivement à l'état d'urate de sodium; mais on trouve aussi dans les urines normales, un peu d'urates ammonique, potassique et quelquefois calcique.

La quantité moyenne d'acide urique excrétée varie de un trentième à un soixantième du poids de l'urée; soit 0gr,5 à 1 gramme dans les 24 heures, pour une alimentation ordinaire et dans nos climats tempérés. Chez les individus qui sont trop copieusement nourris, chez les peuples avides de viande, dans les pays froids, dans tous les cas où l'activité exagérée de la digestion tend à rendre moins complète la combustion respiratoire, cette quantité s'élève à 1gr,5 et plus par jour; elle tombe à 0gr,3 par une alimentation exclusivement végétale. Harley donne le tableau suivant. [*Des urines*, etc., traduction française, Paris, 1875, p. 78] :

Acide urique rendu en 24 heures par des adultes bien portants :

	Lehmann.	Harley.
Régime animal......	1gr,478	1gr,250
Régime mixte.......	1 183	0 755
Régime végétal.....	1 021	0 500
Régime non azoté...	0 735	0 340

Suivant quelques auteurs (Bird, Harley), l'urine des enfants qui tettent ne contiendrait pas d'acide urique, mais bien de l'acide hippurique, tandis, au contraire, que l'urine de veau donnerait de l'acide urique.

Après le repas, le poids de l'acide urique excrété d'heure en heure augmente rapidement; il s'abaisse ensuite pour se maintenir constant jusqu'au repas suivant. L'abstinence, l'activité musculaire et cérébrale en diminuent aussi la quantité. La diminution de la température ambiante augmenterait beaucoup l'excrétion de l'acide urique.

Dans les maladies avec fièvre s'accompagnant d'une élévation de température, l'acide urique augmente en même temps que l'urée. Au contraire, dans les maladies chroniques, en général l'excrétion de l'acide urique reste au-dessous de la moyenne. Dans la diathèse urique et dans la goutte, mais seulement à l'époque des accès ou lorsque la maladie se complique de fièvre, l'acide urique est abondamment éliminé.

ALLANTOÏNE, $C^4H^6Az^4O^3$. — Cette substance, l'un des corps dérivés par oxydation de l'acide urique, se trouve normalement dans le liquide allantoïdien, dans l'urine des jeunes enfants à la mamelle et dans celle des jeunes veaux. On l'a rencontrée dans l'urine humaine lors des changements de régime, après l'ingestion d'une quantité potable d'acide tannique, etc. On la signale à côté du succinate de sodium dans l'urine de chiens nourris longtemps avec des graisses.

ACIDE HIPPURIQUE, $C^9H^9AzO^3$. — Cet acide existe dans l'urine des omnivores comme dans celle des herbivores; il augmente chez les premiers avec le régime végétal. Weismann a donné les chiffres suivants :

	Acide hippurique de l'urine humaine, par 24 heures.
Régime mixte........	2gr,17
Régime animal,......	0 765
Pain et eau..........	0 650

Tudichum a trouvé chez l'homme des quantités moindres d'acide hippurique (de 0gr,17 à 0gr,315, et rarement 1 gramme par litre).

Les prunes, le lait, l'ingestion des baumes, des essences, de l'acide benzoïque, augmentent beaucoup la sécrétion de cet acide. Chez les herbivores, le son, la paille, le foin agissent de même; le pain, les graines de céréales ou de légumineuses sans test, les tubercules amylacés, les matières albuminoïdes ou grasses diminuent au contraire sa production. L'exercice fait croître chez les herbivores la sécrétion de cet acide, tandis qu'il diminue celle de l'urée. Suivant Lehmann, l'urine des fiévreux devrait à de l'acide hippurique son acidité exagérée.

CRÉATINE, CRÉATININE, XANTHINE ET AUTRES MATIÈRES EXTRACTIVES. — D'après Heintz, la *créatine* ne se trouverait pas dans l'urine fraîche. Elle se formerait dans ce liquide par hydratation de la créatinine :

$$C^4H^7Az^3O + H^2O = C^4H^9Az^3O^2.$$

Créatinine. Créatine.

Suivant d'autres auteurs au contraire, la créatine et la créatinine seraient excrétées l'une et l'autre par les reins. Tudichum évalue à 0gr,305 la quantité de créatine contenue dans les urines des 24 heures, et Neubauer admet que l'adulte excrète dans le même temps de 0gr,50 et 1gr,3 de créatinine. Cette dernière substance diminue avec le régime végétal. Elle augmente, suivant Munk, dans les maladies aiguës, spécialement dans la pneumonie, la fièvre intermittente, le typhus, etc., et diminue dans la convalescence et dans l'anémie.

La *xanthine*, $C^5H^4Az^4O^2$, ne se trouve qu'à l'état de *traces* dans les urines normales. Suivant Stromeyer et Durr, on la rencontrerait surtout dans les urines de ceux qui font usage de bains sulfureux ou de pommades soufrées.

Les *matières dites extractives* des urines sont représentées par cet extrait brunâtre qui reste, ou que l'on dose par différence, quand on a séparé l'urée, les acides urique et hippurique, et les substances minérales. Cet extrait, en partie soluble dans l'alcool, en partie dans l'eau, peut contenir de la créatinine, des acides lactique, phénique (?), succinique, lactique, de la leucine, de la tyrosine, de la xanthine, de la sarcine, de l'allantoïne, des matières colorantes et odorantes, et des substances inconnues. Leur poids, qui varie par jour de 5 à 10 grammes à l'état normal, leurs variations très-notables durant les maladies, démontrent suffisamment toute l'importance de ces matières malheureusement à peine connues. Picard, Schöttin, Oppler, et surtout Chalvet [*Gaz. des hôpitaux*, décembre 1867 et janvier 1868] ont attribué à l'intoxication du sang par ces substances que les reins n'éliminent qu'imparfaitement dans les périodes malignes des maladies, les accidents de l'urémie et de beaucoup d'états morbides graves. Dans l'état de fièvre aiguë, ces matières qui résultent d'une désassimilation imparfaite des aliments et des tissus, s'accumulent dans le sang et de là passent en quantité surabondante dans les urines, à moins que, la gravité même de l'état du malade venant à entraver les fonctions des reins, il ne survienne les complications urémiques. Dans la période de défervescence, le poids des matières extractives éliminé par les urines s'abaisse notablement; il diminue encore pendant la convalescence.

ACIDE OXALIQUE, $C^2H^2O^4$. — Ce corps, uni à la chaux, se trouve toujours en petite quantité dans les urines des omnivores; l'oxalate calcaire reste dissous, grâce à leur acidité. Il se précipite au contraire dans celles des herbivores. On le rencontre plus particulièrement chez l'homme dans les dépôts riches en urates qui se forment dans les urines sous l'influence des moindres troubles digestifs ou respiratoires. L'usage des liquides alcooliques, du sucre, de l'amidon et des aliments contenant des oxalates augmente son excrétion. La formation d'un dépôt continu d'oxalates dans les urines (*oxalurie*) est le signe d'un trouble chronique des fonctions digestives, respiratoires ou cutanées.

MATIÈRES COLORANTES URINAIRES [voyez à ce sujet : Julia, *Arch. gén. de méd.*, t. II, p. 104; — Cantin, *Journ. de chim. méd.*, t. IX, p. 104; — Schunck, *Jahresb. f. Chem.*, 1855, p. 660, et 1858, p. 465; *London und Dublin Phil. Mag.*, 1857, t. XIV, p. 288; — Scherer, *Ann. der Chem. u. Pharm.*, t. CX, p. 120; — Tudichum, *The Hasting's Prize Essay*, 1853; — Hassal, *Phil. Transact.*, 1864, p. 297; — G. Harley, *De l'urine et de ses altérations pathol.*, Paris, 1875, p. 120; — Méhu, *Bull. gén. de thérap.*, octobre 1871 et novembre 1872; — Jaffé, *Arch. gén. de méd.*, 1873, t. XXI, p. 100; — Stokvis, *Centralblat*, 1873, p. 14]. — L'urine contient plusieurs matières colorantes. Le noir animal, le sous-acétate de plomb la décolorent très-sensiblement, mais non entièrement, quelle que soit leur quantité. La principale de ces matières colorantes, celle dont la présence est constante, a reçu de Tudichum le nom d'urochrome, de Jaffé celui d'urobiline. L'urochrome et l'urobiline seraient, d'après Maly, identiques entre elles et avec l'hydrobilirubine $C^{32}H^{40}Az^4O^7$, substance qui se rattache à l'un des pigments biliaires et que l'on obtient en traitant la bilirubine par l'amalgame de sodium [*Bull. de la Soc. chim.*, t. XVII, p. 372].

$$2C^{16}H^{18}Az^2O^3 + H^2O + H^2 = C^{32}H^{40}Az^4O^7.$$

Bilirubine. Hydrobilirubine.

Urochrome — D'après Tudichum, pour extraire l'*urochrome* de l'urine, on ajoute à ce liquide de l'acétate de baryum, puis de l'eau de baryte jusqu'à l'alcalinité. On filtre au bout de 24 heures. On additionne la liqueur claire peu à peu, d'acétate de plomb ammoniacal, tant qu'il se fait un précipité et en évitant un excès. Le précipité est lavé et recueilli, trituré avec de l'eau aiguisée d'acide sulfurique, et le tout, après avoir été saturé à froid de carbonate barytique, est jeté sur un filtre. Dans la liqueur filtrée, on fait passer un courant d'acide carbonique qui met l'urochrome en liberté. On le précipite par de l'acétate de mercure. Cette combinaison mercurielle, qui doit être de couleur jaune, est lavée, puis décomposée par l'acide sulfhydrique; l'urochrome reste en solution mêlé d'un peu d'acide chlorhydrique qu'on enlève en agitant avec du carbonate d'argent. On reprend de nouveau par un peu d'acide sulfhydrique, on filtre et l'on concentre à une douce chaleur. L'urochrome se dépose alors sous forme de croûtes jaunes amorphes.

Le procédé qui a permis à Jaffé d'extraire l'*urobiline* est plus simple. Il verse dans l'urine un grand excès d'ammoniaque, jette la liqueur sur un filtre et ajoute du chlorure de zinc, tant qu'il se fait un trouble. Ce précipité, lavé à l'eau froide, puis à l'eau chaude, jusqu'à ce qu'il ne contienne plus de chlorure, est ensuite épuisé par l'alcool chaud, et séché à basse température. La masse pulvérisée est traitée par de l'ammoniaque, et la solution additionnée d'acétate de plomb. Le précipité rouge qui se forme est lavé à l'eau froide, séché et décomposé par de l'alcool additionné d'un peu d'acide sulfurique; on filtre, et par évaporation de la liqueur on obtient l'urobiline à l'état de pureté.

L'urochrome est soluble dans l'eau, qu'il colore en jaune; il se dissout difficilement dans l'alcool, plus aisément dans l'éther. La solution aqueuse, surtout si on l'acidule, se fonce à l'air, rougit et laisse déposer des flocons bruns. Ce précipité, traité par de l'alcool, laisse une poudre brune, l'*uromélanine*, à laquelle Tudichum attribue la formule problématique $C^{36}H^{43}Az^{7}O^{10}$; la solution alcoolique est d'une belle couleur rouge. On peut encore, d'après le même auteur, extraire des produits de décomposition de l'urochrome une substance soluble et cristallisable dans l'alcool absolu, l'*uropitine*, $C^{9}H^{10}Az^{2}O^{3}$. Inutile d'ajouter que toutes ces formules sont arbitraires et que l'existence de ces divers dérivés, en tant que substances définies, reste à démontrer.

Les caractères de l'urochrome ne se confondent pas tout à fait avec ceux de l'urobiline de Jaffé, et de l'hydrobilirubine de Maly. L'urobiline est une substance rouge foncé incristallisable, soluble dans l'eau, surtout dans l'eau légèrement alcaline, et dans l'alcool. Ces deux solutions ont la couleur des urines normales. En solution acide l'urobiline est fluorescente; elle donne une bande d'absorption placée entre les raies *b* et F de Frauenhofer. Additionnée d'acide chlorhydrique, sa solution devient bleue ou rouge violacé.

L'hydrobilirubine, que Jaffé et Stokvis ont reconnue être identique avec l'urobiline, est soluble dans l'alcool, et fort peu dans l'eau. Ses solutions alcalines sont jaunes ambrées; cette couleur devient rouge ou brunâtre par les acides. Les solutions neutres ou acidules d'hydrobilirubine offrent une bande d'absorption foncée, d'une grande intensité, située entre les lignes *b* et F de Frauenhofer. En solution alcaline cette bande est plus faible et se porte un peu à gauche. La solution ammoniacale additionnée de quelques gouttes de chlorure de zinc, pour redissoudre le précipité, devient rose et acquiert une belle fluorescence verte, donnant la bande d'absorption des solutions alcalines, mais plus obscure. Ces caractères sont ceux de l'urobiline de Jaffé, de la matière colorante retirée des urines par Scherer, et du pigment que Van Lair et Masius ont extrait des excréments en les traitant par l'alcool.

L'hydrobilirubine est soluble dans l'alcool, l'éther, les hydrocarbures, le chloroforme, l'acide acétique, l'acide sulfurique. L'eau la précipite de ses solutions alcoolique et sulfurique.

La substance à laquelle G. Harley a donné en 1851 le nom d'urohématine, paraît être de l'urobiline légèrement altérée par les réactifs employés dans sa préparation. D'après le même auteur, ses cendres contiennent du fer [G. Harley, *des Urines*, etc., Paris, 1875, p. 120].

Outre l'*urobiline*, principale matière colorante de l'urine, il existerait encore dans la plupart des urines normales, d'après Schunck, et seulement dans quelques urines pathologiques suivant Hassall et d'autres auteurs, une substance apte à produire l'indigo et ses dérivés par son dédoublement. Schunck pense qu'elle n'est autre que l'indican (*uroxanthine* de Heller). Cette substance se rencontre surtout dans les urines des malades atteints de carcinome du foie, d'altérations graves de la moelle épinière, et dans la maladie d'Addisson. On a déjà exposé dans cet ouvrage, t. II, p. 89, comment Schunck extrait l'indican urinaire, et comment ce corps, en se décomposant en présence des acides ou par sa fermentation spontanée, se dédouble dans l'urine, en bleu d'indigo (*uroglaucine*, *urocyanine*), rouge d'indigo (*urrhodine urinaire*), indiglucine, leucine, acide formique, autant de substances que l'on peut rencontrer, en effet, dans les urines pathologiques ou fermentées. On comprend donc qu'on puisse voir apparaître dans ces urines tantôt des pigments rouges, tantôt des sédiments ou des dépôts bleus, tantôt enfin des pigments violacés, mélanges d'uroglaucine et d'urrhodine. M. Méhu, qui a observé des pigments violets dans un cas de myélite chronique [*Arch. gén. de thérap.*, octobre 1871], a donné un moyen de reconnaître la présence de ces pigments lorsqu'ils se trouvent à l'état de liberté. Il suffit d'agiter les urines avec de l'éther, ou mieux, du chloroforme; la matière rouge se dissout rapidement et donne une solution rouge carmin. En évaporant cette solution et reprenant par de l'eau légèrement ammoniacale, on dépouille l'urrhodine d'une résine jaunâtre. On reprend alors par de l'alcool à 30 ou 40° centésimaux qui la dissout et sépare quelques corps gras, enfin on la fait cristalliser par évaporation. L'eau la précipite de sa solution sulfurique.

L'uroglaucine, *indigotine*, ou *matière bleue*, est moins soluble que la précédente dans l'alcool, l'éther et le chloroforme. Par l'évaporation elle se sépare de ses dissolvants sous forme de cristaux prismatiques droits, bleus noirâtres, souvent réunis en rosaces. Cette substance se dissout dans l'acide sulfurique et jouit de toutes les propriétés de l'indigotine ordinaire. Lorsqu'on fait évaporer très-lentement la solution alcoolique du mélange d'uroglaucine et d'urrhodine, la matière bleue se sépare la première et l'urrhodine peut être enlevée par des lavages à l'alcool affaibli.

On aurait tort de penser que tous les dépôts urinaires, bleus, verts ou violets, ou que toutes les colorations bleues de l'urine sont dues à de l'indigotine ou à ses dérivés. Suivant Heller, les sédiments rouges qui se forment si fréquemment dans les urines contiennent deux matières colorantes rouges, l'une soluble dans l'alcool et le chloroforme, c'est l'*urrhodine* ordinaire; l'autre insoluble dans l'alcool qu'il a nommée *uroérythrine*. Suivant A. Robin et Maillard [*Gaz. Méd., Paris*, série 4, t. IV, p. 345], la matière bleue retirée des urines d'une hystérique avait les caractères suivants: elle était un peu soluble dans l'eau, à peine dans l'alcool, et l'éther, même à chaud, insoluble dans le chloroforme et la benzine, insoluble dans les alcalis, soluble dans l'acide sulfurique avec coloration *rose* devenant rouge orangée, soluble dans l'acide chlorhydrique avec une belle couleur carmin. Elle se précipitait en bleu par les alcalis de ses dissolutions acides, se prenait en masse par le chlorure de zinc, et se décolorait par le chlore et l'acide azotique; elle était exempte de cendres.

On sait que les matières colorantes des urines diminuent dans la chlorose, l'anémie, les maladies chroniques en général, et qu'elles augmentent au contraire durant la fièvre. On sait aussi que les urines incolores ou peu colorées, peuvent passer au brun et au noir en s'oxydant à l'air dans les cas de cancer mélanique; mais toutes ces variations dans les couleurs de l'urine, qui présentent d'ailleurs un grand intérêt pour le médecin, ne sauraient être décrites avec détail dans cet ouvrage.

Matériaux de la bile. — Les matières colorantes et les acides biliaires se rencontrent quelquefois dans les urines. Chez les ictériques, on trouve dans les urines, de la bilirubine, et surtout de la biliprasine et de la biliverdine qui en dérivent par hydratation et oxydation simultanée. Les acides biliaires n'accompagnent pas toujours les matières colorantes. Ils passent dans le sang et de là dans les reins et la vessie, dans les cas d'atrophie aiguë du foie, ou lorsqu'un obstacle empêche la bile de s'écouler dans l'intestin, enfin dans beaucoup d'empoisonnements chroniques (Ritter et Feltz). On ne trouve presque jamais de cholestérine dans les urines.

Albumine. — L'albumine n'est pas un élément normal des urines, mais elle s'y rencontre quelquefois. Ainsi pendant la grossesse, lorsqu'il y a altération ou hypérémie du parenchyme rénal; pendant les fièvres graves, l'ictère, le choléra, etc.; sous l'influence des diurétiques puissants, et de beaucoup de toxiques, ou simplement lorsque l'alimentation est exclusivement albumineuse, on peut trouver de l'albumine dans les urines.

On a signalé dans les urines des ostéomalaciques une substance albumineuse que la chaleur et l'acide nitrique ne précipitent pas.

La quantité de matière protéique qui est anormalement éliminée par cette voie peut varier de quelques milligrammes à 20 et 30 grammes par jour. Le plus souvent elle oscille entre 4 et 10 grammes par 24 heures.

Les urines albumineuses sont en général pâles, peu denses, souvent troubles et alcalines; mais elles peuvent être aussi neutres ou même acides.

Suivant quelques auteurs, une matière albumineuse tout à fait analogue aux peptones existerait en petite quantité dans toutes les urines normales.

Glucose, inosite, $C^6H^{12}O^6$. — Suivant Brücke, Bence, Jones, Pavy, les urines normales contiennent toutes des traces de sucre. Lehmann, Seegen, ont affirmé le contraire. Cl. Bernard a montré de son côté qu'il existe toujours un peu de glucose dans les urines de l'homme qui ne se nourrit pas exclusivement d'aliments azotés. A la suite de l'éthérisation, de l'empoisonnement par le curare, de certaines apoplexies, dans l'asthme, la bronchite, la pleurésie, la phthisie, l'anthrax, une certaine quantité de glucose se rencontre presque toujours dans les urines. Mais c'est surtout dans le diabète que la quantité de sucre éliminé par les reins devient considérable, elle peut s'élever de 5 à 100 grammes par jour et plus. Ces urines, en général claires, acides, denses, sucrées au goût, contiennent en même temps une grande proportion de matières azotées.

L'*inosite* a été rencontrée aussi dans les urines de quelques diabétiques et quelquefois dans la maladie de Bright. Suivant Strauss [*Centralblatt*, 1872. p. 108] et E. Kultz [*Deutsch. chem. Gesellsch.*, 1875], cette matière sucrée apparaîtrait dans l'urine lorsque l'on boit une quantité d'eau exagérée. Ainsi pour 6 à 10 litres d'eau, les urines de 24 heures ont donné de $0^{g},422$ à $0^{g},913$ d'inosite.

Il est à remarquer toutefois qu'on ne retrouve pas l'inosite dans les urines dans le cas où les aliments en renferment beaucoup.

Autres corps organiques signalés dans les urines. — Outre les substances précédentes que l'on retrouve normalement ou accidentellement dans les urines, on y a signalé aussi une petite proportion des corps suivants :

1° *Dans les urines normales* : des acides *acétique*, *butyrique propionique*; *des corps gras* (d'après Schunck *palmitine* et *stéarine*); de l'*acide oxalurique* d'après le même auteur; de l'*acide cryptophanique*, $C^{10}H^{18}Az^2O^{10}$, d'après Tüdichum; de l'*acide succinique* d'après Meisner et Shepard; des *acides phénique*, *taurylique*, C^7H^8O, *damalurique*, $C^7H^{12}O^2$, auxquels Städeler attribue l'odeur des urines; de l'*alcool*; de la *triméthylamine*; de l'*allantoïne*; dans quelques cas mal déterminés, une *diamide lactique* suivant Baumstark [*Bull. de la Soc. chim.*, t. XX, p. 471]; de la *pepsine* et peut-être de la *ptyaline* suivant Brücke; des ferments qui seraient capables de transformer l'amidon en sucre, et l'urée en carbonate d'ammonium (*nephrozymases* de Béchamp).

On trouve aussi dans l'urine normale du chien, un acide spécial, l'*acide cynurénique* ou *kynurique*, dont l'étude a été déjà faite dans cet ouvrage, t. I, p. 1656]. On a signalé la pyrocatéchine dans les urines de cheval [Baumann, *Arch. f. d. ges. Physiologie*, t. XII, p. 63].

2° *Dans les urines morbides* on a eu l'occasion de signaler : de la *leucine* dans quelques cas de typhus, d'atrophie du foie, d'ictère; de la *tyrosine* chez les malades atteints de cyrrhose aiguë, de variole grave, de typhus; de l'*acide oxyformobenzoïlique*, qui souvent accompagne ces deux dernières substances; de la *cystine* et de la *taurine*, que l'on trouve plus spécialement dans les sédiments; enfin de la *xanthine*, de la *sarcine* et de la *guanine* toujours en très-petite quantité.

Enfin on a observé le passage dans les urines du sang, de la graisse et du chyle. Les globules gras peuvent traverser les reins chez les personnes qui font usage d'un régime trop riche en graisses. Les urines chyleuses s'observent surtout dans les pays intertropicaux; elles sont en même temps presque toujours albumineuses.

DES MATIÈRES MINÉRALES DES URINES ET DE LEURS VARIATIONS.

Les sels urinaires sont loin d'être représentés par le résidu minéral de l'incinération des urines. Il est difficile, même par une carbonisation ménagée, de ne pas perdre la majeure partie des sels ammoniacaux, ainsi qu'une portion des chlorures. L'incinération complète chasse presque entièrement ces derniers sels, sublime des traces de fer et décompose ou réduit une portion des carbonates, des sulfates, des phosphates, tandis qu'elle oxyde le soufre des matières organiques sulfurées. Aussi ne saurait-on ajouter confiance aux anciens dosages de sels effectués en calcinant au moufle le résidu sec des urines.

Le poids des matières minérales urinaires fixe varie de 6 à 70 grammes par litre. Dans le cas d'une alimentation moyenne ce poids s'éloigne peu de 16 à 18 grammes, dont 13 grammes environ de sel marin et 4 grammes de sulfates alcalins, avec un peu de phosphates terreux et alcalins, des traces de silicates, azotates, un peu de fer, et quelques gaz.

Eau. — L'urine en contient en moyenne 950 grammes par litre. Un adulte en excrète journellement par cette voie de 1200 à 1300 grammes. L'ingestion des liquides aqueux, du sel marin, fait croître cette quantité. Dans beaucoup d'affections nerveuses ou hystériformes, l'eau urinaire est abondamment et rapidement excrétée. Au contraire, après des sueurs accidentelles abondantes ou morbides, l'eau ingérée est retenue dans l'économie. L'animal privé d'aliments et d'eau élimine cette dernière substance jusqu'à sa mort.

Chlorures alcalins. — La moyenne du chlorure sodique de l'urine des 24 heures oscille autour de $12^{gr},5$, mais à l'état normal on observe des variations allant de 6 à 23 grammes; elles dépendent surtout des quantités de sel marin absorbées. Cette élimination étudiée d'heure en heure éprouve deux maximums dans le jour, l'un dans l'après-midi, l'autre dans la matinée, et un minimum dans la nuit.

Il existe une sorte de proportionnalité entre la quantité de liquides aqueux ingérés, d'urine et de sel marin excrétés. A la suite de boissons abondantes, la proportion de chlorure de sodium peut sextupler par heure. Pendant l'abstinence complète d'aliments, le sel marin ne se rencontre pas moins dans les urines et ne tombe jamais au-dessous de 2 à 3 grammes par jour.

Dans toutes les maladies fébriles, mais surtout dans celles où se produit un abondant exsudat, un tissu de nouvelle formation, un flux diarrhéique, on observe une diminution marquée de la sécrétion urinaire du sel marin. Dès que la convalescence tend à s'établir, le chlore redevient abondant et peut dépasser la quantité normale. Dans les maladies chroniques, le chlorure sodique urinaire diminue en général.

On trouve dans les urines une quantité de chlore supérieure à celle qui saturerait la totalité du sodium. Il est donc probable qu'il s'y trouve aussi un peu de chlorure de potassium.

Sulfates. — Presque tout l'acide sulfurique des urines se trouve combiné à la potasse et à la soude en parties à peu près égales. L'adulte excrète, en 24 heures par les urines environ 2 grammes d'acide sulfurique SO^3, avec de légères variations allant de 1gr,5 à 2gr,5. Ces quantités correspondent à 4gr,5 de sulfate potassique ou 3gr,55 de sulfate sodique par jour.

D'après Grünner et Vogel, l'adulte élimine en moyenne par heure 0gr,09 d'acide sulfurique; un maximum de 0gr,108 s'observe dans l'après-midi, un minimum de 0gr,07 dans la nuit, et 0gr,063 dans la matinée.

L'alimentation azotée, aidée de l'exercice musculaire ou intellectuel, fait croître la sécrétion des sulfates. L'absorption des sulfures, des hyposulfites, etc., produit le même résultat.

On trouve à peine trace de sulfates dans les urines des femmes enceintes. Au contraire, dans le rhumatisme articulaire aigu, la pneumonie, au début de la fièvre typhoïde, dans l'encéphalite, le *delirium tremens*, les sulfates augmentent dans les urines.

Phosphates. — La moyenne des phosphates de chaux et de magnésie qu'un adulte élimine journellement par les urines avec une alimentation suffisante et variée, s'éloigne peu de 1 gramme: soit 0gr,4 environ de phosphate tricalcique et 0gr,6 de phosphate bimagnésien. Ce poids peut tripler sous l'influence d'une alimentation exclusivement animale. Il diminue pendant l'abstinence, et pendant le travail cérébral, tandis que les phosphates alcalins semblent, dans ce dernier cas, rester constants.

Ces phosphates alcalins consistent en un mélange de phosphate acide de sodium et de potassium avec une petite quantité de phosphates neutres. Un homme sain en excrète par jour de 1gr,5 à 2 grammes. L'absorption d'eau, l'alimentation très-azotée, augmente leur quantité.

Au milieu du jour l'élimination des phosphates subit un maximum; vers le matin on constate au contraire un minimum bien accentué.

Chez les malades peu nourris, les phosphates diminuent notablement dans les urines; toutefois la fièvre augmente la proportion des phosphates éliminés; cette proportion diminue au contraire malgré la fièvre si la maladie s'aggrave notablement; plus tard, si la maladie marche vers la guérison, les phosphates reparaissent dans les urines.

On trouve souvent des sédiments de phosphates terreux dans les urines des rhumatisants (à moins qu'il n'y ait endocardite), dans l'atrophie aiguë du foie, la méningite, dans beaucoup de névroses, mais surtout dans la carie osseuse, le rachitisme et l'ostéomalacie.

Chaux et magnésie. — La nature des bases retirées des urines varie avec le régime. La nourriture animale y fait prédominer la chaux et la magnésie; la nourriture végétale augmente la potasse et la soude. Les bases terreuses sont presques toujours à l'état de phosphates, mais on peut quelquefois les rencontrer dans les sédiments à l'état de carbonates et d'urates. D'après Primavéra, les sels de calcium disparaissent des urines presque au début de la fièvre et ne reparaissent que lorsque le malade entre franchement en convalescence. Dans ces mêmes conditions le phosphate de magnésium ne diminue et ne disparaît que très-lentement, et sa quantité double ou triple dès qu'il survient une amélioration notable.

Du quatrième au neuvième mois de la gestation on ne trouve plus dans les urines que des traces de phosphate de calcium.

Sels ammoniacaux. — La quantité d'ammoniaque urinaire normalement excrétée serait d'après Boussingault de 0gr,006 à 0gr,010 pour 100 gr. d'urine de vache. D'après Neubauer, cette quantité s'élèverait, chez l'homme en 24 heures à 0gr,724. Tiddy et Woodmann, Rautenberg, donnent des nombres qui se rapprochent davantage de ceux de Boussingault (0gr,10 à 0gr,170 d'ammoniaque AzH^3, en 24 heures).

On a prétendu que les personnes qui avalent la fumée de tabac et que celles qui mangent des crucifères ont des urines plus riches en sels ammoniacaux.

On trouve les sels ammoniacaux en grand excès dans les urines du diabète et de la goutte. Dans celles de la variole, de la fièvre typhoïde, leur quantité s'abaisse de un quart au dessous de la moyenne (0gr,16 en 24 h.) et dans les maladies nerveuses, d'un peu plus de moitié; dans le rhumatisme aigu, la phthisie, ils diminuent de plus des deux tiers [Tiddy et Woodmann, *Proc. Roy. Soc.*, t. XX, p. 362]. Chez les lipémaniaques, dans le délire aigu, quand le liquide urinaire est retenu dans la vessie, chez les personnes atteintes de maladies organiques des reins, etc., l'urine est souvent rendue alcaline au moment de la miction et contient de l'ammoniaque libre; mais dans ces dernier cas cette substance paraît se produire aux dépens de la fermentation de l'urée.

Autres matières minérales existant en faible quantité dans les urines. — La plupart des substances minérales n'existant qu'en petite quantité dans nos aliments et nos boissons peuvent se retrouver dans les urines. On y a signalé du fer en très-minime proportion. Il est entraîné en partie lorsque par l'addition d'un acide minéral, on précipite l'acide urique. Les urines traitées par le sous-acétate plombique ne paraissent plus en contenir (Magnier de la Source); on y rencontre aussi de l'*acide silicique* environ 0gr,03 par litre; des *azotates* en petite quantité; une trace de *bromure* et souvent un peu de *cuivre*.

Gaz des urines. — Ils se composent d'acide carbonique, d'oxygène et d'azote. Nous devons à M. Morin, qui les a extraits par la pompe à mercure, les résultats suivants. Les volumes exprimés en centimètres cubes sont calculés pour 1 litre d'urine:

	CO^2.	O.	Az.
Urines de la nuit.....	19,620	0,824	8,859
Les mêmes après ingestion de 1 litre d'eau..	9,372	1,024	8,347

On voit que l'ingestion d'un liquide aqueux diminue l'acide carbonique, et fait notablement augmenter l'oxygène. Toutes les fois que les phénomènes circulatoires et respiratoires sont activés, l'acide carbonique augmente, l'oxygène diminue, l'azote augmente. Pour 1 litre d'urine la moyenne de 6 expériences a donné au même auteur :

	CO^2.	O.	Az.
Urines du repos.......	11,877	0,493	7,494
Urines de la marche...	22,380	0,466	8,214

[Morin, *Journ. de Pharm. et de Chim.*, 1864].

La quantité d'acide carbonique des urines augmente pendant la fièvre. Sa courbe est dans les maladies à peu près parallèle à celle de l'urée [Ewald, *Jahresb. d. Thierchemie von Maly*, 1874, p. 135].

L'acide carbonique total des urines est uni en partie aux alcalis, en partie au phosphate de sodium, et en partie dissous. La pompe à mercure ne dégage que les deux dernières portions.

SÉDIMENTS ET CALCULS URINAIRES.

Plusieurs des corps qui se rencontrent normalement ou anormalement dans l'urine peuvent s'y déposer après ou avant sa sortie de la vessie et former ainsi des sédiments ou des calculs, tantôt homogènes, tantôt complexes et pouvant contenir des matières minérales, organiques et quelquefois même organisées.

SÉDIMENTS URINAIRES. — En général, les *urines* qui sont *acides* au sortir de la vessie ne donnent un dépôt qu'en se refroidissant. Il est le plus souvent formé d'urates mélangés d'une petite quantité d'acide urique libre et de mucus, d'oxalate et de phosphate de calcium si l'acidité du liquide est très-faible, très-rarement d'acide hippurique, de cystine ou de xanthine. Des globules de mucus et des épithéliums rénaux et vésicaux se rencontrent toujours dans ces dépôts.

Au contraire, les *urines alcalines* sont en général troubles au moment de leur émission. Chez les herbivores, elles déposent surtout du carbonate de calcium et un peu de phosphate. Chez l'homme les urines alcalines contiennent souvent du pus, du sang, ou du mucus en excès, et donnent des sédiments formés de phosphates terreux, de phosphate ammoniaco-magnésien, et très-rarement de carbonates.

Pour examiner et déterminer la nature d'un sédiment urinaire, on décantera avec soin la partie claire de la liqueur, on placera sur le porte-objet du microscope une goutte de la portion trouble, on l'examinera sous un grossissement suffisant. Ce dépôt pourra paraître cristallin, amorphe, ou avoir une structure organisée.

a. — Si *le dépôt est cristallin*, ou en partie cristallin, il pourra être formé de *phosphate ammoniaco-magnésien*, d'*oxalate de calcium*, d'*acide urique*. Pour reconnaître sa nature, on fait, par capillarité, pénétrer entre les deux verres du porte-objet une goutte d'acide acétique à 4 équivalents d'eau : le phosphate ammonio-magnésien seul se dissout. Avec une goutte de lessive de potasse au dixième, l'acide urique se transforme lentement en urate de potassium soluble.

b. — Si *le dépôt est amorphe*, il pourra contenir du *phosphate de calcium*, des *urates acides à bases alcalines*, très-rarement des *carbonates terreux*. L'acide acétique dissoudra le *phosphate* et le *carbonate de calcium;* à son contact les *urates* disparaîtront lentement et seront remplacés par des cristaux tabulaires d'acide urique hydraté. La potasse au dixième attaquera très-lentement les urates et les fera disparaître sans altérer les phosphates.

c. — Si le dépôt offre une structure organisée, le microscope y fera reconnaître les *épithéliums*, les *globules de mucus et de pus*, les *cylindres urinaires*, les *spermatozoïdes*, les *hématies*, les *microzoaires* et les *microphytes*. Ces divers corps organisés sont souvent mélangés entre eux et aux sédiments précédents.

Les tableaux suivants, que nous empruntons au travail de M. Marais [*Essai pratique des urines et des calculs urinaires*, Paris, 1872], indiquent d'une manière très-nette les caractères microscopiques qui servent à déterminer les sédiments urinaires. La cystine, la xanthine et l'hypoxanthine, que nous indiquons au premier tableau, ne se rencontrent pour ainsi dire jamais dans les sédiments, et très-rarement dans les calculs.

TABLEAU 1. — SÉDIMENTS INORGANISÉS.

Forme observée sous le microscope.	Action des réactifs.	Nom des substances
a. — Corps cristallins :		
Cristaux très-volumineux, généralement isolés, transparents, à arêtes vives; forme typique en couvercle de cercueil.	Solubles dans l'acide acétique, non modifiés par la potasse.	Phosphate ammoniaco-magnésien.
Cristaux volumineux, mais généralement groupés, colorés en jaune ou en brun, à surface souvent fendillée, à contours très-foncés.	Insolubles dans l'acide acétique; solubles dans la potasse.	Acide urique.
Cristaux très-petits, isolés, transparents, très-réfringents, à arêtes vives, de forme octaédrique, souvent en enveloppe de lettre.	Insolubles dans l'acide acétique et dans la potasse.	Oxalate de calcium.
Corps cristallins très-rares :		
Sédiments grisâtres dans une urine souvent alcaline; lamelles hexagonales, incolores, en prismes à six pans. On ne les observe presque jamais.	Solubles et cristallisables dans l'ammoniaque, et non dans son carbonate; solubles dans le carbonate de sodium; précipitables de ces dissolutions par l'acide acétique.	Cystine.
Cristaux mal définis, ayant l'apparence de pierres à aiguiser (Extrêmement rares).	Solubles dans les acides et les alcalis. La solution azotique jaunit par évaporation; le résidu se colore en jaune orangé par la potasse, et si l'on chauffe, il devient rouge violacé.	Xanthine ou hypoxanthine.
Prismes rhombiques à quatre pans ou cristaux aiguillés, souvent mélangés de cristaux d'acide urique, hérissant ces cristaux eux-mêmes. Ces calculs se formant toujours dans des urines très-acides (très-rares).	Solubles dans la potasse, insolubles dans l'acide acétique; solubles dans l'éther alcoolisé.	Acide hippurique
Cristaux en aiguilles très-fines, groupées en doubles pinceaux ou en étoiles; ne se rencontrent que dans l'atrophie aiguë du foie.	Cristaux solubles dans la potasse et l'ammoniaque; précipitables par l'acide acétique (Pour les autres caractères, voyez le mot TYROSINE).	Tyrosine.

TABLEAU I (*Suite*).

b. — Corps amorphes :

Granules arrondis ou ovales, à contours foncés, noirâtres, isolés ou réunis trois ou quatre ensemble, en étoiles, en grains de chapelets, etc. Granules très-pâles, beaucoup plus petits, très-transparents, et difficiles à apercevoir, toujours réunis par plaques irrégulières ponctuées (aspect le plus constant).	Solubles dans l'acide acétique sans dégagement de gaz; insolubles dans la potasse.	Phosphate de calcium.
Grains arrondis, isolés, à stries concentriques ou rayonnées (quelquefois les deux ensemble), plus ou moins opaques et noirâtres.	Solubles dans l'acide acétique avec dégagement de bulles de gaz à leur surface.	Carbonate de calcium.
Petits granules jaunâtres, tantôt très-petits, disposés en séries ramifiées (*sédiments récents*), tantôt plus volumineux, sous forme de globules à contours noirs et à centre jaune, réunis en masse ou isolés et hérissés de pointes (*sédiments anciens*).	Solubles dans l'acide acétique lentement, avec apparition de tables rectangulaires incolores.	Urates.
Granulations très-fines, isolées, agitées d'un mouvement de tourbillon (*mouvement Brownien*).	Insolubles dans l'acide acétique et dans la potasse.	Granulations moléculaires.
Granulations arrondies, de grandeur variable, très-réfringentes, solubles dans un mélange d'alcool et d'éther, surtout après addition d'une trace de soude.	Insolubles dans l'acide acétique.	Gouttelettes de graisses.

TABLEAU II. — SÉDIMENTS ORGANISÉS.

Caractères microscopiques.	Action des réactifs.	Nom des substances.
a. — Forme cellulaire plus ou moins arrondie :		
Globules toujours ronds, à contours lisses ou crénelés, sans noyau, présentant le plus souvent une dépression centrale, isolés, réunis en pile ou englobés dans des filaments de fibrine ou de mucus.	Gonflés par l'acide acétique faible ou recroquevillés et prenant un aspect framboisé; non colorés par le carmin, disparaissant dans la potasse.	Globules rouges du sang.
Globules ronds ou ovales à contours peu accentués, à contenu blanc, grisâtre, granuleux ou nucléolés; isolés ou réunis en masse, et dans ce cas, polygonaux, souvent englobés dans le mucus et allongés.	Pâlis par l'acide acétique, qui fait apparaître dans leur intérieur 2 à 3 nucléoles, colorables par le carmin; solubles dans la potasse.	Leucocythes.
Globules ronds ou ovales, très-petits, très-réfringents, présentant quelquefois un ou deux nucléoles brillants, ou des expansions verruqueuses sur leurs contours, isolés ou réunis en chapelets (grossissement de 500 diamètres).	Non modifiés par l'acide acétique, non colorés par le carmin; les nucléoles ou l'intérieur de la cellule se colorent en jaune par l'eau iodée.	Spores.
Corps très-petits; corpuscules ovales, réfringents, hyalins, munis d'une queue en forme de filament délié très-long.	Non modifiés par les réactifs.	Spermatozoïdes
b. — Filaments cylindriques ou fusiformes :		
Éléments arrondis, cylindriques, fusiformes ou polygonaux, à contenu granuleux et le plus souvent muni d'un ou de plusieurs noyaux.	Pâlis par l'acide acétique, qui fait paraître les noyaux en les déformant. Colorés (les noyaux surtout) par le carmin.	Épithéliums.
Cylindres volumineux, d'aspect variable, plus ou moins longs, quelquefois tordus ou ondulés (grossissement de 120 diamètres).	Pâlissent par l'acide acétique et se retractant de nouveau par les alcalis.	Cylindres urinaires.
Cylindres ou bâtonnets très-courts et très-petits, en général nombreux et semblables entre eux, transparents, souvent agités de mouvements ondulatoires (grossissement de 400 à 500 diamètres).	Non modifiés par l'acide acétique, qui ralentit ou arrête leurs mouvements.	Vibrioniens.
c. — Filaments d'aspect varié ou flocons :		
Filaments très-minces, plus ou moins modifiés et entrecroisés.	Non modifiés par l'acide acétique.	Algues et champignons.
	Pâlis par l'acide acétique; l'aspect fibrillaire disparaît et fait place à une masse amorphe gonflée, transparente, qui redevient fibrillaire par la potasse.	Caillots de fibrine.
	Rendus plus évidents par l'acide acétique, qui leur donne un aspect ponctué ou strié.	Mucus.

Les indications de ces deux tableaux permettent de reconnaître en général la nature d'un sédiment urinaire. En parlant des calculs qui sont formés le plus souvent des mêmes substances, nous allons exposer les moyens propres à les caractériser.

CALCULS URINAIRES. — Des concrétions ou calculs formés par les substances sédimentaires des urines peuvent se rencontrer dans les reins, les uretères, la vessie. Ces *calculs*, en général ovoïdes, lisses ou couverts de tubercules et d'aspérités, peuvent être de volume très-variable. Lorsqu'on les divise par un trait de scie passant par leur centre, on voit qu'ils sont le plus souvent formés de couches concentriques, de consistance et de composition quelquefois différentes, et disposées autour d'un noyau central.

Pour procéder à l'examen préliminaire d'un

calcul, on le divise par la scie en deux moitiés, puis on sépare une parcelle des diverses couches dont il est composé, et sur chacun de ces échantillons on opère de la façon suivante :

Quelques milligrammes sont calcinés d'abord sur une lame de platine. En général, cette prise d'essai brunira, se carbonisera et pourra laisser ou ne pas laisser de résidu minéral.

a. — Si *le calcul se carbonise, puis brûle et ne laisse pas de résidu sensible*, il est formé d'*acide urique* ou d'*urate ammonique*, quelquefois de corps très-rares tels que : *cystine, xanthine, fibrine*, etc.

Dans le cas où le calcul brûle sans résidu, on doit rechercher l'acide urique libre ou combiné avec l'ammoniaque en traitant la poudre par un peu d'acide nitrique, évaporant, ajoutant après refroidissement une ou deux gouttes d'ammoniaque, et évaporant de nouveau. On obtiendra ainsi la belle coloration pourpre de la murexide. On recherchera ensuite la présence de l'ammoniaque en s'assurant si la poudre traitée par quelques gouttes de potasse, dégage ou non un gaz alcalin.

Si le calcul carbonisable et ne laissant pas de résidu à l'incinération, traité comme on vient de le dire, ne présente pas les caractères de l'acide urique, on y recherchera successivement, d'après leurs caractères spécifiques, les quelques corps très-rares ci-dessus cités.

b. — Si *le calcul se carbonise d'abord notablement, brûle ensuite* et *laisse un résidu bien sensible*, il contient à la fois des matières organiques et minérales. D'après la statistique des calculs étudiés jusqu'à ce jour, 25 fois sur 100, la matière organique sera de l'acide urique qu'il faudra caractériser d'abord comme il vient d'être dit en *a*. Si cette substance était absente, il faudrait en conclure que la partie combustible est formée de mucus ou de substances rares.

Dans le cas où la matière organique du calcul serait de l'acide urique, il faudrait rechercher à quelle base cet acide est uni, et savoir si l'urate principal est mêlé d'autres sels. Si le résidu de la calcination est alcalin, la potasse ou la soude font partie de la concrétion urineuse. On en reprendra une parcelle, on la pulvérisera et on l'épuisera à diverses reprises par 150 fois son poids d'eau bouillante. On obtiendra ainsi un résidu *R*, tandis que l'acide urique et les urates se dissoudront en très-grande partie. S'il existe dans le calcul de l'acide urique libre, la solution concentrée faite dans l'eau bouillante rougira le papier de tournesol et l'acide urique cristallisera. En évaporant cette solution, calcinant le résidu et le reprenant par un peu d'acide chlorhydrique, les bases primitivement unies à l'acide urique entreront en solution et pourront être déterminées par les moyens habituels. Le résidu *R* resté insoluble dans l'excès d'eau bouillante pourra contenir de l'*oxalate* et du *phosphate de calcium*, du *phosphate ammonio-magnésien*, etc. La détermination de ces sels se fera d'après les méthodes ordinaires.

c. — Si *le calcul brunit ou noircit à peine par sa calcination tout en laissant un résidu notable*, il est presque entièrement formé de matières minérales, qui sont le plus souvent l'*oxalate de calcium*, les *phosphates terreux* ou un mélange de ces deux substances. L'observation des caractères physiques et micrographiques de ses diverses couches, ainsi qu'une analyse qualitative toujours rapide feront aisément reconnaître leur nature. Il sera bon, cependant, de rechercher l'acide urique dans tous les cas, de doser par dessiccation la quantité d'eau, et par différence, après calcination, le poids de la matière organique totale, en tenant compte de la décomposition des oxalates ou carbonates que peut contenir l'échantillon et faisant à cet égard les corrections nécessaires.

Nous ne saurions entrer, dans cet ouvrage, dans les détails relatifs aux caractères spécifiques particuliers de chaque espèce de calculs. Nous renvoyons à cet égard aux *Traités spéciaux* sur la matière [Voyez Ch. Robin, *Leçons sur les humeurs*, 2e édition, Paris, 1874, p. 878; — A. Gautier, *Chim. appl. à la physiol.*, etc., Paris, 1874, p. 401]. Il nous suffit ici d'avoir indiqué comment on peut séparer et reconnaître les substances dont les calculs peuvent être formés. Quant aux matières rares qui peuvent s'y rencontrer, telles que *xanthine, cystine, tyrosine, acide hippurique, urostéalithe*, etc., on les déterminera d'après les caractères qui sont particuliers à chacune de ces substances pour la plupart déjà décrites dans ce livre.

ANALYSE DES URINES.

L'analyse complète d'une urine comprend essentiellement trois parties : 1° Les *déterminations physiques et chimiques générales* propres à cette urine ; 2° le *dosage de ses éléments normaux;* 3° La *recherche et le dosage des éléments anormaux ou accidentels* qu'elle peut contenir. Les *déterminations générales* sont relatives à la quantité d'urine émise en 24 heures, à l'absence ou à la présence et à la séparation des sédiments; à la densité, à la couleur, à la réaction acide ou alcaline de l'urine, etc. — Le *dosage des éléments normaux* comprend la détermination de l'eau et du résidu fixe, et le dosage proprement dit des divers éléments minéraux et organiques habituels. Les substances, telles que l'*urée*, l'*acide urique*, les *phosphates*, les *chlorures*, etc., qui se rencontrent dans toutes les urines, n'ont pas besoin d'être déterminées qualitativement, et il nous suffira de donner ici les procédés qui permettent de les doser. Les *éléments anormaux*, au contraire, tels que la *glucose*, l'*albumine*, les *pigments biliaires*, les *graisses*, l'*acide lactique*, et d'autres corps plus rares ou d'origine accidentelle, comme les substances médicamenteuses, doivent être d'abord recherchés par des réactions qualitatives préalables pour être ensuite dosées. Nous aurons donc pour ces substances à donner à la fois les méthodes de recherches qualitatives et quantitatives.

DÉTERMINATIONS GÉNÉRALES. — (*a*). *Quantité d'urine émise*. — Le volume d'urine émise dans un temps donné se mesure au moyen de vases gradués et à la température de 16 à 17°. On transforme ensuite ce volume en poids en le multipliant par la densité de la liqueur. En général, on doit recueillir toutes les urines des 24 heures, et faire l'analyse du mélange de celles du jour et de la nuit, à moins que l'on ait intérêt à les doser séparément. Nous avons dit ailleurs que le volume et la composition des urines émises aux diverses heures du jour et de la nuit est essentiellement variable. On devra donc, pour résoudre les questions relatives aux influences de l'alimentation, de la veille et du sommeil, de la fatigue et du repos, de la fièvre, des crises morbides, etc., recueillir à part et mesurer les urines correspondant à ces diverses périodes, et faire porter l'analyse sur chacune de ces parties séparées.

(*b*). *Limpidité, séparation des sédiments*. — Rarement une urine refroidie reste tout à fait limpide. Lorsqu'elle se trouble à peine, on peut, sans la filtrer, procéder aux autres déterminations générales. Si elle laisse déposer des sédiments, une portion sera mise à part dans un verre bien conique pour laisser se former le dépôt que l'on examinera comme il a été dit plus haut. Une autre portion sera filtrée, et l'on devra déterminer *immédiatement* sur cette partie la réaction acide ou alcaline, le poids du résidu fixe, doser l'urée, les sels ammoniacaux, l'acide hippurique et les gaz dissous.

(*c*). *Densité.* — On peut la déterminer par les pesées ou par les aréomètres. La première méthode est de beaucoup la plus sûre, surtout si à l'aide d'une balance passable on pèse, dans un bon vase gradué et taré une fois pour toutes, un volume assez notable d'urine. Le quotient du poids par le volume donnera la densité de la liqueur avec une approximation de 3 décimales pour un poids d'urine de 250 grammes environ et une balance accusant le décigramme.

La méthode des *aéromètres urinaires* ou *uromètres* expose, dans la détermination des densités des urines, à des erreurs notables. Ces instruments se correspondent rarement et doivent être vérifiés. La correction relative à la température du liquide doit être aussi faite avec soin. On peut admettre que pour les urines qui ne sont ni sucrées ni albumineuses, une variation de 3 degrés au-dessus ou au-dessous de 15° centigrades fait varier d'une unité au-dessous ou au-dessus la troisième décimale de cette densité. Les *uromètres* sont généralement gradués de 1,000 à 1,040. Le plus souvent ils ne portent inscrits que les deux dernières décimales de cette densité. Ainsi 16 signifie *densité* = 1,016 à 15°, d'où, *poids du litre* = 1016. Pour être sensibles, ces instruments doivent avoir une grosse panse avec une tige fine, aplatie et bien calibrée.

(*d*). *Couleur des urines.* — Les mesures relatives à la teinte et à l'intensité de coloration des urines se font en général par comparaison avec les couleurs d'un tableau type garni de teintes graduées variant du jaune pâle au rouge brun foncé, par degrés numérotés de 1 à 10 [Voyez Neubauer et Vogel, *Des urines*, pl. IV]. On peut aussi, dans ce cas, avoir un ou plusieurs témoins colorés de la teinte des urines normales (lames de verre jaune clair à jaune rougeâtre) auxquels on comparera la couleur de l'urine qu'on examine; on étendra l'urine avec de l'eau dans un tube gradué, jusqu'à ce que sa teinte soit la même que celle du témoin. Le rapport du volume primitif au volume final exprime l'intensité de la coloration cherchée, la coloration de la lame de verre étant prise pour unité.

Mesure de l'acidité ou de l'alcalinité des urines. — Le degré d'acidité et surtout d'alcalinité d'une urine doit être mesuré aussitôt que possible; il varie, en effet, pour ainsi dire incessamment.

Pour mesurer l'acidité, on verse 50 centimètres cubes d'urine dans un gobelet de verre, et l'on y laisse tomber goutte à goutte une solution titrée de soude caustique contenant 3gr,1 de NaHO par litre (*solution dite normale* de soude étendue de 9 volumes d'eau). Lorsque la liqueur tend à se troubler très-légèrement, on n'ajoute plus une nouvelle goutte de la solution alcaline titrée, sans avoir essayé chaque fois avec soin, sur un papier de tournesol très-sensible, la réaction du mélange. La teinture de tournesol ajoutée à l'urine elle-même donne, lorsque la liqueur est devenue presque neutre, une couleur grise décolorée qui empêche de recourir à ce procédé. Dès que l'urine commence à faire virer à peine la teinte du papier bleu, on lit le volume de soude dépensé. Cette solution alcaline sature, par centimètre cube, 0gr,0049 de SO^4H^2. On pourra donc exprimer en équivalent d'acide sulfurique l'acidité des urines qu'on examine.

Pour mesurer l'alcalinité d'une urine, on verse rapidement dans 10 à 50 centimètres cubes d'urine un volume connu d'acide chlorhydrique titré (3gr,65 H Cl par litre) tel que le mélange devienne acide; puis on opère comme ci-dessus avec la liqueur décime normale de soude, et l'on dose l'excès d'acide chlorhydrique ajouté; la différence entre cet excès et la quantité totale d'acide chlorhydrique donnera le degré d'alcalinité.

Poids du résidu fixe et de l'eau. — On n'avait pas jusqu'ici de bonne méthode pour déterminer le poids du résidu fixe des urines. L'évaporation, en effet, décompose notablement l'urée et quelques autres substances, dissocie les sels ammoniacaux, chasse des acides volatils, etc. On ne remédie qu'incomplétement à ces inconvénients, en saturant exactement l'urine au préalable par une solution titrée d'hydrate de sodium, évaporant et soustrayant le poids de soude correspondant à l'hydrate employé. La perte est à peu près proportionnelle au temps que dure la dessiccation à 100° et se renouvelle si le résidu après avoir attiré l'humidité vient à être de nouveau chauffé. D'un autre côté, la substance altérable hygroscopique, molle, qui reste comme résidu à 100°, ne peut être privée d'eau d'une manière satisfaisante même dans le vide. Aussi les dessiccations d'urine faites à 100° sur 10 à 30 gr. sont toujours longues et incertaines.

Pour parer à ces inconvénients divers, M. Magnier de la Source, appliquant à la détermination du résidu fixe des urines le procédé qui lui avait déjà réussi pour le lait, fait couler d'un petit vase clos ne permettant l'issue du liquide que par un petit bec étroit, 1 centimètre cube environ d'urine dans un large verre de montre pesé. Le vase urinaire clos étant taré d'avance, lui donne, par perte, le poids de l'urine employée. Le verre de montre qui l'a reçue est alors placé dans le vide sec. Au bout de 18 à 24 heures l'urine est desséchée, et grâce à sa surface très-grande relativement à sa masse, elle l'est d'une manière si parfaite, qu'elle ne perd plus de poids, même par la dessiccation la plus prolongée. Ce résidu est en général à peine coloré, et cristallin. On pèse alors le verre de montre chargé du résidu urinaire et recouvert d'un verre analogue rodé sur ses bords, et la différence des pesées donne le résidu fixe relatif au poids d'urine employé. M. Magnier a montré que le poids ainsi obtenu est toujours supérieur à celui que fournit l'évaporation à 100°, faite dans les meilleures conditions, de 10 à 20 centimètres cubes d'urine. A 15° en effet, on ne risque de décomposer ni l'urée ni les sels ammoniacaux. On peut effectuer d'ailleurs sans peine dans une journée un grand nombre de déterminations semblables.

Du poids du résidu fixe, on conclut, par différence, le poids de l'eau.

Poids total des sels minéraux. — A 50 grammes d'urine on ajoute une solution titrée de carbonate de sodium de façon à rendre la liqueur alcaline. On évapore à 100°, dans un creuset de porcelaine, et l'on chauffe ensuite lentement pour carboniser, le creuset étant couvert, tant qu'il se dégage des fumées empyreumatiques. Cela fait, on reprend le résidu charbonneux par l'eau bouillante, et on épuise sur un petit filtre de papier Berzélius lavé à l'acide. On enlève ainsi les chlorures, les sulfates, une partie des phosphates, l'excès de carbonate de sodium ajouté. La liqueur évaporée et calcinée donne le poids total *A* de ces sels. Une analyse minérale complète, ou les méthodes que nous allons décrire ci-dessous, permettent de les déterminer séparément.

Le filtre et le charbon qu'il contient sont ensuite calcinés ensemble au four à moufle dans une capsule de platine tarée. Le poids *B* des cendres est celui des phosphates terreux non décomposés par le carbonate de sodium ajouté, des carbonates de calcium et de magnésium, et d'une trace de fer et de silice. La somme des poids *A* et *B* diminuée de celui du carbonate de sodium ajouté donne le poids du résidu fixe. En suivant cette méthode, on évite la volatilisation des chlorures alcalins, leur double décomposition en présence des sels de magnésium et la perte d'acide chlorhydrique qui en résulte; enfin on empêche l'action réductrice que le charbon exerce au rouge sur les sulfates alcalins.

Dosage de la soude et de la potasse. — Les sels solubles du poids *A* obtenus dans l'opération précédente sont dissous dans l'eau et additionnés de 50 centimètres cubes d'une solution barytique formée de 1 p. solution saturée de chlorure de baryum et 2 p. eau de baryte. Avant toute filtration, on ajoute ensuite du carbonate d'ammonium, en excès, mêlé d'ammoniaque. La soude et la potasse passent ainsi entièrement à l'état de chlorures. On évapore à sec à 100°, on ajoute plusieurs fois de l'eau et de l'ammoniaque on évapore encore, enfin on reprend par l'eau et l'on filtre. Après avoir acidulé par HCl, on chasse, à une chaleur modérée, l'eau et le chlorure ammonique, et l'on porte le résidu, en creuset fermé, au rouge naissant. On obtient ainsi la somme des chlorures sodique et potassique que l'on pèse. On dose ce dernier sel en le précipitant par le chlorure platinique; le chlorure de sodium est obtenu par différence. Son poids doit être diminué de celui qui correspond au carbonate de sodium titré, primitivement ajouté.

Dosage de la chaux et de la magnésie. — On devra prendre pour ce dosage de 100 à 150 centimètres cubes d'urine que l'on séchera et calcinera sans autres précautions. Ces deux bases seront dosées, dans les cendres, par les procédés habituels d'analyse.

Dosage de l'ammoniaque totale. — *a. Dosage par liqueur titrée d'acide sulfurique.* Dans un ballon *A* on introduit 100 centimètres cubes d'urine, et quelques centimètres cubes d'un lait de chaux étendu; le ballon porte un tube effilé plongeant jusqu'au fond. Un second tube à angle droit permet de le réunir par des bouchons de caoutchouc hermétiques et des tubes de verre à un ballon *B* plus petit et refroidi dans lequel on introduit d'avance un peu d'eau et que l'on met en communication avec un tube de Will et Varrentrapp à demi rempli d'un volume connu d'acide sulfurique titré. Cela fait, on porte le ballon *A* à 30 ou 35°, et l'on fait le vide dans l'appareil. L'urine ne tarde pas à bouillir, et l'ammoniaque, déplacée par la chaux et entraînée par la vapeur d'eau et par l'air que fournit sans cesse le tube effilé, passe dans le ballon *B* et dans l'acide sulfurique du tube à boules. Lorsque la moitié du liquide en *A* est ainsi distillée, on mélange l'acide du tube à boules au liquide du ballon *B* et l'on dose par les méthodes volumétriques ordinaires l'acide sulfurique qui a été saturé par l'ammoniaque urinaire qui a été déplacée par la chaux.

b. Dosage par la solution de Nessler. — Tidy et Woordman [*Proc. Roy. Soc.*, t. XX, p. 362. *Bull. Soc. chim.*, t. XIX, p. 173] dosent l'ammoniaque par le réactif de Nessler (solution obtenue en versant de l'iodure de potassium dans du chlorure mercurique, puis ajoutant de la lessive de soude et filtrant). Cette liqueur versée dans de l'eau contenant 2 millionièmes d'ammoniaque la colore en jaune. Pour le dosage, on étend l'urine d'un volume connu d'eau jusqu'à ce que le liquide devienne presque incolore. On verse ensuite dans cette solution contenue dans un tube, une petite quantité de réactif de Nessler qui donne une coloration jaune. On prend d'autre part une solution étendue et titrée de sel ammoniac et l'on y verse quelques gouttes du réactif de Nessler. On ajoute enfin de l'eau distillée à ce dernier essai jusqu'à ce que sa teinte jaune soit celle que donne l'urine étendue. Ces deux liqueurs, contiennent alors la même quantité d'ammoniaque pour le même volume; or l'on connaît celle qui se trouve dans la solution titrée de sel ammoniac, et, par conséquent, aussi celle qui existait dans le volume d'urine primitif.

Dosage du chlore. — *a, Dosage direct dans l'urine par l'azotate de mercure.* — Voyez plus bas Dosage de l'urée. *a.*

b. Dosage par les sels d'argent. — On dissout dans l'eau les sels *A* obtenus dans la détermination du poids du résidu fixe (voyez plus haut). On prend de cette solution un volume correspondant à 10 centimètres cubes d'urine. On ajoute une petite quantité d'acide nitrique faible, et l'on sature l'acide par un peu de carbonate de calcium précipité et lavé; puis, sans enlever l'excès de carbonate, on ajoute 1 ou 2 gouttes de chromate de potassium. Dans la liqueur ainsi préparée, on verse, avec la burette de Mohr une solution titrée de nitrate d'argent contenant 20gr,063 de nitrate par litre. Le chlorure d'argent se précipite tant qu'il y a des chlorures alcalins dissous; mais dès qu'une goutte de nitrate est en excès dans la liqueur, celle-ci prend une coloration rouge persistante due à la formation du chromate d'argent. 1 centimètre cube de solution d'argent, titrée comme on vient de le dire, correspond à 1 centigramme de NaCl ou à 0gr,00606 de chlore.

Le titrage du chlore par le nitrate d'argent directement ajouté dans l'urine est sujet à plusieurs causes d'erreur notables et ne saurait être recommandé.

Dosage de l'acide phosphorique. — Le dosage volumétrique de l'acide phosphorique total des urines est fondé sur la précipitation complète de l'acide phosphorique en présence d'acide acétique et d'acétate de sodium par une solution d'acétate d'urane. Nous renvoyons pour la préparation des liqueurs titrées nécessaires au traité des urines de Neubauer et Vogel, p. 208 et aux livres d'analyse spéciaux. Les solutions d'urane sont étendues de telle sorte que 1 centimètre cube de liqueur précipite 0gr,005 d'acide phosphorique anhydre. On verse dans un vase à précipiter 50 centimètres cubes d'urine filtrée et 5 centimètres cubes d'une solution d'acétate de sodium; on chauffe au bain-marie, puis on laisse couler lentement la solution d'acétate d'urane avec excès d'acide acétique tant qu'un précipité jaune clair se forme d'une manière sensible. On n'ajoute plus alors la solution d'urane que goutte à goutte et l'on s'arrête lorsqu'une goutte du mélange colore d'une légère teinte rouge brun une goutte d'une solution de ferrocyanure potassique déposée au préalable sur une assiette de porcelaine.

En précipitant les phosphates terreux par un petit excès de carbonate sodique, filtrant, lavant, et redissolvant les phosphates dans un peu d'acide chlorhydrique étendu, on obtiendra une liqueur où l'on pourra doser comme il vient d'être dit, l'acide phosphorique combiné dans l'urine aux terres alcalines.

Si l'urine était albumineuse, il faudrait séparer d'abord l'albumine comme il sera dit plus loin.

Dosage de l'acide sulfurique. — Son dosage par liqueur titrée ajoutée à l'urine elle-même est très-imparfait. On doit doser cet acide par la méthode des pesées. Le sulfate barytique peut être précipité directement dans l'urine préalablement portée à l'ébullition et acidulée. L'acide urique qui pourrait se précipiter en même temps disparaîtra par les lavages et la calcination.

Dosage de l'acide carbonique. — Une portion de cet acide se trouve dans l'urine à l'état libre, une autre sous forme de bicarbonates ou de tout autres composés salins. L'acide simplement dissous ne saurait se doser en l'extrayant par la pompe à mercure, une partie de celui des bicarbonates serait pareillement entraînée.

Pour obtenir l'acide carbonique total, on ajoute à de l'urine contenue dans un ballon à col étroit de la liqueur de baryte (2 vol. eau de baryte, 1 vol. chlorure de baryum saturé à 15°) tant qu'il se forme un précipité. 24 heures après on siphone la liqueur claire. On étend le résidu d'un peu d'eau bouillie, on porte à l'ébullition, on recueille le précipité sur un filtre, on le lave rapidement à l'eau bouillante et, on le sèche. On introduit filtre et précipité dans un appareil propre à doser l'acide carbonique par perte et l'on détermine par la méthode connue, l'acide carbonique total.

Une nouvelle portion d'urine est ensuite rendue alcaline *par de l'ammoniaque*, desséchée au bain-marie et plusieurs fois additionnée d'ammoniaque. On décompose ainsi tous les bicarbonates. Après avoir chassé à chaud par un courant d'air les dernières traces d'ammoniaque, on verse dans le résidu de l'eau et un peu de chlorure de baryum et l'on filtre. L'acide carbonique des carbonates neutres reste tout entier dans le précipité qu'on lave, qu'on sèche et dont on détermine l'acide carbonique par perte. Le double de cette quantité donne l'acide carbonique des bicarbonates. La différence avec le dosage total représente l'acide carbonique libre ou faiblement uni aux autres sels.

DOSAGE DE L'URÉE. — Un grand nombre de méthodes ont été données pour doser l'urée des urines; nous ne saurions, faute de place, les rapporter toutes ici, ni même indiquer l'ensemble des détails nécessaires pour pratiquer celles que nous allons décrire. Pour plus amples renseignements, le lecteur devra se reporter aux ouvrages d'analyses spéciaux.

a. — Dosage de l'urée par la méthode de Liebig modifiée par Rautenberg. — Cette méthode repose sur les observations suivantes : 1° Que l'urée en solution aqueuse neutre ou à peine acide est précipitée par l'*azotate mercurique* qui donne avec elle le composé.

$$(CH^4Az^2O, 2HgO).$$

2° Que le nitrate mercurique en présence du chlorure de sodium et de l'urée passe d'abord à l'état de chlorure mercurique qui ne précipite pas l'urée.

Pour le dosage on se sert d'une liqueur titrée d'azotate mercurique. Pour l'obtenir on pèse 90gr,85 de bichlorure de mercure sec et pur. Après l'avoir dissous, on en précipite l'oxyde HgO par une lessive de soude, on lave l'oxyde, puis on le dissout dans un très-faible excès d'acide nitrique; on chasse en partie celui-ci par la chaleur et l'on ajoute de l'eau pour avoir 990 centimètres cubes environ. On prend d'un autre côté 2 grammes d'urée pure et séchée dans le vide, on la dissout dans l'eau, on ajoute à la solution 1gr,2 de sel marin sec et pur et l'on étend de façon à avoir 100 centimètres cubes. On mesure 10 centimètres cubes de cette solution; ils contiennent 200 milligrammes d'urée et 0gr,12 de NaCl; on y fait couler goutte à goutte la solution approximativement titrée d'azotate mercurique en agitant sans cesse. Tant qu'il y a du sel marin en solution celui-ci fait double décomposition avec l'azotate mercurique, et le sublimé qui en provient ne précipite pas l'urée. A un moment donné on voit apparaître un trouble permanent. On note le volume v d'azotate mercurique employé; ce volume correspond à 0gr,12 de sel marin. On continue alors à verser de l'azotate en maintenant la liqueur titrée d'urée constamment neutre : pour cela, on y délaye du carbonate de calcium récemment précipité. Lorsqu'il ne paraît plus se former de trouble par l'addition du sel de mercure, on porte une goutte de ce mélange sur une plaque de porcelaine et on la touche avec une petite quantité de bouillie de bicarbonate de sodium *exempte de carbonate*. L'apparition d'une coloration jaune persistante, due à la précipitation de l'oxyde mercurique serait le signe d'un petit excès d'azotate mercurique et indiquerait la fin de la réaction. On note le volume V d'azotate mercurique total employé, et l'on en retranche le volume v qui correspondait au sel marin. Si l'on a bien opéré, $V - v$ égalera un peu moins de 20 centimètres cubes. On étend d'eau la solution primitive du nitrate de façon que 1 centimètre cube corresponde à 10 milligr. d'urée, et l'on calcule à quelle quantité de sel marin correspond la solution ainsi étendue. Pour doser dans l'urine au moyen de la liqueur ainsi titrée le chlorure de sodium et l'urée, on doit en séparer auparavant les phosphates urinaires, les urates, etc.

Pour cela, on prend 40 centimètres cubes de cette urine, on l'additionne de 20 centimètres cubes d'un mélange de 1 volume de solution d'azotate de baryum saturée à froid et 2 volumes d'eau de baryte. On jette sur un filtre, on prélève 15 centimètres cubes de ce mélange qui représentent 10 centimètres cubes d'urine primitive; on acidifie *très-faiblement* par de l'acide azotique et l'on procède alors sur cette liqueur comme il a été dit pour la détermination du titre de l'azotate mercurique avec la solution titrée d'urée. On dose ainsi *à la fois* le sel marin et l'urée, si l'on a pris la précaution de n'ajouter le carbonate de calcium qu'au moment où le trouble produit par l'azotate devient persistant. A partir de là, chaque centimètre cube de la liqueur mercurique correspond à 10 milligrammes d'urée. Chaque centimètre cube de nitrate mercurique versé avant l'apparition d'un trouble persistant vaut 33mgr de sel marin.

Ainsi modifiée la méthode de Liebig présente encore diverses causes d'erreur. On ne peut l'appliquer aux urines des herbivores riches en acide hippurique qu'après avoir séparé, par l'azotate de fer, cet acide qui forme avec le mercure un hippurate insoluble. Elle ne saurait s'appliquer aux urines de chien, de chèvre, etc. Cette méthode donne enfin des résultats inexacts avec beaucoup d'urines morbides souvent riches en matières extractives, qui se combinent à l'oxyde mercurique comme le fait la créatinine.

b. — Dosage de l'urée au moyen de l'azotite de mercure. — Millon a observé que l'urée se décompose par l'action de l'acide azoteux en eau, acide carbonique et azote. Pour appliquer cette réaction au dosage de l'urée dans l'urine, on ajoute à celle-ci une solution d'azotate mercureux mêlée d'azotite, solution que l'on obtient en chauffant légèrement du mercure avec de l'acide azotique. A une douce chaleur, il se produit un dégagement d'azote et d'acide carbonique; on dose ce dernier en faisant passer les gaz à travers un tube de Liebig pesé, contenant de la potasse caustique. Du poids de l'acide carbonique ainsi déterminé on déduit celui de l'urée.

Boymond a modifié ce procédé de dosage de la façon suivante : on dissout 125 grammes de mercure dans 170 grammes d'acide azotique pur d'une densité de 1,34. On chauffe un peu; on ajoute à la solution mercurielle son volume d'eau, on filtre et l'on obtient ainsi le réactif nécessaire. Pour opérer le dosage, on se sert de l'appareil représenté figure 000. Dans le vase V et par la tubulure *t*, on introduit 10 centimètres cubes d'urine. Dans le tube large B, on verse avec une pipette 12 centimètres cubes du réactif mercuriel. Dans le tube de sortie S T, on place d'avance jusqu'à mi-hauteur une bouillie claire formée d'un mélange de poudre de sulfate de fer et d'acide sulfurique. Le flacon étant chargé de ces réactifs et d'un volume connu d'urine, on le pèse.

Fig. 766. — Dosage de l'urée (d'après Boymond).

Puis l'on ouvre le robinet *r*; la liqueur du tube B tombe dans le flacon V, et la réaction commence. On l'active dès quelle cesse en chauffant un peu sans faire bouillir; enfin on pratique par *b* une lente aspiration à travers tout l'appareil. Les gaz abandonnent leur eau et leur vapeur nitreuse en barbotant dans la boule S et l'on n'a plus alors qu'à laisser refroidir et à peser de nouveau. La perte de poids est égale à la somme de l'azote et de l'acide carbonique secs qui se sont échappés. En multipliant ce poids par 0gr,8333 on a celui de l'urée.

M. Bouchard emploie le réactif mercuriel précédent d'une manière toute différente qui lui permet, avec une approximation moindre il est vrai, de doser l'urée au lit même du malade. Dans un tube gradué un peu fort on verse 5 centimètres cubes du réactif précédent, qui est très-dense. Audessus, on verse une colonne de 8 centimètres environ de chloroforme, et l'on fait tomber ensuite à sa surface, avec précaution, 2 centimètres cubes de l'urine à examiner, on achève enfin de remplir le tube avec de l'eau. Les trois liquides se sont superposés sans se mélanger. Le tube étant alors fermé avec le doigt recouvert d'un doigtier de caoutchouc on agite vivement sous l'eau. Le nitrite acide se dissout dans l'urine. L'urée est rapidement décomposée, et des bulles d'azote et d'acide carbonique se dégagent; le chloroforme tombe à la partie inférieure du tube renversé: on le laisse peu à peu s'écouler sous l'eau pour faire place aux gaz produits. Quand ce dégagement a cessé on introduit un fragment de potasse pour déterminer l'absorption de l'acide carbonique et on lit avec les précautions ordinaires le volume d'azote obtenu. Pour éviter tout calcul, chacune des divisions du tube gradué qu'on emploie, correspond à 1 gramme d'urée par litre. 1 milligramme d'urée dégage d'ailleurs 0cc,3727 d'azote.

Outre l'urée, le réactif de Millon attaque l'acide hippurique et quelques-unes des matières extractives de l'urine. D'après M. Leconte, on peut éviter cette cause d'erreur, en précipitant la majeure partie de ces substances par l'extrait de Saturne, enlevant l'excès de plomb par le carbonate de sodium, acidulant la liqueur par l'acide nitrique, la concentrant, et agissant ensuite comme ci-dessus.

c. — *Dosage de l'urée par les hypochlorites et hypobromites alcalins.* — Le principe de cette méthode est dû à Leconte. Elle repose sur cette observation que l'urée traitée par les hypochlorites ou hypobromites alcalins se décompose aisément en azote et acide carbonique. Leconte ajoutait de l'hypochlorite de sodium très-alcalin et en excès à

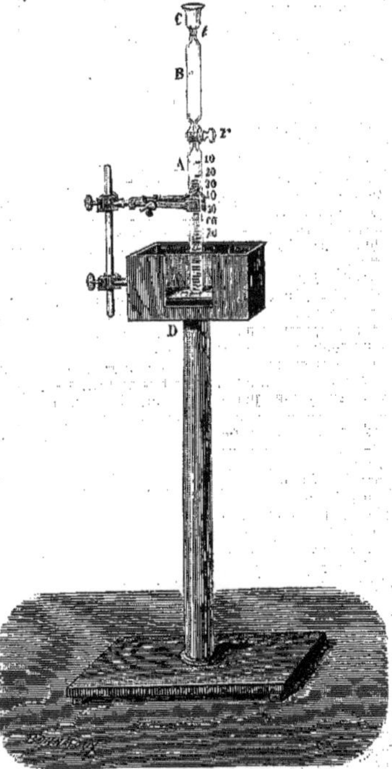

Fig. 767. — Dosage de l'urée.

l'urine, chauffait lentement le ballon entièrement rempli de ce mélange, recueillait et mesurait sur l'eau l'azote dégagé; quant à l'acide carbonique second terme de la décomposition de l'urée, il était retenu grâce à l'alcalinité de la liqueur. Knop a substitué le premier l'hypobromite de sodium à l'hypochlorite ; Huefner, Yvon, Magnier de la Source, ont modifié diversement le procédé et l'appareil ureométrique. Nous décrirons brièvement celui d'Yvon que l'on emploie le plus fréquemment.

Un tube de fort cristal ABC de 40 centimètres de long et 8 millimètres environ de diamètre intérieur, est muni vers son quart supérieur d'un bon robinet de verre au-dessous duquel le tube est divisé en dixièmes de centimètres cubes. Au-dessus, un petit trait *t* placé sur un étranglement indique 5 centimètres cubes. Le tube A B C étant plein de mercure jusqu'en *r* et placé sur une cuve à mercure profonde, on prend 1 centimètre cube de l'urine à examiner on l'étend avec de l'eau jusqu'à 10 centimètres cubes et de cette solution on remplit la capacité B. Elle a donc reçu 1/2 centimètre cube d'urine. On ouvre alors lentement le robinet *r* : la liqueur passe de B en A, grâce à la pression atmosphérique. Dès qu'elle a passé on ferme *r* et on lave B avec un peu d'eau qu'on laisse aussi écouler en A en ouvrant *r* sans laisser rentrer d'air. Cela fait on verse en B de 5 à 10 centimètres cubes d'hypobromite de sodium alcalin préparé d'après la formule suivante :

Lessive de soude ordinaire.	30	grammes.
Brome....................	5	—
Eau distillée.............	125	—

On ouvre de nouveau le robinet *r*. L'urée est aussitôt décomposée au contact du réactif ; l'azote se dégage en A, l'acide carbonique est absorbé. Si le mélange d'urine et de réactif n'a pas une teinte jaune franche, on ajoute encore par C un peu d'hypobromite ; enfin l'on *détermine le dégagement complet de l'azote* en fermant avec le doigt l'extrémité inférieure du tube et en *agitant vivement*.

Cela fait, on laisse écouler le mercure et le réactif du tube A dans une cuve à eau et on lit le volume d'azote avec les précautions ordinaires. Pour réduire ce volume en urée et éviter tous calculs et corrections, Yvon répète, chaque fois, une opération semblable avec une solution titrée d'urée ; en employant 1 centigramme d'urée environ. Cette quantité produirait normalement 3^{cc}, 7 d'azote à 0° et 760 millimètres ; mais dans les conditions moyennes de l'expérience 1 centigramme d'urée correspond en réalité à 4^{cc}, 0 d'azote. Si donc l'on ne tient qu'à une approximation de 6 à 7 % en appelant V le volume en centimètres cubes d'azote obtenu (volume lu sur l'eau à 15° environ et à 760 millimètres) et x le poids de l'urée en centigrammes contenu dans le 1/2 centimètre cube d'urine employé, on pourra établir la proportion

$$\frac{1}{4.0}=\frac{x}{V}, \text{ d'où } x=\frac{V}{4.0}.$$

Le procédé de dosage de l'urée par l'hypobromite alcalin est rapide et suffisamment exact pour les recherches cliniques. Toutefois la créatinine et ses analogues, ainsi que les sels ammoniacaux, et peut-être l'acide hippurique, dégagent leur azote au contact des hypobromites alcalins ; enfin l'acide urique donne à froid la moitié de l'azote qu'il contient (Magnier de la Source).

d. Méthode de Bunsen; méthode de Heintz et de Ragsky. — Nous ne dirons qu'un mot, en terminant, de ces méthodes longues et peu employées. Bunsen mélange 20 centimètres cubes d'urine avec du chlorure de baryum ammoniacal, filtre avec précaution, lave et chauffe, pendant deux heures, à 240° en tube scellé. L'urée se transforme ainsi en ammoniaque et acide carbonique, qui donne du carbonate barytique. Celui-ci est filtré avec soin, lavé, séché, et l'acide carbonique est dosé par perte et par la méthode ordinaire. Ce procédé ne peut s'appliquer aux urines sucrées. Il n'est pour ainsi dire plus employé aujourd'hui.

Heintz et Ragsky après avoir séparé l'acide urique de l'urine acidifiée, la traitent à chaud par un excès d'acide sulfurique, qui transforme l'urée et les sels ammoniacaux en sulfate d'ammonium. Ils dosent à l'état de chloroplatinates l'ammoniaque formée, à laquelle s'ajoute celle qui existait dans l'urine primitive ainsi que la potasse qui forme pareillement un chloroplatinate insoluble. Ils déterminent ensuite de même et directement le poids de l'ammoniaque et de la potasse contenus dans l'urine même et obtiennent par différence l'ammoniaque formée correspondant à l'urée.

DOSAGE DE LA CRÉATININE ET DE LA CRÉATINE. — Les détails relatifs à ces dosages ont été déjà exposés dans ce Dictionnaire (t. I, p. 982 et 984). Si l'urine était sucrée, il faudrait au préalable en détruire le sucre par la fermentation.

DOSAGE DE L'ACIDE URIQUE. — Tous les procédés donnés jusqu'à ce jour pour doser l'acide urique des urines comportait des causes d'erreur notables. Le moins imparfait est le suivant : on prend 250 centimètres cubes d'urine filtrée, on l'additionne de 10 centimètres cubes d'acide chlorhydrique ordinaire, et l'on abandonne ce mélange pendant 24 heures dans un lieu frais. On recueille alors sur un filtre sans plis, préalablement lavé à l'eau acidulée, puis à l'eau pure, séché à 100° et encore lavé, les cristaux d'acide urique qui sont suspendus dans la liqueur ou déposés sur les parois. On rince le vase avec l'urine qui filtre. L'acide urique recueilli est alors lavé avec 35 centimètres cubes d'eau pure. On sèche enfin le filtre à 100° et on le pèse. La différence des deux pesées donne le poids de l'acide urique. Si pour une raison quelconque il avait été nécessaire de laver les cristaux d'acide urique avec plus de 35 centimètres cubes d'eau, on devrait ajouter au poids de l'acide urique 0^{mgr},043 par chaque centimètre cube d'eau de lavage employé en sus des 35 centimètres cubes.

On admet généralement que les impuretés précipitées avec l'acide urique compensent l'erreur due à sa solubilité dans les urines acidifiées ordinaires ; toutefois il n'en résulte pas moins de ce fait une incertitude qui laisse planer quelque doute sur l'exactitude de la première décimale dans les déterminations d'acide urique.

Si l'urine contenait de l'albumine, il faudrait d'abord séparer cette substance comme il sera dit plus bas.

DOSAGE DE L'ACIDE HIPPURIQUE, DE L'ACIDE KYNURIQUE. — Le dosage de l'acide hippurique dans les urines a été indiqué dans cet ouvrage (t. II, p. 27).

Pour doser dans l'urine de chien l'acide kynurique, on en mélange 100 centimètres cubes avec 4 centimètres cubes d'acide chlorhydrique. Au bout de 24 heures, l'acide kynurique *très-impur* est précipité ; on le recueille, on le lave, on le redissout dans l'eau de baryte, et l'on traite la liqueur par un courant d'acide carbonique. Le kynurate reste soluble, la majeure partie des impuretés se précipite ; on filtre, et dans la liqueur on précipite enfin l'acide kynurique en y ajoutant 4 % d'acide chlorhydrique. On recueille les cristaux au bout de 24 heures, on les sèche et on les pèse enfin sur un filtre taré (Danlos).

L'acide urique qui peut exister en petite quantité dans l'urine de chien passe dans ces conditions à l'état d'urate de baryum insoluble que l'on sépare du kynurate.

Il nous reste à traiter de la recherche et du dosage des matières qui ne se trouvent qu'anormalement dans les urines en quantité appréciable.

Recherche et dosage de l'albumine. — Une urine claire qui additionnée de quelques gouttes d'acide nitrique donne à froid un coagulum insoluble même à chaud, ou qui, portée presque à l'ébullition et additionnée d'une ou deux gouttes d'acide acétique, pour 20 à 40 centimètres cubes de liquide, louchit d'une manière persistante est, en général, une urine albumineuse. Si la liqueur louchit sans précipiter nettement ce trouble ne doit pas disparaître par addition d'eau ni par l'ébullition du liquide (acide urique). Si le malade avait pris des résines, des essences, du copahu, etc., il sera bon de s'assurer aussi que le trouble ne disparaît pas par agitation en présence d'alcool.

Le dosage de l'albumine peut se faire par la méthode optique, au moyen du polarimètre; ce procédé ne donne pas des résultats exacts, soit que les diverses albumines urinaires n'aient pas toutes le même pouvoir rotatoire, soit que l'on ne puisse pas affirmer *à priori* que l'albumine soit la seule substance optiquement active dans une urine. D'ailleurs plusieurs polarimètres, notamment ceux qui sont fondés sur la compensation du quartz ne sauraient fournir pour l'albumine de mesures bien exactes. Il faut donc entièrement renoncer à ces instruments lorsqu'il s'agit de déterminer de petites quantités d'albumine.

La seule méthode qui permette de doser exactement cette substance est celle des pesées. On prend de 20 à 50 centimètres cubes d'urine suivant l'abondance du coagulum obtenu dans un essai préalable; on ajoute de l'eau dans le cas où l'urine chauffée seule se prenait en masse; on place l'urine étendue ou non dans un vase de verre puis on la chauffe lentement au bain marie. Dès qu'on approche de l'ébullition, on ajoute 3 à 4 gouttes d'acide acétique. L'albumine se coagule bientôt en gros flocons. On maintient la liqueur pendant quelques instants à 100° et l'on jette le tout sur un filtre sans plis. On lave le précipité à l'eau bouillante, puis à l'eau acidulée d'acide nitrique, à l'alcool, enfin à l'éther. On enlève ainsi le mieux possible les sels entraînés et les graisses, s'il en existait dans la liqueur, mais surtout on arrive à faire contracter tellement les flocons albumineux qu'on peut les réunir et les détacher très-aisément du papier. On les place dans un verre de montre taré, on les sèche à 115° et on les pèse.

M. Méhu [*Arch. gén. de méd.*, mars 1869] coagule l'albumine à froid par un mélange d'*acide phénique cristallisé* 1 p.; *acide acétique du commerce* 1 p.; *alcool à 90 cent.* 2 p. Cent grammes d'urine sont d'abord additionnés de 2 gouttes d'acide acétique et filtrés. Dans la liqueur on ajoute 2 centimètres cubes d'acide azotique et l'on verse 10 centimètres cubes de la solution phénique ci-dessus. On agite vivement, on recueille sur un filtre, on lave, opération facile et rapide, dans ce cas; on sèche et l'on pèse comme il est dit ci-dessus. La présence d'une grande quantité de substances minérales, d'urates ou de sucre ne s'oppose pas à l'emploi de ce procédé.

Dosage du glucose dans l'urine. — *a. Par le polarimètre.* — On doit s'assurer d'abord que l'urine n'est pas albumineuse. Si elle l'était, il faudrait séparer l'albumine par coagulation à chaud comme il vient d'être dit. Si la liqueur était trop foncée, on pourrait la décolorer en la portant à l'ébullition avec un peu de charbon animal. Cela fait, si l'on se sert d'un polarimètre gradué en degrés tels que ceux de Wild ou de Laurent, après avoir amené l'instrument au 0° par les moyens connus, on verse dans le tube de l'appareil l'urine à examiner. On fait ensuite tourner l'alidade de l'instrument de Wild jusqu'à ce que les franges colorées disparaissent, ou, si l'on emploie l'instrument de Laurent, jusqu'à ce que les deux demi-disques que l'on aperçoit dans le champ de la lunette présentent le même éclairement. Soit d le nombre de degrés dont il a fallu tourner cette alidade; l la longueur en millimètres du tube à urine, x la quantité en grammes de glucose par litre d'urine; en opérant avec la lumière jaune du sodium ou du gaz salé, on a pour x:

$$x = 1505^{gr},6\ \frac{d}{l}$$

b. Par une solution alcaline titrée d'oxyde cuivre. — On a dit (voyez Saccharimétrie, t. III, p. 66) comment on dosait par le réactif cupro-potassique titré le glucose des sirops ou des liquides sucrés. Nous ne donnerons donc ici que quelques détails plus spécialement relatifs aux urines.

Le réactif cupro-potassique dont on se sert pour ce cas spécial doit être tel qu'il soit réduit immédiatement par l'urine; chaque goutte d'urine sucrée, versée dans le réactif bouillant doit donner un précipité dense d'oxydule. La réaction est ainsi rapide, et d'autres substances que le glucose n'ont pas le temps de réduire sensiblement la liqueur cuprique. Nous la préparons comme il suit :

1° On dissout $34^{gr},64$ de sulfate de cuivre cristallisé dans 140 centimètres cubes d'eau distillée; 2° On dissout 187 grammes de sel de Seignette dans la plus petite quantité d'eau possible et l'on ajoute à cette solution 500 centimètres cubes de lessive de soude caustique à 24° Baumé (densité = 1,20). On verse lentement la première solution dans la seconde en agitant constamment jusqu'à ce que le tout précipité soit redissous. On ajoute de l'eau distillée pour faire 1 litre. Cette solution, après avoir été conservée 3 à 4 mois dans l'obscurité, ne change plus de titre et peut être alors utilement et définitivement dosée.

Pour cela on dissout $4^{gr},75$ de sucre candi sec et pur dans 200 centimètres cubes d'eau et on les intervertit par ébullition avec 1 à 2 centimètres cubes d'acide chlorhydrique. On maintient la solution pendant 8 à 10 minutes à 60 ou 80°; puis on sature par la potasse et on fait de cette liqueur 500 centimètres cubes. Cette solution contient 10 milligrammes de sucre interverti par centimètre cube.

Pour faire un dosage de glucose dans l'urine, on étend celle-ci en général de 3 à 5 fois son volume d'eau avant de la verser goutte à goutte dans le réactif cupro-potassique bouillant et étendu; si un essai préliminaire indiquait que l'urine est très-riche en glucose, il faudrait l'étendre de 10 et même 20 fois son volume d'eau.

Certains corps partagent avec le glucose, la propriété de réduire le réactif cuprique, mais la plupart le font seulement quand on prolonge l'ébullition. Tels sont la leucine, l'allantoïne, la créatinine, la créatine, le chloroforme, l'acide urique, etc. D'autres substances, au contraire, masquent la réduction du réactif cuprique; ce sont l'albumine, la plupart des matières colorantes, l'acide oxalurique, etc. Il est toujours nécessaire de coaguler au préalable l'albumine urinaire par la chaleur.

c. Dosage du sucre par fermentation. — On ne peut recommander cette méthode. Elle a du reste été exposée dans l'article qui a trait au dosage des Sucres.

Recherche et dosage de l'inosite. — L'inosite est souvent accompagnée dans l'urine par l'albumine et le sucre. Pour la doser il faut enlever préalablement l'albumine par coagulation après avoir acidulé la liqueur. Lorsque dans une urine riche en inosite, on verse quelques gouttes d'une solution de mercure dans le double de son poids d'acide azotique, on obtient à chaud une coloration rose qui pâlit ou disparaît à froid. S'il y a du glucose, il se forme un précipité noir; avant tout on devra, dans ce cas, enlever le sucre par fermentation.

Pour doser l'inosite, on commence par évaporer l'urine et on épuise par l'alcool; le résidu insoluble dans l'alcool froid est soumis à la température de 36°, durant 48 heures, à l'action de la levûre de bière qui détruit par fermentation les traces de glucose que l'alcool a pu ne pas dissoudre. La liqueur est alors traitée par le sous-acétate plombique et le précipité, lavé à l'eau, est décomposé par l'hydrogène sulfuré. On filtre, on lave, on abandonne durant 24 heures pour laisser se séparer un peu d'acide urique, on concentre et l'on additionne enfin la liqueur de 4 à 5 fois son volume d'alcool bouillant à 90° centigrades. On filtre alors de nouveau et l'on ajoute au liquide filtré la moitié de son volume d'éther. L'inosite se sépare bientôt soit en flocons, soit en cristaux qu'on lave à l'alcool froid et à l'éther; on les sèche et on les pèse.

Détermination de quelques corps rares qui peuvent se trouver dans les urines. — Un certain nombre de substances organiques diverses peuvent être contenues en minime quantité dans les urines normales ou pathologiques. Nous donnons ici des moyens de les déterminer plutôt que de les doser.

a.— Acides acétique, butyrique, formique, acides lactiques, hippurique, succinique; acides biliaires. — Tous ces acides peuvent se trouver à la fois dans les urines. Voici comment on peut opérer pour leur recherche. On rend la liqueur faiblement alcaline et on l'évapore au sixième de son volume; on l'introduit alors dans une petite cornue, on acidule légèrement par de l'acide phosphorique et l'on distille; les *acides gras volatils* passent dans le récipient avec la vapeur d'eau.

Le résidu est repris par de l'éther froid. Ce dissolvant enlève: (x) les acides lactique, succinique et hippurique, et laisse : (y) les acides biliaires.

La solution (x) évaporée, est reprise par l'eau tiède et mise en digestion avec de l'hydrate de plomb récemment préparé. Le précipité est introduit dans une éprouvette avec 4 à 5 volumes d'alcool et fréquemment agité. Le lactate de plomb se dissout; l'hippurate et le succinate restent insolubles. Les acides hippurique et succinique privés d'oxyde de plomb par l'hydrogène sulfuré, et transformés en sels de baryum, peuvent être eux-mêmes séparés de leur solution aqueuse, grâce à la solubilité de l'hippurate de baryum dans l'alcool qui précipite le succinate.

Les acides biliaires peuvent être séparés du résidu (y) saturé par la soude, ou mieux directement extraits de l'urine elle-même de la façon suivante : on dessèche l'urine au bain-marie, on épuise avec de l'alcool fort, on évapore la solution alcoolique et l'on traite le résidu par l'alcool absolu qui ne dissout pas les sels biliaires. Ce qui reste est dissous dans l'eau, et la solution est précipitée par du sous-acétate plombique. Ce précipité, lavé à l'eau, est trituré et mis à digérer avec de l'alcool chaud, qui dissout la combinaison plombique des acides biliaires. Si l'on veut constater qualitativement leur présence, il suffira d'évaporer cette solution avec un petit excès de carbonate de sodium, de reprendre par l'alcool absolu et de dessécher la solution alcoolique. Le résidu, traité par l'acide sulfurique dilué de 4 fois son poids d'eau et additionné de quelques gouttes d'une solution concentrée de sucre, se colore, à une douce chaleur, en beau violet pourpre si les acides biliaires existaient dans l'urine primitive.

b.— Allantoïne. L'urine est d'abord précipitée par un mélange de nitrate de baryum et d'eau de baryte, et la liqueur filtrée, neutralisée par l'acide nitrique, est concentrée et traitée par l'azotate de mercure en solution neutre. Le précipité est lavé et décomposé par l'hydrogène sulfuré.

La solution est concentrée et mélangée avec une solution ammoniacale de nitrate d'argent.

Le précipité lavé, mis en suspension dans l'eau, est traité par l'hydrogène sulfuré. La liqueur filtrée et concentrée laisse cristalliser l'allantoïne.

c.— Leucine et tyrosine. — L'urine est évaporée et le résidu est lavé à l'alcool froid à 70° centigrades et à l'éther. On le reprend alors par le même alcool bouillant qui dissout la leucine et laisse la tyrosine.

Cette solution concentrée, abandonnée dans un lieu froid, donne des cristaux de leucine impure que l'on purifie comme il est dit à l'article Leucine (t. II. p. 217).La tyrosine restée insoluble est extraite du résidu par une lessive étendue de soude. Cette solution saturée par de l'acide nitrique est précipitée par l'acétate basique de plomb, le liquide filtré, privé de plomb par l'hydrogène sulfuré, puis concentré, laisse déposer peu à peu la tyrosine cristallisée.

d. — Xanthine, hypoxanthine. Il faut, pour rechercher ces substances, agir sur 40 à 60 kilogrammes d'urine à la fois Après les avoir concentrés au sixième du volume primitif, on précipite la liqueur par de l'eau de baryte mêlée de chlorure de baryum; on concentre de nouveau, on sépare la majeure partie des sels par cristallisation. Le volume étant réduit encore de moitié, on ajoute de l'acétate de cuivre et l'on fait bouillir. Le précipité est lavé avec soin; on le redissout à chaud dans un peu d'acide nitrique et l'on ajoute une solution d'azotate d'argent : la xanthine et l'hypoxanthine se précipitent à l'état de combinaison argentique. On les sépare grâce à la solubilité du premier à chaud. Il suffit, après lavé ces deux composés à l'eau ammoniacale, de les mettre en suspension dans l'eau bouillante, et de les décomposer par l'hydrogène sulfuré, pour obtenir des solutions d'où la xanthine et l'hypoxanthine se déposent à froid.

e. — Acide oxalurique. Neubauer extrait de l'urine l'oxalurate d'ammonium qu'il dit y exister, en filtrant sur une longue colonne de noir animal de grandes quantités d'urine, déjà filtrée sur le papier. Le charbon est repris ensuite par de l'alcool bouillant, celui-ci est distillé, le résidu est traité par de l'eau, et la solution évaporée. L'oxalurate d'ammonium cristallise en aiguilles pyramidées réunies en faisceaux [*Bull. de la Soc. chim.*, t. XII, p. 159].

Dosage de l'azote urinaire total. — On introduit dans un petit mortier de porcelaine, placé lui-même sur un bain-marie, dix grammes environ de plâtre sec, après l'avoir mêlé avec $0^{gr},5$ d'acide oxalique. On mesure alors avec une pipette 5 centimètres cubes d'urine que l'on fait tomber goutte à goutte et lentement sur le plâtre en agitant avec une baguette de verre. L'urine se dessèche ainsi très-rapidement sans perdre d'azote sous forme volatile. Lorsque le tout est sec, on procède au au dosage de l'azote dans ce résidu gypseux. au moyen de la chaux sodée comme on le ferait pour une substance azotée quelconque (voyez t. I, p. 291).

En général, l'azote total des urines ne peut être dégagé complètement par la chaux sodée, sous forme d'ammoniaque que si l'on mène la combustion avec une grande lenteur.

Il ne faut pas oublier que l'azote des azotates et

des corps nitrés ne peut être ainsi dosé par ce procédé et que dans certains cas spéciaux il faudra recueillir et mesurer l'azote sous forme de gaz en brûlant le précédent mélange avec de l'oxyde de cuivre. La différence des deux dosages donnera l'azote correspondant aux nitrates, nitrites et corps nitrés.

Dosage des gaz de l'urine. — *L'acide carbonique* libre se dose comme on l'a dit plus haut en parlant des matières minérales.

L'oxygène et l'azote dissous peuvent être recueillis par la pompe à mercure et mesurés en suivant les procédés que nous avons indiqués à propos des gaz du sang (voyez t. II, p. 1429). L'urine étant introduite dans le tube vide A, B (fig. 576, p. 1429), l'on ouvre légèrement le robinet B, le bec E de l'appareil plongeant dans une solution faible d'acide tartrique. On acidifiera ainsi l'urine déjà introduite en D, et l'on recueillera par la pompe à mercure la totalité de l'acide carbonique libre ou combiné.

Il ne faut pas oublier que les azotates normaux du liquide urinaire peuvent, sous l'influence des ferments, donner dans les urines que l'on conserve quelque temps, du protoxyde d'azote et de l'azote qui se dissolvent dans la liqueur et se dégagent dans le vide.

[Voyez sur le dosage volumétrique de l'oxygène des urines Freire, *Compt. rend.*, t. LXXXI, p. 229].

A. G.

URINILIQUE (ACIDE), $C^8H^7Az^7O^6$ [Sokoloff, *Zeitsch. f. Chem.*, 1869, p. 78; *Bull. de la Soc. chim.*, 1869, t. XII, p. 155]. — Lorsqu'on fait passer un courant d'acide azoteux dans de l'eau tenant en suspension de l'acide urique (acide 1 p., eau 4), jusqu'à ce que l'acide soit à peu près dissous, on observe un dégagement d'acide carbonique et d'azote, et la solution, évaporée à moitié, laisse déposer une poudre cristalline, peu soluble; les eaux mères retiennent de l'acide oxalique.

On fait recristalliser la portion peu soluble dans l'eau bouillante; elle est constituée par l'acide uriniliqué, qui se présente sous la forme de prismes incolores, gros et courts.

L'acide urinilique est un acide tribasique; il se dissout dans les alcalis et dans les carbonates alcalins, et en est précipité par l'acide chlorhydrique. Il se dissout dans l'eau chaude sans dégagement de gaz; par le refroidissement, on voit se déposer des aiguilles aplaties d'un nouvel acide.

Le *sel d'argent*, $C^8H^5Az^7O^6.Ag^2$, forme un précipité blanc, pulvérulent, brunissant par l'action de l'eau bouillante ou de la lumière.

Le *sel triargentique* est gélatineux et noircit très-vite.

Le *sel de baryum*, $(C^8H^4Az^7O^6)^2Ba^3$, forme un précipité cristallin, anhydre, très-peu soluble dans l'eau bouillante.

Le *sel de cadmium*, $(C^8H^4Az^7O^6)^2Cd^3+6H^2O$, est une poudre cristalline blanche.

Le *sel de potassium*, $C^8H^5Az^7O^6.K^2$, cristallise dans l'eau en gros prismes incolores, solubles dans l'eau froide, insolubles dans l'alcool.

En traitant l'acide urique par l'azotite de potassium et l'acide acétique, M. Gibbs a obtenu d'autres résultats. Il décrit comme formé dans cette action un acide qu'il appelle *acide stryphnique* à cause de son amertume; nous en ferons ici l'histoire.

Acide stryphnique, $C^4H^3Az^5O^2$ [Gibbs, *Sillim. Amer. Journ.*, t. XLVIII, p. 215; *Bull. de la Soc. chim.*, 1870, t. XIII, p. 182]. — On obtient le sel potassique de cet acide en ajoutant de l'acide urique à une solution d'azotite de potassium en présence d'acide acétique; il se sépare après concentration au bain-marie de la liqueur.

L'acide stryphnique est en cristaux grenus, jaune pâle, solubles dans l'eau bouillante; sa saveur est amère, sa réaction est légèrement alcaline. La quantité de cet acide ne s'élève qu'à 4 ou 5 % de l'acide urique mis en réaction; il se forme en même temps de l'oxalate de potassium et de l'allantoïne.

Les *stryphnates* sont solubles dans l'eau bouillante, sauf le sel de plomb. Ils forment de fines aiguilles jaunâtres. Le sel d'argent cependant est gélatineux; le sel de plomb est une poudre cristalline. L'auteur a préparé les sels suivants :

$$C^4H^2Az^5O^2.K \text{ (séché à } 100^\circ\text{)};$$
$$C^4H^2Az^3O^2.Na+2H^2O \text{ (à } 100^\circ\text{)};$$
$$(C^4H^2Az^5O^2)^2Ba+2H^2O;$$
$$(C^4H^2Az^5O^2)^2Sr+6H^2O;$$
$$(C^4H^2Az^5O^2)^2Ca+2H^2O;$$
$$(C^4H^2Az^5O^2)^2Mg+6H^2O;$$
$$(C^4H^2Az^5O^2)^2Pb;$$
$$(C^4H^2Az^5O^2)^2Pb, PbO+3H^2O.$$

L'amalgame de sodium, le magnésium, le zinc et l'acide chlorhydrique attaquent l'acide stryphnique; la solution devient jaune, puis orange et laisse déposer des cristaux cramoisis, dont on n'a pas eu une quantité suffisante pour l'analyse.

E. G.

URIQUE (ACIDE) $C^5H^4Az^4O^3$. — L'acide urique a été découvert dans les calculs vésicaux par Scheele, qui l'appela acide lithique. Ses expériences furent confirmées par Bergman. L'étude de l'acide lithique fut reprise par Pearson, qui nia sa nature acide et l'appela oxyde urique. Fourcroy consacra de longues recherches à cette question; reconnaissant la nature acide du nouveau corps et adoptant l'expression de Pearson, il choisit la dénomination d'acide urique, qui a été généralement employée. Fourcroy et Vauquelin le signalèrent comme partie principale des excréments d'oiseaux et firent les premiers l'analyse du guano. Vauquelin reconnut également la nature des excréments de serpents, presque entièrement formés d'urates. Brugnatelli a rencontré cet acide à l'état d'urate d'ammonium dans les matières excrémentielles de la phalène du ver à soie. Garrod a trouvé de l'acide urique dans le sang après l'extirpation des reins, dans le sang des goutteux et dans celui des malades atteints de la maladie de Bright.

La composition de l'acide urique a été établie par Liebig et les recherches postérieures n'ont fait que confirmer la formule qu'il a établie.

Quant à l'histoire de ses métamorphoses, elle fut longtemps rudimentaire et obscure : Scheele et Bergman, avaient reconnu la propriété que possède sa solution nitrique de se colorer en rouge par l'évaporation. Scheele avait désigné sous le nom d'acide pyro-urique le sublimé blanc que fournit l'acide urique, et qui fut étudié par plusieurs savants; Wöhler en reconnut la nature et montra que c'est de l'acide cyanurique.

William Henry étudia les caractères physiques de l'acide urique, sa solubilité, et fit connaître les urates . En 1817, Brugnatelli découvrit un composé, l'acide érythrique, qu'on ne put de longtemps reproduire, et qui n'est autre que l'alloxane. A la même époque Prout découvrait les purpurates et désignait sous le nom d'acide purpurique le corps qui fut appelé plus tard murexane. Mais ces faits demeurent isolés et n'ajoutent que peu de chose à l'histoire de l'acide urique. Pour constater un vrai progrès il faut arriver à 1836, époque à laquelle Liebig et Wöhler publièrent leurs magnifiques recherches sur les dérivés de l'acide urique.

Depuis, l'acide urique et ses dérivés ont été l'objet d'un grand nombre de travaux, dont nous citerons les auteurs soit dans le cours de cet article, soit à l'article Urique (dérivés de l'acide). [Scheele, *Mémoires de Chimie*, traduction française; Dijon, 1785, t. I, page 199. — Bergman. — Fourcroy, *Ann. de Chim.*, t. VII. p. 188, t. XVI. p. 115, t. XXX, p. 58. — Pearson, Mémoire analysé par Fourcroy, *Ann. de Chim.*, t. XXVII, p. 125. — Fourcroy et Vauquelin, *même recueil*, t. XXXII, p. 216 et t. LVI, p. 258. — Brugnatelli, *même recueil* t. XCVI, p. 55. — William Henry, *in Chim.* de Thomson, 1re édition française, 1809, t. IX, p. 86. — Brugnatelli, *Ann. de Chim. et de Phys.* 1818. t. VIII, p. 201. — Prout. *ibid.*, 1818. t. VIII, p. 204. — Liebig, *ibid.*, 1834, t. LVI, p. 56. — Wöhler, *ibid.*, 1830, t. XLIII, p 64. — Liebig et Wöhler, *ibid.* 1836, t. LXVIII, p. 225].

Préparation de l'acide urique. — Tous les procédés de préparation de l'acide urique sont fondés sur sa solubilité dans la potasse, et la précipitation de la solution par un acide. C'est ainsi qu'on l'a retiré longtemps des calculs urinaires. Mais si l'on emploie les excréments des oiseaux, la potasse dissout aussi des matières colorantes qui se précipitent avec l'acide urique, lorsque la solution est additionnée d'un acide. Pour le purifier, Braconnot évaporait la solution potassique jusqu'à consistance de bouillie, lavait l'urate neutre avec de l'eau froide, le comprimait fortement, puis le faisait dissoudre dans l'eau bouillante. Il séparait le précipité d'urate obtenu par le refroidissement, le redissolvait dans l'eau, le précipitait par l'acide chlorhydrique [Braconnot, *Ann. de Chim. et de Phys.*, t. XVIII, p. 392].

Pour retirer l'acide urique des excréments des serpents, Dellfs fait bouillir ceux-ci avec un poids égal de potasse caustique étendue de 14 parties d'eau, et filtre directement la solution chaude dans un mélange de 2 p. d'acide sulfurique et de 8 p. d'eau, la liqueur acide étant constamment agitée. On lave par décantation le précipité qui est d'autant moins volumineux qu'il s'est formé dans une liqueur plus chaude [Dellfs, *Poggend. Ann.*, t. LXXI, p. 311].

Généralement, on extrait l'acide urique des excréments de serpents. M. Bensch a indiqué le procédé suivant, qui donne de bons résultats. Les excréments pulvérisés sont dissous dans une solution formée de 1 partie de potasse pour 20 parties d'eau et la solution est maintenue à l'ébullition jusqu'à disparition de toute odeur ammoniacale. Dans la liqueur filtrée, on dirige un fort courant d'acide carbonique jusqu'à ce que le précipité, d'abord gélatineux, ait pris un aspect grumeleux et tombe au fond du liquide. Ce précipité est de l'urate acide de potasse. Ce sel, lavé à l'eau froide jusqu'à ce que l'eau de lavage soit troublée par le liquide qui a filtré d'abord, est ensuite dissous dans une solution diluée de potasse, et la solution bouillante est précipitée par l'acide chlorhydrique. [Bensch, *Ann. de Chem. u Pharm.* t. LIV, p. 189, et *Annuaire de Chim., de Millon*, 1846, p. 392.]

Ce procédé est également applicable à l'extraction de l'acide urique des calculs urinaires, de la fiente des poules et des pigeons. Dans ce cas cependant, il vaut mieux, suivant Bœttger et Landerer, employer le borax, parce qu'il dissout moins de matières animales que la potasse. [Bœttger, *Neu. Arch. von Brandes*, t. IX, p. 132. — Landerer, *Journ. de Pharm. et de Chim.*, (3), t. XIX, p. 439.]

On peut aussi retirer l'acide urique du guano. Le procédé suivant, également dû à Bensch, fournit 2 1/4 kilog. d'acide urique pour 100 kilog. de guano.

On fait bouillir le guano pendant plusieurs heures avec du carbonate de potassium, de la chaux éteinte et une quantité d'eau suffisante. On filtre à travers une toile et l'on concentre la solution jusqu'à ce qu'elle se prenne en un mélange épais. Ce dernier est jeté, encore chaud, sur une toile et soumis à l'action de la presse.

Le gâteau, délayé dans l'eau chaude, est décomposé par l'acide chlorhydrique, et l'acide impur qui se précipite est bien lavé. On le dissout ensuite dans la potasse caustique faible, et on concentre le tout jusqu'à ce que la liqueur bouillante se prenne en une masse que l'on comprime de nouveau.

L'urate de potassium ainsi obtenu est délayé dans le double de son volume d'eau; on porte le mélange à l'ébullition en remuant constamment et on l'exprime de nouveau rapidement. On renouvelle cette opération deux ou trois fois; pendant l'ébullition, la masse se gonfle beaucoup, ce qui nécessite une agitation continuelle pour empêcher qu'elle ne brûle sur les parois de la chaudière.

Quand on a obtenu l'urate de potassium incolore, on le dissout enfin dans de l'eau bouillante contenant un peu de potasse caustique, et on verse la solution chaude dans de l'acide chlorhydrique. On obtient ainsi de l'acide urique parfaitement blanc et pur [Bensch, *Ann. de Chem. u Pharm.* t. LVIII, p. 266, et *Rev. scient.* 1846, t. XXV. p. 244].

A l'époque où les couleurs de murexide ont reçu des applications industrielles, on a cherché à retirer l'acide urique du guano par un procédé facile. Le suivant est dû à M. Broomann.

On épuise à chaud le guano par l'acide chlorhydrique étendu, on laisse déposer les matières insolubles, on soutire le liquide obtenu et encore tiède avec lequel on traite de la même manière de nouvelles portions de guano jusqu'à ce que l'acide soit à peu près saturé. L'acide a dissous le carbonate et l'azotate d'ammonium, les phosphates de calcium et de magnésium, le phosphate ammoniaco-magnésien, le carbonate de calcium, une certaine quantité d'azotate de calcium.

Le résidu insoluble dans l'acide chlorhydrique est traité par de nouvelles quantités de cet acide, puis lavé, égoutté et séché. Il renferme surtout de l'acide urique, mêlé de sable, d'argile, de sulfate de calcium, et de matières organiques. Tel qu'il est, ce résidu qui constitue 30 °/o du poids du guano et ne renferme qu'un dixième d'acide urique a pu être employé à la fabrication de la murexide; mais il vaut mieux en retirer l'acide urique. A cet effet, on introduit dans une chaudière de cuivre, le résidu de 100 kilogrammes de guano avec 360 ou 400 litres d'eau contenant en solution 4 kilogrammes de soude caustique et on chauffe à l'ébullition pendant une heure en agitant continuellement; on ajoute ensuite un lait de chaux préparé avec un kilogramme de chaux caustique, on brasse bien et on fait encore bouillir pendant 4 ou 5 heures. La chaux précipite les matières étrangères, tandis que l'urate de sodium reste en dissolution. Lorsque le liquide est clair, on le décante encore tiède et on le fait arriver dans l'acide chlorhydrique. On lave le précipité d'acide urique.

Quant au résidu séparé de l'urate de sodium et resté dans la chaudière, on le traite de nouveau par la soude en présence de chaux.

L'acide urique ainsi obtenu est encore jaune et renferme de 4 à 5 °/o de substances étrangères. [*Répert. de chim. appl.*, t. I, p. 79.]

Pour purifier l'acide urique préparé au moyen du guano, Gibbs le dissout dans un grand excès de potasse, ajoute une quantité de bichromate de potassium égale à 5 °/o environ du poids de l'acide urique, fait bouillir pendant quelques minutes, étend la solution d'un égal volume d'eau, l'agite vivement avec du noir animal, et la filtre. En ajoutant alors de l'acide chlorhydrique, on sépare de l'acide urique possédant encore une faible teinte jaunâtre. Après l'avoir laissé reposer, on décante l'eau mère et l'on fait bouillir l'acide avec l'acide chlorhydrique concentré jusqu'à ce qu'il devienne parfaitement blanc, et se dissolve dans la potasse sans la colorer. Ce procédé permet de purifier en une heure un kilogramme d'acide urique brut. [Gibbs, *Sillim. Amer. Journ.* (2) T. XLVIII, p. 215). et *Bull. de la Soc. chim.*, 1870, t. XIII, p. 171].

Propriétés. — L'acide urique sec renferme

$$C^8H^4Az^4O^3,$$

mais lorsqu'on mélange une dissolution froide et très-étendue d'urate alcalin avec un acide, et qu'on abandonne le mélange dans un endroit froid, il se dépose un hydrate d'acide urique, en cristaux dendritiques et renfermant

$$C^5H^4Az^4O^3,2H^2O.$$

Cet hydrate perd peu à peu son eau à la température ordinaire, et rapidement par l'action de la chaleur [Fritzsche, *Rapp. ann. de Berzélius* 1840, p. 330]. Par l'addition d'acide chlorhydrique à la solution d'un urate, l'acide urique se précipite à l'état d'une masse gélatineuse qui, par une douce chaleur, se convertit en paillettes ne renfermant pas d'eau de cristallisation.

L'acide urique sec est en paillettes satinées, d'un blanc éclatant, sans odeur et sans saveur. Il est peu soluble dans l'eau bouillante, presque insoluble dans l'eau froide. Il exige pour se dissoudre, de 1800 à 1900 parties d'eau bouillante et à 10°, 14000 à 15000 parties. [Bensch, *Mémoire cité.*]. La solution aqueuse rougit le papier de tournesol.

L'acide chlorhydrique le dissout un peu mieux que l'eau pure; l'alcool et l'éther ne le dissolvent pas.

M. Lipowitz a examiné la solubilité de l'acide urique dans divers sels. L'acétate de potassium en dissout à l'ébullition une assez forte proportion qui se sépare par le refroidissement. De même le lactate de sodium en dissout, à 35°, une certaine quantité qui se sépare à une plus basse température. Certains sels alcalins basiques dissolvent l'acide urique, mais alors il se convertit en urate; tels sont le bicarbonate de potassium, le borax, le phosphate de sodium [Lipowitz *Ann. der Chem. et Pharm.* t. XXXVII, p. 348, et *Rapp. ann. de Berzélius,* 1843, p. 324 et 1845, p. 388.) L'acide urique se dissout aussi à chaud dans les solutions de sulfate de potassium et de chlorure de sodium. [Berzélius, *Rapport annuel,* 1847, p. 501].

Par la distillation sèche, il donne une grande quantité d'acide cyanhydrique, de l'urée, du cyanhydrate d'ammoniaque et de l'acide cyanurique (d'abord appelé *acide pyro-urique*). [Wöhler, *Ann. de Chim et de Phys.*, t. XLIII, p. 64, 1830].

Chauffé dans un courant de chlore sec, il donne de l'acide cyanurique et de l'acide chlorhydrique. Un courant prolongé de chlore, transforme l'acide urique en suspension dans l'eau, en alloxane, acide parabanique, acide oxalique, cyanate d'ammonium.

Le brome agit de la même façon; il se forme de l'alloxane et de l'urée, si la température ne s'élève pas pendant la réaction. Dans le cas contraire, il se forme en outre du bromure d'ammonium, de l'acide oxalique et de l'acide parabanique. Avec l'iode, on arrive à des résultats analogues. Seulement comme sa réaction nécessite l'emploi d'une légère élévation de température, il est moins facile de s'arrêter à la production d'alloxane et d'urée [E. Hardy. *Bull. de la Soc. chim.*, 1864; t. I, p. 445].

Quand on chauffe l'acide urique à 160-190°, en vase clos, avec un peu d'eau, il se transforme en une masse jaune, gélatineuse (Liebig); d'après Woehler, cette masse est formée d'urate acide d'ammonium, tandis que Hlasiwetz la regarde comme du mycomélate d'ammonium [Liebig, *Trait. de Chim. organ.*, t. I, p. 206; — Woehler, *Ann. der Chem. u. Pharm.*, t. CIII, p. 117; — Hlasiwetz, *ibid.*, t. CIII, p. 200].

L'acide chlorhydrique concentré est presque sans action sur l'acide urique, même par une longue ébullition; on ne trouve dans la liqueur que des traces de sel ammoniac [Staedeler, *Ann. der Chem. und Pharm.*, t. LXXVIII, p. 286, et *Ann. de Chim. et de Phys.* (3) t. XXXIV. p. 487. L'acide sulfurique concentré le dissout; sa solution chaude dépose par le refroidissement de gros cristaux d'une combinaison renfermant :

$$C^5H^4Az^4O^3,4SO^4H^2;$$

elle est fort déliquescente et est immédiatement décomposée par l'eau (Fritzsche).

Suivant Lœwe, la composition de ce corps correspond à la formule $C^5H^4Az^4O^3,2SO^4H^2$. Il fond entre 60-70°. Chauffé à 110-115°, il se colore en jaune, dégage de l'acide sulfureux, et après 12 heures de chauffe se convertit en une masse visqueuse qui se solidifie par le refroidissement en prenant une couleur orangée. Cette masse est soluble dans l'eau bouillante, mais les corps qu'elle renferme n'ont pas été étudiés [Lœwe, *Journ. f. prakt Chem.*, t. XCVII, p. 108; *Bull. de la Soc. chim.*, 1867, t. VII, p. 442].

Lorsqu'on chauffe l'acide urique avec deux fois son poids d'acide sulfurique pendant quelque temps à 130-140°, il se dégage de l'acide sulfureux, de l'acide carbonique, et il arrive un moment où la masse délayée dans l'eau ne fournit plus le dépôt cristallisé d'acide urique. Alors on reprend par l'eau et l'on filtre après 24 heures; la liqueur renferme une matière ulmique, de l'acide urique non altéré, de l'acide hydurilique et un composé $C^5H^4Az^4O^2$, la *pseudoxanthine*. [Schultzen et Filehne, *Deutsch. chem. Gesellsch.* 1868, p. 150, et *Bull. de la Soc. chim*, t. XI, p. 496].

Chauffé en tubes scellés à 160-170° avec de l'acide iodhydrique, l'acide urique donne du glycocolle, de l'acide carbonique et de l'iodure d'ammonium. Le dédoublement consiste en une hydratation, et on peut représenter la réaction par l'équation suivante :

$$\underset{\text{Acide urique}}{C^5H^4Az^4O^3} + 5H^2O = \underset{\text{Glycocolle}}{C^2H^5AzO^2} + 3CO^2 + 3AzH^3$$

[Strecker, *Zeitsch. für Chem.*, 1868, p. 215, et *Bull. de la Soc. Chim.*, t. X., p. 250].

L'acide azotique dissout l'acide urique avec effervescence en donnant un mélange d'alloxane et d'alloxantine, en même temps que de l'urée qui se décompose sous l'influence de l'acide azotique en excès. Par l'ébullition de l'acide urique avec l'acide azotique concentré, l'alloxane et l'alloxantine sont détruites et il se forme de l'acide parabanique. La solution d'acide urique dans l'acide azotique, additionnée d'ammoniaque et légèrement chauffée devient pourpre par suite de la formation de murexide ou purpurate d'ammonium $C^8H^4(AzH^4)Az^5O^6$ (Liebig et Woehler).

Pour caractériser l'acide urique et les urates, on met à profit l'action successive de l'acide azotique et de l'ammoniaque. On chauffe une parcelle d'acide urique avec quelques gouttes d'acide azotique, on évapore à sec, et dans la capsule encore chaude, on ajoute une goutte ou deux d'ammoniaque. Il se développe alors une magnifique couleur pourpre caractéristique et qu'on a regardée comme étant due à du purpurate d'ammonium. Suivant Hardy, la couleur ainsi obtenue n'est pas la vraie murexide, mais un isoalloxanate d'ammonium, $C^4H^2Az^2O^5(AzH^4)^2$, qu'on obtient aussi en chauffant l'alloxane à 215°, et la projetant ensuite dans l'ammoniaque. Cet isoalloxanate d'ammonium paraît identique avec un corps analogue à la murexide, signalé par Grégory en 1840 et différant de la murexide vraie, en ce qu'il est plus soluble dans l'eau et ne précipite pas d'uramile par l'addition d'un acide. [Hardy, *Mém. cit.* — Grégory, *Rev. scient.*, 1840, t. II, p. 19].

Les alcalis dissolvent l'acide urique en donnant des urates neutres. Par l'ébullition avec la potasse, l'acide urique n'est que faiblement attaqué, même après 8 jours d'ébullition. Il se forme en très-petites quantités un nouveau sel, l'*uroxanate de potassium* (Staedeler). — Voyez Uroxanique (acide).

Fondu avec de l'hydrate de potassium, l'acide urique donne un résidu de cyanure mélangé d'oxalate et de carbonate (Gay-Lussac). Lorsqu'on ajoute peu à peu du peroxyde de plomb à l'acide urique mis en suspension dans l'eau et chauffé à 100°, il se forme de l'allantoïne et de l'urée, tandis que de l'acide carbonique se dégage avec effervescence; une portion de l'allantoïne est détruite en même temps, et il se produit de l'oxalate de plomb (Liebig et Wöhler).

Traité en présence de potasse, par le ferricyanure de potassium, l'acide urique donne également de l'allantoïne [Schlieper, *Ann. der Chem. u. Pharm.*, t. LXVII, p. 214; *Ann. de Millon*, 1849, p. 307].

Le permanganate de potassium ajouté à l'acide urique le convertit en acide carbonique et allantoïne : le rendement est théorique et correspond à l'équation :

$$C^5H^4Az^4O^3 + H^2O + O$$
$$= CO^2 + C^4H^6Az^4O^3$$

[Claus et Emde, *Deutsch. chem. Gesellsch.*, t. VII, p. 220; *Bull. de la Soc. chim.*, 1874, t. XXII, p. 160].

Traité par l'acide sulfurique et l'azotite de potassium, l'acide urique donne de l'alloxane, de l'alloxantine et de l'acide parabanique. Si l'on remplace l'acide sulfurique par l'acide acétique, on obtient l'*acide stryphnique*, $C^4H^3Az^5O^2$, et les eaux mères renferment de l'allantoïne [Gibbs, *Sillim Amer. Journ.*, (2), t. XLVIII, p. 215; *Bull. de la Soc. chim.*, 1870, t. XIII, p. 282].

Socoloff est arrivé à d'autres résultats en faisant agir l'acide acétique et l'azotite de potassium sur l'acide urique; il aurait eu un acide tribasique, $C^8H^7Az^7O^6$, l'*acide urinilique* (p. 599) [Socoloff, *Zeitsch. f. Chem.*, 1869, p. 78; *Bull. de la Soc. chim.*, 1869, t. XII, p. 155].

Dosage de l'acide urique. — Voyez Urines, t. III, p. 596.

Urates. — Les urates ont été étudiés par M. Bensch et MM. Bensch et Allan. L'acide urique est bibasique, mais il ne chasse que difficilement l'acide carbonique des carbonates. Les urates sont peu solubles ou insolubles dans l'eau [Bensch, *Ann. der Chem. u. Pharm.*, t. LIV, p. 189; Bensch et Allan, *ibid.*, t. LXVI, p. 181; en extrait, *Ann. de Millon*, 1846, p. 392, et 1848, p. 296].

Urates d'ammonium. — Le *sel neutre* n'est pas connu. Le sel acide, $C^5H^3Az^4O^3, AzH^4$, s'obtient en cristaux aciculaires, lorsqu'on ajoute de l'ammoniaque en excès à de l'acide urique tenu en suspension dans l'eau bouillante. Si l'on traite à froid l'acide urique par un excès d'ammoniaque liquide, et que l'on chauffe le mélange, l'acide urique se prend en une gelée qui après lavage et dessiccation forme une masse blanche, compacte, amorphe, difficilement soluble dans l'eau et présentant également la composition de l'urate acide; 1 p. d'urate acide d'ammonium se dissout à 25° dans 1608 p. d'eau (Bensch).

M. Maly a essayé depuis de préparer l'urate neutre, mais il n'a obtenu que des combinaisons d'urate acide et d'urate neutre. L'une d'elles constitue un *sesquiurate d'ammonium*,

$$C^5H^3Az^4O^3, AzH^4 + C^5H^2Az^4O^3(AzH^4)^2.$$

Ce sel se forme quand on met de l'acide urique dans de l'eau ammoniacale, et qu'après avoir chauffé, on filtre avant dissolution complète. C'est une poudre amorphe, très-peu soluble après qu'elle a été desséchée.

Si l'on ajoute à la solution précédente de l'alcool, il se sépare après 24 heures un sel cristallisé, renfermant 2 molécules de sel acide pour 1 molécule de sel neutre [*Journ. f. prakt Chem.*, t. XCII, p. 10; *Bull. de la Soc. chim.*, 1864, t. II, p. 389].

Urate d'argent. — C'est un précipité blanc, gélatineux, obtenu avec l'urate acide de potassium et l'azotate d'argent. Il noircit promptement. L'ammoniaque le dissout.

Lorsqu'on ajoute du nitrate d'argent à une solution ammoniacale d'acide urique contenant en même temps un sel minéral, tels que les nitrates, chlorures ou sulfates des métaux alcalins ou alcalino-terreux, il se forme des précipités floconneux, grisâtres; ces composés constituent des urates doubles très-riches en argent, qui se distinguent de l'urate d'argent par leur faible solubilité dans l'eau ammoniacale [R. Maly, *Ann. der Chem. u. Pharm.*, t. CLXV, p. 315; *Bull. de la Soc. chim.*, t. XIX, p. 559].

Urates de baryum. — *Sel acide*,

$$(C^5H^3Az^4O^3)^2Ba + 2H^2O.$$

— Poudre blanche, insoluble dans l'eau et l'alcool, qu'on obtient en traitant une solution bouillante d'urate acide de potassium par du chlorure de baryum. Le carbonate de baryum, bouilli avec l'acide urique, laisse dégager beaucoup d'acide carbonique.

Sel neutre, $C^5H^2Az^4O^3.Ba$. — Précipité grenu à réaction alcaline, soluble dans 2700 p. d'eau bouillante et 7900 p. d'eau froide. Il se prépare comme le sel correspondant de strontium. — Voyez plus loin.

Urates de calcium — *Sel acide*,

$$(C^5H^3Az^4O^3)^2Ca + 2H^2O.$$

On l'obtient en ajoutant une solution de chlorure de calcium à une solution bouillante d'urate acide de potassium. Il se forme un précipité blanc, amorphe. Si l'urate de potassium est légèrement alcalin, il se sépare des aiguilles groupées en mamelons.

L'urate acide de calcium est très-peu soluble; il exige 603 p. d'eau froide et 276 p. d'eau bouillante. Le chlorure de calcium augmente sa solubilité.

Sel neutre, $C^5H^2Az^4O^3.Ca$. — On fait tomber goutte à goutte une solution d'urate neutre de potassium dans une solution bouillante de chlorure de calcium, jusqu'à ce que le précipité qui se redissout d'abord, commence à devenir persistant, puis on fait bouillir le liquide pendant une heure. Le sel se dépose à l'état de grains qui séchés à 100° sont anhydres. Il se dissout dans 1500 p. d'eau froide et dans 1440 p. d'eau bouillante.

Urate de cuivre. — C'est un précipité vert, qui brunit par l'ébullition avec l'eau.

Urates de magnésium. — Le *sel acide*,

$$(C^5H^3Az^4O^3)^2Mg + 6H^2O.$$

— On l'obtient en mélangeant de l'urate acide de potassium avec du sulfate de magnésium. La liqueur chaude reste limpide pendant plusieurs heures, puis laisse déposer une masse de cristaux mamelonnés, d'un aspect soyeux. Recristallisés dans l'eau bouillante, ils se séparent sous forme d'une masse de cristaux aciculaires qui se dessèchent en une poudre blanche légère. Le sel se dissout dans 150 à 170 p. d'eau bouillante et dans 3500 à 4000 p. d'eau froide. A 170°, il perd 19,2 % d'eau. Le *sel neutre* de magnésium n'est pas connu.

URATES DE PLOMB. — *Sel acide,*

$$(C^5H^3Az^4O^3)^2Pb.$$

— Précipité blanc formant, après dessiccation, une poudre friable, insoluble dans l'eau et l'alcool, et qu'on obtient en traitant une solution saturée d'urate acide de potassium par un excès d'acétate neutre de plomb.

Sel neutre, $C^5H^2Az^4O^3.Pb$. — On fait tomber goutte à goutte une solution étendue d'urate neutre de potassium dans une solution étendue et bouillante d'azotate de plomb ; il se forme d'abord un précipité jaune que l'on sépare par le filtre ; en ajoutant de nouvel urate à la liqueur, on obtient un précipité lourd, amorphe, blanc et se lavant aisément. Ce sel est entièrement insoluble dans l'eau et dans l'alcool. Chauffé à 160°, il n'est pas altéré.

URATES DE POTASSIUM. — *Sel acide,*

$$C^5H^3Az^4O^3.K.$$

— On le prépare en traitant l'urate neutre ou une solution d'acide urique dans la potasse par un courant d'acide carbonique ; on lave le précipité à l'eau froide et on le reprend par l'eau bouillante.

Il se sépare pendant le refroidissement en flocons qui se dessèchent en une masse amorphe. Il se dissout dans 70 à 80 p. d'eau bouillante et dans 780 à 800 p. d'eau froide ; il est insoluble dans l'alcool. Il n'absorbe pas l'acide carbonique.

Sa solution est neutre ; elle est précipitée par le sel ammoniac, les sels de baryum, de plomb, d'argent et les bicarbonates alcalins ; elle ne donne pas de précipité avec le sulfate de magnésium.

Sel neutre, $C^5H^2Az^4O^3.K^2$. — On sature à froid une solution étendue de potasse, exempte de carbonate, par de l'acide urique délayé dans l'eau, puis on concentre la solution par l'ébullition dans une cornue (pour éviter l'acide carbonique de l'air). Quand la liqueur est suffisamment concentrée, le sel se dépose en fines aiguilles ; on décante, après quelques instants, la partie liquide, et on lave les cristaux d'abord avec de l'alcool faible, puis avec de l'alcool plus fort.

L'urate neutre de potassium se dissout dans 44 p. d'eau froide et 35 p. d'eau bouillante, sa saveur est caustique. Il attire l'acide carbonique de l'air ; à 150°, il brunit et fond ; il se décompose à une température plus élevée.

URATES DE SODIUM. — *Sel acide,* $C^5H^3Az^4O^3.Na$. — Il se dépose en petits mamelons quand on dirige un courant d'acide carbonique dans une solution du sel neutre. Si l'on ajoute du bicarbonate de sodium à une solution bouillante d'acide urique dans la soude caustique, l'urate acide se sépare en fort petites aiguilles.

Il se dissout dans 1100 à 1200 p. d'eau à 15°, et dans 120 à 125 p. d'eau bouillante. Il n'est pas altéré par l'acide carbonique, mais sa solution est précipitée par les bicarbonates alcalins, ainsi que par les sels de baryum, de plomb et d'argent.

Sel neutre, $C^5H^2Az^4O^3Na^2$. — Obtenu comme le sel neutre de potassium, il est en mamelons qui ne présentent pas de texture cristalline. Il se dissout dans 77 p. d'eau froide et dans 75 p. d'eau bouillante. Il est fort peu soluble dans l'alcool. Il se décompose à 150°. Sa solution aqueuse absorbe l'acide carbonique de l'air et il se dépose de l'urate acide.

URATES DE STRONTIUM. — *Sel acide,*

$$(C^5H^3Az^4O^3)^2Sr + 2H^2O.$$

— Il est blanc, amorphe, soluble dans 603 p. d'eau froide et dans 276 p. d'eau bouillante, insoluble dans l'alcool. On l'obtient comme les sels correspondants de baryum et de calcium.

Sel neutre, $C^5H^2Az^4O^3.Sr + 2H^2O$. — On introduit dans une solution saturée et bouillante de strontiane, de l'acide urique délayé dans l'eau. Les premières portions d'acide urique sont dissoutes, mais par l'addition des portions suivantes, l'urate neutre de strontium se sépare. Il perd son eau de cristallisation à 165°. Il se dissout dans 4300 p. d'eau froide et dans 1790 p d'eau bouillante. Au microscope, il se présente sous la forme d'aiguilles groupées en étoiles. Il se décompose à 170°.

ACIDE MÉTHYLURIQUE, $C^5H^3(CH^3)Az^4O^3$ [Hill, *Deutsch. chem. Gesellsch.*, t. IX, p. 370 et 1000, *Bull. de la Soc. chim.*, 1876, t. XXVI, p. 346, et t. XXVII, p. 214]. — On l'obtient en chauffant l'urate de plomb à 150° avec une molécule d'iodure de méthyle dissous dans le double de son poids d'éther. Le produit de la réaction est repris par l'eau bouillante, et la solution est filtrée à chaud après avoir été débarrassée, par un courant d'hydrogène sulfuré, de l'excès de plomb dissous. L'acide méthylurique cristallise par refroidissement.

Il est en petits prismes probablement orthorhombiques ; il fond au-dessus de 360° en se décomposant ; il se dissout dans 260 p. d'eau à l'ébullition, il est presque entièrement insoluble dans l'eau froide, dans l'alcool et dans l'éther. Il forme des sels solubles dans l'eau.

L'acide chlorhydrique le décompose, à 170°, en donnant de la méthylamine, de l'ammoniaque et du glycocolle. L'acide iodhydrique à 100° donne de la méthylhydantoïne, $C^3H^3(CH^3)Az^2O^2$. L'acide azotique l'attaque et la solution se colore en rouge par l'ammoniaque, mais on n'a pu en retirer d'alloxane ni de méthyl-alloxane ; par l'action prolongée de l'acide azotique bouillant, l'acide méthylurique donne de l'acide méthyl-parabanique ou méthyl-oxalylurée, $C^3H(CH^3)Az^2O^3$ Oxydé par le permanganate de potassium, il donne la méthyl-allantoïne, $C^4H^5(CH^3)Az^4O^3$.

MÉTHYLURATES. — L'acide méthylurique a conservé le caractère bibasique de l'acide urique.

Le *sel acide de baryum,*

$$[C^5H^2(CH^3)Az^4O^3]^2Ba + 4H^2O,$$

le *sel acide de calcium,*

$$[C^5H^2(CH^3)Az^4O^3]^2Ca + 3H^2O,$$

le *sel acide de potassium,*

$$C^5H^2(CH^3)Az^4O^3K + H^2O,$$

se forment par l'action de l'acide méthylurique sur les carbonates correspondants ; on opère à l'ébullition et l'on précipite par l'alcool.

Le *sel acide de sodium,*

$$C^5H^2(CH^3)Az^4O^3Na + H^2O,$$

se prépare par double décomposition entre le sel acide de baryum et le sulfate de sodium, puis précipitation par l'alcool.

Le *sel neutre de potassium,*

$$C^5H(CH^3)Az^4O^3K^2 + 3H^2O,$$

et le *sel neutre de sodium,*

$$C^5H(CH^3)Az^4O^3Na^2 + 3H^2O,$$

se précipitent par l'addition d'alcool à la solution de l'acide méthylurique dans les alcalis.

Le *sel neutre de baryum*,

$$C^5H(CH^3)Az^4O^3Ba + 3\tfrac{1}{2}H^2O,$$

est soluble et cristallise par refroidissement en faisceaux de fines aiguilles. Il en est de même du sel neutre de calcium.

Constitution de l'acide urique.

— L'acide urique se dédouble par oxydation et hydratation en urée et en alloxane :

$$\underset{\text{Acide urique.}}{C^5H^4Az^4O^3} + O + H^2O$$
$$= \underset{\text{Urée.}}{COAz^2H^4} + \underset{\text{Alloxane.}}{C^3H^2Az^2O^4}$$

L'alloxane elle-même pouvant être rattachée à l'acide dialurique $C^3H^4Az^2O^4$, dont elle dérive par oxydation, il est permis de regarder l'acide urique comme se dédoublant par simple hydratation en urée et en acide dialurique :

$$\underset{\text{Acide urique.}}{C^5H^4Az^4O^3} + 2H^2O$$
$$= COAz^2H^4 + \underset{\text{Acide dialurique.}}{C^3H^4Az^2O^4}.$$

L'alloxane étant la mésoxalyl-urée :

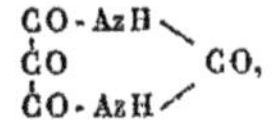

```
CO-AzH\
CO      CO,
CO-AzH/
```

et l'acide dialurique, la tartronyl-urée,

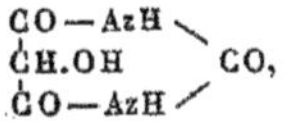

```
CO—AzH\
CH.OH    CO,
CO—AzH/
```

il en résulte que l'acide urique renferme un groupement de 3 atomes de carbone, résidu de l'acide mésoxalique ou de l'acide tartronique, substitué à une partie de l'ydrogène de 2 molécules d'urée ou de cyanamide.

C'est sur cette considération première qu'on s'est basé pour établir diverses formules de constitution de l'acide urique; telles sont les formules de Kolbe et d'Erlenmeyer.

La formule de Kolbe,

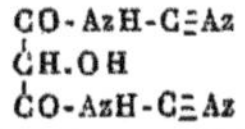

```
CO-AzH-C≡Az
CH.OH
CO-AzH-C≡Az
```

qui fait de l'acide urique un dérivé dicyané de la tartronamide, présente l'inconvénient de ne pas rendre compte de la chaîne fermée d'urée qui existe dans l'alloxane.

La formule d'Erlenmeyer,

```
   /AzH-CO
CO        CH-Az=C=AzH
   \Az-HCO
```

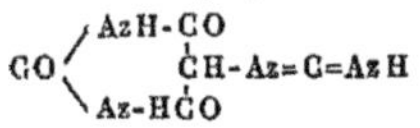

qui explique bien le dédoublement de l'acide urique en urée et en mésoxyalyl-urée, ne saurait être exacte, puisque M. Mulder a obtenu par synthèse un acide qui ne peut être représenté que par la formule d'Erlenmeyer et qui diffère de l'acide urique. De plus, M. Baeyer, a combiné la dialuramide et l'acide cyanique, et préparé ainsi l'acide pseudo-urique qui renferme une molécule d'eau de plus que l'acide urique : cet acide pseudo-urique a la formule

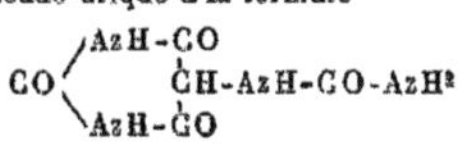

```
   /AzH-CO
CO        CH-AzH-CO-AzH²
   \AzH-CO
```

tout à fait analogue à celle qu'Erlenmeyer attribue à l'acide urique. Or cet acide donne bien de l'alloxane par l'acide azotique, mais il ne fournit pas d'allantoïne par le peroxyde de plomb, preuve que sa constitution, et par suite celle de l'acide isourique, différent de celle de l'acide urique.

Il est inutile de rappeler les autres formules d'Erlenmeyer, celles de Hüfner, de Strecker, de Gibbs, qui ne présentent aucun caractère de certitude.

La formation de l'alloxane par l'acide urique nous indique seulement que ce corps renferme un groupement à 3 atomes de carbone attaché à 2 atomes d'azote d'une molécule d'urée ou de cyanamide, mais elle ne nous dit rien sur la manière dont l'autre résidu d'urée ou de cyanamide, le groupement CAz^2 se trouve attaché dans la molécule. C'est sur ce point que l'imagination se donne carrière dans toutes les formules qu'on a proposées.

Pour éclaircir ce point, la production d'alloxane est donc insuffisante; il nous faut chercher un dédoublement fournissant un corps qui renferme les 4 atomes d'azote de l'acide urique, c'est-à-dire un composé dans lequel les deux résidus de cyanamide ou d'urée ne soient pas séparés.

Ce composé n'est autre que l'allantoïne,

$$C^4H^6Az^4O^3.$$

L'acide urique fournit l'allantoïne quand il est traité par le peroxyde de plomb, le permanganate de potassium ou le ferricyanure de potassium : en même temps il se dégage de l'acide carbonique :

$$\underset{\text{Acide urique.}}{C^5H^4Az^4O^3} + O + H^2O$$
$$= \underset{\text{Allantoïne.}}{C^4H^6Az^4O^3} + CO^2.$$

Or, la constitution de l'allantoïne, longtemps douteuse et qui doit être d'un si grand secours pour déterminer celle de l'acide urique, nous est indiquée par sa synthèse au moyen de l'acide glyoxylique et de l'urée :

L'allantoïne est

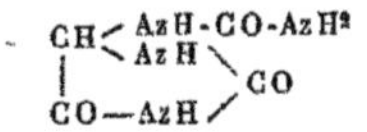

```
CH< AzH-CO-AzH²
    AzH\
|         CO
CO—AzH/
```

D'après cette formule, nous voyons comment sont attachés, dans l'acide urique, les atomes d'azote des groupes de l'urée ou de la cyanamide; et si nous comparons cette formule à celle de l'alloxane

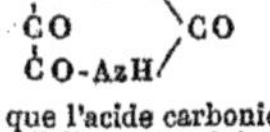

```
CO-AzH\
CO      CO
CO-AzH/
```

nous apprenons que l'acide carbonique produit en même temps que l'allantoïne, doit être formé par un atome de carbone enlevé au groupe mésoxalyle C^3O^3, et ce carbone ne peut être celui qui est lié dans l'allantoïne, et par conséquent dans l'acide urique, à deux atomes d'azote.

En considérant seulement les atomes de carbone et d'azote de l'acide urique, on arrive à en constituer le squelette, pour ainsi dire, de la manière suivante :

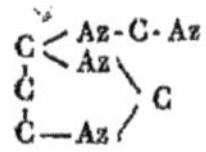

```
C< Az-C-Az
   Az\
C        C
C—Az/
```

Maintenant comment sont fixés les atomes d'hydrogène et d'oxygène? Comment se saturent les atomes de carbone et d'azote du schema précédent.

En admettant que l'un des deux groupes azotés est à l'état de cyanamide, et l'autre à l'état d'urée, on pourrait adopter l'une ou l'autre des formules :

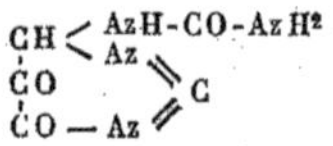

```
CH < AzH-CO-AzH²
     Az
 |        \\
CO          C
 |        //
CO — Az
```

ou

```
CH < Az=C=AzH
     AzH
 |        \
CO          CO
 |        /
CO — AzH
```

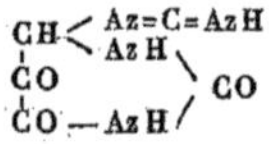

Mais en présence de la résistance que présente l'acide urique à l'action des alcalis, cet acide urique ne paraît pas devoir être une urée composée, mais renfermer plutôt son azote à l'état de cyanamide, en tout ou en partie comme l'ont supposé M. Kolbe dans la formule citée plus haut, et M. Baeyer qui faisait de l'acide urique, la tartronyl-dicyano-diamide avec la formule,

$$C^3H^2O^3(AzH, CAz)^2.$$

Une réaction observée par MM. Strecker et Reinecke vient à l'appui de cette manière de voir, car elle ne saurait être expliqué avec la formules précédentes. Ces chimistes ont montré que l'acide urique se convertit par l'hydrogène naissant en xanthine, puis en sarcine, par simple enlèvement d'oxygène, de telle sorte que l'on a la série :

$C^5H^4Az^4O^3$	$C^5H^4Az^4O^2$	$C^5H^4Az^4O$
Acide urique.	Xanthine.	Hypoxanthine (sarcine).

Il y a donc simplement enlèvement d'oxygène à la molécule de l'acide urique, et comme la sarcine ne renferme plus qu'un atome d'oxygène, il est impossible d'admettre que cet oxygène ait été enlevé à un groupe d'urée (AzH-CO-AzH) et par suite de supposer dans l'acide urique l'existence de l'urée.

La façon la plus simple de comprendre la transformation de l'acide urique en xanthine et en sarcine, c'est de supposer dans l'acide urique l'existence de deux groupes OH que l'hydrogénation remplace par 1 ou 2 atomes d'hydrogène.

C'est ce qu'indique la formule :

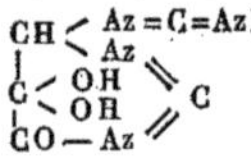

```
CH < Az=C=AzH
     Az
 |        \\
C < OH      C
  < OH
 |        //
CO — Az
```

Les deux groupes (OH) fixés à l'atome central de carbone peuvent être stables, car l'acide mésoxalique

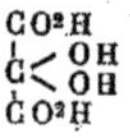

```
CO²H
 |
C < OH
  < OH
 |
CO²H
```

et les mésoxalates ne peuvent perdre de l'eau sans se détruire.

L'acide urique dérive donc d'une aldéhyde mésoxalique inconnue

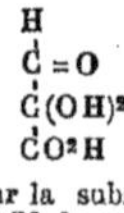

```
H
|
C = O
|
C(OH)²
|
CO²H
```

Il est formé par la substitution d'un résidu triatomique, $C^3H^3O^3$ de cet acide aldéhydique à 3 atomes d'hydrogène de 2 molécules de cyanamide.

Cette formule s'accorde avec tous les dédoublements de l'acide urique, la production de l'alloxane, de l'allantoïne, de la xanthine, qui est alors

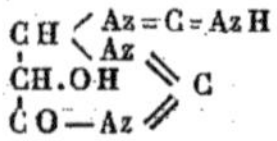

```
CH < Az=C=AzH
     Az
 |        \\
CH.OH       C
 |        //
CO — Az
```

et de la sarcine à laquelle nous attribuons la formule

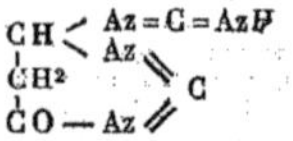

```
CH < Az=C=AzH
     Az
 |        \\
CH²         C
 |        //
CO — Az
```

La position des atomes d'hydrogène et d'oxygène dans l'acide urique n'est établie que sur une seule réaction, la transformation de l'acide urique en xanthine et en hypoxanthine par réduction. Les rapports des atomes de carbone du groupe C^3 et des deux résidus d'urée sont établis d'une façon beaucoup plus certaine, puisqu'ils dérivent de la synthèse de l'allantoïne et de tous les dédoublements de l'acide urique. Il ressort donc de cette constitution que la reproduction synthétique de l'acide urique pourra être effectuée au moyen des acides aldéhydiques correspondant à l'acide tartronique ou à l'acide mésoxalique. E. G.

URIQUE (DÉRIVÉS DE L'ACIDE). — L'acide urique soumis à l'action de réactifs oxydants fournit 3 termes principaux, l'alloxane, $C^4H^2Az^2O^4$ l'acide parabanique, $C^3H^2Az^2O^3$, et l'allantoïne, $C^4H^6Az^4O^3$. De plus, à chacun de ces corps se rattachent une foule de dérivés ; l'ensemble de ces composés constitue ce qu'on appelle les *dérivés uriques*. Les différents termes que comprend la série urique ont été décrits dans ce livre à leur ordre alphabétique. Nous avons l'intention dans cet article de les ranger dans une vue d'ensemble, de les classer suivant leurs fonctions et leur constitution, d'indiquer en un mot d'une façon générale les relations qu'ils présentent entre eux.

Comme nous l'avons vu en décrivant l'acide urique, c'est aux admirables travaux de Liebig et Wöhler que l'on doit la connaissance de presque tous les dérivés de l'acide urique. Plus tard M. Bæyer, non-seulement décrivit de nouveaux termes, mais encore rendit un plus grand service à la science en classant ces corps si complexes, les considérant comme des uréides à radicaux d'acides polyatomiques, et les représentant par des formules rationnelles (formules typiques), qui ont pu être facilement converties, pour la plupart, en formules de constitution basées sur l'atomicité des éléments.

Série de l'alloxane.

L'acide urique soumis à l'action de l'acide azotique ou du chlorate de potassium et de l'acide chlorhydrique, se dédouble en urée et alloxane :

$$\underset{\text{Acide urique.}}{C^5H^4Az^4O^3} + H^2O + O$$
$$= \underset{\text{Alloxane.}}{C^4H^2Az^2O^4} + \underset{\text{Urée.}}{COAz^2H^4}$$

L'alloxane traitée par la baryte fournit l'alloxanate de baryum, d'où l'on peut retirer l'acide alloxanique qui renferme H^2O de plus que l'alloxane :

$$\underset{\text{Alloxane.}}{C^4H^2Az^2O^4} + H^2O = \underset{\text{Acide alloxanique.}}{C^4H^4Az^2O^5}$$

et l'acide alloxanique, lui-même, par une action

plus prolongée de la baryte, s'hydrate, et se dédouble en acide mésoxalique et en urée :

$$\underset{\text{Acide alloxanique.}}{C^4H^4Az^2O^5} + H^2O = \underset{\text{Urée.}}{COAz^2H^4} + \underset{\text{Acide mésoxalique.}}{C^3H^2O^5}$$

C'est donc finalement l'alloxane qui en passant par l'état d'acide alloxanique a fixé 2 molécules d'eau et s'est dédoublé en urée et en acide mésoxalique; par suite, elle représente le mésoxalate d'urée moins 2 molécules d'eau; c'est la *mésoxalylurée*. De cette réaction, nous déduirons plus tard la constitution de l'alloxane.

Traite-t-on l'alloxane par les agents réducteurs, elle fixe 2 atomes d'hydrogène pour donner l'acide dialurique :

$$\underset{\text{Alloxane.}}{C^4H^2Az^2O^4} + H^2 = \underset{\text{Acide dialurique.}}{C^4H^4Az^2O^4}$$

et l'acide dialurique, traité par les alcalis, s'assimile 2 molécules d'eau pour se dédoubler en acide tartronique et en urée :

$$\underset{\text{Acide dialurique.}}{C^4H^4Az^2O^4} + H^2O = \underset{\text{Urée.}}{COAz^2H^4} + \underset{\text{Acide tartronique.}}{C^3H^4O^5}$$

L'acide dialurique est la *tartronylurée*.

Une molécule d'alloxane et une molécule d'acide dialurique peuvent s'unir avec élimination de une molécule d'eau et donner l'alloxantine, $C^8H^4Az^4O^7$

$$\underset{\text{Alloxane.}}{C^4H^2Az^2O^4} + \underset{\text{Acide dialurique.}}{C^4H^4Az^2O^4}$$
$$= \underset{\text{Alloxantine.}}{C^8H^4Az^4O^7} + H^2O$$

L'alloxantine est donc une *diuréide*, car elle renferme les éléments de 2 molécules d'urée; c'est la *diuréide mésoxalyl-tartronique*.

Quand on chauffe l'acide dialurique séché, à 150° avec de la glycérine sèche, il se détruit et l'on obtient l'acide hydurilique, $C^8H^6Az^4O^6$, qui par ses dédoublements doit être considéré comme une diuréide. En effet, il se dédouble par le brome et l'eau en alloxane et en acide bibromobarbiturique qui par hydrogénation fournit l'acide barbiturique, $C^4H^4Az^2O^3$. Or l'acide barbiturique chauffé avec de la potasse donne de l'acide malonique, $C^3H^4O^4$, et de l'urée. L'acide barbiturique est donc de la *malonylurée*,

$$\underset{\text{Malonylurée.}}{C^4H^4Az^2O^3} + 2H^2O = \underset{\text{Urée.}}{COAz^2H^4} + \underset{\text{Acide malonique.}}{C^3H^4O^4}$$

L'acide hydurilique se scindant par addition d'eau en acide dialurique et en malonylurée,

$$\underset{\text{Acide hydurilique.}}{C^8H^6Az^4O^6} + H^2O$$
$$= \underset{\text{Malonylurée.}}{C^4H^4Az^2O^3} + \underset{\text{Acide dialurique.}}{C^4H^2Az^2O^4}$$

constitue une *diuréide tartronyl-malonique*.

A la malonylurée se rattachent des dérivés bromés, un dérivé nitré, un dérivé nitrosé :

$C^4H^4Az^2O^3$
Malonylurée.

$C^4H^3BrAz^2O^3$
Dérivé monobromé.
(Acide bromobarbiturique.)

$C^4H^2Br^2Az^2O^3$
Dérivé dibromé.
(Acide dibromobarbiturique.)

$C^4H^3(AzO^2)Az^2O^3$
Dérivé nitré.
(Acide dilitu-rique.)

$C^4H^3(AzO)Az^2O^3$
Dérivé nitrosé.
(Acide violurique.)

Par réduction du dérivé nitré ou nitrosé, on obtient un dérivé amidé, $C^4H^3(AzH^2)Az^2O^3$, l'*amido-malonylurée*, qui n'est autre que l'uramile ou dialuramide.

Enfin le dérivé nitré et le dérivé nitrosé peuvent se combiner directement pour donner une diuréide malonique nitrosée-nitrée, la *violantine*,

$$C^8H^6(AzO)(AzO^2)Az^4O^6 = C^8H^6Az^6O^9.$$

Un autre dérivé de l'alloxane paraît appartenir à la même série, c'est l'*iso-alloxanate d'ammonium* de Hardy, obtenu par l'action de l'ammoniaque sur l'alloxane chauffée à 215°, et qui renferme $C^4H^8Az^4O^4 = C^4Az^2O^4(AzH^4)^2$.

Le purpurate d'ammonium ou murexide,

$$C^8H^4(AzH^4)Az^5O^6$$

est un dérivé de l'alloxane, que l'on peut convertir soit en alloxane, soit en alloxantine, soit en uramile, mais sa constitution n'est pas connue avec certitude.

Tous les corps de la série de l'alloxane dérivent, comme nous le voyons, d'acides à 3 atomes de carbone dont les résidus remplacent l'hydrogène de l'urée. Ce sont :

l'acide malonique,

$$C^3H^4O^4 = \begin{array}{l}CO^2H\\ |\\ CH^2\\ |\\ CO^2H\end{array}$$

l'acide tartronique,

$$C^3H^4O^5 = \begin{array}{l}CO^2H\\ |\\ CH,OH\\ |\\ CO^2H\end{array}$$

et l'acide mésoxalique,

$$C^3H^2O^5 = \begin{array}{l}CO^2H\\ |\\ CO\\ |\\ CO^2H\end{array}$$

De ces formules nous pouvons déduire celles de termes les plus simples de la série :

$$\begin{array}{l}CO-AzH\diagdown\\ CH^2 \qquad\quad CO\\ CO-AzH\diagup\end{array}$$
Malonylurée.
(Acide barbiturique.)

$$\begin{array}{l}CO-AzH\diagdown\\ CH,OH \qquad CO\\ CO-AzH\diagup\end{array}$$
Tartronylurée.
(Acide dialurique.)

$$\begin{array}{l}CO-AzH\diagdown\\ CO \qquad\quad CO\\ CO-AzH\diagup\end{array}$$
Mésoxalylurée.
(Alloxane.)

Les dérivés de la malonylurée sont formés par substitution à l'hydrogène du groupe CH^2, du brome, de AzO^2, ou de AzO, ou de AzH^2,

$$\begin{array}{l}CO-AzH\diagdown\\ CHBr \qquad\quad CO\\ CO-AzH\diagup\end{array}$$
Bromomalonylurée.

$$\begin{array}{l}CO-AzH\diagdown\\ CH(AzO^2) \qquad CO\\ CO-AzH\diagup\end{array}$$
Acide diliturique.

$$\begin{array}{l}CO-AzH\diagdown\\ CH(AzH^2) \qquad CO\\ CO-AzH\diagup\end{array}$$
Uramile.

L'acide alloxanique dérivant de l'alloxane par fixation d'une seule molécule d'eau est

$$\begin{array}{l}CO-AzH-CO-AzH^2\\ |\\ CO\\ |\\ CO^2H.\end{array}$$

La malonylurée, la tartronylurée, la mésoxalylurée formées par substitution des radicaux acides diatomiques : $C^3H^2O^2$, malonyle, $C^3H^2O^3$, tartronyle, C^3O^3, mésoxalyle, à 2 atomes d'hydrogène de l'urée sont ce que M. Bæyer appelle des *uréides*.

Quant à l'acide alloxanique, où le résidu

$$-CO-CO-CO^2H$$

remplace un seul atome d'hydrogène et qui renfermant encore le groupe CO^2H est un acide, il constitue un *acide uramique*.

Enfin l'acide hydurilique, $C^8H^6Az^4O^6$, et l'alloxantine, $C^8H^4Az^4O^7$, dérivant de l'union de 2 uréides et par conséquent de 2 molécules d'urée sont des *diuréides* dont la constitution est donnée par les formules suivantes :

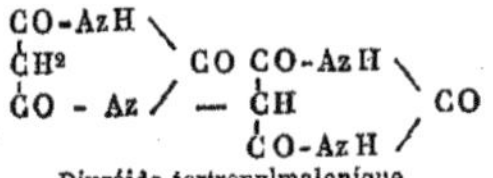

```
CO-AzH \
CH²        CO CO-AzH \
CO - Az / — CH         CO
            CO-AzH /
```

Diuréide tartronylmalonique.
(Acide hydurilique.)

et

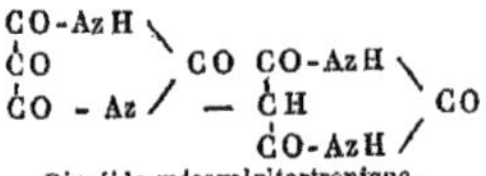

```
CO-AzH \
CO         CO CO-AzH \
CO - Az / — CH         CO
            CO-AzH /
```

Diuréide mésoxalyltartronique.
(Alloxantine.)

Tous ces composés constituent la série alloxanique, à laquelle se rattache encore l'*acide thionurique*, $C^4H^5Az^3SO^6$, (t. III, p. 401). Cet acide se dédoublant par l'action de l'eau bouillante en uramile (amidomalonylurée) et acide sulfurique est un dérivé de l'uramile, probablement

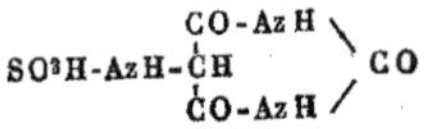

```
            CO-AzH \
SO³H-AzH-CH         CO
            CO-AzH /
```

L'*acide pseudo-urique* de M. Bæyer, $C^5H^6Az^4O^4$, obtenu par l'action du cyanate de potassium sur l'uramile est une diuréide tartronique de la formule :

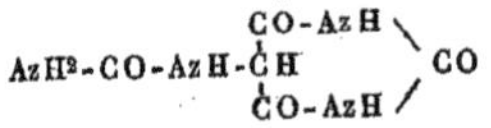

```
                  CO-AzH \
AzH²-CO-AzH-CH            CO
                  CO-AzH /
```

Série de l'acide parabanique.

Lorsque l'action de l'acide azotique sur l'acide urique est suffisamment prolongée, l'alloxane qui a d'abord pris naissance se détruit en s'oxydant, et le résidu constitue l'acide parabanique :

$$C^4H^2Az^2O^4 + O = CO^2 + C^3H^2Az^2O^3$$

Alloxane. — Acide parabanique.

L'acide parabanique traité par les alcalis se comporte comme l'alloxane ; d'abord il s'assimile 1 molécule d'eau pour se convertir en acide oxalurique :

$$C^3H^2Az^2O^3 + H^2O = C^3H^4Az^2O^4$$

Acide parabanique. — Acide oxalurique.

et l'acide oxalurique lui-même absorbant une seconde molécule d'eau se dédouble en acide oxalique et urée :

$$C^3H^4Az^2O^4 + H^2O = COAz^2H^4 + C^2H^2O^4$$

Acide oxalurique. — Urée. — Acide oxalique.

L'acide parabanique donne donc de l'acide oxalique et de l'urée en fixant 2 molécules d'eau ; il constitue l'*oxalylurée*.

A l'oxalylurée correspond un corps, l'acide allanturique ou glyoxylurée, qui renferme H^2 de plus que lui, de même qu'à l'alloxane correspond l'acide dialurique :

$C^4H^2Az^2O^4$	$C^4H^4Az^2O^4$
Alloxane.	Acide dialurique.
$C^3H^2Az^2O^3$	$C^3H^4Az^2O^3$
Oxalylurée.	Acide allanturique.

Mais l'acide allanturique n'a pas été obtenu par hydrogénation de l'oxalylurée ; il se forme dans le dédoublement de l'allantoïne ou dans celui de l'acide uroxanique. — Voyez ce mot.

Par hydrogénation de l'oxalylurée, on obtient l'oxalantine ou acide leucoturique,

$$C^6H^4Az^4O^5, H^2O,$$

qui est à l'oxalylurée ce que l'alloxantine est à l'alloxane. On peut considérer l'oxalantine comme formée par l'union de l'oxalylurée et de la glyoxylurée ou acide allanturique,

$$C^3H^2Az^2O^3 + C^3H^4Az^2O^3$$

Oxalylurée. — Acide allanturique.

$$= C^6H^4Az^4O^5 + H^2O$$

Oxalantine.

C'est une diuréide.

Un autre terme de la même série est l'hydantoïne ou glycolylurée, $C^3H^4Az^2O^2$, qui se rencontre parmi les produits de dédoublement de l'acide alloxanique et peut s'obtenir par divers procédés synthétiques. L'hydantoïne n'a pas encore été convertie par oxydation en oxalylurée, mais elle présente avec cette dernière les mêmes relations que la malonylurée avec l'alloxane :

$C^4H^4Az^2O^3$	$C^4H^2Az^2O^4$
Malonylurée.	Alloxane.
$C^3H^4Az^2O^2$	$C^3H^2Az^2O^3$
Hydantoïne.	Oxalylurée.

L'hydantoïne fixe 1 molécule d'eau par l'action de l'eau de baryte et donne de l'acide hydantoïque,

$$C^3H^4Az^2O^2 + H^2O = C^3H^6Az^2O^3.$$

Hydantoïne. — Acide hydantoïque.

Enfin, à la même série appartient l'acide alliturique, $C^6H^6Az^4O^4$, qui paraît être une combinaison de glyoxylurée, $C^3H^4Az^2O^3$, et d'hydantoïne, $C^3H^4Az^2O^2$, avec élimination d'une molécule d'eau.

Les corps de la série parabanique dérivent, comme l'indiquent les formules brutes précédentes, d'acides à 2 atomes de carbone.

L'acide glycolique,

```
            CH²,OH
C²H⁴O³ =   |
            CO²H.
```

L'acide glyoxylique,

```
            CH < OH
                 OH
C²H⁴O⁴ =   |
            CO²H
```

L'acide oxalique,

```
            CO²H
C²H²O⁴ =   |
            CO²H.
```

L'hydantoïne constitue la glycolylurée,

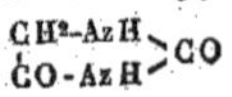

```
CH²-AzH >
|          CO
CO-AzH  >
```

comme le montrent ses divers modes de synthèse (voyez HYDANTOÏNE, t. II, p. 54).

D'après son origine, l'acide allanturique de Pelouze, acide lantanurique de Schlieper, paraît être la glyoxylurée,

$$\begin{array}{l} CH(OH)-AzH \\ CO \;—\;—\; AzH \end{array}\!\!>CO$$

et l'acide parabanique est l'oxalylurée,

$$\begin{array}{l} CO-AzH \\ CO-AzH \end{array}\!\!>CO$$

Ce sont *les uréides* de la série parabanique.

Quant à l'acide oxalurique et à l'acide hydantoïque, ce sont des *acides uramiques*; ils renferment un groupe, CO^2H.

$$\begin{array}{l} CH^2-AzH-CO-AzH^2 \\ CO^2H \end{array}$$

Acide hydantoïque.

$$\begin{array}{l} CO-AzH-CO-AzH^2 \\ CO^2H \end{array}$$

Acide oxalurique.

A l'acide oxalurique correspond une amide, l'*oxaluramide*, $C^3H^3Az^2O^3(AzH^2)$. C'est le seul terme connu de cette fonction, les *uramides*.

L'oxalantine et l'acide allituriqne sont des *diuréides :* l'oxalantine paraît être la diuréide glyoxyloxalique (une molécule de glyoxylurée plus une d'oxalylurée, moins une molécule d'eau),

$$\begin{array}{l} CO-AzH \searrow CO \\ CO \;—\; Az \nearrow \;—\; C(OH)-AzH \searrow CO \\ \qquad\qquad\qquad\quad CO \;—\; AzH \nearrow \end{array}$$

et l'acide allitarique serait la diuréide glyoxyloxalique,

$$\begin{array}{l} CH^2-AzH \searrow CO \\ CO \;—\; Az \nearrow \;—\; C(OH-AzH \searrow CO \\ \qquad\qquad\qquad\quad CO \;—\; AzH \nearrow \end{array}$$

A la série parabanique se rattache un autre corps très-important, l'allantoïne, $C^4H^6Az^4O^3$, qu'on obtient en oxydant l'acide urique par l'oxyde puce de plomb ou le permanganate de potassium, et qui se produit également dans l'action de l'acide glyoxylique sur l'urée. L'allantoïne n'est autre que la diuréide glyoxylique,

$$C^4H^6Az^4O^3 = \begin{array}{l} CH\!<\!\begin{array}{l}AzH-CO-AzH^2\\AzH\end{array} \\ CO-AzH \end{array}\!\!>CO$$

En outre, l'allantoïne traitée par l'hydrogène naissant a fourni le glycolurile, $C^4H^6Az^4O^2$, pour lequel nous ne trouvons pas encore de formule rationnelle qui nous satisfasse.

Il existe un dérivé, l'acide mycomélique,

$$C^4H^4Az^4O^2$$

qui se forme à l'état de sel d'ammonium par l'ébullition de l'alloxane avec l'ammoniaque ; sa constitution n'est pas connue; il ne paraît plus appartenir à la série alloxanique, car l'acide azotique ne le convertit pas en alloxane.

Si nous comparons la série parabanique et la série alloxanique, nous voyons que toutes les deux renferment un grand nombre de termes analogues différant seulement par CO ou 2CO : c'est ce que montre le tableau suivant, où nous rangeons les dérivés uriques, en les distinguant en uréides, diuréides, acides uramiques et uramides. Nous y ajouterons une triuréide, l'acide allanturique de Mulder, $C^7H^8Az^6O^5, H^2O$, (voyez URÉES COMPOSÉES, *Uréides pyruviques*, t. III, p. 579).

Uréides.

SÉRIE PARABANIQUE	SÉRIE ALLOXANIQUE
$C^3H^2Az^2O^3$ Oxalylurée (acide parabanique).	$C^4H^2Az^2O^4$ Mésoxalylurée (alloxane).
$C^3H^4Az^2O^3$ Glyoxylurée (acide allanturique).	$C^4H^4Az^2O^4$ Tartronylurée (acide dialurique).
$C^3H^4Az^2O^2$ Glycolylurée (hydantoïne).	$C^4H^4Az^2O^3$ Malonylurée (acide barbiturique).

Diuréides :

$C^4H^6Az^4O^3$ Allantoïne (diuréide glyoxylique).	$C^5H^6Az^4O^4$ Acide pseudo-urique de Bæyer (diuréide tartronique).
$C^6H^4Az^4O^5$ Oxalantine (diuréide glyoxyl-oxalique.	$C^8H^4Az^4O^7$ Alloxantine (diuréide mésoxalyl-tartronique).

Diureides (suite).

$C^6H^6Az^4O^4$ Acide alliturique (diuréide glyoxyl-glycolique).	$C^8H^6Az^4O^8$ Acide hydurilique (diuréide tartronyl-malonique).

Triuréides.

$C^7H^8Az^6O^5, H^2O$
Acide allanturique de Mulder.

Acides uramiques:

$C^3H^6Az^2O^3$ Acide hydantoïque.	
$C^3H^4Az^2O^4$ Acide oxalurique.	$C^4H^4Az^2O^5$ Acide alloxanique.

Uramide.

$C^3H^3Az^2O^3, AzH^2$
Oxaluramide.

Tels sont les termes de la série urique dont on connaît avec quelque certitude la constitution. Les autres termes qui n'y sont pas rangés sont ou des dérivés directs de ceux-ci, comme les produits de substitution de la malonylurée, ou des corps dont la constitution n'est pas connue : *acide mycomélique, purpurate d'ammonium*. Quant à l'acide iso-urique de M. Mulder, obtenu par l'action de la cyanamide sur l'alloxantine et qui présente la composition, $C^5H^4Az^4O^3$, de l'acide urique, il me paraît dériver de l'urée et de la cyanamide; c'est l'acide pseudo-urique de Bæyer, moins H^2O.

$$\begin{array}{l} \qquad\qquad\qquad\quad CO-AzH \searrow \\ AzH^2-CO-AzH-CH \qquad\quad CO \\ \qquad\qquad\qquad\quad CO-AzH \nearrow \end{array}$$

Acide pseudo-urique.

$$\begin{array}{l} \qquad\qquad\quad CO-AzH \searrow \\ AzH=C=Az-CH \qquad\quad CO \\ \qquad\qquad\quad CO-AzH \nearrow \end{array}$$

Acide iso-urique.

De tout de qui précède, nous concluons que les

dérivés de l'acide urique sont des *uréides* à radicaux d'acides polyatomiques à 2 ou 3 atomes de carbone.

Il existe, en outre, des corps constitués de la même façon, mais qui n'ont pas été dérivés de l'acide urique : le premier qui ait été connu à l'état de sel ou d'éther, mais qui ne peut être isolé à l'état libre, est l'acide allophanique ou *acide carburéique*, qu'on peut rapprocher de l'acide oxalurique et de l'acide alloxanique :

CO-AzH-CO-AzH^2 CO-AzH-CO-AzH^2
OH CO-OH
Acide allophanique. Acide oxalurique.

CO-AzH-CO-AzH^2
CO
CH-OH
Acide alloxanique.

L'amide de l'acide allophanique n'est autre que le biuret comparable à l'oxaluramide :

CO-AzH-CO-AzH^2 CO-AzH-CO-AzH^2
AzH^2 CO-AzH^2
Biuret. Oxaluramide.

Les autres uréides, congénères des dérivés uriques, sont décrites à l'article *Urées composées*. Ce sont la lactylurée et l'acétonylurée, qu'on peut rapprocher de l'hydantoïne :

CH^2-AzH > CO CH(CH^3)-AzH > CO;
CO-AzH CO— — AzH
Hydantoïne. Lactylurée.

C(CH^3)^2-AzH > CO
CO— — AzH
Acétonylurée.

et à ces deux dernières correspondent un acide lacturamique et un acide acétonyluramique, analogues à l'acide hydantoïque :

CH^2-AzH-CO-AzH^2
CO^{2}H
Acide hydantoïque.

C(CH^3)-AzH-CO-AzH^2
CO^{2}H
Acide lacturamique.

C(CH^3)^2-AzH-CO-AzH^2
CO^{2}H
Acide acétonyluramique.

Par l'action de l'acide pyruvique sur l'urée, on a obtenu une diuréide, $C^5H^8Az^4O^3$, homologue de l'allantoïne, et une triuréide, $C^9H^{12}Az^6O^5$, comparable à l'acide allanturique de Mulder. Ces corps se rattachent à la série urique, car ils fournissent dans leurs dédoublements de l'acide parabanique ; ce sont les premières diuréides qui aient été obtenues en dehors des composés uriques ; de même l'allantoïne est une diuréide qui a pu être reproduite par synthèse.

Enfin les uréides maliques sont des congénères des dérivés uriques ; aucun de ces dérivés ne peut être entièrement comparé aux uréides maliques. Celles-ci, en effet, renferment en dehors de la chaîne formée de l'uréide un groupe CO^{2}H ou un groupe CO-AzH^2 qui impriment un nouveau caractère à la molécule. Ainsi, l'acide malyluréique étant

CO^{2}H
CH-AzH \
C-H^2 CO,
CO-AzH /

on comprend, d'après cette formule, qu'il joue le rôle d'un acide et que cependant il ne puisse être confondu avec les acides uramiques dont nous avons parlé, dans lesquels l'urée n'est pas fixée au reste de la molécule par ses 2 atomes d'azote : c'est un corps de fonction mixte, *uréide-acide*. Il en est de même de l'amide malyluréique, qui est le produit direct de l'action de l'asparagine sur l'urée ; c'est une *uréide-amide :*

CO-AzH^2
CH-AzH \
CH^2 CO.
CO-AzH /

Mais un des dérivés de l'acide malyluréique, le corps $C^4H^4Br^2Az^2O^3$, qu'on peut écrire

CH(OH)AzH \
CBr^2 CO,
CO — AzH /

est absolument comparable aux dérivés uriques.

On peut donc ranger les congénères des dérivés directs de l'acide urique, actuellement connus, sous les titres suivants :

Uréides :

$C^4H^6Az^2O^2$ Lactylurée.	$C^4H^4Az^2O^2$ Mono-uréide pyruvique.
$C^5H^8Az^2O^2$ Acétonylurée.	$C^4H^4Br^2Az^2O^3$ Hydromalonylurée bibromée.

Diuréide :

$C^5H^8Az^4O^3$
Pyruvile.
(Diuréide pyruvique.)

Triuréide :

$C^9H^{12}Az^6O^5$
Triuréide dipyruvique.

Acides uramiques :

$C^2H^4Az^2O^3$ Acide allophanique.	$C^4H^8Az^2O^3$ Acide lacturamique
$C^5H^{10}Az^2O^3$ Acide acétonyluramique.	$C^5H^8Az^2O$ Acide succinurique.

Uramide :

$C^2H^3Az^2O^2(AzH^2)$
Amide allophanique.
(Biuret.)

Uréide-acide :

$C^5H^6Az^2O^4$
Acide malyluréique.

Uréide-amide :

$C^5H^5Az^2O^3(AzH^2)$
Amide malyluréique.

On voit que les dérivés directs de l'acide urique ne constituent plus un groupe à part, sans analogues, mais que leur nature ayant été dévoilée par les travaux de M. Bæyer, on a pu reproduire des corps de constitution semblable dont il est facile d'augmenter le nombre. Dorénavant, les dérivés uriques doivent, avec leurs congénères, rentrer dans la catégorie des urées composées à radicaux d'acides polyatomiques. E. G.

UROBILINE. — Voyez URINES, t. III, p. 586.

UROCANINE. — Voyez UROCANIQUE (ACIDE).

UROCANIQUE (ACIDE), $C^6H^6Az^2O^2$. — Ce corps a été trouvé par Jaffé dans l'urine d'un chien ne présentant aucun symptôme particulier et paraissant au contraire jouir d'une santé parfaite; on ne l'a pas rencontré depuis dans l'urine d'autres chiens.

L'urine recueillie dans les vingt-quatre heures en contenait de 2 à 3 grammes. Elle a été évaporée à consistance sirupeuse; le résidu a été repris par l'alcool bouillant et la solution distillée. Le nouveau résidu, additionné d'acide sulfurique et épuisé par l'éther, s'est pris en une bouillie cristalline qui a été lavée à l'eau froide, puis à l'alcool et soumise enfin à plusieurs cristallisations dans l'eau.

On a obtenu ainsi un sulfate qui, décomposé par la baryte, a fourni l'acide urocanique sous forme d'aiguilles incolores contenant deux molécules d'eau de cristallisation. Il est presque insoluble dans l'eau froide, assez soluble dans l'eau bouillante, insoluble dans l'alcool et dans l'éther.

L'acide urocanique fond à 212-213°, en se décomposant; du gaz carbonique et de la vapeur d'eau se dégagent, et il reste une base énergique, l'urocanine (voir plus loin).

$$2\,C^6H^6Az^2O^2 = CO^2 + H^2O + C^{11}H^{10}Az^4O.$$

L'acide urocanique donne des combinaisons avec les bases et avec les acides.

Le *chlorhydrate*, $C^6H^6Az^2O^2,HCl$, cristallise en lamelles rhombiques, microscopiques, très-solubles dans l'eau pure, peu solubles en présence d'un excès d'acide.

L'*azotate*, $C^6H^6Az^2O^2,HAzO^3$, est caractéristique; il est très-soluble dans l'eau, insoluble dans l'alcool, à peu près insoluble dans l'acide azotique qui le précipite en lamelles microscopiques, dentelées et recourbées en faucilles.

Le *sulfate*, $(C^6H^6Az^2O^2)^2H^2SO^4$, cristallise en aiguilles microscopiques, anhydres, peu solubles dans l'eau froide et dans l'alcool.

UROCANINE, $C^{11}H^{10}Az^4O$. — L'acide urocanique, maintenu pendant quelque temps à 212-213°, laisse un liquide brun qui se prend, par le refroidissement, en une masse vitreuse, fluorescente, verdâtre; ce résidu constitue l'urocanine, peu soluble dans l'eau, qu'elle colore en brun; le noir animal n'enlève pas cette coloration.

L'urocanine est incristallisable; sa solution aqueuse bouillante laisse déposer des flocons amorphes; les alcalis la précipitent dans le même état de ses sels. La réaction de l'urocanine est fortement alcaline.

Ses sels sont solubles dans l'eau, et leurs solutions sont aisément décolorées par le charbon, mais ils sont incristallisables.

Le *chloroplatinate*,

$$C^{11}H^{10}Az^4O,2HCl,PtCl^4,$$

se précipite à l'état amorphe, mais devient peu à peu cristallin et constitue alors une poudre rouge, dense, formée d'amas sphériques de fines aiguilles microscopiques. Il est très-peu soluble dans l'eau, insoluble dans l'alcool et l'éther [M. Jaffé, *Deutsche chem. Gesellsch.*, t. VII, p. 1669; t. VIII, p. 811; *Bull. de la Soc. chim.*, t. XXIV, p. 92; t. XXV, p. 226]. A. H.

UROCHLORALIQUE (ACIDE), $C^7H^{12}Cl^3O^6$. — Cet acide a été trouvé par Musculus et de Mering dans les urines de malades qui prenaient de 4 à 5 grammes d'hydrate de chloral par jour; ces urines contiennent de 10 à 12 grammes d'urochloralate de potassium par litre. Pour isoler l'acide urochloralique, on évapore les urines à consistance de sirop, on ajoute de l'acide sulfurique au résidu et on l'épuise à plusieurs reprises par un mélange de 1 p. d'alcool et de 2 p. d'éther. Le liquide éthéro-alcoolique étant distillé, on neutralise le résidu par la potasse, on évapore en consistance d'extrait et on reprend par de l'alcool à 90 %. La solution alcoolique, additionnée d'éther, fournit un précipité d'urochloralate de potassium impur, qu'on purifie par cristallisation dans l'eau avec addition de charbon animal.

L'acide urochloralique, mis en liberté au moyen de l'acide chlorhydrique, cristallise en aiguilles groupées en étoiles, très-solubles dans l'eau et dans l'alcool, à peu près insolubles dans l'éther pur. A l'ébullition, il réduit les solutions alcalines de cuivre et de bismuth, ainsi que les sels d'argent; il décolore l'indigo sulfurique. Il dévie à gauche le plan de la lumière polarisée.

C'est un acide énergique qui forme des sels solubles et cristallisables avec la plupart des métaux; le sous-acétate le précipite. Il n'est pas déplacé par l'acide acétique.

L'*urochloralate de potassium*, $C^7H^{11}Cl^3O^6K$, forme des cristaux microscopiques, incolores et lévogyres; $[\alpha]_j = -60°$. Le *sel barytique* renferme $(C^7H^{11}Cl^3O^6)^2Ba$ [Musculus et de Mering, *Bull. de la Soc. chim.*, t. XVIII, p. 486]. A. H.

UROCHROME, UROCYANINE, UROÉRYTHRINE, UROGLAUCINE, UROHÉMATINE, UROMÉLANINE, UROPITHINE. — Voyez pour tous ces mots URINES, t. III, p. 585.

UROSTÉALITHE. — [Heller, *Arch. f. Phys. u. Path.*, 1845, p. 1.] C'est une substance mal déterminée, d'aspect gras que l'on signale dans quelques très-rares calculs urinaires. Pour l'obtenir on chauffe la poudre du calcul avec une solution de carbonate sodique, on concentre, on sature par de l'acide sulfurique étendu et l'on sèche. Le résidu est repris par l'éther. La solution éthérée est évaporée: elle laisse l'urostéalithe sous forme d'un dépôt violet insoluble dans l'eau, un peu soluble dans l'alcool, assez soluble dans l'éther. La potasse caustique dissout aisément cette substance, l'ammoniaque et les carbonates alcalins, plus difficilement. L'urostéalithe durcit peu à peu. Elle se ramollit si on la chauffe, se boursoufle, puis donne d'épaisses fumées et dégage alors une odeur aromatique. A. G.

UROSULFIQUE (ACIDE), $C^5H^4Az^4SO^2$ [Nencki, *Deutsch. chem. Gesellsch.*, t. IV, p. 722, et t. V, p. 45; *Bull. de la Soc. chim.*, 1871, t. XVI, p. 266, et 1872, t. XVII, p. 159]. — Ce corps, qui représente de l'acide urique dont un atome d'oxygène est remplacé par un atome de soufre, dérive de l'acide sulfopseudo-urique par enlèvement d'une molécule d'eau.

ACIDE SULFOPSEUDO-URIQUE, $C^5H^6Az^4SO^3$. — On l'obtient en chauffant à 200° des quantités équimoléculaires de sulfo-urée et d'alloxane avec une solution alcoolique concentrée d'acide sulfureux; il se forme en même temps des cristaux de soufre et un peu d'uramile. Après avoir enlevé l'uramile par l'ammoniaque concentrée, on dissout le résidu dans la soude, et l'on précipite, par le sel ammoniac, l'acide sulfopseudo-urique que l'on purifie par cristallisation dans l'acide chlorhydrique, ou mieux, dans l'acide bromhydrique concentré, d'où il se sépare en groupes de fines aiguilles.

Il est insoluble dans l'eau et dans l'ammoniaque, soluble dans les acides concentrés, d'où l'eau le précipite. Il se dissout à froid dans les alcalis. A chaud, ceux-ci le décomposent et la solution donne, par l'acide chlorhydrique, un précipité de tables soyeuses, microscopiques, dont la composition correspond à la formule de la sulfoalloxantine, $C^8H^4Az^4S^2O^3 + 4H^2O$, ou à celle de l'acide sulfodialurique,

$$C^4H^4Az^2SO^3 + 1\frac{1}{2}H^2O.$$

Ce corps est formé par élimination d'urée et fixation d'eau. L'acide sulfodialurique évaporé avec de l'acide azotique se colore en rose et laisse un résidu jaune qui devient bleu par addition d'ammoniaque (violurate). Le sel d'argent est un précipité violet, amorphe. Traité par l'eau bouillante, il se décompose en sulfure d'argent et acide hydurilique.

Chauffé avec de l'acide sulfurique, l'acide sulfopseudo-urique perd de l'eau et donne l'acide urosulfique.

ACIDE UROSULFIQUE, $C^5H^4Az^4SO^2$. — On chauffe à 150° de l'acide sulfopseudo-urique avec de l'acide sulfurique concentré, en ayant soin que la température ne dépasse pas 160°; il se dégage de l'acide sulfureux par suite d'une réaction secondaire. Quand ce dégagement a cessé, on précipite par l'eau, on dissout le corps dans l'ammoniaque et on le précipite de nouveau par l'acide chlorhydrique; le précipité se dissout dans l'acide chlorhydrique bouillant et cristallise par l'évaporation lente de la solution en petits cristaux.

L'acide urosulfique est un acide monobasique faible; l'acide carbonique décompose ses sels alcalins. Ceux-ci se séparent par le refroidissement des solutions en belles aiguilles blanches. Les oxydes métalliques n'enlèvent pas de soufre à l'acide urosulfique; cependant une ébullition prolongée décompose les sels de plomb et de mercure.

L'amalgame de sodium convertit l'acide urosulfique en une combinaison sulfurée, cristallisable en aiguilles soyeuses solubles dans l'eau bouillante.

CONSTITUTION DES ACIDES PRÉCÉDENTS. — L'acide sulfopseudo-urique paraît correspondre à l'acide pseudo-urique, $C^5H^6Az^4O^4$ de Bæyer et avoir pour formule de constitution

```
AzH-CO
CO  CH-AzH-CS-AzH²
AzH-CO
```

Acide sulfopseudo-urique.

Quant à l'acide urosulfique, qui en diffère par H^2O de moins, il n'y a pas d'indication suffisante pour établir sa formule. E. G.

UROXANIQUE (ACIDE), $C^5H^8Az^4O^6$. — L'acide uroxanique a été découvert par Stædeler, qui l'obtint en faisant bouillir longtemps l'acide urique avec de la potasse caustique et qui lui attribua la formule $C^5H^{10}Az^4O^6$. Stædeler admettait que l'acide uroxanique prend naissance par simple fixation de 3 molécules d'eau sur l'acide urique. Strecker lui a assigné la formule $C^5H^8Az^4O^6$, en admettant que l'oxygène de l'air entre en réaction, et que l'acide uroxanique résulte tout à la fois d'une oxydation et d'une hydratation de l'acide urique. Mulder a montré qu'il en était réellement ainsi; car de deux solutions d'acide urique dans la potasse, l'une abandonnée à l'air pendant plusieurs mois, l'autre conservée en vases clos, la première seulement fournit de l'acide uroxanique, tandis que dans la seconde l'acide urique reste inaltéré [Stædeler, *Ann. der Chem. u. Pharm.*, 1851, t. LXXVIII, p. 286, et t. LXXX, p. 119; — Strecker, *ibid.*, t. CLV, p. 177; *Bull. de la Soc. chim.*, 1870, t. XIV, p. 441; — Mulder, *Deutsch. chem. Gesellsch.*, t. VIII, p. 291; *Bull. de la Soc. chim.*, 1876, t. XXVI, p. 561].

L'acide uroxanique se forme par une oxydation lente qui exige plusieurs mois. M. Mulder l'a préparé de la façon suivante: 100 grammes d'acide urique ont été dissous dans 1200 grammes d'eau et dans 310 grammes de lessive de potasse d'une densité de 1,34; au bout de 6 mois d'hiver, l'acide urique n'était pas sensiblement altéré. On a alors ajouté 310 grammes de lessive de potasse, 1200 grammes d'eau et, après cinq mois, l'acide urique était complètement décomposé. Par addition d'acide acétique et d'alcool à la solution, il s'est précipité de l'uroxanate de potassium en masses nacrées. Ce sel, purifié par cristallisation, donne l'acide uroxanique quand on le précipite par l'acide chlorhydrique. Dans l'opération précédente, M. Mulder a obtenu 40 grammes d'acide uroxanique.

L'acide uroxanique est en tétraèdres microscopiques. Il est peu soluble dans l'eau froide; l'eau bouillante le décompose avec mise en liberté d'acide carbonique, d'urée et de glycoxylurée (acide allanturique).

$$\underset{\text{Acide uroxanique.}}{C^5H^8Az^4O^6} = \underset{\text{Glycoxylurée.}}{C^3H^4Az^2O^3} + \underset{\text{Urée.}}{COAz^2H^4} + CO^2.$$

[Medicus, *Deutsch. chem. Gesellsch.*, t. IX, p. 1162; *Bull. de la Soc. chim.*, 1877, t. XXVII, p. 377].

L'*uroxanate d'argent*, $C^5H^6Az^4O^6,Ag^2$, est une poudre blanche cristalline.

Le *sel de baryum*, $C^5H^6Az^4O^6,Ba + 5H^2O$, perd son eau à 100-110°.

Le *sel de calcium*, $C^5H^6Az^4O^6,Ca + 4H^2O$, se dissout dans l'eau chaude et se sépare, par l'addition d'alcool, en aiguilles blanches.

Le *sel de potassium*, $C^5H^6Az^4O^6,K^2 + 3H^2O$, forme de grosses tables rhombes à angles tronqués, fort solubles dans l'eau, insolubles dans l'alcool. Il commence à se décomposer avant de perdre toute son eau de cristallisation. E. G.

UROXANTHINE, URRHODINE. — Voyez URINES, t. III, p. 585.

URPÉTHITE. — Voyez OZOCÉRITE.

URSONE, $C^{20}H^{32}O^2$. — Ce principe a été découvert par Trommsdorff dans les feuilles de la busserole (*Arctostaphylos Uva Ursi*), où il accompagne l'arbutine; Rochleder et Tonner paraissent l'avoir rencontré depuis dans les feuilles d'*épacris*, arbre de l'Australie.

Les feuilles de la busserole sont épuisées par leur poids d'éther, et la solution est concentrée par distillation; le résidu laisse déposer une poudre cristalline qui, lavée à l'éther et soumise à des cristallisations dans l'alcool, constitue l'ursone pure.

C'est une substance cristallisée en aiguilles incolores et soyeuses, inodores et insipides. Elle fond à 198-200° et se prend, par le refroidissement, en une masse cristalline, pourvu qu'elle n'ait pas été chauffée au-dessus de son point de fusion. A une température élevée, elle entre en ébullition et paraît se volatiliser sans subir une décomposition.

L'ursone est insoluble dans l'eau, les acides et les alcalis étendus, peu soluble dans l'alcool et l'éther. D'après les analyses de Hlasiwetz, elle renferme $C^{30}H^{34}O^2$, formule que Rochleder et Tonner ont changée en $C^{20}H^{32}O^2$.

L'ursone se rapproche, par sa composition, de la hartine (t. II, p. 5) [H. Trommsdorff, *Arch. der Pharm.*, (2), t. LXXX, p. 273; — Hlasiwetz, *Wien. Acad. Ber.*, t. XVI, p. 293; — F. Rochleder et Tonner, *ibid.*, t. LIII, 2e part., p. 519; *Bull. de la Soc. chim.*, t. VII, p. 358]. A. H.

USNÉINE. — Syn. d'*Usnique (Acide)*.

USNIQUE (ACIDE) (*Usnéine*), $C^{18}H^{16}O^7$. — Cette substance a été trouvée par W. Knop, Rochleder et Heldt dans plusieurs lichens, tels que

Usnea florida, *U. hirta*, *U. plicata*, *U. barbata*, ainsi que dans le *Cladonia rangiferina*, *Parmelia purpuracea*, *Ramalina calicaris*, etc. [Knop, *Ann. der Chem. u. Pharm.*, t. XLIX, p. 103; — Rochleder et Heldt, *ibid.*, t. XLVIII, p. 12]. Suivant Stenhouse, l'acide usnique accompagne l'acide évernique dans l'*Evernia Prunastri*. E. Paterno l'extrait du *Zeora sordida* [*Deutsch. chem. Gesellsch.*, t. IX, p. 345; *Bull. de la Soc. chim.*, t. XXVI, p. 508].

Extraction. — On fait digérer le lichen avec de l'éther, à froid, pendant quelques jours; on filtre, on distille l'éther et on traite le résidu par l'alcool bouillant. L'acide usnique cristallise par le refroidissement; on le purifie par des lavages à l'alcool.

Stenhouse traite le lichen par un lait de chaux comme pour la préparation des acides lécanorique et érythrique [*Ann. der Chem. u. Pharm.*, t. LXVIII, p. 97]. Il a modifié plus tard ce traitement et recommandé de faire macérer l'*Usnea barbata* pendant une demi-heure avec une solution étendue de carbonate sodique et de précipiter ensuite la solution par l'acide chlorhydrique. Pour purifier l'acide brut, il met à profit l'insolubilité d'un sel de calcium basique, qui se produit par l'ébullition de l'acide usnique avec un lait de chaux. Il décompose ensuite par l'acide chlorhydrique le sel de calcium ainsi produit [*Ann. der Chem. u. Pharm.*, t. CLV, p. 50; *Bull. de la Soc. chim.*, t. XIV, p. 458].

On peut aussi traiter l'acide usnique brut par 20 p. d'eau bouillante, ajouter de la soude jusqu'à dissolution presque complète, puis faire cristalliser le sel de sodium. La solution alcoolique bouillante de ce sel, étant additionnée d'acide acétique, laisse déposer l'acide usnique en fines aiguilles (Stenhouse).

On purifie encore l'acide usnique par cristallisation dans l'acide acétique bouillant, après décoloration par le noir animal (O. Hesse) ou par cristallisation dans la benzine bouillante (Salkowski).

Paterno extrait l'acide usnique du *Zeora sordida* par un traitement au chloroforme ou à l'éther; le rendement est de 9 °/₀.

Composition. — On avait primitivement déduit des analyses de Knop, Rochleder, Stenhouse la formule $C^{19}H^{16}O^7$ pour l'acide usnique. Plus tard, Stenhouse, ainsi que O. Hesse, avaient assigné à cet acide la formule $C^{18}H^{18}O^7$. Enfin, Salkowski a trouvé à l'analyse moins d'hydrogène que n'en exige cette formule [*Deutsch. chem. Gesellsch.*, t. VIII, p. 1459; *Bull. de la Soc. chim.*, t. XXVI, p. 221], ce qui confirme la formule adoptée par Paterno, $C^{18}H^{16}O^7$.

Thomson [*Ann. der Chem. u. Pharm.*, t. LIII, p. 252] a extrait du *Parmelia Parietina* un principe qu'il a nommé *pariétine* et qui n'est autre chose que l'acide usnique.

O. Hesse a admis l'existence de deux acides usniques, qu'il désigne par les lettres α et β et qui diffèrent l'un de l'autre par le point de fusion. L'acide α, qui est l'acide ordinaire, fond à 203°; l'acide β fond à 175°. Ce dernier avait été retiré du *Cladonia rangiferina* [*Ann. der Chem. u. Pharm.*, t. CVII, p. 297; *Répert. de Chim. pure*, t. IV, p. 126]. Stenhouse a montré que l'acide β diffère essentiellement de l'acide usnique proprement dit en ce qu'il donne de la β-orcine par la distillation sèche (voyez t. II, p. 648), tandis que l'acide usnique n'en fournit pas. Si Stenhouse avait précédemment signalé cette réaction pour l'acide usnique, c'est que l'acide sur lequel il avait opéré avait été extrait d'un mélange de plusieurs lichens. Il donne à l'acide β, retiré du *Cladonia*, le nom d'*acide cladonique*.

Propriétés. — L'acide usnique est insoluble dans l'eau, peu soluble dans l'alcool bouillant, soluble dans l'éther bouillant, la benzine, l'acide acétique, l'essence de térébenthine, peu soluble ou insoluble dans ces liquides froids. Il cristallise en paillettes ou en fines aiguilles d'un jaune paille. Séparé de la solution aqueuse de ses sels, il se précipite en flocons jaunes.

L'acide usnique fond à 200° (Knop, etc.), à 203° (O. Hesse), à 195-197° (Paterno). Soumis à la distillation sèche, il donne un sublimé et un liquide empyreumatique, qui ne contient de la β-orcine que dans le cas où l'acide usnique était mélangé d'acide cladonique (Stenhouse).

Les alcalis dissolvent aisément l'acide usnique; si la solution renferme un excès d'alcali, elle s'oxyde à l'air en devenant d'abord cramoisie et finalement presque noire.

Le chlore résinifie l'acide usnique. L'acide chlorhydrique est à peu près sans action. L'acide azotique donne à chaud une résine jaune. L'acide sulfurique le dissout avec une couleur jaune; l'eau le précipite de nouveau de cette solution.

Usnates. — L'acide usnique est un acide très-faible. Ses sels sont facilement décomposés par les acides, même par l'acide carbonique. Les usnates alcalins sont peu solubles dans l'eau; les autres sont presque tous insolubles dans l'eau, mais solubles dans l'alcool; l'éther leur enlève de l'acide usnique.

Usnate d'ammonium. — Il se sépare en aiguilles lorsqu'on fait passer un courant d'ammoniaque dans une solution alcoolique d'acide usnique.

Usnate de potassium, $C^{18}H^{15}KO^7$ (?). — On l'obtient par l'ébullition de l'acide usnique avec une solution de carbonate de potassium. Comme il est peu soluble, il cristallise par le refroidissement en lames incolores; on le purifie par cristallisation dans l'alcool faible. Il renferme, après dessiccation à 100°, 11,5 °/₀ de potasse (Stenhouse). Suivant O. Hesse, il renferme $3H^2O$ de cristallisation.

La solution de ce sel mousse comme de l'eau de savon. Une grande quantité d'eau en sépare des flocons d'un sel acide.

Le *sel de sodium*, $C^{18}H^{15}NaO^7$, cristallise en aiguilles soyeuses d'un jaune pâle, peu solubles dans l'alcool.

Usnate de calcium. — L'acide usnique se dissout dans un lait de chaux avec une couleur jaune; la solution se trouble par l'ébullition et il se sépare un usnate insoluble en petits cristaux rhomboïdaux d'un jaune foncé. La formation de ce sel, dont la composition n'est pas constante, est caractéristique pour l'acide usnique (Stenhouse).

Usnate de baryum. — Il cristallise facilement dans l'alcool (baryte = 17,4 °/₀ Knop).

Usnate de cuivre. — Précipité vert qui, séché à 100°, renferme

$$C = 57{,}15\ \%;\ H = 4{,}38;\ CuO = 10{,}2$$

(Knop).

Le *sel de plomb* est un précipité blanc, ainsi que le *sel d'argent*. Ce dernier noircit rapidement.

Réactions. — Chauffé à 150° avec 3 à 4 fois son poids d'alcool, l'acide usnique fournit un nouvel acide, l'*acide décarbusnique*, qui a pour composition $C^{15}H^{16}O^5$ et qui se forme sans doute d'après l'équation :

$$C^{18}H^{16}O^7 + 2H^2O = CO^2 + C^2H^4O^2 + C^{15}H^{16}O^5.$$

L'acide décarbusnique forme des aiguilles soyeuses, jaune clair, rougissant à l'air, fusibles à 175°. Il est soluble dans l'alcool bouillant, peu soluble dans l'eau et dans l'éther. Il n'est pas coloré par le chlorure ferrique; il est réduit par l'azotate d'argent en se transformant en une substance amorphe jaune rouge. Chauffé à 200° avec de l'eau ou de l'alcool, il fournit une substance amorphe qui colore le chlorure ferrique (Paterno).

Lorsqu'on fait bouillir l'acide usnique avec une solution de potasse à 50 %, dans un courant d'hydrogène, on obtient un nouvel acide, que Paterno nomme *acide pyro-usnique* et qu'on isole en agitant la solution avec de l'éther après sursaturation par l'acide chlorhydrique.

L'acide pyro-usnique a pour composition

$$C^{12}H^{12}O^{5}.$$

Il cristallise en lamelles brillantes et incolores, fusibles à 195° en s'altérant. Il est très-soluble dans l'alcool et dans l'eau bouillante. Ses solutions alcalines s'oxydent à l'air en se colorant en vert, puis en brun. Il réduit le nitrate d'argent ammoniacal.

Salkowski a obtenu un acide, identique sans doute avec le précédent, en fondant de l'acide usnique avec la potasse. Il lui assigne la formule $C^{9}H^{10}O^{4}$, ou $C^{9}H^{8}O^{4}$, et indique 197° comme point de fusion. Les réactions indiquées sont les mêmes que celles de l'acide pyro-usnique de Paterno.

L'acide de Salkowski, $C^{9}H^{10}O^{4}$, fournit l'éther correspondant par l'action de l'acide chlorhydrique sur la solution alcoolique. Cet éther cristallise dans l'alcool aqueux en aiguilles incolores, solubles dans l'éther, fusibles à 147°.

Chauffé dans un courant de gaz carbonique ou d'hydrogène, l'acide $C^{9}H^{10}O^{4}$ donne un sublimé jaune, que Paterno a pareillement obtenu, et qui cristallise dans la benzine et dans l'alcool faible en longues aiguilles jaunes, fusibles à 176° et ayant pour composition $C^{8}H^{10}O^{2}$ ou $C^{8}H^{8}O^{2}$. Ce corps, qui se forme avec perte d'acide carbonique, est insoluble dans l'eau, soluble dans l'alcool et dans l'éther. Il se dissout dans les alcalis, mais ses sels sont décomposés par l'acide carbonique. C'est peut-être un phénol $C^{8}H^{8}O^{2}$; l'acide qui lui donne naissance serait alors l'acide hydroxylé,

$$C^{8}H^{7}(OH)^{2}CO^{2}H,$$

et l'acide usnique lui-même est peut-être un anhydride de cet acide (Salkowski).

L'acide usnique retiré du *Zeora sordida* et du *Lecanora atra* est accompagné d'autres principes cristallisables auxquels Paterno a donné les noms de *zéorine* (voyez ce mot), de *sordidine* et d'*acide atrique*.

La *sordidine*, $C^{18}H^{16}O^{7}$, possède la composition de l'acide usnique; elle fond à 180°, est soluble dans l'alcool et dans l'éther.

L'*acide atrique* forme des lamelles jaunâtres et brillantes, fusibles vers 91°, très-solubles dans l'alcool et dans l'éther et ayant pour composition $C^{16}H^{18}O^{7}$, formule qui représente un homologue de l'acide décarbusnique. E. W.

UVAROWITE. — Voyez OUVAROWITE.

UVIQUE (ACIDE). — Ce nom a été donné par Bœttinger à un acide de la formule $C^{7}H^{8}O^{3}$ qui se forme, indépendamment des acides pyrotartrique et carbonique, lorsqu'on fait bouillir l'acide pyruvique avec de la baryte en quantité insuffisante pour le neutraliser. Cet acide est identique avec l'acide pyrotritarique. — Voyez t. II, p. 1268.

UVITINIQUE ou **UVITIQUE (ACIDE).** — Voyez MÉSITYLÈNE, t. II, p. 372.

UVITONIQUE (ACIDE), $C^{9}H^{12}O^{7}$ (?). — Lorsqu'on fait bouillir l'acide pyruvique avec un excès d'eau de baryte, il se produit un mélange de carbonate, d'oxalate, d'uvitate et d'uvitonate de baryum; au bout de 6 à 10 heures d'ébullition, on arrête l'opération, on filtre le liquide, on précipite exactement la baryte par l'acide sulfurique et l'on concentre par évaporation. Le liquide laisse déposer des cristaux d'acide uvitique; les eaux mères concentrées davantage en fournissent encore et laissent à la fin une masse sirupeuse renfermant l'acide uvitonique. Cet acide, qui n'a pu être obtenu à l'état de pureté, est extrêmement soluble dans l'eau et dans l'alcool; l'éther le dissout également. Il décompose les carbonates métalliques et donne des sels incristallisables, solubles pour la plupart dans l'eau, mais insolubles dans l'alcool.

L'acide uvitonique n'a pu être analysé directement; d'après la composition des sels, Finckh lui assigne la formule $C^{9}H^{12}O^{7}$.

Uvitonate de baryum,

$$4(C^{9}H^{10}O^{7}.Ba) + BaH^{2}O^{2} + 3H^{2}O.$$

— Poudre blanche, soluble dans l'eau.

Sel de cuivre,

$$2(C^{9}H^{10}O^{7}.Cu) + CuH^{2}O^{2} + 3H^{2}O.$$

— Soluble dans l'eau.

Sel de plomb,

$$4(C^{9}H^{10}O^{7}.Pb) + PbH^{2}O^{2} + 4H^{2}O.$$

— Poudre blanc jaunâtre, insoluble dans l'eau.

Sel de zinc,

$$4(C^{9}H^{10}O^{7}.Zn) + ZnH^{2}O^{2} + 11H^{2}O.$$

— Soluble dans l'eau.

La solution de l'acide est précipitée par les sels ferriques, mercureux, mercuriques, plombiques et argentiques.

L'acide nitrique transforme l'acide uvitonique en acides oxalique et uvitique [C. Finckh, *Ann. der Chem. u. Pharm.*, t. CXXII, p. 182; *Rép. de Chim. pure*, 1862, p. 440].

Bœttinger a repris, dans ces dernières années, l'étude de l'acide uvitonique et a montré qu'il est impossible de préparer cet acide à l'état de pureté, à cause de la facilité avec laquelle il se décompose.

Il suffit d'évaporer la solution aqueuse, ou mieux, de la faire bouillir au réfrigérant ascendant, pour observer un dégagement de gaz carbonique et constater la formation des acides uvitique et oxalique. Si l'on sépare ces deux derniers acides, le produit purifié se comporte exactement de même que l'acide uvitonique primitif. L'hydrate de baryte décompose l'acide uvitonique d'une manière analogue, mais l'action est beaucoup plus rapide, et l'on parvient à le transformer totalement en un mélange d'acides uvitique et oxalique.

D'après ces faits, il est extrêmement probable que Finckh n'a pas eu entre les mains un corps pur, ce qui expliquerait les formules peu probables qu'il attribue aux uvitonates [C. Bœttinger, *Liebig's Ann. der Chem.*, t. CLXXII, p. 239; *Deutsch. chem. Gesellsch.*, t. VIII, p. 1585, t. IX, p. 841; *Bull. de la Soc. chim.*, t. XXII, p. 555]. A. H.

V

VACCININE. — Nom d'une matière cristallisée que Classen a extraite de l'airelle *(Vaccinium Vitis Idææ)*. Elle cristallise en longues aiguilles incolores et soyeuses, inodores; elle ne contient pas d'azote. Ni l'acétate basique de plomb ni le tannin ne la précipitent [E. Classen, *Arch. der Pharm.* (2), t. CXLIV, p. 218].

VACCINIQUE (ACIDE). — Lerch a donné ce nom à un acide dont il suppose l'existence dans un sel de baryum particulier qu'on obtient quelquefois en faisant cristalliser les sels barytiques des acides volatils produits par la saponification du beurre; ce sel est probablement un sel double de butyrate et de caproate de baryum [Lerch, *Ann. der Chem. u. Pharm.*, t. XLIX, p. 227].

VALAÏTE (Min.). — Matière résineuse de composition indéterminée, en petites tables hexagonales, couleur de poix, se trouvant dans la dolomie et dans le calcaire, avec hatchettine, dans le gisement de charbon de Ronitz-Oslawaner (Moravie). En petits cristaux ou en druses.

VALENCIANITE (Min.). — Orthose de la mine de Valenciana (Mexique).

VALENTINITE (Min.) [Syn. *Weisspiessglaserz, exitèle, antimoine oxydé prismatique*]. — Acide antimonieux, Sb^2O^3, cristallisé dans le type orthorhombique. Cristaux prismatiques d'un vif éclat adamantin, nacré sur g^1, fortement striés dans le sens de la longueur, aplatis parallèlement à g^1, blancs ou jaunâtres. Se trouve aussi en masses radiées. Accompagne les autres minerais d'antimoine, à Przibram (Bohême); Felsobanya (Hongrie); en Saxe; en Algérie.

Caractères. — Soluble dans l'acide chlorhydrique. Dans le tube bouché, fond et se volatilise partiellement. Sur le charbon, fond et se volatilise entièrement en donnant des fumées et un enduit blanc.

Dureté, 2,5 à 3. Densité, 5,56.

Forme cristalline. — Prisme orthorhombique, $mm = 136^\circ 58'$; $e^1e^1 = 70^\circ 32'$. Faces : g^1, m, e^1. Clivage parfait m. Il a la même composition que la senarmontite, et est isodimorphe avec l'acide arsénieux.

VALÉRACÉTONITRILE. — Composé obtenu par Schlieper dans la distillation de la gélatine avec l'acide sulfurique étendu et le dichromate de potassium. C'est un liquide mobile, peu soluble dans l'eau, miscible en toute proportion à l'alcool et à l'éther. Il a une odeur agréable. Sa densité est de 0,79. Il bout de 68 à 71°. Il est très-inflammable. Chauffé avec l'acide sulfurique ou avec les alcalis aqueux, il se dédouble en ammoniaque, acide acétique et acide valérianique. Le chlore et le brome l'attaquent avec dégagement d'acide chlorhydrique et d'acide bromhydrique.

Son point d'ébullition ne permet pas d'admettre la formule donnée par Schlieper,

$$C^{26}H^{48}Az^4O^6$$

[*Ann. der Chem. u. Pharm.*, t. LIX, p. 16]. C. F.

VALÉRAL [Syn. *Aldéhyde valérique, hydrure de valéryle*]. — On connaît deux aldéhydes valériques, $C^5H^{10}O$.

ALDÉHYDE VALÉRIQUE NORMALE,

$$CH^3\text{-}CH^2\text{-}CH^2\text{-}CH^2\text{-}CHO,$$

qui a été obtenue en distillant le valérate normal de calcium mélangé avec une proportion équivalente de formiate. Le produit rectifié bout à 102°, se dissout dans une quantité suffisante d'eau, et se combine avec le bisulfite de sodium [Lieben et Rossi, *Gazetta chimica Italiana*, t. I, p. 219; *Bull. de la Soc. chim.*, t. XIV, p. 307].

ALDÉHYDE ISOVALÉRIQUE. — C'est la plus anciennement connue, elle a été découverte par MM. Dumas et Stas [*Ann. de Chim. et de Phys.* (2), t. LXXIII, p. 145]. Elle dérive de l'alcool amylique et correspond à l'acide valérique ordinaire ou isovalérique; sa constitution est exprimée par la formule $(CH^3)^2CH\text{-}CH^2\text{-}CHO$.

Modes de production. — Elle a été obtenue par l'action de l'acide azotique ou de l'acide chromique sur l'alcool amylique. Elle se produit aussi dans la distillation de l'alcool amylique avec l'acide sulfurique [Gaultier, *Ann. der Chem. u. Pharm.*, t. XLIX, p. 127]; par la distillation sèche des valérates et particulièrement du valérate de baryum [Chancel, *Journ. de Pharm.* (3), t. IX, p. 148; *Compt. rend.*, t. XXI, p. 905]; par l'action d'un mélange de peroxyde de manganèse et d'acide sulfurique sur le gluten végétal [Keller, *Ann. der Chem. u. Pharm.*, t. XXXII, p. 31]; par celle d'un mélange d'acide sulfurique étendu et de dichromate de potassium sur l'huile de ricin [Arzbächer, *Ann. der Chem. u. Pharm.*, t. LXXIII, p. 202]; par celle de l'anhydride sulfurique sur la leucine [Schwanert, *Ann. der Chem. u. Pharm.*, t. CII, p. 226]; par la distillation sèche d'un mélange de valérate et de formiate de calcium [Limpricht, *Ann. der Chem. u. Pharm.*, t. XCVII, p. 370]; par la distillation sèche de la lupuline, extraite par l'eau, après addition de chaux [Personne, *Journ. de Pharm.* (3), t. XXVI, p. 241, 329; t. XXVII, p. 22]; par l'action de l'amalgame de sodium sur un mélange de chlorure de valéryle et d'acide oxalique sec.

Préparation. — Le meilleur procédé consiste à étendre 16 p. 1/3 d'acide sulfurique d'un volume égal d'eau et à mélanger le tout avec 11 p. d'alcool amylique en ayant soin de refroidir; à dissoudre d'autre part 12 p. 1/3 de dichromate de potassium dans l'eau chaude, à introduire la solution dans une cornue et à y faire arriver peu à peu le mélange d'acide sulfurique et d'alcool. Il se dégage assez de chaleur pour faire distiller la plus grande partie de l'hydrure de valéryle; à la fin, on chauffe pour achever la distillation. On décante la couche huileuse condensée dans le récipient; on la lave avec de la potasse, et on la mélange avec une solution concentrée de bisulfite de sodium; il se produit des cristaux de bisulfite de valéryle-sodium, que l'on exprime et que l'on fait cristalliser dans l'alcool. On distille ces cristaux avec une solution de carbonate de potassium, et on dessèche sur du chlorure de calcium l'aldéhyde valérique mise en liberté [Parkinson, Gerhard, *Traité de chimie organique*, t. II, p. 643].

Propriétés. — Le valéral est un liquide incolore, mobile, fortement réfringent, neutre aux couleurs végétales, ayant une saveur brûlante et amère, une odeur pénétrante de fruit; il excite la toux. Il brûle avec une flamme éclairante, bleue sur les bords.

Sa densité est de 0,8057 à 17°; de 0,8224 à 0° (Kopp); 0,768 à 12°,5 [A. Schröder, *Deutsche chem. Gesellsch.*, t. IV, p. 400].

Densité de vapeur, 43.06 (H = 1; théorie, 43).

Il bout à 96-97° sous la pression normale; à 92°,8, sous la pression de 740 millimètres (Kopp); à 92°,5, sous la pression de 758mm,2 (Schröder).

Lorsque le valéral est conservé longtemps, il subit une altération et son point d'ébullition s'élève.

Il est très-peu soluble dans l'eau, miscible en toute proportion avec l'alcool, l'éther et l'acide sulfurique concentré. Il dissout l'iode, le phosphore et diverses résines; mais non le soufre.

Modes de décomposition et réactions. — 1. On avait admis que l'action de la chaleur suffisait pour polymériser l'aldéhyde valérique et la transformer en un produit bouillant de 150-200°; d'après Parkinson, le même produit se rencontrerait dans les eaux mères de la préparation du sulfite de valéryle-sodium, et se formerait aussi par l'action de ce dernier composé sur le carbonate de sodium sec. M. Limpricht affirme que la chaleur ne transforme pas le valéral et que le valéral brut ne renferme pas de polymère [*Ann. der Chem. u. Pharm.*, t. CXIV, p. 144].

Néanmoins, M. Borodine et M. Riban ont montré qu'en chauffant le valéral à 240°, on obtient un produit de condensation avec élimination d'eau $C^{10}H^{18}O$ [*Deutsch. chem. Gesellsch.*, t. II, p. 252; *Bull. de la Soc. chim.*, t. XIII, p. 24].

2. Ces transformations se produisent plus facilement sous l'influence de divers réactifs. D'après M. Borodine, l'action du sodium fournit les produits suivants: *a.* Un polymère du valéral, qui paraît être analogue à l'aldol de M. Wurtz, et qui forme un liquide épais, plus léger que l'eau, ne se combinant pas avec les bisulfites et transformé par la distillation en une aldéhyde, $C^{10}H^{18}O$, et en un corps neutre, $C^{20}H^{38}O^{3}$, avec production d'un peu de valéral. Le même composé se forme pur par l'action de la potasse solide sur le valéral à 0°.

Ce composé, laissé en contact avec une solution très-étendue de carbonate de sodium, fournit des cristaux prismatiques quadrangulaires, qui peuvent être très-bien recristallisés. Ils sont insolubles dans l'eau, très-solubles dans l'alcool et encore plus dans l'éther. Ils fondent à 76°. La température de 100° maintenue quelques heures les transforme de nouveau dans le liquide visqueux primitif.

Les cristaux se décomposent dans l'air sec en perdant de l'eau; il se forme des produits de condensation, et du valéral est mis en liberté. La composition des cristaux est exprimée par la formule $C^{20}H^{42}O^{5}$.

Si le varéraldol est $(C^{5}H^{10}O)^{2}$, les cristaux seraient tout simplement un hydrate de celui-ci [Borodine, *Deutsche chem. Gesellsch.*, t. VI., p. 983].

Le même polymère s'obtient lorsqu'on laisse le valéral en contact avec le carbonate de potassium. Lavé, séché, cristallisé dans l'éther, il fond à 83-84°, et se décompose déjà à 108° en donnant un liquide qui se combine avec les bisulfites alcalins et réduit l'azotate d'argent ammoniacal. La densité de vapeur du polymère a été trouvée = 3,30 (valéral = 3,00). Il était donc dissocié [G. Bruylants, *Deutsche chem. Gesellsch.*, t. VIII, p. 414].

b. Un liquide huileux, bouillant sans décomposition à 260-290°; ayant pour composition

$$C^{20}H^{38}O^{3} = 4C^{5}H^{10}O - H^{2}O;$$

sa densité est de 0,895-0,900. Il ne se combine pas avec les bisulfites alcalins. Chauffé avec les alcalis, il fournit de l'acide valérique, de l'alcool amylique et une petite quantité de valéral.

c. Un produit de condensation,

$$C^{10}H^{18}O = 2C^{5}H^{10}O - H^{2}O.$$

C'est une aldéhyde qui se combine avec les bisulfites alcalins. Il forme un liquide huileux, ayant une forte odeur aromatique; il bout à 195°; sa densité est de 0,862 à 0° et de 0,848 à 20°. Par l'oxydation, il fournit un acide, $C^{10}H^{18}O^{2}$, identique avec celui que Borodine a décrit antérieurement sous le nom d'acide isocaprique.

La formation de ces trois produits, dont les deux derniers dérivent du premier, et leurs métamorphoses expliquent la production des corps observés par Borodine en 1864: l'acide valérique, l'alcool amylique, un alcool, $C^{10}H^{22}O$ (alcool isocaprique). Le sodium agit en enlevant de l'eau au valéral, et la soude formée réagit à son tour pour la formation de polymères et de corps résultant de la déshydratation du valéral lui-même ou des polymères; enfin une partie de l'hydrogène dégagé se fixe sur le valéral ou sur les aldéhydes dérivées [Borodine, *Deutsch. chem. Gesellsch.*, t. V, p. 480].

M. Reboul et M. Kekulé ont obtenu pareillement l'aldéhyde, $C^{10}H^{18}O$, le premier par l'action du sodium ou de l'amalgame de sodium, ou par celle du zinc sur le valéral à 180° [*Compt. rend.*, t. LXXV, p. 96], et le deuxième par l'action du chlorure de zinc [*Ann. der Chem. u. Pharm.*, t. CLXIV, p. 77].

Le même corps paraît avoir été obtenu, mais non isolé par M. Fittig, qui a fait réagir la chaux sur le valéral, et par MM. Rieth et Beilstein dans la réaction du valéral sur le zinc-éthyle [*Ann. der Chem. u. Pharm.*, t. CXVII, p. 68, et t. CXXVI, p. 242].

3. Le valéral s'oxyde à l'air, surtout au contact du noir de platine et fournit de l'acide valérique. Les autres oxydants agissent de même. L'acide azotique fournit un acide nitrovalérique.

4. Le chlore agit sur le valéral refroidi par un mélange réfrigérant en fournissant une petite proportion du corps condensé décrit plus bas, et du *monochlorovaléral*, $C^{5}H^{9}ClO$, bouillant à 134-135°. L'alcool et l'ammoniaque dissolvent celui-ci avec dégagement de chaleur. Il se combine avec les bisulfites alcalins. Il est insoluble dans l'eau. Densité à 14° = 1,408 [Schröder *Deutsch., chem. Gesellsch.*, t. IV, p. 400].

MM. Popoff et Pavleski ont transformé le monochlorovaléral en acide *isopropyloxacétique* [*Deutsch. chem. Gesellsch.*, t. IX, p. 1606].

En laissant le mélange s'échauffer, on obtient du dichlorovaléral, bouillant vers 147° et susceptible de se combiner avec le bisulfite de sodium en formant un composé cristallin,

$$C^{5}H^{8}Cl^{2}O.NaHSO^{3}$$

[Kündig, *Ann. der Chem. u. Pharm.*, t. CXIV, p. 1].

Lorsque l'action du chlore est continuée jusqu'à refus à 145°, et que l'excès de chlore est chassé à l'aide d'un courant de gaz carbonique, on obtient, après rectification, un liquide bouillant de 203 à 204° et qui peut être considéré comme le dérivé hexachloré, $C^{10}H^{12}Cl^{6}O$, du produit de condensation $C^{10}H^{18}O$, dont il a été question plus haut. Il est insoluble dans l'eau, soluble dans l'alcool et dans l'éther; il ne se combine pas avec les bisulfites alcalins. Son odeur est repoussante. Densité à 14° = 1,397.

L'acide azotique fumant le transforme en un produit nitré non acide, qui fournit une base par l'action de l'acide chlorhydrique et du zinc.

La soude alcoolique bouillante lui enlève 2HCl et fournit le corps $C^{10}H^{10}Cl^4O$, bouillant de 208-210°. L'odeur de ce corps est analogue à celle de la menthe; il est insoluble dans l'eau, soluble dans l'alcool et dans l'éther. Densité à 14° = 1,272 [Schröder, *loc. cit.*].

5. Le perchlorure de phosphore transforme le valéral en un chlorure $C^5H^{10}Cl^2$, bouillant vers 130° [Friedel, *Ann. de Chim. et de Phys.* (4), t. XVI, p. 363]; traité par la potasse alcoolique, ce chlorure fournit le dérivé C^5H^9Cl [Ebersbach, *Ann. der Chem. u. Pharm.*, t. CVI, p. 262]. D'après Bruylants, il se produit en même temps de l'isopropylacétylène; les deux chlorures bouillent, l'un à 128-130° et l'autre à 85-87° [*Bull. de la Soc. chim.*, t. XXIV, p. 384].

6. Le bromure de phosphore réagit sur l'aldéhyde valérique en donnant un *bromure d'amylidène*, $C^5H^{10}Br^2$ qui est mis en liberté par l'eau; il distille entre 170 et 180°. C'est un liquide incolore, jaunissant à l'air, insoluble dans l'eau. Chauffé avec l'eau, il fournit de l'aldéhyde valérique et de l'acide bromhydrique. La potasse alcoolique concentrée le transforme après quelques heures d'ébullition en amylène bromé, bouillant de 110 à 111°, et paraissant différer de l'amylène bromé de M. Reboul, composé qui provient du bromure d'amylène et qui bout à 114-116°.

La constitution de ces amylènes bromés peut être exprimée par les formules :

$$(CH^3)^2CH\text{-}CH = CHBr \quad (110\text{-}111°)$$

et

$$(CH^3)^2CH\text{-}CBr = CH^2 \quad (114\text{-}116°).$$

Le premier, chauffé en vase clos avec de la potasse, donne un produit bouillant entre 30 et 60°, qui n'est autre chose que l'isopropyle-acétylène C^5H^8 ou $(CH^3)^2CH - C \equiv CH$. Il possède l'odeur des carbures acétyléniques. Densité à 11° = 0,652. Il forme un dibromure et un tétrabromure qui restent liquides à — 20° et ont une odeur camphrée prononcée. Le dibromure bout à 175°, en se décomposant, et le tribromure à 275°. L'isopropylacétylène précipite les solutions ammoniacales d'argent et de cuprosum et donne les combinaisons C^5H^7Ag et $C^5H^7Cu^2OH$ [Bruylants, *Deutsch. chem. Gesellsch.*, t. VIII, p. 406; *Bull. de la Soc. Chim.*, t. XXIV, p. 381].

7. L'hydrogène naissant (amalgame de sodium et eau) convertit le valéral en alcool amylique [Friedel, *loc. cit.*]. M. Wurtz a obtenu le même résultat avec le valéral préparé par distillation d'un mélange de valérate de calcium et de formiate [*Ann. de Chim. et de Phys.* (4), t. II, p. 441].

8. Le valéral chauffé avec de l'hydrate de potassium se transforme en valérate de potassium, avec dégagement d'hydrogène. Il doit se produire en même temps de l'alcool amylique.

9. Un mélange aqueux d'ammoniaque et d'aldéhyde valérique se trouble et finit par s'éclaircir en laissant déposer de petits octaèdres brillants. Ces cristaux renferment beaucoup d'eau de cristallisation, qu'ils perdent dans le vide, sur un mélange de sel ammoniac et de chaux [Keller, *Ann. der Chem. u. Pharm.*, t. LXXII, p. 35].

Le valéral absorbe le gaz ammoniac en formant un liquide sirupeux épais, qui au bout de quelques semaines laisse déposer des cristaux de valéral-ammoniaque (Parkinson). Ce dernier fond lorsqu'on le chauffe; il est insoluble dans l'eau, facilement soluble dans l'alcool et dans l'éther.

Il possède une densité de vapeur normale 52 à 160° (théorie 51,5, H = 1). La densité de vapeur de l'hydrate, $C^5H^9(AzH^4)O.7H^2O$, a été trouvée de 14,31; elle correspond à 2 volumes pour $C^5H^9(AzH^4)O$, et 14 pour les $7H^2O$, en tout 16 volumes.

Distillé avec la potasse, il fournit un mélange de valéral non décomposé et de la base d'Erdmann ou *trioxamylidène*, $(C^5H^{10}O)^3AzH^3$. Le chlorhydrate de ce dernier est floconneux et fond à 112-115° (Ljubavine).

Lorsqu'on chauffe l'aldéhyde valérique avec de l'ammoniaque alcoolique à 150°, il se produit principalement deux alcaloïdes volatils, la *valéridine*, $C^{10}H^{19}Az$, dont le chlorhydrate est cristallisé en lamelles, et la *valéritrine*, $C^{15}H^{27}Az$, qui fournit un picrate caractéristique. Ces composés se forment par fixation d'une molécule d'ammoniaque sur 2 et 3 molécules de valéral, avec élimination de 2 et de 3 molécules d'eau. Il se produit encore une troisième base dont le chlorhydrate cristallise en aiguilles,

$$C^{15}H^{29}Az, HCl \quad \text{ou} \quad C^{15}H^{31}Az, HCl;$$

sa formation prouve que l'alcool amylique entre en réaction; il a donc dû se former en même temps de l'acide valérianique, ce qui a été vérifié en effet [Ljubavine, *Deutsch. chem. Gesellsch.*, t. IV, p. 976; t. V, p. 1101].

10. L'hydrogène sulfuré sec n'agit pas sur le valéral, mais, en présence de l'eau, on voit se former des cristaux de *thiovaléral*, $C^5H^{10}S$. C'est un corps insoluble dans l'eau, soluble dans l'alcool et dans l'éther, et se séparant de sa solution dans l'éther chaud en cristaux asbestiformes. Il possède une odeur désagréable et persistante; il fond à 69°. Fortement chauffé, se décompose en dégageant une odeur insupportable. Il se sublime sans décomposition dans le vide. Densité de vapeur 50,76 (théorie 51, H = 1).

11. Le valéral-ammoniaque donne avec l'hydrogène sulfuré la *valéraldine*, base homologue de la thialdine.

La valéraldine se forme aussi lorsqu'on fait passer de l'ammoniaque sèche sur le thiovaléral :

$$3C^5H^{10}S + 2AzH^3 = C^{15}H^{31}AzS^2 + AzH^4SH.$$

Ainsi préparée, elle contient un excès d'ammoniaque qui peut être chassé par un courant d'hydrogène, ou par dissolution dans l'éther et évaporation dans le vide sec. Elle constitue alors une huile qui devient cristalline par une courte exposition à l'air. Elle fond à 41° et se comporte comme un corps indifférent : l'acide cyanhydrique, le cyanogène, le chlorure de cyanogène sont sans action sur elle; elle est insoluble dans l'eau, soluble dans l'alcool et dans l'éther. Elle cristallise de sa solution éthérée en cristaux dendritiques ressemblant à des feuilles de fougère et ayant la consistance de la cire. Son odeur ressemble à celle de l'acétamide. Chauffée, elle distille en se décomposant; mais elle peut être sublimée dans le vide.

12. L'hydrogène sélénié réagit sur une solution aqueuse de valéral en donnant le *séléniovaléral*, $C^5H^{10}Se$; ce dernier se dépose sous la forme d'une huile qui se transforme en cristaux qu'on ne peut pas faire recristalliser. En solution dans l'éther, dans l'alcool et dans l'esprit de bois, il se décompose rapidement avec dépôt de sélénium. Il peut être purifié par volatilisation dans un courant de gaz chargé de vapeur d'eau, à la température ordinaire. Le séléniovaléral se décompose déjà à 30° au contact du mercure. Il fond à 56°,5. Il possède une odeur extrêmement désagréable. L'ammoniaque sèche le transforme en *séléniovaléraldine*.

13. Lorsqu'on agite un mélange de sulfure de carbone, de valéral et d'ammoniaque aqueuse, on

lorsqu'on ajoute du sulfure de carbone à une solution aqueuse de valéral-ammoniaque, on obtient la *carbovaléraldine*,

$$2C^5H^{10}O + 2AzH^3 + CS^2 = C^{11}H^{22}Az^2S^2 + 2H^2O.$$

La densité de vapeur de ce composé a été trouvée de 60,08 et de 60,4, dans la vapeur d'eau et dans la vapeur d'essence de térébenthine, au lieu de 120,3 calculée pour 2 volumes. Le composé est donc déjà dissocié entre 100 et 160°. Il est insoluble dans l'eau, soluble dans l'éther et l'alcool froid, et cristallise de ce dernier dissolvant en petits mamelons. Il fond à 115,5-117° et se décompose à une température plus élevée, mais peut être sublimé dans le vide [Schröder, *Deutsch. chem. Gesellsch.*, t. IV, p. 469].

14. Lorsqu'on laisse évaporer du valéral-ammoniaque avec de l'acide cyanhydrique, on obtient de la leucine,

$$C^5H^{10}O + CAzH + H^2O = C^6H^{13}AzO^2.$$

15. Avec l'acide cyanique, le valéral forme un acide homologue de l'acide trigénique (Bæyer),

$$C^5H^{10}O + 3CAzOH = CO^2 + C^7H^{13}Az^3O^2.$$

16. En chauffant un mélange de 1 p. de valéral en volume, 3 p. d'alcool amylique et 1 p. d'acide acétique, Alsberg a obtenu une combinaison,

$$C^5H^{10}(C^5H^{11}O)^2,$$

qu'il a appelée *diamylvaléral*, mais qui n'est autre chose que l'acétal amylique.

Le même produit se forme, en même temps que du valérate de sodium et un peu d'alcool amylique, lorsqu'on traite le valéral par l'éthylate de sodium et l'alcool absolu.

Il a une odeur désagréable, rappelant celle du céleri; il est insoluble dans l'eau; sa densité à 7° = 0,849. Il bout à 255°.

Des combinaisons analogues ont été obtenues en chauffant le valéral avec 4 fois son volume d'alcool et 1 volume d'acide acétique, ou avec 25 volumes d'alcool méthylique et 1/2 volume d'acide acétique. C'est le *valéracétal diéthylique*, $C^5H^{10}(C^2H^5O)^2$, qui bout à 158°,2, et qui a une agréable odeur de fruit (densité = 0,835 à 12°), et le *valéracétal diméthylique* $C^5H^{10}(CH^3O)^2$ bouillant à 124°; densité à 10° = 0,852 (Alsberg).

L'éthylamyle-valéral a été obtenu dans l'action du sodium sur le valérate d'éthyle. Il bout entre 200 et 210°. Il possède une agréable odeur de fruit et une densité de 0,875 à 13° [Greiner, *Zeitsch. für Chem.*, 1866, t. II, p. 465].

Les formules de constitution de ces composés et celle de leurs isomères les amylglycols diamyliques etc., peuvent être représentées par

$$(CH^3)^2CH\text{-}CH^2\text{-}CH(RO)^2 \text{ et}$$
$$(CH^3)^2CH\text{-}CH(RO)\text{-}CH^2(RO),$$

R représentant les radicaux amyle, éthyle et méthyle.

17. Le valéral se combine avec les bisulfites alcalins.

La combinaison ammoniacale $C^5H^9(AzH^4)SO^3$ se dépose en lamelles brillantes, par évaporation lente des produits de distillation d'un mélange de valéral et de bisulfite d'ammonium. L'eau, les acides, les alcalis le décomposent, en mettant du valéral en liberté.

Le sel de sodium $C^5H^9NaSO^3, H^2O$ est à peu près insoluble dans l'alcool absolu et dans l'éther, légèrement soluble dans l'eau froide. Il se dissout sans décomposition dans l'eau à 70 ou 80°; mais à une température plus élevée, il se décompose avec séparation de valéral et d'acide sulfureux. Les alcalis et les acides le décomposent immédiatement. Dans l'air sec, les cristaux sont efflorescents.

18. Le valéral se combine avec les anhydride acétique et benzoïque. Le composé

$$C^5H^{10}(C^2H^3O^2)^2$$

se produit lorsqu'on chauffe 1 molécule de valéral avec 1 molécule d'anhydride acétique, ou avec 2 molécules d'acide acétique, à 200° en vase clos, pendant 8 heures. C'est un liquide incolore, éthéré, mobile, neutre, bouillant à 195°; il est insoluble dans l'eau et miscible à l'alcool et à l'éther. Densité 0,963. L'eau ne l'attaque pas; mais la potasse le transforme facilement en valéral et acétate de potassium.

Le dérivé benzoïque s'obtient d'une façon analogue en chauffant le valéral avec l'anhydride benzoïque à 260°. C'est un corps blanc, cristallin, sans odeur et sans saveur, insoluble dans l'eau, fondant à 111°, et bouillant à 264°. Les alcalis le décomposent en valéral et benzoates alcalins [Kolbe et Gauthier, *Ann. der Chem. u. Pharm.*, t. CIX, p. 296].

19. Le valéral se combine avec le carbonate de potassium [Lieben, *Deutsch. chem. Gesellsch.*, t. IV, p. 758].

Il est possible que le produit aperçu par M. Lieben ne soit autre chose que le polymère cristallisable décrit par M. Bruylants (voyez plus haut).

20. L'acide chlorhydrique gazeux est absorbé abondamment par l'aldéhyde valérique bien refroidie. Il se produit deux couches dont l'inférieure est aqueuse. La partie supérieure, séchée avec le chlorure de calcium, fournit à la distillation une portion notable de l'éther $(C^5H^{10}Cl)^2O$ bouillant à 180° [G. Bruylants, *Deutsch. chem. Gesellsch.*, t. VIII, p. 414.] C. F.

VALÉRALDINE, $C^{15}H^{31}AzS^2$. — Cette base homologue de la thialdine a déjà été décrite sous le nom de *valérothialdine* à l'article THIALDINE; on l'obtient par l'action de l'hydrogène sulfuré sur le valéral-ammoniaque, en présence de l'eau, ou bien encore en traitant le valéral par une solution saturée et incolore de sulfure d'ammonium. Elle se volatilise sans décomposition. Elle forme avec l'acide chlorhydrique une combinaison cristallisable en aiguilles (voyez t. III, p. 393 et 616). [Beissenhirtz, *Ann. der Chem. u. Pharm.*, t. XC, p. 109; Parkinson, *ibid*, p. 119]. On l'obtient aussi lorsqu'on fait passer de l'ammoniaque sur le thiovaléral (voyez p. 616).

VALÉRAMIDE, C^5H^9O, AzH^2. — Amide primaire de l'acide valérique, obtenue par MM. Dumas, Malaguti et Leblanc, et étudiée par MM. Dessaignes et Chautard [*Compt. rend.*, t. XXV, p. 475 et 658; et *Journ. de Pharm.*, t. XIII, p. 245]. Elle s'obtient par l'action de 7 à 8 volumes d'ammoniaque sur 1 volume de valérate d'éthyle. Elle cristallise par concentration du liquide en belles lames, brillantes, neutres, fusibles entre 126 et 128°, sublimables et fort solubles dans l'eau, dans l'alcool et dans l'éther. Elle bout entre 230 et 232° et se sublime déjà à une température inférieure. La potasse caustique ne l'attaque qu'à l'ébullition. Chauffée avec l'anhydride phosphorique, elle se dédouble en eau et valéronitrile. Elle éprouve la même transformation lorsqu'on la fait passer en vapeur sur de la chaux incandescente.

Chauffée avec du potassium, elle donne du cyanure de potassium, de l'hydrogène et des hydrocarbures.

Elle peut être obtenue en chauffant l'acide valérique avec le sulfocyanate de potassium.

$$CSAzH + C^5H^9O.OH = C^5H^{11}AzO + CSO$$

[Letts, *Deutsch. chem. Gesellsch.*, t. V, p. 669].

Il se forme en même temps du valéronitrile, par la réaction suivante :

$$CSAzH + C^5H^9O.OH = C^5H^9Az + CO^2 + H^2S$$

C. F.

VALÉRANILIDE [Syn. *Phénylvaléramide*].

$$C^{11}H^{15}AzO = C^5H^9O(AzHC^6H^5).$$

— L'acide valérique anhydre, mis en contact avec l'aniline, produit un fort dégagement de chaleur; le mélange se prend bientôt en une masse cristallisée de valéranilide. Les cristaux sont peu solubles dans l'eau bouillante, dans laquelle ils fondent; on les purifie par cristallisation dans l'alcool étendu.

Purifiés, ils forment des aiguilles brillantes ou des prismes allongés, fusibles à 115° et distillant sans altération à une température supérieure à 220°. L'alcool et l'éther dissolvent ce corps avec facilité. La potasse concentrée et bouillante ne l'attaque qu'avec difficulté; la potasse fondante seule le dédouble d'une façon marquée en aniline et valérate [Chiozza, *Ann. de Chim. et de Phys.* (3), t. XXXIX, p. 201]. C. F.

VALÉRÈNE. — Synonyme d'Amylène, t. I, p. 235. — Pierlot a donné le même nom à l'hydrocarbure $C^{10}H^{16}$ extrait de l'essence de valériane par distillation sur la potasse fondante jusqu'à 200°. Il bout à 160°. C'est le bornéène de Gerhardt.

VALÉRIDINE et **VALÉRITRINE.** — Voyez Valéral, p. 616.

VALÉRINES. — Voyez Glycérides, t. I, p. 1587.

VALÉRIQUES (ACIDES), $C^5H^{10}O^2$. [Syn. *Acide valérianique*]. — La théorie indique l'existence de quatre acides valérianiques. On peut les considérer comme dérivés de l'acide acétique par substitution de groupes hydrocarbonés à un ou plusieurs atomes d'hydrogène du méthyle de l'acide acétique.

Ce sont :

$$CH^3 - CH^2 - CH^2 - CH^2 - CO^2H$$

Acide propylacétique.

$$(CH^3)^2CH - CH^2 - CO^2H$$

Acide isopropylacétique.

$$CH^3 - CH^2 - CH(CH^3) - CO^2H$$

Acide éthylméthylacétique.

$$(CH^3)^3C - CO^2H$$

Acide triméthylacétique.

A l'exception du troisième, ces divers acides sont connus avec certitude. Nous allons les décrire successivement.

I. Acide valérique normal. — *Acide butylformique* ou *propylacétique*, $CH^3 - (CH^2)^3 - CO^2H$ — Ce corps s'obtient par l'oxydation de l'alcool amylique normal, ou bien en traitant par la potasse alcoolique, dans un appareil à reflux, le cyanure de butyle normal. En distillant l'alcool, qui renferme de l'ammoniaque et un mélange de monobutylamine, de dibutylamine et de tributylamine, dissolvant le résidu salin dans l'eau, saturant exactement par l'acide sulfurique, filtrant pour séparer le sulfate de potassium, évaporant à sec le liquide filtré et traitant le résidu par l'acide sulfurique étendu, on voit une huile se séparer à la surface. Cette huile, lavée à l'eau et distillée, forme l'acide valérique normal pur; il bout dans un intervalle de moins de 2°.

L'acide propylacétique paraît se former aussi, mais en très-petite quantité, par l'action de l'argent métallique sur un mélange d'acide β-iodopropionique et d'iodure d'éthyle [W. de Schneider, *Zeitsch. für Chem.*, 1869, p. 342].

M. Erlenmeyer a obtenu l'acide valérique normal en transformant l'acide caproïque normal en l'acide α-bromo-caproïque, ce qui se fait en le chauffant au bain-marie avec 1 molécule de brome, puis en décomposant l'acide bromo-caproïque par le carbonate de sodium, traitant par l'acide sulfurique, reprenant par l'éther, qui dissout l'acide α-hydroxycaproïque. Ce dernier, oxydé par l'acide chromique, a donné à la distillation un acide volatil ayant toutes les propriétés de l'acide valérique normal [*Deutsche chem. Gesells.*, t. IX, p. 1840].

L'odeur de cet acide est plus voisine de celle de l'acide butyrique que de celle de l'acide valérique ordinaire. Il bout à 184-185°, sous la pression de 736 millimètres. Refroidi à — 16°, il devient légèrement visqueux, mais ne se solidifie pas. Un centimètre cube d'acide dissout à 16° environ 0,1 centimètre cube d'eau. Lorsqu'on ajoute une plus grande quantité d'eau, il se forme une couche aqueuse inférieure, sur laquelle nage l'acide valérique; après addition de 27cc d'eau, il y a solution complète.

Densité à 0° = 0,9577; à 20° = 0,9415; à 40° = 0,9284; à 99°,3 = 0,9034.

Sels de l'acide valérique normal. — Ils ont tous été préparés par saturation, sauf le sel de cuivre, qui a été obtenu par précipitation.

Sel de sodium. — Très-soluble dans l'eau; la solution concentrée chaude se prend en une gelée par le refroidissement.

Sel de baryum, $(C^5H^9O^2)^2Ba$. — Il est plus soluble dans l'eau à chaud qu'à froid, et la solution saturée à chaud se prend en une masse de cristaux laminaires gras au toucher. Le sel préparé à froid et séché à l'air est neutre et anhydre. 100 p. de solution saturée à 10° renferment 16p,9 de sel anhydre.

Sel de calcium, $(C^5H^9O^2)^2Ca + H^2O$. — Il se dépose par évaporation lente en lamelles onctueuses, brillantes, ressemblant à celles du sel de baryum. Elles perdent leur eau de cristallisation à 100°. Ce sel présente un maximum de solubilité à 70°.

La solution saturée à 20° renferme 8,08 % de sel anhydre.

Sel manganeux, $(C^5H^9O^2)^2Mn + H^2O$. — Petits cristaux d'un rose pâle, perdant leur eau à 100°; ce sel est beaucoup plus soluble à froid qu'à chaud; il se décompose à chaud, surtout en solution étendue.

Sel cuivrique, $(C^5H^9O^2)^2Cu$. — Obtenu par précipitation du sel de sodium avec le sulfate de cuivre, il est d'un bleu verdâtre. Il se dissout en partie par digestion avec l'eau froide. La solution bleu de ciel évaporée dans le vide sec donne le sel neutre en cristaux aciculaires groupés, microscopiques. Ce sel est également plus soluble à froid qu'à chaud; la solution se trouble et laisse déposer une petite quantité de sel basique quand on la chauffe. Le sel basique ne se redissout pas. La solution étendue bouillie laisse déposer de l'oxyde de cuivre et se dégager de l'acide valérique, entraîné par la vapeur d'eau. La même décomposition paraît se produire partiellement à la température ordinaire.

Sel de zinc, $(C^5H^9O^2)^2Zn$. — Lamelles minces, brillantes, transparentes, onctueuses au toucher. La solution saturée à 24-25°, renferme 2p,54 de sel. Elle se trouble lorsqu'on la chauffe; mais le précipité se redissout par le refroidissement [Lieben et Rossi, *Gazetta chimica Italiana*, t. I, p. 239].

Éthers de l'acide valérique normal. — *Valérate d'éthyle,* $C^5H^9O^2.C^2H^5$. — Il a été obtenu par le mélange de l'acide valérique, avec de l'alcool et de l'acide sulfurique. Il bout à 144°,6 sous la pression de 736 millimètres. Densité par rapport à l'eau à la même température : à

0° = 0,894; à 20° = 0,8765; à 40° = 0,8616 [Lieben et Rossi, *Ann. der Chem. u. Pharm.*, t. CLXV, p. 109].

II. ACIDE VALÉRIQUE ORDINAIRE. — *Acide delphinique, acide phocénique, isovalérique, isopropylacétique* ou *isobutyle-formique*,

$$(CH^3)^2CH\text{-}CH^2\text{-}CO^2H.$$

La découverte de cet acide, le plus anciennement connu des acides valériques, est due à M. Chevreul, qui l'a trouvé, en 1817, dans l'huile de marsouin (*Delphinum Phocœna*), et lui a donné le nom d'acide delphinique ou phocénique [*Ann. de Chim. et de Phys.* (2), t. VII, p. 264; t. XXIII, p. 22; *Recherches sur les corps gras*, p. 99 et 209]. Peutz, et plus tard Grote, retirèrent de l'huile essentielle de valériane un acide qu'ils appelèrent valérianique [*Brandes Arch.*, t. XXXIII, p. 160]. Ettling et Trommsdorff ont fait voir que ce dernier est identique avec l'acide phocénique de M. Chevreul [*Ann. der Chem. u. Pharm.*, t. VI, p. 176].

MM. Dumas et Stas ont obtenu l'acide valérique par l'oxydation de l'alcool amylique, et ont fait voir les relations qui le rattachent à cet alcool [*Ann. de Chim. et de Phys.* (2), t. LXXIII, p. 128].

L'identité de l'acide naturel et de l'acide dérivé de l'alcool amylique a été mise en doute. D'après Stalmann, la seule différence serait que le sel de baryum de l'acide artificiel est incristallisable [*Ann. der Chem. u. Pharm.*, t. CXLVII, p. 129].

L'acide valérique se rencontre aussi dans la racine d'angélique [Meyer et Zenner, *Ann. der Chem. u. Pharm.*, t. LV, p. 317]; dans celle d'*Athamanta Oreosolinum* [Winckler, *Répert. der Pharm.*, t. XXVII, p. 169]; dans les baies mûres de *Viburnum Opulus* (Chevreul), et dans l'écorce du même arbrisseau [Kræmer, *Brandes Arch.*, t. XL, p. 269. — L. von Moro, *Ann. der Chem. u. Pharm.*, t. LV, p. 330]; dans l'*Assa fœtida* [Hlasiwetz, *ibid.*, t. LXXI, p. 40]; dans l'aubier de sureau [Kræmer, *Brandes Arch.*, t. XLIII, p. 21]. Les feuilles de la digitale pourprée donnent par distillation avec l'eau un acide *antirhinique*, qui est probablement identique avec l'acide valérique [Pyr. Morin, *Journ. de Pharm.* (3), t. VII, p. 299].

L'acide valérique se produit dans un grand nombre de réactions. Il se forme non-seulement dans l'oxydation de l'alcool amylique par l'acide chromique, l'hydrate de potasse, l'acide azotique, la mousse de platine [Cahours, *Ann. de Chim. et de Phys.*, t. LXXV, p. 202]; on en obtient encore dans l'oxydation de l'acide choloïdique de l'acide oléique et d'autres corps gras, lorsqu'on les fait bouillir avec l'acide azotique [Redtenbacher, *Ann. der Chem. u. Pharm.*, t. LVII, p. 152, et t. LIX, p. 41]. La partie oxygénée de l'essence de valériane se convertit en valérate de potassium sous l'influence de la potasse en fusion [Gerhardt, *Ann. de Chim. et de Phys.* (3), t. VII, p. 275]. Il se produit de l'acide valérique lorsqu'on distille la gélatine, la fibrine, l'albumine, la caséine, le gluten, avec un mélange d'acide sulfurique étendu et de dichromate de potassium, ou de peroxyde de manganèse [Schlieper, *Ann. der Chem. u. Pharm.*, t. LIX, p. 1; — Guckelberger, *ibid.*, t. LXIV, p. 39; — Keller, *ibid.*, t. LXXII, p. 24]; lorsqu'on fait agir la potasse alcoolique sur l'essence de camomille romaine (Gerhardt); lorsqu'on fait fondre la leucine ou la caséine, l'indigo du commerce, le lycopode avec l'hydrate de potassium [Liebig, *Ann. der Chem. u. Pharm.*, t. LVII, p. 127; — Gerhardt, *Journ. de Pharm.* (3), t. IX, p. 319; — Winckler, *Répert. de Pharm.*, t. LXXVIII, p. 70]. L'action de la potasse sur l'essence de lupuline en fournit également [Personne, *Compt. rend.*, t. XXXVIII, p. 312].

Beaucoup de matières azotées donnent de l'acide valérianique par la putréfaction : on peut l'extraire du vieux fromage pourri, où il est contenu, avec l'acide butyrique, sous la forme de sel ammoniacal, des blés avariés, etc. [Balard, *Ann. de Chim. et de Phys.* (3), t. XII, p. 315; — Iljenko et Laskowski, *Ann. der Chem. u. Pharm.*, t. LV, p. 78; — L. L. Bonaparte, *Compt. rend.* t. XXI, p. 1076]. Dans le traitement du safranum, pour la préparation du carthame, on observe quelquefois, en été, la production d'une quantité considérable d'acide valérique, ce qui entraîne une diminution notable dans le rendement du carthame [Salvetat, *Ann. de Chim. et de Phys.* (3), t. XXV, p. 337].

L'acide angélique chauffé pendant 8 heures de 180 à 200° avec de l'acide iodhydrique et du phosphore rouge se transforme complétement en acide valérique [Ascher, *Deutsch. chem. Gesellsch.*, t. II, p. 685].

Il se forme aussi dans le dédoublement de l'acide atractylique par les acides [Lefranc, *Bull. de la Soc. chim.*, 1864, t. II, p. 500].

Enfin l'acide valérique s'obtient en traitant par la potasse le cyanure d'isobutyle [Erlenmeyer et Hell, *Ann. der Chem. u. Pharm.*, t. CLX, p. 266].

Préparation. — 1° On peut l'extraire de la racine de valériane, en distillant cette racine soit avec l'eau pure, soit avec de l'eau aiguisée d'acide sulfurique, saturant l'eau distillée acide avec du carbonate de magnésium ou de sodium, concentrant le valérate produit, et le distillant avec de l'acide sulfurique étendu [Rabourdin, *Journ. de Pharm.* (3), t. VI, p. 310].

On obtient un rendement plus abondant en provoquant d'abord l'oxydation de l'huile essentielle contenue dans la résine, soit par simple exposition à l'air, soit par macération de la racine pulvérisée, avec 5 fois son poids d'eau, 1 dixième de son poids d'acide sulfurique et 6 centièmes de dichromate de potassium, et en distillant ensuite. 1 kilogramme de racine donne ainsi une quantité d'acide correspondant à 18 grammes de valérate de zinc [Lefort, *Journ. de Pharm.*, t. X, p. 194].

2° Il est plus avantageux de préparer l'acide valérique par l'oxydation de l'alcool amylique. Après avoir rectifié l'huile de pomme de terre, pour en séparer les alcools propylique et butylique, on la dissout dans l'acide sulfurique concentré et on fait tomber dans le mélange une solution de dichromate de potassium; on distille après que la réaction est calmée; il passe une solution aqueuse d'acide valérique recouverte d'une couche huileuse de valéral. Celle-ci ayant été décantée, on sature la liqueur par le carbonate de sodium, et on distille avec l'acide sulfurique étendu le valérate ainsi obtenu, puis on rectifie l'acide [Balard, *Ann. de Chim. et de Phys.*, (3), t. XII, p. 315].

D'après Piesse, on réussit mieux en mélangeant peu à peu 1 p. d'alcool amylique avec 3 p. d'acide sulfurique et 1 p. d'eau, et en ajoutant une bouillie faite avec 2 p. 1/2 de dichromate de potassium et 4 p. 1/2 d'eau. On chauffe et on pousse le feu de manière que l'ébullition ne soit pas interrompue. On neutralise le produit de la distillation par le carbonate de sodium; il fournit du valérate cristallisé par évaporation [*Dingl. polyt. Journ.*, t. CLXXX, p. 408].

Propriétés. — L'acide valérique pur est un liquide mobile, incolore, ayant une saveur acide et brûlante et une odeur particulière pareille à celle de l'essence de valériane, et se rapprochant de celle de l'acide butyrique. Il produit une tache blanche sur la langue. Densité : à 16°,5 = 0,937

(Dumas et Stas); à 19°,6 = 0,9378, et à 0° = 0,9555 (Kopp); à 15° = 0,9558 (Mendéléeff). Indice de réfraction = 1,3952 (Delffs). Il agit sur la lumière polarisée ou bien est inactif, suivant qu'il a été préparé avec un alcool amylique lui-même actif ou inactif. L'acide actif dévie de 17° le plan de polarisation dans un tube de 0m,50 [Pedler, *Journ. Chem. Soc*, t. XXI, p. 74].

L'acide est encore liquide et transparent à —15°; il fait des taches huileuses, mais non persistantes, sur le papier. Il brûle facilement avec une flamme fuligineuse. Il bout à 175° (Dumas et Stas); à 175°,8 sous une pression de 746 millimètres (Kopp). Densité de vapeur = 3,66. Théorie = 3,53.

D'après MM. Erlenmeyer et Hell, qui ont comparé les acides de diverses provenances, l'acide préparé avec le cyanure d'isobutyle possède les propriétés suivantes : il bout de 171-172° sous une pression de 722mm,5.

Densité à 0° = 0,9468, à 19° 7 = 0,9205, rapportée à l'eau à 4°.

Ses volumes aux diverses températures sont donnés par la formule :

$$V_t = V_0 (1 + 0,0009467\,t + 0,0000010276\,t^2 + 0,0000000209\,t^3).$$

Il est absolument sans action sur la lumière polarisée.

L'acide de la racine de valériane bout de 171 à 173° sous une pression de 718mm,3.

Densité à 0° = 0,9462, à 18° 8 = 0,9209 (rapportée à l'eau à 4°).

$$V_t = V_0 (1 + 0,00093415\,t + 0,000001235\,t^2 + 0,0000000198\,t^3).$$

Pouvoir rotatoire + 5°,0.

L'acide de l'alcool amylique inactif bout à 171° 5 sous une pression de 721mm,8.

Densité à 0° = 0,9465, à 20°,2 = 0,9285, rapportée à l'eau à 4°.

$$V_t = V_0 (1 + 0,00094228\,t + 0,0000011342\,t^2 + 0,0000000250\,t^3).$$

Il est entièrement inactif.

L'acide dérivé de l'alcool amylique actif, qui, comme on sait d'après les travaux de M. Pasteur, peut se séparer de l'alcool inactif en raison de la solubilité plus grande de l'amylsulfate de baryum actif, bout à très-peu près à la même température, peut être de 1 à 1°,5 plus bas que le précédent. Le caractère qui l'en éloigne le plus est la cristallisation extrêmement difficile de son sel de baryum. Il a un pouvoir rotatoire de + 39 à 40°, de 48° pour un autre échantillon.

Ce dernier avait une densité à 0° = 0,9505, à 19°,5 = 0,9331, rapportée à l'eau à 4°.

$$V_t = V_0 (1 + 0,0009431\,t + 0,000016147\,t^2 + 0,000000001458\,t^3).$$

L'acide dérivé de la leucine, présentant un pouvoir rotatoire de + 17°, paraît être formé en grande partie d'un acide identique avec l'acide de l'alcool actif.

L'acide actif perd son pouvoir rotatoire quand on le chauffe à 250° avec quelques gouttes d'acide sulfurique pendant un quart d'heure [*Ann. der Chem. u. Pharm.*, t. CLX, p. 268].

D'après MM. Isidore Pierre et Puchot, l'acide valérique obtenu par l'oxydation de l'alcool amylique bout à 178° sous la pression de 760 millimètres et possède les densités suivantes :

à 0° = 0,9470; à 54°,65 = 0,8972; à 99°,9 = 0,8542; à 147°,5 = 0,8095.

Un mélange d'acide et d'eau en excès bout régulièrement entre 99°,8 et 100° et donne des vapeurs qui se condensent en deux couches, dont la supérieure est formée d'acide hydraté et l'inférieure est sa solution aqueuse [*Compt. rend.*, t. LXXV, p. 1005].

Quand on sépare l'acide valérique d'un valérate dissous dans l'eau, on l'obtient sous la forme d'un hydrate huileux, $C^5H^{10}O^2 + H^2O$, qui perd son eau par la chaleur. La densité de cet hydrate est de 0,950, c'est-à-dire un peu plus élevée que celle de l'acide sec; il bout à une température inférieure.

L'acide valérique se dissout dans 30 p. d'eau à 12°. Il se mêle en toute proportion à l'alcool et à l'éther. Sa solution dans l'alcool est troublée par l'addition d'une petite quantité d'eau, mais elle s'éclaircit lorsqu'on en ajoute davantage. L'acide valérique se dissout en grande quantité dans l'acide acétique d'une densité de 1,07. Il dissout le camphre et quelques résines, ainsi que le phosphore, mais non le soufre, même à l'ébullition.

Modes de décomposition et réactions. — 1. L'acide valérique se décompose lorsqu'on le fait passer en vapeur dans un tube chauffé au rouge sombre et renfermant des fragments de pierre ponce. Il fournit beaucoup de gaz renfermant de l'acide carbonique, de l'oxyde de carbone, de l'hydrogène, des hydrogènes carbonés, C^nH^{2n}, principalement du propylène, avec un peu d'éthylène et peut-être du butylène. Ces produits varient d'ailleurs avec la température à laquelle on opère [A.-W. Hofmann, *Ann. der Chem. u. Pharm.*, t. LXXVII, p. 161].

2. Lorsqu'on distille l'acide valérique avec un excès de baryte, on obtient également des produits gazeux, parmi lesquels on rencontre, outre les hydrogènes carbonés, C^nH^{2n}, de l'hydrogène libre, et peut-être du gaz des marais.

3. L'acide sulfurique ordinaire charbonne l'acide valérique à chaud en dégageant de l'acide sulfureux. Concentré, il le dissout avec dégagement de chaleur et en formant probablement une combinaison sulfoconjuguée.

4. Le chlore le transforme en acides chlorovalériques.

Le brome et l'iode s'y dissolvent sans l'attaquer.

5. Le courant de la pile n'agit que fort peu sur l'acide valérique qui le conduit mal. Il décompose le valérate de potassium avec production d'acide carbonique et de dibutyle,

$$2C^5H^{10}O^2 + O = C^8H^{18} + 2CO^2 + H^2O.$$

Le dibutyle est transformé par une oxydation secondaire en butylène et eau, ou en oxyde de butyle, qui avec l'acide valérique donne du valérate de butyle [H. Kolbe, *Ann. der Chem. u. Pharm.*, t. LXIX, p. 247].

6. Le permanganate de potassium transforme l'acide valérique en acides carbonique, oxalique, et butyrique (isobutyrique?), en homologues inférieurs de ce dernier, et en un acide soluble volatil, peut-être l'acide angélique [Neubauer, *Ann. der Chem. u. Pharm.*, t. CVI, p. 59].

7. Le bioxyde de manganèse et l'acide sulfurique étendu l'attaquent en donnant une petite quantité de valérate de méthyle [Veiel, *Ann. der Chem. u. Pharm.*, t. CXLVIII, p. 160].

8. L'acide azotique concentré le transforme en acide nitrovalérique.

9. Le perchlorure et l'oxychlorure de phosphore réagissent sur lui en fournissant le chlorure de valéryle ou l'anhydride valérique.

10. Chauffé avec le pentasulfure de phosphore, il donne l'acide thiovalérique, liquide, d'une odeur insupportable et renfermant probablement $C^5H^{10}OS$ [Ulrich, *Ann. der Chem. u. Pharm.*, t. CIX, p. 281].

VALÉRATES. — L'acide valérique est monobasique et forme des sels neutres, $C^5H^{10}O^2,R'$; mais il donne aussi des sels acides et des sels basiques, qui constituent des combinaisons moléculaires des sels neutres avec l'acide ou avec les hydrates métalliques.

Les valérates peuvent être préparés par saturation directe. Ils sont presque tous onctueux au toucher. Secs, ils sont à peu près inodores; humides, ils dégagent l'odeur de l'acide valérique. Ils ont une saveur d'abord sucrée, qui devient ensuite brûlante. La plupart sont solubles dans l'eau; quelques-uns solubles dans l'alcool. La plupart possèdent un mouvement gyratoire quand on les projette sur l'eau.

Par distillation sèche, ils fournissent de la valérone et de l'amylène accompagné d'autres hydrocarbures. Mélangés de formiates, ils donnent du valéral à la distillation; mélangés d'acétate, ils donnent de même du méthyle-valéryle, etc.

Les valérates solubles sont décomposés par le courant de la pile en donnant de l'acide carbonique, du butylène et du valérate de butyle.

Les valérates sont décomposés par les acides minéraux et par beaucoup d'acides organiques (acides acétique, tartrique, citrique, etc.), avec séparation d'acide valérique. L'acide butyrique ne les décompose pas; au contraire, les butyrates, chauffés avec de l'acide valérique, fournissent de l'acide butyrique libre. Liebig a fondé sur cette propriété une méthode de séparation des deux acides par saturation partielle.

D'après M. Veiel, c'est, au contraire, l'acide butyrique qui déplace l'acide valérique [*Ann. der Chem. u. Pharm.*, t. CXLVIII, p. 164]. Il est probable qu'il y a partage et que le déplacement de l'un des acides par l'autre, dépendant des masses en présence, n'est jamais complet.

Quand un mélange des acides acétique et valérique est neutralisé partiellement par la potasse et chauffé, il se forme du bi-acétate de potassium.

Valérate ammonique, $C^5H^9O^2(AzH^4)$. — On l'obtient à l'état de cristaux prismatiques en saturant l'acide valérique pur par du gaz ammoniac sec. Ses cristaux sont déliquescents. Ce sel perd facilement de l'ammoniaque lorsqu'on le chauffe. Il est très-soluble dans l'eau et dans l'alcool. Chauffé avec de l'anhydride phosphorique, il fournit du valéronitrile. Il se produit dans la putréfaction des matières organiques et particulièrement dans celle du fromage.

Valérate d'argent, $C^5H^9O^2.Ag$. — Il se sépare par évaporation de sa solution en lamelles blanches brillantes. En ajoutant un valérate alcalin à de l'azotate d'argent, on obtient un précipité qui devient peu à peu cristallin. Il noircit à la lumière et se décompose quand on le chauffe. 100 p. d'eau dissolvent, à 20°, 0,186 de sel d'argent (acide inactif).

Valérate de baryum, $(C^5H^9O^2)^2Ba + 2H^2O$. — Il cristallise par évaporation lente en cristaux brillants, fragiles, solubles dans 2 p. d'eau à 15° et dans 1 p. à 20°. Ils exécutent des mouvements gyratoires très-marqués pendant qu'on les dissout dans l'eau. Ils sont peu solubles dans l'alcool. Ils perdent de 2 à 2,5 % d'eau à l'air à 25°, et le reste, environ 7 %, quand ils sont chauffés. Le sel sec se décompose au rouge sombre en donnant un gaz, qui est probablement du butylène, un liquide qui renferme du valéral et un peu de valérone, et il reste du carbonate de baryum mélangé de charbon.

D'après Erlenmeyer et Hell, le sel de baryum de l'acide inactif cristallise par évaporation sur l'acide sulfurique et par refroidissement de la solution saturée à chaud en lamelles allongées ou larges, anhydres.

100 p. de la solution saturée à 48° renferment 46 p. de valérate de baryum.

Le sel de baryum de l'acide actif (pouvoir rotatoire + 39 à 40°) est très-difficilement cristallisable, et beaucoup plus soluble que le précédent.

Valérate de calcium, $(C^5H^9O^2)^2Ca + H^2O$. — Il cristallise par évaporation lente en groupes étoilés de prismes, facilement solubles dans l'eau et dans l'alcool ordinaire, plus solubles dans l'alcool absolu. Il fond en se décomposant à 150°. Un mélange de 6 p. de valérate calcique et 1 p. de chaux vive donne par la distillation sèche un mélange de valérone et de valéral.

D'après Barone, le valérate de calcium se dépose par évaporation à la température ordinaire en cristaux renfermant $3H^2O$ [*Deutsche chem. Gesellsch.*, t. IV, p. 758].

Valérate de cuivre, $(C^5H^9O^2)^2Cu + H^2O$. — Il cristallise de la solution bleu vert qui se produit lorsqu'on dissout le carbonate de cuivre dans l'acide aqueux, en prismes clinorhombiques, solubles dans l'eau et dans l'alcool. Si l'on ajoute de l'acide valérique concentré à une solution d'acétate de cuivre, il se sépare, au bout d'un certain temps, du valérate de cuivre anhydre en gouttes huileuses, qui se transforment, au bout de quelques minutes, en une poudre cristalline vert bleuâtre de sel hydraté. Cette réaction distingue, d'après Larocque et Huraut, l'acide valérique de l'acide butyrique, qui donne, dans les mêmes conditions, immédiatement un précipité cristallin [*Journal de Pharm.* (3), t. IX, p. 430].

Valérates de fer. — Le valérate ferrique neutre n'a pas été isolé. Le valérate de sodium, ajouté à du chlorure ferrique, donne un précipité formé par un mélange de sel neutre et de sel basique; séché, il se présente sous la forme d'une poudre amorphe rouge-brique foncé.

L'acide valérique aqueux dissout le fer avec dégagement d'hydrogène et formation de *valérate ferreux*.

Valérates de mercure. — Le *valérate mercurique* neutre se sépare, lorsqu'on mélange du bichlorure de mercure et du valérate de sodium en solution, en minces aiguilles blanches, qui se déposent aussi lorsqu'on fait bouillir le sel basique avec de l'eau et qu'on laisse refroidir la liqueur filtrée.

Le sel *basique* est rouge; il s'obtient en chauffant doucement le sel neutre, ou en dissolvant du bioxyde de mercure dans l'acide valérique concentré chaud. Il est insoluble dans l'eau froide, et se décompose par l'ébullition avec l'eau, en sel neutre, en laissant un résidu rouge.

Le *sel mercureux* se dépose en petites aiguilles de la solution de l'oxyde mercureux dans l'acide valérique.

Valérates de plomb. — Le sel neutre

$$(C^5H^9O^2)^2Pb$$

se dépose par l'évaporation de sa solution en lamelles brillantes facilement fusibles.

On obtient un sel basique, $(C^5H^9O^2)^2Pb, 2PbO$, en traitant l'acide valérique par un excès de litharge, reprenant par l'eau froide et laissant évaporer la liqueur filtrée dans le vide sec; il se présente en groupes hémisphériques d'aiguilles brillantes, infusibles et peu solubles dans l'eau.

Valérate de zinc, $(C^5H^9O^2)^2Zn$. — Le zinc métallique se dissout lentement dans l'acide valérique aqueux. Le même acide aqueux, saturé par le carbonate de zinc à l'ébullition, laisse déposer, après filtration à chaud, le sel de zinc sous la forme de lames nacrées ressemblant à l'acide borique. Le sel s'obtient aussi en mélangeant un sel de zinc avec le valérate de sodium. D'après Duclou, il se dissout dans 50 parties d'eau froide et dans 40 parties d'eau bouillante; dans 17,5 parties d'alcool froid et dans 16,7 parties d'alcool bouillant; — d'après Wittstein, dans 90 parties d'eau froide; dans 60 parties d'alcool froid, à 80 pour cent; dans 500 parties d'éther froid; dans 200 parties d'éther bouillant.

La solution aqueuse perd de l'acide à l'ébullition. Le sel fond à 140°, et se décompose à une température plus élevée.

On obtient un hydrate $(C^5H^9O^2)^2Zn + 12H^2O$ en mélangeant quantités équivalentes d'acide valérique et de carbonate de zinc, récemment précipité, avec une petite quantité d'eau et séchant à une douce chaleur. Cet hydrate ne diffère pas, en apparence, du sel anhydre, et perd toute son eau de cristallisation à 100°; il se dissout dans 44 parties d'eau froide. La solution évaporée fournit des cristaux de sel anhydre.

Le valérate de zinc se combine avec l'ammoniaque, formant un sel dont la composition est exprimée par la formule $(C^5H^9O^2)^2Zn, 2AzH^3$ [Lutschak, *Deutsche chem. Gesells.*, t. V, p. 30].

Éthers valériques.

Valérate d'amyle, $C^5H^9O^2, C^5H^{11}$. — Il se prépare en distillant du valérate de sodium avec un mélange d'acide sulfurique et d'alcool amylique. On l'obtient aussi, comme produit accessoire, lorsqu'on oxyde l'alcool amylique, pour la préparation du valéral. C'est un liquide huileux, ayant une agréable odeur de fruit. Densité à 17° = 0,8045. Point d'ébullition 187 à 188° (Kopp); 196° (Balard). Densité de vapeur = 6,1.

Valérate de cétyle, $C^5H^9O^2, C^{16}H^{33}$. — Obtenu par l'action de l'acide chlorhydrique, sur un mélange d'acide valérique et d'hydrate de cétyle. Il a une densité de 0,852 à 20°; fond à 25°, se solidifie à 20°, et bout à 280-290°, sous une pression de 202 millimètres de mercure [E. Dollfus, *Ann. der Chem. u. Pharm.*, t. CXXXI, p. 283].

Valérate d'éthyle, $C^5H^9O^2, C^2H^5$. — Liquide incolore ayant une odeur de pomme de reinette rappelant pourtant celle de la valériane. Densité à 18° = 0,866 (Kopp); à 0° = 0,894 (Otto); à 0° = 0,886, à 55°,7 = 0,832, à 99°,63 = 0,7843, à 122°,5 = 0,7582 [Isidore Pierre et Puchot, *Ann. de Chim. et de Phys.* (4), t. XXII, p. 352].

Point d'ébullition = 133° (Otto, Kopp, Berthelot); à 131° (Delffs); à 135°,5 sous une pression de 760 millimètres (Pierre et Puchot). Indice de réfraction = 1,3904 (Delffs).

Il est peu soluble dans l'eau, facilement soluble dans l'alcool. L'ammoniaque le transforme en valéramide.

Action du sodium sur le valérate d'éthyle. — Le valérate d'éthyle dissout le sodium sans dégagement d'hydrogène. En chauffant 2 grammes de sodium avec 6 grammes de valérate d'éthyle et 7gr,5 d'éther pur, M. Wanklyn a obtenu un liquide huileux ayant une composition voisine de celle du valéryle,

$$2(C^5H^9O^2, C^2H^5) + Na^2 = 2C^2H^5O, Na + (C^5H^9O)^2$$

[*Chem. Soc. Journ.*, t. XVII, p. 371].

Plus tard il a indiqué comme produit de la réaction le trivalérylure de sodium (?), $(C^5H^9O)^3Na$. Ce corps pourrait bien être le même que le divalérylène-divalérate (voyez plus loin).

D'après MM. Geuther et Greiner, on n'obtient pas le valéryle, dans cette réaction, mais le sel de sodium d'un acide cristallisable $(C^{20}H^{34}O^3$, l'acide divalérylène-divalérique) et un liquide huileux qui, distillé, donne comme produit principal un corps bouillant entre 240 et 260° comme le diamyle-valéral.

$$4(C^5H^9O^2, C^2H^5) + 6Na = C^{20}H^{33}O^3, Na + 3C^2H^5ONa$$

Divalérylène valérate de sodium. — Éthylate de sodium.

$$+ C^2H^5, OH + Na^2O + H^2.$$

Pour séparer les produits, on traite par l'eau, on décante la matière huileuse, et on épuise la solution avec de l'éther qu'on ajoute au produit huileux. La solution du sel de sodium est décomposée par l'acide acétique; l'acide mis en liberté cristallise; on peut le séparer de la liqueur aqueuse au moyen de l'éther.

On le purifie par cristallisation dans l'alcool, qui dissout à froid un acide huileux qui est décrit plus loin. Il renferme $C^{20}H^{34}O^3$. Il cristallise en tables orthorhombiques transparentes, fond entre 125,5 et 128°,5, et bout sans décomposition à 295°. C'est un acide très-faible, que l'acide carbonique chasse de ses sels. Le sel de baryum est incristallisable. Celui de cuivre s'obtient en traitant le sel de baryum par l'acétate de cuivre neutre, sous la forme d'un précipité floconneux vert pâle. Il devient résineux à la dessication. Il fond à 80° et est insoluble dans l'alcool. Le sel de sodium possède une réaction alcaline; il est soluble dans l'eau et dans l'alcool, insoluble dans l'éther. L'acide carbonique le décompose. Il donne des précipités avec l'acétate de zinc et l'azotate d'argent.

L'éther éthylique se forme par l'action de l'iodure d'éthyle sur le sel de sodium à 180°. Il bout entre 250 et 280°, et possède une agréable odeur de fruit.

L'acide huileux possède la composition d'un acide éthyldivalérique

$$C^{12}H^{22}O^3 = C^5H^8(C^5H^9O)(C^2H^5)O^2.$$

Il offre une odeur rappelant celle de l'acide valérique et est insoluble dans l'eau, soluble dans l'alcool et dans l'éther. Il est plus fortement acide que le précédent et déplace l'acide carbonique des carbonates alcalins. Il se forme en quantité moindre que l'acide divalérylène-valérique. Son sel de sodium est amorphe et résineux. Le sel de cuivre est floconneux et devient cristallin à la longue. Les autres sels sont amorphes.

L'acide éthyldivalérique est l'analogue de l'acide éthyldiacétique qui a reçu aussi le nom d'éther acétylo-acétique.

Éther acétylo-acétique.	Éther valérylo-valérique.
CH^3	C^4H^9
CO	CO
CH^2	C^4H^8
$CO^2\text{-}C^2H^5$	$CO^2\text{-}C^2H^5$

Quant à la matière huileuse séparée par l'eau elle renferme de l'éthyle-amyle-valéral,

$$(C^5H^9)(C^2H^5)C^5H^8O,$$

bouillant entre 200 et 210°, un corps cristallisable bouillant vers 230° $(C^{22}H^{48}O^3)$, et une huile ayant une composition répondant à la formule $C^{10}H^{18}O$ et sans doute identique au produit de condensation du valéral [*Zeitsch. für Chem.*, 1866, p. 460; *Jahresb. für Chem.*, 1865, p. 319, et 1866, p. 320].

Valérate isobutylique, $C^5H^9O^2, C^4H^9$. — Il a une odeur analogue à celle du composé éthylique, et bout à 17°,4, sous la pression de 760 millimètres. Densité à 0° = 0,8884; à 49°,7 = 0,8438; à 100° = 0,7966; à 155°,8 = 0,7428.

Valérate de méthyle, $C^5H^9O^2, CH^3$. — Liquide incolore, ayant une odeur de banane. Densité à 15° = 0,8869; à 0° = 0,9015 (Kopp); à 0° = 0,9005; à 41°,5 = 0,8581; à 64°,30 = 0,8343; à 100°,1 = 0,7945 (Isidore Pierre et Puchot). Il bout à 116° (Kopp) à 117°,25 sous la pression de 755 millimètres (Pierre et Puchot).

Chaleur spécifique entre 45 et 21° = 0,491 (Kopp).

M. Veiel a obtenu une petite quantité de valérate de méthyle en oxydant l'acide valérique par le peroxyde de manganèse et l'acide sulfurique étendu [*Ann. der Chem. u. Pharm.* t. CXLVIII, p. 160].

VALÉRATE DE PROPYLE. — Voyez t. II, p. 1214.

DÉRIVÉS PAR SUBSTITUTION DE L'ACIDE VALÉRIQUE.

ACIDE AMIDOVALÉRIQUE,

$$C^5H^{11}AzO^2 = C^5H^9(AzH^2)O^2.$$

— Cet acide a été découvert par Gorup-Besanez en même temps que la leucine ou acide amidocaproïque dans le pancréas du bœuf.

Il a été extrait du pancréas par l'eau froide. La solution bouillie, filtrée, mélangée avec un excès d'eau de baryte pour séparer l'acide phosphorique, et évaporée au bain-marie après filtration en consistance sirupeuse, laisse déposer un mélange d'acide amidovalérique et de leucine. On sépare les deux acides par dissolution fractionnée dans l'alcool d'une densité de 0,82, dans lequel l'acide amidovalérique est beaucoup moins soluble que la leucine. On le purifie finalement en le faisant cristalliser dans l'alcool fort [Gorup-Besanez, *Ann. der Chem. u. Pharm.*, t. XCVIII, p. 25].

Il se forme aussi par l'action prolongée pendant 24 heures de l'ammoniaque aqueuse concentrée sur l'acide bromovalérique. Le liquide débarrassé de l'excès d'ammoniaque est traité par l'hydrate de plomb, filtré, traité par l'hydrogène sulfuré et évaporé en consistance sirupeuse. La masse cristalline qui se sépare est lavée avec un mélange d'alcool et d'éther et dissoute dans l'alcool. La solution alcoolique fournit des lames incolores, clinorhombiques, solubles dans l'eau, presque insolubles dans l'alcool froid, peu solubles dans l'alcool bouillant [Cahours, *Compt. rend.*; — Fittig et Clark, *Zeitsch. für Chem.*, 1865, p. 503].

M. Schlebusch a obtenu l'acide amidovalérique en faisant réagir l'ammoniaque alcoolique sur l'acide chlorovalérique à 120°. Le contenu des tubes, après évaporation, a été traité par l'eau de baryte pour décomposer le sel ammoniac, la baryte a été précipitée par l'acide sulfurique et le produit obtenu dissous dans l'alcool et précipité par l'éther. Au besoin, on le fait encore digérer avec de l'oxyde d'argent pour enlever une trace de chlore [*Ann. der Chem. u. Pharm.*, t. CXLI, p. 326].

L'acide amidovalérique ressemble beaucoup à la leucine, mais est moins soluble dans l'eau et dans l'alcool; il est insoluble dans l'éther. Il forme avec les acides des combinaisons cristallisées, qui sont beaucoup plus solubles que les sels correspondants de leucine. Il se dissout facilement, sans décomposition dans les alcalis aqueux formant avec eux des composés pour la plupart cristallisables.

Chauffé dans un tube, il fond et se sublime avec décomposition partielle, en donnant des vapeurs ayant une forte odeur de hareng, et renfermant probablement de la butylamine. A l'air, il brûle facilement avec une flamme bleue.

Le *chlorhydrate* $C^5H^{11}AzO^2.HCl$ cristallise sur l'acide sulfurique en tables inaltérables à l'air, insolubles dans l'éther, très-solubles dans l'eau et dans l'alcool. Les solutions, même concentrées, ne sont pas précipitées par le tétrachlorure de platine.

L'*azotate* $C^5H^{11}AzO^2.AzO^3H$ forme une masse rayonnée, très-soluble dans l'eau et dans l'alcool, insoluble dans l'éther, fondant lorsqu'elle est chauffée et détonant ensuite en émettant des fumées rouges.

L'*amidovalérate cuivrique*, $(C^5H^{10}AzO^2)^2Cu$, se sépare d'une solution d'acide amidovalérique, mélangée avec de l'acétate de cuivre, en lamelles vertes transparentes, un peu solubles dans l'eau chaude.

L'*amidovalérate d'argent*, $C^5H^{10}AzO^2.Ag$, se précipite quand on ajoute de l'ammoniaque à une solution d'acide mélangée d'azotate d'argent. Il forme des cristaux groupés en petites sphères, peu solubles dans l'eau à chaud, à peu près insolubles à froid, devenant gris à la lumière.

ACIDE BROMOVALÉRIQUE, $C^5H^9BrO^2$. — Il se forme par l'action du brome sur l'acide valérique à 140-150° [Cahours, *Compt. rend.*, t. LIV, p. 175].

Liquide huileux incolore, ayant une odeur pénétrante, bouillant de 220 à 230°, sans notable décomposition (Cahours). D'après Fittig et Clark, il se décompose par la distillation, en donnant de l'acide bromhydrique, de l'acide valérique et en laissant un résidu de charbon.

L'acide bromovalérique sépare l'acide valérique des valérates. Ses sels alcalins et alcalino-terreux sont très-solubles et incristallisables. Le sel d'argent est blanc, insoluble et très-altérable [Borodine].

Il s'éthérifie très-facilement. L'éther éthylique bout entre 190 et 194°.

M. Borodine avait obtenu par l'action du brome sur le valérate d'argent un produit non distillable, qu'il avait considéré comme l'acide bromovalérique. Il a reconnu ensuite que c'était un composé analogue à l'acétate de chlore de M. Schützenberger [*Ann. der Chem. u. Pharm.*, t. CXIX, p. 121, et *Zeitschrift*, 1869, p. 342].

ACIDES CHLOROVALÉRIQUES. — L'*acide monochlorovalérique*, $C^5H^9ClO^2$, a été obtenu par l'action de l'acide hypochloreux, préparé à l'aide du chlore et de l'oxyde de mercure, sur le valérate de sodium,

$$C^5H^{10}O^2 + ClHO = C^5H^9ClO^2 + H^2O.$$

Le produit est extrait de la solution à l'aide de l'éther, après traitement par l'hydrogène sulfuré, et avec addition de chlorure de sodium. Il ne peut être séparé facilement de l'excès d'acide valérique, car il se décompose à la distillation. Le produit brut a servi à préparer l'acide *valérolactique* (voyez ce mot) [Schlebusch, *Ann. der Chem. u. Pharm.*, t. CXLI, p. 323].

Acide trichlorovalérique, $C^5H^7Cl^3O^2$. — On l'obtient en faisant passer du chlore, à l'abri de la lumière, dans de l'acide valérique d'abord refroidi, puis chauffé à 50-60°; l'excès de chlore est expulsé à l'aide d'un courant d'acide carbonique.

L'acide trichlorovalérique est un liquide huileux, très-visqueux à — 18°, très-mobile à 30°. Il est inodore et offre une saveur brûlante; il est plus lourd que l'eau et se décompose à 110-120° avec dégagement d'acide chlorhydrique. En contact avec l'eau, il forme un hydrate très-fluide, qui va au fond de l'eau. L'acide se dissout dans les alcalis aqueux; les acides minéraux le précipitent de ses solutions. La solution aqueuse donne avec l'azotate d'argent un précipité soluble dans l'acide azotique [Dumas et Stas, *Ann. de Chim. et de Phys.* (2), t. LXXIII, p. 130].

Acide tétrachlorovalérique, $C^5H^6Cl^4O^2$. — Il se produit par l'action prolongée d'un excès de chlore au soleil sur l'acide valérique, action qui est complétée lorsqu'on chauffe le liquide à 60°. Il est incolore, inodore, huileux; il possède une saveur brûlante; il est plus lourd que l'eau, ne se solidifie pas à — 15°. Il se décompose lorsqu'on le chauffe au-dessus de 150°. Il forme avec l'eau un hydrate huileux $C^5H^6Cl^4O^2, H^2O$. Il se dissout dans une grande quantité d'eau; il est très-soluble dans l'alcool et dans l'éther. Les solutions, après un certain temps, contiennent de l'acide chlorhydrique libre. L'acide est facilement décomposé par les alcalis l.aus, mais non par l'ammoniaque. L'acide tétrachlorovalérique décompose les carbonates. Ses sels alcalins sont solubles dans l'eau; les autres sont insolubles ou peu solubles. Le sel d'argent, $C^5H^6Cl^4O^2.Ag$, obtenu par précipitation du tétrachlorovalérate d'ammonium par le nitrate d'argent, est blanc, peu soluble dans l'eau, facilement soluble dans l'acide azotique. La solution exposée à la lumière laisse déposer du chlorure d'argent. Le sel sec se décompose peu à peu à la lumière, en formant du chlorure d'argent et une substance qui fait sur le papier des taches huileuses (Dumas et Stas).

ACIDE NITROVALÉRIQUE $C^5H^9(AzO^2)O^2$. — Il résulte de l'action de l'acide azotique concentré sur l'acide valérique à l'ébullition. Il cristallise de la solution acide en fines aiguilles, de l'eau en lamelles rhomboïdales. Il se sublime à 100°, mais son point d'ébullition est situé beaucoup plus haut.

Le sel de plomb est très-soluble et cristallise en prismes minces. Le sel de baryum et celui de calcium sont également très-solubles; le dernier cristallise en aiguilles. Le sel d'argent,

$$C^5H^8(AzO^2)O^2.Ag,$$

cristallise de la solution aqueuse bouillante en prismes minces.

Il est possible que l'acide nitrovalérique ne soit autre chose que l'acide nitroangélique, $C^5H^7(AzO^2)O^2$ [Dessaignes, *Compt. rend.*, t. XXXIII, p. 164].

III. ACIDE MÉTHYLÉTHYLACÉTIQUE

$$(C^2H^5)(CH^3)CH-CO^2H.$$

— MM. Schneider et Erlenmeyer ayant attribué à l'acide β-iodopropionique, dérivé de l'acide glycérique, une constitution exprimée par la formule

$$CH^3-CHI-CO^2H,$$

il en résultait que l'acide valérique dérivé de ce dernier par l'action de l'argent en présence de l'iodure d'éthyle, aurait été un acide méthyléthylacétique [*Zeitsch. für Chem.*, 1869, p. 342; *Deutsche chem. Gesellsch.*, t. III, p. 602]. Mais les faits sur lesquels s'appuyait cette opinion ne sont en aucune façon démonstratifs. L'acide β-iodopropionique doit conserver la formule qui lui a été attribuée, $CH^2I-CH^2-CO^2H$, et par conséquent l'acide obtenu par M. Schneider doit être l'acide valérique normal, ainsi que l'avait d'abord pensé l'auteur. Au reste il a été préparé en très-petite quantité et ses propriétés n'ont pas été étudiées.

IV. ACIDE TRIMÉTHYLACÉTIQUE

$$(CH^3)^3C-CO^2H,$$

[syn., *Acide pivalique*].

M. Boutlerow a obtenu cet acide en faisant réagir le cyanure de mercure sec sur l'iodure de butyle tertiaire, décomposant par la potasse alcoolique le cyanure formé, et traitant par l'acide sulfurique le sel de potassium.

$$(CH^3)^3C.I + Hg(CAz)^2$$
$$= (CH^3)^3C.CAz + HgICAz.$$
$$(CH^3)^3C.CAz + 2H^2O$$
$$= (CH^3)^3C.CO^2H + AzH^3.$$

On ne réussit ni avec le cyanure de potassium ni avec celui d'argent. Il ne faut pas non plus opérer en présence de l'éther; mais la réaction est violente et il importe de refroidir. Néanmoins il se dégage toujours une petite quantité d'isobutylène. Le produit distillé fou une huile que l'on prive de l'isocyanure élangé à l'aide de l'acide chlorhydrique. La portion du produit bouillant de 90-120° renferme principalement le nitrile; les parties supérieures, qui sont plus abondantes, sont formées principalement de polymères de l'isobutylène [*Deutsche chem. Gesellsch*, t. V, p. 478].

En déshydratant le produit distillé à l'aide de l'anhydride phosphorique, on obtient l'acide triméthylacétique sous forme d'une masse transparente cristalline.

M. Boutlerow a modifié ce procédé en remplaçant le cyanure de mercure par le cyanure double de potassium et de mercure. En mélangeant 100 grammes d'iodure de butyle tertiaire avec 110 grammes du sel double sec en poudre fine et avec 75 grammes de talc pulvérisé, en abandonnant ce mélange dans un matras refroidi avec de l'eau, on obtient, au bout de 2 à 3 jours, un produit renfermant, indépendamment du triméthylacétonitrite (cristallin, fondant à 15-16°, bouillant de 105 à 106°) de la triméthyl-méthylformiamide. Le produit est chauffé pendant quelques heures à 100° avec de l'acide chlorhydrique fumant, et l'acide obtenu est transformé en sel de potassium, puis séparé au moyen de l'acide sulfurique et distillé. Les proportions indiquées plus haut fournissent 14 grammes d'acide pur [*Deutsche Chem. Gesellsch.*, t. VI, p. 561].

MM. Friedel et Silva ont obtenu par l'oxydation de la pinacoline au moyen d'un mélange de dichromate de potassium et d'acide sulfurique, un acide qu'ils ont appelé pivalique, et qui, d'après ses propriétés, est identique avec l'acide triméthylacétique. M. Boutlerow a conclu de ce fait que la pinacoline est l'acétone méthyl-triméthylacétique

$$(CH^3)^3C-CO-CH^3.$$

MM. Friedel et Silva pensent qu'il faut néanmoins conserver à la pinacoline une formule correspondant à celle de la pinacone, qui fournit le même chlorure, $C^6H^{12}Cl^2$, qu'elle et qui peut être régénérée avec la pinacoline. On ne comprendrait pas ces réactions avec la formule admise par M. Boutlerow [*Compt. rend.*, t. LXXVII, p. 48, et *Bull. soc. chim.*, t. XIX, p. 193; t. XX, p. 50; t. XXI, p. 98].

L'acide triméthylacétique cristallise et forme une masse, dont les parties se soudent et semblent se regeler à la façon de la glace. Il fond à 35°,3-35°,5. Il bout à 163,7-163°,8, sous une pression de 760 millimètres; densité à 50° = 0,905. Coefficient de dilatation entre 50 et 75° = 0,00120. Densité calculée à 0° = 0,944. Il est peu soluble dans l'eau et n'est pas déliquescent.

Le *sel de baryum*, $(C^5H^9O^2)^2Ba + 5H^2O$, cristallise en aiguilles groupées; il s'effleurit à l'air, et perd toute son eau sur l'acide sulfurique. Il est très-soluble dans l'eau.

Les *sels de strontium* et de *calcium* renferment aussi $5H^2O$.

Le *sel d'argent*, $C^5H^9O^2.Ag$, se précipite en lamelles blanches, quand on mélange un triméthylacétate soluble avec de l'azotate d'argent.

Le *sel de sodium* renferme $2H^2O$.

Le *sel de magnésium*, $(C^5H^9O^2)^2Ag + 5H^2O$, se présente en lamelles rhombiques.

Les éthers ont été préparés par l'action des iodures sur le triméthylacétate de plomb.

Le *triméthylacétate de méthyle*, $C^5H^9O^2.CH^3$, bout à 100-102°.

Le *triméthylacétate d'éthyle*, $C^5H^9O^2.C^2H^5$, bout à 118°,5. Densité à 0° = 0,875 (Boutlerow), 0,877 (Friedel et Silva).

Le *triméthylacétate du triméthylcarbinol*,

$$C^5H^9O^2[C.(CH^3)^3],$$

a été obtenu par l'action de l'iodure de butyle sur le sel d'argent sec. Il bout à 134-135° et possède une odeur faiblement aromatique.

CHLORURE DE TRIMÉTHYLACÉTYLE,

$C^5H^9OCl = (CH^3)^3C\text{-}COCl$,

Il a été obtenu par l'action du trichlorure de phosphore sur l'acide. Il constitue un liquide incolore bouillant de 105-106°, et que l'eau décompose lentement.

M. Boutlerow l'a fait réagir sur le zinc-méthyle et a obtenu après traitement par l'eau un corps possédant la composition et les propriétés de la pinacoline. Il bout de 105,5-106°,5.

Par l'action de ce chlorure sur le sel de potassium de l'acide, à 150°, on a obtenu l'*anhydride*, $(C^5H^9O)^2O$, liquide limpide, plus léger que l'eau, bouillant à 190°.

La TRIMÉTHYLACÉTAMIDE, $(CH^3)^3C\text{-}CO\text{-}AzH^2$, forme de petites aiguilles très-solubles dans l'eau chaude [*Deutsche chem. Gesellsch.*, t. VII, p. 728]. C. F.

VALÉRIQUE (ANHYDRIDE), $(C^5H^9O)^2O$, [syn.: *oxyde de valéryle, acide valérique anhydre, valérate de valéryle*]. — Il s'obtient en décomposant 6 molécules de valérate de potassium sec, par un peu plus d'une molécule d'oxychlorure de phosphore. On le purifie en lavant le produit distillé avec une solution de carbonate de sodium, dissolvant dans l'éther et évaporant. C'est un liquide incolore, peu mobile, qui ne se mélange pas avec l'eau. Récemment préparé, il possède une faible odeur de pomme, mais lorsqu'on frotte les doigts après les en avoir humectés, on sent une odeur d'acide valérique. Densité à 15° = 0,934. Point d'ébullition = 215°. Densité de vapeur = 6,13.

Il absorbe lentement l'eau et se transforme en acide valérique. Chauffé avec un alcali, il se convertit immédiatement en valérate. Lorsqu'on le chauffe doucement avec une petite quantité d'hydrate de potassium, une vive réaction se produit et fournit du valérate de potassium et de l'acide valérique.

Avec l'alcool, il donne rapidement du valérate d'éthyle. L'ammoniaque le transforme en valéramide; l'aniline en valéranilide [Chiozza, *Compt. rend.*, t. XXXV, p. 368; *Ann. de Chim. et de Phys.* (3), t. XXXIX, p. 196.

ANHYDRIDE VALÉROBENZOÏQUE,

$(C^5H^9O)O(C^7H^5O)$,

[syn.: *valérate benzoïque* ou *benzoate valérique*]. — Il se produit par l'action du chlorure de benzoyle sur le valérate de potassium; le produit est une huile lourde, neutre, très-réfringente, doué d'une odeur analogue à celle de l'anhydride valérique. Vers 260°, il se décompose en anhydrides valérique et benzoïque (Chiozza). C. F.

VALÉROGLYCÉRAL,

$$C^8H^{16}O^3 = (C^3H^5O^3)H(C^5H^{10})^{11}$$
$$= C^3H^8O^3 + C^5H^{10}O - H^2O.$$

Corps qui se forme lorsqu'on chauffe la glycérine avec le valéral à 170-180° pendant 24 heures. C'est un liquide bouillant entre 224 et 228°. Densité à 0° = 1,027. Densité de vapeur = 5,52; théorie, 5,54. Il est insoluble dans l'eau, et possède une faible odeur; mais il se décompose à l'air humide, et émet alors une odeur analogue à celle du valéral [H. Harnitzky et Mentchoutkine, *Compt. rend.*, t. LX, p. 569]. C. F.

VALÉROL, $C^6H^{10}O$? — Principe neutre oxygéné de l'essence de valériane. Il a été étudié par Gerhardt [*Ann. de Chim. et de Phys.* (3), t. VII, p. 275]. Personne l'a retrouvé dans l'huile volatile de la lupuline [*Compt. rend.*, t. XXXVII, p. 309]. On le sépare en distillant rapidement l'essence de valériane dans un courant d'acide carbonique; il passe d'abord du valérène, du bornéol, de l'acide valérique et enfin du valérol. Ce dernier est chauffé pendant quelque temps à 200° dans l'acide carbonique, puis refroidi à 0°; le valérol cristallise. On le lave ensuite avec une solution de carbonate de sodium et on le rectifie plusieurs fois dans l'acide carbonique.

D'après Pierlot, il faut le distiller sur la potasse pour lui enlever l'acide valérique [*Ann. de Chim. et de Phys.* (3), t. LVI, p. 294]. Même en opérant ainsi on n'obtiendrait pas un produit défini, et le liquide renfermerait, à l'état de mélange, le stéaroptène de l'essence avec un peu de résine et d'eau.

D'après Gerhardt, le valérol cristallise à 0° en prismes incolores, fusibles à 20° et ne cristallisant de nouveau qu'à 0°. Liquide, il est plus léger que l'eau; il y est légèrement soluble et très-soluble dans l'alcool.

Chauffé avec la potasse, il donnerait du valérate de potassium, de l'hydrogène et du carbonate :

$$C^6H^{10}O + 3KHO + H^2O$$
$$= C^5H^9KO^2 + K^2CO^3 + 3H^2.$$

D'après Pierlot, l'action de l'air et celle de la potasse ne donneraient pas d'acide valérique. C. F.

VALÉROLACTIQUE (ACIDE),

$C^5H^{10}O^3 = C^4H^8(OH)CO^2H$,

[syn.: *acide éthyle-lactique, acide isopropyloxacétique, acide oxyvalérique*]. — Cet acide, qui appartient à la série des acides-alcools, dont l'acide lactique est le type, s'obtient par l'action de l'oxyde d'argent, en présence de l'eau, ou par l'action de l'eau de baryte, sur les acides bromovalériques ou chlorovalériques. La solution aqueuse séparée du bromure d'argent, dans le premier cas, et traitée par l'hydrogène sulfuré, est évaporée presque à siccité; le résidu, repris par l'eau, est évaporé de nouveau, pour chasser l'acide valérique qu'il renfermait. Cette opération ne se fait pas sans perte d'acide valérolactique. On peut aussi séparer les deux acides, en neutralisant leur solution concentrée par le carbonate de calcium pur, et en lavant à l'alcool les cristaux de valérolactate qui s'y déposent.

On transforme le valérolactate de calcium en sel de zinc et ce dernier donne l'acide par l'action de l'hydrogène sulfuré [Clark et Fittig, *Ann. der Chem. u. Pharm.*, t. CXXXIX, p. 206].

L'acide valérolactique s'obtient également en saturant l'acide chlorovalérique brut, mélangé d'acide valérique, avec un peu d'eau et un excès d'hydrate de baryum solide. Après avoir chauffé le mélange au bain-marie, pendant plusieurs heures, on précipite la baryte par l'acide sulfurique, on évapore à siccité pour chasser l'acide valérique, et on filtre après un traitement au charbon animal [Schlebusch, *Ann. der Chem. u. Pharm.*, t. CXLI, p. 324].

MM. Popoff et Pavlewski ont obtenu l'acide valérolactique en oxydant le chlorovaléral, qui, par conséquent, a pour constitution,

$(CH^3)^2CH\text{-}CHCl\text{-}CHO$

[*Deutsche chem. Gesellsch.*, t. IX, p. 1666].

L'acide valérolactique, évaporé sur l'acide sulfurique, cristallise en grandes tables rectangulaires, incolores, transparentes et inaltérables à l'air. Elles sont anhydres.

Il est assez soluble dans l'eau, l'alcool et l'éther; il fond à 80°; après fusion, il ne se solidifie qu'au bout de quelque temps. Il se volatilise sensiblement à 100°.

Le *sel d'argent*, $C^5H^9O^3.Ag$, est un précipité volumineux qui cristallise quand on le redissout dans l'eau chaude en agrégations ayant l'aspect de plumes, un peu solubles dans l'eau froide, un peu plus solubles à chaud. Il se forme quand on mélange des solutions de valérolactate de sodium et d'azotate d'argent. Il se colore à la lumière.

Le *sel de baryum*, $(C^5H^9O^2)^2Ba$, forme des masses amorphes jaunâtres facilement solubles dans l'eau.

Le *sel de calcium*, $(C^5H^9O^2)^2Ca + 1\frac{1}{2}H^2O$, se sépare par le refroidissement de sa solution aqueuse chaude, en croûtes, sans apparence cristalline. L'évaporation lente ne fournit pas non plus des cristaux distincts. Ce sel est plus soluble dans l'eau à chaud qu'à froid; il est insoluble dans l'alcool à froid et à chaud.

Le *sel de cuivre*, $(C^5H^9O^2)^2Cu + H^2O$, forme de petits prismes bien définis, vert clair, qui se déposent quand on mélange une solution concentrée du sel de calcium avec de l'acétate de cuivre. Il est très-peu soluble dans l'eau froide, et une fois cristallisé, il ne se redissout que difficilement même à chaud. Il ne perd son eau de cristallisation qu'à 170°, en prenant une couleur plus foncée.

Le *sel de sodium*, $C^5H^9O^2.Na$, a été obtenu en traitant le sel de calcium par le carbonate de sodium; la liqueur filtrée a été évaporée à siccité et reprise par l'alcool. Le sel est soluble dans l'eau, plus soluble dans l'alcool et cristallise en croûtes mamelonnées.

Le *sel de zinc*, $(C^5H^9O^2)^2Zn$, se précipite en cristaux assez volumineux quand une solution concentrée du sel de calcium est additionnée de chlorure de zinc. Il est peu soluble dans l'eau, insoluble dans l'alcool. C. F.

VALÉRONE,

$$C^9H^{18}O = C^5H^9O.C^4H^9$$
$$= (CH^3)^2CH\text{-}CH^2\text{-}CO\text{-}CH^2\text{-}CH(CH^3)^2$$

[syn. : *valéryle-butyle, valène, dibutylacétone, dibutyle-carbonyle*. — C'est l'acétone de l'acide valérique; elle s'obtient par le procédé général de préparation de cette classe de corps, c'est-à-dire en distillant le sel de calcium de l'acide. Elle a été obtenue d'abord par Löwig, mélangée avec du valéral [*Poggend. Ann.*, t. XLII, p. 412]. Elle a été isolée pour la première fois à l'état de pureté par Ebersbach [*Ann. der Chem. u. Pharm.*, t. CVI, p. 268]. Ce chimiste en a séparé le valéral à l'aide du bisulfite de sodium.

On la prépare en distillant le valérate de calcium avec addition d'un sixième de son poids de chaux vive. La quantité de valérone ainsi obtenue est faible; il se forme toujours une notable proportion de valéral, et sans doute des acétones mixtes et des hydrocarbures.

La valérone est un liquide transparent, incolore, mobile, ayant une odeur éthérée agréable et une saveur brûlante. Elle est moins dense que l'eau et y est insoluble, mais elle est miscible à l'alcool et à l'éther.

Elle bout à 165°, et ne se combine pas avec les bisulfites alcalins. Le sodium et le perchlorure de phosphore ne l'attaquent qu'à chaud. C. F.

VALÉRONITRILE. — Voyez CYANURE DE BUTYLE, t. I, p. 1065.

VALÉRYLE (C^5H^9O) [syn.: *valéroxyle*]. — Ce nom a été donné au radical monatomique de l'acide valérique. Wanklyn a annoncé l'avoir obtenu combiné avec lui-même, $(C^5H^9O)^2$, par l'action du sodium sur le valérate d'éthyle; mais cette réaction est au moins douteuse. — Voyez VALÉRATE D'ÉTHYLE, t. III, p. 622.

VALÉRYLE (BROMURE DE), $C^5H^9O.Br$. — Liquide bouillant à 143°, qui se forme par l'action du tribromure de phosphore à 100-120° sur l'acide valérique [Béchamp, *Compt. rend.*, t. XLII, p. 224].

VALÉRYLE (CHLORURE DE), $C^5H^9O.Cl$. — On l'obtient par l'action de l'oxychlorure de phosphore sur le valérate de sodium [Moldenhauer, *Ann. der Chem. u. Pharm.*, t. CIV, p. 111]; et par celle du trichlorure de phosphore sur l'acide valérique (Béchamp).

Liquide incolore, mobile, fumant à l'air. Densité à 6° = 1,005. Il bout entre 115 et 120°; et est facilement décomposé par l'eau en acides chlorhydrique et valérique.

Le chlorure de valéryle n'agit pas à froid sur l'acide oxalique sec, ni sur l'amalgame de sodium; mais si de l'amalgame pâteux renfermant 2 % de sodium est mis en contact avec un mélange d'acide oxalique sec et de chlorure de valéryle, il se produit une réaction avec légère élévation de température. On ajoute peu à peu de l'amalgame en évitant une élévation de température, jusqu'à ce que le tout soit transformé en une poudre sèche n'ayant plus l'odeur du chlorure de valéryle; on ajoute de l'eau et on distille après neutralisation par le carbonate de sodium; il passe alors à la distillation une huile renfermant du valéral, de l'alcool amylique, du valérate d'amyle en même temps qu'une huile bouillant à une température élevée [Bæyer, *Zeitsch. für Chem.*, 1861, p. 399].

VALÉRYLE (HYDRURE DE). — Voyez VALÉRAL.

VALÉRYLE (IODURE DE), $C^5H^9O.I$. — On le prépare en chauffant un valérate bien sec avec de l'iodure de phosphore, rectifiant et agitant avec du mercure. Huile lourde à peu près incolore, bouillant à 168°, facilement décomposée par l'eau et par l'alcool [Cahours, *Compt. rend.*, t. XLIV, p. 1252].

VALÉRYLE (OXYDE DE). — Voyez VALÉRIQUE (ANHYDRIDE).

VALÉRYLE (PEROXYDE DE), $(C^5H^9O^2)^2$. — Brodie l'a obtenu par l'action du peroxyde de baryum sur l'anhydride valérique. C'est une huile lourde, légèrement soluble dans l'eau, détonant faiblement lorsqu'on la chauffe, et se comportant comme un agent d'oxydation en présence de l'eau [*Proc. Roy. Soc.*, t. XII, p. 655].

VALÉRYLÈNE,

$$C^5H^8 = (CH^3)^2C{=}C{=}CH^2.$$

— Cet hydrocarbure qui appartient à une série isomérique de celle de l'acétylène [il ne renferme pas le groupe $(C{\equiv}CH)'$], s'obtient en chauffant le bromure d'amylène, avec de la potasse alcoolique concentrée, pendant quelques heures à 140°, distillant le liquide séparé à l'aide de l'eau, et recueillant ce qui passe de 44 à 46°.

C'est un liquide incolore, très-mobile, qui est à peu près insoluble dans l'eau. Il possède une odeur alliacée pénétrante, et bout de 44-46° sous la pression de 745 millimètres.

Densité de vapeur = 2,35. Théorie 2,35. Il ne produit pas de précipité dans une solution ammoniacale de chlorure cuivreux.

Bromhydrates. — Le valérylène, agité avec l'acide bromhydrique en solution concentrée, s'échauffe et se transforme en une huile rouge, qui, lavée à l'eau, donne à la distillation deux produits, bouillant l'un à 115°, c'est le *monobromhydrate*, C^5H^9Br, l'autre à 180° avec une légère décomposition, c'est le *dibromhydrate*,

$$C^5H^{10}Br^2.$$

Le premier, qui se forme en plus grande quantité, se distingue de l'amylène bromé isomérique bouillant à 115°, surtout par sa propriété de former une combinaison liquide avec le brome, tandis que l'amylène bromé donne un composé cristallisé.

Chlorhydrates. — Le valérylène se combine lentement à froid, rapidement à 100° en vase clos, avec l'acide chlorhydrique fumant; le produit lavé à l'eau et distillé donne le *monochlorhydrate*, C^5H^9Cl, et le *dichlorhydrate*, $C^5H^{10}Cl^2$.

Le monochlorhydrate est un liquide très-mobile, insoluble dans l'eau, plus léger qu'elle, ayant une odeur analogue à celle du chlorure d'amyle, mais plus forte et plus désagréable. Il bout à 100°.

Le dichlorhydrate bout de 150-152°; il est plus lourd que l'eau et insoluble dans ce dissolvant.

Iodhydrates. — L'acide iodhydrique fumant s'unit rapidement au valérylène quand on les agite ensemble. Il fournit deux composés, dont un seulement a été isolé, le *mono-iodhydrate*, liquide mobile, plus lourd que l'eau, bouillant à 140-142°.

Bromures. — Le brome se combine directement avec le valérylène fortement refroidi, en donnant à la fois le *dibromure*, $C^5H^8Br^2$ et le *tétrabromure*, $C^5H^8Br^4$, en proportions variables suivant les conditions de l'opération. Si l'action du brome est assez prolongée, on n'obtient que le tétrabromure. Au soleil, en une heure ou deux, on obtient le tétrabromure mélangé avec la combinaison cristallisée, $C^5H^7Br\,Br^4$.

Le tétrabromure de valérylène est un liquide épais et dense, qui ne se solidifie pas à — 10°.

Le dibromure bout à 166-172°; on le sépare du tétrabromure par distillation. Il s'unit facilement au brome pour donner le tétrabromure; ce dernier laisse déposer au soleil des cristaux d'un composé bromé, $C^5H^7Br.Br^4$, qui diffère de celui formé par l'action immédiate du brome; il s'en distingue par la forme cristalline, par la manière dont il se comporte lorsqu'on le chauffe et par sa solubilité dans l'éther.

Quand le mélange de bromure est distillé avec de la potasse alcoolique, il donne un produit complexe qui traité par l'eau et distillé se sépare en trois substances: le dibromure de valérylène, bouillant de 170-175°, mélangé avec une petite quantité d'un composé, $C^5H^8Br(OC^2H^5)$; le *valérylène bromé*, C^5H^7Br, bouillant de 125-130°, et le *valylène*, C^5H^6, bouillant de 45 à 50°, et mélangé avec une petite quantité de valérylène.

Le valérylène bromé se décompose en partie à la distillation; il se colore à la longue. Il s'unit à basse température au brome, en fournissant les composés $C^7H^5Br^3$ et $C^7H^5Br^5$. Agité avec une solution ammoniacale de chlorure cuivreux, il se transforme en un corps jaune solide; c'est le *valylure cuivreux*, $(C^5H^5)^2Cu^2$; en même temps, il se forme du bromure cuivreux et de l'eau,

$$2C^5H^7Br + 2Cu^2O = (C^5H^5)^2Cu^2 + Cu^2Br^2 + 2H^2O.$$

Acétates et hydrates. — Le dibromhydrate chauffé pendant 8 heures à 100° avec de l'acétate d'argent mélangé d'éther fournit un produit qui, séparé du bromure d'argent, de l'acétate d'argent en excès et de l'éther, est formé de *monacétate* et de *diacétate de valérylène*.

Le monacétate s'isole en saturant par le carbonate de sodium la portion du liquide bouillant entre 120 et 145° et distillant ce qui ne se dissout pas. C'est un liquide insoluble dans l'eau, plus léger qu'elle; il possède une odeur agréable mais pénétrante d'essence de poires. Il bout vers 153°. Il est décomposé par l'hydrate de potasse pulvérisé avec formation d'*hydrate de valérylène*. Ce dernier produit est un liquide aromatique plus léger que l'eau, qui ne le dissout pas; il bout à 115-120°.

Le sodium s'y dissout avec dégagement d'hydrogène: il se forme un produit solide, que l'eau décompose, en régénérant l'hydrate.

Le diacétate, $C^5H^{10}(C^2H^3O^2)^2$, est un liquide épais, insoluble dans l'eau, bouillant vers 205°. La potasse le décompose en donnant de l'acétate de potassium, et probablement le dihydrate de valérylène, qui n'est autre chose que l'un des glycols amyléniques.

Polymères du valérylène. — Lorsqu'on mélange graduellement le valérylène à de l'acide sulfurique concentré dans un vase bien refroidi, on voit se séparer une couche colorée en violet foncé; celle-ci lavée avec de l'eau alcalisée, se transforme en une huile jaune visqueuse.

L'acide séparé de l'huile, ayant été saturé par le carbonate de baryum, a donné seulement une petite quantité d'un sel déliquescent. L'huile, soumise à la distillation fractionnée, a donné l'*hydrate de divalérylène*, $C^{10}H^{18}O$, liquide mobile plus léger que l'eau, ne s'y dissolvant pas, bouillant de 175 à 177° et doué d'une forte odeur de menthe et de térébenthine. Ce corps est peut-être l'éther du monohydrate de valérylène. — Voyez plus haut.

En même temps, on obtient le *trivalérylène*, $C^{15}H^{24}$, liquide jaune distillant entre 265 et 275°, ayant une densité de 0,862 à 15°, et possédant l'odeur de l'essence de térébenthine dont elle est un isomère.

Les portions visqueuses bouillant vers 350°, et la masse brune qui se sépare par le refroidissement sont des polymères plus élevés du valérylène.

L'acide sulfurique étendu d'un tiers de son volume d'eau agit sur le valérylène de la même façon, mais avec moins d'énergie. Si l'on emploie de l'acide étendu de son volume d'eau, on peut traiter tout le valérylène en une fois; le mélange ne s'échauffe qu'après une agitation prolongée. Plus l'acide est étendu, plus augmente la proportion de l'éther, $C^{10}H^{18}O$, et de trivalérylène.

Le chlorure de zinc à 160-180° transforme le valérylène d'une façon analogue [Reboul, *Compt rend.*, t. LXIV, p. 419; *Bull. de la Soc. chim.* t. VIII, p. 190]. C. F.

VALIDINE, $C^{16}H^{21}Az$. — C'est le dernier terme connu de la série des bases que Greville Williams a retirées de la quinoléine brute (voyez t. II, p. 1299); elle est contenue dans les portions les moins volatiles du produit, mais en très-faible proportion seulement.

VALYLÈNE, C^5H^6. — Cet hydrocarbure se produit dans l'action de la potasse alcoolique sur le dibromure de valérylène; il bout de 45-50°. On l'obtient pur en traitant le mélange des produits obtenus par le protochlorure de cuivre ammoniacal; il se forme alors une combinaison jaune solide, le *valylure cuivreux*. Ce dernier, qui se forme d'ailleurs aussi par l'action du valérylène bromé sur le protochlorure de cuivre ammoniacal, est lavé par décantation avec de l'eau ammoniacale, puis avec un peu d'alcool, et enfin séché. Il se décompose facilement, lorsqu'on le chauffe, en laissant un résidu noir. Le brome l'attaque avec inflammation, et l'acide nitrique avec incandescence. Une solution ammoniacale d'argent le transforme en un composé argentique.

Pour en séparer le valylène, on le chauffe doucement avec un très-faible excès d'acide chlorhydrique étendu, et l'on condense, dans un mélange réfrigérant, l'hydrocarbure mis en liberté.

Le valylène possède une odeur alliacée, rappelant en même temps celle de l'acide cyanhydrique. Il est insoluble dans l'eau, très-léger. Mis en contact, dans un mélange réfrigérant, avec du brome qu'on y ajoute goutte à goutte, il fournit un liquide épais mélangé de cristaux. Les cristaux sont le bromure de valylène, $C^5H^6Br^6$, et le liquide est un mélange des bromures $C^5H^6Br^6$, $C^5H^6Br^4$ et peut-être $C^5H^6Br^2$ [Reboul, *Bull. de la Soc. chim.*, 1865, t. IV, p. 203.] C. F.

VANADIOCHRE (Min.). — Produit pulvérulent jaune trouvé à la surface du cuivre natif du lac Supérieur, et regardé par Teschemacher comme de l'acide vanadique.

VANADIUM (Va = 51,3). — *Historique.* — En analysant un minerai de plomb de Zimapan (Mexique), Del Rio découvrit en 1801 un nouveau métal auquel il donna le nom d'*Érythronium* [*Gilb. Ann.*, t. LXXI, p. 7]. Collet-Descotils crut pouvoir annoncer que l'érythronium n'était que du chrome impur, opinion à laquelle se rangea Del Rio lui-même. En 1830 Sefstrœm [*Poggend. Ann.*, t. XXI, p. 43] trouva un métal nouveau dans un fer d'une ductibilité remarquable, provenant des minerais de Taberg, près Jœnkœping en Suède. Il lui donna le nom de *vanadium* dérivé de *Vanadis*, déesse scandinave.

Dans la même année Wœhler montra que le minéral de Zimapan était du vanadate de plomb et que le métal de Del Rio était identique avec le vanadium.

Berzelius a décrit en 1831 un grand nombre de composés du vanadium. Mais l'histoire chimique de ce métal n'a été achevée que dans ces dernières années par Roscoe qui a fixé le véritable poids atomique de ce corps et la forme de ses combinaisons, en montrant que le vanadium de Berzelius était en réalité un oxyde ou un azoture. M. Roscoe a donc fait pour le métal dont il s'agit ce que M. Peligot avait fait pour l'uranium.

État naturel. — La présence du vanadium a été reconnue dans un certain nombre de minéraux, notamment dans le vanadate de plomb de Wanlockhead, en Écosse, identique avec le minerai de Zimapan ; dans le minerai de cuivre schisteux de Mansfeld; dans la pechblende (Wœhler); dans un minerai de la Plata, renfermant du chlorure, du phosphate et de l'arséniate de plomb, c'est-à-dire la vanadinite (Domeyko); dans le rutile et la cérite de Bastnas (Deville); dans le molybdate de plomb, etc.

Beaucoup de minerais de fer renferment du vanadium ; tels sont les minerais de fer argileux, pisolithiques, etc., l'hématite, les météorites (Deville, Bœttger, Apjohn). Riley a trouvé jusqu'à 0, 7 % de vanadium dans la fonte du Wiltshire; Deck en a reconnu la présence dans les laitiers des hauts-fourneaux. Le cuivre natif du lac Supérieur renferme une petite quantité de vanadium probablement à l'état de phosphate. Récemment une source assez abondante de vanadium a été découverte par Roscoe dans les grès schisteux cuprifères qui constituent les couches inférieures du trias à Alderley Edge et Moddram Saint-Andvews (Cheshire).

Un grand nombre d'argiles, notamment celles de Gentilly, Forges-les-Eaux, Dreux, renferment de petites quantités (0,02 à 0,07 %) d'acide vanadique (Beauvallet, Terreil, Phipson). Il en est de même du trapp et des basaltes (Engelbach, Roussel, Apjohn). Enfin la soude brute, et même quelquefois la soude de commerce, ainsi que le phosphate sodique, contiennent jusqu'à 0,2 % d'acide vanadique (Schœne, Baumgartner).

On voit que le vanadium, quoique d'une extrême rareté, est répandu en petite quantité dans une foule de minéraux ou de roches.

Les principaux minerais du vanadium sont la vanadite et la descloizite (vanadates de plomb); la vanadinite (chlorovanadate de plomb); l'eusynchite (vanadate de plomb et de zinc).

Poids atomique. Forme des combinaisons. Analogies chimiques. — Le vanadium avait été regardé pendant longtemps comme un métal voisin du tungstène et du molybdène; mais les belles recherches de Roscoe ont établi, en 1867, que cet élément appartient au groupe chimique du phosphore, de l'arsenic et de l'antimoine, et que le corps que Berzelius et d'autres avaient envisagé comme du vanadium métallique en constitue en réalité un oxyde qui peut, jouer le rôle de radical métallique. Le vanadyle est comparable sous ce rapport à l'uranyle. Il faut ajouter cependant que Berzelius avait obtenu par action de AzH^3 sur le chlorure de vanadium un corps métallique exempt d'oxygène, mais qui constitue un azoture.

Dans son beau travail sur le vanadium [*Poggend. Ann.*, t. XXII, p. 1], Berzelius avait admis pour l'équivalent de ce corps (vanadyle) le nombre 68,5 (poids at. = 137) et avait assigné en conséquence à ses oxydes les formules VaO, VaO^2, VaO^3 et à son chlorure le plus élevé la formule $VaCl^3$ (Va = 68,5).

D'après ces formules on devait rapprocher les composés du vanadium de ceux du tungstène et du molybdène; mais ce rapprochement était en contradiction avec les lois de l'isomorphisme et avec celle des volumes atomiques, ainsi que l'a établi Schafarik en 1858. La vanadinite, par exemple, ou chlorovanadate de plomb qui, d'après la notation adoptée par Berzelius, a pour formule

$$3(VaO^6Pb^3) + PbCl^2,$$

ou

$$(VaO^3.3PbO)^3 + PbCl^2,$$

est isomorphe avec le chlorophosphate de plomb (pyromorphite) $(PhO^4)^3Pb^5Cl$ et le chlor-arséniate de plomb (mimétèse)

$$(AsO^4)^3Pb^5Cl,$$

soit

$$3(Ph^2O^8Pb^3) + PbCl^2 \text{ et } 3(As^2O^8Pb^3) + PbCl^2.$$

Cette difficulté avait frappé antérieurement Kenngott et Struve. Pour la faire disparaître, le premier avait admis que la vanadinite renfermait un acide du vanadium plus oxygéné que l'acide vanadique. Struve devinant la vraie solution, avait proposé de changer le poids atomique du vanadium, de manière à donner à l'anhydride vanadique la formule VaO^5. De son côté Baumgarten était arrivé à une conclusion semblable. (*Jahresb. f. Chem.*, 1867, p. 219). Il avait obtenu par l'évaporation des eaux mères des soudes de Schöningen des cristaux incolores d'un fluophosphate de sodium $2PhO^4Na^3, NaFl + 19H^2O$ dans lequel une partie du phosphore était remplacée par de l'arsenic et, en plus grande proportion, par le vanadium; il avait conclu de ce fait que le vanadium devait être rapproché du phosphore et de l'arsenic. Il était réservé à Roscoe de mettre ce point hors de doute et de fixer définitivement nos connaissances sur le poids atomique du vanadium, sur ses analogies chimiques, sur la forme de ses combinaisons. Ayant démontré, comme il a été dit plus haut que le vanadium de Berzelius était un oxyde, il a fait voir que dans ce dernier et dans les oxydes supérieurs les quantités d'oxygène croissent comme les nombres 2, 3, 4, 5 et que par conséquent les oxydes du vanadium sont :

$$Va^2O^2, Va^2O^3, Va^2O^4, Va^2O^5$$

les 3 derniers rappelant la série d'oxydation de l'azote.

Il a montré en outre, que le chlorure de Berzelius, $VaCl^3$, était en réalité un oxychlorure $VaOCl^3$, analogue à l'oxychlorure de phosphore et correspondant à l'anhydride Va^2O^5. Dans toutes ces formules le poids atomique du vanadium (lequel se confond avec son équivalent) est exprimé par le nombre 51,3 qui est sensiblement égal à l'équivalent 68,5 de Berzelius moins O = 16.

Nous mettons en regard, dans le tableau suivant les formules par lesquelles on a exprimé les composés chlorés et oxygénés du vanadium dans les diverses notations.

Formules anciennes

En équivalents (O = 8).		En poids atomiques (O = 16).	
Va....	= 68,5	Va....	= 137
$VaCl^2$.	= 139,5	$VaCl^4$.	= 279
$VaCl^3$.	= 175	$VaCl^6$.	= 350
VaO..	= 76,5	VaO...	= 153
VaO^2.	= 84,5	VaO^2..	= 169
VaO^3.	= 92,5	VaO^3..	= 185

Formules nouvelles de Roscoe. (Va = 51,3; O = 16)

Formule	Valeur
VaO ou Va^2O^2.......	= 67,3 ou 134,6
$VaOCl^2$ ou $Va^2O^2Cl^4$.	= 138,3 ou 276,6
$VaOCl^3$..............	= 173,8
Va^2O^3..............	= 150,6
VaO^2 ou Va^2O^4......	= 83,3 ou 166,6
Va^2O^5..............	= 182,6

Rappelons en outre que le corps que Berzelius avait décrit sous le nom de vanadium (Va = 68,5) devient l'azoture VaAz = 65,3 [Roscoe, *Proceed. Roy. Soc.*, t. XVI, p. 223; *Ann. der Chem. u. Pharm.*, 1868, Supplementb. VI, p. 77; *Bull. de la Soc. chim.*, t. X, p. 362].

Extraction et préparation des composés du vanadium. — 1. *Extraction des scories d'affinage des fontes de Taberg.* — On calcine fortement les scories pulvérisées avec leur poids de nitre et le double de leur poids de carbonate sodique. On épuise la masse fondue par l'eau bouillante, on saturé par l'acide azotique et on précipite la solution par le chlorure de baryum ou par l'acétate de plomb. Il se précipite du vanadate de baryum ou de plomb, mélangé de phosphates, de silice, d'alumine et de zircone. On traite le précipité par l'acide sulfurique concentré, et l'on réduit la solution rouge (sulfate vanadique) en la faisant bouillir avec de l'alcool; elle devient ainsi verte et renferme du sulfate vanadeux. Le résidu de l'évaporation de cette solution est ensuite traité par l'acide fluorhydrique, pour éliminer la silice, puis calciné en rouge. Il reste ainsi de l'acide vanadique impur. Pour le purifier, on le fond avec du nitre, on reprend par l'eau chaude et on traite la solution par un excès de sel ammoniac en poudre. Il se forme peu à peu un précipité pulvérulent blanc. C'est du vanadate d'ammonium, insoluble en présence du sel ammoniac; on lave ce dépôt, d'abord avec une solution de sel ammoniac, puis avec de l'alcool à 96 %. La calcination du vanadate d'ammonium au contact de l'air, laisse un résidu d'anhydride vanadique pur.

La masse épuisée par l'eau bouillante après le second traitement par le nitre laisse un résidu qui renferme encore du vanadium, combiné à de l'alumine, de la silice et de la zircone. Pour en extraire le vanadium, on fond ce résidu avec du soufre et du carbonate potassique, on reprend par l'eau, qui dissout un sulfovanadate soluble, d'où les acides précipitent du sulfure de vanadium. Calciné à l'air, ce sulfure se convertit en acide vanadique [Sefstrœm, *Poggend. Ann.*, t. XXI, p. 43; *Ann. de Chim. et de Phys.* (2), t. XLVI, p. 108. — Berzelius, *ibid.*, (2), t. XLVII, p. 337].

Un autre procédé d'extraction a été indiqué par Norblad. Il consiste à décomposer les scories par l'acide sufurique concentré, saturer l'excès d'acide par du fer, à évaporer et à faire cristalliser le sulfate ferreux. Les eaux mères sont évaporées à sec et le résidu calciné est fondu avec du nitre. On reprend par l'eau, on fait cristalliser l'excès de nitre et on sature la solution par l'acide carbonique. On filtre pour séparer la silice et on précipite l'acide vanadique par le sel ammoniac [*Bull. de la Soc. chim.*, t. XXIII, p. 64].

2. *Minerais de fer.* — H. Sainte-Claire Deville, qui a reconnu la présence de quantités notables de vanadium dans les minerais de fer argileux des Beaux, traite ce minerai par l'acide chlorhydrique étendu, pour dissoudre le calcaire, puis fond le résidu avec de la soude, reprend par l'eau et traite la solution alcaline par l'hydrogène sulfuré. Il se forme ainsi un sulfovanadate de sodium soluble, coloré en rouge, qu'on décompose par un acide. Le précipité de sulfure de vanadium est enfin transformé en acide vanadique par le grillage [*Compt. rend.*, t. XLIX, p. 301].

Boettger fond les minerais oolithiques vanadifères avec un mélange de soude et de salpêtre, reprend par l'eau bouillante et précipite la solution filtrée par l'azotate de baryum. Le précipité de vanadate de baryum est ensuite décomposé par l'acide sulfurique, comme il a été dit plus haut [*Journ. für prakt. Chem.*, t. XC., p. 33].

Czudnowicz a retiré 0, 1 % d'acide vanadique de minerai de Haverloh. On fond ce minerai avec 1/3 de son poids d'azotate de sodium; on épuise la masse fondue par l'eau bouillante aussi longtemps que l'eau oxygénée accuse la présence du vanadium dans les eaux de lavages (voir p. 642); on fond le résidu une seconde fois avec de l'azotate de sodium. On reprend par l'eau, et on réunit les solutions aqueuses et on les neutralise presque complétement par l'acide azotique, on filtre et on précipite la liqueur filtrée par le chlorure de baryum. Il se précipite du vanadate de baryum. Enfin, on décompose le précipité barytique par l'acide sulfurique. On neutralise la solution par un excès d'ammoniaque, on évapore et l'on calcine finalement le mélange de vanadate et de sulfate ammoniques [*Poggend. Ann.*, t. CXX, p. 17; *Bull. de la Soc. chim.* t. II, p. 275].

3. *Fontes de fer.* — La fonte grise obtenue à l'aide des minerais oolithiques du Wiltshire, renferme 0, 7 % de vanadium. Celui-ci reste dans le résidu graphitique de l'attaque par l'acide chlorhydrique, à l'état d'anhydride vanadique et de sous-oxyde de vanadium. Débarrassé de la silice par la potasse et du graphite par le grillage, ce résidu se dissout dans l'acide chlorhydrique concentré avec dégagement de chlore et production de chlorure vanadeux, qui colore la solution en vert Siley [*Journ. of. chem. Soc.* (2), t. II, p. 21; *Bull. de la Soc. chim.* 1864, t. II, p. 298].

4. *Vanadates de plomb naturels.* — La solution nitrique du minéral est débarrassée du plomb et de l'arsenic par l'hydrogène sulfuré. La solution bleue filtrée est soumise à l'ébullition pendant quelques minutes, puis évaporée à sec à une douce chaleur. Le résidu rouge foncé est porté à l'ébullition avec du carbonate ammonique, ajouté de temps en temps. La solution filtrée bouillante laisse déposer par le refroidissement des aiguilles blanches de vanadate d'ammonium, qu'on purifie par de nouvelles cristallisations (Johnston, *N. Edimb. Journ. of. Sc.* t. V. p. 166 et p. 318].

5. *Pechblende.* — On fond la pechblende (oxyde uranoso-uranique) avec de la soude et du nitre et on reprend la masse fondue par l'eau chaude, qui dissout le vanadate de sodium, ainsi que l'arséniate et le molybdate; on sépare l'acide arsénique à l'état d'arséniate ammoniaco-magnésien et on transforme le vanadate de sodium qui reste dissous en vanadate d'ammonium, insoluble dans un excès de sel ammoniac. Pour cela on y ajoute du sel ammoniac et solide comme il a été dit plus haut.

Schafarik a reconnu que le vanadate ammonique précipité contient du tungstate. — Pour séparer ce dernier, on calcine les sels ammoniacaux et l'on fait digérer les acides libres avec une petite quantité d'acide sulfurique étendu de son volume d'eau. On chauffe vers l'ébullition et on renouvelle ce traitement du mélange par l'acide sulfurique aussi longtemps que la liqueur se colore. Il se dissout ainsi du sulfate vanadique rouge-brun, tandis que l'acide tungstique reste insoluble. On réduit la solution rouge de sulfate vanadique par l'acide oxalique et l'on concentre la solution bleue de sulfate vanadeux jusqu'à cristallisation; on exprime les cristaux et on les lave à l'alcool [*Ann. der Chem. u. Pharm.*, t. CIX, p. 64].

Un autre procédé consiste à traiter la solution, acidulée par l'acide chlorhydrique, par le tannin, qui fournit un précipité volumineux de tannate de vanadium impur. Séché et calciné à l'air, ce précipité perd son arsenic et son molybdène par oxydation et volatilisation et laisse un résidu de vanadate de sodium impur [Patera, *Journ. f. prakt. Chem.*, t. LXIX, p. 118].

6. *Rutile*. — On chauffe le rutile de Saint-Yriex avec 3 p. de potasse et un peu de nitre, on reprend par l'eau et on traite la solution par de l'alcool pour décomposer le manganate qui la colore en vert. On filtre, on traite par l'hydrogène sulfuré, on filtre de nouveau et on précipite la liqueur brune par l'acide chlorhydrique. On calcine le précipité de sulfures à l'air, ce qui détermine le départ d'une certaine quantité d'acide molybdique. 100 grammes de rutile ont donné ainsi 1gr 030 de sulfures grillés, renfermant, après grillage, 0gr 211 d'acides titanique et stannique; 0gr 323 d'acide vanadique et 0gr 486 d'acide molybdique [H. Sainte-Claire Deville, *Ann. de Chim. Phys.* (3), t. LXI, p. 343].

7. *Grès cuprifère du Cheshire*. — C'est le minerai que Roscoe a employé pour l'extraction du vanadium qui lui a servi pour ses belles recherches. Ce grès cuprifère renferme 0,1 à 0,3 % d'oxydes de cobalt de nickel, de cuivre, de vanadium, etc. On extrait les oxydes de ces métaux en traitant le grès par de l'acide chlorhydrique puis en ajoutant du chlorure de chaux. Les oxydes entrent en dissolution. On ajoute à la liqueur un lait de chaux qui précipite le plomb, le fer, l'arsenic et le vanadium, à l'état d'oxydes, tandis que le cobalt, le nickel et la majeure partie du cuivre restent en solution.

Pour retirer le vanadium du dépôt calcaire, qui en renferme environ 2 %, on calcine d'abord ce dernier avec du charbon, dans un fourneau fermé, pour volatiliser la majeure partie de l'arsenic; on chauffe ensuite la masse au rouge avec le quart de son poids de carbonate de sodium, dans un courant d'air, pour transformer le vanadium en vanadate de sodium qu'on enlève par l'eau. La solution est alors traitée par l'acide chlorhydrique et par l'acide sulfureux, pour ramener l'acide arsénique, s'il en reste, à l'état d'acide arsénieux, qu'on précipite ensuite par l'hydrogène sulfuré. La solution bleue filtrée, additionnée d'ammoniaque (dont il faut éviter un excès) laisse déposer de l'oxyde de vanadium. Celui-ci, lavé à l'eau, est oxydé par l'acide nitrique. L'acide vanadique ainsi formé est soumis à l'ébullition avec une solution saturée de carbonate d'ammonium qui le dissout et la solution filtrée est concentrée jusqu'à ce qu'il se dépose du vanadate d'ammonium. Ce sel est d'abord purifié par lavage et cristallisation, puis grillé. L'acide vanadique pulvérulent résultant de cette dernière opération est suspendu dans l'eau et la solution est saturée par du gaz ammoniac. Débarrassée par filtration d'un dépôt de silice, de phosphate, etc., cette solution fournit par l'évaporation du vanadate d'ammonium pur, exempt de phosphate [*Ann. Chem. u. Pharm.*, Supplementb. VI, p. 77, 1868].

VANADIUM MÉTALLIQUE. — Ce corps n'avait pas été isolé avant les recherches de Roscoe et toutes les indications relatives au vanadium métallique sont erronées, car elles se rapportent, suivant le mode de préparation soit à l'oxde VaO ou Va^2O^2 (vanadyle), soit au monoazoture de vanadium $VaAz$.

La réduction de l'acide vanadique par le potassium fournit l'oxyde VaO. Il en est de même de celle du chlorure $VaOCl^3$ (ancien $VaCl^6$) par l'hydrogène. Quant à l'azoture, qui a aussi été confondu avec le métal, Berzelius l'avait obtenu en faisant agir l'ammoniaque sur le chlorure (voir OXYDES ET AZOTURES DE VANADIUM).

Les seules méthodes qui permettent d'obtenir le vanadium métallique sont la réduction d'un chlorure exempt d'oxygène par l'hydrogène, avec ou sans l'intervention du sodium, ou celle de l'azoture par l'hydrogène; cette dernière réaction est incomplète. Pour obtenir du vanadium pur M. Roscoe recommande de réduire le dichlorure de vanadium par l'hydrogène au rouge. Ce procédé quoique très-simple en apparence, est d'une exécution difficile, en raison des précautions qu'il faut prendre pour se procurer un chlorure exempt d'oxygène. Il est donc nécessaire d'exclure avec le plus grand soin toute trace d'air et d'humidité. La réduction s'effectue dans une nacelle de platine, qu'on chauffe au rouge dans un tube de porcelaine; elle exige de 40 à 80 heures, si l'on emploie de 1 à 4 grammes de chlorure.

La réduction du chlorure solide de vanadium s'effectue facilement au rouge par le sodium, dans un courant d'hydrogène. Celle du tétrachlorure a lieu avec explosion.

La réduction terminée, il reste une poudre grisâtre offrant sous le microscope l'apparence d'une masse cristalline brillante [Roscoe, *Proceed. Roy. Soc.*, t. XVIII, p. 37 et 316; *Ann. der Chem. u. Pharm.*, Supplementb. VII, p. 70 et VIII, p. 95; *Bull. de la Soc. chim.*, t. VII, p. 448 et t. XIV, p. 208].

Propriétés. — Le vanadium préparé par réduction du dichlorure au moyen de l'hydrogène apparaît sous le microscope sous forme d'une masse cristalline brillante possédant l'éclat de l'argent. Sa densité est égale à 5,5 à 15°.

Il est inaltérable à l'air à 100° et dans l'eau bouillante. Il est infusible et fixe, lorsqu'on le porte au rouge dans un courant d'hydrogène. Chauffé dans l'oxygène, il brûle avec éclat et se transforme en anhydride vanadique. Il absorbe ainsi 77,94 % d'oxygène (quantité théorique = 77,98). Le vanadium pulvérulent projeté dans la flamme d'une lampe à gaz brûle avec de vives scintillations.

Calciné à l'air, il fournit d'abord un oxyde brun sans doute Va^2O, qui se transforme successivement dans les oxydes supérieurs.

Jusqu'à présent, le vanadium n'a pas encore pu être obtenu tout à fait exempt d'oxygène.

Il est insoluble dans l'acide chlorhydrique à chaud. L'acide sulfurique le dissout avec une couleur jaune. L'acide azotique concentré l'attaque avec énergie en donnant une solution bleue. L'acide fluorhydrique le dissout, avec dégagement d'hydrogène.

Le vanadium se combine directement avec le chlore et avec l'azote à chaud.

Il absorbe le gaz hydrogène et la combinaison formée s'oxyde à l'air avec production d'eau et de sous-oxyde Va^2O. La quantité d'hydrogène qui peut ainsi être absorbée varie avec l'état de division du métal. Elle peut aller jusqu'à 1,3 %.

Usages. — Malgré la rareté du vanadium, on a proposé pour ses combinaisons plusieurs usages. L'acide métavanadique est employé pour les enluminures (bronze de vanadium). Le tannate et le pyrogallate vanadiques sont noirs et pourraient être employés comme encres. L'application la plus sérieuse qui ait été proposée repose sur la facilité avec laquelle les composés du vanadium passent d'un degré d'oxydation à un autre. Aussi peuvent-ils servir à la transformation de l'aniline en noir au contact de l'air [Lightfoot, Pinkney, Guyard, *Bull. de la Soc. chim.*, t. XXV, p. 45, 58, 291].

COMBINAISONS HALOÏDES DU VANADIUM.

CHLORURES DE VANADIUM. — Tous les chlorures de vanadium décrits avant les travaux de Roscoe constituent des oxychlorures. Roscoe en a décrit trois, exempts d'oxygène, qu'il a obtenus par l'action du chlore sur l'azoture de vanadium VaAz. Voici la liste de ces chlorures, avec celles des oxychlorures connus antérieurement.

Tétrachlorure............	$VaCl^4$
Trichlorure.............	$VaCl^3$
Dichlorure..............	$VaCl^2$ ou Va^2Cl^4
Trichlorure de vanadyle.	$VaOCl^3$
Dichlorure — ..	$VaOCl^2$
Chlorure — ..	$VaOCl$
Chlorure hypovanadique.	$Va^2O^4Cl^2$
Chlorure de divanadyle..	Va^2O^2Cl

TÉTRACHLORURE DE VANADIUM, $VaCl^4$. — Il se forme par l'action du chlore sur le vanadium métallique ou sur l'azoture de vanadium. Pour purifier le produit on le distille dans un courant de chlore sec, en ayant soin de rejeter les premiers produits qui contiennent une petite quantité d'oxychlorure et finalement de chasser l'excès de chlore à l'aide d'un courant de gaz carbonique. Le produit ainsi obtenu est un liquide qui distille de 152 à 154°, en laissant un résidu cristallin couleur fleur de pêcher, qui constitue le trichlorure pur, provenant du dédoublement du tétrachlorure.

Le tétrachlorure de vanadium se produit aussi en même temps que l'oxychlorure, $VaOCl^3$, lorsqu'on fait passer un courant de chlore sec au rouge, sur un mélange d'oxyde Va^2O^3 et de charbon. Roscoe a reconnu en effet, que le charbon peut réduire l'oxychlorure à une température élevée en donnant du trichlorure. Si l'on fait intervenir le chlore dans la réaction, il distille du tétrachlorure. De là un moyen facile de préparer ce corps. Il suffit de faire passer à travers une couche de charbon chauffée au rouge des vapeurs d'oxychlorure de vanadium, en même temps que du chlore.

Le tétrachlorure de vanadium est un liquide brun, épais, distillant à 154° (corrigé), avec décomposition partielle, en perdant du chlore et en laissant un résidu de trichlorure. Il ne se concrète pas à — 18°. Sa densité à 0° est égale à 1,8584 et sa densité de vapeur, rapportée à l'hydrogène, a été trouvée égale à 99,96, ce qui confirme la formule $VaCl^4$ qui exige 96,65.

Le dédoublement du tétrachlorure en chlore et trichlorure a lieu non-seulement par la distillation, mais aussi spontanément en tubes scellés, à la température ordinaire.

L'eau dissout le tétrachlorure de vanadium en donnant une solution bleue qui ne possède pas de pouvoir décolorant et qui renferme en solution un sel hypovanadique dérivé du tétroxyde Va^2O^4.

Le tétrachlorure de vanadium agit vivement sur l'alcool et sur l'éther en donnant des liquides rouges [Roscoe, *Ann. der Chem. u. Pharm.*, Supplementb. VII, p. 72; *Bull. de la Soc. chim.*, t. XII, p. 447].

Il est incapable, quelle que soit la température, de fixer un plus grand nombre d'atomes de chlore. Chauffé avec du brome, il ne s'y combine pas, mais perd au contraire du chlore.

TRICHLORURE DE VANADIUM, $VaCl^3$. — On a vu comment il se forme par le dédoublement du tétrachlorure. C'est un corps solide, cristallisé en tables brillantes, couleur fleur de pêcher; il ressemble au sesquichlorure de chrome. Il ne se volatilise pas dans un courant d'hydrogène, mais, si l'on chauffe fortement, il est réduit par l'hydrogène en dichlorure et finalement en vanadium. Chauffé à l'air, il émet quelques vapeurs d'oxychlorure et finit par se convertir en anhydride vanadique. Sa densité à 18° est égale à 3,00.

Le trichlorure de vanadium est déliquescent et se réduit à l'air humide en un liquide brun, qui devient vert par l'addition de quelques gouttes d'acide chlorhydrique. Il se dissout dans l'alcool avec une couleur bleu verdâtre; dans l'éther, avec une couleur verte (Roscoe).

DICHLORURE DE VANADIUM, $VaCl^2$. — Belles tables micacées vert-pomme, qu'on obtient en faisant passer un mélange d'hydrogène et de vapeurs de tétrachlorure à travers un tube chauffé au rouge sombre. Si l'hydrogène fait défaut, le produit est mélangé de trichlorure; si la température est trop élevée, il est mélangé de métal. Dans ce cas, le tube de verre devient opaque, par suite de la formation d'une combinaison de vanadium et de silicium.

Lorsqu'on porte les vapeurs de dichlorure, à une température très-élevée dans un courant d'hydrogène, on enlève tout le chlore et l'on obtient des grains gris et brillants de vanadium métallique.

La densité du dichlorure à 18° est égale à 3,23.

Le dichlorure de vanadium est très-déliquescent. Projeté sur l'eau, il surnage d'abord, et se dissout ensuite.

La solution violette renferme du dioxyde de vanadium, Va^2O^2. Elle décolore le tournesol et l'indigo. L'alcool et l'éther dissolvent le dichlorure de vanadium, le premier avec une couleur bleue, le second avec une couleur jaune vert.

Chauffé dans un courant de gaz ammoniac sec, au rouge blanc, le dichlorure de vanadium se transforme en azoture pseudomorphique, en dégageant des vapeurs de sel ammoniac (Roscoe).

OXYCHLORURES. — Ce sont les anciens chlorures du vanadium.

Oxytrichlorure de vanadium ou *trichlorure de vanadyle*, $VaOCl^3$. — Ce corps correspond à l'oxychlorure de phosphore. Il se produit : 1° Par l'action du chlore sur l'oxyde de vanadium Va^2O^2 ou vanadyle à une chaleur rouge (Berzelius);

2° Par l'action du chlore sur le sesquioxyde de vanadium chauffé au rouge; dans ce cas, il se produit en même temps de l'acide vanadique (Berzelius),

$$3Va^2O^3 + 6Cl^2 = Va^2O^5 + 4VaOCl^3;$$

3° Par l'action d'un courant de chlore sec sur un mélange d'anhydride ou d'oxyde vanadique et de noir de fumée : on chauffe au rouge et on condense les vapeurs dans un tube en U refroidi. Le produit ainsi obtenu n'est pas pur, car il est coloré en rouge foncé, circonstance que Schafarik attribuait à la présence d'anhydride vanadique, mais qui tient en réalité à la formation du tétrachlorure de vanadium, ainsi qu'on l'a vu plus haut. Pour purifier le produit, Schafarik le redistille sur le mercure; celui-ci décompose sans doute le tétrachlorure en produisant du tri- ou du dichlorure fixes. Roscoe effectue cette purification en faisant bouillir le produit dans un courant de gaz carbonique et rectifiant ensuite sur du sodium.

Le trichlorure de vanadyle, est un liquide mobile et limpide, d'un jaune d'or. Densité à 20° = 1,764 (Schafarik); = 1,841 à 14° (Roscoe). Il ne se solidifie pas à — 15° et distille à 126°, 7. Sa densité de vapeur a été trouvée égale à 92,48 (Schafarik); à 83,20 (Roscoe). Sa densité théorique est 86,9 par rapport à H = 1.

Exposé à l'air, le trichlorure de vanadyle émet des vapeurs d'un rouge de cinabre, et se transforme sous l'influence de l'humidité en acide vanadique et en acide chlorhydrique. Additionné d'une petite quantité d'eau, il devient rouge de sang et épais, par suite de la formation d'acide vanadique. Traité par une grande quantité d'eau, il donne une solution limpide, jaune clair, qui, abandonnée à elle-même ou chauffée, dégage peu à peu du chlore et devient verte ou bleue et contient alors un oxychlorure inférieur. Les choses se passent de même avec une solution chlorhydrique de l'oxychlorure; cette dissolution récente dissout l'or.

Le trichlorure de vanadyle se dissout aussi dans l'alcool qui le réduit rapidement [Schafarik, *Ann. der Chem. u. Pharm.*, t. CIX, p. 84].

Le trichlorure de vanadyle se combine avec l'ammoniaque. Si l'on calcine le produit dans un courant de gaz ammoniac sec, on obtient une matière que Berzelius regardait comme du vanadium métallique, mais qui, suivant Schafarik, est un azoture ou un amidure. Roscoe a démontré, qu'on obtient ainsi l'azoture Va Az.

Calciné dans un courant d'hydrogène, le trichlorure de vanadyle est réduit en donnant successivement le dichlorure, le monochlorure et le vanadyle.

Roscoe a démontré, par les réactions suivantes, la présence de l'oxygène dans le trichlorure de vanadyle : 1° Lorsqu'on fait passer ses vapeurs sur du charbon pur au rouge il se forme du gaz carbonique; 2° Par l'action du magnésium, il se forme de la magnésie et du chlorure de magnésium; le sodium donne un résultat analogue; 3° Par l'action de l'hydrogène au rouge sur le trichlorure de vanadyle il se forme du sesquioxyde de vanadium en cristaux brillants noirs, d'autres oxychlorures solides et un liquide rouge foncé [*Ann. der Chem. u. Pharm.*, Supplementb. VI, p. 105; *Bull. de la Soc. chim.*, t. X, p. 308].

Chauffé à 70° avec de l'éther, le trichlorure de vanadyle fournit une combinaison cristallisable en longues aiguilles fusibles à 20° et présentant la composition $VaCl^3(OC^2H^5)^2$. Il correspondrait au pentachlorure dont 2 atomes de chlore remplacées par 2 groupes oxéthyle [Bedson, *Chem. News*, t. XXXII, p. 298].

Dichlorure de vanadyle (chlorure vanadeux), $VaOCl^2$. — Il se forme, en même temps que d'autres chlorures lorsqu'on fait passer les vapeurs de trichlorure, mélangées d'hydrogène, à travers un tube chauffé au rouge.

On l'obtient pur en chauffant le trichlorure avec du zinc vers 400°, en tubes scellés. Il se forme de l'oxyde noir de vanadium Va^2O^2 et le dichlorure se sublime en cristaux tabulaires, d'un vert clair et brillant. Pour le débarrasser du trichlorure qui l'imprègne, on le chauffe à 130° dans un courant de gaz carbonique. La densité des cristaux purs est 2,88 à 15°. Le dichlorure de vanadyle attire l'humidité de l'air. L'eau le décompose lentement. Il se dissout facilement dans l'acide azotique (Roscoe).

On obtient le dichlorure de vanadyle par voie humide en dissolvant le sesquioxyde ou le tétroxyde dans l'acide chlorhydrique. L'acide vanadique s'y dissout de même en produisant du dichlorure de vanadyle et un dégagement de chlore. Pour favoriser la réduction de l'acide vanadique et en hâter la dissolution, il suffit d'y ajouter de l'alcool. La liqueur filtrée laisse par l'évaporation à 100° une masse déliquescente, qu'il faut additionner de quelques gouttes d'acide chlorhydrique pour la redissoudre. La solution est d'un beau bleu [A. Guyard, *Bull. de la Soc. chim.*, t. XXV, p. 350].

Chlorure hypovanadique, $Va^2O^4Cl^2 + 5H^2O$ (?). — Lorsqu'on dissout l'acide vanadique dans l'acide chlorhydrique chaud, il se dégage du chlore et l'on obtient une solution verte, qui devient bleue par l'action de l'hydrogène sulfuré. L'évaporation au bain-marie laisse un résidu brun, amorphe et déliquescent, soluble dans l'eau et dans l'alcool avec une couleur bleue [Crow, *Journ. of Chem. Soc.*, 1876, t. II, p. 453].

La formule peu probable $Va^2O^4Cl^2$ qu'on attribue à ce composé correspond à celle de l'acide vanadique anhydre Va^2O^5; on ne comprend donc pas qu'il faille réduire la solution chlorhydrique de ce dernier pour obtenir ce chlorure. La coloration bleue de la solution tend du reste à montrer que ce chlorure est identique avec le dichlorure de vanadyle $VaOCl^2$.

Monochlorure de vanadyle, $VaOCl$. — Il prend naissance entre autres produits par l'action de l'hydrogène sur le trichlorure au rouge. Il forme des lamelles micacées brunes, déliquescentes (Schafarik), ou une poudre brune légère (Roscoe). D'après Roscoe, ce composé est insoluble dans l'eau, soluble dans l'acide azotique. D'après Schafarik [*Journ. für prakt. Chem.*, t. XC, p. 1; *Bull. de la Soc. Chim.*, 1864, t. I, p. 24], il se dissout avec une couleur vert noir, et sa solution se comporte comme une solution chlorhydrique de Va^2O^3.

Les tubes de verre dans lesquelles on prépare ce composé se tapissent de silicate vanadeux sous forme d'un enduit rouge.

Monochlorure de divanadyle, Va^2O^2Cl. — Il se forme en même temps que le précédent et se dépose à l'extrémité du tube. Il adhère fortement au verre et ressemble à l'or mussif. On le sépare facilement du précédent en raison de sa densité. C'est une poudre formée de cristaux microscopiques jaunes, d'apparence métallique. Il est insoluble dans l'eau, soluble dans l'acide azotique. Schafarik l'avait pris pour du vanadium métallique.

Nous ferons remarquer qu'il existe le radical divanadyle Va^2O^2 que renferme ce composé et le vanadyle VaO la même relation qu'entre l'oxalyle C^2O^2 et le carbonyle CO.

BROMURES DE VANADIUM. — On n'a décrit que le tribromure $VaBr^3$ et trois oxybromures, $VaOBr^3$, $VaOBr^2$ et $Va^2O^3Br^4$.

TRIBROMURE DE VANADIUM, $VaBr^3$. — Il se forme par l'action du brome sur un mélange de sesquioxyde de vanadium et de charbon. Il vaut mieux le préparer par l'action du brome sur l'azoture de vanadium au rouge. La réaction est très-vive et donne naissance à des vapeurs brunes qui se condensent en une masse amorphe et opaque, d'un gris noir; on chasse l'excès de brome par un courant d'acide carbonique.

Ce tribromure est très-instable, car il abandonne du brome même à la température ordinaire. Chauffé à l'air sec, il se transforme en sesquioxyde. Il est déliquescent et se dissout dans l'eau avec une couleur brune qui, comme celle du trichlorure, passe au vert par l'addition d'acide chlorhydrique [Roscoe, *Ann. der Chem. u. Pharm.*, Supplementb. VIII, p. 99; *Bull. de la Soc. chim.*, t. XIV, p. 208].

TRIBROMURE DE VANADYLE, $VaOBr^3$. — Il se produit par l'action de la vapeur de brome sèche sur le sesquioxyde de vanadium chauffé au rouge. C'est un liquide limpide rouge foncé, émettant d'abondantes fumées à l'air. Densité à 0° = 2,967. Il se décompose à 180° et même lentement à froid. On peut cependant le distiller dans le vide. Il passe à 130-135° sous une pression de 100 millimètres. Il se dissout dans l'eau avec une coloration jaune (Roscoe).

DIBROMURE DE VANADYLE, $VaOBr^2$. — Corps solide, brun jaunâtre, obtenu par l'action de la chaleur sur le tribromure de vanadyle. Il est très-déliquescent et se dissout dans l'eau avec une couleur bleue. Chauffé à l'air, il se convertit en anhydride vanadique (Roscoe).

D'après Schafarik, le dioxyde de vanadium se dissout dans l'acide bromhydrique avec une couleur bleue; la solution laisse par l'évaporation une masse brune soluble dans l'eau, qui est également le dibromure.

A. Guyard [*loc. cit.*] obtient ce bromure en faisant agir l'eau de brome sur l'acide vanadique, en présence de l'alcool. Pour l'obtenir à l'état sec, il faut évaporer sa solution à une température ne dépassant pas 80°.

On peut aussi le préparer directement par le tétroxyde de vanadium et l'acide bromhydrique,

$$Va^2O^4 + 4HBr = 2VaOBr^2 + 2H^2O.$$

BROMURE PYROVANADIQUE, $Va^2O^3Br^4$. — Aiguilles brunes à reflets métalliques bleuâtres, qui se subliment lorsqu'on chauffe un mélange de Va^2O^3 et de charbon dans un courant de vapeur de brome. Ce corps, que Schafarik avait pris d'abord pour le bromure de vanadyle, est très-hygroscopique. Il fume à l'air et se tranforme peu à peu en un liquide blanc. Il se sublime difficilement. Lorsqu'on le distille, après qu'il a attiré l'humidité de l'air, il fournit un liquide clair qui se prend par le refroidissement en croûtes cristallines verdâtres [*Journ. für prakt. Chem.*, t. XC, p. 1; *Bull. de la Soc. chim.*, 1864, t. I, p. 25].

IODE ET VANADIUM. — On n'obtient pas d'iodure de vanadium dans les conditions qui permettent d'obtenir les chlorures et bromures.

L'oxyde Va^2O^4 se dissout dans l'acide iodhydrique aqueux avec une couleur bleue, qui passe au vert à l'air et qui laisse après l'évaporation une masse brune semi-fluide, soluble dans l'eau.

Le sesquioxyde de vanadium se dissout dans l'acide iodhydrique. La solution donne par l'évaporation une masse d'un vert presque noir, qui se décompose très-facilement (A. Guyard).

FLUORURES DE VANADIUM. — Le tétroxyde de vanadium se dissout dans l'acide fluorhydrique. La solution, qui est bleue, laisse par l'évaporation un sirop verdâtre contenant des cristaux verts. Ceux-ci sont solubles dans l'alcool.

Ce corps est peut-être un hydrate du difluorure de vanadyle $VaOFl^2$. Il forme avec les fluorures alcalins des sels doubles d'un bleu clair, très-solubles dans l'eau, insolubles dans l'alcool.

A. Guyard prépare ce fluorure (fluorure vanadeux) en dissolvant l'acide vanadique dans l'acide fluorhydrique en présence de l'alcool. Les solutions étendues sont bleues; concentrées, elles sont vertes. Elles laissent après dessiccation une masse incristallisable d'un vert foncé. Calcinée au rouge, cette masse perd d'abord de l'acide fluorhydrique, puis émet d'abondantes fumées jaunes de fluorure de vanadium anhydre (?). Lorsqu'on le chauffe avec du sodium, ce fluorure anhydre paraît donner du vanadium métallique.

L'acide vanadique anhydre se dissout dans l'acide fluorhydrique aqueux. La solution est incolore et laisse par l'évaporation à 40° une masse blanche, soluble dans l'eau et constituant le trifluorure de vanadyle,

$$VaOFl^3.$$

Lorsqu'on le porte à une température plus élevée, ce corps, qui est hydraté, devient rouge et laisse finalement un résidu d'acide vanadique, en même temps qu'il se dégage de l'acide fluorhydrique.

L'acide hydrofluosilicique dissout aussi l'acide vanadique, en se colorant en rouge. L'évaporation de la solution au bain-marie laisse une masse orange amorphe de fluosilicate vanadique (Berzelius).

En traitant l'acide vanadique par l'acide hydrofluosilicique, en présence de l'alcool, on obtient une solution bleue, qui devient vert clair par la concentration et qui laisse une masse grisâtre, incristallisable et déliquescente (A. Guyard).

CYANURE DE VANADYLE, $VaOCy^2$. — Lorsqu'on traite l'oxyde vanadeux, Va^2O^3, hydraté, par l'acide cyanhydrique, il devient brun. Le produit formé se dissout dans le cyanure de potassium; mais l'évaporation de la solution ne laisse que du vanadite de potassium.

Ferrocyanure de vanadyle. — Précipité volumineux jaune citron, insoluble dans les acides étendus. Il devient vert à l'air en se transformant en *ferricyanure*.

OXYDES DE VANADIUM.

Les oxydes de vanadium correspondent aux oxydes de l'azote, à cela près que le protoxyde de vanadium Va^2O est inconnu. Voici la série de ces oxydes, avec les formules que leur attribue Roscoe [*Ann. der Chem. u. Pharm.*, Supplementb. VI, p. 94].

Dioxyde de vanadium ou vanadyle.	Va^2O^2 ou VaO
Trioxyde ou anhydride vanadeux ..	Va^2O^3
Tétroxyde ou anhydride hypovanadique	Va^2O^4 ou VaO^2
Pentoxyde ou anhydride vanadique .	Va^2O^5

Berzelius admet en outre l'existence des oxydes intermédiaires ($VaO^2.Va^2O^5$), ($VaO^2.2Va^2O^5$), et Czudnowicz celle d'un oxyde intermédiaire Va^4O^7, qui peut être envisagé comme

$$Va^2O^5.Va^2O^2.$$

DIOXYDE DE VANADIUM OU VANADYLE (anhydride hypovanadeux), Va^2O^2 ou VaO. — C'est l'ancien vanadium métallique. Il entre comme radical dans un grand nombre de composés métalliques, à la manière de l'*uranyle*.

Préparation. Pour obtenir cet oxyde par la voie sèche, Berzelius réduisait l'acide vanadique anhydre par le potassium, sur la lampe à alcool; la réduction a lieu avec une sorte d'explosion et l'oxyde (vanadium de Berzelius) reste sous la forme d'une poudre noire, prenant l'éclat métallique sous le brunissoir; on l'isole par un lavage à l'eau.

Schafarik prépare cet oxyde en faisant passer des vapeurs de trichlorure de vanadyle, mélangées d'hydrogène, à travers un tube chauffé au rouge [*Ann. der Chem. u. Pharm.*, t. CIX, p. 64; *Ann. de Chim. et de Phys.* (3), t. LV, p. 484].

Roscoe met à profit la même réaction et la facilite en remplissant le tube de charbon; seulement ce dernier reste mélangé à l'oxyde réduit.

Propriétés. L'oxyde ainsi obtenu forme une poudre grise, à éclat métallique (Roscoe), parsemée de lames noires et brillantes, ou des croûtes cristallines à reflets brunâtres (Schafarik). Densité = 3,64 à 20°, ce qui conduit à un volume atomique très-voisin de ceux de l'arsenic, de l'antimoine et du phosphore (Schafarik).

Chauffé au contact de l'air, le vanadyle se colore en bleu et se convertit en sesquioxyde, puis en anhydride vanadique qui fond. Il est insoluble dans l'eau. Les acides étendus le dissolvent avec dégagement d'hydrogène, en donnant des solutions bleues qui sont décolorées par les matières organiques (Roscoe).

Le vanadyle agit lentement à 180° sur l'iodure d'éthyle, en donnant un liquide rouge, dont la nature n'a pas été établie [Hallwachs et Schafarik, *Ann. der Chem. u. Pharm.*, t. CIX, p. 206].

SOLUTIONS HYPOVANADEUSES. — Le dioxyde de vanadium se produit aussi par voie humide, lorsque l'acide vanadique est réduit en présence d'un acide, par exemple, par l'action du zinc à chaud sur la solution sulfurique rouge d'acide vanadique. Cette solution change rapidement de couleur et passe par toutes les nuances du bleu et du vert, pour acquérir finalement une teinte violette persistante. Elle renferme alors du sulfate de vanadyle. Elle possède un pouvoir réducteur des plus énergiques et transforme instantanément l'indigo bleu en indigo blanc. Son degré d'oxydation a été établi à l'aide d'une solution titrée de permanganate de potassium qui régénère l'acide vanadique.

Quoique les sels de vanadyle ou hypovanadeux n'aient pas encore été isolés, leur existence n'est pas douteuse, d'après ce qui précède. La solution violette ci-dessus donne par l'ammoniaque un précipité brun qui absorbe instantanément l'oxygène de l'air.

Traversée par un courant d'air, la solution violette absorbe l'oxygène et prend peu à peu une teinte bleue permanente : elle renferme alors un sel de l'oxyde Va^2O^4 (hypovanadique). Si on la laisse seulement exposée à l'air, après neutralisation, elle prend au bout de quelques instants une teinte brun chocolat foncé, réaction très-intéressante et aussi sensible que la coloration d'un gallate alcalin sous l'influence de l'oxygène ; l'addition d'un acide à la solution brune la colore en vert ; dans ce cas, la solution renferme un sel de sesquioxyde (Roscoe).

SESQUIOXYDE DE VANADIUM (*trioxyde ; oxyde ou anhydride vanadeux ; sous-oxyde* de Berzelius), Va^2O^3. — Il se produit lorsqu'on réduit l'anhydride vanadique par l'hydrogène au rouge ou par le charbon dans un creuset brasqué ; la réduction ne va pas plus loin au rouge blanc. On obtient le même oxyde aussi en calcinant le vanadate d'ammonium avec du chlorure de sodium dans un creuset fermé (Schafarik).

C'est une poudre noire, infusible, douée d'un faible éclat métallique. Aggloméré par la compression, cet oxyde est bon conducteur de l'électricité. Densité = 4,72. Exposé encore chaud au contact de l'air, il brûle et se transforme en pentoxyde (Berzelius). A froid même, il absorbe lentement l'oxygène et se convertit après quelques mois en petits cristaux bleus de tétroxyde (Roscoe).

Chauffé dans un courant de chlore, il se convertit en trichlorure de vanadyle et en anhydride vanadique :

$$3\,Va^2O^3 + 6\,Cl^2 = 4\,VaOCl^3 + Va^2O^5.$$

SELS VANADEUX. — Contrairement à l'assertion de Berzelius, le trioxyde de vanadium est une base salifiable. Nous nommerons les combinaisons qu'il forme avec les acides *sels vanadeux*, réservant la dénomination de *sels hypovanadiques* à ceux qui sont formés par le tétroxyde. Les sels vanadeux sont rouges ; hydratés ils sont verts (Schafarik) ou bleus (Czudnowicz). L'acide chlorhydrique dissout à chaud le sesquioxyde de vanadium avec une couleur vert noir ; l'ammoniaque précipite de cette solution des flocons gris noirâtres (Schafarik).

Les sels vanadeux cristallisent difficilement ; le carbonate sodique les colore en brun foncé (Czudnowicz).

Le sulfate s'obtient en dissolution lorsqu'on réduit la solution sulfurique d'acide vanadique par le magnésium. La réduction va moins loin qu'avec le zinc et la solution reste finalement verte (le titrage par le permanganate montre qu'elle correspond alors au trioxyde, 100 p. d'acide Va^2O^5, ayant perdu 17p,7). Si la solution est neutre, elle est brune ; au contact d'un acide, elle devient verte.

TÉTROXYDE DE VANADIUM (oxyde ou anhydride hypovanadique), Va^2O^4 ou VaO^2. — Il se forme par l'oxydation lente du dioxyde ou du sesquioxyde, ainsi que par réduction partielle de l'acide vanadique. Lorsqu'on laisse le trioxyde s'oxyder lentement à l'air, on obtient le tétroxyde sous forme de cristaux brillants bleus. Berzelius l'a préparé en chauffant au rouge sur un mélange de

9p,5 Va^2O^3 et 11p,5 Va^2O^5.

Il s'obtient sous la forme d'une poudre cristalline d'un gris d'acier par l'électrolyse de l'anhydride vanadique fondu [Buff, *Ann. der Chem. u. Pharm.*, t. CX, p. 257].

On peut le préparer aussi par la calcination de l'oxychlorure $VaOCl^2$ dans un courant de gaz carbonique (A. Guyard, Crow).

Le tétroxyde de vanadium se dissout dans les acides, et cela d'autant plus facilement qu'il a été moins calciné. Ses solutions sont bleues et renferment des sels *hypovanadiques*, dont quelques-uns sont cristallisables. On obtient de semblables solutions en soumettant les solutions acides d'acide vanadique à l'action d'un réducteur faible, tel que l'acide sulfureux, l'hydrogène sulfuré, l'acide oxalique, la glucose. Les mêmes solutions se forment par l'action d'un courant d'air sur une solution renfermant Va^2O^2, jusqu'à coloration bleue persistante.

Ces solutions donnent avec les carbonates alcalins un précipité d'hydrate insoluble, blanc, qui devient gris par sa dessiccation à l'abri de l'air. Cet hydrate s'oxyde à l'air, devient brun et acide ; il colore alors l'eau en vert. Calciné, il donne l'oxyde Va^2O^4 anhydre. Il se dissout dans les acides pour produire les sels correspondants. Il a pour composition

$$Va^2O^4.7\,H^2O$$

et perd $4\,H^2O$ à 100°, dans un courant d'acide carbonique (Crow).

HYPOVANADATES. — L'hydrate hypovanadique se combine aussi avec les bases, pour former des sels qu'on a désignés sous le nom de *vanadites*. Ce nom est impropre, car ces sels ne correspondent pas aux phosphites. Nous les nommerons *hypovanadates*.

L'*hypovanadate d'ammonium*,

$$Va^4O^9(AzH^4)^2 + 3\,H^2O,$$

s'obtient par l'addition d'ammoniaque à une solution chaude d'un sel hypovanadique, tel que le sulfate, jusqu'à ce que le précipité se redissolve avec une couleur brune. La solution, abandonnée à elle-même, dans un vase fermé, dépose, par le refroidissement, le sel d'ammonium sous la forme d'une poudre cristalline ; l'eau-mère est à peu près incolore. Ce sel est soluble dans l'eau avec une couleur brune, mais un excès d'ammoniaque libre le précipite. Il paraît perdre de l'ammoniaque par la dessiccation, car il devient insoluble [Berzelius ; — Crow, *Journ. of Chem. Soc.*, 1876, t. II, p. 453].

Hypovanadate de potassium, $Va^4O^9K^2 + 7\,H^2O$. — On l'obtient de la même manière que le sel ammoniacal ; il se présente en écailles brunes et brillantes.

Le *sel de sodium* s'obtient de même et renferme aussi $7\,H^2O$.

On obtient le *sel mercureux* par l'addition

d'ammoniaque à une solution d'un sel hypovanadique mélangée de chlorure mercurique.

Les hypovanadates insolubles ont été peu étudiés et s'obtiennent par double décomposition (Berzelius).

Le *sel de baryum*,

$$Va^4O^9Ba = (2Va^2O^4.BaO) + 5H^2O,$$

est un précipité brun jaunâtre, amorphe, insoluble dans l'eau, soluble dans les acides (Crow).

Sel de plomb, Va^4O^9Pb. — Précipité caillebotté brun.

Sel d'argent, $Va^4O^9Ag^2$. — Poudre cristalline noire (Crow).

Sels hypovanadiques. — Ces sels, improprement désignés jusqu'ici sous le nom de sels vanadeux ont été en partie étudiés par Berzelius, et récemment par A. Guyard [*Bull. de la Soc. chim.*, t. XXV, p. 352], Gerland [*Deutsch. chem. Gesellsch.*, t. IX, p. 869; *Bull. de la Soc. chim.*, t. XXVII, p. 52], et par Crow [*Journ. of Chem. Soc.*, 1876, t. II, p. 453; *Bull. de la Soc. chim.*, t. XXVII, p. 292].

Le vanadium y remplace l'hydrogène sous la forme de vanadyle divalent $(VaO)''$, comme il est divalent dans l'oxyde $(VaO)O$, le chlorure $(VaO)Cl^2$, etc. Les sels hypovanadiques correspondent à ces derniers composés :

$$(VaO)''O \quad \text{ou} \quad (Va^2O^2)^{iv}O^2$$
$$(VaO)''Cl^2 \quad \text{ou} \quad (Va^2O^2)^{iv}Cl^4$$
$$(VaO)''(AzO^3)^2 \quad \text{ou} \quad (Va^2O^2)^{iv}(AzO^3)^4$$
$$(VaO)''SO^4 \quad \text{ou} \quad (Va^2O^2)^{iv}2SO^4$$

La densité de vapeur du dichlorure de vanadyle n'ayant pu être déterminée, il n'est pas possible de faire un choix entre ces deux systèmes de formules. La formule doublée

$$(Va^2O^2)Cl^4 = \begin{matrix} \overset{v}{Va}OCl^2 \\ | \\ \overset{v}{Va}OCl^2 \end{matrix}$$

semblerait convenir à cet oxychlorure solide relativement fixe, mais cela n'est pas démontré.

On peut obtenir la plupart des sels hypovanadiques en partant du sulfate dont on précipite la solution par un sel barytique.

Azotate hypovanadique, $(AzO^3)^2(VaO)''$. — Il se forme par la dissolution d'un des oxydes inférieurs du vanadium dans l'acide azotique. La solution est bleue et ne s'altère pas par l'ébullition. Préparée directement avec l'oxyde Va^2O^4 et l'acide azotique elle verdit pendant l'évaporation (Berzelius).

On obtient encore une solution de ce sel par double décomposition entre le sulfate hypovanadique et l'azotate de baryum. Il n'est pas possible de l'isoler par l'évaporation de la solution, car celle-ci ne laisse que de l'acide vanadique (A. Guyard).

Sulfates hypovanadiques. — On obtient ces sels en réduisant le sulfate vanadique par l'hydrogène sulfuré ou par l'acide oxalique (Berzelius). A. Guyard effectue cette réduction par l'alcool. On en a décrit un certain nombre se rapportant tous aux deux types :

$$SO^4(VaO)'' = SO^3.VaO^2 \text{ ou } (SO^4)^2.Va^2O^2.$$

Disulfate.

$$(SO^4)^3 \left\{ \begin{matrix} (VaO)^2 \\ H^2 \end{matrix} \right. = 3SO^3.2VaO^2 + H^2O$$

$$\text{ou } (SO^4)^3 \left\{ \begin{matrix} Va^2O^2 \\ H^2 \end{matrix} \right.$$

Trisulfate.

Disulfate hypovanadique,

$$SO^4(VaO)''.$$

— On dissout l'acide vanadique dans l'acide sulfurique, on étend d'eau, on réduit par l'hydrogène sulfuré (ou l'acide sulfureux, l'acide oxalique, l'alcool) et on évapore la solution. On obtient ainsi des croûtes cristallines transparentes, d'un blanc sale, qu'on laisse égoutter et qu'on lave à l'alcool. Peu après, le sel se gonfle et se réduit en une poudre cristalline bleue qu'on sèche sur l'acide sulfurique. Sous cette forme, il est peu soluble dans l'eau froide; cependant, exposé à l'air humide et chaud, il tombe en déliquescence; le déliquium exposé dans l'air sec, abandonne après quelques semaines le sulfate hypovanadique en petits prismes orthorhombiques bleus. Ces cristaux renferment $2H^2O$, soit 17,9 % (Berzelius).

Gerland a obtenu une modification insoluble de ce sel, en cristaux microscopiques, en reprenant par l'acide sulfurique concentré le produit de l'action de la chaleur (330°) sur le trisulfate. Ces cristaux ne se dissolvent qu'en petite quantité à l'ébullition. Chauffés à 130° avec de l'eau, ils se dissolvent après 12 heures en donnant une solution sirupeuse bleue. Si l'on emploie beaucoup d'eau, on obtient un précipité vert. L'évaporation de la solution sirupeuse laisse la modification soluble sous la forme d'une masse gommeuse bleue.

En traitant par l'alcool absolu le trisulfate vanadeux cristallisé, Crow a obtenu une poudre brun clair, déliquescente, dont la solution aqueuse laisse par l'évaporation une masse gommeuse. Ce sel renferme $3\frac{1}{2}H^2O$.

Calcinés, ces sels laissent un résidu d'acide vanadique, ou bien d'oxyde vanadeux si la calcination a lieu à l'abri de l'air (Guyard).

Le sulfate vanadeux peut dissoudre de l'hydrate vanadeux pour donner des sels basiques incristallisables.

Trisulfate hypovanadique. — Comme le précédent, ce sel forme une modification insoluble et une modification soluble.

Modification insoluble,

$$(SO^4)^3(VaO)^2H^2 + 3H^2O.$$

— On réduit la solution sulfurique d'acide vanadique par l'acide sulfureux ou un autre réducteur, on évapore et l'on traite le résidu sirupeux blanc par l'acide sulfurique concentré. On obtient ainsi de fines aiguilles bleu clair, ne se dissolvant que très-lentement dans l'eau froide, solubles dans l'eau bouillante et tombant en déliquescence à l'air humide (Gerland). Crow attribue $5H^2O$ à ce sel.

Modification soluble, $(SO^4)^3(VaO)^2H^2 + 14H^2O$. — On évapore la solution sulfurique du sel précédent et on reprend le résidu par l'alcool, qui dissout l'acide libre et laisse une masse cireuse transparente. Ce sel retient $4H^2O$ à 125° en conservant sa solubilité. Sa solution aqueuse est incristallisable.

Elle donne avec le phosphate disodique un précipité volumineux gris bleu, soluble dans un excès de phosphate et dans l'acide acétique; avec le chromate neutre de potassium, un précipité jaune brun.

Berzelius a décrit un sulfate potassique double, gommeux, qui a pour composition

$$(SO^4)^3 \left\{ \begin{matrix} (VaO)^2 \\ K^2 \end{matrix} \right.$$

et qui correspond au trisulfate.

Borate hypovanadique, $Bo^4O^7(VaO)''$. — Précipité blanc grisâtre obtenu par l'addition de borax au sulfate vanadeux. Il se dissout dans un excès d'acide borique avec une couleur bleue (Berzelius).

Silicate hypovanadique. — Précipité grisâtre, qui verdit par la dessiccation.

Arséniate hypovanadique. — Ce sel a été décrit t. I, p. 405; mais depuis les recherches de Roscoe, sa formule doit être rectifiée et écrite

$$As^2O^7(Va^2O^2) \quad \text{ou} \quad (AsO^4)^2 \left\{ \begin{matrix} (Va^2O^2)^{iv} \\ H^2 \end{matrix} \right.$$

suivant qu'on l'envisage comme un pyroarséniate ou comme un arséniate ordinaire.

PHOSPHATE HYPOVANADIQUE,

$$PO^4H(VaO)'' \text{ ou } (PhO^4)^2\left\{\begin{matrix}(Va^2O^2)^{iv}\\ H^2\end{matrix}\right.$$

— Ce sel est très-soluble, bleu et incristallisable. Desséché, il devient blanc et se boursoufle. Si on le redissout dans un excès d'acide phosphorique et qu'on évapore à 50°, on obtient de petits cristaux blancs, qu'on peut laver à l'alcool. Ils sont déliquescents (Berzelius).

PENTOXYDE DE VANADIUM, Va^2O^5 (*anhydride vanadique*). — On le prépare en calcinant le vanadate d'ammonium dans un creuset ouvert, ou en fondant un de ses hydrates. On l'obtient très-pur en décomposant le chlorure $VOCl^3$ par l'eau et fondant le résidu qui reste après l'évaporation.

Propriétés. L'anhydride vanadique est d'un jaune plus ou moins rougeâtre, sans saveur. Il rougit le papier de tournesol humide.

Il se dissout dans environ 1000 fois son poids d'eau, en donnant une solution jaune.

Il fond sans décomposition, à l'abri des poussières, en un liquide rouge qui se concrète en aiguilles brillantes d'un rouge brun; au moment de la solidification il se produit un phénomène d'incandescence. Densité = 3,47 à 3,56; chaleur spécifique = 0,1622 (Schafarik).

L'électrolyse de l'anhydride vanadique en fusion donne une poudre cristalline dense, d'un gris d'acier foncé, qui paraît être le tétroxyde Va^2O^4 (Buff).

Calciné dans un courant d'hydrogène, l'anhydride vanadique perd 16,8 °/₀ d'oxygène et se convertit en sesquioxyde (perte théorique = 17,5).

Le charbon le réduit à l'état de dioxyde Va^2O^2, il en est de même du potassium.

Les minéraux vanadifères renferment fréquemment du phosphore, qu'il est très-difficile d'éliminer complétement. Sa présence rend la réduction de l'acide vanadique beaucoup plus difficile et l'empêche de cristalliser par fusion (Roscoe).

D'après Nordenskiöld [*Poggend. Ann.*, t. CXII, p. 160], les cristaux d'anhydride vanadique fondu sont des aiguilles orthorhombiques présentant les faces g^1, h^1, m, e^1. Angles $mm = 138° 4'$; $e^1 e^1 = 92° 24'$ (sur l'axe principal).

Chauffé dans un courant d'hydrogène sulfuré, l'anhydride vanadique fournit du sulfure de vanadium, dont la composition n'est pas constante.

Hydrates vanadiques. — On n'en a décrit que deux : l'un représente l'*acide pyrovanadique*,

$$Va^2O^7H^4 = Va^2O^5.2H^2O;$$

l'autre, plus stable, est l'*acide métavanadique*,

$$VaO^3H \text{ ou } Va^2O^5.H^2O.$$

Ils correspondent à l'acide pyrophosphorique et à l'acide métaphosphorique.

Hydrate pyrovanadique, $Va^2O^7H^4$. — Précipité brun ressemblant à l'hydrate ferrique, que l'on obtient en traitant par l'acide azotique la solution d'un vanadate acide; il retient toujours un peu de la base de ce sel. Il ne possède la composition indiquée que lorsqu'il a été séché à l'air, car il perd déjà la moitié de son eau sur l'acide sulfurique et se transforme en acide métavanadique [C. de Hauer, *Journ. für prakt. Chem.*, t. LXXX, p. 324; *Rép. de Chim. pure*, 1860, p. 209].

Acide métavanadique, VaO^3H. — Préparé par dessiccation de l'hydrate précédent, il est amorphe. Gerland l'a obtenu en paillettes brillantes, d'un jaune d'or ou d'un jaune orange, en décomposant le vanadate de cuivre préparé par double décomposition entre le vanadate d'ammonium et le sulfate de cuivre. On fait bouillir ce sel avec de l'acide sulfureux; par un traitement prolongé, on obtient ainsi des cristaux bruns et des cristaux jaune orange; les premiers finissent par se dissoudre dans l'acide sulfureux en excès; les seconds y sont insolubles et constituent l'acide métavanadique [*Chem. News*, t. XXVII, p. 92; *Bull. de la Soc. chim.*, t. XIX, p. 501].

Un procédé préférable consiste à ajouter du vanadate d'ammonium acide à une solution de sulfate de cuivre, additionnée de sel ammoniac. Il se forme un précipité; quand celui-ci devient persistant, on chauffe à 75°. Il se dépose alors des paillettes d'un jaune d'or, dont la couleur et l'éclat varient suivant les circonstances et qu'on purifie par un traitement à l'acide sulfurique et à l'acide sulfureux.

Suivant A. Guyard [*Bull. de la Soc. chim.*, t. XXV, p. 356], l'acide métavanadique, ainsi obtenu porte le nom de *bronze de vanadium* et est employé dans les enluminures à la place d'or en coquille, est un vanadate d'ammonium.

En soumettant à la dialyse une solution qui a laissé déposer l'acide métavanadique on obtient une modification colloïdale soluble de cet acide. L'évaporation de la solution dialysée abandonne l'acide métavanadique qui présente alors l'aspect d'une masse rouge amorphe [Gerland, *Deutsch. chem. Gesells.*, t. IX, p. 869; *Bull. de la Soc. chim.*, t. XXVII, p. 54].

A. Guyard obtient l'acide métavanadique sous la forme d'une poudre veloutée brun rouge en chauffant à 80° une solution de vanadate alcalin sursaturée par l'acide azotique.

L'acide vanadique forme des sels, non-seulement avec les bases, mais aussi avec les acides. Ces dernières combinaisons ont déjà été décrites par Berzelius.

SELS VANADIQUES. — Les sels vanadiques correspondent au trichlorure de vanadyle $VaOCl^3$. Le vanadyle y joue le rôle de radical trivalent. On a donc

$(VaO)'''Cl^3$ trichlorure
$(VaO)'''(AzO^3)^3$ azotate
$(VaO)^2(SO^4)^3$ sulfate.

L'acide vanadique se dissout dans les acides forts. Les solutions sont jaunes ou rouges et se décolorent partiellement par l'ébullition et l'évaporation. Quelques-unes de ces solutions donnent des produits cristallisés par l'évaporation. L'addition d'un alcali y produit un précipité qui se dissout dans un excès d'alcali. Les agents réducteurs, acides oxalique et tartrique, acide sulfureux, hydrogène sulfuré, sucre, etc., réduisent les solutions vanadiques acides en produisant les sels hypovanadiques correspondants bleus.

AZOTATE VANADIQUE. — L'acide azotique étendu dissout fort peu d'acide vanadique, en se colorant en jaune. L'évaporation fournit une masse rouge, en partie soluble dans l'eau.

SULFATE VANADIQUE,

$$Va^2O^5.3SO^3 = (SO^4)^3(VaO)^2$$

[correspondant au chlorure $(VaO)'''Cl^3$]. — On dissout l'acide vanadique dans l'acide sulfurique étendu de la moitié de son poids d'eau, en chauffant doucement. La solution, évaporée à la température la plus basse possible, se prend par le refroidissement en paillettes cristallines d'un brun rougeâtre, déliquescentes. Ce sel se dissout dans l'eau avec une couleur jaune. La solution laisse déposer par l'ébullition un sel rouge à excès d'acide vanadique, et la liqueur filtrée laisse par l'évaporation un sirop rouge à excès d'acide sulfurique.

Dissous dans l'acide azotique, le sulfate vanadique donne un sel mixte qui forme par l'évaporation une masse saline rouge (Berzelius).

Sulfate vanadico-potassique,

$$(SO^4)^2 \left\{ \begin{matrix} (VaO)''' \\ K \end{matrix} \right.$$

soit $$Va^2O^5.3SO^3 + SO^4K^2$$

— On dissout le vanadate de potassium dans un peu d'acide sulfurique concentré et on chasse l'excès d'acide. Aiguilles microscopiques jaunes, solubles dans l'eau, qui dédouble le sel.

Phosphate vanadique. — L'acide vanadique se dissout dans l'acide phosphorique et la solution fournit par l'évaporation une masse déliquescente rouge.

Si l'on dissout le phosphate hypovanadique dans l'acide azotique, et qu'on chasse cet acide par la chaleur, on obtient par le refroidissement de petits cristaux grenus, jaune citron, peu solubles dans l'eau et renfermant de l'eau de cristallisation qu'ils perdent à 100°. Ce sel renferme les anhydrides vanadique et phosphorique dans les rapports $2Va^2O^5$ à $3P^2O^5$ qui paraissent se rapporter à un phosphate acide.

Phosphate vanadico-sodique. — Cristaux mamelonnés, jaune citron, formés d'aiguilles entrelacées, obtenues par dissolution d'un mélange de phosphate et de vanadate sodiques dans l'acide azotique.

Pyrophosphate vanadique. — Verre jaune pâle obtenu en fondant l'acide vanadique avec l'acide phosphorique. Il est coloré en beau vert lorsqu'il renferme un peu d'oxyde de vanadium (A. Guyard).

Phosphate vanadico-silicique.

$$2P^2O^5.2Va^2O^5.3SiO^2+6H^2O$$

— Écailles cristallines jaunes, obtenues accidentellement par Berzelius, dans l'extraction de vanadium des scories. On peut l'obtenir artificiellement en dissolvant dans l'acide azotique un mélange de vanadate, de phosphate et de silicate sodiques.

Borate vanadique. — Verre d'un jaune pâle, soluble dans l'eau et cristallisable, quoique difficilement (A. Guyard).

Vanadates métalliques. — Les vanadates s'obtiennent facilement; on les prépare en général avec le vanadate d'ammonium, facile à obtenir à l'état de pureté à cause de son insolubilité en présence du sel ammoniac. Les vanadates alcalins, qui sont solubles, s'obtiennent par la fusion de l'acide vanadique avec un alcali ou d'un composé quelconque de vanadium avec un alcali et un nitrate. Lorsqu'on fond l'acide avec les carbonates, 1 molécule d'anhydride vanadique Va^2O^5 déplace 3 molécules CO^2, et il se forme des vanadates normaux correspondant aux orthophosphates (de Hauer, Czudnowicz).

Berzelius a décrit un grand nombre de vanadates; l'étude de ces sels a été complétée par C. de Hauer [*Journ. für prakt. Chem.*, t. LXIX, p. 385; LXXVI, p. 156 et t. LXXX, p. 324]; — Czudnowitz [*Poggend, Ann.*, t. CXX, p. 17]; Roscoe [*Ann. der Chem. u. Pharm.* Supplementb. VIII, p. 101, 1870; *Bull. Soc, chim.*, t. XIV, p. 209; t. XVII, p. 42]; — Carnelly [*Ann. der Chem. u. Pharm.*, t. CLXVI, p. 155; *Bull. Soc. chim.*, t. XIX, p. 502]; — Norblad [*Bull. Soc. chim.*, t. XXIII, p. 64].

Sauf quelques sels de nature plus complexe, les vanadates se rapportent aux types suivants, dans lesquels M représente un métal monovalent:

			Nomenclature de Berzelius.
Orthovanadates............	VaO^4M^3 soit	$Va^2O^5.3M^2O$	Vanadates basiques.
Pyrovanadates............	$Va^2O^7M^4$	$Va^2O^5.2M^2O$	
Métavanadates............	VaO^3M	$Va^2O^5.M^2O$	Vanadates neutres.
Tétravanadates............	$Va^4O^{11}M^2$	$2Va^2O^5.M^2O$	Divanadates
Trivanadates............	Va^3O^8M	$3Va^2O^5.M^2O$	

Les tétravanadates et les trivanadates sont des anhydrosels. Ils appartiennent à divers types. Ainsi 4 molécules d'acide orthovanadique

$$VaO(OH)^3,$$

en perdant 3 molécules d'eau forment l'acide tétravanadique $Va^4O^{13}H^6$ auquel correspondent les sels hexasodique et hexargentique. Une perte de 5 molécules engendrerait l'hydrate $Va^4O^{11}H^2$ auquel correspondent les tétravanadates de lithium, de magnésium, de manganèse, etc.; 3 molécules d'acide orthovanadique, en perdant 4 molécules d'eau, engendrent l'hydrate

$$Va^3O^8H = \begin{matrix} O=Va=O \\ >O \\ O=Va-OH \\ >O \\ O=Va=O \end{matrix}$$

Les sels qui forment les trois premières classes correspondent aux trois classes de phosphates. Leurs conditions de stabilité sont inverses de celles qu'on remarque avec ces derniers sels, les métavanadates étant les plus stables et les orthovanadates les moins stables, au moins à l'état de solution. A une température élevée et par voie de fusion, ce sont au contraire les orthovanadates qui se forment de préférence, comme on l'a vu plus haut.

Les orthovanadates solubles présentent les réactions qui sont indiquées ci-dessous au chapitre *orthovanadate de sodium* (p. 640).

Les métavanadates sont en général jaunes. Quelques-uns, notamment ceux des terres alcalines, ceux de zinc, de cadmium, de plomb, éprouvent, sous l'influence de la chaleur, dans certaines conditions, une modification isomérique: ils deviennent incolores.

Les métavanadates alcalins sont incolores. Les vanadates acides sont jaunes ou jaune-rouge, qu'ils soient solides ou en solution; il s'ensuit que l'addition d'un acide à un vanadate neutre le colore en jaune-rouge.

Les métavanadates alcalins, ceux d'ammonium, de baryum et de plomb, sont peu solubles dans l'eau; les autres sont insolubles. La solubilité des vanadates alcalins est diminuée par la présence d'alcali libre ou d'un sel alcalin, qui les précipitent de leurs solutions.

Les vanadates à base fixe ne sont pas décomposés par la chaleur. Les acides forts colorent leurs solutions en rouge en produisant souvent un sel très-acide. L'acide azotique produit dans la solution des vanadates acides un précipité brun d'acide vanadique. L'acide chlorhydrique décompose les vanadates avec dégagement de chlore et formation de tétroxyde de vanadium qui reste dissous. L'acide acétique convertit les vanadates neutres en di- ou trivanadates.

Les agents réducteurs tels que l'acide sulfureux et l'alcool colorent la solution des vanadates en bleu. Les vanadates alcalins se colorent à la lumière, sous l'influence des matières organiques, d'abord en vert, puis en bleu [Gibbons, *Chem. News.*, t. XXX, p. 267].

Métavanadate d'aluminium $(VaO^3)^6Al^2$. — Précipité jaune, légèrement soluble dans l'eau (Berzelius).

Vanadates d'ammonium : 1. *Métavanadate.*

$$VaO^3(AzH^4)$$

— C'est le plus important des vanadates, car il sert à préparer tous les autres, directement ou indirectement, ainsi que le reste des combinaisons du vanadium.

On le prépare : 1° En ajoutant un excès d'ammoniaque à la solution jaune rougeâtre de l'acide vanadique dans l'ammoniaque, chauffant, et laissant évaporer, ou encore ajoutant de l'alcool;

2° En ajoutant du sel ammoniac solide ou en solution concentrée à la solution des vanadates alcalins, tels qu'on les obtient par la fusion des composés vanadiques avec un azotate alcalin. Le métavanadate d'ammonium, insoluble en présence d'un excès de sel ammoniac, se dépose bientôt en petits grains cristallins ou sous la forme d'une poudre blanche qu'on lave d'abord avec une solution de sel ammoniac, puis avec de l'alcool faible.

Séché à 20 ou 30°, le métavanadate d'ammonium forme une poudre blanche, qui jaunit à une température plus élevée en perdant un peu d'ammoniaque. Il se dissout lentement dans l'eau froide en formant une solution incolore; l'eau bouillante le dissout plus facilement mais avec une coloration jaune, sans doute en lui enlevant de l'ammoniaque; en effet, si l'on emploie de l'eau ammoniacale pour le dissoudre, la solution reste incolore et fournit des cristaux incolores par le refroidissement; ces cristaux sont toujours confus.

Chauffé dans un creuset couvert, ce sel se décompose en perdant de l'ammoniaque dont une partie réduit l'acide vanadique. Le résidu est un oxyde noir, dont la composition n'est pas constante (Berzelius); si l'on chauffe au contact de l'air il reste de l'anhydride vanadique.

La solution de vanadate d'ammonium forme avec la teinture de noix de galles un liquide noir foncé, que les acides colorent en bleu et que le chlore décolore.

Lorsque, à une solution d'acide vanadique dans l'ammoniaque, on ajoute un excès d'ammoniaque et qu'on laisse évaporer *à froid*, on obtient, d'après Berzelius, des cristaux jaunes confus, qui se dissolvent dans l'eau avec une couleur jaune; l'alcool précipite la solution.

2. *Tétravanadate*, $Va^4O^{11}(AzH^4)^2+4H^2O$. — Il se dépose en petits cristaux d'un rouge orangé foncé par le refroidissement de la solution du métavanadate additionnée d'acide acétique. Les cristaux sont plus nets et plus volumineux lorsqu'ils se déposent par l'évaporation lente. L'alcool le précipite de sa solution sous la forme d'une poudre jaune-citron. Il est inaltérable à l'air, à froid, mais il perd facilement de l'ammoniaque et de l'eau à une douce chaleur (Berzelius; de Hauer).

3. *Trivanadate*, $Va^3O^8(AzH^4)+3H^2O$. — Beaux cristaux rouges qui se déposent des eaux-mères de la préparation du sel précédent. On peut l'obtenir en faisant cristalliser plusieurs fois ce sel dans l'eau contenant de l'acide acétique. Il est beaucoup plus soluble que lui (C. de Hauer).

Suivant Norblad, on obtient ce même trivanadate anhydre, en tables microscopiques d'un jaune d'or lorsqu'on évapore au bain-marie la solution aqueuse du tétravanadate.

4. Berzelius a décrit un *survanadate*, dont il ne donne pas la composition, et qu'il a obtenu par l'évaporation à 30 ou 40° d'une solution de divanadate additionnée d'acide chlorhydrique. Dépôt cristallin microscopique, renfermant à l'état de mélange du chlorure de vanadyle.

Vanadates d'argent : 1. *Orthovanadate*, VaO^4Ag^3. — Précipité rouge orange, obtenu par l'orthovanadate de sodium et l'azotate d'argent. Il est soluble dans l'ammoniaque et dans l'acide azotique (Roscoe).

2. *Pyrovanadate*, $Va^2O^7Ag^4$. — Précipité cristallin dense et jaune, obtenu avec le pyrovanadate de sodium (Roscoe).

3. *Tétravanadate hexa-argentique*,

$$Va^4O^{13}Ag^6 \text{ (soit } 2VaO^4Ag^3.Va^2O^5\text{)}.$$

— Précipité jaune foncé, obtenu avec du tétravanadate de sodium. Ces sels correspondent à certains métaphosphates de Fleitmann et Henneberg (Carnelly).

Vanadates de baryum : 1. *Pyrovanadate*,

$$Va^2O^7Ba^2.$$

— Précipité amorphe blanc, obtenu par double décomposition par le pyrovanadate de sodium. Il est anhydre à 100° et un peu soluble dans l'eau (Roscoe);

2. *Métavanadate*, $(VaO^3)^2Ba+H^2O$. — Précipité gélatineux jaune, qui se contracte bientôt et devient blanc et cristallin. Il est un peu soluble dans l'eau froide. Il fond au rouge (Berzelius, Norblad).

3. *Tétravanadate*, $Va^4O^{11}Ba$. — Poudre jaune cristalline qui se précipite par l'addition d'alcool à un mélange de tétravanadate de potassium et de chlorure de baryum. Ce sel se dépose en prismes jaune-orange par l'évaporation spontanée du même mélange. Il est très-peu soluble dans l'eau (Berzelius).

4. *Vanadate* 5/4,

$$5Va^2O^5.4BaO+24H^2O$$
$$\text{ou } 4(VaO^3)^2Ba.Va^2O^5.24H^2O.$$

— Cristaux radiés, rouges, se déposant à la longue d'une solution bouillante de tétravanadate de sodium additionné d'azotate de baryum. Il se forme d'abord un précipité cristallin jaune qui est du métavanadate.

5. *Vanadate* 5/3,

$$5Va^2O^5.3BaO+19H^2O$$
$$\text{ou } 3(VaO^3)^2Ba.Va^2O^5+9H^2O.$$

— Cristaux prismatiques rouges, obtenus dans les mêmes conditions que le sel précédent (de Hauer, Norblad).

Vanadates de cadmium : *Métavanadate* $(VaO^3)^2Cd$. — Précipité grenu blanc. Le *tétravanadate* est soluble (Berzelius).

Vanadates de calcium : 1. *Pyrovanadate*

$$Va^2O^7Ca^2+2\,1/2\,H^2O.$$

— Précipité amorphe blanc (Roscoe).

2. *Métavanadate*, $(VaO^3)^2Ca$. — Croûte cristalline blanche, obtenue par l'évaporation lente d'une solution de vanadate ammonique, additionnée de chlorure calcique (Berzelius). D'après Norblad, il forme des mamelons blanc-jaunâtre, renfermant $4H^2O$ qu'il perd à 180°. Ce sel fond au rouge et cristallise par le refroidissement.

3. *Tétravanadate*, $Va^4O^{11}Ca+9H^2O$. — Grands cristaux d'un rouge orangé, se déposant par évaporation spontanée. Ce sel est très-soluble et non efflorescent (Berzelius).

Hautefeuille a obtenu un *chlorovanadate*

$$Ca^2\begin{cases}(VaO^4)'''\\Cl\end{cases} \quad \text{ou} \quad VaO^4\begin{cases}Ca\\(CaCl)'\end{cases}$$

isomorphe avec la wagnérite; ce sel se forme par la fusion de l'acide vanadique avec du chlorure de calcium [*Compt. rend.*, t. LXXVII, p. 896].

Vanadates de cobalt. Le *métavanadate*

$$(VaO^3)^2Co$$

est un précipité jaune paille tirant sur le rouge. Le *vanadate acide* est soluble dans l'eau et précipitable par l'alcool (Berzelius).

VANADATES DE CUIVRE. — La *métavanadate* est soluble et forme une masse amorphe jaune. Le *tétravanadate* $Va^4O^{11}Cu$ se dépose sous la forme d'une croûte cristalline jaune (Berzelius).

VANADATES D'ÉTAIN. — Le *métavanadate stanneux* $(VaO^3)^2Sn$ et le *métavanadate stannique* $(VaO^3)^4Sn$ sont solubles (Berzelius).

VANADATES FERREUX : 1. *Métavanadate* $(VaO^3)^2Fe$. — Précipité brun-grisâtre foncé. C'est peut-être un vanadite ferrique ; en effet, l'acide chlorhydrique le dissout avec une couleur verte.

2. *Tétravanadate*. — Précipité vert foncé, devenant peu à peu grisâtre ; il prend un aspect cristallin après 24 heures (Berzelius).

VANADATES FERRIQUES. *Métavanadate* $(VaO^3)^6Fe^2$. — Précipité léger, jaune paille, un peu soluble. Le *sel acide* lui ressemble, mais est cristallin (Berzelius).

VANADATE DE GLUCINIUM. *Métavanadate* $(VaO^3)^2Gl$. — Précipité jaune, se dissolvant par les lavages (Berzelius).

VANADATES DE LITHIUM : 1. *Métavanadate*

$$VaO^3Li.$$

— Sel très-soluble, se déposant de sa solution sirupeuse en groupes radiés d'aiguilles déliées.

2. *Tétravanadate*, $Va^4O^{11}Li^2 + 9H^2O$. — Gros cristaux jaune-rouge, très-solubles dans l'eau, insolubles dans l'alcool fort. Il devient opaque en s'effleurissant (Berzelius). Norblad prépare ce sel en fondant l'anhydride vanadique avec du carbonate de lithium, dissolvant le produit dans l'eau chaude, ajoutant à la solution de l'acide acétique jusqu'à coolration rouge, puis de l'alcool. Le sel se dépose ainsi sous la forme d'une poudre cristalline orangée qu'on fait cristalliser dans l'eau. Les cristaux perdent $8H^2O$ à 100°.

VANADATES DE MAGNÉSIUM : 1. *Métavanadate*,

$$(VaO^3)^2Mg.$$

— La solution sirupeuse de ce sel se prend en une masse cristalline radiée.

2. *Tétravanate*, $V^4O^{11}Mg$. — Il est moins soluble que le métavanadate et se dépose en lamelles jaunes. L'alcool ne le précipite qu'incomplètement (Berzelius). D'après de Hauer, ce sel renferme $8H^2O$.

VANADATES MANGANEUX : 1. *Métavanadate*,

$$(VaO^3)^2Mn.$$

— Poudre jaune d'ocre se déposant par l'addition d'alcool à un mélange de chlorure manganeux en excès et de métavanadate alcalin. Redissous dans l'eau, il cristallise en petits cristaux bruns, presque noirs.

2. *Tétravanadate*, $Va^4O^{11}Mn$. — Ressemble au précédent, mais est moins soluble et cristallise en petits grains rouges (Berzelius).

VANADATES MERCUREUX. — Le *métavanadate* n'a pas été isolé à l'état solide. Le *tétravanate* est un précipité jaune-orangé.

VANADATES MERCURIQUES. Le *métavanadate*,

$$(VaO^3)^2Hg,$$

forme un précipité jaune-citron, légèrement soluble. Le *tétravanadate*, $Va^4O^{11}Hg$, est soluble dans l'eau et n'est pas précipité par l'alcool (Berzelius).

VANADATES DE NICKEL. — Ils sont solubles dans l'eau ; l'alcool les précipite sous la forme d'une poudre jaune sale ou brunâtre. La solution laisse par l'évaporation des croûtes cristallines jaune sale. Ils ne se dissolvent pas dans l'ammoniaque avec une couleur bleue (Berzelius).

Le *tétravanadate* est en cristaux prismatiques jaunes.

VANADATES DE PLOMB. — Il existe trois vanadates de plomb naturels qui sont : la *déchenite* et la *vanadite rhomboïdale*, qui représentent le métavanadate $(VaO^3)^2Pb$; la *descloisite* ou pyrovanadate, $Va^2O^7Pb^2$; enfin la *vanadinite* ou chlorovanadate de plomb,

$$(VaO^4)^3Pb^5Cl \text{ ou } 3(VaO^4)^2Pb^3 + PbCl^2,$$

isomorphe avec les chlorophosphate et chloro-arséniate de plomb. A ces variétés, on peut ajouter l'*eusynschite*, qui est un orthovanadate double de plomb et de zinc, $(VaO^4)^2(Pb, Zn)^3$.

Orthovanadate de plomb, $(VaO^4)^2Pb^3$. — Précipité blanc insoluble dans l'eau, obtenu par double décomposition avec l'orthovanadate de sodium (Roscoe).

Chlorovanadate de plomb ou *vanadinite*,

$$3(VaO^4)^2Pb^3 + PbCl^2 \text{ soit } (VaO^4)^3\left\{\begin{matrix}Pb^4\\(PbCl)'\end{matrix}\right.$$

— Cette espèce minérale qui appartient au type de l'apatite a été reproduite artificiellement par Roscoe et par Hautefeuille [*Compt. rend.*, t. LXXVII, p. 896]. On fond, dans les proportions indiquées par la formule, de l'acide vanadique avec de l'oxyde et du chlorure de plomb. On reprend la masse fondue par l'eau bouillante, qui laisse la vanadinite en aiguilles transparentes jaunes présentant les angles du prisme hexaèdre régulier. Densité = 6,7. — Voyez VANADINITE.

Voici la composition de quelques vanadinites naturelles (densité 6,66 à 7,2).

	Berzelius. *a*	Rammelsberg. *b*	Struve. *c*
Chlore	2,56	2,23	2,46
Va^2O^5	»	17,41	16,93
P^2O^5	»	0,95	3,08
PbO	76,54	76,70	79,47

(*a*) Zimapan

(*b*) Windischkappel. Densité = 6,886 ;

(*c*) Berezowsk ; densité = 6,863

Pyrovanadate basique, $2Va^2O^7Pb^2 + PbO$. — Précipité jaune insoluble dans l'eau, obtenu par l'addition d'acétate de plomb à une solution de pyrovanadate de sodium ; la liqueur devient acide.

VANADATES DE POTASSIUM. — 1. *Pyrovanadate*, $Va^2O^7K^4 + 3H^2O$. — On mélange la solution du métavanadate avec de la potasse caustique, on l'évapore à consistance sirupeuse, puis on l'abandonne sur l'acide sulfurique : le pyrovanadate se dépose en cristaux durs, déliquescents. Ils perdent H^2O sur l'acide sulfurique, une nouvelle molécule d'eau à 100° et le reste seulement à 350° (Norblad), circonstance qui peut-être, devrait faire envisager ce sel comme un orthovanadate acide, $VaO^4K^2H + H^2O$.

2. *Métavanadate*, VaO^3K. — Cristaux lenticulaires incolores, qui se déposent par la concentration d'une solution d'acide vanadique dans la potasse, préalablement additionnée d'acide acétique jusqu'à ce qu'elle conserve à l'ébullition une couleur orangée. Les cristaux deviennent rougeâtres à 100° et rouge-brique à 180-200°. Ils fondent au-dessous du rouge, et la matière fondue, qui est jaunâtre à chaud, se prend par le refroidissement en une masse cristalline blanche (Norblad).

On obtient le même sel hydraté, $VaO^3K + H^2O$ (soit peut-être VO^4KH^2), en ajoutant de la potasse au métavanadate d'ammonium. Il se dépose par l'évoparation en aiguilles asbestoïdes qui perdent leur eau à 110° (Norblad).

3. *Tétravanadate*, $V^4O^{11}K^2$. — On l'obtient en fondant le métavanadate avec l'anhydride vanadique, ou, par voie humide, en faisant bouillir le mélange avec de l'eau ; ou encore en précipitant par l'alcool la solution du métavanadate additionnée d'acide acétique jusqu'à coloration rouge.

Prismes rhombiques, inaltérables à l'air sec, renfermant $4H^2O$ qu'ils perdent entièrement à 200°. Il cristallise facilement par le refroidissement de sa solution aqueuse bouillante (Berzelius, Norblad).

Norblad a obtenu le même sel, en grandes lames d'un jaune d'or, en remplaçant dans sa préparation le métavanadate par le pyrovanadate et faisant cristalliser le précipité dans l'eau à 60° ou 70°. Les eaux mères abandonnent après plusieurs semaines des cristaux volumineux rouge orange de même composition.

VANADATES DE SODIUM. — 1. *Orthovanadate*,

$$VaO^4Na^3 + 16H^2O.$$

— Lorsqu'on fond 3 molécules de CO^3Na^2 avec 1 molécule de Va^2O^5 il se dégage de l'acide carbonique et l'on obtient une masse cristalline blanche. On redissout celle-ci dans l'eau et l'on additionne la solution d'alcool. Il se forme ainsi deux couches dont l'inférieure se prend, après quelque temps, en un amas d'aiguilles à réaction très-alcaline, possédant, après lavage à l'alcool et dessiccation dans le vide, la composition ci-dessus indiquée.

Ce sel est très-instable; redisssous dans l'eau, il se dédouble en pyrovanadate et soude libre (Roscoe).

L'orthovanadate de sodium peut cristalliser avec le phosphate.

La solution de l'orthovanadate de sodium donne lieu aux réactions suivantes.

Sels ferriques. — Précipité gélatineux jaune brun, soluble dans l'acide chlorhydrique, insoluble dans l'acide acétique.

Sels ferreux. — Précipité gris foncé.

Sels de manganèse. — Précipité cristallin gris brun.

Sels de zinc. — Précipité gélatineux blanc.

Sels de cobalt. — Précipité gélatineux gris brun.

Sels de nickel. — Précipité cristallin jaune-serin.

Sels d'aluminium. — Précipité gélatineux jaune clair.

Sels cuivriques. — Précipité vert-pomme.

Sels mercuriques. — Précipité jaune-orange.

Les métavanadates se distinguent aisément des orthovanadates en ce qu'ils donnent avec les sels de cuivre un précipité cristallin jaune clair (Roscoe).

2. *Pyrovanadate*, $Va^2O^7Na^4 + 18H^2O$. — Il se forme par la fusion de Va^2O^5 avec $2CO^3Na^2$ et cristallisation dans l'eau, d'où il se dépose en grandes tables hexagonales. L'alcool le précipite en lamelles nacrées. Il se produit aussi par dissolution de l'acide vanadique dans une lessive de soude, ainsi que par la décomposition de l'orthovanadate par l'eau, décomposition qui n'est pas due, comme on pourrait le croire, à l'action de l'acide carbonique de l'air. Ce sel fond à une température plus basse que l'orthovanadate. Il perd $17H^2O$ à 100° et le reste à 140°.

L'acide carbonique transforme ce sel en métavanadate. Le chlorure d'ammonium produit dans sa solution concentrée un précipité de métavanadate d'ammonium et de l'ammoniaque libre (Roscoe, Norblad).

3. *Métavanadate*, VaO^3Na. — Il se prépare comme le sel de potassium, auquel il ressemble (Berzelius). On l'obtient aussi en traitant la solution du pyrovanadate par un courant d'acide carbonique; on évapore à sec et l'on reprend par l'eau froide, puis on dissout le résidu dans l'eau bouillante. La solution, évaporée à une douce chaleur, fournit des cristaux prismatiques, blancs ou jaunâtres, facilement fusibles. Si l'évaporation a lieu à froid sur l'acide sulfurique, on obtient des prismes jaunâtres renfermant $2H^2O$, qu'ils perdent facilement sur l'acide sulfurique (Norblad).

4. *Tétravanadate*, $Va^4O^{11}Na^2 + 9H^2O$. — Il se prépare comme le tétravanadate d'ammonium; il faut seulement avoir soin de ne pas employer un excès d'acide acétique qui séparerait de l'acide vanadique libre. Par le refroidissement, le sel cristallise en grandes tables brillantes, d'un rouge-orange vif, qui s'effleurissent à l'air en devenant jaunes à la surface. Il est tout à fait insoluble dans l'alcool; il n'est que peu soluble, même dans l'eau bouillante, cependant il suffit de 1 p. de ce sel pour colorer 214 000 p. d'eau. Il fond au rouge sombre et se concrète en une masse amorphe (C. de Hauer).

En préparant le tétravanadate, Norblad a obtenu une combinaison de méta- et de tétravanadate,

$$Va^6O^{17}Na^4 + 9H^2O$$
$$(= Va^4O^{11}Na^2 + 2VaO^3Na + 9H^2O).$$

Ce sel est moins soluble et moins foncé que ce dernier; sa forme est plus prismatique.

5. *Trivanadate*, $2Va^3O^8Na + 9H^2O$. — Précipité brun obtenu en chauffant la solution du tétravanadate au bain-marie (Norblad).

6. *Tétravanadate hexasodique*,

$$Va^4O^{13}Na^6 + 2H^2O \text{ et } + 6H^2O.$$

— On fond 4 molécules Va^2O^5 avec $6CO^3Na^2$, on reprend par l'eau et on évapore la solution à consistance sirupeuse (Carnelly).

VANADATES DE STRONTIUM. — 1. *Métavanadate*, $(VaO^3)^2Sr + 4H^2O$. — Petits cristaux peu solubles, qui se déposent lentement d'une solution de métavanadate d'ammonium, additionnée de chlorure de strontium. Ils perdent leur eau déjà sur l'acide sulfurique (Berzelius, Norblad).

2. *Tétravanadate*, $Va^4O^{11}Sr + 9H^2O$. — Cristaux rouges, inaltérables à l'air, se déposant par le refroidissement d'une solution chaude et concentrée de tétravanadate de sodium additionnée de chlorure de strontium. Il existe un sel plus hydraté (C. de Hauer).

Norblad a obtenu dans les mêmes conditions un sel offrant la composition

$$3Va^4O^{11}Sr + (VaO^3)^2Sr + 30H^2O$$

et se présentant en tables orangées clinorhombiques.

3. *Trivanadate*, $(Va^3O^8)^2Sr + 14H^2O$. — Grands cristaux rouges, inaltérables à l'air, doués de reflets dorés. On l'obtient en ajoutant du chlorure de strontium à une solution bouillante d'un tétravanadate alcalin, additionnée d'acide acétique : il se dépose un précipité jaune paille, qui est un sel basique et il reste une liqueur rouge qui fournit les cristaux ci-dessus.

Ce sel perd les deux tiers de son eau à 100° en devenant jaune. Au rouge, il fond en un liquide rouge qui se concrète en une masse cristalline par le refroidissement (C. de Hauer).

D'après Handl [*Wien. Akad. Ber.*, t. XXXVII, p. 291], ce sel cristallise dans le système clinorhombique. Faces observées : p, a^1, o^1, e^1, m. Angles : $p\,a^1 = 107°\,29'$; $p\,o^1 = 116°\,6'$; $p\,e^1 = 114°39'$ et $117°\,48'$.

VANADATES DE THALLIUM. — 1. *Orthovanadate*, VaO^4Tl^3. — Il se prépare par la fusion de 1 molécule de Va^2O^5 avec 3 molécules de CO^3Tl^2. La masse fondue est rouge, d'une densité de 8,6, soluble dans 999 p. d'eau froide et dans 574 p. d'eau bouillante.

2. *Pyrovanadate*, $Va^2O^7Tl^4$. — Il se précipite à froid par l'addition de sulfate de thallium à une solution d'orthovanadate de sodium; la liqueur devient alcaline. On peut aussi l'obtenir par fusion. Poudre jaune clair, d'une densité de 8,21 (8,812 par fusion), soluble dans 5000 p. d'eau froide et dans 3840 p. d'eau à 100°.

3. *Métavanadate*, VaO^3Tl. — Obtenu par fusion de Va^2O^5 avec CO^3Tl^2. Masse lamelleuse foncée,

soluble dans 11500 p. d'eau froide et dans 1756 p. d'eau à 100°. Densité = 6,019 à 17°.

4. *Tétravanadate hexathalleux*, $Va^4O^{13}Tl^6$. — Poudre jaune, d'une densité de 8,59, obtenue par l'addition de sulfate de thallium à une solution de pyrovanadate de sodium; de la soude est mise en liberté en même temps.

5. *Décavanadate*, $Va^{10}O^{31}Tl^{12}$. — Précipité jaune, obtenu comme le précédent, en présence d'un excès d'acide vanadique. Densité = 7,86.

6. *Tétradécavanadate*, $Va^{14}O^{41}Tl^{12}$. — Poudre cristalline d'un blanc sale, qui se précipite par l'addition de sulfate de thallium à du métavanadate d'ammonium (Carnelly).

Vanadates de thorium. — Le *métavanadate* est un précipité jaune. Le tétravanadate est soluble (Berzelius).

Vanadate acide,

$$(VaO^3)^4Th.16Va^2O^5 + 24H^2O.$$

— Une solution de tétravanadate sodique produit dans une dissolution d'azotate de thorium un faible précipité jaune, soluble dans quelques gouttes d'acide nitrique, et cette solution dépose par l'évaporation au bain-marie des croûtes brunes de vanadate acide (Cleve).

Vanadates uraniques. — Le *méta* et le *tétravanadate* se précipitent sous la forme de poudres d'un jaune citron pâle (Berzelius).

Vanadate d'yttrium. — Précipité jaune, légèrement soluble (Berzelius).

Vanadates de zinc. — Le *métavanadate* est blanc, insoluble dans l'eau bouillante.

Le *vanadate acide* est très-soluble et fournit des cristaux transparents, d'un jaune orange. (Berzelius).

Vanadates de zirconium. — Les sels de zirconium ne sont précipités ni par les métavanadates, ni par les tétravanadates.

Oxydes de vanadium intermédiaires ou *vanadates de vanadium*. — Berzelius a décrit plusieurs degrés d'oxydation du vanadium, intermédiaires entre le tétroxyde et le pentoxyde et qui peuvent être envisagés comme des combinaisons de ces deux oxydes. Ils se produisent par l'oxydation directe du tétroxyde ou par l'action des sels hypovanadiques sur les vanadates.

On obtient un oxyde pourpre lorsqu'on abandonne à l'air l'hydrate hypovanadique pendant vingt-quatre heures. Le second procédé, qui consiste à mélanger des solutions de vanadates et de sels hypovanadiques, fournit, suivant les proportions des corps réagissants, un oxyde vert, $2Va^2O^5.Va^2O^4$; un oxyde jaune verdâtre,

$$4Va^2O^5.Va^2O^4$$

ou un oxyde jaune orange [Berzelius, *Traité de Chimie*, édit. française, 1846, t. II, p. 321].

Oxyde, Va^4O^7. — C'est, d'après Czudnowicz, l'oxyde qui est contenu dans les solutions vertes obtenues par la réduction des solutions acides d'acide vanadique par le zinc. Les sels de cet oxyde sont incristallisables. Le permanganate de potassium les transforme de nouveau en combinaisons vanadiques. Leurs solutions acides ne s'altèrent pas à l'air, mais les solutions alcalines s'oxydent [*Pogg. Ann.*, t. CXX, p. 17].

SULFURES DE VANADIUM.

Avant les travaux de Roscoe on admettait l'existence de deux sulfures de vanadium, correspondant l'un au tétroxyde, l'autre au pentoxyde. L'étude de ces composés n'ayant pas été reprise depuis, il règne nécessairement une certaine incertitude sur leur nature, mais les analyses de Berzelius font voir qu'ils constituent les oxysulfures $Va^2O^2S^2$ et $Va^2O^2S^3$, c'est-à-dire *un disulfure et un trisulfure de divanadyle*, et non les sulfures Va^2S^4 et Va^2S^5.

Disulfure de divanadyle ou *sulfure vanadeux*, $Va^2O^2S^2$. — Il se produit lorsqu'on chauffe au rouge le tétroxyde de vanadium dans un courant d'hydrogène sulfuré. Il est noir, friable et brillant, insoluble dans l'eau, les alcalis et les sulfures alcalins. Il n'est pas attaqué par les acides chlorhydrique et sulfurique; l'acide nitrique le convertit en sulfate vanadeux. Grillé à l'air, il donne de l'acide sulfureux et de l'anhydride vanadique. Densité = 4,70 (Schafarik).

On obtient le même sulfure, hydraté, par voie humide, en dissolvant l'oxyde hypovanadique dans un sulfure alcalin et précipitant la solution par un acide. C'est un précipité noir qui se dépose difficilement.

Le disulfure de divanadyle forme avec les sulfures basiques des *sulfhypovanadates*. On obtient ces sulfosels en dissolvant l'oxysulfure hydraté dans un sulfure alcalin ou en décomposant un hypovanadate par un excès d'hydrogène sulfuré. Les sulfhypovanadates alcalins sont noirs et solubles; ils forment des solutions rouge pourpre; les autres sont insolubles (Berzelius).

Ce sulfure renferme 31,997 °/₀ de soufre; la formule $Va^2O^2S^2$ en exige 32,22 °/₀.

Trisulfure de divanadyle, ou *sulfure vanadique*, $Va^2O^2S^3$. — Il ne se forme pas par voie sèche; en effet, il se dédouble à une température élevée en soufre et en disulfure de vanadyle.

On l'obtient par voie humide en précipitant par l'acide chlorhydrique la solution de l'anhydride vanadique dans les sulfures alcalins. C'est un précipité brun, qui noircit par la dessiccation. Calciné à l'air, il se convertit en gaz sulfureux et anhydride vanadique. Il se dissout avec une couleur rouge-brun dans les alcalis, les carbonates et les sulfures alcalins. Il renferme 41,35 °/₀ de soufre (Berzelius); la formule $Va^2O^2S^3$ en exige 41,63 °/₀.

Le trisulfure de vanadyle s'unit aux sulfures basiques pour former des *sulfovanadates*. Ceux des métaux alcalins sont solubles et se produisent par dissolution de l'anhydride vanadique dans un excès de sulfure alcalin, ou par l'action de l'hydrogène sulfuré en excès sur un vanadate alcalin. Enfin ils se produisent par voie sèche, lorsqu'on fond du vanadium avec un alcali et du soufre. Ils sont bruns. L'alcool précipite le *sulfovanadate de potassium* de sa solution aqueuse; ce sel est d'abord écarlate, mais brunit par les lavages à l'alcool. Les sulfovanadates alcalino-terreux sont des poudres cristallines un peu solubles dans l'eau. Les autres sont insolubles.

AZOTURES DE VANADIUM.

Il en existe deux : le *mono-azoture* VaAz et le *diazoture* $VaAz^2$.

Mono-azoture VaAz. — Le procédé indiqué par Berzelius pour obtenir le vanadium métallique donne, non ce métal, mais un azoture. On obtient celui-ci en saturant par du gaz ammoniac le trichlorure de vanadyle et en chauffant dans le même gaz la masse saline ainsi produite; on porte peu à peu la température au rouge-blanc, pour décomposer le diazoture produit en premier lieu.

Ce procédé n'est pas avantageux, car la violence de la réaction peut entraîner des pertes. Il vaut mieux chauffer le métavanadate d'ammonium au rouge-blanc dans un courant de gaz ammoniac sec. On peut remplacer le métavanadate par l'oxyde Va^2O^3 et opérer dans un tube de platine [Roscoe, *Ann. der Chem. u. Pharm.* Supplementb., t. VI, p. 114 et VII, p. 70].

Le mono-azoture de vanadium est une poudre d'un gris-brun, mélangée de paillettes métalliques

Il est inaltérable à froid. Grillé au rouge, il se transforme en oxyde bleu, puis en anhydride vanadique Va^2O^5. Chauffé avec de la chaux éteinte, il dégage de l'ammoniaque.

Ce composé est important à considérer, parce qu'il est exempt d'oxygène et qu'il sert bien à fixer l'atomicité du vanadium. Il renferme 20,2 % d'azote et 79,6 de vanadium; la formule VaAz exige Va = 78,6; Az = 21,4 %.

DIAZOTURE

$$VaAz^2 = Va \begin{matrix} /\!\!/ \; Az \\ \backslash\!\!\backslash \; Az. \end{matrix}$$

— Cette combinaison, obtenue par Uhrlaub [*Poggend. Ann.*, t. CIII, p. 134], se forme, comme on l'a vu plus haut, par l'action de l'ammoniaque sur le trichlorure de vanadyle à une température modérée. Elle présente l'aspect d'une poudre brune. Uhrlaub, ne connaissant pas le vrai poids atomique du vanadium, n'avait pu assigner à cet azoture une formule définie; mais ses analyses montrent qu'il constitue l'azoture $VaAz^2$, le poids atomique du vanadium étant 51,3.

PHOSPHURE VANADIQUE. — Le phosphate vanadique est réduit au rouge blanc dans un creuset de charbon, en donnant une masse poreuse grise, non fondue, qui prend l'aspect du graphite par la compression (Berzelius).

TUNGSTÈNE ET VANADIUM. — L'acide vanadique paraît, comme l'acide phosphorique, pouvoir se combiner aux acides tungstique et molybdique. Rammelsberg a retiré d'un vanadate de sodium commercial un sel double cristallisant de sa solution, additionnée d'acide acétique, en cubo-octaèdres d'un noir-brun, solubles dans l'eau. Ce sel présentait la composition

$$3\,Va^2O^5.\,Tu\,O^3(AzH^4)^2O + 6H^2O$$

[*Deutsche chem. Gesellsch.*, t. I, p. 158].

Suivant A. Guyard (commun. particulière) on obtient de semblables combinaisons en fondant les tungstates et molybdates avec de l'anhydride vanadique, reprenant par l'eau et faisant cristalliser.

E. W.

VANADIUM (ANALYSE). — Au *chalumeau*, tous les composés du vanadium donnent avec le borax ou le sel de phosphore une perle limpide, qui est incolore si la quantité de vanadium est faible et qui est jaune dans le cas contraire. Dans la flamme intérieure, la perle se colore en beau vert.

Les combinaisons vanadiques donnent par fusion avec la soude une perle jaune, dont la solution, additionnée d'acide acétique, donne avec le nitrate d'argent un précipité jaune (Bunsen).

Les solutions de vanadium renferment cet élément à l'état d'hypovanadates ou de sels hypovanadiques (oxyde Va^2O^4), ou à l'état de vanadates ou de sels vanadiques (oxyde Va^2O^5).

SOLUTIONS DE Va^2O^4. — Cet oxyde forme des sels aussi bien avec les bases (hypovanadates) qu'avec les acides (sels hypovanadiques). Voir p. 634.

SELS HYPOVANADIQUES. — Secs, ces sels sont bruns et quelquefois verts. Leurs solutions sont bleues; leur saveur rappelle celle du fer.

Alcalis et carbonates alcalins. — Précipité blanc-grisâtre d'hydrate vanadeux, qui brunit à l'air sec. Le précipité est soluble dans un petit excès d'alcali, insoluble dans un grand excès.

Ammoniaque. — Précipité brun, soluble dans l'eau, insoluble dans un excès d'ammoniaque.

Hydrogène sulfuré. — Rien.

Sulfures alcalins. — Précipité noir, soluble dans un excès, avec une belle couleur pourpre.

Ferrocyanure de potassium. — Précipité jaune citron, verdissant à l'air.

Teinture de noix de galle. — Précipité bleu noir, très-foncé, ressemblant à l'encre.

HYPOVANADATES. — Les sels alcalins sont solubles, les autres sont insolubles. Les solutions sont brunes; la couleur devient bleue par l'addition d'un acide, par suite de la formation d'un sel hypovanadique.

Hydrogène sulfuré. — Pas de précipité, mais magnifique couleur pourpre. La solution, renfermant un sulfhypovanadate, donne avec les acides un précipité brun d'oxysulfure de vanadium.

SOLUTIONS DE Va^2O^5. — Cet oxyde forme des sels avec les bases (vanadates) et avec les acides (sels vanadiques). Voir p. 636.

SELS VANADIQUES. — Leurs caractères ont été suffisamment indiqués (p. 636).

VANADATES. — Aux caractères déjà indiqués (p. 637), nous ajouterons les suivants :

Sels d'antimoine, de plomb, de cuivre, de mercure. — Précipités oranges.

Noix de galle. — Coloration noir foncé.

Hydrogène sulfuré. — Précipité de sulfure mélangé d'hydrate vanadique. Si la solution est acide, elle se colore en bleu avec dépôt de soufre.

Sulfure ammonique. — Coloration rouge-brun; les acides précipitent alors du sulfure brun et la liqueur reste colorée en bleu.

Peroxyde d'hydrogène. — Si l'on agite une solution acidulée d'un vanadate avec de l'éther ozonisé, la solution se colore en rouge et l'éther reste incolore. Le peroxyde d'hydrogène produit la même réaction, ainsi que l'essence de térébenthine oxydée, mais non l'ozone libre. L'éther bleui par l'acide perchromique donne la même coloration. On peut reconnaître ainsi dans une solution la présence de $\frac{1}{40000}$ d'acide vanadique. Avec $\frac{1}{80000}$ on obtient encore une coloration rose [G. Werther, *Journ. für prakt. Chem.*, t. LXXXIII, p. 195; *Rép. de Chim. pure*, 1862, p. 57].

DOSAGE ET SÉPARATION. — Le vanadium peut être dosé à l'état d'anhydride vanadique fondu ou à l'état de sesquioxyde Va^2O^3, produit par la réduction de Va^2O^4 ou de Va^2O^5 dans un courant d'hydrogène.

Si l'on a affaire à un hypovanadate, on précipite sa solution par le chlorure mercurique et l'ammoniaque. Le précipité, formé d'hypovanadate de mercure mélangé de chloramidure, est calciné au contact de l'air. Il laisse ainsi un résidu d'anhydride vanadique. Pour priver celui-ci des traces de mercure qu'il retient, on le redissout dans le carbonate ammonique et on calcine le vanadate ammonique après filtration et évaporation.

Si la solution ne renferme pas d'autre principe fixe que l'acide vanadique, il suffit de l'évaporer, de calciner le résidu au contact de l'air et de peser l'anhydride vanadique Va^2O^5 fondu.

Bunsen a proposé de doser le vanadium, amené à l'état d'acide vanadique ou de vanadate, en déterminant la quantité de chlore qu'il met en liberté lorsqu'il réagit sur l'acide chlorhydrique. On recueille le chlore dans une solution d'iodure de potassium et on titre l'iode mis en liberté [*Ann. de Chim. et de Phys.* (3), t. XLI, p. 350].

Séparation. — S'agit-il de séparer l'acide vanadique des autres *acides*, ainsi que des *bases alcalines*, la méthode la plus simple repose sur l'insolubilité du vanadate d'ammonium dans l'eau en présence d'un excès de sel ammoniac. Pour cela on dissout l'acide vanadique dans l'ammoniaque, on chasse l'excès d'ammoniaque par l'évaporation et on ajoute ensuite une solution saturée de sel ammoniac. On recueille le précipité produit, on le lave d'abord avec une solution de sel ammoniac, puis avec de l'alcool faible; on le sèche, on le calcine à l'air sec et on pèse le résidu, qui est formé d'anhydride vanadique.

Berzelius réduit l'acide vanadique en solution acide, par l'acide oxalique et précipite la liqueur bleue par l'ammoniaque. Le précipité, lavé à l'eau ammoniacale, laisse par la calcination à l'air un résidu de Va^2O^5.

Roscoe précipite l'acide vanadique dans une solution de vanadate alcalin, en y ajoutant de l'acétate de plomb, dose dans la liqueur filtrée l'alcali à l'état de sulfate et pèse le précipité de vanadate de plomb séché à 100°. Ce sel, décomposé par l'acide sulfurique, fournit du sulfate de plomb dont le poids indique la quantité d'oxyde de plomb; on retranche ce poids de celui du vanadate de plomb.

Pour séparer l'acide vanadique *du baryum, du strontium* et *du plomb*, on ne doit pas employer directement l'acide sulfurique: en effet, comme l'a montré Berzelius, les sulfates insolubles ainsi séparés entraînent beaucoup de vanadium. Il est donc nécessaire de fondre les vanadates de baryum, de strontium, de plomb avec du bisulfate potassique, et de reprendre par l'eau, qui ne dissout que le vanadate potassique et l'excès de sulfate alcalin. On peut aussi fondre les vanadates dont il s'agit avec du carbonate potassique, mais dans ce cas, il faut répéter plusieurs fois le traitement.

On arrive à séparer l'acide vanadique d'un grand nombre de *métaux* par l'hydrogène sulfuré ou le sulfure ammonique.

Dans le cas où l'acide vanadique est en solution acide, on fait passer dans celle-ci un courant d'hydrogène sulfuré qui précipite les métaux donnant des sulfures insolubles dans les acides, tandis que le vanadium est réduit à l'état de sel hypovanadique, qui reste dissous et qu'on peut précipiter par l'ammoniaque, après expulsion de l'hydrogène sulfuré.

Dans le cas où l'acide vanadique est en solution alcaline, on précipite les métaux étrangers par le sulfure ammonique dont un excès redissout le précipité vanadique d'abord formé.

Un autre procédé consiste à fondre la combinaison, si elle est insoluble, avec du carbonate de sodium et du soufre. En reprenant par l'eau, on dissout le vanadium à l'état de sulfovanadate; on évapore la solution et on calcine le résidu à l'air, avec addition de nitrate d'ammoniaque pour transformer le sulfure vanadique en Va^2O^5.

Enfin on peut séparer l'acide vanadique des vanadates métalliques en les fondant avec deux fois leur poids de carbonate sodique; en reprenant par l'eau, on laisse, à l'état insoluble, le carbonate ou l'oxyde du métal, tandis qu'on dissout le vanadate alcalin formé.

Pour rechercher le vanadium dans les minerais qui le contiennent, pour l'isoler et le doser, on peut du reste s'en référer à ce qui a été dit pour son extraction. E. W.

VANADYLE. — On nomme ainsi l'oxyde VaO, qui joue dans les sels vanadiques le rôle d'un métal. Avant les recherches de Roscoe il était envisagé comme le vanadium métallique. — Voyez t. III, p. 633.

VANILLINE (Syn. *Aldéhyde vanillique*,

$$C^8H^8O^3 = C^6H^3 \begin{cases} CHO \\ OH \\ OCH^3 \end{cases}$$

— La vanilline constitue le principe odorant de la vanille. Les cristaux qui se déposent dans les boîtes où on la conserve et auxquels on a donné le nom de givre de vanille constituent la vanilline à peu près pure. La nature de ce corps fut longtemps méconnue. Bucholz, Vogel la prenaient pour de l'acide benzoïque; Wittstein pour de la coumarine. M. Vée [*Journ. de Pharm. et de Chim.*, (3), t. XXXIV, p. 412] releva ces erreurs et crut pouvoir montrer que c'était un acide particulier. A peu près au même moment Gobley [*Journ. de Pharm. et de Chim.*, (3), t. XXXIV, p. 407, et *Rép. de Chim. pure*, t. I, p. 92] l'étudia et proposa le nom de *vanilline*. Stokkeby, reprenant ce sujet [*Zeitsch. f. Chem.*, 1865, p. 467, et *Bull. de la Soc. chim.*, t. V, p. 304], indiqua un point de fusion plus exact et désigna le corps sous le nom d'*acide vanillique*. M. Carles [*Bull. de la Soc. chim.*, t. XVII, p. 12] examina de nouveau ce corps et en reconnut le premier la véritable composition. Il découvrit un certain nombre de ses dérivés, mais se méprit complètement sur sa constitution. Tiemann et Haarmann [*Deutsche chem. Gesellsch.*, t. VII, p. 608, et *Bull. de la Soc. chim.*, t. XXII, p. 388] l'obtinrent ensuite comme dérivé de la coniférine. Tiemann et ses collaborateurs en firent à cette occasion une étude complète, la reproduisirent par synthèse et montrèrent ses relations avec de nombreuses combinaisons tant naturelles qu'artificielles [Tiemann et Haarmann, *Deutsch. chem. Gesellsch.*, t. VIII, p. 509, p. 1115 et p. 1123; t. IX, p. 52, p. 409 et p. 1287; — Tiemann et Mendelsohn, *ibid.*, t. IX, p. 1278; t. IX, p. 393; — Tiemann et Matsmoto, *ibid.*, t. IX, p. 937; — Tiemann et Nagajosi Nagai, *ibid.*, t. X, p. 201].

Préparation et dosage. La vanilline peut s'extraire de la vanille par un procédé fort exact et qui sert aussi à la doser. La vanille est réduite en petits fragments et traitée par l'éther à trois reprises différentes. Pour 30 à 50 grammes de substance il convient d'employer d'abord 1 litre et demi d'éther, puis 800 à 1000^{cc}, et enfin 500 à 600^{cc} de ce dissolvant. Le résidu inodore et insipide ne contient plus de vanilline. Les solutions éthérées réunies sont ramenées par distillation à n'occuper que 150 à 200^{cc}. Ce résidu est alors agité avec 200^{cc} d'un mélange, par parties égales, d'eau et d'une solution saturée de bisulfite de sodium qui s'empare de la vanilline et laisse les autres corps en solution dans l'éther. On sépare les deux couches et l'on agite de nouveau la solution éthérée avec 100^{cc} de nouvelle solution de bisulfite préparée de la même façon. Les solutions salines réunies sont lavées avec de l'éther destiné à enlever des traces de matières résineuses et, après décantation de l'éther surnageant, acidifiées avec précaution par une proportion convenable d'acide sulfurique étendu (3 vol. d'acide concentré pour 5 vol. d'eau). Le bisulfite de sodium est alors détruit et la vanilline mise en liberté. On chasse par un courant de vapeur d'eau le reste de l'acide sulfureux et on extrait la vanilline par 400 à 500^{cc} d'éther en deux ou trois fois. L'éther est distillé à une douce chaleur. Le résidu joint à l'éther qui sert à laver le vase est abandonné à l'évaporation. Si l'on a évité une trop forte élévation de température, il cristallise de suite de la vanilline pure fondant à 81°, à peine colorée; on la sèche par exposition au-dessus de l'acide sulfurique. Si l'on a soin d'employer pour cette évaporation un vase taré, ce procédé sert au dosage de la vanilline. Il donne des résultats exacts à 3 ou 4 centièmes près, pourvu que la matière à essayer ne contienne pas d'autre aldéhyde.

On trouve ainsi que la vanille contient des quantités de vanilline variant pour les bonnes qualités environ de 1,5 à 2,5 %. Les vanilles mexicaines sont en général celles qui en contiennent le moins. Au contraire celles de Java et de Bourbon en renferment souvent davantage, mais mêlées à des substances qui masquent l'odeur et diminuent le prix. Ces substances sont principalement composées d'un peu d'acide vanillique, de matières grasses et d'une résine peu odorante. On trouve aussi dans le commerce une vanille des Antilles qui contient de la vanilline mêlée à une autre aldéhyde, probablement l'aldéhyde benzoïque. Ce mélange possède une odeur qui ressemble à celle de l'héliotrope.

Un procédé de préparation aussi facile de la vanilline consiste à traiter la coniférine ou son produit de dédoublement (voyez plus loin) par un mélange d'acide sulfurique et d'acide chromique : 10 p. de ce produit dissoutes dans l'eau chaude sont versées en filet mince dans un mélange modérément chaud de 10 p. de dichromate de potassium, 15 p. d'acide sulfurique et 80 parties d'eau ; ce liquide est soumis pendant 3 heures à l'ébullition et la vanilline formée est extrait par l'éther ou par distillation dans la vapeur d'eau. (Pour la théorie de cette opération voir *appendice à vanilline*.)

On obtient encore de la vanilline par diverses réactions.

Le vanillate de calcium distillé avec du formiate de calcium fournit un mélange de gaïacol et de vanilline. L'acide vanillique pouvant être reproduit par synthèse, la vanilline doit donc être considérée comme étant dans le même cas.

L'éthyleugénol, oxydé par le dichromate de potassium et l'acide sulfurique étendu, donne de la vanilline ou peut-être de l'éthylvanilline [M. Wassermann, *Liebig's Ann. der Chem.*, t. CLXXIX, p. 387].

L'acétyleugénol, préparé en chauffant l'eugénol avec l'anhydride acétique, étant traité par un oxydant en solution faiblement acide, fournit, outre divers produits, une petite quantité d'acétovanilline. Ce corps isolé par l'éther et le bisulfite de sodium et soumis à l'action de la potasse fournit de la vanilline.

Enfin le gaïacol traité par la potasse alcoolique et le chloroforme fournit de la vanilline [Reimer et Tiemann, *Deutsche chem. Gesellsch.*, t. IX, p. 423]. L'acide vanillique traité de la même façon en fournit aussi.

Propriétés. La vanilline est un corps solide fondant à 80-81° ; son odeur, faible à froid, est celle de la vanille ; elle s'exalte par la chaleur ; sa saveur est piquante. Elle est incolore ou à peine jaunâtre. Très-soluble dans l'eau bouillante, l'alcool, l'éther, le chloroforme, le sulfure de carbone, les huiles fixes ou volatiles ; l'eau à 15° en dissout 1,2 %. Sa solution dans l'eau bouillante la laisse déposer en prismes qui peuvent atteindre plus de deux centimètres de longueur. Elle se sublime sans décomposition dans un tube bouché, mais lorsqu'on la distille dans une cornue, elle passe difficilement vers 280° en se résinifiant. Elle bleuit le perchlorure de fer (Carles). L'acide sulfurique pur la jaunit à froid ; s'il contient des traces d'acide azotique on a une coloration écarlate. L'acide azotique concentré la convertit en acide oxalique (Carles), en acide picrique (Tiemann).

Elle décompose les carbonates et sature les bases alcalines à froid, les bases terreuses à chaud.

Abandonnée longtemps à l'air, la vanilline finit par donner de petites quantités d'acide vanillique. Les agents oxydants ne fournissent rien de net.

Elle se combine avec le bisulfite de sodium, mais cette combinaison très-soluble n'est amenée qu'avec difficulté à cristalliser.

Traitée par l'acide iodhydrique à 100-130°, elle fournit de l'iodure de méthyle et une résine. Si l'on remplace l'acide iodhydrique par l'acide chlorhydrique étendu et qu'on chauffe de 180 à 200° pendant longtemps, on obtient du chlorure de méthyle et de l'aldéhyde protocatéchique.

Projetée par petites portions dans la potasse fondante, la vanilline fournit de l'acide protocatéchique.

Ces réactions montrent que la vanilline doit être considérée comme l'un des éthers méthyliques de l'aldéhyde protocatéchique ; ce qui justifie la formule de constitution donnée plus haut.

SELS DE VANILLINE. — *Le sel d'argent*, $C^8H^7AgO^3$, s'obtient en décomposant l'azotate d'argent par une solution ammoniacale de vanilline. C'est une poudre blanche qui noircit rapidement.

Le sel de baryum, $(C^8H^7O^3)^2Ba$, se dépose en poudre blanche quand on ajoute à la solution aqueuse de la vanilline du chlorure de baryum et de l'ammoniaque.

Une solution aqueuse concentrée et chaude de sulfate de magnésium mise en contact avec le sel précédent donne naissance à du sulfate de baryum et au *sel de magnésium* qui se dépose par refroidissement en cristaux nets. Sa formule est la suivante : $(C^8H^7O^3)^2Mg$.

Le sel de plomb, $(C^8H^7O^3)^2Pb$, se produit en précipitant l'acétate de plomb par une solution chaude de vanilline. Il est soluble dans l'eau bouillante et cristallise en houppes.

Le *sel de sodium* cristallise quand on ajoute une solution concentrée de soude caustique à la solution de la vanilline dans la soude. On peut faire recristalliser ce sel dans l'alcool bouillant d'où il se dépose par le refroidissement en aiguilles jaunes. Sa composition s'exprime par la formule $C^8H^7NaO^3$.

Le sel de zinc, $(C^8H^7O^3)^2Zn$, s'obtient de la même façon sous forme de poudre blanche.

ÉTHERS DE LA VANILLINE. — *Méthylvanilline*. — Ce produit se prépare en faisant bouillir, dans un ballon muni d'un réfrigérant ascendant, une solution méthylique du sel de potassium de la vanilline avec de l'iodure de méthyle. La réaction achevée on sépare l'éther par addition d'eau et on le rectifie. C'est une huile épaisse à la température ordinaire, bouillant sans décomposition à 285°, se concrétant dans un mélange réfrigérant en aiguilles fondant entre 15 et 20°. L'acide azotique concentré donne avec elle des produits de substitution nitrés. Les agents oxydants la transforment en acide diméthylprotocatéchique fondant à 174°. Sa formule est $C^8H^7(CH^3)O^3$.

L'éthylvanilline, $C^8H^7(C^2H^5)O^3$, se prépare comme la précédente en remplaçant l'iodure de méthyle par l'iodure d'éthyle, et l'alcool méthylique par l'alcool éthylique. Cet éther forme de beaux cristaux fondant à 64-65°, se concrétant à 62-64° et sublimables sans décomposition. Les agents oxydants le transforment en acide éthylvanillique.

Acétylvanilline. — Corps fondant à 77°, obtenu par l'action de l'anhydride acétique sur la vanilline et cristallisant comme elle en aiguilles. La *benzoylvanilline* s'obtient par un procédé analogue.

PRODUITS DE SUBSTITUTION DE LA VANILLINE. — *Bromovanilline*. — Une solution alcoolique de vanilline traitée par des vapeurs de brome laisse déposer un précipité jaunâtre. Ce précipité, purifié par des cristallisations dans l'alcool bouillant, fond à 160-161° et possède la composition indiquée par la formule, $C^8H^7BrO^3$.

Iodovanilline. — On obtient un produit de substitution iodé, $C^8H^7IO^3$, correspondant au composé bromé, en soumettant la solution alcoolique de vanilline à l'action d'une solution alcoolique d'iode en proportion calculée. Le mélange est chauffé 24 heures à 50° ou bien au réfrigérant ascendant, jusqu'à décoloration. Par refroidissement la combinaison se dépose en aiguilles incolores, fusibles à 174° et sublimables sans décomposition.

Si l'on emploie un excès d'iode on obtient une combinaison, $C^8H^6I^2O^3$, en cristaux nacrés, incolores, peu solubles dans l'eau bouillante, solubles dans l'alcool et l'éther chauds, insolubles à froid dans le chloroforme.

HYDROVANILLOÏNE. — Comme toutes les aldéhydes, l'aldéhyde vanillique doit, en fixant l'hydrogène, pouvoir donner naissance à des produits de réduction. En effet, la vanilline soumise en solution aqueuse ou alcoolique à l'action de l'amalgame de sodium, disparaît entièrement au bout de 8 à 10 jours, si l'on a soin d'agiter fréquemment. Quand il n'en reste plus, ce dont on s'assure par un essai sur une petite portion de la liqueur, on ajoute avec précaution de l'acide sulfurique étendu, jusqu'à neutralité parfaite. La couleur jaune pâle de la liqueur passe alors au rouge clair et il commence à se déposer des cristaux prismatiques blancs. Après 6 à 8 heures ou plus s'il le faut, lorsque la cristallisation est terminée, on sépare les cristaux qu'on lave à l'eau. Ils sont insolubles dans l'éther, presque insolubles dans l'eau froide, peu solubles dans l'eau et l'alcool bouillants. Ils se dissolvent par contre facilement dans les liqueurs alcalines et peuvent en être retirés en neutralisant avec précaution la liqueur. Ils fondent à 222-223° en se décomposant. La composition de cette substance est représentée par la formule : $C^{16}H^{18}O^{6}$.

Comparée à celle de la vanilline on voit qu'elle est à cette dernière ce que l'hydrobenzoïne est à l'aldéhyde benzoïque. On l'a nommé par conséquent *hydrovanilloïne*. L'acide sulfurique concentré la colore en vert brillant, puis la dissout en rouge violacé.

Alcool vanillique. — Dans les eaux qui ont laissé déposer l'hydrovanilloïne se trouve l'alcool correspondant à la vanilline. Pour extraire cet alcool, on agite ces eaux avec de l'éther. Les liqueurs éthérées sont distillées. Le résidu abandonné à l'évaporation fournit une huile légèrement colorée en jaune, facilement soluble dans l'eau chaude, l'alcool et l'éther. Débarrassée de traces de résine par plusieurs dissolutions dans l'eau et extractions par l'éther, cette huile se prend en une masse de cristaux étoilés quand on l'abandonne sur l'acide sulfurique. Ce corps, dont la formule

$$C^8H^{10}O^3 = C^6H^3 \begin{cases} CH^2.OH \\ OH \\ OCH^3 \end{cases}$$

exprime la composition, fond à 103-105°, mais commence à se ramollir beaucoup au-dessous de cette température. Les acides même étendus le transforment très-vite en une résine blanche à peine soluble dans l'éther, insoluble dans l'eau. Cette résine a été nommée *vanillirétine* par analogie avec la salirétine formée aux dépens de la saligénine par la même réaction. L'acide sulfurique la dissout avec une magnifique couleur rouge violacé.

La solution d'où l'alcool vanillique a été retiré, étant évaporée à sec, puis traitée par l'alcool bouillant, lui cède un peu d'hydrovanilloïne et un autre corps plus soluble, peu abondant, qui est peut-être un isomère de l'hydrovanilloïne.

Acide férulique. — Cet acide, qui s'extrait de l'*Asa fœtida* et qui est identique à l'acide méthylcaféique, peut être reproduit à l'aide de la vanilline. Cette dernière peut, en effet, en présence de l'anhydride acétique, donner une combinaison, de même que l'aldéhyde salicylique fournit de la coumarine dans ces circonstances. Pour obtenir ce résultat, le sel de sodium de la vanilline, mélangé à un excès d'anhydride acétique et à de l'acétate de sodium sec, est chauffé 4 à 5 heures au réfrigérant ascendant à une température de 150 à 160°. La masse demi-solide qui reste, après refroidissement, étant d'abord traitée par l'eau, abandonne ensuite à l'éther un mélange d'acétylvanilline et de vanillo-coumarine, $C^{10}H^8O^3$.

Cette dernière, après séparation par le bisulfite de sodium de l'acétylvanilline, reste par évaporation de l'éther. Bouillie avec de la soude, elle fournit du férulate de sodium. On en tire aisément l'acide en traitant le sel par l'acide sulfurique, puis par l'éther. Par évaporation de ce dissolvant, l'acide reste en cristaux blancs fondant à 168°, entièrement identiques à ceux de l'*Asa fœtida* qui fondent aussi à l'état de pureté à la même température. La formule de cet acide, déduite de son mode de formation, est la suivante :

$$C^6H^3 \begin{cases} CH{=}CH{-}CO^2H \\ OH \\ OCH^3 \end{cases}$$

APPENDICE A LA VANILLINE.

Coniférine. — Ce glucoside, découvert par Hartig dans le *Larix Europea*, fut nommé par lui *laricine* ; retrouvé dans d'autres conifères, il reçut le nom d'*abiétine*. Kubel, qui l'étudia ensuite remplaça ce nom par celui de coniférine qui a prévalu [Kubel, *Journ. für prakt. Chem.*, t. XCVII, p. 243], *Bull. de la Soc. chim.*, 1866, t. V, p. 410; Kubel observa le dédoublement de ce principe par les acides et remarqua l'odeur de vanille qui se développe dans ces circonstances. Mais c'est surtout à Tiemann *(loc. cit.)* que l'on doit l'étude de ses dérivés.

Pour l'extraire, on exprime au printemps le suc du cambium des diverses espèces de conifères. On coagule par la chaleur l'albumine qui s'y trouve contenue, et on évapore au cinquième de son volume le liquide filtré. Il se dépose alors des cristaux de coniférine imprégnés d'un sirop de pinite. Ces cristaux exprimés sont purifiés par cristallisations répétées avec un peu de noir. On peut aussi, avec avantage, précipiter les matières colorantes et résineuses par un peu d'ammoniaque et d'acétate de plomb.

La coniférine est insoluble dans l'éther, peu soluble dans l'eau froide, facilement soluble dans l'eau chaude et l'alcool. Elle cristallise en aiguilles satinées, groupées en rosettes, fondant à 185° et possédant une saveur faiblement amère. Elle dévie à gauche le plan de polarisation de la lumière. Les acides étendus la dédoublent en glucose et en une résine blanche devenant jaune, puis rouge par la dessiccation. L'acide sulfurique concentré la dissout en donnant une dissolution d'abord violette, puis rouge, d'où l'eau précipite une résine bleu indigo. Additionnée de phénol et d'acide chlorhydrique, elle se colore, surtout au soleil, en bleu intense. C'est à la coniférine que doit le bois de sapin de se colorer en bleu sous l'influence de ces réactifs. Sa composition s'exprime par la formule

$$C^{16}H^{22}O^8 + 2H^2O.$$

La coniférine sèche traitée par l'anhydride acétique fournit un corps qui, purifié, se présente sous forme de poudre cristalline. D'après la composition et le dosage de l'acétyle dans la combinaison, cette substance serait la tétracéto-coniférine : $C^{16}H^{18}(C^2H^3O)^4O^8$.

Si au lieu d'acides étendus on ajoute de l'émulsine à de la coniférine additionnée d'eau (50 gr. de coniférine, 500 grammes d'eau et 0gr,2 à 0gr,3 d'émulsine) et qu'on abandonne le tout à une température de 25 à 30° pendant 6 à 8 jours, on obtient un dédoublement complet en deux produits cristallisables. Il se précipite des flocons cristallins blancs, solubles dans l'éther, et il reste en dissolution du glucose pur mêlé à l'émulsine qu'on peut coaguler par la chaleur. Le liquide agité avec de l'éther cède à celui-ci le corps cristallisé qui, par évaporation, forme des prismes fondant à 73-74°, très-solubles dans l'éther, un peu moins dans l'alcool, peu solubles dans l'eau chaude et à peine dans l'eau froide. D'autres fois il se sépare à l'état d'une huile qui ne cristallise que lentement. Dans ce cas, il vaut mieux l'arroser d'ammoniaque aqueuse concentrée. L'huile se prend de suite en cristaux d'un sel ammoniacal qui, redissous dans l'eau, puis abandonnés à l'air, laissent déposer le nouveau produit en beaux cristaux.

Le dédoublement s'exprime par la formule :

$$C^{16}H^{22}O^{8} + H^{2}O = C^{6}H^{12}O^{6} + C^{10}H^{12}O^{3}.$$

Le corps $C^{10}H^{12}O^{3}$, qui a reçu le nom d'*alcool coniférylique*, est altéré par les acides même étendus qui le transforment en un produit de condensation amorphe moins soluble dans l'éther que lui-même. L'acide sulfurique concentré lui fait subir la même réaction qu'à la coniférine. Ce corps jouit de propriétés qui le rapprochent des phénols; ainsi il se combine avec la potasse et avec la soude pour former des combinaisons cristallisées. L'hydrogène naissant fourni par l'amalgame de sodium donne une huile qui paraît être l'eugénol. Si l'on rapproche les réactions de ce produit de celles de la saligénine, on en arrive à conclure que c'est un alcool phénol ayant une constitution exprimée par la formule :

$$C^{6}H^{3} \begin{cases} C^{3}H^{5}O \\ OH \\ OCH^{3} \end{cases}$$

Il se produit, en effet, de l'iodure de méthyle quand on soumet l'alcool coniférylique à l'action de l'acide iodhydrique, ce qui montre l'existence d'un groupe OCH^{3} dans la molécule. Mais il se produit aussi dans la même réaction de l'iodure d'éthyle, éther dont la formule proposée n'explique que difficilement la formation. Ce point demande de nouvelles recherches. DEMARÇAY.

VANILLIQUE (ACIDE),

$$C^{8}H^{8}O^{4} = C^{6}H^{3} \begin{cases} CO^{2}H \\ OH \\ OCH^{3} \end{cases}$$

On peut l'obtenir aisément par divers procédés :

1° Par oxydation directe à l'air de la vanilline. Ce procédé est fort long et n'en donne que des quantités insignifiantes;

2° Par oxydation de la coniférine;

3° Par oxydation de l'acétylcréosol; on obtient ainsi de l'acide acétylvanillique que la potasse en excès transforme à chaud en vanillate et acétate de potassium;

4° Par oxydation de l'acétyleugénol : dans ce cas encore on obtient l'acide acétylvanillique.

Ces trois dernières oxydations s'exécutent de la même façon au moyen de permanganate de potassium. Le corps à oxyder mis en émulsion dans de l'eau, ou mieux dans de l'acide acétique, est additionné graduellement d'une solution de permanganate, en ayant soin d'agiter vivement. La réaction terminée, on ajoute de la potasse, on évapore à un petit volume, puis on acidule par l'acide sulfurique. On peut alors enlever les acides formés, à l'aide de l'éther qui les laisse déposer par évaporation. Dans le dernier cas, il convient d'employer 15 grammes d'acétyleugénol dissous dans 20 centimètres cubes d'acide acétique et d'ajouter graduellement, en secouant sans cesse, une solution chauffée à 35-40° de 50 grammes de permanganate dans 2 litres d'eau. Quand le liquide surnageant le précipité est complètement décoloré, on filtre et on évapore à un petit volume. On ajoute alors un peu plus de la quantité calculée d'acide sulfurique. Il se forme un mélange d'acides acétylvanillique et acétyl-alpha-homovanillique que l'on sépare par cristallisation, le dernier étant le plus soluble des deux. Si l'on met plus de permanganate, il peut ne se former que de l'acide acétylvanillique. Si avant d'évaporer on avait ajouté de la potasse, on obtiendrait les acides vanillique et alpha-homovanillique;

5° L'acide vanillique se forme encore quand on traite à une température de 140 à 150° l'acide diméthylprotocatéchique par l'acide chlorhydrique étendu. Il se produit du chlorure de méthyle et un mélange de deux acides monométhylprotocatéchiques isomériques dont l'un est l'acide vanillique. On le sépare de son isomère en utilisant sa plus grande solubilité dans l'eau.

L'acide vanillique se présente sous la forme de cristaux brillants aiguillés qui fondent à 211-212° et sont sublimables sans décomposition. Ils possèdent une légère odeur de vanille qui s'exalte par la chaleur.

Il ne donne avec le perchlorure de fer aucune réaction. Traité par un mélange de parties égales d'acide chlorhydrique d'une densité de 1,1 et d'eau, en tubes scellés, à la température de 150 à 160°, il se dédouble en chlorure de méthyle et acide protocatéchique. La potasse fondante donne aussi ce même acide.

Les sels de *potassium*, de *sodium* et d'*ammonium* sont bien cristallisés et très-solubles dans l'eau. Les autres sels de cet acide sont en général solubles dans l'eau. Le sel de plomb se distingue par sa faible solubilité. On l'obtient sous forme de volumineux précipité blanc en précipitant l'acétate de plomb par le vanillate d'ammonium. Le sel d'argent également peu soluble s'obtient aussi par précipitation. Il noircit et se décompose dès qu'on le chauffe, surtout en présence d'ammoniaque; aussi ne peut-on le faire recristalliser.

Acide méthylvanillique. — Cet acide est identique avec l'acide diméthylprotocatéchique.

Acide éthylvanillique. — Il s'obtient par oxydation de l'éthylvanilline. Il fond à 193-194° et est identique à l'acide éthylméthylprotocatéchique que Græbe et Borgman ont préparé par oxydation de l'éthyleugénol.

Les acides *propyl, isopropyl, isobutyl* et *amylvanillique* ont été préparés [Cahours, *Compt. rend.*, 1877, 1er semestre, p. 173] en oxydant par le permanganate de potassium les eugénols substitués correspondants. Ce sont des corps bien cristallisés.

Acide acétylvanillique. — Préparé par oxydation de l'acétyleugénol, il fond à 142°, cristallise en aiguilles et se dédouble facilement par la potasse en acétate et vanillate.

Acide glucovanillique $C^{14}H^{18}O^{9}$. — Ce corps s'obtient quand on oxyde la coniférine par le permanganate de potassium (1 p. de coniférine dissoute dans 30 à 40 p. d'eau est traitée par 2 à 3 p. de permanganate dissous dans 60 à 90 p. d'eau). La solution est traitée par la quantité strictement nécessaire d'acide sulfurique, épuisée par l'éther pour enlever l'acide vanillique formé en même temps, et évaporée dans une cornue pour éviter le noircissement à l'air de la liqueur. Il se sépare par refroidissement des cristaux du nouvel acide qui sont peu solubles dans l'eau froide, très-solubles dans l'eau chaude et insolubles dans l'éther. Pour l'obtenir pur, on précipite sa solution ammoniacale par l'acétate de plomb; le précipité lavé est décomposé par l'acide sulfhydrique et la liqueur filtrée à chaud se prend par refroidissement en une masse d'aiguilles blanches, très-brillantes et très-fines du nouveau composé. Ces cristaux sont inodores, fondent comme l'acide vanillique à 211-212°, mais ne sont pas sublimables sans altération. Chauffé avec une solution étendue d'acide chlorhydrique ou sulfurique, il donne du glucose et de l'acide vanillique en se dédoublant suivant l'équation :

$$C^{14}H^{18}O^{9} + H^{2}O = C^{8}H^{8}O^{4} + C^{6}H^{12}O^{6}.$$

Il ne réduit la liqueur de Fehling qu'après ébullition avec les acides.

L'émulsine le dédouble en quelques jours comme les acides étendus.

A l'état cristallisé, l'acide glucovanillique retient

1 mol. d'eau de cristallisation qui se dégage à 100°.

Il est très-soluble dans l'alcool, ne donne aucune réaction avec le perchlorure de fer et se colore en jaune pâle par l'acide sulfurique concentré. Les sels sont facilement solubles dans l'eau, le sel de plomb excepté.

Acide nitrovanillique. — L'acide vanillique ne se laisse pas nitrer directement. Par contre, l'acide acétylvanillique, traité avec précaution par l'acide azotique fumant, fournit un acide nitro-acétylvanillique qui, purifié par cristallisation dans l'alcool étendu, présente l'aspect de fines aiguilles transparentes fondant à 181-182° en se décomposant partiellement. Cet acide, qui est insoluble dans l'eau froide, peu soluble dans l'eau chaude, très-soluble, au contraire, dans l'alcool et l'éther, se dédouble facilement sous l'influence de la soude en acétate et nitrovanillate.

Précipité de sa solution dans la soude par l'acide sulfurique et purifié par des cristallisations répétées dans l'alcool étendu, l'acide nitrovanillique forme des aiguilles blanches, brillantes, commençant à se décomposer sans fondre vers 210°. Il est peu soluble dans l'eau, même bouillante, et se sépare de cette solution par refroidissement sous forme d'une huile qui ne cristallise qu'après quelques heures.

Son sel de sodium cristallise en belles aiguilles jaunes. Le sel ammoniacal s'obtient mélangé d'acide libre quand on évapore la solution ammoniacale de l'acide.

Acides qui se rattachent au groupe vanillique.

Acide alphahomovanillique $C^9H^{10}O^4$. — Cet acide prend naissance par l'oxydation de l'acétyleugénol par le permanganate de potassium. On conduit l'opération comme il a été dit plus haut (p. 646); seulement on évapore sans ajouter de potasse et on décompose par l'acide sulfurique les sels formés. On obtient ainsi l'acide acétylalphahomovanillique qui se distingue de l'acide acétylvanillique par sa plus grande solubilité dans l'eau. Isolé à l'état de pureté par des cristallisations méthodiques, il se présente en prismes brillants et transparents. Il est très-soluble dans l'eau bouillante, l'alcool et l'éther; il se dissout moins facilement dans l'eau froide. Il fond à 140°. Maintenu longtemps en fusion, il dégage de l'acide acétique et devient insoluble dans l'eau froide; il se forme sans doute quelque anhydride de l'acide alphahomovanillique. Traité en solution acide et à une température de 60 à 70° par le permanganate de potassium, il donne de l'acide acétylvanillique. Une fusion prolongée avec la potasse le transforme en acide protocatéchique.

Bouilli avec un alcali cet acide fournit un mélange d'acétate et d'alphahomovanillate. Quand on traite le résultat de l'oxydation de l'acétyleugénol par un alcali, qu'on évapore à un petit volume et qu'on acidule par l'acide sulfurique, on obtient un mélange d'acides vanillique et alphahomovanillique. Pour séparer ces deux acides on les dissout dans la plus petite quantité possible d'ammoniaque. On chauffe cette solution de 30 à 40° et on la sursature faiblement d'acide chlorhydrique. Il cristallise d'abord de l'acide alphahomovanillique. L'acide vanillique reste en solution surtout si l'on ne laisse pas baisser la température au-dessous de 30 à 25°. En répétant cette opération plusieurs fois et terminant une par cristallisation dans l'eau bouillante ou la benzine, on obtient l'acide pur. Il se sépare de ses solutions en prismes à six pans transparents qui sont souvent maclés comme l'harmotome. On les distingue aisément au microscope des fines aiguilles de l'acide vanillique. Un pareil examen peut servir à juger de la pureté du produit.

La composition de l'acide alphahomovanillique s'exprime par la formule

$$C^6H^3 \begin{cases} CH^2\text{-}CO^2H \\ OH \\ OCH^3 \end{cases}$$

qui représente fidèlement toutes ses réactions.

Il se dissout en faibles proportions dans l'eau et dans la benzine froides, plus facilement dans les mêmes agents bouillants et en abondance dans l'alcool et l'éther. Le perchlorure de fer le colore faiblement en vert, l'acide sulfurique concentré en rose à peine visible. Il fond à 142-143° et se solidifie à 117-118°. C'est un acide énergique qui décompose les carbonates. Il peut, comme l'acide salicylique, former deux séries de sels dont une série basique. Les premiers seuls se forment aisément.

Le sel ammoniacal cristallise en fines aiguilles d'une solution concentrée. Les sels de potassium, de sodium, de calcium et de baryum sont solubles dans l'eau et restent par évaporation à l'état d'un sirop qui finit par se prendre en masse cristalline. Les sels de cuivre, d'argent, de plomb et de zinc s'obtiennent à l'état de précipités, cristallins pour les trois derniers; le sel d'argent noircit aisément par la chaleur.

Les solutions des homovanillates alcalins ne réduisent pas la liqueur de Fehling.

Un mélange d'alphahomovanillate de calcium sec, de sable et d'hydrate de calcium étant soumis à la distillation (34 grammes de sel de calcium, 10 grammes d'hydrate de calcium, 30 à 40 grammes de sable) par petites portions après avoir été humecté d'un peu d'eau, fournit une huile d'odeur aromatique faible, mais très-agréable, bouillant à 22° identique au créosol et formé d'après la réaction.

$$\left[C^6H^3 \begin{cases} CH^2\cdot CO^2 \\ OH \\ OCH^3 \end{cases}\right]^2 Ca + CaO^2H^2$$

$$= 2CO^3Ca + 2\,C^6H^3 \begin{cases} CH^3 \\ OH \\ OCH^3 \end{cases}$$

Ce même acide alphahomovanillique traité par l'acide chlorhydrique étendu (5 parties d'acide exigent 20 parties d'acide chlorhydrique d'une densité de 1,1 et 25 à 30 parties d'eau) pendant 3 ou 4 heures en tubes scellés à 160-180°, donne naissance à du chlorure de méthyle et à de l'acide *alphahomo protocatéchique* que l'on extrait par l'éther.

Ce dernier est un corps cristallisé extrêmement soluble dans l'eau, l'alcool et l'éther, difficilement soluble dans la benzine bouillante, à peine dans la benzine froide. Il faut 3700 à 3800^{cc} de benzine pour en dissoudre 1 gr. à 14°, et 550 à 580^{cc} à 80-85°. Purifié par cristallisation dans la benzine il se présente en cristaux fondant à 127° se solidifiant à 113° et sublimables sans décomposition.

Les propriétés de l'acide alphahomoprotocatéchique sont sensiblement celles de l'acide protocatéchique : il colore le perchlorure de fer en vert, coloration qui passe au bleu puis au violet par addition d'ammoniaque. Ses solutions alcalines réduisent la liqueur de Fehling.

Ses sels sont en général très-solubles. Le sel de zinc est un précipité cristallin; celui de plomb est amorphe.

Son sel de calcium distillé avec de l'hydrate de calcium fournit un corps huileux, extrêmement soluble dans l'eau, l'alcool, l'éther qui est l'homopyrocatéchine et qui présente la plupart des propriétés de la pyrocatéchine, mais qu'on n'a pu obtenir cristallisée.

Acide isométhylnoropianique $C^9H^8O^5$. On fait réagir une molécule d'acide vanillique pur et 5 molécules d'hydrate de sodium, dissoutes dans un poids double d'eau, sur 1 molécule de chloroforme pendant 5 à 6 heures au réfrigérant ascendant. Le produit de la réaction est additionné de

5 à 8 fois son poids d'eau, puis d'acide chlorhydrique jusqu'à réaction fortement acide. Il se sépare un produit peu soluble qu'on recueille sur un filtre après un repos de plusieurs heures. Dans l'eau mère se trouve de la vanilline qu'on peut extraire par l'éther. La substance peu soluble est dissoute dans l'éther et cette solution est agitée avec du bisulfite du sodium qui s'empare d'une combinaison aldéhydique pendant que l'éther retient de l'acide vanillique inaltéré. Le corps aldéhydique, mis en liberté de sa solution dans le bisulfite de sodium par l'acide sulfurique étendu, est extrait par l'éther qui, par évaporation, abandonne une masse dure de cristaux. Recristallisé dans l'eau bouillante le nouveau corps se présente sous forme de fines aiguilles soyeuses de couleur faiblement jaunâtre fondant à 221-222°. Ces cristaux sont facilement solubles dans l'alcool et l'éther, difficilement dans l'eau froide. C'est en outre un acide énergique qui décompose aisément les carbonates. Sa constitution est donnée par son mode de génération.

$$C^6H^3\left\{\begin{matrix}CO^2Na\\ ONa\\ OCH^3\end{matrix}\right. + 3\,NaHO + CCl^3H$$

$$= 3\,NaCl + 2\,H^2O + C^6H^2\left\{\begin{matrix}CO^2Na\\ ONa\\ OCH^3\\ CHO\end{matrix}\right.$$

La vanilline, qui se produit en même temps, se forme en vertu de l'équation suivante

$$C^6H^3\left\{\begin{matrix}CO^2Na\\ ONa\\ OCH^3\end{matrix}\right. + 3\,NaHO + CCl^3H$$

$$= 3\,NaCl + CO^3NaH + C^6H^3\left\{\begin{matrix}CHO\\ ONa\\ OCH^3\end{matrix}\right. + H^2O$$

L'acide isométhylnoropianique, qui représente l'acide aldéhydovanillique, est isomérique avec l'acide méthylnoropianique : de là son nom. Il se colore en jaune intense par la soude et en rouge violacé par le perchlorure de fer.

Les sels de sodium, de potassium sont très-solubles, ceux de baryum, de calcium (basiques?) sont peu solubles et s'obtiennent par précipitation, comme aussi ceux de cuivre, de plomb et d'argent. Ce dernier noircit facilement.

D'après sa constitution l'acide isométhylnoropianique doit pouvoir fournir trois éthers méthyliques, qui sont :

$$\underset{(1)}{C^6H^2}\left\{\begin{matrix}CO^2CH^3\\ OH\\ OCH^3\\ COH\end{matrix}\right. \qquad \underset{(2)}{C^6H^2}\left\{\begin{matrix}CO^2H\\ OCH^3\\ OCH^3\\ COH\end{matrix}\right. \qquad \underset{(3)}{C^6H^2}\left\{\begin{matrix}CO^2CH^3\\ OCH^3\\ OCH^3\\ COH\end{matrix}\right.$$

Le second est l'acide isopianique isomère de l'acide opianique, le troisième est l'isopianiate de méthyle et le premier l'isométhylnoropianate de méthyle.

L'isométhylnoropianate de méthyle se prépare par la réaction de la potasse (2 molécules), de l'acide isométhylnoropianique (1 molécule) dissous dans l'alcool méthylique absolu sur l'iodure de méthyle en excès. On chasse l'alcool et l'excès d'iodure de méthyle par évaporation, puis on ajoute de l'eau et de l'éther qui s'empare des éthers formés. Cette solution éthérée, agitée avec de la potasse caustique en solution étendue, cède à cette dernière l'isométhylnoropianate de méthyle.

Neutralisée par un acide cette solution laisse précipiter le corps en question qui, après cristallisation dans l'eau, forme des aiguilles jaunes rassemblées en flocons, et fond à 134-135°. Ce corps se dissout dans le carbonate de sodium, mais n'en dégage pas l'acide carbonique.

L'éther dont on a extrait cette combinaison retient l'isopianate de méthyle et l'abandonne par évaporation sous forme d'une huile qui se solidifie, peu soluble dans l'eau même bouillante et s'en séparant par refroidissement en aiguilles entrelacées en amas volumineux. Elles fondent sous l'eau à 98-99° et possèdent une odeur aromatique caractéristique.

Acide isopianique $C^{10}H^{10}O^5$. — L'isopianate de méthyle qui vient d'être décrit, soumis à l'action de la potasse bouillante, fournit le troisième éther de l'acide isométhylnoropianique, savoir l'acide isopianique ou plutôt l'isopianate de potassium. Extrait de ce sel et cristallisé dans l'eau bouillante cet acide forme de fines aiguilles blanches, solubles dans l'éther, fondant à 210-211°.

Il se combine avec le bisulfite de sodium et se dissout dans les alcalis avec une couleur jaune intense. Il ne colore pas le perchlorure de fer.

Ses sels de potassium, de sodium, de calcium, de baryum sont très-solubles dans l'eau. Ceux de cuivre, de plomb, d'argent sont insolubles ou peu solubles. Ce dernier cristallise sans altération de sa solution dans l'eau bouillante.

Acide isonoropianique. — Il se prépare en faisant réagir, en tube scellé à 170-180°, pendant 3 ou 4 heures, sur 1 gramme d'acide isométhylnoropianique 20 centimètres cubes d'acide chlorhydrique d'une densité de 1,1, mêlé à 30 centimètres cubes d'eau. Cette température doit être observée rigoureusement : au-dessus le produit noircit, au-dessous la décomposition est incomplète. La solution rougeâtre séparée d'une petite quantité d'une matière noire est agitée avec de l'éther. Le résidu de l'évaporation de l'éther traité par la benzine bouillante qui laisse un peu d'acide protocatéchique, abandonne par refroidissement une substance blanche floconneuse. Cette substance cristallisée dans l'eau chaude forme des aiguilles fondant à 240°, facilement solubles dans l'eau froide. Les alcalis la dissolvent en la colorant en jaune; le perchlorure de fer est coloré en vert sombre passant subitement au violet par addition de carbonate de sodium très-étendu.

La solution de ce corps réduit à chaud la liqueur de Fehling et l'azotate d'argent ammoniacal. C'est un acide fort qui décompose les carbonates.

Sa composition identique à celle de l'acide quercimérique avec lequel il est isomère s'exprime par la formule

$$C^8H^6O^5 = C^6H^2\left\{\begin{matrix}CO^2H\\ (OH)^2\\ CHO\end{matrix}\right.$$

Acide isohémipinique. — L'isopianate de méthyle traité par une solution au cinquantième de permanganate de potassium à une température de 70° s'oxyde et fournit le sel de potasse de l'éther méthylique acide de l'acide isohémipinique. Cette solution, qui est neutre si l'on a bien opéré, étant filtrée, concentrée puis additionnée d'acide sulfurique, laisse déposer l'éther acide en aiguilles fondant à 167°. Saponifié par la potasse et précipité de nouveau par l'acide sulfurique cet éther se transforme en acide isohémipinique. On l'extrait par l'éther, puis on le fait cristalliser dans l'eau bouillante. On l'obtient ainsi pur sous forme d'aiguilles qui fondent à 245-246° très-solubles dans l'alcool et l'éther, à peine solubles dans l'eau froide.

Sa composition s'exprime par la formule

$$C^{10}H^{10}O^6 = C^6H^2\left\{\begin{matrix}(CO^2H)^2\\ (OCH^3)^2\end{matrix}\right.$$

Si l'on opère avec précaution on peut le sublimer sans l'altérer et sans qu'il se forme d'anhydride comme pour l'acide hémipinique.

Les sels de potassium, de sodium, de baryum et de calcium cristallisent bien et sont très-solubles. Ceux de cuivre, de plomb et d'argent sont peu solubles; les deux derniers sont cristallins;

celui d'argent cristallise sans noircir d'une solution dans l'eau bouillante.

Constitution du groupe vanillique.

D'après les transformations de l'acide vanillique il est évident que ce corps doit être considéré comme un des deux acides méthylprotocatéchiques indiqués par la théorie. Reste à savoir lequel des deux. Or Tiemann et Reimer ont montré qu'en faisant réagir le chloroforme et la potasse sur un phénol on obtient deux aldéhydes, l'une appartenant à la série para, l'autre à la série ortho. Lorsque comme dans l'acide paroxybenzoïque, la place para (1.4), qui est unique, est déjà occupée par le carboxyle CO^2H, l'expérience montre qu'il est remplacé par le groupe CHO caractéristique des aldéhydes, c'est-à-dire que l'acide est transformé en son aldéhyde. Si l'une des deux places ortho était prise cela n'aurait aucun effet, l'autre restant libre.

Reportons-nous à la formule de l'acide protocatéchique. Cet acide dérivant à la fois des acides para et métaoxybenzoïque sa formule ne peut être que la suivante :

CO^2H / C ; HC, CH ; HC, C-OH ; C / OH

Dans l'acide vanillique l'un des deux hydroxyles OH est remplacé par l'oxyméthyle OCH^3. Ce ne peut être celui qui occupe la place para, car dans ce cas, par l'action du chloroforme sur l'acide

(1) CO^2H / C ; HC, CH ; HC, C-OH ; C / OCH^3

qui est un des deux acides méthylprotocatéchiques isomériques, il se formerait les deux aldéhydes

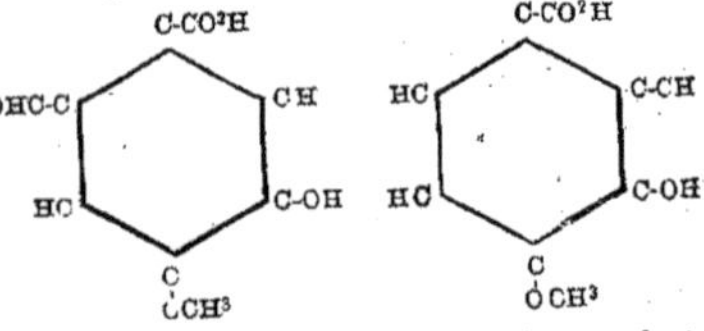

et par conséquent point d'aldéhyde correspondant à l'acide dont on part. Au contraire l'acide

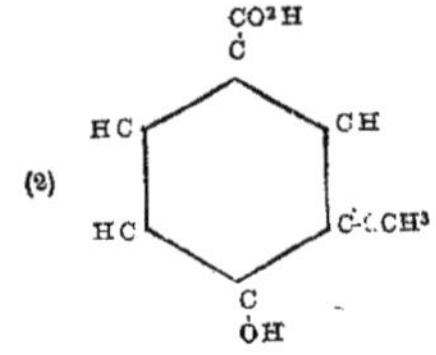

fournit par le chloroforme les aldéhydes

(3) C-CHO ; HC, CH ; HC, C-OCH³ ; C / OH

(4) C-CO²H ; HC, CH ; OHC-C, C-OCH³ ; C / OH

Cette réaction donnant naissance comme pour l'acide vanillique à l'aldéhyde de l'acide d'où l'on part, nous en concluons que l'acide vanillique est représenté par la formule (2) et que la vanilline et l'acide isométhylnoropianique sont représentés par les formules (3) et (4).

On tire aussi de là les formules de l'eugénol, de l'alcool coniférylique, de l'acide férulique, de la coniférine, du créosol, de l'acide alphahomovanillique. Le tableau suivant montre avec clarté les relations qui unissent ces corps entre eux :

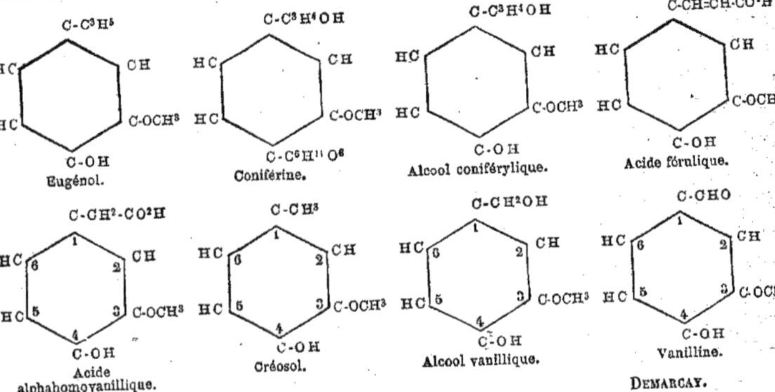

DEMARÇAY.

VANILLIQUE (ALCOOL). — Voyez VANILLINE.

VARIOLARINE. — Principe cristallisé extrait par Robiquet du *Variolaria dealbata*, qui n'est probablement que de l'acide lécanorique.

VASCULOSE. — Ce nom a été donné en 1859 par M. Fremy [*Compt. rend.*, t. XLVIII, p. 862] à la substance qui forme les vaisseaux et les trachées des plantes.

Pour l'obtenir, l'auteur fait réagir sur le bois râpé premièrement de la potasse étendue qui enlève le tannin, les albuminoïdes, divers acides; il le soumet ensuite à l'action de l'acide chlorhydrique d'abord faible, puis peu à peu concentré. Le tissu utriculaire se dissout en partie et la fibre devient soluble dans le réactif cupro-ammoniacal. Cela fait, il lave à l'eau, puis, à froid, à l'acide sulfurique concentré, pour achever d'enlever les parties utriculaires ou fibreuses. Enfin des lavages l'eau, à l'alcool et à l'éther complètent la préparation. La *vasculose* reste alors pour résidu.

Fremy lui donna ce nom parce qu'elle forme les vaisseaux de la plante. Elle serait caractérisée par son insolubilité dans les acides concentrés, dans le réactif de Schweizer et dans l'eau, et par la propriété de se dissoudre, au contraire, dans les alcalis concentrés et bouillants.

Dans un travail postérieur [*Bull. de la Soc. chim.*, t. IX, p. 438], MM. Fremy et Terreil ont observé que cette substance devient soluble dans le réactif cupro-ammoniacal lorsqu'elle a subi l'action de quelques agents, tels que le chlore, qui sans doute n'ont point d'autre effet que de la désagréger. Ils réunirent dès lors la fibrose et la vasculose (privées l'une et l'autre de leur matière incrustante) sous le nom de *matière cellulosique*, matière remarquable par sa propriété d'être très-difficilement attaquée par l'eau de chlore et l'acide azotique, de disparaître, quand elle est pure, dans l'acide sulfurique concentré, en produisant une liqueur que l'eau ne précipite pas, enfin de se dissoudre, après ou sans action préalable du chlore, dans le réactif cupro-ammoniacal.

A. G.

VELLARINE. — Nom donné par Lépine au principe actif de l'*Hydrocotyle asiatica*; ce principe est liquide, oléagineux, fortement odorant, très-amer, miscible à l'alcool, à l'éther et à l'ammoniaque, insoluble dans la potasse [*Journ. de Pharm. et de Chim.*, (3), t. XXVIII, p. 47].

VÉRANTINE. — Cette matière mal définie a été trouvée par Schunck parmi les produits de décomposition que fournit le rubian sous l'influence des acides étendus et bouillants. Elle se présente sous la forme d'une matière résineuse, brun rougeâtre, semblable au café torréfié; par la chaleur, elle fond et donne un sublimé huileux, sans cristaux. La vérantine est presque insoluble dans l'eau bouillante, mais elle se dissout aisément dans l'alcool chaud, ainsi que dans les alcalis; cette dernière solution est colorée en rouge-brun sale, et les acides en précipitent des flocons bruns.

La solution ammoniacale est précipitée par les chlorures de baryum et de calcium, et la solution alcoolique par les acétates de cuivre et de plomb; tous ces précipités sont amorphes. La vérantine est une matière ternaire et elle a donné à l'analyse les chiffres suivants :

$$C = 65{,}50;\ H = 4{,}08\ \%.$$

La vérantine ne possède pas de propriétés tinctoriales [Schunck, *Phil. Trans.*, 1851, 2e part., p. 433; *Ann. de Chim. et de Phys.*, (3), t. XXXV, p. 366].

A. H.

VÉRATRALBINE. — Nom d'un alcaloïde différent de la vératrine qui existerait, d'après Ch.-L. Mitschell dans, l'ellébore blanc (*Veratrum album*) [*Pharm. Journ. Trans.*, (3), t. V].

VÉRATRAMARINE. — Nom d'une matière amère que Weppen a rencontrée en petite quantité dans la racine d'ellébore blanc [*Arch. der Pharm.*, (3), t. II, p. 101 et 193].

VÉRATRINE, $C^{32}H^{52}Az^{2}O^{8}$. — Cet alcaloïde a été rencontré d'abord par Meissner dans les semences de cévadille (*Veratrum Sabadilla*), et bientôt après par Pelletier et Caventou dans la racine d'ellébore blanc (*Veratrum album*). Il a été surtout étudié par Merck. Il existe probablement dans les autres variétés du *Veratrum* et peut-être dans la *Scilla maritima* [Meissner, *Neues Journ. v. Trommsdorff*, 1818, t. V, p. 3; — Pelletier et Caventou, *Ann. de Chim. et de Phys.*, (2), t. XIV, p. 69; — Couerbe, *ibid.*, t. LII, p. 352; — Merck, *Neues Journ. v. Trommsdorff*, t. XX, p. 134; — G. Merck, *Ann. der Chem. u. Pharm.*, t. XCV, p. 200].

Préparation. — Meissner épuisait les semences de cévadille par l'alcool, évaporait, épuisait l'extrait par l'eau, précipitait la vératrine par le carbonate de sodium et la lavait à l'eau.

Pelletier et Caventou, après avoir débarrassé les mêmes semences des matières grasses à l'aide de l'éther tiède, les épuisaient par l'alcool bouillant. Il se déposait par le refroidissement, une matière cireuse qu'on séparait et l'on évaporait l'alcool; l'extrait était dissous dans l'eau, la solution, partiellement évaporée et séparée du dépôt formé, était traitée par l'acétate de plomb et filtrée; on se débarrassait de l'excès de plomb par l'hydrogène sulfuré et on faisait bouillir la liqueur filtrée avec de la magnésie. On lavait le précipité à l'eau, puis on le traitait par l'alcool chaud; celui-ci se chargeait de vératrine qu'on isolait par l'évaporation ou précipitation par l'eau.

Couerbe employait l'alcool à 0,865 aiguisé d'acide sulfurique, pour épuiser les graines de cévadille mondées et pulvérisées. Il traitait l'extrait par un excès de chaux caustique, et après filtration chassait l'alcool par évaporation. Il reprenait le résidu par l'eau, puis par une petite quantité d'acide sulfurique faible; il précipitait la solution de sulfate de vératrine par un excès d'ammoniaque et purifiait la base par cristallisation dans l'éther.

Merck recommande l'usage de l'eau bouillante chargée d'acide chlorhydrique pour commencer la préparation; il évapore l'extrait à consistance sirupeuse, ajoute de l'acide chlorhydrique tant qu'il se forme un précipité, filtre, décompose le liquide par la chaux en excès, traite le précipité par l'alcool bouillant qui s'empare de la vératrine, évapore l'extrait, dissout le résidu dans l'acide acétique étendu, précipite par l'ammoniaque et purifie la base au moyen de l'éther. 5 kilogrammes de cévadille donnent 10 à 15 gr. de vératrine.

Delondre précipite directement l'extrait chlorhydrique par un léger excès de potasse et traite la base impure préalablement lavée et séchée, par 2 fois son poids d'éther. Au bout de 4 heures, il décante et renouvelle le traitement du résidu par la moitié de la quantité d'éther employé. La solution éthérée évaporée au bain-marie donne la vératrine [*Journ. de Pharm.*, (3), t. XXVII, p. 417].

Propriétés. — La vératrine est une poudre cristalline blanche ou légèrement verdâtre. On l'obtient par l'évaporation de sa solution alcoolique en longs prismes rhombiques qui deviennent opaques et fragiles à l'air. Elle est inodore, insoluble dans l'eau, qui n'en dissout qu'un millième à 100°, et dans les liqueurs alcalines, fort soluble dans l'alcool et assez peu soluble dans l'éther, 100 p. de chloroforme en dissolvent 58p,5. Ses solutions bleuissent le tournesol. Elles sont sans action sur la lumière polarisée.

La vératrine de Couerbe fond à 115°. Suivant

Pelletier et Dumas, lorsqu'on chauffe la vératrine dans le vide, elle fond vers 100°, se boursoufle et la masse spongieuse formée ne fond à son tour qu'à une température bien plus élevée. On peut en chauffant avec précaution de petites quantités de vératrine la sublimer partiellement.

Introduite en très-petite quantité dans les fosses nasales, elle produit des éternuments extrêmement violents, accompagnés de maux de tête. Elle est âcre et vénéneuse; ingérée à l'intérieur, elle purge et provoque des vomissements. 3 milligrammes tuent un petit chat en 10 minutes. M. Wood a étudié l'action physiologique des deux bases qui existeraient selon Budlock dans la vératrine (voyez plus bas). La viridrine aurait une action sédative et la vératroïdine agirait comme vomitif irritant et purgatif faible [*Arch. méd. belge*, 1872].

Réactions. — Soumise à la distillation sèche, la vératrine donne de l'eau et une huile empyreumatique. Traitée par la vapeur de *brome*, elle se colore en jaune verdâtre pâle; par celle de *chlorure d'iode*, en jaune brun. Le *chlore* colore en jaune les solutions très-étendues de vératrine, il précipite en blanc les liqueurs concentrées (Schlienkamp, Fresenius). La vératrine projetée dans l'*acide sulfurique* concentré s'agglomère et se dissout. La solution est jaune et devient bientôt rougeâtre, rouge sang, rouge carmin et violette. A chaud, on obtient plus rapidement des colorations jaune, orange et rouge carmin. C'est la réaction qu'il convient d'employer dans la recherche méthodique des alcaloïdes (méthode Stas-Otto). La vératrine se trouve parmi les bases solubles dans l'éther et solides.

Une autre coloration caractéristique est produite par le *réactif d'Erdmann*. On prépare celui-ci en ajoutant à 20 grammes d'acide sulfurique concentré 10 gouttes d'acide nitrique très-étendu (6 gouttes AzO^5H pour 100 grammes d'eau).

La vératrine mise en contact avec le réactif donne une coloration jaune, puis rouge brique. Ajoute-t-on 2 ou 3 gouttes d'eau, la coloration passe au rouge sang, puis définitivement au rouge cerise. Si on additionne de quelques fragments de bioxyde de manganèse la liqueur rouge produite par l'acide sulfurique, on obtient au bout d'une heure une solution cerise sale qui, étendue de 4 volumes d'eau sans que la température s'élève sensiblement et neutralisée par l'ammoniaque, passe au brun clair. Un excès d'ammoniaque donne un précipité brun verdâtre [*Ann. der Chem. u. Pharm.*, t. CXX, p. 183].

L'*acide nitrique* ne colore que très-faiblement la vératrine; il se produit un corps nitré jaune explosif (Pelletier et Caventou).

L'*acide chlorhydrique* concentré la dissout à froid sans coloration; à chaud, il se développe une belle couleur violette (rouge foncé à l'ébullition) (Trapp, Merck).

Schultze prépare un réactif spécial pour les alcaloïdes en versant goutte à goutte du *perchlorure d'antimoine* dans une solution d'*acide phosphorique*. On obtient avec cette liqueur des flocons blancs dans une solution de vératrine au millième, un trouble opalin dans une solution à $\frac{1}{5000}$ [*Ann. der Chem. u. Pharm.*, t. CIX, p. 177].

L'*acide phosphomolybdique* donne des flocons jaune pâle (Sonnenschein).

SELS DE VÉRATRINE. — Ils ont une saveur âcre et brûlante. Quelques-uns sont cristallins, d'autres gommeux. Les solutions sont neutres. Les alcalis et les carbonates alcalins en précipitent l'alcaloïde.

Selon Pelletier et Caventou lorsqu'on sursature une solution acide avec de la vératrine et que l'on dilue la liqueur, la réaction acide reparaît.

En présence de l'acide tartrique, les sels de vératrine ne précipitent pas par le bicarbonate de potassium. Les solutions concentrées des sels de vératrine précipitent en jaune par les *chlorures d'or, de platine*, en jaune clair par l'*iodure de potassium*, en rouge clair par le *sulfocyanate de potassium*, en brun par la *teinture d'iode*, en jaune de soufre par l'*acide picrique*, en jaune par le *sulfarséniate de sodium*.

Chlorhydrate, $C^{32}H^{52}Az^2O^8.HCl$. — On l'obtient en faisant passer le gaz chlorhydrique sur l'alcaloïde, ou en traitant celui-ci par l'acide chlorhydrique dilué. Cristaux plus courts que ceux du sulfate, très-solubles dans l'eau et dans l'alcool (Couerbe).

Chloraurate, $C^{32}H^{52}Az^2O^8.HCl.AuCl^3$. — Le chlorure d'or donne avec les solutions du chlorure et de l'acétate de vératrine un précipité jaune insoluble dans l'acide chlorhydrique et qu'on peut faire recristalliser dans l'alcool. Les cristaux ont été analysés par Merck.

Sulfate neutre, $(C^{32}H^{52}Az^2O^8)^2H^2SO^4$. — Obtenu avec l'acide sulfurique et un excès de vératrine; neutre au tournesol; ses solutions donnent par évaporation une masse incolore semblable à la gomme.

Sulfate acide, $C^{32}H^{52}Az^2O^8.H^2SO^4$. — On le prépare en triturant la vératrine avec de l'eau et de l'acide sulfurique, chauffant à l'ébullition avec un petit excès d'acide et filtrant. Au bout de quelque temps, on obtient des cristaux aciculaires à 4 pans, qui chauffés perdent de l'eau et se charbonnent avec dégagement d'acide sulfureux.

Carbonate. — Une solution de vératrine dans l'eau de Seltz abandonnée à l'air se couvre d'une pellicule de petits cristaux insolubles dans l'eau, solubles dans l'alcool et dans l'éther, qui perdent dans l'air sec de l'eau et de l'acide carbonique.

Phosphate. — Précipité blanc, soluble dans l'acide chlorhydrique [Langlois, *Ann. de Chim. et de Phys.*, (2), t. XLVIII, p. 502].

Periodate. — Masse butyreuse obtenue avec la solution alcoolique de la base et l'acide periodique. Elle durcit bientôt et présente des cristaux visibles au microscope, mais elle contient de l'acide periodique libre d'après ses réactions [Langlois, *Ann. de Chim. et de Phys.*, t. XXXIV, p. 278].

Autres sels. — On a encore préparé le ferrocyanure, le rhodizonate, le croconate, etc. [Heller, *Journ. für prakt. Chem.*, t. XII, p. 229].

VÉRATROÏDINE ET VIRIDINE. — Selon Budlock, la vératrine n'est que partiellement soluble dans l'éther; la partie insoluble constituerait la vératroïdine, la partie soluble la viridine (ce dernier nom a déjà été donné à une autre base. — Voyez t. III, p. 715.) G. S.

VÉRATRIQUE (ACIDE), $C^9H^{10}O^4$. — Acide découvert par Merck dans les semences de cévadille [C. Merck, *Ann. der Chem. u. Pharm.*, t. XXIX, p. 188; — Schrötter, *ibid.*, t. XXIX, p. 190; — W. Merck, *Compt. rend.*, t. XLVII, p. 36]. Pour le préparer, on épuise les graines par l'alcool acidulé avec l'acide sulfurique, on précipite l'extrait par un lait de chaux, on filtre, on évapore la liqueur pour chasser l'alcool. On traite la solution claire de vératrate de calcium par l'acide sulfurique ou l'acide chlorhydrique et on abandonne dans un endroit froid. On obtient des cristaux d'acide vératrique qu'on peut purifier en les dissolvant dans l'alcool et en traitant par le noir animal.

Propriétés. — Ces cristaux sont des aiguilles incolores ou des prismes à quatre faces. Chauffés, ils perdent de l'eau et deviennent opaques; à plus haute température, ils fondent et se subliment sans décomposition.

Ils sont très-peu solubles dans l'eau froide, plus solubles dans l'eau chaude, solubles dans l'alcool surtout à chaud, insolubles dans l'éther. Les solutions rougissent le tournesol.

Réactions. — Le *chlore* et le *brome* attaquent violemment l'acide vératrique et donnent des produits de substitution visqueux. L'acide sulfurique même fumant ne le décompose pas sensiblement et le perchlorure de phosphore ne paraît pas agir du tout.

L'acide nitrique le dissout et la solution étendue d'eau dépose de l'acide nitro-vératrique,

$$C^9H^9(AzO^2)O^4,$$

que l'on peut obtenir par cristallisation dans l'alcool sous forme de petites lamelles jaunes qui fondent et se décomposent à 100°. On peut, en faisant bouillir ce corps avec l'acide nitrique, obtenir le corps dinitré, mais celui-ci est difficile à isoler.

L'acide vératrique, distillé sur un excès de baryte, réagit vivement et donne du *vératrol* et du carbonate de baryum :

$$C^9H^{10}O^4 = CO^2 + C^8H^{10}O^2.$$

Il est monobasique. Les vératrates alcalins sont cristallisables, non déliquescents, solubles dans l'eau. Le sel de plomb est insoluble. Le sel d'argent est un précipité blanc légèrement soluble dans l'eau, soluble dans l'alcool et dans l'ammoniaque. Il se décompose dans l'eau bouillante.

L'acide vératrique est peut-être identique avec l'acide diméthylprotocatéchique; dans ce cas, le vératrol serait l'éther diméthylique de la pyrocatéchine.

VÉRATRATE D'ÉTHYLE [Will, *Ann. der Chem. u. Pharm.*, t. XXXVII, p. 198], $C^9H^9(C^2H^5)O^4$. — On sature de gaz chlorhydrique une solution tiède et concentrée d'acide vératrique dans l'alcool; on chasse l'acide chlorhydrique et le chlorure d'éthyle par évaporation et l'on ajoute de l'eau au résidu. On obtient une huile épaisse qui, lavée avec du carbonate de sodium étendu, se solidifie en une masse cristalline radiée, ayant une densité de 1,141 à 18°, inodore et possédant une saveur légèrement amère, brûlante et un peu aromatique. Les cristaux peuvent être obtenus à l'état d'aiguilles groupées en étoiles par cristallisation dans l'alcool; ils fondent à 42°, se dissolvent bien dans l'alcool et sont presque insolubles dans l'eau. G. S.

VÉRATROL, $C^8H^{10}O^2$ [W. Merck, *Compt. rend.*, t. XLVII, p. 37]. — Obtenu en chauffant 1 p. d'acide vératrique avec 4 p. de baryte (voyez plus haut). C'est un liquide huileux, incolore, d'une odeur agréable, se solidifiant à + 15° et bouillant à 202-205°. Densité 1,086 à + 15°.

Il ne paraît pas s'unir aux *bisulfites alcalins* et n'est altéré ni par les alcalis ni par les acides faibles.

Avec le *potassium*, il donne un composé gélatineux sans évolution de gaz.

Le *chlore* et le *brome* l'attaquent vivement et donnent des produits de substitution; les moins avancés sont cristallins, les autres demi-solides.

Le *bibromovératrol*, $C^8H^8Br^2O^2$, qu'on obtient d'abord, forme des cristaux blancs insolubles dans l'eau, solubles dans l'alcool et dans l'éther, fusibles à 92° et volatils sans décomposition.

L'acide nitrique attaque vivement le vératrol et donne d'abord du *nitrovératrol*,

$$C^8H^9(AzO^2)O^2,$$

qui cristallise en lamelles jaunes dans l'alcool, puis du *dinitrovératrol*, $C^8H^8(AzO^2)^2O^2$, en longues aiguilles jaunes à peine solubles dans l'eau, solubles dans l'alcool, fusibles à 100° et volatiles sans décomposition. G. S.

VERMILLON. — Voyez t. II, p. 350.

VERNIS. — *Historique.* — L'art de fabriquer les vernis remonte au XIIe siècle. Il fut propagé par le moine Théophile ; depuis cette époque jusqu'à la fin du XVIIIe siècle, il est resté un art manuel. Les procédés étaient et sont encore actuellement, pour la plupart, particuliers à chaque fabricant ; de là cette quantité de recettes empiriques et souvent incompréhensibles, entassées dans les recueils ayant trait à cette industrie. Les premiers progrès datent de 1772 et sont dus à Watin; puis, successivement à Tinguy, 1803, aux frères Soehnée, à Tripier-Devaux, 1815, et, plus récemment, à M. Henry Violette, 1862, et à M. Riban.

Les travaux de ces deux derniers chimistes ont jeté un certain jour sur cette industrie; mais ne portant que sur quelques-uns des corps qui entrent dans la composition des vernis, les conclusions qu'on en peut tirer se trouvent restreintes par cela même et ne permettent pas d'établir la théorie complète et scientifique de la fabrication des vernis.

Si donc cette industrie reste empirique sur bien des points encore, si beaucoup des résultats qu'elle obtient sont le produit de tours de mains ou de procédés secrets, il n'en est pas moins vrai qu'il y a dès à présent un certain nombre de faits généraux acquis, liés entre eux rationnellement, donnant la possibilité d'expliquer en partie la plupart des errements de la pratique.

Considérations générales. — Sous le nom de vernis, on désigne des liquides d'apparence huileuse ou résineuse qui, appliqués sur les corps solides, servent à les recouvrir et à les protéger contre l'action de l'air ou de l'eau. Étendus en couches minces sur les objets, ils leur communiquent, après dessiccation, l'éclat que leur donnerait une plaque de verre. C'est un effet des réflexions et réfractions que subissent les rayons lumineux dans la couche transparente et mince formée à la surface des corps par le vernis résinifié. Par l'application d'un vernis, on cherche donc à donner à une surface quelconque, un aspect semblable à celui qu'elle prendrait si elle était mouillée ou recouverte d'un verre.

Les vernis, en général, sont des dissolutions d'une ou de plusieurs matières résineuses dans des liquides volatils ou pouvant se dessécher à l'air.

La qualité d'un vernis dépend presque toujours de la dureté de la résine qui s'y trouve dissoute.

Les propriétés requises pour constituer un bon vernis sont les suivantes :

1° Ils doivent, après la dessiccation, rester brillants, sans présenter un aspect gras ou terne;

2° Adhérer intimement à la surface des corps et ne pas s'écailler, même après un temps assez long;

3° Leur dessiccation doit être aussi rapide que possible, sans que leur dureté soit diminuée;

4° Ils doivent, enfin, conserver ces propriétés, sans se colorer ni rien perdre de leur éclat, de leur transparence, ni de leur dureté, et cela pendant de longues années.

Pour préparer les vernis réunissant la plupart ou seulement quelques-unes de ces propriétés, le fabricant devra choisir entre un grand nombre de résines celles qu'il faut mélanger, préciser dans quelles proportions elles peuvent être associées et quels sont les liquides dans lesquels on doit les dissoudre. Du choix du dissolvant, aussi bien que de celui des résines, dépend la qualité du vernis, c'est-à-dire, l'ensemble des propriétés qu'il possède et qui déterminent ses usages. Ces dissolvants sont : 1° les huiles siccatives; 2° l'essence de térébenthine ; 3° les alcools, alcool méthylique, éthylique, etc.; 4° l'éther. Les vernis aux huiles siccatives et à l'essence sont plus souples, plus élastiques, plus solides que les vernis à l'éther. Ils s'écaillent moins et se prêtent mieux au polissage. Les vernis à l'esprit-de-vin se gercent, se feuillent plus promptement, mais ils sont plus brillants et plus transparents que les premiers; en outre, ils admettent une plus grande variété de colorations.

Presque toutes les résines peuvent être employées dans la fabrication des vernis. Nous renvoyons pour l'étude de ces matières premières à l'article Résines de ce dictionnaire, t. II, p. 1325. Nous nous bornerons à indiquer les modifications qu'il faut leur faire subir pour les rendre solubles dans les divers véhicules.

En effet, certaines résines sont peu solubles ou même insolubles soit dans les huiles siccatives, soit dans l'alcool, soit dans l'essence de térébenthine. Elles ne le deviennent qu'après avoir subi une altération plus ou moins profonde.

D'après MM. Soehnée frères, un procédé très-simple permet de dissoudre complétement la résine; il consiste à laisser au contact de l'air la poudre impalpable préparée au moyen d'un broyage sous l'eau. Au bout de quelque temps, la poudre se dissout déjà beaucoup plus facilement; après un an d'exposition à l'air, la poudre se dissout complétement dans de l'alcool à 90°.

Le copal dur, à l'état ordinaire, est insoluble dans l'alcool; on ne parvient à le dissoudre dans ce véhicule qu'à la faveur de certaines résines très-solubles, avec lesquelles on doit préalablement le mélanger; on y arrive encore en le faisant brûler pendant quelques secondes; le copal, après cette combustion partielle, acquiert la propriété de se dissoudre facilement dans l'alcool; tel fabricant prétend même qu'il est de toute impossibilité de dissoudre le copal dur sans cette dernière opération, quelles que soient d'ailleurs les résines avec lesquelles on le mélange.

Malheureusement le copal qui a éprouvé une combustion partielle ne possède plus les qualités qui le distinguaient avant cette opération. Le vernis qu'il donne est plus mou et moins brillant; il est d'ailleurs beaucoup plus coloré. Le copal préparé par le procédé de MM. Soehnée fournit d'excellents vernis siccatifs, solides et brillants.

Le copal tendre est assez soluble dans l'alcool; mais il participe des qualités médiocres du copal qui a été partiellement brûlé.

M. Henry Violette, dans un travail publié dans les *Mémoires de la Société impériale des sciences, de l'agriculture et des arts de Lille*, 1862, a repris l'étude des vernis gras au copal et principalement celle des résines de copal et d'ambre jaune; il a pu, à la suite de longues et nombreuses expériences, en chauffant soit sous pression, soit à l'air libre, préciser la perte que subissent par la chaleur les résines, éviter la coloration en déterminant exactement la température, en un mot, régulariser cette transformation. L'auteur ne donne pas d'explication du phénomène, il ne signale qu'une sorte de transmutation dont le secret sera dévoilé sans doute par les travaux de l'avenir [*Ann. de Chim. et de Phys.*, t. X, p. 210]. M. Riban, dans son beau travail sur l'essence de térébenthine, et plus particulièrement en discutant les faits relatifs à l'action de la chaleur sur le tétratérébenthène, conclut qu'il y a lieu d'envisager les transformations des résines comme un phénomène de dépolymérisation de ces carbures avec formation de carbure $C^{10}H^{16}$ et de ses polymères moins élevés que le carbure résineux primitif [*Bull. de la Soc. chim.*, t. XXII, p. 256, 1874].

Il fait remarquer qu'un corps est d'autant plus soluble dans un dissolvant déterminé que son degré de polymérisation est moindre. « Enfin, ajoute l'auteur, les substances résineuses fournissent, par la distillation pyrogénée, entre autres produits, des carbures $C^{10}H^{16}$, du ditérébène, $C^{20}H^{32}$, etc , etc., exactement comme le ferait le tétratérébenthène. Il y a donc là une base suffisante à la théorie, que je propose, de la transformation des matières résineuses insolubles en matières solubles sous l'influence de la chaleur. »

Parmi les diverses résines, celles qui jouent le plus grand rôle dans la fabrication des vernis, sont les résines *copals*, et particulièrement les copals durs et demi-durs, qui sont les plus employés pour les vernis gras.

Le copal de bonne qualité fond vers 350°; sa densité est de 1,045 à 1,139. Il est insoluble dans la plupart des dissolvants; chauffé au-dessus de 350°, il émet des vapeurs et devient soluble dans ces mêmes véhicules.

Le procédé suivi pour rendre ces résines copals solubles pouvant s'appliquer à la presque totalité des autres résines, nous le décrirons en détail; il est dû à M. Violette.

« L'appareil consiste dans un creuset en terre réfractaire de $0^m,20$ de diamètre et $0^m,30$ de hauteur. Ce dernier est chauffé au rouge sombre à une température telle que des grains de zinc projetés entrent en fusion, tandis que des parcelles d'antimoine ne fondent pas. J'introduis alors un grand ballon en argent à fond plat contenant 300 grammes de copal dur pulvérisé et suspendu à un fléau de balance, et je referme le creuset avec un couvercle percé, laissant passer librement le fil de suspension; l'équilibre est arrangé de manière que le petit plateau contienne $\frac{300}{4}$ = 75 grammes. La résine fond, les vapeurs se dégagent abondamment et se perdent dans la cheminée par l'auvent : on peut les enflammer sans aucun inconvénient, et on les voit brûler avec un grand éclat à l'orifice du col du ballon. La balance se relève peu à peu, et lorsque le copal a perdu 50 grammes, le ballon monte et sort du creuset, indiquant ainsi la fin de l'expérience et se soustrayant de lui-même à l'action de la chaleur. On coule alors le copal en plaque mince. »

Dans l'industrie, il est très-difficile d'employer l'appareil que nous venons de décrire; on a donc cherché à déterminer la marche de l'opération, en condensant les produits qui distillent et en les mesurant ou en les pesant.

Un des appareils les plus employés se compose d'une cornue en cuivre argenté de $1^m,50$ de diamètre et de $0^m,50$ à $0^m,60$ de hauteur, munie d'un agitateur mû par la vapeur. A la partie supérieure, un trou d'homme permet de charger; à la partie inférieure est pratiqué un grand trou destiné à la coulée. Le col de la cornue communique avec un réfrigérant servant à condenser les produits qui se volatilisent dans le cours de la réaction. Ces cornues sont chauffées sur des voûtes de brique, sur des blocs de fonte ou dans des bains de limaille de fer disposés dans un massif de maçonnerie, de manière à permettre de maintenir la température très-régulière. Le dôme de la cornue est recouvert de sable et porte en outre un témoin en alliage fusible dont le point de fusion est de 400° environ.

On charge par le trou d'homme 100 kilogr. de copal; l'écoulement de l'huile indique à l'ouvrier la marche de l'opération et la manière dont il doit conduire son feu; lorsqu'il a recueilli le quart environ en poids du copal, l'opération est terminée; il débouche alors le conduit de coulée et reçoit le copal fondu sur des plaques en cuivre argenté.

La durée d'une opération est de 2 heures environ.

D'après M. H. Violette, on arrive au même résultat en employant de la vapeur d'eau surchauffée à la température de 360 à 400° et en se servant d'appareils analogues à ceux qui sont employés dans la carbonisation du bois. Le copal plongé dans un courant de vapeur surchauffée fond et les produits volatils entraînés mécaniquement par la vapeur d'eau peuvent facilement être condensés. L'huile de copal qui surnage est séparée par décantation. Depuis quelque temps nous avons pu faire appliquer un appareil semblable à celui que l'on emploie dans la fabrication de l'acide oxalique au moyen de la sciure de bois et du mélange de soude et de potasse. Cet appareil consiste en un cylindre tournant autour de son axe dans lequel se meut en sens inverse une vis d'Archimède; le tout est placé dans un four et chauffé. La charge et la coulée peuvent s'effectuer par la partie supérieure du cylindre en changeant le mouvement de la vis; les gaz et les produits volatils qui se dégagent peuvent être recueillis et condensés ou servir directement à chauffer d'autres fours. Un témoin en alliage fusible indique la température du four; les produits, lorsqu'on les recueille, servent aussi de guide à l'ouvrier.

Enfin, on obtient un résultat semblable en chauffant le copal dur à la température de 360° sous pression dans un autoclave très-résistant en fonte émaillée ou argentée, et muni d'un agitateur; on coule le produit après un refroidissement suffisant.

Vernis a l'huile. — Dans l'industrie, on a mis à profit la propriété que possèdent certaines huiles (Voir t. II, p. 40), telles que l'huile de lin, l'huile de chènevis, l'huile d'œillette, l'huile de noix, etc., de se dessécher peu à peu à l'air, en laissant une masse visqueuse et transparente, sans pourtant devenir rances. Cette transformation à l'air est le résultat d'une absorption d'oxygène et d'une perte de carbone et d'hydrogène par l'huile : elle ne se produit que très-lentement et d'une manière très-imparfaite; la pellicule transparente jaunâtre et flexible qui en résulte et qui se produit d'abord à la surface de l'huile, préserve de l'action de l'air la couche d'huile sous-jacente.

Les huiles qui possèdent ainsi la propriété de former un vernis sont connues sous le nom d'*huiles siccatives*.

Cette propriété se manifeste d'une manière plus complète par l'action directe de la lumière, et aussi, lorsqu'on fait réagir sur l'huile certains corps oxydants, soit à la température ordinaire, soit à une température élevée. L'expérience a démontré que la transformation de l'huile, sous l'influence de l'oxygène de l'air, en substance solide et, par suite, la bonne qualité du vernis, dépendent de la rapidité de l'oxydation; que cette oxydation se produit d'autant plus rapidement qu'elle a commencé avec une énergie plus grande. C'est pourquoi on réalise dans la pratique la transformation de l'huile de lin en vernis, en la chauffant avec des corps qui peuvent abandonner facilement de l'oxygène et qui présentent en outre la propriété de se combiner avec les impuretés contenues dans l'huile, ou de les modifier ou même de les détruire. Les corps les plus employés sont la litharge, le minium, l'oxyde de zinc, le protoxyde de manganèse et l'air, le bioxyde de manganèse précipité, l'acétate et le borate de manganèse, l'acide azotique et le nitrite de plomb, l'acide azotique et le chlorate de potassium, et, enfin, le procédé indiqué par M. Bouis : il consiste à préparer directement de l'oléate de plomb avec l'acide oléique et la litharge, puis à dissoudre à froid l'oléate dans l'huile; on obtient ainsi des huiles siccatives complétement incolores.

Fabrication des huiles siccatives. — Les huiles les plus généralement employées sont celles de lin de noix, de chènevis et d'œillette. La méthode suivie est à peu près la même pour toutes ces huiles; nous la décrirons en prenant comme exemple l'huile de lin.

1° Le procédé qui donne l'huile la plus blanche consiste à exposer à l'air et au soleil pendant plusieurs mois l'huile en couche de deux ou trois centimètres dans un vase en plomb à fond plat et recouvert d'une gaze. On lave ensuite la masse à grande eau en la battant dans des tonneaux jusqu'à ce que l'eau ne soit plus acide, on la décante et on la laisse exposée dans des vases de même forme pendant huit jours au soleil, jusqu'à ce que l'eau soit séparée ou évaporée.

Ce procédé ne peut fournir d'huile siccative que pour des usages restreints; il est beaucoup plus dispendieux que les suivants.

2° Dans une grande chaudière en fonte ou en cuivre de 300 litres environ, on introduit 200 litres d'huile de lin que l'on maintient à la température de son point d'ébullition, 316°, jusqu'à ce que la surface de l'huile commence à se couvrir de petits points d'écume blanche. On verse alors une nouvelle quantité d'huile froide et parfaitement sèche jusqu'à ce que le bouillonnement soit calmé; lorsque l'écume s'attache au parois de la chaudière, on laisse refroidir et l'on ferme la chaudière avec son couvercle, que l'on entoure de toile, en laissant toutefois un très-petit orifice pour le passage de l'air et des gaz.

3° *Procédé à la litharge.* — On fait bouillir l'huile de lin pendant 3 à 6 heures dans une chaudière en fonte émaillée ou dans un pot en terre vernissée ; on y ajoute 7 à 8 p. 0/0 de son poids de litharge ; on remue le tout, on écume avec soin, et quand l'huile a acquis une couleur rougeâtre, on enlève le feu et on laisse reposer. L'huile décantée, puis filtrée, porte le nom d'huile de lin cuite. Actuellement, dans l'industrie, le chauffage de l'huile se fait au moyen de serpentins dans lesquels circule de la vapeur d'eau surchauffée.

4° *Procédé au protoxyde de manganèse.* — A 1000 parties d'huile de lin on ajoute 2 à 5 parties d'hydrate manganeux pur. Ce mélange est exposé à l'air dans de grands vases ouverts pouvant être chauffés par la vapeur d'eau et agités par un moyen mécanique. On obtient ainsi l'huile à un état demi-concret; elle est alors très-siccative et peut être mélangée aux huiles ou aux essences.

5° *Procédé au borate de manganèse.* — On broie d'abord 100 à 130 gr. de borate de manganèse pur et surtout exempt de fer; à 2 kilogr. d'huile de lin vieille (procédé n° 1), on mélange intimement 98 kilogr. de bonne huile de lin; on chauffe pendant un quart d'heure presque jusqu'au point d'ébullition (316°). Le sel de manganèse se dissout et la masse est colorée en brun; par le refroidissement le sel se sépare et l'huile conserve une couleur jaune verdâtre.

6° *Procédé au bioxyde de manganèse.* — Dans une chaudière en cuivre de 400 litres, on verse 100 kilogr. d'huile de lin vieille et on y suspend une corbeille en toile métallique contenant 10 kilogr. de peroxyde de manganèse en morceaux gros comme des pois. On chauffe avec précaution sans atteindre le point d'ébullition de l'huile. Après 24 à 36 heures, la réaction est terminée, on laisse éclaircir dans des vases en grès à large ouverture. Si l'huile est devenue trop épaisse, on l'étend d'une nouvelle quantité d'huile de lin fraîche où d'essence de térébenthine.

7° *Procédé au chlore* (Dullo). — Dans une chaudière en cuivre on verse 250 kilogr. d'huile de lin, on y ajoute 7k,500 peroxyde de manganèse et 7k,500 acide chlorhydrique pur. On brasse le tout avec un agitateur recouvert de zinc; l'opération est achevée après une demi-heure; il est pourtant bon de prolonger l'agitation pendant 2 heures. Le chlore formé détruit les matières mucilagineuses et colorantes. Son action, suivant l'auteur, serait augmentée par la production d'électricité, au moyen d'un couple zinc et cuivre, ces deux métaux étant d'ailleurs peu attaqués. Après 24 heures de contact, la masse s'est éclaircie, on la coule alors dans des tonneaux. L'huile de lin ainsi préparée est d'une couleur ambrée. Nous ajouterons que dans ces derniers temps on a employé divers mélanges : eau régale, chlorate de potassium ou dichromate de potassium et acide chlorhydrique, etc., pour arriver à des résultats analogues.

Voici quelques formules des vernis gras les plus employés.

1° *Vernis gras au copal dur.* — On chauffe jusqu'à fusion dans un matras en cuivre à anses 3 kilogr. de copal dur, puis on ajoute 1 kil. 500 huile de lin préalablement chauffée à 150°. On agite fortement, on essaye le produit en faisant tomber une goutte du mélange sur une vitre froide. Si la goutte ne se fige pas de suite, mais qu'avant de se figer elle s'attache au doigt en fils longs et souples, et que, figée, elle n'adhère plus aux doigts et laisse l'ongle pénétrer comme dans la cire, la quantité d'huile est suffisante. Si la prise d'essai, au contraire, est dure et cassante, il faut ajouter de l'huile. Si, d'un autre côté, elle reste gluante sans se figer, il y a trop d'huile; on continue alors à chauffer. Si le mélange est bon, on le verse peu à peu dans 4 à 5 kilogr. d'essence de térébenthine chauffée sur le même fourneau. On agite avec soin, on passe au tamis et on laisse refroidir. Quelques fabricants préfèrent verser l'essence dans le mélange refroidi à 140 ou 150°.

Après le mélange de l'essence, on essaye le vernis en prenant une tâte et en faisant tomber quelques gouttes sur une plaque de verre; si les gouttes sont louches, il faut continuer à chauffer. Si la tâte n'est pas assez fluide, il faut ajouter de l'essence. Si, enfin, elle était trop fluide, il ne resterait qu'à la mélanger avec un vernis trop corsé.

2° *Vernis gras au copal demi-dur.* — On chauffe 500 gr. à 1000 gr. d'huile de lin à 200°; d'un autre côté, on fond imparfaitement dans le matras en cuivre 4 kilogr. de copal demi-dur de manière à en faire une pâte molle, ductile et adhérente à la spatule; on verse alors l'huile sur le vernis et on porte le matras sur un feu violent en agitant vivement avec la spatule; lorsque la résine est presque fondue, on ajoute 5 à 6 kilogr. d'essence, on reporte sur le feu, on fait bouillir, puis on complète la quantité d'essence qui est de 10 à 13 kilogr. 500; on tamise et on laisse reposer.

Certains fabricants préparent directement leurs vernis en chauffant à 360° sous une pression de 30 à 40 atmosphères, dans un autoclave, les résines et l'huile mélangées ensemble; quelques-uns même y ajoutent en même temps l'essence de térébenthine. Ceux qui emploient le cylindre tournant le chargent de copal et d'huile, puis, à la sortie du mélange ajoutent l'essence avant le refroidissement complet et obtiennent ainsi le vernis tout fait.

N° 3. Vernis pour carrosserie.

Copal dur soluble	1k,250
Huile préparée n° 2	2 litres.
Essence de térébenthine	2 —

Ajouter un peu de térébenthine de Venise pour empêcher le gercement.

N° 4. Vernis pour extérieur de bâtiment.

Copal dur soluble	1k,250
Huile préparée n° 2 ou 3	1 litre.
Essence de térébenthine	3 —

N° 5. Vernis pour intérieur de bâtiment.

Copal demi-dur soluble	1k,250
Huile préparée n° 2 et 3	1 litre.
Essence de térébenthine	3 —

N° 6 Vernis au karabi ou succin.

Karabi soluble	1k,250
Huile préparée n° 3	1 litre.
Essence	3 —

N° 7. Vernis noir pour fer.

Bitume de Judée soluble	1k,250
Huile n° 5	1 litre.
Essence de térébenthine	3 —

Ces nouveaux procédés sont beaucoup plus simples et plus rapides. En effet, lorsque le copal est bien préparé, que l'action du feu a été très-régulière et, par suite, que les surfaces exposées au feu se sont renouvelées constamment, il suffit de dissoudre au bain-marie ou dans des appareils dans lesquels circulent de la vapeur à 100°, le mélange en proportions convenables du copal soluble, de l'huile siccative et de l'essence.

On peut aussi considérer les encres d'imprimerie comme étant des vernis gras dans lesquels on a incorporé du noir de fumée. De même, certaines couleurs, dites à l'huile, ne sont autres que des poudres colorées incorporées dans les vernis; car les huiles siccatives, cuites, peuvent elles-mêmes être envisagées jusqu'à un certain point comme des vernis.

Vernis a l'essence. — Les vernis à l'essence se préparent par dissolution des résines à feu nu ou au bain-marie dans l'essence de térébenthine incolore; on ajoute au mélange du verre pilé pour aider à la division de la masse et prévenir l'adhérence aux parois du verre des résines gonflées par l'essence; on facilite l'action par une agitation fréquente.

N° 1. Vernis extra pour tableaux.

Mastic mondé et lavé	1 kilogr.
Térébenthine de Venise	125 gr.
Camphre pulvérisé	50 —
Verre blanc pilé	1100—
Essence de térébenthine blanche	3 kilogr.

On fait dissoudre au bain-marie dans un matras en cuivre étamé à anses. On laisse déposer et on filtre le lendemain.

N° 2. Vernis ordinaire pour tableaux.

Copal tendre très-blanc, mondé et lavé	1 kilogr.
Camphre	80 gr.
Essence de térébenthine	2 kilogr.

N° 3. Vernis de Hollande pour détremper les couleurs.

Galipot en larmes récent	100 kilogr.
Essence de térébenthine	125 à 225 —

N° 4. Vernis pour les gravures.

Mastic en larmes	450 gr.
Térébenthine	200 —
Essence de térébenthine	3 kilogr.

N° 5. Vernis mutatifs.

Résine laque en grains	125 gr.
Sandaraque ou mastic	115 —
Sang-dragon	16 —
Terre mérite	2 —
Résine gutte	2 —
Verre pilé	155 —
Térébenthine	62 —
Essence de térébenthine	1 kilogr.

On prépare une infusion des substances colorantes dans l'essence ; puis, on ajoute à la solution les autres corps résineux.

VERNIS A L'ALCOOL. — Les vernis à l'alcool se font par le même procédé que les vernis à l'essence; l'alcool doit marquer au moins 92°. On a proposé dernièrement pour remplacer l'alcool, l'esprit de bois, l'acétone, la benzine, le pétrole ou l'éther de pétrole et le sulfure de carbone.

Ces vernis doivent être conservés à la cave dans des bouteilles bien bouchées.

N° 1. Vernis pour boîtes, cartons et découpures.

Alcool à 96°	1000 gr.
Mastic mondé	187 —
Sandaraque	94 —
Térébenthine de Venise très-claire.	94 —
Verre pilé	125 —

N° 2. Vernis pour boiserie.

Alcool à 95°	16 parties.
Galipot ou encens blanc	2 —
Résine animé	2 —
Résine élémi	2 —
Verre pilé	2 —

N° 3. Vernis pour meubles en bois blanc.

Gomme laque blanchie, récemment préparée	1 kilogr.
Alcool à 95°	1 litre.

N° 4. Vernis de gomme laque, coloré.

Même proportion en prenant la gomme laque en feuilles.

N° 5. Vernis de gomme laque pour acajou.

Gomme laque brune	500 gr.
Santal rouge en poudre	300 —
Alcool à 90 ou 95°	5 litres.

On traite d'abord le santal par 1 litre d'alcool, et on ajoute cette teinture à la gomme laque dissoute dans le reste de l'alcool.

N° 6. Vernis allemand.

Gomme laque	500 gr.
Sandaraque	2 kilogr.
Alcool à 95°	18 litres.
Térébenthine de Venise	3 kilogr.

Ajouter la térébenthine à la solution des résines dans l'alcool.

N° 7. Vernis à sculpture.

Sandaraque	4 kilogr.
Gomme laque	1 —
Sang-dragon	500 gr.
Alcool à 95°	20 litres.

Après dissolution, ajouter 1 kilogr. de térébenthine de Venise.

N° 8. Vernis pour instruments à cordes.

Alcool à 95°	2000 gr.
Sandaraque	125 —
Résine laque en grains	62 —
Mastic	31 —
Benjoin en larmes	31 —
Térébenthine de Venise	62 —
Verre pilé	125 —

N° 9. Vernis pour les tourneurs.

Alcool à 95°	1000 gr.
Résine laque en grains	208 —
Sandaraque	73 —
Résine élémi	62 —
Térébenthine de Venise	73 —
Verre pilé	208 —

N° 10. Vernis à l'or. (Instruments de physique.

Alcool à 95°	1000 gr.
Résine gutte	31 —
Sandaraque	100 —
Résine élémi	100 —
Sang-dragon	50 —
Laque en grains	50 —
Terre mérite	35 —
Safran oriental	10 —
Verre pilé	140 —

N° 11. Vernis à l'or s'appliquant sur les pièces chauffées.

Alcool à 95°	1000 gr.
Résine laque en grains	182 —
Succin	60 —
Résine gutte	60 —
Extrait de santal rouge à l'eau	45 —
— sang-dragon	30 —
— safran oriental	10 —
Verre en poudre	120 —

On fait d'abord une solution alcoolique des extraits de safran et de santal, puis on la mêle avec les résines porphyrisées.

On peut aussi faire des vernis colorés en dissolvant dans un des vernis ordinaires à l'alcool, les matières colorantes dérivées de la houille qui par leur mélange donnent la nuance désirée, tels que : fuchsine, bleu de Lyon, acide picrique, coralline, jaune de Martius, éosine, violet et vert de méthyle, chrysoïne, etc.

VERNIS A L'ÉTHER. — Ces vernis sont seulement préparés au copal soluble; on laisse le copal, pulvérisé très-finement, digérer pendant 24 heures avec l'éther.

N° 1. Vernis.

Copal ambré soluble	250 gr.
Éther pur	1000 —

N° 2. Vernis.

Copal tendre Dammar	500 gr.
Éther pur	1000 —

N° 3. Vernis.

Copal dur soluble ou demi-dur soluble	500 gr.
Éther pur	1000 —

Ces vernis s'emploient surtout pour recouvrir d'autres vernis et leur donner un aspect brillant de glace.

VERNIS DIVERS. — L'industrie des vernis a reçu une nouvelle impulsion depuis l'introduction dans le commerce de l'esprit de bois, de l'acétone, du chloroforme, de l'éther de pétrole, des huiles légères de Boghead et de la benzine; les résines sont dissoutes, comme nous l'avons indiqué plus haut pour les vernis à l'essence, dans ces véhicules purs ou mélangés entre eux. Suivant les mélanges employés, alcool ordinaire (éthylique), ou esprit de bois (alcool méthylique), on classe les dissolvants en hydrocarbures méthylés ou hydrocarbures éthylés.

Nous ajoutons que ces différents alcools doivent être aussi concentrés que possible, c'est-à-dire, presque anhydres.

Pour employer ces mélanges, on opère comme pour les vernis à l'alcool ou à l'éther.

Vernis à voitures.

Copal	1k,750
Ambre	500 gr.
Camphre	32 —
Dissolvant d'hydrocarbures éthylés	10 litres.

Vernis pour meubles.

Copal	1k,500
Gomme laque (blanche)	500 gr.
Oliban	250 —
Camphre	32 —
Dissolvant d'hydrocarbures éthylés	10 litres.

Vernis blanc dur.

Copal	500 gr.
Mastic	1 kilogr.
Sandaraque	250 gr.
Camphre	32 —
Dissolvant hydrocarbure éthylé	10 litres.

Vernis français n° 1.

Gomme-laque	2 kilogr.
Dissolvant hydrocarbure méthylé	10 litres.

Vernis français n° 2.

Gomme-laque	2 kilogr.
Oliban	250 gr.
Dissolvant hydrocarbure éthylé	10 litres.

Vernis pour le fer. (Application à chaud.)

Résine	750 gr.
Sandaraque	1 kilogr.
Laque en grains	375 gr.
Dissolvant hydrocarbure éthylé	10 litres.

Vernis. Préparation pour laque.

Gomme-laque	1k,125
Ambre fondu	375 gr.
Gomme-gutte	82 —
Sang-dragon	65 —
Safran	30 —
Dissolvant hydrocarbure éthylé	10 litres.

Vernis au collodion.

Alcool	100 parties.
Éther	680 —
Coton-poudre	250 —
Huile de ricin	20 —

Vernis au sulfure de carbone.

Soufre	2 parties.
Goudron de houille (sirupeux, mais sans eau)	3 —
Sulfure de carbone	5 —

Vernis préservateur.

Cire blanche ou jaune	500 gr.
Essence de térébenthine	700 —
Sous-acétate de plomb broyé à l'essence	5 —

Ces vernis s'appliquent à chaud, à la brosse, sur des objets peints que l'on veut préserver des émanations sulfureuses.

Vernis pour les objets en caoutchouc.

Fleur de soufre	1 kilogr.
Huile de lin	10 litres.

On chauffe seulement jusqu'à complète dissolution, puis on verse dans un dissolvant hydrocarboné ou dans du sulfure de carbone.

Vernis à la paraffine.

Paraffine	1 kilogr.
Benzine	5 litres.

Vernis à l'acétone.

Copal soluble	1 kilogr.
Acétone	3 à 5 kilogr.

Autre vernis.

Copal soluble	1 kilogr.
Gomme-laque	500 gr.
Acétone	5 kilogr.

Vernis pour rendre imperméables les tonneaux à bière.

Colophane	250 gr.
Gomme-laque	60 —
Térébenthine	1000 —
Cire jaune	15 —
Alcool rectifié	2 litres.

On doit donner une seconde couche composée de :

Gomme-laque	500 gr.
Alcool	2 litres.

Vernis sous-marin (contre les insectes).

Résine	2 kilogr.
Galipot	2 —
Essence de térébenthine	40 —

Faire fondre, puis ajouter en poudre impalpable :

Sulfure de cuivre	18 kilogr.
Régule d'antimoine	2 —

Vernis inattaquable par les acides.

Caoutchouc	1 partie.
Sulfure de carbone saturé de soufre	4 à 6 parties

Vernis au copal (pour ébénisterie et reliure).

Camphre	1 partie.
Éther	12 —

Après dissolution, on ajoute :

Copal blanc en poudre	4 parties

On laisse en contact pendant 48 heures, en agitant fréquemment; on ajoute alors :

Alcool absolu	4 parties
Essence de térébenthine	1,4 —

Vernis noir (pour métaux).

Brai des huiles de houille	1 partie.
Huile de houille légère 100 à 180	3 —

Vernis noir (pour cuir et caoutchouc).

Poix noire	1 partie.
Asphalte naturel	2 —
Benzol	4 —

Vernis préservateur pour carènes de navires.

Résidu gommeux de la distillation de l'huile de palme	4 parties.
Nerdel pulvérisé	9 —
Arsenic pulvérisé	18 —
Essence de térébenthine	7 —
Huile de lin	7 —

Vernis servant à colorer les métaux et à finir l'impression.

Essence de pétrole	1 kilogr.
Huile de lin cuite	500 gr.

Une fois l'impression faite sur un métal quelconque, au moyen des encres et des procédés lithographiques ordinaires, on fixe avec ce vernis, en l'appliquant à froid sur le métal. En portant au four, on a une couleur jaune d'or.

Bibliographie. — Watin, *l'Art du peintre, doreur et vernisseur*, 1772. — Tingry, *Traité théorique et pratique sur l'art de faire et d'appliquer les vernis*, Genève, 1803. — Tripier-Deveaux, *Traité théorique et pratique sur l'art de faire les vernis*, 1845. — Soehnée frères, *Traité de chimie par Dumas*, tome VII, p. 350. — Riffault, Vergnaud et Toussaint, *Manuel complet du fabricant de couleurs et vernis*, revu par MM. Malepeyre et E. Winckler, 1862. — *Guide pratique de la fabrication des vernis*, par Henry Violette; *Mémoires de la Société impériale des sciences, de l'agriculture et des arts de Lille*; *Annales de Chim. et de Phys.*, (3), t. X, p. 310.
H. Violette, vernis gras au copal. *Répert. de Chim. appliquée*, 1862, p. 329. — Recherches sur les résines, *Bull. de la Soc. chim.*, t. VI. p. 490.

Barreswil, essai analytique, *Répert. de Chim. appliquée*, 1863, p. 444.

Wiederhold, emploi de l'acétone, *Bull. de la Soc. chim.*, 1864, t. II, p. 476.

Dullo, vernis pour imperméabiliser les tonneaux, *Bull. de la Soc. chim.*, 1865, t. IV, p. 74.

Guibert, vernis sous-marin, *Bull. de la Soc. chim.*, 1865, t. IV, p. 158.

S. Mikorski, vernis inattaquable par les acides, *Bull. de la Soc. chim.*, 1866, t. VI, p. 91.

Dullo, fabrication du vernis à l'huile de lin, *Bull. de la Soc. chim.*, 1866, t. VI, p. 351.

Boettger, préparation rapide du vernis au copal, *Bull. de la Soc. chim.*, 1867, t. VIII, p. 459.

Lunge, vernis noir, *Bull. de la Soc. chim.*, 1868, t. IX, p. 256.

Sieburger, vernis noir pour fer, *Bull. de la Soc. chim.*, 1873, t. XX, p. 318.

Boettger, vernis pour cuir et caoutchouc, *Bull. de la Soc. chim.*, 1869, t. XII, p. 165.

Weiszkopf, vernis pour métaux, *Bull. de la Soc. chim.*, 1870, t. XIII, p. 89.

Dubois, vernis protecteur pour carènes de navires, *Bull. de la Soc. chim.*, 1874, t. XXI, p. 240.

Bloodgood, *Bull. de la Soc. chim.*, t XXI, p. 574.

Péchade, vernis pour fixer l'impression sur métaux, *Bull. de la Soc. chim.*, 1874, t. XXII, p. 479.

Riban, emploi du tétratérébenthène, *Bull. de la Soc. chim.*, 1874, t. XXII, p. 253.

Riban, Théorie des vernis, *Bull. de la Soc. Chim.*, 1874, t. XXII, p. 256. Ch. G.

VERRE. — Le verre est une substance transparente, amorphe, dure et cassante, obtenue par la fusion d'un mélange de polysilicates à bases multiples.

Historique. — La découverte du verre date de trois mille ans environ avant Jésus-Christ; rien de précis sur son origine n'est parvenu jusqu'à nous. — L'Égypte ou la Phénicie fut le berceau de l'industrie verrière. Les verreries de Thèbes, Memphis, Alexandrie, Tyr et Sidon, qui ont fabriqué, dès les temps les plus reculés, des verres ciselés, colorés et dorés, acquirent et gardèrent longtemps une très-grande renommée. — Ce n'est que sous le règne de Tibère que cette industrie commença à s'établir à Rome; elle s'y développa rapidement et bientôt ses productions surpassèrent en beauté et en qualité celles des Égyptiens. Les Romains fondèrent plusieurs verreries en Espagne et en Gaule: elles prospérèrent; mais l'invasion des Barbares les fit disparaître, et la fabrication du verre tomba dans l'oubli en Occident.

Byzance, étant devenue le siége de l'empire, les verriers s'y établirent, encouragés et protégés par Constantin Ier, puis par Théodose II. Leur fabrication prospéra et ils fournirent pendant plusieurs siècles, presque exclusivement, le verre à l'Occident. C'est aux verriers de Venise qu'était réservé le rôle d'accaparer ce monopole et d'éclipser les belles productions de Byzance. Le nombre des verriers à Venise devint tel, que par ordonnance on les relégua dans la petite île de Murano. Longtemps les Vénitiens tinrent leurs procédés secrets; mais, malgré les lois les plus sévères et les plus tyranniques du Conseil des Dix, édictées pour garder les secrets de l'art du verrier, les procédés furent divulgués et la fabrication du verre se répandit dans les divers pays de l'Europe.

En Allemagne, en Bohême, en France, en Angleterre se sont fondées alors des fabriques qui prirent un tel essor, que dès le XVIIe siècle elles ont éclipsé les verreries de Venise.

En France, c'est surtout à Colbert que nous sommes redevables de l'installation et du développement de la verrerie; à cette époque, Louis-Lucas de Nehou et Abraham Thévart remplacent les glaces soufflées par les glaces coulées. Depuis, se sont élevées, en notre pays, les importantes usines de Saint-Gobain, Cirey, Montluçon, Baccarat, Saint-Louis, Clichy, etc., dont nous admirons chaque jour les magnifiques productions.

Propriétés générales. — Le verre a, suivant les usages auxquels on le destine, des compositions différentes; en général, il est produit par le mélange ou la combinaison d'un silicate alcalin fusible avec un silicate terreux ou métallique infusible. Les éléments principaux du verre sont les silicates alcalins et le silicate de calcium ou de plomb; néanmoins souvent l'alumine, la baryte, la strontiane, le zinc et le bismuth entrent dans sa composition. La silice elle-même peut être remplacée en partie ou en totalité par l'acide borique.

La fusibilité des silicates alcalins est proportionnelle à la quantité de base qu'ils contiennent: ce sont eux qui communiquent au verre la fusibilité; le silicate de potassium donne un verre moins brillant, mais moins coloré que le silicate de sodium; celui-ci colore toujours la masse en vert bleuâtre.

Les silicates des bases infusibles, comme la chaux, la magnésie, l'alumine, sont infusibles; mais, mélangés avec les silicates alcalins ou plombiques, ils fournissent un verre fusible à une température convenable pour le travail et doué des qualités nécessaires pour résister aux diverses causes de destruction auxquelles le verre peut être exposé par ses usages.

Les silicates de magnésium et d'aluminium rendent le verre plus infusible que le silicate de calcium. Le plomb et le bismuth le rendent facile à fondre et à polir et lui donnent de plus un grand éclat et un pouvoir réfringent considérable. Le silicate de zinc ou celui de baryum donne de même un verre très-brillant et très-réfringent; en outre, le verre de baryum a plus de dureté que celui de plomb, et celui de zinc jouit de la propriété de n'être pas coloré en verdâtre par la soude.

Les silicates sont d'autant plus fusibles que le nombre des bases qui entrent dans la composition du verre est plus considérable; même le mélange de deux silicates infusibles peut être fusible. Ainsi, on a fabriqué à Saint-Gobain un verre composé de silicate de baryum et de silicate de calcium qui était parfaitement fondu.

Tous les verres doivent, comme condition première, passer par l'état pâteux avant de se solidifier pour rester amorphes après solidification.

Les différentes espèces de verre peuvent, d'après leur composition chimique, se classer comme il suit:

Verre à une seule base..............	Verre fusible de Fuchs (voyez t. II, p. 1144).
Verre à base de soude ou potasse et de chaux.....	Verres de Bohême. Crown-glass. Verres à vitre. Gobeleterie. Glaces.
Verre à base de soude, chaux, alumine et fer......	Verre à bouteille.
Verre à base de potasse et de plomb.	Cristal. Flint-glass. Strass.

A ces variétés il faut ajouter les *émaux* et les *verres colorés*, *filigranés*, etc., qui ne se distinguent des verres précédents que par l'addition d'une certaine quantité d'oxydes métalliques colorants.

Propriétés physiques. — Les verres non plombifères, et surtout ceux de Bohême, ont une dureté suffisante pour faire feu sous le briquet et n'être que difficilement rayés par une pointe d'acier. Les verres plombeux sont d'autant moins durs qu'ils contiennent plus d'oxyde de plomb; aussi ne conservent-ils que peu de temps leur éclat et sont-ils facilement rayés par le fer.

Le poids spécifique du verre varie avec sa composition :

	Poids spécifiques.
Verre de Bohême	2,396
Verre à vitre de Bohême	2,642
Crown-glass	2,487 à 2,535
Verre à glaces	2,488
Verre à vitres	2,642
Verre à bouteille	2,732
Cristal	3,255
Flint-glass de Guinand	3,417
— de Frauenhofer	3,723
Verre de thallium Lamy	5,620

La réfraction est simple dans le verre ordinaire, double dans les verres refroidis rapidement ou comprimés. Les verres de plomb et de bismuth sont les plus réfringents. Les coefficients de réfraction de diverses variétés de verres, rapportés au vide, sont :

Diamant	2,506
Cristal de roche	1,547
Crown-glass D=2,52	— 1,534
— D=3,77	— 1,637
Verre de thallium D= 5,62	— 1,965

Le verre est mauvais conducteur de la chaleur : refroidi brusquement, il se brise. De là la nécessité de *recuire* toutes les pièces après leur fabrication. Le recuit est d'autant plus difficile à obtenir que les pièces sont plus épaisses et plus volumineuses. Lorsqu'une pièce de verre un peu épaisse se solidifie, les parties extérieures sont déjà solidifiées, quand la partie interne est encore molle ; de là un équilibre instable qui se rompt par le moindre choc, et la pièce vole en éclats ; les *fioles d'épreuve* (prises d'essai du verre en fusion) et les *larmes bataviques* sont des exemples de ce fait.

Le verre est cependant susceptible d'acquérir des propriétés très-remarquables par une trempe faite dans des conditions spéciales. M. de La Bastie est parvenu à obtenir un verre d'une très-grande résistance aux chocs et aux variations de température, en plongeant les pièces, chauffées au rouge, dans un bain d'huile ou de graisse fondue, maintenu à une température convenable. Jusqu'à présent, ce procédé de trempe n'a pas donné tout ce qu'on peut en attendre.

La *trempe* du verre est une opération très-délicate à conduire. Les conditions de trempe varient :

1° Avec la composition du verre ;

2° Avec les formes et les dimensions des pièces ;

3° Avec la température à laquelle on a porté le verre avant la trempe.

Le verre, pour être convenablement trempé, doit être réchauffé à une température telle, qu'il soit près de l'état pâteux. Comme les diverses espèces de verre entrent en fusion et passent par différents états de malléabilité, à des températures très-variables suivant leur composition, pour obtenir une bonne trempe, il faut aussi faire varier la température du bain suivant les espèces ; car la trempe dépend de la différence de température entre celle de l'objet immergé et celle du bain. Un verre trempé dans un bain trop froid se brise ; si le bain est trop chaud, la trempe est insuffisante. La température du bain de trempe doit être d'autant plus haute que le verre a un point de fusion plus élevé. Le cristal, qui fond à une basse température, se trempe dans un bain de graisse pure dont la température varie entre 60° et 120° ; le verre ordinaire est trempé dans un mélange d'huile et de graisse porté à une température de 150° à 300°, suivant son point de fusion ; on atteint au moins 300° pour le verre de Bohême.

Les pièces façonnées avec le verre sortant d'un même creuset doivent, pour la trempe, être plus ou moins réchauffées, suivant leur forme, leur épaisseur et leurs dimensions. Il faut chauffer plus fortement les pièces épaisses et les plonger dans un bain plus chaud.

Les pièces sont réchauffées, avant la trempe, à l'*ouvreau* de travail du four de verrier ; elles doivent avoir, en toutes leurs parties, une température uniforme ; un verre irrégulièrement chauffé se brise quand on le plonge dans le bain de trempe. L'opération de réchauffage uniforme des pièces pour la trempe exige une grande habileté de la part de l'ouvrier.

La composition du verre d'un même creuset varie avec le temps, et le verre tend à se dévitrifier ; le travail doit donc être mené, pour le façonnage du verre à tremper, avec une grande rapidité, si l'on veut utiliser la presque totalité de la matière contenue dans le creuset.

Les objets fabriqués en plusieurs pièces ne peuvent pas être trempés ; ils se dessoudent dans le bain.

Après la trempe, on laisse les pièces se refroidir graduellement dans le bain, jusqu'à une température de 40° environ, et on les porte ensuite dans une étuve d'égouttage chauffée à la température de 70°. Là la majeure partie de la graisse s'écoule. Puis les pièces sont successivement immergées dans trois cuves : la première contient une solution concentrée de soude caustique chauffée à 60° ; la deuxième renferme de l'eau à 50° ; la troisième, de l'eau à la température ambiante.

Si les bains sont composés d'huile, les pièces trempées sont dégraissées à l'essence de térébenthine.

Quand le verre est maintenu pendant longtemps à une température élevée, il change d'état ; il devient opaque, tout en conservant sa forme : ce phénomène porte le nom de *dévitrification*. Cette transformation du verre sous l'influence d'une chaleur prolongée a d'abord été étudiée par Réaumur. Le verre dévitrifié ressemble à de la porcelaine blanche. Tous les verres, même le cristal, peuvent être dévitrifiés ; le verre à vitre et le verre à bouteille sont surtout d'une dévitrification facile.

L'opacité que prend le verre, dans ce cas, est due à une cristallisation ; la quantité de silice contenue dans la partie dévitrifiée est plus grande que celle contenue dans le verre primitif. Les parties cristallisées sont composées de silice cristallisée et de cristaux analogues au feldspath, au pyroxène. Les verres contenant beaucoup de chaux, et surtout de magnésie, se dévitrifient très-facilement.

Action des agents chimiques. — Les alcalis caustiques, surtout en solution concentrée, attaquent fortement le verre et lui enlèvent de la silice. L'action des acides minéraux sur un verre de bonne qualité est beaucoup moindre ; l'eau elle-même attaque, bien que très-lentement, le verre. Souvent, dans les endroits humides, les vitres et les glaces ont, à leur surface, une réaction alcaline marquée, due à la décomposition par l'eau du verre, qui dans ce cas perd du silicate de soude. Les verres anciens sont, en général, recouverts d'écailles irisées, formées par de la silice et des silicates terreux, en lames minces : par l'action prolongée de l'eau sur le verre, le silicate alcalin qui entrait dans sa composition a été dissous. Ce dédoublement est analogue à celui que subit le feldspath lors de la formation du kaolin.

Pelouze fit bouillir, pendant quelque temps, de l'eau avec du verre blanc porphyrisé ; il constata, sur un verre composé de :

Silice	72
Soude	12,5
Chaux	15,5

une perte de 10 %; il s'était séparé de la soude et de la silice. Pour un verre plus alcalin, contenant:

Silice	77,3
Soude	16,3
Chaux	6,4

la perte s'éleva à 34 %.

Le verre, chauffé à une haute température avec de l'eau en tubes scellés, se décompose, comme l'a constaté M. Daubrée, en quartz, silicate de chaux (wollastonite), et silicate alcalin.

Composition du verre. — M. Dumas, dans ses recherches sur le verre en 1830, crut, d'après plusieurs analyses, pouvoir lui attribuer la formule suivante:

$$(NaK)O(SiO^2)^3 + CaO(SiO^2)^3;$$

il reconnut bientôt que le verre n'était qu'un mélange indéterminé de silicates déterminés.

Si l'on considère que la teneur en silice, dans les verres, est très-variable; qu'à la faveur de la température, la masse vitreuse en dissout une certaine quantité qui se sépare par refroidissement; que, de plus, le verre fondu peut absorber des matières feldspathiques et les abandonner de nouveau dans de certaines circonstances; et, enfin, que des phosphates, des sulfates, des borates, des oxydes, et même des métaux peuvent entrer dans la composition du verre, on est amené à dire ceci: Les verres du commerce sont des solutions qui se solidifient facilement par refroidissement, non-seulement de silicates divers, mais encore de silice, d'oxyde, de sels et quelquefois de métaux dans un silicate fondu. Quel est ce silicate qui sert de dissolvant? On n'a pas encore tranché cette question.

De ce que le verre n'est pas une espèce chimique déterminée, il ne s'ensuit pas que l'on puisse indifféremment varier le rapport des matières qui le composent. En augmentant la silice on augmente la dureté, on élève le point de fusion, et les produits fabriqués ont plus de sécheresse. L'augmentation de la chaux aux dépens des alcalis correspond aussi à une plus grande dureté et à une fusibilité moindre, mais en même temps l'élasticité et la résistance aux agents chimiques s'accroissent. Le dosage des matières premières doit toujours contenir plus d'alcali que la quantité qu'on veut avoir dans le verre fabriqué, car à la fusion il y a perte d'alcali par volatilisation.

M. Benrath a cherché à établir des formules destinées à donner la composition des différentes espèces de verre; il a comparé de nombreuses analyses de verre de bonne qualité et a établi que la composition des meilleurs verres à base de soude et de chaux varie entre les deux formules suivantes:

$$Na^2O.CaO(SiO^2)^6 \text{ et } (Na^2O)^5(CaO)^7(SiO^2)^{36}.$$

Comme composition moyenne, il adopte la formule $(Na^2O)^5(CaO)^6(SiO^2)^{33}$, qui correspond à

Silice	75,4
Soude	11,8
Chaux	12,8

Pour les verres de potasse et de chaux, il admet les trois formules suivantes:

$$\text{I. } K^2O.CaO(SiO^2)^6,$$
$$\text{II. } (K^2O)^5(CaO)^6(SiO^2)^{33},$$
$$\text{III. } (K^2O)^5(CaO)^7(SiO^2)^{36},$$

qui correspondent, en centièmes, à

	I.	II.	III.
Silice	70,6	71,1	71,4
Potasse	18,4	16,9	15,5
Chaux	11,0	12,0	13,1

Pour le cristal, les limites et la moyenne sont données par les formules

$$K^2O.PbO(SiO^2)^6; \quad (K^2O)^5(PbO)^6(SiO^2)^{33},$$
et $$(K^2O)^5(PbO)^7(SiO^2)^{36}.$$

La formule moyenne correspond, en centièmes, à

Silice	52,0
Potasse	12,8
Oxyde de plomb	35,2

On voit que, pour les trois espèces de verre indiquées, les formules sont identiques et répondent à la formule générale $MO(SiO^2)^3$.

L'analyse des verres se fait comme celle des silicates, et suivant les méthodes qui ont été indiquées à l'article SILICIUM (ANALYSE), t. II, p. 1491.

MATIÈRES PREMIÈRES. — *Silice.* — La silice, comme nous l'avons vu, est l'élément essentiel de toutes les sortes de verres et y entre pour la majeure partie; on conçoit donc que de son choix dépende directement la qualité du verre. Pour les verres blancs, la silice doit être aussi exempte de fer que possible. On trouve dans la nature la silice à l'état de pureté dans le cristal de roche, le quartz, le silex pyromaque et dans certains sables. En France, on se sert, pour les verres blancs, des sables de Fontainebleau, de Champagne, de Nemours. On est quelquefois obligé de laver les sables à l'eau pour enlever les argiles ou les marnes qu'ils peuvent contenir, et à l'acide chlorhydrique pour dissoudre le fer qu'ils renferment. On calcine le sable avant de l'employer, dans le but de le rendre moins cohérent et plus facile à pulvériser. Quand on emploie le quartz ou le silex, on l'*étonne* en le portant au rouge et en le jetant dans de l'eau, et on le pulvérise sous des meules. Pour les verres ordinaires, comme les verres à bouteilles, il est avantageux d'employer des sables argileux, parce que ce sable entre en fusion beaucoup plus facilement que le sable pur. On a conseillé l'emploi du kieselguhr, silice d'infusoires, mais cette matière est trop volumineuse et donne beaucoup de poussière, ce qui est un grave inconvénient.

Acide borique. — On remplace quelquefois, dans le verre, une certaine quantité d'acide silicique par de l'acide borique: on l'ajoute à la composition sous forme de borax ou de boronatrocalcite; l'acide borique augmente la fusibilité de la masse, il communique au verre un grand éclat et empêche la dévitrification.

Potasse. — Elle est nécessaire pour la fabrication du verre de Bohême et du cristal; on l'emploie à l'état de carbonate aussi pur et aussi riche en degré que possible. Les potasses qu'on préfère sont les potasses perlasses d'Amérique, la potasse provenant des résidus du travail des betteraves, et surtout celle obtenue par le traitement de la carnallite. Dans des cas spéciaux on emploie quelquefois le carbonate de potassium provenant de la calcination de la crème de tartre. En Bohême on se sert de potasse de cendres de bois. Les potasses doivent être, autant que possible, exemptes de soude, car cette base colore les verres dans la composition desquels elle entre.

Soude. — Cet alcali est généralement employé sous forme de carbonate ou de sulfate, et, dans quelques cas particuliers, à l'état de cryolithe, d'aluminate de sodium et de borax. Le carbonate de sodium a été presque partout remplacé par le sulfate, sel qui offre au plus bas prix l'alcali nécessaire pour le verre; pour la gobeleterie fine néanmoins, on se sert encore de carbonate. On facilite ordinairement la décomposition du sulfate de sodium par l'addition d'autant de charbon qu'il en est nécessaire pour transformer l'acide sulfurique en acide sulfureux et le charbon en oxyde de carbone; pour 100 parties de sulfate de sodium anhydre, on met 8 à 9 parties de charbon. Il faut éviter un excès de charbon, car il se formerait des sulfures, et le verre serait coloré en brun. La soude communique au verre une teinte verte.

Chaux. — Cet élément entre dans la fabrication du verre soit à l'état de carbonate, soit à l'état de chaux éteinte; le carbonate de calcium est souvent lévigué avant l'emploi, comme la craie de Meudon. En Bohême, quelques verriers, au lieu de chaux, mettent de la wollastonite, SiO^3Ca, qui est un silicate de calcium naturel. La strontiane à l'état de strontianite (CO^3Sr) et la baryte à l'état de withérite (CO^3Ba) peuvent quelquefois remplacer la chaux dans la composition du verre. Le spath fluor, le fluorure de calcium provenant de la cryolithe qui a été traitée pour carbonate de sodium, l'aluminate de sodium et le phosphate de calcium sont employés, depuis quelque temps, pour la préparation du verre opale.

Oxyde de plomb. — Cet oxyde est généralement pris à l'état de minium. Pendant la fusion il passe à l'état de protoxyde en perdant une partie de son oxygène; cet oxygène se dégage dans la masse fondue, la brasse et la purifie. Le plomb communique au verre une faible teinte jaunâtre et a l'inconvénient d'attaquer l'argile des creusets. Le minium doit être d'une grande pureté; des traces de cuivre, de fer, d'antimoine ou d'étain colorent le verre ou le rendent opaque. Certains verriers, pour être sûrs de la qualité du minium, le fabriquent dans leur propre usine. Le carbonate de plomb pourrait remplacer le minium, mais il doit être exempt de sulfate de baryum.

Oxyde de zinc. — MM. Maës et Clemandot, de Clichy, ont obtenu un beau verre en ajoutant de l'acide borique et de l'oxyde de zinc à une composition de silice et de soude. Ce verre offre des qualités intermédiaires entre celles du verre ordinaire et le cristal. L'oxyde de zinc décolore les verres de sodium.

Le *bismuth* entre dans la composition de certains verres d'optique sous forme d'oxyde ou d'azotate.

Quelques silicates naturels peuvent être employés pour le verre à bouteilles; tels sont le feldspath, la stéatite, la pierre ponce, la phonolithe, l'amphibole, le basalte, les laves et les roches trachytiques. Les scories et les laitiers des hauts fourneaux et des feux d'affinerie sont quelquefois utilisés dans la fabrication du verre; on obtient, avec ces produits, un verre noir.

Si on pouvait se procurer le feldspath à un prix suffisamment bas, il fournirait, fondu avec du borax et de l'oxyde de plomb, un verre répondant à toutes les exigences.

Matières décolorantes. — Parmi ces matières se rangent le peroxyde de manganèse, l'acide arsénieux, le salpêtre et le minium; elles décolorent le verre, soit par l'action physique de superposition de couleurs complémentaires, comme le manganèse, soit par l'action de l'oxygène, qu'elles laissent dégager dans la masse vitreuse, comme le minium, l'acide arsénieux; l'acide arsénieux est réduit au rouge faible par le protoxyde de fer, qui passe à l'état de sesquioxyde peu colorant, et l'arsenic se dégage. On a proposé récemment, comme décolorant du verre au sulfate de sodium, l'oxyde de zinc; il enlève la coloration verte et, de plus, donne un grand éclat au verre.

Quand la décoloration est due à l'action de l'oxygène, on peut atteindre le même but, d'après Chambland, en faisant passer dans la masse fondue un courant d'air.

Les matières dont nous venons de parler ne sont jamais fondues seules, mais toujours avec le tiers de leur poids de déchets de verre déjà fabriqué. Le verre qu'on ajoute dans le creuset provient de différents déchets nommés *groisil, calcin, picadit, verre de canne.* Le *groisil* est formé de débris de verre de toutes sortes; le *calcin* est le nom donné à des déchets de verre blanc; le *picadit* se forme lorsque la masse de verre écume et déborde du creuset pendant la fusion ou bien quand le creuset se perce et que la masse se répand dans les cendres du foyer. Le *verre de canne,* comme l'indique son nom, est le verre qui reste adhérent à la canne du verrier pendant le travail. On doit à chaque refonte du verre ajouter une certaine quantité d'alcali pour remplacer celui qui se perd par volatilisation pendant la fusion.

Les matières qui entrent dans la composition d'un verre sont mélangées avec beaucoup de soin, soit à la main, soit à la machine, et quelquefois *frittées* avant d'être mises dans le creuset de fusion. Le frittage a pour but de chasser l'eau et l'acide carbonique des matières premières, et de diminuer leur volume; de plus, l'alcali s'unit pendant cette opération en partie avec la silice, de sorte que la fritte attaque moins les creusets que la composition non frittée.

Creusets. — De la qualité des creusets dépend, pour ainsi dire, la prospérité d'une verrerie. Aussi chaque verrier fabrique-t-il les creusets dont il a besoin. Les creusets doivent pouvoir supporter pendant plusieurs semaines une température de 1000° à 1200° sans se déformer, se fendre ou se vitrifier.

On les façonne avec des argiles réfractaires dégraissées par du ciment d'argile de même qualité; le façonnage se fait par colombins (voyez l'article Poteries, t. II, p. 1151). Les argiles employées en France sont celles de Forges-les-Eaux (Seine-Inférieure), et d'Andenne aux environs de Liége.

Les creusets sont de forme et de dimensions variables; ils peuvent être ronds, ovales, rectangulaires; pour le cristal fait à la houille, ils présentent la forme d'une cornue à col très-court. Dans la fabrication des glaces coulées, on emploie des creusets rectangulaires, munis au milieu de leur hauteur d'une rainure dans laquelle se placent les branches des tenailles qui servent à les enlever du four et à les manœuvrer pendant les coulées.

La hauteur des creusets varie de $0^m,60$ à 1 mètre; le diamètre est à peu près égal à la hauteur; l'épaisseur des parois après cuisson est de $0^m,05$ à $0^m,07$ et celle du fond de $0^m,10$. Les grands creusets contiennent de 500 à 600 kilogrammes de verre fondu.

Après le façonnage, les creusets sont séchés avec un soin extrême, d'abord à une température de 12 à 15° à l'ombre et en dehors des courants d'air; pendant ce temps, on pilonne le fond jusqu'à ce que l'outil n'y laisse plus traces d'empreinte. On porte alors les creusets dans des séchoirs à 30 ou 40° et on les y laisse un mois ou deux. Enfin on les place dans le four à cuire, où l'on augmente peu à peu la température jusqu'au rouge. Dans cet état, on les porte dans le four de fusion dont on a laissé tomber la température au rouge pour ne pas faire subir au creuset des variations brusques de température. Avant de se servir d'un creuset, on le recouvre à l'intérieur d'une couche vitreuse en y fondant des débris de verre; cette opération s'appelle l'*enverrage.* La durée d'un creuset est de un à trois mois au plus. Pour la fabrication des verres à bouteilles, on emploie à Blanzy des fours sans creuset; les matières sont fondues directement sur la sole creuse d'un four à reverbère spécial.

Fours de fusion. — Ils sont construits en matériaux réfractaires; le mortier employé pour relier les briques entre elles est une bouillie d'argile réfractaire. On doit pouvoir atteindre dans ces fours une température très-élevée et la régler facilement. La durée d'un four, suivant la température à laquelle on travaille et la qualité des briques, varie de 1 5 mois à 4 ans. Les fours sont chauffés au bois ou à la houille. Leur dispositif est très-variable : ils peuvent être à sole circulaire, elliptique ou rectangulaire. Il y a ordinairement 8 à 10 creusets dans un même four. Les foyers peuvent être latéraux ou placés entre les deux banquettes qui portent les creusets. Le cendrier est en contre-bas du sol ; l'air arrive par des galeries souterraines. Devant chaque creuset ou *pot* se trouve une ouverture qu'on appelle *ouvreau ;* c'est par l'*ouvreau* qu'on cueille le verre pour le travailler et qu'on charge la composition destinée à le produire. Les fours de fusion doivent reposer sur un sol sec, car l'humidité cause une grande dépense de combustible et peut même entraver la marche de la fabrica-

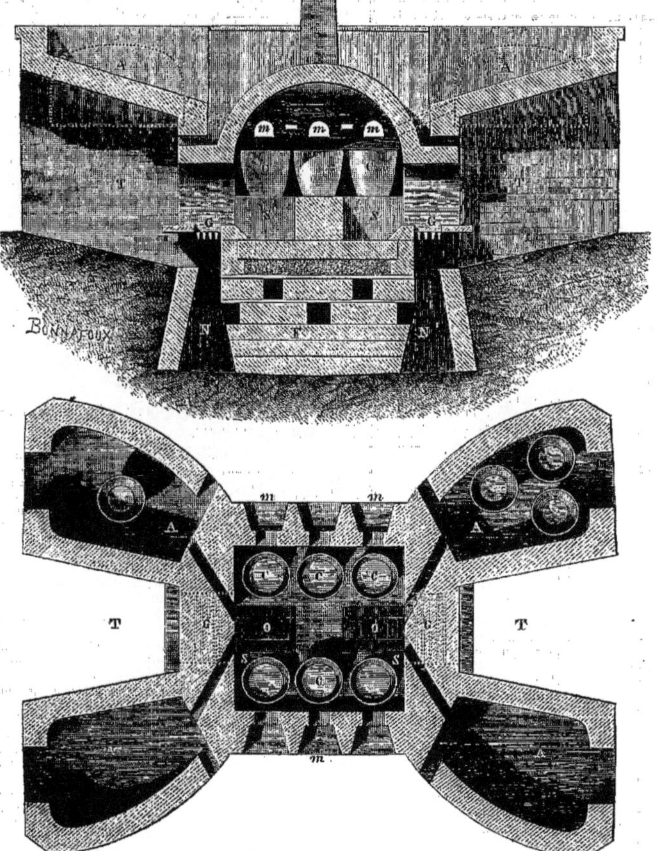

Fig. 768. — Four à verre au bois.

tion ; aussi fait-on de profondes fondations de pierre et de briques pour isoler le plus possible le four de l'humidité du sol.

On utilise depuis quelques années les fours *Siemens* avec régénérateurs (voyez l'article GAZ, t. I, p. 1533) ; on réalise ainsi, comparativement aux anciens fours, une économie de 30 à 50 % sur le combustible.

Le four Boëtius, moins compliqué que le Siemens, donne aussi de très-bons résultats ; dans cet appareil, l'air avant d'arriver en contact avec le combustible est chauffé par une circulation prolongée dans les briques chaudes des parois du four ; l'arrivée d'air se règle par des registres ; on obtient ainsi une température très-élevée, tout en économisant beaucoup de combustible.

La figure 768 représente un four à verre chauffé au bois. En G G se trouvent les grilles où l'on charge le bois; SS sont les siéges qui supportent les creusets C C. Les ouvertures *m m* sont les ouvreaux de travail. Le four est isolé du sol par de fortes fondations F, aérées pour éloigner toute humidité; en N et N' sont les cendriers. A chaque angle du four se trouve un four annexe A, appelé *arche;* ils servent à la cuisson des creusets et aux frittes; ils sont chauffés en partie par les gaz chauds qui viennent du four de fusion avant de s'échapper dans les cheminées. Devant les foyers se trouve un espace T surmonté d'une voûte.

Les fours au bois sont à peu près abandonnés, sauf en Bohême, où le bois est encore abondant. Les fours généralement employés sont chauffés à la houille. La figure 769 en représente un type. C'est un four à cristal. Les creusets sont couverts pour éviter l'action des fumées sur le verre. Le foyer, un peu évasé, est muni d'une grille en A A; A' A' sont les portes pour charger; A" A" celles pour placer les grilles, débraiser et mener le feu. En O est une galerie qui amène l'air et sert de cendrier. Les pots couverts sont placés en B B devant leurs ouvreaux C C; ces ouvreaux servent à cueillir le verre et réchauffer les pièces pendant le travail. La flamme se rend dans l'espace voûté D et s'échappe par les cheminées *g*. Au-dessus de D se trouve un espace servant de four à réchauffer ou à recuire.

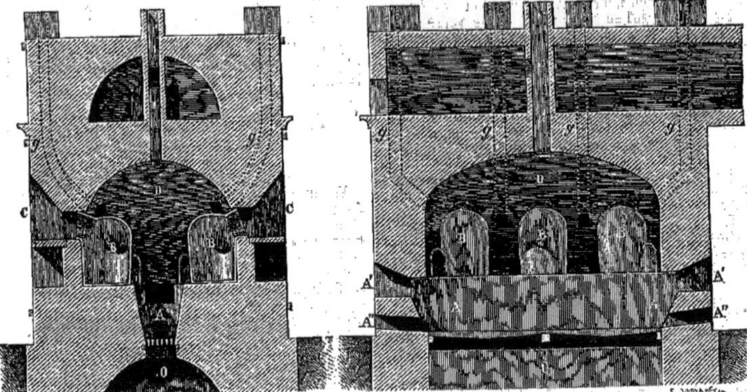

Fig. 769. — Four à cristal à la houille.

FUSION. — La charge des creusets se fait quand le four a atteint une température suffisamment élevée. On introduit d'abord les déchets de verre ou *groisil*, puis la composition, qui souvent a été préalablement frittée. La charge totale d'un creuset se fait en trois ou quatre fois. Lorsque tout le mélange est introduit, le chauffeur pousse le feu et maintient ensuite une température aussi uniforme que possible. Le groisil entre en fusion, alors la silice se combine avec les bases et le verre prend naissance; les substances qui n'entrent pas dans la constitution du verre viennent nager à la surface de la masse vitreuse en fusion et forment ce qu'on appelle le *fiel du verre;* on l'enlève à l'aide d'une cuiller en fer. Ce qu'on ne peut enlever s'élimine par volatilisation. Le *fiel du verre* est généralement composé de sulfates de sodium et de calcium et de chlorures alcalins.

On surveille la marche de la fusion, en cueillant de temps en temps sur la masse une goutte de verre à l'aide de la *cordeline*, tige de fer courte et aplatie à son extrémité inférieure. Ce sont ces prises d'essai qui, jetées dans l'eau, chaudes encore, forment les larmes bataviques.

Quand la masse est bien fondue, on procède à l'*affinage*, opération qui consiste à maintenir une température suffisante pour que la masse vitreuse reste bien liquide. Pendant ce temps les corps non dissous, les grumeaux se déposent au fond du creuset; les bulles d'air s'échappent de la masse, et une portion des alcalis se volatilise, ce qui durcit le verre.

Au commencement de la fusion, il se fait un dégagement de gaz qui remue la masse et mélange les combinaisons de densité et de composition inégales qui tendent à se former au début de l'opération. Lorsque le dégagement des gaz a cessé, on brasse la masse, pour la rendre homogène, avec un ringard ou bien avec une perche.

Cette opération, qu'on appelle le *maclage du verre*, se fait soit à l'aide d'une perche de bois vert, soit à l'aide d'un ringard auquel on a fixé une pomme de terre ou un morceau de betterave qu'on plonge brusquement au fond du creuset; les vapeurs et les gaz qui se dégagent tumultueusement brassent la masse avec énergie. On jette dans le creuset pendant l'*affinage* un morceau d'acide arsénieux de 200 à 300 grammes; il tombe au fond et se décompose en donnant un grand dégagement de gaz qui mélangent les différentes couches formées dans la masse en fusion.

Quand l'affinage est terminé, que le verre est parfaitement fondu et maclé, on laisse tomber la température du four, et l'on procède à l'*apaisement*. A cet effet, on emploie des charbons à moins longues flammes, on conduit le feu en *braise* et on le maintient de façon que le verre acquière et garde la consistance pâteuse nécessaire pour la facilité du travail de façonnage. La température est alors de 700 à 800°; pendant la fusion et l'affinage, elle est de 1000 à 1200°.

Quelquefois on fait flotter à la surface du verre en fusion un anneau d'argile réfractaire, destiné à limiter une surface exempte de toute impureté où le souffleur puisse faire sa prise. La durée de la fusion et de l'affinage varie suivant la nature du verre, le combustible et le travail ; pour le verre à bouteille, chauffé à la houille, en mot :

10 à 12 heures pour la fusion.
4 à 6 heures pour l'affinage.
10 à 12 heures pour le travail.

Quand un creuset est vidé, on y introduit de nouveau par l'ouvreau la composition et on recommence la fonte ; la fabrication est continue et ne s'arrête que lorsque le four est en mauvais état.

Défauts du verre. — Les défauts que peut présenter le verre sont assez nombreux ; il est rare de trouver du verre qui en soit complétement exempt. Les plus fréquents sont les *bulles*, les *nœuds* ou *nodules*, les *cordes*, les *filandres*, les *gouttes* ou *larmes*, les *pierres* et l'aspect *nébuleux*.

Les *bulles* qui se trouvent dans le verre sont dûes à ce que pendant l'affinage, le verre n'était pas assez fluide ; elles peuvent aussi provenir d'une maladresse du souffleur à la cueille du verre.

Les *nœuds* sont aussi le résultat d'un affinage imparfait ; ce sont des points blancs, opaques, formés par des sulfates et des chlorures, ou des grains de sable qui ne sont pas fluidifiés : c'est l'indice d'une température insuffisante pendant l'affinage.

Les *cordes* sont des stries superficielles et protubérantes qui se produisent quand on souffle le verre trop froid.

Les *filandres* sont dues au manque d'homogénéité de la masse vitreuse au moment du travail. Quand on regarde à travers un verre ayant des filandres, les rayons lumineux sont déviés et l'on voit les objets déformés.

Les *gouttes* ou *larmes* se produisent par l'action des alcalis volatilisés à haute température sur les parois du four ; il se forme avec les briques un verre coloré qui peut tomber dans le creuset et salir le verre en fabrication.

Les *pierres* sont des morceaux des parois des creusets ou du four qui tombent dans le verre en travail.

L'aspect nébuleux est causé par un commencement de dévitrification. Un aspect mat et irisé de la surface du verre indique un grand excès de fondants.

FABRICATION DU VERRE.

Au point de vue de la fabrication, les verres peuvent se classer comme il suit :

A. *Verres travaillés à l'état pâteux.*

1° Verres creux soufflés.
- Verre à bouteille ; verre vert.
- Gobeleterie commune.
- Gobeleterie fine ; verres laiteux et colorés
- Cristal.
- Millefiori, incolore, laiteux et coloré.
- Filigranes, incrustations, etc.

Verres travaillés à l'état pâteux (suite).

2° Verres en table.
- Verres à vitres. { en couronne. / en cylindres.
- Glaces soufflées.

B. *Verres travaillés à l'état fluide.*

Glaces coulées.
Verre moulé par pression.

C. *Verres travaillés après solidification.*

1° Verres d'optique. { Flint-glass. / Crown-glass.

2° Verres colorés. } Strass, gemmes artificielles, émaux.

Nous allons entrer dans quelques détails techniques sur ces diverses sortes de verre, en suivant la classification ci-dessus.

VERRES TRAVAILLÉS A L'ÉTAT PATEUX.

VERRES CREUX SOUFFLÉS.

Verre a bouteille. (*Verre vert.*) — L'emploi du verre pour la fabrication des bouteilles date d'une époque très-reculée ; les Égyptiens et les Romains en firent usage. La fondation de la verrerie à bouteilles de MM. Van Lempoel et Deulin, à Quiquengrogne (Aisne), remonte à 1290. La fabrication des bouteilles a pris un grand développement en France, à cause de la grande production vinicole de ce pays.

La fabrication du verre vert, bien que des plus simples, demande cependant de très-grands soins : le verre doit être très-bon marché, résister parfaitement à l'attaque du vin et à la pression pour les vins mousseux. On essaye les bouteilles à champagne à 15 atmosphères de pression.

Les matières premières que l'on emploie varient beaucoup suivant les localités ; le bas prix auquel se vendent les bouteilles (de 12 à 18 fr. le cent) ne permettant pas de faire venir de loin des matières premières, on utilise celles qu'on trouve près du lieu de fabrication : on se sert de sables calcaires argileux, ferrugineux qui nécessitent moins de fondants alcalins. L'alcali est introduit sous forme de cendres ou de sulfate de sodium. Le verre à bouteille peut se faire à l'aide de laves, de basalte, ou de trachyte additionné de sable et de chaux.

D'après l'analyse, les verres à bouteille de bonne qualité ont la composition suivante :

	Verre de Saint-Étienne.	Verre d'Epinac.	Bouteille à champagne.	Follembray.
Silice	60,2	59,6	58,4	61,33
Chaux	20,7	18,0	18,6	24,66
Baryte	0,9	»	»	»
Soude } Potasse	3,2	3,2	1,8	2,80
Magnésie			9,9	2,01
Alumine	0.6	7,0	»	»
Oxyde de fer	10,6	6,8	2,1	3,67
Oxyde de manganèse	3,8	4,4	8,9	5,51
	»	0,4	»	»

Pour obtenir des verres à bouteille de bonne qualité, on employait il y a quelques années, à Rive-de-Gier et Givors le mélange suivant :

Sable du Rhône	100
Chaux éteinte	24
Sulfate de sodium	8

Le sable du Rhône est ferrugineux et contient 20 % de calcaire.

En Belgique, dans la province de Charleroi, on prend :

Sable du pays	10
Cendres de tourbe de Hollande	20
Sulfate de sodium	15
Calcaire	5
Groisil	50

En général, on n'ajoute pas de charbon pour

décomposer le sulfate de sodium : les gaz du foyer suffisent dans ce cas pour faciliter cette décomposition.

Pour vitrifier le trachyte, on met :

100 de trachyte,
60 de sable.
70 de pierres calcaires.

La couleur verte plus ou moins foncée des verres à bouteille est due au silicate de protoxyde de fer. Quand on ajoute une certaine quantité de bioxyde de manganèse à la composition, le verre à bouteille au lieu d'être vert devient jaune brun, comme celui des bouteilles employées sur les bords du Rhin

Les matières premières finement pulvérisées sont mélangées avec soin, puis frittées. Les fours en usage dans cette branche de la verrerie sont en général de vieille construction et analogues à celui que nous avons indiqué figure 768 ; mais ils sont chauffés à la houille.

Les creusets sont très-grands et contiennent jusqu'à 1000 kilogrammes de verre, poids qui permet de souffler environ 750 bouteilles par pot ; le poids d'une bouteille varie de 600 à 950 grammes.

On charge les creusets avec la fritte encore portée au rouge. La fonte, l'affinage et le travail durent environ 24 heures. Le charbon brûlé pour la fonte, le travail et la recuite est de 4k,4 par kilogramme de verre fabriqué.

Par deux pots, il y a un four à recuire où l'on porte les bouteilles aussitôt qu'elles sont façonnées.

On a construit des fours contenant jusqu'à 12 creusets.

Les fours Siemens apportent dans la fabrication des bouteilles une économie de 25 à 30 % sur le combustible. Cette économie est très-importante, vu le bas prix de vente des bouteilles en verre vert. On emploie aussi (à Blanzy, par exemple) de véritables fours à reverbère sans creuset où l'on charge directement la masse à fondre.

Quand la masse est bien fondue et affinée et que l'*apaisement* a amené le verre à une consistance convenable, on commence le travail.

Il y a quatre ouvriers par creuset : le *gamin*, le *grand garçon*, le *souffleur* et le *porteur*.

L'instrument principal pour façonner le verre est la *canne* (fig. 770). C'est un tube de fer forgé de 1,50 à 1m,80 de long, d'un diamètre exté-

Fig. 770. — Canne de verrier.

rieur de 2,5 à 3cm, et à l'intérieur de 1cm. Ce tube est renflé à une extrémité *b* : c'est le nez de la canne ; l'autre extrémité *a* est polie : c'est celle que le souffleur met dans la bouche ; de plus, elle est entourée d'un petit manchon en bois qui sert de poignée.

L'ouvrier pendant le travail se trouve debout sur une estrade élevée de 0m,80 à 1 mètre au-dessus du sol auprès des ouvreaux. Pour commencer le travail, on chauffe la canne convenablement nettoyée en l'introduisant dans un petit ouvreau spécial ; quand elle est chaude, le *gamin* la plonge dans le creuset, en la tournant sur elle-même ; le verre s'attache à la canne ; il la sort, puis recom-

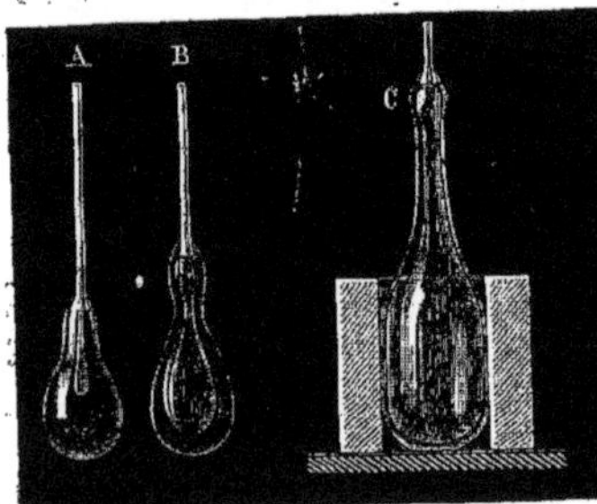

Fig. 771 et 772. — Fabrication des bouteilles.

mence une seconde fois la même manœuvre. La canne passe alors dans la main du *grand garçon*, qui recommence une troisième fois à prendre du verre si c'est nécessaire, et ensuite prépare son verre en tournant la masse sur le *mabre*, de façon à le distribuer également autour de la canne. Le *mabre* ou *marbre* est une plaque en fer bien plane, sur laquelle se trouvent des cavités hémisphériques ; il peut être en fonte, en laiton, en grès ou en bois. La masse de verre prise au bout de la canne dite *paraison*, bien arrondie sur le mabre, est réchauffée dans l'ouvreau de travail. La paraison à ce moment a la forme d'une poire A (fig. 771).

Pendant que la canne est à réchauffer, on la tourne tantôt à droite, tantôt à gauche, pour que la masse vitreuse ne se déforme pas. Quand elle est suffisamment chaude, le grand garçon relève la canne verticalement et souffle dedans en lui imprimant un mouvement d'oscillation ; la masse prend alors la forme B

On réchauffe de nouveau la masse ; quand elle est ramollie, le souffleur la prend pour lui donner la forme de bouteille. Pour cela, il introduit la masse vitreuse C (fig. 771) dans un moule en bois cerclé ou en argile et souffle fortement ; à mesure que le verre soufflé s'approche des parois du moule, l'ouvrier tire la canne vers le haut pour former le col et pour que le passage du col au ventre se fasse insensiblement. Il allonge le col en donnant à la canne un mouvement de battant de cloche. On réchauffe alors le fond seul de la pièce, et, pour lui donner la forme habituelle, le grand garçon appuie à l'aide d'une tige de fer appelée *pontil*, préalablement chauffée et portant un peu de verre à son extrémité, au centre du fond en le repoussant un peu au dedans (fig. 772). La canne est alors séparée du col de la bouteille, la bouteille est soutenue par le *pontil* fixé au fond; il reste à entourer le col d'une bague B, ce qu'on fait avec du verre rapporté. La bouteille ainsi terminée est reçue par le porteur dans une pince

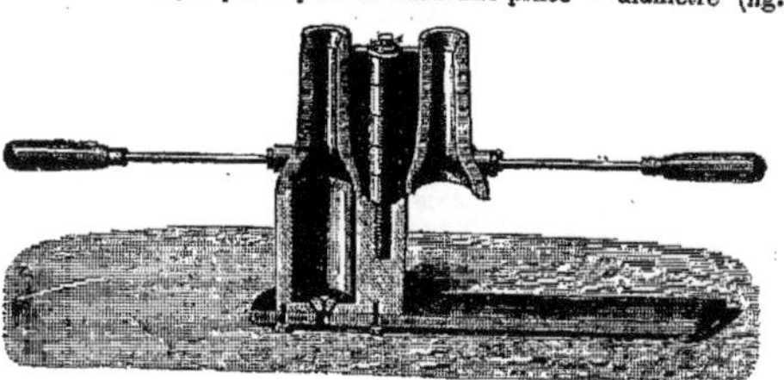

Fgi. 773. — Moule à charnières.

en fer ou dans un instrument appelé *sabot*, et portée au four à recuire.

Le four à recuire a un foyer central; de chaque côté, on empile des bouteilles jusqu'à en remplir le four; on élève la température vers 300°, puis on ferme toutes les ouvertures, on laisse refroidir lentement et on défourne après 48 heures.

Il y a des fours à recuire à feu continu; les pièces à recuire sont mises dans des chariots qui, entraînés par une chaîne sans fin, s'éloignent peu à peu du foyer et arrivent à sortir du four presque complétement refroidies à l'extrémité opposée au foyer.

Pour avoir plus de régularité dans la forme des bouteilles, on emploie des moules à charnière, dont un des types est représenté par la figure 773.

Avant de se servir de ce moule on le chauffe fermé. On amène la paraison, comme il a été dit précédemment, à une forme convenable; on l'introduit dans le moule pendant que le gamin l'ouvre et le referme; l'ouvrier souffle d'abord avec la bouche, puis avec le piston ou pompe Robinet (fig. 774). Au fond du moule se trouvent des évents pour permettre à l'air de s'échapper quand le verre s'applique sur ses parois. On a fait aussi des instruments pour faire la bague et le goulot. Ce mode de fabrication est plus lent que celui décrit précédemment. La pompe Robinet, dont on vient de parler, a été inventée en 1824, par un ouvrier de Baccarat nommé Robinet. Fatigué par l'âge il inventa cet outil pour remplacer le souffle qui lui faisait défaut. C'est un petit cylindre en fer-blanc ou en laiton, de 0m,40 de long et de 0,06 à 0,08 de diamètre (fig. 774), fermé par un bout, dans l'intérieur duquel se trouve un ressort à boudin qui refoule un piston en bois, percé d'une ouverture conique centrale garnie de cuir. Le piston est retenu par un couvercle percé, fixé par une fermeture à baïonnette. L'ouverture conique du piston étant placée sur la canne tenue verticale, on descend brusquement le cylindre, et l'air qui y était contenu se trouve injecté dans la pièce à façonner et la souffle.

Pour souffler les bouteilles d'une grande capacité, comme les bonbonnes, les tourios, l'ouvrier prend un peu d'eau dans la bouche et l'injecte par la canne dans le ballon commencé. Il bouche l'extrémité de la canne avec le pouce; l'eau, réduite en vapeur, presse sur les parois et les étend jusqu'à la dimension voulue. Cette opération est difficile; pour la réussir il faut des ouvriers très-exercés.

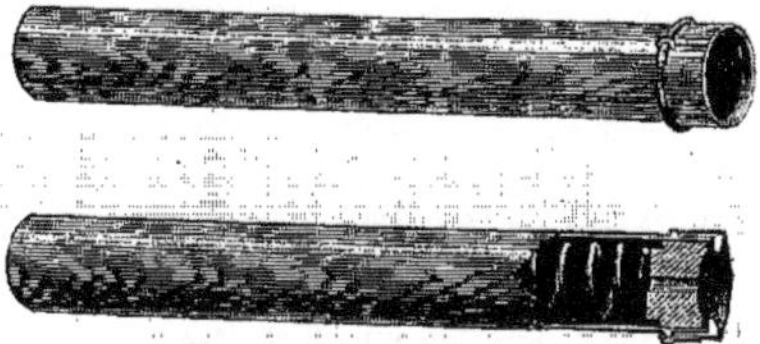

Fig. 774. — Pompe Robinet.

Gobeleterie commune. — *Verre demi-blanc.* — Cette fabrication tient le milieu entre celle des bouteilles et de la gobeleterie fine en verre blanc. L'analyse assigne au verre demi-blanc les compositions suivantes :

	Vieux verres français.				
	De Sauviguy.	De Saint-Étienne.	De Sèvres.	Verre nouveau du Rhin.	Verre russe.
Silice	71,60	62,50	62,00	72,07	74,00
Oxyde de manganèse	»	»	»	»	0,80
Oxyde de fer	1,80	3,70	0,70	0,54	0,21
Alumine	3,00	4,50	2,40		0,20
Chaux	10,00	16,20	15,60	8,96	7,35
Magnésie	»	»	2,20	»	»
Soude	»	»	16,40	18,48	17,44
Potasse	10,60	10,50	»	»	»

Les anciens verres étaient riches en chaux; dans les nouveaux c'est la soude qui domine. On emploie pour cette fabrication des matériaux peu coûteux : c'est ce qui fait qu'on n'obtient pas de verre complétement incolore. On se sert souvent de marnes, de cendres, de sulfate de sodium, dont on facilite la décomposition en ajoutant du charbon.

Les mélanges suivants, faits avec du sulfate de sodium à 90 %, donnent deux espèces de verre; le n° 1 est riche en chaux, le n° 2 riche en soude.

	I.	II.
Sable	100	100
Calcaire	40	20
Sulfate de sodium	50	70
Charbon	3,5	5

Elles donneraient, après fusion, des verres dont la composition serait, d'après le calcul :

	I.	II.
Silice	71,0	72,4
Chaux	15,6	8,1
Soude	13,4	19,5

La fusion se conduit comme celle du verre blanc ; le travail se fait sur le *banc* ou établi du verrier, genre de façonnage que nous décrirons en parlant de la gobeleterie fine, ou dans des moules, soit en bois, soit en fer, représentant les formes de la pièce qu'on veut obtenir.

Dans cette classe entrent les verres de lampe, les fioles de médecine, les ustensiles de chimie, les ballons, les cornues, etc. Les verres de lampe et les fioles de médecine sont soufflés dans des moules. Les cornues, les ballons sont façonnés à la canne. Pour faire une cornue, l'ouvrier prend la quantité de verre nécessaire au bout de sa canne ; il la pare sur le *marbre* et la souffle comme pour faire une bouteille, puis il fait le col en balançant sa canne, la masse vitreuse étant à la partie inférieure. Quand le col a la dimension demandée, on réchauffe la masse du verre destinée à faire la panse. L'ouvrier souffle alors en élevant sa canne au-dessus de sa tête et l'appuyant sur un poteau, sous un angle de 45° environ ; dans cette position de la canne, la panse de la cornue se dessine et, quand l'ouvrier cesse de tourner la canne sur elle-même, la panse s'incline, entraînée par son poids, et prend la position voulue.

GOBELETERIE FINE. — *Verre incolore.* — Malgré la grande habileté des anciens dans la fabrication du verre, ils n'obtinrent pas de verre réellement incolore. Ce sont les verriers de Bohême qui, grâce à la pureté des produits naturels qu'ils eurent à leur disposition, fabriquèrent les premiers un verre aussi incolore que le cristal de roche ; ce n'est que plus tard que les verreries françaises et anglaises arrivèrent au même résultat.

Le verre blanc pour gobeleterie fine peut être à base de chaux et de soude, comme les verres français et anglais, ou à base de chaux et de potasse, comme le verre de Bohême.

Les matières premières employées dans cette fabrication doivent être choisies pures et aussi exemptes de fer que possible ; l'alcali est introduit à l'état de carbonate. Les mélanges sont frittés avant la fusion ; l'affinage et le maclage doivent être conduits avec beaucoup de soin.

Diverses analyses de verres blancs, à base de soude, ont donné les nombres suivants :

	Verres français.		Verre allemand.	Verre russe.
Silice	72,00	77,30	78,39	74,71
Oxyde de manganèse	»	»	0,15	0,21
Oxyde de fer }	4,50	traces.	0,21	0,14
Alumine }			0,24	0,43
Chaux	6,40	6,40	7,10	8,77
Soude	17,00	16,30	13,91	15,74

M. Benrath, en se basant sur ces analyses, propose les compositions suivantes :

	I.	II.
Sable	100	100
Calcaire	15	20
Soude à 90 %	35	45

compositions qui, d'après le calcul, correspondent après fusion à :

	I.	II.
Silice	78,6	74,7
Chaux	6,9	7,6
Soude	14,5	17,7

Nous avons vu, d'après Pelouze (p. 659) que des verres de cette composition s'attaquaient facilement par l'eau et avaient peu d'élasticité. On obtient des verres de meilleure qualité en augmentant la quantité de chaux et en se rapprochant de la composition d'un verre français de très-bonne qualité que Pelouze a trouvé contenir :

Silice	72
Soude	12,5
Chaux	15,5

On arriverait à ce résultat en employant :

Sable blanc	100
Calcaire	40
Soude 90 %	35

On ajoute, en général, une certaine quantité de matières décolorantes : du manganèse, dit *savon des verriers* ; de l'acide arsénieux, et quelquefois des oxydes de nickel et de cobalt qui donnent de bons résultats.

Les *verres blancs à base de potasse*, ou verres de Bohême, présentent en général, d'après M. E. Peligot, la composition suivante :

Silice	77	76	75
Potasse	14	16	13
Chaux	8	7	9
Alumine et oxyde de fer	1	1	3

En supposant les matières premières pures, ces nombres conduisent aux proportions suivantes :

Quartz pulvérisé	100
Chaux éteinte	13 à 15
Carbonate de potassium	28 à 32

Les compositions employées en Bohême, d'après les citations de divers auteurs, sont les suivantes :

	Peligot.	Beurath.	Lévy.	Stein.
Quartz ou sable très-blanc	100	100	100	100
Chaux éteinte	17	16	»	»
Carbonate de calcium	»	22	20	26,8
Carbonate de potassium	32	30	50	60
Manganèse	1	»	0,4	0,5
Salpêtre	»	»	1,7	1
Arsenic	3	»	»	»

On ajoute, dans la charge des pots le tiers ou la moitié de groisil.

En Bohême, les fours sont de petites dimensions et chauffés au bois ; les pots ne contiennent que 55 à 70 kil. de composition ; la fusion exige dix-huit heures d'un feu très-actif.

Le façonnage du verre blanc se fait par trois ouvriers au plus : les premier et second souffleurs, et l'ouvreur ; ils ont comme aide un grand et un petit *gamin*, chargés de la réchauffe du verre et du nettoyage des cannes, pontils et autres outils. Le premier souffleur fixe à la canne la quantité de verre nécessaire, la *marbre* et fait la paraison ; le second souffleur prend alors la canne et donne à la masse vitreuse les premières formes que l'ouvreur termine.

Bien qu'en gobeleterie on fasse des pièces aux formes les plus variées, l'outillage est des plus simples. Plusieurs cannes, des pontils, une auge remplie d'eau pour refroidir le verre, avec une sorte de fourche fixée à l'une de ses parois ; une plaque de fonte (*mabre*) pour parer le verre ; des pinces à ressort, de forts ciseaux dits *fers*, des ciseaux ordinaires à longues branches, des fers en forme d'U, terminés par des tiges en bois ; une palette en bois dont une surface est concave et qui, étant mouillée, sert à arrondir le verre ; quelques compas et un établi qu'on appelle *banc* :

tels sont les outils qui servent à façonner le verre.

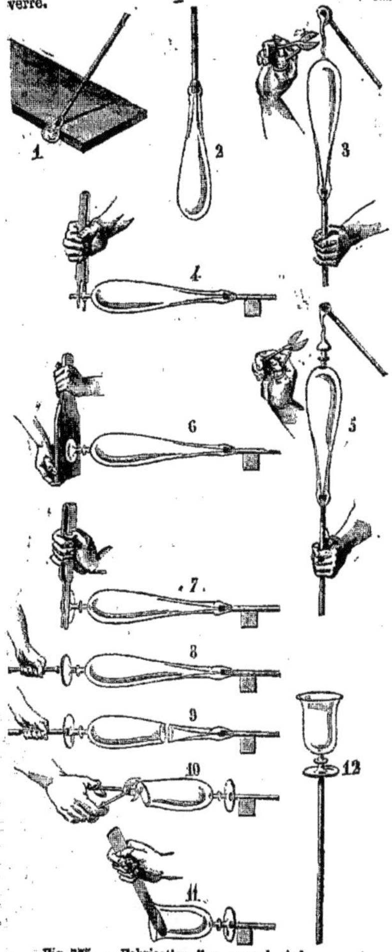

Fig. 775. — Fabrication d'un verre à pied.

Un exemple ne sera pas inutile pour faire comprendre comment on travaille le verre blanc. Soit à fabriquer un verre à pied (fig. 775). Le premier souffleur prend la masse vitreuse et l'amène à la forme n° 1, le second souffleur fait la paraison, n° 2. L'ouvreur colle alors au milieu du fond une certaine quantité de verre avec un pontil comme le montre le n° 3, et il amène cette masse à la forme du pied, n° 4, en faisant tourner la canne déposée sur le banc et pressant le verre à l'aide d'une pince à ressort.

Pendant ce temps le second souffleur a fait, à l'aide d'une autre canne, une boule creuse à parois relativement épaisses; il la fixe au pied comme l'indique le n° 5 et la sépare de sa canne à l'aide des ciseaux. On réchauffe cette portion de verre destinée à faire le pied, et l'ouvreur introduit une pince à étaler à l'intérieur de la portion creuse et lui donne la forme plane, n° 6, à l'aide de la palette. En tournant rapidement la canne, on coupe les bords du pied aux ciseaux, on les dresse à la pince et on les fond devant l'ouvreau du four, n° 7. On fixe alors, avec un peu de verre fondu, un pontil au milieu du pied, n° 8, et on coupe le verre attaché à la canne n° 9; l'aide chauffe à l'ouvreau la portion antérieure du verre de façon à la ramollir; l'ouvreur écarte alors les parois à l'aide d'une pince à élargir et de la palette, puis il enlève le bord à l'aide de ciseaux, n° 10, et fait fondre les bords par le gamin et l'évase, n° 11; après cela il y met la dernière main et la pièce est portée à recuire, n° 12. Pour les verres de Bohême les bords sont, en général, usés à la meule au lieu d'être arrondis au feu.

Quand les pièces à faire doivent avoir des moulures, des cannelures ou autres ornements à la surface, on se sert de moules en fonte, en fer, en bois portant toutes ces empreintes; ces moules sont analogues à celui que nous avons indiqué (fig. 773) pour les bouteilles, et on les emploie de même.

Avant d'être livrées au commerce, les pièces doivent être soumises à la taille pour enlever les bavures de verre dues à l'attache des pontils. Ces opérations se font à l'aide de disques animés de mouvements rapides de rotation. Cette opération comprend trois phases : le *dégrossissage*, le *douci* et le *poli*.

Les verres peuvent être recouverts d'ornements par la taille et colorés en diverses couleurs par des oxydes.

Nous parlerons sommairement des procédés employés en décrivant la fabrication du cristal.

Cristal. — *Verre plombifère.* — Les verres à base de plomb, les cristaux, sont d'origine anglaise.

Il n'y a environ qu'un siècle que cette fabrication est introduite en France.

D'après les analyses de différents chimistes, les variétés suivantes de cristal se composent de :

	Silice.	Oxyde de plomb.	Chaux.	Potasse.	Soude.	Alumine.	Oxyde de fer.	Manganèse.	Auteurs.
Cristal anglais...	51,93	33,28	»	13,67	»	»	»	»	Faraday.
Id.	57,5	32,5	»	9,00	1,0	»	»	»	Salvétat.
Newcastle	51,4	37,4	»	9,4	»	»	2,0	»	Berthier.
Londres	59,2	28,2	»	9,0	»	»	1,4	»	Berthier.
Vonèche........	56,0	34,4	»	6,6	»	»	1,0	»	Berthier.
Baccarat........	51,1	38,3	»	7,6	1,7	0,5	0,3	0,5	Salvétat.
Id.	50,18	38,11	»	11,22	»	»	0,44	»	Benrath.
Choisy..........	54,2	34,6	0,4	9,2	0,9	0,5	»	»	Salvétat.

Les proportions des matières premières qui entrent dans la *composition* du cristal varient fort peu. On emploie ordinairement :

Sable	100
Minium	66,7
Carbonate de potassium	28 à 33,3
Salpêtre	5,3 à 3,3
Manganèse	0,05
Groisil	100 à 160

On a fait des cristaux contenant peu de plomb d'après les compositions suivantes, indiquées par M. Flamm :

Sable	100	100
Minium	42	30
Carbonate de potassium	33	45
Salpêtre	8	5
Manganèse	0,2	0,25
Groisil	100	100

Mais quand la teneur en plomb diminue, le cristal perd ses qualités et se rapproche du demi-cristal.

On a essayé d'employer dans la fabrication du cristal des matières plombifères moins coûteuses que le minium. MM. Baudrimont et Pelouze ont proposé la galène ; M. Krafft a indiqué la composition suivante :

Sable	100
Sulfate de plomb	80
Sulfate de sodium	40
Charbon	7

Ces procédés ne sont pas entrés dans l'industrie.

Le *demi-cristal* est un verre correspondant par sa composition à un mélange d'un verre à base de chaux et d'un cristal. Ce demi-cristal est plus dense, plus brillant, plus fusible et moins dur que le verre blanc ordinaire. Les compositions suivantes sont recommandées pour le demi-cristal :

	M. Flamm.	M. Schür.
Sable	100	100
Minium	12	25
Carbonate de calcium	14	25
Soude	46	27,5
Manganèse	0,6	

Le baryte entre quelquefois dans la composition du demi-cristal ; ainsi à la verrerie de Saint-Juste-sur-Loire (Rive-de-Gier) on se sert de la mixtion suivante, qui a été brevetée :

Sable	100
Feldspath	106
Carbonate de baryum	106
Carbonate de calcium	76,6

Composition de ce verre d'après le calcul.

Silice	50,0
Alumine	7,0
Chaux	12,8
Baryte	24,9
Potasse	5,3

Certaines usines fondent le cristal au bois et dans des creusets ouverts : dans ce cas, la marche de cette opération ne diffère pas sensiblement de celle indiquée pour le verre ordinaire. D'autres emploient des fours à houille analogues à celui que nous avons décrit (fig. 769) : la fonte se fait alors tout différemment. La fusion du cristal demande au moins de 13 à 24 heures. On a cherché, pour économiser du temps et du combustible, de faire à la fois dans le même four la fusion et l'affinage dans certains creusets et le travail dans d'autres. On y est arrivé.

La conduite d'un four ainsi occupé simultanément à la fusion et au travail est très-simple quant à la chauffe : on maintient constamment la même température. Dès qu'un pot est vide, on en ferme le col à l'aide d'un couvercle pendant une heure environ ; ainsi fermé, il n'y a plus à son intérieur circulation d'air, il se réchauffe rapidement, ce qui permet d'y introduire une partie de la composition. On referme et après 8 heures, la première charge étant fondue, on en ajoute une seconde qui entre bientôt en fusion, et ainsi de suite jusqu'à ce que la charge soit complète. A cet instant on lute le couvercle et on le recouvre lui-même d'une pièce qu'on entoure d'argile mêlée de paille, pour garantir le pot de tout refroidissement extérieur ; on le laisse ainsi 8 à 10 heures. Après ce temps, quand le four est à une température convenable, la masse peut être considérée comme fondue et affinée.

Si une prise d'essai a montré que le cristal est de bonne qualité, on délute et on remplace le couvercle qu'on avait fixé par un couvercle mobile ; on l'enlève ensuite complétement pour laisser refroidir la masse vitreuse ; après 2 heures elle a en général la consistance voulue pour le travail. Pour ne pas troubler la marche du four, en réchauffant les pièces, pendant le travail, aux ouvreaux, ce qui le refroidit, on construit quelquefois des moufles spéciales à cet usage.

Les fours à gaz Siemens ont été appliqués à la la fusion du cristal ; ils ont rendu de grands services et permettent l'emploi de creusets ouverts.

Le cristal se travaille, à très-peu de chose près, comme il a été dit pour le verre blanc. Son façonnage est même facilité par sa fusibilité et par le peu de propension qu'il a à se dévitrifier.

Il faut éviter pour le cristal, tant pendant le travail que pendant le recuit, tout milieu réducteur qui noircirait les pièces.

Verres colorés. — Les vases en verre sont souvent revêtus des couleurs les plus vives et ornés par la taille et la gravure.

Les verres peuvent être colorés dans toute la masse ou simplement recouverts d'une couche de verre coloré ; ces derniers verres portent le nom de *verres doublés*. On peut à l'aide de la taille enlever, suivant de certains dessins, la couche colorée et obtenir ainsi une ornementation d'un très-bel effet. Les verres doublés peuvent être formés de plusieurs couches colorées superposées.

Le verre *doublé* se fait en prenant successivement au bout de la canne les deux ou plusieurs verres qui doivent former la pièce et les travaillant comme à l'ordinaire. La couche colorée peut être à l'intérieur ou à l'extérieur, suivant que l'on prend, avec la canne, le verre incolore en second lieu ou en premier.

Verres opaques ou translucides. — Il y a plusieurs variétés de ces verres à aspect laiteux ; ce sont : le verre opale, le verre d'albâtre, le verre de cryolithe. Le verre dévitrifié ou porcelaine de Réaumur fait aussi partie de ces verres opaques.

Le verre opale est obtenu par l'addition de 10 à 20 % de phosphate de calcium au verre blanc ordinaire. Après la fusion, le verre est complétement transparent, et ce n'est que lorsqu'on réchauffe et qu'on façonne les pièces qu'elles deviennent blanc laiteux. Ce verre a des reflets rougeâtres par transparence. L'addition de phosphate de calcium au cristal donne des résultats analogues.

Le *verre d'albâtre* ou *de riz* n'est pas un verre ou un cristal d'une composition spéciale ; il doit son opacité à ce qu'on travaille la masse vitreuse fondue avant l'affinage. L'opacité paraît due à de la silice, non encore vitrifiée, qui reste interposée dans la masse sous forme de grains très-fins ; l'addition d'une certaine quantité de sulfate de sodium à la composition favorise la production de ce verre. Ajoutons qu'on travaille le verre à une température aussi basse que possible pour empêcher l'affinage.

Le *verre de cryolithe* est blanc laiteux; il a été fabriqué pour la première fois à Pittsbourg en Amérique. On l'obtient en fondant :

Silice...............	100
Cryolithe............	35-36
Oxyde de zinc..	13-14

Des verres opaques peuvent aussi être obtenus à l'aide du fluorure de calcium, de l'aluminate de sodium, de l'acide arsénieux ou de l'oxyde d'étain.

On peut communiquer aux verres laiteux les couleurs les plus variées, à l'aide de certains oxydes métalliques. La plupart des oxydes se dissolvent dans le verre et quelques-uns lui communiquent des colorations très-brillantes sans altérer sa transparence. Quelques centièmes d'oxyde, et souvent moins, suffisent pour colorer le verre.

Indépendamment de certains oxydes métalliques, l'or, l'argent, le charbon et le soufre sont des matières colorantes pour le verre.

Les verres et les cristaux *bleus* sont obtenus en ajoutant à la composition 1 à 3 % d'oxyde de cobalt; on violette la nuance en ajoutant de l'oxyde de manganèse. Le *violet* se fait avec 2 à 7 % d'oxyde de manganèse et 1 % d'oxyde de cobalt; on met aussi quelquefois un peu de salpêtre.

Le *bleu céleste* s'obtient en ajoutant 1 % d'oxyde cuivrique à du verre ou à du cristal riche en alcali; si le verre est siliceux, la couleur est verte.

L'oxyde de chrome à la dose de 2 à 3 dix-millièmes donne un *vert émeraude*, le fer en battitures produit le *vert bouteille*.

Le *jaune topaze* est fourni par l'antimoniate de potassium ou le verre d'antimoine. D'autres variétés de jaune sont données par le chlorure, sulfure ou borate d'argent. L'oxyde d'uranium donne un verre dichroïque jaune à reflets verdâtres.

Le *jaune rouge* et les *bruns* sont obtenus par le sesquioxyde de fer; ces couleurs se produisent aussi par l'action du charbon très-divisé sur un verre non plombeux; la coloration dans ce cas est due aux sulfures provenant de l'action du charbon sur les sulfates qui se trouvent comme impuretés dans les carbonates alcalins employés.

On obtient des verres colorés en *rouge* soit avec le pourpre de Cassius, soit avec le protoxyde de cuivre.

Le verre au pourpre de Cassius se nomme *rouge-rubis;* dans la préparation de ce verre le pourpre de Cassius peut être remplacé par le chlorure d'or. On fond dans un creuset du cristal ordinaire additionné de 1 millième d'or à l'état de chlorure; le verre d'or ainsi obtenu est incolore, il n'a qu'une légère teinte bleuâtre. Mais lorsqu'on le réchauffe lentement sans arriver à le ramollir, la couleur rouge-rubis apparaît. Ce recuit se fait tout aussi bien dans une atmosphère oxydante que réductrice. Le verre d'or s'emploie en général en verre doublé, et la couleur se développe quand l'ouvrier ramollit le verre à l'ouvreau pendant le travail.

Le rouge au cuivre ou *rouge ancien* est composé de verre plombeux additionné d'oxyde cuivreux et d'oxyde stanneux; ce dernier corps sert à maintenir le cuivre à l'état de protoxyde. Par l'addition d'une petite quantité d'oxyde ferreux, le verre devient rouge écarlate.

L'oxyde cuivreux entre environ à la dose de 3 % dans le verre rouge. On ajoute quelquefois de la limaille de fer, de la suie, de la crème de tartre pour empêcher l'oxyde cuivreux de passer à l'état d'oxyde cuivrique, corps qui ne communiquerait au verre qu'une couleur verte.

Après la fusion, le verre est légèrement coloré en verdâtre et, comme précédemment, la couleur ne se développe que par le recuit. Ces verres doivent être recuits dans une atmosphère réductrice.

Le *verre noir* peut être fait avec un mélange d'oxydes de fer, de cuivre, de cobalt, de manganèse ou avec le sesquioxyde d'iridium qui donne un noir plus franc.

L'*hyalithe* est un verre noir, opaque, résistant bien aux changements de température et qu'on obtient par l'addition aux éléments du verre blanc ordinaire d'un mélange de phosphate de calcium, de scories de forge et de poussière de charbon.

La *dorure* et la *peinture* sur verre se font par des procédés analogues à ceux employés pour la porcelaine. Les couleurs vitrifiables pour verre se rapprochent beaucoup de celles indiquées sous le nom de couleurs de moufles tendres, à l'article Poteries, t. II, p. 1164.

Taille du verre. — Cette opération se fait à l'aide de meules montées sur un tour mû mécaniquement. La meule est verticale; elle est en fonte et parfaitement tournée; au-dessus d'elle se trouve un réservoir d'eau tenant en suspension du sable extrêmement fin. Un robinet peut, étant ouvert, laisser tomber cette eau chargée de sable, goutte à goutte, sur la meule. Cette meule en fer sert à *dégrossir* les pièces.

Après le dégrossissage, les pièces présentent des surfaces rugueuses qu'on aplanit sur la meule à *doucir*, qui est en grès; les pièces doucies sont passées sur les meules à *polir*, qui sont en bois. On les passe à la meule d'abord avec les boues des opérations précédentes, puis avec de l'émeri de plus en plus fin, et enfin avec la potée d'étain mise sur une meule à sec recouverte de feutre.

Le dernier poli se donne au moyen de la *brosse circulaire* de 2 mètres de diamètre et $0^m,10$ de large. Cette brosse est enduite de pierre ponce délayée dans l'eau.

Pour tailler, polir ou graver les verres, on met à profit tantôt les faces planes et latérales, tantôt les arêtes des meules.

Gravure du verre. — La gravure sur verre peut se faire soit par un procédé chimique à l'aide de l'acide fluorhydrique, soit par un procédé mécanique, en projetant *du sable à l'aide* d'un fort courant d'air sur la surface du verre à graver.

Ce dernier procédé, qui date de 1870, est dû à M. Tilghman de Philadelphie; il donne de très-bons résultats, comme on a pu le constater à l'Exposition de 1873 à Vienne.

La gravure à l'acide fluorhydrique peut se faire avec l'acide liquide ou avec l'acide gazeux. L'acide liquide produit une morsure brillante, tandis que l'acide gazeux donne une gravure mate plus convenable; mais l'emploi de l'acide gazeux est difficile et dangereux.

MM. Tessié du Motay et Maréchal se servent avec succès d'un bain dans lequel se dégage l'acide fluorhydrique à l'état naissant. Ils emploient :

1000 p. d'eau.
250 p. de fluorhydrate de fluorure de calcium cristallisé.
250 p. d'acide chlorhydrique.

Ils ajoutent en outre 140 de sulfate de sodium pour rendre les fluorures de calcium et de plomb peu ou pas solubles dans le bain et obtenir ainsi des dépolis épais et uniformes.

Le verre à graver est enduit d'un vernis de cire et de térébenthine; le dessin y est tracé avec une pointe comme pour l'eau forte; seules les parties dénudées par le burin sont attaquées.

Pour les gravures devant reproduire plusieurs fois le même dessin, M. Gugnon de Metz opère comme il suit : sur le verre enduit d'une légère couche d'essence de térébenthine, il applique un dessin découpé à jour dans une feuille de métal ou de papier; il tamise à sa surface une poudre fine de bitume de Judée et de mastic en larmes; le modèle est ensuite enlevé avec soin et le verre est légèrement chauffé : le bitume et le mastic fondent en se fixant au verre et en conservant les contours du dessin découpé. On fait alors mordre l'acide ou le sable. Ce procédé est très-rapide et très-économique.

Verre filigrané. — Sous ce nom, on désigne les objets de verre dans lesquels se trouvent des filets opaques, blancs ou colorés, rangés avec symétrie, de façon à composer des dessins.

La fabrication de cette sorte de verre est fondée sur ce qu'une masse cylindrique de verre de grand diamètre et courte peut être étirée, quand elle est pâteuse, sans altération de sa forme primitive. Pour faire le verre filigrané, on commence par préparer une série de baguettes de verre opaque ou coloré mis dans un verre transparent ou opaque, et on les étire de façon à les amener à un très-faible diamètre. On réunit plusieurs de ces baguettes et après les avoir chauffées on les agglomère à l'aide d'une masse de verre incolore, et on étire le tout, soit parallèlement, soit en donnant à la canne un mouvement de torsion; on a ainsi des baguettes contenant des fibres ou filigranes colorés, disposés suivant des génératrices, ou des hélices parallèles. On peut obtenir, par ces procédés, des baguettes présentant les dessins les plus variés.

Ces baguettes fabriquées, pour faire un vase filigrané, on les range verticalement à la périphérie d'un pot en terre dans l'ordre voulu, et on les met réchauffer; quand la température est convenable, le souffleur introduit à l'aide de la canne une paraison au centre de toutes ces baguettes, il souffle légèrement et fait adhérer à son verre toutes les baguettes. On réchauffe alors le tout et on le marbre de façon à bien incorporer les baguettes dans le verre de la canne. On réchauffe de nouveau, on réunit les baguettes en un seul point vers le fond du vase, avec les pinces; pour faire le vase, le travail se continue en soufflant comme pour une paraison ordinaire.

Millefiori. — Les millefiori sont des objets contenant, enfermés dans une enveloppe de cristal, des dessins colorés de diverses manières.

Les objets en millefiori se fabriquent comme il suit : on prépare d'abord ce qu'on appelle les éléments, c'est-à-dire des séries de baguettes de couleurs et de formes diverses préparées comme il a été dit précédemment. On coupe ces baguettes en tronçons d'environ 0,01 de hauteur; avec ces tronçons on compose le dessin qu'on désire, et on le noie ensuite sous du verre. Les presses-papier contenant des fleurs à l'intérieur sont des objets en millefiori très-recherchés.

Voici comment on les obtient : Lorsque les tronçons de baguettes ont été disposés convenablement et qu'on a appliqué par-dessus une masse de verre pâteux cueillie avec un pontil, l'ouvrier plonge de nouveau le tout dans le verre en fusion, une nouvelle masse de verre se fixe, et l'ouvrier l'arrondit avec une spatule concave en bois mouillé. On sépare alors le serre-papier du pontil, on le recuit soigneusement et on le polit à la meule.

Les *incrustations* se font en emprisonnant entre deux couches de cristal encore rouges des objets en relief faits en stéatite ou en argile blanche. Ces objets ainsi pris sous le cristal ont l'aspect de l'argent mat.

Le *verre craquelé* s'obtient en promenant la *paraison* sur une plaque de fer sur laquelle se trouvent des morceaux de verre blanc ou coloré; ce verre adhère à la masse vitreuse. On termine la pièce par les procédés ordinaires, et on a ainsi des craquelures à la surface. Le verre peut aussi être filé et tissé : il donne de magnifiques étoffes.

Verre en table.

Verre a vitre. — Bien que l'on ait trouvé des plaques de verre employées à clore les habitations dans les ruines de Pompéi, l'usage des vitres dans nos habitations ne remonte qu'au XIVe siècle : on se servait de petits carreaux encastrés dans des plombs. Ce n'est que sous le règne de Louis XIV que l'emploi des vitres d'un seul morceau devint général.

Deux modes différents sont suivis pour fabriquer le verre à vitre : le procédé des *cylindres* et le procédé des *plateaux* ou du verre en *couronne*. Le premier de ces procédés est de beaucoup le plus répandu; le second tend à disparaître complètement.

Le charbon entrant pour 30 à 40 % dans le prix de revient de cette sorte de verre, la plupart des verreries se fixent près des houillères.

L'analyse de différents verres à vitre a fourni les chiffres suivants :

	Silice.	Oxyde de fer et alumine.	Chaux.	Soude.
Verre allemand, 1871	72,25	1,23	13,40	13,02
— de Stolberg, 1871	71,97	1,77	12,84	13,24
— belge de Charleroi, 1861	73,31	0,83	13,24	13,00
— français	71,90	1,40	13,60	13,10
— anglais, 1857	70,71	1,92	13,38	13,25

Pour la fabrication du verre à vitre, on emploie en général les matières premières dans les proportions indiquées ci-dessous.

	I.	II.	III.
Sable	100	100	100
Sulfate de sodium	33-40	36-40	42
Calcaire	25-33	40	39
Charbon	1,5-2	4-5	3,5
Arsenic	0,5	»	»
Oxyde de manganèse	0,5	2,3	»

D'après M. Bontemps, les proportions de la première colonne sont celles entre lesquelles ont oscillé les compositions employées en France dans le premier quart de ce siècle.

La deuxième colonne renferme les proportions suivies par les verreries de la Loire et du Rhône; la troisième composition est celle mise en œuvre de l'usine de Bellelaie (Suisse).

On ajoute toujours à la composition une quantité variable de déchets de verre ou groisil.

Le sulfate et le charbon étant mélangés à part, on ajoute le sable et la chaux. On introduit l'oxyde de manganèse quand la masse est fondue, c'est-à-dire avant l'affinage.

Dans les verreries de la Loire, les fours sont

rectangulaires et contiennent huit pots; chaque pot reçoit 450 kilogrammes de composition et il fournit, après la fonte, qui dure 15 heures, 300 kilogrammes de verre environ. Dans le Nord, les pots contiennent 600 kilogrammes de composition. Pour fabriquer 100 kilogrammes de verre et le travailler, on consomme 600 kilogrammes de houille.

La fusion, l'affinage et l'apaisement se font suivant la marche ordinaire. Quand le verre est bien affiné et que par refroidissement il a acquis l'état pâteux convenable, le travail commence.

Devant chaque creuset se trouve une estrade en bois élevée de 2m,50 à 3 mètres au-dessus du sol, sur laquelle se tiennent l'ouvrier souffleur et le garçon.

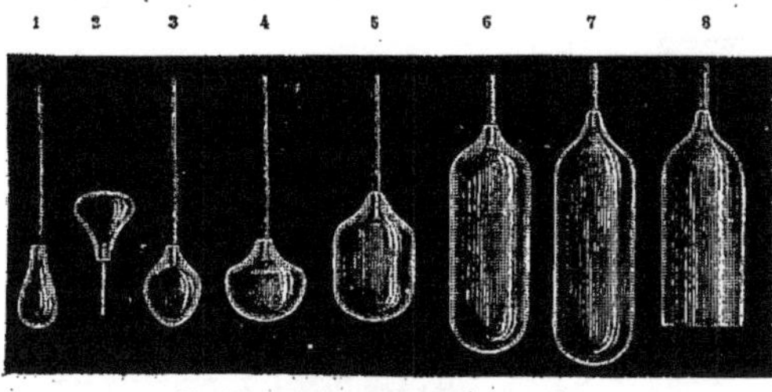

Fig. 776. — Fabrication du verre en table.

Le garçon prend le verre en plongeant sa canne réchauffée dans le creuset; il la retire et égalise la masse prise en faisant tourner la canne posée sur un crochet en forme de fourche; il fait une seconde prise et l'arrondit en tournant la masse vitreuse dans les cavités hémisphériques d'un mabre en bois humide. Il souffle légèrement dans la canne pour empêcher le verre de s'accumuler à son ouverture; il fait une troisième prise de la même façon. La canne passe alors dans les mains du souffleur, il fait une quatrième prise et la pare à l'aide de la *palette* et amène le verre, la canne posant sur une fourche en avant du nez à la forme nº 1 de la fig. 776; il souffle alors légèrement la masse en la mabrant. Il réchauffe son verre fortement, et, élevant la canne verticalement en l'air, il lui fait prendre la forme nº 2. Le souffleur réchauffe à l'ouvreau le fond de la pièce qu'il a façonnée et l'amène successivement aux formes nos 3, 4, 5, en soufflant fortement, tout en donnant à la canne un mouvement de pendule. La masse vitreuse sous ces deux actions s'allonge et prend une forme cylindrique. L'ouvrier réchauffe encore la portion hémisphérique et recommence à souffler et à faire osciller la canne pour amener le cylindre à la longueur voulue nos 6 et 7. On ouvre alors la portion sphérique qui termine le cylindre; pour cela l'ouvrier porte la pièce à l'ouvreau de façon à ramollir l'extrémité sphérique; quand elle est suffisamment chaude, elle est percée par une pointe de fer. Par le balancement, l'ouverture s'agrandit, on régularise la pièce avec la palette et en la faisant tourner rapidement sur elle-même. La confection d'un cylindre ouvert à son extrémité et fixé à la canne a lieu en 8 à 9 minutes. On peut aussi couper la dernière sphère qui termine le cylindre, comme l'indique le nº 8, mais on a ainsi plus de déchet.

On pose ce cylindre en verre sur un chevalet en bois, on le sépare de la canne en la touchant vers le nez avec une tige de fer froid. Pour enlever la calotte supérieure, on enroule autour de la base de celle-ci un fil de verre très-chaud, et on met sur la portion ainsi chauffée une goutte d'eau; la calotte se sépare immédiatement.

Pour pouvoir développer le cylindre ainsi obtenu sur un plan, on le fend suivant une génératrice à l'aide d'un diamant ou bien en passant à l'intérieur une tige de fer rougie et mouillant ensuite un des points chauffés.

Ces cylindres fendus sont portés dans des fours spéciaux où se fait l'*étendage*: c'est là qu'ils se développent suivant un plan par suite du ramollissement du verre.

Les fours à étendre le verre sont de systèmes très-variés. Le plus ancien et le plus simple consiste en une sorte de four à réverbère, chauffé par un foyer latéral et divisé en deux chambres séparées par un mur qui part de la voûte et s'arrête à 0m,10 avant d'arriver à la sole; il reste ainsi une ouverture qui sert à introduire les vitres d'une chambre dans l'autre. La première chambre sert à l'étendage, la seconde au recuit. On chauffe le four au rouge, on y introduit les cylindres par une galerie latérale dans laquelle ils s'avancent l'un poussant l'autre. Le cylindre le plus près du centre du four qui est déjà au rouge est amené à l'aide d'une longue tige de fer sur le *lagre;* on donne ce nom à une plaque en argile réfractaire parfaitement plane sur laquelle on étend et on dresse le cylindre de verre ramolli.

On aide l'affaissement des bords du cylindre en exerçant sur eux une légère pression à l'aide d'une perche de bois; puis, en promenant à la surface du verre étendu un rabot en bois ou polis, soir, on achève de l'aplanir sur la surface du lagrex sur laquelle on a projetté du gypse ou de la chau. en poudre pour empêcher que les tables y adhèrent.

La table de verre ainsi dressée est aussitôt introduite dans le second compartiment, dont la température est moins élevée. Quand elle est bien solidifiée, elle est mise sur champ au moyen d'une pince en fer, contre des barres de fer fixées *ad hoc* dans le four. Lorsque le four est plein, on abat le feu, on bouche les ouvertures et on laisse refroidir lentement pour recuire les vitres. Pour dresser les tables de verre, on les charge quelquefois d'une masse plane en argile cuite.

Le four qu'on vient de décrire, dit *four à pierre fixe,* donne à l'étendage des verres rayés et souvent gauches. On a proposé des fours à sole tournante; mais ceux-ci fournissent aussi un verre mal étendu, consomment beaucoup de combustible et exigent de nombreuses réparations.

Les fours à *pierre roulante* (fig. 777) sont maintenant le plus généralement adoptés. On introduit les cylindres par le canal A dans le four d'étendage chauffé latéralement par le foyer B, et on les amène successivement sur le *lagre* C qui est porté sur un chariot se mouvant sur des rails. L'ouvrier les étend en manœuvrant le rabot par l'orifice *a*. L'étendage terminé, le chariot C est poussé sur ses rails jusqu'à la position *c* à côté d'un chariot tout semblable D qui porte la pierre à refroidir, et par l'orifice *b* l'ouvrier fait glisser la plaque étendue de C en D. Le chariot C ramené dans sa première position reçoit un nouveau manchon à étendre et le même travail recommence. Pendant ce temps le chariot D est amené en *d* où la plaque de verre se refroidit de plus en plus, et quand elle est suffisamment solidifiée, on la place sur le chariot E à l'aide de la fourche à vitres qu'on introduit par l'orifice *e*. Chacun de ces chariots reçoit 8 à 12 feuilles; ils se meuvent sur des rails dans une galerie à recuire de 15 à 20 mètres de long chauffée latéralement. Les chariots sont reliés les uns aux autres par des crochets; ils entrent vides par F, se remplissent dans la position E et sortent pleins et froids à l'autre extrémité.

Les verres à vitre *cannelés* s'obtiennent comme les verres plans, à cette différence près qu'au commencement du travail, quand la paraison a la forme allongée d'une poire épaisse, on la souffle dans un moule en bois ou en fonte portant des cannelures. Celles-ci se conservent pendant le reste du travail.

Les cylindres aplatis qui servent à couvrir les pendules sont soufflés comme les cylindres ordinaires, et quand la pièce est arrivée à une certaine dimension, elle est emprisonnée dans une caisse rectangulaire et le soufflage y est achevé. Le verre alors s'aplatit aux endroits où il est en contact avec les parois de la caisse.

Verre en couronne. — Ce verre possède la même composition que le verre en cylindres; le mode de façonnage seul le distingue du précédent. Le garçon fait les prises de verre comme de coutume; l'ouvrier souffle une sphère volumineuse dont il aplatit ensuite la partie opposée à la canne, en la pressant contre une surface plane en fer. Une petite quantité de verre fondu est appliquée à l'aide d'un *pontil* au centre du côté aplati; le pontil se trouve ainsi dans le prolongement de la canne et est fixé à la partie aplatie. Si l'on refroidit ensuite le verre près du nez de la canne, il se rompt et la canne se sépare de la sphère en laissant une ouverture de quelques centimètres.

On réchauffe alors la pièce fixée au pontil; quand le verre est bien pâteux, l'ouvrier imprime un mouvement de rotation au poutil, d'abord lentement, puis avec une vitesse qu'il accélère à mesure que la matière cède à la force centrifuge. L'ouverture s'augmente; la pièce prend la forme d'une cloche, et se transforme enfin en un large disque, ayant ordinairement 1m,30 de diamètre. Son épaisseur est presque uniforme, sauf au point où est fixé le pontil. On recuit ces plateaux, puis on les découpe en segments et on les équarrit au diamant.

Glaces soufflées. — La fabrication du verre pour les *glaces soufflées* est identique à celle du verre en tables. Les matériaux sont les mêmes que pour le verre blanc fin.

Le travail du verre s'effectue à l'aide des mêmes outils que pour les cylindres; seulement il est rendu beaucoup plus difficile par la grande masse de verre que l'ouvrier doit prendre

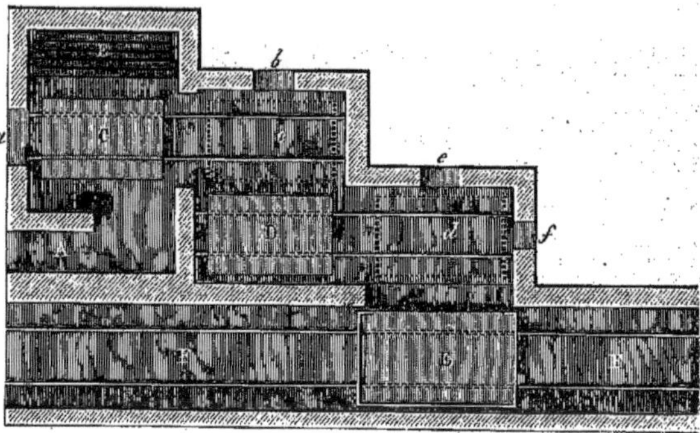

Fig. 777. — Four d'étendage à pierre roulante.

avec la canne. Pour obtenir une glace de 1m,50 de long sur 1 mètre à 1m,10 de large la masse de verre doit peser 22 à 23 kilogrammes. Ce procédé donne des produits inférieurs à ceux obtenus par coulée; aussi a-t-il presque complètement disparu de l'industrie verrière.

VERRE TRAVAILLÉ A L'ÉTAT FLUIDE

Glaces coulées. — L'industrie des glaces coulées est d'origine française; elle fut inventée vers 1688 par Lucas de Nehou; elle a donné lieu à la fondation de la cristallerie de Saint-Gobain, qui depuis a acquis un si grand renom.

Les éléments essentiels du verre à glace sont: la silice, la chaux et la soude.

Les premières *compositions* employées pour fabriquer les glaces étaient pauvres en chaux, comme l'indiquent les analyses suivantes:

Glaces coulées :

	Silice.	Alumine et oxyde de fer.	Chaux.	Soude.	Potasse.
Saint-Gobain, 1830..................	75,9	2,8	3,8	17,5	»
Aix-la-Chapelle....................	78,72	1,65	6,51	12,92	»
London et Manchester, P. Gl. C.....	77,90	3,59	4,85	12,35	1,72

Ces glaces sont trop alcalines et par conséquent trop facilement altérables par l'humidité; beaucoup de ces glaces se recouvrent à l'air de petits cristaux, aiguilles de carbonate de sodium: elles *ressuent* en terme du métier. Lorsqu'on augmente la quantité de chaux, la qualité des glaces s'améliore considérablement: elles ont plus d'éclat, plus de dureté et plus de résistance à l'action des agents atmosphériques; par contre, le verre est plus difficile à fondre.

Voici les analyses de glaces de Saint-Gobain riches en chaux, fabriquées depuis 1856 :

D'après MM.	Silice.	Alumine et oxyde de fer.	Chaux.	Soude.
Peligot.....	73,0	»	15,5	11,5
Pelouze....	72,1	»	15,5	12,4
Jœckel.....	72,31	0,81	14,96	11,42
Benrath....	71,88	0,90	15,40	11,96

Les matières premières qui entrent dans la

composition du verre à glaces doivent être choisies et purifiées avec soin.

La silice est fournie par des sables très-blancs et très-fins, comme ceux de Fontainebleau ou de Nemours. A défaut de sable on se sert de quartz pulvérisé. En général le sable est lavé par décantation à plusieurs eaux et quelquefois à l'acide chlorhydrique.

La soude doit être d'un degré très-élevé et non ferrugineuse.

Pelouze a donné en 1856 une méthode de purification du sulfate de sodium qui a permis d'utiliser ce sel dans la fabrication des glaces : perfectionnement qui a amené une économie réelle. Les principales impuretés du sulfate de sodium du commerce sont le sable, l'alumine, la chaux, du chlorure de sodium non attaqué, de l'hyposulfite, du sulfure sodiques et de l'oxyde de fer. Pour purifier le sulfate de sodium et le débarrasser de fer, Pelouze conseille de faire dissoudre le sulfate du commerce dans son poids d'eau, d'ajouter de la chaux jusqu'à réaction alcaline, de faire bouillir quelque temps et de laisser déposer. L'oxyde de fer se précipite avec l'excès de chaux; le liquide clair est soutiré au siphon, évaporé et les cristaux sont desséchés avant d'entrer dans la composition.

Comme calcaire en France et en Belgique, on emploie un très-bon calcaire saccharoïde gris, venant des environs de Namur.

Ces différentes matières entrent dans la composition après avoir été finement broyées et soigneusement desséchées.

On les pèse, on les mélange à la pelle et on y ajoute la proportion voulue de calcin ou groisil en petits morceaux lavés et séchés.

La composition varie peu.

On emploie :

	Pelouze.	Jœckel.	Knopf.
Sable	100	100	100
Calcaire	37	38,4	35
Sulfate de sodium	37	38,4	40
Charbon	2,5	2,5	2,5
Arsenic	»	3	»

Pour avoir des produits d'excellente qualité, on se sert encore de carbonate de sodium séché et l'on suit les proportions suivantes :

Sable	100
Calcaire	37
Carbonate de sodium calciné	30
Charbon	0,2

La petite quantité de charbon qu'on ajoute est destinée à décomposer les sulfates qui existent toujours dans le carbonate du commerce.

Les compositions varient un peu suivant l'allure du four, qui se transforme par l'usage et se modifie suivant la saison. Le tirage est plus actif en hiver qu'en été; par suite en été il faut augmenter un peu la dose du fondant alcalin.

Anciennement le verre était fondu dans des pots que l'on chauffait dans des fours analogues à celui décrit dans la figure 769; à côté de ces pots se trouvaient des *cuvettes*, dans lesquelles après l'affinage on transvasait le verre à l'aide d'une poche. Après un certain temps on enlevait les cuvettes du four pour en couler le contenu. Le transvasement s'appelait le *tréjétage*.

La fonte, l'affinage, le coulage se font maintenant dans le même pot ou cuvette.

Les cuvettes peuvent être rectangulaires, rondes ou elliptiques; ces dernières semblent les plus commodes : elles occupent moins de place dans les fours. Leur capacité varie de 300 à 800 kilogrammes de verre. Les pots portent à la ceinture sur leur pourtour extérieur une rainure creuse qui permet de les saisir fortement avec des tenailles.

Les fours sont construits de façon qu'on puisse entrer et sortir facilement les creusets; ils se trouvent dans l'axe d'une grande halle (fig. 778).

Dans une usine décrite par M. Valerio, ancien directeur de la glacerie d'Aix-la-Chapelle, le four a une forme elliptique; il contient 12 cuvettes *c* placées symétriquement sur un siége en briques réfractaires; sous le sol se trouvent des galeries M pour l'introduction de l'air et le tisage du four. Les gaz, produits de la combustion, après avoir chauffé les pots, s'échappent par 12 cheminées *d* ménagées dans l'intérieur des piliers du four; elles sont munies de registres. Toutes ces cheminées aboutissent sous une grande hotte en tôle F, terminée par une grande cheminée Q. Entre deux piliers est ménagée une ouverture *n* dont les dimensions sont en rapport avec celle des cuvettes pour pouvoir les entrer et les sortir; cette ouverture se ferme par une grande brique mobile, qu'on nomme *tuile d'ouvreau*. Au-dessus de ces portes se trouvent des ouvertures plus petites, fermées avec des plaques en terre réfractaire percées de plusieurs trous, qu'on appelle *pigonniers*. En enlevant ces plaques, les ouvriers chargent par ces ouvertures la composition dans les pots à l'aide de pelles à long manche. Les trous du *pigonnier* servent à juger de la température du four; ils sont bouchés par de la terre pendant le temps de fusion. Le four est chauffé à la houille.

La grille a près de $6^m,50$ de long et $0^m,60$ de large.

Le sol autour du four est formé de dalles en fonte, afin d'avoir une surface unie et résistante pour la manœuvre des cuvettes.

Les fours Siemens sont aujourd'hui appliqués aux fours à glace.

Les fours sont placés dans l'axe d'une grande halle de 26 mètres de largeur qui en contient quatre espacés de 16 mètres d'axe en axe; de chaque côté des fours sont placés les fours à recuire les glaces ou *carcaisses* B.

Ces carcaisses sont établies sur des voûtes N. De distance en distance, une carcaisse se trouve remplacée par un four à cuire les cuvettes et les briques. De chaque côté du foyer, entre celui-ci et les carcaisses, se trouvent trois voies ferrées : la première *g* porte une grue G servant à manœuvrer les pots; sur la seconde *t* se meut sur des galets la table de coulée T; sur la troisième circulent les tables de rapport pour faciliter l'entrée des glaces dans les carcaisses et le chariot portant le treuil et qui reçoit le rouleau après la coulée.

Chaque carcaisse a trois foyers, une large ouverture à l'avant pour introduire et retirer les glaces, des ouvertures pour donner graduellement accès à l'air froid, un carneau pour conduire les fumées à une cheminée desservant plusieurs carcaisses. La sole de ces fours doit présenter dans toute sa surface un seul plan et un niveau parfait; elle est faite en briques, mises sur champ, dont les surfaces sont dressées avec soin; elles ne sont pas cimentées, mais seulement juxtaposées sur une couche de sable fin. Les soles de carcaisses sont souvent vérifiées à l'aide de la règle et du niveau. Les carcaisses sont chauffées au rouge brun.

La *table de coulée* T est parfaitement plane et unie; elle est d'une seule pièce, en fonte, de 0,20 à 0,23 d'épaisseur pour éviter les déformations; elle a 5 à 6 mètres de long sur 3 à $3^m,50$ de large et pèse de 25 à 35,000 kilogrammes. La table est montée sur un chariot se déplaçant sur des rails *t* de façon à pouvoir être amenée devant l'ouverture des différentes carcaisses; la surface de la table et la sole de la carcaisse sont alors dans un même plan horizontal. L'épaisseur des glaces est donnée par deux règles de fer de 0,027 de large

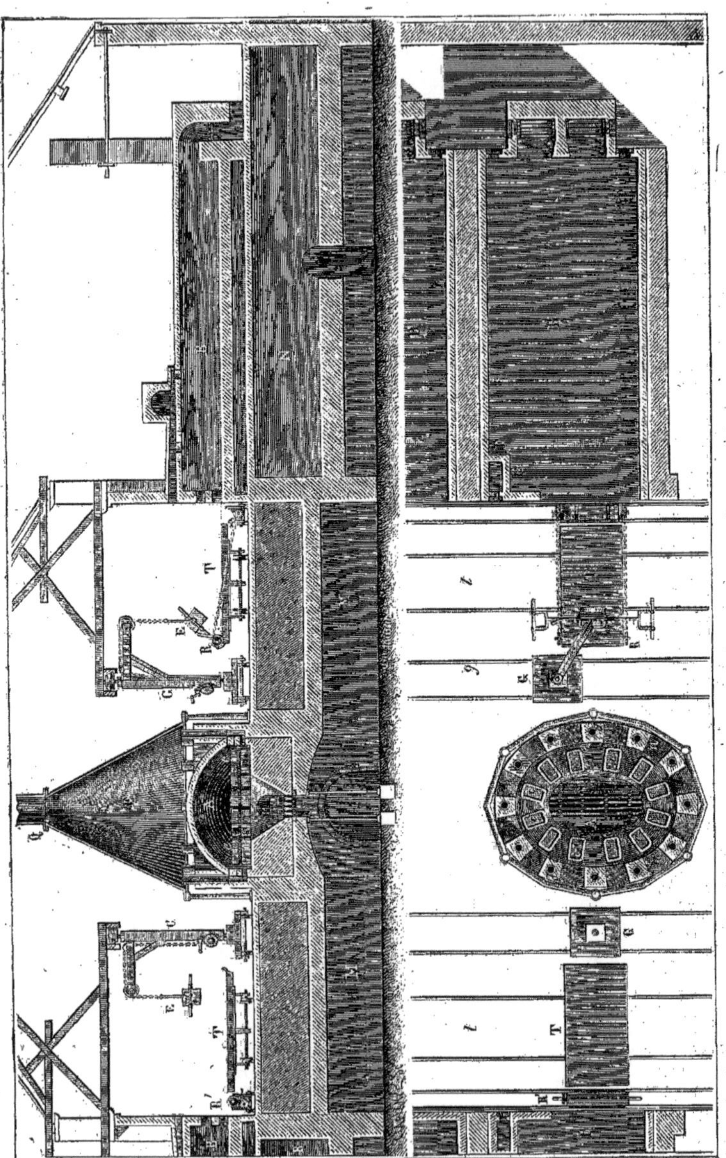

Fig. 778. — Atelier de coulée de glaces.

qu'on place sur la table et sur lesquelles passe le rouleau destiné à étaler le verre. L'écartement des règles limite la dimension de la glace qu'on coule.

L'épaisseur varie de 0,005 à 0,01 suivant la surface des glaces.

Le *rouleau* R est un cylindre creux ayant comme longueur la largeur de la table et 0,40 à 0,60 de diamètre. Il est en fonte bien tournée et pèse de 1000 à 1500 kilogrammes; il est mis en mouvement par un treuil relié à lui par deux chaînes latérales parallèles, enroulées au bout des axes et porté sur un chariot R' qui se déplace sur une troisième voie ferrée.

Le rouleau en se déplaçant fait glisser sur chacune des règles une pièce en cuivre, appelée *main*, qui maintient le verre et l'empêche de se déverser hors des règles ou *tringles*.

Tels sont en général la disposition et l'outillage d'une halle de glacerie. Le travail comprend la fusion, le coulage et le recuit.

Deux heures après une coulée de glaces, quand les cuvettes ont été réchauffées dans le four, on introduit la composition destinée à une fonte suivante. La charge se fait en trois fois. On ne fait un second enfournement que lorsque la masse précédente est bien fondue. Si la fonte ne se fait pas également bien dans toutes les cuvettes, le *tiseur* ou chauffeur ajoute du calcin dans les pots en retard, ce qui en active la fusion. La conduite du four se fait comme à l'ordinaire : la fusion, l'affinage et l'apaisement ou braise durent environ 24 heures.

Un four de douze cuvettes contenant 4,400 kilogrammes de composition consomme 6,700 kilogrammes de charbon de Charleroy par 24 heures.

Le verre étant *bon*, on procède à la coulée, opération qui exige de tout le personnel une grande précision et une grande rapidité dans les manœuvres; douze glaces ayant chacune en moyenne 6 à 8 mètres superficiels doivent être coulées et rentrées dans les carcaisses en moins d'une heure.

Quand on commence la coulée, les carcaisses doivent être au rouge-brun; la table chauffée à point et nettoyée est placée devant l'ouverture d'une carcaisse, les règles et le rouleau sont en place. Tout étant prêt, deux ouvriers enlèvent la *tuile d'ouvreau*, saisissent la cuvette à la ceinture avec une grande tenaille montée sur roue et l'enlèvent pour la poser sur un chariot en fer qu'on dirige au pas de course au pied de la grue; on écrème le verre pour enlever les impuretés qui peuvent se trouver à la surface (fiet).

La cuvette est saisie par une tenaille terminée par deux longues branches qui permettent de la manœuvrer. La tenaille porte des chaînes qu'on attache au crochet de la grue. On enlève au moyen du treuil de la grue la cuvette à 0m,30 environ au-dessus de la table, on l'essuie partout à l'extérieur et on verse en basculant la cuvette, le verre du côté du rouleau et entre les deux règles. On relève aussitôt la cuvette et on l'écarte sans l'avoir vidée complétement, le fond étant impur, puis on la remet sur le siége du four.

Le rouleau est immédiatement mis en jeu; on le fait mouvoir sur les règles qui limitent l'épaisseur et la largeur de la glace au moyen d'une manivelle placée sur le chariot R'; le rouleau doit s'avancer sans saccade. Le verre se lamine, s'aplatit sous le poids du cylindre et remplit uniformément l'espace qui se trouve entre les deux tringles.

Le rouleau, arrivé à l'extrémité de la table, remonte sur le chariot R' qu'on éloigne sur la voie ferrée et on le remplace par une surface plane de niveau avec la table et la carcaisse montée sur un chariot qui sert de pont entre la table et la carcaisse.

Quand le chariot qui s'appelle l'*utile* est en place, on procède à l'enfournement de la glace dans la carcaisse; pour cela on pousse la glace par la partie laminée en premier au moyen d'un instrument en fer qu'on nomme pelle à enfourner. Pendant qu'on enfourne une glace coulée, d'autres ouvriers retirent du four de fusion une nouvelle cuvette, qui arrive à la table au moment où la glace précédente vient d'entrer dans la carcaisse. On met en général six glaces dans un même four à recuire.

Lorsqu'une carcaisse est pleine, on en bouche les ouvertures avec des briques lutées et on ferme les foyers. Après un séjour de 24 à 30 heures, on commence à donner un peu d'air, puis on active graduellement le refroidissement jusqu'au troisième ou quatrième jour. Dès que la température le permet (50 à 60°), l'ouvrier chargé des carcaisses y pénètre pour visiter les glaces; s'il aperçoit une fissure, il l'arrête en appliquant un fer rouge à l'endroit où elle se termine.

Le défournement se fait sur une grande table de bois placée au niveau du sol de la carcaisse. L'ouvrier *équarrisseur* coupe, à la règle et au diamant, les bords ou *bandes* des glaces, puis celles-ci sont transportées dans l'atelier d'équarri brut, où elles sont visitées et débitées suivant leurs défauts et suivant les commandes. De là les glaces sont dirigées vers l'atelier de polissage; elles y sont dégrossies, doucies, savonnées et polies à la main ou à la machine; ces opérations sont complétement mécaniques: aussi n'en dirons-nous que quelques mots.

La glace étant scellée avec du plâtre sur une grande pierre bien dressée, on fait mouvoir sur sa surface saupoudrée de sable quartzeux et arrosée sans cesse un cadre de bois garni de lames de fer; cette caisse, dite *ferrasse*, reçoit un double mouvement de va-et-vient et de rotation. La surface de la glace sous cette action se *dégrossit*; on fait la même opération sur les deux faces.

Les glaces dégrossies sont ensuite frottées l'une sur l'autre, pour les *doucir* en interposant du grès fin, puis de l'émeri; la glace supérieure seule est animée d'un mouvement de rotation et de va-et-vient.

Le douci terminé, on fait un nouveau choix dans les glaces, et la partie jugée bonne passe au *savonnage*, opération qui se fait à la main et qui a pour but de faire disparaître au moyen d'émeri de plus en plus fin les traces que le sable laisse sur le verre et de rendre ainsi les surfaces parfaitement lisses.

Après le douci et le savonnage les glaces sont mates, il reste à les polir; avant de passer à cette opération, elles sont pour la troisième fois nettoyées, visitées et classées.

Le *polissage* donne aux glaces le fini, l'éclat et la transparence qu'elles doivent avoir. Cette opération s'effectue à l'aide de machines qui font mouvoir à la surface de la glace un lourd polissoir en bois, garni, à la partie en contact avec la glace, d'un feutre épais, imprégné d'oxyde de fer ou colcothar.

Les diverses opérations mécaniques que doit subir une glace durent au moins de 4 à 5 jours.

Les glaces sont livrées au commerce telles quelles, sans *tain* ou étamées.

Étamage. — On étend sur la pierre à étamer une feuille d'étain un peu plus grande que la glace à recouvrir; on l'imbibe de mercure à l'aide d'un tampon de drap; on verse sur la feuille autant de mercure qu'elle peut en retenir par adhésion sans que le mercure déborde, puis on fait avancer la glace bien nettoyée en refoulant un peu de mercure et de manière qu'elle vienne se placer en glissant sur le mercure, au-dessus de la feuille amalgamée.

La glace flotte alors sur le métal en excès, qui doit être enlevé par pression. Quand la glace a été chargée d'un poids suffisant, on incline légèrement la pierre à étamer pour faciliter l'écoulement du mercure en excès. La glace reste 24 heures dans cette position pour que l'étamage se fixe; on la transporte ensuite horizontalement sur le tréteau à *sécher*, on lui donne une inclinaison, légère d'abord qu'on augmente peu à peu pour arriver, vers la fin, à la position verticale. Cette opération dure de 8 jours à 3 semaines.

On a cherché à remplacer l'étamage des glaces, qui est une opération insalubre, longue et coûteuse, par l'argenture. En 1843, M. Drayton proposa l'emploi de l'argent pour transformer le verre en miroir. Il employa d'abord comme réducteurs des sels d'argent les huiles essentielles en faisant intervenir la chaleur. Ce procédé échoua, et malgré toutes les modifications que M. Drayton y apporta, il ne parvint pas à entrer dans la pratique.

M. Petitjean a donné un procédé qui est en exploitation; il est basé sur l'action de l'acide tartrique sur les sels d'argent en présence de l'ammoniaque. On dissout 100 grammes de nitrate d'argent dans 60 grammes d'ammoniaque d'une densité de 0,87 à 0,88, il y a dégagement de chaleur; on laisse refroidir et l'on étend avec 500 grammes d'eau distillée. On filtre pour séparer un léger dépôt d'argent réduit, et on ajoute goutte à goutte 7gr,5 d'acide tartrique dissous dans 30 grammes d'eau; on étend ensuite de 2 litres et demi d'eau distillée. Ces liqueurs ne doivent être préparées qu'au moment de l'emploi. On fait en outre une seconde liqueur qui ne diffère de la première qu'en ce qu'elle contient le double d'acide tartrique.

La glace à argenter, parfaitement nettoyée, est placée de niveau sur une table en fonte creuse que l'on peut chauffer par circulation d'eau chaude ou de vapeur.

On chauffe la glace à argenter à 45 ou 50°, on l'humecte d'eau, puis on verse sur sa surface une couche de 3 millimètres de la solution argentique; elle reste sur le verre, retenue par capillarité. Au bout de 15 à 20 minutes, une couche uniforme d'argent se trouve déposée sur le verre. On déverse le liquide excédant en inclinant la glace du côté d'une gouttière attenante à la table. Pour augmenter l'épaisseur de la couche déposée, on recommence l'opération en se servant de la seconde liqueur. On lave la glace et on la sèche. Lorsque l'argenture est terminée, il est utile de recouvrir la couche d'argent d'un vernis, ou mieux de la cuivrer par l'électricité.

M. Lowe a proposé l'emploi de l'azotate d'argent, du sucre de fécule et de la potasse, M. Martin celui de l'azotate d'argent, de l'ammoniaque, de la potasse et du sucre de canne interverti par l'acide azotique. M. F. Bothe a remplacé dans le procédé Petitjean l'acide tartrique par l'acide tartrique moisi.

Depuis quelque temps, on platine la surface antérieure des glaces et l'on obtient ainsi un vrai miroir métallique déposé sur du verre; dans ce cas, la qualité, la transparence du verre n'ont plus d'importance, et une face seule a besoin d'être dressée avec soin; de là une grande économie. Le platinage se fait à une haute température, comme un véritable émaillage; M. Dodé emploie le chlorure de platine broyé avec de l'essence de lavande: à 172 grammes de chlorure de platine il ajoute peu à peu 1400 gr. d'essence, puis il laisse déposer 8 jours. On décante ensuite la liqueur claire et l'on ajoute, comme fondant, 25 grammes de litharge et 25 grammes de borate de plomb broyé avec 10 grammes d'essence de lavande. Ce mélange est étendu au pinceau sur le verre, qui après dessiccation est porté au rouge sombre dans un moufle; le platine apparaît alors métallique et le miroir est fait.

Le VERRE MOULÉ PAR PRESSION ne se distingue des autres espèces que par la façon dont il est travaillé. Le verre est coulé à l'aide d'une poche dans le moule ou matrice et comprimé par une presse à main le long des parois du moule. Le verre ordinaire aussi bien que le cristal se prête à ce genre de travail, qui est surtout appliqué à la fabrication de petits objets, tels que salières, bobèches, soucoupes, assiettes, et les vases plats en général.

VERRE TRAVAILLÉ A L'ÉTAT SOLIDE

VERRES D'OPTIQUE. — *Flint-glass.* — La fabrication de ces verres offre de très-grandes difficultés; c'est aux travaux de Guinand père et fils et de M. Bontemps que nous devons les procédés satisfaisants que l'on suit aujourd'hui.

Le *flint-glass* est un verre alcalin plombeux très-réfringent; il doit être bien homogène, très-dense, entièrement exempt de bulles et de stries, et aussi peu coloré que possible. Sa densité varie entre 3,6 et 4,0; celle du *crown-glass* est de 2,5 environ. On parvient à avoir un verre très-dense et très-réfringent en augmentant beaucoup la quantité de plomb contenue dans le cristal ordinaire.

Le flint-glass de Guinand, analysé par M. Dumas et par Faraday, a donné:

	Dumas.	Faraday.
Silice	42,50	44,30
Oxyde de plomb	43,50	43,05
Potasse	11,70	11,75
Oxyde de fer	»	0,12
Alumine	1,80	0,50
Chaux	0,50	»
Arsenic	traces.	traces.

La proportion considérable d'oxyde de plomb contenue dans ce verre rend sa fabrication très-difficile; quand il est liquide, il tend à se partager en couches de différentes densités, ce qui produit des stries qui le rendent impropre aux usages de l'optique. Guinand, en brassant la masse fondue jusqu'à ce qu'elle redevînt visqueuse, a empêché cette formation de couches de différentes densités.

Les compositions employées par Guinand et Bontemps sont:

		Bontemps.			
	Guinand.	1.	2.	3.	4.
Sable	100	100	100	100	100
Minium	106	66,7	100	105	128
Carbonate de potassium	43	33,3	21,5	20	18
Nitrate de plomb	»	»	5	5	7

Le flint-glass n° 1 de Bontemps se rapproche beaucoup du cristal. Sa densité est de 3,325. La densité du verre de Guinand est de 3,417, et son pouvoir réfringent moyen pour la raie jaune D est de 1,778. Le verre n° 2 de Bontemps possède une densité de 3,569 et un pouvoir réfringent de 1,611, dispersion 0,054; le n° 3 une densité de 3,630, un pouvoir réfringent de 1,628, dispersion 0,055; le n° 4 a une densité de 3,80.

Pour la fabrication du flint-glass, M. Lamy a attiré l'attention sur le thallium. En remplaçant dans le cristal le potassium par une quantité équivalente de thallium, c'est-à-dire en employant:

Sable	100,0
Minium	66,7
Carbonate de thallium	112

on obtient un verre facile à fondre et à affiner, bien homogène et légèrement teinté de jaune, sa densité s'élève à 4,235 et il possède un grand pouvoir réfringent.

D'après les expériences de Cl. Winkler, le plomb peut être remplacé avec avantage dans le flint-glass par le bismuth.

Toutes les matières qui entrent dans la *composition* sont purifiées avec un soin extrême. La fonte se fait à la houille dans un four rond ne contenant qu'un seul creuset. La figure 779 donne la disposition de ce four : A est le siége portant

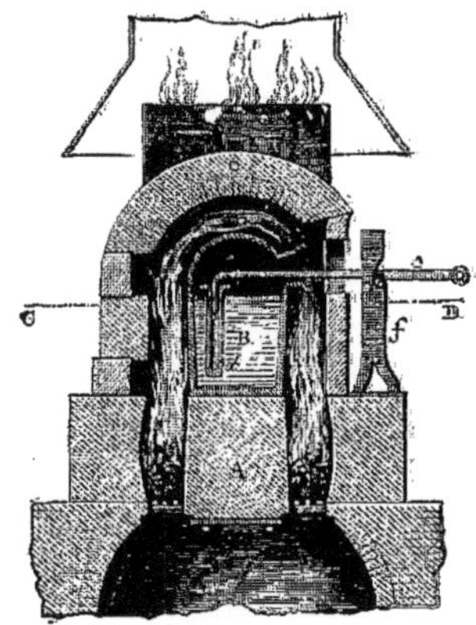

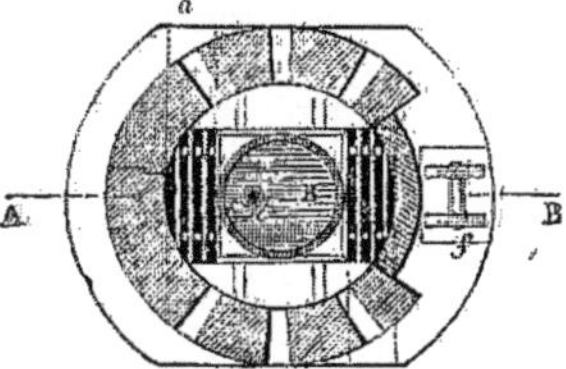

Fig. 779. — Four pour verre d'optique.

le creuset couvert B ; de chaque côté du siége se trouve une grille à 30^{cm} en contre-bas ; ces grilles sont au-dessus d'une voûte qui amène l'air ; *aa* sont les portes des foyers ; sur le devant se trouve une embrasure qu'on démaçonne à volonté pour l'entrée et la sortie du creuset ; un ouvreau *h* à l'arrière en face de l'ouvreau de travail facilite la mise en place du creuset ; *c* est la barre de fer recourbée qui sert à agiter le mélange à l'aide d'un manchon *d* en terre à creuset. Cette barre repose sur un support à galet *f* pour en rendre la manœuvre moins pénible. Les creusets employés par Bontemps avaient ordinairement 0^{m},55 de haut, 0^{m},70 de diamètre à la partie supérieure et 0^{m},64 en bas.

La fusion doit être faite avec beaucoup de soin : le creuset, ayant été chauffé au rouge dans un four spécial, est introduit par les moyens ordinaires dans le four de fusion également au rouge. On chauffe fortement le creuset avant d'enfourner. Après trois heures environ, on débouche l'ouverture du creuset et on introduit 10 à 15 kilogrammes de composition pour l'*enverrer*. 1 heure après on enfourne 20 kilogrammes du mélange, puis 40 kilogrammes au bout de 2 heures, et ainsi de 2 en 2 heures jusqu'à ce que toute la composition soit chargée. L'enfournement dure de 8 à 10 heures. On a soin, après chaque charge, de refermer la gueule du creuset avec ses deux couvercles ; il ne faut faire les charges que lorsque le charbon du foyer ne donne pas de fumée. Le creuset est ensuite chauffé pendant 4 heures, puis il est débouché afin d'introduire l'agitateur en terre à creuset *d* qui a été chauffé préalablement au rouge blanc. On pose la barre coudée *c* dans l'intérieur de l'agitateur, comme l'indique la figure, et l'on fait un premier brassage qui sert à *enverrer* le cylindre et opérer déjà un mélange plus intime. Au bout de 3 minutes, la barre de fer a atteint le rouge blanc ; on la retire, on pose les bords du cylindre sur ceux du creuset. Ce cylindre flotte, légèrement incliné sur la masse vitreuse ; on referme le creuset et l'on attise le feu. Cinq heures après, on fait un second brassage, et à partir de ce moment les brassages se succèdent d'heure en heure, ne durant que quelques minutes. Après six brassages, on couvre le feu avec une forte épaisseur de houille qui se réduit en coke ; on ouvre les portes et les ouvreaux pour refroidir le four. On laisse le refroidissement se prolonger 2 heures ; les bulles pendant ce temps s'échappent de la masse. Le feu est alors activé et la température maximum est maintenue pendant 5 heures. Le verre est devenu liquide et exempt de bulles. On bouche exactement les grilles par-dessous et on commence le grand brassage, qui dure 2 heures sans discontinuer ; dès qu'une barre à crochet est chaude, on la remplace par une autre. Comme la grille est bouchée, le four se refroidit, la matière s'épaissit ; quand le brassage ne se fait plus que difficilement, on sort l'agitateur en terre. On bouche le creuset et le four et on abandonne le tout au refroidissement spontané ; au bout de huit jours on défourne le creuset, on le casse et on le sépare avec soin du flint, qui s'y trouve ordinairement en un seul bloc. Ce bloc est poli sur deux faces parallèles pour juger de sa qualité et débité à la scie ; les petits fragments sont refondus et moulés sous forme de disques lenticulaires.

Crown-glass. — La deuxième espèce de verre nécessaire pour établir les systèmes achromatiques se rapproche beaucoup du verre à glaces. C'est un verre à base d'alcali et de chaux. Les compositions qu'on emploie ont varié beaucoup. Pour fabriquer le crown-glass on est placé entre deux écueils : les verres fusibles sont trop alcalins et hygroscopiques, les verres riches en chaux se dévitrifient trop facilement.

Guinand employait une composition riche en alcali et contenant un peu de plomb :

Sable	100
Carbonate de potassium	40
Minium	5
Borax	5

M. Bontemps fit de 1843 à 1848 du crown-glass légèrement plombifère suivant la composition n° 1 ; ces verres étaient très-hygroscopiques. Déjà en 1846 il fabriquait suivant le dosage n° 2 des verres de chaux et de soude, et enfin il s'arrêta en 1867 au mélange n° 3 :

	1.	2.	3.
Sable	100,0	100,0	100,0
Carbonate de potassium	43,5	»	42,7
Carbonate de sodium	»	41,5	»
Nitrate de potassium	1,5	»	2,2
Minium	9,0	»	»
Calcaire	0,5	22,5	»
Chaux éteinte à l'air	»	»	21,7
Arsenic	»	2,6	»

Cette dernière composition, qui donne le meilleur crown-glass, se rapproche beaucoup du bon verre de Bohême.

Le verre de M. Maës contenant de l'acide borique et de l'oxyde de zinc a aussi été proposé comme crown-glass.

La fonte du crown-glass se fait d'une façon analogue à celle du flint-glass. La charge de la composition est terminée au bout de huit heures; 4 ou 5 heures après, le cylindre agitateur est introduit dans la masse fondue; l'on brasse. Le brassage, le temps d'échauffer une seule barre, se succède de 2 heures en 2 heures; on laisse en repos à feu couvert pendant 2 heures; et l'on chauffe fortement pendant 7 heures. Puis vient le grand brassage, qui dure environ 1 heure et quart. Les ouvertures du four sont bouchées et le creuset se refroidit lentement.

Le crown-glass et le flint ainsi obtenus sont livrés à la taille.

Verres colorés.

Strass. — *Pierres fausses.* — Le *strass* est un verre très-riche en plomb fortement réfringent, auquel par la taille, on arrive à donner presque les *feux* du diamant. Il fut inventé au commencement de ce siècle par Joseph Strasser, qui lui donna son nom.

Le strass ne sert pas seulement à imiter le diamant : en y ajoutant certains oxydes, on peut lui donner les différentes couleurs des pierres précieuses qui se rencontrent dans la nature.

On est arrivé en France à une telle perfection dans cette fabrication, que, pour reconnaître ces pierres fausses, il faut en examiner la dureté et la densité : le strass est beaucoup plus mou et plus dense que les pierres naturelles.

Le strass incolore s'obtient, d'après M. Douault-Wieland, en fondant les mélanges ci-dessous :

	1.	2.	3.	4.
Cristal de roche pulvérisé.	100,0	100,0	»	»
Sable pur	»	»	100,0	100,0
Minium	135,3	154,2	»	»
Carbonate de plomb	»	»	158,9	236,3
Potasse caustique à l'alcool.	53,1	56,2	14,7	33,3
Borax calciné	6,8	6,3	4,8	10,0
Arsenic	0,3	0,2	0,2	»

Les matières d'une extrême pureté sont mélangées en les passant plusieurs fois au tamis. On fond la composition dans des creusets de bonne qualité, en élevant peu à peu la température; on maintient la température très-élevée pendant un certain temps, pour que l'affinage se fasse, et on laisse refroidir lentement.

La *topaze* s'imite en fondant un mélange de 1000 p. strass incolore, 40 p. de verre d'antimoine et 1 p. de pourpre de Cassius. On peut aussi obtenir une topaze assez belle avec le fer seul, en prenant 1000 p. de *strass* et 1 p. de sesquioxyde de fer.

Le *rubis* se prépare en fondant 1 p. du mélange pour topaze avec 8 p. de strass dans un creuset qu'on laisse pendant 30 heures dans un four de potier. Au sortir du creuset, la masse vitreuse est un beau cristal jaunâtre; refondue au chalumeau, elle prend le ton des plus beaux rubis.

En ajoutant à 1000 p. de strass incolore 25 p. d'oxyde de manganèse, on obtient un rubis moins beau que le précédent; avec 8 p. d'oxyde de cuivre et 0p,25 d'oxyde de chrome, 1000 p. de strass, on imite l'*émeraude*. En additionnant cette même quantité de strass blanc de 15 p. d'oxyde de cobalt pur, on a le *saphir*; avec 8 p. d'oxyde de manganèse, 5 p. d'oxyde de cobalt et 0p,2 de pourpre de Cassius, l'*améthyste*; l'*aigue-marine* ou *béryl* avec 7 p. de verre d'antimoine et 0p,4 d'oxyde de cobalt; le *grenat syrien* avec 500 p. de verre d'antimoine, 4 p. de pourpre de Cassius et 4 p. de peroxyde de manganèse.

Les plus grands défauts du strass sont le peu de dureté et le peu de résistance aux actions chimiques : aussi se dépolit-il très-rapidement. On obvie quelquefois à ces inconvénients en recouvrant ces pierres artificielles de plaques minces de pierres dures naturelles de peu de valeur, comme le quartz ; ces lamelles sont fixées par une résine incolore.

L'*aventurine* est un verre jaunâtre dans lequel se trouvent disséminées des paillettes cristallisées de cuivre métallique, de protoxyde de cuivre ou de silicate de protoxyde de cuivre.

M. Hautefeuille est arrivé à reproduire ce verre, dont on tenait la fabrication secrète à Murano, en employant comme composition :

	1.	2.	3.
Glace de Saint-Gobain	2000	»	1200
Sable	»	1500	600
Craie	»	357	»
Carbonate de sodium sec	»	801	650
Carbonate de potassium	»	143	»
Nitre	200	200	200
Peroxyde de fer	60	»	»
Battitures de cuivre	125	125	125

On fond au creuset; quand la masse est bien liquide, on ajoute 38 grammes de limaille de fer enveloppée dans du papier ; on macle alors le verre avec une tige de fer rougie. On arrête le feu en fermant le fourneau, et on laisse refroidir très-lentement. Le lendemain, en brisant le creuset, on trouve l'aventurine formée.

M. V. Pettenkofer pense que l'*aventurine* est un mélange de verre de protoxyde de fer avec des cristaux rouges de silicate de protoxyde de cuivre ; le ton jaunâtre indéterminé de l'aventurine prend naissance par extinction complémentaire des deux nuances. C'est pourquoi le protoxyde de fer est aussi indispensable que le protoxyde de cuivre dans la fabrication de l'aventurine; lorsqu'on ajoute dans un verre assez fusible un mélange à parties égales de protoxyde de fer et de protoxyde de cuivre et qu'on laisse refroidir lentement, il se forme des cristaux de silicate de protoxyde de cuivre dans la masse vitreuse, qui se trouve ainsi transformée en aventurine.

L'*aventurine de chrome*, découverte par M. Pelouze, est un verre d'un grand éclat, jaune verdâtre, contenant dans sa masse de petits cristaux d'oxyde de chrome ; on l'obtient en fondant ensemble

Sable	100
Soude	40
Calcaire	20
Dichromate de potassium	16

et laissant refroidir très-lentement.

L'*hæmatinon* est un verre opaque d'une belle couleur rouge, comprise entre celle du cinabre et celle du minium. Il était connu des anciens ; Pline le décrit. Il est plus dur que le verre ordinaire, à cassure conchoïdale, susceptible d'être poli ; sa densité est égale à 3,5. Bien qu'opaque, il ne contient pas d'étain. M. Pettenkofer a donné l'analyse suivante d'une hœmatinon trouvée à Pompéi :

Silice	49,90
Soude	11,54
Magnésie	0,87
Chaux	7,20
Alumine	1,20
Oxyde de fer	2,1[illegible]
Oxyde de plomb	15,51
Protoxyde de cuivre	11,03

Et il en a préparé en fondant ensemble de la silice, de la chaux, de la magnésie, de la litharge, du carbonate de sodium et des battitures de cuivre et de fer.

En remplaçant une partie de la silice par de l'acide borique, on obtient un verre rouge dichroïque, à reflet bleuâtre, que M. Pettenkofer a appelé *astralite*.

Les *émaux* ont été décrits dans un article spécial, ainsi qu'à l'article POTERIES, t. II, p. 1223.

BIBLIOGRAPHIE. — *Bosc d'Antic*, œuvres, 2 volumes, 1780; *Encyclopédie des sciences, des arts et métiers*, article VERRE, par de Joncourt, Neuchâtel, 1765; — *Encyclopédie méthodique*, Diderot, d'Alembert, article GLACES, par Allut, 1791; — Peligot, *Douze leçons sur la verrerie*, 1862; — — Bontemps, *Guide du verrier*, 1868; — Flamm, *Le verrier du XIXe siècle*, 1863; — Dumas, *Chimie appliquée aux arts*; — Payen, *Chimie industrielle*; — Wagner, *Chimie industrielle, trad. franç.*; — Benrath, *Die Glasfabrikation*, 1875; — *Dictionnaire des arts et manufactures*, de Laboulaye; — *Dictionary of arts, manufactures and mines*, du docteur Ure. G. V.

VERTIDINE. — Greville Williams a signalé dans le goudron produit par la distillation des schistes bitumineux une série de bases volatiles parmi lesquelles se trouvent la pyridine et ses homologues, ainsi qu'une très-faible proportion d'une base qui donne une coloration d'un beau vert avec le chlorure de chaux. Cette base existe dans la fraction bouillant de 183 à 210°, mais n'a pu être isolée à l'état de pureté; elle a reçu le nom de vertidine [C. Greville Williams, *Journ. chem. Soc. London*, VII, p. 97].

VICINE, $C^8H^{16}Az^3O^6$ (?). — Cette substance a été trouvée par Ritthausen dans les semences de la vesce commune (*Vicia sativa*). La vesce semble renfermer, en outre, une petite quantité d'amygdaline, car elle développe l'odeur de l'acide cyanhydrique lorsqu'on la met, à l'état pulvérisé, en contact avec l'eau; Ritthausen n'est cependant pas parvenu à demontrer directement la présence de ce corps.

Pour préparer la vicine, on épuise 1 p. de vesces pulvérisées par 8 p. d'alcool bouillant, d'une densité de 0,83; on distille les sept huitièmes du liquide et l'on ajoute au résidu de l'éther qui sépare une matière gélatineuse. Le liquide éthéro-alcoolique est distillé, et le nouveau résidu est traité par l'éther : il se sépare une couche jaune qui laisse déposer, du jour au lendemain, des cristaux de vicine; on les purifie par cristallisation dans l'alcool faible et bouillant; on obtient ainsi par kilogramme de vesce environ 0gr,5 de vicine pure, mais le procédé décrit est loin de fournir la totalité contenue dans les graines; d'après quelques indications trop sommaires de Ritthausen, il semble plus avantageux d'épuiser les vesces par l'acide chlorhydrique faible et de précipiter la vicine à l'état de combinaison mercurique, en ajoutant à la solution du chlorure mercurique et de la potasse.

La vicine renferme, d'après Ritthausen $C^8H^{16}Az^3O^6$, mais en supposant exact le rapport de 16 à 3 entre l'hydrogène et l'azote, cette formule doit être doublée. La vicine cristallise en petits prismes, peu solubles dans l'eau froide, plus solubles à chaud, presque insolubles dans l'alcool absolu. Elle n'offre aucune saveur; sa réaction est faiblement alcaline.

Les acides sulfurique et chlorhydrique étendus dissolvent aisément la vicine; ses solutions additionnées d'alcool fournissent, dans le premier cas, un amas de fines aiguilles d'un sel renfermant 10,90 % SO^3 et 15,12 % Az; dans le second, des lamelles incolores et brillantes renfermant 10,02 % Cl. Ces solutions acides, portées à l'ébullition, produisent un faible dégagement de gaz et une odeur rappelant celle des fruits gâtés, se colorent en jaune et présentent alors les réactions suivantes : la baryte y produit un précipité violet rouge, se décolorant par l'ébullition; une petite quantité de chlorure ferrique et d'ammoniaque donne une coloration bleu foncé, qui passe peu à peu au jaune; la solution sulfurique réduit le nitrate d'argent.

Lorsqu'on maintient la solution sulfurique, au bain-marie pendant une vingtaine de minutes, elle se trouble et laisse déposer, en se refroidissant, une substance cristalline; celle-ci, purifiée par une cristallisation dans l'eau bouillante, se présente en lamelles ou en prismes aplatis et incolores. Le gaz ammoniac la colore en pourpre, coloration qui, à l'air humide chargé d'ammoniaque, passe au bleu, puis au gris bleuâtre. Ritthausen représente la composition de la matière cristallisée par la formule fort peu probable $2(C^{11}H^{19}Az^{10}O^6),5SO^3$. La baryte ajoutée en quantité théorique, en précipite l'acide sulfurique et l'on obtient une solution incolore qui se décompose pendant l'évaporation, même à froid.

Indépendamment de ce corps, il se produit, par l'action de l'acide sulfurique faible sur la vicine, de petites quantités de gaz et d'une base volatile, ainsi qu'une substance incristallisable.

La vicine est remarquable par sa stabilité avec les alcalis; la potasse et la baryte la dissolvent et ne l'attaquent aucunement, même à l'ébullition. Elle forme une combinaison insoluble avec l'oxyde mercurique qu'on prépare en ajoutant du chlorure mercurique, puis de la potasse à la solution chlorhydrique de vicine [H. Ritthausen, *Journ. f. prakt. Chem.*, (2), t. II, p. 336; t. VII, p. 374; *Deutsche chem. Gesellsch.*, t. IX, p. 301; *Bull. de la Soc. chim.*, t. XV, p. 285; t. XXVI, p. 566]. A. H.

VIN. — Le vin proprement dit est la liqueur alcoolique qui résulte de la fermentation du jus de raisin.

La plupart des fruits sucrés peuvent fournir par expression des sucs qui, abandonnés à eux-mêmes, se transforment en liquides spiritueux, auxquels on donne souvent le nom de *vins*. Tels sont les vins de cerise, de groseille, de pêche, de pomme, de poire, de palmier, de banane, d'agavé, de cocotier, de canne à sucre, de bouleau, d'érable, etc., sans parler des liqueurs fermentées obtenues avec les graines germées de l'orge, du riz, du seigle, du maïs, et de beaucoup d'autres végétaux amylacés ou sucrés. Mais nous ne nous occuperons dans cet article que de la liqueur alcoolique qui résulte de la fermentation du fruit de la vigne.

Le vin est l'un des produits les plus importants et les plus précieux de l'industrie humaine (1). Depuis bien des siècles les hommes se sont appliqués à le varier à l'infini, à le perfectionner, à l'imiter, à le sophistiquer. Aussi l'étude du vin a-t-elle depuis longtemps appelé l'attention et réveillé la sagacité des chimistes les plus illustres. Sa préparation, sa composition, sa conservation, ses altérations spontanées, ses imitations, ses fraudes, son analyse, etc., ont été le sujet de recherches nom-

1. Nous extrayons de *l'Économiste français* (t. III, p. 407) quelques-uns des renseignements suivants : « La France, dans les 16 dernières années (1858 à 1874) a récolté par an 55 millions d'hectolitres de vin (65 millions dans les quatre années 1870-1874), qui, au prix moyen de 20 francs par hectolitre, représentent une valeur annuelle de 1 milliard 100 millions. L'Italie produit par an 30 millions d'hectolitres de vin; l'Espagne et le Portugal, 20 millions environ. L'Allemagne, l'Autriche, la Grèce, la Crimée, Chypre, en fournissent de notables quantités. On peut évaluer, pour l'Europe seulement, la production du vin à 130 millions d'hectolitres par an, qui, au prix moyen de 30 francs l'hectolitre, représentent un revenu de 4 milliards. Le pays originaire de la vigne, l'Asie, n'a presque plus

breuses et délicates que nous nous efforcerons de résumer dans cet article.

La vigne et le raisin. — Disons d'abord un mot de la vigne elle-même, de son fruit, et de la composition de ses diverses parties, mais surtout du moût qu'on en retire par expression. Chacune de ces diverses portions du raisin va modifier en effet la composition et les propriétés du vin qui en résultera par fermentation.

La *vigne* (*Vitis vinifera*, L.), de la famille des Ampelidées, transportée d'Asie en Europe par les Phéniciens, est actuellement en pleine production du 35° au 50° degré de latitude nord. On connaît plus de mille variétés de cet arbrisseau sarmenteux (voir à ce sujet l'*Ampélographie universelle* du comte Odart, et le *Traité de viticulture et d'œnologie* de Ladrey, t. I, p. 406). Nous nous bornerons donc à citer ici les principaux cépages. Ce sont : en Bourgogne le *pinot noir* [syn. *noirien*, *auvernat*, *salvagnin*, *schwarz-clävner*], le *pinot gris* [syn. *muscadet*, *beurot*, *cordelier gris*], les *gamays noirs* et *blancs*, les *verrots* ou *tressot*, le *pinot blanc*, le *morillon blanc* [syn. *épinette*, *weiss-clävner*, *auvernat blanc*, *arnoison*, *merlier*]. Les *pinots* donnent les vins de Bourgogne supérieurs en qualité. — Dans nos vignobles du Sud-Ouest on distingue surtout parmi les cépages noirs : les *carbenets* [syn. *carmenet*, *petite vuidure*, *breton*], les *merlot*, les *verdot* et les *malbec*; et pour les vins blancs : le *sauvignon*, le *semillon* et la *muscatelle*. Dans le Midi de la France, parmi les principaux cépages de vins rouges: le *carignane* (*monestel*), l'*aramon*, le *rebalaire*, le *grenache*, le *terret*, le *mourvedre* ou *espar*, le *teinturier*, etc. Parmi les cépages blancs : le *picpoul*, la *clairette* (*ugni blanc*), le *colombeau* (*chalosse*), les variétés de *muscat*, le *barbaroux*, le *pascal blanc*, etc.

On peut signaler dans les autres parties de la France : les *pinots gris ou beurot*, le *sylvaner blanc* et *rouge*, le *savagnin vert* ou *grün-traminer* du Nord-Est, le *savagnin* ou *naturé blanc*, qui donne le vin jaune d'Arbois, le *côt* du Cher (ou *noir de Preissac*, *quercy*, *bourguignon noir*), l'*épinette* et la *folle blanche*, qui donne l'excellente eau-de-vie de Cognac. En Alsace et en Allemagne, les *weiss*, *roth* et *grün traminer*, le *sylvaner blanc* et *rouge*, le *rülander*, le *gros et petit riesling*, le *roth-clävner* et *grau-clävner*, le *kleinberger*, cépages principaux du Rhin. Dans les autres parties de l'Europe, pour les raisins noirs : le *noir de Franconie*, le *raisin d'Ischia*, le *bastardot* de Portugal, le *barbera d'Asti*, le *dolceto nero* d'Italie, le *touriga* et le *tinto* de Portugal, le *giro* et le *sciacarello* de Sardaigne et de Corse. Parmi les cépages blancs : le *vert* et *blanc précoce* de Madère et de Kienzheim, le *luglienga bianca* d'Italie, le *ximenès* d'Espagne, le *verdello* et le *sercial* de Madère, le *terrgulmeck* et le *diamant traubé*, de Crimée, le *malvazia* et le *macabeo* d'Espagne, etc.

Des cépages américains, depuis quelque temps introduits en France dans le but de résister au phylloxéra, je citerai parmi les plus connus : 1° Groupe des Rotundifolia : le *scupernong*, le *flowers*. — 2° Groupe des Labrusca : *concord*, *yona*, *catawba*. — 3° Groupe des Æstivalis : *cuningham*, *cynthiana*, *herbemont*, *jacquez*. — Le *delaware*, le *clinton*, le *taylor*, forment un dernier groupe. De ces cépages, le *Riesen-Blatt*, le *Norton's Virginia* et le *Cynthiana* ou *Jacquez* surtout, pourraient être utilement cultivés en Europe. Ils donnent des vins rouges de goût excellent. Les vins blancs de *Catawba*, d'*Herbemont*, de *Cuningham* (ces deux derniers provenant de raisins rouges), sont aussi fort agréables au goût.

Quoique la nature chimique du sol exerce une notable influence sur le développement des végétaux qui le couvrent, on peut dire que ses propriétés physiques, sa porosité, sa chaleur spécifique, et surtout les influences météorologiques auxquelles il est soumis, telles que l'exposition, l'humidité, la température moyenne, etc., aussi bien que le mode de culture suivant lequel on le traite, influent tout particulièrement sur la croissance de la vigne et sur la bonne maturation de ses fruits. Pour que la vigne prospère et donne un vin potable, il faut que durant 180 à 200 jours environ, d'avril en octobre, la température moyenne soit de 16° *au moins*, la moyenne de l'été se tenant entre 20 à 30°, et celle du commencement de l'automne entre 16 à 23°. En général, les années chaudes et sèches sont les plus favorables à la vigne.

Pour un même plant et des conditions météorologiques déterminées, la quantité de sucre (et par conséquent d'alcool) fourni par la vigne varie peu avec la composition du sol. Les terrains entièrement calcaires de Champagne, argilo-calcaires de Bourgogne, granitiques de l'Hermitage; les sables silico-calcaires du Médoc, les sols siliceux de Châteauneuf, donnent tous d'excellents vins. Toutefois la nature du terrain influe assez notablement sur la quantité d'acide tartrique, de tannin, de matière colorante, mais surtout modifie le parfum ou bouquet des vins. Les terres argilo-calcaires ou calcaires compactes donnent du tannin, de la couleur, des tartrates; les terres sablonneuses, graveleuses, siliceuses, donnent des vins à bouquet plus fin, mais aussi moins colorés et moins vineux. Un demi-millième de potasse dans le sol suffit pour fournir à la vigne, d'une manière presque continue, la base alcaline qui lui est nécessaire. Il n'est pas démontré d'ailleurs que la chaux ou la magnésie, et peut-être la soude, ne puissent se substituer, *en partie du moins*, à la potasse, sans nuire pour cela à la végétation de la vigne. Ceci semble résulter des nombres que nous allons donner. Ils indiquent d'une manière approximative les quantités de sels divers, d'azote et d'acide phosphorique que la vigne emprunte au sol chaque année. D'après H. Marès, un hectare de vignes d'aramon produit, dans les plaines du midi de la France, année moyenne, 120 hectolitres de vin, 1680 kilogrammes de marc frais et 3,160 kilogrammes de sarments. Le vin nouveau laisse par litre, d'après cet auteur, 1 gramme de potasse et 0gr,200 d'azote. D'autre part, 1 kilogr. de marc contient 4gr,6 de potasse et 0gr,024 d'azote; 1 kilogr. de sarments frais fournit 2gr,5 de potasse et 0gr,08 d'azote. En calculant les poids de potasse et d'azote par hectare et pour une récolte, on déduit des nombres précédents :

	K^2O.		Az.	
Pour 120 hectolitres de vin....	12kgr		2kgr	4
Pour 1680 kilogr. de marc....	7	73	15	52
Pour 3160 kilogr. de bois frais.	7	88	3	41
	27kgr	61	21kgr	33

D'un autre côté, voici, d'après Boussingault, les

de vignes. L'Afrique n'a que celles du Cap et de l'Algérie. Cette dernière colonie, en 1874, possédait 18 300 hectares de vignes et donnait 230 000 hectolitres de vin. L'Amérique du Nord produit annuellement 200 000 hectolitres de vin. L'Australie ne fait que débuter. La France possède 2 170 000 hectares de vignes (dont 1 100 000 attaquées à cette heure du phylloxéra), occupant plus de 7 millions de travailleurs. Elle consomme 43 millions, distille 5 millions et exporte 1 700 000 hectolitres de vin par an. L'impôt sur les vins fournit annuellement au trésor un revenu de 300 à 350 millions. Paris consomme à lui seul 4 millions d'hectolitres de vin par an, sur lesquels il paye un impôt de 100 millions. »

quantités de sels empruntées à un sol calcaire par une vigne de sa propriété du Schmalzberg [*Ann. de Chim. et de Phys.*, (3), t. XXX, p. 369]. La récolte moyenne de 1848 a donné à l'hectare :

	Potasse.	Soude.	Chaux.	Magnésie.	Acide phosphorique.	Acide sulfurique.
	kgr.	kgr.	kgr	kgr.	kgr.	kgr.
Vin, 3240 litres, contenant	2,73	0,00	0,30	0,56	1,33	0,31
Marc laissé à l'air, 289k,3, contenant	7,10	0,076	2,06	0,42	2,06	1,04
Sarments, 1543k,5, contenant	6,78	0,076	10,28	2,30	3,91	0,60
Total enlevé au sol par les quantités de vin, sarments et marc précédentes	16,61	0,152	12,64	3,28	7,30	1.95

Un litre de vin avait fourni 1gr 870 de cendres ; 100 p. du marc correspondant desséché à l'air avaient donné 6,65 de matières minérales, et 100 p. de sarments en avaient laissé 2,44. Cent parties de ces cendres étaient ainsi composées :

	Cendres des sarments.	Cendres de marc.	Cendres de 1 litre de vin.
Potasse	18,0	36,9	0gr,842
Soude	0,2	0,4	»
Chaux	27,3	10,7	0 092
Magnésie	6,1	2,3	0 172
Oxyde de fer et alumine	3,8	3,4	?
Acide phosphorique	10,4	10,7	0 412
Acide sulfurique	1,6	5,4	1 896
Chlore	0,1	6,4	Traces
Acide carbonique	20,3	12,4	0 250
Sable et traces de silice	10,9	15,3	0 096
Perte	1,3	2,2	»
	100,0	100,0	1gr,870

Pour une moyenne de 120 hectolitres à l'hectare, on voit que, si les matériaux précédents étaient proportionnellement fournis par le sol, une récolte suffirait à lui enlever 61kgr,52 de potasse et 27kgr,1 d'acide phosphorique. La quantité de potasse empruntée au sol de Schmalzberg par une récolte paraît donc, d'après les dosages de Boussingault, comparés à ceux de H. Marès, en admettant une même production de vin, être extrêmement variable avec le cépage, le sol, le climat. Boussingault fait observer en outre qu'une récolte ordinaire de pommes de terre enlève par hectare, à son terrain d'Alsace, 63 kilogrammes d'alcalis et 14 kilogrammes d'acide phosphorique, et une récolte de betteraves 90 kilogrammes d'alcalis et 12 d'acide phosphorique, chiffres supérieurs à ceux qu'en extrait la vigne en un an [voir aussi les analyses des *cendres de la vigne*, par Crasso, *Journ. de Pharm. et de Chim.*, t. XIII, p. 62].

On sait peu de chose sur la nature des sucs végétaux contenus avant le grossissement et la maturation du raisin dans les feuilles et la séve de la vigne. A. Petit a fait toutefois la remarque intéressante que ces parties du végétal contiennent alors, outre du sucre interverti, une forte proportion de sucre de canne. Il a pu extraire d'un kilogr. de ces feuilles jusqu'à 17gr,5 du premier de ces sucres et 15gr,8 du second [*Compt. rend.*, t. LXXVII, p. 944]. Wittstein a retiré du suc qui s'écoule des jeunes rameaux du citrate et du lactate de potassium. Il n'y trouva pas d'acide malique [*Jahresb. f. Chem.*, 1857, p. 520]. MM. Berthelot et de Fleurieu ont constaté sur le plant de pineau rouge qu'au commencement de juillet, quand le grain commence à grossir visiblement, l'acide tartrique se trouve concentré dans le raisin et dans la feuille, tandis que le bois en contient fort peu. Vers la fin de juillet la proportion d'acide tartrique devient quadruple dans la feuille ; enfin à la vendange le bitartrate de potassium diminue dans les feuilles, où il est remplacé par une quantité notable de tartrate de calcium, qui disparaît lui-même après la maturation complète du fruit [*Ann. de Chim. et de Phys.*, (4), t. V, p. 264].

La composition du *raisin* est très-variable, suivant le cépage, le degré de maturation du fruit, etc. Des nombreuses substances qui le constituent, la plus précieuse, le sucre, varie de 2 ou 3 % jusqu'à 25 %. Durant la maturation finale, les acides sont partiellement oxydés dans le raisin. L'acidité diminue, tandis que le sucre apporté par la séve augmente. Le raisin dégage alors de l'acide carbonique à l'obscurité et à la lumière [Saint-Pierre, *Compt. rend.*, t. LXXXVI, p. 49]. Nous citerons ici pour mémoire les analyses suivantes, dues à Fresonius [*Ann. der Chem. und Pharm.*, t. CI, p. 219], du raisin blanc *Furmint*, qui donne l'excellent Tokay de Hongrie et prospère fort bien en France, du raisin *Kleinberger* bien mûr, et du *Johannisberg*. 100 p. de grains de raisin contiennent :

		Furmint.	Kleinberger.	Johannisberg en partie séché.
	Eau	79,997	84,870	»
Matières solubles.	Sucre	13,780	10,390	19,24
	Acidité (en poids équivalent d'acide malique)	1,020	0,820	0,66
	Matières albuminoïdes	0,832	0,622	2,95 (ensemble avec les deux lignes suivantes)
	Substances pectiques	0,498	0,220	
	Cendres solubles	0,360	0,377	
	Total des matières solubles	16,490	12,629	22,85
Matières insolubles.	Pépins, Peaux, etc.	2,502	1,770	»
	Pectose	0,941	0,750	»
	Cendres insolubles	(0,117)	(0,077)	»
	Total des matières insolubles	3,533	2,520	».

En général, dans la pratique, la *rafle* ou pédoncule qui portait les grains, la *pellicule* de ces grains et les *pépins* ou graines sont mélangés lorsqu'on écrase le fruit mûr pour obtenir le *moût* qui, par sa fermentation, donnera le vin. Chacune de ces parties influe sur la qualité et la composition du produit fermenté.

La *rafle*, herbacée et ligneuse, cède surtout au moût et au vin une certaine quantité d'acides, spécialement de l'acide tannique et une matière amère ; les *pépins* contiennent du tannin et une huile grasse altérable, en partie soluble dans le sulfure de carbone ; une minime proportion passe dans le vin ; les *pellicules* fournissent un acide tannique spécial et une catéchine dont nous parlerons plus loin, une grande partie de la matière colorante rouge, et du bitartrate de potassium dont cette partie du fruit est très-chargée, car elle contient, d'après quelques analyses de Berthelot et de Fleurieu, de un quart à trois quarts de l'acide tartrique total et de un tiers à deux tiers de tout l'acide libre du fruit mûr [*Ann. de Chim. et de Phys.*, (4), t. V, p. 260]. De la quantité de raisin capable de fournir 1 litre de vin des cépages du Midi on peut extraire, d'après Chancel, de 8 à 9 grammes de tartre; le vin correspondant n'en dissout que 2 grammes à 2gr,5; la différence reste dans la rafle après expression. La partie insoluble de la chair du grain est la portion la plus acide. Un pineau rouge de Bourgogne fournissait, pour 100 de parties sèches, près de 20 p. d'acide, tandis que le jus en contenait 11 seulement et les pellicules lavées 6 %.

La partie liquide du jus de raisin contient en proportions très-variables, suivant le plant et le degré de maturité, un très-grand nombre de substances que nous ne ferons qu'énumérer ici. C'est d'abord le sucre ou les sucres de raisin (glucose, lévulose, trace de sacharrose, etc.), dans la proportion de 15 à 40 p. pour % de jus; de 2 à 3 % de matières gommeuses, pectiques, mucilagineuses; de la dextrine, ou plutôt deux matières ($\frac{1}{100}$ à $\frac{1}{200}$ de poids du glucose) réduisant le réactif cupropotassique et donnant de l'acide mucique par oxydation; des substances grasses en faible proportion; des matières azotées albuminoïdes, des acides organiques (citrates (?), malates et surtout tartrates) en partie saturés par de la potasse et de la chaux, avec un peu de soude, d'ammoniaque, de magnésie, d'alumine, de fer; des phosphates; une faible proportion de chlorures; une trace de silice et peut-être du fluor; enfin de 60 à 80 % d'eau. On y trouve aussi quelques gaz : de l'acide carbonique et de l'azote, mais pas d'oxygène.

1 litre de moût de raisin blanc contient :

Azote	12,1
Acide carbonique	94,6
Oxygène	0,0

[Pasteur, *le Vin*, p. 95].

La densité du moût augmente avec la quantité de sucre, et, par conséquent, avec celle de l'alcool du vin qu'il fournira. On admet dans la pratique qu'à la température de 15° centigrades chaque degré de l'aréomètre de Baumé correspond après fermentation à 1° alcoométrique. Ainsi un vin marquant 10° Baumé donnera 10 volumes d'alcool pour 100.

PRÉPARATION ET FERMENTATION DU MOUT. — Lorsque, à la suite de quelques beaux jours secs de septembre ou d'octobre, suivant la latitude, le fruit de la vigne est reconnu mûr, que ses grains se détachent facilement en laissant au pédicelle auxquels ils adhéraient une certaine quantité de pulpe, il convient de ne pas attendre pour fabriquer les vins rouges, surtout dans les pays chauds, que la maturation complète ait fait disparaître toute trace d'acidité : il faut cueillir alors le raisin et le mettre en cuve. Une maturation absolue n'est utile que pour les vins blancs; elle expose pour les rouges à faire un vin doux, peu savoureux, peu riche en tannin, sans arome, se dépouillant mal et d'une conservation difficile. La maturation excessive, et même la dessiccation du fruit sur souche ou dans des greniers, n'est usitée que pour la fabrication de certains vins doux très-liquoreux, tels que les divers muscats, les vins de Tokay, de Porto, de Xérès et de Johannisberg. Mais, pour les *vins de table*, le bouquet ne peut être obtenu que si le raisin est cueilli un peu avant sa maturité parfaite, et c'est presque toujours le cas pour les raisins de l'ouest, du centre et du nord de la France et de l'Europe.

La vendange récoltée est transportée au cellier et traitée différemment pour les vins rouges et blancs. Pour les rouges, et suivant les pays, on foule le raisin après l'avoir égrappé, c'est-à-dire enlevé les rafles, comme on fait dans le Médoc; ou bien on foule la vendange sans égrappage préalable; d'autres fois, principalement depuis quelques années dans le midi de la France, le raisin est jeté sans foulage dans de grandes cuves de bois ou de béton pour y subir, sans autre traitement, la fermentation alcoolique. Cette dernière pratique, sans augmenter notablement le temps nécessaire à la cuvaison, accroît un peu la coloration des vins, en permettant aux enveloppes de nager plus longtemps au sein du liquide en fermentation. On obtient ce même résultat en immergeant la grappe écrasée au-dessous du niveau de la partie liquide du jus au moyen de filets ou de treillis de bois (de Valcourt), ou comme on le fait en Bourgogne, en refoulant chaque jour le *chapeau* au sein du liquide. Cette dernière pratique expose à produire l'aigrissement du vin, surtout si la cuvaison est trop longtemps prolongée, mais elle renforce beaucoup la couleur. Les raisins destinés à faire des vins blancs sont traités différemment. Que le raisin soit blanc ou rouge, comme le *pineau rouge* ou *bourguignon*, qui donne le meilleur champagne, on l'écrase, on le presse pour enlever la pellicule et la rafle, puis on soumet le moût à la cuvaison et à une suite de traitements divers suivant la qualité du vin *doux* ou *sec*, c'est-à-dire exempt de sucre, que l'on désire obtenir.

Les cuves où le vin est mis à fermenter sont généralement en bois de chêne, quelquefois en maçonnerie recouverte de ciment hydraulique, silicaté ou non à leur surface. Les ciments silicatés ne cèdent rien au vin et le conservent parfaitement, mais ne permettent pas le dépôt adhérant de tartre. Les cuves vinaires sont ouvertes par le haut ou fermées par un tampon de bois ou une bonde hydraulique qui permet le dégagement de l'acide carbonique. Les cuves ouvertes, très-employées encore en Bourgogne, exposent à l'*acescence* du chapeau, c'est-à-dire à l'aigrissement de la couche épaisse de rafles et de pellicules que le dégagement incessant d'acide carbonique entraîne à la surface, mais elles aident à la formation de la couleur du vin. En effet, le moût ne contient pas trace d'oxygène; à mesure à l'air agit sur lui, il se produit une action oxydante, qui prépare les substances aptes à donner la couleur et même le parfum. Il serait donc peut-être utile, pour augmenter la qualité des vins rouges, de faire barboter de l'air dans le moût durant le premier jour de la mise en cuve.

La grandeur des cuves à fermentation doit être proportionnée à l'importance de l'exploitation : elle doit être telle, que chacune d'elles puisse être remplie de raisin en une même journée, afin que la fermentation s'établisse et se termine à la fois dans toutes les parties de la masse.

Lorsque le raisin a été cueilli par une journée chaude, la fermentation du jus s'établit presque aussitôt et devient très-active au bout de 24 à 36 heures suivant la température du cellier. En même temps la masse de moût s'échauffe et s'élève de 12 à 18° jusqu'à 25 ou 35° et au-dessus. Il est nécessaire, si l'on veut que la fermentation s'établisse rapidement et régulièrement, que la température du cellier et du moût ne soit pas au-dessous de 12°, ni au-dessus de 22°. Il faut aussi que pendant la fermentation la masse entière s'élève au-dessus de 16 à 18° et ne dépasse pas 30°, température extrême à laquelle déjà une partie du glucose ne se transforme plus en alcool mais en d'autres produits, et à laquelle aussi une quantité d'alcool assez notable est entraînée par le rapide dégagement d'acide carbonique. La température la plus convenable que doive atteindre la masse en fermentation, est de 28 à 32°. On y arrive soit en établissant des courants d'air et mouillant les cuves, si le cellier est trop chaud, soit en chauffant le local, entourant les cuves de paillassons et de couvertures, ou mieux encore quand les vendanges se sont faites par un temps froid, que le moût est au-dessous de 12 à 13° et que la fermentation ne s'établit pas, en versant dans la cuve une certaine proportion de moût artificiellement échauffé.

La première fermentation, ou *fermentation tumultueuse*, dure de 3 à 10 ou 12 jours, suivant la température ambiante et la quantité de sucre à transformer. En Bourgogne, on laisse cuver 4 à 8 jours, dans le Médoc 10 à 15, dans le Midi 6 à 12. Quelquefois on abandonne le tout un mois et plus avant de soutirer le vin formé; mais c'est là le plus souvent une mauvaise pratique.

Plusieurs signes indiquent que la première fermentation est terminée et que la *décuvaison* peut se faire. Le dégagement de gaz carbonique (si énergique pendant les trois ou quatre premiers jours qu'on dit vulgairement que la cuvée *bout*) s'arrête bientôt, l'oreille seule suffirait au besoin pour en prévenir; dans les cuves fermées par une bonde hydraulique, le gaz ne barbote plus dans le liquide. Dans les cuves ouvertes, le *chapeau*, d'abord soulevé par le dégagement tumultueux, retombe et s'affaisse. Il suffit dans tous les cas, pour s'assurer que la fermentation touche à sa fin, de prendre dans un vase de verre placé à côté de la cuve une petite quantité du liquide en fermentation et de s'assurer qu'il ne s'y produit plus de mousse ou de dégagement abondant de gaz. En même temps que l'acide carbonique ne se forme plus que d'une manière insensible, la température de la cuvée baisse et reste à 5 à 6° à peine au-dessus de la température ambiante. A ce signe, on reconnaît encore que la premiere fermentation est terminée. A mesure que l'alcool se forme et que le sucre disparaît, la densité de la liqueur diminue d'une manière rapide, et l'on peut aussi considérer la première fermentation comme terminée lorsque, au bout de 12 heures, le degré aréométrique ne varie plus d'une manière sensible et tombe à 0° ou même au-dessous.

Nous venons de voir comment on doit mener la cuvaison lorsqu'on veut faire des vins secs, c'est-à-dire des vins de table dénués, autant que possible, de sucre. On n'agit pas de même si l'on veut obtenir des vins sucrés, et spécialement des vins blancs doux. Dans ce cas, et avant que la fermentation n'ait détruit tout le sucre, on soutire le vin clair à demi formé, et on l'agite à l'air, en le transvasant à plusieurs reprises, comme on le fait dans le Médoc et le Midi, dans des tonneaux remplis de vapeur d'acide sulfureux, ou bien en le faisant couler en cascade dans une enceinte où l'on fait brûler du soufre d'une manière continue; ou bien encore, comme on le pratique pour beaucoup de vins muscats, en additionnant la liqueur d'alcool pour arrêter la fermentation. Cette opération, sur laquelle nous reviendrons, porte le nom de *muttage*.

Quels sont les phénomènes chimiques qui se passent durant la première fermentation? Nous savons qu'elle consiste principalement dans la transformation du sucre $C^6H^{12}O^6$ en alcool et acide carbonique. Mais dans la pratique on peut dire que, même au bout d'un mois, et dans un cellier à 15 ou 16°, 87 à 90 centièmes seulement du glucose ont été transformés en alcool qu'on retrouve dans le vin; 2 à 4 centièmes environ du sucre sont restés en solution dans la liqueur; enfin 8 à 9 % ont disparu en petite proportion sous forme d'alcool volatilisé, mais pour la majeure partie ont été transformés en produits complexes dont nous allons parler.

De quelques analyses de Fresenius (*Ann. Chem. u. Pharm.*, t. LXIII, p. 384,) il résulte que pour les moûts de raisins du Rhin (*Hattenheimer, Markobrunner, Steinberger*), contenant en moyenne 24gr,96 de glucose pour cent, 20gr,73 disparaissent. Au bout de 2 ans on retrouve dans ces vins 8gr,45 d'alcool pour 100, tandis que 4gr,14 de sucre ou de produits réducteurs restent dans la liqueur. Suivant d'autres auteurs, les quantités de sucre non transformé paraissent être plus fortes encore; mais j'ai fait la remarque que la plupart des dosages de sucre des vins par la liqueur cupro-potassique sont erronés.

D'après les recherches de Schmidt (qui avait signalé l'existence de l'acide succinique dans quelques vins), mais surtout de Pasteur, le produit principal, l'alcool, est toujours accompagné dans le vin d'une petite quantité d'acide succinique, de glycérine, de graisses et de cellulose. 100 parties de saccharose correspondant à 105,36 de glucose devraient donner 53,85 d'alcool et 46,15 d'acide carbonique d'après l'équation théorique :

$$C^{12}H^{22}O^{11} + H^2O = 4\,CO^2 + 4\,C^2H^6O;$$

mais dans les meilleures conditions il ne se forme en fait que 51,11 d'alcool, tandis qu'il se dégage 48,89 d'acide carbonique. En même temps 4,21 % du sucre sont tranformés en 3,16 de glycérine et 0,67 d'acide succinique. Si la fermentation est paresseuse et le milieu peu acide, il se fait un peu plus de ces derniers produits. L'ammoniaque et les sels ammoniacaux disparaissent au fur et à mesure de la fermentation et servent à l'organisation de la levûre, où l'analyse décèle, pour 100 parties de sucre disparu, 1 partie environ de graisse et de cellulose de nouvelle formation.

Outre les produits solubles précédents, on trouve dans le vin formé une petite quantité d'alcools propylique, amylique, etc., provenant en partie peut-être de la fermentation de petites quantités de sucres différents qui, dans le suc du raisin, accompagnent le glucose, mais qui se forment surtout si la température de la cuve s'élève. Ils sont accompagnés d'acides gras : acétique, butyrique, etc., qui paraissent provenir de réactions secondaires, et qui contribueront plus tard à la formation du bouquet.

En même temps que s'opère le dédoublement principal du glucose en alcool et acide carbonique, la liqueur fermentescible s'échauffe. Pour la quantité $C^6H^{12}O^6$ ou 180 grammes de glucose il se dégage 74 calories, soit, d'après Dubrunfaut, les 134 millièmes de la quantité de chaleur que donnerait en brûlant le charbon contenu dans la masse totale d'acide carbonique qui se forme.

D'après MM. Berthelot et de Fleurieu [*Ann. de Chim. et de Phys.* (4), t. V, p. 249], pendant tout le temps de la première fermentation et dans les vins de Bourgogne, l'acidité totale diminue sans cesse. En prenant la précaution de chasser auparavant tout l'acide carbonique, l'acididé totale par litre, exprimée en poids équivalent d'acide tartrique, a été la suivante :

	Acidité.	
	Vin de Givry.	Vin de Formichon.
Moût	10gr,0	10gr.1
Vin après 6 jours de fermentation.	»	8 1
Vin après 15 jours — —	5 8	»
Perte d'acidité	4gr,2	2gr,0

Cette perte d'acidité n'est due qu'en partie seulement à la précipitation du bitartrate de potassium, moins soluble dans le vin que dans le moût. D'après ces auteurs, une partie des acides libres disparaît durant la fermentation; peut-être une très-faible proportion s'éthérifie. Nous devons ajouter toutefois que, d'après M. Boussingault fils, l'acidité du vin serait au contraire un peu supérieure à celle du moût, même lorsque la fermentation se passe entièrement à l'abri de l'air, mais ces expériences, faites sur une échelle minime, n'offrent pas toutes les garanties [*Ann. de Chim. et de Phys.* (4), t. VIII, p. 229].

Le vin nouveau, disions-nous, renferme presque toujours du sucre après que la fermentation tumultueuse a pris fin. Ce sucre disparaît peu à peu en donnant de l'alcool et de l'acide carbonique à mesure que le vin vieillit. Il se fait ainsi lentement une seconde fermentation, accompagnée de transformations complexes qui se passent dans la liqueur vineuse; le vin s'éclaircit, les

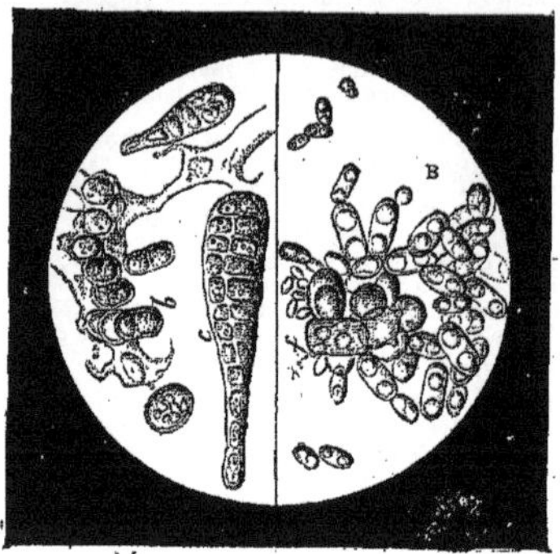

Fig. 780.
(A). Corpuscules et spores aptes à produire la fermentation recueillis à la surface des raisins, par Pasteur. Echelle de $\frac{400}{1}$.
(B). Germination et prolifération de ces spores (Pasteur, *La Bière*, pl. VIII et IX).

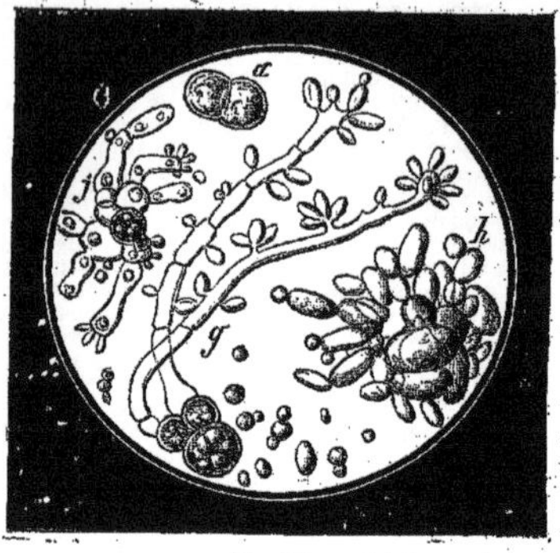

Fig. 781.
Autre exemple de germination des spores, ferments, recueillis à la surface des fruits doux (*Ibid.*, pl. IX).

matières insolubles se précipitent et forment la lie, l'acidité diminue peu à peu, le bouquet apparaît ou s'exalte; le vin *se fait* en un mot, et les transformations successives qu'il subit seront indiquées plus loin.

Quant au *marc*, c'est-à-dire au résidu de la grappe fermentée, après qu'on en a extrait le vin de premier jet ou *vin de goutte*, on le soumet à plusieurs reprises à l'action de fortes pressions pour en extraire le *vin de presse*. Le marc est soumis ensuite aux lavages et donne la *piquette*. La distillation de la *piquette* ou du marc lui-même dans un courant de vapeur d'eau fournit les *eaux-de-vie de marc*. Le poids du marc pressé (avec ses rafles) est d'environ 10 à 12 pour 100 du poids du vin total correspondant.

Généralement le *vin de presse* est plus alcoolique, plus coloré, et moins acide que le *vin de goutte*, dans le rapport de 10 à 11 (C. Saint-pierre et Foëx).

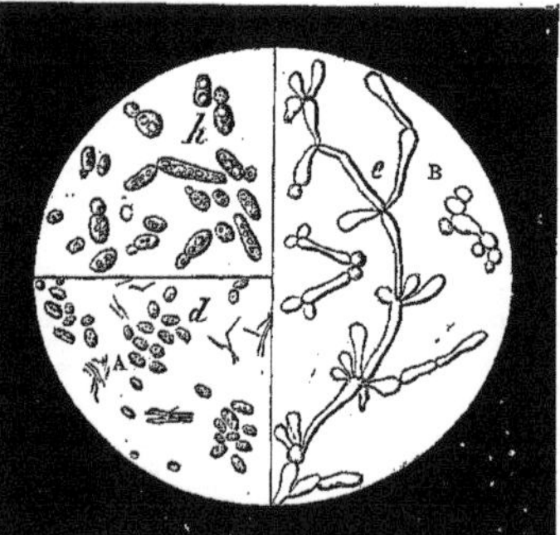

Fig. 782. — (A). Ferment alcoolique ordinaire observé dans le vin. — (B). Variété de levûre alcoolique ordinaire observée par Pasteur, après son développement, dans les vins doux du Jura. — (C). Levûre de bière.

Levure. — Les beaux travaux de Pasteur ont démontré que la fermentation doit être attribuée au développement dans les matières fermentescibles de végétaux inférieurs, uni ou pluricellulaires, qui portent le nom de *ferments* ou de *levûres*. Pasteur a soigneusement étudié celles qui sont plus spécialement propres au vin. On les trouve sur le grain et la grappe au moment de la vendange. Nous donnons ici leur figure, tel qu'il les a représentées dans son dernier ouvrage (*Études sur la bière*, pl. VIII et IX). Les figures 780, 781 et 782 représentent le développement de ces spores dans les jus sucrés.

MATÉRIAUX DU VIN.

PHÉNOMÈNES SUCCESSIFS DE SON VIEILLISSEMENT.

Le vin produit par la fermentation du jus de raisin est, comme nous venons de l'entrevoir, une liqueur très-complexe : toutefois *l'eau* (94 à 81 %) et *l'alcool* (14,5 à 5,5 %) en forment la majeure partie. Ces deux matières principales sont accompagnées de celles que la fermentation a respectées dans le moût, et de celles qu'elle a formées aux dépens des matériaux du jus. L'ensemble de ces dernières substances qui différencient les vins entre eux, et leur communiquent leur couleur, leur bouquet, leurs goûts spéciaux, ne forme que 1,5 à 4 % du poids total du vin lui-même. Parmi ces principes, ceux qui existaient déjà dans le fruit sont : le *sucre* ou glucose en faible quantité, la majeure partie ayant été transformée en alcool : une portion de ce sucre, dans le vin nouveau comme dans le moût, paraît être combinée à l'acide tartrique et à l'acide malique; des *matières pectiques;* des corps analogues aux *gommes* en petite proportion; des *matières grasses* provenant en partie des pépins et dissoutes par l'alcool; des *principes odorants essentiels;* des *matières colorantes* solubles dans la liqueur fermentée et se formant ou s'oxydant peu à peu sous l'influence de l'air; un *tannin* spécial existant surtout dans les vins rouges; des *matières albuminoïdes* en faible proportion; du *tartrate acide de potassium* avec un peu de *tartrate de calcium;* des *acides tartrique* et *malique* en partie libres, en partie combinés à de la *potasse,* de la *chaux,* et à une *trace* de *soude,* d'*alumine,* de *magnésie* et de *fer;* des *sels minéraux,* et principalement du *phosphate de calcium* qui représente de 20 à 75 centièmes des cendres et qui est accompagné d'un peu de sulfates alcalins ou alcalino-terreux et d'une trace de chlorures; enfin des *gaz,* acide carbonique et azote.

Parmi les matériaux directement produits par la fermentation, comme l'alcool, ou indirectement par l'action de cet alcool sur les matériaux du jus, nous devons signaler, outre l'*alcool vinique,* une petite proportion d'*alcools homologues* supérieurs : *propylique, butylique, amylique, caproïque, œnanthylique,* etc., proportion qui varie avec les cépages, la maturation du fruit, la rapidité ou la lenteur de la fermentation, etc.; la *glycérine,* qui se trouve dans tous les vins, et la *mannite,* que l'on a signalée dans quelques-uns d'entre eux; l'*acide succinique* qui accompagne toujours la glycérine; les acides *acétique, œnanthique* et quelquefois *butyrique; l'aldéhyde;* des *éthers,* qui proviennent de l'action lente des alcools sur les acides libres du vin; des *principes inconnus* concourant sans doute à la fois au goût et au bouquet; de l'*acide carbonique,* etc. Tels sont les matériaux qui par leur nature, leurs variations indéfinies et leurs combinaisons réciproques, font de certains vins une boisson inimitable, d'un arome et d'un goût propres à chaque cépage, à chaque cru, à chaque année, un breuvage exquis que les poëtes ont toujours chanté, un mélange tellement délicat que les plus habiles chimistes ont à peine ébauché son étude. En exposant ici l'état de nos connaissances à ce sujet, nous allons tenter, autant que possible, de rattacher chacune des propriétés caractéristiques du vin à la nature des principes variés qui le forment et aux lentes réactions réciproques qu'ils subissent.

Nous n'avons pas à faire l'histoire particulière des matériaux qui constituent le vin et que nous avons énumérés tout à l'heure, mais à donner seulement des renseignements précis sur les moins connues de ces substances et surtout à poursuivre les transformations successives qui se produisent dans le mélange complexe de ces divers principes jusqu'au moment où chaque vin arrive lentement au degré de perfection le plus élevé qu'il puisse atteindre. Mais auparavant il est bon de donner dans un tableau synoptique la composition des principaux vins français et étrangers. (Voyez ce tableau aux pages 688 et 689).

Nous avons indiqué avec soin non-seulement les doses moyennes des divers principes les plus importants, mais aussi leurs variations. Pour chaque type, les maximum, moyenne et minimum qui figurent dans notre tableau, ont été toujours choisis dans des séries d'analyses présentant les garanties désirables. Tous les nombres de ce tableau sont rapportés à 1 litre et exprimés en grammes. Le poids de l'eau n'y figure pas, mais il sera très-approximativement connu en faisant la somme du poids de l'extrait sec et de l'alcool et la soustrayant de 997,5, poids moyen d'un litre de vin.

D'une manière générale, on ne saurait donner de caractères spécifiques généraux du vin. Chacune des nombreuses variétés que l'on connaît diffère, en effet, non-seulement par le goût et l'arome, mais par la couleur, la densité, etc., en même temps que par sa composition chimique. C'est une boisson enivrante, d'un goût spécial, tantôt rouge ou violacée, tantôt jaune ou même presque incolore, mais présentant toujours une saveur caractéristique que l'on a nommée *vineuse.* Sa densité varie de 0,908 à 1,04, mais en général elle est inférieure à 1; c'est une solution complexe d'un grand nombre de substances, que nous avons énumérées plus haut, en partie mélangées entre elles, en partie combinées.

Principaux matériaux des vins. — Les vins contiennent, par litre, de 800 à 940 grammes d'eau; si l'on ajoute à ce poids 150 à 50 grammes d'alcool et 0gr,5 à 1gr,5 d'acides et d'éthers volatils, on aura la somme des substances qui s'évaporent lorsque l'on dessèche le vin. La totalité des matières fixes ou *extrait sec,* représente donc seulement de 15 à 50 grammes par litre. Toutefois on a signalé des vins qui ne laissaient que 10 à 11 grammes de résidu par litre, tandis que d'autres donnaient jusqu'à 190 grammes de parties fixes; mais ces dernières liqueurs avaient été certainement *mutées* ou additionnées après fermentation de sucre ou d'extrait, comme nous le verrons plus loin. En moyenne, les vins français de table donnent par litre de 13,5 à 26 grammes de résidu fixe. Le tableau synoptique de la p. 688 indique que la moitié environ de ce résidu est représentée par de la glycérine, de l'acide succinique, du tannin, du bitartrate de potassium, et quelques autres sels minéraux; l'autre moitié est représentée par des matières odorantes et colorantes, des substances très-oxydables, telles que la catechine, que j'en ai extraite en petite proportion, des matières albumimoïdes, et des principes de nature entièrement inconnue.

Comme nous le disions tout à l'heure, l'alcool forme de 50 à 150 millièmes du poids total des vins. Ceux qui, tels que le madère, le marsala, beaucoup de vins espagnols ou américains, etc., en contiennent une proportion plus forte, ont été alcoolisés après fermentation. Les vins qui donnent moins de 55 grammes d'alcool par litre proviennent de raisins imparfaitement mûris, ou bien ont été additionnés d'eau. Toutefois d'excellents vins, tels que ceux de Bourgogne et de Bordeaux, peuvent en contenir une dose à peine plus élevée.

En général, dans les vins nouvellement faits, l'alcool augmente rapidement quelques jours encore après que la fermentation tumultueuse a pris fin; mais son poids reste inférieur à celui qui se retrouvera plus tard dans la même liqueur lorsqu'elle aura subi la fermentation lente des mois d'hiver. Ainsi M. Boussingault fils [*Ann. de Chim. et de Phys.* (4), t. VIII, p. 217] a dosé dans un vin d'Alsace dont le moût contenait 183gr,13 de glucose par litre :

	Alcool par litre.
Après 5 jours de fermentation...	45gr,66
Après 10 jours — —	84 16
Après 18 jours — —	88 77

On retrouvait encore dans ce vin à cette dernière époque 3gr,77 de glucose, qui se transformèrent eux-mêmes en alcool durant l'hiver.

Mais à mesure que le vin vieillit, et à partir déjà du 5e au 6e mois après la vendange, l'alcool tend au contraire à diminuer. Une portion s'évapore à travers le tonneau ou les bouchons, une autre s'oxyde pour donner de l'acide acétique ou de l'aldéhyde, une autre s'éthérifie, comme nous le verrons plus loin. Au bout de quelques années, le titre alcoolique peut diminuer de $\frac{1}{12}$ à $\frac{1}{8}$. Fauré a trouvé dans des vins de Bordeaux :

	Alcool.
A la récolte..	10 %
6 mois après	9,65
1 an après	9,15
2 ans après	9,13

A côté de l'alcool ordinaire, on trouve, disions-nous, dans tous les vins, surtout dans ceux des pays chauds, une très-faible proportion d'alcools homologues supérieurs : alcools propylique, butylique, amylique, caproïque, etc., qui paraissent provenir soit de fermentations secondaires du glucose, soit de la transformation sous l'influence du ferment de corps analogues à ce sucre. Quelque faible qu'en soit la quantité, ces divers alcools contribuent notablement au goût et au parfum des vins.

Indépendamment de l'alcool et de ses homologues, on rencontre encore dans tous les jus sucrés qui ont fermenté un corps jouissant des propriétés alcooliques, mais se raprochant déjà des sucres par sa constitution et par son goût : c'est la *glycérine*. Sa présence a été reconnue pour la première fois en 1859 par Pasteur dans le produit de la fermentation du sucre pur [*Ann. de Chim. et de Phys.* (3), t. LVIII, p. 355 et 425]. 100 parties de glucose en fournissent 2gr,5 à 3gr,6 environ. Quelques dosages faits par cet auteur lui ont fourni de 4gr,34 à 7gr,34 de glycerine par litre de bourgogne, et de 6gr,97 à 7gr,41 par litre de bordeaux. M. Chancel a trouvé de 6,5 à 7gr,5 de glycérine, en moyenne 7 grammes, dans les vins du Midi. Ces quantités, qui d'après les modes de dosage sont des minimums, sont loin d'être insignifiantes. La glycérine jouit en effet d'un goût sucré très-prononcé, et, mélangée à l'acide succinique qui l'accompagne invariablement dans les vins, elle concourt pour une grande part à communiquer à ces liquides le goût vineux qui les caractérise, comme Pasteur s'en est assuré synthétiquement en faisant des mélanges d'eau, d'alcool et des deux substances précédentes. Le vin laissant en moyenne de 16 à 23 grammes d'extrait sec, on voit que la glycérine en forme moins de la moitié et plus du tiers.

On rencontre aussi dans les vins une très-faible quantité de substances grasses. Une certaine proportion peut être fournie par les pepins, qui en contiennent de 10 à 20 % de leur poids, ou par la matière cireuse de la pellicule; une autre partie se fabrique pendant la fermentation même aux dépens du sucre et grâce à la vie du ferment. La majeure quantité de ces substances se précipite avec la lie, qui contient de 1 à 2 % de corps gras.

A côté de la glycérine nous devons signaler la mannite, qui paraît exister dans certains vins, et qui, d'après M. Prat, donnerait aux grands vins blancs de Bordeaux, tels que le Haut-Sauterne, le Château-Yquem, etc., leur goût tout spécial. Cette substance, véritable alcool hexatomique, se produit aussi aux dépens de la glucose dans la fermentation dite *visqueuse*.

On a reconnu aussi depuis longtemps dans les vins l'existence de substances optiquement actives autres que le glucose et réduisant le réactif cupro-potassique. Il y a dix ans que Pasteur [voir ses *Etudes sur les vins*, p. 213, 2e édit.] parvint à extraire du vin une substance qu'il reconnut avoir de l'analogie avec les gommes. Plus récemment, Béchamp a signalé dans les vins deux corps réducteurs A et B [*Compt. rend.* t. LXXX, p. 967]. Le corps A de Béchamp n'est autre que la matière gommeuse de Pasteur [Chancel, *Compt. rend.* t. LXXXI, p. 46]; elle se confond aussi avec la prétendue *dextrine* des vins signalée par Neubauer, Hoppe-Seyler, etc. En effet, en traitant la solution de cette substance dans l'alcool très-étendu par quelques gouttes de chlorure ferrique et un peu de carbonate calcique, on obtient un abondant précipité représentant la presque totalité du produit dissous : la dextrine n'eût pas été précipitée dans ces circonstances. Cette gomme possède un pouvoir réducteur 7 fois moins grand que celui du glucose.

On trouve très-souvent aussi dans les vins du sucre réduisant le réactif cupro-potassique. Ceux qui proviennent de raisins très-sucrés des pays chauds en contiennent toujours. (Voir le tableau d'analyse des vins : *Vouvray, Aleatico, Lacryma-Christi, Muscats, Marsala, Malaga*, etc.)

Les vins français sucrés artificiellement, tels que le champagne, ou naturellement parce que la teneur du moût en sucre est telle, qu'après la formation de 14 à 15 % d'alcool, la fermentation de l'excès de sucre ne peut continuer, les vins sucrés d'Espagne, des îles Grecques, de Portugal et ceux qui, en particulier, sont mis à fermenter après que l'on a soumis le moût à une véritable coction; tous ces vins peuvent contenir une très-forte proportion de sucre. On en a trouvé jusqu'à 146 grammes par litre dans le Malaga. En faible proportion, il communique au vin la propriété de subir des fermentations ultérieures qui rendent sa conservation précaire et diminuent son bouquet, à moins que le vin ne soit très-alcoolique et parfaitement privé par collage, ou alcoolisation de toute matière apte à servir à l'organisation des ferments. Nous reviendrons sur ce point en traitant des *Maladies des vins*.

Indépendamment des substances précédentes, on trouve toujours dans les vins nouveaux des acides végétaux en partie libres, en partie combinés à des oxydes alcalins ou alcalino-terreux. A mesure que le vin vieillit, et déjà pendant la fermentation, ces acides réagissent sur les alcools et forment avec eux des éthers, nouvelle série de combinaisons à odeurs et saveurs variées et puissantes, qui contribuent à donner aux vins leur goût spécial et leur bouquet.

Les acides du vin que l'on trouve déjà dans le moût sont : les acides malique, tannique, pectique, phosphorique, tartrique, celui-ci à l'état de bitartrate de potasse, et formant de $\frac{1}{4}$ à $\frac{3}{4}$ de l'acidité totale. Lorsque le vin est fait, le bitartrate de potasse se précipite en partie, et tandis que l'acidité totale du jus d'un raisin mûr équivaut à 8 ou 12 grammes d'acide sulfurique par litre (en ne tenant pas compte de l'acide carbonique de fermentation), elle s'abaisse jusqu'à 4 ou 6 grammes dans le vin nouveau. Cette diminution n'est pas due seulement à la moindre solubilité du bitartrate de potasse dans la liqueur alcoolique, mais à la diminution réelle des acides libres qui s'éthérifient. Par le vieillissement du vin, cette acidité diminue encore et tombe de façon à représenter de 1,5 à 5 grammes de SO^4H^2 par litre [Berthelot et de Fleurieu, *Ann. de Chim. et de Phys.*, (4), t. V, p. 248].

Les acides auxquels est due l'acidité des vins *faits* sont de deux sortes : les uns fixes (acides succinique, malique, tartrique, tannique et peut-être lactique et pectique) ; les autres volatils, parmi lesquels on doit citer particulièrement l'acide acétique et une trace d'acides homologues [Voyez à ce sujet Béchamp, *Compt. rend.*, t. LVII, p. 496]. L'acidité due aux acides volatils représente du quart au vingtième de l'acidité totale. Nous citerons ici quelques nombres d'après Cuning :

	Acidité totale par litre exprimée en SO^4H^2.	Acidité par litres des acides volatils exprimée en SO^4H^2.
Vin de Bordeaux	2gr,15	0gr,49
— Beaune	1 79	0 18
— Pomard	2 63	0 38
— Tavel	3 08	0 17
— Roussillon	2 66	0 36
— Narbonne	2 99	0 39
— Sauterne	2 21	0 50
— Bergerac blanc.	2 66	0 77

TABLEAU DE LA COMPOSITION DES PRINCIPAUX VINS FRANÇAIS ET ÉTRANGERS.

Tous les nombres de ce tableau indiquent des poids en grammes et se rapportent à 1 litre de vin.

INDICATION DE L'ORIGINE DES VINS.	ALCOOL accompagné d'une trace d'alcools homologues et d'éthers (les nombres de ces trois colonnes divisés par 7,947 donnent le titre alcoométrique centésimal du vin).			EXTRAIT SEC. (Glycérine, acide succinique, sucres, matières colorantes, acides organiques, tannins, éthers fixes, albumines, graisses, gommes, sels, etc.).			GLYCÉRINE.	ACIDE SUCCINIQUE.	TANNIN.	CRÈME DE TARTRE. Bitartrate de potassium avec $\frac{1}{10}$ à $\frac{1}{100}$ de tartrate de calcium et traces d'alumine et de fer.			SELS MINÉRAUX. Se composant pour 1 à 3 quarts de phosphate de Ca avec sulfates de K et Ca et trace de sels de soude ; les poids indiqués comprennent le CO^3K^2 du tartre.	GLUCOSE (¹).	ACIDITÉ TOTALE (²) de la crème de tartre et des acides libres.	COLORATION.	DENSITÉ.	
	Max.	Moy.	Min.	Max.	Moy.	Min.				Bitartrate de potassium.	Acide tartrique anhydre.	K^2O.					Max.	Min.
VINS FRANÇAIS	gr.	gr.	gr.	gr.	gr.	gr.	gr. gr.	gr.		gr.	gr. gr.	gr. gr.	gr. gr.		gr.			
Vins rouges français moyens.	145	80	55 (³)	40,5	18,9	15	5,6 à 7,6	»	»	1,2 à 5	0,9 à 3,75	0,3-1,3	1,2 à 3, 8	»	2,5	»	1,000	0,986
Bourgognes rouges (⁴)......	»	»	»	»	16,9	»	5,8 (⁵)	1,17 (⁵)	»	1,8 (⁶)	1,35	0,45	»	»	2,5	»	»	»
Meursault..................	105,7	88	75,5	»	»	»	»	»	»	»	»	»	»	»	»	»	»	»
Pomard.....................	107,3	92,6	82,2	»	»	»	»	»	»	»	»	»	»	»	»	»	»	»
Volnay.....................	101,7	84,9	58,4	»	»	»	»	»	»	»	»	»	»	»	»	»	»	»
Richebourg (⁷).............	»	99,2	»	»	23,6	»	»	»	»	»	»	»	»	»	»	»	0,993	
Petit Bourgogne (1 an).....	»	62	»	»	15,6	»	»	»	»	»	»	»	»	»	»	»	0,996	
Beaujolais (3 ans).........	»	83,4	»	»	20,7	»	»	»	»	»	»	»	2,17	»	»	»	0,995	
Vouvray (6 mois)...........	»	77,1	»	»	133,8	»	»	»	»	»	»	»	»	»	»	»	»	
Chablis (6 mois)...........	»	77,7	»	»	14,6	»	»	»	»	»	»	»	»	»	»	»	»	
Bordeaux rouges ordin. (⁸)..	87,4	75,5	63,5	»	»	»	7,19 (⁵)	1,43 (⁵)	16,84-06,65	2,3	1,73	0,58	»	»	»	»	0,999	0,991
— rouges supér. (⁹).....	78	73,1	58	»	16,4	»	»	»	»	»	»	»	»	»	2,15	»	»	»
— blancs................	»	»	»	»	»	»	»	»	0,2 à 0,1	»	»	»	»	»	2,51	»	»	»
Vins rouges de l'Hérault (¹⁰).	»	»	»	16	19	23	6,5-7,6 (¹¹)	»	»	2,2	1,65	0,55	1,75 à 3,5	»	2,5 à 5,06	»	0,999	0,993
Vins rouges plâtrés ordin. de l'Hérault (¹²)........	»	81,1	»	»	21	»	»	»	»	»	»	»	3,2	»	4,9	»	»	»
Autre vin plâtré de l'Hérault..................	»	82,8	»	»	25,0	»	»	»	»	»	»	»	4,6	»	5,1	»	»	»
Vins plâtrés d'aramon (¹³)..	»	80,5	»	»	24,0	»	»	»	»	»	»	»	2,05	»	4,2	»	»	»
Vin blanc picpoul (¹⁴)......	»	92,6	»	»	18,2	»	»	»	»	3,5	»	»	»	»	4,5	»	»	»
Vins de Narbonne (¹⁵)......	113	87,5	67,5	»	18,8	»	»	»	»	»	»	»	»	»	2 à 3	»	»	»
Beau Narbonne (1876) (¹⁶)..	»	100	»	28,1	»	»	»	»	»	»	»	»	»	»	»	»	0,996	
Petit Narbonne (1876)......	»	62,8	»	22,6	»	»	»	»	»	»	»	»	»	»	»	»	1,000	
Loupian (Hérault, 1876)...	»	79,5	»	19,1	»	»	»	»	»	»	»	»	»	»	»	»	0,9955	
Le même viné à 15 %. (1876)	»	119	»	17,1	»	»	»	»	»	»	»	»	»	»	»	»	0,9985	
Roussillon (1875)..........	»	119	»	25,3	»	»	»	»	»	»	»	»	»	»	»	»	0,992	
Roussillon (¹⁷)............	»	»	»	»	»	»	»	»	»	»	»	»	»	»	2,66 (¹⁸)	»	1,04	0,987
Vins de la Marne (¹⁹).......	115,2	92	66,7	53,0	24,1	16,3	»	»	»	»	»	»	»	»	1,88 à 5,3	»	0,998	0,991
— de Cahors............	97,8	86,2	71,5	»	»	»	»	»	»	»	»	»	»	»	»	»	»	»
— de la Hᵗᵉ-Garonne (²⁰).	100	79	60,4	28,08	»	18,9	»	»	»	1,4	1,05	0,35	0,9 à 0,15 (²¹)	»	»	»	0,998	0,990
VINS DU RHIN																		
Vins moyens rouges (²²)....	122,0	92	65	105	27	12	»	»	»	»	»	»	»	4,09 (²³)	10 à 4,24 (²⁴)	»	»	
Johannisberg de 1842......	»	81,0	»	»	20,59	»	»	»	»	»	»	»	1,20	4,16	9,71	»	0,992	
Assmannshausen...........	»	90,6	»	»	25,10	»	»	»	»	»	»	»	2,27	3,42	8,32	»	0,996	
Oberingelheim.............	»	93,8	»	»	25,41	»	»	»	»	»	»	»	2,75	4,63	8,84	»	0,998	

VINS DU RHIN (*Suite*).																	
Auerbacher	»	83,77	»	»	14,5	»	»	»	»	»	»	»	»	3,40	6,50	»	0,992
Raisin Riesling	»	68,60	»	»	12,5	»	»	»	»	»	»	»	»	2,40	7,50	»	0,993
VINS ITALIENS (25).																	
(*a*). *Vins rouges.*																	
Nebiolo de Ligurie (9 ans)	»	115,6	»	»	17,44	»	12,04	»	1,44	»	»	»	2,00	8,41	7,87	»	0,991
Barolo sec d'Asti	»	99,7	»	»	17,32	»	5,50	»	1,08	»	»	»	1,87	9,53	7,12	»	0,993
Chianti de Toscane (7 ans)	»	106,1	»	»	14,59	»	7,64	»	1,38	»	»	»	1,86	7,16	5,66	»	0,991
Aleatico de Toscane (7 ans)	»	126,0	»	»	47,36	»	5,21	»	0,51	»	»	»	2,46	25,24	6,00	»	1,004
Lacryma-Christi du Vésuve	»	118,8	»	»	108,81	»	12,1	»	1,70	»	»	»	4,95	116,1	6,71	»	1,040
Zucco, duc d'Aumale (Sicile)	»	133,5	»	»	36,28	»	»	»	»	»	»	»	3,43	»	7,01	»	0,997
Marengo supérieur (Alexandrie; 7 ans)	»	100,1	»	»	17,82	»	10,60	»	1,18	»	»	»	1,32	8,26	7,80	»	0,903
(*b*). *Vins blancs.*																	
Muscat d'Asti (2 ans)	»	109,3	»	»	28,27	»	7,52	»	0,049	»	»	»	1,61	24,32	4,80	»	0,998
Marengo supérieur (Alexandrie; 7 ans)	»	89,4	»	»	16,05	»	7,94	»	0,029	»	»	»	1,20	1,79	9,00	»	0,992
Capri	»	107,3	»	»	11,86	»	5,84	»	0,087	»	»	»	2,82	3,45	5,85	»	0,991
Malvoisie de Sicile	»	139,4	»	»	89,87	»	»	»	0,100	»	»	»	2,28	98,55	5,92	»	1,025
Muscat de Catane (4 ans)	»	131,1	»	»	51,0	»	9,83	»	0,383	»	»	»	4'00	125,1	5,74	»	1,054
Marsala supérieur	»	170,5	»	»	39,4	»	9,57	»	0,261	»	»	»	4,25	27,3	5,55	»	0,997
Vernaccia sec (Sardaigne; 28 ans)	»	142,2	»	»	73,7	»	5,97	»	0,260	»	»	»	5,36	30,35	7,95	»	1,000
VINS AMÉRICAINS (26).																	
Norton's Virginia (rouge)	»	95,3(27)	»	»	27,4 (27)	»	»	»	»	»	»	»	»	»	5,67	1,25(28)	»
Riesen-Blatt (rouge) (29)	»	115,2	»	»	25,5	»	»	»	»	»	»	»	»	»	4,57	1,11	»
Jacquez (rouge)	»	83,4	»	»	23,3	»	»	»	»	»	»	»	»	»	7,46	6,67	»
Catawba (blanc)	»	96,1	»	»	17	»	»	»	»	»	»	»	»	»	5,67	»	»
Herbemont (blanc)	»	86,8	»	»	16,77	»	»	»	»	»	»	»	»	»	5,47	»	»
VINS D'ORIGINES DIVERSES.																	
Tokay	»	»	»	10,6	»	22	»	»	»	»	»	»	»	»	»	»	1,038
Madère (30)	161	»	»	»	40,2	»	»	»	»	»	»	»	»	»	2,25	»	»
Malaga (31)	127,5	120,4	»	188	185	»	»	»	»	»	»	»	3,8	146,2	»	»	1,057
Porto	»	»	»	»	44,9	»	»	»	»	»	»	»	»	»	1,97	»	»

OBSERVATIONS. — (1). Tous les chiffres relatifs au glucose sont presque toujours *en excès*. — (2). Sauf pour les cas où l'on en a fait la remarque expresse (voyez *Vins du Rhin*), l'acidité totale est représentée dans ce tableau par le poids équivalent d'acide sulfurique. — (3). Tout vin contenant moins de 55 grammes d'alcool doit être réputé fraudé, à moins qu'il ne provienne d'un raisin cueilli bien avant sa maturité. — (4). D'après Vergnette-Lamotte, cité par Maumené (*Travail des vins*, p. 48), vins de 3 à 4 ans. — (5). D'après Pasteur; moyenne de deux analyses seulement. — (6). Moyenne de dix dosages par Berthelot et de Fleurieu. Vins de Fourmichon et de Savigny. — (7 et 16). Les cinq analyses qui correspondent à chacun de ces deux numéros sont dues à M. E. Houdart. Elles se rapportent à des vins courants de 6 mois à 1 an. — (8). Analyses des vins de la Gironde, par Fauré. — (9). *Id.* — (10). Vins non plâtrés. — (11). Dosages dus à Chamel. — (12). Ce vin et les deux suivants ont été analysés par Pasteur. Ce sont des vins rouges ordinaires de 6 mois; environs de Mèze; bonne année 1873. — (13). Même auteur, même récolte, même âge. — (14). *Id.*, non plâtré, vin blanc. — (15). Non plâtrés. — (17). Ces vins sont très-variables. — (18). Pour des vins de table, non liquoreux. — (19). Maumené, *Travail des vins*, 29 déterminations. — (20). Filhol, 28 analyses. — (21). Poids des cendres diminué de celui des carbonates de potasse correspondant à la crème de tartre. — (22). Leur moût est très-souvent additionné de sucre avant la fermentation. Le Johannisberg, l'Assmanshausen et l'Oberingelheim ont été analysés par Diez [*Ann. der Chem. u. Pharm.*, t. XC, p. 306]. Les vins d'Auerbacher et de Riesling ont été analysés par Kersting [*loc. cit.*, t. LXX, p. 250]. Le Johannisberg avait onze ans; l'Assmanshausen en avait cinq; l'Oberingelheim en avait sept. — (23). Calculé d'après 12 analyses en glucose anhydre. — (24). Pour tous les vins du Rhin, l'acidité totale est calculée en poids équivalent d'acide tartrique. — (25). *Stazione sperimentale agraria di Roma*, analyses de Fausto Sestini, del Torre et Baldi. Tous les vins italiens que je cite ici sont des vins de choix. Plusieurs de ces vins ont été certainement alcoolisés; le glucose, dosé par le réactif cupro-potassique, est toujours trop fort; l'extrait est pris à 110°. — (26). Les cinq vins de cépages américains ont été analysés par MM. Saintpierre et Foëx [*Vins américains*, Congrès viticole de Montpellier, 1874]. Le Norton's Virginia et le Riesen-Blatt étaient de bons vins venus d'Amérique; le Jacquez avait été récolté en France par M. Laliman. Ces trois vins sont rouges. Le Catawba est un vin blanc fort agréable; l'Herbemont est blanc, mais fait avec des raisins rouges. Les analyses de ces vins se rapportent à des qualités moyennes. — (27). Les poids d'alcool et d'extrait des vins américains ne sont pas des moyennes. — (28). La coloration d'un vin rouge type moyen de l'Hérault est prise pour unité pour les cinq vins américains. — (29). Ce vin avait été probablement alcoolisé. — (30). Vins alcoolisés. — (31). Moyenne de quelques analyses dues à F. Mayer [*Jahresb. f. Chem.*, 1847-1848, p. 1109].

La moyenne de l'acidité par litre des vins de Champagne exprimée en SO^4H^2 est :

Récolte de 1864	6,00
— 1865	4,22

Pour les vins français tout au moins, l'acidité totale est en moyenne représentée par litre par 2gr,5 de SO^4H^2, et l'acidité due aux acides volatils par 0gr,30 à 0gr,60.

L'acide acétique et ses homologues ne paraissent pas, dans les vins, provenir seulement de l'oxydation de l'alcool durant et après la fermentation. Béchamp a montré qu'il s'en forme une petite quantité pendant la fermentation alcoolique du sucre [*Compt. rend.*, t. LVI, p. 969]. 1086, 1231. Nous savons aussi que, sous l'influence de certains ferments, le tartre des vins qui passent à l'*amer* se transforme en entier en acétate de potassium et acide acétique (A. Glénard). L'acide acétique est accompagné dans ce cas de $\frac{1}{15}$ à $\frac{1}{16}$ d'acide butyrique et d'une quantité d'acide valérique qui ne dépasse pas 10 milligrammes par litre (Duclaux). Les bons vins français de 2 à 4 ans contiennent de 1,4 à 4 grammes de bitartrate de potassium par litre ; les vins de Bordeaux 2gr,3, ceux de Bourgogne 1gr,8 en moyenne. Mais dans les vins nouveaux, cette quantité s'élève souvent à 4 ou 5 grammes et plus, pour tomber au bout de 4 à 5 mois à 3 grammes et 1gr,5.. Cette quantité diminue encore avec le temps. L'éthérification fait en effet disparaître sous forme d'éther éthyltartrique de $\frac{1}{5}$ à $\frac{1}{4}$ de l'acide tartrique total suivant l'alcoolicité du vin [Berthelot et de Fleurieu, *Ann. de Chim. et de Phys.*, (4), t. V, p. 256 et 259].

Dans les tonneaux et même dans les bouteilles, l'air altère peu à peu la matière colorante et le tannin, et les produits de leur oxydation forment avec le bitartrate de potassium une laque insoluble qui se précipite peu à peu et contribue encore à diminuer la quantité de crème de tartre qui reste encore dissoute. 1000 litres de vin donnent ainsi dans le courant de la première année 2 à 3 kilogrammes de tartre brut.

Outre les acides malique et tartrique libres ou combinés aux bases, il existe aussi dans le vin une petite proportion de ces mêmes acides sous forme de glucosides (acide glucosomalique, glucosotartrique, etc.). Ces combinaisons se détruisent peu à peu ; le sucre fermente lentement et l'acide est mis en liberté (Berthelot et de Fleurieu).

Il n'y a pas de rapport entre la quantité de crème de tartre contenue dans un vin et l'acidité totale de ce même vin ; cette acidité est, en effet, en partie due aux acides volatils, en partie aux acides éthérifiés, en partie enfin aux acides tartrique et phosphorique que l'on trouve à l'état libre en petite proportion, au moins dans quelques vins [*ibid.*, p. 246].

L'acide succinique, découvert dans les liquides fermentés par Ch. Schmidt en 1847, a été retrouvé dans le vin, à côté de la glycérine, par Pasteur en 1858 [*Compt. rend.*, t. XLVI, p. 179 et 857]. Dans les vins français de Bordeaux, de Bourgogne et d'Arbois, où l'acide succinique a été dosé, on a trouvé de 0gr,87 à 1gr,5 de cet acide par litre. Le poids de l'acide succinique est à peu près le cinquième de celui de la glycérine qui l'accompagne. D'après Pasteur, il contribuerait pour une part notable à donner aux vins la saveur vineuse spéciale qui les caractérise.

Le tannin qui existe dans le vin, et que lui cèdent en partie la râfle et le pepin, n'est point identique à celui de la noix de galle. Comme ce dernier, il est soluble dans l'éther, mais il précipite difficilement la gélatine en flocons solubles à chaud ou dans l'acide acétique, et colore les sels ferriques en vert sombre sans former de précipité. Mis en liberté par H^2S de la combinaison qu'il forme avec l'oxyde de cuivre, il se présente sous la forme d'un corps blanc, cristallin, acide, qui s'oxyde et rougit à l'air avec la plus grande facilité (A. Gautier). Les vins rouges astringents en contiennent jusqu'à 2 grammes par litre ; les vins de Bordeaux de 0gr,85 à 1gr,5, les vins blancs à peine 1 à 2 décigrammes par litre. Il s'oxyde lentement, se précipite avec les matières colorantes et albuminoïdes du vin. La plus grande partie se retrouve alors dans les lies.

Outre les acides précédents, on peut aussi trouver dans les vins, parfois en quantité notable par suite de fermentations accidentelles, les acides lactique, butyrique, propionique, valérique, etc., sur lesquels nous reviendrons en parlant des maladies des vins.

Enfin il ne faut pas oublier de signaler l'existence de l'acide carbonique. Le vin nouveau, qui en est saturé, en contient environ 2 grammes par litre ; ce gaz disparaît petit à petit jusqu'à s'abaisser à 1 ou 2 décigrammes. Il contribue pour sa part au goût, mais surtout à la conservation de la liqueur alcoolique, en s'opposant à son oxydation.

Nous avons dit plus haut que l'acidité diminue lentement à mesure que le vin vieillit, et que cette diminution lente doit être surtout attribuée au dépôt de la crème de tartre et à l'éthérification. Dans un vin contenant 10 °/₀ d'alcool, la quantité des acides définitivement éthérifiés est, d'après Berthelot et de Fleurieu [*Ann. de Chim. et de Phys.*, (4), t. I, p. 335], à peu près la septième partie de la quantité totale des acides libres. On sait que ces auteurs ont démontré que la proportion d'alcool qui s'éthérifie dans une solution aqueuse dépend seulement du rapport qui existe entre la somme des équivalents des acides et la somme des équivalents des alcools. La quantité d'éthers formée par le vieillissement du vin sera par conséquent sensiblement proportionnelle au poids total de l'acide existant dans la liqueur aussitôt après que la fermentation a pris fin. On arrive ainsi à cette conclusion, en apparence bizarre, mais que la pratique confirme, que, *pour une même dose d'alcool formé*, un vin qu'on laisse vieillir s'enrichira d'autant plus en éthers, et par conséquent prendra d'autant plus de bouquet, que son acidité primitive avait été plus grande. Aussi voit-on généralement les vins des pays modérément chauds, où le raisin mûrit suffisamment pour donner 160 à 200 grammes de glucose par litre de moût, mais sans que le fruit arrive à une maturité telle qu'il perde absolument *toute acidité* au goût, donner les vins les plus estimés. Depuis quelques années, dans le Midi de la France, on cueille le raisin alors qu'il n'est qu'imparfaitement mûr ; les vins que l'on obtient ainsi sont toujours beaucoup plus parfumés, quoique un peu moins alcooliques, que ceux qui ont été faits avec un fruit arrivé à sa complète maturité. D'autre part, on a reconnu que les vins provenant d'un moût artificiellement saturé par de la craie sont absolument *plats*, c'est-à-dire exempts de bouquet.

Les éthers que l'on trouve dans les vins vieux sont : l'éther éthylacétique, les acides éthyltartrique, et éthylsuccinique. En général, une faible quantité d'éthers éthylpropionique, éthylbutyrique et éthylœnanthique, et probablement d'éthers propyliques et amyliques correspondants, les accompagne.

Si nous observons, avec Berthelot et de Fleurieu, que dans un vin contenant 10 °/₀ d'alcool le septième environ des acides finit par s'éthérifier ; si nous prenons d'autre part comme acidité moyenne d'un vin 2gr,5 de SO^4H^2 par litre, et si nous admettons comme approximation suffisante que cette acidité est presque due entièrement à de l'acide acétique ; enfin si nous calculons la quantité totale et maximum d'éther éthylacétique formée, nous trouverons qu'un litre de vin vieux moyen contient à peu près 0gr,73 de cet éther. Il semble, en effet, d'après quelques essais tentés pour isoler les éthers du vin, que la quantité de ces éthers qui contribuent au bouquet de vins n'est guère inférieure au millième du poids total de la liqueur. D'après Liebig et Pelouze, l'éther œnanthique à lui seul en forme environ $\frac{1}{1000}$ [*Ann. de Chim. et de Phys.*, (2), t. LIII, p. 124].

Le *bouquet* des vins n'est dû qu'en partie à l'ensemble des éthers susnommés. L'alcool lui-même, la petite quantité des alcools homologues supérieurs qui l'accompagnent, les aldéhydes peut-être, les acides libres du vin, enfin des essences qui paraissent déjà exister dans le jus de raisin et donnent au vin le goût de fruit, tous ces corps réunis contribuent à former un arome plus ou moins énergique et harmonieux. En agitant à froid le vin contenu dans un vase rempli d'acide carbonique avec de l'éther purgé d'air, décantant l'éther et l'évaporant à basse température et dans un courant de gaz carbonique, Berthelot a obtenu un extrait d'un poids inférieur au millième de celui du vin employé, extrait où le goût vineux et le bouquet particulier du vin se trouvaient concentrés, tandis que le vin qui restait avait une saveur simplement alcoolique et acidule. Dans cet extrait, ou bouquet du vin, Berthelot a trouvé un peu d'alcool amylique, une huile essentielle, insoluble dans l'eau, en partie formée par les éthers, un peu de matière colorante jaune, enfin un principe neutre qui paraît appartenir au groupe des aldéhydes très-oxygénées, et qui d'après cet auteur est la véritable *essence du bouquet*. A côté de ces divers corps il faut signaler aussi l'aldéhyde ordinaire, dont on a constaté la présence dans quelques vins [*Jahresb. f. Chem.*, 1855, p. 505; *Journ. de Pharm.*, t. XXVII, p. 37 ; voyez encore sur le bouquet des vins : Winckler, *Journ. de Pharm. et de Chim.*, (3), t. XXIII, p. 374, et Stracke, *ibid.*, t. XLI, p. 442].

D'après M. Maumené, les éthers à acides gras dérivés d'alcools homologues de l'alcool ordinaire permettent d'imiter d'autant mieux les bouquets des différents vins que l'acide et l'alcool sont d'un équivalent plus élevé. Les éthers valeroamylique, éthylbutyrique et éthylœnanthique sont ceux qui réussissent le mieux [*Compt. rend.*, t. LVII, p. 482].

Une élévation de température modérée et l'agitation du vin hâtent le développement du bouquet. Le roulis des navires exagère le dépôt de tartre, vieillit rapidement le vin en hâtant par une agitation continue les actions chimiques ultérieures et permet ainsi de connaître d'avance pour les grands crus la valeur future d'une récolte nouvelle.

Matières colorantes des vins. — D'après les recherches particulières de l'auteur de cet article, recherches non encore publiées, la couleur des vins rouges n'est pas due à une matière colorante unique. Suivant qu'on l'extrait du vin de tel ou tel cépage, la matière colorante principale est d'une composition différente, et l'ensemble des matières retirées des vins qui ont été examinés forme comme une famille naturelle de corps très-analogues, mais non identiques, véritables acides faibles appartenant à la série aromatique par leurs propriétés et leurs dédoublements, existant dans les vins en partie à l'état libre, en partie à l'état de sels ferreux de couleur violacée, et paraissant avoir pour origine l'oxydation du tannin spécial de la pellicule au moment de la maturation du fruit.

On connaît aujourd'hui au moins trois matières colorantes spéciales du vin. La première a été obtenue à l'état de pureté et analysée en 1858 par M. A. Glénard, qui lui a donné le nom d'*œnoline* [*Ann. de Chim. et de Phys.* (3), t. LIV, p. 366]. Il la prépare de la manière suivante : Le vin est additionné de sous-acétate plombique tant qu'il se forme un précipité bleuâtre ; celui-ci est lavé et séché à 110°, puis traité d'abord à l'éther anhydre chargé d'acide chlorhydrique en quantité suffisante pour saturer l'oxyde de plomb, enfin à l'éther pur, pour enlever exactement l'excès d'éther chlorhydrique employé. Cela fait, le sel plombique est mis en digestion avec de l'alcool à 36°. Ce dissolvant décolore le précipité et se charge de la matière colorante rouge ; on distille au bain-marie les trois quarts de la solution alcoolique, on laisse refroidir, et on mélange le résidu avec 4 ou 5 volumes d'eau distillée. La matière colorante se précipite alors sous forme de flocons rouges lie de vin. Séchée, elle est presque noire, sa poudre est d'un beau rouge violacé ; elle est à peine soluble dans l'eau, plus soluble dans l'alcool, qu'elle colore en cramoisi ; soluble dans l'esprit de bois. Elle ne se dissout nullement dans l'éther, le chloroforme la benzine, le sulfure de carbone, l'essence de térébenthine. L'acide sulfurique et l'acide chlorhydrique ne paraissent pas l'altérer, même aidés d'une douce chaleur, l'acide acétique la décolore peu à peu, la potasse très-étendue la fait virer au bleu, puis l'altère, la brunit et l'oxyde. L'acétate de plomb la précipite en bleu, l'azotate de protoxyde de mercure donne avec elle un abondant dépôt couleur lie de vin, l'acétate de cuivre la précipite en marron, le nitrate d'argent en roug brun. L'œnoline répondrait à la formule $C^{10}H^{10}O^{5}$ et le précipité plombique à la composition

$$(C^{10}H^{9}O^{5})^{2}Pb''.$$

D'après les renseignements qu'à bien voulu m'envoyer M. Glénard, la matière colorante rouge analysée par lui avait été extraite d'un vin de *Gamay*. J'ai retiré des pellicules des raisins de *Carignane* et de *Grenache*, cépages bien connus dans le Midi, en suivant la méthode précédente, légèrement modifiée, deux autres matières colorantes, très-voisines de celle de Glénard par leurs propriétés et leur composition. D'après mes recherches, la matière colorante *principale* du vin de Carignane répond à la formule $C^{21}H^{20}O^{10}$; elle paraît accompagnée d'une substance colorante accessoire $C^{22}H^{24}O^{10}$. La matière colorante du Grenache a pour formule $C^{23}H^{22}O^{10}$.

En doublant la formule $C^{10}H^{10}O^{5}$ de l'œnoline, dont le poids moléculaire est d'ailleurs incertain, on aura donc pour les couleurs des trois cépages étudiés :

$C^{20}H^{20}O^{10}$ — *Couleur du Gamay.*
$C^{21}H^{20}O^{10}$ — *Couleur de la Carignane.*
$C^{23}H^{22}O^{10}$ — *Couleur du Grenache.*

Le *Pinot*, le *Teinturier*, etc., que je n'ai examinés que sommairement, fournissent aussi des matières analogues aux précédentes, mais non identiques. L'*Aramon* donne une matière colorante fort différente. [A. Gautier, *Comptes rendus*, juin 1878].

En même temps on rencontre dans les vins une certaine quantité de matières colorantes azotées qui, d'après mes analyses, sont comme les corps amidés des précédents ; elles renferment du fer et constituent de véritables sels ferreux de ces acides amidés où Fe'' remplace H^2.

La matière à laquelle Mulder a donné, en 1856, le nom d'*œnocyanine* paraît être le sel ferreux violet que j'ai obtenu en saturant presque exactement le vin par l'ammoniaque et ajoutant un grand excès de sel ammoniac. Il se précipite alors lentement une poudre d'un violet bleu foncé ayant toutes les propriétés de celle de Mulder. Pour obtenir son œnocyanine, Mulder traite le vin par l'acétate de plomb; le précipité bleu pâle est lavé, puis mis en suspension dans l'eau et décomposé par l'hydrogène sulfuré; le sulfure de plomb est épuisé par l'eau tant que celle-ci se colore. Il retient la majeure partie de la substance colorante. Pour extraire celle-ci, on traite le sulfure par de l'alcool mêlé d'un peu d'acide acétique et l'on évapore. De la graisse reste dans le résidu: on l'enlève par l'éther; enfin on lave avec de l'eau acidulée d'acide acétique. L'œnocyanine reste alors à l'état de pureté. C'est une substance d'un bleu noirâtre, insoluble dans l'eau, l'alcool, l'éther, le chloroforme, l'essence de térébenthine, soluble dans l'alcool mélangé d'acide acétique ou tartrique. Une trace d'acide acétique donne avec elle une solution d'un beau bleu, qui devient rouge si l'on augmente la quantité d'acide. Les alcalis la font virer au bleu, ou au vert, tandis que la couleur brunit par oxydation à l'air. Dans ses solutions alcoolo-tartriques, l'azotate d'argent donne un précipité rouge foncé; l'azotate mercureux et l'alun n'y produisent pas de changements; l'acétate d'aluminium les précipite en violet, ceux de plomb en bleu pur [Mulder, *Chem. des Weines*, Leipzig, 1856, p. 228].

Les vins des pays chauds contiennent une plus grande proportion de cette substance violette qui leur donne cette teinte bleuâtre caractéristique. Cette matière, dans laquelle j'ai découvert le fer, se précipite la première dès qu'on commence à saturer ces vins par un alcali faible [Voyez encore sur la matière colorante bleue, Simmler, *Journ. de Chim. et de Pharm.*, (3), t. XLII, p. 168].

On doit ajouter enfin qu'outre les substances précédentes que l'éther ne saurait enlever, il existe dans les vins une matière incolore ou jaunâtre soluble dans ce dernier dissolvant, et dont la solution éthérée abandonnée à la lumière et à l'air devient d'abord rose, puis rouge et enfin violacée. J'ai montré que cette substance avait toutes les propriétés d'une catéchine, verdissait fortement les sels ferriques et, en s'oxydant, contribuait à engendrer les couleurs précédentes. Cette substance ne doit pas être confondue avec la matière colorante jaune qui persiste dans les vins vieux.

Nous reviendrons, à propos de l'*Analyse des vins*, sur les caractères qui permettent de différencier les matières colorantes des vins des autres substances colorantes analogues.

Autres corps signalés dans les vins. — Quelques auteurs ont signalé parmi les corps qui n'entrent dans la constitution du vin qu'à l'état de traces, l'ammoniaque, la triméthylamine, et une base $C^{13}H^{20}Az^{4}$. Mais leur présence dans le vin est douteuse. L'ammoniaque, loin de se produire dans le vin durant la fermentation, disparaît, au contraire, comme l'ont démontré Pasteur et Boussingault; tandis que les moûts des vins analysés par ce dernier auteur contenaient par litre 0gr,06 et 0gr,07 d'ammoniaque, les vins correspondants n'en contenaient plus trace [*Ann. de Chim. et de Phys.*, (4), t. VIII, p. 217 et 230].

La triméthylamine n'a été retirée des vins qu'en les distillant avec de la soude caustique et elle nous paraît due à l'altération des substances azotées, colorantes ou non, que j'ai mentionnées plus haut [*Bull. de la Soc. chim.*, t. X, p. 32]. Enfin la base $C^{13}H^{20}Az^{4}$ a été rencontrée dans les produits de la fermentation du sucre pur, et quoique son existence dans le vin soit probable, elle n'en a pas encore été directement extraite [*Bull. de la Soc. chim.*, t. X, p. 295].

La leucine, la tyrosine, la leucéine, la carnine, la xanthine, la guanine, la sarcine et l'arabine, substances qui se rencontrent toujours, d'après M. Schützenberger, dans l'extrait aqueux de la levûre de bière, doivent aussi se retrouver en faible proportion dans le résidu de l'évaporation des vins, mais n'y ont pas encore été recherchées [*Bull. de la Soc. chim.*, t. XXI, p. 204].

Les sels à acides végétaux contenus dans les vins sont en majeure partie formés de tartrates. On a dit plus haut que la crème de tartre dissoute dans le vin nouveau s'élevait à 4 ou 5 gr. par litre et tombait à 3 grammes et 1gr,5 et moins encore, au bout de quelques mois. Son poids se maintient en moyenne dans les vins français de plus d'un an à 1 ou 2 grammes par litre. Le tartrate droit de potassium en forme la majeure partie; dans les tartres bruts qui se précipitent, on trouve aussi un peu de tartrate de calcium et de magnésium. Le tableau suivant donne une idée de la composition de ces tartres [Scheurer-Kestner, *Rép. de Chim. app.*, 1860, p. 397].

	TARTRES BLANCS.				TARTRES ROUGES.	
	Alsace.		Suisse.	Toscane.	Bourgogne.	Espagne.
Bitartrate de potassium.	85,1	84,95	73,5	84 à 88	32,10	24,20
Tartrate de calcium..............	9,92	4,64	18,38	»	46,25	45,20

On doit à Braconnot [*Ann. de Chim. et de Phys.*, (2), t. XLVII, p. 68] une analyse de lie de vin rouge et quelques renseignements sur la nature des substances organiques qui composent ces dépôts. Desséchée à 100°, cette lie renfermait 20p,7 pour 100 p. de matières organiques paraissant être de nature albuminoïde en grande partie; 21 de substances grasses ou cireuses; 6 de phosphate de calcium; 2,8 de phosphate et sulfate de potasse; 5,25 de tartrate de calcium; 0,4 de tartrate de magnésium; 60,75 de bitartrate de potassium et 2 de silice et sable.

D'après Filhol, Fauré, etc., on trouve dans les vins du tartrate de magnésium, d'aluminium, et même de fer en quantités relatives très-variables (voir à ce sujet le tableau ci-dessus relatif aux cendres du vin).

A côté des tartrates que nous venons de signaler, le vin contient, en petites proportions, des malates (?), pectates, acétates, propionates, butyrates, dont l'acide est en partie combiné aux bases précédentes, en partie libre et en partie éthérifié.

Les sels à acides minéraux contenus dans les vins sont les suivants: phosphates acides de calcium et de magnésium, chlorure de sodium, sulfate de potassium, un peu de sulfate de calcium. Leur poids total ne s'élève guère à plus de 1 gramme par litre, et quelquefois s'abaisse à 0gr,15. On peut admettre qu'en moyenne, et déduction faite du carbonate de potassium et de calcium provenant de la calcination des tartrates correspondants, le poids des cendres s'élève par litre pour nos vins de table à un demi-gramme environ. Le résidu provenant de la calcination de l'extrait sec varie de 0gr,8 à 4 grammes par litre, *pour les vins non plâtrés.*

Le tableau suivant donne le poids des cendres laissé par un litre de quelques vins *non plâtrés :*

	Cendres pour 1 litre de vin.	
Vins de l'Hérault..........	1gr,98	(Chancel, Bérard, Cauvy.)
—	2 ,05	(Poggiale).
—	2 ,90	—
Vin de la Haute-Garonne...	3 ,01	(Filhol).
—	1 ,665	—
—	1 ,150	—
—	1 ,894	—
Beaux vins de l'Hérault....	1 ,75 à 3gr,5	(A. Gautier).
Bordeaux rouges ; bonne année..................	1 ,6 à 3gr	—
Beaujolais (Fleury, 8 ans)...	2 ,1	—
Petits vins du Cher	1 ,7 à 2gr,2	—
Vins du Var...............	3 ,81	(Poggiale).
Vins de Roussillon.........	2 ,4	—
Vins d'Alsace..............	1 ,96	(Boussingault).
Johannisberg...............	1 ,20	(Diez).
Assmannshausen...........	2 ,27	—
Oberingelheim.............	2 ,75	—
Malaga	3 ,8	(Mayer).

Le poids total des cendres augmente notablement dans les vins plâtrés.

On ne saurait donner de nombres indiquant, même approximativement, les proportions relatives de matières minérales des vins. Elles dépendent entièrement du cépage, du terrain, de l'année, de l'âge de la vigne, etc. La potasse, le fer, l'acide phosphorique, c'est-à-dire les principes les plus constants, varient d'un vin à l'autre du simple au triple. On a dosé dans les vins français de 0gr,3 à 1gr,25 de potasse, de 0gr,008 à 0gr,040 de fer, de 0gr,15 à 0gr,5 d'acide phosphorique par litre.

Le tableau suivant donne quelques renseignements sur les proportions des différents sels minéraux dissous dans les vins. Ils se rapportent plus spécialement à ceux de le Haute-Garonne et du Tarn-et-Garonne que M. Filhol a soigneusement analysés [*Journ. de Chim. méd.* (3), t. II, p. 259]. Tous les nombres sont calculés pour 1 litre.

TABLEAUX DES SELS CONTENUS DANS QUELQUES VINS.

NOM ET AGE DU VIN.	TARTRATES				Chlorures de potassium avec trac de Na, Ca, Mg	SULFATES		Phosphate de chaux avec trace de magnésie.
	de potasse.	de chaux.	d alumine.	de fer.		de potasse.	de chaux.	
Villandrie (vin de 4 ans) ...	0gr,840	0gr,031	0gr,042	0gr,045	0gr,080	0gr,083	0gr,012	0gr,620
—(autre récolte, vin de 2 ans).	0 ,910	trace	trace	0 ,131	0 ,077	0 ,160	0 ,012	0 ,420
Portet (vin de 3 ans)........	1 ,165	0 ,062	0 ,029	0 ,036	0 ,024	0 ,061	0 ,149	0 ,406
—(autre récolte, vin de 2 ans).	1 ,180	0 ,072	0 ,025	0 ,036	0 ,032	0 ,064	0 ,128	0 ,442
Saint-Gaudens (vin de 4 ans).	1 .457	0 ,070	0 ,041	0 ,027	0 ,069	0 ,127	0 ,032	0 ,452
—(autre récolte, vin de 4 ans).	1 ,624	0 ,070	0 ,039	0 ,080	0 ,250	9 ,463	0 ,032	0 ,370
—(autre récolte, vin de 2 ans).	0 ,984	0 ,070	0 ,052	0 ,030	0 ,044	0 ,130	0 ,032	0 ,700
Montastruc (vin de 2 ans)...	1 ,242	trace	0 ,047	0 ,036	0 ,034	0 ,265	trace	0 ,498
Caraman (vin de 2 ans).....	1 ,055	trace	0 ,037	trace	0 ,042	0 ,057	0 ,032	0 ,328
Avignonet (vin de 2 ans)....	1 ,600	trace	0 ,025	0 ,046	0 ,049	0 ,115	0 ,022	0 ,430

Il est bon d'ajouter que la quantité d'acide sulfurique que l'on trouve *normalement* à l'état de sulfate dans 1 litre de vin non plâtré varie de 0gr,109 à 0gr,308, d'après de nombreuses analyses de H. Marty.

Le vin nouveau est saturé d'acide carbonique ; il ne contient ni azote ni oxygène. Peu à peu et grâce à l'action de l'air, un peu d'azote se dissout dans le vin, qui reste chargé d'une proportion variable d'acide carbonique de plus en plus faible à mesure que le vin vieillit, et qui finit par tomber, avons-nous dit, de 2 grammes par litre, à 1 ou 2 décigrammes. Le vin ne contient jamais d'oxygène, comme l'ont successivement reconnu Boussingault, Berthelot, Pasteur ; toutefois, en tonneau ou même en bouteilles, il absorbe lentement l'oxygène de l'air. Il résulte des expériences de Pasteur qu'un vin de Clos-Vougeot, conservé en pièce depuis trois ou quatre ans, absorbe dans ce temps 30 à 40 cent. cubes d'oxygène par litre. Cette action lente est profitable. Ce gaz oxyde certains principes du vin, augmente son bouquet et modifie sa couleur. Le tannin et les catéchines se transforment et deviennent partiellement susceptibles de se précipiter en entraînant avec elles une partie des matières colorantes devenues insolubles et de la crème de tartre. Le vin conservé en vase hermétiquement clos *ne se fait pas*, ne vieillit pas et ne dépose que fort peu. On s'explique ainsi l'usage bourguignon de conserver deux ou trois ans le vin en tonneaux avant que de l'embouteiller [voir à ce sujet Pasteur, *Études sur le vin*, 2e édit. p. 80 et suiv.]. La lumière, mais surtout la chaleur et l'agitation, provoquent aussi le vieillissement des vins.

Sur ces observations on a fondé des procédés de vieillissement rapide [Brevet 1467 du 2 juin 1871 ; vieillissement des vins par l'emploi de l'ozone]. Mais, pour que l'oxygène améliore le vin, il doit agir lentement ; en exagérant ses effets, on diminuerait notablement l'alcoolicité du vin, on tendrait à l'acidifier et surtout à faire disparaître son bouquet. Cette question n'est donc point encore bien résolue. [Voir à cet égard : *Bull. de la Soc. chim.*, t. I., p. 82, 312, 391 ; *Ann. de Chim. et de Phys.* (3), t. LXIII, p. 98 ; *Compt. rend.*, t. LVII, p. 957 et 985, t. LVII, p. 254 et 292.]

ALTÉRATIONS SPONTANÉES OU MALADIES DES VINS.

Indépendamment des transformations normales que subit sans cesse le vin qui vieillit, ce liquide, comme la plupart des liqueurs fermentées analogues, est sujet à des altérations en apparence spontanées, auxquelles on est convenu de donner le nom de *maladies*. Elles sont pour la plupart connues depuis longtemps, mais Pasteur les a spécialement observées avec soin, et les a rattachées à l'altération du vin par des ferments organisés spéciaux, qu'il a examinés et décrits dans son remarquable ouvrage *Sur le vin et ses maladies* [Paris, 1873, 2e édit. Savy, éditeur]. Nous allons donner ici un résumé de ces études.

MALADIE DE L'ASCESCENCE (*Vins piqués ; vins*

aigres). [Pasteur, *loc. cit.* p. 12 et suiv.] — Une des altérations les plus fréquentes du vin est son aigrissement; aucune maladie ne lui ôte plus rapidement ses qualités. Le vin *se pique* en général lorsqu'il est peu alcoolique ou soumis à l'action de l'air sur une large surface, par exemple s'il est contenu dans des tonneaux en vidange, condition qui lui permet à la fois de perdre son acide carbonique par diffusion et d'absorber l'oxygène

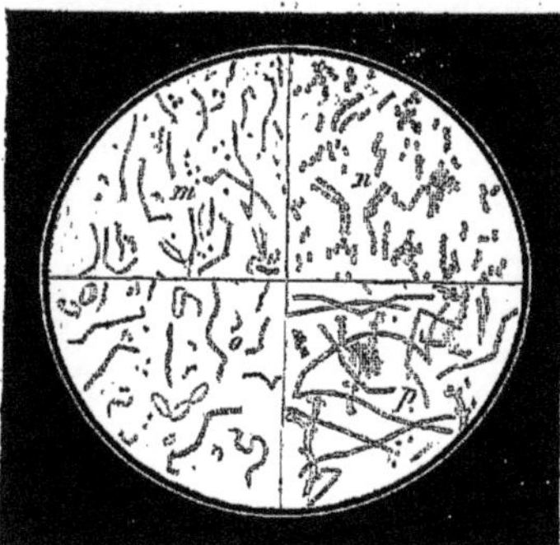

Fig. 783. — *n.* Ferment de l'ascescence. — *m.* Ferment de la tourne. — *p.* Ferment de l'amertume. — *o.* Ferment de la graisse. (Voir pour ces divers ferments les planches des *Études sur le vin*, de Pasteur, 2ᵉ édit., et spécialement fig. 1 pour l'*ascescence;* fig. 10 pour la *tourne;* fig. 38 pour l'*amertume*, et fig. 15 pour la *graisse*.)

de l'air. D'après Pasteur l'absorption *rapide* de l'oxygène par le vin et par suite son ascescence est provoquée par un petit cryptogame, le *Mycoderma aceti* (fig. 783, *n*). Il consiste en chapelets d'articles, en général légèrement étranglés vers leur milieu, dont le diamètre un peu variable est moyennement de un millième et demi de millimètre. La longueur de l'article est un peu plus du double. Ces articles se multiplient en s'étranglant de plus en plus et donnent ainsi deux individus ou globules séparés. Il suffit pour obtenir le *Mycoderma aceti* de laisser quelques jours à l'air 100 grammes d'eau de levûre de bière, 1 ou 2 grammes d'acide acétique et 3 à 4 grammes d'alcool. La surface de cette liqueur se recouvre bientôt d'un voile de ce mycoderme. Le vin étendu de son volume d'eau produit aussi très-aisément ce ferment, surtout si, au préalable, on l'acidifie légèrement par de l'acide acétique. Sous l'influence du *Mycoderma aceti*, l'alcool des liqueurs fermentées est rapidement oxydé aux dépens de l'air et transformé en acide acétique, en même temps qu'une partie des matières odorantes du bouquet disparaît. Le *Mycoderma aceti* est souvent accompagné du *Mycoderma vini* ou *fleurs du vin*, que l'on rencontre à la surface des vins faiblement acides étendus d'eau, mais qui jouit d'autres propriétés.

MALADIE DES VINS TOURNÉS, (*Vins montés, qui ont la pousse, etc.*). [Pasteur, *loc. cit.*, p. 31 et suiv.] — Il arrive fréquemment dans les mois de mai à juillet que le vin se trouble; sa saveur s'altère, devient fade et comme analogue à celle d'un vin éventé. On dit alors que le vin *tourne*. Lorsqu'on l'agite au soleil dans un tube de verre, on y perçoit des ondes soyeuses qui se déplacent en divers sens. Si l'on pratique un fausset au tonneau bien fermé qui contient ce vin, le liquide jaillit avec force; de là cette expression vulgaire : *vin qui a la pousse.* Ce phénomène est dû à ce que sous l'influence du ferment morbide la liqueur dégage sans cesse de très-petites bulles d'un gaz qui paraît être de l'acide carbonique pur.

Le trouble du vin *tourné* est dû à la présence de filaments d'une extrême ténuité, de $\frac{1}{1000}$ de millimètre de diamètre, de longueur variable (fig. 783, *m*). Ce sont ces filaments qui troublent le vin et non pas la lie qui remonterait, comme on le croyait autrefois. Le dépôt que l'on trouve au fond est formé d'un vrai feutrage de ces filaments, souvent très-longs, constituant une masse glutineuse, noirâtre, qui se transforme en filets d'aspect muqueux lorsqu'on la retire du fond du tonneau à l'aide d'un tube effilé. Le parasite des vins tournés n'a pas besoin de l'oxygène de l'air pour se développer. Il ferait, d'après Duclaux, naître dans les vins, aux dépens de l'acide tartrique, une nouvelle quantité d'acide acétique et d'acide propionique, en quantités à peu près égales (2gr,5 par litre) [*Compt. rend.*, t. LXXVIII, p. 1159]. Toutefois Pasteur ne se prononce pas à ce sujet. A. Glénard, qui a examiné un grand nombre de vins *tournés* de la récolte de 1859, y a toujours constaté la disparition des tartrates et l'augmentation notable de l'acide acétique [*Soc. d'agriculture, etc.*, de Lyon, tirage à part chez Savy, p. 11 et suiv.]. Les collages et les soutirages sont les meilleurs moyens de remédier à temps à cette altération des vins.

D'après l'auteur de cet article, la maladie des vins dits *tournés* du Midi ne peut être confondue avec la précédente. Elle se développe souvent dans les vins quand les vendanges se sont faites pendant un automne pluvieux et que la moisissure envahit la grappe. Le vin se conserve en apparence assez bien tant que l'air n'y a pas d'accès et sans dégager d'acide carbonique. Toutefois, si on l'observe au jour, dans un flacon bien transparent, quelques mois après la décuvaison, on y voit comme un très-léger brouillard. La couleur s'est seulement éclaircie et a un peu jauni. Mais qu'on soutire ce vin presque clair ou qu'on l'expose quelques minutes à l'air, il se trouble fortement, sa matière colorante se dépose peu à peu sous forme d'un précipité pulvérulent chocolat, et le vin filtré prend l'odeur et la couleur d'un sirop cuit acidulé et légèrement amer.

L'examen du dépôt formé dans les vins tournés du Midi (récolte de 1875) m'a montré un grand nombre de filaments flexueux, mais non articulés, du diamètre de $\frac{1}{1000}$ de millimètre environ, très-analogue à ceux des filaments de la *tourne* indiqués dans la fig. 783, *m* [Pasteur, *Études sur le vin*, 2ᵉ édition, Paris, 1873], de largeurs très-variables. — Ce parasite principal est mélangé d'autres filaments très-rares nettement articulés, semblables à ceux que l'on voit représentés dans la figure 783, *m;* leurs articles, alternativement clairs et obscurs, sont en nombre variable de 2 à 6. Ces deux parasites, dont le premier est seul abondant, sont mélangés de nombreuses cellules de levûre, de cristaux en éventail, et de matière colorante précipitée.

Cette maladie des vins, la plus grave certainement de celles qui atteignent nos vins du Midi, ne saurait, disons-nous, se confondre avec la tourne ou pousse des vins de Bourgogne. « Je suis porté à croire, dit Pasteur (*Ouvr. cité*, p. 51), que l'on réunit sous l'expression de *vins tournés* des maladies différentes auxquelles correspondent plus d'un ferment filiforme. »

Les collages, les soutirages, le tannin, le vinage, et le *chauffage* n'empêchent et n'entravent pas l'action du ferment spécial non décrit par Pasteur. Dès qu'on expose ce vin à l'air, il se couvre d'une pellicule irisée et se trouble tant qu'il reste en solution de la matière colorante rose.

MALADIE DE L'AMERTUME, DE GOUT DE VIEUX. — Suivant de Vergnette-Lamotte, on distingue deux sortes d'*amertumes* dans les vins. La première atteint les vins à leur deuxième et troisième année; l'autre se rencontre dans les vins très-vieux. Cette dernière est la moins grave, elle n'altère le vin qu'au bout de longues années et leur donne un goût spécial que l'on a nommé *goût de vieux*. Les causes de cette altération dernière des vins sont mal connues, et d'après de Vergnette-Lamotte cette maladie ne doit pas être confondue avec la suivante.

Dans l'*amertume proprement dite*, le vin est altéré et détruit complétement dès les premières années. Celui-ci présente d'abord un goût fade, une odeur *sui generis*, une couleur moins vive. Bientôt l'amertume apparaît; on reconnaît à la dégustation un léger goût de fermentation dû au gaz carbonique, enfin la matière colorante s'altère complétement. Les dépôts troubles qui se font dans les bouteilles ne s'attachent pas à ses parois. L'amertume est la maladie qui fait le plus de tort aux grands crus de Bourgogne, spécialement aux vins de pinot, mais elle s'attaque aussi aux vins d'autres régions et d'autres crus.

Lorsqu'on examine au microscope le dépôt qui se forme dans un vin *amer*, dans l'une ou l'autre phase de l'amertume décrites par de Vergnette-Lamotte, on trouve, suivant Pasteur (*loc. cit.*, p. 66 et suiv., p. 70), qu'il est formé de branchages filiformes, rameux, noueux, de diamètres variables, plus ou moins articulés, en général légèrement colorés en jaune, rouge ou brun, souvent associés à des amas bruns mamelonnés de matière colorante ou à des cristaux solubles dans l'alcool acidulé (fig. 783, *p*). Ces filaments paraissent formés d'articulations réunies par une matière plus molle, qui leur permet de se briser souvent sans se disjoindre. Chaque article est fait lui-même de sous-articles qui s'accusent par des renflements et rétrécissements alternativement clairs et obscurs. Les vins ordinaires mis en vidange prennent souvent, par la seule action de l'air, une amertume notable, qui ne doit pas être confondue avec l'une ou l'autre des altérations précédentes. Cette altération est due, d'après Pasteur, à une action purement chimique. L'amertume disparaît si l'on supprime la vidange, et si l'on conserve quelques semaines ce vin en bouteilles pleines.

On a donné diverses explications des phénomènes qui se passent dans les vins *amers*. Suivant Maumené [*Travail des vins*, p. 455], la saveur amère serait due à la formation d'une petite quantité de résine d'aldéhyde-ammoniaque, l'ammoniaque provenant de l'altération des matières albuminoïdes, l'aldéhyde de l'oxydation de l'alcool. Suivant d'autres auteurs, l'amer dériverait de l'oxydation des tannins du vin et de sa matière colorante. A. Glénard, qui a eu l'occasion d'examiner l'état d'un vin que les dégustateurs déclarèrent *amer*, y constata l'absence complète du bitartrate de potassium et la présence d'une quantité notable d'acide acétique [*Soc. d'agric., d'histoire naturelle*, etc., de Lyon, séance du 2 août 1861]. Mais Pasteur [*loc. cit.*, p. 272] pense que le vin examiné par A. Glénard était un vin *tourné* et non *amer*, ce que semble confirmer la note additionnelle du travail de Glénard lui-même. Dans les vins amers, Duclaux a signalé un excès d'acide acétique, qu'accompagneraient quelques homologues supérieurs.

MALADIE DE LA GRAISSE; VINS FILANTS, VISQUEUX, HUILEUX. — Cette maladie, rare dans les vins rouges, est très-fréquente dans les blancs. Elle altère les vins même lorsqu'ils sont contenus dans les vases les mieux bouchés. Ces vins perdent d'abord leur limpidité, deviennent plats et fades, et lorsqu'on les transvase, ils filent comme de l'huile. D'après Pasteur [*loc. cit.*, p. 59], cette altération des vins est due à un ferment qui se présente au microscope sous forme de chapelets de petits globules sphériques dont le diamètre varie sensiblement suivant les cas (fig. 783, *o*), et que l'on trouve soit au fond de la bouteille, soit en suspension dans la masse. Ce ferment s'entoure d'une sorte de gelée. Cette matière mucilagineuse et les chapelets enchevêtrés du mycoderme forment quelquefois par leur réunion une véritable peau gluante analogue à la mère du vinaigre.

On connaît peu les altérations qui se passent dans les vins gras ou filants. On sait seulement qu'en évaporant ces vins on obtient une masse brun clair, transparente, ressemblant à de la colle forte et que François a prise autrefois pour une substance albuminoïde analogue au gluten [*Ann. de Chim. et de Phys.* (2), t. XLVI, p. 112].

On rend aux vins gras leur limpidité et leur fluidité première en les additionnant de tannin ou même d'un mélange de tannin et de colle de poisson qui précipite toutes les matières en suspension. La viscosité des vins ne paraît se produire que dans ceux où la quantité de tannin et d'alcool est insuffisante pour précipiter les matières albuminoïdes, qui deviennent dès lors un terrain favorable au développement du ferment décrit par Pasteur.

La mannite qui se forme dans la fermentation dite *visqueuse* des sucres, n'a pas été recherchée dans les vins *gras* ou *filants*.

VINS FABRIQUÉS ET D'IMITATION. CONSERVATION ET CHAUFFAGE DES VINS.

Les diverses transformations que l'on fait subir, soit au moût, soit au vin lui-même, dans le but d'en assurer la conservation, ou même pour obtenir des liqueurs fermentées présentant des types constants, méritent que nous en fassions ici une mention spéciale. Nous allons donc rapidement passer en revue les diverses pratiques telles que l'*alcoolisation*, la *champagnisation*, le *plâtrage*, le *muttage*, le *chauffage*, etc., destinées à corriger les vins, à leur donner des qualités spéciales artificielles, à les vieillir rapidement ou à favoriser leur conservation.

ALCOOLISATION; VINAGE. — L'addition d'alcool aux vins, ou *vinage*, se pratique dans un grand nombre de cas, soit qu'on veuille relever le titre alcoolique d'un vin trop faible, soit qu'on ait pour but d'obtenir des vins suralcoolisés, tels que ceux de Madère ou de Marsala. Cet alcool ajouté au vin doit, autant que possible, être extrait du vin lui-même par distillation. Toutefois on commence à employer aujourd'hui les eaux-de-vie de betterave et de grains que l'on obtient, grâce à la perfection des appareils de distillation et de fractionnement, presque exemptes de tout goût autre que celui de l'alcool lui-même.

L'addition d'alcool se fait le plus souvent dans le vin lui-même : c'est ce qui a lieu pour les Madère, les Xérès; mais quelquefois on ajoute l'alcool pendant la fermentation, soit qu'on veuille conserver aux vins une certaine douceur, comme dans la préparation des vins blancs doux et en particulier des muscats, soit qu'on veuille obtenir certains vins spéciaux très-alcooliques, en même temps que liquoreux, tels que le Zucco et le Marsala. Nous reviendrons tout à l'heure sur ce point en parlant du *muttage* et du *sucrage* des vins.

Cette addition d'alcool influe nécessairement sur la formation postérieure des éthers, dont elle fait croître peu à peu la quantité; mais ce n'est en général qu'au bout de plusieurs années que cette éthérification se complète, surtout dans les vins non sucrés, et que le goût spécial de l'eau-de-vie disparaît à peu près, pour se confondre définitivement avec le bouquet proprement dit.

Les vins sucrés suralcoolisés, spécialement les vins rouges, se conservent très-longtemps, même en vidange, sans tourner ni s'aigrir.

Sucrage; champagnisation. — On a dit plus haut que l'on peut admettre très-approximativement que, pour une vendange à peu près mûre, le pèse-sel Baumé plongé dans le moût à 15° centigrades donne en degrés de son échelle une indication telle, que le moût transformé en alcool par la fermentation fournira un vin d'un degré alcoométrique exprimé par le même chiffre que celui du pèse-sel. Partant de cette règle empirique, on voit que l'on pourra d'avance, par la densité du jus du raisin au pèse-acide Baumé (qui dans ce cas particulier porte le nom de *gluco-œnomètre*), prévoir la teneur alcoolique approximative du vin que ce moût produirait. Par conséquent, pour obtenir (entre de certaines limites) un vin d'une teneur alcoolique connue supérieure, il faudra augmenter artificiellement et d'une quantité à déterminer le poids de sucre dissous dans le moût.

Supposons donc que l'on veuille augmenter de n degrés le titre alcoométrique du vin qui résulterait de la fermentation d'un jus de raisin. De quelle quantité de sucre de canne ou de glucose faudrait-il additionner ce moût? La densité de l'alcool étant de 0,795, une augmentation de n degrés alcoométriques correspond à une addition d'alcool à 100 volumes de la liqueur de n gr. $\times$ 0,795. (On ne tient pas ici compte de la faible augmentation de volume due à la formation de l'alcool.) Or nous savons que 100 grammes de sucre de canne donnent en fermentant 51gr,11 d'alcool; on aura donc la proportion

$$\frac{51,11}{100} = \frac{n.0,795}{x},$$

d'où

$$x = n \times \frac{100 \times 0,795}{51,11} = n \times 1,555.$$

On aurait de même avec le glucose (105 gr. de ce sucre produisant 51gr,11 d'alcool)

$$x' = n\frac{105 \times 0,795}{51,11} = n \times 1,633.$$

Il suffira donc d'ajouter 15gr,55 de sucre de canne ou 16gr,33 de glucose anhydre à chaque litre de moût autant de fois que l'on voudra forcer de 1° le titre alcoométrique du vin qui résultera de la fermentation de la liqueur.

Dans les pays froids, où la vigne ne mûrit souvent que fort incomplétement, comme dans le nord de la France et en Allemagne, la pratique très-répandue du sucrage du moût a pour but non-seulement de donner au vin une plus grande teneur alcoolique, mais de permettre aussi de l'étendre d'eau et de diminuer ainsi l'acidité toujours excessive d'un jus de raisin où le sucre ne s'est qu'imparfaitement formé. Dans ces cas, on peut opérer comme il suit : Si le gluco-œnomètre plongé dans le moût à 15° centigrades marque de 6 à 7°, le vin qui en résulterait par fermentation contiendrait de 4,5 à 6 volumes d'alcool pour 100 et une quantité d'acide libre qu'on peut évaluer au double de celle qui existe, dans des bonnes années, dans les vins des mêmes crus. Pour corriger cette acidité, on ajoute au moût son volume d'eau; l'acidité deviendrait ainsi normale, mais le titre alcoolique probable tomberait, par exemple, de 5° à 2°,5. Si donc l'on veut obtenir une liqueur fermentée marquant à l'alcoomètre 8°,5, titre des bonnes années, on devrait ajouter par chaque litre de moût 1 litre d'eau contenant, d'après la règle précédente, 6 $\times$ 2 $\times$ 15gr,55 de sucre de canne. On obtiendrait ainsi une liqueur deux fois moins acide qu'elle n'aurait été, et titrant 8°,5 à l'alcoomètre, au lieu de 5° qu'elle aurait eu si elle n'eût pas subi de modification.

Cette dilution du moût par de l'eau sucrée ne peut être pratiquée que pour les vins blancs, et encore à la condition d'en prévenir l'acheteur. Pour agir tout à fait méthodiquement, il faudrait déterminer le titre acidimétrique du moût des raisins verts et ajouter de l'eau de façon à donner à la liqueur le titre acidimétrique des bonnes années, puis ajouter le sucre en suivant les règles précédentes. Inutile de dire que des vins ainsi fabriqués manquent en partie d'extrait et de tannin et sont fort instables.

On sait que, dans la fabrication du vin de Champagne, on ajoute du sucre non plus au moût, mais au vin lui-même en état de lente fermentation, bien moins pour augmenter son titre alcoolique que pour le charger d'acide carbonique et le rendre mousseux. Dans ce cas, les moûts, en général extraits par pression des raisins rouges très-sucrés, sont mis à fermenter pendant 24 heures dans de grands foudres. On soutire ensuite pour séparer les écumes et le dépôt, et on laisse fermenter dans des tonneaux pleins fermés par une bonde hydraulique. Le vin ainsi produit est encore soutiré et collé successivement trois fois à un mois d'intervalle. Il est alors additionné d'une quantité de sucre bien dosée qui le rendra mousseux au degré voulu. On donne à cet égard [Maumené, *Traité du travail des vins*, 2e édit., p. 544 et suiv.] les indications suivantes : Un échantillon du vin que l'on veut champagniser est réduit au bain-marie au sixième de son poids. Après 24 heures de repos, on filtre la liqueur ainsi obtenue, et on en prend le degré au gluco-œnomètre de Cadet-Devaux. (Pour les liqueurs plus denses que l'eau, ses degrés correspondent à ceux du pèse-acide Baumé.) On ajoute ensuite les quantités de sucre ou de *liqueur* (solution aqueuse de 500 grammes de sucre candi par litre de *liqueur*) indiquées par le tableau suivant :

Degrés gluco-œnométriques au-dessous de 0 du produit de la réduction du vin au 6e.	Sucre à ajouter par hectolitre de vin à champagniser.			
5°....	2 kilogr.	sucre candi ou	4 litres	*liqueur.*
6°....	1,7	—	3,4	—
7°....	1,45	—	2,9	—
8°....	1,15	—	2,3	—
9°....	0,85	—	1,7	—
10°....	0,55	—	1,1	—
11°....	0,25	—	0,5	—
12°....	0	—	0	—

Le vin ainsi préparé est mis en bouteilles bien bouchées; sa fermentation alcoolique lente continue, le gaz carbonique s'emmagasine dans la liqueur, qui devient ainsi mousseuse, aigrelette, et toutefois reste toujours légèrement sucrée. Mais, par suite de cette fermentation secondaire, il s'y forme un dépôt insoluble qu'il faut séparer. Pour cela, après avoir légèrement agité la bouteille pour détacher ce dépôt, on la renverse graduellement jusqu'à ce que, le goulot étant en bas, les parties insolubles tombent sur le bouchon. En ouvrant alors légèrement, la pression intérieure chasse le liquide avec force et fait sortir le dépôt; c'est l'opération délicate qu'on nomme le *dégorgeage*. Il ne reste plus qu'à boucher hermétiquement, ficeler et cirer. En opérant comme il vient d'être dit, une bouteille de 70 centilitres de champagne contient 4lit,38 de gaz carbonique et supporte une pression de 5 atmosphères 4 dixièmes.

Tous autres sucres que le sucre de canne, le glucose pur ou le moût de raisin concentré doivent être rejetés dans la pratique du sucrage des vins.

VINS SUCRÉS ET ALCOOLISÉS; VINS D'IMITATION, VINS PAR PROCÉDÉ OU DE SECONDE CUVÉE. — Les vins à la fois doux et alcooliques des pays chauds, les *Madère* doux, l'*Oporto* ou *Porto*, le *Malaga*, le *Xerès* ou *Sherry*, le *Malvoisie*, le *Vino branco* de Lisbonne, les *vins du Priorat*, l'*Alicante*, etc., sont tous des vins à la fois doux et très-alcooliques. La plupart sont obtenus en ajoutant aux vins de raisins très-doux, vins chargés d'une notable quantité de sucre qui échappe à la première fermentation grâce à l'alcoolicité de la liqueur fermentée, une quantité d'alcool telle, qu'ils marquent 19 à 21° centésimaux. Quelques-uns, comme le Malaga, le Porto, s'obtiennent en concentrant à chaud une partie du moût, qu'on ajoute au reste de la liqueur pendant la fermentation. Le célèbre vin rouge espagnol du Priorat (près Taragone) s'obtient en laissant macérer le raisin de grenache égrappé et très-mûr dans 12 à 15 °/₀ de son poids de trois-six à 86° centésimaux, puis soutirant au bout d'un mois et laissant vieillir. D'autres enfin, tels que le Porto, paraissent devoir en même temps une partie de leur goût et de leur couleur à l'addition de matières colorantes étrangères, et spécialement à la baie de sureau, qu'on écrase avec le raisin.

Tous ces vins sont donc à un certain degré artificiels, et l'on ne saurait s'étonner que des procédés tout à fait analogues soient suivis chez nous pour fabriquer les vins français dits *vins d'imitation* qui constituent l'une des principales branches de l'industrie vinicole de Cette, de Mèze, de Narbonne.

Pour les vins d'Espagne ou de Portugal *imités*, on procède à peu près comme dans ces contrées. On prend comme base les vins alcooliques des pays les plus chauds de la France, provenant de cépages à raisins très-doux, tels que l'alicante ou grenache, la carignane, etc., dont on exprime la grappe avant fermentation si l'on veut faire des vins blancs. On fait subir à ces vins des collages et des filtrations répétées. Ils reçoivent ensuite du sirop de raisin provenant de l'évaporation à 90 ou 95 °/₀ de moûts analogues, et pour satisfaire le goût des consommateurs qui demandent des vins à la fois sucrés et très-alcooliques, ils sont additionnés d'une dose d'alcool qui porte leur titre de 16 à 20° centésimaux suivant les cas; enfin, et c'est là le seul côté par lequel ces vins ne soient pas identiques aux vins des pays d'origine, on les relève d'une trace de parfum destinée à leur communiquer le bouquet correspondant aux vins exotiques. La couleur madère ou xérès des vins blancs leur est communiquée par addition d'une petite quantité de caramel de sucre.

On applique ensuite la chaleur pour *marier* ces diverses substances et *vieillir* ou *mûrir* ces vins. Pour cela, à Cette, les fûts sont exposés au soleil, comme on le pratique à Madère. Ailleurs on chauffe le vin à vieillir à 60 ou 65° en le faisant circuler pendant quelques minutes à l'abri de l'air dans des serpentins étamés au contact médiat de l'eau chaude; enfin les vins sont collés après refroidissement, filtrés et mis en petits tonneaux pour être expédiés. Il faut ajouter que l'étiquette porte toujours, pour les grandes maisons, le nom du lieu de provenance. Ainsi l'on dit: Xérès de Cette, Malaga de Cette, Burgondi-Port ou Porto de Bourgogne.

400,000 hectolitres des meilleurs vins du Midi sont ainsi transformés par l'industrie des *vins d'imitation* et 300,000 autres hectolitres de vins inférieurs sont encore employés par elle pour en extraire l'alcool destiné à relever le titre alcoolique de ces liqueurs.

En ce qui concerne les qualités hygiéniques de ces vins, il est incontestable qu'elles ne sauraient donner lieu à aucun soupçon. Ces liqueurs sont obtenues en partant d'excellents vins, mélangés de produits provenant tous du raisin, à l'exception de quelques parfums ou de matières colorantes inoffensives. Je citerai parmi les plus employées : l'infusion aromatique de coque d'amande grillée, l'infusion de noix verte, la racine d'iris de Florence, les éthers butyrique ou valérique, les infusions de lavande, de thym, de violette, de gingembre, de girofle, de cannelle, le caramel de sucre, et pour les *Porto*, la baie de sureau, etc., toutes substances qui n'y entrent qu'en minimes proportions. Si le titre alcoolique élevé de ces vins en fait des boissons fortes, il faut considérer qu'ils ne sont en général consommés qu'en petite quantité à la fois, et par des peuples tels que les Anglais, les Américains, les Danois, dont le goût pour ces boissons excitantes s'explique par la rigueur des climats qu'ils habitent. La plupart de ces renseignements inédits m'ont été fournis par M. Alfraud, fabricant de vins d'imitation, et l'un des plus honorables négociants de Narbonne. Voir aussi à ce sujet l'intéressante brochure de C. Saint-Pierre, directeur de l'Ecole d'agriculture [*Vins d'imitation de Cette et de Mèze*, Montpellier, 1875].

Il est assez difficile d'expliquer le singulier phénomène qui se passe dans un grand nombre de ces vins naturels ou d'imitation qui, primitivement très-doux, perdent au bout de quelques années cette douceur et donnent des vins secs; le madère, primitivement très-doux, sèche au bout de deux ans par l'exposition des fûts au soleil; il en est de même du Marsala, du Zucco, du Xérès, du Malvoisie, quoique à un degré moindre; du Roussillon, du Piccardent (vin blanc de clairette), qui sèchent peu à peu. Cette transformation du sucre ne s'effectue point par une lente fermentation ordinaire, car le ferment n'agit pas dans ces liqueurs très-alcooliques, et ces vins ne dégagent, du reste, point d'acide carbonique. En tenant compte de ce fait que cette disparition du sucre est accélérée par la température, on pourrait admettre qu'elle résulte peut-être de la combinaison du glucose avec une certaine quantité d'alcool, seule substance qui existe dans ces vins en suffisante quantité pour s'unir au grand excès de sucre qu'ils renferment lorsqu'ils sont encore jeunes.

Tous ces vins doux ou secs peuvent vieillir indéfiniment et acquièrent leur qualité supérieure au bout de six à sept années.

VINS PAR PROCÉDÉ; VINS DE SECONDE CUVÉE. — L'opération qui consiste à ajouter au marc séparé du jus par pression, avant ou après la fermentation, une certaine quantité d'eau sucrée, puis à remettre le tout à fermenter, fournit des liqueurs auxquelles on a donné les noms de *piquette*, *vins par procédé*, *vins de seconde* et *troisième cuvée*. On lira utilement à ce sujet les renseignements donnés par Maumené [*Travail des vins*, p. 469 et 475] sur les anciennes expériences de Macquer et de Pétiot. Les boissons ainsi obtenues sont agréables, toniques, alcooliques, elles ne manquent pas de bouquet et peuvent quelquefois être conservées. La goutte mère du raisin, c'est-à-dire le jus obtenu par une première expression, est loin de dissoudre tout le bitartrate de potassium, le tannin et la matière colorante de la grappe, substances dont une grande portion reste dans le marc. La fabrication des vins de seconde cuvée est *recommandable* en ce qu'elle permet de tirer parti des matières précieuses du marc et, dans les années de faible production, de suppléer en partie au vin manquant, mais cette boisson ne saurait en aucun cas être vendue comme *vin naturel*. Une piquette préparée avec 20 kilogrammes de glucose par 100 hectolitres d'eau versés sur du marc de raisin rouge et mise à fermenter a donné à l'analyse :

Alcool.................	7 vol. p. 100 vol de vin.	
Extrait sec à 100....	43gr,2 par litre.	
Contenant :		
Glucose..............	32	—
Cendres totales......	1 ,74	—
Ces cendres contenaient :		
Acide sulfurique.....	0 ,372	—
Chaux................	0 ,195	—

[J. Brun, *Fraudes et maladies du vin*, 2e édit., p. 94].

Salage, platrage et alunage des vins. — La pratique qui consiste à saler ou plâtrer les vins, et même à leur faire subir à la fois ces deux opérations, est très-ancienne et répandue surtout dans le Midi de la France, en Espagne, en Italie. On sale les vins légèrement, soit en suspendant un sachet de sel dans le moût en fermentation, soit en mêlant le sel au blanc d'œuf quand on pratique les collages. Le sel que le vin a dissous paraît diminuer la solubilité des matières albuminoïdes et extractives qu'il contient; il aide à sa clarification rapide et le rend moins apte à tourner et à s'aigrir. Il augmente aussi légèrement la sapidité de la liqueur.

La pratique du *plâtrage* des vins remonte fort loin, car Pline, cité par Payen, en parle déjà, livre XIV, p. 419 : « *Les Africains*, dit-il, *mitigent l'aspreté de leur vin avec plastre*, » et bien que, depuis une quarantaine d'années surtout, elle se soit généralisée dans le Midi de la France, « aucun fait notoire ne s'est révélé jusqu'ici duquel il soit permis d'inférer que les vins plâtrés apportent quelque trouble spécial à la santé des personnes qui en font usage » [Bussy et Buignet, *Ann. de Chim. et de Phys.*, (4), t. IV, p. 458]. Toutefois, comme nous allons le voir, l'opinion des hygiénistes est partagée à cet égard.

Le plâtre blanc est mélangé avec le raisin au moment où il est mis à fermenter. On emploie en général 250 grammes de plâtre pour 1 hectolitre de vendange, soit 50 litres de moût; c'est en poids 1/2 % du vin à produire; on ajoute quelquefois des quantités doubles et triples, bien inutilement comme nous le verrons.

Les effets que l'on retire du plâtrage sont multiples. Il hâte le dépouillement du vin, soit qu'il rende moins solubles les matières albuminoïdes qui resteraient dissoutes, soit que, l'excès de plâtre se précipitant à mesure que la liqueur devient de plus en plus alcoolique, il entraîne avec lui les matières protéiques en suspension, soit même que la chaux se combine en partie avec quelques-unes de ces substances. La liqueur ainsi déféquée devient beaucoup moins altérable et ne permet plus le développement facile des mycodermes. En même temps, le plâtre agit sur la crème de tartre et lui enlève par double décomposition la moitié de l'acide tartrique sous forme de tartrate neutre de calcium, qui se précipite en entraînant avec lui les matières en suspension dans la liqueur; celle-ci contient alors, d'après M. Chancel [*Études sur la composition des vins*, Montpellier, 1866; *Compt. rend.*, séance du 20 février 1863], la moitié seulement de l'acide tartrique qui entrait dans la composition de la crème de tartre; cet acide est à l'état libre dans la liqueur, tandis que la potasse est passée tout entière à l'état de sulfate neutre.

L'équation suivante traduit cette réaction :

$$2(C^4H^4O^6.KH) + SO^4Ca$$
Crème de tartre. — Sulfate de calcium.

$$= C^4H^4O^6Ca + SO^4K^2 + C^4H^6O^6$$
Tartrate de calcium. — Sulfate de potassium. — Acide tartrique.

Si l'on ajoute au vin une plus forte proportion de plâtre, l'excès ne paraît prendre aucune part à la réaction. On le retrouve inaltéré, en partie à l'état de solution dans la liqueur, en partie à l'état insoluble dans le dépôt. Cette observation, faite par M. Chancel et par MM. Bussy et Buignet, ne paraît pas être favorable à l'opinion de ces derniers chimistes, qui pensent que la réaction du plâtrage se passe d'après l'équation suivante :

$$2(C^4H^4O^6.KH) + SO^4Ca$$
Crème de tartre. — Sulfate de calcium.

$$= C^4H^4O^6Ca + SO^4KH + C^4H^4O^6.KH$$
Tartrate de calcium. — Sulfate acide de potassium. — Tartrate acide de potassium.

Dans tous les cas, la substitution dans le vin au bitartrate de potassium d'une quantité équivalente de bisulfate de potassium ou d'acide tartrique ne change rien à l'acidité totale, mais elle agit sur la couleur, et de violacée ou vineuse la rend rouge vif.

On ne saurait d'ailleurs résoudre par l'analyse des cendres la question de savoir si les vins plâtrés contiennent du bitartrate de potassium et du sulfate acide de potassium, ou bien de l'acide tartrique libre et du sulfate neutre, ou même un mélange de ces divers sels[1]. Dans tous les cas où le plâtrage aura été suffisant, les cendres seront neutres. Remarquons en effet, avec MM. Bussy et Buignet, que si l'on calcine un mélange à équivalents égaux de bitartrate et de bisulfate de potassium, on obtiendra du sulfate neutre de potassium, tandis que les éléments de l'acide tartrique brûleront. L'équation suivante indique la réaction qui se passe entre ces éléments :

$$SO^4KH + C^4H^4O^4KH = SO^4K^2 + C^4H^6O^6$$
Sulfate acide de potassium. — Tartrate acide de potassium. — Sulfate de potassium. — Acide tartrique.

Aussi les analyses des cendres de vins entièrement plâtrés faites par M. Chancel d'un côté, et de l'autre par une commission du conseil des armées, sous la direction de M. Poggiale [*Journ. de Pharm.*, (3) t. XXXVI, p. 164], ont-elles montré que ces cendres étaient presque toujours exemptes de carbonate de potassium.

Nous donnons ci-contre les analyses de vins plâtrés dues à Poggiale. Elles sont rapportées à 1 litre de vin.

Ainsi, dépouillement rapide du vin nouveau et comme conséquence, coloration rouge plus franche, plus vive, mais un peu moins intense; conservation plus assurée du vin, en partie privé de ses matières albuminoïdes et de ses phosphates solubles; substitution à la crème de tartre d'une quantité acidimétriquement équivalente de sulfate de potassium et d'acide tartrique libre si le plâtrage a été exercé sur le vin; au contraire, augmentation notable de ces quantités d'acide tartrique et de sulfate de potassium dissous, lorsque, l'addition de plâtre étant faite à la vendange, le bitartrate en

1. Lorsqu'on agite du vin plâtré avec de l'éther, ce liquide se charge d'une trace d'acide sulfurique, qui reste après l'évaporation de l'éther (A. Henninger, observ. inédite). Ce fait semble venir à l'appui de l'opinion émise par MM. Bussy et Buignet au sujet de l'action du plâtre sur la crème de tartre. A. W.

excès dans la pulpe (soit 8 à 9 grammes de tartre pour le raisin de 1 litre de vin) se redissout à mesure que le plâtre le transforme en sulfate de potassium et acide tartrique [Chancel, *loc. cit.*, p. 26, 36]; solution dans le vin, en quantité d'autant plus abondante que ce vin est plus récent, de 0^{gr},2 à 0^{gr},8 d'après Glénard, de 0^{gr},25 d'après Chancel, de sulfate de calcium ou même d'un mélange de plâtre et de tartrate de calcium; augmentation de l'acidité réelle du vin après le plâtrage à la cuve, grâce à l'introduction sucessive de l'acide tartrique correspondant à la crème de tartre que cède la pulpe à mesure que le plâtre agit sur le bitartrate dissous; enrichissement notable de la liqueur en sels de potassium, soit par la formation successive de sulfate, soit parce que le carbonate calcaire que contient le plâtre se dissolvant dans les acides du vin donne des sels solubles qui font double décomposition avec le sulfate de potassium dissous dans la liqueur: tels sont les principaux effets résultant de la pratique du plâtrage.

Analyse des vins plâtrés, d'après Poggiale :

Par litre :	Vins de Montpellier		Vins du Var		Vins des Pyrénées-Orientales	
	Vin non plâtré.	Vin plâtré.	Vin non plâtré.	Vin plâtré.	Vin non plâtré.	Vin plâtré.
Sulfate de potassium	0^{gr},395	2^{gr},996	2^{gr},312	4^{gr},582	0^{gr},367	7^{gr},388
— de calcium	0 ,000	0 ,235	0 ,000	0 ,298	0 ,000	0 ,365
Carbonate de potassium	1 ,899	0 ,000	0 ,837	0 ,000	1 ,368	0 ,000
Phosphate de potassium	quant. not.	0 ,000	quant. not.	0 ,000	quant. not.	0 ,000
— de calcium / — de magnésium / Alumine	0 ,525	0 ,995	0 ,303	0 ,415	0 ,395	1 ,420
Silice et oxyde de fer	0 ,035	0 ,035	0 ,080	0 ,070	0 ,065	0 ,085
Chaux	0 ,082	0 ,142	0 ,137	0 ,105	0 ,097	0 ,334
Magnésie	0 ,066	0 ,057	0 ,137	0 ,168	0 ,135	0 ,512
Chlorures	traces.	quant. not.	»	»	traces.	traces.
	2^{gr},972	4^{gr},480	3^{gr},808	5^{gr},638	2^{gr},422	10^{gr},104

Cette pratique est-elle sans inconvénients ?

On peut affirmer avec M. Marès que si le vin plâtré se fait plus vite, acquiert plus tôt des qualités marchandes, il est d'autre part plus rude au palais, il dessèche la gorge. Le même vin non plâtré lui devient supérieur dès la seconde année. D'après les dégustateurs que j'ai consultés à cet égard, il est assez malaisé de reconnaître au goût un vin plâtré sans excès de plâtre, surtout si le vin a passé l'année. Le vin plâtré avec excès se reconnaît à une certaine amertume à l'arrière-gorge; il est en outre moins liquoreux, moins parfumé; le carbonate de calcium que peut contenir le plâtre, en saturant en partie son acidité naturelle, le rend un peu *plat*.

Quant à l'influence que les vins plâtrés peuvent exercer sur la santé publique, l'opinion des chimistes et des hygiénistes est partagée à cet égard. Pour les uns, tels que MM. Chancel, Bérard et Cauvy, Bussy et Buignet que j'ai cités plus haut, Béchamp etc., le plâtrage des vins ne paraît avoir aucun inconvénient pour la santé: l'addition par litre de 0^{gr},2 à 0^{gr},3 de sels de calcium et la substitution de 1 à 2 grammes de sulfate de potassium et d'acide tartrique libre à une quantité un peu moindre de bitartrate de potassium, sel aussi purgatif que le sulfate, serait tout à fait indifférente pour l'économie. Pour d'autres, tels que Michel Lévy, Poggiale et la commission des subsistances des armées, Payen, Chevalier, Barral, etc., les vins plâtrés doivent être considérés comme *insalubres* et rejetés définitivement de la consommation, surtout lorsqu'ils donnent des cendres renfermant plus de 4 grammes de sulfate de potassium par litre. Le plâtrage ne serait, d'après eux, adopté que par les propriétaires de crus inférieurs, et n'aurait d'utilité que pour conserver des vins médiocres. Ce dernier argument me paraît juger trop sévèrement un moyen qui, s'il permet de conserver les vins de la consommation courante, n'en est pas moins précieux, en augmentant de ce fait la richesse publique.

Je pense, pour ma part, que, quoiqu'il soit difficile d'établir que l'usage des vins légèrement plâtrés soit sensiblement nuisible à la santé, la pratique du plâtrage devrait être abandonnée. Nous avons vu plus haut que si le plâtre dépouille rapidement les vins, il les rend aussi plus rudes, plus plats, et s'il est en excès, qu'il leur communique un goût amer et séléniteux. Il est d'ailleurs difficile de penser que si les eaux potables deviennent dures, indigestes, et tendent à fatiguer le rein et à engorger les glandes dès qu'elles contiennent plus de 1 millième de plâtre, il n'en soit pas de même des vins fortement plâtrés. Je crois que le Conseil de salubrité de l'armée a sagement agi en proposant de rejeter de la consommation les vins donnant par litre plus de 2 grammes de sulfate de potassium, calculé d'après le précipité de sulfate barytique [*Rapport de H. Marty*. Voir *Circulaire ministérielle*, 16 août 1876]. Faire dans les pays chauds les vendanges alors que les raisins ne sont pas encore *absolument* mûrs, ajouter même au vin, s'il le faut, 1 millième d'acide tartrique, ou $\frac{1}{4}$ de millième d'acide sulfurique exempt d'arsenic, qui en augmente légèrement l'acidité, les soutirer et les coller au commencement et à la fin de l'hiver, telles sont les pratiques qui conduiront au même résultat que le plâtrage et doivent lui être préférées.

On ajoute quelquefois de l'*alun* aux vins, soit pour leur donner une certaine âpreté ou *verdeur* spéciale qui leur fait supporter l'eau, soit pour remonter leur couleur en les acidifiant et les collant ensuite légèrement. L'addition de la *teinte* ou *vin de Fismes* est souvent aussi une cause indirecte d'introduction d'alun. Les vins alunés peuvent contenir de $\frac{1}{2}$ à 5 ou 6 millièmes de ce sel, dont on doit absolument proscrire l'usage dans cette fabrication.

Clarification collages, etc. — Le *soutirage* ou décantation des vins, la *filtration*, les *collages* sont autant de moyens employés pour séparer des vins les lies ou matières qu'ils tiennent en suspension, ou même en dissolution, en trop grande abondance, matières qui les troublent ou leur communiquent la propriété de subir ces fermentations anomales ou maladies dont nous avons déjà parlé.

Pour clarifier les vins par collage, on les additionne de substances qui, en s'unissant aux tannins que ces vins contiennent naturellement, forment avec eux un composé insoluble qui entraîne et précipite la majeure partie des matières en suspension, ainsi qu'une certaine proportion des substances dissoutes. Les colles les plus employées sont : le *blanc d'œuf* battu ou même l'œuf entier (6 œufs par 220 litres); on laisse clarifier et l'on soutire; le sang frais défibriné que l'on ajoute après les froids de l'hiver à la dose de 1 litre par 7 hectolitres. Cette colle est plus énergique que la précédente, elle décolore plus sensiblement les vins rouges; elle est seule employée avec l'ichthyocolle dans le collage des vins blancs. On emploie aussi le lait, la gélatine aussi pure que possible, mais celle-ci communique toujours aux vins un peu de sa fadeur, et fournit des lies très-légères et rapidement putrescibles. Elle ne doit pas être employée dans le collage des vins fins. La pulvérine Appert et les poudres Jullien sont simplement de la gélatine pulvérisée. Les collages trop répétés nuisent du reste à la qualité des vins fins : ils empêchent leur vieillissement et les décolorent. Ils bonifient au contraire les vins rudes, trop colorés, âpres et permettent de les boire plus tôt.

Pour les vins peu riches en tannin, on peut au préalable ajouter un peu de décoction de noix de galle, d'écorce de grenadier, ou mieux les faire digérer quelques jours avec 2 à 3 kilogrammes de pepins de raisin broyés par hectolitre, puis selon les cas procéder ou non au collage. On pourra coller ainsi les vins blancs à l'albumine, et éviter d'une manière certaine que le vin tourne ou subisse la fermentation *visqueuse* qui altère si facilement ces vins exempts de tannin et chargés de matières albumineuses. 12 grammes de tannin par hectolitre suffisent pour enlever aux vins toutes leurs substances altérables et leur donner de la stabilité.

On a proposé aussi comme *colle* l'alumine précipitée de l'alun par le carbonate de sodium et lavée. Cette substance entraîne une notable proportion de matière colorante.

Le collage peut quelquefois, comme on le fait en Sicile, se pratiquer dans les cuves à fermentation et sur le moût lui-même.

La filtration des vins se fait en grand dans des chausses ou manchons de toile ou de flanelle que l'on revêt intérieurement d'une bouillie de papier Joseph transformé en pâte au pilon et débrouillée dans du vin.

Mottage. — Le muttage est l'opération par laquelle on entrave, ou même l'on empêche totalement, la fermentation alcoolique du sucre de raisin. Il s'emploie, soit pour conserver aux vins de la douceur, soit pour obtenir des moûts qui ne fermentent plus ou que très-lentement.

Les matières les plus communément employées pour le muttage sont l'acide sulfureux et l'alcool; on commence à employer beaucoup aujourd'hui l'acide salicylique.

Pour mutter à l'acide sulfureux, on fait brûler du soufre dans des tonneaux défoncés, des foudres ou des chambres spéciales; dans ce dernier cas, un courant d'air continu entretient la combustion et entraîne l'acide sulfureux au contact du moût ou du vin, que l'on fait descendre dans la même enceinte de gradins en gradins à travers des douelles percées, destinées à le diviser et à lui permettre de mieux absorber le gaz sulfureux. Le vin ou le moût ainsi traité garde presque indéfiniment sa douceur sans subir de fermentation.

On mutte aussi beaucoup à l'alcool. Il suffit, pour arrêter toute fermentation, de l'ajouter à la liqueur dont on veut conserver le sucre, à dose telle qu'elle en contienne de 17 à 18 % en volume. A dose moindre, la fermentation se ralentit et le vin acquiert des qualités spéciales. C'est ainsi que pour obtenir les muscats renommés de Frontignan, de Lunel, de Rivesaltes, etc., après avoir pressuré le raisin, on additionne le moût de 5 % de trois-six. La fermentation lente commence bientôt, puis se ralentit et s'arrête dès que le milieu devient impropre au développement du ferment. Beaucoup de vins doux d'Espagne sont muttés à l'alcool; souvent aussi la fermentation des moûts très-sucrés, qui marquent 20 et 30° au glucomètre, est incapable de détruire tout le sucre, et le vin qui en résulte, quoique non mutté, reste naturellement doux.

Une pincée de moutarde par hectolitre de moût empêche toute fermentation. La liqueur conserve un petit goût peu marqué.

On mutte à l'acide salicylique en ajoutant par hectolitre 5 à 10 grammes de cet acide dissous dans l'alcool, et 6 à 12 grammes de bisulfate de potassium. La fermentation s'arrête presque aussitôt.

Les muttages à l'acide sulfureux, à l'alcool ou à l'acide salicylique sont de puissants moyens de clarification et de conservation des vins. On doit ajouter qu'on pourrait considérer l'addition d'acide salicylique au vin comme une véritable fraude, celle-ci étant définie : *l'addition au vin d'eau ou de toute substance qui n'y existe pas naturellement.*

Correction de la verdeur ou de l'acidité. — Nous avons, à propos du *sucrage*, donné un moyen de corriger la verdeur du vin, lorsque le raisin dont il provient a mal mûri.

On peut aussi diminuer la verdeur d'un vin en le traitant avec précaution par de la craie lavée à l'eau ou mieux du marbre ou même par un lait de chaux très-étendu. Cette base forme avec l'acide tartrique en excès du tartrate de calcium qui se précipite. On peut agir de la manière suivante : On prélève 3 litres de vin, on en sature deux avec précaution par de la craie ou du lait de chaux, on note la quantité qui a été nécessaire, on ajoute le troisième litre et l'on filtre. Si le vin a conservé une acidité suffisante, on ajoute au tout la craie ou la chaux en quantité proportionnelle à l'essai, sinon on verse peu à peu du vin dans le résultat de la filtration des trois premiers litres, jusqu'à ce que le goût du mélange soit normal; on calcule la chaux employée pour cette quantité totale de vin et l'on procède alors au traitement de la totalité.

On a aussi proposé d'ajouter aux vins trop verts du tartrate neutre de potassium qui, en présence de l'acide tartrique libre, de l'acide malique et même acétique, donne un précipité de bitartrate qui diminue d'autant l'acidité totale du vin.

Si le vin est piqué, c'est-à-dire s'il contient un excès d'acide acétique libre, on lui fait d'abord subir un fort collage, on le soutire ensuite ou mieux on le filtre, on l'additionne de 3 à 5 % d'alcool, puis on le chauffe quelque temps à 65°. Sous l'influence de ce petit excès d'alcool aidé de la chaleur, l'acide acétique disparaît lentement, sans doute en s'éthérifiant en partie, le vin *vieillit* et peut même prendre un nouveau bouquet. Il convient ensuite de couper ce vin ainsi rétabli avec un petit vin nouveau qui permet de rétablir le titre alcoolique primitif et s'oppose utilement au développement du *Mycoderma aceti.*

Chauffage et congélation des vins. — L'art de conserver le vin a de tout temps préoccupé les hommes. On trouvait déjà chez les anciens des traités sur cette matière. La cuisson préalable du moût, après addition d'eau, est recommandée par Columelle, et cette pratique est encore suivie en Espagne. Les Grecs, dit Pline, cité par Pasteur, faisaient un vin généreux, appelé *Bios*, avec du raisin séché, que l'on pressait ensuite et laissait fermenter, puis qu'on faisait vieillir au soleil. Plusieurs vins d'Espagne, et leurs imitations françaises, ne sont pas faits différemment (voir plus haut). Les Espagnols, depuis bien longtemps, car ils paraissent tenir cette pratique des Arabes, chauffent directement par la chaleur les vins pour leur donner de la stabilité ou les vieillir rapidement. Ce puissant moyen, importé d'Espagne dans le Midi de la France, est employé par certains fabricants de vins d'imitation, et la célèbre maison Thomas de Mèze fabrique depuis un grand nombre d'années des vins inaltérables, en les soumettant au chauffage à 65° pendant un temps variable suivant les qualités qu'on veut lui communiquer. Ces procédés n'avaient pas été publiés. Toutefois, en 1823, Appert avait essayé d'appliquer la chaleur aux vins en bouteilles closes dans le but de les conserver. C'est lui qui le premier fit connaître l'heureux résultat de ses premiers essais; enfin, de 1827 à 1829, A. Gervais prit un brevet et publia deux brochures sur la conservation des vins par le chauffage dans lesquels il annonce que par le chauffage: 1° les acides sont émoussés; 2° l'action du ferment est paralysée; 3° celle de l'air atmosphérique ainsi que des autres causes de fermentation est détruite; 4° les principes du bouquet se développent; 5° la verdeur est corrigée; 6° le vin est vieilli. Gervais avait bien reconnu les résultats du chauffage des vins, sans en faire une étude vraiment scientifique ni donner une explication bien satifaisante de cette pratique.

Quoi qu'il en soit, on peut dire que cette méthode ne s'était pas répandue, malgré quelques nouveaux essais, du reste peu avantageux, tentés en 1840 et publiés en 1850 par M. de Vergnette-Lamotte [*Compt. rend. Acad. sc.*, séance du 26 fév. 1872, Rapport de M. Balard]; et il a fallu les belles études de M. Pasteur sur les causes des maladies des vins, sur leur vieillissement et sur leur conservation, études publiées dès le commencement de 1864, pour arriver à une solution théorique et générale de cette importante question. C'est seulement à partir de ces importants travaux que le chauffage des vins à l'abri de l'air à une température variable de 50 à 65°, dans le but de les améliorer et de les conserver, s'est décidément répandue. C'est donc à M. Pasteur que notre pays doit faire l'honneur d'avoir étudié et propagé une méthode qui, en s'appliquant aux vins même les plus altérables, permet d'augmenter chaque année la richesse nationale.

Après avoir montré que les altérations dites *spontanées* ou *maladies* des vins tiennent à la présence dans les jus fermentés d'organismes spéciaux dont le développement entraîne l'altération de la liqueur, M. Pasteur remarqua qu'il suffit de porter ces vins pendant quelques instants à une température de 55 à 65° pour tuer le ferment morbide ou en empêcher entièrement le développement. Bien plus, alors même qu'une *maladie* ou fermentation anomale est en pleine activité dans un vin, l'application de la chaleur non-seulement l'arrête au point où elle est arrivée, mais dans beaucoup de cas (maladie de l'ascescence par exemple) modifie heureusement les défauts déjà acquis par la liqueur. Je ne puis malheureusement, dans un article aussi borné que celui-ci, donner le détail de ces belles expériences et je renvoie le lecteur au livre du célèbre auteur [*Études sur le vin*, p. 156 et suiv., 2e édit.].

Pour assurer la conservation du vin, il faut que toutes ses parties atteignent au moins 55° pendant quelques minutes, et une température un peu plus élevée (65 à 70°) si le vin est déjà malade. Il faut, si l'on veut modifier le moins possible les propriétés du vin, veiller à ce qu'aucune de ses parties ne dépasse la température de 65° et que l'action de la chaleur ne dure que quelques instants. Il faut aussi éviter autant que possible le contact de l'air extérieur, qui pourrait, soit contribuer à oxyder le vin chaud et à y développer en particulier le *goût de cuit*, soit entraîner ou modifier en partie le bouquet, soit même pendant le refroidissement introduire de nouveaux germes dans le vin chauffé. Ces dernières prescriptions sont à modifier si, comme dans la fabrication des vins d'imitation, on veut, au contraire, communiquer aux vins le goût de certains vins cuits des pays chauds, ou même seulement les vieillir sensiblement.

Après l'entier refroidissement du vin chauffé d'après les prescriptions de M. Pasteur, la commission de dégustation appelée à juger ces vins a constaté :

Que la différence du goût est peu sensible, quelquefois insensible, au moins dans les premiers temps; après 4 à 6 ans, et 22 fois sur 24, les vins chauffés ont été reconnus supérieurs aux vins non chauffés des plus fins cépages français. Ces vins, après quelques années, non-seulement ne prennent plus de maladie, mais s'améliorent plus que les vins naturels; leur couleur s'avive, le bouquet paraît s'exalter, surtout pour les bourgognes, la verdeur et l'âpreté disparaissent en partie. On a constaté que les vins français, italiens, hongrois, de Californie, deviennent inaltérables, même lorsqu'ils sont quelque temps en vidange, et peuvent résister indéfiniment à la navigation [*Études sur le vin*, p. 193; *Compt. rend., Acad. sc.*, séance du 29 juillet 1872].

Si l'on veut opérer en petit et chauffer le vin en bouteille, il faut, après avoir séparé les dépôts par transvasement, boucher et ficeler les bouteilles pleines jusqu'à 1 ou 2 centimètres du bouchon, et les porter dans un bain-marie que l'on chauffe graduellement jusqu'à 60 ou 65°. Quand un thermomètre marque le degré voulu dans l'intérieur d'une des bouteilles prise comme témoin, on les retire du bain et on les laisse quelques jours dans la position verticale, pratique qui les vieillit et les améliore notablement. Enfin on les conserve bouchées en cave ou au grenier.

L'industrie des vins a su mettre à profit les recherches de M. Pasteur et l'on a imaginé des appareils à circulation continue propres à chauffer le vin. Celui de MM. Giret et Vinas de Béziers a obtenu, en 1870, le prix de 3000 francs donné par la Société d'encouragement pour *les meilleurs appareils de chauffage et de conservation des vins*. Cet appareil (fig. 784) se compose essentiellement de deux organes. L'un A le caléfacteur, l'autre B le réfrigérant. Le vin, préalablement élevé au moyen d'une pompe dans le réservoir supérieur R, pénètre dans le réfrigérant, à sa base, par le tube *t*, s'élève dans l'enveloppe intérieure I jusqu'au sommet et passe de là par le tuyau T dans l'enveloppe intérieure K du caléfacteur A; il la parcourt de haut en bas, vient par *b a* se refroidir dans l'enveloppe extérieure du réfrigérant e au contact du vin froid passant par I et s'écoule enfin par le robinet *r*. La partie extérieure du caléfacteur A est un bain-marie rempli d'eau échauffée directement par un foyer. Le thermomètre *m* de la boule du tube *a b* permet de juger la température à laquelle le vin a été chauffé. Un appareil caléfacteur de 60 centimètres de diamètre permet de chauffer ainsi douze hectolitres à l'heure. Le *chauffe-vin* de MM. Périer frères ne diffère de celui-ci qu'en ce que les boîtes à circulation du vin sont remplacées par des serpentins qui assurent un échauffement et une réfrigération un peu plus rapides. Dans tous les cas, les tuyaux de circulation sont en cuivre soigneusement étamé.

Nous n'aurons que quelques mots à dire de la congélation appliquée à la conservation et à l'amélioration des vins. Cette opération n'est pas pratique, du moins en grand. Elle est d'un prix de revient élevé, inapplicable sur de grandes quantités. Pour obtenir une amélioration appréciable, elle diminue notablement la quantité du liquide (de 7 à 20 %), et en sépare sous forme de glaçons non pas de l'eau, mais un mélange d'eau et de 5 à 9 volumes d'alcool pour cent [Vergnette-Lamotte, *Ann. de Chim. et de Phys.*, (3), t. XXV, p. 353; — Boussingault, *ibid.*, p. 363]. D'ailleurs la réfrigération ne préserve pas les vins d'une manière certaine des maladies qu'ils peuvent contracter.

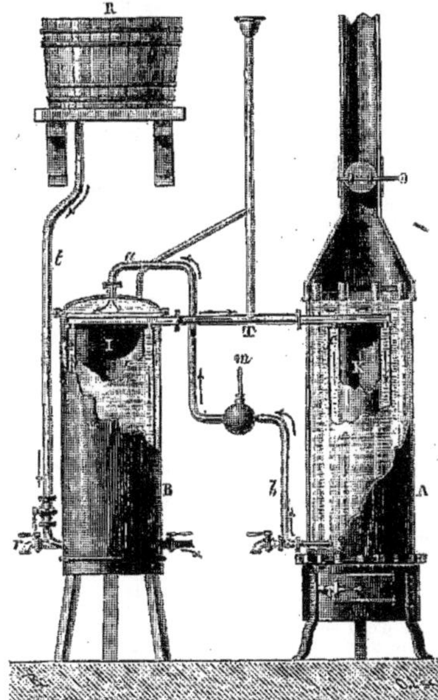

Fig. 784. — Appareil de MM. Giret et Vinas pour le chauffage des vins.

L'action du froid sur les vins, même quand la congélation n'est pas atteinte, produit toujours un dépôt de tartrate acide de potassium, de substances azotées, de ferments et de matières colorantes. Si l'on abaisse la température à — 6 ou — 7°, les vins, enrichis d'environ 1 % d'alcool, résistent, il est vrai, beaucoup mieux aux variations atmosphériques, au temps et aux voyages, mais ils subissent un déchet de 7 à 10 %. Leur bouquet paraît aussi s'exalter avec le temps [Voyez à ce sujet les expériences de Melsens, *Compt. rend.*, t. LXXVI, p. 1583, et t. LXXVII, p. 146, et celles de Roussille, *Bull. de la Soc. chim.*, t. XIII, p. 19. Voir au sujet de la *Conservation des vins*, *Compt. rend.*, t. LX, p. 975; t. LXI, p. 275 et 408; t. LXXXI, nº de juillet, note de P. Bert; *Ann. de Chim. et de Phys.*, (3), t. LXIII, p. 98.]

FALSIFICATIONS ET ANALYSE DES VINS.

Les falsifications auxquelles on soumet les vins dans les pays de production ou de consommation sont assez nombreuses. Mais les principales, celles qu'il faut surtout savoir déceler et poursuivre, sont : l'addition d'eau ou *mouillage;* l'addition d'eau et d'alcool; l'addition de matières colorantes étrangères, faite le plus souvent dans le but d'étendre ensuite le vin d'eau, ou d'eau et d'alcool; l'alunage; la fabrication artificielle de vins de toute pièce, ou tout au plus de solutions alcooliques colorées par leur séjour sur le marc de raisin. Il faut ajouter à ces principales falsifications : le plâtrage, l'addition d'acide sulfurique ou d'acide tartrique, le sucrage, l'introduction de potasse ou de chaux destinées à saturer l'acidité du vin. Ces dernières pratiques sont faites moins dans un but de fraude que dans la pensée, plus ou moins judicieuse, d'améliorer un vin inférieur. Enfin, n'oublions pas de signaler la présence possible dans les vins de corps minéraux toxiques, tels que les sels de plomb, de cuivre, de zinc, les composés de l'arsenic, etc.

Pour les vins communs, l'addition d'eau, d'eau et d'alcool, d'eau et de matières colorantes; *pour les vins fins*, le coupage avec des vins de moindre valeur, sont les fraudes principales, celles qui ont lieu et que l'on peut prévoir dans la grande majorité des cas.

Nous ne pouvons, dans le cadre restreint de cet article, indiquer ici comment se pratiquent ces falsifications, ni quelles sont les modifications successives qu'elles peuvent provoquer dans le vin, encore moins les dangers qu'elles font courir au consommateur. Après avoir énuméré les altérations principales que l'on fait subir au vin dans un but frauduleux, nous allons exposer les procédés d'analyse des vins et les méthodes qui permettent de découvrir la plupart des falsifications auxquelles on peut les soumettre.

Analyse des vins. — Le lecteur trouvera dans cette partie de notre travail les divers procédés qui permettent de doser dans le vin les éléments principaux : l'eau, l'extrait ou résidu sec, l'alcool, le tartre, l'acidité, les cendres. Ces diverses déterminations permettent de caractériser et de classer un vin donné. Mais nous devons rappeler ici que, dans la plupart des cas, l'analyse d'un vin est faite dans le but de constater s'il est pur ou fraudé, et, par conséquent, en traitant des méthodes d'analyse, nous examinerons plus particulièrement celles qui permettent de conclure à la falsification ou à la pureté du vin examiné.

Le chimiste chargé d'une analyse devra se procurer, autant que possible, un ou plusieurs échantillons de vins authentiques de la même région, du même cépage, fournis par une vigne de même âge à peu près, venue sur un sol analogue et récolté la même année que le vin suspect. L'expert devra comparer les résultats de son analyse à celle de ces vins authentiques pris comme types, plutôt qu'aux analyses données par les auteurs, qui peuvent varier dans des limites très-notables, et résultent souvent de méthodes variables ou vicieuses.

Après s'être enquis, auprès de la partie intéressée, si ce vin a été plâtré, viné, mutté, collé, plusieurs fois soutiré, gardé longtemps en barrique, s'il a été conservé dans des fûts en partie vides, etc., l'expert devra se demander d'abord si le vin est dans un état de conservation normale ou s'il est en train de subir une altération spontanée ou morbide. Nous renvoyons pour cette constatation à ce qui a été dit à propos des *maladies des vins*.

Le chimiste devra faire ensuite constater, s'il est nécessaire, par un dégustateur autorisé et comparativement avec les vins types, toutes les propriétés physiques et organoleptiques du vin suspect : son trouble ou sa limpidité, sa couleur, son goût, sa vinosité, son odeur à froid et à 70°.

Ces déterminations faites, et sans filtration ou après filtration du vin (il sera le plus souvent nécessaire d'examiner chimiquement et au microscope les *dépôts* ou *lies* formés), on devra procéder : 1° au dosage de l'acidité totale ; 2° de l'extrait sec ou résidu fixe ; 3° de l'alcool ; 4° de la glycérine ; 5° de la crème de tartre ; 6° des cendres On pourra, s'il est nécessaire, et dans les cas que nous indiquerons plus loin, déterminer la nature des matières colorantes, les poids des acides succinique, sulfurique et phosphorique, la présence ou l'absence de divers composés toxiques tels que le plomb ou l'arsenic, et faire, s'il le faut, un dosage complet des cendres, etc.

Détermination de l'acidité totale. — Suivant Pasteur, on doit déterminer l'acidité d'un moût ou d'un vin avec de l'eau de chaux titrée par de l'acide sulfurique normal. Il faut de la solution alcaline prise à une température moyenne de 15° environ 27 centimètres cubes pour saturer 0gr,06125 d'acide sulfurique, mais on ne saurait recourir à la teinture de tournesol pour déterminer si la neutralité est atteinte, parce que la liqueur bleuit bien avant, grâce à l'alcalinité des tartrate et malate de calcium [Pasteur, *Études sur les vins*, 2e édit., p. 264], et parce qu'aussi il se produit au moment du virage des matières brunes ou jaunes qui masquent la réaction [Boussingault, *Ann. de Chim. et de Phys.*, (4), t. VIII, p. 214].

Pour le moût, on le filtre, on prélève 10 centimètres cubes et sans autre addition on y verse l'eau de chaux à l'aide d'une pipette de Mohr, sans tâtonner, et jusqu'à l'apparition d'une teinte jaune verdâtre. On retranche 1/10 de centimètre cube du titre trouvé.

Pour le vin, on ne doit point s'en rapporter au changement de teinte ; l'acidité réelle serait ainsi jugée beaucoup trop faible. La véritable saturation est *accusée invariablement*, quel que soit le vin, par un trouble floconneux qui se rassemble très-vite en flocons foncés nageant dans une liqueur de teinte grise quand on filtre ; elle serait violacée ou verte si l'on avait ajouté trop peu ou trop d'eau de chaux. S'il se faisait pendant l'essai (et ce cas est très-rare) un précipité cristallin de tartrate de calcium, on filtrerait avant de continuer l'opération.

Dans tous les cas, on doit, avant toute détermination d'acidité d'un vin, chasser dans le vide l'acide carbonique qu'il contient (ce qui ne se fera jamais que bien imparfaitement), ou mieux déterminer à part l'acide carbonique, comme on dira plus loin, et déduire son acidité de l'acidité totale observée.

L'acidité totale d'un vin n'est pas nécessairement proportionnelle à la quantité de crème de tartre que nous apprendrons plus loin à doser.

Détermination du résidu fixe. Addition d'eau au vin ou mouillage. — Le poids du *résidu fixe* ou de l'*extrait* s'obtient, d'après les auteurs, en évaporant d'abord au bain-marie, puis à l'étuve à 100°, un volume de 25 centimètres cubes de vin jusqu'à ce que deux pesées successives restent constantes. Mais ce dernier terme n'est, on peut le dire, jamais atteint, même en ajoutant au vin, comme fait Pasteur, la moitié de son poids de sulfate de potassium qui joue l'office de corps diviseur, hâte l'évaporation, et permet d'obtenir toujours des poids d'extraits plus élevés. En effet, pendant que le vin s'évapore, son acidité totale diminue sans cesse, soit par le départ des acides, soit par leur éthérification. La vapeur d'eau entraîne non-seulement les substances très-volatiles, telles que les acides gras, mais encore de la glycérine *proportionnellement à la surface exposée à l'air*, des éthers tartrique, malique, succinique [*Ann. de Chim. et de Phys.*, (4), t. V, p. 212 et suiv.]. En même temps une partie des substances les plus instables du résidu, telles que le sucre, les matières colorantes, etc., s'altèrent souvent notablement et changent de poids.

Je conseille donc de renoncer absolument à cette méthode et d'opérer comme il suit. On verse, au moyen d'une pipette jaugée, 5 centimètres cubes environ de vin dans un verre de montre taré rodé sur ses bords, et qu'on recouvre aussitôt d'un verre semblable. On pèse au 1/2 milligramme. Le verre contenant le vin est alors placé dans le vide durant 2 jours en présence de l'acide sulfurique, puis 2 à 3 jours encore en présence de l'acide phosphorique anhydre, à la température de 18 à 20° ; le poids de l'extrait est devenu alors constant. On n'a plus qu'à peser et à calculer pour 1 litre. L'erreur commise par cette méthode, même avec les vins très-sucrés, ne va pas au delà de 0gr,6 par litre ; elle peut facilement s'élever à 4 grammes et plus quand le poids de l'extrait est pris à 100°. Si l'on multiplie le poids de l'extrait pris à froid dans le vide par 0,77, on obtiendra approximativement le poids que le même vin laisserait à 100° par une dessiccation faite sur 10 grammes de vin en capsule de platine, en présence de l'acide sulfurique et pendant 5 heures, c'est-à-dire dans les meilleures conditions expérimentales, en opérant par cette dernière méthode. Certains vins toutefois, et spécialement ceux qui sont très-acides, ne donnent pas dans le vide un résidu de poids supérieur à celui obtenu à 100°. [Pour plus de détails, voyez Gautier, *La sophistication des vins*, p. 149 et suiv.]

M. E. Houdart vient de donner une nouvelle méthode, fondée sur la densimétrie, pour doser le poids des extraits secs. Il détermine d'abord le titre alcoolique du vin et cherche dans la table de Gay-Lussac, qui donne les densités des mélanges d'eau et d'alcool, le poids correspondant du litre d'un mélange d'eau et d'alcool dans les proportions indiquées par le degré centésimal que l'on vient de constater. D'autre part, il prend avec un densimètre spécial, auquel il donne le nom d'*œnobaromètre*, et qui permet d'apprécier le poids du litre à 2 décigrammes près, la densité du vin en expérience. Il fait la différence entre les deux densités exprimées en grammes et décigrammes (poids du litre), et multiplie cette différence par 2,06 ; le résultat de ce calcul représente le poids par litre de l'extrait par dessiccation du vin qu'on a laissé pendant 4 heures encore au bain-marie après que son résidu est devenu pâteux. M. Houdart a donné de nombreux tableaux démontrant l'exactitude de cette méthode, que j'ai d'ailleurs vérifiée, et a construit des tables à double entrée pour les corrections relatives au titre alcoolique et à la température [voir *Nouv. méthode de dosage de l'extrait sec des vins par l'aréométrie*, par E. Houdart. Savy, éditeur ; et *Bull. Soc. chim.*, séance du 20 juillet 1877]. Cette méthode ne s'applique pas aux vins sucrés.

Les vins qui, pour un motif de fraude, ont été simplement additionnés de 10 % d'eau au minimum, pourront se reconnaître au poids trop faible d'extrait qu'ils abandonnent ; mais l'expert devra toujours déterminer comparativement le poids du résidu fixe laissé par des vins semblables authentiques. Il sera prudent de doser aussi dans ce cas l'alcool et la glycérine, comme nous allons le dire, et de s'assurer que ces matériaux ont diminué en quantité, à peu près proportionnellement au poids de l'extrait.

Il faut, pour déterminer le poids réel des matières extractives d'un vin, tenir aussi compte de la disparition complète ou incomplète du sucre, qui souvent, n'ayant fermenté que d'une manière imparfaite, augmente d'une façon anormale le poids du résidu fixe. L'addition d'eau sera en général proportionnelle à la diminution du poids de l'extrait, déduction faite du sucre qu'il peut contenir.

Nous verrons plus loin comment on reconnaît l'addition simultanée au vin d'eau et d'alcool.

Dosage de l'alcool. — La quantité d'alcool contenue dans un vin ou une eau-de-vie varie du haut en bas d'un même tonneau. Les parties supérieures sont toujours plus alcooliques, à moins que le vin ne s'aigrisse, auquel cas elles le sont moins. On sait depuis longtemps dans l'industrie des vins qu'il faut rouler le tonneau avant que de faire la prise d'essai.

Plusieurs méthodes permettent de doser l'alcool des vins. La première, due à Gay-Lussac, est connue de tout le monde. Elle consiste à distiller avec soin le premier tiers du vin, à réduire la partie distillée au volume du vin primitif et à prendre à 15 degrés le titre aréométrique de cette liqueur au moyen d'un densimètre qui porte le nom d'*alcoomètre centésimal*. Cet instrument a été décrit dans le Ier volume de cet ouvrage, p. 133, au mot ALCOOMÉTRIE. On trouvera aussi dans cet article des renseignements sur les instruments et les tables analogues employés à l'étranger.

Nous n'ajouterons ici que quelques observations à ce qui a été déjà dit de cette méthode. Lorsqu'il s'agit d'analyses précises, il faut, avant de distiller le vin, le saturer à peu près exactement par de la soude caustique. On évite ainsi la volatilisation des acides volatils, tels que l'acide acétique, l'acide éthyltartrique, etc., qui augmentent la densité du *distillatum* et en diminuent le titre. On doit surtout prendre cette précaution pour les vins nouveaux, autant pour empêcher que l'alcool ne soit en partie entraîné par l'acide carbonique que parce que ce gaz diminue la densité du liquide distillé. Les vins vieux très-riches en *éthers volatils* donneront toujours de ce chef une petite erreur en trop.

On doit pousser la distillation jusqu'à moitié au moins et non jusqu'au tiers seulement du volume primitif lorsqu'on veut atteindre une certaine précision. D'après Maumené [*Travail des vins*, p. 497], l'erreur en moins commise par la distillation du premier tiers seulement peut s'élever jusqu'à 14 % du poids *total* de l'alcool.

Tous les titrages alcoométriques doivent être faits à 15° ou, si la température est un peu au-dessus ou au-dessous de 15°, les chiffres de l'alcoomètre doivent être corrigés d'après la formule $x = a - 0,4\,t$, formule où x représente le titre réel à 15° c'est-à-dire le volume d'alcool pour 100, a le titre marqué par l'alcoomètre et t l'excès de température au-dessus ou au-dessous de 15°.

L'appareil Salleron, qui consiste en un ballon de cuivre de 2 à 300 cent. cubes, est commode pour le dosage volumétrique de l'alcool, qui demande à peine 5 à 10 minutes. Toutefois il faut, pour être très-précis, agir sur 1 litre de vin environ.

La méthode de Gay-Lussac est rapide et exacte ; on en a proposé cependant un grand nombre d'autres. Une seule mérite toutefois une mention toute spéciale. C'est celle de l'*ébullioscope*, fondée sur la détermination de la température où commence l'ébullition d'un vin. On en a déjà dit un mot au t. I, p. 136, appareil de Brossard-Vidal et Conaty. MM. Maligand et Jacquelain ont décrit aussi un ébullioscope permettant, grâce à un condenseur spécial, de maintenir à peu près constante la composition du liquide qui bout, et observer un point d'ébullition fixe pendant quelques instants [*Journ. de Pharm.* (4), t. XVI. p. 444]. On trouvera la meilleure description de l'appareil de M. Maligand dans le rapport fait par MM. Dumas, Desains et Thénard à l'Académie des sciences [*Comp. rend.*, t. LXXX, p. 1114]. Les conclusions de ce rapport sont que dans les plus mauvaises conditions on ne commet pas avec cet instrument une erreur de plus de $\frac{1}{4}$ de degré et que dans la majorité des cas on est sûr du 20°. La commission déclare en outre que l'ébullioscope de M. Maligand fournit le meilleur procédé connu jusqu'ici pour titrer l'alcool des vins. M. Salleron affirme toutefois que les sels et les substances dissoutes dans les vins abaissent notablement leur point d'ébullition, tandis que l'acide acétique l'élève. Il pense donc que l'on doit revenir à l'alcoomètre centésimal.

D'autres moyens moins précis de doser l'alcool ont été déjà signalés dans cet ouvrage, [t. I, p. 136] : telles sont la *méthode œnométrique* de M. Tabarié et la *méthode dilatométrique* de M. Silbermann. Je citerai encore, pour être complet, mais sans les conseiller, le *vaporimètre de M. Plücker*, instrument qui mesure la tension de vapeur du liquide vineux à sa température d'ébullition ; les procédés de M. Arthur, puis de M. Musculus, fondés sur la mesure des hauteurs auxquelles arrive le vin dans des espaces capillaires. Cet essai donne, entre des mains un peu exercées et très-rapidement, avec le vin lui-même, des indications assez exactes. Une autre méthode proposée par M. Duclaux [*Compt. rend.*, t. LXXVIII, p. 951, puis par M. Salleron [*ibid.*, p 114], est fondée sur ce principe que les poids des gouttes d'une liqueur vineuse sont les inverses de la richesse en alcool. Le *compte-goutte-pipette* de M. Duclaux est une pipette de 50 cent. de capacité indiquant le titre alcoométrique d'après le nombre de gouttes que fournit ce volume constant, après correction à l'aide d'une table qui tient compte des températures. Ce sont là des appareils ingénieux, mais peu sûrs et peu pratiques. Il faut évidemment séparer d'abord l'alcool du vin par la distillation, si l'on ne veut s'exposer à des erreurs considérables avec ces instruments.

Dosage de la glycérine et de l'acide succinique. Addition au vin d'eau et d'alcool. Piquettes. — Pour doser la glycérine, M. Pasteur [*Ann. de Chim. et de Phys.*, (3) t. LVIII, p. 334 et 422] prend 250 cent. cubes de vin, les décolore par 20 grammes de charbon animal, filtre et lave le charbon. Il évapore doucement la liqueur à 60 ou 70°, la réduit à 100 cent. cubes et la sature alors par quelques grammes de chaux éteinte ; l'évaporation étant achevée dans le vide sec, la masse qui reste est traitée par un mélange d'alcool à 92° (une partie) et d'éther à 62° (une partie et demie) Le liquide éthéré est filtré, évaporé lentement, desséché dans une capsule tarée et pesée. C'est de la glycérine presque pure, ne renfermant pas plus de 1 à 1,5 % de matières étrangères.

Il résulte d'expériences directes faites par M. Magnier de la Source qu'à 100° la perte de glycérine est proportionnelle au temps et à la surface du liquide en évaporation, et que la perte de poids de l'extrait peut être égale au poids réel de la glycérine, si l'on prolonge suffisamment cette évaporation.

Si l'on veut doser l'acide succinique, on sèche directement et très-lentement le vin au bain-marie. On épuise le résidu à l'alcool éthéré, on additionne d'un peu d'eau cette liqueur filtrée, privée d'éther par évaporation, et l'on dessèche d'abord à 100°, puis dans le vide. Au résidu on ajoute de l'eau de chaux pure, on évapore, et on reprend par un mélange d'alcool éthéré. Le succinate de calcium reste à l'état cristallin, souillé d'impuretés dont on le prive en grande partie, en le faisant digérer 24 heures avec de l'alcool à 80°. Le succinate peut être alors regardé comme suffisamment pur, recueilli sur un filtre et pesé.

M. Macagno dose la glycérine et l'acide succinique de la manière suivante. Il fait digérer un litre de vin avec de l'hydrate de plomb, il évapore au bain-marie, reprend le résidu par l'alcool absolu, et fait passer dans la solution alcoolique un courant de gaz carbonique en excès. Après filtration et évaporation, il reste de la glycérine presque pure, que l'on pèse. Les sels de plomb, déjà épuisés par l'alcool, sont traités ensuite à l'ébullition par une solution aqueuse au 10e d'azotate d'ammonium qui dissout le succinate calcique; la liqueur filtrée est traitée par l'hydrogène sulfuré, pour enlever l'excès de plomb, soumise à l'ébullition, saturée par l'ammoniaque et traitée par le chlorure ferrique. On recueille le succinate de fer précipité, on le lave, on le calcine et du poids de l'oxyde on conclut à celui du succinate [*Bull. de la Soc. chim.*, t. XXIV, p. 288]. L'auteur a, par cette méthode, dosé dans divers vins de 1 à 2 millièmes d'acide succinique.

Dès qu'on connaît les quantités relatives d'eau, d'alcool, d'extrait, de glycérine et d'acide succinique contenues dans un vin, on a réuni les éléments nécessaires pour découvrir deux des trois pratiques les plus communes, savoir : l'addition d'eau et d'alcool à la fois, ou simplement d'alcool.

En effet, non-seulement le vin qu'on analyse doit donner des poids d'extrait, d'alcool et d'eau dans des proportions analogues à celles du vin type authentique, de même âge et de même contrée pris comme témoin, mais encore la proportion trouvée d'alcool correspondant théoriquement à un certain poids initial de sucre, celui-ci a dû, en fermentant, donner une quantité proportionnelle de glycérine. La diminution relative de la glycérine par rapport à l'alcool sera donc l'indice d'un vinage; la diminution simultanée de l'extrait, de l'alcool et de la glycérine démontrera en général l'addition d'eau. Or, d'après les analyses les plus sûres déjà publiées, la glycérine forme dans les vins du 11e au 14e du poids de l'alcool[1]; l'acide succinique pèse environ 5 fois moins que la glycérine; enfin l'extrait sec pris à 100° varie du quart au cinquième du poids de l'alcool pour les vins non plâtrés.

D'ailleurs, les déductions que l'on peut tirer de l'analyse d'un vin où l'on a déterminé les précédents éléments, doivent être controlées par l'analyse des cendres et le dosage de la crème de tartre (Voyez plus loin).

Dosage du sucre, des gommes, dextrines, etc. — 1° *Dans le moût*, Pasteur dose le sucre par la liqueur de Fehling, en suivant les précautions ordinaires. Il verse goutte à goutte le moût déféqué par l'ébullition, décoloré s'il le faut, filtré, puis étendu au 20e dans le réactif cupropotassique bouillant et jusqu'à décoloration complète. Si l'on intervertit la liqueur sucrée avant d'en prendre le titre, on trouve qu'une très-faible quantité de liqueur cuivrique est réduite en plus, soit que le moût contienne un peu de sucre de canne, soit plutôt que des matières analogues à la dextrine, à la gomme, au mucilage se transforment en sucre sous l'influence des acides minéraux. D'ailleurs, cette quantité ne dépasse jamais $\frac{1}{100}$ du poids du glucose proprement dit. Dans la pratique, la connaissance rapide de la quantité de sucre contenue dans un moût est extrêmement importante. On y arrive d'une manière approximative, il est vrai, mais à peu près suffisante, au moyen des aréomètres ou glucomètres. On prend la densité d'un moût au moyen du densimètre de Gay-Lussac, et pour compenser l'influence des substances autres que le sucre et qui sont comme lui dissoutes dans le moût, on diminue de 0,012 cette densité donnée par l'instrument avec trois décimales, puis on applique le tableau suivant, qui, pour les nombres du densimètre ou du glucomètre de Cadet de Vaux ou de François, indiquent les quantités de sucre contenues dans 1 hectolitre d'eau sucrée :

Degrés du glucomètre.	Densités.	Sucre de canne (1) dans 100 litres d'eau sucrée. kil.
1.....	1,007	1,5
2.....	1,014	3,3
3.....	1,021	5,»
4.....	1,029	6,6
5.....	1,036	8,2
6.....	1,044	9,8
7.....	1,051	11,4
8.....	1,059	13,2
9.....	1,067	15,
10.....	1,075	16,7
11.....	1,083	18,5
12.....	1,091	20,2
13.....	1,099	22,
14.....	1,108	24,
15.....	1,117	26,
16.....	1,125	27,9
17.....	1,134	29,8
»	1,140	31,0
»	1,150	33,3

Soit un moût marquant 12°,5 au densimètre, ou 16° au glucomètre, sa densité réelle à 15° centigrades sera 1,125; retranchons-en 0,012 pour compenser l'influence des autres substances dissoutes, reste 1,113, densité comprise entre 1,108 et 1,117 et qui correspond, par interpolation, à 27kil,05 de sucre par 100 litres de liqueur.

2° *Pour le vin*, le dosage du sucre interverti ne doit point, d'après mes expériences, être fait au moyen de la liqueur cupropotassique titrée. Les dosages par cette méthode sont toujours beaucoup trop élevés. Il faut doser le sucre d'après le poids d'acide carbonique perdu par l'extrait que l'on soumet à la fermentation comme il sera dit plus loin. Mais, si l'on persistait à employer le réactif cupropotassique, on doit être averti qu'on ne peut, sans une erreur notable, déterminer directement le sucre en versant le vin dans le réactif cuprique bouillant. En effet, il se produit toujours dans ce cas une teinte jaune verdâtre, qui fait hésiter sur la fin de l'opération. Voici comment je conseille d'opérer. On prend 50 à 100 cent. cubes de vin, auxquels on ajoute goutte à goutte une solution étendue de carbonate de sodium jusqu'à ce que par agitation la liqueur prenne une teinte violacé bleuâtre ou verdâtre. On ajoute alors 10 grammes de noir animal en poudre, on fait bouillir jusqu'à réduction de moitié, on jette sur un filtre, on lave exactement, on réduit au quart du volume primitif. On verse ensuite goutte à goutte et jusqu'à disparition de la teinte bleue ce vin décoloré, et désalcoolisé, contenu dans une pipette de Mohr, dans un volume connu de réactif

(1) M. Macagno a trouvé pour les vins italiens que la glycérine avait en général un poids dix-huit fois et demie plus faible que celui de l'alcool. Mais ces dosages ont été faits par sa méthode et demandent confirmation; et l'on sait que l'évaporation d'une solution aqueuse de glycérine en fait perdre un poids relativement considérable.

(1) Les densités des liquides sucrés avec le sucre de raisin n'ayant pas été prises, on admet ici que les mêmes poids de glucose anhydre et de saccharose dissous dans des quantités égales d'eau ont les mêmes densités, ce qui introduit une faible erreur sans importance dans la pratique. [Voir, sur les contractions du sucre interverti : Chancel, *Comptes rendus*, t. LXXIV, p. 376.]

cupropotassique étendu de 3 à 4 vol. d'eau et maintenu à 85 degrés; cette dernière précaution est nécessaire pour éviter autant que possible la réduction de la liqueur cupropotassique par la gomme du vin dont nous avons parlé plus haut.

La décoloration du vin par l'acétate de plomb est imparfaite. Par le sous-acétate on entraîne une certaine dose de glucose, surtout si dans la liqueur filtrée on verse, comme l'indiquent quelques auteurs, du carbonate de sodium pour séparer excès de sous-acétate de plomb ajouté.

Pour doser par fermentation le glucose des vins, on évapore rapidement celui-ci au quart de son volume; on précipite par l'acétate neutre de plomb, on filtre, on ajoute un peu d'acide sulfurique pour séparer l'excès de plomb, on sature partiellement l'excès d'acide, on filtre de nouveau et l'on introduit cette liqueur dans un petit ballon avec 5 à 6 grammes par litre de levûre fraîche. Le bouchon porte un tube effilé et fermé plongeant dans le liquide, et un tube qui permet aux gaz qui se dégagent de passer à travers deux tubes reliés par des caoutchoucs, le premier contenant de la ponse sulfurique, le second de la ponce imprégnée de potasse caustique; ce second tube seul est pesé. Lorsque la fermentation est finie, ce qui a lieu au bout de 12 à 48 heures à 37 ou 38°, on porte la liqueur du ballon à près de 100°, puis on brise la pointe du tube effilé et l'on fait passer lentement un courant d'air à travers tout l'appareil pour entraîner les dernières traces d'acide carbonique. La différence de poids acquise par le tube à ponce potassique donne le poids de l'acide carbonique. On en conclut celui du glucose d'après cette observation de Pasteur, que 48,89 d'acide carbonique correspondent à 105,36 de glucose anhydre $C^6H^{12}O^6$. En agissant ainsi, on évite l'erreur provenant des gommes ou dextrines et surtout des tannins fortement réducteurs et infermentescibles qui existent dans le vin.

Maumené a proposé, en 1854, pour doser le glucose des vins, une méthode fondée sur la destruction du sucre par le bichlorure de mercure à chaud, et sur la pesée du corps brun insoluble qui en résulte; ne pouvant ici donner les détails, je renvoie le lecteur au mémoire original [*Compt. rend.*, t. XXXIX, p. 422].

Pour doser dans les vins la gomme que Béchamp a appelé *matière dextrogyre A* et celle qu'il a nommée *matière dextrogyre B*, je renvoie aussi au mémoire de l'auteur [*Compt. rend.*, t. LXXX, p. 908]. Béchamp a trouvé par litre :

Vins de 1874. La totalité du sucre avait disparu.	Matière dextrogyre A par litre.
Vins d'Aramon...........	0gr,95
— d'Alicante...........	1 ,00
— de Carignane.......	1 ,04
— d'Œillade	0 ,91

L'opération, très-recommandable d'ailleurs, qui consiste à ajouter de l'eau sucrée au marc à moitié pressé pour obtenir par une nouvelle fermentation une seconde récolte d'un liquide vineux, peut donner une boisson excellente, de bonne qualité et de conservation quelquefois assurée, mais qui dans aucun cas ne doit être livrée par le commerce comme *vin naturel*, ni *ajoutée au vin* destiné à être vendu comme vin proprement dit. Le chimiste peut être appelé à reconnaître une fraude de cette nature. Il est remarquable que les vins ainsi préparés contiennent toujours une assez forte proportion de sucre ou de glucose, et qu'au contraire ils laissent un faible poids de cendres, de crème de tartre, et d'extrait, déduction faite pour celui-ci du poids du glucose (C. Saint-Pierre; — Carles). Le goût de ces vins est souvent fade ou un peu sucré, leur odeur vineuse affaiblie. Le sucre y prédomine surtout lorsque le vin de seconde cuvée a été fait avec du marc déjà fermenté. La levûre acquiert dans ce cas une sorte d'inertie qui rend la fermentation du glucose lente et pour ainsi dire indéfinie.

Voir à ce sujet la note de Pasteur [*Ann. de Chim. et de Phys.*, (3), t. LVIII, p. 333 et 334]. Ces liqueurs alcooliques, même lorsqu'elles ont été coupées de vin pur dans le but de dissimuler la fraude, sont en général *plus denses que l'eau*.

Dosage de la crème de tartre et de l'acide tartrique total. — On ne peut déterminer le poids de la crème de tartre d'un vin par un simple dosage acidimétrique de la liqueur. Celle-ci contient, en effet, outre les acides acétique, succinique, phosphorique, etc., de l'acide malique quelquefois en quantité presque égale à celle de l'acide tartrique, et surtout de l'acide tartrique libre. On ne saurait davantage doser la crème de tartre en évaporant le vin à sec, incinérant, déterminant dans le résidu le poids du carbonate de potassium par une liqueur titrée, puis admettant que pour l'équivalent de potasse ainsi obtenu on a 2 équivalents d'acide tartrique existant dans la liqueur. En effet : 1° cette proportionnalité ne se vérifie pas dans la plupart des cas; 2° l'on dose ainsi comme tartrates les malates et les autres sels organiques donnant des carbonates par calcination; 3° dans les vins plâtrés, le carbonate de potassium provenant de la calcination du tartre agit sur le bisulfate du résidu et donne 2 équivalents de sulfate neutre; l'essai alcalimétrique des cendres indiquerait donc à tort, dans ce cas, une absence complète de tartre dans le vin.

Un assez bon procédé de dosage du tartre a été indiqué par J. Brun [*Fraudes et maladies du vin*, 2e édit., p. 164]. 100 grammes de vin sont réduits à 8 à 10 gr. au bain-marie; l'extrait est additionné de 15 à 20 gouttes d'acide acétique, et lavé à l'alcool à 90° tant qu'il passe acide. L'alcool enlève les acides tannique, tartrique libre, acétique, etc. Le résidu A est dissous, sur le filtre même, avec 10 à 12 gr. d'eau contenant assez de potasse pour rendre la solution alcaline; la liqueur est repassée deux ou trois fois sur le filtre; les phosphates de calcium, de magnésium et quelques matières mal connues sont ainsi séparées du bitartrate devenu tartrate neutre. Il passe dans la liqueur filtrée, qui contient en même temps les chlorures, malates, succinates alcalins, et si le vin a été plâtré, le sulfate de potassium. Le produit de la filtration est alors neutralisé par de l'acide acétique, puis allongé d'eau de chaux limpide. Celle-ci précipite les tartrates, mais non les malates, les succinates, ni même les sulfates dans cette liqueur étendue. Le précipité est recueilli sur un filtre au bout de 24 heures, desséché, calciné au rouge sombre, transformé en carbonate de calcium par quelques gouttes de carbonate ammonique et pesé. 1 gramme de CO^3Ca correspond à 1gr,881 de tartre. Il vaudrait mieux peut-être dans ce résidu doser par perte l'acide carbonique pour en conclure le poids du carbonate de calcium; on n'aurait pas alors à craindre d'avoir précipité par l'addition d'eau de chaux un peu de sulfate calcique. Cette méthode, un peu longue, offre quelques avantages : elle permet de doser la crème de tartre seule et de séparer l'acide tartrique libre et combiné; enfin elle s'applique aux vins plâtrés.

On peut aussi, comme le fait Glénard, reprendre le résidu A précédent, sur le filtre même, par de l'eau bouillante, qui dissout la crème de tartre, et la doser alors par une liqueur titrée de potasse.

Je passe ici sous silence le prétendu dosage

de la crème de tartre fondé sur la dissolution de l'oxyde ferrique dans le vin.

La méthode suivante est surtout industrielle. On y recourt lorsqu'il s'agit d'évaluer, dans un vin plâtré, la crème de tartre qu'il pourra donner par évaporation. On prend 500 cent. cubes de vin, on les évapore au dixième au bain-marie, et l'on abandonne pendant 48 heures dans un lieu frais après addition de 50 centimètres cubes d'alcool. La crème de tartre se précipite en même temps qu'un peu de tartrate, de sulfate de calcium et de sulfate de potassium *neutre* si le vin avait été plâtré. On jette sur un filtre, on lave à l'eau alcoolisée; on sèche, on calcine au four à moufle et dans les cendres, on dose alcalimétriquement le carbonate de potassium qui correspond au bitartrate précipité.

MM. Berthelot et de Fleurieu ont donné, dans leur Mémoire sur le *Dosage de l'acide tartrique, de la potasse et de la crème de tartre*, etc. [*Ann. de Chim. et de Phys.*, (4), t. V, p. 185], un procédé fondé sur l'insolubilité presque absolue de la crème de tartre dans un mélange à volumes égaux d'alcool et d'éther. On place 10 centimètres cubes de vin dans un petit matras; on les additionne de 20 centimètres cubes du mélange éthero-alcoolique; on agite, on bouche le matras, on l'abandonne 48 heures. On décante alors la liqueur sur un petit filtre sans plis, on lave le précipité dans le matras même avec de l'alcool éthéré qu'on rejette sur le filtre, et l'on continue ces lavages tant que la liqueur reste acide. Cela fait, on jette le filtre dans le matras, on y dissout la crème de tartre avec de l'eau tiède, et l'on détermine dans le matras même, au moyen d'eau de baryte titrée, l'acidité de la crème de tartre, et, par conséquent, son poids qui lui est proportionnel. On ajoute 0gr,2 de crème de tartre par litre pour la quantité qui a pu se dissoudre dans les liqueurs des lavages. On obtient ainsi le poids cherché de crème de tartre; il faut se garder d'en conclure celui de l'acide tartrique total et de la potasse qui ne lui sont pas proportionnels.

Pour déterminer ces deux nouveaux poids, les auteurs font un deuxième et un troisième titrage: 1° *pour doser la potasse*, on ajoute à 10 centimètres cubes du vin à analyser 5 centimètres cubes d'une solution contenant 2 à 3 fois plus d'acide tartrique qu'il n'en existe dans la crème de tartre dosée comme il est dit plus haut; 2° *pour doser l'acide tartrique libre*, on sature 1/5 environ du vin à analyser par de la potasse ou de l'acétate de potassium, on ajoute ce liquide aux quatre cinquièmes restants, puis on dose la crème de tartre. Nous renvoyons le lecteur, pour les détails, au Mémoire original et au *Bull. de la Soc. chim.*, t. I, p. 181, 183, 185, 195, 216, 236, 450.

Si le vin est très-calcaire, s'il a été plâtré, l'acide tartrique se précipiterait par l'alcool éthéré en partie à l'état de crème de tartre, en partie à l'état de tartrate de calcium. Pour se soustraire à cette cause d'erreur, il faut, après avoir additionné le vin d'acétate de potassium pour transformer le bisulfate en sulfate de potasse et acide acétique libre, concentrer, chasser ainsi en partie l'excès d'acide acétique, puis précipiter la chaux par de l'oxalate de sodium. Au bout de 48 heures, on filtre et on procède au dosage comme il est dit plus haut.

Le dosage de la crème de tartre pourrait fournir quelques renseignements pour décider la question du sucrage artificiel du moût avant la fermentation. Les quantités d'alcool, d'extrait, de glycérine et d'acide succinique resteraient normales dans ce cas, tandis que la crème de tartre aurait diminué. Mais il faut se rappeler que, la pellicule du raisin contenant un excès de crème de tartre, ce sel se dissout toujours jusqu'à saturation dans le liquide alcoolique.

On trouve rarement de l'acide tartrique libre en proportion très-appréciable dans le vin, surtout dans les années et les régions où le raisin mûrit bien. Mais l'expert doit savoir qu'aujourd'hui on ajoute assez communément cet acide (ou quelquefois l'acide sulfurique) pour aviver la couleur des vins et les rendre moins *plats* de goût.

Dosage des acides du vin. — 1° *Acides fixes.* — Nous venons de voir comment, en suivant la méthode de Berthelot et de Fleurieu, on détermine la quantité d'acide tartrique libre qui peut exister dans un vin. On peut pour le dosage de la totalité des acides libres fixes opérer comme il suit :

100 centimètres cubes de vin sont évaporés à consistance d'extrait, puis épuisés par l'alcool; la solution est divisée en deux parts. Après évaporation, on dose dans l'une, par une liqueur de soude titrée, l'acidité totale. L'autre portion est également évaporée et le résidu repris par l'eau, filtré, et traité par le sous-acétate de plomb; le précipité est lavé, puis délayé dans un petit excès d'acide sulfurique dilué (on emploie une quantité SO^4H^2, égale au quart environ du poids du précipité humide). On filtre de nouveau, et le liquide clair qui s'écoule est divisé en deux parts; on sature l'une par de la potasse titrée, on ajoute la seconde, on concentre un peu, on additionne de 2 volumes d'alcool éthéré, on laisse déposer la crème de tartre, on la lave à l'alcool éthéré et on prend le titre acidimétrique comme il est dit ci-dessus. L'excès du premier titrage sur le second permet d'apprécier la somme des acides fixes autres que l'acide tartrique.

On ne connait pas de procédé pour doser dans les vins l'acide tartrique éthérifié [*Ann. de Chim. et de Phys.*, (4), t. V, p. 213, 218, 220].

Si l'on veut retrouver ou doser l'acide malique qui n'existe qu'en fort minime proportion dans les vins, mais que l'on peut rencontrer surtout dans ceux qui ont été fraudés avec le cidre, le poiré, les sucs de myrtille, de sureau, de mûres, etc., on agit comme il est dit ci-dessus pour l'acide tartrique; seulement, après avoir décomposé le précipité plombique par l'acide sulfurique et avoir filtré, on additionne la liqueur d'un excès de craie et d'un peu de chlorure calcique. Au bout de 3 heures, on filtre. Cette liqueur ne contient guère plus que du chlorure de calcium et du malate de calcium. En l'additionnant de 2 volumes d'alcool fort, on précipitera le malate de calcium mêlé à des traces de sulfate. On détermine le poids du malate en calcinant et dosant l'acide carbonique du résidu par perte [Brun, *Fraudes et maladies du vin*, p. 111].

L'acide citrique qui se trouve seulement dans les vins fraudés avec les myrtilles, les framboises, les mûres, les cerises, etc., se recherche en neutralisant le vin avec du carbonate de sodium, ajoutant du chlorure calcique, concentrant à l'ébullition jusqu'au quart du volume, enfin recueillant et lavant le précipité de citrate calcaire qui ne se fait qu'à chaud.

2° *Dosage des acides volatils.* — On ne peut distiller directement un vin avec de l'acide sulfurique ou phosphorique pour séparer ses acides volatils. Il se fait, dans ces cas, une éthérification qui fait juger trop faible la quantité d'acides volatils. Il faut au préalable saturer le vin par un alcali, distiller l'alcool, ajouter alors seulement de l'acide phosphorique sirupeux et rechercher ou doser les acides volatils dans le distillatum. S'il s'agissait de déterminer la quantité d'acides volatils *libres*, il faudrait saturer le vin par une quantité connue d'eau de baryte, distiller aux deux tiers, ajouter ensuite au tiers restant une quantité d'acide sulfurique, juste équivalente à la quantité de baryte ajoutée, distiller alors presque à siccité, et dans cette dernière liqueur prendre le titre acide ou doser chacun des acides à part.

On ne rencontrera, en général, dans les vins que de l'acide acétique; quelquefois, si l'on opère sur de grandes quantités, un peu d'acide butyrique et valérique: encore ces derniers peuvent-ils provenir en partie du dédoublement des éthers sous l'influence de l'eau.

Dosage du tannin. — On prépare une solution de gélatine étendue et l'on détermine le volume nécessaire pour précipiter 1 gramme de tannin pur et sec dissous dans 200 grammes d'eau, puis on verse peu à peu cette solution de gélatine titrée dans 200 grammes de vin suspect, fortement salé au préalable, et tant que la liqueur agitée, ou même filtrée, continue à se troubler. Mais c'est là le point délicat de cette méthode fort imparfaite. Un calcul de proportion donne la quantité de tannin de vin correspondant.

Grassi a proposé le procédé suivant : A 200 gr. de vin, on ajoute de l'alcool en quantité modérée; on y verse une solution de baryte caustique en excès, puis un peu de sel ammoniac; on chauffe quelques minutes, on laisse refroidir, on filtre, on lave le précipité d'abord à l'alcool fort, puis à l'eau froide. On traite le précipité tannique par de l'acide sulfurique étendu et bouillant, enfin on dose le tannin dans la solution par le permanganate de potassium titré. Malheureusement, quand la majeure partie du tannin a disparu, la réduction du permanganate se fait très-lentement et la réaction finale est très-difficile à saisir (voyez pour cette dernière méthode, *Ann. de Chim. et de Phys.*, (3), t. LVI, p. 208).

Je dose, pour ma part, le tannin des vins de la façon suivante : A 200 centimètres cubes de vin placés dans un flacon de volume double j'ajoute 3 grammes de carbonate de cuivre bien pulvérisé. J'agite vivement. J'achève de remplir entièrement le flacon avec de l'alcool à 86° centésimaux et j'abandonne pendant 24 heures. L'œnotannin passe ainsi à l'état d'œnotannate de cuivre insoluble. Je sépare par décantation et filtration ce précipité cuprique et je le lave à l'eau alcoolisée et bouillie. J'introduis ensuite le filtre avec le précipité dans un long flacon jaugé de 150 centimètres cubes, portant un trait indiquant 30 centimètres cubes. Je verse dans ce flacon de l'eau contenant 10 % d'ammoniaque liquide jusqu'à affleurer au trait marquant 30 centimètres cubes. Je bouche exactement le flacon, je le place sous l'eau et j'agite de temps en temps. L'œnotannate de cuivre se dissout dans l'eau ammoniacale, et absorbe un volume d'oxygène proportionnel à son poids. Au bout de 24 heures, je laisse rentrer l'eau dans le flacon et constate ainsi le volume d'oxygène disparu, qui est proportionnel à celui de l'œnotannin [A. Gautier, *Sophistication des vins*, p. 108].

Colorimétrie. Addition au vin de matières colorantes étrangères. — A. *Colorimètres.* — Il est souvent nécessaire, dans la pratique, de déterminer l'intensité de la couleur d'un vin. On se sert dans ce but des *colorimètres*. L'un des plus simples consiste à prendre deux tubes de verre blanc, à placer dans l'un une feuille de gélatine ou une lame mince de verre colorée en rose vineux et plongeant dans un liquide incolore. Cette teinte est prise pour terme de comparaison. Dans l'autre tube, divisé en volumes d'égale capacité, on verse un volume connu de vin et on l'étend d'eau jusqu'à ce qu'il ait la teinte de la lame colorée adoptée comme unité colorimétrique. L'intensité de coloration est évidemment proportionnelle au volume auquel il a fallu porter la liqueur dont on veut mesurer la teinte (Collardeau, P. Prax). Le colorimètre de Duboscq et celui de Laurent se composent de deux auges verticales, dans lesquelles on place une liqueur type d'une part, le vin ou le sirop dont on veut mesurer la coloration de l'autre; un système à crémaillère diminue l'épaisseur suivant laquelle on observe la lumière réfléchie qui traverse l'un des liquides, en même temps que s'augmente celle sous laquelle on observe l'autre. Les deux faisceaux lumineux réunis dans l'œil, grâce à leur double réflexion sur trois prismes placés en avant de la lunette oculaire, sont ramenés ainsi côte à côte à l'œil de l'observateur, condition qui permet de juger aisément de l'égalité de leur teinte. Les pouvoirs colorants sont en raison inverse des épaisseurs sous lesquelles les deux liquides présentent la même intensité colorante. Le *Colorimètre-Andrieux*, où les teintes de comparaison sont obtenues par polarisation chromatique, permet de mesurer à la fois l'intensité et le ton (voir à ce sujet *Sophistication des vins*, p. 34).

B. *Colorations frauduleuses des vins.* — Je ne puis donner, dans un article aussi court, que des renseignements incomplets au sujet de l'addition aux vins de matières colorantes étrangères. Pour résoudre ce problème délicat, j'ai recherché une méthode qui permette de déterminer sans hésitation ni erreur ce genre de falsification : je vais essayer de résumer ici ce travail [*Bull. de la Soc. chim.*, t. XXV, p. 435, 483, 530, et t. XXVII, p. 7].

Les principales matières qui servent [*La sophistication des vins*, par A. Gautier, Paris, J.-B. Baillière, 1877] aujourd'hui à colorer artificiellement les vins sont : L'*Althæa rosea*, variété *nigra*, vulgairement *mauve noire* ou de *Chine*; elle donne une belle couleur vineuse foncée très-employée. Les *baies de sureau* et celles d'*hièble* (*Sambucus niger* et *S. ebulus*), qui fournissent un suc rouge marron, passant au rouge vineux lorsqu'il a fermenté. La *teinte* ou *teinte de Fismes*, très-employée dans le Nord, doit au sureau sa coloration ; c'est, en général, un mélange d'alun, de baies de sureau écrasées et d'eau. On emploie beaucoup ces baies en Portugal, en Espagne et dans le midi de la France. Le Porto leur doit en partie sa coloration. L'extrait de *Phytolacca decandra* (*raisin d'Amérique* ou *de Portugal*), d'un rouge carmin magnifique, qui contient des principes drastiques, a été beaucoup employé et l'est moins aujourd'hui. La *cochenille ammoniacale* (carmin, laque carminée), vendue sous forme de galettes ou d'extrait épais, est offerte et vendue sur une très-grande échelle pour frauder les vins; les *sels de rosaniline* et spécialement la *fuchsine*, souvent *arsénicale*; il est peu de *liqueurs colorantes* destinées à frauder les vins qui ne contiennent quelques dérivés colorés du goudron de houille; le *carmin d'indigo* ou *céruléine*, que l'on ajoute aux vins les plus colorés du midi de la France, surtout au Roussillon. Outre ces substances, qui sont les plus employées dans les pays de grande production, les décoctions de campêche, de fernambouc, de troëne, de myrtille, de mûres, etc., servent aussi à colorer quelquefois les vins blancs, à donner aux rouges une couleur de vieux ou à fabriquer des vins de toute pièce. La plupart de ces matières colorantes se précipitent assez rapidement dans les lies, entraînant avec elles une partie de la matière colorante.

Je me suis assuré que presque tous les procédés donnés par les auteurs pour reconnaître les matières colorantes ajoutées frauduleusement aux vins ne s'appliquent qu'aux vins blancs colorés ou à l'eau alcoolisée par une seule matière étrangère à la fois. La diffusion, le collage des vins après addition de tannin, l'agitation avec le bioxyde de manganèse, etc., ne permettent pas, contrairement à ce qu'ont avancé les auteurs de ces divers procédés, de séparer la couleur propre des vins de la couleur étrangère qui passerait seule dans la liqueur diffusée ou filtrée. L'essai des vins par le sulfhydrate d'ammonium ammoniacal (Filhol), par le borax (Moitessier), par l'acétate de plomb et l'alumine (Jacob), par l'alun et le carbonate de potassium (Nees d'Essembeck), donnent de bons renseignements, mais aucun d'eux ne saurait suffire dans la plupart des cas. J'en dirai autant des essais de coloration de la laine et de la soie différemment mordancée, colorée avec le vin suspect, puis lavée et trempée dans différents réactifs. J'ai longtemps poursuivi mes recherches dans ce sens sans en tirer autre chose que quelques bons renseignements, que j'ai intercalés dans les tableaux que je donne plus loin.

Il n'en est pas de même de la couleur des taches formées par le vin suspect sur la craie albuminée, taches que l'on peut différencier soit directement par leur ton propre, soit en les touchant avec divers réactifs, en particulier avec l'émétique et l'acétate d'aluminium. Cette méthode, que nous avons longtemps étudiée avec M. Ch. Girard, donne rapidement d'excellents renseignements. Je ne puis la rapporter ici en détail, ne l'ayant pas encore publiée.

Mais la méthode dichotomique que je vais exposer n'en est pas moins préférable. Elle est fondée sur quelques remarques faites avant moi et sur un grand nombre d'observations nouvelles qui me sont propres. Tous les essais ont été faits avec des vins rouges authentiques de cépages très-divers, auxquels on a ajouté des matières colorantes étrangères en proportion, telle que l'intensité colorante due à celles-ci représentait 20 °/₀ de l'intensité colorante totale de la liqueur examinée

MARCHE SYSTÉMATIQUE A SUIVRE POUR RECONNAÎTRE LA NATURE DES MATIÈRES COLORANTES ÉTRANGÈRES AJOUTÉES AU VIN.

Préparation préalable de l'essai. — On ajoute au vin à examiner le dixième de son volume d'un mélange de blanc d'œuf battu avec 1,5 volume d'eau. — Au bout d'une demi-heure on filtre la liqueur et on la fait passer au ton violet en ajoutant quelques gouttes de bicarbonate sodique. Toutes les réactions suivantes, sauf celle de l'indigo, doivent être tentées sur le liquide ainsi préparé. Les titres et les volumes des liqueurs servant de réactifs doivent être pris très-exactement.

Essai	Résultat	Matière colorante
(A) — On met à part la liqueur vineuse violacée obtenue après collage. On continue à laver le précipité albumineux jusqu'à ce que les liqueurs de lavage coulent incolores. Deux cas peuvent alors se présenter.	(*a*) — La précipité dû au collage et retenu par le filtre reste après lavage de couleur vineuse, lilas ou lilas marron. *On passe à l'essai* (B).	
	(*b*) — Le précipité est bleu violacé ou bleu. On le détache du filtre, on le délaye dans de l'eau et l'on sature *avec soin* par du carbonate potassique étendu. On obtient ainsi un mélange de couleur bleu foncé, et après la filtration une liqueur bleue. — Une partie du précipité non saturé de carbonate alcalin, bouillie avec l'alcool, donne une liqueur *bleue* et non rose..........	*Indigo.*
(B) — 2 centimètres cubes de vin suspect collé sont traités par 6 à 8 centimètres cubes d'une solution de carbonate de sodium au 200e.	(*a*) — Le mélange avec le carbonate vire au lilas ou au violet ; quelquefois seulement il prend une teinte vineuse ou violacée. *On passe à l'essai* (C).	
	(*b*) — Le mélange vire au vert bleuâtre avec ou sans très-légère teinte vineuse. *On passe à l'essai* (L).	
(C) — On porte à l'ébullition le mélange lilas ou vineux de l'essai répondant aux réactions (B) (*a*).	(*a*) — L'essai reste coloré en rose ou lilas vineux. *On passe à l'essai* (D).	
	(*b*) — Le lilas ou le ton vineux disparaît (il peut être remplacé dans le cas du phytolacca par du marron). *On passe à l'essai* (E).	
(D) — On traite 4 centimètres cubes du vin collé ayant répondu à l'essai (C) (*a*) par 2 centimètres cubes d'une solution d'alun à 10 p. 100 et 2 centimètres cubes d'une solution à 10 p. 100 de carbonate de sodium cristallisé. On jette sur un filtre. On examine la laque insoluble et la liqueur filtrée.	(*a*) — Laque lilas passant peu à peu au rose roux à l'air. Liqueur filtrée grisâtre avec teinte marron. Le bicarbonate de sodium à 8 p. 100 avive à chaud la teinte rouge..........	*Fernambouc.*
	(*b*) — *Laque vineuse violacée.* Liqueur filtrée *vert bouteille*, brun, marron faible si le campêche était plus abondant. L'ébullition avec le bicarbonate de sodium donne une solution d'un beau violet..........	*Campêche.*
	(*c*) — Laque bleuâtre ou bleu-verdâtre légèrement rosée. — Liqueur filtrée lilas. L'ébullition avec le bicarbonate ne fait pas disparaître entièrement cette teinte; l'eau de chaux laisse persister le rose à froid..........	*Cochenille.*
	(*d*) — Laque vert-bleuâtre. — Liqueur presque incolore. L'ébullition avec le bicarbonate sodique fait passer la liqueur au ton thé foncé..........	*Vins naturels de quelques cépages.*
(E) — 4 centimètres cubes du vin ayant subi l'essai (C) (*b*) sont traités par 2 centimètres cubes d'alun à 10 p. 100 ; on ajoute 2 centimètres cubes de carbonate de sodium à 10 p. 100 et l'on filtre.	(*a*) — La liqueur filtrée est d'un ton lilas ou vineux. *On passe à l'essai* (F).	
	(*b*) — La liqueur filtrée est vert bouteille ou vert marron. *On passe à l'essai* (G).	
(F) — 2 centimètres cubes de vin collé sont traités par 1 centimètre cube de sous-acétate de plomb à 15 degrés Beaumé. On agite, on filtre.	(*a*) — La liqueur filtrée passe rose..........	*Phytolacca.*
	(*b*) — La liqueur qui filtre passe jaunâtre ou de teinte rousse..........	*Betterave fraiche.*
(G) — La laque alumineuse obtenue par l'essai (E) (*b*) était.	(*a*) — Bleu foncé. *On passe à l'essai* (H).	
	(*b*) — Verte, vert rosé, ou vert très-légèrement bleuâtre. *On passe à l'essai* (I).	
(H) — On prend 2 nouveaux centimètres cubes de vin primitif ayant répondu à l'essai (G) (*a*), on les traite par 2 centimètres cubes d'une solution de bicarbonate de soude à 8 pour 100 chargée de gaz carbonique.	(*a*) — La liqueur reste un instant lilas et passe presque aussitôt au gris-bleuâtre. Un échantillon nouveau traité comme ci-dessus par le carbonate de sodium et bouilli devient gris sombre verdâtre..........	*Sureau.*
	(*b*) La liqueur garde une teinte lilas ou marron sale. Le carbonate de sodium employé comme ci-dessus tend à la décolorer..........	*Hièble.*

MARCHE SYSTÉMATIQUE A SUIVRE POUR RECONNAITRE LA NATURE DES MATIÈRES COLORANTES ÉTRANGÈRES AJOUTÉES AU VIN.

(Suite.)

Essai	Réactions	Matière colorante
(I) — Après l'essai (G) (*b*) on traite 5 centimètres cubes de vin collé par quelques gouttes d'eau de baryte en petit excès; on porte à l'ébullition, on laisse refroidir, on agite avec 10 centimètres cubes d'éther acétique. On filtre l'éther, on l'évapore doucement.	(*a*) — La liqueur aqueuse provenant de l'évaporation de l'éther devient rose ou violacée, et teint la soie. La soie teinte touchée par HCl concentré se décolore (*fuchsine*).— Elle passe au violet, au bleu foncé, enfin au vert (*safranine*). — Elle passe au bleu indigo, puis au jaune feuille morte (*mauvaniline*) — Elle se décolore difficilement par HCl, blanchit par l'action de l'eau et du zinc à 100 degrés et se recolore à l'air (*chrysotoluidine*). — La soie teinte en brun vire au rouge brun par HCl (*brun d'aniline.*)............	*Fuschine et colorants dérivés de la houille.*
	(*b*) — La liqueur d'évaporation de l'éther ne rougit pas, ou sa teinte légère ne se fixe pas sur soie après lavage. *On passe à l'essai* (K).	
(K) — Un nouvel échantillon de vin suspect est traité suivant (B) par le carbonate de sodium.	(*a*) — Le mélange verdâtre, vert-bleuâtre (quelquefois très-légèrement violacé), tend à se décolorer quand on le chauffe. *Par l'acétate d'alumine étendu, il reste violet vineux*....................................	*Vin naturel.*
	(*a'*) — Avec les caractères généraux ci-dessus, la liqueur vineuse prend par le borax une couleur vert foncé bleuâtre; par la réaction (E) on obtient une laque vert bouteille foncé. Le vin reste rose par l'acétate d'alumine..	*Vin teinturier.*
	(*b*) — Le mélange gris-jaunâtre, légèrement violacé le plus souvent, passe à une teinte rousse quand on le chauffe. Par quelques gouttes d'aluminate de potasse, il reste rose.— Par l'acétate d'alumine étendu, il passe au violet-bleuâtre. *Par le borax il prend une teinte grise avec pointe de lilas.*	*Myrtille.*
(L) — Le mélange de vin et de carbonate de sodium provenant de l'essai (B) (*b*) est porté à l'ébullition.	(*a*) — Il se colore en violet ou lilas violet..........................	*Campêche.*
	(*b*) — Il tend à se décolorer en passant au jaune-verdâtre, au vert sombre ou marron. *On passe à l'essai* (M).	
(M) — On traite le vin ayant répondu à l'essai (L) (*b*) par l'alun et le carbonate de sodium comme il est dit plus haut en (D); on filtre.	(*a*) — La couleur du liquide filtré est lilas..........................	*Phytolacca.*
	(*b*) — La liqueur filtrée passe au vert bouteille ou au vert marron. *On passe à l'essai* (N).	
(N) — Du vin collé ayant répondu à l'essai (M) (*b*), on prend 2 centimètres cubes que l'on mêle avec 3 centimètres cubes d'une solution de borax saturée à 15 degrés.	(*a*) La liqueur garde une teinte vineuse ou violacée. *On passe à l'essai* (O).	
	(*b*) — La liqueur prend un ton gris-bleuâtre, gris-verdâtre, quelquefois avec une légère pointe de violet. *On passe à l'essai* (P.)	
(O) — Un échantillon de vin ayant répondu à l'essai (N) (*a*) est traité par l'alun et le carbonate de sodium comme il est dit en (D).	(*a*) — La laque alumineuse est bleu-violacé..........................	*Sureau, Hièble.*
	(*b*) — La laque alumineuse est verdâtre ou vert-bleuâtre; la liqueur filtrée est vert bouteille clair; un essai par le bicarbonate de soude, comme en (H), passe au jaunâtre sale.	*Troëne.*
	(*c*) — La laque alumineuse est vert cendré ou rosé; la liqueur qui passe est vert bouteille avec pointe de marron ou de rose. Par le bicarbonate de sodium, comme il est dit ci-dessus, l'essai devient gris foncé à chaud..............	*Myrtille.*
(P) — Un échantillon de vin collé ayant répondu à l'essai (M) (*b*) est traité par l'ammoniaque et l'éther comme il est dit en (I).	(*a*) — L'éther étant évaporé, la liqueur qui reste devient rose par l'acide acétique..	*Fuchsine.*
	(*b*) — La liqueur ne rosit pas par l'acide acétique. *On passe à l'essai* (R).	
(R) — Le vin ayant répondu à l'essai (P) (*b*) est traité par son volume d'une solution d'acétate d'alumine marquant 2 degrés au pèse-acide Beaumé.	(*a*) — La teinte du mélange reste vineuse (*Myrtille, vin naturel*). On différencie comme il est dit en (K).	
	(*b*) — La teinte du melange devient violacée, bleuâtre. *On passe à l'essai* (S).	
(S) — Le vin ayant répondu à l'essai (R) (*b*) est traité par l'alun et le carbonate de sodium comme il est dit en (D); au bout de quelques minutes on jette sur le filtre.	(*a*) — Laque vert clair, légèrement bleutée et rosée, liqueur filtrée vert bouteille clair avec pointe de marron. Par le borax employé comme il est dit en (N) on obtient une coloration vineuse. Par l'addition de son volume d'ammoniaque (10 pour 100 parties d'eau) on obtient une coloration gris-jaunâtre..	*Myrtille.*
	(*b*) — Laque verte légèrement bleuâtre, sans rose. Liqueur filtrée vert bouteille sans marron. Par le borax, employé comme ci-dessus, liqueur gris-bleu-verdâtre. Par addition d'ammoniaque, comme il vient d'être dit, coloration vert bouteille sombre..	*Mauve noire.*

On remarquera que quelques substances sont plusieurs fois inscrites dans ce tableau. Il peut arriver, en effet, ou bien que la couleur frauduleuse n'existe dans le vin qu'en très-faible proportion, ou bien que, la nature du cépage variant, les réactions de la substance étrangère varient légèrement aussi ou soient difficiles à observer. Dans ces cas, les substances restées douteuses reparaissent dans divers points du tableau précédent, où de nouvelles réactions permettent dès lors de les différencier sûrement.

J'ajouterai à ce tableau quelques autres indications qui permettent de caractériser plusieurs des substances précédentes après que, par la marche que je viens d'indiquer, on sera arrivé à considérer leur présence comme très-probable dans le vin suspect.

Si l'on prend des floches de soie décreusée, et qu'après avoir collé le vin, comme il est dit ci-dessus, on les trempe dans ce liquide, puis qu'on évapore au bain-marie au cinquième du volume primitif, enfin si on lave la floche à l'eau, on pourra obtenir, quelquefois après dessiccation à 100° et sous l'influence des réactifs dans lesquels on trempera la soie ainsi colorée, des teintes caractéristiques de quelques substances colorantes étrangères au vin.

Avec le fernambouc, la soie prend une teinte lilas marron ou roux. L'ammoniaque ne fait que partiellement disparaître ce ton lilas, tandis qu'elle rend vertes ou brunes presque toutes les autres couleurs. Le vin au campêche communique à la soie une coloration analogue à celle du fernambouc, mais qui devient violette par l'acétate d'aluminium. La floche préalablement mordancée à l'acétate d'aluminium devient pourpre par le chlorure de zinc après lavage aux carbonates alcalins très-étendus s'il existe de la cochenille dans le vin ; elle ternit, au contraire, par ce réactif si le vin est pur. L'ammoniaque fait passer au brun foncé la soie teinte dans le vin au sureau. Les vins à la fuchsine teignent la soie en rose vif, qui devient d'un beau violet rose foncé par l'acétate de cuivre, etc.

La plupart de ces réactions ont été indiquées.

Dosage des cendres du vin. — Le dosage des matières minérales contenues dans le vin ne diffère en rien d'essentiel du dosage habituel des cendres des liquides végétaux ou animaux; aussi ne ferons-nous qu'esquisser cette partie de notre sujet.

Pour obtenir le poids des cendres, on carbonise d'abord dans la capsule même où il a été obtenu le résidu sec laissé par le vin; on chauffe lentement et à température relativement basse, tant qu'il se dégage des fumées odorantes. On porte ensuite à peine au rouge le fond de la capsule. Le charbon poreux ainsi obtenu est alors épuisé à l'eau bouillante à plusieurs reprises, et jeté chaque fois sur un filtre sans plis. La liqueur A, en général alcaline, qui passe contient les chlorures, sulfates, silicates et phosphates alcalins. On sèche, et on pèse à part ce résidu. Le charbon lavé retient toute la chaux et la magnésie en partie à l'état de carbonates, en partie à l'état de phosphates et de silicates. Il est incinéré au four à moufle; ces sels (B) restent après calcination complète sans qu'on ait à craindre, en agissant ainsi, ni la volatilisation des chlorures, ni la réduction des phosphates (les phosphates alcalins seuls étant attaqués par le charbon au rouge), ni la décomposition des sulfates. Dans la liqueur (A) de lavage du charbon, on pourra doser les alcalis, soit en déterminant le titre alcalimétrique (ce qui donne toujours un résultat trop faible, une portion de la potasse étant combinée à l'acide phosphorique et à la silice), soit en saturant exactement par de l'acide nitrique, ou mieux chlorhydrique, une partie de la liqueur et en précipitant la potasse par le tétrachlorure de platine alcoolisé.

Nous avons vu plus haut, à propos du dosage de la crème de tartre, comment MM. Berthelot et de Fleurieu dosent dans le vin la potasse totale sous forme de bitartrate [voyez leur Mémoire, *Ann. de Chim. et de Phys.*, (4), t. V, p. 227]. Si dans la liqueur (A) on dose la potasse par addition d'acide tartrique et d'éther alcoolisé, comme il a été dit plus haut, la portion soluble séparée du tartre ainsi formé contiendra toute la soude qui pourra donc être aisément séparée et dosée. Les vins en contiennent en général une petite proportion, soit à l'état de chlorure, soit même à l'état de tartrate double.

Une partie de la liqueur (A) acidulée par l'acide nitrique permettra de doser volumétriquement, par les sels d'urane, ou par les méthodes habituelles (précipitation de l'acide P^2O^5 par la liqueur citro-ammoniacale magnésienne, puis pesée du pyrophosphate), l'acide phosphorique pouvant exister dans les cendres solubles. La silice et les sulfates s'y doseront par les moyens habituels.

Le résidu (B) contient, disions-nous, la chaux et la magnésie, surtout à l'état de carbonates, mais aussi en partie à l'état de phosphates et de sulfates; en outre, on y retrouvera les métaux qui auraient pu être introduits dans le vin frauduleusement ou par accident, et, si celui-ci a été plâtré, une certaine proportion de sulfate de calcium que les traitements par de l'eau acidulée n'enlèvent pas entièrement. Dans la partie du résidu (B) soluble dans les acides, on dosera la chaux, la magnésie, les acides phosphorique et sulfurique par les méthodes ordinaires, après avoir recherché et séparé les métaux toxiques par l'hydrogène sulfuré.

Il restera toujours du résidu (B) une portion faible ou forte, soluble ou insoluble dans les acides, formée de silicates, phosphates et peut-être de sulfates; après l'avoir pesée, on attaquera au rouge par 3 fois son poids de carbonate double de potassium et de sodium pour doser ensuite les acides et les bases par les moyens connus.

Il nous reste à dire quels procédés particuliers peuvent être suivis pour rechercher dans les vins l'alun, le plâtre, l'acide sulfurique libre, les métaux étrangers, etc.

Un vin qui contient de 1/2 à 5 millièmes d'alun se trouble lorsqu'on le porte à l'ébullition. L'alunage produit, en effet, dans le vin, un tartrate double de potassium et d'aluminium peu stable, d'où la chaleur précipite l'alumine. Le dépôt rose violacé qui se forme ainsi dans les vins rouges pourra être calciné et l'alumine y être recherchée au chalumeau par le nitrate de cobalt.

Le dosage de l'alumine, de l'acide sulfurique et de la chaux permet d'affirmer plus nettement si le vin a été aluné ou plâtré.

Pour doser l'alumine, on précipite à chaud 400 à 500 grammes de vin par un petit excès d'acétate neutre de plomb (1). La liqueur filtrée contient toutes les bases à l'état d'acétates; on l'acidule encore d'un peu d'acide acétique et on la traite par l'hydrogène sulfuré. On filtre, on ajoute à la liqueur de l'ammoniaque qui précipite l'alumine mêlée à des traces de sesquioxyde de fer; la magnésie reste dissoute à la faveur de l'acétate d'ammonium. L'alumine précipitée est lavée tant que la liqueur qui filtre reste alcaline, puis desséchée et pesée. Dans les eaux de lavage on pourra doser la chaux en la précipitant par de l'oxalate d'ammonium dans la liqueur préalablement neutralisée, puis légèrement acidulée par de l'acide acétique. Quant à l'acide sulfurique total, il peut être dosé directement par addition de chlorure de baryum au vin bouillant acidulé d'acide chlorhydrique. Les vins ordinaires naturels donnent de 0gr,40 à 0gr,75 de sulfate de baryum et de 0 à 0gr,020 d'alumine par litre.

Après avoir dosé par les procédés que nous avons indiqués la potasse, la chaux, l'acide tartrique, l'acide sulfurique d'un vin, on reconstituera par le calcul l'acide tartrique à l'état de bitartrate de potassium, l'acide sulfurique à l'état de

(1) La liqueur ne doit pas être décolorée, comme le fait M. Hugounenque, par le noir animal, qui entraîne toujours une certaine proportion d'alumine, surtout si le noir a été mal lavé, ce qui est en général le cas.

sulfate de calcium, et s'il reste un excès de potasse et d'acide sulfurique, on pourra conclure à l'existence de sulfate ou plutôt de bisulfate de potassium, provenant de la décomposition du tartre par l'opération du plâtrage. D'ailleurs, dans beaucoup de cas, les cendres de ces vins plâtrés seront presque entièrement exemptes de carbonate de potassium, grâce à l'absence des tartrates solubles dans la liqueur primitive ou parce que le bisulfate de potassium décompose au rouge le carbonate de potassium provenant du tartre qui pourrait rester dans le vin.

Gaz du vin. — On a dit qu'il n'existe dans les vins que de l'acide carbonique et de l'azote. Dans les cas ordinaires, ces gaz peuvent être extraits à basse température par la pompe pneumatique. Pour doser l'acide carbonique, on peut surchauffer un volume connu de vin au bain-marie, recevoir les gaz qui se dégagent dans une solution de chlorure de baryum ammoniacal, décanter la liqueur claire, chauffer, séparer à chaud par filtration et lavages rapides le précipité formé, enfin doser l'acide carbonique par perte.

Le dosage de l'acide carbonique ou la détermination de sa pression dans les vins mousseux ne saurait être ici traité avec de suffisants détails; pour cela, nous renvoyons le lecteur aux traités spéciaux [Maumené, *Du travail des vins*, 2e édit., p. 500 et 615]. A. G.

VINAIGRE — Le vinaigre proprement dit est le produit de la fermentation acide de certaines liqueurs alcooliques. Sous l'influence de cette fermentation, l'alcool disparaît et se transforme en acide acétique en absorbant l'oxygène. Le vinaigre ordinaire renferme 7 à 8 % de cet acide. On désigne aussi sous le nom de *vinaigre* des mélanges préparés avec l'acide pyroligneux étendu d'eau, et qu'on vend quelquefois, à tort, sous le nom de *vinaigre de vin*.

Comme son nom l'indique, ce dernier est généralement préparé avec le vin; mais d'autres liquides alcooliques peuvent s'acidifier dans les mêmes conditions; tels sont le cidre, le poiré, l'extrait de malt fermenté, la bière, le jus de betteraves fermenté. L'expérience a démontré que ces liquides subissent plus facilement la fermentation acétique que l'alcool étendu d'eau et l'eau-de-vie. Ils ne doivent pas contenir plus de 10 % d'alcool. D'un autre côté, une grande dilution du liquide alcoolique affaiblit le vinaigre et en ralentit la formation. Pendant l'acétification, il y a absorption d'oxygène et celui-ci est fourni par l'air. L'acide acétique peut se produire directement, ou indirectement par l'oxydation de l'aldéhyde d'abord formée. Le transport de l'oxygène de l'air sur l'alcool s'effectue par un certain nombre d'agents, par le noir de platine par exemple, ou, dans le cas de la fabrication du vinaigre, par un ferment spécial, le *Mycoderma aceti*, qu'on appelle vulgairement *mère* de vinaigre; ce ferment se développe pendant l'acétification, et une condition indispensable de son développement est une température qui ne doit ni s'élever au-dessus de 36°, ni descendre au-dessous de 12°. La température la plus favorable est celle de 28°.

L'alcool pur, dissous dans l'eau et exposé seul à l'action de l'oxygène de l'air, ne se transforme jamais en acide acétique; c'est ce qu'a fait voir M. Pasteur par l'expérience suivante : On fait couler de l'alcool étendu d'eau le long d'une corde. Les gouttes qui tombent à l'extrémité de cette corde ne renferment pas d'acide acétique, même dans le cas où l'expérience a duré plus d'un mois, avec une vitesse d'une goutte par deux ou trois minutes; mais si on trempe la corde, au début, dans un liquide à la surface duquel se trouve une pellicule de Mycoderma, qui y adhère en partie, lorsqu'on la retire, l'alcool qui découle le long de cette corde se charge d'acide acétique.

C'est donc le Mycoderma qui est l'agent de la fermentation acétique. C'est lui qui transporte l'oxygène lorsqu'on fait fermenter l'alcool dans les conditions de l'expérience précédente, et si les liquides fermentés naturels, vin, cidre, bière, etc., s'acidifient plus rapidement que l'alcool étendu d'eau ou l'eau-de-vie sous l'influence du Mycoderma, c'est qu'ils renferment des matériaux albuminoïdes propres au développement de ce dernier. Mais, comme l'a montré M. Pasteur, on peut suppléer à ces matières en additionnant le liquide alcoolique de petites quantités de phosphates avant d'y semer le cryptogame du vinaigre. L'oxydation lente qui donne lieu à la formation du vinaigre est accompagnée, comme toutes les oxydations, d'une élévation de température. Ajoutons que la densité du liquide augmente, celle de l'acide acétique formé étant très-supérieure à celle de l'alcool.

Telles sont les principales conditions de la fermentation acétique. Indiquons maintenant les procédés qui sont en usage pour la fabrication du vinaigre. On en connaît plusieurs.

Procédés de fabrication du vinaigre. — Dans les pays vignobles du Midi, où il n'existe pas de fabriques de vinaigre, on recueille une certaine quantité du chapeau de vendange, et l'on se procure du vinaigre en exprimant ce chapeau. En effet, on trouve réunies là toutes les conditions de l'acétification, savoir : de l'alcool étendu d'eau, de l'air agissant sur une grande surface divisée et une température qui convient à la fermentation acétique.

Dans le nord de la France, on emploie le vin aigri pour la fabrication du vinaigre. L'opération se fait dans des tonneaux, et a été pratiquée depuis un temps immémorial. On jette du vin aigri dans un tonneau posé sur un de ses fonds; à mesure que l'on en ajoute à la surface, on retire, au moyen d'une cannelle placée près du fond, la même quantité de liquide sous forme de vinaigre. Un couvercle mobile ferme le tonneau, tout en permettant l'accès de l'air. C'est l'oxygène de l'air et la présence du ferment qui déterminent l'acétification.

Boerhaave, le célèbre médecin et chimiste hollandais, perfectionna en 1720 ce procédé; d'après son conseil, on place debout deux grands tonneaux de trois mètres environ de hauteur sur un mètre de diamètre. Chacun de ces tonneaux est pourvu d'un double fond en bois, percé de trous; sur ce double fond on dispose des fagots de petites branches; on emplit le tonneau avec des rafles de raisin, et on ajoute de petits débris de raisin au fond supérieur, de sorte que l'air y circule librement. Chaque tonneau est muni en bas d'un robinet. On remplit le premier de vin, et on l'abandonne à une température de 28 à 30°. Au bout de 24 heures, on soutire la moitié du vin du premier tonneau et on la verse dans le second. 24 heures après, on exécute l'opération inverse, et ainsi de suite. De cette manière, chaque tonneau est tous les deux jours plein et tous les deux jours à moitié vide; l'action de l'air s'exerce et l'acétification commence au bout de quatre à cinq jours; elle est terminée en quelques semaines.

Préparation du vinaigre à l'aide du noir de platine. — Doebereiner [*Journ. für Chem. und Phys. de Schweigger*, t. LXIII, p. 235] a découvert que le platine très-divisé transformait complétement et en très-peu de temps l'alcool en acide acétique. On a plusieurs fois tenté d'appliquer ce procédé à la préparation en grand du vinaigre, mais sans résultat avantageux. Nous le décrivons ici pour mémoire. On emploie une cag de verre munie intérieurement d'étagères sur lesquelles sont placées des capsules de porcelaine; au-dessus de celles-ci on place des trépieds qui supportent des verres de montre contenant de la mousse de platine. On verse de l'alcool dans les capsules. A la partie supérieure de la cage et en bas se trouvent des ouvertures, que l'on peut fermer, et qui servent à établir un courant d'air Au moyen d'un chauffage à la vapeur, on élève la température de l'intérieur à 33°; l'alcool s'y évapore, est transformé par le platine en acide acétique, dont les vapeurs se condensent en grande partie sur les parois de la cage, et tombent dans un réservoir placé au fond. Avec un appareil de 40 mètres cubes environ de capacité et avec 17 kilogrammes de platine on acétifie par jour 150 litres d'alcool; mais, une grande quantité d'acide acétique étant entraînée, sous forme de vapeurs, par la ventilation, il est nécessaire de les condenser pour ne pas éprouver de perte.

L'inconvénient de ce procédé consiste en une perte d'acide acétique et surtout de noir de platine qui n'agit que pendant un certain temps et doit, en conséquence, être révivifié.

Les procédés précédents ont été indiqués à titre de renseignement. Parmi ceux qui sont employés avantageusement, nous décrirons les suivants :

1° *Procédé d'Orléans.* — Ce procédé peut être envisagé comme un perfectionnement de celui de Boerhaave dont il ne diffère pas essentiellement. Dans un cellier où on maintient une température comprise entre 25 et 30° au moyen de poêles, on dispose plusieurs rangées de tonneaux par étages en les plaçant horizontalement. On prend de préférence ceux qui ont déjà servi à cette fabrication, parce qu'ils sont imprégnés de ferment, et on les nomme mères de vinaigre. Ils sont percés de deux trous à leur fond supérieur: l'un que l'on appelle *œil*, sert à introduire le vin; l'autre, plus petit, le *fausset*, laisse dégager l'air et les gaz.

On verse d'abord dans chaque tonneau une certaine quantité de vinaigre bouillant, puis tous les huit jours on y introduit jusqu'à une hauteur convenable dix à douze litres de vin, qui a filtré sur des copeaux de hêtre bien tassés, opération qui a pour but de l'imprégner de ferment.

La filtration s'opère dans une cuve close, de la capacité de 28 hectolitres environ, que l'on nomme râpe à vin et qui a la forme d'un grand tonneau posé sur son fond. Les vins d'un an conviennent le mieux; plus jeunes, ils renferment trop de sucre, et ne s'acidifient que lentement; trop vieux, ils sont trop riches en alcool et doivent être étendus jusqu'à ce que leur teneur en alcool soit de 10 °/₀ en volume. Le vin y séjourne 8 jours, puis est soutiré au moyen de robinets, et transvasé dans les tonneaux décrits plus haut. En 15 jours environ, l'acétification est complète; on soutire alors la moitié du vinaigre de chaque tonneau, et on recommence l'opération avec du nouveau vin.

Il convient de s'assurer si l'acétification marche bien : à cet effet, on plonge dans le tonneau un bâton recourbé à son extrémité; il faut que le bâton retiré du tonneau soit recouvert d'une écume blanchâtre, que l'on appelle *fleur* de vinaigre. Si cette écume est rouge et peu abondante, l'opération est irrégulière; on ajoute alors une certaine quantité de bon vinaigre, qui détermine la reprise de la fermentation.

2° *Procédé rapide de fabrication du vinaigre ou procédé Schützenbach.* — Dans le procédé d'Orléans, l'acidification de l'alcool est lente : par la méthode que nous allons décrire, et qui a d'abord été employée en Allemagne, la formation de l'acide acétique est considérablement accélérée. Schützenbach vendit en 1823, comme secret de fabrique, pour la somme de quinze cents thalers, un procédé de fabrication rapide du vinaigre qui est fondé sur ce principe, qu'on fait arriver un courant d'air continu dans une direction opposée à celle du liquide qu'on veut acidifier et qu'on fait tomber sous forme de gouttes. Voici les dispositions qu'on emploie :

On se sert d'un appareil de graduation, qui, suivant la force du vinaigre que l'on veut préparer, est composé de 2 ou de 4 tonneaux, qui sont disposés de telle sorte que le liquide qui sort du premier puisse être reçu dans le second. Ces tonneaux, qui ont une hauteur de 2 à 4 mètres et une largeur de 2 mètres à $1^m,30$, sont ouverts par le haut; sur leur pourtour, on pratique, à 20 ou 30 centimètres au-dessus du fond, six trous également distants les uns des autres, d'un diamètre de 3 centimètres environ et inclinés de haut en bas et de dehors en dedans. A environ 30 centimètres au-dessus du fond se trouve un double fond percé de trous et sur lequel on dispose des copeaux de hêtre. Ces copeaux remplissent le tonneau jusqu'à 20 ou 25 centimètres au-dessous du bord supérieur. A 18 ou 24 centimètres au-dessous de ce bord, se trouve une cloison de bois percée de trous que traversent des ficelles débordant en dessous

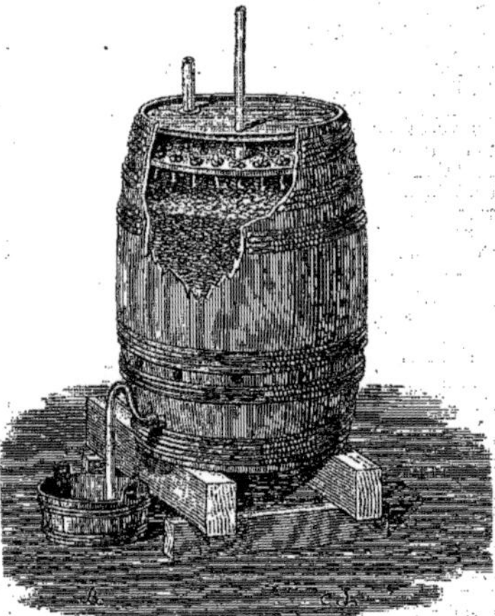

Fig. 785. — Fabrication du vinaigre par le procédé allemand.

d'environ 3 centimètres (fig. 785); elles sont munies de nœuds, pour les retenir au-dessus de l'orifice supérieur des trous; grâce à cette disposition, le liquide qu'on verse sur la cloison qui vient d'être décrite s'écoule goutte à goutte sur les copeaux de hêtre. La cloison est percé de plusieurs autres trous plus grands, donnant issue à l'air dépouillé d'oxygène; on y ajuste des tubes en verre qui s'élèvent au-dessus du tonneau et empêchent ainsi l'écoulement des liquides à acétifier. Le tonneau est fermé par un couvercle muni d'un trou par lequel on verse le liquide alcoolique. L'absorption de l'oxygène dans l'intérieur du tonneau y élève la température, circonstance qui détermine un mouvement ascensionnel de l'air.

Avant de procéder à une opération, il s'agit d'imprégner de vinaigre les copeaux et les parois des tonneaux. Pour cela, on verse de l'*esprit de vinaigre* chaud (vinaigre très-fort) sur les copeaux, en ayant soin de couvrir les tonneaux pendant vingt-quatre heures, de façon que la vapeur de vinaigre pénètre le bois le plus possible.

Une fois les tonneaux prêts, on y verse le liquide alcoolique qui est de l'eau-de-vie, de l'extrait de malt, de la bière ou du vin. Le liquide qui s'écoule des premiers tonneaux se rend dans les seconds, d'où il sort à l'état de vinaigre, si le liquide à acétifier ne renferme pas au delà de 3 ou 4 °/₀ d'alcool. La figure 785 fait voir que le tonneau est muni d'un siphon en verre qui ne permet au vinaigre de s'écouler qu'autant que le niveau du liquide s'élève à l'intérieur au niveau de la courbure supérieure du siphon. De cette façon, il reste toujours, dans le tonneau, une couche chaude de vinaigre qui provoque l'acidification d'une nouvelle portion de liquide.

Le procédé Schützenbach est employé en Allemagne et en France; citons, en particulier, une usine à Montrouge qui fabrique par jour 30 à 40 hectolitres de vinaigre, dont le prix de revient est de 0^fr^,125 par litre.

Singer [*Jahresb. der chem. Technologie,* 1868, p. 580] a indiqué une disposition qui permet d'éviter les pertes par suite de l'évaporation de l'alcool, et de plus d'empêcher un refroidissement préjudiciable à la marche régulière de l'opération. Cette disposition consiste à superposer, dans un espace clos, un certain nombre de vases de bois plats et qui communiquent au moyen de tuyaux de bois percés de fentes longitudinales donnant accès à l'air. Le liquide coule goutte à goutte d'un vase à l'autre en traversant ces tuyaux.

3° *Procédé de M. Pasteur.*—Il est fondé sur la théorie de l'acétification qui a été donnée par M. Pasteur, et qui a été mentionnée plus haut (voir à ce sujet l'article FERMENTATION et les ouvrages de M. Pasteur, intitulés : *Études sur le vinaigre,* 1868, et *Études sur le vin,* 1873). Rappelons seulement ici que M. Pasteur a démontré qu'un petit cryptogame, le *Mycoderma aceti,* est l'agent de la transformation de l'alcool en acide acétique; que ce ferment organisé fixe l'oxygène et le transporte sur l'alcool de façon à convertir ce dernier en vinaigre. Rappelons aussi que M. Pasteur a réfuté l'erreur qui consistait à attribuer le rôle de ferment à la matière albuminoïde contenue dans les copeaux de hêtre, et qu'il a démontré que ces derniers sont imprégnés de ferment organisé, c'est-à-dire du Mycoderma ou de ses spores, toutes les fois qu'ils se montrent efficaces pour la fabrication du vinaigre. Se fondant sur des vues nouvelles et positives, il a modifié de la manière suivante le mode de préparation du vinaigre.

Les vases qu'il emploie sont des cuves de bois rondes ou quadrangulaires, peu profondes et munies de couvercles. Deux ouvertures de petite dimension sont pratiquées aux extrémités d'un diamètre du couvercle pour permettre un certain mouvement de l'air. Deux tubes de gutta-percha, fixés sur le fond de la cuve et percés latéralement de petits trous servent à l'addition des liquides alcooliques, sans qu'il soit nécessaire de soulever le couvercle ou de déranger les pellicules qui se forment à sa surface.

Le liquide à acétifier est de l'eau contenant 2 °/₀ d'alcool et 1 °/₀ de vinaigre. On y ajoute une petite quantité de phosphates de potassium, de calcium et de magnésium. Cette addition n'est pas nécessaire lorsqu'on emploie le vin ou la bière ou l'infusion de malt. Le liquide étant introduit dans les cuves, on y sème du *Mycoderma aceti.* Le microphyte se développe et couvre bientôt la surface entière du liquide, en même temps l'alcool s'acétifie. Lorsque l'opération est bien en train, on ajoute chaque jour de petites portions de vin ou d'alcool mélangé avec de la bière. L'action se ralentissant, on laisse l'acétification se compléter, on soutire le vinaigre, on recueille le Mycoderma, on le lave et on l'utilise de nouveau.

Pour cela, le même appareil est rempli avec du liquide frais, et le ferment provenant de l'opération précédente est semé sur le liquide. Jamais il ne faut laisser le Mycoderma manquer d'alcool, autrement il transformerait l'acide acétique en acide carbonique et en eau et détruirait l'arome du vinaigre. Il ne faudrait pas non plus permettre un trop grand développement du microphyte, car dans ce cas aussi son activité se porterait sur l'acide acétique et en amènerait la destruction.

Une cuve de 1 mètre carré de surface qui contient de 50 à 100 litres de liquide, fournit par jour 5 à 6 litres de vinaigre. On suit la marche de l'opération à l'aide d'un thermomètre divisé en dixièmes de degré, dont la boule plonge dans le liquide et dont l'échelle est en dehors de la cuve. Les avantages du nouveau procédé paraissent d'autant plus marqués qu'on emploie des vases de plus grande dimension et qu'on opère à une plus basse température.

MM. Breton et Laugier [*Ann. de Chim. et de Phys.,* (4), t. XXIII, p. 311] ont mis en pratique à Orléans le procédé de M. Pasteur, procédé qui leur permet d'opérer au moins cinq fois plus vite que par le procédé d'Orléans. Le nouveau procédé a de plus l'avantage de ne pas exiger de grands ateliers et de convenir à une fabrication intermittente. En outre, il ne donne pas lieu à la production des anguillules du vinaigre, petits infusoires qui ralentissent et arrêtent même souvent l'acétification dans les vinaigreries d'Orléans.

PROPRIÉTÉS DU VINAIGRE. — Le vinaigre de vin possède une odeur agréable, une saveur acide et piquante. Lorsqu'il s'altère et qu'il s'y produit des anguillules, on peut y remédier en chauffant et en filtrant ensuite. En général, on préserve le vinaigre de bien des altérations en le chauffant à + 60° et en ne le livrant à la vente qu'après cette opération qui se pratique dans un certain nombre de vinaigreries et s'effectue dans des appareils spéciaux. Le vinaigre de vin contient de l'eau, de l'acide acétique, de l'alcool, de l'éther acétique, de la glucose, un principe sirupeux, un principe colorant, une matière azotée fermentescible, de l'acide malique, du bitartrate de potassium, du tartrate de calcium, du sulfate de potassium, du sel marin. Le vinaigre de cidre, de poiré, de sucre de fécule, d'eau-de-vie, de bière diffèrent du précédent, parce qu'ils ne contiennent jamais de tartre. Le vinaigre fait avec la glucose et la levûre contient beaucoup de sulfate de calcium; celui de malt ou de bière renferme des phosphates de calcium et de magnésium. Les vinaigres d'alcool ne renferment pas les principes volatils d'odeur agréable propres au vinaigre de vin.

Essai du vinaigre. — La quantité d'acide acétique du vinaigre est variable et on peut la déterminer au moyen d'une liqueur alcaline titrée. La liqueur qu'ont proposée Réveil et Salleron est généralement adoptée par le commerce et les octrois; elle se compose de 45 gr. de borate de sodium et de 11 grammes de soude caustique dans 1 litre d'eau distillée; 20 centimètres cubes de cette liqueur neutralisent exactement 4 centimètres cubes d'acide sulfurique titré, renfermant par litre 100 grammes d'acide sulfurique SO^4H^2.

L'essai se fait au moyen d'un tube de verre gradué (fig. 786) appelé *acétimètre*, qui porte à sa partie inférieure un premier trait marqué 0°; au-dessus de 0 sont gravées 25 divisions qui représentent la richesse acide du vinaigre.

Pour faire l'essai, on prend 4 centimètres cubes de vinaigre à l'aide d'une pipette jaugée (fig. 787) et on les laisse couler dans l'acétimètre qu'ils occupent jusqu'au trait 0. On y ajoute petit à petit et en agitant, la liqueur acétimétrique, qu'on a colorée préalablement en bleu par le tournesol, jusqu'à ce que le liquide ait pris une teinte violacée; la saturation est complète alors, et on lit le chiffre correspondant à la division qui est au niveau de liquide. Ce chiffre indique la quantité d'acide acétique, $C^2H^4O^2$, qu'il renferme, exprimée en centièmes de son volume.

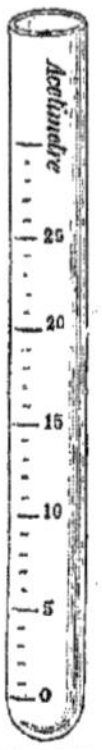

Fig. 786. Acétimètre de Réveil et Salleron

Fig. 787. Pipette pour l'essai du vinaigre.

Comme le prix du vinaigre est assez élevé, on le falsifie quelquefois avec certaines substances, et notamment avec de l'acide sulfurique ou chlorhydrique. On le coupe d'abord avec de l'eau, et pour dissimuler cette fraude on ajoute un acide minéral. On constate la présence de ces acides en délayant dans un décilitre environ de vinaigre suspect 0gr,5 d'amidon, et faisant bouillir ce mélange pendant une vingtaine de minutes. Lorsque la liqueur est refroidie, on y verse quelques gouttes de teinture d'iode. Si le vinaigre est pur, on obtient la coloration bleue qui est due à l'iodure d'amidon. Si le vinaigre contient, au contraire, la moindre trace d'acides minéraux, comme ceux-ci transforment l'amidon en dextrine puis en glucose, on n'obtient pas de coloration (Payen, R. Böttger, G. Tissandier).

Souvent aussi on ajoute au vinaigre des substances âcres, telles que du poivre, des semences de moutarde, etc.; pour reconnaître cette fraude, on sature le vinaigre par du carbonate de sodium; le liquide ainsi falsifié ne perd alors qu'en partie sa saveur brûlante, tandis que le véritable vinaigre prend un goût salin non caustique après cette neutralisation.

Le vinaigre sert à l'assaisonnement d'un grand nombre d'aliments; il est aussi un agent précieux de conservation pour les substances végétales et animales. Il sert à masquer les odeurs: aussi l'emploie-t-on en fumigations; mais il ne saurait détruire les miasmes. Le vinaigre de malt sert en France dans la chapellerie et pour la fabrication du cirage.

On donne le nom de *vinaigre radical* à l'acide acétique très-concentré, doué d'une odeur aromatique, qui sert à arroser les flacons de sels. Pour l'obtenir, on distille généralement l'acétate de cuivre cristallisé. Les vinaigres aromatiques et hygiéniques renferment une partie notable d'acide acétique, et leur préparation est du ressort de la parfumerie. Ph. de C.

VINASSES. — On désigne sous le nom de *vinasses* les liquides qui forment les résidus de la fabrication de l'alcool. Suivant la matière première employée dans cette opération, les vinasses peuvent servir soit à l'alimentation du bétail, soit à la fabrication des sels de potassium.

La vinasse provenant de la fermentation du moût de pommes de terre joue, dans cette branche de l'industrie agricole, un rôle aussi important que l'alcool; car ce résidu renferme encore divers éléments nutritifs de la pomme de terre, et peut servir utilement à l'alimentation du bétail.

Cette vinasse, lorsqu'elle est produite dans des conditions normales de fermentation, tient en suspension de la fécule non décomposée, et renferme de la dextrine, des produits pectiques, des substances protéiques, des matières grasses, de la glycérine, de l'acide succinique, des glumes, de petites quantités de sucre, de sel et les éléments de la levûre. Ces sortes de vinasses laissent généralement, en substances sèches, un résidu variant de 4 à 10 %. Cette différence en teneur tient surtout à la quantité d'eau employée pour le démélage et aux proportions variables d'eau absorbées par la trempe fermentée, lors de la distillation.

Ritthausen a publié les analyses de différentes vinasses, dans lesquelles la proportion relative de substance sèche et d'eau était:

pour A = 1 : 3
B = 1 : 4
C = 1 : 6
D = 1 : 7,3

Vinasses	A.	B.	C.	D.
Eau	90,90	92,90	94,71	95,40
Cellulose	1,00	0,78	0,43	0,46
Substances protéiques.	1,78	1,39	1,04	0,82
Substances non azotées	5,31	4,14	3,23	2,78
Cendres	1,01	0,79	0,59	0,52

On conçoit pourtant que dans une distillerie bien conduite on puisse obtenir des résultats sensiblement constants dans le rendement en alcool et dans la composition des vinasses, en employant, autant que possible, des produits de même qualité, des proportions constantes de pomme de terre et de malt, enfin en veillant scrupuleusement à ce que le procédé de la trempe reste le même: dans ce cas, les vinasses possèdent une concentration uniforme.

Dans la pratique, on admet en général que les trois quarts des substances solides des vinasses sont des matières nutritives, que la proportion relative des matières non azotées et des matières azotées est en moyenne comme 1 : 3, tandis que dans les pommes de terre elle est de 1 : 8. On voit que la plus grande partie des éléments non azotés disparaît et que les vinasses deviennent par conséquent un aliment riche en substances protéiques. L'expérience a démontré que 150 à 250 kilogr. de vinasses de pommes de terre sont équivalents à 50 kilogr. de foin.

Les vinasses provenant de la fabrication de l'alcool au moyen des mélasses de betteraves sont surtout riches en sels minéraux, et principalement en sels potassiques. Le procédé d'extraction de ces sels est dû à Dubrunfaut, qui l'a donné en 1838. Cette branche d'industrie s'est développée rapidement en France et à l'étranger et est devenue bientôt si florissante, qu'en 1865 la quantité de potasse extraite des vinasses s'est élevée pour la France, à . . . 4 800 000 kos
— le Zollverein. . . . 4 300 000 —
— l'Autriche . . . . 1 300 000 —
— la Belgique. . . . . 1 000 000 —
Soit un total de . 12 000 000 —

Malgré cette énorme production, qui n'a fait qu'augmenter depuis 1865, l'extraction des sels de potasse de mélasses a pu, jusqu'à un certain point, être qualifiée d'irrationnelle par certains agriculteurs qui admettent qu'il est plus rationnel de restituer aux terres à betteraves les sels de potassium provenant des mélasses que de les livrer à l'industrie. Il n'en est plus de même depuis qu'on emploie en agriculture les sels de Strassfurt, dont la composition et le prix peu élevé permettent de rendre, non-seulement à la terre les sels de potassium qui lui ont été enlevés par les betteraves, mais encore de donner une plus-value, dans le sens technologique, aux sels employés comme engrais en les faisant passer à travers l'organisme de la betterave.

Le procédé suivi pour l'extraction de la potasse consistait, jusqu'en ces dernières années, à évaporer les vinasses après la distillation de l'alcool, puis à les calciner dans des fours spéciaux. On obtenait ainsi un charbon de vinasses d'où l'on extrayait, par des lavages méthodiques et des raffinages successifs, des sels potassiques, et surtout du carbonate de potassium.

Voir l'article Potassium, t. II, p. 1131.

Depuis quelques années, on a introduit dans cette industrie divers perfectionnements dus à M. Porion pour la construction des fours et à M. Camille Vincent pour le nouveau mode opératoire.

Les vinasses marquant 4° à l'aréomètre de Baumé sont évaporées jusqu'à 30° Baumé dans les fours dits Porion. Ces fours sont construits de manière qu'un courant d'air rapide les traverse; ils sont munis en outre de roues à palettes mues mécaniquement de façon à agiter constamment le liquide à évaporer. Le liquide concentré est ensuite introduit dans des fours à réverbère pour y être calciné. Dans cette calcination, il se produisait une grande quantité de produits gazeux et de produits combustibles, lesquels étaient brûlés et employés à la concentration des premières liqueurs.

M. Camille Vincent, au lieu de calciner les vinasses dans des fours, a proposé de les distiller en vase clos tant qu'il se dégage des produits gazeux.

Le résidu de cette distillation est un charbon poreux, qu'il suffit de lessiver pour en extraire, comme nous l'avons déjà dit, les sels potassiques..

Les produits gazeux, condensés avec soin, donnent une masse composée d'une partie goudronneuse se réunissant au fond des vases, et d'une partie liquide très-alcaline représentant 25 °/₀ de la mélasse distillée.

La partie goudronneuse s'élève à environ 5 °/₀ du poids de la mélasse employée par la distillation; elle donne 1,65 °/₀ de brai et 0,33 °/₀ d'huiles contenant 0,15 d'alcaloïdes solubles dans l'acide sulfurique, enfin 3 °/₀ d'eau ammoniacale.

La partie liquide surnageant, la masse goudronneuse marque 5° Baumé. Pour en extraire les différentes substances qui la composent, on la traite par l'acide sulfurique étendu en excès: il se produit un dégagement d'acide carbonique, d'acide sulfhydrique et d'acide cyanhydrique. On distille ensuite le liquide qui laisse dégager d'abord divers produits, parmi lesquels l'alcool méthylique domine (1 litre 400 à 90° pour 100 kil. de mélasse); il passe ensuite une série d'acides volatils compris entre l'acide formique et l'acide caproïque et composés en grande partie d'acide acétique. La proportion de ces acides est de 1 1/2 °/₀ de la mélasse.

La liqueur acide restant dans l'alambic est évaporée jusqu'à cristallisation: ce premier dépôt est composé presque uniquement de sulfate d'ammonium; les cristaux, recueillis et égouttés, sont lavés avec une solution saturée de sulfate d'ammonium, puis livrés à l'industrie.

Les eaux mères traitées par la chaux dégagent de la triméthylamine mélangée d'un peu d'ammoniaque. On la recueille, soit dans l'eau, soit dans un acide étendu.

Cette triméthylamine est devenue, entre les mains de M. Vincent, la base d'une industrie nouvelle; en effet, il suffit de distiller avec précaution le chlorhydrate de triméthylamine dans un courant d'acide chlorhydrique sec pour obtenir du chlorure de méthyle, et la décomposition peut être continuée jusqu'à la production exclusive de chlorhydrate d'ammoniaque.

Déjà, depuis quelques années, le chlorure de méthyle avait remplacé, dans l'industrie des matières colorantes, les iodures et bromures de méthyle. Signalons encore en passant les applications des méthylamines et du chlorure de méthyle à la production du froid et à la fabrication de la glace.

La production d'ammoniaques composées, et particulièrement des méthylamines, n'est pas un résultat isolé et particulier à la distillation pyrogénée des mélasses. En effet, William Greville [*Chemical News*, 1ᵉʳ novembre 1870] appela un des premiers l'attention des chimistes sur la formation de la méthylamine par la distillation de l'acétate de calcium brut. M. Camille Vincent [*Bulletin de la Soc. chim.*, t. XIX, p. 14, 1873] constata également sa présence dans les produits de la distillation du bois. Il attribua cette production [*Comptes rendus*, t. LXXVII, p. 898] à l'action de l'ammoniaque sur l'acétone qui se transformerait en aldéhyde.

MM. Pabst et Œchsner [*Bull. de la Soc. chim.*, t. XXI, p. 295] ont repris cette expérience et ont démontré que, dans l'action de l'ammoniaque sur l'acétone, il ne se produisait pas trace de méthylamine, mais l'acétonine de Staedeler.

La production de la triméthylamine dans la décomposition pyrogénée des mélasses doit être attribuée entièrement à la décomposition pyrogénée de la bétaïne, dont la présence a été signalée dans la betterave en 1866, et dans les mélasses, en 1869, par C. Scheibler [*Bull. de la Soc. chim.*, t. XII, p. 462].

On sait, en effet, par les travaux de ce dernier chimiste, que la betterave (*Beta vulgaris*) renferme un alcaloïde, la bétaïne, qui, en raison de sa grande solubilité dans l'eau, se concentre dans les mélasses.

Liebreich et C. Scheibler [*Bull. de la Soc. chim.*, t. XII, p. 354, et t. XIII, p. 517, 1870] ont démontré, en outre, l'identité de l'oxynévrine avec la bétaïne; ce dernier surtout, après avoir constaté que dans la décomposition de la bétaïne, soit par la chaleur, soit en présence de la potasse, il se formait une grande quantité de triméthylamine, a reproduit synthétiquement la bétaïne, soit par oxydation de la névrine, soit par l'action de la triméthylamine sur l'acide monochloracétique. C. G.

VINÉTINE. — Syn. d'Oxyacanthine.

VINYLE [Syn. *Éthényle*]. — Nom du radical $C^2H^3 = CH^2 = CH$, dont on peut admettre l'existence dans les produits monosubstitués de l'éthylène, tels que l'éthylène bromé, $CH^2 = CHBr$, ou *bromure de vinyle*, l'éthylène éthylé,

$$CH^2 = CH - C^2H^5,$$

ou *éthylvinyle* de M. Wurtz. etc.

VIOLANE (Min.). — Silicate ayant la form

du pyroxène, et, d'après Damour, la composition suivante :

$SiO^2 = 56,11$; $Al^2O^3 = 9,04$; $CaO = 13,62$; $MgO = 10,40$; $Na^2O = 5,63$; $FeO = 2,46$; $MnO = 2,54$.

Cristaux fort rares, clivables suivant *m*; plus souvent masses lamellaires ou fibreuses, d'un éclat gras, d'un violet foncé; se trouvant en petits filons avec quartz blanc, trémolite fibreuse, et épidote manganésifère, dans la braunite de Saint-Marcel (Piémont).

Dureté, 6. Poussière blanc lilas.

Densité, 3,231.

Au chalumeau, fond plus ou moins facilement en un verre incolore.

VIOLANILINE. — Voyez t. I, p. 314.

VIOLANTINE. — Voy. t. I, p. 502.

VIOLÉNIQUE (ACIDE). — Acide cristallisé en aiguilles incolores, soluble dans l'eau, l'alcool et l'éther, que Perotti a rencontré dans les feuilles de la violette [*Buchner' Rep.*, t. XL, p. 130].

VIOLINE. — Nom d'une matière colorante violette que Price a obtenue par l'action du peroxyde de plomb sur le sulfate acide d'aniline. — Voyez t. I, p. 311.

VIOLINE. — Boullay a donné ce nom à un alcaloïde doué de propriétés émétiques qui existerait dans toutes les parties de la violette (*Viola odorata*). La pensée (*Viola tricolor*) n'en renfermerait pas.

VIOLURIQUE (ACIDE). — Syn. de NITROSO-BARBITURIQUE (ACIDE). — Voy. t. I, p. 501.

VIRIDINE, $C^{12}H^{19}Az$. — C'est la base la plus complexe de la série pyridique que Thenius ait isolée du goudron de houille. Après avoir purifié les bases pyridiques par le procédé décrit à l'article PICOLINE (t. II, p. 1018), on les soumet à un très-grand nombre de distillations fractionnées, vingt et plus, et l'on parvient à en retirer la viridine qui bout à 251°. C'est une substance oléagineuse jaunâtre, d'une odeur aromatique douceâtre, ne se solidifiant pas à — 17°; elle ne se colore pas davantage à l'air. Elle est très-peu soluble dans l'eau. Densité à 22°, 1,024.

Le *chloroplatinate de viridine*,

$$(C^{12}H^{19}Az, HCl)^2, PtCl^4,$$

est une poudre vert-brunâtre, insoluble dans l'eau, l'alcool et l'éther; le *chloromercurate* se dépose de sa solution bouillante en aiguilles incolores, fusibles à 35°. Les autres sels de viridine sont gommeux ou ne cristallisent que très-difficilement; ils jaunissent à l'air [G. Thenius, *Rép. de Chim. appl.*, 1862, p. 184]. A. H.

VIRIDIQUE (ACIDE), $C^{14}H^{14}O^8$ (?). — Lorsqu'on expose à l'air une solution ammoniacale d'acide cafétannique (t. I, p. 696), elle se colore en vert jaunâtre, puis, après 36 heures environ, en vert bleu, et contient alors un acide particulier auquel Rochleder a donné le nom d'*acide viridique*. A la longue, il se forme des produits ulmiques, et la solution prend une teinte brune.

Le liquide vert-bleu est sursaturé d'acide acétique et additionné d'alcool qui précipite des flocons noirs ulmiques, se rapprochant des acides japonique et gallulmique; la solution filtrée donne avec l'acétate de plomb un précipité bleu de viridate de plomb. Ce sel, délayé dans l'eau, est décomposé par l'hydrogène sulfuré et la solution est évaporée (Rochleder).

On peut préparer l'acide viridique d'une manière plus simple, en employant directement le café, au lieu d'en isoler préalablement l'acide cafétannique. La coloration verte du café est due à une faible proportion d'acide viridique qui y existe tout formé à l'état de sel calcique; cet acide se produit en grande quantité lorsqu'on expose le café à l'influence de l'oxygène et de l'humidité. Le café vert, réduit en poudre grossière, est épuisé à l'ébullition par un mélange d'alcool et d'éther, pour enlever les corps gras, puis exposé à l'air. Lorsque la pâte, après avoir été humectée plusieurs fois avec de l'eau, a pris une teinte vert émeraude ou vert foncé, on la reprend par l'acide acétique et l'alcool qui dissolvent l'acide viridique; la solution est précipitée par l'acétate de plomb, comme ci-dessus (Cech).

L'acide viridique est une masse amorphe brune, soluble dans l'eau; sa composition peut être représentée par la formule $C^{14}H^{14}O^8$, qui manque de contrôle. L'acide sulfurique dissout l'acide viridique en se colorant en un rouge carmin intense, et l'eau précipite de la liqueur des flocons bleus. L'acétate de plomb produit dans la solution aqueuse un précipité bleu de viridate plombique, de la formule $C^{14}H^{12}O^8.Pb$ (?), et l'eau de baryte donne dans la même solution un précipité vert bleuâtre renfermant $C^{14}H^{10}O^8.Ba^2$ (?).

L'acide viridique est un colorant puissant et tout à fait inoffensif; Cech l'a proposé pour colorer en vert certaines substances comestibles [Rochleder, *Ann. der Chem. u. Pharm.*, t. LXIII, p. 193; — C. O. Cech, *ibid.*, t. CXLIII, p. 366; *Bull. de la Soc. chim.*, t. IX, p. 504, et t. XXVI, p. 450]. A. H.

VISCAOUTCHINE. — Reinsch a donné ce nom à un des principes qui existent dans la viscine brute; elle se trouve dans la partie insoluble dans l'éther froid (voyez VISCINE) et peut en être extraite au moyen de l'essence de térébenthine. La solution est additionnée d'eau et soumise à la distillation tant qu'il passe de l'essence de térébenthine; le produit insoluble est ensuite lavé à l'éther, puis à l'alcool et séché à 100°. La viscaoutchine est une matière extrêmement visqueuse et gluante; elle offre une faible odeur et une réaction acide. Densité, 0,978. Reinsch lui assigne la formule $C^8H^{16}O$.

VISCÈNE. — Voyez VISCINE.

VISCINE. — Ce nom a été appliqué à des substances visqueuses, molles et élastiques extraites de divers végétaux : de l'*Atractylis gummifera* [Macaire, *Journ. f. prakt. Chem.*, t. I, p. 415], de l'écorce d'*Ilex aquifolium* (Bouillon Lagrange), du suc laiteux de *Ficus religiosa* (Nees v. Esenbeck), de la matière gélatineuse qui enduit les branches du *Robinia viscosa* (Vauquelin), enfin de toutes les parties du gui (*Viscum album*). On ne connaît avec quelques détails que la viscine du gui, qui a été étudiée par P. Reinsch [*Neues Jahrb. f. Pharm.*, t. XIV, p. 129].

On extrait de préférence la viscine de l'écorce de gui; cette écorce, mise à digérer dans l'eau, est exprimée, réduite en bouillie avec une petite quantité d'eau, exprimée de nouveau, et ces deux opérations sont répétées un grand nombre de fois, jusqu'à ce que l'eau n'enlève plus de chlorophylle, ni de matières albuminoïdes. A la fin, la masse est malaxée sous l'eau, et toutes les particules ligneuses sont enlevées au moyen de la pince.

On obtient ainsi la viscine brute sous forme de masse jaune visqueuse et gluante. C'est un mélange de trois principes, de *viscine pure* (50 %), de *viscaoutchine* (20 %) et de matière cireuse (30 %). Elle cède à l'alcool de 90 centièmes la substance cireuse ; l'éther froid enlève au résidu la viscine pure et laisse la viscaoutchine.

La solution éthérée est distillée, le résidu est malaxé dans l'alcool, puis dans l'eau, et laissé pendant quelques jours au contact de ce liquide; enfin il est séché à 120°.

La viscine forme une masse incolore transparente, sans saveur ni odeur, de la consistance du miel, devenant plus fluide vers 30° déjà et offrant à 100° la fluidité de l'huile d'amandes douces. Elle produit une tache transparente sur le papier. Sa densité est celle de l'eau; sa réaction est faiblement acide. La viscine répond à la formule $C^{20}H^{16}O^{8}$.

Par la distillation sèche, la viscine fournit, entre autres produits, un liquide oléagineux d'une densité de 0,85, bouillant entre 227 et 229°, le *viscène;* cette huile est fortement acide et possède une odeur empyreumatique. La soude en sépare un liquide d'odeur agréable, le *viscinol*, en même temps qu'il se produit un sel sodique cristallisé, dont l'acide a été dénommé *acide viscique*. Au-dessus de 230°, il passe des produits de plus en plus épais qui, vers la fin, deviennent cristallins (Reinsch). A. H.

VISCINOL. — Voyez VISCINE.

VISCIQUE (ACIDE). — Voyez VISCINE.

VITELLINE. — Substance albuminoïde phosphorée qui forme, avec les graisses, la partie principale des matériaux organiques du jaune de l'œuf d'oiseau et probablement des poissons cartilagineux. Elle a été séparée pour la première fois et étudiée par Denis [*Mémoire sur le sang*, p. 185, et *Études sur les substances albuminoïdes*, Paris, 1856] et étudiée depuis par Hoppe-Seyler, auquel on attribue quelquefois à tort cette découverte.

Voici comment Denis opère. Après avoir secoué le jaune d'œuf avec un mélange plusieurs fois renouvelé d'eau et d'éther, tant que ce dernier se colore, on agite le résidu avec de l'eau chargée de sel marin. Cette liqueur dissout la vitelline; on filtre, et l'on précipite cette substance soit par addition d'eau en grand excès, soit plutôt par quelques gouttes d'acide acétique. La même matière peut être préparée, suivant Hoppe-Seyler, avec les œufs d'esturgeon.

La vitelline ainsi obtenue ne doit pas être confondue avec celle que Dumas et Cahours, ainsi que les auteurs anciens (sauf Denis), ont appelée du même nom. Cette *vitelline* était la substance qui reste pour résidu lorsqu'on avait épuisé par l'éther et l'alcool le jaune d'œuf cru ou cuit [*Ann. de Chim. et de Phys.*, (3), t. VI, p. 224]. Celle-ci est exempte de phosphore. Au contraire, celle de Denis et de Hoppe-Seyler se dédouble sous les moindres influences en deux parties qui sont d'un côté la *lécithine*, très-riche en phosphore [Diakonow, *Bull. de la Soc. chim.*, t. X, p. 306], de l'autre une matière albuminoïde, qui n'est autre que la *vitelline* de Dumas et Cahours, laquelle, insoluble, ne se dissout pas dans le sel marin. Sous l'influence de l'acide chlorhydrique au millième, la *vitelline* de Denis entre en solution, mais ne tarde pas à donner un précipité de lécithine. Lorsque cette même vitelline est traitée par l'eau chaude, ou même par l'alcool, elle ne tarde pas à se dédoubler en un mélange de lécithine, cérébrine et matière albuminoïde insoluble (Hoppe-Seyler).

La solution salée de vitelline, rendue très-légèrement alcaline par une trace d'alcali ou de carbonates alcalins, se coagule par l'alcool ou par la chaleur à 70-74° (Denis).

La *vitelline* de Denis ressemble beaucoup à la myosine par ses propriétés générales; elle en diffère par son dédoublement principal et parce qu'elle ne peut être reprécipitée de ses solutions par un excès de sel marin. A. G.

VITRIOL. — Ancien nom des sulfates, employé encore aujourd'hui dans le commerce pour désigner certains d'entre eux; c'est ainsi que les sulfates de zinc, de fer et de cuivre portent les noms de vitriols blanc, vert et bleu. L'huile de vitriol ou acide vitriolique des alchimistes est l'acide sulfurique.

VITRIOLBLEIERZ. — Voyez ANGLÉSITE.

VITRIOLOCKER. — Voyez GLOCKERITE.

VIVIANITE (Min.) [Syn. *Ochre martial bleu, fer phosphaté, eisenglimmer* (Mohs), *anglarite* (Berthier), *mullicite* (Thomson)]. — Phosphate ferreux hydraté, $(PhO^4)^2Fe^3 + 8H^2O$. Cristaux prismatiques plus ou moins allongés, bleu clair, mais plus souvent par altération bleu foncé et noir-verdâtre. Transparent et translucide. Tendre et flexible.

Fig. 783. — Vivianite

Se trouve avec pyrrhotine et chalcopyrite dans les filons stannifères de Sainte-Agnès (Cornouailles); quelquefois avec or dans la grauwacke, à Vorospatak (Transylvanie); dans les couches d'argile; comme aussi dans les cavités de fossiles (Crimée). On en trouve également dans les houillères incendiées de Cransac (Aveyron).

Caractères. — Soluble dans l'acide chlorhydrique. Dans le tube, donne de l'eau, blanchit et s'exfolie. Au chalumeau, fond facilement en colorant la flamme en un bleu verdâtre et en donnant un globule magnétique. Avec les flux, réactions du fer.

Dureté, 1,5 à 2. Poussière blanche ou bleuâtre, devenant rapidement bleu indigo.

Densité 2,53 à 2,68.

Forme cristalline. — Prisme clinorhombique $mm = 111°12'$; $pa^8 = 125°50'$; $pm = 105°25'$. Faces : m, h^1, g^1, h^3, e^2, a^2. Clivage g^1 parfait.

VOELKNERITE (Min.) — Syn. d'HYDROTALCITE.

VOGLIANITE (Min.). — Sulfate basique d'urane, vert pistache ou vert de gris, se trouvant en enduits terreux ou globulaires à Joachimsthal (Bohême).

$$SO^3 = 12{,}34;\ UO \text{ et } U^2O^3 = 79{,}5;\ FeO = 0{,}12;$$
$$CaO = 1{,}66;\ H^2O = 5{,}49.$$

VOGLITE (Min.). — Carbonate hydraté d'urane en petites écailles rhombiques, sous les angles de 100 et de 80°, striées parallèlement à leurs côtés. D'un éclat nacré, d'un vert d'herbe; dichroïque. Tendre et friable. Groupées en enduits cristallins, sur le pechurane du filon Elias, à Joachimsthal (Bohême).

Caractères. — Soluble avec effervescence dans l'acide chlorhydrique. Au chalumeau, noircit et donne de l'eau. Avec le borax, verre jaune à chaud, brun-rougeâtre à froid, au feu d'oxydation; vert à chaud et trouble à froid au feu de réduction.

L'analyse de Lindacker répond à peu près à la formule

$$2CO^3U,\ 2CO^3Ca,\ CO^3Cu,\ 6H^2O.$$

VOIGTITE (Min.). — Silicate hydraté d'alumine, d'oxyde ferreux et de magnésie, dans lequel les rapports d'oxygène de

$$RO,\ R^2O^3,\ SiO^2,\ H^2O,$$

sont : 1 : 1 : 2 : 1. Petites lames translucides, vert-poireau, devenant brunes en s'altérant à l'air, qui remplacent le mica dans un granite graphique de l'Ehrenberg, près Ilmenau (Thuringe).

Caractères. — Attaquable par l'acide chlorhy-

...ans le tube fermé, donne de l'eau. Au ...au, fond facilement en un verre noir qui do... ...s réactions du fer.

Dur... 2.

Densit... 2,91.

VOLBORTHITE (Min.) [Syn. *Cuivre vanadiaté, knaufite*]. — Vanadate hydraté de cuivre et de calcium.

Analyse par Credner :

$$V^2O^5 = 33,58 ;\ CuO = 44,15 ;\ CaO = 12,28 ;$$
$$MgO = 0,50 ;\ MnO = 0,40 ;\ H^2O = 4,62.$$

Petits cristaux écailleux d'un vert olive, en tables hexagonales, paraissant régulières, souvent groupés en boules, présentant un clivage parfait, engagés dans les fentes d'une argile, avec malachite, dans les mines de Sissersk, de Goumechefski, de Nijne-Tagilsk (Oural); à Friedrichsrode (Thuringe).

Caractères. — Soluble dans l'acide azotique en laissant un résidu d'acide vanadique. Dans le tube, donne de l'eau. Sur le charbon, fond et se réduit en une scorie grise mêlée de globules de cuivre. Avec le sel de phosphore, au feu de réduction, donne un verre vert.

Dureté, 3 à 3,5. Poussière vert jaune.

Densité, 3,55. F. et S.

VOLCANITE (Delametherie). — Voyez Pyroxène.

VOLGERITE (Min.) [Syn. *Antimonocre*]. — Acide antimonique hydraté,

$$Sb^2O^5, 5H^2O = 2Sb(OH)^5,$$

en masses pulvérulentes blanches, trouvées dans la province de Constantine (Algérie).

VOLTAÏTE (Min.). — Sulfate ferroso-ferrique hydraté, ayant d'après Scacchi la formule

$$SO^4Fe, (SO^4)^3Fe^2 + 24H^2O.$$

Petits cristaux octaédriques ou cubiques d'un vert brunâtre, bruns ou noirs, trouvés à la Solfatare, près de Naples, et à la mine de Rammelsberg, près de Goslar. D'un éclat résineux. Difficilement soluble dans l'eau avec décomposition.

VOLTZINE (Min.). — D'après l'analyse de Fournet, ce serait un oxysulfure de zinc,

$$4ZnS, ZnO.$$

Petits globules composés de lames curvilignes à éclat nacré. D'un rouge de brique, roses, bruns, jaunâtres. Trouvés à Rosières, près Pontgibaud (Puy-de-Dôme).

Dureté, 4,5. Densité, 3,6 à 3,8.

Avec les réactifs, se comporte comme la blende.

VOMICINE. — Syn. de Brucine.

VORAULITE (Delametherie). — Syn. de Klaprothine.

VORHAUSERITE (Min.). — Serpentine amorphe d'un brun foncé ou d'un noir verdâtre, de Monzoni (Tyrol), avec grenat granulaire et calcaire bleuâtre.

VOSGITE (Min.). — Labradorite en cristaux verdâtres extraits d'un bloc erratique de porphyre, trouvé à Haut-Rovillers, dans les Vosges.

VULPINITE (Min.). — Variété d'anhydrite granulaire de Vulpino (Lombardie), employée comme marbre d'ornement.

VULPIQUE (ACIDE), $C^{19}H^{14}O^5$ (*chrysopicrine*). — Ce principe a été extrait par Bebert du *Cetraria vulpina*, lichen très-abondant en Norvége, où on l'emploie, mélangé à la noix vomique, pour empoisonner les loups [*Journ. de Pharm.*, t. XVII, p. 696]. Gerhardt avait pensé que cet acide est identique avec l'acide chrysophanique *Traité de Chimie*, t. III, p. 787]; mais des recherches plus récentes de F. Moeller et A. Strecker [*Ann. der Chem. u. Pharm.*, t. CXIII, p. 56; [*Rép. de Chim. pure*, t. II, p. 183] ont fait ressortir le caractère particulier de l'acide vulpique. Un peu plus tard, W. Stein trouvait dans le *Parmelia parietina* un principe colorant qu'il nomma *chrysopicrine* et qui fut ensuite reconnu par Bolley et Kinkelin, et par Stein lui-même, comme identique avec l'acide vulpique décrit par Moeller et Strecker [Bolley et Kinkelin, *Schweiz polyt. Zeitsch.*, 1864, p. 134; — Stein, *Journ. für prakt. Chem.*, t. XCI, p. 100, et t. XCIII, p. 366].

Extraction. — Pour préparer l'acide vulpique, on fait macérer le lichen (*Cetraria vulpina*) de Norvége ou des Alpes) avec 20 fois son poids d'eau; on y ajoute une petite quantité de lait de chaux et, après 6 heures, on filtre. Le résidu est soumis à un nouveau traitement semblable. Les liqueurs filtrées, saturées par l'acide chlorhydrique, donnent un précipité floconneux d'acide vulpique, qu'on purifie par cristallisation dans l'alcool concentré et bouillant ou dans l'éther (Moeller et Strecker).

Le refroidissement de sa solution éthérée abandonne l'acide vulpique en aiguilles transparentes jaunes; l'évaporation lente le laisse en cristaux clinorhombiques assez volumineux, transparents et d'un jaune de soufre.

Propriétés. — L'acide vulpique est très-peu soluble dans l'eau bouillante, soluble dans 588 p. d'alcool à 90 centièmes, à la température de 17° et dans 88p,3 d'alcool bouillant; la solution alcoolique refroidie renferme 1 p. d'acide vulpique pour 286 p. d'alcool. Il est plus soluble dans l'éther et surtout dans le chloroforme. Il fond à 110° et fournit à 120° un sublimé de petites paillettes jaunes (Bolley et Kinkelin).

La composition de l'acide vulpique est représentée par la formule $C^{19}H^{14}O^5$.

L'acide vulpique se dissout dans les liqueurs alcalines avec une couleur jaune d'or, qui ne s'altère pas à l'air. Il ne précipite pas l'acétate neutre de plomb, mais le sous-acétate en jaune. Il ne réduit pas les liqueurs cupro-alcalines et colore le chlorure ferrique en jaune foncé. Sa saveur est amère.

L'acide vulpique se dissout dans les alcalis sans altération avec une couleur rouge. Sa solution alcaline est réduite par l'amalgame de sodium, et la liqueur réduite colore les sels ferriques en vert. La chrysopicrine donne, suivant Stein, après réduction, une couleur bleue avec le chlorure ferrique, ce qui peut tenir à une différence dans le degré de réduction. C'est là à peu près la seule différence à signaler entre la chrysopicrine et l'acide vulpique (Bolley et Kinkelin).

Sels. — Le *vulpate de potassium*,

$$C^{19}H^{13}KO^5 + H^2O,$$

cristallise en aiguilles jaunes, ainsi que le *sel d'ammonium*, $C^{19}H^{13}(AzH^4)O^5 + H^2O$.

Le *sel de baryum*, $(C^{19}H^{13}O^5)^2Ba + 7H^2O$, est également en cristaux jaunes.

Le *sel d'argent*, $C^{19}H^{13}AgO^5$, est un précipité jaune (Moeller et Strecker).

Action de la baryte. — Bouilli avec une solution saturée de baryte, l'acide vulpique produit un précipité d'oxalate de baryum en même temps qu'il distille de l'alcool méthylique. La liqueur filtrée renferme de l'acide alpha-toluique ou phénylacétique, $C^8H^8O^2$ (voir t. II, p. 832). Cette réaction se représente par l'équation

$$C^{19}H^{14}O^5 + 4H^2O$$
$$= 2C^8H^8O^2 + C^2H^2O^3 + CH^4O.$$

Action de la potasse. — La potasse bouillante, d'une densité de 1,05 à 1,15, donne naissance à d'autres produits. Si l'on neutralise par l'acide chlorhydrique après une ébullition prolongée, il se dégage de l'acide carbonique et il se dépose des cristaux d'*acide α-otoluique* $C^{16}H^{16}O^3$ (voyez t. II, p. 694). Il y a également production d'esprit de bois :

$$C^{19}H^{14}O^5 + 3H^2O$$
$$= C^{16}H^{16}O^3 + CH^4O + 2CO^2$$

(Strecker et Moeller.)

Action du chlorure de chaux. — L'ébullition de l'acide vulpique ou de la chrysopicrine avec le chlorure de chaux produit environ 10 % d'une huile à odeur d'amandes amères, ainsi qu'une résine rouge et amorphe (Stein, Bolley et Kinkelin).

L'acide vulpique teint la laine, quoique difficilement, à cause de son insolubilité. E. W.

W

WAD (Min.) [Syn *Bog, ouatite, groroïlite, reissacherite, asbolane, cobalt oxydé noir, cacochlore, lampadite, péloconite, varvacite*].

Minéraux terreux ou compactes, amorphes, souvent réniformes, pouvant être rattachés à la psilomélane. Ce sont des mélanges d'oxyde dans lesquels domine le manganèse et où l'on trouve aussi le cobalt (asbolane) et le cuivre (lampadite). Ils contiennent toujours une notable proportion d'eau.

Ils sont noirs ou brun noir.

Dureté, 0,5 à 6.

Densité, 3 à 4,26.

WAGITE (Min.). — On a désigné ainsi une calamine de l'Oural dans laquelle les rapports d'oxygène de la silice, de l'oxyde de zinc et de l'eau seraient $1 : 1 : \frac{1}{3}$, au lieu des rapports ordinaires $1 : 1 : \frac{1}{2}$.

WAGNÉRITE (Min.) [Syn. *Pleuroclase* (Breithaupt), *magnésie phosphatée*]. — Fluophosphate de magnésie, $PhO^4Mg''[MgFl]'$, avec une petite quantité de protoxyde de fer et de chaux remplaçant la magnésie.

Substance rare se trouvant en cristaux transparents ou opaques, d'un éclat vitreux, d'une couleur jaune plus ou moins foncée, à cassure inégale ou esquilleuse. Les faces du prisme sont fortement striées. A été trouvé à Höllgraben, près Werfen (Salzbourg), dans des filons quartzeux irréguliers, qui traversent un schiste argileux.

Caractères. — Solubles dans les acides azotique et chlorhydrique.

Avec l'acide sulfurique, dégage de l'acide fluorhydrique.

Au chalumeau, fond facilement en un verre verdâtre. Humecté d'acide sulfurique, colore la flamme en bleu verdâtre. Avec le borax, réaction du fer. Avec la soude, légère réaction de manganèse.

Forme cristalline. — Prisme clinorhombique $mm = 95° 25$; $ph^1 = 108° 7'$; $b^{1/2}b^{1/2}$ en avant $= 112° 6'$; faces $m, p, h, b^{1/2}, e^2, h^3$. Clivages: m et h^1 imparfaits; p traces.

WALCHOWITE (Min.). — Résine fossile renfermant $C = 80,41$; $H = 10,66$; $O = 8,93$ (Schrötter). Masses jaunes, translucides, mélangées de parties brunes, d'un éclat résineux, fondant à 250° en une huile jaune. Brûlant facilement. C'est un mélange dont l'alcool dissout 1,5 et l'éther 7,5 %. Soluble dans l'acide sulfurique. Trouvé à Walchow (Moravie) dans le lignite.

WALDHEIMITE (Min.). — Substance d'un vert poireau ayant les caractères de l'amphibole, mais renfermant environ 12 % de soude. Se trouve dans la serpentine de Waldheim (Saxe).

WALLERIAN (Min.). — Breithaupt a donné ce nom à une amphibole noire de Nordmark (Wermeland), qui d'après lui est triclinique.

Densité, 3,10 à 3,18.

WALMSTEDTITE. — Giobertite ferrifère.

WALPURGITE (Min.). — Arséniate de bismuth et d'urane hydraté; les analyses peuvent s'exprimer par la formule

$$As^2O^5, 5Bi^2O^2, 3U^2O^3, 10H^2O.$$

Petites lames cristallines orthorhombiques, d'une couleur jaune de cire ou jaune-rougeâtre; d'un éclat gras assez vif; trouvé avec trœgerite et autres minéraux uranifères dans les mines de Weisserhirsch, à Neustädtel près de Schneeberg (Saxe). Densité, 5,8.

Caractères. — Au rouge, les cristaux brunissent. Décomposable par l'acide azotique en laissant un résidu d'arséniate de bismuth, qui se dissout quand on ajoute de l'acide chlorhydrique.

WAPPLERITE (Min.). Petits cristaux anorthiques portant un grand nombre de facettes; incolores, translucides, d'un éclat vitreux; constituant un arséniate de calcium et de magnésium hydraté $As^2O^5, 2CaO + 8H^2O$. $5H^2O$ s'en vont à 100°. Se trouvant avec pharmacolithe à Joachimsthal.

Dureté, 2 à 2,5. Densité, 2,48.

Angles observés,

$$mg^1 = 132°, tg^1 = 131°46', \text{etc.}$$

WARRINGTONITE. — Brochantite de Cornouailles.

WARWICKITE (Min.). — Borotitanate de magnésie, $TiO^2 = 31,5$; $MgO = 43,5$; $FeO = 8,1$; $Bo^2O^3 = 14,99$ (perte de l'analyse attribuée à l'acide borique); perte au feu $= 2,0$.

Petits prismes clinorhombiques (?) $mm = 93$-$94°$, dont les angles obtus sont tronqués; clivage h^1 parfait. L'éclat est demi-métallique et nacré, parfois mat. Couleur d'un brun châtain, passant au noir, parfois rouge de cuivre sur les clivages. Cassure inégale. Fragile. Poussière noir bleuâtre.

Caractères. — Décomposable par l'acide sulfurique; le produit colore la flamme de l'alcool en vert, et traité par l'acide chlorhydrique et l'étain, fournit un liquide d'une couleur violette.

[illegible]alumeau. Dans le tube, donne de [illegible] sel de phosphore et l'étain, colora[illegible]te. Avec la soude, faible réaction de [illegible]

W[illegible]HINGTONITE. — Voyez ILMÉNITE.

WASITE (Min.). — Minéral de Rönsholm, près Stockholm, ressemblant à l'allanite, dans lequel Bahr pensait avoir trouvé un nouveau métal, le *wasium*. Ce chimiste a reconnu plus tard que ce n'était autre chose que du thorium.

WASIUM. — Nom donné à un métal dont Bahr avait cru reconnaître l'existence dans un minéral noir ressemblant à l'allanite [*Poggend. Ann.*, t. CXIX, p. 572]. L'existence de ce métal fut bientôt mise en doute par Delafontaine, par Nicklès, par O. Popp et par Bahr lui-même, qui reconnut son identité avec le thorium [*Ann. der Chem. u. Pharm.*, t. CXXXII, p. 227]. Delafontaine pensait que l'oxyde de wasium était identique avec l'oxyde de cérium; Nicklès le regardait comme identique avec l'yttria; O. Popp, enfin, attribuait les réactions de cet oxyde à un mélange d'oxydes de cérium et d'yttrium [*Bull. de la Soc. chim.*, t. I, p. 10, 134, 1864; t. III, p. 281, 419, 1865]. E. W.

WASSERBLEI. — Voyez MOLYBDÉNITE.

WASSERKIES. — Voyez MARCASSITE.

WAVELLITE (Min.) [Syn. *Devonite* (Thomson), *lasionite* (Fuchs), *Striegisan* (Breithaupt), *alumine phosphatée*, *kapnicite* (Kenngott)].

Phosphate hydraté d'alumine fluorifère; rapports d'oxygène dans l'alumine, l'acide phosphorique et l'eau = 9 : 10 : 12. La proportion de fluor (2 °/₀ environ d'après Berzelius) permet difficilement de faire rentrer cet élément dans une formule rationnelle; en admettant qu'il y ait eu perte sur le fluor, on pourrait proposer une formule telle que la suivante :

$$2PhO^4 2[Al^2(OH)^4]''[Al^2Fl^2(OH)^2]'' + 7H^2O,$$

à laquelle répondraient les nombres suivants :

$$Al^2O^3 = 37,1;\ Ph^2O^5 = 34,1;\ Fl = 4,5;$$
$$H^2O = 25,9;\ \text{total} = 101,6.$$

Berzelius a trouvé

$$Al^2O^3 = 35,35;\ Fe^2O^3 = 1,25;\ Ph^2O^5\ 33,40;$$
$$Fl = 2,06;\ H^2O = 26,80;\ CaO = 0,50;$$
$$\text{total} = 99,39.$$

Se trouve en petites masses fibreuses rayonnées et globulaires, dont les fibres sont rarement isolées. Quelquefois en petits prismes isolés. D'une couleur blanche, souvent verdâtre ou jaunâtre, quelquefois grise ou brune. Translucide, d'un éclat vitreux légèrement nacré. Dans les fissures des schistes argileux du Devonshire; dans l'hématite brune, contenue dans un calcaire jurassique, à Amberg (Bavière); dans les filons d'étain de Montebras (Creuse); à Steamboat (Chester Co Pa) en formes stalactitiques dans une couche de limonite, etc.

Caractères. — Soluble dans l'acide chlorhydrique et dans la potasse caustique. Dans le tube, donne de l'eau, dont les dernières portions ont une réaction acide, et renferment de l'acide fluorhydrique. Au chalumeau, se sépare en particules fibreuses, qui ne fondent pas, mais colorent la flamme en vert pâle. Cette coloration est plus marquée lorsqu'on humecte l'essai avec l'acide sulfurique. Avec le sel de cobalt, réaction de l'alumine.

Dureté, 3,5. Densité, 2,33.

Forme cristalline. — Prisme orthorhombique $mm = 126°\ 25'$; $a^1 a^1 = 106°\ 46'$; faces : m, a^1, g^1. Clivages : m. g^1. F. et S.

WEBSTERITE (Min.) [Syn. *Aluminite*, *hallite* (Delamétherie)]. — Sous-sulfate d'aluminium hydraté, $Al^2O^3, SO^3 + 9H^2O$, en rognons terreux, d'un blanc mat, tendres, doux au toucher, happant à la langue, ressemblant à la craie. La poudre paraît cristalline à la loupe ou au microscope. Se rencontre à la partie inférieure des terrains tertiaires, en veines ou en nodules dans l'argile plastique : à Auteuil, Halle (Saxe), New-Haven, etc.

Caractères. — Soluble dans les acides; dans le tube, donne de l'eau; à une température plus élevée, l'eau est accompagnée d'acide sulfureux et d'acide sulfurique. Avec l'azotate de cobalt, belle coloration bleue.

Dureté, 1 à 2. Densité, 1,66.

WEHRLITE (Min.). — On a donné ce nom à une tétradymite renfermant du soufre et de l'argent et pour laquelle on a proposé la formule insuffisamment justifiée, Bi^2Te^3S.

WEHRLITE (Kobell). — Voyez LIÉVRITE.

WEISSIGITE (Min.). — Feldspath en petits cristaux mâclés offrant les clivages de l'orthose, d'une couleur rosée ou blanchâtre, de Weissig (Saxe).

WEISSITE (Min.). — Cordiérite altérée ressemblant à la fahlunite. D'un bleu verdâtre.

WERNERITE (Min.). — Groupe d'espèces ayant pour forme primitive un même prisme droit à base carrée et constituant des silicates d'alumine et de chaux, dans des rapports variables. Les analyses donnent pour l'oxygène de la chaux, de l'alumine et de la silice, les rapports : 1 : 2 : 3 : 1 : 2 : 4; 1 : 2 : 5; 1 : 2 : 6. Quelques analyses ont donné : 1 : 3 : 4; 1 : 3 : 5; 1 . 3 : 6. Il est probable que quelques-unes de ces formules se rapportent à des échantillons renfermant des mélanges accidentels; néanmoins, il ne paraît pas possible de les ramener toutes à un même type, et nous allons décrire les espèces qui semblent les mieux caractérisées et auxquelles se rattachent les nombreuses variétés d'altérations ou de mélanges.

Fig 789.—Wernerite.

Forme cristalline. — Prisme à base carrée $a^1 a^1 = 136°\ 11'$ par-dessus b^1. Faces : $m, a^1, h^1, b^1, p, a^2, a^3$. Clivage net, m; interrompu, h^1.

MÉIONITE [Syn. *Hyacinthe blanche de la Somma* (Romé de Lisle)]. — Rapports d'oxygène dans

$$RO,\ Al^2O^3,\ SiO^3 = 1 : 2 : 3$$
$$R = Ca,\ Mg,\ Na^2,\ K^2.$$

La méionite se trouve dans les blocs éruptifs de la Somma, en cristaux limpides ou opaques, blancs ou gris, avec orthose vitreuse, grenat noir, hornblende et mica. Éclat vitreux. Cassure conchoïdale.

Caractères. — Complètement décomposée par l'acide chlorhydrique en donnant de la silice floconneuse; fond assez facilement avec un fort bouillonnement en un verre blanc bulleux.

Dureté, de 5 à 6. Densité, 2,73 à 2,74.

La *mizzonite* de Scacchi est une méionite dont les angles diffèrent de quelques minutes seulement de ceux de l'espèce type.

PARANTHINE [Syn. *Wernerite, scapolite, ekebergite, tétraclasite*]. — Rapports d'oxygène dans

$$RO, Al^2O^3, SiO^2 = 1 : 2 : 4$$
$$R = Ca, Na^2, K^2, Mg.$$

La paranthine se présente en cristaux souvent assez gros, translucides, d'un blanc grisâtre ou verdâtre, plus rarement rougeâtre, à Tunaberg et à Arendal en Suède, à Gouverneur (New-York), etc.

Caractères. — Comme ceux de la meionite.

DIPYRE. — Rapports d'oxygène dans

$$RO, Al^2O^3, SiO^2 = 1 : 2 : 6.$$
$$R = Ca, Na^2.$$

En petits cristaux dans le calcaire saccharoïde de Pouzac, près Bagnères de Bigorre; avec mica ou talc, à Libarens, près Mauléon, etc.

Dureté, 6. Densité, 2,60.

COUZERANITE. — Rapports d'oxygène dans

$$RO : Al^2O^3 : SiO^2 = 1 : 3 : 4.$$

Petits cristaux grisâtres, verdâtres ou noirs et vitreux. Provenant également du terrain métamorphique de Pouzac (Pyrénées).

Dureté, 5,5 à 6. Densité, 2,70 à 2,76.

SCOLEXEROSE. — Beudant a donné ce nom à une scapolite de Pargas, translucide ou opaque, d'un éclat vitreux ou gras, verdâtre ou blanchâtre, d'une dureté de 6, dont l'analyse fournit les rapports 1 : 3 : 6. F. et S.

WESTANITE (Min.). — Masses cristallines radiées, rouge brique, de Westana (Suède); se rapprochant de la wörthite (fibrolithe hydratée), mais beaucoup moins dures.

Densité, 2,5.

WHEELERITE (Min.). — Résine remplissant les fissures d'un lignite, à Nacimiento (Nouveau-Mexique). L'analyse a donné les rapports C^5H^6O. Soluble dans l'éther, moins soluble dans le sulfure de carbone. Soluble en brun dans l'acide sulfurique concentré; la solution est précipitée par l'eau.

WHEWELLITE (Min.). — Oxalate de calcium, cristallisant en prismes clinorhombiques

$$mm = 100° 36'; pe^1 = 127° 25'; pd = 141° 6'.$$

Toutes les faces (p, g^1, m, d^1, a^1, g^3) sont brillantes, sauf m, d^1, qui sont striées verticalement. Clivages : parfait p; moins parfait m, g^1. En petits cristaux implantés sur des scalénoèdres de localité inconnue.

WHITNEITE (Min.). — Arséniure de cuivre, $(Cu^2)^9As^2$, renfermant encore moins d'arsenic que l'algodonite et moins fusible que cette dernière.

Dureté, 3,5. Densité, 8,47 à 8,64.

Caractères. — Comme ceux de l'algodonite.

Trouvés à Houghton (Michigan) et dans la Sonora, près de la Lagona.

WICHTINE (Min.). — Silicate d'alumine et de protoxyde de fer, avec soude, chaux, magnésie. Masses noires à cassure imparfaitement conchoïdale, attirables à l'aimant. Inattaquables aux acides. Au chalumeau, fond en un émail noir.

Dureté, 6,5. Densité, 3,03.

Trouvé dans la paroisse de Wichtis, en Finlande.

Analyse par Laurent :

$$SiO^2 = 56,3;\ Al^2O^3 = 13,3;\ Fe^2O^3 = 4,0;$$
$$FeO = 13;\ MgO = 3;\ CaO = 6,0;\ Na^2O = 3,5$$
$$\text{Total} = 99,1.$$

WILLEMITE (Min.) [Syn. *Wilhlemite, williamsite, troostite*]. — Orthosilicate de zinc :

$$SiO^2 2ZnO = SiO^4Zn^2.$$

Petits cristaux tapissant des masses compactes et caverneuses de même substance, dans les amas de calamine de la Vieille-Montagne, près Moresnet; à Franklin, New-Jersey, etc. D'un éclat vitreux, d'une couleur jaune-verdâtre, blanche, grise, bleue (Groenland); transparent ou opaque; fragile.

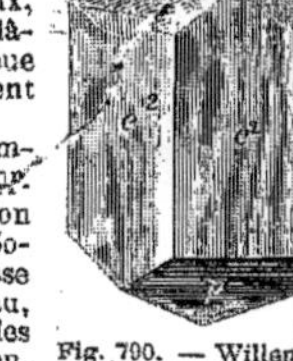
Fig. 790. — Willemite.

Caractères. — Décomposable par l'acide chlorhydrique avec séparation de silice gélatineuse. Soluble dans la potasse caustique. Au chalumeau, fond difficilement sur les bords. Sur le charbon, réactions du zinc.

Dureté, 5,5. Poussière blanche.

Densité, 3,89 à 4,18.

Forme cristalline. — Rhomboèdre de 116° 1'; faces : a^1, e^2, d^1, d^2, b^1, p. Clivages : a^1 facile (Moresnet); d^1 facile (Franklin). F. et S.

WILLCOXITE (Min.). — Silicate d'alumine, de magnésie et de fer avec alcalis et eau, en lamelles blanches ou verdâtres, d'un éclat nacré ressemblant au talc, fusible avec difficulté en un émail blanc colorant la flamme en jaune. Difficilement décomposable par l'acide chlorhydrique, en laissant de la silice écailleuse. Substance rare se trouvant à la surface du corindon à Shooting Creek, Clay Co (Nouvelle-Caroline).

$$SiO^2 = 28,96;\ Al^2O^3 = 37,49;\ Fe^2O^3 = 1,26;$$
$$FeO = 2,44;\ MgO = 17,35;\ Li^2O = \text{traces};$$
$$Na^2O = 6,73;\ K^2O = 2,46;\ \text{perte au feu, } 4.$$

Rapports d'oxygène dans RO, R^2O^3, SiO^2, H^2O = environ 3 : 6 : 5 : 1.

WILLIAMSITE. — Voyez WILLEMITE. — Le même nom a été donné à une serpentine verte amorphe de Texas, Pa.

WILSONITE (Min.). — Scapolite altérée, trouvée avec apatite, calcaire et pyroxène, à Bathurst (Canada occidental).

WILUITE (Min.). — Grenat grossulaire du fleuve Wilui en Sibérie. Le même nom a été donné aux cristaux d'idocrase qui accompagnent les précédents dans la même localité.

WINKLERITE (Min.). — Arséniate de cobalt et de cuivre, amorphe, noir bleu ou violet, à poussière brun foncé; trouvé à Pria, près de Motril, en Espagne, avec érythrite et malachite. Paraissant provenir de l'altération de l'érythrite et renfermant 10 % d'acide carbonique.

WINKWORTHITE (Min.). — Sulfato-borate de calcium hydraté, renfermant une petite quantité de silice; trouvé dans le gypse, à Winkworth (Nouvelle-Écosse); petits nodules engagés, à cassure cristalline, translucides, incolores ou blancs.

WINTERGREEN (ESSENCE DE). — Syn. d'ESSENCE DE GAULTHERIA, t. I, p. 1279, et t. II, p. 1407.

WISERINE. — Voyez XÉNOTIME.

WITHAMITE (Min.). — Épidote de Glencoe, comté d'Argyle (Écosse).

WITHERITE (Min.) [Syn. *Baryte carbonatée, barolithe*]. — Carbonate de baryum, CO^3Ba, en cristaux orthorhombiques, en enduits, ou en masses fibreuses concrétionnées, blancs, jaunâtres ou grisâtres, trouvés à Alstonmoor (Cumberland), en beaux cristaux à Fallowfield, près Hexham (Northumberland); en Styrie; à Léogang, Salzbourg, etc.

Caractères. — Soluble dans l'acide chlorhydrique étendu. Fond au chalumeau en colorant la flamme en un jaune verdâtre; après fusion, présente une réaction alcaline.

Densité, 3 à 3,75. Fragile; cassure inégale.

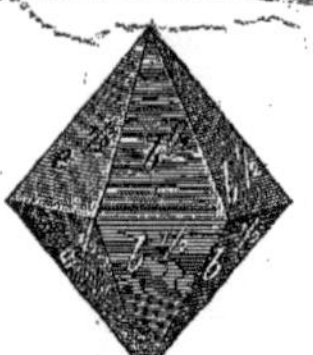

Fig. 791. — Witherite.

Densité, 4,29 à 4,35.

Forme cristalline. — Prisme orthorhombique $m\,m = 117^{\circ}\,48'$; $e^{1/2}\,g^{1} = 145^{\circ}\,36'$; $b^{1/2}\,b^{1/2}$ par-dessus $m = 109^{\circ}\,28'$. Faces: $m, b^{1/2}, g^{1}, e^{2}, e^{1/3}, e^{1/2}$. Tous les cristaux sont maclés; leur forme dominante est celle d'une double pyramide hexagonale, formée le plus habituellement par l'assemblage de 6 portions de cristal, réunies en coin.

Dureté, 3 à 3,5 Densité, 4,2 à 4,3. F. et S.

WITTICHENITE ou **WITTICHITE** (Min.) [Syn. *Kupferwismuthglanz, bismuth sulfuré cuprifère*]. — Sulfobismuthite cuivreux, $3\,Cu^2S\,Bi^2S^3$. Aiguilles prismatiques, d'un gris d'acier, passant au blanc d'étain, clivables dans le sens longitudinal; trouvés à Wittichen (grand-duché de Bade), avec barytine, dans une mine de cobalt. Ne paraît différer de l'aikinite que par l'absence du plomb.

Caractères. — Soluble dans l'acide chlorhydrique avec dégagement d'hydrogène sulfuré; dans le tube ouvert, donne des fumées sulfureuses et un sublimé de sulfate de bismuth. Sur le charbon, fond aisément en bouillonnant, et donne une auréole brune d'oxyde de bismuth.

Dureté, 3,5. Poussière noire. Densité, 5.

Forme cristalline. — Prisme orthorhombique $m\,m = 110^{\circ}\,50'$.

WITTINGITE (Min.). — Rhodonite altérée de Finlande.

WOCHEINITE (Min.). — Hydrate d'alumine, identique avec la beauxite et formant à Wochein (Styrie) des couches de 4 mètres d'épaisseur au contact des terrains triasique et jurassique.

Densité, 2,55.

La beauxite de Beaux, près d'Arles, se trouve disséminée en grains concrétionnés pisolithiques ou oolithiques, d'un blanc plus ou moins rougeâtre. Elle est formée essentiellement de l'hydrate d'alumine, $Al^3O^3\,2\,H^2O$, mêlée d'une proportion souvent considérable d'oxyde ferrique.

WOEHLERITE (Min.). — Siliconiobate et zirconate de chaux et de soude, avec un peu d'oxyde ferreux et manganeux. Le rapport d'oxygène dans

$$(SiO^2, Nb^2O^5, ZrO^2) \text{ et } (CaO, Na^2O, FeO, MnO)$$

est environ 2 : 1. Analyse par Scheerer :

$$SiO^2 = 30{,}62;\ Nb^2O^5 = 14{,}47;\ ZrO^2 = 15{,}17;$$
$$CaO = 26{,}19;\ Na^2O = 8{,}39;\ FeO = 1{,}91;$$
$$MnO = 1{,}55;\ MgO = 0{,}40;\ Eau = 0{,}24.$$
$$Total = 98{,}94.$$

Se trouve en cristaux tabulaires ou prismatiques, ou en masses cristallines engagées dans un mélange d'orthose grisâtre, d'éléolithe et de mica noir, dans la syénite zirconienne de Langesundfiord, près Brevig (Norvége). Jaune de miel, d'un éclat vitreux, transparent ou translucide. Cassure conchoïdale ou écailleuse.

Caractères. — Soluble dans l'acide chlorhydrique concentré et chaud, avec séparation de silice et d'acide niobique. Au chalumeau, fond en un verre jaune, et donne avec le borax les réactions du fer et du manganèse.

Dureté, 5,5. Poussière blanc-jaunâtre.

Densité, 3,41.

Forme cristalline. — Prisme orthorhombique $m\,m = 90^{\circ}\,16'$; $b^{1}\,m = 109^{\circ}\,33'$; faces $m, h^{1}, g^{1}, h^{3}, h^{2}, a^{1}, b^{1}, b^{1/3}$, etc.

Certaines faces paraissent être hémièdres.

Clivage net et facile m. F. et S.

WOELCHITE (Min.). — Variété [illegible] de bournonite trouvée à Wölch (Carinthie).

WOERTHITE (Min.). — Variété hydratée et sans doute altérée de sillimanite des environs de Saint-Pétersbourg.

WOLCHONSKOITE (Min.). — Silicate hydraté des sesquioxydes de chrome, de fer et d'alumine; rapports d'oxygène dans les bases, la silice et l'eau = 2 : 3 : 3. Amorphe; en nodules ou en rognons; cassure conchoïdale. Opaque, d'un éclat cireux; vert émeraude ou vert pistache. Se trouve en petits filons dans les sables ferrifères de la formation permienne, cercle d'Okhansk (Russie).

Caractères. — Fait gelée avec l'acide chlorhydrique concentré chaud. Dans le tube, donne de l'eau; au chalumeau, noircit sans fondre; réactions du chrome et du fer.

Dureté, 2 à 2,5. Densité, 2,2 à 2,3.

WOLFACHITE (Min.). — Sulfarséniure de nickel, avec antimoine et fer,

$$NiS^2 + Ni^2(AsSb)^2;$$

en petits cristaux orthorhombiques d'une couleur blanc d'argent, recouvrant la nickeline de Wolfach (Pays de Bade).

Dureté, 5,5. Densité, 9,37.

Caractères. — Attaquable à l'eau régale. Dans le tube ouvert, donne un sublimé blanc et une odeur sulfureuse, etc.

La *corynite* est une espèce de même composition considérée comme cubique.

Dureté, 4,5 à 5. Densité, 5,95 à 6,3.

WOLFRAM (Min.) [Syn. *Scheelin ferrugineux, fer tungstaté*]. — Tungstate de fer et de manganèse, $(FeMn)O\,WO^3$. Cristaux souvent d'assez grande dimension et masses lamelleuses, d'un éclat presque métallique, gris de fer, noirs ou brunâtres; présentant un clivage très-facile; se trouvant en filons dans les roches anciennes, avec les minerais d'étain, le quartz, la scheelite, le mispickel, etc., à Zinwald (Bohême); à Freiberg, Schneeberg (Saxe); Chanteloube, près Limoges; Redruth (Cornouailles), etc.

Caractères. — Décomposable par l'eau régale en laissant une poudre jaune d'acide tungstique; l'acide sulfurique concentré ou même l'acide chlorhydrique l'attaquent assez pour fournir une solution incolore, qui devient bleue par l'action du zinc métallique. Au chalumeau, fond aisément en un globule magnétique, qui prend une surface cristalline. Avec le sel de phosphore, verre jaune-rougeâtre, à chaud, au feu d'oxydation, plus pâle par le refroidissement. A la flamme réductrice, devient rouge foncé. Avec le carbonate de soude, réaction du manganèse.

Fig. 792. — Wolfram.

Dureté, 5 à 5,5. Poussière brun-noir ou noire.

Densité, 7,1 à 7,55.

Forme cristalline. — Prisme clinorhombique d'après M. Des Cloizeaux $m\,m = 101^{\circ}$; $p\,e^{1} = 139^{\circ}\,39'$; $p\,h^{1} = 91^{\circ}\,59'$; faces $p, m, h^{1}, g^{1}, e^{1}, d^{1/2}, a^{2}, e_{3}$.

Clivage parfait g^{1}; imparfait h^{1}. Plan de macl. $= h^{1}$. F. et S.

WOLFRAMOCRE (Min.) [Syn. *Tungstite, wolframine*]. — Acide tungstique pulvérulent ou terreux, d'une couleur jaune clair ou jaune-verdâtre, accompagnant le wolfram dans les mines du Cumberland, en Cornouailles, à Monroë Ct, à Saint-Léonard, près Limoges, etc.

Caractères. — Soluble dans les alcalis, insoluble dans les acides. Avec le sel de phosphore, perle incolore ou jaunâtre, qui, au feu de réduction, devient bleue à froid.

WOLFSBERGITE (Min.) [Syn. *Chalcostibite, rosite.* — Antimoniosulfure de cuivre, $CuSb^2S^4$, avec un peu de fer. Petites tables orthorhombiques, ayant un clivage très-net; à cassure imparfaitement conchoïdale; d'un gris de plomb, tirant sur le noirâtre; trouvé avec quartz, chalcopyrite, stibine, zinckenite, à Wolfsberg, dans le Hartz.

Caractères. — Attaqué par l'acide azotique avec séparation de soufre et d'acide antimonique; dans le tube bouché, décrépite et fond en donnant un faible sublimé de sulfure d'antimoine; dans le tube ouvert, acide sulfureux et sublimé blanc d'acide antimonieux. Sur le charbon, globule de cuivre et enduit blanc d'antimoine.

Dureté, 3 à 4. Poussière noire.

Densité, 4,75 à 5,01.

Forme cristalline. — Prisme orthorhombique $m\,m = 135°\,12'$; $g^3\,g^3 = 101°$; faces m, g^1, g^3, p. Clivages : net g^1 ; p moins parfait. F. et S.

WOLLASTONITE (Min.) [Syn. *Tafelspath, Schaalstein, vilnite, grammite*]. — Bisilicate de chaux, SiO^3Ca, avec traces d'oxyde ferreux, de magnésie, d'oxyde manganeux. Cristaux implantés ou engagés ; masses lamellaires, bacillaires ou grenues, dans le calcaire saccharoïde formant des couches dans les schistes anciens, avec grenat, amphibole, pyroxène; à Auerbach (Saxe), Cziklova (Banat); Pargas (Finlande); Easton (Pennsylvanie). On en trouve aussi dans les laves anciennes de Capo di Bove, près Rome; dans les blocs éruptifs de la Somma, etc. Éclat vitreux, perlé sur les faces de clivage; translucide; blanc, gris, jaune, rouge.

Caractères. — Fait gelée avec l'acide chlorhydrique. Fond assez facilement sur les bords. Soluble dans le sel de phosphore en laissant un squelette de silice.

Dureté, 4,5 à 5. Poussière blanche. Cassure inégale.

Densité, 2,8 à 2,9.

Forme cristalline. — Prisme clinorhombique $m\,m = 95°\,35'$; $p\,h^1 = 110°\,12'$; $p\,a^{1/2} = 95°\,25'$. Faces: $m, p, h^1, o^{5/2}, o^{1/2}, a^{1/4}, a^{1/2}, e^{3/2}, e^1, d^{1/2}, b^{1/2}$.

Clivages faciles p, $o^{1/2}$, h^1; moins facile $a^{1/2}$. Plan de macle p. F. et S.

WOODWARDITE (Min.). — Variété impure et non cristallisée de lettsomite, trouvée en Cornouailles en petites masses concrétionnées bleu turquoise, translucides.

WRIGHTINE [Syn. *Conessine*]. — Haines a trouvé en 1858 cet alcaloïde dans l'écorce de *conessi*, écorce du *Wrightia antidysenterica*, plante de la famille des Apocynées, originaire de l'Inde et du Ceylan; il lui a donné le nom de *conessine*. En 1864, Stenhouse a de nouveau décrit cet alcaloïde sous le nom de *wrightine*; il l'a rencontré non-seulement dans l'écorce, mais aussi dans les graines, qui toutes deux sont renommées dans l'Inde comme médicaments antidysentériques et comme fébrifuges.

Les graines pulvérisées sont épuisées par le sulfure de carbone, pour enlever les matières grasses, puis desséchées et traitées par l'alcool bouillant. Le liquide alcoolique est distillé et le résidu est mis à digérer avec de l'acide chlorhydrique faible. La base entre en dissolution et peut être précipitée de la liqueur filtrée au moyen de l'ammoniaque ou du carbonate de sodium; le liquide se colore en même temps en vert foncé.

La wrightine est une poudre amorphe, insoluble dans l'éther et dans le sulfure de carbone, soluble dans l'eau bouillante, dans l'alcool et surtout dans les acides étendus. Elle forme des sels incristallisables, qui offrent, comme la base libre, une saveur très-amère. La solution acétique est précipitée par le tannin; la solution chlorhydrique donne des précipités floconneux avec les chlorures platinique, aurique et mercurique.

Haines propose pour la wrightine l'une ou l'autre des formules suivantes : $C^{26}H^{42}Az^2O$ ou $C^{25}H^{44}Az^2O$ [R. Haines, *Trans. med. and phys. Soc. Bombay* (new. ser.), t. IV, p. 28; *Pharm. Journ. Trans.*, (2), t. VI, p. 432; — J. Stenhouse, *ibid.*, (2), t. V, p. 493]. A. H.

WULFÉNITE (Min.) [Syn. *Plomb molybdaté, plomb jaune, mélinose, gelbbleierz*]. — Molybdate de plomb, $PbO.MoO^3$. Cristaux en tables ou en octaèdres à base carrée, d'un jaune de cire, passant au jaune orangé ou au brun, d'un vif éclat, à cassure conchoïdale. Trouvé en filon avec les autres minerais de plomb, à Bleiberg (Carinthie), à Przibram (Bohême), à Johanngeorgenstadt, Annaberg (Saxe); Badenweiler (Bade), dans la mine de Comstock Lode (Nevada); en grandes tables de plusieurs centimètres de côté, à Wheatley's Mine, près de Phenixville (P.), etc.

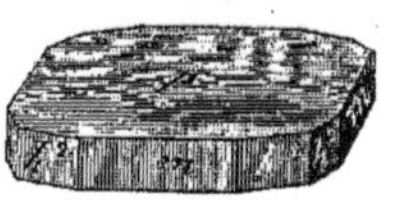
Fig. 793 et 794. — Wulfénite.

Caractères. — Décomposé par l'acide chlorhydrique bouillant avec formation de chlorure de plomb et d'acide molybdique et d'eau; le résidu, additionné de zinc métallique, donne un liquide bleu dont la couleur ne disparaît pas par la dilution. Au chalumeau, décrépite et fond facilement.

Dureté, 2,75 à 3. Poussière blanche ou jaunâtre.

Densité, 6 à 7.

Forme cristalline. — Prisme quadratique ; faces $b^1\,b^1 = 131°\,35'$ à la base; $b^1\,b^1 = 99°\,40'$ (arête culminante); faces p, b^1, a^2, b^3, a^4. Clivage b^1 assez net; p moins distinct. F. et S.

WURTZITE (Min.) [Syn. *Blende hexagonale, spiauterite* (Breithaupt)]. — Sulfure de zinc, ZnS, avec un peu de fer; hexagonal, isomorphe avec la greenockite. Petits cristaux et masses cristallines engagés dans un antimoniosulfure de plomb, d'Oruro (Bolivie). Selon Breithaupt, a été retrouvé à Przibram en masses fibreuses rayonnées; on l'indique aussi comme venant de Quesbesita (Pérou).

Caractères. — Ceux de la blende.

Dureté, 3,5 à 4. Poussière brunâtre.

Densité, 3,98.

Forme cristalline. — Prisme hexagonal isomorphe avec celui de la greenockite

$$b^{1/2}\,b^{1/2} = 127°\,32';\; p\,b^1 = 136°\,39'.$$

Ces angles ont été trouvés sur les cristaux artificiels obtenus par M. Sidot. Clivages : m facile; p moins facile. F. et S.

X

XANTHAMYLAMIDE. — Syn. de SULFOCARBAMATE D'AMYLE, t. III, p. 82.

XANTHAZARINE. — L'alizarine verte, produit secondaire de la fabrication des matières colorantes de la garance d'après le procédé de E. Kopp, contient encore de l'alizarine qu'on peut en retirer au moyen de l'huile de schiste (t. I, p. 142); les impuretés, n'étant pas solubles, restent sous forme de masse noirâtre. Kopp a cherché à tirer profit de ces dernières en les oxydant à l'ébullition par l'acide nitrique étendu de 10 p. d'eau, et il a obtenu une matière colorante jaune, la *xanthazarine*. Lorsque la liqueur a pris une teinte jaune-rouge, elle laisse déposer, par le refroidissement, une poudre jaune-brunâtre de xanthazarine. Cette matière est un peu soluble dans l'eau bouillante; elle fournit avec l'alcool ou l'éther des solutions d'un jaune-brun, et avec les carbonates alcalins des solutions d'un jaune-rouge. Elle teint en jaune la laine et la soie, mordancées ou non mordancées; le coton mordancé à l'alumine prend une nuance jaune-orangé, et le coton mordancé au fer une nuance olive-noirâtre. Les réducteurs la transforment, avec le concours de la chaleur, en une matière colorante cramoisie [E. Kopp., *Bull. de la Soc. chim.*, 1864, t. II, p. 235]. La xanthazarine n'est peut-être autre que la nitroalizarine. A. H.

XANTHÉINE. — Voyez FLEURS, t. I, p. 1467.

XANTHÉLÈNE. — Lorsqu'on ajoute un sel cuivrique à une solution aqueuse de xanthate de potassium (t. I, p. 764), il se forme d'abord un précipité brun-noir de sel cuivrique, qui se transforme en peu d'instants en flocons jaunes de xanthate cuivreux; en même temps que cette réduction a lieu, il se produit, suivant Zeise, une huile qui présenterait la composition de l'éther xanthique et à laquelle ce chimiste a donné le nom de *xanthélène*. Selon Couerbe, on obtient, au contraire, dans ces circonstances, un composé cristallisable. Gerhardt, faisant remarquer avec raison que l'action d'un sel cuivrique sur les xanthates peut être rapprochée de celle de l'iode, suppose que ce composé cristallisable de Couerbe est identique avec le corps de Desains (t. I, p. 765), tandis que le xanthélène de Zeise n'est que de l'éther xanthique provenant de la décomposition du composé cristallisable. A. H.

XANTHÈNE. — Voyez PERSULFOCYANIQUE (ACIDE), t. II, p. 780.

XANTHINE. — Voyez FLEURS, t. I, p. 1467.

XANTHINE, $C^5H^4Az^4O^2$. — Cette substance a été découverte par Marcet dans un calcul urinaire; Liebig et Wöhler l'ont ensuite rencontrée, constituant un calcul de 18 à 20 grammes. Ils l'ont analysée et ont déterminé sa formule. Göbel a aussi trouvé de la xanthine dans des bézoards orientaux provenant de l'intestin de divers ruminants. Scherer a montré que c'est un principe très-répandu de l'économie, dans l'urine de l'homme, dans la rate, dans le pancréas, dans le cerveau, dans le foie, dans la chair musculaire du bœuf, dans le thymus du veau, dans la chair du cheval et des poissons; à l'état morbide, dans la rate et dans le foie de l'homme. Bence-Jones a signalé sa présence dans l'urine d'un enfant malade; Stromeyer et Dürr dans l'urine des personnes soumises à l'action des bains sulfureux. Unger et Phipson l'ont trouvée dans certaines espèces de guano de l'île de Jarvis. Almen a extrait la xanthine du foie de bœuf par la méthode de Stædeler (voyez plus loin) et en a retiré 6gr,26 pour 24 kilogrammes de foie, soit 0,024 %. Schützenberger, dans l'extrait de la levûre digérée, a trouvé de la xanthine, accompagnant la carnine et la sarcine [Marcet, *An essay on the Chem. history of calculous disorders*, Londres, 1817; — Liebig et Wöhler, *Ann. der Chem. u. Pharm.*, t. XXVI, p. 340; — Göbel, *même recueil*, t. LXXIX, p. 83; — Scherer, *même recueil*, t. CII, p. 204; t. CXII, p. 257; *Répert. de Chim. pure*, 1859, p. 120, et 1860, p. 146; — Bence-Jones, *Journ. of the chem. Soc.*, t. XV, p. 78; *Bull. de la Soc. chim.*, 1874, t. I, p. 62; — Dürr, *Ann. der Chem. u. Pharm.*, t. CXXXIV, p. 45; *Bull. de la Soc. chim.*, 1865, t. III, p. 142; — Unger et Phipson, *Chem. News*, 1862; — Almen, *Journ. für prakt. Chem.*, t. XCVI, p. 98; *Bull. de la Soc. chim.*, 1866, t. VI, p. 171; — Schützenberger, *Bull. de la Soc. chim.*, 1874, t. XXI, p. 208].

Strecker a transformé la guanine en xanthine par l'action de l'acide azoteux :

$$\underset{\text{Guanine.}}{C^5H^5Az^5O} + \underset{\text{Acide azoteux.}}{AzO^2H}$$

$$= \underset{\text{Xanthine.}}{C^5H^4Az^4O^2} + Az^2 + H^2O.$$

La guanine présente en effet avec la xanthine les mêmes relations que le glycocolle avec l'acide glycolique :

$C^2H^3(AzH^2)O^2$	$C^2H^3(OH)O^2$
Glycocolle.	Acide glycolique.
$C^5H^3Az^4(AzH^2)O$	$C^5H^3Az^4(OH)O$
Guanine.	Xanthine.

[Strecker, *Ann. der Chem. u. Pharm.*, t. CVIII, p. 141; *Rép. de Chimie pure*, 1850, p. 276].

La xanthine se forme également par la réduction de l'acide urique au moyen de l'amalgame de sodium :

$$\underset{\text{Acide urique.}}{C^5H^4Az^4O^3} + H^2 = H^2O + \underset{\text{Xanthine.}}{C^5H^4Az^4O^2}$$

[Strecker et Rheineck, *Ann. der Chem. u. Pharm.*, t. CXXXI, p. 119; *Bull. de la Soc. chim.*, 1865, t. III, p. 304].

EXTRACTION ET PRÉPARATION. — 1° *Des calculs urinaires et du guano.* — On pulvérise le calcul et on le dissout à chaud dans une solution d'ammoniaque à 10 %. Après 24 heures, il se forme un précipité abondant, qui est lavé avec de l'ammoniaque étendue, redissous dans l'eau et précipité par l'acide acétique; on purifie la xanthine par de nouvelles dissolutions dans l'eau chaude un peu ammoniacale et précipitation au moyen de l'acide acétique [Stædeler, *Ann. der Chem. u. Pharm.*, t. CXI, p. 28; *Rép. de Chim. pure*, 1860, p. 605].

2° *Des organes des animaux.* — La xanthine est toujours accompagnée d'hypoxanthine (sarcine). Pour les extraire l'une et l'autre, on a recours au procédé général suivant, dû à Stædeler.

Les matières animales, hachées et broyées avec du verre, sont traitées par l'alcool chaud; l'alcool est séparé par expression. Le résidu est soumis à la digestion pendant quelques heures avec de l'eau à 50°, puis exprimé, et le liquide est réuni à la liqueur alcoolique. L'alcool est chassé par distillation; les flocons d'albumine coagulée sont séparés à l'aide du filtre, et la liqueur fortement concentrée est précipitée successivement par l'acétate neutre de plomb, par le sous-acétate de plomb, puis par l'acétate de mercure. Les deux derniers précipités sont mis en suspension dans l'eau et décomposés par l'hydrogène sulfuré : la liqueur évaporée abandonne un mélange de xanthine et de sarcine, que l'on sépare en les traitant par l'acide chlorhydrique; le chlorhydrate de xanthine peu soluble se sépare, tandis que la sarcine reste en solution [*Ann. der Chem. u. Pharm.*, t. CXVI p. 102; *Répert. de Chim. pure*, 1861, p. 160].

3° L'extraction de la xanthine de l'urine, du sérum musculaire, de l'extrait de viande et la séparation de la sarcine sont décrites au t. II, p. 1439.

Préparation au moyen de la guanine. — On dissout la guanine dans l'acide azotique d'une densité de 1,15 à 1,20, bouillant, et l'on jette dans la solution chaude de petits fragments d'azotite de potassium. Ils se dissolvent avec un vif dégagement de gaz, mais sans formation de bioxyde d'azote. On continue jusqu'à l'apparition de vapeurs rouges, et on verse ensuite la liqueur dans une grande quantité d'eau. Il se précipite d'abondants flocons jaunes que l'on lave à l'eau et qui sont surtout formés de xanthine nitrée, la xanthine qui a pris naissance par l'action de l'acide azotique sur la guanine s'étant nitrée en partie pendant la réaction. Pour transformer la nitroxanthine en xanthine, on la dissout dans la potasse, et l'on fait bouillir avec du sulfate ferreux; il se sépare de l'oxyde ferroso-ferrique, et la liqueur filtrée, complétement incolore, donne par l'acide acétique un précipité de xanthine [Strecker, *Ann. der Chem. u. Pharm.*, t. CVIII, p. 141 ; *Répert. de Chim. pure*, 1859, p. 276].

Dosage. — Voir l'article Sarcine, t. II, p. 1439, et l'article Urine, t. III. p. 598.

Propriétés (Scherer, Stædeler, Strecker). — La xanthine se sépare d'une solution aqueuse saturée à chaud en flocons blancs, et par évaporation spontanée de la solution froide en petites écailles. Obtenue par dissolution dans l'ammoniaque et précipitée par l'acide acétique, elle se présente sous la forme d'une poudre blanche, qui se dessèche en croûtes friables composées de petits grains et de sphères microscopiques. Elle est très-peu soluble dans l'eau, car elle exige 1200 p. d'eau bouillante et 14000 p. d'eau froide pour se dissoudre; elle est insoluble dans l'alcool et dans l'éther.

Elle ne perd rien de son poids à 150°. Chauffée doucement dans un tube, elle décrépite en abandonnant un peu d'eau, la masse devient grise, puis il se sublime une matière jaune, quelques gouttelettes de liquide et des cristaux incolores, en même temps qu'il se dégage du cyanhydrate d'ammoniaque.

La solution aqueuse, saturée à froid, est précipitée par le sublimé corrosif et par l'azotate d'argent. Ce dernier précipité est peu soluble dans l'ammoniaque.

L'acétate de plomb ne la précipite pas; avec l'acétate de cuivre, on observe un précipité floconneux jaune qui ne se fait pas à froid, mais prend naissance quand on porte la liqueur à l'ébullition.

Suivant Strecker et Reinecke, l'amalgame de sodium convertit la xanthine en sarcine,

$$C^5H^4Az^4O.$$

La xanthine se dissout dans les acides et dans les alcalis,

Le *chlorhydrate de xanthine*,

$$C^5H^4Az^4O^2, HCl,$$

se dépose de la solution bouillante de la xanthine dans l'acide chlorhydrique sous forme de grains lourds, qui se présentent au microscope comme des octaèdres à base carrée avec troncature des angles latéraux. Le chlorhydrate se dissout difficilement dans l'eau bouillante, et à froid dans 153 p. d'eau. Cette solution ne précipite pas le chlorure de platine.

Lorsqu'on évapore la xanthine avec de l'acide azotique fumant, on obtient un résidu jaune, identique avec le corps jaune que fournit l'action de l'acide azoteux sur la guanine dissoute dans l'acide azotique fumant, et qui paraît être la *nitroxanthine*, $C^5H^3(AzO^2)Az^4O^2$. En dissolvant la xanthine à chaud dans l'acide azotique d'une densité de 1,3, on obtient l'azotate de xanthine par refroidissement.

L'*azotate de xanthine*, forme de petits mamelons jaunes, peu solubles à froid; la solution étendue de cet azotate donne des précipités avec l'azotate d'argent et les azotates de mercure.

L'acide phosphomolybdique forme dans la solution de l'azotate un abondant précipité jaune, soluble dans l'acide azotique moyennement concentré et bouillant.

Le *sulfate de xanthine*,

$$C^5H^4Az^4O^2, SO^4H^2 + H^2O,$$

est en paillettes cristallines, inaltérables à l'air, mais décomposées par l'eau.

La xanthine se dissout dans l'ammoniaque et dans la potasse; elle est précipitée de ces solutions par l'acide carbonique.

La solution ammoniacale additionnée d'azotate d'argent donne un précipité incolore gélatineux, renfermant $C^5H^2Az^4O^2.Ag^2, H^2O$. Elle précipite également l'acétate de plomb, l'azotate mercurique et l'acétate de cuivre, et la solution ammoniacale de chlorure de zinc et de chlorure de cadmium.

La xanthine bouillie avec la baryte caustique se convertit en une combinaison peu soluble,

$$C^5H^4Az^4O^2, BaH^2O^2.$$

La combinaison argentique, $C^5H^2Az^4O^2.Ag^2$, chauffée à 100° avec de l'iodure de méthyle, donne un corps cristallisé, la *diméthylxanthine*,

$$C^5H^2Az^4O^2(CH^3)^2,$$

isomérique avec la théobromine (Strecker).

Constitution de la xanthine. — Voyez Urique (acide), t. III, p. 604. E. G.

XANTHININE, $C^4H^3Az^3O^2$. — Ce corps se forme lorsqu'on maintient le thionurate d'ammonium à 200° pendant plusieurs jours; ce sel prend d'abord une teinte rouge, qui passe ensuite au jaune. La réaction est exprimée par l'équation :

$$\underset{\text{Thionurate d'ammonium.}}{C^4H^3Az^3SO^6(AzH^4)^2} = \underset{\text{Xanthinine.}}{C^4H^3Az^3O^2} + SO^4(AzH^4)^2$$

Indépendamment de la xanthinine, elle donne lieu à la formation de petites quantités d'un sel ammoniacal jaune cristallisant en croûtes dures, et d'une matière peu soluble dans l'eau; cette dernière se dissout dans la potasse et en est précipitée par l'acide acétique en cristaux lamelleux. L'eau bouillante extrait ces deux substances du produit de la réaction et laisse la xanthinine sous forme de poudre jaune; celle-ci est dissoute dans un alcali, précipitée par un acide et traitée à la fin par l'acide nitrique concentré, qui détruit les matières colorées sans attaquer la xanthinine.

C'est une poudre blanche soluble dans environ 40000 p. d'eau froide et dans 4000 p. d'eau bouillante; la solution, qui montre des reflets bleu clair, est précipitée en blanc par le chlorure mercurique et en jaune par le nitrate d'argent. La xanthinine est à peine plus soluble dans les acides chlorhydrique et nitrique que dans l'eau, et s'en sépare en lamelles cristallines. L'acide sulfurique la dissout à chaud et la solution laisse déposer des cristaux lamelleux, contenant 13 °/₀ d'acide sulfurique; l'eau dédouble le composé en régénérant la xanthinine.

Les alcalis dissolvent la xanthinine en donnant des combinaisons peu stables; la solution ammoniacale, ajoutée peu à peu à du nitrate d'argent maintenu en excès, fournit un précipité jaune volumineux, contenant $C^4 H^3 Az^3 O^2, Ag^2 O$. La xanthinine paraît aussi donner un chloroplatinate [C. Finck, *Ann. der Chem. u. Pharm.*, t. CXXXII, p. 298; *Bull. de la Soc. chim.*, 1865, t. IV, p. 224.]

La xanthinine diffère de la dialuramide par une molécule d'eau qu'elle renferme en moins; sa formule de constitution est peut-être

$$\begin{array}{ccc} & CO - & Az \\ AzH^2 - & CH & C \\ & CO - & Az \end{array}$$

A. H.

XANTHIQUE (ACIDE). — Voyez t. I, p. 764.

XANTHITE (Min.). — Idocrase d'un jaune brun d'Amity (New-York).

XANTHOCARPINE. — Matière colorante jaune contenue, d'après Cuzent, dans le suc de l'*Inocarpus edulis* (voyez INOCARPINE, t. II, p. 112).

XANTHOCOBALTIQUES (SELS). — Voyez t. I, p. 948.

XANTHOCONE (Min.). — Arséniosulfure d'argent auquel on a donné la formule d'une combinaison de sulfarsénite et de sulfarséniate,

$$As S^4 Ag^3 + 2(As S^3 Ag^3).$$

— Masses concrétionnées à intérieur cristallin, d'un brun de girofle plus ou moins rougeâtre; les cristaux en lames très-minces laissent passer une lumière orange. Se trouve avec psaturose, près de Freiberg. Fort rare.

Caractères. — Chauffé modérément dans le tube bouché, le xanthocone prend une teinte rouge foncé qu'il perd par le refroidissement. A une plus haute température, il fond et donne un faible sublimé de sulfure d'arsenic. Dans le tube ouvert, fumées arsénicales et odeur d'acide sulfureux. Sur le charbon, production d'un globule d'argent.

Dureté, 2. Poussière jaune.

Densité, 5,0 à 5,2.

Forme cristalline. — Rhomboèdre de 71° 34'. a^1 sur r = 110° 30'. Clivage a^1 et r. F. et S.

XANTÉOGÉNAMIDE. — Syn. de SULFOCARBAMATE D'ÉTHYLE, t. III, p. 83.

XANTHOGÈNE. Ce nom a été donné par Hope à une matière extrêmement répandue dans les fleurs, qui forme avec les acides des solutions incolores et avec les alcalis des solutions d'un beau jaune; cette matière avait été décrite par Marquart sous le nom de *résine de fleurs* et par Martens sous celui de *xanthéine*. D'après Filhol, c'est une matière incristallisable non volatile, d'un jaune verdâtre, soluble dans l'eau, l'alcool et l'éther; elle serait analogue à la lutéoline et différerait de la xanthéine et de la xanthine de Fremy et Cloëz (t. I, p. 1467) [Hope, *Journ. f. prakt Chem.*, t. X, p. 262; — Martens, *Institut*, 1855, p. 168; — Filhol, *Comptes rendus*, t. L, p. 545].

XANTHOGLOBULINE. — Ce nom avait été donné par Scherer à une substance formée de globules jaunes qu'il avait retirée du foie, de la rate, etc., et qu'il reconnut ensuite être formée d'un mélange de xanthine et de sarcine [*Ann. der Chem. u. Pharm*, t. CXII, p. 257].

XANTHOLÉINE. — Nom donné par Itier à une matière colorante jaune retirée des tiges de *Sorghum saccharatum* fermentées; ces mêmes tiges contiendraient, en outre, une matière colorante rouge, la *purpuroléine*, analogue au rouge de garance [*Compt. rend.*, t. XLIV, p. 18]. Sicard a mentionné deux matières colorantes analogues, dont la jaune se trouverait dans l'écorce du sorgho et la rouge dans la moelle [Sicard, *Compt. rend.*, t. XLIV, p. 141].

XANTHOPÉNIQUE (ACIDE). — Voyez OPIANIQUE (ACIDE), t. II, p. 616.

XANTHOPHÉNIQUE (ACIDE).—Fol a désigné par ce nom une matière colorante qui se forme lorsqu'on chauffe un mélange de 3 p. d'acide arsénique et de 5 p. de phénol ou de crésol du goudron. Après avoir maintenu la masse à 100° pendant 12 heures, on élève la température à 125° et l'on interrompt l'opération 6 heures après. Le produit est alors épuisé par 12 p. d'acide acétique à 7° Baumé, la solution étendue de 12 p. d'eau et saturée de chlorure de sodium: la matière colorante se précipite en flocons; elle est dissoute dans l'eau, précipitée une deuxième fois par le chlorure sodique et portée à l'ébullition avec du carbonate de baryum précipité. La solution filtrée, débarrassée de la baryte par la quantité nécessaire d'acide sulfurique, filtrée de nouveau et, enfin, saturée de chlorure sodique, fournit des flocons d'acide xanthophénique pur.

Cet acide cristallise dans l'eau bouillante en lamelles mordorées; il se dissout dans l'alcool, l'éther et les acides sans s'altérer; il est insoluble dans la benzine. Il forme des sels rouges.

Il différerait de la coralline jaune.

L'acide libre teint la laine et la soie en jaune sans mordant, et la teinte résiste au savon; les sels teignent en rouge [Fréd. Fol, *Répert. de Chim. appliq.*, 1862, p. 179]. A. H.

XANTHOPHYLLE. — C'est la matière colorante des feuilles devenues jaunes en automne; d'après Fremy, elle est identique avec la phylloxanthine. — Voyez CHLOROPHYLLE, t. I, p. 879.

XANTHOPHYLLITE (Min.). — Lames cristallines groupées confusément en nodules ou en croûtes écailleuses très-analogues à la seybertite ou à la brandisite et sans doute isomorphes avec ces deux espèces. Se trouve aux monts Schischimsk, près Slatoust (Oural), avec magnétite dans un schiste talqueux. Couleur jaune-verdâtre pâle, éclat vitreux légèrement nacré sur les faces de clivage.

Caractères. — Difficilement attaquable par l'acide chlorhydrique. Au chalumeau, devient opaque sans fondre. Avec le borax, le minéral pulvérisé donne une perle transparente verdâtre.

Dureté, 4,5 sur les faces de clivage, 5,5 sur les parties anguleuses. Fragile.

Densité, 3,044.

Forme cristalline. — Probablement orthorhombique comme la brandisite. Clivage parfait selon p. F. et S.

XANTHOPICRINE ou **XANTHOPICRITE.** — Substance amère, cristallisée en aiguilles jaunes, que Chevalier et Pelletan ont isolée de l'écorce de clavalier jaune (*Xanthoxylum Clava-Herculis*) employée aux Antilles comme fébrifuge [*Journ. de Chim. médic.*, 1826, t. II, p. 314]. D'après Perrins, elle est identique avec la berbérine [*Journ. chem. Soc. London*, t. XV, p. 339].

XANTHOPROTÉIQUE (ACIDE). — Lorsqu'on fait agir pendant longtemps l'acide azotique étendu sur les matières albuminoïdes, telles que l'albumine, la fibrine, la caséine, la matière cornée, la protéine de Mulder, on obtient, entre autres produits, un corps jaune, insoluble dans l'eau, auquel Mulder a donné le nom d'acide xanthroprotéique. Toutes les matières albuminoïdes fournissent, d'après ce chimiste, un seul et même produit.

Pour le préparer, on laisse digérer les matières albuminoïdes dans un mélange de 1 p. d'acide azotique et de 2 p. d'eau; au bout d'un temps variable avec les diverses matières (48 à 170 heures), le produit de la réaction est additionné d'eau, le dépôt est lavé à l'eau, à l'alcool et à l'éther, pulvérisé et desséché à 130°. L'acide xanthoprotéique ainsi préparé a donné à l'analyse (moyennes d'un très-grand nombre de déterminations) :

$$C = 50,0 ; H = 6,3 ; Az = 14,7 ; S = 1,3 ; O = 27,7$$

C'est une poudre jaune, amorphe, sans saveur ni odeur, se charbonnant sans fondre et répandant l'odeur de la corne brûlée. Il se dissout dans les acides concentrés, et l'eau le précipite de cette solution; le précipité retient une certaine proportion de l'acide employé, qui cependant peut en être éliminée par des lavages prolongés. Il se dissout dans les alcalis en donnant une solution d'un rouge foncé d'où les acides précipitent l'acide non altéré. La potasse bouillante en dégage de l'ammoniaque. Lorsqu'on fait passer du chlore dans la solution ammoniacale, la liqueur se décolore et il se forme un précipité jaune contenant du chlore.

Le *xanthoprotéate ammonique* est rouge; il perd à 140° la totalité de son ammoniaque; les *sels de potassium et de sodium* sont incristallisables et d'un beau rouge. Le *sel de baryum* est rouge, fort soluble dans l'eau, insoluble dans l'alcool et dans l'éther; séché à 130°, il renferme 12,9 % de baryte. Le *sel de calcium* ressemble au précédent; l'eau de chaux précipite de sa solution un sous-sel jaune, insoluble. Les *sels de fer et de cuivre* sont des précipités colorés; le dernier contient 12,9 % d'oxyde cuivrique. *Sel d'argent*, précipité jaune; *sel de plomb*, précipité jaune, renfermant 14 % d'oxyde de plomb lorsqu'il a été desséché à 130° [Mulder, *Journ. f. prakt. Chem.*, t. XVI, p. 307; t. XX, p. 352; — Van der Pant, *Pharm. Centralbl.*, 1849, p. 342]. A. H.

XANTHOPURPURINE. — Syn. de PURPUROXANTHINE, t. II, p. 1224.

XANTHORHAMNINE. — Voyez RHAMNUS, t. II, p. 1351.

XANTHORTHITE (Min.). — Variété jaunâtre et probablement altérée d'allanite. Elle contient jusqu'à 12 % d'eau.

XANTHOSIDÉRITE (Min.). — Sesquioxyde de fer hydraté, $Fe^2O^3, 2H^2O$, en fibres ou aiguilles soyeuses et rayonnées, à Ilmenau avec minerais de manganèse ; en masses ocreuses, à Goslar (Harz), etc.; en masses ayant l'apparence de la poix à Kilbride (Irlande) avec limonite et psilomélane.

Dureté, 2,5 (aiguilles). Éclat soyeux ou gras. Couleur des aiguilles jaune doré, brun-rougeâtre. Les masses terreuses sont jaunâtres. Poussière jaune d'ocre.

Caractères. — Ceux de la limonite.

XANTHOTANNIQUE (ACIDE). — Ferrein a donné ce nom à une matière jaune qu'il a extraite des feuilles de l'orme, et qu'il regarde comme un acide tannique. Les feuilles sèches sont épuisées par de l'alcool, le liquide est distillé et le résidu repris par l'eau; la solution aqueuse fournit avec l'acétate de plomb un précipité jaune de xanthotannate de plomb qui, après dessiccation à 110°, renferme $C^{28}H^{38}O^4,3PbO$ [A. Ferrein, *Viertel-iahrsschr. f. prakt. Pharm.*, t. VIII, p. 1].

XANTHOXYLÈNE, $C^{10}H^{16}$. — Lorsqu'on distille avec de l'eau les graines écrasées du poivre du Japon (fruit du *Xanthoxylum piperitum*, il passe une essence, le *xanthoxylène*, et un corps solide, la *xanthoxyline*; l'essence est fortement refroidie, séparée de la matière solide qu'elle laisse déposer, et enfin purifiée par distillation sur du potassium. Le xanthoxylène forme un liquide incolore, fortement réfringent, d'odeur agréable, bouillant à 162°. Il fournit une combinaison liquide avec l'acide chlorhydrique [Stenhouse, *Pharm. Journ. and Transact.*, 1857, t. XVII, p. 19].

XANTHOXYLINE, $C^{10}H^{12}O^4$. — C'est la matière cristallisée et volatile mentionnée dans l'article précédent. On la purifie par des cristallisations répétées dans l'alcool ou dans un mélange d'eau et d'alcool. Elle forme des cristaux soyeux appartenant au système clinorhombique ; formes : m, p, g^1, e^1; angles : $mg^1 = 121° 10'$; $mp = 83° 30'$; $pe^1 = 127° 10'$; clivages faciles suivant g^1 et p (Miller). Elle est insoluble dans l'eau, très-soluble dans l'alcool et dans l'éther; son odeur est faible, sa saveur faiblement aromatique. Elle fond à 80°, et se volatilise sans altération à une température supérieure.

L'acide nitrique la convertit en acide oxalique [Stenhouse, *Pharm. Journ. and Transact.*, t. XIII, p. 423 ; t. XVII, p. 19].

Le nom de xanthoxyline a été employé aussi par Staples pour désigner une matière amère cristallisable qu'il a extraite de l'écorce de *Xanthoxylum Clava-Herculis* [*Pharm. Journ. and Trans.*, (2), t. IV, p. 399]; cette matière est probablement identique avec la xanthopicrine et, par conséquent, avec la berbérine. A. H.

XANTHURINE. — Substance hypothétique obtenue par Couerbe en soumettant les xanthates à la distillation sèche. Elle aurait pour formule

$$C^4H^3SO^2.$$

XÉNÉNYLE-TRIAMINE,

$$C^8H^{13}Az^3 = (CH^3)^2C^6H(AzH^2)^3.$$

— On a signalé un des nombreux isomères représentés par cette formule : c'est le produit de réduction complète du trinitrométaxylène sous l'influence de l'étain et de l'acide chlorhydrique. Le chlorhydrate cristallise et semble renfermer

$$C^8H^{13}Az^3, 2HCl$$

(Luhmann et Hollemann).

XÉNOLITE (Min.). — Aiguilles allongées groupées en masses fibreuses et devant être rapportées à la sillimanite d'après les caractères optiques. La xénolite contiendrait, d'après la seule analyse connue, plus de silice que cette dernière espèce. Clivage longitudinal. Éclat soyeux. Couleur blanche ou jaunâtre.

Dureté, 7. Fragile.

Densité, 3,58. Infusible au chalumeau.

Trouvé en blocs erratiques à Peterhof (Finlande) et près de Saint-Pétersbourg.

XÉNOLS [Syn. *Xylénols, hydrates de xényle*],

$$C^8H^{10}O = C^6H^3(CH^3)^2OH.$$

— Les xénols ou xylénols appartiennent à la classe des phénols monatomiques et représentent par conséquent des xylènes dans lesquels un atome d'hydrogène du noyau benzique est remplacé par le groupe oxhydryle. Théoriquement ils sont au nombre de *six*, deux dérivant de l'orthoxylène, trois du métaxylène et un du paraxylène. On en connaît jusqu'ici quatre. M. Wurtz, qui a découvert leur mode de formation, en a obtenu deux en fondant avec la potasse le xénylsulfite de potassium brut, préparé avec le xylène du goudron : un *solide* dérivant du paraxylène, et un *liquide* correspondant au métaxylène. Fittig et Hoogewerff ont décrit un xénol solide dérivé du métaxylène, et Jacobsen a fait c[illegible] l'un des xénols de l'orthoxylène.

ORTHOXÉNOL (1. 2. 4) ou

$$C^6H^3(CH^3)(CH^3)_{(2)}(OH)_{(4)}.$$

— On le prépare en fondant l'orthoxénylsulfite de potassium avec le double de son poids de potasse, reprenant la masse par l'eau, acidulant la liqueur avec de l'acide chlorhydrique et l'épuisant par l'éther; l'orthoxénol entre en dissolution et peut être obtenu par distillation du liquide éthéré. Il fond à 61° et bout à 225°. Il cristallise dans l'eau en longues aiguilles, et dans l'alcool très-faible (8 à 10 °/₀) sous forme d'octaèdres orthorhombiques volumineux.

Orthoxénate de sodium. $C^8H^9O.Na$. — Aiguilles aplaties, soyeuses, très-peu solubles dans une lessive saturée de soude.

Xénol tribromé, $C^8H^7Br^3O$. — Fines aiguilles feutrées, incolores, fusibles à 169°.

Acide xénolsulfureux. — Le xénol, en se dissolvant dans l'acide sulfurique, ne produit qu'un seul acide sulfoné. Les sels de cet acide, de même que ceux des acides xénosulfureux décrits plus loin, produisent tous, avec le chlorure ferrique, une coloration d'un bleu violet.

Sel de baryum $[C^8H^8(OH)SO^3]^2Ba$. — Mamelons hémisphériques, durs, assez peu solubles dans l'eau froide.

Sel de sodium, $C^8H^8(OH)SO^3Na$. — Longs prismes aplatis, anhydres. Les sels de *cuivre* et de *zinc* cristallisent bien [O. Jacobsen, *Deutsch. chem. Gesellsch.*, t. X, p. 1015, et t. XI, p. 28].

MÉTAXÉNOLS. — On connaît deux des trois xénols que le métaxylène peut fournir.

MODIFICATION (1. 2. 3) ou

$$C^6H^3(CH^3)(OH)_{(2)}(CH^3)_{(3)}.$$

— Elle se produit lorsqu'on fond le métaxénylsulfite de potassium (1. 2. 3) avec de la potasse (Jacobsen). On obtient le même métaxénol en chauffant vers 285-295° le mésitylène-sulfite de potassium avec de la potasse; dans cette réaction il se forme d'abord, vers 240-250°, un acide oxymésitylénique, $C^6H^2(CH^3)^2(OH)CO^2H$, qui, à une température supérieure, perd de l'anhydride carbonique pour se convertir en un métaxénol; ce phénol dérive du métaxylène, puisque, dans le mésitylène, les groupes méthyliques sont distribués symétriquement dans la molécule (1.3.5) (Fittig et Hoogewerff).

Le métaxénol cristallise en lamelles ou en longues aiguilles soyeuses; il fond à 74°,5 et bout à 211-212° d'après Jacobsen, tandis que Fittig et Hoogewerff indiquent 73° pour point de fusion et 216° pour point d'ébullition. Avec le brome, il fournit un *dibromométaxénol,* $C^8H^8Br^2O$, cristallisant dans l'alcool en grandes lames d'un jaune d'or, qui fondent à 176° et se subliment à une température supérieure. Le dibromométaxénol est très-soluble dans l'alcool à chaud, moins soluble à froid, et insoluble dans l'eau ou dans le carbonate sodique [R. Fittig et S. Hoogewerff, *Ann. der Chem. u. Pharm.*, t. CL, p. 323; *Bull. de la Soc. chim.*, t. XII, p. 303; — O. Jacobsen, *Deutsch. chem. Gesellsch.*, t. XI, p. 26].

MODIFICATION (1. 3. 4) ou

$$C^6H^3(CH^3)(CH^3)_{(3)}(OH)_{(4)}.$$

1° Lorsque le xénylsulfite de potassium, préparé avec le xylène brut, est transformé en xénol, au moyen de la potasse fondante, on obtient un liquide qui laisse déposer, par le froid, des cristaux de paraxénol (voyez plus loin). La partie liquide constitue un métaxénol renfermant probablement encore une certaine quantité du xénol isomérique (Wurtz).

Lako a préparé le même xénol en employant l'acide sulfoconjugué d'un métaxylène qu'il considérait comme pur; mais le produit obtenu, pour lequel il indique un point d'ébullition trop bas (207°,5), n'était certainement pas homogène, puisque le métaxylène fournit deux acides xénylsulfureux isomériques.

On obtient le métaxénol (1. 3. 4) à l'état de pureté en fondant le sel potassique de l'acide métaxénylsulfureux (1. 3. 4) avec le double de son poids de potasse, reprenant la masse par l'eau, acidulant la solution par l'acide chlorhydrique et l'épuisant par l'éther. Le liquide éthéré est agité avec une solution de carbonate de sodium pour enlever une certaine quantité d'acide crésotique, séché sur du chlorure de calcium et distillé (Jacobsen).

Le métaxénol est un liquide incolore, fortement réfringent, bouillant à 211°,5 (Wurtz, Jacobsen) et ne se solidifiant pas par le froid; la vapeur d'eau l'entraîne facilement. Densité à 0° = 1,0362.

Il est miscible en toute proportion avec l'alcool et l'éther, mais ne se dissout qu'en faible quantité dans l'eau. La solution alcoolique est colorée en vert foncé par le chlorure ferrique, coloration qu'une grande quantité d'eau fait passer au bleu. Les autres xénols ne prennent aucune coloration au contact du chlorure ferrique.

La potasse en fusion oxyde le métaxénol et le transforme en acide crésotique (oxymétatoluique 1. 3. 4) fusible à 149°.

Avec le concours du sodium, le métaxénol peut absorber le gaz carbonique et se convertir en acide xylétique; cette expérience a été faite avec du métaxénol impur contenant du paraxénol (Wroblevsky).

Métaxénate de sodium, $C^8H^9O.Na$. — Il est très-soluble dans l'eau et dans une lessive concentrée de soude; ce dernier caractère le distingue de l'orthoxénate et du paraxénate.

Métaxénate de méthyle, $C^8H^9O.CH^3$. — Liquide incolore, bouillant à 192°. Traité avec précaution par un excès de brome, il fournit un dérivé tribromé $C^8H^6Br^3O.CH^3$, cristallisant dans l'alcool en grandes aiguilles incolores, fusibles à 120°.

Acétate de métaxényle, $C^8H^9O.C^2H^3O$. — Liquide incolore, non miscible avec l'eau, bouillant à 226°, doué d'une odeur qui rappelle l'essence de bergamote.

Bromométaxénols. — On les obtient en ajoutant à une solution acétique de métaxénol la quantité calculée de brome. Le *monobromométaxénol* C^8H^9BrO est un liquide oléagineux, non volatil sans décomposition. Le *dibromométaxénol* $C^8H^8Br^2O$ se précipite en aiguilles fusibles à 73° lorsqu'on ajoute peu à peu de l'eau à sa solution alcoolique. Le *tribromométaxénol* $C^8H^7Br^3O$ cristallise dans l'alcool en longues aiguilles incolores, fusibles à 179°.

Métaxénol nitré, $C^8H^9(AzO^2)O$. — Il se forme lorsqu'on dissout le métaxénol dans l'acide acétique glacial, et qu'on ajoute la quantité calculée d'acide nitrique fumant. Il cristallise en aiguilles jaunes, fusibles à 68°,5 et volatiles avec la vapeur d'eau. Tawildarow semble avoir obtenu le même composé, comme produit accessoire, en décomposant l'α-métaxylidine par l'acide nitreux; il indique le point de fusion à 69°. Le sel de potassium du nitrométaxénol est sous forme de lamelles rouges.

Acide métaxénolsulfureux, $C^8H^8(OH)SO^3H$. — Lorsque le métaxénol (1. 3. 4) est agité avec son volume d'acide sulfurique ordinaire, le mélange s'échauffe et deux acides sulfonés isomériques prennent naissance. Le produit est neutralisé par le carbonate de baryum et les deux sels sont purifiés par cristallisation fractionnée.

a. Le sel de *baryum,* le moins soluble, est en lamelles ou en tables rectangulaires plus volumineuses; il est anhydre. L'eau froide le dissout en petite quantité, l'eau chaude beaucoup plus facilement. Le sel de *potassium* cristallise en lamelles anhydres, pas très-solubles dans l'eau froide. Le sel de *sodium* forme de belles tables anhydres.

b. Le second acide sulfoné fournit un sel de *baryum* qui se présente sous forme de croûtes cristallines; sa solubilité dans l'eau augmente moins avec la température que celle du composé isomérique. Le sel de *sodium*,

$$C^8H^8(OH)SO^3.Na + 4H^2O,$$

est en grandes lames (Jacobsen) [A. Wurtz, *Compt. rend.*, t. LXVI, p. 1086; — E. Wroblevsky, *Zeitsch. für Chem.* 1868, p. 232; *Bull. de la Soc. chim.*, t. X, p. 286; — Lako, *Liebig's, Ann. der Chem.*, t. CLXXXII, p. 30; — O. Jacobsen, *Deutsch. chem. Gesellsch.*, t. XI, p. 24].

PARAXÉNOL (1.3.4). — Nous avons dit plus haut que le xénol, préparé avec le xénylsulfite de potassium brut, laisse déposer par le froid un corps solide qui, purifié par compression et plusieurs cristallisations dans l'éther, constitue le paraxénol [Wurtz, *loc. cit.*].

On obtient le même composé en décomposant le paraxénylsulfite de potassium pur par la potasse en fusion [Jacobsen, *loc. cit.*].

Le paraxénol forme des cristaux incolores, fusibles à 75° et bouillant à 213°,5 (Wurtz); fusibles à 74°,5 et bouillant à 211°,5 (Jacobsen); il se volatilise très-sensiblement à une température voisine de son point de fusion. Il possède à 81° une densité de 0,9709 et se contracte fortement par la solidification. Il est à remarquer que le métaxénol (1, 2, 3) et le paraxénol possèdent presque les mêmes propriétés physiques.

Le paraxénol est très-soluble dans l'alcool et l'éther, très-peu soluble dans l'eau; il n'est pas coloré par le chlorure ferrique.

Paraxénate de sodium, $C^8H^9O.Na$. — Grandes lames très-peu solubles dans une lessive concentrée de soude.

Paraxénate de méthyle, $C^8H^9O.CH^3$. —Liquide incolore, ne se solidifiant pas par le froid, bouillant à 194°.

Acétate de paraxényle, $C^8H^9O.C^2H^3O$.— Liquide incolore, ne se solidifiant pas à — 20°, bouillant à 237°; densité à 15° = 1,0264.

Monobromoparaxénol, $C^8H^8Br.OH$. — Le paraxénol dissous dans l'acide acétique est traité par la quantité calculée de brome, le liquide est additionné d'eau et le produit est soumis à une cristallisation dans l'alcool. Il forme des aiguilles flexibles qui fondent à 87°.

Tribromoparaxénol, $C^8H^6Br^3.OH$. — Il se produit lorsque le paraxénol refroidi est additionné d'un excès de brome, et cristallise dans l'alcool en longues aiguilles d'un jaune d'or, fusibles à 175°.

En traitant par le brome, à 200°, le paraxénol, Grimaux a obtenu un composé bromé, cristallisant sous forme de longues aiguilles fusibles à 71°. Ce corps distille avec la vapeur d'eau en se décomposant partiellement et donnant de l'acide bromhydrique et une substance soluble dans l'eau [E. Grimaux, *Bull. de la Soc. chim.*, t. XIV, p. 140].

Acide paraxénolsulfureux, $C^8H^8(OH)SO^3H$. — Le paraxénol, en se dissolvant dans l'acide sulfurique légèrement chauffé, fournit un seul acide sulfoné qui se sépare sous forme de lamelles hydratées, lorsqu'on ajoute à la solution une certaine quantité d'eau. Le sel de *baryum* de cet acide cristallise en aiguilles microscopiques, réunies en mamelons; il est anhydre et commence à se décomposer vers 115°. Le sel de *sodium*, $C^8H^8(OH)SO^3Na + 5H^2O$, se présente en magnifiques tables rhombiques, d'un angle d'environ 83°,5; il s'effleurit à l'air sec. A. H.

XÉNOTIME (Min.). — Phosphate d'yttria,

$$(PhO^4)^2Y^3.$$

Petits cristaux fort rares, d'un éclat résineux et d'une couleur brune ou jaunâtre, opaques, à cassure inégale, trouvés dans un granite à Hitteroe, avec zircon, polycrase, orthite, et aussi à Ytterby (Suède), dans la vallée de Binnen (Saint-Gothard), etc.

Caractères. — Insoluble dans les acides. Infusible au chalumeau. Difficilement soluble dans le sel de phosphore. Humecté d'acide sulfurique, colore la flamme en bleu verdâtre.

Dureté, 4 à 5. Poussière jaune ou brun pâle. Densité, 4,56.

Forme cristalline. — Octaèdre quadratique $b^{1/2}$ sur $b^{1/2}$ culm = 124° 26'. Clivage *m* parfait.

XÉNYLAMINE. — Nom donné par Hofmann à une base qu'il a rencontrée dans l'aniline brute du commerce et qui n'est autre que l'amidodiphényle, $C^{12}H^9$, AzH^2.

XÉNYLAMINES. — Voyez XYLIDINES.

XÉNYLE ou DIXÉNYLE,

$$C^{16}H^{18} = (CH^3)^2C^6H^3 - H^3C^6(CH^3)^2.$$

— Cet hydrocarbure se forme lorsqu'on fait agir du sodium sur le bromométaxylène (modification 1.3.4) dissous dans 2 volumes de toluène. Il est liquide, fortement réfringent et bout vers 290°-295° (Fittig, Ahrens et Mattheides).

XÉNYLES. — Radicaux monovalents dont on peut admettre l'existence dans les xénols, les xylidines, en un mot dans tous les produits monosubstitués des xylènes.

XÉNYLE (SULFHYDRATE DE). — Syn. *Mercaptan xénylique*. $C^8H^{10}S = (CH^3)^2C^6H^3.SH$.

En réduisant, par le zinc et l'acide sulfurique, le chlorure xénylsulfureux préparé avec le mélange des acides sulfoconjugués dérivés du xylène du goudron, Yssel de Schepper a obtenu un produit de la formule $C^8H^{10}S$ qui était évidemment un mélange de plusieurs sulfhydrates de xényle isomériques. Un mélange semblable a été obtenu par Lindow et Otto en réduisant le dioxydisulfure de xényle au moyen du zinc et de l'acide sulfurique. Ce produit est liquide, incolore, fortement réfringent, bout vers 213° et possède à 13° une densité de 1,036; il est insoluble dans l'eau, mais se mélange en toutes proportions avec l'alcool et l'éther.

Le composé *mercurique* $(C^8H^9S)^2Hg$ cristallise dans l'alcool en écailles brillantes; la combinaison *plombique* $(C^8H^9S)^2Pb$ est une poudre jaune; les composés *cuivrique* et *argentique* constituent des précipités jaunâtres peu stables.

La réaction du perchlorure de phosphore, de l'iodure d'éthyle ou de l'ammoniaque sur le sulfhydrate de xényle n'a pas donné de résultats nets [H. Yssel de Schepper, *Zeitschr. f. Chem.*, 1865, p. 360]. A. H.

XÉNYLE (DIOXYDISULFURE DE)

$$C^{16}H^{18}S^2O^2 = (C^8H^9)^2S^2O^2.$$

— Il se forme, lorsqu'on chauffe à 150-160°, l'acide métaxénylhydrosulfureux avec de l'eau; cette réaction fournit, en même temps, de l'acide xénylsulfureux :

$$3C^8H^{10}SO^2 = H^2O + C^8H^{10}SO^3 + C^{16}H^{18}S^2O^2.$$

Comme l'acide dont il dérive, le dioxydisulfure de xényle, tel qu'il a été décrit, est un mélange d'isomères.

C'est un liquide huileux, jaune, inodore, insoluble dans l'eau, mais miscible à l'alcool et l'éther; la solution alcoolique n'est pas précipitée par les sels d'argent ou de plomb. L'hydrogène naissant le convertit en sulfhydrate de xényle :

$$C^{16}H^{18}S^2O^2 + 3H^2 = 2H^2O + 2C^8H^{10}S.$$

Le brome le transforme en un produit de substitution; l'acide nitreux fournit de l'acide nitroxénylsulfureux et deux produits insolubles dans d'eau, l'un huileux et l'autre cristallisé [F. Lindow et R. Otto, *Ann. d. Chem. u. Pharm.*, t. CXLVI, p. 233; *Bull. de la Soc. chim.* t. X, p. 147]. A. H.

XÉNYLÈNE-DIAMINE. — Ce nom a été donné à la benzidine (diamidodiphényle).

XÉNYLÈNE-DIAMINES [Syn. *Xylène-diamines, diamidoxylènes*],

$$C^8H^{12}Az^2 = C^6H^2(CH^3)^2(AzH^2)^2.$$

— La théorie prévoit onze xénylène-diamines isomériques, quatre étant dérivées de l'orthoxylène, quatre du métaxylène, et trois du paraxylène. Jusqu'ici on n'en a préparé que deux, qui correspondent au métaxylène.

MODIFICATION α. — On l'obtient en réduisant par l'étain et l'acide chlorhydrique l'α-métaxylidine nitrée fusible à 69° (voyez p. 742). La réaction est très-violente au commencement, mais il faut chauffer pour l'achever. L'acide chlorhydrique étant chassé au bain-marie, on ajoute de l'eau au résidu, et l'on précipite l'étain par l'hydrogène sulfuré; la solution évaporée à cristallisation et additionnée de soude, laisse déposer des lamelles brillantes de xénylène-diamine. Le liquide en contient encore, qu'on peut extraire par l'éther.

L'α-xénylène-diamine purifiée par cristallisation dans l'eau ou dans l'alcool est en lamelles ou aiguilles blanches, fusibles à 74-75°, solubles dans l'eau et dans l'alcool, et possédant une réaction légèrement alcaline. Les oxydants l'attaquent violemment en donnant des produits bruns, mais on n'y trouve pas de xyloquinone.

Le *chlorhydrate* cristallise bien.

Le *chloroplatinate* cristallise difficilement [A.-W. Hofmann, *Deutsche chem. Gesells.*, t. IX, p. 1298; *Bull. de la Soc. chim.*, t. XXVII, p. 466].

MODIFICATION β. — Le dinitrométaxylène, fusible à 93°, réduit par l'étain et l'acide chlorhydrique, fournit le chlorostannite de cette xénylène-diamine. Après la précipitation de l'étain par l'hydrogène sulfuré, la solution est concentrée, et le chlorhydrate qui se dépose est distillé avec de la chaux caustique.

La β-xénylène-diamine ainsi obtenue se présente sous la forme de fines aiguilles, fusibles à 152°, sublimables, solubles dans l'eau chaude et dans l'alcool. Son chlorhydrate, en solution alcoolique, traité par l'acide nitreux, fournit une huile jaune, soluble dans l'alcool, mais insoluble dans l'acide chlorhydrique.

Chlorhydrate, $C^8H^8(AzH^2)^2.2HCl$. — Prismes clinorhombiques, solubles dans l'eau; l'acide chlorhydrique concentré le précipite de la solution aqueuse.

Chlorostannite, $C^8H^8(AzH^2)^2.2HCl + SnCl^2$. — Prismes clinorhombiques.

Sulfate, $C^8H^8(AzH^2)^2.H^2SO^4$. — Poudre peu soluble dans l'alcool [E. Luhmann et W. Hollemann, *Ann. der Chem. u. Pharm.*, t. CXLIV, p. 274; *Bull. de la Soc. chim.*, t. X, p. 146; — R. Fittig, W. Ahrens et L. Mattheides, *Ann. der Chem. u. Pharm.*, t. CXLVII, p. 15; *Bull. de la Soc. chim.*, t. IX, p. 492].

XÉNYLÈNE-DIAMINE MONOBROMÉE, $C^8H^7Br(AzH^2)^2$. — La solution du chlorhydrate de xénylène-diamine additionnée d'eau de brome laisse déposer un précipité de bromhydrate de xénylène-diamine monobromée, qu'on fait cristalliser dans l'alcool, pour le dissoudre ensuite dans l'ammoniaque, et précipiter enfin par l'acide sulfurique étendu; le précipité rouge qui se produit constitue la base bromée à l'état impur. Purifiée par cristallisation dans l'alcool, celle-ci est en fines aiguilles jaunes, solubles dans l'eau pure.

Le *bromhydrate*, $C^8H^7Br(AzH^2)^2.2HBr$, forme de longues aiguilles jaunes, que l'eau décompose facilement en leur enlevant de l'acide bromhydrique [E. Luhmann et W. Hollemann, *loc. cit.*].

XÉNYLÈNE-DIAMINE MONONITRÉE,

$$C^8H^7(AzO^2)(AzH^2)^2.$$

— C'est un des produits de la réduction du trinitrométaxylène. Lorsqu'on chauffe ce composé avec une solution alcoolique de sulfhydrate d'ammonium, en faisant passer un courant d'hydrogène sulfuré à travers le liquide, il se précipite des cristaux mélangés de soufre. Après avoir distillé l'excès du sulfhydrate et l'alcool, on reprend le résidu par l'alcool bouillant; la solution laisse déposer, en se refroidissant, un mélange de mononitroxénylène-diamine et de dinitrométaxylidine (voir p. 742). Ce mélange cède à l'acide chlorhydrique froid la première de ces bases, tandis que la dinitrométaxylidine reste insoluble. La solution chlorhydrique additionnée d'ammoniaque fournit un précipité que l'on soumet plusieurs fois au même traitement, et que l'on purifie enfin par une cristallisation dans l'alcool.

La xénylène-diamine mononitrée est en longs prismes clinorhombiques, rouge-orangé, fusibles à 215°, sublimables, solubles dans l'alcool bouillant, peu solubles dans l'eau.

Chlorhydrates. — On en connaît deux :

1° *Monochlorhydrate*,

$$C^8H^7(AzO^2)(AzH^2)^2.HCl.$$

— Ce sel cristallisable se forme lorsqu'on traite la base par une quantité d'acide chlorhydrique étendu, insuffisante pour la dissoudre.

2° *Dichlorhydrate*, $C^8H^7(AzO^2)(AzH^2)^2.2HCl$. — Il se dépose d'une solution de la base dans l'acide chlorhydrique concentré.

Chloroplatinate,

$$C^8H^7(AzO^2)(AzH^2)^2.2HCl, PtCl^4 + 3H^2O.$$

— On l'obtient en ajoutant du chlorure de platine à la solution du dichlorhydrate, et évaporant la solution sur l'acide sulfurique. Ce sont des tables hexagonales, d'un jaune d'or, solubles dans l'acide chlorhydrique. L'eau les décompose en régénérant la base; au-dessous de 100°, elles perdent leur eau de cristallisation; au-dessus de 100°, de l'acide chlorhydrique.

Sulfates. — On en connaît trois :

1° *Sulfate acide*,

$$C^8H^7(AzO^2)(AzH^2)^2.2H^2SO^4 + 2H^2O.$$

— Il se dépose, par l'évaporation des eaux mères du sulfate neutre, en grandes tables transparentes, qui perdent leur eau de cristallisation à 100°.

2° *Sulfate neutre*, $C^8H^7(AzO^2)(AzH^2)^2.H^2SO^4$. — La base, mise en suspension dans l'eau bouillante, est additionnée peu à peu d'acide sulfurique jusqu'à ce qu'elle soit dissoute, et la solution est soumise à un refroidissement lent. Le sel se dépose en grands prismes clinorhombiques, décomposables par l'eau.

3° *Sulfate basique*,

$$2[C^8H^7(AzO^2)(AzH^2)^2]H^2SO^4 + 2H^2O.$$

— Il se forme quand on chauffe la base avec une quantité d'acide sulfurique, insuffisante pour la dissoudre en totalité, et qu'on filtre. Ce sel se dépose alors en cristaux jaunâtres, qui perdent leur eau à 110°.

Triéthyle-xénylène-diamine mononitrée,

$$C^8H^7(AzO^2)Az^2H(C^2H^5)^3.$$

— En chauffant la xénylène-diamine mononitrée avec l'iodure d'éthyle à 120°, on obtient l'iodhydrate de triéthyle-xénylène-diamine mononitrée, que l'on purifie par cristallisation dans l'eau chaude, et qu'on décompose ensuite par l'ammoniaque. La base éthylée se précipite en cristaux écailleux, jaunes, solubles dans l'alcool et dans l'éther.

Le *chloroplatinate*,

$$[C^8H^7(AzO^2)Az^2H(C^2H^5)^3.HCl]^2, PtCl^4,$$

se dépose en aiguilles jaune d'or, groupées en faisceaux, lorsqu'on ajoute du chlorure de platine à la solution chlorhydrique de la base.

Iodhydrate, $C^8H^7(AzO^2)Az^2H(C^2H^5)^3.HI$. — Prismes clinorhombiques pyramidés, rouges [Bussenius et Eisenstuck, *Ann. der Chem. u. Pharm.*, t. CXIII, p. 151; *Répert. de Chim. pure*, 1860, p. 176]. A. H.

XÉRONIQUE (ACIDE). — Cet acide n'est connu qu'à l'état de sels. D'après la composition de ceux-ci, il est bibasique et devrait renfermer $C^8H^{12}O^4$; mais, dès qu'on cherche à l'isoler, il perd une molécule d'eau et se transforme en son anhydride $C^8H^{10}O^3$. C'est le seul exemple d'un acide bibasique ne pouvant pas exister à l'état libre.

ANHYDRIDE XÉRONIQUE, $C^8H^{10}O^3$. — Il se produit en petite quantité dans la distillation sèche de l'acide citrique, et c'est probablement à la décomposition de l'anhydride citraconique, formé en premier lieu, qu'il doit son origine. En effet, l'anhydride citraconique se décompose toujours en partie pendant la distillation; il entre en ébullition vers 213°, et cette température se maintient assez longtemps; plus tard la température s'élève peu à peu au delà de 300°, en même temps que le contenu du vase se fonce de plus en plus. Les parties qui passent entre 220 et 270°, étant agitées avec de l'eau, laissent une huile, qui n'est autre que l'anhydride xéronique. Cette décomposition de l'acide citraconique est accompagnée d'un dégagement de gaz carbonique; elle commence déjà vers 160°; la proportion d'anhydride xéronique formé est toujours faible, la plus grande partie de la substance se transformant en une matière goudronneuse, volatile au delà de 280°.

L'anhydride xéronique, purifié par distillation avec la vapeur d'eau, est une huile incolore, bouillant à 242° et se volatilisant facilement avec les vapeurs aqueuses. Il est très-peu soluble dans l'eau. Le carbonate sodique ou l'ammoniaque étendue ne le dissolvent qu'à la longue et fournissent des xéronates; la chaleur favorise très-notablement cette action.

XÉRONATES, $C^8H^{10}O^4.M^2$. — Ils contiennent 2 atomes de métal monovalent; les acides puissants en séparent des gouttelettes d'anhydride xéronique.

Sel d'argent, $C^8H^{10}O^4.Ag^2$. — Précipité blanc, à peine soluble dans l'eau, ne noircissant pas à la lumière.

Sel de baryum, $C^8H^{10}O^4.Ba + 1/2H^2O$. — La solution de l'anhydride dans l'ammoniaque étendue, débarrassée par la chaleur de l'excès d'ammoniaque, n'est pas troublée par le chlorure de baryum; mais, lorsqu'on chauffe le liquide, il se forme un précipité blanc épais de xéronate de baryum. Ce sel, séché sur l'acide sulfurique, retient $1/2H^2O$, qu'il perd vers 140°.

Sel de calcium, $C^8H^{10}O^4.Ca + H^2O$. — On le prépare comme le sel barytique, auquel il ressemble; il perd son eau vers 130-140° [R. Fittig et L. Paul, *Deutsch. chem. Gesellsch.*, t. IX, p. 116; — R. Fittig, *ibid.*, t. IX, p. 1189; *Bull. de la Soc. chim.*, t. XXVI, p. 502; t. XXVIII, p. 82]. A. H.

XONALTITE (Min.). — Silicate de calcium hydraté, $4(CaSiO^3) + H^2O$. — Masses amorphes concrétionnées très-dures, grises ou bleuâtres, à cassures écailleuses, trouvées à Tetela de Xonalta (Mexique), avec apophyllite et bustamite.

Densité, 2,72.

XUTHÈNE. — Voyez PERSULFOCYANIQUE (ACIDE), t. II, p. 780.

XYLÈNE (HYDRURES DE). — Voyez t. III, p. 735.

XYLÈNE-DIAMINES. — Voyez XÉNYLÈNE-DIAMINES.

XYLÈNE-TRIAMINE. — Voyez XÉNÉNYLE-TRIAMINE.

XYLÈNES [Syn. *Xylols, diméthylbenzines, méthyltoluènes, hydrures de xényles, hydrures de tolyles*],

$$C^8H^{10} = C^6H^4 < \begin{matrix} CH^3 \\ CH^3 \end{matrix}.$$

— Les xylènes appartiennent à la seconde série des homologues de la benzine; ce sont des diméthylbenzines. Comme tous les dérivés disubstitués de la benzine, ils existent sous trois modifications isomériques, que nous distinguerons par les préfixes *ortho*, *méta* et *para*, ou par les symboles (1.2), (1.3) et (1.4) (voyez la note de la p. 433 du t. III). Ces trois modifications sont isomériques avec l'éthylbenzine, $C^6H^5-C^2H^5$.

Ce n'est que depuis une dizaine d'années que ces notions ont été acquises à la science; avant les travaux de Fittig, en 1867, on confondait les trois hydrocarbures, et toutes les indications antérieures à cette époque ont trait à leur mélange. Nous désignerons ce mélange sous le nom de *xylène* et nous dirons comment il se forme et quelles sont ses propriétés physiques avant d'étudier les modes de formation et de synthèse, les propriétés et les dérivés de chaque hydrocarbure en particulier.

Le xylène a été découvert en 1850 par Cahours dans l'huile qui se sépare lorsqu'on ajoute de l'eau à l'esprit de bois brut.

Depuis, on l'a trouvé dans les parties volatiles du goudron de hêtre (Voelckel); dans les gaz provenant de la combustion du bois (Reissig); dans le goudron de houille (Ritthausen, Church); dans les produits de distillation de l'huile de Menhaden (extraite de l'*Alosa Menhaden*, espèce de hareng, (Warren et Storer); dans les produits de décomposition du camphre par le chlorure de zinc (Fittig, Koebrich et Jilke). Le xylène existe tout formé dans l'huile minérale de Burmah (nommée aussi *rangoon-tar*) (Warren de la Rue et Müller) et dans l'huile minérale de Sehnde, près Hanovre; il peut en être extrait au moyen d'un courant de vapeur d'eau sous une pression de 4 à 5 atmosphères (Bussenius et Eisenstuck). L'hydrocarbure retiré de cette dernière huile minérale avait reçu d'abord le nom de *pétrol*, mais H. Müller a démontré qu'il est identique avec le xylène [A. Cahours, *Compt. rend.*, 1850, t. XXX, p. 319; — Voelckel, *Ann. der Chem. u. Pharm.*, t. LXXXVI, p. 331; — Reissig, *Zeitsch. für anal. Chem.*, t. III, p. 9; — Ritthausen, *Journ. für prakt. Chem.*, t. LXI, p. 74; — Church, *Phil. Mag.*, (4), t. IX, p. 453; — C.-M. Warren et F.-H. Storer, *Journ. für prakt. Chem.*, t. CII, p. 436; — R. Fittig, A. Kœbrich et T. Jilke, *Ann. der Chem. u. Pharm.*, t. CXLV, p. 129; *Bull. de la Soc. chim.*, t. XI, p. 78; — Warren de la Rue et Hugo Müller, *Journ. für prakt. Chem.*, t. LXX, p. 300; — Bussenius et Eisenstuck, *Ann. der Chem. u. Pharm.*, t. CXIII, p. 151; *Répert. de Chim. pure*, 1860, p. 176; — Hugo Müller, *Zeitsch. für Chem.*, 1864, p. 161].

Le xylène se produit aussi lorsqu'on fait passer à travers un tube chauffé au rouge les vapeurs de cumène du goudron bouillant de 160-165°; il se forme en même temps une grande quantité de naphtaline, de la benzine et d'autres hydrocarbures. La réaction principale peut être exprimée par l'équation

$$2C^9H^{12} = C^8H^{10} + C^{10}H^8 + 3H^2$$
Cumène. Xylène. Naphtaline.

[Berthelot, *Bull. de la Soc. chim.*, t. VII, p. 229].

Tout récemment, Friedel et Crafts sont parvenus à produire synthétiquement le xylène en même temps que ses homologues supérieurs en traitant la benzine ou le toluène par le chlorure ou l'iodure de méthyle en présence du chlorure d'aluminium :

$$C^6H^6 + 2CH^3Cl = 2HCl + C^6H^4(CH^3)^2.$$
Benzine. Xylène.

$$C^6H^5.CH^3 + CH^3Cl = HCl + C^6H^4(CH^3)^2.$$
Toluène. Xylène.

Ce xylène contient une forte proportion de paraxylène.

On l'a vu plus haut, le xylène, comme ses homologues, se forme par la décomposition pyrogénée d'un grand nombre de substances organiques, réactions violentes qui fournissent, indépendamment du xylène, une multitude d'autres produits.

Le goudron de houille est la source la plus abondante du xylène; cet hydrocarbure peut être extrait des *huiles légères* de goudron par la distillation fractionnée; l'industrie se sert, à cet effet, des puissants appareils à colonne qui ont été décrits à l'article BENZINE (INDUSTRIE), t. I, p. 541.

Le xylène ainsi purifié bout de 138 à 140°, et possède une densité de 0,8770 à 0°; son volume aux différentes températures comprises entre 0° et 100° est donné par la formule

$$V = 1 + 0,0009506\,t + 0,000001632\,t^2$$

(Louguinine).

Lorsqu'on fait barboter de la vapeur d'eau dans du xylène, cet hydrocarbure est entraîné à la distillation; les vapeurs qui se dégagent possèdent une température de 91°,5 et renferment 44 p. d'eau pour 100 p. de xylène, chiffres indépendants de la forme des vases, de la rapidité avec laquelle la distillation a lieu, et constants tant que la vapeur arrive directement au sein du carbure et non dans la couche aqueuse placée au-dessous [A. Naumann, *Deutsche chem. Gesellsch.*, t. X, p. 1426].

Le point d'ébullition assez fixe du xylène a fait considérer pendant longtemps cet hydrocarbure comme un corps défini; mais Fittig a montré qu'il constitue en réalité un mélange de corps isomères à points d'ébullition très-rapprochés; d'après ce chimiste, il renfermerait environ 90 °/ₒ d'isoxylène et 10 °/ₒ de paraxylène. Les travaux postérieurs sont venus compléter ces indications, et récemment Jacobsen a fait voir que le troisième isomère, l'orthoxylène, existe aussi dans le xylène brut; il estime la proportion de paraxylène à 20-25 °/ₒ et celle de l'orthoxylène à 10-15 °/ₒ, chiffres qui, du reste, semblent être soumis à des variations notables, suivant la provenance du xylène [R. Fittig, *Ann. der Chem. u. Pharm.*, t. CLIII, p. 265; *Bull. de la Soc. chim.*, t. XII, p. 306; — O. Jacobsen, *Deutsche chem. Gesellsch.*, t. X, p. 1009].

I. — ORTHOXYLÈNE.

Syn. *Orthodiméthylbenzine* (1.2),

$$C^8H^{10} = C^6H^4 < {CH^3 \atop (CH^3)_{(2)}}.$$

MODES DE FORMATION ET PRÉPARATION. — 1° L'orthoxylène a été obtenu d'abord par Bieber et Fittig, en chauffant à une haute température, l'acide paraxylique (t. III, p. 745) avec de la chaux caustique [Bieber et Fittig, *Ann. der Chem. u. Pharm.*, t. CLVI, p. 231; *Bull. de la Soc. chim.*, t. XIII, p. 268] :

$$C^6H^3 \left\{ {(CH^3)_{(1)} \atop {(CH^3)_{(2)} \atop (CO^2H)_{(4)}}} \right. + CaO$$
$$= CaCO^3 + C^6H^4 < {(CH^3)_{(1)} \atop (CH^3)_{(2)}}.$$

2° Il se produit aussi lorsqu'on traite l'orthobromotoluène par l'iodure de méthyle et le sodium en présence de la benzine; la réaction commence à la température ordinaire, au bout de 12 heures, et s'achève tranquillement en deux jours lorsqu'on a soin de refroidir au moyen de l'eau froide. On isole l'orthoxylène formé en soumettant le produit à un grand nombre de distillations fractionnées sur du sodium [Jannasch et Hübner, [*Liebig's Ann. der Chem.*, t. CLXX, p. 117; *Bull. de la Soc. chim.*, t. XVIII, p. 334].

3° L'orthoxylène se trouve, d'après Jacobsen, dans le xylène du goudron, et peut en être extrait de la manière suivante : L'hydrocarbure est agité à plusieurs reprises avec de l'acide sulfurique ordinaire, qui n'attaque que difficilement le paraxylène, tandis qu'il dissout le métaxylène et l'orthoxylène; la solution sulfurique, étendue d'eau, est saturée de carbonate de baryum ou de calcium, filtrée et précipitée par un petit excès de carbonate de sodium. La solution contient un mélange de métaxylène-sulfite et d'orthoxylène-sulfite de sodium, et fournit, après concentration, des cristaux du dernier sel, qui se distingue par la facilité avec laquelle il cristallise. Lorsque, par une évaporation poussée plus loin, les eaux mères laissent déposer des cristaux indistincts qui n'acquièrent pas de formes régulières par une nouvelle cristallisation, elles ne contiennent presque plus d'orthoxylène-sulfite et peuvent servir avantageusement à la préparation du métaxylène. Les dépôts sont réunis et purifiés par deux ou trois cristallisations dans l'eau et chauffés finalement à 190-195° avec de l'acide chlorhydrique; l'hydrocarbure régénéré est séché et rectifié sur du sodium [O. Jacobsen, *Deutsche chem. Gesellsch.*, t. X, p. 1010].

PROPRIÉTÉS ET RÉACTIONS. — L'orthoxylène est un liquide incolore, doué d'une odeur aromatique agréable et différente de celle des deux isomères; il ne se solidifie pas à — 22° et bout entre 141 et 143° (toute la colonne mercurielle dans la vapeur). L'acide nitrique étendu le transforme, par l'ébullition, en acide orthotoluique :

$$C^6H^4 < {CH^3 \atop (CH^3)_{(2)}} + O^3$$
$$= H^2O + C^6H^4 < {CH^3 \atop (CO^2H)_{(2)}}.$$

Si l'on prolonge l'action du liquide oxydant, on n'obtient pas d'acide phtalique; le noyau benzique est complétement détruit et il se forme du gaz carbonique et de l'acide acétique. Le dichromate de potassium et l'acide sulfurique étendu donnent lieu à une réaction analogue (Bieber et Fittig). Une solution bouillante de permanganate de potassium oxyde facilement l'orthoxylène et il se forme un mélange d'acide orthotoluique et d'acide phtalique (Jacobsen).

PRODUITS DE SUBSTITUTION. — Ils sont à peine connus. Sous l'influence d'un mélange d'acide nitrique fumant et d'acide sulfurique, l'orthoxylène fournit une matière huileuse qui laisse déposer, au bout de quelques jours, des cristaux fusibles à 52-55° (Jacobsen).

Orthoxylènes chlorés. — On ne connaît qu'un dérivé *monochloré* et un dérivé *dichloré*, qui tous deux renferment le chlore dans les chaînes latérales de l'orthoxylène; on les obtient en traitant cet hydrocarbure par le chlore, à la température de l'ébullition, et soumettant le produit à la distillation fractionnée.

Le *chlorure d'orthotolyle*,

$$C^8H^9Cl = C^6H^4 <^{CH^3}_{CH^2Cl},$$

est un liquide incolore, bouillant à 197-199°, dont les vapeurs exercent une action très-irritante sur les muqueuses.

Le *dichlorure d'orthotolylène*, $C^8H^8Cl^2$ ou peut-être

$$C^6H^4 <^{CH^2Cl}_{CH^2Cl},$$

cristallise dans l'éther en belles tables, fusibles à 103° et bouillant à 225° en se décomposant partiellement [B. Rayman, *Bull. de la Soc. chim.*, t. XXVI, p. 532].

Acide orthoxylène-sulfureux ou *orthoxénylsulfureux*,

$$C^8H^{10}SO^3 = C^6H^3(CH^3)(CH^3)_{(2)}(SO^3H)_{(4)}.$$

— Il se forme lorsqu'on agite, à une douce chaleur, l'orthoxylène avec son volume d'acide sulfurique ordinaire; il ne se produit qu'un seul acide sulfoné et lorsqu'on ajoute au liquide une certaine quantité d'eau, cet acide se dépose et le tout se prend en une masse radiée. Il suffit d'essorer cette masse et de la dissoudre dans de l'eau contenant de l'acide sulfurique, pour obtenir l'acide orthoxylène-sulfureux sous forme de très-longs prismes aplatis renfermant $2H^2O$. Nous avons dit plus haut comment on peut préparer le sel de sodium de cet acide en prenant pour point de départ le xylène du goudron. Fondu avec du formiate de sodium, l'orthoxylène-sulfite de sodium fournit l'acide paraxylique; ce même acide prend naissance lorsque le sel sodique est distillé avec du cyanure de potassium et que le nitrile formé est saponifié, en vase clos, par l'acide chlorhydrique. Ces deux réactions fixent la constitution (1.2.4) de l'acide sulfoné.

Le *sel de baryum*, $(C^8H^9SO^3)^2Ba + 2H^2O$, se dépose par le refroidissement de sa solution aqueuse en grandes lames incolores nacrées; il perd son eau vers 120°; 100 p. d'eau en dissolvent 5p,8 à 0° et 33p,6 à 100°.

Le *sel de sodium*, $C^8H^9SO^3.Na + 5H^2O$, forme de beaux prismes aplatis, qui s'effleurissent à l'air; il se distingue par la facilité avec laquelle il cristallise : les cristaux peuvent atteindre des dimensions très-grandes.

Le *chlorure* orthoxylène-sulfureux, $C^8H^9SO^2Cl$, obtenu par l'action du perchlorure de phosphore sur le sel sodique, se dépose par l'évaporation de sa solution éthérée en beaux prismes, fusibles à 51-52°.

L'*amide* $C^8H^9SO^2AzH^2$ est en prismes fusibles à 144° [Jacobsen, *loc. cit.* et *Deutsche Chem. Gesellsch.*, t. XI, p. 22].

Acide orthoxylène-hydrosulfureux ou *orthoxényl-hydrosulfureux*,

$$C^8H^{10}SO^2 = (CH^3)^2C^6H^3.SO^2H.$$

— Pour le préparer, on réduit le chlorure orthoxényl-sulfureux par le zinc en poudre et l'eau, d'après le procédé de Schiller et Otto, et l'on suit les indications données à l'article Toluène, t. III, p. 448. On obtient ainsi le sel sodique qu'on décompose en solution concentrée et chaude par l'acide chlorhydrique: l'acide orthoxényl-hydrosulfureux se sépare sous forme d'une couche huileuse et se solidifie bientôt. On le fait cristalliser dans l'eau tiède, au sein de laquelle il se dépose en grandes lames minces et soyeuses, fusibles à 83°; sous l'eau, il fond à une température inférieure. Mis au contact du bioxyde de baryum broyé avec de l'eau, il se transforme aisément en orthoxénylsulfite de baryum (Jacobsen).

II. — MÉTAXYLÈNE.

Syn. *Métadiméthylbenzine*, *isoxylène* (1.3),

$$C^8H^{10} = C^6H^4 <^{CH^3}_{(CH^3)_{(3)}}.$$

Modes de formation et préparation. — 1° Le métaxylène a été découvert par Fittig et Velguth, qui l'obtinrent en distillant l'acide mésitylénique avec de la chaux :

$$C^6H^3 \begin{cases} (CH^3)_{(1)} \\ (CH^3)_{(3)} \\ (CO^2H)_{(5)} \end{cases} + CaO = CaCO^3 + C^6H^4 <^{(CH^3)_{(1)}}_{(CH^3)_{(3)}}.$$

Comme l'acide mésitylénique dérive par une oxydation régulière du mésitylène ou triméthylbenzine symétrique (1.3.5), cette réaction fixe la constitution du métaxylène [R. Fittig et Velguth, *Zeitsch. für Chem.*, 1867, p. 526; *Bull. de la Soc. chim.*, t. VIII, p. 424].

2° On obtient encore du métaxylène en opérant de la même manière avec l'acide xylique,

$$C^6H^3(CH^3)_{(1)}(CH^3)_{(3)}(CO^2H)_{(4)},$$

isomérique avec l'acide mésitylénique [P. Bieber et R. Fittig, *Ann. der Chem. u. Pharm.*, t. CLVI, p. 231; *Bull. de la Soc. chim.*, t. XIII, p. 268].

3° On a tenté de transformer le métabromotoluène en métaxylène au moyen de l'iodure de méthyle et du sodium; la réaction est extrêmement lente et n'a pas donné de résultat; le métaiodotoluène est attaqué un peu plus facilement dans ces conditions, et l'on obtient une petite quantité de métaxylène; la réaction cependant est peu nette [Wroblevsky, *Deutsche chem. Gesellsch.*, t. IX, p. 896].

4° Le métaxylène forme la majeure proportion du xylène du goudron, qui en renferme environ 90 °/ₒ d'après Fittig, 30 à 40 °/ₒ d'après Jacobsen; cette teneur est probablement soumise à des variations, suivant l'origine de l'hydrocarbure. On a décrit deux procédés pour l'extraire.

a. Rommier avait observé, en 1870, que le xylène du goudron peut être séparé au moyen de l'acide sulfurique, en une partie soluble et en une partie insoluble; mais il n'a pas établi nettement la nature des deux produits. Tout récemment, Jacobsen a confirmé cette observation et a montré que la partie insoluble est formée principalement de paraxylène, tandis que l'orthoxylène et le métaxylène se dissolvent assez facilement, à une douce chaleur, dans l'acide sulfurique ordinaire. Nous avons déjà dit plus haut comment on parvient à séparer ces deux hydrocarbures par des cristallisations fractionnées des sels sodiques de leurs acides sulfonés. Le métaxylène-sulfite de sodium chauffé avec de l'acide chlorhydrique vers 190-190° régénère du métaxylène pur [Jacobsen, *loc. cit.*].

b. Le métaxylène étant attaqué beaucoup plus lentement par les oxydants que l'orthoxylène et le paraxylène, Tawildarow et Ch. Gundelach ont mis cette propriété à profit pour la purification de cet hydrocarbure. Voici comment Gundelach prescrit d'opérer : 1 p. xylène du goudron passant de 137 à 141° est soumise à l'ébullition dans un appareil à reflux, avec 2 p. d'acide nitrique étendu de 6 p. d'eau; au bout de 24 heures, on distille le carbure non attaqué, et on le soumet à un second traitement entièrement semblable, après quoi on le lave avec de l'ammoniaque faible. L'isoxylène ainsi purifié contient encore de petites quantités de corps nitrés, dont on le débarrasse en le chauffant avec de l'étain et de l'acide chlorhydrique, puis en le lavant à l'eau et en le rectifiant après dessiccation.

On peut aussi employer comme oxydant un mélange de dichromate de potassium et d'acide sulfurique étendu, mais l'acide nitrique, permettant d'opérer sur une plus grande quantité de matière à la fois, est préférable [N. Tawildarow, *Zeitsch. für Chem.*, 1870, p. 418; — Ch. Gundelach, *Bull. de la Soc. chim.*, t. XXVI, p. 43; — Voyez aussi : S. Lako, *Liebig's Ann. der Chem.*, t. CLXXXII, p. 30; — A. Brückner, *Deutsche chem. Gesellsch.*, t. IX, p. 405; *Bull. de la Soc. chim.*, t. XXVI, p. 463].

Propriétés et réactions. — Le métaxylène est un liquide incolore, bouillant de 137 à 138°, d'odeur aromatique particulière. Il est insoluble dans l'eau et plus léger que ce liquide; il est miscible avec une foule de liquides organiques. Il forme une combinaison cristallisée avec l'acide picrique (Fritzsche).

Action de la chaleur. — Lorsqu'on dirige les vapeurs de métaxylène au travers d'un tube chauffé au rouge, on obtient comme produits principaux du toluène et de la naphtaline, en même temps que de la benzine et de l'anthracène, en quantités notables, des hydrocarbures liquides bouillant entre 250 et 320° et des carbures orangés, résineux et bitumineux. La formation du toluène et de la naphtaline paraît être corrélative et pourrait être représentée par l'équation

$$3C^8H^{10} = 2C^7H^8 + C^{10}H^8 + 3H^2$$

[Berthelot, *Bull. de la Soc. chim.*, t. VII, p. 227].

Action des oxydants. — L'acide nitrique étendu de 1 à 2 volumes d'eau ne l'oxyde à l'ébullition qu'avec un extrême lenteur (Fittig et Velguth); mais lorsqu'on élève la température vers 130-150°, en opérant en vase clos, on parvient à l'attaquer et l'on obtient un mélange des acides métatoluique et métaphtalique (isophtalique) en proportion variable suivant le degré de concentration de l'acide (A. Brückner). Le permanganate de potassium donne lieu à une réaction analogue. L'hydrocarbure est attaqué par le mélange de dichromate de potassium et d'acide sulfurique étendu, et transformé en acide métatoluique (Fittig et Velguth) :

$$C^6H^4 < \begin{matrix} CH^3 \\ (CH^3)_{(3)} \end{matrix} + O^3$$

Isoxylène.

$$= H^2O + C^6H^4 < \begin{matrix} CH^3 \\ (CO^2H)_{(3)} \end{matrix},$$

Acide métatoluique.

$$C^6H^4 < \begin{matrix} CH^3 \\ (CH^3)_{(3)} \end{matrix} + O^6$$

$$= 2H^2O + C^6H^4 < \begin{matrix} CO^2H \\ (CO^2H)_{(3)} \end{matrix}.$$

Acide métaphtalique.

Dans l'organisme, le métaxylène est converti en acide métatolurique (O. Schultzen et B. Naunyn). — Voyez t. III, p. 592.

Action des réducteurs. — Le métaxylène, chauffé à 275° avec 20 p. d'acide iodhydrique saturé, se détruit en donnant naissance à des gaz, à des hydrocarbures liquides et à du charbon; les gaz sont formés par un mélange à volumes égaux d'hydrogène et de propane; les carbures liquides contiennent du métaxylène non altéré et une substance insoluble dans l'acide azotique fumant, très-probablement de l'octane, formé en vertu de l'équation :

$$C^8H^{10} + 4H^2 = C^8H^{18}$$

[Berthelot, *Bull. de la Soc. chim.*, t. IX, p. 101].

Lorsqu'on traite le métaxylène, à 230-240°, pendant 48 heures, par 12 p. seulement d'acide iodhydrique, mais en présence d'une petite quantité de phosphore rouge, la réduction s'arrête à l'*hexahydrométaxylène*, C^8H^{16}.

Ce dernier hydrocarbure se produit aussi par la réduction de l'acide camphorique à 280° au moyen de l'acide iodhydrique saturé (12 p.) :

$$C^{10}H^{14}O^4 + H^2 = 2CO^2 + C^8H^{16}.$$

C'est un liquide incolore, bouillant à 115-120° et possédant à 0° une densité de 0,784; densité de vapeur 3,68 (calcul 3,87). Il n'attire pas l'oxygène de l'air et ne se combine pas avec l'acide sulfurique; il présente avec l'octane une grande ressemblance de propriétés [F. Wreden, *Zeitsch. für Chem.*, 1871, p. 97; *Deutsche chem. Gesellsch.*, t. V, p. 608; t. VI, p. 1379; *Bull. de la Soc. chim.*, t. XV, p. 277; t. XVIII, p. 358; t. XXI, p. 320].

Enfin, en employant un moyen de réduction moins énergique, l'iodure de phosphonium PH^4I vers 300°, on parvient à n'ajouter que 4 atomes d'hydrogène au métaxylène et à le transformer en *tétrahydrométaxylène*, C^8H^{14}, liquide incolore bouillant à 122-125° [A. Baeyer, *Ann. der Chem. u. Pharm.*, t. CLV, p. 272].

Ce tétrahydrométaxylène serait identique, d'après Wreden, avec l'un des hydrocarbures de la formule C^8H^{14}, carbure qui prend naissance dans différentes métamorphoses des acides camphorique et oxycamphorique : distillation du camphorate de cuivre ou du camphorate de baryum, distillation de l'anhydride oxycamphorique, décomposition de l'acide camphorique par les acides chlorhydrique ou iodhydrique, etc. Sa densité serait de 0,814 à 0°. Il attirerait l'oxygène de l'air et se dissoudrait dans l'acide sulfurique. Par l'oxydation au moyen de l'acide chromique, il fournirait les acides métatoluique, métaphtalique, acétique et carbonique [Wreden, *loc. cit.* et *Deutsche chem. Gesellsch.*, t. V, p. 764].

Produits de substitution du métaxylène. — Avec le brome, le chlore, l'acide nitrique, l'acide sulfurique, le métaxylène se comporte comme ses homologues inférieurs ou supérieurs, c'est-à-dire qu'il fournit des produits de substitution. Ceux-ci sont encore peu connus, et surtout on n'a pas encore résolu la question de savoir si l'action de ces réactifs fournit un seul produit ou plusieurs produits isomériques, comme cela a lieu pour la benzine et le toluène. On sait seulement que, dans la réaction de l'acide sulfurique sur le métaxylène, il se forme deux acides monosulfonés isomériques. Les dérivés monosubstitués renfermant le groupe substitué dans le noyau peuvent exister théoriquement sous trois modifications isomériques (1.2.3), (1.3.4), (1.3.5); le dérivé (1.3.4) semble se produire de préférence et constituer la majeure partie des produits monosubstitués engendrés directement.

L'action du brome et du chlore sur le métaxylène diffère, suivant qu'elle s'exerce à froid ou à chaud; ici se produisent des phénomènes semblables à ceux que l'on observe avec les autres hydrocarbures aromatiques à chaîne latérale : à une basse température, ou mieux en présence d'une petite quantité d'iode, la substitution se fait dans le noyau benzique, tandis qu'à la température de l'ébullition du carbure les chaînes latérales sont attaquées et on obtient les éthers haloïdes de l'alcool métatolylique ou du glycol métatolylénique.

MÉTAXYLÈNES MONOBROMÉS,

$C^8H^9Br = C^6H^3(CH^3)^2Br.$

— On en connaît deux.

1° *Modification* (1.3.4),

$C^6H^3(CH^3)(CH^3)_{(3)}Br_{(4)}$

— Le métaxylène refroidi est additionné, peu à peu, de la quantité théorique de brome, et, au bout de quelque temps, le produit est lavé, séché et rectifié. Le monobromométaxylène est un liquide incolore, bouillant à 202-204°. Le sodium et l'iodure de méthyle le convertissent en pseudocumène, réaction qui établit sa constitution. Sous l'influence oxydante de l'acide chromique, le monobromométaxylène fournit, d'après Ahrens, deux acides monobromométatoluiques isomériques (voyez t. III, p. 497); ce fait demande à être confirmé, Ahrens n'ayant pas employé un bromométaxylène exempt de bromoparaxylène et peut-être même de bromo-orthoxylène. Traité par le sodium, il fournit le dixényle $C^{16}H^{18}$ [F. Beilstein, A. Wahlforss et L. Roesler, *Ann. der Chem. u. Pharm.*, t. CXXXIII, p. 32; *Bull. de la Soc. chim.*, t. IV, p. 207; — Th. Ernst et R. Fittig, *Ann. der Chem. u. Pharm.*, t. CXXXIX, p. 184; *Bull. de la Soc. chim.*, t. VII, p. 167].

2° *Modification* (1.3.5),

$C^6H^3(CH^3)(CH^3)_{(3)}Br_{(5)}$

— Elle se forme lorsqu'on dirige du gaz nitreux dans une solution alcoolique de monobromo-α-métaxylidine (voyez t. III, p. 741). C'est un liquide incolore, ne se solidifiant pas à — 20° et bouillant à 204°; densité à 20° = 1,362. Le sodium et l'iodure de méthyle ne l'attaquent qu'avec difficulté, mais si l'on substitue l'iodure d'éthyle à l'iodure de méthyle, on obtient une diméthyle-éthylbenzine qui, par oxydation, fournit de l'acide mésitylénique. Ces réactions fixent la constitution de ce monobromométaxylène [E. Wroblevsky, *Deutsche chem. Gesellsch.*, t. IX, p. 495; *Bull. de la Soc. chim.*, t. XXVII, p. 66].

MÉTAXYLÈNE DIBROMÉ,

$C^8H^8Br^2 = C^6H^2(CH^3)^2Br^2.$

— On le prépare en laissant en contact, pendant 24 heures, le métaxylène avec un excès de brome et faisant cristalliser le produit dans l'alcool. Il forme des lames nacrées, fusibles à 69° et bouillant à 255-256°. La potasse alcoolique ne l'attaque pas. Les oxydants le convertissent en acide dibromométatoluique [R. Fittig, W. Ahrens et L. Mattheides, *Ann. der Chem. u. Pharm.*, t. CXLVII, p. 15; *Bull. de la Soc. chim.*, t. IX. p. 492].

Lorsqu'on chauffe au bain-marie le dibromométaxylène en solution dans la benzine avec l'iodure de méthyle et le sodium, on obtient du durol et une certaine quantité d'une triméthylbenzine liquide [P. Jannasch, *Deutsche chem. Gesellsch.*, t. VII, p. 692; *Bull. la Soc. chim.*, t. XXII, p. 374].

Indépendamment du bromométaxylène symétrique décrit plus haut, Wroblevsky a obtenu par l'action du gaz nitreux sur une solution alcoolique de bromo-α-métaxylidine, une petite quantité d'un dibromométaxylène bouillant vers 252° et ne se solidifiant pas à — 20°. Ce corps est probablement isomérique avec le métaxylène dibromé décrit plus haut [Wroblevsky, *loc. cit.*].

MÉTAXYLÈNES MONOCHLORÉS. — On connaît deux modifications isomériques de ce corps.

Monochlorométaxylène,

$C^8H^9Cl = C^6H^3(CH^3)^2Cl.$

— On l'obtient en dirigeant à chaud un courant de chlore dans du métaxylène tenant en dissolution quelques centièmes d'iode et, lorsque l'hydrocarbure a augmenté de 39 % de son poids, soumettant le produit à la distillation fractionnée. C'est un liquide incolore, bouillant à 183-184°, plus dense que l'eau. L'acide chromique le transforme en acide monochlorométatoluique (t. III, p. 497)[A. Vollrath, *Zeitsch. für Chem.*, 1866, p. 488; *Bull. de la Soc. chim.*, t. VII, p. 342].

Chlorure de métatolyle,

$C^8H^9Cl = (CH^3)C^6H^4\text{-}CH^2Cl,$

— Ce chlorure alcoolique se produit par l'action du chlore sur le métaxylène bouillant; il est décrit t. III, p. 504.

MÉTAXYLÈNE DICHLORÉ,

$C^8H^8Cl^2 = C^6H^2(CH^3)^2Cl^2.$

— On opère comme pour le monochlorométaxylène, mais on n'interrompt le courant de chlore qu'au moment où le xylène a augmenté de 78 % de son poids. Le métaxylène dichloré est un liquide incolore, bouillant à 222° et se solidifiant par le froid en une masse composée de grandes feuilles cristallines. Il est très-stable; ni l'acétate d'argent, ni le cyanure de potassium ne l'attaquent. Le sodium agit énergiquement sur lui vers 170°. Le mélange de dichromate de potassium et d'acide sulfurique étendu le convertit en acide dichlorométatoluique [W. Hollemann et A. Vollrath, *Ann. der Chem. u. Pharm.*, t. CLIV, p. 268; *Bull. de la Soc. chim.*, t. X, p. 144].

MÉTAXYLÈNE TRICHLORÉ,

$C^8H^7Cl^3 = C^6H(CH^3)^2Cl^3.$

— On fait passer à chaud du chlore dans du métaxylène en présence de l'iode, jusqu'à ce qu'il se forme une bouillie cristalline; celle-ci, lavée avec de la soude et de l'eau, puis soumise à plusieurs cristallisations dans l'alcool, constitue le trichlorométaxylène. Ce corps est en aiguilles incolores, soyeuses, fusibles à 150° et bouillant à 255°. Il n'est pas attaqué par une ébullition prolongée avec l'acide nitrique ou avec le mélange de dichromate de potassium et d'acide sulfurique étendu [W. Hollemann et A. Vollrath, *loc. cit.*].

MÉTAXYLÈNES MONONITRÉS,

$C^8H^9AzO^2 = C^6H^3(CH^3)^2(AzO^2).$

— On a préparé deux mononitrométaxylènes isomériques.

1° *Modification α*. — Elle se produit, indépendamment du dérivé dinitré, lorsqu'on ajoute, petit à petit, du métaxylène à de l'acide nitrique fumant maintenu froid; le mélange est versé dans l'eau, et le liquide huileux qui se sépare est distillé dans un courant de vapeur d'eau : le mononitrométaxylène est entraîné, tandis que le dinitrométaxylène non volatil reste dans l'appareil distillatoire [Cahours; — Church; — Beilstein, Wahlforss et Roesler, *loc. cit.*; — Deumelandt, *Bull. de la Soc. chim.*, t. VI, p. 210].

La nitrométaxylidine fusible à 123°, décomposée par le gaz nitreux en présence de l'alcool, paraît produire le même nitrométaxylène [Tawildarow, *Zeitschr. für Chem.*, 1870, p. 418; *Bull. de la Soc. chim.*, t. XV, p. 128].

C'est une huile plus dense que l'eau, bouillant vers 240° et se décomposant avec explosion lorsqu'on la surchauffe. Le nitrométaxylène de densité à 17°,5 Tawildarow se solidifie à + 2° et bout à 238°; = 1,126.

Les réducteurs transforment le métanitroxylène en α-métaxylidine, et les oxydants en acide nitrométatoluique fusible à 211°. Traité par l'amalgame de sodium, il fournit l'*azoxylide*, $C^{16}H^{18}Az^2$, cristallisant en aiguilles d'un rouge brique, solubles dans l'alcool et dans l'éther. Ce corps fond à 120° et se volatilise à une température élevée en donnant une vapeur rouge foncé [A. Werigo, *Zeitschr. für Chem.*, 1865, p. 312].

2° *Modification* β (1.3.5) (?). — Ce nitrométaxylène a été obtenu par Wroblevsky, en traitant la nitro-α-métaxylidine fusible à 76°, en solution alcoolique, par le gaz nitreux. Il cristallise dans l'alcool en longues aiguilles aplaties, fusibles à 67° et bouillant à 255° (toute la colonne mercurielle dans la vapeur); il est entraîné par les vapeurs aqueuses. L'étain et l'acide chlorhydrique le convertissent en β-métaxylidine [E. Wroblevsky, *Deutsche chem. Gesellsch.*, t. X, p. 1248].

Métaxylène dinitré,

$$C^8H^8Az^2O^4 = C^6H^2(CH^3)^2(AzO^2)^2.$$

— On introduit peu à peu le métaxylène dans un excès d'acide azotique fumant, on expose la solution à une douce chaleur, et on la verse dans l'eau. Le produit précipité est débarrassé par un courant de vapeur d'eau du mononitrométaxylène qu'il peut renfermer, et purifié par cristallisation dans l'alcool bouillant. Le dinitrométaxylène est sous forme d'aiguilles aplaties, ou de prismes incolores fusibles à 93°, et peu solubles dans l'alcool froid. Les cristaux appartiennent au type clinorhombique; angles des axes = 98° 40′; rapport des axes (horizontal, incliné et vertical) 654,2 : 756,3 : 419,0 [Des Cloizeaux, *Compt. rend.*, t. LXX, p. 587]. Le sulfhydrate d'ammonium le convertit en nitrométaxylidine fusible à 123°; avec l'étain et l'acide chlorhydrique la réduction est complète et il se forme la métaxénylène-diamine fusible à 152° [Beilstein, Wahlforss et Roesler, *loc. cit.*; — E. Luhmann et W. Hollemann, *Ann. der Chem. u. Pharm.*, t. CXLIV, p. 274; *Bull. de la Soc. chim.*, t. X, p. 146; — Fittig, Ahrens et Mattheides, *loc. cit.*].

Métaxylène trinitré,

$$C^8H^7Az^3O^6 = C^6H(CH^3)^2(AzO^2)^3.$$

— On l'obtient aisément en dissolvant le métaxylène dans un mélange d'acide nitrique fumant et d'acide sulfurique concentré; la solution, chauffée au bain-marie, et précipitée par l'eau, fournit le trinitrométaxylène qu'il suffit de faire cristalliser dans l'alcool bouillant pour l'obtenir à l'état de pureté. Il forme des aiguilles minces, incolores, fusibles à 176-177°, presque insolubles dans l'alcool froid et peu solubles dans l'alcool bouillant. Le sulfhydrate d'ammonium le transforme d'abord en dinitroxylidine, puis, par une action prolongée, en nitroxénylène-diamine; l'étain et l'acide chlorhydrique semblent donner lieu à une réduction complète [Bussenius et Eisenstuck, *Ann. der Chem. u. Pharm.*, t. CXIII, p. 151; *Répert. de Chim. pure*, 1860, p. 176; et les *Mémoires* cités ci-dessus].

Métaxylène bromonitré,

$$C^8H^8BrAzO^2 = C^6H^2(CH^3)^2Br(AzO^2).$$

— Le bromométaxylène (1.3.4) est dissous dans l'acide nitrique fumant et refroidi, et la solution est précipitée par l'eau. Le métaxylène bromonitré est un liquide jaunâtre qui se colore en rouge à la lumière. Il bout vers 260-265° en subissant une décomposition partielle [Fittig, Ahrens et Mattheides, *loc. cit.*].

Métaxylène dibromonitré,

$$C^8H^7Br^2AzO^2 = C^6H(CH^3)^2Br^2(AzO^2).$$

— On le prépare en dissolvant, à l'aide d'une chaleur modérée, le dibromométaxylène fusible à 69° dans l'acide nitrique fumant, précipitant le liquide par l'eau et faisant cristalliser le dépôt dans l'alcool. Il est en aiguilles longues et incolores, fusibles à 108° (Fittig, Ahrens et Mattheides).

Acides métaxylène-sulfureux ou métaxénylsulfureux, $C^8H^9SO^3H = C^6H^3(CH^3)^2SO^3H$. — On en connaît deux. Church avait déjà observé la formation d'un acide sulfoné par l'action de l'acide sulfurique sur le xylène et en avait décrit le sel de baryum, et d'autres observateurs (Yssel de Schepper, Lindow et Otto, etc.) avaient employé cet acide comme matière première pour d'autres recherches, et cependant nos connaissances sur les acides sulfonés du métaxylène étaient restées très-incomplètes jusqu'aux travaux récents de Jacobsen.

Par une agitation prolongée, on parvient à dissoudre le métaxylène dans l'acide sulfurique ordinaire; la dissolution s'effectue rapidement si l'on chauffe ou qu'on emploie de l'acide sulfurique fumant. Quel que soit le mode opératoire suivi, on obtient les deux acides sulfonés isomériques suivants :

$$C^6H^3(CH^3)(SO^3H)_{(2)}(CH^3)_{(3)}$$

et

$$C^6H^3(CH^3)(CH^3)_{(3)}(SO^3H)_{(4)}.$$

On a vainement cherché dans le produit le troisième acide monosulfoné (1.3.5) possible théoriquement. L'acide (1.3.4) se forme en majeure proportion (Jacobsen).

Pour séparer les deux acides, on les transforme, d'après les procédés ordinaires, en amides $C^6H^3(CH^3)^2SO^2AzH^2$ qu'on soumet à un grand nombre de cristallisations fractionnées dans l'alcool; l'amide de l'acide (1.3.4), fusible à 137°, cristallise d'abord, tandis que l'amide de l'acide (1.2.3), qui fond à 95°,5, s'accumule dans les eaux mères.

Au lieu de suivre ce mode de purification qui est extrêmement long, on peut mettre à profit, pour isoler l'acide (1.3.4), la facilité avec laquelle il cristallise; à cet effet, on ajoute à la solution sulfurique du métaxylène une certaine quantité d'eau, et on laisse refroidir; le liquide fournit alors des cristaux d'acide métaxylène-sulfureux (1.3.4) qu'il suffit d'essorer et de faire cristalliser dans l'acide sulfurique étendu pour l'obtenir à l'état de pureté. Les eaux mères sulfuriques renferment l'acide (1.2.3) qu'on ne peut retirer qu'en passant par l'amide.

1° *Acide métaxényle-sulfureux* (1.2.3). — L'amide fusible à 95°,5, chauffée avec de l'acide chlorhydrique concentré à une température ne dépassant pas 142°, se convertit en métaxylène-sulfite d'ammonium; la solution étant évaporée à siccité, on fait bouillir le résidu avec de l'eau de baryte pour le transformer en sel de baryum.

Les sels de cet acide sont plus solubles et cristallisent moins facilement que ceux de l'acide (1.3.4). Le sel potassique fondu avec du formiate de sodium fournit un acide isomérique avec les acides xylique et mésitylénique, acide qui prend aussi naissance lorsque le sel potassique est distillé avec du cyanure de potassium et que le nitrile formé est saponifié par l'acide chlorhydrique à 180°. La constitution des acides xylique et mésitylénique étant connue, on en déduit par exclusion celle du troisième acide métaxylène-carbonique, $C^6H^3(CH^3)^2CO^2H$, et, en conséquence, celle de l'acide sulfoné dont il dérive (Jacobsen). Fondu avec la potasse, il donne le métaxénol (1.2.3).

Sel de baryum. — Aiguilles anhydres, réunies en étoiles.

Sel de cuivre. — Aiguilles d'un brun clair, contenant de l'eau de cristallisation.

Sel de potassium. — Petites écailles soyeuses.

Chlorure. — Liquide épais, ne se solidifiant pas à 0°; l'ammoniaque le transforme en amide.

Amide. — Elle cristallise dans l'eau en aiguilles plates et flexibles, et dans l'alcool en cristaux plus volumineux. Elle fond à 95-96° (Jacobsen). Sous l'influence du mélange oxydant de dichromate de potassium et d'acide sulfurique, elle fournit l'amide d'un acide sulfométatoluique $C^6H^3(CH^3)(SO^2AzH^2)(CO^2H)$ (Iles et Remsen).

2° *Acide métaxényle-sulfureux* (1.3.4). — Nous avons vu plus haut comment on prépare l'acide libre ou son amide. Cette dernière est changée, vers 140-145°, par l'acide chlorhydrique concentré en sel ammoniacal qui, soumis à l'ébullition avec de l'eau de baryte, fournit le sel barytique. Celui-ci peut servir de point de départ pour préparer l'acide ou les divers sels.

L'acide $C^8H^9.SO^3H + 2H^2O$ cristallise en lames aplaties ou en beaux prismes très-volumineux; il est moins soluble dans l'acide sulfurique étendu que dans l'eau. Son sel potassique traité par du formiate de sodium ou le cyanure de potassium, comme il a été indiqué plus haut, fournit de l'acide xylique, ce qui établit la constitution de l'acide sulfoné. La potasse fondante le transforme en metaxénol (1. 3. 4).

Sel de baryum $(C^8H^9SO^3)^2Ba$. — Masse légère ou groupes hémisphériques composés de lamelles rhombiques, ou enfin, lorsque la cristallisation a lieu à une température peu élevée, grains lenticulaires, durs, translucides. Sous toutes ces formes, le sel est anhydre après avoir séjourné dans une atmosphère sèche.

Sel de cuivre $(C^8H^9SO^3)^2Cu + 6H^2O$. — Grandes tables rhombiques, d'un brun clair.

Sel de sodium $C^8H^9SO^3Na$. — Petites écailles très-solubles dans l'eau, moins solubles dans l'alcool; la solution alcoolique laisse déposer des lamelles argentées, groupées en rosaces.

Sel de zinc $(C^8H^9SO^3)^2Zn + 9H^2O$. — Aiguilles groupées en étoiles ou longs prismes rhombiques isolés, qui s'effleurissent à une douce chaleur.

Chlorure $C^8H^9SO^2Cl$. — Le sel sodique est broyé avec du perchlorure de phosphore et la masse est reprise par l'eau froide; le chlorure reste sous forme d'un liquide qui se solidifie par le froid en une masse cristalline. Ce corps s'obtient par solidification partielle en cristaux prismatiques fusibles à 34°.

Amide $C^8H^9SO^2AzH^2$. — Lames nacrées ou longs cristaux lancéolés, fusibles à 137°. Traitée par l'acide chlorhydrique vers 140-145°, elle se convertit en métaxylène-sulfite d'ammonium; à une température supérieure, au-dessus de 160°, l'acide sulfoconjugué se dédouble et il se forme du métaxylène. D'après Iles et Remsen, le mélange de dichromate de potassium et d'acide sulfurique étendu brûle complétement cette sulfamide, et il ne se produit pas d'acide aromatique. [Church, *loc. cit.*; — F. Beilstein, A. Wahlforss et L. Roesler, *loc. cit.*; — F. Witting et J. Post, *Deutsche chem. Gesellsch.*, t. X, p. 745; — O. Jacobsen, *ibid.*, t. X, p. 1014; t. XI, p. 17; — M.-W. Iles et Ira Remsen, *ibid.*, t. X, p. 1042].

ACIDE CHLOROMÉTAXÉNYLSULFUREUX,

$$C^8H^8ClSO^3H = C^6H^3(CH^3)^2Cl.SO^3H.$$

— On obtient le sel de potassium de cet acide en dissolvant le métaxylène monochloré dans deux fois son poids d'un mélange à parties égales d'acide sulfurique ordinaire et d'acide fumant, saturant l'excès d'acide sulfurique par le carbonate de baryum et neutralisant ensuite le liquide par le carbonate de potassium. La solution, filtrée à l'ébullition et suffisamment concentrée, laisse déposer des aiguilles nacrées qu'on purifie par plusieurs cristallisations dans l'eau.

Le chloroxénylsulfite de *potassium*,

$$C^8H^8ClSO^3K + H^2O,$$

est très-soluble dans l'eau; il perd son eau de cristallisation vers 100°. Fondu avec de la potasse, il fournit l'acide crésotique fusible à 149° (Vogt), et un corps phénolique, probablement un oxyxénol, $C^8H^{10}O^2$ (Gundelach) [G. Vogt, *Bull. de la Soc. chim.*, t. XII, p. 221. — Ch. Gundelach, *ibid.*, t. XXVIII, p. 342].

ACIDE NITROMÉTAXÉNYLSULFUREUX. — Il se forme lorsqu'on dissout à 100° l'α-nitrométaxylène dans l'acide sulfurique fumant; son *sel de baryum*, $[C^8H^8(AzO^2)SO^3]^2Ba$, est une poudre cristalline jaune, soluble dans l'eau (Church).

Le *sel de calcium*,

$$[C^8H^8(AzO^2)SO^3]^2Ca + 3H^2O,$$

forme de beaux cristaux d'un jaune clair [Yssel de Schepper, *Bull. de la Soc. chim.*, t. X, p. 146].

ACIDE MÉTAXÉNYLHYDROSULFUREUX,

$$C^8H^9SO^2H = C^6H^3(CH^3)^2SO^2H.$$

— Ce composé a été obtenu, par Lindow et Otto, en traitant le chlorure xénylsulfureux en solution éthérée par l'amalgame de sodium,

$$C^8H^9SO^2Cl + Na^2 = NaCl + C^8H^9SO^2Na.$$

Ces chimistes ayant employé le mélange des acides sulfoconjugués qui se produisent lorsqu'on dissout le xylène du goudron dans l'acide sulfurique, il est probable que les corps qu'ils ont décrits constituent des mélanges de composés isomériques.

La masse saline dissoute dans l'eau est additionnée d'acide chlorhydrique et l'huile qui se précipite est lavée à l'eau et dissoute dans l'eau de baryte. Il se forme un sel de baryum que l'on décolore par le charbon et par cristallisation, et dont on sépare l'acide une seconde fois par l'acide chlorhydrique; le produit doit être lavé et séché à l'abri de l'oxygène.

L'acide xénylhydrosulfureux est liquide, jaunâtre, à peine soluble dans l'eau, miscible, au contraire, à l'alcool, à l'éther, à la benzine. Il n'est pas volatil sans décomposition et se convertit à l'air en acide xénylsulfureux. Le chlore, en agissant sur lui, régénère le chlorure xénylsulfureux. Le zinc et l'acide sulfurique étendu le transforment en sulfhydrate de xényle, C^8H^9SH; la potasse fondante fournit du xylène et du sulfite, l'eau à 150-160° de l'acide xénylsulfureux et l'oxydisulfure de xényle $(C^8H^9)^2S^2O^2$; l'acide nitreux produit de l'acide nitroxénylsulfureux. L'acide sulfurique fumant le dissout en se colorant successivement en jaune, vert, bleu et indigo; l'eau précipite de la solution des matières brunes.

Sels alcalins. — Très-solubles dans l'eau; leurs solutions produisent avec les sels d'*argent* et de *plomb* des précipités blancs, lourds, à peine solubles dans l'eau bouillante.

Sel de baryum $(C^8H^9SO^2)^2Ba + 2H^2O$. — Lamelles incolores, très-solubles dans l'eau chaude, moins solubles dans l'alcool chaud; l'eau de cristallisation se dégage vers 140°.

Sel de calcium $(C^8H^9SO^2)^2Ca + 3H^2O$. — Il ressemble au sel barytique, mais il est plus soluble; il perd son eau vers 140°.

Éther éthylique, $C^8H^9SO^2.C^2H^5$. — On l'obtient en chauffant une solution alcoolique de l'acide saturée de gaz chlorhydrique, et précipitant le liquide par l'eau. C'est une masse jaune, visqueuse à la température ordinaire, insoluble dans l'eau, soluble dans l'alcool et l'éther, non volatile sans décomposition [F. Lindow et R. Otto, *Ann. der Chem. u. Pharm.*, t. CXLVI, p. 233; *Bull. de la Soc. chim.*, t. X, p. 147].

Jacobsen vient de préparer, à l'état de pureté, l'acide xénylhydrosulfureux correspondant à l'acide xénylsulfureux (1. 3. 4). C'est une masse cristalline, fusible vers 50°; le sel de cuivre cristallise en lamelles rhombiques, d'un vert jaune, *(loc. cit.)*, réunies en rosaces.

III. — PARAXYLÈNE.

[Syn. *Paradiméthylbenzine* (1.4).]

$$C^8H^{10} = C^6H^4 < {CH^3 \atop (CH^3)_{(4)}}$$

— Il a été découvert par Glinzer et Fittig, et obtenu à l'état de pureté parfaite par Jannasch.

Modes de formation et préparation. 1° Le paraxylène se produit lorsqu'on traite le parabromotoluène par l'iodure de méthyle et le sodium en présence de benzine pure :

$$C^6H^4 < {CH^3 \atop Br_{(4)}} + CH^3I + Na^2$$

$$= C^6H^4 < {CH^3 \atop CH^3_{(4)}} + NaBr + NaI$$

La réaction commence à la température ordinaire et s'achève rapidement ; il est bon de n'opérer à la fois que sur une cinquantaine de grammes de parabromotoluène, pour prévenir une réaction trop énergique. On obtient environ 1/5 de la quantité théorique de paraxylène, et il se forme une forte proportion de diparacrésyle. Si l'on employait de l'éther anhydre pour étendre les produits mis en réaction, on s'exposerait à des explosions ; d'ailleurs le rendement serait faible [E. Glinzer et R. Fittig, *Ann. der Chem. u. Pharm.*, t. CXXXVI, p. 303 ; *Bull. de la Soc. chim.*, t. IV, p. 36 ; — P. Jannasch, *Liebig's Ann. der Chem.*, t. CLXXI, p. 79 ; *Bull. de la Soc. chim.*, t. XV, p. 275 ; t. XXII, p. 206].

2° Le même hydrocarbure se forme par l'action de l'iodure de méthyle et du sodium sur la paradibromobenzine, fusible à 89° :

$$C^6H^4 < {Br \atop Br_{(4)}} + 2CH^3I + 2Na^2$$

$$= C^6H^4 < {CH^3 \atop (CH^3)_{(4)}} + 2NaBr + 2NaI$$

On emploie 5 p. de paradibromobenzine, 2p,5 de sodium et 8 p. d'iodure de méthyle, et l'on ajoute plusieurs volumes d'éther ; la réaction s'accomplit tranquillement et fournit un rendement de 30 à 50 % de la quantité théorique. Le produit est soumis à trois rectifications méthodiques et la portion passant entre 133 et 140° est refroidie avec de l'eau glacée, où elle se fige presque complètement ; la partie restée liquide est décantée, les cristaux sont fondus, soumis à une seconde réfrigération, et débarrassés à nouveau des parties liquides. Après deux ou trois traitements semblables, le paraxylène est pur [V. Meyer, *Ann. der Chem. u. Pharm.*, t. CLVI, p. 265 ; *Bull. de la Soc. chim.*, t. XIV, p. 405 ; — P. Jannasch, *Deutsch. chem. Gesellsch.*, t. X, p. 1354].

3° Le paraxylène, enfin, existe en proportion variable dans le xylène du goudron ; Fittig, qui le premier a fixé la nature du xylène du goudron, en a trouvé environ 10 %, Jacobsen de 20 à 25 % (voyez p. 733). Pour l'extraire, on agite le xylène à plusieurs reprises avec de l'acide sulfurique ordinaire qui dissout l'orthoxylène et le métaxylène, sans attaquer une proportion notable de paraxylène. L'hydrocarbure est ensuite traité, à une chaleur modérée, par l'acide sulfurique fumant peu concentré qui le dissout, à l'exception d'une faible quantité d'un carbure saturé, et la solution est additionnée d'eau petit à petit ; à un certain degré de dilution, l'acide paraxénylsulfureux hydraté se dépose sous forme cristalline, car il est peu soluble dans l'acide sulfurique étendu, et il suffit de l'essorer et de le faire cristalliser dans l'eau pour l'obtenir à l'état de pureté. Cet acide, soumis à la distillation sèche, régénère du paraxylène pur. On peut aussi transformer l'acide brut en sel de sodium, purifier celui-ci par cristallisation et en isoler le paraxylène en le chauffant vers 195° avec de l'acide chlorhydrique [O. Jacobsen, *Deutsche chem. Gesellsch.*, t. X, p. 1009].

Propriétés et réactions. — Le paraxylène se présente sous la forme d'une masse composée de grands cristaux incolores, fusibles à 15° et bouillant de 136 à 137° (Jannasch) ; il possède une odeur particulière, différente de celle de la benzine. Il est miscible avec une foule de liquides organiques. La densité de l'hydrocarbure pur ne semble pas avoir été prise. Glinzer et Fittig indiquent pour le paraxylène préparé au moyen du monobromotoluène brut (mélange d'orthobromotoluène et de parabromotoluène) le chiffre 0,8621 à 19°,5, mais ce carbure n'était pas entièrement pur.

L'acide azotique étendu transforme à l'ébullition le paraxylène en acide paratoluique,

$$C^6H^4(CH^3)(CO^2H)_{(4)} ;$$

le dichromate de potassium et l'acide sulfurique étendu fournissent de l'acide téréphtalique,

$$C^6H^4(CO^2H)(CO^2H)_{(4)}.$$

Produits de substitution. — Ils sont très-peu connus ; théoriquement, leur nombre doit être moins grand que celui des dérivés de l'orthoxylène ou du métaxylène. Ainsi le paraxylène ne doit fournir qu'un seul dérivé monosubstitué, tandis que l'orthoxylène en donne deux, et le métaxylène trois.

Ce que nous avons dit plus haut relativement à l'action des halogènes sur le métaxylène s'applique aussi au paraxylène.

Paraxylène monobromé (1.3.4),

$$C^8H^9Br = C^6H^3(CH^3)^2Br.$$

— On fait tomber goutte à goutte une quantité calculée de brome (1 molécule) dans du paraxylène additionné de quelques centièmes d'iode et bien refroidi ; la réaction achevée, on lave le produit à la soude, on le sèche et on le rectifie. Le monobromoparaxylène est un liquide incolore, bouillant à 199,5-200°,5 et se solidifiant dans la glace sous la forme de lames incolores, qui ne fondent qu'à + 10°. L'acide chromique en solution acétique l'oxyde très-facilement et le convertit en acide bromoparatoluique (t. III, p. 499). Lorsqu'on nitre le parabromotoluène, on obtient un liquide qui laisse déposer, au bout de quelque temps, des cristaux fusibles à 70°,5. Le sodium attaque un mélange de monobromoparatoluène, d'iodure de méthyle et de benzine et fournit la triméthylbenzine (1.3.4) ou pseudocumène (Jannasch).

Paraxylène dibromé,

$$C^8H^8Br^2 = C^6H^2(CH^3)^2Br^2.$$

— Le paraxylène étant traité à froid et en présence de l'iode par la quantité théorique de brome (2 molécules), on obtient le dibromoparaxylène sous forme de lamelles fusibles à 72°,5, d'après Fittig, Ahrens et Mattheides ; à 75°,5 d'après Jannasch. L'iodure de méthyle et le sodium le transforment à chaud en durol (tétraméthylbenzine) [R. Fittig, W. Ahrens et L. Mattheides, *Ann. der Chem. u. Pharm.*, t. CXLVII, p. 15 ; *Bull. de la Soc. chim.*, t. IX, p. 492 ; — Jannasch, *loc. cit.*].

Bromure de paratolylène,

$$C^8H^8Br^2 = C^6H^4(CH^2Br)^2.$$

— Voyez t. III, p. 503.

Chlorure de paratolylène,

$$C^8H^8Cl^2 = C^6H^4(CH^2Cl)^2.$$

— Voyez t. III, p. 503.

Paraxylène mononitré,

$$C^8H^9(AzO^2) = C^6H^3(CH^3)^2(AzO^2).$$

— On laisse tomber, goutte à goutte, de l'acide azotique fumant (5 p.) dans du paraxylène (2 p.), refroidi d'abord avec de l'eau à une température supérieure à 15° pour l'empêcher de se solidifier, puis avec de la glace. Le mélange fait, on y ajoute de l'eau, on lave et on sèche la couche qui se sépare. Le mononitroparaxylène est un liquide jaunâtre, lourd, bouillant à 234-237°. L'étain et l'acide chlorhydrique le réduisent et fournissent, indépendamment de la paraxylidine, une chloroparaxylidine (voyez t. III, p. 743) [P. Jannasch, *Liebig's Ann. der Chem.*, t. CLXXVI, p. 55; *Bull. de la Soc. chim.*, t. XXIV, p. 314].

PARAXYLÈNES DINITRÉS,

$$C^8H^8Az^2O^4 = C^6H^2(CH^3)^2(AzO^2)^2.$$

—On en connaît deux modifications qui se forment lorsqu'on dissout le paraxylène dans l'acide nitrique fumant et qu'on chauffe à une douce chaleur; on les sépare par un grand nombre de cristallisations fractionnées dans l'alcool.

Le dinitroparaxylène le moins soluble cristallise en aiguilles incolores, très-longues et fragiles; il fond à 123°,5.

Le deuxième dinitroparaxylène forme des cristaux clinorhombiques, incolores, qui fondent à 93°; ce point de fusion coïncide avec celui du dinitrométaxylène (Fittig et Glinzer; Jannasch).

PARAXYLÈNE TRINITRÉ,

$$C^8H^7Az^3O^6 = C^6H(CH^3)^2(AzO^2)^3.$$

— Le paraxylène est introduit goutte à goutte dans un mélange de 2 volumes d'acide sulfurique concentré et de 1 volume d'acide nitrique fumant, qu'on a soin de refroidir au commencement de l'opération; le liquide est versé dans l'eau, et le produit qui se précipite est soumis à des cristallisations dans l'alcool. Le trinitroparaxylène est en grandes aiguilles incolores, réunies en étoiles, assez solubles dans l'eau; il fond à 137° (Fittig et Glinzer).

PARAXYLÈNE DIBROMONITRÉ,

$$C^8H^7Br^2(AzO^2) = C^6H(CH^3)^2Br^2(AzO^2).$$

— Longues aiguilles incolores, fusibles à 112° (Fittig, Ahrens et Mattheides).

ACIDE PARAXYLÈNE-SULFUREUX OU PARAXÉNYLSULFUREUX (1.3.4), $C^8H^9SO^3H = C^6H^3(CH^3)^2SO^3H$. — Il se produit lorsqu'on dissout, à une douce chaleur, le paraxylène dans l'acide sulfurique fumant, et nous avons vu plus haut comment on peut le préparer au moyen de la portion du xylène brut qui ne se dissout pas dans l'acide sulfurique ordinaire.

L'acide paraxénylsulfureux, $C^8H^9SO^3H + 2H^2O$, cristallise en grandes lames ou en prismes aplatis; il est très-soluble dans l'eau, mais se dissout assez difficilement dans l'acide sulfurique étendu. Fondu avec la potasse, il fournit le paraxénol.

Sel de baryum, $(C^8H^9SO^3)^2Ba$. — Petites lamelles isolées ou cristaux transparents plus volumineux, groupés en mamelons. Si le sel contient de petites quantités d'orthoxénylsulfite ou de métaxénylsulfite, il se dépose sous forme de croûtes dures et opaques. 100 p. d'eau en dissolvent 2g,27 à 0°, et 5g,53 à 100°.

Sel de cuivre, $(C^8H^9SO^3)^2Cu + 8H^2O$. — Grands prismes anorthiques, d'un bleu clair, qui s'effleurissent dans l'air sec.

Sel de potassium, $C^8H^9SO^3.K + H^2O$. — Aiguilles soyeuses, aplaties et réunies en groupes, efflorescentes dans l'air sec.

Sel de sodium, $C^8H^9SO^3.Na + H^2O$. — Prismes bien développés, aplatis et rayés, ne perdant pas d'eau dans l'air sec.

Sel de zinc $(C^8H^9SO^3)^2Zn + 10H^2O$. — Longues aiguilles, fines, s'effleurissant facilement.

Chlorure, $C^8H^9SO^2Cl$. — Grands prismes aplatis, fusibles à 24-26°.

Amide, $C^8H^9SO^2.AzH^2$. — Longues aiguilles assez solubles dans l'alcool, peu solubles dans l'eau bouillante, fusibles à 147-148° (Jacobsen). Un mélange de dichromate de potassium et d'acide sulfurique étendu l'oxyde et fournit l'amide d'un acide sulfoparatoluique (Iles et Ira Remsen. [O. Jacobsen, *Deutsch. chem. Gesellsch.*, t. X, p. 1009, et t. XI, p. 22; — M. W. Iles et Ira Remsen, *ibid.*, t. XI, p. 229].

ACIDE PARAXÉNYLHYDROSULFUREUX,

$$C^8H^9SO^2H = C^6H^3(CH^3)^2SO^2H.$$

— On l'obtient en traitant le chlorure paraxénylsulfureux par l'amalgame de sodium, ou bien par la poudre de zinc et l'acide chlorhydrique. Il est très-soluble dans l'alcool et dans l'éther, moins soluble dans l'eau bouillante au sein de laquelle il se dépose sous forme d'aiguilles aplaties, réunies en faisceaux, fusibles à 84-85° (Jacobsen). A. H.

XYLÉNOLS. — Voyez XÉNOLS.

XYLÉTIQUE (ACIDE),

$$C^9H^{10}O^3 = C^6H^2(CH^3)^2(OH)(CO^2H).$$

— Cet acide a été obtenu par Wroblevsky en traitant le xénol par le sodium et l'acide carbonique; le xénol qui a servi à ces expériences était un mélange des xénols solide et liquide de M. Wurtz et il est probable, par conséquent, que l'acide xylétique n'a pas été obtenu à l'état de pureté.

Le produit de la réaction dissous dans l'eau est précipité par l'acide chlorhydrique, et l'acide xylétique mis en liberté est débarrassé par un courant de vapeur d'eau du xénol non attaqué; à la fin, il est soumis à des cristallisations dans l'eau.

L'acide xylétique est en cristaux blancs, fusibles à 155° et se sublimant à une température supérieure; il est assez soluble dans l'eau, surtout à l'ébullition. Il colore le chlorure ferrique en violet. Il est monobasique.

Le *sel de baryum*, $(C^9H^9O^3)^2Ba + H^2O$, et le *sel de calcium*, $(C^9H^9O^3)^2Ca + 2H^2O$, cristallisent en aiguilles qui perdent leur eau à 150° [E. Wroblevsky, *Zeitch. für Chem.*, 1868, p. 232; *Bull. de la Soc. chim*, t. X, p. 287]. A. H.

XYLIDINES [Syn. *Amidoxylènes, amido-diméthylbenzines, xénylamines*],

$$C^8H^{11}Az = C^6H^3 \begin{cases} CH^3 \\ CH^3 \\ AzH^2. \end{cases}$$

— Les xylidines résultent de la réduction des nitroxylènes; comme ceux-ci, elles doivent exister sous six modifications isomériques, deux correspondant à l'orthoxylène, trois au métaxylène, et une au paraxylène. Jusqu'ici on n'en connaît, avec certitude, que trois, dont deux dérivent du métaxylène et une du paraxylène.

Les xylidines sont des homologues de l'aniline et des toluidines; elles sont isomériques avec l'amido-éthylbenzine, et avec la collidine, amine tertiaire.

La plus anciennement connue est l'α-métaxylidine; elle a été découverte par M. Cahours en 1850. Une seconde, la β-métaxylidine a été découverte par M. Wroblevsky. La paraxylidine a été indiquée par M Jannasch. Enfin, Hofmann en a fait entrevoir une quatrième dont l'origine est inconnue.

I. — α-METAXYLIDINE.

Depuis sa découverte par Cahours, elle a été étudiée par Church en 1855. Ces deux chimistes l'ont obtenue en réduisant, par le sulfhydrate d'ammonium, le nitroxylène préparé avec le xylène de goudron. En 1866, Deumelandt l'a obtenue en traitant le même xylène nitré par l'étain et l'acide chlorhydrique, ou par le fer et l'acide acétique. Le nitroxylène employé dans ces expériences était un mélange, et la xylidine qui a servi à préparer n'était probablement pas un corps homogène.

Tawildarow est le premier qui ait employé un nitroxylène provenant du métaxylène pur.

L'α-métaxylidine se produit aussi lorsqu'on chauffe à 300° le chlorhydrate de paratoluidine avec de l'alcool méthylique (A.-W. Hofmann).

Enfin Hofmann et Martius ont trouvé l'α-métaxylidine dans les queues d'aniline [A. Cahours, *Compt. rend.*, t. XXX, p. 319; — Church., *Phil. Mag.*, (4), t. IX, p. 453; — G. Deumelandt, *Zeitsch. für Chem.*, 1866, p. 21; *Bull. de la Soc. chim.*, t. VII, p. 210; — N. Tawildarow, *Zeitsch. für Chem.*, 1870, p. 418; *Bull. de la Soc. chim.*, t. XIII, p. 361; — A.-W. Hofmann et C. Martius, *Deutsche chem. Gesellsch.*, t. II, p. 412; *Bull. de la Soc. chim.*, t. XIII. p. 270; — A.-W. Hofmann, *Deutsche chem. Gesellsch.*, t. IX, p. 1292; *Bull. de la Soc. chim.*, t. XXVII, p. 465].

Préparation. — 1° Church a purifié de la manière suivante la xylidine obtenue par la réduction du nitroxylène brut au moyen du sulfhydrate d'ammonium. La base brute est transformée en oxalate, et ce sel est soumis à plusieurs cristallisations dans l'eau. Puis, il est distillé avec de la chaux, et la base régénérée est convertie en chloroplatinate, qu'on purifie par plusieurs cristallisations lentes. Ce sel distillé avec de la soude fournit la xylidine.

2° Deumelandt réduit le nitroxylène, bouillant à 240°, par l'étain et l'acide chlorhydrique. Il fait cristalliser le chlorostannite dans l'acide chlorhydrique concentré, et le décompose ensuite par l'hydrogène sulfuré. La solution évaporée fournit des cristaux peu solubles dans l'eau froide, que l'on distille avec du carbonate de sodium sec. Il est préférable d'employer, comme réducteurs, le fer et l'acide acétique; la base distillée est transformée en chlorhydrate, et mise en liberté de nouveau par la potasse.

3° Tawildarow réduit, par l'étain et l'acide chlorhydrique, le dérivé nitré du métaxylène pur, ajoute de la potasse au produit, et distille la xylidine dans un courant de vapeur d'eau. La base est convertie en chlorhydrate, et régénérée par la potasse.

4° Hofmann et Martius ont reconnu que les queues d'aniline, soumises à une série de distillations fractionnées, donnent une portion bouillant à 212°, qui n'est autre que de l'α-métaxylidine.

5° Depuis, Hofmann a décrit un autre procédé pour retirer l'α-métaxylidine des queues d'aniline: les portions passant entre 200 et 240° sont additionnées peu à peu de leur poids d'acide azotique, d'une densité de 1,3. Le mélange s'échauffe et laisse déposer, par le refroidissement, des cristaux rouges; ceux-ci sont essorés et purifiés par une seconde cristallisation dans l'eau chaude. Ces cristaux, décomposés par la soude, fournissent un liquide huileux, bouillant entre 202 et 230° et donnant avec l'acide chlorhydrique ou l'acide azotique des sels qui cristallisent immédiatement. Des eaux mères du second dépôt cristallin mentionné plus haut, on peut séparer une base bouillant également entre 202 et 230°, mais qui se distingue de la précédente en ce qu'elle ne donne pas, de suite, avec l'acide chlorhydrique, un sel cristallin. Enfin les eaux mères de la première cristallisation renferment une base qui ne produit ni avec l'acide chlorhydrique, ni avec l'acide azotique des sels cristallisant immédiatement; cette base constitue peut-être un troisième isomère. La question mériterait d'être étudiée à nouveau.

La base du second dépôt cristallin est loin d'être pure; elle bout entre 202 et 230°, la majeure partie passant de 208 à 216°. Pour la purifier, on fait bouillir cette dernière fraction avec de l'acide acétique glacial, pendant quatre heures; par le refroidissement, le tout se prend en une masse formée d'acétoxylide, qu'on soumet à plusieurs cristallisations dans l'eau bouillante, jusqu'à ce que le point de fusion du produit ne s'élève plus; il est alors situé vers 127-128°.

Pour régénérer la xylidine de cette acétoxylide, on la chauffe, pendant quelques heures, avec de l'acide chlorhydrique. La liqueur laisse déposer par le refroidissement des cristaux de chlorhydrate d'α-métaxylidine, et la réaction est finie quand ces cristaux se dissolvent complétement dans l'eau froide. Ce chlorhydrate, décomposé par la potasse, fournit la base.

Propriétés et réactions. — L'α-métaxylidine est un liquide incolore, brunissant rapidement à l'air et finissant par se résinifier; elle bleuit le tournesol. D'après Church, elle bout à 213-214°; d'après Deumelandt, son point d'ébullition est situé à 214-216°; d'après Hofmann et Martius à 212°. Tawildarow indique 216°, et Hofmann 212°. Sa densité, d'après Tawildarow, est de 0,985 à 18°,5, et de 0,9184 à 25° d'après Hofmann.

L'acide acétique glacial la transforme en acétoxylide. L'éther chloroxycarbonique convertit l'α-métaxylidine en xénéluréthane,

$$CO\begin{cases}AzH.C^8H^9\\OC^2H^5,\end{cases}$$

cristallisant en belles aiguilles fusibles à 58. (Hofmann). L'α-métaxylidine traitée par les oxydants ne donne pas de matières colorantes; mélangée avec de l'aniline et chauffée avec de l'acide arsénique, elle fournit des matières rouges. — Voyez t. I, p. 319.

SELS D'α-MÉTAXYLIDINE. — L'*azotate* cristallise.

Le *chlorhydrate* est cristallin, soluble dans l'eau froide (Hofmann).

Chloroplatinate $(C^8H^{11}Az.HCl)^2, PtCl^4$. — Il cristallise en belles aiguilles (Hofmann), en cristaux courts, jaunes, groupés en étoiles (Church).

Chlorostannite $C^8H^{11}Az, HCl, SnCl^2$. — La solution de ce sel dans l'acide chlorhydrique concentré laisse déposer de grands cristaux écailleux.

Oxalate — Ce sel est bien cristallisé et possède une réaction acide (Church). 100 p. d'eau à 21°,5 en dissolvent 3p,845 (Tawildarow).

Sulfate acide $(C^8H^{11}Az)H^2SO^4$. — La solution de ce sel dans l'eau bouillante, laisse déposer par le refroidissement de belles aiguilles blanches peu solubles dans l'eau froide (Church).

PRODUITS DE SUBSTITUTION. — α-MÉTAXYLIDINES BROMÉES. — On en connaît deux, un dérivé monobromé et un dérivé dibromé.

α-métaxylidine monobromée,

$$C^8H^{10}BrAz = C^8H^8Br.AzH^2.$$

— L'action directe du brome sur l'α-métaxylidine semble donner lieu à une réaction peu nette. Pour préparer le dérivé monobromé, il convient, comme pour les bases aromatiques en général, de prendre l'acétoxylide comme point de départ: une solution aqueuse, saturée d'acéto-α-métaxylide est additionnée d'eau de brome, jusqu'à ce que la liqueur ait pris une coloration jaune persistante. Elle laisse alors déposer une poudre rougeâtre qui, distillée avec de la soude, donne un mélange huileux d'α-métaxylidine monobromée et dibromée, qui se solidifie au bout de quelque temps. Pour séparer ces deux bases, on traite le produit par l'acide chlorhydrique, on évapore à siccité, et on reprend le résidu par l'eau chaude La base dibromée, dont le chlorhydrate est peu stable, reste à l'état libre, tandis que le chlorhydrate d'α-métaxylidine monobromée se dissout et peut être précipité de la solution par l'ammoniaque.

L'α-métaxylidine monobromée soumise à une cristallisation dans un mélange d'alcool et d'eau, se présente sous forme d'aiguilles blanches, fusibles à 96-97°. Elle est insoluble dans l'eau froide, peu soluble dans l'eau chaude, mais elle se dissout facilement dans l'alcool et dans l'éther. Traitée par l'acide nitreux, en solution alcoolique, elle se transforme en métaxylène monobromé (1. 3. 5.) (Wroblevsky).

Chlorhydrate. — Belles aiguilles blanches.

Chloroplatinate. — Le chlorure de platine produit immédiatement, dans la solution du chlorhydrate, un précipité cristallin, jaune clair [B. Genz, *Deutsche chem. Gesellsch.*, t. III, p. 225; *Bull. de la Soc. chim.*, t. XIV, p. 318].

α-métaxylidine dibromée,

$$C^8H^9Br^2Az = C^8H^7Br^2.AzH^2.$$

— L'acéto-α-métaxylide dibromée, préparée en ajoutant à l'acéto-α-xylide, en suspension dans l'eau, la quantité calculée d'eau de brome, fournit, par la distillation avec la potasse, l'α-métaxylidine dibromée. Nous avons vu plus haut comment il faut opérer pour la séparer de l'α-métaxylidine monobromée; ce qui reste, après l'élimination de la base monobromée au moyen de l'eau chaude, est purifié par cristallisation dans l'alcool, et se présente alors en aiguilles brillantes.

Chlorhydrate. — Chauffé avec de l'eau, il perd son acide chlorhydrique, et donne la base libre [Genz, *loc. cit.*].

α-MÉTAXYLIDINE CHLORÉE. — Tawildarow [*loc. cit.*] a obtenu par la réduction du métaxylène, au moyen de l'étain et de l'acide chlorhydrique, un corps fusible à 89° qui constitue probablement une xylidine chlorée.

α-MÉTAXYLIDINES NITRÉES. — On ne connaît avec certitude qu'un dérivé mononitré de l'α-métaxylidine; les composés que nous décrivons sous les noms de modification *b* de l'α-métaxylidine mononitrée et d'α-métaxylidine dinitrée ne correspondent peut-être pas à l'α-métaxylidine, mais bien à une base isomérique. Tawildarow a montré, en effet, en ce qui concerne la modification *b*, qu'elle se transforme par l'alcool saturé de gaz nitreux en α-nitrométaxylène (voyez p. 736); son groupe AzO^2 occuperait donc, dans le noyau benzique, la place qui est prise par le groupe AzH^2 dans l'α-métaxylidine.

α-métaxylidines mononitrées. — 1° *Modification a*, $C^8H^8(AzO^2).AzH^2$. — En faisant bouillir l'acéto-α-métaxylide nitrée avec de l'acide chlorhydrique jusqu'à ce que la solution ait pris une coloration rouge foncé, et ajoutant de l'eau, on obtient un précipité cristallin d'α-métaxylidine mononitrée, qui, après quelques cristallisations dans l'eau bouillante ou dans l'alcool, se présente sous forme de belles aiguilles, rouge orangé. Elle fond à 69° (76° d'après Wroblevsky), se dissout en faible dose dans l'eau froide, beaucoup mieux dans l'alcool froid. La soude bouillante l'attaque difficilement. Les sels qu'elle peut fournir sont décomposés par l'eau [Hofmann, *loc. cit.*].

2° *Modification b*, $C^8H^8(AzO^2).AzH^2$. — Elle se produit lorsqu'on réduit, à une douce chaleur, le dinitrométaxylène, fusible à 93°, par le sulfhydrate d'ammonium en solution alcoolique. Après la réaction, on chasse l'alcool, on reprend le résidu par l'acide chlorhydrique, on précipite la liqueur filtrée par l'amoniaque et l'on purifie la base précipitée par des cristallisations dans l'alcool. Cette mononitro-α-métaxylidine forme des cristaux jaunes, clinorhombiques. Elle fond à 122-123°, d'après Fittig, Ahrens et Mattheides, et à 130°, d'après Luhmann et Hollemann. Elle est très-peu soluble dans l'eau bouillante; elle peut être sublimée.

Le *chlorhydrate*, $C^8H^8(AzO^2)AzH^2.HCl$, est en petites aiguilles jaune clair.

L'*oxalate*, $[C^8H^8(AzO^2)AzH^2]^2C^2H^2O^4$, et le *sulfate*, $[C^8H^8(AzO^2)AzH^2]^2H^2SO^4$, se présentent sous forme de petites aiguilles, réunies en faisceaux [R. Fittig, W. Ahrens et L. Mattheides, *Ann. der Chem. u. Pharm.*, t. CXLVII, p. 15; *Bull. de la Soc. chim.*, t. IX, p. 492; — E. Luhmann et W. Hollemann, *Ann. der Chem. u. Pharm.*, t. CXLIV, p. 274; *Bull. de la Soc. chim.*, t. X, p. 146].

α-métaxylidine dinitrée, $C^8H^7(AzO^2)^2AzH^2$. — On l'obtient, en même temps que la nitroxénylène-diamine, en réduisant le trinitrométaxylène fusible à 176° par le sulfhydrate d'ammonium. La séparation des deux bases est facile au moyen de l'acide chlorhydrique froid qui ne dissout que le nitroxénylène-diamine; la partie insoluble est reprise par l'acide chlorhydrique concentré et bouillant et la solution est précipitée par l'eau. La dinitrométaxylidine cristallise en aiguilles jaunes, fusibles à 191° et peu solubles dans l'alcool, l'éther, le chloroforme, le sulfure de carbone. Elle peut former un chlorhydrate,

$$C^8H^7(AzO^2)^2AzH^2, HCl,$$

que l'eau, l'alcool et même l'éther dédoublent.

Ni le sulfhydrate d'ammonium, ni l'iodure d'éthyle n'attaquent la dinitrométaxylidine. On ne sait pas si cette base est réellement un produit de substitution de l'α-métaxylidine [Bussenius et Eisenstuck, *Ann. der Chem. u. Pharm.*, t. CXIII, p. 165; *Répert. de Chim. pure*, 1860.

ACIDE α-MÉTAXYLIDINE-SULFUREUX, $C^8H^{11}AzSO^3$. — On l'obtient en chauffant le sulfate d'α-métaxylidine avec de l'acide sulfurique concentré jusqu'à ce qu'une portion de celui-ci soit évaporée. Il se dépose de sa solution en aiguilles peu solubles.

Le *sel de baryum*, $(C^8H^{10}AzSO^3)^2Ba$, est en cristaux mamelonnés très-solubles dans l'eau [Deumelandt, *loc. cit.*].

MÉTHYL-α-XYLIDINES. — On connaît une méthylxylidine, et trois diméthylxylidines, mais on ne sait pas si les diméthylxylidines décrites sous les numéros 2 et 3 sont réellement des dérivés de l'α-métaxylidine.

Méthylxylidine. — Elle se forme en petite quantité lorsqu'on chauffe à 220-230° l'iodure de triméthylphénylammonium. Dans ce cas, elle résulte d'une transposition moléculaire de la diméthyltoluidine [Hofmann, voyez t. III, p. 494]. Elle n'a pas été étudiée.

Diméthylxylidines, $C^6H^3(CH^3)^2.Az(CH^3)^2$. — Comme nous l'avons dit, on a obtenu trois modifications isomériques de la diméthylxylidine :

1° La première se forme lorsqu'on traite l'α-métaxylidine par l'iodure de méthyle; elle bout à 203°, et s'unit facilement à l'iodure de méthyle [A.-W. Hofmann, *Deut. chem. Gesellsch.*, t. V, p. 714; *Bull. de la Soc. chim.*, t. XVIII, p. 348].

2° La seconde prend naissance lorsqu'on chauffe à 300° le chlorhydrate d'aniline avec un excès d'alcool méthylique. On obtient, indépendamment du chlorhydrate de diméthylaniline, une série de bases supérieures, diméthyltoluidine, diméthylxylidine, etc. La diméthylxylidine prend naissance par une transposition moléculaire du chlorhydrate de triméthylcrésylammonium formé, dans une première phase de la réaction.

$$C^6H^4(CH^3).Az(CH^3)^3Cl$$
Chlorhydrate de triméthylcrésylammonium.
$$= C^6H^3(CH^3)^2.Az(CH^3)^2, HCl$$
Chlorhydrate de diméthylxylidine.

La diméthylxylidine ainsi produite est un liquide incolore, bouillant à 218-220°. Elle se combine avec l'iodure de méthyle en donnant un iodure d'ammonium quaternaire, bien cristallisé, qui fournit un beau chloroplatinate [A.-W. Hofmann et C. Martius, *Deutsche chem. Gesellsch.*, t. IV, p. 746; *Bull. de la Soc. chim.*, t. XVII, p. 123].

3° La troisième diméthylxylidine, enfin, a été obtenue par Hofmann en chauffant à 100° avec l'iodure de méthyle, la méthylxylidine mentionnée plus haut. — Voyez le procédé employé pour séparer ce corps de la diméthyltoluidine qui l'accompagne, t. III, p. 491.

Elle se présente sous la forme d'un liquide incolore, bouillant à 196°, qui ne se solidifie pas à — 10°. Densité = 0,9203. Cette base s'unit difficilement à l'iodure de méthyle, même à 150°, et fournit l'iodure de triméthylxénylammonium.

Le *chloroplatinate* cristallise en prismes clinorhombiques [A.-W. Hofmann, *loc. cit.*].

NAPHTYLXYLIDINES,

$$C^{18}H^{17}Az = (C^{10}H^{7})(C^{8}H^{9})AzH.$$

— On l'obtient en chauffant le chlorhydrate de xylidine avec de la naphtylamine. C'est un liquide visqueux, brunissant rapidement et bouillant à 243-245° sous une pression de 15 millimètres [Ch. Girard et G. Vogt, *Bull. de la Soc. chim.*, t. XVIII, p. 67].

PARACRÉSYLXYLIDINE, $C^{15}H^{17}Az$. — Voyez t. III, p. 483.

PHÉNYLXYLIDINE, $C^{14}H^{15}Az$. — Voyez t. II, p. 865.

XÉNYLXYLIDINE (*Dixénylamine*),

$$C^{16}H^{19}Az = (C^{8}H^{9})^{2}AzH.$$

— En chauffant un mélange de chlorhydrate de xylidine et de xylidine on obtient deux corps, l'un solide, l'autre liquide. On les sépare en refroidissant fortement le produit, et l'exprimant. La base solide est en cristaux soyeux enchevêtrés, fusibles à 162°, et bouillant vers 305 à 315° [Ch. Girard et G. Vogt, *loc. cit.*].

TRICHLORÉTHYLIDÈNE-DIXÉNYLDIAMINE,

$$C\,Cl^{3}\text{-}CH(AzH\,C^{8}H^{9})^{2}.$$

— On la prépare en dissolvant la xylidine dans du chloral. Elle est très-soluble dans l'éther, moins soluble dans l'alcool, et se présente sous forme de fines aiguilles fusibles à 95-99° [O. Wallach, *Liebig's Ann. der Chem.*, t. CLXXIII, p. 274].

ACÉTO-α-MÉTAXYLIDE, $C^{8}H^{9}AzH(C^{2}H^{3}O)$. — L'α-métaxylidine est chauffée à l'ébullition, pendant deux jours, avec de l'acide acétique cristallisable, et le produit est purifié par cristallisation dans l'eau chaude. L'acéto-α-métaxylide, ainsi obtenue, se présente sous forme de belles aiguilles blanches, très-longues, fusibles à 112-113°, peu solubles dans l'eau froide, très-solubles dans l'alcool et l'éther. La potasse bouillante la transforme en α-métaxylidine et acétate [B. Genz, *Deutsche chem. Gesellsch.*, t. II, p. 686; *Bull. de la Soc. chim.*, t. XIII, p. 539].

L'*acéto-α-métaxylide monobromée*,

$$C^{8}H^{8}Br\,AzH(C^{2}H^{3}O).$$

— L'acéto-α-métaxylide, mise en suspension dans l'eau, est additionnée de la quantité calculée d'eau de brome, et la poudre rougeâtre qui se dépose, est purifiée par des cristallisations dans l'eau chaude. L'acétoxylide monobromée est en aiguilles blanches [Genz, *loc. cit.*]

L'*acéto-α-métaxylide dibromée*,

$$C^{8}H^{7}Br^{2},AzH(C^{2}H^{3}O),$$

se forme lorsqu'on emploie, dans la préparation précédente, une quantité double d'eau de brome. Elle est insoluble dans l'eau, soluble dans l'alcool et se dépose de ce dernier véhicule en cristaux blancs, brillants [B. Genz, *Deutsche chem. Gesellsch.*, t. III, p. 225; *Bull. de la Soc. chim.*, t. XIV, p. 318].

Acéto-α-métaxylide nitrée,

$$C^{8}H^{8}(AzO^{2})AzH(C^{2}H^{3}O).$$

— Pour la préparer, on introduit peu à peu de l'acéto-α-métaxylide dans un mélange refroidi de 5 p. d'acide nitrique fumant et 1 p. d'acide nitrique ordinaire. Le produit de la réaction est étendu d'eau, et l'acétoxylide nitrée qui se précipite est soumise à plusieurs cristallisations dans l'eau bouillante. Elle se présente sous forme de cristaux jaunâtres, fusibles à 172-173°, et très-solubles dans l'alcool (Hofmann).

D'après Wroblevsky, l'acéto-α-métaxylide nitrée est incolore et fond à 180°.

OXA-α-MÉTAXYLIDE,

$$C^{18}H^{20}Az^{2}O^{2} = (C^{8}H^{9}AzH)^{2}C^{2}O^{2}.$$

— On l'obtient en petite quantité en portant, pendant quelque temps, l'oxalate d'α-métaxylidine au point d'ébullition de la xylidine. Il se dégage de l'eau qui entraîne de la xylidine, de l'acide carbonique, et, vers la fin de l'opération, de l'oxyde de carbone. Le résidu est épuisé par l'eau froide et purifié par cristallisation dans la benzine chaude. L'oxaxylide est en belles aiguilles soyeuses, fusibles à 204° (B. Genz).

II. — β-MÉTAXYLIDINE.

L'α-métaxylidine mononitrée, fusible à 77°, traitée par l'alcool chargé de gaz nitreux, donne un nitroxylène, fusible à 67°, qui, réduit par l'étain et l'acide chlorhydrique, fournit une métaxylidine isomérique avec l'α-métaxylidine. Elle reste liquide à — 20°, et bout à 220-221°; densité à 6° = 0,9935.

Azotate $C^{8}H^{9}AzH^{2},HAzO^{3}$. — Belles aiguilles nacrées; 100 p. d'eau en dissolvent à 13° 4p,66.

Chlorhydrate $C^{8}H^{9}AzH^{2},HCl$. — Longues aiguilles brillantes.

Sulfate $(C^{8}H^{9}AzH^{2})^{2}H^{2}SO^{4} + H^{2}O$. — Longues aiguilles blanches.

L'*acéto-β-métaxylide* $C^{8}H^{9}AzH(C^{2}H^{3}O)$, préparée en chauffant la β-métaxylidine avec l'acide acétique, est purifiée par cristallisation dans l'alcool; elle est en longues aiguilles aplaties, fusibles à 144°,5 [E. Wroblevsky, *Deutsche chem. Gesellsch.*, t. X, p. 1248].

III. — PARAXYLIDINE.

La réduction du paraxylène nitré, par l'étain et l'acide chlorhydrique, fournit, indépendamment de la base chlorée décrite plus loin, une huile qui est probablement de la paraxylidine. Ce corps n'a pas été étudié [P. Jannasch, *Liebig's Ann. der Chem.*, t. CLXXVI, p. 55; *Bull. de la Soc. chim.*, t. XXIV, p. 314].

Paraxylidine monochlorée,

$$C^{8}H^{10}Cl\,Az = C^{8}H^{8}Cl.AzH^{2}.$$

— Nous venons de dire qu'elle se forme dans la réduction du nitroparaxylène par l'étain et l'acide chlorhydrique. Elle est à peine soluble dans l'eau froide, peu soluble dans l'eau chaude; cette dernière solution laisse déposer des tablettes brillantes, fusibles à 92-93°. Elle est entraînée avec les vapeurs d'eau; elle forme une série de sels bien cristallisés, qui ne sont stables qu'en présence d'un excès d'acide.

Chlorhydrate, $C^8H^{10}ClAz,HCl + 2H^2O$. — Il est en aiguilles entrecroisées, à reflets rougeâtres, assez solubles dans l'eau froide, perdant leur eau à 100°, et se sublimant à une température plus élevée.

Sulfate, $(C^8H^{10}ClAz)^2H^2SO^4$. — Aiguilles déliées roses, très-peu solubles dans l'eau froide.

Oxalate, $(C^8H^{10}ClAz)^2C^2H^2O^4$. — Tables rhombiques roses; moins soluble que le sulfate.

Acétate. — Longues aiguilles.

L'*azotate* est en cristaux mats et enchevêtrés; si le refroidissement de la solution est lent, le sel se dépose en beaux cristaux transparents [Jannasch, *loc. cit.*].

Paraxylidine nitrée, $C^8H^8(AzO^2)Az.H^2$. — Elle prend naissance par la réduction du dinitroparaxylène, fusible à 123°,5. Purifiée par cristallisation dans l'alcool, elle se présente en longues aiguilles brillantes, d'un jaune d'or, fusibles à 96°, sublimables; elle est peu soluble dans l'eau, très-soluble dans l'alcool, surtout à chaud.

Le *chlorhydrate*, $C^8H^8(AzO^2)AzH^2.HCl$ forme des aiguilles jaunâtres, solubles dans l'eau et dans l'alcool [R. Fittig, W. Ahrens et L. Mattheides, *loc. cit.*].

IV. — XYLIDINE.

Elle a été retirée, en petite quantité, des queues d'aniline, par Hofmann. C'est elle qui donne naissance au chlorhydrate facilement soluble, et à l'azotate peu soluble que ce chimiste a obtenus en préparant l'α-métaxylidine pure, par le procédé indiqué plus haut [A.-W. Hofmann, *loc. cit.*]. Elle n'a pas été étudiée. A. H.

XYLIDIQUE (ACIDE),

$$C^9H^8O^4 = C^6H^3(CH^3)(CO^2H)^2.$$

— Cet acide, découvert par Fittig et Laubinger, est isomérique avec les acides uvitique, isuvitique et isoxylidique; il se forme par l'oxydation du pseudocumène (triméthylbenzine, 1.3.4), ou des acides isomériques, xylique et paraxylique, au moyen de l'acide nitrique étendu. La constitution de ces trois corps étant connue, on en déduit, pour l'acide xylidique, la formule de constitution (1.3.4),

$$C^6H^3(CO^2H)_{(1)}(CH^3)_{(3)}(CO^2H)_{(4)}.$$

Lorsqu'on fait bouillir le pseudocumène avec un mélange de 1 volume d'acide nitrique d'une densité de 1,4 et de 2 volumes d'eau, l'hydrocarbure s'oxyde facilement et le liquide acide laisse déposer, en se refroidissant, une masse cristalline, mélange des acides xylique, paraxylique, xylidique et d'acides nitrés. Ce mélange est soumis à une distillation prolongée dans la vapeur d'eau qui entraîne les acides xylique et paraxylique, tandis que l'acide xylidique et la majeure partie des acides nitrés restent dans le vase distillatoire. On les traite par l'étain et l'acide chlorhydrique, pour réduire les acides nitrés et les rendre ainsi solubles dans les acides, on dissout la partie non attaquée dans le carbonate sodique et on la précipite par l'acide chlorhydrique.

L'acide xylidique est une masse blanche, volumineuse et amorphe, à peine soluble dans l'eau froide, très-peu soluble à chaud. L'alcool qui le dissout abondamment avec le concours de la chaleur, le laisse déposer, par l'évaporation lente, sous forme de mamelons cristallins. Il fond vers 280-283° et se sublime facilement dans un courant de gaz carbonique sec; on l'obtient alors en aiguilles incolores, dures, fusibles à 291°. Il n'est pas coloré par le chlorure ferrique.

L'acide xylidique contenant un groupe méthylique, on pouvait espérer le convertir par les oxydants en un acide benzotricarbonique; d'après les expériences de Fittig et Laubinger, l'acide chromique ne convient pas à cet effet, car il détruit complétement la molécule et fournit du gaz carbonique et de l'acide acétique. Krinos vient de réaliser cette transformation en oxydant l'acide xylidique par le permanganate de potassium en solution alcaline; la réaction s'accomplit à 100° et fournit, comme produit principal, de l'acide trimellique, $C^6H^3(CO^2H)^3$ (1.3.4); il se produit, en même temps, une certaine quantité d'acide métaphtalique, $C^6H^4(CO^2H)^2$ (1.3) et de l'acide carbonique.

L'acide xylidique est bibasique; ses sels cristallisent très-difficilement.

Sel de baryum, $C^9H^6O^4.Ba$. — Masse cristalline rayonnée, fort soluble dans l'eau, insoluble dans l'alcool.

Sel de calcium, $C^9H^6O^4.Ca$. — Lamelles cristallines indistinctes, très-solubles dans l'eau, contenant de l'eau de cristallisation qui se dégage dans l'air sec.

Sel de zinc. — Il est anhydre et présente la singulière propriété d'être beaucoup moins soluble à chaud qu'à froid : 100p d'eau en dissolvent 30p à 0°; 15p,6 à 50°; 0p,735 à 100° et 0p,5 à 130°; la solubilité est encore un peu plus grande au-dessous de 0°; à — 5° la solution se congèle.

Une solution de xylidate de zinc saturée au-dessous de 20°, laisse déposer le sel sous forme d'écailles tenues non cristallines, dès qu'on la surchauffe; ces écailles sont anhydres, même si elles ne sont formées dans une solution saturée à — 4° et portée ensuite à + 4°. La diminution de la solubilité avec l'augmentation de la température ne saurait donc être expliquée par l'existence d'un hydrate, comme c'est le cas pour le sulfate de sodium et d'autres sels; du reste la courbe qui représente les variations de la solubilité en fonction de la température, suit une marche descendante très-régulière et ne présente pas de point singulier [O. Jacobsen, *Deutsche chem. Gesellsch.*, t. X, p. 859].

Le sel ammoniacal précipite le nitrate d'*argent* en blanc, le sulfate de *cuivre* en bleu clair, le nitrate de *plomb* en blanc; [R. Fittig et C. Laubinger, *Ann. der Chem. u. Pharm.*, t. CLI, p. 257; *Bull. de la Soc. chim.*, t. XI, p. 83. — G. Krinos, *Deut. chem. Gesselisch.*, t. X, p. 1491].

ISOXYLIDIQUE (ACIDE), $C^9H^8O^4$. — Cet isomère de l'acide xylidique se forme lorsqu'on fond le γ-crésylène-disulfite de potassium de Senhofer avec le double de son poids de formiate de sodium.

$$C^6H^3\left\{\begin{matrix}CH^3\\(SO^3K)^2\end{matrix}\right. + 2\,CHO^2Na$$

$$= C^6H^3\left\{\begin{matrix}CH^3\\(CO^2H)^2\end{matrix}\right. + 2\,SO^3KNa.$$

On arrête l'opération lorsque la masse est devenue presque solide et verte. Le produit dissous dans l'eau et acidulé par l'acide chlorhydrique, est épuisé par l'éther, le liquide éthéré est distillé et le résidu cristallin transformé en sel barytique. La solution de ce sel est décolorée par le charbon animal et additionnée d'acide chlorhydrique; enfin l'acide isoxylidique qui se précipite, est purifié par cristallisation dans l'eau ou dans l'alcool.

L'acide isoxylidique cristallise en aiguilles microscopiques, presque insolubles dans l'eau froide; l'alcool et l'éther le dissolvent aisément. Il commence à se ramollir vers 280°, mais ne fond entièrement qu'à 315°; il se sublime en belles aiguilles.

L'acide isoxylidique est bibasique; ses sels cristallisent difficilement.

Sel d'argent, $C^9H^6O^4.Ag^2$. — Précipité blanc, floconneux et amorphe.

Sel de baryum, $C^9H^6O^4.Ba + 2H^2O$. — Masse cristalline confuse, devenant anhydre vers 140°.

Sel de cuivre. — Précipité vert clair, amorphe.

Sels de plomb et de zinc. — Précipités blancs amorphes [C. Senhofer, *Ann. der Chem. u. Pharm.*, t. CLXIV, p. 126; *Bull. de la Soc. chim.*, t. XVIII, p. 460]. A. H.

XYLINDÉINE. — Les bois de hêtre, de chêne, de bouleau, etc., prennent souvent, pendant leur décomposition lente, une coloration verte assez intense; cette teinte est due à une matière colorante particulière qui a été signalée d'abord par Döbereiner et décrite par L. Gmelin sous le nom de *vert de bois*. Beaucoup plus tard, Bley, Fordos et Rommier en ont repris l'étude et lui ont assigné les noms d'*acide xylochlorique*, d'*acide xylochloérique* et de *xylindéine*; cette dernière désignation a été adoptée par Liebermann dans un travail récent.

Bley prépare cette matière colorante en épuisant le bois par l'ammoniaque étendu ou une lessive faible de potasse; la solution colorée en vert foncé fournit, par les acides, un précipité de xylindéine impure contenant des matières ulmiques. Pour le purifier, on le dissout, suivant Rommier, dans 15 fois son poids d'une lessive de potasse au cinquantième, on ajoute à la liqueur un volume d'alcool à 85 °/₀ double du sien et un demi volume d'une solution saturée de chlorure de sodium pur : la xylindéine se précipite tandis que les substances ulmiques restent en solution. Cette opération est répétée plusieurs fois, puis le produit est lavé à l'alcool, dissous dans l'eau pure et précipité par l'acide chlorhydrique. D'après Rommier, la xylindéine est très-soluble dans l'eau pure, mais en est précipitée par le sel marin ou par les acides minéraux.

Fordos prépare la xylindéine en épuisant le bois par du chloroforme.

Liebermann, enfin, fait digérer à froid le bois avec du phénol et précipite la solution par l'alcool ou l'éther. Le précipité est dissous vers 50° dans la plus petite quantité de phénol possible, et la solution est filtrée : elle laisse alors déposer par le refroidissement des cristaux lamellaires qui, lavés avec du phénol, puis avec de l'éther, constituent la xylindéine pure.

Les indications des différents auteurs sur les propriétés de la xylindéine sont tellement discordantes, qu'il a lieu de se demander si les substances préparées d'après l'une ou l'autre des méthodes décrites, sont identiques.

Cette question exige de nouvelles recherches, et, comme Liebermann paraît être le seul qui ait obtenu la xylindéine dans un état de pureté satisfaisant, nous nous contenterons de reproduire la description qu'il en donne.

La xylindéine cristallise en petites lamelles quadrilatères, doués d'un fort éclat cuivré, ressemblant à la cérulignone ou à l'indigo sublimé. Elle est insoluble dans la plupart des dissolvants; l'acide sulfurique la dissout en se colorant en vert-pré, et le phénol ou l'aniline, en prenant une teinte vert foncé. Séchée à 100°, elle renferme

$$C = 65{,}48;\ H = 4{,}71;\ Az = 1{,}0;$$

il est probable que la petite quantité d'azote provient d'une impureté [L. Bley le jeune, *Vierteljahrsschr. f. prakt. Pharm.*, 1858, t. VII, p. 236; — Fordos, *Compt. rend.*, t. LVII, p. 50; — A. Rommier, *ibid.*, t. LXVI, p. 791; — C. Liebermann, *Deutsche chem. Gesellsch*, t. VII, p. 1102; *Bull. de la Soc. chim.*, t. XXIII, p. 328]. A. H.

XYLIQUE (ACIDE). — Nom d'une substance noire, dure, à cassure vitreuse, que Lefort a extraite du bois pourri des vieux troncs d'arbres. Ce corps offre d'étroites relations avec les produits ulmiques (Voyez ULMINE); sa composition serait exprimée par la formule très-problématique $C^{24}H^{28}O^{16} + H^2O$ [J. Lefort, *Compt. rend.*, t. LXIV, p. 1235].

XYLIQUE (ACIDE).

$$C^9H^{10}O^2 = C^6H^3(CH^3)^2(CO^2H).$$

— L'oxydation du pseudocumène fournit entre autres produits, deux acides monobasiques isomériques, de la formule $C^9H^{10}O^2$; ce sont les acides *xylique* et *paraxylique*. Ils passent avec la vapeur d'eau, lorsqu'on fait bouillir le produit brut avec de l'eau (voyez XYLIDIQUE, ACIDE). Le liquide distillé est sursaturé par du carbonate sodique, évaporé et précipité par l'acide chlorhydrique; les acides libres sont traités par l'étain et l'acide chlorhydrique, pour réduire et dissoudre de petites quantités d'acides nitrés, puis transformés en sels de calcium, que l'on soumet à des cristallisations fractionnées dans l'eau : le paraxylate étant moins soluble que le xylate calcique cristallise d'abord [Fittig et Laubinger]. Indépendamment de ces deux acides, nous décrirons ici l'acide alphaxylique.

ACIDE XYLIQUE. — Avant le travail de Fittig et Laubinger, plusieurs chimistes avaient décrit sous le nom d'acide xylique, des acides de la formule $C^9H^{10}O^2$. Kekulé, en faisant agir l'acide carbonique et le sodium sur le monobromoxylène brut (composé principalement de métaxylène monobromé) avait obtenu un acide fusible à 122°, qui n'était très-probablement que de l'acide xylique légèrement impur [*Ann. der Chem. u. Pharm.*, t. CXXXVII, p. 178; *Bull. de la Soc. chim.*, t. VI, p. 47]. Hirzel et Beilstein ont préparé l'acide xylique en oxydant le cumène du goudron de houille; cet hydrocarbure étant un mélange, l'acide obtenu ne pouvait être pur, aussi fondait-il déjà à 103° [*Zeitsch. für Chem.*, 1866, p. 503; *Bull. de la Soc. chim.*, t. VII, p. 345]. Enfin, Schaper a isolé l'acide xylique à l'état de pureté des produits d'oxydation du pseudocumène [*Zeitsch. für Chem.*, 1868, p. 545; *Bull. de la Soc. chim.*, t. XI, p. 81].

L'acide xylique cristallise dans l'alcool en prismes clinorhombiques incolores, fusibles à 126°; il fond dans l'eau bouillante qui le dissout assez abondamment. Le dichromate de potassium et l'acide sulfurique étendu l'oxydent profondément en donnant du gaz carbonique et de l'acide oxalique; l'acide nitrique étendu le transforme en acide xylidique. Distillé avec la chaux, il fournit du métaxylène :

$$C^6H^3\left\{\begin{matrix}(CH^3)^2\\CO^2H\end{matrix}\right. + CaO = C^6H^4(CH^3)^2 + CaCO^3.$$

L'acide xylique est monobasique.

Xylate de baryum, $(C^9H^9O^2)^2Ba + 8H^2O$. — Masse cristalline, rayonnée, très-soluble dans l'eau.

Xylate de calcium, $(C^9H^9O^2)^2Ca + 2H^2O$ ($3H^2O$ suivant Schaper). — Prismes clinorhombiques transparents, durs, très-solubles dans l'eau, mais n'entrant que lentement en dissolution.

PARAXYLIQUE (ACIDE). — Il forme des cristaux incolores en forme de fer de lance, groupés en étoiles, très-peu solubles dans l'eau bouillante; l'alcool le dissout facilement. Il fond à 163° et ne se liquéfie pas dans l'eau bouillante.

L'acide nitrique étendu le convertit en acide xylidique. Distillé avec la chaux, il fournit de l'orthoxylène.

L'acide paraxylique est monobasique.

Paraxylate de baryum, $(C^9H^9O^2)^2Ba + 4H^2O$. — Aiguilles incolores et dures, groupées en étoiles, moins solubles que le xylate barytique. — *Paraxylate de calcium* $(C^9H^9O^2)Ca + 3^1/_2H^2O$

aiguilles incolores, flexibles, moins solubles dans l'eau que le xylate calcique, mais se dissolvant beaucoup plus rapidement que lui.

L'acide paraxylique semble être identique avec l'acide lauroxylique (t. II, p. 210). [R. Fittig et C. Laubinger, *Ann. der Chem. u. Pharm.*, t. CLI, p. 257; *Bull. de la Soc. chim.*, t. XI, p. 83].

Constitution des acides xylique et paraxylique. — Le pseudocumène étant la triméthylbenzine (1. 3. 4),

$$C^6H^3(CH^3)_{(1)}(CH^3)_{(3)}(CH^3)_{(4)}$$

pourrait fournir par oxydation trois acides monobasiques isomériques :

$$\text{I. } C^6H^3(CO^2H)_{(1)}(CH^3)_{(3)}(CH^3)_{(4)},$$

$$\text{II. } C^6H^3(CH^3)_{(1)}(CO^2H)_{(3)}(CH^3)_{(4)}$$

$$\text{et III. } C^6H^3(CH^3)_{(1)}(CH^3)_{(3)}(CO^2H)_{(4)}.$$

En réalité il n'en donne que deux, et la nature de l'hydrocarbure qu'ils fournissent par la chaux nous permet d'assigner à l'acide paraxylique la formule I, puisque cet acide donne de l'orthoxylène (1.2 = 3.4); et à l'acide xylique la formule III qui rend compte de son dédoublement en gaz carbonique et métaxylène (1.3). L'acide xylidique, qui prend naissance par l'oxydation des deux acides, doit avoir pour formule

$$C^6H^3(CO^2H)_{(1)}(CH^3)_{(3)}(CO^2H)_{(4)}.$$

ACIDE ALPHAXYLIQUE (Syn. *Acide crésylacétique*).

$$C^9H^{10}O^2 = C^6H^4 < \begin{matrix} CH^3 \\ CH^2\text{-}CO^2H. \end{matrix}$$

On obtient cet homologue de l'acide alphatoluique en traitant le chlorure de métatolyle

$$C^6H^4 < \begin{matrix} CH^3 \\ CH^2Cl \end{matrix}$$

par le cyanure de potassium, puis décomposant par la potasse le cyanure formé. Le produit de la réaction, débarrassé d'alcool, donne avec les acides un précipité d'acide alphaxylique que l'on purifie en le faisant bouillir avec un lait de chaux et le précipitant de nouveau par l'acide chlorhydrique.

Il cristallise en aiguilles larges et soyeuses, fusibles à 42° et très-solubles dans l'eau bouillante. Son *sel de calcium* $(C^9H^9O^2)^2Ca + 4H^2O$ est en aiguilles très-solubles [A. Vollrath, *Zeitsch. für Chem.*, 1866, p. 488; *Bull. de la Soc. chim.*, t. VII, p. 342]. A. H.

XYLITE (Min.). — Fibres déliées chatoyantes, opaques, brun noisette; peu fusibles, donnant de l'eau dans le tube (4,70 %) et devant probablement être rapportées à la xylotile.

XYLOCHLOÉRIQUE ou **XYLOCHLORIQUE (ACIDE)**. — Voyez XYLINDÉINE.

XYLOCHLORE (Min.). — Apophyllite colorée en vert olive par un peu de fer et trouvée en Sicile.

Densité, 2,29.

XYLOÏDINE — Voy. AMIDON, t. I, p. 196.

XYLOL. — Syn. de XYLÈNE.

XYLOQUINONES. — Elles sont inconnues, mais Fittig et Siepermann ont préparé le dérivé hydroxylé de la métaxyloquinone.

OXYMÉTAXYLOQUINONE,

$$C^8H^8O^3 = (CH^3)^2C^6H(OH)(O^2).$$

— Elle se produit par l'oxydation du diamidomésitylène au moyen du dichromate de potassium et de l'acide sulfurique étendu. La réaction est assez complexe, elle fournit une forte proportion d'une résine acide et une petite quantité seulement, environ 5 %, d'oxymétaxyloquinone; on a inutilement cherché la quinone mésitylénique qui serait le produit normal.

5 grammes de diamidomésitylène dissous dans 250 grammes d'eau et additionnés de 12 gr. d'acide sulfurique et de 1 gramme de dichromate de potassium sont soumis à la distillation tant que le liquide passe coloré. On ajoute alors de nouveau 1 gramme de dichromate dissous dans l'eau et de l'eau en quantité suffisante pour rétablir le volume primitif, on distille une seconde fois et on renouvelle le même traitement aussi longtemps qu'il passe un liquide coloré en jaune. Il faut en tout environ 6 grammes de dichromate.

Les liquides distillés sont réunis et épuisés par l'éther, et ce véhicule est chassé à une douce chaleur; le résidu est soumis à plusieurs cristallisations dans l'eau bouillante.

L'oxymétaxyloquinone cristallise en belles aiguilles oranges, fusibles à 103° et se sublimant facilement en aiguilles d'un jaune d'or; elle se volatilise déjà à la température ordinaire et possède une odeur pénétrante. Elle est peu soluble dans l'eau froide et très-soluble dans l'alcool et l'éther.

Lorsqu'on chauffe, à 100° en vase clos, l'oxymétaxyloquinone avec un excès de chlorure d'acétyle, et qu'on verse le produit dans l'eau, il se précipite une huile qui se concrète rapidement. Ce corps cristallise dans l'alcool bouillant en beaux prismes, fusibles à 124°, insolubles dans l'eau et peu solubles dans l'alcool froid; il paraît constituer le triacétate d'oxymétaxylohydroquinone chlorée, $C^8H^5Cl(OC^2H^3O)^3$.

Sels d'oxymétaxyloquinone. — Les alcalis et les sels alcalins, carbonates, phosphates, et les carbonates alcalino-terreux colorent fortement en rouge violet les solutions de l'oxymétaxyloquinone, en donnant des sels qui, en présence d'un excès d'alcali, s'altèrent assez facilement à l'air. Cette coloration est tellement intense qu'elle permet de rechercher des traces de l'oxymétaxyloquinone, ou inversement des traces de carbonates, de carbonate calcique, par exemple, dans les eaux. Une solution au millième d'oxymétaxyloquinone est colorée en rouge violet presque opaque lorsqu'on l'agite avec du carbonate calcique ou barytique. Ces solutions, d'une coloration si intense, ne possèdent pas de pouvoir tinctorial.

Sel de baryum. — Précipité rouge brun, obtenu par addition de baryte à une solution alcoolique de l'oxymétaxyloquinone; il est soluble dans l'alcool bouillant et cristallise en petites aiguilles foncées, que l'eau dissout aisément en prenant une teinte rouge foncé par transparence et violette par réflexion.

Sel de potassium, $C^8H^7(O^2)OK$. — Il se précipite lorsqu'on ajoute une solution éthéro-alcoolique de potasse à une solution éthéro-alcoolique d'oxymétaxyloquinone. C'est une poudre noire, formée de petites aiguilles très-solubles dans l'eau, assez solubles dans l'alcool absolu, insolubles dans l'éther. Ce sel est très-instable en présence d'un excès de potasse.

OXYMÉTAXYLO-HYDROQUINONE [Syn. *Trioxymétaxylène*], $C^8H^{10}O^3 = (CH^3)^2C^6H(OH)^3$. — Lorsque l'oxymétaxyloquinone, mise en suspension dans une petite quantité d'eau tiède, est traitée par un courant de gaz sulfureux, elle se dissout et la liqueur prend d'abord une couleur foncée pour se décolorer ensuite et laisser déposer alors, en se refroidissant, des cristaux presque incolores d'oxymétaxylo-hydroquinone; les eaux mères en renferment encore une certaine quantité qu'on peut enlever par l'éther.

Cette hydroquinone est en grandes tables transparentes, paraissant appartenir au type clinorhombique. Elle cristallise avec 1 molécule d'eau qu'elle perd à 80°. A l'état hydraté, elle fond à 88-90°, et à l'état anhydre à 121-122°. L'eau froide la dissout assez facilement, l'eau bouillante en notable quantité.

Les agents oxydants, tels que le chlorure ferrique, la transforment rapidement en oxymétaxyloquinone. Elle attire l'oxygène de l'air, lorsqu'on abandonné sa solution aqueuse à l'évaporation lente et donne la quinhydrone correspondante. Distillée avec de la poudre de zinc, l'hydroquinone fournit, indépendamment d'autres substances, une petite quantité de métaxylène.

L'acétate de plomb produit dans la solution aqueuse de l'oxymétaxylohydroquinone un précipité floconneux rougeâtre, très-soluble dans l'acide acétiqueétendu.

Triacétyle-oxymétaxylohydroquinone,

$$C^{14}H^{16}O^{6} = (CH^{3})^{2}C^{6}H(O\,C^{2}H^{3}O)^{3}.$$

— Cet éther se forme lorsqu'on fait agir, à la température ordinaire, le chlorure d'acétyle sur l'hydroquinone. Il cristallise dans l'alcool en grands prismes incolores et brillants, fusibles à 99° et pouvant être sublimés. L'alcool froid le dissout en petite quantité, l'acide acétique en abondance, mais il est insoluble dans l'eau.

OXYMÉTAXYLOQUINHYDRONE. — Elle se forme par la réduction incomplète de l'oxymétaxyloquinone, ainsi que par l'oxydation de l'oxymétaxylohydroquinone à l'air. Elle forme des aiguilles brunes, à éclat métallique, fusibles à 142-143° [R. Fittig et W. Siepermann, *Liebig's Ann. der Chem.*, t. CLXXX, p. 23; *Bull. de la Soc. chim.*, t. XXIV, p. 209, et t. XXVI, p. 395]. A. H.

XYLORÉTINE. — Syn. de HARTINE, t. II, p. 5.

XYLORÉTINITE (Min.). — Résine extraite par Forchhammer d'un bois de pin fossile des marais de Holtegaard (Danemark). Formule empirique, $C^{10}H^{16}O$. Fusible à 165°. Blanche, inodore, insipide. Soluble dans l'éther.

XYLOSTÉINE. — Principe amer, non volatil, trouvé par Hübschmann dans le fruit du chèvrefeuille (*Lonicera Xylosteum*); ce corps est insoluble dans l'eau, et soluble dans l'alcool et l'éther; il appartiendrait au groupe des glucosides [*Ann. der Chem., u. Pharm.*, t. LXXXV, p. 250].

XYLOTILE (Min.). — Plaquettes de fibres déliées parfois entrelacées, opaques, brunes et plus ou moins chatoyantes donnant plus d'eau dans le tube que la xylite (14 %) et provenant sans doute de l'altération d'un chrysotile très-ferrugineux. Assez facilement soluble dans l'acide chlorhydrique en laissant un squelette de silice. Trouvé à Sterzuns (Tyrol).

XYLYLE. — Radical monovalent de l'acide xylique.

Y

YANOLITHE. — Voyez AXINITE.

YÉNITE. — Voyez LIÉVRITE.

YPOLÉIME. — Voyez LUNNITE.

YTTERBITE. — Voyez GADOLINITE.

YTTRIA FLUATÉE. — Voyez YTTROCÉRITE.

YTTRIA PHOSPHATHÉE. — Voyez XÉNOTIME.

YTTRIUM, Y = 89,6 (de Ytterby, nom d'une carrière de feldspath, près de Stockholm, où se trouve la gadolinite, matière première pour l'extraction de l'yttria).

Historique. — Gadolin, chimiste finlandais, découvrit en 1794, dans un minéral rare nommé plus tard en son honneur *gadolinite,* un oxyde terreux, qu'il désigna sous le nom d'*yttria.* C'est dans ce même minéral qu'Ekeberg, chimiste à Upsal, découvrit la glucine en 1802; Berzelius montra, en 1814, que l'yttria de Gadolin contenait de l'oxyde de cérium, dont il avait fait la découverte quelques années auparavant. En 1835, Berlin fit connaître un grand nombre de sels d'yttria, débarrassés de glucinium et de cérium. M. Scheerer remarqua que l'yttria, calcinée à l'air, devient jaune, mais qu'elle est blanche après sa calcination à l'abri de l'air: il en conclut que l'yttria renferme encore un autre oxyde. Peu après (1843), Mosander, chimiste suédois, a publié un mémoire dans lequel il a avancé le fait que l'yttria est un mélange de trois oxydes différents: l'*yttria,* la *terbia* ou *terbine,* et l'*erbia* ou *erbine* (noms dérivés tous d'Ytterby). La faible quantité de gadolinite sur laquelle il avait opéré ne lui avait pas permis d'obtenir ces oxydes dans un état de pureté parfaite. Sa méthode pour la séparation des trois oxydes consistait dans la précipitation fractionnée par l'oxalate acide de potassium et par l'ammoniaque; l'erbine est précipitée en premier lieu, et l'yttria vers la fin. Si ces observations de Mosander n'ont pas été complétées par des recherches plus étendues, cela doit être attribué sans doute à la grande rareté de la gadolinite. C'est seulement en 1860 qu'on a fait la première addition importante aux travaux pénibles et difficiles de ce savant.

Berlin fit connaître à cette époque, à la réunion des naturalistes scandinaves à Copenhague, les résultats de ses travaux sur l'yttria. Il reconnut l'insuffisance des méthodes employées par Mosander pour la séparation des oxydes qui l'accompagnent. Il essaya avec plus de succès une nouvelle méthode consistant dans la calcination incomplète de l'azotate d'yttria brute. L'azotate d'erbium se décompose plus facilement que le sel d'yttrium et, par le traitement de la masse calcinée par l'eau, on obtient une solution riche en yttria, et un résidu contenant l'erbine. Après avoir renouvelé plusieurs fois cette opération, il parvint à obtenir l'yttria pure et l'erbine presque pure. Quant au troisième oxyde signalé par Mosander, il reconnut qu'il était toujours possible de le dédoubler en yttria et en erbine.

En 1864, Popp, ignorant les travaux importants de Berlin, publia un mémoire sur l'yttria et ses combinaisons, dans lequel il nia l'existence de l'erbine et de la terbine. D'autre part, vers la même époque, Delafontaine croyait avoir isolé tous les oxydes de Mosander. D'après lui, les sels de terbium donnent au spectroscope le spectre d'absorption que Bahr avait découvert en 1862 comme caractérisant un des oxydes contenus dans l'yttria brute.

En 1866, Bahr et Bunsen publièrent un mémoire fort important sur les oxydes d'yttria. Pour les séparer, ils ont employé à peu près la même méthode que Berlin et ils sont arrivés à préparer dans un état de pureté presque parfaite les oxydes d'yttrium et d'erbium; quant à l'oxyde du troisième métal, la terbine, ils reconnurent qu'il n'est autre chose qu'un mélange des deux autres, avec un peu de didyme, etc. Dans un mémoire publié peu de temps après, Delafontaine maintient l'existence du troisième oxyde, et émet l'opinion que l'erbine de Bahr et Bunsen constitue la terbine de Mosander.

En 1872, Cleve et Höglund ont examiné en détail la plupart des combinaisons les plus importantes de l'yttria et de l'erbine. Ils essayèrent en vain d'obtenir le troisième oxyde (l'erbine de M. Delafontaine). Cleve publia, seul, un second mémoire, en 1874, sur plusieurs combinaisons de l'yttrium et de l'erbium; ces recherches furent suivies de celles de Thalen sur les spectres de l'erbium et de l'yttrium purs, de celles de Topsoe sur la forme cristalline de plusieurs sels d'yttrium et d'erbium. Enfin, Delafontaine a publié une dernière note, dans laquelle il maintient l'existence de son erbine (ou terbine) (1).

Bibliographie. — Gadolin, *Kongl. So. Vetensk. Akad. Handlingar*, 1794, p. 137; — Ekeberg, *loc. cit.*, 1802, p. 68; — Berzelius, *Afhandlingar i Fysik, Kemi och. Mineralogi*, t. IV, p. 217; *Lehrb. d. Chem. 5te Aufl.*, t. II, p. 173; — Berlin, *Kongl. Sv. Vetensk. Akad. Handlingar*, 1835, p. 409; *Forhandlingar ved de skandinaviske Naturforskeres 8de Möde i Kjobenhavn*, 1860, p. 446; — Scheerer, *Poggend. Ann.*, t. LVI, p. 483; — Mosander, *Journ. für prakt. Chem.*, t. XX, p. 288; *Lond. Edimb. and. Dublin, Phil. Mag.*, octobre 1843, p. 251; — Popp, *Uber die Ittererde*, *Göttingen*, 1864; — Delafontaine, *Arch. d. sc. phys. et nat.*, 1864, t XXI, p. 97; 1865, t. XXII, p. 30; 1866, t. XXV, p. 105; *Amer. Chem.*, 1875, t. V, p. 235; — Bahr, *OEversigtaf Kongl. Sv. Vetensk. Akad. Forhandlingar*, 1862, p. 597; — Bahr et Bunsen, *Ann. der Chem. u. Pharm.*, 1866, t. CXXXVII, p. 1; — Cleve et Hœglund, *Bihang till Kongl. Sv. Vet. Akad. Handlingar*, 1873, t. I, n° 8; *Bull. de la Soc. chim.*, t. XVIII, p. 193 et 289; — Cleve, *loc. cit.*, t. II, n° 12; *Bull. de la Soc. chim.*, t. XXI, p. 344; — Thalèn, *Kongl. Sv. Vet. Ak. Handlingar*, t. XII, n° 4; *Journ. de Phys.*, 1875, t. IV, p. 33; — Topsoë, *Bihang. till Kongl. Sv. Vet. Ak. Handlingar*, 1874, t. II, n° 5.

On donnera, dans les pages suivantes, une description comparative des composés de l'yttrium et de l'erbium, si voisins l'un de l'autre, par la constitution et les caractères de leurs combinaisons; ces indications complètent l'article Erbium, t. I, p. 1253.

Propriétés. — L'yttrium et l'erbium métalliques n'ont pas encore été obtenus en masses compactes. Les tentatives de Cleve et Hœglund pour les obtenir par l'électrolyse des chlorures en fusion n'ont donné que des poudres noirâtres très-impures.

État naturel. — L'yttrium paraît toujours accompagner l'erbium et très-souvent les oxydes de cérium, de lanthane et de didyme. L'oxyde d'yttrium est toujours plus abondant que l'oxyde d'erbium. Les minéraux dans lesquels on rencontre ces deux oxydes sont très-rares. Ce sont: la gadolinite, l'euxénite, l'yttrotantale, la fergusonite, la xénotime, l'yttrotitanite, etc.

Extraction. — Pour la préparation des oxydes mélangés d'yttrium et d'erbium, on emploie soit la gadolinite d'Ytterby, qui contient d'après Kœnig [*Ann. der Chem. u. Pharm.*, t. CXXXVII, p. 27] 34,64 % d'oxyde d'yttrium et 2,93 % d'oxyde d'erbium, soit l'euxénite d'Arendal, qui contient d'après Cleve environ 17 % d'oxyde d'yttrium et 11,5 % d'oxyde d'erbium. Pour préparer l'yttria pure, la gadolinite est le minéral le plus avantageux; mais, pour obtenir l'erbine, il vaut mieux recourir à l'euxénite.

On opère sur la gadolinite de la manière suivante : On décompose le minéral, finement porphyrisé, par l'acide chlorhydrique, mélangé d'un peu d'acide azotique; on évapore à siccité et on traite le résidu par de l'eau acidulée. On sépare l'acide silicique par filtration, on neutralise la solution par le carbonate de potassium et l'on sature complétement cette solution par du sulfate potassique neutre. Le didyme, le cérium et le lanthane se séparent alors sous la forme de sulfates doubles cristallins, insolubles dans une solution saturée de sulfate neutre de potassium. On mélange la solution filtrée avec une solution chaude d'acide oxalique. Il se forme alors un précipité, d'abord cristallin, qui se concrète bientôt en une poudre pesante, ayant une couleur rosée. On calcine les oxalates précipités et on lave le résidu avec de l'eau bouillante, qui dissout une quantité notable de carbonate potassique. Les oxydes restants sont assez purs pour la séparation de l'yttrium et de l'erbium.

Si l'on opère sur l'euxénite, on fond le minéral, finement porphyrisé, avec un excès de bisulfate potassique, on épuise la masse refroidie par l'eau bouillante, on sépare l'acide niobique, etc., par filtration et on précipite la solution par l'acide oxalique. On calcine les oxalates, on lave le résidu à l'eau bouillante, on le dissout dans l'acide azotique, on évapore la solution à siccité et on chauffe un peu pour décomposer les sels de cérium et de fer, d'acide niobique et d'acide titanique. Le traitement du résidu par l'eau bouillante laisse insoluble l'acide titanique, l'acide niobique, l'oxyde de cérium, etc., qu'on sépare par filtration. La solution filtrée renferme les azotates d'yttrium et d'erbium dans un état de pureté suffisant pour qu'on puisse aborder la séparation des deux oxydes.

On sépare l'yttria de l'erbine de la manière suivante. On chauffe dans une capsule de platine les azotates, parfaitement exempts de potassium, jusqu'à leur décomposition, qui se manifeste par un abondant dégagement de vapeurs rouges. A ce moment, on place la capsule dans l'eau froide; les azotates fondus se solidifient bientôt en une masse transparente et vitreuse. On la dissout dans la plus petite quantité possible d'eau bouillante et on abandonne la solution au refroidissement. On obtient alors des cristaux rosés d'azotates basiques, contenant beaucoup d'erbium. Quant à la solution, on la soumet de nouveau au même traitement, qu'on répète plusieurs fois. On dissout les sels basiques dans l'acide azotique et on répète le procédé décrit plus haut, jusqu'à ce que l'oxyde obtenu à l'aide des sels basiques, possède le poids moléculaire de l'oxyde d'erbium. On n'ob-

(1) Les épreuves de cet article étaient corrigées lorsque parut un travail de M. Marc Delafontaine sur le terbium et ses composés (*Archives des sciences physiques et naturelles*, t. LXI, mars 1878). L'auteur affirme de nouveau l'existence de deux terres dans la Samarskite de la Caroline du Nord, qui renfermerait une terre rose, l'erbine, une terre jaune qu'il nomme maintenant terbine avec tous les autres chimistes. Il fixe le poids atomique du terbium à 98, en supposant que la terbine soit TrO.

M. Marignac, si compétent en pareille matière, appuie les conclusions de M. Marc Delafontaine. Il a retiré pareillement de la gadolinite, l'erbine et la terbine, la première rose, la seconde d'un jaune orange pur, mais très-foncé. Son équivalent serait 115, ce qui donne pour le poids atomique du terbium 99 ou 148,5, suivant que l'on formule la terbine TrO ou Tr^2O^3. On donnera dans le Supplément le résumé de ces recherches. A. W.

tient que très-peu d'oxyde d'erbium pur, c'est pourquoi il est nécessaire d'opérer sur des quantités assez fortes des oxydes mélangés.

L'eau mère, d'où se sont déposés les azotates basiques, riches en erbium, est évaporée à siccité. On chauffe le résidu dans une capsule de platine jusqu'à une décomposition très avancée. On reprend le résidu par l'eau bouillante, qui laisse indissoute une grande quantité d'azotate basique, riche en erbium. La solution qui doit être très-peu colorée, contient beaucoup d'yttrium, mais en général aussi des quantités notables de didyme, de lanthane, de cérium, etc. On la sature par le sulfate neutre de sodium ou de potassium. On sépare les sulfates doubles de didyme, etc., et on précipite par l'ammoniaque caustique. On lave l'hydrate gélatineux et on le dissout dans l'acide azotique. On précipite par l'acide oxalique et on calcine l'oxalate d'yttrium. Il est avantageux de laver l'oxyde restant avec de l'eau bouillante, pour extraire des traces d'alcali On dissout l'oxyde dans l'acide azotique, on évapore à siccité, et on chauffe jusqu'à décomposition avancée. On traite le résidu par l'eau bouillante, et on répète la même opération, jusqu'à ce que la solution très-concentrée de l'azotate d'yttrium ne donne plus au spectroscope les lignes d'absorption de l'erbium. On précipite alors par l'acide oxalique, on calcine l'oxalate et on obtient ainsi l'yttria pure. Souvent l'yttria contient de petites quantités de didyme, qu'il est facile de déceler a l'aide du spectroscope. En ce cas, il faut répéter le procédé de séparation à l'aide du sulfate de potassium, etc.

Par le traitement ci-dessus, on obtient des résidus considérables, contenant à la fois de l'yttrium et de l'erbium. On traite à part avec avantage les résidus riches en erbium et ceux riches en yttrium. On dissout ces derniers dans l'acide azotique et on précipite la solution neutre et très-étendue par une petite quantité d'ammoniaque caustique. Les sels basiques et gélatineux, qu'on obtient ainsi, contiennent beaucoup d'erbium, et on peut les joindre aux autres résidus riches en erbium. En renouvelant cette précipitation incomplète par l'ammoniaque, on obtient une solution qui contient très-peu d'erbium et d'où l'on peut extraire de nouvelles quantités d'yttria pure.

Pour savoir si l'oxyde d'erbium est pur, on n'a d'autre procédé pratique que de déterminer le poids moléculaire de l'oxyde, chose assez facile.

On pèse dans une capsule de platine, l'oxyde d'erbium purifié avec soin, on le dissout dans l'acide azotique étendu et chaud. On ajoute à la solution une quantité suffisante d'acide sulfurique, et on évapore à siccité. On chauffe le sulfate restant dans un bain d'air vers 300°, et on le pèse. Par son poids, il est facile de calculer le poids atomique de l'oxyde, même avec une très-grande exactitude.

Usages. — L'yttrium et l'erbium n'ont aucun usage industriel.

Poids atomique. — Berlin a le premier déterminé le poids atomique de l'yttrium pur. Par la calcination de l'oxalate et le dosage de l'oxyde restant, il a trouvé le nombre 89,6 (l'oxyde d'yttrium = Y^2O^3). Bahr et Bunsen ont transformé l'oxyde en sulfate, et trouvé ainsi le nombre 92,55. Cleve a trouvé par le même procédé le nombre 89,6.

Le poids atomique de l'erbium a été fixé par Berlin à 162. Bahr et Bunsen ont trouvé le nombre 168,9 et Hoeglund 170,6.

Classification. — Les propriétés basiques très-prononcées de l'yttria et de l'erbine, qui égalent presque celles des terres alcalines, ont fait croire que ces oxydes ont pour formule R O. Les recherches étendues de Cleve sur la composition d'un grand nombre des combinaisons des terres rares de la gadolinite et de la cérite ont conduit à la conclusion que ces oxydes sont composés d'après la formule $R^2 O^3$, et que la formule de leurs chlorures, etc., était représentée par $R Cl^3$, etc. Mendelejeff avait déjà été conduit à la même opinion par des spéculations purement théoriques. Les recherches très-étendues de Nilson sur les sélénites de ces oxydes ont montré qu'il existe une grande analogie de composition entre ces sélénites et ceux des oxydes ferrique, de chrome, d'aluminium, etc; il en conclut que les chlorures d'yttrium et d'erbium renferment $R^2 Cl^6$, et que les métaux possèdent la même atomicité que l'aluminium.

D'après les recherches cristallographiques de M. Topsöe, les sels d'yttrium et d'erbium sont isomorphes avec les sels de didyme; or, pour ce dernier métal, Hillebrand [Pogg. *Ann.*, t. CLVIII, p. 76, 1876], a trouvé que sa chaleur spécifique s'accorde avec la loi de Dulong et Petit, si l'on admet la formule $Di^2 O^3$ pour l'oxyde de didyme.

Dans l'état actuel de nos connaissances, l'yttrium et l'erbium forment avec le cérium, le lanthane et le didyme un groupe très-distinct de métaux tétratomiques, qui (sauf le cérium) entrent toujours dans les combinaisons comme atomes doubles.

COMPOSÉS DE L'YTTRIUM ET DE L'ERBIUM.

Oxydes d'yttrium et d'erbium. — On ne connaît qu'un seul oxyde d'yttrium et d'erbium, l'yttria, $Y^2 O^3$ et l'erbine, $Er^2 O^3$.

Oxyde d'yttrium, Y^2O^3. — On l'obtient par la calcination de l'hydrate, du carbonate, de l'oxalate, etc. Le sulfate laisse aussi par une calcination très-forte un résidu d'oxyde.

C'est une poudre blanchâtre ou jaunâtre, d'une densité égale à 5,03 (Cleve). Il joue le rôle d'une base salifiable très-énergique et se combine, même après une calcination très-forte, avec les acides, pour former des sels incolores, dont plusieurs cristallisent très-bien. L'oxyde d'yttrium décompose les sels ammoniacaux, même dans leurs solutions. Il ne se combine pas avec les bases.

Oxyde d'erbium, Er^2O^3. — Obtenu comme l'oxyde d'yttrium, il se présente en fragments durs, d'un rose sale, ou sous la forme d'une poudre jaunâtre ou rougeâtre; densité = 8,9 (Hœglund). Il se dissout dans les acides et décompose les sels ammoniacaux. Ses sels ont une belle couleur rose.

L'*hydrate d'yttrium* est un précipité gélatineux blanc, qu'on obtient par l'addition d'un alcali fixe à la solution d'un sel d'yttrium; l'ammoniaque précipite généralement des sels basiques. Il se dissout aisément dans les acides; il attire rapidement l'acide carbonique de l'air en formant un carbonate neutre, et décompose les sels ammoniacaux (Cleve).

L'*hydrate d'erbium*, $Er^2O^3, 6 H^2O + 3 H^2O$, est un précipité rose, ressemblant à l'hydrate d'yttrium. Il forme avec l'acide carbonique un carbonate basique (Hœglund).

Sulfures d'yttrium et d'erbium. — Les oxydes, chauffés dans un courant de vapeur de sulfure de carbone, se transforment en poudres noires, répandant à l'air humide l'odeur de l'hydrogène sulfuré et prenant par la pression un faible éclat métallique (Cleve et Hœglund).

Fluorures d'yttrium et d'erbium, R^2Fl^6. — Précipités amorphes, qui se transforment bientôt en poudres denses, peu solubles dans les acides. Ils contiennent un peu d'eau (Cleve et Hœglund).

Fluosilicates d'yttrium et d'erbium. — L'acide fluosilicique dissout les hydrates d'yttrium et d'erbium; mais la solution se prend bientôt en une gelée transparente. Par l'évaporation au bain-marie, on obtient des sels basiques non cristallins (Cleve et Hœglund).

CHLORURE D'YTTRIUM, $Y^2Cl^6 + 12H^2O$. — Il forme des prismes aplatis, déliquescents, solubles dans l'alcool, insolubles dans l'éther. Chauffé, il dégage de l'eau et de l'acide chlorhydrique et laisse un chlorure basique, sous la forme d'une poudre blanche. Le chlorure anhydre, qu'on obtient par la fusion d'un mélange de chlorure cristallisé et de sel ammoniac, est une masse blanche et cristalline, qui se décompose à l'air humide (Cleve).

Le *chlorure d'erbium* présente une belle couleur rose; sous tous les autres rapports, il ressemble au chlorure d'yttrium (Hœglund).

Les chlorures d'yttrium et d'erbium se combinent au cyanure mercurique pour former des sels doubles cristallisables qui renferment :

$$R^2Cl^6 + 6Hg(CAz)^2 + 16H^2O$$

[J.-E. Ahlèn, *Bull. de la Soc. chim.*, 1877, t. XXVII, p. 365].

Chloroplatinate d'yttrium,

$$2Y^2Cl^6, 5PtCl^4 + 51H^2O.$$

— Il cristallise en grands cristaux, bien formés, d'un jaune orange foncé, très-déliquescents [Cleve et Nilson, *Bull. de la Soc. chim.*, 1877, t. XXVII, p. 209].

Chloroplatinate d'erbium,

$$Er^2Cl^6, 2PtCl^4 + 21H^2O.$$

— Il forme de grands cristaux tabulaires, extrêmement déliquescents, qui perdent 7 molécules d'eau sur l'acide sulfurique (Cleve).

Chloroplatinite d'yttrium,

$$Y^2Cl^6, 3PtCl^2 + 24H^2O.$$

— Prismes obliques rouges, déliquescents, perdant $10H^2O$ à 100°.

Chloroplatinite d'erbium,

$$Er^2Cl^6, 2PtCl^2 + 27H^2O.$$

— Prismes aplatis, déliquescents, se déposant d'une solution chlorhydrique renfermant 1 mocule Er^2Cl^6 et 2 molécules $PtCl^2$.

On obtient un autre chloroplatinite,

$$Er^2Cl^6, 3PtCl^2 + 24H^2O,$$

cristallisable en prismes déliquescents, lorsqu'on décompose une solution de chloroplatinite de baryum par le sulfate d'erbium.

Chloraurate d'yttrium,

$$Y^2Cl^6, 4AuCl^3 + 32H^2O,$$

et *chloraurate d'erbium,*

$$Er^2Cl^6, 2AuCl^3 + 18H^2O.$$

— Ils cristallisent en grands cristaux très-solubles (Cleve).

Chloromercurate d'erbium, $Er^2Cl^6, 10HgCl^2$. — Il cristallise en hexaèdres déliquescents, contenant 12 (?) H^2O (Cleve).

BROMURE D'YTTRIUM, $Y^2Br^6 + 18H^2O$, et BROMURE D'ERBIUM, $Er^2Br^6 + 18H^2O$. — Ils cristallisent en aiguilles déliquescentes (Cleve et Hœglund).

IODURES D'YTTRIUM ET D'ERBIUM. — Ils cristallisent en aiguilles fort déliquescentes, qui brunissent à l'air et dégagent des vapeurs d'iode lorsqu'on les chauffe à 120° (Cleve et Hœglund).

CYANURES D'YTTRIUM ET D'ERBIUM. — Ils sont inconnus, mais on connaît les cyanures doubles suivants :

Platocyanures d'yttrium et d'erbium,

$$R^2(CAz)^{12}Pt^3.$$

— Ils cristallisent avec 27 molécules H^2O en cristaux fort beaux et volumineux. Leur couleur est rouge cerise par transparence, mais la lumière réfléchie sur certaines faces est verte et douée d'un éclat métallique. D'autres faces paraissent d'un violet bleuâtre. Ces sels sont très-solubles. Leur solution est incolore. A 100-120°, ils perdent de l'eau et deviennent jaunes (Cleve et Hœglund).

D'après les déterminations de M. Topsoë, ils cristallisent dans le système rhombique et sont complétement isomorphes. La densité du sel d'yttrium est égale à 2,376; celle du sel d'erbium = 2,62.

Ferrocyanures yttriopotassique et erbinopotassique,

$$\left.\begin{matrix}K^2\\R^2\end{matrix}\right\}(CAz)^{12}Fe^2.$$

— Précipités blancs, qu'on obtient par double décomposition entre le ferrocyanure potassique et l'azotate correspondant. Le sel d'yttrium contient 4 molécules H^2O (Cleve et Hœglund).

Cobalticyanure d'yttrium,

$$Y^2(CAz)^{12}Co^2 + 5H^2O.$$

— C'est un précipité dépourvu de forme cristalline, qu'on obtient par l'addition d'alcool aux solutions mélangées de cobalticyanure potassique et d'azotate d'yttrium (Cleve).

Sulfocyanates d'yttrium et d'erbium,

$$R^2(CAzS)^6 + 12H^2O.$$

— Ils cristallisent en prismes, bien définis, inaltérables à l'air (Cleve et Hœglund). Ils se combinent au cyanure mercurique pour former des sels doubles,

$$R^2(CAzS)^6, 6Hg(CAz)^2 + 24H^2O,$$

qui cristallisent, d'après les déterminations de Topsoë, dans le système triclinique. Ils sont parfaitement isomorphes. La densité du sel d'yttrium est égale à 2,544 et celle du sel d'erbium, à 2,740.

OXYSELS D'YTTRIUM ET D'ERBIUM.

AZOTATES D'YTTRIUM ET D'ERBIUM,

$$R^2(AzO^3)^6 + 12H^2O.$$

— Ils cristallisent dans une solution très-concentrée en grands cristaux (Cleve et Hœglund).

Lorsqu'on chauffe ces azotates, ils dégagent des vapeurs rouges, et l'on obtient par le refroidissement du sel fondu et partiellement décomposé une masse transparente, soluble dans l'eau bouillante. Par le refroidissement de la solution, il se dépose des cristaux bien formés d'un sel basique, qui ne se dissout pas dans l'eau sans être décomposé en acide azotique libre et un sel encore plus basique, insoluble.

Ces sels ont, pour composition, d'après Bahr et Bunsen, $2R^2O^3.3Az^2O^5 + 9H^2O$. Cleve a trouvé pour le sel d'erbium la composition,

$$3Er^2O^3.4Az^2O^5 + 20H^2O.$$

L'azotate basique d'erbium possède une tendance à se déposer d'abord, d'une solution concentrée, qui renferme les deux azotates basiques d'erbium et d'yttrium. De là le procédé de séparation qui a été décrit plus haut.

AZOTITES D'YTTRIUM ET D'ERBIUM. — Ils sont très-solubles et forment des masses sirupeuses incristallisables [Nilson, *Communication privée*]. Les azotites donnent, avec l'azotite de platine, des sels doubles cristallisant en prismes jaunes, inaltérables à l'air, ayant pour formule,

$$[Pt(AzO^2)^4]^3R^2 + 9H^2O.$$

Le sel d'yttrium cristallise aussi avec 21 H^2O en cristaux jaunes ou presque incolores (Nilson).

CHLORATES D'YTTRIUM ET D'ERBIUM,

$$(ClO^3)^6R^2 + 18H^2O\ (?).$$

— Ils cristallisent en prismes minces extrêmement déliquescents (Cleve et Hœglund).

PERCHLORATES D'YTTRIUM ET D'ERBIUM,

$$(ClO^4)^6R^2 + 18H^2O\ (?).$$

— Tables minces, fort déliquescentes (Cleve et Hœglund).

BROMATES D'YTTRIUM ET D'ERBIUM,

$$(BrO^3)^6R^2 + 18H^2O.$$

— Ils cristallisent en aiguilles solubles (Cleve et Hœglund).

IODATES D'YTTRIUM ET D'ERBIUM,

$$(IO^3)^6R^2 + 6H^2O.$$

— Poudres blanches, non cristallines, qu'on obtient par l'addition d'acide iodique à la solution des azotates (Cleve et Hœglund).

PERIODATE D'YTTRIUM, $(IO^5)^2Y^2 + 4H^2O$. — Par l'addition d'acide periodique aux solutions d'azotate ou d'acétate d'yttrium, on obtient un précipité volumineux, qui se dissout dans un excès d'acide periodique. La solution dépose bientôt des cristaux microscopiques bien formés et peu solubles.

Le sel d'erbium ressemble au sel d'yttrium.

Le précipité formé d'abord par l'acide periodique et l'acétate d'yttrium, en excès, est amorphe et contient 35,9 % Y et 32,73 I (Cleve et Hœglund).

SULFITES D'YTTRIUM ET D'ERBIUM,

$$(SO^3)^3R^2 + 3H^2O.$$

— L'acide sulfureux s'unit aux hydrates d'yttrium ou d'erbium en donnant des sels solubles. Leur solution dépose par la chaleur un précipité blanc ou rose, formé d'aiguilles minces et microscopiques (Cleve et Hœglund).

HYPOSULFATES D'YTTRIUM ET D'ERBIUM,

$$(S^2O^6)^3R^2 + 18H^2O.$$

— Ils cristallisent en aiguilles allongées, très-solubles et inaltérables à l'air (Cleve et Hœglund).

SULFATES D'YTTRIUM ET D'ERBIUM,

$$(SO^4)^3R^2 + 8H^2O.$$

— D'après les déterminations de Topsoë, ils cristallisent dans le système monoclinique. Le sel d'yttrium est incolore et forme de petits cristaux ; le sel d'erbium cristallise en grands cristaux roses. Ils sont parfaitement isomorphes et ont la même forme cristalline que les sulfates de didyme et de cadmium (Rammelsberg). Le sulfate d'yttrium a pour densité 2,53 et le sel d'erbium 3,217 (Topsoë). Ils supportent une température assez élevée sans perdre d'acide sulfurique ; mais par la calcination au rouge, ils perdent une partie de l'acide, et au blanc la totalité.

Le sel d'yttrium est moins soluble que le sel d'erbium. Les sels anhydres sont assez solubles dans l'eau froide ; les sels cristallisés sont moins solubles, surtout dans l'eau chaude (Cleve et Hœglund).

D'après Cleve et Hœglund 100 p. d'eau dissolvent :

A la température ordinaire,

1,52	parties	de sulfate	d'yttrium anhydre.
48	—	—	d'erbium »
9	—	—	d'yttrium cristallisé.
80	—	—	d'erbium cristallisé.

A 100°,

4,8	parties	de sulfate	d'yttrium cristallisé.
10	—	—	d'erbium cristallisé.

Les sulfates d'yttrium et d'erbium se combinent avec les sulfates alcalins en donnant des sulfates doubles de composition variable. Ils ont été examinés par Cleve et Hœglund.

$$(SO^4)^3Y^2 + 4SO^4K^2,$$
$$2[(SO^4)^3Y^2] + 3SO^4K^2,$$
$$(SO^4)^3Er^2 + 3SO^4K^2,$$
$$(SO^4)^3Y^2 + SO^4Na^2 + 2H^2O,$$
$$(SO^4)^3Er^2 + 5SO^4Na^2 + 7H^2O,$$
$$(SO^4)^3Y^2 + 2[SO^4(AzH^4)^2] + 9H^2O,$$
$$(SO^4)^3Er^2 + SO^4(AzH^4)^2 + 8H^2O,$$
$$(SO^4)^3Y^2 + 2[SO^4(AzH^4)^2] + 9H^2O,$$
$$(SO^4)^3Er^2 + SO^4(AzH^4)^2 + 8H^2O.$$

Les sels potassiques sont solubles dans l'eau et dans une solution saturée de sulfate neutre de potassium. Les autres sont assez solubles et forment des poudres ou des croûtes cristallines ; les sels ammoniacaux sont cristallisables.

SÉLÉNITES D'YTTRIUM ET D'ERBIUM. — *a. Sels neutres,* $(SeO^3)^3R^2$. — Ils ont été obtenus par M. Nilson [*Bull. de la Soc. chim.*, t. XXIII, p. 495] par l'action de l'acide sélénieux sur la solution des azotates, additionnée d'un peu d'acide azotique. Le sel d'yttrium contient $12H^2O$, et le sel d'erbium 5 ou $9H^2O$. Ils forment des poudres non cristallines, presque insolubles.

b. Sels acides, $(SeO^3)^4R^2 + 4H^2O$. — Ils se forment facilement par l'action d'un excès d'acide sélénieux sur les hydrates ou sur les sels neutres. Ils sont cristallins et peu solubles (Cleve et Hœglund ; Nilson).

SÉLÉNIATES D'YTTRIUM ET D'ERBIUM, $(SeO^4)^3R^2$. — Ils sont très-solubles et cristallisent, selon la température, avec 8 ou 9 molécules d'eau. Les sels à $8H^2O$, qui cristallisent à 70 ou 80°, sont isomorphes avec les sulfates d'yttrium, d'erbium et de didyme et avec le séléniate de didyme (Topsoë).

Le sel d'yttrium à $8H^2O$ est inaltérable à l'air, mais le sel à $9H^2O$ devient opaque et perd $3H^2O$ sur l'acide sulfurique. Ce dernier sel cristallise à la température ordinaire (Cleve).

La forme cristalline des sels à $8H^2O$ est clinorhombique et celle des sels à $9H^2O$ est orthorhombique (Topsoë).

La densité des sels a été déterminée par Topsoë :

	Y.	Er.
Sels à $8H^2O$.....	2,895	3,516
— $9H^2O$.....	2,780	3,171

Les séléniates d'yttrium et d'erbium se combinent avec les séléniates alcalins pour former des sels doubles, analogues aux aluns (excepté pour l'eau de cristallisation). Cleve a examiné les sels suivants :

$$(SeO^4)^3Y^2 + SO^4K^2 + 6H^2O,$$
$$(SeO^4)^3Er^2 + SeO^4K^2 + 8H^2O,$$
$$(SeO^4)^3Y^2 + SeO^4(AzH^4)^2 + 6H^2O,$$
$$(SeO^4)^3Er^2 + SeO^4(AzH^4)^2 + 4H^2O.$$

PHOSPHATES D'YTTRIUM ET D'ERBIUM, $(PO^4)^2R^2$. — Ils se rencontrent dans la nature à l'état cristallisé formant le minéral connu sous le nom de *xénotime*. Radominsky est parvenu à obtenir les phosphates anhydres cristallisés [*Bull. de la Soc. chim.*, t. XXIII, p. 178].

Obtenus par voie humide, ils forment des précipités volumineux ; le sel d'yttrium se transforme bientôt en une poudre cristalline lorsqu'on l'expose dans un endroit chaud. Le sel d'yttrium renferme $4H^2O$ et le sel d'erbium $2H^2O$ (Cleve et Hœglund).

Pyrophosphates d'yttrium et d'erbium. — On connaît seulement les sels acides ayant pour composition :

$$(P^2O^7)^2R^2H^2 + 7H^2O.$$

— Ils se forment par l'action de l'acide pyrophosphorique libre sur les hydrates et forment des agrégations dures et sphériques (Cleve et Hoeglund).

Métaphosphate d'yttrium, $(PO^3)^6Y^2$. — Cleve l'a obtenu par la calcination de l'oxyde d'yttrium avec l'acide phosphorique. Poudre pesante et cristalline, insoluble dans l'eau et dans les acides.

Silicates d'yttrium et d'erbium. — Ils existent dans la nature en combinaison avec les silicates de fer, de calcium, de didyme, etc., dans la gadolinite et, en petite quantité, dans diverses variétés d'orthite.

Titanates d'yttrium et d'erbium. — Ils existent dans le règne minéral, constituant en partie les minéraux désignés sous les noms de *polymignite* et de *keilhaüte*.

Tantalates et niobates d'yttrium et d'erbium. — Ils se trouvent dans la *samarskite*, l'yttrotantalite, la forgusonite, l'euxénite, la polycrase l'eschynite, etc.

Carbonate d'yttrium, $(CO^3)^3Y^2 + 3H^2O$. — Poudre dense qu'on obtient en combinant l'acide carbonique avec l'hydrate d'yttrium (Cleve).

Le *carbonate d'erbium*, obtenu de la même manière, est un sel basique, ayant pour composition $(CO^3)^2(OH)^2Er^2 + H^2O$ (Hœglund).

Les carbonates d'yttrium et d'erbium se combinent avec les carbonates alcalins, formant des sels doubles cristallisables. Cleve a examiné les suivants :

$$(CO^3)^4Y^2(AzH^4)^2 + 2H^2O,$$
$$(CO^3)^4Y^2Na^2 + 4H^2O,$$
$$(CO^3)^8Er^2Na^{10} + 36H^2O.$$

Le dernier sel double forme de beaux cristaux brillants et roses, qui deviennent bientôt opaques. Ils sont décomposés par l'eau pure.

SELS ORGANIQUES D'YTTRIUM ET D'ERBIUM.

Oxalates d'yttrium et d'erbium, $(C^2O^4)^3R^2$. — Précipités cristallins, peu solubles dans l'eau et dans les acides étendus, qu'on obtient par l'acide oxalique et les sels d'yttrium ou d'erbium (Bahr et Bunsen). Le sel d'yttrium contient $3H^2O$, et le sel d'erbium $6H^2O$ (Cleve et Hœglund).

Ces oxalates se combinent avec les oxalates alcalins. Les précipités qu'on obtient avec les oxalates alcalins et les sels d'yttrium ou d'erbium sont des sels doubles peu solubles.

Les solutions concentrées avec les oxalates alcalins dissolvent à l'ébullition les oxalates d'yttrium et d'erbium en forment des sels doubles cristallisables. Néanmoins l'oxalate d'yttrium est très-peu soluble dans l'oxalate d'ammonium.

On connaît les sels suivants :

$$(C^2O^4)^7K^8Y^2 + 12H^2O,$$
$$(C^2O^4)^7K^8Er^2 + 12H^2O,$$
$$(C^2O^4)^4K^2Y^2 + H^2O,$$
$$(C^2O^4)^4K^2Er^2 + H^2O,$$
$$(C^2O^4)^{12}(AzH^4)^{18}Er^2 + 15H^2O.$$

Les sels doubles potassiques sont incristallisables et insolubles ; les autres sont décomposés par l'eau (Cleve et Hœglund).

Formiates d'yttrium et d'erbium,

$$(CHO^2)^6R^2 + 4H^2O.$$

— Ils sont fort solubles et cristallisent en aiguilles réunies en masses denses et arrondies (Cleve).

Acétates d'yttrium et d'erbium,

$$(C^2H^3O^2)^6R^2 + 8H^2O.$$

— Ils forment des prismes brillants, souvent assez volumineux, appartenant d'après Topsöe au système triclinique. La densité du sel d'yttrium est égale à 1,600, et celle du sel d'erbium, à 2,114 (Topsöe).

Les *succinates d'yttrium et d'erbium* cristallisent en aiguilles microscopiques peu solubles (Cleve et Hœglund).

Le *tartrate d'yttrium*,

$$(C^4H^4O^6)^4Y^2H^2 + 6H^2O,$$

est une poudre cristalline blanche, qui se forme par l'addition d'acide tartrique à la solution de l'acétate (Cleve).

Ethylsulfates d'yttrium et d'erbium,

$$(SO^4)^6R^2(C^2H^5)^6 + 18H^2O.$$

— Ils forment de beaux cristaux très-volumineux et facilement solubles.

L'*amylsulfate d'yttrium*

$$(SO^4)^6Y^2(C^5H^{11})^6 + 8H^2O$$

est en tables ou en écailles moins bien développées [Ahlèn, *communication inédite*].

Yttrium et erbium. — Réactions et dosage. — *Caractères des sels d'yttrium et d'erbium.* — Un grand nombre de sels d'yttrium et d'erbium sont insolubles ou peu solubles. Leur saveur est sucrée et astringente. Les sels d'yttrium sont incolores ; les sels d'erbium ont une belle couleur rose, plus ou moins prononcée. Les sels d'yttrium (en solution) ne donnent aucun spectre d'absorption, mais les sels d'erbium donnent (même en solution étendue), au beau spectre d'absorption, décrit par Bahr et Bunsen [*Ann. der Chem. u. Pharm.*, t. CXXXVII, p. 1].

Les *alcalis caustiques* produisent dans les solutions des sels d'yttrium et d'erbium un précipité blanc, gélatineux d'hydrate ou de sels basiques, insolubles dans un excès d'alcali. La présence de l'acide tartrique n'empêche pas la précipitation par l'ammoniaque.

Le *sulfure d'ammonium* donne un précipité gélatineux d'hydrate.

Les *carbonates alcalins* produisent un précipité blanc, volumineux, soluble dans un excès de réactif concentré.

Le *carbonate de baryum* donne, même à froid, un précipité de carbonate.

L'*acide oxalique* donne d'abord un précipité caillebotté, qui devient bientôt cristallin. D'après les déterminations de Cleve et Hœglund, l'oxalate d'yttrium exige pour sa solution 7163 p. d'eau à la température ordinaire, et 405 p. d'eau acidulée ; l'oxalate d'erbium est insoluble dans l'eau pure, mais il exige pour sa solution 327 p. d'eau acidulée par l'acide chlorhydrique.

Le *ferrocyanure de potassium* donne un précipité blanc.

Les *sulfates de potassium et de sodium* ne précipitent pas les solutions concentrées.

L'*hydrogène sulfuré* ne produit aucun changement.

Dosage de l'yttrium et de l'erbium. — Pour la détermination quantitative de l'yttrium et de l'erbium, on peut précipiter les sels par de la potasse caustique en excès et à chaud, laver l'hydrate soigneusement et le calciner fortement. Dans beaucoup de cas, il est préférable de transformer la combinaison en sulfate anhydre qu'on peut chauffer à 300° sans altération. On peut aussi précipiter par l'acide oxalique pur et exempt d'alcali ; mais, dans ce cas, il est nécessaire que la solution ne soit ni trop étendue, ni trop acide.

Les alcalis donnent, après une calcination très-forte, un résidu d'oxyde pur.

Séparation de l'yttrium et de l'erbium des autres métaux. — Elle s'effectue par l'hydrogène sulfuré, l'acide oxalique et l'ammoniaque caustique. On peut séparer l'yttrium et l'erbium des métaux précipitables par l'acide oxalique (le cérium, le lanthane, le didyme et le thorium) à l'aide de sulfate neutre potassique qu'on dissout à saturation complète dans la solution. L'yttrium et l'erbium restent alors dans la solution, les autres étant précipités sous la forme de sulfates doubles potassiques, insolubles dans la solution saturée de sulfate potassique.

La séparation analytique de l'yttrium et de l'erbium est, dans l'état actuel de nos connaissances, impossible. Néanmoins il est facile, grâce à la grande différence de leurs poids atomiques, d'apprécier par une méthode indirecte, mais très-exacte, la quantité relative des deux métaux dans un mélange de leurs oxydes. Pour arriver à ce but, il faut transformer un poids connu des oxydes purs en sulfates anhydres et peser ces derniers. Pour calculer la quantité d'oxyde d'erbium (X) contenue dans un mélange d'oxydes d'erbium et d'yttrium (M^2O^3), on fait usage de la formule suivante :

$$X = \frac{100 . Er^2O^3 (M^2O^3 - Y^2O^3)}{M(Er^2O^3 - Y^2O^3)}$$

P.-T.-Cleve.

YTTROCALCITE. — Voyez Yttrocérite.

YTTROCÉRITE (Min.) [Syn *Yttria fluatée, Yttrocalcite*]. — Fluorure d'yttrium, de calcium et de cerium en proportions variables. Analyse de Berzélius : CaO = 50,0; Ce^2O^3 = 16,45 ; YO = 8,10 ; FlH = 25,45. Masses cristallisées ou terreuses, blanches, d'un gris violet bleuâtre, ou d'un rouge brun ; très-rare, à Brodbo et à Finbo, près de Fahlun (Suède) ; engagé dans le quartz et associé à l'albite et au quartz. On en trouve aussi à Amity, N. Y. (États-Unis).

Dureté, 4 à 5. Densité, 3.45.

On a signalé des clivages rectangulaires suivant certains minéralogistes, voisins de l'octaèdre régulier suivant d'autres.

YTTROCOLOMBITE. — Voyez Yttrotantalite.

YTTROILMÉNITE. — Voyez Yttrotantalite et Samarskite.

YTTROTANTALITE (Min.) [Syn. *Yttroilménite, Yttrocolombite*]. — Tantalate d'yttria et de chaux, avec un peu d'acide tungstique, d'oxyde de fer et d'oxyde d'urane 3 Ta^2O^5. 10 (YO, FeO, CaO, UO). Cristaux tabulaires rares, ou masses amorphes d'une couleur noire, brune ou jaune, d'un éclat vitreux passant au gras, se trouvant à Ytterby dans un feldspath rouge, et à Kararfvet, à Finbo et à Brodbo près de Fahlun (Suède), avec grenat, mica et pyrophysalite.

Caractères. — Inattaquable aux acides. Attaqué par fusion avec le bisulfate de potasse, fournit une solution qui, traitée à chaud par le zinc et l'acide chlorhydrique, donne une couleur bleue qui disparait. Dans le tube bouché, donne de l'eau, et, à une haute température, devient blanc et dégage des traces de fluor. Infusible au chalumeau. Avec le sel du phosphore donne un squelette d'acide tantalique, qui se dissout à une température plus élevée. La perle est colorée en rose par l'acide tungstique pour certaines variétés et en vert, à froid, pour celles riches en urane.

Dureté, 5 à 5,5. Poussière grise ou incolore. Densité, 5,4 à 5,9.

Forme cristalline. — Prisme orthorhombique $mm = 123° 10'$; $pe^1 = 131° 26'$. Faces : m, p, g^1, e^1, h^3. Souvent aplati parallèlement à g^1.

YTTROTITANITE. — Voyez Keilhauite.

Z

ZARATITE. — Voyez Texasite.

ZEAGONITE. — Voyez Gismondine.

ZÉINE. — Gorham avait donné ce nom à un principe glutineux extrait de la farine de maïs. Les indications de Gorham ont été contredites par Stopf [*Journ. für prakt. Chem.*, t. LXXVI, p. 88], qui donna le nom de zéine à un principe contenu dans l'extrait alcoolique de farine de maïs et qu'on en isole par des lavages à l'éther pour enlever les matières grasses, et à l'eau pour éliminer le sucre, etc. C'est un corps solide blanc, insoluble dans l'eau, soluble dans l'alcool bouillant, un peu soluble dans l'acide chlorhydrique, d'où l'eau le précipite.

La zéine renferme 15 °/₀ d'azote et constitue peut-être un mélange de gélatine et de caséine végétales. E. W.

ZÉOLITHES. (Min.) — On applique ce nom, dû aux anciens minéralogistes, à une famille de silicates hydratés d'alumine et de monoxydes, dans lesquels le rapport de l'oxygène, de l'alumine et des monoxydes est comme 3 est à 1. Les principales espèces sont : la mésotype, la scolézite, la lévyne, l'analcime, la chabasie, la phillipsite (voyez au Supplément), l'harmotome, la stilbite, la heulandite, etc. Elles se trouvent principalement dans les cavités des roches amygdaloïdes. (Voyez ces mots.)

ZÉORINE. — Nom donné par Paterno à une substance cristallisable accompagnant l'acide usnique dans le *Zeora sordida.* C'est une substance neutre, sublimable, insoluble dans l'eau, fusible à 230-231°, peu soluble dans l'alcool, l'éther, le chloroforme. Sa composition est représentée par la formule $C^{13}H^{22}O$ [*Deutsch. chem. Gesellsch.*, t. IX, p. 345 ; *Bull. de la Soc. chim.*, t. XXVI, p. 569].

ZEPHAROWICHITE (Min.). — Phosphate hydraté d'alumine qui se rencontre en masses compactes verdâtres ou jaunes d'un aspect corné, mélangées de wavellite ou de gibbsite et de phosphate de chaux, dans le grès à Trenic (Bohême). On lui a attribué la formule

$$(PhO^4)^2 Al^2 + 6 H^2O.$$

ZEUGITE. — Voyez MÉTABRUSHITE.

ZEUNERITE (Min.). — Arséniate d'urane et de cuivre hydraté $CuO.2U^2O^3.As^2O^5+8H^2O$ en petits cristaux quadratiques d'un vert d'herbe, à éclat nacré sur la base, ressemblant à la torbernite, avec laquelle elle est isomorphe. Trouvée à Weisserhirsch, près Schneeberg (Saxe), sur le quartz ou l'ocre jaune.

ZEUXITE. (Min.). — Cette substance ne paraît être, d'après Greg, qu'une tourmaline ferrifère.

ZIETRISIKITE (Min.). — Variété d'ozocérite, presque insoluble dans l'éther. Fond à 82-90° et bout vers 300°. Trouvée en grandes masses à Zietrisika (Moldavie).

Dureté de la cire. Densité, 09, à 0,946. Brun.

ZIGUELINE. — Voyez CUPRITE.

ZILLORTHITE (Min.). — Ancien nom donné par Delamétherie à l'actinote.

ZINC, Zn = 65 (équivalent = 32,5). — *Historique.* — Ce métal, dont l'exploitation a pris aujourd'hui un très-grand développement, n'était pas connu des anciens, quoique ceux-ci aient employé la calamine pour la fabrication de l'airain. C'est Paracelse, qui en fait mention, pour la première fois, au commencement du XVIe siècle, sous le nom même de *zincum*. A cette époque, le zinc n'était pas produit en Europe, mais importé de l'Orient. Son exploitation en Europe ne date que du milieu du siècle dernier.

Les principaux minerais de zinc sont la *calamine* (voir t. I, p. 700), nom par lequel on désigne à la fois le carbonate (smithsonite) et le silicate de zinc; la *blende* ou sulfure de zinc; la *zincite* ou oxyde de zinc coloré en rouge par un peu de manganèse est moins abondante. On rencontre encore dans la nature de l'aluminate, du phosphate, de l'arséniate et du sulfate de zinc. Enfin le zinc a été trouvé, dit-on, à l'*état natif* à Victoria (Australie).

Extraction. — Le traitement des minerais de zinc comprend deux opérations ayant pour but, la première de ramener le minerai à l'état d'oxyde par calcination ou par grillage; la seconde de réduire l'oxyde de zinc par le charbon dans des appareils distillatoires (voir ZINC, MÉTALLURGIE).

Purification du zinc. — Le zinc du commerce n'est que rarement pur, car il renferme généralement, outre des métaux étrangers, des traces de soufre et d'arsenic. Voici la composition du zinc de diverses origines:

	Silésie.	Bleiberg.	Pensylvanie.	New-Jersey.	La Salle.
Zinc......	97,471	98,054	99,982	99,976	99,378
Plomb....	2,393	1,563	»	»	0,503
Cadmium.	traces.	0,282	»	»	0,078
Fer......	0,136	0,101	0,018	0,024	0,041

C'est, on le voit, le plomb qui constitue la principale impureté, et ce sont les zincs d'Amérique, obtenus par le minerai rouge de zinc et la franklinite, qui sont les plus purs, comme le montrent les trois dernières colonnes.

Le zinc de Belgique contient, en général, très-peu de plomb (0,3 % environ), et pas d'arsenic [Elliot et Storer, *Rép. Chim. appl.*, t. II, p. 361].

Quant à la teneur en arsenic, voici quelques analyses de Schaeuffelé :

Zinc de France (?).........	0,000426 %
— de Silésie............	0,000097
— de la Vieille-Montagne.	0,000062
— de Corphalie.........	0,0000038

Pour obtenir du zinc pur, il ne suffit pas de redistiller celui du commerce, car l'arsenic et le cadmium, et même de petites quantités de plomb sont entraînées dans cette opération. Il est donc nécessaire de transformer préalablement le zinc en oxyde pur par voie humide, puis de le réduire par l'hydrogène au rouge ou par du sucre en poudre dans un appareil distillatoire traversé par un courant d'hydrogène. On peut aussi réduire le sulfate de zinc pur par l'électrolyse, comme il sera dit plus loin.

Pour préparer des sels de zinc purs, on prive d'abord le zinc de son arsenic, en le chauffant au rouge avec ½ de son poids de nitre, qui oxyde l'arsenic en même temps qu'une portion du zinc; on lave à l'eau pour enlever les parties solubles, notamment l'arséniate potassique, puis on dissout le zinc dans l'acide sulfurique; le plomb est transformé en sulfate insoluble. Quant au cuivre et au cadmium, ils peuvent être précipités par l'hydrogène sulfuré de la solution acide. Le zinc est enfin précipité par le carbonate de sodium.

D'après J. Myers [*Compt. rend.*, t. LXXIV, p. 195] on obtient du zinc pur par l'électrolyse d'une solution ammoniacale de sulfate de zinc, en se servant de zinc comme électrode positive et de cuivre comme électrode négative. Le zinc se dépose sur le cuivre en arborescences cristallines.

Pour la préparation de l'hydrogène pur, il est nécessaire d'employer un métal exempt de soufre et surtout d'arsenic. Pour enlever ces impuretés, M. Gunning dispose dans un creuset le zinc grenaillé, par couches alternatives avec du carbonate de sodium et du soufre et fond le tout. L'opération ayant été répétée au besoin plusieurs fois, le métal séparé de la scorie est fondu avec de la litharge qui enlève des traces de soufre. Il reste uni à une petite quantité de plomb, ce qui n'offre aucun inconvénient au point de vue de la préparation de l'hydrogène (*Jahresb. f. Chem.*, 1868, p. 238).

Propriétés physiques. — Le zinc est un métal blanc bleuâtre, dont l'éclat métallique se ternit rapidement à l'air, par suite d'une oxydation superficielle. Il est cassant. Sa texture est lamelleuse ou grenue, suivant les conditions où il a été coulé; il est lamelleux lorsqu'il a été fondu à une haute température, grenu lorsque la température n'a pas dépassé le point de fusion. Dans le premier cas, il est beaucoup plus cassant. Il est ductile et malléable, mais ces propriétés varient avec sa pureté. Pur, il se laisse étirer ou marteler à froid; mais quand il est impur, comme cela a lieu pour le zinc du commerce, il faut le travailler vers 130-150°. A une température plus élevée (205°), il devient cassant, aussi peut-on facilement le pulvériser dans un mortier chauffé à cette température. La ténacité du zinc est faible; un fil de 2 millimètres de diamètre se rompt sous un poids de 12 kilogr. Le zinc est mou et encrasse la lime. Il est peu sonore.

La densité du zinc fondu est égale à 6,862; celle de zinc laminé peut être portée à 7,215.

Le zinc fond à 412° (Daniell) et distille à 1039° (Deville et Troost).

Coefficient de dilatation linéaire de 0 à 100° = 0,002905 (Fizeau).

Chaleur spécifique = 0,0956 (Regnault); 0,0935 (Bunsen).

Conductibilité calorifique = 422, celle de l'argent étant 1000 (Calvert et Johnson). Conductibilité électrique = 27,39 à 17°,6, celle de l'argent étant 100 à 0° (Matthiessen).

Le zinc cristallise dans le système hexagonal; mais Nicklès l'a aussi observé en dodécaèdres pentagonaux [*Ann. de Chim. et de Phys.* (3) t. XXII, p. 37]. G. Rose l'a également observé en cristaux appartenant au système régulier. Suivant Stolba, on obtient des pyramides hexagonales, clivables suivant l'axe principal, lorsqu'on décante une masse de zinc fondu, après solidification partielle.

Propriétés chimiques. — Le zinc ne s'oxyde

pas à froid à l'air sec; mais, à l'air humide, il se recouvre rapidement d'une couche très-mince d'oxyde de zinc, en partie carbonaté; cette oxydation n'est que superficielle, car la première couche formée préserve le reste du métal.

Chauffé vers 500° au contact de l'air, le zinc s'enflamme et brûle avec une flamme blanc verdâtre, répandant d'épaisses fumées blanches qui se condensent dans l'atmosphère en flocons neigeux (*pompholix, lana philosophica, nihilum album*). On réalise facilement cette combustion en présentant à une flamme du zinc en feuilles minces; ce phénomène est très-brillant dans un courant d'oxygène.

Le zinc décompose légèrement l'eau à 100°; s'il est réduit en limaille, et qu'on l'humecte d'eau, cette décomposition a déjà lieu à la température ordinaire. Si l'on chauffe du zinc dans un courant de vapeur d'eau, il se produit de l'hydrogène et de l'oxyde de zinc.

Le zinc décompose les acides chlorhydrique, sulfurique, acétique et beaucoup d'autres, avec dégagement d'hydrogène. Il décompose l'acide azotique avec production de bioxyde d'azote; si l'acide est très-étendu, il se dégage du protoxyde d'azote; dans les deux cas, il se produit une petite quantité d'ammoniaque. L'action du zinc sur les acides, notamment sur l'acide sulfurique, varie avec la pureté du métal et avec la concentation de l'acide. En général, le zinc pur est beaucoup moins actif que le zinc impur, les métaux étrangers contenus dans ce dernier constituant avec lui un couple voltaïque sous l'influence duquel la réaction est accélérée. Si le zinc est pur, on lui communique l'activité du zinc impur en l'associant à d'autres métaux. C'est ainsi que le zinc recouvert de platine ou de cuivre, par immersion dans une solution de ces métaux, devient extrêmement actif: le zinc platiné décompose l'acide sulfurique étendu de 7000 p. d'eau. Pour constater cette curieuse propriété, il suffira d'ajouter une goutte de chlorure de platine. Le zinc recouvert de cuivre a été utilisé récemment par Gladstone et Tribe pour produire des réactions que le zinc seul est incapable d'effectuer.

C'est par cette raison que l'addition d'une solution d'acide arsénieux, d'un sel d'antimoine, de cuivre, de cobalt, etc., active beaucoup le dégagement d'hydrogène produit par le zinc et un acide. Quant à l'influence de la concentration de l'acide sulfurique sur son attaque par le zinc *pur*, elle ressort suffisamment des recherches de Cr. Calvert et R. Johnson, résumées par le tableau suivant (les expériences ont été effectuées avec 2 grammes de zinc, et continuées pendant 2 heures) [*Journ. of Chem. Soc.* (2), IV, p. 435].

Concentration.	Température.	Zinc dissous.
SO^4H^2 (1)...........	à froid.	0 0
— ...	130°	0,075
— ...	150°	0,232
$SO^4H^2.H^2O$ (1).......	à froid.	0,002
— ...	130°	0,142
— ...	150°	0,345
$SO^4H^2.2H^2O$ (2).....	à froid.	0,002
— ...	130°	5,916
$SO^4H^2.4H^2O$ (2).....	à froid.	0,049
— ...	130°	0,456
$SO^4H^2.6H^2O$	à froid.	0,018
— ...	100°	3,161
$SO^4H^2.7H^2O$	à froid.	0,035
$SO^4H^2.8H^2O$	Id.	0,005 (3)
$SO^4H^2.9H^2O$........	Id.	0,033

(1) La solution a lieu à chaud avec dégagement de SO^2.

(2) La solution a lieu avec dégagement de H^2S et un peu de SO^2.

(3) Si le zinc est recouvert d'une couche d'oxyde, la dissolution est considérable.

La pression exerce aussi une influence notable sur la dissolution du zinc dans les acides. Ainsi la perte de poids éprouvée par un morceau de zinc dans l'acide chlorhydrique, sous la pression ordinaire, étant 10 n'est, toutes choses égales d'ailleurs, que 4,7 sous une pression de 60 atmosphères et 0,1 sous une pression de 120 atmosphères [Cailletet, *Compt. rend.*, t. LXVIII, p. 395].

Le zinc se dissout dans l'acide sulfureux aqueux sans dégagement de gaz, en donnant naissance à de l'hydrosulfite de zinc, ainsi que l'a montré Schützenberger (voir t. II, p. 1606).

Si l'on fait agir le zinc à 200° sur une solution aqueuse d'acide sulfureux, sous pression, il y a formation de sulfure et de sulfate de zinc, avec dépôt de soufre (Geitner).

Le zinc se dissout aussi dans les alcalis avec dégagement d'hydrogène et formation d'une combinaison soluble d'oxyde de zinc et d'alcali,

$$2KHO + Zn = ZnO^2K^2 + H^2.$$

Cette dissolution est facilitée par la présence des métaux moins oxydables que le zinc, tels que le cuivre, le platine, le fer.

Le zinc décompose un grand nombre de sels métalliques en en séparant le métal: c'est ainsi qu'il précipite de leurs solutions le cuivre, l'argent, le mercure, l'antimoine, l'étain et autres métaux moins oxydables que lui. Dans l'action du zinc sur le sulfate de cuivre, il se dépose non-seulement du cuivre, mais il se produit quelquefois un faible dégagement d'hydrogène; il se produit dans ce cas du sulfate basique de zinc, qui résulte de l'action du zinc sur le sulfate de zinc d'abord formé: le cuivre déposé rend cette action plus facile, mais ne la détermine pas (Loth. Meyer).

Le zinc agit, en outre, sur un grand nombre d'autres sels, mais d'une manière différente et presque toujours avec lenteur.

Ainsi il décompose les sels ammoniacaux en solution aqueuse, avec dégagement d'hydrogène, dans quelques cas à froid, mais généralement vers 40° ou au-dessus,

$$2AzH^4Cl + Zn = ZnCl^2.2AzH^3 + H^2$$

[Lorin, *Compt. rend.*, t. LX, p. 745].

Le chlorure de sodium dissout lentement le zinc avec dégagement d'hydrogène et formation d'oxyde et de chlorure double de sodium et de zinc (Siersch).

L'eau de mer attaque le zinc beaucoup plus rapidement que l'eau pure, ce qui tient à la présence des chlorures et autres sels. Une lame de zinc de 40 centimètres carrés, plongée pendant un mois dans de l'eau de mer, a perdu 34gr,33. Soumis à la même influence, le laiton éprouve, de même, une perte de poids qui porte surtout sur le zinc; en effet, un alliage de 50 p. de cuivre et de 50 p. de zinc avait perdu 10gr,537 de zinc sur une perte totale de 11gr,647 (Calvert et Johnson).

Une solution d'alun est attaquée par le zinc avec dégagement d'hydrogène et formation sulfate basique d'aluminium (J. Lœwe).

Le zinc agit comme réducteur sur les sels métalliques au maximum d'oxydation; il ramène les sels ferriques à l'état de sels ferreux, les sels stanniques à l'état de sels stanneux, etc. Il réduit les acides chromique et permanganique. Il réduit les azotates, d'abord à l'état d'azotites, puis à l'état d'ammoniaque.

Cette action réductrice s'exerce aussi par voie sèche, à une température élevée, sur une foule de composés. Un grand nombre d'oxydes métalliques sont réduits lorsqu'on les fond avec du zinc. Les chlorures et fluorures métalliques sont de même réduits par le zinc en vapeur (Pomarède).

Dans les usines à zinc, il se condense dans les tambours adaptés à l'extrémité des récipients une poudre très-fine et dense *(tutie)* qui contient du zinc dans un grand état de division, et qui, par cette raison, possède une activité chimique considérable. Il décompose *lentement* l'eau à froid et agit rapidement sur les azotates et autres corps réductibles. Il est aujourd'hui très-employé dans les recherches de chimie organique pour effectuer des réductions, soit par voie humide, soit par voie sèche. La composition de cette *poussière de zinc* a été établie par Stahlschmidt [*Poggend. Ann.*, t. CXXVIII, p. 466; *Bull. de la Soc. chim.* (2), t. VII, p. 487]. Cette composition est évidemment très-variable. Voici l'analyse d'une poussière de zinc de Rostberg :

Zinc métallique	39,99
Oxyde de zinc	49,76
Carbonate de zinc	3,29
Plomb	2,47
Cadmium	4,09
Partie insoluble	0,39
	99,99

Si l'on fait digérer ce produit avec de l'acide chlorhydrique ou sulfurique très-étendu, la majeure partie de l'oxyde de zinc se dissout et le métal reste sous la forme d'une poudre grise très-fine.

Usages. — La faible altération que subit le zinc à l'air le rend propre à une foule d'usages. Il est employé très-fréquemment pour la couverture des bâtiments, pour les gouttières, etc. La facilité avec laquelle il peut être moulé motive son emploi dans l'ornementation. Il sert, en outre, pour la fabrication du fer galvanisé (voir t. I, p. 1405), du laiton, du maillechort et de quelques autres alliages ; pour celle du blanc de zinc, etc. La fabrication du laiton constitue un de ses principaux débouchés.

Alliages du zinc. — Le zinc s'allie à la plupart des métaux. Les alliages produits sont, en général, durs et cassants. Ils perdent du zinc par volatilisation, à une température élevée : aussi, pour les obtenir, faut-il éviter d'atteindre cette température.

Argent et zinc. — Le zinc entre pour 72 millièmes dans la composition des monnaies divisionnaires d'argent au titre de 835. Il pourrait même, d'après Peligot [*Compt. rend.*, t. LVIII, p. 645], être substitué complétement au cuivre sans nuire aux qualités requises pour les alliages d'argent, monétaires et autres. L'alliage à 835 d'argent, 93 de cuivre et 72 de zinc est plus blanc et plus inaltérable à l'air que celui qui renferme 165 de cuivre. La fabrication de cet alliage, qui est d'une malléabilité remarquable, s'effectue aussi facilement que celui qui ne renferme que du cuivre ; sa liquation n'est pas plus considérable.

La substitution complète du zinc au cuivre présenterait en outre des avantages au point de vue hygiénique.

Bismuth et zinc. — Ces deux métaux, fondus ensemble ou mêlés à l'état fondu, ne forment pas d'alliage ; ils se dissolvent seulement l'un dans l'autre en petite quantité, et se séparent en couches distinctes, le zinc retenant 2,4 % de bismuth, et le bismuth 8,6 à 14,3 % de zinc [Matthiessen et Bosc, *Journ. für prakt. Chem.*, t. LXXXIV, p. 323].

Cuivre et zinc. — Cet alliage important constitue le laiton (voyez t. I, p. 1008, et t. II, p. 203). On fait en outre entrer le zinc dans la composition de divers alliages de cuivre et d'étain (t. I, p. 1009).

Étain et zinc. — Les alliages formés par ces deux métaux sont moins durs que le zinc, mais plus durs et moins malléables que l'étain. Cependant un alliage renfermant 1 de zinc pour 11 d'étain peut être réduit en feuilles très-minces, imitant les feuilles d'argent.

D'après Rudberg, il n'existe qu'un alliage stable d'étain et de zinc, c'est celui qui répond à la formule $ZnSn^6$ (91,5 d'étain et 8,5 % de zinc). Cet alliage se solidifie à 204° ; tous les autres éprouvent une liquation quand on les fait fondre et qu'on les laisse se solidifier. Ils se partagent alors en deux parties, l'une renfermant plus ou moins de l'un ou de l'autre métal et se solidifiant à une température supérieure à 204° ; l'autre constituant l'alliage stable $ZnSn^6$ fondant à 204°. Ainsi, les alliages suivants se solidifient à des températures comprises entre 210 et 320°.

$Sn^{12}Zn$.	Point de	solidification	210°
Sn^6Zn.	—	—	204°
Sn^4Zn.	—	—	230°
Sn^3Zn.	—	—	250°
Sn^2Zn.	—	—	280°
$SnZn$	—	—	320°

Pour les alliages renfermant de l'étain, du zinc et du plomb, voyez t. II, p. 1073.

Fer et zinc et *Fer galvanisé.* — Voyez t. I, p. 1405.

Mercure et zinc. — Le zinc s'amalgame assez facilement. Pour effectuer cette opération, on décape le zinc à l'aide d'un acide, on le mouille avec une solution de sublimé corrosif, puis on le trempe dans du mercure métallique. Le zinc amalgamé à sa surface n'est pas attaqué par l'acide sulfurique étendu ; cette propriété le fait employer dans les piles : l'attaque du zinc dans ces conditions n'a lieu que lorsque le circuit est fermé et elle cesse dès que le circuit est ouvert. Dans ces conditions, le zinc n'est consommé que pendant le travail de la pile. La difficulté avec laquelle le zinc amalgamé est attaqué par l'acide sulfurique tient, d'après d'Almeida, à l'adhérence d'une couche gazeuse d'hydrogène produite au moment de l'immersion.

L'électrolyse d'une solution de sulfate de zinc en présence du mercure au pôle négatif fournit un amalgame qui, après séparation de l'excès de mercure par expression, a pour composition Zn^8Hg [Joule, *Journ. of Chem. Soc.*, 1860, p. 378].

Sodium et zinc. — Rieth et Beilstein obtiennent cet alliage en introduisant 1 p. de sodium dans 4 p. de zinc chauffé dans un creuset de fer, jusqu'à ce qu'il commence à distiller.

Un alliage moins riche en sodium leur a fourni de petits cristaux cubiques renfermant 96 % de zinc.

Gay-Lussac et Thenard avaient déjà constaté l'union du zinc avec le sodium et le potassium ; ils ont décrit ces alliages comme des masses cassantes décomposant l'eau.

Pour les autres alliages du zinc, voyez les divers métaux.

COMBINAISONS DU ZINC.

Le zinc appartient à la série des métaux diatomiques Il ne forme qu'une seule classe de composés, représentés par le chlorure $ZnCl^2$ et l'oxyde ZnO. Les combinaisons du zinc sont isomorphes avec celles du magnésium.

Poids atomique. — Gay-Lussac avait déterminé l'équivalent du zinc en convertissant ce métal en oxyde, par l'action de l'acide nitrique et calcinant le nitrate. Dans une autre série d'expériences, il avait mesuré l'hydrogène dégagé par le zinc et l'acide sulfurique étendu. On déduit de ses analyses le poids atomique 64,56.

La décomposition du nitrate ou du sulfate du zinc a conduit Jacquelain au nombre 66,24 [*Ann. de Chim. et de Phys.*, (3), t. VII, p. 189], Favre [*ibid.*, t. X, p. 163] est arrivé au nombre 66.0 par l'analyse de l'oxalate et par la détermination de l'hydrogène dégagé par l'action de l'acide chlorhydrique.

Enfin Erdmann [*Ann. der Chem. u. Pharm.*, t. L, p. 435] a fixé le poids atomique du zinc à 65,04. Il a établi ce nombre, d'une part en réduisant l'oxyde de zinc par le charbon de sucre, dans un courant d'hydrogène; d'autre part, en transformant le zinc en oxyde. Le même nombre 65, que l'on admet généralement, a aussi été déduit par Pelouze, de l'analyse du lactate.

ZINC ET ÉLÉMENTS MONATOMIQUES.

Bromure de zinc, $ZnBr^2$. — Il se produit par la combustion du zinc dans la vapeur de brome, ainsi que par l'action de la chaleur sur le bromure hydraté que l'on obtient en dissolvant de l'oxyde de zinc dans l'acide bromhydrique. Cette solution se prend par une forte concentration en une masse confusément cristalline, déliquescente, formée de bromure hydraté mélangé d'oxyde de zinc. Si l'on chauffe fortement ce produit, préalablement desséché, le bromure de zinc anhydre se sublime en aiguilles blanches (Balard, Berthemot). Densité = 3,643 (Boedecker).

Le bromure de zinc est très-soluble dans l'eau. Voici la densité de ses solutions à diverses concentrations, à la température de 19° 5 (Kremers):

Densité,	$ZnBr^2$ dans 100 p. d'eau.	Densité.	$ZnBr^2$ dans 110 p. d'eau.
1,1715	20,6	1,8797	150,3
1,377	42,6	2,1027	213
1,5276	76,0	2,1441	224,7
1,6101	91,4	2,3914	318,3
1,7028	111,2		

Il est soluble dans l'alcool et dans l'éther.

Par l'action du brome sur le zinc, en présence de l'éther, il se forme, indépendamment d'un bromure de carbone, un composé instable d'éther et de bromure de zinc, fumant à l'air [Nicklès, *Compt. rend.*, t. LII, p. 870].

Bromure de zinc ammoniacal, $ZnBr^2.2AzH^3$. — Cristaux octaédriques incolores obtenus par le refroidissement d'une solution de bromure de zinc dans l'ammoniaque chaude. L'eau décompose ce sel, ainsi que la chaleur [Rammelsberg, *Poggend. Ann.*, t. LV, p. 240].

Bromures doubles. — Le bromure de zinc se combine aux bromures alcalins en donnant des sels tout à fait analogues aux chlorures doubles. Le chlorure double ammoniacal a pour densité 2,628 (Boedecker).

Chlorure de zinc (*beurre de zinc*), $ZnCl^2$. — Le zinc, réduit en feuilles très-minces, s'enflamme dans le chlore à la température ordinaire en produisant du chlorure de zinc. Ce chlorure anhydre se produit aussi par la distillation d'un mélange de 2 parties de chlorure mercurique et de 1 partie de limaille de zinc, ou d'un mélange de sulfate de zinc anhydre et de chlorure de sodium ou de calcium, ou encore d'oxyde de zinc (1 part.) et de sel ammoniac (2 part.). Enfin on peut l'obtenir en distillant du chlorure hydraté et en prenant soin d'éliminer la portion aqueuse qui distille en premier lieu.

Le chlorure de zinc hydraté ou en solution se prépare par dissolution du zinc, de son oxyde ou de son carbonate dans l'acide chlorhydrique. On peut le préparer aussi par double décomposition entre le sulfate de zinc et le chlorure de calcium (Persoz), ou entre le sulfate de zinc et le chlorure de sodium à la température de 0° (Kessler).

La solution aqueuse du chlorure de zinc laisse par la concentration une masse blanche, molle et translucide, extrêmement déliquescente, fusible et volatile. Densité du chlorure de zinc fondu = 2,753.

Le chlorure de zinc se sublime en aiguilles à la température rouge. C'est un des corps les plus solubles dans l'eau. Si l'on évapore sa solution à consistance sirupeuse, avec addition d'acide chlorhydrique, elle laisse déposer de petits octaèdres déliquescents de chlorure hydraté, $ZnCl^2 + H^2O$ (Schindler).

Si l'on étend la solution aqueuse du chlorure de zinc, il y a décomposition partielle, perte d'acide chlorhydrique et formation d'oxychlorure de zinc.

Densité des solutions aqueuses de chlorure de zinc à 19°,5 (Kremers).

$ZnCl^2$ dans 100 p. d'eau.	16,7	38,8	56,3	92,4
Densité..	1,1331	1,2714	1,3677	1,5336

La solution du chlorure de zinc possède une saveur brûlante; c'est un vomitif énergique. Elle détruit les fibres végétales lorsqu'elle est concentrée et dissout la soie (Persoz).

Le chlorure de zinc anhydre est un déshydratant énergique. Il agit sur les matières organiques à la manière de l'acide sulfurique concentré. Il charbonne le bois et provoque la transformation de l'alcool en éther, et la saponification des graisses neutres (Masson, Kraft et Tessié du Motay). Il enlève entièrement les éléments de l'eau à l'alcool amylique en donnant naissance à de l'amylène, dont il provoque en partie la polymérisation (Balard).

L'alcool absolu dissout le chlorure de zinc et la solution fournit par l'évaporation de petits cristaux ayant pour composition $ZnCl^2.C^2H^6O$ (Graham).

La solution étendue de chlorure de zinc est employée comme désinfectant et comme agent conservateur du bois et des matières végétales en général. On se sert quelquefois, dans les laboratoires, de la solution concentrée, pour chauffer des matières au-delà de 100°.

Le chlorure de zinc est décomposé à une température élevée par l'aluminium; il se forme du chlorure d'aluminium et un culot de zinc (Flavitzki).

Le chlorure déshydraté est employé comme cautère.

Chlorure de zinc ammoniacal. — Le chlorure de zinc forme plusieurs combinaisons avec l'ammoniaque.

Lorsqu'on verse de l'ammoniaque dans une solution concentrée et chaude de ce chlorure jusqu'à ce que le précipité soit redissous, on obtient par le refroidissement des paillettes cristallines, douces au toucher, qui ont pour composition

$$ZnCl^2.4AzH^3.H^2O$$

[Kane, *Ann. de Chim. et de Phys.*, (2), t. LXXII, p. 290]. Les eaux mères de ces cristaux fournissent, par une évaporation lente, des cristaux prismatiques étoilés renfermant $ZnCl^2.2AzH^3 + 1/2\ H^2O$ d'après Kane).

Ce dernier composé est le chlorure de zinc-ammonium $Az^2H^6ZnCl^2$. Il se sépare aussi de la solution ammoniacale du chlorure de zinc en cristaux brillants et anhydres (Ritthausen, Marignac). Il se produit encore par l'action d'une température de 149° sur la première combinaison ammoniacale (Kane).

Enfin, ce sel constitue, d'après Privoznik, les petits cristaux qui se déposent sur le zinc dans la pile de Leclanché [*Poggend. Ann.*,

t. CXLII, p. 407]. Ils se formeraient suivant l'équation :

$$2\,AzH^4Cl + Zn + 2\,MnO^2 = ZnCl^2.2\,AzH^3 + Mn^2O^3 + H^2O.$$

D'après E. Divers, au contraire, ces cristaux seraient une combinaison d'hydrate de zinc et de sel ammoniac, $Zn(OH)^2.AzH^4Cl$.

Le composé $ZnCl^2.2\,AzH^3$ forme des lamelles nacrées, inaltérables à l'air appartenant au système orthorhombique.

Faces observées : m et e^1, quelquefois p et rarement a^1. Angles $m\,m = 94^\circ 56'$; $e^1 e^1 = 92^\circ 40'$. Les cristaux sont souvent maclés suivant m [Marignac, *Compt. rend.*, t. XLV, p. 650].

Lorsqu'on chauffe le composé diammonique, il fond en un liquide clair, jaunâtre, qui se prend par le refroidissement en une masse confusément cristalline. Ce résidu constitue le composé monoammonique $ZnCl^2.AzH^3$. Il distille sans décomposition au rouge et se dissout dans l'eau en se dédoublant en $ZnCl^2(AzH^3)^2$, et en oxychlorure $ZnCl^2.6\,ZnO + 6\,H^2O$ (Kane).

Indépendamment des composés ammoniacaux précédents, E. Divers a obtenu la combinaison *pentammonique*, $ZnCl^2.5\,AzH^3.H^2O$, en belles trémies octaédriques. On dissout le chlorure de zinc dans l'ammoniaque concentrée et refroidie, jusqu'à saturation, puis on fait passer dans la solution un courant de gaz ammoniac, jusqu'à refus. Lorsqu'il commence à se former un précipité cristallin, on bouche le flacon, on le chauffe graduellement jusqu'à dissolution du précipité, puis on laisse refroidir. Les cristaux qui se déposent perdent de l'ammoniaque à l'air, deviennent opaques et finissent par tomber en déliquescence [*Chem. News*, t. XVIII, p. 13 ; *Bull. de la Soc. chim.*, t. XI, p. 140].

Le chlorure de zinc se combine pareillement avec l'aniline et avec la toluidine.

Chlorures doubles. — Le chlorure de zinc se combine aux chlorures alcalins, ainsi qu'à quelques autres chlorures.

Chlorures doubles de zinc et d'ammonium.

1° $ZnCl^2.4\,AzH^4Cl$.

— Aiguilles dentelées obtenues par l'action de l'acide chlorhydrique sur le chlorure tétrammonique, $ZnCl^2.4\,AzH^3$ [Dehérain, *Thèse pour le doctorat*, 1859].

2° $ZnCl^2.3\,AzH^4Cl$. — Lames orthorhombiques anhydres obtenues par la cristallisation des eaux mères du sel suivant.

Faces : $p, h^1, a^1, (b^2 b^2/_3 h^2), m, g^3$. Angles $h^1 a^1 = 128^\circ 2'$; $h^1 m = 144^\circ 8'$; $h^1 g^3 = 124^\circ 40'$ [Marignac, *Ann. des Mines*, (5), t. XII, p. 1].

3° $ZnCl^2.2\,AzH^4Cl + H^2O$. — On dissout l'hydrate de zinc à chaud dans une solution de sel ammoniac, ou bien on dissout un mélange d'oxyde de zinc et de sel ammoniac dans l'acide chlorhydrique (Schindler). Par l'évaporation, la combinaison cristallise en prismes ou en grandes lames renfermant 1 molécule H^2O. Densité = 1,77 (Boedecker), 1,879 (H. Schiff). Ce sel se dédouble sous l'influence de la chaleur [Rammelsberg, *Poggend. Ann.*, t. XCIV, p. 507].

Marignac l'a obtenu par l'évaporation lente d'une solution renfermant 2 molécules AzH^4Cl et 1 molécule $ZnCl^2$. Cristaux orthorhombiques. Face principale, g^1 ; faces secondaires : $m, g^3, h^1, b^{1/2}, e^1, e^{1/3}$. Angles $g^1 m = 125^\circ 52'$; $g^1 g^3 = 145^\circ 20'$; $g^1 e^1 = 119^\circ 29'$.

Il se forme aussi par l'action de l'acide chlorhydrique sur le composé $ZnCl^2.2\,AzH^3$ (Dehérain).

Ce sel double se dissout dans 0p,66 d'eau froide et dans 0p,28 d'eau bouillante [Golfier-Besseyre, *Ann. de Chim. et de Phys.*, (3), t. LXX, p. 344].

4° $ZnCl^2.AzH^4Cl + 2\,H^2O$. — Cristaux rhomboïdaux se déposant d'une solution qui renferme 2 p. de chlorure de zinc et 1 p. de sel ammoniac [Hautz, *Ann. der Chem. u. Pharm.*, t. LXVI, p. 287].

Les chlorures doubles de zinc et d'ammonium sont employés pour décaper le zinc, le cuivre ou le fer avant leur soudure (Golfier-Besseyre).

Chlorure double de zinc et de potassium,

$ZnCl^2, 2\,KCl$.

— Cristaux orthorhombiques isomorphes avec le sel ammoniacal correspondant. Faces m et p (Schindler, Rammelsberg, Marignac). Ils sont plus déliquescents que le sel ammoniacal. Densité = 2,297 (H. Schiff).

Chlorure double de zinc et de sodium.

$ZnCl^2.2\,NaCl + 3\,H^2O$.

— Aiguilles très-déliquescentes, du système hexagonal (Marignac).

Chlorure double de zinc et de magnésium,

$ZnCl^2.MgCl^2 + 6\,H^2O$.

— Une solution concentrée et chaude des deux chlorures fournit ce sel double en prismes orthorhombiques très-déliquescents [Warner, *Chem. News*, t. XXVII, p. 271, et t. XXVIII, p. 186].

Chlorure double de zinc et de baryum,

$ZnCl^2.BaCl^2 + 4\,H^2O$

— Petites aiguilles déliquescentes. Densité = 2,845 (Warner).

Oxychlorures de zinc. — Si l'on évapore à sec une solution de chlorure de zinc, celui-ci éprouve une décomposition partielle par l'eau ; il se dégage de l'acide chlorhydrique et il se forme de l'oxyde de zinc qui reste uni au chlorure non décomposé, pour former des oxychlorures. Ces combinaisons se forment aussi dans d'autres circonstances, par exemple par dissolution de l'oxyde de zinc ou du zinc métallique (ce dernier se dissout avec dégagement d'hydrogène) dans une solution concentrée de chlorure de zinc. On a décrit trois oxychlorures définis.

1° $ZnCl^2.3\,ZnO$. — Petits octaèdres nacrés se déposant par le refroidissement d'une solution de ZnO dans $ZnCl^2$, ou poudre blanche obtenue en laissant digérer avec son eau mère une solution de chlorure de zinc incomplétement précipitée par l'ammoniaque. Cet oxychlorure est peu soluble dans l'eau, soluble dans les acides et les alcalis (Schindler). Séché à 38°, il renferme $4H^2O$ (Kane). A 100°, il perd la moitié de cette eau.

2° $ZnCl^2.6\,ZnO$. — Il se forme par l'action de l'eau sur les chlorures ammoniacaux,

$ZnCl^2.2\,AzH^3$ et $ZnCl^2, 4\,AzH^3$.

— Il se précipite aussi lorsqu'on ajoute de l'ammoniaque à une solution de chlorure de zinc de façon à dissoudre une partie du précipité.

Poudre blanche, insoluble dans l'eau, qui renferme $10\,H^2O$ après dessiccation à l'air et $6\,H^2O$ par dessiccation à 82° [Kane, *Ann. de Chim. et de Phys.*, (2), t. LXXII, p. 296]. Calciné, cet oxychlorure perd de l'eau et du chlorure de zinc et laisse un oxychlorure plus basique.

3° $ZnCl^2.9\,ZnO$. — Poudre blanche insoluble, qui reste lorsqu'on reprend par l'eau le résidu de l'évaporation d'une solution de chlorure de zinc à consistance sirupeuse. Il se produit aussi par l'addition de potasse à une solution de chlorure de zinc jusqu'à réaction alcaline. Dans le premier cas, la combinaison renferme $3\,H^2O$ (Schindler) ; dans le second cas, $14\,H^2O$ (Kane).

Emploi des oxychlorures de zinc. — Persoz utilise la solution d'oxychlorure de zinc, obtenue par l'ébullition d'une solution de chlorure de zinc d'une densité de 1,7 avec de l'oxyde de zinc, pour dissoudre la soie et pour séparer cette fibre des fibres végétales.

Lorsqu'on fait bouillir une solution concentrée de chlorure de zinc avec un grand excès d'oxyde, on obtient une masse plastique qui, après quelque temps, devient très-dure et insoluble dans l'eau, et qui peut être utilisée comme ciment. C'est ainsi qu'on prépare un mastic dentaire en ajoutant 3 p. d'oxyde de zinc, 1 p. de verre porphyrisé et 1 p. de borax dissous dans une très-petite quantité d'eau à 50 p. d'une solution de chlorure de zinc d'une densité de 1,5 à 1,6 [Feichtinger, *Dingl. polyt. Journ.*, t. CL, p. 78].

Tollens a recommandé l'emploi de l'oxychlorure comme lut pour les appareils de chimie. On fait une bouillie d'oxyde de zinc, de sable et de chlorure de zinc (en solution d'une densité de 1,26) et on applique cette pâte sur les parties à luter, préalablement mouillées avec la solution de chlorure de zinc [*Zeitsch. f. Chem.*, 1867, p. 594].

L'oxychlorure de zinc est enfin employé comme stuc (Sorel).

Oxychlorure ammoniacal,

$$ZnCl^2.3ZnO.2AzH^3 + 5H^2O.$$

— Cristaux nacrés blancs qui se précipitent par l'addition d'alcool à une solution ammoniacale de $ZnCl^2$ [J. Allan, *Ann. der Chem. u. Pharm.*, t. LX, p. 107].

Iodure de zinc, ZnI^2. — Le zinc et l'iode s'unissent facilement en donnant une masse fusible qui fournit des aiguilles quadrangulaires par sublimation (Gay-Lussac). On obtient l'iodure en solution en faisant agir de l'iode sur le zinc en présence de l'eau ou par dissolution de l'oxyde de zinc dans l'acide iodhydrique. Cette solution abandonne des octaèdres par l'évaporation à chaud (Berthemot) ou des cubo-octaèdres anhydres par l'évaporation lente (Rammelsberg).

L'iodure de zinc, calciné à l'air, perd de l'iode et laisse de l'oxyde de zinc. Cette décomposition s'effectue aussi en partie par une exposition prolongée à l'air. L'iodure de zinc est déliquescent et très-soluble dans l'eau. Densité = 4,696 [Boedecker).

Densité des solutions d'iodure de zinc (Kremers).

Densité à 19°,5.	ZnI^2 dans 100 p. d'eau.	Densité à 19°,5.	ZnI^2 dans 100 p. d'eau.
1,1715	21,5	1,5780	85
1,2340	30,0	1,7871	139,0
1,3486	46,4	2,1583	232,0
1,5121	74,4	2,3276	316,6

Ces solutions dissolvent l'iode avec une couleur brun foncé.

Iodures de zinc ammoniacal. — On en a décrit deux.

1° $ZnI^2.5AzH^3$. — L'iodure de zinc anhydre absorbe 26,9 % de gaz ammoniac sec, avec dégagement de chaleur (l'absorption de 5 AzH^3 correspond à 26,64 %, celle de 6 AzH^3, admise par Rammelsberg, exige 32 %). Il se produit une poudre légère, blanche, décomposable par l'eau.

2° $ZnI^2.4AzH^3$. — La solution ammoniacale d'iodure de zinc abandonne par l'évaporation des prismes rectangulaires brillants, décomposables par l'eau [Rammelsberg, *Poggend. Ann.*, t. XLVIII, p. 152].

Iodures doubles. — L'iodure de zinc forme avec les *iodures alcalins* et l'*iodure de baryum* des iodures doubles cristallisés et très-déliquescents, renfermant

$$ZnI^2.2AzH^4I; \quad ZnI^2.2NaI + 3H^2O$$
$$ZnI^2.2KI; \quad 2ZnI^2.BaI^2$$

[Rammelsberg, *Poggend. Ann.*, t. XL II, p. 665].

L'addition d'iodure de potassium à une solution d'azotate de zinc donne naissance à un précipité cristallin jaunâtre, soluble dans un excès d'iodure. Évaporée, cette solution fournit des cristaux rhomboédriques incolores, solubles dans l'eau et insolubles dans l'alcool, constituant une combinaison d'iodure de zinc et d'azotate de potassium (Anthon).

Oxyiodures de zinc. — La solution d'iodure de zinc dissout à chaud l'oxyde de zinc, ou le zinc métallique au contact de l'air; la solution laisse déposer un oxyiodure de zinc par le refroidissement [W. Müller, *Journ. für prakt. Chem.*, t. XXVI, p. 441].

Millon a obtenu un oxyiodure, légèrement soluble dans l'eau bouillante, en ajoutant à une solution d'iodure de zinc une quantité de potasse insuffisante pour le précipiter complétement.

Fluorure de zinc, $ZnFl^2$. — Le fluorure de potassium donne dans les sels de zinc un précipité gélatineux qui se dessèche en une poudre blanche. On obtient aussi celle-ci par digestion de l'oxyde de zinc avec l'acide fluorhydrique (Gay-Lussac et Thenard).

La solution fluorhydrique fournit par l'évaporation de petits cristaux blancs et opaques. Ce sont, d'après Marignac, des octaèdres orthorhombiques brillants, renfermant $ZnFl^2.4H^2O$. Ils perdent leur eau à 100° [*Ann. de Chim. et de Phys.*, (3), t. LX, p. 305].

Le fluorure de zinc est peu soluble dans l'eau, plus soluble dans les acides étendus, notamment dans l'acide fluorhydrique; il est soluble dans l'ammoniaque. Il forme avec les fluorures alcalins des *fluorures doubles* cristallisés et peu solubles. Le sel potassique renferme $ZnFl^2.2KFl$ (Berzelius).

Flualuminate de zinc, $Al^2Fl^6.ZnFl^2$. — Longues aiguilles incolores, peu solubles dans l'eau (Berzelius).

Fluoborate, fluosilicate de zinc, etc. — Voyez les Fluosels, t. I, p. 1472 et suiv.

ZINC ET ÉLÉMENTS DIATOMIQUES.

Oxydes de zinc. — A part l'oxyde de zinc ZnO, Berzelius admettait l'existence d'un sous-oxyde, constituant le dépôt grisâtre qui se forme à la surface du zinc par son exposition à l'air humide. Proust, Davy et autres ont considéré ce dépôt comme un mélange de zinc et d'oxyde.

L'action du peroxyde d'hydrogène sur l'hydrate de zinc à 0° fournit une gelée qui dégage de l'oxygène déjà à froid, mais surtout à 100° et sous l'influence des acides. Thenard a envisagé ce précipité comme un peroxyde de zinc [*Ann. de Chim. et de Phys.*, (2), t. IX, p. 55].

Oxyde de zinc, ZnO. — Il se rencontre dans la nature généralement coloré en rouge par de l'oxyde manganique; c'est la *zincite* ou minerai rouge de zinc. Associé aux oxydes ferreux et ferriques et à l'oxyde manganique, il constitue la *franklinite*. Combiné avec l'alumine, il constitue la *gahnite*.

Lorsqu'on porte le zinc à une haute température à l'air, il prend feu et brûle avec une flamme bleuâtre ou verdâtre en répandant d'épaisses fumées blanches qui retombent en flocons volumineux.

L'oxyde de zinc se forme aussi par la calcination de l'hydrate de zinc précipité et des sels de zinc à acide volatil (carbonate, azotate, etc.).

Il se dépose fréquemment dans la partie supérieure des fours à zinc en prismes hexagonaux jaunâtres. C'est aussi la forme de la zincite.

Les *cadmies*, qui se déposent dans les cheminées des fours, constituent un oxyde de zinc impur et amorphe.

H. Deville a obtenu l'oxyde en cristaux très-nets et souvent volumineux, en chauffant l'oxyde amorphe dans un courant d'hydrogène. Les cristaux se déposaient dans la partie moins chaude du tube. Quoique non volatil, l'oxyde de zinc s'était donc transporté à une certaine distance. Ce phénomène s'explique facilement par deux réactions inverses : dans la première, l'oxyde de zinc est réduit ; il se forme de la vapeur d'eau et de la vapeur de zinc; ces deux vapeurs réagissent l'une sur l'autre à une température moins élevée pour régénérer l'oxyde de zinc et remettre l'hydrogène en liberté [*Ann. de Chim. et Phys.* (3), t. XLIII, p. 477].

On l'obtient aussi cristallisé en chauffant fortement l'oxyde amorphe dans un courant d'oxygène (Sidot) ou en dirigeant un courant de vapeur d'eau sur le zinc ou sur le chlorure de zinc à une température élevée.

L'oxyde cristallisé déposé dans les fours à zinc est en doubles pyramides hexagonales b^1, $b^{2/3}$, $b^{2/5}$, $b^{1/4}$, combinées avec les prismes m et h^1 et munis de faces terminales. On trouve aussi un didodécaèdre ($b^{1/2}\, b^{1/4}\, h^{1/15}$) (Von Rath). Angles : $b^1 b^1 = 144°\ 54'$ et $74°\ 50'$. Clivage suivant [Von Rath, *Poggend. Ann.*, t. CXXII, p. 406].

L'oxyde de zinc cristallisé a pour densité 6,0 environ ; la densité de l'oxyde amorphe est égale à 5,6.

L'oxyde de zinc pur est incolore à froid; mais soumis à la calcination, il devient jaune et reprend son aspect primitif après refroidissement. Il est indécomposable par la chaleur, infusible et fixe.

L'oxyde de zinc est réduit par l'hydrogène et par le charbon à une température élevée.

Il est décomposé à chaud par un courant produit par 350 éléments; le zinc mis en liberté se volatilise et s'enflamme (Lapschin et Tichanowitz).

Chauffé avec du soufre, il donne du sulfure de zinc et du gaz sulfureux.

Chauffé en tubes scellés avec du phosphore et de l'eau, il n'est pas attaqué (Oppenheim).

Le chlore l'attaque facilement au rouge, en donnant du chlorure de zinc qui distille et de l'oxygène (R. Weber).

Usages. — L'oxyde de zinc, plus connu sous le nom de *blanc de zinc* est employé dans la peinture à la place de la céruse sur laquelle il présente le double avantage de ne pas être noirci par les émanations sulfurées et de ne pas provoquer d'accidents toxiques. Cependant les couleurs préparées à l'oxyde de zinc couvrent moins bien et résistent moins aux agents atmosphériques.

Hydrate de zinc, $ZnO.H^2O = Zn(OH)^2$. — L'oxyde de zinc ne s'unit pas directement à l'eau; mais on obtient de l'hydrate de zinc en précipitant un sel de zinc par la potasse; il faut éviter un excès de cette dernière, qui redissoudrait le précipité. C'est un précipité volumineux blanc, très-soluble dans les alcalis et les sels ammoniacaux, et qui renferme $ZnO.H^2O$ après dessiccation à l'air sec. Une fois desséché, il devient moins facilement soluble dans les alcalis. Il absorbe l'acide carbonique en petite quantité.

On obtient l'hydrate de zinc cristallisé en faisant digérer du zinc dans une solution aqueuse d'ammoniaque, au contact du fer. Il se dégage lentement de l'hydrogène et il se dépose sur les parois du vase de petits prismes orthorhombiques d'hydrate de zinc $Zn(OH)^2$. On peut remplacer le fer par du plomb ou par du cuivre; ces métaux n'entrent pas en dissolution et servent seulement de pôle négatif dans le couple voltaïque qu'ils forment avec le zinc. Les cristaux ont pour densité 2,677. L'hydrate cristallisé se dépose en fines aiguilles lorsqu'on évapore dans le vide une solution ammoniacale d'oxyde de zinc (Malaguti et Sarzeaud).

On obtient des cristaux très-nets d'hydrate $Zn(OH)^2$ lorsqu'on fait plonger dans une solution ammoniacale d'oxyde de zinc une lame de zinc enroulée dans du fil de laiton. Les cristaux se forment très-lentement et finissent par acquérir (au bout de 2 à 3 ans) des dimensions assez considérables. Ce sont des prismes orthorhombiques, limpides, atteignant jusqu'à 2 millimètres de largeur sur 3 à 4 millimètres de longueur. Ces prismes portent des troncatures sur les arêtes parallèles aux diagonales de la base et un pointement formé par les faces de l'octaèdre. Angles dièdres formés par les faces opposées du pointement $= 119°\ 50'$ et $92°\ 58'$. Angle du prisme primitif $= 117°\ 30'$. Ces cristaux ne perdent leur eau qu'à une température élevée et se dissolvent difficilement dans les acides [Cornu, *Bull. de la Soc. chim.*, 1863, p. 64].

Dihydrate, $ZnO.2H^2O$. — Octaèdres réguliers incolores, à éclat adamantin, qui se déposent à la longue d'une solution saturée d'oxyde de zinc dans la soude, contenue dans un flacon bouché. Arrosé d'eau chaude, ils perdent leur éclat.

COMBINAISONS DE L'OXYDE DE ZINC. — L'oxyde de zinc se dissout dans les alcalis et forme avec eux et avec les autres oxydes métalliques des combinaisons salines. Les zincates alcalins se forment aussi par dissolution du zinc métallique dans les alcalis caustiques; cette dissolution a lieu avec dégagement d'hydrogène.

L'oxyde de zinc se dissout pareillement dans les acides pour former les sels de zinc (voir p. 591). Il s'unit aussi aux sesquioxydes métalliques pour former des combinaisons appartenant au groupe des spinelles [Ebelmen, *Ann. de Chim. et de Phys*, (3), t. XXXIII, p. 34].

Zincate de potassium. — La solution concentrée d'oxyde de zinc dans la potasse, placée sous une couche d'alcool, laisse déposer de petits cristaux brillants, renfermant $ZnO.K^2O$. Ils sont solubles dans l'eau et leurs solutions abandonnent par l'ébullition une poudre blanche ayant pour composition $2ZnO.K^2O$ [Laur, *Ann. der Chem. u. Pharm.*, t. IX, p. 183]; Fremy, en employant peu d'alcool, a obtenu de longues aiguilles présentant cette dernière composition [*Compt. rend.*, t. XV, p. 1106].

Lorsqu'on évapore la solution potassique d'oxyde de zinc, il reste une masse brillante, blanche et hygroscopique (Berzelius).

Zincate de sodium. — Cette combinaison n'a pas été décrite. La solution sodique d'oxyde de zinc, abandonnée à l'air, laisse déposer de petits cristaux brillants qui sont un carbonate basique de zinc (Woehler).

Oxyde de zinc ammoniacal. — L'oxyde de zinc se dissout aisément dans l'ammoniaque en donnant une solution incolore qui, si elle est très-concentrée, se trouble par l'addition d'eau.

Malaguti a analysé de petits cristaux déposés sur la toiture d'une fosse d'aisance et leur a trouvé pour composition $ZnO.AzH^3 + 3H^2O$ (ou plutôt $3ZnO, 4AzH^3 + 12H^2O$) Ces cristaux n'ont pu être reproduits artificiellement [*Compt. rend.*, t. LXII, p. 413].

Zincates alcalino-terreux. — L'addition d'eau de baryte, de strontiane ou de chaux à une solution ammoniacale d'oxyde de zinc précipite une partie de ce dernier, en combinaison avec la terre alcaline (Berzelius).

Aluminate de zinc $Al^2O^3.ZnO = Al^2O^4Zn$. C'est le minéral connu le nom de *gahnite*. Il renferme, outre l'oxyde de zinc, des quantités variables de magnésie (2 à 5 °/₀) et d'oxyde ferreux (5 à 6 °/₀), ainsi que de silice (1 à 4 °/₀).

Ebelmen a obtenu artificiellement la gahnite, en octaèdres incolores, plus durs que le quartz par la fusion d'un mélange d'oxyde de zinc, d'alumine et d'acide borique, au four à porcelaine. Densité = 4,58.

Chromite de zinc. Cr^2O^4Zn. — Ebelmen l'a obtenu en petits octaèdres noirâtres, d'une densité de 5,309.

On obtient cette combinaison par voie humide en ajoutant de l'hydrate chromique à une solution potassique d'oxyde de zinc ou en précipitant par la potasse une solution renfermant un sel de chrome et un sel de zinc [Chancel, *Compt. rend.* t. XLIII, p. 927].

Ferrite de zinc, Fe^2O^4Zn. — Octaèdres miscroscopiques, noirs et brillants, obtenus comme l'aluminate (Ebelmen).

Lorqu'on chauffe au rouge de l'oxyde ferrique avec de l'oxyde de zinc et qu'on traite le produit par une quantité d'acide chlohydrique insuffisante pour dissoudre tout le fer, on obtient un résidu qui renferme Fe^2O^4Zn [Reich, *Journ. fur prakt Chem.*, t. LXXXIII, p. 265].

SULFURE DE ZINC, ZnS. — Le sulfure de zinc, plus ou moins impur, constitue le mineral désigné sous le nom de *blende* (Voy. ce mot). La wurtzite en est une variété dimorphe.

Il ne se forme qu'en petite quantité par l'action des vapeurs de soufre sur le zinc chauffé au rouge, ou par la fusion du soufre avec le zinc; dans ce dernier cas, le soufre se volatilise à une température inférieure à celle qui serait nécessaire pour effectuer la combinaison. Une autre cause de l'insuccès de ces expériences repose sur le peu de fusibilité du sulfure, qui forme sur le métal une couche protectrice.

Mais on obtient du sulfure de zinc par l'action de la chaleur sur un mélange de limaille de zinc et de cinabre; la réaction est même violente. Le zinc enlève également du soufre au polysulfure de potassium (Berzelius).

L'oxyde de zinc, chauffé avec du soufre, fournit un sulfure ressemblant à la blende (Despretz).

On obtient aussi le sulfure de zinc par l'action du soufre sur le sulfate de zinc sec, au rouge (Vauquelin); par l'action du charbon sur le sulfate de zinc dans un creuset brasqué (Berthier); par calcination de l'oxyde de zinc ou du sulfure de zinc hydraté, dans un courant d'hydrogène sulfuré.

Le sulfure de zinc est dimorphe : la blende est cristalisée dans le système régulier; la wurtzite (blende hexagonale) dans le système hexagonal.

Le sulfure artificiel est amorphe ou cristallisé. Amorphe, il forme une masse pulvérulente jaunâtre, d'une densité de 3,92 (Karsten). La blende ordinaire, du système cubique, n'a pas encore été reproduite artificiellement. Il n'en est pas de même de la wurtzite.

Lorsqu'on fond un mélange de parties égales de sulfate de zinc, de fluorure de calcium et de sulfure de baryum, il se produit une scorie fusible dans laquelle sont implantés de beaux cristaux de sulfure de zinc ayant la forme de la wurtzite et de la greenockite (sulfure de cadmium).

On obtient les mêmes cristaux lorsqu'on chauffe au rouge vif du sulfure de zinc amorphe dans un tube en porcelaine traversé par un courant lent d'hydrogène. Les cristaux prismatiques hexagonaux se déposent dans les parties moins chaudes du tube. Cependant le sulfure de zinc n'est pas volatil, au moins à la température de l'expérience. Il y a donc là un cas de volatilisation apparente due à la production d'hydrogène sulfuré et de zinc en vapeurs; ces corps réagissant en sens inverse dans la partie moins chaude du tube, le sulfure de zinc est régénéré [Deville et Troost, *Compt. rend.*, t. LII, p. 920; *Répert. de Chim. pure*, t. III, p. 240].

Lorsqu'on dirige des vapeurs de soufre sur l'oxyde de zinc amorphe, on obtient, de même, la blende hexagonale en cristaux isolés ou sous la forme d'une masse feutrée. Les mêmes cristaux se forment lorsqu'on chauffe fortement le sulfure de zinc précipité, dans un creuset à l'abri de l'air [Sidot, *Compt. rend.*, t. LXII, p. 999].

En chauffant à une température très-élevée du sulfure de zinc amorphe dans un courant de gaz sulfureux ou sulfhydrique, ou d'azote, il se volatilise et se sublime en cristaux incolores et transparents, semblables à ceux de la wurtzite (prismes réguliers à 12 faces, surmontés de pyramides hexagonales (Friedel). Ces cristaux sont phosphorescents dans l'obscurité [Sidot, *Compt. rend.*, t. LXIII, p. 188].

Le sulfure de zinc ne fond qu'à une température très-élevée; il n'est pas volatil au rouge blanc.

Calciné à l'air, il s'oxyde et donne de l'acide sulfureux, de l'oxyde et du sulfate de zinc. Chauffé avec du nitre, il s'oxyde très-rapidement. Les acides le décomposent, quoique assez difficilement, avec dégagement d'hydrogène sulfuré. Le sulfure amorphe est dissous beaucoup plus facilement que le sulfure cristallisé.

Sulfure de zinc hydraté, $ZnS.H^2O$. — C'est le précipité blanc que produisent l'hydrogène sulfuré ou les sulfures alcalins dans la solution des sels de zinc. Il est insoluble dans l'eau et dans les alcalis, soluble dans les acides minéraux, mais insoluble dans les acides faibles, comme l'acide acétique. Lorsqu'on traite un sel de zinc dissous, neutre, par un courant d'hydrogène sulfuré, la précipitation du sulfure de zinc n'est que partielle, parce que l'acide mis en liberté par sa précipitation empêche cette précipitation de se compléter. Mais si le sel de zinc est un sel à acide faible, tel que l'acétate, ou, si ce qui revient au même, on ajoute de l'acétate de sodium au sel de zinc, la précipitation devient complète en raison de l'insolubilité du sulfure de zinc dans l'acide acétique mis en liberté.

Le sulfure de zinc hydraté s'oxyde lentement à l'air.

Schindler assigne au sulfure précipité, séché à 37°, la formule $ZnS.H^2O$. D'après Souchay, le sulfure précipité, séché à froid, renferme

$$3ZnS.H^2O;$$

séché à 100° dans un courant d'hydrogène, il a pour composition $2ZnS.H^2O$; enfin, séché à 150°, il renferme $4ZnS.H^2O$ [*Zeitsch. für analyt. Chem.*, t. VII, p. 79].

Chauffé au delà de 150°, le sulfure précipité se déshydrate et laisse du sulfure anhydre, sous la forme d'une poudre jaune.

Le sulfure de zinc se dissout dans l'acide sulfureux en donnant de l'hyposulfite de zinc (Guérout).

SULFURES DOUBLES. — *Sulfure zinco-potassique* $3ZnS.K^2S$. — Poudre cristalline jaunâtre obtenue par la fusion de 1 p. de sulfure de zinc avec 12 p. de soufre et 12 p. de carbonate de potassium. On reprend la masse par l'eau et on sépare par lévigation le sulfure de zinc plus dense et non transformé. L'eau bouillante n'altère pas cette combinaison.

Sulfure zinco-sodique, $3ZnS.Na^2S$. — Poudre cristalline couleur de chair, assez altérable à l'air. On l'obtient de même.

On obtient les sulfures doubles, $3ZnS.Ag^2S$, et $3ZnS.CuS$, en faisant digérer la combinaison potassique avec un sel d'argent ou de cuivre. Le premier est noir; le second, d'un bleu d'acier foncé [R. Schneider, *Poggend. Ann.*, t. CXLIX, p. 381].

Oxysulfure de zinc. — La *voltzite* est un oxysulfure de zinc naturel dont la composition se rapproche de la formule $4ZnS.ZnO$ (Fournet). Kersten a trouvé des prismes à 6 pans et des masses lamellaires jaunes, présentant cette même composition, dans les cadmies d'un four à zinc.

La réduction du sulfate de zinc au rouge par l'hydrogène laisse une masse jaune paille qui, suivant Arfvedson, renferme un peu plus de 1 molécule ZnS pour 1 molécule ZnO.

Pentasulfure de zinc, ZnS^5. — Précipité blanc, devenant jaune paille par la dessiccation, obtenu en précipitant un sel de zinc par le pentasulfure de potassium. Chauffé, ce persulfure perd du soufre. Traité par un acide, il se dissout avec dégagement de H^2S et dépôt de soufre [H. Schiff, *Ann. der Chem. u. Pharm.*, t. CXV, p. 74].

Sulfophosphure de zinc, $P^6S^2.2ZnS$. — Lorsqu'on chauffe dans un courant d'hydrogène un mélange de sulfure de phosphore liquide P^2S et de sulfure de zinc sec, préparé par voie humide, l'excès de sulfure de phosphore distille et il reste une matière rouge qui a pour composition

$$P^6S^4Zn^2,$$

soit, d'après Berzelius, $ZnS.P^4S + ZnS.P^2S$.

Ce corps est une poudre rouge de minium, qui se dédouble au-dessous du rouge en sulfure de phosphore, qui distille, et en sulfure de zinc qui reste. Calciné à l'air, il s'enflamme et laisse un résidu de phosphate de zinc. L'acide chlorhydrique le dissout avec dégagement d'hydrogène sulfuré et séparation de sulfure de phosphore pulvérulent rouge (Berzelius).

Séléniure de zinc. — La combinaison directe du sélénium et du zinc est aussi difficile que celle du soufre et du zinc. Cependant, lorsqu'on fait passer des vapeurs de sélénium sur du zinc chauffé au rouge, la combinaison s'effectue avec explosion et les parois du tube se tapissent d'une poudre jaune. L'acide azotique attaque ce produit en mettant en liberté du sélénium, dont une partie est oxydée (Berzelius).

L'hydrogène sélénié donne dans les sels de zinc un précipité rouge pâle, insoluble dans l'eau et s'altérant à l'air (Berzelius).

Tellurure de zinc. — Le tellure et le zinc se combinent avec un grand dégagement de chaleur. Le produit est gris et cristallin, difficilement fusible, insoluble dans l'acide sulfurique étendu et dans l'acide chlorhydrique concentré (Berzelius).

ZINC ET ÉLÉMENTS TRIATOMIQUES.

Azoture de zinc. — Grove, en faisant passer le courant d'une batterie de six éléments dans une solution de sel ammoniac remplie de cristaux de ce sel, le pôle positif étant formé par un fil de platine et le pôle négatif par une boule de zinc, a vu se former au pôle négatif une masse spongieuse, graphitoïde, qu'il a envisagée comme un azoture de zinc. Ce corps dégage, par l'action de la chaleur, un gaz composé de 3 à 4 volumes d'azote pour 1 volume d'hydrogène [*Phil. Mag.*, t. XIX, p. 98; *Poggend. Ann.*, t. LIV, p. 101].

On obtient l'azoture de zinc Zn^3Az^2 par l'action d'une température rouge sur l'*amidure*,

$$Zn(AzH^2)^2.$$

Cette décomposition est exprimée par l'équation :

$$3Zn(AzH^2)^2 = Zn^3Az^2 + 4AzH^3.$$

C'est une poudre grise inaltérable à l'air, infusible et fixe, supportant la chaleur rouge sans se décomposer, à l'abri de l'air. L'azoture de zinc décompose l'eau avec énergie, et si on l'humecte avec une petite quantité d'eau seulement, il devient incandescent. Dans cette réaction, il se dégage de l'ammoniaque et il se dépose de l'hydrate de zinc :

$$Zn^3Az^2 + 6H^2O = 2AzH^3 + 3Zn(OH)^2$$

[*Phil. Mag.*, (4), t. XV, p. 149].

Zincamide ou amidure de zinc, $Zn(AzH^2)^2$. — On l'obtient par l'action du gaz ammoniac sec sur une solution éthérée de zinc-éthyle : il se dégage de l'éthane

$$Zn(C^2H^5)^2 + 2AzH^3 = Zn(AzH^2)^2 + 2C^2H^6.$$

Poudre blanche insoluble dans l'éther, décomposable par l'eau et par l'alcool avec production d'ammoniaque. Il ne se décompose pas à 200°; mais au rouge, il se convertit en azoture (Frankland).

L'acide chlorhydrique sec agit sur l'amidure de zinc en produisant, non un chlorure de zinc-ammonium, mais du chlorure double de zinc et d'ammonium [Peltzer, *Ann. der Chem. u. Pharm.*, t. CXXXIV, p. 52; *Bull. de la Soc. chim.*, (2), t. V, p. 48].

Phosphures de zinc. — Lorsqu'on jette des fragments de phosphore dans du zinc en fusion, on obtient une masse métallique grise, un peu ductile, répandant l'odeur du phosphore lorsqu'on la martelle (Pelletier).

On obtient un autre phosphure, plus riche en phosphore, en calcinant 6 p. d'acide phosphorique, de 2 p. de zinc et de 1 p. de charbon, ou de 2 p. de zinc et 1 p. de phosphore, dans une cornue. Il se sublime une masse d'un blanc d'argent, à cassure conchoïde. Il se forme en même temps un corps rouge, accompagnant le sublimé précédent et qui, ainsi que l'a montré Vigier, est du phosphure de zinc coloré par du phosphore rouge.

Si l'on dirige un courant d'hydrogène phosphoré sur du chlorure de zinc légèrement chauffé, il se dégage de l'acide chlorhydrique et il se forme un phosphure de zinc qui reste, après lavage à l'eau, sous la forme de particules métalliques noirâtres, insolubles dans l'acide chlorhydrique [H. Rose, *Poggend. Ann.*, t. XXIV, p. 335].

Phosphure Zn^3P^2. — Il se produit, d'après Hvoslef, lorsqu'on chauffe un mélange d'oxyde de zinc (2 mol.), d'anhydride phosphorique (1 mol.) et de charbon (7 atom.). Sublimé cassant, d'un gris d'acier foncé, dégageant de l'hydrogène phosphoré, non spontanément inflammable, par l'action de l'acide chlorhydrique [*Ann. der Chem. u. Pharm.*, t. C, p. 101].

B. Renault le prépare en chauffant au rouge blanc un mélange de phosphate de magnésium, (1 mol.), de sulfure de zinc (2 mol.) et de charbon (7 at.) dans une cornue lutée; le phosphure se sublime [*Ann. de Chim. et de Phys.*, (4), t. IX, p. 162].

P. Vigier dispose dans un long tube de porcelaine, traversé par un courant d'hydrogène sec, deux nacelles, contenant, l'une du zinc et placée au milieu du fourneau, l'autre, au dehors, contenant du phosphore. Il chauffe le tube jusqu'à ce que le zinc entre en ébullition, et y fait passer le phosphore en vapeur, en chauffant ensuite la nacelle contenant ce corps à l'aide d'une lampe.

Les deux vapeurs se combinent alors avec incandescence et l'excès de phosphore se condense dans un ballon relié au tube de porcelaine;

en même temps il se dégage de l'hydrogène phosphoré qui s'enflamme.

Quand le tube est refroidi, on le brise et on trouve : 1° dans la nacelle des cristaux prismatiques de 1 à 2 centimètres de longueur, à surface irisée ; 2° une matière boursouflée, grise et friable ; 3° enfin, sur les parois du tube des aiguilles prismatiques et une matière fondue, à cassure brillante. Ces trois substances sont toutes du phosphure pur, Zn^3P^2 [*Bull. de la Soc. chim.*, 1861, p. 5].

Le phosphure de zinc ne s'oxyde à l'air qu'à une température élevée. Il est moins fusible que le zinc et se volatilise au delà de son point de fusion ; sa vapeur, dirigée dans un récipient fortement chauffé, se condense en aiguilles feutrées qui présentent moins de stabilité à l'air humide, car elles répandent l'odeur de l'hydrogène phosphoré. Densité=1,21 à 14°. Le phosphure de zinc se dissout dans les acides chlorhydrique et sulfurique avec dégagement d'hydrogène phosphoré. Il se dissout entièrement dans l'acide azotique. Le sulfure de carbone le transforme en sulfure de zinc (P. Vigier ; B. Renault).

H. Schwarzer, qui recommande l'emploi du phosphure de zinc pour la préparation de l'hydrogène phosphoré, prépare ce phosphure en chauffant doucement du phosphore rouge avec du zinc en poudre, et laisse ensuite refroidir le produit dans un courant d'hydrogène ou de gaz d'éclairage. L'action de l'acide sulfurique concentré sur ce phosphure donne de l'hydrogène phosphoré non spontanément inflammable [*Dingl. polyt. Journ.*, t. CXCI, p. 396].

Phosphure, Zn^2P^2. — Le phosphure Zn^3P^2, préparé par B. Renault est quelquefois mélangé de cristaux brillants, plus stables, ayant pour composition Zn^2P^2, ainsi que d'aiguilles feutrées, d'un rouge cinabre, à éclat métallique. C'est sans doute le mélange signalé plus haut de phosphure Zn^3P^2 et de phosphore rouge.

Phosphure, Zn^2P^4. — Aiguilles déliées, brunes, jaunes ou vermillon, accompagnant le phosphure Zn^3P^2 produit par l'action du phosphore sur le zinc (Renault).

Lorsqu'on soumet l'oxyde de zinc à l'action des vapeurs de phosphore, on obtient une masse cristalline noire, mélangée d'un phosphure de zinc rouge. Si l'on traite la masse noire par l'acide chlorhydrique, il reste une masse cristalline grise, qui a sans doute pour composition Zn^2P^4 (Hvoslef).

Phosphure, ZnP^6. — Lorsqu'on dissout le phosphure Zn^3P^2 dans l'acide chlorhydrique étendu, il reste une poudre jaune, amorphe, très-inflammable, détonant au contact de l'acide nitrique et constituant l'hexaphosphure ZnP^6 (B. Renault).

Oxyphosphures. — Suivant B. Renault, la combinaison rouge qui accompagne la préparation du phosphure de zinc par l'action des vapeurs de phosphore sur le zinc, dans un courant d'hydrogène (mal desséché) ou par l'action des vapeurs de phosphore sur l'oxyde de zinc, constitue un oxyphosphure ZnP^2O ou $Zn^5P^{10}O^4$; celui-ci est généralement accompagné d'un autre oxyphosphure, $Zn^7P^{14}O^4$, cristallisé en aiguilles métalliques. Le corps rouge est attaqué à chaud par l'acide chlorhydrique, en donnant de l'acide phosphoreux.

Phosphure, PHZn. — Fragments friables, d'un jaune citron clair, à odeur d'hydrogène phosphoré. On l'obtient en faisant passer un courant d'hydrogène phosphoré dans une solution éthérée de zinc-éthyle [E. Drechsel et Finkelstein, *Deutsch. chem. Gesells.*, 1871, p. 352].

Arséniure de zinc. — On l'obtient en ajoutant l'arsenic en poudre à du zinc fondu, mais à de une température peu élevée. La combinaison a lieu avec incandescence si l'on fait réagir les deux corps dans le rapport de 1 atome d'arsenic pour 2 atomes de zinc. Elle s'accomplit d'une façon plus calme si l'on emploie un seul atome de zinc parce que l'arséniure formé est moins fusible et se solidifie très-vite [A. Vogel, *Journ. f. prakt. Chem.*, t. VI, p. 345].

L'arséniure de zinc est gris et cassant. On l'emploie pour la préparation de l'hydrogène arsénié.

Boroazoture de zinc (?). — Lorsqu'on fond 2 p. d'acide borique vitreux avec 4 p. de cyanure de zinc, dans un creuset de charbon, on obtient une masse blanche, insoluble dans l'eau régale et dans les alcalis concentrés. Ce corps peut être calciné sans altération dans un courant d'hydrogène ou de chlore. La fusion avec la potasse en dégage lentement de l'ammoniaque [Balmain, *Phil. Mag.*, t. XXI, p. 270].

SELS DE ZINC.

L'oxyde de zinc est une base énergique ; néanmoins, la plupart de ses sels possèdent une réaction acide. Ces sels sont incolores ; ils sont doués d'une saveur styptique et nauséabonde ; ils sont vénéneux et agissent à faible dose comme vomitifs. Pour obtenir les sels de zinc purs, on peut mettre à profit les réactions qui ont été indiquées page 582 pour la purification de l'oxyde de zinc dans le but d'obtenir le zinc pur. Le fer qui accompagne souvent le zinc métallique peut être éliminé en dissolvant celui-ci dans l'acide azotique étendu ; le fer se transforme alors en sesquioxyde qui reste en suspension. S'agit-il d'un sel zincique renfermant un sel ferreux, on traite la solution par un courant de chlore pour peroxyder le fer ; on chasse l'excès de chlore par l'ébullition et on fait digérer la solution avec de l'oxyde de zinc qui déplace l'oxyde ferrique. — Voyez plus loin les caractères des sels de zinc.

Les sels de zinc ont une tendance marquée à former des sels basiques et à se combiner avec l'ammoniaque. Ils donnent en outre naissance aux mêmes sels doubles que les sels de magnésium avec lesquels ils sont isomorphes.

Azotate de zinc, $(AzO^3)^2Zn + 6H^2O$. — Le zinc se dissout dans l'acide azotique avec dégagement d'oxyde azotique, d'oxyde azoteux et même d'azote suivant la concentration de l'acide. Par une forte concentration, la solution fournit des prismes pyramidés à quatre faces, limpides, aplatis et striés. Ce sel fond à 3 ° et le liquide bout à 131° (Ordway). Il perd $4H^2O$ dans le vide sec et $5H^2O$ à 100° ; à une température plus élevée, la dernière molécule d'eau se dégage en entraînant de l'acide azotique et en laissant un sel basique.

L'azotate de zinc est déliquescent et très-soluble dans l'eau et dans l'alcool. Voici la densité de ses solutions aqueuses, d'après Oudemans jeune [*Zeitsch. analyt. Chem.*, t. VII, p. 419] et d'après Benno-Franz [*Journ. für prakt. Chem.* (2), t. V, p. 274]. Le premier indique la teneur en sel hydraté ; le second, en sel anhydre.

Sel dans 100 p. de solution.	$(AzO^3)^2Zn + 6H^2O$ Densité à 14°.	$(AzO^3)^2Zn$. Densité à 17°,5.
5	1,0258	1,0496
10	1,0536	1,0968
15	1,0826	1,1476
20	1,1131	1,2024
25	1,1450	1,2640
30	1,1782	1,3268
35	1,2131	1,3906
40	1,2496	1,4572
45	1,2880	1,5258
50	1,3292	1,5984

Azotate basique. — On obtient un azotate basique de zinc, soit par l'action de la chaleur sur le sel neutre, soit par l'action du zinc ou de son oxyde sur la solution de l'azotate neutre.

Lorsqu'on fond l'azotate de zinc hydraté, il perd de l'eau et de l'acide azotique, et reste limpide jusqu'à ce que sa perte de poids s'élève à 42 %; le résidu se prend par le refroidissement en une masse vitreuse, dont la composition se rapproche de la formule $4(AzO^3)^2Zn.ZnO + 3\,H^2O$ [Ordway, *Sillim. amer. Journ.*, (2), t. XXXII, p. 14]. D'après Bertels, cette composition n'est pas constante. Lorsqu'on reprend la masse fondue par l'eau, on obtient un sel basique renfermant $4(AzO^3)^2Zn.3\,ZnO + 14\,H^2O$ [*Jahresb. f. Chem.*, 1874, p. 274].

D'après Grouvelle [*Ann. de Chim. et de Phys.*, (2) t. XIX, p. 137] et d'après Schneider, le produit de l'action de la chaleur sur l'azotate neutre, chauffé jusqu'à ce qu'il devienne trouble et presque solide, est, après lavage à l'eau, une poudre jaune ayant pour composition,

$$(AzO^3)^2Zn.7\,ZnO + 2\,H^2O.$$

On obtient le même sel basique lorsqu'on précipite incomplètement l'azotate neutre par l'ammoniaque : il renferme alors $4\,H^2O$ (Grouvelle).

Lorsqu'on fait digérer ce dernier sel basique avec la solution du sel neutre, il se gonfle, devient blanc et se transforme en un sel moins basique, léger après dessiccation et renfermant, $(AzO^3)^2Zn.3Zn\,O + 4H^2O$ (Schindler).

Bertel a obtenu le sel basique

$$(AzO^3)^2Zn.5Zn\,O + 4\,H^2O$$

par l'action du zinc sur la solution de l'azotate neutre.

Azotite de zinc. — Ce sel se forme en quantité notable pendant la dissolution du zinc dans l'acide azotique. Il se produit aussi lorsqu'on fait digérer du zinc avec une solution ammoniacale d'azotate zincique neutre ; on observe dans ce cas un faible dégagement d'azote, il se dépose un hydrate de zinc cristallin et l'azotite reste dissous [A. Vogel et Reichauer *N. Jahrb. f. Pharm.*, t. XI, p. 137].

D'après J. Lang, ce sel est peu soluble et a pour composition $(AzO^2)^2Zn + 3H^2O$. [*Poggend. Ann.*, t. CXVIII, p. 282]. L'évaporation de sa solution laisse un sel basique $(AzO^2)^2Zn.ZnO$ (Hampe).

Azotite zinco-potassique,

$$(Az\,O^2)^2Zn.2\,Az\,O^2K + H^2O.$$

— Prismes courts, jaunes et déliquescents, peu stables (J. Lang).

Bromate de zinc, $(BrO^3)^2Zn + 6H^2O$. — Il cristallise par l'évaporation de la solution d'oxyde de zinc dans l'acide bromique en cubo-octaèdres qui s'effleurissent dans le vide. Ce sel fond au-dessus de 100°, mais ne perd toute son eau qu'à 200°, en se décomposant en même temps. Il est soluble dans son poids d'eau froide (Rammelsberg).

Bromate de zinc ammoniacal,

$$(Br\,O^3)^2Zn.2Az\,H^3 + 3H^2O.$$

— Le bromate de zinc, additionné d'ammoniaque jusqu'à redissolution du précipité, fournit par l'évaporation de petits prismes déliquescents et peu stables [Rammelsberg *Poggend. Ann.*, t. LII, p. 90].

Perchlorate de zinc, $(ClO^4)^2Zn$. — On le prépare par double décomposition entre le chlorate de potassium et le fluosilicate soluble de zinc, (O. Henry), ou entre le perchlorate de baryum et le sulfate de zinc (Serullas). Il cristallise en prismes déliquescents, groupés en faisceaux, solubles dans l'alcool [Serullas, *Ann. de Chim. et de Phys.*, (2), t. XLVI, p. 305].

Chlorate de zinc, $(Cl\,O^3)^2Zn + 6\,H^2O$. — On le prépare en dissolvant l'oxyde de zinc dans l'acide chlorique, ou par double décomposition, comme le perchlorate. Il cristallise en octaèdres aplatis, déliquescents et solubles dans l'alcool. (Vauquelin ; O. Henry). Il fond à 80° et se décompose au-dessous de 100° (Waechter).

Hypochlorite de zinc. — On obtient ce sel en dissolution lorsqu'on traite l'hydrate ou le carbonate de zinc par une solution d'acide hypochloreux. Cette solution ne peut être évaporée sans décomposition (Balard). L'hypochlorite de zinc se forme aussi lorsqu'on dissout l'oxyde de zinc (1 molée.) dans du chlore (1 moléc.) en solution aqueuse (Grouvelle).

Ce sel a été proposé pour le blanchiment, à la place du chlorure de chaux.

Periodates de zinc,

1°
$$I^2O^9Zn^2 + 6\,H^2O = (IO^4)^2Zn.ZnO + 6\,H^2O.$$

— Poudre blanche obtenue par l'acide iodique et l'hydrate de zinc.

2°
$$I^4O^{19}Zn^5 + 14\,H^2O = 2(IO^4)^2Zn.3\,ZnO + 14\,H^2O.$$

— Précipité pulvérulent obtenu par double décomposition entre le sulfate de zinc et le periodate sodique normal ;

3°
$$I^4O^{23}Zn^9 + 12\,H^2O = 2\,(IO^4)^2Zn.7Zn\,O + 12\,H^2O.$$

— Précipité amorphe produit par l'addition d'ammoniaque aux eaux mères du précédent [Rammelsberg, *Journ. f. prakt. Chem.*, t. CIV, p. 434].

Periodate zinco-potassique,

$$2\,(IO^4K).(IO^4)^2Zn.3\,Z\,nO + 4\,H^2O.$$

— Se forme par double décomposition entre le sulfate de zinc et le periodate potassique, $I^2O^9K^4$ (Rammelsberg).

Iodate de zinc, $(IO^3)^2Zn + 2\,H^2O$. — Le zinc se dissout dans l'acide iodique avec dégagement d'hydrogène, mais l'attaque cesse bientôt par suite du dépôt d'iodate peu soluble.

Pour obtenir l'iodate de zinc, on mélange du sulfate de zinc (1 moléc.) avec l'iodate de sodium (2 moléc.) en solution aqueuse; on évapore à sec et on reprend le résidu par l'eau, qui dissout le sulfate de sodium. L'iodate de zinc reste sous la forme d'une poudre cristalline blanche, soluble dans 114 p. d'eau à 15° et dans 76 p. d'eau bouillante. La chaleur le décompose en laissant un résidu formé principalement d'oxyde de zinc [Rammelsberg, *Poggend. Ann.*, t. XLIV, p. 563].

Iodate de zinc ammoniacal, $3(IO^3)^2Zn.8\,AzH^3$. — Prismes rhomboïdaux qui se déposent par l'évaporation de la solution ammoniacale de l'iodate. L'addition d'alcool à cette solution précipite le même sel sous la forme d'une poudre cristalline. Ces cristaux s'effleurissent en perdant de l'ammoniaque. L'eau les décompose. Calcinés, ils laissent un résidu d'oxyde de zinc (Rammelsberg).

Carbonates de zinc, CO^3Zn. — Ils constituent les espèces minérales, cristallisées ou en masses compactes, connues sous les noms de *calamine, smithsonite, zinconite.* Le carbonate naturel est généralement mélangé de silicate de zinc, de carbonate de fer et de cuivre, et de galène.

Le carbonate de zinc ne peut pas être obtenu dans les circonstances ordinaires par double décomposition : lorsqu'on ajoute un carbonate alcalin à la solution neutre d'un sel de zinc, il se produit un dégagement d'acide carbonique et le précipité est formé de carbonate basique hydraté de zinc.

Cet hydrocarbonate de zinc est soluble dans

l'eau chargée d'acide carbonique et cette solution abandonne par son exposition à l'air une poudre grenue qui, d'après Schindler, représente le carbonate neutre de zinc; cependant, suivant d'autres auteurs, c'est un carbonate basique qui se précipite dans ces conditions. D'après Lassaigne, l'eau chargée d'acide carbonique peut tenir en dissolution $\frac{1}{1423}$ de carbonate de zinc.

Le carbonate de zinc précipité d'une solution de chlorure zincique par le sesquicarbonate sodique se dissout facilement dans l'eau chargée de gaz carbonique. La solution préparée ainsi, sous une pression de 4 à 6 atmosphères, renferme 1 p. de carbonate neutre de zinc pour 189 p. de liquide. La solution se trouble à l'air et donne par l'ébullition un précipité d'hydrocarbonate de zinc. [R. Wagner, *Zeitsch. f. anal. Chem.*, t. VI, p. 167; *Bull. de la Soc. chim.*, t. IX, p. 307].

Lorsqu'on opère sous pression la décomposition d'un sel de zinc par un carbonate, c'est du carbonate de zinc CO^3Zn qui se produit. C'est ainsi qu'en chauffant à 150-160° une solution de chlorure de zinc avec du carbonate calcique ou du bicarbonate sodique, on obtient une poudre blanche, anhydre, formée de cristaux microscopiques, qui constituent le carbonate neutre et anhydre de zinc [de Senarmont, *Ann. de Chim et de Phys.*, (3), t. XXXII, p. 154].

Deville a obtenu le carbonate neutre hydraté, $2CO^3Zn.H^2O$, en faisant digérer du carbonate basique de zinc avec du bicarbonate ammonique. Ce carbonate hydraté est une poudre amorphe [*Ann. de Chim. et de Phys.*, (3) t. XXXV, p. 455].

Carbonate de zinc ammoniacal, $CO^3Zn.AzH^3$. — Favre a obtenu cette combinaison en abandonnant à elle-même une solution d'hydrocarbonate de zinc dans le carbonate d'ammonium concentré. Elle se dépose en petits cristaux incolores. [*Ann. Chim. Phys.*, (3), t. X, p. 478].

D'après des indications très-anciennes, le carbonate d'ammonium dissout la limaille de zinc avec effervescence et l'oxyde de zinc avec dégagement de chaleur. L'évaporation de la solution fournit des cristaux soyeux blancs; la solution est troublée par l'eau (Lassonne).

Lorsqu'on dissout le chlorure de zinc dans un excès d'ammoniaque, et qu'on ajoute du carbonate ammoniaque à la solution, celle-ci laisse déposer par l'évaporation des aiguilles étoilées, insolubles dans l'eau, répandant l'odeur de l'ammoniaque et devenant opalescentes à l'air. Ce corps se transforme finalement en une poudre blanche qui renferme 62,2 % d'oxyde de zinc et 37,8 % d'eau et d'acide carbonique [Woehler, *Poggend. Ann.*, t. XXVIII, p. 616].

Carbonate zinco-potassique,

$$2CO^3K^2.3CO^3Zn + 4H^2O.$$

— Petits cristaux brillants et incolores se déposant sur les parois du vase contenant des solutions concentrées de chlorure de zinc et de sesquicarbonate potassique. Deville représente ce sel comme une combinaison de 4 molécules de bicarbonate de potassium avec 3 molec. de carbonate basique de zinc ($CO^3Zn.ZnO$) et 8 moléc. d'eau [*Ann. de Chim. et de Phys.*, (3), t. XXXIII, p. 99].

Carbonate zinco-sodique,

$$3CO^3Na^2.8CO^3Zn + 8H^2O.$$

— Il se produit comme le sel potassique et est sans doute identique avec le sel que Woehler a obtenu en faisant agir le zinc sur une solution de carbonate de sodium, au contact prolongé de l'air. Ce sont, dans les deux cas, de petits cristaux octaédriques ou tétraédiques très-brillants. (Deville).

CARBONATES BASIQUES OU HYDROCARBONATES DE ZINC. — On a fait remarquer que l'addition d'un carbonate alcalin à un sel de zinc y produit un précipité qui est accompagné d'un dégagement d'acide carbonique. Le précipité produit est toujours un carbonate basique et sa composition varie avec les conditions de la préparation. La nature nous offre aussi un carbonate basique de zinc, la *zinconite*, $CO^3Zn.2Zn(OH)^2$. Nous décrirons ici les hydrocarbonates artificiels, en faisant remarquer qu'ils sont très-nombreux et que rien ne prouve que tous les carbonates basiques décrits représentent vraiment des composés définis. Ajoutons que tous ces hydrocarbonates perdent leur eau et leur acide carbonique à 200°, et laissent de l'oxyde.

1° $2CO^3Zn.Zn(OH)^2$. — Précipité produit par un excès de bicarbonate alcalin dans une solution de sulfate de zinc [H. Rose, *Poggend. Ann.*, t. LXXXV, p. 107; *Ann. de Chim. et de Phys.*, (3), t. XLII, p. 106];

2° $CO^3Zn.Zn(OH)^2 + 2H^2O$. — Poudre ténue, blanche, obtenue en précipitant à froid une solution de sulfate de zinc par le sesquicarbonate de sodium, lavant à l'eau et séchant à l'air [Boussingault, *Ann. de Chim. et de Phys.*, (2), t. XXIX, p. 284].

Lorsque la précipitation a lieu à chaud, le précipité renferme seulement 1 molécule H^2O (Schindler);

3° $2CO^3Zn.3Zn(OH)^2$. — Telle est, d'après Bensdorff, la composition du dépôt qui se produit sur une lame de zinc exposée à l'air sous une légère couche d'eau.

Le même hydrocarbonate se produit par précipitation, à froid, d'un sel de zinc par un carbonate alcalin neutre. Une certaine quantité de carbonate de zinc reste dissous à la faveur de l'acide carbonique mis en liberté et se précipite par l'ébullition de la liqueur filtrée. Le précipité entraîne généralement de l'alcali.

Pour le préparer, on verse une solution bouillante de sulfate de zinc dans une solution bouillante de carbonate alcalin. Il se dépose une poudre légère, ressemblant après dessiccation à la magnésie. Il est exempt d'alcali, si l'on prolonge l'ébullition pendant quelque temps. La poudre est cristalline si la précipitation a lieu par le carbonate ammonique (Wackenroder).

Séché dans le vide, ce sel renferme H^2O d'après H. Rose.

Cet hydrocarbonate de zinc est soluble dans 2000 à 3000 p. d'eau froide et s'en sépare lorsqu'on fait bouillir. Il se dissout dans les sels ammoniacaux et en chasse l'ammoniaque par l'ébullition.

Séché à 100°, cet hydrocarbonate a pour composition $4CO^3Zn.7Zn(OH)^2 + H^2O$ (H. Rose);

4° $3CO^3Zn.5Zn(OH)^2 + H^2O$. — Lefort assigne cette composition au précipité produit à froid ou à chaud dans les sels de zinc par les carbonates alcalins [*Journ. Pharm.*, (2), t. XI, p. 329]. Cette formule représente aussi la composition que Schindler assignait au sel précédent;

5° $CO^3Zn.2Zn(OH)^2 + H^2O$. — C'est la composition du carbonate naturel. Lefort assigne cette composition au produit formé à froid par les bicarbonates alcalins, et H. Rose à celui qu'on obtient avec les carbonates neutres dans des solutions très-étendues, à froid ou à chaud;

6° $CO^3Zn.3ZnO + 2H^2O$. — Précipité produit par le carbonate de sodium et le sulfate tétrabasique de zinc;

7° $CO^3Zn.7ZnO + 2H^2O$. — Obtenu de même avec le sulfate octobasique de zinc.

Hydrocarbonate zinco-potassique,

$$CO^3K^2.CO^3Zn.2Zn(OH)^2.$$

— Poudre blanche qui se dépose lorsqu'on expose à l'air une solution potassique d'oxyde de zinc.

SULFOCARBONATE DE ZINC, CS^3Zn. — Précipité jaune très-pâle. Séché, il est jaune orange et semi-translucide (Berzelius).

SULFATE DE ZINC, $SO^4Zn + nH^2O$. — Ce sel se produit par dissolution du zinc, de son oxyde, de son sulfure ou de ses carbonates dans l'acide sulfurique étendu. On l'obtient industriellement en grillant la blende au rouge sombre, lavant à l'eau et faisant cristalliser.

Le sulfate de zinc cristallise avec des quantités d'eau variables, suivant la température à laquelle il se dépose de sa solution.

Le sel ordinaire, qui est celui du commerce et qui cristallise à la température ordinaire, renferme $7H^2O$.

Sulfate de zinc ordinaire, $SO^4Zn + 7H^2O$. — Il cristallise au-dessous de 30° en prismes orthorhombiques isomorphes avec le sulfate de magnésium. Il s'effleurit à l'air, perd $6H^2O$ à 100° et la dernière molécule d'eau à 200°. Il est difficile de le déshydrater complétement sans lui faire perdre de l'acide. Il est très-soluble dans l'eau; sa solution est acide et présente une saveur métallique et styptique. Voici la solubilité de ce sel d'après Poggiale :

100 p. d'eau dissolvent à	$SO^4Zn + 7H^2O$.	SO^4Zn supp. anhydre.
10°........	138,21	43,36
20..........	161,50	53,10
30..........	191,00	58,50
50.....	263,80	68,75
100..........	653,60	95,60

D'après C. de Hauer, 100 p. de solution saturée à 18° renferment 35gr,36 de sulfate anhydre.

Le sulfate de zinc est insoluble dans l'alcool absolu; sa solubilité dans l'alcool faible a été déterminée par H. Schiff.

Richesse centésimale de l'alcool.	$SO^4Zn + 7H^2O$, dissous à 15° dans 100 p. d'alcool.
0°........	54,5
10........	51,1
20,........	39,0
40	3,48
50.........	»

DENSITÉ DE LA SOLUTION AQUEUSE A 20°,5 (H. Schiff).

Teneur de la solution en $SO^4Zn + 7H^2O$.	Densité.
62,12	1,4650
41,41	1,2790
27,61	1,1740
20,70	1,1271
13,80	1,0817
6,90	1,0397

Densité du sel cristallisé = 2,036 (Mohs).

Il paraît exister une modification plus soluble du sel à $7H^2O$, modification qui se produit dans les solutions sursaturées contenues dans des tubes bouchés avec un tampon de coton. La liqueur surnageant ces cristaux reste sursaturée; les cristaux qui se déposent ensuite au contact de l'air sont des cristaux du sel ordinaire, mélangés de cristaux de la modification plus soluble [Schroeder, *Ann. der Chem. u. Pharm.*, t. CIX, p. 45].

Sulfate avec 6 molécules d'eau,

$$SO^4Zn + 6H^2O.$$

— Il se produit par la cristallisation à 30°, ainsi que par la déshydratation du sel à $7H^2O$ à 52°. Il forme des cristaux clinorhombiques (Mitscherlich).

Sulfate avec 5 molécules d'eau, $SO^4Zn + 5H^2O$. Isomorphe avec le sel magnésien correspondant Croûtes cristallines se déposant par l'évaporation de la solution entre 40 et 50° (Schindler; I. Pierre).

Ce sel se produit aussi lorsqu'on chauffe le sel à $7H^2O$ avec de l'alcool d'une densité de 0,856 (Kühn).

2° $SO^4Zn + 4H^2O$. — Il se dépose, d'après Anthon [*Journ. fur prakt. Chem.*, t. X, p. 352], en même temps que le sel à $7H^2O$ lorsqu'on fait cristalliser à 0° une solution concentrée et acide de sulfate de zinc. Rhomboèdres opaques et inaltérables à l'air.

Sulfate bihydraté, $SO^4Zn + 2H^2O$. — Il se dépose par l'addition d'acide sulfurique concentré à une solution bouillante de sulfate de zinc. C'est une poudre cristalline. Il se produit aussi par l'ébullition du sel à $7H^2O$ avec de l'alcool absolu (Kühn).

Sulfate monohydraté, $SO^4Zn + H^2O$. — Il se produit par dessiccation du sel ordinaire à 100° ou dans le vide sec à 20° (Graham). Il se dépose aussi en grains cristallins d'une solution saturée à 100°. Il ne perd son eau qu'à 238° (Graham).

Sel anhydre, SO^4Zn. — Masse blanche, friable, d'une densité de 3,4 (Karsten). Il se combine à l'eau avec élévation de température. Il attire l'humidité de l'air pour se transformer en sel à $7H^2O$ (Brandes, von Blücher).

Calciné, ce sel laisse dégager de l'anhydride sulfurique, du gaz sulfureux et de l'oxygène, en se transformant d'abord en sel basique, puis en oxyde de zinc Calciné dans un courant d'hydrogène, il laisse un résidu d'oxysulfure de zinc (Arfvedson).

Le sulfate de zinc est employé dans l'impression des toiles peintes, dans la fabrication des vernis, du blanc de zinc et autres combinaisons zinciques. On en tire parti en outre comme désinfectant. En thérapeutique, on le prescrit comme collyre.

SULFATES BASIQUES. — 1° *Sel bibasique*,

$$SO^4Zn.ZnO.$$

— Il s'obtient par la digestion d'une solution de sulfate neutre avec une quantité équivalente d'oxyde ou d'hydrate de zinc (obtenu en précipitant une égale quantité de la solution de sulfate de zinc par un alcali) La solution de ce sel est incristallisable. Une ébullition prolongée la décompose; l'évaporation lente ainsi que l'addition d'eau en séparent le sel suivant (Schindler);

2° *Sel tétrabasique*, $SO^4Zn.3ZnO$. — Déposé de la solution du sel précédent, il se présente en aiguilles quadrangulaires déliées et flexibles, renfermant $10H^2O$.

Il se produit aussi par précipitation incomplète de sulfate neutre par la potasse et dissolution du précipité dans l'eau bouillante; il se dépose par le refroidissement des petits cristaux onctueux renfermant $2H^2O$ (Kane). Enfin il se dépose par l'ébullition ou une digestion prolongée du sulfate neutre avec un excès de zinc ou d'oxyde de zinc.

Ce sel se dépose en lamelles opaques ou en aiguilles. Desséché lentement, il forme une poudre douce au toucher, inaltérable à l'air. Il perd $8H^2O$ entre 100 et 125° et retient $2H^2O$ (Schindler). D'après Kühn, le sel séché au-dessus de 100° contient $4H^2O$ et le sel séché à l'air, $8H^2O$. Il est insoluble dans l'eau froide, peu soluble dans l'eau bouillante.

On peut obtenir le même sel en décomposant partiellement le sulfate neutre par la chaleur et reprenant le résidu par l'eau bouillante.

Enfin, d'après Büscher, on l'obtient avec $7H^2O$ lorsqu'on ajoute 20 p. de borax, en solution aqueuse, à 50 ou 60° à une solution de 60 p. de sulfate de zinc; le précipité est exempt d'acide borique;

3° *Sel hexabasique,*

$$SO^4Zn.5ZnO+10H^2O.$$

— Poudre blanche qui se forme par l'action de l'eau sur le sulfate de zinc-ammonium,

$$SO^4Zn(AzH^3)^2.$$

Ce sel perd son eau à 100° et en reprend environ le tiers à l'air (Kane);

4° *Sel octobasique.* $SO^4Zn.7ZnO+2H^2O$.— Il se précipite par l'addition d'une très-grande quantité d'eau au sel bibasique. Il constitue un précipité volumineux, très-léger après dessiccation. Il est insoluble dans l'eau. Digéré avec une solution de sulfate neutre, il se transforme en sel tétrabasique (n° 2).

Reindel a obtenu le même sel par l'ébullition de la solution de sulfate neutre, sursaturée par l'ammoniaque [*Journ. für prakt. Chem.*, t. CVI, p. 371].

Sulfate acide de zinc. $SO^4Zn.SO^4H^2+8H^2O$. — Prismes clinorhombiques limpides, obtenus accidentellement, peu solubles dans l'eau froide, solubles dans l'eau bouillante [de Kobell, *Journ. für prakt Chem.*, t. XXVIII, p. 492].

Sulfates de zinc-ammonium. — Le sulfate de zinc absorbe, à sec ou en solution, l'ammoniaque et produit ainsi plusieurs combinaisons:

1° *Sulfate diammoniacal ou de zinc-ammonium,* $SO^4Zn(AzH^3)^2+H^2O$. — Il se précipite en granules semi-cristallins, ressemblant à l'amidon, par le refroidissement d'une solution de sulfate de zinc saturée à chaud par le gaz ammoniac jusqu'à dissolution du précipité.

Lorsqu'on fond le sel tétrammonié, le sulfate diammonique l'abandonne sous forme gommeuse. Fondu lui-même, il perd d'abord son eau, puis son ammoniaque en laissant finalement du sulfate de zinc neutre.

L'eau dédouble ce sel ammonié en donnant le sulfate hexabasique insoluble $SO^4Zn.5ZnO$ et le sel suivant qui se dissout [Kane, *Ann. de Chim. de Phys.* (2), t. LXXII, p. 304];

2° *Sulfate tétrammoniacal ou de zinc-diammonium,*

$$SO^4Zn(AzH^3)^4+4H^2O$$

$$=SO^4 < \begin{matrix} AzH^2(AzH^4) \\ AzH^2(AzH^4) \end{matrix} > Zn+4H^2O.$$

— Il se forme par l'action de l'eau sur le sel précédent et se dépose par l'évaporation lente de la solution saturée de sulfate de zinc sursaturée d'ammoniaque, qui a laissé déposer le sel diammonique par le refroidissement. Il forme des cristaux transparents, solubles dans l'eau renfermant $4H^2O$, mais devenant opaques par la dessiccation à l'air et perdant $2H^2O$. Ils perdent une troisième molécule d'eau de 37 à 38°, en se transformant en une poudre blanche. Si l'on chauffe cette dernière jusqu'à ce qu'elle commence à fondre, elle perd la moitié de son ammoniaque en fournissant le sel diammoniacal (Kane).

Le sel à $4H^2O$ se sépare en cristaux déliquescents lorsqu'on refroidit fortement une solution ammoniacale saturée de sulfate de zinc à laquelle on a ajouté de l'alcool ammoniacal.

Si l'on opère à la température ordinaire, il se sépare une couche visqueuse d'où se déposent à la longue des cristaux tétraédriques réguliers. Si l'on traite cette couche par une nouvelle quantité d'ammoniaque alcoolique, elle se prend en une masse cristalline ayant pour composition

$$SO^4Zn.4AzH^3+2H^2O$$

[G. Müller, *Ann. der Chem. u. Pharm.*, t. CXLIX, p. 73, et t. CLI, p. 213];

3° *Sulfate pentammoniacal,* $SO^4Zn.5AzH^3$. — Le sulfate de zinc anhydre absorbe le gaz ammoniac sec en formant une poudre blanche, soluble dans l'eau en laissant un résidu d'oxyde de zinc. 100 p. SO^4Zn absorbent ainsi, en s'échauffant, 51 P, 22 AzH^3; l'absorption de $5AzH^3$ exigerait 52 P, 8 [H. Rose, *Poggend Ann.*, t. XX, p. 149];

4° *Sulfate basque ammoniacal,*

$$SO^4Zn.3ZnO.4AzH^3+4H^2O$$

— Précipité qui se dépose par l'ébullition prolongée d'une solution de sulfate de zinc sursaturée à chaud par l'ammoniaque (Schindler).

Sulfates doubles de zinc. — Le sulfate de zinc forme avec les sulfates alcalins des sels doubles isomorphes avec ceux que forment les sulfates de magnésie, de nickel, etc.

Sulfate de zinc et d'ammonium,

$$SO^4Zn.SO^4(AzH^4)^2+6H^2O$$

— Cristaux clinorhombiques durs et limpides, offrant les faces $m, g^1, g^2, g^3, h^1, p, b^{1/2}, d^{1/2}, e^1, e^{1/2}, a^1$. Angles, $mm = 109°42'$; $b^{1/2}b^{1/2} = 130°22'$; $d^{1/2}d^{1/2} = 141°6'$; $e^1e^1 = 128°52'$; $ph' = 106°44'$; $pm = 103°37'$; $pa^1 = 115°4'$ (Marignac). Densité $= 1,910$ (H. Schiff).

Sulfate de zinc et de potassium,

$$SO^4Zn.SO^4K^2+6H^2O.$$

— Cristaux clinorhombiques (Mitscherlich) solubles dans 5 p. d'eau. Densité $= 2,153$ (H. Kopp). Ce sel perd $5H^2O$ à 25° et le reste à 121° (Graham).

I. Pierre avait attribué à ces deux sels $7H^2O$.

Sulfate zinco-thalleux, $SO^4Zn.SO^4Tl^2+6H^2O$. — Voyez t. II, p. 367.

Sulfate de zinc et de sodium,

$$SO^4Zn.SO^4Na^2+4H^2O.$$

Il se produit lorsqu'on évapore une solution renfermant du sulfate de zinc et du bisulfate de sodium. Il cristallise en tables déliquescentes à l'air humide et renfermant $4H^2O$. L'eau le dédouble en ses deux composants (Graham).

Sulfate zinco-ferreux, $SO^4Zn.SO^4Fe+14H^2O$. — Il est analogue au suivant (Schaeuffelé).

Sulfate de zinc et de magnésium,

$$SO^4Zn.SO^4Mg+14H^2O$$

— Prismes clinorhombiques qui fondent et se déshydratent partiellement de 100 à 120°, en retenant $2H^2O$. Ces deux dernières molécules d'eau ne se dégagent qu'à 250°. Cristallisé au-dessus de 35°, ce sel renferme $10H^2O$ (I. Pierre).

Alun zincique, $(SO^4)^3Al^2.SO^4Zn+24H^2O$. — A été signalé par Kane.

Sulfite de zinc. — Le zinc se dissout dans une solution d'acide sulfureux sans dégagement d'hydrogène. Fordos et Gelis interprétaient cette réaction en admettant qu'il se forme du sulfite et de l'hyposulfite de zinc; mais Schützenberger a montré que le sel qui accompagne le sulfite est non l'hyposulfite, mais le sel d'un nouvel acide du soufre, l'acide hydrosulfureux SO^2H^2. Ce n'est que par une altération subséquente de cet hydrosulfite que l'hyposulfite prend naissance.

L'oxyde de zinc se dissout dans l'acide sulfureux aqueux et fournit de petits cristaux peu solubles dans l'eau, insolubles dans l'alcool (Fourcroy et Vauquelin). Ces cristaux renferment

$$SO^3Zn+2H^2O$$

d'après Fordos et Gelis [*Ann. de Chim. et de Phys.*, (3), t. XIII, p. 350), ou $2SO^3Zn+5H^2O$ suivant Rammelsberg et suivant Marignac [*Ann. des Mines*, (5) t. XII]. Ils forment de petits prismes appartenant au type clinorhombique. Faces observées:

$m, h^1, g^1. p, b^{1/2}, o^1, e^1$. Angles $mm = 100° 20'$; $h'p = 93° 40'$; $pe^1 = 140° 40'$.

L'alcool précipite ce sel de sa solution aqueuse en petites aiguilles déliées. Il se dissout facilement dans un excès d'acide sulfureux.

Exposé à l'air, le sulfite de zinc s'oxyde; chauffé, il perd de l'eau et de l'acide sulfureux et laisse pour résidu un mélange de sulfure, de sulfate et d'oxyde de zinc. Par l'ébullition de sa solution aqueuse, il laisse déposer un sel basique (Berthier).

Sulfite ammoniacal, $SO^3Zn.AzH^3$. — Croûtes cristallines obtenues par l'évaporation, à une douce chaleur, du sulfite de zinc dissous dans l'ammoniaque. Ce sel répand l'odeur de l'ammoniaque et est décomposé par l'eau qui laisse de l'oxyde de zinc (Rammelsberg).

Hyposulfate de zinc, $S^2O^6Zn + 6H^2O$. — Il reste dissous lorsqu'on précipite une solution d'hyposulfate de baryum par le sulfate de zinc et cristallise par l'évaporation de la liqueur filtrée. Ces cristaux sont peu nets ; ils sont inaltérables à l'air et très-solubles. L'ébullition de sa solution convertit ce sel en sulfate (Heeren). Les cristaux, qui ont pour densité 1,915, appartiennent au type anorthique [Topsoë, *Wien. Akad. Ber.*, t. LXVI, p. 5].

Hyposulfate ammoniacal, $S^2O^6Zn.4AzH^3$. — Petits prismes se déposant par le refroidissement de la solution de l'hyposulfate de zinc dans l'ammoniaque à chaud. L'eau pure décompose ces cristaux [Rammelsberg, *Poggend Ann.*, t. LVIII, p. 297].

Hyposulfite de zinc, S^2O^3Zn. — Ce sel se forme par la digestion d'une solution de sulfite de zinc avec du soufre (Berzelius). Il se produit aussi, quoique difficilement, lorsqu'on fait digérer du sulfure de zinc précipité avec de l'acide sulfureux (Rammelsberg, Guérout). Il existe dans la solution obtenue par l'action du zinc sur l'acide sulfureux aqueux (Mitscherlich, Fordos et Gélis); mais on a vu qu'il ne s'y rencontre qu'après quelque temps, par suite de la décomposition de l'hydrosulfite d'abord formé.

Pour préparer ce sel, il convient de décomposer l'hyposulfite de baryum par le sulfate de zinc. Comme il est très-altérable, on ne peut l'obtenir cristallisé par l'évaporation de sa solution. Lorsqu'on ajoute de l'éther à sa solution aqueuse, on en sépare une couche oléagineuse qui se prend dans le vide en une masse gommeuse déliquescente (Köne).

Sa solution aqueuse concentrée se décompose peu à peu à l'air; il se sépare du sulfure de zinc et il reste du trithionate en dissolution,

$$2S^2O^3Zn = ZnS + S^3O^6Zn.$$

[Fordos et Gelis, *Ann. de Chim et de Phys.*, (3), t. VIII, p. 350].

Hyposulfite ammoniacal, $S^2O^3Zn.2AzH^3$. — La solution du sel précédent, sursaturée par l'ammoniaque, puis additionnée d'alcool absolu, laisse déposer des aiguilles blanches de la combinaison ammoniacale. Celle-ci est facilement décomposée par l'eau et par la chaleur (Rammelsberg).

Trithionate de zinc. — Il se forme comme on l'a vu par la décomposition de l'hyposulfite. Il est lui-même très-altérable et n'a pu être isolé. (Fordos et Gélis).

Hydrosulfite de zinc, $(SO^2H)^2Zn$. — Il se trouve en dissolution lorsqu'on traite l'acide sulfureux par le zinc métallique [Schützenberger]. Voy. t. II, p. 1603].

Séléniate de zinc, $SeO^4Zn + 7H^2O$. — Il est isomorphe avec le sulfate; comme lui, il cristallise avec des quantités variables d'eau, suivant la température. Cristallisé au-dessus de 15°, il renferme $7H^2O$; entre 20 et 25°, $6H^2O$ et vers 30°, $2H^2O$ (Mitscherlich).

Il forme des sels doubles, comparables aux sulfates doubles; tels sont les séléniates d'ammonium, de potassium, de thallium.

Sélénite de zinc. *Sel neutre*, $SeO^3Zn + H^2O$. — Poudre cristalline blanche, insoluble dans l'eau. Chauffé, ce sel perd son eau et fond en un liquide transparent qui se prend, par le refroidissement, en une masse blanche, à texture cristalline. Si l'on chauffe plus fort, il se sublime de l'acide sélénieux et le résidu se solidifie; il est formé par un *sel basique* stable [Muspratt, *Ann. der Chem. u. Pharm.*, t. LXX, p. 274]. Lorsqu'on chauffe ce sel avec une solution d'acide sélénieux, on obtient de petites tables jaunâtres qui constituent le sel neutre anhydre, SeO^3Zn; l'eau mère renferme du tétrasélénite [Nilson, *Bull. de la Soc. chim.*, t. XXIII, p. 357].

Sélénites acides. — Le sélénite de zinc neutre se dissout dans un excès d'acide sélénieux ; l'évaporation laisse une masse gommeuse fendillée, qui est un sel acide (Berzelius). Suivant Nilson, le disélénite est très-instable et se dédouble en sélénite neutre et tétrasélénite qui est très-stable.

Tétrasélénite, $SeO^3Zn + 3SeO^3H^2$. — Lorsqu'on plonge du zinc métallique dans une solution d'acide sélénieux, il se recouvre d'une couche rouge de sélénium, et la solution contient du tétrasélénite de zinc qui se dépose par l'évaporation à consistance sirupeuse, dans le vide, en grands cristaux rouges ressemblant au bichromate de potassium.

Ce sont des prismes clinorhombiques, fréquemment maclés et tronqués sur les arêtes. Ils sont inaltérables à l'air et très-solubles dans l'eau. Leur solution est incolore et d'une saveur très-acide; chauffée, elle se trouble par suite du dédoublement en acide sélénieux et sélénite neutre. Les cristaux eux-mêmes éprouvent une décomposition analogue à 30 ou 40°; ils deviennent blancs et opaques. A une température plus élevée, ils fondent, perdent de l'eau et de l'anhydride sélénieux, et laissent un résidu de sélénite neutre ou de sélénite basique, suivant la température (Wœhler).

Tellurite de zinc. — Précipité floconneux blanc (Berzelius).

Sulfotellurite, $TeS^2, 3ZnS$. — Précipité jaune clair, qui brunit peu à peu (Berzelius).

Borates de zinc. — Le borax donne dans la solution d'un sel de zinc un précipité blanc, insoluble dans l'eau, un peu soluble dans un excès de borax. Chauffé, ce précipité devient jaune et fond en une masse opaque.

Si l'on verse une solution de sulfate de zinc dans un excès de borax, on obtient un précipité volumineux qui, séché à l'air, renferme

$$Bo^6O^{13}Zn^4 + 17H^2O$$
$$\text{soit } 3(BoO^2)^2Zn.ZnO + 17H^2O.$$

Il perd son eau à 130°.

La solution ammoniacale de borate de zinc donne par l'addition d'alcool un précipité floconneux d'oxyde de zinc ammoniacal; mais si l'on y ajoute une solution alcoolique d'acide borique, il se dépose en outre de petites tables rhomboïdales efflorescentes, solubles dans l'ammoniaque, l'acide acétique et les acides minéraux. Ces cristaux sont du *tétraborate de zinc ammoniacal*, $Bo^4O^7Zn.4AzH^3 + 6H^2O$. On les obtient plus facilement en dissolvant à chaud dans l'ammoniaque 134 grammes d'anhydride borique et de l'acétate de zinc, préparé avec 60 grammes d'hydrocarbonate; les cristaux se déposent par le refroidissement ou par l'addition d'alcool.

[Büscher *Ann. der Chem. u. Pharm.*, t. CLI; p. 234; *Bull. de la Soc. chim.*, t. XIII, p. 133].

PHOSPHATES DE ZINC. — *Phosphate trizincique*, $(PO^4)^2Zn^3$. — Il se précipite lorsqu'on ajoute du phosphate disodique à la solution d'un sel de zinc; l'eau mère devient acide (Mitscherlich). Obtenu à froid, le précipité est au premier moment gélatineux, mais il devient bientôt opaque et se réunit sous forme d'une poudre cristalline. A chaud, le précipité est immédiatement pulvérulent (Mitscherlich, W. Heintz, W. Skey). On obtient le même précipité cristallin si les solutions sont acidulées d'acide acétique. Il est formé de lamelles rectangulaires ou de tables rhomboïdales microscopiques.

Debray a obtenu le phosphate de zinc cristallisé, en chauffant en tubes scellés de l'hydrocarbonate de zinc avec de l'acide phosphorique en solution aqueuse. Le sel formé à 70° renferme $4H^2O$; celui formé à 250° ne renferme qu'une molécule H^2O [*Bull. de la Soc. chim.*, février 1860].

D'après Skey, le précipité cristallin obtenu par le sulfate de zinc et le phosphate de sodium en excès renfermerait $5H^2O$, et serait identique au phosphate naturel, la hopéite [*Chem. News*, t. XXII, p. 61].

Le phosphate de zinc est soluble dans l'ammoniaque, dans les acides et dans les sels ammoniacaux. Il fond au chalumeau en donnant une perle opaque à froid; il est infusible dans un creuset de platine.

Phosphate, PO^4ZnH. — D'après Graham, il se dépose en lamelles brillantes par le mélange, en solutions chaudes, de 3 p. de sulfate de zinc dans 32 p. d'eau et de 4 p. de phosphate sodique dans 32 p. d'eau. Suivant Heintz [*Ann. der Chem. u. Pharm.*, t. CXLIII, p. 356], ce précipité est, comme les précédents, du phosphate trizincique. D'après cela, le phosphate PO^4ZnH n'existerait qu'en solution froide. Ce qui tendrait à le prouver en effet, c'est l'observation faite par Debray que la solution renfermant le phosphate PO^4ZnH se dédouble à chaud en acide phosphorique et en phosphate trizincique.

Phosphate double de zinc et d'ammonium, $PO^4Zn(AzH^4)+H^2O$. — On obtient ce sel sous la forme d'une poudre blanche en ajoutant du phosphate ammonique à une solution ammoniacale de sulfate de zinc et laissant évaporer l'ammoniaque (Bette).

Rother ajoute un excès d'ammoniaque à un mélange de 64 grammes de sulfate de zinc et de 100 centimètres cubes d'une solution d'acide phosphorique à 15 %. Par l'évaporation de l'ammoniaque, le sel se sépare en croûtes cristallines formées de tables rectangulaires microscopiques. Avec des solutions plus concentrées, on obtient par le repos un précipité cristallin qui est un sel double basique anhydre $(PO^4)^6(AzH^4)^8Zn^5.ZnO$ [Schweickert, *Ann. der Chem., u. Pharm.*, CXLV, p. 57].

Phosphate sodico-zincique, PO^4ZnNa. — On fond du phosphate disodique PO^4Na^2H (1 moléc.) avec du sulfate de zinc (1 moléc.), et on lave à l'eau froide. Poudre blanche anhydre, peu soluble dans l'eau et dans l'acide acétique, soluble dans les acides minéraux [L. Scheffer. *Ann. Chem. u. Pharm.*, t. CXLV, p. 53].

Pyrophosphate de zinc, $P^2O^7Zn^2+3H^2O$. — Le précipité obtenu par le pyrophosphate de sodium et le sulfate de zinc se dissout dans l'acide sulfureux aqueux et se dépose à l'état cristallin par l'ébullition [Schartzenberg, *Ann. der Chem. u. Pharm.*, t. LXV, p. 133]; obtenu ainsi, il forme des prismes microscopiques [Pahl, *Bull. de la Soc. chim.*, t. XIX, p. 115]. Il est soluble dans les acides et dans les alcalis.

Pyrophosphates de zinc et de sodium,

1° $(P^2O^7)^2ZnNa^6+12H^2O$.

— Il se dépose en longues aiguilles lorsqu'on évapore à consistance sirupeuse la solution du pyrophosphate de zinc dans un excès de phosphate de sodium.

2° $P^2O^7ZnNa^2$. — Il se dépose avec $2\frac{1}{2}$ H^2O lorsqu'on ajoute de l'eau à la solution concentrée du sel suivant. Cette même solution l'abandonne avec $8H^2O$ lorsqu'elle cristallise à 30 ou 40°. On l'obtient également avec 3 ou $3\frac{1}{2}H^2O$ à des températures un peu plus élevées.

3° $(P^2O^7)^9Zn^{10}Na^{16}+20H^2O$. — Sphéroïdes microscopiques qui se déposent de la solution du sel précédent, préparée à froid et évaporée à 70-80°.

4° $(P^2O^7)^5Zn^6Na^4+24H^2O$. — Prismes microscopiques peu solubles fournis par la même solution préparée à 70° (Pahl).

Pyrophosphate de zinc ammoniacal,

$$(P^2O^7Zn^2)^3.4AzH^3+9H^2O.$$

— Précipité floconneux produit par l'addition d'ammoniaque et de pyrophosphate de sodium à une solution de sulfate de zinc renfermant assez de sel ammoniac pour n'être pas précipitée par l'ammoniaque [Bette *Ann. Pharm.*, t. XV, p. 129].

On obtient de la même manière un métaphosphate ammoniacal.

Pyrophosphamate de zinc $[P^2O^5(AzH^2)]^2Zn^3$. — Poudre grenue blanche, obtenue par double décomposition (Gladstone et Holmes).

PHOSPHITE DE ZINC. — Il se précipite sous la forme d'une poudre cristalline blanche, peu soluble dans l'eau, par l'addition d'un phosphite alcalin à un sel de zinc. Il renferme $2\frac{1}{2}$ H^2O et en perd le 1/5e de 100 à 120°; les deux dernières molécules ne se dégagent que vers 250°. On obtient le même sel anhydre par l'action de l'eau sur les phosphites acides qui se produisent lorsqu'on fait cristaller le phosphite de zinc dans une solution d'acide phosphoreux. Rammelsberg a analysé trois phosphites acides ainsi obtenus; ce sont :

$$(PO^3H)^3Zn^2H^2 + H^2O,$$
$$(PO^3H)^3Zn^3H^4 + H^2O,$$
$$\text{et } (PO^3H)^5Zn^2H^6$$

[*Poggend. Ann.*, t. CXXXI, p. 263 et 359).]

HYPOPHOSPHITE DE ZINC. — Lorsqu'on dissout le zinc dans l'acide hypophosphoreux aqueux et chaud, et qu'on évapore dans le vide, on obtient des cristaux confus (H. Rose). Wurtz l'a obtenu sous deux formes différentes, en octaèdres réguliers très-efflorescents, et renfermant

$$(PO^2H^2)^2Zn + 6H^2O,$$

ou en petits cristaux rhomboédriques inaltérables à l'air et renfermant une seule molécule d'eau [*Ann. de Chim. et de Phys.*, (3), t. XVI, p. 195, 1846]. Rammelsberg a obtenu depuis le premier de ces sels.

ARSÉNITES ET ARSÉNIATES DE ZINC. — Voyez t. I, p. 401 et 406.

SULFARSÉNITES ET SULFARSÉNIATES DE ZINC. — Voyez t. I, p. 407 et 410.

SULFANTIMONIATE DE ZINC. — Voyez t. I, p. 351.

SILICATES DE ZINC. — Il existe plusieurs silicates naturels de zinc. La *willemite* est l'orthosilicate de zinc anhydre SiO^4Zn^2. La *calamine siliceuse* est le même silicate hydraté. La *troostite*, de Sterling (New-Jersey), est un orthosilicate de zinc, de manganèse, de fer et de calcium. La *fowlérite* et la *jeffersonite* constituent des argiles zincifères.

Deville a reproduit artificiellement la willemite cristallisée, en soumettant à chaud l'oxyde de zinc à l'action de fluorure de silicium; il se forme du fluorure et du silicate de zinc

$$4ZnO + SiFl^4 = SiO^4Zn^2 + 2ZnFl^2.$$

Le fluorure de zinc est entraîné par volatilisation et le silicate reste sous la forme de prismes hexagones de 120°. Ces cristaux sont incolores et transparents. Ils font geléo avec les acides.

Il se produit également de la willemite par l'action du fluorure de zinc sur la silice [*Compt. rend.*, t. LII, p. 1304; *Répert de Chim. pure*, t. III, p. 377].

La willemite est décomposée au rouge par le chlorure de silicium. Daubrée cependant a annoncé avoir obtenu la willemite par l'action du chlorure de silicium sur l'oxyde de zinc. Ce serait là un cas de décomposition et de formation d'un seul et même corps en vertu de deux réactions inverses l'une de l'autre (Deville). E. W.

ZINC (ANALYSE). — Caractères. — Les sels de zinc sont incolores, à réaction généralement acide, d'une saveur styptique et nauséabonde. Ils ne sont précipités par aucun métal. Ils présentent avec les réactifs ordinairement employés en analyse les réactions suivantes :

Alcalis caustiques et ammoniaque. — Précipité blanc d'hydrate de zinc, facilement soluble dans un excès de réactif.

Carbonates de potassium et de sodium. — Précipité blanc d'hydrocarbonate de zinc, accompagné d'un dégagement de gaz carbonique. La présence des sels ammoniacaux empêche la précipitation; mais celle-ci s'effectue peu à peu par l'ébullition, l'ammoniaque étant déplacée.

Carbonate ammonique. Précipité blanc, soluble dans un excès de réactif.

Le *carbonate de baryum* ne précipite pas les sels de zinc.

Phosphate de sodium. — Précipité blanc, soluble dans les acides et dans les alcalis. L'ammoniaque et les sels ammoniacaux empêchent cette précipitation.

Acide oxalique. —Précipité cristallin blanc qui ne se forme que lentement dans les solutions étendues. Il est soluble dans les alcalis et dans les acides et sa formation n'est pas complétement empêchée par les sels ammoniacaux.

Hydrogène sulfuré. — Les solutions neutres sont partiellement précipitées, et d'autant plus qu'elles sont plus étendues. La présence d'un acide minéral en excès empêche complétement la précipitation; mais plus les liqueurs sont étendues, plus cet excès doit être considérable. La précipitation est complète si la solution est rendue acide par l'acide acétique, ou si l'on ajoute de l'acétate de sodium à la solution rendue acide par un acide minéral.

Sulfure ammonique. — Précipité blanc de sulfure de zinc, insoluble dans un excès de réactif, ainsi que dans la potasse et dans l'ammoniaque, soluble dans les acides étendus, insoluble dans l'acide acétique. Le même précipité de sulfure est produit par l'hydrogène sulfuré dans les solutions alcalines de zinc. Cette dernière réaction est caractéristique.

Cyanure de potassium. — Précipité blanc, soluble dans un excès de cyanure; la solution laisse déposer à la longue des cristaux de cyanure zinco-potassique. Cette solution n'est précipitée que lentement par l'hydrogène sulfuré.

Ferrocyanure de potassium. — Précipité blanc, insoluble dans l'acide chlorhydrique.

Ferricyanure de potassium. — Précipité gélatineux jaune sale, soluble dans l'acide chlorhydrique.

Chauffées dans la flamme intérieure sur le charbon avec du carbonate sodique, les combinaisons de zinc donnent un enduit non volatil, jaune à chaud et incolore à froid, qui est coloré en vert par le sel de cobalt.

Elles fournissent avec le borax ou le sel de phosphore une perle jaune à chaud, incolore à froid; opaque si elle est très-chargée en zinc.

Dosage. — On dose le zinc sous la forme d'oxyde ou sous celle de sulfure, ou encore par des méthodes volumétriques.

A l'état d'oxyde. — On verse la solution étendue du sel de zinc, chauffée vers 100°, dans un excès de carbonate de sodium bouillant, on laisse déposer le précipité et on le lave plusieurs fois par décantation à l'eau bouillante, on le jette ensuite complétement sur le filtre et on le lave à l'eau chaude. On le sèche, puis on le calcine au rouge après l'avoir détaché le mieux possible du filtre.

100 p. d'oxyde de zinc correspondant à 80,247 de zinc métallique.

Les résultats obtenus sont en général un peu trop faibles, tant parce que la précipitation n'est pas totale, quo parce qu'il se volatilise un peu de zinc, réduit par le charbon du filtre.

Si la solution zincique renfermait des sels ammoniacaux, il faudrait faire bouillir jusqu'à élimination de toute l'ammoniaque.

A l'état de sulfure. — On neutralise la solution par l'ammoniaque et on l'additionne de sulfure ammonique. Après quelques heures, on filtre et on lave le précipité avec de l'eau contenant un peu de sulfure ammonique.

On peu aussi précipiter le sulfure par l'hydrogène sulfuré dans la solution rendue alcaline par un excès d'alcali ou additionnée d'acétate de sodium.

Le sulfure de zinc ainsi obtenu peut être converti en oxyde par dissolution dans un acide, précipitation par le carbonate de sodium et calcination de l'hydrocarbonate de zinc, ou bien simplement par grillage à l'air. Pour effectuer cette dernière opération, on le chauffe dans un creuset de porcelaine ouvert, en élevant peu à peu la température, jusqu'à ce que le poids reste constant.

Pour obtenir directement le poids du sulfure de zinc, on peut le calciner dans un petit creuset dans lequel on fait arriver un courant d'hydrogène; on incinère le filtre à part, on en ajoute les cendres au contenu du creuset et l'on y introduit un peu de soufre. On chauffe d'abord doucement, puis au rouge vif, on laisse refroidir et l'on pèse (H. Rose).

L'oxyde, le carbonate et le sulfate de zinc, soumis au même traitement, avec addition de soufre, laissent également un résidu de sulfure.

100 p. sulfure de zinc correspondent à 67p,01 de zinc métallique.

H. Tamm (A. Guyard) a proposé de doser le zinc à l'état de phosphate ammoniacal

$$PO^4Zn(AzH^4).$$

La solution ammoniacale de zinc est neutralisée par l'acide chlorhydrique, puis additionnée de phosphate disodique. Par l'ébullition, le phosphate double devient compacte et peut être aisément filtré et lavé. On le sèche à 100° et on le pèse. La calcination le transforme en pyrophosphate, mais non sans perte [*Bull. de la Soc. chim.*, t. XVI, p. 261].

Méthodes volumétriques. — Ces méthodes, qui ne présentent pas une très-grande précision, s'appliquent surtout aux essais des minerais et des produits industriels du zinc.

1° *Procedé de H. Schwartz.* — Il repose sur la réduction du chlorure ferrique par le sulfure de zinc précipité,

$$Fe^2Cl^6 + ZnS = 2FeCl^2 + ZnCl^2 + S,$$

et sur le titrage par le permanganate du sel de fer ainsi réduit. On sursature la solution zincique par l'ammoniaque, on la précipite par l'hydrogène sulfuré, on chauffe et l'on filtre, après lavage complet du precipité (jusqu'à ce que les eaux de lavage ne noircissent plus le papier de plomb). On place alors le filtre avec le sulfure dans un vase à précipité, on l'arrose de chlorure ferrique acide, on laisse digérer 10 minutes en chauffant, on filtre rapidement et on titre le fer. 2 at. de fer (112p.) indiquent ainsi 1 at. de zinc (65 p.).

2° *Procédé de Schaffner.* — C'est celui qui est le plus généralement employé dans les essais métallurgiques. Il est fondé sur la précipitation des sels de zinc par une solution titrée de sulfure de sodium. La fin de la précipitation est indiquée par la réaction que produit une goutte de la liqueur sur certains sels métalliques [*Journ. für prakt. Chem.*, t. LXXIII, p. 410].

On dissout $0^{gr},5$ à 1 gramme de minerai pulvérisé dans l'acide chlorhydrique additionné d'un peu d'acide azotique, on évapore à siccité, pour rendre la silice insoluble, on reprend par 15^{cc} d'acide chlorhydrique et une certaine quantité d'eau, et l'on sursature par l'ammoniaque. Si le minerai de zinc renferme beaucoup de fer, on neutralise d'abord la solution par du carbonate de sodium et on précipite le fer par l'acétate de sodium à l'ébullition. S'il renferme en outre du manganèse, on précipite celui-ci dans la liqueur ammoniacale à l'état de peroxyde, par l'action du chlore ou du brome. Quel que soit le mode opératoire suivi, on obtient finalement une solution ammoniacale de zinc que l'on étend d'eau de manière à faire un demi-litre.

La solution de sulfure de sodium nécessaire pour titrer la solution ammoniacale de zinc ainsi obtenue est préparée de manière à correspondre à $0^{gr},01$ de zinc environ par centimètre cube. On dissout environ 50 grammes de sulfure cristallisé dans 1000 à 1200 centimètres cubes d'eau distillée, ou on sature une lessive de soude pure par l'hydrogène sulfuré, dont on chasse ensuite l'excès par l'ébullition.

On obtient le titre exact de la liqueur en dissolvant 10 grammes de zinc pur dans l'acide chlorhydrique et étendant à 1 litre, ou en dissolvant dans le même volume d'eau $44^{gr},122$ de sulfate de zinc pur et sec, ou enfin $68^{gr},133$ de sulfate double de zinc et de potassium. On prend une quantité connue de cette solution, on la sursature par l'ammoniaque et on l'étend à 400 ou 500 centimètres cubes, puis on y fait couler goutte à goutte la solution de sulfure de sodium, en agitant avec une baguette et en déposant de temps en temps une goutte de liqueur sur une plaque de porcelaine. Tant que cette goutte ne noircit pas une goutte d'un sel de nickel, cela indique que tout le zinc n'est pas précipité; lorsque, au contraire, tout le zinc a été précipité, il suffit d'une goutte de sulfure de sodium en excès pour que la liqueur donne avec une solution de nickel une coloration grisâtre. Des essais sont nécessaires pour arriver au titre exact de la solution de sulfure.

Le titrage d'une solution de zinc se fait exactement de la même manière.

On a proposé un grand nombre de réactifs pour indiquer la fin du titrage. Schaffner, dans l'origine, ajoutait à la solution ammoniacale quelques gouttes de chlorure ferrique qui donnait ainsi un précipité jaune brun d'hydrate ferrique, devenant noir dès que le sulfure de sodium se trouvait en excès sur le zinc. Barreswil employait de petits fragments de porcelaine dégourdie imprégnés de chlorure ferrique. Groll a remplacé l'hydrate ferrique par un sel de nickel, en opérant avec une goutte prélevée sur la totalité du liquide. Deus a proposé un papier imprégné d'un sel de cobalt, et Mohr un papier imprégné d'une solution de nitroprussiate de sodium. Mais le réactif le plus généralement employé est le papier recouvert d'une couche de céruse pure et calandré, tel qu'on l'emploie pour les cartes de visite.

Pendant l'addition du sulfure de sodium, on prend, de temps en temps, une certaine quantité de liquide avec un tube d'un diamètre de 6^{mm} environ, rétréci légèrement par son bout inférieur et servant de pipette. On pose ce tube sur le carton réactif tenu au-dessus du vase dans une position inclinée, et l'on fait écouler le liquide. Aussitôt que le sulfure a précipité tout le zinc, l'excès de ce réactif occasionne sur le carton une tache brune ; lorsque l'intensité de cette tache correspond à celle que produit $0^{cc},5$ de sulfure de sodium étendu de 500^{cc} d'eau, on arrête l'opération, et on retranche $0^{cc},5$ du nombre de centimètres cubes employés [O. Schott, *Zeitsch. für analyt. Chem.*, 1871, p. 209; — A. Henninger, *Bull. de la Soc. chim.*, t. XVII, p. 112].

3° *Procédé de Galletti et de A. Renard.* — Ce procédé repose sur la précipitation des sels de zinc par le ferrocyanure de potassium. Galletti emploie une solution titrée de ferrocyanure qu'il ajoute à une solution de zinc, débarrassée du fer par l'ammoniaque, puis acidulée par l'acide acétique. Il opère à 40° en agitant sans cesse; le précipité se réunit bien et la liqueur surnageante reste claire tant que le ferrocyanure est en excès; la fin de l'opération est indiquée par le trouble qui se produit [*Bull. de la Soc. chim.*, 1864, t. II, p. 83].

A. Renard ajoute à la solution zincique un excès de ferrocyanure et détermine ensuite cet excès à l'aide d'une solution titrée de permanganate de potassium. On dissout 1 à 2 grammes de minerai dans l'eau régale, on chasse l'excès d'acide, on reprend par l'eau, on sursature par l'ammoniaque et on ajoute 25 centimètres cubes d'une solution de ferrocyanure à 150 grammes par litre. On filtre, on étend à 250 centimètres cubes, on acidule par l'acide chlorhydrique et on titre par le permanganate de potassium (voyez t. I, p. 266).

La présence du cuivre rend l'application de ce procédé impossible. S'il y a du manganèse, on précipite la solution ammoniacale par le phosphate ammonique, on laisse déposer le phosphate manganoso-ammonique insoluble et l'on filtre [*Compt. rend.*, t. LXVII, p. 450; *Bull. de la Soc. chim.*, t. XI, p. 473].

Le titrage par le ferrocyanure de potassium peut aussi se faire en se servant d'une solution d'urane pour indiquer le terme de la précipitation du zinc (Fahlberg). — Voyez t. II, p. 984.

4° *Procédé de Mohr.* — L'addition de ferricyanure de potassium en excès à une solution acétique de zinc en précipite tout le zinc à l'état de ferricyanure, $(Cy^{12}Fe^2)Zn^3$. Traité par l'iodure de potassium, ce précipité se convertit en ferrocyanure de zinc, $(Cy^6Fe)Zn^2$, acide ferrocyanhydrique et iode libre. 4 atomes d'iode mis ainsi en liberté correspondent à 6 atomes de zinc, ainsi que le montre l'équation

$$2Cy^{12}Fe^2Zn^3 + 4KI + 4C^2H^3O.OH$$
$$= 3Cy^6FeZn^2 + Cy^6FeH^4$$
$$+ 4C^2H^3O.OK + 2I^2.$$

Il suffit donc de titrer l'iode mis en liberté pour en déduire le poids du zinc tenu primitivement en dissolution. Ce titrage se fait par l'hyposulfite de sodium (t. I, p. 261) [*Dingl. polyt. Journ.*, t. CXLVIII, p. 113].

SÉPARATION DU ZINC. — Le zinc peut être séparé des métaux alcalins et alcalino-terreux à l'état de sulfure, en précipitant par l'hydrogène sulfuré, soit la solution alcaline, soit la solution acétique. On le sépare par le même procédé de l'alumine, de la glucine, du chrome, du zirconium, du thorium, de l'yttrium et du manganèse.

Le manganèse peut aussi être précipité à l'état de peroxyde par l'action du chlore ou du brome sur la solution rendue alcaline.

Pour séparer du zinc, par l'hydrogène sulfuré, les métaux précipitables par ce réactif en solution acide, il faut qu'il y ait un excès notable d'acide dans la liqueur, sans quoi une partie du zinc pourrait être précipitée. Dans quelques cas pourtant, cette méthode est insuffisante.

Zinc et plomb. — La séparation peut se faire par l'acide sulfurique qui précipite le plomb.

Pour séparer le plomb contenu dans les blendes, Filhol et Melliès traitent le minerai pulvérisé par de l'iode en excès, vers 200°, dans des tubes scellés. Le contenu des tubes est repris par l'eau et chauffé à l'ébullition jusqu'à expulsion de l'iode en excès. L'iodure de plomb reste insoluble après refroidissement, tandis que les iodures de zinc et de fer sont contenus dans la solution [*Ann. de Chim. et de Phys.*, (4), t. XXII, p. 64].

Zinc et cadmium. — A la solution, aussi neutre que possible, on ajoute de l'acide tartrique, puis de la potasse jusqu'à réaction alcaline ; on étend d'eau et on fait bouillir durant 1 à 2 heures. Tout le cadmium se précipite, tandis que le zinc reste entièrement dissous. Ce procédé est préférable à l'emploi de l'hydrogène sulfuré (Aubel et Ramdohr).

Zinc et cuivre. — Au lieu de précipiter le cuivre par l'hydrogène sulfuré, on peut le précipiter à l'état d'iodure cuivreux.

Chancel traite la solution par l'hyposulfite de sodium jusqu'à décoloration, puis précipite par le carbonate de sodium; le zinc seul est précipité.

Pour doser directement le zinc dans ses alliages avec le cuivre, Bobierre chauffe au rouge vif, dans un courant d'hydrogène, l'alliage placé dans une petite nacelle de porcelaine, introduite dans un tube de porcelaine. Le zinc se volatilise et le cuivre reste, ainsi que le plomb, s'il y en a [*Compt. rend.*, t. XXXVI, p. 224].

Zinc et métaux du même groupe. — La séparation fondée sur la précipitation par l'hydrogène sulfuré, en solution acétique, donne rarement des résultats précis, notamment dans le cas du nickel. Les résultats sont meilleurs lorsque la solution ne renferme pas d'autre acide que l'acide acétique. Pour cela, on transforme les sels en sulfates qu'on décompose par l'acétate de baryum; on filtre et on précipite la liqueur filtrée par l'hydrogène sulfuré. Mais il vaut souvent mieux avoir recours à des méthodes spéciales.

Zinc et fer. — Voyez t. I, p. 1429.

Zinc et manganèse. — On peut avoir recours à la méthode par l'hydrogène sulfuré en solution acétique. Il vaut mieux précipiter le manganèse à l'état de peroxyde, comme cela a déjà été indiqué plus haut.

Zinc et cobalt. — Outre le procédé indiqué t. I, p. 947, on peut traiter la solution par le cyanure de potassium jusqu'à dissolution du précipité. On fait bouillir en ajoutant de temps en temps un peu d'acide chlorhydrique, sans aciduler la liqueur. Finalement, on sursature par l'acide chlorhydrique et l'on fait bouillir jusqu'à expulsion de tout l'acide cyanhydrique et redissolution du cobalticyanure de zinc. On sursature alors par la potasse et on précipite le zinc par l'hydrogène sulfuré, qui n'agit pas sur le cobalticyanure de potassium (Fresenius et Haliden).

Zinc et nickel. — La séparation s'effectue comme pour le cobalt d'après le procédé indiqué t. I, p. 947.

Wœhler effectue cette séparation en précipitant la solution par la potasse, redissolvant le précipité dans l'acide cyanhydrique et ajoutant du sulfure de potassium. Le zinc seul est précipité à l'état de sulfure, tandis que le cyanure double de nickel et de potassium reste dissous. On ne peut pas remplacer le sulfure de potassium par le sulfure ammonique. Pour retrouver le nickel dans la liqueur filtrée, il faut détruire le cyanure de nickel par une ébullition prolongée avec l'acide chlorhydrique et l'acide azotique, puis précipiter par la potasse [*Ann. der Chem. u. Pharm.*, t. LXXXIX, p. 376].

L'hydrogène sulfuré peut servir directement à la séparation du nickel et du zinc, si l'on observe les précautions suivantes:

La solution des deux métaux est étendue de manière à renfermer environ 1 gramme d'oxyde par 500 centimètres cubes. On la neutralise presque complètement par le carbonate de sodium et l'on y dirige un courant d'hydrogène sulfuré qui précipite partiellement le zinc. Pour achever la précipitation, on ajoute une très-petite quantité d'acétate de sodium en solution étendue et l'on continue le courant d'hydrogène sulfuré. Tout le zinc se précipite alors et le nickel reste dissous. Le cobalt peut être séparé de même [C. Brunner, *Dingl. polyt. Journ.*, t. CL, p. 369; *Répert. de Chim. pure*, t. I, p. 255].

Pour que cette méthode donne de bons résultats, il faut arriver aussi près que possible de la neutralité et n'ajouter ensuite qu'une trace d'acétate, sans quoi il se précipite du nickel. S'il y a du fer, il faut préalablement le suroxyder et le précipiter par le carbonate de baryum (Klaye et Deus).

Pour la séparation de l'*iridium*, du *thallium*, du *titane* et de l'*urane*, voyez ces métaux.

ESSAI DES MINERAIS PAR VOIE SÈCHE. — Cette méthode, qui ne comporte pas une grande exactitude, repose sur la réduction de l'oxyde de zinc par le charbon et sur la volatilité du zinc métallique.

Le minerai grillé est chauffé avec 25 ou 30 % de charbon dans un creuset de terre que l'on porte au blanc. Le zinc est réduit et se volatilise. Lorsqu'il ne se dégage plus de vapeurs de zinc, on grille le résidu pour brûler l'excès de charbon et peroxyder le fer, puis on le pèse. La perte de poids éprouvée par le minerai grillé indique le poids d'oxyde de zinc qui y était contenu.

Si le minerai est silicaté, il faut le fondre avec du charbon et du flux noir, afin de décomposer le silicate de zinc, qui est irréductible. E. W.

ZINC (COMBINAISONS ORGANO-MÉTALLIQUES DU). — Voyez les divers ALCOOLS.

ZINC (MÉTALLURGIE DU). — *Historique.* — Les alliages du zinc avec le cuivre sont connus depuis l'antiquité : on peut en trouver la preuve dans l'analyse de diverses pièces de monnaie des premiers temps de l'ère chrétienne. L'alliage appelé *orichalque* correspond à celui que nous connaissons sous le nom de *laiton*. On a dû l'obtenir par la réduction de minerais de zinc en présence de cuivre fondu.

L'industrie du zinc est relativement récente. D'après Percy, un Anglais aurait rapporté de Chine, au dernier siècle, le procédé de fabrication du zinc *per descensum*, et les premières usines auraient été établies à Bristol par un sieur Champion, breveté en 1743. C'est seulement depuis une quarantaine d'années que le zinc a pris une grande importance commerciale; ses applications à la toiture, à la fabrication des ustensiles domestiques, à la galvanisation du fer, au moulage, à la fabrication des alliages, à la désargentation du plomb, à la galvanoplastie, à la préparation du blanc de zinc, etc., sont devenues de plus en plus nombreuses. C'est en 1805 que Sylvester et Hobson reconnurent que le zinc perd sa fragilité lorsqu'il est chauffé à une température convenable. Cette observation est d'une grande importance, car elle permet d'obtenir le zinc laminé, forme sous laquelle ce métal est le plus employé.

MINERAIS. — L'*oxyde rouge de zinc*, qui est de l'oxyde de zinc uni à une proportion d'oxyde de manganèse variant de 2,5 à 9 %, forme des gisements importants dans l'État de New-Jersey (Etats-Unis). Il s'y trouve associé à la franklinite, qu'il est facile d'en séparer par la préparation mécanique. Ce minerai alimente des usines importantes en Amérique.

Le principal minerai de zinc est la *calamine*. Il est constitué essentiellement par du carbonate de zinc anhydre, accompagné le plus souvent de silicates anhydres ou hydratés, plus rarement d'hydrocarbonate de zinc.

Les gisements de calamine sont très-nombreux. Le minerai se présente soit sous forme de filons de faible étendue en direction et en profondeur, soit sous forme d'amas irréguliers ou de poches, à la séparation de deux terrains différents, ou bien encore sous forme de couches plus ou moins étendues. Les chapeaux des filons à sulfures métalliques sont fréquemment formés par de la calamine, et, en descendant en profondeur, on peut observer le passage graduel de la calamine à la blende, à la pyrite et à la galène qui existe sous forme de couches plus ou moins abondantes dans le minerai de zinc de la surface. Le zinc paraît donc avoir été le plus souvent amené à la surface sous forme de sulfure et les calamines ne sont que des produits remaniés par l'intervention des agents atmosphériques. Ceux-ci ont pu soit rester en place, soit être transportés à des distances quelquefois considérables, comme cela a dû avoir lieu pour les couches de calamine qui alternent le plus souvent avec de petits lits d'argile.

La calamine renferme des quantités variables de silicate de zinc, minerai particulièrement difficile à traiter. On y rencontre souvent du plomb à l'état de carbonate ou de sulfure Les gangues les plus habituelles sont l'argile, l'oxyde de fer, la dolomie, la sidérose.

Le minerai se présente sous les aspects les plus variés: tantôt compacte et cristallin, tantôt plus ou moins poreux et léger, incolore ou coloré en jaune, en vert, en noir. Le minerai calciné est en général d'une couleur jaune plus ou moins rougeâtre.

La préparation mécanique de la calamine comprend généralement un triage et un scheidage faits avec soin. Si les minéraux utiles ne sont pas intimement mélangés aux gangues, on peut enrichir les parties pauvres par un classement par grosseur, suivi d'un passage aux cribles à secousse. Mais il arrive fréquemment que la calamine se trouve former avec les gangues argileuses ou ferreuses une masse presque homogène: la préparation mécanique est, dans ce cas, complétement impuissante pour enrichir ces minerais.

La *blende* (sulfure de zinc), qui était autrefois négligée, est devenue un minerai important. Elle se présente en filons ou en amas dans tous les terrains, comme matière de remplissage ou gangue métallique. Elle est généralement unie à une quantité de sulfure de fer qui lui donne sa coloration. Son aspect est assez variable: le plus souvent cristallin, quelquefois terreux; généralement d'un brun plus ou moins foncé, rarement incolore ou couleur d'ambre.

La blende est accompagnée souvent, dans ses gisements, de pyrite et de galène. Lorsque ces minerais ne sont pas trop intimement mélangés, la préparation mécanique permet d'obtenir la blende à un assez grand état de pureté. Dans le cas contraire, la présence de la pyrite et surtout celle de la galène présentent de grands inconvénients pour le traitement métallurgique.

Citons encore comme minerais de zinc les *cadmies* qui se déposent au gueulard de certains hauts fourneaux où l'on traite des minerais contenant du zinc et qui sont parfois très-abondantes. Ces produits, composés surtout d'oxyde de zinc et de zinc métallique, sont très-riches et d'un traitement facile.

ACHAT DES MINERAIS DE ZINC. — Les minerais de zinc qui servent de type sont les calamines calcinées d'une teneur de 50 % de zinc.

Ils sont facturés d'après la formule

$$V = \frac{\left[T - \left(\frac{T}{5} + 1\right)\right] P}{100} - F.$$

dans laquelle V représente la valeur de la tonne de minerai rendue à Anvers ou à Swansea;

T la teneur en zinc pour cent du minerai séché à 100° centigrades;

P la moyenne des deux cours officiels de la tonne de zinc brut de Silésie, sur les marchés de Londres et du Havre, ramenés au comptant;

F les frais de fabrication alloués au fondeur, et qui varient suivant la valeur du charbon et le cours du zinc. Ces frais sont généralement compris entre 70 et 80 francs.

$\left(\frac{T}{5} + 1\right)$ représente la perte présumée au traitement métallurgique.

Les calamines crues sont vendues d'après la même formule: on détermine la perte à la calcination du minerai cru, à laquelle on ajoute 2 % alloués comme perte au traitement industriel, et l'on cherche quelle est la teneur en zinc du minerai après calcination.

On facture alors la tonne de calciné fictive en ajoutant aux frais de fabrication 15 francs comme dépenses de calcination. On obtient ensuite le prix de 1000 kilogrammes de calamine crue à l'état sec, en appliquant à la tonne de calciné le pourcentage qui résulte de la perte pratique à la calcination.

Les blendes calcinées se vendent d'après la même formule. Quant aux blendes crues, les frais de fabrication et de grillage sont plus élevés que pour la calamine.

Minerais mélangés de plomb et de zinc. — On désigne sous ce nom ceux qui contiennent de 15 à 20 % de plomb. Pour les minerais crus, on applique la formule précédente. T représente alors la somme des teneurs en zinc et en plomb, mais l'on ne compte que le zinc qui se trouve à l'état de calamine et le plomb qui se trouve à l'état de galène. Le zinc de la blende et le plomb de la cérusite ne sont alors pas comptés. D'autres fois, on prend pour T la somme des teneurs totales zinc et plomb, mais on en retranche cinq ou six unités pour la perte probable du plomb. Les frais de fabrication sont alors ceux des minerais crus dans lesquels se trouvent comprises les dépenses de calcination.

FABRICATION DES PRODUITS RÉFRACTAIRES. — Ces produits comprennent les briques réfractaires et les cornues dans lesquelles on affectue la réduction et la distillation du zinc. La fabrication de ces produits présente une grande importance: la dépense qui résulte de leur consommation est un des éléments importants du prix de revient, et, d'autre part, la durée des fours et les pertes de zinc dépendent, dans une large mesure, des soins apportés à la fabrication des briques et des vases de distillation ou cornues. A chaque usine à zinc se trouve toujours annexée une fabrique de produits réfractaires.

Les argiles employées doivent être excessivement réfractaires et en général aussi exemptes que possible de silice libre. Cette condition n'est pas nécessaire pour les vases de distillation des minerais silicatés. La terre d'Andennes est celle que l'on préfère en général.

Nous ne décrirons pas la fabrication à la main de ces produits, nous contentant de renvoyer à ce sujet à l'article POTERIES (t. II, p. 1146); nous dirons seulement quelques mots de la fabrication des tubes et des moufles ou cornues par pression hydraulique, système appliqué depuis quelques années seulement et qui rend de très-grands services.

Le mélange d'argile crue et d'argile cuite, convenablement pétri et malaxé, est d'abord pilonné de manière à former un boudin cylindrique d'un volume convenable. L'appareil employé consiste en un tube vertical de fonte à parois épaisses, dans l'intérieur duquel peut se mouvoir un piston hydraulique maintenu par une pression d'eau. Directement au-dessus de ce tube se trouve placé un lourd bocard mécanique, dont la course est limitée à l'orifice du tube. La caisse où entre le piston hydraulique est munie d'une soupape qui permet l'échappement d'une partie de l'eau lorsque la pression dépasse une certaine limite. Le piston étant amené jusqu'à l'orifice supérieur du tube, on recouvre le piston de morceaux de terre préparée et l'on fait battre le pilon en rajoutant de la terre au fur et à mesure que celle-ci s'enfonce dans l'intérieur du tube en refoulant sous chaque coup de pilon le piston hydraulique. Lorsque la quantité de terre ainsi battue est suffisante, on arrête la marche du pilon et on refoule le boudin formé dans le tube en donnant une pression d'eau suffisante sous le piston.

L'appareil de moulage proprement dit se compose d'un tube vertical très-résistant en fonte, dont la section intérieure est la même que celle du vase, tube ou moufle que l'on doit fabriquer. La partie supérieure de ce tube de fonte peut être fermée par un obturateur formé d'une plaque plane en fonte qu'on peut y fixer solidement au moyen de clavettes. A l'intérieur de ce tube peuvent se mouvoir deux pistons hydrauliques. La tête de l'un d'eux est formée par un tube qui s'emboîte exactement dans le tube extérieur, et dont l'épaisseur est égale, suivant chaque génératrice, à celle du vase à mouler. La tête de l'autre piston a pour section le vide intérieur du tube précédent, c'est-à-dire les dimensions intérieures du moufle ou du tube en terre. Les deux pistons étant en haut de leur course, il reste entre les surfaces planes qui les terminent et l'obturateur un vide égal à l'épaisseur du fond du vase à mouler.

L'appareil étant ouvert, on fait descendre d'une quantité convenable l'ensemble des deux pistons et on introduit dans le tube le boudin précédemment préparé : on fixe alors l'obturateur, et en manœuvrant les robinets de pression hydraulique, on fait monter les deux pistons ensemble, de façon à comprimer fortement le bloc de terre. On augmente alors la pression sous le piston intérieur, qui entre dans le bloc de terre en y creusant le vide intérieur du vase et refoulant la matière, qui, ne trouvant pas d'issue, refoule elle-même le piston annulaire, en prenant la place qu'il occupait. Le vase se trouve ainsi moulé par compression dans l'espace compris entre l'obturateur, la tête du piston intérieur et la paroi du tube extérieur. On enlève alors l'obturateur, et l'on refoule au dehors le vase formé en faisant monter le piston annulaire. Pendant cette opération, il se produit encore un laminage des parois du vase entre le piston intérieur et le tube extérieur dont l'orifice à la sortie est légèrement conique. On coupe alors le vase au point voulu, avec un fil de laiton, et on le reçoit sur un chariot pour le conduire aux chambres de séchage.

Les vases ainsi obtenus sont bien moins poreux et beaucoup plus résistants que ceux obtenus par la fabrication à la main. On peut en diminuer un peu l'épaisseur, ce qui permet à la chaleur de se transmettre plus facilement. On les vernit ordinairement à l'intérieur au moyen d'une solution concentrée de sel marin qu'on y passe avant la cuisson.

PROPRIÉTÉS DES MINERAIS.

Nous rappellerons les propriétés suivantes, qui peuvent avoir un intérêt pour la métallurgie du zinc :

1° Le carbonate de zinc se transforme assez facilement par la calcination en oxyde de zinc en perdant son acide carbonique. Les minerais hydratés, hydrocarbonate ou silicate hydraté, perdent leur eau.

L'oxyde et le silicate de zinc peuvent être considérés comme pratiquement infusibles;

2° La blende, pareillement, est à peu près infusible. Par le grillage dans des conditions convenables, le soufre de ce minerai passe à l'état d'acide sulfureux qui se dégage, et le zinc reste à l'état d'oxyde. Une partie cependant du minerai passe par oxydation à l'état de sulfate, qui ne peut être décomposé que par un violent coup de feu;

3° L'oxyde de zinc peut être réduit par le charbon ou par l'oxyde de carbone à une température assez élevée. Il paraît probable que le charbon doit se transformer d'abord en oxyde de carbone pour réduire l'oxyde infusible :

$$ZnO + C = Zn + CO,$$
$$ZnO + CO = Zn + CO^2.$$

Inversement, à la température du rouge, le zinc métallique réduit l'acide carbonique à l'état d'oxyde de carbone. Cette réaction inverse donne lieu à une perte. On parvient à atténuer celle-ci en mélangeant l'oxyde de zinc avec un assez grand excès de charbon, ce dernier pouvant transformer d'une façon continue et rapide l'acide carbonique en oxyde de carbone, et empêcher ainsi la réoxydation des vapeurs de zinc;

4° L'hydrogène réduit au rouge l'oxyde de zinc en donnant de la vapeur d'eau. La réaction inverse peut se produire également à cette température. Pour que le zinc volatilisé reste à l'état métallique, il faut qu'il soit entraîné par un courant très-rapide d'hydrogène. Dans ce cas, comme dans le précédent, il doit se produire une action de masse qui détermine un état d'équilibre;

5° Le fer métallique peut réduire entièrement l'oxyde de zinc à une température très-élevée ;

6° Le silicate de zinc peut être réduit entièrement par le charbon au blanc éblouissant. Dans la pratique, le silicate ne donne guère plus de la moitié du zinc qu'il contient, et il se forme un silicate plus acide. Il faut même, pour obtenir ce résultat, que la matière soit chauffée longtemps et à une haute température. La réduction est plus facile en présence d'oxyde de fer ou de chaux, mais alors il se forme des silicates fusibles qui entravent l'action de l'oxyde de carbone, lequel pénètre difficilement la masse ;

7° La blende peut réagir sur le fer au rouge vif en donnant naissance à du sulfure de fer et à du zinc qui se volatilise. Elle peut être également réduite à très-haute température par le charbon, avec formation de sulfure de carbone.

Lorsqu'on chauffe longtemps et très-fortement un mélange de blende et d'oxyde de zinc dans les rapports de ZnS pour 2ZnO, il ne reste qu'un très-faible résidu. On peut penser qu'il s'est produit une réaction comparable à celle qui est utilisée pour le traitement des minerais de plomb dans la méthode dite *par réaction*, mais ce procédé ne paraît pas susceptible d'être appliqué industriellement, vu le défaut de fusibilité des corps en présence.

TRAITEMENT DES MINERAIS DE ZINC.

Les opérations préliminaires comprennent la calcination de la calamine vers le rouge naissant: elle perd son eau et son acide carbonique et se transforme en oxyde de zinc. Le silicate de zinc perd seulement son eau, lorsqu'il est hydraté.

La blende est transformée, par un grillage convenable, en oxyde de zinc, le soufre passant à l'état d'acide sulfureux.

Ces opérations, calcination des calamines ou grillage des blendes, étant effectuées, on peut considérer que le traitement métallurgique a lieu sur un minerai composé essentiellement d'oxyde de zinc, plus ou moins impur. Les impuretés comprennent une quantité variable de silicate de zinc, quelquefois une petite quantité de plomb à l'état de sulfure ou d'oxyde, de la chaux et de la magnésie provenant des gangues calcaire ou dolomitique, de l'argile, de l'oxyde de fer, etc. Les blendes grillées renferment de l'oxyde de zinc, du sulfate de zinc, formé pendant le grillage et qui n'a pas été complétement décomposé par la chaleur, du sulfure de zinc qui a échappé au grillage; elles renferment en outre les produits résultant du grillage des sulfures mélangés avec le sulfure de zinc, savoir: de l'oxyde ou du sulfate de plomb, de l'oxyde de fer, etc.

Le zinc, étant volatil, est toujours obtenu par distillation. Le seul procédé métallurgique employé est la réduction par le charbon de l'oxyde ou du silicate de zinc: la température du rouge blanc est nécessaire pour obtenir une réduction aussi complète que possible, et cette température doit être maintenue pendant longtemps. En outre, la nécessité d'opérer en vases clos, de dimensions restreintes, rend d'autant plus coûteux le traitement des minerais.

Quoi qu'on fasse, la réduction est toujours incomplète, et les résidus renferment souvent encore plus de 10 °/₀ du zinc que contenaient les minerais.

Les vapeurs de zinc sont très-oxydables, en présence de l'air, de l'eau ou de l'acide carbonique; elles sont difficiles à condenser. Dans les usines à zinc, on voit toujours sortir des appareils de condensation une flamme verdâtre très-éclatante produite par la combustion des vapeurs de métal non condensées: les pertes de ce chef dont très-importantes. La perte totale descend rarement au-dessous de 20 °/₀ du métal.

Les vapeurs de zinc, lorsqu'elles sont incomplétement oxydées par l'air, l'eau ou surtout l'acide carbonique, se condensent sous forme d'une poussière grise, connue sous le nom de *gris de zinc* ou de *tuthie*, qui forme quelquefois près de 10 °/₀ du zinc recueilli. Cette matière, qu'on obtient généralement au commencement de la distillation, peut contenir jusqu'à 95 °/₀ de zinc métallique; on ne peut la fondre en lingots sous l'influence de la chaleur seule. Une certaine quantité est employée pour les besoins de l'industrie, mais la majeure partie repasse d'ordinaire aux appareils de réduction.

Le zinc entraîne généralement une petite quantité de métaux étrangers qui nuisent à ses propriétés. Le plomb contenu dans les minerais passe en partie à la distillation: 1/2 °/₀ de ce métal entraîne une diminution très-notable de la malléabilité; mais on arrive actuellement à débarrasser facilement le zinc du plomb qu'il contient, et on n'attache plus autant d'importance à la présence d'une petite quantité de ce métal dans les minerais. Le cadmium, étant assez volatil, se trouve surtout dans les premières portions condensées, ce qui permet au besoin de le séparer. Une petite proportion de cadmium influe peu sur la malléabilité, mais une teneur de 2 °/₀ devient très-nuisible. Le fer exerce également une influence fâcheuse, mais il n'est entraîné qu'en très-faible quantité.

Le traitement des minerais (calamines calcinées ou blendes grillées) ne diffère dans les diverses usines que par la disposition des fours, des appareils de distillation et de condensation, la durée des opérations, etc., suivant la nature et la qualité des terres réfractaires, des combustibles, des minerais et l'adresse des ouvriers. On distingue, à ce point de vue, trois méthodes de traitement:

La *méthode belge* ou *liégeoise*,
La *méthode silésienne*,
Et la *méthode anglaise*.

Cette dernière est d'une infériorité très-marquée et doit être actuellement complétement abandonnée.

La consommation de combustible pour le traitement des minerais de zinc étant toujours très-élevée (5 à 6 tonnes de houille par tonne de zinc obtenue), les usines sont toujours établies à proximité des bassins houillers, dans les conditions où elles puissent le plus facilement recevoir les minerais à traiter.

OPÉRATIONS PRÉLIMINAIRES.

Calcination de la calamine. — Elle s'opère soit au four à cuve, soit au four à réverbère.

On ne peut traiter au four à cuve que les minerais en morceaux. Ces fours sont tout à fait analogues à ceux employés pour la cuisson du calcaire (voyez t. I, p. 850, fig. 127 et 128). Le profil du four a la forme d'un cône tronqué renversé. Le plus souvent le minerai et le combustible sont chargés ensemble. Quelquefois le combustible est séparé du minerai pour éviter les pertes possibles de zinc par réduction et volatilisation. Les chauffes sont alors extérieures: la flamme conduite dans un canal annulaire pénètre dans le four par un grand nombre d'ouvreaux situés à différentes hauteurs.

On peut passer par four 12 à 15 tonnes de minerai en vingt-quatre heures. La consommation de houille est de 4 à 7 pour °/₀ du poids du minerai.

Il faut éviter une trop forte chaleur qui pourrait transformer une partie de l'oxyde de zinc en silicate sous l'action de la gangue argileuse.

Les fours à réverbère peuvent traiter les minerais en morceaux ou en schlichs. On peut employer des fours quelconques, comme par exemple celui figuré t. II, p. 1095, fig. 503 et 504. Le plus souvent on se sert de fours à deux soles superposées, la sole supérieure communiquant avec l'inférieure par une large ouverture placée à l'extrémité opposée à la chauffe. Les soles n'ont de portes que sur un côté: ce côté diffère pour chacune d'elles. Lorsque la sole est simple, on lui donne une longueur allant jusqu'à 8 ou 10 mètres pour bien utiliser la chaleur. Le minerai est chargé par les portes latérales ou par une trémie, à l'extrémité la plus froide de la sole. Les diverses charges sont remuées au râble de temps à autre pour rendre l'action de la chaleur plus égale et poussées progressivement jusque contre l'autel, où se trouve une ouverture par laquelle on peut faire tomber le minerai calciné dans une galerie souterraine. Chaque charge séjourne généralement vingt-quatre à quarante-huit heures dans le four : la température ne doit pas dépasser le rouge cerise. La consommation de combustible est de 8 à 10 % du minerai. Un four à deux soles ayant chacune 5 mètres de long sur 2m,50 de large peut contenir 15 à 16 tonnes de minerai ; la quantité calcinée est de 8 tonnes par vingt-quatre heures.

La calamine est quelquefois calcinée dans des fours à réverbère qui utilisent la chaleur perdue des fours de réduction. La marche de ceux-ci devient alors plus difficile à régler : aussi cette disposition est-elle rarement adoptée.

Il en est de même de la réduction directe du minerai cru, non calciné. Le dégagement plus abondant des gaz pendant la réduction favorise l'entraînement du métal et cause des pertes assez grandes.

Les frais de calcination de la calamine sont généralement évalués à 4 fr. 50 par tonne de minerai grillé : cette somme comprend les frais généraux.

Grillage de la blende. — Le grillage de la blende s'opère dans des fours à réverbère. On peut employer les mêmes fours que pour la calcination de la calamine, mais les charges doivent être beaucoup moindres. Par exemple, la charge pour le four de calcination précédemment décrit ne doit pas dépasser 1400 kilogrammes sur chaque sole.

Le minerai est finement broyé. La charge, introduite d'abord et uniformément répandue sur la sole supérieure, y demeure vingt-quatre heures. On la retourne de temps à autre. On la fait alors tomber sur la sole inférieure après l'enlèvement de la charge précédente, et on la retourne très-fréquemment de façon à ce que toutes les parties soient également soumises à l'action de l'air. On doit éviter, autant que possible, la production de sulfate : il faut pour cela ne laisser arriver l'air que peu à peu sur le minerai fortement chauffé. Lorsque le minerai est accompagné de pyrites, il devient plus ou moins fusible et il faut le chauffer avec beaucoup de précautions pour en empêcher la fusion et l'agglomération qui gène le grillage.

Il se forme toujours pendant le grillage une certaine quantité de sulfate et il est nécessaire, pour décomposer ce sel, de soumettre la masse à un violent coup de feu ; dans ce but on ramène à la fin de l'opération toute la charge près du pont. Le sulfate est décomposé soit par la chaleur seule, soit par réaction sur le sulfure encore inattaqué avec formation d'oxyde de zinc et d'acide sulfureux. Cette décomposition est longue et difficile : une teneur de 1 ou 2 pour % de soufre cause des pertes très-notables à la réduction. Ce n'est que depuis quelques années que l'on emploie la blende comme minerai de zinc, les essais faits autrefois en la grillant d'une façon incomplète n'ayant donné que de mauvais résultats.

La consommation de combustible est d'environ 215 kilogrammes de houille par tonne de blende. Les frais sont estimés à 15 francs par tonne de blende grillée.

Dans le mode de grillage qui vient d'être décrit et qui est presque universellement employé, tout l'acide sulfureux qui se forme se perd dans l'atmosphère. Ce gaz a une action insalubre et funeste à la végétation.

Il a été fait de nombreuses tentatives pour utiliser les gaz du grillage à la production de l'acide sulfurique. Mais, dans les conditions ordinaires, l'acide sulfureux se trouve mélangé à une trop forte proportion d'autres gaz pour pouvoir être envoyé utilement dans les chambres de plomb.

A l'usine de Lamine, à Ampsin, on fait arriver les gaz dans des galeries d'exploitation percées dans des schistes alumineux. Il en résulte une production assez abondante de sulfate d'alumine qui peut être retiré par lessivage et employé à la fabrication de l'alun.

Les essais qui ont été faits pour appliquer au grillage de la blende le four Gerstenhœfer n'ont donné que de mauvais résultats. Ce four est constitué par une cuve, traversée par un courant ascendant d'air chaud, dans laquelle le minerai tombe, de gradin en gradin, d'une façon continue.

La combustion du soufre du minerai suffit à entretenir la chaleur dans le four en marche. Le grillage est très-incomplet et insuffisant, et le courant de gaz entraîne une forte quantité de minerai pulvérulent.

Hasenclever et Helbig (*Zeitschrift des Vereins Deutscher Ingenieure*, 1872, p. 505) ont proposé un four dans lequel le grillage est commencé dans une mouffle située à l'extrémité du four à réverbère, et terminé sur la sole de ce four. L'acide sulfureux venant de la moufle pourrait être envoyé aux chambres de plomb, et on utiliserait de la sorte les trois quarts du soufre contenu dans la blende.

Lorsque les blendes renferment de l'argent, ce métal est en grande partie entraîné pendant le grillage. Simonnet (*Bull. de la Soc. chim.*, t. XVII, p. 279) a reconnu qu'on pouvait éviter cette perte en ajoutant au minerai à griller de la chaux ou du carbonate de sodium.

RÉDUCTION ET DISTILLATION.

MÉTHODE BELGE.

Cette méthode est caractérisée par l'emploi, comme vases de distillation, de tubes cylindriques supportés seulement à leurs deux extrémités par les parois antérieure et postérieure du four. La surface extérieure du tube se trouve ainsi pouvoir être complétement entourée par la flamme.

Ces tubes (fig. 795) ont généralement 1 mètre

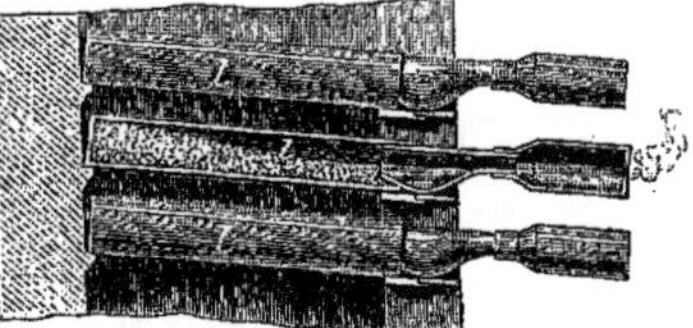

Fig. 795. Tubes à distillation du four belge.

à 1m,20 de longueur, 0m,15 à 0m,20 de diamètre intérieur, et une épaisseur variant de 0m,025 à 0m,040.

A la gueule du tube se place l'appareil de condensation. Il se compose d'une allonge, tube ouvert aux deux bouts, portant un renflement destiné à recevoir le zinc distillé. On dispose à la suite de ce condenseur un tambour en tôle de forme variable, percé à son extrémité d'une ouverture qui livre passage au gaz : on protége ainsi l'intérieur du condenseur contre l'arrivée de l'air qui brûlerait le zinc.

Les fours sont généralement adossés, ayant leur paroi postérieure commune et disposés par massifs de deux ou de quatre. La cuve du four belge est prismatique, de section rectangulaire, à parois verticales. Elle renferme un grand nombre de tubes traversant le four et s'appuyant sur les deux longues parois, à la partie postérieure sur des banquettes encastrées dans l'épaisseur du mur, et à la partie antérieure sur des taquets en brique soutenus par des plaques de fonte horizontales. Ces plaques sont maintenues elles-mêmes de distance en distance par de petits piliers verticaux en brique réfractaire, de sorte que la paroi antérieure du four se trouve ainsi divisée en une série de niches qui renferment un ou deux tubes. Les tubes sont légèrement inclinés de l'arrière à l'avant.

Le chauffage se fait de façons très-différentes, et c'est surtout sous ce rapport qu'il a été réalisé d'importants progrès dans ces dernières années.

L'ancien système de chauffage, qui se trouve actuellement en partie abandonné, consiste dans l'emploi d'une grille ordinaire placée à la base du four, à une distance de 1 mètre environ des tubes inférieurs et munie d'une porte de chargement généralement située au-dessous du sol de l'atelier. Les cendres tombent dans une galerie régnant au-dessous de la grille. Les flammes, après avoir léché les tubes, s'échappent par 4 carneaux situés dans la voûte du four et les produits de la combustion sont conduits par des rampants à une cheminée unique ou commune aux divers fours du massif. Dans ce cas l'intérieur de cette cheminée est divisé en un nombre convenable de compartiments [*Ann. des mines* (4), t. V et X].

D'autres fois les fours sont plus grands et munis d'une grille à chacune de leurs extrémités. La capacité de ces fours, qui était à l'origine de 36 à 42 tubes, a été augmentée successivement jusqu'à plus de 100; mais la consommation de combustible était toujours très-considérable et les tubes se trouvaient chauffés d'une façon assez irrégulière.

Les perfectionnements apportés à l'emploi des combustibles par Siemens, Boëtius et autres, depuis quelques années, ont été appliqués avec avantage à la distillation du zinc et ont conduit à une économie importante de combustible et de matériaux réfractaires, tout en procurant un rendement supérieur.

Four Boëtius. — Nous décrivons avec quelques détails le système Boëtius appliqué à la métallurgie du zinc par la méthode belge.

Le four, représenté par la figure 796, peut contenir 147 tubes de $1^m,25$ de longueur et $0^m,20$ de diamètre, formant sept rangées horizontales de 21 tubes chacune. Les fours sont généralement accolés deux par deux, ayant leurs parois postérieures communes.

Le laboratoire du four mesure environ 7 mètres de longueur sur $2^m,50$ de hauteur et $1^m,20$ de profondeur; il est chauffé par deux foyers AA du système Boëtius, placés aux deux extrémités.

A. Foyer d'une profondeur de $1^m,20$ et d'une longueur de $0^m,93$; le fond est garni de barreaux inclinés.
B. Porte de chargement du combustible. Le foyer est toujours maintenu chargé de charbon jusqu'à la porte de chargement.
C. Trois ouvertures horizontales par lesquelles on règle l'arrivée de l'air intérieur dans la masse du combustible.
D. Ouverture verticale de $0^m,95$ sur $0^m,30$, par laquelle les gaz de la houille se rendent dans le four.
E, B, E. Vides qui ont été ménagés dans les parois qui entourent le foyer. Ces vides sont, d'un côté, en communication avec la cuve G par l'intermédiaire des carneaux F et débouchent de l'autre côté dans une série de carneaux H, H... établis dans la maçonnerie au-dessus du foyer.

L'air frais entre par la cuve G dans les vides E, puis dans les carneaux H, s'y échauffe à une température élevée, puis débouche dans le conduit vertical D à la rencontre des gaz carburés qui s'enflamment à son contact et se répandent dans le four.

La combustion établie, il s'agit de la régler de façon à chauffer le four également dans toutes ses parties.

Une partie du gaz en combustion entoure les cornues *l, l, l*..., passe par l'espace I et se rend dans le carneau d'appel K qui la conduit à la cheminée T.

Une deuxième partie entoure les cornues *m, m*..., passe par les carneaux d'appel *n, n*,... établis au-dessous de la gueule des cornues, se rend dans les deux carneaux centraux O, de là dans le canal commun P, puis dans la cheminée T.

Une troisième partie s'élève dans le four, passe par les carneaux d'appel *q, q*, établis au-dessus de la gueule des cornues, dans les deux carneaux centraux R, R', puis dans le canal commun S et enfin dans la cheminée T.

Ce genre de four donne en général de bons résultats, il produit un chauffage assez régulier des tubes de distillation. Il faut remarquer que les gaz sortent du four à une température très-élevée et entraînent avec eux une quantité considérable de chaleur qui est complétement perdue.

Le système Siemens devrait donner des résultats plus économiques, mais son application aux fours à zinc présente de grandes difficultés et son emploi est actuellement très-peu répandu. Les vapeurs de zinc qui passent à travers les pores ou les fissures des tubes, ou qui se dégagent en abondance lorsqu'un tube se brise, donnent naissance à de l'oxyde de zinc très-volumineux qui se dépose dans les conduites et dans les chambres à briques et obstrue très-rapidement le passage du gaz. La marche du four en souffre dans sa régularité. On est forcé d'employer des dispositions qui permettent le nettoyage du four en marche. Lorsque ces difficultés seront vaincues, le système Siemens, ou un système analogue permettant de récupérer la chaleur, deviendra sans doute préférable à tous les autres. Nous décrirons plus loin l'application du système Siemens à la méthode silésienne.

Néanmoins on a pu, en supprimant les récupérateurs de chaleur, fonder sur l'emploi des gaz fournis par les générateurs Siemens et brûlés au moyen d'air chaud un système de chauffage qui, dans certaines usines, à la Vieille-Montagne par exemple, à Viviers, a été trouvé préférable au système Boëtius.

Les fours employés à Viviers sont adossés deux à deux. Ils renferment chacun six rangées de tubes disposés deux par deux dans des niches, au nombre de 9 par rangée; le nombre total des tubes est de 108 par four. Les tubes ont une section circulaire de $0^m,18$ de diamètre environ ou une section ovale de $0^m,25$ sur $0^m,15$; cette forme donne aux tubes une plus grande résistance à la flexion, le grand axe de l'ovale étant placé verticalement. Les gaz combustibles, encore très-chauds, provenant de générateurs Siemens situés à petite distance, sont amenés par une conduite au milieu de la base du four dans une cuve de $1^m,50$ de hauteur sur $0^m,80$ de largeur, qui débouche à 1 mètre environ de la rangée inférieure de tubes. Ils sont brûlés au moyen d'air soufflé par un ventilateur à une pression de $0^m,02$ d'eau à travers un système de carneaux régnant sous la partie inférieure du four; l'air s'échauffe jusque vers 150°, et vient déboucher par une série d'ouvertures percées dans la paroi verticale de la cuve où arrive le gaz. Les gaz montent dans le four et s'échappent à la partie supérieure par une série de carneaux correspondant à chacune des 9 travées

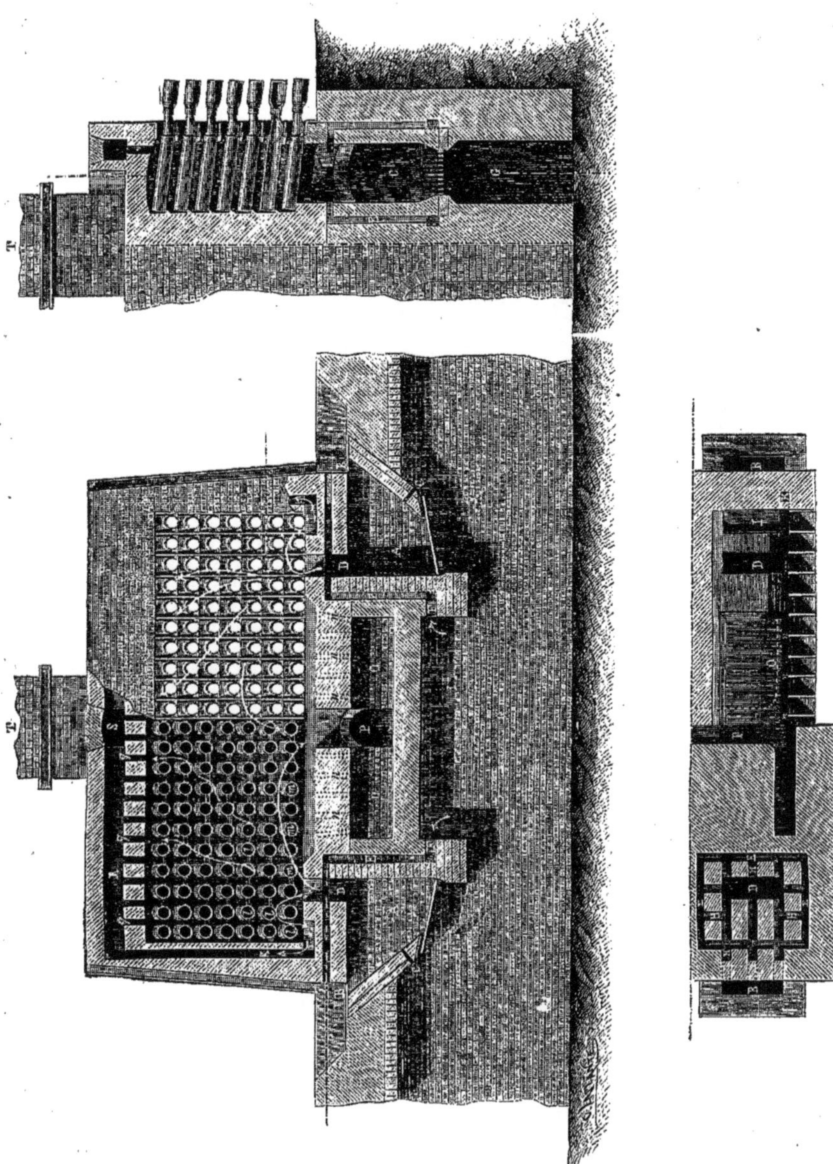

Fig. 796. — Four Boëtius.

verticales, et débouchent à travers la voûte du four dans un conduit qui les amène à deux petites cheminées situées aux deux extrémités du four. Les carneaux dans lesquels passe la flamme peuvent être plus ou moins complétement fermés au moyen de briques qu'on peut manœuvrer de l'extérieur par une ouverture ordinairement fermée et lutée avec de l'argile. De cette façon on peut régler la marche de la flamme et chauffer les tubes aussi également que possible. Ces fours ont été substitués aux fours Boëtius, qui, avec la houille de Decazeville, laissaient perdre dans les cendres près de 20 °/₀ de charbon, tandis que le générateur Siemens n'en laisse perdre que 1 °/₀ environ.

Quel que soit le mode de chauffage adopté, le traitement métallurgique est toujours sensiblement le même. La mise en feu doit se faire de manière à échauffer très-lentement le four; on n'y introduit les tubes portés au rouge dans un four spécial que lorsque la température est suffisante pour commencer la réduction, c'est-à-dire seulement au bout de six à huit jours. Le cuisson des tubes peut au besoin se faire dans le four même pendant la mise en feu.

Le minerai broyé est mélangé avec un excès de charbon, houille maigre, coke ou escarbilles Il suffirait pour la réduction de $\frac{1}{5}$ ou $\frac{1}{6}$ du poids du minerai, mais on en ajoute généralement environ la moitié du poids : cet excès de réducteur a surtout pour but d'empêcher la formation de scories fusibles qui attaqueraient rapidement les tubes. Le mélange est généralement fait sur une aire dallée, en humectant la masse. A Viviers, on a trouvé avantageux de passer le minerai et la houille ensemble au broyeur, ce qui donne un mélange plus intime.

Le chargement s'opère au moyen d'une cuiller en tôle ayant la forme d'un demi-cylindre. L'ouvrier puise le mélange dans un récipient en tôle, lance la charge voulue dans chaque tube : la charge est de 10 à 12 kilogrammes de minerai par tube. Pour charger les tubes supérieurs, les ouvriers montent sur de grandes tables mobiles qu'ils amènent devant le four. Lorsque le chargement est terminé, ils disposent à la gueule des tubes les récepteurs en terre qu'ils lutent avec de l'argile, puis ferment la face antérieure du four avec des fragments de brique et de l'argile. Deux heures après, on dispose les condenseurs en tôle.

C'est à ce moment seulement que les vapeurs de zinc commencent à paraître et brûlent avec une flamme très-vive à l'extrémité de l'allonge : la masse s'était d'abord échauffée et avait perdu de l'eau, de l'acide carbonique et des gaz dégagés par le charbon. Les premières portions du zinc qui distille s'oxydent partiellement et se déposent sous forme de poussière dans le condenseur en tôle : un peu plus tard, la majeure partie du zinc distillé se condense à l'état liquide dans l'allonge récepteur. Au bout de 24 heures environ, il ne distille plus de zinc; l'opération est terminée. Les ouvriers retirent le zinc condensé, ils enlèvent le condenseur de tôle et le renversent pour empêcher la poussière qu'il contient de s'enflammer et retirent le zinc au moyen d'une raclette demi-cylindrique en tôle qu'ils introduisent dans le récepteur et à laquelle ils donnent un mouvement de va-et-vient. Le zinc est reçu dans des poêlons en tôle et coulé en lingots dans des moules en fonte.

On enlève alors les allonges, on retire au moyen d'un ringard les résidus contenus dans les tubes et on recommence une nouvelle charge.

Une partie des poussières de zinc est vendue sous cette forme pour être employée, soit à la peinture à l'huile, soit pour la réduction de l'indigo, directement en présence de la chaux, ou indirectement par l'hydrosulfite de sodium (procédé Schützenberger et de Lalande). On en utilise pareillement une certaine quantité dans la fabrication des artifices. Ajoutons que cette poudre de zinc est très-employée dans les laboratoires depuis quelques années comme agent réducteur. Le reste repasse à la distillation On le charge, mélangé de charbon, dans les tubes qui sont le moins chauffés, c'est-à-dire dans ceux qui sont placés à la partie supérieure du four (belge). On s'est servi pendant un certain temps des fours connus sous le nom de fours Montefiore, dans lesquels le gris de zinc était chauffé dans des tubes et soumis à une forte pression qui permettait de liquéfier la majeure partie du zinc métallique. Les résidus seuls passaient à la distillation. Ces fours sont, en général, abandonnés aujourd'hui.

Le nombre des ouvriers nécessaires varie avec la disposition et la contenance des fours : pour le chargement et le déchargement, il faut environ deux ouvriers pour cinquante tubes. Ces ouvriers suivent l'opération pendant les 24 heures qu'elle dure : dans certaines usines, à la Vieille-Montagne, par exemple, on leur donne une prime sur le rendement obtenu, lorsqu'il dépasse une certaine valeur.

Il arrive assez fréquemment que des tubes se percent ou se cassent pendant l'opération. On s'en aperçoit aux fumées de zinc qui se dégagent par la cheminée du four, et à l'absence de flamme de gaz et de zinc aux joints du tube. Si l'ouverture est faible, on peut essayer de la fermer au moyen d'un tampon d'argile que l'on plaque dessus avec une tige en fer; sinon on enlève le tube et on le remplace immédiatement.

Les allonges s'obstruent assez souvent lorsqu'elles se refroidissent par trop; on les débouche au moyen d'une tige de fer rougie que l'on introduit à l'intérieur après avoir enlevé le récipient de tôle.

Les frais de traitement varient, suivant la nature des fourneaux et le prix des matières. Lorsqu'on employait les anciens fours chauffés avec un foyer ordinaire, les frais de traitement à Angleur, près de Liége, pouvaient être estimés comme il suit, pour une tonne de minerai renfermant 50 °/₀ de zinc :

Houille à 15 francs la tonne (y compris la houille pour la réduction)........	2,000k	30f »
Argile à 50 francs la tonne............	175k	8,75
Main-d'œuvre à 3 francs la journée...	9j	27 »
Entretien, frais divers................		5 »
Frais généraux (15 °/₀)................		10 »
		85f,85

Le rendement était de 400 kilogrammes de zinc. La consommation par tonne de zinc produit était donc de 5 tonnes de charbon, la perte de zinc d'environ 10 unités, soit 20 °/₀. La consommation de tubes était de 9 pièces environ par 1000 kilogrammes de zinc.

Actuellement, avec les fours Boëtius et les fours Siemens sans régénérateur, la consommation de combustible peut être abaissée d'au moins 15 à 20 °/₀ du zinc contenu. On réalise, en outre, une notable économie sur les tubes, qui durent à peu près deux fois plus longtemps.

MÉTHODE SILÉSIENNE.

Les vases de distillation employés dans cette méthode sont des cornues en terre réfractaire

[Voyez *Mémoire sur l'exploitation de la calamine et la fabrication du zinc dans la Haute-Silésie*, par M. Callon, *Ann. des Mines*, 1840, (3), t. XVII], analogues à celles dont on se sert pour la fabrication du gaz d'éclairage. Elles ont généralement $0^m,50$ à $0^m,60$ de hauteur sur $0^m,20$ à $0^m.25$ de largeur, et $1^m,20$ à $1^m,50$ de longueur. Elles reposent le plus souvent par leur partie inférieure, qui est plane, sur la sole du four (fig. 798). Quelquefois le même four en renferme deux rangées superposées. La figure 797 indique les disposi-

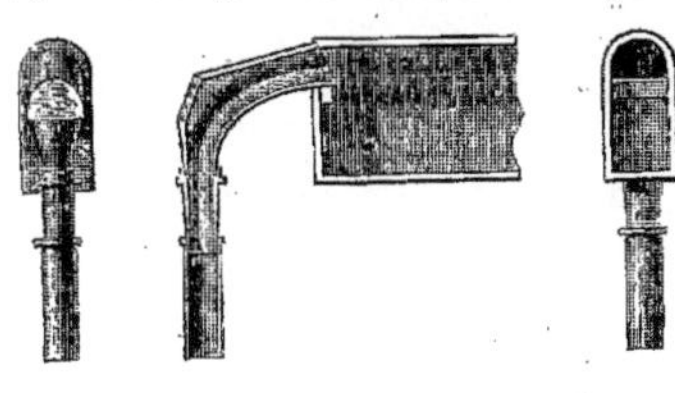

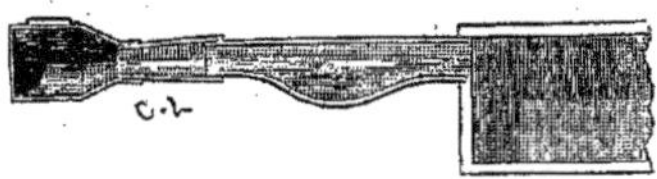

Fig. 797. — Cornues à distillation du four silésien.

tions le plus généralement employées pour la condensation; l'une d'elles est la même, aux dimensions près, que celle employée dans le système belge; l'autre consiste dans un système d'allonges de terre dont l'ensemble constitue un tube renversé qui conduit les vapeurs du zinc dans un espace clos réservé sur la banquette qui règne le long de la paroi du four par une plaque en fonte horizontale et un petit mur vertical qui ferme le devant de la niche. Cet appareil est, à cause de sa forme, désigné sous le nom de *botte*. La partie antérieure du tube recourbé peut être ouverte ou fermée au moyen d'une plaque de terre lutée avec de l'argile.

Le chauffage se fait de diverses manières, et la construction des fours est faite en conséquence. Les anciens fours chauffés par des grilles ordinaires ont la forme d'un four de galère sur les banquettes duquel reposent les cornues placées à côté les unes des autres dans des niches qui en renferment 2 ou 3. La grille étant située au milieu du four, les cornues débouchent sur deux faces opposées du four. Le nombre des cornues est de 32 à 48 par four. Le four est surmonté à ses quatre coins de petites cheminées de $0^m,40$ à $0^m,50$ de hauteur, qui servent à appeler la flamme vers les cornues les plus éloignées du foyer. Au-dessus du four est disposée une grande hotte. Quelquefois les divers carneaux percés dans la voûte débouchent dans un canal qui conduit les flammes à une seule cheminée d'appel située près du massif.

La figure 798 représente un four chauffé par le système Siemens, tel qu'il est employé à l'usine d'Eschweiler, près de Stolberg (Belgique).

Il renferme sur chaque face 6 niches à 3 moufles chacune et un nombre égal formant un étage supérieur. Au-dessous du four se trouvent 4 chambres à briques, deux sous chacun des côtés. Les deux chambres de chaque côté servent alternativement à l'entrée et à la sortie des gaz combustibles et de l'air ou des gaz de la base de la chambre A traverse la masse de briques qu'elle renferme, s'y échauffe et vient rencontrer dans l'espace C le courant d'air qui s'est également échauffé en traversant de bas en haut la chambre A'. La flamme qui en résulte passe à travers les fentes E E, E... qui traversent la sole du four entre chaque moufle, remonte en léchant les parois des moufles de la rangée inférieure et de la rangée supérieure et va ressortir par la série de fentes F, F, F... de la face opposée : le courant de gaz se divise pour passer dans les deux chambres B et B', où il abandonne sa chaleur. Un système de valves représenté sur la figure permet de renverser le courant en faisant arriver l'air et le gaz par les chambres B et B' et ressortir par les chambres A et A'. Ce renversement s'opère à peu près toutes les heures.

Les chambres à briques sont disposées de façon à pouvoir, de l'extérieur, retirer les dépôts volumineux d'oxyde de zinc qui s'y forment, sans qu'il soit nécessaire d'arrêter la marche du four. Néanmoins cet encrassement des chambres cause de temps à autre des inconvénients très-sérieux. Aussi ce système de four n'est-il pas très-répandu.

Après la mise en feu qui doit donner un échauffement très-lent du four, on y introduit les cornues, chauffées à part, qui sont portées sur de petits chariots.

Le minerai est généralement mélangé avec une quantité de charbon de réduction moindre que celle employée dans le système belge : cette proportion est ordinairement environ le tiers du poids du minerai. L'opération dure 24 heures (quelquefois 48 heures) et la température à laquelle la masse intérieure est portée se trouve un peu moindre que dans la méthode belge ; on a, par suite, moins à craindre la formation de scories ras.

Les cornues sont chargées au moyen d'une cuiller en tôle demi-cylindrique qu'on introduit à travers l'allonge récepteur et qu'on retourne au point voulu. Quelquefois la charge se fait en plusieurs temps, dans le but de rendre le dégagement des vapeurs de zinc plus réguliers et la condensation plus parfaite. La charge est en général de 30 à 40 kilogrammes. L'allonge récepteur se trouve presque entièrement comprise dans l'espace clos formé par un petit mur qui sépare la gueule de la cornue de l'intérieur du four et un autre petit mur qui ferme sa face antérieure. On laisse dans ce dernier quelques ouvertures pour refroidir au point voulu l'allonge de condensation.

Suivant le mode de condensation adopté, le zinc est retiré à la raclette, comme dans la méthode belge, ou recueilli sous forme solide sur le gradin où il a coulé. Dans ce cas, on le refond dans une petite chaudière chauffée par les flammes perdues et on le coule en lingots.

Les résidus sont retirés soit au bout de 24 heures, soit seulement après 2 ou 3 opérations. Généralement, on ne démonte pas complétement l'appareil ; on se contente d'ouvrir la partie inférieure de la gueule de la cornue, au-dessous de l'allonge.

Avec l'ancien système de chauffage, les cornues durent 40 à 45 jours ; leur durée moyenne dans les fours à gaz est de 75 jours.

Les frais de traitement dans les anciens fours à 32 ou 48 cornues, chauffés au moyen de grilles ordinaires, peuvent être évaluées comme il suit par tonne de minerai :

Houille à 15 francs la tonne..........	2,300k	34f50
Argile à 50 francs la tonne..........	100k	5 »
Main-d'œuvre à 3 francs la journée...	7j	21 »
Entretien, frais divers...............		5 »
Frais généraux (15 %).................		10 »
		75f50

Le rendement avec un minerai à 50 % de zinc est de 380 kilogrammes à la tonne, soit 20 kilogrammes de moins que par le système belge. Il faut remarquer par contre que la dépense est un peu moindre.

L'emploi du système de chauffage perfectionné donne lieu, comme dans la méthode belge, à une économie importante.

MÉTHODE ANGLAISE.

Cette méthode, très-inférieure aux précédentes, paraît être complétement abandonnée : nous n'en parlerons que pour mémoire. — Voyez Percy, *Traité de métallurgie*, t. V.

La réduction s'opère dans de grands creusets en terre ayant 1m,25 de hauteur et 0m,60 environ de diamètre (fig. 759). Ceux-ci sont disposés au nombre de six dans un four de galère circulaire semblable à ceux des verreries, chauffé au moyen de 2 foyers. La figure représente une portion du four. Dans la voûte, au-dessus des creusets, se trouvent des ouvertures dont on peut au moyen de briques mobiles modifier la grandeur et la disposition, de façon à attirer la flamme vers les creusets. Une plaque mobile permet de fermer l'ouverture supérieure du creuset lorsque le chargement est terminé. Le fond est percé d'un trou pour la sortie des vapeurs de zinc ; cette ouverture correspond avec un canal vertical situé dans la sole du four, débouchant dans une galerie voûtée. Les appareils de condensation se composent de deux tubes, le supérieur en fonte, l'inférieur en tôle, réunis par un emmanchement à baïonnette et supportés par deux barres de fer où on les fixe par des vis de serrage, de manière à appliquer la partie supérieure du tube à l'orifice de la voûte contre laquelle il est luté. Ces tubes sont garnis à l'intérieur d'argile et viennent déboucher au-dessus d'un bassin plein d'eau.

Le trou inférieur du creuset est fermé par un tampon de bois qui en se carbonisant devient poreux et peut laisser passer les vapeurs de zinc. On verse d'abord dans le creuset une certaine quantité de coke en assez gros morceaux, puis on le remplit avec le mélange de minerai et de charbon. On dispose et on lute le couvercle

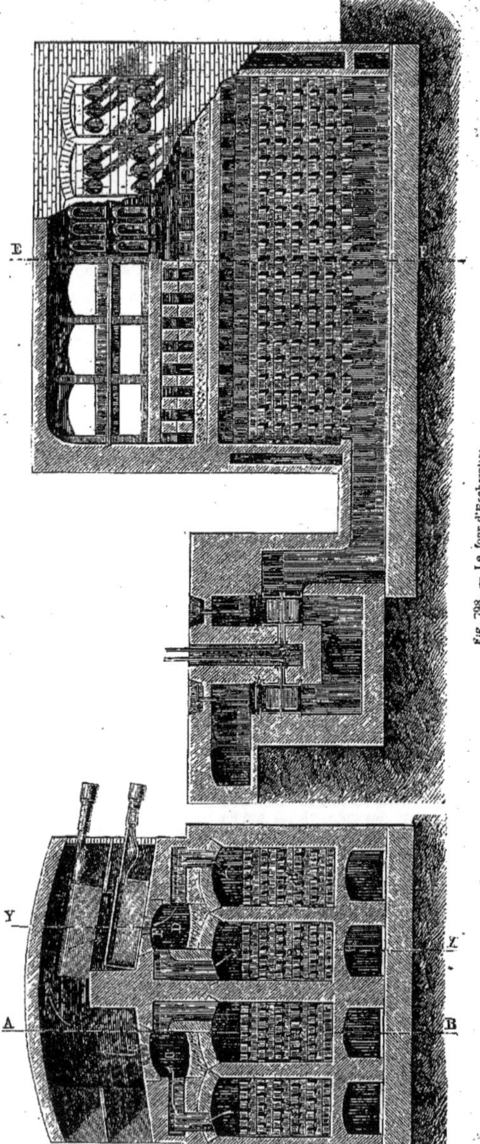

Fig. 798. — Le four d'Eschweiler.

on reconstruit le mur provisoire pour fermer l'ouverture qui donnait accès au creuset et on allume le feu. L'opération dure 67 heures : la condensation est assez bonne, mais les vases sont beaucoup trop grands pour que la chaleur soit suffisante au centre. Le rendement est d'au moins 25 °/₀ inférieur à celui qu'on obtient par les autres méthodes. A l'usine de Morriston, la consommation du charbon était de 22 à 27 tonnes par tonne de zinc produit. Cela suffit pour juger le procédé.

Essais de Muller et Lencauchez. — Ces ingénieurs se sont proposé l'extraction directe du zinc métallique au moyen d'une opération continue,

Fig. 799. — Méthode anglaise. Creuset dans le four.

comprenant la réduction de l'oxyde de zinc en contact immédiat avec le combustible, la distillation du métal avec les produits de la combustion, et la séparation du zinc, avec ces produits par condensation des vapeurs dans des chambres disposées à cet effet.

La solution du problème ainsi posé aurait pu donner lieu à une très-grande économie de combustible et un meilleur rendement en métal. Le four à cuve est en effet un appareil où la chaleur est bien mieux utilisée que dans les fours à zinc généralement employés; et en fondant complétement la masse, on peut espérer que le zinc sera plus complétement réduit et volatilisé.

Le point capital de ce traitement devait être de priver d'oxygène, de vapeur d'eau et d'acide carbonique l'atmosphère traversée par les vapeurs de zinc métallique. On sait que dans un haut fourneau l'acide carbonique provenant de la combustion du coke se trouve à peu près entièrement transformé en oxyde de carbone à une distance de 1 mètre au-dessus des tuyères : c'est en ce point que se faisait dans le petit haut fourneau qui fut construit pour les essais l'échappement des gaz entraînant les vapeurs de zinc.

On prenait les précautions suivantes pour empêcher la réoxydation des vapeurs :

1° Sécher et chauffer à 300 ou 400° le combustible (coke);

2° Sécher et chauffer à même température le minerai;

3° Employer comme fondant la chaux vive au lieu de castine (carbonate de chaux) pour empêcher l'abaissement de température aux étalages.

Le minerai grillé et pulvérisé était mélangé avec du charbon de bois en poudre et aggloméré sous forme de briquettes qui étaient séchées et calcinées fortement.

Le fourneau était alimenté à l'air chaud pour obtenir une haute température et la conserver dans toute l'étendue des étalages, dans le ventre et dans une partie de la cuve, et abaisser la zone de transformation de l'acide carbonique en oxyde de carbone.

La prise de gaz avait lieu à la naissance de la cuve du fourneau, à 3^{m},75 au-dessus des tuyères; la partie supérieure de cette cuve était chauffée extérieurement par la combustion de l'oxyde de carbone après condensation du zinc. Le gueulard était fermé. La hauteur totale du fourneau était de 14^{m},30.

Les gaz au sortir du fourneau passaient dans une série de chambres de condensation dont les dernières étaient surmontées de bâches remplies d'eau, puis sortaient à travers un appareil laveur pour aller se brûler autour de la cuve.

Cet essai très-intéressant n'a pas réussi. Il a été impossible d'obtenir du zinc coulant : les produits recueillis consistaient surtout en oxydes plus ou moins riches.

Ces essais méritent sans doute d'être repris et pourront amener d'importants résultats [A. Muller et A. Lencauchez, *Métallurgie du zinc; Nouvelle méthode pour le traitement au four à cuve,* Liége, 1861].

PURIFICATION ET LAMINAGE DU ZINC.

On ne savait pas autrefois obtenir avec tous les minerais de zinc un métal pouvant se laminer facilement. On connaît actuellement les conditions de purification et d'emploi des zincs bruts de provenance quelconque.

Lorsque le zinc contient une proportion un peu considérable de plomb, qui est le métal le plus nuisible, on le coule après distillation dans des lingotières légèrement inclinées vers une partie plus creuse placée à l'extrémité. Une portion du plomb se réunit dans cette poche, et en cassant après refroidissement cette sorte de tenon porté par le lingot, ces portions plus riches en plomb peuvent servir à la désargentation des plombs d'œuvre. Les lingots restants sont notablement purifiés.

Le zinc coulé près de son point de fusion peut donner des plaques propres au laminage; le métal coulé à haute température est à grandes facettes, cassant et ne peut se laminer. La malléabilité du zinc augmente jusqu'à 150° et diminue jusqu'à 200°.

Le zinc brut plus ou moins impur est refondu avant le laminage. On le soumet à un long repos à une température voisine de son point de solidification. Le plomb se sépare presque complétement par liquation et vient se réunir dans une poche située à la partie inférieure de la sole inclinée du four à réverbère où se fait la fusion. Le fer s'élimine de la même façon, mais moins facilement, à cause de sa densité plus faible; le soufre forme du sulfure de fer.

On arrive à une purification très-bonne en opérant sur de grandes masses, 20 ou 30 tonnes de zinc, qu'on fond dans un grand four : on peut ainsi régler plus facilement la température. On laisse reposer deux ou trois jours avant la coulée. Le plomb séparé est coulé à part lorsqu'il est en masse suffisante.

La perte de métal, à cette seconde fusion, n'est que de 1,5 % [*Mémoire de Thum, Revue universelle des mines,* 1874, t. XXXVII, p. 273 et suivantes; *Bergm u. Hüttenmännische Zeitung,* 1873 et 1874. Consulter également ce Mémoire pour le laminage du zinc].

Statistique de la production du zinc. — On estime la production du zinc en Europe aux chiffres suivants :

En 1866........	120,000 tonnes.
1867........	124,000 —
1868........	139,000 —

Le tableau suivant, emprunté au rapport de A.-W. Hoffmann sur l'Exposition universelle de Vienne en 1873, indique la production pour les années 1869, 1870, 1871, 1872 et 1873 [Quesneville, *Monit. scient.*, (3), t. VII, p. 876].

	1869.	1870.	1871.	1872.	1873.
Silésie........	37000	36000	30000		32000
Eschweiller...	3700	3800	4000		4300
Stolberg......	7600	7000	7000	56000	8000
Gladbach......	3900	3500	2300		3700
Iserlohn......	4500	3500	2500		3000
Nouvelle-Montagne	2400	2500	2500		2400
Vieille-Montagne	43000	42000	40000	46000	40000
Austro-belge..	5000	6000	4000		4000
De Lamine...	5000	5000	4000		4000
Austurienne..	2700	3000	3000	4500	5000
Angleterre ...	20000	18000	15000	15000	12000
Autriche	1500	1000	1000	3000	2000
Pologne......	1000	1000	1000		4000
France........	3000	2000	2000	4500	5000
Tonnes...	140000	134000	119000	129000	124000

En 1873 l'Amérique a produit 7000 tonnes de zinc brut et 3000 tonnes de zinc laminé, sans compter la quantité de métal correspondant à environ 6000 tonnes de blanc de zinc. La production va en augmentant en France et diminue en Silésie et en Angleterre.

APPENDICE.

BLANC DE ZINC. — L'idée de la substitution de l'oxyde ou blanc de zinc à la céruse pour la peinture à l'huile fut émise en 1780 par Courtois, préparateur au laboratoire de l'académie de Dijon. Peu de temps après, Guyton de Morveau établit dans les *Mémoires de l'Académie de Dijon* les avantages de la peinture au blanc de zinc au point de vue de l'hygiène, prépara des blancs de zinc par voie humide et par voie sèche et en fit faire diverses applications. Mais ce fut seulement en 1849 qu'un entrepreneur de peinture, Leclaire, ancien ouvrier, se fit de nouveau le promoteur de cette application tombée dans l'oubli, et, grâce à son énergie et au concours d'une puissante société (la Vieille-Montagne), donna à l'industrie du blanc de zinc une impulsion qui lui fit acquérir une importance actuellement considérable.

Fabrication du blanc de zinc par combustion du métal. — Le zinc métallique, chauffé à une température voisine de son point d'ébullition, s'enflamme à l'air et brûle en donnant des flocons très-légers d'oxyde entraînés par le courant gazeux et qui constituent le *blanc de zinc*. 100 parties de zinc produisent théoriquement 125 parties d'oxyde.

L'opération industrielle est des plus simples. Les cornues ou creusets contenant le zinc sont chauffés dans des fours dont la disposition est variable; on remplace de temps à autre le métal volatilisé qui se brûle à l'orifice de ces vases, en y ajoutant de nouveaux lingots, de manière à rendre l'opération continue. L'oxyde formé est entraîné par le courant d'air et conduit par une série de tuyaux de tôle, qui servent à refroidir ce mélange dans de vastes chambres où sont tendus des tissus pelucheux de coton. Dans ce mouvement, par suite du frottement contre les surfaces et de la diminution de vitesse du courant, l'oxyde de zinc se dépose d'une façon à peu près complète, une partie dans les tuyaux de tôle et le reste dans les chambres; les gaz sont alors conduits à une cheminée d'aspiration.

Les produits entraînés dans le courant gazeux se trouvent soumis à une véritable préparation mécanique d'où résulte un classement par grosseur et par densité. Les portions les plus denses et les moins fines se déposent d'abord : presque au sortir des vases de distillation on recueille du zinc métallique ou incomplètement oxydé, d'où l'on peut retirer par la lévigation une certaine quantité de blanc de zinc. Les portions suivantes, dont la blancheur, l'éclat, la ténuité et la densité sont variables, sont séparées et donnent des marques différentes. La pureté du zinc employé influe beaucoup sur la qualité des produits : on n'obtient la constance des nuances que par des mélanges faits avec soin.

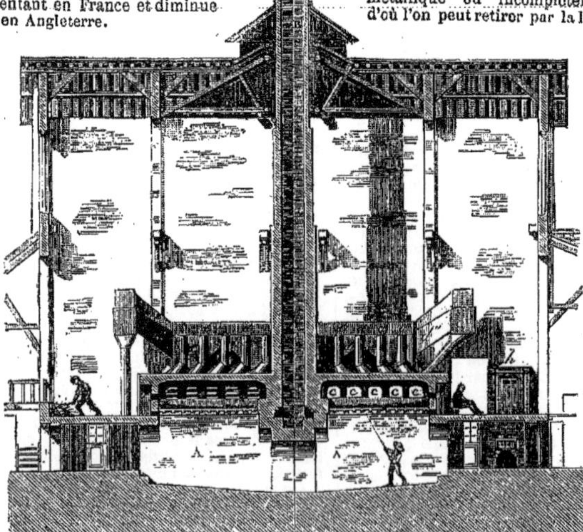

Fig. 800. — Four à blanc de zinc.

La figure 800 indique la disposition générale d'un four à blanc de zinc; la figure 801 montre en plan la disposition générale de l'atelier; la

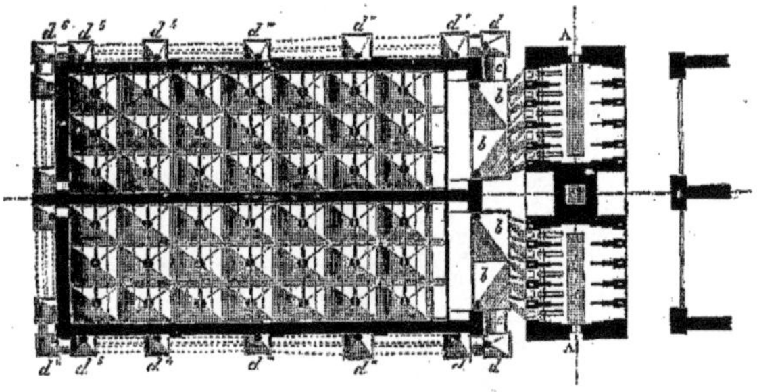

Fig. 801. — Plan général de l'atelier.

figure 805 représente en élévation les tubes refroidisseurs, et la figure 806 fait connaître la disposition intérieure des chambres de dépôt.

Les cornues (fig. 802 et 803 ont une section rectangulaire; les dimensions intérieures sont

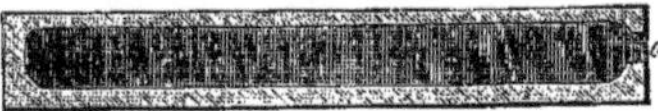

Fig. 802. — Cornue.

Fig. 803.

$1^m,06$ de longueur, $0^m,32$ de largeur et $0^m,10$ de hauteur; l'embouchure *a*, qui sert au chargement des lingots et à la sortie des vapeurs de zinc à $0^m,24$ de largeur sur $0^m,04$ de hauteur. Ces cornues (fig. 804) sont disposées par paires au-dessus de la grille du fourneau. Elles sont supportées seulement à l'avant et à l'arrière et peuvent être entourées par la flamme. La fig. 764 montre par une coupe verticale en avant des cornues les guérites inclinées qui les surmontent. L'intérieur est séparé par des cloisons verticales en deux cases *b* et *c*. Dans la première tombent directement les parties métalliques et l'oxyde le plus lourd, qui est recueilli dans un vase en tôle; dans la case *c* se rassemblent les oxydes très-lourds encore, mais déjà plus purs, qui sont entraînés au-dessus de la cloison qui sépare *b* et *c* et retombent le long du plan incliné de la guérite.

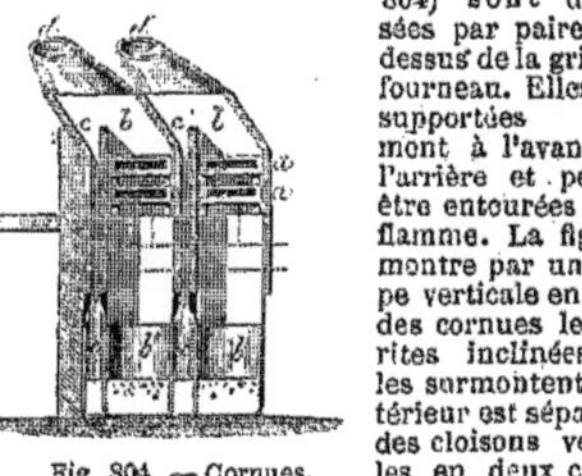

Fig. 804. — Cornues.

Le chargement des lingots et le nettoyage de l'embouchure des cornues s'opèrent par une porte en fonte placée devant chaque paire de cornues.

Chaque fourneau (fig. 800) comprend une grille de 3 mètres de longueur placée au-dessus d'un cendrier voûté AA dans lequel les ouvriers entrent pour piquer le feu; la porte de chargement *b* se trouve à l'extrémité. De chaque côté de la grille sont disposées dix cornues superposées par groupe, deux dans les niches *c*, *c*, *c*..., soit 20 cornues par four. La flamme passe dans un carneau situé sous la partie antérieure des cornues pour se rendre à la cheminée centrale B, qui dessert deux fours.

Des tubes en tôle *d'*, *d'*... sont adaptés aux guérites coniques en terre et aboutissent à un conduit commun *d*, *d*. L'oxyde qui se dépose dans ce conduit est reçu dans de larges trémies et recueilli dans des récipients spéciaux. Les gaz entraînant les oxydes plus légers sont alors conduits à la série des tubes réfrigérants (fig. 765) recourbés en siphons $d'd'$, $d''d''$, $d'''d'''$, d^4d^4, d^5d^5, aboutissant dans les trémies closes e, e', e'', e''', e^4, prolongées par un tube inférieur en tôle et par un tube en toile qu'on ouvre à volonté et qui sert à recueillir les oxydes déposés. Le courant d'air arrive alors par le tube *f* à l'extrémité des chambres la plus éloignée du fourneau.

La figure 806 permet de suivre la marche du gaz dans l'intérieur des chambres: leur température ne doit pas dépasser 50 degrés. Des cloisons verticales forment 24 compartiments terminés chacun à leur partie inférieure par une trémie. Chaque compartiment g, g^1, g^2, g^3,... est divisé lui-même par une cloison verticale incomplète qui force les gaz à monter puis à redescendre avant d'entrer dans le compartiment suivant. Après avoir parcouru ces 24 chambres élémentaires, les gaz traversent une toile métallique d'une grande surface et se rendent enfin à la cheminée g^{15}.

Les gaz des 10 cornues parcourent une longueur totale de 870 mètres avant de s'échapper dans l'atmosphère.

Un fourneau double contenant 40 cornues brûle 12,000 kilogrammes de zinc par 24 heures. La consommation de houille est de 40 à 45 kilogrammes par 100 kilogrammes de zinc. Le rendement en blanc de zinc est de 5 à 10 % inférieur au rendement théorique.

Les produits mélangés de zinc métallique sont soumis à la lévigation pour en séparer le métal. Cette opération se pratique soit à froid, soit à chaud (procédé Lhuillier). Le mélange d'oxyde et de zinc métallique projeté dans l'eau bouillante donne lieu à une effervescence, par suite de laquelle l'oxyde vient surnager quelques instants et peut être, par déversement d'une partie du liquide, séparé des portions métalliques. De là un système de lévigation rapide.

L'oxyde déposé est mis à égoutter sur un filtres de coton. La dessiccation doit être opérée très-rapidement pour éviter un retrait considérable et une agglomération de la masse qui empêcherait de la diviser finement par le broyage.

On sait que, pour que les peintures à l'huile sèchent assez rapidement, on emploie généralement des huiles lithargyrées, contenant en solution une proportion d'oxyde de plomb qu'on fait varier suivant la saison. L'emploi de ces huiles dans la peinture au blanc de zinc laisserait subsister un élément d'altération et une partie des inconvénients dus à la présence du plomb.

Leclaire est arrivé à produire des huiles siccatives en les faisant bouillir pendant huit heures avec 5 % de leur poids de bioxyde de manganèse en poudre. On a proposé et employé également divers mélanges contenant des sels de manganèse, et en particulier le borate de manganèse.

Le blanc de zinc s'associe très-bien aux autres couleurs pour donner des couleurs composées.

Les avantages du blanc de zinc dans la peinture sont considérables. Son emploi supprime complétement l'intoxication saturnine, qui est si fréquente chez les ouvriers qui préparent la céruse, quels que soient les perfectionnements qu'on ait introduits dans cette fabrication. Les couleurs au blanc de zinc sont complétement inoffensives pour les ouvriers peintres si souvent atteints plus ou moins gravement de maladies dues au plomb. Elles présentent en outre le grand avantage d'être fixes, et de ne pas noircir, comme les couleurs à la céruse, sous l'influence des émanations sulfureuses.

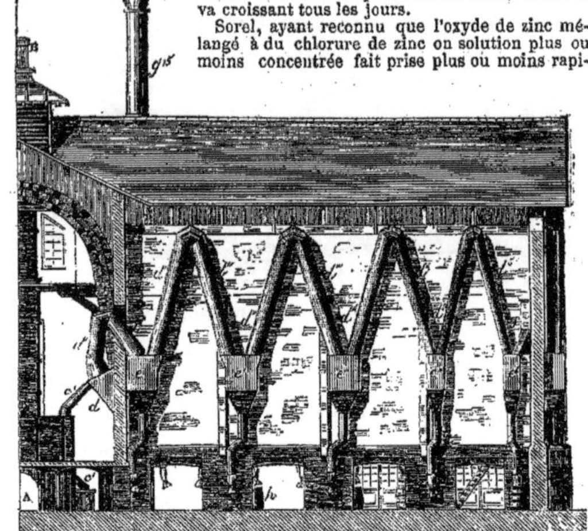

Fig. 805. — Tubes refroidisseurs.

On reproche à la couleur au blanc de zinc de *couvrir mal;* c'est-à-dire que les couches de cette peinture sont moins opaques et masquent moins bien les couleurs sous-jacentes. Il faut, comparativement à la céruse, plus d'huile pour délayer l'oxyde de zinc; en revanche, avec la même quantité d'oxyde de zinc on recouvre une surface plus grande qu'avec la céruse. Il semble que la routine ait été l'obstacle le plus sérieux à la généralisation de l'emploi de cette peinture. Actuellement son importance est considérable et va croissant tous les jours.

Fig. 806. — Chambre de dépôt.

Sorel, ayant reconnu que l'oxyde de zinc mélangé à du chlorure de zinc en solution plus ou moins concentrée fait prise plus ou moins rapidement par suite de la formation d'un oxychlorure de zinc insoluble, a pu appliquer cette propriété à la préparation de couleurs à l'oxychlorure de zinc, sans huile, et à la préparation d'un ciment qui est employé pour le plombage des dents. En ajoutant au mélange une quantité variable de sable, on obtient des luts qui sont utilisés quelquefois dans les laboratoires et dans l'industrie. Ce mélange a servi également à préparer des pierres artificielles et à réparer certaines portions de monuments. F. de L.

ZINC ARSÉNIATÉ. — Voyez ADAMINE ET KOETTIGITE.

ZINC CARBONATÉ. — Voyez SMITHSONITE.

ZINC SILICATÉ. — Voyez CALAMINE.

ZINC SULFATÉ. — Voyez GOSLARITE.

ZINCAZURITE (Min.). — Substance en petits cristaux bleus, de la sierra d'Almagrera (Espagne), contenant, d'après Plattner, du sulfate de zinc, du carbonate de cuivre et un peu d'eau.

ZINCITE (Min.) [Syn. *Spartalithe, sterlingite.*—Oxyde de zinc ZnO, avec un peu de manganèse. Masses laminaires ou grains plus ou moins gros à structure foliacée, d'un éclat assez vif, d'un rouge orangé, se trouvant avec franklinite et calcite à Sterling-Hill (New-Jersey).

Caractères. — Soluble dans les acides, sans effervescence. Chauffé dans le tube, devient noir à chaud et reprend ensuite sa couleur. Avec les flux, réactions du manganèse; sur le charbon, s'entoure d'une auréole d'oxyde de zinc.

Dureté, 4 à 4,5. Poussière jaune orangé clair. Densité, 5,45 à 5,7.

Forme cristalline. — Pyramide hexagonale $p\ b^{1/2} = 118°\ 7'$. Clivage peu facile.

ZINCKENITE (Min.). — Antimoniosulfure de plomb, PbS, Sb^2S^3, en cristaux orthorhombiques souvent groupés en formes hexagonales; fréquemment en masses fibreuses ou bacillaires, d'un éclat métallique, d'une couleur gris d'acier, se trouvant à la mine d'antimoine de Wolfsberg (Hartz).

Caractères. — Soluble dans l'acide chlorhydrique avec dégagement d'hydrogène sulfuré et dépôt de chlorure de plomb, par refroidissement. Décrépite et fond facilement; au chalumeau, fumées d'antimoine et enduit de plomb, etc.

Dureté, 3 à 3,5. Poussière gris d'acier. Densité, 5,30 à 5,35.

Forme cristalline. — Prisme orthorhombique $mm = 129°\ 39'$; $a^1a^1 = 150°\ 30'$.

ZINCONISE (Min.) [Syn. *Hydrozincite, marionite, zinkblüthe*]. — Hydrocarbonate de zinc, $ZnO\,CO^2, 2\,ZnO\,H^2O$. Masses terreuses ou compactes, concrétionnées, parfois pisolithiques, d'une couleur blanche ou jaunâtre, d'un éclat terreux ou cireux, se trouvant dans beaucoup de gisements de zinc; la mine de Dolorès, près Santander (Espagne), en a fourni de très-beaux échantillons.

Dureté, 2 à 2,5. Densité, 3,58 à 3,8.

Caractères. — Dans le tube bouché donne de l'eau; pour le reste, réactions de la smithsonite.

ZINCOSITE (Min.). — Sulfate anhydre de zinc, trouvé d'après Breithraupt, à la mine de Barranco-Iaroso, sierra Almagrera (Espagne). Cristaux isomorphes avec l'anglesite et la barytine (?).

ZINÉPHYLLITE. — Voyez HOPÉITE.

ZINNÉWALDITE. — Voyez LÉPIDOLITHE.

ZIPPÉITE (Min.). — Sulfate hydraté de sesquioxyde d'urane avec ou sans oxyde de cuivre, de Joachimsthal (Bohême). Petites aiguilles ou croûtes feutrées d'un beau jaune de soufre, ou d'un jaune orangé.

Caractères. — Dans le tube bouché donne de l'eau. Avec les flux, réactions de l'urane.

Dureté, 3.

ZIRCON (Min.) [Syn. *Iargon, hyacinthe, ostranite, calyptolithe, engelhardite*]. — Silicate de zircone, ZrO^2SiO^2. En cristaux quadratiques, plus ou moins gros, dans les roches cristallines, granite, syénite, etc., à Friedrichwärm (Norvége), à Miask (Oural), dans les calcaires cristallins, dans les schistes talqueux, Pfitsch (Tyrol); dans les sables gemmifères, à Espaly (Haute-Loire); dans la Caroline du Nord), dans l'île de Ceylan, etc. D'un vif éclat, transparent ou translucide; jaune, gris, brun, rouge-hyacinthe; quelquefois incolore (Pfitsch), vert, bleu, rosé (Roche des Capucins, Mont-Dore).

Caractères. — Inattaquable aux acides, sauf en poudre très-fine par l'acide sulfurique concentré. Décomposé par fusion avec les carbonates alcalins et les bisulfates. Au chalumeau, les variétés colorées se décolorent sans fondre. Pas de réaction avec les flux.

Dureté, 7,5. Densité, 4,05 à 4,75.

Forme cristalline. — Prisme quadratique b^1b^1 (sur p) $= 95°40'$; faces : m, p, h^1, a^2, b^2, $b^1 = (b^{1/2}\ b^{1/3}\ h^1)$ etc. Clivage m et b^1 assez nets.

ZIRCONIUM, $Zr = 89,5$ (ou 90 d'après Marignac). Équivalent $= 44,75$.

Ce métal se rencontre dans quelques minéraux assez rares, sous la forme de silicates, dont le principal est le *zircon*. L'*hyacinthe*, qui est colorée en rouge foncé, l'*auerbachite*, etc., en sont des variétés. Le *malacon* est un silicate hydraté de zirconium. L'*eudialyte*, la *fergusonite*, la *wœhlerite* sont des niobates de zirconium, de cérium, etc.; la *polymigmite* est un titanate complexe renfermant du zirconium; la *catapléite* est un silicate de zirconium, de sodium et de calcium.

L'oxyde de zirconium, ou zircone, a été caractérisé comme oxyde nouveau par Klaproth en 1789. Berzelius a isolé le métal en 1824 et en a étudié les combinaisons [*Poggend Ann.*, t. IV, p. 124, et t. VIII, p. 186].

Préparation. — Berzelius a isolé le zirconium en chauffant au rouge, dans un creuset de fer, un mélange de potassium et de fluozirconate de potassium. Le produit obtenu est repris par l'eau aiguisée d'acide chlorhydrique et additionnée de sel ammoniac, qui favorise le dépôt du zirconium réduit. Celui-ci constitue une poudre amorphe noire, qu'on lave finalement à l'alcool.

Troost a fait connaître d'autres modes de préparation de ce métal, qui le fournissent dans trois états différents : à l'état cristallin, à l'état graphitoïde et à l'état amorphe [*Compt. rend.*, t. LXI, p. 109; *Bull. de la Soc. chim.*, 1866, t. V, p. 212].

On chauffe dans un creuset de charbon de cornue le fluozirconate de potassium avec $1\frac{1}{2}$ fois son poids d'aluminium, à une température voisine de la fusion du fer. Après refroidissement, l'aluminium en excès est recouvert de lamelles cristallines, serrées comme les feuillets d'un livre. Débarrassées de l'aluminium par l'acide chlorhydrique étendu, ces lamelles renferment 4,3 % d'aluminium et 0,56 de silicium; ce n'est donc pas du zirconium pur.

B. Franz a obtenu de la même manière des lames métalliques renfermant 1 % d'aluminium et 0,47 % de silicium [*Deutsch. chem. Gesellsch.*, t. III, p. 58].

La décomposition du zirconate de sodium par le fer fournit le zirconium graphitoïde.

D'après Phipson, le magnésium réduit la zircone en donnant une poudre amorphe, noire et veloutée [*Compt. rend.*, t. LXI, p. 745].

Le zirconium amorphe s'obtient encore par l'action du sodium au rouge sur les vapeurs du chlorure de zirconium, ou bien par l'action du sodium ou du magnésium sur le chlorure double de zirconium et de sodium. L'opération s'effectue dans un creuset.

Propriétés. — Le zirconium *cristallin* est en larges lamelles, dures, brillantes et fragiles, dérivant sans doute d'un prisme clinorhombique. Densité, 4,15. Il est moins fusible que le silicium et ne brûle qu'à la flamme du gaz tonnant. Il brûle au rouge sombre dans le chlore. La potasse en fusion l'attaque, mais non le nitre ou le chlorate de potassium.

Les acides azotique et sulfurique concentrés ne l'attaquent que difficilement à chaud. Le gaz chlorhydrique le transforme en chlorure au rouge. L'eau régale le dissout rapidement à chaud. L'acide fluorhydrique étendu le dissout rapidement à froid.

Le zirconium *graphitoïde* se présente en petites écailles légères, d'un gris d'acier.

Le zirconium *amorphe* est une poudre noire qui devient brillante sous le brunissoir. Il est d'une grande tenuité et passe facilement à travers les filtres; l'addition d'un acide ou d'un sel le rend plus compacte. Il est mauvais conducteur de l'électricité. Calciné à l'air, il brûle vers le rouge en donnant de la zircone. Il n'est attaqué facilement que par la potasse en fusion ou par l'acide fluorhydrique aqueux.

Chaleur spécifique, 0,0666 [Mixter et Dana, *Ann. der Chem. u. Pharm.*, t. CLXIX, p. 388]. Cette chaleur spécifique confirme le poids atomique du zirconium.

Il donne par l'étincelle d'induction un spectre caractérisé surtout par des bandes nombreuses dans le violet et l'ultra-violet; ce spectre présente trois maxima lumineux, entre les raies H et L, entre P et Q et dans le violet extrême [Troost et Hautefeuille, *Compt. rend.*, t. LXXIII, p. 620].

Poids atomique et atomicité du zirconium. — Berzelius représentait la zircone par la formule Zr^2O^3, en s'appuyant sur la composition des fluozirconates de potassium, en raison du rapport du fluor dans les deux fluorures combinés. Cette opinion avait été appuyée par Hermann [*Journ. für prakt. Chem.*, t. XXXI, p. 77], mais elle n'a pas été admise par L. Gmelin et par d'autres chimistes, qui envisageaient la zircone comme un protoxyde ZrO. Il est à remarquer que la formule Zr^2O^3 était justifiée par celle que l'on assignait alors à la silice, car les relations de ces deux corps avaient déjà été entrevues.

Deville et Troost, se fondant sur la densité de vapeur du chlorure de zirconium et sur les analogies que présentent le zirconium avec le titane, sont les premiers qui aient assigné à la zircone la formule ZrO^2, formule qui la range à côté de la silice SiO^2, de l'oxyde stannique et de l'oxyde titanique. Les chlorures correspondants présentent tous la même structure moléculaire et sont représentés par la formule $M^{iv}Cl^4$. G. Rose s'est rangé à l'opinion de Deville et Troost par des considérations tirées de l'isomorphisme de la zircone avec le rutile [*Poggend. Ann.*, t. CVII, p. 602]. Enfin les belles recherches de Marignac sur les fluozirconates, isomorphes avec les fluosilicates, les fluotitanates et les fluostannates, sont venues apporter à cette opinion des arguments décisifs.

Le poids atomique, tel qu'il résulte des recherches de Berzelius, est égal à 89,4, pour la formule ZrO^2 (il serait 67,0 pour la formule Zr^2O^3 et 44,7 pour la formule ZrO, toujours en posant O=16). La densité de vapeur du chlorure de zirconium conduit à peu près à ce nombre (89,4). Hermann était arrivé à un nombre très-voisin. D'après MM. Marignac et H. Deville, ce nombre est un peu trop faible et doit se rapprocher de 90 [*Ann. Chim. Phys.*, (3), t. LX, p. 263].

Le zirconium ne forme qu'une seule série de composés, dans lesquels il fonctionne toujours comme élément tétratomique. Son oxyde fonctionne tantôt comme acide, tantôt comme base. Dans certaines combinaisons basiques avec les acides, il paraît entrer sous forme de radical diatomique, $(ZrO)''$, le *zirconyle*, à la manière de l'uranyle, etc.

Svanberg [*Poggend. Ann.*, t. LXV, p. 317] avait annoncé que la zircone est un mélange de trois oxydes distincts. Il avait même cru y entrevoir la présence d'un oxyde nouveau, la *norine*. Marignac par l'étude des fluozirconates a reconnu la parfaite homogénéité de la zircone; déjà Hermann avait constaté l'identité de la prétendue norine avec le zircone. Ce qui avait porté surtout à croire à un mélange, c'est la densité variable que présente la zircone. Marignac a montré que cette variabilité ne tient qu'au degré de calcination subi par la zircone.

Alliage de zirconium. — *Zirconium et aluminium.* — Quand on fond au rouge blanc 1 p. de zircone avec 5 p. de cryolithe pulvérisée, 10 p. de chlorure de sodium et 1 p. d'aluminium, on obtient un régule métallique qui, débarrassé de l'aluminium en excès par l'acide chlorhydrique étendu, laisse des lamelles cristallines qui ont pour composition $ZrAl^3$, ou, si l'on tient compte du silicium qu'elles renferment, Zr^2Al^6Si. Elles sont accompagnées d'une masse cristalline foncée, facile à séparer par lévigation, et qui est du silicium [Melliss, *Zeitschrift für Chem.*, t. VI, p. 296; *Bull. de la Soc. chim.*, t. XIV, p. 204].

Combinaisons du zirconium avec les corps halogènes.

Bromure de zirconium, $ZrBr^4$. — On le prépare en faisant passer des vapeurs de brome, entraînées par un courant de gaz carbonique, sur des boulettes de zircone, d'amidon et de charbon de sucre chauffées au rouge vif dans un tube.

C'est une poudre cristalline blanche, volatile. Il n'est pas réduit au rouge blanc par l'hydrogène. Il attire l'humidité de l'air et est décomposé énergiquement par l'eau, qui le transforme en oxybromure [Melliss, *loc. cit.*].

La solution d'hydrate de zirconium dans l'acide bromhydrique laisse par l'évaporation des grains cristallins, solubles dans l'eau et décomposables par la chaleur. C'est un bromure hydraté, ou plutôt un oxybromure [Berthemot, *Ann. de Chim. et de Phys.*, (2), t. XLIV, p. 393].

Oxybromure, $ZrOBr^2$. — Par l'évaporation de la solution aqueuse du bromure $ZrBr^4$ cet oxybromure se dépose en belles aiguilles transparentes (Melliss).

Chlorure de zirconium, $ZrCl^4$. — Il se produit par la combustion du zirconium dans le chlore, ainsi que par l'action du chlore sur un mélange de zircone et de charbon chauffé au rouge vif dans un tube. On le purifie par sublimation dans un courant d'hydrogène, pour en séparer le chlorure du silicium et le chlorure de titane beaucoup plus volatils et qui peuvent l'accompagner. C'est un sublimé blanc dont la densité de vapeur, prise dans la vapeur de mercure, a été trouvée égale à 117 (par rapport à H=1); la densité de vapeur théorique est de 115,75. [Deville et Troost, *Ann. de Chim. et de Phys.*, (3), t. LVIII, p. 281].

Le chlorure de zirconium anhydre forme avec le perchlorure de phosphore une combinaison $2ZrCl^4.PCl^5$, fusible à 240° et volatile à 325° Paijkull, *Bull. de la Soc. chim.*, t. XX, p. 65].

Il s'unit de même par voie sèche au gaz ammoniac et au chlorure de sodium, pour former les combinaisons $ZrCl^4.4AzH^3 = Zr(AzH^3Cl)^4$ et $ZrCl^4.2NaCl$ (Paijkull).

Chlorure hydraté. — Le chlorure de zirconium anhydre se dissout dans l'eau avec élévation de température.

On obtient la même solution en dissolvant l'hydrate de zirconium dans l'acide chlorhydrique étendu. L'évaporation de la solution abandonne des aiguilles soyeuses, à saveur astringente, solubles dans l'eau et dans l'alcool, peu solubles dans l'acide chlorhydrique concentré (Berzelius). Si on laisse d'abord le chlorure s'hydrater à l'air, il se dissout dans l'eau sans élévation de température. La solution, évaporée à sec, laisse un résidu insoluble dans l'eau et dans l'acide chlorhydrique (H. Rose).

Oxychlorure. — Les cristaux déposés dans la solution chlorhydrique d'hydrate de zirconium sont un oxychlorure qui, d'après Paijkull, a pour composition $ZrOCl^2 + 8H^2O$ ($+ 9H^2O$ d'après Hermann; $4\frac{1}{2}H^2O$ d'après Melliss). Si on chauffe ces cristaux, ils deviennent opaques, perdent de l'eau et de l'acide chlorhydrique et se convertissent en un autre oxychlorure anhydre

$$ZrCl^4 + 2ZrO^2 = Zr^3Cl^4O^4$$

(Hermann).

La solution alcoolique d'oxychlorure $ZrOCl^2$ donne, par l'addition d'éther, un précipité cristallin qui a pour composition

$$ZrCl^4.3ZrO^2 = 2Zr^2Cl^2O^3.$$

Cet oxychlorure est soluble dans l'eau et se sépare à l'état amorphe par l'évaporation de la solution. Il est soluble dans l'alcool, qui le décompose à chaud [Endemann, *Journ. für prakt. Chem.*, (2), t. XI, p. 209].

Oxychlorure, $3ZrCl^4.ZrO^2$ soit Zr^2OCl^6. — C'est un produit volatil qui se forme lorsqu'on chauffe le tétrachlorure anhydre dans un courant d'oxygène [Troost et Hautefeuille, *Compt. rend.*, t. LXXIII, p. 563].

FLUORURE DE ZIRCONIUM, $ZrFl^4$. — Il se prépare par l'action du fluorhydrate de fluorure d'ammonium sur l'oxyde de zirconium, jusqu'à expulsion de l'excès de fluorhydrate.

On l'obtient aussi en faisant agir le gaz acide chlorhydrique au rouge sur un mélange de fluorure de calcium et de zircone. C'est un corps solide, moins bien cristallisé que le fluorure d'aluminium, qu'on obtient par le même procédé. Il est soluble dans l'eau, qui le transforme en oxyfluorure attaquable par les acides, volatil au rouge blanc [Deville. *Ann. de Chim. et de Phys* (3), t. XLIX, p. 84]. Il forme de petits cristaux brillants, présentant en général des faces courbes et appartenant au type du prisme anorthique. Faces principales, *m*, *p*, *t*, *h* ou $\infty'P'\infty$, *g* $\infty P'\infty$. Angles $mt = 108°18'$; $pm = 99°41$; $pt = 120°6'$; $ph = 116°32'$; $pg = 112°14'$ (Marignac).

L'acide fluorhydrique dissout difficilement l'oxyde de zirconium anhydre, mais aisément l'hydrate de zirconium.

Le fluorure de zirconium anhydre se dissout dans l'acide fluorhydrique aqueux et la solution abandonne par l'évaporation de petits cristaux anorthiques brillants, souvent en formes tabulaires. Chauffés, ces cristaux perdent de l'acide fluorhydrique en même temps que de l'eau. Chauffés au rouge, ils laissent un résidu de zircone anhydre.

Le fluorure de zirconium se combine avec les autres fluorures. — Voyez FLUOZIRCONATES, t. I, p. 1483.

FLUOSILICATE DE ZIRCONIUM. — Voyez t. I, p. 1477.

IODURE DE ZIRCONIUM. — L'iode n'attaque pas le mélange de zircone et de charbon au rouge. L'iodure de zirconium ne se produit pas non plus par l'action de l'iodure de potassium sur le bromure de zirconium.

On n'obtient pas davantage un oxyiodure lorsqu'on concentre à basse température la solution de l'hydrate de zirconium dans l'acide iodhydrique (Melliss).

COMBINAISONS DU ZIRCONIUM AVEC L'OXYGÈNE ET LE SOUFRE.

OXYDE DE ZIRCONIUM OU ZIRCONE, ZrO^2. — C'est le seul oxyde du zirconium. Il se produit par la calcination du zirconium à l'air ou par la fusion avec les alcalis, ainsi que par l'action de la chaleur sur l'hydrate, le chlorure ou le fluorure hydratés.

Préparation. — La zircone est contenue dans le zircon, et autres minéraux analogues, à l'état de silicate. On a fait connaître un assez grand nombre de procédés pour l'extraire de ces minéraux.

On calcine les hyacinthes, qui se trouvent en abondance dans le ruisseau d'Espaly (Haute-Loire), avec trois fois leur poids de potasse, au creuset d'argent. On reprend par l'acide chlorhydrique, on évapore à sec, pour séparer la silice. On dissout le résidu dans l'eau et l'on ajoute à la solution de l'ammoniaque qui précipite les hydrates de fer et de zirconium. On traite ce précipité par l'acide oxalique qui redissout l'hydrate ferrique et laisse de l'oxalate de zirconium. Ce dernier abandonne la zircone pure par la calcination. On peut aussi concentrer la solution chlorhydrique jusqu'à cristallisation et traiter le résidu par un excès d'acide chlorhydrique concentré, dans lequel le chlorure de zirconium hydraté est insoluble [Chevreul, *Ann. de Chim. et de Phys.* (2), t. XIII, p. 245].

Berzelius attaquait le zircon, étonné et pulvérisé, dans un creuset par 3 p. de carbonate de sodium sec, en ajoutant de temps en temps des fragments de soude caustique. Henneberg et Wackenroder opérèrent d'une manière analogue, avec addition d'un peu de nitre au carbonate de sodium. On reprend par l'eau et l'acide chlorhydrique; on évapore à sec pour séparer la silice, on redissout le résidu dans l'eau et on précipite la zircone par l'ammoniaque : ainsi obtenue, elle n'est pas exempte de fer.

Berthier opérait l'attaque du zircon d'après les mêmes principes [*Ann. de Chim. et de Phys.*, (2), t. L, p. 362, et t. LIX, p. 192].

Pour débarrasser la zircone du fer, on peut traiter la solution des chlorures par une lame de zinc : la zircone se dépose sous forme d'hydrate gélatineux et le fer reste dissous; on filtre l'hydrate, on le lave, on le redissout dans l'acide chlorhydrique et on le précipite de nouveau par l'ammoniaque (Cloez).

On peut encore additionner la solution d'acide tartrique, sursaturer par l'ammoniaque et précipiter le fer par le sulfure ammonique. On filtre, on évapore à sec et on incinère le résidu, qui laisse la zircone (Berzelius).

La meilleure méthode pour séparer le fer de la zircone consiste à faire bouillir la solution chlorhydrique avec de l'hyposulfite de sodium; la zircone se précipite et le fer reste dissous. On lave le précipité et on le fait bouillir avec de l'acide chlorhydrique jusqu'à ce qu'il ne se dégage plus d'acide sulfureux; on filtre et on précipite l'hydrate de zirconium par l'ammoniaque (Chancel, Hermann).

Wœhler attaque les zircons par le chlore après les avoir mélangés intimement à du charbon : il se forme du chlorure de zirconium et du chlorure de silicium, ce dernier beaucoup plus volatil et facile à séparer [Wœhler, *Pogg. Ann.*, t. XLVIII, p. 94].

R. Hermann attaque le zircon par le carbonate de sodium dans un creuset de charbon ou de fer, épuise la masse fondue par l'eau bouillante, pour enlever le silicate de sodium, et traité le résidu, formé de zirconate de sodium, par l'acide sulfurique étendu d'un peu d'eau; il chauffe ensuite jusqu'à volatilisation de l'acide sulfurique, reprend par l'eau et précipite la solution par la soude. Le précipité est privé de fer par l'hyposulfite de sodium, comme on l'a vu plus haut [*Journ. f. prakt. Chem.*, t. XCVII, p. 330].

H. Rose a proposé d'attaquer le zircon par le fluorhydrate de fluorure d'ammonium, mais Marignac a reconnu que l'attaque a lieu plus complètement par le fluorhydrate de fluorure de potassium [*Ann. de Chim. et de Phys.*, (3), t. LX, p. 260].

On mélange le zircon porphyrisé avec 3 à 4 fois son poids de fluorure acide de potassium; on chauffe le mélange d'abord dans une capsule de platine jusqu'à ce que, après avoir subi la fusion aqueuse, il forme une masse sèche et dure. On pulvérise celle-ci et on l'introduit dans un creuset de platine qu'on chauffe au rouge. La matière devient parfaitement fluide et peut être coulée après un quart d'heure, temps suffisant pour achever l'attaque. On traite la masse fondue et pulvérisée par l'eau bouillante qui dissout le fluozirconate de potassium. Ce sel cristallise par le refroidissement de la liqueur filtrée. Il suffit d'une seconde cristallisation pour l'obtenir tout à fait pur.

Pour obtenir la zircone à l'aide du fluozirconate de potassium, on traite ce sel par l'acide sulfurique, on calcine et on lave à l'eau bouillante.

La zircone ainsi obtenue est presque inattaquable par les acides et même par l'acide fluorhydrique. C'est pourquoi, au lieu de calciner le sulfate, Hornberger préfère évaporer la solution sulfurique à sec, redissoudre le résidu salin dans l'eau et précipiter la solution par l'ammoniaque. Il est bon d'éviter dans cette précipitation une élévation de température, car la zircone précipitée serait plus difficilement soluble dans les acides. On la redissout dans l'eau acidulée par l'acide chlorhydrique et on la précipite une dernière fois par l'ammoniaque [*Ann. der Chem. u. Pharm.*, t. CLXXXI, p. 232; *Bull. de la Soc. chim.*, t. XXVI, p. 403].

Enfin, nous indiquerons la marche suivie par B. Franz et qui repose sur l'attaque du zircon par le bisulfate de potassium. On reprend le produit de l'attaque par l'eau bouillante, qui laisse un sulfate basique de zirconium insoluble,

$$2(SO^4)^2Zr.5ZrO^2.$$

On fond ce sulfate avec de la soude, on épuise par l'eau et on dissout le résidu dans l'acide sulfurique. La solution sulfurique est ensuite précipitée par l'ammoniaque [*Deutsch. chem. Gesells.*, t. III, p. 58].

Deville et Caron ont obtenu la zircone cristallisée en chauffant, au creuset brasqué, du fluorure de zirconium avec de l'acide borique anhydre. Il se dégage du fluorure de bore et la zircone reste en cristaux dendritiques, insolubles dans les acides, même dans l'acide sulfurique concentré, et inattaquables par la potasse. Seul le bisulfate potassique l'attaque en donnant un sulfate double insoluble [*Compt. rend.*, t. XLVI, p. 764].

Propriétés. — La zircone forme une poudre blanche ou des fragments durs, rayant le verre et faisant feu sous le briquet. Elle est infusible lorsqu'elle est exempte de potasse. Sa densité varie de 4,35 à 4,9 suivant le degré de calcination qu'elle a subi. La zircone préparée à basse température devient incandescente lorsqu'on la chauffe au rouge, et sa densité augmente. Calcinée, elle est insoluble dans les acides, même très-difficilement dans l'acide fluorhydrique. On peut l'attaquer en la chauffant longtemps avec de l'acide sulfurique ou en la fondant avec le bisulfate de potassium.

Fondue avec du borax au four à porcelaine, la zircone se transforme en prismes quadratiques microscopiques qui restent lorsqu'on épuise la masse par l'eau. Ces cristaux polarisent la lumière et sont isomorphes avec la cassitérite et le rutile. Rapport des axes = 1 : 1,0061. Densité = 5,71 [Nordenskjoeld, *Poggend. Ann.*, t. CXIV, p. 612].

La zircone cristallise au chalumeau, dans la perle de borax ou de sel de phosphore, en petits cristaux quadratiques, d'apparence cubique, présentant les faces *m* et *p*; les cristaux obtenus dans le sel de phosphore sont semblables au rutile; ceux obtenus dans le borax paraissent correspondre à la brookite [Wunder, *Journ. f. prakt. Chem.*, (2), t. II, p. 206].

Chauffée dans le gaz oxhydrique, la zircone répand un vif éclat: aussi l'a-t-on proposée pour l'éclairage (Caron).

Calcinée avec du charbon dans un courant de chlore, la zircone se convertit en chlorure de zirconium.

Chauffée dans un courant de vapeurs de chlorure de silicium, elle donne de même du chlorure de zirconium volatil et un résidu de silicate de zirconium (zircon) (Troost et Hautefeuille).

Hydrate de zirconium. — Il est précipité par l'ammoniaque des sels de zirconium. Précipité par la potasse, il renferme toujours une certaine quantité d'alcali. Il est insoluble dans un excès de potasse. Récemment préparé, il forme une masse gélatineuse blanche, qui se contracte par la dessiccation et se transforme en une masse gommeuse jaunâtre et translucide, à cassure conchoïde.

Séché à la température ordinaire, il a pour composition $ZrO^2.2H^2O = Zr(OH)^4$ (Hermann). Séché à 100°, il renferme

$$ZrO^2.H^2O = ZrO(OH)^2.$$

Calciné, il laisse de la zircone anhydre.

La zircone entraîne facilement dans sa précipitation les matières organiques et les sels étrangers qui peuvent se trouver avec elle en dissolution.

L'hydrate de zirconium est soluble dans 5000 p. d'eau; il possède une réaction acide (Brush).

COMBINAISONS DE LA ZIRCONE.

La zircone peut fonctionner comme acide et comme base. Les sels qu'elle forme avec les acides ont une saveur acide et astringente; ils rougissent le tournesol. L'hydrate précipité à froid se dissout facilement dans les acides étendus; précipité à chaud et lavé à l'eau bouillante, il ne se dissout que dans les acides concentrés.

Les combinaisons de la zircone avec les bases alcalines ou alcalino-terreuses, c'est-à-dire les *zirconates*, s'obtiennent par la fusion de la zircone avec ces bases. Les zirconates alcalins sont insolubles dans l'eau ou décomposables. Ils ont été étudiés par Hiortdahl [*Compt. rend.*, t. LXI, p. 175 et 213; *Bull. de la Soc. chim.*, 1866, t. V, p. 213].

Zirconate de potassium. — Il n'a pas été isolé. Le produit de la fusion de la potasse avec la zircone, étant repris par l'eau, lui cède l'excès de potasse, et il reste de la zircone retenant une certaine quantité de potasse; ce produit se dissout dans les acides (Berzelius).

Zirconates de sodium. — *Orthozirconate*,

$$ZrO^2.2Na^2O = Zr^{IV}(ONa)^4.$$

— On l'obtient par une calcination prolongée de la zircone avec un excès de carbonate sodique sec. Il se dégage 2 molécules CO^2 pour 1 molécule ZrO^2.

La masse fondue, reprise par l'eau, laisse des lamelles du sel acide décrit plus loin.

Zirconate disodique, $ZrO^3Na^2 = ZrO(ONa)^2$. — On calcine un mélange de zircone et de carbonate sodique, dans les rapports indiqués par la formule. C'est une masse cristalline, que l'eau décompose en partie, en séparant de la zircone.

Zirconate acide, $ZrO^3Na^2.7ZrO^2 + 12H^2O$. — Il se forme par l'action de l'eau sur l'orthozirconate. On l'obtient encore en reprenant par l'eau acidulée d'acide chlorhydrique le produit de l'action d'un excès de carbonate de sodium sur la zircone. Il forme des lamelles hexagonales, quelquefois groupées à la manière du clinochlore.

Zirconate de calcium. — On chauffe au rouge vif, pendant 5 à 6 heures, du zircon ou un mélange équivalent de zircone et de silice, avec du chlorure de calcium, puis l'on reprend la masse par l'acide chlorhydrique. Le zirconate de calcium se sépare sous la forme d'une poudre cristalline brillante, mélangée de flocons de silice et de zircone amorphe.

ZIRCONATE DE MAGNÉSIUM. — On l'obtient, comme le sel de calcium, en opérant dans un creuset de platine et en recouvrant le mélange de sel ammoniac. On chauffe au blanc pendant une heure, puis on lave à l'acide chlorhydrique faible. Poudre cristalline, formée d'un mélange d'octaèdres (périclase) et de cristaux prismatiques, constituant sans doute le zirconate de magnésium, ZrO^3Mg.

SULFURE DE ZIRCONIUM.

Le zirconium et le soufre se combinent lorsqu'on les chauffe dans le vide ou dans un courant d'hydrogène; dans ce dernier cas, la combinaison a lieu avec une légère incandescence.

Le sulfure de zirconium est une poudre brune, prenant l'éclat métallique sous le brunissoir, insoluble dans l'eau, inattaquable par les lessives alcalines et par les acides, même par l'acide azotique; faiblement attaquée par l'eau régale, facilement par l'acide fluorhydrique, avec dégagement d'hydrogène sulfuré. La potasse en fusion le transforme en oxyde de zirconium et sulfure de potassium (Berzelius).

En chauffant un mélange de zircone et de charbon dans la vapeur de sulfure de carbone, Fremy a obtenu des lamelles graphitoïdes d'un gris d'acier, fournissant une poudre jaune, insoluble dans les acides dilués, décomposables par l'acide azotique avec dépôt de soufre.

Il se produit aussi du sulfure de zirconium par l'action du gaz sulfhydrique sec sur le chlorure de zirconium.

AZOTURE DE ZIRCONIUM.

Chauffé fortement dans un courant d'ammoniaque, le zirconium se transforme en un corps brun ou noir, renfermant de l'azote. On obtient un composé analogue lorsqu'on chauffe le chlorure de zirconium dans un courant de gaz ammoniac sec, ou le zirconium amorphe dans un courant de cyanogène.

Ayant chauffé du zirconium amorphe avec de l'alumine, dans un creuset de chaux qui s'était fendu pendant l'opération, Mallet a obtenu une masse poreuse, d'un gris foncé, laissant par l'action de l'acide chlorhydrique des cristaux cubiques microscopiques, d'un jaune d'or, inattaquables par les lessives alcalines, mais dégageant de l'ammoniaque par l'action de la potasse en fusion [*Sillim. Amer. Journ.*, t. XXVIII, p. 346; *Ann. der Chem. u. Pharm.*, t. CXIII, p. 362].

SELS DE ZIRCONIUM.

AZOTATE DE ZIRCONIUM, $(AzO^3)^4Zr$. — La solution d'hydrate de zirconium dans l'acide azotique laisse par l'évaporation une masse gommeuse, soluble dans l'eau si on ne la dessèche pas au-dessus de 100°. La solution peut dissoudre une nouvelle quantité de zircone hydratée, en donnant des sels basiques solubles; aussi peut-on ajouter une certaine quantité d'alcali à la solution du sel neutre sans qu'il se produise un précipité (Berzelius). Si l'on chauffe trop fort l'azotate de zirconium, il laisse par l'action de l'eau un résidu insoluble, sans doute un sel basique (Vauquelin).

Il existe, d'après R. Hermann, des sous-azotates de zirconium ayant pour composition :

$$(AzO^3)^4Zr.ZrO^2 \quad \text{et} \quad (AzO^3)^4Zr.2ZrO^2.$$

CARBONATE DE ZIRCONIUM. — Les carbonates alcalins produisent dans les solutions de zirconium un dégagement d'acide carbonique et un précipité blanc qui renferme 51,5 % de zircone, 7 d'acide carbonique et 41,5 % d'eau, soit environ

$$(CO^3)^2Zr.5ZrO^2 + 28H^2O$$

(Vauquelin).

D'après Hermann, les carbonates alcalins ne donnent pas immédiatement un précipité dans la solution d'un sel de zirconium; celui qui se forme par une nouvelle addition de réactif renferme

$$3ZrO^2.CO^2.6H^2O,$$

soit

$$(CO^3)^2Zr.5ZrO^2 + 12H^2O;$$

il est soluble dans un excès de carbonate et de bicarbonate de potassium (Hermann).

Lorsqu'on verse goutte à goutte un sel de zirconium dans une solution de carbonate ou de bicarbonate potassique en excès, le précipité se redissout dans cet excès. La solution obtenue avec le bicarbonate se trouble par l'ébullition ou par l'addition d'ammoniaque et laisse déposer de l'hydrate de zirconium. Cette précipitation est complète lorsqu'on fait bouillir avec du sel ammoniac (Berzelius).

SULFATES DE ZIRCONIUM. — 1° *Sulfate neutre*, $(SO^4)^2Zr$. — Pour préparer ce sel, on dissout l'hydrate ou l'oxyde de zirconium dans l'acide sulfurique; on évapore à sec et on calcine légèrement le résidu au-dessous du rouge. Le sulfate anhydre ainsi obtenu est soluble dans l'eau. A la température rouge, il perd tout son acide. Le sel neutre reste par l'évaporation de sa solution aqueuse sous la forme d'une masse gommeuse, qui devient blanche et fendillée lorsqu'on pousse plus loin la dessiccation.

Lorsqu'on évapore une solution aqueuse de sulfate renfermant encore de l'acide libre, on obtient des cristaux hydratés, qu'on lave à l'alcool pour les priver de l'excès d'acide.

Chauffés, ces cristaux fondent, puis se boursouflent comme l'alun. L'ammoniaque précipite de leur solution aqueuse de l'hydrate de zirconium exempt de sel basique. L'alcool en précipite un mélange de sel neutre et de sel basique (Berzelius). D'après Paijkull, ce sel cristallise avec $4H^2O$; chauffé à 100°, il perd $3H^2O$.

2° *Sulfate basique*,

$$(SO^4)^2Zr.ZrO^2 = (SO^4)(ZrO)''.$$

— On sature la solution concentrée du sel neutre par de l'hydrate de zirconium et l'on évapore la liqueur filtrée. Le sulfate basique reste sous la forme d'une masse gommeuse et fendillée, qui devient blanche et opaque par la dessiccation. Il n'exige qu'une petite quantité d'eau pour se dissoudre. Une plus grande quantité d'eau le dédouble en sel tribasique qui se précipite et en sel neutre qui reste dissous (Berzelius).

3° *Sel tribasique*, $(SO^4)^2Zr.2ZrO^2$. — Flocons blancs, insolubles dans l'eau, solubles dans l'acide chlorhydrique : ils se déposent lorsqu'on ajoute de l'alcool à la solution aqueuse du sel neutre, et qu'on lave le dépôt à l'alcool, puis à l'eau. Le même sel se forme aussi par l'action de l'eau sur le sel bibasique (Berzelius).

4° *Sel hexabasique*, $(SO^4)^2Zr.5ZrO^2$. — Lorsqu'à une solution chaude d'un sel de zirconium on ajoute du sulfate de potassium en solution concentrée et bouillante, on obtient par le refroidissement un précipité floconneux blanc qui constitue un sulfate hexabasique; la solution retient du bisulfate de potassium et une petite quantité de zircone. Ce précipité est insoluble en présence du sulfate de potassium, un peu soluble dans l'eau distillée [Berzelius; — Hermann, *Journ.*

f. prakt. Chem., t. XXXI, p. 75; *Annuaire de Chim.*, 1844, p. 107]. Le précipité se dissout très-facilement dans les acides lorsqu'il n'a pas été bouilli avec de l'eau.

Le sulfate d'ammonium se comporte comme le sulfate de potassium.

Sulfates doubles de zirconium et de potassium. — Ils ne présentent pas une composition bien définie.

Lorsqu'on fond de la zircone avec du bisulfate masse, elle se dissout et on obtient une produit fondu limpide. Reprise par l'eau, cette masse lui cède du sulfate de potassium et laisse un sel de zirconium très-peu soluble, qui est le sel hexabasique (Berzelius).

Si l'on reprend le produit par de l'acide sulfurique, qu'on évapore la solution, et qu'on chasse l'excès d'acide, puis qu'on fait digérer la masse saline avec de l'eau pendant 24 heures, il se forme un dépôt cristallin auquel Warren assigne la composition $6ZrO^2, 2K^2O.7SO^3.9H^2O$, soit $5(SO^4)^2Zr.7ZrO^2.4SO^4K^2 + 18H^2O$. Une grande quantité d'eau décompose ce sel en donnant une partie insoluble qui renferme

$$2(SO^4)^2Zr.ZrO^2.4SO^4K^2$$

Ces résultats sont très-contestables, car ce dernier sel devrait être plus basique que le premier, et il l'est moins.

Suivant Warren [*Pogg. Ann.*, t. CII, p. 449], les eaux de lavage (à froid) du sel hexabasique précipité par le sulfate de potassium laissent déposer peu à peu un précipité cristallin présentant la composition

$$18ZrO^2.3K^2O.10SO^3 + 33H^2O.$$

Cette composition ne s'éloigne pas beaucoup de celle qui est exprimée par la formule suivante, qui est plus vraisemblable et qui représente un sel double formé par le sulfate de potassium et le sulfate hexabasique de zirconium :

$$(SO^4)^2Zr.5ZrO^2.SO^4K^2 + 11H^2O.$$

Sulfite de zirconium. — Poudre blanche, insoluble dans l'eau, obtenue par double décomposition. Ce sel se dissout dans un excès d'acide sulfureux, mais s'en sépare de nouveau par l'ébullition (Berthier).

Le précipité formé par le sulfite ammonique dans un sel de zirconium est, d'après Hermann, un sel basique; il se dissout dans un excès du précipitant. Par l'ébullition de cette solution, qui renferme un sulfite double, il se dégage de l'acide sulfureux et il se précipite de la zircone. La solution du sulfite double n'est pas précipitée par les alcalis.

Hyposulfite de zirconium. — Précipité blanc produit par l'addition d'hyposulfite de sodium à un sel de zirconium. La précipitation est complète.

Sélénite de zirconium. — Poudre blanche, insoluble dans l'eau, soluble dans un excès d'acide sélénieux. Chauffé, ce sel perd son acide sélénieux et laisse de l'oxyde de zirconium (Berzelius).

Le précipité amorphe que forme le sélénite de sodium dans la solution d'oxychlorure de zirconium a pour composition : $4ZrO^2.3SeO^2 + 18H^2O$. Traité par un excès d'acide sélénieux (5 molécules), il se transforme en prismes microscopiques insolubles dans l'eau, solubles dans l'acide chlorhydrique, qui représentent le *sel normal*, $(SeO^3)^2 Zr + H^2O$, ou en cristaux brun foncé qui sont le même sel anhydre [Nilson, *Bull. de la Soc. chim.*, t. XXIII, p. 499].

Tellurate de zirconium. — Poudre insoluble blanche, obtenue par double décomposition.

Borate de zirconium. — Précipité blanc, insoluble dans l'eau, produit par l'addition du borax à un sel de zirconium.

Arséniate de zirconium. — Précipité blanc, obtenu par l'arséniate disodique; il est insoluble dans l'eau et dans l'acide chlorhydrique et renferme $(AsO^4)^2 Zr^{iv} H^2.ZrO^2 + 2H^2O$, soit

$$AsO^4(ZrO)''H + H^2O$$

(Paijkull).

Phosphates de zirconium. — Lorsqu'on ajoute de l'acide phosphorique à la solution d'un sel de zirconium, il se précipite un phosphate gélatineux, ressemblant à l'alumine hydratée, un peu soluble dans l'acide phosphorique en excès. Les phosphates alcalins donnent un précipité analogue. Celui obtenu par le phosphate ammonique a pour composition

$$P^2O^5.ZrO^2 = (P^2O^7)^2Zr$$

(Hermann). C'est peut-être le phosphate

$$(PO^4)^2ZrH^2.$$

Suivant Paijkull [*Bull. de la Soc. chim.*, t. XX, p. 67], le précipité produit par les phosphates alcalins possède une composition variable. Il lui a trouvé une fois pour composition

$$(PO^4)^8Zr^5H^4 + 6H^2O.$$

Silicates de zirconium. — Le zircon (voyez ce mot) représente l'orthosilicate de zirconium,

$$SiO^2.ZrO^2 = SiO^4Zr.$$

Quand il est coloré en rouge, il porte le nom d'*hyacinthe*; le *jargon* est un zircon incolore. On le trouve à Ceylan, dans les sables granitiques des côtes de Bretagne, dans les sables d'Espaly (Haute-Loire), au Puy en Velay, dans les environs d'Ax (Ariége), en Saxe, en Sibérie, à la Nouvelle-Grenade, etc. Il contient souvent 1 à 2 % de fer.

Le zircon a été reproduit en cristaux bien définis par l'action du fluorure de silicium sur la zircone. Il forme alors de petites pyramides quadratiques, dont l'angle au sommet est égal à 123° 2′ (Deville et Caron). Il se produit aussi par l'action du chlorure de silicium sur la zircone (Daubrée; Troost et Hautefeuille).

Le *malacon* est du zircon renfermant 3 à 4 % d'eau.

L'*auerbachite*, décrite par Hermann, cristallise comme le zircon dans le type quadratique avec les faces $b^{1/2}$, faisant entre elles des angles de 122° 43′ (au sommet) et 85° 21′ (sur le côté). Il renferme plus de silice que le zircone et sa composition se représente par la formule

$$2SiO^4Zr.SiO^2.$$

L'*eudialite* est un silicate complexe renfermant de la zircone, de la soude, de la chaux, et les oxydes de fer et de manganèse.

L'*oerstedtite* est un zircon renfermant 4,6 % de chaux et de magnésie, en même temps qu'une partie de la zircone y est remplacée par l'acide titanique.

Silicates doubles artificiels. — Lorsqu'on fond du zircon avec du carbonate de sodium et qu'on reprend la masse par l'eau bouillante, il reste un produit qui a pour composition

$$8ZrO^2.SiO^3Na^2 + 11H^2O$$

(Melliss).

Avec le carbonate potassique, Melliss a obtenu de même le silicate double, $SiO^4Zr.SiO^3K^2$ [*Zeitsch. für Chem.*, 1870, p. 296; *Bull. de la Soc. chim.*, t. XIV, p. 204].

Combinaisons organiques du zirconium. — On ne connaît que peu de combinaisons organiques du zirconium. Les seules recherches suivies à ce sujet sont dues à R. Hornberger [*Liebig's Ann.*, t. CLXXXI, p. 232; *Bull. de la Soc. chim.*, t. XXVI, p. 403].

Cet auteur a cherché en vain à préparer les éthers de la zircone par les procédés qui permettent d'obtenir les éthers siliciques et titaniques.

Nous placerons ici la description des combinaisons suivantes, récemment découvertes, et qui n'ont pu être décrites à leurs places respectives. Elles présentent, du reste, un intérêt particulier pour l'histoire du zirconium, parce qu'elles paraissent montrer que ce métal peut fonctionner comme diatomique Dans tous les cas, l'analogie que présentent le zirconium et le silicium ne se poursuit pas dans les combinaisons organiques.

Sulfocyanate de zirconium, $Zr''(CAzS)^2$. — Lorsqu'on précipite une solution de sulfocyanate de baryum par une quantité équivalente de sulfate de zirconium, la liqueur filtrée, d'abord incolore, jaunit peu à peu et laisse déposer un poudre jaune, qui est sans doute du sulfocyanogène. Filtrée de nouveau et évaporée, elle laisse un résidu qui a pour composition $Zr(CyS)^2$, formule qui rend compte de la séparation du sulfocyanogène, l'orthosulfocyanate étant $Zr^{iv}(CyS)^4$.

Ferricyanure de zirconium, $Fe^2Cy^{12}Zr''^3$. — — Précipité jaunâtre obtenu par le ferrocyanure de potassium et un sel neutre de zirconium. Le ferrocyanure se transforme donc en ferricyanure et le produit est analogue au ferricyanure ferreux ou bleu de Turnbull. Sa formation peut se représenter par l'équation

$$6FeCy^6K^4 + 3ZrCl^4$$
$$= (Fe^2Cy^{12})Zr^3 + 2(Fe^2Cy^{12})K^6 + 12KCl.$$

Tartrates de zirconium. — Les tartrates alcalins produisent dans les sels de zircone un précipité blanc, soluble dans la potasse, l'acide tartrique et le tartrate neutre de sodium. C'est un *tartrate de zirconium* renfermant 1 atome de zirconium pour 1 molécule d'acide tartrique, ce qui correspond à la formule $C^4H^2Zr^{iv}O^6$, dans laquelle le zirconium remplace les 2 atomes d'hydrogène hydroxylique, ce qui est peu probable, en même temps que l'hydrogène carboxylique. Ce serait plutôt un sel basique pouvant se représenter par la formule, $C^4H^4(ZrO)''O^6$, qui renferme le radical *zirconyle*.

Chauffée à 150° avec de l'eau et de la crème de tartre, la zircone se dissout et la solution se prend par le refroidissement en une bouillie de lamelles cristallines solubles dans l'eau bouillante et qui sont de la crème de tartre avec 1,20 % de zircone. Les dépôts qui se forment plus tard sont plus riches en zirconium, mais ne conduisent pas à une combinaison définie.

En opérant de même avec le tartrate acide de sodium, on arrive à des résultats analogues, mais un peu plus précis. Hornberger a analysé deux produits ne changeant pas de composition par de nouvelles cristallisations et renfermant, l'une 12,80 et l'autre 22,53 % de zirconium, avec 3,5 % de sodium.

E. W.

ZIRCONIUM (ANALYSE). — La zircone est une base faible et ses sels présentent peu de stabilité. Leurs solutions ont une réaction acide et une saveur astringente avec un arrière-goût métallique. Chauffés, ils perdent leur acide lorsque celui-ci est volatil.

Réactions. — *Potasse, soude et ammoniaque.* — Précipité blanc, insoluble dans un excès d'alcali, soluble dans les acides étendus si la précipitation a lieu à froid, insoluble si elle a lieu à chaud. Le thorium, qui présente des caractères analogues, n'est pas précipité par l'ammoniaque.

Carbonates et bicarbonates alcalins. — Précipité blanc de carbonate basique, soluble dans un grand excès de réactif.

Sulfures alcalins. — Même réaction qu'avec les alcalis, mais avec dégagement d'hydrogène sulfuré.

Hydrogène sulfuré. — Pas de réaction.

Sulfate de potassium. — La solution concentrée de ce sel produit dans la solution d'un sel de zirconium un précipité blanc de sulfate basique, peu soluble dans l'eau pure, insoluble en présence du sulfate de potassium. Il se dissout facilement dans l'acide chlorhydrique étendu s'il n'a pas été porté à l'ébullition.

Le *sulfate ammonique* produit la même réaction, mais seulement au bout de quelques jours.

Sulfate de sodium. — Rien.

Hyposulfite de sodium. — Précipité blanc Ce caractère distingue le zirconium de l'yttrium, du cérium, etc.

Acide phosphorique et phosphates. — Précipité blanc de phosphate de zirconium.

Acide oxalique. — Précipité blanc, soluble dans un grand excès de réactif. L'oxalate d'ammonium agit de même. La solution dans un excès de réactif est entièrement précipitée par l'ammoniaque (hydrate de zirconium), mais non par le carbonate ammonique (Hermann). Cette réaction permet de séparer le titane du zirconium.

Tartrates alcalins. — Précipité blanc soluble dans la potasse. L'acide tartrique empêche la précipitation de la zircone par les alcalis et par les sulfures alcalins.

Cyanure de potassium. — Précipité d'hydrate de zirconium.

Cyanure jaune. — Précipité jaunâtre dans la solution neutre, mais non dans les solutions acides.

Cyanure rouge. — Précipité verdâtre dans la solution du sulfate neutre ou dans la dissolution acide du chlorure.

Succinates et benzoates alcalins. — Précipités blancs.

Noix de galle. — Rien dans la solution du chlorure. Avec le sulfate neutre, précipité blanc jaunâtre, se séparant lentement.

La zircone ne donne pas de réaction colorée au chalumeau

Dosage. — On précipite la zircone par la potasse ou par l'ammoniaque; le précipité est volumineux et doit être lavé après une première dessiccation. Si la précipitation a eu lieu par la potasse, la zircone renferme de la potasse; il faut alors la redissoudre et la précipiter par l'ammoniaque. On calcine le précipité avec précaution, puis on le pèse.

La précipitation peut aussi avoir lieu par le sulfate de potassium en excès et en solution concentrée, en ajoutant même des cristaux de ce sel. Comme pour le précipité produit par la potasse, il faut également le redissoudre pour le précipiter finalement par l'ammoniaque. La précipitation n'est pas complète.

On précipite souvent la zircone par l'hyposulfite de sodium, dans le but d'effectuer des séparations. La précipitation est complète et le précipité laisse de l'oxyde de zirconium pur par la calcination.

Séparations. — La séparation de la zircone des alcalis et des terres alcalines ne présente pas de difficulté. On précipite la solution par l'ammoniaque et l'on fait bouillir jusqu'à expulsion de l'excès d'ammoniaque.

Nous ne nous occuperons ici que de la séparation des métaux qui ne sont pas précipités par l'hydrogène sulfuré en solution acide.

Zirconium et alumine. — On précipite par la potasse dont l'on ajoute un excès, pour dissoudre l'alumine, on fait bouillir et on lave encore une fois le résidu insoluble avec la potasse. La zircone qui reste doit être redissoute, puis précipitée par l'ammoniaque.

La *glucine* se sépare de la même manière.

Zirconium, fer, yttrium, cérium, etc. — Le meilleur procédé repose sur l'emploi de l'hyposulfite de sodium qui précipite tout le zirconium; dans le cas de la présence des métaux de la cérite, on doit opérer sur des solutions étendues (Chancel, Stromeyer).

On neutralise la solution par le carbonate de sodium et l'on ajoute de l'hyposulfite à froid, jusqu'à décoloration complète, puis l'on fait bouillir aussi longtemps qu'il se dégage de l'acide sulfureux. La zircone se précipite entièrement à l'état anhydre, tandis que le fer reste dissous à l'état de sel ferreux.

Le même procédé permet de séparer la zircone de l'*acide phosphorique* et de l'*acide borique*.

On peut aussi précipiter le zirconium à l'état de sulfate basique par le sulfate de potassium en solution concentrée.

Zirconium et thorium. — La séparation se fait très-bien par l'oxalate ammonique, dont un excès redissout l'oxalate de zirconium et laisse l'oxalate de thorium (R. Hermann).

Zirconium, tantale et niobium. — On précipite la zircone par le sulfate potassique.

Zirconium et titane. — La zircone est précipitée en même temps que l'acide titanique (et la thorine) par l'hyposulfite de sodium, ce qui permet de les séparer l'un et l'autre du fer, de l'yttrium, etc. Pour les séparer, on reprend le précipité par l'acide chlorhydrique, on évapore la liqueur à consistance sirupeuse, on reprend le résidu par l'eau, on précipite la thorine par un grand excès d'oxalate ammonique, puis on ajoute à la liqueur filtrée par le carbonate ammonique, qui, en présence de l'oxalate, ne précipite que le titane [R. Hermann, *Journ. f. prakt. Chem.*, t. XCVII, p. 337; *Bull. de la Soc. chim.*, t. VI, p. 385].

D'après B. Franz et G. Streit, la zircone peut être séparée de l'acide titanique par l'ébullition avec de l'acide acétique. Tout le titane est précipité, tandis que le zirconium et le fer restent dissous. On les précipite ensuite par l'ammoniaque et on les sépare comme on l'a vu plus haut. L'erreur pour le titane est de 0,1 % et pour le zirconium de 1,6 %. E. W.

ZIRLITE (Min.). — Substance cornée probablement identique avec la gibbsite.

ZIZIPHIQUE (ACIDE). — Nom donné par Latour à un acide cristallisable contenu dans l'extrait de jujubier [*Ziziphus sativa*]; cet extrait renferme en même temps un tannin incristallisable et une petite proportion de sucre [Rapp. de P. Blondeau, *Journ. de Pharm. et de Chim.*, (3), t. XXXIII, p. 418.]

ZOÏDINE. — Bonjean a donné ce nom à une substance violette qui se dépose dans l'évaporation de l'eau qui s'écoule de la barégine [*Journ. de Pharm.*, t. XV, p. 321].

ZOÏSITE (Min.) [Syn. *Saualpite, illuderite, unionite, thulite, saussurite*]. — Minéral ayant la composition de l'épidote, mais ne renfermant que très-peu de fer, en cristaux ou en masses laminaires, ou bacillaires, blanches, d'un gris jaunâtre, d'un vert clair, ou roses (thulite). Éclat nacré sur la face de clivage, vitreux sur les autres. Se trouve dans le granite, les schistes micacés ou chloritiques, l'éclogite, la serpentine; à Saualp (Carinthie), à Pfitsch (Tyrol), etc.

Caractères. — Inattaquable aux acides; attaquable en faisant gelée après calcination. Au chalumeau, se gonfle et finit par donner une masse scoriacée infusible.

Dureté, 6 à 6,5. Densité, 3,11 à 3,38.

Forme cristalline. — Prisme orthorhombique $mm = 116°16'$, $b^{1/2}\, b^{1/2}$ (en avant) $= 144°57'$; faces m, h^1, h^3, h^5, g^1, $b^{1/2}$, etc. Clivage parfait g^1. Les cristaux sont cannelés dans le sens de leur longueur.

ZOMIDINE. — Berzelius appelle ainsi la portion de l'extrait de viande qui est insoluble dans l'alcool, la partie soluble était l'osmazôme.

ZONOCHLORITE (Min.). — Substance probablement identique avec la chlorastrolithe.

ZOOMÉLANINE. — Substance probablement identique avec la mélanine de la choroïde de l'œil, et trouvée par Bogdanow dans le pigment noir des plumes d'oiseaux [*Compt. rend.*, t. XLVI, p. 780].

ZOOSTÉARIQUE (ACIDE). — Acide gras des os de mammifères fossiles, cristallisant en lamelles dans l'alcool [Landerer, *Buchner's Repert.*, t. LXI, p. 90].

ZOOXANTHINE. — C'est la matière colorante des plumes rouges du *Calurus auriceps*. Pour l'obtenir, Bogdanow traite d'abord ces plumes par l'alcool chaud, qu'il évapore ensuite à 60-65°. La matière rouge foncé qui reste est ensuite épuisée à l'eau. La *zooxanthine* reste sous la forme d'une poudre rouge, altérable à la lumière. Un pigment semblable a été retiré des fibres rouges du *Calingu cœrulea* [*Compt. rend.*, t. XLV, p. 688].

ZORGITE (Min.) [Syn. *Raphanosmite*]. — Séléniure de plomb et de cuivre ($PbCuCu^2$) Se. Masses granulaires ressemblant à la clausthalite, d'un éclat métallique, d'un gris de plomb, tirant quelquefois au rouge. Trouvé à Tilkerode et à Zorge, dans le Hartz, avec clausthalite, et à Glasbach, près de Gabel, en Thuringe, dans un schiste argileux.

Caractères. — Ceux de la clausthalite; donne un globule de cuivre, qui laisse un peu d'argent à la coupellation.

Dureté 2,5. Poussière gris foncé. Densité, 7 à 7,5.

ZUNDERERZ (Min.). — Jamesonite en fibres fines, mélangée d'argyrythrose et d'arsénopyrite.

ZURLITE. — Voyez HUMBOLDTILITE.

ZWIESELITE. — Voyez TRIPLITE.

ZYGADITE (Min.). — Paraît être une albite. Trouvé avec quartz laiteux, stilbite, blende dans les fissures d'une roche argileuse, à Andreasberg (Hartz).

ZYMASE. — Nom générique donné par A. Béchamp à divers ferments dont il admit l'existence dans les solides et les liquides de l'économie. La *nephrozymase* qui existerait dans les urines normales et pathologiques dissout l'amidon et la transforme lentement en sucre. Elle s'obtient en précipitant les urines par l'alcool, dissolvant dans l'eau, et reprécipitant de nouveau par l'alcool [*Bull. de la Soc chim.*, t. III, p. 218, t. V, p. 231 et 232]. Les *mycrozymas* du sang formeraient la fibrine en s'associant entre eux grâce à une matière albuminoïde [*Compt. rend.*, t. LXVIII, p. 408]. Les mycrozymas du foie transformeraient l'alcool ordinaire en acide caproïque [*ibid.*, t. LXVIII, p. 1567], l'alcool méthylique en acide acétique et acides gras supérieurs [*ibid.*, t. LXIX, p. 210]. La craie même contiendrait des mycrozymas aptes à produire la même transformation.

Enfin, sous l'influence de ces ferments, la glycérine serait peu à peu changée en un mélange d'alcool, d'acide acétique et d'acides gras supérieurs, tandis qu'il se dégage de l'hydrogène et l'acide carbonique [*Compt. rend.*, t. LXIX, p. 660].

Ces diverses transformations paraissent avoir été bien étudiées; mais leur mécanisme et l'existence elle-même des ferments auxquels A. Béchamp a donné le nom de *zymases* restent fort douteux.

ZYMIQUE (ACIDE) [Syn. *acide zumique, acide mancéique*]. — Ces divers noms avaient été donnés à l'acide qui se forme dans la fermentation des substances amylacées; ils se rapportent à des mélanges d'acide lactique et butyrique.

ZYMOME. — Ancien nom du gluten après purification par lavages à l'eau et à l'alcool. A. G.

FIN.

Coulommiers. — Typ. P BRODARD et GALLOIS.

www.ingramcontent.com/pod-product-compliance
Ingram Content Group UK Ltd.
Pitfield, Milton Keynes, MK11 3LW, UK
UKHW022316190726
13856UKWH00001B/33